2024年版
電験3種過去問題集

電気書院 編

電気書院

はじめに

本書は，第３種電気主任技術者（電験３種）の試験問題において，令和５年度上期より平成27年度まで過去10回分の問題を，各科目ごと編集したものです．

本書の特長として，科目ごとに新しい年度の順に編集してあります．各科目ごとの出題傾向や出題範囲の把握に役立ちます．また，おのおのの問題に詳しい解説と，できるだけイメージが理解できるよう図表を多くつけることにより，解答の参考になるようにしました．さらに，学習時にはページをめくることなく本を置いたまま学習できるよう，原則問題は左ページに，解説・解答は右ページにまとめてあります．本を開いたままじっくり問題を分析することも，右ページを付録のブラインドシートで隠すことにより，本番の試験に近い形で学習することもできます．2020年版より，科目ごとに取り外せるよう分冊化することで，持ちはこびがしやすくなりました．

また，収録してある９年の間に試験制度や出題範囲が変更になっているものもあります．本書では2023年度下期，2024年度上期の受験に合わせ，図記号や単位・法令などは実際に出題されたものではなく，新しいものに改定しております．

本書をご活用いただき，皆さんが電験３種合格の栄誉を手に入れられることを祈念いたします．

2023年11月

編者記す

目　次

●理論

●電力

●機械

●法規

電験3種試験概要

1 試験科目

マークシートに記入する五肢択一方式の試験で，表に示す4科目について行われます．

科目	出題内容
理論	電気理論，電子理論，電気計測，電子計測
電力	発電所および変電所の設計および運転，送電線路および配電線路（屋内配線を含む）の設計および運用，電気材料
機械	電気機器，パワーエレクトロニクス，電動機応用，照明，電熱，電気化学，電気加工，自動制御，メカトロニクス，電力システムに関する情報伝送および処理
法規	電気法規（保安に関するものに限る），電気施設管理

2 出題方式・必要解答数

(1) 出題の方式

A問題とB問題で構成されています．A問題は，一つの問に対して一つを解答する方式，B問題は，一つの問の中に小問が二つ設けられ，小問について一つを解答する方式です．

(2) 必要解答数

理論・電力・機械…それぞれA問題14問，B問題3問（理論・機械のB問題は選択問題1問を含む）

法規…A問題10問，B問題3問

3 試験実施時期

2023年度上期試験は2023年8月20日(日)に行われました．

2023年度下期試験は2024年3月24日(日)に行われます．

2023年度からCBT（Computer Based Testing）方式が導入されました．CBT方式での受験の場合は，申込後のCBT方式への変更期間中に，会場および開始時刻等を予約する必要があります．

4 試験時間

理論・電力・機械…各90分，法規…65分

5 受験願書の受付時期

2023年上期は，5月15日(月)～6月1日(木)．2023年下期は，11月13日(月)～11月30日(木)．インターネット受付は初日10時～最終日17時まで，郵便受付は最終日の消印有効です．

6 受験資格

受験資格に制限はありません．

7 受験手数料（非課税）

インターネット受付の場合7,700円，郵便受付の場合8,100円です（2023年度の例）．

8 試験地

2023年上期は，北海道［旭川市・北見市・札幌市・釧路市・室蘭市・函館市］，青森県，岩手県，宮城県，秋田県，山形県，福島県，新潟県，茨城県，栃木県，群馬県，埼玉県，千葉県，東京都（23区），東京都（多摩），神奈川県，山梨県，長野県，岐阜県，静岡県，愛知県，三重県，富山県，石川県，福井県，滋賀県，京都府，大阪府，兵庫県，奈良県，和歌山県，鳥取県，島根県，岡山県，広島県，山口県，徳島県，香川県，愛媛県，高知県，福岡県，佐賀県，長崎県，熊本県，大分県，宮崎県，鹿児島県，沖縄県で実施されました．CBT試験は，CBT方式への変更期間中に，会場および開始時刻等を予約．

9 試験結果の発表

2023年下期は，2024年4月8日にインターネット等にて合格発表され，4月18日に試験結果通知書が全受験者に発送されています．

10 科目合格制度

試験は科目ごとに合否が決定され，4科目すべてに合格すれば電験3種合格となります．一部の科目のみ合格した場合は科目合格となり，翌年度および翌々年度の試験は，申請により合格している科目が免除されます．つまり，3年以内に4科目合格すれば，合格となります．

理論　出題傾向と2023年下期の学習ポイント

(1)計算問題の配点割合

解答する問題数は，A問題14題，B問題3題（必須問題2題と選択問題2題中の1題を解答）となっている．

平成27年以降に出題された問題を，計算問題と論説・空白問題に分類し**第1表**に示す．

A問題は14題中の10〜12題が計算問題であることが多く，令和5年上期（以降上）は9題が出題された．また，B問題は論説・空白問題の小問が1〜2題含まれることがあるが，計算問題が主体の問題構成である．

この間の計算問題の配点は80〜90点であり，計算問題を主体とした学習が必要な科目である．

(2)最近の問題の概要

最近9年間に出題された問題を，電磁気，電気回路，電気計測およびその他に分類し，その内容について調査を行った．

①電磁気

平成27年以降に出題された問題を学習テーマ別に分類し**第2表**に示す．この範囲からはA問題が4〜5題程度，B問題が1題出題される傾向にある．

令和5年（上）も，A問題が5題，選択のB問題1題が出題された．

②電気回路

平成27年以降に出題された問題を学習テーマ別に分類し**第3表**に示す．電気回路は最も配点比率が高い学習テーマで，A問題5〜7題，B問題1〜2題が出題されている．

令和5年（上）は，A問題4題，必須のB問題が各1題出題された．

第1表　電験3種「理論」の計算問題の配点

		問題数		配点		計算問題の配点
		計算問題	論説・空白問題	計算問題	論説・空白問題	
H27	A	12	2	60	10	90点*
	B（必須）	2	0	20	0	
	B（選択）	1.5	0.5	15	5	
H28	A	10	4	50	20	80点*
	B（必須）	2	0	20	0	
	B（選択）	1.5	0.5	15	5	
H29	A	10	4	50	20	80点
	B（必須）	2	0	20	0	
	B（選択）	2	0	20	0	
H30	A	12	2	60	10	90点
	B（必須）	2	0	20	0	
	B（選択）	2	0	20	0	
R1	A	11	3	55	15	80点
	B（必須）	1.5	0.5	15	5	
	B（選択）	1	1	10	10	
R2	A	9	5	45	25	75点
	B（必須）	2	0	20	0	
	B（選択）	2	0	20	0	
R3	A	11	3	55	15	85点
	B（必須）	2	0	20	0	
	B（選択）	2	0	20	0	
R4（上）	A	12	2	60	10	90点
	B（必須）	2	0	20	0	
	B（選択）	2	0	20	0	
R4（下）	A	8	6	40	30	70点
	B（必須）	2	0	20	0	
	B（選択）	2	0	20	0	
R5（上）	A	9	5	45	25	75点*
	B（必須）	2	0	20	0	
	B（選択）	1	1	10	10	

【注1】　B問題は選択問題を含み4題出題され，そのうち3題を解答する．
【注2】　配点は，A問題は1題あたり5点，B問題は1題あたり10点で，満点は100点である．
【注3】　＊印は，B問題で計算問題を選択した場合．

第2表　電磁気の出題推移

項　目			H27	H28	H29	H30	R1	R2	R3	R4(上)	R4(下)	R5(上)
計算問題	静電気	クーロンの法則				A			A	A	B*	
		ガウスの法則・電界の強さ						A				
		点電荷，球電極による電界の強さ，電位						A				
		電界の強さ，静電力，電位，仕事量の関係						A				
		複数のコンデンサがつながれた回路の電圧分担，電荷の分布，合成の静電容量		A			A			A,B*		
		コンデンサに蓄えられるエネルギー			A				B*		A	
		平行平板コンデンサ	A,A	A,B*		A,B*		B*	A,B*	A,B*	A	A,B*
	磁気	点磁荷による磁界の強さ				A						
		円形コイル・直線導体による磁界		A		A					A	
		磁界中の導体に生じる誘導起電力・電磁力						A			A	A
		磁束または電流が変化したときの誘導起電力の大きさ・波形	A						A			A
		磁界中で動く導体に生じる誘導起電力								A		
		磁気回路・自己インダクタンス・相互インダクタンス・インダクタンスに蓄えられるエネルギー			A,B*		A			A		
		磁化曲線から透磁率を求める計算	A									
論説・空白問題	静電気	ガウスの法則・電界の強さ・電気力線			A		B				A	A
		静電誘導の原理										
	磁気	磁界の強さ・磁束・磁力線						A				A
		フレミングの法則，レンツの法則		A								
		磁性体の磁化特性			A		A					
		磁気遮へい		A					A			

【注】　出題問題数はA問題14題，B問題4題（選択問題を含む）．＊印はB問題の選択問題．

第3表　電気回路の出題推移

項　目			H27	H28	H29	H30	R1	R2	R3	R4(上)	R4(下)	R5(上)
計算問題	直流回路	キルヒホッフの法則や合成抵抗の計算を応用した基礎的回路計算	A,A,B	A,A	A,A,A	A,A	A,A,A	A		A,B	A	
		鳳・テブナンの定理							A			A
		ブリッジの平衡条件	A					A	A	A		
		定電流源の等価回路・定電流源を含む回路計算				A			A			A
		過渡現象の計算，波形	A	A	A	A	A	A	A	A	A	
	単相交流回路	瞬時値を表す式と位相の遅れ・進み，力率角など交流の基礎知識							A			
		ベクトル図・複素数などによる交流回路計算，消費電力，力率	A,A,B		A	A	A	A		A	A	A
		共振回路		A		A		A	A	A		A
		ひずみ波交流			A		A					
		交流ブリッジの平衡条件			B							
	三相交流回路	三相交流回路の線電流					B	B	B			
		三相交流回路の電力・力率・インピーダンス等の計算	B*	B	B	B	B		B	B	B	B

【注】　出題問題数はA問題14題，B問題4題（選択問題を含む）．＊印はB問題の選択問題．

第4表　電気計測の出題推移

	項目	H27	H28	H29	H30	R1	R2	R3	R4(上)	R4(下)	R5(上)
計算問題	測定誤差		B		B*			B			B
	分流器・倍率器・分圧器						B			B	
	三相電力の測定						B				A
	各種波形の実効値・平均値	A								A	
	ディジタル直流電圧計の測定原理					B*					
論説・空白問題	各種計器		A			A					
	有効数字と単位の扱い			A							
	偏位法と零位法								A		

【注】　出題問題数はA問題14題，B問題4題（選択問題を含む）．＊印はB問題の選択問題．

③電気計測

平成27年以降に出題された問題を分類し**第4表**に示す．この範囲からはA問題1題，B問題0～1題が出題されることが多い．

令和5年（上）は，A問題1題と必須のB問題1題が出題された．

④その他

平成27年以降に出題された問題を分類し**第5表**に示す．この範囲のA問題としては電子の運動に関する計算問題や単位，半導体，電子回路などに関する論説・空白問題が出題されることが多い．また，B問題の選択問題として電子回路の計算問題が出題されることが多い．

出題数は，例年，A問題2～4題，B問題の選択問題1題が出題されることが多い．

令和5年（上）は，A問題4題と選択のB問題1題が出題された．

(3)2023年（下）に向けた学習ポイント

令和3年までは，過去問題と同一問題は基本的に出題されたことがなかったが，令和4年（上）

第5表　その他の出題推移

	項目	H27	H28	H29	H30	R1	R2	R3	R4(上)	R4(下)	R5(上)
計算問題	演算増幅器	B*		B*					A		
	トランジスタ増幅回路		A	A	B		B*	A,B*	B*	B*	
	スイッチング電源回路の電圧・電流										
	電子の運動	A	A		A	A		A	A	A	
	電気抵抗						A			A	A
	負帰還増幅回路の利得					A					
	変調波の変調度		B*								B*
	発振回路							B*		A	
論説・空白問題	単位				A						
	半導体・半導体素子の概要	A	A		A	A	A	A	A	A	
	演算増幅器の特徴	B*					A				
	トランジスタ増幅回路の種類	A							B*		A
	整流回路・波形整形回路				A						
	アナログ変調・復調回路		B*								
	NANDICを使用したパルス回路					B*					
	電子の放出						A				
	紫外線ランプの構造と動作原理			A							
	いろいろな現象，効果			A			A	A			A，A
	データ変換									A	

【注】　出題問題数はA問題14題，B問題4題（選択問題を含む）．＊印はB問題の選択問題．

から同一問題が出題され始め，令和5年（上）では，A問題14題中の12題が，B問題はすべての問題が同一問題であった．今後は過去問の学習がより重要になってくると思われる．なお，過去問の学習範囲は平成7年以降の問題とすることを推奨する．

学習のポイントを次の三つに分ける．

rank A：最重要で必ず内容を完全に理解しておくべき問題

rank B：重要で解法を覚えておきたい問題

rank C：時間があるようなら解いておきたい問題

①静電気

rank A

- 単独または複数の点電荷による電界の強さおよび電位を求める問題
- 球導体の電位，導体内外の電界の強さおよび静電容量を求める問題
- 等価的に二つのコンデンサが直列または並列に接続されたことになる，2種類の誘電体が挿入された平行平板コンデンサに関する問題．

rank B

- 電界中に置かれた荷電粒子に働く静電力を求める問題
- 複数のコンデンサが接続されたときの電荷分布，電位分布，合成の静電容量を求める問題
- 充電されたコンデンサと無充電のコンデンサを接続する前後でのエネルギーの変化量に関する問題
- 充電されたコンデンサと無充電のコンデンサを接続した場合の電位を求める問題

rank C

- 真空中に置かれた2～3個の点電荷間に働く力を求める問題
- ガウスの法則を用いて電気力線の数を求める問題
- 平行平板コンデンサ内の電界の強さ，電束密度に関する問題
- 電気力線および電束の性質に関する論説問題

②磁　気

rank A

- 円形コイルの中心にできる磁界の強さを求める問題
- 中心を重ねて同一平面上に置いた二つの円形コイルの中心にできる磁界の強さを求める問題
- 空気中に置かれた無限長の平行導体間に働く力を求める問題
- コイルを貫く磁束の時間変化に対する誘導起電力の変化に関する問題
- エアギャップがある場合とない場合の，環状ソレノイドの自己インダクタンスを求める問題

rank B

- 磁界中の棒磁石に働く回転モーメントを求める問題
- 磁界中で直線状導体に電流を流したときに，導体に働く力を求める問題
- 磁界中で直線状導体を移動させたときに発生する電圧を求める問題
- 無限長の直線導体のまわりの磁界の強さを求める問題
- 環状ソレノイドに電流を流したときに，インダクタンスに蓄えられるエネルギーに関する問題
- エアギャップがある場合とない場合の，環状ソレノイド内の磁束，磁束密度，磁界の強さを求める問題
- 磁力線および磁束の性質に関する論説問題

rank C

- 磁極が周囲につくる磁界の強さを求める問題
- ファラデーの電磁誘導の法則による起電力を求める問題
- インダクタンスに流す電流波形と端子電圧波形に関する問題
- 自己インダクタンスがL_1とL_2の二つのコイルをつなげたときの合成インダクタンスLが$L=L_1+L_2\pm 2M$になることに関する問題
- フレミングの右手の法則および左手の法則に関する論説・空白問題

③直流回路

rank A

- △→Y変換を用いて解く，複雑に構成された回路の合成抵抗を求める問題
- キルヒホッフの法則を用いて回路方程式を立て，連立方程式を解くことによって，電流分布を求める問題
- 鳳・テブナンの定理，重ね合わせの理を用いて解く問題
- 直流電圧を*RC*回路および*RL*回路に加えたときに生じる電圧・電流の過渡現象および時定数に関する問題

rank B

- 抵抗が直並列に接続された回路の電圧・電流分布に関する問題
- 回路の１点が接地された回路について，各部の電位を求める問題
- 内部抵抗のある電源に負荷抵抗をつないだときに，最大電力を生じる負荷抵抗およびそのときの電力を求める問題
- 定電圧源とそれに直列に接続された内部抵抗から構成される回路について，それと等価な定電流源とそれに並列に接続された内部コンダクタンスを求める問題

rank C

- 回路の対称性を利用して解く，複雑に構成された回路の合成抵抗を求める問題
- 電圧源と電流源が含まれる回路の電圧・電流分布を求める問題
- 平衡したブリッジ回路の合成抵抗，全電流または消費電力を求める問題
- 平衡なブリッジ回路の電流を求める問題

④交流回路

rank A

- 瞬時値の式で表された電圧，電流から力率や位相を求める問題
- 瞬時値の式で表された二つの電流の合成電流を求める問題
- *R*，*L*，*C*直列回路の各素子の端子電圧が与えられたときに全体に加わる電圧を求める問題
- *RL*直列回路，*RL*並列回路，*RC*直列回路および*RC*並列回路のインピーダンス，ベクトル図，有効電力，無効電力，力率に関する問題
- ひずみ波の電圧，電流の式から消費電力を求める問題
- 交流ブリッジの平衡条件に関する問題

rank B

- 複素数で与えられた電圧・電流から消費電力を計算する問題
- 回路内の２点間の電位差を求める問題
- インピーダンスが極座標形表示の複素数で表された回路の電圧，電流を求める問題
- 瞬時値の式で表されたひずみ波のひずみ率を求める問題

rank C

- *R*，*L*，*C*並列回路の各素子に流れる電流から，回路全体に流れる電流を求める問題
- *R*，*L*，*C*直列回路の共振条件および共振時の特性に関する問題
- *R*，*L*，*C*並列回路の共振条件および共振時の特性に関する問題

⑤三相交流回路

rank A

- 平衡三相電源（Y結線または△結線）に平衡三相負荷（Y接続または△接続）をつないだときの線電流を求める計算
- 平衡三相電源（Y結線または△結線）から線路の抵抗およびリアクタンスを介して，平衡三相負荷（Y接続または△接続）がつながれたときの線電流を求める計算

rank B

- 平衡三相電源（Y結線または△結線）に平衡三相負荷（Y接続または△接続）をつないだときの消費電力を求める計算
- 不平衡の三相電源で，相電圧が複素数で表されるときに線間電圧の大きさを求める問題

rank C

- 平衡三相負荷が△接続のコンデンサで，静電容量が与えられたときの線電流を求める計算
- 平衡三相負荷に供給している線路の１相が断線したときに，負荷に流れる電流，負荷の消費電力，断線箇所に現れる電圧を求める問題

⑥電気計測

rank A

- 分流器や倍率器による測定範囲の拡大に関する問題
- ３電圧計法および３電流計法による単相交流回路の消費電力の測定に関する問題
- リサジュー図形から周波数比を求める問題

rank B

- 静電電圧計で測定範囲を拡大するために使用するコンデンサに関する計算問題
- 矩形波，半波整流波形，全波整流波形の平均値，実効値を求める問題
- 各種指示計器の構成，特徴などに関する問題

rank C

- 測定誤差に関する計算問題
- 二つの電力計を使用して，三相回路の消費電力を測定する方法に関する問題
- オシロスコープの原理に関する論説・空白問題
- パルス発信装置付き電力量計に関する問題
- 三相回路の二つの相に設置した変流器（CT）の接続法と合成電流に関する問題
- 計器の許容誤差の計算問題

⑦その他

rank A

- 磁気抵抗，磁束密度などの単位に関する問題
- 半導体および各種半導体素子に関する論説・空白問題
- バイポーラトランジスタおよびFET増幅回路の計算問題
- いろいろな波形変換回路（ベースクリッパ回路，ピーククリッパ回路，リミッタ回路など）の出力波形に関する問題

rank B

- 電界中および磁界中の電子の運動に関する問題
- 演算増幅器（オペアンプ）に関する論説・空白問題および計算問題
- 電子の放出に関する問題

rank C

- 導体のサイズと抵抗率から，導体の抵抗を求める問題
- 抵抗温度係数に関する計算問題
- いろいろな効果（ゼーベック効果，ペルチエ効果，ホール効果など）に関する論説・空白問題

電力 出題傾向と2023年下期の学習ポイント

(1)計算問題の配点割合

問題数については，A問題14題，B問題３題となっている．A問題・B問題とも選択問題は出題されていない．

平成25年以降に出題された問題を，計算問題と論説・空白問題に分類し**第6表**に示す．

計算問題の配点は40～50点のことが多いが，令和５年（上）の計算問題の配点は45点であった．

(2)最近の問題の概要

最近９年間に出題された問題を発電，変電，送配電および電気材料に分類し，その内容について調査した．

第6表 電験3種「電力」の計算問題の配点

		問題数		配点		計算問題の配点
		計算問題	論説・空白問題	計算問題	論説・空白問題	
H27	A	4	10	20	50	50点
	B	3	0	30	0	
H28	A	4	10	20	50	50点
	B	3	0	30	0	
H29	A	3	11	15	55	45点
	B	3	0	30	0	
H30	A	4	10	20	50	50点
	B	3	0	30	0	
R1	A	3	11	15	55	45点
	B	3	0	30	0	
R2	A	1	13	5	65	35点
	B	3	0	30	0	
R3	A	3	11	15	55	45点
	B	3	0	30	0	
R4(上)	A	2	12	10	60	40点
	B	3	0	30	0	
R4(下)	A	2	12	10	60	40
	B	3	0	30	0	
R5(上)	A	3	11	15	55	45
	B	3	0	30	0	

【注】 配点は，A問題は1題あたり5点，B問題は1題あたり10点で，満点は100点である．

①発　電

平成27年以降に出題された問題をテーマ別に分類し**第7表**に示す．この範囲からA問題4〜5題，B問題1〜2題が出題され，配点の30〜40%程度を占める傾向が続いている．

令和5年（上）は，A問題5題とB問題1題が出題された．

②変　電

平成27年以降に出題された問題を分類し**第8表**に示す．年によってバラツキがあるが，A問題2〜3題，B問題1題程度が出題されている．

令和5年（上）は，A問題2題とB問題1題が出題された．

③送配電

平成27年以降に出題された問題を分類し**第9表**に示す．例年A問題5〜7題，B問題1〜2題が出題されている．配点の40〜50%程度を占める，最も配点比率の高い学習範囲である．

令和5年（上）は，A問題6題とB問題1題が出題された．

④電気材料

平成27年以降に出題された問題を分類し**第10表**に示す．毎年A問題が1題出題されている．また，計算問題は出題されたことがない．

令和5年（上）は，A問題1題が出題された．

(3)2023年（下）に向けた学習ポイント

令和3年までは過去問題と同一問題は基本的に出題されたことがなかったが，令和4年（上）から同一問題が出題され始め，令和5年（上）では，A問題14題中の13題が，B問題3題中の1題が同一問題であった．

①水力発電

rank A

- 雨水の流出係数を用いた発電所出力の計算問題
- 調整池式水力発電所に関する計算問題
- 揚水発電所に関する計算問題
- キャビテーションの発生原理，発生時の影響および対策に関する論説・空白問題
- 吸出し管に関する論説・空白問題
- 水力発電所用の発電機の特徴に関する論説・空白問題
- 水車の調速機に関する論説・空白問題

rank B

- ベルヌーイの定理を用いた計算問題
- 有効落差が変化したときの出力に関する計算問題
- 揚水発電所に関する計算問題
- 水撃作用の発生メカニズムおよび対策に関する論説・空白問題

第7表　発電の出題推移

項目			H27	H28	H29	H30	R1	R2	R3	R4(上)	R4(下)	R5(上)
計算問題	水力	ベルヌーイの定理，水の噴出速度							A			
		水力発電の出力	A					B				
		揚水発電所		A						B		
		調整池式発電所				B						
	汽力	燃料使用量，出力電力量，熱効率	A		B				B			
		復水器冷却水量・タービン効率					B			A	B	
		二酸化炭素排出量・燃焼空気量			B							B
		エンタルピー		B						A		
		速度調定率	B									
	原子力	質量欠損と核分裂エネルギー			A		A					A
	その他発電	風力発電の出力				A						
論説・空白問題	水力	水力発電所全般の概要			A				A		A	
		各種水車の特徴・比速度・適用落差				A	A				A	A
		キャビテーションと対策			A					A		
		水撃作用と対策						A				
		揚水発電所の諸方式					A					
	汽力	各種の熱サイクル	A									
		各種熱損失・熱効率向上対策					A					
		ボイラ，タービン，復水器，再熱器，節炭器，過熱器，空気予熱器，脱気器などの諸設備の概要		A				A	A			A
		水素冷却方式の特徴				A						
		タービン発電機の特徴		A						A		
		汽力発電所の保護装置				A		A				
		大気汚染防止対策			A				A			
	原子力	原子力発電の特徴				A					A	
		軽水炉（PWR，BWR）の構成	A							A		
		原子力発電所の構成材料						A	A			
		核燃料サイクル		A								
	その他発電	新しい発電方式の概要（太陽光発電，燃料電池，風力発電，地熱発電，バイオマス発電）		A	A			A	A	A	A	A
		コンバインドサイクル発電					A				A	A
		電力の需要と供給									A	

【注】 出題問題数はA問題14題，B問題3題.

◦水力発電所の構成に関する論説・空白問題

rank C

◦水車の比速度に関する論説・空白問題および計算問題

◦水車の速度変動率の計算問題

◦ペルトン水車のノズルからの水の噴出速度を求める計算問題

◦各種水車の名称，構造，特徴，適用落差などに関する論説・空白問題

②汽力発電所

rank A

◦燃料使用量に関する計算問題

◦復水器冷却水の流量を求める計算問題

◦速度調定率の計算問題

◦熱サイクルに関する論説・空白問題

◦大気汚染防止に関する論説・空白問題

rank B

◦比エンタルピーを用いて計算するボイラ効率・発電所の熱効率などの問題

第8表　変電の出題推移

	項　目	H27	H28	H29	H30	R1	R2	R3	R4(上)	R4(下)	R5(上)
計算問題	パーセントインピーダンス・短絡故障					A	A		B	A	B
	過電流継電器(OCR)の整定					A					
	コンデンサによる力率改善			B							
	変圧器の並行運転		A						B		A
	変圧器の運用							A			
論説・空白問題	変電所の機能					A					
	GISの特徴					A					
	変圧器の結線方式			A	A					A	
	変圧器の保守				A						
	遮断器		A				A				
	避雷器	A		A			A				
	断路器							A			
	計器用変成器							A			A
	調相設備								A		
	継電器（リレー）	A			A				A		

【注】　出題問題数はA問題14題，B問題3題.

- 燃焼に必要な空気量を求める計算問題
- 水・蒸気の循環ルートに関する論説・空白問題
- ボイラの種類と特徴に関する論説・空白問題
- 熱効率向上対策に関する論説・空白問題
- 発電機を系統に並列する場合の条件に関する論説・空白問題

rank C

- 二酸化炭素排出量を求める計算問題
- 復水器，再熱器，節炭器，過熱器などの諸設備の設置位置，機能などに関する論説・空白問題
- 汽力発電所用発電機の特徴に関する論説・空白問題
- 汽力発電所の進相運転に関する論説・空白問題
- 各種タービン（復水タービン，再生タービン，再熱タービン，背圧タービンなど）の特徴に関する論説・空白問題

③原子力・その他の発電

rank A

- 燃料電池出力の計算問題
- 原子炉構成材料の名称，必要機能に関する論説・空白問題
- 沸騰水型原子炉および加圧水型原子炉の構造の特徴に関する論説・空白問題
- 太陽光発電，風力発電，燃料電池，地熱発電，バイオマス発電などの新しい発電方式の特徴に関する論説・空白問題

rank B

- 風力発電所の出力の計算問題
- コンバインドサイクル発電の効率を求める計算
- 原子力発電所用軽水炉の自己制御性に関する論説・空白問題
- 原子力発電用タービン発電機の特徴に関する論説・空白問題
- 風力発電などに使用される誘導発電機の特徴に関する論説・空白問題

rank C

- 質量欠損を用いた核分裂エネルギーの計算問題
- 核燃料サイクルに関する論説・空白問題
- プルサーマルおよびMOX燃料に関する論説・空白問題
- コンバインド発電方式に関する論説・空白問

④変　電

rank A

- コンデンサによる力率改善の計算問題
- 過電流継電器の始動電流タップおよびタイムレバーに関する計算問題
- △結線変圧器とＶ結線変圧器の容量に関する

第9表　送配電の出題推移

		項　目	H27	H28	H29	H30	R1	R2	R3	R4(上)	R4(下)	R5(上)
計算問題	送電	電圧降下・送電電力・線路損失	B	A	B	A,B	B,B	B		A,B	A,B	A
		パーセントインピーダンス	B	B		B						
		抵抗接地系の地絡電流		B								
		たるみ・電線の張力			A				B			
	地中送電	無負荷充電容量			B							
		ケーブルの誘電損	A									
	配電	単相3線式配電線		B		B			A		B	
		各種配電方式（単相2線式，単相3線式，三相3線式）の比較	A		A							
		V結線電灯動力共用方式				A						
		ループ回路，分岐回路の電圧降下	B	A				B	B			B
		支線					A					
論説・空白問題	送電	直流送電の特徴			A							
		送電線の線路定数						A				A
		各種中性点接地方式の特徴				A						A
		誘導障害の概要		A								
		フェランチ効果								A		
		架空送電用機材の名称・機能			A		A	A			A	
		架空送電線の雷害対策										
		架空送電線の塩害対策	A						A			
		架空送電線の振動対策	A									
		コロナ放電					A					A
		多導体方式の特徴				A						
	地中送電	地中送電方式の特徴	A					A				
		ケーブルの各種布設方法の特徴					A				A	
		各種ケーブルの特徴				A						
		地中配電線路用機器の特徴		A								
		ケーブルの諸損失など			A				A			
		事故点標定方法の種類と概要		A						A		
	配電	スポットネットワーク方式等の配電方式の特徴	A	A			A	A			A	
		配電線用機材，配電設備の施設						A	A	A,A		A,A
		配電線の電圧調整方法			A						A	
		配電線の中性点接地方式，故障様相，保護方式，地絡継電器			A				A			
		分散型電源連系時の留意事項	A									

【注】　出題問題数はA問題14題，B問題3題．

第10表　電気材料の出題推移

	項　目	H27	H28	H29	H30	R1	R2	R3	R4(上)	R4(下)	R5(上)
論説・空白問題	磁性材料	A			A						
	絶縁材料			A		A	A		A		
	導電材料		A					A			

【注】　出題問題数はA問題14題，B問題3題．

計算問題

◦主変圧器に使用される保護継電器に関する論説・空白問題

rank B

◦パーセントインピーダンスを使って短絡電流を計算する問題

◦変圧器の並行運転の条件に関する論説・空白問題

◦変電所の主要設備（遮断器，断路器，変成器，避雷器，タップ付き変圧器，調相設備など）

の構造，機能などに関する論説・空白問題
- いろいろなリアクトル（消弧リアクトル，分路リアクトル，限流リアクトルなど）の機能などに関する論説・空白問題

rank C
- 変圧器の並行運転に関する計算問題
- G1ISの特徴に関する論説・空白問題
- 変電所の耐雷対策に関する論説・空白問題
- 避雷器に関する用語（定格電圧，放電開始電圧，制限電圧など）の論説・空白問題
- 過電流継電器の整定方法に関する論説・空白問題
- 計器用変流器（CT）および計器用変圧器（VT）の定格，用途，取扱上の注意事項などに関する論説・空白問題
- リチウムイオン電池，NAS電池などの二次電池に関する論説・空白問題

⑤送電全般・地中送電

rank A
- パーセントインピーダンスを用いて短絡容量，短絡電流を求める計算問題
- テブナンの定理を用いて非接地系統，抵抗接地系統，消弧リアクトル接地系統の一線地絡電流を求める計算問題
- 相間の静電容量および対地間の静電容量から作用静電容量を求める計算問題
- 線路の無負荷充電容量，充電電流を求める計算問題
- ケーブルの誘電損の計算問題
- 直流送電方式の特徴に関する論説・空白問題
- 地中送電線の故障点を標定する各種方法に関する論説・空白問題
- 中性点接地方式の種類，特徴に関する論説・空白問題

rank B
- 電圧降下の基本式$e=\sqrt{3}\,I(R\cos\theta+X\sin\theta)$および線路損失の一般式$P_L=3RI^2$を用いた送電特性の計算問題
- 送電線の雷害効果とその対策に関する論説・空白問題
- 誘導障害の発生原理および対策に関する論説・空白問題
- 架空送電線に使用される各種機材（電線，がいし，アークホーン，スペーサ，ダンパ，アーマロッド，架空地線など）の構造，種類，機能などに関する論説・空白問題
- 地中電線路の布設方式に関する論説・空白問題
- 地中ケーブルで発生する損失の種類に関する論説・空白問題

rank C
- 送電線のたるみ，実長に関する計算問題
- 定態安定極限電力の式に関する計算問題または空白問題
- 送電線のフェランチ効果とその対策に関する論説・空白問題
- 架空送電線のコロナ放電に関する論説・空白問題
- 架空送電線の塩害とその対策に関する論説・空白問題
- 架空送電線の雪害対策に関する論説・空白問題
- 送電線の振動とその対策に関する論説・空白問題
- 架空送電線路と比較した，地中送電線路の線路定数（LおよびC）の特徴に関する論説・空白問題
- CVケーブルとOFケーブルの特徴に関する論説・空白問題

⑥配　電

rank A
- 単相2線式，単相3線式，三相3線式を比較する計算問題
- 単相3線式配電線路の計算問題
- 支持物の支線の強度に関する計算問題
- V結線電灯動力共用方式（三相4線式）に関する計算問題
- バンキング方式，レギュラネットワーク方式，スポットネットワーク方式などの配電方式の特徴に関する論説・空白問題

◦非接地系統で1線地絡故障が生じた場合の様相に関する論説・空白問題

rank B

◦ループ回路の潮流，電圧降下に関する計算問題
◦配電線路の電圧調整方法に関する論説・空白問題
◦配電線路の雷害対策に関する論説・空白問題
◦故障が発生したときの配電線の運用（時限順送方式）に関する論説・空白問題

rank C

◦太陽光発電設備が連系された単相3線式配電線路の計算問題
◦分岐回路の電圧降下に関する計算問題
◦地絡継電器（GR）が不必要動作しない構内のケーブル長さを求める計算問題
◦架空配電線に使用される各種機材（絶縁電線，がいし，開閉器，カットアウト，変圧器，避雷器など）の構造，種類，機能などに関する論説・空白問題
◦高圧受電設備の構成に関する論説・空白問題
◦フリッカの発生原因と対策に関する論説・空白問題

⑦電気材料

rank A

◦絶縁材料の劣化に関する論説・空白問題
◦架橋ポリエチレンの特徴に関する論説・空白問題
◦磁気材料のヒステリシス曲線に関する論説・空白問題
◦鋼心アルミより線（ACSR）の特徴に関する論説・空白問題

rank B

◦けい素鋼板および方向性けい素鋼板の特徴に関する論説・空白問題
◦SF_6ガスの特徴に関する論説・空白問題
◦絶縁材料の耐熱区分に関する論説・空白問題

rank C

◦変圧器に使用される絶縁油の特性に関する論説・空白問題
◦アモルファス磁性材料の特徴に関する論説・空白問題
◦導電材料（銀，銅，アルミなど）の導電率の大小に関する問題
◦架空送電線に使用される電線に関する論説・空白問題

機械 出題傾向と2023年下期の学習ポイント

(1)計算問題の配点割合

問題数については，A問題はすべて必須問題で14題（うち1題は情報関連の問題），B問題は3題（必須問題2題と選択問題2題中の1題を解答）を解答する形式となっている．

平成27年以降に出題された問題を計算問題と論説・空白問題に分類し**第11表**に示す．

この間の計算問題の配点は55～65点で，令和4年（上）～令和5年（上）は45点～50点と少なくなっている．

(2)最近の問題の概要

最近9年間に出題された問題を回転機，変圧器など，パワーエレクトロニクス，電動機応用，照明，電熱，電気化学，自動制御および情報に分類し，その内容について調査した．

①回転機（直流機，誘導機，同期機）

平成27年以降に出題された問題を学習テーマ別に分類し**第12表**に示す．この範囲からはA問題5～7題，B問題1題が出題されており，

第11表　電験3種「機械」の計算問題の配点

		問題数		配点		計算問題の配点
		計算問題	論説・空白問題	計算問題	論説・空白問題	
H27	A	7	7	35	35	65点*
	B（必須）	2	0	20	0	
	B（選択）	1	1	10	10	
H28	A	6	8	30	40	55点
	B（必須）	1.5	0.5	15	5	
	B（選択）	2	0	20	0	
H29	A	7	7	35	35	60点
	B（必須）	1.5	0.5	15	5	
	B（選択）	2	0	20	0	
H30	A	7	7	35	35	60点*
	B（必須）	1.5	0.5	15	5	
	B（選択）	1.5	0.5	15	5	
R1	A	7	7	35	35	65点
	B（必須）	2	0	20	0	
	B（選択）	2	0	20	0	
R2	A	7	7	35	35	60点
	B（必須）	1.5	0.5	15	5	
	B（選択）	1.5	0.5	15	5	
R3	A	9	5	45	25	65点
	B（必須）	2	0	20	0	
	B（選択）	0.5	1.5	5	15	
R4（上）	A	4	10	20	50	45点
	B（必須）	1.5	0.5	15	5	
	B（選択）	2	0	20	0	
R4（下）	A	4	10	20	50	45点
	B（必須）	1.5	0.5	15	5	
	B（選択）	1	1	10	10	
R5（上）	A	6	8	30	40	50点
	B（必須）	1	1	10	10	
	B（選択）	2	0	20	0	

【注1】　B問題は選択問題を含み4題出題され，そのうち3題を解答する．
【注2】　配点は，A問題は1題あたり5点，B問題は1題あたり10点で，満点は100点である．
【注3】　*印は，B問題で計算問題を選択した場合．

非常に配点割合の高い分野である．

令和5年（上）は，A問題6題が出題された．

②変圧器など

平成27年以降に出題された問題を分類し**第13表**に示す．この範囲では変圧器がA問題とB問題の合計で1～2題出題されることが多い．

令和5年（上）は，変圧器のA問題2題，B問題1題が出題された．

③パワーエレクトロニクス

平成27年以降に出題された問題を分類し**第14表**に示す．この範囲からはA問題1～2題とB問題が1題出題されることが多い．

令和5年（上）は，A問題とB問題が1題ずつ出題された．

④電動機応用

平成27年以降に出題された問題を分類し，**第15表**に示す．最近はA問題が1題出題されることが多い．

令和5年（上）は，A問題2題が出題された．

⑤照　明

平成27年以降に出題された問題を分類し**第16表**に示す．A問題または選択のB問題が1題出題されることが多い．

令和5年（上）は，A問題1題が出題された．

⑥電　熱

平成27年以降に出題された問題を分類し**第17表**に示す．A問題または選択のB問題が1題出題されることが多い．

令和5年（上）は，選択のB問題1題が出題された．

⑦電気化学

平成27年以降に出題された問題を分類し**第18表**に示す．1～2年おきにA問題が1題出題される傾向にある．

令和5年（上）は出題されなかった．

⑧自動制御

平成27年以降に出題された問題を分類し**第19表**に示す．最近はA問題1題か，必須または選択のB問題が1題出題される傾向にある．

第12表　回転機の出題推移

項目			H27	H28	H29	H30	R1	R2	R3	R4(上)	R4(下)	R5(上)
計算問題	直流機	直流機の誘導起電力	A									
		他励電動機・発電機の諸特性			A	A	A	A				A
		分巻電動機・発電機の諸特性		A					A			
		直巻電動機の諸特性							A			
	誘導機	二次入力：二次銅損：出力 $=1:s:(1-s)$			A	A	A	B			A	
		出力とトルクの関係　$P_{\mathrm{m}}=\omega T$		A				B				A
		比例推移	B		B							
		Y-△始動方式								A		
	同期機	同期発電機の誘導起電力						A		A		A
		短絡比・同期インピーダンス	A		A				A		A	
		同期発電機のベクトル図，回路計算	A	B		A						
		同期電動機のベクトル図，回路計算						A				
		同期発電機の並行運転					B					
		同期電動機の特性					A					
論説・空白問題	全般	各種電気機械の特徴（変圧器を含む）	A	A	A	A	A				A	
	直流機	直流機の構造									A	A
		直流発電機の電機子反作用					A					
		直流機の補極・補償巻線		A								
		直流発電機の基本特性	A			A						
		直流電動機のトルク・回転速度特性								A		
		直流電動機の始動・速度制御・制動			A			A	A	A		
	誘導機	誘導電動機の基本特性		A						A		A
		誘導電動機の回路定数の測定法						A				
		かご形と巻線形の特徴・比較	A						A	A	A	
		誘導電動機の始動・速度制御				A	A		A	A		
		誘導電動機のインバータ駆動										
	同期機	同期発電機の並列運転			A					A		
		同期発電機の短絡比										A
		同期発電機の構造				A						
		同期発電機の電機子反作用										
		同期電動機の基本特性										
		同期電動機のV曲線		A						A	A	
		同期電動機の始動法							A			
	その他	ブラシレスDCモータ，ステッピングモータ，交流整流モータの概要				A	A	A	A	A	A	

【注】　出題問題数はA問題14題，B問題4題（選択を含む）.

令和5年（上）は，A問題1題が出題された.

⑨情　報

平成27年以降に出題された問題を分類し**第20表**に示す．最近はA問題1題と選択のB問題1題が出題される傾向にある.

令和5年（上）は，A問題1題と選択のB問題1題が出題された.

(3)2023年（下）に向けた学習ポイント

令和3年までは過去問題と同一問題は基本的に出題されたことがなかったが，令和4年（上）から同一問題が出題され始め，令和5年（上）では，A問題14題中の11題が，B問題4題中の2題が同一問題であった.

第13表　変圧器などの出題推移

項目			H27	H28	H29	H30	R1	R2	R3	R4(上)	R4(下)	R5(上)
計算問題	変圧器	等価回路				B		A		A		
		電圧変動率 $\varepsilon = p\cos\theta + q\sin\theta$				B			A			
		損失・効率		A	A				B		A	A
		各種結線の基本特性	A		A							
		並列運転時の循環電流					A					
		単相単巻変圧器				A						B
論説・空白問題	変圧器	変圧器の損失						A			A	
		並行運転の条件										A
		各種変圧器の構造・特徴		A						A		
		変圧器の温度上昇試験法					A					
		三相変圧器の角変位	A									
	電力用コンデンサ	基本特性，直列リアクトルの使用目的など			A							

【注】 出題問題数はA問題14題，B問題4題（選択を含む）．

第14表　パワーエレクトロニクスの出題推移

項目		H27	H28	H29	H30	R1	R2	R3	R4(上)	R4(下)	R5(上)
計算問題	単相整流回路の出力		B					B			
	交流電力調整回路の出力，負荷消費電力の計算			B							
	電圧形インバータの動作						B		B	B	
	直流電動機のチョッパ駆動回路										
	直流チョッパの通流率，出力	A	A		B	B		A			
論説・空白問題	半導体素子の概要			A			A				A
	単相整流回路の結線図・波形			A		A					
	直流チョッパの概要・PWM制御方式				B				A		
	交流電力調整回路	A		B						A	
	インバータ回路の概要，PWM制御方式	A			A		B			B	B
	太陽光発電システムの概要	A	A			A					

【注】 出題問題数はA問題14題，B問題4題（選択を含む）．＊印はB問題の選択問題．

第15表　電動機応用の出題推移

項目		H27	H28	H29	H30	R1	R2	R3	R4(上)	R4(下)	R5(上)
計算問題	慣性モーメント・はずみ車効果						A	A			
	ポンプ用動力	A			A					A	
	巻上機・エレベータ用動力		A			A			A		
	いろいろな負荷の速度-トルク特性			A							
	減速機										A
論説・空白問題	電動機トルクと負荷トルクの関係						A	A			A

【注】 出題問題数はA問題14題，B問題4題（選択を含む）．

第16表　照明の出題推移

項目		H27	H28	H29	H30	R1	R2	R3	R4(上)	R4(下)	R5(上)
計算問題	光度と輝度の関係										
	点光源による直射照度	B		B*	B*					B*	
	光束法による照度計算			B*			A				
論説・空白問題	測光量の単位・定義										A

【注】 出題問題数はA問題14題，B問題4題（選択を含む）．＊印はB問題の選択問題．

第17表　電熱の出題推移

項目		H27	H28	H29	H30	R1	R2	R3	R4(上)	R4(下)	R5(上)
計算問題	熱回路のオームの法則・熱抵抗						A	B*			B*
	加熱電力		B*			B*			B*		
	ヒートポンプの成績係数(COP)		B*			B*			B*		
論説・空白問題	ステファン・ボルツマンの法則							B*			
	誘電加熱の原理・特徴	A									
	誘導加熱の原理・特徴			A						A	
	熱の伝達方式：放射と対流	A									

【注】 出題問題数はA問題14題，B問題4題（選択を含む）．＊印はB問題の選択問題．

第18表　電気化学の出題推移

項目		H27	H28	H29	H30	R1	R2	R3	R4(上)	R4(下)	R5(上)
	各種電池の概要		A		A			A	A		

【注】 出題問題数はA問題14題，B問題4題（選択を含む）．

第19表　自動制御の出題推移

項目		H27	H28	H29	H30	R1	R2	R3	R4(上)	R4(下)	R5(上)
計算問題	ブロック線図の等価変換				A				B		
	電気回路の伝達関数									B	
	一次遅れ要素のボード線図	B*					B*	A		B	
	一次遅れ要素のステップ応答					A					A
	安定判別・ナイキスト線図								B		
	シーケンス設計				B*						
論説・空白問題	シーケンス制御系，フィードバック制御系の概要										
	シーケンス図の概要				B*						
	PID調節計の概要		A								

【注】 出題問題数はA問題14題，B問題4題（選択を含む）．＊印はB問題の選択問題．

第20表　情報の出題推移

項目		H27	H28	H29	H30	R1	R2	R3	R4(上)	R4(下)	R5(上)
計算問題	論理回路の真理値表，論理式	A	B*		A	B*	A		B*		
	マイクロプロセッサの動作										B*
	2進数，8進数，10進数，16進数		A	A		A		A			
論説・空白問題	プログラミング			B*			B*			B*	A
	非同期式カウンタ回路										
	コンピュータの構成と概要	B*									
	ROMとRAMなどメモリの種類と概要	B*									
	フリップフロップ回路の特性							B*			
	電気通信方式の概要								A	A	
	メカトロ技術の概要								A	A	

【注】 出題問題数はA問題14題，B問題4題（選択を含む）．＊印はB問題の選択問題．

①直流機

rank A

- 直流発電機の，誘導起電力の基本公式 $E=K\phi N$ $(K=pZ/60a)$ を用いて解く計算問題
- 他励電動機の運転特性に関する計算問題
- 他励発電機の運転特性に関する計算問題
- 分巻電動機の運転特性に関する計算問題

rank B

- 分巻発電機の運転特性に関する計算問題
- 直流発電機の電機子反作用に関する論説・空白問題
- 直流機の補極・補償巻線に関する論説・空白問題

rank C

- 直流機の構造および動作原理に関する論説・

空白問題
- 他励，分巻，直巻，複巻の各形式の直流機の特徴に関する論説・空白問題
- 直流電動機の速度制御法に関する論説・空白問題
- 直巻電動機の特徴，用途に関する論説・空白問題

②誘導機

rank A
- 同期速度，滑りに関する計算問題
- 誘導電動機の二次回路において，二次入力:機械出力:二次銅損＝1:(1−s):sになることを用いて解く計算問題
- 巻線形誘導電動機の比例推移に関する計算問題
- インバータで駆動する誘導電動機の計算問題

rank B
- 誘導電動機の等価回路に関する計算問題
- 誘導電動機のY-△起動法に関する計算問題
- 特殊かご形誘導電動機に関する論説・空白問題
- インバータ駆動誘導電動機の制御方式に関する論説・空白問題

rank C
- 誘導電動機の出力とトルクに関する基本公式（$P_m=\omega T$）を用いて解く計算問題
- 誘導電動機の始動に関する論説・空白問題
- 誘導電動機の速度制御法に関する論説・空白問題
- 誘導発電機の特徴に関する論説・空白問題

③同期機

rank A
- 同期発電機の無負荷飽和曲線および短絡曲線から短絡比や同期インピーダンスを求める計算問題
- 同期発電機のベクトル図を用いた誘導起電力の計算問題
- 同期発電機機の電機子反作用に関する論説・空白問題

rank B
- 同期発電機の並行運転に関する計算問題
- 同期電動機の等価回路とベクトル図に関する問題
- 同期電動機のV曲線に関する論説・空白問題
- 同期電動機の始動法に関する論説・空白問題

rank C
- 同期発電機の誘導起電力の公式$E=4.44Kf\phi N$を用いた計算問題
- 回転界磁形と回転電機子形の同期発電機に関する論説・空白問題
- 同期発電機を並行運転する場合の条件に関する論説・空白問題
- 同期発電機の自己励磁現象に関する論説・空白問題
- ブラシレスDCモータの構造，特徴
- 交流整流子モータの構造，特徴
- ステッピングモータの構造，特徴

④変圧器など

rank A
- 変圧器の誘導起電力の公式$E=4.44fN\phi$を用いた計算問題
- 変圧器の電圧変動率の公式（$\varepsilon=p\cos\theta+q\sin\theta$）を用いて解く計算問題
- 変圧器の試験結果から変圧器のインピーダンスなどを求める計算
- 変圧器の並行運転に関する計算問題
- 変圧器の損失に関する論説・空白問題

rank B
- 変圧器の等価回路に関する計算問題
- 三相変圧器の結線（Y，△，V）に関する計算問題
- 変圧器の電圧変動率の定義に関する空白問題
- 電圧または周波数の変化が鉄損の増減に及ぼす影響に関する論説・空白問題
- 三相変圧器の角変位に関する論説・空白問題

rank C
- 変圧器の最大効率に関する計算問題
- 単相単巻変圧器に関する計算問題
- 変圧器の並行運転に関する論説・空白問題
- 変圧器の騒音の発生源および対策に関する論説・空白問題

- 防災変圧器に関する論説・空白問題
- 避雷器の機能，技術用語などに関する論説・空白問題
- 遮断器の種類，構造，消弧原理などに関する論説・空白問題

⑤パワエレ

rank A

- 半波整流回路および全波整流回路の結線図，電圧・電流波形に関する問題
- 各種チョッパの出力の計算問題
- 各種チョッパの回路構成，動作原理などに関する論説・空白問題

rank B

- 半波整流回路および全波整流回路の直流側の平均電圧の計算問題
- 交流電力調整回路に関する論説・空白問題
- 太陽光発電システムに関する論説・空白問題

rank C

- パワエレ用半導体素子の名称，図記号，特徴，使用上の留意事項などに関する論説・空白問題
- サイクロコンバータに関する論説・空白問題
- インバータ回路の動作原理，制御方法（PWM制御）などに関する論説・空白問題

⑥電動機応用

rank A

- 慣性モーメントに関する計算問題
- 揚水ポンプの所用動力に関する計算問題
- 送風機の所用動力に関する計算問題

rank B

- 電動機が安定運転する場合の電動機の発生トルクと負荷トルクの関係に関する計算問題
- 負荷のトルク－回転速度特性に関する論説・空白問題
- 電気ブレーキに関する論説・空白問題

rank C

- 巻上機用電動機の所用動力を計算する問題
- エレベータ用電動機の所用動力を計算する問題
- 天井クレーンに関する計算問題

⑦照　明

rank A

- 直線光源による直射照度の照度計算
- 光束発散度と輝度の関係式（$M=\pi L$）を用いる計算問題
- 光束法を用いて道路面などの照度を求める問題
- LEDに関する論説・空白問題

rank B

- 光度と輝度の関係を求める計算問題
- ハロゲン電球の特徴に関する論説・空白問題
- HIDランプの特徴に関する論説・空白問題

rank C

- 点光源による直射照度の計算問題
- 配光を示す式が与えられた場合の照度計算問題
- 反射，透過に関する計算問題

⑧電　熱

rank A

- 水の加熱に要する電力量を求める計算問題
- 金属の溶解に必要な電力量を求める計算問題
- 誘導加熱・誘電加熱などのいろいろな電気加熱方式に関する論説・空白問題

rank B

- 電熱線の表面電力密度に関する計算問題
- ヒートポンプの成績係数に関する計算問題
- ヒートポンプに関する論説・空白問題

rank C

- 熱回路のオームの法則に関する計算問題
- 電熱線の設計方法に関する計算問題
- ステファン・ボルツマンの法則に関する論説・空白問題

⑨電気化学

rank A

- 燃料電池に関する計算問題
- 電気分解に関する論説・空白問題
- 各種電池の構造，使用材料，公称電圧，特徴などの論説・空白問題

rank B

- ファラデーの法則を用いて，電気分解に必要な電気量および電気分解による析出量を求める計算問題
- 燃料電池の種類と特徴に関する論説・空白問題

rank C

- 鉛蓄電池に関する計算問題
- 界面電気現象（電気泳動，電気浸透，電気透析）に関する論説・空白問題

⑩自動制御

rank A

- ブロック線図の等価変換に関する計算問題
- 周波数伝達関数について，与えられた位相角になるときの角周波数を求める計算問題
- ナイキスト線図による安定判別法に関する論説・空白問題
- ボード線図による安定判別法に関する論説・空白問題

rank B

- 電気回路の周波数伝達関数または伝達関数を求める計算問題
- 二次遅れ伝達関数の一般式に関する問題
- 一次遅れ周波数伝達関数のボード線図に関する計算問題
- フィードバック制御系の構成要素，特徴などに関する論説・空白問題

rank C

- 一次遅れ伝達関数のステップ応答に関する計算問題
- PID調節計に関する論説・空白問題
- サーボ機構に関する論説・空白問題
- 演算増幅器に関する論説・空白問題および計算問題

⑪情　報

rank A

- 論理回路の論理式，真理値表に関する計算問題
- 論理回路のタイムチャートに関する問題
- 2進数，8進数，10進数，16進数に関する問題

rank B

- フリップフロップ回路に関する論説・空白問題
- コンピュータの構成および各種ICメモリに関する論説・空白問題
- 非同期式カウンタ回路に関する論説・空白問題

rank C

- MTBF，MTTRに関する計算問題
- マイクロプロセッサに関する計算問題
- プログラミングに関する計算問題

法規　出題傾向と2023年下期の学習ポイント

⑴計算問題の配点割合

全体の問題数は，A問題10題，B問題3題となっており，A問題の数がほかの科目より少ない.

そのため配点もほかの科目とは異なり，A問題が1題当たり6点で合計60点，B問題は13点の問題が2題，14点の問題が1題で合計40点になっている.

平成27年以降に出題された問題を，計算問題と論説・空白問題に分類し，**第21表**に示す.

法規の計算問題の配点は27点から46点と年によって大きな差があるが，令和5年度（上）は46点であった.

⑵最近の問題の概要

最近9年間に出題された問題を計算問題と論説・空白問題に大別し，その内容を調査した.

第21表　電験３種「法規」の計算問題の配点

		問題数		配点		計算問題の配点
		計算問題	論説・空白問題	計算問題	論説・空白問題	
H27	A	0	10	0	60	40点
	B	3	0	40	0	
H28	A	0	10	0	60	27点
	B	2	1	27	13	
H29	A	0	10	0	60	34点
	B	2.5	0.5	34	6	
H30	A	0	10	0	60	40点
	B	3	0	40	0	
R1	A	0	10	0	60	40点
	B	3	0	40	0	
R2	A	1	9	6	54	27点
	B	1.5	1.5	21	19	
R3	A	0	10	0	60	40点
	B	3	0	40	40	
R4(上)	A	1	9	6	54	46点
	B	3	0	40	40	
R4(下)	A	0	10	0	60	40点
	B	3	0	40	0	
R5(上)	A	1	9	6	54	46点
	B	3	0	40	0	

【注】　配点は，A問題は１題あたり６点，B問題は１題あたり13点または14点で，満点は100点である．

①計算問題

平成27年以降に出題された計算問題を学習項目別に分類し**第22表**に示す．

計算問題は，電気設備に関する技術基準を定める省令（以下，「電技」と表す）および電気設備技術基準の解釈（以下，「電技解釈」と表す）の規定に関するものと，施設管理に関するものに大別される．

令和５年（上）は，施設管理に関するA問題が１題，電技解釈に関するB問題が２題，施設管理に関するB問題が１題出題された．

②論説・空白問題

法規の論説・空白問題は，次の３種類に大別される．

(ア)　電気事業法，電気工事士法，電気用品安全法および電気工事業の業務の適正化に関する法律に関するもの

(イ)　電技および電技解釈に関するもの

(ウ)　施設管理・保守などに関するもの

平成27年以降に出題された問題を分類し第

第22表　法規の計算問題の出題推移

	項目	H27	H28	H29	H30	R1	R2	R3	R4(上)	R4(下)	R5(上)
技術基準	絶縁抵抗・絶縁耐力試験		B				A，B	B	B		
	B種接地抵抗					B					B
	風圧荷重				B						B
	支線の強度	B						B			
	電線のたるみ	B								B	
	低圧屋内幹線，過電流遮断器の許容電流					B					
	低圧屋内配線用電線の許容電流	B		B							
施設管理	需要率・不等率・負荷率							B	B		B
	コンデンサによる力率改善	B				B					
	調整池式水力発電所，流込式水力発電所								B		
	自家発電設備の逆送電力			B							
	変圧器の全日効率など				B					B	
	高圧配電線の電圧降下				B						
	高低圧配電線の地絡故障		B			B				B	B
	低圧配電線の短絡電流			B							
	過電流継電器（OCR）の整定			B					A		
	高圧進相コンデンサの施設					B					
	高圧需要家から流出する高調波電流						B				
	負荷電力の制御										A

【注】　出題問題数はA問題10題，B問題３題

第23表　電気事業法，電気工事士法および電気用品安全法に関する論説・空白問題の出題推移

項　　目	H27	H28	H29	H30	R1	R2	R3	R4(上)	R4(下)	R5(上)
定義（事業法2条），事業の登録（事業法2条の2），供給能力の確保（事業法2条の12），事業の許可（事業法3条）					A					
推進機関の指示（事業法28条の44）								A		
供給命令等（事業法31条）								A		
電気工作物の定義（電気事業法第38条），電気工作物から除かれる工作物（同法施行令第1条），一般用電気工作物の範囲（同法施行規則第48条）	A		A	A, A					A	
技術基準への適合（事業法39・40条）			A			B				
保安規程（事業法42条，規則50条）		A		A				A	A	
主任技術者の選任（事業法43条，規則52条）		A	A	A		A				A
工事計画の認可等（事業法47条，規則62条）				A						
工事計画の事前届出（事業法48条，規則65・66条）			A							
使用前安全管理検査（事業法51条）			A		A					
設置者による事業用電気工作物の自己確認（事業法51条の2，規則74条）				A						
調査の義務（事業法57条）							A	A		
報告の徴収（事業法106条）								A		
定義（事業法規則1条）										
免状の種類による監督の範囲（事業法規則56条）						A				
電圧及び周波数の値（事業法規則38条）										
定義，事故報告（報告規則1・3条）						A, B				A
電気工事士法の概要（工事士法1～3条）			A							
電気用品安全法の概要（用品安全法1～3条）	A									
電気工事業の業務の適正化に関する法律の概要（工事業法1～3条）							A			

【注】 出題問題数はA問題10題，B問題3題.

23表～第26表に示す.

(ア)　電気事業法などに関する問題

この範囲からは，毎年A問題が2～5題出題されている.

令和5年（上）は，A問題2題が出題された.

(イ)　電技および電技解釈に関する問題

(i)　電技

電技の出題数は，1～2題であることが多い.

令和5年（上）は，A問題3題が出題された.

(ii)　電技解釈

電技解釈はA問題が3～4題程度出題されることが多く，令和5年（上）も，A問題4題が出題された.

なお，学習の際，電技解釈は平成23年7月に大きな改正が行われていることに注意が必要である.

(ウ)　その他

第26表のように，出題テーマは風力用発電設備に関する技術基準を定める省令および高圧受電設備の設備構成，保護協調および保守・点検などに関するものが多い．最近はA問題が1題出題されることが多いが，令和5年（上）は出題されなかった.

(3)2023年（下）に向けた学習ポイント

これまで過去問題と同一問題は基本的に出題されたことがなかったが，令和5年（上）では，A問題10題中の8題が，B問題はすべての問題が同一問題であった.

過去問題の学習において，電技および電技解釈については，次の点を考慮した学習が必要である.

(i)　電技は，平成9年に大きな改正が行われ，現行の電技と電技解釈の二本立てになった．また，それらの条文や規定内容に関する問題は翌年の平成10年から出題されるようになった.

第24表　技術基準に関する論説・空白問題で出題された条文

技術基準の構成				出題された条文									
				H27	H28	H29	H30	R1	R2	R3	R4(上)	R4(下)	R5(上)
技術基準	第1章	定義	1・2条						1				
		保安原則	4～18条					4,5,8,16,18	5		15の2	9	14
		公害等の防止	19条			19							
	第2章	感電，火災等の防止	20～27条	27					27	27の2		25	
		他の電線，他の工作物等への危険の防止	28～31条				30						
		支持物の倒壊による危険の防止	32条					32					32
		高圧ガス等による危険の防止	33～35条			33							
		供給支障の防止	44～51条	49			47						
	第3章	感電，火災等の防止	56～61条		56	56,57							57
		他の配線，他の工作物等への危険の防止	62条			62							
		異常時の保護対策	63～66条				63,64 65,66						
		電気的，磁気的障害の防止	67条								67		
		特殊場所における施設制限	68～73条							68,69			
		特殊機器の施設	74～78条		74								

【注】　出題問題数はA問題10題，B問題3題．

(ii)　電技解釈は平成23年7月に大きな改正が行われている．

①計算問題

rank A

- B種接地およびD種接地に関し，低圧の機械器具が地絡を起こしたときの，低圧の機械器具のケース電圧を求める計算問題
- 電技解釈第66条に基づいて電線を施設するときの電線のたるみを求める計算問題
- 電技解釈第146条に基づいて，低圧配線の許容電流を求める計算問題
- コンデンサによる力率改善に関する計算問題
- 高圧需要家から配電線へ流出する高調波電流の計算問題

rank B

- 電技解釈第61条，第62条に基づいて支線の強度を求める計算問題
- 電技解釈第148条に基づいて，電線の許容電流および過電流遮断器の定格電流を求める計算問題
- 負荷持続曲線から日負荷率を求める計算問題
- 変圧器の全日効率を求める計算問題
- 高低圧配電線の一線地絡または三相短絡故障電流を求める計算
- 過電流継電器の整定に関する計算問題

rank C

- 電技第22条に基づいて，低圧電路の許容漏えい電流および絶縁抵抗を求める計算問題
- 電技解釈第15条，第16条に基づいて絶縁耐力試験電圧を求める計算問題
- 電技解釈第17 条（接地工事の種類及び施設方法）に基づいて，B 種接地抵抗値を求める問題
- 電技解釈第58条に基づいて風圧荷重を求める計算問題
- 調整池式水力発電所の運転に関する計算問題
- 流込式および揚水発電所に関する計算問題
- 自家発電設備の逆送電力を求める計算問題
- 需要率，不等率，負荷率に関する計算問題

②電気事業法，電気用品安全法，電気工事士法などの論説・空白問題

rank A

- 電気事業法第1条【目的】

第25表　技術基準の解釈に関する論説・空白問題で出題された条文

電気設備技術基準の解釈			出題された条文									
			H27	H28	H29	H30	R1	R2	R3	R4(上)	R4(下)	R5(上)
第1章	総則	1～37条の2	24	16,19 21,24 28,36	1	17	17,18	1,16	14 37	17,29 37		16
第2章	発電所並びに変電所，開閉所及びこれらに準ずる場所の施設	38～48条	47	44,46	52	38	47		42			
第3章	電線路	49～133条	68,71 79	117 125		53	68,74	120	70	49 111	68 80	125
第5章	電気使用場所の施設及び小出力発電設備	142～200条	176	171 191 192	148	153	168	150,156 189,198 199の2	143	187	162 168	143
第8章	分散型電源の系統連系設備	220～232条	220		227	229	220,225 226,227	229	226 228		221 222	226 228

【注】　A問題は問1～問10の10題，B問題は問11～問13の3題．

第26表　その他の範囲からA問題として出題された論説・空白問題

項　　目	H27	H28	H29	H30	R1	R2	R3	R4(上)	R4(下)	R5(上)
電力の供給力，供給予備力					A					
電気事業の広域的運用									A	
高圧受電設備の保護装置・保護協調						B	A			
変流器（CT）の取扱い上の注意事項	A									
高圧受電設備の停電作業の操作手順									A	
発電用風力設備に関する技術基準			A					A		
ネガワット取引の概要				A						

【注】　出題問題数はA問題10題，B問題3題．

- 電気事業法第38条【定義】
- 電気事業法第42条【保安規程】
- 電気事業法第47条，第48条【工事計画】
- 電気事業法施行規則第1条【定義】
- 電気事業法施行規則第38条【電圧及び周波数の値】
- 電気事業法施行規則第50条【保安規程】
- 電気事業法施行規則第96条【一般用電気工作物の調査】
- 電気関係報告規則第3条，第3条の2【事故報告】
- 電気工事士法第1条【目的】
- 電気工事士法第2条【用語の定義】
- 電気工事士法第3条【電気工事士等】
- 電気工事士法施行令第1条【軽微な工事】
- 電気工事士法施行規則第1条の2【自家用電気工作物から除かれる電気工作物】
- 電気工事士法施行規則第2条【軽微な作業】
- 電気用品安全法第1条【目的】
- 電気用品安全法第2条【定義】

rank B

- 電気事業法第26条【電圧及び周波数】
- 電気事業法第39条【事業用電気工作物の維持】
- 電気事業法施行令第1条【電気工作物から除かれる工作物】
- 電気事業法施行規則第48条【一般用電気工作物の範囲】
- 電気事業法施行規則第65条【工事計画の事前届出】
- 電気関係報告規則第4条の2【ポリ塩化ビフェニル含有電気工作物に関する届出】
- 電気関係報告規則第5条【自家用電気工作物を設置する者の発電所の出力の変更等の報告】

rank C

- 電気事業法第40条【技術基準適合命令】
- 電気事業法第43条【主任技術者】
- 電気事業法第56条【技術基準適合命令】

- 電気事業法第57条【調査の義務】
- 電気事業法施行規則第52条【主任技術者の選任等】
- 電気事業法施行規則第56条【免状の種類による監督の範囲】
- 電気事業法施行規則第62条，第63条【工事計画の認可等】
- 電気関係報告規則第1条【定義】
- 電気工事士法施行規則第1条の2【自家用電気工作物から除かれる電気工作物】
- 電気工事業の業務の適正化に関する法律第1条【目的】

③技術基準第1章の論説・空白問題

rank A

- 電技第1条【用語の定義】
- 電技第4条【電気設備における感電，火災等の防止】
- 電技第7条【電線の接続】
- 電技第9条【高圧又は特別高圧の電気機械器具の危険の防止】
- 電技第15条【地絡に対する保護対策】
- 電技第19条【公害等の防止】（特に第10項，第14項）

rank B

- 電技第5条【電路の絶縁】
- 電技第6条【電線等の断線の防止】
- 電技第10条【電気設備の接地】
- 電技第11条【電気設備の接地の方法】
- 電技第12条【特別高圧電路等と結合する変圧器等の火災等の防止】
- 電技第13条【特別高圧を直接低圧に変成する変圧器の施設制限】
- 電技第15条の2【サイバーセキュリティの確保】

rank C

- 電技第2条【電圧の種別等】
- 電技第3条【適用除外】
- 電技第8条【電気機械器具の熱的強度】
- 電技第14条【過電流からの電線及び電気機械器具の保護対策】
- 電技第16条【電気設備の電気的，磁気的障害の防止】
- 電技第17条【高周波利用設備への障害の防止】
- 電技第18条【電気設備による供給支障の防止】

④技術基準第2章の論説・空白問題

rank A

- 電技第21条【架空電線及び地中電線の感電の防止】
- 電技第22条【低圧電線路の絶縁性能】
- 電技第28条【電線の混触の防止】
- 電技第29条【電線による他の工作物等への危険の防止】
- 電技第36条【油入開閉器等の施設制限】
- 電技第42条【通信障害の防止】
- 電技第46条【常時監視をしない発電所等の施設】
- 電技第49条【高圧及び特別高圧の電路の避雷器等の施設】

rank B

- 電技第20条【電線路等の感電又は火災の防止】
- 電技第25条【架空電線等の高さ】
- 電技第26条【架空電線による他人の電線等の作業者への感電の防止】
- 電技第30条【地中電線等による他の電線及び工作物への危険の防止】
- 電技第31条【異常電圧による架空電線等への障害の防止】
- 電技第37条【屋内電線路等の施設の禁止】
- 電技第38条【連接引込線の禁止】
- 電技第39条【電線路のがけへの施設の禁止】
- 電技第40条【特別高圧架空電線路の市街地等における施設の禁止】
- 電技第43条【地球磁気観測所等に対する障害の防止】

rank C

- 電技第23条【発電所等への取扱者以外の者の立入の防止】
- 電技第24条【架空電線路の支持物の昇塔防止】
- 電技第27条【架空電線路からの静電誘導作

用又は電磁誘導作用による感電の防止】
- 電技第27条の2【電気機械器具等からの電磁誘導作用による人の健康影響の防止】
- 電技第32条【支持物の倒壊の防止】
- 電技第33条【ガス絶縁機器等の危険の防止】
- 電技第34条【加圧装置の施設】
- 電技第35条【水素冷却式発電機等の施設】
- 電技第41条【市街地に施設する電力保安通信線の特別高圧電線に添架する電力保安通信線との接続の禁止】
- 電技第44条【発変電設備等の損傷による供給支障の防止】
- 電技第45条【発電機等の機械的強度】
- 電技第47条【地中電線路の保護】
- 電技第48条【特別高圧架空電線路の供給支障の防止】
- 電技第50条【電力保安通信設備の施設】
- 電技第51条【災害時における通信の確保】
- 電技第52条【電車線路の施設制限】～第53条など

⑤技術基準第3章の論説・空白問題

rank A

- 電技第56条【配線の感電又は火災の防止】
- 電技第58条【低圧の電路の絶縁性能】
- 電技第59条【電気使用場所に施設する電気機械器具の感電，火災等の防止】
- 電技第62条【配線による他の配線等又は工作物への危険の防止】
- 電技第63条【過電流からの低圧幹線等の保護装置】
- 電技第64条【地絡に対する保護措置】

rank B

- 電技第61条【非常用予備電源の施設】
- 電技第65条【電動機の過負荷保護】
- 電技第66条【異常時における高圧の移動電線及び接触電線における電路の遮断】
- 電技第67条【電気機械器具又は接触電線による無線設備への障害の防止】
- 電技第70条【腐食性のガス等により絶縁性能等が劣化することによる危険のある場所における施設】

rank C

- 電技第57条【配線の使用電線】
- 電技第60条【特別高圧の電気集じん応用装置等の施設の禁止】
- 電技第68条【粉じんにより絶縁性能等が劣化することによる危険のある場所における施設】
- 電技第69条【可燃性のガス等により爆発する危険のある場所における施設の禁止】
- 電技第71条【火薬庫内における電気設備の施設の禁止】
- 電技第72条【特別高圧の電気設備の施設の禁止】
- 電技第73条【接触電線の危険場所への施設の禁止】
- 電技第74条【電気さくの施設の禁止】～第78条など

⑥技術基準の解釈の論説・空白問題

rank A

- 電技解釈第1条【用語の定義】
- 電技解釈第12条【電線の接続法】
- 電技解釈第13条【電路の絶縁】
- 電技解釈第14条【低圧電路の絶縁性能】
- 電技解釈第15条【高圧又は特別高圧の電路の絶縁性能】
- 電技解釈第17条【接地工事の種類及び施設方法】
- 電技解釈第33条【低圧電路に施設する過電流遮断器の性能等】
- 電技解釈第46条【太陽電池発電所の電線等の施設】
- 電技解釈第47条の2【常時監視をしない発電所の施設】
- 電技解釈第58条【架空電線路の強度検討に用いる荷重】
- 電技解釈第146条【低圧配線に使用する電線】
- 電技解釈第148条【低圧幹線の施設】

- 電技解釈第158条【合成樹脂管工事】
- 電技解釈第159条【金属管工事】
- 電技解釈第164条【ケーブル工事】
- 電技第220条【分散型電源の系統連系設備に係る用語の定義】
- 電技解釈第221条【直流流出防止変圧器の施設】

rank B

- 電技解釈第16条【機械器具等の電路の絶縁性能】
- 電技解釈第21条【高圧の機械器具の施設】
- 電技解釈第23条【アークを生じる器具の施設】
- 電技解釈第28条【計器用変成器の2次側電路の接地】
- 電技解釈第29条【機械器具の金属性外箱等の接地】
- 電技解釈第32条【ポリ塩化ビフェニル使用電気機械器具及び電線の施設禁止】
- 電技解釈第36条【地絡遮断装置の施設】
- 電技解釈第49条【電線路に係る用語の定義】
- 電技解釈第61条【支線の施設方法及び支柱による代用】
- 電技解釈第66条【高低圧架空電線の引張強さに対する安全率】
- 電技解釈第71条【低高圧架空電線と建造物との接近】
- 電技解釈第110条【低圧屋側電線路の施設】
- 電技解釈第120条【地中電線路の施設】
- 電技解釈第149条【低圧分岐回路等の施設】
- 電技解釈第168条【高圧配線の施設】
- 電技解釈第192条【電気さくの施設】

rank C

- 電技解釈第18条【工作物の金属体を利用した接地工事】
- 電技解釈第34条【高圧又は特別高圧の電路に施設する過電流遮断器の性能等】
- 電技解釈第37条【避雷器等の施設】
- 電技解釈第38条【発電所等への取扱者以外の者の立入の防止】
- 電技解釈第42条【発電機の保護装置】
- 電技解釈第52条【架空弱電線路への誘導作用による通信障害の防止】
- 電技解釈第53条【架空電線路の支持物の昇塔防止】
- 電技解釈第70条【低圧保安工事及び高圧保安工事】
- 電技解釈第111条【高圧屋側電線路の施設】
- 電技解釈第116条【低圧架空引込線等の施設】
- 電技解釈第125条【地中電線と他の地中電線等との接近又は公差】
- 電技解釈第142条【電気使用場所の施設及び小出力発電設備に係る用語の定義】
- 電技解釈第143条【電路の対地電圧の制限】
- 電技解釈第150条【配線器具の施設】
- 電技解釈第153条【電動機の過負荷保護装置の施設】
- 電技解釈第156条【低圧屋内配線の施設場所による工事の種類】
- 電技解釈第165条【特殊な低圧屋内配線工事】
- 電技解釈第226条【低圧連系時の施設要件】
- 電技解釈第227条【低圧連系時の系統連系用保護装置】
- 電技解釈第228条【高圧連系時の施設要件】
- 電技解釈第229条【高圧連系時の系統連系用保護装置】

⑦施設管理などの論説・空白問題

rank A

- 発電用太陽電池設備に関する技術基準の条文
- 高圧受電設備の受電方式，設備構成，単線結線図に関する論説・空白問題
- 高圧受電設備に使用される機材の名称，機能などに関する論説・空白問題
- 高圧受電設備の各種点検（日常点検，定期点検，精密点検など）の点検項目，点検方法などに関する論説・空白問題

rank B

- 高圧ケーブルの劣化診断に関する論説・空白問題
- 高圧受電設備の高調波対策に関する論説・空

白問題

- 変圧器絶縁油の劣化診断に関する論説・空白問題
- 変流器（CT），計器用変圧器（VT）の取り扱い上の注意事項に関する論説・空白問題

rank C

- 発電用風力設備に関する技術基準の条文
- 接地抵抗の測定法に関する論説・空白問題
- 高圧受電設備の過電流保護協調に関する論説・空白問題
- 高圧受電設備の地絡保護協調に関する論説・空白問題

●資料　過去10回の受験者数・合格者数など（全体）

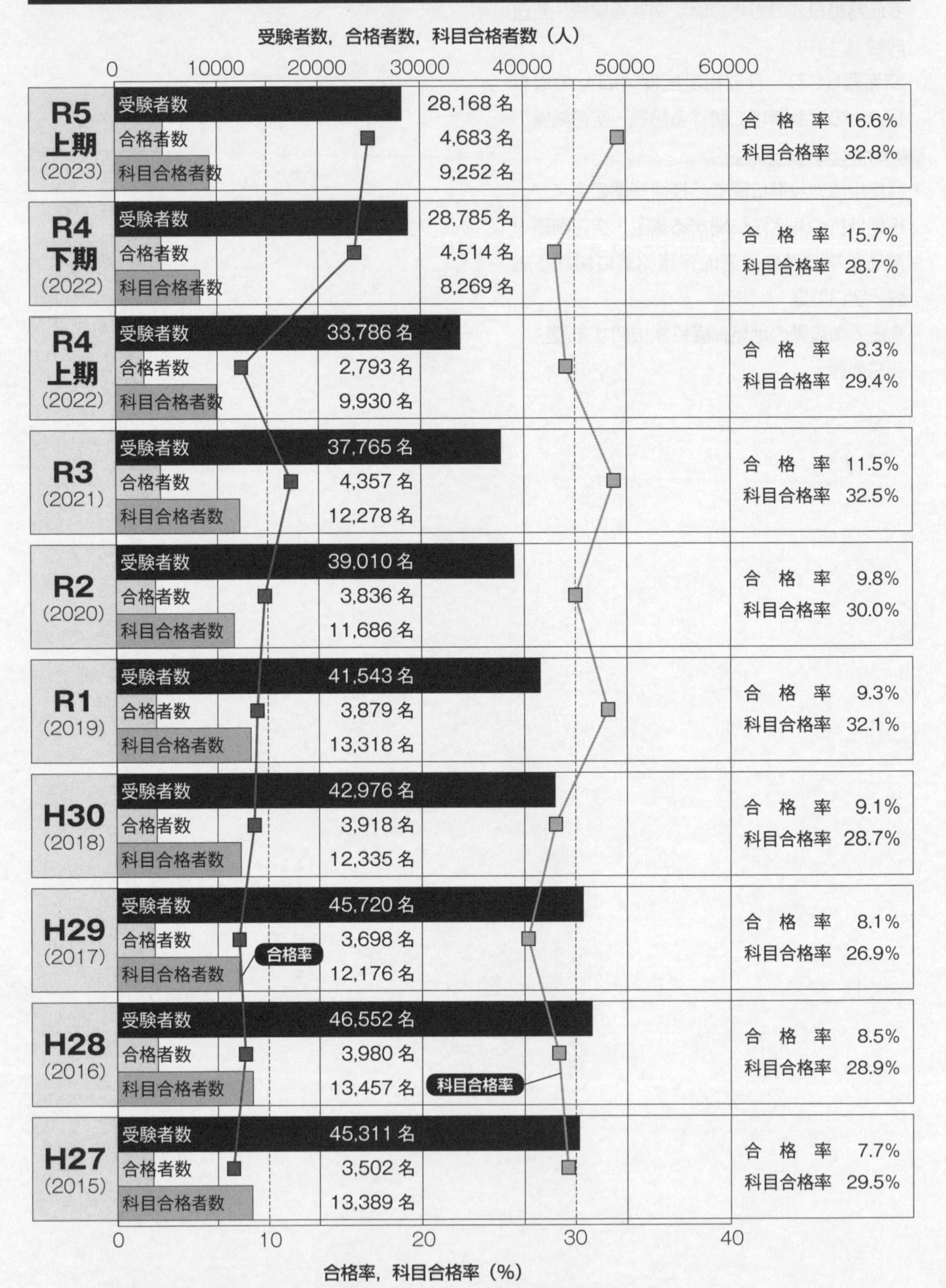

（注）受験者数は1科目以上出席した人の累計
科目合格者数は，4科目のいずれかに合格した人の累計（4科目合格者を除く）

2024年版　電験3種過去問題集

2024年　1月　5日　第1版第1刷発行

編　者　電　気　書　院
発行者　田　中　聡

発 行 所
株式会社 電 気 書 院
ホームページ　www.denkishoin.co.jp
（振替口座　00190-5-18837）
〒101-0051　東京都千代田区神田神保町1-3ミヤタビル2F
電話(03)5259-9160／FAX(03)5259-9162

印刷　日経印刷株式会社
Printed in Japan／ISBN978-4-485-12175-7

書籍の正誤について

万一，内容に誤りと思われる箇所がございましたら，以下の方法でご確認いただきますようお願いいたします．

なお，正誤のお問合せ以外の書籍の内容に関する解説や受験指導などは**行っておりません**．このようなお問合せにつきましては，お答えいたしかねますので，予めご了承ください．

正誤表の確認方法

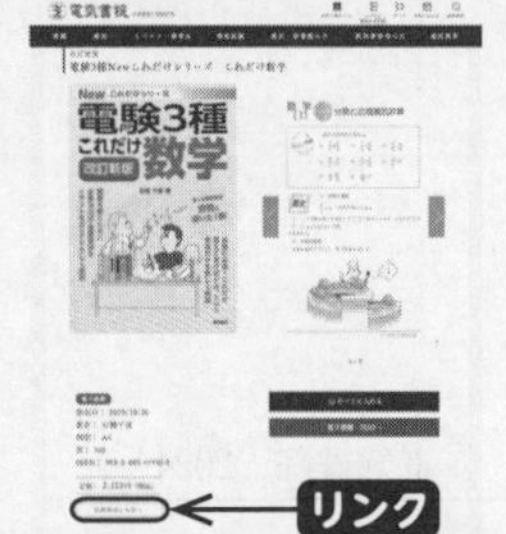

最新の正誤表は，弊社Webページに掲載しております．書籍検索で「正誤表あり」や「キーワード検索」などを用いて，書籍詳細ページをご覧ください．
正誤表があるものに関しましては，書影の下の方に正誤表をダウンロードできるリンクが表示されます．表示されないものに関しましては，正誤表がございません．

弊社Webページアドレス
https://www.denkishoin.co.jp/

正誤のお問合せ方法

正誤表がない場合，あるいは当該箇所が掲載されていない場合は，書名，版刷，発行年月日，お客様のお名前，ご連絡先を明記の上，具体的な記載場所とお問合せの内容を添えて，下記のいずれかの方法でお問合せください．
回答まで，時間がかかる場合もございますので，予めご了承ください．

郵便で問い合わせる
郵送先
〒101-0051
東京都千代田区神田神保町1-3
ミヤタビル2F
㈱電気書院　編集部　正誤問合せ係

FAXで問い合わせる
ファクス番号　**03-5259-9162**

ネットで問い合わせる
弊社Webページ右上の「**お問い合わせ**」から
https://www.denkishoin.co.jp/

お電話でのお問合せは，承れません

（2022年5月現在）

取り外しの方法

この白い厚紙を残して，取り外したい冊子をつかみます.

本体をしっかりと持ち，ゆっくり引っぱってください.

※のりでしっかりと接着していますので，背表紙に跡がつくことがあります.
　取り外しの際は丁寧にお取り扱いください．破損する可能性があります.
　取り外しの際の破損によるお取り替え，ご返品はできません．予めご了承ください.

2024年版 電験3種過去問題集

理論

令和5年度上期～平成27年度
問題と解説・解答

2024年版
電験3種
過去問題集

電

理論

●試験時間…90分
●必要解答数
A問題…14問
B問題…3問（選択問題含む）

令和 5 年度（2023 年）上期　理論の問題

A 問題　配点は 1 問題当たり 5 点

問1　電極板面積と電極板間隔が共に S [m²] と d [m] で，一方は比誘電率が ε_{r1} の誘電体からなる平行平板コンデンサ C_1 と，他方は比誘電率が ε_{r2} の誘電体からなる平行平板コンデンサ C_2 がある．今，これらを図のように並列に接続し，端子 A，B 間に直流電圧 V_0 [V] を加えた．このとき，コンデンサ C_1 の電極板間の電界の強さを E_1 [V/m]，電束密度を D_1 [C/m²]，また，コンデンサ C_2 の電極板間の電界の強さを E_2 [V/m]，電束密度を D_2 [C/m²] とする．両コンデンサの電界の強さ E_1 [V/m] と E_2 [V/m] はそれぞれ (ア) であり，電束密度 D_1 [C/m²] と D_2 [C/m²] はそれぞれ (イ) である．したがって，コンデンサ C_1 に蓄えられる電荷を Q_1 [C]，コンデンサ C_2 に蓄えられる電荷を Q_2 [C] とすると，それらはそれぞれ (ウ) となる．

ただし，電極板の厚さ及びコンデンサの端効果は，無視できるものとする．また，真空の誘電率を ε_0 [F/m] とする．

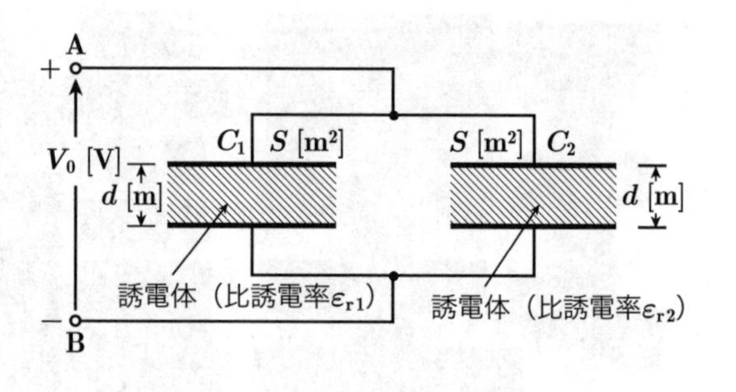

上記の記述中の空白箇所(ア)～(ウ)に当てはまる式の組合せとして，正しいものを次の(1)～(5)のうちから一つ選べ．

	(ア)	(イ)	(ウ)
(1)	$E_1 = \dfrac{\varepsilon_{r1}}{d} V_0$ $E_2 = \dfrac{\varepsilon_{r2}}{d} V_0$	$D_1 = \dfrac{\varepsilon_{r1}}{d} S V_0$ $D_2 = \dfrac{\varepsilon_{r2}}{d} S V_0$	$Q_1 = \dfrac{\varepsilon_0 \varepsilon_{r1}}{d} S V_0$ $Q_2 = \dfrac{\varepsilon_0 \varepsilon_{r2}}{d} S V_0$
(2)	$E_1 = \dfrac{\varepsilon_{r1}}{d} V_0$ $E_2 = \dfrac{\varepsilon_{r2}}{d} V_0$	$D_1 = \dfrac{\varepsilon_0 \varepsilon_{r1}}{d} V_0$ $D_2 = \dfrac{\varepsilon_0 \varepsilon_{r2}}{d} V_0$	$Q_1 = \dfrac{\varepsilon_0 \varepsilon_{r1}}{d} S V_0$ $Q_2 = \dfrac{\varepsilon_0 \varepsilon_{r2}}{d} S V_0$
(3)	$E_1 = \dfrac{V_0}{d}$ $E_2 = \dfrac{V_0}{d}$	$D_1 = \dfrac{\varepsilon_0 \varepsilon_{r1}}{d} S V_0$ $D_2 = \dfrac{\varepsilon_0 \varepsilon_{r2}}{d} S V_0$	$Q_1 = \dfrac{\varepsilon_0 \varepsilon_{r1}}{d} V_0$ $Q_2 = \dfrac{\varepsilon_0 \varepsilon_{r2}}{d} V_0$
(4)	$E_1 = \dfrac{V_0}{d}$ $E_2 = \dfrac{V_0}{d}$	$D_1 = \dfrac{\varepsilon_0 \varepsilon_{r1}}{d} V_0$ $D_2 = \dfrac{\varepsilon_0 \varepsilon_{r2}}{d} V_0$	$Q_1 = \dfrac{\varepsilon_0 \varepsilon_{r1}}{d} S V_0$ $Q_2 = \dfrac{\varepsilon_0 \varepsilon_{r2}}{d} S V_0$
(5)	$E_1 = \dfrac{\varepsilon_0 \varepsilon_{r1}}{d} S V_0$ $E_2 = \dfrac{\varepsilon_0 \varepsilon_{r2}}{d} S V_0$	$D_1 = \dfrac{\varepsilon_0 \varepsilon_{r1}}{d} V_0$ $D_2 = \dfrac{\varepsilon_0 \varepsilon_{r2}}{d} V_0$	$Q_1 = \dfrac{\varepsilon_0}{d} S V_0$ $Q_2 = \dfrac{\varepsilon_0}{d} S V_0$

●試験時間　90分
●必要解答数　A問題14題，B問題3題（選択問題含む）

解1　(a)　コンデンサの電界の強さE_1 [V/m]，E_2 [V/m]

コンデンサC_1，C_2は並列接続で，印加電圧は等しくV_0 [V]，極板間隔はともにd [m]であるから，(a)図より，

$$E_1 = E_2 = \frac{V_0}{d}\,[\mathrm{V/m}] \quad ①$$

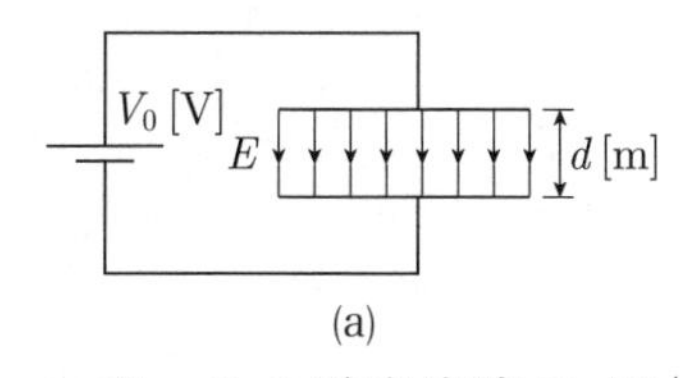

(a)

(b)　コンデンサの電束密度D_1 [C/m²]，D_2 [C/m²]

電束密度Dと電界の強さEの関係は，**ガウスの定理**から次式で与えられる．

$$D = \varepsilon E = \varepsilon_0\varepsilon_r E\,[\mathrm{C/m^2}] \quad ②$$

D_1，D_2は，①式を②式へ代入して，

$$D_1 = \varepsilon_0\varepsilon_{r1}E_1 = \frac{\varepsilon_0\varepsilon_{r1}}{d}V_0\,[\mathrm{C/m^2}] \quad ③$$

$$D_2 = \varepsilon_0\varepsilon_{r2}E_2 = \frac{\varepsilon_0\varepsilon_{r2}}{d}V_0\,[\mathrm{C/m^2}] \quad ④$$

(c)　コンデンサに蓄えられる電荷Q_1 [C]，Q_2 [C]

電束密度D [C/m²]は電荷Q [C]の面積密度であるから，$D = Q/S$の関係より，

$$Q_1 = D_1 S = \frac{\varepsilon_0\varepsilon_{r1}}{d}SV_0\,[\mathrm{C}] \quad ⑤$$

$$Q_2 = D_2 S = \frac{\varepsilon_0\varepsilon_{r2}}{d}SV_0\,[\mathrm{C}] \quad ⑥$$

よって，**求める選択肢は(4)**となる．

〔ここがポイント〕

設問の条件から以下が求められる．

1. **静電容量C_1 [F]，C_2 [F]**
2. **並列合成静電容量C [F]**

$$C = C_1 + C_2 = \frac{\varepsilon_0(\varepsilon_{r1}+\varepsilon_{r2})}{d}S\,[\mathrm{F}]$$

3. **系の静電エネルギーW [J]**

$$W = \frac{1}{2}CV_0^2 = \frac{\varepsilon_0(\varepsilon_{r1}+\varepsilon_{r2})}{2d}SV_0^2\,[\mathrm{J}]$$

別解

問題で与えられた条件から，

(i)　コンデンサC_1，C_2の静電容量[F]
(ii)　コンデンサに蓄えられる電荷Q_1，Q_2 [C]
(iii)　極板間の電束密度D_1，D_2 [C/m²]
(iv)　極板間の電界の強さE_1，E_2 [V/m]

の順に解答してもよい．空白記入問題は，必ずしも順番に解答しなくてもよい．

(i)　コンデンサC_1，C_2の静電容量[F]

与えられた極板間隔，面積，誘電率から，

$$C_1 = \frac{\varepsilon_0\varepsilon_{r1}S}{d},\quad C_2 = \frac{\varepsilon_0\varepsilon_{r2}S}{d} \quad ⑦$$

(ii)　コンデンサに蓄えられる電荷Q_1，Q_2 [C]

公式$Q = CV$より，

$$Q_1 = C_1V_0 = \frac{\varepsilon_0\varepsilon_{r1}S}{d}V_0 \quad ⑧$$

$$Q_2 = C_2V_0 = \frac{\varepsilon_0\varepsilon_{r2}S}{d}V_0 \quad ⑨$$

(iii)　極板間の電束密度D_1，D_2 [C/m²]

$D = Q/S$の関係より，

$$D_1 = \frac{Q_1}{S} = \frac{1}{S}\frac{\varepsilon_0\varepsilon_{r1}}{d}SV_0 = \frac{\varepsilon_0\varepsilon_{r1}}{d}V_0 \quad ⑩$$

$$D_2 = \frac{Q_2}{S} = \frac{1}{S}\frac{\varepsilon_0\varepsilon_{r2}}{d}SV_0 = \frac{\varepsilon_0\varepsilon_{r2}}{d}V_0 \quad ⑪$$

(iv)　極板間の電界の強さE_1，E_2 [V/m]

ガウスの定理より$E = D/\varepsilon$であるから，

$$E_1 = \frac{D_1}{\varepsilon_0\varepsilon_{r1}} = \frac{1}{\varepsilon_0\varepsilon_{r1}}\frac{\varepsilon_0\varepsilon_{r1}}{d}V_0 = \frac{V_0}{d} \quad ⑫$$

$$E_2 = \frac{D_2}{\varepsilon_0\varepsilon_{r2}} = \frac{1}{\varepsilon_0\varepsilon_{r2}}\frac{\varepsilon_0\varepsilon_{r2}}{d}V_0 = \frac{V_0}{d} \quad ⑬$$

よって，⑫，⑬式，⑩，⑪式，⑧，⑨式より**求める選択肢は(4)**となる．

本問は2009年度問1の再出題である．

答　(4)

静電界に関する次の記述のうち，誤っているものを次の(1)～(5)のうちから一つ選べ．

(1)　媒質中に置かれた正電荷から出る電気力線の本数は，その電荷の大きさに比例し，媒質の誘電率に反比例する．

(2)　電界中における電気力線は，相互に交差しない．

(3)　電界中における電気力線は，等電位面と直交する．

(4)　電界中のある点の電気力線の密度は，その点における電界の強さ（大きさ）を表す．

(5)　電界中に置かれた導体内部の電界の強さ（大きさ）は，その導体表面の電界の強さ（大きさ）に等しい．

解2　設問の選択肢を検証する．

(1)　媒質中の誘電率をε [F/m]，正電荷の電荷の大きさをQ [C]とすると，電気力線の本数Nは，$N = Q/\varepsilon$ [本]で表される．Nは**Qに比例**し，**εに反比例する**ので，記述は**正しい**．

(2)　電気力線は(a)図に示すとおり**交差しない**．ゆえに，記述は**正しい**．

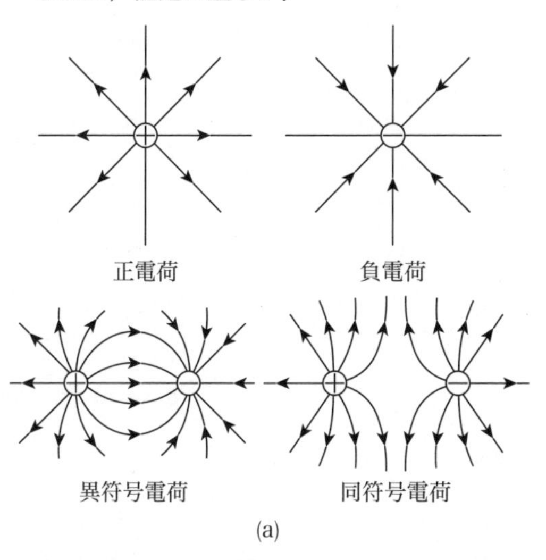

(a)

(3)　電位の等しい点を結んでできる仮想の面を等電位面という．電界に対して直角方向への電荷移動に要する仕事はゼロで，等電位面上で**電位差は生じない**．このため，電界（電気力線）と等電位面は直交する．ゆえに，記述は**正しい**．

(4)　(b)図のように，点電荷Q [C]を囲む半径r [m]の球表面を出る電気力線は，Q/ε [本]である．電気力線密度は電気力線本数Q/εを球の表面積$4\pi r^2$で除して求められ，

$$電気力線密度 = \frac{Q/\varepsilon}{4\pi r^2} = \frac{Q}{4\pi\varepsilon r^2}$$

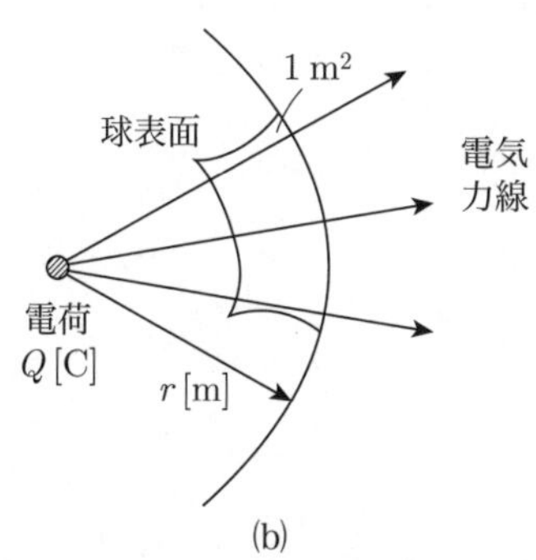

(b)

上記は**その点の電界の強さ**を表しており，記述は**正しい**．

(5)　導体内部に電界は存在しない．ゆえに，記述は**誤り**である．

項目	性質
電気力線	①　電気力線は，**正**の電荷から**出て負**の電荷で**終わる**（孤立正電荷から放射状に発散し，孤立負電荷へ放射状に収束） ②　電気力線は，$+Q$ [C]の電荷からQ/ε [本] **発散**し，$-Q$ [C]の電荷へQ/ε [本] **収束**する ※空間の誘電率：$\varepsilon = \varepsilon_s \varepsilon_0$ [F/m]，ε_0：真空中の誘電率，ε_s：比誘電率 ③　電気力線は互いに**交差しない** ④　電気力線自身は**収縮力**，相互間では互いに**反発力**が働く ⑤　電気力線の**接線方向**は**電界の方向**に等しい ⑥　導体に電気が流れていないとき，電気力線は導体表面に**垂直**に出入りし，**導体内部には存在しない**（導体表面は**等電位面**） ⑦　**電気力線密度**は，**電界の強さ**を表す（1 [本/m²] = 1 [V/m]）
内部電界	**導体内の電界は0**

よって，**求める選択肢は(5)**となる．

〔ここがポイント〕

1．静電界と電気力線の性質を次表にまとめる．

2．導体内部の電界の強さ

導体内部は等電位であるから，至るところで電位が等しく，電位差$\Delta V = 0$になる．よって電界の強さは$E = \Delta V/\Delta r = 0$となるので，導体内部に電界は存在しない．

もし導体内部に電界が存在すれば，自由電子が電界と逆向きに力を受けて移動し，電流が流れる．その結果，導体の抵抗にジュール損が発生して発熱することになる．しかし，現実は外部から仕事を与えずに発熱することはなく，事実と矛盾する．

このため，逆説的に導体内部に電界は存在しないことがわかる．

本問は2001年度問2の再出題である．

(5)

磁気回路における磁気抵抗に関する次の記述のうち，誤っているものを次の(1)～(5)のうちから一つ選べ.

(1)　磁気抵抗は，次の式で表される.

$$磁気抵抗 = \frac{起磁力}{磁束}$$

(2)　磁気抵抗は，磁路の断面積に比例する.

(3)　磁気抵抗は，比透磁率に反比例する.

(4)　磁気抵抗は，磁路の長さに比例する.

(5)　磁気抵抗の単位は，$[\mathrm{H}^{-1}]$ である.

解3　(a)図に示す環状ソレノイドの磁気回路を例として磁気抵抗を考える．

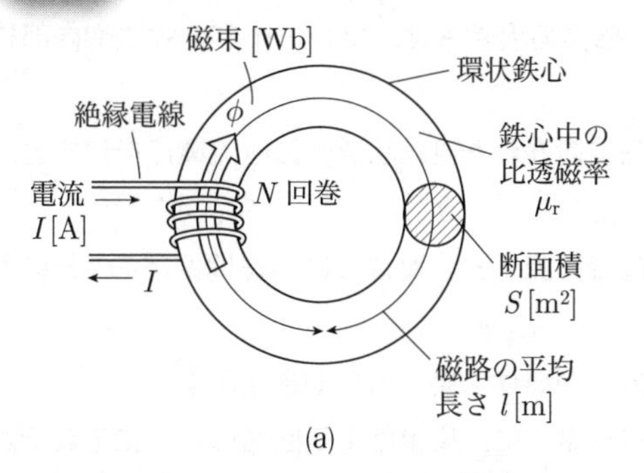

(a)

1．磁気回路のオームの法則と磁気抵抗

ソレノイド内（鉄心中）の磁界の強さ H[A/m]は，**アンペア周回路の法則** $Hl = NI$ より，

$$H = \frac{NI}{l}\,[\mathrm{A/m}] \qquad ①$$

ソレノイド内の磁束密度 B[T]は，$B = \mu H = \mu_0\mu_r H$ より，

$$B = \mu_0\mu_r\frac{NI}{l}\,[\mathrm{T}] \qquad ②$$

鉄心中に生じる磁束 ϕ[Wb]は，

$$\phi = BS = \mu_0\mu_r\frac{NI}{l}S = \frac{NI}{\dfrac{l}{\mu_0\mu_r S}}$$

$$= \frac{NI}{R_m}\,[\mathrm{Wb}] \qquad ③$$

③式を**磁気回路のオームの法則**という．③式を用いて(a)図を(b)図の**等価磁気回路**で表すことができる．ここに，$F = NI$[A]を**起磁力**と呼ぶ．磁気回路において，磁束のとおりにくさは次式で定義される磁気抵抗 R_m[A/Wb]で表す．

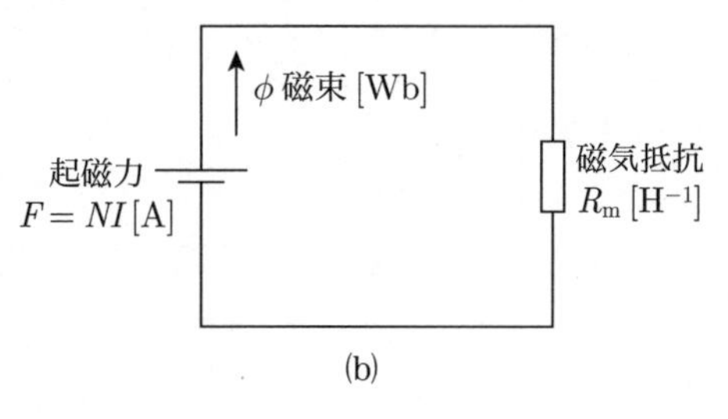

(b)

$$R_m = \frac{l}{\mu S} = \frac{l}{\mu_0\mu_r S}\,[\mathrm{A/Wb}] \qquad ④$$

ただし，l：磁路の平均長さ[m]，$\mu = \mu_0\mu_r$：鉄心の透磁率[H/m]，μ_r：鉄心の比透磁率，μ_0：真空中の透磁率[H/m]，S：磁路の断面積[m²]

2．設問の選択肢を検証する

(1)　磁気抵抗 R_m は，③式の磁気回路のオームの法則から，次式で求められる．

$$R_m = \frac{NI}{\phi} = \frac{\text{起磁力}\,[\mathrm{A}]}{\text{磁束}\,[\mathrm{Wb}]} \qquad ⑤$$

ゆえに，記述は**正しい**．

(2)　④式の磁気抵抗の定義式では，磁路の断面積 S は分母にあるので，R_m は S に**反比例**する．ゆえに，記述は**誤り**である．

(3)　④式において，鉄心の比透磁率 μ_r は分母にあるので，R_m は μ_r に**反比例**する．ゆえに，記述は**正しい**．

(4)　④式において，磁路の長さ l は分子にあるので，R_m は l に**比例**する．ゆえに，記述は**正しい**．

(5)　磁気抵抗 R_m の単位は，④式より，

$$\frac{[\mathrm{m}]}{\left[\dfrac{\mathrm{H}}{\mathrm{m}}\right][\mathrm{m}^2]} = \frac{[\mathrm{m}]}{[\mathrm{H}][\mathrm{m}]} = \frac{1}{[\mathrm{H}]} = [\mathrm{H}^{-1}]$$

ゆえに，記述は**正しい**．

よって，**求める選択肢は(2)**となる．

本問は，1998年度問2の再出題である．

 (2)

磁界及び磁束に関する記述として，誤っているものを次の(1)～(5)のうちから一つ選べ．

(1)　1 m当たりの巻数がNの無限に長いソレノイドに電流$\boldsymbol{I}$ [A]を流すと，ソレノイドの内部には磁界$\boldsymbol{H} = \boldsymbol{NI}$ [A/m]が生じる．磁界の大きさは，ソレノイドの寸法や内部に存在する物質の種類に影響されない．

(2)　均一磁界中において，磁界の方向と直角に置かれた直線状導体に直流電流を流すと，導体には電流の大きさに比例した力が働く．

(3)　2本の平行な直線状導体に反対向きの電流を流すと，導体には導体間距離の2乗に反比例した反発力が働く．

(4)　フレミングの左手の法則では，親指の向きが導体に働く力の向きを示す．

(5)　磁気回路において，透磁率は電気回路の導電率に，磁束は電気回路の電流にそれぞれ対応する．

解4　設問の選択肢を検証する．

(1)　無限長ソレノイド

(a)図に無限長ソレノイドの断面を示す．ソレノイドの内部磁界Hは一定，外部磁界H_oは0である．1辺が単位長さ1 mのループabcdに沿って**アンペア周回路の法則**を適用すると，

$$H\times\overline{ab}+0\times\overline{bd}+H_o\times\overline{dc}+0\times\overline{ca}$$
$$=H\times1+0\times1+0\times1+0\times1$$
$$=NI$$

$$\therefore\quad H=NI/1=NI\,[\mathrm{A/m}] \qquad ①$$

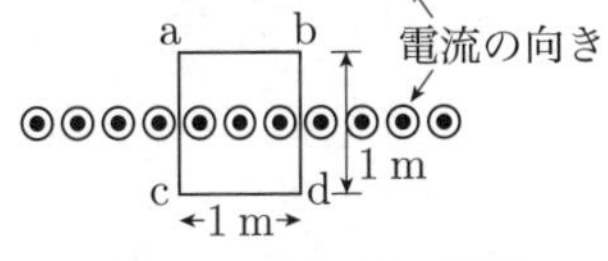

(a)　ソレノイドの断面

①式は，ソレノイド寸法やソレノイド内部に存在する物質の物理量が含まれておらず，巻数Nと電流Iだけで決まる．ゆえに，記述は**正しい**．

(2)　磁界中の導体に流れる電流に働く力

磁束密度B [T]の均一な磁界中に直角に置かれた直線状導体に直流電流I [A]を流すと，導体には(b)図に示す電磁力$\boldsymbol{F}$が働き，その大きさは次式で求められる．

$$F=BIl\,[\mathrm{N}] \qquad ②$$

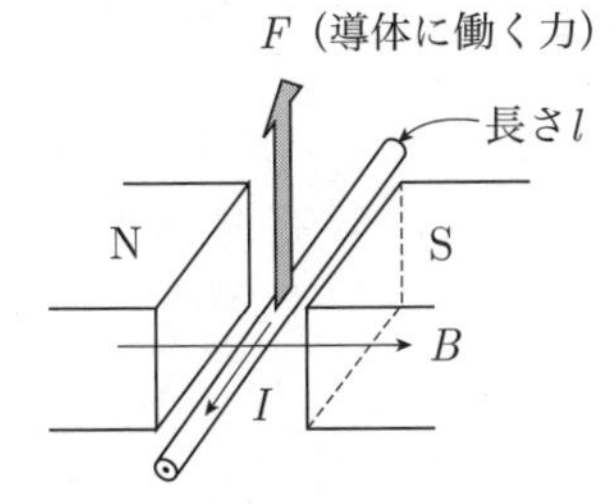

(b)　磁界中の導体に流れる電流に働く力

②式より，Fは電流の大きさI [A]に比例するので，記述は**正しい**．

(3)　2本の平行な無限長直線導体間に働く力

2本の平行な無限長直線導体に反対向きの電流を流すと，導体には(c)図の向きに電磁力Fが働く．単位長さ当たりに働く電磁力F [N/m]は次式で求められる．

$$F=B_BI_A\times1=\mu_0H_BI_A$$
$$=\frac{\mu_0I_AI_B}{2\pi r}\,[\mathrm{N/m}] \qquad ③$$

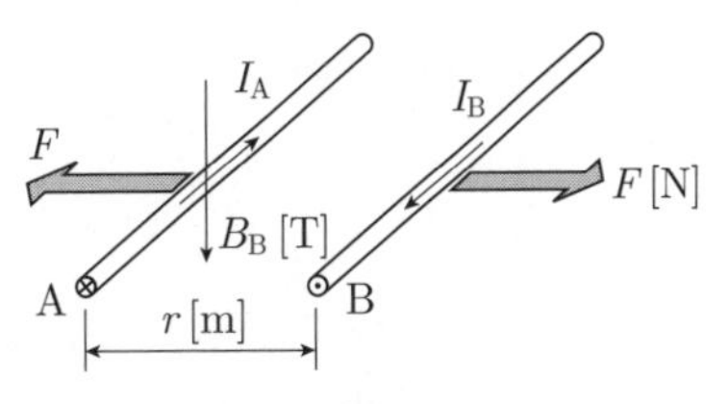

(c)　平行な無限長直線導体間に働く力

すなわち，導体には導体間距離rの1乗に反比例した反発力が働くので，記述は誤りである．

(4)　フレミング左手の法則

(d)図にフレミング左手の法則を示す．中指を電流の方向，人差し指を磁界の方向とすると，親指は導体に働く**力の向き**を示す．ゆえに，記述は**正しい**．

(5)　磁気回路と電気回路の相似性

(e)図に磁気回路と対応する電気回路を示す．

透磁率μは導電率σに，磁束ϕは電流Iにそれぞれ対応するので，記述は**正しい**．

よって，**求める選択肢は(3)**である．

本問は，2013年度問3の再出題である．

(3)

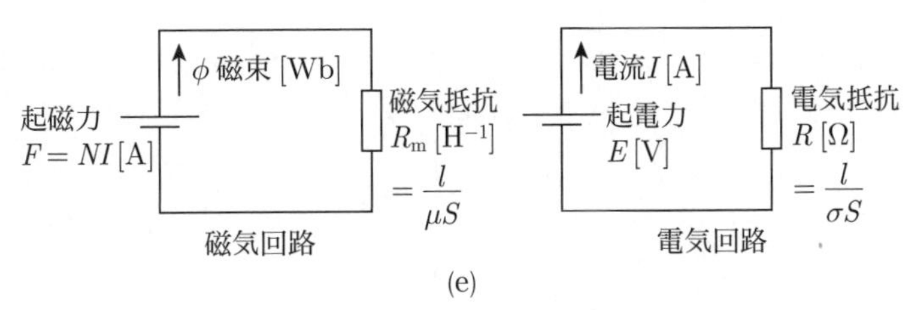

(e)

問5　図の直流回路において，抵抗 $R = 10\ \Omega$ で消費される電力の値［W］として，最も近いものを次の(1)〜(5)のうちから一つ選べ．

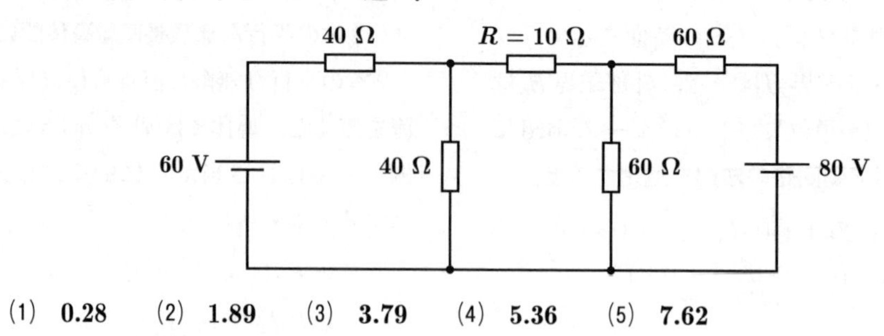

(1)　0.28　　(2)　1.89　　(3)　3.79　　(4)　5.36　　(5)　7.62

解5　**テブナンの定理**を用いる．

1．端子間電圧 V_{ab} [V]

(a)図のように，抵抗 $R = 10\ \Omega$ を回路から切り離し，端子ab間に現れる端子間電圧 V_{ab} を求める．各端子電圧 V_a および V_b はそれぞれ，

$$V_a = \frac{40}{40+40} \times 60 = 30\ \text{V}$$

$$V_b = \frac{60}{60+60} \times 80 = 40\ \text{V}$$

$$\therefore\quad V_{ab} = V_b - V_a = 40 - 30 = 10\ \text{V}$$

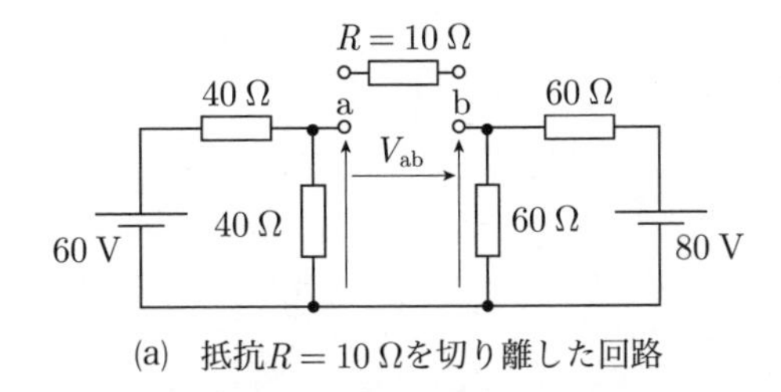

(a)　抵抗 $R = 10\ \Omega$ を切り離した回路

2．端子abから電源側をみた合成抵抗 R_{ab}

次に合成抵抗 R_{ab} を求める．このとき電圧源は短絡，電流源は開放することを忘れずに行う．端子abから電源側をみた回路図は(b)図になる．

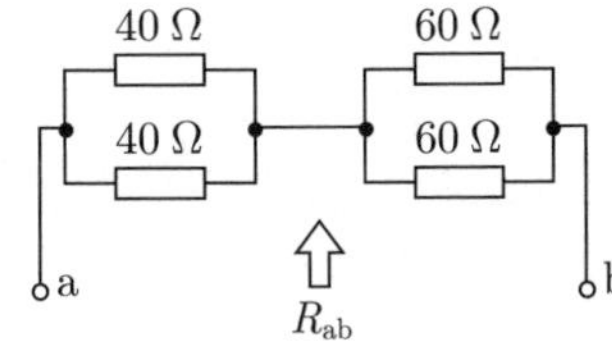

(b)　端子からみた電源側の抵抗

同図より，

$$R_{ab} = \frac{40 \times 40}{40+40} + \frac{60 \times 60}{60+60} = 50\ \Omega$$

ゆえに，抵抗 R を流れる電流 I_R [A]は，

$$I_R = \frac{V_{ab}}{R_{ab}+R} = \frac{10}{50+10} = \frac{1}{6}\ \text{A} \quad ①$$

3．抵抗 R で消費される電力 P_R [W]

$$P_R = I_R{}^2 R = (1/6)^2 \times 10 = 10/36$$
$$= 0.277\,7 \to 0.28\ \text{W} \quad (答)$$

よって，**求める選択肢は(1)となる．**

別解

重ね合わせの理による解法

問題図を，電源がそれぞれ単独に存在する二つの回路に分割して(c)図と(d)図に示す．

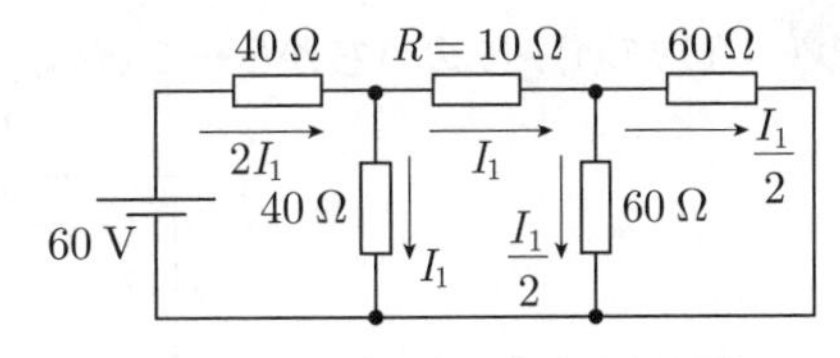

(c)　60 V電源のみ存在する回路

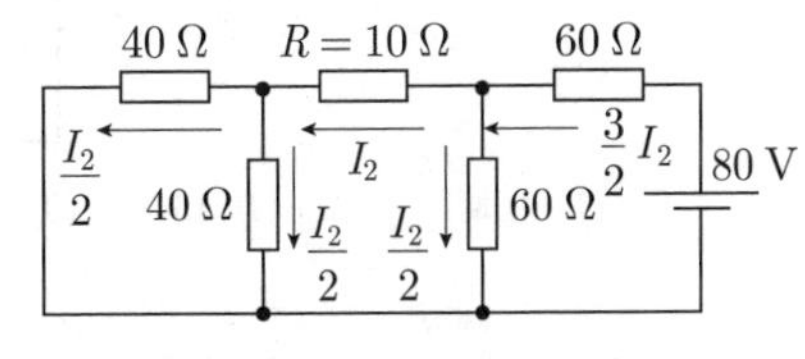

(d)　80 V電源のみ存在する回路

1．(c)図の抵抗 R に流れる電流 I_1 [A]

$60\ \Omega$ の並列回路に流れる電流を等しく $I_1/2$ とする．$R = 10\ \Omega$ 以下の合成抵抗は，

$$10 + \frac{60 \times 60}{60+60} = 40\ \Omega$$

で並列の $40\ \Omega$ と等しいので，ここを流れる電流と $R = 10\ \Omega$ に流れる電流はいずれも I_1 となる．ゆえに電源を流れる電流は $I_1 + I_1 = 2I_1$ となり，電源60 Vと $40\ \Omega$ が2個直列接続された閉回路においてキルヒホッフの第2法則より，

$$60 = 40 \times 2I_1 + 40 \times I_1 = 120I_1$$

$$\therefore\quad I_1 = 60/120 = 1/2\ \text{A}$$

2．(d)図の抵抗 R に流れる電流 I_2 [A]

$40\ \Omega$ の並列回路に流れる電流を等しく $I_2/2$ とする．$R = 10\ \Omega$ 以下の合成抵抗は，

$$10 + \frac{40 \times 40}{40+40} = 30\ \Omega$$

で並列に接続された $60\ \Omega$ の半分になり，ここに I_2 が流れるので $60\ \Omega$ にはその半分の $I_2/2$ が流れる．回路電流は $I_2 + I_2/2 = 3I_2/2$ となり，電源80 Vと $60\ \Omega$ が2個直列接続された閉回路においてキルヒホッフの第2法則より，

$$80 = 60 \times 3I_2/2 + 60 \times 1I_2/2 = 120I_2$$

$$\therefore\quad I_2 = 80/120 = 2/3\ \text{A}$$

$$I_R = I_2 - I_1 = 2/3 - 1/2 = 1/6\ \text{A}$$

本問は，2013年度問6の再出題である．

(1)

問6　図のような直流回路において，3 Ωの抵抗を流れる電流の値[A]として，最も近いものを次の(1)～(5)のうちから一つ選べ．

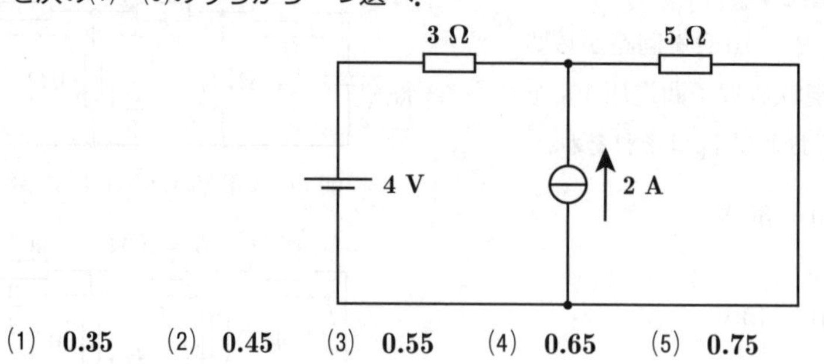

(1)　0.35　　(2)　0.45　　(3)　0.55　　(4)　0.65　　(5)　0.75

解6　**キルヒホッフの法則**を用いる．

(a)図のように，3 Ωの抵抗を流れる電流の大きさをI [A]，電流の向きを右から左に流れると仮定する．

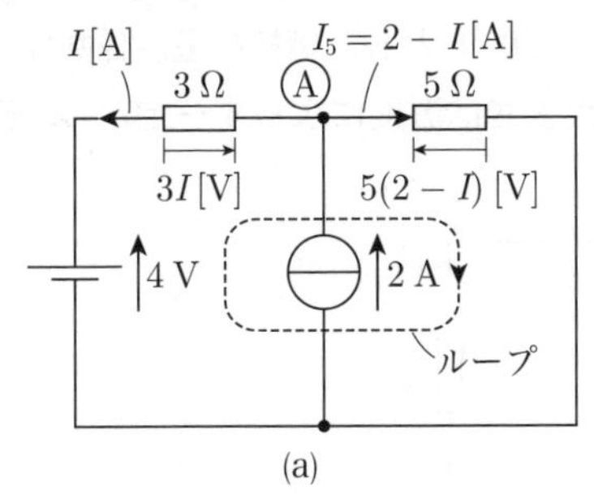

(a)

このとき，5 Ωの抵抗を流れる電流I_5 [A]は，**キルヒホッフ第1法則**により，合流点Ⓐに流入する電流と流出する電流の総和は等しいので，

$$I + I_5 = 2$$

$$I_5 = 2 - I$$

3 Ω，および5 Ωの抵抗に生じる電圧降下（逆起電力）は，電流の向きに注意し，電圧の高い方に矢先をつけて(a)図に示すと，それぞれ$3I$ [V]，$5(2-I)$ [V]になる．

キルヒホッフ第2法則により，点線のループに沿って1巡した電圧の総和は0であるから，ループの向きと電圧の矢先の向きが同じなら＋，逆向きなら－をつけてすべて加え合わせると，

$$4 + 3I - 5(2 - I) = 0$$

$$8I = 10 - 4 = 6$$

$$\therefore\ \ I = 6/8 = 0.75\ \mathrm{A}$$　(答)

よって，**求める選択肢は(5)**である．当初仮定した電流の向きで計算した結果正符号となったので，右から左へ流れることがわかる．

別解

重ねの理を用いる．

直流定電圧源4 Vと定電流源2 Aがそれぞれ単独に存在する回路に分けて電流を計算し，それらを重ね合わせ，3 Ωに流れる電流と求める．

1．定電圧源のみの回路

(b)図に定電圧源のみを残した回路を示す．定電流源は**内部抵抗∞**であるため，回路上は**開放**する．定電圧源の極性から，3 Ωを流れる電流I_1は(b)図の向きとなる．オームの法則により，

$$I_1 = \frac{4}{3+5} = \frac{4}{8} = \frac{1}{2}\ \mathrm{A}\ \ \text{（左から右方向）}$$

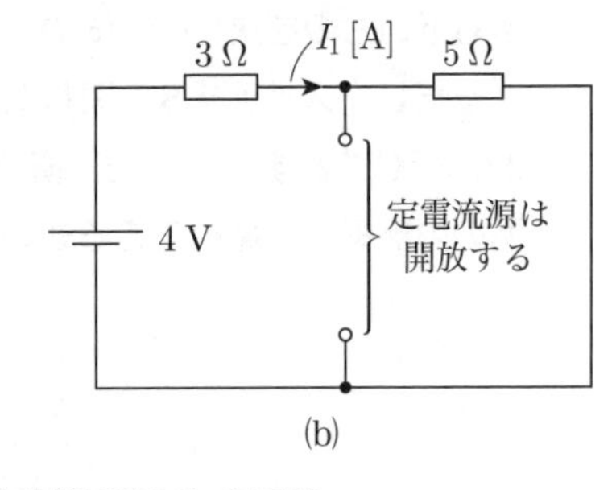

(b)

2．定電流源のみの回路

(c)図に定電流源のみを残した回路を示す．定電圧源は**内部抵抗が0**であるから，回路上は短絡する．定電流源の電流の向きから3 Ωを流れる電流I_2は(c)図の向きとなる．この回路を描き直すと，(d)図の抵抗3 Ωと5 Ωの並列接続となる．並列抵抗の分流計算により，

$$I_2 = \frac{5}{3+5} \times 2 = \frac{10}{8} = \frac{5}{4}\ \mathrm{A}\ \ \text{（右から左方向）}$$

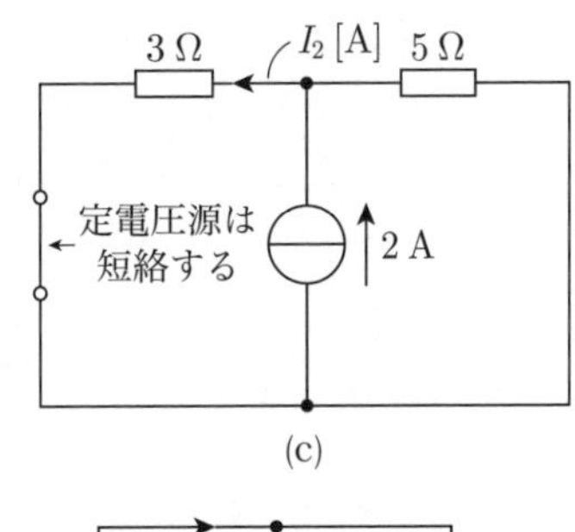

(c)

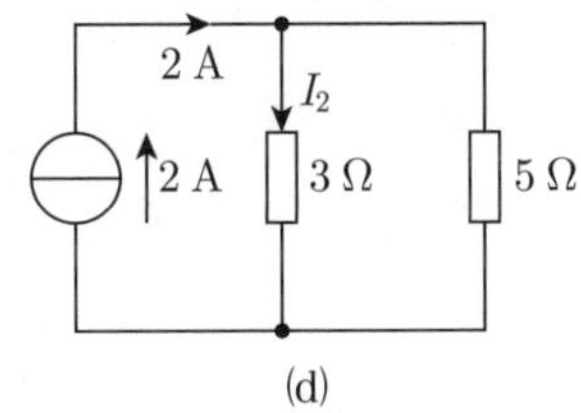

(d)

3．重ね合わせ

電流の大きいほうから小さいほうを引くと，

$$I_2 - I_1 = \frac{5}{4} - \frac{1}{2} = \frac{10-4}{8} = \frac{6}{8}$$

$$= 0.75\ \mathrm{A}$$　(答)

電流はI_2と同じく右から左へ流れる．

本問は，1997年度問5の再出題である．

(5)

図の回路において，スイッチSを閉じ，直流電源から金属製の抵抗に電流を流したとき，発熱により抵抗の温度が120 ℃になった．スイッチSを閉じた直後に回路を流れる電流に比べ，抵抗の温度が120 ℃になったときに回路を流れる電流は，どのように変化するか．最も近いものを次の(1)～(5)のうちから一つ選べ．

ただし，スイッチSを閉じた直後の抵抗の温度は20 ℃とし，抵抗の温度係数は一定で0.005 ℃$^{-1}$とする．また，直流電源の起電力の大きさは温度によらず一定とし，直流電源の内部抵抗は無視できるものとする．

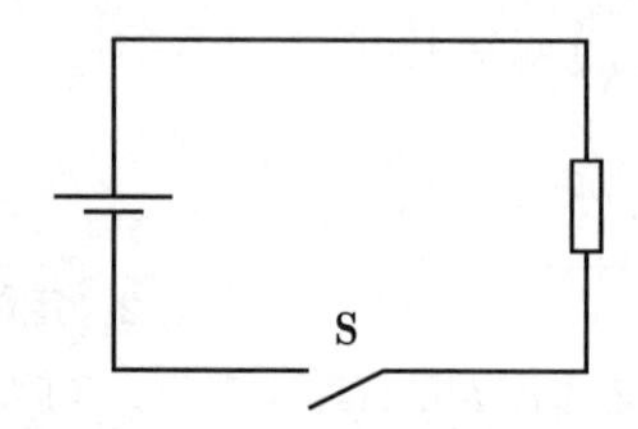

(1)　変化しない　(2)　50 %増加　(3)　33 %減少
(4)　50 %減少　(5)　33 %増加

解7　温度上昇前後の回路を(a)図および(b)図に示す．題意より，電源電圧E [V]を一定とし，$t_0=20$ °Cおよび$t_1=120$ °Cの抵抗をそれぞれR_0 [Ω]およびR_1 [Ω]とする．

1.　$t_1=120$ °Cにおける抵抗値R_1 [Ω]

抵抗の温度係数をα [°C^{-1}]とすると，

$$R_1=R_0\{1+\alpha(t_1-t_0)\}$$
$$=R_0\{1+0.005(120-20)\}$$
$$=1.5R_0$$

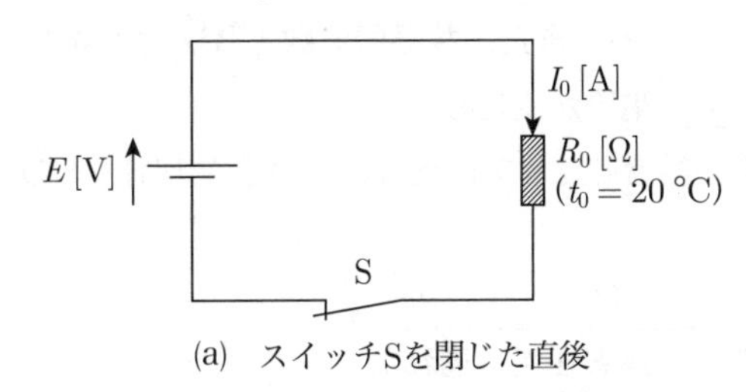

(a)　スイッチSを閉じた直後

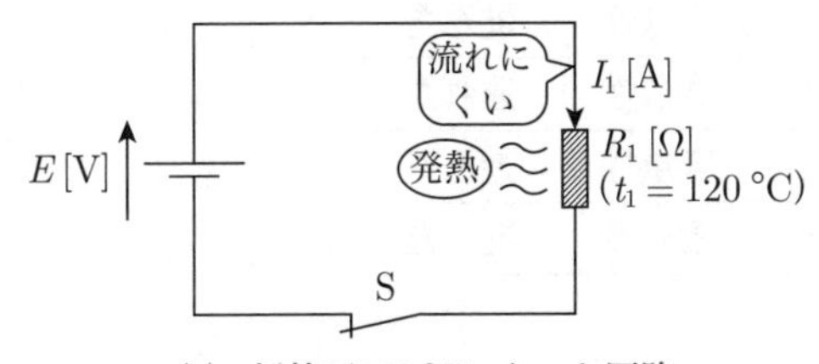

(b)　抵抗が120 °Cになった回路

2.　抵抗R_0，R_1に流れる電流I_0 [A]，I_1 [A]

$$I_0=\frac{E}{R_0},\quad I_1=\frac{E}{R_1}=\frac{E}{1.5R_0}$$

$$\therefore\quad \frac{I_1}{I_0}=\frac{\dfrac{E}{1.5R_0}}{\dfrac{E}{R_0}}=\frac{1}{1.5}\fallingdotseq 0.667$$

ゆえに，I_1はI_0の66.7 %になることがわかる．すなわち，I_1はもとの電流I_0に対し，

100 − 66.7 = 33.3 %減少する．　(答)

よって，**求める選択肢は(3)**となる．

〔ここがポイント〕

1.　設問の現象を正しく理解する

設問から，(c)図の現象が推移していくことを

設問の現象

① 電流I_0が抵抗に流れる
⇩
② 抵抗損（$I_0{}^2R_0$）により発熱
⇩
③ 抵抗の温度上昇（$\Delta t=100$ °C）
⇩ $t_1=120$ °C
④ 抵抗値の上昇（温度係数α）
R_0からR_1へ増加
⇩
⑤ 抵抗に流れる電流は$I_0\to I_1$に抑制される

(c)

正しく把握することが大切である．

2.　金属と半導体の抵抗温度係数

一般に，金属は電気をよく通す良導体であり，**温度上昇**とともに電気抵抗が**増える**．この場合のαを**正の温度係数**という．

一方，絶縁体，半導体，炭素，電解液などでは，**温度上昇**とともに電気抵抗は**減少**する．この場合のαを**負の温度係数**という．半導体では特に著しい．

3.〔類題〕1991年度の出題と解説

本問と同条件で，120 °Cでの抵抗Rの消費電力は20 °Cに対しどのように変化するかを問う問題が1991年度問9に出題されている．温度上昇前と後の消費電力をそれぞれP_0，P_1とすると，

$$P_0=\frac{E^2}{R_0},\quad P_1=\frac{E^2}{R_1}$$

より，

$$\therefore\quad \frac{P_1}{P_0}=\frac{E^2/R_1}{E^2/R_0}=\frac{R_0}{R_1}=\frac{R_0}{1.5R_0}=\frac{1}{1.5}$$
$$\fallingdotseq 0.667$$

本問の電流の変化と同じ結果になる．

(3)

理論　電力　機械　法規　令和5上(2023)　令和4下(2022)　令和4上(2022)　令和3(2021)　令和2(2020)　令和元(2019)　平成30(2018)　平成29(2017)　平成28(2016)　平成27(2015)

次の文章は，RLC直列共振回路に関する記述である．

R [Ω]の抵抗，インダクタンスL [H]のコイル，静電容量C [F]のコンデンサを直列に接続した回路がある．

この回路に交流電圧を加え，その周波数を変化させると，特定の周波数f_r [Hz]のときに誘導性リアクタンス$= 2\pi f_r L$ [Ω]と容量性リアクタンス$= \dfrac{1}{2\pi f_r C}$ [Ω]の大きさが等しくなり，その作用が互いに打ち消し合って回路のインピーダンスが［(ア)］なり，［(イ)］電流が流れるようになる．この現象を直列共振といい，このときの周波数f_r [Hz]をその回路の共振周波数という．回路のリアクタンスは共振周波数f_r [Hz]より低い周波数では［(ウ)］となり，電圧より位相が［(エ)］電流が流れる．また，共振周波数f_r [Hz]より高い周波数では［(オ)］となり，電圧より位相が［(カ)］電流が流れる．

上記の記述中の空白箇所(ア)～(カ)に当てはまる組合せとして，正しいものを次の(1)～(5)のうちから一つ選べ．

	(ア)	(イ)	(ウ)	(エ)	(オ)	(カ)
(1)	大きく	小さな	容量性	進んだ	誘導性	遅れた
(2)	小さく	大きな	誘導性	遅れた	容量性	進んだ
(3)	小さく	大きな	容量性	進んだ	誘導性	遅れた
(4)	大きく	小さな	誘導性	遅れた	容量性	進んだ
(5)	小さく	大きな	容量性	遅れた	誘導性	進んだ

解8　設問の RLC 直列回路を(a)図に示す．

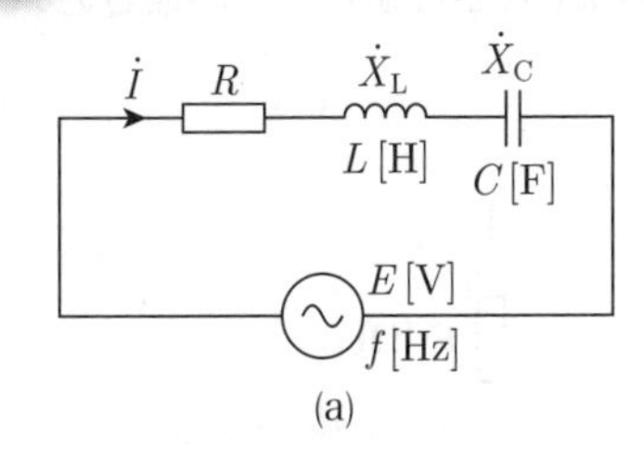

(a)

同図の X_L を**誘導性リアクタンス**，X_C を**容量性リアクタンス**といい，複素ベクトル（フェーザ）を用いて次式で表せる．

$$\dot{X}_L = j\omega L = j2\pi fL\ [\Omega] \quad ①$$

$$\dot{X}_C = -j\frac{1}{\omega C} = -j\frac{1}{2\pi fC}\ [\Omega] \quad ②$$

直列回路の合成インピーダンス $\dot{Z}$ は，

$$\dot{Z} = R + \dot{X}_L + \dot{X}_C = R + j\left(2\pi fL - \frac{1}{2\pi fC}\right)\ [\Omega] \quad ③$$

$X_L = X_C$ のとき直列共振となり，③式の $\dot{Z}$ の虚数部は零となるため，**回路のインピーダンスは最小**になる．このとき(a)図は見かけ上，抵抗 R のみ存在する回路となるため，電流 I と電圧 E は**同相**になり，**回路を流れる電流 I は最大**となる．

$$I = \frac{E}{R}\ [\mathrm{A}] \quad ④$$

①式より，X_L の大きさは**周波数 f に比例**し，②式より，X_C の大きさは**周波数 f に反比例**する．このため，共振周波数 f_r より低い周波数では，

$$X_L < X_C$$

となる．このような容量性リアクタンスが相対的に大きい回路を**容量性**という．逆に，共振周波数 f_r より高い周波数では，

$$X_L > X_C$$

となる．このような誘導性リアクタンスが相対的に大きい回路を**誘導性**という．

容量性の回路では，抵抗 R と容量性リアクタンス X_C' の直列接続で置き換えられ，電流 I を基準としたベクトル図は(b)図になる．

したがって，**容量性の回路では，電流の位相は電圧 E より θ 進んでいる**ことがわかる．

一方，誘導性の回路では，抵抗 R と誘導性リアクタンス X_L' の直列接続で置き換えられ，電流 I を基準としたベクトル図は(c)図になる．

したがって，**誘導性の回路では，電流の位相は電圧 E より θ 遅れている**ことがわかる．

よって，**求める選択肢は(3)**となる．

〔ここがポイント〕

直列共振周波数 f_r は，$X_L = X_C$ の関係から，

$$\omega_r L = \frac{1}{\omega_r C} \Rightarrow \omega_r = \frac{1}{\sqrt{LC}}$$

$\omega_r = 2\pi f_r$ の関係より，

$$f_r = \frac{1}{2\pi\sqrt{LC}}\ [\mathrm{Hz}]$$

で求められることを覚えておきたい．

(3)

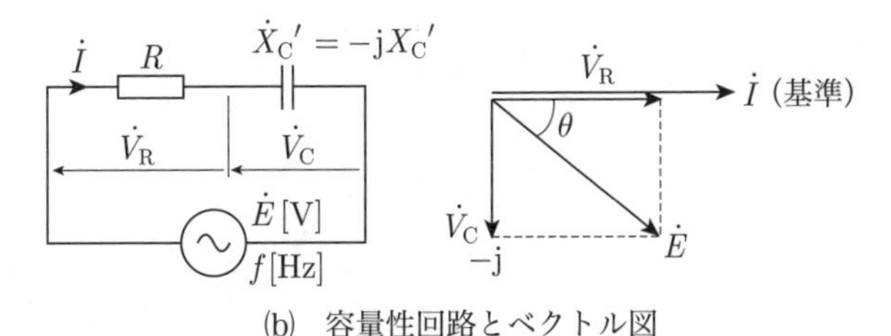

(b)　容量性回路とベクトル図

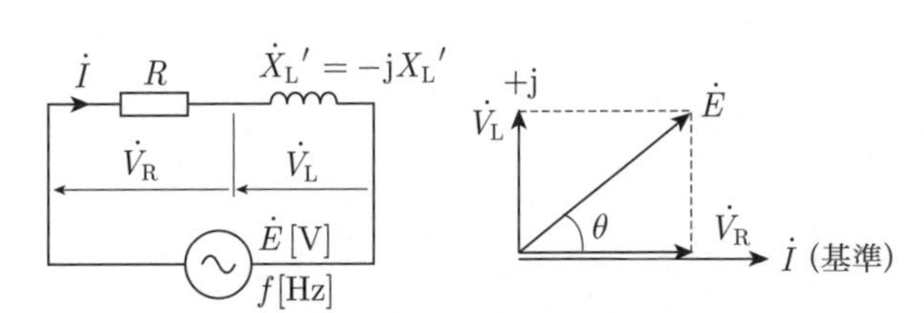

(c)　誘導性回路とベクトル図

問9　図のように，抵抗 R [Ω] と誘導性リアクタンス X_L [Ω] が直列に接続された交流回路がある．$\dfrac{R}{X_L}=\dfrac{1}{\sqrt{2}}$ の関係があるとき，この回路の力率 $\cos\phi$ の値として，最も近いものを次の(1)～(5)のうちから一つ選べ．

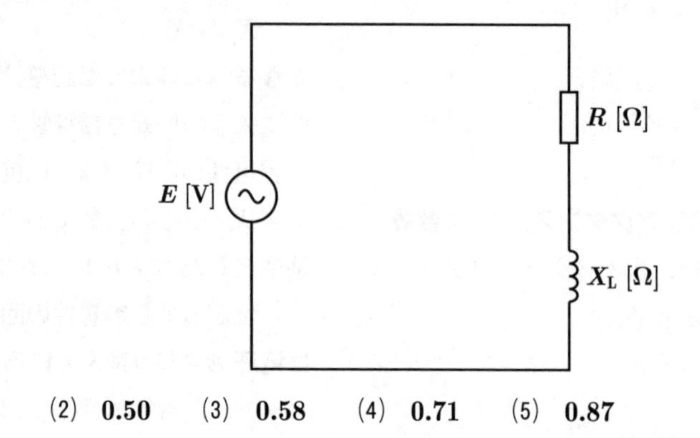

(1)　**0.43**　　(2)　**0.50**　　(3)　**0.58**　　(4)　**0.71**　　(5)　**0.87**

解9　問題の回路に流れる電流Iを基準ベクトルとし，抵抗Rおよび誘導性リアクタンスX_Lの電圧降下を(a)図に示す．

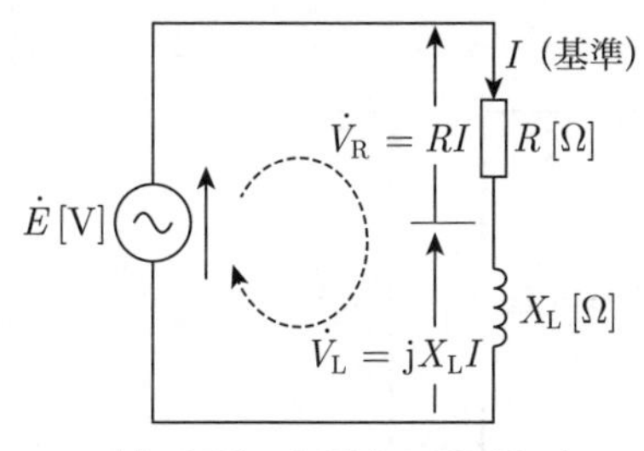

(a)　回路の起電力と電圧降下

キルヒホッフの第2法則から，点線のループを一巡した電圧の総和はゼロになる．

$$\dot{E} - \dot{V}_R - \dot{V}_L = 0$$

$$\therefore \quad \dot{E} = \dot{V}_R + \dot{V}_L \text{ [V]} \qquad ①$$

電源電圧$\dot{E}$とインピーダンスの電圧降下の総和$\dot{V}_R + \dot{V}_L$は等しくなる．①のベクトル図を(b)図に示す．

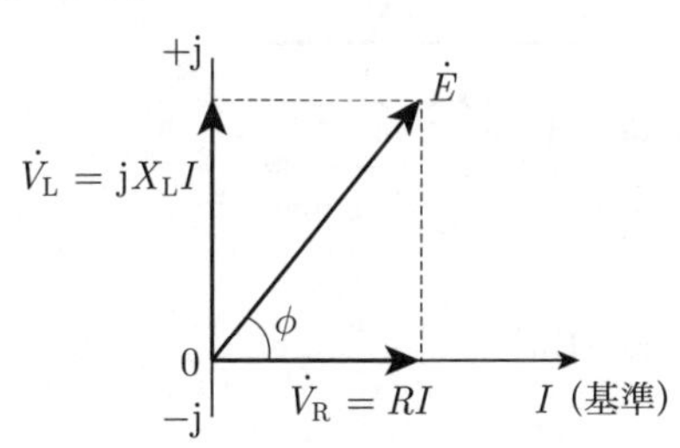

(b)　電圧のベクトル図

回路の力率角は，電圧$\dot{E}$に対する電流$\dot{I}$の位相差である図のϕになる．

(b)図から，電圧$\dot{E}$に対し，電流$\dot{I}$は遅れているので，この回路は遅れ力率であることがわかる．

回路のインピーダンス$\dot{Z}$とその大きさZは，

$$\dot{Z} = R + jX_L$$

$$Z = |\dot{Z}| = \sqrt{R^2 + X_L{}^2} \text{ [Ω]} \qquad ②$$

したがって，力率$\cos\phi$は，

$$\cos\phi = \frac{|\dot{V}_R|}{|\dot{E}|} = \frac{RI}{ZI} = \frac{R}{Z}$$

$$= \frac{R}{\sqrt{R^2 + X_L{}^2}} \qquad ③$$

題意の条件$\dfrac{R}{X_L} = \dfrac{1}{\sqrt{2}}$より，

$$X_L = \sqrt{2}R \qquad ④$$

④式を③式に代入して，

$$\cos\phi = \frac{R}{\sqrt{R^2 + (\sqrt{2}R)^2}} = \frac{R}{R\sqrt{1+2}} = \frac{1}{\sqrt{3}}$$

$$= 0.577\,3 \fallingdotseq 0.58 \quad \text{(答)}$$

よって，**求める選択肢は(3)**となる．

別解

直列回路のインピーダンス$\dot{Z} = R + jX_L$をベクトル図に表すと，(b)図のベクトル図と相似形になることを利用する．インピーダンスのベクトル図は(c)図のように描ける．力率角をϕとすると，

$$\tan\phi = \frac{X_L}{R} = \frac{1}{\dfrac{R}{X_L}} = \frac{1}{\dfrac{1}{\sqrt{2}}} = \sqrt{2}$$

となるので，力率$\cos\phi$は，三角関数の公式，

$$1 + \tan^2\phi = \frac{1}{\cos^2\phi}$$

の関係から，$\cos\phi =$ の式を導出して$\tan\phi = \sqrt{2}$を代入すると，

$$\cos\phi = \frac{1}{\sqrt{1+\tan^2\phi}} = \frac{1}{\sqrt{1+(\sqrt{2})^2}} = \frac{1}{\sqrt{3}}$$

$$= 0.577\,3 \fallingdotseq 0.58 \quad \text{(答)}$$

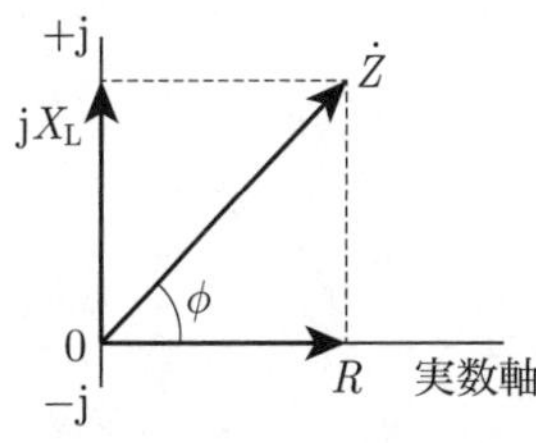

(c)　インピーダンスのベクトル図

よって，**求める選択肢は(3)**となる．

本問は，2002年度問6の再出題である．

答　(3)

図1のように，インダクタンス$L=5$ Hのコイルに直流電流源Jが電流i [mA]を供給している回路がある．電流i [mA]は図2のような時間変化をしている．このとき，コイルの端子間に現れる電圧の大きさ$|v|$の最大値[V]として，最も近いものを次の(1)～(5)のうちから一つ選べ．

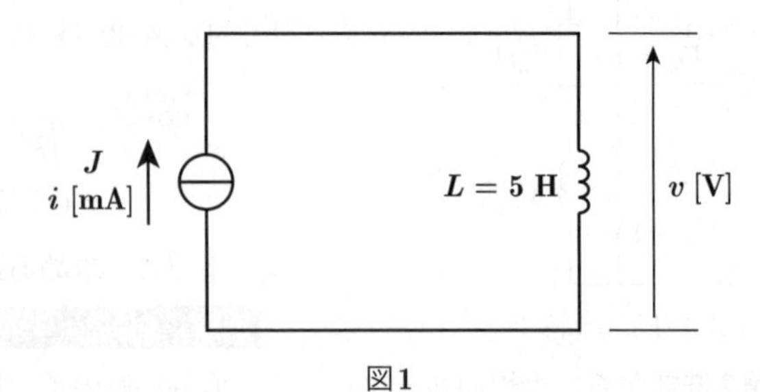

図1

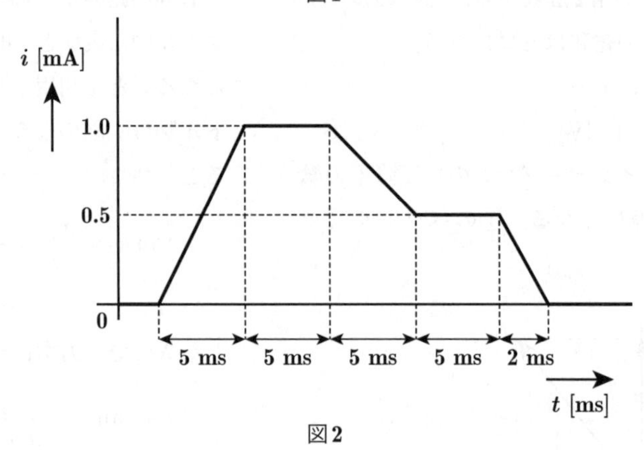

図2

(1) **0.25**　(2) **0.5**　(3) **1**　(4) **1.25**　(5) **1.5**

解10　問題の図1に示されたiの矢印の方向，コイルに生じる電圧vの矢印の方向をそれぞれ正とすると，コイル端子間に現れる誘導起電力とその方向は，**ファラデーの法則**に従い，次式で表せる．

$$v=-L\frac{\Delta i}{\Delta t}\,[\mathrm{V}]$$

上式の負符号（−）は，電流の変化を妨げる向きに誘導起電力が生じることを表す．これを**レンツの法則**という．

問題の図2の電流変化に対する誘導起電力vの変化を各区間ごとに以下に求める．

区間①：最初の5 ms

$$v=-5\times\frac{(1.0-0)\times10^{-3}}{5\times10^{-3}}=-1.0\ \mathrm{V}$$

区間②：次の5 ms

$$v=-5\times\frac{(1.0-1.0)\times10^{-3}}{5\times10^{-3}}=0\ \mathrm{V}$$

区間③：次の5 ms

$$v=-5\times\frac{(0.5-1.0)\times10^{-3}}{5\times10^{-3}}=0.5\ \mathrm{V}$$

区間④：次の5 ms

$$v=-5\times\frac{(0.5-0.5)\times10^{-3}}{5\times10^{-3}}=0\ \mathrm{V}$$

区間⑤：次の2 ms

$$v=-5\times\frac{(0-0.5)\times10^{-3}}{2\times10^{-3}}=1.25\ \mathrm{V}$$

よって，$|v|$の最大値は区間⑤の1.25 Vとなり，**求める選択肢は(4)**となる．

符号を加味した誘導起電力vの変化を(a)図に示す．

〔ここがポイント〕

誘導起電力の正方向の考え方

問題のコイルの自己インダクタンスLは，電磁誘導現象としてレンツの法則に従うように作用する．このため，回路の電流が増加しようとすれば，電流と反対方向の起電力が誘導されて電流の変化を妨げる．また，逆に電流が減少しようとすれば，その減少を妨げる向きに起電力が誘導される．いずれの場合でも，電流の変化に反抗するように働く．

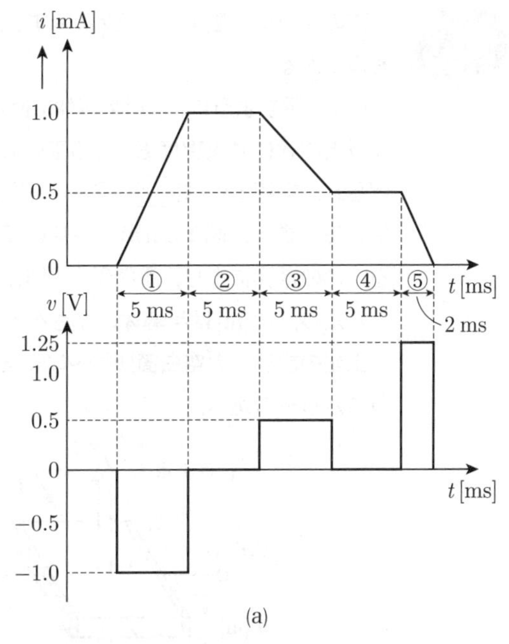

(a)

区間①では，(b)図のように，コイルに流れる外部電流iが増加すると，その増加を打ち消すような誘導電流i'を流そうとする向きに誘導起電力v'が生じる．正方向は図の矢先となる．これは図1のvの正方向とは逆になるため，v'は**負の値**となる．

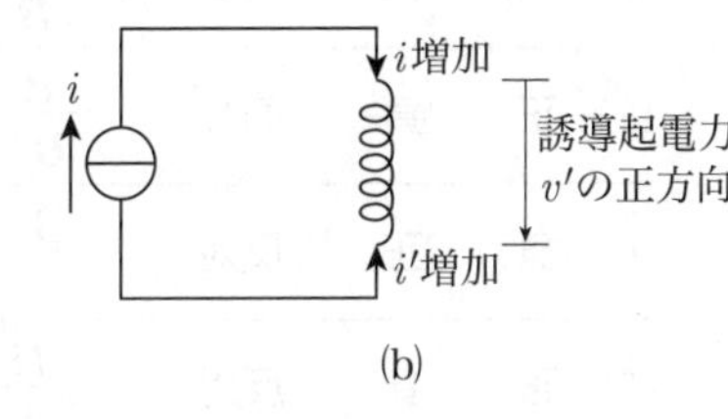

(b)

区間③および⑤では，(c)図のように，コイルに流れる外部電流iが減少すると，iの減少を打ち消す向き，すなわち電流iを増加させるように電流i'を流す向きに誘導起電力v'が生じる．これは図1のvの正方向と一致するため，v'は**正の値**となる．

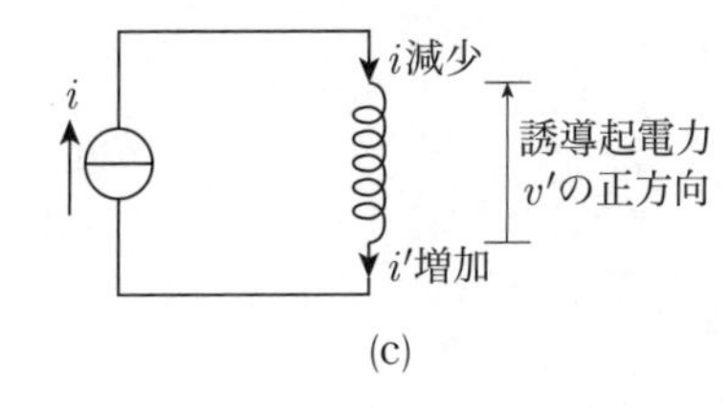

(c)

本問は，2004年度問9の再出題である．

(4)

次の文章は，図1及び図2に示す原理図を用いてホール素子の動作原理について述べたものである．

図1に示すように，p形半導体に直流電流 I [A]を流し，半導体の表面に対して垂直に下から上向きに磁束密度 B [T]の平等磁界を半導体にかけると，半導体内の正孔は進路を曲げられ，電極①には［(ア)］電荷，電極②には［(イ)］電荷が分布し，半導体の内部に電界が生じる．また，図2のn形半導体の場合は，電界の方向はp形半導体の方向と［(ウ)］である．この電界により，電極①－②間にホール電圧 $V_H = R_H \times$［(エ)］[V]が発生する．

ただし，d [m]は半導体の厚さを示し，R_H は比例定数[m^3/C]である．

上記の記述中の空白箇所(ア)～(エ)に当てはまる組合せとして，正しいものを次の(1)～(5)のうちから一つ選べ．

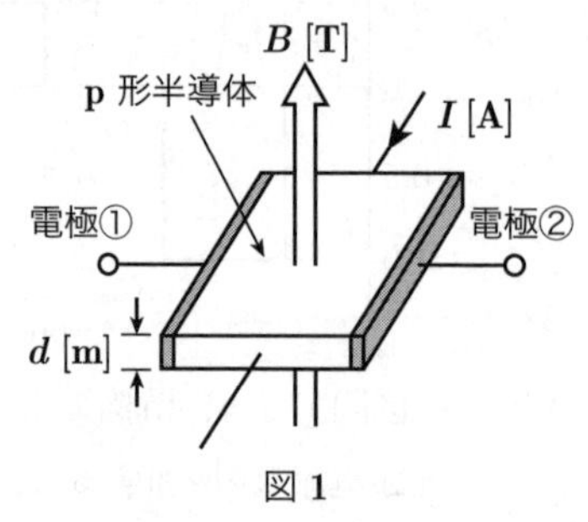

図1

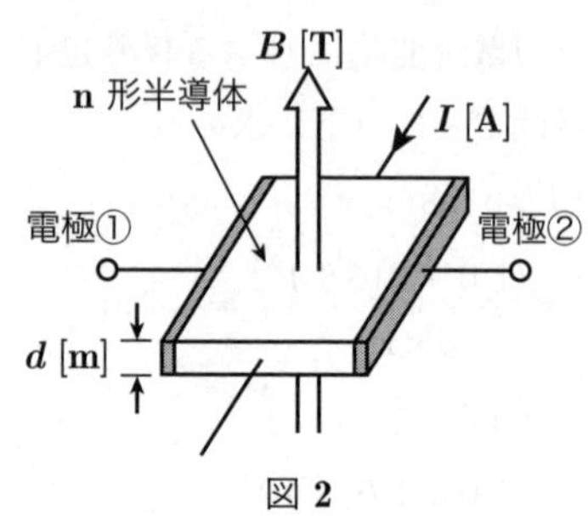

図2

	(ア)	(イ)	(ウ)	(エ)
(1)	負	正	同じ	$\dfrac{B}{Id}$
(2)	負	正	同じ	$\dfrac{Id}{B}$
(3)	正	負	同じ	$\dfrac{d}{BI}$
(4)	負	正	反対	$\dfrac{BI}{d}$
(5)	正	負	反対	$\dfrac{BI}{d}$

解11　p形およびn形半導体を用いたホール素子の動作原理を以下に説明する．

(a)　図1のp形半導体：(a)図

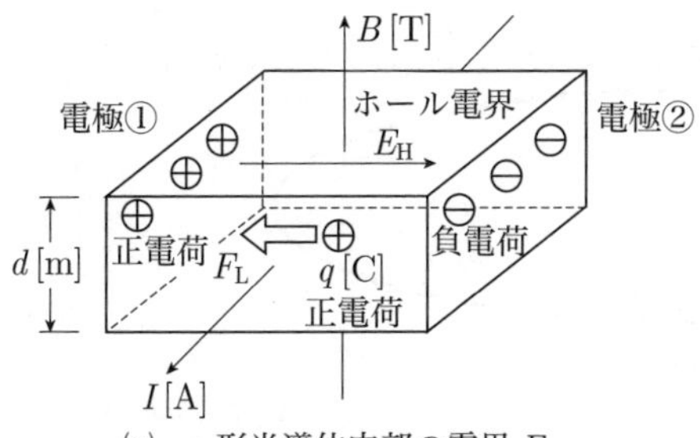

(a)　p形半導体内部の電界 E_H

p形半導体のキャリヤは正孔（正電荷）で，電流Iと同じ向きに移動する．正電荷をq [C]，電荷の移動速度をv [m/s]とすると，正電荷qは磁界Bからローレンツ力F_L [N]を受ける．

$$F_L = qvB \text{ [N]} \quad ①$$

ローレンツ力F_Lの向きは，フレミング左手の法則より，親指の向き（電極①の向き）となり，半導体内の正孔は進路を曲げられ，電極①には**正**電荷が引き寄せられて分布する．一方，電極②には静電誘導によって**負**電荷が誘導されて分布する．したがって，半導体内部には，電極①→電極②の向きにホール電界E_H [V/m]が生じる．

(b)　図2のn形半導体：(b)図

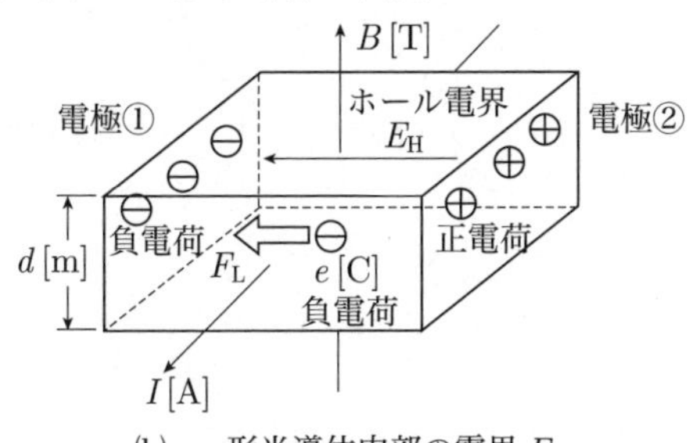

(b)　n形半導体内部の電界 E_H

n形半導体のキャリヤは電子（負電荷）で，電流Iと逆向きに移動する．負の電荷をe [C]，電荷移動速度をv [m/s]とすると，(a)と同様に電子は磁界Bからローレンツ力F_L [N]を受ける．

$$F_L = evB \text{ [N]} \quad ②$$

電子が受けるローレンツ力F_Lの向きは，(a)と同様にフレミング左手の法則から，中指の向きは電子の運動方向と反対向きに合わせると，親指の向き（電極①の向き）になる．このため，電極①は負電荷が引き寄せられて分布する．一方，電極②には静電誘導によって正電荷が誘導されて分布する．したがって，半導体内部の電界の方向は図1のp形半導体の方向とは**反対**になり，電極②→電極①の向きにホール電界E_H [V/m]が生じる．

このE_Hにより，電極①－②間にホール電圧V_H [V]が発生する．dを半導体の厚さ[m]，R_Hを比例定数とすると，V_Hは次式で表せる．

$$V_H = R_H \times \frac{\boldsymbol{BI}}{\boldsymbol{d}} \text{ [V]} \quad ③$$

よって，**求める選択肢は(5)**となる．

〔ここがポイント〕

1．ホール効果

ホール効果とは，電流の流れに直角に磁界をかけたとき，電流と磁界に垂直な方向に，③式のホール電圧V_Hを生じる現象をいう．

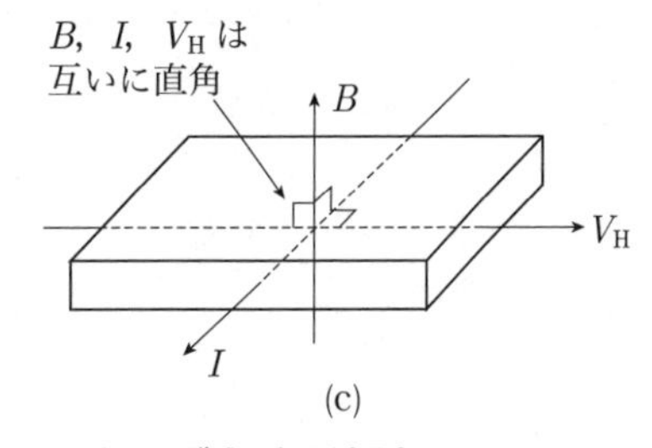

(c)

2．フレミング左手の法則

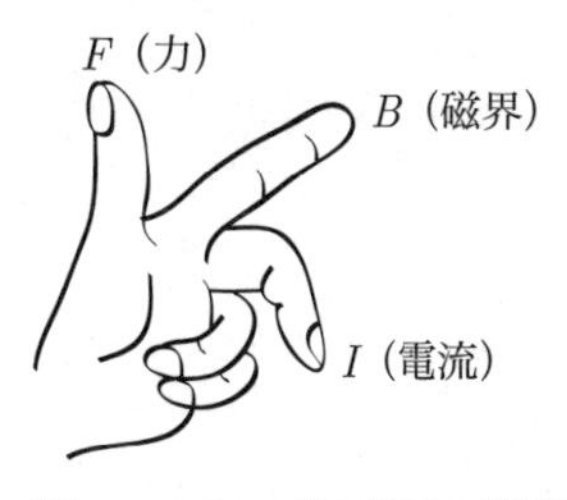

(d)　フレミングの左手の法則

中指を電流（正電荷）の方向，人差し指を磁界の方向とすると，親指は電荷に働く力の向きを示す．

本問は，2010年度問11の再出題である．

(5)

問12

図のように，異なる2種類の金属A，Bで一つの閉回路を作り，その二つの接合点を異なる温度に保てば，［(ア)］．この現象を［(イ)］効果という．

上記の記述中の空白箇所(ア)及び(イ)に当てはまる組合せとして，正しいものを次の(1)～(5)のうちから一つ選べ．

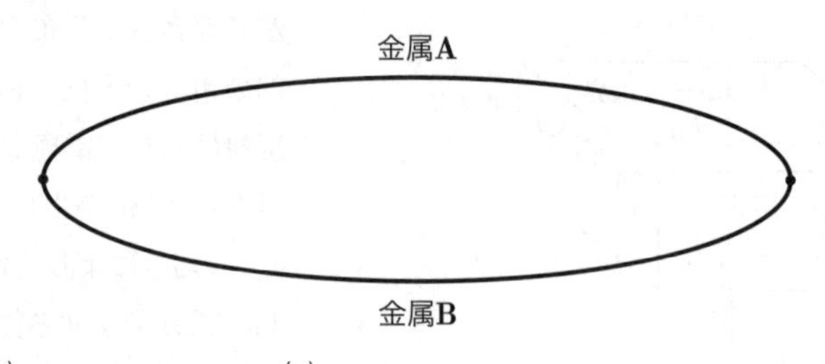

	(ア)	(イ)
(1)	電流が流れる	ホール
(2)	抵抗が変化する	ホール
(3)	金属の長さが変化する	ゼーベック
(4)	電位差が生じる	ペルチエ
(5)	起電力が生じる	ゼーベック

解12　問題の図のように，異なる2種類の金属A，Bで一つの閉回路を作り，その二つの接合点を異なる温度に保てば，**起電力が生じる**．この現象を**ゼーベック**効果という．

よって，**求める選択肢は(5)**となる．

〔ここがポイント〕

1．ゼーベック効果

二つの接合点の間に発生する起電力を**熱起電力**という．また，接合点の温度の高いほうを**温接点**，低いほうを**冷接点**という．

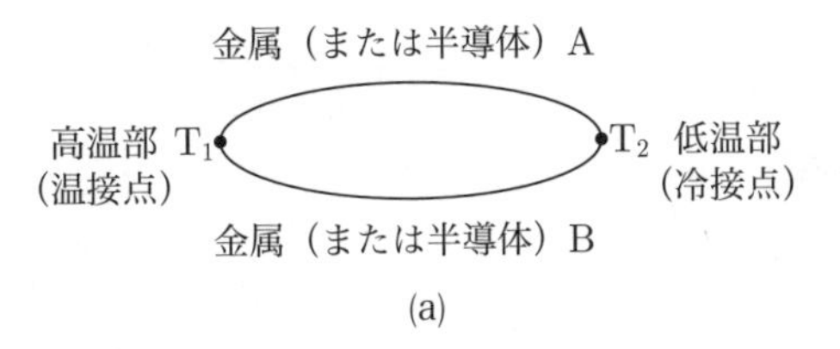

(a)

(a)図の一端を高温部T_1，他端を低温部T_2とすると，両端部間には起電力$\Delta V = \sigma \Delta T$が生じ，熱電流が流れる．ただし，$\sigma$はゼーベック係数（熱電能）で，二つの導体の組合せで決まる．応用例には**熱電対**（Thermo-Couple）があり，温度計測に使用され，(b)図のように一端（冷接点）を既知の室温または氷点（0 °C）とし，もう一端（温接点）を使用して温度を測定する．

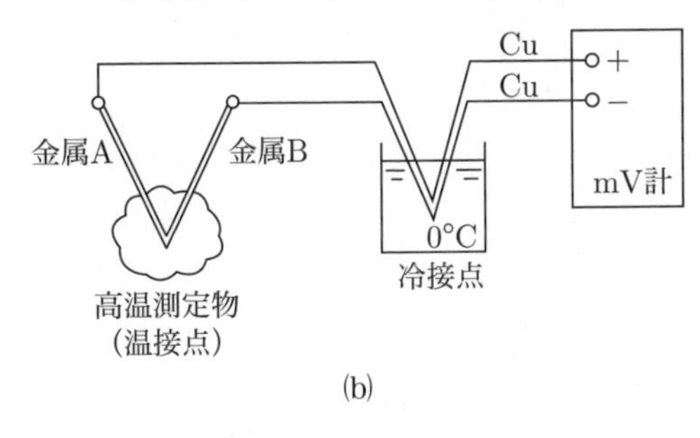

(b)

2．ペルチエ効果

(c)図のような2種類の金属または半導体を結合して閉回路をつくり電流を流すと，結合部の一方で発熱，もう一方で吸熱が生じる．電流の方向を逆転すると，吸熱，発熱の方向も逆転する．この現象を**ペルチエ効果**といい，この効果を応用したものを**ペルチエ素子**という．ペルチエ効果は，ゼーベック効果と逆の現象である．

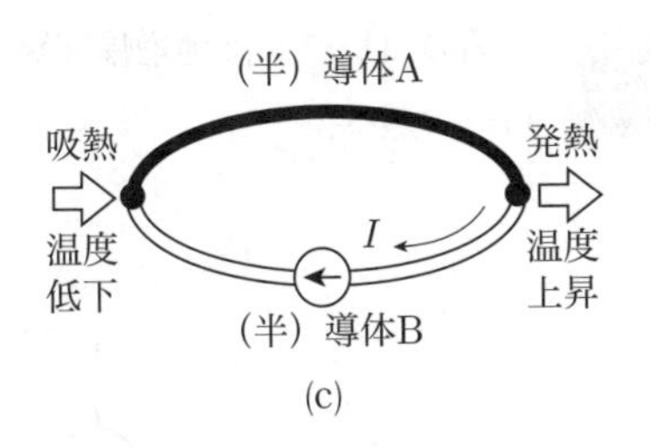

(c)

応用例として，熱電冷却素子を用いた半導体熱電冷却装置の基本構成を(d)図に示す．低電力で超小型の冷却装置（電子冷凍装置，電子恒温装置）として利用される．

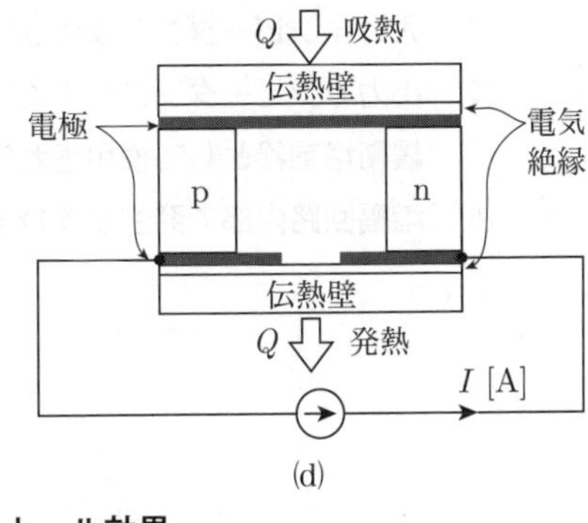

(d)

3．ホール効果

ホール効果とは，厚さd [m]の半導体に電流I [A]を流し，直角に磁界B [T]をかけたとき，IとBに垂直な方向にホール電圧V_Hを生じる現象をいう．R_Hをホール定数という．

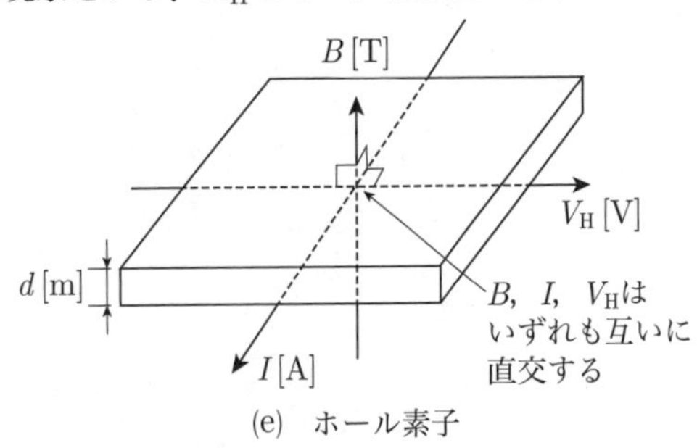

(e)　ホール素子

$$V_H = R_H \times \frac{BI}{d}\,[\mathrm{V}]$$

応用例として，磁束の測定や直流・交流の大電流計測にホール素子が用いられる．

本問は，2005年度問11の再出題である．

(5)

問13　図のコレクタ接地増幅回路に関する記述として，誤っているものを次の(1)～(5)のうちから一つ選べ.

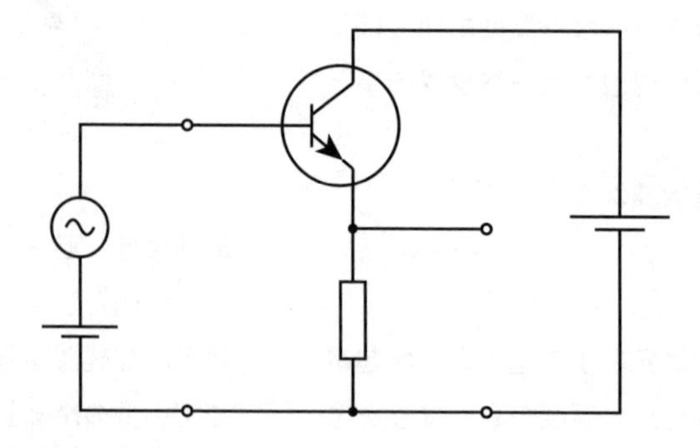

(1)　電圧増幅度は約1である.

(2)　入力インピーダンスが大きい.

(3)　出力インピーダンスが小さい.

(4)　緩衝増幅器として使用されることがある.

(5)　増幅回路内部で発生するひずみが大きい.

解13　設問の選択肢を検証する．

(1)　コレクタ接地回路の**電圧増幅度は約1**であるから，記述は**正しい**．

(2)，(3)　問題図のコレクタ接地回路は，エミッタ電圧がベース電圧の変化に追従して変化するため，**エミッタホロワ回路**や**ボルテージ（電圧）ホロワ回路**と呼ばれる．この回路は**入力インピーダンスが大きく，出力インピーダンスが小さい**特性をもつので，記述は**正しい**．

(4)　エミッタホロワ回路は，入力インピーダンス≒∞，出力インピーダンス≒0の特性を利用し，(a)図のように二つの回路AとBを結合して回路Aと回路Bの間の相互の影響を除去できる．この目的に使用する回路を**緩衝増幅器（バッファ）**という．ゆえに記述は**正しい**．

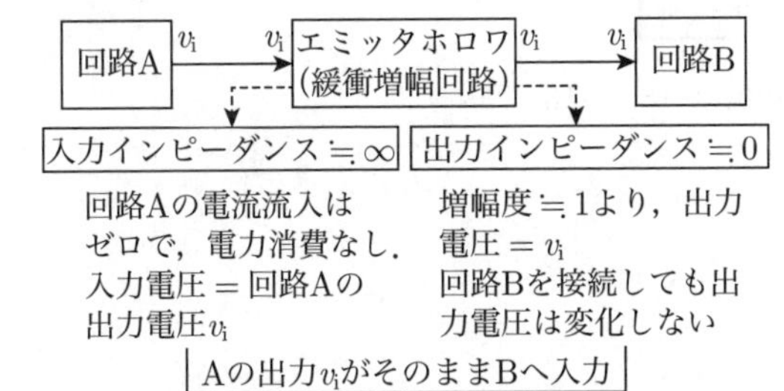

回路AとBは互いに相手の回路に影響を与えず接続可能（バッファの役目）

(a)

(5)　問題のコレクタ接地回路は，(b)図のようにエミッタに挿入されたエミッタ抵抗R_Eが帰還抵抗となり，出力電流i_Eに比例した電圧v_oを入力側に帰還する増幅回路である．R_Eに発生する電圧v_oは入力v_iに逆位相（−180°）で加わる**負帰還増幅回路**を構成する．負帰還をかけると，増幅回路の内部で発生するひずみや雑音信号は，負帰還をかけない場合と比べて$1/(1+A_v\beta)$倍（ただし，A_v：電圧増幅度，β：帰還率）に減少し，**増幅回路内部のひずみ・雑音を低減**することができる．ゆえに記述は**誤り**である．

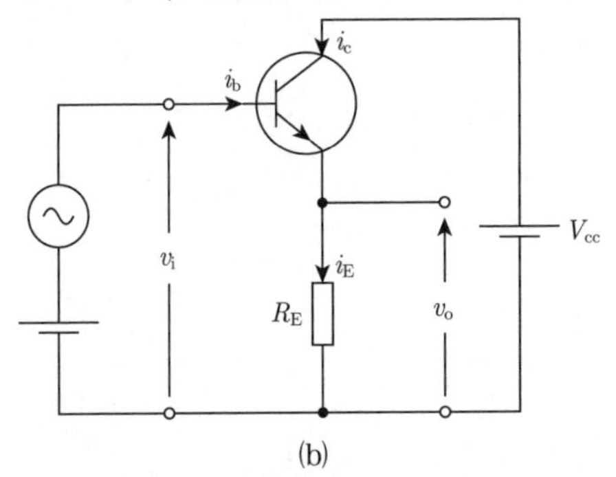

(b)

よって，**求める選択肢は(5)**となる．

〔ここがポイント〕

1.「コレクタ接地」の由来

コレクタ接地回路とは，問題図のようにコレクタ端子に負荷抵抗が存在せず，交流としてみたとき，**コレクタ端子が入力や出力と共通端子となる回路**をいう．入力側と出力側の共通端子を**接地**と称し，(b)図を交流回路としてみると，直流電圧源は短絡され，コレクタは直接共通端子に接続されることがわかる．

2.エミッタホロワ回路の特徴

(b)図をhパラメータで表した等価回路を(c)図に示す．同図より，v_i，v_o，電圧増幅度A_vは，

$$v_i = h_{ie}i_b + R_E(i_b + h_{fe}i_b) \quad ①$$

$$v_o = R_E(i_b + h_{fe}i_b) \quad ②$$

$$A_v = \frac{v_o}{v_i} = \frac{R_E i_b(1+h_{fe})}{i_b\{h_{ie} + R_E(1+h_{fe})\}} = \frac{R_E(1+h_{fe})}{h_{ie} + R_E(1+h_{fe})} \quad ③$$

一般に，$h_{ie} \ll h_{fe}R_E \Rightarrow h_{ie} \ll R_E(1+h_{fe})$が成り立つので，

$$\therefore \ A_v \fallingdotseq 1 \text{（電圧増幅度は約1）} \quad ④$$

また，③式の右辺は正であるから，入力v_iと出力v_oは同相であることがわかる．

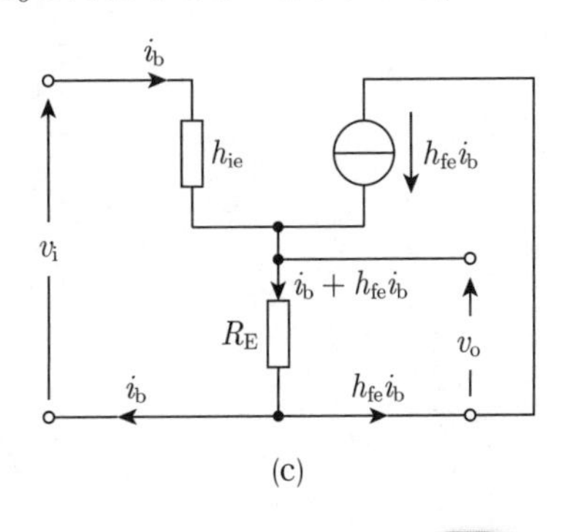

(c)

(5)

問14　図のように，線間電圧200 Vの対称三相交流電源から三相平衡負荷に供給する電力を二電力計法で測定する．2台の電力計W_1及びW_2を正しく接続したところ，電力計W_2の指針が逆振れを起こした．電力計W_2の電圧端子の極性を反転して接続した後，2台の電力計の指示値は，電力計W_1が490 W，電力計W_2が25 Wであった．このときの対称三相交流電源が三相平衡負荷に供給する電力の値[W]として，最も近いものを次の(1)～(5)のうちから一つ選べ．

ただし，三相交流電源の相回転はa，b，cの順とし，電力計の電力損失は無視できるものとする．

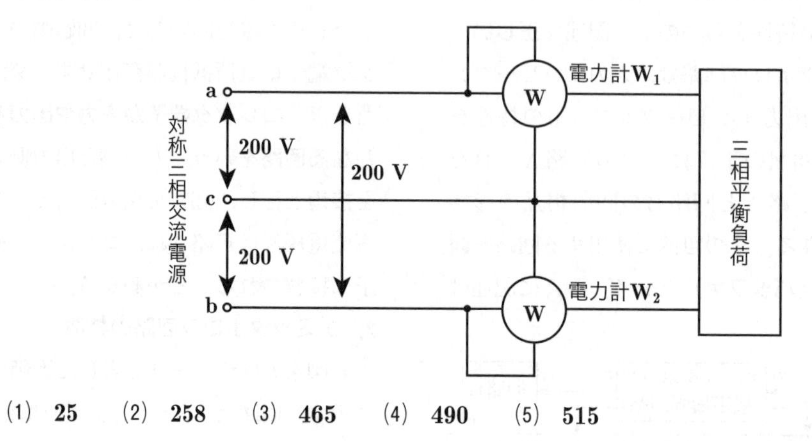

(1)　25　(2)　258　(3)　465　(4)　490　(5)　515

解14　三相交流電力は，単相電力計を2個用いて測定することができる．これを**ブロンデルの定理**といい，この方法を用いた測定を**二電力計法**という．単相電力計W_1，W_2を問題の図のように接続して測定すると，三相負荷電力P_3は各電力計の指示値W_1，W_2の和として求められる．

$$P_3 = W_1 + W_2\,[\mathrm{W}] \qquad ①$$

相回転（相順）a-b-cに留意すると，

$$W_1 = VI\cos\left(\theta - \frac{\pi}{6}\right)[\mathrm{W}] \qquad ②$$

$$W_2 = VI\cos\left(\theta + \frac{\pi}{6}\right)[\mathrm{W}] \qquad ③$$

ただし，$\cos\theta$は三相負荷の力率を表す．

ここで，三相負荷の遅れ力率$\cos\theta < 50\,\%$（$\theta > 60°$）では$W_2 < 0$となり逆振れを起こす．この場合，**電圧コイルの接続を逆にして極性反転させて接続し，表示された値にマイナス（−）を付けた値を真の値**とする．したがって，W_2が逆振れした場合のP_3は，次式で求められる．

$$P_3 = W_1 + (-W_2)\,[\mathrm{W}] \qquad ④$$

題意より，W_2の電圧端子の極性を反転して読み取った値が25 Wなので，真の値は−25 Wとなり，求める電力の値P_3は④式より，

$$P_3 = W_1 + (-W_2) = 490 + (-25)$$
$$= 465\ \mathrm{W}\quad(答)$$

よって，**求める選択肢は(3)**となる．

〔ここがポイント〕

1．問題の等価回路

問題図を回路図として正確に描くと(a)図になる．測定には，**電流力計形**の電力計が用いられ，図のように**電流コイル**と**電圧コイル**をもつ．電力計W_1では，電流$\dot{I}_a$が負荷に流れるためにはa相電圧がc相電圧より高い必要があるため，電圧コイルにかかる$\dot{V}_{ac}$は図の矢印の向きを正とする．同様に，電力計W_2の電圧コイルにかかる電圧$\dot{V}_{bc}$は図の矢印の向きを正とする．このように，各電圧コイルにかかる電圧とその正方向を最初に決定する．

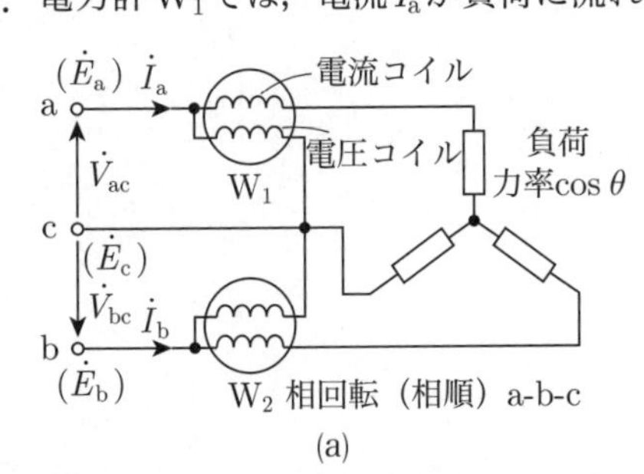

(a)

2．電力計W_1，W_2のベクトル図

相回転（相順）とは，相電圧のベクトル図を反時計回りに回転させたとき，水平軸（基準軸）を通過する順番を表す．

相回転に注意してW_1，W_2のベクトル図を描くと(b)図になる．負荷の力率$\cos\theta$は，相電流$\dot{I}$と相電圧$\dot{E}$との位相差をθとしている点に注意する．ベクトル図から，$\dot{V}_{ac}$と$\dot{I}_a$の位相差は$\theta - \pi/6$，$\dot{V}_{bc}$と$\dot{I}_b$の位相差は$\theta + \pi/6$となる．単相電力計の電力は②式および③式で計測され，三相全体の電力は次式で求められる．

$$\begin{aligned}P_3 &= W_1 + W_2\\ &= VI\cos\left(\theta - \frac{\pi}{6}\right) + VI\cos\left(\theta + \frac{\pi}{6}\right)\\ &= VI\left\{\cos\theta\cos\left(-\frac{\pi}{6}\right) - \sin\theta\sin\left(-\frac{\pi}{6}\right)\right.\\ &\qquad \left. + \cos\theta\cos\frac{\pi}{6} - \sin\theta\sin\frac{\pi}{6}\right\}\\ &= VI\left(\frac{\sqrt{3}}{2}\cos\theta + \frac{1}{2}\sin\theta + \frac{\sqrt{3}}{2}\cos\theta\right.\\ &\qquad \left. - \frac{1}{2}\sin\theta\right)\\ &= \sqrt{3}VI\cos\theta\,[\mathrm{W}]\end{aligned} \qquad ⑤$$

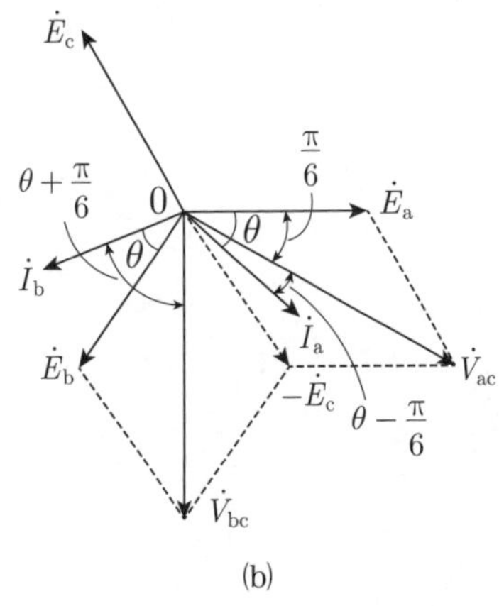

(b)

本問は，2003年度問13の再出題である．

(3)

B問題　配点は1問題当たり(a)5点，(b)5点，計10点

問15 図の平衡三相回路について，次の(a)及び(b)の問に答えよ．

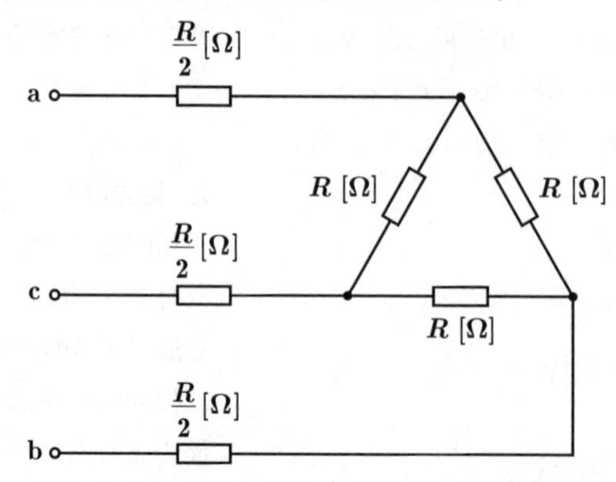

(a)　端子a，cに100 Vの単相交流電源を接続したところ，回路の消費電力は200 Wであった．抵抗Rの値[Ω]として，最も近いものを次の(1)～(5)のうちから一つ選べ．

(1)　**0.30**　(2)　**30**　(3)　**33**　(4)　**50**　(5)　**83**

(b)　端子a，b，cに線間電圧200 Vの対称三相交流電源を接続したときの全消費電力の値[kW]として，最も近いものを次の(1)～(5)のうちから一つ選べ．

(1)　**0.48**　(2)　**0.80**　(3)　**1.2**　(4)　**1.6**　(5)　**4.0**

note

(a)　**抵抗 R [Ω]の値**

問題図の端子a，c間に100 Vの単相交流電源を接続した回路は(a)図のようになる．

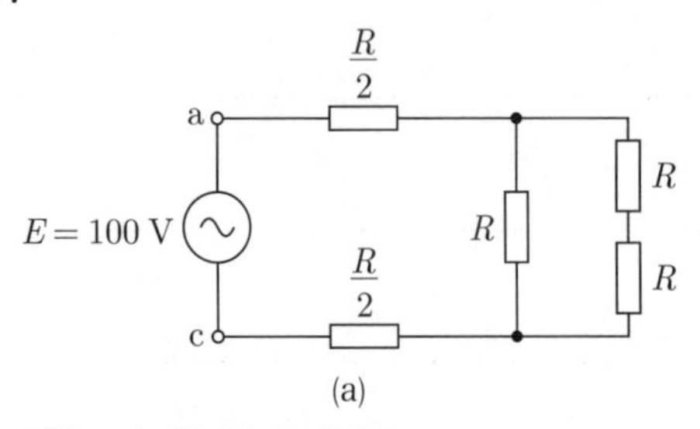

(a)

回路の合成抵抗 R' [Ω]は，

$$R' = \frac{R}{2} + \frac{R}{2} + \frac{2R \times R}{2R + R} = R + \frac{2R}{3} = \frac{5R}{3}$$

回路の消費電力 $P = 200$ W であるから，

$$P = \frac{E^2}{R'} = \frac{100^2}{5R/3} = 200$$

$$200 \times 5R = 3 \times 100^2$$

$$\therefore \quad R = \frac{3 \times 100^2}{200 \times 5} = 30\,\Omega \quad (答)$$

よって，**求める選択肢は(2)**となる．

(b)　**全消費電力 P_3 [kW]の値**

問題図の△接続負荷をY接続に等価変換した回路を(b)図に示す．負荷が平衡している場合，等価変換後のY接続の抵抗は△接続の1/3になる．電源側が対称三相交流で，負荷側は三相平衡負荷の条件が成立するとき，中性点をつないでも電流は流れない．そのため，(c)図に示す仮想中性線を用いた一相分の等価回路で計算できる．(c)図で求めた電力の値を3倍すれば三相電力が求められる．

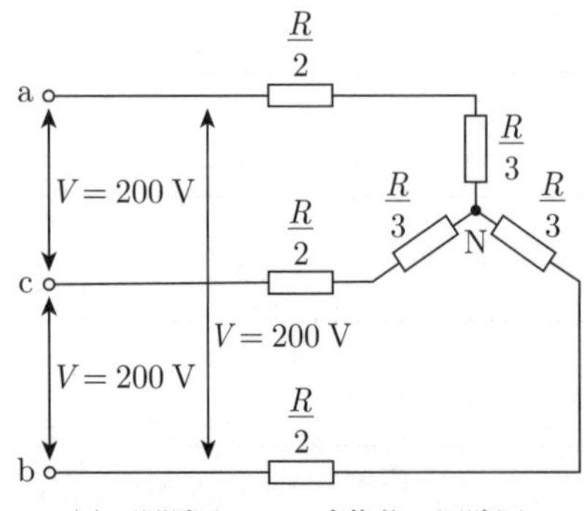

(b)　問題図の△-Y変換後の回路図

(c)図において，合成抵抗 R'' は，

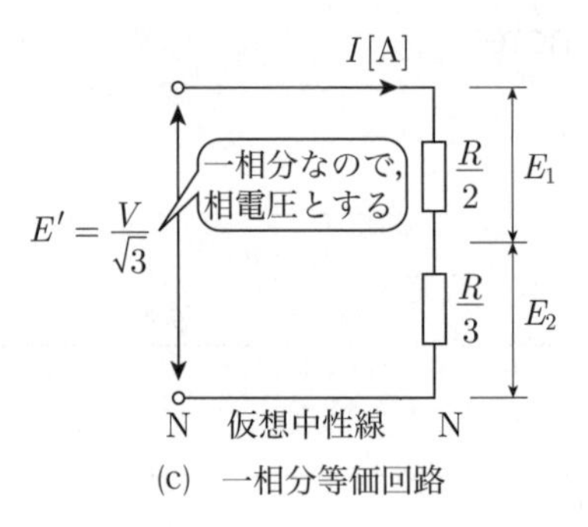

(c)　一相分等価回路

$$R'' = \frac{R}{2} + \frac{R}{3} = \frac{5R}{6} = \frac{5 \times 30}{6} = 25\,\Omega$$

求める全消費電力 P_3 [kW]は，相電圧 E' が線間電圧 V の $1/\sqrt{3}$ であることに注意して，

$$P_3 = 3 \times \frac{E'^2}{R''} = 3 \times \left(\frac{200}{\sqrt{3}}\right)^2 \times \frac{1}{25}$$

$$= \frac{200^2}{25} = 1\,600\text{ W} = 1.6\text{ kW} \quad (答)$$

よって，**求める選択肢は(4)**となる．

〔ここがポイント〕

1．三相回路から一相分等価回路の求め方

一相分等価回路で計算してよいのは，負荷側が平衡し，電源が三相対称の場合だけであることを覚えておく．電源電圧が非対称であったり，負荷が三相で不平衡の場合は，一相分等価回路が適用できない．

2．負荷の消費電力 P の求め方

抵抗負荷の消費電力 P は次式で求められる．

$$P = EI = I^2R = E^2/R\,[\text{W}]$$

問題の場合，I を直接求めず，与えられた電圧 E と抵抗 R から $P = E^2/R$ を用いて解答できる．

別解

(a)　抵抗 R の値[Ω]

問題図の△接続負荷をY接続に等価変換する．三相負荷はいずれも R で平衡しているので，Y接続一相の抵抗は△接続負荷抵抗 R の1/3になる．端子a，c間に100 Vの単相交流電源を接続した回路は(d)図のようになる．

回路の合成抵抗 R_Y' [Ω]は，

$$R_Y' = \frac{R}{2} + \frac{R}{2} + \frac{R}{3} + \frac{R}{3} = R + \frac{2R}{3}$$

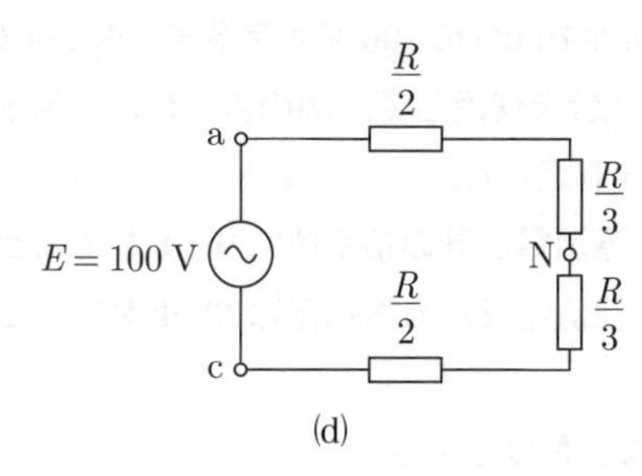

(d)

$$= \frac{5R}{3}\,[\Omega]$$

回路の消費電力 $P = 200$ W であるから，

$$P = \frac{E^2}{R'} = \frac{100^2}{5R/3} = 200$$

$$200 \times 5R = 3 \times 100^2$$

$$\therefore\quad R = \frac{3 \times 100^2}{200 \times 5} = 30\,\Omega \quad (答)$$

よって，**求める選択肢は(2)**となる．

(b)　全消費電力 P_3 [kW] の値

(e)図の線路抵抗 $R/2$ と△接続負荷抵抗 R にかかる電圧の大きさがそれぞれ求まれば，$P = E^2/R$ を用いて消費電力が算出できる．

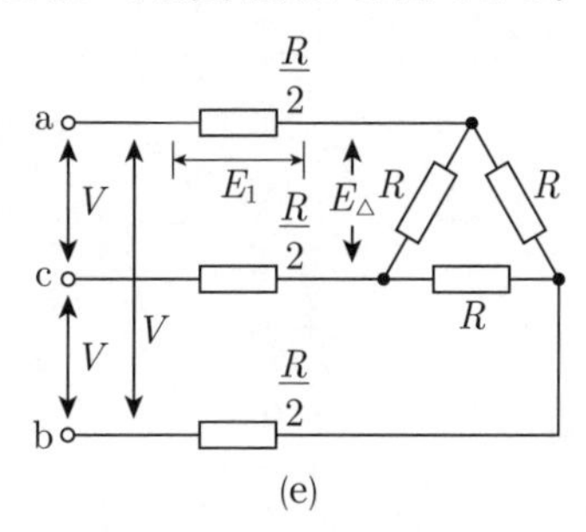

(e)

(c)図の1相分等価回路から，線路抵抗 $R/2$ にかかる電圧 E_1 は，

$$E_1 = E' \times \frac{\frac{R}{2}}{\frac{R}{2} + \frac{R}{3}} = \frac{V}{\sqrt{3}}\frac{3}{5} = \frac{\sqrt{3}}{5}V\,[\mathrm{V}]$$

Y接続抵抗 $R/3$ にかかる電圧 E_2 は，

$$E_2 = E' \times \frac{\frac{R}{3}}{\frac{R}{2} + \frac{R}{3}} = \frac{V}{\sqrt{3}}\frac{2}{5} = \frac{2}{5\sqrt{3}}V\,[\mathrm{V}]$$

この E_2 はY接続の相電圧である．△接続の相電圧 $E_\triangle$ は，E_2 を $\sqrt{3}$ 倍して求められるので，

$$E_\triangle = \sqrt{3}E_2 = \sqrt{3} \times \frac{2}{5\sqrt{3}}V = \frac{2}{5}V\,[\mathrm{V}]$$

したがって，(e)図より，

$$P_3 = 3 \times \frac{E_1{}^2}{R/2} + 3 \times \frac{E_\triangle{}^2}{R}$$

$$= 3 \times \left(\frac{\sqrt{3}}{5} \times 200\right)^2 \times \frac{1}{15}$$

$$+ 3 \times \left(\frac{2}{5} \times 200\right)^2 \times \frac{1}{30}$$

$$= 3\left(\frac{40^2 \times 3}{15} + \frac{80^2}{30}\right) = 3 \times 320 + 640$$

$$= 1\,600\ \mathrm{W} = 1.6\ \mathrm{kW} \quad (答)$$

よって，**求める選択肢は(4)**となる．

〔ここがポイント〕

Y接続および△接続の相電圧と線間電圧の関係

線路抵抗 $R/2$ にかかる電圧は，(c)図の一相分等価回路から直ちに求められる．(e)図の三相回路の△負荷にかかる相電圧 $E_\triangle$（＝線間電圧）は，解説で示したようにY接続負荷の電圧を基に以下の関係から求められることを覚えておく．

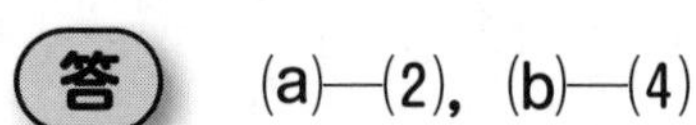
△接続の相電圧 $E_\triangle = \sqrt{3} \times$ Y接続の相電圧

本問は，2010年度問15の再出題である．

答　(a)—(2)，(b)—(4)

問16　内部抵抗が15 kΩの150 V測定端子と内部抵抗が10 kΩの100 V測定端子をもつ永久磁石可動コイル形直流電圧計がある．この直流電圧計を使用して，図のように，電流I[A]の定電流源で電流を流して抵抗Rの両端の電圧を測定した．

測定Ⅰ：150 Vの測定端子で測定したところ，直流電圧計の指示値は101.0 Vであった．

測定Ⅱ：100 Vの測定端子で測定したところ，直流電圧計の指示値は99.00 Vであった．

次の(a)及び(b)の問に答えよ．

ただし，測定に用いた機器の指示値に誤差はないものとする．

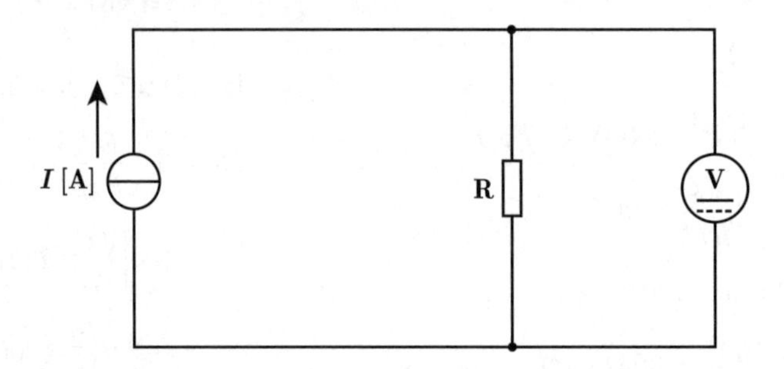

(a)　抵抗Rの抵抗値[Ω]として，最も近いものを次の(1)～(5)のうちから一つ選べ．

(1)　241　(2)　303　(3)　362　(4)　486　(5)　632

(b)　電流Iの値[A]として，最も近いものを次の(1)～(5)のうちから一つ選べ．

(1)　0.08　(2)　0.17　(3)　0.25　(4)　0.36　(5)　0.49

note

問題の測定Ⅰ，測定Ⅱの回路を(a)および(b)図に示す．

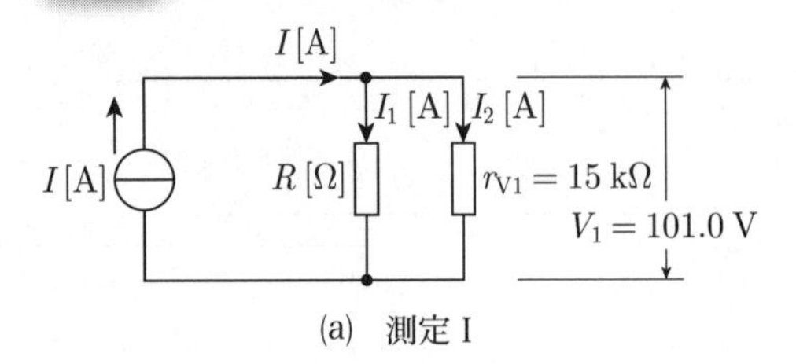

(a)　測定Ⅰ

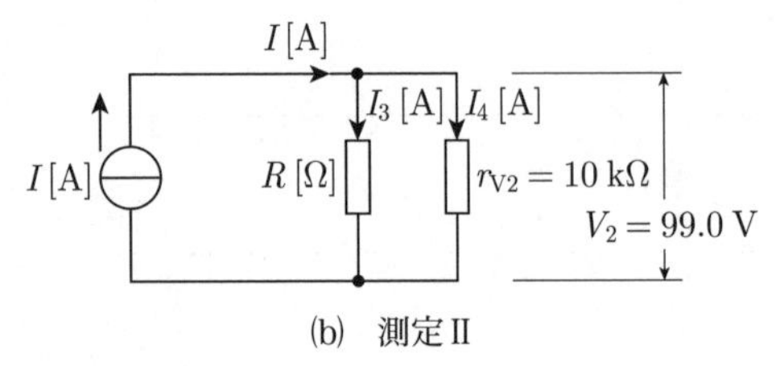

(b)　測定Ⅱ

(a)　抵抗 R の値 [Ω]

定電流源から供給される電流 I [A] は，負荷抵抗の値にかかわらず常に一定である．(a)図および(b)図の回路にキルヒホッフの第1法則を適用すると次式が成り立つ．

$$I_1 + I_2 = I \Rightarrow \frac{V_1}{R} + \frac{V_1}{r_{V1}} = I \qquad ①$$

$$I_3 + I_4 = I \Rightarrow \frac{V_2}{R} + \frac{V_2}{r_{V2}} = I \qquad ②$$

①式－②式より，

$$\frac{1}{R}(V_1 - V_2) = \frac{V_2}{r_{V2}} - \frac{V_1}{r_{V1}}$$

$$\therefore \ R = \frac{V_1 - V_2}{\frac{V_2}{r_{V2}} - \frac{V_1}{r_{V1}}} = \frac{101.0 - 99.00}{\frac{99.00}{10} - \frac{101.0}{15}}$$

$$= \frac{2}{9.9 - 6.733} = 0.6315$$

$$\fallingdotseq 0.632\ \text{k}\Omega \rightarrow 632\ \Omega \quad (答)$$

よって，**求める選択肢は(5)**となる．

(b)　定電流源の電流 I [A] の値

(a)で求めた R の値を①式または②式へ代入すれば求められる．②式へ代入すると，

$$I = \frac{V_2}{R} + \frac{V_2}{r_{V2}} = V_2\left(\frac{1}{R} + \frac{1}{r_{V2}}\right)$$

$$= 99.00\left(\frac{1}{632} + \frac{1}{10\,000}\right)$$

$$= 99.00(0.001\,582 + 0.000\,1)$$

$$= 0.166\,5\ \text{A} \rightarrow 0.17\ \text{A} \quad (答)$$

よって，**求める選択肢は(2)**となる．

〔ここがポイント〕

定電流源の特徴

図記号と特徴を次表にまとめる．

定電流源と定電圧源

電源種別	定電流源
図記号	I [A]
大きさ	I [A] の定電流
内部抵抗	∞
回路上の留意点	回路上は**開放**する
機能	負荷抵抗が変化しても**一定の電流を出力**する理想電源

別解

(a)　抵抗 R の値 [Ω]

(a)図より，r_{V1} を流れる電流 I_2 は，

$$I_2 = I \times \frac{R}{R + r_{V1}} = \frac{V_1}{r_{V1}}\ [\text{A}] \qquad ③$$

(b)図より，r_{V2} を流れる電流 I_4 は，

$$I_4 = I \times \frac{R}{R + r_{V2}} = \frac{V_2}{r_{V2}}\ [\text{A}] \qquad ④$$

③式÷④式を計算すると，

$$\frac{I_2}{I_4} = \frac{I \times \frac{R}{R + r_{V1}}}{I \times \frac{R}{R + r_{V2}}} = \frac{\frac{V_1}{r_{V1}}}{\frac{V_2}{r_{V2}}}$$

$$\frac{R + r_{V2}}{R + r_{V1}} = \frac{r_{V2}}{r_{V1}} \frac{V_1}{V_2}$$

上式に与えられた r_{V1}，r_{V2}，V_1，V_2 の値を代入し，R について解くと，

$$\frac{R + 10 \times 10^3}{R + 15 \times 10^3} = \frac{10 \times 10^3}{15 \times 10^3} \frac{101.0}{99.0} = \frac{202}{297}$$

$$(R + 10 \times 10^3) \times 297$$

$$= (R + 15 \times 10^3) \times 202$$

$$R(297 - 202)$$

$$= (202 \times 15 - 297 \times 10) \times 10^3$$

$$R = \frac{60}{95} \times 10^3 = 631.57 \rightarrow 632\ \Omega \quad (答)$$

よって，**求める選択肢は(5)**となる．

(b)　定電流源の電流 I の値 [A]

③式または④式のいずれかにより，$I=$の式を誘導する．

③式を用いると，

$$I=\frac{R+r_{V1}}{R}\frac{V_1}{r_{V1}}=\left(1+\frac{r_{V1}}{R}\right)\frac{V_1}{r_{V1}}$$

$$=V_1\left(\frac{1}{r_{V1}}+\frac{1}{R}\right)[\mathrm{A}] \qquad ⑤$$

⑤式に与えられた数値を代入して，

$$I=101.0\times\left(\frac{1}{15\times10^3}+\frac{1}{\frac{60}{95}\times10^3}\right)$$

$$=101.0\times\left(\frac{1}{15}+\frac{19}{12}\right)\times10^{-3}$$

$$=101.0\times(0.066\,6+1.583\,3)\times10^{-3}$$

$$=101.0\times1.649\,9\times10^{-3}$$

$$=0.166\,6\rightarrow0.17\ \mathrm{A}\quad(答)$$

よって，**求める選択肢は(2)**となる．

〔ここがポイント〕

1．並列抵抗の分流計算

(c)図に示す抵抗R_A，R_Bの並列回路に流れる電流I_A，I_Bは，それぞれ抵抗の逆数に比例し，次式で求められる．

$$I_A=I_0\times\frac{\frac{1}{R_A}}{\frac{1}{R_A}+\frac{1}{R_B}}$$

$$=I_0\times\frac{\frac{1}{R_A}}{\frac{R_A+R_B}{R_AR_B}}$$

$$=I_0\times\frac{R_B}{R_A+R_B}[\mathrm{A}]$$

$$I_B=I_0\times\frac{\frac{1}{R_B}}{\frac{1}{R_A}+\frac{1}{R_B}}$$

$$=I_0\times\frac{\frac{1}{R_B}}{\frac{R_A+R_B}{R_AR_B}}$$

$$=I_0\times\frac{R_A}{R_A+R_B}[\mathrm{A}]$$

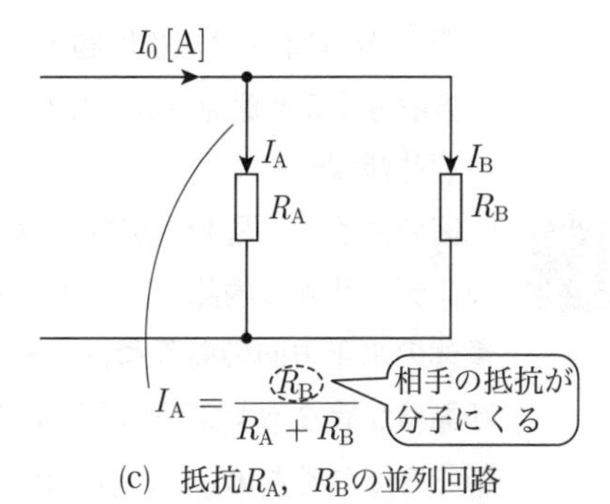

(c)　抵抗R_A，R_Bの並列回路

並列回路の分流計算では，

$$\boxed{分流電流=入力電流\times\frac{相手の抵抗}{並列抵抗の総和}}$$

の関係がある．

2．未知数IとRの連立方程式の立式

別解では，測定Ⅰおよび測定Ⅱの回路の電圧計に流れる電流I_2，I_4をそれぞれ，

(1)　電圧指示値Vと電圧計の内部抵抗r_Vから算出

(2)　定電流Iを用いて並列抵抗r_Vへの分流電流として算出

し，(1)と(2)の値を等しいとして立式した．

未知数はIとRの二つなので，③式，④式の2式から解ける．別解の方法は，前述の方法に比べて計算に手数がかかる．いずれにせよ，途中までは文字式で誘導する必要があるため，文字式の計算には慣れておきたい．

本問は，2018年度問18の再出題である．

(a)—(5)，(b)—(2)

問17及び問18は選択問題であり，問17又は問18のどちらかを選んで解答すること．両方解答すると採点されません．

（選択問題）

問17 図のように，極板間の厚さ d [m]，表面積 S [m^2] の平行板コンデンサAとBがある．コンデンサAの内部は，比誘電率と厚さが異なる3種類の誘電体で構成され，極板と各誘電体の水平方向の断面積は同一である．コンデンサBの内部は，比誘電率と水平方向の断面積が異なる3種類の誘電体で構成されている．コンデンサAの各誘電体内部の電界の強さをそれぞれ E_{A1}，E_{A2}，E_{A3}，コンデンサBの各誘電体内部の電界の強さをそれぞれ E_{B1}，E_{B2}，E_{B3} とし，端効果，初期電荷及び漏れ電流は無視できるものとする．また，真空の誘電率を ε_0 [F/m] とする．両コンデンサの上側の極板に電圧 V [V] の直流電源を接続し，下側の極板を接地した．次の(a)及び(b)の問に答えよ．

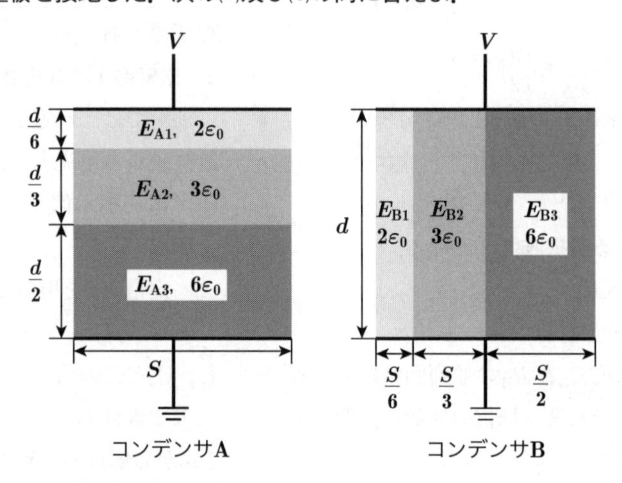

(a) コンデンサAにおける各誘電体内部の電界の強さの大小関係とその中の最大値の組合せとして，正しいものを次の(1)～(5)のうちから一つ選べ．

(1) $E_{A1} > E_{A2} > E_{A3}$，$\dfrac{3V}{5d}$

(2) $E_{A1} < E_{A2} < E_{A3}$，$\dfrac{3V}{5d}$

(3) $E_{A1} = E_{A2} = E_{A3}$，$\dfrac{V}{d}$

(4) $E_{A1} > E_{A2} > E_{A3}$，$\dfrac{9V}{5d}$

(5) $E_{A1} < E_{A2} < E_{A3}$，$\dfrac{9V}{5d}$

(b) コンデンサA全体の蓄積エネルギーは，コンデンサB全体の蓄積エネルギーの何倍か，最も近いものを次の(1)～(5)のうちから一つ選べ．

(1) 0.72　(2) 0.83　(3) 1.00　(4) 1.20　(5) 1.38

解17 (a) コンデンサAの各誘電体内部の電界の強さの大小関係と最大値

(1) 電界の強さの大小関係

コンデンサAは，(a)図に示す3個のコンデンサの直列接続と等価である．

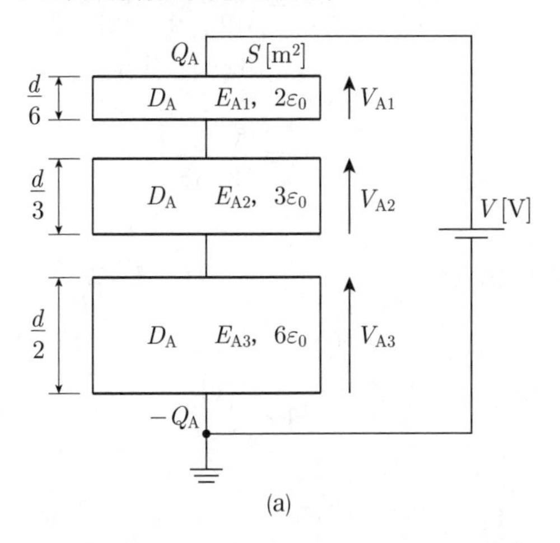

(a)

極板間に電圧Vを印加したとき，極板間に蓄えられる電荷をQ_Aとすると，Q_Aは三つのコンデンサでいずれも等しいので，電束密度D_A $[C/m^2]$も三つのコンデンサで等しくなる．

$$D_A = \frac{Q_A}{S}\,[C/m^2]$$

ガウスの定理より，各コンデンサの電界の強さは，

$$E_{A1} = \frac{D_A}{\varepsilon_1} = \frac{Q_A/S}{2\varepsilon_0} = \frac{Q_A}{2\varepsilon_0 S}\,[V/m] \quad ①$$

$$E_{A2} = \frac{D_A}{\varepsilon_2} = \frac{Q_A/S}{3\varepsilon_0} = \frac{Q_A}{3\varepsilon_0 S}\,[V/m] \quad ②$$

$$E_{A3} = \frac{D_A}{\varepsilon_3} = \frac{Q_A/S}{6\varepsilon_0} = \frac{Q_A}{6\varepsilon_0 S}\,[V/m] \quad ③$$

したがって，①〜③式の分母の値に着目して比較すると，

$E_{A1} > E_{A2} > E_{A3}$ (答)

(2) 電界の強さの最大値

電界が最大となるのは上記の結果からE_{A1}である．コンデンサAの合成静電容量をC_{A0}とすると，

$$\frac{1}{C_{A0}} = \frac{1}{C_{A1}} + \frac{1}{C_{A2}} + \frac{1}{C_{A3}}$$

$$C_{A0} = \frac{1}{\frac{1}{C_{A1}} + \frac{1}{C_{A2}} + \frac{1}{C_{A3}}} = \frac{1}{\frac{d/6}{2\varepsilon_0 S} + \frac{d/3}{3\varepsilon_0 S} + \frac{d/2}{6\varepsilon_0 S}} = \frac{1}{\left(\frac{1}{12} + \frac{1}{9} + \frac{1}{12}\right)\frac{d}{\varepsilon_0 S}} = \frac{18}{5}\frac{\varepsilon_0 S}{d}\,[F] \quad ④$$

電荷Q_Aは，

$$Q_A = C_{A0}V = \frac{18}{5}\frac{\varepsilon_0 S}{d}V\,[C] \quad ⑤$$

⑤式を①式へ代入して，

$$E_{A1} = \frac{Q_A}{2\varepsilon_0 S} = \frac{1}{2\varepsilon_0 S}\frac{18}{5}\frac{\varepsilon_0 S}{d}V = \frac{9V}{5d}\,[V/m] \quad (答)$$

よって，**求める選択肢は(4)**となる．

(b) 蓄積エネルギーの比 W_A/W_B

コンデンサAおよびBの全体の蓄積エネルギーW_AおよびW_B [J]は，コンデンサBの合成静電容量をC_{B0}とすると，

$$W_A = \frac{1}{2}C_{A0}V^2,\quad W_B = \frac{1}{2}C_{B0}V^2$$

$$\therefore\ \frac{W_A}{W_B} = \frac{\frac{1}{2}C_{A0}V^2}{\frac{1}{2}C_{B0}V^2} = \frac{C_{A0}}{C_{B0}} \quad ⑥$$

すなわち，蓄積エネルギーの比は静電容量の比で求められる．

コンデンサBは，(b)図に示す3個のコンデンサの並列接続と等価になる．次式によりC_{B0}を

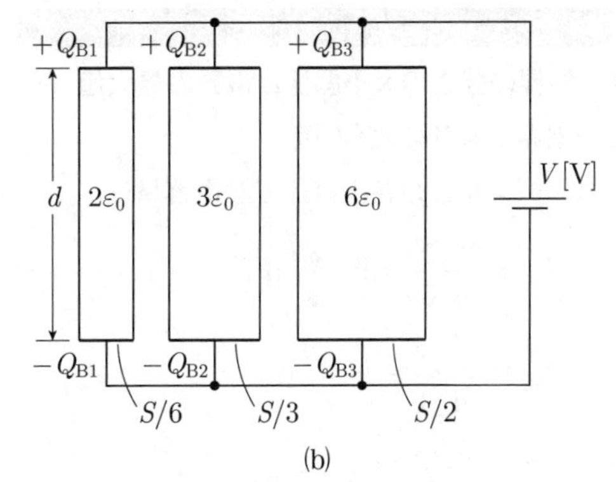

(b)

求めると，

$$C_{B0}=C_{B1}+C_{B2}+C_{B3}$$
$$=\frac{2\varepsilon_0\times S/6}{d}+\frac{3\varepsilon_0\times S/3}{d}+\frac{6\varepsilon_0\times S/2}{d}$$
$$=\left(\frac{1}{3}+1+3\right)\frac{\varepsilon_0 S}{d}=\frac{13}{3}\frac{\varepsilon_0 S}{d}\,[\mathrm{F}]\quad ⑦$$

⑥式に④式および⑦式を代入して，

$$\frac{W_A}{W_B}=\frac{\frac{18\varepsilon_0 S}{5d}}{\frac{13\varepsilon_0 S}{3d}V^2}=\frac{18}{5}\times\frac{3}{13}=0.830\,7$$
$$=0.83\quad (答)$$

よって，**求める選択肢は(2)**となる．

〔ここがポイント〕

1. 電界の強さの求め方

問(a)のコンデンサ直列接続では，蓄えられる電荷がすべて等しい関係を用い，電束密度Dから電界Eを求めた．電界自身の大小関係を比較するうえで，この方法が早く計算できる．ただし，電界の強さの最大値は，別途Q_Aを求めなければならず，やや手数がかかる．

2. コンデンサの蓄積エネルギー

問(b)では，コンデンサAおよびBの各部の静電容量は$W=(1/2)CV^2$により求められるが，蓄積エネルギーの比は静電容量の比に等しいので，残りのC_{B0}を計算し，C_{A0}とC_{B0}の比を計算すればよい．静電容量を合成する際，コンデンサAでは④式の合成静電容量を短時間で正確に求めることが一番のポイントになる．(b)図の並列接続では，合成静電容量は各部の静電容量の和となるため，計算は容易である．

別解

(a)　電界の強さの大小関係と電界の最大値

(1)　電界の強さの大小関係

コンデンサAの各誘電体の静電容量は，

$$C_{A1}=\frac{2\varepsilon_0 S}{d/6}=12\frac{\varepsilon_0 S}{d}\,[\mathrm{F}]$$

$$C_{A2}=\frac{3\varepsilon_0 S}{d/3}=9\frac{\varepsilon_0 S}{d}\,[\mathrm{F}]$$

$$C_{A3}=\frac{6\varepsilon_0 S}{d/2}=12\frac{\varepsilon_0 S}{d}=C_{A1}\,[\mathrm{F}]$$

コンデンサAの各誘電体に印加される電圧は，各静電容量の逆比に比例するので，

$$\frac{1}{C_{A1}}+\frac{1}{C_{A2}}+\frac{1}{C_{A3}}=\left(\frac{1}{12}+\frac{1}{9}+\frac{1}{12}\right)\frac{d}{\varepsilon_0 S}$$
$$=\frac{3+4+3}{36}\frac{d}{\varepsilon_0 S}$$
$$=\frac{5}{18}\frac{d}{\varepsilon_0 S}$$

$$V_{A1}=\frac{\frac{1}{C_{A1}}}{\frac{1}{C_{A1}}+\frac{1}{C_{A2}}+\frac{1}{C_{A3}}}V=\frac{\frac{1}{12}\frac{d}{\varepsilon_0 S}}{\frac{5}{18}\frac{d}{\varepsilon_0 S}}V$$
$$=\frac{1}{12}\frac{18}{5}V=\frac{3}{10}V\,[\mathrm{V}]$$

$$V_{A2}=\frac{\frac{1}{C_{A2}}}{\frac{1}{C_{A1}}+\frac{1}{C_{A2}}+\frac{1}{C_{A3}}}V=\frac{\frac{1}{9}\frac{d}{\varepsilon_0 S}}{\frac{5}{18}\frac{d}{\varepsilon_0 S}}V$$
$$=\frac{1}{9}\frac{18}{5}V=\frac{2}{5}V\,[\mathrm{V}]$$

$$V_{A3}=\frac{\frac{1}{C_{A3}}}{\frac{1}{C_{A1}}+\frac{1}{C_{A2}}+\frac{1}{C_{A3}}}V=V_{A1}$$
$$=\frac{3}{10}V\,[\mathrm{V}]$$

コンデンサAの各誘電体内部の電界の強さは，

$$E_{A1}=\frac{V_{A1}}{d/6}=\frac{3V/10}{d/6}=\frac{9}{5}\frac{V}{d}\,[\mathrm{V/m}]\quad ⑧$$

$$E_{A2}=\frac{V_{A2}}{d/3}=\frac{4V/10}{d/3}=\frac{6}{5}\frac{V}{d}\,[\mathrm{V/m}]\quad ⑨$$

$$E_{A3}=\frac{V_{A3}}{d/2}=\frac{3V/10}{d/2}=\frac{3}{5}\frac{V}{d}\,[\mathrm{V/m}]\quad ⑩$$

ゆえに，⑧～⑩式の分子の数値に着目して比較すると，

$$E_{A1}>E_{A2}>E_{A3}\quad (答)$$

次に，電界の強さの最大値は，すでに⑧式で算出済みで，$\frac{9V}{5d}$[V/m]である．

よって，**求める選択肢は(4)**となる．

(b)　蓄積エネルギーの比 W_A/W_B

(1)　コンデンサAの各誘電体に蓄えられる電

荷 Q_A はそれぞれ等しく，全体に蓄えられる電荷と等しいので，

$$Q_A = C_{A1}V_{A1} = C_{A2}V_{A2} = C_{A3}V_{A3}$$

$$\therefore\ Q_A = C_{A1}V_{A1} = \frac{12\varepsilon_0 S}{d} \times \frac{3V}{10} = \frac{18}{5}\frac{\varepsilon_0 S}{d}V\ [\mathrm{C}]$$

$$W_A = \frac{1}{2}Q_A V = \frac{1}{2} \times \frac{18}{5}\frac{\varepsilon_0 S}{d}V^2 = \frac{9}{5}\frac{\varepsilon_0 S}{d}V^2\ [\mathrm{J}]$$

(2)　コンデンサBの各誘電体に蓄えられる電荷 Q_{B1}，Q_{B2}，Q_{B3} はそれぞれ，

$$Q_{B1} = C_{B1}V = \frac{2\varepsilon_0 \times S/6}{d}V = \frac{1}{3}\frac{\varepsilon_0 S}{d}V\ [\mathrm{C}]$$

$$Q_{B2} = C_{B2}V = \frac{3\varepsilon_0 \times S/3}{d}V = \frac{\varepsilon_0 S}{d}V\ [\mathrm{C}]$$

$$Q_{B3} = C_{B3}V = \frac{6\varepsilon_0 \times S/2}{d}V = 3\frac{\varepsilon_0 S}{d}V\ [\mathrm{C}]$$

$$W_B = \frac{1}{2}Q_B V = \frac{1}{2}(Q_{B1} + Q_{B2} + Q_{B3})V = \frac{1}{2}\left(\frac{1}{3} + 1 + 3\right)\frac{\varepsilon_0 S}{d}V^2 = \frac{1}{2} \times \frac{13}{3}\frac{\varepsilon_0 S}{d}V^2 = \frac{13}{6}\frac{\varepsilon_0 S}{d}V^2\ [\mathrm{J}]$$

以上で求めた値を代入して，

$$\therefore\ \frac{W_A}{W_B} = \frac{\dfrac{9}{5}\dfrac{\varepsilon_0 S}{d}V^2}{\dfrac{13}{6}\dfrac{\varepsilon_0 S}{d}V^2} = \frac{9}{5} \times \frac{6}{13} = 0.830\,7 = 0.83\ (答)$$

よって，**求める選択肢は(2)**となる．

〔ここがポイント〕

1.　平行板コンデンサの極板間電界 E [V/m]

平行板コンデンサの極板間に V [V] を印加すると，極板間に平等電界 E [V/m] が生じる．V と E の関係は，誘電率 ε [F/m] に無関係に形状と極板間距離 d [m] だけで決まり，次式で求められる．

$$E = \frac{V}{d}\ [\mathrm{V/m}] \quad ⑪$$

⑧～⑩式は⑪式の関係を用いて計算している．

2.　コンデンサの計算公式

極板面積を S [m^2] とし，静電容量 C [F]，蓄えられる電荷 Q [C]，電束密度 D [C/m^2]，真空中の誘電率 ε_0 $(= 8.855 \times 10^{-12})$ [F/m]，比誘電率 ε_r，静電エネルギー W_C [J]，単位体積当たりのエネルギー w_C [J/m^3] として，コンデンサの諸公式を以下に示す．

$$C = \frac{\varepsilon_r \varepsilon_0 S}{d}\ [\mathrm{F}] \quad ⑫$$

$$Q = CV = \frac{\varepsilon_r \varepsilon_0 SV}{d} = \varepsilon_r \varepsilon_0 SE\ [\mathrm{C}] \quad ⑬$$

$$D = \frac{Q}{S} = \frac{\varepsilon_r \varepsilon_0 SE}{S} = \varepsilon_r \varepsilon_0 E\ [\mathrm{C/m^2}] \quad ⑭$$

$$W_C = \frac{1}{2}CV^2 = \frac{1}{2}\frac{\varepsilon_r \varepsilon_0 S}{d}V^2 = \frac{\varepsilon_r \varepsilon_0 SV^2}{2d}\ [\mathrm{J}] \quad ⑮$$

⑮式を $Q = CV$ の関係を用いて変形すると，

$$W_C = \frac{Q^2}{2C} = \frac{1}{2}QV\ [\mathrm{J}] \quad ⑯$$

$$w_C = \frac{W_C}{Sd} = \frac{\varepsilon_r \varepsilon_0 V^2}{2d^2} = \frac{1}{2}\varepsilon_r \varepsilon_0 E^2\ [\mathrm{J/m^3}] \quad ⑰$$

試験場では，⑪～⑰式を基本公式から自在に導出できるようにしておきたい．

本問は，2021年度問17の再出題である．

答　(a)―(4)，(b)―(2)

（選択問題）

問18　振幅変調について，次の(a)及び(b)の問に答えよ．

(a)　図1の波形は，正弦波である信号波によって搬送波の振幅を変化させて得られた変調波を表している．この変調波の変調度の値として，最も近いものを次の(1)～(5)のうちから一つ選べ．

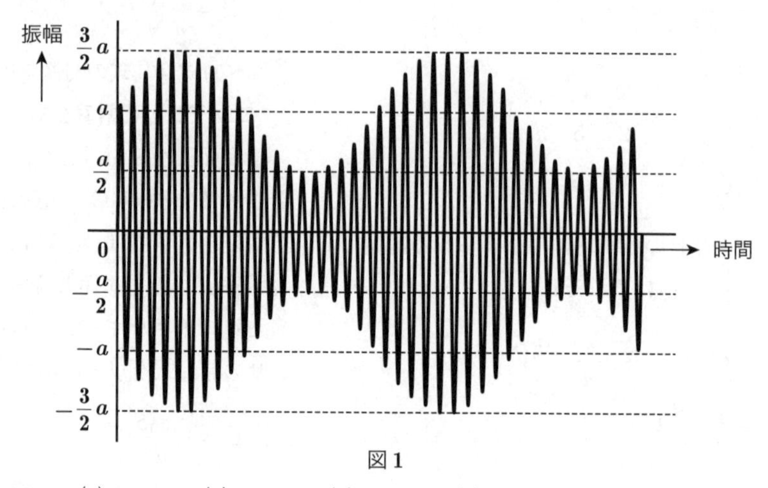

図1

(1)　**0.33**　　(2)　**0.5**　　(3)　**1.0**　　(4)　**2.0**　　(5)　**3.0**

(b)　次の文章は，直線検波回路に関する記述である．

振幅変調した変調波の電圧を，図2の復調回路に入力して復調したい．コンデンサ C [F] と抵抗 R [Ω] を並列接続した合成インピーダンスの両端電圧に求められることは，信号波の成分が (ア) ことと，搬送波の成分が (イ) ことである．そこで，合成インピーダンスの大きさは，信号波の周波数に対してほぼ抵抗 R [Ω] となり，搬送波の周波数に対して十分に (ウ) なくてはならない．

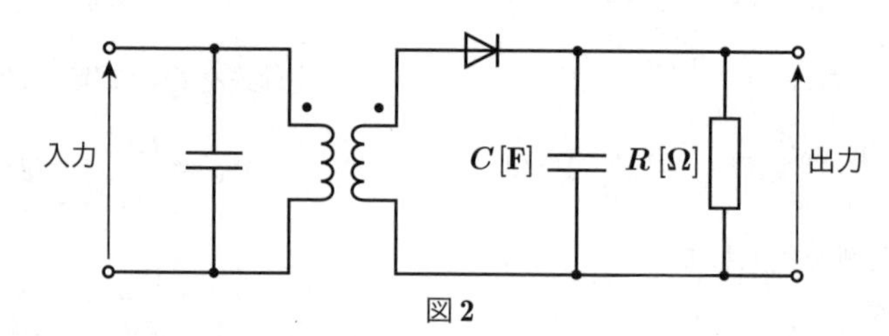

図2

上記の記述中の空白箇所(ア)～(ウ)に当てはまる組合せとして，正しいものを次の(1)～(5)のうちから一つ選べ．

	(ア)	(イ)	(ウ)
(1)	ある	なくなる	大きく
(2)	ある	なくなる	小さく
(3)	なくなる	ある	小さく
(4)	なくなる	なくなる	小さく
(5)	なくなる	ある	大きく

解18　(a)　**振幅変調方式の変調度 m**

・振幅変調（Amplitude Modulation：AM）

問題図1の変調波は，(a)図の信号波と(b)図の搬送波によって(c)図のように合成される．

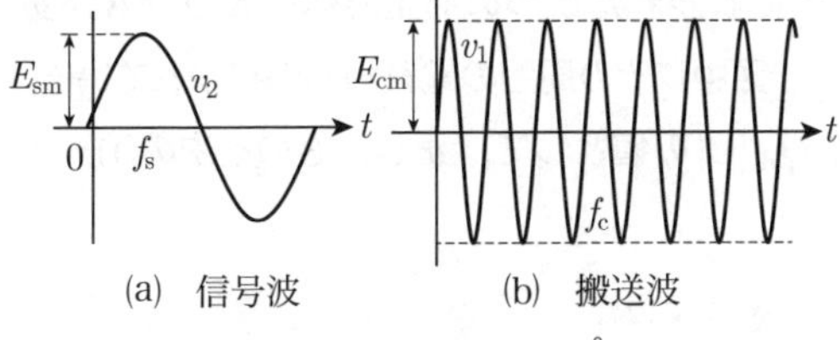

(a)　信号波　　(b)　搬送波

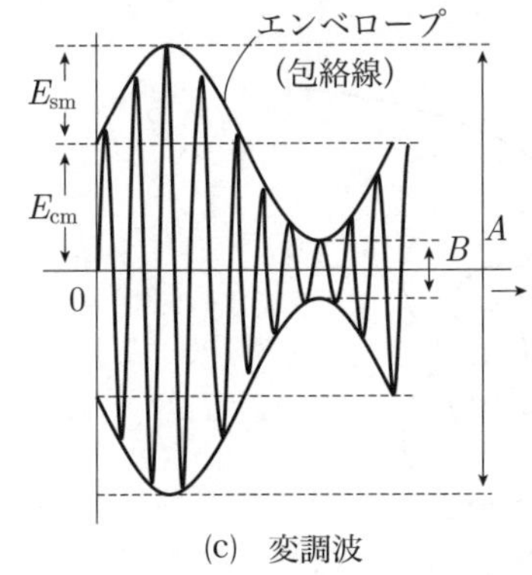

(c)　変調波

上図から，信号波の振幅を E_{sm}，搬送波の振幅を E_{cm} とすると，変調度 m は次式で定義される．

$$m=\frac{E_{sm}}{E_{cm}}=\frac{\frac{A-B}{4}}{E_{sm}+\frac{B}{2}}=\frac{\frac{A-B}{4}}{\frac{A-B}{4}+\frac{B}{2}}$$

$$=\frac{A-B}{A+B} \qquad ①$$

問題図1より，

$$A=2\times\frac{3}{2}a=3a,\quad B=2\times\frac{1}{2}a=a$$

①式へ代入して，

$$m=\frac{3a-a}{3a+a}=\frac{2a}{4a}=0.5 \quad (答)$$

よって，**求める選択肢は(2)**となる．

(b)　**直線検波回路の動作原理**

振幅変調した電圧を復調する場合，問題図2の復調回路に入力する．このとき，コンデンサ C [F] と抵抗 R [Ω] が並列接続された合成インピーダンスの両端電圧には，次の特性が求められる．

①　信号波の成分が**ある**こと

②　搬送波の成分が**なくなる**こと

この特性を得るためには，問題図2の CR 並列回路の合成インピーダンスの大きさは，

①　信号波の周波数に対してほぼ R [Ω] となる

②　搬送波の周波数に対して十分に**小さく**なるように C，R の値が調整されなければならない．

よって，**求める選択肢は(2)**となる．

〔ここがポイント〕

検波回路の動作

(1)　信号波の周波数 f_s に対して，C のリアクタンス X_{Cs} の大きさが，

$$X_{Cs}=\frac{1}{2\pi f_s C}\gg R$$

を満たすように f_s を十分小さくして X_{Cs} を非常に大きく設定し，(d)図のようにコンデンサ C を**仮想開放状態**とする．これにより，信号波の電流は X_{Cs} を流れず，R を流れる．このように，信号波と同相の波形を出力として取り出すことができる．

(2)　搬送波の周波数 f_c に対して，C のリアクタンス X_{Cc} の大きさは，

$$X_{Cc}=\frac{1}{2\pi f_c C}\fallingdotseq 0$$

を満たすように f_c を十分大きくして X_{Cc} を十分に小さく設定し，(e)図のようにコンデンサ C を**仮想短絡状態**とする．これにより，搬送波の電流は X_{C2} を流れ，R に流れない．このように，抵抗 R の出力が0となり，搬送波は検波されない．すなわち，搬送波の成分をなくすことができる．

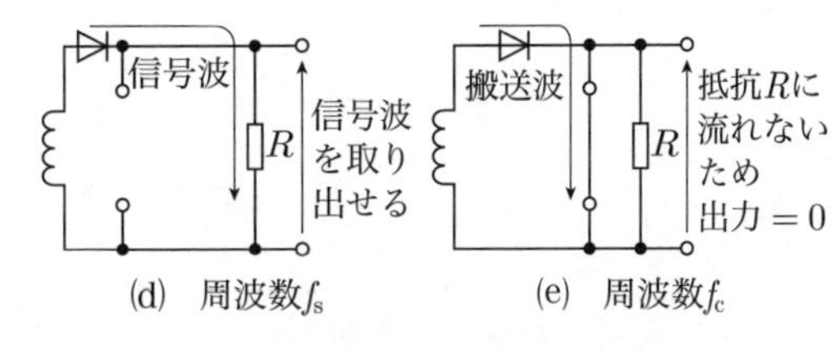

(d)　周波数 f_s　　(e)　周波数 f_c

本問は，2016年度問18の再出題である．

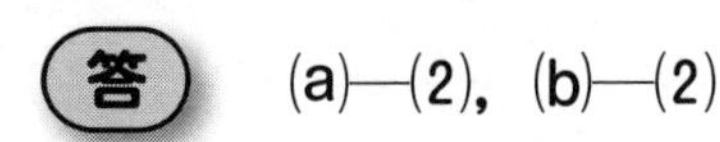

答　(a)—(2)，(b)—(2)

令和 4 年度（2022 年）下期　理論の問題

A 問題　配点は 1 問題当たり 5 点

問1　図に示すように，誘電率 ε_0 [F/m] の真空中に置かれた二つの静止導体球 A 及び B がある．電気量はそれぞれ Q_A [C] 及び Q_B [C] とし，図中にその周囲の電気力線が描かれている．

電気量 $Q_A = 16\varepsilon_0$ [C] であるとき，電気量 Q_B [C] の値として，正しいものを次の(1)～(5)のうちから一つ選べ．

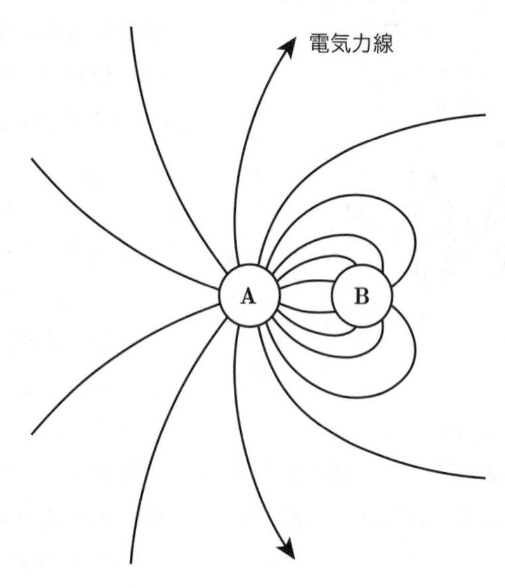

(1)　$16\varepsilon_0$　　(2)　$8\varepsilon_0$　　(3)　$-4\varepsilon_0$　　(4)　$-8\varepsilon_0$　　(5)　$-16\varepsilon_0$

●試験時間　90 分
●必要解答数　A 問題 14 題，B 問題 3 題（選択問題含む）

解1　真空中の誘電率をε_0とすると，点電荷における電気力線の性質は以下のとおりである．

① $+Q$ [C] の電荷からQ/ε_0 [本] 発散し，$-Q$ [C] の電荷へQ/ε_0 [本] 収束する．

② 孤立正電荷から放射状に発散し，孤立負電荷へ放射状に収束する．

上記の性質から，電荷Aより発散する電気力線の本数N_Aは，

$$N_A = \frac{Q_A}{\varepsilon_0} = \frac{16\varepsilon_0}{\varepsilon_0} = 16\ 本$$

問題図においても電気力線が16本**発散**していることが確認できる．

電荷Bにおいて，問題の図から$N_B = 8$ 本の電気力線が**収束**しているので，電荷の符号はマイナスとなり，かつ$N_B = |Q_B|/\varepsilon_0$より，

$$|Q_B| = N_B \cdot \varepsilon_0 = 8\varepsilon_0$$

$$\therefore\quad Q_B = -8\varepsilon_0$$ (答)

よって，**求める選択肢は**(4)となる．

〔ここがポイント〕

電気力線は，問題図のように電界の状態をわかりやすく視覚的に図示したものである．本問は，電気力線の性質に関する理解度を問う問題であり，静電界に関する性質を確実に理解していないと解答が難しい．

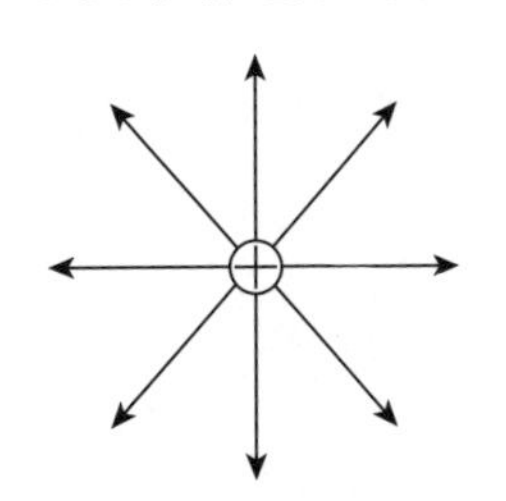

(a)　電気力線（正電荷）

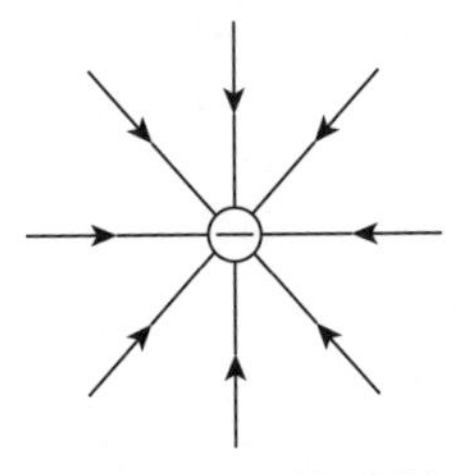

(b)　電気力線（負電荷）

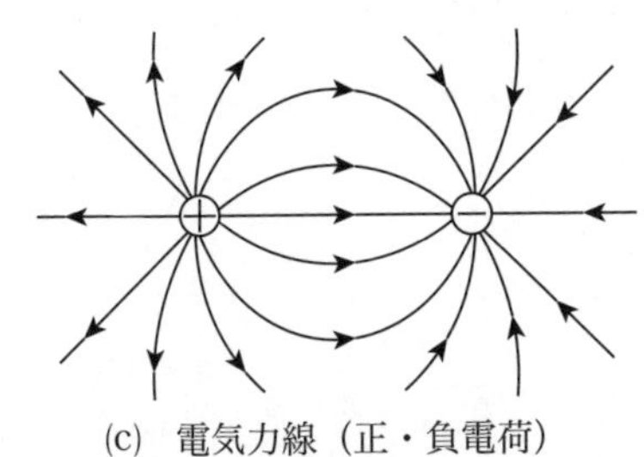

(c)　電気力線（正・負電荷）

項目	性質
電気力線	①　電気力線は，正の電荷から出て負の電荷で終わる (孤立点電荷から放射状に発散し，孤立負電荷へ放射状に収束) ②　電気力線は，$+Q$ [C] の電荷からQ/ε [本] 発散し，$-Q$ [C] の電荷へQ/ε [本] 収束する ※空間の誘電率を$\varepsilon = \varepsilon_s\varepsilon_0$ [F/m] とし，ε_0は真空中の誘電率，ε_sは比誘電率 ③　電気力線は互いに交差しない ④　電気力線自身は収縮力，相互間では互いに反発力が働く ⑤　電気力線の接線方向は電界の方向に等しい ⑥　導体に電気が流れていないとき，電気力線は導体表面に垂直に出入りし，導体内部には存在しない (導体表面は等電位面) ⑦　電気力線密度は，電界の強さを表す（1 本 /m² = 1 V/m）
内部電界	導体内の電界は 0

以上に電気力線と内部電界の性質，および点電荷の電気力線例を示した．

本問は2007年問3の再出題である．

(4)

問2

図のように，平行板コンデンサの上下極板に挟まれた空間の中心に，電荷 Q [C] を帯びた導体球を保持し，上側極板の電位が E [V]，下側極板の電位が $-E$ [V] となるように電圧源をつないだ．ただし，$E > 0$ とする．同図に，二つの極板と導体球の間の電気力線の様子を示している．

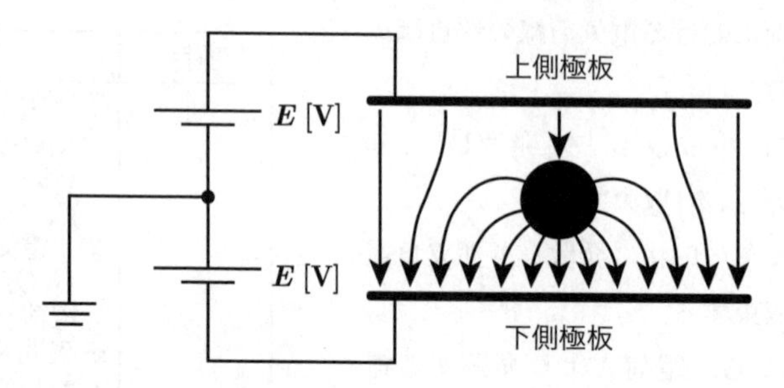

このとき，電荷 Q [C] の符号と導体球の電位 U [V] について，正しい記述のものを次の(1)～(5)のうちから一つ選べ．

(1)　$Q > 0$ であり，$0 < U < E$ である．

(2)　$Q > 0$ であり，$U = E$ である．

(3)　$Q > 0$ であり，$0 < E < U$ である．

(4)　$Q < 0$ であり，$U < -E$ である．

(5)　$Q < 0$ であり，$-E < U < 0$ である．

解2　問題図の極板間を図示のように領域A，Bに分け，それぞれの領域の電気力線から以下が読み取れる．

(a)　極板の中心から上側の領域Aでは，1本の電気力線がE [V] の極板から発散し導体球に収束している．

→電気力線は，電位の高い物体から電位の低い物体へ向かうベクトルであるから，導体球の電位U [V] はE [V] よりも低い．すなわち，

$\boldsymbol{U < E}$ ……①

であることがわかる．

(b)　領域Aと領域Bにおいて，導体球に収束する電気力線1本に対し，導体球から発散する電気力線は9本ある．

→収束する電気力線よりも発散する電気力線数が多いということは，導体球の電荷は**正**，すなわち，

$\boldsymbol{Q > 0}$ ……②

であることがわかる．

(c)　領域Aに対し，領域Bの電気力線数が多い．

→領域Bの電界の強さが大きい．

→導体球と下側極板$-E$ [V] との電位差は，導体球と上側極板E [V] との電位差よりも大きい．すなわち$E - U < U - (-E)$が成り立ち，

$\boldsymbol{0 < U}$ ……③

であることがわかる．

①，②，③より，**求める選択肢は**(1)となる．

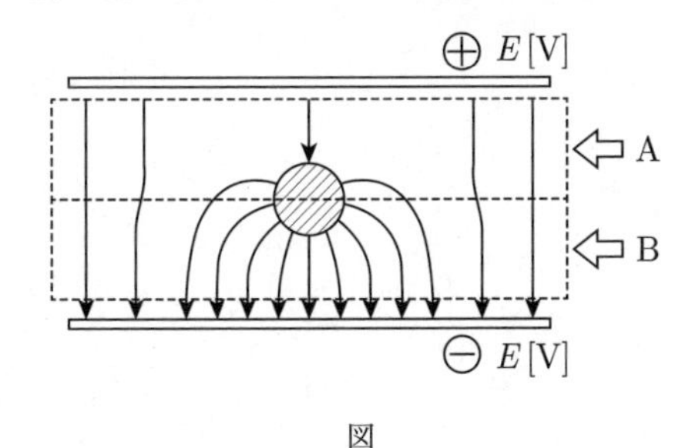

図

〔ここがポイント〕

解説に示したように，問題図の表す現象を静電界の理論に照らして一つ一つ論理的にを適用していくと正解にたどり着ける．問1の〔ここがポイント〕で示した電気力線の性質を正しく理解していないと解答することは難しい．本問は，以下の項目を十分理解することがポイントである

(a)　点電荷の電気力線の性質の理解

(b)　平行板コンデンサの極板間は平等電界

(c)　電界の強さ＝電気力線の面密度

(d)　電位＝電界の強さ×距離

〔参考〕　問題図の導体球を中心として領域A，および領域Bの電界E_A，およびE_Bの強さの比は，コンデンサの面積をS，各領域の電気力線本数をそれぞれN_A，N_Bとすると，以下のように求められることも知っておきたい．

$$\frac{E_A}{E_B} = \frac{\text{領域Aの電気力線密度}\,[\text{本/m}^2]}{\text{領域Bの電気力線密度}\,[\text{本/m}^2]} = \frac{N_A/S}{N_B/S} = \frac{N_A}{N_B} = \frac{5}{13} = 0.384\,6 \to 0.38$$

答　(1)

問3

無限に長い直線状導体に直流電流を流すと，導体の周りに磁界が生じる．この磁界中に小磁針を置くと，小磁針の［(ア)］は磁界の向きを指して静止する．そこで，小磁針を磁界の向きに沿って少しずつ動かしていくと，導体を中心とした［(イ)］の線が得られる．この線に沿って磁界の向きに矢印をつけたものを［(ウ)］という．

また，磁界の強さを調べてみると，電流の大きさに比例し，導体からの［(エ)］に反比例している．

上記の記述中の空白箇所(ア)～(エ)に当てはまる組合せとして，正しいものを次の(1)～(5)のうちから一つ選べ．

	(ア)	(イ)	(ウ)	(エ)
(1)	N極	放射状	電気力線	距離の2乗
(2)	N極	同心円状	電気力線	距離の2乗
(3)	S極	放射状	磁力線	距離
(4)	N極	同心円状	磁力線	距離
(5)	S極	同心円状	磁力線	距離の2乗

解3　無限に長い直線状導体に直流電流を流すと，アンペア周回積分の法則より，導体の周りに磁界が生じる．この磁界中に小磁針を置くと，小磁針の**N極**は磁界の向きを指して静止する．そこで，小磁針を磁界の向きに沿って少しずつ動かしていくと，導体を中心とした**同心円状**の線が得られる．この線に沿って磁界の向きに矢印をつけたものを**磁力線**という．

また，磁界の強さを調べてみると，電流の大きさに比例し，導体からの**距離**に反比例している．

以上より，**求める選択肢は**(4)となる．

〔ここがポイント〕

無限長直線導体に流れる電流 I [A]がつくる磁界 H [A/m]は，「磁界内の任意の閉曲線Cに沿って微小長さ $\mathrm{d}l$ とその点の磁界の強さ H との積 $H \cdot \mathrm{d}l$ をCにわたり積分したものは，Cを貫通する電流の総和に等しい」という**アンペア周回積分の法則**から求められる．

(a)図より，磁界 H の閉曲線に沿った円周長の1周積分値は円周長 $2\pi r$ であるから，

$$2\pi r H = I$$

$$\therefore \quad H = \frac{I}{2\pi r} \text{[A/m]}$$

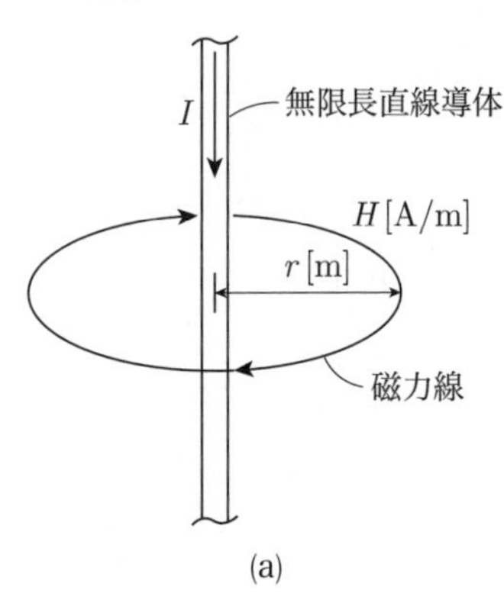

(a)

磁界 H は，電流の大きさ I に比例し，導体からの距離 r に反比例する．

(b)図のように，磁界中に磁針を置くと，磁針のN極（黒く塗られた側の指針）は，その点の磁界の向きを表し，円の接線方向を指して静止する．N極の向きを磁界の向きに沿ってつないだ線を**磁力線**という．なお，2020年問4に磁力線に関する出題がある．あわせて理解しておきたい．

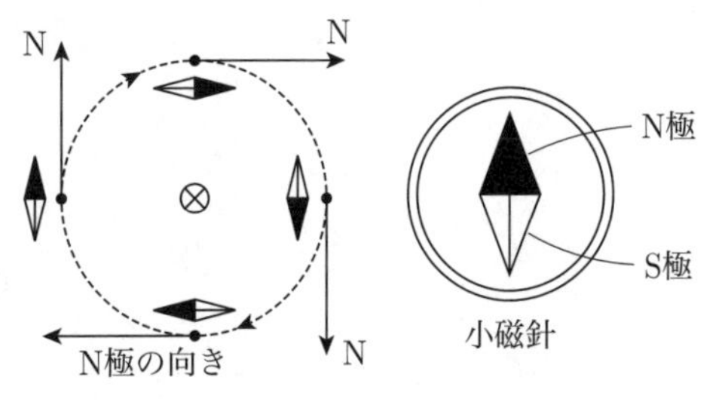

(b)　磁界の向きと小磁針

本問は2005年問3の再出題である．

(4)

問4　図のように，無限に長い3本の直線状導体が真空中に10 cmの間隔で正三角形の頂点の位置に置かれている．3本の導体にそれぞれ7 Aの直流電流を同一方向に流したとき，各導体1 m当たりに働く力の大きさF_0の値[N/m]として，最も近いものを次の(1)～(5)のうちから一つ選べ．

ただし，無限に長い2本の直線状導体をr[m]離して平行に置き，2本の導体にそれぞれI[A]の直流電流を同一方向に流した場合，各導体1 m当たりに働く力の大きさFの値[N/m]は，次式で与えられるものとする．

$$F=\frac{2I^2}{r}\times 10^{-7}$$

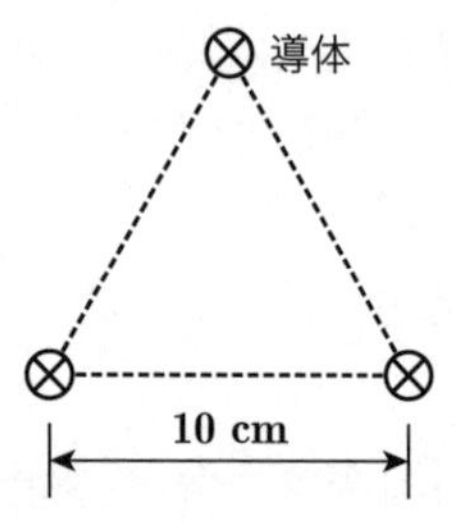

(1)　0　　(2)　9.80×10^{-5}　　(3)　1.70×10^{-4}

(4)　1.96×10^{-4}　　(5)　2.94×10^{-4}

解4　問題図の各直線状導体に働く力を(a)図に示す．

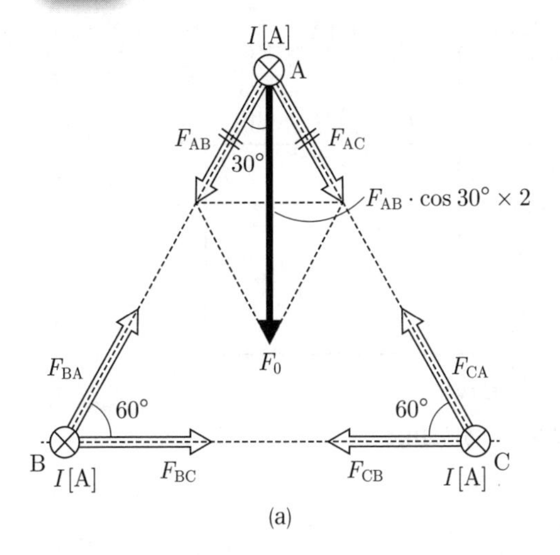

(a)

平行導体に流れる電流の向きが同方向なら，作用する電磁力は引き合う方向（吸引力）となる．各導体に流れる電流は等しく$I = 7$ Aであるから，生じる電磁力もそれぞれ等しく

$$F_{AB} = F_{BA} = F_{BC} = F_{CB} = F_{AC} = F_{CA}$$

(a)図の導体Aに働く力F_0は，F_{AB}とF_{AC}（いずれも大きさF）をベクトル合成した黒の矢印となる．F_{AB}とF_0の間の角は，F_{AB}とF_{AC}のなす角の半分で30°であるから，

$$\begin{aligned} F_0 &= F \cdot \cos 30° \times 2 = \sqrt{3}F \\ &= \sqrt{3} \times \frac{2 \times 7^2}{0.1} \times 10^{-7} = 1\,697.4 \times 10^{-7} \\ &= 1.70 \times 10^{-4}\ [\mathrm{N/m}] \end{aligned}$$

よって，**求める選択肢は(3)**となる．

〔ここがポイント〕

1．無限長直線導体に働く力の方向判別

(b)図に示すように，無限長直線導体AおよびBにそれぞれ電流I_A [A]，I_B [A]が図の向きに流れると，導体Aと導体Bの間では磁界が逆向きとなるため打消し合い，磁力線は**疎**になる．一方，各導体の外側では，両導体の磁界が加わり合い，磁力線は**密**になる．各導体には，磁力線が密な方から疎な方に向かって力が働く．電流が互いに逆向きの場合は，これとは逆に互いに反発する向きに力が働く（斥力）．

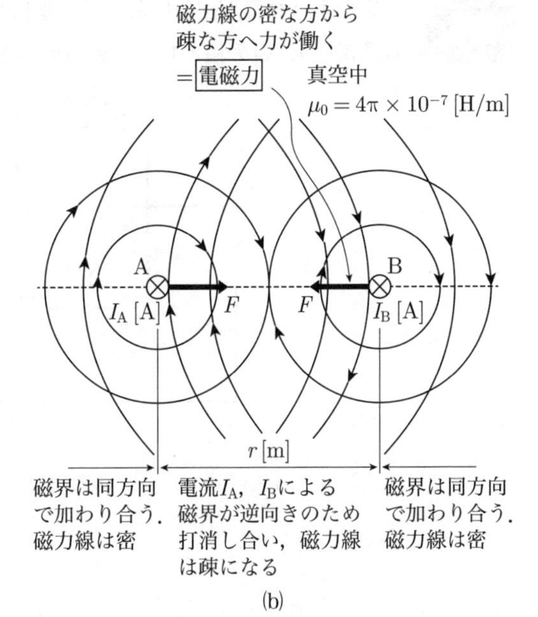

(b)

2．導体AおよびBに働く電磁力F

(b)図の，I_Bによる導体Aの1 m当たりに作用する磁界H_B [A/m]はアンペア周回積分の法則より，

$$H_B = \frac{I_B}{2\pi r}\ [\mathrm{A/m}]$$

磁束密度B_B [T]はガウスの定理より，

$$B_B = \mu_0 H_B = \frac{\mu_0 I_B}{2\pi r}\ [\mathrm{T}]$$

電磁力Fはフレミング左手の法則から，

$$\begin{aligned} F &= B_B I_A l = \frac{\mu_0 I_B I_A \cdot 1}{2\pi r} \\ &= \frac{4\pi \times 10^{-7} \cdot I_A I_B}{2\pi r} \\ &= \frac{2 I_A I_B}{r} \times 10^{-7}\ [\mathrm{N/m}] \end{aligned}$$

I_Aによる導体Bの1 m当たりに作用する磁界H_Aを用いて導体Bに働く力を求めても上記Fと同じ値となる．

$I_A = I_B = I$のとき，問題に与えられた式と一致する．前述の手順で導出できるようにしておきたい．

(3)

図のような直流回路において，抵抗3 Ωの端子間の電圧が1.8 Vであった．このとき，電源電圧E [V]の値として，最も近いものを次の(1)～(5)のうちから一つ選べ．

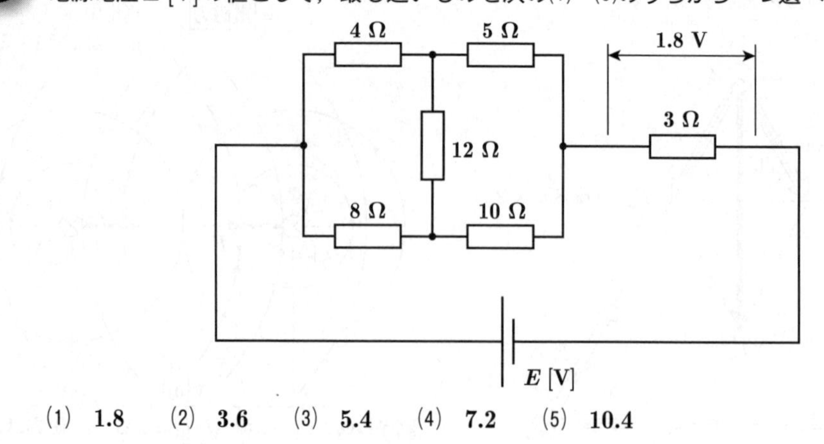

(1)　**1.8**　(2)　**3.6**　(3)　**5.4**　(4)　**7.2**　(5)　**10.4**

解5　問題の条件より，3 Ωの抵抗に流れる電流は，オームの法則から以下のように求められる．

$$\frac{1.8}{3} = 0.6\ \mathrm{A}$$

問題図のブリッジ回路は，対辺の抵抗の積が，

$$4 \times 10 = 5 \times 8 = 40$$

で平衡しており，ブリッジ抵抗12 Ωに電流は流れない．このため，**ブリッジ抵抗は除去しても短絡しても回路条件は変わらない．**

したがって，ブリッジ抵抗12 Ωを開放除去した(a)図の回路から，9 Ωと18 Ωの並列合成抵抗 R_{p} と回路全体の合成抵抗 R_0 は，

$$R_{\mathrm{p}} = \frac{(4+5)\times(8+10)}{(4+5)+(8+10)} = \frac{9\times18}{9+18} = 6\ \Omega$$

$$R_0 = R_{\mathrm{p}} + 3 = 6 + 3 = 9\ \Omega$$

ゆえに電源電圧 E [V] は，

$$E = 9 \times 0.6 = 5.4\ \mathrm{V}\quad (答)$$

となり，**求める選択肢は(3)となる．**

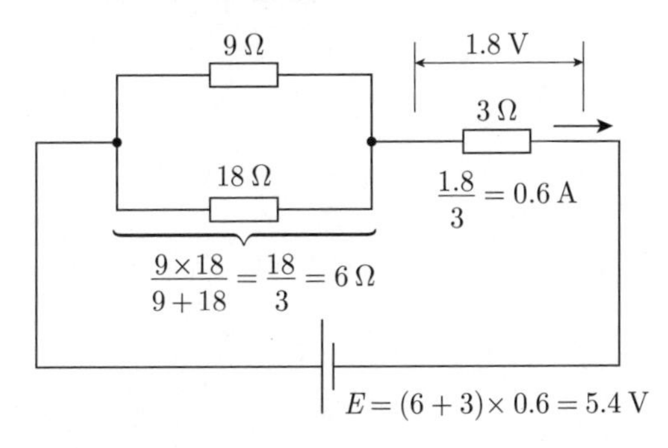

〔ここがポイント〕

ブリッジが平衡した場合，ブリッジ抵抗を短絡除去しても回路条件は変わらないので，前述と同様に解けることを以下に示す．

(b)図のように短絡除去すると，4 Ω，8 Ωの抵抗の並列回路，および5 Ω，10 Ωの抵抗の並列回路が直列に接続された回路と等価になるので，合成抵抗 R_0 は，

$$R_0 = \frac{4\times8}{4+8} + \frac{5\times10}{5+10} + 3$$

$$= \frac{8}{3} + \frac{10}{3} + 3$$

$$= \frac{18}{3} + 3 = 6\ \Omega$$

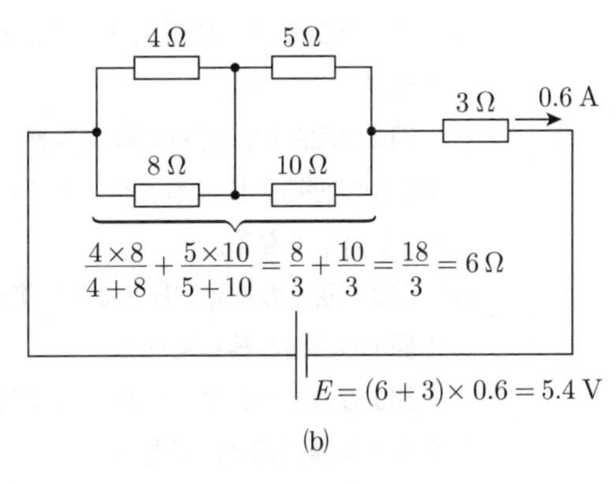

(b)

よって，9 × 0.6 = 5.4 Vとなり，同様に求められることがわかる．並列合成は，計算の手数が少ないほうの回路で行うと早く求められる．

本問は2004年問5の再出題である．

(3)

問6 電圧 E [V] の直流電源と静電容量 C [F] の二つのコンデンサを接続した図1，図2のような二つの回路に関して，誤っているものを次の(1)~(5)のうちから一つ選べ．

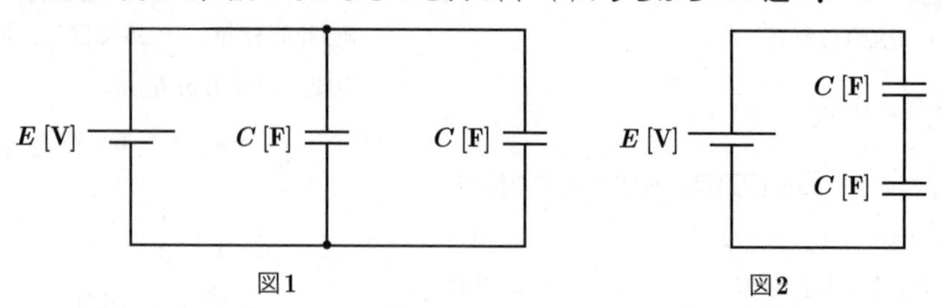

図1　図2

(1) 図1の回路のコンデンサの合成静電容量は，図2の回路の4倍である．

(2) コンデンサ全体に蓄えられる電界のエネルギーは，図1の回路の方が図2の回路より大きい．

(3) 図2の回路に，さらに静電容量 C [F] のコンデンサを直列に二つ追加して，四つのコンデンサが直列になるようにすると，コンデンサ全体に蓄えられる電界のエネルギーが図1と等しくなる．

(4) 図2の回路の電源電圧を2倍にすると，コンデンサ全体に蓄えられる電界のエネルギーが図1の回路と等しくなる．

(5) 図1のコンデンサ一つ当たりに蓄えられる電荷は，図2のコンデンサ一つ当たりに蓄えられる電荷の2倍である．

解6　問題文の選択肢を検証する．

(1)　図1と図2の回路の合成静電容量 C_1，C_2 をそれぞれ(a)図，(b)図に示す．

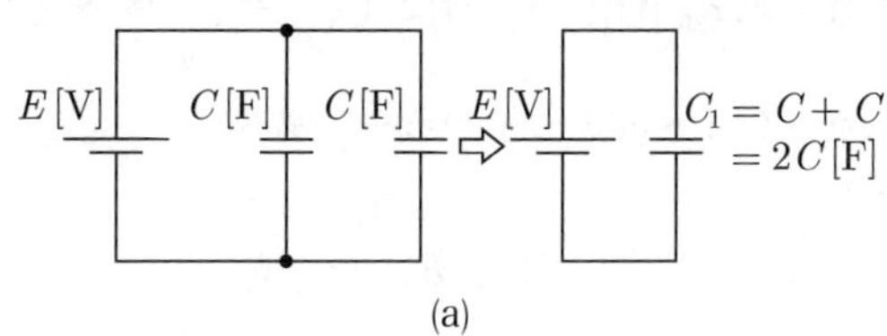

(a)

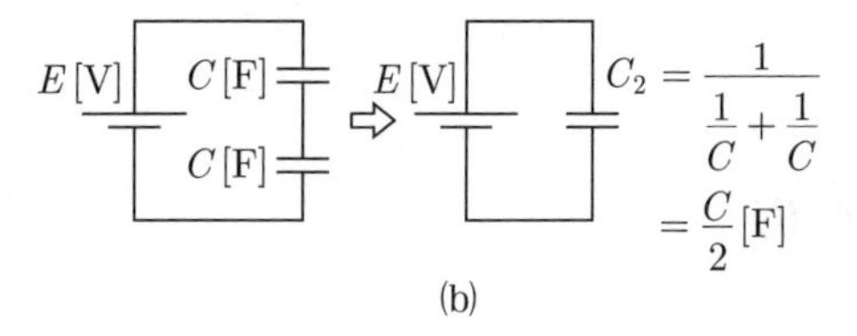

(b)

(a)，(b)図より，

$$\frac{C_1}{C_2} = \frac{2C}{C/2} = 4$$

よって記述は**正しい**．

(2)　(a)図および(b)図のコンデンサに蓄えられる電界のエネルギー W_1 [J]および W_2 [J]は，

$$W_1 = \frac{1}{2}C_1E^2 = \frac{1}{2} \times 2CE^2 = CE^2 \text{ [J]}$$

$$W_2 = \frac{1}{2}C_2E^2 = \frac{1}{2} \times \frac{C}{2}E^2 = \frac{CE^2}{4} \text{ [J]}$$

よって，$W_1 > W_2$ であるから記述は**正しい**．

(3)　図2にコンデンサを二つ直列に追加した場合の合成静電容量 $C_2{}'$ を(c)図に示す．(c)図の $C_2{}'$ に蓄えられる電界のエネルギー $W_2{}'$ は，

$$W_2{}' = \frac{1}{2}C_2{}'E^2 = \frac{1}{2} \times \frac{C}{4}E^2 = \frac{CE^2}{8} \text{ [J]}$$

よって W_1 の $1/8$ であるから，記述は**誤り**．

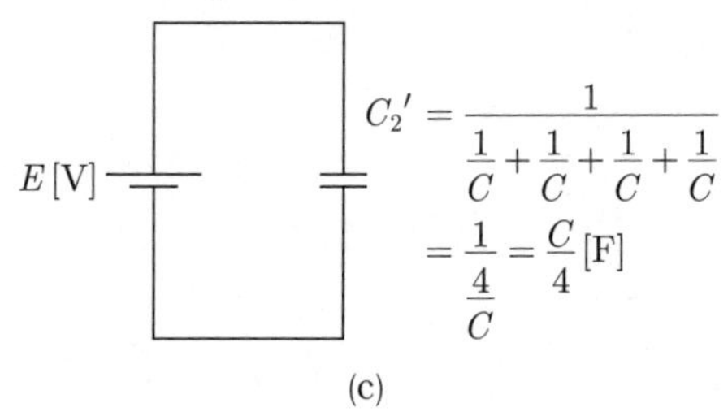

(c)

(4)　(b)図の電源を $2E$ としたときのコンデンサ全体に蓄えられる電界のエネルギー $W_2{}''$ は，

$$W_2{}'' = \frac{1}{2}C_2(2E)^2 = \frac{1}{2} \cdot \frac{C}{2} \cdot 4E^2$$
$$= CE^2 \text{ [J]}$$

ゆえに，$W_1 = W_2{}''$ より記述は**正しい**．

(5)　図1および図2のコンデンサ一つ当たりに蓄えられる電荷を Q_{11} および Q_{21} とすると，Q_{21} は(b)図の回路全体に蓄えられる電荷と等しいので，$Q_{21} = C_2E$ より，

$$\frac{Q_{11}}{Q_{21}} = \frac{CE}{C_2E} = \frac{CE}{\dfrac{C}{2}E} = 2$$

よって，記述は**正しい**．

ゆえに，**求める選択肢は(3)**となる．

〔ここがポイント〕

1．本問の解答に必要な公式

解説で示したように，平行板コンデンサの

①　合成静電容量の公式（直列，並列）

②　蓄えられる電荷の公式（$Q = CV$）

③　コンデンサに蓄えられるエネルギーの公式

を文字式で計算できるようにしておきたい．

2．直列接続コンデンサに蓄えられる電荷

直列接続の各コンデンサに蓄えられる電荷は，静電容量が異なってもすべて等しい．さらに，コンデンサ全体に蓄えられる電荷も一つのコンデンサに蓄えられる電荷と等しい．

3．直列接続コンデンサの印加電圧の求め方

(d)図のコンデンサ C_A にかかる電圧 V_A は，静電容量の逆比に比例するので，

$$V_A = \frac{1/C_A}{1/C_A + 1/C_B} \times E$$
$$= \frac{C_B}{C_A + C_B}E \text{ [V]}$$

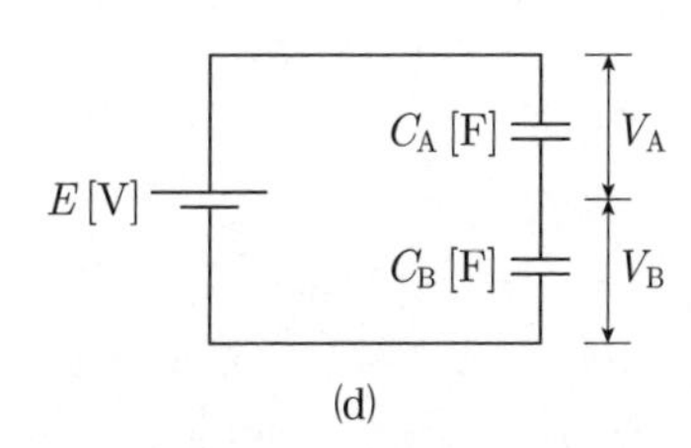

(d)

分数の分子は相手の静電容量 C_B となることを覚えておく．

(3)

問7 20 °Cにおける抵抗値が R_1 [Ω]，抵抗温度係数が α_1 [°C^{-1}] の抵抗器Aと20 °Cにおける抵抗値が R_2 [Ω]，抵抗温度係数が $\alpha_2 = 0$ °C^{-1} の抵抗器Bが並列に接続されている．

その20 °Cと21 °Cにおける並列抵抗値をそれぞれ r_{20} [Ω]，r_{21} [Ω] とし，$\dfrac{r_{21} - r_{20}}{r_{20}}$ を変化率とする．この変化率として，正しいものを次の(1)～(5)のうちから一つ選べ．

(1) $\dfrac{\alpha_1 R_1 R_2}{R_1 + R_2 + {\alpha_1}^2 R_1}$　(2) $\dfrac{\alpha_1 R_2}{R_1 + R_2 + \alpha_1 R_1}$　(3) $\dfrac{\alpha_1 R_1}{R_1 + R_2 + \alpha_1 R_1}$

(4) $\dfrac{\alpha_1 R_2}{R_1 + R_2 + \alpha_1 R_2}$　(5) $\dfrac{\alpha_1 R_1}{R_1 + R_2 + \alpha_1 R_2}$

解7　題意を(a)図に，並列接続の合成の求め方を(b)図にそれぞれ示す．

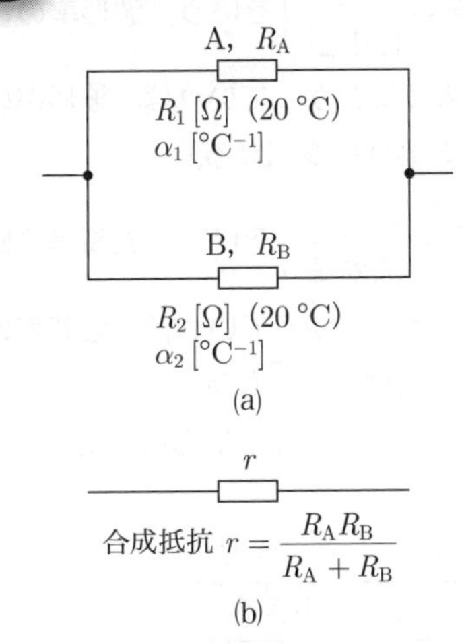

1. 20 °Cにおける各抵抗値 R_A，R_B [Ω]

題意より $R_A=R_1$，$R_B=R_2$

2. 21 °Cにおける各抵抗 R_A'，R_B' [Ω]

t [°C]における各抵抗 R_{At}，R_{Bt} はそれぞれ，

$$R_{At}=R_1\{1+\alpha_1(t-20)\} \quad ①$$

$$R_{Bt}=R_2\{1+\alpha_2(t-20)\} \quad ②$$

題意より，$t=21$ °C，$\alpha_2=0$ を代入して，

$$R_A'=R_1\{1+\alpha_1(21-20)\}$$

$$=R_1(1+\alpha_1) \quad ③$$

$$R_B'=R_2\{1+0\times(21-20)\}=R_2 \quad ④$$

3. r_{20} [Ω]，r_{21} [Ω]の値

(b)図より，

$$r_{20}=\frac{R_1R_2}{R_1+R_2} \quad ⑤$$

$$r_{21}=\frac{R_A'R_B'}{R_A'+R_B'}=\frac{R_1(1+\alpha_1)R_2}{R_1(1+\alpha_1)+R_2} \quad ⑥$$

4. 変化率 $(r_{21}-r_{20})/r_{20}$ の計算

⑤，⑥式より，

$$\frac{r_{21}-r_{20}}{r_{20}}=\frac{r_{21}}{r_{20}}-1=\frac{\dfrac{R_1(1+\alpha_1)R_2}{R_1(1+\alpha_1)+R_2}}{\dfrac{R_1R_2}{R_1+R_2}}-1$$

$$=\frac{R_1(1+\alpha_1)R_2}{R_1(1+\alpha_1)+R_2}\cdot\frac{R_1+R_2}{R_1R_2}-1$$

$$=\frac{(1+\alpha_1)(R_1+R_2)}{R_1+R_2+\alpha_1R_1}-1$$

$$=\frac{R_1+R_2+\alpha_1(R_1+R_2)}{R_1+R_2+\alpha_1R_1}*$$

$$*\frac{-(R_1+R_2+\alpha_1R_1)}{}$$

$$=\frac{\alpha_1R_2}{R_1+R_2+\alpha_1R_1} \quad (答)$$

となり，**求める選択肢は(2)**となる．

〔ここがポイント〕

ある温度 t [°C]における抵抗値 R_t [Ω]は，既知の温度 T [°C]における抵抗値 R_T [Ω]と抵抗温度係数 α_T [°C^{-1}]がわかれば，

$$R_t=R_T\{1+\alpha_T(t-T)\} \text{ [Ω]}$$

で表されることを覚えておきたい．

また，変化率が正しく求められたとしても，選択肢は似近った文字のものが多く，添字を十分注意して確認することが大切である．

本問は2011年問5の再出題である．

(2)

次の文章は，交流における波形率，波高率に関する記述である．

波形率とは，実効値の［(ア)］に対する比$\left(\text{波形率} = \dfrac{\text{実効値}}{\boxed{(ア)}}\right)$をいう．波形率の値は波形によって異なり，正弦波と比較して，三角波のようにとがっていれば，波形率の値は［(イ)］なり，方形波のように平らであれば，波形率の値は［(ウ)］なる．

波高率とは，［(エ)］の実効値に対する比$\left(\text{波形率} = \dfrac{\boxed{(エ)}}{\text{実効値}}\right)$をいう．波高率の値は波形によって異なり，正弦波と比較して，三角波のようにとがっていれば，波高率の値は［(オ)］なり，方形波のように平らであれば，波高率の値は［(カ)］なる．

上記の記述中の空白箇所(ア)～(カ)に当てはまる組合せとして，正しいものを次の(1)～(5)のうちから一つ選べ．

	(ア)	(イ)	(ウ)	(エ)	(オ)	(カ)
(1)	平均値	大きく	小さく	最大値	大きく	小さく
(2)	最大値	大きく	小さく	平均値	大きく	小さく
(3)	平均値	小さく	大きく	最大値	小さく	大きく
(4)	最大値	小さく	大きく	平均値	小さく	大きく
(5)	最大値	大きく	大きく	平均値	小さく	小さく

解8　波形率とは，実効値の**平均値**に対する比（波形率＝実効値／**平均値**）をいう．波形率の値は波形によって異なり，正弦波と比較して，三角波のようにとがっていれば，波形率は**大きく**なり，方形波のように平らであれば，波形率の値は**小さく**なる．

波高率とは，**最大値**の実効値に対する比（波高率＝**最大値**／実効値）をいう．波高率の値は波形によっても異なり，正弦波と比較して，三角波のようにとがっていれば，波高率の値は**大きく**なり，方形波のように平らであれば，波高率の値は**小さく**なる．

よって，**求める選択肢は**(1)となる．

〔ここがポイント〕

1．三角波と方形波の平均値

三角波と方形波をそれぞれ(a)図と(b)図に示す．ただし，Tを周期[s]とする．

平均値は，瞬時値の半周期の平均で求められる．(a)図および(b)図の平均値はそれぞれ，

$$\text{三角波}：\frac{\text{半周期の面積}}{\text{半周期の期間}}=\frac{\dfrac{T/2\times E_{\mathrm{m}}}{2}}{T/2}=\frac{E_{\mathrm{m}}}{2}$$

$$\text{方形波}：\frac{\text{半周期の面積}}{\text{半周期の期間}}=\frac{T/2\times E_{\mathrm{m}}}{T/2}=E_{\mathrm{m}}$$

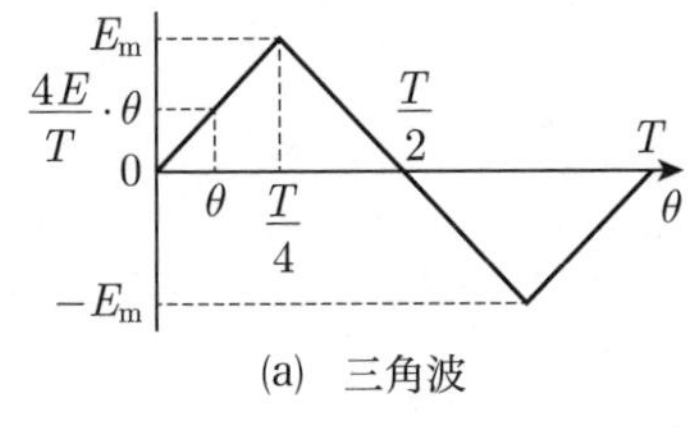

(a)　三角波

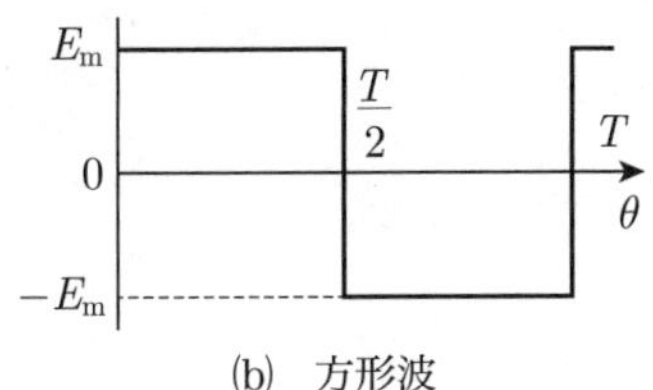

(b)　方形波

2．三角波と方形波の実効値

実効値は，$\sqrt{\textbf{(瞬時値)}^2\textbf{の平均}}$で求められ，三角波は(a)図では0～$T/4$区間ごとに図形が対称であるから，この区間で求めると，

$$\sqrt{\frac{\int_0^{T/4}\left(\dfrac{E_{\mathrm{m}}}{T/4}\cdot\theta\right)^2\mathrm{d}\theta}{T/4}}=\sqrt{\frac{\dfrac{16E_{\mathrm{m}}{}^2}{3T^2}\left[\theta^3\right]_0^{T/4}}{T/4}}$$

$$=\sqrt{\frac{\dfrac{16E_{\mathrm{m}}{}^2}{3T^2}\cdot\dfrac{T^3}{64}}{T/4}}$$

$$=\sqrt{\frac{16E_{\mathrm{m}}{}^2}{3T^2}\cdot\frac{T^3}{64}\cdot\frac{4}{T}}$$

$$=\sqrt{\frac{E_{\mathrm{m}}{}^2}{3}}=\frac{E_{\mathrm{m}}}{\sqrt{3}}\,[\mathrm{V}]$$

方形波はθが0～$T/2$区間で求めると，

$$\sqrt{\frac{E_{\mathrm{m}}{}^2\cdot T/2}{T/2}}=E_{\mathrm{m}}\,[\mathrm{V}]$$

3．波形率と波高率の求め方

三角波の波形率と波高率は，

$$\text{波形率}=\frac{\text{実効値}}{\text{平均値}}=\frac{E_{\mathrm{m}}}{E_{\mathrm{m}}}=1$$

方形波の波形率と波高率は，

$$\text{波高値}=\frac{\text{最大値}}{\text{実効値}}=\frac{E_{\mathrm{m}}}{E_{\mathrm{m}}}=1$$

電験3種受験者は代表的な波形の平均値と実効値を覚えておけば波形率，波高率は定義式からただちに計算できる．

代表的な波形と平均値，実効値を表に示した．

名称	波形	平均値	実効値
正弦波	V_{m}, 0, $T/2$, T	$\frac{2}{\pi}V_{\mathrm{m}}$	$\frac{V_{\mathrm{m}}}{\sqrt{2}}$
全波整流波	V_{m}, 0, $T/2$, T	$\frac{2}{\pi}V_{\mathrm{m}}$	$\frac{V_{\mathrm{m}}}{\sqrt{2}}$
半波整流波	V_{m}, 0, $T/2$, T	$\frac{V_{\mathrm{m}}}{\pi}$	$\frac{V_{\mathrm{m}}}{2}$

(1)

問9　図のようなRC交流回路がある．この回路に正弦波交流電圧E [V]を加えたとき，容量性リアクタンス6 Ωのコンデンサの端子間電圧の大きさは12 Vであった．このとき，E [V]と図の破線で囲んだ回路で消費される電力P [W]の値の組合せとして，正しいものを次の(1)～(5)のうちから一つ選べ．

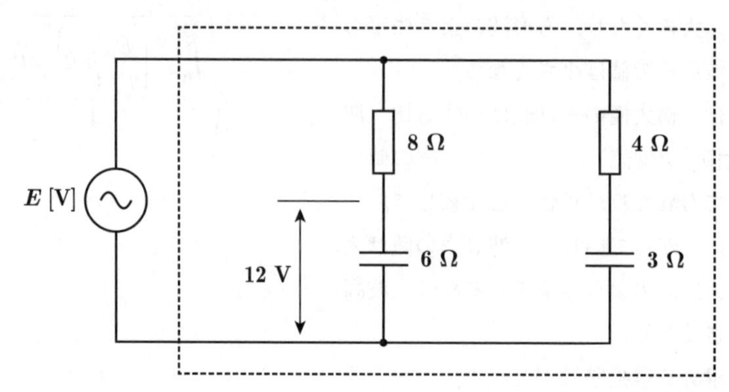

	E [V]	P [W]
(1)	20	32
(2)	20	96
(3)	28	120
(4)	28	168
(5)	40	309

解9　問題の図で，回路の各部の電圧および電流を(a)図に示す．

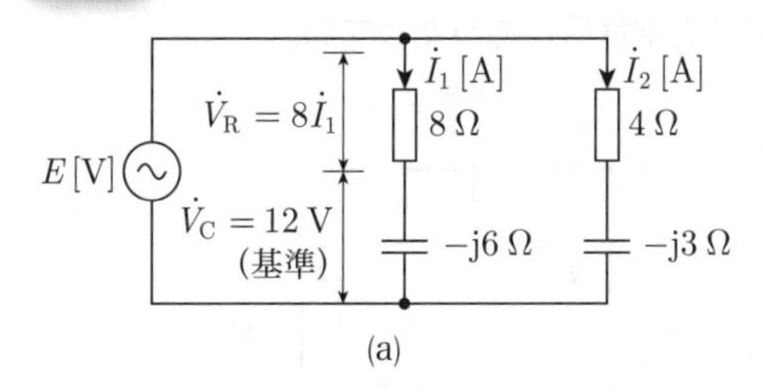

(a)

6 Ωのコンデンサの端子間電圧 $\dot{V}_C$ を基準ベクトルとすると，電流 $\dot{I}_1$ および電圧 $\dot{V}_R$ はそれぞれ，

$$\dot{I}_1 = \frac{V_C}{-j6} = \frac{12}{-j6} = j2\ \text{A}$$

$$\dot{V}_R = 8\dot{I}_1 = 8 \times j2 = j16\ \text{V}$$

電源電圧 E の大きさは，

$$E = \left|\dot{E}\right| = \sqrt{V_C{}^2 + V_R{}^2} = \sqrt{\left|\dot{V}_C\right|^2 + \left|\dot{V}_R\right|^2}$$
$$= \sqrt{12^2 + 16^2} = 20\ \text{V}\quad(答)$$

したがって，電流 $\dot{I}_1$，および抵抗8 Ωの端子間電圧 $\dot{V}_R$ のベクトル図は(b)図のようになる．

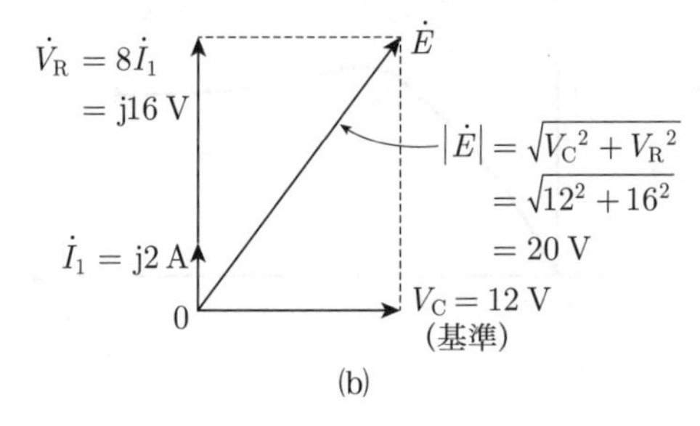

(b)

4 Ωの抵抗と3 Ωのコンデンサの直列回路を流れる電流の大きさ I_2 [A]は，

$$\dot{I}_2 = \frac{\dot{V}_R + \dot{V}_C}{4 - j3} = \frac{j16 + 12}{4 - j3}\ \text{A}$$

$$I_2 = \left|\dot{I}_2\right| = \left|\frac{j16 + 12}{4 - j3}\right| = \sqrt{\frac{16^2 + 12^2}{4^2 + 3^2}}$$
$$= \sqrt{\frac{400}{25}} = \sqrt{16} = 4\ \text{A}$$

回路で消費される電力 P [W]は，

$$P = I_1{}^2 \times 8 + I_2{}^2 \times 4$$
$$= 2^2 \times 8 + 4^2 \times 4 = 96\ \text{W}\quad(答)$$

よって，**求める選択肢は**(2)となる．

〔ここがポイント〕

厳密には記号法を用いたベクトル計算によるのが正攻法であるが，6 Ωのコンデンサを流れる電流を基準にとり，オームの法則によって，8 Ωの抵抗と6 Ωのコンデンサの直列インピーダンスの大きさ10 Ωと電流の大きさ $I_1 = 2$ A を直接掛けても電源電圧の大きさ E が求まる．

4 Ωの抵抗と3 Ωのコンデンサを流れる電流 I_2 の大きさは，$E = 20$ V を直列インピーダンスの大きさ $\sqrt{4^2 + 3^2} = 5\ \Omega$ で割り算すれば直接4 Aと求められ，直ちに P が計算できる．

電力は**スカラー量**であるから，これを知っていれば電圧，電流，インピーダンスの大きさのみを直接求めて素速く計算することができる．

本問は2004年問7の再出題である．

答　(2)

図の回路のスイッチSを$t=0$ sで閉じる．電流i_S [A]の波形として最も適切に表すものを次の(1)～(5)のうちから一つ選べ．

ただし，スイッチSを閉じる直前に，回路は定常状態にあったとする．

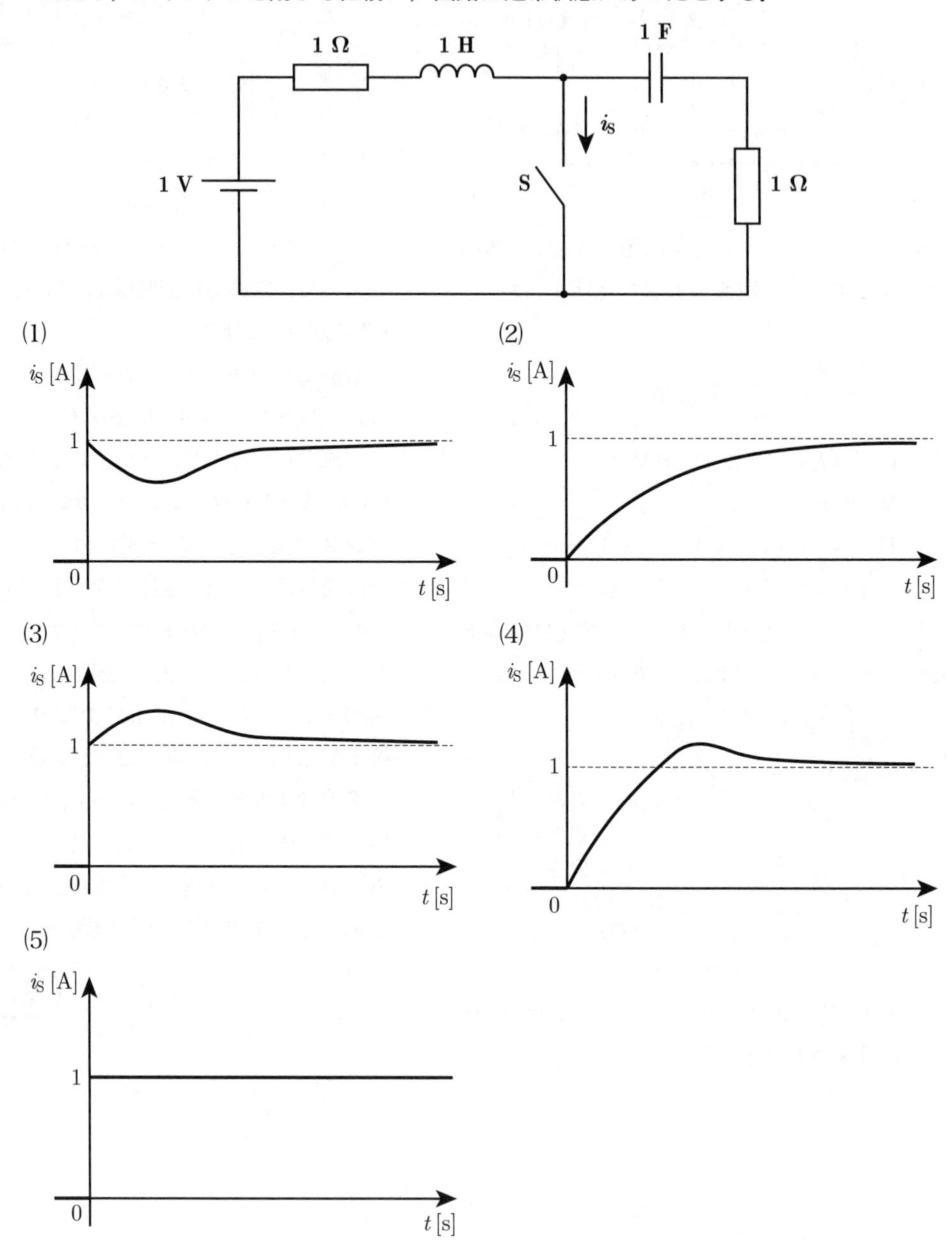

解10　(a)図にスイッチSを閉じる前の定常状態の回路を示す．コンデンサの電荷蓄積が完了していれば回路に電流は流れないため，1 Ωの各抵抗には電圧降下が発生しない．1 Hのインダクタンスは，直流では抵抗をもたない短絡導線と同じであるから，電圧は生じない．ゆえに，1 Fのコンデンサに電源電圧1 Vが印加され，定常状態では$Q = CV$より，コンデンサには1 F × 1 V = 1 Cの電荷が蓄えられた状態にある．

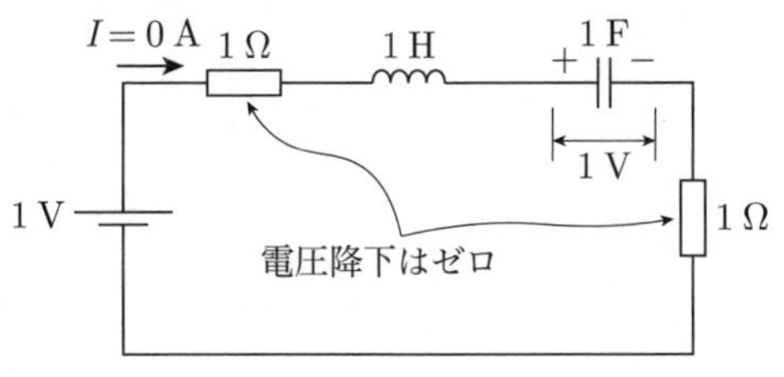

(a)　定常状態

次に，スイッチSを閉じた回路を(b)図に示す．スイッチSの左の回路1と右の回路2に流れる電流i_{S1}とi_{S2}の和がスイッチを流れるi_Sとなる．

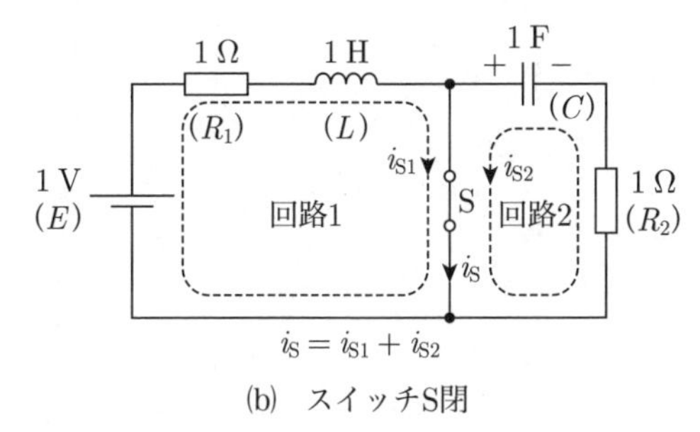

(b)　スイッチS閉

電流 i_{S1}，i_{S2} [A]

回路1および回路2の時定数T_1およびT_2は，

$$T_1 = \frac{L}{R_1} = \frac{1}{1} = 1\,\text{s} \qquad ①$$

$$T_2 = CR_2 = 1 \times 1 = 1\,\text{s} \qquad ②$$

回路1および回路2の電流i_{S1}およびi_{S2}は，

$$i_{S1} = \frac{E}{R_1}\left(1 - \mathrm{e}^{-\frac{t}{T_1}}\right) = \frac{1}{1}\left(1 - \mathrm{e}^{-\frac{t}{1}}\right)$$

$$= 1 - \mathrm{e}^{-t}\,[\text{A}] \qquad ③$$

$$i_{S2} = \frac{E}{R_2}\mathrm{e}^{-\frac{t}{T_2}} = \frac{1}{1}\mathrm{e}^{-\frac{t}{1}} = \mathrm{e}^{-t}\,[\text{A}] \qquad ④$$

$$\therefore \quad i_S = i_{S1} + i_{S2} = 1 - \mathrm{e}^{-t} + \mathrm{e}^{-t} = 1\,\text{A}$$

よって，**時間に関係なく1 Aの一定値**となることがわかる．電流i_{S1}およびi_{S2}ならびにi_Sの波形を(c)図に示す．

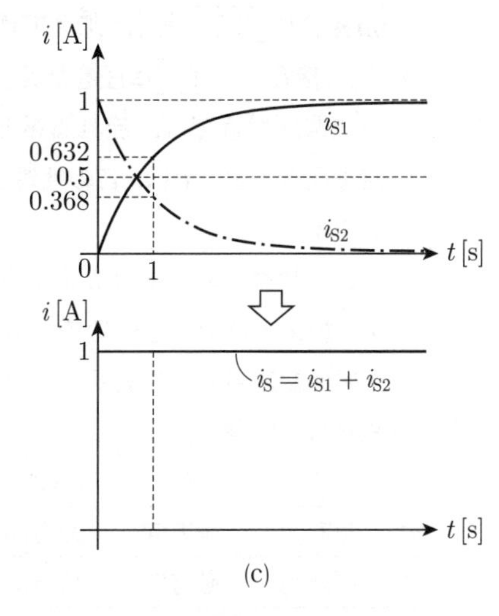

(c)

よって，**求める選択肢は(5)**となる．

〔ここがポイント〕

1．RL直列回路，RC直列回路の基礎知識

時定数T_1およびT_2，電流i_{S1}およびi_{S2}は，①～④の式を(c)図の波形と合わせて暗記しておく．

本問では，**時定数が回路の1と2で等しい**ことから，(c)図のi_{S1}，i_{S2}の波形が上下対称となることに気づけるかがポイントになる．

2．スイッチS閉後の過渡現象の定性的説明

(b)図のS投入瞬時は，インダクタンスに電源電圧と同じ大きさの逆起電力が発生し，i_{S1}はゼロである．時間の経過で逆起電力は減少し，電流は増加する．定常状態では逆起電力がゼロとなり，インダクタンスは短絡導線と等価となるため電源電圧Eが抵抗R_1に加わり，定常時はオームの法則から電流1/1 = 1 Aが流れる．

(b)図の回路2では，最初にコンデンサに1 Cの電荷が蓄えられ，電圧E = 1 Vが印加されている．S投入瞬時はコンデンサの電荷が抵抗R_2を通して放電し，最大E/R_2 = 1/1 = 1 Aが流れるが，時間の経過で電荷が減少するにつれて電流も減少する．定常状態でコンデンサ電荷がゼロになると，電流もゼロになる．

(5)

次の文章は，それぞれのダイオードについて述べたものである．

a．可変容量ダイオードは，通信機器の同調回路などに用いられる．このダイオードは，pn接合に［(ア)］電圧を加えて使用するものである．

b．pn接合に［(イ)］電圧を加え，その値を大きくしていくと，降伏現象が起きる．この降伏電圧付近では，流れる電流が変化しても接合両端の電圧はほぼ一定に保たれる．定電圧ダイオードは，この性質を利用して所定の定電圧を得るようにつくられたダイオードである．

c．レーザダイオードは光通信や光情報機器の光源として利用され，pn接合に［(ウ)］電圧を加えて使用するものである．

上記の記述中の空白箇所(ア)～(ウ)に当てはまる組合せとして，正しいものを次の(1)～(5)のうちから一つ選べ．

	(ア)	(イ)	(ウ)
(1)	逆方向	順方向	逆方向
(2)	順方向	逆方向	順方向
(3)	逆方向	逆方向	逆方向
(4)	順方向	順方向	逆方向
(5)	逆方向	逆方向	順方向

解11

a. 可変容量ダイオード

(a)図に示すように，可変容量ダイオードは，pn接合に**逆方向**電圧を印加して空乏層の幅dを変えることにより可変コンデンサとして用いられる．

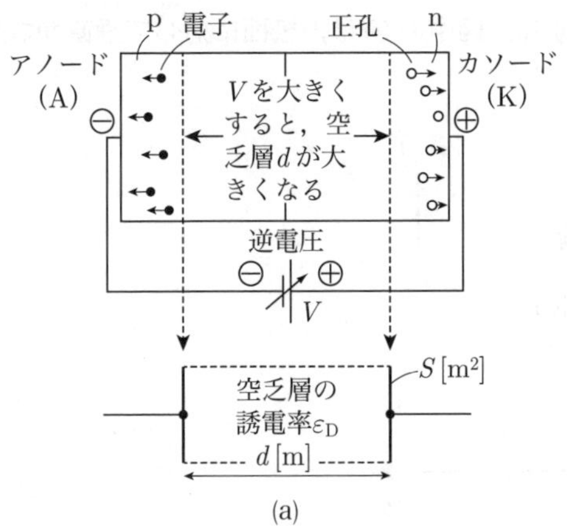

(a)

空乏層は静電容量C_D（接合容量）として働く．

$$C_D = \frac{\varepsilon_D S}{d}\,[\mathrm{F}]$$

または

(b)

b. 定電圧ダイオード

定電圧ダイオードの特性を(c)図に示す．pn接合に順方向電圧を印加したときは通常のダイオードと同じ特性をもつ．一方，pn接合に**逆方向**電圧を印加し，その値を大きくしていくと，ある電圧を超えたとき急激に電流が流れる．この現象を**降伏現象**といい，そのときの電圧を**降伏電圧（ツェナー電圧）**V_Zという．降伏電圧付近では，ダイオードに流れる電流の大きさに

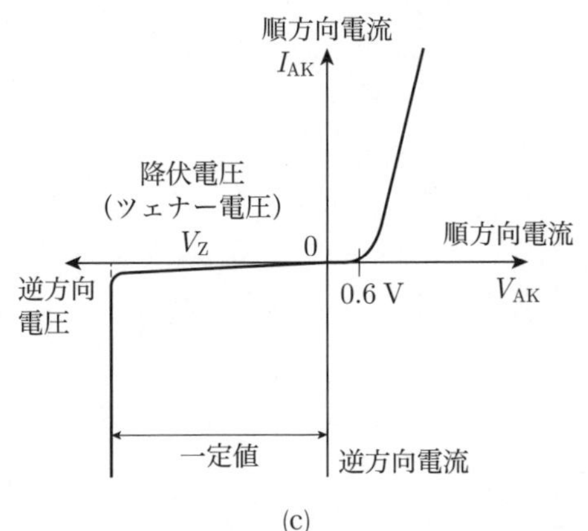

(c)

関係なく両端の電圧はほぼ一定に保たれる．定電圧ダイオードは，この性質を利用して所定の一定電圧を得るようにつくられたダイオードである．

c. レーザダイオード

レーザダイオードは，(d)図に示す3層構造で構成される．p形層とn形層に挟まれた層を活性層（または活性領域）といい，この層は上部のp形層および下部のn形層とは性質の異なる材料でつくられる．前後の面は，半導体結晶による自然な反射鏡になっている．

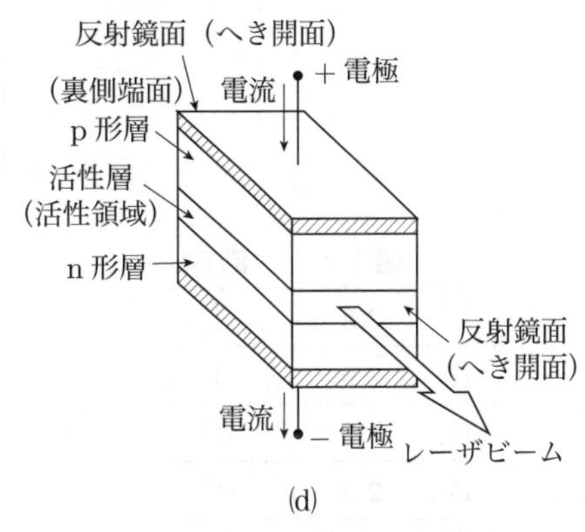

(d)

図のように，pn接合に**順方向**電圧を加えて順電流を流すと，活性層の自由電子が正孔と再結合して，消滅するとき光を放出する．この光が二つの反射鏡の間に閉じ込められることによって，活性層内でレーザ光が増幅し，誘導放出が誘起され，同じ波長の光が多量に生じて外部にその一部が出力される．光の特別な波長だけが共振状態となって誘導放出が誘起されるので，強い同位相のコヒーレント（統一的，収束的）な光が得られる．

よって，**求める選択肢は**(5)となる．

本問は2007年問11の再出題である．

(5)

図のように，z軸の正の向きに磁束密度$B = 1.0 \times 10^{-3}$ Tの平等磁界が存在する真空の空間において，電気量$e = -4.0 \times 10^{-6}$ Cの荷電粒子がyz平面上をy軸から60°の角度で①又は②の向きに速さv [m/s]で発射された．この瞬間，荷電粒子に働くローレンツ力Fの大きさは1.0×10^{-8} N，その向きはx軸の正の向きであった．荷電粒子の速さvに最も近い値[m/s]とその向きの組合せとして，正しいものを次の(1)～(5)のうちから一つ選べ．

ただし，重力の影響は無視できるものとする．図中の ⊙ は，紙面に対して垂直かつ手前の向きを表す．

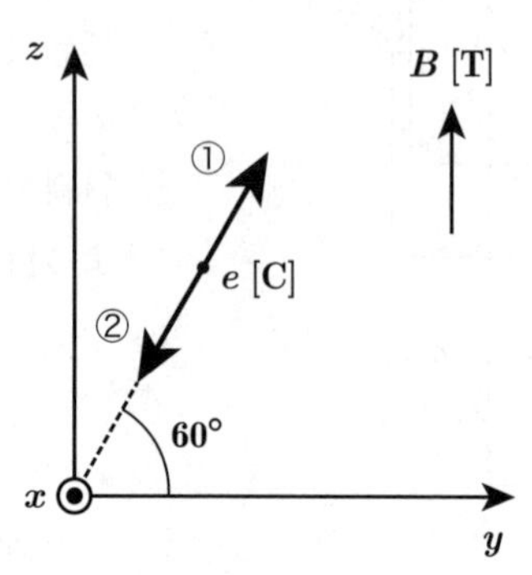

	速さ v	向き
(1)	2.5	①
(2)	2.9	①
(3)	5.0	①
(4)	2.9	②
(5)	5.0	②

解12　(a)図に示すような磁界中における荷電粒子の運動を以下に解説する．

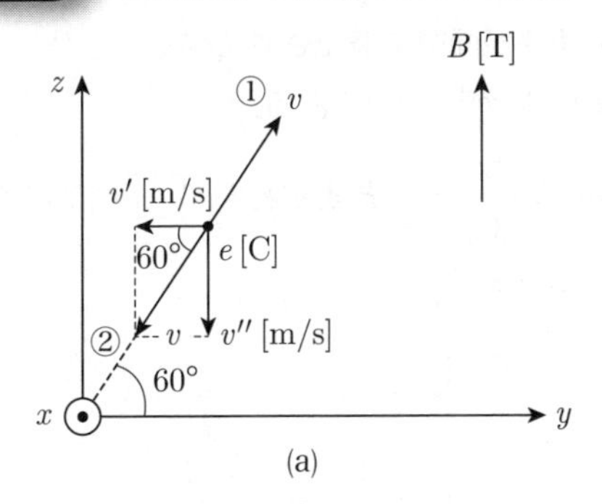

(a)

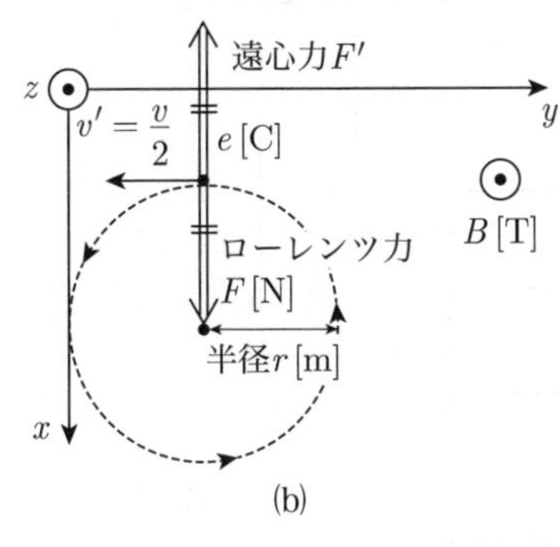

(b)

(b)図の x-y 平面上では，荷電粒子は磁界 B と運動の方向 v' のいずれにも直角の向きにローレンツ力 F を受ける．F の方向は，フレミング左手の法則において荷電粒子が負電荷なので運動方向を電流の方向と逆向きにして適用すれば求められ，(b)図の v' の向きとなる．

よって(a)図から**②の向きが正解となる**．

磁界に直角方向の速度 v' は(a)図より，

$$v' = v \cdot \cos 60° = \frac{v}{2}\,[\mathrm{m/s}]$$

荷電粒子に働くローレンツ力 F は，

$$F = B|e|v' = 1.0 \times 10^{-3} \times 4.0 \times 10^{-6} \times \frac{v}{2}$$
$$= 0.2 \times 10^{-8} v\,[\mathrm{N}]$$

速度 v は，上式に $F = 1.0 \times 10^{-8}$ N を代入して，

$$v = \frac{1.0 \times 10^{-8}}{0.2 \times 10^{-8}} = 5.0\ \mathrm{m/s} \quad (答)$$

よって，**求める選択肢は(5)**となる．

〔ここがポイント〕

1．一様な磁界中の荷電粒子の運動パターン

一様な磁界中に磁界の方向と直角方向に入射した負の荷電粒子には，運動方向と常に直角方向の電磁力 F が働く．この円の中心に向かう力Fを**ローレンツ力**という．

(b)図より，荷電粒子にはさらにローレンツ力 F と逆向きに**遠心力 F'** が働き，$\boldsymbol{F = F'}$ が成立するときの半径 r による**等速円運動**を行う．

2．z 軸方向の運動

(a)図の荷電粒子に対し，磁界 B の方向と平行な z 軸方向には外部から**力が働かない**ため，初速度 v'' のまま**等速直線運動**を継続する．

3．x-y 平面と z 軸方向の運動の合成

x-y 平面の等速円運動と z 軸方向の等速直線運動を合成すると，(c)図に示すようにその軌跡は**らせん**を描く．

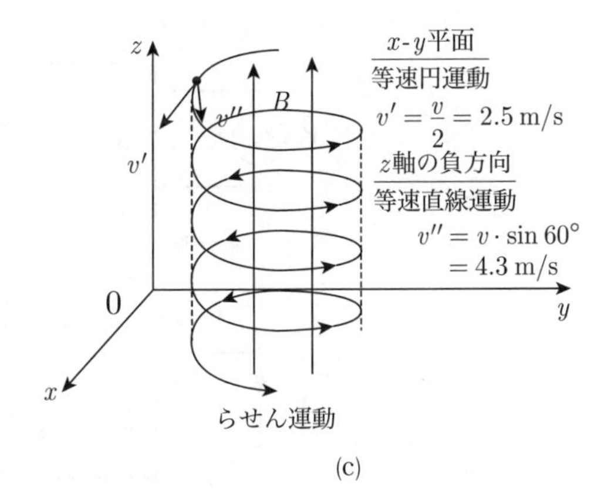

(c)

本問は，2009年問12，2018年問12の類似問題である．

答　(5)

問13　図1は，正弦波を出力しているある発振回路の構造を示している．この発振回路の帰還回路の出力端子と増幅回路の入力端子との接続を切り離し，図2のように適当な周波数の正弦波 V_i を増幅回路に入力すると，次の二つの条件が同時に満たされている．

1．増幅回路の入力電圧 V_i と帰還回路の出力電圧 V_f が ㈠ である．

2．増幅回路の増幅度 $\left|\frac{V_o}{V_i}\right|$ を A，帰還回路の帰還率 $\left|\frac{V_f}{V_o}\right|$ を β と表すとき， ㈡ である．

図1で示される発振回路は，条件1より ㈢ 回路である．

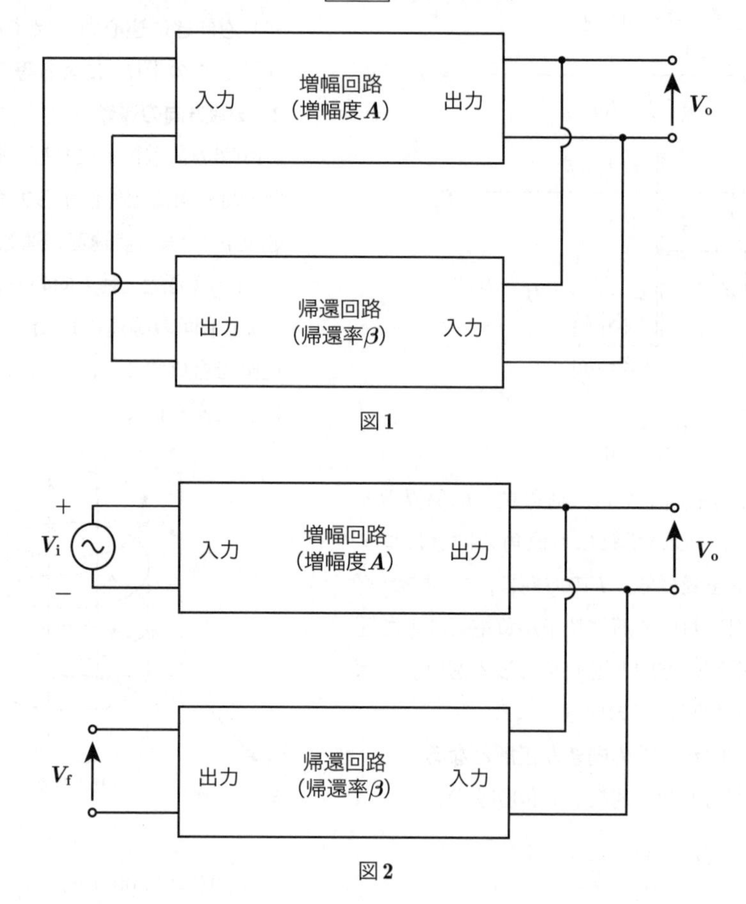

上記の記述中の空白箇所㈠～㈢に当てはまる組合せとして，正しいものを次の(1)～(5)のうちから一つ選べ．

	㈠	㈡	㈢
(1)	同相	$A\beta \geqq 1$	正帰還
(2)	逆相	$A\beta \leqq 1$	負帰還
(3)	同相	$A\beta < 1$	負帰還
(4)	逆相	$A\beta \geqq 1$	正帰還
(5)	同相	$A\beta < 1$	正帰還

解13　発振回路は，(a)図に示すような増幅器と正帰還回路で構成される．入力 V_i が増幅度（利得）A で増幅され，帰還率 β で正帰還したものがさらに増幅器で増幅される．定常状態における出力 V_o は，増幅回路の非直線性や飽和特性により，一定出力の発振を継続する．

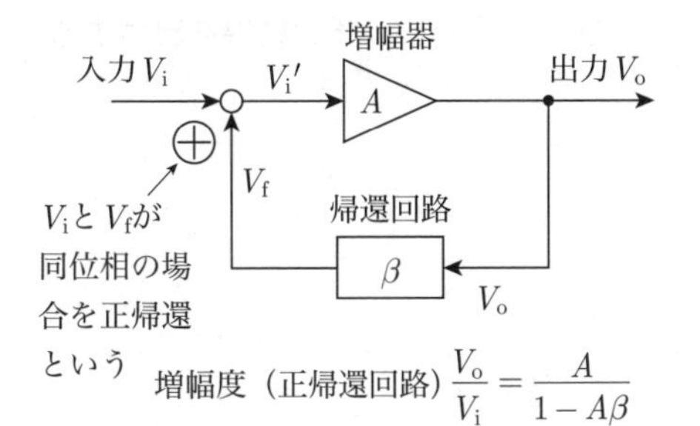

(a)　正帰還回路ブロック線図

発振を継続するためには次の二つの条件を同時に満たす必要がある．

1. 発振回路の周波数条件

発振を継続するためには，帰還信号 V_f は**正帰還**でなければならない．したがって，増幅回路の入力 V_i と帰還回路の出力 V_f の位相が一致する，すなわち**同相**であることが必要である．これを**発振回路の周波数条件**という．

2. 発振回路の振幅条件

発振のきっかけを与える入力 V_i は，通常，時間の経過で消滅する信号である．発振が継続するための条件は，

$$V_f \geqq V_i' \quad ①$$

ブロック線図より，次式が成り立つ．

$$V_f = V_o\beta \quad ②$$

$$V_o = V_i'A \quad ③$$

$$\therefore \quad V_f = (V_i'A)\beta = A\beta V_i' \quad ④$$

④式を①式に代入して，

$$A\beta V_i' \geqq V_i'$$

$$\boldsymbol{A\beta \geqq 1} \quad ⑤$$

すなわち，⑤式が成り立つ必要がある．これを**発振回路の振幅条件**という．なお，$A\beta$ を**ループ利得**という．

よって，**求める選択肢は(1)**となる．

〔ここがポイント〕

1. 正帰還回路と負帰還回路

本問の正帰還回路は発振回路に用いられる．一方，負帰還回路は増幅回路の安定化，ひずみ・雑音の低減に効果があり，増幅回路で用いられる．参考として負帰還のブロック図を(b)図に示す．

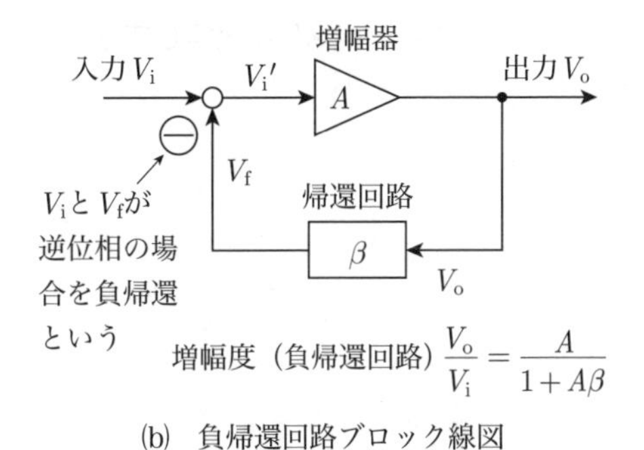

(b)　負帰還回路ブロック線図

正帰還の場合，$A\beta = 1$ のとき増幅度 $= \infty$ で回路は発振し，発振回路として用いられるが $A\beta \geqq 1$ では正帰還回路は不安定となるため増幅回路としては用いられない．一方，負帰還回路は増幅回路として用いられる．

2. 負帰還増幅回路の特徴・効果

①　帯域幅は，負帰還をかけない場合より広い．

②　$A\beta \gg 1$ で増幅度 $\fallingdotseq 1/\beta$ となり A に影響されない．

③　負帰還をかけるとひずみ・雑音が低減する．

④　負帰還全体の利得は，負帰還をかけない場合より低下する．

2019年問13に負帰還増幅回路に関する類題がある．本問は，2006年問13の問題文の表現を多少変更したほぼ同じ問題である．

(1)

データ変換に関する記述として，誤っているものを次の(1)～(5)のうちから一つ選べ.

(1)　アナログ量を忠実に再現するために必要な標本化の周期の上限は，再現したいアナログ量の最高周波数により決まる.

(2)　量子化において，一般には数値に誤差が生じる.

(3)　符号化では，量子化された数値が2進符号などのディジタル信号に変換される.

(4)　ディジタル量は，伝送路の環境変化や伝送路で混入する雑音に強い.

(5)　ディジタルオシロスコープで変化する電圧の波形を表示するには，その電圧をアナログ-ディジタル変換してからコンピュータでFFT演算を行い，その結果を出力する.

解14　問題の選択肢を検証する．

(1)　(a)図にアナログ信号の標本化（サンプリング）例を示す．振幅を計測する時間間隔（サンプリング時間）Tが十分小さいと，中段の標本化信号はアナログの波形情報を再現できる．しかし下段のようにTが大きいと振幅データが減り，アナログの波形情報を保持するのが難しくなる．

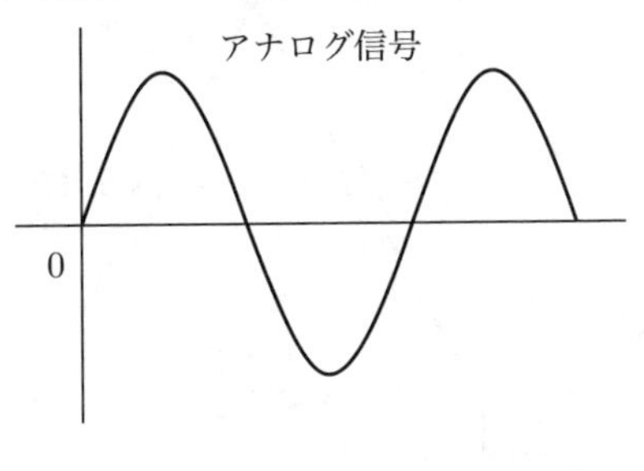

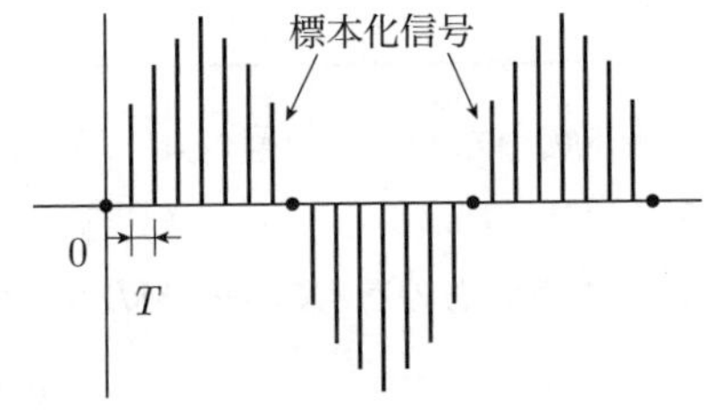

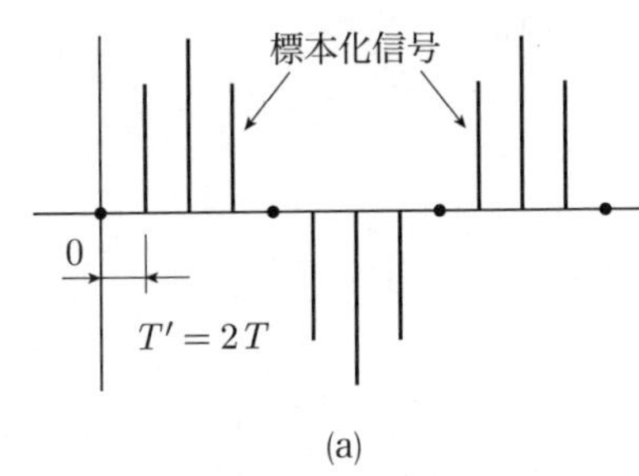

(a)

アナログ信号の周波数をf_m，標本化信号の時間間隔Tの逆数を標本化パルスの周波数f_sとすると，$f_s \geqq 2f_m$であればもとの入力信号を再現できる．これを**標本化定理**という．

すなわちアナログ量を忠実に再現するために必要な標本化の周期の上限は，再現したいアナログ量の最高周波数により決まる．

よって，記述は**正しい**．

(2)　**量子化**は，標本化で得た標本化信号を適切な値に近似する処理をいう．近似することにより必然的に**誤差**（これを**量子化誤差**という）が生じる．よって，記述は**正しい**．

(3)　**符号化**は，量子化で得た近似値をディジタル信号（2進数）に変換する処理をいう．よって，記述は**正しい**．

(4)　アナログ信号は，伝送路の環境変化や伝送路に混入する雑音によってアナログ信号自身が変化してしまうことがある．このため，アナログ信号の原形やその大きさが再現できないことがある．

これに対し，ディジタル信号は，ディジタル量の「1」（ある）か「0」（ない）かだけが判断できればよい．したがって雑音が混入して波形が多少変化してももとの信号を再現できる．よって，ディジタル量は雑音に強いので記述は**正しい**．

(5)　ディジタルオシロスコープは，(b)図のブロック図に示すように連続するアナログ入力信号を増幅し，アナログ-ディジタル変換（A/D変換）により2進数のディジタル量に変換し，データをメモリに書き込み後，CPUで表示用メモリへデータを送信し，ディスプレイ上に表示される．オシロスコープは，波形信号を**時間軸**で表示する．

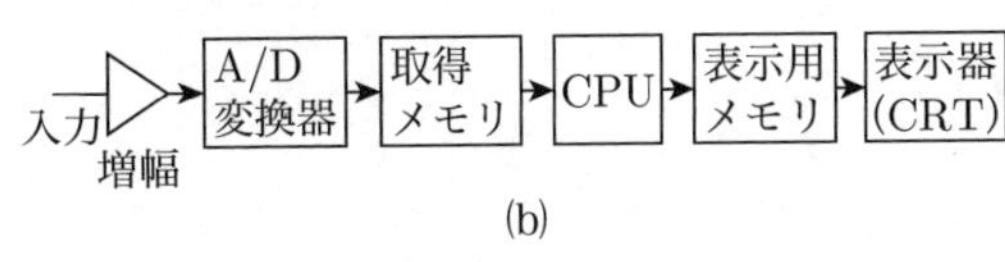

(b)

一方，FFT（高速フーリエ変換）は，メモリに書き込まれた波形を読み出してフーリエ変換を高速演算する処理をいう．コンピュータでFFTを行う目的は，観測した信号のノイズ成分の解析によりノイズ源の特定や，波形の周波数特性を解析することである．このため波形信号は**周波数領域**で表示される．

電圧波形を表示するだけならコンピュータを用いたFFT演算をする必要はない．よって，記述は**誤り**である．

求める選択肢は(5)となる．

 (5)

B 問題　配点は１問題当たり(a)５点，(b)５点，計10点

問15　図のように，抵抗6 Ωと誘導性リアクタンス8 ΩをY結線し，抵抗r [Ω]を△結線した平衡三相負荷に，200 Vの対称三相交流電源を接続した回路がある．抵抗6 Ωと誘導性リアクタンス8 Ωに流れる電流の大きさをI_1 [A]，抵抗r [Ω]に流れる電流の大きさをI_2 [A]とする．電流I_1 [A]とI_2 [A]の大きさが等しいとき，次の(a)及び(b)の問に答えよ．

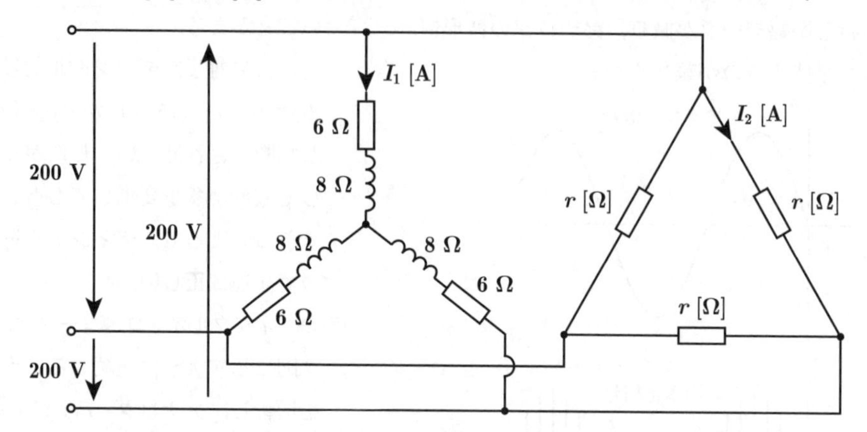

(a)　抵抗rの値[Ω]として，最も近いものを次の(1)～(5)のうちから一つ選べ．

(1)　6.0　(2)　10.0　(3)　11.5　(4)　17.3　(5)　19.2

(b)　図中の回路が消費する電力の値[kW]として，最も近いものを次の(1)～(5)のうちから一つ選べ．

(1)　2.4　(2)　3.1　(3)　4.0　(4)　9.3　(5)　10.9

解15　(a)　**抵抗 r [Ω] の値**

Y結線および△結線された負荷は題意より三相平衡しており，電源が三相対称であるから，一相分を取り出した回路（一相分等価回路）で計算することができる．

電流 I_1 [A]，I_2 [A] の大きさを求める．

I_1 は(a)図の一相分等価回路から，

$$I_1 = \frac{200/\sqrt{3}}{\sqrt{6^2+8^2}} = \frac{20}{\sqrt{3}}\ \text{A} \quad ①$$

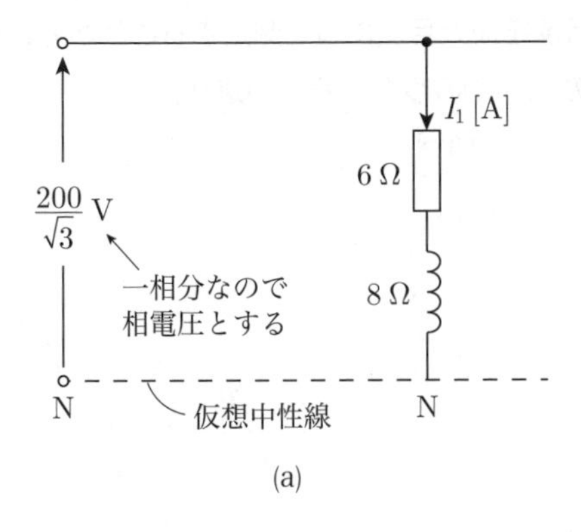

(a)

I_2 は(b)図の一相分等価回路から，

$$I_2 = \frac{200}{r}\ [\text{A}] \quad ②$$

(b)

題意より，$I_1 = I_2$ の関係から，

$$\frac{20}{\sqrt{3}} = \frac{200}{r}$$

$$r = \frac{200\sqrt{3}}{20} = 10\sqrt{3}$$

$$= 17.320\,5 \rightarrow 17.3\ \Omega \quad (答)$$

よって，**求める選択肢は(4)**となる．

(b)　**回路が消費する電力 P の値 [kW]**

有効電力は抵抗でのみ消費される．△結線の三相負荷とY結線の三相負荷の全抵抗で消費される電力の総和が求める消費電力になる．

題意より $I_1 = I_2$ であるから，(a)で求めた r の値を用いると，

$$P = 3\times I_1^2\times 6 + 3\times I_2^2\times r$$

$$= 3\times\left(\frac{20}{\sqrt{3}}\right)^2\times 6 + 3\times\left(\frac{20}{\sqrt{3}}\right)^2\times 10\sqrt{3}$$

$$= 20^2(6+10\sqrt{3}) = 9\,328.20\ \text{W}$$

$$\rightarrow 9.3\ \text{kW} \quad (答)$$

よって，**求める選択肢は(4)**となる．

〔ここがポイント〕

問題図の△結線の抵抗負荷を△→Y等価変換し，Y結線の一相分等価回路から求めても同じ結果になる．一相が抵抗 r [Ω] の△結線負荷をY結線に等価変換した回路を(c)図に示す．

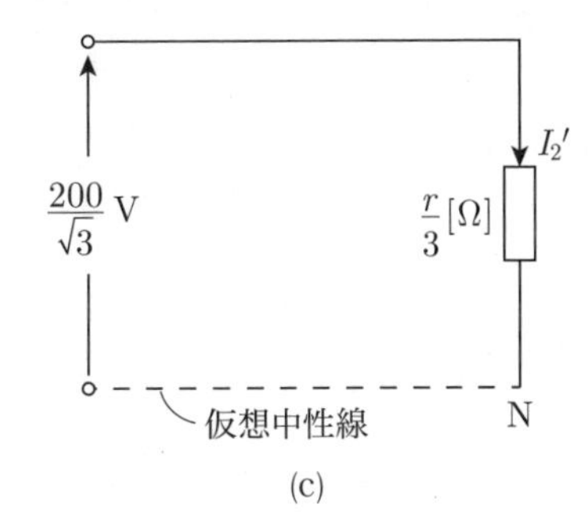

(c)

$$I_2' = \frac{200/\sqrt{3}}{r/3} = \frac{200\times 3}{\sqrt{3}r}\ [\text{A}]$$

I_2' は線電流であるから，△結線の相電流 I_2 を求めるには線電流を $1/\sqrt{3}$ 倍して，

$$I_2 = \frac{I_2'}{\sqrt{3}} = \frac{200\times 3}{\sqrt{3}\times\sqrt{3}r} = \frac{200\times 3}{3r}$$

$$= \frac{200}{r}\ [\text{A}]$$

すなわち②式と同値になる．計算がやや複雑になるため，解説に示した△結線のまま解答するほうが短時間ですむ．

本問は，2008年問15の再出題である．

　(a)—(4)，(b)—(4)

最大目盛 50 A，内部抵抗 0.8×10^{-3} Ω の直流電流計 A_1 と最大目盛 100 A，内部抵抗 0.32×10^{-3} Ω の直流電流計 A_2 の二つの直流電流計がある．次の(a)及び(b)の問に答えよ．

ただし，二つの直流電流計は直読式指示電気計器であるとし，固有誤差はないものとする．

(a) 二つの直流電流計を並列に接続して使用したとき，測定できる電流の最大の値[A]として，最も近いものを次の(1)～(5)のうちから一つ選べ．

(1) **40**　(2) **50**　(3) **100**　(4) **132**　(5) **140**

(b) 小問(a)での接続を基にして，直流電流 150 A の電流を測定するために，二つの直流電流計の指示を最大目盛にして測定したい．そのためには，直流電流計 A_2 に抵抗 R [Ω] を直列に接続することで，各直流電流計の指示を最大目盛にして測定することができる．抵抗 R の値[Ω]として，最も近いものを次の(1)～(5)のうちから一つ選べ．

(1) 3.2×10^{-5}　(2) 5.6×10^{-5}　(3) 8×10^{-5}

(4) 11.2×10^{-5}　(5) 13.6×10^{-5}

解16

(a)　**測定できる電流の最大値 I [A]**

題意を(a)図に示す．

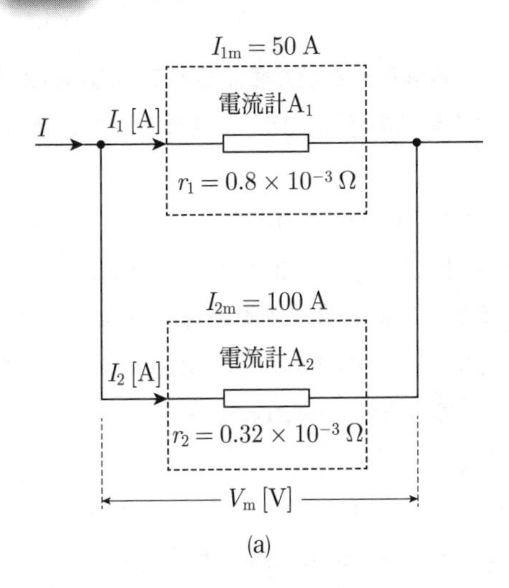

(a)

電流計 A_1，A_2 の許容電圧 V_1 [V]，V_2 [V] はそれぞれ，

$$V_1 = I_{1m} r_1 = 50 \times 0.8 \times 10^{-3} = 40 \times 10^{-3} \text{ V}$$

$$V_2 = I_{2m} r_2 = 100 \times 0.32 \times 10^{-3} = 32 \times 10^{-3} \text{ V}$$

$V_1 > V_2$ より，並列回路にかかる電圧 V_m は V_2 [V] を超えてはならない．

測定できる最大の電流値 I [A] は，

$$I = I_1 + I_2 = \frac{V_2}{r_1} + I_{2m} = \frac{32 \times 10^{-3}}{0.8 \times 10^{-3}} + 100 = 40 + 100 = 140 \text{ A}$$ (答)

よって，**求める選択肢は**(5)である．

(b)　**抵抗 R の値 [Ω]**

題意を(b)図に示す．二つの直流電流計の指示を最大目盛にして測定するには，(b)図の並列回路にかかる電圧を $V_m' = V_1$ として，

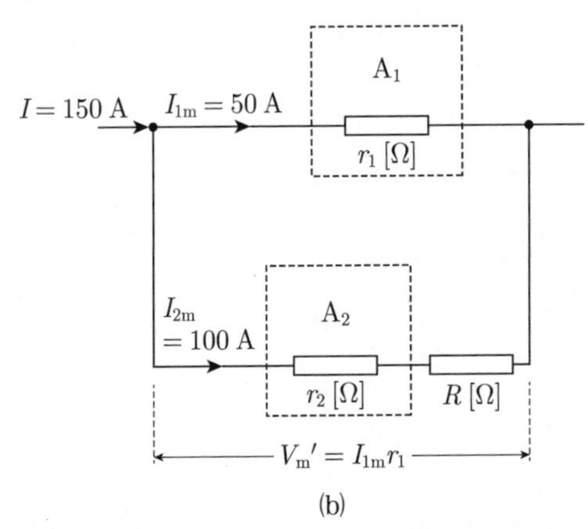

(b)

$$V_1 = I_{1m} r_1 = I_{2m}(r_2 + R)$$

$$\therefore \quad R = \frac{V_1}{I_{2m}} - r_2 = \frac{40 \times 10^{-3}}{100} - 0.32 \times 10^{-3} = 0.08 \times 10^{-3} \to 8 \times 10^{-5} \text{ Ω}$$ (答)

よって，**求める選択肢は**(3)となる．

〔ここがポイント〕

(a)図の並列回路の電圧 V_m を V_1 とした場合，電流計 A_2 の指示値は，

$$I_2 = \frac{V_1}{r_2} = \frac{40 \times 10^{-3}}{0.32 \times 10^{-3}} = 125 \text{ A} > 100 \text{ A}$$

となり，指針は振り切れる．さらに放置すると発火，および焼損するおそれがある．

本問は2020年問16の類題である．2020年問16は，電圧計2台を用いて各電圧計の指示を最大目盛で測定する場合の問題であり，過剰な電流は**分流器**と呼ばれる抵抗器を**並列**に接続してそこに分流すれば測定範囲が拡大できることを利用したものである．

本問は電流計2台を用いて各電流計の指示を最大目盛で測定する場合の問題であり，測定範囲を超える電圧が加わった場合，**倍率器（分圧器）**を**直列**に接続して測定対象に加わる電圧を許容範囲内に低減すれば最大目盛で測定できることを利用している．

(a)—(5)，(b)—(3)

問17及び問18は選択問題であり，問17又は問18のどちらかを選んで解答すること．両方解答すると採点されません．

（選択問題）

問17

大きさが等しい二つの導体球A，Bがある．両導体球に電荷が蓄えられている場合，両導体球の間に働く力は，導体球に蓄えられている電荷の積に比例し，導体球間の距離の2乗に反比例する．次の(a)及び(b)の問に答えよ．

ただし，両導体球の大きさは0.3 mに比べて極めて小さいものとする．

(a) この場合の比例定数を求める目的で，導体球Aに$+2\times10^{-8}$ C，導体球Bに$+3\times10^{-8}$ Cの電荷を与えて，導体球の中心間距離で0.3 m隔てて両導体球を置いたところ，両導体球間に6×10^{-5} Nの反発力が働いた．この結果から求められる比例定数$[N\cdot m^2/C^2]$として，最も近いものを次の(1)～(5)のうちから一つ選べ．

ただし，導体球A，Bの初期電荷は零とする．

(1) 3×10^9　(2) 6×10^9　(3) 8×10^9　(4) 9×10^9　(5) 15×10^9

(b) 小問(a)の導体球A，Bを，電荷を保持したままで0.3 mの距離を隔てて固定した．ここで，導体球A，Bと大きさが等しく電荷を持たない導体球Cを用意し，導体球Cをまず導体球Aに接触させ，次に導体球Bに接触させた．この導体球Cを図のように導体球Aと導体球Bの間の直線上に置くとき，導体球Cが受ける力が釣り合う位置を導体球Aとの中心間距離[m]で表したとき，その距離に最も近いものを次の(1)～(5)のうちから一つ選べ．

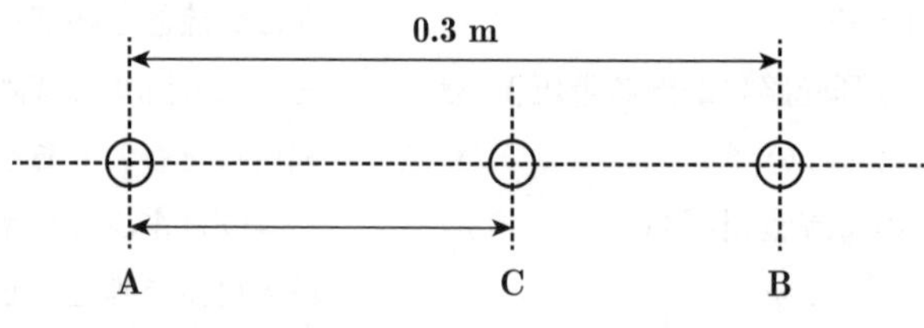

(1) 0.095　(2) 0.105　(3) 0.115　(4) 0.124　(5) 0.135

解17　(a)　**比例定数 k [N·m²/C²] の値**

電荷が蓄えられたA，B両導体球に働く力 F [N]，両導体間距離を r [m] とするとクーロンの法則により k は次式で求められる．

$$F = k\frac{Q_A Q_B}{r^2} \rightarrow k = F\frac{r^2}{Q_A Q_B}$$

上式へ $F = 6\times10^{-5}$ N，$r = 0.3$ m，$Q_A = 2\times10^{-8}$ C，$Q_B = 3\times10^{-8}$ C を代入して，

$$k = 6\times10^{-5}\times\frac{(3\times10^{-1})^2}{2\times10^{-8}\times3\times10^{-8}}$$

$$= \frac{6\times9}{2\times3}\times10^{-5-2+8+8}$$

$$= 9\times10^9\ \mathrm{N{\cdot}m^2/C^2}\quad(答)$$

よって，**求める選択肢は(4)**である．

(a)図に示すとおり，A，B両導体球に働く力 F は反発力（斥力）となる．

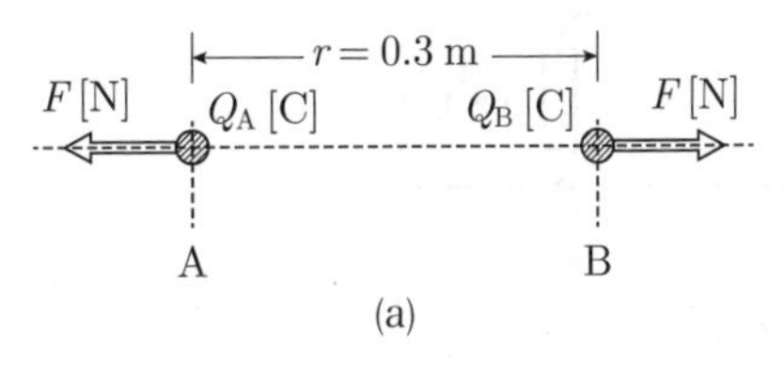

(a)

(b)　**導体Cが受ける力が釣り合う位置 x [m]**

電荷をもつ導体球同士を接触させると，両導体球はいずれも等しい電位となるまで導体球間で電荷が移動する．導体球同士は同じ大きさであるから静電容量も等しい．このため各導体球は，両球の電荷の総和を等しく分け合う．

導体球Aと導体球Cの接触後の各電荷をそれぞれ $Q_A{}'$ [C]，Q_C [C] とすると，

$$Q_A{}' = Q_C = \frac{2\times10^{-8}}{2} = 1\times10^{-8}\ \mathrm{C}$$

次に，導体球Bと導体球Cの接触後の各電荷をそれぞれ $Q_B{}'$ [C]，$Q_C{}'$ [C] とすると，

$$Q_B{}' = Q_C{}' = \frac{3\times10^{-8}+1\times10^{-8}}{2}$$

$$= 2\times10^{-8}\ \mathrm{C}$$

導体球Cが受ける力が釣り合うので，(b)図のAとCの電荷間に働く力と，BとCの電荷間に働く力をそれぞれ等しいとおいて，

$$k\frac{Q_A{}'Q_C{}'}{x^2} = k\frac{Q_B{}'Q_C{}'}{(r-x)^2}$$

上式を x について解き，Q_A，Q_B の値および $r = 0.3$ m を代入すると，

$$\left(\frac{r-x}{x}\right)^2 = \frac{Q_B{}'}{Q_A{}'}$$

(b)図で $r-x>0$ より，正の値をとり，

$$\frac{r-x}{x} = \sqrt{\frac{Q_B{}'}{Q_A{}'}}$$

$$\frac{r}{x} - 1 = \sqrt{\frac{Q_B{}'}{Q_A{}'}} \text{ より } \frac{r}{x} = 1 + \sqrt{\frac{Q_B{}'}{Q_A{}'}}$$

$$x = \frac{r}{1+\sqrt{\dfrac{Q_B{}'}{Q_A{}'}}} = \frac{0.3}{1+\sqrt{\dfrac{2\times10^{-8}}{1\times10^{-8}}}} = \frac{0.3}{1+\sqrt{2}}$$

$$= 0.124\,3 \rightarrow 0.124\ \mathrm{m}\quad(答)$$

よって，**求める選択肢は(4)**である．

F'　$Q_A{}'$ [C]　F'　$Q_C{}'$ [C]　F'　$Q_B{}'$ [C]　F'

x [m]　$r-x$ [m]

A　C　B

(b)

〔ここがポイント〕

設問(a)で求めた比例定数 k は，クーロンの法則の式において $k = 1/(4\pi\varepsilon_0)$ で示される．

SI単位系において真空の透磁率を $\mu_0 = 4\pi\times10^{-7}$ H/m と定め，光の速度 $c \fallingdotseq 3\times10^8$ を用いると真空中の誘電率 ε_0 は次式で求められる．

$$\varepsilon_0 = \frac{1}{\mu_0 C^2}$$

したがって，比例定数 k は以下のように求められる．

$$k = \frac{1}{4\pi\varepsilon_0} = \frac{1}{4\pi}\cdot\frac{1}{1/\mu_0 C^2} = \frac{\mu_0 c^2}{4\pi}$$

$$= \frac{4\pi\times10^{-7}\times(3\times10^8)^2}{4\pi} = 9\times10^9\ \mathrm{F/m}$$

便宜上，比例定数 $k = 9\times10^9$ は記憶しておくと本問の検算やクーロンの法則による計算が素早くできる．

本問は，2008年問17の再出題である．

答　(a)—(4)，(b)—(4)

（選択問題）

問18 図1の回路は，電流帰還バイアス回路に結合容量を介して，微小な振幅の交流電圧を加えている．この入力電圧の振幅が $A_\mathrm{i} = 100\ \mathrm{mV}$，角周波数が $\omega = 10\,000\ \mathrm{rad/s}$ で，時刻 t [s] に対して $v_\mathrm{i}(t)$ [mV] が $v_\mathrm{i}(t) = A_\mathrm{i} \sin \omega t$ と表されるとき，次の(a)及び(b)の問に答えよ．

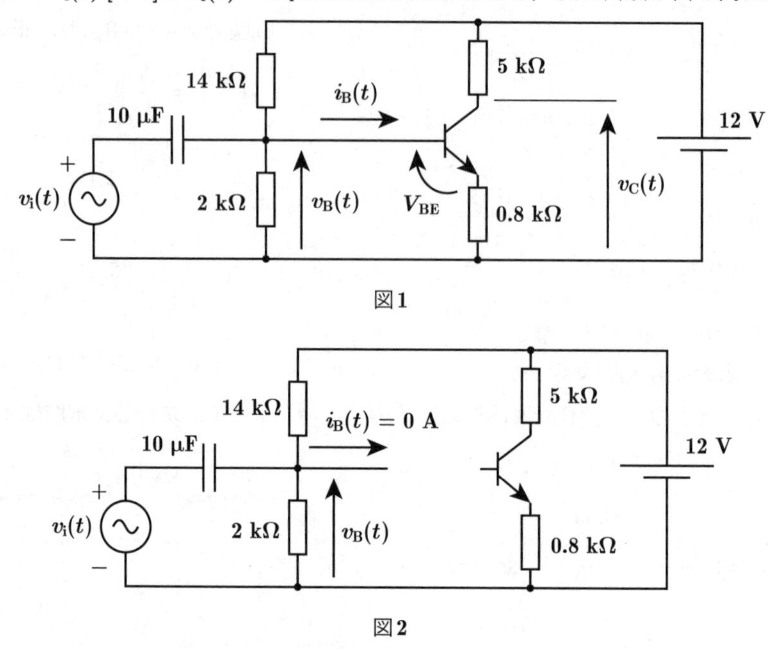

図1

図2

(a) 次の文章は，電圧 $v_\mathrm{B}(t)$ に関する記述である．

トランジスタのベース端子に流れ込む電流 $i_\mathrm{B}(t)$ が十分に小さいとき，ベース端子を切り離しても2 kΩの抵抗の電圧は変化しない．そこで，図2の回路で考え，さらに重ね合わせの理を用いることで，電圧 $v_\mathrm{B}(t)$ を求める．まず，$v_\mathrm{i}(t) = 0$ V とすることで，直流電圧 $V_\mathrm{B} =$ (ア) V が求められる．次に，直流電圧源の値を0 Vとし，コンデンサのインピーダンスが2 kΩより十分に小さいと考えると，交流電圧 $v_\mathrm{B}(t)$ の振幅 $A_\mathrm{B} =$ (イ) mV と初期位相 $\theta_\mathrm{B} =$ (ウ) rad が求められる．以上より，

$v_\mathrm{B}(t) = V_\mathrm{B} + A_\mathrm{B} \sin(\omega t + \theta_\mathrm{B})$ と表すことができる．

上記の記述中の空白箇所(ア)～(ウ)に当てはまる組合せとして，最も近いものを次の(1)～(5)のうちから一つ選べ．

	(ア)	(イ)	(ウ)
(1)	0.8	71	0
(2)	0.8	100	$\frac{\pi}{4}$
(3)	1.5	71	$\frac{\pi}{4}$
(4)	1.5	100	0
(5)	1.5	71	0

(b)　図1の回路の電圧 $v_C(t)$ を求め，適当な定数 V_C，A_C，θ_C を用いて
$v_C(t) = V_C + A_C \sin(\omega t + \theta_C)$ と表す．V_C，A_C，θ_C に最も近い値の組合せを次の(1)～(5)のうちから一つ選べ．

ただし，ベース・エミッタ間電圧は常に0.7 Vであると近似して考えてよい．

	V_C [V]	A_C [V]	θ_C [rad]
(1)	5	0.6	0
(2)	5	6	0
(3)	5	6	π
(4)	7	0.6	π
(5)	7	6	π

理論
電力
機械
法規
令和5上(2023)
令和4下(2022)
令和4上(2022)
令和3(2021)
令和2(2020)
令和元(2019)
平成30(2018)
平成29(2017)
平成28(2016)
平成27(2015)

(a)　**2 kΩの抵抗の電圧 $v_B(t)$ [V]**

直流に着目した回路と交流に着目した回路を重ね合わせて v_B を求める．

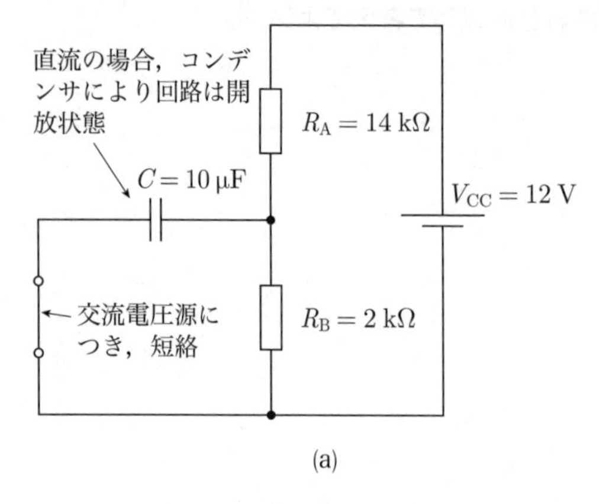

(a)

(a)図の回路は，微小振幅の交流電圧源を短絡し，直流電圧源単独の回路としたもので，コンデンサにより交流電圧側は開放状態にある．このため(b)図の回路に整理され，直流電圧 V_B は，

$$V_B = \frac{R_B}{R_A + R_B} \times V_{CC} = \frac{2}{14+2} \times 12$$
$$= 1.5 \text{ V} \quad (答)$$

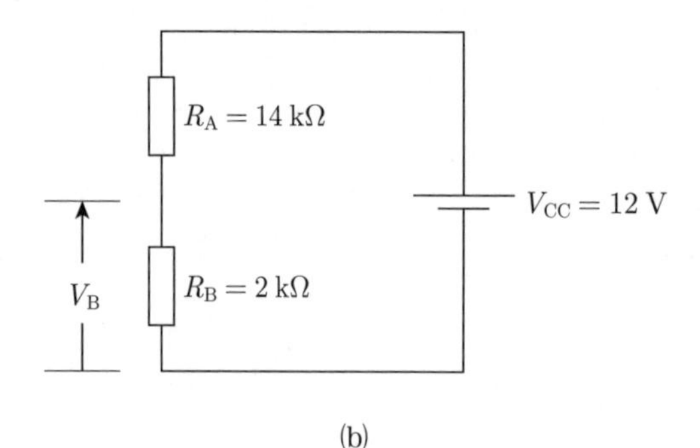

(b)

(c)図の回路は，直流電圧源を短絡し，交流電圧源単独の回路としたものである．題意よりコンデンサ C のインピーダンスが $X_C \ll 2$ kΩであるから X_C は無視できるので，コンデンサは短絡できる．このため(d)図の回路に整理され，抵抗 R_A と R_B は並列接続であることがわかる．

R_B の交流電圧 $v_{BA}(t)$ は並列回路に印加される電圧 $v_i(t)$ そのものとなる．また，回路は純抵抗のみで力率＝1であり，R_B に流れる電流は電圧と同相である．したがって，

振幅 $A_B = A_i = 100$ mV　(答)

v_i の初期位相はゼロだから $v_{BA}(t)$ の初期位相もゼロであり，

$\theta_B = 0$ rad　(答)

よって，**求める選択肢は(4)**となる．

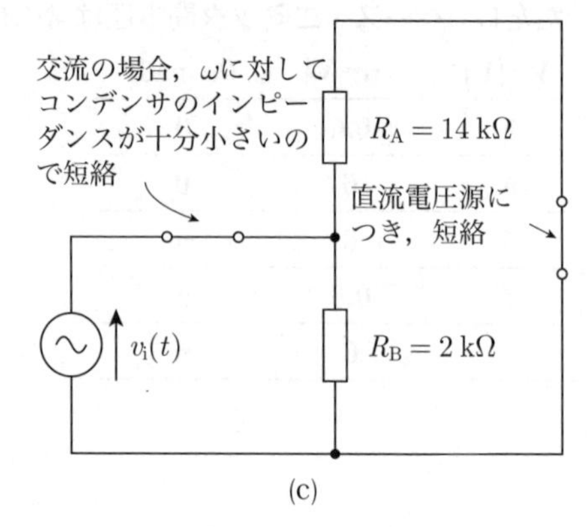

(c)

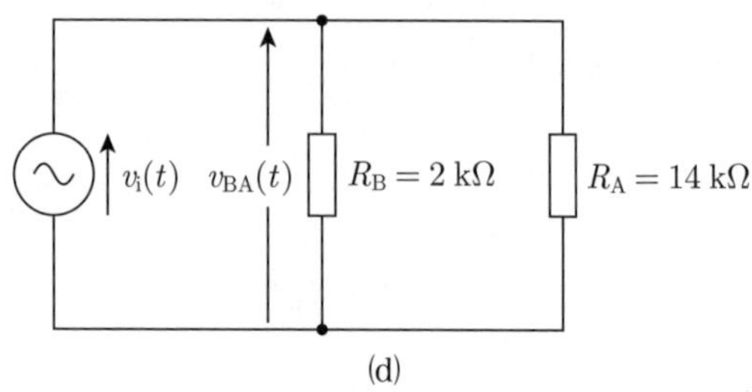

(d)

(b)　**図1の回路の電圧 $v_C(t)$ [V]**

直流電圧源 V_{CC} のみに着目した(e)図の回路より，次式が成り立つ．

$$V_B = V_{BE} + V_E = V_{BE} + I_E R_E$$

$$\therefore \quad I_E = \frac{V_E}{R_E} = \frac{V_B - V_{BE}}{R_E}$$
$$= \frac{1.5 - 0.7}{0.8 \times 10^3} = 1 \times 10^{-3} \text{ A}$$

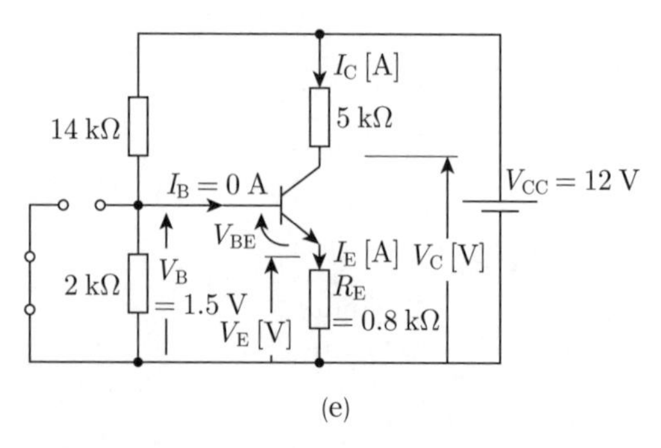

(e)

題意よりベース電流を $I_B = 0$ A とすると，

$$I_E = I_B + I_C = 0 + I_C = I_C$$
$$\therefore \quad I_C = 1 \times 10^{-3} \text{ A}$$
$$\therefore \quad V_C = V_{CC} - 5 \times 10^3 \times I_C$$
$$= 12 - 5 \times 10^3 \times 1 \times 10^{-3}$$

$= 12 - 5 = 7\ \text{V}$　㊟

次に，交流電圧源 $v_i(t)$ のみに着目した回路は(f)図となる．題意より，ベース・エミッタ間の電圧を0.7 V一定と近似できるので，直流分が $V_{BE} = 0.7\ \text{V}$ で交流小信号電圧は $v_{BE} = 0$ と近似して，

$$i_E = \frac{v_{BA} - v_{BE}}{R_E} = \frac{v_{BA}}{R_E} = \frac{0.1 \sin \omega t}{0.8 \times 10^3}$$

$$= 0.125 \times 10^{-3} \sin \omega t\ [\text{A}]$$

$$i_C = i_E - i_B = i_E - 0 = i_E$$

$$= 0.125 \times 10^{-3} \sin \omega t\ [\text{A}]$$

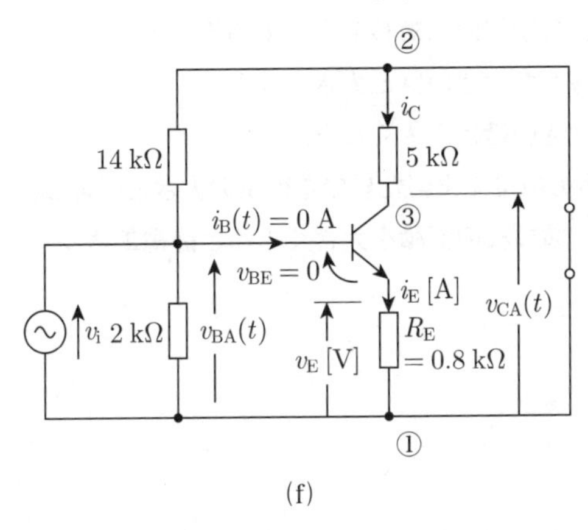

(f)

(f)図の①と②の接続点は，直流電圧源の内部インピーダンスがゼロなので短絡されており，同電位となる．①は交流電源の接地側すなわち基準電位0 V側であるから，②の点も0 Vの基準電位である．したがって，③の電位 v_{CA} は，電流 i_C の流れる向きに注意すると，

$$v_{CA}(t) = 0 - i_C \times 5 \times 10^3$$

$$= -0.125 \times 10^{-3} \sin \omega t \times 5 \times 10^3$$

$$= -0.625 \sin \omega t\ [\text{V}]$$

位相が負になるのは，位相差が±180°の場合であるから，

$$v_{CA}(t) = 0.625 \sin(\omega t \pm \pi)\ [\text{V}]$$

位相差 θ_C は選択肢に「+π」があるのでこれを採用し，

$$v_{CA}(t) = 0.625 \sin(\omega t + \pi)\ [\text{V}]$$

以上の結果を総括すると，

$$v_C(t) = V_C + A_C \sin(\omega t + \theta_C)$$

$$= V_C + v_{CA}(t)$$

$$= 7 + 0.625 \sin(\omega t + \pi)\ [\text{V}]$$　㊟

$V_C = 7\ \text{V}$，$A_C = 0.625 \fallingdotseq 0.6\ \text{V}$，$\theta_C = \pi$

より，**求める選択肢は(4)**となる．

〔ここがポイント〕

1. 重ね合わせの理を用いる場合の留意点

本問のような「重ね合わせの理」を用いて電圧を求める場合，以下の点に留意する．

① **電圧源**（交流，直流ともに）：内部インピーダンスがゼロより，回路上は**短絡**する．

② **電流源**（交流，直流ともに）：内部インピーダンスが無限大より，回路上は**開放**する．

2. $v_i(t)$ と $v_c(t)$ の位相差

(f)図の回路は，直流電圧源の短絡により2 kΩと14 kΩの抵抗が並列，コレクタ，エミッタ側の①と②の点が同電位（負の基準電位）であり，(g)図の回路で表せる．i_C の流れる方向と v_{CA} の正方向に留意すると，電流は電圧の高い側から低い側に流れるので v_{CA} は実際には負電圧となる．よって，エミッタ接地増幅回路の入力 v_i と出力 v_{CA} の位相差は180°になる．

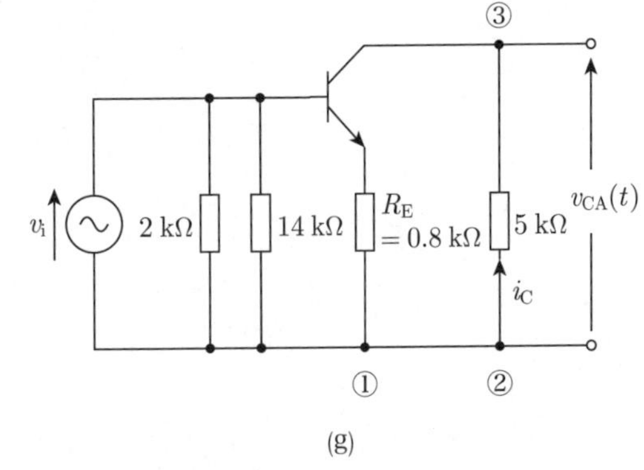

(g)

3. 結合容量の役割り

交流電源側に接続された結合容量は結合コンデンサとも呼ばれている．直流分を阻止し，交流信号のみ通す役割りがある．

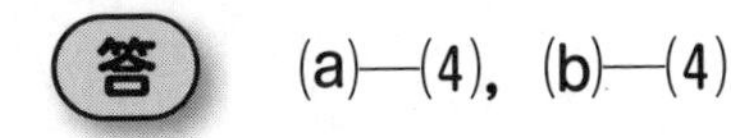

(a)—(4)，(b)—(4)

令和4年度（2022年）上期　理論の問題

A問題　配点は1問題当たり5点

問1　面積がともにS [m^2]で円形の二枚の電極板（導体平板）を，互いの中心が一致するように間隔d [m]で平行に向かい合わせて置いた平行板コンデンサがある．電極板間は誘電率ε [F/m]の誘電体で一様に満たされ，電極板間の電位差は電圧V [V]の直流電源によって一定に保たれている．この平行板コンデンサに関する記述として，誤っているものを次の(1)～(5)のうちから一つ選べ．

ただし，コンデンサの端効果は無視できるものとする．

(1)　誘電体内の等電位面は，電極板と誘電体の境界面に対して平行である．

(2)　コンデンサに蓄えられる電荷量は，誘電率が大きいほど大きくなる．

(3)　誘電体内の電界の大きさは，誘電率が大きいほど小さくなる．

(4)　誘電体内の電束密度の大きさは，電極板の単位面積当たりの電荷量の大きさに等しい．

(5)　静電エネルギーは誘電体内に蓄えられ，電極板の面積を大きくすると静電エネルギーは増大する．

●試験時間　90 分

●必要解答数　A 問題 14 題，B 問題 3 題（選択問題含む）

解1　題意を(a)図に示す．

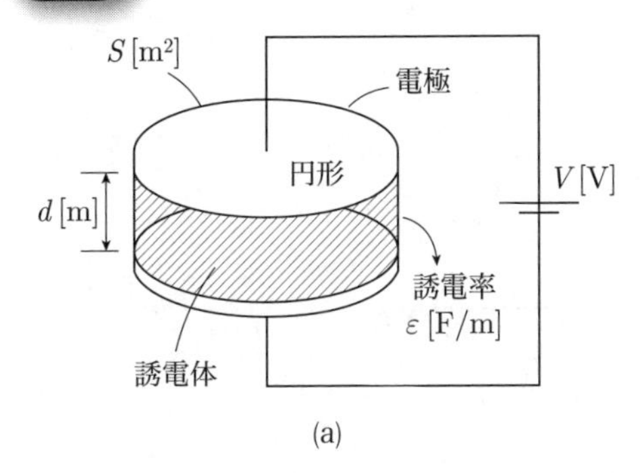

(a)

設問の選択肢を検証する．

(1)　極板間において，任意の位置の電位は，電極板に平行な面において等しく，かつ電気力線と直交する．(b)図のように，等電位面は，電極板と誘電体の境界面に対して平行になる．したがって，記述は正しい．

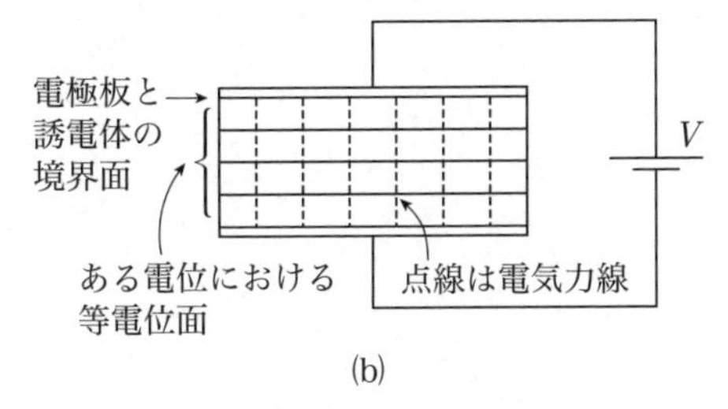

(b)

(2)　コンデンサの静電容量を C [F] とすると，コンデンサに蓄えられる電荷量 Q [C] は，

$$Q = CV = \frac{\varepsilon S}{d} \cdot V \propto \varepsilon$$

すなわち Q は誘電率 ε に比例して大きくなるので，記述は正しい．

(3)　(a)図のような直流の一定電圧 V が印加された極板間の電界は(c)図に示すように平等電界であり，場所によらず $E = V/d =$ 一定となる．すなわち，誘電率に無関係に電極の形状と位置関係だけで決まるため，記述は誤り．

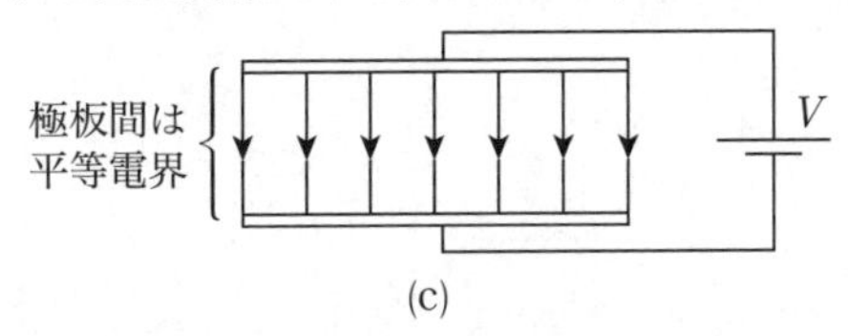

(c)

(4)　誘電体内の電束密度 D の定義式は次式となる．

$$D = \frac{Q}{S} \, [\mathrm{C/m^2}]$$

D の大きさは電極板の単位面積（$1\ \mathrm{m^2}$）当たりの電荷量の大きさに等しく，記述は正しい．

(5)　誘電体内に蓄えられるエネルギー W は，

$$W = \frac{1}{2}CV^2 = \frac{1}{2}\frac{\varepsilon S}{d}V^2 \propto \frac{\varepsilon S}{d}$$

W は S に比例するので記述は正しい．

よって，**求める選択肢は(3)**となる．

〔ここがポイント〕

1．平等電界と端効果

平等電界は，電界の強さとその向きがいずれの点でも同一となる電界をいう．(d)図のような電荷 $+Q$ と $-Q$ が与えられた平行板電極間に生じる電界が該当する．極板の端の部分では電界が外側にはみ出るためこの部分のみ平等電界ではなくなり，これを**端効果（縁効果）**という．本問では問題を単純化する目的で「端効果は無視できる」という条件を与えている．

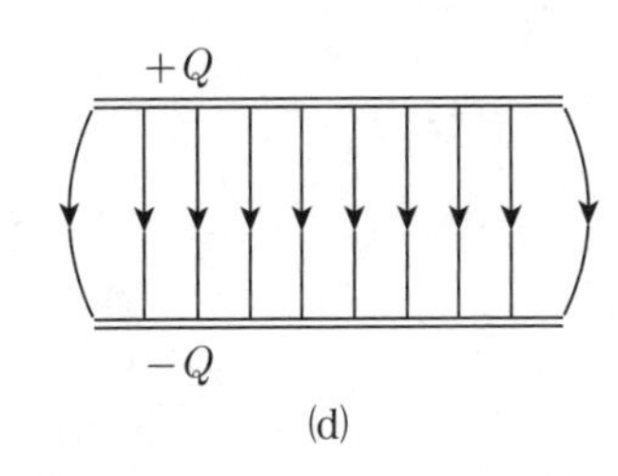

(d)

2．過去の類題

2018（平成30）年 問2，2016（平成28）年 問2，2015（平成27）年 問1，2013（平成25）年 問1，2010（平成22）年 問2，2008（平成20）年 問2．特に電極間の等電位線の分布を求める問題として2006（平成18）年 問2に類題が出題されている．

(3)

真空中において，図に示すように一辺の長さが1 mの正三角形の各頂点に1 C又は−1 Cの点電荷がある．この場合，正の点電荷に働く力の大きさF_1 [N]と，負の点電荷に働く力の大きさF_2 [N]の比F_2/F_1の値として，最も近いものを次の(1)～(5)のうちから一つ選べ．

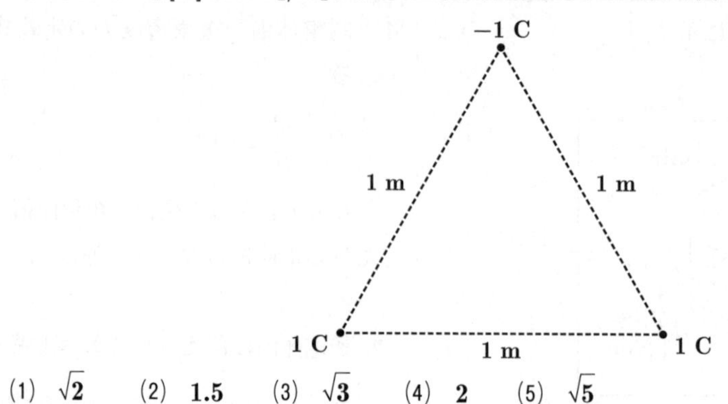

(1) $\sqrt{2}$　　(2) 1.5　　(3) $\sqrt{3}$　　(4) 2　　(5) $\sqrt{5}$

note

解2　正の点電荷および負の点電荷に働く力を(a)図に示す．

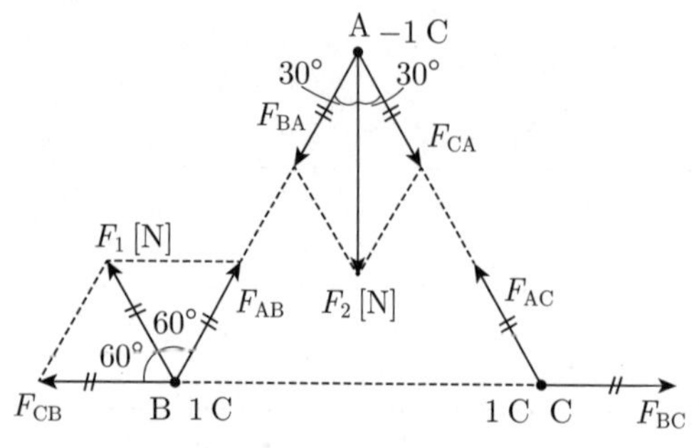

(a)　各点電荷に働く力のベクトル

1．正の点電荷間に働く力の大きさ F_1 [N]

(a)図のB点の点電荷に働く力がF_1である．A点およびC点の各電荷からB点の電荷が受ける力F_{AB}およびF_{CB}をベクトル合成するとF_1が求められる．

真空中（空気中）の誘電率をε_0 [F/m]，円周率をπとすると，

$$F_{AB}=F_{BA}=\frac{1}{4\pi\varepsilon_0}\frac{Q_AQ_B}{{r_{AB}}^2}=\frac{1}{4\pi\varepsilon_0}\frac{1\times1}{1^2}$$
$$=\frac{1}{4\pi\varepsilon_0}\,[\mathrm{N}]$$

$$F_{CB}=F_{BC}=\frac{1}{4\pi\varepsilon_0}\frac{Q_CQ_B}{{r_{CB}}^2}=\frac{1}{4\pi\varepsilon_0}\frac{1\times1}{1^2}$$
$$=\frac{1}{4\pi\varepsilon_0}\,[\mathrm{N}]$$

(a)図に示した力のベクトルより，F_{AB}，F_{CB}，F_1は正三角形の辺を構成し，

$$F_{AB}=F_{CB}=F_1=\frac{1}{4\pi\varepsilon_0}\,[\mathrm{N}]$$

2．負の点電荷に働く力の大きさ F_2 [N]

(a)図のA点の点電荷に働く力がF_2となる．

$$F_{BA}=F_{AB}=\frac{1}{4\pi\varepsilon_0}\,[\mathrm{N}]$$

また，$F_{BA}=F_{CA}$よりベクトル合成後のF_2は(a)図に示すとおり，

$$F_2=F_{BA}\cos30°\times2=\frac{1}{4\pi\varepsilon_0}\frac{\sqrt{3}}{2}\times2$$
$$=\frac{1}{4\pi\varepsilon_0}\sqrt{3}\,[\mathrm{N}]$$

$$\therefore\ \frac{F_2}{F_1}=\frac{\dfrac{1}{4\pi\varepsilon_0}\sqrt{3}}{\dfrac{1}{4\pi\varepsilon_0}}=\sqrt{3}\quad(答)$$

よって，**求める選択肢は(3)**となる．

〔ここがポイント〕

1．クーロンの法則

点電荷相互間に働く作用力の法則を，**電界におけるクーロンの法則**という．(b)図に示す真空中（空気中）でr [m] 離れた二つの点電荷Q_1とQ_2との間に働く力F [N] は**クーロン力**と呼ばれ，次式で求められる．

$$F=\frac{1}{4\pi\varepsilon_0}\frac{Q_1Q_2}{r^2}=9\times10^9\,\frac{Q_1Q_2}{r^2}\,[\mathrm{N}]$$

クーロン力は，**各点電荷を結ぶ直線上**で作用する．

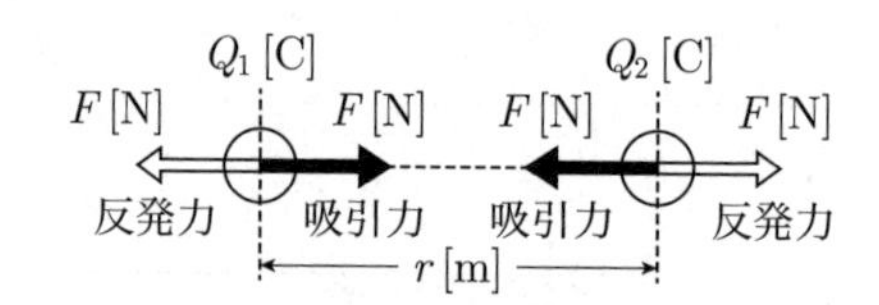

・電荷が互いに同符号
$Q_1Q_2>0$；Fは反発力

・電荷が互いに異符号
$Q_1Q_2<0$；Fは吸引力

(b)

2．複数の点電荷によるクーロン力の求め方

①　1対の電荷間に働く力を求める．

(a)図のB点とA点の電荷間で働くクーロン力F_{AB}，B点とC点の電荷間で働くクーロン力F_{CB}を個別に求め，それぞれベクトルで表す．

②　各クーロン力をベクトル合成する．

クーロン力や電界は，大きさと向きをもつベクトル量であるから，上記二つの力F_{AB}，F_{BC}をベクトル合成すると点電荷Bに作用するクーロン力が求まる．

3．ベクトルの合成方法

(c)図に示すように，二つのベクトルの始点を合わせ，それぞれを辺とする平行四辺形をつくり，その対角線から合成ベクトルを求める方法(問題の解答)，一方のベクトルの始点をもう一方のベクトルの終点に平行移動して，二つのベ

クトル全体の始点と終点をつないで求める方法がある．いずれの方法でも同じ結果が得られる．

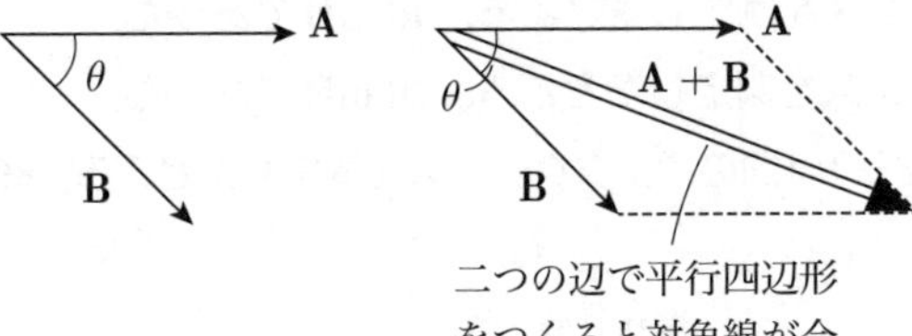

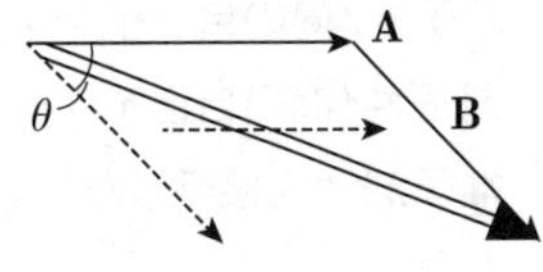

(c)

4. 過去の類題

2018（平成30）年 問1，2013（平成25）年 問2，2010（平成22）年 問17，2005（平成17）年 問1，2002（平成14）年 問1に類題が出題されている．

(3)

問3

図のような環状鉄心に巻かれたコイルがある．

図の環状コイルについて，

・端子**1-2**間の自己インダクタンスを測定したところ，**40 mH**であった．

・端子**3-4**間の自己インダクタンスを測定したところ，**10 mH**であった．

・端子**2**と**3**を接続した状態で端子**1-4**間のインダクタンスを測定したところ，**86 mH**であった．

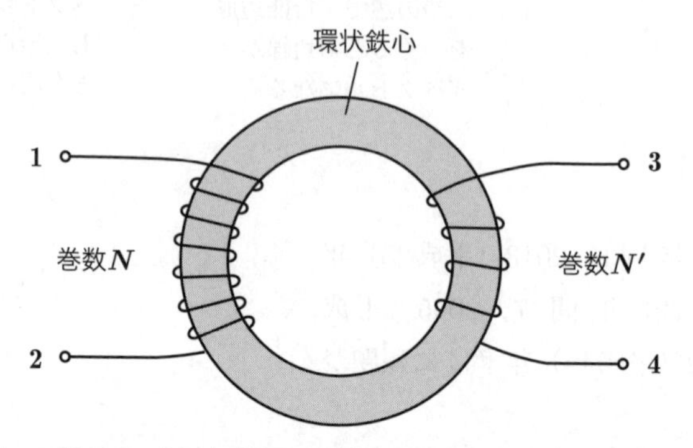

このとき，端子**1-2**間のコイルと端子**3-4**間のコイルとの間の結合係数kの値として，最も近いものを次の(1)～(5)のうちから一つ選べ．

(1)　**0.81**　　(2)　**0.90**　　(3)　**0.95**　　(4)　**0.98**　　(5)　**1.8**

解3　題意を(a)図に示す．

端子2と3を接続し，端子1-4間に電流Iを流すと，鉄心中に生じる磁束ϕ_1，ϕ_2はいずれも同じ向きに発生することがわかる．

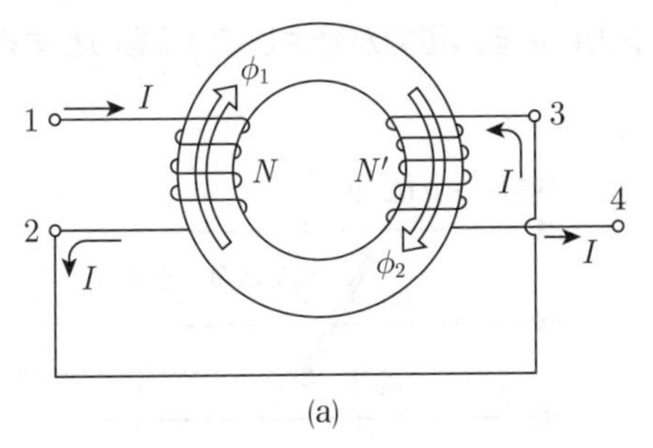

(a)

ϕ_1とϕ_2が加わりあうことから，問題のインダクタンスの直列接続回路は，和動接続であることがわかる．

以上より，合成インダクタンスL_0は，端子1，2のコイルL_1と端子3，4のコイルL_2との間の相互インダクタンスをMとすると，

$$L_0 = L_1 + L_2 + 2M \qquad ①$$

$$\therefore \quad M = \frac{L_0 - (L_1 + L_2)}{2} = \frac{86 - (40 + 10)}{2}$$
$$= 18\,\text{mH}$$

結合係数kは，

$$k = \frac{M}{\sqrt{L_1 L_2}} = \frac{18}{\sqrt{40 \times 10}} = \frac{18}{\sqrt{20^2}} = \frac{18}{20}$$
$$= 0.9 \quad \text{(答)}$$

よって，**求める選択肢は(2)**となる．

〔ここがポイント〕

1．自己インダクタンスL_1，L_2，相互インダクタンスMと合成インダクタンスL_0の関係

二つのコイル1-2および3-4を直列に接続して電流を流したとき，鉄心中に発生する磁束ϕ_1とϕ_2が，①互いに加わりあう（ϕ_1とϕ_2の向きが同じ）場合の接続を**和動接続**，②互いに打ち消しあう（ϕ_1とϕ_2の向きが逆）場合の接続を**差動接続**という．

コイル1-2，コイル3-4の合成インダクタンスL_0は，$L_0 = L_1 + L_2 \pm 2M$で求められ，相互インダクタンス$2M$の符号は，**和動接続では正符号（+），差動接続では負符号（−）**となる．

2．加極性と減極性

和動接続のϕ_1とϕ_2が加わりあうことを**加極性**といい，差動接続のϕ_1とϕ_2が打ち消しあうことを**減極性**という．

3．鉄心中の磁束の向きの求め方

問題の多層巻コイルに流れる電流Iにより発生するコイル中心部の磁束ϕの向きは，(b)図に示すアンペア右手親指の法則から簡単に求められる．

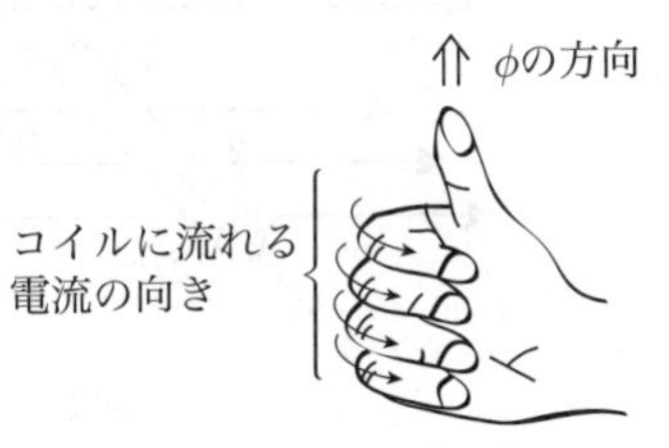

(b)　アンペア右手親指の法則

4．結合係数k

自己インダクタンスL_1とL_2の直列接続において，コイルによりつくられる磁束は鉄心中を一様に通り，鉄心の外部に漏れないものとした場合，相互インダクタンスMは次式で求められる．

$$M^2 = L_1 L_2$$
$$\therefore \quad M = \sqrt{L_1 L_2}\ [\text{H}]$$

自己インダクタンスと相互インダクタンスの関係は，磁束のコイルへの結合状態により表され，通常は漏れ磁束を考慮して次式で与えられる．

$$M = k\sqrt{L_1 L_2} \quad (0 < k \leqq 1)$$

kを**結合係数**という．漏れ磁束がない理想的な場合を$k = 1$とする．

5．過去の類題

2017（平成29）年 問3，2012（平成24）年 問3に類題が出題されている．

(2)

問4　図1のように，磁束密度 $B = 0.02$ T の一様な磁界の中に長さ 0.5 m の直線状導体が磁界の方向と直角に置かれている．図2のようにこの導体が磁界と直角を維持しつつ磁界に対して 60° の角度で，二重線の矢印の方向に 0.5 m/s の速さで移動しているとき，導体に生じる誘導起電力 e の値 [mV] として，最も近いものを次の(1)～(5)のうちから一つ選べ．

ただし，静止した座標系から見て，ローレンツ力による起電力が発生しているものとする．

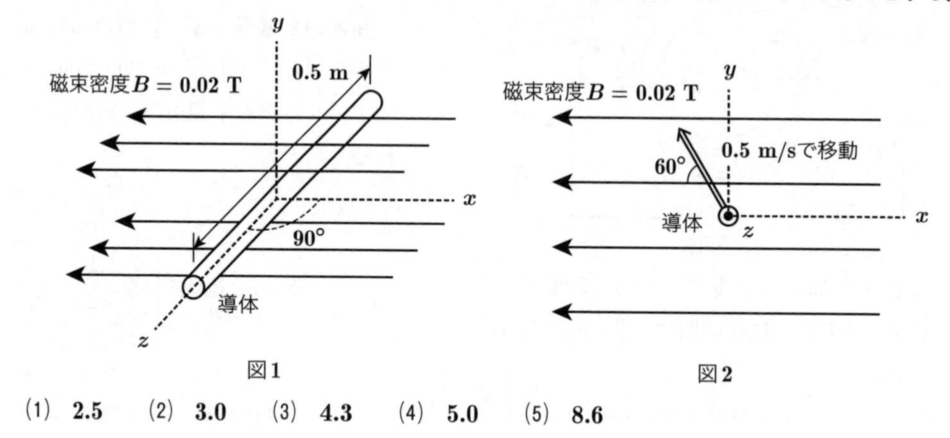

図1　　図2

(1)　2.5　　(2)　3.0　　(3)　4.3　　(4)　5.0　　(5)　8.6

解4　(a)図に示すように，磁界の磁束密度をB [T]，導体の長さをl [m]，導体の速度をv [m/s]，磁界と直角方向の速度をv' [m/s]とすると，導体に生じる誘導起電力e [V]は，フレミング右手の法則により，次式で求められる．

$$e = Blv' = Blv\sin 60°$$
$$= 0.02\times 0.5\times 0.5\times\frac{\sqrt{3}}{2}$$
$$= 0.004\,33\ \mathrm{V} = 4.33\ \mathrm{mV}\quad (答)$$

よって，**求める選択肢は(3)となる．**

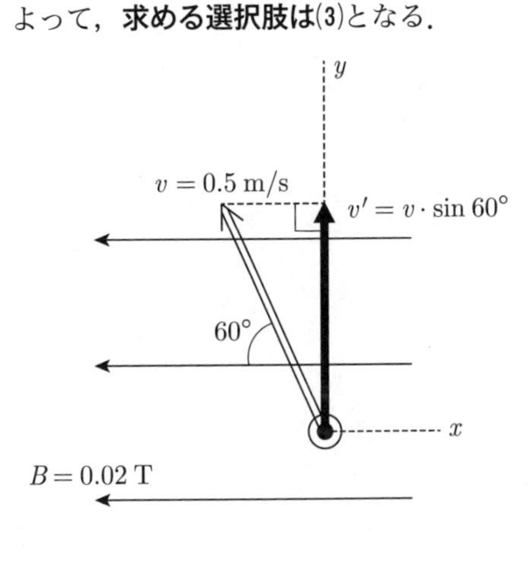

(a)　磁界Bに対する直交成分v'

〔ここがポイント〕

1．フレミング右手の法則

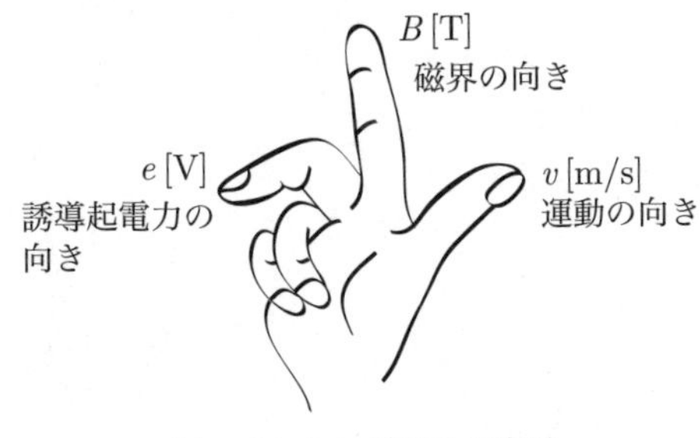

(b)　フレミング右手の法則

フレミングの右手の法則における，e，B，vと対応する指の関係を(b)図に示す．同図より，右手の親指・人差し指・中指をそれぞれ直交するように開き，**親指**を導体が移動する向き（**運動の方向**），**人差し指**を**磁界の向き**に向けると，**中指**の向きは**誘導起電力の向き**と一致する．

2．$e = Blv\sin\theta$の意味

参考書には，フレミング右手の法則による誘導起電力を求める公式が$e = Blv\sin\theta$と示されているが，$\sin\theta$の意味を正しく理解することが大切である．

フレミング右手の法則は(b)図より，e，B，vがそれぞれ直交する成分同士で働く．そのため，磁界と運動方向が直角でない場合，直交する成分を求めてフレミング右手の法則の公式に代入する必要があり，そのために$\sin\theta$の項が含まれている．

(a)図では，磁界B [T]に対し，導体の移動速度vの直交成分を$v' = v\cdot\sin\theta$として求めたが，(c)図に示すように速度v [m/s]に対し，磁界Bの直交成分B' [T]を用いて計算しても以下のようにeは同じ値となる．

$$e = B'lv = (B\sin 60°)lv = Blv\sin 60°$$

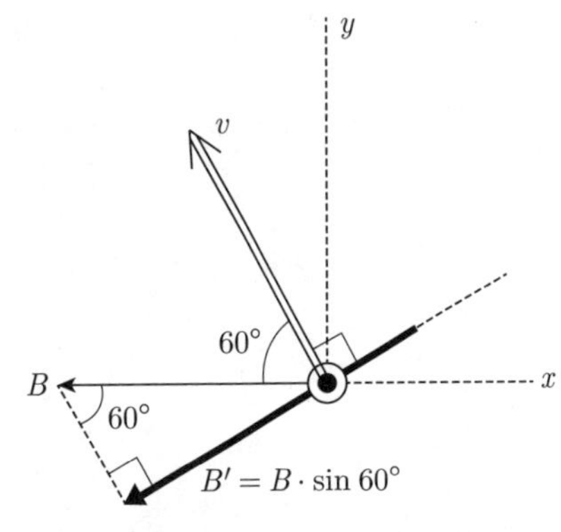

(c)　速度vを基準としたときの磁界Bの直交成分B'

3．過去の類題

2010年（平成22）年 問3，2001年（平成13）年 問1に類題が出題されている．

本問は2004（平成16）年 問3の再出題である．

(3)

問5

図1のように，二つの抵抗 $R_1 = 1\ \Omega$，$R_2\ [\Omega]$ と電圧 $V\ [\mathrm{V}]$ の直流電源からなる回路がある．この回路において，抵抗 $R_2\ [\Omega]$ の両端の電圧値が $100\ \mathrm{V}$，流れる電流 I_2 の値が $5\ \mathrm{A}$ であった．この回路に図2のように抵抗 $R_3 = 5\ \Omega$ を接続したとき，抵抗 $R_3\ [\Omega]$ に流れる電流 I_3 の値 [A] として，最も近いものを次の(1)～(5)のうちから一つ選べ．

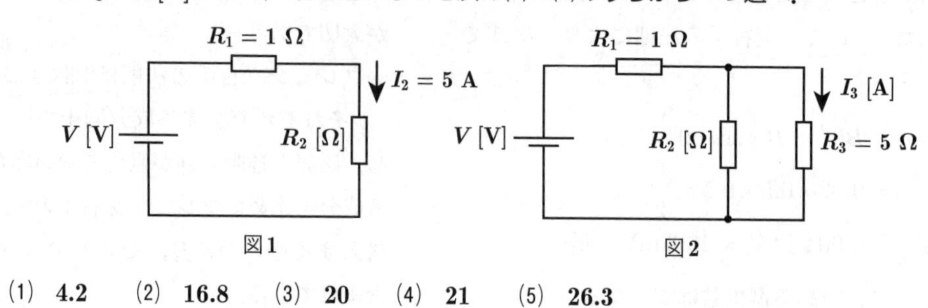

(1)　**4.2**　　(2)　**16.8**　　(3)　**20**　　(4)　**21**　　(5)　**26.3**

note

解5　題意より，抵抗R_2の両端の電圧値が100 Vで，流れる電流が$I_2 = 5$ Aであるから，抵抗R_2の値は，

$$R_2 = \frac{V_2}{I_2} = \frac{100}{5} = 20\,\Omega$$

鳳・テブナンの定理により，抵抗R_3を接続する端子をそれぞれa，bとすると，

(1)　(a)図において，端子a，b間の開放端電圧は題意より$V_{ab} = 100$ V

(2)　端子a，bから電源側を見た合成抵抗R_{ab}は，(b)図において，直流電圧源を短絡し，R_1とR_2の並列回路を合成したものとなるから，

$$R_{ab} = \frac{1}{\frac{1}{R_1}+\frac{1}{R_2}} = \frac{R_1R_2}{R_1+R_2} = \frac{1\times 20}{1+20} = \frac{20}{21}\,\Omega$$

(3)　したがって，(c)図の等価定電圧源回路が求められ，I_3は，

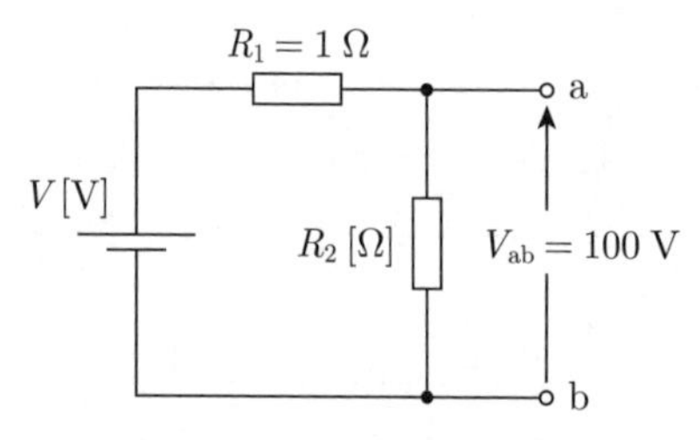

(a)　端子a，bの開放端電圧V_{ab}

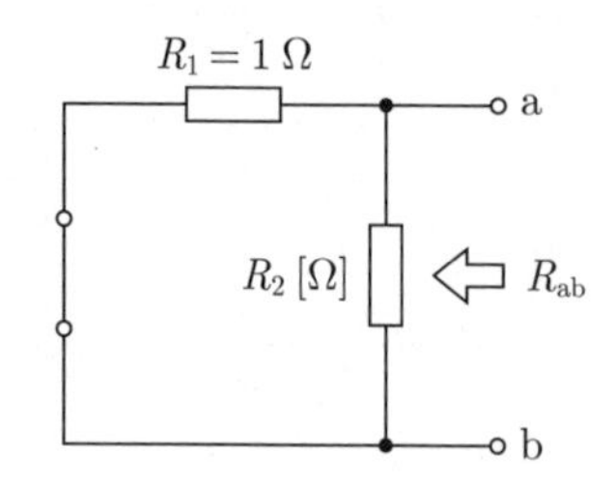

(b)　端子a，bから見た電源側の合成抵抗R_{ab}

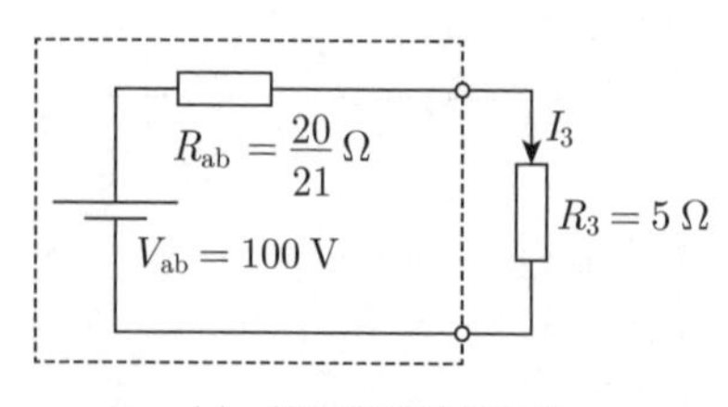

(c)　等価定電圧源回路

$$I_3 = \frac{V_{ab}}{R_{ab}+R_3} = \frac{100}{\frac{20}{21}+5} = \frac{100\times 21}{20+5\times 21} = \frac{100\times 21}{125} = 16.8\text{ A}$$ （答）

〔ここがポイント〕

1．鳳・テブナンの定理

本問の「ある回路の端子に付加した抵抗Rに流れる電流」を求める解法は，鳳・テブナンの定理の適用を検討することが短時間で正解を得る重要なポイントである．

2．過去の類題

2020（令和2）年 問10，2002（平成14）年 問13，2001（平成13）年 問10に類題が出題されている．

別解

〔別解1〕

(1)　題意より，抵抗R_2の値は，抵抗R_2の両端の電圧値が100 Vで，流れる電流が$I_2 = 5$ Aであるから，(d)図より，

$$R_2 = \frac{V_2}{I_2} = \frac{100}{5} = 20\,\Omega$$

(2)　電源電圧Vは，

$$V = I_2(R_1+R_2) = 5(1+20) = 105\text{ V}$$

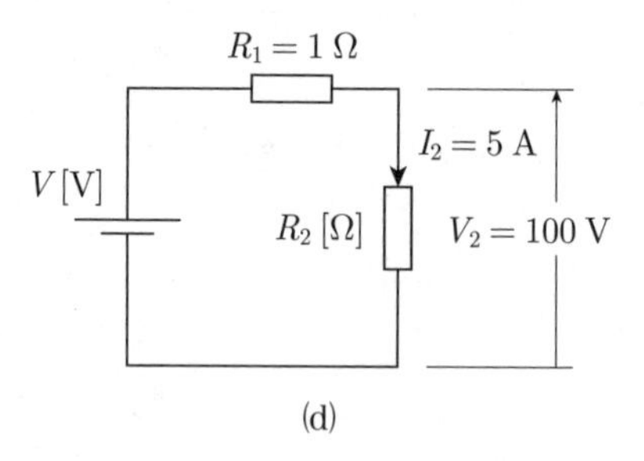

(d)

(3)　次に(e)図より，R_2とR_3の並列回路にかかる電圧V_2'を求める．並列回路の合成抵抗R_{23}は，

$$R_{23} = \frac{1}{\frac{1}{R_2}+\frac{1}{R_3}} = \frac{R_2R_3}{R_2+R_3} = \frac{20\times 5}{20+5} = 4\,\Omega$$

V_2'は，電源電圧VをR_1とR_{23}で分圧したときのR_{23}の分担電圧であるから，

$$V_2' = V \times \frac{R_{23}}{R_1 + R_{23}} = 105 \times \frac{4}{1+4}$$
$$= 21 \times 4 = 84\ \mathrm{V}$$

(4)　求める電流I_3は，

$$I_3 = \frac{V_2'}{R_3} = \frac{84}{5} = 16.8\ \mathrm{A}\quad (答)$$

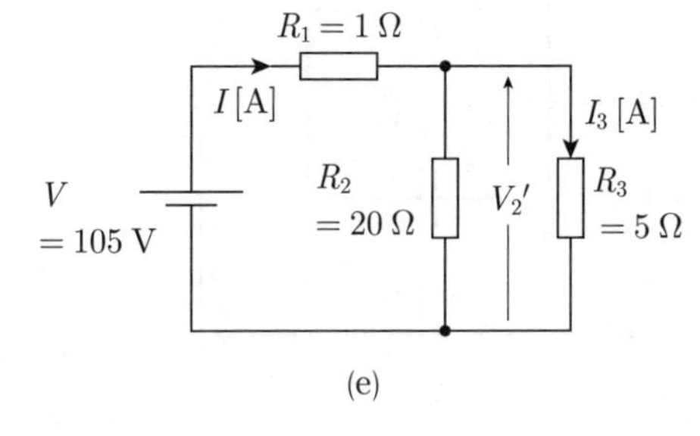

(e)

〔別解2〕

前述の解法(3)以降を以下の方法により求める．すなわち抵抗R_3接続後に回路の合成抵抗R_0を求め，電源を流れる電流Iを求めたあと，並列回路のR_3に流れる電流を分流計算により求める．

$$R_0 = R_1 + \frac{R_2 R_3}{R_2 + R_3} = 1 + \frac{20 \times 5}{20 + 5}$$
$$= 1 + 4 = 5\ \Omega$$

$$I = \frac{V}{R_0} = \frac{105}{5} = 21\ \mathrm{A}$$

$$\therefore\quad I_3 = I \times \frac{R_2}{R_2 + R_3} = 21 \times \frac{20}{20 + 5}$$
$$= \frac{84}{5} = 16.8\ \mathrm{A}\quad (答)$$

答　(2)

問6　図1に示すように，静電容量 $C_1 = 4\ \mu F$ と $C_2 = 2\ \mu F$ の二つのコンデンサが直列に接続され，直流電圧6 Vで充電されている．次に電荷が蓄積されたこの二つのコンデンサを直流電源から切り離し，電荷を保持したまま同じ極性の端子同士を図2に示すように並列に接続する．並列に接続後のコンデンサの端子間電圧の大きさ V [V]の値として，最も近いものを次の(1)～(5)のうちから一つ選べ．

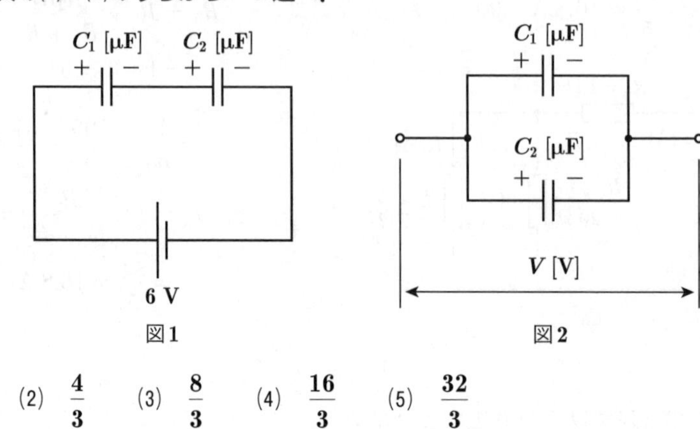

図1　　図2

(1) $\dfrac{2}{3}$　(2) $\dfrac{4}{3}$　(3) $\dfrac{8}{3}$　(4) $\dfrac{16}{3}$　(5) $\dfrac{32}{3}$

note

解6　問題の図1は，コンデンサの直列接続であるから，コンデンサ C_1，C_2 に蓄えられる電荷は等しく Q [C] であり，回路全体に蓄えられる電荷も等しく Q [C] となる．

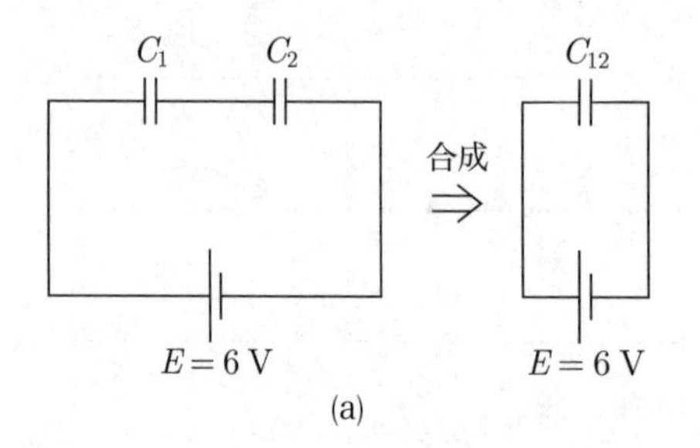

(a)

直列接続の合成静電容量 C_{12} を求めると，

$$C_{12}=\frac{1}{\frac{1}{C_1}+\frac{1}{C_2}}=\frac{C_1C_2}{C_1+C_2}=\frac{4\times 2}{4+2}$$

$$=\frac{4}{3}\,\mu\text{F}$$

C_1，C_2 に蓄えられる電荷 Q [C] は，

$$Q=C_{12}E=\frac{4}{3}\times 6=8\,\mu\text{C}$$

問題図2の接続における各コンデンサの電荷，静電容量を(b)図に示す．

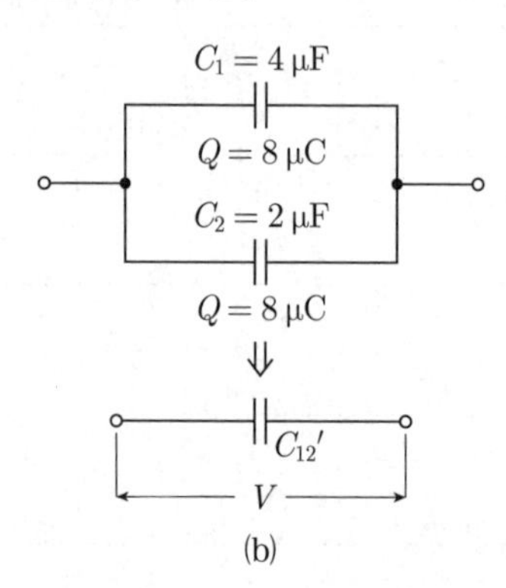

(b)

並列接続後のコンデンサ端子間電圧の大きさ V [V] は，並列合成静電容量を C_{12}' とすると，

$$C_{12}'=C_1+C_2=4+2=6\,\mu\text{F}$$

並列回路に蓄えられた全電荷は，最初に蓄えられた C_1 と C_2 の電荷の総和に等しく $2Q$ であるから，

$$V=\frac{2Q}{C_{12}'}=\frac{2\times 8}{6}=\frac{8}{3}\text{ V}$$　㈢

〔ここがポイント〕

1．電荷保存の法則

電荷は新たにつくられたり，消滅したりすることはないとする法則を，**電荷保存の法則**という．電荷が消滅したかのように見えるのは，

① ＋と－の電荷が打ち消し合う場合

② 回路の外部に流出する場合

である．閉じた回路内では**電荷の総量**は**保存**される．

2．問題の図1と図2の全静電エネルギーの変化

(a)図より，図1の全静電エネルギー W_1 は，

$$W_1=\frac{1}{2}C_{12}E^2=\frac{1}{2}\times\frac{4}{3}\times 6^2=24\text{ J}$$

(b)図より，図2の全静電エネルギー W_2 は，

$$W_2=\frac{1}{2}\frac{(2Q)^2}{C_{12}'}=\frac{1}{2}\times\frac{(2\times 8)^2}{6}\fallingdotseq 21.3\text{ J}$$

すなわち，並列接続にすると，

$$\Delta W=W_1-W_2\fallingdotseq 2.7\text{ J}$$

のエネルギーが失われる．これは，並列接続にすると回路の両端の電圧が V [V] になるまで C_2 の電荷が C_1 に移動するためである．このとき回路に電流が流れ，ΔW は配線の抵抗の損失として失われたエネルギーに等しい．

別解

問題図1のコンデンサ C_1，C_2 に蓄えられる電荷 Q を，C_1 および C_2 の分担電圧 V_1 および V_2 から求める．直列コンデンサの分担電圧は，静電容量の逆比に比例するので，(c)図より，

(1) コンデンサ C_1 の分担電圧 V_1 [V]

$$V_1=\frac{\frac{1}{C_1}}{\frac{1}{C_1}+\frac{1}{C_2}}E=\frac{C_2}{C_1+C_2}E=\frac{2\times 6}{4+2}$$

$$=2\text{ V}$$

(2) コンデンサ C_2 の分担電圧 V_2 [V]

$$V_2=\frac{\frac{1}{C_2}}{\frac{1}{C_1}+\frac{1}{C_2}}E=\frac{C_1}{C_1+C_2}E=\frac{4\times 6}{4+2}$$

$$=4\text{ V}$$

(3) 両コンデンサに蓄えられる電荷 Q [C]

$$Q = C_1V_1 = C_2V_2 = 4 \times 2 = 2 \times 4$$
$$= 8\ \mu\text{C}$$

(4)　(b)図の端子間電圧の大きさ V[V]

$$V = \frac{\text{閉回路内の全電荷}}{\text{静電容量の和}}$$
$$= \frac{2Q}{C_1 + C_2} = \frac{2 \times 8}{4 + 2} = \frac{8}{3}\ \text{V}\quad\text{(答)}$$

V_1　V_2

$C_1 = 4\ \mu\text{F}$　$C_2 = 2\ \mu\text{F}$

$E = 6\ \text{V}$

(c)

〔ここがポイント〕

1．図1の各コンデンサの異なる極性の端子同士を並列に接続した場合の電荷

(d)図のように，異なる極性同士を並列に接続すると，＋と－の電荷が中和して打ち消し合い，回路内の全電荷はゼロになる．したがって，並列回路の電圧もゼロになる．

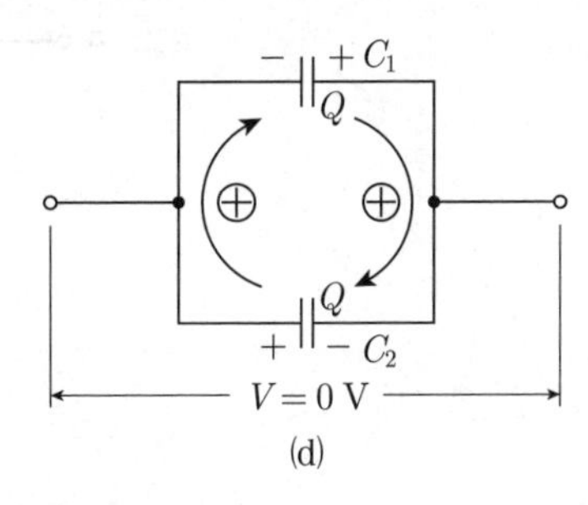

(d)

2．過去の類題

2012（平成24）年問1，2007（平成19）年問4，2001（平成13）年問8に類題がある．

本問は2008（平成20）年問5の再出題である．

(3)

図のように，抵抗6個を接続した回路がある．この回路において，ab端子間の合成抵抗の値が0.6 Ωであった．このとき，抵抗 R_x の値[Ω]として，最も近いものを次の(1)〜(5)のうちから一つ選べ．

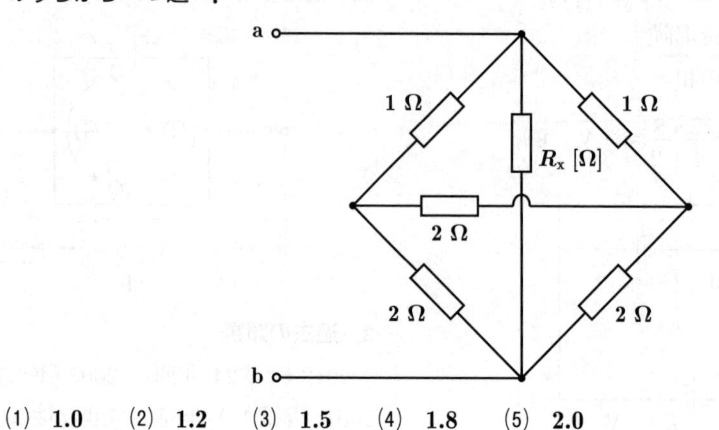

(1) **1.0**　(2) **1.2**　(3) **1.5**　(4) **1.8**　(5) **2.0**

note

解7　問題図の各接続端子にそれぞれc，d，e，fを付し抵抗R_xを外側に移した回路を(a)図に示す．

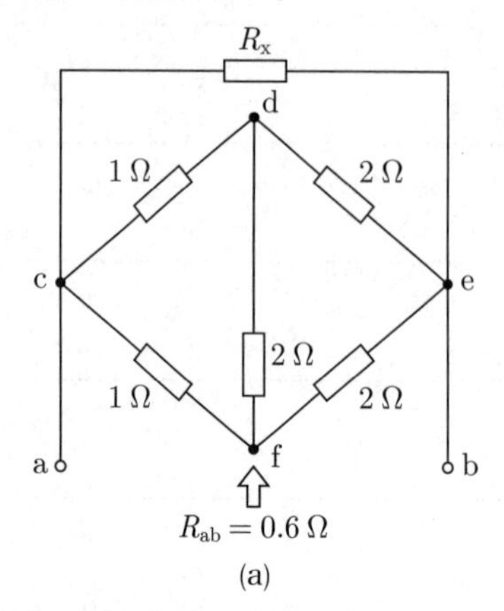

(a)

(a)図のブリッジ回路に着目すると，対辺の抵抗の積は$1 \times 2 = 2 \times 1 = 2$で等しいので，端子d-f間に接続されたブリッジ抵抗2Ωに電流は流れない．このため2Ωのブリッジ抵抗は除去することができる．この場合の回路を(b)図に示す．

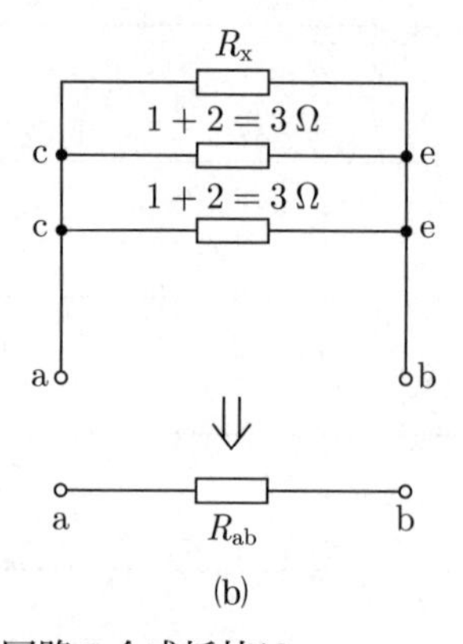

(b)

(b)図の回路の合成抵抗は，

$$R_{ab} = \frac{1}{\dfrac{1}{3}+\dfrac{1}{3}+\dfrac{1}{R_x}} = \frac{3}{1+1+\dfrac{3}{R_x}} = 0.6\,\Omega$$

ゆえに，求める抵抗R_xは，

$$\frac{3}{2+\dfrac{3}{R_x}} = 0.6 \quad ①$$

$$3 = 0.6\left(2+\frac{3}{R_x}\right) = 1.2 + \frac{1.8}{R_x}$$

$$\frac{1.8}{R_x} = 3 - 1.2 = 1.8$$

$$\therefore\ R_x = \frac{1.8}{1.8} = 1\,\Omega \quad (答)$$

よって**求める選択肢は**(1)となる．

〔ここがポイント〕

1. ホイートストンブリッジ

(c)図に示す抵抗四つとE[V]の直流電圧源，端子c，d点間に接続された検流計Gで構成される回路を**ホイートストンブリッジ**という．

ブリッジ回路が平衡すると，以下が成り立つ．

① **対辺の抵抗値の積がそれぞれ等しい**

$$R_1R_4 = R_2R_3$$

② **c点とd点の電圧V_c，V_dが等しい**

すなわち，$V_c = V_d$の関係より，端子c，d間には電流が流れないので，端子c，d間を**短絡**しても**開放**しても**回路全体の合成抵抗値は変わらない**ことを意味している．

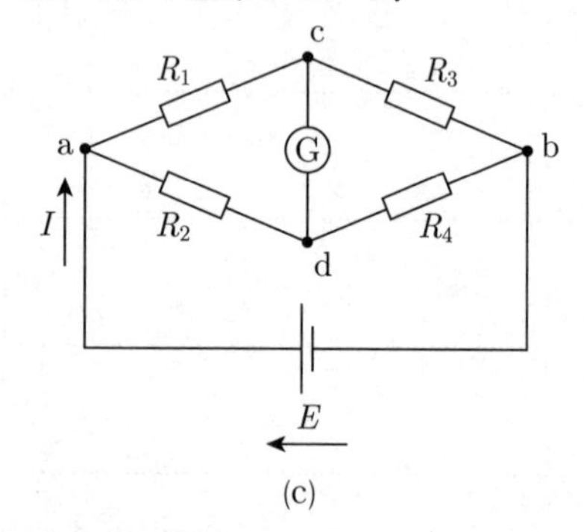

(c)

2. 解答のポイント

問題文と問題図から，直ちにブリッジ回路の平衡条件が成立していることに気付くことが大切である．このとき，(a)図のように抵抗R_xをブリッジ回路の外側に移すと参考書でよく見る(c)図の回路となり，解きやすくなる．次に，三つの抵抗の並列合成を計算する際は，次式の合成抵抗の結果式を用いてもよい．

$$R = \frac{1}{\dfrac{1}{R_1}+\dfrac{1}{R_2}+\dfrac{1}{R_3}} = \frac{1}{\dfrac{R_2R_3+R_3R_1+R_1R_2}{R_1R_2R_3}} = \frac{R_1R_2R_3}{R_1R_2+R_2R_3+R_3R_1}$$

$R = R_{ab} = 0.6$，$R_1 = 3$，$R_2 = 3$，$R_3 = R_x$

を代入して，

$$R_{ab}=\frac{3\times3\times R_x}{3\times3+3\times R_x+R_x\times3}=\frac{3R_x}{3+6R_x}=0.6\,\Omega$$

ゆえに，$R_x=1.0\,\Omega$と求められる．

別解

問題図のブリッジ回路は平衡しているので，(a)図の端子d-f間の2 Ωの抵抗は，**開放**除去しても**短絡**除去しても回路条件は変わらない．そこで，**抵抗を短絡した場合の解法**を以下に示す．

端子d-f間を短絡したときの回路図は(d)図になる．

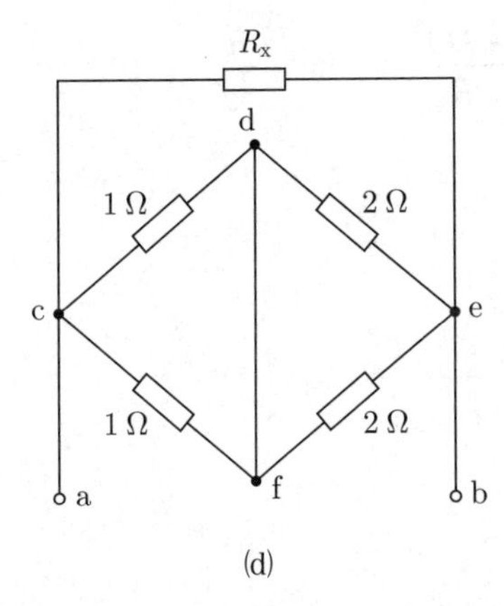

(d)

(d)図をさらに描きなおすと(e)図のようになる．この回路の合成抵抗R_{ab}は，初めに端子c-d-e間の並列回路の合成抵抗Rを求めると，

$$R=\frac{1}{2}+\frac{2}{2}=\frac{3}{2}\,\Omega \qquad ②$$

次に，RとR_xを並列合成して，

$$R_{ab}=\frac{1}{\frac{1}{R}+\frac{1}{R_x}}=\frac{1}{\frac{2}{3}+\frac{1}{R_x}}=\frac{3}{2+\frac{3}{R_x}}\,[\Omega]$$

題意より$R_{ab}=0.6\,\Omega$であるから，次式が成り立つ．

$$R_{ab}=\frac{3}{2+\frac{3}{R_x}}=0.6\,\Omega$$

すなわち①式が得られ，前述の解法により$R_x=1\,\Omega$が求められる．

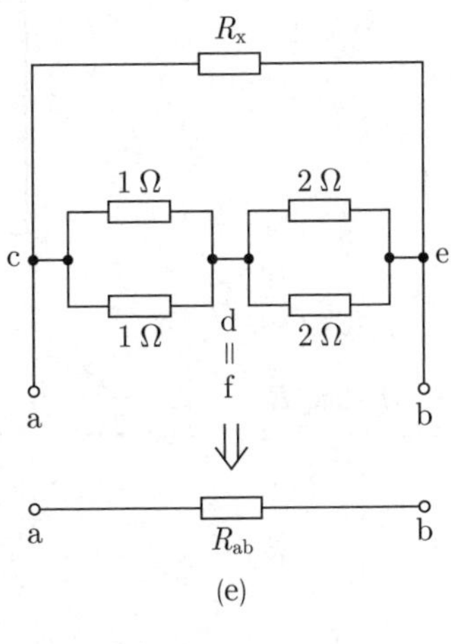

(e)

〔ここがポイント〕

1. 同じ値を持つ抵抗値の並列合成

本問のように等しい値の抵抗値を並列合成する場合，合成抵抗値は一つの抵抗値の半分の値となることを知っておくとよい．(e)図の端子c，d，e間の抵抗値は②式から直ちに求められる．

2. 過去の類題

2021（令和3）年 問14，2015（平成27）年 問6，2011（平成23）年 問6，2007（平成19）年 問6，2004（平成16）年 問5，2002（平成14）年 問5，2000（平成12）年 問10に類題の出題がある．

(1)

問8　図のように，周波数 f [Hz] の正弦波交流電圧 E [V] の電源に，R [Ω] の抵抗，インダクタンス L [H] のコイルとスイッチSを接続した回路がある．スイッチSが開いているときに回路が消費する電力 [W] は，スイッチSが閉じているときに回路が消費する電力 [W] の $\frac{1}{2}$ になった．このとき，L [H] の値を表す式として，正しいものを次の(1)〜(5)のうちから一つ選べ．

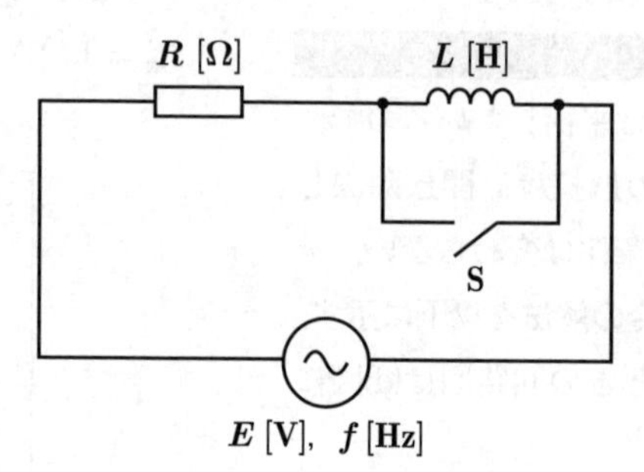

(1) $2\pi fR$　(2) $\dfrac{R}{2\pi f}$　(3) $\dfrac{2\pi f}{R}$　(4) $\dfrac{(2\pi f)^2}{R}$　(5) $\dfrac{R}{\pi f}$

note

解8　問題図のスイッチSが開いた回路，およびスイッチSが閉じた回路をそれぞれ(a)図および(b)図に示す．

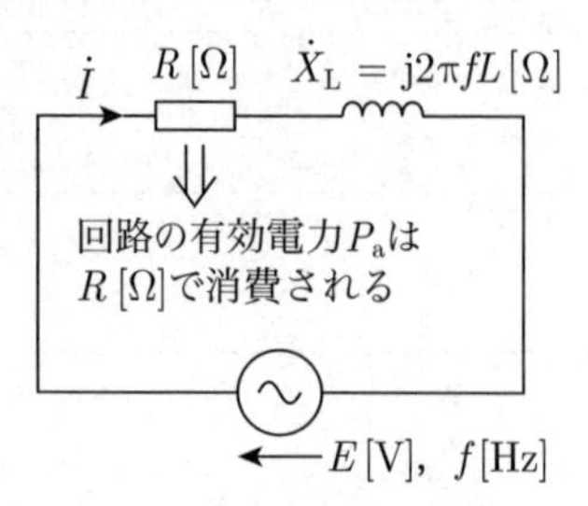

(a)　スイッチSは開の状態

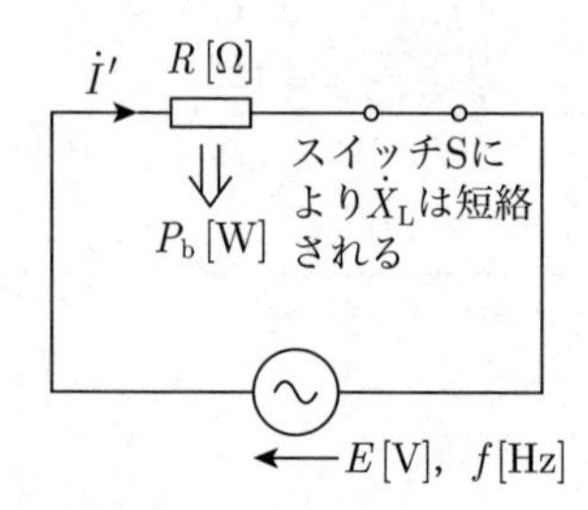

(b)　スイッチSは閉の状態

(a)図および(b)図で回路が消費する電力P_a[W]およびP_b[W]をそれぞれ求める．

1.　P_a[W]

(a)図より，回路のインピーダンスの大きさZ[Ω]は，

$$Z = \sqrt{R^2 + (2\pi fL)^2}$$

$$\therefore\quad P_a = \left|\dot{I}\right|^2 R = \left(\frac{E}{Z}\right)^2 R$$

$$= \frac{E^2 R}{R^2 + (2\pi fL)^2}\text{[W]} \qquad ①$$

2.　P_b[W]

(b)図より，

$$P_b = \frac{E^2}{R} \qquad ②$$

題意より，$P_a = (1/2)P_b$の関係から，

$$\frac{E^2 R}{R^2 + (2\pi fL)^2} = \frac{1}{2}\frac{E^2}{R}$$

$$2R^2 = R^2 + (2\pi fL)^2$$

$$R^2 = (2\pi fL)^2$$

$$R = \pm 2\pi fL$$

$R > 0$および$L > 0$より，

$$R = 2\pi fL$$

$$\therefore\quad L = \frac{R}{2\pi f}\text{[H]}\quad (答)$$

求める**選択肢は**(2)となる．

〔ここがポイント〕

1.　交流回路の消費する有効電力P，無効電力Q

単相交流回路の電力には，回路の抵抗で消費される**有効電力**P[W]，リアクタンス（コイルの誘導リアクタンス，コンデンサの容量リアクタンス）で発生する**無効電力**Q[var]，電源電圧の実効値E[V]と回路電流の実効値I[A]の積で求められる**皮相電力**S[V·A]がある．

(c)図に示す単相交流回路において，回路の力率を$\cos\theta$，回路のインピーダンスを

$$Z = \sqrt{R^2 + \left(2\pi fL - \frac{1}{2\pi fC}\right)^2}$$

とすると，

(1)　有効電力P[W]

$$P = \left|\dot{I}\right|^2 R = EI\cos\theta = E \times \frac{E}{Z} \times \frac{R}{Z}$$

$$= \frac{E^2 R}{Z^2}\text{[W]}$$

(2)　無効電力Q[var]

①　コイルの遅れ無効電力Q_L[var]

$$Q_L = \left|\dot{I}\right|^2 X_L = \left(\frac{E}{Z}\right)^2 \cdot X_L = \frac{E^2 X_L}{Z^2}\text{[var]}$$

②　コンデンサの進み無効電力Q_C[var]

$$Q_C = \left|\dot{I}\right|^2 X_C = \left(\frac{E}{Z}\right)^2 \cdot X_C = \frac{E^2 X_C}{Z^2}\text{[var]}$$

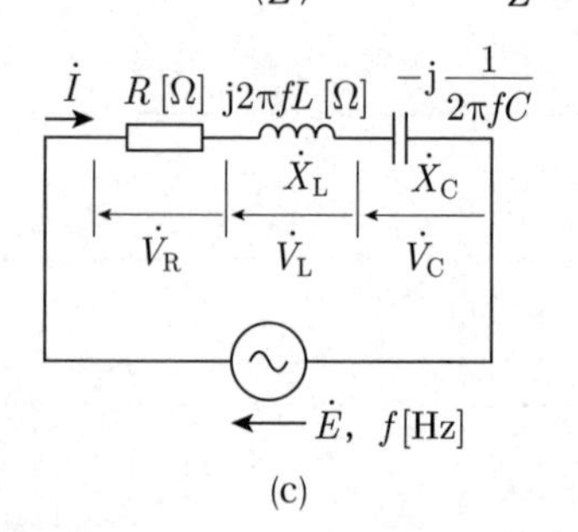

(c)

2.　過去の類題

2015（平成27）年 問8，2012（平成24）年 問8，2010（平成22）年 問7，2004（平成16）年 問7，2001（平成13）年 問4，1998（平成10）年 問12に類題がある．

本問は，2008(平成20)年 問9の再出題である．

別解

複素電力（ベクトル電力）を用いて解答する．

(a)図において，電源電圧Eを基準ベクトルにとると，電流$\dot{I}$は，

$$\dot{I}=\frac{E}{R+\mathrm{j}2\pi fL}$$

有効電力をP，無効電力をQとすると，回路の複素電力$P+\mathrm{j}Q$は，遅れ無効電力を正(+)とすれば，次式で求められる．

$$P+\mathrm{j}Q=E\bar{\dot{I}}=E\times\overline{\frac{E}{R+\mathrm{j}2\pi fL}}$$
$$=\frac{E^2}{R-\mathrm{j}2\pi fL}$$
$$=\frac{E^2(R+\mathrm{j}2\pi fL)}{(R-\mathrm{j}2\pi fL)(R+\mathrm{j}2\pi fL)}$$
$$=\frac{E^2}{R^2+(2\pi fL)^2}(R+\mathrm{j}2\pi fL)$$

ただし，$\overline{}$（バー）は共役複素数を表す．

有効電力Pは実数部をとり，

$$P=\frac{E^2R}{R^2+(2\pi fL)^2} \quad ③$$

このときの無効電力Qは虚数部をとり，

$$Q=\frac{2\pi fL}{R^2+(2\pi fL)^2}E^2$$

となる．

(b)図においても同様に複素電力を求めると，

$$P+\mathrm{j}Q=E\bar{\dot{I}}=E\times\overline{\frac{E}{R}}=E\times\frac{E}{R}=\frac{E^2}{R}$$

∴　有効電力はPは実数部となり，

$$P=\frac{E^2}{R} \quad ④$$

このときの無効電力はQは，虚数部が0より$Q=0$ varとなり，有効電力のみ消費される．

よって，①式=③式，②式=④式となり前出の解説と同様に求められることがわかる．

〔ここがポイント〕

複素電力（ベクトル電力）とは

複素数（記号法，フェーザ）で表した交流の電圧・電流を用いて電力を計算する方法を**複素電力（ベクトル電力）**による解法という．計算では電流または電圧いずれかを共役複素数としなければならない点に留意する．いま，

$$\dot{E}=E_1+\mathrm{j}E_2,\quad \dot{I}=I_1+\mathrm{j}I_2$$

とすると，

(1)　**遅れ無効電力の符号**を**正**とする場合

電流を**共役複素数**に代えて計算する．

$$P+\mathrm{j}Q=\dot{E}\bar{\dot{I}}=(E_1+\mathrm{j}E_2)(I_1-\mathrm{j}I_2)$$
$$=(E_1I_1+E_2I_2)+\mathrm{j}(E_2I_1-E_1I_2)$$

以上から，

有効電力$P=E_1I_1+E_2I_2$

無効電力$Q=E_2I_1-E_1I_2$

(2)　**進み無効電力の符号**を**正**とする場合

電圧を**共役複素数**に代えて計算する．

$$P+\mathrm{j}Q=\bar{\dot{E}}\dot{I}=(E_1-\mathrm{j}E_2)(I_1+\mathrm{j}I_2)$$
$$=(E_1I_1+E_2I_2)+\mathrm{j}(E_1I_2-E_2I_1)$$

以上から，

有効電力$P=E_1I_1+E_2I_2$

無効電力$Q=E_1I_2-E_2I_1$

(2)

問9　図のように，5 Ωの抵抗，200 mHのインダクタンスをもつコイル，20 μFの静電容量をもつコンデンサを直列に接続した回路に周波数f [Hz] の正弦波交流電圧E [V] を加えた．周波数fを回路に流れる電流が最大となるように変化させたとき，コイルの両端の電圧の大きさは抵抗の両端の電圧の大きさの何倍か．最も近いものを次の(1)～(5)のうちから一つ選べ．

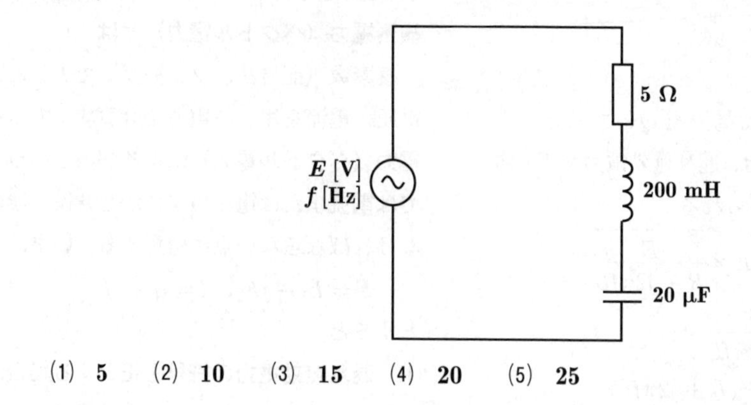

(1)　5　　(2)　10　　(3)　15　　(4)　20　　(5)　25

note

解9　問題図のRLC直列接続回路において，電流が最大となるのは，直列共振が生じる場合であるから，

1. 共振周波数 f_r [Hz]

$$f_r = \frac{1}{2\pi\sqrt{LC}} = \frac{1}{2\pi\sqrt{200\times10^{-3}\times20\times10^{-6}}} = \frac{1}{2\pi\sqrt{(2\times10^{-3})^2}} = \frac{1\,000}{4\pi} = \frac{250}{\pi}\,\text{Hz}$$

2. 回路を流れる電流 $\dot{I}$ [A]

問題図の回路において，(a)図に示す直列共振時の回路インピーダンスは，虚数jの項がゼロとなり，見かけ上は抵抗のみが存在する(b)図の回路と等価であるから，

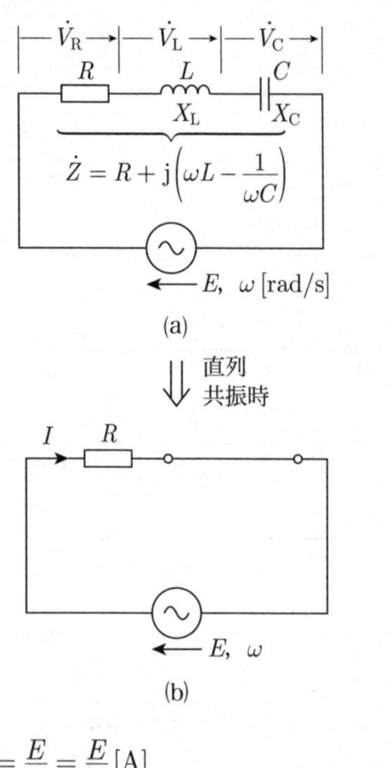

$$\dot{I} = \frac{E}{R} = \frac{E}{5}\,[\text{A}] \qquad ①$$

3. 抵抗Rの両端の電圧の大きさ V_R [V]

$$\dot{V}_R = \dot{I}R = \frac{E}{R}\times R = E\,[\text{V}]$$

$$V_R = \left|\dot{V}_R\right| = E\,[\text{V}] \qquad ②$$

4. コイルLの両端の電圧の大きさ V_L [V]

コイルの誘導リアクタンス$\dot{X}_L$は，

$$\dot{X}_L = j2\pi f_r L = j2\pi\times\frac{250}{\pi}\times200\times10^{-3} = j100\,\Omega$$

$$\therefore\quad \dot{V}_L = \dot{X}_L\dot{I} = j100\times\frac{E}{5} = j20E\,[\text{V}]$$

$$V_L = \left|\dot{V}_L\right| = 20E\,[\text{V}] \qquad ③$$

5. V_Rに対するV_Lの割合

$$\frac{V_L}{V_R} = \frac{20E}{E} = 20\,倍 \quad (答)$$

よって求める**選択肢は(4)**となる．

〔ここがポイント〕

1. RLC直列回路

設問の回路図を(c)図に示す．

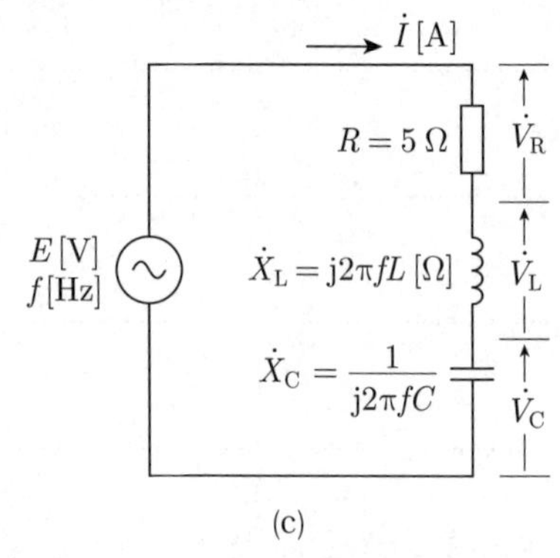

(c)

交流電圧源を流れる電流Iを基準ベクトルとした場合，(c)図の各回路素子に発生する電圧$\dot{V}_R$，$\dot{V}_L$，$\dot{V}_C$のベクトル図を(d)図に示す．

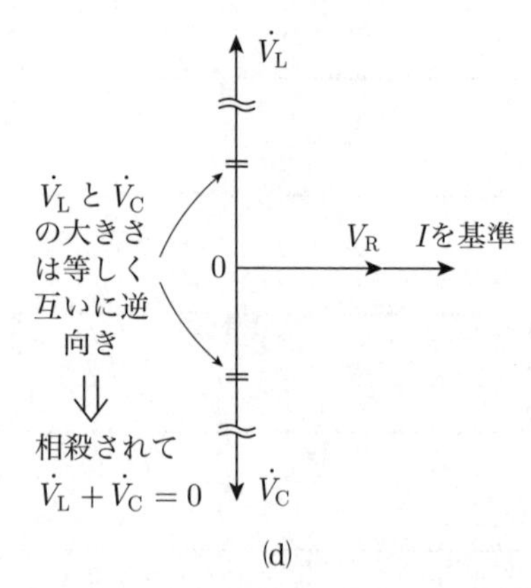

(d)

ベクトル図より，LとCの端子電圧$\dot{V}_L$および$\dot{V}_C$は，大きさがそれぞれ$2\pi f_r LI$，および$I/(2\pi f_r C)$で，電流Iを基準にとると位相はそれぞれ90°進み，および90°遅れとなる．直列共振状態では，$V_L = V_C$となり，互いに180°位相差があるため打ち消し合い，そのベクトル和は$\dot{V}_L + \dot{V}_C = 0$となる．しかし，**$L$と$C$にはそれぞれ単独に端子電圧が発生**しており，$\dot{V}_L$

$\neq 0$，$\dot{V}_{\mathrm{C}} \neq 0$であることに注意する．

2. (c)の直列共振回路の電源を流れる電流

(a)図の直列共振回路の交流電圧源を流れる電流$\dot{I}$[A]は，電源電圧E[V]を基本ベクトルとすると，

$$\dot{I} = \frac{E}{\dot{Z}} = \frac{E}{R + \mathrm{j}\left(2\pi f_{\mathrm{r}} L - \dfrac{1}{2\pi f_{\mathrm{r}} C}\right)} [\mathrm{A}]$$

直列共振時は，$\dot{I}$はEと同相になるので，虚数部がゼロとなり，

$$\dot{I} = \frac{E}{R} [\mathrm{A}] \qquad (1)$$

直列共振時は，回路インピーダンスがRのみとなり元のインピーダンスに比べて減少するので，**回路電流の大きさは最大**となる．

3. 過去の類題

共振を扱った問題は出題が多く，2021（令和3）年 問9，2020（令和2）年 問9，2018（平成30）年 問9，2016（平成28）年 問9，2012（平成24）年 問7，2010（平成22）年 問13，2008（平成20）年 問8，2006（平成18）年 問7，2005（平成17）年 問8，2002（平成14）年 問8に類題の出題がある．

別解

回路電流を求めずに，コイル両端の電圧V_{L}と抵抗の両端の電圧V_{R}を，電源電圧の分圧計算により以下に求める．

共振周波数は前出の解説の1項より，

$$f_{\mathrm{r}} = \frac{250}{\pi} \, \mathrm{Hz}$$

コイルの誘導リアクタンス$\dot{X}_{\mathrm{L}}$は，前出の解説の4項より，

$$\dot{X}_{\mathrm{L}} = \mathrm{j}100 \, \Omega$$

直列共振時は，$\dot{X}_{\mathrm{L}} + \dot{X}_{\mathrm{C}} = 0$の関係があることに留意すると，(c)図の$\dot{V}_{\mathrm{R}}$および$\dot{V}_{\mathrm{L}}$はそれぞれ，

$$\dot{V}_{\mathrm{R}} = \frac{R}{R + \dot{X}_{\mathrm{L}} + \dot{X}_{\mathrm{C}}} E = \frac{R}{R} E = E [\mathrm{V}]$$

$$\dot{V}_{\mathrm{L}} = \frac{\dot{X}_{\mathrm{L}}}{R + \dot{X}_{\mathrm{L}} + \dot{X}_{\mathrm{C}}} E = \frac{\dot{X}_{\mathrm{L}}}{R} E$$

$$= \frac{\mathrm{j}100}{5} E = \mathrm{j}20E [\mathrm{V}]$$

ゆえに，V_{R}に対するV_{L}の割合は，

$$\frac{V_{\mathrm{L}}}{V_{\mathrm{R}}} = \frac{|\dot{V}_{\mathrm{L}}|}{|\dot{V}_{\mathrm{R}}|} = \frac{|\mathrm{j}20E|}{|E|} = \frac{20E}{E} = 20 \text{倍} \quad (答)$$

(4)

問10　図の回路において，スイッチSが開いているとき，静電容量 $C_1 = 4\ \mathrm{mF}$ のコンデンサには電荷 $Q_1 = 0.3\ \mathrm{C}$ が蓄積されており，静電容量 $C_2 = 2\ \mathrm{mF}$ のコンデンサの電荷は $Q_2 = 0\ \mathrm{C}$ である．この状態でスイッチSを閉じて，それから時間が十分に経過して過渡現象が終了した．この間に抵抗 R [Ω] で消費された電気エネルギー [J] の値として，最も近いものを次の⑴～⑸のうちから一つ選べ．

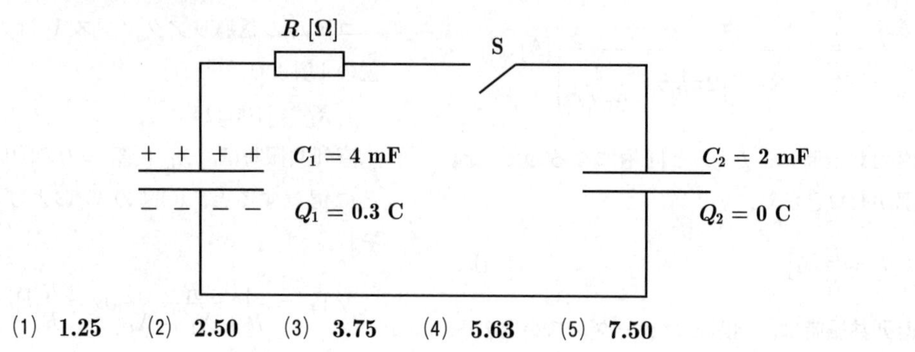

⑴　1.25　　⑵　2.50　　⑶　3.75　　⑷　5.63　　⑸　7.50

解10　スイッチSを閉じる前と後の回路図をそれぞれ(a)図および(b)図に示す．

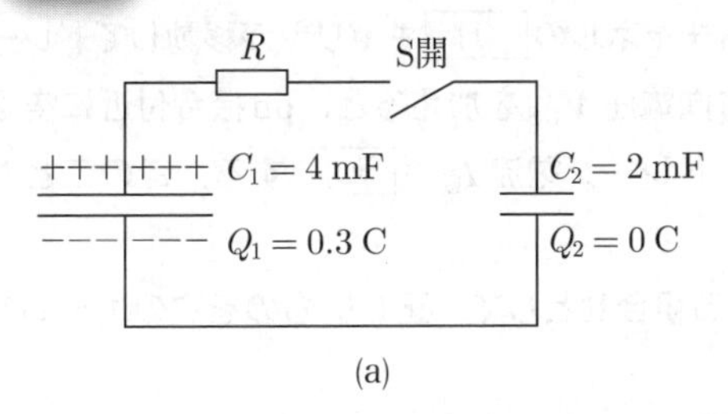

(a)

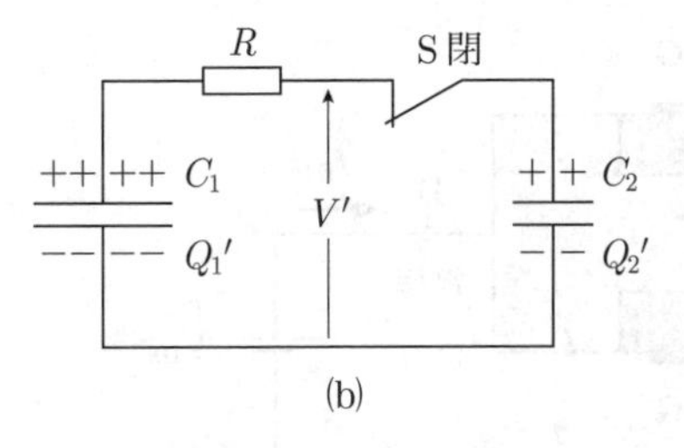

(b)

1．スイッチS開のときの回路に蓄えられる電気エネルギー W_1 [J]

(a)図より，C_1 [F]のコンデンサにのみ電荷 Q_1 が蓄えられており，このときの静電エネルギーは，

$$W_1=\frac{Q_1{}^2}{2C_1}=\frac{(3\times10^{-1})^2}{2\times4\times10^{-3}}=\frac{9\times10^{-2}}{8\times10^{-3}}$$
$$=11.25\ \mathrm{J}$$

2．スイッチS閉後十分時間が経過したあとの回路に蓄えられた電気エネルギー W_2 [J]

(b)図において，電荷保存の法則により回路に蓄えられた電荷 Q_1 は保存される．回路では C_1 と C_2 が並列接続であるから，(b)図に蓄えられた静電エネルギーは，

$$W_2=\frac{Q_1{}^2}{2(C_1+C_2)}=\frac{(3\times10^{-1})^2}{2(2+4)\times10^{-3}}$$
$$=\frac{90}{12}=7.5\ \mathrm{J}$$

3．抵抗 R で消費された電気エネルギー ΔW [J]

以上求めた W_1 と W_2 の差が抵抗 R で消費したエネルギー ΔW に等しい．

$$\Delta W=W_1-W_2=11.25-7.5$$
$$=3.75\ \mathrm{J}\quad(答)$$

よって，**求める選択肢は(3)**となる．

〔ここがポイント〕

1．電荷保存の法則

問題図のような閉じた系では，当初存在した電荷 Q_1 は，スイッチSを閉じたあとも保存される．電荷が回路内で消滅したかのように見えるのは，次のいずれかが生じている場合である．

① 正負の電荷が打ち消し合った

② 閉じた系の外部に流出した

2．スイッチS閉時の過渡現象

スイッチSを閉じた瞬間の電荷の流れを(c)図に示す．コンデンサ C_1 の電荷 Q_1 からコンデンサ C_2 へ電荷が流れる．

これは，並列接続にすることで C_1，C_2 の両端の電圧がともに V' になるまで C_1 の電荷が C_2 に移動するためである．このとき回路には電流が流れ，$\Delta W=W_1-W_2=3.75$ Jのエネルギーは抵抗 R で損失として失われたエネルギーに等しい．

電流の単位[A]は[C/s]に等しい．すなわち，**単位時間当たりの電荷の移動（流れ）は電流に等しい**ことを覚えておきたい．

〔参考〕単位換算電気量[C] = [A·s]

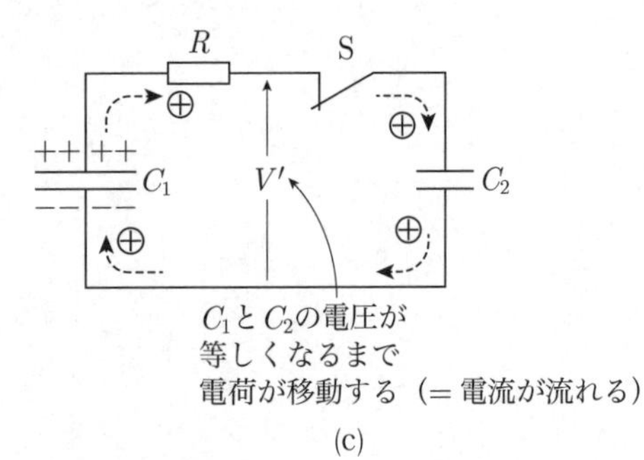

(c)

3．過去の類題

2019（令和1）年 問10，2007（平成19）年 問7，2000（平成12）年 問3，1998（平成10）年 問6に類題の出題がある．

本問は2002（平成14）年 問9の再出題である．

(3)

問11 次の文章は，電界効果トランジスタ（FET）に関する記述である．

図は，nチャネル接合形FETの断面を示した模式図である．ドレーン（D）電極に電圧 V_{DS} を加え，ソース（S）電極を接地すると，nチャネルの［(ア)］キャリヤが移動してドレーン電流 I_D が流れる．ゲート（G）電極に逆方向電圧 V_{GS} を加えると，pn接合付近に空乏層が形成されてnチャネルの幅が［(イ)］し，ドレーン電流 I_D が［(ウ)］する．このことからFETは［(エ)］制御形の素子である．

上記の記述中の空白箇所(ア)～(エ)に当てはまる組合せとして，正しいものを次の(1)～(5)のうちから一つ選べ．

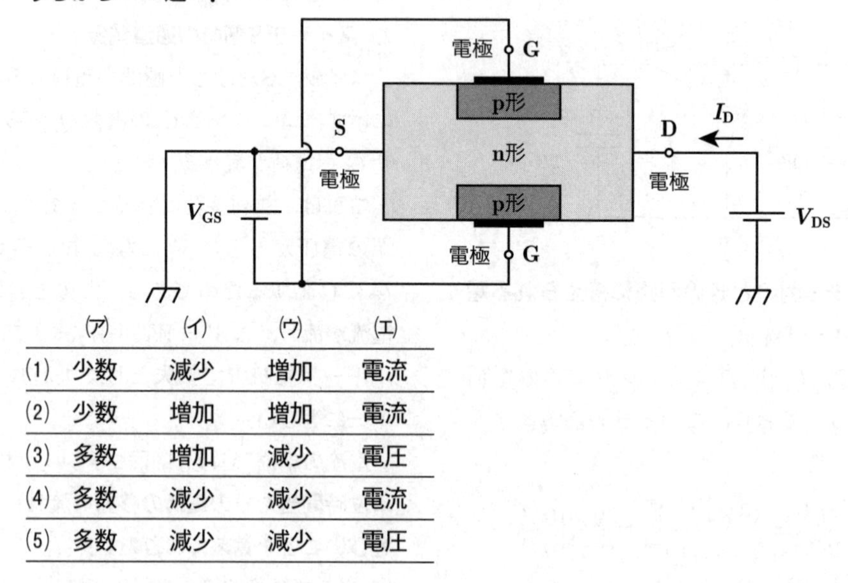

	(ア)	(イ)	(ウ)	(エ)
(1)	少数	減少	増加	電流
(2)	少数	増加	増加	電流
(3)	多数	増加	減少	電圧
(4)	多数	減少	減少	電流
(5)	多数	減少	減少	電圧

note

解11　電界効果トランジスタ（FET）に関する出題である．

問題図は，nチャネル接合形FETの断面を示した模式図である．ドレーン（D）電極に電圧 V_{DS} を加え，ソース（S）電極を接地すると，nチャネルの**多数**キャリヤが移動してドレーン電流 I_D が流れる．ゲート（G）電極に逆方向電圧 V_{GS} を加えると，pn接合付近に空乏層が形成されてnチャネルの幅が**減少**し，ドレーン電流 I_D が**減少**する．このことからFETは**電圧**制御形の素子である．

よって，**求める選択肢は(5)**となる．

〔ここがポイント〕

1. 電界効果トランジスタ（FET）の構造・動作

問題図のように，pn接合を形成し，三つの端子ドレーン（D），ソース（S），ゲート（G）をもつ素子を接合形FETという．

(a)図のように，ゲートに電圧を加えない状態でドレーン・ソース間に電圧を加えると，大きなドレーン電流 I_D が流れる．

これは，n形半導体の多数キャリヤは電子であるから，ソース（S）→ドレーン（D）の向きに電子が流れるが，電流は電子と逆向きに流れる．すなわち，I_D はドレーン（D）→ソース（S）の向きに流れる．

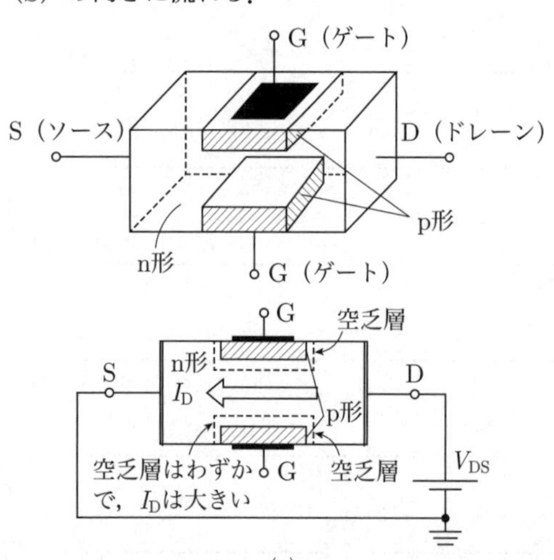

(a)

(b)図のように，ゲート（G）・ソース（S）間のpn接合に逆電圧を加えると，pn接合の空乏層が逆方向電圧により拡大し，I_D の流れる通路（チャネル）は狭くなるため，電流 I_D は流れにくくなる．

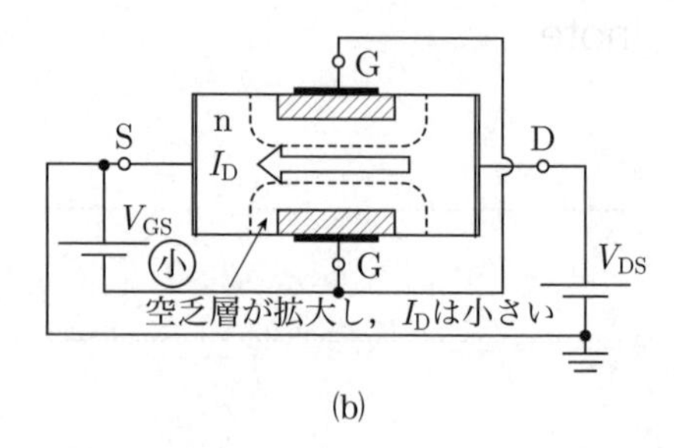

(b)

(c)図のように，さらにゲート（G）・ソース（S）間の逆方向電圧 V_{GS} を大きくするとnチャネル内の空乏層の領域が拡大し，I_D は減少し続け，I_D の通路を完全にふさぐまで逆電圧を高めると電流は流れなくなる．このときの電圧 V_{GS} を**ピンチオフ電圧**という．V_{GS} の大きさで I_D を制御できることから，FETは**電圧制御素子**とよばれる．

バイポーラトランジスタは，キャリヤの移動に電子と正孔の二つのキャリヤが関与するので「**バイポーラ**」と呼ばれる．一方FETは，電流 I_D を流すキャリヤが電子または正孔いずれか1種類であるため，**ユニポーラトランジスタ**とも呼ばれる．

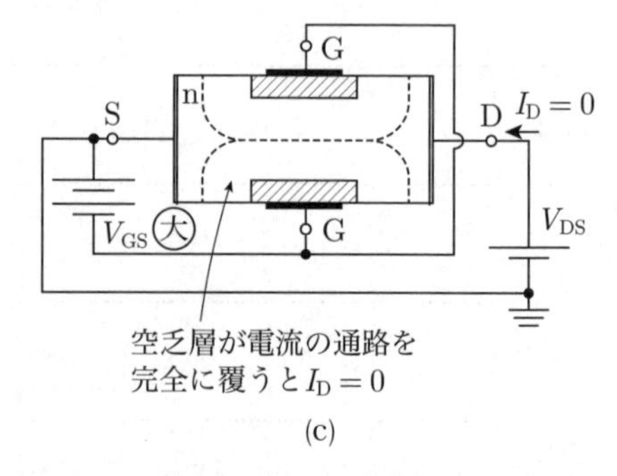

(c)

問題図のnチャネル接合形FETでは，nチャネルの多数キャリヤである電子⊖がドレーン（D）へ移動する．これはドレーン（D）からソース（S）へ⊕の電荷が移動している，すなわち電流 I_D が流れていることを意味する．

2. pn接合面の空乏層と逆電圧の関係

p形とn形の半導体を接合すると，pn接合面ではp形の正孔がn形へ，n形の電子がp形へそれぞれ拡散し，再結合してキャリヤが消滅する．またp形，n形の接合面付近には元のキャリヤと逆の電荷により電界（電位障壁）が生じキャリヤの移動を妨げる．

この領域を**空乏層**といい，空乏層では**キャリヤが存在しない**ためキャリヤの移動すなわち電流が流れない．(a)図の下段の図のように，ゲート（G）・ソース（S）間に逆電圧をかけていない状態であっても，pn接合面のキャリヤの再結合によりわずかに空乏層が生成される．

pn接合のp形が負の電圧，n形が正の電圧となるような逆方向電圧を加えると，電位障壁が大きくなり空乏層の幅も広がる．

3. 過去の類題

FETに関する類題は少なく，2018（平成30）年 問11，2011（平成23）年 問11，2005（平成17）年 問10，2004（平成16）年 問10，2003（平成15）年 問10，1999（平成11）年 問3に類題の出題がある．

(5)

問12 真空中において，電子の運動エネルギーが400 eVのときの速さが1.19×10^7 m/sであった．電子の運動エネルギーが100 eVのときの速さ[m/s]の値として，最も近いものを次の(1)～(5)のうちから一つ選べ．

ただし，電子の相対性理論効果は無視するものとする．

(1) 2.98×10^6　(2) 5.95×10^6　(3) 2.38×10^7

(4) 2.98×10^9　(5) 5.95×10^9

解12　電子の質量を m [kg]，電子の速度を v [m/s] とすると，運動エネルギー W は次式で表せる．

$$W=\frac{1}{2}mv^2\ \mathrm{[J]}$$

題意のただし書きより，電子の相対性理論効果は無視できるので，運動エネルギーが $W_1=400$ eVの速度を v_1 [m/s]，$W_2=100$ eVの速度を v_2 [m/s] とすると，次式が成り立つ．

$$W_1=\frac{1}{2}m{v_1}^2\ \mathrm{[J]} \quad ①$$

$$W_2=\frac{1}{2}m{v_2}^2\ \mathrm{[J]} \quad ②$$

①式と②式を辺々除すと，

$$\frac{W_2}{W_1}=\frac{\frac{1}{2}m{v_2}^2}{\frac{1}{2}m{v_1}^2}=\left(\frac{v_2}{v_1}\right)^2$$

$$\frac{v_2}{v_1}=\sqrt{\frac{W_2}{W_1}}$$

$$\therefore\ v_2=v_1\sqrt{\frac{W_2}{W_1}}=1.19\times10^7\times\sqrt{\frac{100}{400}}$$

$$=\frac{1.19\times10^7}{2}=0.595\times10^7$$

$$=5.95\times10^6\ \mathrm{m/s} \quad (答)$$

よって，**求める選択肢は(2)**となる．

本問は，エネルギーの単位である電子ボルト[eV]の意味を知らなくとも，運動エネルギーの式のみで簡単に解くことができる．

〔ここがポイント〕

1．エネルギーの単位：電子ボルト [eV]

電子ボルト（または**エレクトロンボルト**）**eV** はエネルギーの単位を表す．1 eV（1電子ボルト）は，電位差1 Vの2点間で電子が加速されるときに得る運動エネルギーの大きさと定義される．eは電子（電荷 e ≒ 1.602 2 × 10^{-19} C），Vは電圧（ボルト）を表している．[eV] を [J] に換算すると，

$$1\ \mathrm{V}\times1.602\,2\times10^{-19}\ \mathrm{C}$$

$$=1.602\,2\times10^{-19}\ \mathrm{J}$$

〔参考〕単位の換算

[J] = [Ws] = [VAs] = [V(C/s)s] = [VC]

すなわち，電圧 × 電気量 = エネルギー [J] となる．

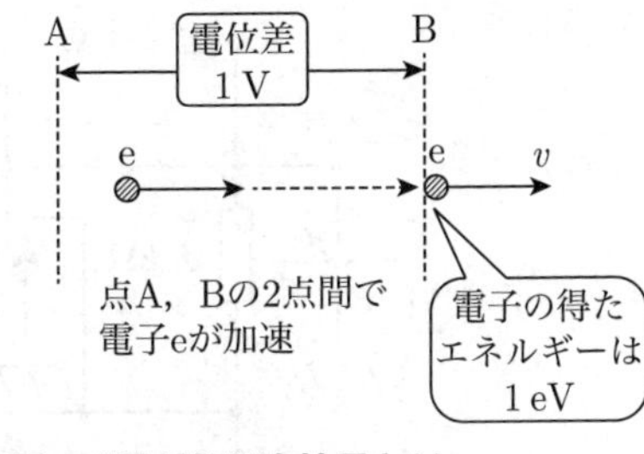

2．電子の相対性理論効果とは

アインシュタインの相対性理論は，エネルギーと質量の関係が $E=mc^2$ で与えられる．光速 c は一定であるため，この相対性理論では，エネルギー E が増大すると質量 m が増大することになる．このため，運動エネルギー (1/2) mv^2 の式で m が増加すると，相対的に v が低下することになる．これを**相対性理論効果**という．

本問では相対性理論効果を無視するので，エネルギーの大きさによって質量 m は変化しないと考えてよい．このため，①，②式が成立するとして計算できる．

3．過去の類題

電子の運動に関する類題は，2021（令和3）年 問12，2019（令和元）年 問12，2018（平成30）年 問12，2016（平成28）年 問12，2015（平成27）年 問12，2012（平成24）年 問12，2009（平成21）年 問12，2007（平成19）年 問13，2006（平成18）年 問12，2003（平成15）年 問11に類題が出題されている．

本問は2008（平成20）年 問12の再出題である．

 (2)

問13 次の文章は，図1の回路の動作について述べたものである．

図1は，演算増幅器（オペアンプ）を用いたシュミットトリガ回路である．この演算増幅器には+5 Vの単電源が供給されており，0 Vから5 Vまでの範囲の電圧を出力できるものとする．

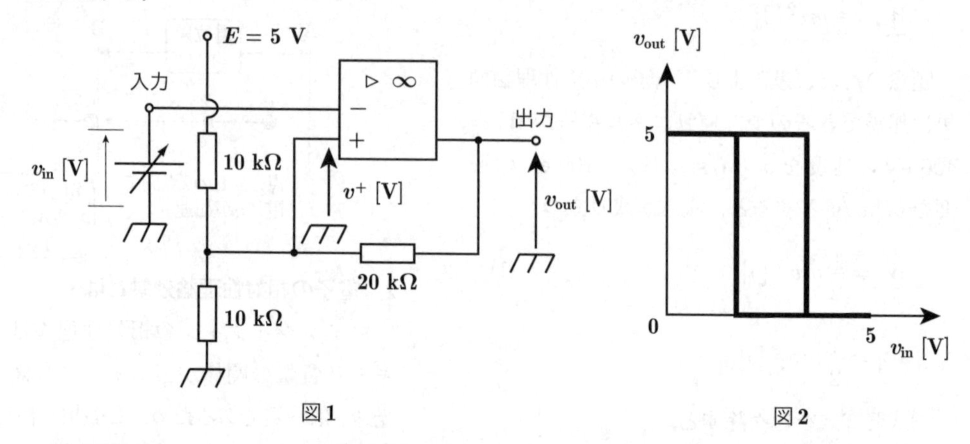

図1　　　　図2

・出力電圧 v_{out} は0～5 Vの間にあるため，演算増幅器の非反転入力の電圧 v^+ [V]は　(ア)　の間にある．

・入力電圧 v_{in} を0 Vから徐々に増加させると，v_{in} が　(イ)　Vを上回った瞬間，v_{out} は5 Vから0 Vに変化する．

・入力電圧 v_{in} を5 Vから徐々に減少させると，v_{in} が　(ウ)　Vを下回った瞬間，v_{out} は0 Vから5 Vに変化する．

・入力 v_{in} に対する出力 v_{out} の変化を描くと，図2のような　(エ)　を示す特性となる．

上記の記述中の空白箇所(ア)～(エ)に当てはまる組合せとして，正しいものを次の(1)～(5)のうちから一つ選べ．

	(ア)	(イ)	(ウ)	(エ)
(1)	1.25 ～ 3.75	3.75	1.25	位相遅れ
(2)	1.25 ～ 3.75	1.25	3.75	ヒステリシス
(3)	2 ～ 3	2	3	ヒステリシス
(4)	2 ～ 3	2.75	2.25	位相遅れ
(5)	2 ～ 3	3	2	ヒステリシス

note

解13 問題図1の回路において，(a)図の太線で示した+5 Vの単電源と正帰還回路に着目する．

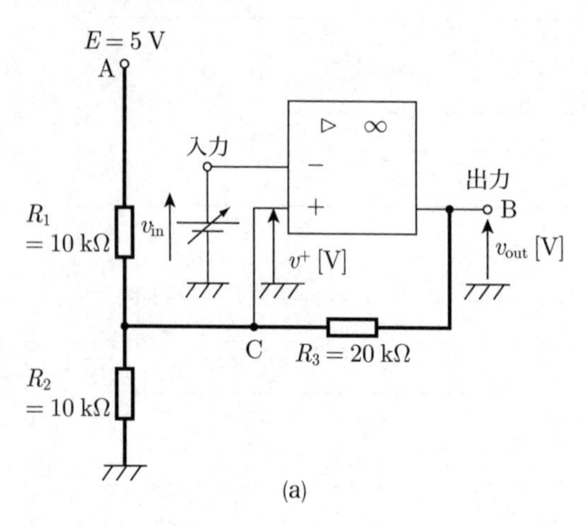

(a)

1. v^+ [V]の範囲

非反転入力端子（+）の入力v^+の値は，(a)図のR_1，R_2，R_3の抵抗分圧により決まる．

v_{out}は0 V（Low）または5 V（High）の2値をとるため，太線の回路も以下の二つの状態をとる．

(1)　$v_{out} = 5$ Vの場合

単電源の電圧$E = 5$ Vとv_{out}が等しくなるので，A点とB点を接続した(b)図の回路から分圧計算によりv^+が求められる．

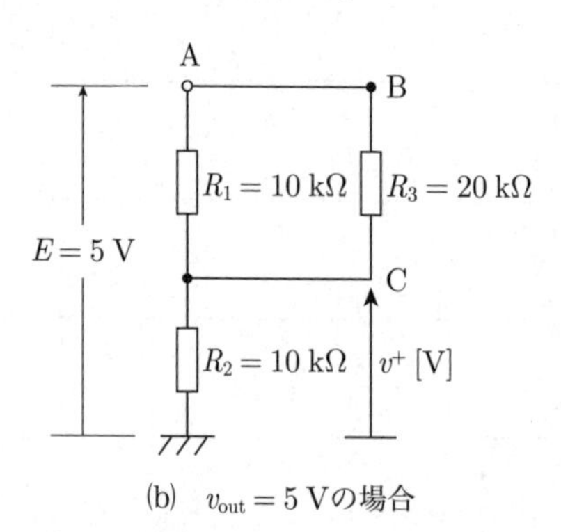

(b)　$v_{out} = 5$ Vの場合

$$v^+ = \frac{R_2}{\frac{R_1R_3}{R_1+R_3}+R_2}E = \frac{10\times5}{\frac{10\times20}{10+20}+10}$$

$$= \frac{150}{50} = 3\text{ V} \quad ①$$

(2)　$v_{out} = 0$ Vの場合

太線の回路のR_2の接地側電圧は基準電圧の0 Vであるから，$v_{out} = 0$ Vと等しい．したがって，B点と地面を接続した(c)図の回路から分圧計算によりv^+が求められる．

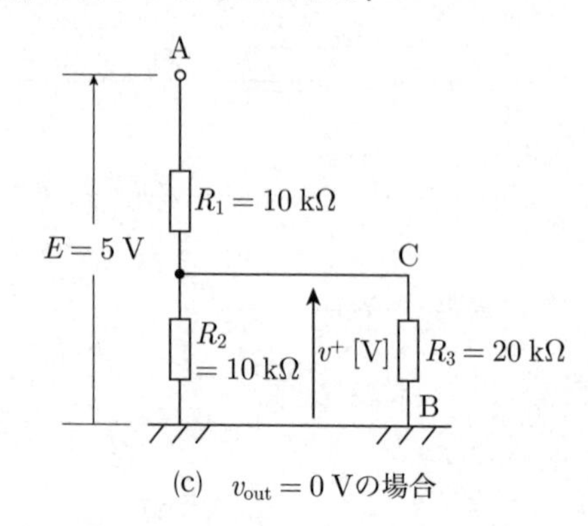

(c)　$v_{out} = 0$ Vの場合

$$v^+ = \frac{\frac{R_2R_3}{R_2+R_3}}{R_1+\frac{R_2R_3}{R_2+R_3}}E$$

$$= \frac{\frac{10\times20}{10+20}}{10+\frac{10\times20}{10+20}}\times5 = \frac{100}{50} = 2\text{ V} \quad ②$$

①，②式からv^+ [V](ア)は**2～3**の間にある．

2. v_{in}を0 Vから徐々に増加させたときの回路動作

(a)図の回路は，反転入力端子（−）と非反転入力端子（+）の入力v_{in}とv^+を比較して，

(1)　$v_{in} < v^+ \Rightarrow v_{out} = 5$ V　③

(2)　$v_{in} > v^+ \Rightarrow v_{out} = 0$ V　④

を出力するように動作する．

$v_{in} = 0$ Vのとき，図2より$v_{out} = 5$ Vの状態にあるので，①より$v^+ = 3$ Vの状態にある．$v_{in} < 3$ Vの範囲では③より出力は$v_{out} = 5$ Vを継続する．$v_{in} > 3$ Vの範囲，すなわち3 Vを上回った瞬間④の動作によりv_{out}は5 Vから0 Vに急変する．以上より，(イ)は**3 V**．

3. v_{in}を5 Vから徐々に減少させたときの回路動作

$v_{in} = 5$ Vのとき，図2より$v_{out} = 0$ Vの状態にあるので，②より$v^+ = 2$ Vの状態にある．$v_{in} > 2$ Vの範囲では④より出力は$v_{out} = 0$ Vを継続する．$v_{in} < 2$ Vの範囲，すなわち2 Vを下回った瞬間③の動作によりv_{out}は0 Vから5 Vに急変する．以上より(ウ)は**2 V**．

4. v_{in}とv_{out}の特性線図

前述の2項，3項に基づいて入力v_{in}に対する出力v_{out}の変化を特性線図に表すと(d)図になる．v_{in}の増加方向（実線の矢印）と減少方向（点線の矢印）ではたどる線が異なっている．このような往きと戻りで異なる経路をもつ特性を**ヒステリシス（履歴）特性**という．以上より(エ)は**ヒステリシス**．

よって，**求める選択肢は(5)**となる．

〔ここがポイント〕

1. 図1の回路の特徴

問題のシュミットトリガ回路は，オペアンプを**コンパレータ**（比較器）として用い，さらに出力を非反転入力端子（+）側へ帰還抵抗20 kΩを伴って**正帰還**をかけている．正帰還の効果により，$v_{out} = 5$ V（High）では見かけのv^+が増え，$v_{out} = 0$ V（Low）では見かけのv^+が減ることで(d)図のヒステリシス特性をもたせることができる．これによりv_{in}が多少変動してもチャタリングを防止する効果がある．ヒステリシス特性をもつ比較器という意味から「**ヒステリシスコンパレータ**」とも呼ばれる．

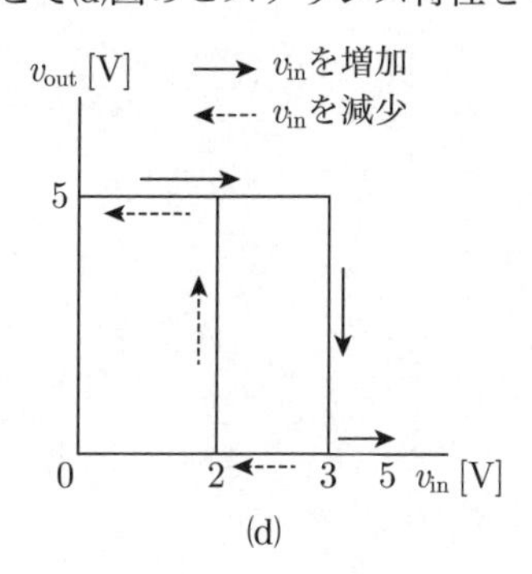

(d)

仮に正帰還回路がない場合，$v^+ = 2.5$ V（単電源+5 Vを$R_2 = 10$ kΩで分圧した電圧）で固定となり，$v_{in} = 2.5$ Vをわずかに上下すると$v_{out} = 5$ Vと0 Vを頻繁に繰り返すチャタリングが発生する．

2. コンパレータ（比較器）の原理

オペアンプを用いた単純なコンパレータは，帰還回路を用いない(e)図の構成とする．

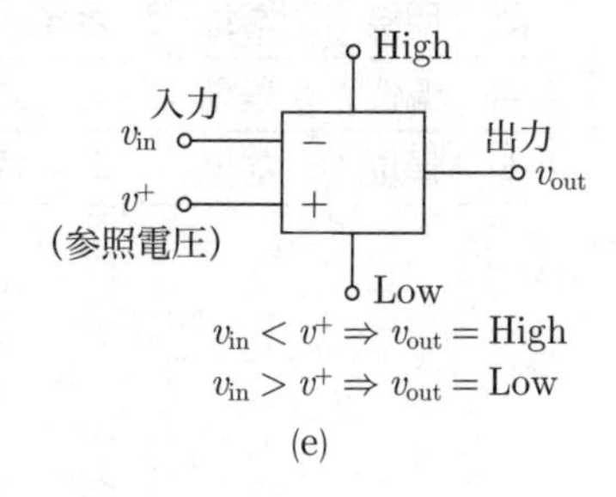

(e)

3. 過去の類題

2020（令和2）年 問13選択肢(3)に演算増幅器を比較器として用いる記述がある．それ以外の正帰還回路に関する出題はない．

(5)

問14　次の文章は，電気計測に関する記述である．

電気に関する物理量の測定に用いる方法には各種あるが，指示計器のように測定量を指針の振れの大きさに変えて，その指示から測定量を知る方法を (ア) 法という．これに比較して精密な測定を行う場合に用いられている (イ) 法は，測定量と同種類で大きさを調整できる既知量を別に用意し，既知量を測定量に平衡させて，そのときの既知量の大きさから測定量を知る方法である．

(イ) 法を用いた測定器の例としては， (ウ) がある．

上記の記述中の空白箇所(ア)～(ウ)に当てはまる組合せとして，正しいものを次の(1)～(5)のうちから一つ選べ．

	(ア)	(イ)	(ウ)
(1)	偏位	零位	ホイートストンブリッジ
(2)	間接	差動	誘導形電力量計
(3)	間接	零位	ホイートストンブリッジ
(4)	偏位	差動	誘導形電力量計
(5)	偏位	零位	誘導形電力量計

解14　電気計測に関する出題である．

電気に関する物理量の測定に用いる方法には各種あるが，指示計器のように測定量を指針の振れの大きさに変えて，その指示から測定量を知る方法を**偏位**法という．

これに比較して精密な測定を行う場合に用いられている**零位**法は，測定量と同種類で大きさを調整できる既知量を別に用意し，既知量を測定量に平衡させて，そのときの既知量の大きさから測定量を知る方法である．

零位法を用いた測定器の例としては，**ホイートストンブリッジ**がある．

よって，**求める選択肢は**(1)となる．

〔ここがポイント〕

1．偏位法と零位法

(1)　偏位法（deflection method）

(a)図に計測系の構成例を示す．熱電対に生じる電圧をmVメータで測定し，熱電対の温度－電圧特性から換算により温度を求める．あらかじめmVメータを℃で目盛り定めすれば温度を直読できる．このように，偏位法は測定量を変換器（熱電対やmVメータ）を用いて指針の振れなどに変えて読み取る測定方法である．直読式の指示電気計器はその代表例である．(b)図に計測系ブロック線図を示す．前向き経路のみで構成されるため，変換器の誤差が測定値に直接影響することや，計測時に測定対象のエネルギーを使うため，測定対象の状態が乱れるなどの欠点がある．

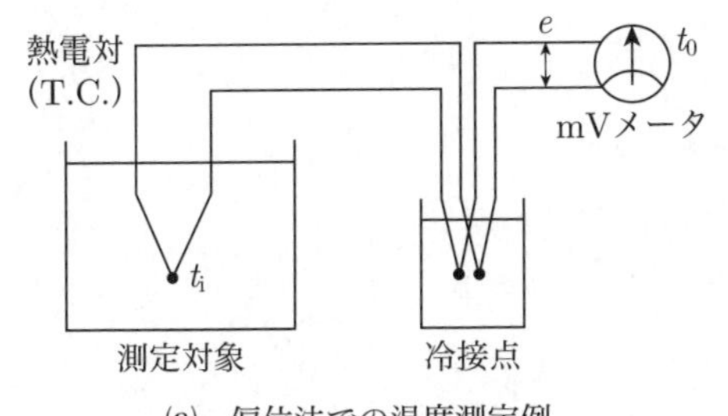

(a)　偏位法での温度測定例

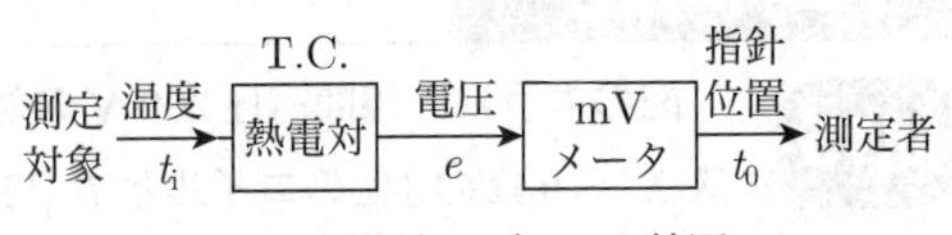

(b)　偏位法のブロック線図

問題の選択肢(ウ)の誘導形電力量計は指示計器の一つであり，偏位法を用いた測定器である．

(2)　零位法（zero method）

(c)図に計測系の構成例を示す．熱電対に生じた電圧 e_1 と別に用意した既知の電圧 e_2 とを検流計で比較し，両者の差が0になるように e_2 を調節して読み取り，e_1 の測定値とする．(c)図では電圧 e_2 を作り出すのにポテンショメータを用いており，(a)図より高精度に温度測定ができる．零位法の代表例に，ブリッジや直流電位差計，天秤などがある．(d)図に計測系ブロック線図を示す．零位法による測定器は，測定者を含むフィードバック系を構成し，計測時に測定対象のエネルギーを使わないため精密な測定に用いられる．

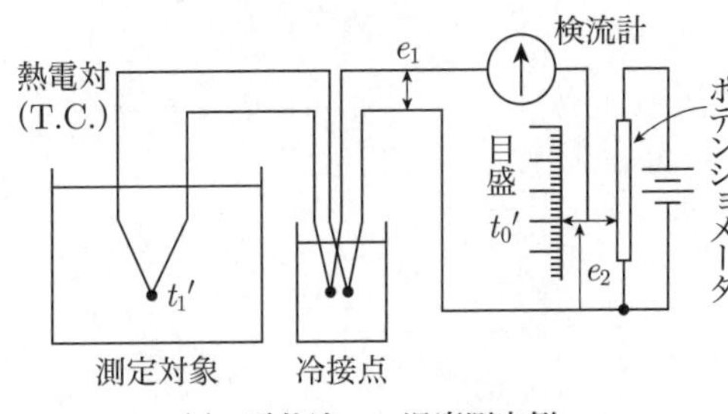

(c)　零位法での温度測定例

2．過去の類題

本問は，2009（平成21）年 問15(a)の再出題である．

(1)

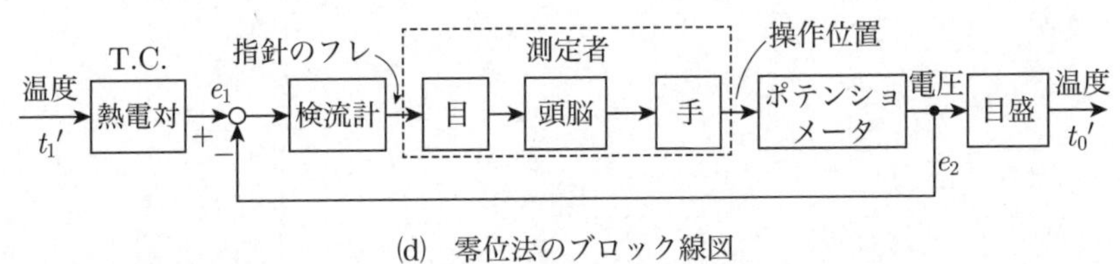

(d)　零位法のブロック線図

B問題　配点は1問題当たり(a)5点，(b)5点，計10点

問15 図のように，線間電圧200 Vの対称三相交流電源に，三相負荷として誘導性リアクタンス$X=9\ \Omega$の3個のコイルと$R\ [\Omega]$，20 Ω，20 Ω，60 Ωの4個の抵抗を接続した回路がある．端子a，b，cから流入する線電流の大きさは等しいものとする．この回路について，次の(a)及び(b)の問に答えよ．

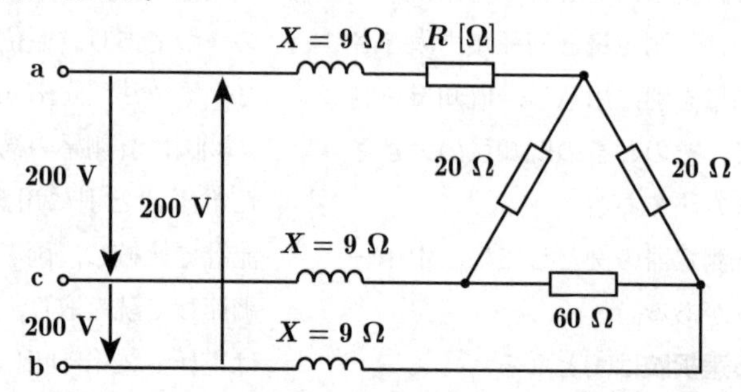

(a) 線電流の大きさが7.7 A，三相負荷の無効電力が1.6 kvarであるとき，三相負荷の力率の値として，最も近いものを次の(1)～(5)のうちから一つ選べ．

(1) 0.5　(2) 0.6　(3) 0.7　(4) 0.8　(5) 1.0

(b) a相に接続されたRの値[Ω]として，最も近いものを次の(1)～(5)のうちから一つ選べ．

(1) 4　(2) 8　(3) 12　(4) 40　(5) 80

note

解15　(a)　三相負荷の力率$\cos\theta$

線電流をI[A]，線間電圧をV[V]，三相負荷の無効電力をQ[var]とすると，負荷の無効率$\sin\theta$は以下のように求められる．

$$Q=\sqrt{3}VI\sin\theta\,[\mathrm{var}]$$

$$\sin\theta=\frac{Q}{\sqrt{3}VI}=\frac{1.6\times10^3}{\sqrt{3}\times200\times7.7}=0.599\,8\fallingdotseq0.60$$

ゆえに，

$$\cos\theta=\sqrt{1-\sin^2\theta}=\sqrt{1-0.6^2}=0.8\quad(答)$$

よって，**求める選択肢は(4)**となる．

(b)　a相の抵抗Rの値[Ω]

(a)図のように，問題図のΔ結線された負荷抵抗をY結線へ等価変換すると，

$$R_\mathrm{a}=\frac{20\times20}{20+20+60}=\frac{400}{100}=4\,\Omega$$

$$R_\mathrm{b}=\frac{20\times60}{20+20+60}=\frac{1\,200}{100}=12\,\Omega$$

$$R_\mathrm{c}=\frac{20\times60}{20+20+60}=\frac{1\,200}{100}=12\,\Omega$$

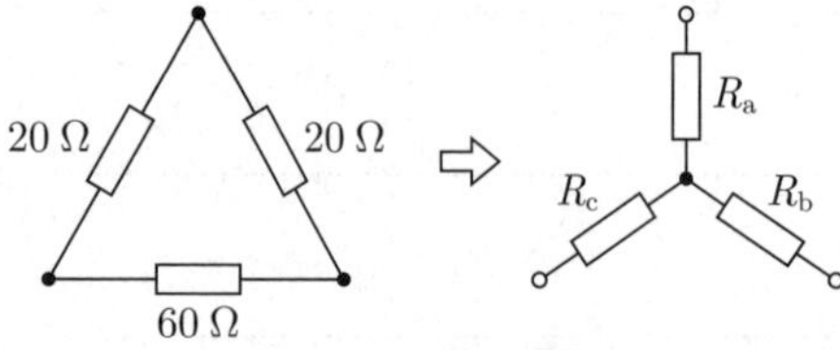

(a)　△→Y等価変換

以上の結果より，問題の回路は(b)図のように表すことができる．

電源は対称三相交流電圧で，題意の端子a，b，cから流入する線電流の大きさが等しいということは，各相のインピーダンスが等しく負荷が三相平衡していることを示している．(b)図のb相，c相の負荷インピーダンスは，

$$\dot{Z}_\mathrm{b}=\dot{Z}_\mathrm{c}=12+\mathrm{j}9\,[\Omega]$$

より，a相の負荷インピーダンスも等しくなければならない．ゆえに，

$$\dot{Z}_\mathrm{a}=(R+4)+\mathrm{j}9=12+\mathrm{j}9\,\Omega$$

より，

$$R+4=12$$

$$R=12-4=8\,\Omega\quad(答)$$

よって，**求める選択肢は(2)**となる．

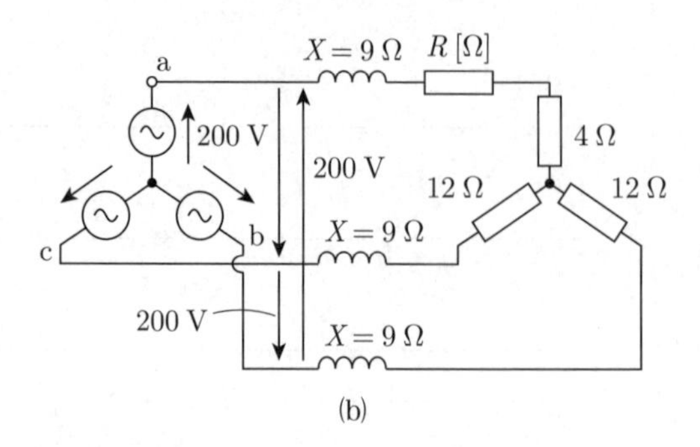

(b)

〔ここがポイント〕

1．抵抗のY-△等価変換

△回路からY回路への等価変換の方法を(c)図に示す．

△回路とY回路の抵抗の位置関係に着目して覚える．規則性を利用すれば難しくない．

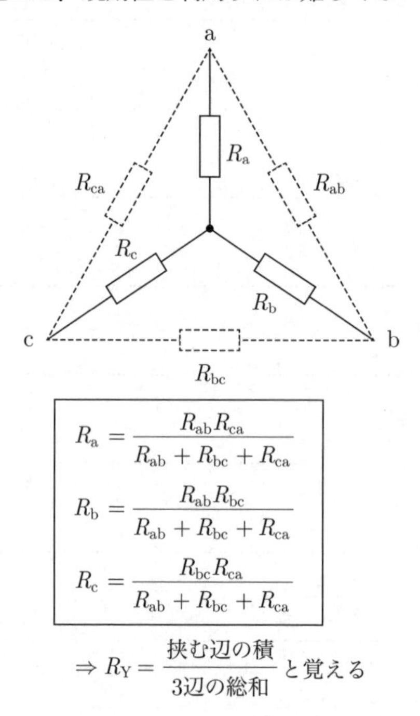

$$R_\mathrm{a}=\frac{R_\mathrm{ab}R_\mathrm{ca}}{R_\mathrm{ab}+R_\mathrm{bc}+R_\mathrm{ca}}$$

$$R_\mathrm{b}=\frac{R_\mathrm{ab}R_\mathrm{bc}}{R_\mathrm{ab}+R_\mathrm{bc}+R_\mathrm{ca}}$$

$$R_\mathrm{c}=\frac{R_\mathrm{bc}R_\mathrm{ca}}{R_\mathrm{ab}+R_\mathrm{bc}+R_\mathrm{ca}}$$

$$\Rightarrow R_\mathrm{Y}=\frac{\text{挟む辺の積}}{\text{3辺の総和}}\ \text{と覚える}$$

(c)　△→Y等価変換

2．三相回路の有効電力Pと無効電力Q

三相回路の有効電力P，無効電力Qは次式で求められる．

$$P=\sqrt{3}VI\cos\theta=3I^2R\,[\mathrm{W}]\qquad①$$

$$Q=\sqrt{3}VI\sin\theta=3I^2X\,[\mathrm{var}]\qquad②$$

①式の$\cos\theta$を力率，②式の$\sin\theta$を**無効率**（または「リアクタンス率」）という．

三角関数の三平方の定理より，$\sin^2\theta+\cos^2\theta$

$=1$の公式から$\sin\theta$，$\cos\theta$のいずれかがわかれば他方が計算できる．

本問の三相無効電力は，$Q=3I^2X$の式からも求めることができ，$3\times7.7^2\times9=1\,600.83$ var $=1.6$ kvarと求められ，題意と一致する．

三相平衡負荷の有効電力Pは①式に示した二つの式からそれぞれ以下のように求めることができる．

$$P=\sqrt{3}VI\cos\theta=\sqrt{3}\times200\times7.7\times0.8$$
$$=2\,134\ \mathrm{W}\fallingdotseq2.13\ \mathrm{kW}$$
$$P=3I^2R=3\times7.7^2\times12$$
$$=2\,134\ \mathrm{W}\fallingdotseq2.13\ \mathrm{kW}$$

3. 過去の類題

三相平衡回路の出題は数多く，2021（令和3）年問15，2020（令和2）年問15，2019（令和元）年問16，2015（平成27）年問17，2014（平成26）年問16，2013（平成25）年問15，2012（平成24）年問16，2010（平成22）年問15，2008（平成20）年問15に類題が出題されている．

(a)—(4)，(b)—(2)

図は，抵抗 R_{ab} [kΩ] のすべり抵抗器，抵抗 R_d [kΩ]，抵抗 R_e [kΩ] と直流電圧 $E_s = 12$ V の電源を用いて，端子H，G間に接続した未知の直流電圧 [V] を測るための回路である．次の(a)及び(b)の問に答えよ．

ただし，端子Gを電位の基準（0 V）とする．

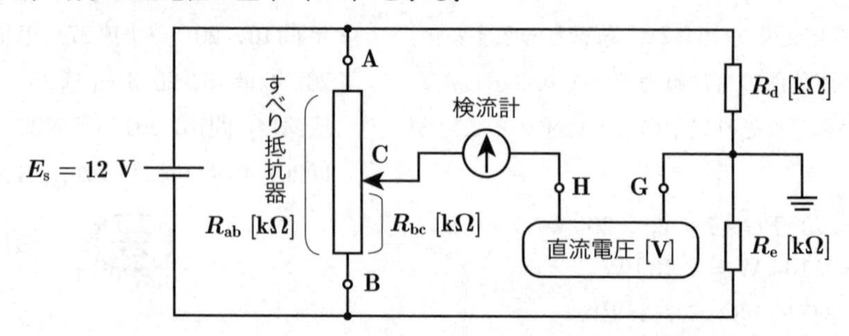

(a) 抵抗 $R_d = 5$ kΩ，抵抗 $R_e = 5$ kΩ として，直流電圧 3 V の電源の正極を端子Hに，負極を端子Gに接続した．すべり抵抗器の接触子Cの位置を調整して検流計の電流を零にしたところ，すべり抵抗器の端子Bと接触子C間の抵抗 $R_{bc} = 18$ kΩ となった．すべり抵抗器の抵抗 R_{ab} [kΩ] の値として，最も近いものを次の(1)〜(5)のうちから一つ選べ．

(1) 18　(2) 24　(3) 36　(4) 42　(5) 50

(b) 次に，直流電圧 3 V の電源を取り外し，未知の直流電圧 E_x [V] の電源を端子H，G間に接続した．ただし，端子Gから見た端子Hの電圧を E_x [V] とする．

抵抗 $R_d = 2$ kΩ，抵抗 $R_e = 22$ kΩ としてすべり抵抗器の接触子Cの位置を調整し，すべり抵抗器の端子Bと接触子C間の抵抗 $R_{bc} = 12$ kΩ としたときに，検流計の電流が零となった．このときの E_x [V] の値として，最も近いものを次の(1)〜(5)のうちから一つ選べ．

(1) −5　(2) −3　(3) 0　(4) 3　(5) 5

note

(a)　すべり抵抗器の抵抗 R_{ab} の値 [kΩ]

題意を(a)図に示す．

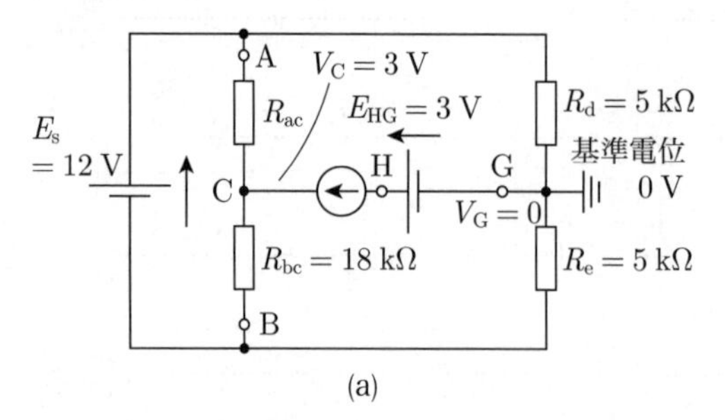

(a)

検流計の電流は0なので，C点とH点の電位は等しい．G点は接地されており，「ただし書き」より電位の基準である $V_G = 0$ V である．したがって(a)図よりC点およびH点の電位をそれぞれ添字で表して V_C，V_H とすると，

$$V_H = V_C = E_{HG} = 3\text{ V}$$

以上を反映した図を(b)図に示す．

(b)

R_d と R_e はともに5 kΩであるから，DG間およびGE間の電圧の大きさはそれぞれ E_S を2等分した6 Vとなる．

$$V_{DG} = 6\text{ V},\ V_{GE} = 6\text{ V}$$

$V_G = 0$ VよりD，E点の電位はそれぞれ，

$$V_{DG} = V_D - V_G = 6\text{ V}$$
$$\Rightarrow V_D = V_G + 6 = 0 + 6 = 6\text{ V}$$
$$V_{GE} = V_G - V_E = 6\text{ V}$$
$$\Rightarrow V_E = V_G - 6 = 0 - 6 = -6\text{ V}$$

したがって，A点，B点の電位は，

$$V_A = V_D = 6\text{ V}$$
$$V_B = V_E = -6\text{ V}$$

AC間，BC間の電圧 V_{AC} および V_{BC} は，

$$V_{AC} = V_A - V_C = 6 - 3 = 3\text{ V}$$
$$V_{BC} = V_C - V_B = 3 - (-6) = 9\text{ V}$$

$R_{ac} : R_{bc} = V_{AC} : V_{BC}$ および $R_{ac} = R_{ab} - R_{bc}$ の関係より，

$$R_{ab} - R_{bc} : R_{bc} = V_{AC} : V_{BC}$$
$$R_{ab} - 18 : 18 = 3 : 9$$
$$9(R_{ab} - 18) = 3 \times 18$$
$$R_{ab} - 18 = 6$$
$$R_{ab} = 18 + 6 = 24\text{ k}\Omega\quad\text{(答)}$$

よって，**求める選択肢は(2)**となる．

(b)　未知の直流電圧 E_x [V]

題意の回路を(c)図に示す．ただし，検流計の電流は0 Aで電流は流れないことから，端子C，G間の回路は省略する．

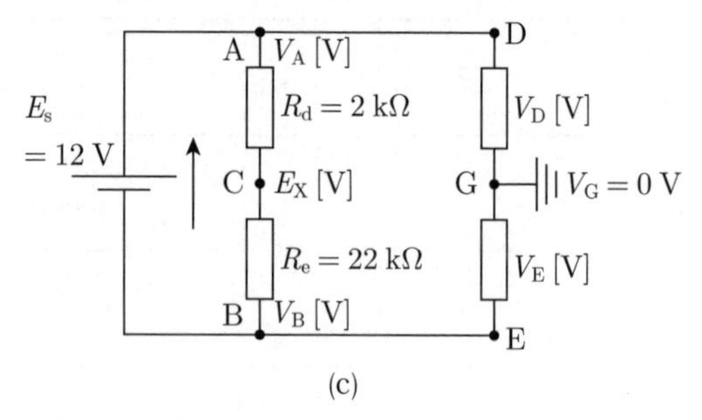

(c)

(a)と同様に求める．R_d，R_e の分担電圧 V_{DG}，および V_{GE} はそれぞれ，

$$V_{DG} = \frac{R_d}{R_d + R_e} E_s = \frac{2}{2 + 22} \times 12 = 1\text{ V}$$
$$V_{GE} = E_s - V_{DG} = 12 - 1 = 11\text{ V}$$

$V_G = 0$ Vより，D，E点の電位はそれぞれ，

$$V_{DG} = V_D - V_G = 1\text{ V}$$
$$\Rightarrow V_D = V_G + 1 = 0 + 1 = 1\text{ V}$$
$$V_{GE} = V_G - V_E = 11\text{ V}$$
$$\Rightarrow V_E = V_G - 11 = 0 - 11 = -11\text{ V}$$

したがって，A点，B点の電位は，

$$V_A = V_D = 1\text{ V}$$
$$V_B = V_E = -11\text{ V}$$

(a)の結果から $R_{ab} = 24$ kΩ，題意より $R_{bc} = 12$ kΩであるから，$R_{ac} = R_{bc} = 12$ kΩと等しく，AC間とBC間の電圧 V_{AC} と V_{BC} が等しくなる．ゆえに，

$$V_{AC} = V_{BC}$$
$$V_A - E_x = E_x - V_B$$
$$1 - E_x = E_x - (-11)$$
$$2E_x = 1 - 11 = -10$$

$$E_x = \frac{-10}{2} = -5\ \text{V}$$ （答）

よって，**求める選択肢は(1)となる．**

〔ここがポイント〕

1. 直流電位差計

問題図の電位差計は，未知の電位差を精密に測定するために用いられる計測器である．

測定原理は，電位差計電流による電圧降下を標準電池で正しい値に設定し，未知の電位差を抵抗の大きさの比で求める．このような測定方法を**零位法**という（解14参照）．

2. 直流電位差計の特徴・用途

ほかの測定法と比較すると，

① 零位法を用いているため，測定精度が高い．

② 測定対象電源から全く電流を流さないため，容量の小さい電源の電圧を測定する場合に容量減少を伴わない（測定対象物のエネルギーを消費しない）

などの利点がある．

測定用途としては，電池の起電力，電流・抵抗の精密測定，電圧計の目盛定めに用いられる．

3. 過去の類題

2015（平成27）年 問15，2006（平成18）年 問16，2005（平成17）年 問5に類題の出題がある．

本問は2004（平成16）年 問17の再出題である．

別解

(a) すべり抵抗器の抵抗 R_{ab} の値 [kΩ]

前出の解説(a)より，

$V_A = 6\ \text{V}$

$V_B = -6\ \text{V}$

$V_C = 3\ \text{V}$

までを同様に求める．

抵抗にかかる電圧は抵抗の大きさに比例するので，

$$R_{ab} : R_{bc} = V_{AB} : V_{BC}$$

$$R_{ab} = \frac{V_{AB}}{V_{BC}} \cdot R_{bc} \qquad ①$$

(a)図より V_{AB}（端子A，B間の電圧）$= E_s = 12\ \text{V}$

$$V_{BC} = V_C - V_B = 3 - (-6) = 9\ \text{V}$$

R_{bc} は題意より 18 kΩ．これらを①式に代入すると，

$$R_{ab} = \frac{E_s}{V_{BC}} \cdot R_{bc} = \frac{12}{9} \times 18 = 24\ \text{k}\Omega$$ （答）

※R_{ab} にかかる電圧は電源電圧 E_s となることを用いると上記のように直接 R_{ab} を求めることができる．

(b) 未知の直流電圧 E_x [V]

前出の解説(b)より，

$V_A = 1\ \text{V}$

$V_B = -11\ \text{V}$

$V_C = E_x$ [V]

までを同様に求める．

(a)の解法と同様に，抵抗にかかる電圧は抵抗の大きさに比例する関係を用いて，

$$R_{ab} : R_{bc} = E_s : V_{BC}$$

$$V_{BC} = \frac{R_{bc}}{R_{ab}} \cdot E_s \qquad ②$$

一方，

$$V_{BC} = V_C - V_B = E_x - (-11) = E_x + 11 \qquad ③$$

③式および(a)の結果から $R_{ab} = 24\ \text{k}\Omega$，$R_{bc}$ は題意より 12 kΩ を②式へ代入すると，

$$E_x + 11 = \frac{12}{24} \times 12 = 6$$

$$\therefore\ E_x = 6 - 11 = -5\ \text{V}$$ （答）

※別解のメリットは，前出の解説で求めた R_{ac}，V_{AC} を求める手間をなくすことができる点にある．

(a)—(2)，(b)—(1)

理論　電力　機械　法規　令和5上(2023)　令和4下(2022)　令和4上(2022)　令和3(2021)　令和2(2020)　令和元(2019)　平成30(2018)　平成29(2017)　平成28(2016)　平成27(2015)

問17及び問18は選択問題であり，問17又は問18のどちらかを選んで解答すること．両方解答すると採点されません．

（選択問題）

問17

図のように直列に接続された二つの平行平板コンデンサに120 Vの電圧が加わっている．コンデンサC_1の金属板間は真空であり，コンデンサC_2の金属板間には比誘電率ε_rの誘電体が挿入されている．コンデンサC_1，C_2の金属板間の距離は等しく，C_1の金属板の面積はC_2の2倍である．このとき，コンデンサC_1の両端の電圧が80 Vであった．次の(a)及び(b)の問に答えよ．

ただし，コンデンサの端効果は無視できるものとする．

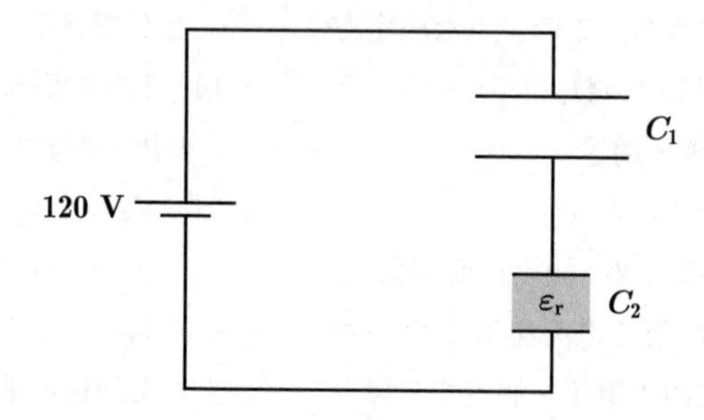

(a) コンデンサC_2の誘電体の比誘電率ε_rの値として，最も近いものを次の(1)～(5)のうちから一つ選べ．

(1) **1**　(2) **2**　(3) **3**　(4) **4**　(5) **5**

(b) C_1の静電容量が30 μFのとき，C_1とC_2の合成容量の値[μF]として，最も近いものを次の(1)～(5)のうちから一つ選べ．

(1) **10**　(2) **20**　(3) **30**　(4) **40**　(5) **50**

note

解17　(a)　比誘電率ε_rの値

問題の図はコンデンサの直列接続なので，コンデンサC_1，C_2に蓄えられる電荷を等しくQ [C]とする．題意を図示すると(a)図のようになる．

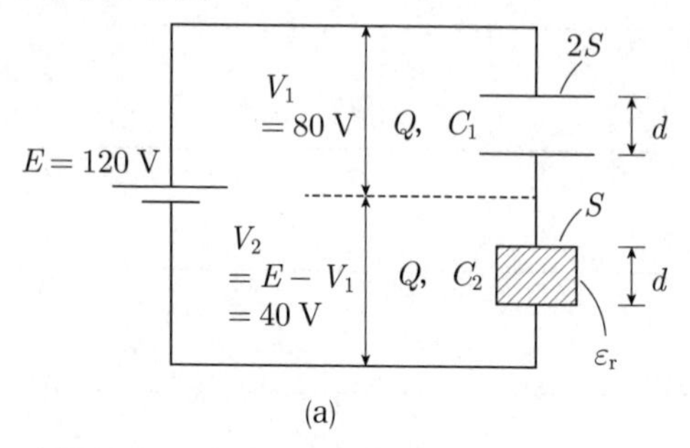

(a)

同図より，次式が成り立つ．

$$Q = C_1 V_1 = C_2 V_2$$

$$\frac{C_2}{C_1} = \frac{V_1}{V_2} = \frac{80}{40} = 2$$

$$\therefore \quad C_2 = 2C_1 \qquad ①$$

静電容量の公式を①式へ代入して，

$$\frac{\varepsilon_r \varepsilon_0 S}{d} = 2\frac{\varepsilon_0 2S}{d}$$

$$\therefore \quad \varepsilon_r = \frac{d}{\varepsilon_0 S}\cdot 2\frac{\varepsilon_0 2S}{d} = 4 \quad (答)$$

よって，**求める選択肢は(4)となる．**

(b)　C_1とC_2の合成静電容量C_0の値[F]

合成静電容量C_0は，

$$C_0 = \frac{1}{\dfrac{1}{C_1}+\dfrac{1}{C_2}} = \frac{1}{\dfrac{C_1+C_2}{C_1C_2}} = \frac{C_1C_2}{C_1+C_2} \qquad ②$$

②式へ①式を代入すると，

$$C_0 = \frac{C_1\times 2C_1}{C_1+2C_1} = \frac{2}{3}C_1 = \frac{2}{3}\times 30 = 20\ \mu\text{F} \quad (答)$$

よって，**求める選択肢は(2)となる．**

〔ここがポイント〕

1．コンデンサの各公式と基本事項

(1)　静電容量C [F]の公式

(b)図の極板コンデンサにおいて，極板面積S [m^2]，極板間隔d [m]，真空（空気中）の誘電率をε_0，比誘電率をε_rとすると，静電容量は，

$$C = \frac{\varepsilon_r \varepsilon_0 S}{d}\ [\text{F}]$$

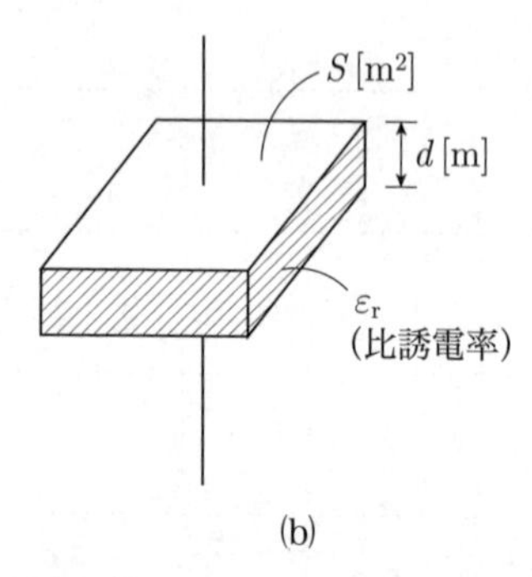

(b)

(2)　直列接続コンデンサの合成静電容量C_0 [F]

(c)図に示す直列接続の合成静電容量C_0は，

$$C_0 = \frac{1}{\dfrac{1}{C_1}+\dfrac{1}{C_2}+\dfrac{1}{C_3}} = \frac{1}{\dfrac{C_2C_3+C_3C_1+C_1C_2}{C_1C_2C_3}} = \frac{C_1C_2C_3}{C_1C_2+C_2C_3+C_3C_1}$$

(3)　直列接続コンデンサの分担電圧

(c)図の各コンデンサにかかる分担電圧V_1 [V]，V_2 [V]，V_3 [V]を求める．コンデンサC_1，C_2，C_3には静電容量の大きさに関係なく大きさの等しいQ [C]の電荷が蓄えられる．

$$Q = C_1V_1 = C_2V_2 = C_3V_3$$

$$V_1 = \frac{Q}{C_1},\quad V_2 = \frac{Q}{C_2},\quad V_3 = \frac{Q}{C_3}$$

$$V_1 : V_2 : V_3 = \frac{Q}{C_1} : \frac{Q}{C_2} : \frac{Q}{C_3} = \frac{1}{C_1} : \frac{1}{C_2} : \frac{1}{C_3}$$

すなわちコンデンサの分担電圧は**静電容量の逆比に比例**する．したがって，各コンデンサの分担電圧は次式より求められる．

$$V_1 = \frac{\dfrac{1}{C_1}}{\dfrac{1}{C_1}+\dfrac{1}{C_2}+\dfrac{1}{C_3}}V = \frac{C_2C_3}{C_1C_2+C_2C_3+C_3C_1}V$$

$$V_2 = \frac{\dfrac{1}{C_2}}{\dfrac{1}{C_1}+\dfrac{1}{C_2}+\dfrac{1}{C_3}} V$$

$$= \frac{C_1 C_3}{C_1 C_2 + C_2 C_3 + C_3 C_1} V$$

$$V_3 = \frac{\dfrac{1}{C_3}}{\dfrac{1}{C_1}+\dfrac{1}{C_2}+\dfrac{1}{C_3}} V$$

$$= \frac{C_1 C_2}{C_1 C_2 + C_2 C_3 + C_3 C_1} V$$

問い(a)では，C_1に80 V，C_2に40 Vが印加されているので，C_2にはC_1の1/2の電圧が加わっている．コンデンサの電圧は静電容量の逆比に比例するのでC_2の静電容量はC_1の2倍となることに気づけば直ちに①の式に到達できる．

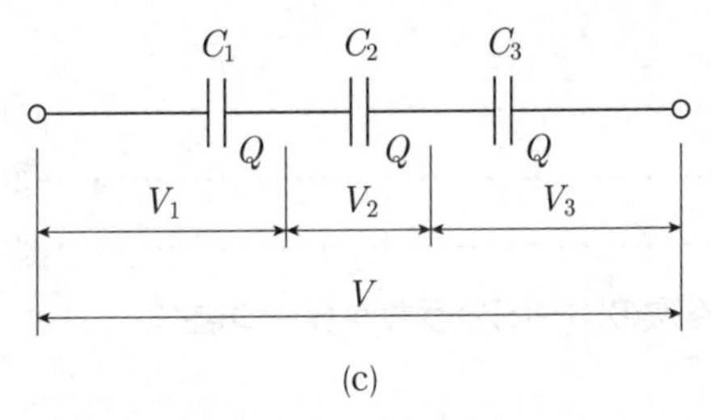

(c)

(4)　直列接続コンデンサの極板間電界の強さE_1，E_2，E_3

一定電圧V [V]が印加された極板間の電界の強さE [V/m]は，場所によらず平等電界$E = V/d =$ 一定となる．コンデンサC_1，C_2，C_3の極板間隔をそれぞれd_1，d_2，d_3とすると，電界の強さはそれぞれ，

$$E_1 = V_1/d_1 \text{ [V/m]}$$
$$E_2 = V_2/d_2 \text{ [V/m]}$$
$$E_3 = V_3/d_3 \text{ [V/m]}$$

(5)　直列接続コンデンサの電束密度D_1，D_2，D_3

コンデンサC_1，C_2，C_3の比誘電率をそれぞれε_{r1}，ε_{r2}，ε_{r3}とすると，電束密度はそれぞれ

$$D_1 = E_1 \cdot \varepsilon_{r1} \cdot \varepsilon_0 \text{ [C/m}^2\text{]}$$
$$D_2 = E_2 \cdot \varepsilon_{r2} \cdot \varepsilon_0 \text{ [C/m}^2\text{]}$$
$$D_3 = E_3 \cdot \varepsilon_{r3} \cdot \varepsilon_0 \text{ [C/m}^2\text{]}$$

(6)　直列接続コンデンサに蓄えられる静電エネルギーW_1，W_2，W_3

$$W_1 = \frac{1}{2} C_1 V_1{}^2 = \frac{Q^2}{2C_1} = \frac{1}{2} Q V_1 \text{ [J]}$$

$$W_2 = \frac{1}{2} C_2 V_2{}^2 = \frac{Q^2}{2C_2} = \frac{1}{2} Q V_2 \text{ [J]}$$

$$W_3 = \frac{1}{2} C_3 V_3{}^2 = \frac{Q^2}{2C_3} = \frac{1}{2} Q V_3 \text{ [J]}$$

2. 過去の類題

2021（令和3）年 問17，2020（令和2）年 問17，2018（平成30）年 問17，2016（平成28）年 問17，2015（平成27）年 問16，2012（平成24）年 問15，2009（平成21）年 問17，2006（平成18）年 問17，2005（平成17）年 問18に類題が出題されている．

(a)—(4)，(b)—(2)

（選択問題）

問18

図1，図2及び図3は，トランジスタ増幅器のバイアス回路を示す．次の(a)及び(b)の問に答えよ．

ただし，V_{CC}は電源電圧，V_Bはベース電圧，I_Bはベース電流，I_Cはコレクタ電流，I_Eはエミッタ電流，R，R_B，R_C及びR_Eは抵抗を示す．

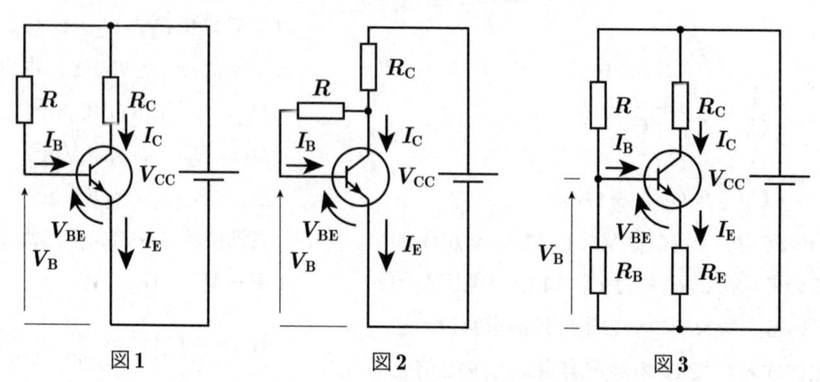

図1　　図2　　図3

(a) 次の①式，②式及び③式は，図1，図2及び図3のいずれかの回路のベース・エミッタ間の電圧V_{BE}を示す．

$V_{BE} = V_B - I_E \cdot R_E$ ……………………①

$V_{BE} = V_{CC} - I_B \cdot R$ ……………………②

$V_{BE} = V_{CC} - I_B \cdot R - I_E \cdot R_C$ ……………………③

上記の式と図の組合せとして，正しいものを次の(1)～(5)のうちから一つ選べ．

	①式	②式	③式
(1)	図1	図2	図3
(2)	図2	図3	図1
(3)	図3	図1	図2
(4)	図1	図3	図2
(5)	図3	図2	図1

(b) 次の文章a，b及びcは，それぞれのバイアス回路における周囲温度の変化と電流I_Cとの関係について述べたものである．

ただし，h_{FE}は直流電流増幅率を表す．

a　温度上昇によりh_{FE}が増加するとI_Cが増加し，バイアス安定度が悪いバイアス回路の図は (ア) である．

b　h_{FE}の変化によりI_Cが増加しようとすると，V_Bはほぼ一定であるからV_{BE}が減少するので，I_CやI_Eの増加を妨げるように働く．I_Cの変化の割合が比較的低く，バイアス安定度が良いものの，電力損失が大きいバイアス回路の図は (イ) である．

c　h_{FE}の変化によりI_Cが増加しようとすると，R_Cの電圧降下も増加することでコレクタ・エミッタ間の電圧V_{CE}が低下する．これによりRの電圧が減少してI_Bが減少するので，I_Cの増加が抑えられるバイアス回路の図は (ウ) である．

上記の記述中の空白箇所(ア)～(ウ)に当てはまる組合せとして，正しいものを次の(1)～(5)のうちから一つ選べ．

	(ア)	(イ)	(ウ)
(1)	図1	図2	図3
(2)	図2	図3	図1
(3)	図3	図1	図2
(4)	図1	図3	図2
(5)	図2	図1	図3

解18

(a)　図1～3の各バイアス回路の式

1. 図1

問題の図1は，**固定バイアス回路**を表している．ベース電流I_Bは，バイアス抵抗と呼ばれるRを通じて供給される．

(a)図の破線で示す閉ループについて，キルヒホッフの第2法則より，電流の流れる向きをループの向きにとり，電源V_{CC}および抵抗の電圧降下を電圧の高い側に矢先をつけ，ループを1巡したときの全電圧の総和を0と置くと，

$$V_{CC} - I_B R - V_{BE} = 0$$

$$\therefore \ V_{BE} = V_{CC} - I_B R \qquad ②の式$$

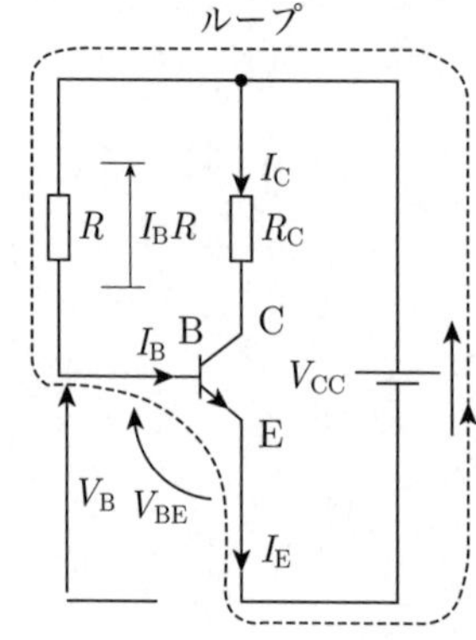

(a)　固定バイアス回路

2. 図2

問題の図2は，**自己バイアス回路**を表している．ベース電流I_Bは，コレクタ（C）・エミッタ（E）間電圧V_{CE}によりバイアス抵抗Rを通じて供給される．

(b)図の破線で示す閉ループについて，キルヒホッフの第2法則より，次式が成り立つ．

$$V_{CC} - (I_B + I_C)R_C - I_B R - V_{BE} = 0$$

一方，$I_B + I_C = I_E$より，

$$\therefore \ V_{BE} = V_{CC} - I_B R - I_E R_C \qquad ③の式$$

3. 図3

問題の図3は，**電流帰還バイアス回路**を表している．ベース電流I_Bを流すため，電源電圧を分割するブリーダ抵抗R，R_Bが設けられている．また，バイアスを安定化するためにエミッタ抵抗（**安定抵抗**ともいう）R_Eが設けられる．

(c)図の実線の閉ループ①，および破線の閉ループ②について，キルヒホッフの第2法則より，次式が成り立つ．

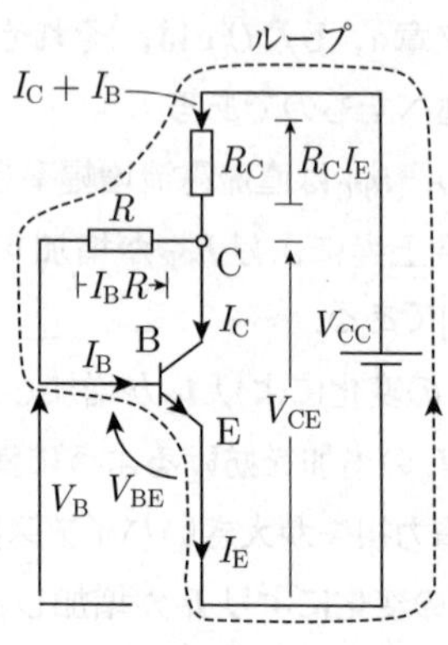

(b)　自己バイアス回路

閉ループ①：$V_{CC} - I_B R - V_B = 0$　ⓐ

閉ループ②：$V_{CC} - I_B R - V_{BE} - I_E R_E = 0$　ⓑ

ⓐ式－ⓑ式より，

$$-V_B - (-V_{BE} - I_E R_E) = 0$$

$$\therefore \ V_{BE} = V_B - I_E R_E \qquad ①の式$$

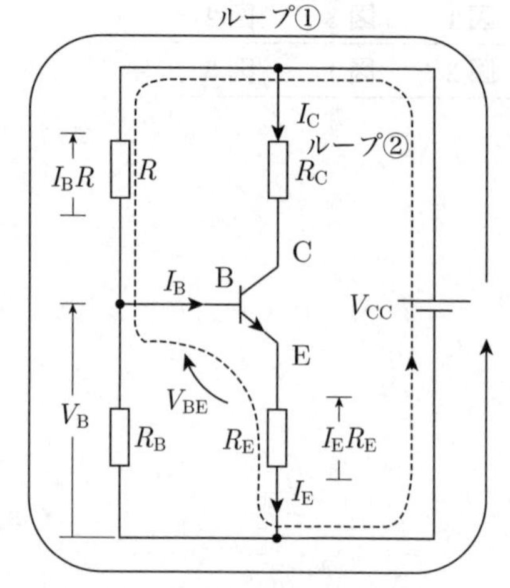

(c)　電流帰還バイアス回路

よって，**求める選択肢は(3)**となる．

(b)　周囲温度の変化と電流I_Cとの関係

1. 図1の固定バイアス回路（(a)図）

(a)図のベース電流I_Bおよびコレクタ電流I_Cは②式より，

$$I_B = \frac{V_{CC} - V_{BE}}{R} \qquad ⓒ$$

$$I_C = h_{FE} \cdot I_B = \frac{h_{FE}(V_{CC} - V_{BE})}{R} \qquad ⓓ$$

温度上昇によりV_{BE}は減少し，h_{FE}は増加する性質がある．ⓓ式からV_{BE}の変化に対しI_C

の変化は小さいが，h_{FE}の変化に対しI_Cの変化は大きいためバイアスの安定度は悪い．

よって，aの記述の(ア)は**図1**の記述である．

2．図2の自己バイアス回路（(b)図）

ベース電流I_Bは③式より，

$$V_{BE} = V_{CC} - I_B R - (I_B + I_C)R_C$$
$$= V_{CC} - I_B(R + R_C) - I_C R_C$$

$$\therefore \quad I_B = \frac{V_{CC} - V_{BE} - I_C R_C}{R + R_C} \quad ⓔ$$

一方(b)図より，

$$I_B = \frac{V_{CE} - V_{BE}}{R} \quad ⓕ$$

温度上昇によりh_{FE}が増加し，I_Cが増加しようとするとR_Cの電圧降下が増加し，V_{CE}が低下する．このためRにかかる電圧が低下するので自動的にI_Bが減少し，I_Cの増加が抑えられる．自己バイアス回路はこのように電圧を帰還して動作するため，**電圧帰還バイアス回路**とも呼ばれる．

よって，cの記述の(ウ)は**図2**の記述である．

3．図3の電流帰還バイアス回路（(c)図）

温度上昇によりh_{FE}が増加し，I_Cが増加しようとするとエミッタ電流I_E（$= I_B + I_C$）も増加し，R_Eの電圧降下が増加する．しかし，ベース電圧V_Bは次式で与えられ，I_Bに関係なくほぼ一定に維持される．

$$V_B \fallingdotseq \frac{R_B}{R + R_B} \cdot V_{CC}$$

このため①式からV_{BE}が減少するので，I_CやI_Eの増加を抑制する方向に働く．温度変化によるI_Cの変化の割合は低く抑えられ，バイアス回路の安定度はよい反面，ブリーダ抵抗R_Bやエミッタ抵抗R_Eの電力損失が大きい欠点がある．安定度が良好であるため広く用いられている．

よって，bの記述の(イ)は**図3**の記述である．

よって，**求める選択肢は(4)**となる．

〔ここがポイント〕

1．バイアス回路とは

(d)図に示すように，トランジスタのベースに入力される交流信号v_iは，振幅が正（+）と負（−）の波形である．しかしトランジスタのベース・エミッタ間はpn接合のため（+）のみ導通し（−）の信号は増幅することができない．このため，出力信号v_oはひずんでしまう．これを防ぐためにはベースの入力信号が常に（+）となるように入力信号に直流電圧V_iを加えて底上げする（**バイアスをかける**）．この回路を**バイアス回路**という．

2．過去の類題

トランジスタのバイアス回路に関する過去の出題は少ない．2017（平成29）年 問13，2013（平成25）年 問13に類題の出題がある．

本問は2002（平成14）年 問13の再出題である．

答　(a)—(3)，(b)—(4)

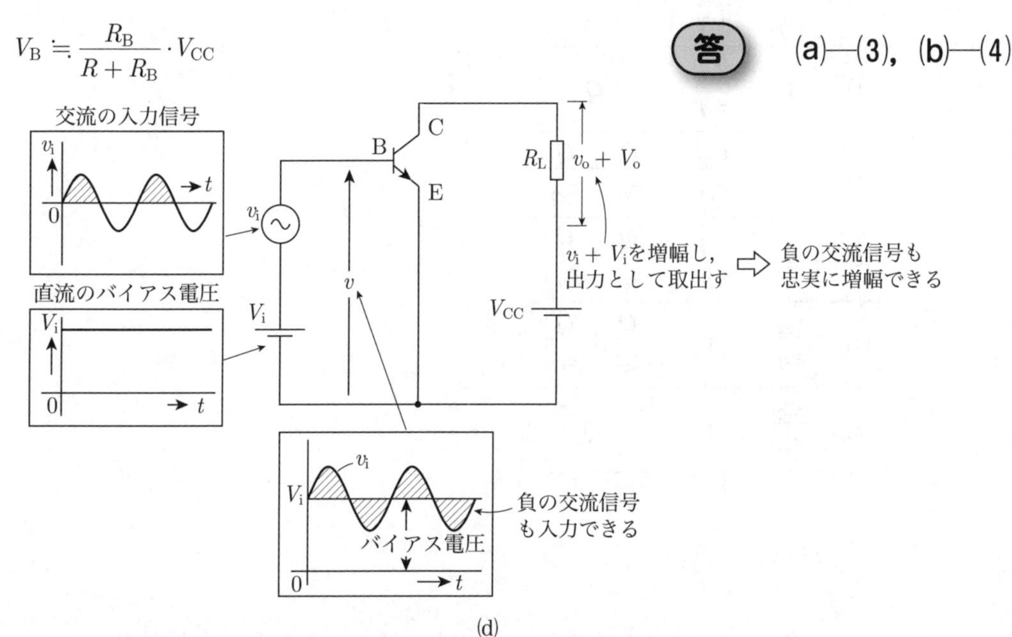

(d)

令和 3 年度（2021 年） 理論の問題

A 問題　配点は 1 問題当たり 5 点

問1 次の文章は，平行板コンデンサに関する記述である．

図のように，同じ寸法の直方体で誘電率の異なる二つの誘電体（比誘電率ε_{r1}の誘電体1と比誘電率ε_{r2}の誘電体2）が平行板コンデンサに充填されている．極板間は一定の電圧V [V]に保たれ，極板Aと極板Bにはそれぞれ$+Q$ [C]と$-Q$ [C]（$Q>0$）の電荷が蓄えられている．誘電体1と誘電体2は平面で接しており，その境界面は極板に対して垂直である．ただし，端効果は無視できるものとする．

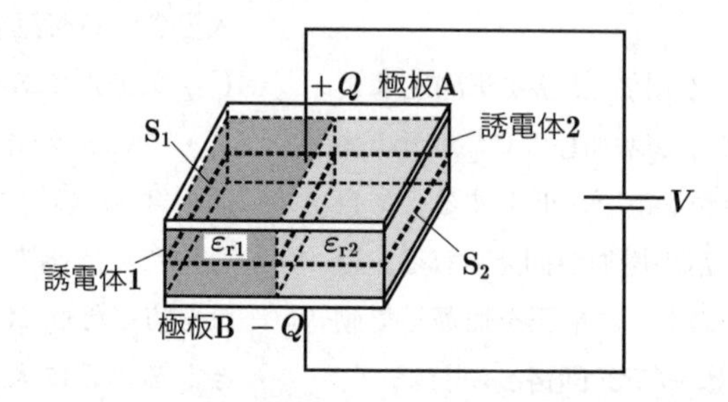

この平行板コンデンサにおいて，極板A，Bに平行な誘電体1，誘電体2の断面をそれぞれ面S_1，面S_2（面S_1と面S_2の断面積は等しい）とすると，面S_1を貫く電気力線の総数（任意の点の電気力線の密度は，その点での電界の大きさを表す）は，面S_2を貫く電気力線の総数の［(ア)］倍である．面S_1を貫く電束の総数は面S_2を貫く電束の総数の［(イ)］倍であり，面S_1と面S_2を貫く電束の数の総和は［(ウ)］である．

上記の記述中の空白箇所(ア)～(ウ)に当てはまる組合せとして，正しいものを次の(1)～(5)のうちから一つ選べ．

	(ア)	(イ)	(ウ)
(1)	1	$\dfrac{\varepsilon_{r1}}{\varepsilon_{r2}}$	Q
(2)	1	$\dfrac{\varepsilon_{r1}}{\varepsilon_{r2}}$	$\dfrac{Q}{\varepsilon_{r1}}+\dfrac{Q}{\varepsilon_{r2}}$
(3)	1	$\dfrac{\varepsilon_{r2}}{\varepsilon_{r1}}$	$\dfrac{Q}{\varepsilon_{r1}}+\dfrac{Q}{\varepsilon_{r2}}$
(4)	$\dfrac{\varepsilon_{r2}}{\varepsilon_{r1}}$	1	$\dfrac{Q}{\varepsilon_{r1}}+\dfrac{Q}{\varepsilon_{r2}}$
(5)	$\dfrac{\varepsilon_{r2}}{\varepsilon_{r1}}$	1	Q

●試験時間　90 分
●必要解答数　A 問題 14 題，B 問題 3 題（選択問題含む）

note

解1

(a)　電気力線の総数比 N_1/N_2

極板間隔を d [m] とすると，題意より極板間が一定の電圧に維持されているので，(a)図に示すように極板間は平等電界 $E = V/d$ となり，誘電率によらずいずれの場所でも一定となる．

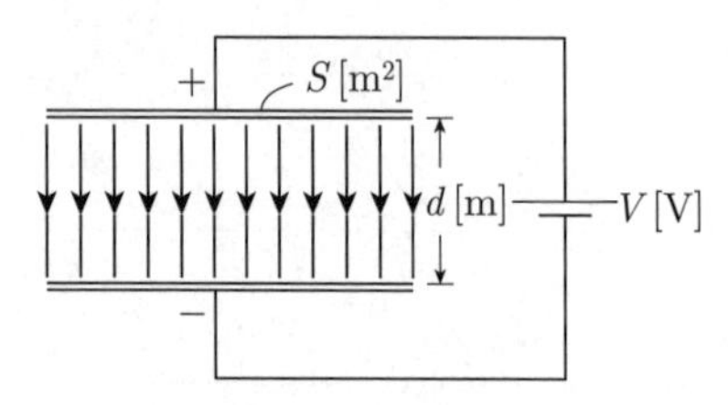

極板間に生じる電界 E

$E = \dfrac{V}{d}$ [V/m]

平等電界となるため，場所によらず一定値となる

(a)

極板面積を S [m^2] とすると題意より面 S_1，面 S_2 の断面積は等しく $S/2$ [m^2] となる．面 S_1 および面 S_2 を貫く電気力線の総数をそれぞれ N_1 および N_2 とすると，問題文「任意の点の電気力線の密度は，その点での電界の大きさを表す」より，

$$\frac{N_1}{S/2} = E \qquad ①$$

$$\frac{N_2}{S/2} = E \qquad ②$$

①式と②式は等しくなり，$N_1 = N_2$ が成り立つ．よって，

$$\frac{N_1}{N_2} = 1$$　**(ア)の答え**

(b)　電束の総数比 N_1'/N_2'

電気力線 N と電束 N' の関係は，

$$N = \frac{Q}{\varepsilon_0 \varepsilon_r},\ N' = Q$$

より，

$$N' = \varepsilon_0 \varepsilon_r N$$

よって，(ア)の結果を適用し，

$$\frac{N_1'}{N_2'} = \frac{\varepsilon_0 \varepsilon_{r1}}{\varepsilon_0 \varepsilon_{r2}} \frac{N_1}{N_2} = \frac{\varepsilon_{r1}}{\varepsilon_{r2}}$$　**(イ)の答え**

(c)　面 S_1 と面 S_2 を貫く電束の総和 N_0'

極板間に蓄えられる電荷の総和は Q [C] であるから，電束の定義により，求める N_0' は，電荷の総和 Q と等しくなる．

よって，**求める選択肢は(1)**となる．

〔ここがポイント〕

1. 電気力線と電束の定義

面Sを貫く**電気力線** N は，面内にある電荷 $+Q$ から $Q/(\varepsilon_0 \varepsilon_r)$ 本が発散し，$-Q$ へ $Q/(\varepsilon_0 \varepsilon_r)$ 本が入る．面Sを貫く**電束** N' は，面内にある電荷 $+Q$ から Q 本が発散し，$-Q$ へ Q 本が入る．Q [C] の電荷を含む任意の閉曲面を通過する電束の垂直成分の総和は，その閉曲面内にある電荷の総和 Q に等しくなる．これを**ガウスの定理**という．**電束**は周囲の誘電率によらず常に電荷 Q と等しい．したがって，電気力線 N と電束 N' の間には，$N' = \varepsilon_0 \varepsilon_r N$ の関係がある．

2. 電気力線の性質

前項に加え，以下の性質を確実に覚えておく．

① 自身は収縮力，相互間では反発力が働き，交差しない

② 孤立正電荷から放射状に無限遠方に発散し，孤立負電荷ではその逆になる

③ 等量異符号の電荷間では，正電荷から放出し，すべて負電荷に入る

④ 導体表面（等電位面）に垂直に出入りし，その内側には存在しない

⑤ 対称形の導体では，その表面から発散・収束する模様は電荷がその中心にある場合と同じになる

別解

問題図のコンデンサは，(b)図に示す二つのコンデンサの並列接続と等価である．極板距離を d [m]，極板面積は題意より $S/2$ [m^2] とし，$Q = CV$ と静電容量の公式を用いると次式が成り立つ．

$$Q_1 = C_1 V$$

$$Q_1 = \frac{\varepsilon_0 \varepsilon_{r1}(S/2)}{d} \cdot V = \frac{\varepsilon_0 \varepsilon_{r1} S}{2d} \cdot V \qquad ①$$

$$Q_2 = C_2 V$$

$$Q_2 = \frac{\varepsilon_0 \varepsilon_{r2}(S/2)}{d} \cdot V = \frac{\varepsilon_0 \varepsilon_{r2} S}{2d} \cdot V \qquad ②$$

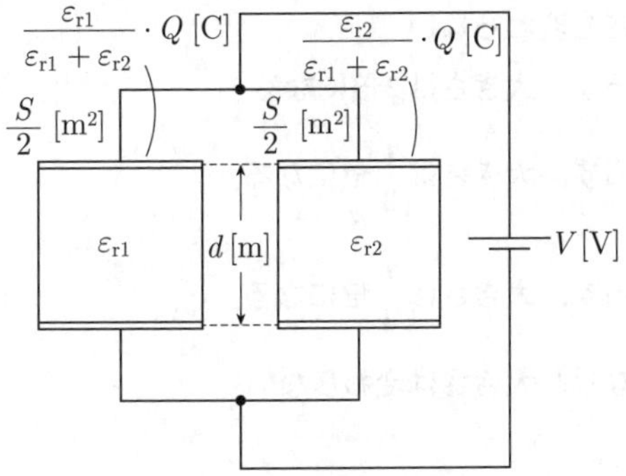

(b)

よって，電気力線の定義式に上記の関係を代入すると，

$$\frac{N_1}{N_2} = \frac{\dfrac{Q_1}{\varepsilon_0 \varepsilon_{r1}}}{\dfrac{Q_2}{\varepsilon_0 \varepsilon_{r2}}} = \frac{\varepsilon_{r2}}{\varepsilon_{r1}} \cdot \frac{\dfrac{\varepsilon_0 \varepsilon_{r1} S}{2d} \cdot V}{\dfrac{\varepsilon_0 \varepsilon_{r2} S}{2d} \cdot V}$$

$$= \frac{\varepsilon_{r2}}{\varepsilon_{r1}} \cdot \frac{\varepsilon_{r1}}{\varepsilon_{r2}} = 1 \quad (答)$$

面S_1と面S_2を貫く電束の総数N_0'は，並列コンデンサの蓄積電荷の和であるから，電束の定義より，

$$N_0' = N_1' + N_2'$$

$$= \frac{\varepsilon_{r1}}{\varepsilon_{r1} + \varepsilon_{r2}} \cdot Q + \frac{\varepsilon_{r2}}{\varepsilon_{r1} + \varepsilon_{r2}} \cdot Q$$

$$= Q \quad (答)$$

よって，**求める選択肢は**(1)となる．

〔ここがポイント〕

$$Q_1 = \frac{\varepsilon_0 \varepsilon_{r1} S}{2d} \cdot V, \quad Q_2 = \frac{\varepsilon_0 \varepsilon_{r2} S}{2d} \cdot V$$

$$Q = CV = (C_1 + C_2)V$$

$$= \frac{\varepsilon_0 (\varepsilon_{r1} + \varepsilon_{r2}) S}{2d} \cdot V \qquad ③$$

①÷③

$$\frac{Q_1}{Q} = \frac{\dfrac{\varepsilon_0 \varepsilon_{r1} S}{2d} \cdot V}{\dfrac{\varepsilon_0 (\varepsilon_{r1} + \varepsilon_{r2}) S}{2d} \cdot V} = \frac{\varepsilon_{r1}}{\varepsilon_{r1} + \varepsilon_{r2}}$$

②÷③

$$\frac{Q_2}{Q} = \frac{\dfrac{\varepsilon_0 \varepsilon_{r2} S}{2d} \cdot V}{\dfrac{\varepsilon_0 (\varepsilon_{r1} + \varepsilon_{r2}) S}{2d} \cdot V} = \frac{\varepsilon_{r2}}{\varepsilon_{r1} + \varepsilon_{r2}}$$

$$\therefore \quad Q_1 = \frac{\varepsilon_{r1}}{\varepsilon_{r1} + \varepsilon_{r2}} \cdot Q, \quad Q_2 = \frac{\varepsilon_{r2}}{\varepsilon_{r1} + \varepsilon_{r2}} \cdot Q$$

理論 電力 機械 法規 令和5上(2023) 令和4下(2022) 令和4上(2022) 令和3(2021) 令和2(2020) 令和元(2019) 平成30(2018) 平成29(2017) 平成28(2016) 平成27(2015)

二つの導体小球がそれぞれ電荷を帯びており，真空中で十分な距離を隔てて保持されている．ここで，真空の空間を，比誘電率2の絶縁体の液体で満たしたとき，小球の間に作用する静電力に関する記述として，正しいものを次の(1)～(5)のうちから一つ選べ．

(1) 液体で満たすことで静電力の向きも大きさも変わらない．

(2) 液体で満たすことで静電力の向きは変わらず，大きさは2倍になる．

(3) 液体で満たすことで静電力の向きは変わらず，大きさは$\frac{1}{2}$倍になる．

(4) 液体で満たすことで静電力の向きは変わらず，大きさは$\frac{1}{4}$倍になる．

(5) 液体で満たすことで静電力の向きは逆になり，大きさは変わらない．

解2 題意を以下に図示する．

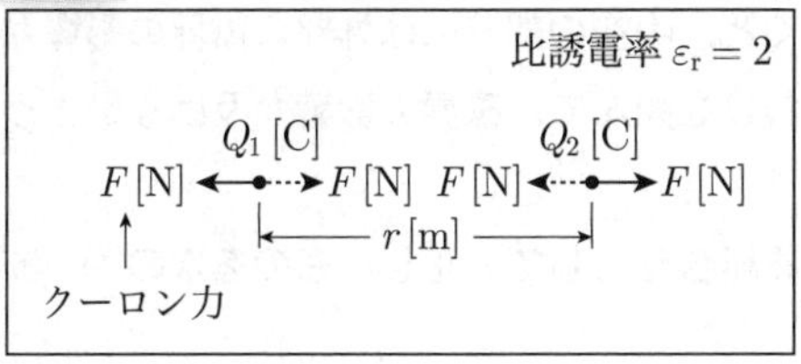

比誘電率 $\varepsilon_r = 2$

Q_1 [C]　Q_2 [C]

F [N] ←●⋯→ F [N]　F [N] ←⋯●→ F [N]

← r [m] →

クーロン力

電荷が互いに同符号（$Q_1 \times Q_2 > 0$）：反発力（⟶）
電荷が互いに異符号（$Q_1 \times Q_2 < 0$）：吸引力（⋯⟶）

クーロン力
$$F = \frac{1}{4\pi\varepsilon_r\varepsilon_0} \cdot \frac{Q_1Q_2}{r^2} = 9\times10^9 \cdot \frac{Q_1Q_2}{\varepsilon_r r^2} \text{ [N]}$$

図示のとおり，電荷の大きさを Q_1 [C]，Q_2 [C]，電荷間距離 r [m]，比誘電率 ε_r，真空（空気）中の誘電率 ε_0 [F/m] とする．真空中および比誘電率 $\varepsilon_r = 2$ の媒質中における小球間に作用する静電力 F_1 および F_2 を以下に求める．

(a) 真空中の静電力 F_1

電界におけるクーロンの法則により，

$$F_1 = \frac{1}{4\pi\varepsilon_0} \cdot \frac{Q_1Q_2}{r^2} \text{ [N]} \quad ①$$

(b) $\varepsilon_r = 2$ の媒質中の静電力 F_2

$$F_2 = \frac{1}{4\pi\varepsilon_0\varepsilon_r} \cdot \frac{Q_1Q_2}{r^2} \text{ [N]} \quad ②$$

(c) F_1 に対する F_2 の大きさの比 F_1/F_2

$$\frac{F_2}{F_1} = \frac{\dfrac{Q_1Q_2}{4\pi\varepsilon_0 r^2} \cdot \dfrac{1}{\varepsilon_r}}{\dfrac{Q_1Q_2}{4\pi\varepsilon_0 r^2}} = \frac{1}{\varepsilon_r} = \frac{1}{2}$$

したがって，空間を液体で満たすと静電力の大きさは1/2となり，その向きは変化しない．

よって，**求める選択肢は(3)**となる．

〔ここがポイント〕

1. 質点に働くクーロン力（静電力）

問題の「小球」とは，二つの球間距離に比べ，球自身の大きさが無視できる「点電荷」をいう．このような質量をもった，大きさが無視できる物体を**質点**といい，電磁気を含む各種物理法則を適用する際の前提となっている．

二つの点電荷の間に作用する静電力を「クーロンの法則」という法則名から別名**クーロン力**という．①式，②式を公式として確実に記憶していることが本問を解く前提となる．

2. 比誘電率の異なる媒質中のクーロン力，電界の大きさおよび向きについて

②式および次式に示す点電荷 Q [C] による電界の大きさ E の定義式は，比誘電率 ε_r に反比例するため，ε_r が大きくなると F および E の値はそれぞれ小さくなる．

$$E = \frac{1}{4\pi\varepsilon_0\varepsilon_r} \cdot \frac{Q}{r^2} \text{ [V/m]} \quad ③$$

空間の媒質の変化によりクーロン力（静電力）の**向きそのものが変化することはない**．

答 (3)

問3

次の文章は，強磁性体の応用に関する記述である．

磁界中に強磁性体を置くと，周囲の磁束は，磁束が [(ア)] 強磁性体の [(イ)] を通るようになる．このとき，強磁性体を中空にしておくと，中空の部分には外部の磁界の影響がほとんど及ばない．このように，強磁性体でまわりを囲んで，磁界の影響が及ばないようにすることを [(ウ)] という．

上記の記述中の空白箇所(ア)～(ウ)に当てはまる組合せとして，正しいものを次の(1)～(5)のうちから一つ選べ．

	(ア)	(イ)	(ウ)
(1)	通りにくい	内部	磁気遮へい
(2)	通りにくい	外部	磁気遮へい
(3)	通りにくい	外部	静電遮へい
(4)	通りやすい	内部	磁気遮へい
(5)	通りやすい	内部	静電遮へい

解3 磁界中に強磁性体を置くと，周囲の磁束は磁束が**通りやすい**強磁性体の**内部**を通るようになる．このとき，強磁性体を中空にしておくと，中空の部分には外部の磁界の影響がほとんど及ばない．このように，強磁性体でまわりを囲み，磁界の影響が及ばないようにすることを**磁気遮へい**という．

よって，**求める選択肢は**(4)となる．

〔ここがポイント〕

1. 磁化と磁性体

平等磁界中に，ある物体を置くと，物体は磁化されて磁気を生じ，(a)図の実線に示す磁束が生じる．このような磁化される物体を**磁性体**という．

磁性体のなかで，(a)図のように**磁界の向きと同じ方向に磁化**されるものを**常磁性体**（酸素，空気，アルミニウム，白金，パラジウムなど），**逆方向に磁化**されるものを**反磁性体**（水素，水，水晶，銅，銀，水銀など）という．

常磁性体のなかでも，**特に強く磁化**されるものを**強磁性体**（鉄，ニッケル，コバルトなど）という．空気中の比透磁率を1とすると，強磁性体の比透磁率μsは純鉄で5 000～200 000，鉄コバルト合金で約20 000あり，きわめて多くの磁束を通すことがわかる．

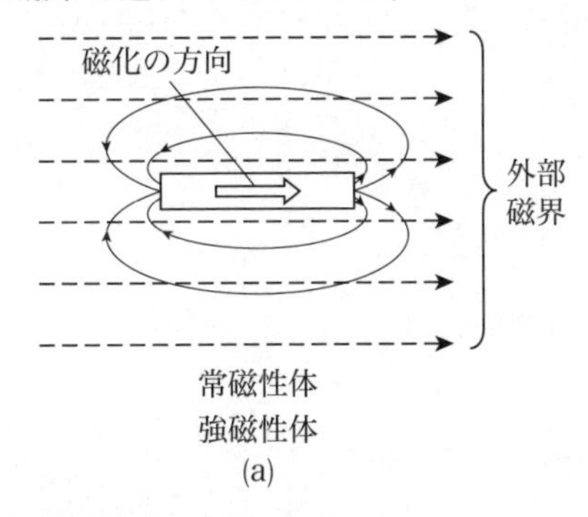

(a)

2. 磁界中の磁気遮へい模式図

磁界中の磁気遮へいのイメージを(b)図，(c)図に示す．

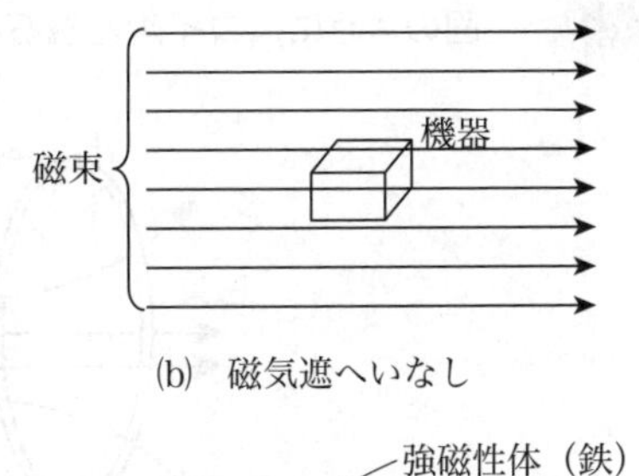

(b) 磁気遮へいなし

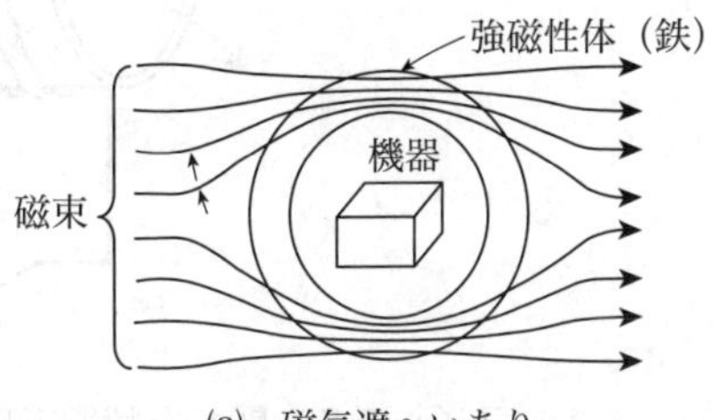

(c) 磁気遮へいあり

(b)図の磁気遮へいなしでは，磁束は機器を貫通して磁気の影響を受ける．このように外部磁界によって機器（物質）が磁性を帯びる現象を**磁気誘導**という．

一方，(c)図の磁気遮へいありでは，機器を鉄の球殻で囲んでおり，外部の磁束のほとんどが鉄部を通るようになる．このため，球殻内部の中空部分（内部の空間）には磁束はほとんど存在しない．したがって，内部空間の機器では，磁束密度がきわめて低くなる．

このように，機器に作用する磁気の影響を低減する目的で，透磁率の大きい強磁性体の遮へい体で対象物を囲うことにより，外部磁束のほとんどをこの遮へい体中を通し，内部空間に磁力線が入らないようにする．これを**磁気遮へい（磁気シールド）**と呼んでいる．

2. 過去の類題

2016（平成28）年，問4に類題が出題されている．

(4)

問4

次の文章は，電磁誘導に関する記述である．

図のように，コイルと磁石を配置し，磁石の磁束がコイルを貫いている．

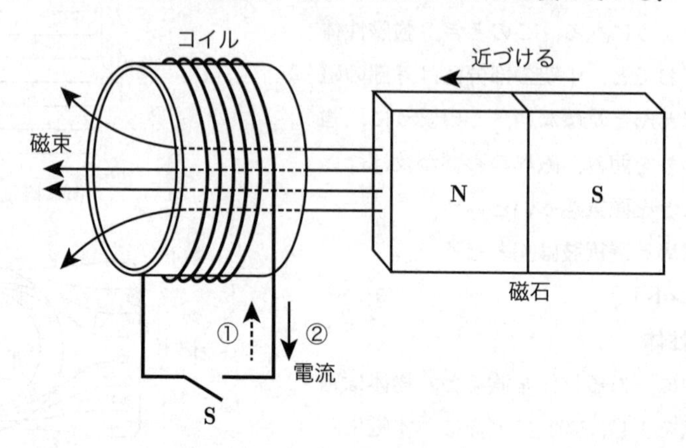

1．スイッチSを閉じた状態で磁石をコイルに近づけると，コイルには (ア) の向きに電流が流れる．

2．コイルの巻数が200であるとする．スイッチSを開いた状態でコイルの断面を貫く磁束を0.5 s の間に10 mWbだけ直線的に増加させると，磁束鎖交数は (イ) Wbだけ変化する．また，この0.5 sの間にコイルに発生する誘導起電力の大きさは (ウ) Vとなる．ただし，コイル断面の位置によらずコイルの磁束は一定とする．

上記の記述中の空白箇所(ア)〜(ウ)に当てはまる組合せとして，正しいものを次の(1)〜(5)のうちから一つ選べ．

	(ア)	(イ)	(ウ)
(1)	①	2	2
(2)	①	2	4
(3)	①	0.01	2
(4)	②	2	4
(5)	②	0.01	2

解4 **1. コイルに流れる電流の向き**

題意を以下に図示する.

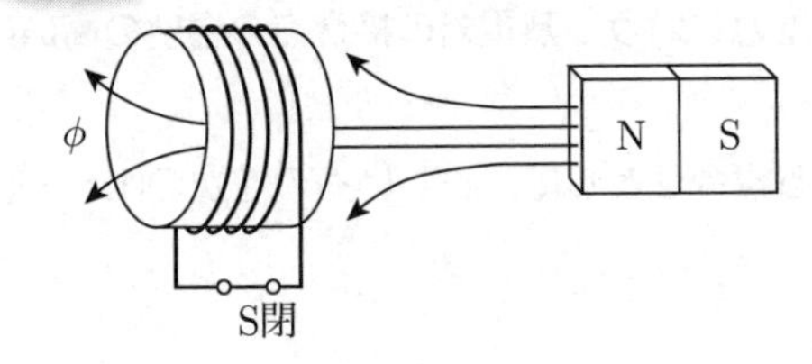

(a) 磁石が離れている

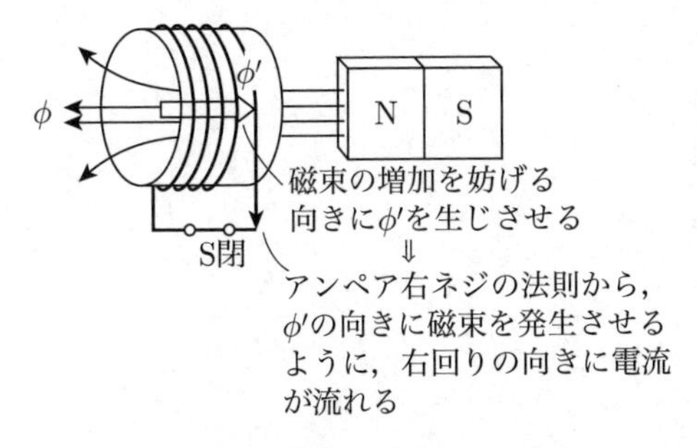

(b) 磁石を近づける

(a)図のように磁石がコイルから離れていると，コイルの内側を貫通する磁束ϕは少ない．次に，(b)図のようにスイッチSを閉じた状態で磁石をコイルに近づけると，コイルの内側を貫通する磁束ϕは増加する．

このとき，コイルは磁束ϕの増加を妨げる向きに磁束ϕ'を発生させようとする．このϕ'を発生させるために，スイッチの端子間にϕ'を発生させる向きに電圧eを発生し，ϕ'を発生させるための電流Iが流れる．

電流Iの向きは，**アンペア右ネジの法則**により，図の矢印の向きとなる．

よって，コイルには②の向きに電流が流れる（**(ア)の答え**）．

2. 磁束鎖交数とコイルに発生する誘導起電力

N回巻きのコイル中の磁束が，時間Δt [s]間に$\Delta\phi$ [Wb]変化したとき，コイルに発生する誘導起電力eは**ファラデー電磁誘導の法則**により次式で求められる．

$$e = -N\frac{\Delta\phi}{\Delta t}\,[\mathrm{V}] \qquad ①$$

負符号（−）は，コイルに流れる電流と反対方向に誘導起電力が発生することを示し，このeの向きを表す法則を**レンツの法則**という．

3. 磁束鎖交数の変化$N\Delta\phi$

磁束鎖交数$N\phi$は，コイルの内側を貫通する**磁束数ϕとコイルの巻数Nとの積**で求められる．いま，磁束鎖交数の変化は，Nと磁束の変化$\Delta\phi$との積となるので，$N = 200$，$\Delta\phi = 10 \times 10^{-3}$ Wbを次式に代入し，

$$N\Delta\phi = 200 \times 10 \times 10^{-3} = 2\,\mathrm{Wb} \quad \text{(イ)の答え}$$

コイルに発生する誘導起電力の大きさは①式より$\Delta t = 0.5$ sとして，

$$e = \left| -N\frac{\Delta\phi}{\Delta t} \right| = \frac{2}{0.5} = 4\,\mathrm{V} \quad \text{(ウ)の答え}$$

よって，**求める選択肢は(4)**となる．

〔ここがポイント〕

1. ファラデーの電磁誘導の法則，レンツの法則

この二つの法則の意味するところを正確に覚えておくことが本問を解く必須条件である．

2. 磁束鎖交数

ファラデー電磁誘導の法則では，コイルの内側を貫通する磁束が変化すると，コイルには誘導起電力が発生する．**コイルの内側を貫通する磁束**を**鎖交磁束ϕ**と呼び，鎖交磁束とコイルの巻数Nとの積を**磁束鎖交数$N\phi$**と呼ぶことなど，磁気に関する専門用語を正しく理解・記憶しておくと(イ)のような問題にも慌てずに対応できる．

3. コイルに流れる電流の向きの判定方法

N回巻コイルの場合，(c)図に示すアンペア右手親指の法則を用いても(ア)の電流の向きを判定することができる．

コイルに流れる電流
Iの方向

ϕ' 磁束の方向

アンペア右手親指の法則

(c)

4. 過去の類題

ファラデー電磁誘導，レンツの法則は2016（平成28）年，問8(4)，(5)に類題が出題されている．

 (4)

問5 次の文章は，熱電対に関する記述である．

熱電対の二つの接合点に温度差を与えると，起電力が発生する．この現象を ㈠ 効果といい，このとき発生する起電力を ㈡ 起電力という．熱電対の接合点の温度の高いほうを ㈢ 接点，低いほうを ㈣ 接点という．

上記の記述中の空白箇所㈠～㈣に当てはまる組合せとして，正しいものを次の⑴～⑸のうちから一つ選べ．

	㈠	㈡	㈢	㈣
⑴	ゼーベック	熱	温	冷
⑵	ゼーベック	熱	高	低
⑶	ペルチェ	誘導	高	低
⑷	ペルチェ	熱	温	冷
⑸	ペルチェ	誘導	温	冷

解5　熱電対の二つの接合点に温度差を与えると，起電力が発生する．この現象を**ゼーベック**効果といい，このとき発生する起電力を**熱**起電力という．熱電対の接合点の温度の高いほうを**温**接点，低いほうを**冷**接点という．

よって，**求める選択肢は**(1)となる．

〔ここがポイント〕

1. ゼーベック効果とは

2種類の金属または半導体を結合して閉回路をつくり，その二つの結合点を異なる温度に保持すると，その間に起電力を生じて電流が流れる．この現象を**ゼーベック効果（熱起電力効果）**という．

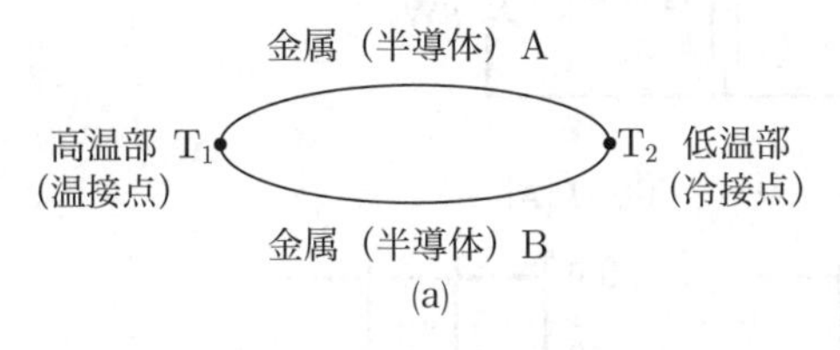

(a)

(a)図のように，一端を高温部T_1，他端を低温部T_2とすると，両端部間には次式に示す起電力ΔVが生じ，熱電流が流れる．

熱起電力$\Delta V = \sigma \Delta T$

ただし，σはゼーベック係数（熱電能）で，二つの導体の組合せにより決まる．ゼーベック効果の応用例として**熱電対**（Thermo-Couple）があり，温度計測に使用される．(b)図のように，一端（冷接点）を既知の室温または氷点（0 °C）とし，もう一端（温接点）を使用して温度測定する．

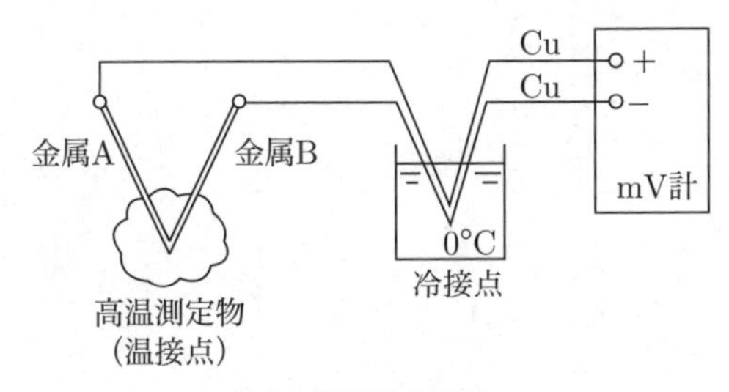

(b)　温度測定原理

2. ペルチェ効果とは

2種類の金属または半導体を結合して閉回路をつくり電流を流すと，結合部の一方で発熱，もう一方で吸熱が生じる．この現象を**ペルチェ効果**といい，この効果を応用したものを**ペルチェ素子**という．ペルチェ効果は，ゼーベック効果と逆の現象である．

(c)図のように，閉回路に電流を流すと一方の接点では吸熱が，他方の接点では発熱が生じる．電流の方向を逆転すると，吸熱，発熱の方向も逆転する．

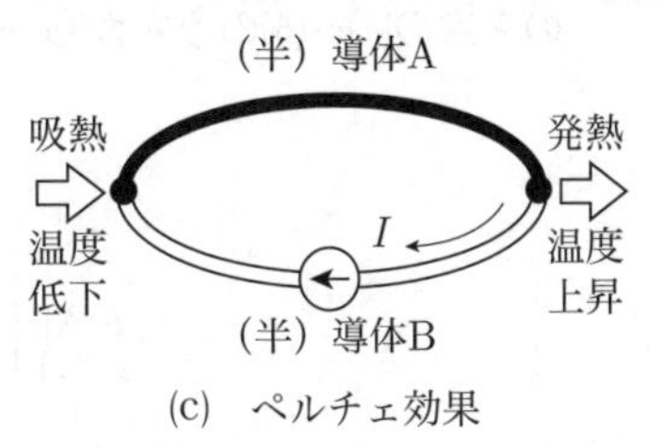

(c)　ペルチェ効果

(d)図に熱電冷却素子（ペルチェ素子）の基本構成を示す．ペルチェ効果を応用した半導体熱電冷却装置は，特別用途の低電力で超小型の冷却装置（電子冷凍装置，電子恒温装置）として利用される．

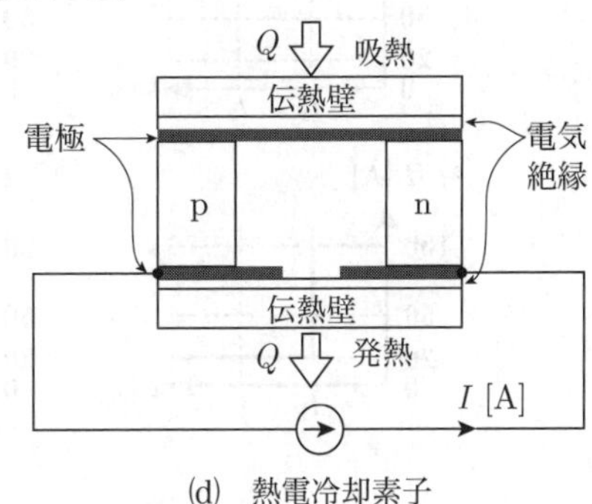

(d)　熱電冷却素子

3. 過去の類題

2005（平成17）年，問11，2020（令和2）年，問14(3)の選択肢に類題が出題されている．前年度の問題も欠かさずチェックし，解説を熟読・理解しておくことが大切である．

(1)

問6 直流の出力電流又は出力電圧が常に一定の値になるように制御された電源を直流安定化電源と呼ぶ．直流安定化電源の出力電流や出力電圧にはそれぞれ上限値があり，一定電流（定電流モード）又は一定電圧（定電圧モード）で制御されている際に負荷の変化によってどちらかの上限値を超えると，定電流モードと定電圧モードとの間で切り替わる．

図のように，直流安定化電源（上限値：100 A，20 V），三つの抵抗（$R_1 = R_2 = 0.1\ \Omega$，$R_3 = 0.8\ \Omega$），二つのスイッチ（SW_1，SW_2）で構成されている回路がある．両スイッチを閉じ，回路を流れる電流 $I = 100$ A の定電流モードを維持している状態において，時刻 $t = t_1$ [s] で SW_1 を開き，時刻 $t = t_2$ [s] で SW_2 を開くとき，I [A] の波形として，正しいものを次の(1)～(5)のうちから一つ選べ．

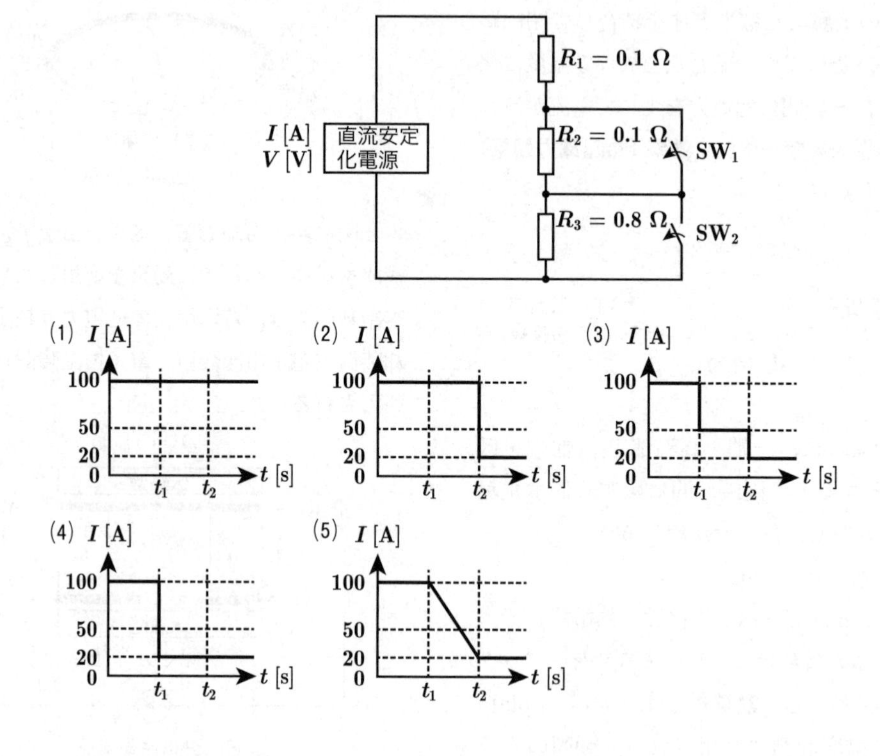

note

(a)　両スイッチSW_1，SW_2閉における$I = 100$ A定電流モード

題意の回路を(a)図に示す．

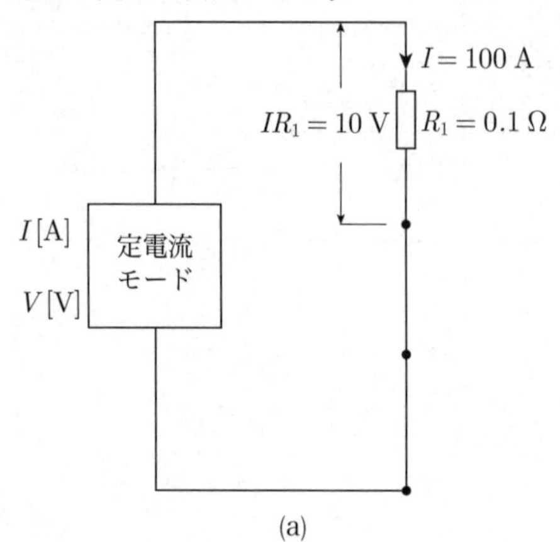

(a)

抵抗R_1の両端の電圧（電流Iによる抵抗R_1の電圧降下）は，

$$IR_1 = 100 \times 0.1 = 10 \text{ V}$$

であり，電流の上限値100 A，および電圧の上限値20 Vのいずれも超えない．

(b)　時刻$t = t_1$でSW_1開

題意の回路を(b)図に示す．

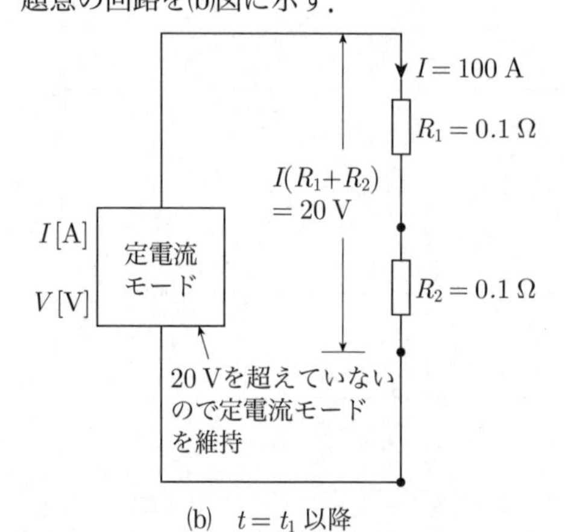

(b)　$t = t_1$ 以降

抵抗$R_1 + R_2$の両端の電圧（電流$I = 100$ Aによる抵抗$R_1 + R_2$の電圧降下）は，

$$I(R_1 + R_2) = 100 \times (0.1 + 0.1) = 20 \text{ V}$$

となり，電流100 A，電圧20 Vの上限値をいずれも超えてはいない．したがって，定電流モードを維持する．

(c)　時刻$t = t_2$でSW_2開

題意の回路を(c)図に示す．

抵抗$R_1 + R_2 + R_3$の両端の電圧（電流$I = 100$ Aによる抵抗$R_1 + R_2 + R_3$の電圧降下）は，

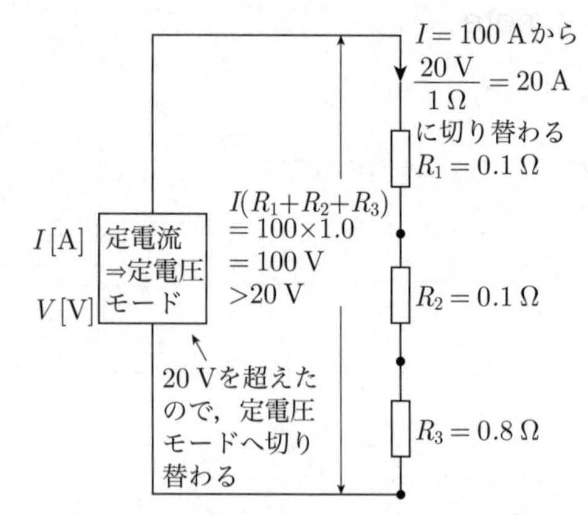

(c)　$t = t_2$ 以降（$I = 100$ Aから20 Aへ切替）

$$I(R_1 + R_2 + R_3) = 100 \times (0.1 + 0.1 + 0.8) = 100 \text{ V}$$

で，**電圧の上限値20 Vを超える**．このため，**定電流モードから定電圧モードへと切り替わる**．すなわち，$V = 20$ Vの定電圧モードへ変更され，回路電流は，

$$I = \frac{20 \text{ V}}{0.1 + 0.1 + 0.8} = \frac{20 \text{ V}}{1.0} = 20 \text{ A}$$

に瞬時に切り替わる．よって，電流I [A]の波形は(d)図になり，**求める選択肢は(2)**となる．

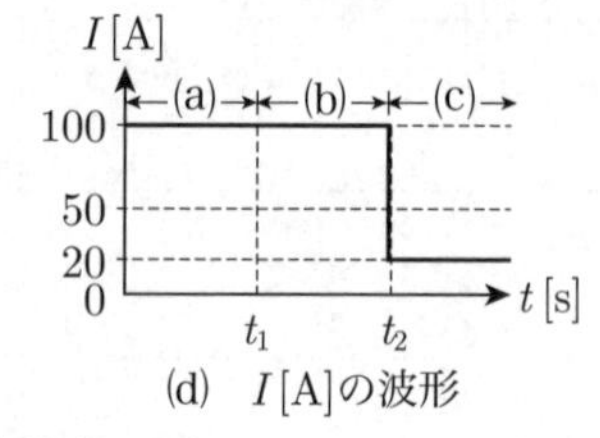

(d)　I [A]の波形

〔ここがポイント〕

1．安定化電源とは

負荷が変化しても，また電源電圧が変化しても，出力端子の電圧，すなわち負荷に加わる電圧が常に一定となるように制御される電源を**安定化電源**という．ツェナーダイオード（定電圧ダイオード）のツェナー現象（逆電圧を大きくしていくと，急に大きな一定電流が流れる降伏現象）を利用した安定化回路や，安定度の高いシリーズレギュレータ方式や，スイッチングレギュレータ方式が実用されている．

2．問題文のポイント

問題文の「一定電流（定電流モード）又は一定電圧（定電圧モード）で制御されている際に

負荷の変化によってどちらかの上限値を超えると，定電流モードと定電圧モードの間で切り替わる」の意味を正しく把握することが本問を解く際の前提となる．

すなわち，「**負荷の変化によって，電圧が上限を超えると定電流モードに切り替わり，電流が上限を超えると定電圧モードに切り替わる**」ことを念頭に置いて問題を解くことが大切である．本問は，読解力が求められる問題である．

 (2)

問7　図のように，起電力E[V]，内部抵抗r[Ω]の電池n個と可変抵抗R[Ω]を直列に接続した回路がある．この回路において，可変抵抗R[Ω]で消費される電力が最大になるようにその値[Ω]を調整した．このとき，回路に流れる電流Iの値[A]を表す式として，正しいものを次の(1)～(5)のうちから一つ選べ．

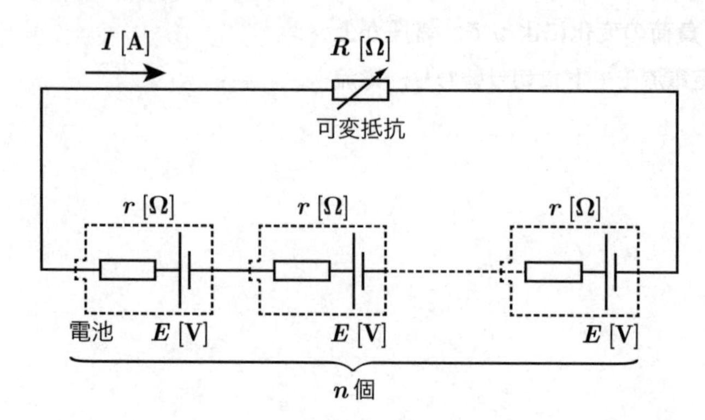

(1) $\dfrac{E}{r}$　　(2) $\dfrac{nE}{\left(\dfrac{1}{n}+n\right)r}$　　(3) $\dfrac{nE}{(1+n)r}$　　(4) $\dfrac{E}{2r}$　　(5) $\dfrac{nE}{r}$

解7 本問は，以下のステップに分けて解答するとわかりやすい．

(a) 可変抵抗 R [Ω] で消費される電力が最大となる条件

問題図の可変抵抗 R を端子a，bで切り離した図を(a)図に示す．

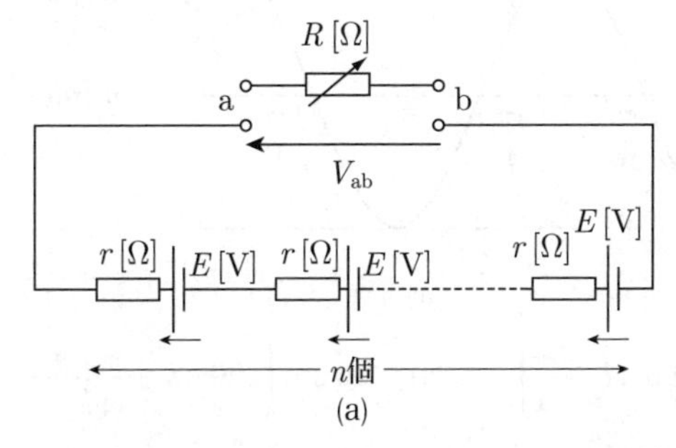

(a)

抵抗 R の消費電力が最大となるときの抵抗 R の値は，(b)図に示す端子a，bから電源側をみた合成抵抗 R_{ab} と R が等しいときであるから，

$$R = R_{ab} = nr\ [\Omega] \quad ①$$

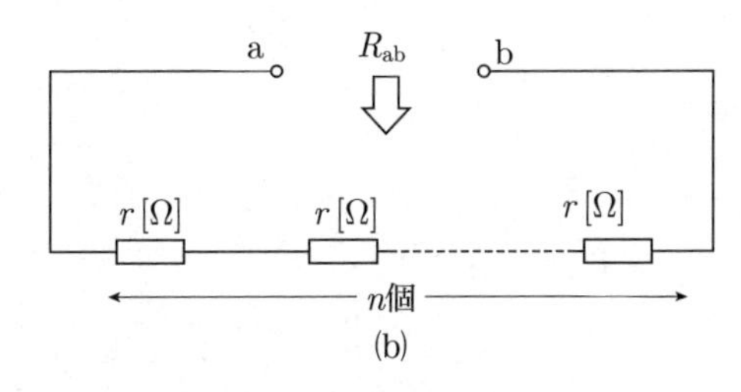

(b)

(b) (a)のときの回路電流 I

回路電流は，**鳳・テブナンの定理**を用いて以下のように求められる．

① (a)図の端子a-b間に現れる電圧 V_{ab} [V]

端子a，bから電源側をみたときの直流電源は n 個の直列接続であるから，

$$V_{ab} = nE\ [\mathrm{V}] \quad ②$$

② 可変抵抗 R に流れる電流 I [A]

鳳・テブナンの定理より，①，②式を用いて

$$I = \frac{V_{ab}}{R_{ab} + R} = \frac{nE}{nr + nr}$$

$$= \frac{nE}{2nr} = \frac{E}{2r}\ [\mathrm{A}] \quad (答) \quad ③$$

よって，**求める選択肢は(4)**となる．

〔ここがポイント〕

1. 直流電圧源（電池）

直流電圧源（電池）は，(c)図に示すように，内部抵抗 r [Ω] と直流電圧 V [V] が直列接続された等価回路で表すことができる．

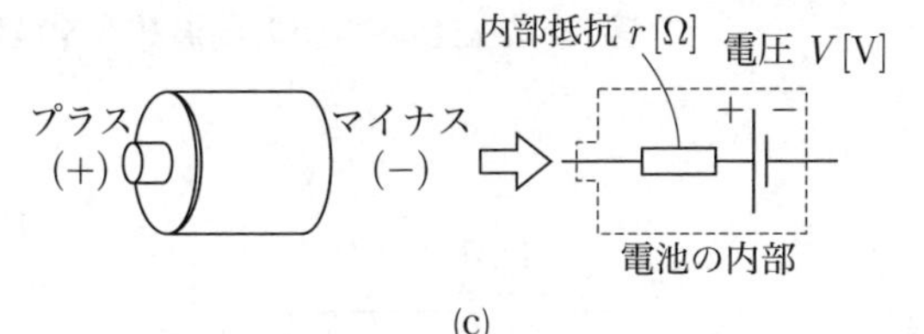

(c)

2. 消費電力が最大となる条件

問題図の回路に流れる電流 I [A] は，

$$I = \frac{nE}{nr + R}\ [\mathrm{A}]$$

抵抗 R の消費電力 P は，

$$P = I^2 R = \left(\frac{nE}{nr + R}\right)^2 R$$

$$= \frac{n^2E^2R}{n^2r^2 + 2nrR + R^2}$$

未知数 R で分母，分子を除すと，

$$P = \frac{n^2E^2}{\dfrac{n^2r^2}{R} + 2nr + R}\ [\mathrm{W}] \quad ④$$

④式を最大にするには，分母が最小となればよい．$2nr$ は定数であるから，「変数である第1項と第3項の積が一定値ならば，この二つの項が等しいとき二つの項の和は最小となる」という定理を用いる．これを**代数の定理（最小の定理）**という．

$$\frac{n^2r^2}{R} \times R = n^2r^2 \quad (一定値)$$

ゆえに，$n^2r^2/R = R$ すなわち $R = nr$ のとき，④式の分母は最小となり，④式そのものは最大となる．これは，(b)図の端子a，bから電源側の合成抵抗と抵抗 R が等しい場合を意味する．

3. 抵抗 R の最大消費電力 P_m の値 [W]

①式および③式を次式に代入して求める．

$$P_m = I^2R = \left(\frac{E}{2r}\right)^2 \times nr = \frac{nrE^2}{4r^2} = \frac{nE^2}{4r}\ [\mathrm{W}]$$

今後の出題が予想される．文字式で計算できるようにしておきたい．

(4)

問8　図1の回路において，図2のような波形の正弦波交流電圧 v [V] を抵抗 5 Ω に加えたとき，回路を流れる電流の瞬時値 i [A] を表す式として，正しいものを次の(1)〜(5)のうちから一つ選べ．ただし，電源の周波数を 50 Hz，角周波数を ω [rad/s]，時間を t [s] とする．

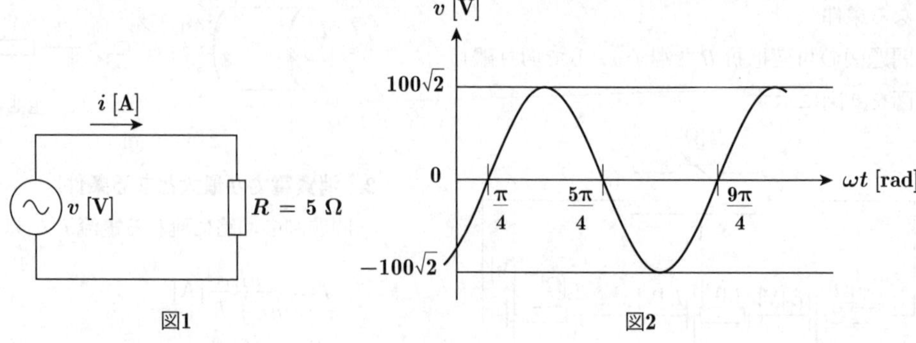

図1　　図2

(1)　$20\sqrt{2}\sin\left(50\pi t-\dfrac{\pi}{4}\right)$　(2)　$20\sin\left(50\pi t+\dfrac{\pi}{4}\right)$　(3)　$20\sin\left(100\pi t-\dfrac{\pi}{4}\right)$

(4)　$20\sqrt{2}\sin\left(100\pi t+\dfrac{\pi}{4}\right)$　(5)　$20\sqrt{2}\sin\left(100\pi t-\dfrac{\pi}{4}\right)$

解8 正弦波交流電圧 v [V] の瞬時値を表す式は，次式となる．

$$v = E_{\mathrm{m}} \sin(\omega t \pm \theta)\ [\mathrm{V}]$$

問題図2の正弦波の波形より，最大値 $E_{\mathrm{m}} = 100\sqrt{2}$，位相 θ は瞬時値が0 Vのときの角度 [rad] であり，時刻 $t = 0$ から $\pi/4$ [rad] **遅れて**0 Vを通過しているので，$-\pi/4$ [rad] となる．すなわち，遅れ位相は θ の前にマイナス符号がつく．

ω は角周波数 [rad/s] を表し，

$$\omega = 2\pi f = 2\pi \times 50 = 100\pi\ \mathrm{rad}$$

と求められる．

(a)図に示すように，原点を通る電圧の波形を表す瞬時値の式を $v = 100\sqrt{2}\sin 100\pi t$ [V] と表すのに対し位相 $\theta = \pi/4$ 遅れた波形の瞬時値は次式で表す．位相が進む場合は θ の符号が＋になる．

$$v = 100\sqrt{2}\sin\left(100\pi t - \frac{\pi}{4}\right)[\mathrm{V}] \quad ①$$

抵抗負荷では，加えられる電圧 v と流れる電流 i の位相は一致（同位相または同相）するので①式のsin以下の括弧内は同じ値をとる．電流の最大値 I_{m} は，

$$I_{\mathrm{m}} = \frac{E_{\mathrm{m}}}{R} = \frac{100\sqrt{2}}{5} = 20\sqrt{2}\ \mathrm{A}$$

ゆえに，電流の瞬時値を表す式は，

$$i = 20\sqrt{2}\sin\left(100\pi t - \frac{\pi}{4}\right)[\mathrm{A}] \quad (答)$$

よって，**求める選択肢は(5)**となる．

電流波形を(b)図に示す．

〔ここがポイント〕

1. 負荷がコイルの場合の v と i の位相関係

回路の負荷が抵抗 R の場合，解答のように加えられる電圧 v と流れる電流 i_{R} の位相は一致する．

負荷がコイル（インダクタンス L [H]）の場合，負荷に加わる**電圧 v を基準**とすると，流れる**電流 i_{L} は $\pi/2$ rad（90°）位相が遅れる**．インダクタンス L のリアクタンス X_{L}（$= 2\pi fL$）を抵抗 R と同じく5 Ωとすると，回路を流れる電流の瞬時値を表す式 i_{L} は，

$$i_{\mathrm{L}} = 20\sqrt{2}\sin\left(100\pi t - \frac{\pi}{4} - \frac{\pi}{2}\right)$$

$$= 20\sqrt{2}\sin\left(100\pi t - \frac{3\pi}{4}\right)[\mathrm{A}]$$

となる．

電流波形は，ωt 軸上の $3\pi/4$ の点で0からプラス側に転じ，v より $3\pi/4$ だけ位相が遅れた波形となる．

2. 負荷がコンデンサの場合の v と i の位相関係

負荷がコンデンサ（静電容量 C [F]）の場合，負荷に加わる**電圧 v を基準**とすると，流れる**電流 i_{C} は $\pi/2$ rad（90°）位相が進む**．静電容量 C [F] のリアクタンス X_{C}（$= 1/(2\pi fC)$）を抵抗 R と同じく5 Ωとすると，回路を流れる電流の瞬時値を表す式 i_{C} は，

$$i_{\mathrm{C}} = 20\sqrt{2}\sin\left(100\pi t - \frac{\pi}{4} + \frac{\pi}{2}\right)$$

$$= 20\sqrt{2}\sin\left(100\pi t + \frac{\pi}{4}\right)[\mathrm{A}]$$

となる．

電流波形は，ωt 軸上の $-\pi/4$ の点（原点から左側）で0からプラス側に転じ，v より $\pi/4$ 位相が進んだ波形となる．

(5)

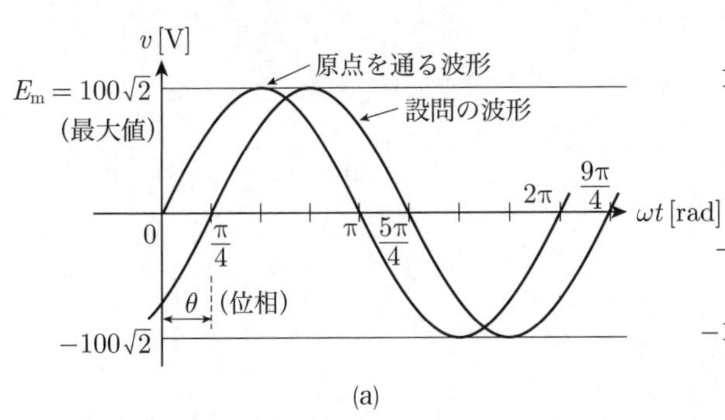

(a)

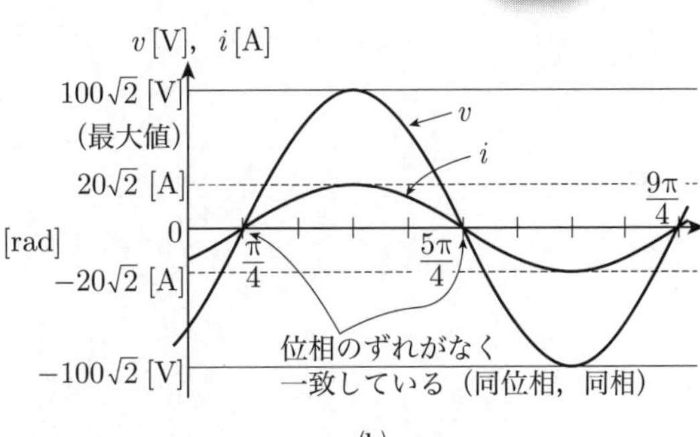

(b)

実効値 V [V]，角周波数 ω [rad/s] の交流電圧源，R [Ω] の抵抗R，インダクタンス L [H] のコイルL，静電容量 C [F] のコンデンサCからなる共振回路に関する記述として，正しいものと誤りのものの組合せとして，正しいものを次の(1)～(5)のうちから一つ選べ．

(a) RLC直列回路の共振状態において，LとCの端子間電圧の大きさはともに0である．

(b) RLC並列回路の共振状態において，LとCに電流は流れない．

(c) RLC直列回路の共振状態において交流電圧源を流れる電流は，RLC並列回路の共振状態において交流電圧源を流れる電流と等しい．

	(a)	(b)	(c)
(1)	誤り	誤り	正しい
(2)	誤り	正しい	誤り
(3)	正しい	誤り	誤り
(4)	誤り	誤り	誤り
(5)	正しい	正しい	正しい

note

問題の選択肢(a)，(b)，(c)を検証する．

(a) RLC直列回路

設問の回路図を(a)図に示す．

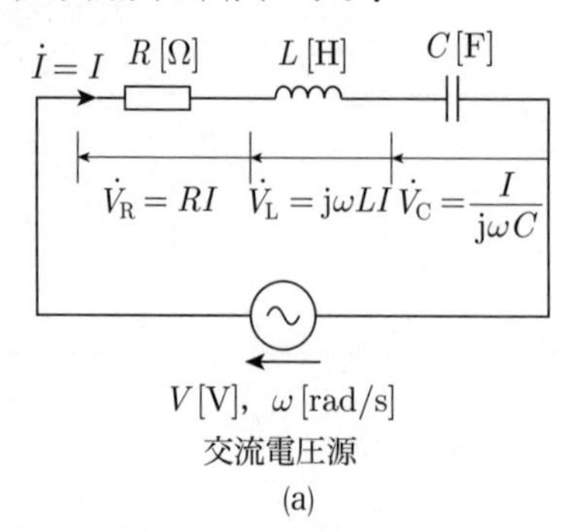

(a)

各回路素子に発生する電圧 $\dot{V}_{\mathrm{R}}$，$\dot{V}_{\mathrm{L}}$，$\dot{V}_{\mathrm{C}}$はそれぞれ(a)図のようになる．交流電圧源を流れる電流Iを基準ベクトルとした場合の電圧のベクトル図を(b)図に示す．

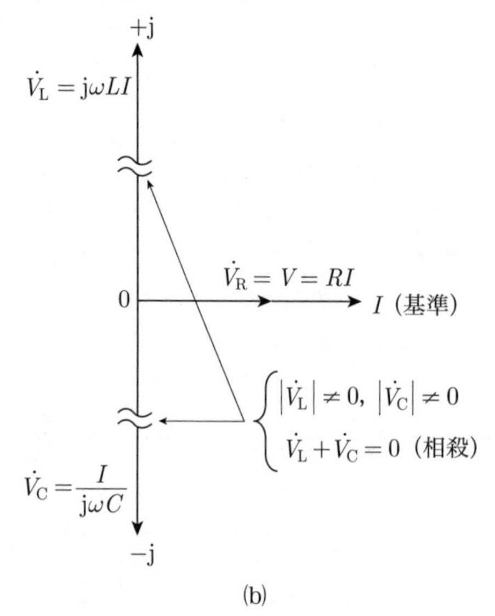

(b)

ベクトル図より，LとCの端子電圧は，大きさがそれぞれωLI，および$I/(\omega C)$で，電流Iを基準にとると位相はそれぞれ90°進み，および90°遅れとなる．直列共振状態では，$V_{\mathrm{L}}=V_{\mathrm{C}}$となり，互いに180°位相差があるため打ち消し合い，そのベクトル和は$\dot{V}_{\mathrm{L}}+\dot{V}_{\mathrm{C}}=0$となる．

したがって，**LとCにはそれぞれ単独に端子電圧が発生**しており，$V_{\mathrm{L}}\neq 0$，$V_{\mathrm{C}}\neq 0$であるから，「直列共振状態において，LとCの端子電圧の大きさはともに0である」の記述は誤りである．

(b) RLC並列回路

選択肢(b)の回路図を(c)図に示す．

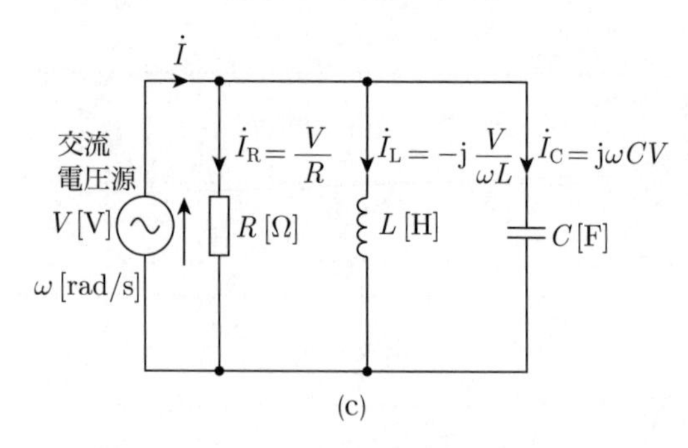

(c)

各回路素子に流れる電流$\dot{I}_{\mathrm{R}}$，$\dot{I}_{\mathrm{L}}$，$\dot{I}_{\mathrm{C}}$はそれぞれ(c)図のようになる．交流電圧源の電圧Vを基準ベクトルとした場合の電流のベクトル図を(d)図に示す．

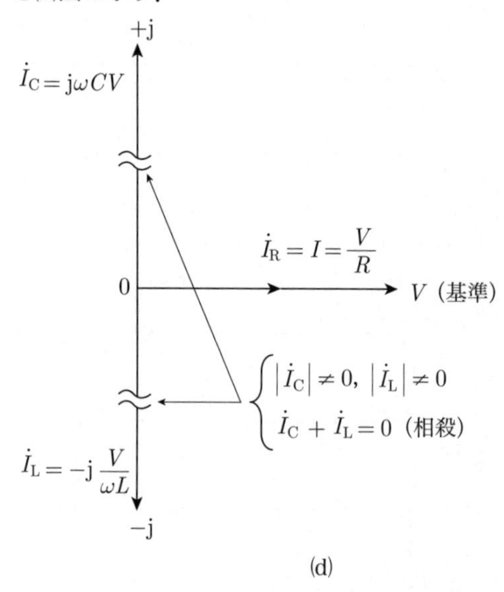

(d)

ベクトル図より，LとCに流れる電流は，大きさがそれぞれ$V/(\omega L)$，およびωCVで，位相は電圧Vを基準にするとそれぞれ90°遅れ，および90°進みとなる．並列共振状態では，$I_{\mathrm{L}}=I_{\mathrm{C}}$となり，互いに180°位相差があるため打ち消し合い，そのベクトル和は$\dot{I}_{\mathrm{L}}+\dot{I}_{\mathrm{C}}=0$となる．

したがって，**LとCにはそれぞれ単独に電流が流れて**おり，$I_{\mathrm{L}}\neq 0$，$I_{\mathrm{C}}\neq 0$であるから，「並列共振状態において，LとCに電流は流れない」の記述は誤りである．

(c) (a)の直列共振回路と(b)の並列共振回路の電源を流れる電流

(a)図の直列共振回路の交流電圧源を流れる電流$\dot{I}$[A]は，

$$\dot{I}=\frac{\dot{V}}{R+\mathrm{j}\left(\omega L-\dfrac{1}{\omega C}\right)}\text{[A]}$$

直列共振時は，$\dot{I}$は$\dot{V}$と同相になるので，虚数部がゼロとなり，

$$\dot{I}=\frac{\dot{V}}{R}\text{[A]} \quad ①$$

一方，(c)図の並列共振回路の交流電圧源を流れる電流$\dot{I}$[A]は，

$$\dot{I}=\dot{I}_{\mathrm{R}}+\dot{I}_{\mathrm{L}}+\dot{I}_{\mathrm{C}}=\frac{\dot{V}}{R}+\frac{\dot{V}}{\mathrm{j}\omega L}+\frac{\dot{V}}{\dfrac{1}{\mathrm{j}\omega C}}\text{[A]}$$

$$=\frac{\dot{V}}{R}+\mathrm{j}\left(\omega C-\frac{1}{\omega L}\right)\dot{V}\text{[A]}$$

並列共振時は，$\dot{I}$は$\dot{V}$と同相になるので，虚数部がゼロとなり，

$$\dot{I}=\frac{\dot{V}}{R}\text{[A]} \quad ②$$

①式と②式は等しくなるので，記述は正しい．

よって，**求める選択肢は(1)**となる．

〔ここがポイント〕

1. ベクトル図のポイント

ベクトル図を描く場合の基本事項として，

① コイルの電流Iは，電圧Vを基準とすると90°遅れる

② コンデンサの電流Iは電圧Vを基準とすると90°進む

という位相関係を知っていることが前提となる．さらに，電流を基準としたときの電圧の位相は遅れるのか進むのかといった逆の見方もできるようにしておく．

ベクトル図を描く際は，必ず基準とするベクトル（ベクトル平面上で水平軸にくるベクトル）を自分で決める．この場合，回路に共通する量を基準にとるとベクトルを描きやすい．

ベクトル図は，縦軸を虚数軸（Y軸の上向きを+j，下向きを−j）横軸を実数軸（X軸の右側を+，左側を−）とするベクトル平面（複素平面）上に描く．基準軸（X軸）に対し，**反時計回り**にベクトルが位置するとき，基準に対して**進み**であるという．また，基準軸に対し，**時計回り**にベクトルが位置するとき，基準に対して**遅れ**であるという．ベクトル図を描くときは，これらのルールを正しく適用して描くことが大切である．

2. 共振時の電流の大きさ

直列共振時は，回路インピーダンスがRのみとなり元のインピーダンスに比べて減少するので，**回路電流の大きさは最大**となる．

並列共振時は，並列部のLとCのアドミタンスベクトルの和がゼロとなるため，LとCは回路から開放された状態と等価になる．すなわち，回路は抵抗Rのみが存在する回路と等価になり，電流の分流する枝路が三つから一つに減るので，**回路電流の大きさは最小**となる．

3. 過去の類題

共振を扱った問題は出題頻度が高く，2020（令和2）年問9，2018（平成30）年問9，2016（平成28）年問9，2012（平成24）年問7，2010（平成22）年問13，2008（平成20）年問8，2006（平成18）年問7に類題の出題がある．

(1)

問10 開放電圧が V [V] で出力抵抗が十分に低い直流電圧源と，インダクタンスが L [H] のコイルが与えられ，抵抗 R [Ω] が図1のようにスイッチSを介して接続されている．時刻 $t=0$ でスイッチSを閉じ，コイルの電流 i_L [A] の時間に対する変化を計測して，波形として表す．$R=1\,\Omega$ としたところ，波形が図2であったとする．$R=2\,\Omega$ であればどのような波形となるか，波形の変化を最も適切に表すものを次の(1)～(5)のうちから一つ選べ．

ただし，選択肢の図中の点線は図2と同じ波形を表し，実線は $R=2\,\Omega$ のときの波形を表している．

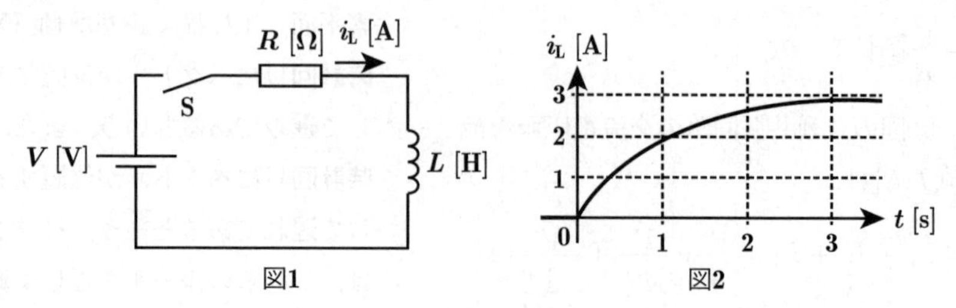

(1)
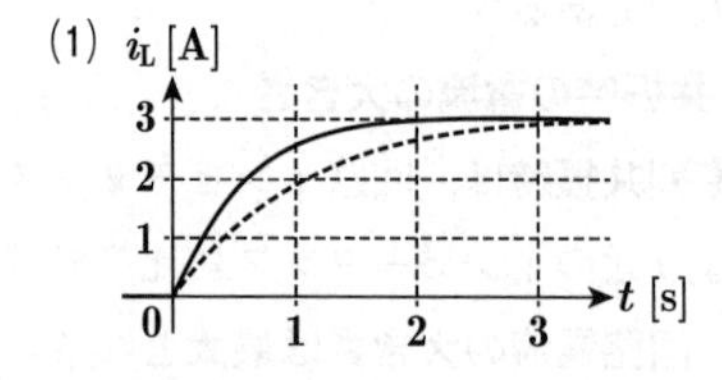

(2)
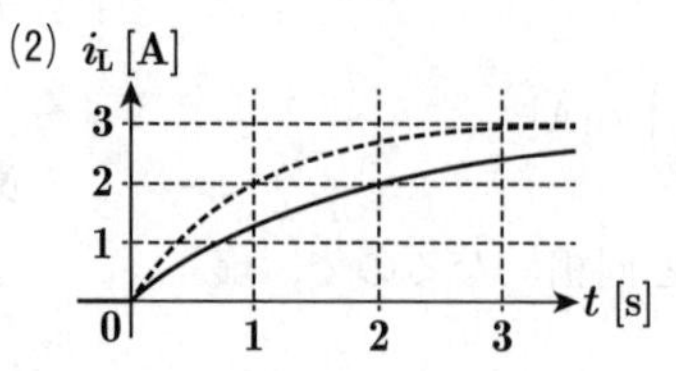

(3)
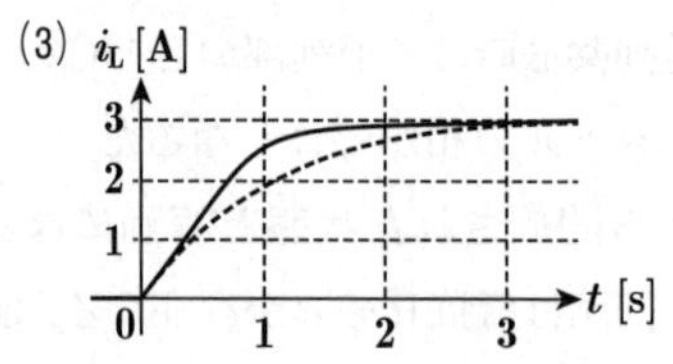

(4)
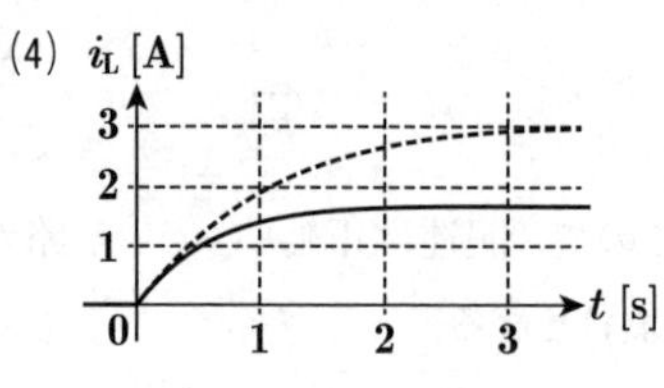

(5)
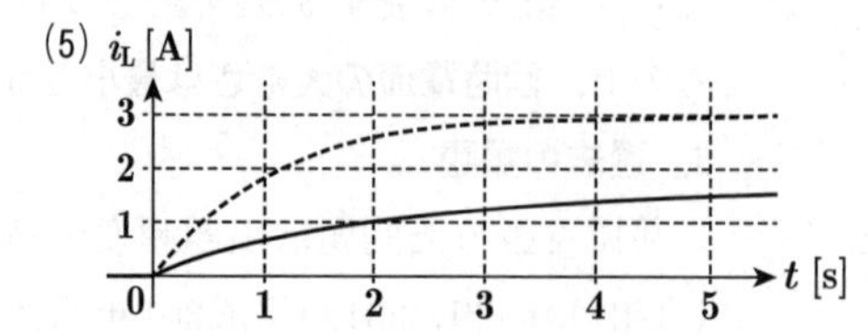

解10　問題図1の回路に流れる電流 i_L [A]，およびRL回路の時定数 T [s] は，次式で表せる．

$$i_L = \frac{V}{R}\left(1 - e^{-\frac{R}{L}t}\right) = \frac{V}{R}\left(1 - e^{-\frac{t}{T}}\right) \text{[A]} \quad ①$$

$$T = \frac{L}{R} \text{[s]} \quad ②$$

問題図2の波形より，i_L の最終値（定常値）は3 Aであることが読み取れる．

①式で $t \to \infty$ に近づけると，次式が成り立つ．

$$e^{-\frac{R}{L}t}\Big|_{t\to\infty} = \frac{1}{e^{\frac{R}{L}t}}\Big|_{t\to\infty} = \frac{1}{\infty} \to 0$$

であるから，

$$i_L\Big|_{t\to\infty} = \frac{V}{R}\left(1 - e^{-\frac{R}{L}t}\right)\Big|_{t\to\infty} = \frac{V}{R}$$
$$= 3 \text{[A]} \quad ③$$

(a)　$R = 1\,\Omega$ の場合

$R = 1\,\Omega$ を②式および③式に代入すると，

電源電圧 $V = 3R = 3 \times 1 = 3$ V

時定数 $T_1 = L/R = L/1 = L$ [s]

(b)　$R = 2\,\Omega$ の場合

i_L の最終値（定常値）は，③式より，

$$i_L\Big|_{t\to\infty} = \frac{V}{R} = \frac{3}{2} = 1.5 \text{[A]}$$

時定数 $T_2 = L/R = L/2$ [s]

すなわち，時定数は $T_2 = T_1/2$ の関係であることがわかる．**時定数が半分**となるため，**$R = 2\,\Omega$ のとき，i_L の最終値（定常値）の63.2 %に到達する時刻が $R = 1\,\Omega$ のときの半分**となる．すなわち，$R = 2\,\Omega$ のときは，$R = 1\,\Omega$ のときよりも短い時間で最終値に到達する．

したがって，$R = 1\,\Omega$，および $R = 2\,\Omega$ のときの i_L の波形は，(a)図に示すようになる．よって，**求める選択肢は(4)**となる．

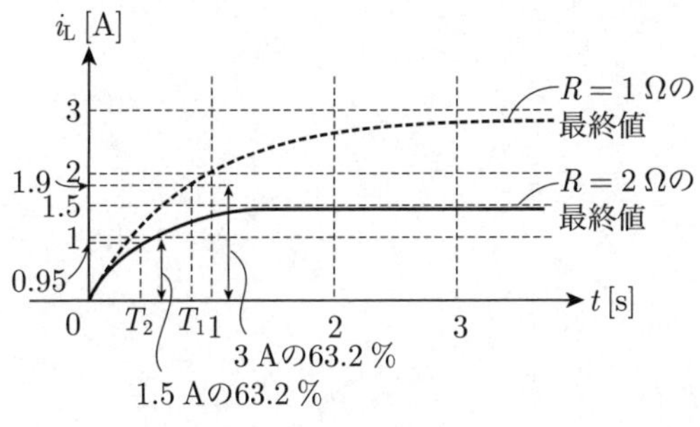

(a)

〔ここがポイント〕

1. RL回路の過渡現象と時定数 T

問題図1の回路電流 i_L [A]は，最終値を①式で $t \to \infty$ として求め，最終値に到達する速さを時定数 T で求める．

2. 時刻 $t = T$（時定数）における i_L の値 [A]

①式で $t = T$ とおくと，

$$i_L = \frac{V}{R}\left(1 - e^{-\frac{T}{T}}\right) = \frac{V}{R}(1 - e^{-1})$$
$$= \frac{V}{R}\left(1 - \frac{1}{e}\right) \fallingdotseq \frac{V}{R}\left(1 - \frac{1}{2.718}\right)$$
$$\fallingdotseq 0.632\frac{V}{R} \text{[A]}$$

となり，$t = T$ では最終値 V/R の63.2 %に到達する．

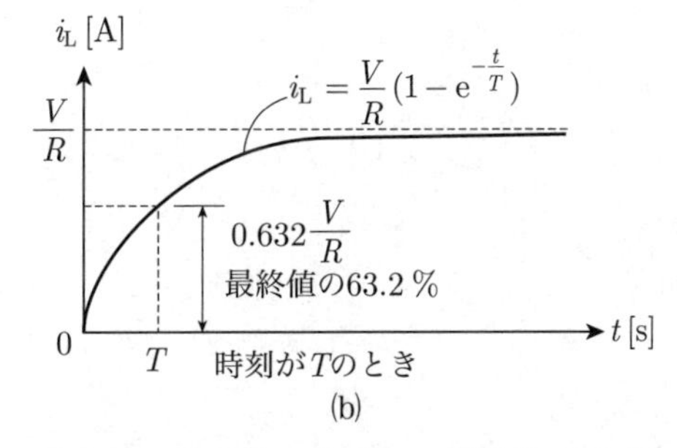

(b)

時定数の物理的な意味は，最終値に到達する時間の速さを表す．すなわち，時定数 T が小さいと最終値に達する時間も短く，波形の勾配は急峻（きゅうしゅん）となる．一方で，T が大きいと最終値に達するまでに時間がかかり，波形の勾配は緩やかになる．最終値が1.5 Aとなる波形の選択肢は(4)と(5)があるが，最終判断は時定数の大きさの比較がポイントになる．選択肢(5)では，$R = 2\,\Omega$ の波形が最終値の63.2 % ≒ 0.95 Aに達する時刻 T_2 が，$R = 1\,\Omega$ における最終値の63.2 % ≒ 1.9 Aに達する時刻 T_1 に比べて明らかに $T_2 > T_1$（$T_1 \fallingdotseq T_2/2$）であるため，不正解とわかる．選択肢(4)の波形では，$T_1 > T_2$（目測の感覚で $T_2 \fallingdotseq T_1/2$）であり，これが正解と判断できる．

答　(4)

問11

半導体に関する記述として，正しいものを次の(1)～(5)のうちから一つ選べ．

(1) ゲルマニウム（Ge）やインジウムリン（InP）は単元素の半導体であり，シリコン（Si）やガリウムヒ素（GaAs）は化合物半導体である．

(2) 半導体内でキャリヤの濃度が一様でない場合，拡散電流の大きさはそのキャリヤの濃度勾配にほぼ比例する．

(3) 真性半導体に不純物を加えるとキャリヤの濃度は変わるが，抵抗率は変化しない．

(4) 真性半導体に光を当てたり熱を加えたりしても電子や正孔は発生しない．

(5) 半導体に電界を加えると流れる電流はドリフト電流と呼ばれ，その大きさは電界の大きさに反比例する．

解11　半導体に関する(1)〜(5)の選択肢をそれぞれ検証する．

(1)　ゲルマニウム（Ge）やシリコン（Si）は単元素の半導体である．一方，**インジウムリン（InP）は単元素のインジウム（In）とリン（P）が化合してできた化合物半導体**である．**ガリウムヒ素（GaAs）もまた，単元素のガリウム（Ga）とヒ素（As）が化合してできた化合物半導体**である．よって，記述は誤りである．

(2)　半導体の内部において，キャリヤ（正孔，自由電子）の濃度が一様でない（濃度勾配がある）場合，濃度の高い場所から低い場所に向かってキャリヤの移動が生じる．この現象を**拡散**（diffusion）という．また，拡散によりキャリヤが移動することで流れる電流を**拡散電流**という．拡散のイメージを(a)図に示す．キャリヤの濃度が高いとキャリヤの移動が大きくなることから，**拡散電流の大きさは，キャリヤの濃度勾配に比例する**．よって，記述は正しい．

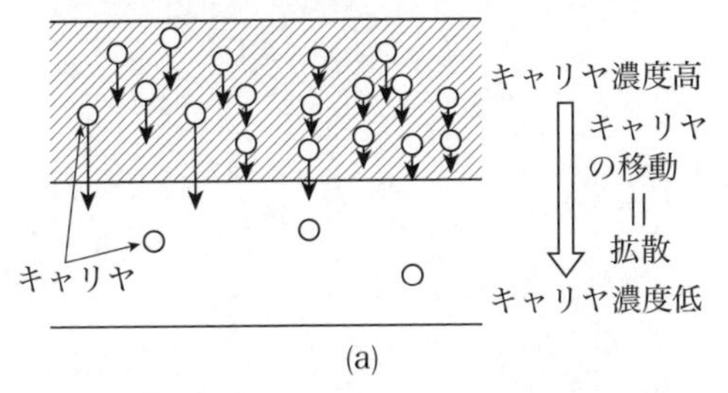

(a)

(3)　半導体は，ごくわずかな不純物の影響が電気的な性質の変化に強く現れる．そのため，不純物を添加してn形やp形半導体を作製するには，純度の高い真性半導体（99.999 999 999 %：イレブンナイン純度）の結晶とする必要がある．純度の高いシリコン真性半導体中に，**ごく微量のヒ素（As）やインジウム（In）がドープ（添加）されると，シリコン結晶の抵抗率は大きく変化する．**よって，「抵抗率は変化しない」は誤りである．

(4)　真性半導体内の自由電子と正孔の発生メカニズムを(b)図に示す．

真性半導体のシリコン結晶に，光を当てたり熱を加えたり，電界をかけたりしてエネルギーを加える（図中ⓐ）と，結晶中の価電子は原子核の束縛から離れて自由電子となり，結晶格子中を自由に動き回る（ⓑ）．負電荷の価電子が抜けたあとに正電荷の正孔が生じる（ⓒ）．この正孔は近くの価電子を引き寄せ（ⓓ），価電子が抜けたあとには，新たに正孔が生じる（ⓔ）．この一連の動きで自由電子と正孔は移動する．すなわち，自由電子と正孔は電荷を運び，半導体の電気伝導を担う．

ⓒ電子が抜けて正孔発生
ⓐ光・熱・電界などのエネルギーを加える
ⓑ自由電子格子内を移動
ⓓ正孔に引き寄せられ，電子が移動
ⓔ電子が抜け，新たに正孔が発生する
Si　Si　Si　Si　Si

(b)　自由電子，正孔の発生メカニズム

このように，真性半導体にエネルギーを照射するとキャリヤ（電子と正孔）が生じる現象を**キャリヤの発生**という．よって，「電子や正孔は発生しない」の記述は誤りである．

(5)　半導体に電界を加えると，キャリヤ（自由電子と正孔）は電界から力を受け，自由電子は電界と逆方向，正孔は電界の方向にそれぞれ移動する．すなわち，電界の向きに電流が流れることになる．この現象を**ドリフト**と呼び，ドリフト現象で流れる電流を**ドリフト電流**という．電界を大きくしていくと移動するキャリヤの数も電界に比例して増加するため，**ドリフト電流は電界に比例して増加**する．よって，「ドリフト電流の大きさは，電界の大きさに反比例する」の記述は誤りである．

よって，**求める選択肢は(2)**となる．

〔ここがポイント〕

※キャリヤの発生と再結合

光や熱，電界などのエネルギーを真性半導体に照射して発生した半導体内のキャリヤ（自由電子と正孔）は，一定時間以内にお互いに結合して消滅する．これを**キャリヤの再結合**という．

(2)

図のように，x方向の平等電界E [V/m]，y方向の平等磁界H [A/m]が存在する真空の空間において，電荷$-e$ [C]，質量m [kg]をもつ電子がz方向の初速度v [m/s]で放出された．この電子が等速直線運動をするとき，vを表す式として，正しいものを次の(1)～(5)のうちから一つ選べ．ただし，真空の誘電率をε_0 [F/m]，真空の透磁率をμ_0 [H/m]とし，重力の影響を無視する．

また，電子の質量は変化しないものとする．図中の⊙は紙面に垂直かつ手前の向きを表す．

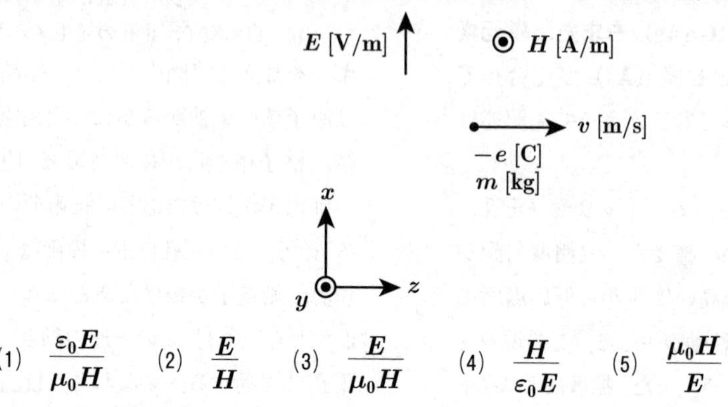

(1) $\dfrac{\varepsilon_0 E}{\mu_0 H}$　(2) $\dfrac{E}{H}$　(3) $\dfrac{E}{\mu_0 H}$　(4) $\dfrac{H}{\varepsilon_0 E}$　(5) $\dfrac{\mu_0 H}{E}$

解12 (a) 平等電界中の電子が受ける力

(a)図に示すように，電子は電界から次式で示す静電力 F_e を受ける．電子はマイナス電荷であるから，**F_e は電界の向きと逆向きとなる．**

$$F_e = eE\,[\mathrm{N}] \qquad ①$$

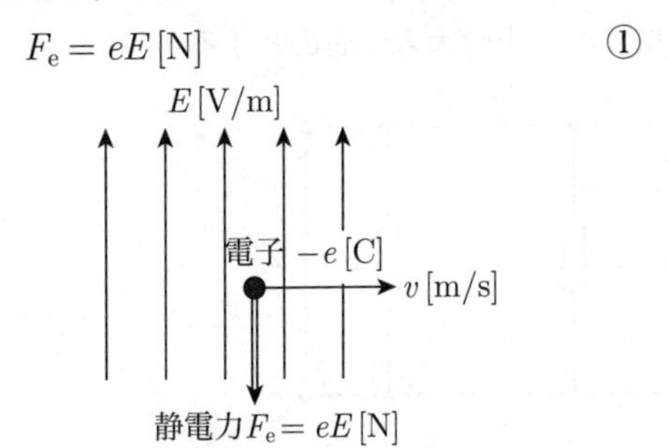

(a) 平等電界中の電子の受ける力 F_e

(b) 平等磁界中の電子が受ける力 F_r [N]

(b)図に示すように，磁界 H と**直角方向**に運動する電子には，磁界から②式で示す**ローレンツ力** F_r が働く．F_r の向きは，フレミング左手の法則において電子の運動の向きを電流の向きと逆にすることで求めることができる．

$$F_r = Bev\,[\mathrm{N}] \qquad ②$$

ただし，B：磁界の磁束密度 [T] であり，真空中 (空気中) では B と H の間に次式の関係がある．

$$B = \mu_0 H\,[\mathrm{T}] \qquad ③$$

O
H [A/m]
r [m]
ローレンツ力
$F_r = Bev$ [N]
v [m/s]

(b) 平等磁界中に電子が受ける力 F_r

(c) 電界 E と磁界 H が存在する空間で電子が受ける力

(a)図および(b)図を合成した図を(c)図に示す．

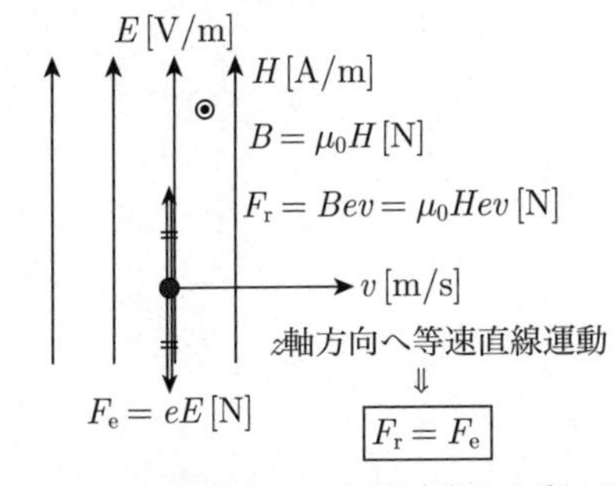

(c) E と H が存在する空間の電子が受ける力

電子が z 軸方向に等速直線運動する条件は，$F_e = F_r$ のときであり，①式と②式より，

$$\mu_0 Hev = eE$$

$$v = \frac{eE}{\mu_0 He} = \frac{E}{\mu_0 H}\,[\mathrm{m/s}] \quad (答)$$

よって，**求める選択肢は(3)となる．**

〔ここがポイント〕

1. 静磁界中の電子の運動

(b)図に示す，電子が平等磁界のみから力 F_r を受ける場合，進行方向と常に直角方向に力 F_r を受け，電子は O 点を中心とする等速円運動を行う．

円運動の半径 r [m] は，力 F_r と，円運動により生じる遠心力 F_0 が釣り合うところで決まる．いま，遠心力 F_0 は，次式で表せる．

$$F_0 = mr\omega^2 = \frac{mv^2}{r}\,[\mathrm{N}]$$

① 等速円運動の半径 r [m]

$$Bev = \frac{mv^2}{r} \Rightarrow r = \frac{mv}{eB}\,[\mathrm{m}]$$

② 電子が円の軌道を1周する時間 T [s]，

$$\omega = \frac{v}{r} = 2\pi f = \frac{2\pi}{T} \text{ より，}$$

$$T = \frac{2\pi r}{v} = \frac{2\pi}{v}\cdot\frac{mv}{eB} = \frac{2\pi m}{eB}\,[\mathrm{s}]$$

③ 角速度 ω [rad/s]

$$\omega = \frac{2\pi}{T} = \frac{2\pi}{2\pi m/eB} = \frac{eB}{m}\,[\mathrm{rad/s}]$$

2. 静電界中の電子の運動

(a)図に示す，電子が平等電界のみから力 F_e を受ける場合，電界による電子の加速度 α [m/s²] はニュートン運動方程式から，

$$m\alpha = F_e = eE \Rightarrow \therefore\ \alpha = \frac{eE}{m}\,[\mathrm{m/s^2}]$$

また，時間 t [s] 経過後の電子の速度 v_t [m/s] は，電子の初速度 $v_{0x} = 0$ より，

$$v_t = \alpha t + v_{0x} = \frac{eE}{m}\cdot t\,[\mathrm{m/s}]$$

 (3)

問13 図は，電界効果トランジスタ（FET）を用いたソース接地増幅回路の簡易小信号交流等価回路である．この回路の電圧増幅度 $A_v = \left|\dfrac{v_o}{v_i}\right|$ を近似する式として，正しいものを次の(1)～(5)のうちから一つ選べ．ただし，図中のS，G，Dはそれぞれソース，ゲート，ドレインであり，v_i [V]，v_o [V]，v_{gs} [V]は各部の電圧，g_m [S]はFETの相互コンダクタンスである．また，抵抗 r_d [Ω]は抵抗 R_L [Ω]に比べて十分大きいものとする．

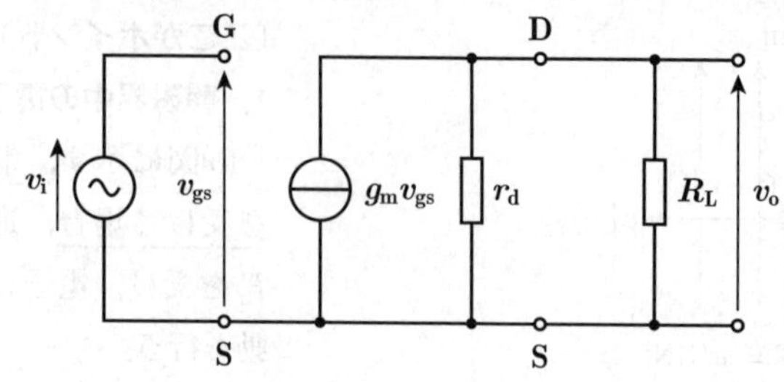

(1) $g_m R_L$　　(2) $g_m r_d$　　(3) $g_m(R_L + r_d)$　　(4) $\dfrac{g_m r_d}{R_L}$　　(5) $\dfrac{g_m R_L}{R_L + r_d}$

解13 題意を反映した簡易小信号交流等価回路を(a)図に示す．

同図において，$r_d \gg R_L$ の関係より，$r_d = \infty$ と近似して開放除去する．

問題図左側のG-S端子間の電圧 v_{gs} は v_i [V] の交流電圧源の端子電圧であるから，$v_{gs} = v_i$ の関係が成り立つ．

ドレイン電流 i_d は，端子D→端子Sの方向に流れるので，定電流源の電流方向は図示のように上から下向きとなる．

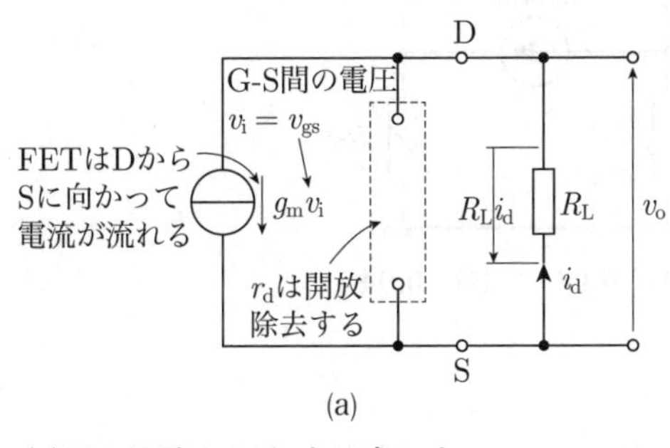

(a)

(a)図の回路から次式が成り立つ．

$$i_d = g_m v_i$$

$$v_o = -R_L i_d = -g_m v_i R_L$$

$$\therefore \quad A_v = \left|\frac{v_o}{v_i}\right| = \left|\frac{-g_m v_i R_L}{v_i}\right| = \left|-g_m R_L\right|$$

$$= g_m R_L \quad \text{(答)}$$

よって，**求める選択肢は(1)となる**．

〔ここがポイント〕

1．FETの基本増幅回路と等価回路

問題図の簡易小信号交流等価回路の元となるFET基本増幅回路（ソース接地）を(b)図に示す．

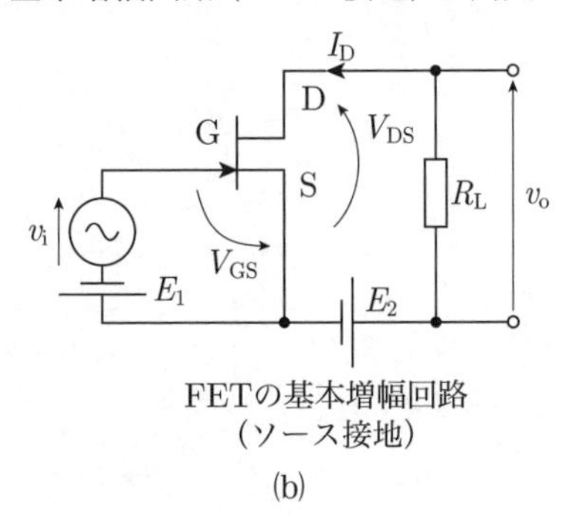

FETの基本増幅回路（ソース接地）

(b)

等価回路を描くときに必要になるFETの定数は，ドレイン抵抗 r_d [Ω]，相互コンダクタンス g_m [S] である．(b)図を元に等価回路を描く場合，本来はゲート（G）の入力抵抗 r_g [Ω] が現れるが，FET自身の入力インピーダンスが非常に大きく，おおよそ無限大（∞）とみなせる．すなわち，GからFET側に入力電流は流れない．このため，問題図のG端子はどこにも接続されず，r_g も開放除去され，問題図に現れない．

2．FETの静特性と3定数

(c)図にFETの静特性例と静特性から定義される3定数を示す．

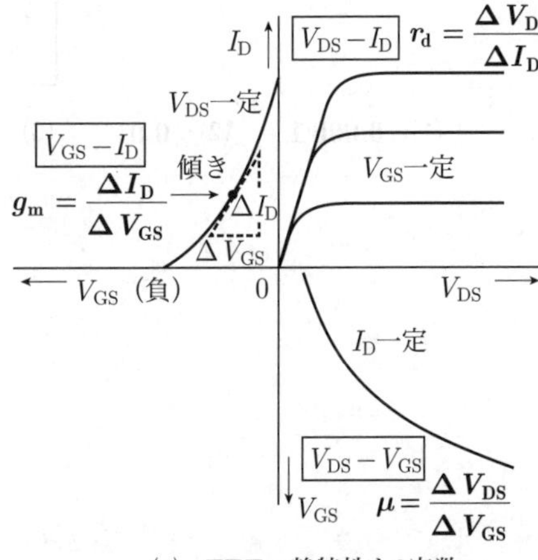

(c) FETの静特性と3定数

V_{DS}-I_D 特性（V_{GS} 一定）より，ドレーン抵抗 r_d [Ω]，V_{GS}-I_D 特性（V_{DS} 一定）より相互コンダクタンス g_m [S]，V_{DS}-V_{GS} 特性（I_D 一定）より増幅率 μ，がそれぞれ図中に示した式で定義される．この定数はFETを解く場合の基本となるので確実に記憶したい．

(1)

問14 図のブリッジ回路を用いて，未知の抵抗の値 R_x [Ω] を推定したい．可変抵抗 R_3 を調整して，検流計に電流が流れない状態を探し，平衡条件を満足する R_x [Ω] の値を求める．求めた値が真値と異なる原因が，R_k（$k=1$，2，3）の真値からの誤差 ΔR_k のみである場合を考え，それらの誤差率 $\varepsilon_k = \dfrac{\Delta R_k}{R_k}$ が次の値であったとき，R_x の誤差率として，最も近いものを次の(1)〜(5)のうちから一つ選べ．

$$\varepsilon_1 = 0.01,\ \varepsilon_2 = -0.01,\ \varepsilon_3 = 0.02$$

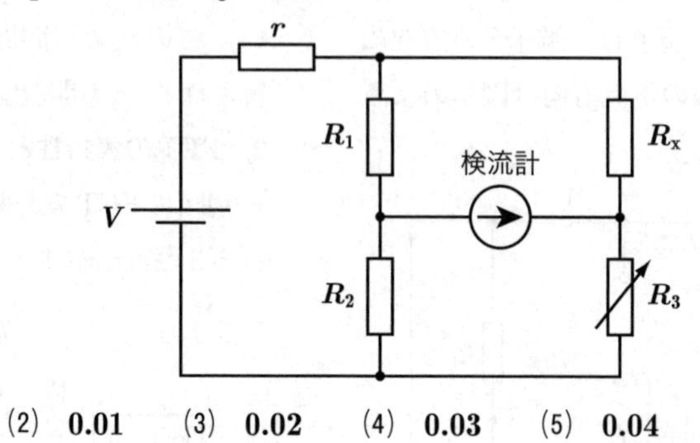

(1) **0.000 1**　(2) **0.01**　(3) **0.02**　(4) **0.03**　(5) **0.04**

note

1. ブリッジ回路の平衡条件

問題の回路において，ブリッジ回路の対辺の抵抗の積が等しいとき，ブリッジは平衡する．したがって次式が成り立つ．

$$R_1R_3 = R_2R_x$$

$$\therefore \quad R_x = \frac{R_1}{R_2}R_3\,[\Omega] \qquad ①$$

2. 誤差率 ε と真値 R_k，測定値 R_M の関係

各抵抗の真値（真の値）を R_k（$k=1$，2，3，x），測定値を R_{Mk}（$k=1$，2，3，x）とする．

各抵抗値の誤差率 ε_k はそれぞれ，

$$\varepsilon_1 = \frac{\Delta R_1}{R_1} = \frac{R_{M1}-R_1}{R_1} = 0.01 \qquad ②$$

$$\varepsilon_2 = \frac{\Delta R_2}{R_2} = \frac{R_{M2}-R_2}{R_2} = -0.01 \qquad ③$$

$$\varepsilon_3 = \frac{\Delta R_3}{R_3} = \frac{R_{M3}-R_3}{R_3} = 0.02 \qquad ④$$

R_x の誤差率 ε_x は，

$$\varepsilon_x = \frac{\Delta R_x}{R_x} = \frac{R_{Mx}-R_x}{R_x} \qquad ⑤$$

各抵抗の測定値 R_{Mk} は②式～④式よりそれぞれ，

$$\frac{R_{M1}}{R_1} - 1 = 0.01$$

$$R_{M1} = (1+0.01)R_1 = 1.01R_1 \qquad ②'$$

$$\frac{R_{M2}}{R_2} - 1 = -0.01$$

$$R_{M2} = (1-0.01)R_2 = 0.99R_2 \qquad ③'$$

$$\frac{R_{M3}}{R_3} - 1 = 0.02$$

$$R_{M3} = (1+0.02)R_3 = 1.02R_3 \qquad ④'$$

R_x の測定値 R_{Mx} は，①式および②′～④′式より，

$$R_{Mx} = \frac{R_{M1}}{R_{M2}}R_{M3} = \frac{1.01R_1}{0.99R_2}\cdot 1.02R_3$$

$$= \frac{1.01\times1.02}{0.99}\cdot\frac{R_1}{R_2}R_3 \qquad ⑥$$

一方，真値 R_x は①式より，

$$R_x = \frac{R_1}{R_2}R_3 \qquad ①$$

①式および⑥式を⑤式へ代入して，

$$\varepsilon_x = \frac{R_{Mx}-R_x}{R_x}$$

$$= \frac{\dfrac{1.01\times1.02}{0.99}\cdot\dfrac{R_1}{R_2}\cdot R_3 - \dfrac{R_1}{R_2}\cdot R_3}{\dfrac{R_1}{R_2}\cdot R_3}$$

$$= \frac{\left(\dfrac{1.01\times1.02}{0.99}-1\right)\dfrac{R_1}{R_2}\cdot R_3}{\dfrac{R_1}{R_2}\cdot R_3}$$

$$= \frac{1.01\times1.02-0.99}{0.99}$$

$$= 0.040\,606 = 0.04 \quad \text{(答)}$$

よって，**求める選択肢は**(5)となる．

〔ここがポイント〕

1. ブリッジ回路

(a)図に問題図の向きを変えたブリッジ回路を示す．この図は一般的な参考書などで説明されている回路の表し方である．

ブリッジ回路はひし形の各辺に抵抗が配置され，対辺の抵抗は，同図で R_x と R_2，R_1 と R_3 の組合せとなる．

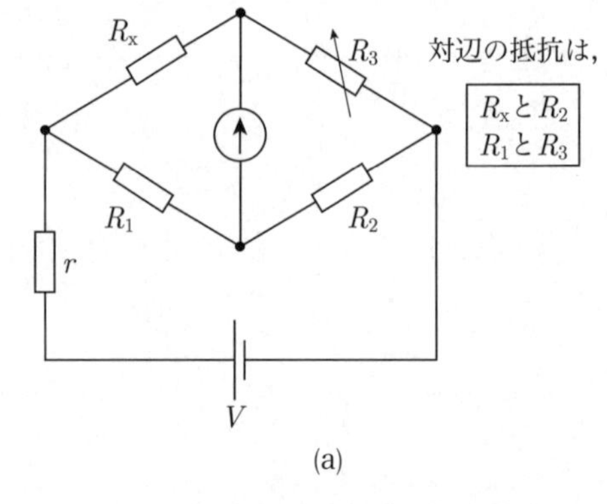

(a)

ブリッジ回路の平衡条件は，(b)図のとおり，

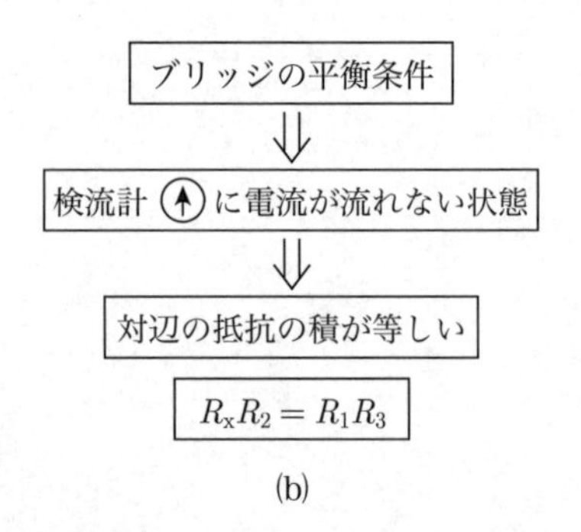

(b)

対辺の抵抗の積が互いに等しいときであり，本問を解く際はこの知識が必須となる．

2. 誤差と誤差率，補正と補正率

誤差とは，**測定値の真の値からのずれ**をいう．

真値（真の値）をT，測定値（計器の読み値）をMとすると，

誤差 $\Delta\varepsilon = M - T$

誤差率 $\varepsilon = \dfrac{M-T}{T}$

$\%\varepsilon = \dfrac{M-T}{T} \times 100\,\%$

補正 $\Delta\alpha = T - M$

補正率 $\alpha = \dfrac{T-M}{M}$

$\%\alpha = \dfrac{T-M}{M} \times 100\,\%$

本問を解く際は，特に誤差，誤差率の定義式を覚えていることが前提となる．誤差と補正の関係

$\varepsilon + \alpha = 0$

もあわせて覚えておきたい．

(5)

B 問題　配点は 1 問題当たり(a) 5 点，(b) 5 点，計 10 点

問15　図のように，線間電圧**400 V**の対称三相交流電源に抵抗R [Ω]と誘導性リアクタンスX [Ω]からなる平衡三相負荷が接続されている．平衡三相負荷の全消費電力は**6 kW**であり，これに線電流$I = 10$ **A**が流れている．電源と負荷との間には，変流比**20：5**の変流器が**a**相及び**c**相に挿入され，これらの二次側が交流電流計 Ⓐ を通して並列に接続されている．この回路について，次の(a)及び(b)の問に答えよ．

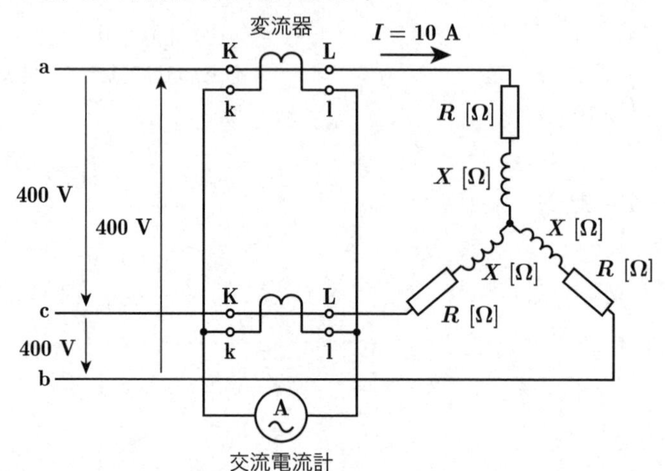

(a)　交流電流計 Ⓐ の指示値[A]として，最も近いものを次の(1)～(5)のうちから一つ選べ．

(1)　**0**　　(2)　**2.50**　　(3)　**4.33**　　(4)　**5.00**　　(5)　**40.0**

(b)　誘導性リアクタンスXの値[Ω]として，最も近いものを次の(1)～(5)のうちから一つ選べ．

(1)　**11.5**　　(2)　**20.0**　　(3)　**23.1**　　(4)　**34.6**　　(5)　**60.0**

note

解15 (a) **交流電流計の指示値 I_{CT}' [A]**

題意より，電源は三相対称であり，負荷は三相平衡している．よって，b相，c相の相電流（＝線電流）の大きさは共に等しく10 Aである．

(a)図に変流器二次側の回路図を示す．交流電流計に流れる電流は，同図より $\dot{I}_{CT}' = \dot{I}_a' + \dot{I}_c'$ となる．

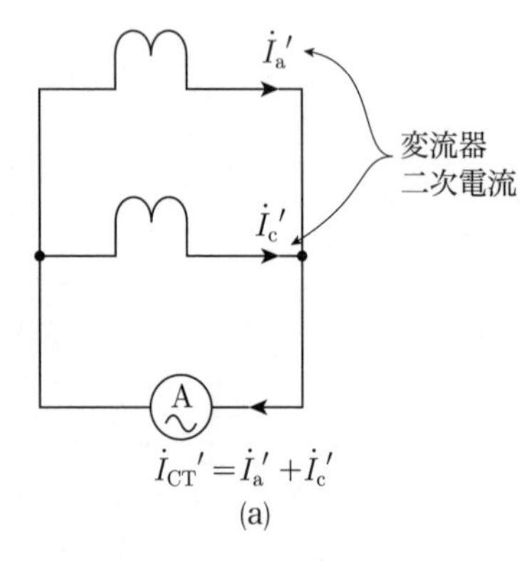

(a)

a相の相電流（負荷電流）を基準ベクトルとして，三相電流ベクトル図を(b)図に示す．ここで各電流は，変流器二次側の電流 $\dot{I}_a'$，$\dot{I}_c'$ とする．

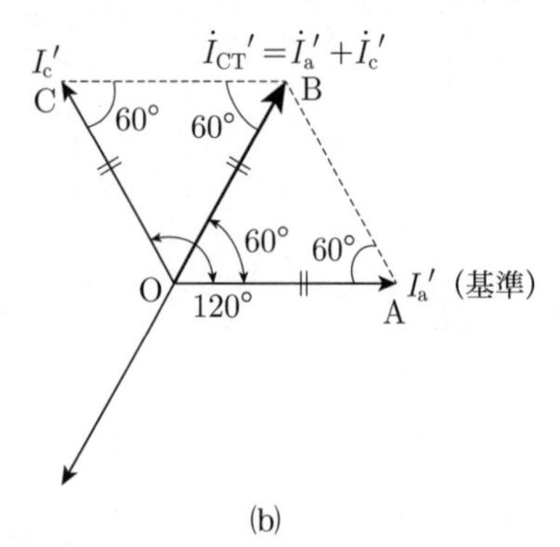

(b)

(b)図より，∠AOC = 120°，∠OCB = ∠OAB = 60°，$\overline{OA} = \overline{OC} = \overline{BC} = \overline{AB}$ より，△OAB と△OCB は正三角形であることがわかる．したがって，$\overline{OA} = \overline{OC} = \overline{OB}$ の関係から，

$$\left|\dot{I}_{CT}'\right| = \left|\dot{I}_a'\right| = \left|\dot{I}_c'\right| = 10 \times \frac{5}{20} = 2.5\ \text{A}$$ (答)

よって，**求める選択肢は**(2)となる．

(b) 誘導性リアクタンス X の値 [Ω]

問題の回路は平衡三相回路であるから，一相を取り出して計算ができる．仮想中性線を付加した一相分等価回路を(c)図に示す．

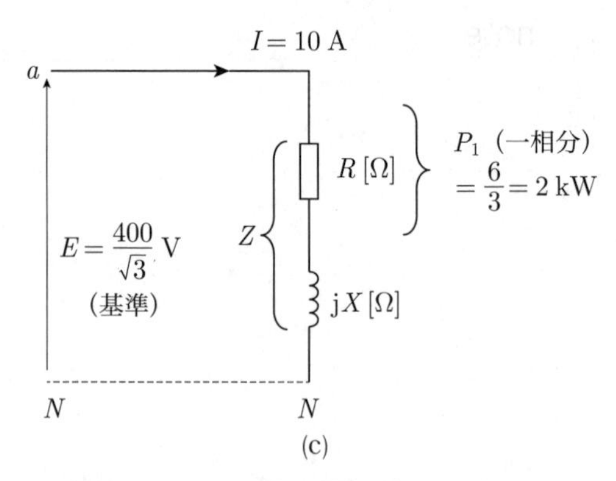

(c)

1相当たりの負荷の消費電力 P_1 は $6/3 = 2$ kWであるから，

$$P_1 = I^2R = 10^2R = 2 \times 10^3\ \text{W}$$

$$R = \frac{2 \times 10^3}{10^2} = 20\ \Omega$$

相電圧 E を基準ベクトルにとり，ベクトル記号法（フェーザ）を用いて以下に各値を求めると，

$$\dot{I} = \frac{E}{\dot{Z}} = \frac{E}{R + \text{j}X}$$

$$\left|\dot{I}\right| = \frac{E}{\sqrt{R^2 + X^2}} = \frac{400/\sqrt{3}}{\sqrt{R^2 + X^2}} = 10\ \text{A}$$

$$R^2 + X^2 = (40/\sqrt{3})^2$$

$$X = \sqrt{(40/\sqrt{3})^2 - R^2} = \sqrt{\frac{40^2 - 3 \times 20^2}{3}}$$

$$= 11.547\ \Omega$$ (答)

よって，**求める選択肢は最も近い**(1)となる．

〔ここがポイント〕

1. 平衡三相交流回路

問題図より，電源側は対称三相交流であり，負荷側は三相平衡負荷であるから，三相電源と三相負荷の中性点同士をつないでも電流は流れない．そのため，平衡三相回路は，(c)図の仮想中性線を用いた1相当たりの等価回路で計算することができる．

2. 三相交流回路とベクトル図

単相の交流回路計算では，電圧と電流との間に位相差が生じるため，ベクトル（フェーザ）を用いて問題を解かなくてはならない．三相交流回路では，さらに各相の電圧の間にも位相差が発生する．電圧，電流のベクトル図を描く際に，必ず基準となる（水平軸上に描く）ベクトルを受験者自身で決定することがポイントである．設問(a)ではa相の変流器二次側電流を基準にとり，ベクトル図を単純化して解きやすくした．a相の相電圧を基準とした場合のベクトル図を参考までに(d)図に示す．はじめに相電圧のベクトルを120°位相差をつけて描き，線電流（負荷電流）のベクトルを相電圧よりθ遅れで描いていく．

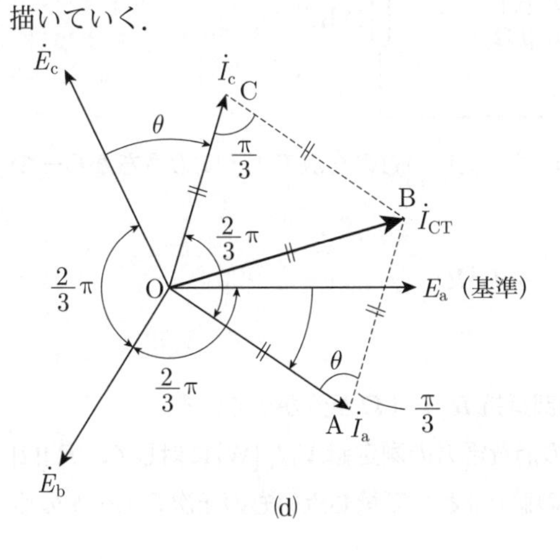

(d)

$\dot{I}_a'$，$\dot{I}_c'$，$\dot{I}_{CT}'$，の関係は(b)図と同じであるが，(b)図に比べて全体的に位相差θを含む分ややわかりにくい．よって，最終的に大きさを求める問題では，(a)図の基準の取り方で解いたほうが早く解ける．

設問(b)についても，最終的にXの大きさを求める場合では，ベクトル記号法を用いずに，大きさ（絶対値）のみでオームの法則を適用したほうが早く解ける場合がある．

(a)—(2)，(b)—(1)

問16 図のように，電源 E [V]，負荷抵抗 R [Ω]，内部抵抗 R_v [Ω] の電圧計及び内部抵抗 R_a [Ω] の電流計を接続した回路がある．この回路において，電圧計及び電流計の指示値がそれぞれ V_1 [V]，I_1 [A] であるとき，次の(a)及び(b)の問に答えよ．ただし，電圧計と電流計の指示値の積を負荷抵抗 R [Ω] の消費電力の測定値とする．

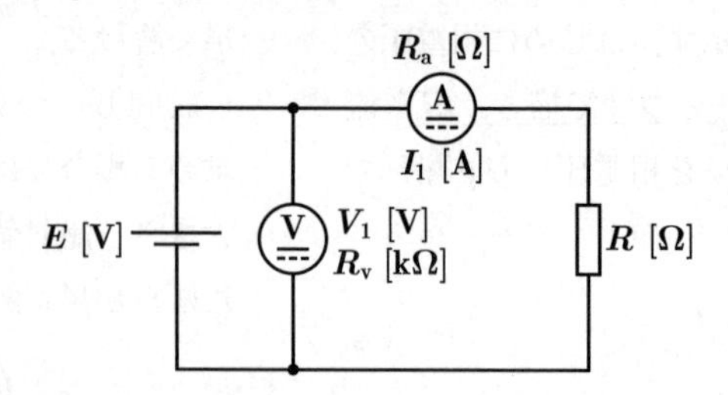

(a) 電流計の電力損失の値 [W] を表す式として，正しいものを次の(1)～(5)のうちから一つ選べ．

(1) $\dfrac{V_1^2}{R_a}$　(2) $\dfrac{V_1^2}{R_a}-I_1^2R_a$　(3) $\dfrac{V_1^2}{R_v}+I_1^2R_a$

(4) $I_1^2R_a$　(5) $I_1^2R_a-I_1^2R_v$

(b) 今，負荷抵抗 $R=320\ \Omega$，電流計の内部抵抗 $R_a=4\ \Omega$ が分かっている．

この回路で得られた負荷抵抗 R [Ω] の消費電力の測定値 V_1I_1 [W] に対して，R [Ω] の消費電力を真値とするとき，誤差率の値 [%] として最も近いものを次の(1)～(5)のうちから一つ選べ．

(1) 0.3　(2) 0.8　(3) 0.9　(4) 1.0　(5) 1.2

解16 (a) 電流計の電力損失 P_{a1} の値 [W]

問題図の回路を，直並列接続が理解しやすいように描き直したものを(a)図に示す．

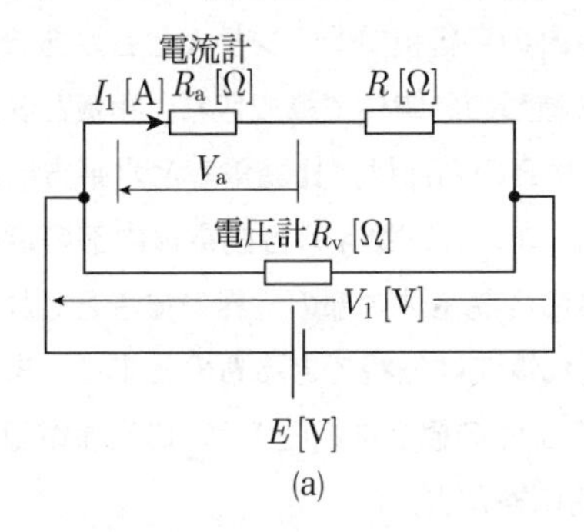

(a)

電流計の指示値が I_1 [A]，電流計の内部抵抗が R_a [Ω] であるから，求める電力損失 P_a は，

$$P_a = I_1{}^2 R_a \text{ [W]}$$ (答)

よって，**求める選択肢は(4)となる．**

(b) 負荷抵抗 R の消費電力の誤差率 ε_p [%]

抵抗 R [Ω] の消費電力の真値を P_R [W]，測定値を P_{MR} [W] とすると，ε_p [%] は，

$$\varepsilon_p = \frac{P_{MR} - P_R}{P_R} \times 100 \text{ [\%]} \quad ①$$

題意の回路を(b)図に示す．

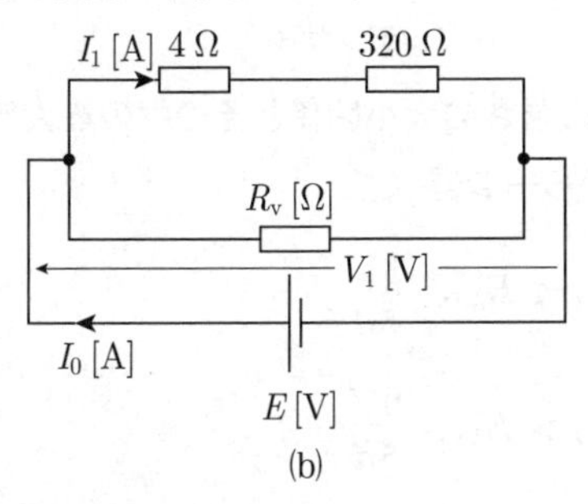

(b)

回路の合成抵抗 R_0 は，

$$R_0 = \frac{R_v \times (320+4)}{R_v + (320+4)} = \frac{324R_v}{R_v + 324} \text{ [Ω]} \quad ②$$

直流電圧源を流れる電流 I_0 は，

$$I_0 = \frac{E}{R_0} = \frac{E}{\dfrac{324R_v}{R_v + 324}} \text{ [A]} \quad ③$$

電流 I_1 は，抵抗 R_v [Ω] と 324 Ω の並列回路に流れる 324 Ω への分流分であるから

$$I_1 = I_0 \times \frac{R_v}{R_v + 324}$$

$$= \frac{E}{\dfrac{324R_v}{R_v + 324}} \times \frac{R_v}{R_v + 324}$$

$$= \frac{ER_v}{324R_v} = \frac{E}{324} \text{ [A]} \quad ④$$

$$P_R = I_1{}^2 R = \left(\frac{E}{324}\right)^2 \times 320 = \frac{320}{324^2} \times E^2 \quad ⑤$$

問題図より $V_1 = E$ であるから，

$$P_{MR} = V_1 I_1 = E \times \frac{E}{324} = \frac{E^2}{324} \quad ⑥$$

①式に代入して，

$$\varepsilon_p = \frac{\dfrac{E^2}{324} - \dfrac{320}{324^2}E^2}{\dfrac{320}{324^2}E^2} \times 100$$

$$= \frac{324^2}{320}\left(\frac{1}{324} - \frac{320}{324^2}\right) \times 100$$

$$= \left(\frac{324}{320} - 1\right) \times 100 = \frac{4}{320} \times 100$$

$$= 1.25 \text{ \%} \quad ⑦$$ (答)

よって，**最も近い選択肢は(5)となる．**

〔ここがポイント〕

1. 直並列計算を文字式で展開する

解答に示した①式から⑦式はいずれも文字を含む分数計算である．並列抵抗の分流計算では，④式の分母同士の積による約分など，文字が含まれていても適切に処理できる能力が試験場で求められる．

2. 直流回路の計算式

抵抗で消費される電力（＝電力損失）は，電流の2乗に抵抗を掛けた I^2R が基本式である．この式とオームの法則から，$P = IV$，または V^2/R などが導出される．

並列抵抗に流れる電流の割合を求める分流計算では，分子に相手の抵抗値がくることに留意する．

3. 回路の描き換えによる直並列の明確化

(a)図，(b)図のように描き直すことでどの部分が並列になるかが容易に判別できる．

(a)—(4)，(b)—(5)

問17及び問18は選択問題であり，問17又は問18のどちらかを選んで解答すること．両方解答すると採点されません．

（選択問題）

問17

図のように，極板間の厚さ d [m]，表面積 S [m^2]の平行板コンデンサAとBがある．コンデンサAの内部は，比誘電率と厚さが異なる3種類の誘電体で構成され，極板と各誘電体の水平方向の断面積は同一である．コンデンサBの内部は，比誘電率と水平方向の断面積が異なる3種類の誘電体で構成されている．コンデンサAの各誘電体内部の電界の強さをそれぞれ E_{A1}，E_{A2}，E_{A3}，コンデンサBの各誘電体内部の電界の強さをそれぞれ E_{B1}，E_{B2}，E_{B3} とし，端効果，初期電荷及び漏れ電流は無視できるものとする．また，真空の誘電率を ε_0 [F/m]とする．両コンデンサの上側の極板に電圧 V [V]の直流電源を接続し，下側の極板を接地した．次の(a)及び(b)の問に答えよ．

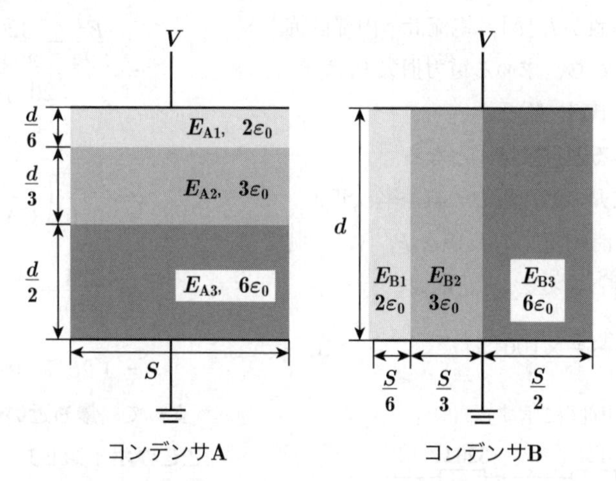

(a) コンデンサAにおける各誘電体内部の電界の強さの大小関係とその中の最大値の組合せとして，正しいものを次の(1)～(5)のうちから一つ選べ．

(1) $E_{A1} > E_{A2} > E_{A3}$，$\dfrac{3V}{5d}$　　(2) $E_{A1} < E_{A2} < E_{A3}$，$\dfrac{3V}{5d}$

(3) $E_{A1} = E_{A2} = E_{A3}$，$\dfrac{V}{d}$　　(4) $E_{A1} > E_{A2} > E_{A3}$，$\dfrac{9V}{5d}$

(5) $E_{A1} < E_{A2} < E_{A3}$，$\dfrac{9V}{5d}$

(b) コンデンサA全体の蓄積エネルギーは，コンデンサB全体の蓄積エネルギーの何倍か，正しいものを次の(1)～(5)のうちから一つ選べ．

(1) **0.72**　(2) **0.83**　(3) **1.00**　(4) **1.20**　(5) **1.38**

解17　(a)　コンデンサAの各誘電体内部の電界の強さの大小関係，および最大値

(1)　電界の強さの大小関係

コンデンサAは，(a)図に示す3個のコンデンサの直列接続と等価になる．

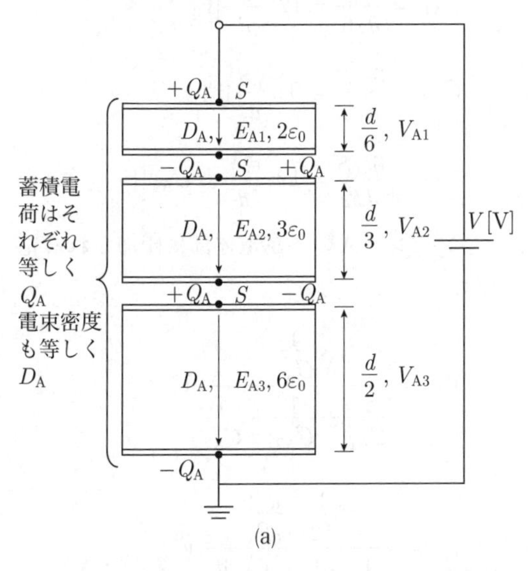

(a)

極板間に電圧Vを印加したときに極板間に蓄えられる電荷をQ_Aとすると，Q_Aは三つのコンデンサいずれも等しいので，電束密度D[C/m^2]も三つのコンデンサで等しくなる．

$$D_A = \frac{Q_A}{S}\,[\mathrm{C/m^2}]$$

ガウスの定理より，各コンデンサの電界の強さは，

$$E_{A1} = \frac{D_A}{\varepsilon_1} = \frac{Q_A/S}{2\varepsilon_0} = \frac{Q_A}{2\varepsilon_0 S}\,[\mathrm{V/m}] \quad ①$$

$$E_{A2} = \frac{D_A}{\varepsilon_2} = \frac{Q_A/S}{3\varepsilon_0} = \frac{Q_A}{3\varepsilon_0 S}\,[\mathrm{V/m}] \quad ②$$

$$E_{A3} = \frac{D_A}{\varepsilon_3} = \frac{Q_A/S}{6\varepsilon_0} = \frac{Q_A}{6\varepsilon_0 S}\,[\mathrm{V/m}] \quad ③$$

したがって，①式から③式の分母の数値に着目して比較すると，

$$E_{A1} > E_{A2} > E_{A3} \quad (答)$$

(2)　電界の強さの最大値

電界が最大となるのは上記の結果からE_{A1}である．コンデンサAの合成静電容量をC_{A0}とすると，

$$Q_A = C_{A0} V \quad ④$$

$$\frac{1}{C_{A0}} = \frac{1}{C_{A1}} + \frac{1}{C_{A2}} + \frac{1}{C_{A3}}$$

$$\therefore\ C_{A0} = \frac{1}{\frac{1}{C_{A1}} + \frac{1}{C_{A2}} + \frac{1}{C_{A3}}}\,[\mathrm{F}] \quad ⑤$$

$$Q_A = \frac{V}{\frac{1}{C_{A1}} + \frac{1}{C_{A2}} + \frac{1}{C_{A3}}} = \frac{V}{\frac{d/6}{2\varepsilon_0 S} + \frac{d/3}{3\varepsilon_0 S} + \frac{d/2}{6\varepsilon_0 S}} = \frac{V}{\left(\frac{1}{12} + \frac{1}{9} + \frac{1}{12}\right)\frac{d}{\varepsilon_0 S}} = \frac{V}{\frac{10}{36}\cdot\frac{d}{\varepsilon_0 S}}$$

$$\therefore\ E_{A1} = \frac{Q_A}{2\varepsilon_0 S} = \frac{1}{2\varepsilon_0 S}\cdot\frac{V}{\frac{10}{36}\cdot\frac{d}{\varepsilon_0 S}} = \frac{9V}{5d}\,[\mathrm{V/m}] \quad (答)$$

よって，**求める選択肢は(4)**となる．

(b)　コンデンサAとBの蓄積エネルギーの比W_A/W_B

(1)　コンデンサA全体の蓄積エネルギーW_A[W]

$$C_{A0} = \frac{1}{\frac{1}{C_{A1}} + \frac{1}{C_{A2}} + \frac{1}{C_{A3}}} = \frac{1}{\frac{10d}{36\varepsilon_0 S}} = \frac{18\varepsilon_0 S}{5d}$$

$$W_A = \frac{1}{2}C_{A0}V^2 = \frac{1}{2}\cdot\frac{18\varepsilon_0 S}{5d}V^2 = \frac{9\varepsilon_0 S}{5d}V^2$$

(2)　コンデンサB全体の蓄積エネルギーW_B[W]

コンデンサBは，(b)図に示す3個のコンデンサの並列接続と等価になる．

コンデンサBの合成静電容量C_{B0}は，

$$C_{B0} = C_{B1} + C_{B2} + C_{B3} = \frac{2\varepsilon_0 \times S/6}{d} + \frac{3\varepsilon_0 \times S/3}{d} + \frac{6\varepsilon_0 \times S/2}{d}$$

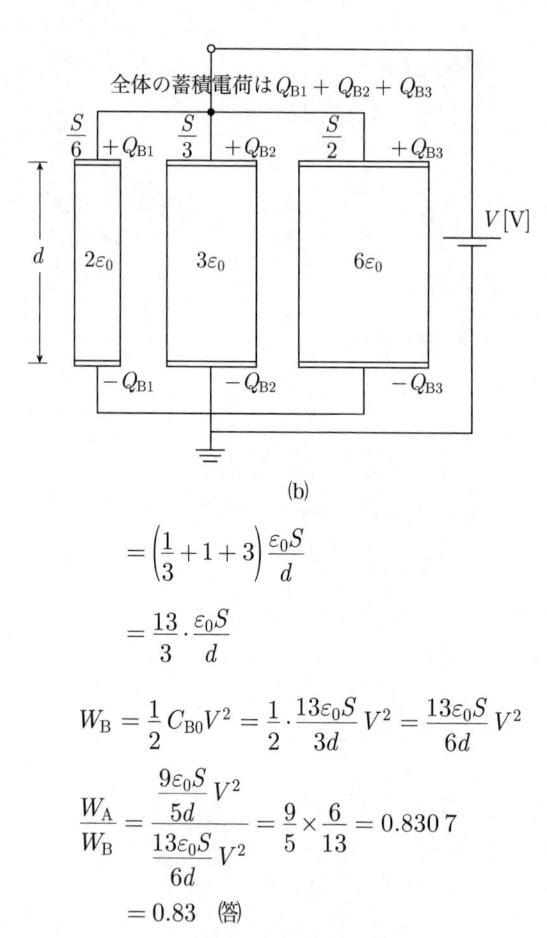

(b)

$$=\left(\frac{1}{3}+1+3\right)\frac{\varepsilon_0 S}{d}$$

$$=\frac{13}{3}\cdot\frac{\varepsilon_0 S}{d}$$

$$W_B=\frac{1}{2}C_{B0}V^2=\frac{1}{2}\cdot\frac{13\varepsilon_0 S}{3d}V^2=\frac{13\varepsilon_0 S}{6d}V^2$$

$$\frac{W_A}{W_B}=\frac{\dfrac{9\varepsilon_0 S}{5d}V^2}{\dfrac{13\varepsilon_0 S}{6d}V^2}=\frac{9}{5}\times\frac{6}{13}=0.8307$$

$$=0.83 \quad (答)$$

よって，**求める選択肢は(2)となる．**

〔ここがポイント〕

1. 電界の強さの求め方

問(a)において，コンデンサの直列接続では蓄えられる電荷がすべて等しい関係を用い，電束密度Dから電界Eを求めた．電界自身の大小関係を比較する上では，この方法が早く計算できる．ただし，電界の強さの最大値は，別途Q_Aを求めなければならず，やや手数がかかる．

2. コンデンサの蓄積エネルギー

問(b)では，コンデンサAおよびBの各部の静電容量を求め，$W=(1/2)CV^2$により蓄積エネルギーを計算している．コンデンサAでは各静電容量を合成する際に⑤式の合成計算を短時間で正確に行える計算力が求められ，計算過程の一番のポイントになる．(b)図の並列接続では，合成静電容量が各静電容量の和で求められるため，計算は比較的容易である．

別解

(a)　コンデンサAの電界の強さの大小関係と電界の最大値

(1)　電界の強さの大小関係

コンデンサAの各誘電体部の静電容量は，

$$C_{A1}=\frac{2\varepsilon_0 S}{d/6}=12\cdot\frac{\varepsilon_0 S}{d}\,[\mathrm{F}]$$

$$C_{A2}=\frac{3\varepsilon_0 S}{d/3}=9\cdot\frac{\varepsilon_0 S}{d}\,[\mathrm{F}]$$

$$C_{A3}=\frac{6\varepsilon_0 S}{d/2}=12\cdot\frac{\varepsilon_0 S}{d}=C_{A1}\,[\mathrm{F}]$$

コンデンサAの各誘電体部に印加される電圧は，

$$V_{A1}=\frac{\dfrac{1}{C_{A1}}}{\dfrac{1}{C_{A1}}+\dfrac{1}{C_{A2}}+\dfrac{1}{C_{A3}}}V$$

$$=\frac{\dfrac{1}{12}\cdot\dfrac{d}{\varepsilon_0 S}}{\left(\dfrac{1}{12}+\dfrac{1}{9}+\dfrac{1}{12}\right)\dfrac{d}{\varepsilon_0 S}}V$$

$$=\frac{\dfrac{1}{12}}{\dfrac{10}{36}}V=\frac{3}{10}V\,[\mathrm{V}]$$

$$V_{A2}=\frac{\dfrac{1}{C_{A2}}}{\dfrac{1}{C_{A1}}+\dfrac{1}{C_{A2}}+\dfrac{1}{C_{A3}}}V=\frac{\dfrac{1}{9}\cdot\dfrac{d}{\varepsilon_0 S}}{\dfrac{10}{36}\cdot\dfrac{d}{\varepsilon_0 S}}V$$

$$=\frac{4}{10}V\,[\mathrm{V}]$$

$$V_{A3}=\frac{\dfrac{1}{C_{A3}}}{\dfrac{1}{C_{A1}}+\dfrac{1}{C_{A2}}+\dfrac{1}{C_{A3}}}V=V_{A1}$$

$$=\frac{3}{10}V\,[\mathrm{V}]$$

コンデンサAの各誘電体内部の電界の強さは，

$$E_{A1}=\frac{V_{A1}}{d/6}=\frac{3V/10}{d/6}=\frac{9}{5}\cdot\frac{V}{d}\,[\mathrm{V/m}] \quad ⑥$$

$$E_{A2} = \frac{V_{A2}}{d/3} = \frac{4V/10}{d/3} = \frac{6}{5}\cdot\frac{V}{d}\,[\mathrm{V/m}] \quad ⑦$$

$$E_{A3} = \frac{V_{A3}}{d/2} = \frac{3V/10}{d/2} = \frac{3}{5}\cdot\frac{V}{d}\,[\mathrm{V/m}] \quad ⑧$$

ゆえに，⑥式から⑧式の分子の数値に着目して比較すると，

$E_{A1} > E_{A2} > E_{A3}$ ㊟

次に，電界の強さの最大値は，⑥式が答えになる．よって，**求める選択肢は(4)となる．**

(b) コンデンサB全体の蓄積エネルギー W_B に対するコンデンサAの蓄積エネルギー W_A の倍数

(1) コンデンサAの各誘電体部に蓄えられる電荷 Q_A はそれぞれ等しく，全体に蓄えられる電荷と等しいので，

$$Q_A = C_{A1}V_{A1} = C_{A2}V_{A2} = C_{A3}V_{A3}$$

$$Q_A = C_{A1}V_{A1} = \frac{12\varepsilon_0 S}{d}\times\frac{3V}{10}$$

$$= \frac{18}{5}\cdot\frac{\varepsilon_0 S}{d}V\,[\mathrm{C}]$$

$$W_A = \frac{1}{2}Q_A V = \frac{1}{2}\times\frac{18}{5}\cdot\frac{\varepsilon_0 S}{d}V^2$$

$$= \frac{9}{5}\cdot\frac{\varepsilon_0 S}{d}V^2\,[\mathrm{J}]$$

(2) コンデンサBの各誘電体部に蓄えられる電荷 Q_{B1}，Q_{B2}，Q_{B3} はそれぞれ，

$$Q_{B1} = C_{B1}V = \frac{2\varepsilon_0\times S/6}{d}V = \frac{1}{3}\cdot\frac{\varepsilon_0 S}{d}V\,[\mathrm{C}]$$

$$Q_{B2} = C_{B2}V = \frac{3\varepsilon_0\times S/3}{d}V = \frac{\varepsilon_0 S}{d}V\,[\mathrm{C}]$$

$$Q_{B3} = C_{B3}V = \frac{6\varepsilon_0\times S/2}{d}V = 3\frac{\varepsilon_0 S}{d}V\,[\mathrm{C}]$$

$$W_B = \frac{1}{2}Q_B V = \frac{1}{2}(Q_{B1}+Q_{B2}+Q_{B3})V$$

$$= \frac{1}{2}\left(\frac{1}{3}+1+3\right)\frac{\varepsilon_0 S}{d}V^2$$

$$= \frac{1}{2}\times\frac{13}{3}\cdot\frac{\varepsilon_0 S}{d}V^2 = \frac{13}{6}\cdot\frac{\varepsilon_0 S}{d}V^2\,[\mathrm{J}]$$

$$\therefore\ \frac{W_A}{W_B} = \frac{\frac{9}{5}\cdot\frac{\varepsilon_0 S}{d}V^2}{\frac{13}{6}\cdot\frac{\varepsilon_0 S}{d}V^2} = \frac{9}{5}\times\frac{6}{13} = 0.8307$$

$$= 0.83 \quad ㊟$$

よって，**求める選択肢は(2)となる．**

〔ここがポイント〕

1. 平板コンデンサの極板間電界 E [V/m]

平行板コンデンサの極板間に V を印加すると，極板間に平等電界 E が生じる．V と E の関係は，誘電率 ε [F/m] に無関係に形状と極板間距離 d [m] だけで決まり，次式で求められる．

$$E = \frac{V}{d}\,[\mathrm{V/m}] \quad ⑨$$

2. コンデンサの各種計算公式

極板面積 S [m^2] とし，蓄えられる電荷 Q [C]，電束密度 D [C/m^2]，真空中の誘電率 ε_0（$= 8.854\times10^{-12}$）[F/m]，比誘電率 ε_s，静電エネルギー W_C [J]，単位体積当たりのエネルギー w_C [J/m^3] として，コンデンサの諸公式を以下に示す．

$$静電容量\,C = \frac{\varepsilon_s\varepsilon_0 S}{d}\,[\mathrm{F}] \quad ⑩$$

$$Q = CV = \frac{\varepsilon_s\varepsilon_0 SV}{d} = \varepsilon_s\varepsilon_0 SE\,[\mathrm{C}] \quad ⑪$$

$$D = \frac{Q}{S} = \frac{\varepsilon_s\varepsilon_0\ SE}{S} = \varepsilon_s\varepsilon_0 E\,[\mathrm{C/m^2}] \quad ⑫$$

$$W_C = \frac{1}{2}CV^2 = \frac{1}{2}\frac{\varepsilon_s\varepsilon_0\ S}{d}V^2$$

$$= \frac{\varepsilon_s\varepsilon_0 SV^2}{2d}\,[\mathrm{J}] \quad ⑬$$

$Q = CV$ と⑬式の関係から，

$$W_C = \frac{Q^2}{2C} = \frac{1}{2}QV\,[\mathrm{J}] \quad ⑭$$

$$w_C = \frac{W_C}{Sd} = \frac{\varepsilon_s\varepsilon_0 V^2}{2d^2} = \frac{1}{2}\varepsilon_s\varepsilon_0 E^2\,[\mathrm{J/m^3}] \quad ⑮$$

⑨式から⑮式は記憶するか導出できるようにしたい．

 (a)—(4)，(b)—(2)

（選択問題）

問18 発振回路について，次の(a)及び(b)の問に答えよ．

(a) 図1は，ある発振回路のコンデンサを開放し，同時にコイルを短絡した，直流分を求めるための回路図である．図中の電圧 V_C [V]として，最も近いものを次の(1)～(5)のうちから一つ選べ．

ただし，図中の V_{BE} 並びにエミッタ接地トランジスタの直流電流増幅率 h_{FE} をそれぞれ $V_{BE} = 0.6$ V，$h_{FE} = 100$ とする．

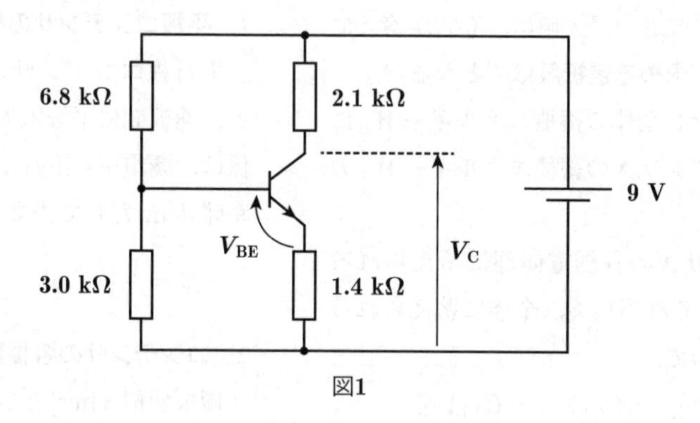

図1

(1) 3　(2) 4　(3) 5　(4) 6　(5) 7

(b)　図**2**は，ある発振回路のトランジスタに接続されている，電極間のリアクタンスを示している．ただし，バイアス回路は省略している．この回路が発振するとき，発振周波数 f_0 [kHz] はどの程度の大きさになるか，最も近いものを次の(1)～(5)のうちから一つ選べ．
ただし，発振周波数は，図に示されている素子の値のみにより定まるとしてよい．

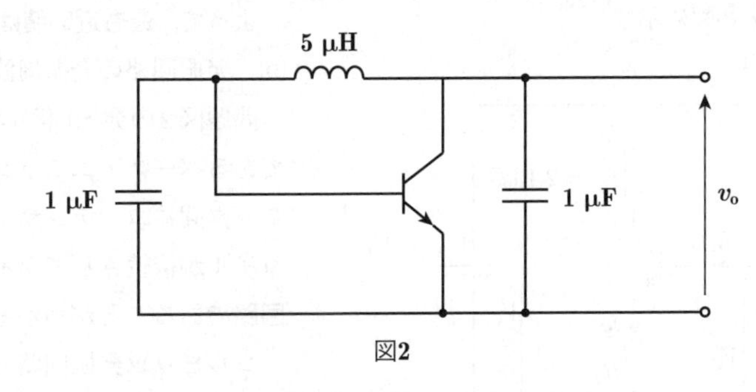

図**2**

(1)　**0.1**　　(2)　**1**　　(3)　**10**　　(4)　**100**　　(5)　**1 000**

解18 (a) 電圧 V_C の値 [V]

問題図1の回路は，**電流帰還バイアス回路**を表している．回路内の各抵抗，電源電圧にそれぞれ記号を付し，各部を流れる電流を記入した図を(a)図に示す．

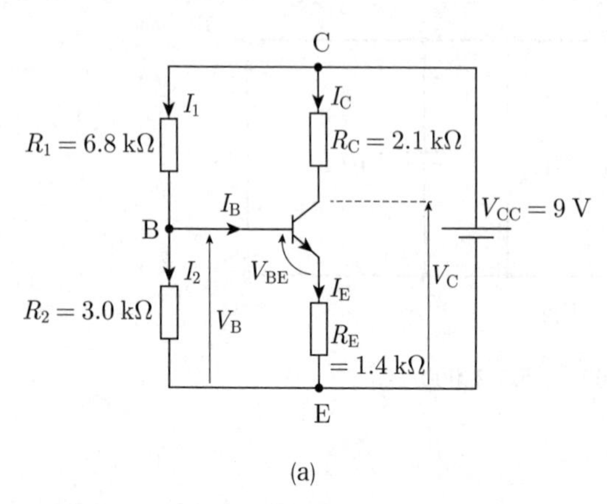

(a)

同図より，次式が成り立つ．

$$V_{CC} = R_C I_C + V_C$$

$$\therefore\quad V_C = V_{CC} - R_C I_C$$

$$= 9 - 2.1 \times 10^3 I_C\ [\text{V}] \qquad ①$$

ベース電圧 V_B は，V_{CC} を抵抗 R_1 と R_2 で分圧したときの R_2 の分担電圧と近似すると，

$$V_B = \frac{R_2}{R_1 + R_2} V_{CC} = \frac{3.0}{6.8 + 3.0} \times 9$$

$$= \frac{27.0}{9.8} = 2.755\ \text{V} \qquad ②$$

一方，$V_B = R_E I_E + V_{BE}$ より，

$$I_E = \frac{V_B - V_{BE}}{R_E} = \frac{2.755 - 0.6}{1.4 \times 10^3}$$

$$= 1.539 \times 10^{-3}$$

$$= 1.539\ \text{mA} \qquad ③$$

I_E は I_B と I_C の和となるので，

$$I_E = I_B + I_C \qquad ④$$

$h_{FE} = \dfrac{I_C}{I_B} = 100$ であるから，

$$I_C = 100 I_B \qquad ⑤$$

$$I_E = I_B + I_C = I_B + 100 I_B = 101 I_B \qquad ⑥$$

③式と⑥式を等置して，

$$I_B = \frac{1.539 \times 10^{-3}}{101} = 0.015\,23 \times 10^{-3}\ \text{A}$$

$$I_C = 100 I_B = 1.523 \times 10^{-3}\ \text{A}$$

①式に代入して，

$$V_C = 9 - 2.1 \times 10^3 \times 1.523 \times 10^{-3}$$

$$= 9 - 3.198\,3$$

$$= 5.801\,7\ \text{V} \quad \text{(答)}$$

よって，**最も近い値は選択肢(4)**の6 Vである．

(b) 発振回路の発振周波数 f_0 [Hz]

問題図2の発振回路は，トランジスタの端子であるベース・エミッタ間およびコレクタ・エミッタ間にコンデンサ，ベース・コレクタ間にコイルが接続されているので，**コルピッツ発振回路**であることがわかる．

コルピッツ発振回路の周波数は次式で求められる．

$$f_0 = \frac{1}{2\pi\sqrt{L\left(\dfrac{C_1 C_2}{C_1 + C_2}\right)}} \qquad ⑦$$

⑦式に図中に与えられた $C_1 = C_2 = 1 \times 10^{-6}$ F，$L = 5 \times 10^{-6}$ Hを代入して，

$$f_0 = \frac{1}{2 \times 3.14\sqrt{5 \times 10^{-6} \times \dfrac{1 \times 10^{-12}}{2 \times 10^{-6}}}}$$

$$= \frac{1}{6.28\sqrt{2.5 \times (10^{-6})^2}}$$

$$= \frac{1 \times 10^6}{6.28\sqrt{2.5}}$$

$$= 100\,709\ \text{Hz}$$

$$= 100.7\ \text{kHz} \quad \text{(答)}$$

よって，**最も近い値は，選択肢(4)**の100 kHzとなる．

〔ここがポイント〕

1. 問題図1の電流帰還バイアス回路の特徴

(a) 図の R_1，R_2 はブリーダ抵抗と呼ばれ，電源電圧 V_{CC} を分割する目的で用いられる．一般に，$I_2/I_B \geqq 10$ となる条件では，I_B が十分小さく，②式が成り立つとして計算できる．すなわち，ベース電圧 V_B は，ベース電流 I_B に無関係に一定とみなすことができる．

本問では，$V_B = 2.755$ V，$V_E = V_B - V_{BE} = 2.155$ V，$I_E = V_E/R_E = 1.539$ mA，$I_B = I_E/101 = 0.015\,24$ mA，$I_2 = V_B/R_2 = 2.755/3$

$\times 10^3 = 0.918\,4$ mA，である．したがって，$I_2/I_B = 0.918\,4/0.015\,24 \fallingdotseq 60.3 \geqq 10$となり，$I_2/I_B \geqq 10$の条件が満たされていることがわかる．

電流帰還バイアス回路は，安定度が高いバイアス回路である．トランジスタ自身は温度上昇すると，**V_{BE}が減少しh_{FE}が増加する**特徴があるが，電流帰還バイアス回路では，温度上昇でI_Cが増加しようとすると，$R_E I_E$も同時に増加し，V_{BE}が減少し，I_Eが減少するためI_Cの増加が抑制される特徴がある．このため，I_Cの変化の割合は小さく抑えられ，安定度が向上する．

この回路の欠点は，R_1，R_2が入力に対して並列接続となるため，入力インピーダンスが小さくなってしまうことである．

2．本問の発振回路の原理

コンデンサCとコイルLを用いて構成した周波数選択回路を，***LC*発振回路**という．この中でCとLを問題図2のように配置した回路を特に**コルピッツ発振回路**と呼んでいる．問題図2を(b)図のように表すと，コンデンサC_1とC_2は，コンデンサの一方の極板が（+）のとき他の極板は（−）となるので，二つのコンデンサC_1，C_2の直列接続の接続点mからコンデンサ端a，bの電圧位相は180°異なる．このため，各コンデンサの両端は，180°の位相差が得られる回路になっている．

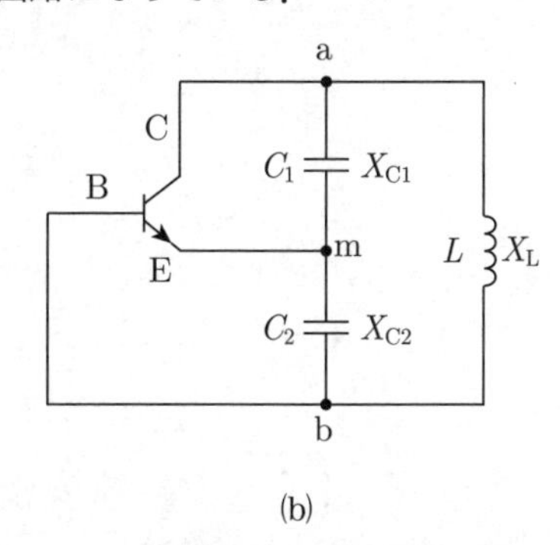

(b)

3．コルピッツ発振回路の発振周波数f_0 [Hz]

問題図2のように，トランジスタの各端子間にインピーダンスZを接続して構成した発振回路を**3点接続発振回路**（(c)図）という．発振回路の周波数条件は，「増幅回路の入力と帰還回路の出力が同相となること」から，虚数部＝0となる周波数を求めればよい．(c)図に示す各インピーダンス$\dot{Z}_1$，$\dot{Z}_2$，$\dot{Z}_3$の和が0となる周波数を求めると，

$$\dot{Z}_1 + \dot{Z}_2 + \dot{Z}_3 = 0$$

より，

$$\frac{1}{j\omega C_1} + \frac{1}{j\omega C_2} + j\omega L = 0$$

$$\frac{1}{C_1} + \frac{1}{C_2} - \omega^2 L = 0$$

$$\omega = \sqrt{\frac{\frac{1}{C_1} + \frac{1}{C_2}}{L}} = \sqrt{\frac{\frac{C_1 + C_2}{C_1 C_2}}{L}}$$

$$= \frac{1}{\sqrt{L\left(\frac{C_1 C_2}{C_1 + C_2}\right)}} \text{[Hz]}$$

$$\therefore\ f_0 = \frac{\omega}{2\pi} = \frac{1}{2\pi\sqrt{L\left(\frac{C_1 C_2}{C_1 + C_2}\right)}}$$

$\dot{Z}_3$　C　B　$\dot{Z}_1$　E　$\dot{Z}_2$

周波数条件：$\dot{Z}_1 + \dot{Z}_2 + \dot{Z}_3 = 0$

(c)

上記のプロセスから，⑦式の発振回路の周波数が導出される．

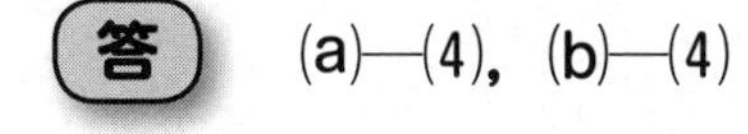

(a)—(4)，(b)—(4)

令和 2 年度（2020 年） 理論の問題

A 問題　配点は 1 問題当たり 5 点

問1　図のように，紙面に平行な平面内の平等電界 E [V/m] 中で 2 C の点電荷を点 A から点 B まで移動させ，さらに点 B から点 C まで移動させた．この移動に，外力による仕事 W = 14 J を要した．点 A の電位に対する点 B の電位 V_{BA} [V] の値として，最も近いものを次の(1)～(5)のうちから一つ選べ．

ただし，点電荷の移動はゆっくりであり，点電荷の移動によってこの平等電界は乱れないものとする．

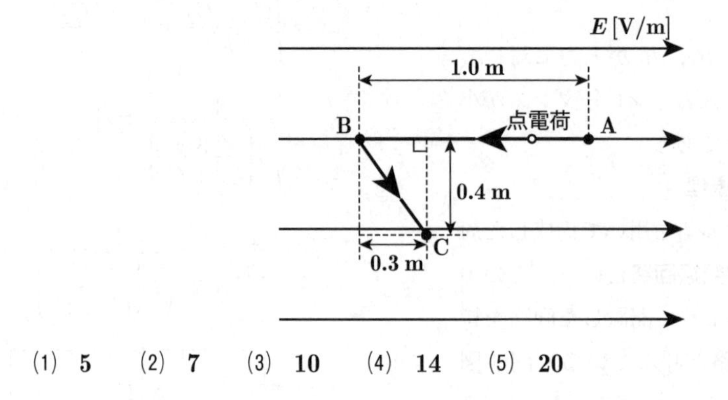

(1) **5**　(2) **7**　(3) **10**　(4) **14**　(5) **20**

●試験時間　90分
●必要解答数　A問題14題，B問題3題（選択問題含む）

解1　$Q=2$ Cの正の点電荷を電界と逆向きに移動させるには，点電荷が電界から受ける力Fと同じ大きさの外力を加えなければならない．

電荷の受ける力F [N]，距離d [m] 移動に要する仕事W [J] はそれぞれ次式で表せる．

$$F=QE\,[\mathrm{N}] \qquad ①$$

$$W=Fd=QEd\,[\mathrm{J}] \qquad ②$$

題意より，A点→C点までの移動に要した仕事（エネルギー）は14 J，(a)図よりAC間の距離は，$d_{AC}=0.7$ mと求められるので，電界の大きさEは②式より，

$$E=\frac{W}{Qd}=\frac{14}{2\times0.7}=\frac{14}{1.4}=10\ \mathrm{V/m}$$

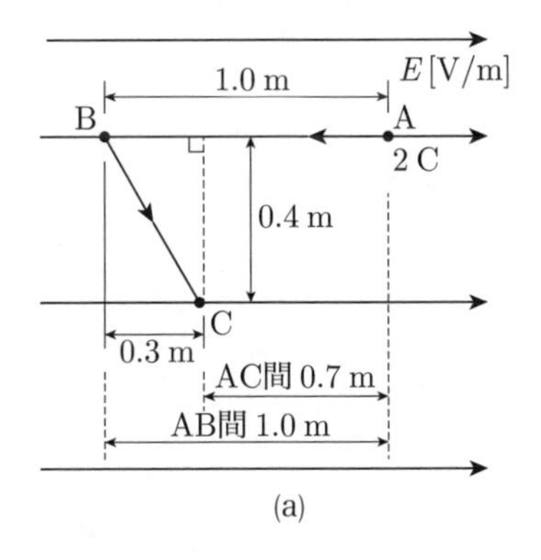

(a)

次に，平等電界E [V/m] 中の点Bの電位V_Bを求める．点Aの電位V_A [V]，AB間距離をd_{AB} [m] とすると，次式が成り立つ．

$$V_B=V_A+E\cdot d_{AB}$$

点Aの電位に対する点Bの電位は上式より，

$$V_{BA}=V_B-V_A=E\cdot d_{AB}$$
$$=10\times1.0=10\ \mathrm{V} \quad (答)$$

よって，求める選択肢は(3)となる．

〔ここがポイント〕

1. 電位と電位差

電界中で電荷Qが受ける力に逆らって電荷を移動させるためには，外部から仕事をする必要がある．(b)図の平行平板電極間の電界Eに逆らって，電荷Qを電極間距離l [m] だけ運ぶ仕事W [J] は，移動方向と電界との角をθとすると，次式で表せる．

$$W=Fl\cdot\cos\theta=QEl\cdot\cos\theta$$
$$=QEd=QV\,[\mathrm{J}]$$

ただし，Vは極板間電圧である．⊕極の電荷は，Wの位置エネルギーを保有していることになる．

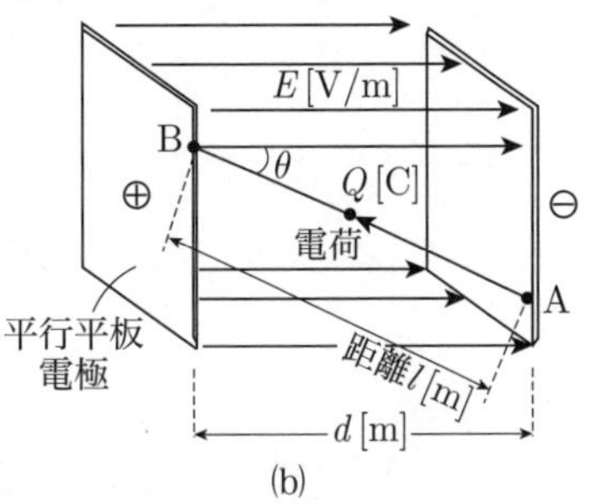

(b)

単位正電荷（+1 C）当たりに要した仕事を電位V [V] といい，電界の位置エネルギーを意味する．

$$V=\frac{W}{Q}=Ed\,[\mathrm{V}]$$

2. 電位，電位差の定義

電界中で点電荷+1 Cを無限遠点（電界＝0）から点Aまで移動させるのに要する仕事量がV_A [J] のとき，A点の電位V_Aを次式で定義する．

$$V_A=\int_{\infty}^{a}(-E)\cdot dr\,[\mathrm{V}]$$

Eの符号を負とするのは，電界の向きに逆らって仕事をするためである．点電荷+1 Cを移動するのに要した仕事量が1 Jならば，2点間の電位差は1 Vである．(c)図のように，電位や電位差は，2点間の距離だけで決まり，電荷の移動経路によらない．このような大きさだけで決まる量を**スカラー量**という．

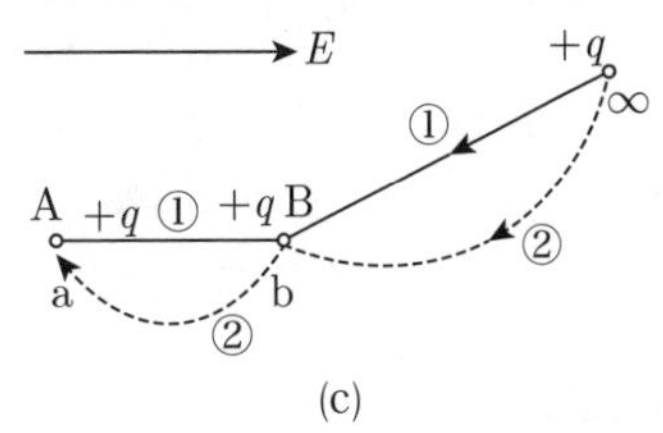

(c)

 (3)

問2　四本の十分に長い導体円柱①～④が互いに平行に保持されている．①～④は等しい直径を持ち，図の紙面を貫く方向に単位長さあたりの電気量 $+Q$ [C/m] 又は $-Q$ [C/m] で均一に帯電している．ただし，$Q>0$ とし，①の帯電電荷は正電荷とする．円柱の中心軸と垂直な面内の電気力線の様子を図に示す．ただし，電気力線の向きは示していない．このとき，①～④が帯びている単位長さあたりの電気量の組合せとして，正しいものを次の(1)～(5)のうちから一つ選べ．

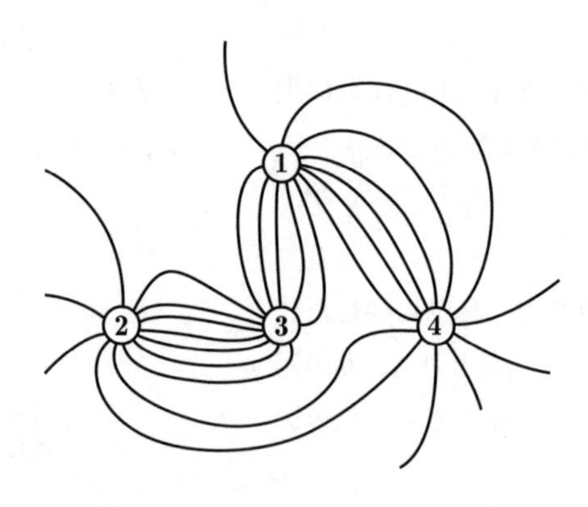

	①	②	③	④
(1)	$+Q$	$+Q$	$+Q$	$+Q$
(2)	$+Q$	$+Q$	$-Q$	$-Q$
(3)	$+Q$	$-Q$	$+Q$	$+Q$
(4)	$+Q$	$-Q$	$-Q$	$-Q$
(5)	$+Q$	$+Q$	$+Q$	$-Q$

解2 各円柱導体に帯電している電荷 Q [C/m] の極性の判別は，電気力線の性質を理解していることが前提になる．

1．電気力線の性質

① 電気力線は，＋極の電荷から出て，－極の電荷に入る．

② 真空中では，$+Q$ [C] の電荷から Q/ε_0 本の電気力線が出て，$-Q$ [C] の電荷から Q/ε_0 の電気力線が入る．

③ 電気力線自身には収縮力，相互間には反発力が働き，交差しない．

2．問題図から読み取れる事象

(1) ①と②の間には電気力線の結合がない

これは同一極性同士であるため，電気力線は反発しあい，結合がないことを表している．題意より①は $+Q$ であるから**②は $+Q$** であることがわかる．

(2) ③と④の間には電気力線の結合がない

これも同一極性同士であるため，電気力線は反発しあい，結合がないことを表している．よって**③と④の電荷は同一極性**である．

(3) ③と①，③と②は電気力線の結合がある

これより**③は**①の $+Q$ と逆極性の $\boldsymbol{-Q}$ となることが判別できる．(1)の結果から，②は $+Q$ より，③は $-Q$ であると判別でき，③と①の関係とも整合する．

(4) (3)の結果を(2)に戻すと，**④は**③と同一極性の $\boldsymbol{-Q}$ となることがわかる．

以上から，① $\boldsymbol{+Q}$，② $\boldsymbol{+Q}$，③ $\boldsymbol{-Q}$，④ $\boldsymbol{-Q}$ となり，**求める選択肢は(2)**となる．

〔ここがポイント〕 **電気力線**とは，電界の発生状態を視覚的に理解しやすく表すために考案された仮想曲線である．各極性の点電荷に対する電気力線のパターンを次図に示す．電気力線の性質とあわせて確実に覚えておくことが大切である．

(2)

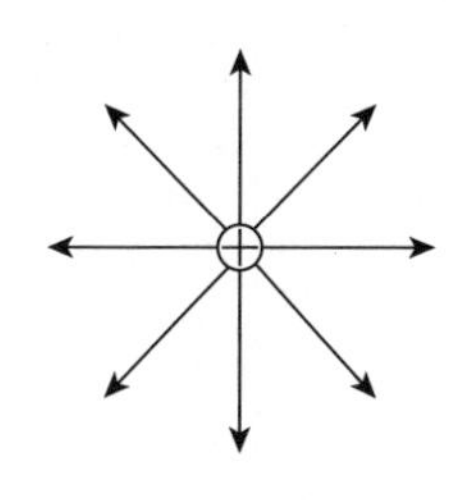
(a) 正電荷単独

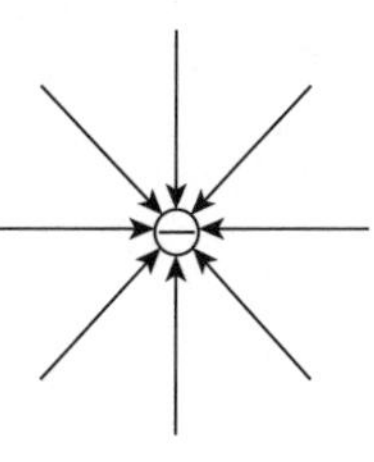
(b) 負電荷単独

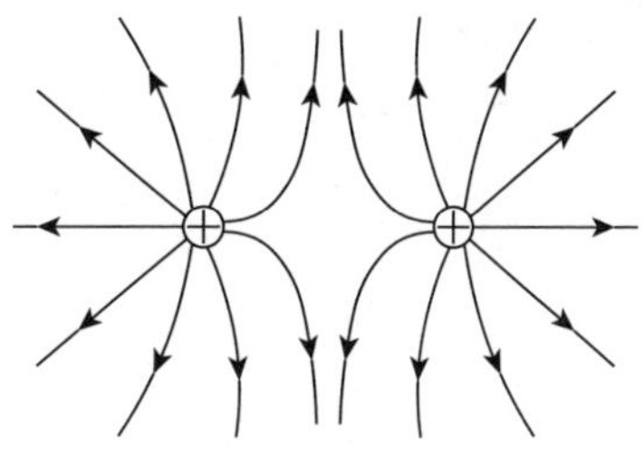
(c) 正電荷同士

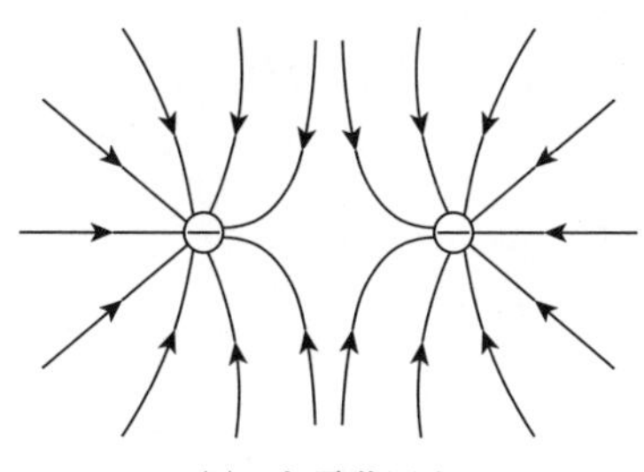
(d) 負電荷同士

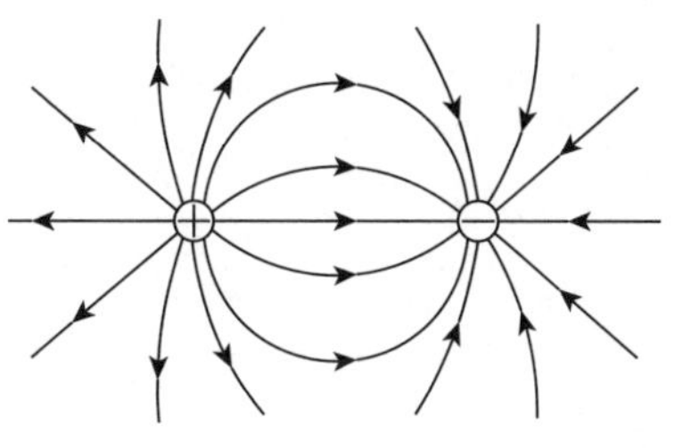
(e) 異なる極性同士

問3 平等な磁束密度 B_0 [T] のもとで，一辺の長さが h [m] の正方形ループABCDに直流電流 I [A] が流れている．B_0 の向きは辺ABと平行である．B_0 がループに及ぼす電磁力として，正しいものを次の(1)～(5)のうちから一つ選べ．

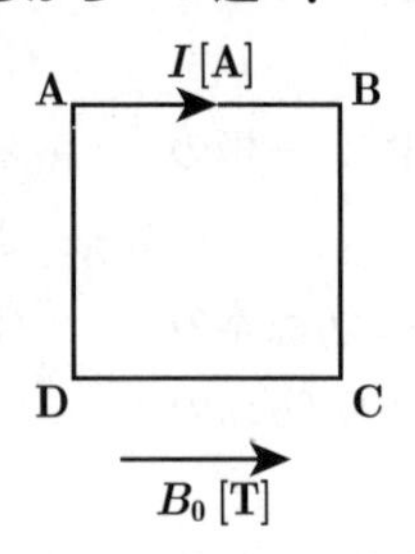

(1) 大きさ $2IhB_0$ [N] の力

(2) 大きさ $4IhB_0$ [N] の力

(3) 大きさ Ih^2B_0 [N·m] の偶力のモーメント

(4) 大きさ $2Ih^2B_0$ [N·m] の偶力のモーメント

(5) 力も偶力のモーメントも働かない

解3 正方形ループに電流が流れると，(a)図に示すように，各辺の周囲にはアンペア右ねじの法則に従って，同心円状に磁界 H [A/m] が発生する．

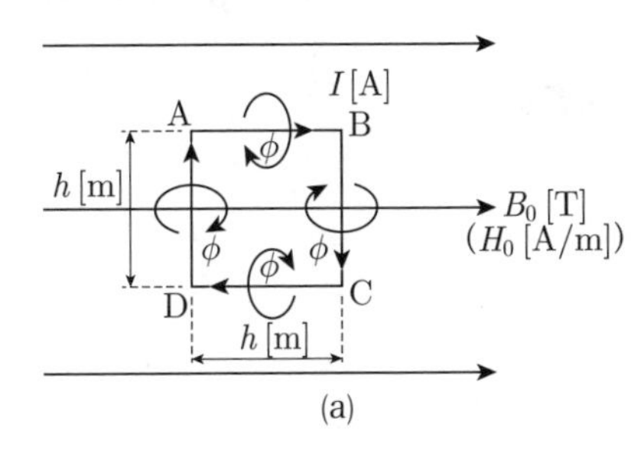

(a)

各辺に及ぼす電磁力を以下に求める．

(1) 辺AB，辺CDに発生する電磁力

フレミング左手の法則を基に判断すると，流れる電流 I [A] と磁界 B_0 [T] は平行しており，互いのなす角は0°であるから，

$$F_{AB} = F_{CD} = B_0 Ih \sin 0° = 0 \quad ①$$

となり，電磁力は発生しない．

(2) 辺BC導体に発生する電磁力

辺BCを上から見た図を(b)図に示す．

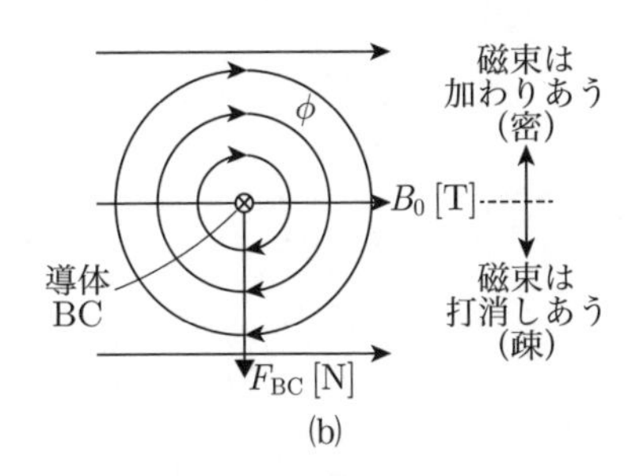

(b)

導体の上半分は平等磁界 B_0 [T] と導体に流れる電流により発生する磁界が同じ向きのため磁界が加わりあい，磁力線は密になっている．導体の下半分は B_0 [T] と導体に流れる電流により発生する磁界が逆向きであるため，磁界は打ち消しあい，磁力線は疎になっている．

フレミング左手の法則から，辺BCに働く電磁力 F_{BC} は(b)図の向きとなり，その大きさは，

$$F_{BC} = B_0 Ih \sin 90° = B_0 Ih \text{ [N]} \quad ②$$

(3) 辺AD導体に発生する電磁力

辺ADを上から見た図を(c)図に示す．

導体の上半分は，平等磁界 B_0 [T] と導体に流

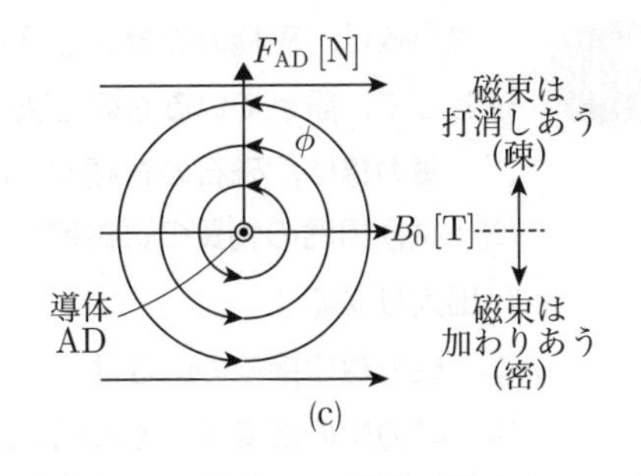

(c)

れる電流により発生する磁界が逆向きのため磁界が打ち消しあい，磁力線は疎になっている．導体の下半分は B_0 [T] と導体に流れる電流により発生する磁界が同じ向きのため磁界が加わりあい，磁力線は密になっている．

フレミング左手の法則から，辺ADに働く電磁力 F_{AD} は(c)図の向きとなり，その大きさは，

$$F_{AD} = B_0 Ih \sin 90° = B_0 Ih \text{ [N]} \quad ③$$

(4) 正方形ループ全体に及ぼす電磁力

(1)～(3)の結果を総合して(d)図に示す．

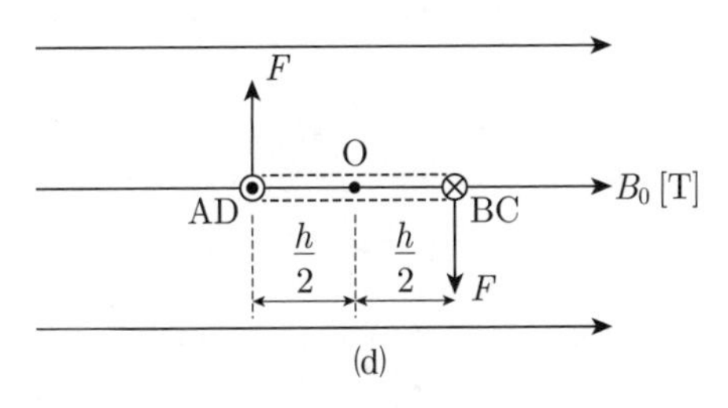

(d)

正方形ループに及ぼす電磁力は，(d)図のように辺BC，辺ADに同じ大きさで互いに反対方向の力 F，

$$F = F_{BC} = F_{AD} = B_0 Ih \text{ [N]} \quad ④$$

が働く．したがって，辺AB，CDの中点，Oを中心とした偶力モーメント M が働く．

$$M = 2 \times F \times \left(\frac{h}{2}\right) = Fh = Ih^2 B_0 \text{ [N·m]}$$

よって，**求める選択肢は(3)となる．**

〔ここがポイント〕

(b)図および(c)図から，導体に流れる電流に働く電磁力 F は，**磁束が密の方から疎の方に向かって押し出す向きに働く．**

(3)

問4 磁力線は，磁極の働きを理解するのに考えた仮想的な線である．この磁力線に関する記述として，誤っているものを次の(1)～(5)のうちから一つ選べ．

(1) 磁力線は，磁石のN極から出てS極に入る．

(2) 磁極周囲の物質の透磁率を μ [H/m] とすると，m [Wb] の磁極から $\dfrac{m}{\mu}$ 本の磁力線が出入りする．

(3) 磁力線の接線の向きは，その点の磁界の向きを表す．

(4) 磁力線の密度は，その点の磁束密度を表す．

(5) 磁力線同士は，互いに反発し合い，交わらない．

解4　**磁力線**は，磁極の働きを視覚的に理解する目的で考案された仮想的な曲線である．

磁極のN極を＋磁荷，S極を－磁荷として表すと，**電気力線の性質がそのまま適用**できる．

磁力線の性質を，以下に示す．

磁力線の性質

項目	性質
磁力線	① 磁力線は，磁石のN極から出てS極に入る ② 周囲の媒質の透磁率をμとすると，$+m$ [Wb] (N極) の磁極からm/μ本の磁力線が出て，$-m$ [Wb] (S極) の磁極からm/μ本の磁力線が入る ③ 磁力線自身には収縮力，相互間では反発力が働き，交差しない ④ 磁力線の接線の向きは，その点の磁界の向きを表す ⑤ 磁力線の密度は，その点の**磁界の強さ$\boldsymbol{H}$** [A/m] を表す

上記の性質を踏まえて，各選択肢を検証する．

(1) 表中の①のとおり，記述は正しい．

(2) 表中の②のとおり，記述は正しい．

(3) 表中の④のとおり，記述は正しい．

(4) 表中の⑤の記述から，「磁界の強さ」が正しく，「磁束密度」は誤りである．

(5) 表中の③のとおり，記述は正しい．

よって，**求める選択肢は(4)**である．

〔ここがポイント〕

1. 磁力線，磁束の定義

μ [H/m] の媒質中に置かれたm [Wb] の磁極 (N極) からm/μ本出る線のことを**磁力線**と定義する．

一方，同じ条件でm [Wb] の磁極 (N極) からm本出る線のことを**磁束**と定義する．すなわち，磁束は媒質の透磁率μに関係なく，磁荷mの大きさにのみ関係する．

2. 磁力線密度（磁界）Hと磁束密度Bの関係

点磁荷m [Wb] を囲む半径r [m] の球表面を出る磁束はm本であり，球の表面積$S = 4\pi r^2$ [m²] より，磁束密度Bは次式で求められる．

$$B = \frac{\text{磁束}\ m\ [\text{本}]}{\text{磁束の通過する面積}\ S\ [\text{m}^2]}$$

$$= \frac{m}{4\pi r^2}\ [\text{Wb/m}^2 = \text{T}] \qquad ①$$

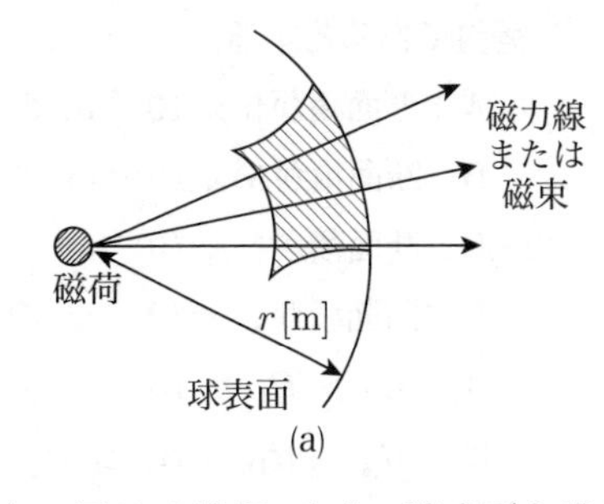

(a)

一方，同じく半径r [m] の球表面を出る磁力線はm/μ本で，磁力線密度は磁力線の本数を表面積Sで除して求められる．

$$\text{磁力線密度} = \frac{\text{磁力線}\ m/\mu\ [\text{本}]}{\text{磁束の通過する面積}\ S\ [\text{m}^2]}$$

$$= \frac{m/\mu}{4\pi r^2} = \frac{m}{4\pi\mu r^2}$$

$$= H\ [\text{A/m}] \qquad ②$$

すなわち磁力線密度は磁界の強さHを表す．

①，②式の関係から，次式が成り立つ．

$$\frac{B}{H} = \frac{m/4\pi r^2}{m/4\pi\mu r^2} = \mu$$

$$\therefore\ B = \mu H\ [\text{T}]$$

重要な公式として記憶しておく．

3. 磁力線と電気力線の相似性

N極の＋磁荷を＋電荷，S極の－磁荷を－電荷に置きかえて考えると，**磁力線は電気力線と同じパターン**を示す．

4. 磁石の性質

クーロンの法則などを適用して問題を解く場合は，N極またはS極が単独に存在するとした仮想的な磁極（＝磁荷）を考える．しかし，実際の磁極は単独では存在できず，必ずN極とS極が対で存在することに留意する．

(4)

次に示す，A，B，C，Dの四種類の電線がある．いずれの電線もその長さは1 kmである．この四つの電線の直流抵抗値をそれぞれR_A [Ω]，R_B [Ω]，R_C [Ω]，R_D [Ω]とする．R_A ～ R_Dの大きさを比較したとき，その大きさの大きい順として，正しいものを次の⑴～⑸のうちから一つ選べ．ただし，ρは各導体の抵抗率とし，また，各電線は等断面，等質であるとする．

A：断面積が9×10^{-5} m^{2}の鉄（$\rho = 8.90 \times 10^{-8}$ Ω·m）でできた電線

B：断面積が5×10^{-5} m^{2}のアルミニウム（$\rho = 2.50 \times 10^{-8}$ Ω·m）でできた電線

C：断面積が1×10^{-5} m^{2}の銀（$\rho = 1.47 \times 10^{-8}$ Ω·m）でできた電線

D：断面積が2×10^{-5} m^{2}の銅（$\rho = 1.55 \times 10^{-8}$ Ω·m）でできた電線

⑴ $R_A > R_C > R_D > R_B$

⑵ $R_A > R_D > R_C > R_B$

⑶ $R_B > R_D > R_C > R_A$

⑷ $R_C > R_A > R_D > R_B$

⑸ $R_D > R_C > R_A > R_B$

解5

図のような抵抗 R [Ω] の値は，抵抗率 ρ [Ω·m]，長さ L [m]，断面積 S [m^2] のとき，

$$R = \rho \frac{L}{S} \,[\Omega] \quad ①$$

で表される．

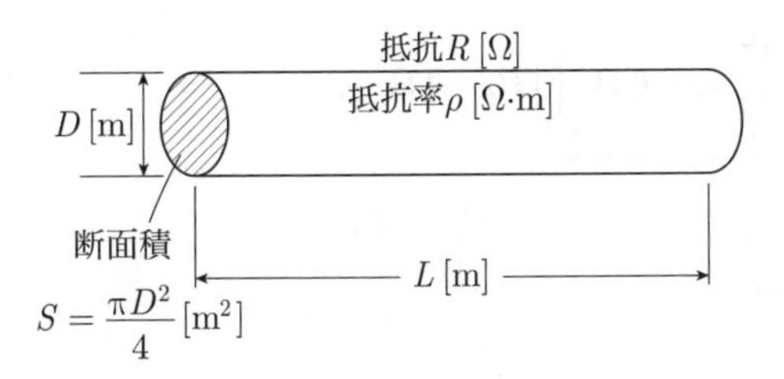

設問に示す4種類の電線の抵抗 R をそれぞれ以下に求める．

A. R_A [Ω]

$$R_A = \rho_A \frac{L}{S_A} = 8.90 \times 10^{-8} \times \frac{1 \times 10^3}{9 \times 10^{-5}}$$
$$= \frac{8.90}{9} \times 10^{-8+3+5} = 0.988 \ldots \times 10^0$$
$$= 0.989 \,\Omega$$

B. R_B [Ω]

$$R_B = \rho_B \frac{L}{S_B} = 2.50 \times 10^{-8} \times \frac{1 \times 10^3}{5 \times 10^{-5}}$$
$$= \frac{2.50}{5} \times 10^{-8+3+5} = 0.500 \times 10^0$$
$$= 0.500 \,\Omega$$

C. R_C [Ω]

$$R_C = \rho_C \frac{L}{S_C} = 1.47 \times 10^{-8} \times \frac{1 \times 10^3}{1 \times 10^{-5}}$$
$$= \frac{1.47}{1} \times 10^{-8+3+5} = 1.47 \times 10^0$$
$$= 1.47 \,\Omega$$

D. R_D [Ω]

$$R_D = \rho_D \frac{L}{S_D} = 1.55 \times 10^{-8} \times \frac{1 \times 10^3}{2 \times 10^{-5}}$$
$$= \frac{1.55}{2} \times 10^{-8+3+5} = 0.775 \times 10^0$$
$$= 0.775 \,\Omega$$

以上の結果をまとめると，

$$R_C > R_A > R_D > R_B$$

よって，**求める選択肢は(4)となる．**

〔ここがポイント〕

1. 抵抗を求める公式と抵抗率

抵抗値 R を算出する公式①を覚えておくことが大切である．問題の条件（数値）を①式に代入して求めていけばよい．

抵抗率は物質により異なり，電気を通す導体には抵抗率の小さいものを用いて電力損失を低減する．

2. 指数計算

10の累乗は指数計算のルールを正しく用いて計算する必要がある．

以下に指数計算の公式を示す．

〔指数の計算公式〕

① $a^0 = 1$　　② $a^1 = a$

③ $a^2 = a \times a$

④ $a^n = a \times a \times a \times a \times a \cdots$（$a$ を n 回かける）

⑤ $a^n \times a^m = a^{n+m}$　　⑥ $\dfrac{a^n}{a^m} = a^{n-m}$

⑦ $(a^n)^m = a^{nm}$　　⑧ $(ab)^m = a^m b^m$

⑨ $a^{\frac{m}{n}} = \sqrt[n]{a^m}$　　⑩ $\sqrt[n]{a}\sqrt[n]{b} = \sqrt[n]{ab}$

⑪ $\dfrac{\sqrt[n]{a}}{\sqrt[n]{b}} = \sqrt[n]{\dfrac{a}{b}}$　　⑫ $\sqrt[m]{\sqrt[n]{a}} = \sqrt[mn]{a}$

⑬ $a^{-n} = \dfrac{1}{a^n}$

(4)

問6　図のように，三つの抵抗 $R_1 = 3\ \Omega$，$R_2 = 6\ \Omega$，$R_3 = 2\ \Omega$ と電圧 V [V] の直流電源からなる回路がある．抵抗 R_1，R_2，R_3 の消費電力をそれぞれ P_1 [W]，P_2 [W]，P_3 [W] とするとき，その大きさの大きい順として，正しいものを次の(1)～(5)のうちから一つ選べ．

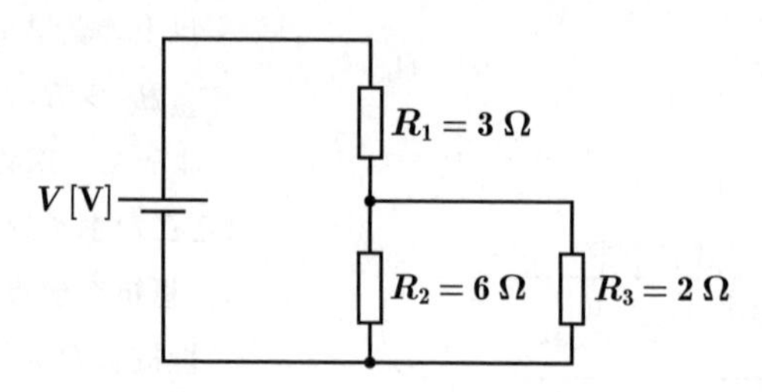

(1)　$P_1 > P_2 > P_3$　　(2)　$P_1 > P_3 > P_2$　　(3)　$P_2 > P_1 > P_3$

(4)　$P_2 > P_3 > P_1$　　(5)　$P_3 > P_1 > P_2$

解6　(a)図に示す抵抗Rの消費電力Pは，次式で求められる．

$$P = I^2R = \frac{V^2}{R}\,[\mathrm{W}] \quad ①$$

Pは電流Iおよび電圧Vの2乗に比例して変化する．

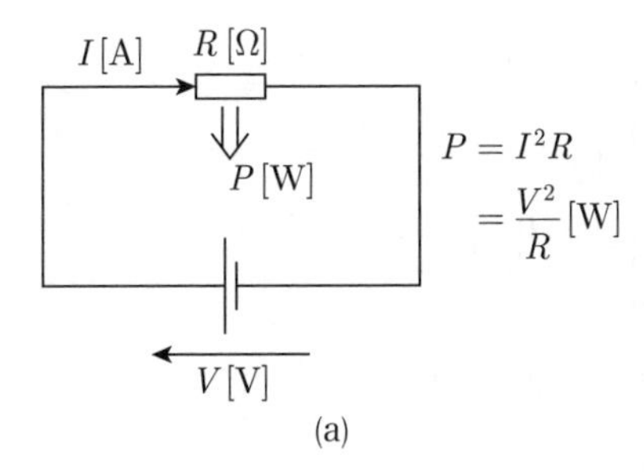

(a)

問題図の並列抵抗R_2とR_3を合成した回路を(b)図に示す．R_2とR_3の並列合成抵抗R_{23} [Ω]，および各抵抗R_1，R_{23}に印加される電圧V_1およびV_{23}はそれぞれ，

$$R_{23} = \frac{R_2R_3}{R_2+R_3} = \frac{6\times2}{6+2} = \frac{12}{8} = 1.5\,\Omega$$

$$V_1 = \frac{R_1}{R_1+R_{23}}V = \frac{3}{3+1.5}V = \frac{V}{1.5}\,[\mathrm{V}]$$

$$V_{23} = \frac{R_{23}}{R_1+R_{23}}V = \frac{1.5}{3+1.5}V = \frac{V}{3}\,[\mathrm{V}]$$

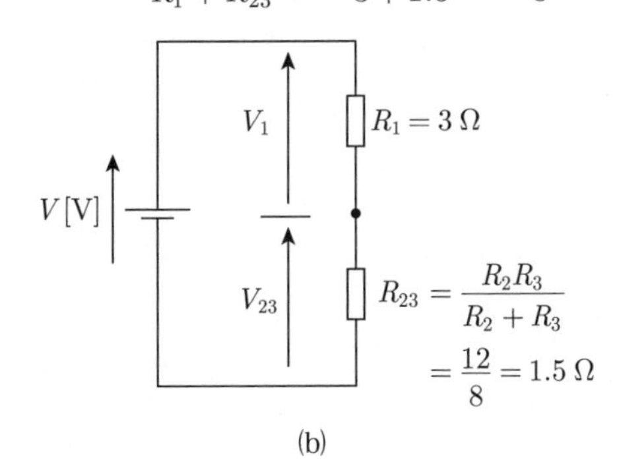

(b)

ゆえに，

$$P_1 = \frac{V_1^2}{R_1} = \frac{\left(\frac{V}{1.5}\right)^2}{3} = \frac{V^2}{6.75}\,[\mathrm{W}]$$

$$P_2 = \frac{V_{23}^2}{R_2} = \frac{\left(\frac{V}{3}\right)^2}{6} = \frac{V^2}{54}\,[\mathrm{W}]$$

$$P_3 = \frac{V_{23}^2}{R_3} = \frac{\left(\frac{V}{3}\right)^2}{2} = \frac{V^2}{18}\,[\mathrm{W}]$$

Pの大小関係は，分母の大きさと逆順になることに留意すると，

$$P_1 > P_3 > P_2$$

よって，**求める選択肢は(2)**となる．

〔ここがポイント〕

別解

解答例以外では，(c)図に示すように，各抵抗R_1，R_2，R_3に流れる電流I_1，I_2，I_3をそれぞれ求め，①式のI^2R式から算出する方法もある．

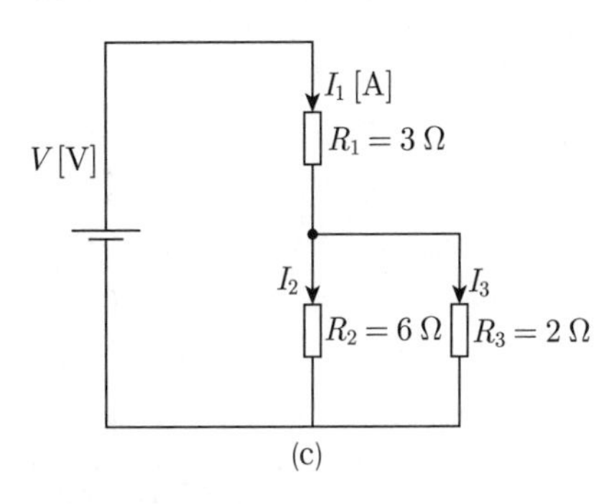

(c)

回路の合成抵抗をR_0とすると，

$$R_0 = R_1 + R_{23} = 3 + 1.5 = 4.5\,\Omega$$

$$I_1 = \frac{V}{R_0} = \frac{V}{4.5}\,[\mathrm{A}]$$

I_2，I_3は，抵抗の分流計算により，

$$I_2 = I_1 \times \frac{R_3}{R_2+R_3} = \frac{V}{18}\,[\mathrm{A}]$$

$$I_3 = I_1 \times \frac{R_2}{R_2+R_3} = \frac{V}{6}\,[\mathrm{A}]$$

消費電力は，

$$P_1 = I_1^2R_1 = \left(\frac{V}{4.5}\right)^2 \times 3 = \frac{V^2}{6.75}\,[\mathrm{W}]$$

$$P_2 = I_2^2R_2 = \left(\frac{V}{18}\right)^2 \times 6 = \frac{V^2}{54}\,[\mathrm{W}]$$

$$P_3 = I_3^2R_3 = \left(\frac{V}{6}\right)^2 \times 2 = \frac{V^2}{18}\,[\mathrm{W}]$$

並列抵抗の分流計算でミスが出やすいため，十分に注意する必要がある．

答　(2)

問7 図のように，直流電源にスイッチS，抵抗5個を接続したブリッジ回路がある．この回路において，スイッチSを開いたとき，Sの両端間の電圧は1 Vであった．スイッチSを閉じたときに8 Ωの抵抗に流れる電流Iの値[A]として，最も近いものを次の(1)～(5)のうちから一つ選べ．

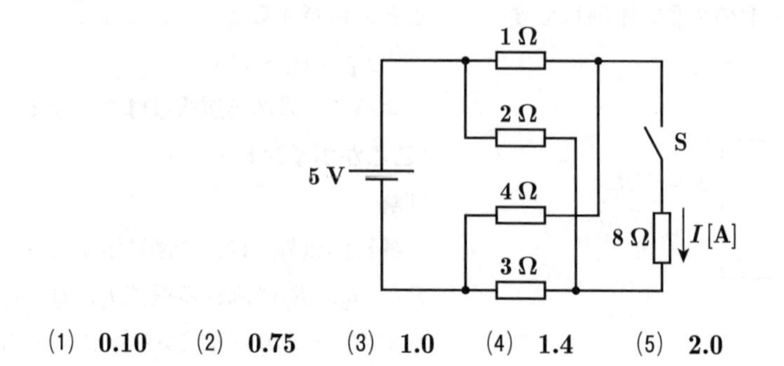

(1) 0.10　(2) 0.75　(3) 1.0　(4) 1.4　(5) 2.0

解7　回路網中のある特定の岐路の電流を直接求めたい場合，テブナンの定理を用いると早く解くことができる．

問題図を一般的なブリッジ回路に描き直すと(a)図のようになる．(a)図では，各接合点の端子にA～Dを付した．

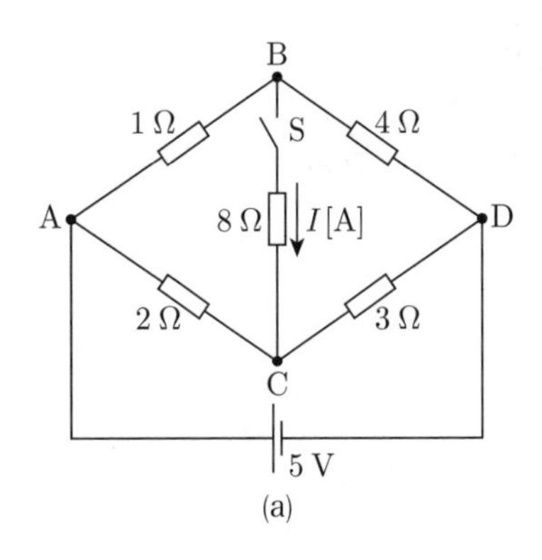

(a)

テブナンの定理は，以下の手順で求める．

(1)　回路の端子B，端子Cから8 Ωを切り離す．

(2)　端子BC間に現れる電圧 V_{bc} [V]を求める．

(b)図に示すように，開放端BCの電圧は，問題文中にスイッチSの両端間の電圧が1 Vと与えられているため，$V_{bc}=1$ Vとする．

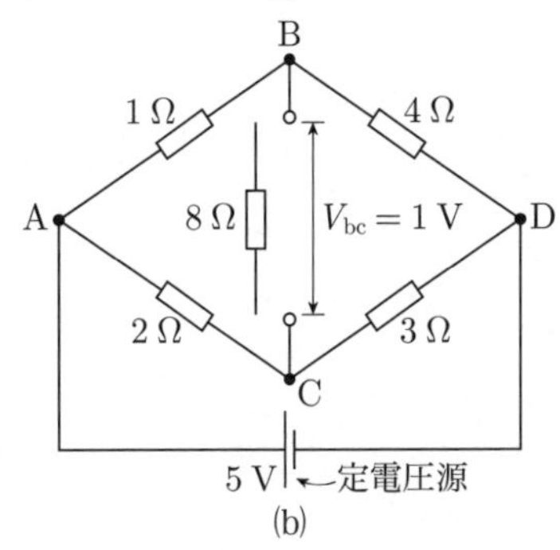

(b)

(3)　端子BCから回路側を見た合成抵抗 R_0 を求める．

R_0 を求めるには，定電圧源は短絡し，定電流源は開放することを忘れずに行う．(b)図の定電圧源を短絡し，反時計回りに90度回転させると，(c)図が得られる．

合成抵抗 R_0 は，1 Ωおよび4 Ωの並列回路と3 Ωおよび2 Ωの並列回路が直列に接続されているので，

$$R_0=\frac{1\times4}{1+4}+\frac{3\times2}{3+2}=\frac{10}{5}=2\,\Omega$$

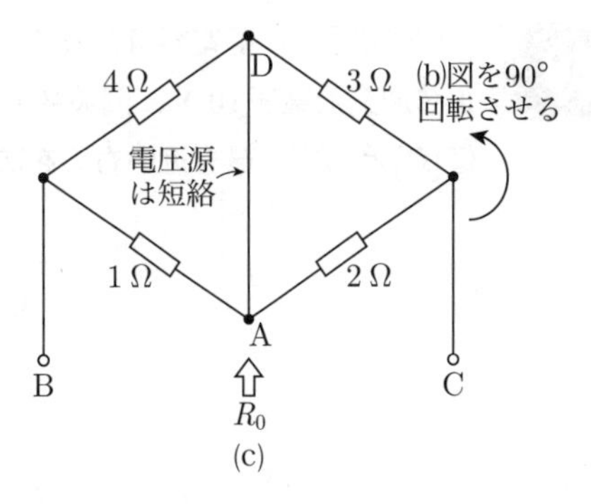

(c)

(4)　等価定電圧源回路に変換する．

ブリッジ回路は，(d)図の等価定電圧源回路に変換できる．(d)図より，

$$I=\frac{V_{bc}}{R_0+8}=\frac{1}{2+8}=0.10\text{ A}\quad(答)$$

(d)

よって，求める選択肢は(1)となる．

〔ここがポイント〕　テブナンの定理を用いる際，電圧源，電流源を回路素子として扱うときの処置を正しく行うことが大切である．

各電源の性質を次表に示す．これらの特性は確実に記憶し，問題に適用する．

定電流源と定電圧源

電源種別	定電流源	定電圧源
図記号	I [A]	E [V]
内部抵抗	∞	ゼロ
回路上の留意点	抵抗として扱う場合は**解放**する	抵抗として扱う場合は**短絡**する
機能	負荷抵抗が変化しても**一定の電流を出力**する理想電源	負荷抵抗が変化しても**一定の電圧を出力**する理想電源

(1)

問8 図のように，静電容量2 μFのコンデンサ，R [Ω] の抵抗を直列に接続した．この回路に，正弦波交流電圧10 V，周波数1 000 Hzを加えたところ，電流0.1 Aが流れた．抵抗Rの値[Ω]として，最も近いものを次の(1)～(5)のうちから一つ選べ．

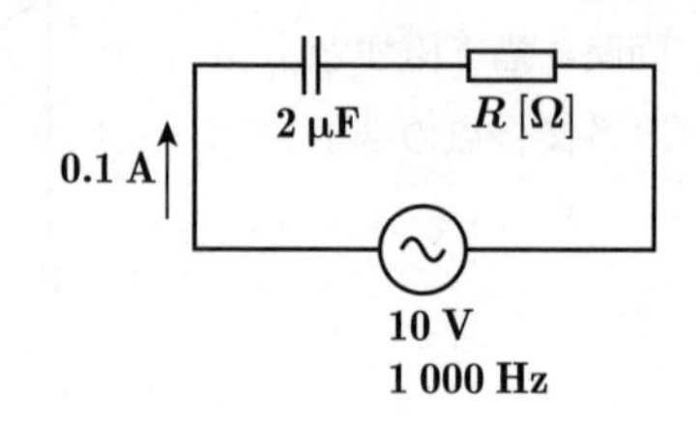

(1) **4.50**　(2) **20.4**　(3) **30.3**　(4) **60.5**　(5) **79.6**

note

解8 問題の回路図を交流回路として解くには，コンデンサの容量性リアクタンスX_Cを求め，交流に対する回路の合成インピーダンスZを求める必要がある．

(1) 静電容量$C=2\ \mu F$の容量性リアクタンス$X_C\ [\Omega]$

図に定義した値を用いて，次式から求められる．

$$X_C=\frac{1}{2\pi fC}=\frac{1}{2\times3.14\times10^3\times2\times10^{-6}}=\frac{10^3}{12.56}\ \Omega \quad ①$$

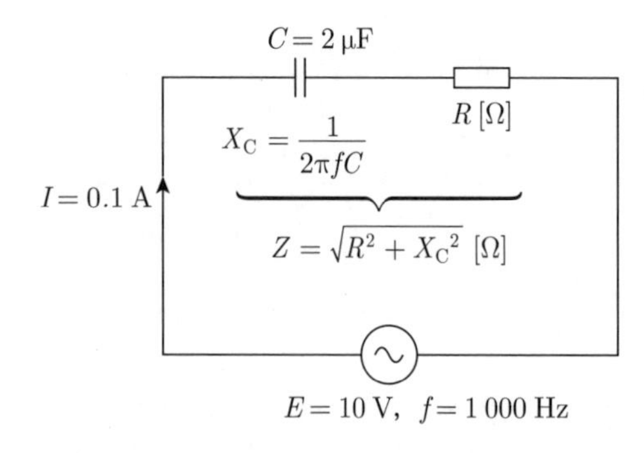

(2) 回路の合成インピーダンス$Z\ [\Omega]$

$$Z=\sqrt{R^2+X_C{}^2}=\sqrt{R^2+\left(\frac{10^3}{12.56}\right)^2}\ [\Omega] \quad ②$$

オームの法則より，

$$I=\frac{E}{Z}$$

題意より，$I=0.1$ A，$E=10$ Vを代入してZを求める．

$$0.1=\frac{10}{\sqrt{R^2+\left(\frac{10^3}{12.56}\right)^2}}$$

両辺平方して，Rについて解くと，

$$0.1^2=\frac{10^2}{R^2+\left(\frac{10^3}{12.56}\right)^2}$$

$$R^2+\left(\frac{10^3}{12.56}\right)^2=\frac{100}{0.01}=10^4$$

$$R=\sqrt{10^4-\left(\frac{10^3}{12.56}\right)^2}=\sqrt{3\,661.001}$$
$$=60.506\ \Omega=60.5\ \Omega \quad (答)$$

よって，求める選択肢は(4)となる．

〔ここがポイント〕

1. 交流回路のインピーダンスとアドミタンス

交流回路において，静電容量Cのコンデンサの容量性リアクタンスを求める①式を覚えておく．また，回路のインピーダンスZの②式もあわせて覚えておき，直ちに書き出せるようにしておく．

2. 交流回路のオームの法則

本問のように，交流回路の計算において大きさ（実効値）のみを求めるような場合は，電流I [A]，電圧E [V]，インピーダンス$Z\ [\Omega]$のそれぞれの大きさを用いると，直流回路と同じようにオームの法則が成り立つ．これらの関係から直接$R\ [\Omega]$を逆算して求めればよい．

ただし，大きさを用いて計算すると，各値の大きさは求まるが，位相関係は不明である．このため，位相関係を正しく求めるにはベクトル記号法（または記号法，フェーザ法）を用いてベクトルを計算で解くことが必要になる．

別解

ベクトル図を使って解く方法を以下に示す．

(a)図に，問題図のコンデンサと抵抗Rに発生する電圧降下（逆起電力）V_C，V_Rを示したものを示す．

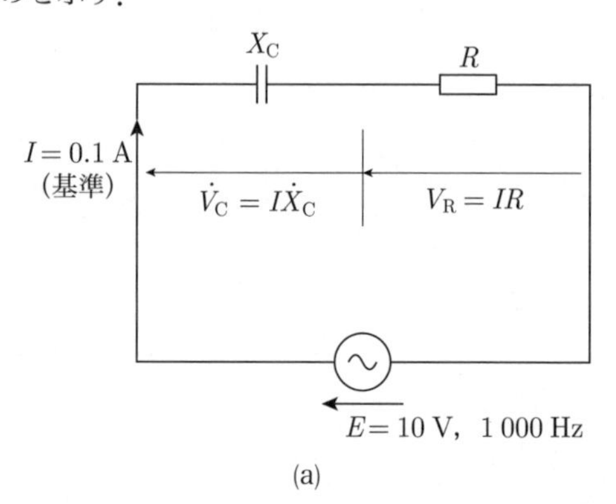

(a)

コンデンサのリアクタンスX_Cは，静電容量$C=2\times10^{-6}$ F，電源周波数が$f=1\,000$ Hzより，

$$X_C=\frac{1}{2\pi fC}=\frac{1}{2\times3.14\times10^3\times2\times10^{-6}}$$

$$= \frac{1 \times 10^3}{12.56} = 79.62\,\Omega \qquad ①$$

(a)図より，キルヒホッフの第2法則により，

$$\dot{E} = \dot{V}_C + \dot{V}_R \qquad ②$$

いま，回路電流Iを基準ベクトルとすると，②式は，(b)図のベクトル図で表せる．

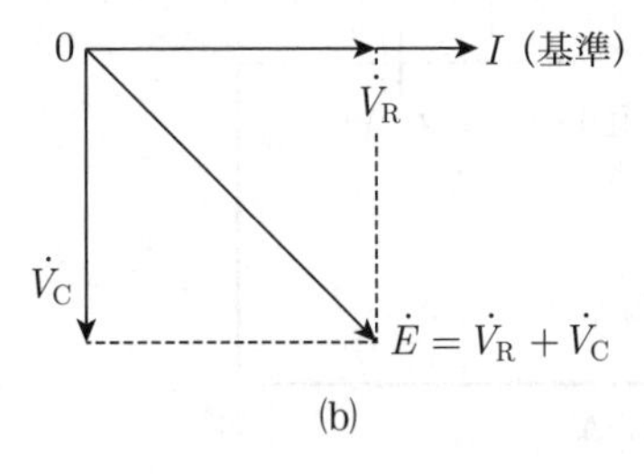

(b)

ベクトル図より，

$$E = \sqrt{V_C^2 + V_R^2} = \sqrt{I^2(X_C^2 + R^2)}$$
$$= I\sqrt{X_C^2 + R^2}$$
$$X_C^2 + R^2 = \left(\frac{E}{I}\right)^2 = \left(\frac{10}{0.1}\right)^2 = 100^2$$
$$R = \sqrt{100^2 - X_C^2} = \sqrt{100^2 - 79.62^2}$$
$$= \sqrt{3\,660.656} = 60.503 = 60.5\,\Omega \quad (答)$$

よって，**求める選択肢は(4)**となる．

〔ここがポイント〕

1. 交流回路のインピーダンスとアドミタンス

交流回路において，静電容量Cのコンデンサの容量性リアクタンスを求める①式を覚え，静電容量Cと電源周波数fの値から直ちに計算できるようにしておく．

2. 交流回路のベクトル図

交流回路を解く際には，電圧と電流間に位相差が生じるため，ベクトル図を作図して図形的に解く方法と，ベクトル記号法（または記号法，フェーザ法）を用いてベクトルを計算で解く方法のいずれかを用いることが必要になる．

ベクトル図を作図する際には，必ず基準ベクトルを決め，複素平面（ガウス平面）上にベクトル図を描いていく．

この場合のポイントは，各回路素子（抵抗R，コイルL，コンデンサC）に流れる電流Iと印加される電圧Vとの位相差がどのようになるかをあらかじめ記憶しておくことである．そのルールに従って(b)図のベクトル図が描かれる．

$V_C = X_C I$およびEの大きさは既知であるから，3平方の定理から抵抗Rの印加電圧V_Rが求められ電流Iで除してRが求まる．

問9 図のように，R [Ω] の抵抗，インダクタンス L [H] のコイル，静電容量 C [F] のコンデンサと電圧 $\dot{V}$ [V]，角周波数 ω [rad/s] の交流電源からなる二つの回路AとBがある．両回路においてそれぞれ $\omega^2 LC = 1$ が成り立つとき，各回路における図中の電圧ベクトルと電流ベクトルの位相の関係として，正しいものの組合せを次の(1)～(5)のうちから一つ選べ．ただし，ベクトル図における進み方向は反時計回りとする．

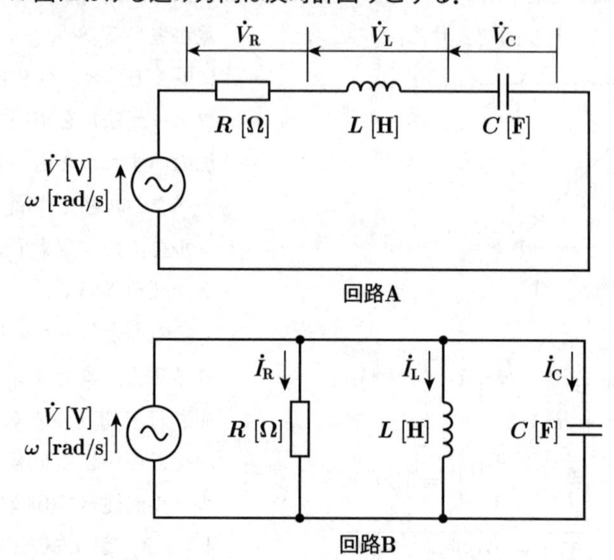

	回路A	回路B
(1)	$\dot{V}_L$, $\dot{V}_R$, $\dot{V}$, $\dot{V}_C$	$\dot{I}_L$, $\dot{I}_R$, $\dot{V}$, $\dot{I}_C$
(2)	$\dot{V}_L$, $\dot{V}_R$, $\dot{V}$, $\dot{V}_C$	$\dot{I}_C$, $\dot{I}_R$, $\dot{V}$, $\dot{I}_L$
(3)	$\dot{V}_C$, $\dot{V}_R$, $\dot{V}$, $\dot{V}_L$	$\dot{I}_L$, $\dot{I}_R$, $\dot{V}$, $\dot{I}_C$
(4)	$\dot{V}_C$, $\dot{V}_L$, $\dot{V}$, $\dot{V}_R$	$\dot{I}_C$, $\dot{I}_R$, $\dot{V}$, $\dot{I}_L$
(5)	$\dot{V}_C$, $\dot{V}_R$, $\dot{V}$, $\dot{V}_L$	$\dot{I}_C$, $\dot{I}_L$, $\dot{V}$, $\dot{I}_R$

理論 電力 機械 法規
令和5上(2023) 令和4下(2022) 令和4上(2022) 令和3(2021) 令和2(2020) 令和元(2019) 平成30(2018) 平成29(2017) 平成28(2016) 平成27(2015)

解9　(1)　回路A

回路Aの各部の電圧，電流およびリアクタンスを(a)図に示す．直列回路では，各素子に共通する量は電流であるから，回路電流 I を基準ベクトルとする．

この場合のベクトル図を(b)図に示す．

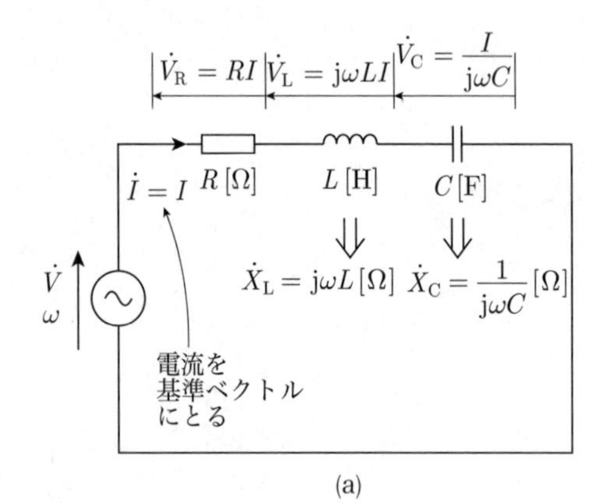

(a)

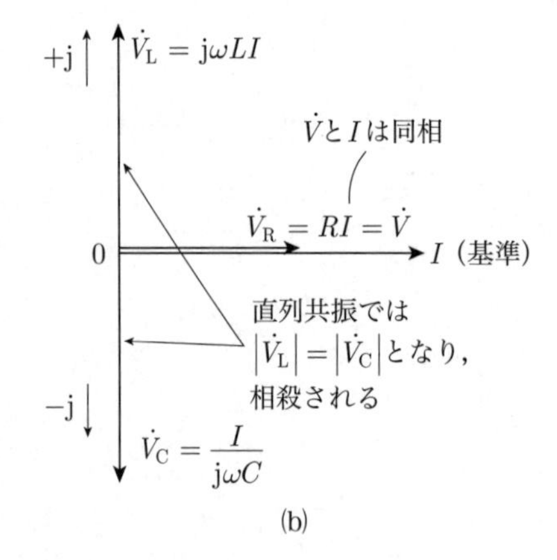

(b)

回路の合成インピーダンス Z は，

$$\dot{Z} = R + \dot{X}_L + \dot{X}_C = R + j\omega L - j\frac{1}{\omega C}$$

$$= R + j\left(\omega L - \frac{1}{\omega C}\right) [\Omega] \qquad ①$$

題意より $\omega^2 LC = 1$ が成り立つということは，$\omega L - 1/\omega C = 0$ であるから，①式の虚数部はゼロとなり，**直列共振**状態であることがわかる．電流は，$I = V/R$ [A] で**最大値**を示す．また，電源電圧と電流は**同位相**になる．

(2)　回路B

回路Bの各素子のアドミタンスを(c)図に示す．電源電圧 V は各素子に共通であるから，基準ベクトルとする．

この場合のベクトル図を(d)図に示す．

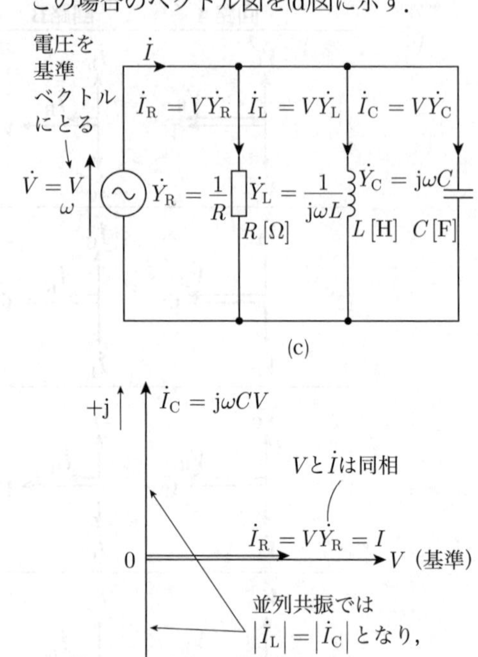

(d)

回路の合成アドミタンス Y は，

$$\dot{Y} = \dot{Y}_R + \dot{Y}_L + \dot{Y}_C = \frac{1}{R} + \frac{1}{j\omega L} + j\omega C$$

$$= \frac{1}{R} + j\left(\omega C - \frac{1}{\omega L}\right) [\Omega] \qquad ②$$

題意より $\omega^2 LC = 1$ が成り立つということは，$\omega C - 1/\omega L = 0$ であるから，②式の虚数部はゼロとなり，**並列共振**状態であることがわかる．電流は，$I = VY = V/R$ [A] で**最小値**を示す．また，電源電圧と電流は**同位相**になる．

よって，(b)図と(d)図より，**求める選択肢は(2)**となる．

〔ここがポイント〕

1．ベクトル図のポイント

ベクトル図を描く場合の基本事項として，

① コイルの電流 I は，電圧 V を基準とすると90度遅れる

② コンデンサの電流 I は電圧 V を基準とすると90度進む

という関係を押さえておく．さらに，電流を基準としたときの電圧の位相がどうなるかという

逆の見方もできるようにしておく．

また，必ず基準とするベクトル（ベクトル平面上で水平軸にくるベクトル）を自分で決める．この場合，回路に共通する量を基準にとるとわかりやすい．

ベクトル図は，縦軸を虚数軸（Y軸の上向きを+j，下向きを−j），横軸を実数軸（X軸の右側を+j，左側を−j）とするベクトル平面（複素平面）上に描く．基準軸（X軸）に対し，**反時計回り**にベクトルが位置するとき，基準に対して**進み**であるという．また，基準軸に対し，**時計回り**にベクトルが位置するとき，基準に対して**遅れ**であるという．ベクトル図は，これらのルールに従って描くことがポイントである．

2．図Aの*RLC*直列回路

(a)図に示した誘導性リアクタンスX_{L}，容量性リアクタンスX_{C}の算出式は確実に記憶し，使えるようにしておく．(b)図のベクトルで直列共振時はV_{L}とV_{C}の大きさが等しく，ベクトルは互いに逆向きとなるため相殺されて虚数部＝0となる．回路には，あたかも抵抗Rのみ存在する回路と等価になる．ただし，L，Cの素子にはそれぞれ単独に電圧$\dot{V}_{\mathrm{L}}$，$\dot{V}_{\mathrm{C}}$が発生しており，$\dot{V}_{\mathrm{L}}$と$\dot{V}_{\mathrm{C}}$のベクトル和が0になることに留意する．

3．図Bの*RLC*並列回路

(c)図に示したアドミタンスY_{R}，Y_{L}，Y_{C}の算出式は確実に記憶し，使えるようにしておく．(d)図のベクトルで，並列共振時は，I_{L}とI_{C}の大きさが等しく，ベクトルは互いに逆向きとなるため相殺されて虚数部＝0となる．回路はあたかも抵抗Rのみ存在する回路と等価になる．ただし，L，Cの素子にはそれぞれ単独に電流$\dot{I}_{\mathrm{L}}$，$\dot{I}_{\mathrm{C}}$が流れており，$\dot{I}_{\mathrm{L}}$と$\dot{I}_{\mathrm{C}}$のベクトル和が0になることに留意する．

(2)

問10　図の回路のスイッチを閉じたあとの電圧 $v(t)$ の波形を考える．破線から左側にテブナンの定理を適用することで，回路の時定数 [s] と $v(t)$ の最終値 [V] の組合せとして，最も近いものを次の(1)～(5)のうちから一つ選べ．

ただし，初めスイッチは開いており，回路は定常状態にあったとする．

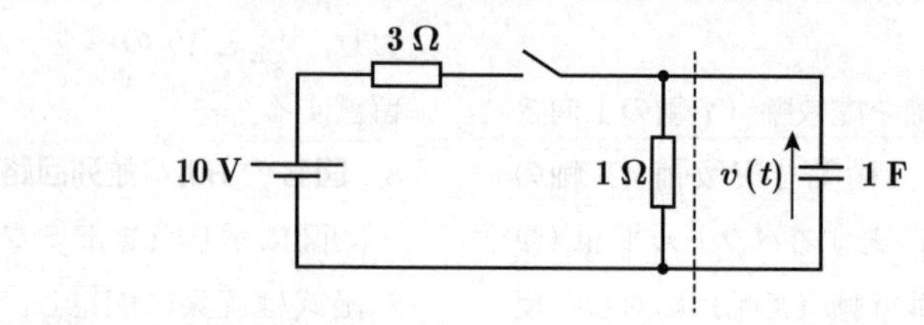

	時定数 [s]	最終値 [V]
(1)	0.75	10
(2)	0.75	2.5
(3)	4	2.5
(4)	1	10
(5)	1	0

解10 問題図の破線から左側にテブナンの定理を適用し，以下のステップ(手順)で必要な量を求める．

(1) 点線でコンデンサCを切り離す．

(a)図に示すように，コンデンサ切り離し点の端子をabとする．

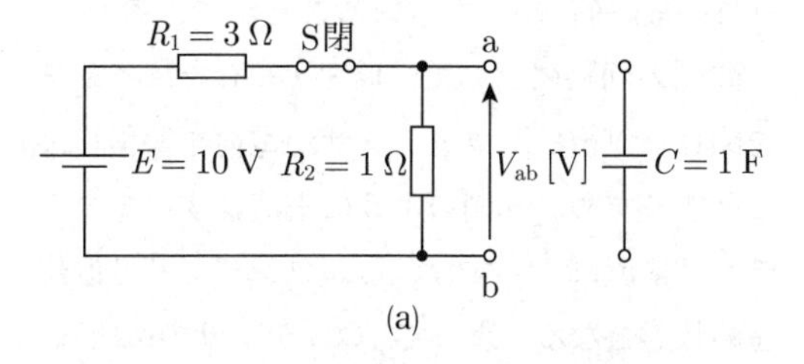

(a)

(2) 端子abの開放端電圧V_{ab}を求める．

(a)図の開放端電圧V_{ab}は，電源電圧$E=10$ Vを抵抗R_1，R_2で分圧したR_2の分担電圧であるから，

$$V_{ab}=\frac{R_2}{R_1+R_2}E=\frac{1}{3+1}\times 10$$
$$=2.5\text{ V}$$

(3) 端子abから回路側を見た合成抵抗R_0を求める．

R_0を求めるため，電圧源を短絡した回路図を(b)図に示す．R_0はR_1とR_2の並列接続の合成抵抗となる．

$$R_0=\frac{R_1R_2}{R_1+R_2}=\frac{3\times 1}{3+1}=0.75\,\Omega$$

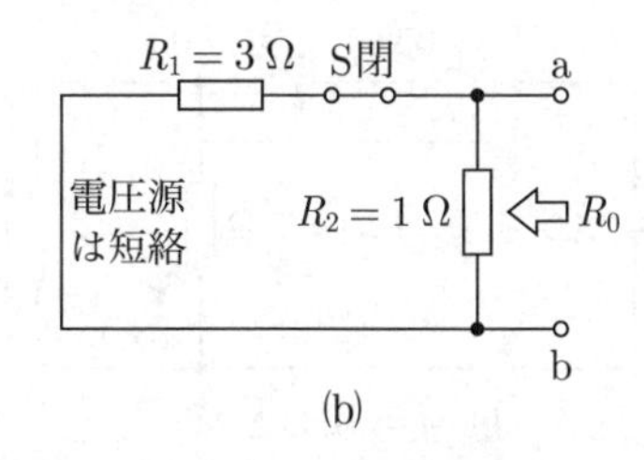

(b)

(4) 問題の回路を等価定電圧源回路に変換する．

テブナンの定理は，手順(2)で求めた開放端電圧V_{ab}を電源，手順(3)で求めた端子abから回路側を見た抵抗R_0を内部抵抗とする等価定電圧源回路への変換であるから，変換後の回路は(c)図になる．

(5) 回路の時定数T [s]と$v(t)$の最終値．

(c)図の回路は，CR直列回路であり，過渡現象を理解する基本の回路である．

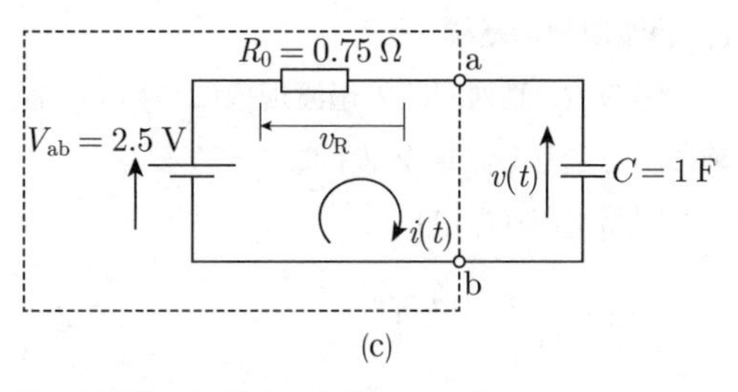

(c)

① 時定数Tは公式として与えられ，

$T=CR_0=1\times 0.75=0.75$ s (答)

② $v(t)$の最終値は，$t\to\infty$としたときの$v(\infty)$の値である．$t\to\infty$の定常状態では，コンデンサの充電が完了しており，(c)図の回路に電流は流れない．そのためR_0での電圧降下がゼロであるから，電源電圧V_{ab}が直接コンデンサの極板間に印加されるため，

$v(\infty)=V_{ab}=2.5$ V (答)

よって，求める選択肢は(2)となる．

〔ここがポイント〕

1. テブナンの定理

テブナンの定理は，「回路網中のある特定の部位に流れる電流を直接求める場合」に適用する定理であり，テブナンの定理の公式として次の式を記憶することが行われている．

$$I=\frac{V_{ab}}{R_0+R}\,[\text{A}] \qquad ①$$

過去の試験問題や本年度の問7なども上式により電流を求めている．しかし，本問の場合，このような考え方のみで解くことができない．切り離した回路素子がコンデンサであるため，テブナンの定理の適用過程で求めた，開放端電圧V_{ab}や端子から回路側の合成抵抗R_0を求めても，①式から直接解答を求めることはできないためである．そこでテブナンの定理を記憶する際には①式と同時に①式を満たす等価回路をセットで記憶しておくとよい．この回路を**等価定電圧源回路**という．回路図がイメージできれば，(c)図を描くことができる．すると，この回路は一般のテキストに示された過渡現象の基本回路のRC直列回路であることが直ちにわかる．

2. 過渡現象の基礎

(c)図のRC直列回路の過渡現象について，試験に出題される諸量を以下にまとめる．

(1) 回路電流$i(t)$ [A]

$$i(t)=\frac{V_{ab}}{R_0}\mathrm{e}^{-\frac{t}{CR_0}}\ [\mathrm{A}] \quad ②$$

(2) R_0，Cの電圧$v_R(t)$ [V]，$v_C(t)$ [V]

$$v_R(t)=R_0\cdot i(t)=V_{ab}\mathrm{e}^{-\frac{t}{CR_0}}\ [\mathrm{V}] \quad ③$$

$$v_C(t)=V_{ab}-v_R(t)=V_{ab}\left(1-\mathrm{e}^{-\frac{t}{CR_0}}\right)[\mathrm{V}] \quad ④$$

(3) コンデンサの蓄積電荷$q(t)$ [C]

$$q(t)=Cv_C(t)=CV_{ab}\left(1-\mathrm{e}^{-\frac{t}{CR_0}}\right)[\mathrm{C}] \quad ⑤$$

問題文で問われている④のv_C波形を(d)図に示す．$t\to\infty$のとき，④式の指数関数eの項が

$\mathrm{e}^{-\infty}=\dfrac{1}{\mathrm{e}^{\infty}}\to 0$になり，$v_C(\infty)=V_{ab}=2.5$ V

となる．$t=T=CR_0$のとき（時刻が時定数と等しい）は，$v(t)$は最終値2.5 Vの63.2 %に達することや，指数関数の波形の特徴として，最初は緩やかに飽和曲線として増加したあと，最終値に漸近する形は覚えておきたい．

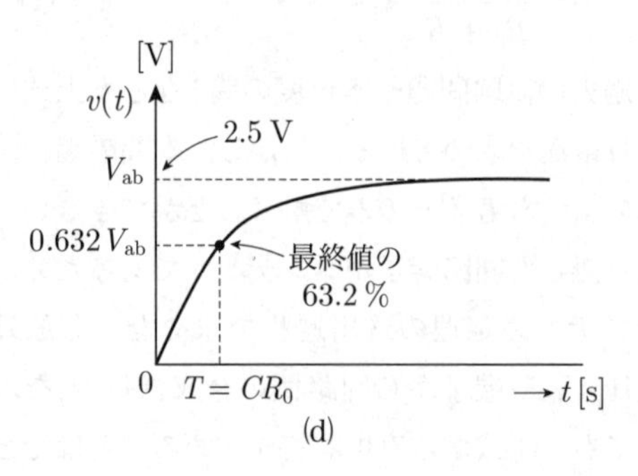

(d)

時定数$T=CR$の式や，②式は記憶することが必須になる．③式はオームの法則，④式はキルヒホッフの第2法則（電圧則），⑤式は電荷の公式$Q=CV$を適用して導出できるようにしておきたい．また，②と③式は類似の波形を示し，(d)図の波形を水平軸に対して対称に描いた形になることなども概略を記憶しておくことが大切である．

RL（抵抗とインダクタンスの）直列回路についても電流$i(t)$，$v_R(t)$，$v_L(t)$の式および波形を整理しておくことが今後の対策となる．

別解

(1) $v(t)$の最終値$v(\infty)$

コンデンサの過渡現象から，以下のように$v(t)$の最終値$v(\infty)$を求めることができる．

問題の回路において，時刻$t=0$でスイッチを閉じた直後は，コンデンサが電荷を蓄積しようとするため，(a)図のように電流はすべてコンデンサに流れる．すなわち，コンデンサは仮想短絡状態となる．よって，コンデンサの電圧は，$t=0$で

$$v(0)=0\ \mathrm{V}$$

となる．

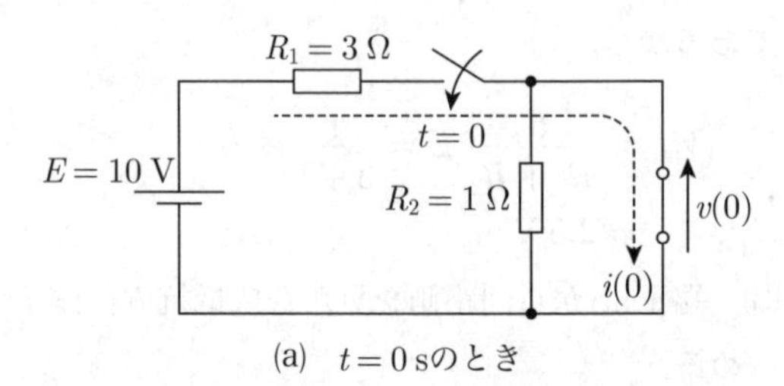

(a) $t=0$ sのとき

時間が十分に経過した$t\to\infty$の回路状態を(b)図に示す．コンデンサは電荷の蓄積が完了すると，これ以上電流は流れなくなる．すなわち，コンデンサは仮想開放状態となる．よって，電流は抵抗R_2に全量流れる．

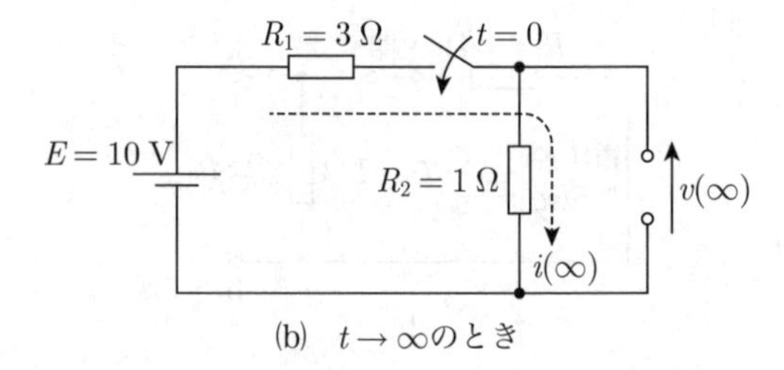

(b) $t\to\infty$のとき

このときのコンデンサ電圧は，抵抗R_2とコンデンサが並列接続であるから，R_2の電圧降下と等しくなり，

$$v(\infty)=IR_2=\frac{R_2}{R_1+R_2}E=\frac{1}{3+1}\times 10=2.5\ \mathrm{V}$$

よって，最終値は2.5 Vと求められる．

(2) 回路の時定数 T [s]

CR 直列回路の時定数 T は，

$T=CR$ [s]

で求められる．コンデンサ接続端子から電源側をみたときの合成抵抗 R は，(c)図から求められる．すなわち，電圧源を短絡し，抵抗 R_1 と R_2 の並列接続の合成を求めればよいので，

$$R=\frac{R_1R_2}{R_1+R_2}=\frac{3\times1}{3+1}=0.75\,\Omega$$

$\therefore\quad T=CR=1\times0.75=0.75\,\mathrm{s}$ (答)

よって，**求める選択肢は(2)となる．**

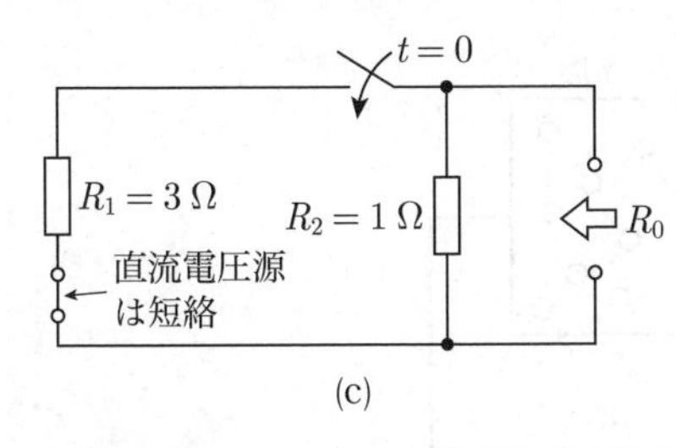

(c)

〔ここがポイント〕

1. コンデンサのふるまい

問題の回路で，コンデンサ C に直流電流が流れたときのふるまいを定性的に理解すると，過渡現象の理解が進む．

スイッチを閉じたあとの，ごくわずかな時間（過渡状態）の現象は次のように理解する．

(a) スイッチを閉じた瞬間（$t=0$）

初期はコンデンサに電荷が蓄積していないため，コンデンサに電流が流れると，電流 I により電荷⊕が供給され正極では電荷⊕を蓄積する．一方，負極では静電誘導により⊖電荷が誘導され，等しい電荷量の⊕電荷が負極から電源へ移動する．全体でみるとコンデンサ C は仮想短絡状態と考えることができる．

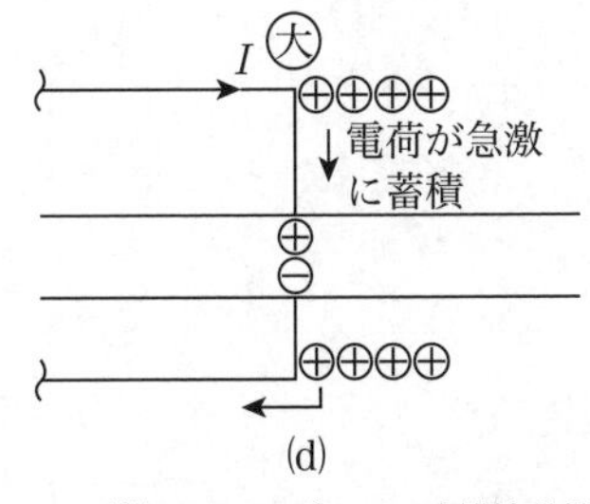

(d)

(b) スイッチ閉からわずかな時間経過後

コンデンサへの電荷の蓄積が進むと，電荷の蓄積量が次第に減少し，同時に電流 I も減少する．負極に誘導される⊖電荷も蓄積電荷の減少に伴って減少する．

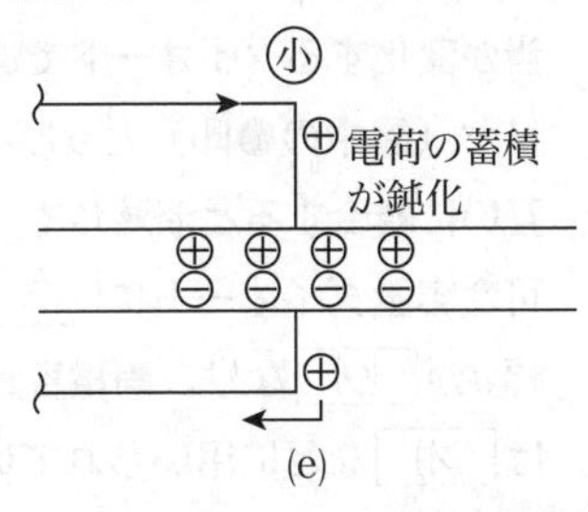

(e)

(c) スイッチ閉から十分な時間が経過した定常状態（$t\to\infty$）

コンデンサの充電が完了し，これ以上電荷が蓄積されない状態となる．したがって，電荷を供給する電流 $I=0$ となり，回路でみるとコンデンサは仮想開放状態と考えることができる．

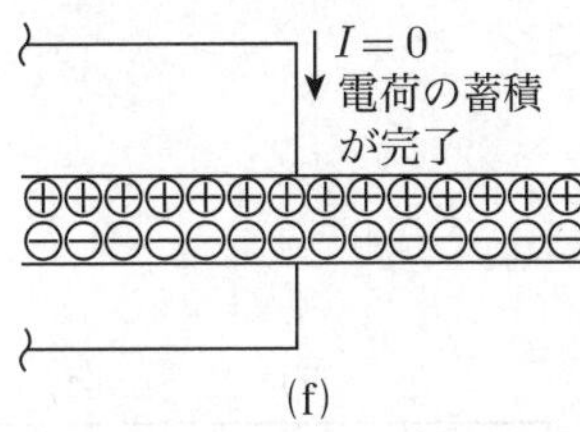

(f)

以上から，スイッチを閉じた瞬間の電流 $I(0)$，および定常状態 $I(\infty)$ は，(a)図，(b)図の等価回路より，

$$I(0)=\frac{E}{R_1}=\frac{10}{3}=3.33\,\mathrm{A}$$

$$I(\infty)=\frac{E}{R_1+R_2}=\frac{10}{3+1}=2.5\,\mathrm{A}$$

2. 等価抵抗の求め方

CR 直列回路の時定数の公式に当てはめるため，(c)図のようにコンデンサ端子から電源側をみた合成抵抗 R を求めなければならない．この場合，電圧源は短絡（(c)図参照），電流源は開放することを忘れずに行う．

(2)

次の文章は，可変容量ダイオード（バリキャップやバラクタダイオードともいう）に関する記述である．

可変容量ダイオードとは，図に示す原理図のように［(ア)］電圧 V [V] を加えると静電容量が変化するダイオードである．p形半導体とn形半導体を接合すると，p形半導体のキャリヤ（図中の●印）とn形半導体のキャリヤ（図中の○印）がpn接合面付近で拡散し，互いに結合すると消滅して［(イ)］と呼ばれるキャリヤがほとんど存在しない領域が生じる．可変容量ダイオードに［(ア)］電圧を印加し，その大きさを大きくすると，［(イ)］の領域の幅 d が［(ウ)］なり，静電容量の値は［(エ)］なる．この特性を利用して可変容量ダイオードは［(オ)］などに用いられている．

上記の記述中の空白箇所(ア)～(オ)に当てはまる組合せとして，正しいものを次の(1)～(5)のうちから一つ選べ．

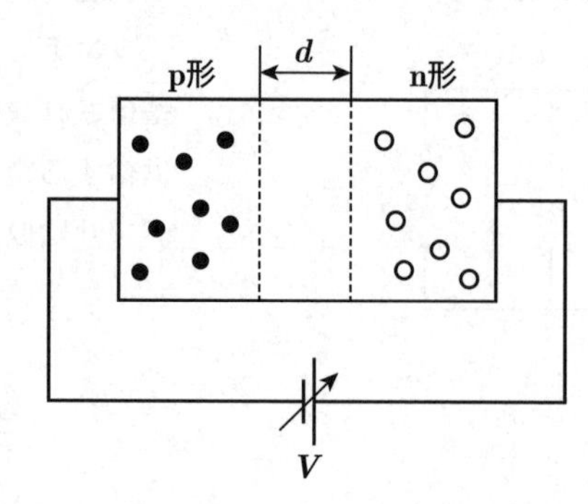

	(ア)	(イ)	(ウ)	(エ)	(オ)
(1)	逆方向	空乏層	広く	小さく	無線通信の同調回路
(2)	順方向	空乏層	狭く	小さく	光通信の受光回路
(3)	逆方向	空乏層	広く	大きく	光通信の受光回路
(4)	順方向	反転層	狭く	大きく	無線通信の変調回路
(5)	逆方向	反転層	広く	小さく	無線通信の同調回路

解11 可変容量ダイオードとは，問題図に示す原理図のように**逆方向**電圧 V[V]を加えると静電容量が変化するダイオードである．p形半導体とn形半導体を接合すると，p形半導体のキャリヤ（図中の●印）とn形半導体のキャリヤ（図中の○印）がpn接合面付近で拡散し，互いに結合すると消滅して**空乏層**と呼ばれるキャリヤがほとんど存在しない領域が生じる．可変容量ダイオードに**逆方向**電圧を印加し，その大きさを大きくすると**空乏層**の領域の幅 d が**広く**なり，静電容量の値は**小さく**なる．この特性を利用して可変容量ダイオードは，**無線通信の同調回路**などに用いられる．

よって，**求める選択肢は**(1)となる．

〔ここがポイント〕

1. 接合面におけるキャリヤの働き

半導体の電荷の移動の担い手を**キャリヤ**といい，p形半導体の多数キャリヤと少数キャリヤはそれぞれ正孔●および自由電子○，n形半導体の多数キャリヤと少数キャリヤはそれぞれ自由電子○および正孔●である．

(a)図に示すように，p形半導体とn形半導体を接合すると，接合面付近では拡散現象により自由電子○はp側へ，正孔●はn側へそれぞれ入る．これを少数キャリヤの注入という．この現象により接合面付近のキャリヤは消滅し，空乏層（キャリヤのない領域）が生じる．この空乏層は，p形半導体の正孔●とn形半導体の電子○が中和してアクセプタイオン⊖とドナーイオン⊕が残った領域（空間電荷層）を形成する．この空間電荷層では，図示のように⊕から⊖へ矢印の向きに電界が発生する．この領域では固定電位障壁（電位勾配）が発生し，多数キャリヤの移動は阻止される．pn接合に電流を流すには電位勾配を越えるエネルギーを外部から供給しなければならない．

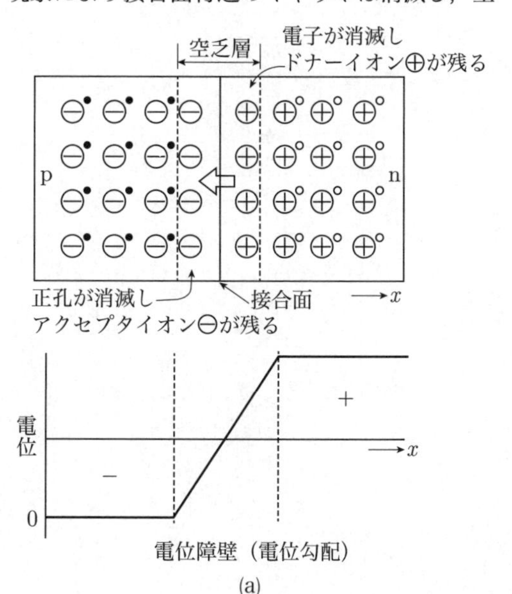

(a)

2. 可変容量ダイオード

(b)図に示すように，可変容量ダイオードは，pn接合部に逆方向電圧を印加して空乏層の幅 d を変えて可変コンデンサとして用いられる．

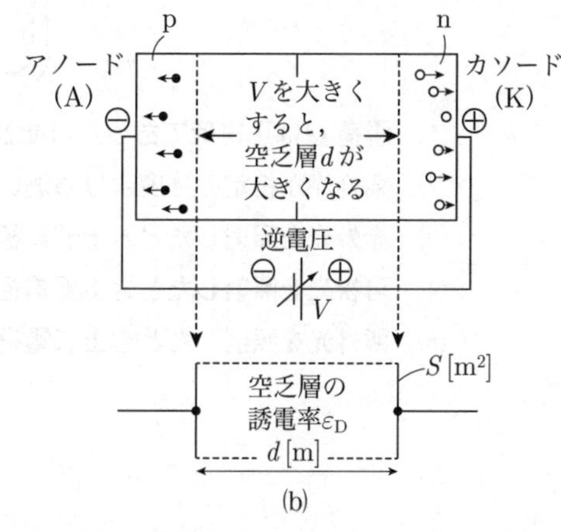

(b)

空乏層は静電容量 C_D として働き，これを**接合容量**といい，次式で与えられる．

$$C_D = \frac{\varepsilon_D S}{d} \text{[F]} \quad ①$$

図記号は(c)図または(d)図のいずれかで表される．

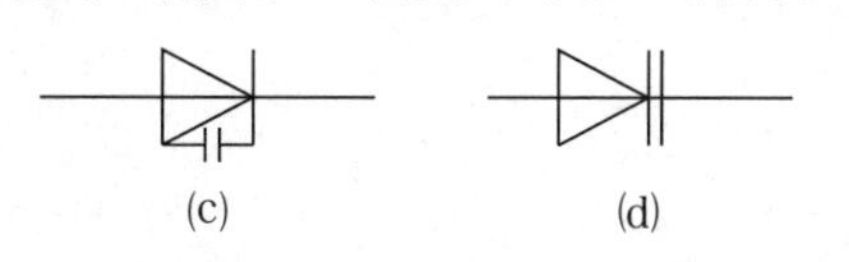

(c)　　(d)

4. 光通信の受光回路

選択肢にある「光通信の受光回路」に用いられる半導体素子は，ホトダイオードやホトトランジスタがある．近年は，LEDを発光素子としてだけでなく，受光素子としても適用する試みがなされている．

(1)

次のような実験を真空の中で行った．

まず，箔検電器の上部アルミニウム電極に電荷 Q [C] を与えたところ，箔が開いた状態になった．次に，箔検電器の上部電極に赤外光，可視光，紫外光の順に光を照射したところ，紫外光を照射したときに箔が閉じた．ただし，赤外光，可視光，紫外光の強度はいずれも上部電極の温度をほとんど上昇させない程度であった．

この実験から分かることとして，正しいものを次の(1)～(5)のうちから一つ選べ．

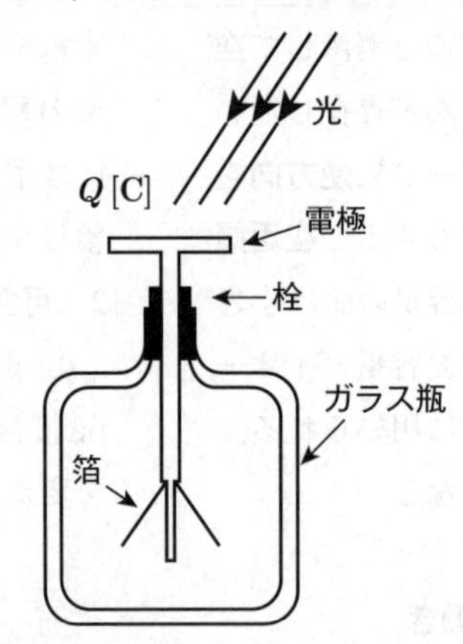

(1)　電荷 Q は正電荷であった可能性も負電荷であった可能性もある．

(2)　紫外光が特定の強度よりも弱いとき箔はまったく閉じなくなる．

(3)　赤外光を照射したとき上部電極に熱電子が吸収された．

(4)　可視光を照射したとき上部電極の電気抵抗が大幅に低下した．

(5)　紫外光を照射したとき上部電極から光電子が放出された．

解12 **1．実験からわかる事項**

問題の実験では，次の現象が生じている．

① アルミニウム電極に電荷Q [C]が与えられて箔に電荷が蓄えられたため，同一極性の電荷同士は反発しあい，箔が開いた．

② 上部アルミニウム電極に光を照射したとき，箔が閉じたので，蓄えられていた電荷Q [C]が光の照射により電極から真空中へ放出し，消失した．

③ 紫外線を電極に照射したときに電荷Qが放出されたことから，赤外線，可視光，紫外線はそれぞれ波長が異なるため，波長の大きさが電荷放出に関係している．

④ 光の強度は電極の温度をほとんど上昇させない程度であったことから，熱電子放出は生じていない．

2．光電子放出とは

光を固体表面に照射すると，一部は反射し，一部は固体に吸収され，固体内の電子にエネルギーを与える．エネルギーを得た電子は励起され，高いエネルギーをもつ状態となり，固体表面の電位障壁（仕事関数）を超えるエネルギーをもったとき，電子は電位障壁を越えて真空中に放出される．この現象を**光電子放出**，放出される電子を**光電子**という．放出が始まる最小エネルギーは，仕事関数ϕに等しく，次式で与えられる．

$$\phi = h\nu_0 \quad ①$$

ここでh：プランク定数（$= 6.626\,076 \times 10^{-34}$ J·s），ν_0：光の振動数[Hz]である．

3．光電子放出の特性

光の振動数ν_0 [Hz]，光の波長λ_0 [m]，光の速度c（$= 3 \times 10^8$ m/s）の間の関係は，

$$\nu_0 = \frac{c}{\lambda_0}\,[\mathrm{Hz}] \quad ②$$

赤外線，可視光，紫外線の波長λおよび振動数νの添字をそれぞれ1，2，3とすると，$\lambda_1 > \lambda_2 > \lambda_3$より，$\nu_3 > \nu_2 > \nu_1$の関係になり，①式の仕事関数は$\nu$にのみ比例するため，紫外線の仕事関数$\phi_3$が最も大きくなる．すなわち，**光電子の放出は，固体に一定の振動数ν以上の光を照射した場合に生じ，光の強度には無関係になる．**

以上をもとに，問題の選択肢を検証する．

(1) 放出されるのは光電子（負電荷）であり，正電荷であった可能性はないため，記述は誤り．

(2) 光電子放出は，物質に一定の振動数以上の光を照射したときに生じ，光の強度には無関係であるため，記述は誤り．

(3) 熱電子は，金属を熱するとその表面から放出される電子をいう（熱電子放出）．実験では上部電極の温度はほとんど上昇していないことから記述は誤り．選択肢の「熱電子吸収」という表現も誤りで，「熱電子放出」が正しい．

(4) 可視光を照射したとき，電荷の放出はないため，上部電極の電気抵抗が大幅に低下したかどうかはこの実験から判定できない．よって，記述は誤り．

(5) 図に示すように，紫外光の照射で光電子放出が生じたので，記述は正しい．

よって，**求める選択肢は(5)**である．

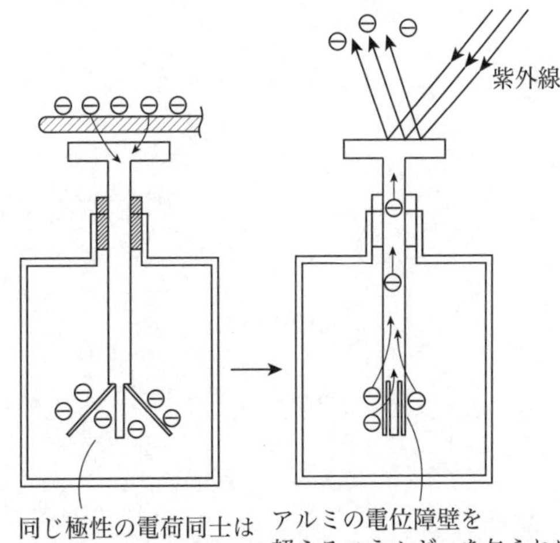

答 (5)

演算増幅器及びそれを用いた回路に関する記述として，誤っているものを次の(1)〜(5)のうちから一つ選べ．

(1)　演算増幅器には電源が必要である．

(2)　演算増幅器の入力インピーダンスは，非常に大きい．

(3)　演算増幅器は比較器として用いられることがある．

(4)　図1の回路は正相増幅回路，図2の回路は逆相増幅回路である．

(5)　図1の回路は，抵抗 R_S を $0\ \Omega$ に（短絡）し，抵抗 R_F を $\infty\ \Omega$ に（開放）すると，ボルテージホロワである．

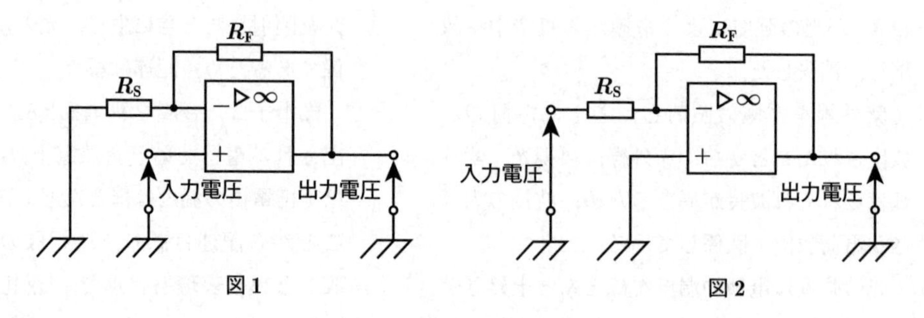

図1　　　　図2

note

解13

1. 演算増幅器の構成

(a)図に示すように，演算増幅器（オペアンプ）は，正相入力端子（＋側），逆相入力端子（－側）の二つの入力端子と，一つの出力端子をもつ．入力端子のバイアス電圧を0とするために正負の直流電圧電源$+V_{CC}$，$-V_{EE}$が必要である．よって，(1)の記述は正しい．

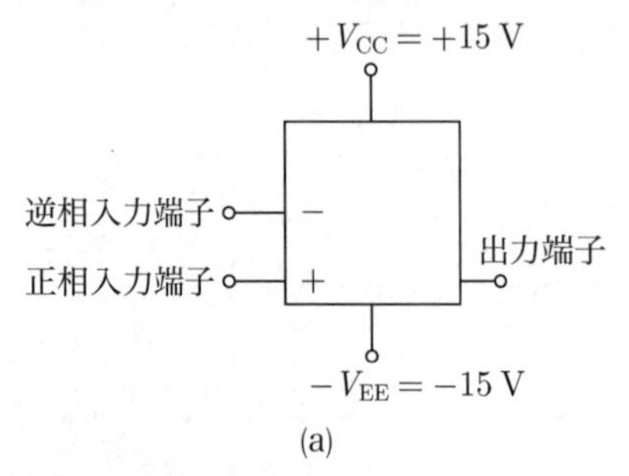

(a)

2. 演算増幅器の等価回路

演算増幅器の等価回路を(b)図に示す．

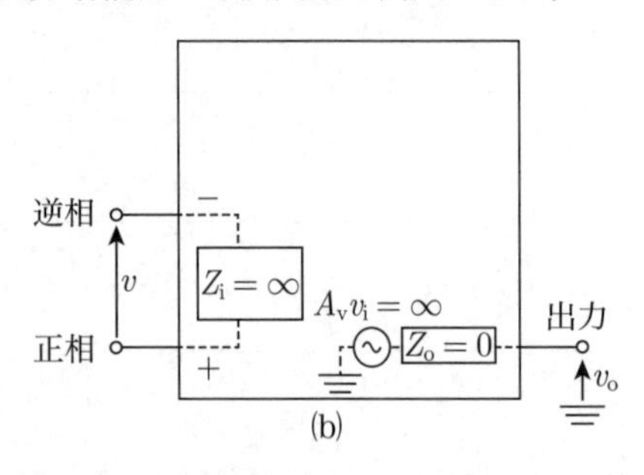

(b)

(b)図から，理想的な演算増幅器は正相と逆相の二つの入力端子の差電圧vを増幅し，v_0を出力する．特性として，入力インピーダンスZ_iは非常に大きく（$\fallingdotseq\infty$），出力インピーダンスZ_oは非常に小さい（$\fallingdotseq 0$）．また，電圧増幅度A_v（$=v_0/v$）は非常に大きい（$\fallingdotseq\infty$）．よって，(2)の記述は正しい．

また，$A_v=\dfrac{v_o}{v}$より，$v=\dfrac{v_o}{A_v}$であり，$A_v\to\infty$のとき，$v\to 0$に収束し，入力端子間の電圧$v\fallingdotseq 0$とみなすことができる．これを**イマジナリショート（仮想短絡）**という．

3. 各種増幅回路

(1)　正相増幅回路

問題の図1は，正相入力端子に電圧v_iを入力する回路である．いま，入力端子間電圧$v\fallingdotseq 0$ Vより，①点と②点は同電位v_iである．また，$Z_i\fallingdotseq\infty$であるから，負帰還抵抗R_Fを流れる電流Iは，逆相入力端子に流れず，すべてR_Sを流れるので，オームの法則から次式が成り立つ．

$$I=\frac{v_o-v_i}{R_F}=\frac{v_i-0}{R_S}$$

$$v_o=\left(1+\frac{R_F}{R_S}\right)v_i\ [\mathrm{V}]$$

回路全体の増幅度A_{v1}は，

$$A_{v1}=\frac{v_o}{v_i}=1+\frac{R_F}{R_S}\qquad ①$$

①式は正であるから，**入出力電圧の位相が同相**となる(c)図の増幅回路を**正相増幅回路**という．

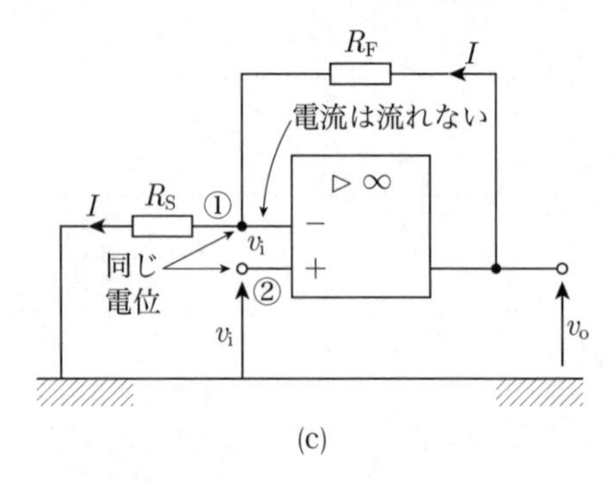

(c)

(2)　逆相増幅回路

問題の図2は，逆相入力端子に電圧v_iを入力する回路である．①点の電圧は②点と等しく0 V，$Z_i\fallingdotseq\infty$より逆相入力端子に電流は流れず，すべてR_SとR_Fに流れる．よって，オームの法則より，

$$I=\frac{v_i-0}{R_S}=\frac{0-v_o}{R_F}$$

$$v_o=-\frac{R_F}{R_S}v_i$$

回路全体の増幅度A_{v2}は，

$$A_{v2}=\frac{v_o}{v_i}=-\frac{R_F}{R_S}\qquad ②$$

②式は負になることから，**入出力電圧の位相が反転（逆位相）**する(d)図の増幅回路を**逆相増幅回路**という．

よって，(4)の記述は正しい．

(3)　比較器（コンパレータ）

比較器（コンパレータ）は，(e)図のように，入力電圧v_iが，固定された参照電圧v_a以上で

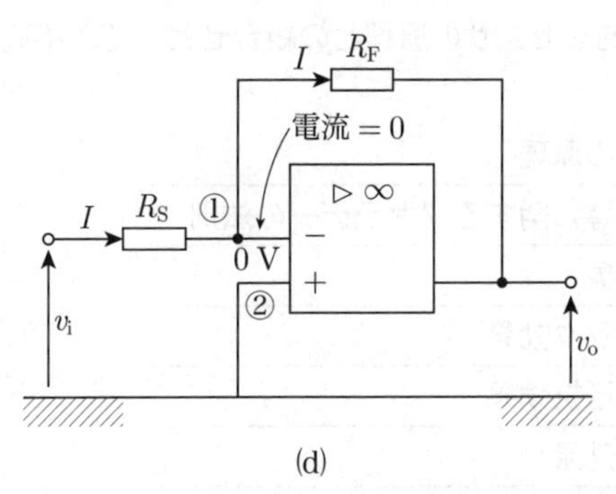

(d)

あるかどうかを判定する回路である．演算増幅回路はコンパレータとして用いられ，抵抗の負帰還回路を用いない回路構成とする．

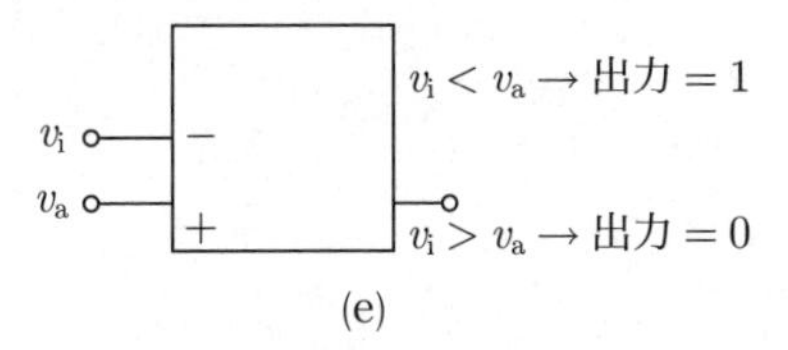

(e)

よって，(3)の記述は正しい．

(4)　ボルテージホロワ（電圧ホロワ）

電圧ホロワ回路は，下記の特性をもつ回路をいう．

・入力インピーダンス $Z_i \fallingdotseq \infty$

・出力インピーダンス $Z_o \fallingdotseq 0$

・電圧増幅度 $A_v = 1$

①式で $A_{v1} = 1$ となるには，$\boldsymbol{R_S \fallingdotseq \infty}$ **（開放）**，$\boldsymbol{R_F \fallingdotseq 0}$ **（短絡）**としなければならない．よって(5)は反対の記述であるため誤りである．

電圧ホロワは，上記の特性を活用し，(f)図のように二つの回路Aと，Bを結合する場合，互いに影響を与えないようにするための**緩衝回路**として用いられる．

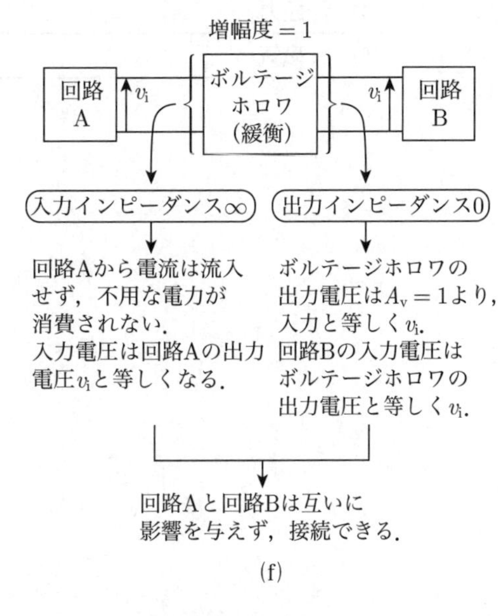

(f)

ゆえに**求める選択肢は**(5)となる．

(5)

物理現象と，その計測・検出のための代表的なセンサの原理との組合せとして，不適切なものを次の(1)～(5)のうちから一つ選べ．

	物理現象（計測・検出対象）	センサの原理
(1)	光	電磁誘導に関するファラデーの法則
(2)	超音波	圧電現象
(3)	温度	ゼーベック効果
(4)	圧力	ピエゾ抵抗効果
(5)	磁気	ホール効果

解14 選択肢のセンサの原理を以下に説明する．

⑴ **光を計測・検出するセンサ**

光を計測・検出するセンサの原理は，**光起電力効果**を用いたものが代表的である．光起電力形検出素子には，ホトダイオード，ホトトランジスタがある．

よって，「電磁誘導に関するファラデーの法則」は誤りである．

⑵ **超音波を計測・検出するセンサ**

固体の半導体結晶や強磁性体結晶に，圧力や張力などの応力を加えてひずみを生じさせると，半導体結晶などに電気分極が生じ，電圧が発生する．この現象を**圧電現象（圧電効果）**という．

(a)図のように，半導体結晶などに圧力などを加え，機械的にひずませると，半導体結晶のある特定の向かい合った面に正負の電荷が生じ（電気分極），電圧 Vが発生する．

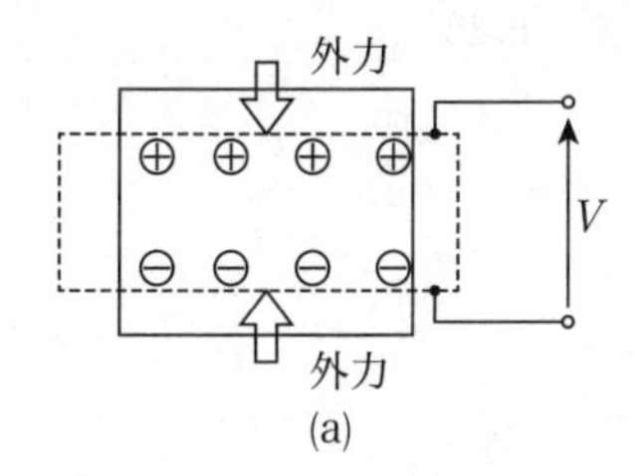

(a)

超音波の計測・検出は，水晶振動子や圧電セラミックス（チタン酸バリウム，PZT）を用いる．

よって，⑵の記述は正しい．

⑶ **温度を計測・検出するセンサ**

2種類の金属または半導体を結合して閉回路をつくり，その二つの結合点を異なる温度に保持すると，その間に起電力を生じて電流が流れる．この現象を**ゼーベック効果（熱起電力効果）**という．

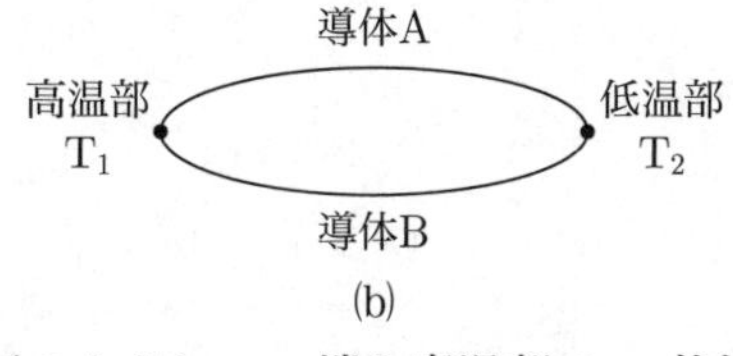

(b)

(b)図のように，一端を高温部 T_1，他端を低温部 T_2とすると，両端部間には次式に示す起電力 ΔVが生じ，熱電流が流れる．

熱起電力 $\Delta V = \sigma \Delta T$

ただし，σはゼーベック係数（熱電能）で，二つの導体の組合せにより決まる．ゼーベック効果の応用例として熱電対（Thermo-Couple）がある．よって，⑶の記述は正しい．

⑷ **圧力を計測・検出するセンサ**

ピエゾ抵抗体が圧力を受けて変形するとき，電気抵抗が変化する現象を**ピエゾ抵抗効果**といい，圧力センサで用いられる．(c)図の圧力で変形するダイアフラム（弾性薄膜）上に，ピエゾ抵抗を用いたホイートストンブリッジを構成して入力電圧を加えると，圧力変化に比例した出力電圧が得られる．よって，⑷の記述は正しい．

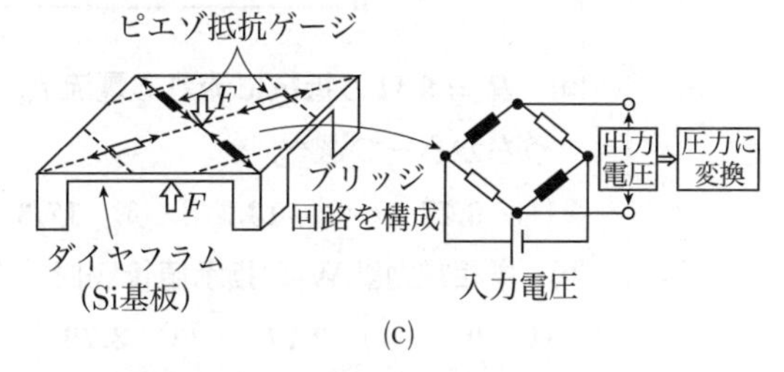

(c)

⑸ **磁気を計測・検出するセンサ**

ホール効果は，(d)図に示す厚さ d [m]の導体に電流 I [A]を流し，直角に磁界 B [T]をかけたとき，Iと Bのいずれにも直角な方向にホール電圧 V_Hを生じる現象をいう．

$$V_H = R_H \times \frac{BI}{d} \text{[V]} \quad ①$$

ここに，R_Hをホール定数$[\text{m}^3/\text{C}]$という．磁束（磁束密度）や電流（電力）の計測に用いられる．よって，⑸の記述は正しい．

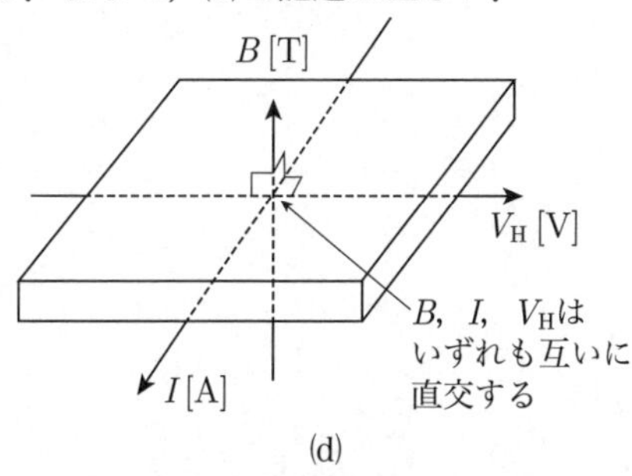

(d)

ゆえに，**求める選択肢は⑴となる．**

 ⑴

B 問題　配点は 1 問題当たり(a)5 点，(b)5 点，計 10 点

問15　図のように，線間電圧（実効値）**200 V** の対称三相交流電源に，**1** 台の単相電力計 W_1，$X = 4\ \Omega$ の誘導性リアクタンス **3** 個，$R = 9\ \Omega$ の抵抗 **3** 個を接続した回路がある．単相電力計 W_1 の電流コイルは **a** 相に接続し，電圧コイルは **b**−**c** 相間に接続され，指示は正の値を示していた．この回路について，次の(a)及び(b)の問に答えよ．

ただし，対称三相交流電源の相順は，**a**，**b**，**c** とし，単相電力計 W_1 の損失は無視できるものとする．

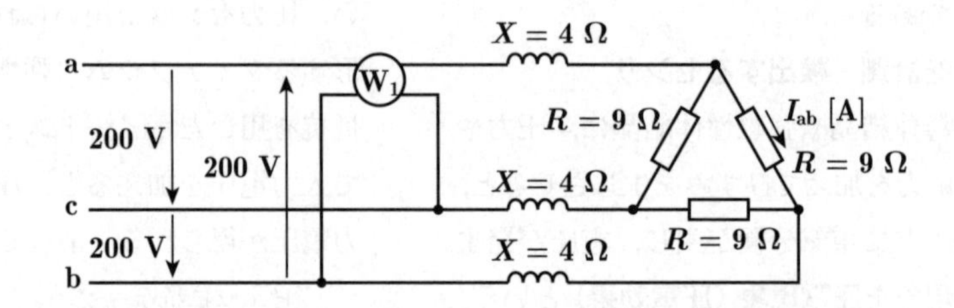

(a)　$R = 9\ \Omega$ の抵抗に流れる電流 I_{ab} の実効値 [A] として，最も近いものを次の(1)～(5)のうちから一つ選べ．

(1)　**6.77**　(2)　**13.3**　(3)　**17.3**　(4)　**23.1**　(5)　**40.0**

(b)　単相電力計 W_1 の指示値 [kW] として，最も近いものを次の(1)～(5)のうちから一つ選べ．

(1)　**0**　(2)　**2.77**　(3)　**3.70**　(4)　**4.80**　(5)　**6.40**

note

解15 (a) $R=9\,\Omega$ の抵抗に流れる電流 I_{ab} の実効値[A]

Δ接続負荷の抵抗 R をY接続に等価変換した一相分等価回路を(a)図に示す．変換後の抵抗は，$R_Y=R/3$ となる．

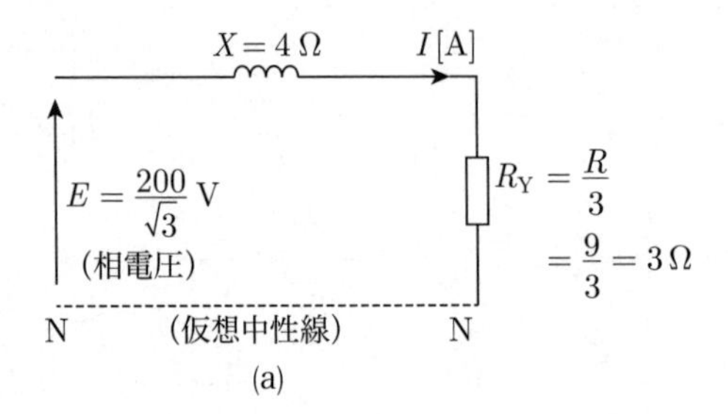

(a)

インピーダンス Z は，

$$Z=\sqrt{R_Y{}^2+X^2}=\sqrt{3^2+4^2}=5\,\Omega$$

R_Y に流れる電流の実効値 I は，オームの法則より，

$$I=\frac{E}{Z}=\frac{200/\sqrt{3}}{5}=\frac{40}{\sqrt{3}}\text{ A}$$

Δ接続一相の電流は，Y接続一相の電流の $1/\sqrt{3}$ 倍であるから，

$$I_{ab}=I/\sqrt{3}=\frac{40}{3}=13.33\text{ A} \quad (答)$$

よって，求める選択肢は(2)となる．

(b) **単相電力計 W_1 の指示値 P_1 [kW]**

負荷抵抗 R をΔ-Y等価変換した三相回路を(b)図に示す．

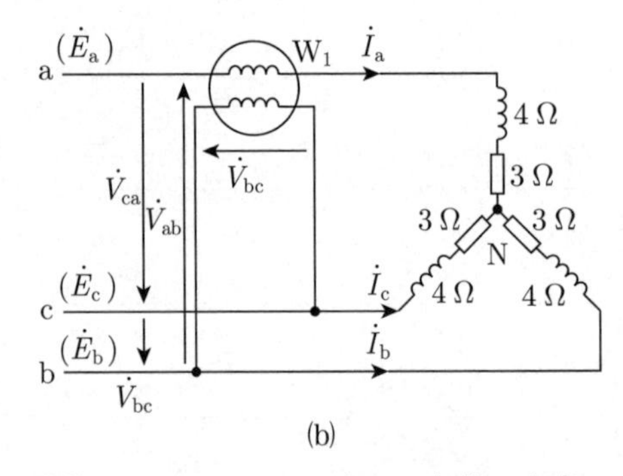

(b)

誘導リアクタンス X を含めた負荷の力率は，

$$\cos\theta=\frac{R_Y}{Z}=\frac{3}{5}=0.6$$

したがって，負荷の相電圧 $\dot{E}_a$ に対し，負荷電流 $\dot{I}_a$ は角 θ 遅れる．相順に留意してベクトル図を描くと，(c)図になる．

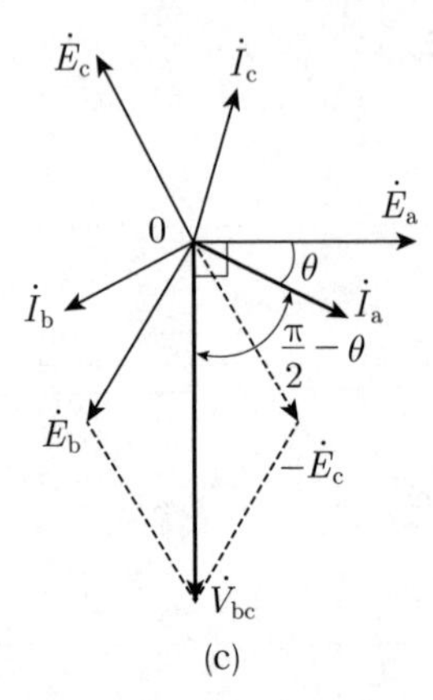

(c)

単相電力計 W_1 に加わる電圧は，$\dot{V}_{bc}=\dot{E}_b-\dot{E}_c$ [V]，流れる電流は，$\dot{I}_a$ [A]，$\dot{V}_{bc}$ と $\dot{I}_a$ の位相差は(c)図から $\pi/2-\theta$ となるので，

$$P_1=V_{bc}I_a\cos\left(\frac{\pi}{2}-\theta\right)[\text{V}] \quad ①$$

$V_{bc}=V=200$ V，$I_a=I=40/\sqrt{3}$ A，$\cos\theta=0.6$ より，

$$\begin{aligned}P_1&=VI\cos\left(\frac{\pi}{2}-\theta\right)\\&=VI\left(\cos\frac{\pi}{2}\cos\theta+\sin\frac{\pi}{2}\sin\theta\right)\\&=VI(0\times\cos\theta+1\times\sin\theta)\\&=VI\sin\theta=VI\sqrt{1-\cos^2\theta}\\&=200\times\frac{40}{\sqrt{3}}\times\sqrt{1-0.6^2}=8\,000\times\frac{0.8}{\sqrt{3}}\\&=3\,695\text{ W}=3.70\text{ kW} \quad (答)\end{aligned}$$

よって，求める選択肢は(3)となる．

〔ここがポイント〕

1. 平衡三相交流回路

(a)図より，Δ-Y等価変換をすると，Y接続時の抵抗 R_Y はΔ-Y等価変換の公式により求められるが，三相平衡負荷では必ずΔ接続時の1/3になる．電源側は対称三相交流であり，負荷側は三相平衡負荷であるから，三相電源と三相負荷の中性点同士をつないでも電流は流れない．そのため，平衡三相回路は，(a)図の仮想中性線を用いた一相当たりの等価回路で計算することができる．

2. 単相交流電力計の原理

交流の電力計測には，電流力計形電力計が主に用いられる．等価回路と各コイル名称を(d)図に示す．

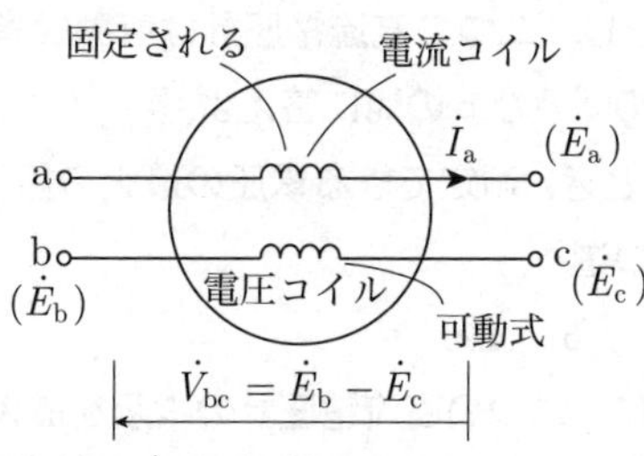

$\dot{V}_{bc} = \dot{E}_b - \dot{E}_c$

電流 $\dot{I}_a$ が流れるためには
b相が高電位側となる
ベクトル差を求めるには，
$\dot{E}_b + (-\dot{E}_c)$
すなわち $\dot{E}_c$ を逆向きとして加える

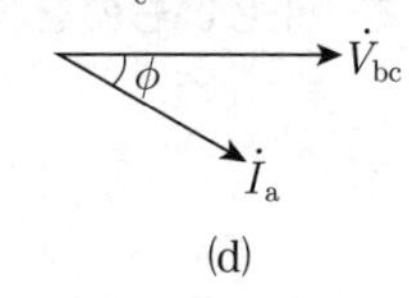

(d)

電流コイルに流れる電流 I，電圧コイルに印加される電圧 V，I と V の位相差 ϕ を求めると，計測する電力 P は，次式で求められる．

$$P = VI\cos\phi\ [\mathrm{W}]$$

問題では，はじめに L を含む負荷の力率を求めて $\cos\theta$ の値を得ておくことがポイントである．次にベクトル図が正しく描けることが大切で，相順の意味を理解していないと正しく描けない．ベクトル図の V と I の位相関係から，①式を立式する．このとき，負荷の力率角 θ は，相電圧 E に対する電流の位相差が θ であることに注意する．$\cos(\pi/2 - \theta)$ の計算では，三角関数の展開公式 $\cos(\alpha \pm \beta) = \cos\alpha\cos\beta \mp \sin\alpha\sin\beta$ をいつでも使えるように習熟しておく．展開後の各項に対し，$\sin\theta$ は電力科目でよく使う $\sin\theta = \sqrt{1-\cos^2\theta}$ から求め，P_1 式に代入する．このように，数々のステップを一つ一つ丁寧にクリアしていけば答が求まる．

(a) - (2)，(b) - (3)

最大目盛150 V，内部抵抗18 kΩの直流電圧計V_1と最大目盛300 V，内部抵抗 30 kΩの直流電圧計V_2の二つの直流電圧計がある．ただし，二つの直流電圧計は直動式指示電気計器を使用し，固有誤差はないものとする．次の(a)及び(b)の問に答えよ．

(a) 二つの直流電圧計を直列に接続して使用したとき，測定できる電圧の最大の値[V]として，最も近いものを次の(1)～(5)のうちから一つ選べ．

(1) 150　(2) 225　(3) 300　(4) 400　(5) 450

(b) 次に，直流電圧450 Vの電圧を測定するために，二つの直流電圧計の指示を最大目盛にして測定したい．そのためには，直流電圧計 (ア) に，抵抗 (イ) kΩを (ウ) に接続し，これに直流電圧計 (エ) を直列に接続する．このように接続して測定することで，各直流電圧計の指示を最大目盛にして測定をすることができる．

上記の記述中の空白箇所(ア)～(エ)に当てはまる組合せとして，正しいものを次の(1)～(5)のうちから一つ選べ．

	(ア)	(イ)	(ウ)	(エ)
(1)	V_1	90	直列	V_2
(2)	V_1	90	並列	V_2
(3)	V_2	90	並列	V_1
(4)	V_1	18	並列	V_2
(5)	V_2	18	直列	V_1

note

理論
電力
機械
法規
令和5上(2023)
令和4下(2022)
令和4上(2022)
令和3(2021)
令和2(2020)
令和元(2019)
平成30(2018)
平成29(2017)
平成28(2016)
平成27(2015)

(a) 二つの直流電圧計を直列接続した場合の測定電圧の最大値 V_m [V]

題意の回路を(a)図に示す．電圧計V_1およびV_2の最大目盛，内部抵抗を添字1および2をつけて表す．

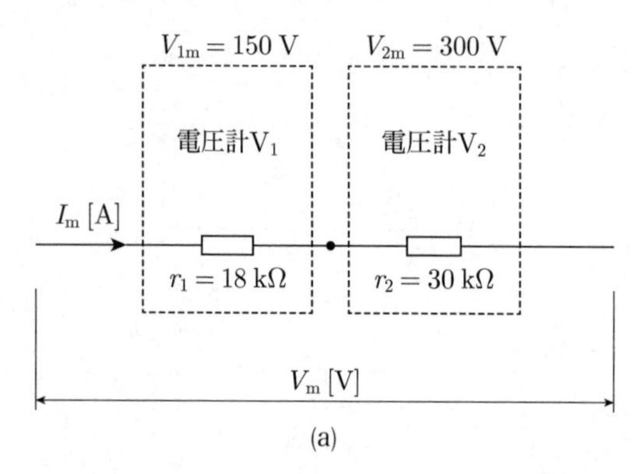

(a)

各電圧計V_1とV_2に流すことができる電流の最大値（許容電流）I_{1m} [A]およびI_{2m} [A]をそれぞれ求めると，

$$I_{1m} = \frac{V_{1m}}{r_1} = \frac{150}{18 \times 10^3} = 8.333 \times 10^{-3}\ \text{A}$$

$$I_{2m} = \frac{V_{2m}}{r_2} = \frac{300}{30 \times 10^3} = 10 \times 10^{-3}\ \text{A}$$

したがって，$I_{1m} < I_{2m}$であるから，電圧計V_1およびV_2を直列に接続して計測する場合，電流の増加に伴い最初にI_{1m}に達したときV_1が最初に許容電流値に到達する．さらに電流を増加しようとすると，V_1が計測範囲を振り切れて内部のコイルを焼損してしまうため，これ以上は電流を流すことはできない．すなわち，**流せる電流は電圧計の許容電流の小さい方に制約を受ける**．よって，最大値はI_{1m}となり，

$$V_m = I_{1m}(r_1 + r_2)$$
$$= \frac{150}{18 \times 10^3}(18 \times 10^3 + 30 \times 10^3)$$
$$= \frac{150 \times 48 \times 10^3}{18 \times 10^3} = 400\ \text{V} \quad (答)$$

ゆえに，求める選択肢は(4)となる．

(b) 二つの直流電圧計の指示を最大目盛にして450 Vを測定するための方法

空白記入問題文から，どちらか一方の電圧計に抵抗R [kΩ]を直列または並列接続し，これにもう一方の電圧計を直列に接続して450 Vを測定すれば，各直流電圧計の指示を最大目盛として計測できることから，この測定を実現するには，

① 各電圧計V_1およびV_2には，電圧計単体にそれぞれI_{1m}，I_{2m}が流れていること
② V_1およびV_2を直列接続しているので，直列回路の電流の最大値はI_{2m}であること

の2点が必要である．

①の条件：電圧計V_1にI_{2m}を流すとコイルが焼損するため，電流を制限したい．このためには，分流器R [kΩ]をV_1と並列に接続し，r_1に流れる電流をI_{1m}に制限する方法を用いる．

②の条件：題意の直列回路に加わる電圧は450 Vで，V_2に流れる電流はI_{2m}となるので，V_1の分流器Rに流れる電流は，$I_{2m} - I_{1m}$となる．

以上を(b)図の等価回路に示す．

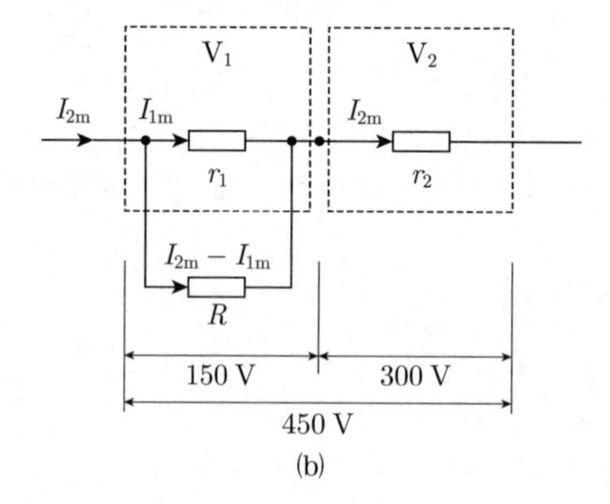

(b)

(b)図の電圧計V_1について，分流器Rにオームの法則を適用すると次式が成り立つ．

$$(I_{2m} - I_{1m})R = V_{1m}$$

これをRについて解くと，

$$R = \frac{V_{1m}}{I_{2m} - I_{1m}} = \frac{150}{(10 - 8.333) \times 10^{-3}}$$
$$= \frac{150 \times 10^3}{1.667} = 89.982 \times 10^3\ \Omega$$
$$= 90\ \text{k}\Omega \quad (答)$$

よって，空白箇所に当てはまる組合せは，**(ア) V_1 (イ) 90 (ウ) 並列 (エ) V_2**であり，**求める選択肢は(2)となる**．

〔ここがポイント〕 直読式アナログ指示電気計器の測定範囲を拡大する目的で，以下の抵抗器が使用される．

1．倍率器（分圧器）

電圧計の測定限界 V_m を V まで拡大するために，電圧計と**直列**に接続する抵抗 R を**倍率器（分圧器）**という．(c)図に接続例を示す．

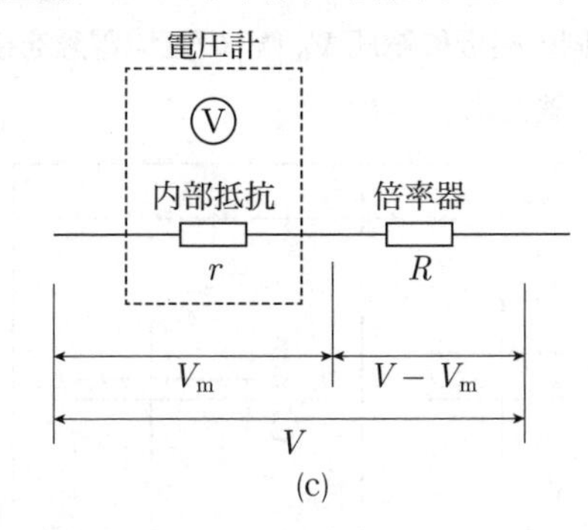

(c)

(c)図の回路から，次式が成り立つ．

$$V_m = \frac{r}{r+R}V$$

$$\Rightarrow V = \frac{r+R}{r}V_m = \left(1+\frac{R}{r}\right)V_m \,[\mathrm{V}]$$

$$倍率\ m_v = \frac{V}{V_m} = 1+\frac{R}{r}$$

実際の値は電圧計の指示値を m_v 倍して読み取ればよい．倍率器 R は，次式で求められる．

$$R=(m_v-1)r\,[\Omega]$$

2．分流器

電流計の測定限界 I_m を I まで拡大するために電流計と**並列**に接続する抵抗 R を**分流器**という．(d)図に接続例を示す．

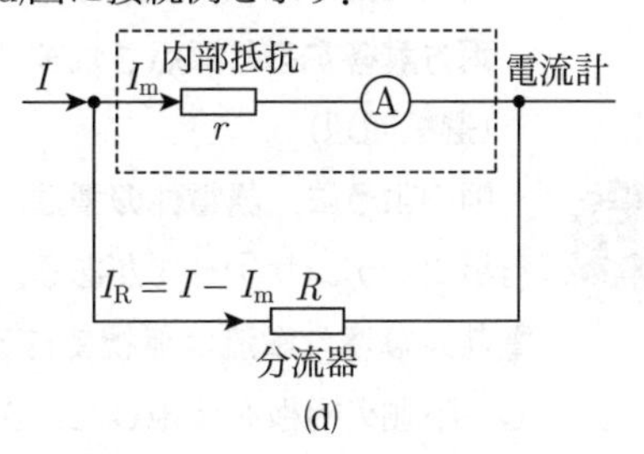

(d)

(d)図の回路より，次式が成り立つ．

$$I_m = \frac{R}{r+R}I$$

$$\Rightarrow I = \frac{r+R}{R}I_m = \left(1+\frac{r}{R}\right)I_m \,[\mathrm{A}]$$

$$倍率\ m_i = \frac{I}{I_m} = 1+\frac{r}{R}$$

実際の値は電流計の指示値を m_i 倍して読み取ればよい．分流器 R は次式で求められる．

$$R=\frac{r}{m_i-1}\,[\Omega]$$

各計器に対し，倍率器は印加電圧を制限し，分流器は流す電流を制限することに留意すると，設問(b)は許容電流の小さい電圧計 V_1 に流す電流を I_{1m} に制限するような分流器を並列に用いればよいことに気がつく．

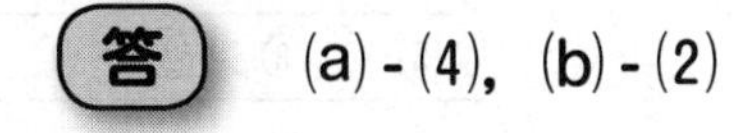

答 (a)-(4)，(b)-(2)

問17及び問18は選択問題であり，問17又は問18のどちらかを選んで解答すること．両方解答すると採点されません．

（選択問題）

問17 図のように，誘電体の種類，比誘電率，絶縁破壊電界，厚さがそれぞれ異なる三つの平行板コンデンサ①～③がある．極板の形状と大きさは同一で，コンデンサの端効果，初期電荷及び漏れ電流は無視できるものとする．上側の極板に電圧 V_0 [V] の直流電源を接続し，下側の極板を接地した．次の(a)及び(b)の問に答えよ．

	①	②	③
形状サイズ	4.0 mm	1.0 mm	0.5 mm
誘電体の種類	気体	液体	固体
比誘電率	1	2	4
絶縁破壊電界	10 kV/mm	20 kV/mm	50 kV/mm

(a) 各平行板コンデンサへの印加電圧の大きさが同一のとき，極板間の電界の強さの大きい順として，正しいものを次の(1)～(5)のうちから一つ選べ．

(1)	①＞②＞③
(2)	①＞③＞②
(3)	②＞①＞③
(4)	③＞①＞②
(5)	③＞②＞①

(b) 各平行板コンデンサへの印加電圧をそれぞれ徐々に上昇し，極板間の電界の強さが絶縁破壊電界に達したときの印加電圧（絶縁破壊電圧）の大きさの大きい順として，正しいものを次の(1)～(5)のうちから一つ選べ．

(1)	①＞②＞③
(2)	①＞③＞②
(3)	②＞①＞③
(4)	③＞①＞②
(5)	③＞②＞①

note

解17 (a) 各コンデンサ①～③の印加電圧 V[V]が等しいとき，極板間電界の強さE[V/m]が大きい順

平行板コンデンサの極板間にVを印加すると，極板間に平等電界Eが生じる．VとEの関係は，誘電率ε [F/m]に無関係に形状と極板間距離d[m]だけで決まり，次式で求められる．

$$E=\frac{V}{d}[\mathrm{V/m}] \quad \boxed{1}$$

印加電圧の大きさを等しくV[V]，極板間距離d，極板間の電界の強さEを添字①，②，③をつけてそれぞれ求めると，

$$E_{①}=\frac{V}{d_{①}}=\frac{V}{4.0}[\mathrm{V/mm}]$$

$$E_{②}=\frac{V}{d_{②}}=\frac{V}{1.0}[\mathrm{V/mm}]$$

$$E_{③}=\frac{V}{d_{③}}=\frac{V}{0.5}[\mathrm{V/mm}]$$

分母が大きいと全体の値は小さくなるので，$E_{③}>E_{②}>E_{①}$となる．

よって，**求める選択肢は(5)**となる．

(b) 各コンデンサ①～③が絶縁破壊電界に達したときの絶縁破壊電圧の大きさの大きい順

$\boxed{1}$式より，極板の印加電圧Vは，誘電率ε [F/m]に無関係にEとdの積に比例する．

$$V=E\cdot d[\mathrm{V}] \quad \boxed{2}$$

コンデンサ①～③の絶縁破壊電圧V_{m}は，絶縁破壊電界E_{m}のときの印加電圧であるから，

$$V_{①\mathrm{m}}=E_{①\mathrm{m}}\cdot d_1=10\times4.0=40\,\mathrm{kV}$$

$$V_{②\mathrm{m}}=E_{②\mathrm{m}}\cdot d_2=20\times1.0=20\,\mathrm{kV}$$

$$V_{③\mathrm{m}}=E_{③\mathrm{m}}\cdot d_3=50\times0.5=25\,\mathrm{kV}$$

よって，$V_{①\mathrm{m}}>V_{③\mathrm{m}}>V_{②\mathrm{m}}$

ゆえに，**求める選択肢は(2)**となる．

(a)，(b)ともに誘電率εには無関係となる．

〔ここがポイント〕

1. コンデンサの各種計算公式

問題のコンデンサの接続図を次図に示す．

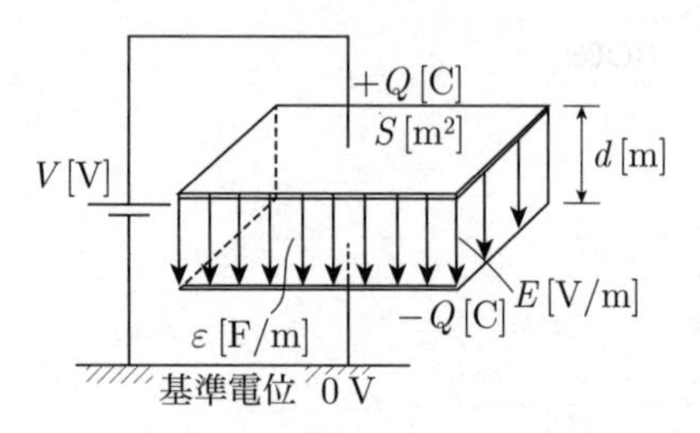

極板面積を等しくS[m^2]，真空中の誘電率ε_0 $(=8.854\times10^{-12})$ [F/m]，比誘電率ε_{S}とすると，蓄えられる電荷Q[C]，電束密度D[C/m^2]，静電エネルギーW_{C} [J]，単位体積当たりのエネルギーw_{C} [J/m^3]はそれぞれ，

$$静電容量\quad C=\frac{\varepsilon_{\mathrm{S}}\varepsilon_0 S}{d}[\mathrm{F}] \quad \boxed{3}$$

$$Q=CV=\frac{\varepsilon_{\mathrm{S}}\varepsilon_0 SV}{d}=\varepsilon_{\mathrm{S}}\varepsilon_0 SE[\mathrm{C}] \quad \boxed{4}$$

$$D=\frac{Q}{S}=\frac{\varepsilon_{\mathrm{S}}\varepsilon_0 SE}{S}=\varepsilon_{\mathrm{S}}\varepsilon_0 E[\mathrm{C/m^2}] \quad \boxed{5}$$

$$W_{\mathrm{C}}=\frac{1}{2}CV^2=\frac{1}{2}\frac{\varepsilon_{\mathrm{S}}\varepsilon_0 S}{d}V^2=\frac{\varepsilon_{\mathrm{S}}\varepsilon_0 SV^2}{2d}[\mathrm{J}] \quad \boxed{6}$$

$$w_{\mathrm{C}}=\frac{W_{\mathrm{C}}}{Sd}=\frac{\varepsilon_{\mathrm{S}}\varepsilon_0 V^2}{2d^2}=\frac{1}{2}\varepsilon_{\mathrm{S}}\varepsilon_0 E^2[\mathrm{J/m^3}] \quad \boxed{7}$$

$\boxed{4}$～$\boxed{7}$式は導出できるようにしてほしい．

2. D [C/m^2]とw_{C} [J/m^3]の計算例

問題に与えられた数値から，コンデンサの絶縁破壊直前のD_{m}およびw_{cm}はそれぞれ，

$$D_{①\mathrm{m}}=\varepsilon_{①}\varepsilon_0 E_{①\mathrm{m}}=1\times8.854\times10^{-12}\times10\times10^3\times1/10^{-3}=88.54\times10^{-6}\,\mathrm{C/m^2}$$

$$D_{②\mathrm{m}}=\varepsilon_{②}\varepsilon_0 E_{②\mathrm{m}}=354.2\times10^{-6}\,\mathrm{C/m^2}$$

$$D_{③\mathrm{m}}=\varepsilon_{③}\varepsilon_0 E_{③\mathrm{m}}=1\,771\times10^{-6}\,\mathrm{C/m^2}$$

$$w_{\mathrm{C}①}=\frac{1}{2}\varepsilon_{\mathrm{S}①}\varepsilon_0 {E_{1\mathrm{m}}}^2=442.7\,\mathrm{J/m^3}$$

$$w_{\mathrm{C}②}=3\,542\,\mathrm{J/m^3}$$

$$w_{\mathrm{C}③}=44\,270\,\mathrm{J/m^3}$$

別解

(a) 極板間の電界の強さの大きい順

極板の形状と大きさが同じであるから，極板面積をSとおいて，問題図①から③の静電容量C_1 [F]からC_3 [F]をそれぞれ求めると，

$$C_1 = \frac{\varepsilon_0 S}{4.0\times10^{-3}} = \frac{1}{4}\,\varepsilon_0 S\times10^3$$

$$C_2 = \frac{2\varepsilon_0 S}{1.0\times10^{-3}} = 2\varepsilon_0 S\times10^3$$

$$C_3 = \frac{4\varepsilon_0 S}{0.5\times10^{-3}} = 8\varepsilon_0 S\times10^3$$

極板間に蓄積する電荷Qは$Q=CV$より，

$$Q_1 = C_1 V = \frac{1}{4}\,\varepsilon_0 SV\times10^3$$

$$Q_2 = C_2 V = 2\varepsilon_0 SV\times10^3$$

$$Q_3 = C_3 V = 8\varepsilon_0 SV\times10^3$$

極板間の電束密度をDとすると，問題図①から③の電界の強さ[V/m]はそれぞれ，

$$E_{①} = \frac{D_1}{\varepsilon_0} = \frac{Q_1/S}{\varepsilon_0} = \frac{\frac{1}{4}\,\varepsilon_0 SV\times10^3}{\varepsilon_0 S} = \frac{1}{4}V\times10^3\ [\mathrm{V/m}] \qquad \boxed{1}$$

$$E_{②} = \frac{D_2}{2\varepsilon_0} = \frac{Q_2/S}{2\varepsilon_0} = \frac{2\varepsilon_0 SV\times10^3}{2\varepsilon_0 S} = V\times10^3\ [\mathrm{V/m}] \qquad \boxed{2}$$

$$E_{③} = \frac{D_3}{4\varepsilon_0} = \frac{Q_3/S}{4\varepsilon_0} = \frac{8\varepsilon_0 SV\times10^3}{4\varepsilon_0 S} = 2V\times10^3\ [\mathrm{V/m}] \qquad \boxed{3}$$

ゆえに，$E_{③} > E_{②} > E_{①}$ (答)

よって，**求める選択肢は(5)となる．**

(b) 絶縁破壊時に印加電圧の大きさの大きい順

前出の$\boxed{1}$式から$\boxed{3}$式を用いて，Eの値を絶縁破壊電界に置き換えて①から③の絶縁破壊電圧$V_{①\mathrm{m}}$，$V_{②\mathrm{m}}$，$V_{③\mathrm{m}}$をそれぞれ求める．

$$E_{\mathrm{m}①} = \frac{1}{4}V_{\mathrm{m}①}\times10^3$$

$$V_{\mathrm{m}①} = 4E_{\mathrm{m}①}\times10^{-3} = 4\times\frac{10\times10^3}{1\times10^{-3}}\times10^{-3} = 40\ \mathrm{kV}$$

$$E_{\mathrm{m}②} = 1V_{\mathrm{m}②}\times10^3$$

$$V_{\mathrm{m}②} = 1E_{\mathrm{m}②}\times10^{-3} = \frac{20\times10^3}{1\times10^{-3}}\times10^{-3} = 20\ \mathrm{kV}$$

$$E_{\mathrm{m}③} = 2V_{\mathrm{m}③}\times10^3$$

$$V_{\mathrm{m}③} = \frac{1}{2}E_{\mathrm{m}③}\times10^{-3} = \frac{1}{2}\times\frac{50\times10^3}{1\times10^{-3}}\times10^{-3} = 25\ \mathrm{kV}$$

ゆえに，$E_{①} > E_{③} > E_{②}$ (答)

よって，**求める選択肢は(2)となる．**

(a)-(5)，(b)-(2)

（選択問題）

問18　図1に示すエミッタ接地トランジスタ増幅回路について，次の(a)及び(b)の問に答えよ．

ただし，I_B [μA]，I_C [mA] はそれぞれベースとコレクタの直流電流であり，i_b [μA]，i_c [mA] はそれぞれの信号分である．また，V_{BE} [V]，V_{CE} [V] はそれぞれベース－エミッタ間とコレクタ－エミッタ間の直流電圧であり，v_{be} [V]，v_{ce} [V] はそれぞれの信号分である．さらに，v_i [V]，v_o [V] はそれぞれ信号の入力電圧と出力電圧，V_{CC} [V] はバイアス電源の直流電圧，R_1 [kΩ] と R_2 [kΩ] は抵抗，C_1 [F]，C_2 [F] はコンデンサである．なお，$R_2 = 1$ kΩ であり，使用する信号周波数において C_1，C_2 のインピーダンスは無視できるほど十分小さいものとする．

(a)　図2はトランジスタの出力特性である．トランジスタの動作点を $V_{CE} = \frac{1}{2} V_{CC} = 6$ V に選ぶとき，動作点でのベース電流 I_B の値 [μA] として，最も近いものを次の(1)～(5)のうちから一つ選べ．

(1)　20　　(2)　25　　(3)　30　　(4)　35　　(5)　40

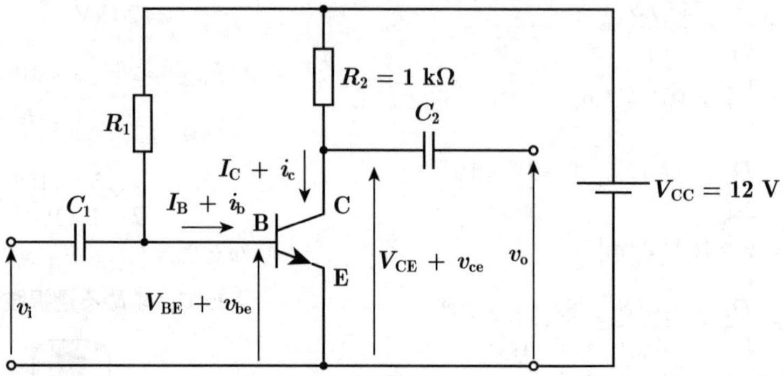

図1

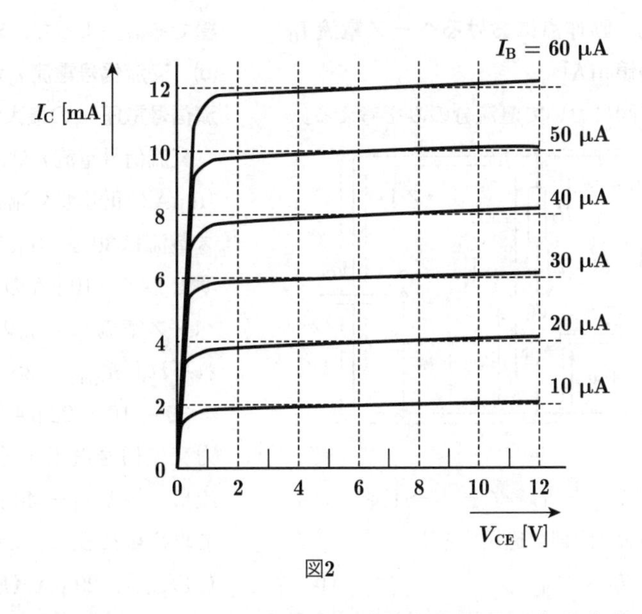

図2

(b) 小問(a)の動作点において，図1の回路に交流信号電圧v_iを入力すると，最大値10 μAの交流信号電流i_bと小問(a)の直流電流I_Bの和がベース(B)に流れた．このとき，図2の出力特性を使って求められる出力交流信号電圧v_o（$= v_{ce}$）の最大値[V]として，最も近いものを次の(1)～(5)のうち から一つ選べ．

ただし，動作点付近においてトランジスタの出力特性は直線で近似でき，信号波形はひずまないものとする．

(1) **1.0**　(2) **1.5**　(3) **2.0**　(4) **2.5**　(5) **3.0**

解18 (a) 動作点におけるベース電流 I_B の値[μA]

(a)図の回路図において直流分のみを考える．

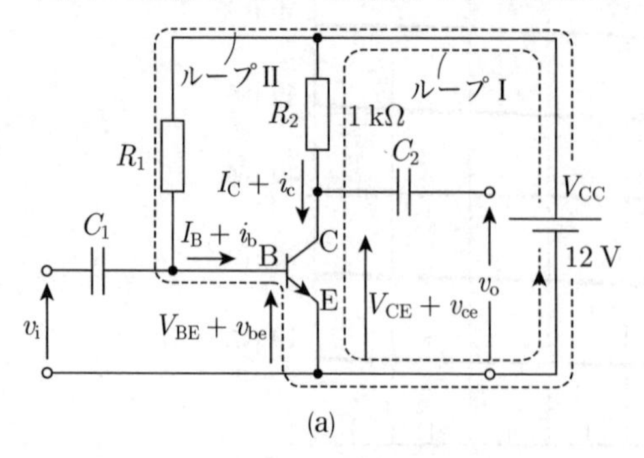

(a)

ループI（$V_{CC}\to R_2\to C\to E\to V_{CC}$）でキルヒホッフの第2法則を適用すると，

$$V_{CC}=R_2I_C+V_{CE} \quad ①$$

図2の I_C-V_{CE} の関係を求めるために，①式を変形して次式の関数式を求める．

$$I_C=\frac{V_{CC}-V_{CE}}{R_2}=-\frac{V_{CE}}{R_2}+\frac{V_{CC}}{R_2}$$

$$=-\frac{V_{CE}}{1\times10^3}+\frac{12}{1\times10^3}$$

$$=-V_{CE}+12\,[\text{mA}] \quad ②$$

②式の1次関数を**直流負荷線**という．コレクタ電流 $I_C=0$ のとき，コレクターエミッタ間電圧は $V_{CE}=12$ V，$V_{CE}=0$ のとき，$I_C=12$ mAとなる．これらの値を図2の I_C-V_{CE} 上にとり，②の直流負荷線を外挿すると(b)図となる．

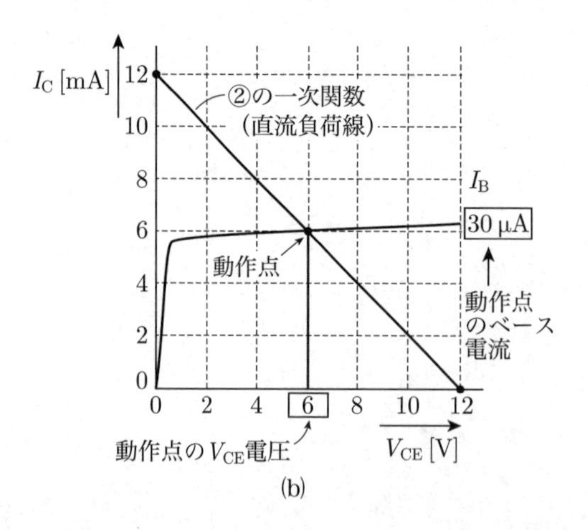

(b)

(b)図より，動作点 $V_{CE}=6$ Vで②の直流負荷線と交わるのは，ベース電流 $I_B=30$ μAの曲線である．よって，**求める選択肢は(3)**となる．

(b) 交流信号電流 i_b が与えられたときの出力交流信号電圧 v_o の最大値 v_m [V]

交流信号電流 i_b は，(c)図に示すように最大値10 μAの正弦波交流波形である．このときベース電流は30 ± 10 μAであるから，30 μAを基準として±10 μAの入力変化を生じる．直流ベース電流 I_B+i_b の最大値および最小値はそれぞれ，$I_{Bmax}=30+10=40$ μAおよび $I_{Bmin}=30-10=20$ μAとなるので，このときの出力交流信号電圧 v_o（$=v_{ce}$）は，(c)図の②の直流負荷線と $I_B=40$ μA，$I_B=20$ μAとの交点で求められる．したがって，ベース電流40 μA（最大値），20 μA（最小値）と②の直流負荷線との交点は，$V_{CE}=4$ V（最小値），$V_{CE}=8$ V（最大値）となる．出力 v_o は，バイアス電圧6 Vを基準に振幅が±2 Vの交流正弦波となり，求める出力交流電圧信号の最大値 v_m は2 Vとなる．よって，**選択肢は(3)**となる．

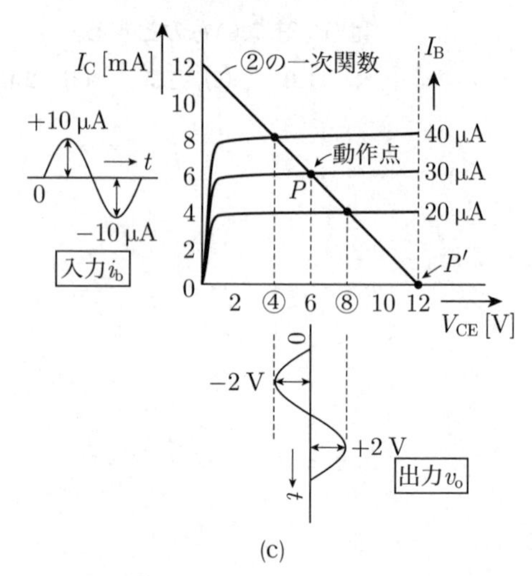

(c)

〔ここがポイント〕

1. 各素子の役割

(a)図の C_1，C_2 は入力および出力における**結合コンデンサ**といい，問題文中の「使用する信号周波数において C_1，C_2 のインピーダンスは無視できるほど十分小さい」とあることから，動作周波数の交流信号を通過させる一方，ベース電流やコレクタ電流の直流が入力や出力側に流出しないようにカットする役割がある．

ベースBに接続される抵抗R_1を**バイアス抵抗**といい，直流ベース電流I_Bの値を決定する．また，R_2は**負荷抵抗**といい，増幅された入力信号を電圧として取り出す役割がある．

トランジスタで交流の負の信号も増幅させるためには，直流のバイアス電圧やバイアス電流を与えておく必要がある．題意のように動作点を$V_{CE}=6$ Vにとった場合，(c)図のように出力波形のv_oは正負の交流信号を忠実に出力できる．もし，動作点が$V_{CE}=12$ VのP'点にずれた場合，v_oの正の信号が増幅できないためv_oの波形は入力信号i_bの振幅を忠実に再現できなくなってしまう．このため，トランジスタの動作点は通常，直流負荷線の中央にとるようにしている．(c)図の出力v_oの波形は，入力i_bの波形に対して**逆位相**となっており，エミッタ接地増幅回路の特徴を表している．

2. 固定バイアス回路と安定度

図1のトランジスタ回路を**固定バイアス回路**という．トランジスタは温度上昇で回路動作が不安定となる特性があり，安定性の判断指標である安定度Sは小さいほど望ましい（通常10以下とする）．しかし，固定バイアス回路はS $=1+\beta$（エミッタ接地電流増幅率$=100$）$\fallingdotseq$ 100と大きく，安定度は一般に悪いという特徴がある．

3. I_B- V_{BE}特性とバイアス抵抗R_1の計算例

トランジスタの特性として，ベース電流I_Bとベース－エミッタ間電圧V_{BE}の関係を表すI_B- V_{BE}特性例を(d)図に示す．

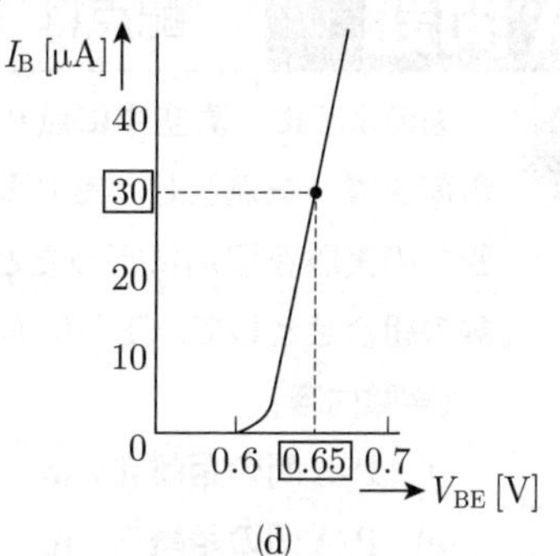

(d)

いま，(a)図のループII（$V_{CC}\to R_1\to B\to E\to V_{CC}$）において，動作点$V_{CE}=6$ VにおけるI_Bは30 μAであり，(d)図から$I_B=30$ μAのとき$V_{BE}\fallingdotseq 0.65$ Vと求められる．動作点におけるバイアス抵抗R_1は，キルヒホッフの第2法則を用いて以下のように計算できる．

$$V_{CC}=I_BR_1+V_{BE}$$

$$R_1=\frac{V_{CC}-V_{BE}}{I_B}=\frac{12-0.65}{30\times10^{-6}}$$

$$=378\,333\ \Omega=378\ \text{k}\Omega$$

(d)図の特性を用いた上記の計算などは，今後出題が予想される．

答 (a) - (3)，(b) - (3)

令和元年度（2019年） 理論の問題

A問題　配点は1問題当たり5点

問1 図のように，真空中に点P，点A，点Bが直線上に配置されている．点Pは Q [C]の点電荷を置いた点とし，A-B間に生じる電位差の絶対値を $|V_{AB}|$ [V]とする．次の(a)～(d)の四つの実験を個別に行ったとき，$|V_{AB}|$ [V]の値が最小となるものと最大となるものの実験の組合せとして，正しいものを次の(1)～(5)のうちから一つ選べ．

［実験内容］

(a) P-A間の距離を2 m，A-B間の距離を1 mとした．

(b) P-A間の距離を1 m，A-B間の距離を2 mとした．

(c) P-A間の距離を0.5 m，A-B間の距離を1 mとした．

(d) P-A間の距離を1 m，A-B間の距離を0.5 mとした．

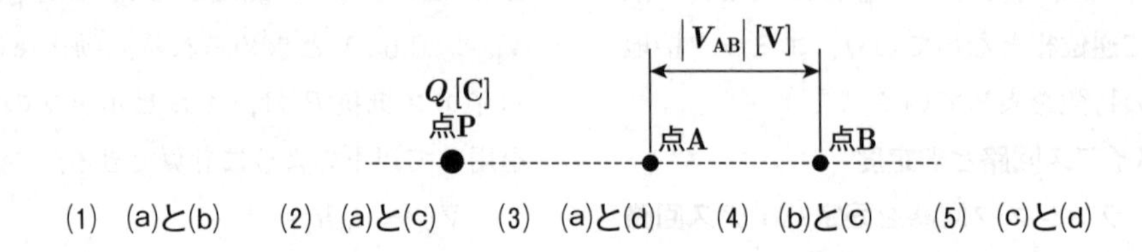

(1) (a)と(b)　(2) (a)と(c)　(3) (a)と(d)　(4) (b)と(c)　(5) (c)と(d)

●試験時間 90分
●必要解答数 A問題14題，B問題3題（選択問題含む）

解1 図示のように，P-A間およびA-B間の距離をそれぞれl_1およびl_2 [m]，点電荷による点Aおよび点Bの電位をそれぞれV_AおよびV_B [V]とすると，

$$V_A = \frac{1}{4\pi\varepsilon_0}\frac{Q}{l_1}\,[\mathrm{V}]$$

$$V_B = \frac{1}{4\pi\varepsilon_0}\frac{Q}{l_1+l_2}\,[\mathrm{V}]$$

ゆえに，

$$|V_{AB}| = |V_A - V_B| = \frac{Q}{4\pi\varepsilon_0}\left|\frac{1}{l_1} - \frac{1}{l_1+l_2}\right|$$

$$= \frac{Q}{4\pi\varepsilon_0}\left|\frac{l_2}{l_1(l_1+l_2)}\right|\,[\mathrm{V}] \quad ①$$

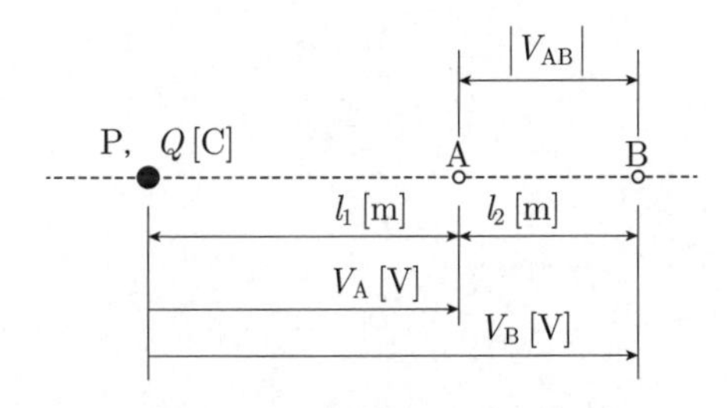

[実験内容]をそれぞれ以下に計算する．

(a) $l_1 = 2$，$l_2 = 1$を①式に代入して，

$$|V_{AB}| = \frac{Q}{4\pi\varepsilon_0}\left|\frac{1}{2\times(2+1)}\right|$$

$$= 0.17\times\frac{Q}{4\pi\varepsilon_0}\,[\mathrm{V}] \quad ②$$

(b) $l_1 = 1$，$l_2 = 2$を①式に代入して，

$$|V_{AB}| = \frac{Q}{4\pi\varepsilon_0}\left|\frac{2}{1\times(1+2)}\right|$$

$$= 0.67\times\frac{Q}{4\pi\varepsilon_0}\,[\mathrm{V}] \quad ③$$

(c) $l_1 = 0.5$，$l_2 = 1$を①式に代入して，

$$|V_{AB}| = \frac{Q}{4\pi\varepsilon_0}\left|\frac{1}{0.5\times(0.5+1)}\right|$$

$$= 1.33\times\frac{Q}{4\pi\varepsilon_0}\,[\mathrm{V}] \quad ④$$

(d) $l_1 = 1$，$l_2 = 0.5$を①式に代入して，

$$|V_{AB}| = \frac{Q}{4\pi\varepsilon_0}\left|\frac{0.5}{1\times(1+0.5)}\right|$$

$$= 0.33\times\frac{Q}{4\pi\varepsilon_0}\,[\mathrm{V}] \quad ⑤$$

したがって，②～⑤式の先頭の係数を比較すると，

(a) < (d) < (b) < (c) (答)

ゆえに，$|V_{AB}|$の最大値と最小値の組合せは(a)，(c)であり，**求める選択肢は(2)となる．**

(2)

図のように，極板間距離 d [mm] と比誘電率 ε_r が異なる平行板コンデンサが接続されている．極板の形状と大きさは全て同一であり，コンデンサの端効果，初期電荷及び漏れ電流は無視できるものとする．印加電圧を 10 kV とするとき，図中の二つのコンデンサ内部の電界の強さ E_A 及び E_B の値 [kV/mm] の組合せとして，正しいものを次の(1)～(5)のうちから一つ選べ．

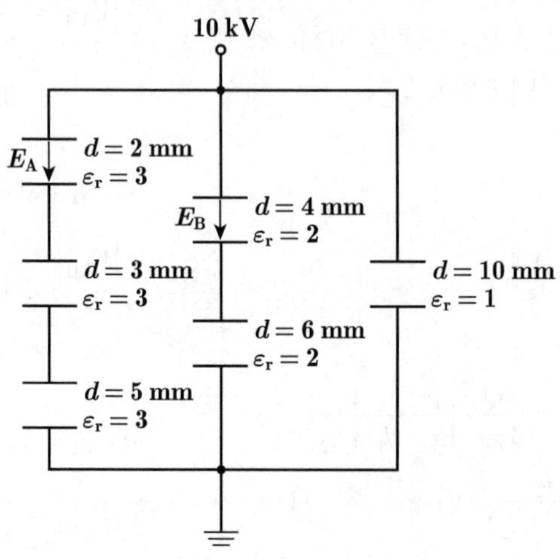

	E_A	E_B
(1)	0.25	0.67
(2)	0.25	1.5
(3)	1.0	1.0
(4)	4.0	0.67
(5)	4.0	1.5

note

極板面積を共通の $S\,[\mathrm{m}^2]$ とする．問題の回路の二つのコンデンサに印加される電圧をそれぞれ求める．

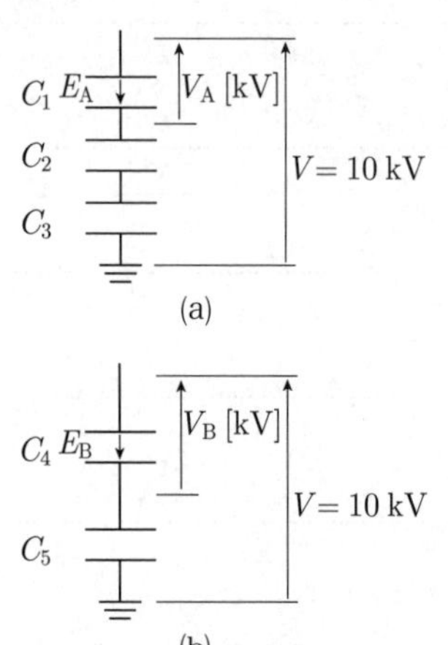

(a)

(b)

はじめに(a)図および(b)図に示す各コンデンサの静電容量 C_1〜C_5 を求めると，

$$C_1 = \frac{\varepsilon_r \varepsilon_0 S}{d} = \frac{3\varepsilon_0 S}{2 \times 10^{-3}} = \frac{3\,000}{2}\,\varepsilon_0 S\,[\mathrm{F}]$$

$$C_2 = \frac{\varepsilon_r \varepsilon_0 S}{d} = \frac{3\varepsilon_0 S}{3 \times 10^{-3}} = \frac{3\,000}{3}\,\varepsilon_0 S\,[\mathrm{F}]$$

$$C_3 = \frac{\varepsilon_r \varepsilon_0 S}{d} = \frac{3\varepsilon_0 S}{5 \times 10^{-3}} = \frac{3\,000}{5}\,\varepsilon_0 S\,[\mathrm{F}]$$

$$C_4 = \frac{\varepsilon_r \varepsilon_0 S}{d} = \frac{2\varepsilon_0 S}{4 \times 10^{-3}} = \frac{2\,000}{4}\,\varepsilon_0 S\,[\mathrm{F}]$$

$$C_5 = \frac{\varepsilon_r \varepsilon_0 S}{d} = \frac{2\varepsilon_0 S}{6 \times 10^{-3}} = \frac{2\,000}{6}\,\varepsilon_0 S\,[\mathrm{F}]$$

次に，(a)図に示す静電容量 C_1 のコンデンサにかかる電圧 V_A，(b)図に示す静電容量 C_4 のコンデンサにかかる電圧 V_B は，各静電容量の逆数に比例する．

$$V_A = \frac{\dfrac{1}{C_1}}{\dfrac{1}{C_1} + \dfrac{1}{C_2} + \dfrac{1}{C_3}} V$$

$$= \frac{\dfrac{1}{\varepsilon_1 S}\dfrac{2}{3\,000}}{\dfrac{1}{\varepsilon_1 S}\left(\dfrac{2}{3\,000} + \dfrac{3}{3\,000} + \dfrac{5}{3\,000}\right)} \times 10$$

$$= \frac{2}{10} \times 10 = 2\,\mathrm{kV}$$

ゆえに

$$E_A = \frac{V_A}{d} = \frac{2}{2} = 1.0\,\mathrm{kV/mm} \quad \text{(答)}$$

$$V_B = \frac{\dfrac{1}{C_4}}{\dfrac{1}{C_4} + \dfrac{1}{C_5}} V$$

$$= \frac{\dfrac{1}{\varepsilon_0 S}\dfrac{4}{2\,000}}{\dfrac{1}{\varepsilon_0 S}\left(\dfrac{4}{2\,000} + \dfrac{6}{2\,000}\right)} \times 10$$

$$= \frac{4}{10} \times 10 = 4\,\mathrm{kV}$$

ゆえに

$$E_B = \frac{V_B}{d} = \frac{4}{4} = 1.0\,\mathrm{kV/mm} \quad \text{(答)}$$

よって，求める選択肢は(3)となる．

〔ここがポイント〕 静電容量 C_1〜C_5 の計算において，数値をすべて計算せず，分数として残すことが計算ミスをなくすポイントである．この形とすることで，V_A，V_B を求める際に C_1〜C_3 の分子3 000および C_4，C_5 の分子2 000が共通であるから，約分されて解答のように簡単に解くことができる．

別解

問題のコンデンサ回路において，各岐路の直列接続部に蓄えられる電荷は各コンデンサで等しい．また，題意より極板の形状と大きさがすべて同一なので，極板面積も等しい．よって直列接続コンデンサに生じる電束密度も各岐路の直列コンデンサ間で等しくなる．

(a)図および(b)図に示すコンデンサに蓄えられる電荷と電束密度を，それぞれ Q [C]，D [C/m^2] および Q' [C]，D' [C/m^2]，(a)図および(b)図の合成静電容量をそれぞれ C_{13} [F]，および C_{45} [F]，回路全体に印加される電圧を V [V] とすると，

$$Q = C_{13} V$$

$$D = \frac{Q}{S} = \frac{C_{13} V}{S}$$

$$Q' = C_{45} V$$

$$D' = \frac{Q'}{S} = \frac{C_{45} V}{S}$$

電界の強さE_AおよびE_Bは，(a)図および(b)図のコンデンサの誘電率をそれぞれε_A，ε_Bとすると，

$$E_A = \frac{D}{\varepsilon_A} = \frac{C_{13}V}{\varepsilon_A S} \quad ①$$

$$E_B = \frac{D'}{\varepsilon_B} = \frac{C_{45}V}{\varepsilon_B S} \quad ②$$

(a)図および(b)図の合成静電容量C_{13}，およびC_{45}は，極板間距離dを添字1～3，および4，5をつけて表すと，

$$C_{13} = \frac{1}{\frac{1}{C_1}+\frac{1}{C_2}+\frac{1}{C_3}} = \frac{1}{\frac{d_1}{\varepsilon_A S}+\frac{d_2}{\varepsilon_A S}+\frac{d_3}{\varepsilon_A S}} = \frac{\varepsilon_A S}{d_1+d_2+d_3}$$

$$C_{45} = \frac{1}{\frac{1}{C_4}+\frac{1}{C_5}} = \frac{1}{\frac{d_4}{\varepsilon_B S}+\frac{d_5}{\varepsilon_B S}} = \frac{\varepsilon_B S}{d_4+d_5}$$

①式および②式へ代入すると，

$$E_A = \frac{C_{13}V}{\varepsilon_A S} = \frac{V}{\varepsilon_A S}\cdot\frac{\varepsilon_A S}{d_1+d_2+d_3} = \frac{V}{d_1+d_2+d_3} = \frac{10}{2+3+5} = \frac{1}{1} = 1.0\,\mathrm{kV/mm} \quad (答)$$

$$E_B = \frac{C_{45}V}{\varepsilon_B S} = \frac{V}{\varepsilon_B S}\cdot\frac{\varepsilon_B S}{d_4+d_5} = \frac{V}{d_4+d_5} = \frac{10}{4+6} = \frac{1}{1} = 1.0\,\mathrm{kV/mm} \quad (答)$$

よって，**求める選択肢は(3)**となる．

〔ここがポイント〕

上記のE_A，E_Bを求める式は，それぞれ$E_A = V/(d_1+d_2+d_3)$，および$E_B = V/(d_4+d_5)$で表されることがわかる．すなわち，極板形状と極板面積S，誘電率εがそれぞれ等しいとき，(a)図または(b)図の直列接続されたコンデンサの電界の強さE_AまたはE_Bは，各コンデンサの極板間距離の総和で印加電圧を除せば求めることができることを示している．

①式より，(a)図のコンデンサC_1，C_2，C_3の電界の強さはいずれもE_Aで等しくなることがわかる．

②式より，(b)図のコンデンサC_4，C_5についても同様のことが言える．

答 (3)

問3 図は積層した電磁鋼板の鉄心の磁化特性（ヒステリシスループ）を示す．図中のB [T]及びH [A/m]はそれぞれ磁束密度及び磁界の強さを表す．この鉄心にコイルを巻きリアクトルを製作し，商用交流電源に接続した．実効値がV [V]の電源電圧を印加すると図中に矢印で示す軌跡が確認された．コイル電流が最大のときの点は［(ア)］である．次に，電源電圧実効値が一定に保たれたまま，周波数がやや低下したとき，ヒステリシスループの面積は［(イ)］．一方，周波数が一定で，電源電圧実効値が低下したとき，ヒステリシスループの面積は［(ウ)］．最後に，コイル電流実効値が一定で，周波数がやや低下したとき，ヒステリシスループの面積は［(エ)］．

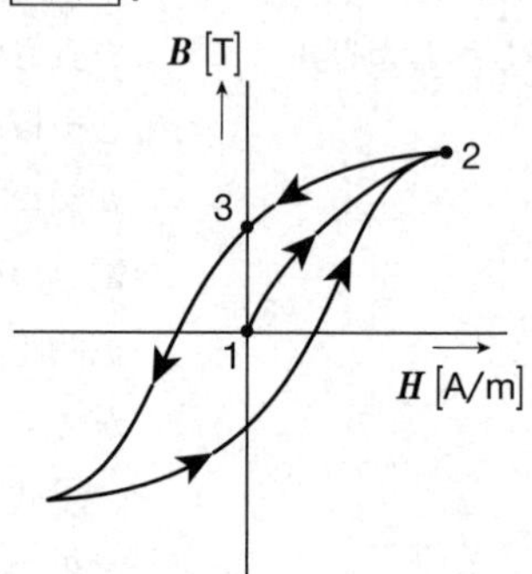

上記の記述中の空白箇所(ア)，(イ)，(ウ)及びエに当てはまる組合せとして，正しいものを次の(1)～(5)のうちから一つ選べ．

	(ア)	(イ)	(ウ)	(エ)
(1)	1	大きくなる	小さくなる	大きくなる
(2)	2	大きくなる	小さくなる	あまり変わらない
(3)	3	あまり変わらない	あまり変わらない	小さくなる
(4)	2	小さくなる	大きくなる	あまり変わらない
(5)	1	小さくなる	大きくなる	あまり変わらない

解3

1. コイル電流 i_L の最大点

下図にコイル電流と鉄心中の磁束 ϕ，電源電圧 e の波形を示す．

リアクトルに流れるコイル電流 i_L は，インダクタンス負荷であるため，電源電圧 e よりほぼ90度遅れの電流である．鉄心中の磁束 ϕ も同じく，電源電圧より90度遅れであるから，ϕ と i_L はほぼ同位相となる．このため，i_L の最大点は，ϕ の最大点であり，ヒステリシス曲線上の B の最大点である**2となる**．

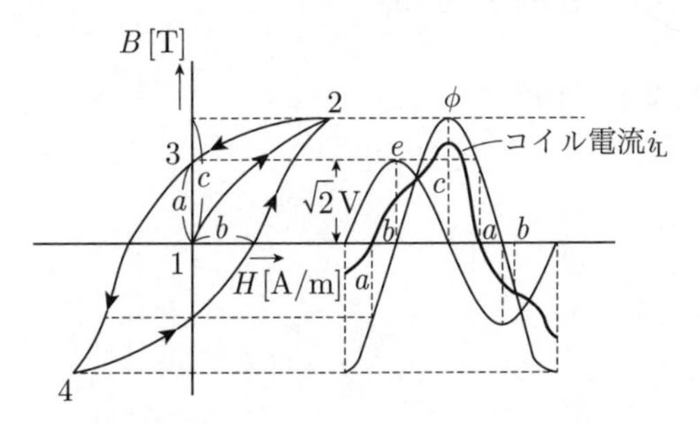

2. 電源電圧実効値 V が一定で周波数 f がやや低下した場合

1サイクル（1周期）中の鉄心中に生じるヒステリシス損 w_h は，ヒステリシスループの面積に比例する．また，w_h は次式で表すことができる．

$$w_h = K_h \frac{V^2}{f} \text{ [W/kg]}$$

上式より，w_h は周波数に反比例するので，周波数 f が低下するとヒステリシス損 w_h は増加する．よってヒステリシスループの面積は**大きくなる**．

3. 周波数 f が一定で電源電圧実効値 V が低下した場合

前式より w_h は V^2 に比例して増加する．よって，電源電圧 V が低下すると，ヒステリシスループの面積は V^2 に比例して**小さくなる**．

4. コイル電流実効値 I が一定で，周波数 f がやや低下した場合

リアクトルのリアクタンスは，

$$X_L = 2\pi fL$$

より，f に比例するので，f がやや低下するとリアクタンス X_L もやや低下する．リアクトルのコイルに印加される電圧実効値 V' は，

$$V' = I_L X_L$$

より，I_L は一定であるから，V' は X_L の低下割合と同じくやや低下する．

磁束密度の最大値 B_m は次式で表される．

$$B_m = K_B \frac{V}{f} = K_B \frac{2\pi fLI_L}{f} = K_B 2\pi LI_L$$

ただし，K_B は比例定数．

すなわち上式の値は問題図の2の点の値を表し，一定値であるから，ヒステリシスループの面積は**あまり変わらない**．

よって，求める選択肢は(2)となる．

(2)

問4　図のように，磁路の長さ $l = 0.2$ m，断面積 $S = 1 \times 10^{-4}$ m^2 の環状鉄心に巻数 $N = 8\,000$ の銅線を巻いたコイルがある．このコイルに直流電流 $I = 0.1$ A を流したとき，鉄心中の磁束密度は $B = 1.28$ T であった．このときの鉄心の透磁率 μ の値[H/m]として，最も近いものを次の(1)～(5)のうちから一つ選べ．

ただし，コイルによって作られる磁束は，鉄心中を一様に通り，鉄心の外部に漏れないものとする．

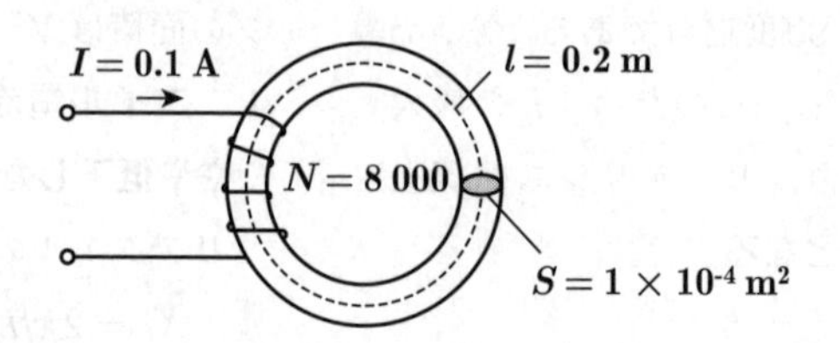

(1)　1.6×10^{-4}　(2)　2.0×10^{-4}　(3)　2.4×10^{-4}

(4)　2.8×10^{-4}　(5)　3.2×10^{-4}

note

理論 電力 機械 法規
令和5上(2023) 令和4下(2022) 令和4上(2022) 令和3(2021) 令和2(2020) 令和元(2019) 平成30(2018) 平成29(2017) 平成28(2016) 平成27(2015)

解4 コイルに流れる電流をI[A]，コイルの巻数をN[回]，鉄心中の磁界の強さをH[A/m]，鉄心中の磁路の平均長さをl[m]とすると，アンペア周回積分の法則より，次式が成り立つ．

$$NI=Hl$$

$$\therefore\quad H=\frac{NI}{l}\,[\mathrm{A/m}] \qquad ①$$

一方，鉄心中の磁束密度Bと磁界の強さHとの関係は，

$$B=\mu H\,[\mathrm{T}]$$

であるから，求める鉄心中の透磁率μは，

$$\mu=\frac{B}{H}\,[\mathrm{H/m}] \qquad ②$$

①式を②式へ代入して，

$$\mu=\frac{B}{H}=\frac{B}{\frac{NI}{l}}=\frac{Bl}{NI}=\frac{1.28\times0.2}{8\,000\times0.1}$$

$$=0.000\,32=3.2\times10^{-4}\ \mathrm{H/m}\quad (答)$$

よって，求める選択肢は(5)となる．

〔ここがポイント〕 磁気回路に関する重要事項

1. 鉄心中に生じる磁束の方向

図に示すように諸量を決めると，鉄心中に発生する磁束ϕの向きを求める場合は，アンペア右手親指の法則を用いると，図の親指の向きであることが直ちに求められる．コイルが2か所に巻かれた環状鉄心において，それぞれのコイル電流がつくる鉄心内の磁束の向きが加極性か減極性かにより合成インダクタンスの値が異なる．このため，鉄心中の磁束の向きを正しく判断できることが大切である．

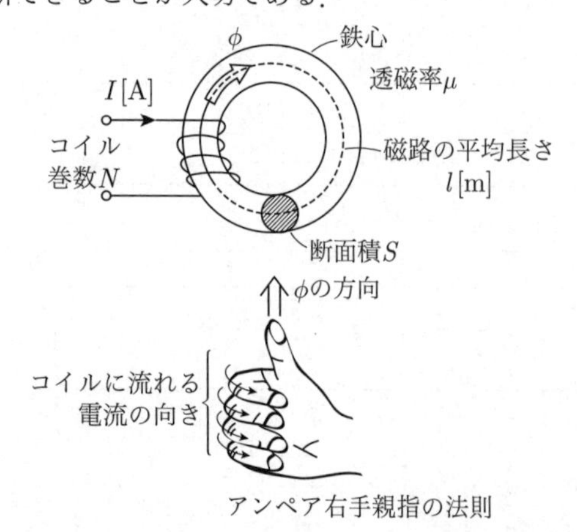

アンペア右手親指の法則

2. 磁気回路における重要な法則

問題図に関係する重要な法則，公式として，以下のものがある．

(a) 磁気回路のオームの法則
(b) 磁気回路の磁気抵抗
(c) 磁気回路の自己および相互インダクタンス

特に，磁気抵抗は電気抵抗との類似性を利用して記憶しておくことが大切であり，インダクタンスは$N\phi=LI$の関係と，(a)，(b)を基に導出できるようにしておきたい．

別解

〔別解1〕 問題図に示す磁気回路は，磁気回路に関するオームの法則により，次式が成り立つ．

$$NI=R_{\mathrm{m}}\phi=R_{\mathrm{m}}(BS) \qquad ③$$

磁気回路の磁気抵抗R_{m}は，

$$R_{\mathrm{m}}=\frac{l}{\mu S}\,[\mathrm{A/Wb}] \qquad ④$$

④式を③式へ代入し，

$$NI=\frac{l}{\mu S}\cdot BS=\frac{Bl}{\mu}$$

$$\therefore\quad \mu=\frac{Bl}{NI}=\frac{1.28\times0.2}{8\,000\times0.1}=\frac{0.256}{800}$$

$$=0.000\,32=3.2\times10^{-4}\ \mathrm{H/m}\quad (答)$$

〔別解2〕 問題の磁気回路において，鉄心中を通る磁束ϕ[Wb]は，$B=\phi/S$より，

$$\phi=BS=1.28\times1\times10^{-4}$$

$$=1.28\times10^{-4}\ \mathrm{Wb}$$

磁気回路に蓄えられる磁気エネルギーをW[J]，単位体積当たりの磁気エネルギーをw[J/m^3]，コイルの自己インダクタンスをL[H]とすると，

$$w=\frac{1}{2}\mu H^2\,[\mathrm{J/m^3}] \qquad ⑤$$

鉄心の体積は$V=Sl$より，

$$w=\frac{W}{V}=\frac{\frac{1}{2}LI^2}{Sl}=\frac{LI^2}{2Sl}\,[\mathrm{J/m^3}] \qquad ⑥$$

⑤式と⑥式が等しいので，

$$\frac{\mu H^2}{2}=\frac{LI^2}{2Sl}$$

$$\mu=\frac{LI^2}{2Sl}\cdot\frac{2}{H^2}=\frac{LI^2}{H^2Sl}\qquad ⑦$$

自己インダクタンスLと磁束鎖交数$N\phi$の関係式$LI=N\phi$の両辺にIを掛けると，

$$LI^2=N\phi I\qquad ⑧$$

一方で，①式より$H=NI/l$の関係を用いて，

$$H^2Sl=\left(\frac{NI}{l}\right)^2\cdot Sl=\frac{N^2I^2S}{l}\qquad ⑨$$

⑧式および⑨式を⑦式へ代入して，

$$\mu=\frac{LI^2}{H^2Sl}=\frac{N\phi I}{\frac{N^2I^2S}{l}}=\frac{\phi l}{NIS}=\frac{(\phi/S)l}{NI}$$

$$=\frac{Bl}{NI}=\frac{1.28\times0.2}{8\,000\times0.1}$$

$$=3.2\times10^{-4}\ \mathrm{H/m}$$ (答)

(5)

図のように，七つの抵抗及び電圧 $E = 100$ V の直流電源からなる回路がある．この回路において，A-D 間，B-C 間の各電位差を測定した．このとき，A-D 間の電位差の大きさ [V] 及び B-C 間の電位差の大きさ [V] の組合せとして，正しいものを次の(1)～(5)のうちから一つ選べ．

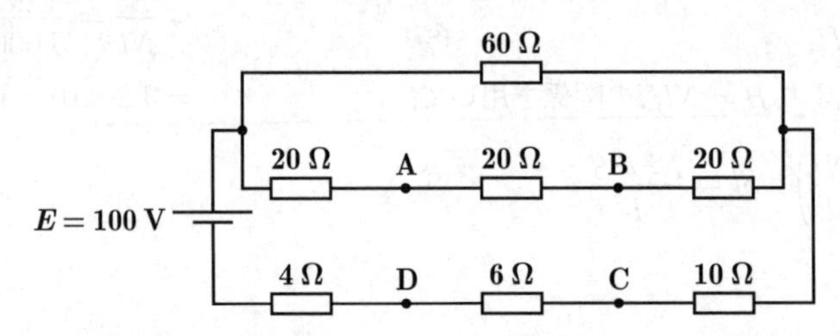

	A-D 間の電位差の大きさ	B-C 間の電位差の大きさ
(1)	28	60
(2)	40	72
(3)	60	28
(4)	68	80
(5)	72	40

note

解5　問題の回路の電源を流れる電流I，および岐路A→Bを分流する電流I'をそれぞれ求める．

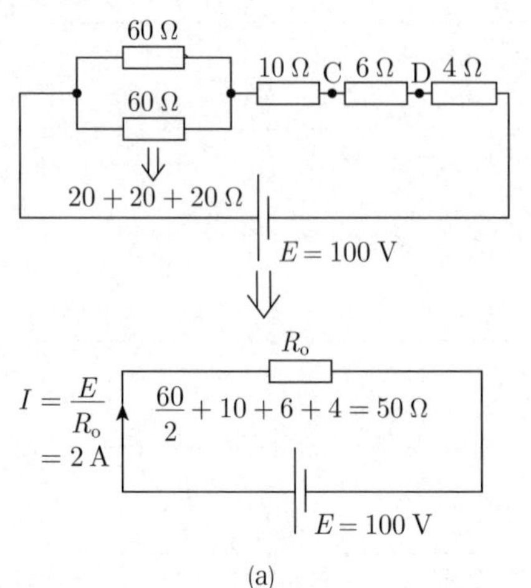

(a)

(a)図を参照して並列回路を合成すると，合成抵抗は，

$$R_o = \frac{60}{2} + 10 + 6 + 4 = 50\,\Omega$$

$$\therefore \quad I = \frac{E}{R_o} = \frac{100}{50} = 2\,\text{A}$$

(b)図に示すI'は並列抵抗の逆比に比例するので，

$$I' = \frac{\frac{1}{60}}{\frac{1}{60} + \frac{1}{60}} \times I = \frac{1}{2} \times 2 = 1\,\text{A}$$

それぞれの抵抗に生じる逆起電力を(b)図のように矢印で表すと，電源の負極の電位は基準電位の0 Vであるから，各点の電位は以下のように求められる．

$$V_D = 4I = 4 \times 2 = 8\,\text{V}$$
$$V_C = 4I + 6I = 10I = 10 \times 2 = 20\,\text{V}$$
$$V_A = E - 20I' = 100 - 20 \times 1 = 80\,\text{V}$$
$$V_B = E - 20I' - 20I' = 100 - 40 \times 1 = 60\,\text{V}$$

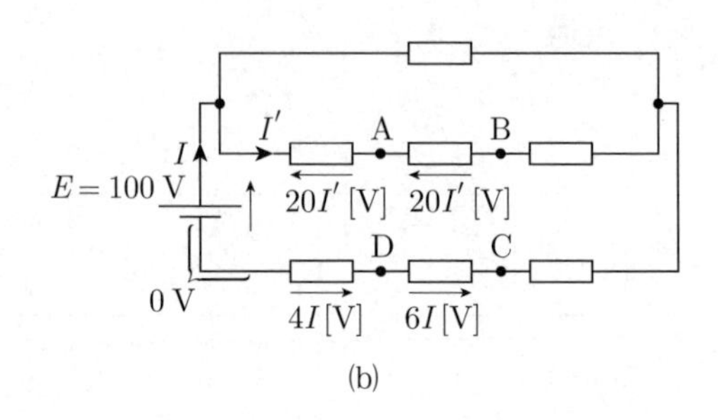

(b)

① A-D間の電位差の大きさV_{AD} [V]

$$V_{AD} = V_A - V_D = 80 - 8 = 72\,\text{V} \quad (答)$$

② B-C間の電位差の大きさV_{BC} [V]

$$V_{BC} = V_B - V_C = 60 - 20 = 40\,\text{V} \quad (答)$$

よって，求める選択肢は(5)となる．

〔ここがポイント〕 各点の電位は，抵抗に発生する電圧降下（抵抗値と流れる電流との積）を(b)図のように高電位側に矢先をつけて表すと，抵抗には電源電圧とは逆向きの電圧が生じていることになる．これを逆起電力と呼び，各点の電位は電源電圧からその点の上位の抵抗に発生した逆起電力の総和を差し引けば求めることができる．

D点，C点の電位は，(b)図の負極0 Vを基準とすれば，DおよびC点から下流の抵抗4 Ω，および4 + 6 Ωに発生する逆起電力の総和がその点での電位を表す．

別解

問題の回路に，各部の電圧を記入して(c)図に示す．

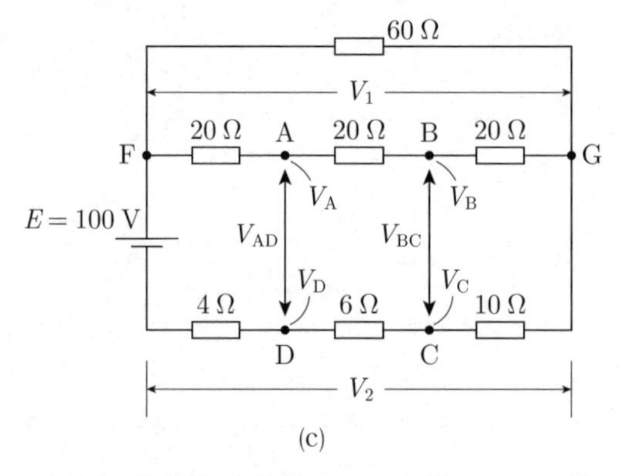

(c)

同図の並列接続箇所にかかる電圧V_1，直列接続箇所にかかる電圧V_2をそれぞれ求める．

並列接続箇所の合成抵抗R_1は，

$$R_1 = \frac{20 \times 3 \times 60}{20 \times 3 + 60} = \frac{60}{2} = 30\ \Omega$$

直列接続箇所の合成抵抗 R_2 は，

$$R_2 = 4 + 6 + 10 = 20\ \Omega$$

V_1，および V_2 は，(d)図に示すように，電源電圧 E による抵抗 R_1 および R_2 の分担電圧であるから，

$$V_1 = \frac{R_1}{R_1 + R_2} E = \frac{30}{30 + 20} \times 100 = 60\ \mathrm{V}$$

$$V_2 = \frac{R_2}{R_1 + R_2} E = \frac{20}{30 + 20} \times 100 = 40\ \mathrm{V}$$

または，$V_2 = E - V_1 = 100 - 60 = 40\ \mathrm{V}$

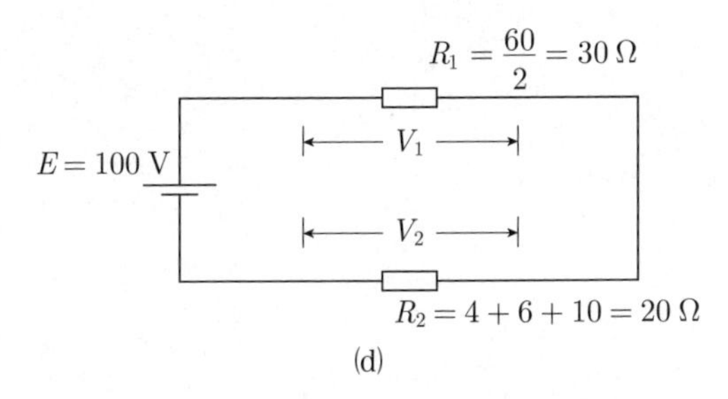

(d)

以上の結果をもとに，(c)図の各点の端子A，B，C，Dにおける電位 V_A，V_B，V_C，V_D を，各抵抗の分担電圧から求めると，

$$V_A = \frac{20 + 20}{20 + 20 + 20} V_1 + V_2 = \frac{40}{60} \times 60 + 40 = 80\ \mathrm{V}$$

$$V_B = \frac{20}{20 + 20 + 20} V_1 + V_2 = \frac{20}{60} \times 60 + 40 = 60\ \mathrm{V}$$

$$V_C = \frac{4 + 6}{4 + 6 + 10} V_2 = \frac{10}{20} \times 40 = 20\ \mathrm{V}$$

$$V_D = \frac{4}{4 + 6 + 10} V_2 = \frac{4}{20} \times 40 = 8\ \mathrm{V}$$

したがって，

① A-D間の電位差の大きさ V_{AD} [V]

$V_{AD} = V_A - V_D = 80 - 8 = 72\ \mathrm{V}$ (答)

② B-C間の電位差の大きさ V_{BC} [V]

$V_{BC} = V_B - V_C = 60 - 20 = 40\ \mathrm{V}$ (答)

よって，**求める選択肢は(5)**となる．

〔ここがポイント〕 回路を流れる電流を求めずに，各抵抗にかかる分担電圧を直接求め，直流電圧源の負極（−）を基準電位（0 V）としてA点～D点の電位を求める方法を別解に示した．

並列抵抗を合成する場合，同じ値同士の抵抗が二つあれば，合成した抵抗値は一つの抵抗値の半分になることを知っておくと素早く合成抵抗を求めることができる．

(5)

問6 図に示す直流回路は，100 V の直流電圧源に直流電流計を介して10 Ω の抵抗が接続され，50 Ω の抵抗と抵抗 R [Ω] が接続されている．電流計は5 A を示している．抵抗 R [Ω] で消費される電力の値 [W] として，最も近いものを次の(1)～(5)のうちから一つ選べ．なお，電流計の内部抵抗は無視できるものとする．

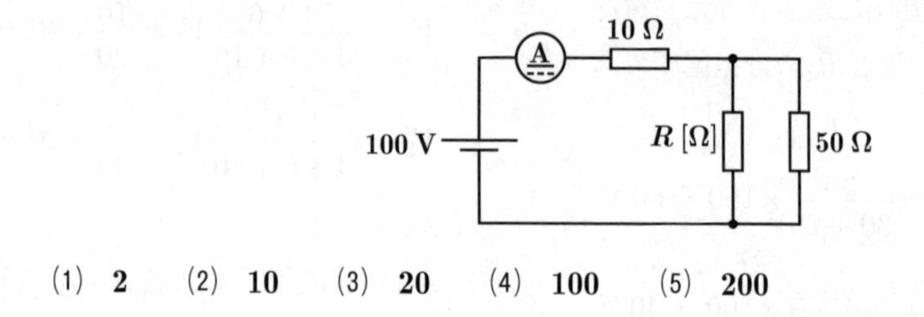

(1) 2　(2) 10　(3) 20　(4) 100　(5) 200

解6　以下の解説図から，電源を流れる電流5 Aにより10 Ωの抵抗に発生する電圧降下は$10\,\Omega \times 5\,\text{A} = 50\,\text{V}$であることがわかる．

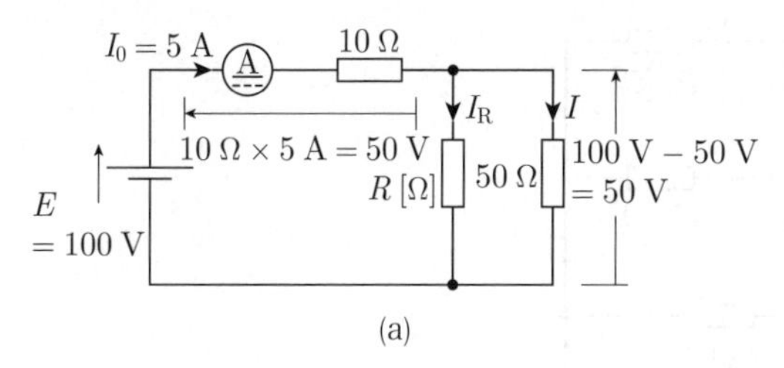

(a)

1.　抵抗Rの値[Ω]

並列回路に印加される電圧は，電源電圧100 Vから10 Ωの電圧降下50 Vを差し引くと

$$100 - 50 = 50\,\text{V}$$

と求められる．

並列回路の50 Ωに流れる電流Iは，

$$I = \frac{50}{50} = 1\,\text{A}$$

抵抗R [Ω]に流れる電流は電源を流れる電流5 Aから$I = 1$ Aを差し引いて，

$$I_R = 5 - 1 = 4\,\text{A}$$

したがって抵抗Rは，オームの法則から，

$$R = \frac{50}{4} = 12.5\,\Omega$$

2.　抵抗Rで消費される電力の値P [W]

Pは，次式で求められる．

$$P = I_R{}^2 R = 4^2 \times 12.5 = 200\,\text{W}$$　(答)

よって，求める選択肢は(5)となる．

〔ここがポイント〕 抵抗Rの値は，回路の合成抵抗を変数Rとしたままで求め，電源電圧Eを電源を流れる電流I_0で除した値と等しいと置いて以下のように求めることができる．

$$合成抵抗\ R_0 = 10 + \frac{50R}{R+50}$$

$$R_0 = \frac{電源電圧\ E}{電源を流れる電流\ I_0}$$

上式より，

$$10 + \frac{50R}{R+50} = \frac{E}{I_0} = \frac{100}{5} = 20$$

$$\frac{50R}{R+50} = 10$$

$$10(R+50) = 50R$$

$$R + 50 = 5R$$

$$R = \frac{50}{4} = 12.5\,\Omega$$

この場合，変数Rを伴った分数式となるため，解答に示した方法よりも若干計算の手数が増える．

別解

別解では，回路の電流を一切求めずに解く方法を紹介する．題意より，電流計の内部抵抗は無視できるので，電流計を省略した問題図を(b)図に示す．同図において，10 Ωの抵抗の電圧降下V_1は，

$$V_1 = 5 \times 10 = 50\,\text{V}$$

抵抗Rと50 Ωの並列回路にかかる電圧V_2は，

$$V_2 = 100 - V_1 = 100 - 50 = 50\,\text{V}$$

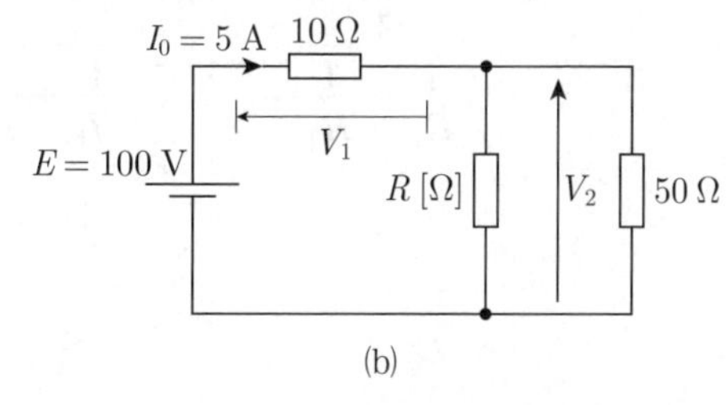

(b)

電圧は抵抗に比例して分圧されるから，$V_1 = V_2$の関係より，R [Ω]と50 Ωの並列回路の合成抵抗の値は同じ50 Vが加えられた10 Ωと等しくなければならない．よって，

$$\frac{R \times 50}{R+50} = 10$$

$$R + 50 = 5R$$

$$R = \frac{50}{4} = 12.5\,\Omega$$

ゆえに，抵抗Rで消費される電力Pの値は，

$$P = \frac{V_2{}^2}{R} = \frac{50^2}{12.5} = 200\,\text{W}$$　(答)

(5)

図のように，三つの抵抗 R_1 [Ω]，R_2 [Ω]，R_3 [Ω] とインダクタンス L [H] のコイルと静電容量 C [F] のコンデンサが接続されている回路に V [V] の直流電源が接続されている．定常状態において直流電源を流れる電流の大きさを表す式として，正しいものを次の(1)～(5)のうちから一つ選べ．

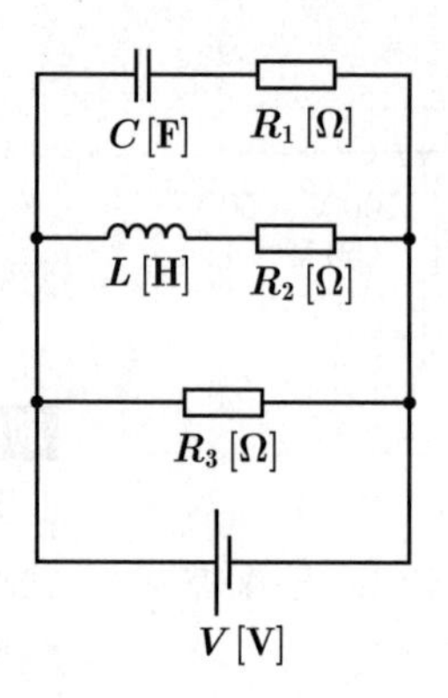

(1) $\dfrac{V}{R_3}$　(2) $\dfrac{V}{\dfrac{1}{\dfrac{1}{R_1}+\dfrac{1}{R_2}}}$　(3) $\dfrac{V}{\dfrac{1}{\dfrac{1}{R_1}+\dfrac{1}{R_3}}}$

(4) $\dfrac{V}{\dfrac{1}{\dfrac{1}{R_2}+\dfrac{1}{R_3}}}$　(5) $\dfrac{V}{\dfrac{1}{\dfrac{1}{R_1}+\dfrac{1}{R_2}+\dfrac{1}{R_3}}}$

解7 題意を図示すると，次図のようになる．

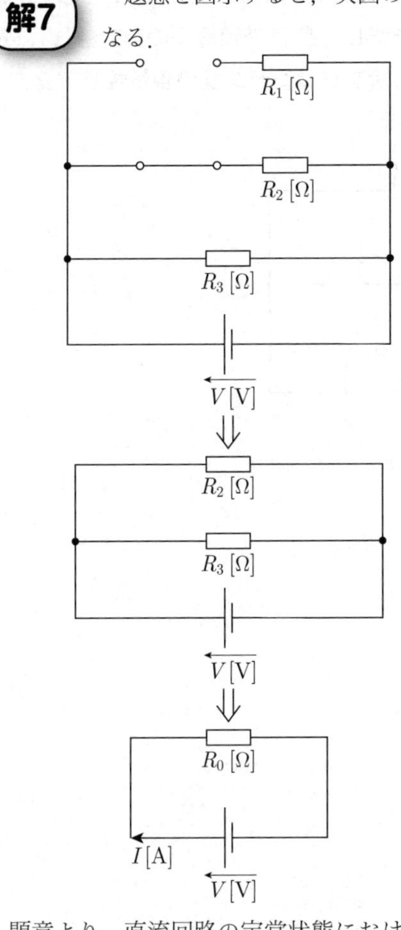

題意より，直流回路の定常状態における回路素子の性質は以下のとおりである．

1. コンデンサ

コンデンサには電流が流れないため，開放状態と等価である．

2. コイル

直流では電流に変化がないため，交流で用いるような電流の変化を妨げる作用はない．よって短絡導線と等価である．

したがって，直流電源を流れる電流の大きさは，図示した回路の抵抗を合成して，

$$I = \frac{V}{R_0} = \frac{V}{\dfrac{R_2 R_3}{R_2 + R_3}} = \frac{V}{\dfrac{1}{\dfrac{R_2 + R_3}{R_2 R_3}}}$$

$$= \frac{V}{\dfrac{1}{\dfrac{1}{R_2} + \dfrac{1}{R_3}}} \text{[A]}$$ ㊤

よって，求める選択肢は(4)となる．

〔ここがポイント〕

1. 過渡状態と定常状態の違い

定常状態とは，電源電圧を加えてから十分に時間が経過したあとの状態をいう．直流回路では，電源電圧を投入した瞬時には過渡現象が現れるが，その現象が時間の経過で消滅したあとの各素子の挙動を定性的に理解できているかがポイントになる．

下記に，直流および交流回路におけるコイルとコンデンサの性質をまとめて示す．

素子＼回路		L [H]	C [F]
直流	過渡状態	電流の流れを妨げる向きに逆起電力発生 ⇒**開放**状態	大きな電流が流れ，極板に電荷がたまる ⇒**短絡**状態
	定常状態	短絡導線と等価 ⇒**短絡**状態	極板間に電流は流れない ⇒**開放**状態
交流（定常状態）		電流の流れを妨げる ⇒誘導リアクタンスの要素	電流の流れを妨げる ⇒容量リアクタンスの要素

2. 並列接続抵抗の算出式

抵抗がR_1，R_2の二つで構成された並列回路の合成抵抗R_0は，便宜的に「和／積」で記憶しているが，問題の選択肢にある表し方も覚えておく必要がある．一度は並列回路の合成抵抗を文字式で導出しておくことが大切である．

(4)

問8　図の回路において，正弦波交流電源と直流電源を流れる電流Iの実効値[A]として，最も近いものを次の(1)～(5)のうちから一つ選べ．ただし，E_aは交流電圧の実効値[V]，E_dは直流電圧の大きさ[V]，X_cは正弦波交流電源に対するコンデンサの容量性リアクタンスの値[Ω]，Rは抵抗値[Ω]とする．

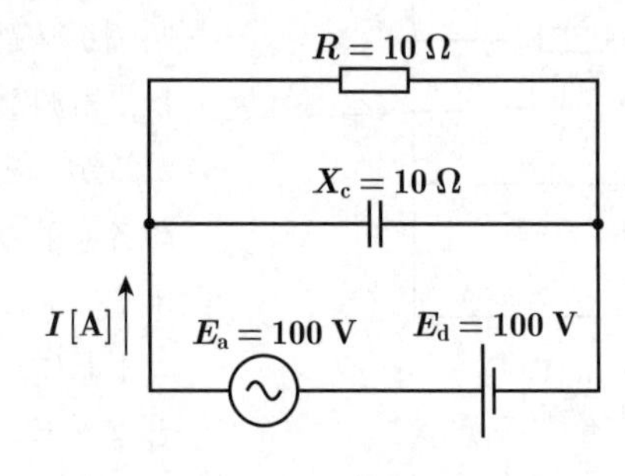

(1)　**10.0**　　(2)　**14.1**　　(3)　**17.3**　　(4)　**20.0**　　(5)　**40.0**

解8 問題図の回路を，直流電源のみ存在する回路と交流電源のみ存在する回路に分け，それぞれの電源電流実効値I_dおよびI_aを求めたあとにそれらを重ね合わせればよい．

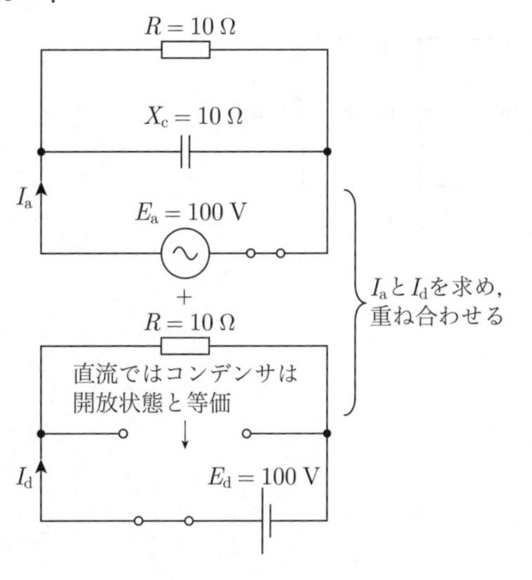

上図より，

1. 直流分電流I_d [A]

直流回路では，コンデンサは開放状態と等価であり，ここに電流は流れない．

$$I_\mathrm{d} = \frac{E_\mathrm{d}}{R} = \frac{100}{10} = 10\ \mathrm{A}$$

2. 交流分電流I_a [A]

並列回路のアドミタンス$\dot{Y}$は，

$$\dot{Y} = \frac{1}{R} + \frac{1}{-\mathrm{j}X_\mathrm{c}}$$

交流分電流$\dot{I}_\mathrm{a}$の大きさI_aは，

$$\begin{aligned} I_\mathrm{a} &= E_\mathrm{a}\left|\dot{Y}\right| = E_\mathrm{a}\left|\frac{1}{R} + \frac{1}{-\mathrm{j}X_\mathrm{c}}\right| \\ &= E_\mathrm{a}\sqrt{\left(\frac{1}{R}\right)^2 + \left(\frac{1}{X_\mathrm{c}}\right)^2} \\ &= 100 \times \sqrt{\left(\frac{1}{10}\right)^2 + \left(\frac{1}{10}\right)^2} \\ &= 100 \times \frac{\sqrt{2}}{10} = 10\sqrt{2}\ \mathrm{A} \end{aligned}$$

求める電流の実効値I [A]は，

$$\begin{aligned} I &= \sqrt{10^2 + (10\sqrt{2})^2} = 10\sqrt{1 + (\sqrt{2})^2} \\ &= 10\sqrt{3} = 17.32 = 17.3\ \mathrm{A} \quad (答) \end{aligned}$$

よって，求める選択肢は(3)となる．

〔ここがポイント〕 異なる種類の電源が存在する場合，回路を流れる合成電流は，高調波の実効値を求める方法と同様に行う．すなわち，各電源が一つ存在する回路にそれぞれわけて電流を求め，それらの2乗の和の平方根を求めればよい．

問9 図は，実効値が1 Vで角周波数ω [krad/s] が変化する正弦波交流電源を含む回路である．いま，ωの値が$\omega_1 = 5$ krad/s，$\omega_2 = 10$ krad/s，$\omega_3 = 30$ krad/sと3通りの場合を考え，$\omega = \omega_k$（$k = 1, 2, 3$）のときの電流i [A] の実効値をI_kと表すとき，I_1，I_2，I_3の大小関係として，正しいものを次の(1)～(5)のうちから一つ選べ．

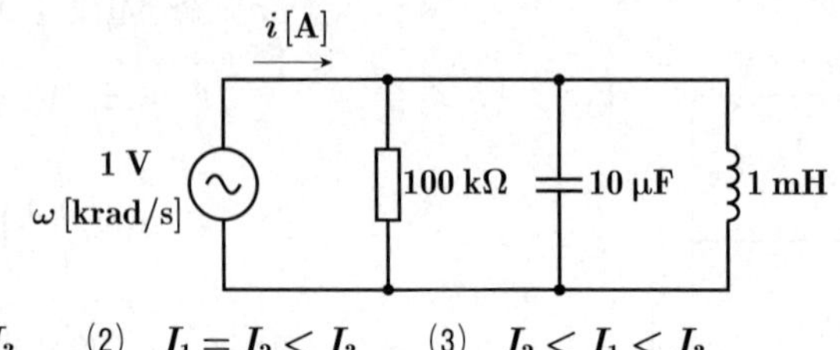

(1) $I_1 < I_2 < I_3$　(2) $I_1 = I_2 < I_3$　(3) $I_2 < I_1 < I_3$

(4) $I_2 < I_1 = I_3$　(5) $I_3 < I_2 < I_1$

解9 $\omega=\omega_k$ $(k=1,\ 2,\ 3)$ のときのコンデンサX_{Ck}およびコイルのリアクタンスX_{Lk}をそれぞれ求め，次にω_1，ω_2，ω_3における電流の実効値I_1，I_2，I_3を求める．容量リアクタンスX_{Ck}はωに反比例し，誘導リアクタンスX_{Lk}はωに比例する関係を使うと比較的楽に解ける．

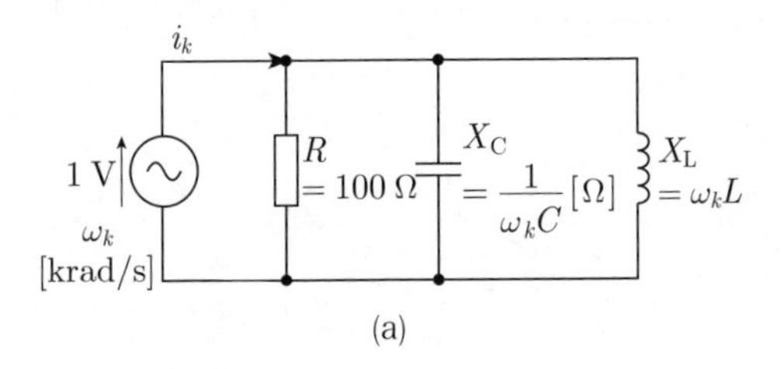

(a)

1.　$\omega_1=5$ krad/s

$$X_{C1}=\frac{1}{\omega_1 C}=\frac{1}{5\times10^3\times10\times10^{-6}}$$
$$=\frac{100}{5}=20\ \Omega$$

$$X_{L1}=\omega_1 L=5\times10^3\times1\times10^{-3}=5\ \Omega$$

$$I_1=E\left|\dot{Y}_1\right|=E\sqrt{\left(\frac{1}{R}\right)^2+\left(\frac{1}{X_{L1}}-\frac{1}{X_{C1}}\right)^2}$$
$$=1\times\sqrt{(1\times10^{-5})^2+\left(\frac{1}{5}-\frac{1}{20}\right)^2}$$
$$=\sqrt{(1\times10^{-5})^2+\left(\frac{3}{20}\right)^2}$$

$(1\times10^{-5})^2\ll\left(\dfrac{3}{20}\right)^2$ であるから，$1\times10^{-5}\fallingdotseq0$として近似すると，

$$I_1\fallingdotseq\frac{3}{20}=0.15\ \mathrm{A}\qquad①$$

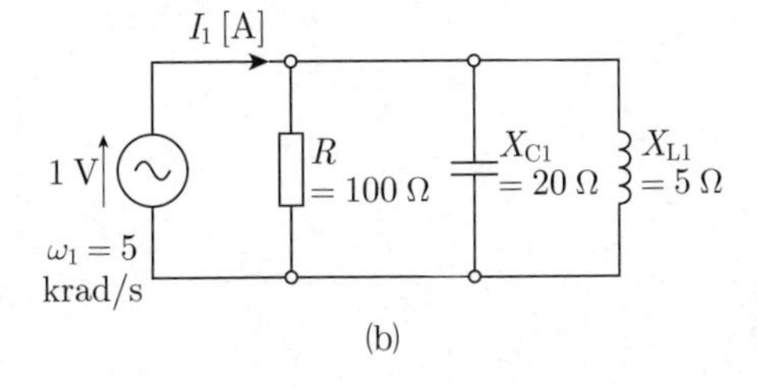

(b)

2.　$\omega_2=10$ krad/s

$$X_{C2}=\frac{X_{C1}}{2}=\frac{20}{2}=10\ \Omega$$

$$X_{L2}=2X_{L1}=2\times5=10\ \Omega$$

$$I_2=E\left|\dot{Y}_2\right|=E\sqrt{\left(\frac{1}{R}\right)^2+\left(\frac{1}{X_{L2}}-\frac{1}{X_{C2}}\right)^2}$$
$$=1\times\sqrt{(1\times10^{-5})^2+\left(\frac{1}{10}-\frac{1}{10}\right)^2}$$
$$=1\times10^{-5}\ \mathrm{A}\qquad②$$

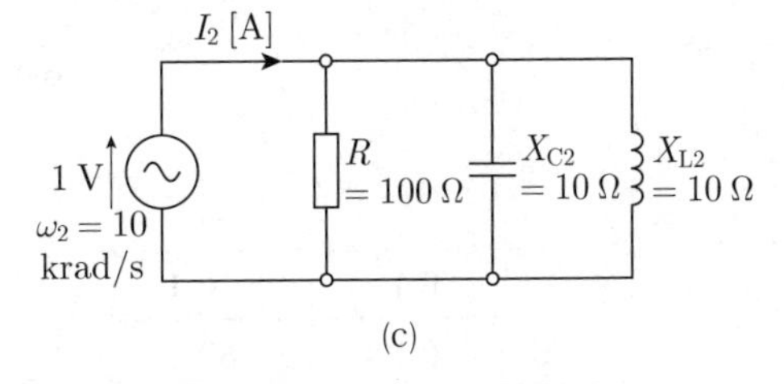

(c)

3.　$\omega_3=30$ krad/s

$$X_{C3}=\frac{X_{C2}}{3}=\frac{10}{3}\ \Omega$$

$$X_{L3}=3X_{L2}=3\times10=30\ \Omega$$

$$I_3=E\left|\dot{Y}_3\right|=E\sqrt{\left(\frac{1}{R}\right)^2+\left(\frac{1}{X_{L3}}-\frac{1}{X_{C3}}\right)^2}$$
$$=1\times\sqrt{(1\times10^{-5})^2+\left(\frac{1}{30}-\frac{3}{10}\right)^2}$$
$$=\sqrt{(1\times10^{-5})^2+\left(-\frac{8}{30}\right)^2}$$

$(1\times10^{-5})^2\ll\left(\dfrac{8}{30}\right)^2$ であるから，$1\times10^{-5}\fallingdotseq0$として

$$I_3\fallingdotseq\frac{8}{30}=0.267\ \mathrm{A}\qquad③$$

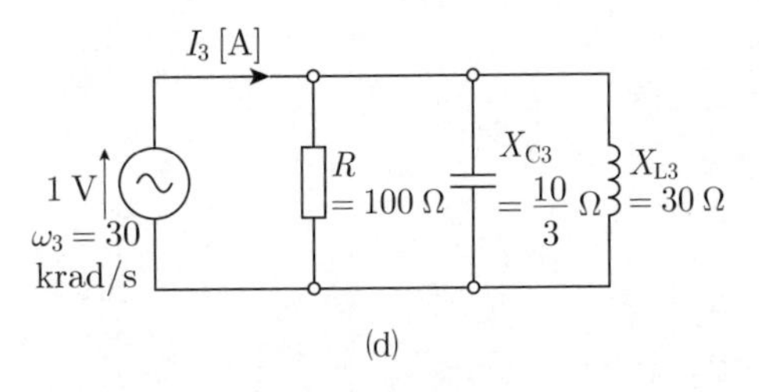

(d)

①，②，③の値を比較すると，

$I_2<I_1<I_3$ (答)

となる．

よって，求める選択肢は(3)となる．

(3)

図のように，電圧1 kVに充電された静電容量100 μFのコンデンサ，抵抗1 kΩ，スイッチからなる回路がある．スイッチを閉じた直後に過渡的に流れる電流の時定数τの値[s]と，スイッチを閉じてから十分に時間が経過するまでに抵抗で消費されるエネルギーWの値[J]の組合せとして，正しいものを次の(1)～(5)のうちから一つ選べ．

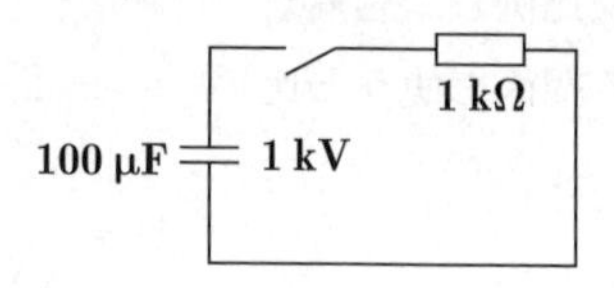

	τ	W
(1)	0.1	0.1
(2)	0.1	50
(3)	0.1	1 000
(4)	10	0.1
(5)	10	50

解10

(1) スイッチを閉じた直後の過渡電流の時定数 τ [s]

CR 直列接続回路の時定数は，

$$\tau = CR = 100 \times 10^{-6} \times 1 \times 10^{3}$$
$$= 1 \times 10^{-1} = 0.1\ \mathrm{s}\quad (答)$$

(2) 抵抗で消費されるエネルギー W の値 [J]

題意を図示すると，(a)図に示すようになる．

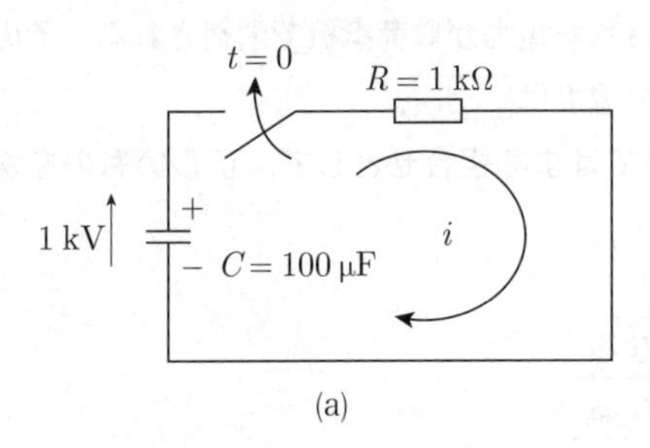

(a)

スイッチを閉じた瞬間，過渡電流 i は図の向きに流れる．このとき定常状態までに抵抗で消費されるエネルギーは，当初コンデンサに蓄えられていたエネルギーであるから，

$$W = \frac{1}{2}CV^2 = \frac{1}{2} \times 100 \times 10^{-6} \times (1 \times 10^3)^2$$
$$= \frac{1}{2} \times 100 = 50\ \mathrm{J}\quad (答)$$

よって，求める選択肢は(2)となる．

〔ここがポイント〕

抵抗を流れる電流 i の変化

スイッチを閉じた瞬間に回路を流れる過渡電流 i を図示すると(b)図になる．

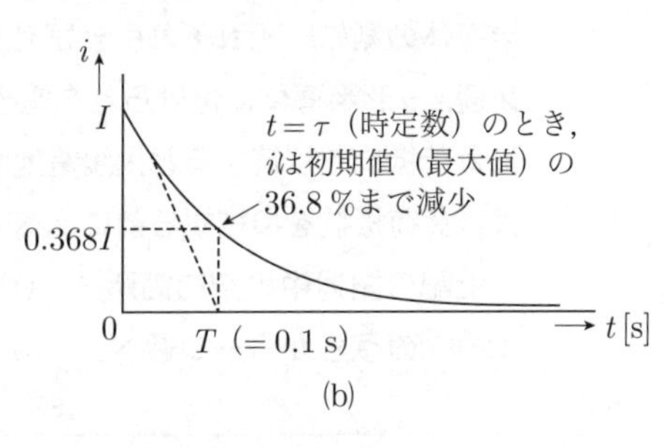

(b)

コンデンサが電源となり，コンデンサに蓄えられた静電エネルギーが放出され，抵抗で熱として消費される．コンデンサの電荷 Q が0になると，コンデンサの電圧も0 Vとなるため，回路電流も0 Aとなり，放電が終了する．

(2)

理論 電力 機械 法規 令和5上(2023) 令和4下(2022) 令和4上(2022) 令和3(2021) 令和2(2020) 令和元(2019) 平成30(2018) 平成29(2017) 平成28(2016) 平成27(2015)

問11 次の文章は，太陽電池に関する記述である．

太陽光のエネルギーを電気エネルギーに直接変換するものとして，半導体を用いた太陽電池がある．p形半導体とn形半導体によるpn接合を用いているため，構造としては［(ア)］と同じである．太陽電池に太陽光を照射すると，半導体の中で負の電気をもつ電子と正の電気をもつ［(イ)］が対になって生成され，電子はn形半導体の側に，［(イ)］はp形半導体の側に，それぞれ引き寄せられる．その結果，p形半導体に付けられた電極がプラス極，n形半導体に付けられた電極がマイナス極となるように起電力が生じる．両電極間に負荷抵抗を接続すると太陽電池から取り出された電力が負荷抵抗で消費される．その結果，負荷抵抗を接続する前に比べて太陽電池の温度は［(ウ)］．

上記の記述中の空白箇所(ア)，(イ)及び(ウ)に当てはまる組合せとして，正しいものを次の(1)～(5)のうちから一つ選べ．

	(ア)	(イ)	(ウ)
(1)	ダイオード	正孔	低くなる
(2)	ダイオード	正孔	高くなる
(3)	トランジスタ	陽イオン	低くなる
(4)	トランジスタ	正孔	高くなる
(5)	トランジスタ	陽イオン	高くなる

解11　太陽電池の構造と原理に関する問題である．

太陽光のエネルギーを電気エネルギーに直接変換するものとして，半導体を用いた太陽電池がある．p形半導体とn形半導体によるpn接合を用いているため，構造としては**ダイオード**と同じである．太陽電池に太陽光を照射すると，半導体の中で負の電気をもつ電子と正の電気をもつ**正孔（ホール）**が対になって生成され，電子はn形半導体の側に，**正孔（ホール）**はp形半導体の側にそれぞれ引き寄せられる．その結果，p形半導体に付けられた電極がプラス極，n形半導体に付けられた電極がマイナス極となるように起電力が生じる．両電極間に負荷抵抗を接続すると太陽電池から取り出された電力が負荷抵抗で消費される．その結果，負荷抵抗を接続する前に比べて太陽電池の温度は**低くなる**．

したがって，**求める選択肢は**(1)となる．

〔ここがポイント〕

1．太陽光エネルギーが熱に変換される過程

物質に太陽光を照射すると，ある割合で光のエネルギーが物質に吸収される．吸収されたエネルギーは物質内部の原子を振動させることにより熱に変換され，物質の温度が上昇する．

2．太陽電池の電気エネルギー変換と温度上昇

太陽電池は，太陽光を照射すると，問題文のようにpn接合面で電子－正孔対が生成して太陽光のエネルギーを直接電気エネルギーに変換する．

(a)図のように太陽電池に負荷抵抗を接続しないと，太陽電池内部で発生する電子－正孔対が取り出せず，発生した電子はn形半導体に，正孔はp形半導体に移動後，電極付近で固定される．生成された電子や正孔が一定量を超えると，それ以上電子－正孔対は生成できず，太陽光エネルギーは電気エネルギーに変換されない．代わりに太陽光エネルギーはすべて熱に変換され，太陽電池の温度は高くなる．

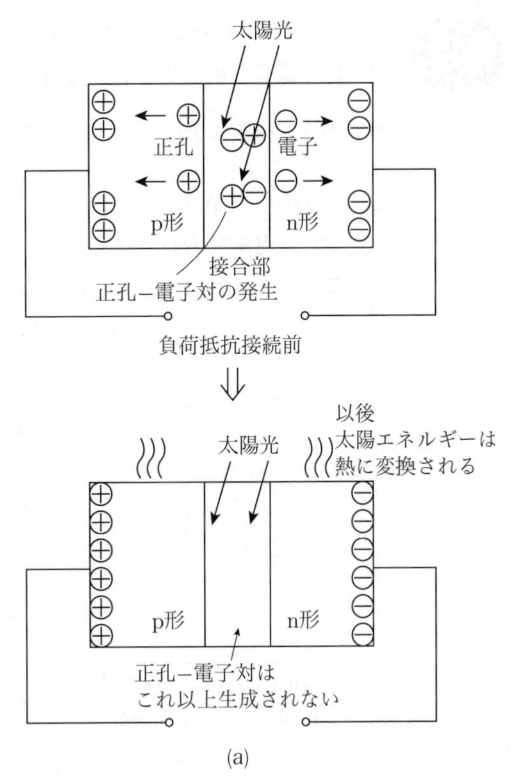

(a)

太陽電池に抵抗負荷を接続すると，(b)図のように電気エネルギーが外部の抵抗負荷により連続して取り出され，電力として消費されるため，電子－正孔対が連続して生成される．すなわち，太陽光のエネルギーが熱エネルギーに変換される前に電気エネルギーとして消費される．その結果，負荷抵抗を接続する前に比べて太陽電池の温度は低くなる．

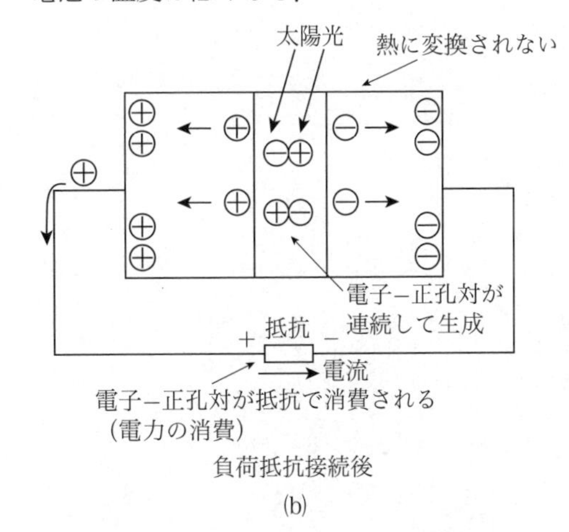

(b)

(1)

問12 図のように，極板間の距離 d [m]の平行板導体が真空中に置かれ，極板間に強さ E [V/m]の一様な電界が生じている．質量 m [kg]，電荷量 q（>0）[C]の点電荷が正極から放出されてから，極板間の中心 $\dfrac{d}{2}$ [m]に達するまでの時間 t [s]を表す式として，正しいものを次の(1)〜(5)のうちから一つ選べ．

ただし，点電荷の速度は光速より十分小さく，初速度は0 m/sとする．また，重力の影響は無視できるものとし，平行板導体は十分大きいものとする．

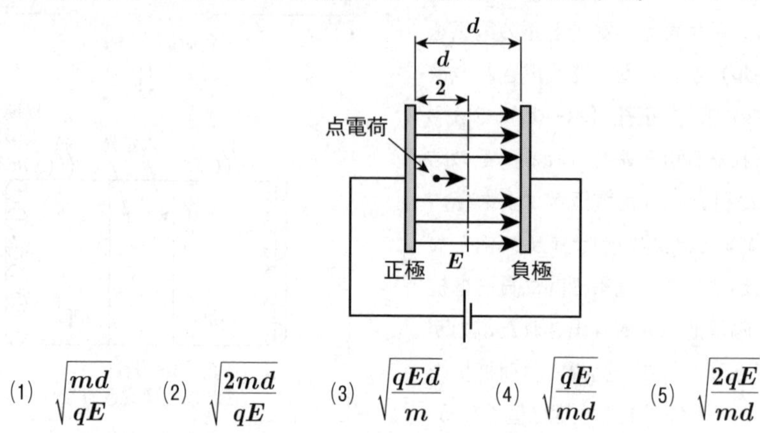

(1) $\sqrt{\dfrac{md}{qE}}$　(2) $\sqrt{\dfrac{2md}{qE}}$　(3) $\sqrt{\dfrac{qEd}{m}}$　(4) $\sqrt{\dfrac{qE}{md}}$　(5) $\sqrt{\dfrac{2qE}{md}}$

note

解12　点電荷 q [C] は電界から静電力 f [N] を受けて加速し，負極の方向に移動する．すなわち，次式が成り立つ．

$$f = qE \text{ [N]} \quad ①$$

また，質点に働く運動の法則より，点電荷が力 f[N]を受けて加速するときの加速度を α [m/s^2]，質量を m [kg]とすると，次式が成り立つ．

$$f = \alpha m \text{ [N]} \quad ②$$

①式と②式は等しいので，

$$qE = \alpha m$$

$$\alpha = \frac{qE}{m} \text{ [m/s}^2\text{]} \quad ③$$

電荷 q の移動距離 l [m] は，

$$l = \frac{1}{2}\alpha t^2 \text{ [m]} \quad ④$$

④式から t を求め，α を③式で置換えると，

$$t = \sqrt{\frac{2l}{\alpha}} = \sqrt{\frac{2l}{\frac{qE}{m}}} = \sqrt{\frac{2lm}{qE}} \text{ [s]} \quad ⑤$$

⑤式に $l = d/2$ を代入して，

$$t = \sqrt{\frac{2lm}{qE}} = \sqrt{\frac{2 \times \frac{d}{2} \cdot m}{qE}} = \sqrt{\frac{md}{qE}} \text{ [s]} \quad (答)$$

よって，求める選択肢は(1)である．

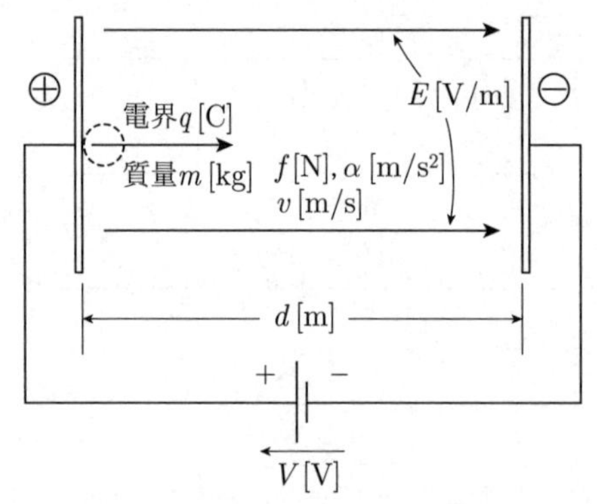

電界から受ける静電力 $f_1 = qE$ [N]
運動の第二法則 $f_2 = m\alpha$ [N]
$f_1 = f_2$
$\alpha = \dfrac{qE}{m}$ [m/s^2]

(a)

〔ここがポイント〕 電界中の電荷の運動に関し，重要な関係式を以下に整理しておく．

1.　電荷 q の速度 v [m/s]

$$v = v_0 + \alpha t \text{ [m/s]}$$

初速度 $v_0 = 0$ より，$l = d/2$ における速度は，

$$v = \alpha t = \frac{qE}{m}\sqrt{\frac{md}{qE}} = \sqrt{\frac{qEd}{m}} \text{ [m/s]} \quad ⑥$$

2.　電荷 q の運動エネルギー W_q [J]

$$W_q = \frac{1}{2}mv^2 \quad ⑦$$

$l = d/2$ までに電界から受けたエネルギーは，⑥式を⑦式に代入して下記の式から求められる．

$$W_{\frac{d}{2}} = \frac{1}{2}m\left(\sqrt{\frac{qEd}{m}}\right)^2 = \frac{1}{2}m\frac{qEd}{m}$$

$$= \frac{1}{2}q(Ed) = \frac{1}{2}qV \text{ [J]}$$

極板間距離全体で受けるエネルギーは $d/2 \to d$ と置換えると，次式となる．

$$W_d = \frac{1}{2}q(E \cdot 2d) = q(E \cdot d) = qV \text{ [J]}$$

すなわち点電荷の電荷量の大きさ q [C] と極板間の電圧 V [V] との積で求められる．

別解

問題の極板間には，平等電界が生じている．

正極の極板から距離 $d/2$ [m] の点における電位は，(b)図に示すとおり $E \times d/2$ [V] である．

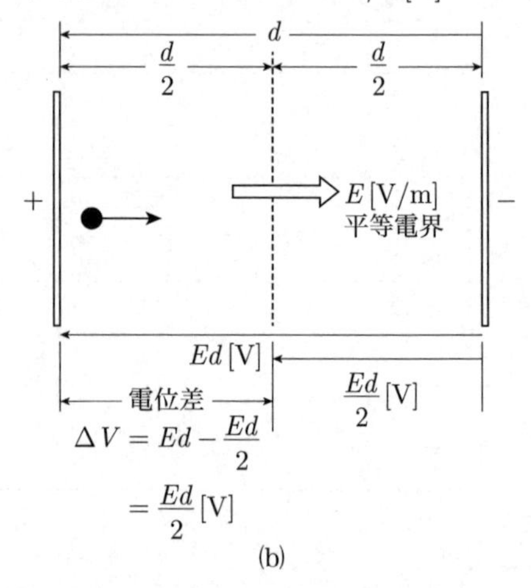

(b)

正極の極板から距離 $d/2$ の間の電位差は，

$$\Delta V = Ed - \frac{Ed}{2} = \frac{Ed}{2} \text{ [V]}$$

電位差 ΔV の電界中を移動し終えた電荷 q [C] がその電界から受けたエネルギー ΔW [J] は，

$$\Delta W = q \times \Delta V = \frac{qEd}{2}\,[\mathrm{J}] \qquad ⑧$$

ΔWはまた，この区間における電荷q [C]の運動エネルギーの増加に等しい．すなわち，

$$\Delta W = \frac{1}{2}mv^2 - \frac{1}{2}mv_0{}^2$$

初速度$v_0 = 0$より，

$$\Delta W = \frac{1}{2}mv^2 \qquad ⑨$$

⑧式と⑨式は等しい関係より，

$$\frac{qEd}{2} = \frac{mv^2}{2}$$

$$v^2 = \frac{qEd}{m}$$

$$v = \sqrt{\frac{qEd}{m}}\,[\mathrm{m/s}] \qquad ⑩$$

電荷q [C]は電界Eから静電力を受けて加速度α [m/s^2]で加速される．正極の極板から距離$d/2$に到達したときの速度vは，初速度$v_0 = 0$より，

$$v = v_0 + \alpha t = \alpha t\,[\mathrm{m/s}]$$

また，t [s]間の運動距離は，

$$\frac{1}{2}\alpha t^2 = \frac{1}{2}vt$$

より，

$$\frac{1}{2}vt = \frac{d}{2}$$

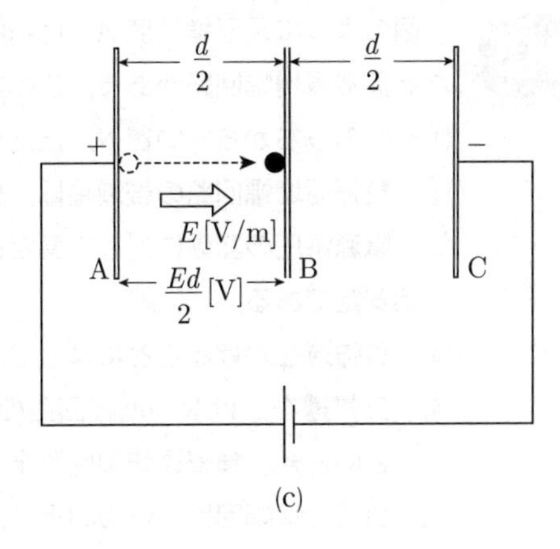

(c)

$$t = \frac{d}{v} \qquad ⑪$$

⑪式に⑩式を代入し，

$$t = \frac{d}{\sqrt{\frac{qEd}{m}}} = \sqrt{\frac{md^2}{qEd}} = \sqrt{\frac{md}{qE}}\,[\mathrm{s}] \quad (答)$$

〔ここがポイント〕 本問は，(c)図に示すように正極の極板から距離$d/2$の位置に面積の等しい極板を挿入し，電荷が極板AB間の電界から受けたエネルギーは電荷の運動エネルギーと等しいとして解くことができる．解答のプロセスから，電荷が極板Bに到達するときの速度vがαt，すなわち加速度αと極板間を移動するのに要する時間tとの積で求められることを利用して⑪式から算出できる．

(1)

問13 図のように電圧増幅度 A_v（> 0）の増幅回路と帰還率 β（$0 < \beta \leqq 1$）の帰還回路からなる負帰還増幅回路がある．この負帰還増幅回路に関する記述として，正しいものを次の(1)〜(5)のうちから一つ選べ．ただし，帰還率 β は周波数によらず一定であるものとする．

(1) 負帰還増幅回路の帯域幅は，負帰還をかけない増幅回路の帯域幅よりも狭くなる．

(2) 電源電圧の変動に対して負帰還増幅回路の利得は，負帰還をかけない増幅回路よりも不安定である．

(3) 負帰還をかけることによって，増幅回路の内部で発生するひずみや雑音が増加する．

(4) 負帰還をかけない増幅回路の電圧増幅度 A_v と帰還回路の帰還率 β の積が1より十分小さいとき，負帰還増幅回路全体の電圧増幅度は帰還率 β の逆数で近似できる．

(5) 負帰還増幅回路全体の利得は，負帰還をかけない増幅回路の利得よりも低下する．

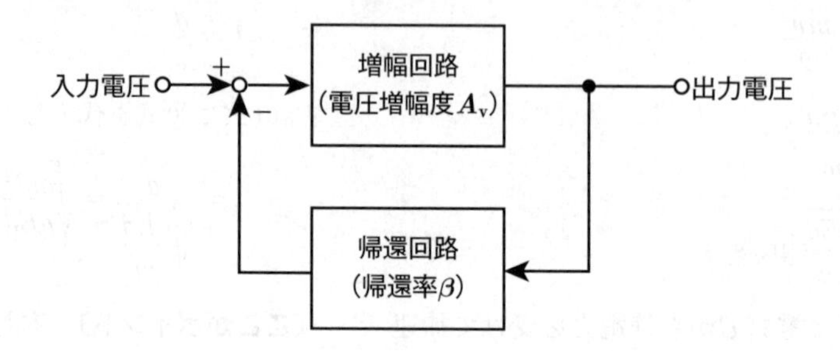

解13 負帰還増幅回路に関する選択肢を検証する．

負帰還増幅回路の電圧増幅度は以下のように求められる．

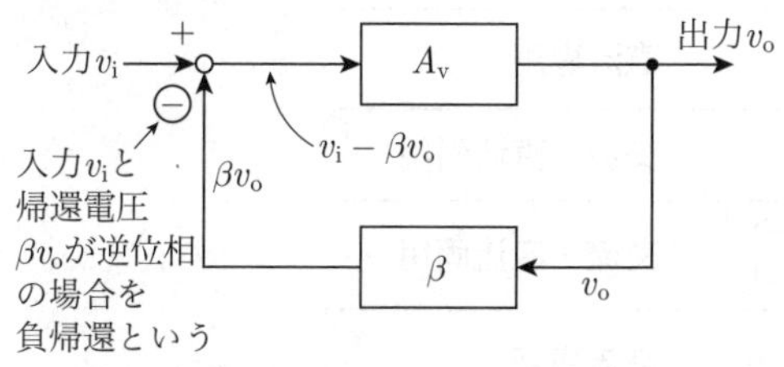

上図のネガティブフィードバックループにおいて，

$v_o = A_v(v_i - \beta v_o)$

負帰還回路の電圧増幅度Aは，$A = \dfrac{v_o}{v_i} = \dfrac{A_v}{1 + \beta A_v}$

(a)

(1) 負帰還増幅回路の電圧増幅度Aは，**帰還回路の周波数によらず一定の素子（＝抵抗など）を用いる**と，図に示すように周波数の**帯域幅を広げることができる**．よって負帰還増幅回路の（周波数）帯域幅は，負帰還をかけない増幅回路の（周波数）帯域幅よりも**広くなるので，記述は誤り**である．

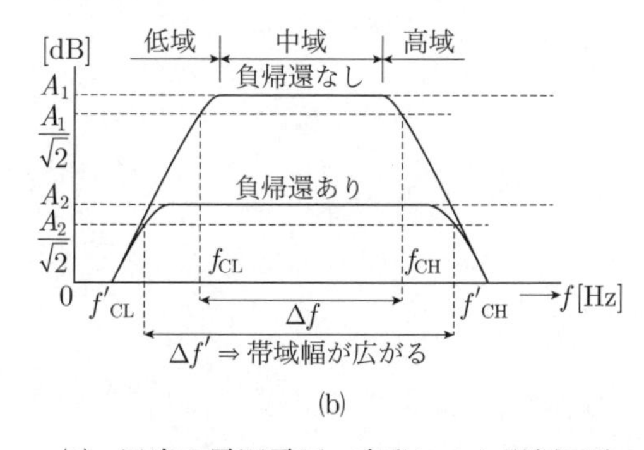

(b)

(2) 温度や電源電圧の変動により増幅回路の利得G_{Av}が変化しても，負帰還増幅回路としての利得G_Aは安定になる．その理由は，(5)の説明のとおり，$A_v\beta \gg 1$ならば$A \fallingdotseq \dfrac{A_v}{\beta A_v} = \dfrac{1}{\beta}$で近似でき，負帰還回路の増幅度$A$は帰還率$\beta$のみで決まり，$A_v$に影響されない．利得で考えても同様で，負帰還増幅回路の利得G_vは増幅回路の利得G_{Av}の値に影響されない．したがって，**「負帰還をかけない増幅回路よりも不安定になる」は誤り**である．

(3) 負帰還をかけることによって，増幅回路の内部で発生するひずみや雑音信号は，負帰還をかけない場合と比べて$1/(1 + A_v\beta)$倍に減少するため，ひずみや雑音は減少する．よって，**「ひずみや雑音は増加する」は誤り**である．

(4) 負帰還増幅回路の電圧増幅度Aの式から，負帰還増幅回路全体の電圧増幅度が帰還率βの逆数で近似されるのは，$A_v\beta \gg 1$のときである．$A_v\beta \ll 1$の場合，$A_v\beta \fallingdotseq 0$と近似して電圧増幅度$A$の式へ代入すると，$A \fallingdotseq A_v$となり負帰還の効果が現れない．したがって，**「$A_v\beta$が1より十分小さいとき」は誤り**である．

(5) 負帰還増幅回路全体の電圧増幅度Aと負帰還をかけない増幅回路の増幅度A_vを比較する．

$\mathrm{A_v} > 0$，$0 < \beta < 1$のとき，$1 + \mathrm{A_v}\beta > 0$であるから，

$$A_v > \frac{A_v}{1 + A_v\beta}$$

すなわち，負帰還をかけない場合と負帰還をかけた場合の電圧利得G_{Av}およびG_Aは，$G_{Av} > G_A$となるため，負帰還増幅回路全体の利得は，負帰還をかけない増幅回路の利得よりも低下する．よって選択肢の記述は正しい．

ゆえに**求める選択肢は(5)**となる．

〔ここがポイント〕

1．帯域幅とは

(b)図において，利得が中域に比べて$1/\sqrt{2}$（3dB低下に相当）になる周波数をそれぞれ低域遮断周波数f_{CL}，高域遮断周波数f_{CH}という．このとき，$\Delta f = f_{CH} - f_{CL}$を**帯域幅**という．帯域幅は，増幅対象となる信号の周波数成分が含まれるように十分広くとることが望ましい．

2．増幅度と利得

増幅度は，入力に対する出力の割合を表す．一方，**利得**は，増幅度の大きさを[dB]の単位で表したもので，それぞれ次式で求められる．

電圧増幅度 $G_v = 20\log_{10}A_v$ [dB]

電流増幅度 $G_i = 20\log_{10}A_i$ [dB]

電力増幅度 $G_p = 10\log_{10}A_i$ [dB]

(5)

直動式指示電気計器の種類，JISで示される記号及び使用回路の組合せとして，正しいものを次の(1)～(5)のうちから一つ選べ．

	種類	記号	使用回路
(1)	永久磁石可動コイル形		直流専用
(2)	空心電流力計形		交流・直流両用
(3)	整流形		交流・直流両用
(4)	誘導形		交流専用
(5)	熱電対形（非絶縁）		直流専用

解14 問題の表にある直動式指示電気計器の種類と，JISで示される記号および使用回路の組合せを以下に検証する．

(1) 永久磁石可動コイル形

・(1)に示す記号は**誘導形**を表しており，**誤り**である．正しい記号は，選択肢(5)の記号である．

・使用回路の記述「直流専用」は**正しい**．

(2) 空心電流力計形

・(2)に示す記号は電流力計形を表しており，**正しい**．

・使用回路の記述「交流・直流両用」は**正しい**．よって，**正しい組合せ**である．

(3) 整流形

・(3)に示す記号は整流形を表しており，**正しい**．

・使用回路の記述「交流・直流両用」は**誤り**で，「交流専用」が正しい．

(4) 誘導形

・(4)に示す記号は，**熱電対形**を表しており，**誤り**である．正しい記号は選択肢(1)の記号である．

・使用回路の記述「交流専用」は**正しい**．

(5) 熱電対形（非絶縁）

・(5)に示す記号は，**可動コイル形**を表しており，**誤り**である．正しい記号は選択肢(4)の記号である．

・使用回路の記述「**直流専用**」は**誤り**で，「交流・直流両用」が正しい．

よって**求める選択肢は(2)**となる．

〔ここがポイント〕

直動式指示電気計器の種類，JISで示される記号および使用回路の正しい組合せを以下に示す．

設問の種類以外では，可動鉄片形，静電形，振動片形などがある．記号と使用回路は最低限覚えておきたい．

直動式指示計器の種類と記号，使用回路

種類	記号	使用回路
(1)永久磁石可動コイル形		直流専用
(2)空心電流力計形		交流・直流両用
(3)整流形		交流専用
(4)誘導形		交流専用
(5)熱電対形(非絶縁)		交流・直流両用
(6)可動鉄片形		交流・直流両用
(7)静電形		交流・直流両用
(8)振動片形		交流専用

(2)

理論 電力 機械 法規 令和5上(2023) 令和4下(2022) 令和4上(2022) 令和3(2021) 令和2(2020) 令和元(2019) 平成30(2018) 平成29(2017) 平成28(2016) 平成27(2015)

B 問題 配点は 1 問題当たり(a) 5 点，(b) 5 点，計 10 点

問15 図のように，平らで十分大きい導体でできた床から高さ h [m] の位置に正の電気量 Q [C] をもつ点電荷がある．次の(a)及び(b)の問に答えよ．ただし，点電荷から床に下ろした垂線の足を点O，床より上側の空間は真空とし，床の導体は接地されている．真空の誘電率を ε_0 [F/m] とする．

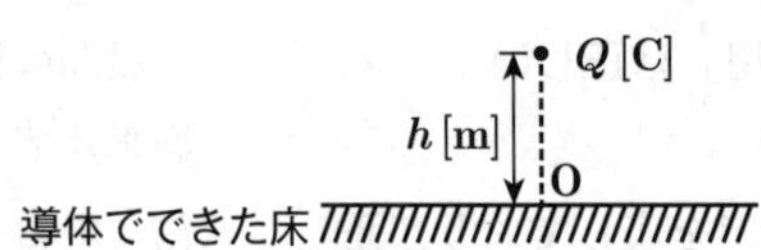

(a) 床より上側の電界は，点電荷のつくる電界と，床の表面に静電誘導によって現れた面電荷のつくる電界との和になる．床より上側の電気力線の様子として，適切なものを次の(1)～(5)のうちから一つ選べ．

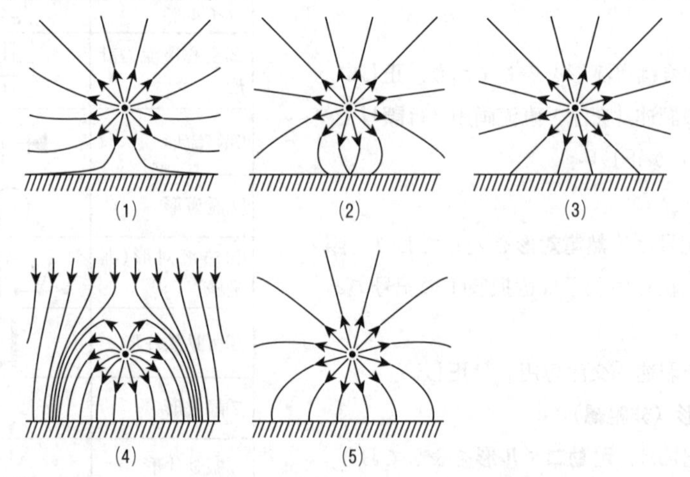

(b) 点電荷は床表面に現れた面電荷から鉛直方向の静電吸引力 F [N] を受ける．その力は床のない状態で点Oに固定した電気量 $-\dfrac{Q}{4}$ [C] の点電荷から受ける静電力に等しい．F [N] に逆らって，点電荷を高さ h [m] から z [m]（ただし $h < z$）まで鉛直方向に引き上げるのに必要な仕事 W [J] を表す式として，正しいものを次の(1)～(5)のうちから一つ選べ．

(1) $\dfrac{Q^2}{4\pi\varepsilon_0 z^2}$　　(2) $\dfrac{Q^2}{4\pi\varepsilon_0}\left(\dfrac{1}{h}-\dfrac{1}{z}\right)$　　(3) $\dfrac{Q^2}{16\pi\varepsilon_0}\left(\dfrac{1}{h}-\dfrac{1}{z}\right)$

(4) $\dfrac{Q^2}{16\pi\varepsilon_0 z^2}$　　(5) $\dfrac{Q^2}{\pi\varepsilon_0}\left(\dfrac{1}{h^2}-\dfrac{1}{z^2}\right)$

解15

(a) 床より上側の電気力線の様子

問題文の，「床より上側の電界は，点電荷のつくる電界と，床の表面に静電誘導によって現れた面電荷のつくる電界との和になる」の記述に基づいて，電界を(a)および(b)図にそれぞれ作図する．

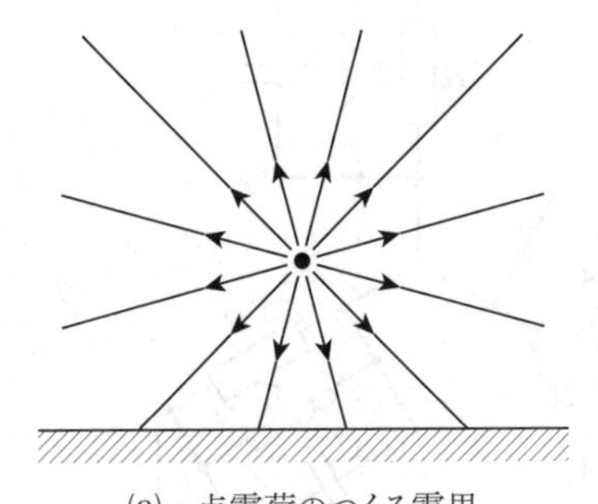

(a) 点電荷のつくる電界

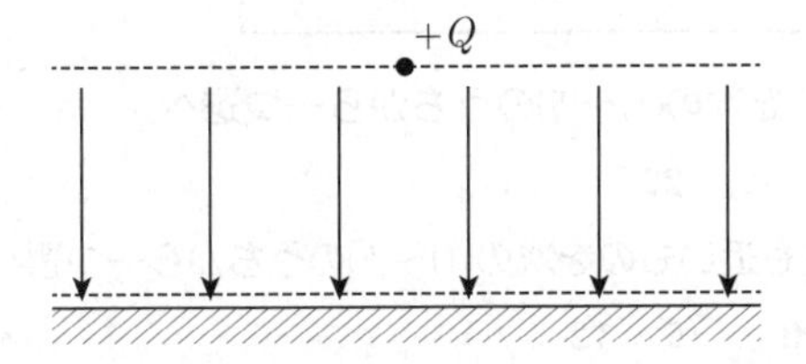

(b) 床表面に静電誘導で現れた面電荷のつくる電界

(a)図および(b)図を重ね合わせると，(c)図のようになり，電気力線は床面に垂直に入る．

したがって，**適切な選択肢は(5)**となる．

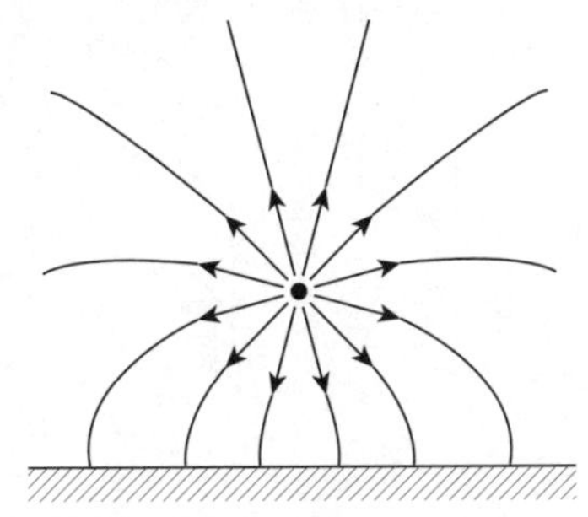

(c) (a)と(b)の重ね合わせ

(b) 点電荷を高さ h [m]から z [m]まで鉛直方向に引き上げるのに必要な仕事 W [J]

点電荷を移動させる前に保有していた静電力による位置エネルギーを W_h，点電荷を移動させたあとの位置エネルギーを W_z とすると，高さ h から z まで引き上げるのに要する仕事 W は，$W_z - W_h$ で求められる．

(d)図に示すように，正電荷が電界から力を受ける向きを力の正方向とする．点Oから距離 h [m]離れた点電荷に働く静電吸引力 F_h および，距離 z [m]離れた点電荷に働く静電吸引力 F_z をそれぞれクーロンの法則により求めると，

$$F_h = \frac{1}{4\pi\varepsilon_0}\frac{Q\times\left(-\frac{Q}{4}\right)}{h^2} = -\frac{1}{16\pi\varepsilon_0}\frac{Q^2}{h^2}$$

$$F_z = \frac{1}{4\pi\varepsilon_0}\frac{Q\times\left(-\frac{Q}{4}\right)}{z^2} = -\frac{1}{16\pi\varepsilon_0}\frac{Q^2}{z^2}$$

点Oを基準として高さ h および z の位置における静電力による位置エネルギー W_h，W_z は，「力 × 距離」で求められる．

$$W_h = F_h \cdot h = -\frac{Q^2}{16\pi\varepsilon_0}\frac{1}{h}$$

$$W_z = F_z \cdot z = -\frac{Q^2}{16\pi\varepsilon_0}\frac{1}{z}$$

したがって求める必要仕事 W [J]は，

$$W = W_z - W_h$$

$$= -\frac{Q^2}{16\pi\varepsilon_0}\left(\frac{1}{z}-\frac{1}{h}\right) = \frac{Q^2}{16\pi\varepsilon_0}\left(\frac{1}{h}-\frac{1}{z}\right) \text{[J]}$$

よって，**求める選択肢は(3)**である．

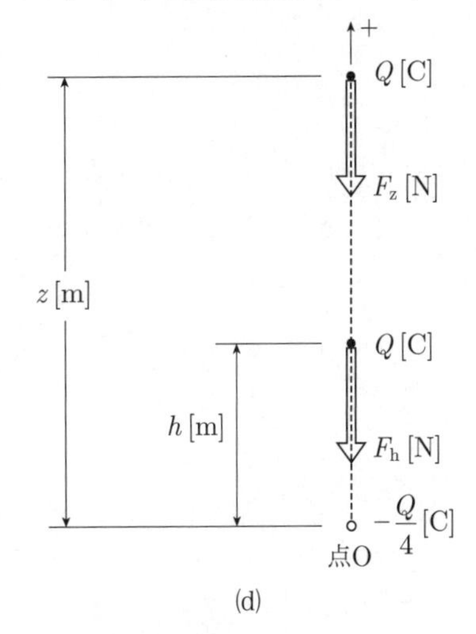

(d)

答 (a) - (5)，(b) - (3)

問16 図のように線間電圧200 V，周波数50 Hzの対称三相交流電源にRLC負荷が接続されている．$R=10\ \Omega$，電源角周波数をω [rad/s]として，$\omega L=10\ \Omega$，$\dfrac{1}{\omega C}=20\ \Omega$である．次の(a)及び(b)の問に答えよ．

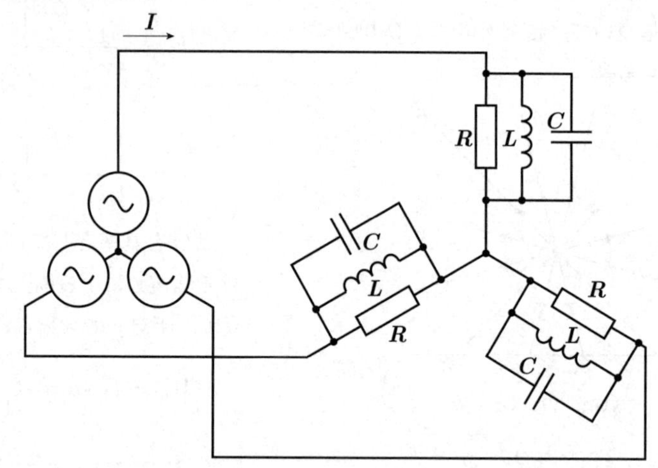

(a) 電源電流Iの値[A]として，最も近いものを次の(1)～(5)のうちから一つ選べ．

(1) **7**　(2) **10**　(3) **13**　(4) **17**　(5) **22**

(b) 三相負荷の有効電力の値[kW]として，最も近いものを次の(1)～(5)のうちから一つ選べ．

(1) **1.3**　(2) **2.6**　(3) **3.6**　(4) **4.0**　(5) **12**

note

解16　(a)　**電源電流 I [A] の値**

電源が対称で負荷が三相平衡しているので，一相を取り出して計算することができる．一相分等価回路を(a)図に示す．

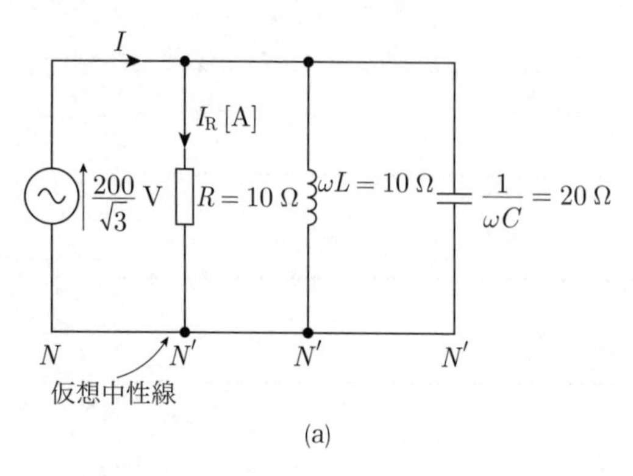

(a)

並列回路の場合，アドミタンスを用いると電流を簡単に求めることができる．

回路全体の合成アドミタンス $\dot{Y}$ は，

$$\dot{Y} = \frac{1}{R} + \frac{1}{\mathrm{j}\omega L} + \frac{1}{\dfrac{1}{\mathrm{j}\omega C}} = \frac{1}{R} + \mathrm{j}\omega C - \mathrm{j}\frac{1}{\omega L}$$

$$= \frac{1}{R} + \mathrm{j}\left(\omega C - \frac{1}{\omega L}\right) = \frac{1}{10} + \mathrm{j}\left(\frac{1}{20} - \frac{1}{10}\right)$$

$$= \frac{1}{10} - \mathrm{j}\frac{1}{20}\ \mathrm{S}$$

電源電圧を基準ベクトルにとると，電源電流 $\dot{I}$ は，

$$\dot{I} = E\dot{Y} = \frac{200}{\sqrt{3}}\left(\frac{1}{10} - \mathrm{j}\frac{1}{20}\right)$$

$$= \frac{20}{\sqrt{3}}\left(1 - \mathrm{j}\frac{1}{2}\right)\ \mathrm{A} \qquad ①$$

求める電流の大きさ I は，

$$I = \left|\dot{I}\right| = \frac{20}{\sqrt{3}}\sqrt{1^2 + \left(\frac{1}{2}\right)^2} = \frac{20}{\sqrt{3}}\sqrt{\frac{4+1}{2^2}}$$

$$= \frac{10\sqrt{5}}{\sqrt{3}} = 12.91 \fallingdotseq 13\ \mathrm{A} \quad (答)$$

よって，求める選択肢は(3)となる．

(b)　**三相負荷の有効電力の値 P_3 [kW]**

一相分等価回路における抵抗 R で消費する電力が有効電力である．三相負荷全体の有効電力を求めるには一相の電力を3倍すればよい．

$$P_3 = 3{I_R}^2 R \qquad ②$$

①式の電流ベクトルにおいて，実数部の値が I_R であるから，$I_R = 20/\sqrt{3}$ A，$R = 10\ \Omega$ を②式に代入すると，

$$P_3 = 3\left(\frac{20}{\sqrt{3}}\right)^2 \times 10 = 20^2 \times 10$$

$$= 4\,000\ \mathrm{W} = 4.0\ \mathrm{kW} \quad (答)$$

よって，求める選択肢は(4)となる．

〔ここがポイント〕　並列回路の電流は，アドミタンスで求める．

解答例のように，並列回路でアドミタンスを用いると，電圧×アドミタンスにより直ちに電源を流れる電流が求められる．アドミタンスは，インピーダンス $\dot{Z}$ の逆数をいい，$\dot{Y}$ の記号で表される．インピーダンスとアドミタンスの関係は次式で定義される．

$$\dot{Y} = \frac{1}{\dot{Z}}\ [\mathrm{S}]$$

単位はSと書き「ジーメンス」と呼ぶ．(b)図に示すインピーダンスの直並列回路でアドミタンスを求めてみる．

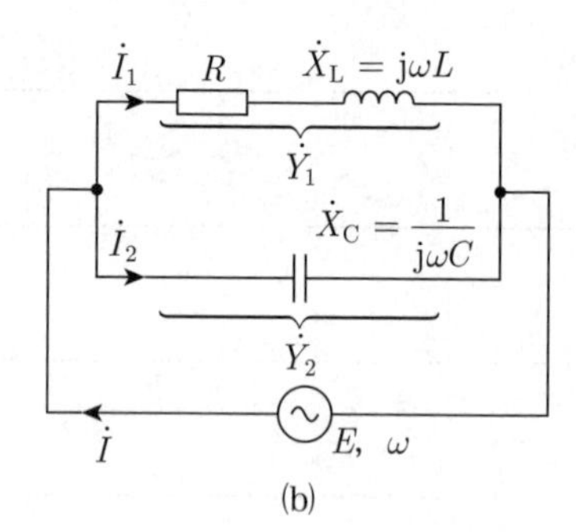

(b)

並列回路の各岐路のインピーダンスはそれぞれ，

$$\dot{Z}_1 = R + \dot{X}_L = R + \mathrm{j}\omega L$$

$$\dot{Z}_2 = \dot{X}_C = \frac{1}{\mathrm{j}\omega C}$$

各岐路のアドミタンスはそれぞれ，

$$\dot{Y}_1 = \frac{1}{\dot{Z}_1} = \frac{1}{R + \mathrm{j}\omega L}$$

$$\dot{Y}_2 = \frac{1}{\dot{Z}_2} = \frac{1}{\dfrac{1}{\mathrm{j}\omega C}} = \mathrm{j}\omega C$$

回路全体のアドミタンス $\dot{Y}$ は，各岐路のアドミタンス $\dot{Y}_1$，$\dot{Y}_2$ を記号法表示のまま加え合わせればよい（ベクトルとして加える）．共役

複素数を用いて有理化を行い，以下のように求められる．

$$\dot{Y}=\dot{Y}_1+\dot{Y}_2=\frac{1}{R+\mathrm{j}\omega L}+\mathrm{j}\omega C$$

$$=\frac{1\times(R-\mathrm{j}\omega L)}{(R+\mathrm{j}\omega L)(R-\mathrm{j}\omega L)}+\mathrm{j}\omega C$$

$$=\frac{R-\mathrm{j}\omega L}{R^2+\omega^2L^2}+\mathrm{j}\omega C$$

$$=\frac{R}{R^2+\omega^2L^2}+\mathrm{j}\left(\omega C-\frac{\omega L}{R^2+\omega^2L^2}\right)$$

電源を流れる電流$\dot{I}$，各岐路を流れる電流$\dot{I}_1$，$\dot{I}_2$は，それぞれ以下のように求められる．

$$\dot{I}=E\dot{Y}$$

$$=\frac{R}{R^2+\omega^2L^2}E+\mathrm{j}\left(\omega C-\frac{\omega L}{R^2+\omega^2L^2}\right)E$$

$$=\dot{I}_1+\dot{I}_2$$

$$\dot{I}_1=E\dot{Y}_1=\frac{R-\mathrm{j}\omega L}{R^2+\omega^2L^2}E$$

$$=\frac{R}{R^2+\omega^2L^2}E-\mathrm{j}\frac{\omega L}{R^2+\omega^2L^2}E$$

$$\dot{I}_2=E\dot{Y}_2=\mathrm{j}\omega CE$$

別解

(a) 電源電流I[A]の値

問題の三相平衡負荷の一相分等価回路を(c)図に示す．各回路素子に流れる電流$\dot{I}_R$，$\dot{I}_L$，$\dot{I}_C$をベクトル記号法で求め，キルヒホッフの第1法則（電流則）から電源を流れる電流を求める．

電源電圧Eを基準ベクトルにとると，各回路素子R，L，Cにかかる電圧は等しく$E=200/\sqrt{3}$ Vであるから，

$$\dot{I}_R=\frac{E}{R}=\frac{200}{\sqrt{3}}\frac{1}{10}=\frac{20}{\sqrt{3}}\text{ A}$$

$$\dot{I}_L=\frac{E}{\mathrm{j}\omega L}=\frac{200}{\sqrt{3}}\frac{1}{\mathrm{j}10}=\frac{200}{\sqrt{3}}\frac{-\mathrm{j}}{\mathrm{j}\times(-\mathrm{j})10}$$

$$=-\mathrm{j}\frac{20}{\sqrt{3}}\text{ A}$$

$$\dot{I}_C=\frac{E}{\frac{1}{\mathrm{j}\omega C}}=\mathrm{j}\omega CE=\mathrm{j}\frac{1}{20}\times\frac{200}{\sqrt{3}}$$

$$=\mathrm{j}\frac{10}{\sqrt{3}}\text{ A}$$

$$\therefore\ \dot{I}=\dot{I}_R+\dot{I}_L+\dot{I}_C=\frac{20}{\sqrt{3}}-\mathrm{j}\frac{20}{\sqrt{3}}+\mathrm{j}\frac{10}{\sqrt{3}}$$

$$=\frac{10}{\sqrt{3}}(2-\mathrm{j})\text{ A} \quad ③$$

$$I=|\dot{I}|=\frac{10}{\sqrt{3}}|2-\mathrm{j}|=\frac{10}{\sqrt{3}}\times\sqrt{2^2+1^2}$$

$$=\frac{10\sqrt{5}}{\sqrt{3}}=12.909\,9\fallingdotseq 13\text{ A}$$ (答)

$\dot{I}$ ／ $E=\frac{200}{\sqrt{3}}$ V ／ (基準ベクトル) ／ $\dot{I}_R$ ／ $R=10\ \Omega$ ／ $\dot{I}_L$ ／ $\mathrm{j}\omega L=\mathrm{j}10\ \Omega$ ／ $\dot{I}_C$ ／ $-\mathrm{j}\frac{1}{\omega C}=-\mathrm{j}20\ \Omega$ ／ 仮想中性線

(c)

(b) 三相負荷の有効電力の値P_3[kW]

(c)図の一相分等価回路において，③式の電流ベクトル$\dot{I}$および電圧ベクトルEをベクトル図に表すと(d)図のようになる．電源電圧を基準ベクトルとしているので，Eのベクトルの向きは水平軸（基準軸または実数軸）と一致する．

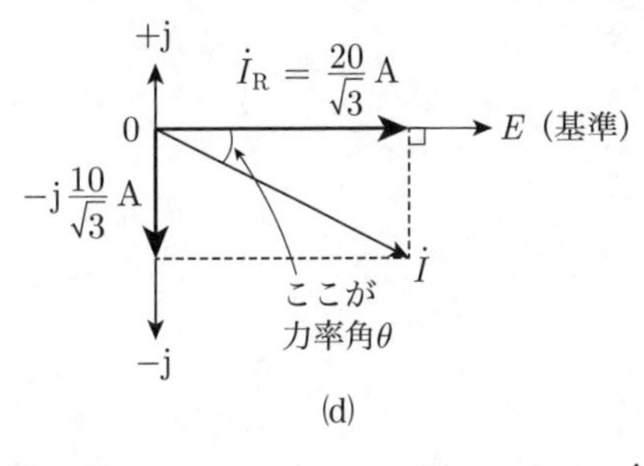

(d)

電圧ベクトルEに対する電流ベクトル$\dot{I}$のなす角θは負荷の力率角を表し，$\cos\theta$は力率を表す．設問の三相負荷の有効電力は，力率を用いた次式の三相電力の公式から求めることができる．

$$P_3=\sqrt{3}VI\cos\theta=\sqrt{3}\times200\times12.91\times\frac{|\dot{I}_R|}{|\dot{I}|}$$

$$=\sqrt{3}\times200\times12.91\times\frac{20/\sqrt{3}}{10\sqrt{5}/\sqrt{3}}$$

$$=\sqrt{3}\times200\times12.91\times\frac{2}{\sqrt{5}}$$

$$=4\,000\text{ W}=4.0\text{ kW}$$ (答)

答 (a) - (3)，(b) - (4)

問17及び問18は選択問題であり，問17又は問18のどちらかを選んで解答すること．両方解答すると採点されません．

（選択問題）

問17 NAND ICを用いたパルス回路について，次の(a)及び(b)の問に答えよ．ただし，高電位を「1」，低電位を「0」と表すことにする．

(a) pチャネル及びnチャネルMOSFETを用いて構成された図1の回路と真理値表が同一となるものを，図2のNAND回路の接続(イ)，(ロ)，(ハ)から選び，全て列挙したものを次の(1)～(5)のうちから一つ選べ．

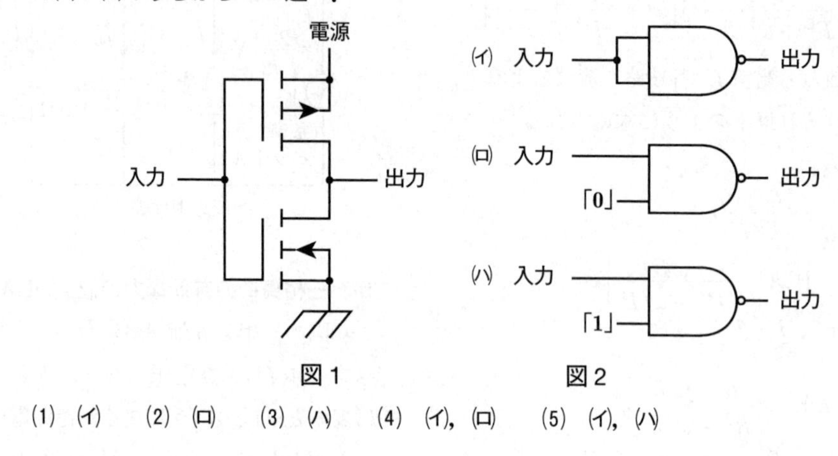

図1　　図2

(1) (イ)　(2) (ロ)　(3) (ハ)　(4) (イ)，(ロ)　(5) (イ)，(ハ)

(b) 図3の三つの回路はいずれもマルチバイブレータの一種であり，これらの回路図において NAND IC の電源及び接地端子は省略している．同図(ニ)，(ホ)，(ヘ)の入力の数がそれぞれ 0，1，2 であることに注意して，これら三つの回路と次の二つの性質を正しく対応づけたものの組合せとして，正しいものを次の(1)～(5)のうちから一つ選べ．

性質Ⅰ：出力端子からパルスが連続的に発生し，ディジタル回路の中で発振器として用いることができる．

性質Ⅱ：「0」や「1」を記憶する機能をもち，フリップフロップの構成にも用いられる．

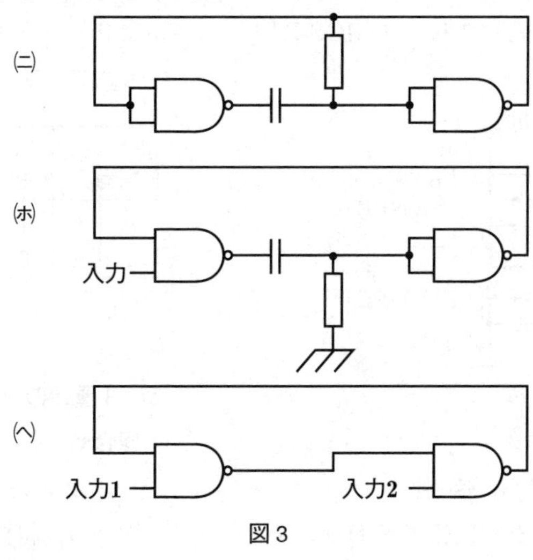

図3

	性質Ⅰ	性質Ⅱ
(1)	(ニ)	(ホ)
(2)	(ニ)	(ヘ)
(3)	(ホ)	(ニ)
(4)	(ホ)	(ヘ)
(5)	(ヘ)	(ホ)

解17 (a) 図1の回路と図2のNAND回路の真理値表が同一となる組合せ

(a)図に示すとおり，図1の回路は上側がpチャネルMOSFET，下側がnチャネルMOSFETの組合せで構成され，ゲート(G)およびドレーン(D)端子を共通とした回路である．このようにpチャネルとnチャネルのMOSFETを相補的に組み合わせて構成したICをCMOS ICという．

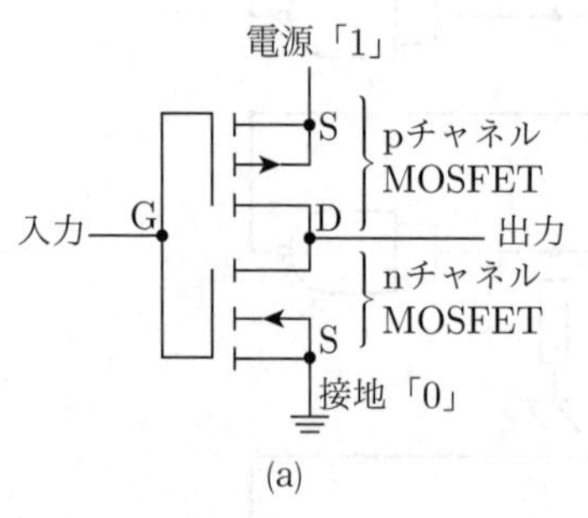

(a)

① CMOS ICの動作

・「1」を入力したとき（(b)図参照）

上側のpチャネルMOSFETはS-D間にチャネルが形成されずOFF状態，下側のnチャネルMOSFETはD-S間に電子が引寄せられチャネルが形成されるためON状態になる．出力端子と接地側のソースS端子が導通するので，出力端子はグランド電位である「0」を出力する．

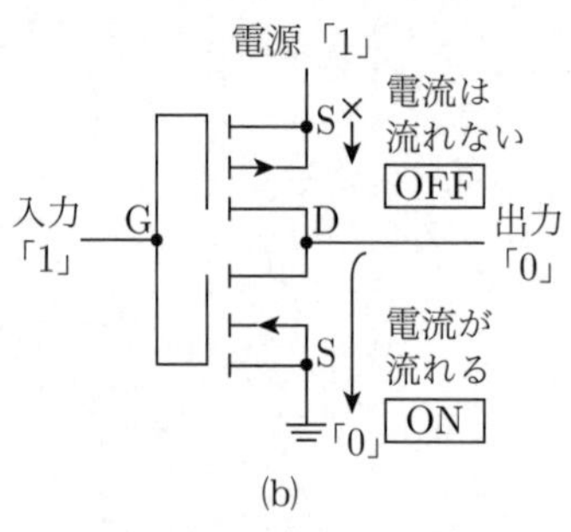

(b)

・「0」を入力したとき（(c)図参照）

上側のpチャネルMOSFETはON状態，下側のnチャネルMOSFETはOFF状態になる．電源から出力端子へドレーン電流が流れ，出力端子は「1」を出力する．

したがって，入力を反転して出力する**NOT回路**の動作をしていることがわかる．一方，図2の(イ)，(ロ)，(ハ)の論理回路の真理値表を作成すると，(d)図のようになる．入力＝0，出力＝1

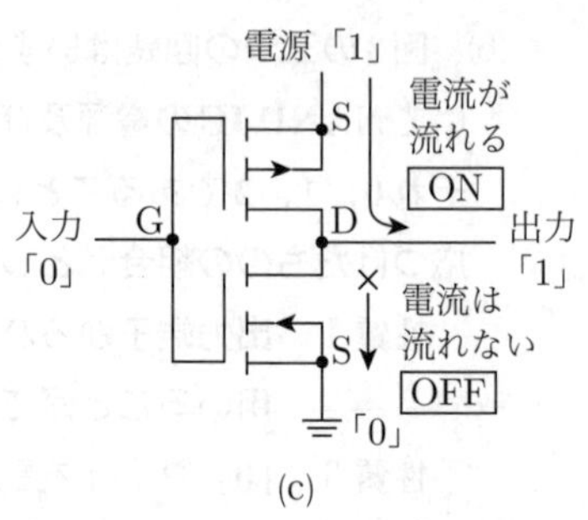

(c)

および入力＝1，出力＝0の組合せとなるのは(イ)と(ハ)である．よって**求める選択肢は(5)**となる．

入力		出力	入力	「0」	出力	入力	「1」	出力
0	0	1	0	0	1	0	1	1
1	1	0	1	0	1	1	1	0
(イ)			(ロ)			(ハ)		

(d) 真理値表

(b) 3種類のマルチバイブレータ回路と性質の組合せ

① (ニ)のマルチバイブレータ回路の動作

次図の点線枠のCR直列回路に注目する．端子A～Eにおいて，出力A＝1を初期状態とすると，B＝1，C＝1，**D＝0**，**E＝0**となり，B-E-DのCR直列回路においてコンデンサにはE→Dの向きに充電電流i_cが流れる．充電が完了するとB-E間に電流が流れないため**E＝1**に変化し，NOT回路が反転して出力A＝0，B＝0，C＝0，**D＝1**に変化するのでコンデンサには前と逆向きのD→Eに充電電流が流れる．充電が完了するとB-E間に電流が流れないためE＝0に変化し，NOT回路が反転して出力A＝1，B＝1，C＝1，**D＝0**，**E＝0**となり初期状態に戻る．以後，これらを交互に繰り返す．したがって，一つの状態に落ち着かず0と1のパルスを交互に連続的に出力し発振器として動作する．この回路を**非安定マルチバイブレータ**といい，設問の性質Ⅰに該当する．

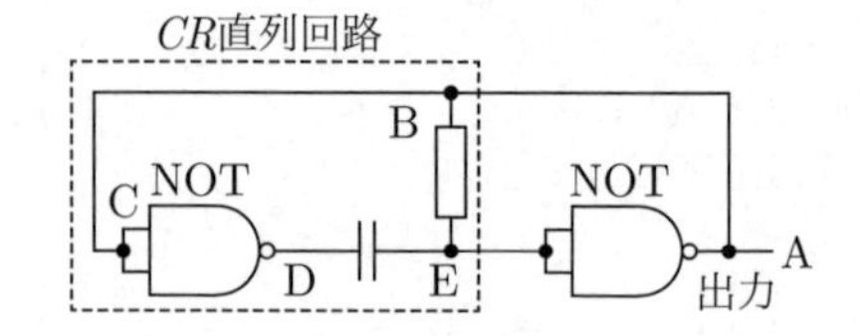

② (ホ)のマルチバイブレータ回路の動作

次図の点線枠のCR直列回路に注目する．次図の回路の端子A～Dにおいて，出力A=1を初期状態とすると，B＝1，入力＝1とすると，**C＝0**，NOT回路の出力A＝1より**D＝0**，となり抵抗は接地されており，E＝0より電位差はなく，C-D-E間に電流が流れないため，この状態で安定する．次に入力＝0とすると，C＝1，D＝1に変化し，C-D-EのCR直列回路においてコンデンサにはC→Dの向きに充電電流i_cが流れる．充電が完了すると**D＝0**に変化し，NOT回路が反転して出力A＝1となり，初期状態を維持する．

したがって，入力の数が一つで出力は必ず1に落ち着く回路であり，これを**単安定マルチバイブレータ**という．

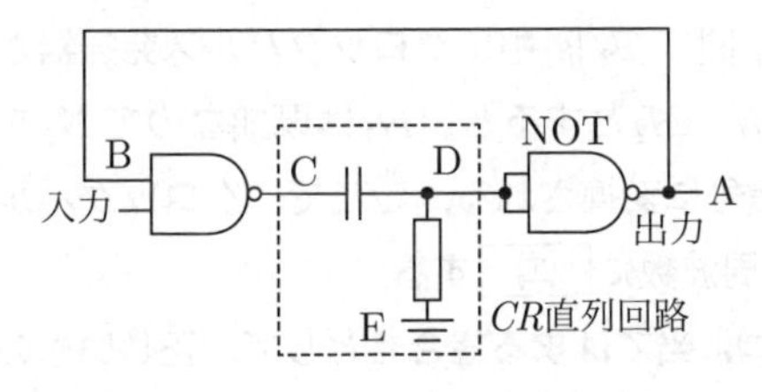

③ (ヘ)のマルチバイブレータ回路の動作

次図の端子A～Cにおいて，初期状態は出力A＝1と仮定する．入力1＝0，入力2＝0のとき，B＝1，C＝1で出力A＝1となり前の値を保持する．次に入力1＝0，入力2＝1のとき，B＝1，C＝1で出力は初期のA＝1からA＝0に変化し，前の値がリセットされる．次に入力1＝1，入力2＝0のとき，B＝0，C＝1で出力は前のA＝0からA＝1となり，値は1にセットされる．このように，出力が0または1の二つの状態で安定するため，フリップフロップと同じ動作をする．

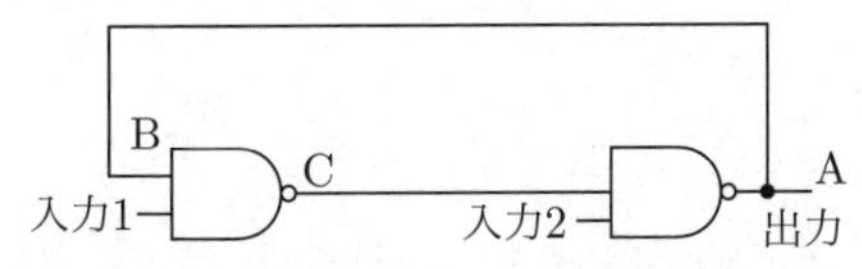

以上より，(ニ)は性質Ⅰ，(ヘ)は性質Ⅱに該当し，**求める選択肢は(2)**となる．

〔ここがポイント〕

設問(a)は，pチャネルMOSFETおよびnチャネルMOSFETの動作原理を理解していること，NAND ICの真理値表を自分で作成できることがポイントである．

設問(b)は，3種類のマルチバイブレータの動作原理と特徴を理解することが大切で，(ニ)，(ホ)のマルチバイブレータは，点線枠に示した直流におけるCR直列回路の過渡現象を理解していることがポイントになる．三つの回路は，入力の数と安定状態の数が対応している点に着目すると，(ニ)は非安定型，(ホ)は単安定型，(ヘ)は双安定型であると推測できる．

(a)-(5)，(b)-(2)

（選択問題）

図1は，二重積分形A-D変換器を用いたディジタル直流電圧計の原理図である．次の(a)及び(b)の問に答えよ．

(a) 図1のように，負の基準電圧 $-V_r$（$V_r > 0$）[V]と切換スイッチが接続された回路があり，その回路を用いて正の未知電圧 V_x（> 0）[V]を測定する．まず，制御回路によってスイッチが S_1 側へ切り換わると，時刻 $t = 0$ sで測定電圧 V_x [V]が積分器へ入力される．その入力電圧 V_i [V]の時間変化が図2(a)であり，積分器からの出力電圧 V_o [V]の時間変化が図2(b)である．ただし，$t = 0$ sでの出力電圧を $V_o = 0$ Vとする．時刻 t_1 における V_o [V]は，入力電圧 V_i [V]の期間 $0 \sim t_1$ [s]で囲われる面積 S に比例する．積分器の特性で決まる比例定数を k（> 0）とすると，時刻 $t = T_1$ [s]のときの出力電圧は，$V_m =$ (ア) [V]となる．

定められた時刻 $t = T_1$ [s]に達すると，制御回路によってスイッチが S_2 側に切り換わり，積分器には基準電圧 $-V_r$ [V]が入力される．よって，スイッチ S_2 の期間中の時刻 t [s]における積分器の出力電圧の大きさは，$V_o = V_m -$ (イ) [V]と表される．

積分器の出力電圧 V_o が0 Vになると，電圧比較器がそれを検出する．$V_o = 0$ Vのときの時刻を $t = T_1 + T_2$ [s]とすると，測定電圧は $V_x =$ (ウ) [V]と表される．さらに，図2(c)のようにスイッチ S_1，S_2 の各期間 T_1 [s]，T_2 [s]中にクロックパルス発振器から出力されるクロックパルス数をそれぞれ N_1，N_2 とすると，N_1 は既知なので N_2 をカウントすれば，測定電圧 V_x がディジタル信号に変換される．ここで，クロックパルスの周期 T_s は，クロックパルス発振器の動作周波数に (エ) する．

上記の記述中の空白箇所(ア)，(イ)，(ウ)及び(エ)に当てはまる組合せとして，正しいものを次の(1)～(5)のうちから一つ選べ．

	(ア)	(イ)	(ウ)	(エ)
(1)	kV_xT_1	$kV_r(t - T_1)$	$\frac{T_2}{T_1}V_r$	反比例
(2)	kV_xT_1	kV_xT_2	$\frac{T_2}{T_1}V_r$	反比例
(3)	$k\frac{V_x}{T_1}$	$k\frac{V_r}{T_2}$	$\frac{T_1}{T_2}V_r$	比例
(4)	$k\frac{V_x}{T_1}$	$k\frac{V_r}{T_2}$	$\frac{T_1}{T_2}V_r$	反比例
(5)	kV_xT_1	$kV_r(t - T_1)$	$T_1T_2V_r$	比例

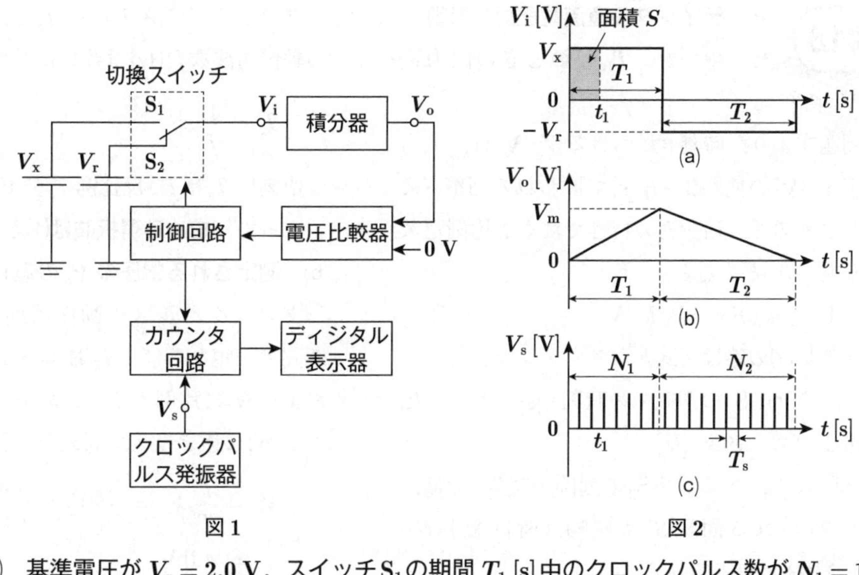

図1　　図2

(b) 基準電圧が $V_r = 2.0$ V，スイッチS_1の期間 T_1 [s] 中のクロックパルス数が $N_1 = 1.0 \times 10^3$ のディジタル直流電圧計がある．この電圧計を用いて未知の電圧 V_x [V] を測定したとき，スイッチS_2の期間 T_2 [s] 中のクロックパルス数が $N_2 = 2.0 \times 10^3$ であった．測定された電圧 V_x の値[V]として，最も近いものを次の(1)～(5)のうちから一つ選べ．

(1) **0.5**　(2) **1.0**　(3) **2.0**　(4) **4.0**　(5) **8.0**

解18 (a) ディジタル直流電圧計の計算

1. 時刻$t = T_1$ [s]のときの出力電圧V_m [V]

問題文より，時刻t_1におけるV_o [V]は，入力電圧V_i [V]の期間0～t_1 [s]で囲われる面積Sに比例するので，積分器の特性で決まる比例定数をk（>0）とすると，

$$V_m = k \cdot S = kV_x T_1 \text{ [V]} \qquad ①$$

ゆえに(ア)の答は①式となる．

2. スイッチS_2の期間中の時刻t [s]における出力電圧の大きさV_o [V]

(a)図より，スイッチS_2の期間の時刻tでは，V_iの囲われる面積S'は横軸（時間軸）$t - T_1$，縦軸V_rであるから，

$$V_o = V_m - k \cdot S'$$
$$= V_m - k(t - T_1)V_r \text{ [V]} \qquad ②$$

ゆえに(イ)の答は$kV_r(t - T_1)$となる．

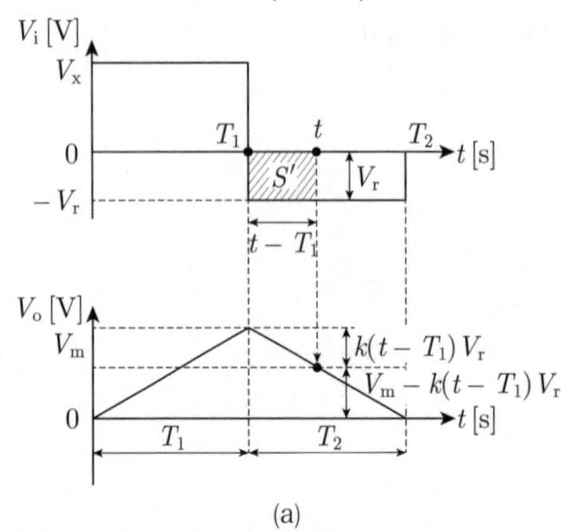

(a)

3. 測定電圧V_xの値 [V]

①式を②式に代入すると，

$$V_o = kT_1V_x - k(t - T_1)V_r \text{ [V]}$$

題意より，$V_o = 0$ Vと置くと，

$$kT_1V_x = k(t - T_1)V_r$$

$$V_x = \frac{t - T_1}{T_1}V_r$$

上式に$t = T_1 + T_2$を代入すると，

$$V_x = \frac{T_1 + T_2 - T_1}{T_1}V_r = \frac{T_2}{T_1}V_r \qquad ③$$

ゆえに(ウ)の答は$\dfrac{T_2}{T_1}V_r$となる．

4. クロックパルスの周期T_s [s]

クロックパルスの周期T_sと，パルス発振器の動作周波数f [Hz]は互いに逆数の関係にあり，

$$T_s = \frac{1}{f} \text{ [s]}$$

ゆえにT_sはfに**反比例**する（(エ)の答）．

よって，**求める選択肢は**(1)となる．

(b) **測定される電圧のV_xの値 [V]**

クロックパルスの動作周期T_sはT_1，T_2の期間で一定ならば，T_1およびT_2はパルス数N_1およびN_2に比例する．したがって，T_1，T_2をN_1，N_2に置き換えて③式を計算すると，

$$V_x = \frac{T_2}{T_1}V_r = \frac{N_2}{N_1}V_r = \frac{2.0 \times 10^3}{1.0 \times 10^3} \times 2.0$$
$$= 4.0 \text{ V}$$

よって，**求める選択肢は**(4)となる．

〔ここがポイント〕

1. 本問の設問形式（解答誘導方式）の解き方

設問(a)は二重積分形A-D変換器の動作原理を知らなくても，問題文に示されたヒントから答えを導くことができる．問題文7～9行目「時刻t_1におけるV_o [V]は，入力電圧V_i [V]の期間0～t_1 [s]で囲われる面積Sに比例する．積分器の特性で決まる比例定数をk（>0）とする」の記述と図2(a)から，面積は$S = V_xT_1$，V_oはSに比例定数kを掛けた$V_o = kS = kV_xT_1$であることがわかる．

(イ)はV_mからスイッチS_2の期間の面積S'と比例定数kを掛けた値を差し引けば求められることが図2(b)からわかる．解説の(a)図を参照し，時刻tが$0 \leqq t \leqq T_1$，$T_1 \leqq t \leqq T_2$のどの位置にある場合を求めているのか十分留意する．

(ウ)は，(イ)で求めたV_o式に，(ア)式，$V_o = 0$および$t = T_1 + T_2$を代入して式を整理すれば容易に求められる．

(エ)の周波数と周期が互いに逆数となる関係は，交流電圧の瞬時値と波形を学ぶ際に出てくる基礎的事項であり確実に覚えておきたい．また，文字式の式展開は，紙と鉛筆を使い何度も練習を重ねて慣れることで克服できる．

設問(b)は，設問(a)の(ウ)の式を用いた計算問

題であるが，T_1，T_2の値ではなく，クロックパルス数N_1，N_2を与えている．クロックパルスの周期T_sが一定ならば，図2(c)をヒントにT_1，T_2は次式で表せる．

$$T_1 = T_s \cdot N_1,\quad T_2 = T_s \cdot N_2$$

すなわち，T_1，T_2はそれぞれN_1，N_2に比例する．これに気がつけば解答のようにTをNに置き換えて解くことができる．

二重積分形A-D変換器の特徴は，①積分回路の素子R，Cやクロック周波数が精度に影響しない，②積分回路により高周波の雑音を除去できること，③入力が変化しても積分の性質上平均値が得られること，④変換速度が遅いことなどである．

2. ディジタル計器の概要

ディジタル計器は，検出したアナログ量をディジタル量に変換するA-D変換器を内蔵した計器である．A-D変換器は，連続的に変化するアナログ量を，その大きさに相当する離散値（2進数のディジタル量）に変換する装置である．A-D変換の処理フローを(b)図に示す．

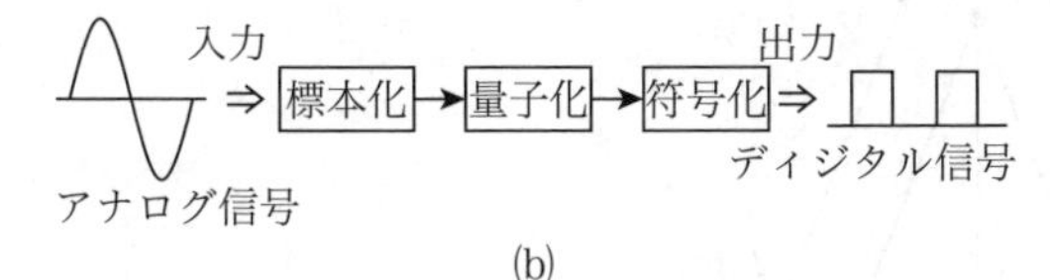

(b)

標本化（サンプリング）は，入力アナログ信号を適切な時間間隔△t（**サンプリング周期**）に区分し，各区間の振幅を抽出する処理をいう．

量子化は，標本化で抽出された各区間△tの振幅が連続的な値であるため，何段階かの値で近似する処理をいう．近似する方法には，ある範囲の値を一つの数字に割り当てる方法（四捨五入）などがある．近似により実際の量に対して誤差（**量子化誤差**）が生じる．

符号化は，量子化で得られた近似値をディジタル信号である2進数に変換する処理をいう．

3. 比較方式A-D変換器とは

A-D変換器は，設問の積分方式（二重積分形）と比較方式（逐次比較方式）に大別される．(c)図の逐次比較方式A-D変換器の原理を解説する．

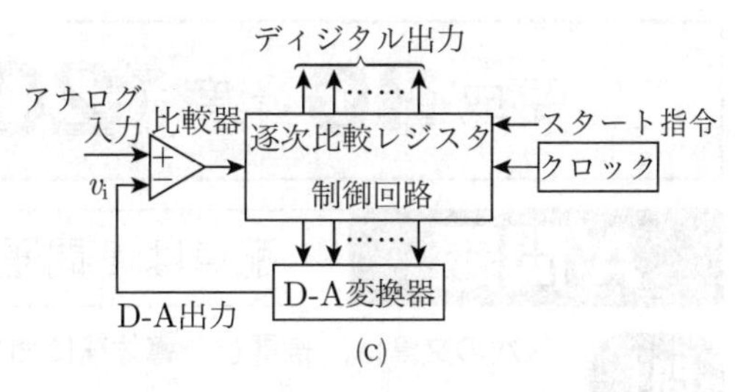

(c)

この方式は，内部にD-A変換器を有し，D-A変換器の2進数の各桁におけるディジタル量を変化させたのち，アナログ変換した信号と入力信号を比較し，両者が一致したときのD-A変換器の2進数各桁の示す信号を出力する．

(d)図の2進数8桁（ビット）の動作例において，スタート指令を入力すると，D-A変換器の2進数最上位桁のスイッチをONにし，D-A変換器出力とアナログ入力信号v_iが比較器（コンパレータ）に入力され，比較される．(d)図の例ではv_iがD-A出力より小さいため2進数最上位桁のスイッチはOFFに切り換わり，出力最上位桁は0になる．次に，一つ下の桁のスイッチをONにし，同様にD-A変換器出力とv_iを比較する．このとき，v_iがD-A変換器出力より大きいためこの桁のスイッチはON状態のままで，出力は1となる．このように順次一つ下の桁に進み，処理を繰り返し，D-A変換器の出力をv_iに近づけていき，最後の桁で変換が終了する．

逐次比較方式A-D変換器では，変換中に入力信号が変化しないように前段にサンプルホールド回路を設けることが必要になる．特長は，①変換速度が二重積分形に比べて速いこと，②高精度であることなどである．

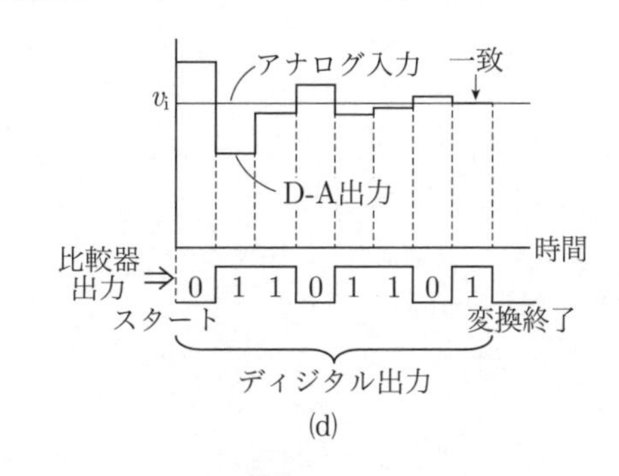

(d)

(a) - (1)，(b) - (4)

平成30年度（2018年）理論の問題

A問題　配点は1問題当たり5点

問1　次の文章は，帯電した導体球に関する記述である．

真空中で導体球A及びBが軽い絶縁体の糸で固定点Oからつり下げられている．真空の誘電率をε_0 [F/m]，重力加速度をg [m/s^2]とする．A及びBは同じ大きさと質量m [kg]をもつ．糸の長さは各導体球の中心点が点Oから距離l [m]となる長さである．

まず，導体球A及びBにそれぞれ電荷Q [C]，$3Q$ [C]を与えて帯電させたところ，静電力による (ア) が生じ，図のようにA及びBの中心点間がd [m]離れた状態で釣り合った．ただし，導体球の直径はdに比べて十分に小さいとする．このとき，個々の導体球において，静電力$F=$ (イ) [N]，重力mg [N]，糸の張力T [N]，の三つの力が釣り合っている．三平方の定理より$F^2+(mg)^2=T^2$が成り立ち，張力の方向を考えると$\dfrac{F}{T}$は$\dfrac{d}{2l}$に等しい．これらよりTを消去し整理すると，dが満たす式として，

$$k\left(\frac{d}{2l}\right)^3=\sqrt{1-\left(\frac{d}{2l}\right)^2}$$

が導かれる．ただし，係数$k=$ (ウ) である．

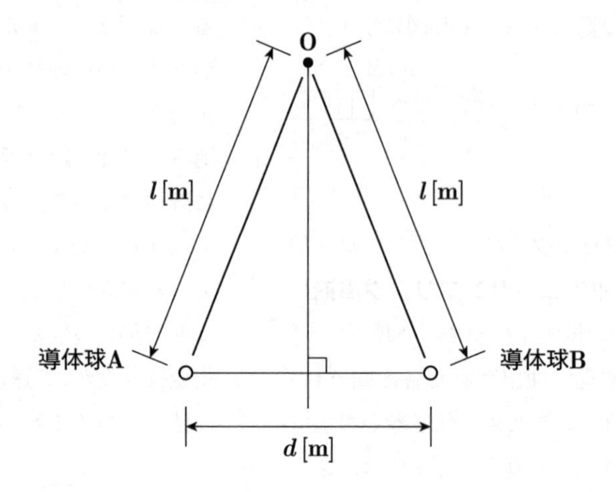

●試験時間　90 分
●必要解答数　A 問題 14 題，B 問題 3 題（選択問題含む）

次に，AとBとを一旦接触させたところAB間で電荷が移動し，同電位となった．そしてAとBとが力の釣合いの位置に戻った．接触前に比べ，距離dは［(エ)］した．

上記の記述中の空白箇所(ア)，(イ)，(ウ)及び(エ)に当てはまる組合せとして，正しいものを次の(1)～(5)のうちから一つ選べ．

	(ア)	(イ)	(ウ)	(エ)
(1)	反発力	$\dfrac{3Q^2}{4\pi\varepsilon_0 d^2}$	$\dfrac{16\pi\varepsilon_0 l^2 mg}{3Q^2}$	増加
(2)	吸引力	$\dfrac{Q^2}{4\pi\varepsilon_0 d^2}$	$\dfrac{4\pi\varepsilon_0 l^2 mg}{Q^2}$	増加
(3)	反発力	$\dfrac{3Q^2}{4\pi\varepsilon_0 d^2}$	$\dfrac{4\pi\varepsilon_0 l^2 mg}{Q^2}$	増加
(4)	反発力	$\dfrac{Q^2}{4\pi\varepsilon_0 d^2}$	$\dfrac{16\pi\varepsilon_0 l^2 mg}{3Q^2}$	減少
(5)	吸引力	$\dfrac{Q^2}{4\pi\varepsilon_0 d^2}$	$\dfrac{4\pi\varepsilon_0 l^2 mg}{Q^2}$	減少

解1　導体球AおよびBの間には，水平方向に静電力（クーロン力）F[N]が働く．問題の静電力はそれぞれの電荷が正で同符号のため**反発力**となる．

静電力Fは，クーロンの法則から，

$$F=\frac{Q\times 3Q}{4\pi\varepsilon_0 d^2}=\frac{3Q^2}{4\pi\varepsilon_0 d^2}\ \text{[N]}\quad \text{(答)}$$

導体球Aに働く力を図示すると，下図になる．

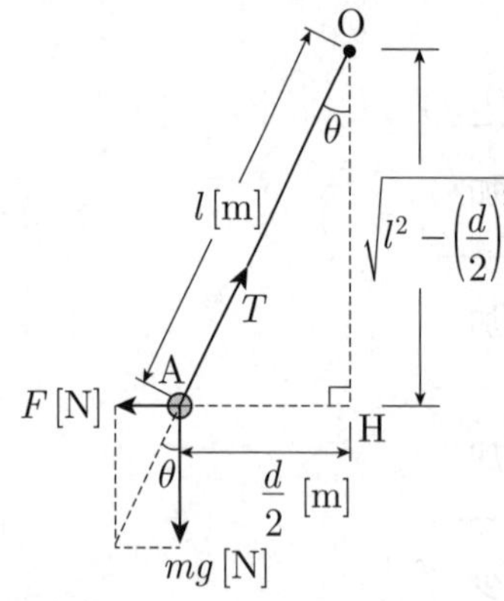

$F^2+(mg)^2=T^2$の辺々をT^2で除すと，

$$\left(\frac{F}{T}\right)^2+\left(\frac{mg}{T}\right)^2=1 \qquad ①$$

また，題意より，

$$\frac{F}{T}=\frac{d/2}{l}=\frac{d}{2l} \qquad ②$$

$$T=\frac{2l}{d}F \qquad ③$$

②式を①式に代入すると，

$$\left(\frac{mg}{T}\right)^2=1-\left(\frac{F}{T}\right)^2=1-\left(\frac{d}{2l}\right)^2$$

$$\therefore\ \frac{mg}{T}=\sqrt{1-\left(\frac{d}{2l}\right)^2} \qquad ④$$

④式の左辺に③式を代入すると，

$$\frac{dmg}{2lF}=\frac{mg}{F}\left(\frac{d}{2l}\right)=\frac{mg}{\dfrac{3Q^2}{4\pi\varepsilon_0 d^2}}\left(\frac{d}{2l}\right)$$

$$=\frac{mg}{\dfrac{3Q^2}{4\pi\varepsilon_0 d^2}\left(\dfrac{d}{2l}\right)^2}\left(\frac{d}{2l}\right)^3=k\left(\frac{d}{2l}\right)^3$$

したがって，

$$k=\frac{mg}{\dfrac{3Q^2}{4\pi\varepsilon_0 d^2}\left(\dfrac{d}{2l}\right)^2}=\frac{4\pi\varepsilon_0 mg(2l)^2}{3Q^2}$$

$$=\frac{16\pi\varepsilon_0 l^2 mg}{3Q^2}\quad \text{(答)}$$

導体球AとBを接触させると，導体球A，Bともに$2Q$に帯電して同電位となる．両導体球間に働く力は接触前に比べて大きくなるから，距離dは**増加**する．

よって，**求める選択肢は**(1)となる．

〔ここがポイント〕　両導体球が接触後に力の釣合いの位置に戻ったとき，両導体球間に働く静電力F'は，釣り合う相互の距離が$d\to d'$に変化したとすると，

$$F'=\frac{2Q\times 2Q}{4\pi\varepsilon_0 d'^2}=\frac{4Q^2}{4\pi\varepsilon_0 d'^2}\ \text{[N]}$$

$$\tan\theta=\frac{F}{mg},\quad \tan\theta'=\frac{F'}{mg}$$

$F<F'$および重力mgは不変である条件から，

$$\tan\theta<\tan\theta'$$

$$\frac{d/2}{\sqrt{l^2-\left(\dfrac{d}{2}\right)^2}}<\frac{d'/2}{\sqrt{l^2-\left(\dfrac{d'}{2}\right)^2}}$$

両辺平方して整理すると，

$$\frac{d^2}{4l^2-d^2}<\frac{d'^2}{4l^2-d'^2}$$

$$\frac{1}{\left(\dfrac{2l}{d}\right)^2-1}<\frac{1}{\left(\dfrac{2l}{d'}\right)^2-1}$$

$\dfrac{2l}{d}>\dfrac{2l}{d'}$より$d<d'$で，距離$d$は増加する．

別解

図から，導体球Aに働く力の関係には次式が成り立つ．

$$\frac{F}{mg}=\tan\theta \qquad ①$$

一方，図の糸の釣合い状態の静止直角三角形△OAHから$\tan\theta$を求めると，

$$\text{垂直}\ \overline{\text{OH}}=\sqrt{l^2-\left(\frac{d}{2}\right)^2}=l\sqrt{1-\left(\frac{d}{2l}\right)^2}$$

$$\tan\theta = \frac{\overline{\mathrm{HA}}}{\overline{\mathrm{OH}}} = \frac{d/2}{l\sqrt{1-\left(\dfrac{d}{2l}\right)^2}}$$

$$= \frac{d}{2l}\frac{1}{\sqrt{1-\left(\dfrac{d}{2l}\right)^2}} \quad ②$$

クーロンの法則から求めた静電力，

$$F = \frac{3Q^2}{4\pi\varepsilon_0 d^2}$$

と②式を①式へ代入して整理すると，

$$\frac{1}{mg}\frac{3Q^2}{4\pi\varepsilon_0 d^2} = \frac{d}{2l}\frac{1}{\sqrt{1-\left(\dfrac{d}{2l}\right)^2}}$$

$$\sqrt{1-\left(\frac{d}{2l}\right)^2} = 4\pi\varepsilon_0 d^2 mg\frac{\dfrac{d}{2l}}{3Q^2}$$

$$= \frac{4\pi\varepsilon_0 d^2 mg}{3Q^2\left(\dfrac{d}{2l}\right)^2}\left(\frac{d}{2l}\right)^3 = k\left(\frac{d}{2l}\right)^3$$

ゆえに，

$$k = \frac{4\pi\varepsilon_0 d^2 mg}{3Q^2\left(\dfrac{d}{2l}\right)^2} = \frac{4l^2\cdot 4\pi\varepsilon_0 d^2 mg}{3Q^2 d^2}$$

$$= \frac{16\pi\varepsilon_0 l^2 mg}{3Q^2} \quad \text{(答)}$$

答 (1)

次の文章は，平行板コンデンサの電界に関する記述である．

極板間距離 d_0 [m] の平行板空気コンデンサの極板間電圧を一定とする．

極板と同形同面積の固体誘電体（比誘電率 $\varepsilon_r > 1$，厚さ d_1 [m] $<$ d_0 [m]）を極板と平行に挿入すると，空気ギャップの電界の強さは，固体誘電体を挿入する前の値と比べて (ア) ．

また，極板と同形同面積の導体（厚さ d_2 [m] $<$ d_0 [m]）を極板と平行に挿入すると，空気ギャップの電界の強さは，導体を挿入する前の値と比べて (イ) ．

ただし，コンデンサの端効果は無視できるものとする．

上記の記述中の空白箇所(ア)及び(イ)に当てはまる組合せとして，正しいものを次の(1)～(5)のうちから一つ選べ．

	(ア)	(イ)
(1)	強くなる	強くなる
(2)	強くなる	弱くなる
(3)	弱くなる	強くなる
(4)	弱くなる	弱くなる
(5)	変わらない	変わらない

note

解2　極板間距離 d_0 [m] の平行板空気コンデンサ，および極板と同形同面積の固体誘電体を極板と平行に挿入した図を(a)図および(b)図にそれぞれ示す．ただし，極板面積を S [m^2] とする．

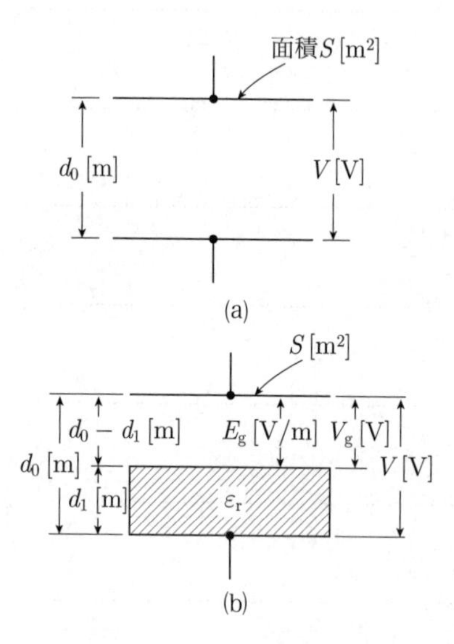

(a)図の空気コンデンサの極板間の電界の強さ E [V/m] は一定値となり，次式で求められる．

$$E = \frac{V}{d_0} \text{ [V/m]} \quad ①$$

(b)図の空気ギャップの電界の強さ E_g [V/m] を求める．空気ギャップ部と固体誘電体部の静電容量 C_1 および C_2 はそれぞれ，

$$C_1 = \frac{\varepsilon_0 S}{d_0 - d_1} \text{ [F]}$$

$$C_2 = \frac{\varepsilon_r \varepsilon_0 S}{d_1} \text{ [F]}$$

空気ギャップ部にかかる電圧 V_g [V] は，

$$V_g = \frac{C_2}{C_1 + C_2} V = \frac{\dfrac{\varepsilon_r \varepsilon_0 S}{d_1}}{\dfrac{\varepsilon_0 S}{d_0 - d_1} + \dfrac{\varepsilon_r \varepsilon_0 S}{d_1}} V$$

$$= \frac{\varepsilon_r \varepsilon_0 \dfrac{S}{d_1}}{\varepsilon_0 S \left(\dfrac{1}{d_0 - d_1} + \dfrac{\varepsilon_r}{d_1} \right)} V$$

$$= \frac{V}{\dfrac{d_1}{\varepsilon_r} \left(\dfrac{1}{d_0 - d_1} + \dfrac{\varepsilon_r}{d_1} \right)}$$

$$\therefore \quad E_g = \frac{V_g}{d_0 - d_1} = \frac{V}{\dfrac{d_1}{\varepsilon_r} + d_0 - d_1}$$

$$= \frac{V}{d_0 - d_1 \left(1 - \dfrac{1}{\varepsilon_r} \right)} \text{ [V/m]} \quad ②$$

①式と②式を比較すると，$\varepsilon_r > 1$ より

$$1 - \frac{1}{\varepsilon_r} > 0, \quad d_1 \left(1 - \frac{1}{\varepsilon_r} \right) > 0$$

よって，②式の分母と①式の分母を比較すると，

$$d_0 - d_1 \left(1 - \frac{1}{\varepsilon_r} \right) < d_0$$

であるから，$E < E_g$ となり，固体誘電体を挿入すると，空気ギャップの電界は固体誘電体挿入前と比べて**強くなる**．

極板と同形同面積の導体を極板と平行に挿入したときのコンデンサを(c)図に示す．(a)図の d_0 から導体の厚さ d_2 を差し引いた分だけ極板間距離が短縮されたコンデンサと等価になる．よって，(a)図と(c)図のコンデンサの極板間距離を比較すると，$d_0 > d_0 - d_2$ より，$V/d_0 < V/(d_1 - d_0)$ の関係が導かれる．よって(c)図の空気ギャップの電界の強さは，(a)図よりも**強くなる**．

以上の結果に**合致する選択肢は(1)**となる．

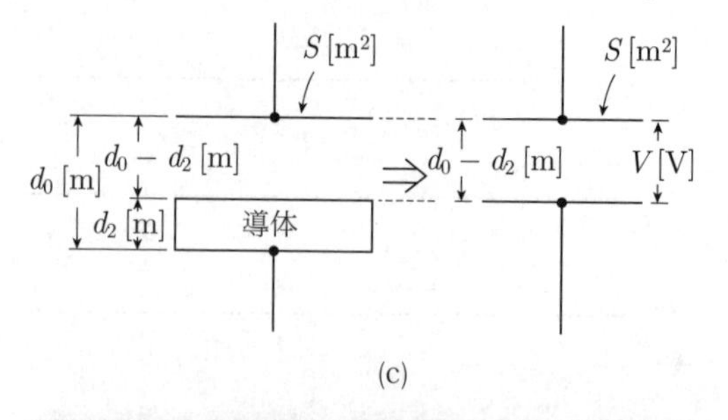

(c)

別解

(a)図の空気コンデンサに蓄えられる電荷 Q_a [C] は，真空（空気）中の誘電率を ε_0 [F/m] とすると，

$$Q_a = C_a V = \frac{\varepsilon_0 S}{d_0} V \text{ [C]}$$

ガウスの定理より，極板間の電束密度 D_a

$[\mathrm{C/m^2}]$は，電界の強さを$E\,[\mathrm{V/m}]$とすると，

$$D_a = \varepsilon_0 E,\quad D_a = \frac{Q_a}{S}$$

$$E = \frac{D_a}{\varepsilon_0} = \frac{Q_a/S}{\varepsilon_0} = \frac{1}{\varepsilon_0}\frac{\varepsilon_0 S}{S d_0}V$$
$$= \frac{V}{d_0}\,[\mathrm{V/m}] \qquad ①$$

(b)図のコンデンサに蓄えられる電荷Q_bを求める．

(d)図より，合成静電容量$C_b\,[\mathrm{F}]$は，

$$C_b = \frac{1}{\dfrac{1}{C_1}+\dfrac{1}{C_2}} = \frac{1}{\dfrac{d_0-d_1}{\varepsilon_0 S}+\dfrac{d_1}{\varepsilon_r\varepsilon_0 S}}$$
$$= \frac{\varepsilon_0 S}{d_0 - d_1 + \dfrac{d_1}{\varepsilon_r}} = \frac{\varepsilon_0 S}{d_0 - d_1\left(1-\dfrac{1}{\varepsilon_r}\right)}$$

ゆえに，

$$Q_b = C_b V = \frac{\varepsilon_0 S}{d_0 - d_1\left(1-\dfrac{1}{\varepsilon_r}\right)}V\,[\mathrm{C}]$$

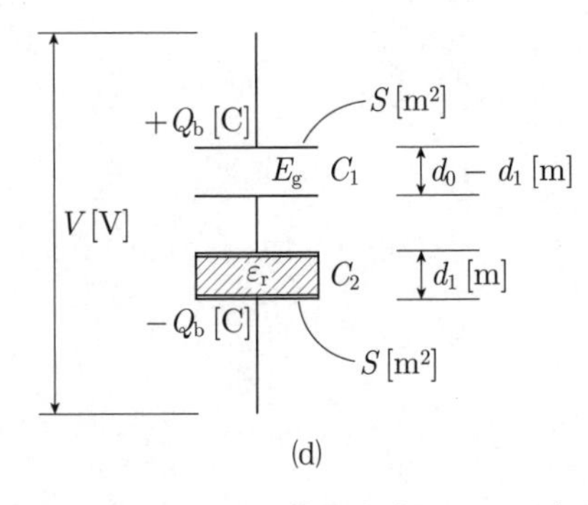

(d)

空気ギャップ部の電束密度D_gは，電界の強さをE_gとすると，

$$D_g = \frac{Q_b}{S} = \varepsilon_0 E_g$$

$$E_g = \frac{Q_b}{\varepsilon_0 S} = \frac{1}{\varepsilon_0 S}\frac{\varepsilon_0 S}{d_0 - d_1\left(1-\dfrac{1}{\varepsilon_r}\right)}V$$
$$= \frac{V}{d_0 - d_1\left(1-\dfrac{1}{\varepsilon_r}\right)}\,[\mathrm{V/m}] \qquad ②$$

②式の分母に注目すると，$\varepsilon_r > 1$より，$d_1\left(1-\dfrac{1}{\varepsilon_r}\right) > 0$であるから，$d_0 - d_1\left(1-\dfrac{1}{\varepsilon_r}\right) < d_0$となり，$E_g > E$の関係が導かれる．ゆえに，空気ギャップの電界は，固体誘電体を挿入する前の値に比べて**強くなる**．

(c)図の極板と同形同面積の導体を平行に極板へ挿入したときのコンデンサに蓄えられる電荷$Q_c\,[\mathrm{C}]$，電束密度$D_c\,[\mathrm{C/m}]$，電界の強さE_cをそれぞれ求める．導体内部は電位差0の等電位であるから，極板間距離が$d_0 \to d_0 - d_2$に短縮されたコンデンサとみなせる．

$$Q_c = C_c V = \frac{\varepsilon_0 S}{d_0 - d_2}V\,[\mathrm{C}]$$

$$D_c = \frac{Q_c}{S} = \varepsilon_0 E_c$$

$$\therefore\quad E_c = \frac{Q_c}{\varepsilon_0 S} = \frac{1}{\varepsilon_0 S}\frac{\varepsilon_0 S}{d_0 - d_2}V$$
$$= \frac{V}{d_0 - d_2}\,[\mathrm{V/m}] \qquad ③$$

①式と③式を比較すると，分母$d_0 > d_0 - d_2$より，$E_c > E$となり，導体に挿入する前と比べて**強くなる**．

よって，**求める選択肢は**(1)となる．

(1)

問3　長さ2 mの直線状の棒磁石があり，その両端の磁極は点磁荷とみなすことができ，その強さは，N極が1×10^{-4} Wb，S極が-1×10^{-4} Wbである．図のように，この棒磁石を点BC間に置いた．このとき，点Aの磁界の大きさの値[A/m]として，最も近いものを次の(1)～(5)のうちから一つ選べ．

ただし，点A，B，Cは，一辺を2 mとする正三角形の各頂点に位置し，真空中にあるものとする．真空の透磁率は$\mu_0 = 4\pi \times 10^{-7}$ H/mとする．また，N極，S極の各点磁荷以外の部分から点Aへの影響はないものとする．

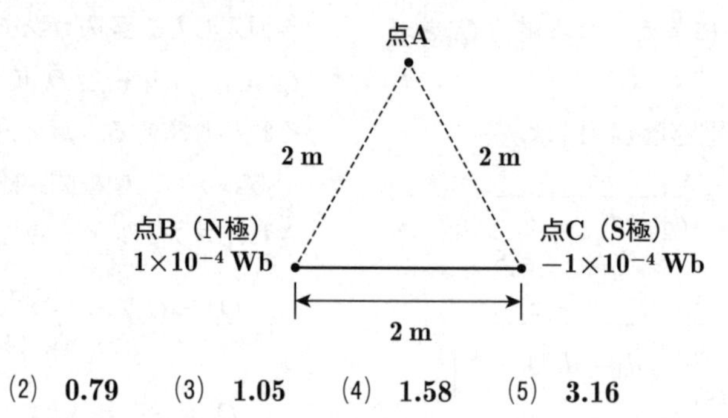

(1)　0　(2)　0.79　(3)　1.05　(4)　1.58　(5)　3.16

解3 問題図の点Aに働く磁界は，点Bの点磁荷 m_B，点Cの点磁荷 m_C が点Aにつくる磁界をそれぞれベクトルで求め，それらを合成して求められる．

点Aに働く磁界 H_A は，次図に示すようになる．

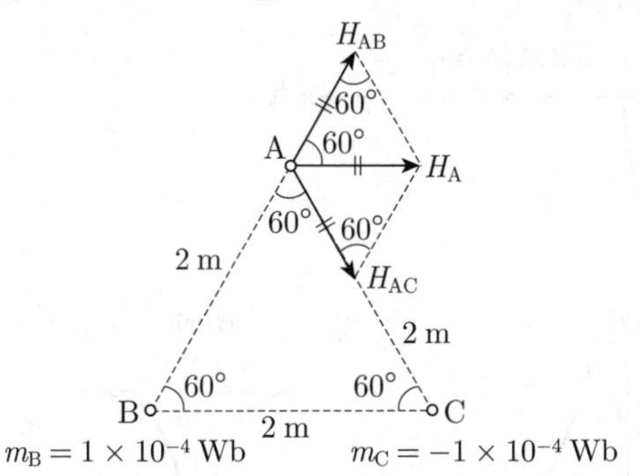

点磁荷 m_B による点Aの磁界 H_{AB} は，$m_B > 0$ より直線AB線上で点Bと反対側の向きに働く．一方，点磁荷 m_C による点Aの磁界 H_{AC} は，$m_C < 0$ より直線AC線上で点Cの向きに働くので，H_{AB} と H_{AC} をベクトル合成した H_A は，H_{AB} および H_{AC} と大きさが等しく，辺BCと平行な図示の方向となる．

H_{AB} および H_{AC} は磁界に関するクーロンの法則により，

$$H_{AB} = \frac{m_B}{4\pi\mu_0 r^2} = \frac{1\times10^{-4}}{4\pi\mu_0}\cdot\frac{1}{2^2}$$

$$= 6.33\times10^4\times\frac{1\times10^{-4}}{4}$$

$$= 1.582\,5\ \mathrm{A/m}$$

$$H_{AC} = \frac{m_C}{4\pi\mu_0 r^2} = \frac{1\times10^{-4}}{4\pi\mu_0}\cdot\frac{1}{2^2}$$

$$= 6.33\times10^4\times\frac{-1\times10^{-4}}{4}$$

$$= 1.582\,5\ \mathrm{A/m}$$

ゆえに，H_A の大きさは，

$H_A = 1.582\,5\ \mathrm{A/m}$ ㊀

よって，求める選択肢は最も近い(4)となる．

〔ここがポイント〕 磁界に関するクーロンの法則

点磁荷相互間に働く作用力の法則を，磁界に関するクーロンの法則という．磁荷を仮想的な点磁荷と考えると，静電気の電荷の考え方が磁気にそのまま適用できる．この場合N極を電荷の＋に，S極を電荷の－にそれぞれ対応させればよい．

μ_0 は問題に与えられているが，$1/(4\pi\mu_0) = 6.33\times10^4$ m/Hを暗記しておけば解答のように短時間で計算できる．

(4)

問4 図のように，原点Oを中心としx軸を中心軸とする半径a [m]の円形導体ループに直流電流I [A]を図の向きに流したとき，x軸上の点，つまり，$(x,\ y,\ z) = (x,\ 0,\ 0)$に生じる磁界の$x$方向成分$H(x)$ [A/m] を表すグラフとして，最も適切なものを次の(1)～(5)のうちから一つ選べ．

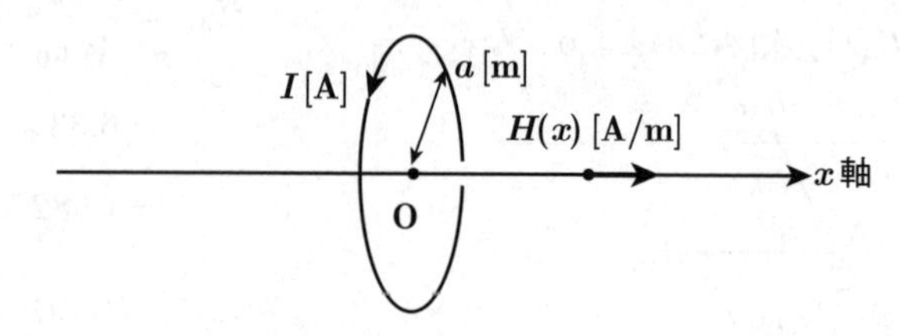

(1)
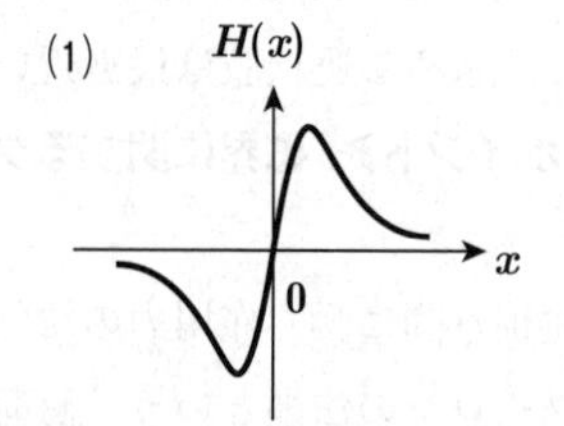

(2)
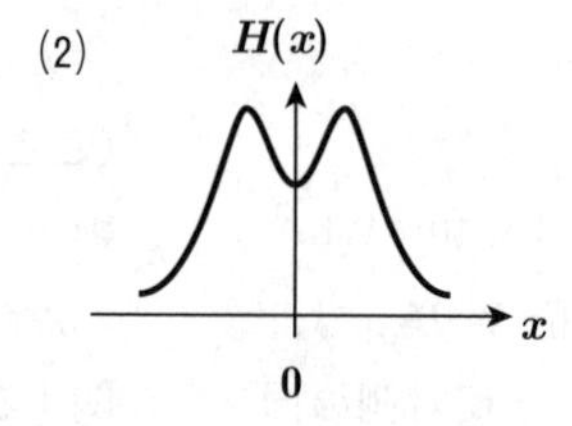

(3)
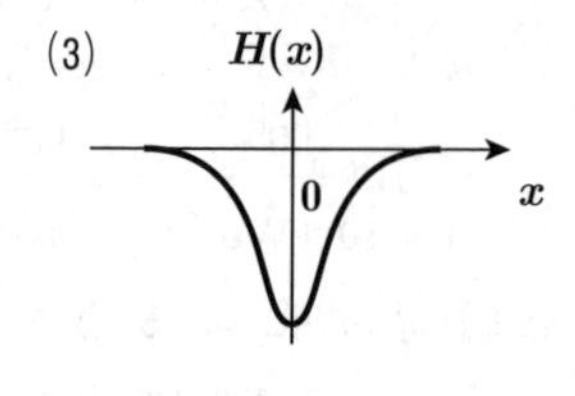

(4)
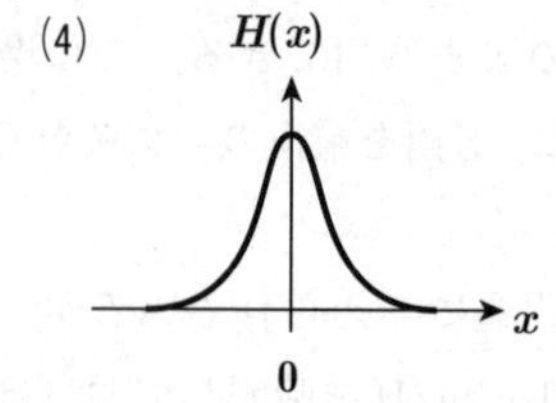

(5)
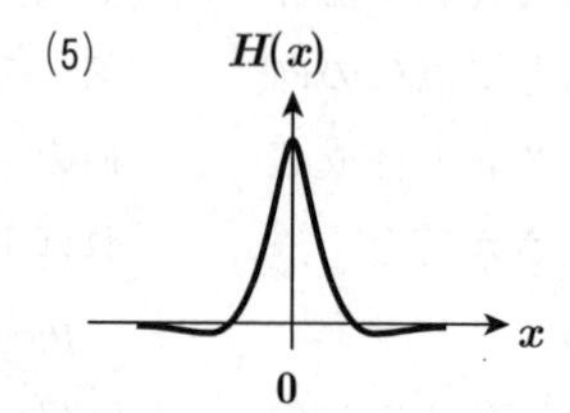

解4 問題図のx軸上の任意の点xに生じる磁界$H(x)$は，$x>0$の範囲では(a)図，$x<0$の範囲では(b)図をもとに考察する．

(a) $x>0$の範囲

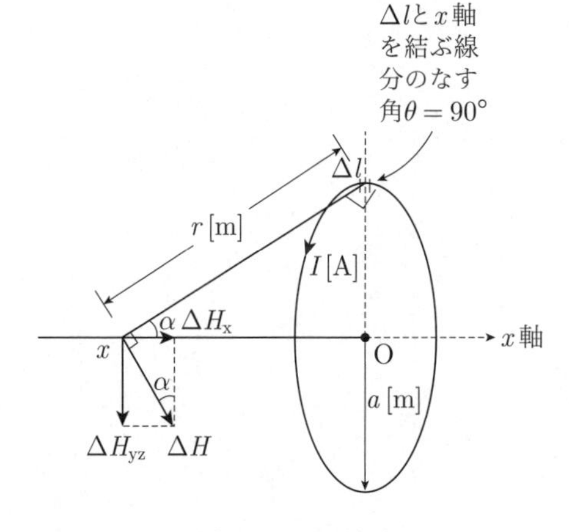

(b) $x<0$の範囲

(a)図に示す，微小長さΔlに流れる電流I [A]が原点から距離x [m]の点につくる磁界ΔHは，ビオ・サバールの法則から次式で表せる．

$$\Delta H=\frac{I\Delta l}{4\pi r^2}\sin\theta\,[\mathrm{A/m}]$$

ここでθはΔlとx軸を結ぶ線分のなす角であり，円周上どこでも$\theta=90°$なので，$\sin\theta=1$．ΔHのx軸成分$\Delta H(x)$は，

$$\Delta H(x)=\Delta H\sin\alpha=\frac{I\Delta l}{4\pi r^2}\cdot\frac{a}{r}=\frac{aI}{4\pi r^3}\Delta l$$

$H(x)$はΔlを1周積分した値であり，円周長の$2\pi r$であるから，

$$H(x)=\frac{aI}{4\pi r^3}\times 2\pi a=\frac{a^2}{2r^3}I\,[\mathrm{A/m}] \quad ①$$

したがって，$H(x)$は距離rの3乗に逆比例して減少することがわかる．

$x<0$の範囲の(b)図においても，ベクトルの方向から，$\Delta H(x)>0$であることがわかる．xが負の方向に増加すると，$H(x)$は(a)図と同様，距離rの3乗に逆比例して減少する．$x=0$，すなわち円の中心では，①式に$r=a$を代入して，

$$H(0)=\frac{a^2}{2a^3}I=\frac{I}{2a}\,[\mathrm{A/m}]$$

となり，最大値を示す．

よって，求める$H(x)$を表すグラフは，(4)または(5)のいずれかであるが，$H(x)$は(a)，(b)図による考察から負になることはないので，**(4)が答え**となる．

〔ここがポイント〕 ビオ・サバールの法則から，x軸上に生じる磁界ΔH，およびx方向の磁界$\Delta H(x)$を(a)，(b)図のように作図により確認することができれば(4)，(5)のグラフのいずれかになることが類推できる．磁界のベクトルはΔlに流れる電流に対しアンペアの右ねじの法則を基本とすればよい．参考までにHのyz成分は，Δlによる磁界ΔH_{yz}と原点に対して対称な位置の$\Delta l'$による磁界$\Delta H_{yz'}$が互いに打ち消しあうため，全円周長にわたって積分するとゼロになる．

答 (4)

次の文章は，抵抗器の許容電力に関する記述である．

許容電力 $\frac{1}{4}$ W，抵抗値100 Ωの抵抗器A，及び許容電力 $\frac{1}{8}$ W，抵抗値200 Ωの抵抗器Bがある．抵抗器Aと抵抗器Bとを直列に接続したとき，この直列抵抗に流すことのできる許容電流の値は［(ア)］mAである．また，直列抵抗全体に加えることのできる電圧の最大値は，抵抗器Aと抵抗器Bとを並列に接続したときに加えることのできる電圧の最大値の［(イ)］倍である．

上記の記述中の空白箇所(ア)及び(イ)に当てはまる数値の組合せとして，最も近いものを次の(1)～(5)のうちから一つ選べ．

	(ア)	(イ)
(1)	25.0	1.5
(2)	25.0	2.0
(3)	37.5	1.5
(4)	50.0	0.5
(5)	50.0	2.0

解5 解説図(a)より，抵抗器AおよびBに流すことのできる電流値I_AおよびI_Bを求める．

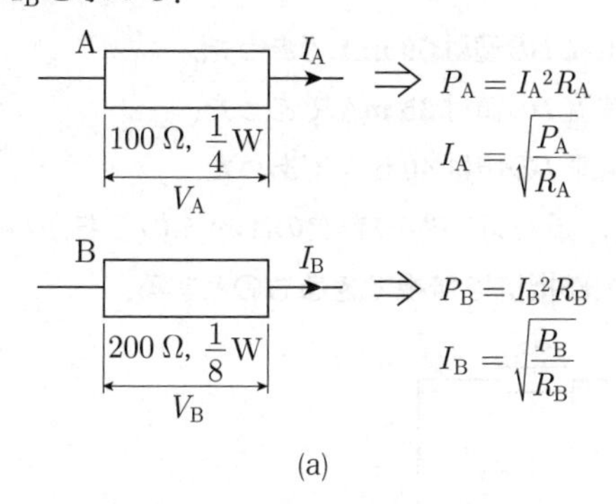

(a)

A器およびB器の諸量を添字A，Bを付けて表すと，

$$P_A = I_A{}^2 R_A$$

$$I_A = \sqrt{\frac{P_A}{R_A}} = \sqrt{\frac{1/4}{100}} = \sqrt{\frac{1}{20^2}} = 0.05\ \mathrm{A}$$

$$P_B = I_B{}^2 R_B$$

$$I_B = \sqrt{\frac{P_B}{R_B}} = \sqrt{\frac{1/8}{200}} = \sqrt{\frac{1}{40^2}} = 0.025\ \mathrm{A}$$

(b)図の直列抵抗に流すことのできる許容電流の値は，I_AとI_Bのうち小さいほうの値となるので，

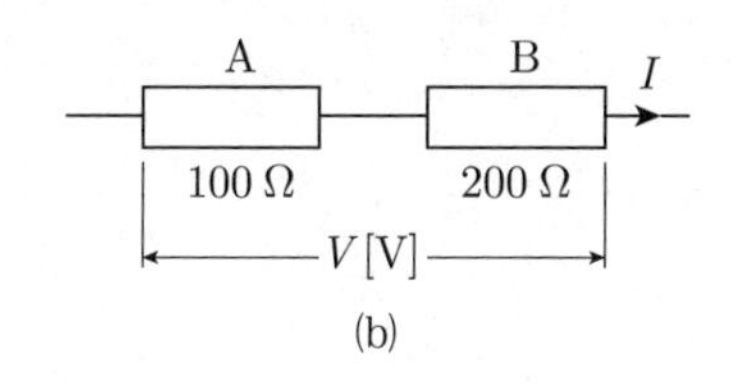

(b)

許容電流$I = I_B = 0.025\ \mathrm{A} = 25.0\ \mathrm{mA}$ (答)

直列接続抵抗回路全体に加えることのできる電圧の最大値V[V]は，(b)図において，

$$V = I(R_A + R_B) = 0.025(100 + 200)$$
$$= 7.5\ \mathrm{V}$$

並列接続抵抗回路全体に加えることのできる電圧の最大値V'は，(c)図において，抵抗A，抵抗Bにかかる電圧をそれぞれV_A，V_Bとすると，

$$V_A = I_A R_A = 0.05 \times 100 = 5.0\ \mathrm{V}$$

$$V_B = I_B R_B = 0.025 \times 200 = 5.0\ \mathrm{V}$$

$$\therefore\quad V' = V_A = V_B = 5.0\ \mathrm{V}$$

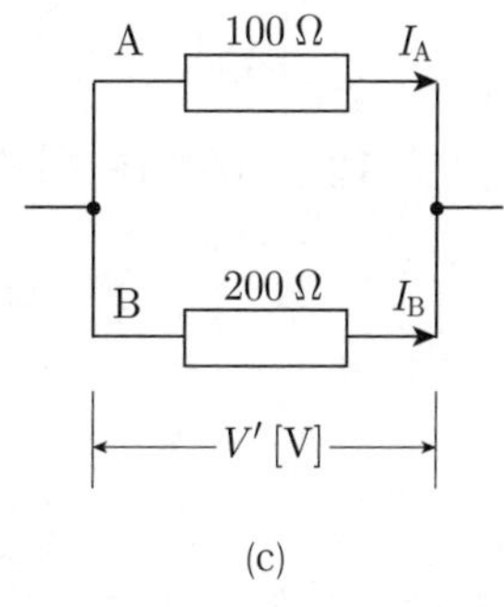

(c)

したがって，電圧の最大値の倍数は，

$$\frac{V}{V'} = \frac{7.5}{5.0} = 1.5 \quad (答)$$

(1)

問6　R_a，R_b 及び R_c の三つの抵抗器がある．これら三つの抵抗器から二つの抵抗器（R_1 及び R_2）を選び，図のように，直流電流計及び電圧 $E = 1.4$ V の直流電源を接続し，次のような実験を行った．

実験Ⅰ：R_1 を R_a，R_2 を R_b としたとき，電流 I の値は 56 mA であった．

実験Ⅱ：R_1 を R_b，R_2 を R_c としたとき，電流 I の値は 35 mA であった．

実験Ⅲ：R_1 を R_a，R_2 を R_c としたとき，電流 I の値は 40 mA であった．

これらのことから，R_b の抵抗値 [Ω] として，最も近いものを次の(1)～(5)のうちから一つ選べ．ただし，直流電源及び直流電流計の内部抵抗は無視できるものとする．

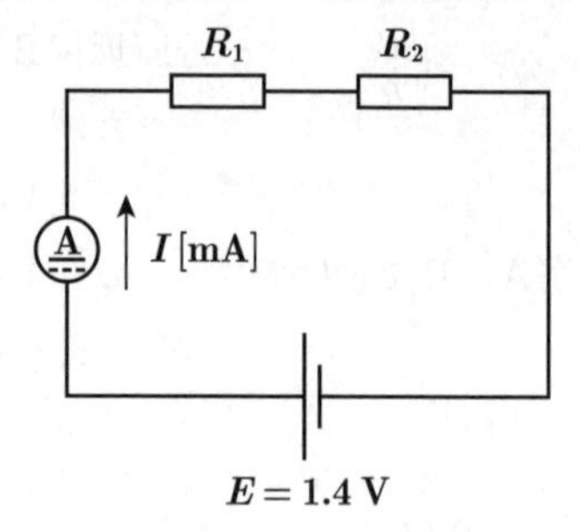

(1)　10　　(2)　15　　(3)　20　　(4)　25　　(5)　30

解6 題意より，直流電流計の内部抵抗を無視して問題の条件を図示すると，(a)，(b)，(c)図のようになる．

それぞれの図からキルヒホッフの第2法則（電圧則）により立式すると，

$$R_a + R_b = \frac{E}{I_1} = \frac{1.4}{56 \times 10^{-3}} = 25\,\Omega \quad ①$$

$$R_b + R_c = \frac{E}{I_2} = \frac{1.4}{35 \times 10^{-3}} = 40\,\Omega \quad ②$$

$$R_a + R_c = \frac{E}{I_3} = \frac{1.4}{40 \times 10^{-3}} = 35\,\Omega \quad ③$$

（①式＋②式＋③式）÷2を計算し，

$$R_a + R_b + R_c = 50\,\Omega \quad ④$$

④式－③式より，

$R_b = 50 - 35 = 15\,\Omega$ （答）

よって，求める選択肢は(2)となる．

答 (2)

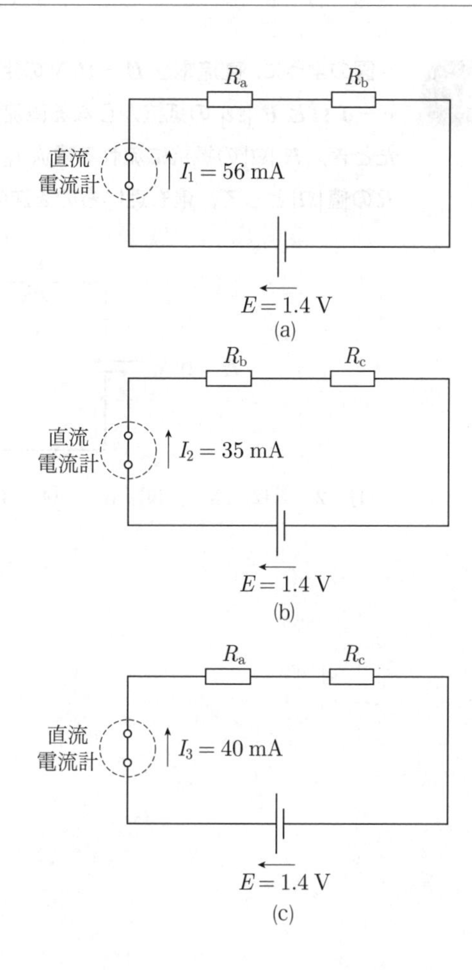

理論 電力 機械 法規 令和5上(2023) 令和4下(2022) 令和4上(2022) 令和3(2021) 令和2(2020) 令和元(2019) 平成30(2018) 平成29(2017) 平成28(2016) 平成27(2015)

問7　図のように，直流電圧 $E = 10$ V の定電圧源，直流電流 $I = 2$ A の定電流源，スイッチS，$r = 1$ Ωと R [Ω] の抵抗からなる直流回路がある．この回路において，スイッチSを閉じたとき，R [Ω]の抵抗に流れる電流 I_R の値 [A] がSを閉じる前に比べて2倍に増加した．Rの値[Ω]として，最も近いものを次の(1)～(5)のうちから一つ選べ．

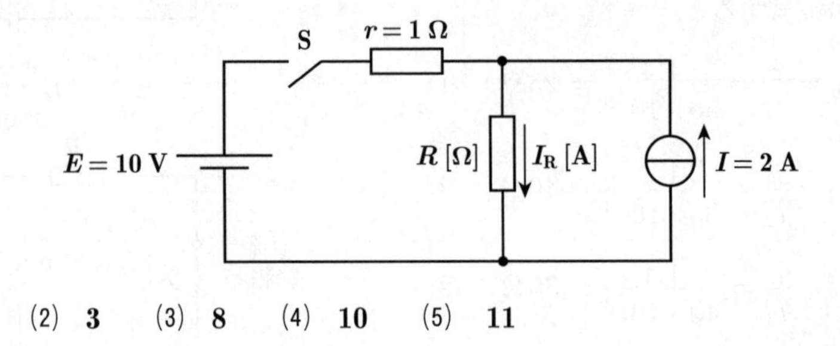

(1) **2**　(2) **3**　(3) **8**　(4) **10**　(5) **11**

解7 題意を図示すると，(a)，(b)図のようになる．

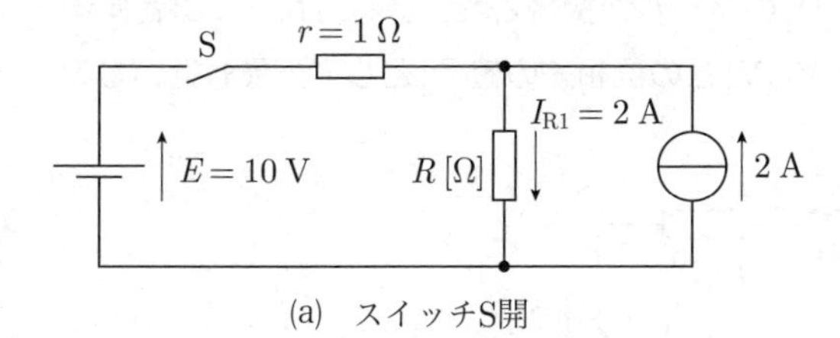

(a) スイッチS開

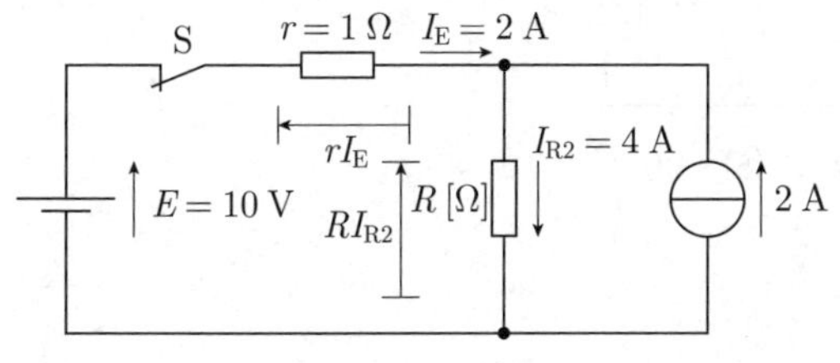

(b) スイッチS閉

スイッチSを閉じる前の抵抗Rに流れる電流は，(a)図より$I_{R1} = 2$ Aである．Sを閉じたときの抵抗Rに流れる電流がSを閉じる前に比べて2倍に増加したので，(b)図より抵抗Rに流れる電流は$I_{R2} = 4$ Aとなり，増加分の2 Aは定電圧源$E = 10$ Vから供給されることがわかる．

(b)図の抵抗rおよびRと定電圧源$E = 10$ Vの直列接続閉回路において，キルヒホッフの第2法則（電圧則）を適用すると，

$$E = rI_E + RI_{R2}$$

$$R = \frac{E - rI_E}{I_{R2}} = \frac{10 - 1 \times 2}{4} = 2\,\Omega \quad (答)$$

よって，**求める選択肢は(1)**となる．

別解

重ねの定理を用いた別解を次に示す．

Sを閉じたときの回路(b)において，定電流源のみと定電圧源のみが存在する回路に分けて描くと，(c)および(d)図のようになる．

(c)図より，I_{R3}を求めると，

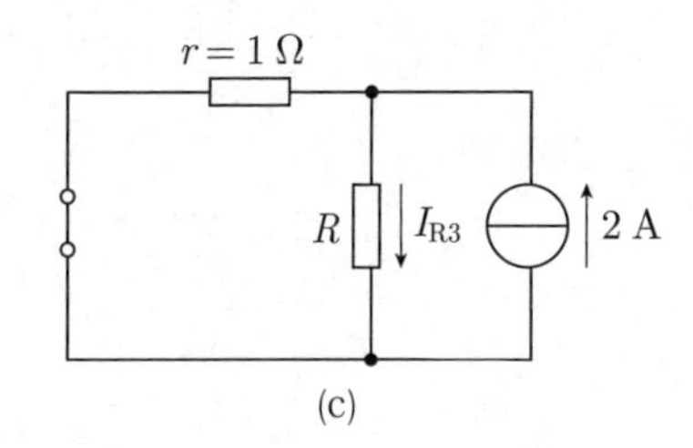

(c)

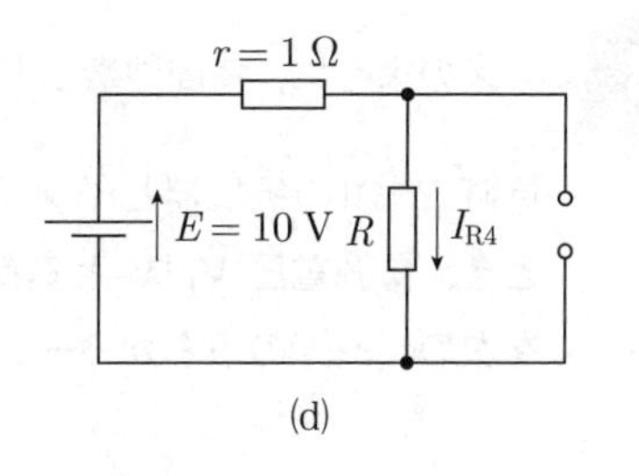

(d)

$$I_{R3} = \frac{r}{R + r} \times 2 = \frac{2}{R + 1}\,[\text{A}] \quad ①$$

(d)図より，I_{R4}を求めると，

$$I_{R4} = \frac{E}{R + r} = \frac{10}{R + 1}\,[\text{A}] \quad ②$$

①式，②式より，Sを閉じたときのRを流れる電流$I_R{}'$は，

$$I_R{}' = I_{R3} + I_{R4} = \frac{2 + 10}{R + 1} = \frac{12}{R + 1}\,[\text{A}]$$

一方，Sを閉じる前のRの電流は$I = I_{R1} = 2$ Aであり，Sを閉じたあとのRの電流は$I_R{}' = 2I_{R1}$より，

$$\frac{12}{R + 1} = 2 \times 2 = 4$$

$$R + 1 = \frac{12}{4} = 3\,\Omega$$

$$R = 3 - 1 = 2\,\Omega \quad (答)$$

よって，**求める選択肢は(1)**となる．

〔ここがポイント〕

1．重ねの理

線形回路を解く方法の一つで，回路内に複数の電源が含まれている回路は，それぞれ電源を単独として電流分布を求め，最後に重ね合わせれば任意の点の電流が求められるという定理である．重ね合わせの際は，以下の点に十分注意する．

(1) 電流の向きに十分注意して重ね合わせる．
(2) 一つの電源のみを残し，他の電源を取り去ったあとは，
- 定電圧源は短絡する．
- 定電流源は開放する．

ことを忘れずに行う．

答 (1)

問8　図のように，角周波数ω [rad/s] の交流電源と力率$\frac{1}{\sqrt{2}}$の誘導性負荷$\dot{Z}$ [Ω] との間に，抵抗値R [Ω] の抵抗器とインダクタンスL [H] のコイルが接続されている．$R=\omega L$とするとき，電源電圧$\dot{V}_1$ [V] と負荷の端子電圧$\dot{V}_2$ [V] との位相差の値[°]として，最も近いものを次の(1)~(5)のうちから一つ選べ．

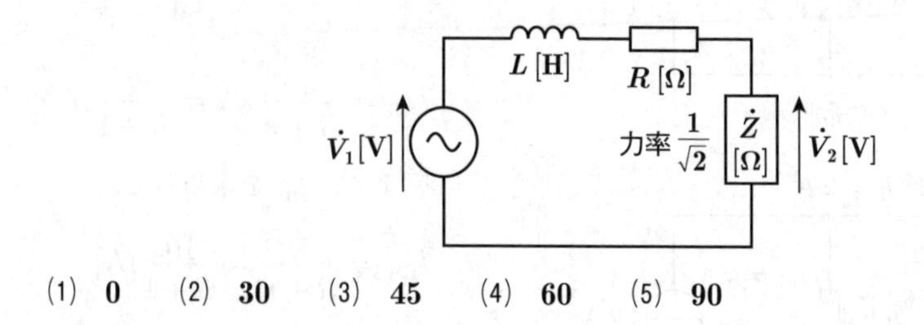

(1) **0**　(2) **30**　(3) **45**　(4) **60**　(5) **90**

解8　問題図の誘導性負荷$\dot{Z}$の抵抗値をr[Ω]，インダクタンスをl[H]とすると，(a)図のように表せる．

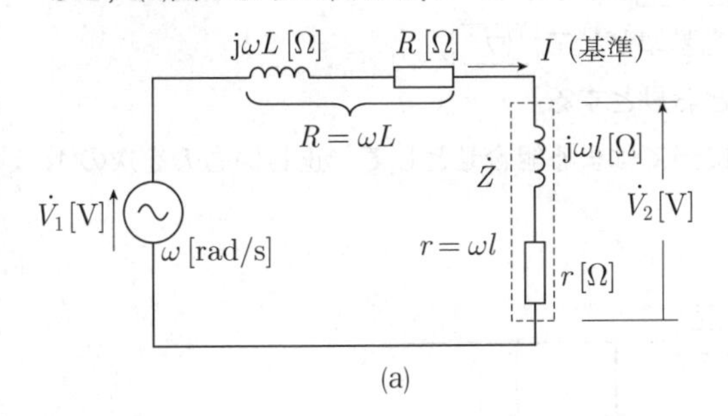

(a)

同図より，

$$\dot{Z}=r+\mathrm{j}\omega l$$

負荷の力率は$1/\sqrt{2}$より，

$$\cos\theta=\frac{r}{|\dot{Z}|}=\frac{r}{\sqrt{r^2+(\omega l)^2}}=\frac{1}{\sqrt{2}}$$

$$\frac{r^2}{r^2+(\omega l)^2}=\frac{1}{2}$$

$$r^2=(\omega l)^2\Rightarrow r=\omega l$$

rに対するRの倍率をkとおくと，

$$R=kr$$

$$\omega L=k\omega l$$

回路に流れる電流Iを基準ベクトルとすると，負荷の端子電圧$\dot{V}_2$および電源電圧$\dot{V}_1$はそれぞれ，

$$\dot{V}_2=ZI=rI+\mathrm{j}\omega lI\ [\mathrm{V}]$$

$$\begin{aligned}\dot{V}_1&=(\dot{Z}+R+\mathrm{j}\omega L)I\\&=(r+\mathrm{j}\omega l+R+\mathrm{j}\omega L)I\\&=\{(k+1)r+\mathrm{j}\omega(k+1)l\}I\\&=(k+1)(rI+\mathrm{j}\omega lI)\ [\mathrm{V}]\\&=(k+1)\dot{V}_2\end{aligned}$$

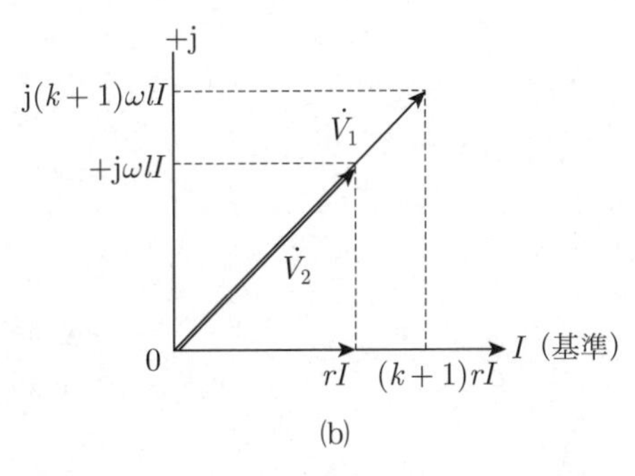

(b)

$\dot{V}_2$および$\dot{V}_1$のベクトル図は(b)図のように描くことができる．$\dot{V}_1$は大きさが$\dot{V}_2$の$k+1$倍でベクトルの向きは変わらない．すなわち，$\dot{V}_2$および$\dot{V}_1$は同相であるため，**位相差はない**．よって，求める選択肢は(1)**となる**．

〔ここがポイント〕

1.　$r=\omega l$のときの力率角θ

抵抗とインダクタンスの直列接続において，抵抗rとリアクタンスωlが等しい場合の力率は，(c)図を参照して，

$$\cos\theta=\frac{r}{|\dot{Z}|}=\frac{r}{\sqrt{r^2+(\omega l)^2}}$$

$$=\frac{r}{\sqrt{r^2+r^2}}=\frac{1}{\sqrt{2}}$$

このとき，力率角θは，

$$\theta=\cos^{-1}\left(\frac{1}{\sqrt{2}}\right)=45°$$

と求められる．

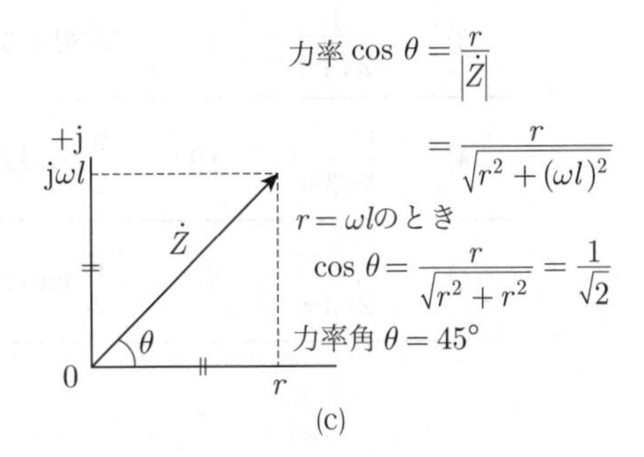

(c)

2.　$\dot{V}_1$と$\dot{V}_2$の位相差の求め方

1．の解説から負荷の力率が$1/\sqrt{2}$のとき$r=\omega l$であることに気づけば，線路のインピーダンスも$R=\omega L$であるから，インピーダンス角が45°と等しくなる．直列回路で電流を基準ベクトルとすれば，$\dot{V}_1$と$\dot{V}_2$の位相角はそれぞれ線路インピーダンス角および負荷の力率角と等しいので，それぞれ45°となり位相差はゼロとわかる．

 (1)

問9　次の文章は，図の回路に関する記述である．

交流電圧源の出力電圧を10 Vに保ちながら周波数f[Hz]を変化させるとき，交流電圧源の電流の大きさが最小となる周波数は［(ア)］Hzである．このとき，この電流の大きさは［(イ)］Aであり，その位相は電源電圧を基準として［(ウ)］．

ただし，電流の向きは図に示す矢印のとおりとする．

上記の記述中の空白箇所(ア)，(イ)及び(ウ)に当てはまる組合せとして，正しいものを次の(1)～(5)のうちから一つ選べ．

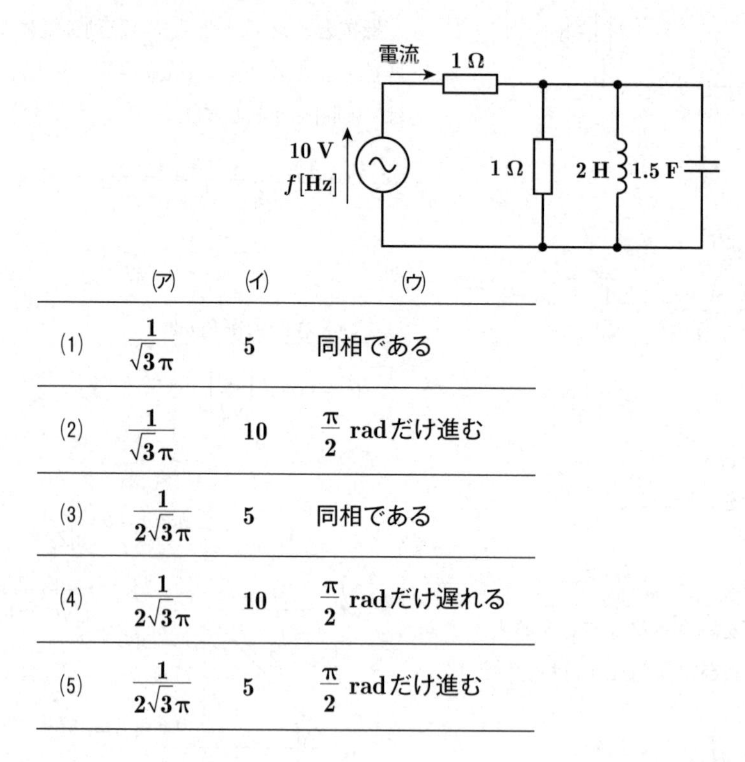

	(ア)	(イ)	(ウ)
(1)	$\dfrac{1}{\sqrt{3}\pi}$	5	同相である
(2)	$\dfrac{1}{\sqrt{3}\pi}$	10	$\dfrac{\pi}{2}$ radだけ進む
(3)	$\dfrac{1}{2\sqrt{3}\pi}$	5	同相である
(4)	$\dfrac{1}{2\sqrt{3}\pi}$	10	$\dfrac{\pi}{2}$ radだけ遅れる
(5)	$\dfrac{1}{2\sqrt{3}\pi}$	5	$\dfrac{\pi}{2}$ radだけ進む

解9 問題図における交流電圧源の電流$\dot{I}$の大きさIが最小となるのは，(a)図のRLC並列回路が並列共振しているときである．

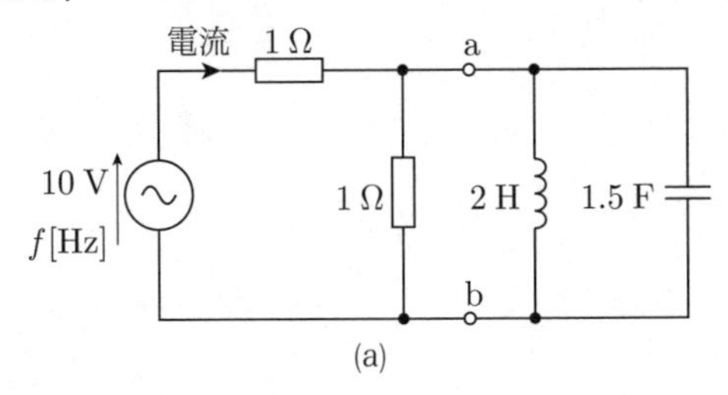

(a)

交流並列回路の共振周波数f_0は，

$$
\begin{aligned}
f_0 &= \frac{1}{2\pi\sqrt{LC}} \\
&= \frac{1}{2\pi\sqrt{2\times1.5}} = \frac{1}{2\sqrt{3}\pi}\ \mathrm{Hz} \quad (答)
\end{aligned}
$$

並列共振時は，LとCのリアクタンスが互いに等しく，両素子に流れる電流が互いに相殺しあうため，(a)図の端子a-b以降のLとCの並列部分には電流が流れない．したがって，並列共振時の等価回路は(b)図のようになる．

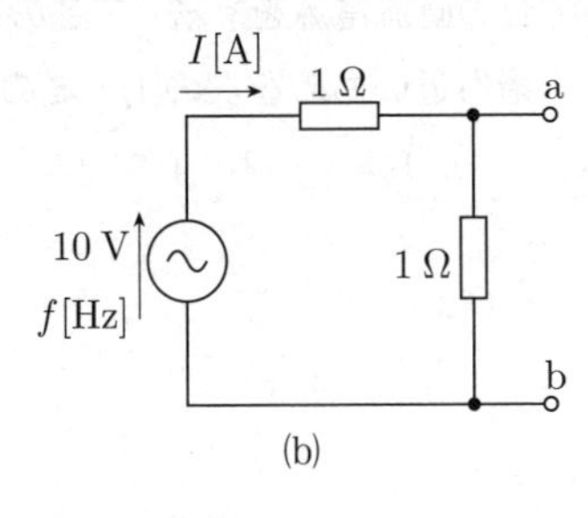

(b)

(b)図に流れる電流I [A]は，

$$
I = \frac{10}{1+1} = 5\ \mathrm{A} \quad (答)
$$

電源電圧を基準とした電流の位相差は，(b)図の回路が抵抗のみであるから，力率は1であり，位相差は0°となる．ゆえに電源電圧と電流は**同相である**．

よって，求める選択肢は**(3)となる**．

(3)

静電容量が1 Fで初期電荷が0 Cのコンデンサがある．起電力が10 Vで内部抵抗が0.5 Ωの直流電源を接続してこのコンデンサを充電するとき，充電電流の時定数の値[s]として，最も近いものを次の(1)～(5)のうちから一つ選べ．

(1) **0.5**　(2) **1**　(3) **2**　(4) **5**　(5) **10**

解10 題意を図示すると，(a)図に示すようになる．

直流電源の内部抵抗をR，コンデンサの静電容量をCとすると，直流電源が接続されたRC直列回路であることがわかる．

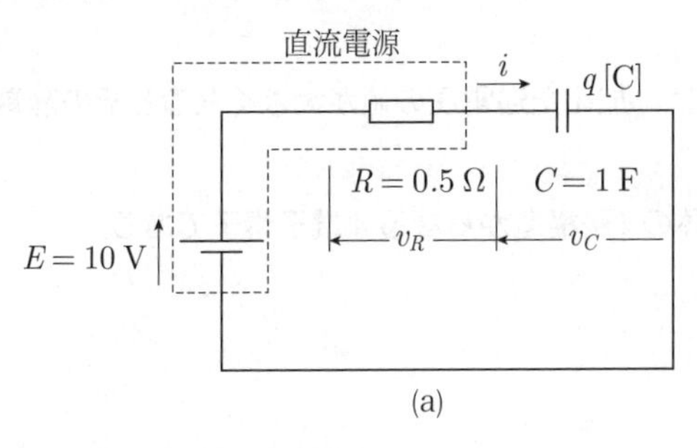

(a)

RC直列回路の時定数Tは，

$$T = RC = 0.5 \times 1 = 0.5\ \mathrm{s} \quad (答) \qquad ①$$

〔ここがポイント〕 RC直列回路の過渡現象についてまとめる．

1. 回路電流 i [A]

$$i = \frac{E}{R}\mathrm{e}^{-\frac{t}{RC}}\ [\mathrm{A}] \quad (※(b)図参照) \qquad ②$$

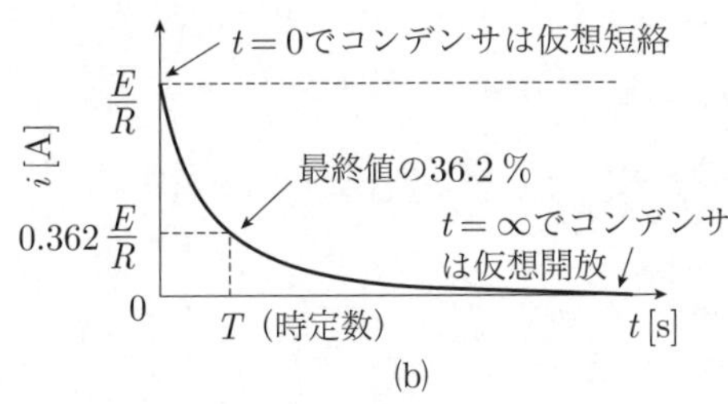

(b)

2. R，Cに印加される電圧 v_R，v_C

$$v_R = Ri = E\mathrm{e}^{-\frac{t}{RC}}\ [\mathrm{V}] \qquad ③$$

$v_R + v_C = E$の関係より，

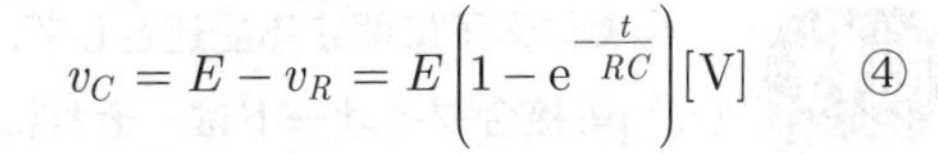

$$v_C = E - v_R = E\left(1 - \mathrm{e}^{-\frac{t}{RC}}\right)[\mathrm{V}] \qquad ④$$

(※(c)図参照)

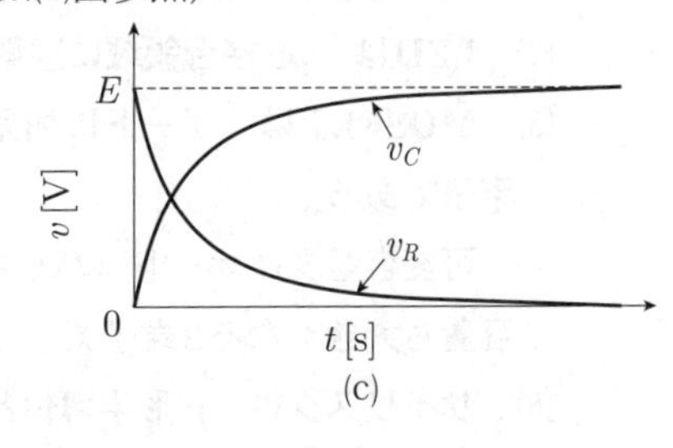

(c)

3. コンデンサに蓄えられる電荷 q [C]

$$q = Cv_C = CE\left(1 - \mathrm{e}^{-\frac{t}{RC}}\right)[\mathrm{C}] \qquad ⑤$$

(※(d)図参照)

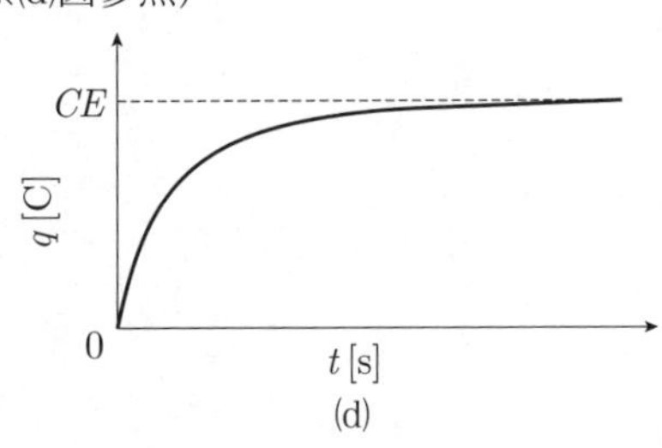

(d)

基本的な時定数①式や指数関数式②式および波形の概略形は少なくとも覚えておくことが必要である．

あとはオームの法則$V = RI$，キルヒホッフの第2法則（電圧則）である$v_R + v_C = E$や，蓄えられる電荷の公式$Q = CV$を用いて前述のように③～⑤式が求められる．

(1)

半導体素子に関する記述として，正しいものを次の(1)～(5)のうちから一つ選べ．

(1) pn接合ダイオードは，それに順電圧を加えると電子が素子中をアノードからカソードへ移動する2端子素子である．

(2) LEDは，pn接合領域に逆電圧を加えたときに発光する素子である．

(3) MOSFETは，ゲートに加える電圧によってドレーン電流を制御できる電圧制御形の素子である．

(4) 可変容量ダイオード（バリキャップ）は，加えた逆電圧の値が大きくなるとその静電容量も大きくなる2端子素子である．

(5) サイリスタは，p形半導体とn形半導体の4層構造からなる4端子素子である．

解11　問題の記述を検証する．

(1)　(a)図に示すように，pn接合ダイオードは，アノードを＋，カソードを－になるように順電圧を加えると電子●が素子中を**カソード（K）からアノード（A）へ移動する**．したがって，「アノードからカソードへ移動する」の記述は誤り．

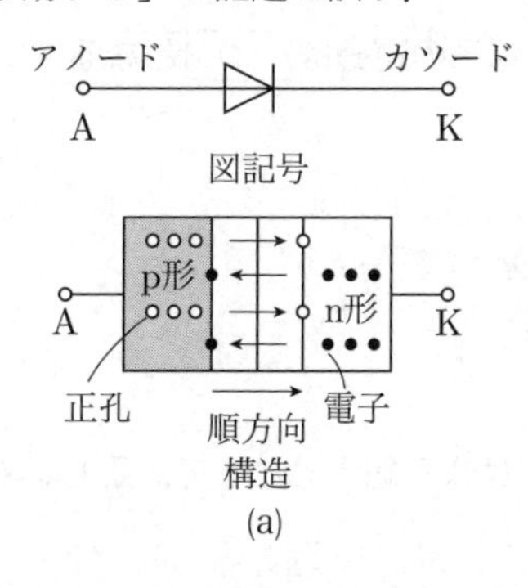

(a)

(2)　LEDは発光ダイオードを表す．LEDはpn接合領域に対し，**順方向電圧を印加**すると，電子と正孔が再結合する際にエネルギー準位差に相当する余剰エネルギーを光として放出する．したがって，「逆電圧を加えたときに発光する」の記述は誤り．

(3)　MOSFETは(b)図に示すように，ゲート(G)に加える電圧 V_{GS} を上昇させるとチャネル幅が広がり，ドレーン電流 I_D は増加する．逆に V_{GS} を低下させるとチャネル幅が狭まりドレーン電流は減少する．したがって，ゲートに加える電圧によってドレーン電流を制御できる電圧制御形の素子であるから**記述は正しい**．

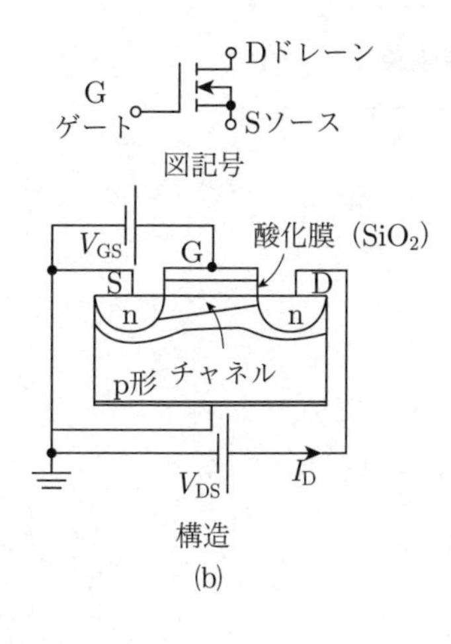

(b)

(4)　可変容量ダイオードは，加えた逆電圧が大きくなると空乏層の幅が大きくなる．この幅はダイオードをコンデンサとしてみると極板間隔 d に相当する．このため静電容量の定義式 $C=\varepsilon_0 S/d$ より d が大きくなると**静電容量 C は小さくなる**．したがって，「静電容量も大きくなる」の記述は誤り．

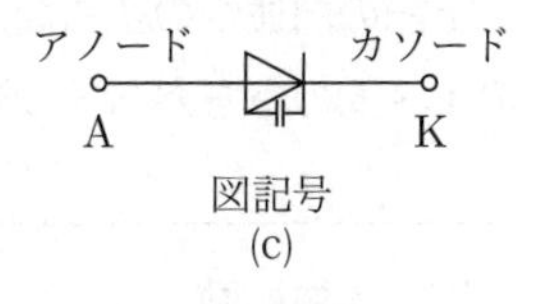

(c)

(5)　サイリスタは(d)図に示すように，p形半導体とn形半導体の4層構造からなるアノード(A)，カソード(K)，ゲート(G)の**3端子素子である**．「4端子素子である」の記述は誤り．

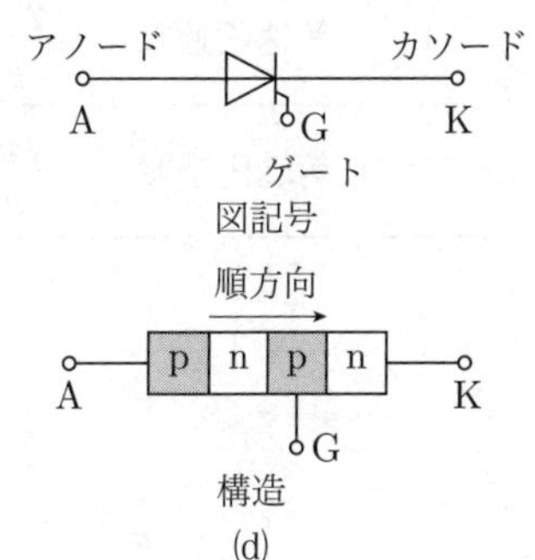

(d)

以上より，求める選択肢は(3)である．

(3)

問12 次の文章は，磁界中の電子の運動に関する記述である．

図のように，平等磁界の存在する真空かつ無重力の空間に，電子をx方向に初速度v [m/s] で放出する．平等磁界はz方向であり磁束密度の大きさB [T] をもつとし，電子の質量をm [kg]，素電荷の大きさをe [C] とする．ただし，紙面の裏側から表側への向きをz方向の正とし，vは光速に比べて十分小さいとする．このとき，電子の運動は (ア) となり，時間$T=$ (イ) [s] 後に元の位置に戻ってくる．電子の放出直後の軌跡は破線矢印の (ウ) のようになる．

一方，電子を磁界と平行なz方向に放出すると，電子の運動は (エ) となる．

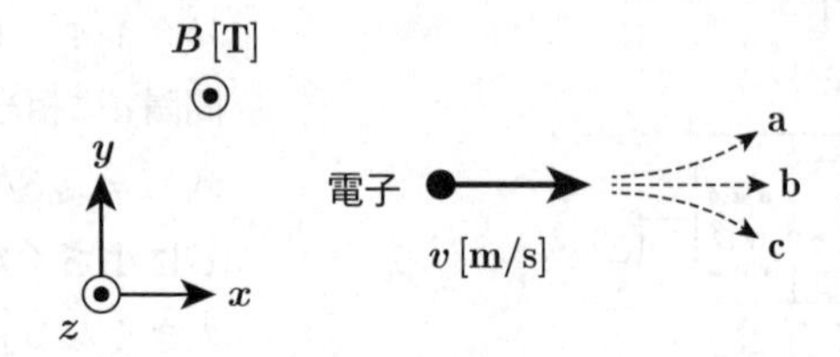

上記の記述中の空白箇所(ア)，(イ)，(ウ)及び(エ)に当てはまる組合せとして，正しいものを次の(1)～(5)のうちから一つ選べ．

	(ア)	(イ)	(ウ)	(エ)
(1)	単振動	$\dfrac{m}{eB}$	a	等加速度運動
(2)	単振動	$\dfrac{m}{2\pi eB}$	b	らせん運動
(3)	等速円運動	$\dfrac{m}{eB}$	c	等速直線運動
(4)	等速円運動	$\dfrac{2\pi m}{eB}$	c	らせん運動
(5)	等速円運動	$\dfrac{2\pi m}{eB}$	a	等速直線運動

解12 問題図のように，平等磁界B [T]中の真空かつ無重力の空間に，電子を磁界Bと直角のx方向に初速度v [m/s]で放出したとき，電子は磁界からローレンツ力f_L[N]を受ける．ローレンツ力f_Lは電子の運動と直角方向に働くため，電子の放出直後の軌跡は問題図の**破線矢印のa**のようになる．

電子は曲線軌道を運動するため，f_Lと逆向きに外側に向かって遠心力f_rが働く．このf_Lとf_rが釣合いを維持しながら速度v [m/s]で運動すると，電子の運動は図(a)に示すような半径r [m]の**等速円運動**となる．

また，題意より無重力状態を考えるので，(b)図に示すようにz方向には運動しない．

f_Lとf_rはそれぞれ次式で与えられる．

$$f_r = \frac{mv^2}{r}\,[\mathrm{N}],\quad f_L = Bev\,[\mathrm{N}]$$

1．等速円運動の半径r [m]

$f_L = f_r$より，

$$\frac{mv^2}{r} = Bev$$

$$\therefore\quad r = \frac{mv}{Be}\,[\mathrm{m}] \qquad ①$$

2．電子が元の位置に戻ってくる時間T [s]

求めるTは電子が1周するのにかかる時間すなわち周期であるから，1周の円周長を速度vで除して求められる．次式においてrを①式で置き換えると，

$$T = \frac{2\pi r}{v} = \frac{2\pi}{v}\frac{mv}{eB} = \frac{2\pi m}{eB}\,[\mathrm{s}] \quad (答)$$

(a)

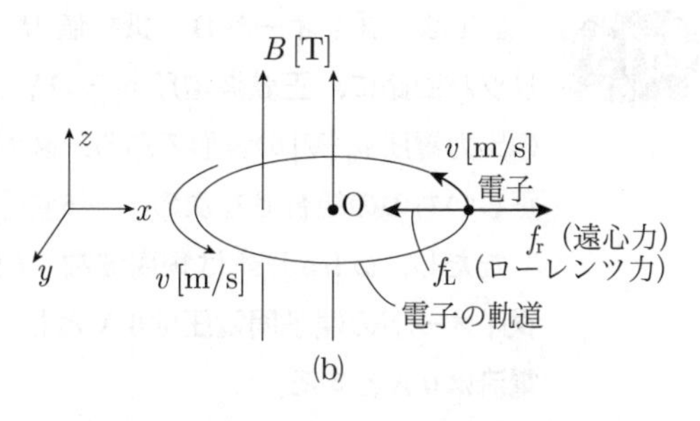

(b)

3．電子を磁界と平行なz方向に放出したときの運動

電子を磁界と平行なz方向に放出すると，(c)図に示すように**磁界と電子の運動方向のなす角がゼロ**であるから，電子は磁界からローレンツ力を受けない．したがって，初速度v [m/s]を維持したまま**等速直線運動**を行う．

したがって，求める選択肢は(5)**となる**．

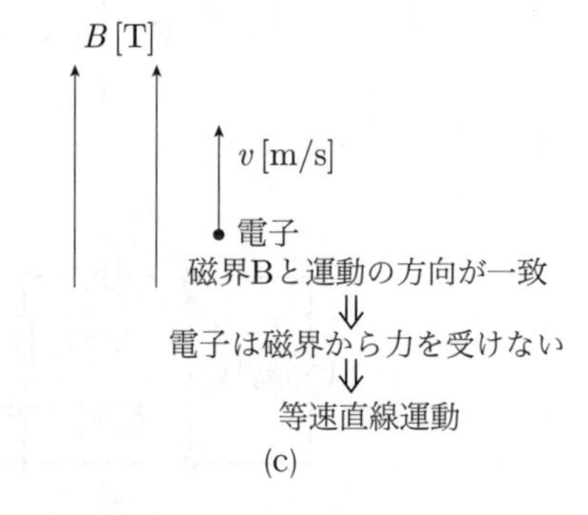

(c)

〔ここがポイント〕

1．磁界中における電子の運動

電子はローレンツ力f_Lと遠心力f_rが釣り合った状態で磁界中を進むため，ある半径rを保ちながら等速円運動をする．等速となるのは，真空中では電子の運動を妨げるものはなく，重力の影響も考えないため電子の初速度vが保存されるからである．

2．電子の運動の角速度ω [rad/s]

$$\omega = \frac{v}{r} = \frac{v}{mv/eB} = \frac{eB}{m}\,[\mathrm{rad/s}]$$

Tとωは，初速度vに無関係にBだけで決まることがわかる．

(5)

問13 図1は，ダイオードD，抵抗値 R [Ω] の抵抗器，及び電圧 E [V] の直流電源からなるクリッパ回路に，正弦波電圧 $v_{\mathrm{i}} = V_{\mathrm{m}} \sin \omega t$ [V]（ただし，$V_{\mathrm{m}} > E > 0$）を入力したときの出力電圧 v_{o} [V] の波形である．図2(a)～(e)のうち図1の出力波形が得られる回路として，正しいものの組合せを次の(1)～(5)のうちから一つ選べ．

ただし，ω [rad/s] は角周波数，t [s] は時間を表す．また，順電流が流れているときのダイオードの端子間電圧は0 Vとし，逆電圧が与えられているときのダイオードに流れる電流は0 Aとする．

(1) (a)，(e)　(2) (b)，(d)　(3) (a)，(d)

(4) (b)，(c)　(5) (c)，(e)

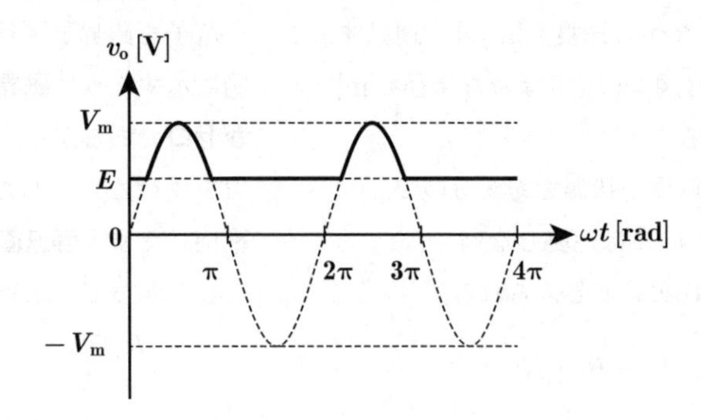

図1

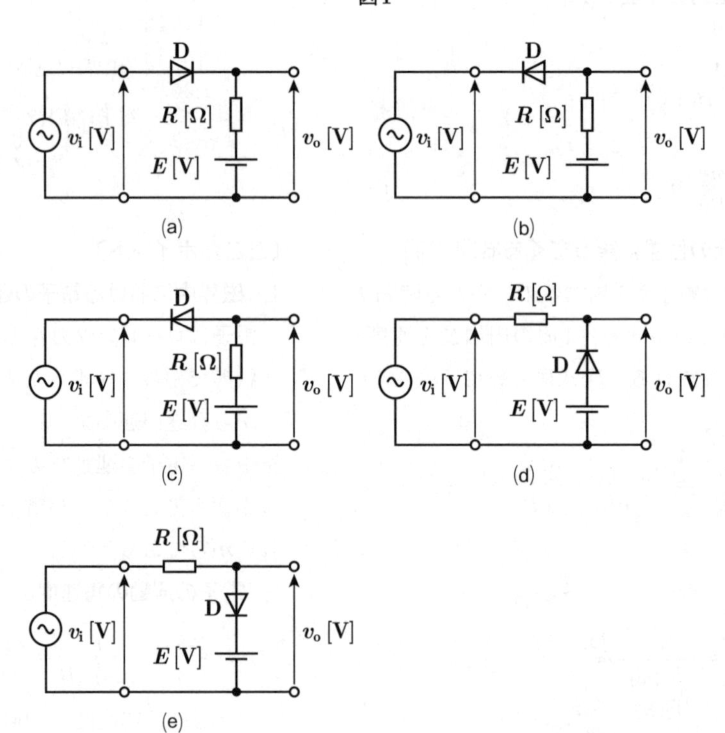

図2

解13 問題図1の波形は，入力波形の電圧Eから上側を切り取った波形を表している．この波形から次のことが読み取れる．

① $v_i \leqq E$のとき，$v_o = E$

② $v_i \geqq E$のとき，$v_o = v_i$

この条件を満足する回路は(a)と(d)である．

よって，選択肢は**(3)となる**．

〔ここがポイント〕

1．ベースクリッパ回路

基準電圧以下の波形を切り取り，基準電圧以上を取り出す回路（問題図の(a)と(d)）を**ベースクリッパ回路**という．

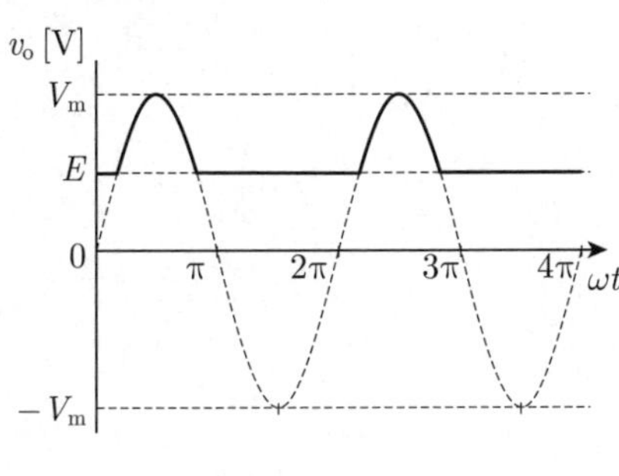

図1

(a)図の回路では，$v_i \leqq E$のとき，Dに逆電圧が加わり非導通でv_oはEがそのまま出力される．$v_i > E$のとき，Dに順電圧が加わるため導通し，$v_o = E + IR = v_i$となるように電流Iが流れる．

(d)図の回路では，$v_i \leqq E$のとき，Dは順電圧が加わり導通し，v_oはEがそのまま出力される．$v_i > E$のとき，Dは逆電圧が加わり非導通で直流電源Eを開放除去して考えてよく，$v_o = v_i$が出力される．

出力波形は(a)と(d)ともに図1になる．

問題の(b)図は負のベースクリッパ回路を示し，$v_i \leqq -E$のとき，Dは順電圧が加わるため導通し，$v_o = -E - IR = -v_i$となる電流Iが流れる．$v_i > -E$のとき，Dは逆電圧が加わり非導通でv_oは$-E$がそのまま出力される．出力波形は図2になる．

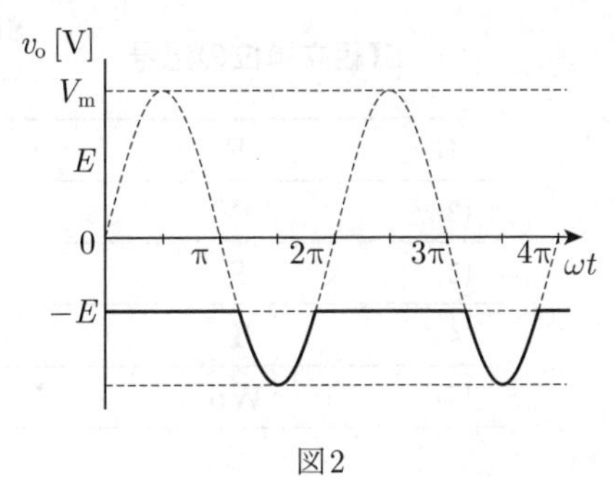

図2

2．ピーククリッパ回路

基準電圧以上の波形を切り取り，基準電圧以下を取り出す回路（問題図の(c)と(e)）を**ピーククリッパ回路**という．

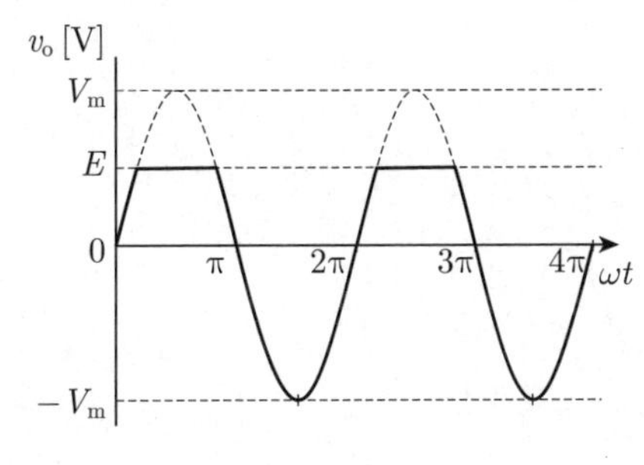

図3

(c)図の回路では，$v_i \leqq E$のとき，Dは順電圧が加わり導通し，$v_o = E - IR = v_i$となるように電流Iが流れる．$v_i > E$のとき，Dは逆電圧が加わり非導通となりv_oはEがそのまま出力される．

(e)図の回路では，$v_i \leqq E$のとき，Dは逆電圧が加わり非導通であるから直流電源Eを開放除去して考えてよく，$v_o = v_i$が出力される．$v_i > E$のとき，Dは順電圧が加わり導通となりv_oはEがそのまま出力される．出力波形は(c)と(e)ともに図3になる．

(3)

問14 固有の名称をもつSI組立単位の記号と，これと同じ内容を表す他の表し方の組合せとして，誤っているものを次の(1)～(5)のうちから一つ選べ．

	SI組立単位の記号	SI基本単位及びSI組立単位による他の表し方
(1)	F	C/V
(2)	W	J/s
(3)	S	A/V
(4)	T	Wb/m^2
(5)	Wb	V/s

解14 SI組立単位の記号と，これと同じ内容を表すほかの表し方の組合せに関して選択肢を検証する．

組立単位は，物理公式や電気公式から容易に誘導できる．

(1) 静電容量C[F]（ファラッド）

静電容量Cは，蓄えられる電荷の公式$Q=CV$から，

$$C=\frac{Q}{V}\Rightarrow 1\,\mathrm{F}=\frac{1\,\mathrm{C}}{1\,\mathrm{V}}=1\,\mathrm{C/V}$$

よって正しい．

(2) 電力P[W]（ワット）

Pは，1秒当たりのエネルギーであるから，エネルギーW[J]を時間t[s]で除して，

$$P=\frac{W}{t}\Rightarrow 1\,\mathrm{W}=\frac{1\,\mathrm{J}}{1\,\mathrm{s}}=1\,\mathrm{J/s}$$

よって正しい．

(3) コンダクタンスG[S]（ジーメンス）

Gは抵抗R[Ω]の逆数であるから，

$$G=\frac{1}{R}=\frac{1}{V/I}=\frac{I}{V}\Rightarrow 1\,\mathrm{S}=\frac{1\,\mathrm{A}}{1\,\mathrm{V}}=1\,\mathrm{A/V}$$

よって正しい．

(4) 磁束密度B[T]（テスラ）

$1\,\mathrm{m}^2$当たりの磁束ϕ[Wb]であるから，

$$B=\frac{\phi}{S}\Rightarrow 1\,\mathrm{T}=\frac{1\,\mathrm{Wb}}{1\,\mathrm{m}^2}=1\,\mathrm{Wb/m^2}$$

よって正しい．

(5) 磁束ϕ[Wb]（ウェーバー）

ファラデー電磁誘導の法則$e=\dfrac{\Delta\phi}{\Delta t}$から，

$$\Delta\phi=e\Delta t\Rightarrow 1\,\mathrm{Wb}=1\,\mathrm{V\cdot s}$$

よって**(5)のV/sは誤り**である．

〔ここがポイント〕 組立単位は基本単位と補助単位から構成される．

設問以外の主な単位におけるほかのSI単位での表現を次表に示す．

組立単位

量(単位)	単位記号	ほかのSI単位の表現
周波数(ヘルツ)	Hz	1/s
力(ニュートン)	N	$\mathrm{kg\cdot m/s^2}$
エネルギー(ジュール)	J	N·m
電気量(クーロン)	C	A·s
電圧(ボルト)	V	W/A
電気抵抗(オーム)	Ω	V/A
インダクタンス(ヘンリー)	H	Wb/A

(5)

B問題 配点は1問題当たり(a)5点，(b)5点，計10点

問15 図のように，起電力$\dot{E}_a$ [V]，$\dot{E}_b$ [V]，$\dot{E}_c$ [V]をもつ三つの定電圧源に，スイッチS_1，S_2，$R_1 = 10\ \Omega$及び$R_2 = 20\ \Omega$の抵抗を接続した交流回路がある．次の(a)及び(b)の問に答えよ．

ただし，$\dot{E}_a$ [V]，$\dot{E}_b$ [V]，$\dot{E}_c$ [V]の正の向きはそれぞれ図の矢印のようにとり，これらの実効値は100 V，位相は$\dot{E}_a$ [V]，$\dot{E}_b$ [V]，$\dot{E}_c$ [V]の順に$\frac{2}{3}\pi$ [rad]ずつ遅れているものとする．

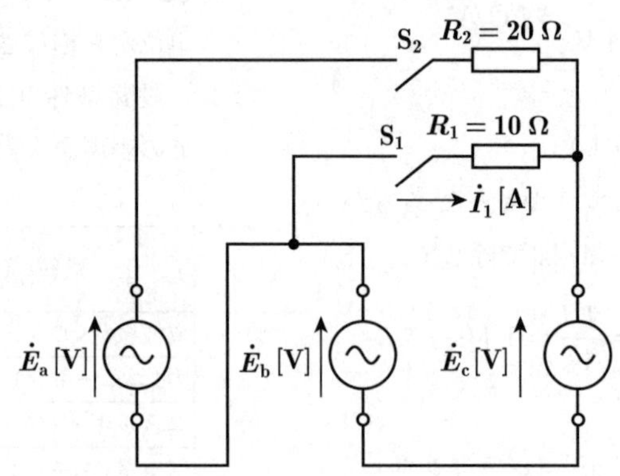

(a) スイッチS_2を開いた状態でスイッチS_1を閉じたとき，R_1 [Ω]の抵抗に流れる電流$\dot{I}_1$の実効値[A]として，最も近いものを次の(1)～(5)のうちから一つ選べ．

(1) 0 (2) 5.77 (3) 10.0 (4) 17.3 (5) 20.0

(b) スイッチS_1を開いた状態でスイッチS_2を閉じたとき，R_2 [Ω]の抵抗で消費される電力の値[W]として，最も近いものを次の(1)～(5)のうちから一つ選べ．

(1) 0 (2) 500 (3) 1 500 (4) 2 000 (5) 4 500

note

解15　(a)　**S_1：閉，S_2：開のとき R_1 に流れる電流 $\dot{I}_1$ の実効値 I_1[A]**

題意の回路を(a)図に示す．

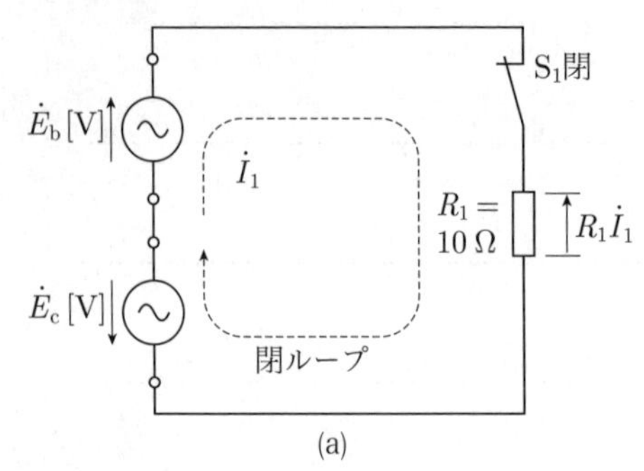

(a)

題意より，三つの定電圧源 $\dot{E}_a$，$\dot{E}_b$，$\dot{E}_c$ は(b)図のベクトル図で表すことができ，相順はa-b-cとなる．

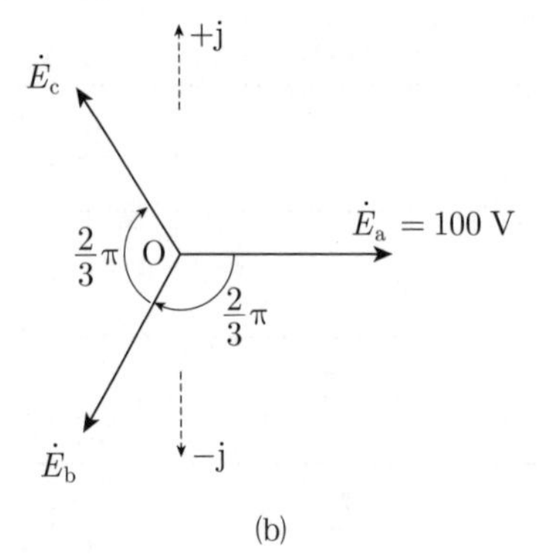

(b)

a相電圧を基準ベクトルとすると，三つの定電圧はそれぞれ次のように表せる．

$$E_a = 100\ \mathrm{V}$$

$$\dot{E}_b = 100\,\mathrm{e}^{-\frac{2\pi}{3}} = 100\left\{\cos\left(-\frac{2\pi}{3}\right) + \mathrm{j}\sin\left(-\frac{2\pi}{3}\right)\right\} = 100\left(-\frac{1}{2} - \mathrm{j}\frac{\sqrt{3}}{2}\right)\mathrm{V}$$

$$\dot{E}_c = 100\,\mathrm{e}^{-\frac{4\pi}{3}} = 100\left\{\cos\left(-\frac{4\pi}{3}\right) + \mathrm{j}\sin\left(-\frac{4\pi}{3}\right)\right\} = 100\left(-\frac{1}{2} + \mathrm{j}\frac{\sqrt{3}}{2}\right)\mathrm{V}$$

キルヒホッフの第1法則より，(a)図の閉ループを一巡したときの電圧降下と電源電圧が等しいので，電位の高い側に矢先を付け，破線ループの矢印に沿って一巡したときの電圧の総和を0とすると，

$$\dot{E}_b - R_1\dot{I}_1 - \dot{E}_c = 0$$

$$\dot{I}_1 = \frac{\dot{E}_b - \dot{E}_c}{R_1} = \frac{100\left(-\frac{1}{2} - \mathrm{j}\frac{\sqrt{3}}{2}\right) - 100\left(-\frac{1}{2} + \mathrm{j}\frac{\sqrt{3}}{2}\right)}{10} = \frac{-\mathrm{j}100\times\frac{\sqrt{3}}{2}\times 2}{10} = -\mathrm{j}10\sqrt{3}\ \mathrm{A}$$

$$\therefore\ I_1 = \left|-\mathrm{j}10\sqrt{3}\right| = 10\sqrt{3} = 17.32\ \mathrm{A}$$　(答)

(b)　**S_1：開，S_2：閉のとき抵抗 R_2 で消費される電力 P_2 [W]**

題意の回路を(c)図に示す．

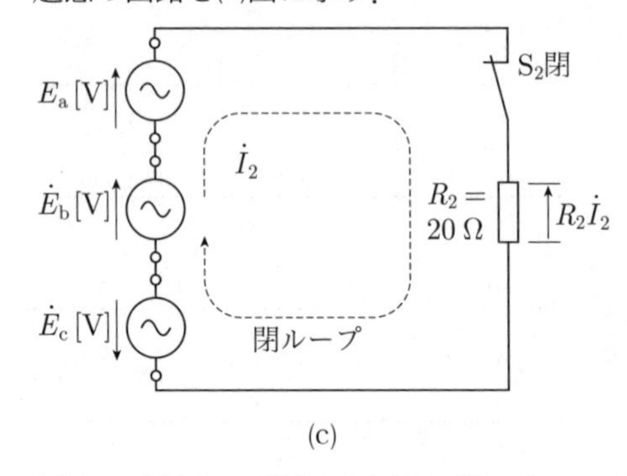

(c)

抵抗 R_2 を流れる電流 I_2 を(a)と同様に求めると，

$$E_a + \dot{E}_b - R_2\dot{I}_2 - \dot{E}_c = 0$$

$$\dot{I}_2 = \frac{E_a + \dot{E}_b - \dot{E}_c}{R_2} = \frac{100 - \mathrm{j}100\sqrt{3}}{20}\ \mathrm{A}$$

$$I_2 = \left|\dot{I}_2\right| = \frac{\left|100 - \mathrm{j}100\sqrt{3}\right|}{20} = \frac{100}{20}\sqrt{1+3} = 10\ \mathrm{A}$$

ゆえに，

$$P_2 = I_2^2 R_2 = 10^2 \times 20 = 2\,000\ \mathrm{W}$$　(答)

よって，**求める選択肢は(4)**となる．

〔ここがポイント〕　回路図を正しく描き，電源の正方向を正しく回路図に表すことがミス防止につながる．また，三つの電源の電圧を記号法（フェーザ）により正しく表せることが解法のポイントである．

別解

電源電圧$\dot{E}_a$，$\dot{E}_b$，$\dot{E}_c$のベクトル図を合成し，電源電圧の大きさ（実効値）を先に求めてもよい．本問では最終的に実効値を求めるので，この手法が使える．

(a) R_1に流れる電流の実効値I_1 [A]

(a)図の回路では，$\dot{E}_b$と$\dot{E}_c$が互いに逆向きの極性となっているので，$\dot{E}_b$を基準ベクトルにとると電源$\dot{E}_b-\dot{E}_c$は(d)図のように合成される．$\dot{E}_b$を正にとると，$-\dot{E}_c$は$\dot{E}_c$を180°逆向きにして加えることに注意する．各電圧の実効値は$E=100$ Vである．したがって，$\dot{E}_b-\dot{E}_c$の大きさは，

$$\left|\dot{E}_b-\dot{E}_c\right|=E\cos 30°\times 2=\sqrt{3}E$$
$$=100\sqrt{3}\ [\mathrm{V}]$$

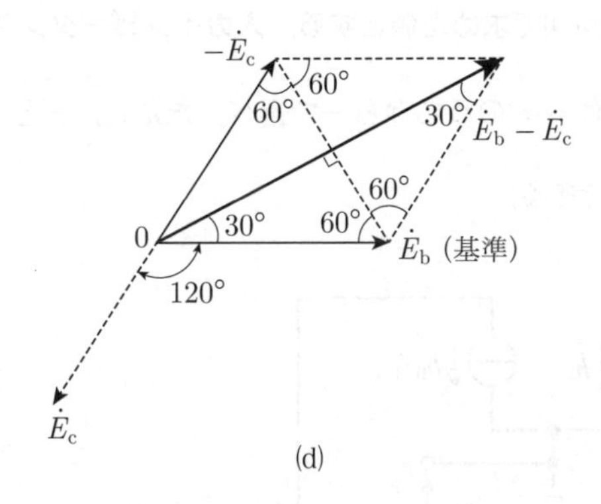

(d)

この電圧が(a)図の回路に加わるので，実効値I_1は，

$$I_1=\frac{\left|\dot{E}_b-\dot{E}_c\right|}{R_1}=\frac{100\sqrt{3}}{10}$$
$$=10\sqrt{3}=17.32\ \mathrm{A}\quad (答)$$

(b) 抵抗R_2で消費される電力P_2 [W]

電力はスカラー量であるから，大きさのみで求めることができる．(a)と同様に，電源$\dot{E}_a+\dot{E}_b-\dot{E}_c$をベクトル合成すれば電源電圧の実効値が直ちに求められる．a相を基準ベクトルにとり，$\dot{E}_a+\dot{E}_b$を合成し，最後に$-\dot{E}_c$を合成すると(e)図のベクトル図になる．電圧の大きさは，太字のベクトルの長さを求め，

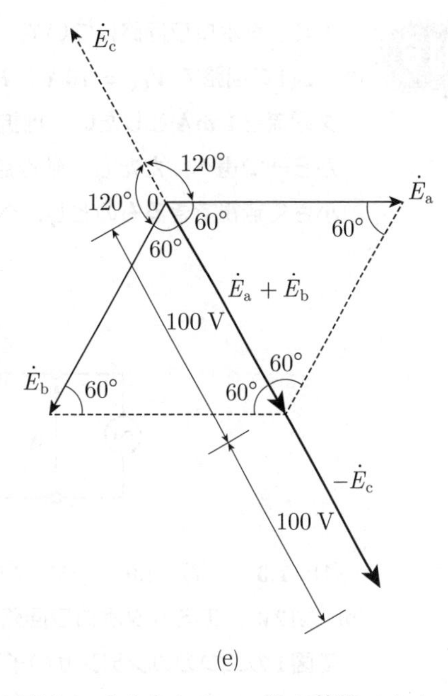

(e)

$$\left|\dot{E}_a+\dot{E}_b-\dot{E}_c\right|=\left|(\dot{E}_a+\dot{E}_b)-\dot{E}_c\right|$$
$$=E+E=2E=200\ \mathrm{V}$$

求める消費電力P_2は，

$$P_2=\frac{\left|\dot{E}_a+\dot{E}_b-\dot{E}_c\right|^2}{R_2}=\frac{200^2}{20}$$
$$=\frac{40\,000}{20}=2\,000\ \mathrm{W}\quad (答)$$

よって，**求める選択肢は(4)**となる．

ベクトル図の取扱いに習熟していれば，こちらの解法によるのが早い．

(a)-(4)，(b)-(4)

問16　エミッタホロワ回路について，次の(a)及び(b)の問に答えよ．

(a)　図1の回路で $V_{CC} = 10$ V，$R_1 = 18$ kΩ，$R_2 = 82$ kΩとする．動作点におけるエミッタ電流を1 mAとしたい．抵抗 R_E の値[kΩ]として，最も近いものを次の(1)～(5)のうちから一つ選べ．ただし，動作点において，ベース電流は R_2 を流れる直流電流より十分小さく無視できるものとし，ベース-エミッタ間電圧は0.7 Vとする．

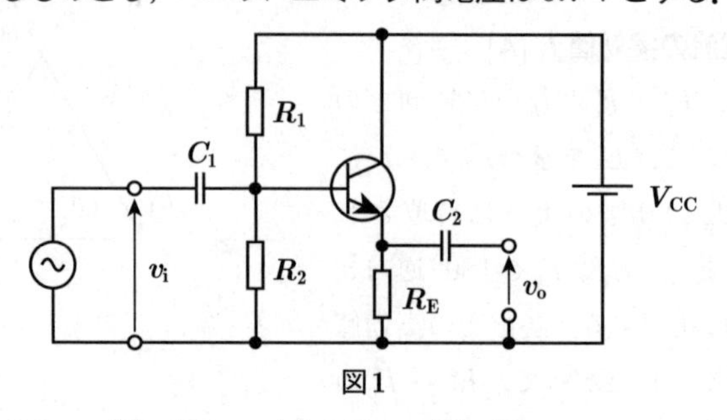

図1

(1)　1.3　　(2)　3.0　　(3)　7.5　　(4)　13　　(5)　75

(b)　図2は，エミッタホロワ回路の交流等価回路である．ただし，使用する周波数において図1の二つのコンデンサのインピーダンスが十分に小さい場合を考えている．ここで，$h_{ie} = 2.5$ kΩ，$h_{fe} = 100$ であり，R_E は小問(a)で求めた値とする．入力インピーダンス $\dfrac{v_i}{i_i}$ の値[kΩ]として，最も近いものを次の(1)～(5)のうちから一つ選べ．ただし，v_i と i_i はそれぞれ図2に示す入力電圧と入力電流である．

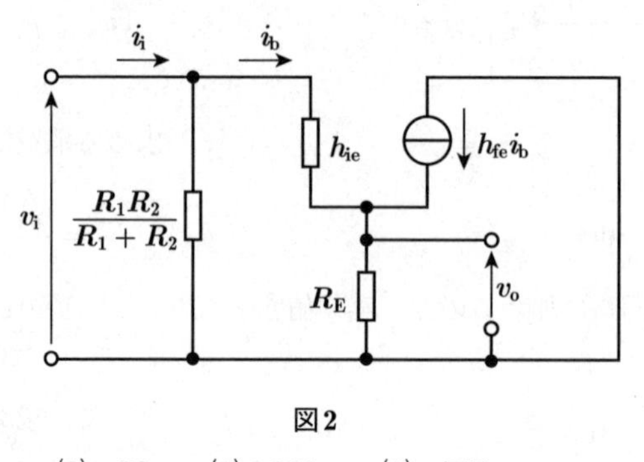

図2

(1)　2.5　　(2)　15　　(3)　80　　(4)　300　　(5)　750

解16 (a) 抵抗R_Eの値 [Ω]

題意を図示すると(a)図になる．

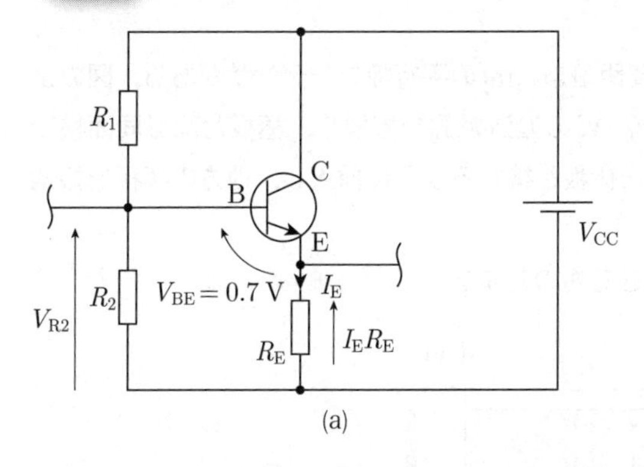

(a)

抵抗R_2にかかる電圧をV_{R2}，エミッタ電流をI_E，ベース-エミッタ間電圧をV_{BE}とすると，(a)図から次式が成り立つ．

$$V_{R2}=V_{BE}+I_ER_E$$

V_{R2}は直流バイアスV_{CC}を抵抗R_1とR_2で分圧したときのR_2の分担電圧であるから，

$$V_{R2}=\frac{R_2}{R_1+R_2}V_{CC}=\frac{82}{18+82}\times 10$$
$$=\frac{82\times 10}{100}=8.2\text{ V}$$

よって抵抗R_Eは，

$$R_E=\frac{V_{R2}-V_{BE}}{I_E}=\frac{8.2-0.7}{1\times 10^{-3}}=\frac{7.5}{1\times 10^{-3}}$$
$$=7.5\times 10^3=7.5\text{ k}\Omega \quad (答)$$

(b) 入力インピーダンス$\dfrac{v_i}{i_i}$の値 [kΩ]

問題図2の各部を流れる電流，およびh_{ie}，R_Eに生じる電圧降下を示した図を(b)図に示す．

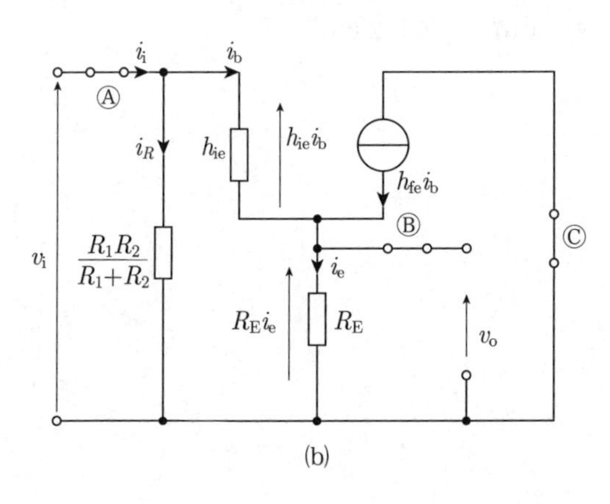

(b)

同図より，ベース電流i_bおよびR_1，R_2の並列抵抗$\dfrac{R_1R_2}{R_1+R_2}$に流れる電流i_Rをそれぞれ求めると，

$$v_i=i_bh_{ie}+R_Ei_e=i_bh_{ie}+R_E(i_b+i_c)$$
$$=\{h_{ie}+R_E(1+h_{fe})\}i_b$$

$$\therefore\quad i_b=\frac{v_i}{h_{ie}+R_E(1+h_{fe})}[\text{A}] \quad ①$$

$$i_R=\frac{v_i}{\dfrac{R_1R_2}{R_1+R_2}}=\frac{R_1+R_2}{R_1R_2}v_i\,[\text{A}] \quad ②$$

①式，②式より，

$$i_i=i_R+i_b$$
$$=\left\{\frac{R_1+R_2}{R_1R_2}+\frac{1}{h_{ie}+R_E(1+h_{fe})}\right\}v_i$$

入力インピーダンスは，

$$\frac{v_i}{i_i}=\frac{1}{\left\{\dfrac{R_1+R_2}{R_1R_2}+\dfrac{1}{h_{ie}+R_E(1+h_{fe})}\right\}}$$
$$=\frac{1\times 10^3}{\left\{\dfrac{18+82}{18\times 82}+\dfrac{1}{2.5+7.5(1+100)}\right\}}$$
$$=\frac{1\times 10^3}{0.067\,75+1/760}$$
$$=14.48\fallingdotseq 14.5\text{ k}\Omega \quad (答)$$

〔ここがポイント〕 問題図のように，コレクタに負荷抵抗が存在しない場合，交流回路としてはコレクタが共通端子となるので，この回路を**コレクタ接地**回路という．また，この回路はエミッタ電圧がベース電圧に従って変化することから，**エミッタホロワ**回路とも呼ばれる．

交流動作を考える場合，使用する周波数において(b)図中のⒶ，Ⓑの位置にあるコンデンサは**インピーダンスが十分小さい**場合は**短絡除去**できる．また，Ⓒの位置にある直流電圧源V_{CC}は**内部抵抗がゼロ**であるから同様に**短絡除去**できる．以上の理由から問題図2ではそれらが回路図上で省略されている．

(a) - (3)，(b) - (2)

問17及び問18は選択問題であり，問17又は問18のどちらかを選んで解答すること．両方解答すると採点されません．

（選択問題）

問17

空気（比誘電率1）で満たされた極板間距離$5d$ [m]の平行板コンデンサがある．図のように，一方の極板と大地との間に電圧V_0 [V]の直流電源を接続し，極板と同形同面積で厚さ$4d$ [m]の固体誘電体（比誘電率4）を極板と接するように挿入し，他方の極板を接地した．次の(a)及び(b)の問に答えよ．

ただし，コンデンサの端効果は無視できるものとする．

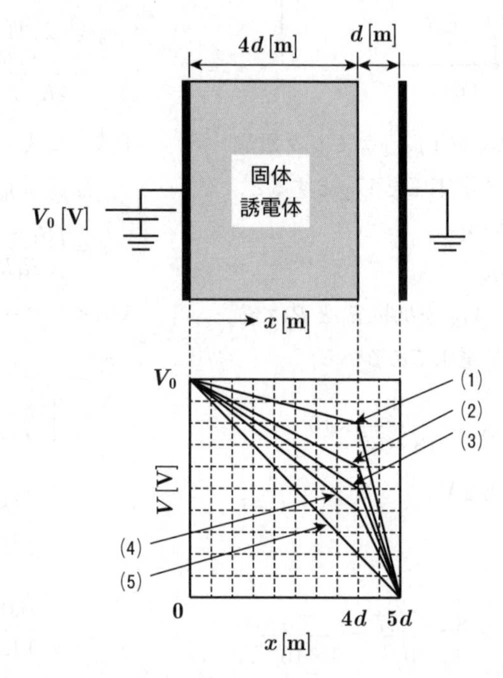

(a)　極板間の電位分布を表すグラフ（縦軸：電位V [V]，横軸：電源が接続された極板からの距離x [m]）として，最も近いものを図中の(1)～(5)のうちから一つ選べ．

(b)　$V_0 = 10$ kV，$d = 1$ mmとし，比誘電率4の固体誘電体を比誘電率ε_rの固体誘電体に差し替え，空気ギャップの電界の強さが2.5 kV/mmとなったとき，ε_rの値として最も近いものを次の(1)～(5)のうちから一つ選べ．

(1)　0.75　　(2)　1.00　　(3)　1.33　　(4)　1.67　　(5)　2.00

note

解17

(a) **極板間の電位分布を表すグラフ**

(a)図に示すように，固体誘電体と空気ギャップ部の静電容量をそれぞれC_1およびC_2とする．この回路は(b)図の等価回路で表せる．

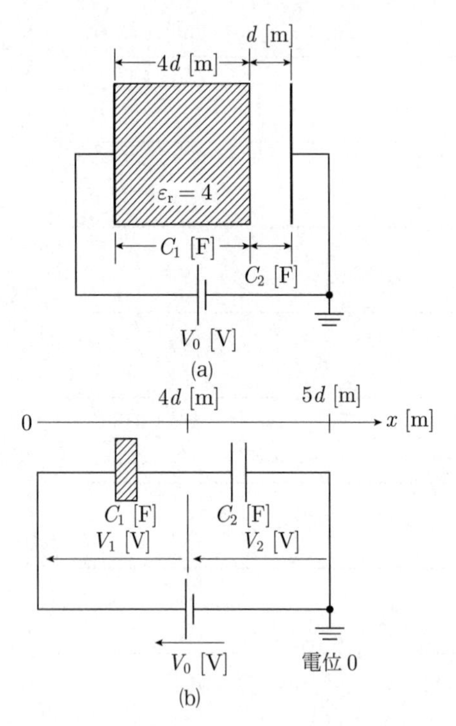

$$C_1 = \frac{\varepsilon_r \varepsilon_0 S}{4d} = \frac{4\varepsilon_0 S}{4d} = \frac{\varepsilon_0 S}{d}\,[\mathrm{F}] \quad ①$$

$$C_2 = \frac{\varepsilon_0 S}{d}\,[\mathrm{F}] \quad ②$$

したがって，$C_1 = C_2$で静電容量は等しくなる．$x = 4d$ [m]の位置における電圧，すなわち固体誘電体に印加される電圧V_1は，V_0をC_1とC_2で分圧したときのC_1の分担電圧であるから，C_1とC_2が等しいので電源電圧の1/2となる．

$$V_1 = \frac{V_0}{2}\,[\mathrm{V}]$$

グラフの縦軸目盛りは10なので，$x = 4d$の位置で目盛り5を示している**(3)のグラフが正解**となる．

(b) **比誘電率ε_rの固体誘電体に差し替えたときのε_rの値**

空気ギャップの電界の強さ（E_2）が2.5 kV/mmであるから，空気ギャップ部に印加される電圧V_2は，

$$V_2 = E_2 d = 2.5 \times 1 = 2.5\,\mathrm{kV}$$

固体誘電体部の静電容量$C_1{}'$は，

$$C_1{}' = \frac{\varepsilon_r \varepsilon_0 S}{4d}\,[\mathrm{F}] \quad ③$$

したがって，V_2は②式と③式を用いて，

$$V_2 = \frac{C_1{}'}{C_1{}' + C_2} V_0 = \frac{\dfrac{\varepsilon_r \varepsilon_0 S}{4d}}{\dfrac{\varepsilon_0 S}{d}\left(\dfrac{\varepsilon_r}{4} + 1\right)} V_0$$

$$= \frac{\varepsilon_r}{4\left(\dfrac{\varepsilon_r}{4} + 1\right)} V_0 = \frac{\varepsilon_r}{\varepsilon_r + 4} V_0$$

$$(\varepsilon_r + 4) V_2 = \varepsilon_r V_0$$

$$\varepsilon_r (V_0 - V_2) = 4 V_2$$

$$\therefore \quad \varepsilon_r = \frac{4V_2}{V_0 - V_2} = \frac{4 \times 2.5}{10 - 2.5} = \frac{10}{7.5}$$

$$= 1.333 \quad \text{(答)}$$

〔ここがポイント〕

(a)のV_1は，次のように数式で求めることができる．

極板間の合成静電容量C_0および極板間に蓄えられる電荷Qはそれぞれ，

$$C_0 = \frac{C_1 C_2}{C_1 + C_2} = \frac{C_1}{2} = \frac{\varepsilon_0 S}{2d}\,[\mathrm{F}]$$

$$Q = C_0 V_0 = \frac{\varepsilon_0 S}{2d} V_0\,[\mathrm{C}]$$

極板間の電束密度D [C/m^2]，およびコンデンサC_1，C_2の電界の強さE_1 [V/m]，E_2 [V/m]はそれぞれ，

$$D = \frac{Q}{S} = \frac{\varepsilon_0}{2d} V_0 \ [\mathrm{C/m^2}]$$

$$E_1 = \frac{D}{\varepsilon_r \varepsilon_0} = \frac{1}{\varepsilon_r \varepsilon_0}\frac{\varepsilon_0}{2d} V_0$$

$$= \frac{V_0}{4 \times 2d} = \frac{V_0}{8d}\,[\mathrm{V/m}]$$

$$E_2 = \frac{D}{\varepsilon_0} = \frac{1}{\varepsilon_0}\frac{\varepsilon_0}{2d} V_0 = \frac{V_0}{2d}\,[\mathrm{V/m}]$$

コンデンサ極板内の電位は，極板端部からの距離に比例するので，$x = 4d$の電位における電位V_1は，

$$V_1 = E_1 \times 4d = \frac{V_0}{8d} \times 4d = \frac{V_0}{2}\,[\mathrm{V}]$$

と求められる．

よって，**求める選択肢は(3)となる**．

別解

ガウスの定理を用いて解く．

(a) 極板間の電位分布を表すグラフ

(a)図の極板間に蓄えられる電荷 Q [C] は，

$$Q = C_0 V_0 = \frac{C_1 C_2}{C_1 + C_2} V_0$$

①式および②式より $C_2 = C_1$ であるから，

$$Q = \frac{C_1 C_1}{C_1 + C_1} V_0 = \frac{C_1 V_0}{2} = \frac{\varepsilon_0 S}{2d} V_0\,[\mathrm{C}]$$

極板間の電束密度 D は，固体誘電体と空気ギャップで等しく，次式で求められる．

$$D = \frac{Q}{S}\,[\mathrm{C/m^2}]$$

(b)図の固体誘電体にかかる電圧 V_1 は，固体誘電体内の電界の強さを E [V/m] とすると，

$$V_1 = E \times 4d = \frac{D}{\varepsilon_r \varepsilon_0} \times 4d = \frac{Q}{\varepsilon_r \varepsilon_0 S} \times 4d$$

$$= \frac{\dfrac{\varepsilon_0 S}{2d} V_0}{\varepsilon_r \varepsilon_0 S} \times 4d = \frac{V_0}{2}\,[\mathrm{V}] \quad (答)$$

前述と同様10 Vの半分の5 Vが答になる．

(b) 固体誘電体の比誘電率 ε_r の値

比誘電率を ε_r に置き換えたときの各静電容量 C_1 [F]，C_2 [F] はそれぞれ，

$$C_1 = \frac{\varepsilon_r \varepsilon_0 S}{4d},\quad C_2 = \frac{\varepsilon_0 S}{d}$$

極板間に蓄えられた電荷 Q [C]，電束密度 D [C/m²] はそれぞれ，

$$Q = C_0 V_0 = \frac{C_1 C_2}{C_1 + C_2} V_0$$

$$= \frac{\dfrac{\varepsilon_r \varepsilon_0 S}{4d}\dfrac{\varepsilon_0 S}{d}}{\dfrac{\varepsilon_0 S}{d}\left(\dfrac{\varepsilon_r}{4}+1\right)} V_0 = \frac{\varepsilon_r \varepsilon_0 S}{4d\left(\dfrac{\varepsilon_r}{4}+1\right)} V_0$$

$$D = \frac{Q}{S} = \frac{1}{S}\frac{\varepsilon_r \varepsilon_0 S}{4d\left(\dfrac{\varepsilon_r}{4}+1\right)} V_0$$

$$= \frac{\varepsilon_r \varepsilon_0}{4d\left(\dfrac{\varepsilon_r}{4}+1\right)} V_0$$

空気ギャップ部の電界の強さ E_2 [kV/mm] は，

$$E_2 = \frac{D}{\varepsilon_0} = \frac{1}{\varepsilon_0}\frac{\varepsilon_r \varepsilon_0}{4d\left(\dfrac{\varepsilon_r}{4}+1\right)} V_0$$

$$= \frac{\varepsilon_r}{4d\left(\dfrac{\varepsilon_r}{4}+1\right)} V_0$$

ε_r について解くと，

$$\frac{\varepsilon_r}{4} + 1 = \frac{\varepsilon_r}{4dE_2} V_0$$

より，

$$\frac{\varepsilon_r}{4}\left(\frac{V_0}{dE_2} - 1\right) = 1$$

$$\varepsilon_r = \frac{4}{\dfrac{V_0}{dE_2} - 1} = \frac{4}{\dfrac{10}{1 \times 2.5} - 1} = \frac{4}{4-1}$$

$$= 1.333 \quad (答)$$

〔ここがポイント〕

解1の直列コンデンサの分圧計算による方法，解2のガウスの定理による方法の両方で解けるようにすると解法の幅が広がる．

(a) - (3)，(b) - (3)

（選択問題）

内部抵抗が15 kΩの150 V測定端子と内部抵抗が10 kΩの100 V測定端子をもつ永久磁石可動コイル形直流電圧計がある．この直流電圧計を使用して，図のように，電流 I [A] の定電流源で電流を流して抵抗 R の両端の電圧を測定した．

測定Ⅰ：150 Vの測定端子で測定したところ，直流電圧計の指示値は101.0 Vであった．

測定Ⅱ：100 Vの測定端子で測定したところ，直流電圧計の指示値は99.00 Vであった．

次の(a)及び(b)の問に答えよ．

ただし，測定に用いた機器の指示値に誤差はないものとする．

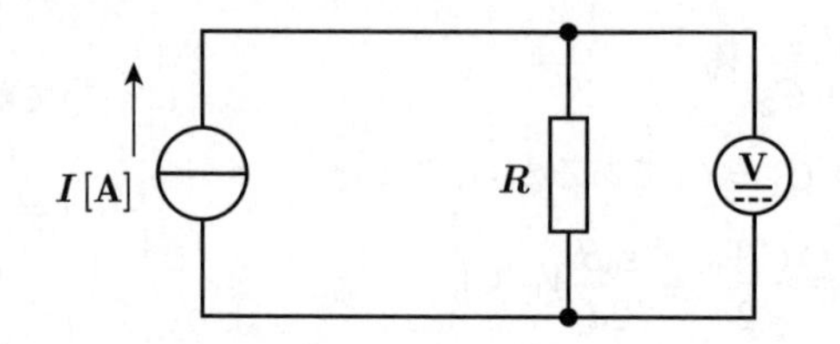

(a) 抵抗 R の抵抗値 [Ω] として，最も近いものを次の(1)～(5)のうちから一つ選べ．

(1) **241** (2) **303** (3) **362** (4) **486** (5) **632**

(b) 電流 I の値 [A] として，最も近いものを次の(1)～(5)のうちから一つ選べ．

(1) **0.08** (2) **0.17** (3) **0.25** (4) **0.36** (5) **0.49**

note

問題に示された測定Ⅰ，測定Ⅱの回路を(a)および(b)図に示す．

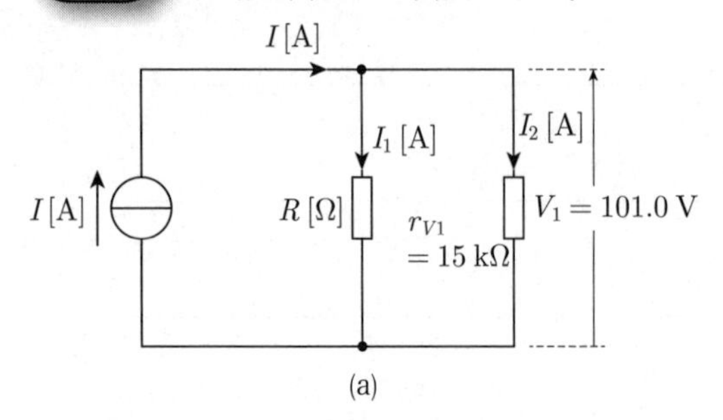

(a)

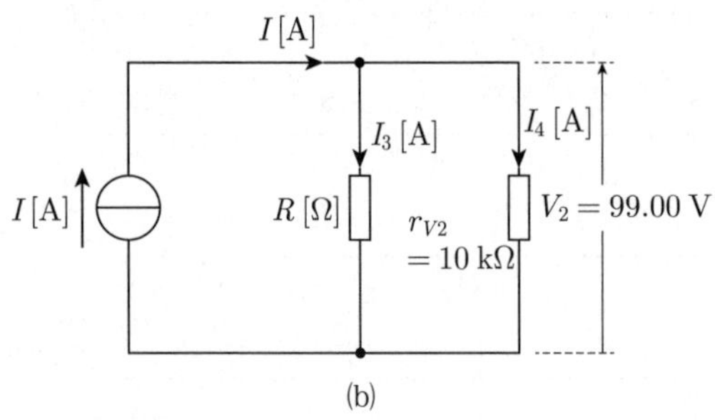

(b)

(a)　抵抗 R の値 [Ω]

定電流源から供給される電流 I [A]は，負荷抵抗の値にかかわらず常に一定となるので，(a)図および(b)図の回路から，キルヒホッフの第1法則により次式が成り立つ．

$$I_1 + I_2 = I$$

$$\frac{V_1}{R} + \frac{V_1}{r_{V1}} = I \qquad ①$$

$$I_3 + I_4 = I$$

$$\frac{V_2}{R} + \frac{V_2}{r_{V2}} = I \qquad ②$$

①式－②式より，

$$\frac{1}{R}(V_1 - V_2) = \frac{V_2}{r_{V2}} - \frac{V_1}{r_{V1}}$$

$$R = \frac{V_1 - V_2}{\dfrac{V_2}{r_{V2}} - \dfrac{V_1}{r_{V1}}} = \frac{101.0 - 99.00}{\dfrac{99.00}{10\times10^3} - \dfrac{101.0}{15\times10^3}}$$

$$= \frac{2}{0.0099 - 0.006733} = 631.51$$

$$\fallingdotseq 632\,\Omega \qquad (答)$$

よって，**求める選択肢は(5)**となる．

(b)　定電流源の電流 I の値 [A]

(a)で求めた R の値を②式へ代入して，

$$I = \frac{V_2}{R} + \frac{V_2}{r_{V2}} = V_2\left(\frac{1}{R} + \frac{1}{r_{V2}}\right)$$

$$= 99.00\left(\frac{1}{632} + \frac{1}{10\,000}\right)$$

$$= 99.00(0.001\,582 + 0.000\,1)$$

$$= 0.166\,5\,\text{A} \fallingdotseq 0.17\,\text{A} \qquad (答)$$

よって，**求める選択肢は(2)**となる．

〔ここがポイント〕

代表的な電源について比較して示す．

定電流源と定電圧源

電源種別	定電流源	定電圧源
図記号	I [A]（定電流源記号）	E [V]（定電圧源記号）
内部抵抗	∞	ゼロ
回路上の留意点	抵抗として扱う場合は**開放**する	抵抗として扱う場合は**短絡**する
機能	負荷抵抗が変化しても**一定の電流を出力**する理想電源	負荷抵抗が変化しても**一定の電圧を出力**する理想電源

別解

(a)　抵抗 R の値 [Ω]

(a)図より，r_{V1} を流れる電流 I_2 は，

$$I_2 = I \times \frac{R}{R + r_{V1}} = \frac{V_1}{r_{V1}}\,[\text{A}] \qquad ①$$

(b)図より，r_{V2} を流れる電流 I_4 は，

$$I_4 = I \times \frac{R}{R + r_{V2}} = \frac{V_2}{r_{V2}}\,[\text{A}] \qquad ②$$

①式÷②式を計算すると，

$$\frac{I_2}{I_4} = \frac{I \times \dfrac{R}{R + r_{V1}}}{I \times \dfrac{R}{R + r_{V2}}} = \frac{\dfrac{V_1}{r_{V1}}}{\dfrac{V_2}{r_{V2}}}$$

$$\frac{R + r_{V2}}{R + r_{V1}} = \frac{r_{V2}}{r_{V1}}\frac{V_1}{V_2}$$

上式に与えられた r_{V1}，r_{V2}，V_1，V_2 の値を代入し，R について解くと，

$$\frac{R + 10\times10^3}{R + 15\times10^3} = \frac{10\times10^3}{15\times10^3}\frac{101.0}{99.0} = \frac{202}{297}$$

$$(R + 10\times10^3)\times 297$$

$$= (R + 15\times10^3)\times 202$$

$$R(297 - 202)$$

$$= (202\times15-297\times10)\times10^3$$

$$R=\frac{60}{95}\times10^3=631.57\to632\,\Omega\quad(答)$$

よって，**求める選択肢は(5)となる**.

(b) **定電流源の電流 I の値 [A]**

①式または②式のいずれかにより，$I=$ の式を誘導する.

①式を用いると，

$$I=\frac{R+r_{V1}}{R}\,\frac{V_1}{r_{V1}}=\left(1+\frac{r_{V1}}{R}\right)\frac{V_1}{r_{V1}}$$

$$=V_1\left(\frac{1}{r_{V1}}+\frac{1}{R}\right)[\mathrm{A}]$$

上式に与えられた数値を代入して，

$$I=101.0\times\left(\frac{1}{15\times10^3}+\frac{1}{60\times10^3/95}\right)$$

$$=101.0\times\left(\frac{1}{15}+\frac{95}{60}\right)\times10^{-3}$$

$$=101.0\times(0.066\,6+1.583\,3)\times10^{-3}$$

$$=101.0\times1.649\,9\times10^{-3}$$

$$=0.166\,6\to0.17\,\mathrm{A}\quad(答)$$

よって，**求める選択肢は(2)となる**.

〔ここがポイント〕

1. 並列抵抗の分流計算

(c)図に示す抵抗 R_A，R_B の並列回路に流れる電流 I_A，I_B は，それぞれ抵抗の逆数に比例し，次式で求められる.

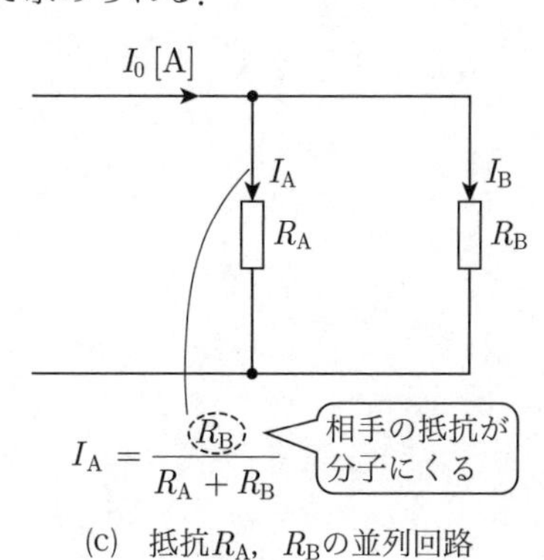

(c) 抵抗 R_A，R_B の並列回路

$$I_A=I_0\times\frac{\frac{1}{R_A}}{\frac{1}{R_A}+\frac{1}{R_B}}$$

$$=I_0\times\frac{\frac{1}{R_A}}{\frac{R_A+R_B}{R_AR_B}}$$

$$=I_0\times\frac{R_B}{R_A+R_B}[\mathrm{A}]$$

$$I_B=I_0\times\frac{\frac{1}{R_B}}{\frac{1}{R_A}+\frac{1}{R_B}}$$

$$=I_0\times\frac{\frac{1}{R_B}}{\frac{R_A+R_B}{R_AR_B}}$$

$$=I_0\times\frac{R_A}{R_A+R_B}[\mathrm{A}]$$

並列回路の分流計算では，

$$分流電流=入力電流\times\frac{相手の抵抗}{並列抵抗の総和}$$

の関係がある.

2. 未知数 I と R の連立方程式の立式

別解では，測定Ⅰおよび測定Ⅱの回路の電圧計に流れる電流をそれぞれ，

(1) 電圧指示値 V と電圧計の内部抵抗 r_V から算出

(2) 定電流 I を用いて並列抵抗 r_V への分流電流として算出

し，(1)と(2)の値を等しいとして立式している.

未知数は，I と R の二つであるので，①と②の2式から解くことができる．別解の方法は，前述の方法に比べて計算に手数がかかる．いずれにせよ，途中までは文字式で誘導する必要があるため，文字式の計算には慣れておきたい.

(a) - (5)，(b) - (2)

平成29年度（2017年） 理論の問題

A問題 配点は1問題当たり5点

問1 電界の状態を仮想的な線で表したものを電気力線という．この電気力線に関する記述として，誤っているものを次の(1)～(5)のうちから一つ選べ．

(1) 同じ向きの電気力線同士は反発し合う．

(2) 電気力線は負の電荷から出て，正の電荷へ入る．

(3) 電気力線は途中で分岐したり，他の電気力線と交差したりしない．

(4) 任意の点における電気力線の密度は，その点の電界の強さを表す．

(5) 任意の点における電界の向きは，電気力線の接線の向きと一致する．

●試験時間 90分
●必要解答数 A問題14題，B問題3題（選択問題含む）

解1 電気力線に関する五つの選択肢を検証する．

(1) 同じ向きの電気力線どうしは，(a)図に示すように反発しあう．よって，正しい．

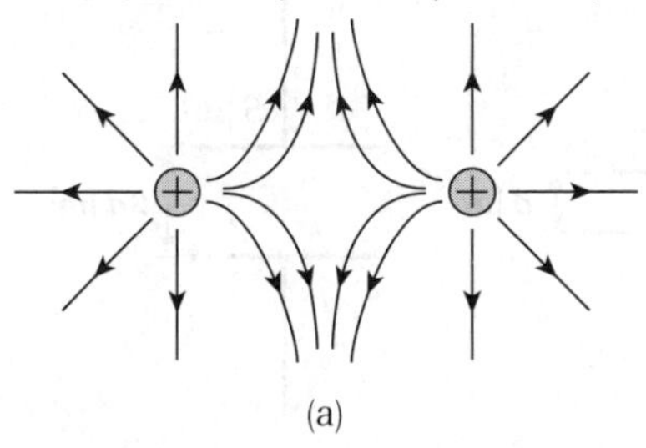

(a)

(2) 電気力線は，(b)図に示すように正の電荷から出て，負の電荷へ入る．よって，選択肢の記述「負の電荷から出て正の電荷へ入る」は誤りである．

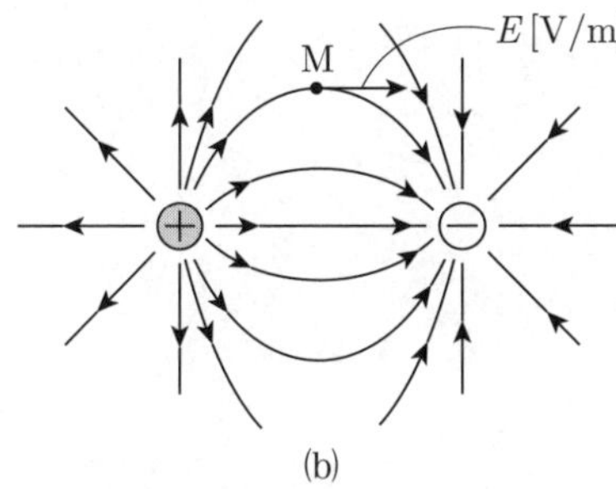

(b)

(3) 電気力線は途中で分岐しない．また，他の電気力線と交差しない．よって，正しい．

(4) 任意の点における電気力線の密度は，その点の電界の強さを表す．よって，正しい．

(5) 任意の点における電界の向きは，電気力線の接線の向きと一致する．

たとえば(b)図のM点において，電気力線の接線を引くと，その向きは電界Eの向きと一致する．

よって，正しい．

ゆえに求める選択肢は(2)となる．

〔ここがポイント〕 電気力線は，(a)図および(b)図に示すように，電界の状態をわかりやすく図示する方法として考案されたものである．

電気力線の性質を次表に示す．

項 目	性 質
電気力線	①電気力線は，正の電荷から出て負の電荷で終わる（孤立点電荷から放射状に発散し，孤立負電荷へ放射状に収束） ②電気力線は，$+Q$ [C]の電荷からQ/ε本発散し，$-Q$ [C]の電荷へQ/ε本収束する．ただし，εは誘電率を表す． ③電気力線は互いに交差しない ④電気力線自身は収縮力，相互間では互いに反発力が働く ⑤電気力線の接線方向は電界の方向に等しい ⑥導体に電気が流れていないとき，電気力線は導体表面に垂直に出入りし，導体内部には存在しない（導体表面は等電位面） ⑦電気力線の密度は電界の強さを表す（1本/m^2 = 1 V/m）
内部電界	導体内の電界は0

答 (2)

問2 極板の面積 S [m^2]，極板間の距離 d [m] の平行板コンデンサ A，極板の面積 $2S$ [m^2]，極板間の距離 d [m] の平行板コンデンサ B 及び極板の面積 S [m^2]，極板間の距離 $2d$ [m] の平行板コンデンサ C がある．各コンデンサは，極板間の電界の強さが同じ値となるようにそれぞれ直流電源で充電されている．各コンデンサをそれぞれの直流電源から切り離した後，全コンデンサを同じ極性で並列に接続し，十分時間が経ったとき，各コンデンサに蓄えられる静電エネルギーの総和の値 [J] は，並列に接続する前の総和の値 [J] の何倍になるか．その倍率として，最も近いものを次の(1)～(5)のうちから一つ選べ．

ただし，各コンデンサの極板間の誘電率は同一であり，端効果は無視できるものとする．

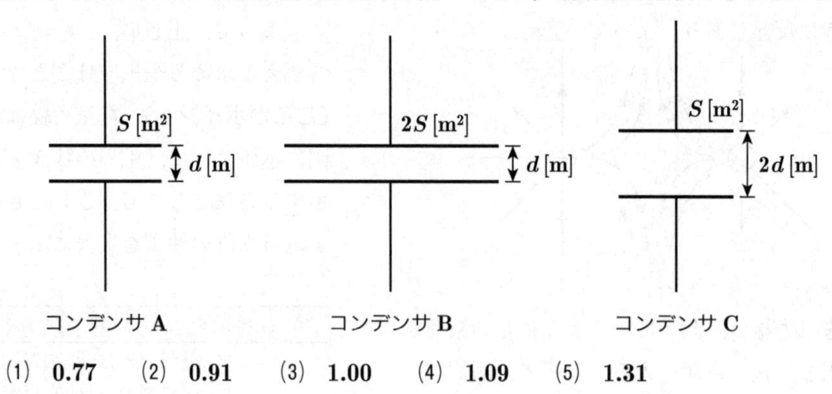

(1) **0.77**　(2) **0.91**　(3) **1.00**　(4) **1.09**　(5) **1.31**

解2 コンデンサ極板間の電界は平等電界で，電圧 V，極板間隔 d，電界の強さ E とすると，

$$E=\frac{V}{d}$$

で与えられる．したがって，各コンデンサの電界の強さ E を等しくするコンデンサA，B，Cの印加電圧 V_A，V_B，V_C はそれぞれ，次のようになる．

$$V_A=V$$
$$V_B=V$$
$$V_C=2V$$

(1) コンデンサA，B，Cそれぞれに蓄えられる静電エネルギーの総和 W

A，B，Cの静電容量 C_A，C_B，C_C は，極板間の誘電率を ε_0 とすると，

$$C_A=\frac{\varepsilon_0 S}{d}$$

$$C_B=\frac{\varepsilon_0 2S}{d}=2C_A$$

$$C_C=\frac{\varepsilon_0 S}{2d}=\frac{C_A}{2}$$

$$W=\frac{1}{2}C_A V_A^2+\frac{1}{2}C_B V_B^2+\frac{1}{2}C_C V_C^2$$

$$=\frac{1}{2}\left\{C_A V^2+2C_A V^2+\frac{C_A}{2}(2V)^2\right\}$$

$$=\frac{1}{2}C_A V^2\left(1+2+\frac{2^2}{2}\right)$$

$$=\frac{5}{2}C_A V^2\ [\mathrm{J}]$$

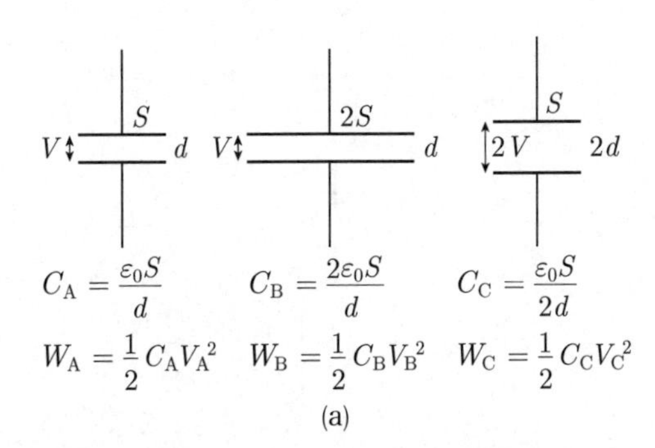

(a)

(2) コンデンサA，B，Cを並列接続したあとの全静電エネルギー W'

並列接続前に各コンデンサに蓄えられていた電荷をそれぞれ Q_A，Q_B，Q_C とすると，

$$Q_A=C_A V_A=C_A V$$
$$Q_B=C_B V_B=2C_A V$$
$$Q_C=C_C V_C=\frac{C_A}{2}2V=C_A V$$
$$Q_A+Q_B+Q_C=4C_A V$$

三つのコンデンサの並列合成静電容量 C_0 は，

$$C_0=C_A+C_B+C_C=C_A+2C_A+\frac{C_A}{2}$$

$$=\frac{7}{2}C_A$$

並列接続後の静電エネルギー W' は，

$$W'=\frac{1}{2}\frac{(Q_A+Q_B+Q_C)^2}{C_0}$$

$$=\frac{1}{2}\cdot\frac{(4C_A V)^2}{\frac{7}{2}C_A}=\frac{1}{2}\cdot\frac{16\times 2}{7}C_A V^2$$

$$=\frac{1}{2}\cdot\frac{32}{7}C_A V^2\ [\mathrm{J}]$$

C_A S d C_B $2S$ d C_C S $2d$

$C_0=C_A+C_B+C_C$

(b)

(3) 並列接続後の静電エネルギーに対する並列接続前の静電エネルギーの倍率 W'/W

$$\frac{W'}{W}=\frac{\frac{1}{2}\cdot\frac{32}{7}C_A V^2}{\frac{5}{2}C_A V^2}=\frac{32}{7}\times\frac{1}{5}\fallingdotseq 0.914$$

$$\fallingdotseq 0.91 \quad (答)$$

(2)

問3 環状鉄心に，コイル1及びコイル2が巻かれている．二つのコイルを図1のように接続したとき，端子A-B間の合成インダクタンスの値は1.2 Hであった．次に，図2のように接続したとき，端子C-D間の合成インダクタンスの値は2.0 Hであった．このことから，コイル1の自己インダクタンスLの値[H]，コイル1及びコイル2の相互インダクタンスMの値[H]の組合せとして，正しいものを次の(1)～(5)のうちから一つ選べ．

ただし，コイル1及びコイル2の自己インダクタンスはともにL [H]，その巻数をNとし，また，鉄心は等断面，等質であるとする．

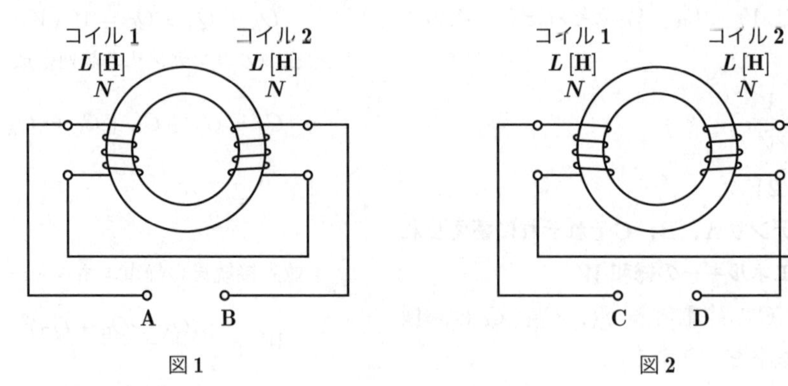

図1　　図2

	自己インダクタンスL	相互インダクタンスM
(1)	0.4	0.2
(2)	0.8	0.2
(3)	0.8	0.4
(4)	1.6	0.2
(5)	1.6	0.4

解3 問題図1，2の磁気回路において，端子A→端子Bおよび端子C→端子Dに電流Iを流したとき，コイル1およびコイル2により鉄心中に生じる磁束ϕ_1およびϕ_2の向きを求めると次図のようになる．

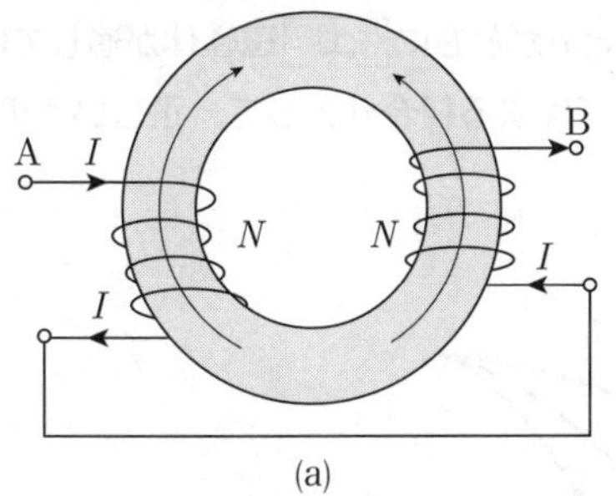

(a)

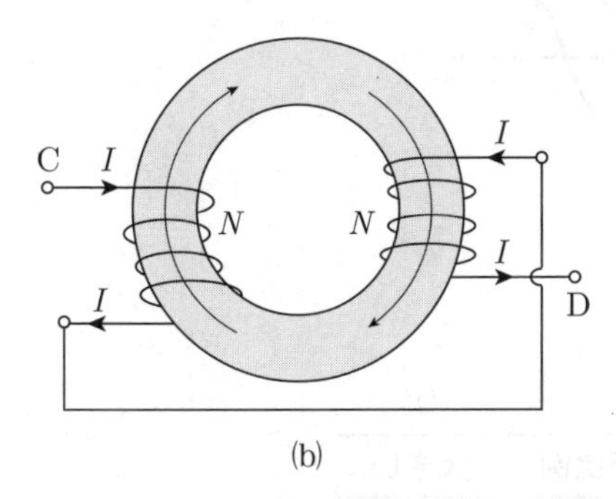

(b)

これより，図1は**差動接続**，図2は**和動接続**であることがわかる．合成インダクタンスL_{AB}およびL_{CD}はそれぞれ次式となる．

$$L_{AB} = L + L - 2M = 2L - 2M = 1.2\ \text{H} \quad ①$$

$$L_{CD} = L + L + 2M = 2L + 2M = 2.0\ \text{H} \quad ②$$

①式＋②式より

$4L = 3.2$ H

$L = 0.8$ H （答）

②式－①式より

$4M = 0.8$ H

$M = 0.2$ H （答）

〔ここがポイント〕

1．自己インダクタンスL_1，L_2，相互インダクタンスMと合成インダクタンスL_0の関係

二つのコイル1および2を直列に接続して電流を流したとき，鉄心中に発生する磁束ϕ_1とϕ_2が，①互いに加わりあう（ϕ_1とϕ_2の向きが同じ）場合の接続を**和動接続**，②互いに打ち消しあう（ϕ_1とϕ_2の向きが逆）場合の接続を**差動接続**という．

コイル1，コイル2の合成インダクタンスL_0は，

$$L_0 = L_1 + L_2 \pm 2M\,[\text{H}]$$

で求めることができる．L_0における相互インダクタンス$2M$の符号は，**和動接続では正符号**，**差動接続では負符号**となる．

2．加極性と減極性

和動接続のϕ_1とϕ_2が加わりあうことを**加極性**という．一方，差動接続のϕ_1とϕ_2が打ち消しあうことを**減極性**と呼んでいる．

3．鉄心中の磁束の向きの求め方

コイルに電流Iが流れると，鉄心中に磁束が生じる．磁束の向きは，次図のアンペア右ねじの法則が基本となる．

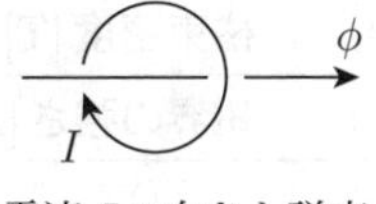

電流Iの向きと磁束ϕの向き

多層巻コイルに流れる電流により発生するコイル中心部の磁界の向きは，アンペア右手親指の法則から簡単に求めることができる．

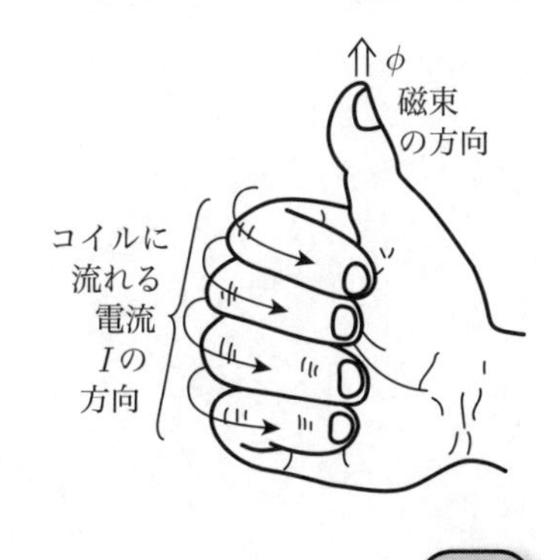

答 (2)

図は，磁性体の磁化曲線（BH曲線）を示す．次の文章は，これに関する記述である．

1　直交座標の横軸は，［(ア)］である．

2　aは，［(イ)］の大きさを表す．

3　鉄心入りコイルに交流電流を流すと，ヒステリシス曲線内の面積に［(ウ)］した電気エネルギーが鉄心の中で熱として失われる．

4　永久磁石材料としては，ヒステリシス曲線のaとbがともに［(エ)］磁性体が適している．

上記の記述中の空白箇所(ア)，(イ)，(ウ)及び(エ)に当てはまる組合せとして，正しいものを次の(1)～(5)のうちから一つ選べ．

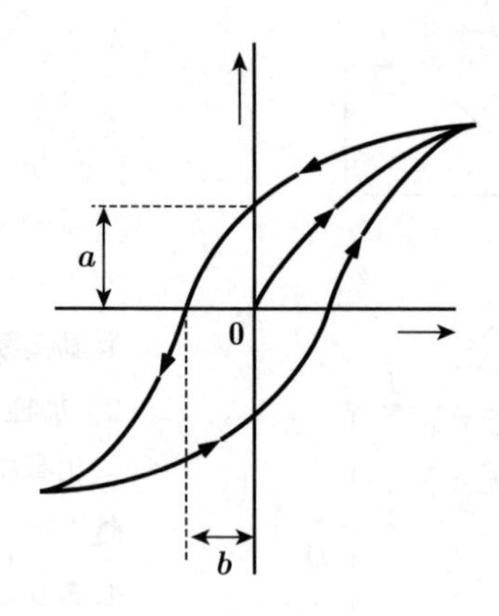

	(ア)	(イ)	(ウ)	(エ)
(1)	磁界の強さ[A/m]	保磁力	反比例	大きい
(2)	磁束密度[T]	保磁力	反比例	小さい
(3)	磁界の強さ[A/m]	残留磁気	反比例	小さい
(4)	磁束密度[T]	保磁力	比例	大きい
(5)	磁界の強さ[A/m]	残留磁気	比例	大きい

解4 問題の磁化曲線（BH曲線）において，

1 直交座標の横軸は，**磁界の強さ**を表す．

2 aは通常B_rと表し，**残留磁気**の大きさを表す．

3 鉄心入りコイルに交流電流を流すと，ヒステリシス曲線内の面積に**比例**した電気エネルギーが鉄心の中で熱として失われる．

4 永久磁石材料としては，ヒステリシス曲線のaとbがともに**大きい**磁性体が適している．

よって，(5)が正解となる．

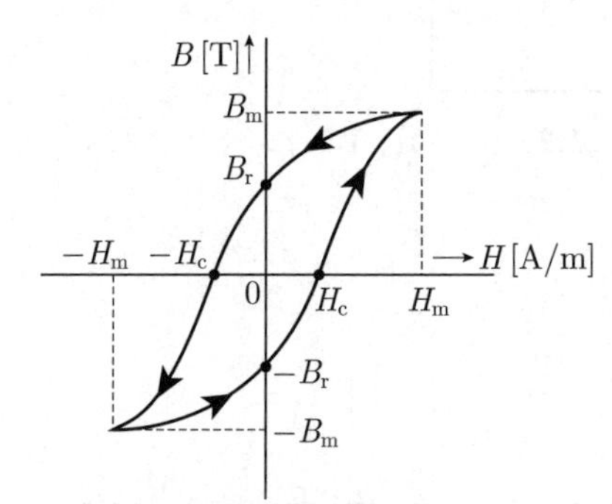

H_m：磁界の強さの最大値
B_m：磁束密度の最大値（飽和磁束密度）
H_c：保磁力⇒問題図のb
B_r：残留磁気⇒問題図のa

ヒステリシスループ

〔ここがポイント〕

1. ヒステリシスループ

HとBが比例せず，履歴をもった一つの閉ループ（曲線）をヒステリシスループと呼ぶ．

曲線を1周する間に強磁性体に加えた単位体積当たりのエネルギーW_h [J/m³]は，曲線に囲まれた面積に等しい．周波数f [Hz]の交流電源で強磁性体を磁化する場合，W_hが1秒当たりf回加わるので，単位体積当たり熱の形での放熱される電力P [W/m³]は次式で求められる．

$$P = \frac{f \cdot W_h \ [\mathrm{J/m^3}]}{1\ \mathrm{s}} = fW_h \ [\mathrm{W/m^3}]$$

この電力Pは強磁性体を磁化するときの損失であるから，**ヒステリシス損**と呼ばれている．

2. ヒステリシスループと永久磁石材料

強磁性体に加えるエネルギーW_hは損失であるため，ヒステリシスループで囲まれた面積が**小さい**ほどヒステリシス損は**小さい**．したがって，このような磁性体は**電力機器の鉄心**に適している．一方，最大エネルギー積$(BH)_{max}$は，B_r，H_cがともに**大きい**ほど**大きくなる**．この特徴をもった$(BH)_{max}$の大きい磁性体は**永久磁石**に適する．

(5)

図のように直流電源と4個の抵抗からなる回路がある．この回路において20 Ωの抵抗に流れる電流Iの値[A]として，最も近いものを次の(1)～(5)のうちから一つ選べ．

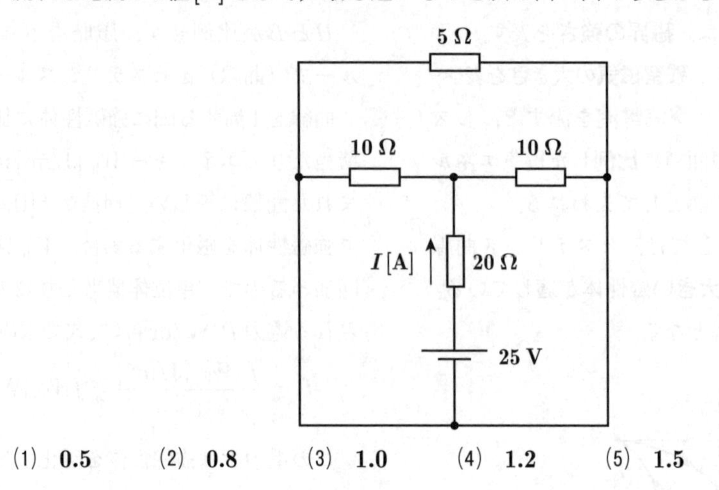

(1)　0.5　　(2)　0.8　　(3)　1.0　　(4)　1.2　　(5)　1.5

問6

$R_1 = 20\ \Omega$，$R_2 = 30\ \Omega$の抵抗，インダクタンス$L_1 = 20$ mH，$L_2 = 40$ mHのコイル及び静電容量$C_1 = 400\ \mu$F，$C_2 = 600\ \mu$Fのコンデンサからなる図のような直並列回路がある．直流電圧$E = 100$ Vを加えたとき，定常状態においてL_1，L_2，C_1及びC_2に蓄えられるエネルギーの総和の値[J]として，最も近いものを次の(1)～(5)のうちから一つ選べ．

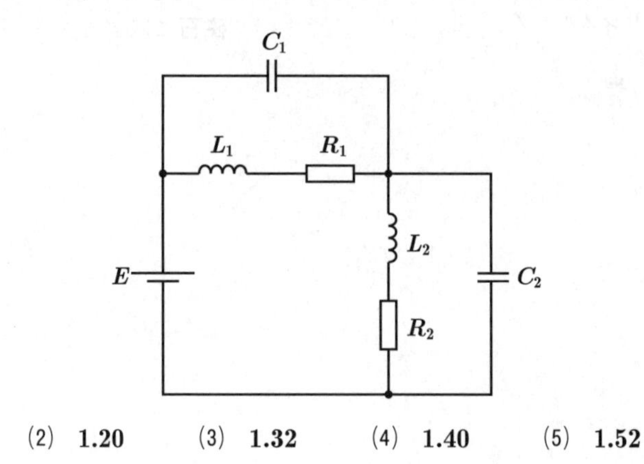

(1)　0.12　　(2)　1.20　　(3)　1.32　　(4)　1.40　　(5)　1.52

解5 解説図より，電源の電流I[A]は，A点で2等分されて$I/2$ [A]となり，それぞれ10 Ωの抵抗に流れる．このため，B点とC点の電位V_BとV_Cが等しくなる．B点とC点には電位差がないから5 Ωの抵抗に電流は流れない．したがって，点線の抵抗5 Ωは考えなくてよい．図に示す実線の回路で電流I[A]を求めればよい．実線部分の合成抵抗をR_0とすると，

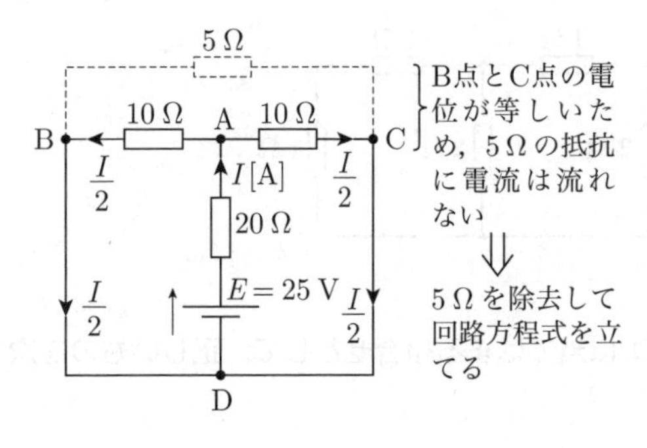

$$I = \frac{E}{R_0} = \frac{25}{20 + \dfrac{10 \times 10}{10 + 10}} = \frac{25}{25}$$

$$= 1.0 \text{ A} \quad \text{(答)}$$

〔ここがポイント〕

問題の回路で，5 Ωと2個の10 Ωを△接続とみなして△→Y変換しても求めることができる．しかし変換の手間を考えると上記で求めるほうが短時間で解答できる．

答 (3)

解6 問題の図の直流回路における，定常状態では，コンデンサに電流は流れず，インダクタンスL_1，L_2は短絡導線とみなせる．したがって，解説図より，電流IはL_1とR_1の直列回路およびL_2とR_2の直列回路に流れる．

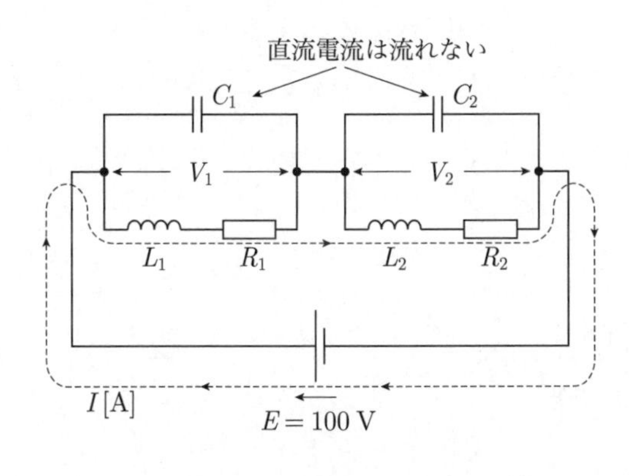

$$I = \frac{E}{R_1 + R_2} = \frac{100}{20 + 30} = 2.0 \text{ A}$$

二つの並列回路に現れる電圧V_1，V_2は，

$$V_1 = R_1 I = 20 \times 2.0 = 40 \text{ V}$$

$$V_2 = R_2 I = 30 \times 2.0 = 60 \text{ V}$$

L_1，L_2，C_1およびC_2に蓄えられるエネルギーの総和W[J]は，

$$W = \frac{1}{2}L_1 I^2 + \frac{1}{2}L_2 I^2 + \frac{1}{2}C_1 V_1^2 + \frac{1}{2}C_2 V_2^2$$

$$= \frac{1}{2}(20 + 40) \times 10^{-3} \times 2.0^2$$

$$+ \frac{1}{2}(400 \times 40^2 + 600 \times 60^2) \times 10^{-6}$$

$$= \frac{1}{2}(0.24 + 0.64 + 2.16)$$

$$= 1.52 \text{ J} \quad \text{(答)}$$

よって，求める選択肢は(5)となる．

〔ここがポイント〕

CおよびLに蓄えられるエネルギーW_CおよびW_Lを求めるには，Cにかかる電圧V，およびLに流れる電流Iをそれぞれ求めることがポイントである．後は次の公式に代入すればよい．

$$W_C = \frac{1}{2}CV^2 \text{ [J]}$$

$$W_L = \frac{1}{2}LI^2 \text{ [J]}$$

答 (5)

問7 次の文章は，直流回路に関する記述である．

図の回路において，電流の値 I [A] は 4 A よりも [(ア)]．このとき，抵抗 R_1 の中で動く電子の流れる向きは図の [(イ)] であり，電界の向きを併せて考えると，電気エネルギーが失われることになる．また，0.25 s の間に電源が供給する電力量に対し，同じ時間に抵抗 R_1 が消費する電力量の比は [(ウ)] である．抵抗は，消費した電力量だけの熱を発生することで温度が上昇するが，一方で，周囲との温度差に [(エ)] する熱を放出する．

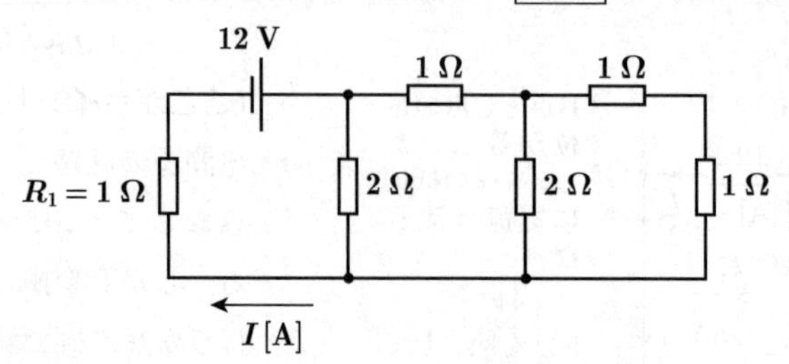

上記の記述中の空白箇所(ア)，(イ)，(ウ)及び(エ)に当てはまる組合せとして，正しいものを次の(1)～(5)のうちから一つ選べ．

	(ア)	(イ)	(ウ)	(エ)
(1)	大きい	上から下	0.5	ほぼ比例
(2)	小さい	上から下	0.25	ほぼ反比例
(3)	大きい	上から下	0.25	ほぼ比例
(4)	小さい	下から上	0.25	ほぼ反比例
(5)	大きい	下から上	0.5	ほぼ反比例

解7 問題図の回路に，各部の電流や分岐点に記号を付して次図に示す．

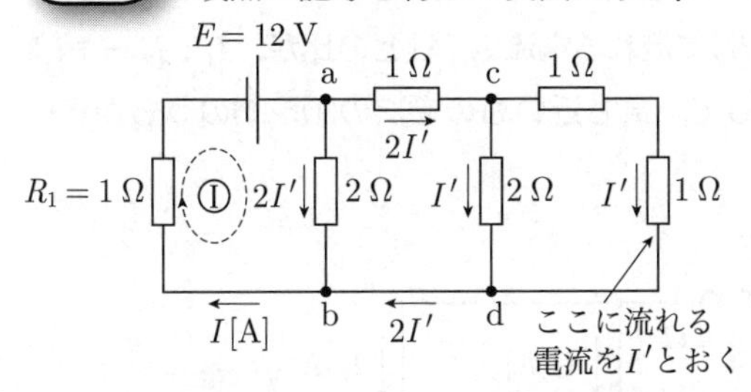

同図の回路において，末端の1 Ωに流れる電流をI' [A]とおくと，並列部の電圧が等しい条件から，同図に示す電流分布が求められる．

合流点bにおいて，キルヒホッフの電流則より，

$$I = 2I' + 2I' = 4I'$$

①の点線のループで示した閉回路において，キルヒホッフの電圧則より，

$$E = I \times R_1 + 2I' \times 2 = 4I' \times 1 + 2I' \times 2$$
$$= 8I' = 12$$

$$I' = \frac{12}{8} = 1.5 \text{ A}$$

$$\therefore \quad I = 4I' = 4 \times 1.5 = 6 \text{ A}$$

すなわち，I [A]は4 Aよりも**大きい**……(ア)

このとき，抵抗R_1には電流（単位時間当たりの正電荷の流れ）が下から上に流れるので，抵抗R_1の内部で動く電子（単位時間当たりの負電荷の流れ）の流れる向きは，電流と逆向きとなるから，**上から下**向きとなる．……(イ)

電界の向きは正電荷の移動する向きであるから，下から上の方向に生じ，電気エネルギーが失われる．

0.25 s間に電源から供給される電力量W_0に対し，同じ時間に抵抗R_1が消費する電力量W_1の比W_1/W_0は，次の解説図より，

$$\frac{W_1}{W_0} = \frac{I^2 R_1 t}{EIt} = \frac{6^2 \times 1 \times 0.25}{12 \times 6 \times 0.25} = \frac{9}{18}$$
$$= 0.5 \text{ ……(ウ)}$$

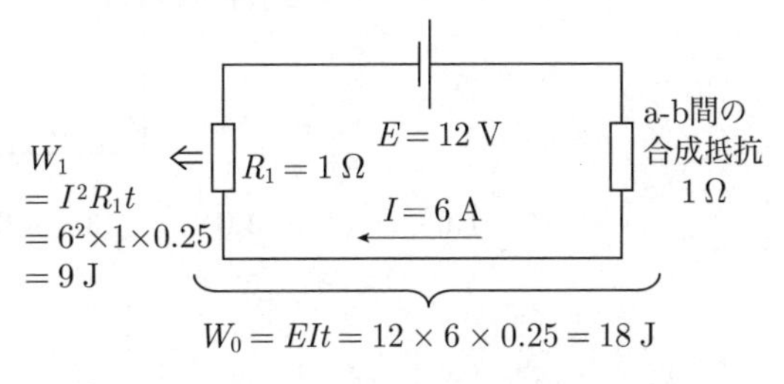

抵抗は消費した電力量だけの熱を発生することで温度が上昇する．一方，発熱量Q [J]は，抵抗の質量M [kg]，比熱c [J/(kg·°C)]，抵抗の温度T_2 [°C]，周囲温度T_1 [°C]とすると，

$$Q = Mc\theta = Mc(T_2 - T_1)$$

で表せる．すなわち，$Q \propto (T_2 - T_1)$となり周囲との温度差θに**ほぼ比例**する熱を放出する．……(エ)

よって，求める選択肢は(1)となる．

答 (1)

問8 図のように，交流電圧 $E = 100\ \mathrm{V}$ の電源，誘導性リアクタンス $X = 4\ \Omega$ のコイル，R_1 [Ω]，R_2 [Ω] の抵抗からなる回路がある．いま，回路を流れる電流の値が $I = 20\ \mathrm{A}$ であり，また，抵抗 R_1 に流れる電流 I_1 [A] と抵抗 R_2 に流れる電流 I_2 [A] との比が，$I_1 : I_2 = 1 : 3$ であった．このとき，抵抗 R_1 の値 [Ω] として，最も近いものを次の(1)〜(5)のうちから一つ選べ．

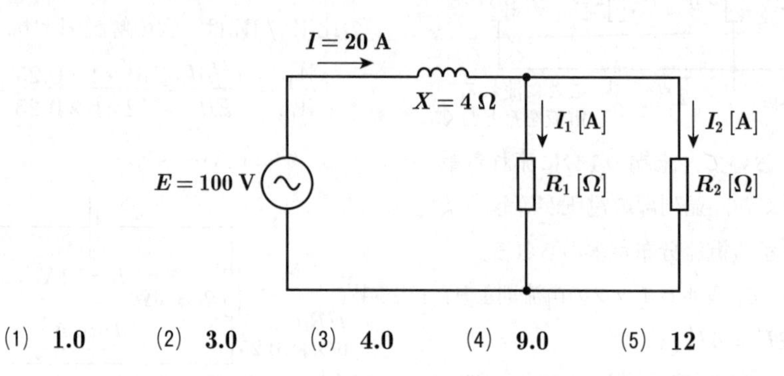

(1) **1.0**　(2) **3.0**　(3) **4.0**　(4) **9.0**　(5) **12**

問9 $R = 5\ \Omega$ の抵抗に，ひずみ波交流電流

$$i = 6 \sin \omega t + 2 \sin 3\omega t\ [\mathrm{A}]$$

が流れた．

このとき，抵抗 $R = 5\ \Omega$ で消費される平均電力 P の値 [W] として，最も近いものを次の(1)〜(5)のうちから一つ選べ．ただし，ω は角周波数 [rad/s]，t は時刻 [s] とする．

(1) **40**　(2) **90**　(3) **100**　(4) **180**　(5) **200**

解8 交流回路における条件付き回路の問題である．問題の図で，並列抵抗R_1，R_2の合成抵抗をRとおいた回路図を(a)図に，電源電流$I = 20$ Aを基準ベクトルとしたときの電圧のベクトル図を(b)図に示す．

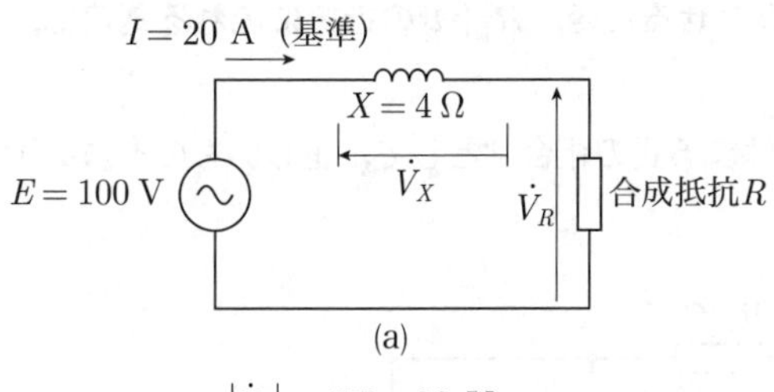

(a)

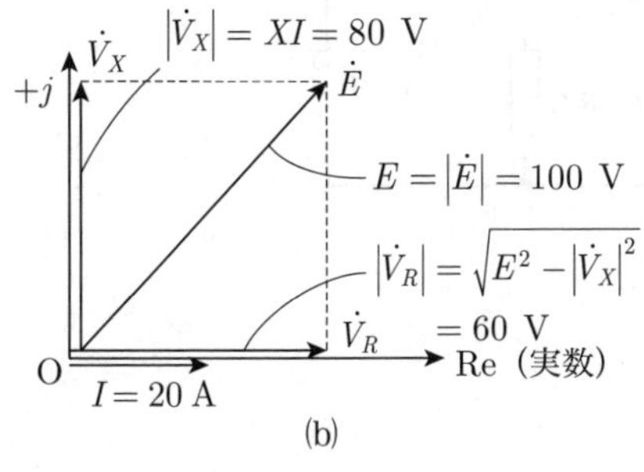

(b)

(b)図より，合成抵抗Rすなわち問題の回路図では並列抵抗部分に加わる電圧V_Rは，

$$V_R = \sqrt{E^2 - \left|\dot{V}_X\right|^2} = \sqrt{100^2 - 80^2} = 60 \text{ V}$$

抵抗R_1の電流I_1は，$I_1 : I_2 = 1 : 3$より，

$$I_1 = \frac{I_1}{I_1 + I_2} I = \frac{1}{1+3} \times 20 = 5 \text{ A}$$

よって，抵抗R_1は，次の(c)図より，

$$I_1 = \frac{1}{1+3} I = \frac{20}{4} = 5 \text{ A}$$

R_1　$V_R = 60$ V

(c)

$$R_1 = \frac{V_R}{I_1} = \frac{60}{5} = 12 \ \Omega \quad \text{(答)}$$

ゆえに選択肢は(5)となる．

〔ここがポイント〕

並列抵抗部分にかかる電圧の大きさV_Rを，ベクトル図を用いてあらかじめ求めておくことがポイントである．V_Rがわかれば(c)図より，R_1を簡単に求めることができる．

(5)

解9 抵抗Rで消費される電力Pは，ひずみ波電流のうち，基本波i_1と第3調波i_3が個別に流れた場合に消費される電力P_1およびP_3を合計すればよい．

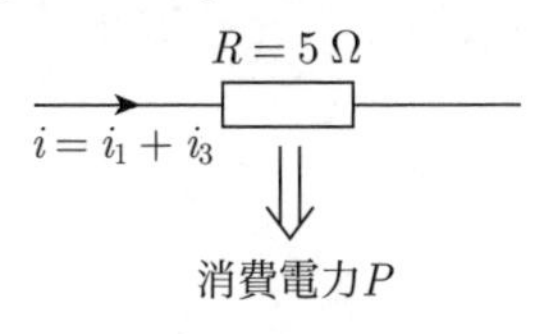

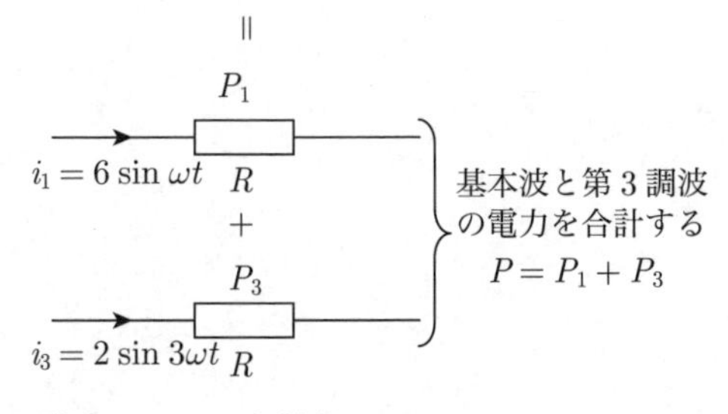

電流i_1，i_3の実効値はそれぞれ，

$$I_1 = \frac{6}{\sqrt{2}} \text{ A}$$

$$I_3 = \frac{2}{\sqrt{2}} \text{ A}$$

抵抗の消費電力Pは，

$$P = P_1 + P_3 = I_1^2 R + I_3^2 R = (I_1^2 + I_3^2)R$$
$$= \left\{\left(\frac{6}{\sqrt{2}}\right)^2 + \left(\frac{2}{\sqrt{2}}\right)^2\right\} \times 5$$
$$= (18 + 2) \times 5 = 100 \text{ W} \quad \text{(答)}$$

よって，正解は(3)となる．

〔ここがポイント〕

交流回路の電力を求める場合，交流の**実効値**を用いて計算する．正弦波電流の瞬時式iにおける先頭の定数は最大値を表すため，最大値を$\sqrt{2}$で除した正弦波の実効値Iを求め，$P = I^2 R$に代入することに注意する．

(3)

問10

図のように，電圧E[V]の直流電源に，開いた状態のスイッチS，R_1[Ω]の抵抗，R_2[Ω]の抵抗及び電流が0 Aのコイル（インダクタンスL[H]）を接続した回路がある．次の文章は，この回路に関する記述である．

1　スイッチSを閉じた瞬間（時刻$t=0$ s）にR_1[Ω]の抵抗に流れる電流は，［(ア)］[A]となる．

2　スイッチSを閉じて回路が定常状態とみなせるとき，R_1[Ω]の抵抗に流れる電流は，［(イ)］[A]となる．

上記の記述中の空白箇所(ア)及び(イ)に当てはまる式の組合せとして，正しいものを次の(1)～(5)のうちから一つ選べ．

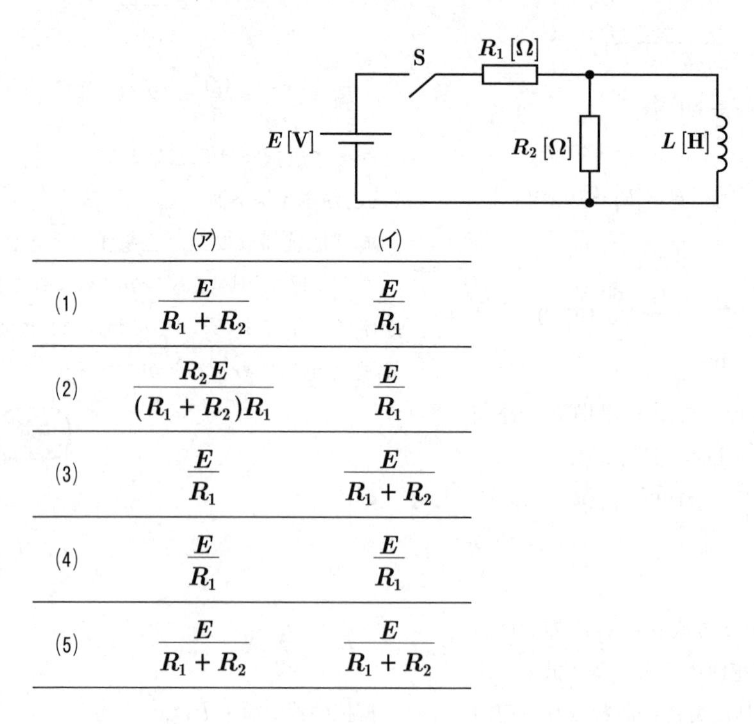

	(ア)	(イ)
(1)	$\dfrac{E}{R_1+R_2}$	$\dfrac{E}{R_1}$
(2)	$\dfrac{R_2E}{(R_1+R_2)R_1}$	$\dfrac{E}{R_1}$
(3)	$\dfrac{E}{R_1}$	$\dfrac{E}{R_1+R_2}$
(4)	$\dfrac{E}{R_1}$	$\dfrac{E}{R_1}$
(5)	$\dfrac{E}{R_1+R_2}$	$\dfrac{E}{R_1+R_2}$

解10　RL直列回路における過渡現象の基本的な問題である．

(1)　スイッチSを閉じた瞬間（時刻$t=0$ s）

直流電源を投入した瞬間（$t=+0$ s）の過渡状態では，インダクタンスLに逆起電力v_Lが働き，電源電圧Eと大きさが等しく逆向きのため，コイルに電流は流れない．したがって，コイルは**仮想開放状態**であり，電流はR_1とR_2の直列回路を流れる．よって，等価回路は(a)図になる．

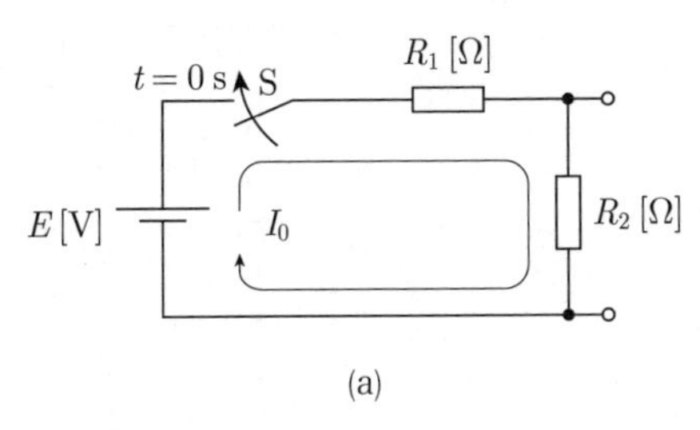

(a)

(a)図の回路電流I_0は，

$$I_0=\frac{E}{R_1+R_2}\ [\mathrm{A}]\cdots\cdots(ア)$$

(b)　スイッチSを閉じて回路が定常状態とみなせるとき

$t\to\infty$の定常状態では，インダクタンスLに生じる逆起電力が$v_L\fallingdotseq 0$となるから，コイル両端の電位差はゼロになる．すなわちコイルは**仮想短絡状態**と等価になり，電流はR_1と，短絡導線と等価なコイルを流れる．よって，等価回路は(b)図になる．

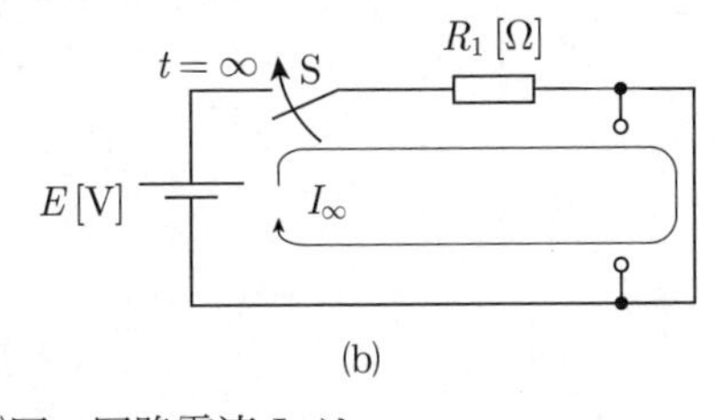

(b)

(b)図の回路電流I_∞は，

$$I_\infty=\frac{E}{R_1}\ [\mathrm{A}]\cdots\cdots(イ)$$

よって，正解は(1)である．

〔ここがポイント〕

R-L回路の電流i，およびR，Lに生じる逆起電力v_R，v_Lの波形をそれぞれ示す．

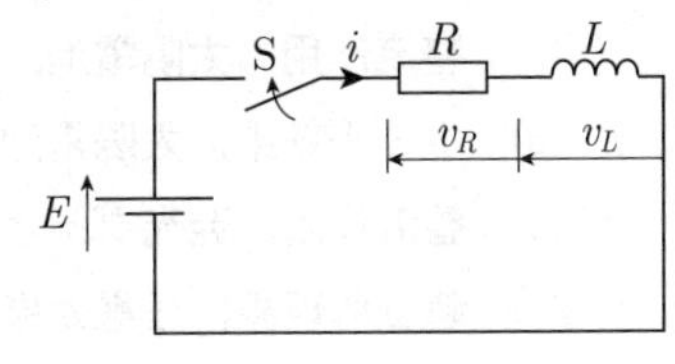

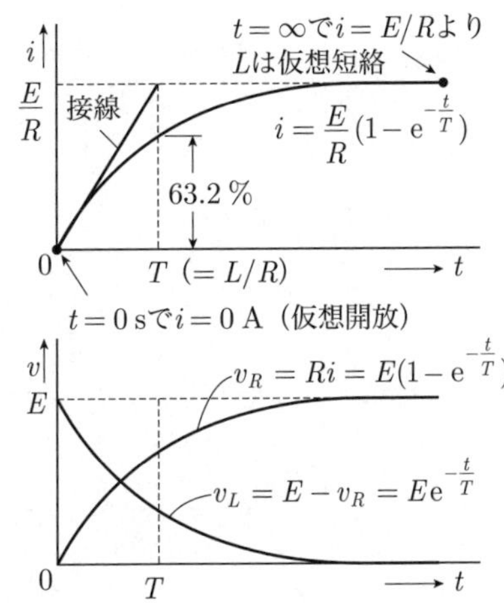

基本的な指数関数式と時定数および波形の概略形は少なくとも覚えておくことが必要である．その知識をもとに，$t=0$ sおよび$t\to\infty$における回路素子の状態（仮想短絡，仮想開放）および電流値ならびに電流分布を把握することが大切である．

なお，キルヒホッフ第2法則（電圧則）より，$E=v_R+v_L$がどの時刻でも成立する．この関係から，

$$i=\frac{E}{R}\left(1-\mathrm{e}^{-\frac{t}{T}}\right)$$

のみ覚えておけば

$$v_R=iR=E\left(1-\mathrm{e}^{-\frac{t}{T}}\right)$$

より，

$$v_L=E-v_R=E-E\left(1-\mathrm{e}^{-\frac{t}{T}}\right)=E\mathrm{e}^{-\frac{t}{T}}$$

と求めることができる．

答　(1)

半導体のpn接合の性質によって生じる現象若しくは効果，又はそれを利用したものとして，全て正しいものを次の(1)〜(5)のうちから一つ選べ．

(1) 表皮効果，ホール効果，整流作用

(2) 整流作用，太陽電池，発光ダイオード

(3) ホール効果，太陽電池，超伝導現象

(4) 整流作用，発光ダイオード，圧電効果

(5) 超伝導現象，圧電効果，表皮効果

解11

(1) 半導体のpn接合の性質によって生じる現象・効果

半導体のpn接合面では，拡散現象により電子●はp形へ，正孔○はn形へそれぞれ入る（少数キャリヤの注入）．接合面付近のキャリヤは消滅し，空乏層となる．空乏層のn側付近は電子が消滅して正の電荷が，p側付近は正孔が消滅して負の電荷が生じ，空乏層内部にはn→pの向きに電界が生じる．この性質により，A，K端子に逆方向電圧を印加すると接合部の電位障壁が高くなり，キャリヤの移動ができない（電流が流れない）．これを**整流作用**という．

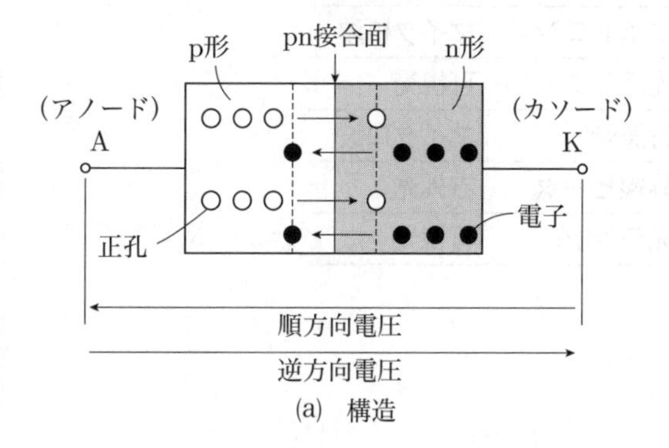

(a) 構造

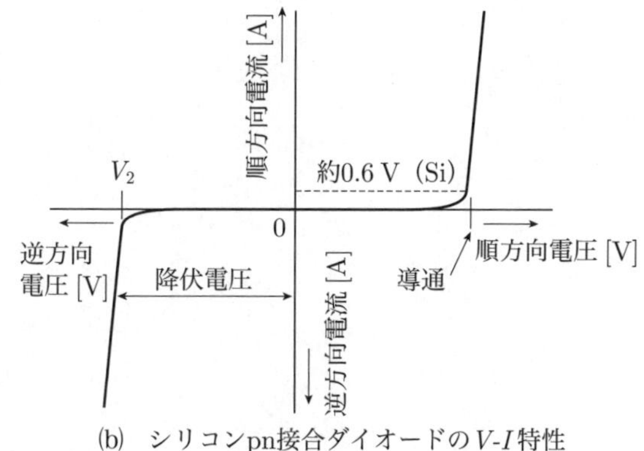

(b) シリコンpn接合ダイオードのV-I特性

(2) 上記1項の性質を利用した半導体

pn接合の性質を利用したものには，①定電圧ダイオード（ツェナーダイオード），②**発光ダイオード**，③ホトダイオード，④レーザダイオード，⑤可変容量ダイオード（バリキャップ，バラクタ）などがある．

②の**発光ダイオード**は，LEDとも称し，順方向電流を流したとき，pn接合面が発光する素子である．白熱電球や蛍光灯より低消費電力で長寿命のため，照明用途として普及している．

(3) 上記(1)の効果を利用した機器・装置

pn接合に光を照射し，あるしきい値以上のエネルギーが入射したとき，A-K端子間に電圧が生じる現象を**光起電力効果**という．また，この効果を利用した機器が**太陽電池**である．

以上より，求める選択肢は(2)である．

〔ここがポイント〕 選択肢にある用語を正しく理解しておく必要がある．次表に効果と現象をまとめる．

効果・現象	説　　明
表皮効果	周波数が増加すると，電磁誘導作用により導体内の電流分布が表面に集中する現象．周波数f，導電率σ，透磁率μが大きいほど，より表面に集中する
ホール効果	厚さdの導体に電流Iを流し，直角に磁界Bをかけたとき，IとBにいずれも直角な方向にホール電圧$V_H = R_H(BI/d)$を生じる現象．R_Hをホール定数という
超電導現象	ある導体を極低温まで温度を下げると，突然電気抵抗がゼロになる現象．このときの温度は臨界温度という．
圧電効果（ピエゾ効果）	強誘電体（水晶，ロッシェル塩，チタン酸バリウムなど）に圧力や張力を与えると，その強さに比例して分極電荷を生じ，誘電体表面間に電圧を生じる現象

 (2)

次の文章は，紫外線ランプの構造と動作に関する記述である．

紫外線ランプは，紫外線を透過させる石英ガラス管と，その両端に設けられた (ア) からなり，ガラス管内には数百パスカルの (イ) 及び微量の水銀が封入されている．両極間に高電圧を印加すると， (ウ) から出た電子が電界で加速され， (イ) 原子に衝突してイオン化する．ここで生じた正イオンは電界で加速され， (ウ) に衝突して電子をたたき出す結果，放電が安定に持続する．管内を走行する電子が水銀原子に衝突すると，電子からエネルギーを得た水銀原子は励起され，特定の波長の紫外線の光子を放出して安定な状態に戻る．さらに (エ) はガラス管の内側の面にある種の物質を塗り，紫外線を (オ) に変換するようにしたものである．

上記の記述中の空白箇所(ア)，(イ)，(ウ)，(エ)及び(オ)に当てはまる組合せとして，正しいものを次の(1)～(5)のうちから一つ選べ．

	(ア)	(イ)	(ウ)	(エ)	(オ)
(1)	磁極	酸素	陰極	マグネトロン	マイクロ波
(2)	電極	酸素	陽極	蛍光ランプ	可視光
(3)	磁極	希ガス	陰極	進行波管	マイクロ波
(4)	電極	窒素	陽極	赤外線ヒータ	赤外光
(5)	電極	希ガス	陰極	蛍光ランプ	可視光

解12 紫外線ランプの構造と動作に関する問題である．

紫外線ランプは，紫外線を透過させる石英ガラス管と，その両端に設けられた**電極**からなり，ガラス管内には数百パスカルの**希ガス**および微量の水銀が封入されている．

両電極間に高電圧を印加すると，**陰極**から出た電子が電界で加速され，**陰極**原子に衝突してイオン化する．ここで生じた正イオンは電界で加速され，陰極に衝突して電子をたたき出す結果，放電が安定に持続する．

管内を走行する電子が水銀原子に衝突すると，電子からエネルギーを得た水銀原子は励起され，特定の波長の紫外線の光子を放出して安定な状態に戻る．さらに**蛍光ランプ**はガラス管の内側の面にある種の物質を塗り，紫外線を**可視光**に変換するようにしたものである．

したがって，求める選択肢は(5)となる．

〔ここがポイント〕 蛍光ランプ

蛍光ランプとは，低圧水銀蒸気中のアーク放電によって放射される紫外線（波長253.7 nm）を石英ガラス管内面に塗布した**蛍光物質**に当てることにより**可視光**に変換する放電ランプである．発光現象は，**放射ルミネセンス**（**ホトルミネセンス**）を利用している．

管内には300 Pa～400 Paの**アルゴンガス**（**希ガス**）と，1 Pa以下の**水銀**が封入されている．

電極にはコイル状タングステンが使用され，その表面には**電子放射物質**が塗布される．この電子放射物質が枯渇すると点灯しなくなる．ランプのON/OFFを繰り返すと電子状放射物質の消耗が激しくなり，ランプ寿命が短くなる．

図に直管形蛍光ランプの構造を示す．

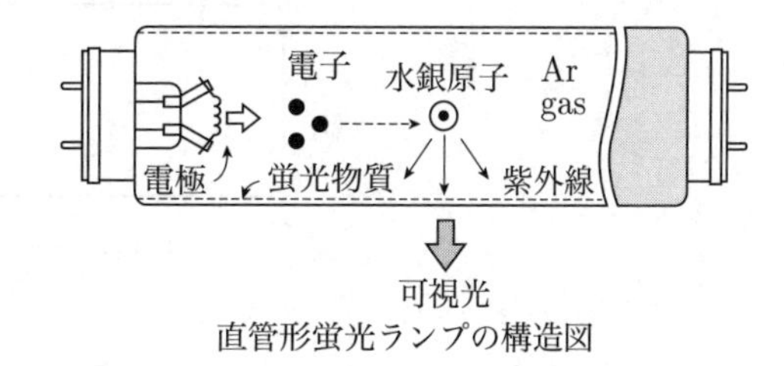

直管形蛍光ランプの構造図

答 (5)

問13　図1は，固定バイアス回路を用いたエミッタ接地トランジスタ増幅回路である．図2は，トランジスタの五つのベース電流 I_B に対するコレクタ-エミッタ間電圧 V_{CE} とコレクタ電流 I_C との静特性を示している．この V_{CE}-I_C 特性と直流負荷線との交点を動作点という．図1の回路の直流負荷線は図2のように与えられる．動作点が $V_{CE} = 4.5$ V のとき，バイアス抵抗 R_B の値[MΩ]として最も近いものを次の(1)～(5)のうちから一つ選べ．

ただし，ベース-エミッタ間電圧 V_{BE} は，直流電源電圧 V_{CC} に比べて十分小さく無視できるものとする．なお，R_L は負荷抵抗であり，C_1，C_2 は結合コンデンサである．

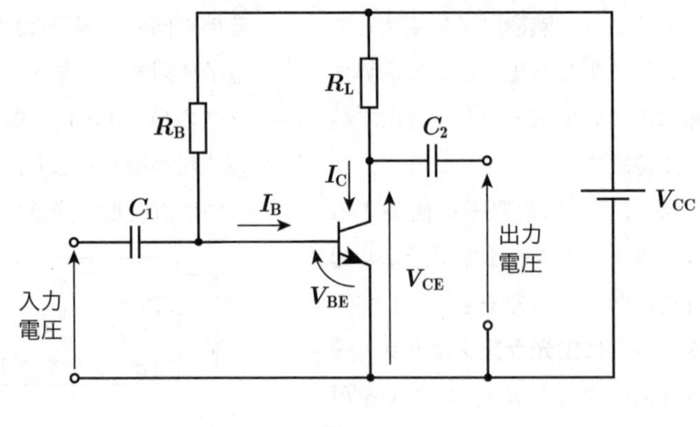

図1

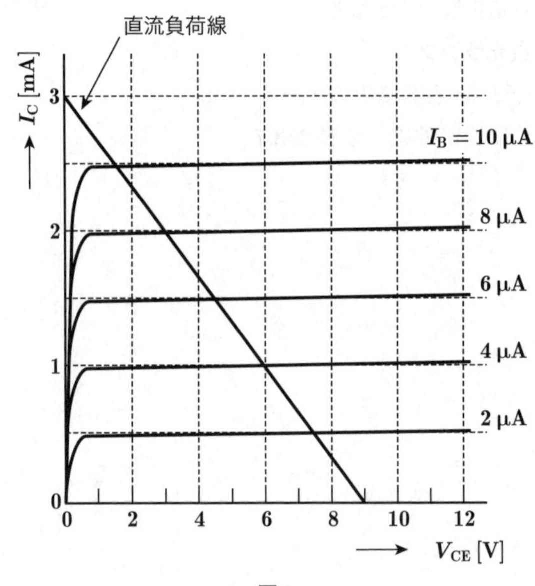

図2

(1)　0.5　　(2)　1.0　　(3)　1.5　　(4)　3.0　　(5)　6.0

解13 $V_{CE} = 4.5$ Vのときのバイアス抵抗R_Bを求める.

(a)図のループⅠで成立する式は,

$$V_{CC} = I_C R_L + V_{CE}$$

$$I_C = \frac{V_{CC} - V_{CE}}{R_L} \quad ①$$

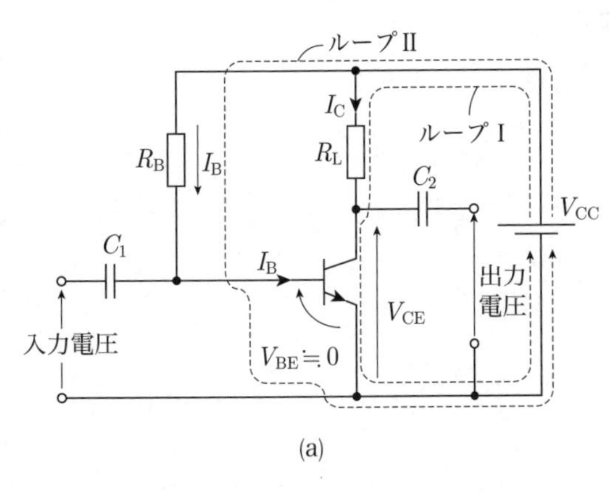

(a)

一方, (a)図のループⅡで成立する式は,

$$V_{CC} = R_B I_B + V_{BE}$$

題意より, $V_{BE} \ll V_{CC}$であり, V_{BE}は無視できるので$V_{BE} \fallingdotseq 0$とおくと,

$$V_{CC} \fallingdotseq R_B I_B \quad ②$$

(b)図のI_Bに対するV_{CE}とI_Cの静特性より, $I_C = 0$ Aのとき, ①式より,

$$V_{CE} = V_{CC} = 9 \text{ V}$$

よって直流電源電圧$V_{CC} = 9$ Vであることがわかる.

(b)図より, $I_B = 6$ μA, $V_{CC} = 9$ Vを②式へ代入してR_Bを求めると,

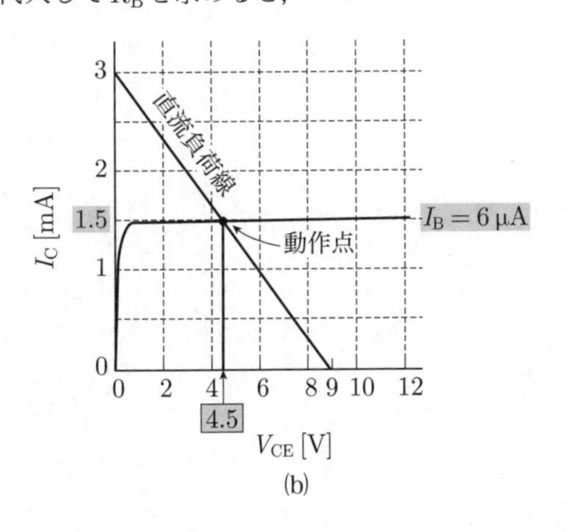

(b)

$$R_B = \frac{V_{CC}}{I_B} = \frac{9}{6 \times 10^{-6}}$$

$$= 1.5 \times 10^6 \, \Omega = 1.5 \text{ M}\Omega \quad (答)$$

〔ここがポイント〕 (b)図を参照し, $V_{CE} = 4.5$ Vが動作点のとき,

1. ベース電流I_B

ベース電流I_Bは, $V_{CE} = 4.5$ Vにおける直流負荷線との交点から求められるので, 6 μAとなる.

2. コレクタ電流I_C

$V_{CE} = 4.5$ Vにおける動作点のコレクタ電流は, $I_C = 1.5$ mAとなる.

3. 問題のトランジスタの電流増幅率h_{fe}

エミッタ電流$I_E = I_B + I_C \fallingdotseq I_C$とすると,

$$h_{fe} = \frac{I_E}{I_B} = \frac{I_C}{I_B} = \frac{1.5 \times 10^{-3}}{6 \times 10^{-6}} = 250$$

4. V_{BE}の値

V_{BE}は, シリコンでは約0.6 V, ゲルマニウムでは約0.2 Vである. よって題意の$V_{BE} \ll V_{CC}$が成り立つ.

5. 固定バイアス回路の熱安定性

(a)図より, 固定バイアス回路ではV_{CC}はR_Bの電圧降下とV_{BE}に分圧される. 電源電圧V_{CC}一つでバイアス電圧と出力電圧を兼ねている.

$$I_B = \frac{V_{CC} - V_{BE}}{R_B} \quad ③$$

$$I_C = h_{fe} I_B = \frac{h_{fe}(V_{CC} - V_{BE})}{R_B} \quad ④$$

トランジスタのV_{BE}は温度上昇に伴い減少する性質がある. $V_{BE} \ll V_{CC}$とすると, ④式からV_{BE}の変化が出力電流I_Cに及ぼす影響は小さい. しかし, h_{fe}は温度上昇に伴って大きく増加するためI_Cが増加し, トランジスタ内部の温度が上昇を続けてしまう. この悪循環を**熱暴走**といい, 素子の**熱破壊**の原因となる. したがって, 固定バイアス回路は**熱安定性**が悪い点が欠点である.

 (3)

次の(1)～(5)は，計測の結果，得られた測定値を用いた計算である．これらのうち，有効数字と単位の取り扱い方がともに正しいものを一つ選べ．

(1) $\mathbf{0.51\ V + 2.2\ V = 2.71\ V}$

(2) $\mathbf{0.670\ V \div 1.2\ A = 0.558\ \Omega}$

(3) $\mathbf{1.4\ A \times 3.9\ ms = 5.5 \times 10^{-6}\ C}$

(4) $\mathbf{0.12\ A - 10\ mA = 0.11\ m}$

(5) $\mathbf{0.5 \times 2.4\ F \times 0.5\ V \times 0.5\ V = 0.3\ J}$

解14 問題の選択肢において，有効数字と単位の取扱いを検証する．

(1) $0.51\ \mathrm{V}+2.2\ \mathrm{V}=2.71\ \mathrm{V}$

加減算の場合，有効数字の原則は演算結果の小数点以下の桁数を，もとの値の小数点以下の桁数が最も少ないものに合わせる．すなわちもとの値の中で最も精度が低いものに合わせる．

(1)では，0.51は小数第2位，2.2は小数第1位であるから，演算結果は最も精度が低い小数第1位に合わせると，2.71 Vの小数第2位を四捨五入して2.7 Vが正しい．よって，(1)は誤り．

(2) $0.670\ \mathrm{V}\div 1.2\ \mathrm{A}=0.558\ \Omega$

乗除算の場合，有効数字の原則は，演算結果の桁数を，もとの値の中で最も少ない桁数に合わせる．

(2)では，もとの数で最も少ない有効数字は1.2 Aの2桁であるから，演算結果も2桁に合わせると，0.558 Ωの小数第3位を四捨五入して，0.56 Ωが正しい．よって(2)は誤り．

(3) $1.4\ \mathrm{A}\times 3.9\ \mathrm{ms}=5.5\times 10^{-6}\ \mathrm{C}$

$1\ \mathrm{C}=1\ \mathrm{A\cdot s}$であるからmsからsへ単位をそろえる必要があり，この場合の有効数字はべき乗数を用いて表す．3.9 msを3.9×10^{-3} sと表すと，

$$1.4\ \mathrm{A}\times 3.9\times 10^{-3}\ \mathrm{s}=5.46\times 10^{-3}\ \mathrm{C}$$

もとの値の中で有効数字が最小のものは2桁であるから，小数第3位を四捨五入して，5.5×10^{-3} Cが正しい．よって，(3)は誤り．

(4) $0.12\ \mathrm{A}-10\ \mathrm{mA}=0.11\ \mathrm{m}$

単位にm（ミリ）という接頭語が含まれているため，単位をmA→Aにそろえて計算を進めると，

$$0.12\ \mathrm{A}-0.01\ \mathrm{A}=0.11\ \mathrm{A}$$

もとの値の小数点以下の桁数がいずれも2桁であるから，演算結果の小数点以下の桁数は2桁でよく，(4)の演算結果の有効数字は正しいが，単位に誤りがあり，正しい単位はAとなる．

(5) $0.5\times 2.4\ \mathrm{F}\times 0.5\ \mathrm{V}\times 0.5\ \mathrm{V}=0.3\ \mathrm{J}$

上記の演算結果は0.3であり，もとの数値の有効桁数は最小のもので1桁であるから，結果の値も1桁とすると0.3 Jとなる．よって(5)は正しい．

〔ここがポイント〕 有効数字の取扱方法について，次表にまとめる．

有効数字

加減算	小数点以下の桁数を，もとの値の小数点以下の桁数で最小のものに合わせる	678.9 ←（この桁にそろえる） 67.89 +) 6.789 753.579（四捨五入） = 753.6
乗除算	演算結果の桁数を，もとの値の中で最小のものに合わせる	1.2 × 10.21 × 2.189（この桁にそろえる） = 26.819 628 = 27（四捨五入）
単位	たとえばm（メートル）とmm（ミリメートル）の計算では，いずれかの単位にそろえる操作が加わる	○ 2.545 m + 55 mm = 2.545 m + 0.055 m = 2.600 m（小数第3位） ○ 1.23 V × 4.5 mA = 1.23 V × 0.004 5 A = 0.005 535 = 0.005 5 W（小数第2位）

(5)

B問題　配点は1問題当たり(a)5点，(b)5点，計10点

問15　図は未知のインピーダンス $\dot{Z}$ [Ω] を測定するための交流ブリッジである．電源の電圧を $\dot{E}$ [V]，角周波数を ω [rad/s] とする．ただし ω，静電容量 C_1 [F]，抵抗 R_1 [Ω]，R_2 [Ω]，R_3 [Ω] は零でないとする．次の(a)及び(b)の問に答えよ．

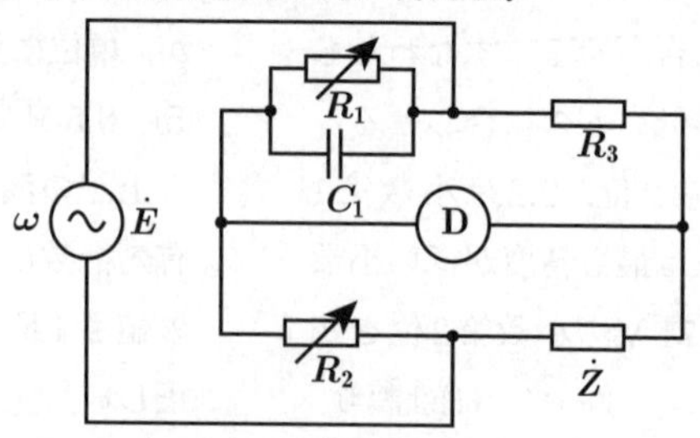

(a) 交流検出器Dによる検出電圧が零となる平衡条件を $\dot{Z}$，R_1，R_2，R_3，ω 及び C_1 を用いて表すと，

$$(\boxed{})\dot{Z} = R_2R_3$$

となる．

上式の空白に入る式として適切なものを次の(1)～(5)のうちから一つ選べ．

(1) $R_1 + \dfrac{1}{\mathrm{j}\omega C_1}$　(2) $R_1 - \dfrac{1}{\mathrm{j}\omega C_1}$　(3) $\dfrac{R_1}{1 + \mathrm{j}\omega C_1 R_1}$

(4) $\dfrac{R_1}{1 - \mathrm{j}\omega C_1 R_1}$　(5) $\sqrt{\dfrac{R_1}{\mathrm{j}\omega C_1}}$

(b) $\dot{Z} = R + \mathrm{j}X$ としたとき，この交流ブリッジで測定できる R [Ω] と X [Ω] の満たす条件として，正しいものを次の(1)～(5)のうちから一つ選べ．

(1) $R \geqq 0$，$X \leqq 0$　(2) $R > 0$，$X < 0$　(3) $R = 0$，$X > 0$

(4) $R > 0$，$X > 0$　(5) $R = 0$，$X \leqq 0$

解15 設問の交流ブリッジ回路を次図のように書き換えて示す．

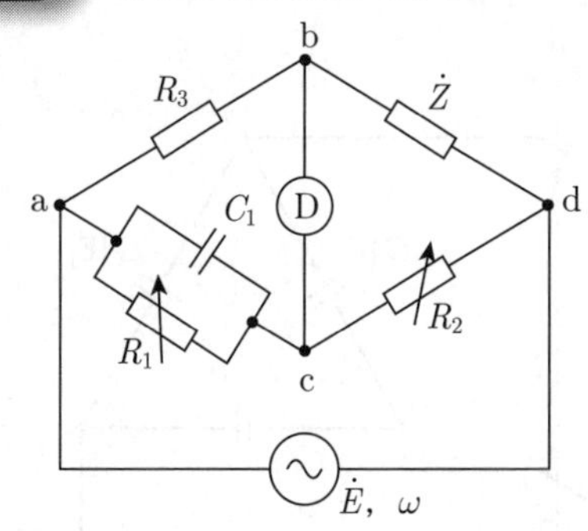

(a) **交流検出器Dによる検出電圧がゼロとなる平衡条件**

ブリッジが平衡すると，図の端子b-c間の電位差がゼロになる．このとき，ブリッジの平衡条件は，ブリッジを構成する各インピーダンスの対辺の積が等しくなるときであるから，次式が成り立つ．

$$R_2R_3 = \dot{Z}\frac{1}{\dfrac{1}{R_1}+\mathrm{j}\omega C_1}$$

$$= \dot{Z}\frac{R_1}{1+\mathrm{j}\omega C_1R_1} \qquad ①$$

したがって，求める式は，選択肢(3)の

$\dfrac{R_1}{1+\mathrm{j}\omega C_1R_1}$ となる． (答)

(b) **交流ブリッジで測定できる R [Ω] と X [Ω] の満たす条件**

(a)で求めたブリッジの平衡条件の①式より，

$$R_2R_3 = \dot{Z}\frac{1}{\dfrac{1}{R_1}+\mathrm{j}\omega C_1} \qquad ②$$

上式の右辺および左辺を，複素数 $a+\mathrm{j}b$（a，bは実数）の形に整理するために，両辺に，

$\dfrac{1}{R_1}+\mathrm{j}\omega C_1$ をかけると，

$$R_2R_3\left(\frac{1}{R_1}+\mathrm{j}\omega C_1\right) = \dot{Z}$$

$$\dot{Z} = \frac{R_2R_3}{R_1}+\mathrm{j}\omega C_1R_2R_3 \qquad ③$$

題意より，$\dot{Z}=R+\mathrm{j}X$を③式に代入し，実数部と虚数部をそれぞれ等しいとおくと，

$$R+\mathrm{j}X = \frac{R_2R_3}{R_1}+\mathrm{j}\omega C_1R_2R_3$$

$$\therefore \quad R = \frac{R_2R_3}{R_1}$$

$$X = \omega C_1R_2R_3$$

題意より，ω，C_1，R_1，R_2，$R_3 \neq 0$であり，かつ，ω，C_1，R_1，R_2，R_3は正の数であるから，

$$R = \frac{R_2R_3}{R_1} > 0$$

$$X = \omega C_1R_2R_3 > 0$$

が成り立つ．よって，求める選択肢は(4)となる．

〔ここがポイント〕 交流ブリッジ法は，インダクタンスや静電容量，誘電損などの測定に用いられる幅広い測定法である．交流であるため，周波数が変化すると各辺のインピーダンスが変化してしまう．このため対地静電容量，残留インダクタンスの測定には特別な配慮が必要となる．

交流ブリッジの平衡条件は，次図に示すように，「対辺のインピーダンスの積が等しい」場合に成り立つ．

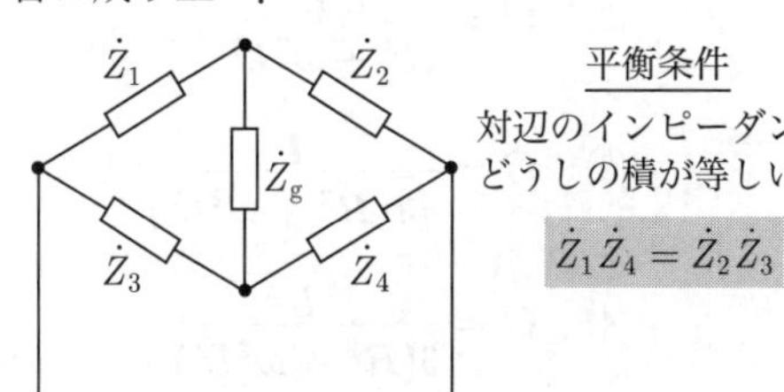

交流ブリッジの平衡条件

(a)-(3)，(b)-(4)

問16　図のように，線間電圧 V [V]，周波数 f [Hz] の対称三相交流電源に，R [Ω] の抵抗とインダクタンス L [H] のコイルからなる三相平衡負荷を接続した交流回路がある．この回路には，スイッチSを介して，負荷に静電容量 C [F] の三相平衡コンデンサを接続することができる．次の(a)及び(b)の問に答えよ．

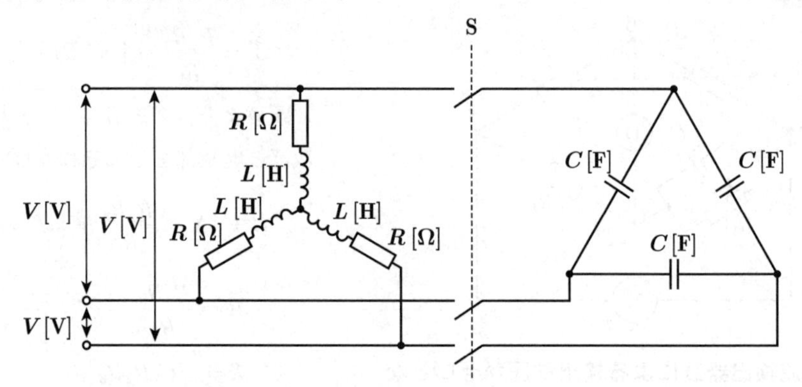

(a)　スイッチSを開いた状態において，$V = 200$ V，$f = 50$ Hz，$R = 5$ Ω，$L = 5$ mH のとき，三相負荷全体の有効電力の値 [W] と力率の値の組合せとして，最も近いものを次の(1)～(5)のうちから一つ選べ．

	有効電力	力率
(1)	2.29×10^3	0.50
(2)	7.28×10^3	0.71
(3)	7.28×10^3	0.95
(4)	2.18×10^4	0.71
(5)	2.18×10^4	0.95

(b)　スイッチSを閉じてコンデンサを接続したとき，電源からみた負荷側の力率が1になった．

このとき，静電容量 C の値 [F] を示す式として，正しいものを次の(1)～(5)のうちから一つ選べ．

ただし，角周波数を ω [rad/s] とする．

(1)　$C = \dfrac{L}{R^2 + \omega^2 L^2}$

(2)　$C = \dfrac{\omega L}{R^2 + \omega^2 L^2}$

(3)　$C = \dfrac{L}{\sqrt{3}(R^2 + \omega^2 L^2)}$

(4)　$C = \dfrac{L}{3(R^2 + \omega^2 L^2)}$

(5)　$C = \dfrac{\omega L}{3(R^2 + \omega^2 L^2)}$

解16　(a)　**Sを開いた状態での三相負荷の有効電力 P_3 と力率**

問題の回路は，三相負荷が平衡しており，電源は三相対称なので，回路特性は1相分の等価回路で計算できる．三相電力は，1相分を3倍して求められる．

(a)図に題意の1相分等価回路を示す．

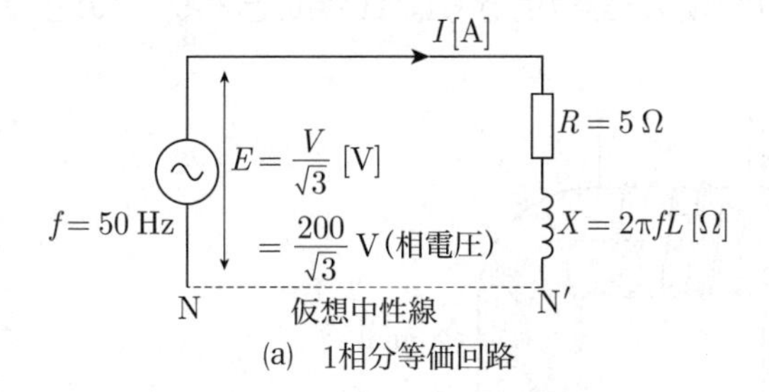

(a)　1相分等価回路

負荷の誘導性リアクタンス X [Ω] は，

$$X = \omega L = 2\pi fL$$
$$= 2 \times 3.14 \times 50 \times 5 \times 10^{-3}$$
$$= 1.57\,\Omega$$

負荷のインピーダンス Z の大きさおよび負荷電流 I [A] は，

$$Z = \sqrt{R^2 + X^2}\ [\Omega]$$

$$I = \frac{V/\sqrt{3}}{Z}\ [\mathrm{A}]$$

求める三相負荷の有効電力 P_3 は，

$$P_3 = 3\left(\frac{V/\sqrt{3}}{Z}\right)^2 R = \left(\frac{V}{Z}\right)^2 R$$

$$= \frac{V^2}{R^2 + X^2} R = \frac{200^2}{5^2 + 1.57^2} \times 5$$

$$\fallingdotseq 7\,282\ \mathrm{W} \fallingdotseq 7.28 \times 10^3\ \mathrm{W}$$ (答)

力率 $\cos\phi$ は，

$$\cos\phi = \frac{R}{Z} = \frac{R}{\sqrt{R^2 + X^2}} = \frac{5}{\sqrt{5^2 + 1.57^2}}$$

$$\fallingdotseq 0.954\,0 \fallingdotseq 0.95$$ (答)

(b)　**コンデンサを接続後に負荷の力率を1とする静電容量 C の値**

(b)図よりコンデンサを△⇒Y変換する．三相平衡であるから，Y接続の容量性リアクタンス X_{CY} は，△接続の1/3となる．

$$X_{CY} = \frac{X_{C\triangle}}{3} = \frac{1}{\omega 3C}\ [\Omega]$$

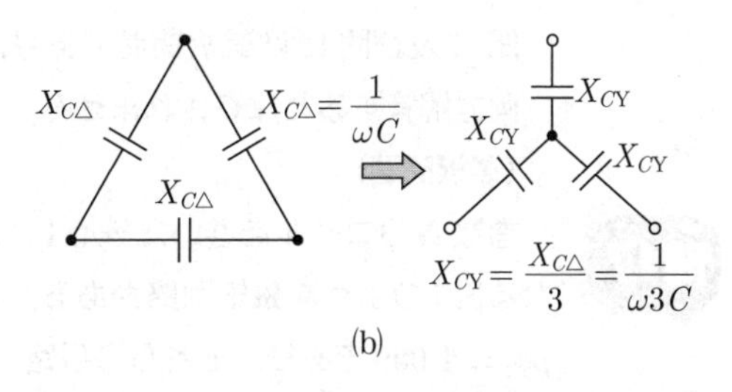

(b)

コンデンサ接続後の1相分等価回路は(c)図となる．

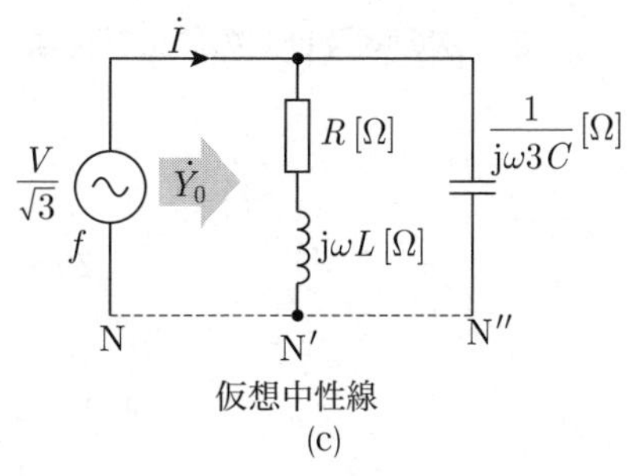

(c)

負荷側の合成アドミタンス $\dot{Y}_0$ は，

$$\dot{Y}_0 = \frac{1}{R + \mathrm{j}\omega L} + \mathrm{j}\omega 3C$$

$$= \frac{R - j\omega L}{(R + \mathrm{j}\omega L)(R - \mathrm{j}\omega L)} + \mathrm{j}\omega 3C$$

$$= \frac{R}{R^2 + (\omega L)^2} + \mathrm{j}\omega\left\{3C - \frac{L}{R^2 + (\omega L)^2}\right\}$$

負荷側の力率が1になるのは，電圧と電流が同相のときであり，このとき負荷アドミタンスは実数のみとなる．よって，$\dot{Y}_0$ の式の虚数部を0とおき，

$$3C = \frac{L}{R^2 + (\omega L)^2}$$

$$C = \frac{L}{3(R^2 + \omega^2 L^2)}$$ (答)

〔ここがポイント〕　負荷の力率を1とする静電容量 C の値

問題に与えられた数値で求めると次のようになる．

$$C = \frac{L}{3\{R^2 + (\omega L)^2\}} = \frac{5 \times 10^{-3}}{3(5^2 + 1.57^2)}$$

$$\fallingdotseq 0.000\,060\,68 \fallingdotseq 6.07 \times 10^{-5}\ \mathrm{F}$$

(a) - (3),　(b) - (4)

問17及び問18は選択問題であり，問17又は問18のどちらかを選んで解答すること．両方解答すると採点されません．

（選択問題）

問17　巻数 N のコイルを巻いた鉄心1と，空隙（エアギャップ）を隔てて置かれた鉄心2からなる図1のような磁気回路がある．この二つの鉄心の比透磁率はそれぞれ $\mu_{r1} = 2\,000$，$\mu_{r2} = 1\,000$ であり，それらの磁路の平均の長さはそれぞれ $l_1 = 200$ mm，$l_2 = 98$ mm，空隙長は $\delta = 1$ mm である．ただし，鉄心1及び鉄心2のいずれの断面も同じ形状とし，磁束は断面内で一様で，漏れ磁束や空隙における磁束の広がりはないものとする．このとき，次の(a)及び(b)の問に答えよ．

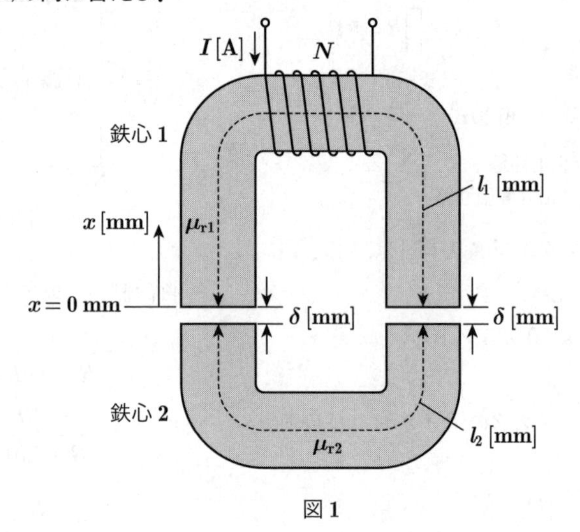

図1

(a) 空隙における磁界の強さ H_0 に対する磁路に沿った磁界の強さ H の比 $\dfrac{H}{H_0}$ を表すおおよその図として，最も近いものを図2の(1)～(5)のうちから一つ選べ．ただし，図1に示す $x = 0$ mmから時計回りに磁路を進む距離を x [mm]とする．また，図2は片対数グラフであり，空隙長 δ [mm]は実際より大きく表示している．

(1)

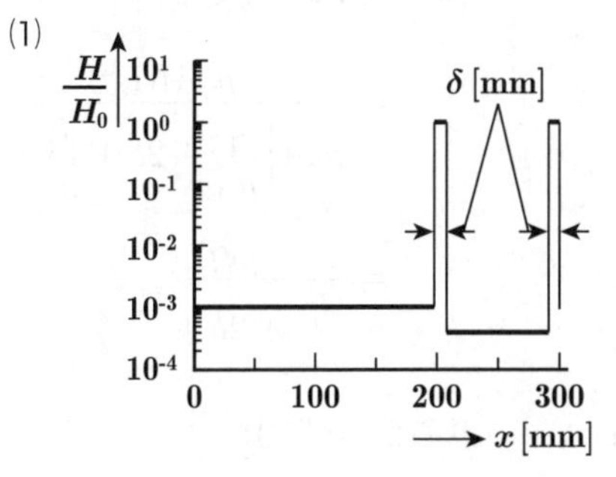

(2)

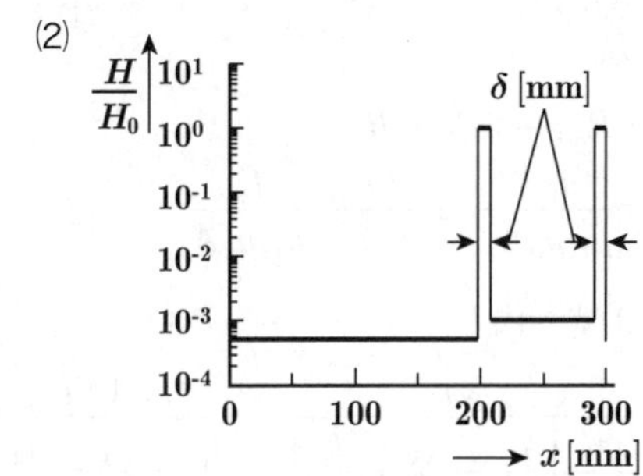

(3)

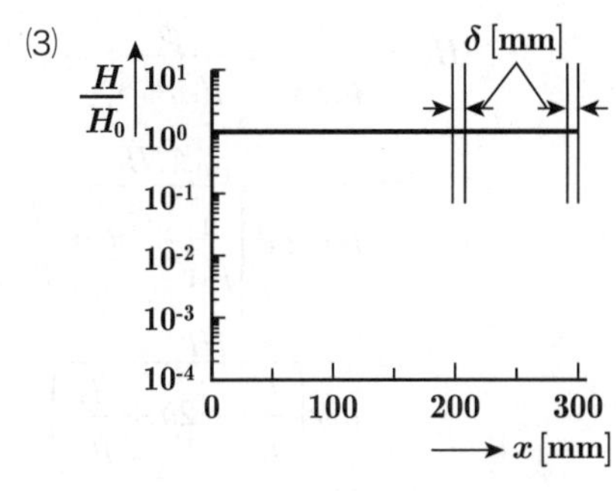

(4)

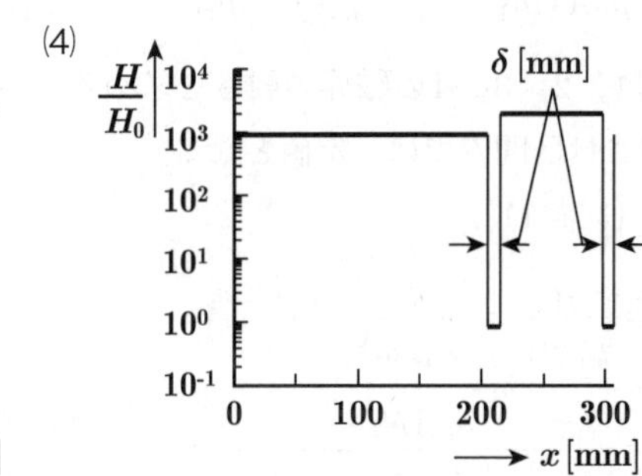

(5)

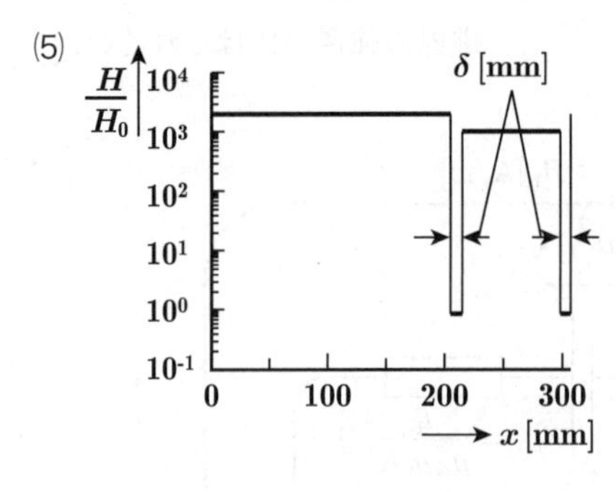

図2

(b) コイルに電流 $I = 1$ Aを流すとき，空隙における磁界の強さ H_0 を 2×10^4 A/m以上とするのに必要なコイルの最小巻数 N の値として，最も近いものを次の(1)～(5)のうちから一つ選べ．

(1) **24**　(2) **44**　(3) **240**　(4) **4 400**　(5) **40 400**

解17　問題の磁気回路の鉄心断面積を A [m^2] とする．

図1の磁気回路の等価回路を(a)図に示す．

磁気回路のオームの法則より，等価回路の合成磁気抵抗を R_0 とすると，$NI=\phi R_0$ より

$$\phi=\frac{NI}{R_0} \qquad ①$$

$$R_0=R_{m1}+2R_\delta+R_{m2}$$
$$=\frac{l_1}{\mu_{r1}\mu_0 A}+2\frac{\delta}{\mu_0 A}+\frac{l_2}{\mu_{r2}\mu_0 A} \qquad ②$$

②式を①式へ代入

$$\phi=\frac{NI}{\dfrac{1}{\mu_0 A}\left(\dfrac{l_1}{\mu_{r1}}+2\delta+\dfrac{l_2}{\mu_{r2}}\right)}=\frac{\mu_0 ANI}{\dfrac{l_1}{\mu_{r1}}+2\delta+\dfrac{l_2}{\mu_{r2}}}$$

各区間1，2，3，4の磁界の強さを求める．磁界の強さは区間内では一定値となる．

鉄心1（区間1）：

$$H_1=\frac{B}{\mu_{r1}\mu_0}=\frac{\phi}{\mu_{r1}\mu_0 A}$$
$$=\frac{\mu_0 ANI}{\mu_{r1}\mu_0 A\left(\dfrac{l_1}{\mu_{r1}}+2\delta+\dfrac{l_2}{\mu_{r2}}\right)}$$
$$=\frac{NI}{\mu_{r1}\left(\dfrac{l_1}{\mu_{r1}}+2\delta+\dfrac{l_2}{\mu_{r2}}\right)} \qquad ③$$

エアギャップ（区間2および4）：

$$H_0=\frac{B}{\mu_0}=\frac{\phi}{\mu_0 A}$$
$$=\frac{\mu_0 ANI}{\mu_0 A\left(\dfrac{l_1}{\mu_{r1}}+2\delta+\dfrac{l_2}{\mu_{r2}}\right)}$$
$$=\frac{NI}{\dfrac{l_1}{\mu_{r1}}+2\delta+\dfrac{l_2}{\mu_{r2}}} \qquad ④$$

鉄心2（区間3）：

$$H_2=\frac{B}{\mu_{r2}\mu_0}=\frac{\phi}{\mu_{r2}\mu_0 A}$$
$$=\frac{\mu_0 ANI}{\mu_{r2}\mu_0 A\left(\dfrac{l_1}{\mu_{r1}}+2\delta+\dfrac{l_2}{\mu_{r2}}\right)}$$
$$=\frac{NI}{\mu_{r2}\left(\dfrac{l_1}{\mu_{r1}}+2\delta+\dfrac{l_2}{\mu_{r2}}\right)} \qquad ⑤$$

磁界の強さの比はそれぞれ，

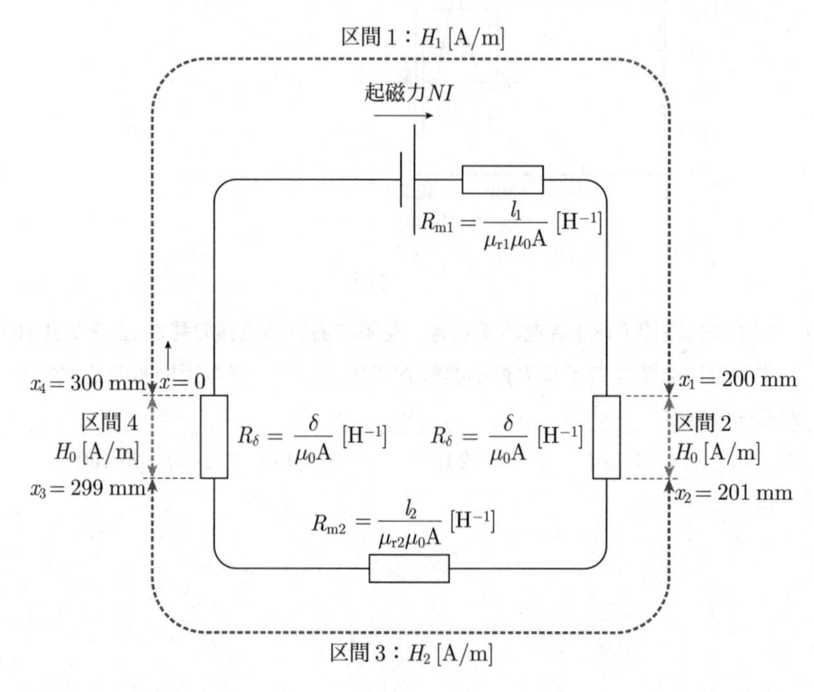

(a)

区間1：鉄心1

$$\frac{H_1}{H_0}=\frac{1}{\mu_{r1}}=\frac{1}{2\,000}=5\times10^{-4}$$

区間2，4：エアギャップ

$$\frac{H_0}{H_0}=1$$

区間3：鉄心2

$$\frac{H_2}{H_0}=\frac{1}{\mu_{r2}}=\frac{1}{1\,000}=1\times10^{-3}$$

磁路の距離xを横軸に，磁界の強さの比を縦軸とすると，(b)図のグラフが描ける．

よって，(2)が正しい．

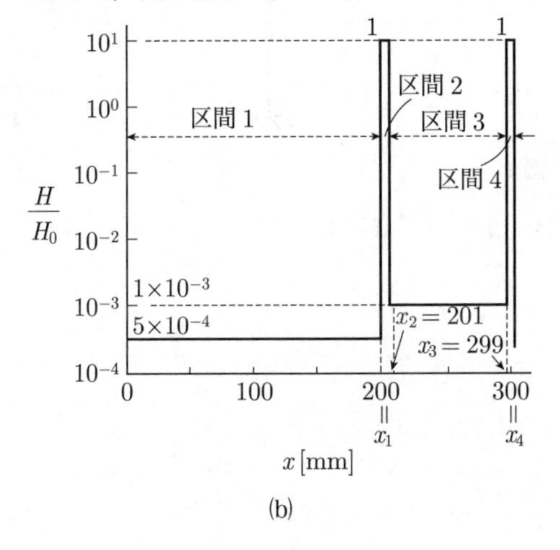

(b)

(b) **コイルの最小巻数 N**

題意より，次式が成り立つ．

$$H_0=\frac{NI}{\dfrac{l_1}{\mu_{r1}}+2\delta+\dfrac{l_2}{\mu_{r2}}}\geqq 2\times10^4$$

$$N\geqq\frac{2\times10^4}{I}\left(\frac{l_1}{\mu_{r1}}+2\delta+\frac{l_2}{\mu_{r2}}\right)$$

$$=\frac{2\times10^4}{1}\left(\frac{200}{2\,000}+2+\frac{98}{1\,000}\right)\times10^{-3}$$

$$=2(1+20+0.98)$$

$$=43.96$$

したがって，Nは整数であるから，小数第1位を切り上げて44が答となる．

〔ここがポイント〕 問題の図をみたらただちに(a)図の等価磁気回路を描けることが解くための最低条件である．電気回路のEをNI（起磁力），RをR_m（磁気回路），Iをϕ（磁束）に置き換えると磁気回路となる．なお，磁気回路にもオームの法則$NI=\phi R_0$が成立する．磁気分野で用いられる公式を確実に覚え，自在に使えることが本問を解くための必要条件になる．

答 (a)-(2)，(b)-(2)

（選択問題）

問18

演算増幅器を用いた回路について，次の(a)及び(b)の問に答えよ．

(a) 図1の回路の電圧増幅度 $\dfrac{v_o}{v_i}$ を3とするためには，αをいくらにする必要があるか．αの値として，最も近いものを次の(1)～(5)のうちから一つ選べ．

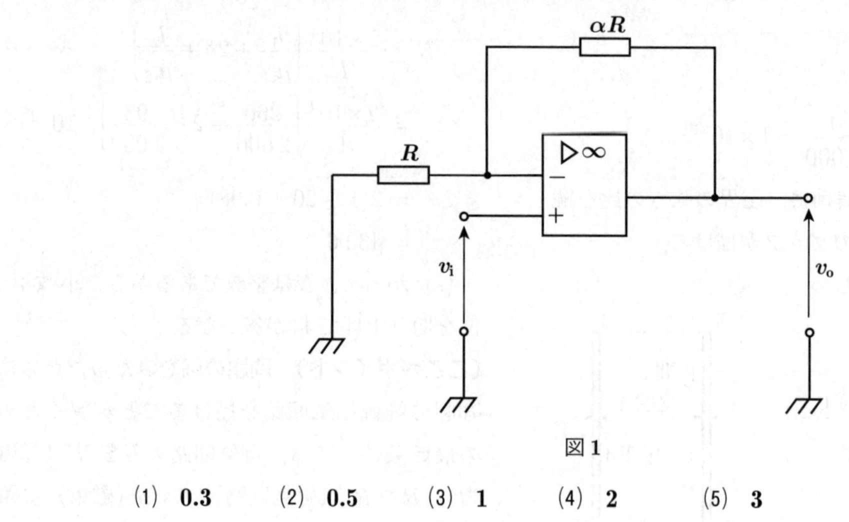

図1

(1) **0.3**　(2) **0.5**　(3) **1**　(4) **2**　(5) **3**

(b) 図2の回路は，図1の回路に，帰還回路として2個の5 kΩの抵抗と2個の0.1 μFのコンデンサを追加した発振回路である．発振の条件を用いて発振周波数の値 f [kHz] を求め，最も近いものを次の(1)～(5)のうちから一つ選べ．

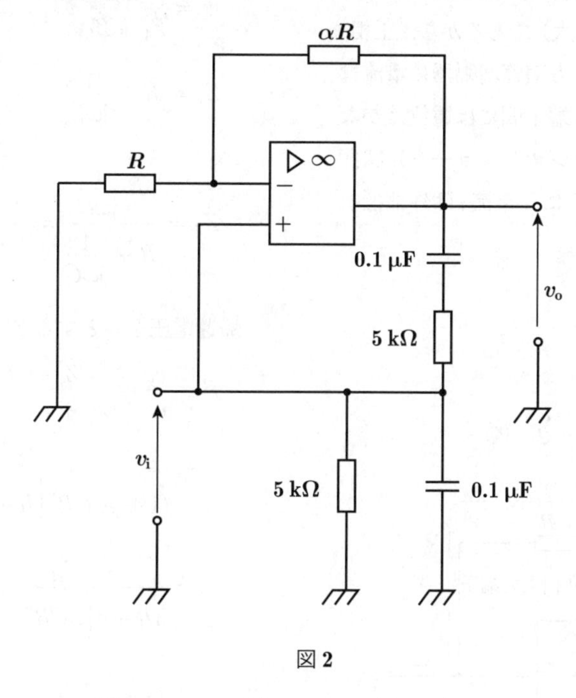

図2

(1) **0.2**　(2) **0.3**　(3) **0.5**　(4) **2**　(5) **3**

解18 (a) 電圧増幅度$v_o/v_i=3$とするためのαの値

問題図1の演算増幅回路は，演算増幅器単体の電圧増幅度が∞（無限大）であるから，正相，逆相のいずれの端子からも演算増幅器に電流は流入しない．また，入力端子間には電位差がないため，**仮想短絡**（イマジナリショート）状態にある．(a)図に示すように，電流iは外部抵抗αRとRのみ流れるので，

$$\frac{v_o-v_i}{\alpha R}=\frac{v_i-0}{R}$$

$$(\alpha+1)v_i=v_o$$

$$\alpha=\frac{v_o}{v_i}-1=3-1=2 \quad \text{(答)}$$

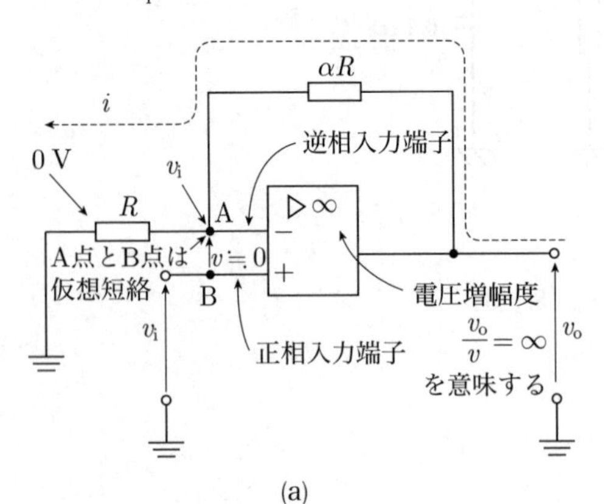

(a)

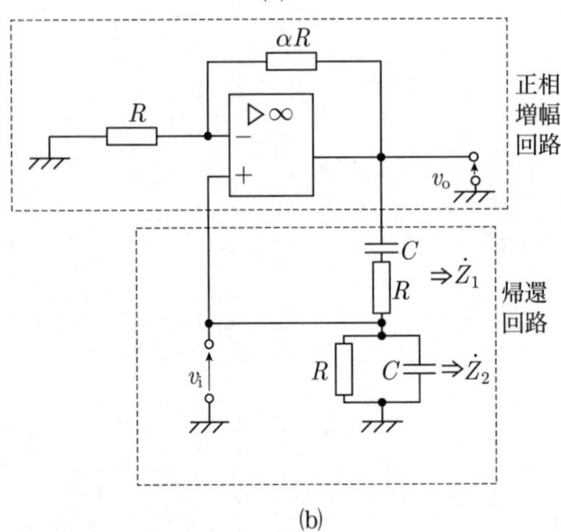

(b)

(b) 発振周波数の値f[kHz]

問題図2の回路は，(b)図に示すように，点線枠で示した正相増幅回路と，CR要素による帰還回路で構成された発振回路である．正相増幅回路の入力電圧v_iは，出力電圧v_oをインピーダンス$\dot{Z}_1$（CR直列回路）と$\dot{Z}_2$（CR並列回路）で分圧した$\dot{Z}_2$の分担電圧となるので，

$$v_i=\frac{\dot{Z}_2}{\dot{Z}_1+\dot{Z}_2}v_o$$

$$\dot{Z}_1=R+\frac{1}{j\omega C} \quad ①$$

$$\dot{Z}_2=\frac{R\dfrac{1}{j\omega C}}{R+\dfrac{1}{j\omega C}}=\frac{R}{1+j\omega CR} \quad ②$$

帰還電圧をv_fとすると，帰還率βは，

$$\beta=\frac{v_f}{v_o}=\frac{\dot{Z}_2}{\dot{Z}_1+\dot{Z}_2}$$

$$=\frac{R}{(1+j\omega CR)\left(R+\dfrac{1}{j\omega C}\right)+R}$$

$$=\frac{R}{3R+j\left(\omega CR^2-\dfrac{1}{\omega C}\right)}$$

$$=\frac{1}{3+j\left(\omega CR-\dfrac{1}{\omega CR}\right)} \quad ③$$

正相増幅回路の増幅度$A=v_o/v_i$は実数であるから位相角は0である．発振の条件は，$A\beta$の位相角が0になることである．帰還率βの位相角を0とするには，③式の分母の虚数部を0とおくと，

$$\omega CR-\frac{1}{\omega CR}=0$$

$$(\omega CR)^2=1$$

$\omega CR>0$より$\omega CR=1$

$$\therefore \quad f=\frac{\omega}{2\pi}=\frac{1}{2\pi CR}$$

$$=\frac{1}{2\times3.14\times0.1\times10^{-6}\times5\times10^{3}}$$

$$\fallingdotseq 0.3\times10^{3}\,\text{Hz}=0.3\,\text{kHz} \quad \text{(答)}$$

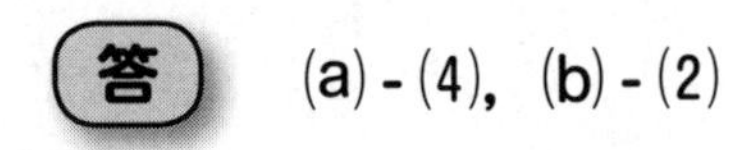

note

平成28年度（2016年）理論の問題

A問題　配点は1問題当たり5点

問1 真空中において，図のようにx軸上で距離$3d$ [m] 隔てた点A($2d$, 0)，点B($-d$, 0)にそれぞれ$2Q$ [C]，$-Q$ [C]の点電荷が置かれている．xy平面上で電位が0 Vとなる等電位線を表す図として，最も近いものを次の(1)～(5)のうちから一つ選べ．

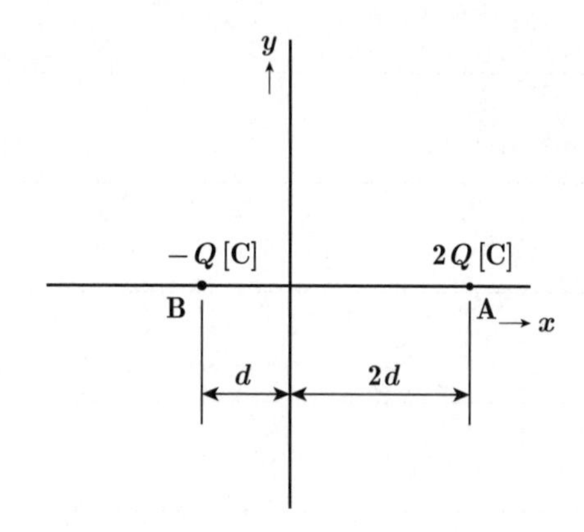

(1)
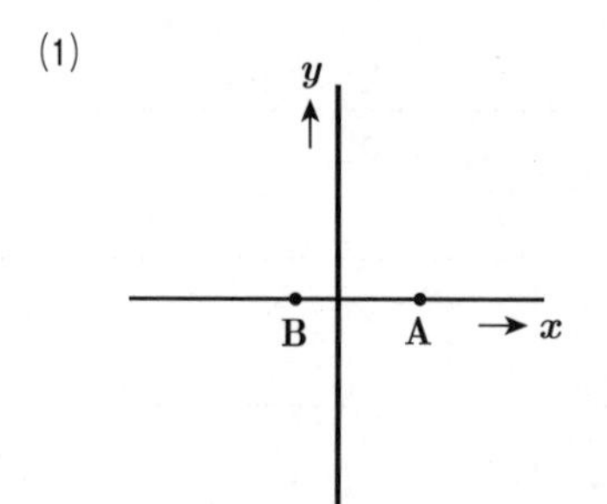

(2)
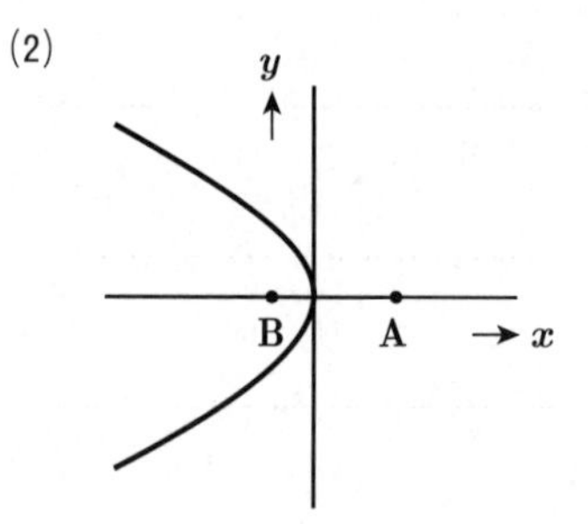

(3)
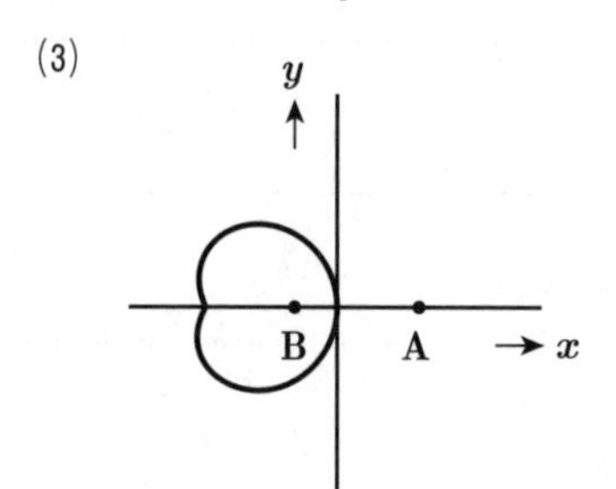

(4)
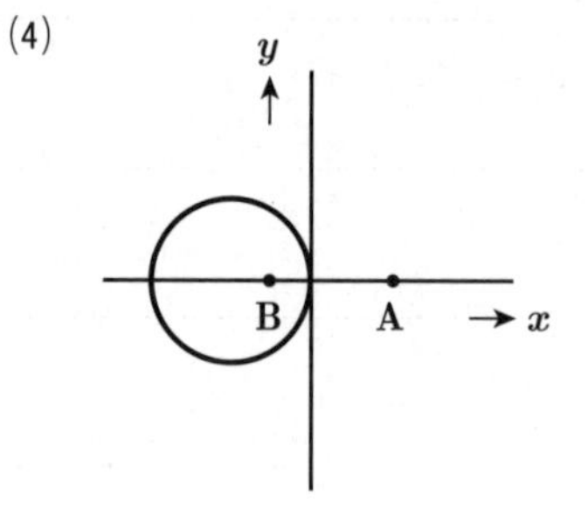

(5)
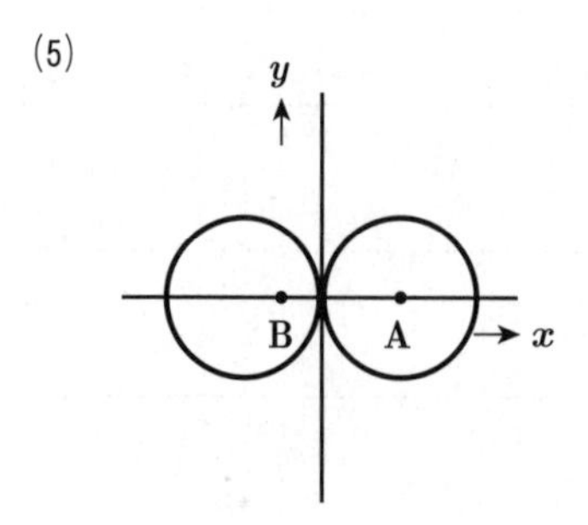

●試験時間　90分
●必要解答数　A問題14題，B問題3題（選択問題含む）

解1　xy平面上の任意の点P（x, y）の電位V_Pは，それぞれ点Aの$2Q$ [C]および点Bの$-Q$ [C]による点Pの電位V_{PA}およびV_{PB}のスカラ和になる．

任意の点Pと点A，および点Bまでの距離を(a)図に示す．

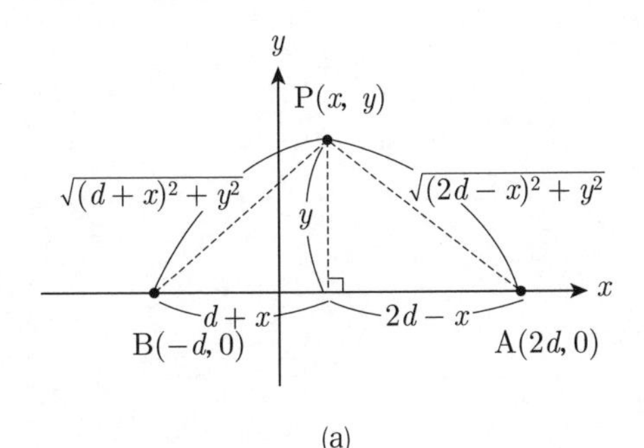

(a)

電位を求める公式より，真空中の誘電率をε_0 [F/m]とすると，

$$\therefore \quad V_P = V_{PA} + V_{PB} = \frac{1}{4\pi\varepsilon_0}\left(\frac{2Q}{\mathrm{AP}} + \frac{-Q}{\mathrm{BP}}\right)$$

$$= \frac{Q}{4\pi\varepsilon_0}\left(\frac{2}{\sqrt{(2d-x)^2+y^2}} - \frac{1}{\sqrt{(d+x)^2+y^2}}\right)$$

$V_P = 0$となるのは，括弧内がゼロのときであるから，

$$\frac{2}{\sqrt{(2d-x)^2+y^2}} = \frac{1}{\sqrt{(d+x)^2+y^2}}$$

両辺平方して，

$$\frac{4}{(2d-x)^2+y^2} = \frac{1}{(d+x)^2+y^2}$$

$$4\{(d+x)^2 + y^2\} = (2d-x)^2 + y^2$$

$$3(x^2 + 4dx + y^2) = 0$$

$$(x+2d)^2 + y^2 = (2d)^2$$

上式は，中心（$-2d$, 0），半径$2d$の円の方程式である．よって求める選択肢は(4)となる．

〔ここがポイント〕 3種では，電位を求める公式を覚えておこう．

(b)図の点電荷$+Q_1$および$+Q_2$による点Pの電位V_Pは，

$$V_P = V_{PA} + V_{PB} = \frac{1}{4\pi\varepsilon_0}\left(\frac{+Q_1}{r_1} + \frac{+Q_2}{r_2}\right)$$

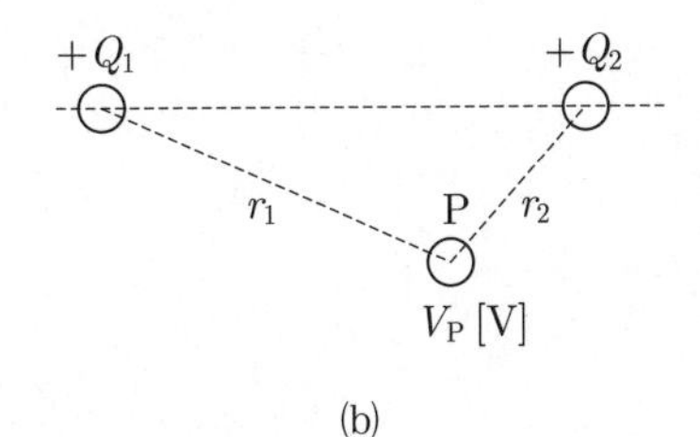

(b)

与えられた電荷が負の場合はQの符号を負とすることに注意する．

答　(4)

極板Aと極板Bとの間に一定の直流電圧を加え，極板Bを接地した平行板コンデンサに関する記述a～dとして，正しいものの組合せを次の(1)～(5)のうちから一つ選べ．

ただし，コンデンサの端効果は無視できるものとする．

a　極板間の電位は，極板Aからの距離に対して反比例の関係で変化する．

b　極板間の電界の強さは，極板Aからの距離に対して一定である．

c　極板間の等電位線は，極板に対して平行である．

d　極板間の電気力線は，極板に対して垂直である．

(1)　a

(2)　b

(3)　a，c，d

(4)　b，c，d

(5)　a，b，c，d

解2　題意を(a)図に示す．

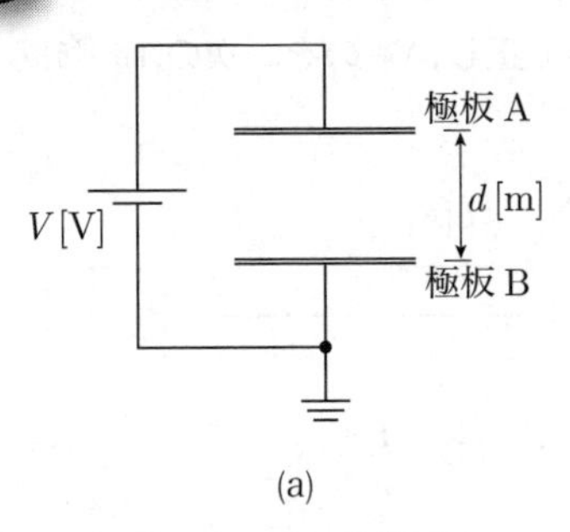

(a)

で表せる．よってEは極板Aからの距離に対して一定値となるから，設問の記述は正しい．

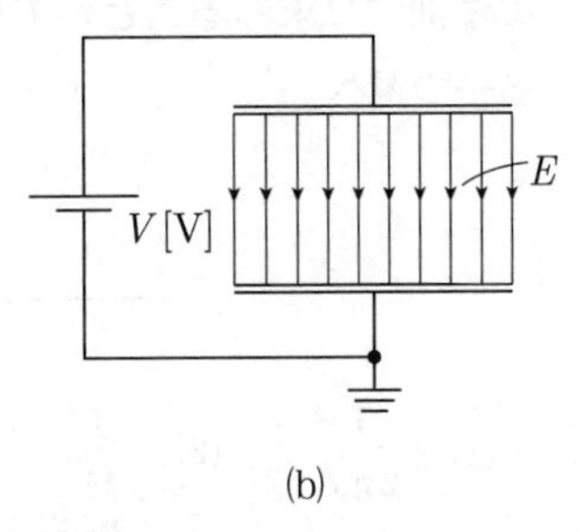

(b)

設問のa～dをそれぞれ検証する．

a．極板間の電位 $V(x)$

極板間に現れる電界は平等電界であるから，極板間の電界の強さ$E = V/d$で一定となる．

極板間の電位$V(x)$は，極板Aからの距離をxとすると，極板Aで電源電圧と等しくV[V]，極板Bでは接地されており，0Vであるから，

$$V(x) = \frac{V}{d}(d - x) = V\left(1 - \frac{x}{d}\right) \text{[V]}$$

すなわち，極板Aからの距離に対して反比例の関係で変化しないから，設問の記述は誤りである．

b．極板間の電界の強さ

平行平板コンデンサの電極間に生じる電界は，コンデンサの端効果を無視すると，(b)図に示すとおり平等電界となるため，場所によらず一定値

$$E = \frac{V}{d} \text{[V/m]}$$

c．極板間の等電位線

極板間の電位は，極板Aから距離xの点では，極板に水平方向に対して等しい値となり，(c)図に示すように，電気力線（点線）と直交する．したがって，等電位線は極板に対して平行となるから，設問の記述は正しい．

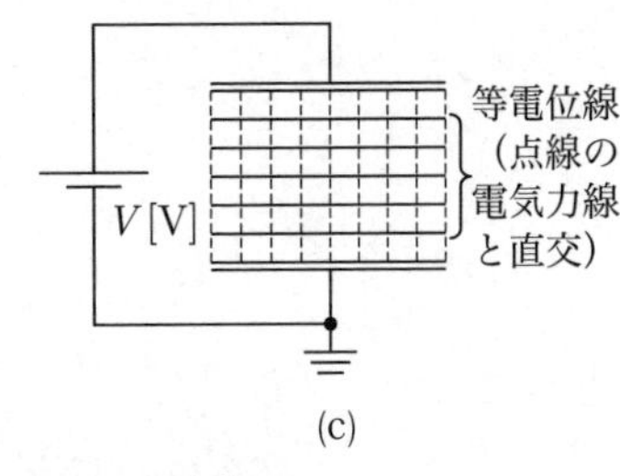

(c)

d．極板間の電気力線

(c)図に示した極板間の電気力線図より，極板間の電気力線は極板に対して垂直となる．よって設問の記述は正しい．

(4)

問3 図のように，長い線状導体の一部が点Pを中心とする半径r [m] の半円形になっている．この導体に電流I [A] を流すとき，点Pに生じる磁界の大きさH [A/m] はビオ・サバールの法則より求めることができる．Hを表す式として正しいものを，次の(1)～(5)のうちから一つ選べ．

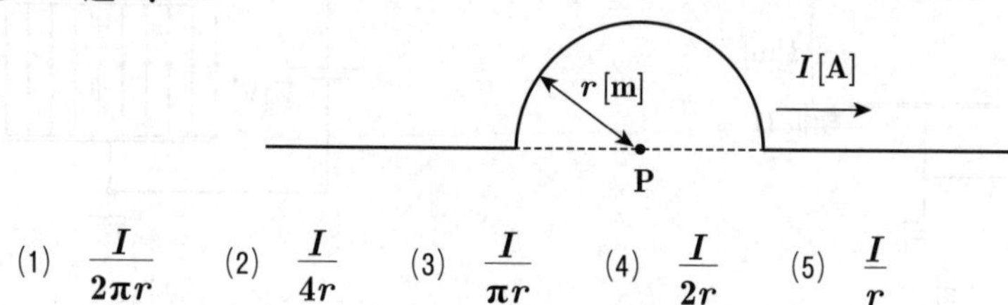

(1) $\dfrac{I}{2\pi r}$　(2) $\dfrac{I}{4r}$　(3) $\dfrac{I}{\pi r}$　(4) $\dfrac{I}{2r}$　(5) $\dfrac{I}{r}$

解3 (a)図の円形ループコイルの中心に生じる磁界の大きさ H_0 [A/m] を求める公式は，ループコイルに流れる電流を I [A]，ループコイルの半径を r [m] とすると，次式で示される．

$$H_0 = \frac{I}{2r}\ \text{[A/m]} \qquad ①$$

この公式は，ビオ・サバールの法則により導出された結果の式である．

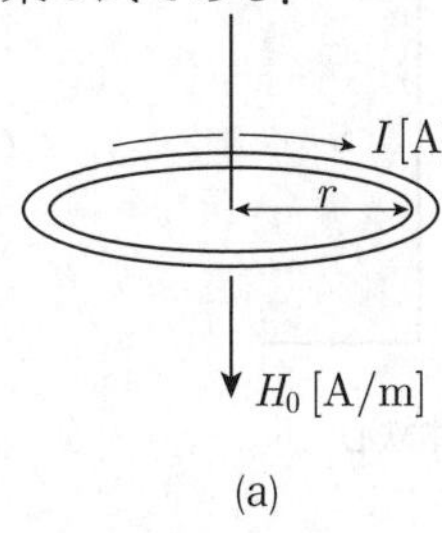

(a)

設問の図では導体が半円となっており，この導体に流れる電流による中心の点Pに生じる磁界の大きさ H は，電流の流れる距離が(a)図の半分であるから，①式の半分の値となる．よって，

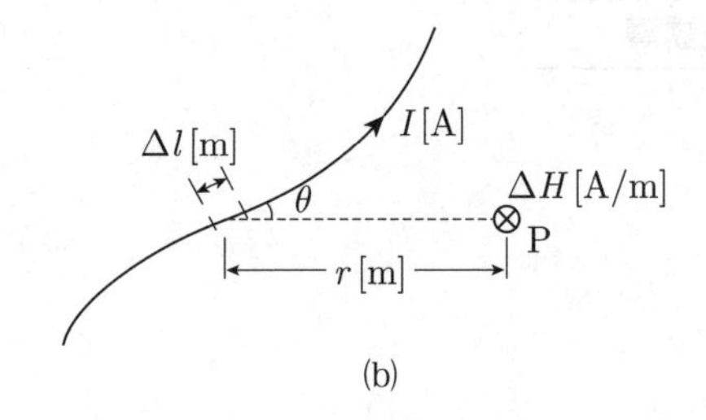

(b)

$$H = \frac{H_0}{2} = \frac{I}{4r}\ \text{[A/m]} \quad (答) \qquad ②$$

〔ここがポイント〕 (b)図に示す微小長さ Δl [m] に流れる電流 I [A] が，点Pにつくる磁界 ΔH [A/m] は，次式により求められる．この法則をビオ・サバールの法則という．

$$\Delta H = \frac{I\Delta l}{4\pi r^2}\sin\theta\ \text{[A/m]} \qquad ③$$

(1) 問題図の線状導体の直線部分が点Pにつくる磁界 H_1 は，(b)において $\theta = 0$ rad であるから，③式より，

$H_1 = 0$ [A/m]

となり，点Pの磁界に関係しないことがわかる．

(2) 問題図の半円形導体部分が点Pにつくる磁界 H_2 を(c)図を参照して求める．Δl の微小長さの積分値は半円周の長さ πr [m]，(b)図における θ は，円周と中心点Pを結ぶ点線と微小長さ Δl は常に直角の関係より，$\theta = \pi/2$ rad であるから，③式より，

$$H_2 = \frac{I\pi r}{4\pi r^2}\sin\frac{\pi}{2} = \frac{I}{4r}\times 1 = \frac{I}{4r}\ \text{[A/m]}$$

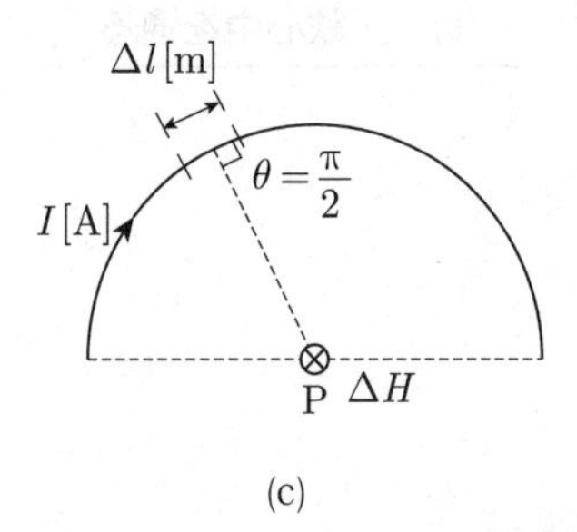

(c)

答 (2)

問4 図のように，磁極N，Sの間に中空球体鉄心を置くと，NからSに向かう磁束は， (ア) ようになる．このとき，球体鉄心の中空部分（内部の空間）の点Aでは，磁束密度は極めて (イ) なる．これを (ウ) という．

ただし，磁極N，Sの間を通る磁束は，中空球体鉄心を置く前と置いた後とで変化しないものとする．

上記の記述中の空白箇所(ア)，(イ)及び(ウ)に当てはまる組合せとして，正しいものを次の(1)～(5)のうちから一つ選べ．

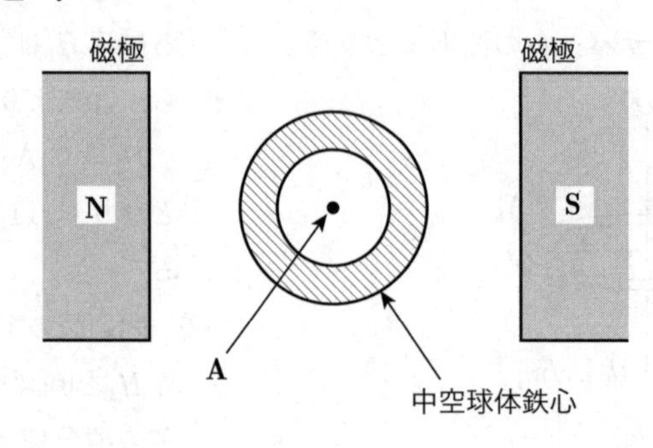

	(ア)	(イ)	(ウ)
(1)	鉄心を避けて通る	低　く	磁気誘導
(2)	鉄心中を通る	低　く	磁気遮へい
(3)	鉄心を避けて通る	高　く	磁気遮へい
(4)	鉄心中を通る	低　く	磁気誘導
(5)	鉄心中を通る	高　く	磁気誘導

解4 問題図に磁力線を図示すると，概略図のようになる．

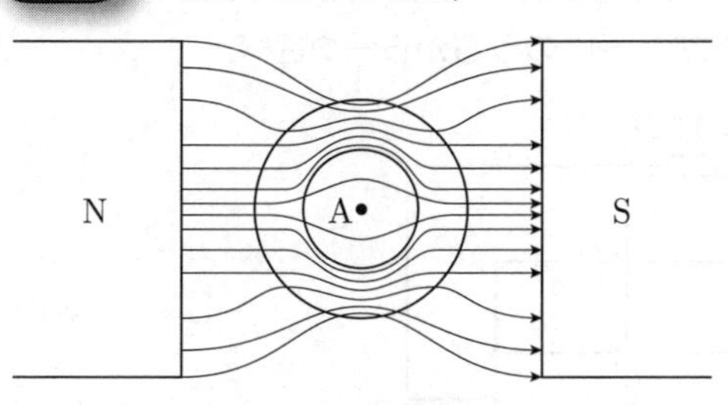

磁束は，空間中において磁気抵抗が小さいほど通りやすい性質がある．磁気回路で考えてみると，磁気抵抗の低い鉄心中に比べ，エアギャップがあると磁気抵抗は大きくなり，その分磁束は通りにくくなる．例をあげると，磁路長，磁束の通る断面積が等しいとき，磁気抵抗は鉄心中R_{m}，エアギャップ中R_{g}とすると，

$$R_{\mathrm{m}} = \frac{l}{\mu_0 \mu_{\mathrm{s}} S}$$

$$R_{\mathrm{g}} = \frac{l}{\mu_0 S}$$

ただし，μ_0：真空中または空気中の透磁率[H/m]，μ_{s}：比透磁率，S：鉄心またはエアギャップにおける磁束の通る断面積[m^2]を表す．

すなわちエアギャップ中では鉄心中のμ_{s}倍磁気抵抗が高くなるため，磁束が通りにくくなる．

これらの磁気の性質を踏まえ，図のように磁極N，S間に中空球体鉄心を置くと，NからSに向かう磁束は，鉄心中を通るようになる．このとき，磁束の大部分は球殻の鉄心部を通るため，球体鉄心の中空部分（内部の空間）には磁束がほとんど存在しなくなる．したがって，球体鉄心の中空部分の点Aでは，磁束密度がきわめて低くなる．このように，磁束密度を低減する目的で透磁率の大きい強磁性体でつくられた厚い遮へい体で対象物を包むことにより，磁束をこの遮へい体の中を通し，内部にはできるだけ磁束が入らないようにすることを**磁気遮へい**と呼んでいる．

〔ここがポイント〕 磁気遮へい（磁気シールド）は，医療分野において，MRIなどの強力な磁場を用いる機器からほかの機器，人への電磁的な影響を低減するために積極的に用いられている．また，電気設備技術基準第27条の2では，「人によって占められる空間に相当する空間の磁束密度の平均値が，商用周波数において200 μT以下になるように施設すること」と規定されており，磁気遮へいを用いた対策も一部採用されている．

(2)

問5 図のように，内部抵抗$r=0.1\ \Omega$，起電力$E=9\ \mathrm{V}$の電池4個を並列に接続した電源に抵抗$R=0.5\ \Omega$の負荷を接続した回路がある．この回路において，抵抗$R=0.5\ \Omega$で消費される電力の値[W]として，最も近いものを次の(1)～(5)のうちから一つ選べ．

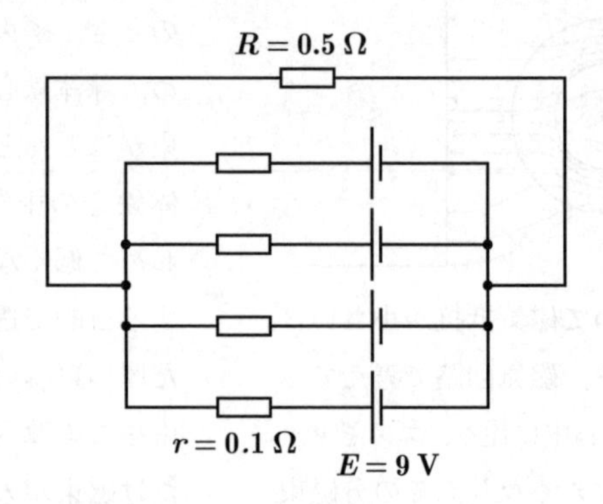

(1) 50　(2) 147　(3) 253　(4) 820　(5) 4 050

解5

(1) 抵抗 R に流れる電流 I [A]

初めに，抵抗 R に流れる電流を，鳳・テブナンの定理より求める．(a)図に示すように，設問の回路から，抵抗 R を端子abで切り離す．

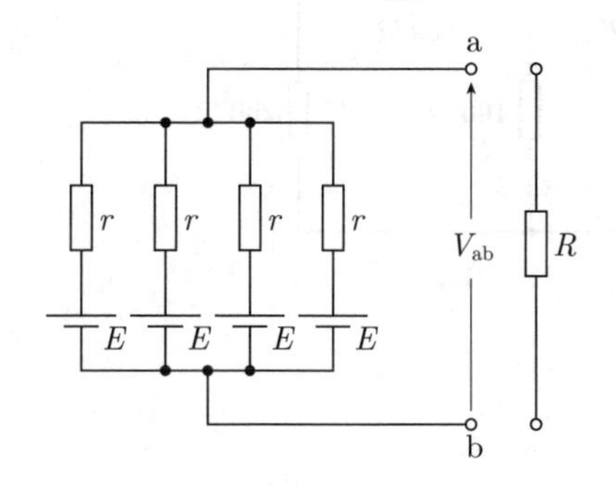

(a)

① 端子ab間の電圧 V_{ab} [V]

(a)図から V_{ab} を求めると，電池はすべて並列接続であるから，

$$V_{ab} = E\,[\mathrm{V}]$$

② 端子abから回路側をみた合成抵抗 R_{ab} [Ω]

(b)図より，電池は回路上，定電圧源であるから，回路抵抗を求めるときはすべて短絡除去すると，抵抗 r が四つ並列接続された回路となり，

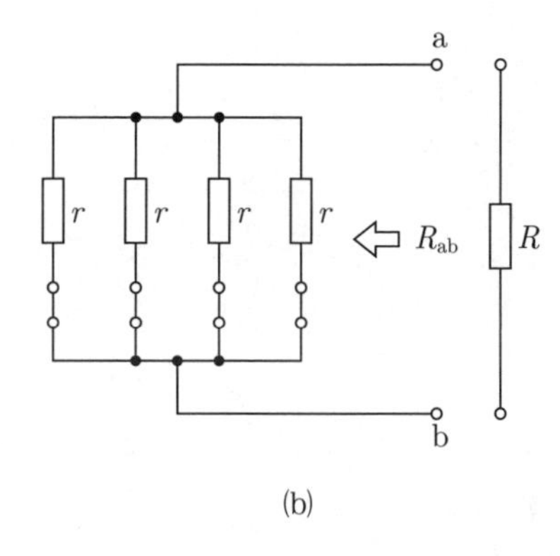

(b)

$$R_{ab} = \frac{1}{\frac{1}{r}+\frac{1}{r}+\frac{1}{r}+\frac{1}{r}} = \frac{r}{4}\,[\Omega]$$

③ 抵抗 R に流れる電流 I

①，②の結果より，問題図を等価定電圧源に変換した回路は(c)図になる．

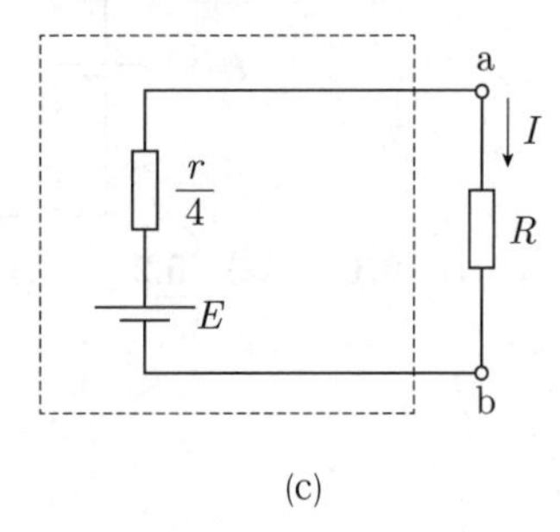

(c)

$$I = \frac{V_{ab}}{R_{ab}+R} = \frac{E}{\frac{r}{4}+R} = \frac{4E}{r+4R}$$

$$= \frac{36}{0.1+2} = \frac{36}{2.1}\ \mathrm{A}$$

(2) 抵抗 R の消費電力 P [W]

$$P = I^2 R = \left(\frac{36}{2.1}\right)^2 \times 0.5 = 146.9$$

$\fallingdotseq 147$ W ㊎

〔ここがポイント〕 鳳・テブナンの定理

本問のように，特定の抵抗に流れる電流のみを知りたい場合は，鳳・テブナンの定理が便利で早い．このとき，定電流源，定電圧源の扱いに注意する．

(2)

問6　図のような抵抗の直並列回路に直流電圧 $E = 5$ V を加えたとき，電流比 $\dfrac{I_2}{I_1}$ の値として，最も近いものを次の(1)～(5)のうちから一つ選べ．

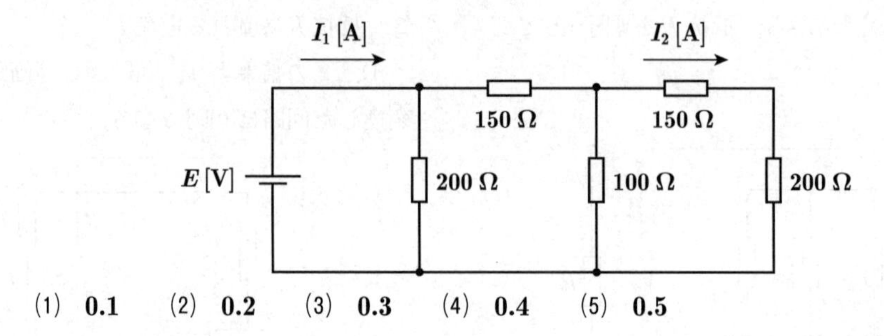

(1)　0.1　　(2)　0.2　　(3)　0.3　　(4)　0.4　　(5)　0.5

解6 問題の図において，接続点の端子記号a～dを定め，各部の電流分布を示した図を次に示す．

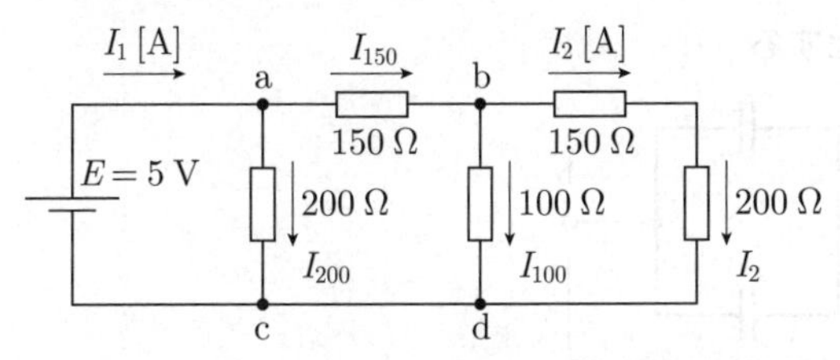

解法のポイントは，末端の並列回路に流れる電流と抵抗から並列回路部分の電圧を求め，各岐路の電流分布を順を追って求めていけばよい．

(1) 端子bd間の電圧 V_{bd}

$$V_{bd} = I_2(150 + 200) = 350I_2 \text{ [V]}$$

(2) 100 Ωを流れる電流 I_{100} [A]

$$I_{100} = \frac{V_{bd}}{100} = 3.5I_2 \text{ [A]}$$

(3) 端子ab間に流れる電流 I_{150} [A]

$$I_{150} = I_2 + I_{100} = I_2 + 3.5I_2 = 4.5I_2 \text{ [A]}$$

(4) 端子ac間の電圧 V_{ac} [V]

$$V_{ac} = V_{ab} + V_{bd} = 150I_{150} + 350I_2$$
$$= 150 \times 4.5I_2 + 350I_2 = 1\,025I_2 \text{ [V]}$$

(5) 端子ac間の200 Ωに流れる電流 I_{200} [A]

$$I_{200} = \frac{V_{ac}}{200} = \frac{1\,025}{200} I_2 = 5.125I_2 \text{ [A]}$$

したがって，

$$I_1 = I_{150} + I_{200} = 4.5I_2 + 5.125I_2$$
$$= 9.625I_2 \text{ [A]}$$

$$\therefore \frac{I_2}{I_1} = \frac{I_2}{9.625I_2} = \frac{1}{9.625} = 0.103\,9$$
$$\fallingdotseq 0.1 \text{ (答)}$$

答 (1)

静電容量が1 μFのコンデンサ3個を下図のように接続した回路を考える．全てのコンデンサの電圧を500 V以下にするために，a-b間に加えることができる最大の電圧 V_m の値[V]として，最も近いものを次の(1)～(5)のうちから一つ選べ．

ただし，各コンデンサの初期電荷は零とする．

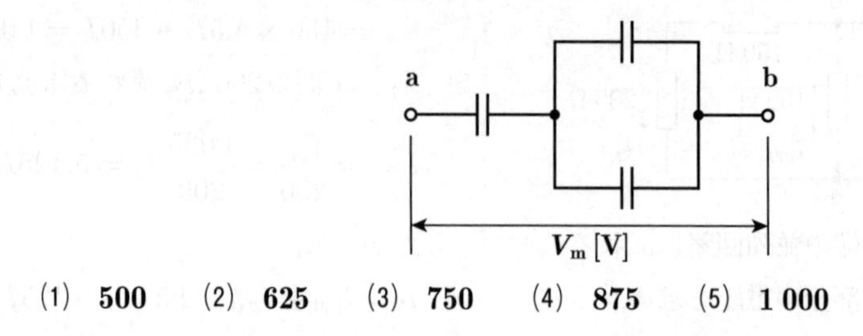

(1)　500　(2)　625　(3)　750　(4)　875　(5)　1 000

解7 端子ab間の並列部分について，コンデンサの静電容量を合成すると，次の図のようになる．

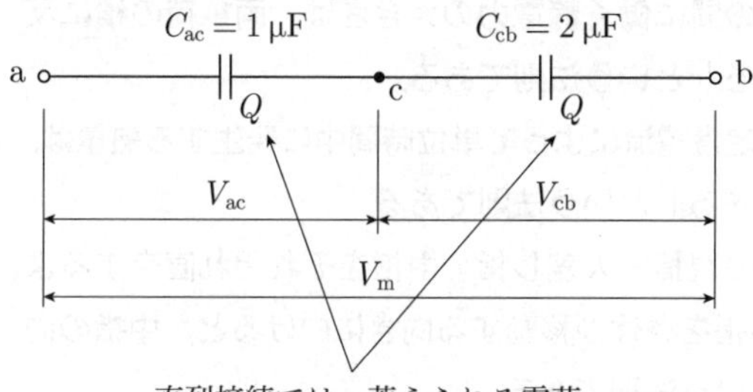

直列接続では，蓄えられる電荷は静電容量に関係なく等しい

図のコンデンサは直列に接続されたものであるから，各コンデンサに蓄えられる電荷Q_{ac}およびQ_{cb}は，静電容量に関係なくすべて等しくなる．各コンデンサが分担する電圧V_{ac}およびV_{cb}は，静電容量の逆比に比例するので，端子ab間に印加する電圧を上昇すると，静電容量の小さいC_{ac}の分担電圧が先に500 Vに達する．よって，

$$V_{ac}=\frac{1/C_{ac}}{1/C_{ac}+1/C_{cb}}V_m$$

$$=\frac{C_{cb}}{C_{ac}+C_{cb}}V_m$$

$$\therefore\quad V_m=\frac{C_{ac}+C_{cb}}{C_{cb}}V_{ac}=\frac{1+2}{2}\times 500$$

$$=750\text{ V}\quad(\text{答})$$

〔ここがポイント〕 解説図の各コンデンサに蓄えられる電荷はそれぞれ等しくQであるから，

$$Q=C_{ac}V_{ac}=C_{cb}V_{cb}$$

$$V_{ac}=\frac{Q}{C_{ac}}$$

$$V_{cb}=\frac{Q}{C_{cb}}$$

より，

$$V_{ac}:V_{cb}=\frac{Q}{C_{ac}}:\frac{Q}{C_{cb}}=\frac{1}{C_{ac}}:\frac{1}{C_{cb}}$$

分担電圧は静電容量の逆数に比例する．

解説図から，

$$Q=C_{ac}V_{ac}=C_{cb}(V_m-V_{ac})$$

$$V_{ac}=\frac{C_{cb}}{C_{ac}+C_{cb}}V_m$$

$$V_{cb}=V_m-\frac{C_{cb}}{C_{ac}+C_{cb}}V_m$$

$$=\frac{C_{ac}}{C_{ac}+C_{cb}}V_m$$

上記の分担電圧の公式は使えるようにしておくことが大切である．

 (3)

問8 電気に関する法則の記述として，正しいものを次の(1)~(5)のうちから一つ選べ．

(1) オームの法則は，「均一の物質から成る導線の両端の電位差を V とするとき，これに流れる定常電流 I は V に反比例する」という法則である．

(2) クーロンの法則は，「二つの点電荷の間に働く静電力の大きさは，両電荷の積に反比例し，電荷間の距離の2乗に比例する」という法則である．

(3) ジュールの法則は「導体内に流れる定常電流によって単位時間中に発生する熱量は，電流の値の2乗と導体の抵抗に反比例する」という法則である．

(4) フレミングの右手の法則は，「右手の親指・人差し指・中指をそれぞれ直交するように開き，親指を磁界の向き，人差し指を導体が移動する向きに向けると，中指の向きは誘導起電力の向きと一致する」という法則である．

(5) レンツの法則は，「電磁誘導によってコイルに生じる起電力は，誘導起電力によって生じる電流がコイル内の磁束の変化を妨げる向きとなるように発生する」という法則である

解8 電気の各種法則に関する設問の記述を検証する．

(1) オームの法則

均一物質からなる導線の両端に電位差 V を印加したときの回路は(a)図のようになり，オームの法則から，次式が成り立つ．

$$I=\frac{V}{R}\propto V$$

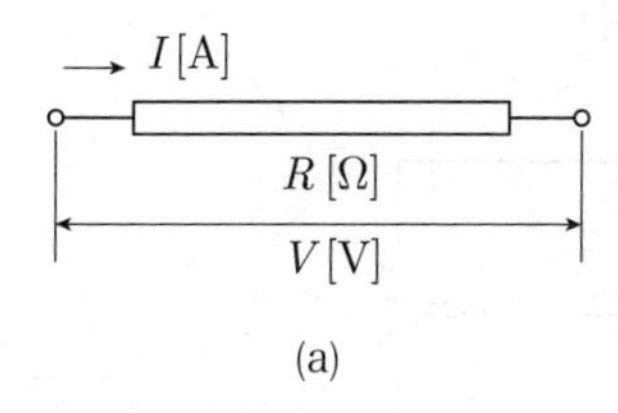

(a)

よって，流れる電流は V に比例するから，「反比例」の記述は誤り．

(2) クーロンの法則

(b)図の異なる二つの点電荷の間に働く静電力の大きさ F は，次式で求められる．

$$F=\frac{1}{4\pi\varepsilon_0}\frac{Q_1Q_2}{r^2}\propto\frac{1}{r^2}$$

$+Q_1$ [C]　$+Q_2$ [C]

F [N]　F [N]

r [m]

(b)

ここに，ε_0：真空中または空気中の誘電率 [F/m] である．

よって，両電荷の積に**比例**し，電荷間の距離 r の2乗に**反比例**するから，「両電荷の積に反比例し，電荷間の距離の2乗に比例する」の記述は誤り．

(3) ジュールの法則

(c)図の導体に電圧 V を印加し，定常電流を流した場合の単位時間中に発生する熱量（＝消費電力）P [W] は，次式で求められる．

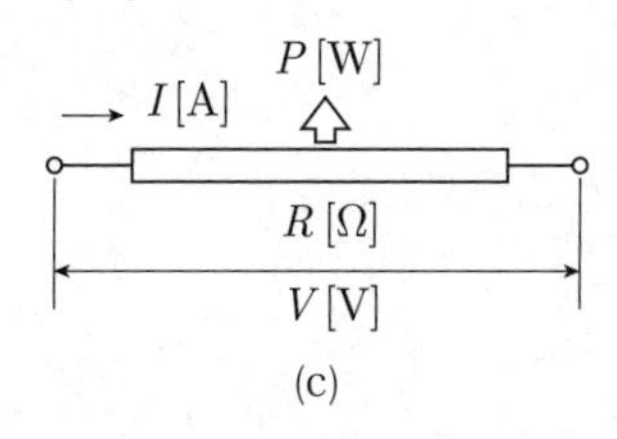

(c)

$$P=I^2R=\frac{V^2}{R}\ [\mathrm{W}]$$

よって，P は電流の値の2乗と導体の抵抗 R に**比例**するから，「電流の2乗と導体の抵抗に反比例する」の記述は誤り．

(4) フレミングの右手の法則

(d)図に，フレミングの右手の法則における，e，B，v と対応する指の関係を示す．同図より，右手の親指・人差し指・中指をそれぞれ直交するように開き，親指を導体が移動する向き（運動の方向），人差し指を磁界の向きに向けると，中指の向きは誘導起電力の向きと一致する．したがって，「親指を磁界の向き，人差し指を導体が移動する向き…」の記述は誤り．

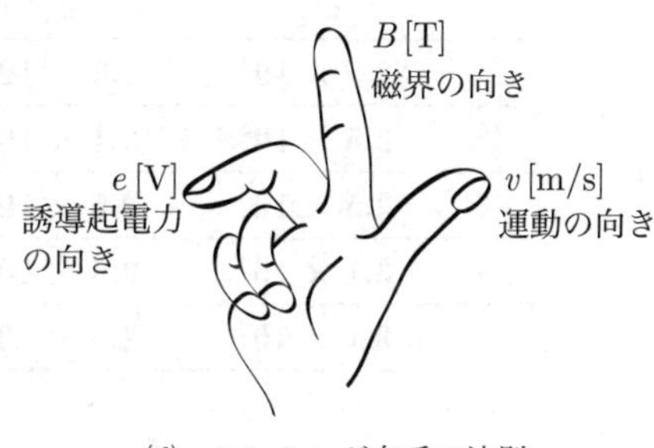

(d) フレミング右手の法則

(5) レンツの法則

(e)図に示すコイルに電流 i を流し，磁束 ϕ がコイルを貫通して発生するとき，コイル自身には，磁束 ϕ を打ち消す向きに ϕ' が発生するように電流 i' が流れ，この電流 i' が発生するように誘導起電力 e がコイルの端子間に発生する．すなわち，電磁誘導によってコイルに生じる起電力は，誘導起電力によって生じる電流がコイル内の磁束の変化を妨げる向きとなるように発生する．よって，選択肢(5)の記述は正しい．

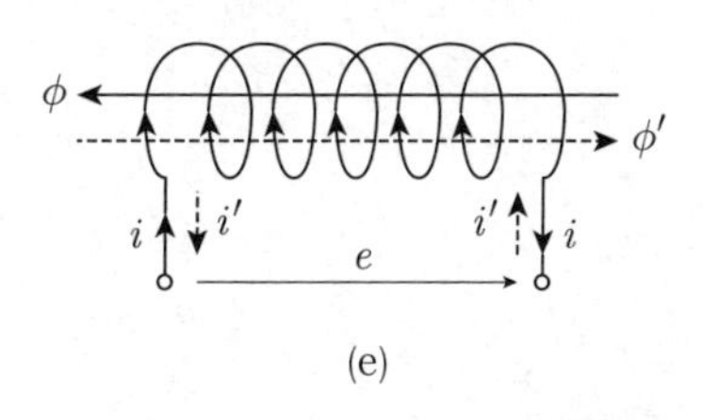

(e)

答 (5)

問9　図のように，$R = 1\,\Omega$の抵抗，インダクタンス$L_1 = 0.4\,\mathrm{mH}$，$L_2 = 0.2\,\mathrm{mH}$のコイル，及び静電容量$C = 8\,\mu\mathrm{F}$のコンデンサからなる直並列回路がある．この回路に交流電圧$V = 100\,\mathrm{V}$を加えたとき，回路のインピーダンスが極めて小さくなる直列共振角周波数ω_1の値[rad/s]及び回路のインピーダンスが極めて大きくなる並列共振角周波数ω_2の値[rad/s]の組合せとして，最も近いものを次の(1)～(5)のうちから一つ選べ．

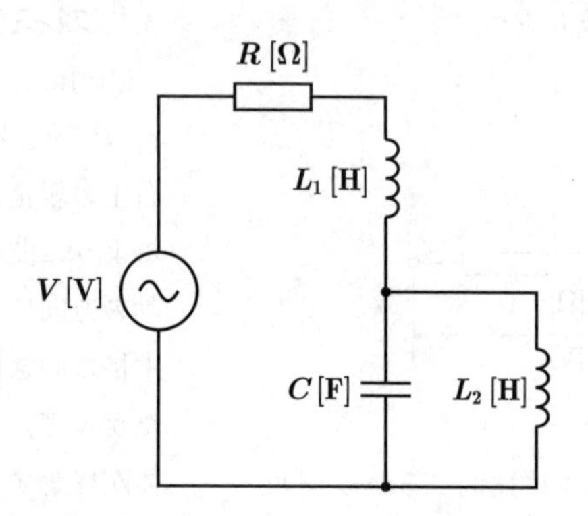

	ω_1	ω_2
(1)	2.5×10^4	3.5×10^3
(2)	2.5×10^4	3.1×10^4
(3)	3.5×10^3	2.5×10^4
(4)	3.1×10^4	3.5×10^3
(5)	3.1×10^4	2.5×10^4

解9 (1) **直列共振角周波数 ω_1 [rad/s]**

直列共振角周波数を求めるための回路図を(a)図に示す．問題図の C と L_2 の並列部分を合成した $\dot{Z}_1$ と直列インピーダンス $R+\mathrm{j}\omega_1 L_1$ が直列接続されているから，回路インピーダンス $\dot{Z}$ は，

$$\dot{Z}=R+\mathrm{j}\omega L_1+\frac{1}{\mathrm{j}\omega C+\dfrac{1}{\mathrm{j}\omega L_2}}$$

$$=R+\mathrm{j}\omega L_1+\frac{\mathrm{j}\omega L_2}{1-\omega^2 L_2 C}$$

$$=R+\mathrm{j}\omega\left(L_1+\frac{L_2}{1-\omega^2 L_2 C}\right)\ [\Omega]$$

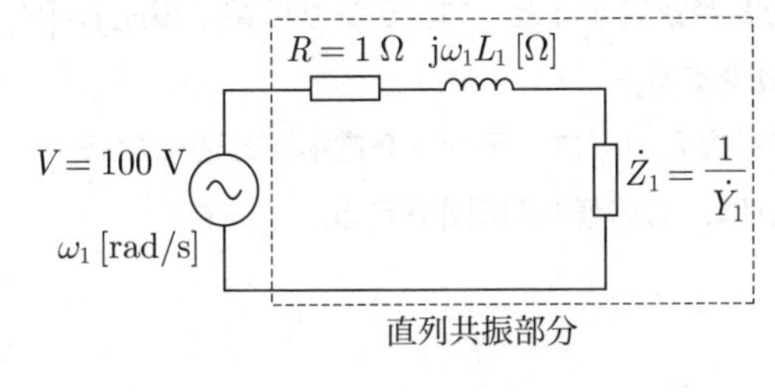

(a)

回路インピーダンスが最小となる条件は，上式の虚数部＝0であるから，

$$L_1=\frac{-L_2}{1-\omega_1{}^2 L_2 C}$$

$$L_1(\omega_1{}^2 L_2 C-1)=L_2$$

$$\omega_1{}^2=\frac{L_2\,/\,L_1+1}{L_2 C}=\frac{L_1+L_2}{L_1 L_2 C}$$

$$\omega_1=\sqrt{\frac{L_1+L_2}{L_1 L_2 C}}$$

$$=\sqrt{\frac{(0.4+0.2)\times10^{-3}}{0.4\times10^{-3}\times0.2\times10^{-3}\times8\times10^{-6}}}$$

$$=\sqrt{\frac{6}{0.64}\times(10^4)^2}=3.062\times10^4$$

$$\fallingdotseq 3.1\times10^4\ \mathrm{rad/s}\quad(答)$$

(2) **並列共振角周波数 ω_2 [rad/s]**

並列共振角周波数を求めるための回路図を(b)図に示す．回路の直列インピーダンス $R+\mathrm{j}\omega_2 L_1$ にかかわらず，点線枠の並列回路が並列共振すれば，回路全体のインピーダンスはきわめて大きくなるから，並列部分のアドミタンス $\dot{Y}$ は，

$$\dot{Y}=\mathrm{j}\omega_2 C+\frac{1}{\mathrm{j}\omega_2 L_2}$$

$$=\mathrm{j}\left(\omega_2 C-\frac{1}{\omega_2 L_2}\right)\ [\mathrm{S}]$$

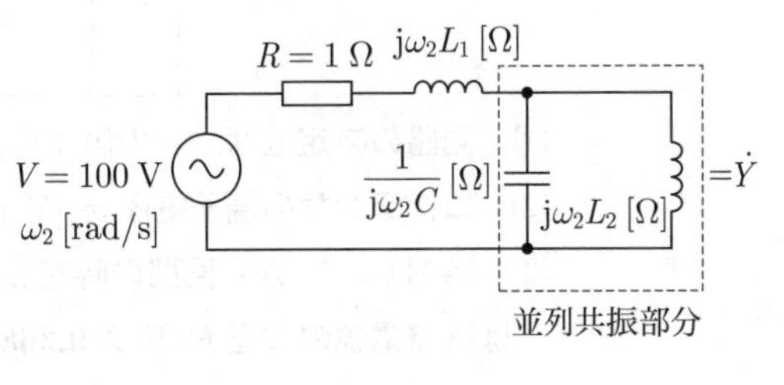

(b)

並列共振時はアドミタンスの虚数部＝0であるから，

$$\omega_2 C-\frac{1}{\omega_2 L_2}=0$$

$$\omega_2{}^2=\frac{1}{L_2 C}$$

$$\omega_2=\frac{1}{\sqrt{L_2 C}}=\frac{1}{\sqrt{0.2\times10^{-3}\times8\times10^{-6}}}$$

$$=\frac{1}{\sqrt{(4\times10^{-5})^2}}=\frac{1}{4\times10^{-5}}$$

$$=2.5\times10^4\ \mathrm{rad/s}\quad(答)$$

並列共振時は $\dot{Y}=\mathrm{j}0$ となり，並列部のインピーダンス $\dot{Z}$ は，

$$\dot{Z}=\frac{1}{\dot{Y}}=\frac{1}{\mathrm{j}0}\rightarrow-\mathrm{j}\infty$$

よって，回路のインピーダンスはきわめて大きくなる．

(5)

問10 図のように，電圧E [V]の直流電源，スイッチS，R [Ω]の抵抗及び静電容量C [F]のコンデンサからなる回路がある．この回路において，スイッチSを1側に接続してコンデンサを十分に充電した後，時刻$t = 0$ sでスイッチSを1側から2側に切り換えた．2側に切り換えた以降の記述として，誤っているものを次の(1)～(5)のうちから一つ選べ．

ただし，自然対数の底は，2.718とする．

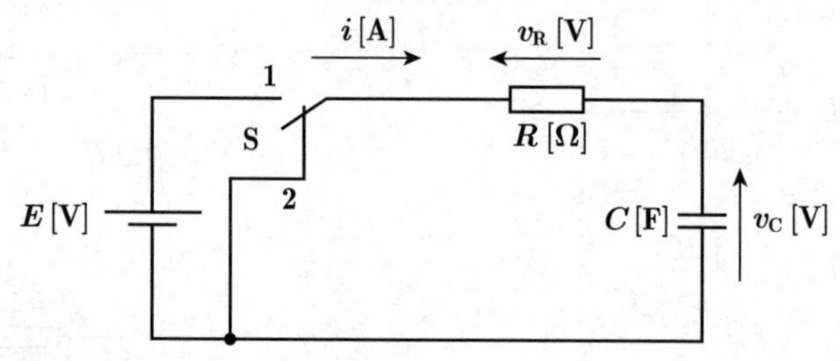

(1) 回路の時定数は，Cの値[F]に比例する．

(2) コンデンサの端子電圧v_C [V]は，Rの値[Ω]が大きいほど緩やかに減少する．

(3) 時刻$t = 0$ sから回路の時定数だけ時間が経過すると，コンデンサの端子電圧v_C [V]は直流電源の電圧E [V]の0.368倍に減少する．

(4) 抵抗の端子電圧v_R [V]の極性は，切り換え前（コンデンサ充電中）と逆になる．

(5) 時刻$t = 0$ sにおける回路の電流i [A]は，Cの値[F]に関係する．

解10 RC直列回路における過渡現象の基本的な問題である．

(1) スイッチSを1側に接続した過渡現象

問題図のRC直列回路における回路図を(a)図に示す．電流iおよび時定数Tは，

$$i=\frac{E}{R}\mathrm{e}^{-\frac{t}{T}}\ [\mathrm{A}] \qquad ①$$

$$T=RC\,[\mathrm{s}] \qquad ②$$

したがって，回路の時定数はCの値に比例するから(1)の記述は正しい．

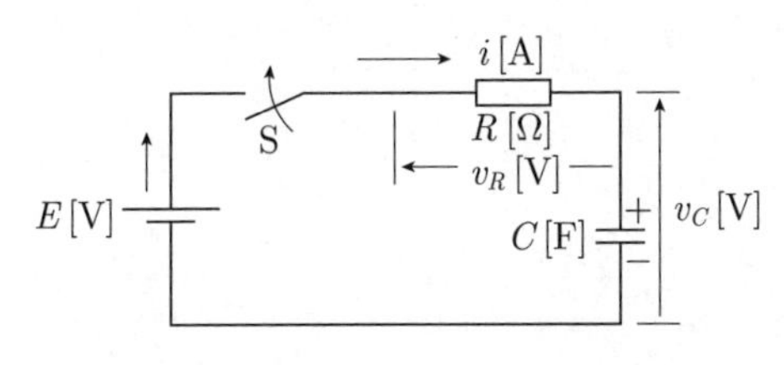

(a) スイッチ1の回路図

抵抗Rの端子電圧v_Rは，

$$v_R=iR=E\mathrm{e}^{-\frac{t}{T}}\ [\mathrm{V}] \qquad ③$$

上式は①式と指数関数部分が等しく，電流iと同じ変化をする．(b)図にi，v_Rの波形を示す．

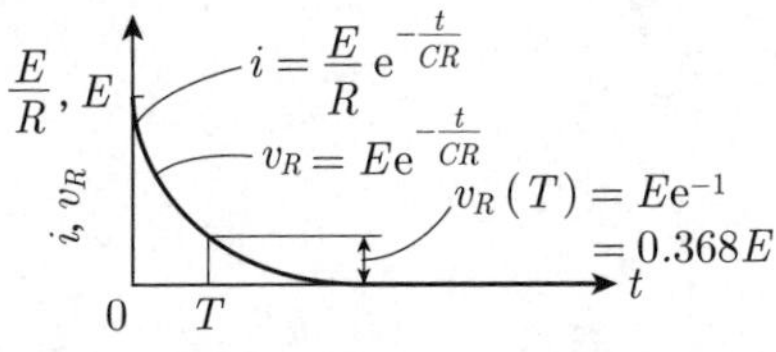

(b) (a)図のi，v_Rの波形

コンデンサCの端子電圧v_Cは，

$$v_C=E-v_R=E(1-\mathrm{e}^{-\frac{t}{T}})\ [\mathrm{V}] \qquad ④$$

(c)図にv_Cの波形を示す．

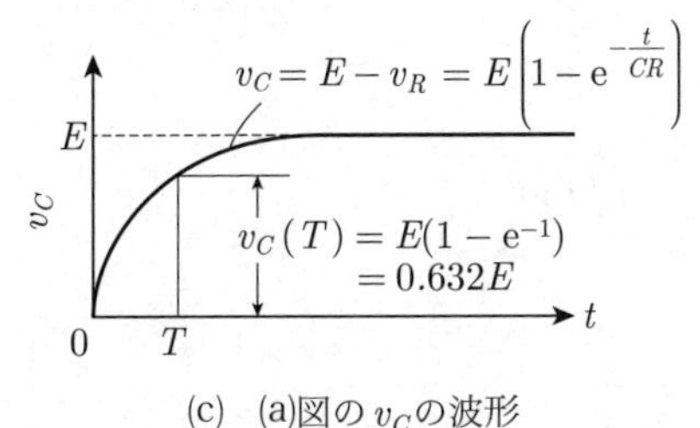

(c) (a)図のv_Cの波形

(2) スイッチSを2側に切換後の過渡現象

スイッチSを切り換える直前，Cの電圧は電源電圧Eまで上昇している．時刻$t=0$でスイッチSを2側に切り換えたときの回路は(d)図になる．

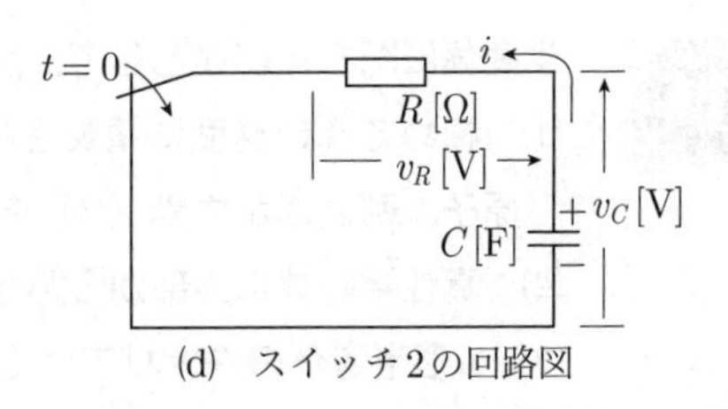

(d) スイッチ2の回路図

回路電流iは，コンデンサに蓄積した電荷から供給されるので，問題図のiの向きを正方向とすると，電流の向きが逆（負）になる．したがって，抵抗Rの端子電圧v_Cも問題図の矢印の向きを正にとるとスイッチ切換前と逆（負）になる．よって，(4)の記述は正しい．

iとv_Cは指数関数部分が等しく，同じ変化をする．(e)図にi，v_Cの波形を示す．

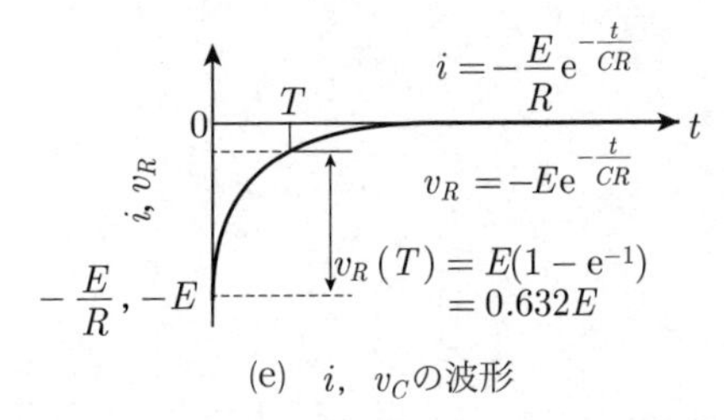

(e) i，v_Cの波形

また，コンデンサの端子電圧の波形は(f)図になる．Rの値が大きいほど時定数Tが大きくなり，v_Cの波形は最終値0に収束するまで時間を要する．すなわち，v_CはRの値が大きいほど緩やかに減少するので，(2)の記述は正しい．

(f)図のv_Cの波形より，時刻が時定数Tだけ経過すると，コンデンサの端子電圧v_Cは電圧Eの0.368倍に減少する．(3)の記述は正しい．

選択肢(5)の時刻$t=0$ sにおける回路の電流iは，(e)図のiの式に$t=0$ sを代入すると，$i=-E/R$より，スイッチS切換直前のコンデンサCの端子電圧（≒E）に関係し，静電容量Cの値には関係しない．よって，(5)の記述は誤りである．

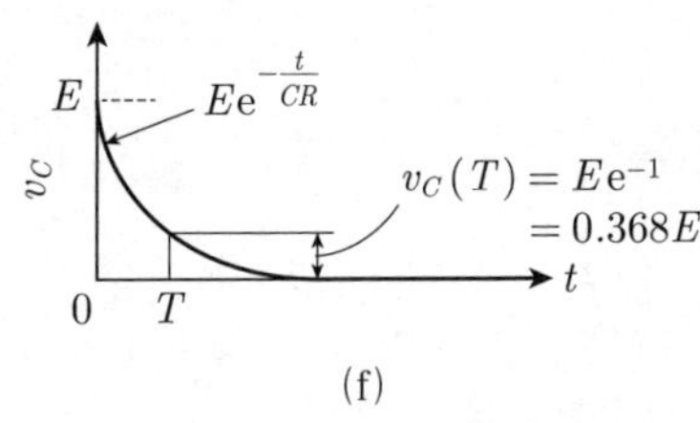

(f)

(5)

半導体に関する記述として，誤っているものを次の(1)～(5)のうちから一つ選べ．

(1) 極めて高い純度に精製されたシリコン（Si）の真性半導体に，価電子の数が3個の原子，例えばホウ素（B）を加えるとp形半導体になる．

(2) 真性半導体に外部から熱を与えると，その抵抗率は温度の上昇とともに増加する．

(3) n形半導体のキャリアは正孔より自由電子の方が多い．

(4) 不純物半導体の導電率は金属よりも小さいが，真性半導体よりも大きい．

(5) 真性半導体に外部から熱や光などのエネルギーを加えると電流が流れ，その向きは正孔の移動する向きと同じである．

解11 半導体に関する選択肢の記述を検証する．

(1) (a)図にn形半導体，(b)図にp形半導体の模式図をそれぞれ示す．

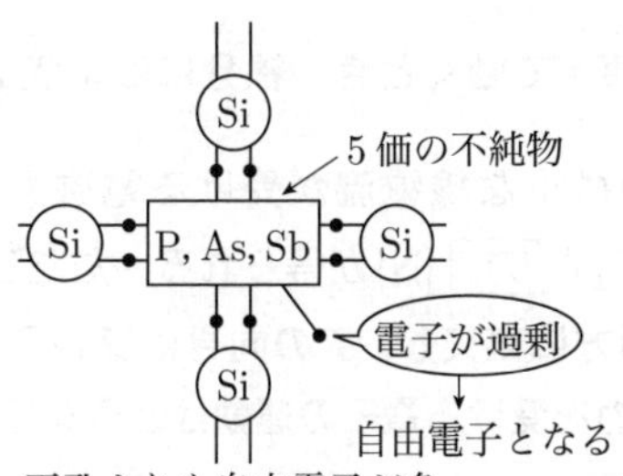

正孔よりも自由電子が多いので正孔を少数キャリア（キャリヤ），自由電子を多数キャリヤという．

(a) n形半導体

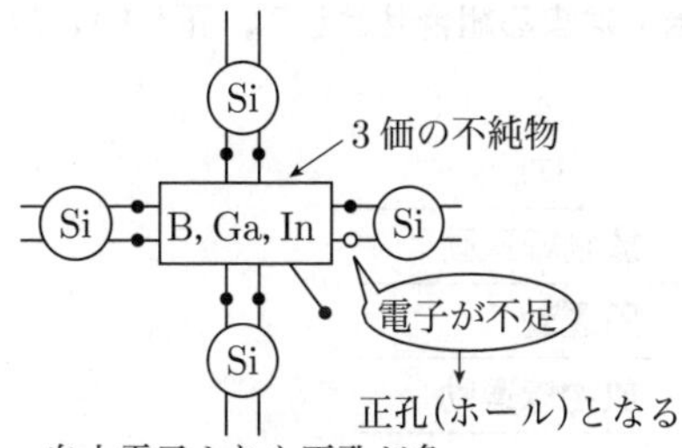

自由電子よりも正孔が多いので自由電子を少数キャリヤ，正孔を多数キャリヤという．

(b) p形半導体

(b)図の模式図より，(1)の記述は正しい．

(2) 不純物がなく，半導体固有の性質を示すものを真性半導体という．真性半導体は，低温度域では絶縁体の性質をもち，温度が上昇するにつれて電子が価電子帯から伝導体に励起されるので，次第に良導体となる．すなわち，真性半導体に外部から熱を加えると，その抵抗率は温度の上昇とともに低下して電流が流れやすくなるので，(2)の記述は誤りである．

(3) (a)図より，n形半導体のキャリア（キャリヤ）は正孔より自由電子のほうが多く，正孔を少数キャリヤ，自由電子を多数キャリヤと呼んでいる．よって，(3)の記述は正しい．

(4) 半導体の特徴を次表にまとめる

半導体の物理的特徴
① 電気抵抗が導体（$10^{-5}\ \Omega\cdot\mathrm{m}$以下）と絶縁体（$10^{10}\ \Omega\cdot\mathrm{m}$以上）の中間にあり，おおよそ$10^{-2}$～$10^{2}\ \Omega\cdot\mathrm{m}$の値をもつ
② 電気抵抗は温度が上昇するにつれて減少する負の温度係数を有する
③ 微量の不純物が含まれると抵抗率が大きく変わり，不純物の量が増加すると抵抗は小さくなる
④ 半導体に光を当てるか熱を加えると電気伝導性を示す
⑤ 異種の半導体の間には，整流作用がある

表中の特徴③より，微量の不純物を含む不純物半導体は，真性半導体に比べて抵抗率が減少する．言い換えると真性半導体よりも導電率が大きい．しかし金属などの良導体に比べると導電率は小さい．よって(4)の記述は正しい．

(5) 表中の特徴④より，真性半導体に外部から熱や光などのエネルギーを加えると電気伝導性が増して電流が流れるようになる．半導体中のキャリヤである正孔は＋の電荷をもっており，正電荷の流れる向きが電流の向きであるから，正孔の移動する向きと電流の向きは同じである．よって(5)の記述は正しい．

なお，問題中の「キャリア」は，学術用語集によると「キャリヤ」の表記になっている．

答 (2)

電荷q [C]をもつ荷電粒子が磁束密度B [T]の中を速度v [m/s]で運動するとき受ける電磁力はローレンツ力と呼ばれ，次のように導出できる．まず，荷電粒子を微小な長さΔl [m]をもつ線分とみなせると仮定すれば，単位長さ当たりの電荷（線電荷密度という．）は$\dfrac{q}{\Delta l}$ [C/m]となる．次に，この線分が長さ方向に速度vで動くとき，線分には電流$I=\dfrac{vq}{\Delta l}$ [A]が流れていると考えられる．そして，この微小な線電流が受ける電磁力は$F=BI\Delta l\sin\theta$ [N]であるから，ローレンツ力の式$F=$ (ア) [N]が得られる．ただし，θはvとBとの方向がなす角である．FはvとBの両方に直交し，Fの向きはフレミングの (イ) の法則に従う．では，真空中でローレンツ力を受ける電子の運動はどうなるだろうか．鉛直下向きの平等な磁束密度Bが存在する空間に，負の電荷をもつ電子を速度vで水平方向に放つと，電子はその進行方向を前方とすれば (ウ) のローレンツ力を受けて (エ) をする．

ただし，重力の影響は無視できるものとする．

上記の記述中の空白箇所(ア)，(イ)，(ウ)及び(エ)に当てはまる組合せとして，正しいものを次の(1)～(5)のうちから一つ選べ．

	(ア)	(イ)	(ウ)	(エ)
(1)	$qvB\sin\theta$	右　手	右方向	放物線運動
(2)	$qvB\sin\theta$	左　手	右方向	円運動
(3)	$qvB\Delta l\sin\theta$	右　手	左方向	放物線運動
(4)	$qvB\Delta l\sin\theta$	左　手	左方向	円運動
(5)	$qvB\Delta l\sin\theta$	左　手	右方向	ブラウン運動

解12 電荷 q [C] をもつ荷電粒子が磁束密度 B [T] の中を速度 v [m/s] で運動するとき受ける電磁力は**ローレンツ力**と呼ばれ，次のように導出できる．

まず，荷電粒子を微小な長さ Δl [m] をもつ線分とみなせると仮定すれば，単位長さ当たりの電荷（線電荷密度という．）は $q/\Delta l$ となる．次に，この線分が長さ方向に速度 v で動くとき，線分には次の電流 I が流れていると考えられる．

$$I=\frac{vq}{\Delta l}\ [\mathrm{A}] \quad ①$$

そして，この微小な線電流が受ける電磁力 F は，

$$F=BI\Delta l\sin\theta\ [\mathrm{N}] \quad ②$$

であるから，①式を②式に代入して，次のローレンツ力の式が得られる．ただし，θ は v と B との方向がなす角である．

$$F=B\frac{vq}{\Delta l}\Delta l\sin\theta$$
$$=qvB\sin\theta\ [\mathrm{N}] \quad (ア) \quad ③$$

F は v と B の両方に直交し，F の向きは**フレミングの左手**の法則(イ)に従う．ただし，電子は負電荷であるから，**電子の運動方向は電流の流れる向きと逆向きとする**ことに注意する．

真空中でローレンツ力を受ける電子の運動がどうなるのか考えてみる．鉛直下向きの平等な磁束密度 B が存在する空間に，負の電荷をもつ電子を速度 v で水平方向に放ったときの電子の運動を(a)図に示す．また，(a)図を平面でみた場合の矢視図を(b)図に示す．(b)図より，電子はその進行方向を前方とすれば，**右方向**にローレンツ力を受け，同時に左方向に遠心力 F' を受けて F と F' がつり合った状態で等速**円運動**(エ)をする．ただしここでは，重力の影響は考えない．

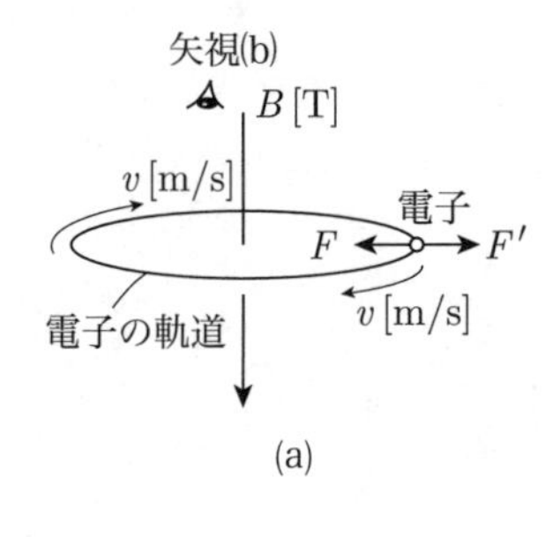

(a)

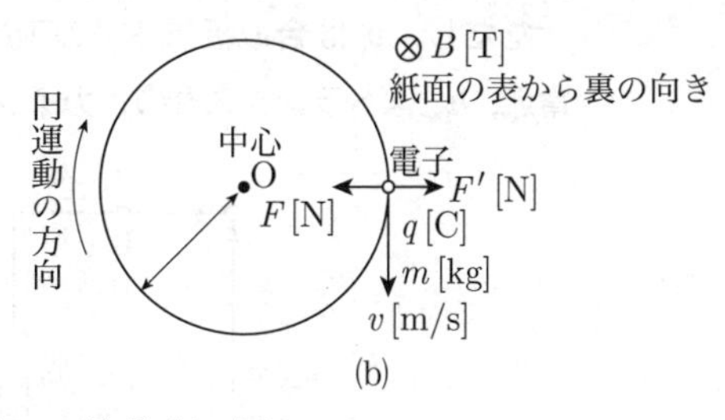

(b)

〔ここがポイント〕

1. 磁界中における電子の円運動の半径 r

電子はローレンツ力 F と遠心力 F' がつり合った状態で磁界中を進むため，ある半径 r を保ちながら等速円運動をする．等速となるのは，真空中では電子の運動を妨げるものはなく，重力の影響も考えないため電子の初速度 v が保存されるためである．電子の質量を m [kg] とすると，

$$F=qvB\ [\mathrm{N}],\quad F'=\frac{mv^2}{r}\ [\mathrm{N}]$$

$$F=F'$$

$$qvB=\frac{mv^2}{r}$$

$$r=\frac{mv^2}{qvB}=\frac{mv}{qB}\ [\mathrm{m}]$$

2. 円運動の周期 T [s]

周波数を f [Hz]，角速度を ω [rad/s] とすると，

$$\omega=2\pi f=\frac{2\pi}{T}=\frac{v}{r}$$

$$T=\frac{2\pi r}{v}=\frac{2\pi}{v}\frac{mv}{qB}=\frac{2\pi m}{qB}\ [\mathrm{s}]$$

3. 運動の角速度 ω [rad/s]

$$\omega=\frac{v}{r}=\frac{v}{mv/qB}=\frac{qB}{m}\ [\mathrm{rad/s}]$$

T と ω は，初速度 v に無関係に B だけで決まる．

答 (2)

問13 図は，エミッタ（E）を接地したトランジスタ増幅回路の簡易小信号等価回路である．この回路においてコレクタ抵抗 R_C と負荷抵抗 R_L の合成抵抗が $R_L' = 1\ \mathrm{k\Omega}$ のとき，電圧利得は40 dBであった．入力電圧 $v_i = 10\ \mathrm{mV}$ を加えたときにベース（B）に流れる入力電流 i_b の値[μA]として，最も近いものを次の(1)～(5)のうちから一つ選べ．

ただし，v_o は合成抵抗 R_L' の両端における出力電圧，i_c はコレクタ（C）に流れる出力電流，h_{ie} はトランジスタの入力インピーダンスであり，小信号電流増幅率 $h_{fe} = 100$ とする．

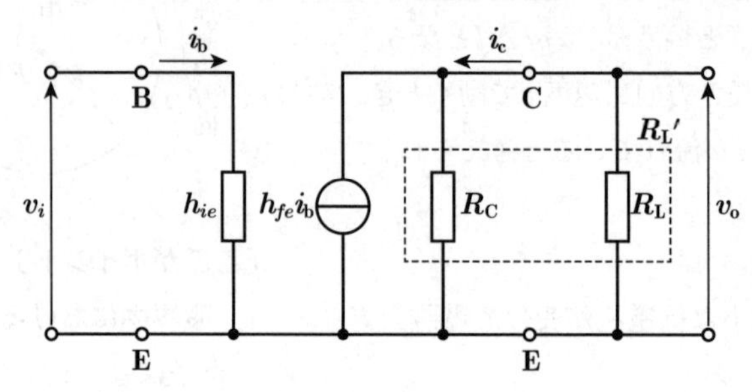

(1) 0.1　(2) 1　(3) 10　(4) 100　(5) 1 000

解13 問題図のコレクタ抵抗R_Cと負荷抵抗R_Lを合成した回路図を次に示す．

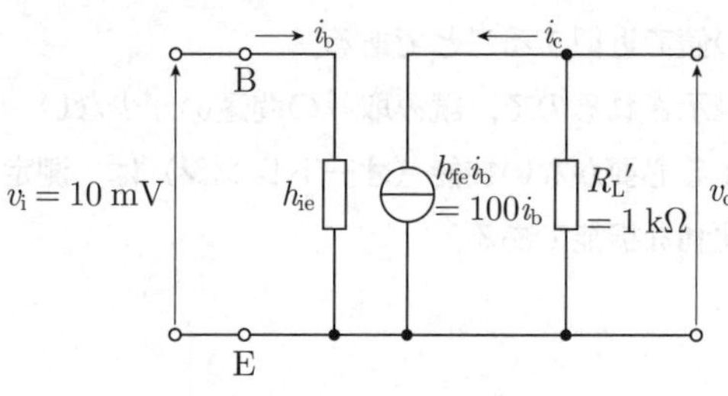

図示の回路図より，電圧増幅度は，

$$\left|\frac{v_o}{v_i}\right| = \left|\frac{-i_c R_L{}'}{i_b h_{ie}}\right| = \left|\frac{-h_{fe} i_b}{i_b h_{ie}}\right| R_L{}' = \frac{h_{fe}}{h_{ie}} R_L{}'$$

題意より，電圧利得G_vは40 dBであるから，

$$G_v = 20\log_{10}\left|\frac{v_o}{v_i}\right|$$

$$= 20\log_{10}\frac{h_{fe}}{h_{ie}} R_L{}' = 40 \text{ dB}$$

$$\log_{10}\frac{h_{fe}}{h_{ie}} R_L{}' = 2$$

$$\frac{h_{fe}}{h_{ie}} R_L{}' = 10^2$$

$$h_{ie} = \frac{h_{fe}}{10^2} R_L{}' = \frac{100}{100} \times 1\,000 = 1\,000 \ \Omega$$

等価回路の入力電圧に着目すると，

$$v_i = i_b h_{ie}$$

$$i_b = \frac{v_i}{h_{ie}} = \frac{10 \times 10^{-3}}{1\,000}$$

$$= 10 \times 10^{-6} \text{ A} = 10 \ \mu\text{A} \quad \text{(答)}$$

(3)

ディジタル計器に関する記述として，誤っているものを次の(1)～(5)のうちから一つ選べ．

(1)　ディジタル計器用のA-D変換器には，二重積分形が用いられることがある．

(2)　ディジタルオシロスコープでは，周期性のない信号波形を測定することはできない．

(3)　量子化とは，連続的な値を何段階かの値で近似することである．

(4)　ディジタル計器は，測定値が数字で表示されるので，読み取りの間違いが少ない．

(5)　測定可能な範囲（レンジ）を切り換える必要がない機能（オートレンジ）は，測定値のおよその値が分からない場合にも便利な機能である．

解14 ディジタル計器に関する選択肢の記述を検証する．

(1) ディジタル計器用のA-D変換器には，代表的な二つの動作原理が用いられている．ディジタル電圧計（DVM）を例に原理をそれぞれ説明する．

① 逐次比較形

測定したい電圧V_xとツェナーダイオードで得られた標準電圧V_sを抵抗器で分圧したkV_sの差を増幅器で比較し，この差を0にするように抵抗器の値を電子スイッチで制御してkを定め，$V_x = kV_s$とした後，kをディジタル表示する．なお，抵抗器の全抵抗値を1としたとき，kは$0 \leqq k \leqq 1$の値をとる．原理的にノイズの影響を受けやすい．

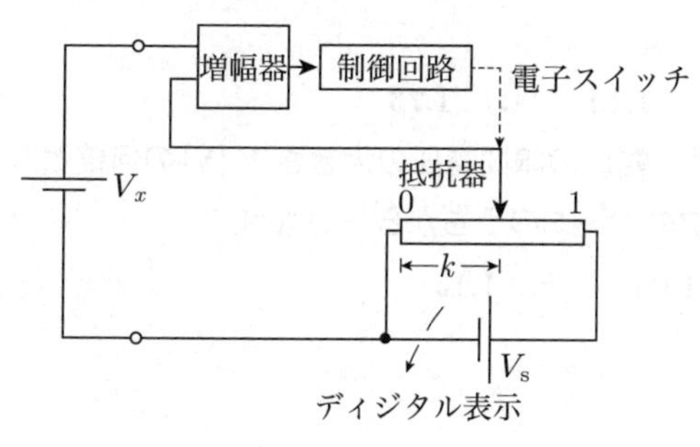

(a) 逐次比較形

② 積分変換形（2重積分形）

積分変換形では，測定したい電圧V_xを時間積分する．原理的にノイズの影響を受けにくい長所をもち，現用ディジタルマルチメータ（DMM）の主流である．

よって，記述は正しい．

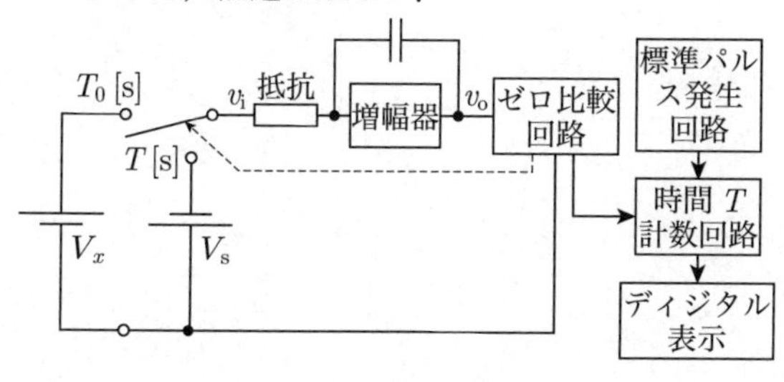

(b) 2重積分形

(2) ディジタルオシロスコープは，アナログ入力信号をA-D変換によりディジタル信号に変換した後，この信号をD-A変換器によりアナログ信号に戻してブラウン管上に表示する．

周期性のない信号波形を測定できることはもちろん，周期が非常に短い（高速繰返し）波形を観測するために，特殊なサンプリング方法を用いて時間分解能を格段に向上させたものもある．よって選択肢の記述「周期性のない信号波形を測定することはできない」は誤りである．

(3) 量子化

量子化とは，連続的に変化するアナログ量を，2進数（ディジタル信号）として扱いやすくするために，何段階かの値で近似する処理をいう．(c)図に示すA-D変換フローの中の一つのプロセスである．よって，(3)の記述は正しい．

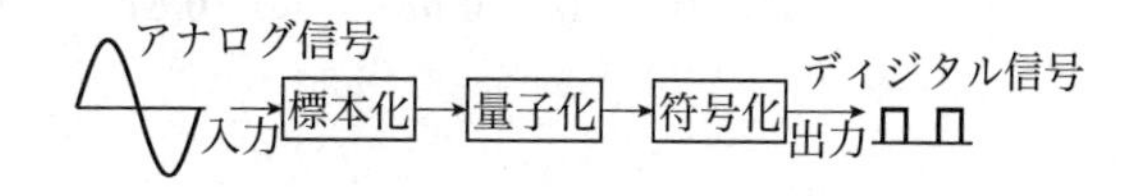

(c) A-D変換の処理フロー

(4) ディジタル計器は，測定値が数値で表示されるので，読み取り間違いが少ない．(4)の記述は正しい．

(5) オートレンジは機能とは，初めにディジタルマルチメータ内で測定値の大小を判別し，内部で自動的に最適なレンジに切り換える機能をいう．測定値が不明である場合なども自動的にレンジを選択してくれるので，技量によらず計測が可能であり，便利である．よって(5)の記述は正しい．

答 (2)

B問題　配点は1問題当たり(a)5点，(b)5点，計10点

図のように，r [Ω]の抵抗6個が線間電圧の大きさ V [V]の対称三相電源に接続されている．b相の×印の位置で断線し，c-a相間が単相状態になったとき，次の(a)及び(b)の問に答えよ．

ただし，電源の線間電圧の大きさ及び位相は，断線によって変化しないものとする．

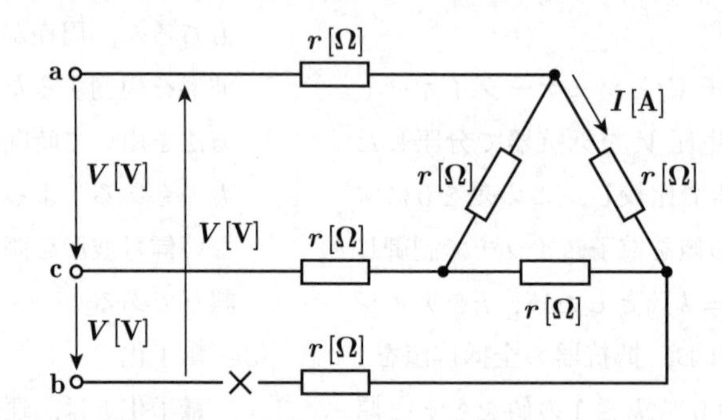

(a)　図中の電流 I の大きさ[A]は，断線前の何倍となるか．その倍率として，最も近いものを次の(1)～(5)のうちから一つ選べ．

(1)　**0.50**　　(2)　**0.58**　　(3)　**0.87**　　(4)　**1.15**　　(5)　**1.73**

(b)　×印の両側に現れる電圧の大きさ[V]は，電源の線間電圧の大きさ V [V]の何倍となるか．その倍率として，最も近いものを次の(1)～(5)のうちから一つ選べ．

(1)　**0**　　(2)　**0.58**　　(3)　**0.87**　　(4)　**1.00**　　(5)　**1.15**

解15

(a) 断線前に対する断線後の電流 I の倍数

断線前の電流 I は，△接続三相平衡負荷をY接続に等価変換したのち，(a)図の1相分等価回路から次のように求められる．

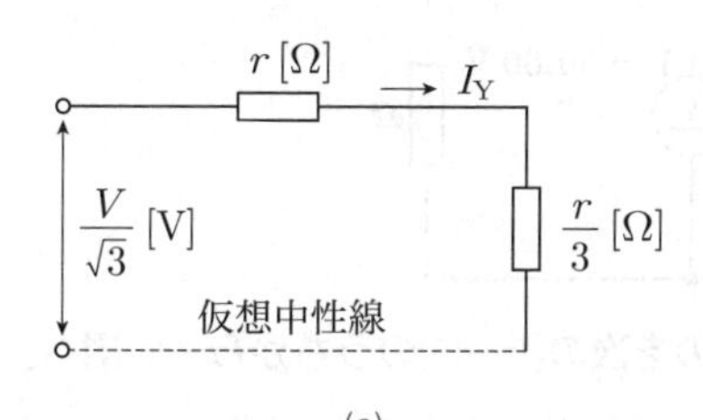

(a)

$$I_{\mathrm{Y}}=\frac{V/\sqrt{3}}{r+r/3}=\frac{V/\sqrt{3}}{4r/3}=\frac{\sqrt{3}V}{4r}\ [\mathrm{A}]$$

問題図の相電流 I と(a)図の線電流 I_{Y} との大きさの関係は，$I_{\mathrm{Y}}=\sqrt{3}I$ であるから，

$$I=\frac{I_{\mathrm{Y}}}{\sqrt{3}}=\frac{1}{\sqrt{3}}\frac{\sqrt{3}V}{4r}=\frac{V}{4r}\ [\mathrm{A}]$$

次に，断線後の回路は(b)図となり，次式が成り立つ．

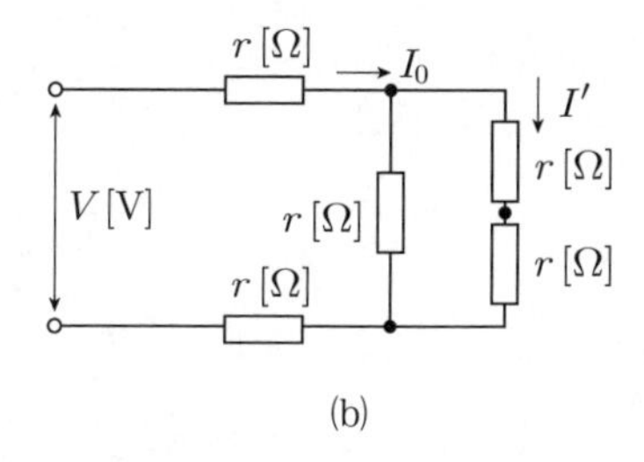

(b)

$$I_0=\frac{V}{2r+\dfrac{r\cdot 2r}{r+2r}}=\frac{3V}{8r}\ [\mathrm{A}]$$

$$I'=I_0\times\frac{r}{r+2r}=\frac{3V}{8r}\times\frac{1}{3}=\frac{V}{8r}\ [\mathrm{A}]$$

$$\therefore\ \frac{I'}{I}=\frac{V/8r}{V/4r}=\frac{1}{2}=0.5\quad(答)$$

(b) 線間電圧 V に対する断線点の両側に現れる電圧の大きさ V' の倍数

a相相電圧を基準ベクトルにとり，問題図の線間電圧の矢印の正方向から相順a-b-cであることを確認し，電圧ベクトルを描くと(c)図になる．断線点×の負荷側の電位は，端子ac間の負荷を2等分した点の電圧であるから，a相とc相間の線間電圧 V_{ca} の中点mとなる．一方，断線点の電源側に現れる電圧はb相の相電圧そのものである．したがって，断線点の両側に現れる電圧の大きさ V' は，(c)図でb点とm点を結ぶ線分の長さとなることがわかる．

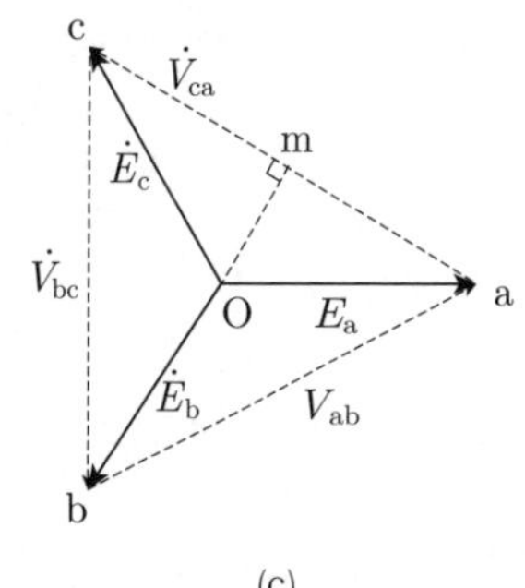

(c)

$$V'=\left|V_{\mathrm{ab}}\right|\cos\frac{\pi}{6}=\frac{\sqrt{3}}{2}V\ [\mathrm{V}]$$

$$\frac{V'}{V}=\frac{(\sqrt{3}/2)V}{V}=\frac{\sqrt{3}}{2}=0.866\fallingdotseq 0.87\quad(答)$$

(a)-(1)，(b)-(3)

図のような回路において，抵抗 R の値[Ω]を電圧降下法によって測定した．この測定で得られた値は，電流計 $I=1.600$ A，電圧計 $V=50.00$ V であった．次の(a)及び(b)の問に答えよ．

ただし，抵抗 R の真の値は31.21 Ωとし，直流電源，電圧計及び電流計の内部抵抗の影響は無視できるものである．また，抵抗 R の測定値は有効数字4桁で計算せよ．

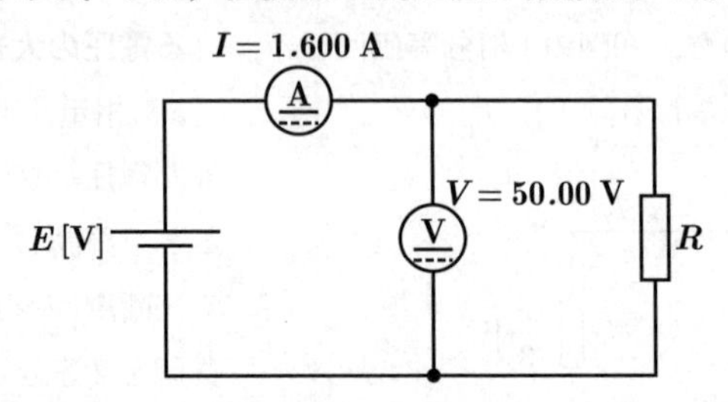

(a) 抵抗 R の絶対誤差[Ω]として，最も近いものを次の(1)〜(5)のうちから一つ選べ．

(1) **0.004**　(2) **0.04**　(3) **0.14**　(4) **0.4**　(5) **1.4**

(b) 絶対誤差の真の値に対する比率を相対誤差という．これを百分率で示した，抵抗 R の百分率誤差（誤差率）[%]として，最も近いものを次の(1)〜(5)のうちから一つ選べ．

(1) **0.001 3**　(2) **0.03**　(3) **0.13**　(4) **0.3**　(5) **1.3**

解16

(a)　**抵抗 R の絶対誤差 ε [Ω]**

抵抗 R の測定値 M は，問題の回路から電圧計および電流計の読み値を用いて，

$$M = \frac{V}{I} = \frac{50.00}{1.600} = 31.25\ \Omega$$

一方，抵抗値 R の真値 T は，題意より $T = 31.21\ \Omega$ である．誤差の定義式 $\varepsilon = T - M$ より，求める絶対誤差 $|\varepsilon|$ は，

$$|\varepsilon| = |T - M| = |31.21 - 31.25|$$
$$= |-0.04| = 0.04\ \Omega \quad (答)$$

(b)　**抵抗 R の百分率誤差 %ε**

題意より，絶対誤差 ε の真値 T に対する比率（＝相対誤差）の百分率表示は抵抗 R の百分率誤差になるから，

$$\%\varepsilon = \frac{|\varepsilon|}{T} = \frac{0.04}{31.21}$$
$$\fallingdotseq 0.128\,2 \fallingdotseq 0.13\ \% \quad (答)$$

〔ここがポイント〕　電圧降下法

抵抗値そのものを直接測定することはむずかしい．抵抗に直流電流 I を流し，直流端子電圧 V と直流電流の関係を(a)図の比例関係として求め，比例定数 R を抵抗として求める方法を電圧降下法という．

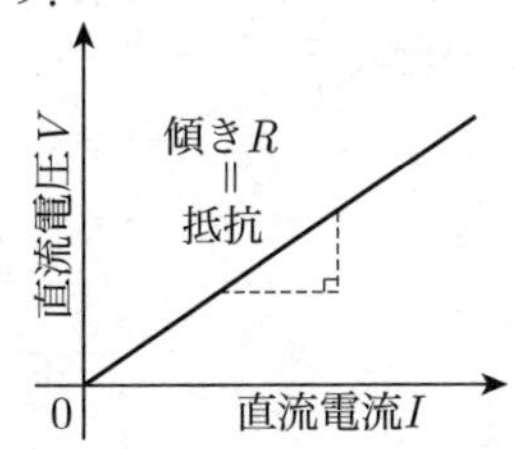

(a)　電圧降下法による抵抗値測定

電圧降下法による計測では，誤差を極力少なくするため，電圧計の内部抵抗 r_p が抵抗 R よりはるかに大きい場合（$r_p \gg R$）は(b)図，電流計の内部抵抗 r_c が抵抗 R よりはるかに小さい場合（$r_c \ll R$）は(c)図の測定回路を用いる．消費電力の真値，測定値および誤差の求め方を参考までに(b)図および(c)図に示す．

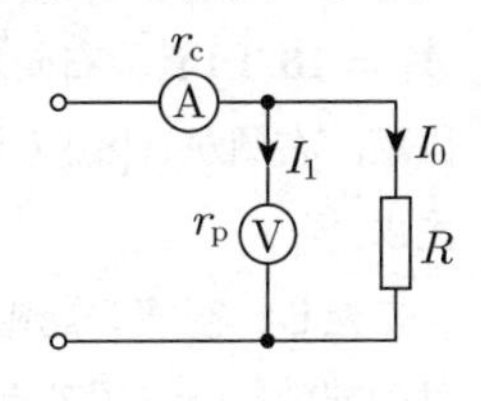

消費電力の真値　$T = I_0^2 R$

電流計の電流　$I = I_0 + I_1 = I_0 + \dfrac{I_0 R}{r_p}$

電圧計の電圧　$V = I_0 R$

消費電力の測定値　$M_a = VI = I_0^2 R\left(1 + \dfrac{R}{r_p}\right)$

誤差 ε_a

$$\varepsilon_a = M_a - T = I_0^2 R\left(1 + \frac{R}{r_p}\right) - I_0^2 R = I_0^2 \frac{R^2}{r_p}$$

(b)　$r_p \gg R$ における測定回路

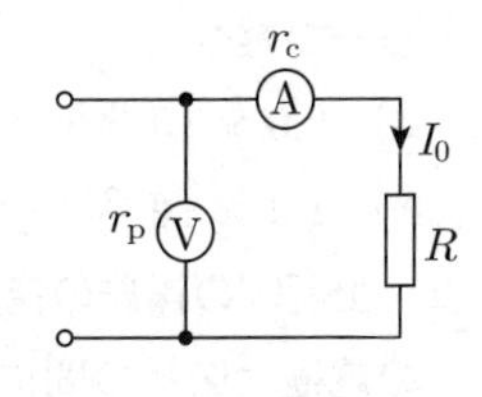

消費電力の真値　$T = I_0^2 R$

電流計の電流　$I = I_0$

電圧計の電圧　$V = I_0(r_c + R)$

消費電力の測定値　$M_{ba} = VI = I_0^2(r_c + R)$

誤差 ε_b

$$\varepsilon_b = M_b - T = I_0^2(r_c + R) - I_0^2 R = I_0^2 r_c$$

(c)　$r_c \ll R$ における測定回路

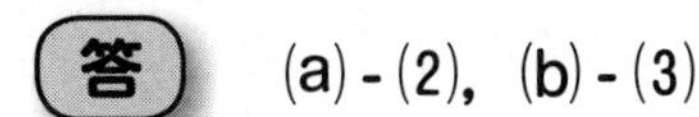

答　(a)-(2)，(b)-(3)

問17及び問18は選択問題であり，問17又は問18のどちらかを選んで解答すること．両方解答すると採点されません．

（選択問題）

問17

図のように，十分大きい平らな金属板で覆われた床と平板電極とで作られる空気コンデンサが二つ並列接続されている．二つの電極は床と平行であり，それらの面積は左側が $A_1 = 10^{-3}\ \mathrm{m}^2$，右側が $A_2 = 10^{-2}\ \mathrm{m}^2$ である．床と各電極の間隔は左側が $d = 10^{-3}\ \mathrm{m}$ で固定，右側が x [m] で可変，直流電源電圧は $V_0 = 1\,000\ \mathrm{V}$ である．次の(a)及び(b)の問に答えよ．

ただし，空気の誘電率を $\varepsilon = 8.85 \times 10^{-12}\ \mathrm{F/m}$ とし，静電容量を考える際にコンデンサの端効果は無視できるものとする．

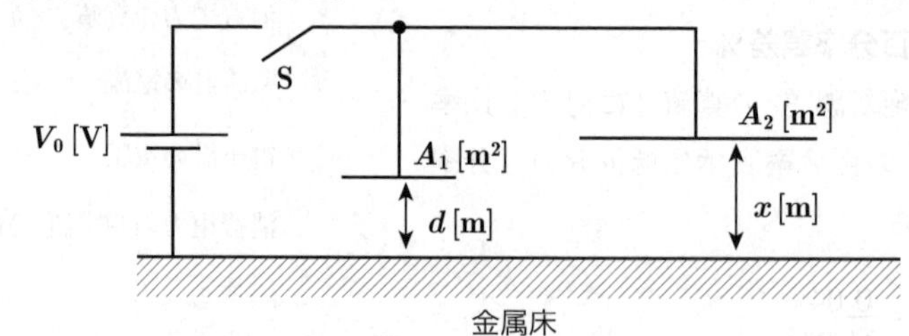

(a) まず，右側の x [m] を d [m] と設定し，スイッチSを一旦閉じてから開いた．このとき，二枚の電極に蓄えられる合計電荷 Q の値 [C] として最も近いものを次の(1)～(5)のうちから一つ選べ．

(1) 8.0×10^{-9}　(2) 1.6×10^{-8}　(3) 9.7×10^{-8}

(4) 1.9×10^{-7}　(5) 1.6×10^{-6}

(b) 上記(a)の操作の後，徐々に x を増していったところ，$x = 3.0 \times 10^{-3}\ \mathrm{m}$ のときに左側の電極と床との間に火花放電が生じた．左側のコンデンサの空隙の絶縁破壊電圧 V の値 [V] として最も近いものを次の(1)～(5)のうちから一つ選べ．

(1) 3.3×10^2　(2) 2.5×10^3　(3) 3.0×10^3

(4) 5.1×10^3　(5) 3.0×10^4

解17 (a) **2枚の電極に蓄えられる合計電荷 Q [C]**

問題の図でスイッチSを閉じた回路を(a)図に示す．面積 A_1 および A_2 のコンデンサにおける静電容量をそれぞれ C_1 および C_2，誘電率を ε とすると，並列接続の合成静電容量 C_{12} は，

$$C_{12}=C_1+C_2=\frac{\varepsilon A_1}{d}+\frac{\varepsilon A_2}{d}$$
$$=\frac{\varepsilon}{d}(A_1+A_2)$$

求める合計電荷 Q は，

$$Q=C_{12}V_0=\frac{\varepsilon}{d}(A_1+A_2)V_0$$
$$=\frac{8.85\times10^{-12}}{10^{-3}}(10^{-3}+10^{-2})\times10^3$$
$$=8.85\times10^{-9}(1+10)$$
$$=9.735\times10^{-8}$$
$$\fallingdotseq 9.7\times10^{-8}\ \mathrm{C}\ \text{(答)}$$

スイッチSを開いた後も，電荷 Q は両コンデンサの極板間に保存される．

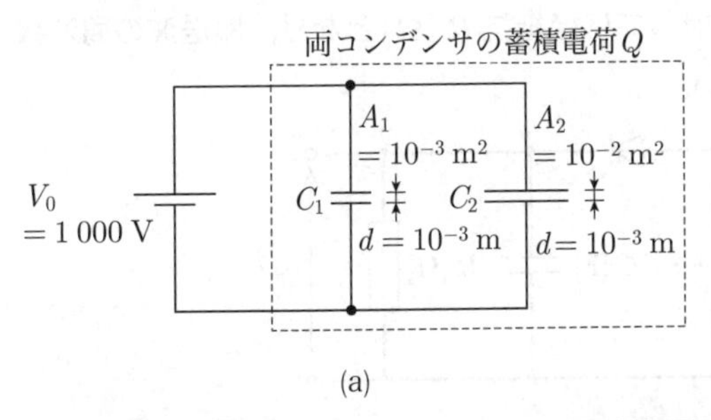

(a)

(b) **左側の面積 A_1 のコンデンサの絶縁破壊電圧 V の値 [V]**

題意を(b)図に示す．極板間隔が x の右側のコンデンサの静電容量を C_2' とする．2枚のコンデンサ間に蓄えられた電荷は両コンデンサの間で不変であるから，$Q=(C_1+C_2)V$ が成り立つ．よって，

$$V=\frac{Q}{C_1+C_2'}=\frac{\dfrac{\varepsilon}{10^{-3}}(10^{-3}+10^{-2})\times10^3}{\dfrac{\varepsilon\times10^{-3}}{10^{-3}}+\dfrac{\varepsilon\times10^{-2}}{3\times10^{-3}}}$$
$$=\frac{(1+10)\times10^3}{1+\dfrac{10}{3}}=\frac{3\times11\times10^3}{3+10}$$
$$=2.538\times10^3\fallingdotseq 2.5\times10^3\ \mathrm{V}\ \text{(答)}$$

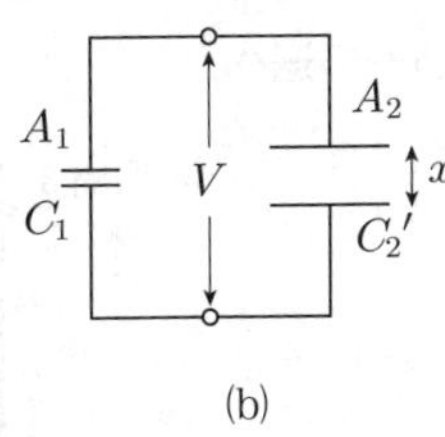

(b)

〔ここがポイント〕

設問(a)のとき A_1，A_2 の蓄積電荷 Q_1，Q_2 は，

$$Q_1=C_1V_0=1\,000\,\varepsilon$$
$$Q_2=C_2V_0=10\,000\,\varepsilon$$

設問(b)のとき A_1，A_2 の蓄積電荷 Q_1'，Q_2' は，

$$Q_1'=C_1V=2\,538\,\varepsilon$$
$$Q_2'=Q-Q_1'=(Q_1+Q_2)-Q_1'$$
$$=8\,462\,\varepsilon$$

この結果より，A_2 のコンデンサの極板間隔を増していくと，A_1 と A_2 のコンデンサの蓄積電荷の割合が変化し，A_1 の蓄積電荷が増加することがわかる．A_1 の静電容量 C_1 は変化しないので，A_1 の分担電圧が増大することになり，やがて耐電圧を超えたとき絶縁破壊（火花放電）が生じる．

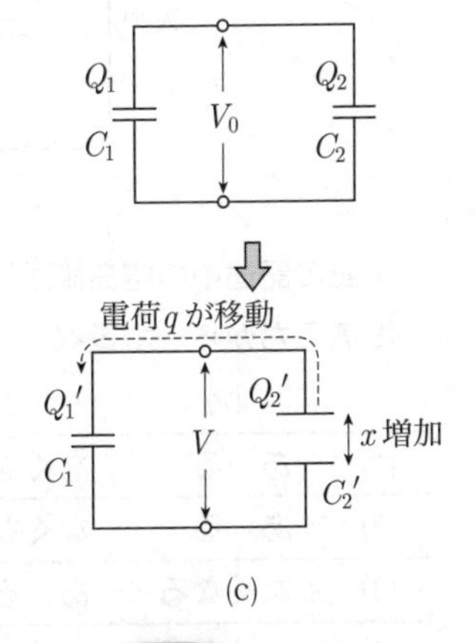

(c)

答 (a)-(3)，(b)-(2)

（選択問題）

問18　振幅変調について，次の(a)及び(b)の問に答えよ．

(a)　図1の波形は，正弦波である信号波によって搬送波の振幅を変化させて得られた変調波を表している．この変調波の変調度の値として，最も近いものを次の(1)～(5)のうちから一つ選べ．

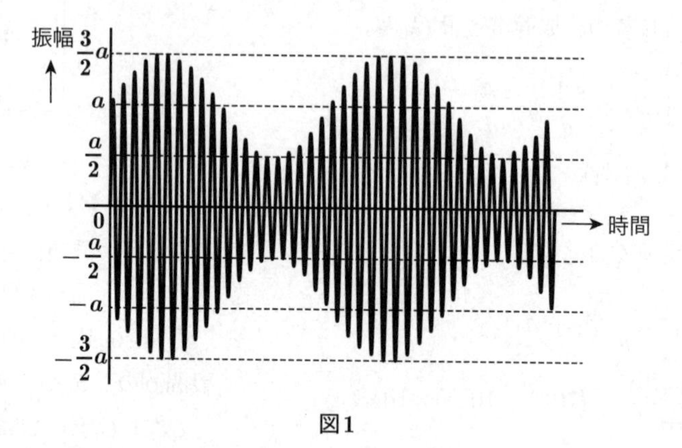

図1

(1)　**0.33**　　(2)　**0.5**　　(3)　**1.0**　　(4)　**2.0**　　(5)　**3.0**

(b)　次の文章は，直線検波回路に関する記述である．

振幅変調した変調波の電圧を，図2の復調回路に入力して復調したい．コンデンサ C [F]と抵抗 R [Ω]を並列接続した合成インピーダンスの両端電圧に求められることは，信号波の成分が ㈠ ことと，搬送波の成分が ㈡ ことである．そこで，合成インピーダンスの大きさは，信号波の周波数に対してほぼ抵抗 R [Ω]となり，搬送波の周波数に対して十分に ㈢ なくてはならない．

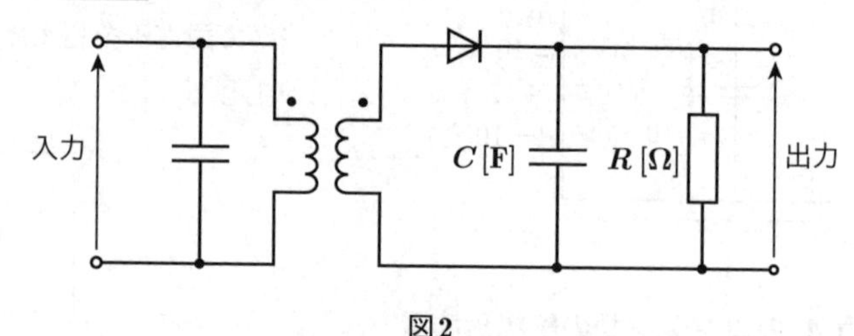

図2

上記の記述中の空白箇所㈠，㈡及び㈢に当てはまる組合せとして，正しいものを次の(1)～(5)のうちから一つ選べ．

	㈠	㈡	㈢
(1)	あ　る	なくなる	大きく
(2)	あ　る	なくなる	小さく
(3)	なくなる	あ　る	小さく
(4)	なくなる	なくなる	小さく
(5)	なくなる	あ　る	大きく

●試験時間 90分
●必要解答数 A問題14題，B問題3題（選択問題含む）

解1 設問の平行平板コンデンサを下図に示す．同図において，題意より極板面積S [m^2] が一定，極板間の誘電率εが一定である．

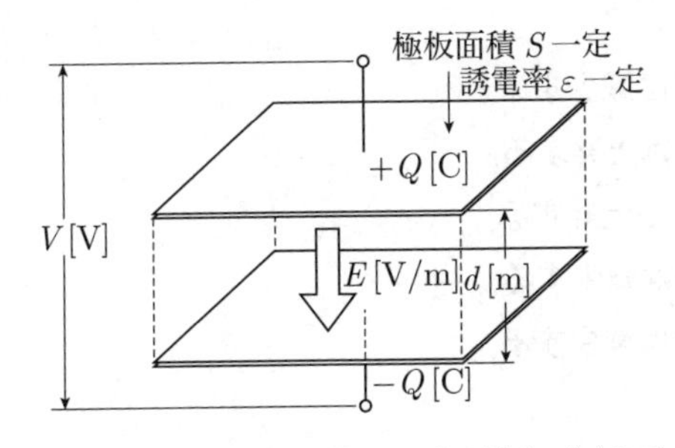

コンデンサに関する設問の記述(1)～(5)をそれぞれ検証する．

(1) Q一定における極板距離d，静電容量Cの関係

静電容量の公式は，$C=\dfrac{\varepsilon S}{d}$で表せる．

ε，Sは一定であるから，静電容量Cは極板間隔dに反比例する．すなわちdを大きくするとCは減少する．よって記述は正しい．

(2) Q一定における極板距離d，電界Eの関係

$Q=CV$および$V=Ed$の関係より，

$$Q=CV=\frac{\varepsilon S}{d}(Ed)=\varepsilon SE$$

$$\therefore \quad E=\frac{Q}{\varepsilon S}$$

したがって，Q，ε，Sがそれぞれ一定なのでEも一定となりEはdに関係しない．ゆえに**記述は誤り**．

(3) Q一定における極板距離d，電圧Vの関係

$Q=CV$と$C=\varepsilon S/d$の式より，

$$Q=CV=\frac{\varepsilon S}{d}V$$

$$\therefore \quad V=\frac{Q}{\varepsilon S}d$$

したがって，Q，ε，Sが一定であるから，Vはdに比例し，dを大きくするとVは上昇するから，記述は正しい．

(4) V一定における極板距離d，電界Eの関係

図のコンデンサ極板間の電界は平等電界であり，極板間の至る所で電界の大きさは等しい．すなわち次式が成り立つ．

$$E=\frac{V}{d}$$

上式より，Eはdに反比例し，Vを一定としてdを大きくするとEは減少する．よって正しい．

(5) V一定における極板間隔d，極板上の電荷Qの関係

電荷Qは，次式で与えられる．

$$Q=CV=\frac{\varepsilon S}{d}V$$

上式より，ε，S，Vが一定であるから，Qはdに反比例し，dを大きくするとQは減少する．よって記述は正しい．

〔ここがポイント〕

コンデンサに関係する公式を正しく覚えておくことが大切である．

① 静電容量Cは寸法と形状の公式$\varepsilon S/d$と，電荷と電圧の関係式$Q=CV$を自在に使えるようにしておくこと

② 平行平板コンデンサの極板間電界Eは，平等電界となることを押さえておく

 (2)

平成27年度（2015年）理論の問題

A問題　配点は1問題当たり5点

問1　平行平板コンデンサにおいて，極板間の距離，静電容量，電圧，電界をそれぞれ d [m]，C [F]，V [V]，E [V/m]，極板上の電荷を Q [C] とするとき，誤っているものを次の(1)～(5)のうちから一つ選べ．

ただし，極板の面積及び極板間の誘電率は一定であり，コンデンサの端効果は無視できるものとする．

(1)　Qを一定としてdを大きくすると，Cは減少する．
(2)　Qを一定としてdを大きくすると，Eは上昇する．
(3)　Qを一定としてdを大きくすると，Vは上昇する．
(4)　Vを一定としてdを大きくすると，Eは減少する．
(5)　Vを一定としてdを大きくすると，Qは減少する．

●試験時間　90分
●必要解答数　A問題14題，B問題3題（選択問題含む）

解1　設問の平行平板コンデンサを下図に示す．同図において，題意より極板面積 S [m²] が一定，極板間の誘電率 ε が一定である．

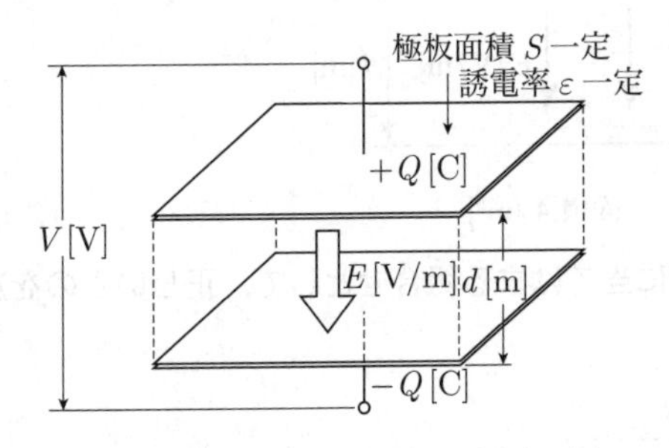

コンデンサに関する設問の記述(1)〜(5)をそれぞれ検証する．

(1)　Q 一定における極板距離 d，静電容量 C の関係

静電容量の公式は，$C=\dfrac{\varepsilon S}{d}$ で表せる．

ε，S は一定であるから，静電容量 C は極板間隔 d に反比例する．すなわち d を大きくすると C は減少する．よって記述は正しい．

(2)　Q 一定における極板距離 d，電界 E の関係

$Q=CV$ および $V=Ed$ の関係より，

$$Q=CV=\frac{\varepsilon S}{d}(Ed)=\varepsilon SE$$

$$\therefore \quad E=\frac{Q}{\varepsilon S}$$

したがって，Q，ε，S がそれぞれ一定なので E も一定となり E は d に関係しない．ゆえに**記述は誤り**．

(3)　Q 一定における極板距離 d，電圧 V の関係

$Q=CV$ と $C=\varepsilon S/d$ の式より，

$$Q=CV=\frac{\varepsilon S}{d}V$$

$$\therefore \quad V=\frac{Q}{\varepsilon S}d$$

したがって，Q，ε，S が一定であるから，V は d に比例し，d を大きくすると V は上昇するから，記述は正しい．

(4)　V 一定における極板距離 d，電界 E の関係

図のコンデンサ極板間の電界は平等電界であり，極板間の至る所で電界の大きさは等しい．すなわち次式が成り立つ．

$$E=\frac{V}{d}$$

上式より，E は d に反比例し，V を一定として d を大きくすると E は減少する．よって正しい．

(5)　V 一定における極板間隔 d，極板上の電荷 Q の関係

電荷 Q は，次式で与えられる．

$$Q=CV=\frac{\varepsilon S}{d}V$$

上式より，ε，S，V が一定であるから，Q は d に反比例し，d を大きくすると Q は減少する．よって記述は正しい．

〔ここがポイント〕

コンデンサに関係する公式を正しく覚えておくことが大切である．

① 静電容量 C は寸法と形状の公式 $\varepsilon S/d$ と，電荷と電圧の関係式 $Q=CV$ を自在に使えるようにしておくこと

② 平行平板コンデンサの極板間電界 E は，平等電界となることを押さえておく

(2)

問2

図のように，真空中で2枚の電極を平行に向かい合せたコンデンサを考える．各電極の面積を A [m²]，電極の間隔を l [m] とし，端効果を無視すると，静電容量は ㈠ [F] である．このコンデンサに直流電圧源を接続し，電荷 Q [C] を充電してから電圧源を外した．このとき，電極間の電界 E = ㈡ [V/m] によって静電エネルギー W = ㈢ [J] が蓄えられている．この状態で電極間隔を増大させると静電エネルギーも増大することから，二つの電極間には静電力の ㈣ が働くことが分かる．

ただし，真空の誘電率を ε_0 [F/m] とする．

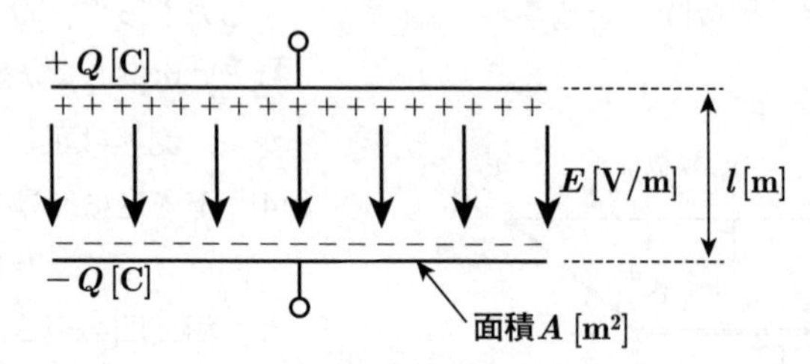

上記の記述中の空白箇所㈠，㈡，㈢及び㈣に当てはまる組合せとして，正しいものを次の(1)～(5)のうちから一つ選べ．

	㈠	㈡	㈢	㈣
(1)	$\varepsilon_0 \dfrac{A}{l}$	$\dfrac{Ql}{\varepsilon_0 A}$	$\dfrac{Q^2 l}{\varepsilon_0 A}$	引　力
(2)	$\varepsilon_0 \dfrac{A}{l}$	$\dfrac{Q}{\varepsilon_0 A}$	$\dfrac{Q^2 l}{2\varepsilon_0 A}$	引　力
(3)	$\dfrac{A}{\varepsilon_0 l}$	$\dfrac{Ql}{\varepsilon_0 A}$	$\dfrac{Q^2 l}{2\varepsilon_0 A}$	斥　力
(4)	$\dfrac{A}{\varepsilon_0 l}$	$\dfrac{Q}{\varepsilon_0 A}$	$\dfrac{Q^2 l}{\varepsilon_0 A}$	斥　力
(5)	$\varepsilon_0 \dfrac{A}{l}$	$\dfrac{Q}{\varepsilon_0 A}$	$\dfrac{Q^2 l}{2\varepsilon_0 A}$	斥　力

解2　(ア)　コンデンサの静電容量 C [F]

寸法と形状から，静電容量の公式を用いて，

$$C=\varepsilon_0\frac{A}{l}\,[\mathrm{F}]\quad(答)$$

(イ)　極板間の電界 E [V/m]

直流電圧源の電圧を V [V] とすると，

$$Q=CV\,[\mathrm{C}]$$

平行平板電極間の電界は，平等電界であるから，

$$E=\frac{V}{l}=\frac{Q/C}{l}=\frac{Q}{l}\,\frac{l}{\varepsilon_0 A}=\frac{Q}{\varepsilon_0 A}\,[\mathrm{V/m}]\quad(答)$$

(ウ)　極板間に蓄えられる静電エネルギー W [J]

静電エネルギーを求める公式より，

$$W=\frac{1}{2}CV^2=\frac{Q^2}{2C}$$
$$=\frac{Q^2}{2}\cdot\frac{l}{\varepsilon_0 A}=\frac{Q^2 l}{2\varepsilon_0 A}\quad(答)$$

(エ)　二つの電極間に働く力

(ウ)の静電エネルギーの式より，Qが一定で極板間隔 lが増大すると，静電エネルギー Wも増大する．よって，二つの電極間には静電力 F [N] の引力が働いていることがわかる．ゆえに，**求める選択肢は(2)となる．**

〔ここがポイント〕　極板間に働く静電力 F [N]

問題図の電荷 Q [C] が充電されたコンデンサを図(a)に示す．同図より，単位体積当たりに蓄えられる静電エネルギー w [J/m³] は，

$$w=\frac{W}{極板間の体積}=\frac{W}{Al}$$
$$=\frac{\frac{1}{2}CV^2}{Al}=\frac{1}{2}\,\frac{\frac{\varepsilon_0 A}{l}(El)^2}{Al}$$
$$=\frac{1}{2}\varepsilon_0 E^2\,[\mathrm{J/m^3}]$$

上式の単位は $\mathrm{J/m^3=N\cdot m/m^3=N/m^2}$ であるから，**単位体積当たりの静電エネルギー w [J/m³] は，単位面積当たりの静電力 f [N/m²] に等しい**ことがわかる．

よって，極板間に働く静電力 Fは，

$$F=fA=\frac{1}{2}\varepsilon_0 E^2 A\,[\mathrm{N}]$$

(a)

(b)図のように極板間隔を Δl [m] 増大させたとき，この電極間に蓄えられるエネルギーの増加分 ΔWは，極板の吸引力に抗して力 Fで距離 Δl移動させたときの外部から加えた仕事であるから，

$$\Delta W=F\Delta l=\frac{1}{2}\varepsilon_0 E^2 A\Delta l$$
$$=\frac{1}{2}\varepsilon_0\left(\frac{Q/C}{l}\right)^2\Delta l=\frac{Q^2}{2\varepsilon_0 A^2}\Delta l\,[\mathrm{J}]$$

となる．電極間のエネルギーは，コンデンサ極板どうしを引きつけあう力の形で蓄えられることおよびエネルギー（仕事）＝力×距離，すなわち $\mathrm{N\cdot m=J}$ の関係を押さえておくこと．

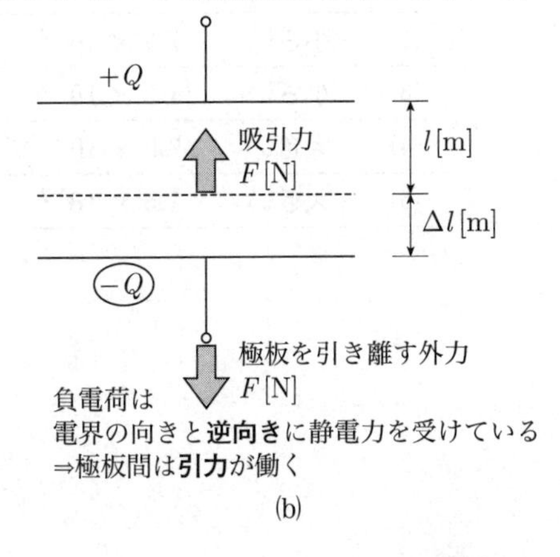

(b)

(2)

問3 次の文章は，ある強磁性体の初期磁化特性について述べたものである．

磁界の向きに強く磁化され，比透磁率 μ_r が1よりも非常に (ア) 物質を強磁性体という．まだ磁化されていない強磁性体に磁界 H [A/m] を加えて磁化していくと，磁束密度 B [T] は図のように変化する．よって，透磁率 μ [H/m] $\left(= \dfrac{B}{H}\right)$ も磁界の強さによって変化する．図から，この強磁性体の透磁率 μ の最大値はおよそ $\mu_{max} =$ (イ) H/m であることが分かる．このとき，強磁性体の比透磁率はほぼ $\mu_r =$ (ウ) である．点P以降は磁界に対する磁束密度の増加が次第に緩くなり，磁束密度はほぼ一定の値となる．この現象を (エ) という．

ただし，真空の透磁率を $\mu_0 = 4\pi \times 10^{-7}$ [H/m] とする．

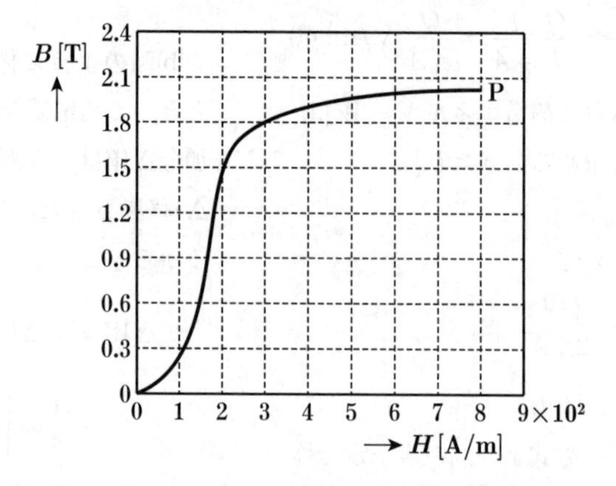

上記の記述中の空白箇所(ア)，(イ)，(ウ)及び(エ)に当てはまる組合せとして，正しいものを次の(1)～(5)のうちから一つ選べ．

	(ア)	(イ)	(ウ)	(エ)
(1)	大きい	7.5×10^{-3}	6.0×10^{3}	磁気飽和
(2)	小さい	7.5×10^{-3}	9.4×10^{-9}	残留磁気
(3)	小さい	1.5×10^{-2}	9.4×10^{-9}	磁気遮へい
(4)	大きい	7.5×10^{-3}	1.2×10^{4}	磁気飽和
(5)	大きい	1.5×10^{-2}	1.2×10^{4}	残留磁気

解3 (a) 磁界の向きに強く磁化され，比透磁率μ_rが1よりも非常に**大きい**物質を**強磁性体**という．

よって，(ア)は「大きい」が入る．

(b) 強磁性体の透磁率の最大値μ_{max} [H/m]

(a)図に示す初期磁化特性の図において，曲線OPを**磁化曲線**という．透磁率μは，$B=\mu H$より$\mu=B/H$で求められるから，磁化曲線OPにおいて勾配が最も大きい箇所を探すと，$H=2$ A/m，$B=1.5$ Tの点であることがわかる．したがって，

$$\mu_{max}=\frac{B}{H}=\frac{1.5}{2\times10^2}=0.75\times10^{-2}$$

$$=7.5\times10^{-3}\ \mathrm{H/m}\ \cdots(イ)\quad (答)$$

(a)

(c) μ_{max}における強磁性体の比透磁率μ_r

$$\mu_r=\frac{\mu_{max}}{\mu_0}=\frac{7.5\times10^{-3}}{4\pi\times10^{-7}}=0.5971\times10^4$$

$$=5.971\times10^3 \fallingdotseq 6.0\times10^3\ \cdots(ウ)\quad (答)$$

(d) 点P以降の現象

磁化曲線点OPの点P以降は，磁界Hの増加に対する磁束密度Bの増加が次第に小さくなり，やがて磁界の増加によらず磁束密度はほぼ一定の値となる．この現象を**磁気飽和**という．

よって(エ)は「磁気飽和」が入り，**求める選択肢は(1)となる**．

〔ここがポイント〕

1. 磁気誘導（磁化）

物質が磁界中で磁気を帯びることを**磁化された**といい，この現象を**磁気誘導**，この物質を**磁性体**という．

磁性体には，次の三つがある．

磁性体	概　要
常磁性体	外部磁界中で磁化されたときの内部磁界の方向が，外部磁界と一致する物質．アルミニウム，白金，空気などがある．
反磁性体	外部磁界中で磁化されたときの内部磁界の方向が，外部磁界と逆極性となる物質．ビスマス，アンチモン，銀，銅，水などがある．
強磁性体	非常に強く磁化される物質．鉄，コバルト，ニッケルなどがある．

2. 磁気飽和現象

点P付近では，強磁性体の内部において，磁区（磁性体内で，磁気双極子が一方向にそろっている小さな区域）を隔てる磁壁が消失し，全体が磁界Hの方向に磁化された状態にある．この状態では，これ以上磁界Hを強めても磁束密度Bは増加しない．この現象を磁気飽和現象と呼んでいる（(b)，(c)図参照）．

答 (1)

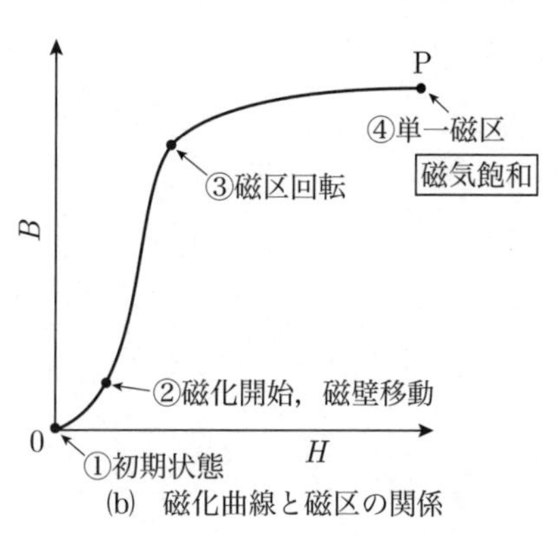

(b) 磁化曲線と磁区の関係

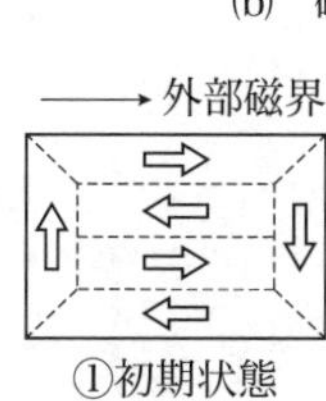

①初期状態

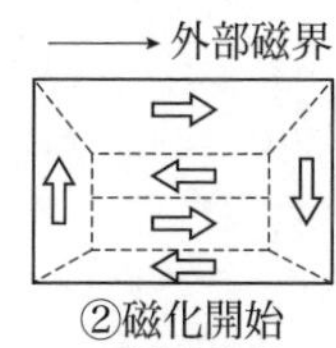

②磁化開始
磁壁移動

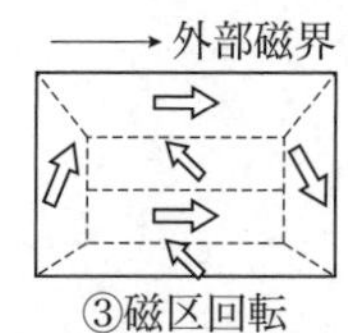

③磁区回転
（一つの磁区の中で磁化の回転が起こる）

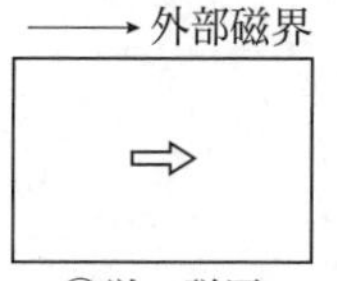

④単一磁区
（全体が一つの磁区で覆われた状態で，磁壁が消失）

(c)

図のような直流回路において，直流電源の電圧が90 Vであるとき，抵抗R_1 [Ω]，R_2 [Ω]，R_3 [Ω]の両端電圧はそれぞれ30 V，15 V，10 Vであった．抵抗R_1，R_2，R_3のそれぞれの値[Ω]の組合せとして，正しいものを次の(1)～(5)のうちから一つ選べ．

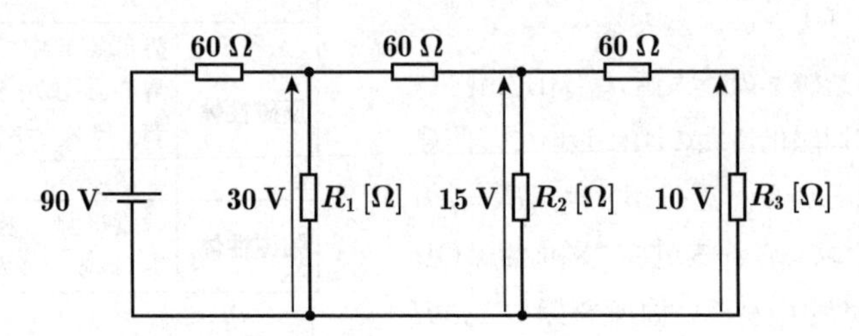

	R_1	R_2	R_3
(1)	30	90	120
(2)	80	60	120
(3)	30	90	30
(4)	60	60	30
(5)	40	90	120

解4 問題の回路図を描き直し，端子記号a～fおよび各部を流れる電流I_1～I_3を記入した図を以下に示す．

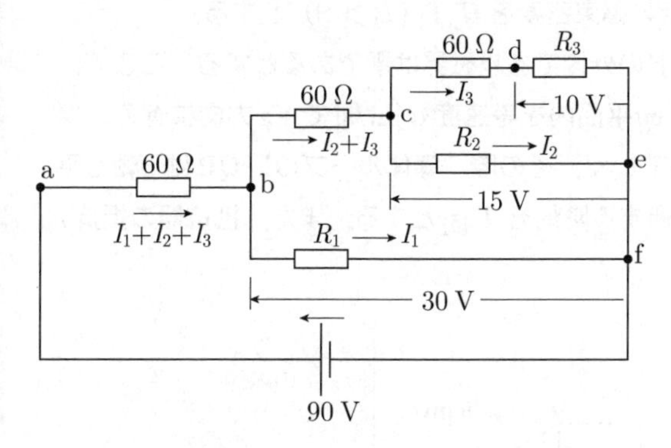

同図において，回路の各端子間で成立するオームの法則式を立式する．

解説図の端子c-e間の並列回路において，端子c-d間の抵抗60 Ωには，

$$V_{cd}=V_{ce}-V_{de}=15-10=5\ \mathrm{V}$$

が加わるので，

$$I_3=\frac{V_{cd}}{60}=\frac{5}{60}=\frac{1}{12}\ \mathrm{A} \qquad ①$$

$$R_3=\frac{V_{de}}{I_3}=\frac{10}{1/12}=120\ \Omega \quad (答)$$

端子b-f間の並列回路において，端子b-c間の抵抗60 Ωには，

$$V_{bc}=V_{bf}-V_{ce}=30-15=15\ \mathrm{V}$$

が加わるので，

$$I_2+I_3=\frac{V_{bc}}{60}=\frac{15}{60}=\frac{3}{12}\ \mathrm{A} \qquad ②$$

②式－①式より，

$$I_2=\frac{3}{12}-\frac{1}{12}=\frac{2}{12}\ \mathrm{A} \qquad ③$$

端子c-e間において，③式より，

$$R_2=\frac{V_{ce}}{I_2}=\frac{15}{2/12}=15\times 6=90\ \Omega \quad (答)$$

端子a-b間の抵抗60 Ωには，

$$V_{ab}=90-V_{bf}=90-30=60\ \mathrm{V}$$

が加わるので，

$$I_1+I_2+I_3=\frac{V_{ab}}{60}=\frac{60}{60}=\frac{12}{12}\ \mathrm{A} \qquad ④$$

④式－②式より，

$$I_1=\frac{12}{12}-\frac{3}{12}=\frac{9}{12}\ \mathrm{A} \qquad ⑤$$

端子b-f間において，

$$R_1=\frac{V_{bf}}{I_1}=\frac{30}{9/12}=10\times 4=40\ \Omega \quad (答)$$

〔ここがポイント〕

直並列回路の各岐路に流れる電流を，I_1～I_3とおくことがポイントである．後は各抵抗に加わる電圧を末端から求め，端子間でオームの法則式を立てれば，順次R_3，R_2，R_1を求めることができる．

(5)

問5 十分長いソレノイド及び小さい三角形のループがある．図1はソレノイドの横断面を示しており，三角形ループも同じ面内にある．図2はその破線部分の拡大図である．面$x=0$から右側の領域（$x>0$の領域）は直流電流を流したソレノイドの内側であり，そこには$+z$方向の平等磁界が存在するとする．その磁束密度をB [T] ($B>0$) とする．

一方，左側領域（$x<0$）はソレノイドの外側であり磁界は零であるとする．ここで，三角形PQRの抵抗器付き導体ループがxy平面内を等速度u [m/s]で$+x$方向に進み，ソレノイドの巻線の隙間から内側に侵入していく．その際，導体ループの辺QRはy軸と平行を保っている．頂点Pが面$x=0$を通過する時刻をT [s]とする．また，抵抗器の抵抗r [Ω]は十分大きいものとする．

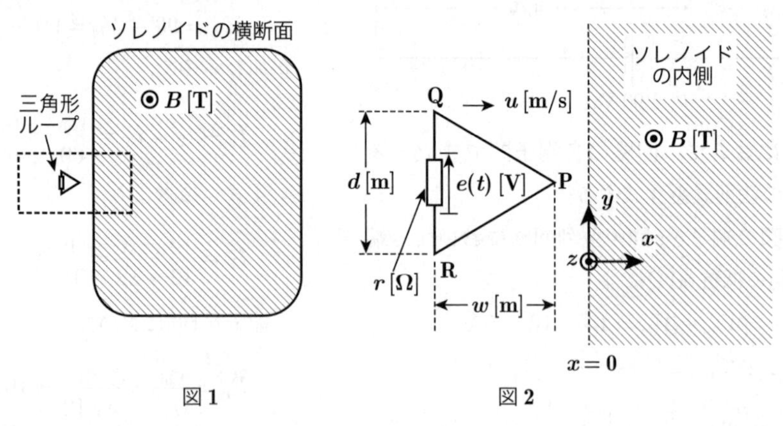

図1　　　　図2

辺QRの中央の抵抗器に時刻t [s]に加わる誘導電圧を$e(t)$ [V] とし，その符号は図中の矢印の向きを正と定義する．三角形ループがソレノイドの外側から内側に入り込むときの$e(t)$を示す図として，最も近いものを次の(1)～(5)のうちから一つ選べ．

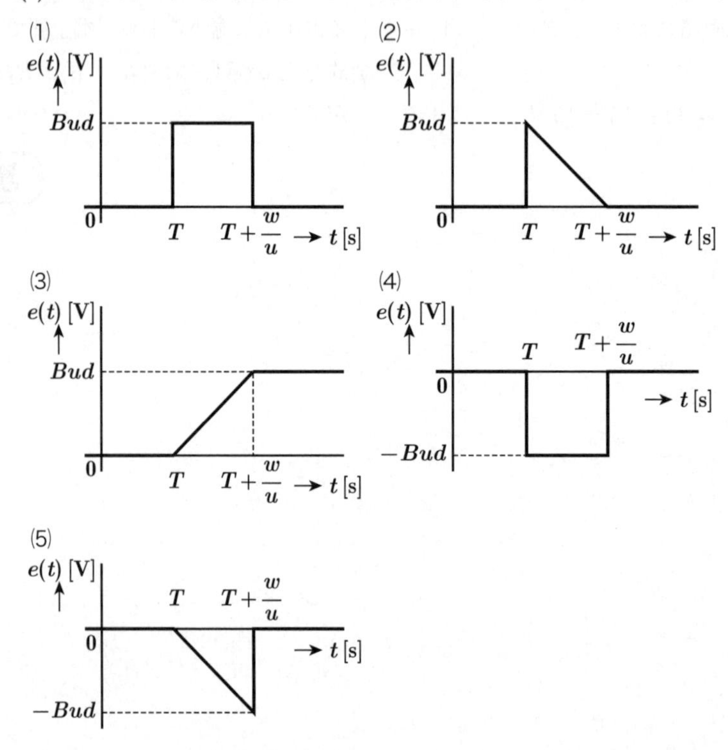

解5　三角ループに発生する電圧 $e(t)$ を次の三つの場合に分けて検討する．

(1)　$t < T$

(a)図に示す位置関係となり，三角ループの導体はソレノイド内部にある磁束を切らないため，誘導電圧 $e(t)$ はゼロである．

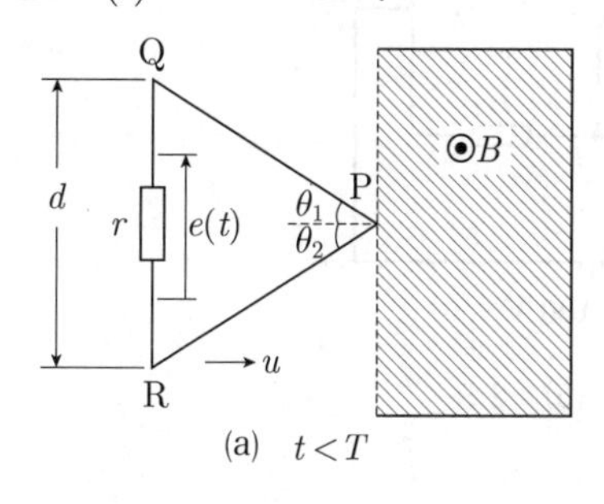

(a)　$t<T$

(2)　$T \leqq t < T + w/u$

三角ループの導体PQおよびPRは，ソレノイド内部の磁束を切るため，誘導電圧が発生する．頂点Pが $x=0$ の位置に達した時刻を $t'=0$ とおき直すと，$0 \leqq t' < w/u$ のある時刻における位置関係は(b)図のようになる．同図のように，ソレノイド内部の平等磁界と鎖交するループ導体の境界に記号S，Tを付し，頂点PからQRに下ろした垂線とSTの交点をHとする．さらに，$\angle \mathrm{SPH} = \theta_1$，$\angle \mathrm{TPH} = \theta_2$ とすると，磁束を切る導体はPQとPRの2導体であり，それぞれの誘導電圧 e_{PQ}，e_{PR} はフレミング右手の法則より，

導体PQ：$e_{\mathrm{PQ}} = B\overline{\mathrm{PS}}\,u\sin\theta_1 = B\overline{\mathrm{SH}}\,u$

導体PR：$e_{\mathrm{PR}} = B\overline{\mathrm{PT}}\,u\sin\theta_1 = B\overline{\mathrm{HT}}\,u$

合成誘導電圧 $e(t)$ は，

$$e = e_{\mathrm{PQ}} + e_{\mathrm{PS}} = B(\overline{\mathrm{SH}} + \overline{\mathrm{HT}})u$$
$$= B\overline{\mathrm{ST}}\,u$$

線分STは導体QRと並行であり，時間に比例して $t'=0 \sim w/u$ の間に $0 \sim \mathrm{d}$ まで増加し，その時間割合は，

$$\overline{\mathrm{ST}} = \frac{d-0}{w/u}\,t' = \frac{d}{w}ut'$$

一方，誘導電圧は，導体PQ：Q→Pおよび導体PR：P→Rの向きに発生するので，点Qに対し点Rが高電位側となるため，問題図2の正方向に対し，負電圧となる．

$$\therefore\quad e(t') = -B\frac{d}{w}ut'u = -\frac{Bu^2d}{w}t'$$

上式は時間 t' に比例して負方向に増加し，$t' = w/u$ で，

$$e\left(\frac{w}{u}\right) = -\frac{Bu^2d}{w}\cdot\frac{w}{u} = -Bud\,[\mathrm{V}]$$

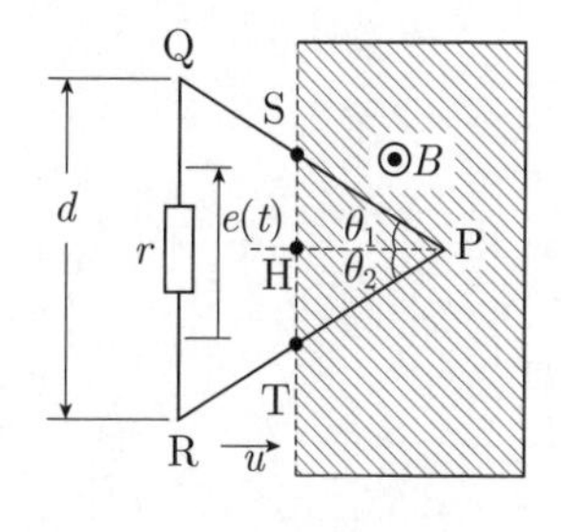

(b)　$T \leqq t < T + w/u$

(3)　$w/u \leqq t$

(c)図に示す位置関係となり，三角ループの導体全体がソレノイド内部に存在する．速度 u [m/s] で x 軸の正方向に進むとき，導体PQ，PR，QRの3導体が磁束を切り，電圧が誘導される．このときPQとPRの誘導電圧の合計と，QRの誘導電圧が同じ大きさで互いに逆向きのため，全体を合成した誘導電圧はゼロとなる．

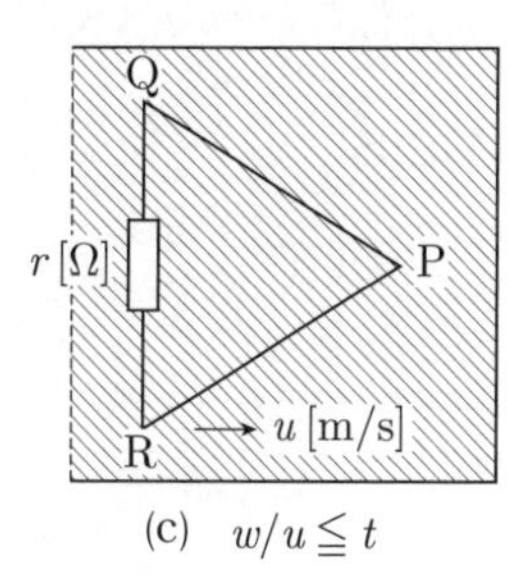

(c)　$w/u \leqq t$

よって，$e(t')$ は(d)図になり，$t' \to t$ に時間軸を戻すと $t = t' + T$ より，**答は(5)**である．

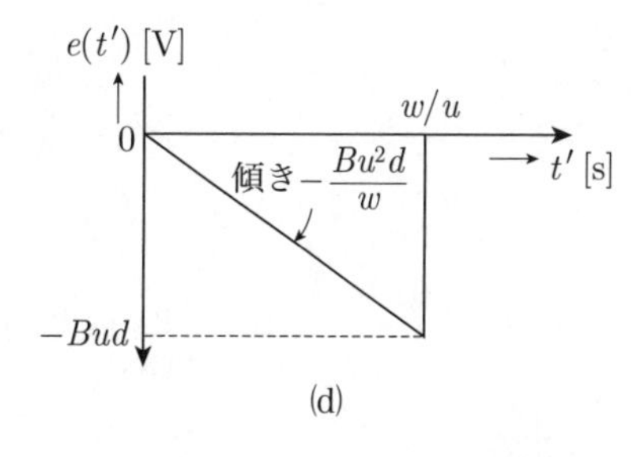

(d)

答　(5)

図のように，抵抗とスイッチSを接続した直流回路がある．いま，スイッチSを開閉しても回路を流れる電流I [A]は，$I = 30$ Aで一定であった．このとき，抵抗R_4の値[Ω]として，最も近いものを次の(1)～(5)のうちから一つ選べ．

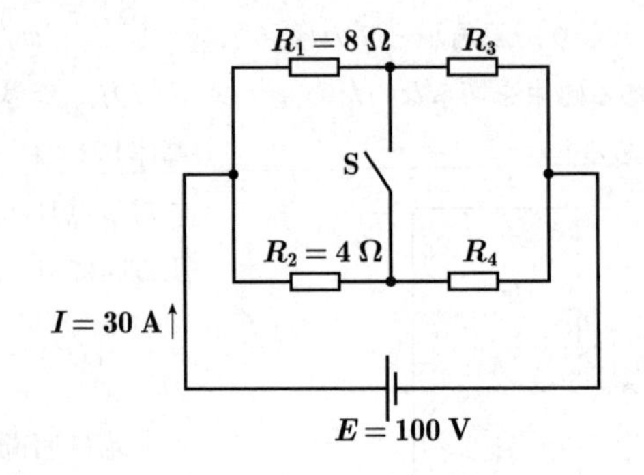

(1) **0.5**　(2) **1.0**　(3) **1.5**　(4) **2.0**　(5) **2.5**

解6 「スイッチSを閉じても開いても電流$I = 30$ Aが変化しない」という意味は，スイッチSを閉じた場合の合成抵抗R_0とスイッチSを開いた場合の合成抵抗$R_0{}'$がともに等しいことを表している．すなわちスイッチSには電流が流れず，**ブリッジ回路は平衡している．**

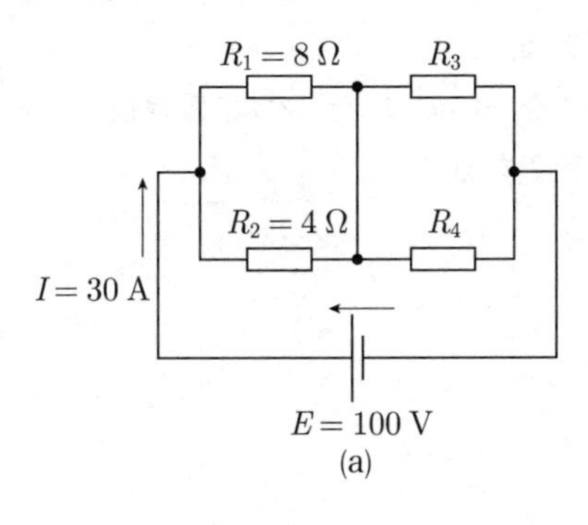

(a)

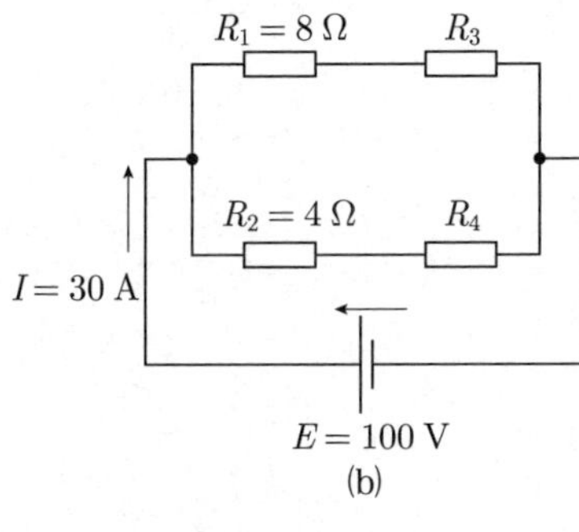

(b)

ブリッジの平衡条件から，

$$R_1R_4 = R_2R_3 \Rightarrow 8R_4 = 4R_3$$

$$\therefore\ R_3 = 2R_4 \qquad ①$$

回路の合成抵抗R_0は，スイッチSを閉じた(a)図の回路または，スイッチSを開いた(b)図の回路のいずれで求めてもよい．(a)図の回路で求めると，

$$R_0 = \frac{R_1R_2}{R_1+R_2} + \frac{R_3R_4}{R_3+R_4}$$

$$= \frac{8\times 4}{8+4} + \frac{R_3R_4}{R_3+R_4}$$

$$= \frac{8}{3} + \frac{R_3R_4}{R_3+R_4}\,[\Omega] \qquad ②$$

一方，電源電圧$E = 100$ Vと回路電流$I = 30$ Aより，

$$R_0 = \frac{E}{I} = \frac{100}{30} = \frac{10}{3}\,\Omega \qquad ③$$

②式と③式より，

$$\frac{R_3R_4}{R_3+R_4} = \frac{10}{3} - \frac{8}{3} = \frac{2}{3}\,\Omega \qquad ④$$

①式を④式に代入して，

$$\frac{2R_4\cdot R_4}{2R_4+R_4} = \frac{2}{3}R_4 = \frac{2}{3}\,\Omega$$

$$R_4 = \frac{3}{2}\times\frac{2}{3} = 1.0\,\Omega \quad (答)$$

よって，**選択肢は(2)が正しい．**

〔ここがポイント〕 ブリッジ回路の平衡条件

(c)図に示す回路の端子a-b間を抵抗で橋絡した回路を**ブリッジ回路**という．ブリッジ回路が平衡すると，スイッチSを閉じても並列回路を橋絡している抵抗R_5には電流が流れない．よって抵抗R_5を除去して開放しても，R_5を短絡しても回路条件は変わらない．よって，ブリッジ回路が平衡する場合，次式が成り立つ．

$$R_1R_4 = R_2R_3$$

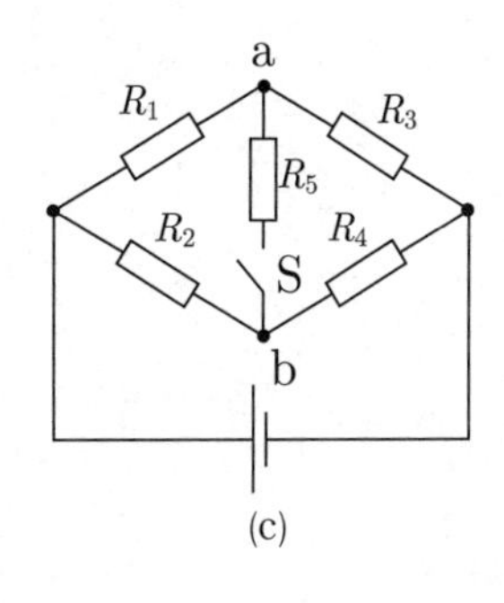

(c)

(2)

以下の記述で，誤っているものを次の(1)～(5)のうちから一つ選べ．

(1) 直流電圧源と抵抗器，コンデンサが直列に接続された回路のコンデンサには，定常状態では電流が流れない．

(2) 直流電圧源と抵抗器，コイルが直列に接続された回路のコイルの両端の電位差は，定常状態では零である．

(3) 電線の抵抗値は，長さに比例し，断面積に反比例する．

(4) 並列に接続した二つの抵抗器 R_1，R_2 を一つの抵抗器に置き換えて考えると，合成抵抗の値は R_1，R_2 の抵抗値の逆数の和である．

(5) 並列に接続した二つのコンデンサ C_1，C_2 を一つのコンデンサに置き換えて考えると，合成静電容量は C_1，C_2 の静電容量の和である．

解7 設問の記述内容を次に検証する．

(1) (a)図に題意を図示する．

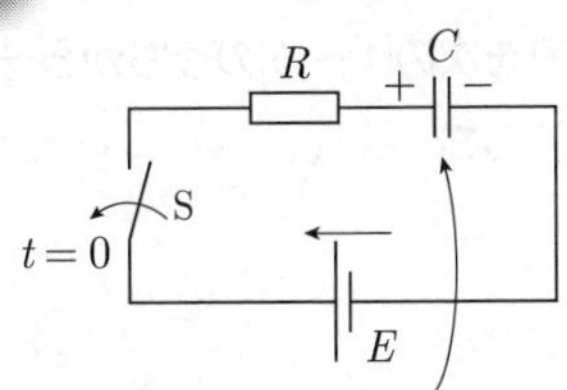

(a)

① 直流電圧源を投入した瞬間（$t=+0$）の過渡状態では，コンデンサへ電荷を供給するため，コンデンサは短絡状態と等価になる．すなわち$I=E/R$の電流が流れる．

② 定常状態（$t=\infty$）では，コンデンサへの電荷の蓄積が完了し，直流電圧源から電荷の供給はない．したがって，コンデンサにより回路は開放状態となり，回路に電流は流れず$I \fallingdotseq 0$である．よって記述内容は正しい．

(2) (b)図に題意を図示する．

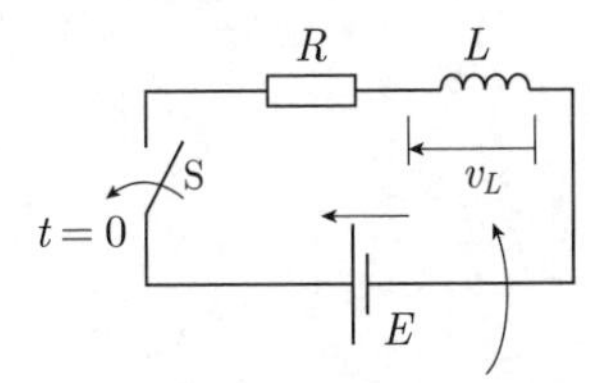

(b)

直流電圧源を投入した瞬間（$t=+0$）の過渡状態では，インダクタンスLに逆起電力v_Lが働き，電源電圧と大きさが等しく向きが逆であるため，回路に電流は流れない．

定常状態（$t=\infty$）では，インダクタンスLによる逆起電力が$v_L \fallingdotseq 0$となるから，コイル両端の電位差はゼロになる．すなわちコイルは短絡された状態と等価になり，記述内容は正しい．

(3) (c)図より，電線の抵抗値Rは，

$$R=\rho\frac{l}{S}\propto\frac{l}{S}\,[\Omega]$$

上式より，長さlに比例し，断面積Sに反比例する．よって記述内容は正しい．

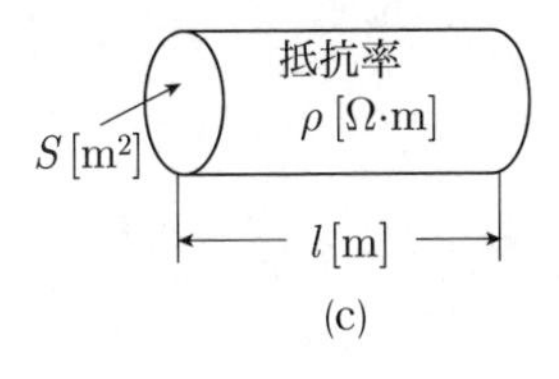

(c)

(4) (d)図より，二つの抵抗の並列回路における合成抵抗R_0は，

$$R_0=\frac{1}{\dfrac{1}{R_1}+\dfrac{1}{R_2}}=\frac{R_1R_2}{R_1+R_2}\,[\Omega]$$

で求められる．すなわち，合成抵抗値R_0は，R_1，R_2の抵抗値の**逆数の和の逆数**となる．よって記述内容の**「R_1，R_2の抵抗値の逆数の和である」は誤り**である．

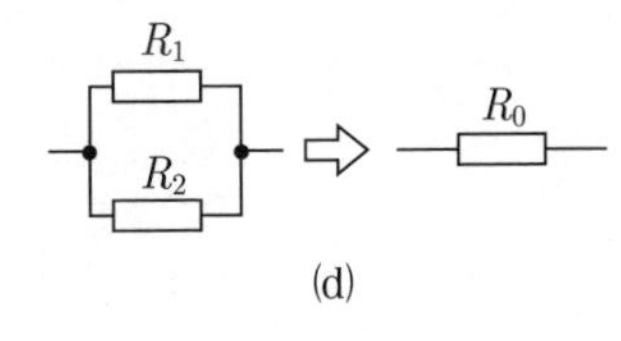

(d)

(5) (e)図より，二つのコンデンサC_1，C_2の並列回路における合成静電容量C_0は，

$$C_0=C_1+C_2$$

で求められ，C_1，C_2の和で表されるから，題意の記述は正しい．

ゆえに**求める選択肢は(4)**となる．

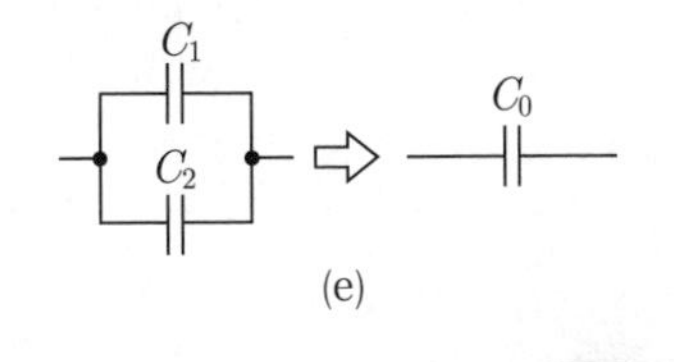

(e)

(4)

$R = 10\ \Omega$の抵抗と誘導性リアクタンス$X\ [\Omega]$のコイルとを直列に接続し，100 Vの交流電源に接続した交流回路がある．いま，回路に流れる電流の値は$I = 5$ Aであった．このとき，回路の有効電力Pの値[W]として，最も近いものを次の(1)～(5)のうちから一つ選べ．

(1) 250　(2) 289　(3) 425　(4) 500　(5) 577

解8 題意を図示すると，(a)図の回路になる．

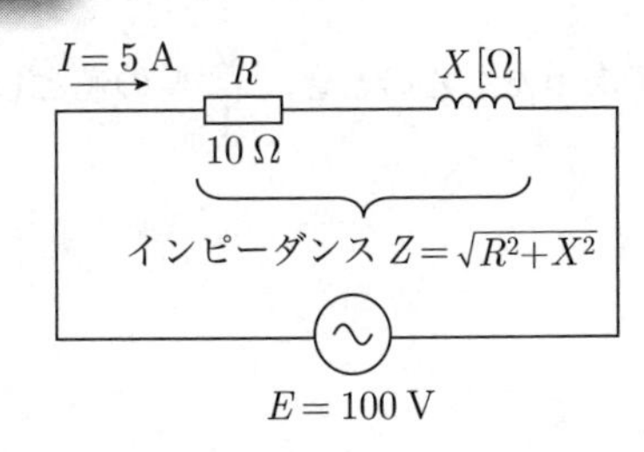

(a)

回路の有効電力Pは，抵抗でのみ消費される電力であるから，

$$P=I^2R=5^2\times10=250\ \text{W}\quad(\text{答})$$

〔ここがポイント〕

図を参照して，回路の諸量を以下に求める．

(1) 回路のインピーダンスの大きさZ[Ω]

$$Z=\frac{E}{I}=\frac{100}{5}=20\ \Omega$$

(2) 誘導性リアクタンスX[Ω]

$Z=\sqrt{R^2+X^2}$ より，

$$X=\sqrt{Z^2-R^2}=\sqrt{20^2-10^2}$$
$$=\sqrt{300}=10\sqrt{3}\ \Omega$$

(3) 回路の力率$\cos\theta$

$$\cos\theta=\frac{R}{Z}=\frac{10}{20}=0.5$$

(4) 回路の無効率$\sin\theta$

$$\sin\theta=\frac{X}{Z}=\frac{10\sqrt{3}}{20}=\frac{\sqrt{3}}{2}$$

(5) 回路の有効電力Pの別解

$$P=EI\cos\theta=100\times5\times0.5=250\ \text{W}$$

(6) 回路の無効電力Q[var]

$$Q=EI\sin\theta=100\times5\times\frac{\sqrt{3}}{2}=250\sqrt{3}\ \text{var}$$

(7) 複素電力（ベクトル電力）による方法

電源電圧Eを基準ベクトルにとり，回路電流Iの複素数（ベクトル）表示を求める．計算では，共役複素数を用いて分母を有利化する．

$$\dot{I}=\frac{E}{R+\mathrm{j}X}=\frac{100}{10+\mathrm{j}10\sqrt{3}}$$
$$=\frac{100(10-\mathrm{j}10\sqrt{3})}{(10+\mathrm{j}10\sqrt{3})(10-\mathrm{j}10\sqrt{3})}$$
$$=\frac{100(10-\mathrm{j}10\sqrt{3})}{400}=\frac{5-\mathrm{j}5\sqrt{3}}{2}$$

遅れ力率の無効電力を正として表示させる場合，電流の共役複素数を用いて計算すればよい．

$$P+\mathrm{j}Q=E\cdot\bar{\dot{I}}=100\times\overline{\frac{5-\mathrm{j}5\sqrt{3}}{2}}$$
$$=100\times\frac{5+\mathrm{j}5\sqrt{3}}{2}=250+\mathrm{j}250\sqrt{3}$$

よって，前出の結果と一致する．

進み力率び無効電力を正として表示させるには，電圧の共役複素数を用いればよい．

(8) E，I，R，Xのベクトル図はこう表す．

回路に共通する量を基準ベクトルに指定する．ベクトル図を描く場合，必ず基準となるベクトルを指定することが大切である．直列回路で共通な量は電流である．

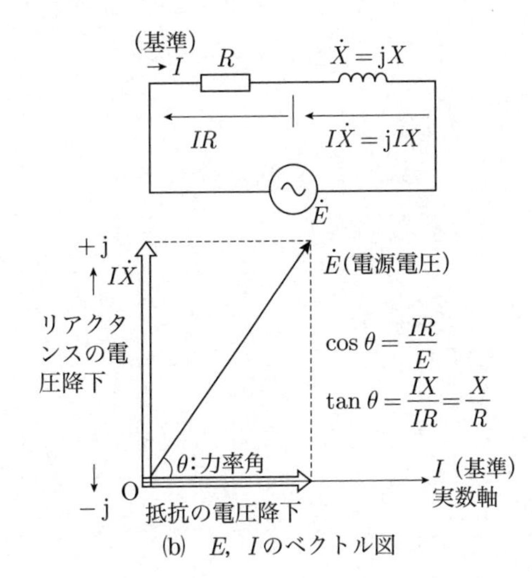

(b) E，Iのベクトル図

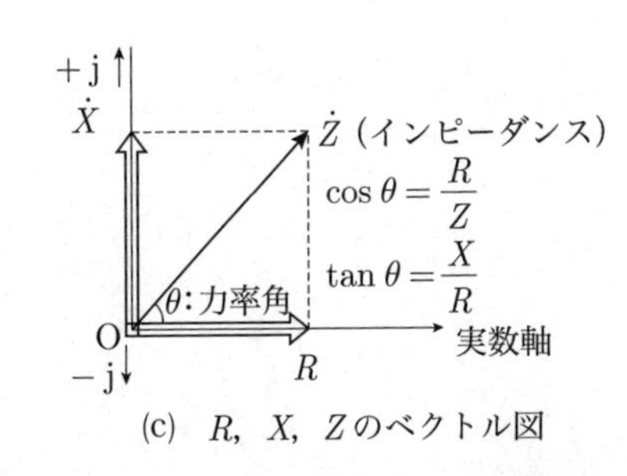

(c) R，X，Zのベクトル図

(1)

問9 図のように，静電容量 $C_1 = 10\ \mu\mathrm{F}$，$C_2 = 900\ \mu\mathrm{F}$，$C_3 = 100\ \mu\mathrm{F}$，$C_4 = 900\ \mu\mathrm{F}$ のコンデンサからなる直並列回路がある．この回路に周波数 $f = 50\ \mathrm{Hz}$ の交流電圧 V_{in} [V] を加えたところ，C_4 の両端の交流電圧は V_{out} [V] であった．このとき，$\dfrac{V_{\mathrm{out}}}{V_{\mathrm{in}}}$ の値として，最も近いものを次の(1)～(5)のうちから一つ選べ．

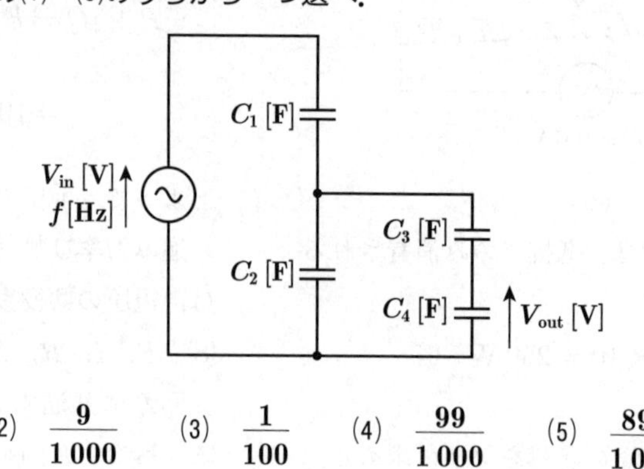

(1) $\dfrac{1}{1\,000}$　(2) $\dfrac{9}{1\,000}$　(3) $\dfrac{1}{100}$　(4) $\dfrac{99}{1\,000}$　(5) $\dfrac{891}{1\,000}$

解9　C_4の両端の交流電圧V_{out}を，V_{in}を用いて求める．問題図に端子記号a，bを記入したものを(a)図に示す．

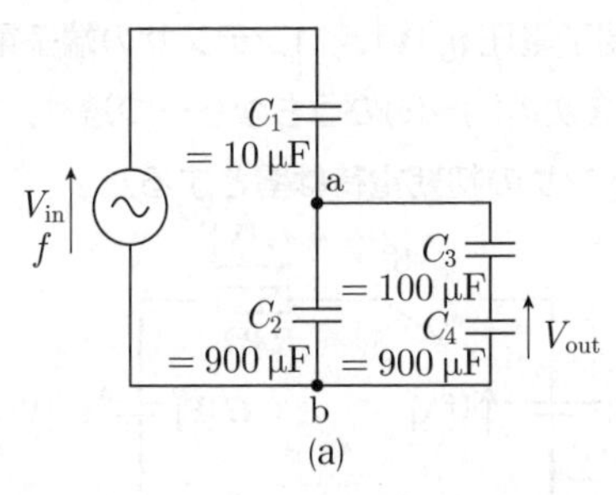

(a)

(1)　C_3，C_4の直列接続部の合成静電容量C_{34} [F]

C_{34}は各静電容量の逆数の和の逆数で求められ，

$$C_{34} = \frac{1}{\dfrac{1}{C_3} + \dfrac{1}{C_4}} = \frac{C_3 C_4}{C_3 + C_4}$$

$$= \frac{100 \times 900}{100 + 900} = 90\,\mu\text{F}$$

C_3とC_4の合成後の回路は(b)図になる．

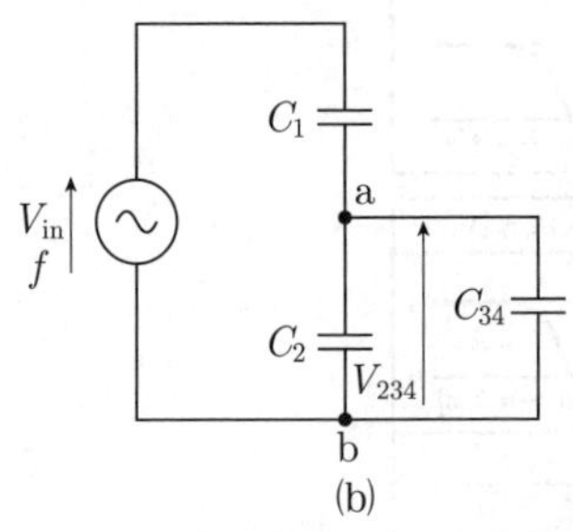

(b)

(2)　C_2，C_{34}の並列接続の合成静電容量C_{234} [F]

(b)図より，並列接続部の合成静電容量は，各静電容量の和で求められ，

$$C_{234} = C_2 + C_{34} = 900 + 90 = 990\,\mu\text{F}$$

C_2とC_{34}の合成後の回路は(c)図になる．

(3)　端子a-b間に加えられる電圧V_{234} [V]

(c)図より，C_{234}に加わる電圧V_{234}は，電源電圧V_{in}を静電容量の逆比で分圧した値として求められ，

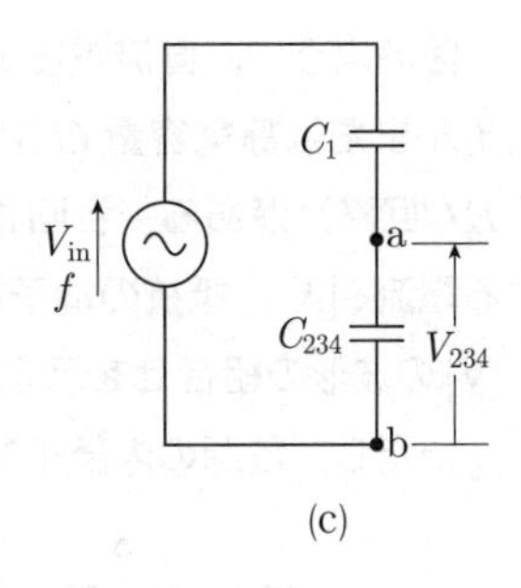

(c)

$$V_{234} = \frac{\dfrac{1}{C_{234}}}{\dfrac{1}{C_1} + \dfrac{1}{C_{234}}} V_{in}$$

$$= \frac{C_1}{C_1 + C_{234}} V_{in}$$

$$= \frac{10}{10 + 990} V_{in} = \frac{1}{100} V_{in}\ [\text{V}]$$

(4)　C_4に加えられる電圧V_{out} [V]

(d)図より，V_{out}はV_{234}をC_3とC_4の逆比に分圧した値として求められるので，

$$V_{out} = \frac{\dfrac{1}{C_4}}{\dfrac{1}{C_3} + \dfrac{1}{C_4}} V_{234} = \frac{C_3}{C_3 + C_4} V_{234}$$

$$= \frac{100}{100 + 900} \cdot \frac{1}{100} V_{in}$$

$$= \frac{1}{1\,000} V_{in}\ [\text{V}]$$

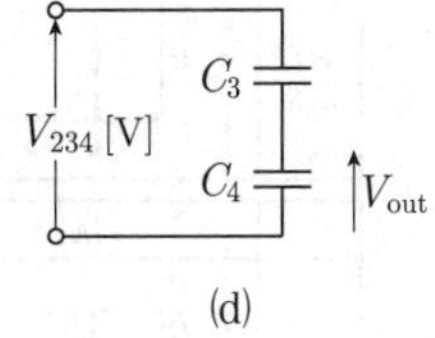

(d)

(5)　V_{out}/V_{in}の値

(4)の結果より，

$$\frac{V_{out}}{V_{in}} = \frac{\dfrac{1}{1\,000} V_{in}}{V_{in}} = \frac{1}{1\,000}\quad (答)$$

答　(1)

問10 図のように，直流電圧 E [V] の電源，抵抗 R [Ω] の抵抗器，インダクタンス L [H] のコイルまたは静電容量 C [F] のコンデンサ，スイッチSからなる2種類の回路（RL回路，RC回路）がある．各回路において，時刻 $t=0$ s でスイッチSを閉じたとき，回路を流れる電流 i [A]，抵抗の端子電圧 v_r [V]，コイルの端子電圧 v_l [V]，コンデンサの端子電圧 v_c [V] の波形の組合せを示す図として，正しいものを次の(1)～(5)のうちから一つ選べ．

ただし，電源の内部インピーダンス及びコンデンサの初期電荷は零とする．

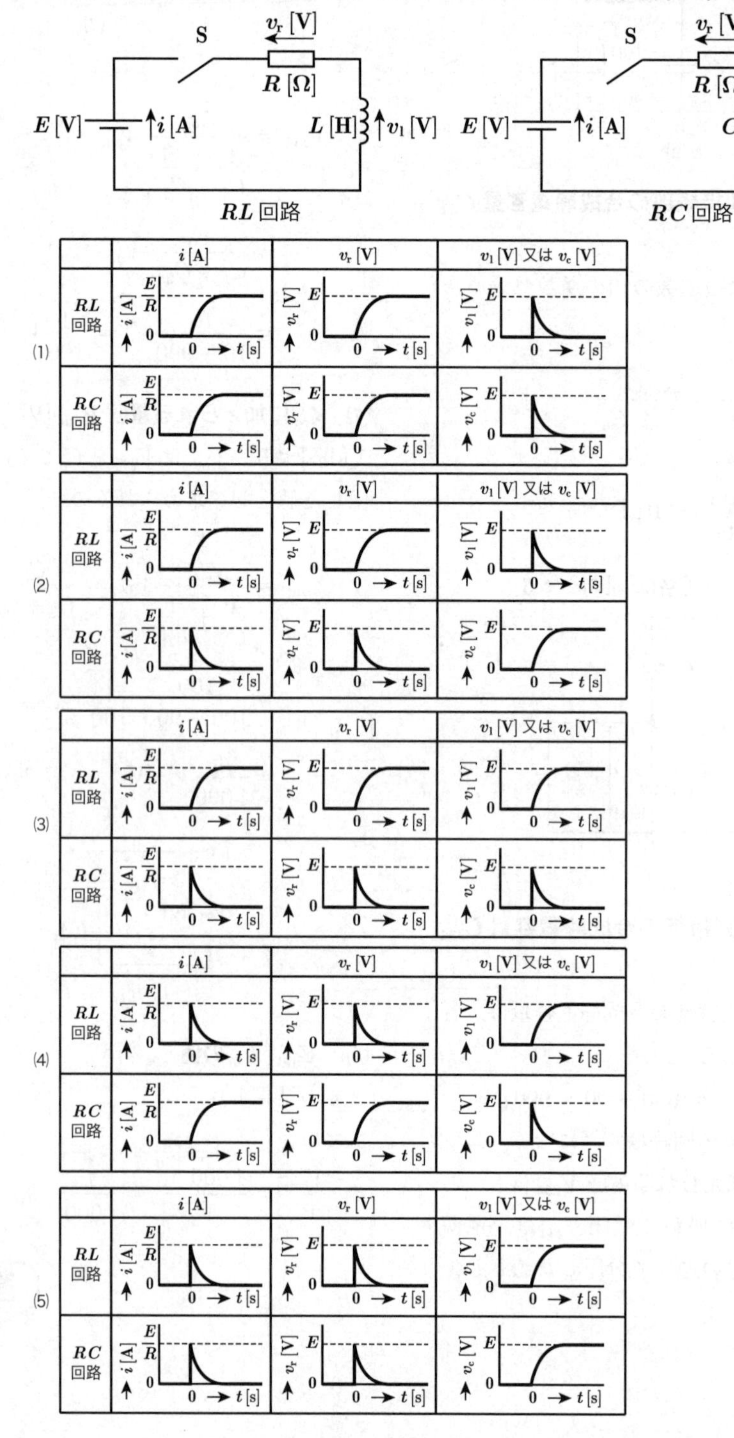

解10 RL，RC直列回路における過渡現象の基本的な問題である．

(1) ***RL*直列回路の過渡現象**

問題図のRL回路における電流iおよび時定数Tは，それぞれ次式で表せる．

$$i = \frac{E}{R}(1 - \mathrm{e}^{-\frac{t}{T}})\,[\mathrm{A}] \qquad ①$$

$$T = \frac{L}{R}\,[\mathrm{s}] \qquad ②$$

抵抗Rの端子電圧v_rは，

$$v_r = iR = E(1 - \mathrm{e}^{-\frac{t}{T}})\,[\mathrm{V}] \qquad ③$$

上式は括弧内が①式と等しく，電流iと同じ変化をすることがわかる．

インダクタンスLの端子電圧v_lは，$v_r + v_l = E$より，

$$v_l = E - v_r = E\,\mathrm{e}^{-\frac{t}{T}}\,[\mathrm{V}] \qquad ④$$

①式，③式，④式より，i，v_r，v_lの波形は，(a)図および(b)図に示すとおりである．

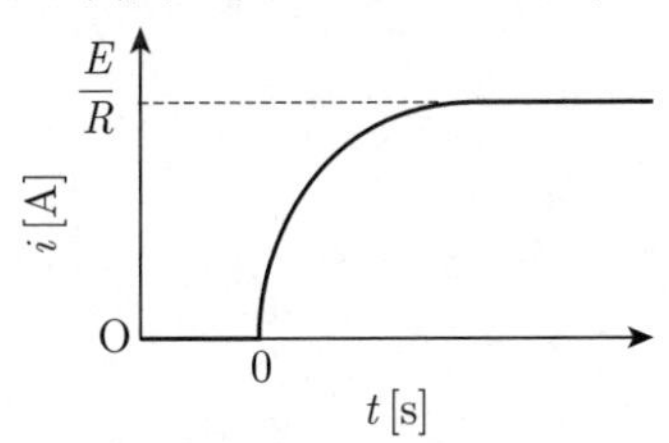

(a) RL回路の電流波形

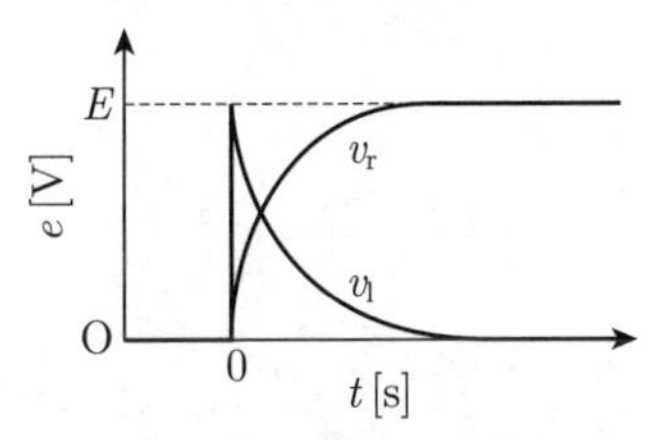

(b) RL回路の電圧波形

(2) ***RC*直列回路の過渡現象**

問題のRC回路図の電流iおよび時定数Tは，それぞれ次式で表せる．

$$i = \frac{E}{R}\,\mathrm{e}^{-\frac{t}{T}}\,[\mathrm{A}] \qquad ⑤$$

$$T = CR\,[\mathrm{s}] \qquad ⑥$$

抵抗Rの端子電圧v_rは，

$$v_r = iR = E\mathrm{e}^{-\frac{t}{T}}\,[\mathrm{A}] \qquad ⑦$$

上式は指数部が⑤式と等しく，電流と同じ変化をすることがわかる．

静電容量Cのコンデンサの端子電圧v_cは，$v_r + v_c = E$より，

$$v_c = E - v_r = E(1 - \mathrm{e}^{-\frac{t}{T}})\,[\mathrm{V}] \qquad ⑧$$

⑤式，⑦式，⑧式より，i，v_r，v_cの波形は，(c)図および(d)図に示すとおりである．

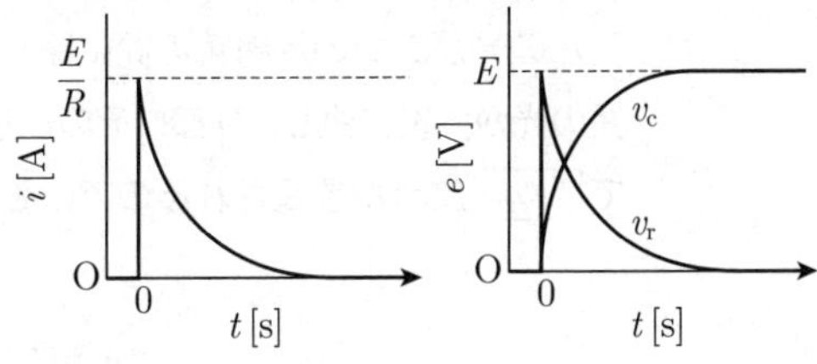

(c) RC回路の電流波形 (d) RC回路の電圧波形

〔ここがポイント〕

1. *RL*直列回路の動作

スイッチSがONの瞬間（$t = +0$），電流iが流れようとするが，電流は0からiに急変するため，電源電圧と同じ大きさのコイルの逆起電力$v_r = L(\Delta i/\Delta t)$が電源電圧と逆向きに働き，回路に電流は流れない．すなわち，コイルを回路から切り離して開路した**仮想開放状態**と等価になる．

時間の経過とともにiは指数関数的に増加し，$t = \infty$でコイルの逆起電力はゼロとなるため，コイルを短絡した**仮想短絡状態**と等価となる．

2. *RC*直列回路の動作

スイッチSがONの瞬間（$t = +0$），電源から電流iが流れ，コンデンサに電荷を蓄える．このときコンデンサは**仮想短絡状態**となり，急激に電荷が極板に蓄積される．

時間の経過とともに極板に蓄えられる電荷が減少するためiは指数関数的に減少し，$t = \infty$で電流$i \fallingdotseq 0$となり電荷の充電が完了する．すなわち，極板により回路が開路した**仮想開放状態**と等価になる．

電流の基本的な指数関数①，⑤式と時定数②，⑥式および波形の概略形は少なくとも覚えておくことが必要である．

答 (2)

問11　次の文章は，半導体レーザ（レーザダイオード）に関する記述である．

レーザダイオードは，図のような3層構造を成している．p形層とn形層に挟まれた層を (ア) 層といい，この層は上部のp形層及び下部のn形層とは性質の異なる材料で作られている．前後の面は半導体結晶による自然な反射鏡になっている．

レーザダイオードに (イ) を流すと， (ア) 層の自由電子が正孔と再結合して消滅するとき光を放出する．

この光が二つの反射鏡の間に閉じ込められることによって， (ウ) 放出が起き，同じ波長の光が多量に生じ，外部にその一部が出力される．光の特別な波長だけが共振状態となって (ウ) 放出が誘起されるので，強い同位相のコヒーレントな光が得られる．

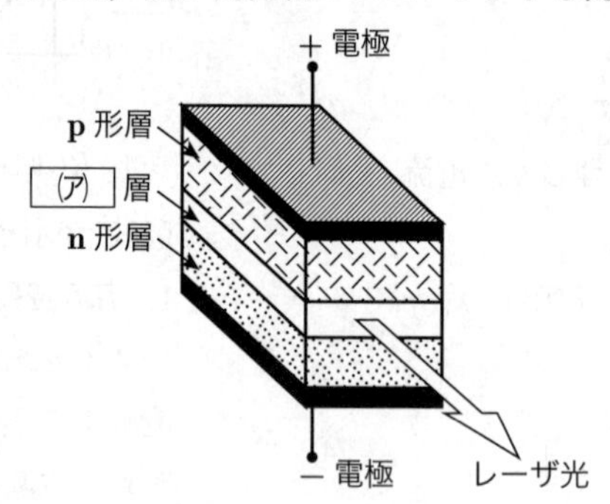

上記の記述中の空白箇所(ア)，(イ)及び(ウ)に当てはまる組合せとして，正しいものを次の(1)～(5)のうちから一つ選べ．

	(ア)	(イ)	(ウ)
(1)	空　乏	逆電流	二　次
(2)	活　性	逆電流	誘　導
(3)	活　性	順電流	二　次
(4)	活　性	順電流	誘　導
(5)	空　乏	順電流	二　次

解11 半導体レーザ（レーザダイオード）の構造と動作原理に関する問題である．半導体レーザの構造を次に示す．

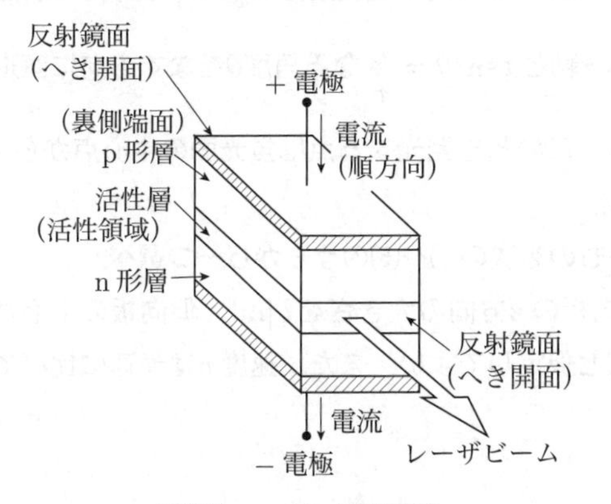

半導体レーザの概略構造

レーザダイオードは，図のような3層構造をなしている．p形層とn形層に挟まれた層を**活性**層（または活性領域）といい，この層は上部のp形層および下部のn形層とは性質の異なる材料でつくられている．前後の面は，半導体結晶による自然な反射鏡になっている．この部分は結晶を剥離したときにできる非常に平たんな面であるへき開面をなしている．

レーザダイオードに，解説図に示すような**順電流**を流すと**活性**層の自由電子が正孔と再結合して消滅するとき光を放出する．伝導帯の電子が価電子帯に移り，その差のエネルギーが光となる．

この光が二つの反射鏡の間に閉じ込められることによって，活性領域内でレーザ光が増幅され，**誘導**放出が誘起され，同じ波長の光が多量に生じて外部にその一部が出力される．光の特別な波長だけが共振状態となって**誘導**放出が誘起されるので，強い同位相のコヒーレントな光が得られる．

よって，**選択肢は(4)が正解**となる．

〔ここがポイント〕

○レーザダイオードの構造における特徴

厚さ方向は，ダブルヘテロ接合と呼ばれる構造が採用される．これは，活性領域のバンドギャップが小さく設計されているため，外側領域より屈折率が大きくなっており，生じた光を活性領域を中心に導波する．

横幅方向は，電極幅や結晶の加工により活性領域の幅が制限される．これをストライプ構造と呼び，これによりレーザ光をきれいなビーム状とすることができる．

半導体レーザは，非常に薄く狭い活性領域から光を放出するため，レンズにより集光して用いられる．

コヒーレントは，「統一的」という意味をもち，レーザ光の特長である位相が統一された（そろった）光を「コヒーレントな光」と称している．

 (4)

ブラウン管は電子銃，偏向板，蛍光面などから構成される真空管であり，オシロスコープの表示装置として用いられる．図のように，電荷$-e$ [C]をもつ電子が電子銃から一定の速度v [m/s]でz軸に沿って発射される．電子は偏向板の中を通過する間，x軸に平行な平等電界$\boldsymbol{E}$ [V/m] から静電力$-e\boldsymbol{E}$ [N]を受け，x方向の速度成分u [m/s] を与えられ進路を曲げられる．偏向板を通過後の電子はz軸と$\tan\theta = \dfrac{u}{v}$なる角度$\theta$をなす方向に直進して蛍光面に当たり，その点を発光させる．このとき発光する点は蛍光面の中心点からx方向に距離X [m]だけシフトした点となる．

uとXを表す式の組合せとして，正しいものを次の(1)～(5)のうちから一つ選べ．

ただし，電子の静止質量をm [kg]，偏向板のz方向の大きさをl [m]，偏向板の中心から蛍光面までの距離をd [m] とし，$l \ll d$と仮定してよい．また，速度vは光速に比べて十分小さいものとする．

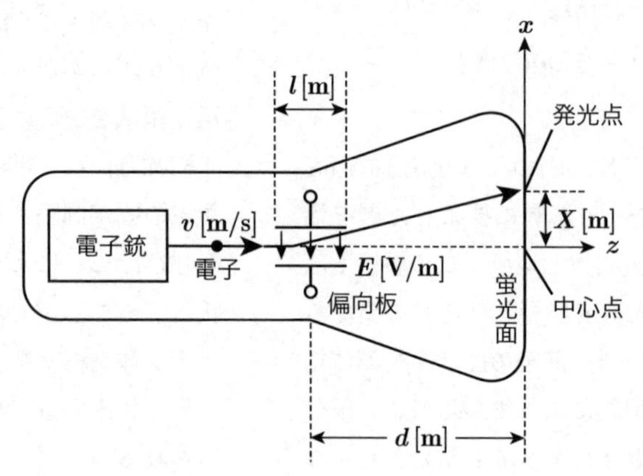

	u	X
(1)	$\dfrac{elE}{mv}$	$\dfrac{2eldE}{mv^2}$
(2)	$\dfrac{elE^2}{mv}$	$\dfrac{2eldE}{mv^2}$
(3)	$\dfrac{elE}{mv^2}$	$\dfrac{eldE^2}{mv}$
(4)	$\dfrac{elE^2}{mv^2}$	$\dfrac{eldE}{mv}$
(5)	$\dfrac{elE}{mv}$	$\dfrac{eldE}{mv^2}$

解12 (1) **uを表す式**

(a)図に示す垂直偏向板内では，電子eは負電荷であるから，電界とは逆向きに$F = eE$ [N]の静電力を受ける．静電力Fにより生じるx軸方向の加速度α_xは，

$$F = m\alpha_x = eE$$

$$\therefore \quad \alpha_x = \frac{eE}{m} \text{[m/s}^2\text{]} \qquad ①$$

電子が垂直偏向板を通過するのに要する時間をt_1 [s]とすると，

$$l = vt_1 \Rightarrow t_1 = \frac{l}{v} \qquad ②$$

x軸方向の速度uは①式と②式より，

$$\therefore \quad u = \alpha_x t_1 = \frac{eE}{m} \cdot \frac{l}{v}$$

$$= \frac{elE}{mv} \text{[m/s]} \quad \text{(答)} \qquad ③$$

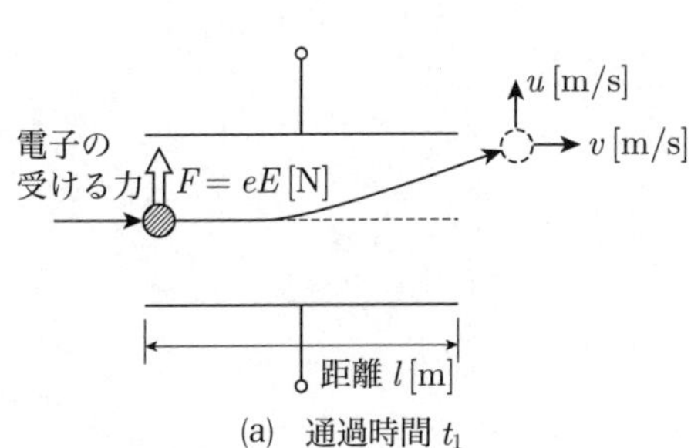

(a) 通過時間 t_1

(2) ***X*を表す式**

(b)図に示す，z軸方向の距離d [m]を通過するのに要する時間をt_2 [s]とすると，

$$d = vt_2 \Rightarrow t_2 = \frac{d}{v} \qquad ④$$

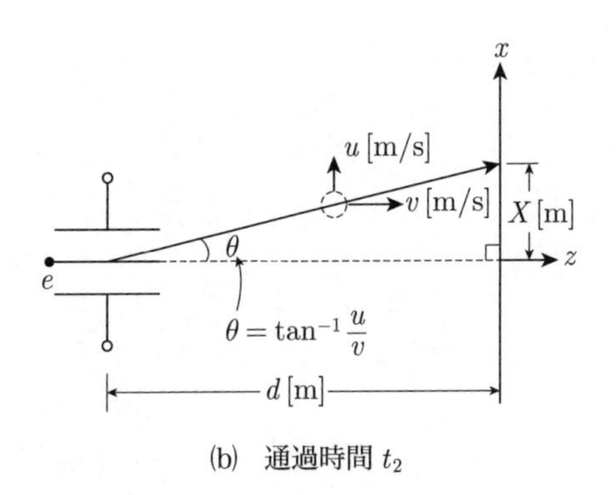

(b) 通過時間 t_2

Xは，x軸方向を速度u [m/s]でt_2 [s]移動した距離であるから，③式および④式より，

$$X = ut_2 = \frac{elE}{mv} \cdot \frac{d}{v} = \frac{eldE}{mv^2} \quad \text{(答)} \qquad ⑤$$

よって，**選択肢(5)が正解**となる．

〔ここがポイント〕

1. ブラウン管オシロスコープ

オシロスコープは，電子銃（垂直入力端子）で電子を加速し，観測したい信号を垂直偏向電極に加える，水平偏向電極にのこぎり波を加え，時間軸を横方向へスイープ（掃引）し，蛍光膜に信号を出力させる．オシロスコープの画面は，横軸が時間軸，縦軸が電圧軸を表示する．

オシロスコープの原理図を(c)図に示す．

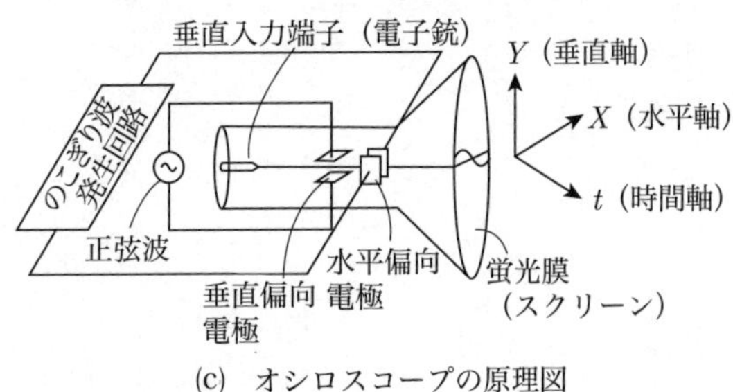

(c) オシロスコープの原理図

2. 物理の基礎を理解する

①式は，運動の第2法則により立式している．この法則は，質点（大きさが無視できる物体）に力Fが働くと，力の方向に加速度αを生じ，αはFに比例し，mに反比例する法則である．$F = m\alpha$が原式となるで，運動方程式と呼ばれている．

電子は垂直偏向板以外では，x軸方向に力を受けない．また，問題ではz軸方向には全く力を受けない．したがって，外力が働かないかぎり，物体は等速直線運動を続ける．これを運動の第1法則といい，前出の④式および⑤式がそれぞれ導かれる．

(5)

バイポーラトランジスタを用いた電力増幅回路に関する記述として，誤っているものを次の(1)～(5)のうちから一つ選べ.

(1) コレクタ損失とは，コレクタ電流とコレクタ・ベース間電圧との積である.

(2) コレクタ損失が大きいと，発熱のためトランジスタが破壊されることがある.

(3) A級電力増幅回路の電源効率は，50％以下である.

(4) B級電力増幅回路では，無信号時にコレクタ電流が流れず，電力の無駄を少なくすることができる.

(5) C級電力増幅回路は，高周波の電力増幅に使用される.

解13 設問の(1)～(5)の記述を検証する．

(1) (a)図にエミッタ接地バイポーラトランジスタ回路を示す．コレクタ損失とは，コレクタ電流 I_C と**コレクタ・エミッタ間電圧** V_{CE} との積で表される．したがって，「コレクタ・ベース間電圧」は誤り．

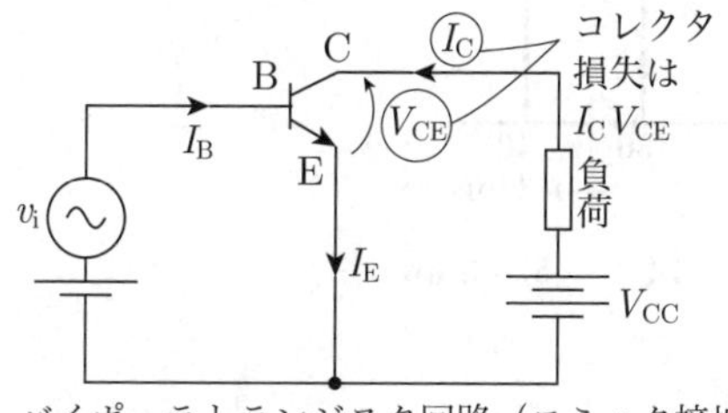

(a) バイポーラトランジスタ回路（エミッタ接地）

(2) コレクタ損失は，トランジスタの内部損失である．損失が生じると発熱するため，損失が大きいと温度上昇に伴うトランジスタの熱破壊の危険性がある．よって正しい．

(3)～(5)は電力増幅回路の記述であり，いずれも正しい．

ゆえに，**選択肢(1)が答**になる．

〔ここがポイント〕

(a)図の増幅回路における，A，B，C級電力増幅回路の動作点を(b)図に，各級電力増幅回路の増幅動作波形を(c)図にそれぞれ示す．各電力増幅回路の特徴は次のとおりである．

1. A級電力増幅回路

全周期にわたり出力電流が流れるように動作点を選定する．出力波形は入力信号を忠実に反映させ，波形ひずみはない．しかし，常時コレクタ電流 I_C が流れ，回路の発熱が大きく，電源効率は最大でも50％程度にしかならず悪い．

2. B級電力増幅回路

半周期のみ出力するように動作点を選定する．出力信号の正の半周期のみ出力が現れ，波形ひずみは比較的大きい．入力信号の正の半周期のみコレクタ電流 I_C が流れ，無信号時は I_C が流れないため，**電源効率はよい**．B級電力増幅回路を別に付加して負の半周期を増幅し，合成して線形増幅を行うようにした回路を**B級プッシュプル電力増幅回路**と呼ぶ．

3. C級電力増幅回路

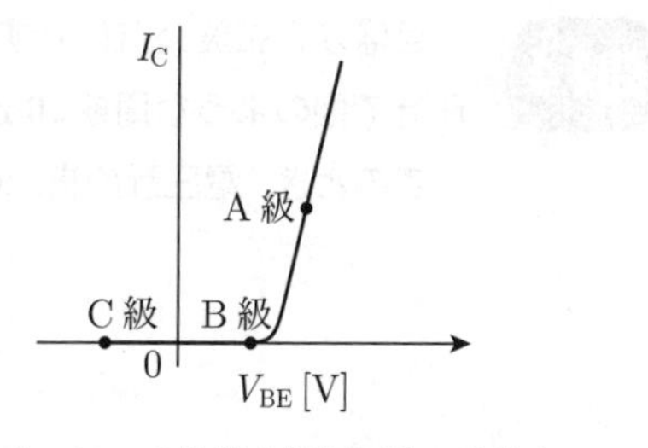

(b) A，B，C級電力増幅回路の動作点

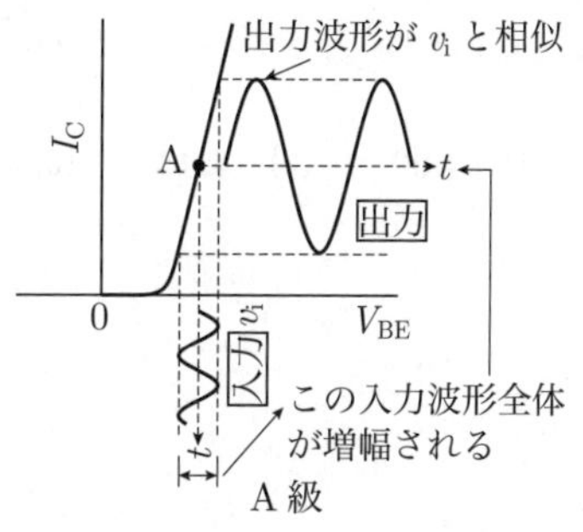

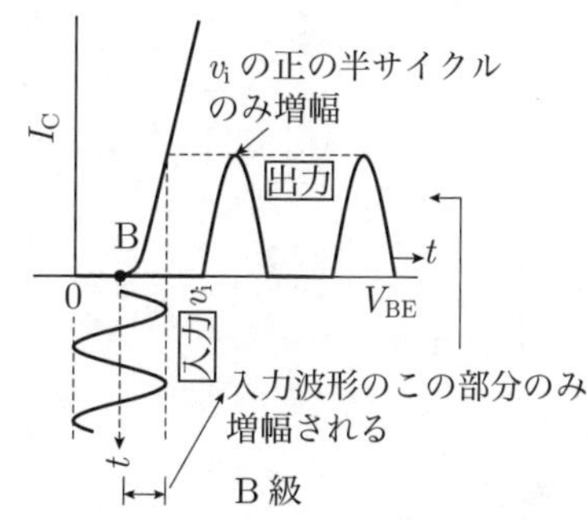

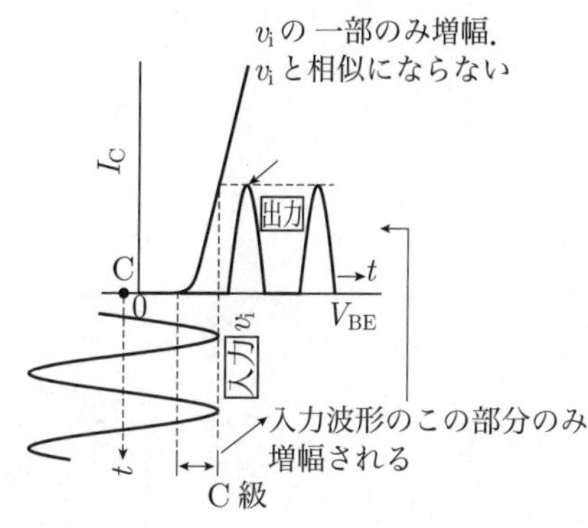

(c) 各級電力増幅回路の増幅動作波形

半周期よりさらに短い期間のみ出力するよう動作点を選定する．このため**波形ひずみは最も大きい**．I_C の通電時間は最も少なく，回路の発熱が最少で**電源効率は最もよい**．共振回路が容易につくれるため，**高周波電力増幅回路に多く用いられる**．

 (1)

問14 目盛が正弦波交流に対する実効値になる整流形の電圧計（全波整流形）がある．この電圧計で図のような周期20 msの繰り返し波形電圧を測定した．

このとき，電圧計の指示の値[V]として，最も近いものを次の(1)～(5)のうちから一つ選べ．

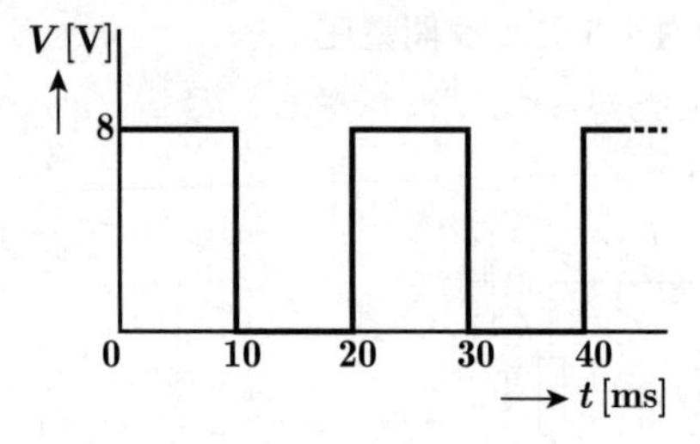

(1) **4.00**　(2) **4.44**　(3) **4.62**　(4) **5.14**　(5) **5.66**

解14 全波整流形の電圧計は，整流器（単相ブリッジ形またはセンタタップ形）と可動コイル形計器との組合せで構成される．

(a)図に整流形の電圧計の測定イメージを示す．

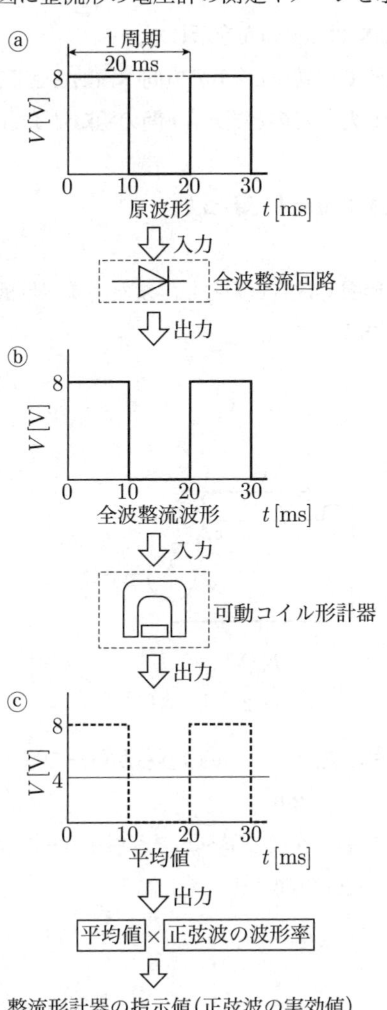

(a) 測定プロセスイメージ図

ⓐ→ⓑ：交流波形を全波整流すると負の値がすべて正に反転して現れるが，問題図の波形は負の部分がないため，もとの波形がそのまま整流器の波形として出力される．

ⓑ→ⓒ：次に，可動コイル形計器により全波整流された波形の平均値が求められるので，1周期20 msの平均値 V_{av} は，

$$V_{\mathrm{av}} = \frac{8\ \mathrm{V} \times 10\ \mathrm{ms}}{20\ \mathrm{ms}} = 4\ \mathrm{V}$$

目盛は正弦波の実効値として表示するので，

$$\begin{aligned}
\text{指示値} &= V_{\mathrm{av}} \times \text{波形率} \\
&= V_{\mathrm{av}} \times \frac{\text{正弦波の実効値}}{\text{正弦波の平均値}} \\
&= 4 \times \frac{E_m / \sqrt{2}}{2E_m / \pi} = \sqrt{2}\pi \\
&\fallingdotseq 4.440\,6 \fallingdotseq 4.44\ \mathrm{V}
\end{aligned}$$ (答)

〔ここがポイント〕 整流形計器の測定原理

① 整流器により交流波形を全波整流し，直流の値として取り出す．

② 取り出した全波整流波形を可動コイル形計器で計測する．可動コイル形計器は原理上，直流の平均値を出力する．

③ 整流形計器は，正弦波を計測することを前提としてつくられており，正弦波交流の実効値を指示するように目盛が定められている．正弦波を全波整流した波形の実効値は，もとの波形と同値となるから，平均値を正弦波の波形率（$\pi/2\sqrt{2} \fallingdotseq 1.11$）倍すると実効値に換算できる．このため，計測した平均値に正弦波の波形率を乗じて実効値を指示する．

④ ひずみが大きい，すなわち正弦波からかけ離れた波形ほど誤差は大きくなる．

次表に覚えておくべき各種波形の波形率を示す．

(2)

表　各種波形と波形率

種類	平均値	実効値	波形率	波高率	波　形
全波整流波	$\frac{2V_m}{\pi}$	$\frac{V_m}{\sqrt{2}}$	$\frac{\pi}{2\sqrt{2}}$	$\sqrt{2}$	V_m, 0, π, 2π, ωt
半波整流波	$\frac{V_m}{\pi}$	$\frac{V_m}{2}$	$\frac{\pi}{2}$	2	V_m, 0, π, 2π, ωt
三角波	$\frac{V_m}{2}$	$\frac{V_m}{\sqrt{3}}$	$\frac{2}{\sqrt{3}}$	$\sqrt{3}$	V_m, 0, π, 2π, ωt

B問題 配点は1問題当たり(a)5点，(b)5点，計10点

問15 図のように，a-b間の長さが15 cm，最大値が30 Ωのすべり抵抗器R，電流計，検流計，電池E_0 [V]，電池E_x [V] が接続された回路がある．この回路において次のような実験を行った．

実験Ⅰ：図1でスイッチSを開いたとき，電流計は200 mAを示した．

実験Ⅱ：図1でスイッチSを閉じ，すべり抵抗器Rの端子cをbの方向へ移動させて行き，検流計が零を指したとき移動を停止した．このとき，a-c間の距離は4.5 cmであった．

実験Ⅲ：図2に配線を変更したら，電流計の値は50 mAであった．

次の(a)及び(b)の問に答えよ．

ただし，各計測器の内部抵抗及び接触抵抗は無視できるものとし，また，すべり抵抗器Rの長さ[cm]と抵抗値[Ω]とは比例するものであるとする．

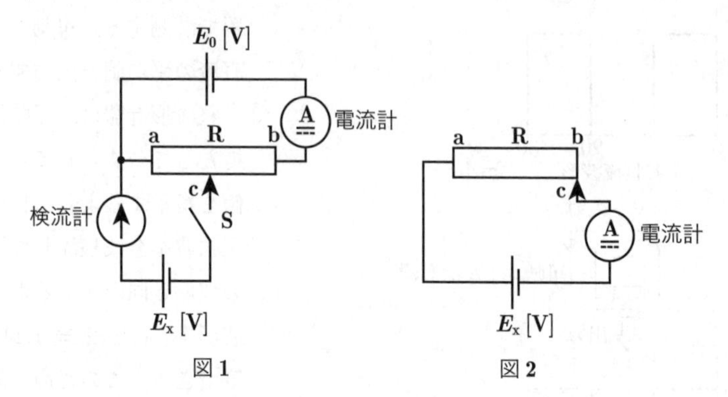

(a) 電池E_xの起電力の値[V]として，最も近いものを次の(1)～(5)のうちから一つ選べ．

(1) 1.0　(2) 1.2　(3) 1.5　(4) 1.8　(5) 2.0

(b) 電池E_xの内部抵抗の値[Ω]として，最も近いものを次の(1)～(5)のうちから一つ選べ．

(1) 0.5　(2) 2.0　(3) 3.5　(4) 4.2　(5) 6.0

解15 設問の実験Ⅰ～Ⅲの回路条件を(a)図，(b)図，(c)図にそれぞれ示す．設問の条件より，電池の内部抵抗は電池E_xのみを考慮する．

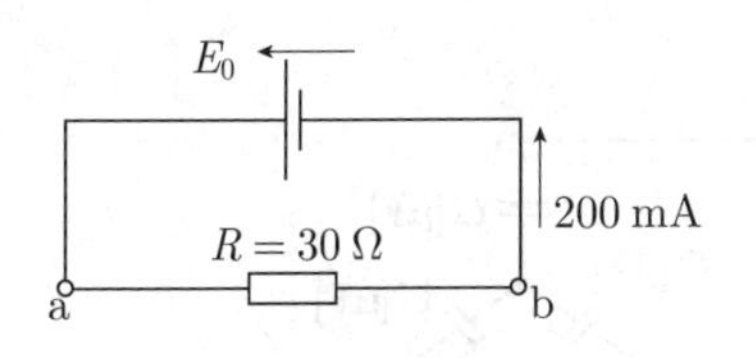

(a) 実験Ⅰの回路図

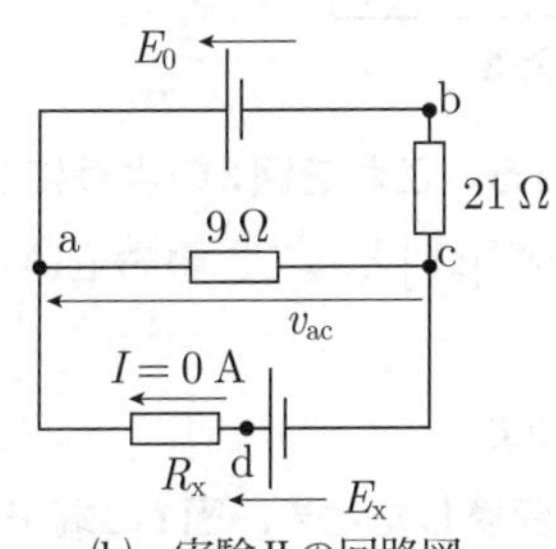

(b) 実験Ⅱの回路図

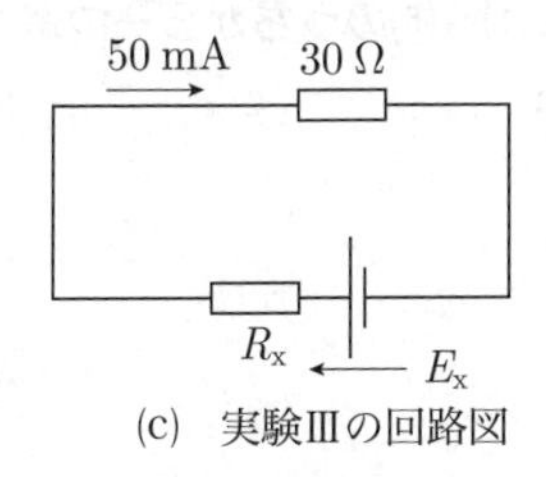

(c) 実験Ⅲの回路図

(a) 電池E_xの起電力の値

(a)図より，次式が成り立つ．

$$E_0=200\times30\times10^{-3}=6\text{ V}$$

(b)図の回路で，R_xを端子a-dより切り離した回路を(d)図に示す．同図で，端子a，c，d点の電圧をそれぞれV_a，V_c，V_d，a-d端子間に

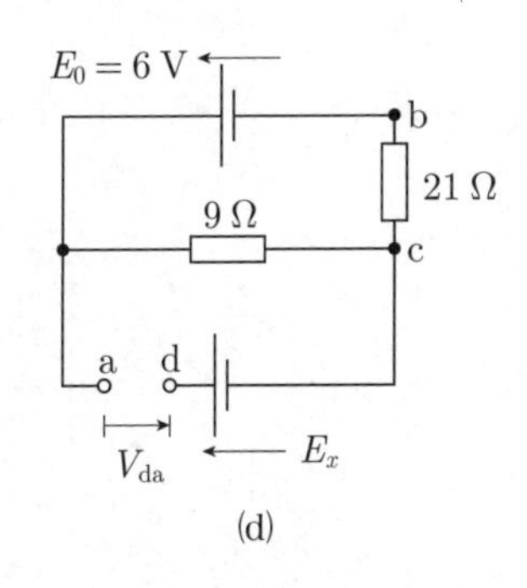

(d)

現れる電圧をV_{da}とすると，

$$V_a=E_0=6\text{ V}$$

$$V_d=V_c+E_x=\frac{21}{9+21}E_0+E_x$$

$$=\frac{21}{30}\times6+E_x=4.2+E_x$$

$$\therefore\quad V_{da}=V_d-V_a=4.2+E_x-6=E_x-1.8$$

R_xに電流が流れないので，$V_{da}=0$ Vとおくと，

$$\therefore\quad E_x=1.8\text{ V}\ (\text{答})$$

(b) 電池E_xの内部抵抗R_xの値[Ω]

(c)図の回路図より，

$$E_x=50\times10^{-3}(30+R_x)$$

$$30+R_x=\frac{E_x}{50\times10^{-3}}=\frac{1.8}{50\times10^{-3}}$$

$$R_x=\frac{1.8}{50\times10^{-3}}-30=36-30=6\,\Omega\ (\text{答})$$

〔ここがポイント〕

(1) (b)図の抵抗器acとcbの抵抗値R_{ac}，R_{cb}

題意より，抵抗値は長さに比例するので，

$$R_{ac}=\frac{4.5\text{ cm}}{15\text{ cm}}\times30\,\Omega=9\,\Omega$$

$$R_{cb}=\frac{10.5\text{ cm}}{15\text{ cm}}\times30\,\Omega=21\,\Omega$$

と求められる．

(2) 起電力E_xの別解

電池E_xの起電力の値は，(b)図の端子a-c間の9 Ωに加わる電圧v_{ac}と電池の起電力E_xが等しいと考えても求められる．すなわち，内部抵抗R_xに電流が流れないと考えると，9 Ωに(a)図の回路電流200 mAが全量流れるので，

$$E_x=v_{ac}=9\,\Omega\times200\times10^{-3}\text{ A}=1.8\text{ V}$$

となり，前出の結果と一致する．

(a)-(4)，(b)-(5)

問16　図1の端子a-d間の合成静電容量について，次の(a)及び(b)の問に答えよ．

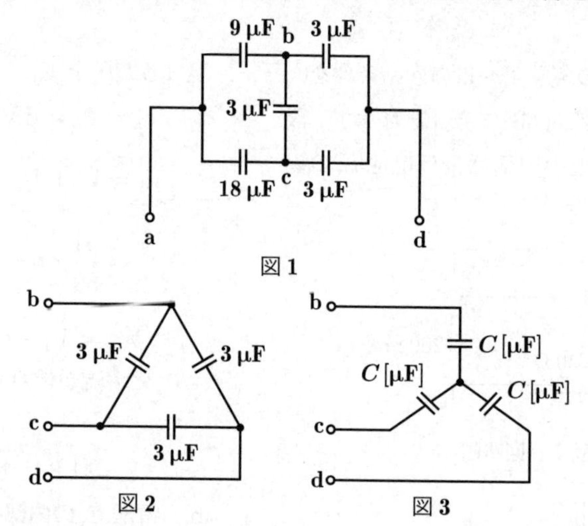

図1　図2　図3

(a)　端子b-c-d間は図2のように△結線で接続されている．これを図3のようにY結線に変換したとき，電気的に等価となるコンデンサCの値[μF]として，最も近いものを次の(1)～(5)のうちから一つ選べ．

(1)　**1.0**　(2)　**2.0**　(3)　**4.5**　(4)　**6.0**　(5)　**9.0**

(b)　図3を用いて，図1の端子b-c-d間をY結線回路に変換したとき，図1の端子a-d間の合成静電容量C_0の値[μF]として，最も近いものを次の(1)～(5)のうちから一つ選べ．

(1)　**3.0**　(2)　**4.5**　(3)　**4.8**　(4)　**6.0**　(5)　**9.0**

解16 (a) 問題図3のコンデンサ C の値 [μF]

(a)図に示すように，電源の角周波数を ω [rad/s]，△結線のコンデンサの静電容量を $C_{\triangle}$ ($=3\ \mu$F)，そのリアクタンスを1相当たり $X_{C\triangle}$ とすると，

$$X_{C\triangle}=\frac{1}{\omega C_{\triangle}}$$

容量性リアクタンスを△→Y等価変換したとき，Y結線1相当たりの容量性リアクタンスを X_{CY} とすると，負荷は三相平衡しているので，

$$X_{CY}=\frac{1}{3}X_{C\triangle}=\frac{1}{\omega 3C_{\triangle}}=\frac{1}{\omega C}$$

上式より，

$$C=3C_{\triangle}=3\times3\ \mu\text{F}=9\ \mu\text{F}\quad(答)$$

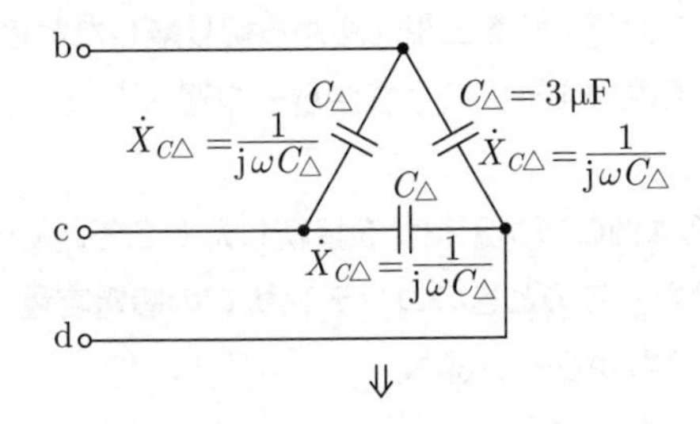

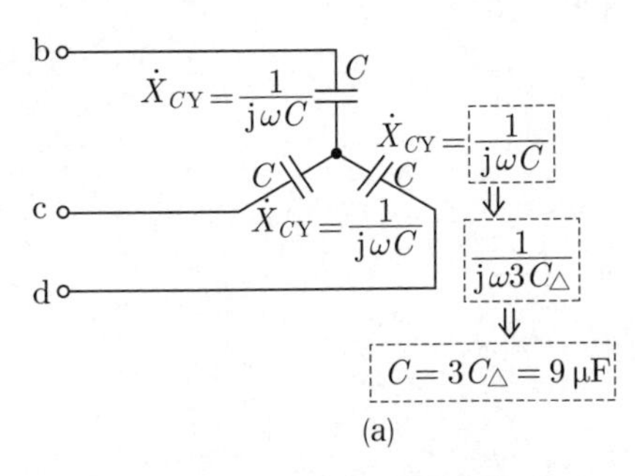

(a)

(b) 端子a-d間の合成静電容量 C_0 の値 [μF]

問題図1の端子b-c-d間をY結線回路に変換した回路を(b)図に示す．同図の回路で，端子a-b-e間，および端子a-c-e間の直列接続部の合成静電容量 C_{abe}，および C_{ace} はそれぞれ，

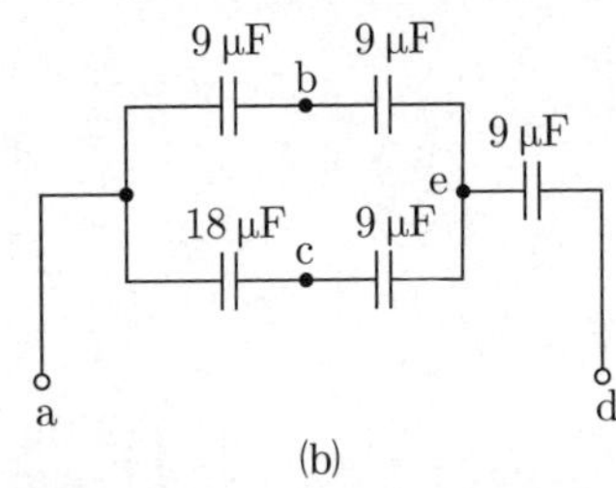

(b)

$$C_{abe}=\frac{9\times9}{9+9}=\frac{9}{2}=4.5\ \mu\text{F}$$

$$C_{ace}=\frac{18\times9}{18+9}=\frac{18}{3}=6\ \mu\text{F}$$

※(c)図参照

$C_{abe}=4.5\ \mu$F　e　$C_{ed}=9\ \mu$F　$C_{ace}=6\ \mu$F　a　d

(c)

端子a-e間の並列接続部の合成静電容量 C_{ae} は，

$$C_{ae}=C_{abe}+C_{ace}=4.5+6=10.5\ \mu\text{F}$$

※(d)図参照

e　$C_{ae}=10.5\ \mu$F　$C_{ed}=9\ \mu$F　a　d

(d)

端子a-d間の合成静電容量 C_0 は，

$$C_0=\frac{C_{ae}C_{ed}}{C_{ae}+C_{ed}}=\frac{10.5\times9}{10.5+9}=4.846\,1$$

$$\fallingdotseq 4.8\ \mu\text{F}\quad(答)$$

※(e)図参照

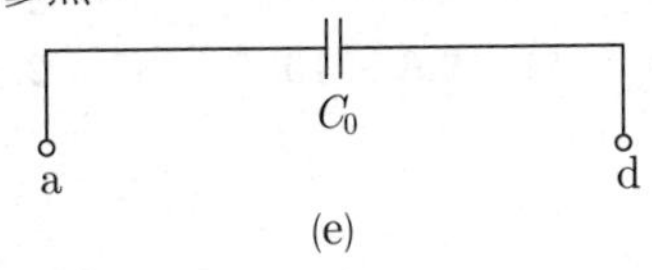

(e)

〔ここがポイント〕

1. △→Y変換後の静電容量

容量性リアクタンスは $1/\omega C$ で，静電容量 C が分母にあるので，△→Y変換後はリアクタンスが1/3となり，静電容量 C はその逆数をとり，3倍となることに留意する．

2. 静電容量の直列，並列合成

直列接続部の静電容量の合成は，

$$合成静電容量=\frac{各静電容量の積}{各静電容量の和}$$

並列接続部の静電容量の合成は，

合成静電容量＝各静電容量の和

で求められることを確認しておく．

答 (a)-(5)，(b)-(3)

問17及び問18は選択問題であり，問17又は問18のどちらかを選んで解答すること．両方解答すると採点されません．

（選択問題）

問17　図のようなV結線電源と三相平衡負荷とからなる平衡三相回路において，$R = 5\ \Omega$，$L = 16\ \mathrm{mH}$である．また，電源の線間電圧e_a [V]は，時刻t [s]において$e_a = 100\sqrt{6}\sin(100\pi t)$ [V]と表され，線間電圧e_b [V]はe_a [V]に対して振幅が等しく，位相が120°遅れている．ただし，電源の内部インピーダンスは零である．このとき，次の(a)及び(b)の問に答えよ．

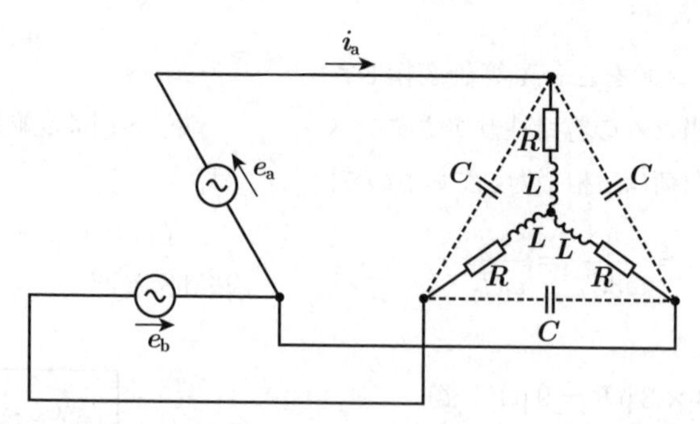

(a)　図の点線で示された配線を切断し，3個のコンデンサを三相回路から切り離したとき，三相電力Pの値[kW]として，最も近いものを次の(1)～(5)のうちから一つ選べ．

(1)　**1**　(2)　**3**　(3)　**6**　(4)　**9**　(5)　**18**

(b)　点線部を接続することによって同じ特性の3個のコンデンサを接続したところ，i_aの波形はe_aの波形に対して位相が30°遅れていた．このときのコンデンサCの静電容量の値[F]として，最も近いものを次の(1)～(5)のうちから一つ選べ．

(1)　3.6×10^{-5}　(2)　1.1×10^{-4}　(3)　3.2×10^{-4}

(4)　9.6×10^{-4}　(5)　2.3×10^{-3}

解17 (a) RL直列負荷に対する三相電力Pの値[kW]

a相電源の瞬時値e_aは，電圧の実効値をE_a，電源の角周波数をω [rad/s]とすると，

$$e_a = \sqrt{2}E_a \sin \omega t = 100\sqrt{6} \sin 100\pi t\,[\mathrm{V}]$$

上式より，

$$E_a = \frac{100\sqrt{6}}{\sqrt{2}} = 100\sqrt{3}\ \mathrm{V}$$

$$\omega = 100\pi\ \mathrm{rad/s}$$

誘導性リアクタンスX_Lは，

$$X_L = \omega L = 100\pi \times 16 \times 10^{-3} = 5.024\ \Omega$$

負荷は三相平衡しているので，1相分で求めた電力を3倍すれば三相電力が求められる．1相分の等価回路は(a)図の回路になる．

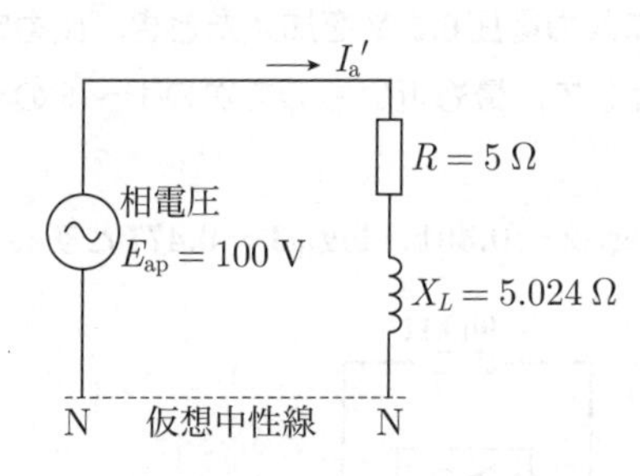

(a)　RL直列回路の1相分等価回路

同図において，電源を相電圧をE_{ap}で表すために，線間電圧の実効値E_aを$1/\sqrt{3}$倍している．

また，等価回路に流れる電流I_a'は相電圧であり，線電流I_aを$1/\sqrt{3}$倍した値であることに注意する．

三相電力Pは，

$$P = 3I_a'^2 R = 3\left(\frac{E_{ap}}{\sqrt{R^2 + X_L^2}}\right)^2 R = \frac{3E_{ap}^2 R}{R^2 + X_L^2} = \frac{3 \times 100^2 \times 5}{5^2 + 5.024^2}$$

$$= 2\,985.6\ \mathrm{W} \fallingdotseq 3.0\ \mathrm{kW}\quad (答)$$

(b) コンデンサCの静電容量の値[F]

電源電圧は，問題図に与えられた瞬時値の代わりに実効値で考える．

電圧，電流の位相関係について整理する．

① 電源の線間電圧$\dot{E}_a$に対して，線電流$\dot{I}_a$は30°位相が遅れている．

② 電源の線間電圧$\dot{E}_a$に対して，電源の相電圧$\dot{E}_{ap}$は30°位相が遅れている．

以上より，電源の相電圧$\dot{E}_{ap}$と線電流$\dot{I}_a$は同相の関係であることがわかる．この場合の1相分等価回路を(b)図に示す．コンデンサの△接続をY接続に等価変換すると$C \to 3C$となる．等価回路に流れる負荷電流$\dot{I}_a$の虚数部がゼロとなればよい．

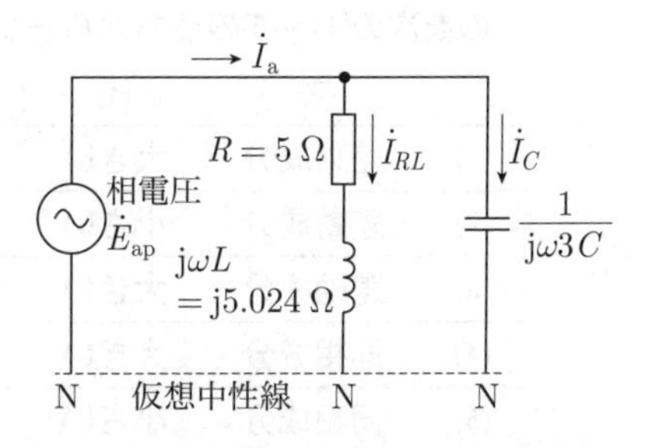

(b)　コンデンサ接続後の1相分等価回路

(b)図に示す回路電流I_aは，負荷のRL直列接続部を流れる電流$\dot{I}_{RL}$とコンデンサを流れる電流$\dot{I}_C$とのベクトル和となるので，

$$\dot{I}_a = \dot{I}_{RL} + \dot{I}_C = \frac{\dot{E}_{ap}}{R + \mathrm{j}\omega L} + \mathrm{j}\omega 3C\dot{E}_{ap}$$

$$= \dot{E}_{ap}\left(\frac{R - \mathrm{j}\omega L}{R^2 + (\omega L)^2} + \mathrm{j}\omega 3C\right)$$

$$= \dot{E}_{ap}\left\{\frac{R}{R^2 + (\omega L)^2} + \mathrm{j}\left(\omega 3C - \frac{\omega L}{R^2 + (\omega L)^2}\right)\right\}$$

$$= \dot{E}_{ap}\left\{\frac{5}{5^2 + 5.024^2} + \mathrm{j}\left(100\pi \times 3C - \frac{5.024}{5^2 + 5.024^2}\right)\right\}$$

虚数部の（　）内がゼロより，

$$C = \frac{1}{300\pi} \cdot \frac{5.024}{5^2 + 5.024^2} = 0.000\,106\,1$$

$$= 1.061 \times 10^{-4} \fallingdotseq 1.1 \times 10^{-4}\ \mathrm{F}\quad (答)$$

〔ここがポイント〕

(b)図の回路の電圧と電流が同相となる条件は，解答以外に負荷インピーダンスのリアクタンス分がゼロとして求めてもよい．

(b)②の位相関係は，相順a-b-cとして，相電圧，線間電圧ベクトルを描いて確認できる．

(a) - (2)，(b) - (2)

（選択問題）

問18　演算増幅器（オペアンプ）について，次の(a)及び(b)の問に答えよ．

(a)　演算増幅器は，その二つの入力端子に加えられた信号の (ア) を高い利得で増幅する回路である．演算増幅器の入力インピーダンスは極めて (イ) ため，入力端子電流は (ウ) とみなしてよい．一方，演算増幅器の出力インピーダンスは非常に (エ) ため，その出力端子電圧は負荷による影響を (オ) ．さらに，演算増幅器は利得が非常に大きいため，抵抗などの部品を用いて負帰還をかけたときに安定した有限の電圧利得が得られる．

上記の記述中の空白箇所(ア)，(イ)，(ウ)，(エ)及び(オ)に当てはまる組合せとして，正しいものを次の(1)～(5)のうちから一つ選べ．

	(ア)	(イ)	(ウ)	(エ)	(オ)
(1)	差動成分	大きい	ほぼ零	小さい	受けにくい
(2)	差動成分	小さい	ほぼ零	大きい	受けやすい
(3)	差動成分	大きい	極めて大きな値	大きい	受けやすい
(4)	同相成分	大きい	ほぼ零	小さい	受けやすい
(5)	同相成分	小さい	極めて大きな値	大きい	受けにくい

(b)　図のような直流増幅回路がある．この回路に入力電圧 **0.5 V** を加えたとき，出力電圧 V_o の値 [V] と電圧利得 A_V の値 [dB] の組合せとして，最も近いものを次の(1)～(5)のうちから一つ選べ．

ただし，演算増幅器は理想的なものとし，$\log_{10}2 = 0.301$，$\log_{10}3 = 0.477$ とする．

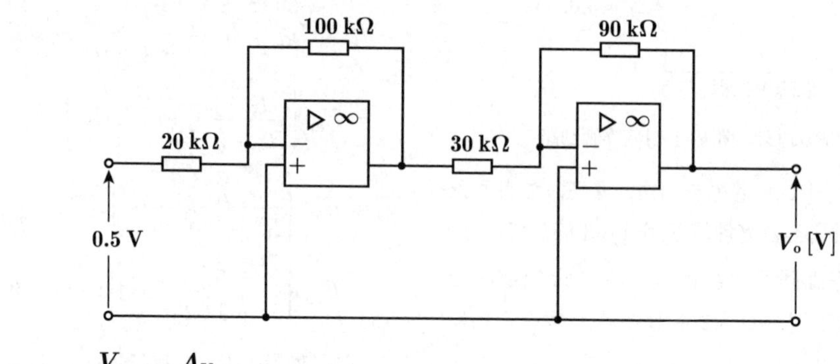

	V_o	A_V
(1)	7.5	12
(2)	−15	12
(3)	−7.5	24
(4)	15	24
(5)	7.5	24

解18 (a) **オペアンプの原理と特長**

(a)図に理想的なオペアンプの等価回路を示す．オペアンプは，反転入力端子（－）と非反転入力端子（＋）に加えられた信号の**差動成分** V_i $(= V_- - V_+)$ を高い利得で増幅する回路である．オペアンプの入力インピーダンスはきわめて**大きい**（≒∞）ため，入力端子電流はほぼ**ゼロ**とみなしてよい．一方，オペアンプの出力インピーダンスは非常に**小さい**（≒0）ため，その出力端子電圧は負荷による影響を**受けにくい**．信号の差動成分 V_i は，

$$V_i = \frac{V_o}{A_v} \fallingdotseq \frac{V_o}{\infty} \fallingdotseq 0\ \mathrm{V}$$

と近似され，両入力端子の信号は等しい（$V_- \fallingdotseq V_+$）として扱ってよいため，入力端子間は短絡状態に近似できる．これをイマジナリショートという．

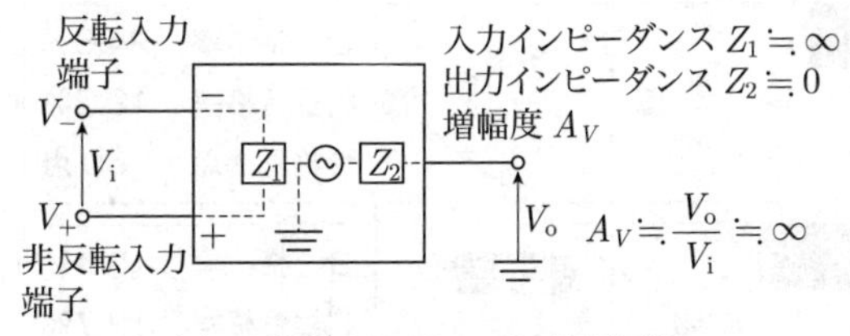

(a) 理想的なオペアンプの等価回路

(b) **出力電圧 V_o [V]，電圧利得 A_V [dB] の値**

設問の図を左側のオペアンプと右側のオペアンプに分け，(b)図および(c)図にそれぞれ示す．

理想的なオペアンプでは，(b)図と(c)図の v_{ab} と v_{de} はともに0 Vでb点とe点の電圧はともに $V_b = V_e = 0$ Vであるから，$V_a = V_d = 0$ Vが成り立つ．(b)図では，外部抵抗100 kΩで負帰還をかけ，端子cから端子aに電流が流れると仮定する．オペアンプの入力端子に電流は流れず，外部抵抗のみ電流が流れるので，次式が成り立つ．

$$I_1 = \frac{V_c - V_a}{100 \times 10^3} = \frac{V_a - V_{in}}{20 \times 10^3}$$

$$= \frac{V_c - 0}{100 \times 10^3} = \frac{0 - 0.5}{20 \times 10^3}$$

$$V_c = \frac{100 \times 10^3}{20 \times 10^3} \times (-0.5) = -2.5\ \mathrm{V}$$

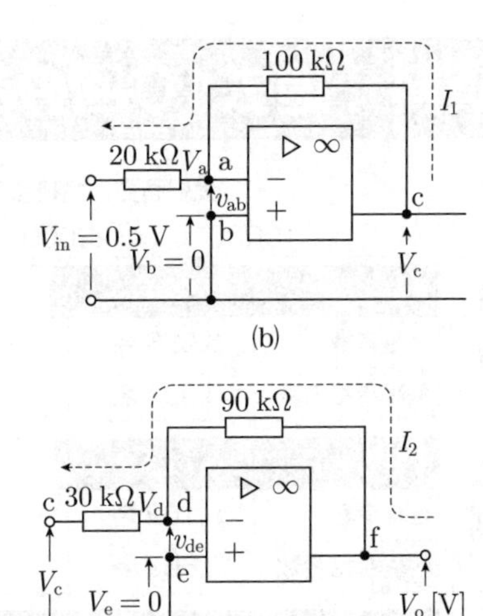

(c)図では，端子fから端子dに電流が流れると仮定すると，(b)図同様，次式が成り立つ．

$$I_2 = \frac{V_o - V_d}{90 \times 10^3} = \frac{V_d - V_c}{30 \times 10^3}$$

$V_c = -2.5$ Vを代入して，

$$\frac{V_o - 0}{90 \times 10^3} = \frac{0 - (-2.5)}{30 \times 10^3}$$

$$\therefore\quad V_o = \frac{90 \times 10^3}{30 \times 10^3} \times 2.5 = 7.5\ \mathrm{V}\quad (答)$$

電圧利得 A_V を求める公式より，

$$A_V = 20 \log_{10} \frac{V_o}{V_i} = 20 \log_{10} \frac{7.5}{0.5}$$

$$= 20 \log_{10} 15 = 20 \log_{10} \frac{3 \times 10}{2}$$

$$= 20(\log_{10} 10 + \log_{10} 3 - \log_{10} 2)$$

$$= 20(1 + 0.477 - 0.301)$$

$$= 23.52 \fallingdotseq 24\ \mathrm{dB}\quad (答)$$

〔ここがポイント〕

問題図は，反転入力端子（－）の信号を増幅するタイプであり，非反転入力端子（＋）はアースされている．これを**反転増幅器**と呼び，入力と出力の位相は180°反転する．反転増幅回路を2段直列接続すると，180°反転をさらに180°反転するので，入力と出力は同位相となる．

(a)-(1)，(b)-(5)

●資料　過去10回の受験者数・合格者数など（理論）

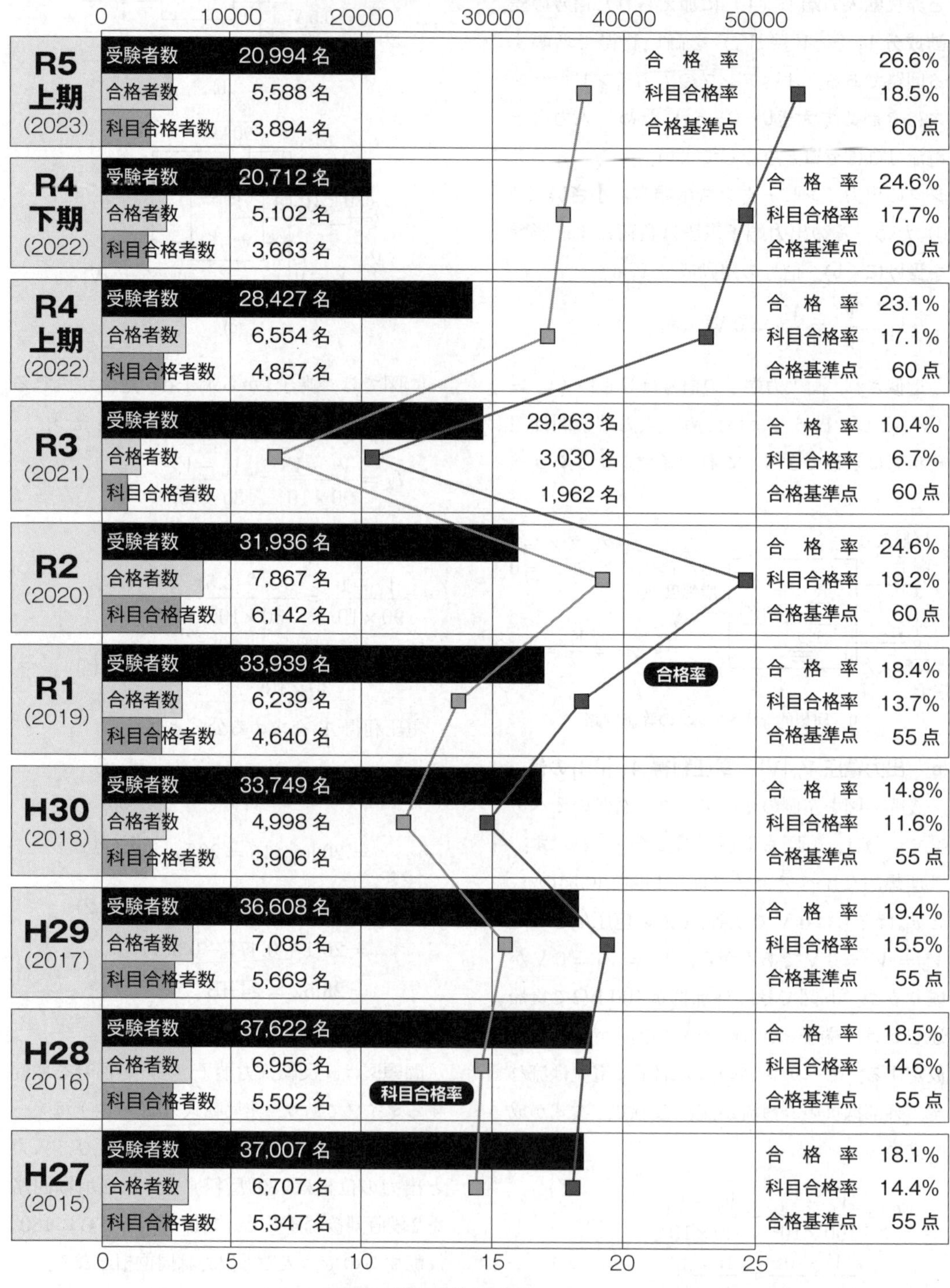

（注）科目合格者数は，4 科目合格を除く

取り外しの方法

この白い厚紙を残して，取り外したい冊子をつかみます．

本体をしっかりと持ち，ゆっくり引っぱってください．

※のりでしっかりと接着していますので，背表紙に跡がつくことがあります．
　取り外しの際は丁寧にお取り扱いください．破損する可能性があります．
　取り外しの際の破損によるお取り替え，ご返品はできません．予めご了承ください．

2024年版 電験3種過去問題集

電力

令和5年度上期～平成27年度
問題と解説・解答

2024年版 電験3種 過去問題集

●試験時間…90分
●必要解答数
A問題…14問，B問題…3問

令和5年度（2023年）上期 電力の問題

A問題　配点は1問題当たり5点

問1 次の文章は，水車の比速度に関する記述である．

比速度とは，任意の水車の形（幾何学的形状）と運転状態（水車内の流れの状態）とを[(ア)]変えたとき，[(イ)]で単位出力（1 kW）を発生させる仮想水車の回転速度のことである．

水車では，ランナの形や特性を表すものとしてこの比速度が用いられ，水車の[(ウ)]ごとに適切な比速度の範囲が存在する．

水車の回転速度をn [min^{-1}]，有効落差をH [m]，ランナ1個当たり又はノズル1個当たりの出力をP [kW]とすれば，この水車の比速度n_sは，次の式で表される．

$$n_s = n \cdot \frac{P^{\frac{1}{2}}}{H^{\frac{5}{4}}}$$

通常，ペルトン水車の比速度は，フランシス水車の比速度より[(エ)]．

比速度の大きな水車を大きな落差で使用し，吸出し管を用いると，放水速度が大きくなって，[(オ)]やすくなる．そのため，各水車には，その比速度に適した有効落差が決められている．

上記の記述中の空白箇所(ア)～(オ)に当てはまる組合せとして，正しいものを次の(1)～(5)のうちから一つ選べ．

	(ア)	(イ)	(ウ)	(エ)	(オ)
(1)	一定に保って有効落差を	単位流量 (1 m³/s)	出力	大きい	高い効率を得
(2)	一定に保って有効落差を	単位落差 (1 m)	種類	大きい	キャビテーションが生じ
(3)	相似に保って大きさを	単位流量 (1 m³/s)	出力	大きい	高い効率を得
(4)	相似に保って大きさを	単位落差 (1 m)	種類	小さい	キャビテーションが生じ
(5)	相似に保って大きさを	単位流量 (1 m³/s)	出力	小さい	高い効率を得

●試験時間　90分
●必要解答数　A問題14題，B問題3題

解1　水車の比速度に関する問題である．

水車の比速度は特有速度とも呼ばれ，大きさの異なる水車のランナ形状や特性を比較するための指標として用いられる．幾何学的にランナ形状が相似である水車については，ランナの大きさとは無関係に特性が同一であるとみなすことができる．比速度は，任意の水車の形（幾何学的形状）と運転状態（水車内の流れの状態）とを**相似に保って大きさを**変えて運転させ，**単位落差（1 m）**のもとで単位出力（1 kW）を発生するようにしたときの回転速度のことである．

回転速度をn [min^{-1}]，有効落差をH [m]，ランナ（反動水車の場合）またはノズル（衝動水車の場合）1個当たりの出力をP [kW]とすると，比速度n_sは次式で表される．

$$n_s = n\frac{P^{\frac{1}{2}}}{H^{\frac{5}{4}}}\ [\mathrm{min^{-1}，kW，m}]$$

上式より，水車出力，有効落差を一定とした場合，回転速度を高くとれば比速度は大きくなる．つまり，比速度を大きくとれば水車は高速化でき，水車寸法が小さくなり，経済性の面で有利となる．

水車の形式は，有効落差，使用水量をもとに河川の流況，貯水池・調整池の運用なども考慮して選定されるが，表に示すように，水車の**種類**ごとに各水車の比速度の限界・範囲および適用落差が決まっており，その比速度の限界と出力から定格回転速度が選定される．ペルトン水車の比速度は，フランシス水車の比速度より**小さい**．

比速度の大きな水車を大きな落差で使用し，吸出し管を用いると，放水速度が大きくなって**キャビテーションが生じ**やすくなる．

2018年度（平成30年度）問2と全く同じ問題である．

答　(4)

各水車の比速度の限界・範囲・適用落差（JEC-4001:2018より）

水車の種類	比速度の限界 [min^{-1}・kW・m]	比速度の範囲 [min^{-1}・kW・m]	適用落差 [m]
フランシス水車	$N_s \leqq \frac{33\,000}{H+55}+30$	50 〜 360	40 〜 500
斜流水車	$N_s \leqq \frac{21\,000}{H+20}+40$	140 〜 360	45 〜 200
プロペラ水車	$N_s \leqq \frac{21\,000}{H+13}+50$	250 〜 1 100	7 〜 70
ペルトン水車	$N_s \leqq \frac{4\,500}{H+150}+14$	10 〜 29	150 〜 800

排熱回収形コンバインドサイクル発電方式と同一出力の汽力発電方式とを比較した記述として，誤っているものを次の(1)～(5)のうちから一つ選べ．

(1)　コンバインドサイクル発電方式の方が，熱効率が高い．

(2)　汽力発電方式の方が，単位出力当たりの排ガス量が少ない．

(3)　コンバインドサイクル発電方式の方が，単位出力当たりの復水器の冷却水量が多い．

(4)　汽力発電方式の方が大形所内補機が多く，所内率が大きい．

(5)　コンバインドサイクル発電方式の方が，最大出力が外気温度の影響を受けやすい．

解2　排熱回収形コンバインドサイクル発電方式の特徴に関する問題である．

コンバインドサイクル発電は，ガスタービンと蒸気タービンを組み合わせた発電方式である．コンバインドサイクル発電方式には種々あるが，図に示すように，ガスタービンの排気ガスを排熱回収ボイラに導き，その熱で給水を加熱し，蒸気タービンを駆動する排熱回収方式が主流となっている．通常，コンバインドサイクル発電というとこの方式を指すことが多い．

ガスタービンだけの熱効率は20～30 %程度で，燃料の熱量の70～80 %は損失となるため，ガスタービンを出た高温の排ガスを普通の火力発電所で使われている蒸気サイクルに利用することによって，総合効率を高めることができる．

排熱回収形コンバインドサイクル発電の主な特徴は次のとおりである．

① 熱効率は汽力発電の約42～43 %に対して，1 450 ℃級コンバインドサイクルでは約52～54 %と高く，キロワット時当たりの燃料消費量が少ない．

② ガスタービンを使用した小容量機の組合せのため，熱容量が小さく，負荷変化率を大きくとれ，短時間での起動停止が可能である．起動時の暖機に要する熱量および時間が少なくてすみ，8時間停止後の起動時間は，約1時間と短い．

③ 小容量の単位機（「軸」）を数台組み合わせて大容量プラント（「系列」）を構成しているため，出力の増減をこの単位機の運転台数の増減で行うことにより，部分負荷においても定格出力と同等の高い熱効率が得られる．

④ ガスタービンの出力が外気温度の影響を受けやすいため，その結果として最大出力も外気温度に影響される．

⑤ 蒸気タービンの分担出力はプラント全体の約1/3と小さいため，**単位出力当たりの復水器の冷却水量は汽力発電所の6割程度と少ない**．

⑥ 蒸気タービンの出力分担が少ないため，蒸気タービンを使用する汽力発電に必要となる給水ポンプおよび復水器に冷却水を供給する循環水ポンプなどの大形所内補機の容量も少なくてすむ．また，排熱回収ボイラを用いるため汽力発電に必要な通風装置などのボイラ補機が不要となり，大形の所内補機が少なく所内率は小さい．

⑦ 蒸気タービンの単独運転はできない．

⑧ 全出力に対するガスタービンの出力割合が約2/3と大きい．

⑨ ガスタービンの燃料は，LNG・LPGなどのガス類や灯油・軽油などの軽質油などが利用できるが，わが国では環境性・経済性に優れていることからほとんどLNGが採用されている．

2007年度（平成19年度）問2と全く同じ問題である．

(3)

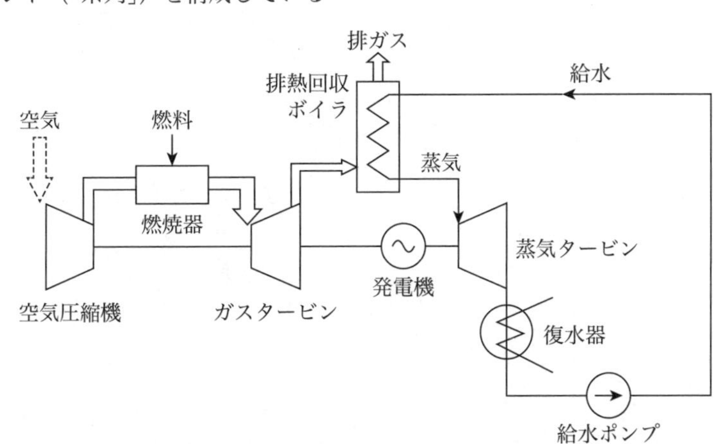

排熱回収形コンバインドサイクル発電

問3

次の文章は，火力発電所に関する記述である．

火力発電所において，ボイラから煙道に出ていく燃焼ガスの余熱を回収するために，煙道に多数の管を配置し，これにボイラへの (ア) を通過させて加熱する装置が (イ) である．同じく煙道に出ていく燃焼ガスの余熱をボイラへの (ウ) 空気に回収する装置が，(エ) である．

上記の記述中の空白箇所(ア)～(エ)に当てはまる組合せとして，正しいものを次の(1)～(5)のうちから一つ選べ．

	(ア)	(イ)	(ウ)	(エ)
(1)	給水	再熱器	燃焼用	過熱器
(2)	蒸気	節炭器	加熱用	過熱器
(3)	給水	節炭器	加熱用	過熱器
(4)	蒸気	再熱器	燃焼用	空気予熱器
(5)	給水	節炭器	燃焼用	空気予熱器

解3　火力発電所を構成する代表的な機器のうち，ボイラ内に設置された機器の名称とその役割に関する問題である．

図に示すように，ボイラと煙道には，過熱器，再熱器，節炭器，空気予熱器，押込通風機，集じん器などが設置されている．

これらのうち，火炉の高温域に設置されるのは過熱器や再熱器で，煙道に設置されて煙突に排出される燃焼ガスの余熱を回収するための設備は節炭器と空気予熱器である．

節炭器と空気予熱器の違いは，**節炭器**が燃焼ガスの余熱でボイラへの**給水**を加熱するのに対して，**空気予熱器**は燃焼ガスの余熱で**燃焼用**空気を加熱することで，両者ともボイラ効率を高めるために設置されている．

節炭器と空気予熱器以外のボイラの主要設備の設置目的，役割は次のとおりである．

(a)　再熱器

再熱サイクルにおいて，高圧タービンから出た飽和蒸気を再度加熱して過熱蒸気にする．

(b)　過熱器

ボイラで発生した飽和蒸気を過熱蒸気にし，熱効率の向上とタービン羽根の損傷を防ぐ．

(c)　押込通風機

燃焼のための空気をボイラに送り込む．

(d)　集じん器

煙突から排出される燃焼ガスに含まれる灰じんを除去する．

2003年度（平成15年度）問5と全く同じ問題である．

(5)

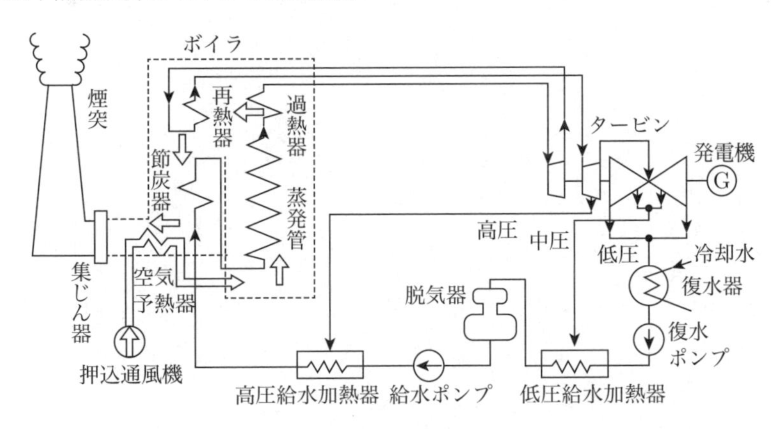

火力発電所の構成例

1 kgのウラン燃料に3.5 %含まれるウラン235が核分裂し，0.09 %の質量欠損が生じたときに発生するエネルギーと同量のエネルギーを，重油の燃焼で得る場合に必要な重油の量[kL]として，最も近いものを次の(1)～(5)のうちから一つ選べ．

ただし，計算上の熱効率を100 %，使用する重油の発熱量は40 000 kJ/Lとする．

(1) 13　(2) 17　(3) 70　(4) 1.3×10^{3}　(5) 7.8×10^{4}

解4　ウランの核分裂エネルギーを重油の量に換算する計算問題である．

核分裂反応後の原子の質量は，反応前の質量よりわずかに小さく，この質量差を質量欠損という．ウラン235が1回核分裂すると，約0.09 %の質量欠損が生じて約200 MeVのエネルギーが放出される．このエネルギーを核分裂エネルギーEといい，質量欠損をΔm [kg]，光速をc ($= 3 \times 10^8$ m/s) とすると，アインシュタインの式より次式で表される．

$$E = \Delta mc^2 \,[\mathrm{J}]$$

なお，$1\,\mathrm{eV} = 1.602 \times 10^{-19}\,\mathrm{J}$の関係がある．

1 kgのウラン燃料に3.5 %含まれるウラン235が核分裂したときのエネルギーEは，次のように求められる．

$$E = \Delta mc^2$$
$$= 0.09 \times 10^{-2} \times 1 \times 3.5 \times 10^{-2} \times (3 \times 10^8)^2$$
$$= 2.835 \times 10^{12}\,\mathrm{J}$$

重油の発熱量をH [kJ/L]とすると，1 kgのウラン燃料に3.5 %含まれるウラン235が核分裂したときのエネルギーEに相当する重油の量Bは，次のように求められる．

$$B = \frac{E}{H} = \frac{2.835 \times 10^{12}}{40\,000 \times 10^3}$$
$$\fallingdotseq 70.9 \times 10^3\,\mathrm{L} \rightarrow 70\,\mathrm{kL}$$

2019年度（令和元年度），2012年度（平成24年度），2004年度（平成16年度）に類題がある．

(3)

風力発電に関する記述として，誤っているものを次の(1)～(5)のうちから一つ選べ．

(1) 風力発電は，風の力で風力発電機を回転させて電気を発生させる発電方式である．風が得られれば燃焼によらずパワーを得ることができるため，発電するときにCO_2を排出しない再生可能エネルギーである．

(2) 風車で取り出せるパワーは風速に比例するため，発電量は風速に左右される．このため，安定して強い風が吹く場所が好ましい．

(3) 離島においては，風力発電に適した地域が多く存在する．離島の電力供給にディーゼル発電機を使用している場合，風力発電を導入すれば，そのディーゼル発電機の重油の使用量を減らす可能性がある．

(4) 一般的に，風力発電では同期発電機，永久磁石式発電機，誘導発電機が用いられる．

(5) 風力発電では，翼が風を切るため騒音を発生する．風力発電を設置する場所によっては，この騒音が問題となる場合がある．この騒音対策として，翼の形を工夫して騒音を低減している．

解5　風力発電の原理と特徴に関する問題である．

風力発電は，風車によって風力エネルギーを回転エネルギーに変換し，さらに，その回転エネルギーを発電機によって電気エネルギーに変換し利用するものである．

風のもつ運動エネルギーPは，単位時間当たりの空気の質量をm [kg/s]，速度（風速）をV [m/s]とすると次式で表され，風速の2乗に比例する．

$$P = \frac{1}{2} m V^2 \ [\mathrm{J/s}] \quad (= [\mathrm{W}])$$

ここで，空気密度をρ [kg/m³]，風車の回転面積（ロータ面積）をA [m²]とすると，

$$m = \rho A V \ [\mathrm{kg/s}]$$

となるので，風車の出力係数C_{p}を用いると，風車で得られるエネルギーは次式で表される．

$$P = \frac{1}{2} C_{\mathrm{p}} \rho A V^3 \ [\mathrm{W}]$$

つまり，風車によって取り出せるパワーは，風車の回転面積（受風面積）に比例し，**風速の3乗に比例**するため(2)**が誤り**である．

風力発電の主な特徴は次のとおりである．

① 汚染物質や二酸化炭素を排出しない再生可能エネルギーであり，自然エネルギーを利用したクリーンな発電方式であるが，現状では発電コストが高い．

② 風のエネルギーは非枯渇エネルギーである．

③ 単位面積当たりのエネルギー密度が小さい．

④ 発電が風向，風速などの気象条件に左右されるため出力変動が大きい．したがって，設置場所が限定され，比較的安定して強い風が吹く場所を選定する必要がある．

⑤ エネルギーの変換効率が低い．

⑥ 翼が風を切るため設置する場所によっては騒音が問題となる場合がある．したがって，騒音対策として翼の形を工夫して騒音を低減する必要がある．

交流発電機としては，誘導発電機，同期発電機，永久磁石式発電機が採用されている．誘導発電機は，出力変動によって電圧が変動するという問題があるが，構造が簡単で低コストであるため一般的に採用されている．一方，同期発電機は，電圧制御が可能であるため系統への影響が少なく，単独運転も可能であるというメリットがある．このため，大規模風力発電設備では，コストは高いが同期発電機を採用することが多い．同期発電機を用いてロータの回転速度を可変とした場合は，その出力が系統周波数と異なるため，その交流出力をいったん直流に変換したうえで，再度，交流に変換して，交流電力系統に連系するDCリンク方式と呼ばれる電力変換装置を介して電力系統へ送電される．

永久磁石式発電機を用いた可変速風力発電システムは励磁装置が不要であり，発電機と風車は直結構造で増速機が不要であるため構造の簡素化，低騒音などの利点を有している．

2012年度（平成24年度）問5と全く同じ問題である．

(2)

配電線路の開閉器類に関する記述として，誤っているものを次の(1)～(5)のうちから一つ選べ．

(1) 配電線路用の開閉器は，主に配電線路の事故時又は作業時に，その部分だけを切り離すために使用される．

(2) 柱上開閉器には気中形，真空形，ガス形がある．操作方法は，手動操作による手動式と制御器による自動式がある．

(3) 高圧配電方式には，放射状方式（樹枝状方式），ループ方式（環状方式）などがある．ループ方式は結合開閉器を設置して線路を構成するので，放射状方式よりも建設費は高くなるものの，高い信頼度が得られるため負荷密度の高い地域に用いられる．

(4) 高圧カットアウトは，柱上変圧器の一次側の開閉器として使用される．その内蔵の高圧ヒューズは変圧器の過負荷時や内部短絡故障時，雷サージなどの短時間大電流の通過時に直ちに溶断する．

(5) 地中配電系統で使用するパッドマウント変圧器には，変圧器と共に開閉器などの機器が収納されている．

解6　配電設備と配電方式に関する問題である．

配電線路用の開閉器は，主に作業停電などの停電範囲の縮小や高圧配電線路の事故時の事故区間切り離しを目的に使用するもので，現地で手動操作する「手動開閉器」と自動制御で遠隔操作する「自動開閉器」がある．また，消弧媒体で区別すると，気中開閉器，真空開閉器，ガス開閉器に分けられ，一般的には気中形と真空形が使用されている．

開閉器は一般的に三極構造で，定格電流は100～600 A程度である．

高圧配電方式には，放射状方式（樹枝状方式），ループ方式（環状方式）などがある．放射状方式は，幹線から分岐線を樹木の枝（樹枝）状に伸ばしていくもので，ループ方式は，結合開閉器を設置して配電線をループ状にする方式で，高い信頼度が得られるため比較的需要密度の高い地域に多く用いられている．ループ方式には1回線ループ，2回線ループ，多重ループがある．なお，わが国ではループ点を常時は開放しているので，信頼度が高いことを除いては，電力損失，電圧降下は放射状方式と変わらない．

高圧カットアウトは磁器製の容器の中にヒューズを内蔵したもので，柱上変圧器の一次側に施設してその開閉を行うほか，過負荷や短絡電流をヒューズの溶断で保護する．図に示すように，磁器製のふたにヒューズ筒を取り付け，ふたの開閉により電路の開閉ができる，最も広く用いられている箱形カットアウトと，磁器製の内筒内にヒューズ筒を収納して，その取付け・取外しにより電路の開閉ができる円筒形カットアウトがある．**高圧ヒューズは，電動機の始動電流や雷サージによって溶断しないことが要求される**ため，短時間大電流に対して溶断しにくくした放出形ヒューズが一般に使用される．

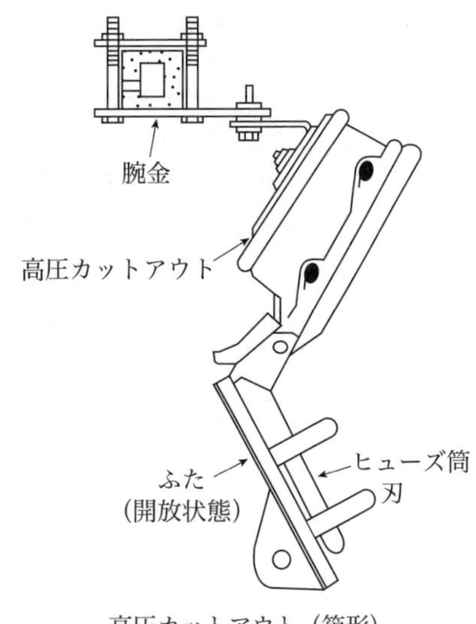

高圧カットアウト（箱形）

パッドマウント変圧器は，都市の美観や防災が要求される地中配電用変圧器として使用され，変圧器とともに負荷開閉器，接地開閉器，低圧母線，低圧配線用遮断器などの機器を装備している．

したがって，(4)の「高圧ヒューズは，雷サージなどの短時間大電流の通過時に直ちに溶断する」が**誤り**である．

2010年度（平成22年度）問12と全く同じ問題である．

(4)

次の文章は，変電所の計器用変成器に関する記述である．

計器用変成器は，[(ア)]と変流器とに分けられ，高電圧あるいは大電流の回路から計器や[(イ)]に必要な適切な電圧や電流を取り出すために設置される．変流器の二次端子には，常に[(ウ)]インピーダンスの負荷を接続しておく必要がある．また，一次端子のある変流器は，その端子を被測定線路に[(エ)]に接続する．

上記の記述中の空白箇所(ア)～(エ)に当てはまる組合せとして，正しいものを次の(1)～(5)のうちから一つ選べ．

	(ア)	(イ)	(ウ)	(エ)
(1)	主変圧器	避雷器	高	縦続
(2)	**CT**	保護継電器	低	直列
(3)	計器用変圧器	遮断器	中	並列
(4)	**CT**	遮断器	高	縦続
(5)	計器用変圧器	保護継電器	低	直列

解7　計器用変成器の機能と変流器の取り扱い時における注意事項に関する問題である．

計器用変成器には**計器用変圧器**と変流器があり，測定しようとする高電圧あるいは大電流を計器や**保護継電器**，制御装置などの使用に適した電圧や電流に変換する設備である．

変流器の二次端子は，通常，計器や継電器などの**低**インピーダンスの機器で短絡されている．一次電流が流れている状態で二次回路を開路すると，一次電流はすべて変流器の励磁電流となって過励磁となり，鉄心の温度を著しく上昇させるとともに，二次側に異常電圧が発生し，鉄損が過大となって変流器を焼損するおそれがあるため絶対に開路してはならない．

通常の使用状態では鉄心中の一次側と二次側の磁束は打ち消し合って，励磁電流に相当する低い磁束密度に保たれているが，二次側を開路すると，一次側の磁束を打ち消す二次電流が流れなくなるので，一次電流のすべてが励磁電流となって鉄心が飽和し，二次側に高電圧を発生する．

また，一次端子のある変流器は，その端子を被測定線路と**直列**に接続しなければならない．

2021年度（令和3年度）問7と全く同じ問題である．

(5)

次に示す配電用機材(ア)～(エ)とそれに関係の深い語句(a)～(e)とを組み合わせたものとして，正しいものを次の(1)～(5)のうちから一つ選べ．

配電用機材	語句
(ア)　ギャップレス避雷器	(a)　水トリー
(イ)　ガス開閉器	(b)　鉄損
(ウ)　CV ケーブル	(c)　酸化亜鉛（ZnO）
(エ)　柱上変圧器	(d)　六ふっ化硫黄（SF_6）
	(e)　ギャロッピング

(1)	(ア)―(c)	(イ)―(d)	(ウ)―(e)	(エ)―(a)
(2)	(ア)―(c)	(イ)―(d)	(ウ)―(a)	(エ)―(e)
(3)	(ア)―(c)	(イ)―(d)	(ウ)―(a)	(エ)―(b)
(4)	(ア)―(d)	(イ)―(c)	(ウ)―(a)	(エ)―(b)
(5)	(ア)―(d)	(イ)―(c)	(ウ)―(e)	(エ)―(a)

解8　配電用機材とその特徴に関する問題である．

㋐　**ギャップレス避雷器**

従来は炭化けい素（SiC）抵抗体を用いたギャップ付き避雷器が使用されていたが，最近はギャップのない**酸化亜鉛素子（ZnO）**を用いた酸化亜鉛形避雷器が広く利用されている．

㋑　**ガス開閉器**

アークの消弧媒体として，絶縁耐力が大きく，消弧能力の高い**六ふっ化硫黄（SF_6）**ガスを用いた開閉器で，アークによって電離した電子がSF_6ガスに吸着されて負イオンとなり，荷電粒子の移動度が低下してアークを消弧する．

㋒　**CVケーブル**

CVケーブルは，絶縁体に架橋ポリエチレンを使用し，金属テープなどによる遮へい層を設けた上にビニルシースを施した構造のケーブルで，66～77 kVでは主流を占めている．

CVケーブルは，OFケーブルと比較して種々の特長を有しているが，架橋ポリエチレン中に**水トリー**が発生し，絶縁を低下させる原因になることに注意が必要である．

水トリーは，水分と電圧の両方が存在する状態でのみ進展し，絶縁物である架橋ポリエチレン中のボイド（気泡）が集まって，中心の導体から外側の電界の方向に沿って，トリー状（木の枝状）に進展する．

ケーブル製法上の水トリー対策には，絶縁体内の含水率や不純物を低減する乾式架橋方式がある．

㋓　**柱上変圧器**

変圧器の主な損失のうち，銅損は負荷時のみに発生するのに対し，鉄損は無負荷時においても電圧が印加されているかぎり常時発生する．

柱上変圧器は，昼と夜あるいは季節によって負荷が大きく変動するため平均負荷率は低く，**鉄損**を低減させることは省エネルギー上重要な課題であり，鉄損が従来の方向性けい素鋼板の約1/3であるアモルファス磁性材料を用いた柱上変圧器が実用化されている

2006年度（平成18年度）問9と全く同じ問題である．

(3)

問9　次の文章は，コロナ損に関する記述である．

送電線に高電圧が印加され，[(ア)]がある程度以上になると，電線からコロナ放電が発生する．コロナ放電が発生するとコロナ損と呼ばれる電力損失が生じる．コロナ放電の発生を抑えるには，電線の実効的な直径を[(イ)]するために[(ウ)]する，線間距離を[(エ)]する，などの対策がとられている．コロナ放電は，気圧が[(オ)]なるほど起こりやすくなる．

上記の記述中の空白箇所(ア)～(オ)に当てはまる組合せとして，正しいものを次の(1)～(5)のうちから一つ選べ．

	(ア)	(イ)	(ウ)	(エ)	(オ)
(1)	電流密度	大きく	単導体化	大きく	低く
(2)	電線表面の電界強度	大きく	多導体化	大きく	低く
(3)	電流密度	小さく	単導体化	小さく	高く
(4)	電線表面の電界強度	小さく	単導体化	大きく	低く
(5)	電線表面の電界強度	大きく	多導体化	小さく	高く

解9　送電線に発生するコロナ損に関する問題である．

電線表面から外の電位の傾きである**電線表面の電界強度**は，電線の表面で最大となり，その値がある電圧（コロナ臨界電圧）以上になると空気の絶縁力が失われてジージーという低い音や薄白い光を発生するようになり，この現象をコロナ放電という．

コロナ放電が起こると，次のようにコロナ損の発生など種々の影響が生じるが，送電線路の異常電圧進行波の波高値を減衰させる利点もある．

・コロナ損の発生
・消弧リアクトル接地系統での消弧不能
・通信線への誘導障害
・電線の腐食，振動
・コロナによる騒音
・ラジオの受信障害などの影響

コロナ放電の発生を抑制するためには，次のような方法がある．

①　鋼心アルミより線（ACSR）などの太い電線の使用
②　電線の実効的な直径を**大きく**するための**多導体化**
③　がいし装置へのシールドリングの取付け
④　線間距離を**大きく**する

コロナが発生する最小の電圧をコロナ臨界電圧といい，標準の気象条件（20 °C，1 013.25 hPa）では，波高値で約30 kV/cm（実効値で約21 kV/cm）であり，電線の表面状態，電線の太さ，気象条件，線間距離などによって変化する．

コロナ臨界電圧 E_0 は次式で与えられる．

$$E_0 = m_0 m_1 \delta^{\frac{2}{3}} \times 48.8r\left(1+\frac{0.301}{\sqrt{r\delta}}\right)\log_{10}\frac{D}{r}\,[\mathrm{kV}]$$

δ：相対空気密度 $0.289\,2b/(273+t)$，t：気温[°C]，b：気圧[hPa]，r：電線半径[cm]，D：等価線間距離[cm]，m_0：電線の表面係数（0.8〜1.0），m_1：天候係数（晴天時1.0，雨天時0.8）

つまり，気圧が**低く**なるほどコロナ臨界電圧が低下してコロナ放電が起こりやすくなり，絶対湿度が高くなるほど低下する．さらに，コロナ損は晴曇天時より高湿度時の方が増加する．

2019年度（令和元年度）問10と全く同じ問題である．

答　(2)

地中送電線路の線路定数に関する記述として，誤っているものを次の(1)～(5)のうちから一つ選べ.

(1)　架空送電線路の場合と同様，一般に，導体抵抗，インダクタンス，静電容量を考える.

(2)　交流の場合の導体の実効抵抗は，表皮効果及び近接効果のため直流に比べて小さくなる.

(3)　導体抵抗は，温度上昇とともに大きくなる.

(4)　インダクタンスは，架空送電線路に比べて小さい.

(5)　静電容量は，架空送電線路に比べてかなり大きい.

解10　地中送電線路の線路定数の特徴に関する問題である．

地中送電線路の線路定数は，架空送電線路の線路定数と同様に，導体抵抗，インダクタンス，静電容量，漏れコンダクタンスの四つがあり，このうち漏れコンダクタンスは通常無視できる．

電線に交流電流を流した場合の電流分布は，電線の表面に近づくほど多く，中心ほど少なくなる．この現象を表皮効果といい，周波数が高いほど，電線の断面積・導電率が大きいほど，比透磁率が大きいほど大きくなるため，交流に対しては導体断面積が電気的に減少したことになり，交流の場合の導体の実効抵抗は直流の場合より大きくなる．

また，導体内を並行して流れる交流の電流間には，同方向の場合は吸引力，反対方向の場合は反発力が働く．このため，ケーブルのように同方向の電流が近接して流れる場合は，導体内の電流分布が一様でなくなり，交流の場合の導体の実効抵抗は直流の場合より大きくなる．この現象を近接効果という．

したがって，(2)の「交流の場合の導体の実効抵抗は，表皮効果及び近接効果のため直流に比べて小さくなる」が**誤り**である．

導体抵抗は，その材質，長さおよび断面積によって定まる．また，導体抵抗の温度係数は，通常正であるから，温度上昇とともに導体抵抗は大きくなる．

インダクタンスLと静電容量Cは次式で表されるため，地中送電線路では等価導体距離D [m]と導体半径r [m]の比D/rの値は小さいことより，架空送電線路に比べてLの値は小さくなり，Cの値は大きくなる．

$$L = 0.05\,\mu_s + 0.460\,5\log_{10}\frac{D}{r}\,[\mathrm{mH/km}]$$

$$C = \frac{0.024\,13\varepsilon_s}{\log_{10}\dfrac{D}{r}}\,[\mathrm{\mu F/km}]$$

μ_s：比透磁率，ε_s：比誘電率

地中送電線路は導体間の距離が小さいため各導体による磁束が打ち消され，また，導体半径が大きいため漏れ磁束が少なく，インダクタンスは架空送電線路の約1/3になる．さらに，地中送電線路は導体間の距離が小さく，誘電率の大きい絶縁物で囲まれているため，静電容量は架空送電線路の20～50倍になる．

1998年度（平成10年度）問8と全く同じ問題である．

(2)

22（33）kV配電系統に関する記述として，誤っているものを次の(1)～(5)のうちから一つ選べ．

(1) 6.6 kVの配電線に比べ電圧対策や供給力増強対策として有効なので，長距離配電の必要となる地域や新規開発地域への供給に利用されることがある．

(2) 電気方式は，地絡電流抑制の観点から中性点を直接接地した三相3線方式が一般的である．

(3) 各種需要家への電力供給は，特別高圧需要家へは直接に，高圧需要家へは途中に設けた配電塔で6.6 kVに降圧して高圧架空配電線路を用いて，低圧需要家へはさらに柱上変圧器で200～100 Vに降圧して，行われる．

(4) 6.6 kVの配電線に比べ33 kVの場合は，負荷が同じで配電線の線路定数も同じなら，電流は$\frac{1}{5}$となり電力損失は$\frac{1}{25}$となる．電流が同じであれば，送電容量は5倍となる．

(5) 架空配電系統では保安上の観点から，特別高圧絶縁電線や架空ケーブルを使用する場合がある．

解11　22（33）kV配電系統に関する問題である．

特別高圧配電は，電力需要増大に伴って採用された方式であり，20 kV級配電方式とも呼ばれている．配電電圧は22 kV（または33 kV）であり，三相3線式の中性点抵抗接地方式が主に採用されている．

高圧配電系統と同じように非接地方式も可能であるが，1線地絡事故時の保護継電器の動作を確実にするため，抵抗接地方式が標準となっている．

また，20 kV級配電の供給方式には，地中配電方式と架空配電方式とがある．

地中配電方式は，都市部の大規模ビルなどの超過密地域において適用され，架空配電方式は，都心埋立地，大規模ニュータウン，工業団地などの高圧・特別高圧負荷が集中する地域に適用されている．

スポットネットワーク方式，レギュラーネットワーク方式が採用されている．供給方式は3回線を標準とし，このうち1回線が停止しても残りの健全回線によって全負荷を供給できるように配慮している．

6.6 kVの配電線に比べ33 kVの場合は電圧が5倍となり，負荷が同じで配電線の線路定数も同じであれば，電流は1/5となり，電力損失は$p = I^2r$の関係から電流の2乗に比例するため1/25となる．さらに送電容量Pは，$P = VI$の関係から電流が同じで電圧が5倍になれば，$5P$と5倍になる．

したがって，(2)の「地絡電流抑制の観点から中性点を直接接地した三相3線方式が一般的である」が**誤り**で，地絡電流を抑制するために中性点抵抗接地方式を標準としている．

2009年度（平成21年度）問8と全く同じ問題である．

(2)

問12　こう長2 kmの三相3線式配電線路が，遅れ力率85 %の平衡三相負荷に電力を供給している．負荷の端子電圧を6.6 kVに保ったまま，線路の電圧降下率が5.0 %を超えないようにするための負荷電力[kW]の最大値として，最も近いものを次の(1)～(5)のうちから一つ選べ．

ただし，1 km 1線当たりの抵抗は0.45 Ω，リアクタンスは0.25 Ωとし，その他の条件は無いものとする．なお，本問では送電端電圧と受電端電圧との相差角が小さいとして得られる近似式を用いて解答すること．

(1)　1 023　　(2)　1 799　　(3)　2 117　　(4)　3 117　　(5)　3 600

解12　三相3線式配電線路の電圧降下率が所定の値を超えないようにするための負荷電力を求める計算問題である．

図に示すように，三相3線式配電線の受電端電圧をV，線路電流をI，力率を$\cos\theta$とすると，負荷電力Pは，

$$P=\sqrt{3}VI\cos\theta$$

と表されるから，線路電流Iは次のように求められる．

$$I=\frac{P}{\sqrt{3}V\cos\theta}\qquad ①$$

次に，1線当たりの抵抗をr [Ω]，1線当たりのリアクタンスをx [Ω]とすると，三相3線式配電線の電圧降下vは，近似式を用いると次式で表される．

$$v=\sqrt{3}I(r\cos\theta+x\sin\theta)\,[\mathrm{V}]\qquad ②$$

①式を②式に代入すると，次のようになる．

$$v=\sqrt{3}\,\frac{P}{\sqrt{3}V\cos\theta}(r\cos\theta+x\sin\theta)$$

$$=\frac{P}{V}\left(r+x\frac{\sin\theta}{\cos\theta}\right)[\mathrm{V}]$$

よって，電圧降下率εは，

$$\varepsilon=\frac{v}{V}\times100=\frac{\dfrac{P}{V}\left(r+x\dfrac{\sin\theta}{\cos\theta}\right)}{V}\times100$$

$$=\frac{P}{V^2}\left(r+x\frac{\sin\theta}{\cos\theta}\right)\times100$$

これが5.0 %を超えないようにするためには，

$$5.0>\frac{P}{(6.6\times10^3)^2}\times\left(0.45\times2+0.25\times2\times\frac{\sqrt{1-0.85^2}}{0.85}\right)\times100$$

$$P<\frac{5.0\times(6.6\times10^3)^2}{\left(0.45\times2+0.25\times2\times\dfrac{\sqrt{1-0.85^2}}{0.85}\right)\times100}$$

$$\fallingdotseq 1\,800\times10^3\ \mathrm{W}=1\,800\ \mathrm{kW}$$

したがって，負荷電力の最大値は1 799 kWとなる．

2014年度（平成26年度）問7と全く同じ問題である．

(2)

問13 一次側定格電圧と二次側定格電圧がそれぞれ等しい変圧器Aと変圧器Bがある．変圧器Aは，定格容量 $S_A = 5\,000$ kV·A，パーセントインピーダンス $\%Z_A = 9.0$ %（自己容量ベース），変圧器Bは，定格容量 $S_B = 1\,500$ kV·A，パーセントインピーダンス $\%Z_B = 7.5$ %（自己容量ベース）である．この変圧器2台を並行運転し，6 000 kV·Aの負荷に供給する場合，過負荷となる変圧器とその変圧器の過負荷運転状態[%]（当該変圧器が負担する負荷の大きさをその定格容量に対する百分率で表した値）の組合せとして，正しいものを次の(1)～(5)のうちから一つ選べ．

	過負荷となる変圧器	過負荷運転状態[%]
(1)	変圧器A	101.5
(2)	変圧器B	105.9
(3)	変圧器A	118.2
(4)	変圧器B	137.5
(5)	変圧器A	173.5

解13　容量の異なる2台の変圧器を並行運転する場合の負荷分担に関する計算問題である．

各変圧器の％インピーダンス値は，基準容量が異なるため，同じ基準容量にそろえてから負荷分担を求めなければならない．

変圧器Aの定格容量5 000 kV·Aを基準容量S_bとし，変圧器Bの％インピーダンス$\%Z_B = 7.5\ \%$（$S_B = 1\,500$ kV·A基準）を基準容量$S_b = 5\,000$ kV·Aに換算した値$\%Z_B'$を求める．

$$\%Z_B' = \%Z_B \frac{S_b}{S_B} = 7.5 \times \frac{5\,000}{1\,500} = 25\ \%$$

図に示すように，負荷分担は並列インピーダンスの電流分布と同じように考えられるから，$P = 6\,000$ kV·Aの負荷に供給するとき，各変圧器が分担する負荷P_A，P_Bは，それぞれ次のように求められる．

$$P_A = \frac{\%Z_B'}{\%Z_A + \%Z_B'} P = \frac{25}{9.0 + 25} \times 6\,000$$
$$= 4\,412\ \text{kV·A}$$

$$P_B = \frac{\%Z_A}{\%Z_A + \%Z_B'} P = \frac{9.0}{9.0 + 25} \times 6\,000$$
$$= 1\,588\ \text{kV·A}$$

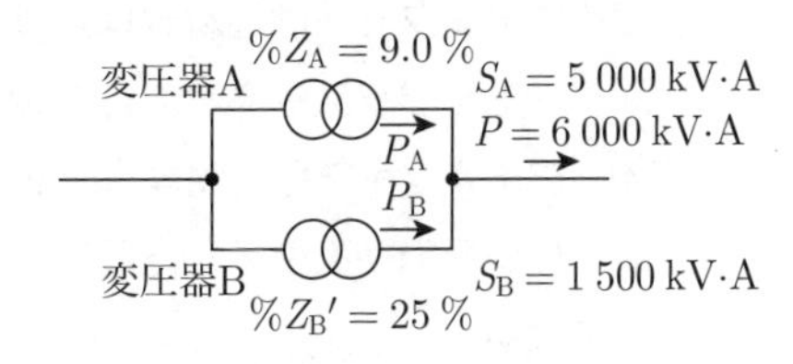

したがって，**変圧器Bが過負荷**になり，変圧器Bの過負荷率は，次のように求められる．

$$\frac{P_B}{S_B} = \frac{1\,588}{1\,500} \times 100 \fallingdotseq 105.9\ \%\quad (答)$$

2016年度（平成28年度）問6と全く同じ問題である．

答　(2)

問14　アモルファス鉄心材料を使用した柱上変圧器の特徴に関する記述として，誤っているものを次の(1)～(5)のうちから一つ選べ．

(1)　けい素鋼帯を使用した同容量の変圧器に比べて，鉄損が大幅に少ない．

(2)　アモルファス鉄心材料は結晶構造である．

(3)　アモルファス鉄心材料は高硬度で，加工性があまり良くない．

(4)　アモルファス鉄心材料は比較的高価である．

(5)　けい素鋼帯を使用した同容量の変圧器に比べて，磁束密度が高くできないので，大形になる．

解14　アモルファス変圧器の特徴に関する問題である．

アモルファス磁性材料は，強磁性体の鉄などに非晶質化を容易とする元素のほう素などを加え，溶融後に10^5〜10^6 K/sの速さで急冷してつくられる非晶質磁性材料である．アモルファス磁性材料は次のような特徴がある．

・鉄損が小さい
・電気抵抗率が高い
・保磁力が小さい
・高透磁率（外部から加えた磁界に対して効率よく大きな磁気誘導を生じる）である
・飽和磁束密度が小さい
・高硬度である
・耐食性が高い

アモルファス磁性材料の代表的なものとして，Fe系とCo系がある．Fe系材料は，磁界中熱処理で高磁束密度，低損失特性を示し，主に配電用変圧器の鉄心に使用されており，Co系材料は，高透磁率を利用した可飽和コアをはじめ種々の鉄心に使用されている．

アモルファス磁性材料の鉄損は，従来の方向性けい素鋼板と比較して約1/3であるため最近注目されており，硬い，薄い，もろいなどの点は加工技術の進歩により解決され，柱上変圧器に実用化されている．

したがって，アモルファス磁性材料は，非結晶構造であるため，**(2)が誤り**である．

2003年度（平成15年度）問14と全く同じ問題である．

(2)

理論
電力
機械
法規
令和5上(2023)
令和4下(2022)
令和4上(2022)
令和3(2021)
令和2(2020)
令和元(2019)
平成30(2018)
平成29(2017)
平成28(2016)
平成27(2015)

B 問題　配点は 1 問題当たり(a) 5 点，(b) 5 点，計 10 点

問15　石炭火力発電所が1日を通して定格出力600 MWで運転されるとき，燃料として使用される石炭消費量が150 t/h，石炭発熱量が34 300 kJ/kgで一定の場合，次の(a)及び(b)の問に答えよ．

ただし，石炭の化学成分は重量比で炭素が70 %，水素が5 %，残りの灰分等は燃焼に影響しないものと仮定し，原子量は炭素12，酸素16，水素1とする．燃焼反応は次のとおりである．

$$C + O_2 \rightarrow CO_2$$

$$2H_2 + O_2 \rightarrow 2H_2O$$

(a)　発電端効率の値[%]として，最も近いものを次の(1)～(5)のうちから一つ選べ．

(1)　41.0　(2)　41.5　(3)　42.0　(4)　42.5　(5)　43.0

(b)　1日に発生する二酸化炭素の重量の値[t]として，最も近いものを次の(1)～(5)のうちから一つ選べ．

(1)　3.8×10^2　(2)　2.5×10^3　(3)　3.8×10^3

(4)　9.2×10^3　(5)　1.3×10^4

解15　汽力発電所の熱効率および燃料の燃焼計算に関する計算問題である．

(a)　発電所の定格出力を P_G [MW] とすると，1日の発電電力量 W [kW·h] は，次のように求められる．

$$W = 24 \times P_G \times 10^3 = 24P_G \times 10^3\ [\text{kW·h}]$$

図に示すように，石炭消費量を B [kg/h]，石炭発熱量を H [kJ/kg] とすると，1日に消費した石炭の総発熱量 Q は，次のように求められる．

$$Q = 24BH\ [\text{kJ}]$$

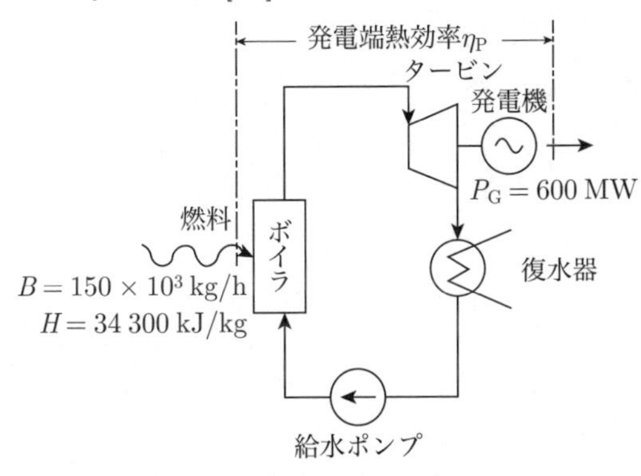

電力量 [kW·h] と熱量 [kJ] の関係は，

$$1\ \text{kW·h} = 3\ 600\ \text{kJ}$$

であるから，発電端熱効率 η_P は，次のように求められる．

$$\eta_P = \frac{\text{発電機で発生した電気出力（熱量換算値）}}{\text{ボイラに供給した燃料の総発熱量}}$$

$$= \frac{3\ 600W}{Q} = \frac{3\ 600 \times 24P_G \times 10^3}{24BH}$$

$$= \frac{3\ 600 \times P_G \times 10^3}{BH} = \frac{3\ 600 \times 600 \times 10^3}{150 \times 10^3 \times 34\ 300}$$

$$\fallingdotseq 0.420 = 42.0\ \%\ \text{(答)}$$

(b)　二酸化炭素は，燃料中の炭素が燃焼した場合に発生し，化学反応式より炭素C 1分子1 kmol，質量12 kgが燃焼すると，二酸化炭素 CO_2 は1分子1 kmol，質量（12 + 2 × 16）kg発生する．

題意より，重油の化学成分は炭素70 %であるから，1 kgの重油中の炭素が燃焼したとき発生する二酸化炭素の量 m は，次のように求められる．

$$m = 0.70 \times \frac{12 + 2 \times 16}{12} = \frac{30.8}{12}\ \text{kg/kg}$$

したがって，1日運転したときに発生する二酸化炭素の重量 M は，次のように求められる．

$$M = 24Bm = 24 \times 150 \times 10^3 \times \frac{30.8}{12}$$

$$= 9.24 \times 10^6\ \text{kg} = 9.24 \times 10^3\ \text{t}\ \text{(答)}$$

2009年度（平成21年度）に類題がある．

(a)―(3)，(b)―(4)

問16　図のように，定格電圧66 kVの電源から三相変圧器を介して二次側に遮断器が接続された系統がある．この三相変圧器は定格容量10 MV·A，変圧比66/6.6 kV，百分率インピーダンスが自己容量基準で7.5 %である．変圧器一次側から電源側をみた百分率インピーダンスを基準容量100 MV·Aで5 %とするとき，次の(a)及び(b)の問に答えよ．

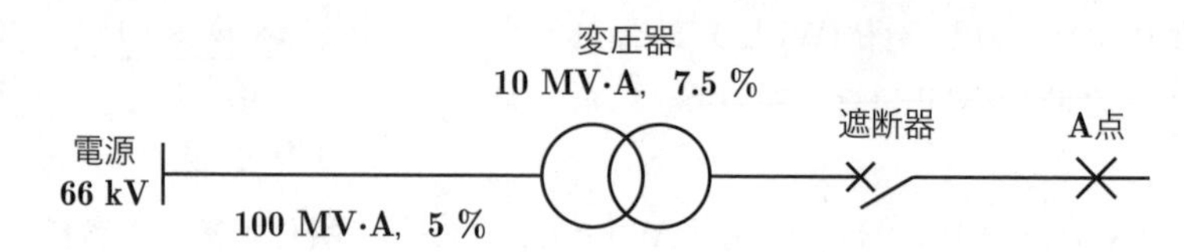

(a)　基準容量を10 MV·Aとして，変圧器二次側から電源側をみた百分率インピーダンスの値[%]として，最も近いものを次の(1)～(5)のうちから一つ選べ．

(1)　2.5　(2)　5.0　(3)　7.0　(4)　8.0　(5)　12.5

(b)　図のA点で三相短絡事故が発生したとき，事故電流を遮断できる遮断器の定格遮断電流の最小値[kA]として，最も近いものを次の(1)～(5)のうちから一つ選べ．ただし，変圧器二次側からA点までのインピーダンスは無視するものとする．

(1)　8　(2)　12.5　(3)　16　(4)　20　(5)　25

解16　三相短絡電流から遮断器の定格遮断電流を求める計算問題である．

(a)　変圧器一次側から電源側をみた百分率インピーダンス$\%Z_1 = 5\ \%$（$P_1 = 100$ MV·A基準）を基準容量$P_B = 10$ MV·Aに換算した値$\%Z_1{}'$は，次のように求められる．

$$\%Z_1{}' = \%Z_1 \frac{P_B}{P_1} = 5 \times \frac{10}{100} = 0.5\ \%$$

図に示すように，変圧器の百分率インピーダンスを$\%Z_T$（$P_B = 10$ MV·A基準）とすると，変圧器二次側から電源側をみた百分率インピーダンス$\%Z$は，次のように求められる．

$$\%Z = \%Z_T + \%Z_1{}' = 7.5 + 0.5$$
$$= 8.0\ \%$$ (答)

電源 66 kV　$\%Z_1{}' = 0.5\ \%$　$\%Z_T = 7.5\ \%$　A点
変圧器 66/6.6 kV　遮断器

(b)　定格電流をI_B [A]，事故点Aの定格電圧をV_B [V]とすると，基準容量P_Bは，

$$P_B = \sqrt{3} V_B I_B \text{ [V·A]}$$

と表されるから，基準電流I_Bは，次のように求められる．

$$I_B = \frac{P_B}{\sqrt{3} V_B} \text{ [A]}$$

よって，三相短絡電流I_Sは，次のように求められる．

$$I_S = \frac{100}{\%Z} I_B = \frac{100}{\%Z} \cdot \frac{P_B}{\sqrt{3} V_B}$$
$$= \frac{100}{8.0} \times \frac{10 \times 10^6}{\sqrt{3} \times 6.6 \times 10^3}$$
$$\fallingdotseq 10.93 \times 10^3 \text{ A} \to 10.9 \text{ kA}$$

したがって，遮断器の遮断電流は上記の値以上必要であるから，定格遮断電流の最小値は**12.5** kAとなる．

2004年度（平成16年度）問16と全く同じ問題である．

(a)―(4)，(b)―(2)

理論　電力　機械　法規
令和5上(2023)　令和4下(2022)　令和4上(2022)　令和3(2021)　令和2(2020)　令和元(2019)　平成30(2018)　平成29(2017)　平成28(2016)　平成27(2015)

問17　三相3線式高圧配電線の電圧降下について，次の(a)及び(b)の問に答えよ．

図のように，送電端S点から三相3線式高圧配電線でA点，B点及びC点の負荷に電力を供給している．S点の線間電圧は6 600 Vであり，配電線1線当たりの抵抗及びリアクタンスはそれぞれ0.3 Ω/kmとする．

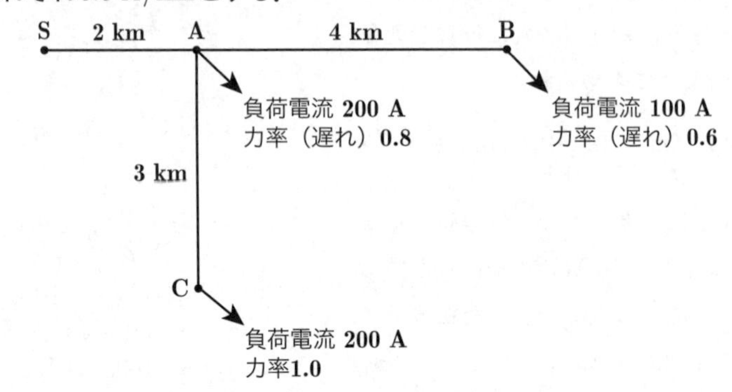

(a)　S-A間を流れる電流の値[A]として，最も近いものを次の(1)～(5)のうちから一つ選べ．

(1)　405　(2)　420　(3)　435　(4)　450　(5)　465

(b)　A-Bにおける電圧降下率の値[%]として，最も近いものを次の(1)～(5)のうちから一つ選べ．

(1)　4.9　(2)　5.1　(3)　5.3　(4)　5.5　(5)　5.7

解17　片端給電方式の線路電流と電圧降下率を求める計算問題である．

(a)　図に示すように，各負荷の負荷電流の大きさをI_A [A]，I_B [A]，I_C [A]，各負荷の力率を$\cos\theta_A$，$\cos\theta_B$，$\cos\theta_C$とすると，各負荷の負荷電流を複素数$\dot{I}_A$，$\dot{I}_B$，$\dot{I}_C$で表すと，次のように求められる．

$$\dot{I}_A = I_A(\cos\theta_A - \mathrm{j}\sin\theta_A)$$
$$= I_A(\cos\theta_A - \mathrm{j}\sqrt{1-\cos^2\theta_A})$$
$$= 200(0.8 - \mathrm{j}\sqrt{1-0.8^2})$$
$$= 160 - \mathrm{j}120\ \mathrm{A}$$

$$\dot{I}_B = I_B(\cos\theta_B - \mathrm{j}\sin\theta_B)$$
$$= I_B(\cos\theta_B - \mathrm{j}\sqrt{1-\cos^2\theta_B})$$
$$= 100(0.6 - \mathrm{j}\sqrt{1-0.6^2})$$
$$= 60 - \mathrm{j}80\ \mathrm{A}$$

$$\dot{I}_C = I_C(\cos\theta_C - \mathrm{j}\sin\theta_C)$$
$$= I_C(\cos\theta_C - \mathrm{j}\sqrt{1-\cos^2\theta_C})$$
$$= 200(1.0 - \mathrm{j}\sqrt{1-1.0^2}) = 200\ \mathrm{A}$$

S-A間を流れる電流$\dot{I}_{SA}$は，次のように求められる．

$$\dot{I}_{SA} = \dot{I}_A + \dot{I}_B + \dot{I}_C$$
$$= 160 - \mathrm{j}120 + (60 - \mathrm{j}80) + 200$$
$$= 420 - \mathrm{j}200\ \mathrm{A}$$

したがって，$\dot{I}_{SA}$の大きさI_{SA}は，次のように求められる．

$$I_{SA} = \sqrt{420^2 + 200^2} \fallingdotseq 465\ \mathrm{A}$$ (答)

(b)　配電線1線当たりのS-A間およびA-B間のインピーダンス$\dot{Z}_{SA}$および$\dot{Z}_{AB}$は，次のように求められる．

$$\dot{Z}_{SA} = r_{SA} + \mathrm{j}x_{SA} = 0.3\times 2 + \mathrm{j}0.3\times 2$$
$$= 0.6 + \mathrm{j}0.6\ \Omega$$

$$\dot{Z}_{AB} = r_{AB} + \mathrm{j}x_{AB} = 0.3\times 4 + \mathrm{j}0.3\times 4$$
$$= 1.2 + \mathrm{j}1.2\ \Omega$$

S-A間に流れる電流の力率を$\cos\theta_{SA}$とすると，S-A間の電圧降下v_{SA}は，近似式を用いると次のように求められる．

$$v_{SA} = \sqrt{3}I_{SA}(r_{SA}\cos\theta_{SA} + x_{SA}\sin\theta_{SA})$$
$$= \sqrt{3}\times 465\times\left(0.6\times\frac{420}{465} + 0.6\times\frac{200}{465}\right)$$
$$= \sqrt{3}\times 0.6\times(420+200) \fallingdotseq 644.3\ \mathrm{V}$$

S点の電圧をV_Sとすると，A点の電圧V_Aは，

$$V_A = V_S - v_{SA} = 6\,600 - 644.3$$
$$= 5\,955.7\ \mathrm{V}$$

A-B間の電圧降下v_{AB}は，近似式を用いると次のように求められる．

$$v_{AB} = \sqrt{3}I_B(r_{AB}\cos\theta_B + x_{AB}\sin\theta_B)$$
$$= \sqrt{3}I_B(r_{AB}\cos\theta_B + x_{AB}\sqrt{1-\cos^2\theta_B})$$
$$= \sqrt{3}\times 100 \times(1.2\times 0.6 + 1.2\times\sqrt{1-0.6^2})$$
$$\fallingdotseq 291.0\ \mathrm{V}$$

B点の電圧V_Bは，

$$V_B = V_A - v_{AB} = 5\,955.7 - 291.0$$
$$= 5\,664.7\ \mathrm{V}$$

したがって，A-B間の電圧降下率εは，次のように求められる．

$$\varepsilon = \frac{v_{AB}}{V_B}\times 100 = \frac{291.0}{5\,664.7}\times 100$$
$$\fallingdotseq 5.14\,\% \rightarrow 5.1\,\%$$ (答)

(a)—(5)，(b)—(2)

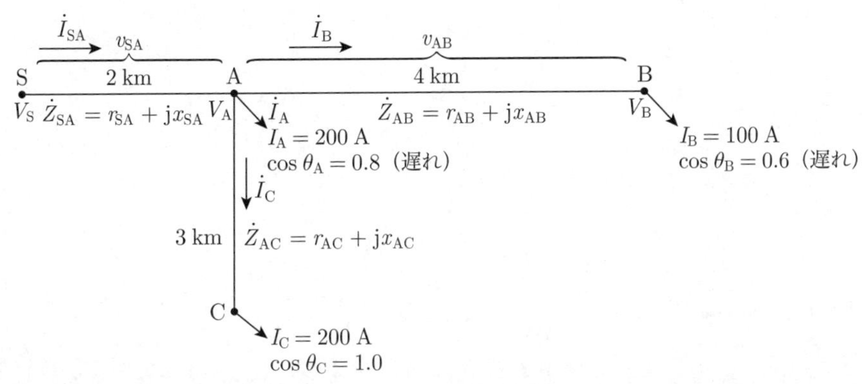

令和4年度（2022年）下期　電力の問題

A問題　配点は1問題当たり5点

問1 水力発電に関する記述として，誤っているものを次の(1)～(5)のうちから一つ選べ．

(1) 水管を流れる水の物理的性質を示す式として知られるベルヌーイの定理は，エネルギー保存の法則に基づく定理である．

(2) 水力発電所には，一般的に短時間で起動・停止ができる，耐用年数が長い，エネルギー変換効率が高いなどの特徴がある．

(3) 水力発電は昭和30年代前半まで我が国の発電の主力であったが，現在ではエネルギーの安定供給と経済性及び地球環境への貢献の観点から多様な発電方式が運用されており，我が国における水力発電の近年の発電電力量の比率は20％程度である．

(4) 河川の1日の流量を，年間を通して流量の多いものから順番に配列して描いた流況曲線は，発電電力量の計画において重要な情報となる．

(5) 総落差から損失水頭を差し引いたものを一般に有効落差という．有効落差に相当する位置エネルギーが水車に動力として供給される．

●試験時間　90分
●必要解答数　A問題14題，B問題3題

解1　水力発電の原理，特徴に関する問題である．

わが国における電源別の発電電力量の比率は，図に示すように，昭和30年度は水力発電が約79％と主力を占めていたが，現在ではエネルギーの安定供給と経済性や地球環境への貢献の観点からそれぞれの発電設備の特性を活かした多様な発電方式が運用されており，近年の水力発電の電力量比率は**約9％**である．

なお，原子力発電はベース供給力として定格出力で運転を行うため，2010年度の東日本大震災までは電力量全体の約3割を占めていたが，東日本大震災以降は停止した原子力発電の代わりに火力発電を運転したため，LNGと石炭を合わせた比率が約6～7割を占めている．

(3)

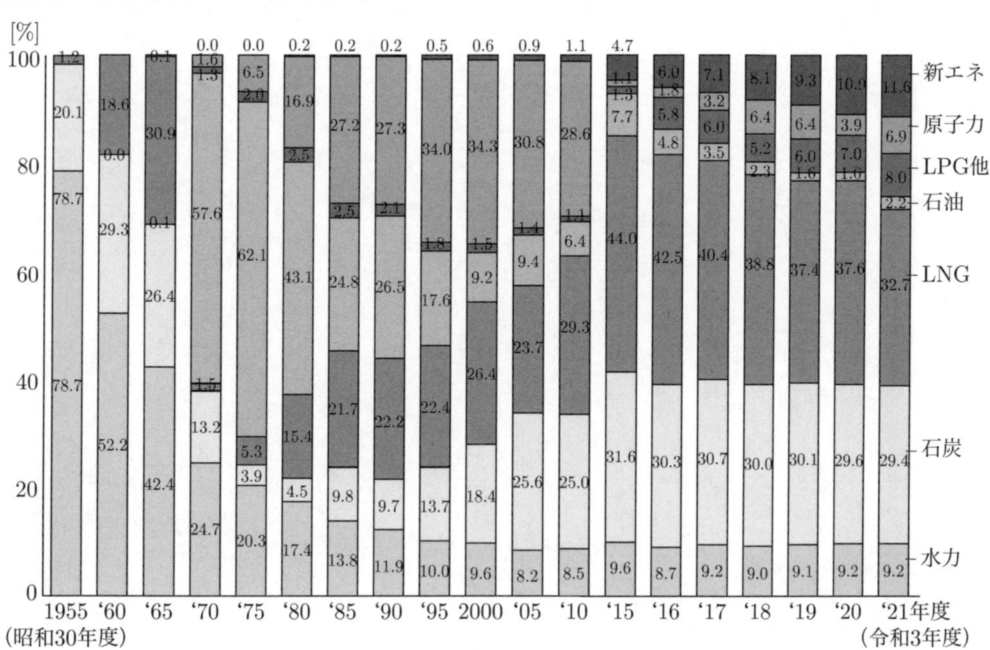

（出典：電気事業連合会「電源別発電電力量構成比」）
電源別発電電力量構成比

次の文章は，水車に関する記述である.

水圧管の先端がノズルになっていると，有効落差は全て (ア) エネルギーとなり，水は噴流となって噴出し，ランナのバケットにあたってランナを回転させる．このような水の力で回転する水車を (イ) 水車という.

代表的なものとして (ウ) 水車があり， (エ) で，流量の比較的少ない場所に用いられ，比速度は (オ) .

上記の記述中の空白箇所(ア)～(オ)に当てはまる組合せとして，正しいものを次の(1)～(5)のうちから一つ選べ.

	(ア)	(イ)	(ウ)	(エ)	(オ)
(1)	運動	衝動	ペルトン	高落差	大きい
(2)	圧力	反動	フランシス	低落差	大きい
(3)	位置	反動	カプラン	高落差	大きい
(4)	圧力	衝動	フランシス	低落差	小さい
(5)	運動	衝動	ペルトン	高落差	小さい

解2　衝動水車の原理，特徴に関する問題である．

水車は，水のもつエネルギー（位置・運動・圧力エネルギー）の利用方法によって，衝動水車と反動水車に大別される．

図に示すように，ノズルから噴出される水は**運動**エネルギーをもっており，この運動エネルギーをもった流水をランナのバケットに当てて，速度をもった水の衝動力によりランナを回転させる水車を**衝動**水車といい，代表的なものに**ペルトン**水車がある．

ペルトン水車は250〜800 m程度の高落差領域で，流量の少ない場所に用いられる．比速度の限界は**小さく**，範囲も10〜29 [min^{-1}, kW, m] と狭く適用範囲が限定される．また，フランシス水車に比べ低速形となり，水車，発電機とも大形となる．

(5)

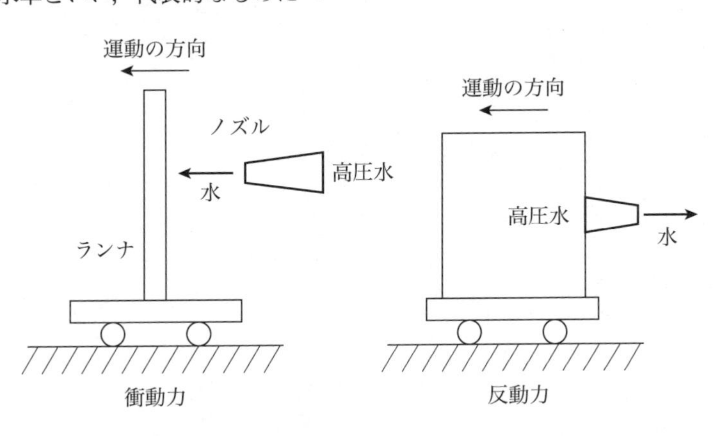

ガスタービン発電と汽力発電を組み合わせたコンバインドサイクル発電方式を，同一出力の汽力発電方式と比較した記述として，誤っているものを次の(1)～(5)のうちから一つ選べ．

(1) 熱効率が高い．

(2) 起動・停止時間が短い．

(3) 蒸気タービンの出力分担が小さいので，復水器の冷却水量が少ない．

(4) 最大出力が外気温度の影響を受けやすい．

(5) 大型所内補機が多いので，所内率が大きい．

解3　コンバインドサイクル発電の特徴に関する問題である．

コンバインドサイクル発電は，ガスタービンと蒸気タービンを組み合わせた発電方式で，図に示すように，ガスタービンの排気ガスを排熱回収ボイラに導き，その熱で給水を加熱し，蒸気タービンを駆動する排熱回収方式が主流となっている．

排熱回収方式のコンバインドサイクル発電の主な特徴をまとめると次のとおりになる．

① 熱効率は汽力発電の約42～43 %に対して，1 450 °C級コンバインドサイクルでは約52～54 %と高く，キロワット時当たりの燃料消費量が少ない．

② ガスタービンを使用した小容量機の組合せのため，熱容量が小さく，負荷変化率を大きくとれ，短時間での起動停止が可能である．起動時の暖機に要する熱量および時間が少なくてすみ，8時間停止後の起動時間は，約1時間と短い．

③ 小容量の単位機（「系列」）で構成しているため，出力の増減をこの単位機の運転台数の増減で行うことにより，部分負荷においても定格出力と同等の高い熱効率が得られる．

④ ガスタービンの出力が外気温度の影響を受けやすいため，その結果として最大出力も外気温度に影響される（ガスタービンの圧縮機の吸込み空気容量は大気温度に関係なくほぼ一定であるため，大気温度が上昇すると空気の密度が減少し，吸込み空気質量は減少する．ガスタービンの出力は吸込み空気質量に比例するため大気温度の上昇とともに出力が減少することとなる．これに対応するため，大気温度の高い夏場には圧縮機の吸込み空気を冷却する手法がとられている．）．

⑤ 蒸気タービンの分担が少ないため，蒸気タービンを使用する汽力発電に必要となる給水ポンプおよび復水器に冷却水を供給する循環水ポンプなどの大型所内補機の容量も少なくてすむ．また，排熱回収ボイラを用いるため汽力発電に必要な通風装置などのボイラ補機が不要であるため，**大型の所内補機が少なく所内率は小さい**．

2010（平成22年），2007年（平成19年）に類題がある．

答　(5)

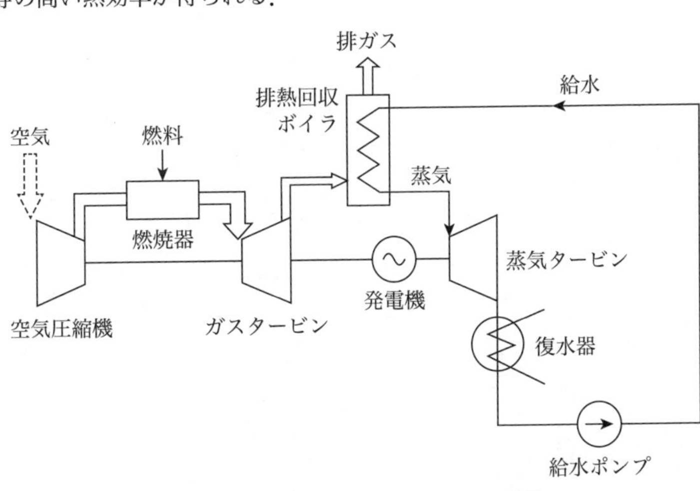

排熱回収方式コンバインドサイクル発電

理論 電力 機械 法規 令和5上(2023) 令和4下(2022) 令和4上(2022) 令和3(2021) 令和2(2020) 令和元(2019) 平成30(2018) 平成29(2017) 平成28(2016) 平成27(2015)

問4

次の文章は，原子炉の型と特性に関する記述である．

軽水炉は，(ア)を原子燃料とし，冷却材と(イ)に軽水を用いた原子炉であり，我が国の商用原子力発電所に広く用いられている．この軽水炉には，蒸気を原子炉の中で直接発生する(ウ)原子炉と蒸気発生器を介して蒸気を作る(エ)原子炉とがある．

軽水炉では，何らかの原因により原子炉の核分裂反応による熱出力が増加して，炉内温度が上昇した場合でも，燃料の温度上昇にともなってウラン238による中性子の吸収が増加する(オ)により，出力が抑制される．このような働きを原子炉の固有の安全性という．

上記の記述中の空白箇所(ア)～(オ)に当てはまる組合せとして，正しいものを次の(1)～(5)のうちから一つ選べ．

	(ア)	(イ)	(ウ)	(エ)	(オ)
(1)	低濃縮ウラン	減速材	沸騰水型	加圧水型	ドラップラー効果
(2)	高濃縮ウラン	減速材	沸騰水型	加圧水型	ボイド効果
(3)	プルトニウム	加速材	加圧水型	沸騰水型	ボイド効果
(4)	低濃縮ウラン	減速材	加圧水型	沸騰水型	ボイド効果
(5)	高濃縮ウラン	加速材	沸騰水型	加圧水型	ドラップラー効果

解4　軽水炉の原理，種類と固有の安全性に関する問題である．

原子炉は減速材や冷却材の違いによって分類され，わが国の商業発電用原子炉は，軽水炉と呼ばれる型式で，沸騰水型（BWR）と加圧水型（PWR）の2種類がある．軽水炉は，ウラン235の割合を3～5％程度に高めた**低濃縮ウラン**を燃料に使用していること，ならびに軽水が冷却材と減速材を兼ねていることが共通している．

沸騰水型原子炉（BWR）は，(a)図に示すように，冷却材が炉心で沸騰し，発生した蒸気は水と分離されて直接タービン に送られ，水は再循環ポンプによって再び炉心へ循環される．加圧水型に比べて原子炉圧力が低く，蒸気発生器がないので構成が簡単であるが，放射性物質を含んだ蒸気がタービンへ送られるためタービン側でも放射線防護対策が必要である．

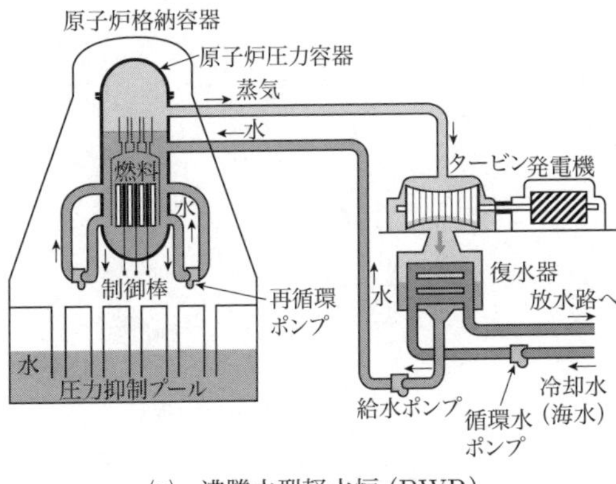

(a)　沸騰水型軽水炉（BWR）

加圧水型原子炉（PWR）は，(b)図に示すように，冷却材系統が二つに分かれており，一次冷却材は炉心で沸騰しないように加圧器で加圧され，原子炉で加熱された一次冷却材は蒸気発生器で二次冷却材に熱を伝えたあと，一次冷却材ポンプで炉心に送り込まれる．一方，蒸気発生器で加熱された二次冷却材は飽和蒸気となってタービンへ送られる．放射性物質を含んだ一次冷却材がタービンへ送られないため，タービン系統の点検・保守が火力発電所と同じようにできる利点がある．

軽水炉は，次のような固有の安全性を有しており，これを自己制御性という．

燃料に含まれるウラン238は，特定のエネル

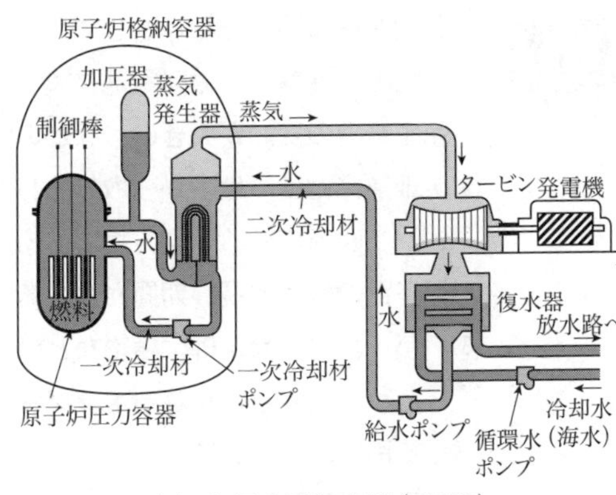

(b)　加圧水型軽水炉（PWR）

ギーの中性子に対して非常に強い吸収効果（共鳴吸収）をもっており，ウラン238の温度が上昇すると共鳴吸収量が増加する．この現象を**ドップラー効果**という．不測の出力上昇があると燃料の温度が上昇し，ウラン238による中性子の共鳴吸収量が増加し，出力が抑制される．この抑制効果は極めて早く作用し，原子炉の安全性の重要な要素の一つとなっている．

また，軽水炉では核分裂に利用される中性子の速度があまりに速いとウラン235と反応しにくくなるため，減速材により中性子の速さを遅くした熱中性子を利用している．しかし，何らかの原因で核分裂が増加し，出力が増加すると，当然減速材の温度も上昇し，密度が下がり，ついには蒸気泡（ボイド）が発生する．これは減速材の減速効果を低下させることになり，その結果，核分裂に寄与する熱中性子が減少し，核分裂は自動的に抑制される．この減速材の温度変化による反応度効果を減速材温度効果，ボイドによる反応度効果をボイド効果といい，原子炉安全上極めて重要な要素となっている．

ドップラー効果，減速材温度効果，ボイド効果は，出力が増加すると自動的に出力が下がる特性であり，これらは原子の安全性を考えるうえで極めて重要な特性である．

2007年（平成19年）にほぼ同じ問題（ドップラー効果のかわりにボイド効果を解答）が出題されている．

 (1)

問5　各種発電に関する記述として，誤っているものを次の(1)～(5)のうちから一つ選べ．

(1) 太陽光発電は，太陽電池によって直流の電力を発生させる．需要地点で発電が可能，発生電力の変動が大きい，などの特徴がある．

(2) 地熱発電は，地下から取り出した蒸気又は熱水の気化で発生させた蒸気によってタービンを回転させる発電方式である．発電に適した地熱資源を見つけるために，適地調査に多額の費用と長い期間がかかる．

(3) バイオマス発電は，植物などの有機物から得られる燃料を利用した発電方式である．さとうきびから得られるエタノールや，家畜の糞から得られるメタンガスなどが燃料として用いられている．

(4) 風力発電は，風のエネルギーによって風車で発電機を駆動し発電を行う．プロペラ型風車は羽根の角度により回転速度の制御が可能である．設定値を超える強風時には羽根の面を風向きに平行になるように制御し，ブレーキ装置によって風車を停止させる．

(5) 燃料電池発電は，水素と酸素との化学反応を利用して直流の電力を発生させる．発電に伴って発生する熱を給湯などに利用できるが，発電時の振動や騒音が大きい．

解5　再生可能エネルギー発電の原理と特徴に関する問題である．

燃料電池は，天然ガス，メタノールなどの化石燃料を改質して得られる水素，炭化水素などの燃料と空気中の酸素を電気化学的反応により酸化（水の電気分解と逆の化学反応）させ，このときに生じる化学エネルギーを直接電気エネルギーに変換する装置である．燃料電池の種類は，電解質によってリン酸型，溶融炭酸塩型，固体酸化物型，固体高分子型などに分類され，このなかで現在最も開発が進んでいるのはリン酸型である．

発電効率は40～45 %程度であるが，排熱利用も行うコージェネレーションシステムの適用により総合効率80 %程度も可能である．

1．原理

図に示すように，天然ガスまたはメタノールなどの燃料を燃料改質器で改質し，その改質された水素ガスが燃料極（負極）上で電極に電子(e^-)を与え，自らは水素イオン（H^+）となって電解質中を空気極（正極）に移動する．空気極では，電解質中を移動してきた水素イオンと外部回路から流れてきた電子が，外部から供給される酸素と反応して水を生成する．この反応中で外部回路に電子の流れが形成されて電流となり，電気エネルギーが発生する．

2．特徴

① カルノーサイクルの制約がなく，発電効率は，太陽光発電10～20 %，風力発電10～30 %程度に比較して高い．

② 出力変化による効率の変化が少ない．

③ 発電効率は40～45 %程度であるが，排熱利用も行うコージェネレーションシステムの適用により総合効率80 %程度が可能である．

④ 環境上の制約を受けず（**発電時の振動や騒音が小さい**，燃焼ガスが少ない），分散型電源として需要地内の設置が可能である．

⑤ 燃料に天然ガス，メタノール，炭酸ガスが利用でき，石油代替効果が大きい．

⑥ 出力が直流電力であるため，電力系統に連系する場合はインバータ（直流－交流変換装置）で交流に変換する必要がある．

したがって，(5)の，燃料電池発電は，「発電時の振動や騒音が大きい」が誤りである．

(5)

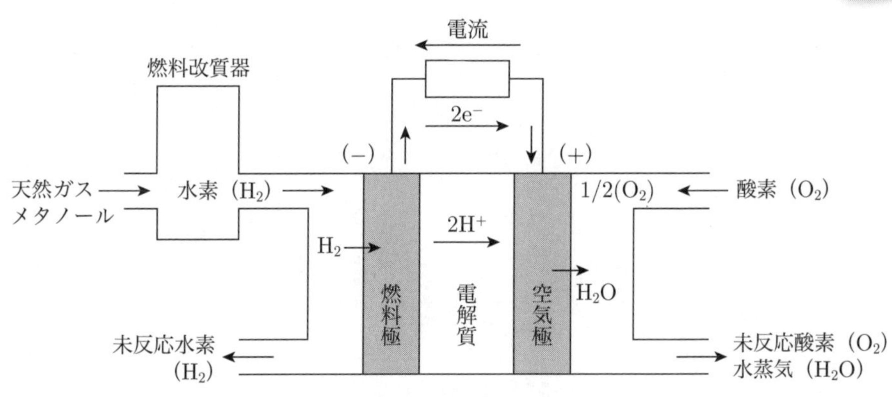

りん酸型燃料電池の原理

定格値が一次電圧 **66 kV**，二次電圧 **6.6 kV**，容量 **30 MV·A** の三相変圧器がある．一次側に換算した漏れリアクタンスの値が **14.5 Ω** のとき，百分率リアクタンスの値 [%] として，最も近いものを次の(1)～(5)のうちから一つ選べ．

(1)　**3.3**　　(2)　**5.8**　　(3)　**10.0**　　(4)　**17.2**　　(5)　**30.0**

解6　百分率リアクタンスを求める計算問題である．

X [Ω] のリアクタンスに定格電流 I_n [A] を流したときに生じる電圧降下 XI_n [V] が定格相電圧 E_n [V] に対して何％になるかを表したものを百分率リアクタンスといい，三相回路の百分率リアクタンス％Xは次式で表される．

$$\%X = \frac{XI_n}{E_n} \times 100 = \frac{XI_n}{\frac{V_n}{\sqrt{3}}} \times 100$$

$$= \frac{\sqrt{3}XI_n}{V_n} \times 100\ \%$$

ただし，V_n は定格線間電圧 [V] とする．

また，定格容量を P_n とすると，定格電流 I_n は次式で表される．

$$I_n = \frac{P_n}{\sqrt{3}V_n}\ [\mathrm{A}]$$

これより，百分率リアクタンス％Xを求める式に変形し，数値を代入すると次のように求められる．

$$\%X = \frac{\sqrt{3}XI_n}{V_n} \times 100 = \frac{\sqrt{3}X\frac{P_n}{\sqrt{3}V_n}}{V_n} \times 100$$

$$= \frac{XP_n}{V_n^2} \times 100$$

$$= \frac{14.5 \times 30 \times 10^6}{(66 \times 10^3)^2} \times 100 \fallingdotseq 9.99\ \%$$

$$\rightarrow 10.0\ \%$$

2008年（平成20年）にほぼ同じ問題（数値だけが違う）が出題されている．

(3)

問7

次の文章は，変圧器の結線方式に関する記述である．

変圧器の一次側，二次側の結線に Y 結線及び △ 結線を用いる方式は，結線の組合せにより四つのパターンがある．このうち，(ア)結線はひずみ波の原因となる励磁電流の第3高調波が環流し，吸収される効果が得られるが，一方で中性点の接地が必要となる場合は適さない．(イ)結線は一次側，二次側とも中性点接地が可能という特徴を有する．(ウ)結線及び(エ)結線は第3高調波の環流回路があり，一次側若しくは二次側の中性点接地が可能である．(ウ)結線は昇圧用に，(エ)結線は降圧用に用いられることが多い．

特別高圧系統では変圧器中性点を各種の方法で接地することから，(イ)結線の変圧器が用いられるが，第3高調波の環流の効果を得る狙いから(オ)結線を用いた三次巻線を採用していることが多い．

上記の記述中の空白箇所(ア)～(オ)に当てはまる組合せとして，正しいものを次の(1)～(5)のうちから一つ選べ．ただし，(ア)～(エ)の左側は一次側，右側は二次側の結線を表す．

	(ア)	(イ)	(ウ)	(エ)
(1)	Y-Y	△-△	Y-△	△
(2)	△-△	Y-Y	△-Y	△
(3)	△-△	Y-Y	Y-△	△
(4)	Y-△	△-Y	△-△	Y
(5)	△-△	Y-Y	△-Y	Y

解7　変圧器の結線方式の特徴と適用の考え方に関する問題である．

Δ-Δ 結線は，一次・二次間に角変位がなく，Δ巻線内で第3調波電流が環流するので電圧波形にひずみを生じにくく，単相器3台を使用している場合，1相分の巻線が故障してもV-V結線として運転できる．しかし，中性点が接地できないので接地が必要となる箇所には適さない．

Y-Y 結線は，一次・二次間に角変位がなく，一次・二次ともに中性点接地が可能であるため地絡保護，異常電圧の抑制が容易である．しかし，第3調波電流が環流するΔ巻線がないため，中性点非接地式の場合は電圧がひずみ波となり，中性点接地式の場合は電圧波形のひずみは解消されるが第3調波電流による通信線への誘導障害が問題となる．よってY-Y結線は採用されない．

Y-Δ 結線および **Δ-Y** 結線は，図に示すように，一次・二次間に30°の角変位があるが，Δ巻線内で第3調波が環流するので電圧波形がひずみにくく，Y結線で中性点接地できるので地絡保護，異常電圧の抑制が容易である．**Δ-Y** 結線は発電所の昇圧用として，**Y-Δ** 結線は配電用変電所等の降圧用として一般的に用いられている．

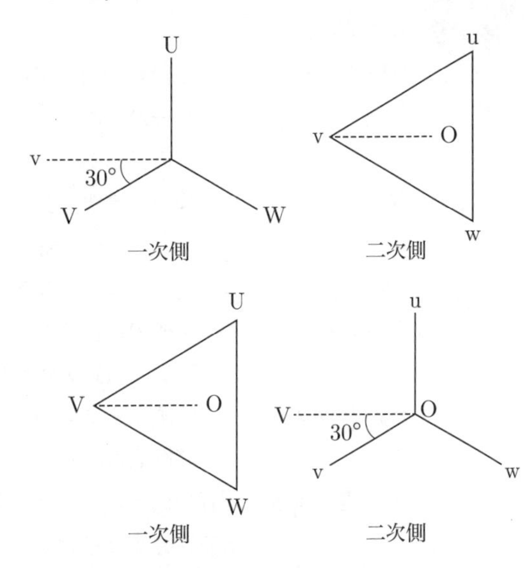

特別高圧送電系統では変圧器の中性点を各種の方法で接地するため **Y-Y** 結線が用いられるが，Δ巻線内で第3調波を環流させて電圧のひずみを抑制するため三次巻線を設置した **Y-Y-Δ** 結線が広く採用されている．三次巻線のΔ結線は，所内電源の供給や調相設備を接続して電圧調整や無効電力調整ができる．

(2)

架空送電線路の構成要素に関する記述として，誤っているものを次の(1)～(5)のうちから一つ選べ．

(1) アークホーン：がいしの両端に設けられた金属電極をいい，雷サージによるフラッシオーバの際生じるアークを電極間に生じさせ，がいし破損を防止するものである．

(2) トーショナルダンパ：着雪防止が目的で電線に取り付ける．風による振動エネルギーで着雪を防止し，ギャロッピングによる電線間の短絡事故などを防止するものである．

(3) アーマロッド：電線の振動疲労防止やアークスポットによる電線溶断防止のため，クランプ付近の電線に同一材質の金属を巻き付けるものである．

(4) 相間スペーサ：強風などによる電線相互の接近及び衝突を防止するため，電線相互の間隔を保持する器具として取り付けるものである．

(5) 埋設地線：塔脚の地下に放射状に埋設された接地線，あるいは，いくつかの鉄塔を地下で連結する接地線をいい，鉄塔の塔脚接地抵抗を小さくし，逆フラッシオーバを抑止する目的等のため取り付けるものである．

解8　架空送電線路の構成設備と設置目的に関する問題である．

鋼心アルミより線（ACSR）のように比較的軽い電線が，電線と直角方向に毎秒数m程度の微風を一様に受けると，電線の背後に渦（カルマン渦）を生じ，これにより電線に生じる交番上下力の周波数が電線の固有振動数の一つと一致すると，電線が定常的に上下に振動を起こすことがある．これを微風振動といい，この振動が長年月継続すると電線が疲労劣化し，クランプ取付け部の電線支持点付近で断線することがある．

微風振動は，平地で長径間，張力の大きい場所，直径の大きい割に軽い電線，さらに，早朝や日没時に発生しやすくなる．

微風振動の防止対策としては次のような方法がある．

① 電線支持点付近の電線をアーマロッドで補強する．

② 振動エネルギーを吸収させるため電線支持点付近にダンパ（トーショナルダンパ，ストックブリッジダンパ，バイブレスダンパなど）を取り付ける．

トーショナルダンパは，図に示すように，亜鉛のようなおもりを1～2個クランプの両側に取り付け，上下振動のエネルギーをねじり振動に変化させる．ねじり振動は，電線のより線間の摩擦によってエネルギーを吸収されるため，減衰が非常に速い．

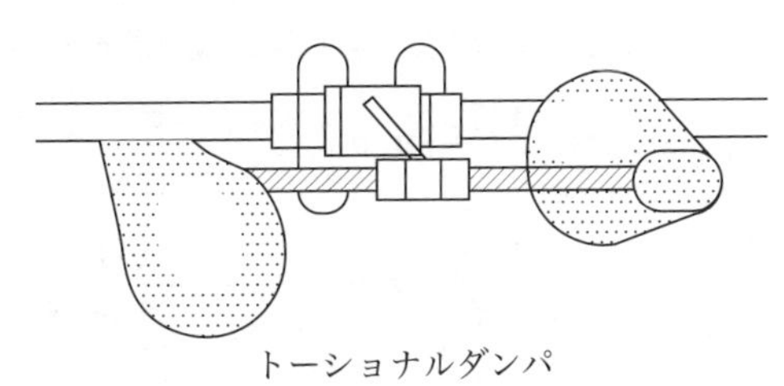
トーショナルダンパ

つまり，トーショナルダンパは**微風振動防止のために取り付けるもので，着雪を防止し，ギャロッピングを防止することが目的ではない**ため**(2)が誤り**である．電線への着雪を防止する方法としては，難着雪リングの電線への取付けが行われている．

2008年（平成20年）に全く同じ問題が出題されている．

答　(2)

問9　交流三相3線式1回線の送電線路があり，受電端に遅れ力率角 θ [rad] の負荷が接続されている．送電端の線間電圧を V_s [V]，受電端の線間電圧を V_r [V]，その間の相差角は δ [rad] である．

受電端の負荷に供給されている三相有効電力 [W] を表す式として，正しいものを次の(1)～(5)のうちから一つ選べ．

ただし，送電端と受電端の間における電線1線当たりの誘導性リアクタンスは X [Ω] とし，線路の抵抗，静電容量は無視するものとする．

(1) $\dfrac{V_s V_r}{X} \sin \delta$　(2) $\dfrac{\sqrt{3} V_s V_r}{X} \cos \theta$　(3) $\dfrac{\sqrt{3} V_s V_r}{X} \sin \delta$

(4) $\dfrac{V_s V_r}{X} \cos \delta$　(5) $\dfrac{V_s V_r}{X \sin \delta} \cos \theta$

解9　受電端の負荷に供給される三相有効電力を表す式を求める計算問題である．

三相3線式送電線の受電端線間電圧を V_r [V]，線路電流を I [A]，力率を $\cos\theta$ とすると，負荷電力 P は，次式で表される．

$$P = \sqrt{3}V_\mathrm{r}I\cos\theta\,[\mathrm{W}] \qquad ①$$

送電端線間電圧を V_s [V]，V_s と V_r の相差角を δ，電線1線当たりのリアクタンスを X [Ω] とすると，V_s と V_r の関係は図のように表すことができ，このベクトル図より，次の関係式が求められる．

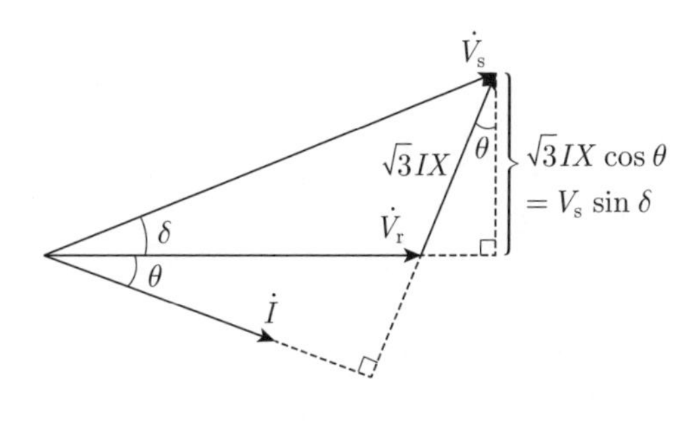

$$\sqrt{3}IX\cos\theta = V_\mathrm{s}\sin\delta$$

$$\therefore\ \sqrt{3}I = \frac{V_\mathrm{s}\sin\delta}{X\cos\theta} \qquad ②$$

①式に②式を代入すると，負荷電力 P，つまり，受電端の負荷に供給されている三相有効電力（送電電力）P は次のように求められる．

$$P = V_\mathrm{r}\frac{V_\mathrm{s}\sin\delta}{X\cos\theta}\cos\theta = \frac{V_\mathrm{s}V_\mathrm{r}}{X}\sin\delta\,[\mathrm{W}]$$

2009年（平成21年）にほぼ同じ問題（選択肢だけが違う）が出題されている．

(1)

地中送配電線の主な布設方式である直接埋設式，管路式及び暗きょ式について，各方式の特徴に関する記述として，誤っているものを次の(1)～(5)のうちから一つ選べ．

(1)　直接埋設式は，他の方式と比較して工事費が少なく，工事期間が短い．

(2)　管路式は，直接埋設式と比較してケーブル外傷事故の危険性が少なく，ケーブルの増設や撤去に便利である．

(3)　管路式は，他の方式と比較して熱放散が良く，ケーブル条数が増加しても送電容量の制限を受けにくい．

(4)　暗きょ式は，他の方式と比較して工事費が多大であり，工事期間が長い．

(5)　暗きょ式は，他の方式と比較してケーブルの保守点検作業が容易であり，多条数の布設に適している．

解10　地中送線路の布設方式の特徴に関する問題である．

図に示すように，地中送配電線の布設方式には，直接埋設式，管路式および暗きょ式があり，それぞれ次のような特徴がある．

直接埋設式は，地面を溝状に掘り，コンクリートトラフなどの防護物内にケーブルを布設する方法で，埋設条数の少ない本線部分や引込線部分に用いられる．他の方式と比較して工事費が少なく，工事期間が短い利点がある．

管路式は，数孔から十数孔のダクトをもったコンクリート管路の中にケーブルを布設する方法で，ケーブル条数の多い幹線などに用いられる．ケーブルの接続はマンホールで行うことから，布設設計や工事の自由度に制約が生じる場合がある．直接埋設式と比較してケーブル外傷事故の危険性が少なく，ケーブルの増設や撤去に便利であるが，**他の方式と比較して熱放散が悪く，ケーブル条数が増加するとそれぞれのケーブルからの放熱によって送電容量が減少する**欠点がある．

暗きょ式は，コンクリート製の暗きょ（洞道）の中に金具などでケーブルを支持する方法で，発変電所の引出し口などで多条数を布設する場合に用いられる．電力，電話，ガス，上下水道などを一括して収納する共同溝も暗きょ式に含まれる．管路式と比較してケーブルの熱放散が良く，許容電流を高くとれるという利点がある．また，他の方式と比較してケーブルの保守点検作業が容易であり，多条数の布設に適しているという利点があるが，反面，工事費が多大であり，工事期間が長いという欠点がある．

したがって，(3)の，管路式は「他の方式と比較して熱放散が良く，ケーブル条数が増加しても送電容量の制限を受けにくい」が誤りである．

2001年（平成13年）に全く同じ問題が出題されている．

答　(3)

布設方式 ＼ 項目	直接埋設式（直埋式）	管路式	暗きょ式
	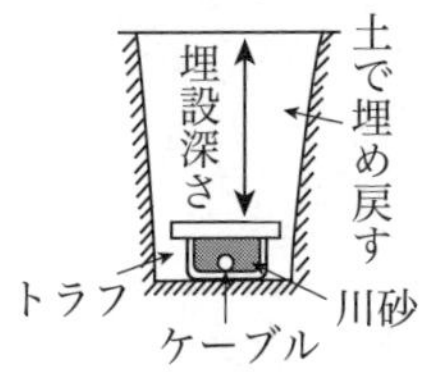 土で埋め戻す／埋設深さ／トラフ／ケーブル／川砂	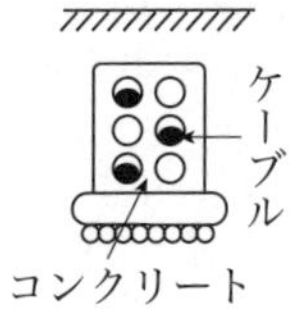 ケーブル／コンクリート	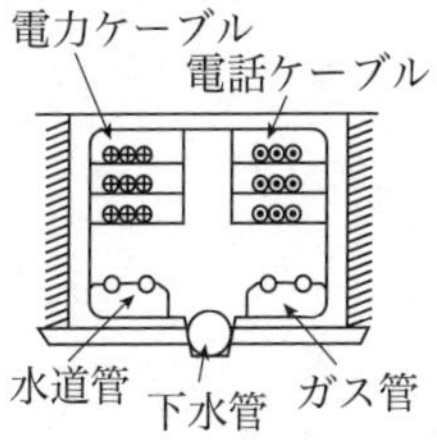 電力ケーブル／電話ケーブル／水道管／下水管／ガス管
工事費	小	やや大	大
増設・引替え	難	容易	容易
保守点検・事故復旧	難	容易	容易
電流容量	大	小	大
外傷被害の機会	多	比較的小	少
布設長の融通性	大	小	大

問11

次の文章は，電力の需要と供給に関する記述である．

電力の需要は1日の間で大きく変動し，一般に日中に需要が最大となる．一方で，(ア)の大量導入に伴って，日中の発電量が需要を上回る事例も報告されている．需要電力の平準化や，電力の需給バランスの確保のために，(イ)発電が用いられている．また近年では，(ウ)電池などの電力貯蔵装置の技術が向上している．

天候の急変時や発電所の故障発生時にも周波数を標準周波数へと回復させるために，(エ)が確保されている．部分負荷運転中の水力発電機や(オ)発電機などが(エ)の対象となる．

上記の記述中の空白箇所(ア)～(オ)に当てはまる組合せとして，正しいものを次の(1)～(5)のうちから一つ選べ．

	(ア)	(イ)	(ウ)	(エ)	(オ)
(1)	ベース供給力	流込み式	燃料	運転予備力	原子力
(2)	ベース供給力	揚水式	蓄	運転予備力	原子力
(3)	ベース供給力	流込み式	燃料	ミドル供給力	火力
(4)	太陽光発電	揚水式	燃料	ミドル供給力	火力
(5)	太陽光発電	揚水式	蓄	運転予備力	火力

解11　電力需要の変化と需給調整に関する問題である．

工場や事務所などの稼働に伴って電力の需要は多くなり，1日で需要が最大になるのは日中である．

近年，**太陽光発電**の大量導入に伴って，週末や休日の昼間の晴天時には太陽光発電による発電電力が多くなり，発電量が需要を上回る事例がある．**揚水式**発電は，従来は深夜あるいは週末などの軽負荷時に発生する余剰電力で下部貯水池の水をポンプで上部貯水池にくみ上げ，日中のピーク負荷時にその水を利用して発電することにより需要電力の平準化や電力の需給バランスのために用いられていたが，前述の太陽光発電の大量導入による余剰電力を吸収するためにも利用されるようになった．

揚水式発電は電気エネルギーを位置エネルギーに変換して貯蔵する技術であるが，近年では**蓄**電池などの電力貯蔵装置の技術が向上している．

供給設備の計画外停止（事故トラブルの発生など），渇水，需要の変動などの予測し得ない異常事態の発生があっても，安定した電力供給を行うことを目的として，あらかじめ需要想定以上の供給力を確保する必要があり，これを供給予備力という．供給予備力には待機予備力，運転予備力，瞬動予備力がある．天候の急変などによる需要の急増，発電所の故障による不足電力に対応して即時または短時間に系統の周波数を標準周波数に回復・維持させるものを**運転予備力**といい，電力の供給力増加までに要する時間は10分程度以内が目安とされている．部分負荷運転中の水力発電機や**火力**発電機での出力余力や揚水発電などの停止待機中の水力発電機が対象となる．

なお，供給力は，日負荷曲線上の分担分に応じ，ベース供給力，ミドル供給力およびピーク供給力に大別でき，昼夜間の大きな負荷変動分を分担するため，毎日起動停止を行い，ある程度の出力変動可能な供給力をミドル供給力という．

(5)

次の文章は，配電線路の電圧調整に関する記述である．

配電線路より電力供給している需要家への供給電圧を適正範囲に維持するため，配電用変電所では，[(ア)]などによって，負荷変動に応じて変電所二次側母線電圧を調整している．高圧配電線路においては，柱上変圧器の[(イ)]によって低圧配電線路の電圧調整を行っていることが多い．また，高圧配電線路のこう長が長い場合や分散型電源が多く接続されている場合など，電圧変動が大きく，配電用変電所の[(ア)]や柱上変圧器の[(イ)]によっても供給電圧を許容範囲に抑えることが難しい場合は，[(ウ)]や，開閉器付電力用コンデンサなどを高圧配電線路に施設することがある．さらに，電線の[(エ)]によって電圧降下を軽減する対策をとることもある．

上記の記述中の空白箇所(ア)～(エ)に当てはまる組合せとして，正しいものを次の(1)～(5)のうちから一つ選べ．

	(ア)	(イ)	(ウ)	(エ)
(1)	負荷時電圧調整器	タップ調整	バランサ	細線化
(2)	計器用変成器	取替	ステップ式自動電圧調整器	細線化
(3)	負荷時電圧調整器	タップ調整	ステップ式自動電圧調整器	太線化
(4)	計器用変成器	タップ調整	ステップ式自動電圧調整器	細線化
(5)	負荷時電圧調整器	取替	バランサ	太線化

解12　配電線路の電圧調整に関する問題である．

配電線路の負荷である電気機器類は，定格電圧で最良の性能を発揮するように設計されているため，負荷への供給電圧は一定値にしておくことが望ましい．しかし，負荷の使用状態が常に変動している配電線路では，これは技術的に不可能なことで，定格電圧に対してある変動幅を設け，その範囲内に収まるように配電線電圧を調整することが行われる．

需要家への供給電圧を適正範囲に維持するため，配電線路では配電用変電所（送出電圧），高圧線路（線路電圧），柱上変圧器（低圧線電圧）において電圧調整が行われる．

高圧配電線路の電圧は，負荷の変動によって変動する．したがって，例えば重負荷時に対して柱上変圧器のタップなどを選定しておくと，同一の送出電圧で軽負荷時には線路の電圧降下が減少し，これが末端に近いほど著しくなるから，末端の低圧線電圧は許容電圧幅の上限を超えることになる．このため，負荷の軽重によって生じる低圧線電圧の変動が，許容電圧範囲内になるように配電用変電所の送出電圧を調整する．その方法には，母線電圧を調整する方法，回線ごとに調整する方法，両者の併用などがあり，**負荷時電圧調整器**としては負荷時タップ切換変圧器が使用される．

高圧配電線路の電圧は，一般的に線路の末端に近づくほど降下するため，柱上変圧器を設置する場所の線路電圧に応じた**タップ調整**により送出電圧の調整とともに低圧線電圧が許容電圧幅に入るようにする．

高圧配電線路の電圧変動が大きく，配線用変電所の**負荷時電圧調整器**や柱上変圧器の**タップ調整**によっても供給電圧を許容範囲に抑えることが難しい場合は，線路中に線路用電圧調整器を設置する．これには負荷変動に応じて自動的に調整する**ステップ式**（配電用）**自動電圧調整器**，開閉器付電力用コンデンサなどを施設することがある．

さらに，電線の**太線化**によって電圧降下そのものを軽減する対策をとることもある．

2008年（平成20年）にほぼ同じ問題が出題されている．

答　(3)

問13　低圧ネットワーク方式（レギュラーネットワーク方式ともいう）では，給電線である複数の特別高圧配電線路から，ネットワーク変圧器を経て，低圧配電線路に電力が供給される．低圧ネットワーク方式に関する記述として，誤っているものを次の(1)～(5)のうちから一つ選べ．

(1)　一般的に，ネットワーク変圧器二次側に，保護装置としてネットワークプロテクタが設置されており，ネットワーク変圧器一次側の遮断器やヒューズを省略することができる．

(2)　低圧配電線路を格子状に接続したネットワークから，各需要家に供給する．

(3)　給電線のうちの一つに事故が発生すると，他の健全な給電線に供給系統を切り替える間，低圧配電線路が停電する．

(4)　樹枝状配電線路と比較して電圧変動や電力損失を小さくすることができる．

(5)　建設費が高くなるので，大都市のような需要家の多い地域で用いられる．

解13　レギュラーネットワーク方式の構成と特徴に関する問題である．

20 kV級地中配電方式は，都市中心部の超過密需要地域に適用され，ビルなどの特別高圧受電の需要家に供給するスポットネットワーク方式または繁華街などにおける低圧受電の需要家に供給するレギュラーネットワーク方式が標準である．

スポットネットワーク方式は，大規模な工場やビルなどの高密度の大容量負荷1か所に供給する場合，レギュラーネットワーク方式は，商店街や繁華街などの負荷密度の高い需要家に供給する場合に採用される．

レギュラーネットワーク方式は，図に示すように，低圧配電線を格子状に相互に連系し，これに同一母線から出る2回線以上のフィーダで供給する方式で，ネットワーク変圧器の一次側には断路器が設置され，二次側には保護装置であるネットワークプロテクタが設置されており，ネットワーク変圧器一次側の受電用遮断器やヒューズを省略することができ，設置スペースの縮小と経毀の節減ができるメリットがある．また，**一つのフィーダが停電しても残りのフィーダによって低圧需要家に無停電供給ができる**ため信頼度が高く，電圧変動や電力損失が小さいが，保護装置が複雑なため建設費が高くなる．

(3)

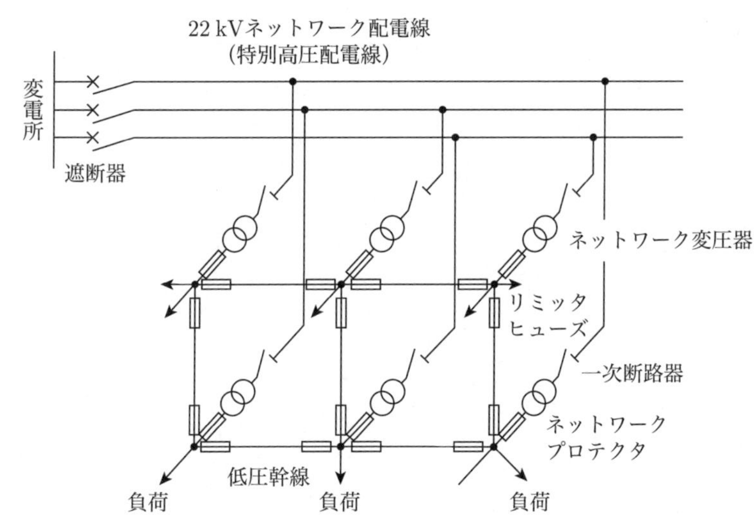

問14

次の文章は，絶縁油の性質に関する記述である．

絶縁油は変圧器やOFケーブルなどに使用されており，一般に絶縁破壊電圧は同じ圧力の空気と比べて高く，誘電正接が [(ア)] 絶縁油を用いることで絶縁油中の [(イ)] を抑えることができる．電力用機器の絶縁油として古くから [(ウ)] が一般的に用いられてきたが，より優れた低損失性や信頼性が求められる場合には [(エ)] が採用されている．

上記の記述中の空白箇所(ア)～(エ)に当てはまる組合せとして，正しいものを次の(1)～(5)のうちから一つ選べ．

	(ア)	(イ)	(ウ)	(エ)
(1)	大きい	部分放電	植物油	鉱油
(2)	小さい	発熱	鉱油	合成油
(3)	大きい	発熱	植物油	鉱油
(4)	小さい	部分放電	鉱油	合成油
(5)	小さい	発熱	植物油	合成油

解14　絶縁油の特性に関する問題である．

絶縁油は，変圧器，油入ケーブル，コンデンサなどの油入電気機器の絶縁に使用されている．絶縁破壊電圧は50 kV/mm程度あり，大気圧の空気（3 kV/mm）と比較して非常に高いが，温度や不純物によって大きく影響を受ける．

誘電正接が大きいと誘電損による発熱が大きくなるため，誘電正接が**小さい**絶縁油を用いることにより絶縁油中の**発熱**を抑えることができる．

一般的に，絶縁耐力，誘電率および冷却性能の向上などを目的として用いられる絶縁油には，流動点・粘度が低く，引火点が高いこと，人畜に無害で不燃性であること，熱的・化学的に安定であり，フィルムなどの共存材料との共存性があること，誘電率が大きく誘電正接が低いこと，絶縁耐力が高く部分放電によって発生するガスの吸収能力があることなどの性能が要求される．

これらをほぼ満足するものとして，古くから**鉱油**（鉱物油）が一般的に用いられてきたが，誘電率が小さく可燃性（引火点140 °C程度）で劣化しやすいなどの欠点があるため，アークなどの原因によって引火し，火災となる危険性のあるところではそれらを改良した**合成油**が使用される．OFケーブルやコンデンサでより優れた低損失性や信頼性が求められる仕様のときは重合炭化水素油が採用される場合もある．

シリコーン油も合成油の一種で，引火点が300 °C以上の耐熱性に優れた絶縁油で，コンデンサや航空用変圧器などで使用されている．

2010年（平成22年）にほぼ同じ問題が出題されている．

(2)

B問題　配点は１問題当たり(a)５点，(b)５点，計10点

問15　復水器での冷却に海水を使用する汽力発電所が出力600 MWで運転しており，復水器冷却水量が24 m^3/s，冷却水の温度上昇が7 ℃であるとき，次の(a)及び(b)の問に答えよ．

ただし，海水の比熱を4.02 kJ/(kg·K)，密度を1.02×10^3 kg/m^3，発電機効率を98 %とする．

(a)　復水器で海水へ放出される熱量の値[kJ/s]として，最も近いものを次の(1)～(5)のうちから一つ選べ．

(1)　4.25×10^4　(2)　1.71×10^5　(3)　6.62×10^5

(4)　6.89×10^5　(5)　8.61×10^5

(b)　タービン室効率の値[%]として，最も近いものを次の(1)～(5)のうちから一つ選べ．
ただし，条件を示していない損失は無視できるものとする．

(1)　41.5　(2)　46.5　(3)　47.0　(4)　47.5　(5)　48.0

解15　復水器冷却水の温度上昇から，海水に放出される熱量とタービン室効率を求める計算問題である．

(a)　海水の比熱を c [kJ/(kg·K)]，海水の密度を ρ [kg/m^3]，復水器冷却水量を W [m^3/s]，冷却水の温度上昇幅を ΔT [K] とすると，復水器で海水に放出される熱量 q は，次のように求められる．

$$q = c\rho W\Delta T$$
$$= 4.02 \times 1.02 \times 10^3 \times 24 \times 7$$
$$\fallingdotseq 6.89 \times 10^5 \text{ kJ/s}$$ （答）

(b)　図に示すように，発電機出力を P_G [kW]，タービンで発生した機械的出力を P_T [kW] とすると，発電機効率 η_g は次式で表される．

$$\eta_g = \frac{P_G}{P_T}$$

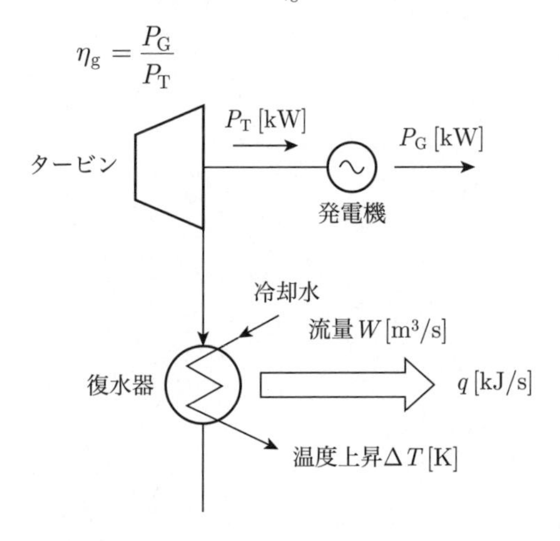

したがって，

$$P_T = \frac{P_G}{\eta_g} = \frac{600 \times 10^3}{0.98} \fallingdotseq 6.12 \times 10^5 \text{ kW}$$

1 kW = 1 kJ/s の関係があるから，タービン室効率 η_T は次のように求められる．

$$\eta_T = \frac{\text{タービンで発生した機械的出力(熱量換算値)}}{\text{ボイラで発生した蒸気の発熱量}}$$

$$= \frac{P_T}{P_T + q} = \frac{6.12 \times 10^5}{6.12 \times 10^5 + 6.89 \times 10^5}$$

$$\fallingdotseq 0.470 = 47.0\,\%$$ （答）

2006年（平成18年）に全く同じ問題が出題されている．

(a)—(4)，(b)—(3)

電線1線の抵抗が6 Ω，誘導性リアクタンスが4 Ωである三相3線式送電線について，次の(a)及び(b)の問に答えよ．

(a) 受電端電圧を60 kV，送電線での電圧降下率を受電端電圧基準で10 %に保つものとする．この受電端に，力率80 %（遅れ）の負荷を接続する．この場合，受電可能な三相皮相電力の値[MV·A]として，最も近いものを次の(1)～(5)のうちから一つ選べ．

(1) **28.9**　(2) **42.9**　(3) **50.0**　(4) **60.5**　(5) **86.6**

(b) 受電端に接続する負荷の条件を，遅れ力率60 %，三相皮相電力65 MV·Aに変更することになった．この場合でも，受電端電圧を60 kV，送電線での電圧降下率を受電端電圧基準で10 %に保ちたい．受電端に設置された調相設備から系統に供給すべき無効電力の値[Mvar]として，最も近いものを次の(1)～(5)のうちから一つ選べ．

(1) **12.0**　(2) **20.5**　(3) **27.0**　(4) **31.5**　(5) **47.1**

note

解16　電圧降下率をある値に保った状態で受電可能な皮相電力と，ある負荷を接続した状態で電圧降下率をある値に保つために必要な調相設備の容量を求める計算問題である．

(a)　(a)図に示すように，線電流をI[A]，1線当たりの抵抗をr[Ω]，1線当たりのリアクタンスをx[Ω]，負荷の力率を$\cos\theta$とすると，三相3線式送電線の電圧降下vは，近似式を用いると次式で表される．

$$v=\sqrt{3}I(r\cos\theta+x\sin\theta)\,[\mathrm{V}] \qquad ①$$

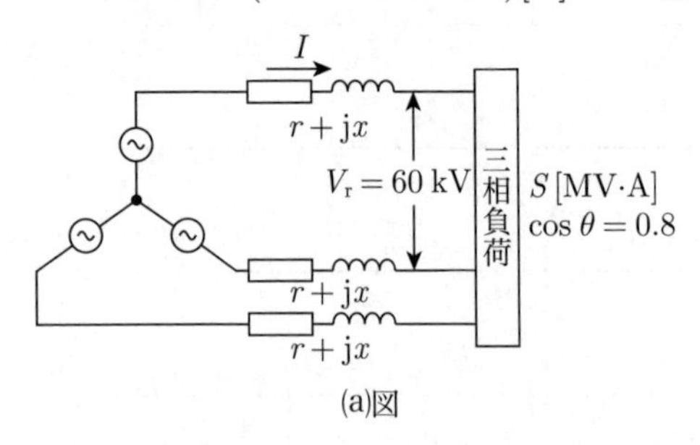

(a)図

受電端電圧をV_rとすると，負荷の三相皮相電力Sは，

$$S=\sqrt{3}V_rI\,[\mathrm{V\cdot A}]$$

と表されるから，線路電流Iは，

$$I=\frac{S}{\sqrt{3}V_r}\,[\mathrm{A}] \qquad ②$$

①式に②式を代入すると，

$$v=\sqrt{3}\,\frac{S}{\sqrt{3}V_r}(r\cos\theta+x\sin\theta)$$
$$=\frac{S}{V_r}(r\cos\theta+x\sin\theta)\,[\mathrm{V}]$$

受電端電圧V_rを基準にした電圧降下率εは，次式で表される．

$$\varepsilon=\frac{v}{V_r}\times100$$
$$=\frac{\frac{S}{V_r}(r\cos\theta+x\sin\theta)}{V_r}\times100$$
$$=\frac{S}{{V_r}^2}(r\cos\theta+x\sin\theta)\times100$$

この電圧降下率εを10％以下に保つために受電可能な三相皮相電力Sは，次のように求められる．

$$10\geqq\frac{S}{(60\times10^3)^2}\times(6\times0.8+4\times\sqrt{1-0.8^2})\times100$$

$$\therefore\quad S\leqq\frac{10\times(60\times10^3)^2}{(6\times0.8+4\times\sqrt{1-0.8^2})\times100}$$
$$=50\times10^6\ \mathrm{V\cdot A}=50\ \mathrm{MV\cdot A} \quad (答)$$

(b)　(b)図に示すように，変更後の負荷力率を$\cos\theta_2=0.6$，三相皮相電力を$S_2=65\ \mathrm{MV\cdot A}$とすると，三相有効電力$P_2$と三相無効電力$Q_2$は，次のように求められる．

$$P_2=S_2\cos\theta_2=65\times0.6=39\ \mathrm{MW}$$
$$Q_2=S_2\sqrt{1-\cos^2\theta_2}=65\times\sqrt{1-0.6^2}$$
$$=52\ \mathrm{Mvar}$$

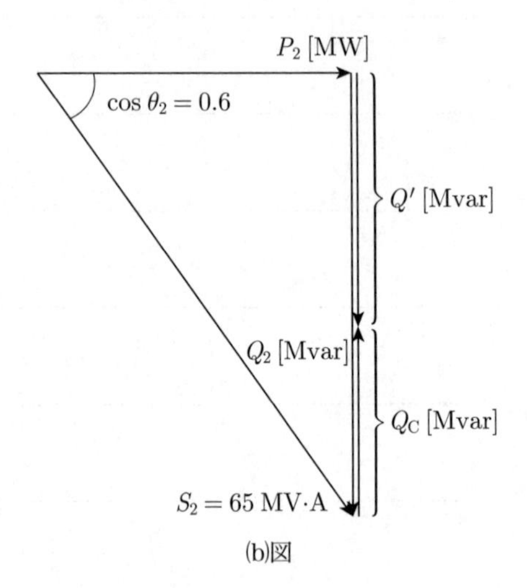

(b)図

変更後の負荷の有効電力P_2は，

$$P_2=\sqrt{3}V_rI_2\cos\theta$$

と表されるから，そのときの線路電流I_2は，次式で表される．

$$I_2=\frac{P_2}{\sqrt{3}V_r\cos\theta}$$

調相設備を接続したあとの力率を$\cos\theta'$とすると，電圧降下率ε'は，次式で表される．

$$\varepsilon'=\frac{v'}{V_r}\times100=\frac{\sqrt{3}I_2(r\cos\theta'+x\sin\theta')}{V_r}$$
$$=\frac{\sqrt{3}\,\frac{P_2}{\sqrt{3}V_r\cos\theta'}(r\cos\theta'+x\sin\theta')}{V_r}\times100$$
$$=\frac{P_2}{{V_r}^2\cos\theta'}(r\cos\theta'+x\sin\theta')\times100$$

$$= \frac{P_2}{{V_r}^2}(r + x\tan\theta') \times 100$$

この電圧降下率ε'も10 %以下に保つためには,

$$10 \geqq \frac{39\times10^6}{(60\times10^3)^2}\times(6+4\tan\theta')\times100$$

$$\therefore\quad \tan\theta' \leqq \frac{\dfrac{10\times(60\times10^3)^2}{39\times10^6\times100}-6}{4}$$

$$\fallingdotseq 0.807\,7$$

この場合の三相無効電力Q'は，次のように求められる.

$$Q' = P_2\tan\theta' = 39\times0.807\,7$$
$$\fallingdotseq 31.5\ \mathrm{Mvar}$$

したがって，調相設備から系統に供給すべき無効電力Q_Cは，次のように求められる.

$$Q_C = Q_2 - Q' = 52 - 31.5$$
$$= 20.5\ \mathrm{Mvar}$$ (答)

別解

(b)図に示すように，変更後の負荷力率を$\cos\theta_2 = 0.6$，三相皮相電力を$S_2 = 65\ \mathrm{MV\cdot A}$とすると，三相有効電力$P_2$と三相無効電力$Q_2$は，次のように求められる

$$P_2 = S_2\cos\theta_2 = 65\times0.6 = 39\ \mathrm{MW}$$
$$Q_2 = S_2\sqrt{1-\cos^2\theta_2} = 65\times\sqrt{1-0.6^2}$$
$$= 52\ \mathrm{Mvar}$$

調相設備を接続したあとの力率を$\cos\theta'$とし，電圧降下v'を表す近似式の分母と分子に受電端電圧V_rを掛けると次式で表される.

$$v' = \sqrt{3}I_2(r\cos\theta' + x\sin\theta')$$
$$= \frac{\sqrt{3}V_rI_2(r\cos\theta'+x\sin\theta')}{V_r}\ [\mathrm{V}]$$

有効電力P'と無効電力Q'は,

$$P' = \sqrt{3}V_rI_2\cos\theta' = P_2$$
$$Q' = \sqrt{3}V_rI_2\sin\theta'$$

と表されるため，電圧降下vは,

$$v' = \frac{P_2r + Q'x}{V_r}\ [\mathrm{V}]$$

電圧降下率ε'は，次式で表される.

$$\varepsilon' = \frac{v'}{V_r}\times100 = \frac{P_2r+Q'x}{{V_r}^2}\times100$$

この電圧降下率ε'も10 %以下に保つための無効電力Q'を求めると,

$$10 \geqq \frac{P_2r+Q'x}{{V_r}^2}\times100$$

$$Q' \leqq \frac{\dfrac{{V_r}^2}{10}-P_2r}{x}$$

$$= \frac{\dfrac{(60\times10^3)^2}{10}-39\times10^6\times6}{4}$$

$$= 31.5\times10^6\ \mathrm{var} = 31.5\ \mathrm{Mvar}$$

したがって，調相設備から系統に供給すべき無効電力Q_Cは，次のように求められる.

$$Q_C = Q_2 - Q' = 52 - 31.5$$
$$= 20.5\ \mathrm{Mvar}$$ (答)

2008年（平成20年）にほぼ同じ問題（数値だけが違う）が出題されている.

答　(a)—(3), (b)—(2)

図のように配電用変圧器二次側の単相3線式低圧配電線路に負荷A及び負荷Bが接続されている場合について，次の(a)及び(b)の問に答えよ．ただし，変圧器は，励磁電流，内部電圧降下及び内部損失などを無視できる理想変圧器で，一次電圧は6 600 V，二次電圧は110/220 Vで一定であるものとする．また，低圧配電線路及び中性線の電線1線当たりの抵抗は0.06 Ω，負荷A及び負荷Bは純抵抗負荷とし，これら以外のインピーダンスは考慮しないものとする．

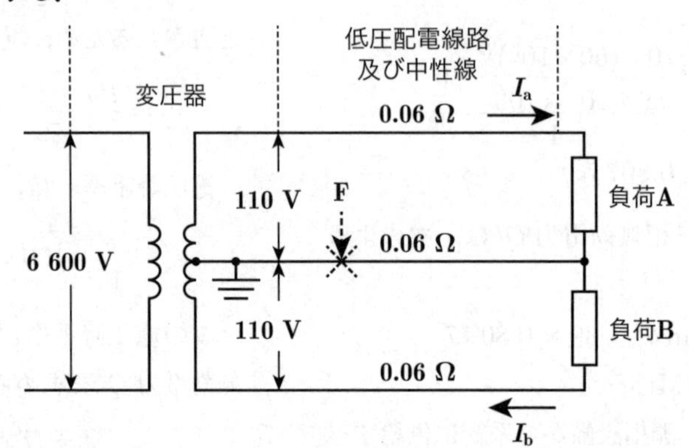

(a) 変圧器の電流を測定したところ，一次電流が5 A，二次電流I_aとI_bの比が2：3であった．二次側低圧配電線路及び中性線における損失の合計値[kW]として，最も近いものを次の(1)～(5)のうちから一つ選べ．

(1) **2.59**　(2) **2.81**　(3) **3.02**　(4) **5.83**　(5) **8.21**

(b) 低圧配電線路の中性線が点Fで断線した場合に負荷Aにかかる電圧の値[V]として，最も近いものを次の(1)～(5)のうちから一つ選べ．

(1) **88**　(2) **106**　(3) **123**　(4) **127**　(5) **138**

解17　負荷がアンバランスな単相3線式配電線路の線路損失と中性線断線時に負荷にかかる電圧を求める計算問題である．

(a)　題意より，負荷電流I_aとI_bの比が2：3であるから，次式で表される．

$$2I_b = 3I_a$$

$$\therefore \quad I_b = \frac{3}{2}I_a$$

変圧器の一次側と二次側の[V·A]は同じ関係があるから，(a)図に示すように，一次電圧をV_1[V]，二次電圧をV_2[V]，一次電流をI_1[A]，二次電流をI_a，I_b[A]，とすると，次式で表される．

$$V_1I_1 = V_2I_a + V_2I_b = V_2I_a + V_2\frac{3}{2}I_a$$
$$= \frac{5}{2}V_2I_a$$

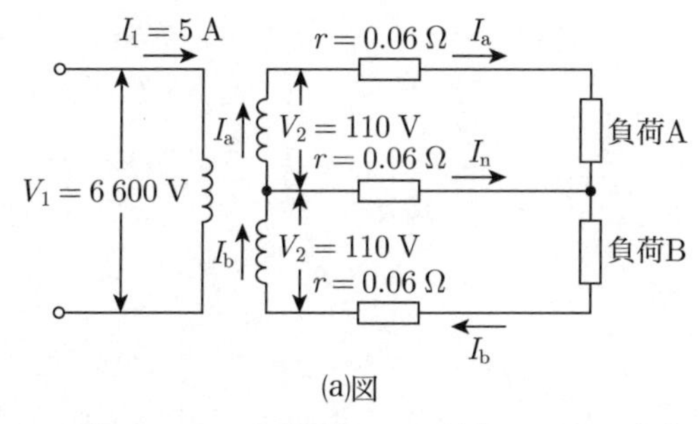

(a)図

よって，二次電流I_a，I_b[A]は，次のように求められる．

$$I_a = I_1 \times \frac{V_1}{V_2} \times \frac{2}{5} = 5 \times \frac{6\,600}{110} \times \frac{2}{5}$$
$$= 120\ \text{A}$$

$$I_b = \frac{3}{2}I_a = \frac{3}{2} \times 120 = 180\ \text{A}$$

また，中性線に流れる電流I_nは，次のように求められる．

$$I_n = I_b - I_a = 180 - 120 = 60\ \text{A}$$

線路電流をI，電線1線当たりの抵抗をr[Ω]とすると，線路損失pは次式で表される．

$$p = I^2r$$

これより，各電線路における線路損失p_a，p_b，p_nは，次のように求められる．

$$p_a = I_a{}^2r = 120^2 \times 0.06 = 864\ \text{W}$$
$$p_b = I_b{}^2r = 180^2 \times 0.06 = 1\,944\ \text{W}$$
$$p_n = I_n{}^2r = 60^2 \times 0.06 = 216\ \text{W}$$

したがって，二次側低圧配電線路および中性線における全線路損失pは，次のように求められる．

$$p = p_a + p_b + p_n = 864 + 1\,944 + 216$$
$$= 3\,024\ \text{W} \to 3.02\ \text{kW}$$ (答)

(b)　中性線が断線する前の負荷Aにかかる電圧V_Aと負荷Bにかかる電圧V_Bは，次のように求められる．

$$V_A = V_2 - I_ar - (I_a - I_b)r$$
$$= 110 - 120 \times 0.06$$
$$-(120 - 180) \times 0.06$$
$$= 106.4\ \text{V}$$

$$V_B = V_2 - I_br - (I_b - I_a)r$$
$$= 110 - 180 \times 0.06$$
$$-(180 - 120) \times 0.06$$
$$= 95.6\ \text{V}$$

各負荷の抵抗値R_A，R_Bは，次のように求められる．

$$R_A = \frac{V_A}{I_a} = \frac{106.4}{120} \fallingdotseq 0.886\,7\ \Omega$$

$$R_B = \frac{V_B}{I_b} = \frac{95.6}{180} \fallingdotseq 0.531\,1\ \Omega$$

したがって，(b)図に示すように，中性線が断線した場合に負荷に流れる電流をI'[A]とすると，負荷Aにかかる電圧V_A'は，次のように求められる．

$$V_A' = I'R_A = \frac{2V_2}{R_A + R_B + 2r}R_A$$
$$= \frac{2 \times 110}{0.886\,7 + 0.531\,1 + 2 \times 0.06}$$
$$\times 0.886\,7$$
$$\fallingdotseq 127\ \text{V}$$ (答)

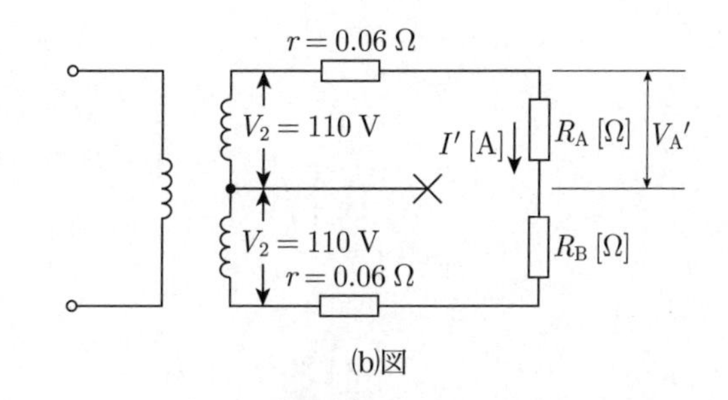

(b)図

(a)—(3)，(b)—(4)

令和４年度（2022年）上期　電力の問題

A問題　配点は１問題当たり５点

問1　水力発電に関する記述として，誤っているものを次の(1)〜(5)のうちから一つ選べ．

(1)　水車発電機の回転速度は，汽力発電と比べて小さいため，発電機の磁極数は多くなる．

(2)　水車発電機の電圧の大きさや周波数は，自動電圧調整器や調速機を用いて制御される．

(3)　フランシス水車やペルトン水車などで用いられる吸出し管は，水車ランナと放水面までの落差を有効に利用し，水車の出力を増加する効果がある．

(4)　我が国の大部分の水力発電所において，水車や発電機の始動・運転・停止などの操作は遠隔監視制御方式で行われ，発電所は無人化されている．

(5)　カプラン水車は，プロペラ水車の一種で，流量に応じて羽根の角度を調整することができるため部分負荷での効率の低下が少ない．

●試験時間　90分
●必要解答数　A問題14題，B問題3題

解1　水車発電機，水車などの水力発電設備の特徴に関する問題である．

回転速度は，タービン発電機が1 500〜3 600 min^{-1}に対して水車発電機は150〜1 000 min^{-1}と低速であり，同期速度 $N_s = \dfrac{120f}{p}[\text{min}^{-1}]$ の関係から水車発電機の磁極数p（周波数f[Hz]）はタービン発電機より多く，発電機の回転子は突極形をしており，軸形は立軸形が採用されている．

電圧は自動電圧調整器，周波数は調速機でそれぞれ制御される．

吸出し管は反動水車に用いられるもので，衝動水車であるペルトン水車には設置されないため(3)**は誤り**である．

吸出し管は水車のランナ出口と放水面の間に設置され，ランナ出口からの流水を放水路へ導くとともに，管内を充満して流れる水の重さによりランナ出口の圧力を大気圧以下にして，ランナから放出された水のもつ運動エネルギーを位置エネルギーとして回収する．

吸出し管の形状は，円すい形またはL字形をしており，図に示すように，吸出し管出口の流速をできるだけ小さくするため出口に向かって断面積を徐々に拡大させている．しかし，出口の断面積を広げすぎると広がりのために起こる損失が大きくなるため，適切な傾斜で広げる必要がある．

吸出し管の吸出し高さは，過度に大きくするとキャビテーションが発生しやすくなるため，あまり高くしないように適切に選定する必要があり，吸出し高さの理論上の許容値は10.3 mであるが，実際には4〜7 m，低落差大容量水車では2 m以下とするのが普通である．

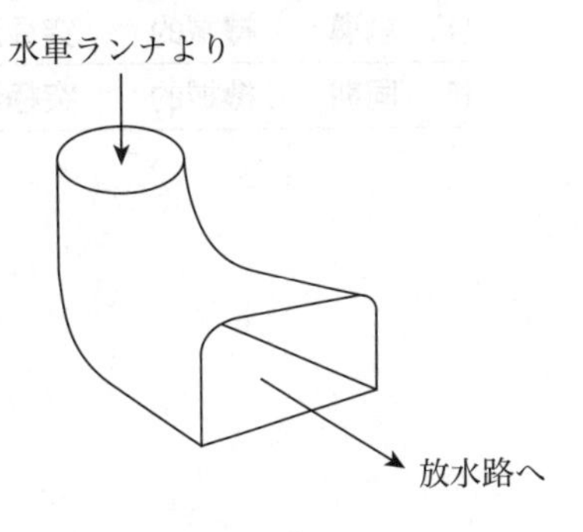

吸出し管

わが国の大部分の水力発電所は，遠隔監視制御方式が採用され，発電所は無人化されている．

カプラン水車は，ランナがプロペラ状の構造になっており，水流は回転軸の方向に通過するプロペラ水車の一種で，流量に応じてランナ羽根の角度を変えることができるため部分負荷でも効率が良く，中大容量発電所に採用されている．

2007年（平成19年）に類題がある．

(3)

問2　次の文章は，火力発電所のタービン発電機に関する記述である．

火力発電所のタービン発電機は，2極の回転界磁形三相［(ア)］発電機が広く用いられている．［(イ)］強度の関係から，回転子の構造は［(ウ)］で直径が［(エ)］．発電機の大容量化に伴い冷却方式も工夫され，大容量タービン発電機の場合には密封形［(オ)］冷却方式が使われている．

上記の記述中の空白箇所(ア)～(オ)に当てはまる組合せとして，正しいものを次の(1)～(5)のうちから一つ選べ．

	(ア)	(イ)	(ウ)	(エ)	(オ)
(1)	同期	熱的	突極形	小さい	窒素
(2)	誘導	熱的	円筒形	大きい	水素
(3)	同期	機械的	円筒形	小さい	水素
(4)	誘導	機械的	突極形	大きい	窒素
(5)	同期	機械的	突極形	小さい	窒素

解2　火力発電所のタービン発電機の特徴に関する問題である．

火力発電所のタービン発電機には回転界磁形三相**同期**発電機が用いられ，回転速度は3 000 min^{-1}または3 600 min^{-1}と高く高速である．そのため，タービン発電機の回転子には強い遠心力が働くので，それに耐える**機械的**強度が要求され，その結果として回転子の構造は**円筒形**をしており，軸形も横軸形が採用されている．また，回転子に強い遠心力が働くのを防ぐため，回転子の直径は水車発電機より**小さい**．このようなことから，水車発電機と同出力を得るためには，回転子を軸方向に長くすることが必要となる．

水車発電機とタービン発電機の違いを表に示す．

項目	水車発電機	タービン発電機
回転速度	100 ～ 1 000 min^{-1}	1 500 ～ 3 600 min^{-1}
回転子	突極機	円筒機
軸形	立軸形	横軸形
冷却方式	空気冷却	水素冷却・水冷却
短絡比	大（0.8 ～ 1.2）	小（0.4 ～ 0.7）

タービン発電機は高速で回転しているので，冷却効果を上げるとともに風損を減少させるため，**水素**冷却方式を採用している．水素の密度は空気の7 %と軽いので，風損が10 %程度に減少し，発電機効率が0.5～1 %向上する．一方，水素と空気の混合ガスは，水素純度が容積で5～70 %の範囲で爆発の可能性があるので，軸受・固定子枠などを気密構造とし，かつ固定子外枠は耐爆構造とするとともに，回転子軸の固定子枠貫通部から水素が漏れるのを防止するため，軸受の内側に密封油装置を設けるなどの対策が必要となる．

2012年（平成24年）に類題がある．

(3)

問3　ある汽力発電設備が，発電機出力19 MWで運転している．このとき，蒸気タービン入口における蒸気の比エンタルピーが3 550 kJ/kg，復水器入口における蒸気の比エンタルピーが2 500 kJ/kg，使用蒸気量が80 t/hであった．発電機効率が95 %であるとすると，タービン効率の値[%]として，最も近いものを次の(1)～(5)のうちから一つ選べ．

(1)　**71**　(2)　**77**　(3)　**81**　(4)　**86**　(5)　**90**

解3　タービン出入口の蒸気の比エンタルピーと蒸気量および発電機出力，発電機効率からタービン効率を求める計算問題である．

図に示すように，使用蒸気量を Z [kg/h]，蒸気タービン入口における蒸気の比エンタルピーを i_s [kJ/kg]，復水器入口における蒸気の比エンタルピーを i_e [kJ/kg]，タービン出力を P_T [kW] とすると，タービン効率 η_T は，

$$\eta_T = \frac{\text{タービンで発生した機械的出力(熱量換算値)}}{\text{タービンで消費した熱量}}$$

$$= \frac{3\,600 P_T}{Z(i_s - i_e)} \quad ①$$

発電機出力を P_G [kW] とすると，発電機効率 η_g は，

$$\eta_g = \frac{\text{発電機で発生した電気出力}}{\text{タービンで発生した機械的出力}}$$

$$= \frac{P_G}{P_T}$$

$$\therefore \quad P_T = \frac{P_G}{\eta_g} \quad ②$$

よって，①式に②式を代入するとタービン効率 η_T は，

$$\eta_T = \frac{3\,600 \times \dfrac{P_G}{\eta_g}}{Z(i_s - i_e)}$$

$$= \frac{3\,600 \times \dfrac{19 \times 10^3}{0.95}}{80 \times 10^3 (3\,550 - 2\,500)}$$

$$\fallingdotseq 0.857 \to 86\,\%$$

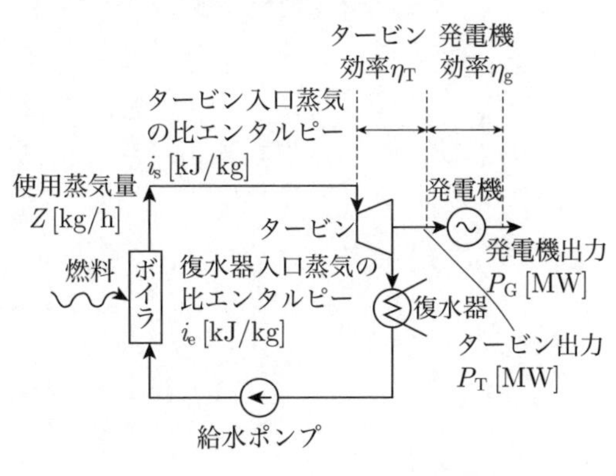

答　(4)

沸騰水型原子炉（BWR）に関する記述として，誤っているものを次の(1)～(5)のうちから一つ選べ．

(1) 燃料には低濃縮ウランを，冷却材及び減速材には軽水を使用する．

(2) 加圧水型原子炉（PWR）に比べて原子炉圧力が低く，蒸気発生器が無いので構成が簡単である．

(3) 出力調整は，制御棒の抜き差しと再循環ポンプの流量調節により行う．

(4) 制御棒は，炉心上部から燃料集合体内を上下することができる構造となっている．

(5) タービン系統に放射性物質が持ち込まれるため，タービン等に遮へい対策が必要である．

解4　沸騰水型原子炉（BWR）の構成と特徴に関する問題である．

わが国の商業発電用原子炉は，軽水炉と呼ばれる型式であり，それには図に示すように加圧水型（PWR）と沸騰水型（BWR）の２種類がある．両型式ともウラン235の割合を３～５％程度に高めた低濃縮ウランを燃料に使用していること，ならびに軽水が冷却材と減速材を兼ねていることが共通している．

両型式の相違点としては，加圧水型は炉水を約15 MPa（約320 °C）に加圧することにより沸騰させないで熱水を保ちつつ，ポンプにより循環させて蒸気発生器に導き，熱交換により二次系の水を加熱し，発生した蒸気を湿分分離してタービンに送り込むが，沸騰水型は原子炉内で炉水を再循環させながら沸騰させ，発生した約7 MPa（約280 °C）の蒸気を湿分分離して直接タービンへ送り込む．つまり，沸騰水型は原子炉圧力が低く，蒸気発生器がないため構成が簡単である．

制御棒駆動装置は，沸騰水型では炉心底部に設置され，底部から制御棒が挿入されるが，加圧水型では炉心上部に設置され，上部から制御棒が挿入されるため**(4)は誤り**である．

加圧水型は冷却材系統が二つに分かれており，放射性物質を含んだ一次冷却材がタービンへ送られないためタービン系統の点検・保守が火力発電所と同じようにできる利点があるが，沸騰水型は冷却材が炉心で沸騰し，発生した蒸気は水と分離されて直接タービンに送られ放射性物質を含んだ蒸気がタービンへ送られるためタービン側でも放射線防護対策が必要である．

(4)

(a)　加圧水型軽水炉（PWR）

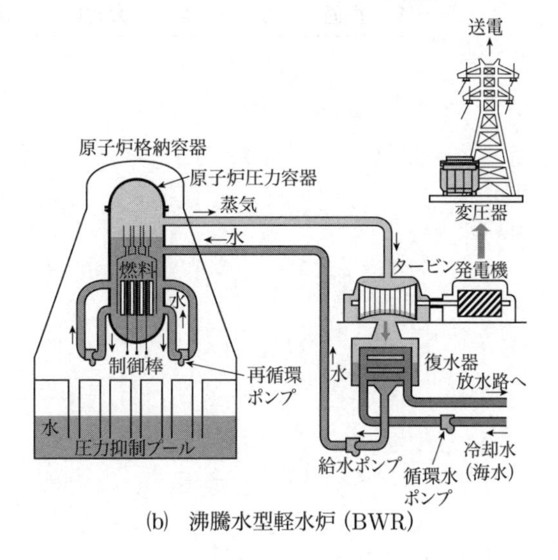

(b)　沸騰水型軽水炉（BWR）

次の文章は，風力発電に関する記述である．

風力発電は，風のエネルギーによって風車で発電機を駆動し発電を行う．風車は回転軸の方向により水平軸風車と垂直軸風車に分けられ，大電力用には主に (ア) 軸風車が用いられる．

風がもつ運動エネルギーは風速の (イ) 乗に比例する．また，プロペラ型風車を用いた風力発電で取り出せる電力は，損失を無視すると風速の (ウ) 乗に比例する．風が得られれば電力を発生できるため，発電するときに二酸化炭素を排出しない再生可能エネルギーであり，また，出力変動の (エ) 電源とされる．

発電機には誘導発電機や同期発電機が用いられる．同期発電機を用いてロータの回転速度を可変とした場合には，発生した電力は (オ) を介して電力系統へ送電される．

上記の記述中の空白箇所(ア)～(オ)に当てはまる組合せとして，正しいものを次の(1)～(5)のうちから一つ選べ．

	(ア)	(イ)	(ウ)	(エ)	(オ)
(1)	水平	2	2	小さい	増速機
(2)	水平	2	3	大きい	電力変換装置
(3)	水平	3	3	大きい	電力変換装置
(4)	垂直	3	2	小さい	増速機
(5)	垂直	2	3	大きい	電力変換装置

解5　風力発電の原理，特徴，構成に関する問題である．

風力発電は，風車によって風力エネルギーを回転エネルギーに変換し，さらに，その回転エネルギーを発電機によって電気エネルギーに変換し利用するものである．

風車の種類は，大別すると水平軸形と垂直軸形に分かれ，風力発電として使用されているものは，水平軸形のプロペラ形，垂直軸形のサボニウス形とダリウス形がほとんどで，そのなかで適用範囲が広く，風のエネルギー吸収効率が高い**水平**軸形のプロペラ形が大電力用に用いられる．水平軸形は，駆動軸がほぼ水平に配置され，回転面は風向きにほぼ垂直になる．

風のもつ運動エネルギーPは，単位時間当たりの空気の質量をm [kg/s]，速度（風速）をV [m/s]とすると次式で表され，風速の2乗に比例する．

$$P=\frac{1}{2}mV^2\,[\mathrm{J/s}]\ \ (=[\mathrm{W}])$$

ここで，空気密度をρ [kg/m^3]，風車の回転面積（ロータ面積）をA [m^2]とすると，

$$m=\rho AV\,[\mathrm{kg/s}]$$

となるので，風車の出力係数C_pを用いると，風車で得られるエネルギーは次式で表される．

$$P=\frac{1}{2}C_\mathrm{p}\rho AV^3\,[\mathrm{W}]$$

つまり，風のエネルギーは風速の**2**乗に比例し，風力発電の出力は風速の**3**乗に比例する．

風力発電の主な特徴は次のとおりである．

① 汚染物質や二酸化炭素を排出しない再生可能エネルギーであり，自然エネルギーを利用したクリーンな発電方式であるが，現状では発電コストが高い．

② 風のエネルギーは非枯渇エネルギーである．

③ 単位面積当たりのエネルギー密度が小さい．

④ 発電が風向，風速などの気象条件に左右されるため出力変動が**大きい**．したがって，設置場所が限定され，比較的安定して強い風が吹く場所を選定する必要がある．

⑤ エネルギーの変換効率が低い．

⑥ 翼が風を切るため，設置する場所によっては騒音が問題となる場合がある．したがって，騒音対策として翼の形を工夫して騒音を低減する必要がある．

交流発電機としては，誘導発電機と同期発電機が採用されている．誘導発電機は，出力変動によって電圧が変動するという問題があるが，構造が簡単で低コストであるため一般的に採用されている．一方，同期発電機は，電圧制御が可能であるため系統への影響が少なく，単独運転も可能であるというメリットがある．このため，大規模風力発電設備では，コストは高いが同期発電機を採用することが多い．同期発電機を用いてロータの回転速度を可変とした場合は，その出力が系統周波数と異なるため，その交流出力をいったん直流に変換したうえで，再度，交流に変換して，交流電力系統に連系するDCリンク方式と呼ばれる**電力変換装置**を介して電力系統へ送電される．

(2)

電力系統の電圧調整に関する記述として，誤っているものを次の(1)～(5)のうちから一つ選べ．

(1)　線路リアクタンスが大きい送電線路では，受電端において進相コンデンサを負荷に並列することで，受電端での進み無効電流を増加させ，受電端電圧を上げることができる．

(2)　送電線路において送電端電圧と受電端電圧が一定であるとすると，負荷の力率が変化すれば受電端電力が変化する．このため，負荷が変動しても力率を調整することによって受電端電圧を一定に保つことができる．

(3)　送電線路での有効電力の損失は電圧に反比例するため，電圧調整により電圧を高めに運用することが損失を減らすために有効である．

(4)　進相コンデンサは無効電力を段階的にしか調整できないが，静止型無効電力補償装置は無効電力の連続的な調整が可能である．

(5)　電力系統の電圧調整には調相設備と共に，発電機の励磁調整による電圧調整が有効である．

解6　電力系統の電圧調整に関する問題である．

電力系統の電圧調整に用いられる調相設備の種類と機能は以下のとおりである．

調相設備には，電力用コンデンサ，分路リアクトル，静止形無効電力補償装置および同期調相機があり，負荷と並列に設置される．

電力用コンデンサは，進相無効電力を消費して受電端での進み無効電流を増加させ，送配電系統の負荷力率を改善して送電損失の低減を図るとともに，受電端電圧を上げることができる．コンデンサの容量は，コンデンサ群の入切で加減するので，無効電力を段階的にしか調整できない．

分路リアクトルは，遅相無効電力を消費し，長距離送電線や大容量のケーブル系統の充電電流を補償して，深夜などの軽負荷時における系統電圧の上昇を抑えるために設置される．

静止形無効電力補償装置（SVC）は，並列コンデンサ，分路リアクトルを用いて，そのコンデンサとリアクトルを並列接続し，リアクトルに流れる電流をサイリスタで位相制御して無効電力を連続調整する方式やサイリスタスイッチでコンデンサバンクを切り換えて無効電力を調整する方式などがある．いずれの方式も高速で調相容量を連続的かつ進相から遅相領域まで無効電力を連続的に調整することができる．

同期調相機は，無負荷運転の同期電動機であって，調相容量の調整は調相機の励磁電流を制御することにより行い，遅相・進相いずれの無効電力でも連続的に制御することが可能である．

送電端線間電圧を V_s，受電端線間電圧を V_r，線路電流を $I\,[\mathrm{A}]$，負荷力率を $\cos\theta$，送電線1線当たりの抵抗を $r\,[\Omega]$，リアクタンスを $x\,[\Omega]$ とすると，三相3線式送電線の電圧降下 v は，近似式を用いると次式で表される．

$$v = V_s - V_r = \sqrt{3}I(r\cos\theta + x\sin\theta)\,[\mathrm{V}]$$

負荷の有効電力 P は次式で表されるから，

$$P = \sqrt{3}V_r I\cos\theta\,[\mathrm{W}]$$

線路電流 I は，

$$I = \frac{P}{\sqrt{3}V_r\cos\theta}\,[\mathrm{A}]$$

よって，電圧降下 v は，

$$\begin{aligned} v &= V_s - V_r \\ &= \sqrt{3}\,\frac{P}{\sqrt{3}V_r\cos\theta}(r\cos\theta + x\sin\theta) \\ &= \frac{P}{V_r}\left(r + x\frac{\sin\theta}{\cos\theta}\right)[\mathrm{V}] \end{aligned}$$

$$\therefore\ V_r = \frac{P}{v}\left(r + x\frac{\sin\theta}{\cos\theta}\right)[\mathrm{V}]$$

上式より，送電端電圧と受電端電圧が一定（電圧降下 v が一定）の場合，負荷電力が変動しても力率を調整することによって受電端電圧を一定に保つことができる．

一方，送電線路の電力損失 p は，

$$\begin{aligned} p &= 3I^2r = 3\times\left(\frac{P}{\sqrt{3}V_r\cos\theta}\right)^2 r \\ &= \left(\frac{P}{V_r\cos\theta}\right)^2 r \end{aligned}$$

となり，送電線路での有効電力による損失は電圧の**2乗**に反比例するため，**(3)が誤り**である．

答　(3)

図に示す過電流継電器の各種限時特性(ア)～(エ)に対する名称の組合せとして，正しいものを次の(1)～(5)のうちから一つ選べ．

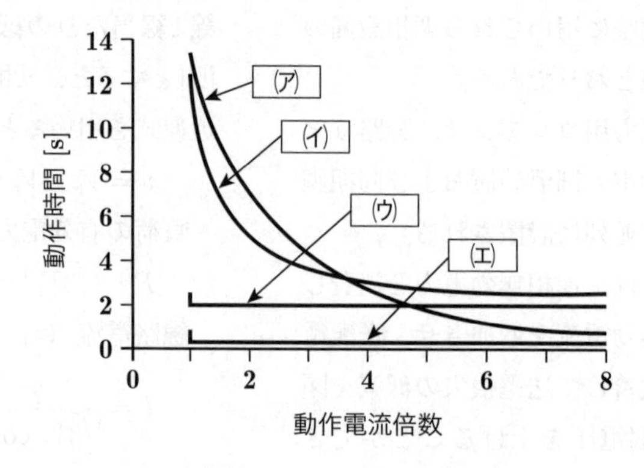

	(ア)	(イ)	(ウ)	(エ)
(1)	反限時特性	反限時定限時特性	定限時特性	瞬時特性
(2)	反限時定限時特性	反限時特性	定限時特性	瞬時特性
(3)	反限時特性	定限時特性	瞬時特性	反限時定限時特性
(4)	定限時特性	反限時定限時特性	反限時特性	瞬時特性
(5)	反限時定限時特性	反限時特性	瞬時特性	定限時特性

問8

受電端電圧が20 kVの三相3線式の送電線路において，受電端での電力が2 000 kW，力率が0.9（遅れ）である場合，この送電線路での抵抗による全電力損失の値[kW]として，最も近いものを次の(1)～(5)のうちから一つ選べ．

ただし，送電線1線当たりの抵抗値は9 Ωとし，線路のインダクタンスは無視するものとする．

(1)　12.3　(2)　37.0　(3)　64.2　(4)　90.0　(5)　111

解7　過電流継電器の動作時間と動作電流の関係から各種限時特性を選択する問題である．

継電器に，故障電流に比例する電流が流れはじめてから主接点が閉じるまでの時間を時限または限時といい，その主な特性には次の４種類がある．図に示すように，縦軸に動作時間，横軸に入力（電流や電圧）をとり，それらの関係を表したものを動作時間特性という．

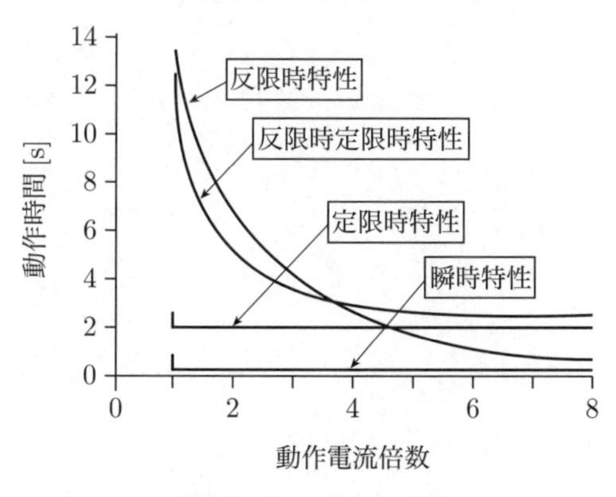

過電流継電器の各種限時特性

(ア)　**反限時特性**

継電器を動作させる駆動電気量が増加するにつれ，動作速度が反比例的に短くなる（動作時間が速くなる）特性をもつもの．

反比例の度合いの大きいものを強反限時特性，超反限時特性と呼んでいる．

(イ)　**反限時定限時特性**

駆動電気量がある値以下の小さいところでは反限時で，それ以上の点では定限時特性を有する反限時特性と定限時特性を組み合わせたもの．

なお，定限時特性継電器でも，厳密にいうと動作限界値付近のある小範囲ではこの特性を有している．

(ウ)　**定限時特性**

継電器を動作させる駆動電気量の増減に関係なく，一定時間で動作するもの．

(エ)　**瞬時特性**

動作時間に遅延がなく，瞬時に動作するもの．

2004年（平成16年）にほぼ同じ問題が出題されている．

(1)

解8　三相3線式送電線路の線路損失を求める計算問題である．

線路損失は，電線に電流が流れることによってジュール熱となって失われていくもので，I^2rという最も基本的な式で求めることができる．

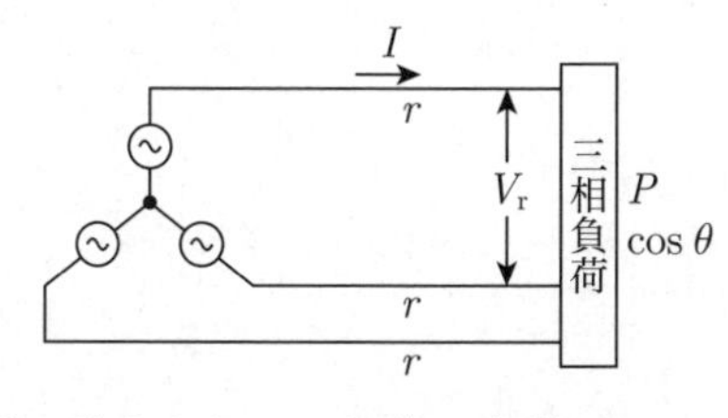

図に示すように，負荷の力率が$\cos\theta$のときの線路電流をI [A]，受電端電圧をV_r [V]とすると，負荷の有効電力Pは次式で表されるから，

$$P=\sqrt{3}V_rI\cos\theta\,[\mathrm{W}]$$

線路電流Iは，

$$I=\frac{P}{\sqrt{3}V_r\cos\theta}\,[\mathrm{A}]$$

送電線1線当たりの抵抗をr [Ω]とすると，三相3線式送電線路の電力損失pは次のように求められる．

$$p=3I^2r=3\times\left(\frac{P}{\sqrt{3}V_r\cos\theta}\right)^2r$$

$$=\left(\frac{P}{V_r\cos\theta}\right)^2r=\left(\frac{2\,000\times10^3}{20\times10^3\times0.9}\right)^2\times9$$

$$\fallingdotseq 111\times10^3\ \mathrm{W}=111\,\mathrm{kW}$$

2005年（平成17年）にほぼ同じ問題（線路抵抗値だけが違う）が出題されている．

(5)

送電線路のフェランチ効果に関する記述として，誤っているものを次の(1)～(5)のうちから一つ選べ.

(1) 受電端電圧の方が送電端電圧よりも高くなる現象である.

(2) 短距離送電線路よりも，長距離送電線路の方が発生しやすい.

(3) 無負荷や軽負荷の場合よりも，負荷が重い場合に発生しやすい.

(4) フェランチ効果発生時の線路電流の位相は，電圧に対して進んでいる.

(5) 分路リアクトルの運転により防止している.

解9　送電線路のフェランチ効果に関する問題である．

(1)　**フェランチ効果のメカニズム**

負荷の力率は，一般に遅れ力率であるから大きな負荷がかかっているときは，電流は電圧より位相が遅れているのが普通である．

しかしながら，負荷が非常に小さい場合，特に無負荷の場合には静電容量により線路の充電電流の影響が大きくなって，線路電流の位相は電圧に対して進みとなり，図に示すように，受電端の電圧が送電端の電圧よりも高くなる．

この現象をフェランチ効果といい，送電線の単位長さ当たりの静電容量が大きいほど（ケーブルや高電圧線路），また送電線のこう長が長いほどこの現象は著しくなる．

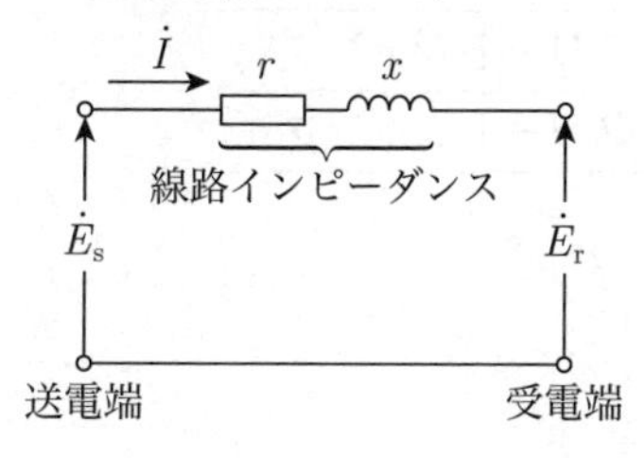

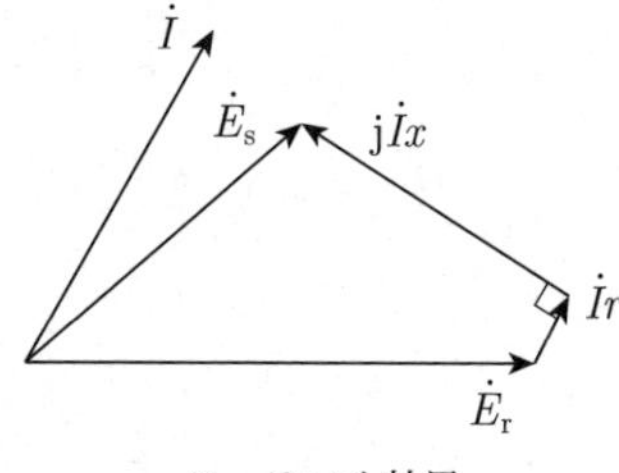

フェランチ効果

(2)　**この現象の原因と対策**

(a)　夜間・休日などの軽負荷時に，長距離架空送電線や地中送電ケーブル線路を運転することにより，進み電流が流れて受電端電圧が上昇する．

この対策としては次のような方法がある．

①　変電所の電力用コンデンサを切り離す．

②　受電端の変電所で分路リアクトルを投入する．

③　受電端の変電所で同期調相機の低励磁運転を実施する．

④　並行回線または使用していない送電線を停止する．

⑤　需要家に電力用コンデンサの開放を要請する．

(b)　長距離架空送電線や地中送電ケーブル線路の受電端で，変電所の二次側母線事故などにより遮断器が開放されて負荷のリアクタンス分がなくなり，進み電流が流れて受電端電圧が上昇する．この場合，さらに発電機の加速による電圧上昇が加算されて過電圧が発生する．

①　発電機の低励磁運転を実施する．

②　受電端の変電所で分路リアクトルを投入する．

③　受電端の変電所で同期調相機の低励磁運転を実施する．

したがって，フェランチ効果は，夜間・休日などの無負荷や軽負荷の場合に発生しやすいため(3)**が誤り**である．

2012年（平成24年）に類題がある．

(3)

次の文章は，架空送電線の振動に関する記述である．

架空送電線が電線と直角方向に毎秒数メートル程度の風を受けると，電線の後方に渦を生じて電線が上下に振動することがある．これを微風振動といい，(ア)電線で，径間が(イ)ほど，また，張力が(ウ)ほど発生しやすい．

多導体の架空送電線において，風速が数～20 m/sで発生し，10 m/sを超えると激しくなる振動を(エ)振動という．

また，その他の架空送電線の振動には，送電線に氷雪が付着した状態で強い風を受けたときに発生する(オ)や，送電線に付着した氷雪が落下したときにその反動で電線が跳ね上がる現象などがある．

上記の記述中の空白箇所(ア)～(オ)に当てはまる組合せとして，正しいものを次の(1)～(5)のうちから一つ選べ．

	(ア)	(イ)	(ウ)	(エ)	(オ)
(1)	重い	長い	小さい	サブスパン	ギャロッピング
(2)	軽い	長い	大きい	サブスパン	ギャロッピング
(3)	重い	短い	小さい	コロナ	ギャロッピング
(4)	軽い	短い	大きい	サブスパン	スリートジャンプ
(5)	重い	長い	大きい	コロナ	スリートジャンプ

解10　架空送電線に発生する振動のメカニズムに関する問題である．

架空送電線に発生する振動には，微風振動，コロナ振動，ギャロッピング，サブスパン振動，スリートジャンプがある．

これらの発生原因と防止対策は次のとおりである．

(1)　微風振動

鋼心アルミより線（ACSR）のように比較的軽い電線が，電線と直角方向に毎秒数メートル程度の微風を一様に受けると，電線の背後に空気の渦（カルマン渦）を生じて電線に鉛直方向の周期的な力が働き，これにより電線に生じる交番上下力の周波数が電線の固有振動数の一つと一致すると，電線が定常的に上下に振動を起こすことがある．これを微風振動といい，この振動が長年月継続すると電線が疲労劣化し，クランプ取付け部の電線支持点付近で断線することがある．

微風振動は，直径の大きい割に**軽い**電線，平地で径間が**長い**箇所，張力が**大きい**ほど発生しやすい．

(2)　サブスパン振動

多導体の一相内のスペーサとスペーサの間隔をサブスパンといい，支持点付近を15〜40 mとし，径間中央部では60〜80 mとする不平等間隔で挿入されている．このようなスペーサを支点とするサブスパン内で起こる振動を**サブスパン**振動という．風の変動や乱れとサブスパン内の電線の固有振動数が一致すると，スペーサ間で自励振動が発生する．風速が数〜20m/sで発生し，10 m/sを超えると激しくなる．

(3)　ギャロッピング

着氷雪などによって，電線の断面が円形でなくなった非対称の電線に強い水平風が当たると，揚力が発生し，着氷雪の位置によっては自励振動を生じて，電線が上下に振動する現象を**ギャロッピング**という．この電線振動は上下方向の動きが顕著で，同じ周期で電線の捻回を伴っていることが多い．

電線断面に非対称な形で氷雪付着が生じる傾向は，スペーサのために電線の回転ができない複導体や多導体方式のほうが単導体方式より強い．したがって，複導体や多導体方式の場合に発生することが多く，また，電線断面積の大きい電線路で発生しやすい．

ギャロッピングが発達すると大きな振幅となり，電線相互の接近による相間短絡事故や鉄塔・電線金具に対する過荷重による設備事故を招く危険性がある．

2015年（平成27年），2010年（平成22年）に類題がある．

(2)

問11　地中送電線路の故障点位置標定に関する記述として，誤っているものを次の(1)～(5)のうちから一つ選べ.

(1) 故障点位置標定は，地中送電線路で地絡事故や断線事故が発生した際に，事故点の位置を標定して地中送電線路を迅速に復旧させるために必要となる.

(2) パルスレーダ法は，健全相のケーブルと故障点でのサージインピーダンスの違いを利用して，故障相のケーブルの一端からパルス電圧を入力してから故障点でパルス電圧が反射して戻ってくるまでの時間を計測し，ケーブル中のパルス電圧の伝搬速度を用いて故障点を標定する方法である.

(3) 静電容量測定法は，ケーブルの静電容量と長さが比例することを利用し，健全相と故障相のそれぞれのケーブルの静電容量の測定結果とケーブルのこう長から故障点を標定する方法である.

(4) マーレーループ法は，並行する健全相と故障相の2本のケーブルに対して電気抵抗計測に使われるブリッジ回路を構成し，ブリッジ回路の平衡条件とケーブルのこう長から故障点を標定する方法である.

(5) 測定原理から，地絡事故にはパルスレーダ法とマーレーループ法が適用でき，断線事故には静電容量測定法とマーレーループ法が適用できる.

解11　地中送電線路の故障点位置標定の原理と特徴に関する問題である．

故障点位置標定の代表的なものに，マーレーループ法，パルスレーダ法，静電容量測定法がある．

(1)　マーレーループ法

ホイートストンブリッジの原理を応用したもので，故障心線が断線していないことと，ケーブルの健全な心線があるか，あるいは健全な平行回線があることが適用条件である．

(a)図に示すように，ケーブルAの一箇所においてその導体と遮へい層の間に1線地絡事故が生じたとする．地絡したケーブルAと健全なケーブルBの導体を短絡し，ホイートストンブリッジを形成する．ケーブル線路長をL [m]，マーレーループ装置を接続した端部側から故障点までの距離をx [m]，ブリッジの全目盛を1 000，ブリッジが平衡したときのケーブルAに接続されたブリッジ端子までの目盛の読みをaとする．

抵抗は距離（長さ）に比例するので，ケーブルの単位長さ当たりの線路抵抗をr [Ω/km]とすると，ブリッジの平衡条件より次式が成り立つ．

$$(1\,000-a)rx = a\{r(2L-x)\}$$

上式を解くと，故障点までの距離xは次のように求められる．

$$1\,000x - ax = 2aL - ax$$

$$\therefore \quad x = \frac{2aL}{1\,000}\,[\mathrm{m}]$$

マーレーループ法は断線事故には適用できないため(5)**が誤り**である．

(2)　パルスレーダ法

健全相のケーブルと故障点でのサージインピーダンスの違いを利用し，故障相の一端からパルス電圧を入力し，故障点から反射して返ってくる時間を計測して故障点までの距離を標定する方法で，地絡事故に適用される．

パルス電圧がケーブル中を伝わる速度（伝搬速度）をv [m/μs]，パルス電圧を送り出してから反射して返ってくるまでの時間をt [μs]とすると，tは故障点までの往復時間であるから，故障点までの時間は$\dfrac{t}{2}$ [μs]となるから，故障点までの距離xは次式で求められる．

$$x = \frac{vt}{2}\,[\mathrm{m}]$$

なお，vはおよそ160 m/μsである．

(3)　静電容量測定法

断線事故に適用するもので，(b)図に示すように，故障相と健全相の静電容量の比から故障点までの距離を標定する方法である．静電容量は距離に比例するため，健全相のケーブルの静電容量をC [μF]，故障相のケーブルの静電容量をC_x [μF]，ケーブルの線路長をL [m]とすると，故障点までの距離xは次式で求められる．

$$x = \frac{C_x}{C}L\,[\mathrm{m}]$$

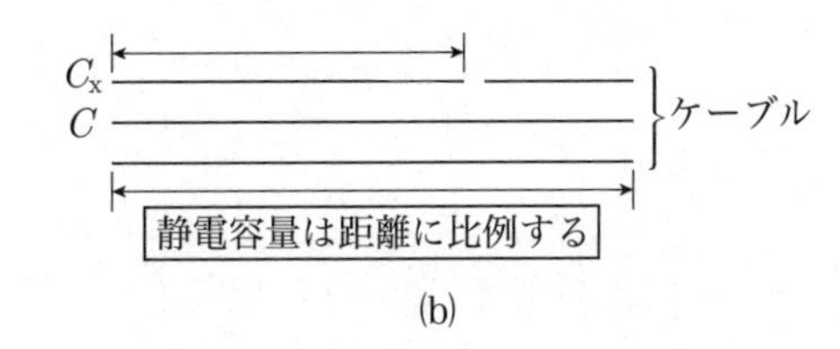

(b)

(5)

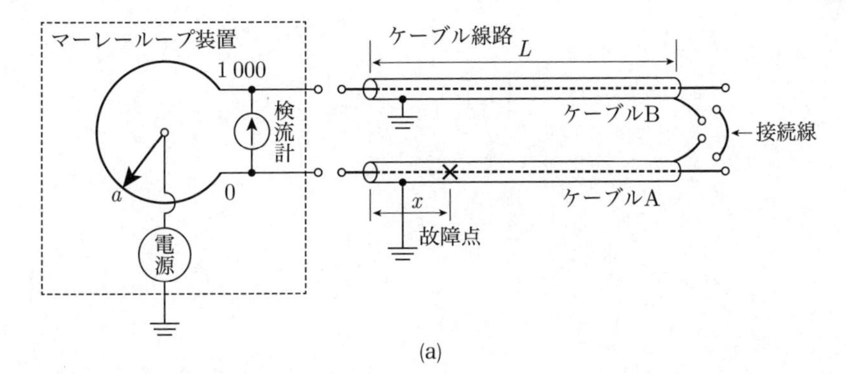

(a)

次の文章は，配電線路に用いられる柱上変圧器に関する記述である．

柱上に設置される変圧器としては，容量 (ア) のものが多く使用されている．

鉄心には，けい素鋼板が多く使用されているが， (イ) のために鉄心にアモルファス金属材料を用いた変圧器も使用されている．

また，変圧器保護のために， (ウ) を柱上変圧器に内蔵したものも使用されている．

三相3線式200 Vに供給するときの結線には，△結線とV結線がある．V結線は単相変圧器2台によって構成できるため，△結線よりも変圧器の電柱への設置が簡素化できるが，同一容量の単相変圧器2台を使用して三相平衡負荷に供給している場合，同一容量の単相変圧器3台を使用した△結線と比較して，出力は (エ) 倍となる．

上記の記述中の空白箇所(ア)～(エ)に当てはまる組合せとして，正しいものを次の(1)～(5)のうちから一つ選べ．

	(ア)	(イ)	(ウ)	(エ)
(1)	10 ～ 100 kV·A	小型化	漏電遮断器	$\frac{1}{\sqrt{3}}$
(2)	10 ～ 30 MV·A	低損失化	漏電遮断器	$\frac{\sqrt{3}}{2}$
(3)	10 ～ 30 MV·A	低損失化	避雷器	$\frac{\sqrt{3}}{2}$
(4)	10 ～ 100 kV·A	低損失化	避雷器	$\frac{1}{\sqrt{3}}$
(5)	10 ～ 100 kV·A	小型化	避雷器	$\frac{\sqrt{3}}{2}$

解12　配電線路に用いられる柱上変圧器に関する問題である．

柱上変圧器の容量は，**10〜100 kV·A** が標準であり，外形寸法が小さく，軽量で鉄損も少ない方向性けい素鋼帯を用いた巻鉄心変圧器が採用されている．**低損失化**のため，アモルファス鉄心を用いた変圧器も一部で適用されているが，形状は大きい．変圧器保護のため，**避雷器**を柱上変圧器に内蔵したものも使用されている．

△結線の線電流は相電流の$\sqrt{3}$倍であるが，V結線の線電流は相電流と同じになるため，単相変圧器1台の容量をP [V·A]とすると，V結線の出力は次のように求められる．

$$\begin{aligned}\text{V結線出力} &= \sqrt{3}\times\text{線間電圧}\times\text{線電流}\\ &= \sqrt{3}\times\text{線間電圧}\times\text{相電流}\\ &= \sqrt{3}VI = \sqrt{3}P\,[\text{V·A}]\end{aligned}$$

△結線の出力は$3P$ [V·A]であるから，△結線の出力に対するV結線の出力は，次のように$\dfrac{1}{\sqrt{3}}$倍となる．

$$\frac{\text{V結線の出力}}{\text{△結線の出力}} = \frac{\sqrt{3}P}{3P} = \frac{\sqrt{3}}{3} = \frac{1}{\sqrt{3}}$$

また，変圧器の利用率は次のように$\dfrac{\sqrt{3}}{2}$倍となる．

$$\text{利用率} = \frac{\sqrt{3}P}{2P} = \frac{\sqrt{3}}{2}$$

2009年（平成21年）に類題がある．

答　(4)

問13

高圧架空配電線路又は高圧地中配電線路を構成する機材として，使用されることのないものを次の(1)～(5)のうちから一つ選べ．

(1)　柱上開閉器
(2)　CVケーブル
(3)　中実がいし
(4)　DV線
(5)　避雷器

解13　高圧架空配電線路または高圧地中配電線路を構成する機材に関する問題である．

高圧架空配電線路は，図に示すように，高圧電線，低圧電線，引込線と，これらを支持する支持物，変圧器，開閉器，がいしなどから構成される．

柱上開閉器は区分開閉器ともいい，主に作業停電などの停電範囲の縮小や高圧配電線路の事故時の事故区間切り離しを目的に使用するもので，現地で手動操作する「手動開閉器」と自動制御で遠隔操作する「自動開閉器」がある．負荷電流の開閉しかできず，短絡電流などの事故電流は遮断できない．

CVケーブルは架橋ポリエチレン絶縁ビニルシースケーブルのことで，高低圧用地中電線路に使用される．

高圧架空配電線路に使用するがいしは，高圧用と低圧用とがあり，通り線と縁回し線の支持用には高圧ピンがいし，低圧ピンがいしが，電線の引留支持用には高圧耐張がいし，低圧引留がいしがそれぞれ使用される．また，高圧がいしについては，耐吸湿性・耐貫通性に優れた中実がいしも使用される．

硬銅線を用いた絶縁電線には，主として低圧に用いられる屋外用ビニル絶縁電線（OW），主として高圧に用いられる屋外用ポリエチレン絶縁電線（OE）や屋外用架橋ポリエチレン絶縁電線（OC）がある．OC電線は，OE電線より許容電流が大きい．

DV線は引込用ビニル絶縁電線のことで，低圧回路用で一般家庭への引込み用として使用されるため(4)**が誤り**である．

避雷器は，従来，炭化けい素（SiC）抵抗体を用いたギャップ付き避雷器が使用されていたが，最近はギャップのない酸化亜鉛素子（ZnO）を用いた酸化亜鉛形避雷器が広く利用されており，保護対象機器にできるだけ近接して取り付けると有効である．

2014年（平成26年），2005年（平成17年）に類題がある．

(4)

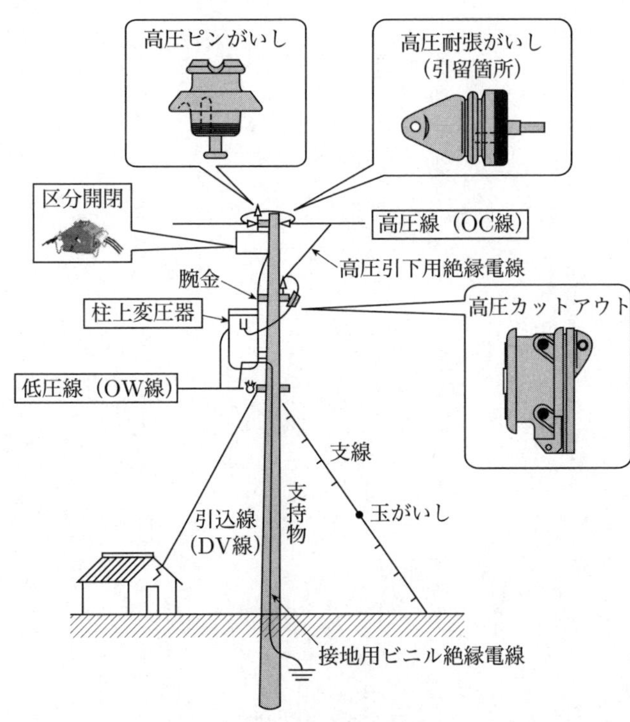

架空配電線路構成機器

問14

我が国の電力用設備に使用されるSF_6ガスに関する記述として，誤っているものを次の(1)～(5)のうちから一つ選べ．

(1)　SF_6ガスは，大気中に排出されると，オゾン層への影響は無視できるガスであるが，地球温暖化に及ぼす影響が大きいガスである．

(2)　SF_6ガスは，圧力を高めることで絶縁破壊強度を高めることができ，同じ圧力の空気と比較して絶縁破壊強度が高い．

(3)　SF_6ガスは，液体，固体の絶縁媒体と比較して誘電率及び誘電正接が小さいため，誘電損が小さい．

(4)　SF_6ガスは，遮断器による電流遮断の際に，電極間でアーク放電を発生させないため，消弧能力に優れ，ガス遮断器の消弧媒体として使用されている．

(5)　SF_6ガスは，ガス絶縁開閉装置やガス絶縁変圧器の絶縁媒体として使用され，変電所の小型化の実現に貢献している．

解14　SF_6ガスの特徴，特性，用途に関する問題である．

SF_6ガスの大きな特長は電気的特性にあり，絶縁耐力は平等電界では同一圧力で空気の2～3倍，0.3～0.4 MPaでは絶縁油以上の絶縁耐力を有しており，圧力を高めることで絶縁破壊強度を高めることができる．気体の絶縁破壊は，主として電子の衝突電離作用によって自由電子が引き出されることによるが，SF_6ガスは電子を吸着しやすい性質が強いので，引き出された自由電子がSF_6ガス分子に吸着され，重い負イオンを形成するため動きやすさが小さくなり，衝突電離が起こりにくくなるためである．

また，SF_6ガスの重要な特性として消弧性能がある．SF_6ガスは，電子付着作用によりアーク電流のキャリヤである自由電子を電流零点近くにおいて急速に付着し，その動きやすさを減少するため，等価的にアークが強く冷却されたのと同等になり，著しい消弧作用を示す．アーク遮断直後における遮断器極間の絶縁回復早々のアーク時定数は，空気の1/100である．このことは，消弧特性が空気より100倍と非常に優れているということにもつながる．この優れた遮断特性のため，SF_6ガス遮断器の場合は短絡電流遮断能力が大きくなり，SF_6ガス避雷器では続流遮断能力が大きくなる．

遮断器による電流遮断の際に，電極間でアーク放電を発生させないことはできないため**(4)が誤り**である．

しかしながら，SF_6ガス中に水分があるとこれらの生成物と反応して絶縁物や金属を劣化させる原因となり，また，SF_6ガスは地球温暖化係数GWP（二酸化炭素の地球温暖化効果を1とした値）が23 900と非常に大きい温室効果ガスであり地球温暖化の原因となるため機器の点検時にはSF_6ガスの回収を確実に行うなどの対策が必要である．なお，オゾン破壊係数ODP（CFC11のオゾン破壊効果を1とした値）は0でオゾン層に与える影響は無視できる．

これらのSF_6ガスの特徴を生かし，ガス絶縁開閉装置（GIS）やガス絶縁変圧器の絶縁媒体として使用され，機器の小型化に貢献している．

SF_6ガスは，液体，固体の絶縁体と比較して誘電率および誘電正接が小さいため，誘電損が小さい．

2014年（平成26年）に類題がある．

(4)

B問題　配点は1問題当たり(a)5点，(b)5点，計10点

問15　揚水発電所について，次の(a)及び(b)の問に答えよ．

ただし，水の密度を1 000 kg/m³，重力加速度を9.8 m/s²とする．

(a) 揚程450 m，ポンプ効率90 %，電動機効率98 %の揚水発電所がある．揚水により揚程及び効率は変わらないものとして，下池から1 800 000 m³の水を揚水するのに電動機が要する電力量の値[MW·h]として，最も近いものを次の(1)～(5)のうちから一つ選べ．

(1) **1 500**　(2) **1 750**　(3) **2 000**　(4) **2 250**　(5) **2 500**

(b) この揚水発電所において，発電電動機が電動機入力300 MWで揚水運転しているときの流量の値[m³/s]として，最も近いものを次の(1)～(5)のうちから一つ選べ．

(1) **50.0**　(2) **55.0**　(3) **60.0**　(4) **65.0**　(5) **70.0**

解15　揚水発電所の揚水運転時における必要な電力量と流量を求める計算問題である．

(a)　図に示すように，下池の水 V [m³] を T 時間で揚水する場合の流量 Q_P は次のように求められる．

$$Q_P = \frac{V}{3\,600T}\ [\mathrm{m^3/s}]$$

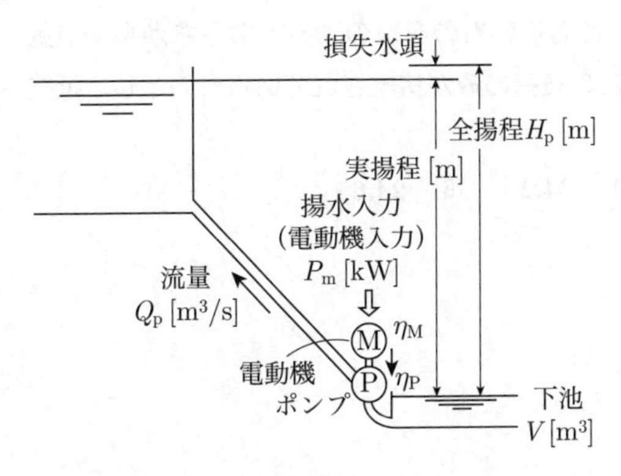

全揚程を H_P [m]，ポンプ効率を η_P，電動機効率を η_M とすると，揚水時の所要動力（電動機入力）P_m は次のように求められる．

$$P_m = \frac{9.8Q_PH_P}{\eta_M\eta_P} = \frac{9.8 \times \dfrac{V}{3\,600T}H_P}{\eta_M\eta_P}\ [\mathrm{kW}]$$

したがって，揚水時に電動機が要する電力量 W は次のように求められる．

$$W = P_mT = \frac{9.8 \times \dfrac{V}{3\,600T}H_P}{\eta_M\eta_P}T$$

$$= \frac{9.8 \times \dfrac{V}{3\,600}H_P}{\eta_M\eta_P}$$

$$= \frac{9.8 \times \dfrac{1\,800\,000}{3\,600} \times 450}{0.98 \times 0.90}$$

$$= 2\,500 \times 10^3\ \mathrm{kW \cdot h} = 2\,500\ \mathrm{MW \cdot h}$$

(b)　発電電動機が電動機入力 $P_m = 300$ MW で揚水運転時の流量 Q は，(a)の P_m を求める式を変形すると次のように求められる．

$$Q = \frac{P_m\eta_M\eta_P}{9.8H_P} = \frac{300 \times 10^3 \times 0.98 \times 0.90}{9.8 \times 450}$$

$$= 60\ \mathrm{m^3/s}$$

答　(a)—(5)，(b)—(3)

問16　定格容量80 MV·A，一次側定格電圧33 kV，二次側定格電圧11 kV，百分率インピーダンス18.3 %（定格容量ベース）の三相変圧器T_Aがある．三相変圧器T_Aの一次側は33 kVの電源に接続され，二次側は負荷のみが接続されている．電源の百分率内部インピーダンスは，1.5 %（系統基準容量ベース）とする．ただし，系統基準容量は80 MV·Aである．なお，抵抗分及びその他の定数は無視する．次の(a)及び(b)の問に答えよ．

(a)　将来の負荷変動等は考えないものとすると，変圧器T_Aの二次側に設置する遮断器の定格遮断電流の値[kA]として，最も適切なものを次の(1)～(5)のうちから一つ選べ．

(1)　5　(2)　8　(3)　12.5　(4)　20　(5)　25

(b)　定格容量50 MV·A，百分率インピーダンスが12.0 %（定格容量ベース）の三相変圧器T_Bを三相変圧器T_Aと並列に接続した．40 MWの負荷をかけて運転した場合，三相変圧器T_Aの負荷分担の値[MW]として，最も近いものを次の(1)～(5)のうちから一つ選べ．ただし，三相変圧器群T_AとT_Bにはこの負荷のみが接続されているものとし，抵抗分及びその他の定数は無視する．

(1)　15.8　(2)　19.5　(3)　20.5　(4)　24.2　(5)　24.6

解16　遮断器の定格遮断電流と変圧器並行運転時の負荷分担を求める計算問題である．

(a)　変圧器T_Aの二次側に設置する遮断器は，(a)図のF_1点における三相短絡電流を遮断できなければならない．

電源 33 kV　$\%Z_S = 1.5\,\%$　$\%Z_A = 18.3\,\%$　F_1
変圧器T_A 33/11 kV　遮断器

(a)

変圧器一次側から電源側をみた百分率インピーダンスを$\%Z_S$，変圧器T_Aの百分率インピーダンスを$\%Z_A$とすると，各百分率インピーダンスは基準容量が80 MV·Aで同じであるから，変圧器T_Aの二次側F_1点から電源側をみた80 MV·Aベースの百分率インピーダンス$\%Z$は，

$$\%Z = \%Z_A + \%Z_S = 18.3 + 1.5$$
$$= 19.8\,\%$$

基準電流をI_B [A]，変圧器二次側の定格線間電圧をV_n [V]とすると，基準容量P_Bは次式で表されるから，

$$P_B = \sqrt{3}V_n I_B\ [\mathrm{V \cdot A}]$$

$$\therefore\quad I_B = \frac{P_B}{\sqrt{3}V_n}\ [\mathrm{A}]$$

三相短絡電流I_sは，

$$I_s = \frac{100}{\%Z} \times I_B = \frac{100}{\%Z} \times \frac{P_B}{\sqrt{3}V_n}$$
$$= \frac{100}{19.8} \times \frac{80 \times 10^6}{\sqrt{3} \times 11 \times 10^3}$$
$$\fallingdotseq 21.2 \times 10^3\ \mathrm{A} = 21.2\ \mathrm{kA}$$

遮断器の遮断電流は上記の値以上必要であるから，定格遮断電流の値は25 kAとなる．

(b)　まず，各変圧器の百分率インピーダンス値を同じ基準容量にそろえる．

変圧器T_Aの容量80 MV·Aを基準容量P_Bとすると，変圧器T_Bの百分率インピーダンス$\%Z_B = 12.0\,\%$（$P_{BTB} = 50$ MV·A基準）を基準容量$P_B = 80$ MV·Aに換算した値$\%Z_B'$は，

$$\%Z_B' = \%Z_B \frac{P_B}{P_{BTB}} = 12.0 \times \frac{80}{50}$$
$$= 19.2\,\%$$

(b)図より，負荷分担は並列インピーダンスの電流分布と同じように考えられ，同一基準容量換算の百分率インピーダンスに反比例するから，$P_L = 40$ MWの負荷をかけたとき，変圧器T_Aの負荷分担P_Aは，

$$P_A = \frac{\%Z_B'}{\%Z_A + \%Z_B'} P_L$$
$$= \frac{19.2}{18.3 + 19.2} \times 40 \fallingdotseq 20.5\ \mathrm{MW}$$

変圧器T_A　$\%Z_A = 18.3\,\%$　P_A　$P_L = 40$ MW
P_B　変圧器T_B　$\%Z_B' = 19.2\,\%$

(b)

2010年（平成22年）にほぼ同じ問題（数値だけが違う）が出題されている．

(a)—(5)，(b)—(3)

三相3線式1回線の専用配電線がある．変電所の送り出し電圧が6 600 V，末端にある負荷の端子電圧が6 450 V，力率が遅れの70 %であるとき，次の(a)及び(b)の問に答えよ．

ただし，電線1線当たりの抵抗は0.45 Ω/km，リアクタンスは0.35 Ω/km，線路のこう長は5 kmとする．

(a)　この負荷に供給される電力 P_1 の値[kW]として，最も近いものを次の(1)～(5)のうちから一つ選べ．

(1)　180　(2)　200　(3)　220　(4)　240　(5)　260

(b)　負荷が遅れ力率80 %，P_2 [kW]に変化したが線路損失は変わらなかった．P_2の値[kW]として，最も近いものを次の(1)～(5)のうちから一つ選べ．

(1)　254　(2)　274　(3)　294　(4)　314　(5)　334

解17　送受電端電圧一定時の負荷電力と負荷電力・力率が変化したが線路損失が同じ場合の負荷電力を求める計算問題である．

(a)　電線1線当たりの抵抗rとリアクタンスxは，それぞれ次のように求められる．

$r = 0.45\ \Omega/\text{km} \times 5\ \text{km} = 2.25\ \Omega$

$x = 0.35\ \Omega/\text{km} \times 5\ \text{km} = 1.75\ \Omega$

負荷電力がP，力率が$\cos\theta$のときの線路電流をI，送電端電圧をV_s，受電端電圧をV_rとすると，電圧降下vは次式で表されるから，

$$v = V_s - V_r = \sqrt{3}I(r\cos\theta + x\sin\theta)$$

線路電流Iは，

$$I = \frac{V_s - V_r}{\sqrt{3}(r\cos\theta + x\sin\theta)}$$
$$= \frac{6\,600 - 6\,450}{\sqrt{3}(2.25\times 0.7 + 1.75\sqrt{1-0.7^2})}$$
$$\fallingdotseq \frac{53.10}{\sqrt{3}}\ \text{A}$$

負荷電力Pは次のように求められる．

$$P = \sqrt{3}V_r I\cos\theta$$
$$= \sqrt{3}\times 6\,450 \times \frac{53.10}{\sqrt{3}} \times 0.7$$
$$\fallingdotseq 240\times 10^3\ \text{W} = 240\ \text{kW}$$

(b)　図に示すように，負荷電力変化前後の線電流をそれぞれI_1，I_2，力率をそれぞれ$\cos\phi_1$，$\cos\phi_2$とすると，負荷電力変化前後の負荷電力P_1，P_2より，

$$P_1 = \sqrt{3}V_r I_1\cos\phi_1$$
$$\therefore\ I_1 = \frac{P_1}{\sqrt{3}V_r\cos\phi_1}$$
$$P_2 = \sqrt{3}V_r I_2\cos\phi_2$$
$$\therefore\ I_2 = \frac{P_2}{\sqrt{3}V_r\cos\phi_2}$$

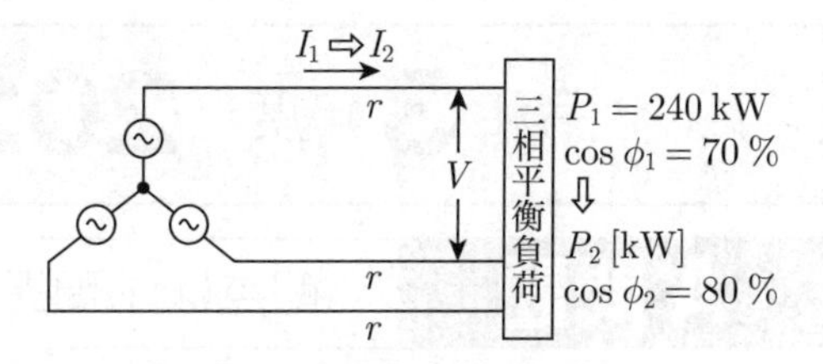

負荷電力変化前後の線路損失p_1，p_2は，それぞれ次のように求められる．

$$p_1 = 3I_1{}^2 r$$
$$= 3\times\left(\frac{P_1}{\sqrt{3}V_r\cos\phi_1}\right)^2 r$$
$$= \left(\frac{P_1}{V_r\cos\phi_1}\right)^2 r$$
$$p_2 = 3I_2{}^2 r$$
$$= 3\times\left(\frac{P_2}{\sqrt{3}V_r\cos\phi_2}\right)^2 r$$
$$= \left(\frac{P_2}{V_r\cos\phi_2}\right)^2 r$$

題意より，線路損失p_1，p_2は等しいため，P_2は次のように求められる．

$$p_1 = p_2$$
$$\left(\frac{P_1}{V_r\cos\phi_1}\right)^2 r = \left(\frac{P_2}{V_r\cos\phi_2}\right)^2 r$$
$$P_2 = \frac{\cos\phi_2}{\cos\phi_1}P_1 = \frac{0.8}{0.7}\times 240 = 274\ \text{kW}$$

答　(a)―(4)，(b)―(2)

令和３年度（2021年）電力の問題

A問題　配点は１問題当たり５点

問1 次の文章は，水力発電所の種類に関する記述である．

水力発電所は［(ア)］を得る方法により分類すると，水路式，ダム式，ダム水路式があり，［(イ)］の利用方法により分類すると，流込み式，調整池式，貯水池式，揚水式がある．

一般的に，水路式はダム式，ダム水路式に比べ［(ウ)］．貯水ができないので発生電力の調整には適さない．ダム式発電では，ダムに水を蓄えることで［(イ)］の調整ができるので，電力需要が大きいときにあわせて運転することができる．

河川の自然の流れをそのまま利用して発電する方式を［(エ)］発電という．貯水池などを持たない水路式発電所がこれに相当する．

1日又は数日程度の河川流量を調整できる大きさを持つ池を持ち，電力需要が小さいときにその池に蓄え，電力需要が大きいときに放流して発電する方式を［(オ)］発電という．自然の湖や人工の湖などを用いてもっと長期間の需要変動に応じて河川流量を調整・使用する方式を貯水池式発電という．

上記の記述中の空白箇所(ア)～(オ)に当てはまる組合せとして，正しいものを次の(1)～(5)のうちから一つ選べ．

	(ア)	(イ)	(ウ)	(エ)	(オ)
(1)	落差	流速	建設期間が長い	調整池式	ダム式
(2)	流速	落差	建設期間が短い	調整池式	ダム式
(3)	落差	流量	高落差を得にくい	流込み式	揚水式
(4)	流量	落差	建設費が高い	流込み式	調整池式
(5)	落差	流量	建設費が安い	流込み式	調整池式

●試験時間　90 分
●必要解答数　A 問題 14 題，B 問題 3 題

解1　水力発電所の落差または流量のとり方による分類およびそれらの構成に関する問題である．

水力発電所は落差または流量のとり方で分類され，水力発電所を**落差**のとり方で分類すると，水路式，ダム式，ダム水路式があり，**流量**のとり方で分類すると，流込み式（自流式），調整池式，貯水池式，揚水式がある．

水路式発電所は，(a)図に示すように，河川の上流で川をせき止め，自然の河川の勾配を利用し，取水口から水路で発電所に導き，その間で落差を得て発電する方式であり，貯水ができないため発生電力の調整ができず，ダム式やダム水路式に比べて高落差を得にくいが，ダムがないため**建設費が安い**．

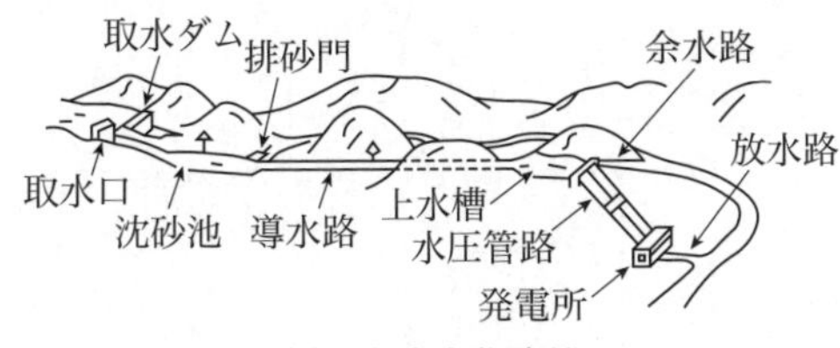

(a)　水路式発電所

ダム式発電所は，(b)図に示すように，川幅が狭く，地盤の堅固な場所にダムを築き，これによって得た落差を利用し発電する方式であり，ダムに貯水することができるため流量の調整ができ，発生電力の調整や運転時期の調整が可能である．

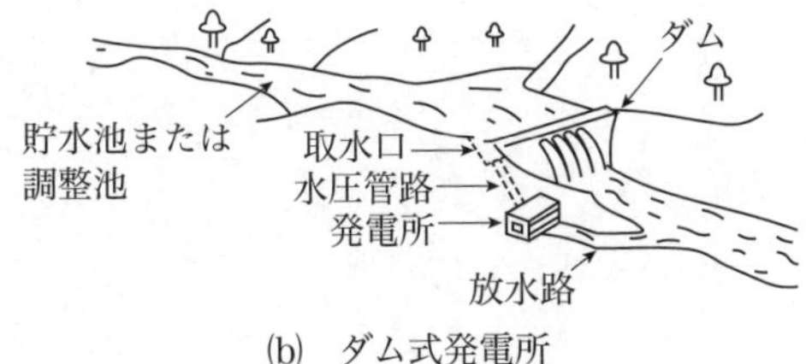

(b)　ダム式発電所

ダム水路式発電所は，(c)図に示すように，ダム式と水路式を組み合わせた方式で，河川の上流にダムを築き，水路で発電所まで水を導き，ダムと水路によって落差を得て発電する方式である．

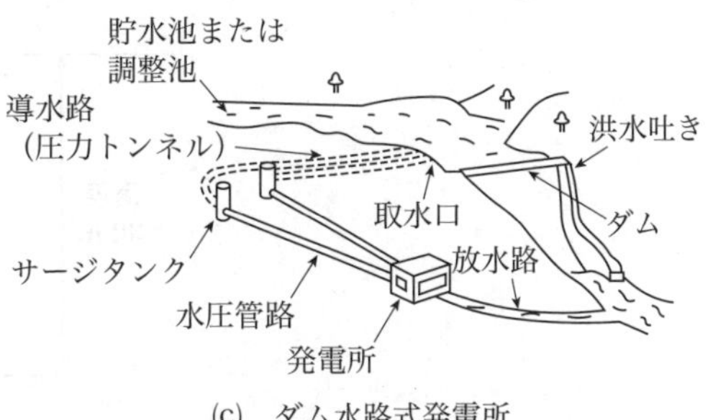

(c)　ダム水路式発電所

流込み式（自流式）発電所は，河川の流量を調整する池をもたず，自然に流れる流量に応じて発電する発電所で，水路式発電所が該当する．最大使用流量以上の流量は発電に利用できず，ベース負荷用に使用される．

調整池式発電所は，水路の一部に調整池を設け，負荷の変動に応じて河川の流量を1日から1週間程度の比較的短期間の調整を行う発電所で，軽負荷時の余剰水量を貯水し，ピーク負荷時に放流して発電する．

貯水池式発電所は，河川流量の季節的な変化を月間または年間にわたり調整することのできる貯水池をもつ発電所で，豊水期や軽負荷時に水を蓄えておき，渇水期に放水して発電する．

揚水式発電所は，深夜あるいは週末などの軽負荷時および太陽光発電の大量導入に伴う週末・休日昼間の余剰電力で，下部貯水池の水をポンプで上部貯水池にくみ上げておき，ピーク負荷時にその水を利用して発電する．上部貯水池の水量のみによって発電する純揚水式と自然流量を併用する混合揚水式とがある．

(5)

理論 電力 機械 法規 令和5上(2023) 令和4下(2022) 令和4上(2022) 令和3(2021) 令和2(2020) 令和元(2019) 平成30(2018) 平成29(2017) 平成28(2016) 平成27(2015)

図で，水圧管内を水が充満して流れている．断面Aでは，内径2.2 m，流速3 m/s，圧力24 kPaである．このとき，断面Aとの落差が30 m，内径2 mの断面Bにおける流速[m/s]と水圧[kPa]の最も近い値の組合せとして，正しいものを次の(1)～(5)のうちから一つ選べ．

ただし，重力加速度は$9.8\ \mathrm{m/s^2}$，水の密度は$1\,000\ \mathrm{kg/m^3}$，円周率は3.14とする．

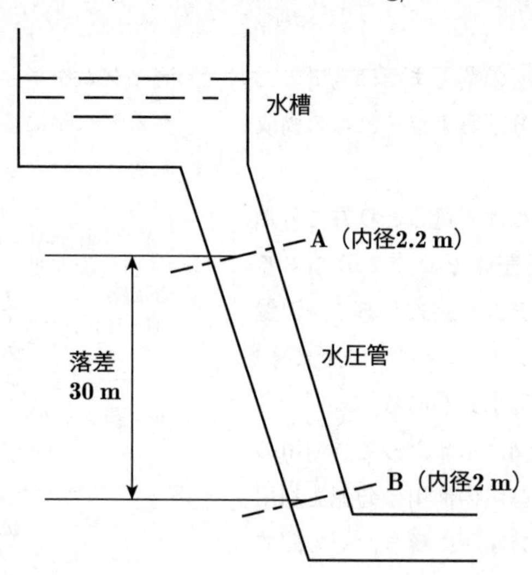

	流速[m/s]	水圧[kPa]
(1)	3.0	318
(2)	3.0	316
(3)	3.6	316
(4)	3.6	310
(5)	4.0	300

解2 ベルヌーイの定理に関する計算問題である．

断面積 A [m^2]，内径 d [m] の管路中を流速 v [m/s] で水が流れているとき，流量 Q [m^3/s] は次式で表される．

$$Q = Av = \frac{\pi}{4} d^2 v \,[\mathrm{m^3/s}]$$

流量 Q は管路中のどの点においても同じであるから，断面Aおよび断面Bの各値にそれぞれ添え字AおよびBをつけて表すと，断面Bにおける流速 v_B [m/s] は次のように求められる．

$$Q = \frac{\pi}{4} d_A{}^2 v_A = \frac{\pi}{4} d_B{}^2 v_B$$

$$\therefore \quad v_B = v_A \left(\frac{d_A}{d_B}\right)^2 = 3 \times \left(\frac{2.2}{2}\right)^2 = 3.63\,\mathrm{m/s}$$

粘性，圧縮性，摩擦がなく，外力として重力だけが作用する理想流体が管路の中を流れているものと仮定し，水の密度を ρ [kg/m^3]，重力の加速度を $g = 9.8$ m/s^2，高さを h [m]，圧力を p [Pa] とすると，図に示すように，断面Aおよび断面Bにおいてベルヌーイの定理を適用すると式が成立する．

$$h_A + \frac{p_A}{\rho g} + \frac{v_A{}^2}{2g} = h_B + \frac{p_B}{\rho g} + \frac{v_B{}^2}{2g}$$

したがって，断面Bにおける圧力 p_B [Pa] は次のように求められる．

$$p_B = \rho g \left\{ \frac{p_A}{\rho g} + \frac{(v_A{}^2 - v_B{}^2)}{2g} + (h_A - h_B) \right\}$$

$$= p_A + \frac{\rho (v_A{}^2 - v_B{}^2)}{2} + \rho g (h_A - h_B)$$

$$= 24 \times 10^3 + \frac{1 \times 10^3 \times (3^2 - 3.63^2)}{2}$$

$$+ 1 \times 10^3 \times 9.8 \times 30$$

$$\fallingdotseq 316 \times 10^3\,\mathrm{Pa} = 316\,\mathrm{kPa}$$

類題が2006年（平成18年）に出題されている．

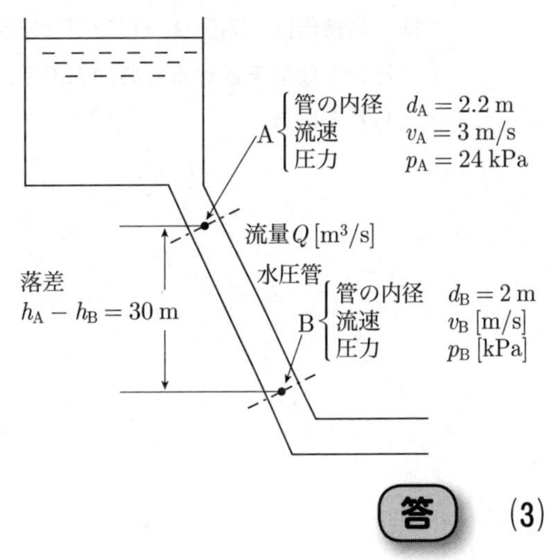

答 (3)

問3 汽力発電におけるボイラ設備に関する記述として，誤っているものを次の(1)～(5)のうちから一つ選べ.

(1) ボイラを水の循環方式によって分けると，自然循環ボイラ，強制循環ボイラ，貫流ボイラがある.

(2) 蒸気ドラム内には汽水分離器が設置されており，蒸発管から送られてくる飽和蒸気と水を分離する.

(3) 空気予熱器は，煙道ガスの余熱を燃焼用空気に回収することによって，ボイラ効率を高めるための熱交換器である.

(4) 節炭器は，煙道ガスの余熱を利用してボイラ給水を加熱することによって，ボイラ効率を高めるためのものである.

(5) 再熱器は，高圧タービンで仕事をした蒸気をボイラに戻して再加熱し，再び高圧タービンで仕事をさせるためのもので，熱効率の向上とタービン翼の腐食防止のために用いられている.

解3 ボイラの種類およびボイラ設備の設置目的に関する問題である．

発電用ボイラとしては燃焼ガスの通路や火炉の周壁に多数の水管を設けた水管式ボイラが用いられ，水管式ボイラは水の循環方式によって分類すると，自然循環ボイラ，強制循環ボイラ，貫流ボイラの三つに分けられる．自然循環ボイラと強制循環ボイラは，水と蒸気の比重差（密度差）によってボイラ内の水管を循環しながら蒸気がつくられ，蒸気ドラム内にある汽水分離器で蒸発管から送られてくる飽和蒸気と水が分離されるようになっている．

ボイラは燃料の燃焼熱を水に伝えて蒸気を発生させる装置で，図に示すように，ボイラ本体のほかに次のような装置で構成される．

空気予熱器は，煙道から煙突に排出される節炭器出口の燃焼ガスの余熱で燃焼用空気を加熱し，ボイラ効率を高めるもので，回転形，鋼管回転形，鋼管形，板形の四つの形式がある．

節炭器は，煙道から煙突に排出される燃焼ガスの余熱で給水を加熱し，ボイラ効率を高める．

再熱器は，再熱サイクルにおいて，高圧タービンで仕事をして膨張した飽和蒸気を再度加熱して過熱蒸気にし，**タービン低圧部（中・低圧タービン）に送る**もので，熱効率向上とタービン翼のエロージョン防止のために用いられる．再熱器出口蒸気の温度条件や構造は過熱器とほとんど同じであるが，圧力は低い．

したがって，再熱器は高圧タービンで仕事をして膨張した飽和蒸気を再度加熱して過熱蒸気にし，タービン低圧部（中・低圧タービン）に送って仕事をさせるもので，再度，高圧タービンで仕事はさせないため(5)**が誤り**である．

答 (5)

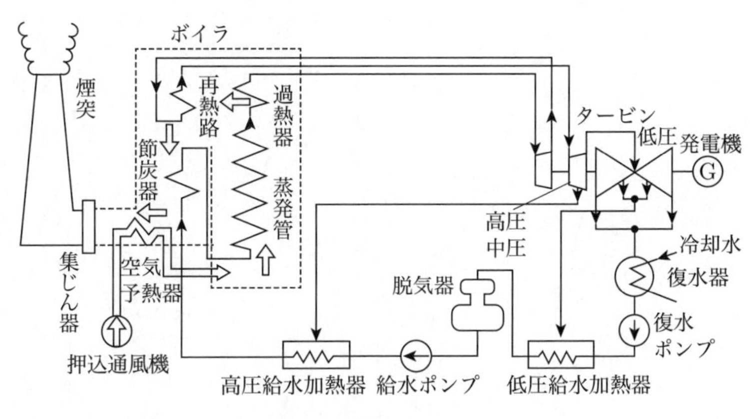

汽力発電所の構成例

次の文章は，電気集じん装置に関する記述である．

火力発電所で発生する灰じんなどの微粒子は，電気集じん装置により除去される．典型的な電気集じん装置は，集じん電極である (ア) の間に放電電極である (イ) を置いた構造である．電極間の (ウ) によって発生した (エ) 放電により生じたイオンで微粒子を帯電させ，クーロン力によって集じん電極で捕集する．集じん電極に付着した微粒子は一般的に，集じん電極 (オ) 取り除く．

上記の記述中の空白箇所(ア)～(オ)に当てはまる組合せとして，正しいものを次の(1)～(5)のうちから一つ選べ．

	(ア)	(イ)	(ウ)	(エ)	(オ)
(1)	線電極	平板電極	高電圧	コロナ	に風を吹きつけて
(2)	線電極	平板電極	大電流	アーク	を槌でたたいて
(3)	平板電極	線電極	大電流	アーク	に風を吹きつけて
(4)	平板電極	線電極	高電圧	コロナ	を槌でたたいて
(5)	平板電極	線電極	大電流	コロナ	を槌でたたいて

解4　電気集じん装置の原理に関する問題である．

重油や石炭などの燃料を燃焼させると，燃料中の灰分を主とするばいじんが発生する．火力発電所では，集じん装置を設置してばいじんの排出を防止している．

集じん装置には，重力式，慣性力式，遠心式，湿式（洗浄式），電気式，ろ過式などがあるが，火力発電所で広く使われているのは遠心式のサイクロン集じん器や電気式の電気集じん器で，近年では一般的に電気式集じん装置を採用している．

電気集じん装置は，浮遊粒子を含まない大気中において，図に示すような**平板電極**の集じん電極と，その中間につり下げた細い導線からなる放電電極である**線電極**からなり，電極間に直流の**高電圧**を加えると，放電電極付近の高い電界強度のために**コロナ放電**が起こり，ガス分子がイオン化されて，多数の＋および－のイオンが形成される．この＋イオンは直ちに放電電極に吸着され，－イオンは集じん電極に向かって移動するが，次第に速度が減少して衝突電離が行われなくなり，結局電極間は－イオンで満たされることになる．ここで電極間にガスを通過させると，大部分の微粒子は負に帯電し，存在する電界とのクーロン力によって集じん電極に吸引・捕集される．集じん速度は帯電量と電界の強さに比例するので，直流の印加電圧を高くし，コロナ電流を大きくすれば集じん速度が増加し，より高い集じん効率が得られることになる．0.1 μm以下の微粒子まで捕集でき，集じん効率も80～99 %と高く，圧力損失が10～20 mmAqと小さいなどの特徴がある．集じん電極に付着した微粒子は，集じん電極**を槌でたたいて**取り除く．

火力発電所では，マルチサイクロンのあとに電気集じん装置を併設することが多い．

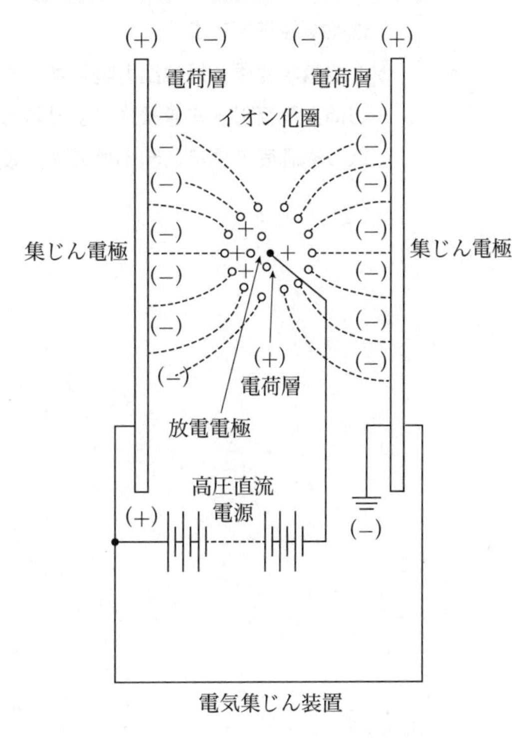

電気集じん装置

答　(4)

理論 電力 機械 法規 令和5上(2023) 令和4下(2022) 令和4上(2022) 令和3(2021) 令和2(2020) 令和元(2019) 平成30(2018) 平成29(2017) 平成28(2016) 平成27(2015)

原子力発電に関する記述として，誤っているものを次の(1)～(5)のうちから一つ選べ．

(1) 原子力発電は，原子燃料の核分裂により発生する熱エネルギーで水を蒸気に変え，その蒸気で蒸気タービンを回し，タービンに連結された発電機で発電する．

(2) 軽水炉は，減速材に黒鉛，冷却材に軽水を使用する原子炉であり，原子炉圧力容器の中で直接蒸気を発生させる沸騰水型と，別置の蒸気発生器で蒸気を発生させる加圧水型がある．

(3) 軽水炉は，天然ウラン中のウラン235の濃度を3～5％程度に濃縮した低濃縮ウランを原子燃料として用いる．

(4) 核分裂反応を起こさせるために熱中性子を用いる原子炉を熱中性子炉といい，軽水炉は熱中性子炉である．

(5) 沸騰水型原子炉の出力調整は，再循環ポンプによる冷却材再循環流量の調節と制御棒の挿入及び引き抜き操作により行われ，加圧水型原子炉の出力調整は，一次冷却材中のほう素濃度の調節と制御棒の挿入及び引き抜き操作により行われる．

解5　原子力発電の原理と構成設備に関する問題である．

原子力発電は，原子燃料の核分裂によって発生する熱エネルギーで水を蒸気に変え，その蒸気で蒸気タービンを回し，熱エネルギーを機械エネルギーに変えて発電機を回転させることにより電気エネルギーを得る方式である．

わが国の商業発電用原子炉は，軽水炉と呼ばれる型式であり，それには図に示すように，加圧水型（PWR）と沸騰水型（BWR）の2種類がある．両型式とも天然ウラン中のウラン235の割合を3～5％程度に高めた低濃縮ウランを燃料に使用していること，ならびに**軽水が冷却材と減速材を兼ねている**ことが共通している．

両型式の相違点としては，加圧水型は炉水を約15 MPa（約320 ℃）に加圧することにより沸騰させないで熱水を保ちつつ，ポンプにより循環させて蒸気発生器に導き，熱交換により二次系の水を加熱し，発生した蒸気を湿分分離してタービンに送り込むが，沸騰水型は原子炉内で炉水を再循環させながら沸騰させ，発生した約7 MPa（約280 ℃）の蒸気を湿分分離して直接タービンへ送り込む．

原子炉の出力制御方法は，制御棒を炉心内に挿入または炉心外へ引き抜くことのほかに，沸騰水型では再循環ポンプで再循環流量を調整して炉心流量を増減することにより行うが，加圧水型ではほう酸水または純水の充てんあるいはイオン交換樹脂によるほう素の吸着・放出により一次冷却材中のほう素濃度を増減することにより行う．

沸騰水型の再循環流量による出力制御は，制御棒による出力制御に比べると出力変化率を大きくすることができ，また出力を変化させても炉心内の出力分布がほとんど変わらないという利点があることから，通常運転中の出力変化には再循環流量制御による方法がとられる．制御棒による出力制御は，プラントの起動・停止，大幅な出力変化，燃料の燃焼に伴うウラン235の減少による反応度低下の補償，炉内出力分布の調整などに使用される．

加圧水型の場合は，燃料の燃焼に伴うウラン235の減少や核分裂生成物の生成による長期の反応度変化に対する補償，高温および低温停止状態の間の一次冷却材温度変化に伴う反応度変化などの比較的ゆっくりした出力調整はほう素濃度による制御で行い，プラントの起動・停止や大幅な出力変化，速い出力調整が必要となった場合には制御棒による制御で対応する．

核分裂反応を起こさせるために熱中性子を用いる原子炉を熱中性子炉といい，軽水炉は熱中性子炉である．

答　(2)

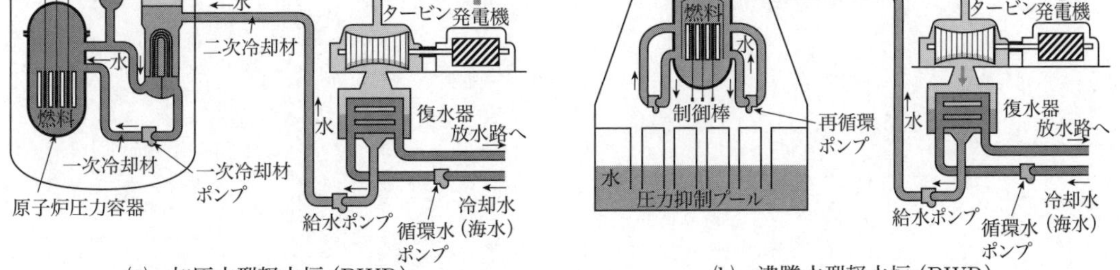

(a)　加圧水型軽水炉（PWR）　　(b)　沸騰水型軽水炉（BWR）

軽水路炉

問6　分散型電源に関する記述として，誤っているものを次の(1)～(5)のうちから一つ選べ．

(1)　太陽電池で発生した直流の電力を交流系統に接続する場合は，インバータにより直流を交流に変換する．連系保護装置を用いると，系統の停電時などに電力の供給を止めることができる．

(2)　分散型電源からの逆潮流による系統電圧上昇を抑制する手段として，分散型電源の出力抑制や，電圧調整器を用いた電圧の制御などが行われる．

(3)　小水力発電では，河川や用水路などでの流込み式発電が用いられる場合が多い．

(4)　洋上の風力発電所と陸上の系統の接続では，海底ケーブルによる直流送電が用いられることがある．ケーブルでの直流送電のメリットとして，誘電損を考慮しなくてよいことなどが挙げられる．

(5)　一般的な燃料電池発電は，水素と酸素との吸熱反応を利用して電気エネルギーを作る発電方式であり，負荷変動に対する応答が早い．

解6 分散型電源の原理と特徴に関する問題である．

燃料電池は，天然ガス，メタノールなどの化石燃料を改質して得られる水素，炭化水素などの燃料と空気中の酸素を電気化学反応により酸化（水の電気分解と逆の化学反応）させ，このときに生じる**発熱反応**を伴う化学エネルギーを直接電気エネルギーに変換する発電システムである．

理論的にはギブスの自由エネルギーをファラデー定数と反応電荷数で割った起電力が得られ，このときの理論効率はギブスの自由エネルギーとエンタルピー差の比となり，水素を燃料とする場合は約83 %という高効率になる．基本的には反応に燃焼を伴わないので，排気はクリーンで騒音も低く，環境に優しい分散型電源に適した発電システムとして期待されている．

図に示すように，天然ガスまたはメタノールなどの燃料を燃料改質器で改質し，その改質された水素ガスが燃料極（負極）上で電極に電子(e^-)を与え，自らは水素イオン(H^+)となって電解質中を空気極（正極）に移動する．空気極では，電解質中を移動してきた水素イオンと外部回路から流れてきた電子が，外部から供給される酸素と反応して水を生成する．この反応中で外部回路に電子の流れが形成されて電流となり，電気エネルギーが発生する．

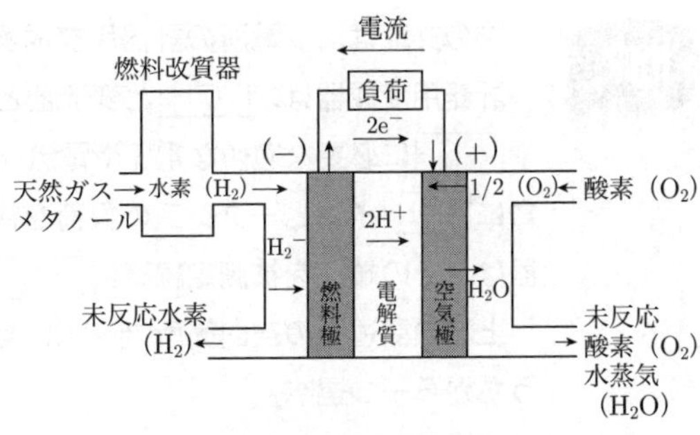

リン酸形燃料電池の原理

燃料電池発電は次のような特徴がある．

① 発電効率は40～45 %程度であるが，排熱利用も行うコージェネレーションシステムの適用により総合効率80 %程度が可能である．

② 出力変化による効率の変化が少ない．

③ 環境上の制約を受けず（騒音や振動が小さい，燃焼ガスが少ない），分散型電源として需要地内の設置が可能である．

④ 燃料に天然ガス，メタノール，炭酸ガスが利用でき，石油代替効果が大きい．

⑤ 出力が直流電力であるため，電力系統に連系する場合はインバータで交流に変換する必要がある．

⑥ 発電出力の変化率が大きいため負荷変動に対する応答が速く，負荷調整が容易である．

したがって，**(5)の「水素と酸素の吸熱反応を利用」が誤り**で，水素と酸素との発熱反応を利用する発電方式であり，反応が進むと熱が発生する．

 (5)

問7

次の文章は，変電所の計器用変成器に関する記述である．

計器用変成器は，(ア)と変流器とに分けられ，高電圧あるいは大電流の回路から計器や(イ)に必要な適切な電圧や電流を取り出すために設置される．変流器の二次端子には，常に(ウ)インピーダンスの負荷を接続しておく必要がある．また，一次端子のある変流器は，その端子を被測定線路に(エ)に接続する．

上記の記述中の空白箇所(ア)～(エ)に当てはまる組合せとして，正しいものを次の(1)～(5)のうちから一つ選べ．

	(ア)	(イ)	(ウ)	(エ)
(1)	主変圧器	避雷器	高	縦続
(2)	CT	保護継電器	低	直列
(3)	計器用変圧器	遮断器	中	並列
(4)	CT	遮断器	高	縦続
(5)	計器用変圧器	保護継電器	低	直列

問8

変電所の断路器に関する記述として，誤っているものを次の(1)～(5)のうちから一つ選べ．

(1) 断路器は消弧装置をもたないため，負荷電流の遮断を行うことはできない．

(2) 断路器は機器の点検や修理の際，回路を切り離すのに使用する．断路器で回路を開く前に，まず遮断器で故障電流や負荷電流を切る必要がある．

(3) 断路器を誤って開くと，接触子間にアークが発生し，焼損や短絡事故を生じることがある．

(4) 断路器の種類によっては，短い線路や母線の地絡電流の遮断が可能な場合がある．

(5) 断路器の誤操作防止のため，一般にインタロック装置が設けられている．

解7 計器用変成器の機能と変流器の取り扱い時における注意事項に関する問題である．

計器用変成器には**計器用変圧器**と変流器があり，測定しようとする高電圧あるいは大電流を計器や**保護継電器**，制御装置などの使用に適した電圧や電流に変換する設備である．

変流器の二次端子は，通常，計器や継電器などの**低**インピーダンスの機器で短絡されている．一次電流が流れている状態で二次回路を開路すると，一次電流はすべて変流器の励磁電流となって過励磁となり，鉄心の温度を著しく上昇させるとともに，二次側に異常電圧が発生し，鉄損が過大となって変流器を焼損するおそれがあるため，絶対に開路してはならない．

通常の使用状態では鉄心中の一次側と二次側の磁束は打ち消し合って，励磁電流に相当する低い磁束密度に保たれているが，二次側を開路すると，一次側の磁束を打ち消す二次電流が流れなくなるので，一次電流のすべてが励磁電流となって鉄心が飽和し，二次側に高電圧を発生する．

また，一次端子のある変流器は，その端子を被測定線路と**直列**に接続しなければならない．

類題が2010年（平成22年）に出題されている．

答 (5)

解8 断路器の機能に関する問題である．

断路器は，負荷電流が流れていない，電圧が印加された無電流回路を開閉するために用いられるもので，遮断器のように電流を遮断したときに発生するアークを消滅させる消弧装置を有していないため，負荷電流の開閉や**地絡電流・短絡電流などの故障電流を遮断することはできない**．

負荷電流が流れている状態で断路器を誤って開放すると，接触子間にアークが発生し，そのアークによる熱で接触子は焼損し，最悪の場合は短絡事故に至る．したがって，誤操作防止のため遮断器と断路器はインタロック機能を設け，遮断器が開放状態でなければ断路器は開放できないようにしている．また，遮断器を投入する場合は，断路器を先に投入してから操作する必要がある．

断路器には次のような性能が要求される．

① **無電流回路の開閉**

定格電圧のもとで，単に充電された無電流回路の開閉

② **母線ループ電流の遮断**

複母線の変電所で甲母線から乙母線に運転を切り換えるときに流れるループ電流の開閉（定格電流にほぼ等しい電流を遮断できる能力が必要）

③ **進み小電流の遮断**

遮断器を遮断したあとに，遮断器と断路器間の回路を開放するときの浮遊容量による進み小電流の開閉

したがって，断路器は，無電流回路の開閉，母線ループ電流の遮断，進み小電流の遮断が可能なものもあるが，地絡電流の遮断はできないため(4)**が誤り**である．

(4)

問9　1台の定格容量が20 MV·Aの三相変圧器を3台有する配電用変電所があり，その総負荷が55 MWである．変圧器1台が故障したときに，残りの変圧器の過負荷運転を行い，不足分を他の変電所に切り換えることにより，故障発生前と同じ電力を供給したい．この場合，他の変電所に故障発生前の負荷の何％を直ちに切り換える必要があるか，最も近いものを次の(1)～(5)のうちから一つ選べ．ただし，残りの健全な変圧器は，変圧器故障時に定格容量の120 ％の過負荷運転をすることとし，力率は常に95 ％（遅れ）で変化しないものとする．

(1)　6.2　　(2)　10.0　　(3)　12.1　　(4)　17.1　　(5)　24.2

解9 変圧器の過負荷運転に関する計算問題である.

図に示すように，総負荷を P_0 [MW]，負荷力率を $\cos\theta$，変圧器1台の定格容量を S [MV·A] とすると，変圧器2台による120 %過負荷運転時における変圧器の超過負荷量 ΔP は次のように求められる.

$$\Delta P = \frac{P_0}{\cos\theta} - 1.2\times 2\times S$$
$$= \frac{55}{0.95} - 1.2\times 2\times 20 \fallingdotseq 9.89\ \mathrm{MV\cdot A}$$

したがって，他の変電所に切り換えが必要な負荷の割合は次のように求められる.

$$\frac{\Delta P}{\dfrac{P_0}{\cos\theta}}\times 100 = \frac{9.89}{\dfrac{55}{0.95}}\times 100 \fallingdotseq 17.1\ \%$$

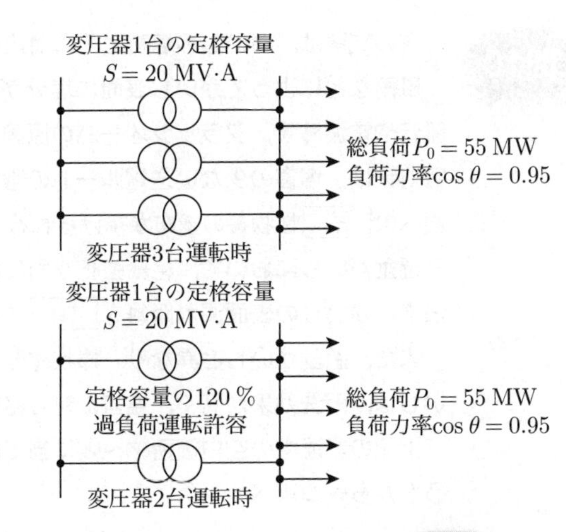

答 (4)

問10 次の文章は，がいしの塩害とその対策に関する記述である．

風雨などによってがいし表面に塩分が付着すると，［(ア)］が発生することがあり，可聴雑音や電波障害，フラッシオーバの原因となる．これをがいしの塩害という．がいしの塩害対策は，塩害の少ない送電ルートの選定，がいしの絶縁強化，がいしの洗浄，がいし表面への［(イ)］性物質の塗布が挙げられる．

懸垂がいしにおいて，絶縁強化を図るには，がいしを［(ウ)］に連結する個数を増やす方法や，がいしの表面漏れ距離を［(エ)］する方法が用いられる．

また，懸垂がいしと異なり，棒状磁器の両端に連結用金具を取り付けた形状の［(オ)］がいしは，雨洗効果が高く，塩害に対し絶縁性が高い．

上記の記述中の空白箇所(ア)～(オ)に当てはまる組合せとして，正しいものを次の(1)～(5)のうちから一つ選べ．

	(ア)	(イ)	(ウ)	(エ)	(オ)
(1)	漏れ電流	はっ水	直列	長く	長幹
(2)	過電圧	吸湿	直列	短く	ピン
(3)	漏れ電流	吸湿	並列	短く	長幹
(4)	過電圧	はっ水	並列	長く	長幹
(5)	漏れ電流	はっ水	直列	短く	ピン

解10 がいしの塩害とその対策に関する問題である.

塩分ががいし表面に付着しても，普通の状態では絶縁に対して大きな影響はないが，霧・露・小雨などにあうと，がいし表面の汚損物の可溶成分が水に溶解し，電解液となってがいし表面の**漏れ電流**を増加させるようになる．これにより，がいし表面が乾燥して部分放電が発生したり，可聴雑音や電波障害，さらにはフラッシオーバに移行したりして，せん絡事故に至る．これをがいしの塩害という.

がいしの塩害対策としては，表に示すように，大きくは汚損防止と絶縁強化に分けられ，塩害の少ない送電ルートの選定，がいしの洗浄，がいし表面へのシリコンコンパウンドなどの**はっ水**性物質の塗布，がいしの絶縁強化などの方法がある.

がいしの絶縁強化方法には，がいしを**直列**に連結する個数を増加する方法や，がいしの表面漏れ距離を**長く**する方法がある.

塩害対策の種類と実施対策

塩害対策の種類	実施対策
汚損防止	・送電線ルートの適正な選定 ・活線がいし洗浄の実施 ・シリコンコンパウンドなどのはっ水性物質のがいし表面への塗布
絶縁強化	・がいしの個数増加（過絶縁） ・長幹がいし，耐霧がいし（スモッグがいし），耐塩がいしの採用

がいしの汚損状態における霧中耐電圧特性は，一般にがいしの表面漏れ距離にほぼ比例する．したがって，表面漏れ距離を大きくとった耐塩がいし（長幹がいしなど）を使用することにより，汚損時の耐電圧性能が向上する．しかし，汚損条件が過酷になると，がいしが急激に長大化しコスト大となることから，適用に当たっては注意を要する．また，がいし構成が複雑になると汚損耐電圧が低下する場合があるので，適用に当たっては十分な検討を要する

棒状磁器の両端に連結用金具を取り付けた形状の**長幹**がいしは，かさの下の沿面距離を長くしてあるばかりでなく，かさの数が多くつくられている．これは，沿面距離を長くするとともに，多段分割作用の効果を期待したものである.

類題が2015年（平成27年），2008年（平成20年）に出題されている.

 (1)

問11 地中送電線路に使用される電力ケーブルの許容電流に関する記述として，誤っているものを次の(1)～(5)のうちから一つ選べ.

(1) 電力ケーブルの絶縁体やシースの熱抵抗，電力ケーブル周囲の熱抵抗といった各部の熱抵抗を小さくすることにより，ケーブル導体の発熱に対する導体温度上昇量を低減することができるため，許容電流を大きくすることができる.

(2) 表皮効果が大きいケーブル導体を採用することにより，導体表面側での電流を流れやすくして導体全体での電気抵抗を低減することができるため，許容電流を大きくすることができる.

(3) 誘電率，誘電正接の小さい絶縁体を採用することにより，絶縁体での発熱の影響を抑制することができるため，許容電流を大きくすることができる.

(4) 電気抵抗率の高い金属シース材を採用することにより，金属シースに流れる電流による発熱の影響を低減することができるため，許容電流を大きくすることができる.

(5) 電力ケーブルの布設条数（回線数）を少なくすることにより，電力ケーブル相互間の発熱の影響を低減することができるため，1条当たりの許容電流を大きくすることができる.

解11 電力ケーブルの許容電流に関する問題である．

電力ケーブルの損失には，通電したときに導体に生じる抵抗損（銅損），絶縁物に生じる誘電損，外被にうず電流が流れることによって生じるシース損などがあり，これらを少なくすることにより導体の温度上昇が抑制され，電流容量を増加させることができる．

また，電力ケーブルの絶縁体やシースの熱抵抗，電力ケーブル周囲の熱抵抗などの各部の熱抵抗を小さくすることによって，ケーブル導体の温度上昇を低減することができるため，許容電流を大きくすることができる．

導体に生じる抵抗損（銅損）を低減させるためには，**表皮効果が小さいケーブルの導体を採用する**ことにより，導体表面の電流が流れやすくなって導体全体として電気抵抗を低減することができる．

誘電損を低減させるためには，誘電率，誘電正接の小さい絶縁物を採用することにより，絶縁体での発熱の影響を抑制することができる．

シース損を低減させるためには，電気抵抗率の高い金属シース材を採用することにより，金属シースに流れる電流による発熱の影響を抑制することができる．

電力ケーブルの布設条数を少なくすると放熱が良くなり，また，ケーブル相互の間隔が大きいほど電力ケーブル相互間の発熱の影響を抑制することができる．

したがって，表皮効果は電線の表面に近づくほど電流が多く流れることで，表皮効果が大きいケーブルの導体を採用すると，導体全体での電気抵抗は増加して許容電流は小さくなるため(2)**が誤り**である．

(2)

問12 単相3線式配電方式は，1線の中性線と，中性線から見て互いに逆位相の電圧である2線の電圧線との3線で供給する方式であり，主に低圧配電線路に用いられる．100/200 V単相3線式配電方式に関する記述として，誤っているものを次の(1)～(5)のうちから一つ選べ．

(1) 電線1線当たりの抵抗が等しい場合，中性線と各電圧線の間に負荷を分散させることにより，単相2線式と比べて配電線の電圧降下を小さくすることができる．

(2) 中性線と各電圧線の間に接続する各負荷の容量が不平衡な状態で中性線が切断されると，容量が大きい側の負荷にかかる電圧は低下し，反対に容量が小さい側の負荷にかかる電圧は高くなる．

(3) 中性線と各電圧線の間に接続する各負荷の容量が不平衡であると，平衡している場合に比べて電力損失が増加する．

(4) 単相100 V及び単相200 Vの2種類の負荷に同時に供給することができる．

(5) 許容電流の大きさが等しい電線を使用した場合，電線1線当たりの供給可能な電力は，単相2線式よりも小さい．

解12 単相3線式配電方式の特徴に関する問題である．

単相3線式配電方式には次のような特徴がある．

① 中性線が断線すると，二つの負荷が直列につながれた単相2線式配電線路となるため，負荷が不平衡の場合は著しい電圧不平衡（容量が大きい側の負荷への印加電圧は低下し，容量が小さい側の負荷への印加電圧は上昇する）が生じ，異常電圧を発生することがある．

② 電圧線と中性線が短絡すると，電圧不平衡が生じる．

③ 二つの負荷が平衡している場合は，中性線に流れる電流はゼロとなるが，二つの負荷が不平衡の場合は，両側負荷の端子電圧も不平衡となり，平衡しているときに比べて線路損失が増加する（バランサ接続前後の線路損失を比較すると，バランサ接続時の方が線路損失は減少することと同様の考えである）．

④ 100 Vと200 Vの2種類の電圧が得られるため，単相100 Vと単相200 Vの2種類の負荷が同時に使用できる．

⑤ 配電容量（送電電力，負荷の力率，送電距離，電力損失）が等しいとき，単相3線式配電線の銅量は，単相2線式配電線の $\dfrac{3}{8} = 0.375$ となり，少なくてすむ．

⑥ 許容電流の大きさが等しい電線を使用した場合，電線1線当たりの供給可能電力は，単相2線式に対して単相3線式は1.33倍に増加する．

線間電圧を V[V]，線電流を I[A]，負荷力率を $\cos\theta$ とすると，単相2線式の送電電力 P_2 および単相3線式の送電電力 P_3 は，図よりそれぞれ次のように求められる．

$$P_2 = VI\cos\theta \text{ [W]}$$

$$P_3 = 2VI\cos\theta \text{ [W]}$$

したがって，単相2線式に対する単相3線式の電線1線当たりの供給可能電力は，次のように求められる．

$$\frac{\text{単相3線式}}{\text{単相2線式}} = \frac{\dfrac{2VI\cos\theta}{3}}{\dfrac{VI\cos\theta}{2}} = \frac{4}{3} \fallingdotseq 1.33$$

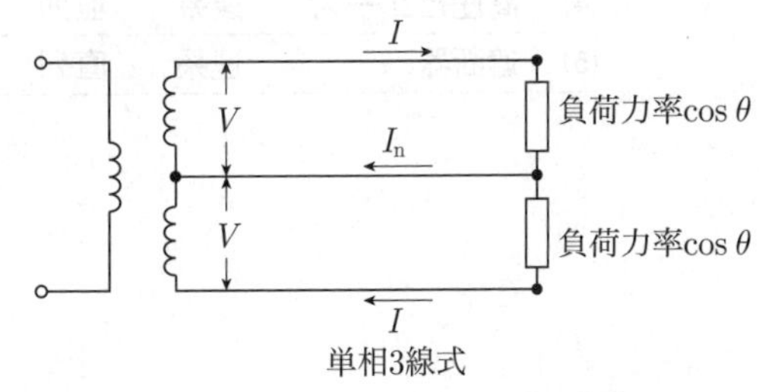

単相3線式

(5)

次の文章は，我が国の高低圧配電系統における保護に関する記述である．

6.6 kV高圧配電線に短絡や地絡などの事故が生じたとき，直ちに事故の発生した高圧配電線を切り離すために，（ア）と保護継電器が配電用変電所の高圧配電線引出口に設置されている．

樹枝状方式の高圧配電線で事故が生じた場合，事故が発生した箇所の変電所側直近及び変電所から離れた側の（イ）開閉器を開放することにより，事故が発生した箇所を高圧配電線系統から切り離す．

柱上変圧器には，変圧器内部及び低圧配電系統内での短絡事故による過電流保護のために高圧カットアウトが設けられているほか，落雷などによる外部異常電圧から保護するために，避雷器を変圧器に対して（ウ）に設置する．

（エ）は低圧配電線から低圧引込線への接続点などに設けられ，低圧引込線で生じた短絡事故などを保護している．

上記の記述中の空白箇所(ア)～(エ)に当てはまる組合せとして，正しいものを次の(1)～(5)のうちから一つ選べ．

	(ア)	(イ)	(ウ)	(エ)
(1)	高圧ヒューズ	区分	直列	配線用遮断器
(2)	遮断器	区分	並列	ケッチヒューズ(電線ヒューズ)
(3)	遮断器	区分	直列	配線用遮断器
(4)	高圧ヒューズ	連系	並列	ケッチヒューズ(電線ヒューズ)
(5)	遮断器	連系	直列	ケッチヒューズ(電線ヒューズ)

解13 高低圧配電系統の保護に関する問題である．

6.6 kV高圧配電線路に過負荷または短絡事故を生じると，過電流継電器で検出し，遮断器で遮断する．また，地絡事故が生じると，地絡継電器で検出し，遮断器で遮断する．よって，短絡や地絡などの事故が生じたときに，直ちに事故箇所を切り離すため，配電用変電所の高圧配電線引出口には**遮断器**と保護継電器が設置されている．

樹枝状方式の高圧配電線で事故が発生した場合は，事故が発生した箇所の変電所側直近と変電所から離れた側の**区分**開閉器を開放して事故点を切り離す．区分開閉器は，局部的に高圧配電線路を停電させたり，故障操作，負荷の切り換えなどに使用する．

柱上変圧器には，過負荷または短絡事故から変圧器または低圧線を保護するため，高圧側に設けた高圧カットアウトにヒューズを取り付ける．高圧カットアウトは，高圧分岐配電線においては，開閉器としても使用される．

機器やケーブルなどを雷害から保護するため，避雷器および架空地線を設置し，避雷器は変圧器に対して**並列**に設置する．

低圧引込線を過負荷または短絡事故による過電流から保護するため，低圧配電線からの分岐点（低圧引込線の柱側取付点）に**ケッチヒューズ（電線ヒューズ）**などを取り付ける．

類題が2013年（平成25年），2001年（平成13年）に出題されている．

 (2)

問14

送電線路に用いられる導体に関する記述として，誤っているものを次の(1)～(5)のうちから一つ選べ．

(1)　導体の導電率は，温度が高くなるほど小さくなる傾向があり，20 ℃での標準軟銅の導電率を100 %として比較した百分率で表される．

(2)　導体の材料特性としては，導電率や引張強さが大きく，質量や線熱膨張率が小さいことが求められる．

(3)　導体の導電率は，不純物成分が少ないほど大きくなる．また，単金属と比較して，同じ金属元素を主成分とする合金の方が，一般に導電率は小さくなるが，引張強さは大きくなる．

(4)　地中送電ケーブルの銅導体には，伸びや可とう性に優れる軟銅より線が用いられ，架空送電線の銅導体には引張強さや耐食性の優れる硬銅より線が用いられている．一般に導電率は，軟銅よりも硬銅の方が大きい．

(5)　鋼心アルミより線は，中心に亜鉛めっき鋼より線を配置し，その周囲に硬アルミより線を配置した構造を有している．この構造は，必要な導体の電気抵抗に対して，アルミ導体を使用する方が，銅導体を使用するよりも断面積が大きくなるものの軽量にできる利点と，必要な引張強さを鋼心で補強して得ることができる利点を活用している．

解14 送電線路に用いられる導体の材質，特性に関する問題である．

導電材料に要求される電気的要件は，できるかぎり電圧降下や電力損失が小さい状態で電流を流すことであり，また，機械的要件としては，強度，耐食性，加工性などが要求される．導電材料として要求される主な条件は次のとおりである．

① 導電率が大きいこと（抵抗率が小さいこと）．
② 機械的強度（引張強さ）が大きいこと．
③ 耐食性に優れていること．
④ 質量が軽いこと．
⑤ 線膨張率が小さいこと．
⑥ 加工性が良いこと．
⑦ 価格が安いこと．

地中ケーブルの銅導体には，伸びや可とう性に優れ，導電率が高い軟銅が用いられ，架空送電線の銅導体には，引張強さや耐久性に優れている硬銅線をより合わせた硬銅より線が古くから用いられる．ただし，軟銅は硬銅に比べて引張強さや弾性係数が小さい．

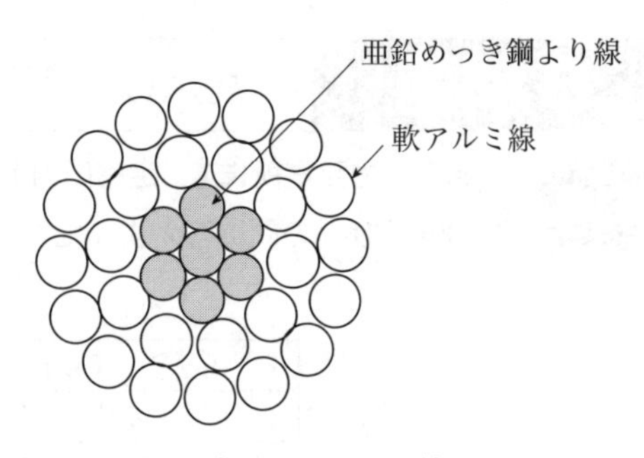

鋼心アルミより線

鋼心アルミより線は，図に示すように，中心に亜鉛めっき鋼より線，その周囲に硬アルミ線をより合わせた電線であり，硬銅より線より外径が大きくなり，風圧荷重は大きくなるが，導電はアルミ線によっているため導電性が高く，重量が軽くて引張強さが大きいため長径間箇所の使用に適している．

導体の導電率は，20 °Cでの標準軟銅の導電率を100 %として比較した百分率で表され，**硬銅の導電率は97 %であり，軟銅の導電率より小さいため(4)が誤り**である．

類題が2016年（平成28年）に出題されている．

 (4)

B 問題　配点は 1 問題当たり(a) 5 点，(b) 5 点，計 10 点

問15　ある火力発電所にて，定格出力350 MWの発電機が下表に示すような運転を行ったとき，次の(a)及び(b)の問に答えよ．ただし，所内率は2 %とする．

発電機の運転状態

時刻	発電機出力 [MW]
0 時～ 7 時	130
7 時～ 12 時	350
12 時～ 13 時	200
13 時～ 20 時	350
20 時～ 24 時	130

(a)　0時から24時の間の送電端電力量の値 [MW·h] として，最も近いものを次の(1)～(5)のうちから一つ選べ．

(1)　4 660　　(2)　5 710　　(3)　5 830　　(4)　5 950　　(5)　8 230

(b)　0時から24時の間に発熱量54.70 MJ/kgのLNG（液化天然ガス）を770 t消費したとすると，この間の発電端熱効率の値 [%] として，最も近いものを次の(1)～(5)のうちから一つ選べ．

(1)　44　　(2)　46　　(3)　48　　(4)　50　　(5)　52

解15　発電機の運転状態から送電端電力量と発電端熱効率を求める計算問題である.

(a)　発電機の出力を P_G [MW]，運転時間を t [h] とすると，発電端電力量 W_G は次のように求められる.

$$W_G=\sum P_G t$$
$$=130\times 7+350\times 5+200\times 1$$
$$+350\times 7+130\times 4$$
$$=5\,830\ \text{MW·h}$$

図に示すとおり，所内率を L とすると，送電端電力量 W_S は次のように求められる.

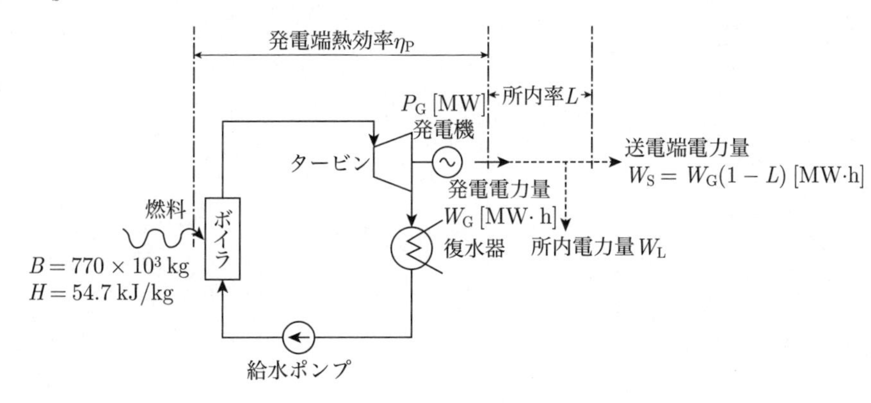

$$W_S=W_G(1-L)=5\,830\times(1-0.02)$$
$$≒5\,710\ \text{MW·h}$$

(b)　0時から24時までの24時間のLNG消費量を B [kg]，LNGの発熱量を H [J/kg] とすると，発電端熱効率 η_G は次のように求められる.

$$\eta_G=\frac{3\,600W_G}{BH}=\frac{3\,600\times 5\,830\times 10^6}{54.70\times 10^6\times 770\times 10^3}$$
$$≒0.498\rightarrow 49.8\ \%$$

答　(a) - (2)，(b) - (4)

支持点の高さが同じで径間距離 150 mの架空電線路がある．電線の質量による荷重が 20 N/m，線膨張係数は1 °Cにつき0.000 018である．電線の導体温度が -10 °Cのとき，たるみは3.5 mであった．次の(a)及び(b)の問に答えよ．ただし，張力による電線の伸縮はないものとし，その他の条件は無視するものとする．

(a) 電線の導体温度が35 °Cのとき，電線の支持点間の実長の値[m]として，最も近いものを次の(1)～(5)のうちから一つ選べ．

(1) **150.18**　(2) **150.23**　(3) **150.29**　(4) **150.34**　(5) **151.43**

(b) (a)と同じ条件のとき，電線の支持点間の最低点における水平張力の値[N]として，最も近いものを次の(1)～(5)のうちから一つ選べ．

(1) **6 272**　(2) **12 863**　(3) **13 927**　(4) **15 638**　(5) **17 678**

解16 電線の温度上昇による支持点間の実長と水平張力を求める計算問題である．

(a) 図に示すように，径間距離をS，たるみをDとすると，導体の温度が-10 °Cのときの電線の実長L_1は次のように求められる．

$$L_1 = S + \frac{8D^2}{3S} = 150 + \frac{8\times3.5^2}{3\times150}$$
$$\fallingdotseq 150.218\,\mathrm{m}$$

電線の線膨張係数をα [°C^{-1}]，温度変化をΔT [°C]とすると，-10 °Cから35 °Cに上昇したときの電線の実長L_2は次のように求められる．

$$L_2 = L_1(1+\alpha\Delta T)$$
$$= 150.218\times\{1+0.000\,018\times(35-(-10))\}$$
$$\fallingdotseq 150.340\,\mathrm{m}$$

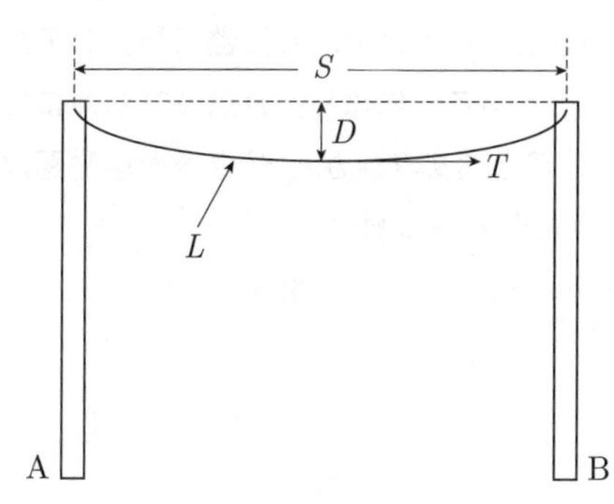

(b) 電線の実長がL_2のときのたるみD_2は次のように求められる．

$$L_2 = S + \frac{8{D_2}^2}{3S}$$

$$\therefore\ D_2 = \sqrt{\frac{3S(L_2-S)}{8}}$$
$$= \sqrt{\frac{3\times150\times(150.340-150)}{8}}$$
$$\fallingdotseq 4.373\,\mathrm{m}$$

電線の質量による荷重をw [N/m]，電線の支持点間の最低点における水平張力をT [N]とすると，たるみD_2は次式で表される．

$$D_2 = \frac{wS^2}{8T}\,[\mathrm{m}]$$

したがって，上式を変形すると，電線の支持点間の最低点における水平張力Tは次のように求められる．

$$T = \frac{wS^2}{8D_2} = \frac{20\times150^2}{8\times4.373} \fallingdotseq 12\,863\,\mathrm{N}$$

類題が2003年（平成15年）に出題されている．

答 (a)-(4)，(b)-(2)

問17　図のように，高圧配電線路と低圧単相2線式配電線路が平行に施設された設備において，1次側が高圧配電線路に接続された変圧器の2次側を低圧単相2線式配電線路のS点に接続して，A点及びB点の負荷に電力を供給している．S点における線間電圧を107 V，電線1線当たりの抵抗及びリアクタンスをそれぞれ0.3 Ω/km及び0.4 Ω/kmとしたとき，次の(a)及び(b)の問に答えよ．なお，計算においては各点における電圧の位相差が十分に小さいものとして適切な近似を用いること．

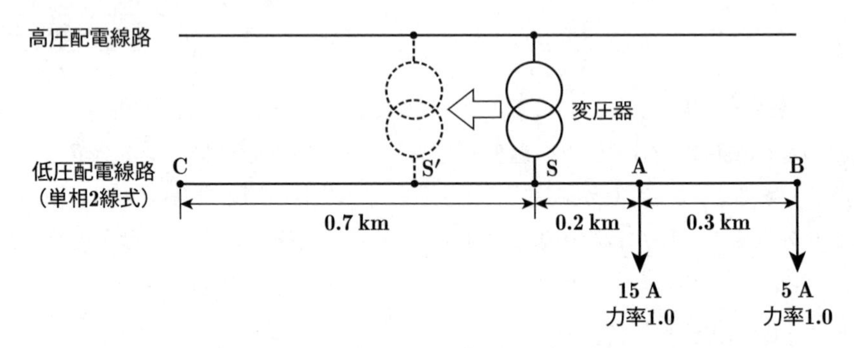

(a)　B点におけるS点に対する電圧降下率の値[%]として，最も近いものを次の(1)～(5)のうちから一つ選べ．ただし，電圧降下率はB点受電端電圧基準によるものとする．

(1)　1.57　(2)　3.18　(3)　3.30　(4)　7.75　(5)　16.30

(b)　C点に電流20 A，力率0.8（遅れ）の負荷が新設されるとき，変圧器を移動して単相2線式配電線路への接続点をS点からS′点に変更することにより，B点及びC点における線間電圧の値が等しくなるようにしたい．このときのS点からS′点への移動距離の値[km]として，最も近いものを次の(1)～(5)のうちから一つ選べ．

(1)　0.213　(2)　0.296　(3)　0.325　(4)　0.334　(5)　0.528

解17 片端給電方式の負荷電流から電圧降下率と電圧降下が等しくなる給電位置を求める計算問題である．

(a) 線路電流をI [A]，負荷力率を$\cos\theta$，1 km当たりの電線1線当たりの抵抗をr [Ω/km]，リアクタンスをx [Ω/km]，送電線路のこう長をl [km]とすると，単相2線式送電線の電圧降下vは，近似式を用いると次式で表される．

$$v = 2I(rl\cos\theta + xl\sin\theta)\ [\mathrm{V}]$$

(a)図に示すように，A点およびB点の電流をそれぞれi_A [A]，i_B [A]，AB間の距離をl_{AB} [km]，SA間の距離をl_{SA} [km]とすると，A点およびB点の負荷の力率$\cos\theta$はいずれも1.0であるため，AB間の電圧降下v_{AB}とSA間の電圧降下v_{SA}は，それぞれ次のように求められる．

$$v_{AB} = 2i_B r l_{AB}\cos\theta = 2\times5\times0.3\times0.3\times1.0 = 0.9\ \mathrm{V}$$

$$v_{SA} = 2(i_A + i_B) r l_{SA}\cos\theta = 2\times(15+5)\times0.3\times0.2\times1.0 = 2.4\ \mathrm{V}$$

SB間の電圧降下v_{SB}は次のように求められる．

$$v_{SB} = v_{AB} + v_{SA} = 0.9 + 2.4 = 3.3\ \mathrm{V}$$

したがって，S点の電圧をV_Sとすると，B点の電圧V_Bを基準とした電圧降下率εは次のように求められる．

$$\varepsilon = \frac{v_{SB}}{V_B}\times100 = \frac{v_{SB}}{V_S - v_{SB}}\times100 = \frac{3.3}{107-3.3}\times100 \fallingdotseq 3.18\ \%$$

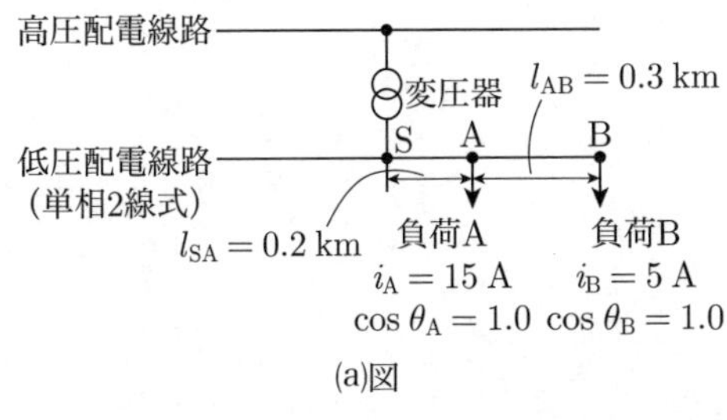

(a)図

(b) (b)図に示すように，C点の電流をi_C，力率を$\cos\theta_C$，CS間の距離をl_{CS}，S点からS′点への移動距離をl [km]とすると，S′C間の電圧降下$v_{S'C}$は，

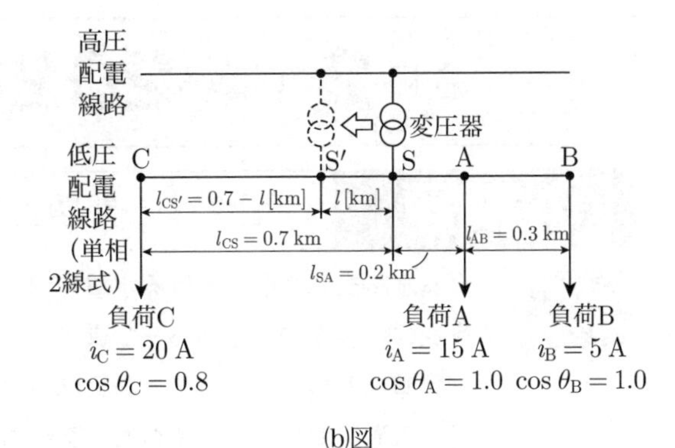

(b)図

$$v_{S'C} = 2i_C(r(l_{CS} - l)\cos\theta_C + x(l_{CS} - l)\sin\theta_C) \quad ①$$

また，S′B間の電圧降下$v_{S'B}$は，A点およびB点の負荷の力率はいずれも1.0であるため，

$$v_{S'B} = 2\{i_B r l_{AB}\cos\theta + (i_A + i_B) r (l_{SA} + l)\cos\theta\} \quad ②$$

①式と②式を等しいとおくと，lは次のように求められる．

$$v_{S'C} = v_{S'B}$$

$$2i_C\{r(l_{CS} - l)\cos\theta_C + x(l_{CS} - l)\sin\theta_C\} = 2\{i_B r l_{AB}\cos\theta + (i_A + i_B) r(l_{SA} + l)\cos\theta\}$$

$$i_C\{r(l_{CS} - l)\cos\theta_C + x(l_{CS} - l)\sin\theta_C\} = i_B r l_{AB}\cos\theta + (i_A + i_B) r(l_{SA} + l)\cos\theta$$

$$20\times\{0.3\times(0.7-l)\times0.8 + 0.4\times(0.7-l)\times\sqrt{1-0.8^2}\} = 5\times0.3\times0.3\times1.0 + (15+5)\times0.3\times(0.2+l)\times1.0$$

$$4.8\times(0.7-l) + 4.8\times(0.7-l) = 0.45 + 6\times(0.2-l)$$

$$3.36 - 4.8l + 3.36 - 4.8l = 0.45 + 1.2 - 6l$$

$$6.72 - 9.6l = 1.65 - 6l$$

$$15.6l = 5.07$$

$$\therefore\ l = \frac{5.07}{15.6} = 0.325\ \mathrm{km}$$

答 (a)-(2)，(b)-(3)

令和 2 年度（2020 年） 電力の問題

A 問題　配点は 1 問題当たり 5 点

問1　ダム水路式発電所における水撃作用とサージタンクに関する記述として，誤っているものを次の(1)～(5)のうちから一つ選べ．

(1) 発電機の負荷を急激に遮断又は急激に増やした場合は，それに応動して水車の使用水量が急激に変化し，流速が減少又は増加するため，水圧管内の圧力の急上昇又は急降下が起こる．このような圧力の変動を水撃作用という．

(2) 水撃作用は，水圧管の長さが長いほど，水車案内羽根あるいは入口弁の閉鎖時間が短いほど，いずれも大きくなる．

(3) 水撃作用の発生による影響を緩和する目的で設置される水圧調整用水槽をサージタンクという．サージタンクにはその構造・動作によって，差動式，小孔式，水室式などがあり，いずれも密閉構造である．

(4) 圧力水路と水圧管との接続箇所に，サージタンクを設けることにより，水槽内部の水位の昇降によって，水撃作用を軽減することができる．

(5) 差動式サージタンクは，負荷遮断時の圧力増加エネルギーをライザ（上昇管）内の水面上昇によってすばやく吸収し，そのあとで小穴を通してタンク内の水位をゆっくり通常のタンク内水位に戻す作用がある．

●試験時間　90分
●必要解答数　A問題14題，B問題3題

解1　ダム水路式発電所における水撃作用の発生メカニズムとその防止対策およびサージタンクの目的とその構造に関する問題である．

急激に変動する波動をサージといい，水車発電機の負荷が急に遮断されたり増加したりすると，水車の使用水量が急変して流速が減少または増加し，流水のもつ運動エネルギーのために水圧管内の圧力が急上昇または急降下して水圧管が破壊されることがある．これを水撃作用（ウォータハンマリング）という．

これを防止するために水撃圧（水撃作用による圧力変動）のクッションとしてサージタンク（調圧水槽）を設置し，水圧サージを吸収する．水撃圧は流速が速いほど，水圧管路の長さが長いほど，また，水車案内羽根あるいは入口弁の閉鎖時間が短いほど大きくなる．

サージタンクは，図に示すように，導水路（圧力水路）と水圧管路（水圧管）との接続箇所に設け，発電所の負荷急変に応じて使用水量が急変するとき，水撃作用で圧力トンネルや水圧管が被害を受けないように，サージタンク内の水位の上昇・下降によって水のエネルギーを減衰させる機能を有している．サージタンクにはその構造・動作によって，差動式，小孔式，水室式などがあり，いずれも急激な圧力変化からサージタンク自体を守るため**大気に開放**されている．

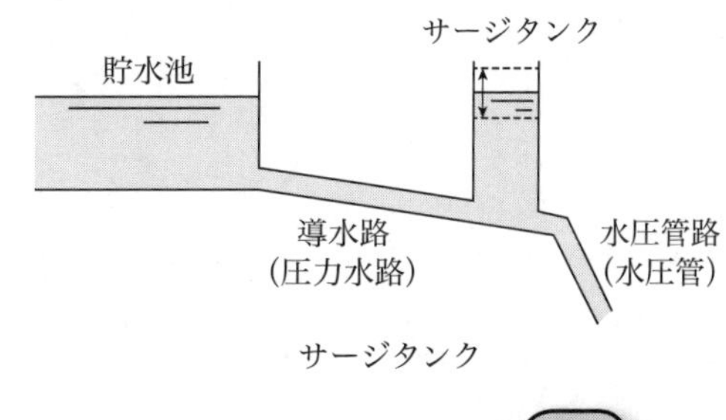

サージタンク

(3)

次の文章は，汽力発電所の復水器の機能に関する記述である．

汽力発電所の復水器は蒸気タービン内で仕事を取り出した後の (ア) 蒸気を冷却して凝縮させる装置である．復水器内部の真空度を (イ) 保持してタービンの (ア) 圧力を (ウ) させることにより， (エ) の向上を図ることができる．なお，復水器によるエネルギー損失は熱サイクルの中で最も (オ) ．

上記の記述中の空白箇所(ア)～(オ)に当てはまる組合せとして，正しいものを次の(1)～(5)のうちから一つ選べ．

	(ア)	(イ)	(ウ)	(エ)	(オ)
(1)	抽気	低く	上昇	熱効率	大きい
(2)	排気	高く	上昇	利用率	小さい
(3)	排気	高く	低下	熱効率	大きい
(4)	抽気	高く	低下	熱効率	小さい
(5)	排気	低く	停止	利用率	大きい

解2　復水器の機能に関する問題である．

復水器は，蒸気タービンで仕事を終えた**排気**蒸気を海水または河川水（通常，海水）で冷却凝縮して復水に戻すとともに，タービン出口の**排気**圧力を真空に近い値まで**低下**させて（復水器内部の真空度を**高く**保持する）蒸気タービンでの熱落差を大きくし，**熱効率**の向上を図る装置である．

排気蒸気はその温度に応じた飽和圧力をもっているためなるべく低温で凝結すればそれだけ終圧が下がり，蒸気タービンでより多くの仕事をさせることができる．その反面，冷却水に熱を奪われる分は損失となり，熱サイクルの中で最も**大きい**．

汽力発電所の主な熱損失の概数は次のとおりで，最も大きなものは，復水器で冷却水に放出される損失である．

①　復水器損失　　約47 %
②　ボイラ損失　　約12 %
③　タービン損失　約2 %
④　発電機損失　　約1 %

復水器を冷却方式により分類すると，表面復水器と直接接触復水器に分けられる．表面復水器は，冷却管の伝熱面を介して蒸気と冷却流体である冷却水あるいは冷却空気と熱交換するため，冷却流体は凝結水と混合せず，純度の高い復水が得られる．汽力発電所では一般に，図に示すような表面復水器が用いられている．

一方，直接接触復水器は，冷却水を散水して蒸気と直接接触させて凝縮させるもので，蒸気が腐食性の成分を含み復水を回収する必要がない地熱発電所で使用されている．

(3)

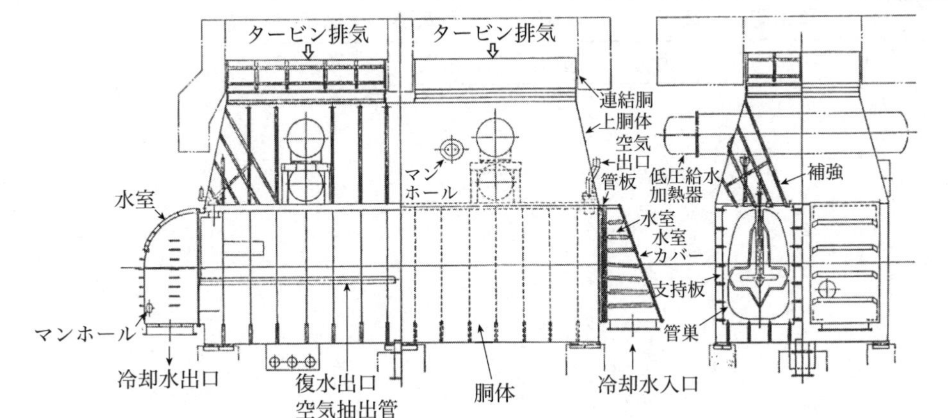

表面復水器

問3　次のa)～e)の文章は，汽力発電所の保護装置に関する記述である．

これらの文章の内容について，適切なものと不適切なものの組合せとして，正しいものを次の(1)～(5)のうちから一つ選べ．

a)　蒸気タービンの回転速度が定格を超える一定値以上に上昇すると，自動的に蒸気止弁を閉じて，タービンを停止する非常調速機が設置されている．

b)　ボイラ水の循環が円滑に行われないとき，水管の焼損事故を防止するため，燃料を遮断してバーナを消火させる燃料遮断装置が設置されている．

c)　負荷の緊急遮断等によって，ボイラ内の蒸気圧力が一定限度を超えたとき，蒸気を放出させて機器の破損を防ぐため，蒸気加減弁が設置されている．

d)　蒸気タービンの軸受油圧が異常低下したとき，タービンを停止させるトリップ装置が設置されている．

e)　発電機固定子巻線の内部短絡を検出・保護するために，比率差動継電器が設置されている．

	a	b	c	d	e
(1)	適切	適切	不適切	適切	適切
(2)	不適切	不適切	不適切	不適切	適切
(3)	適切	適切	不適切	適切	不適切
(4)	不適切	適切	適切	不適切	適切
(5)	不適切	不適切	適切	適切	不適切

解3　汽力発電のタービン，ボイラ，発電機に設置されている保護装置に関する問題である．

a)　万一調速装置に不具合が生じて調整弁が閉じなかったり，調速装置は作動しても調整弁がひっかかって閉じなかったりすると，タービンの回転速度の急速な上昇を引き起こして大事故になることがあるので，これを完全に防止するために定格速度の1.11倍以下で作動する非常調速装置が設置されている．

b)　水管の焼損事故を防止するため，燃料油の供給を緊急に遮断してバーナを消火させる燃料遮断装置が設置されている．

c)　ボイラには，ボイラの異常や負荷の緊急遮断などによってボイラ内の蒸気圧力が規定圧力以上に上昇した場合，蒸気を大気に放出させて機器の破損を防ぐ「安全弁」が，ドラム，過熱器，再熱器などに設置されている．

蒸気加減弁は，タービンに流入する蒸気流量を調整するもので，タービンの入口に設置され，タービン回転数の昇速や並列運転時の出力増減を行うものである．

d)　タービンが危険な運転状態に陥りそうな状況を検知し，安全にタービンを停止するため，タービン保安装置が設置されており，主なトリップ条件は，タービン過速度，復水器真空度低下，軸受油圧低下，スラスト軸受摩耗などがある．タービン保安装置が動作すると，タービンの蒸気入口止め弁，蒸気加減弁，再熱蒸気入口止め弁，抽気管の蒸気逆止弁などを急速に閉じてタービンを停止させるようになっている．

e)　発電機固定子巻線の内部短絡の検出・保護を行うため，比率差動継電器が設置されている．

したがって，**c) が不適切**で，**そのほかはすべて適切**である．

(1)

次の文章は，原子燃料に関する記述である．

核分裂は様々な原子核で起こるが，ウラン235などのように核分裂を起こし，連鎖反応を持続できる物質を　(ア)　といい，ウラン238のように中性子を吸収して　(ア)　になる物質を　(イ)　という．天然ウラン中に含まれるウラン235は約　(ウ)　%で，残りは核分裂を起こしにくいウラン238である．ここで，ウラン235の濃度が天然ウランの濃度を超えるものは，濃縮ウランと呼ばれており，濃縮度3%から5%程度の　(エ)　は原子炉の核燃料として使用される．

上記の記述中の空白箇所(ア)～(エ)に当てはまる組合せとして，正しいものを次の(1)～(5)のうちから一つ選べ．

	(ア)	(イ)	(ウ)	(エ)
(1)	核分裂性物質	親物質	1.5	低濃縮ウラン
(2)	核分裂性物質	親物質	0.7	低濃縮ウラン
(3)	核分裂生成物	親物質	0.7	高濃縮ウラン
(4)	核分裂生成物	中間物質	0.7	低濃縮ウラン
(5)	放射性物質	中間物質	1.5	高濃縮ウラン

解4 原子燃料と核分裂に関する問題である．

質量数の大きい原子核（重い原子核）は，複合核になったあと，原子核が二つに割れて2種類のより軽い原子核に変化する場合があり，これを核分裂という．核分裂はどのような原子でも起こるものではなく，自然界にあるものとしては，ウラン235が唯一であり，核分裂性のものと非核分裂性のものとを示すと次のようになる．

・分裂性：^{233}U，^{235}U，^{237}U，^{239}Pu，^{241}Pu
・非分裂性：^{232}Th，^{234}U，^{236}U，^{238}U，^{240}Pu

一般に，原子番号が偶数で中性子数が奇数の質量数の大きいものが分裂性である．

ウラン235やプルトニウム239のように核分裂を起こし，連鎖反応を持続できる物質を**核分裂性物質**といい，核分裂によってできた2個の原子核（3個に分かれる場合もある）を核分裂生成物という．ウラン235におけるその生成率は，質量数が95と138付近の原子核に分かれる割合が高い．つまり，2個の核分裂生成物が同じ重さのものに分かれる確率は少なく，重いものと軽いものに分かれる場合が多い．

ウラン238のように直接燃料としては使えないが，中性子を吸収して核分裂性物質になる物質のことを**親物質**という．

自然界に存在するウランは，核分裂を起こしやすいウラン235が**0.7**％程度しか含まれておらず，残りの大部分は核分裂しにくいウラン238である．ウラン鉱石から精製した状態のウランはほぼこの構成比になっており，これを天然ウランという．軽水炉において核分裂が継続して起こるためにはウラン235がある一定以上必要で，そのため軽水炉の燃料には，質量差を利用したガス拡散法や遠心分離法などによってウラン235の割合を3～5％に高めた**低濃縮ウラン**が用いられる．

軽水炉で使用される燃料の形態は，二酸化ウランの粉末を1 600～1 700 ℃の高温で焼結し，ペレット状に焼き固めたものが使用される．

答 (2)

理論 電力 機械 法規 令和5上(2023) 令和4下(2022) 令和4上(2022) 令和3(2021) 令和2(2020) 令和元(2019) 平成30(2018) 平成29(2017) 平成28(2016) 平成27(2015)

次の文章は，太陽光発電に関する記述である．

太陽光発電は，太陽電池の光電効果を利用して太陽光エネルギーを電気エネルギーに変換する．地球に降り注ぐ太陽光エネルギーは，1 m^2当たり 1 秒間に約 (ア) kJ に相当する．太陽電池の基本単位はセルと呼ばれ， (イ) V 程度の直流電圧が発生するため，これを直列に接続して電圧を高めている．太陽電池を系統に接続する際は， (ウ) により交流の電力に変換する．

一部の地域では太陽光発電の普及によって (エ) に電力の余剰が発生しており，余剰電力は揚水発電の揚水に使われているほか，大容量蓄電池への電力貯蔵に活用されている．

上記の記述中の空白箇所(ア)～(エ)に当てはまる組合せとして，正しいものを次の(1)～(5)のうちから一つ選べ．

	(ア)	(イ)	(ウ)	(エ)
(1)	10	1	逆流防止ダイオード	日中
(2)	10	10	パワーコンディショナ	夜間
(3)	1	1	パワーコンディショナ	日中
(4)	10	1	パワーコンディショナ	日中
(5)	1	10	逆流防止ダイオード	夜間

解5 太陽光発電の基本構成と需給運用に関する問題である．

太陽光発電は，半導体でつくられた太陽電池によって太陽の光エネルギーを直接電気エネルギーに変換するものである．原理は，半導体に光が入射したときに起こる光電効果を利用するもので，図に示すように，半導体にある値以上のエネルギーをもった波長の光が当たると光と電子の相互作用が起こり，負の電荷をもっている電子と正の電荷をもっている正孔が発生し，電子はn型半導体に，正孔はp型半導体に移動し両電極部に集まる．つまり，n型半導体はマイナスに，p型半導体はプラスに帯電され，この両電極に負荷を接続すると電流が流れる．

地球に降り注ぐ太陽光エネルギーは，単位面積当たり晴天時で**1** kW/m^2 （(kJ/s)/m^2） とエネルギー密度が小さい．

太陽電池の最小単位をセルといい，このセルを多数組み合わせたものをモジュールという．1セルは**1** V程度の直流電圧が発生し，これを直列に接続して電圧を高めている．セルのサイズは一般に10〜15 mm角または円形（結晶系），厚さは0.2〜0.3 mmの薄いシリコン板で，表と裏の両面に電極が取り付けられている．

太陽電池は日射により発電するが，電気エネルギーとして外部に取り出さないと太陽光エネルギーは熱に変わってしまい活用できない．また，発電電力は日射量に従い刻々と変化する．このため電力を効率よく取り出し有効活用する機能が要求され，そのためにパワーコンディショナが利用される．**パワーコンディショナ**は，太陽電池で発電した直流電力を交流電力に変換する機能も有している．

近年，太陽光発電の普及に伴って，連休中などの軽負荷時の**日中**に，電力の余剰が発生しており，余剰電力は揚水発電の揚水用の電力などに使われている．

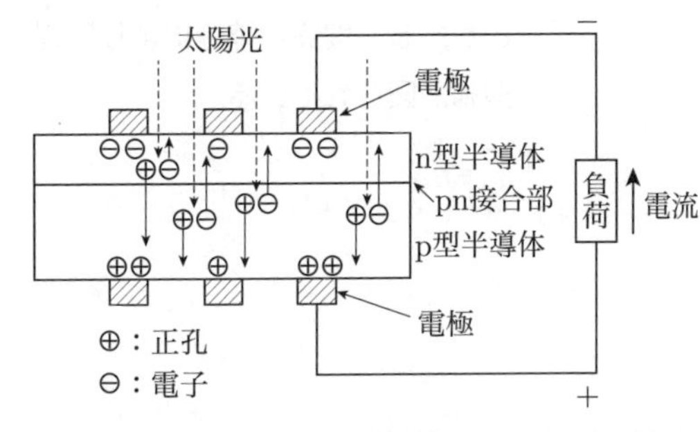

太陽光発電の原理

(3)

理論 電力 機械 法規
令和5上(2023) 令和4下(2022) 令和4上(2022) 令和3(2021) 令和2(2020) 令和元(2019) 平成30(2018) 平成29(2017) 平成28(2016) 平成27(2015)

問6 架空送電線路に関連する設備に関する記述として，誤っているものを次の(1)～(5)のうちから一つ選べ．

(1) 電線に一様な微風が吹くと，電線の背後に空気の渦が生じて電線が上下に振動するサブスパン振動が発生する．振動エネルギーを吸収するダンパを電線に取り付けることで，この振動による電線の断線防止が図られている．

(2) 超高圧の架空送電線では，スペーサを用いた多導体化により，コロナ放電の抑制が図られている．スペーサはギャロッピングの防止にも効果的である．

(3) 架空送電線を鉄塔などに固定する絶縁体としてがいしが用いられている．アークホーンをがいしと併設することで，雷撃等をきっかけに発生するアーク放電からがいしを保護することができる．

(4) 架空送電線への雷撃を防止するために架空地線が設けられており，遮へい角が小さいほど雷撃防止の効果が大きい．

(5) 鉄塔又は架空地線に直撃雷があると，鉄塔から送電線へ逆フラッシオーバが起こることがある．埋設地線等により鉄塔の接地抵抗を小さくすることで，逆フラッシオーバの抑制が図られている．

問7 真空遮断器に関する記述として，誤っているものを次の(1)～(5)のうちから一つ選べ．

(1) 真空遮断器は，高真空状態のバルブの中で接点を開閉し，真空の優れた絶縁耐力を利用して消弧するものである．

(2) 真空遮断器の開閉サージが高いことが懸念される場合，避雷器等を用いて，真空遮断器に接続される機器を保護することがある．

(3) 真空遮断器は，小形軽量で電極の寿命が長く，保守も容易である．

(4) 真空遮断器は，消弧媒体としてSF_6ガスや油を使わない機器であり，多頻度動作にも適している．

(5) 真空遮断器は経済性に優れるが，空気遮断器に比べて動作時の騒音が大きい．

解6 架空送電線路の構成設備と設置目的に関する問題である．

架空送電線に発生する振動には，微風振動，ギャロッピング，サブスパン振動などがある．

微風振動とは，鋼心アルミより線（ACSR）のように比較的軽い電線が，電線と直角方向に毎秒数m程度の微風を一様に受けると，電線の背後に渦（カルマン渦）を生じ，これにより電線に生じる交番上下力の周波数が電線の固有振動数の一つと一致すると，電線が定常的に上下に振動を起こすことをいい，この振動が長年月継続すると電線が疲労劣化し，クランプ取り付け部の電線支持点付近で断線することがある．微風振動は，平地で長径間，張力の大きい場所，直径の大きい割に軽い電線，さらに，早朝や日没時に発生しやすい．

微風振動の防止対策として，①電線支持点付近の電線をアーマロッドで補強する，②振動エネルギーを吸収させるため電線支持点付近にダンパ（トーショナルダンパなど）を取り付ける，ことによりこの振動に対する電線の断線防止を図っている．

多導体の一相内のスペーサとスペーサの間隔をサブスパンといい，支持点付近を15～40 mとし，径間中央部では60～80 mとする不平等間隔で挿入されている．このようなスペーサを支点とするサブスパン内で起こる振動をサブスパン振動といい，風速が数～20 m/sで発生し，10 m/sを超えると振動が激しくなる．

したがって，電線に一様な微風が吹いて電線が上下に振動するのは，サブスパン振動ではなく**微風振動**である．

答 (1)

解7 真空遮断器の消弧原理と特徴に関する問題である．

高真空中で接点を開き，アークの荷電粒子を拡散させて消弧するもので，次のような特徴を有している．

- 遮断性能が優れている（電流遮断後の絶縁耐力回復特性が優れているので消弧性能に優れ，高性能遮断器としての条件を備えている）
- 電流零点後の絶縁回復がきわめて早く，アーク期間中のアーク電圧が著しく低く，遮断動作中に消弧空間に放出されるアークエネルギーが小さい
- 遮断時間が短い
- 構造が簡単で，小形軽量である
- **低騒音**，無公害である
- 真空バルブの寿命が長く，交換が容易であるため保守，点検の省力が可能である
- 特殊な付帯設備を必要としない
- 負荷機器への絶縁レベルに応じた適切なサージ保護装置が必要である

操作機構は，経済性，小形化，使いやすさの面から主に電動ばね操作が用いられている．絶縁部は三相一体の絶縁フレームを用い，機構部と充電部とを絶縁フレームで遮へいした構造となっている．

真空中で発生するアークは，主として電極から供給される金属蒸気およびイオン粒子で構成されており，電流零点になるとこれらの金属蒸気，イオンは急速に拡散し，電極およびアークシールドに吸着されるので電極間耐圧が回復して遮断が行われる．アークの消弧は，高真空中の電子および粒子の拡散によって行われるので，ほかの消弧方式を利用した遮断器と比べて優れた遮断性能を有している．

空気遮断器は，遮断時の圧縮空気の放出音が大きいなどの欠点があるが，真空遮断器は騒音が小さいという利点を有している．

答 (5)

問8

定格容量20 MV·A，一次側定格電圧77 kV，二次側定格電圧6.6 kV，百分率インピーダンス10.6 %（基準容量20 MV·A）の三相変圧器がある．三相変圧器の一次側は77 kVの電源に接続され，二次側は負荷のみが接続されている．三相変圧器の一次側から見た電源の百分率インピーダンスは，1.1 %（基準容量20 MV·A）である．抵抗分及びその他の定数は無視する．三相変圧器の二次側に設置する遮断器の定格遮断電流の値[kA]として，最も近いものを次の(1)～(5)のうちから一つ選べ．

(1) 1.5　(2) 2.6　(3) 6.0　(4) 20.0　(5) 260.0

問9

次の文章は，避雷器に関する記述である．

避雷器は，雷又は回路の開閉などに起因する過電圧の［(ア)］がある値を超えた場合，放電により過電圧を抑制して，電気施設の絶縁を保護する装置である．特性要素としては［(イ)］が広く用いられ，その［(ウ)］の抵抗特性により，過電圧に伴う電流のみを大地に放電させ，放電後は［(エ)］を遮断することができる．発変電所用避雷器では，［(イ)］の優れた電圧－電流特性を利用し，放電耐量が大きく，放電遅れのない［(オ)］避雷器が主に使用されている．

上記の記述中の空白箇所(ア)～(オ)に当てはまる組合せとして，正しいものを次の(1)～(5)のうちから一つ選べ．

	(ア)	(イ)	(ウ)	(エ)	(オ)
(1)	波頭長	SF_6	非線形	続流	直列ギャップ付き
(2)	波高値	ZnO	非線形	続流	ギャップレス
(3)	波高値	SF_6	線形	制限電圧	直列ギャップ付き
(4)	波高値	ZnO	線形	続流	直列ギャップ付き
(5)	波頭長	ZnO	非線形	制限電圧	ギャップレス

解8 遮断器の定格遮断電流を求める計算問題である．

基準容量 P_b を 20 MV·A とする．

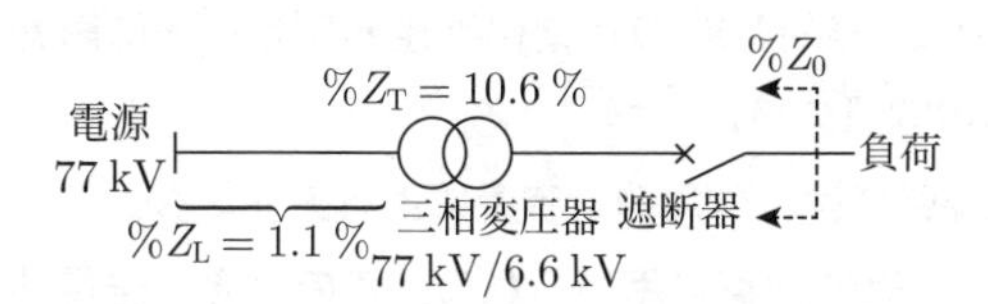

図に示すように，三相変圧器の一次側から見た電源側の百分率インピーダンスを $\%Z_L$（$P_b = 20$ MV·A 基準），三相変圧器の百分率インピーダンスを $\%Z_T$（$P_b = 20$ MV·A 基準）とすると，三相変圧器の二次側から電源側を見た百分率インピーダンス $\%Z_0$ は，次のように求められる．

$$\%Z_0 = \%Z_L + \%Z_T$$
$$= 1.1 + 10.6$$
$$= 11.7\ \%$$

基準電流（定格電流）を I_B [A]，基準線間電圧を V_B [V] とすると，基準容量 P_B は次式で表されるから，

$$P_B = \sqrt{3} V_B I_B\ [\text{V·A}]$$

基準電流 I_B は次のように求められる．

$$I_B = \frac{P_B}{\sqrt{3} V_B}\ [\text{A}]$$

よって，三相変圧器の二次側の三相短絡電流 I_S は次のように求められる．

$$I_S = \frac{100}{\%Z_0} I_B = \frac{100}{\%Z_0} \cdot \frac{P_B}{\sqrt{3} V_B}$$
$$= \frac{100}{11.7} \times \frac{20 \times 10^6}{\sqrt{3} \times 6.6 \times 10^3}$$
$$\fallingdotseq 14.95 \times 10^3\ \text{A} = 14.95\ \text{kA}$$

したがって，遮断器の遮断電流は上記の値以上必要であるから，定格遮断電流の最小値は 20.0 kA となる．

答 (4)

解9 避雷器の機能と特性に関する問題である．

避雷器は，雷サージや開閉サージなどによる過電圧の**波高値**がある値を超えたとき，放電により過電圧を抑制して，電気設備の絶縁を保護する装置である．

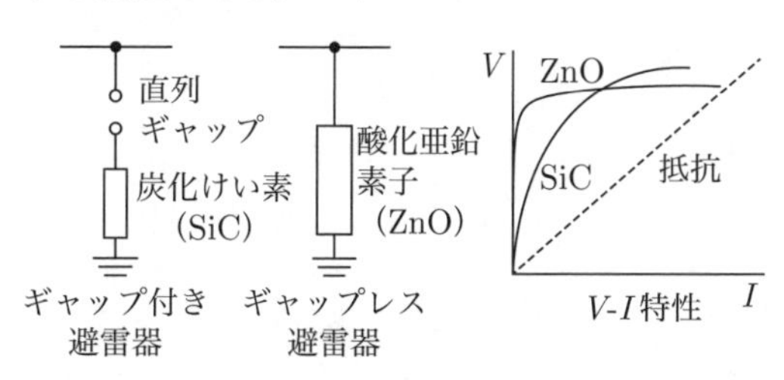

避雷器の種類と特性

避雷器には，炭化けい素（SiC）素子や酸化亜鉛（ZnO）素子などが用いられる．炭化けい素（SiC）素子は，運転電圧でも常時数 A の電流が流れるため，直列ギャップで電路から切り離しておく必要がある．それに対して，酸化亜鉛（**ZnO**）素子は，図に示すように，**非線形**の抵抗特性が優れており，平常の運転電圧では μA オーダの電流しか流れず，実質的に絶縁物となるので直列ギャップが不要となる．このため，性能面で勝る酸化亜鉛素子を用いた酸化亜鉛形避雷器がほとんどの電力用避雷器に利用されている．

過電圧に伴う電流のみを大地に放電させ，放電が終了し電圧が通常の値に戻ったあとは電力系統から避雷器に流れようとする**続流**を短時間のうちに遮断して原状に自復する機能を有している．保護効果を高めるためには保護対象機器に極力接近して設置する必要がある．

発変電所用避雷器には，酸化亜鉛（**ZnO**）の優れた電圧－電流特性を利用して，放電耐量が大きく，放電遅れのない酸化亜鉛形**ギャップレス**避雷器が主に使用されている．

答 (2)

次の文章は，架空送電線路に関する記述である．

架空送電線路の線路定数には，抵抗，作用インダクタンス，作用静電容量，(ア)コンダクタンスがある．線路定数のうち，抵抗値は，表皮効果により(イ)のほうが増加する．また，作用インダクタンスと作用静電容量は，線間距離Dと電線半径rの比D/rに影響される．D/rの値が大きくなれば，作用静電容量の値は(ウ)なる．

作用静電容量を無視できない中距離送電線路では，作用静電容量によるアドミタンスを1か所又は2か所にまとめる(エ)定数回路が近似計算に用いられる．このとき，送電端側と受電端側の2か所にアドミタンスをまとめる回路を(オ)形回路という．

上記の記述中の空白箇所(ア)～(オ)に当てはまる組合せとして，正しいものを次の(1)～(5)のうちから一つ選べ．

	(ア)	(イ)	(ウ)	(エ)	(オ)
(1)	漏れ	交流	小さく	集中	π
(2)	漏れ	交流	大きく	集中	π
(3)	伝達	直流	小さく	集中	T
(4)	漏れ	直流	大きく	分布	T
(5)	伝達	直流	小さく	分布	π

解10 架空送電線路の線路定数と集中定数回路に関する問題である．

架空送電線路の線路定数には，抵抗，作用インダクタンス，作用静電容量，**漏れ**コンダクタンスの四つがある．このうち漏れコンダクタンスは通常無視できる．

電線に交流電流を流した場合の電流分布は，電線の表面に近づくほど多く，中心ほど少なくなる．この現象を表皮効果といい，周波数が高いほど，電線の断面積・導電率が大きいほど，比透磁率が大きいほど大きくなる．この現象により，**交流**抵抗値は直流抵抗値より大きくなる．

作用インダクタンスLと作用静電容量Cは，それぞれ次式で表されるため，等価線間距離D [m]と電線半径r [m]の比D/rの値が大きくなればLの値は大きくなりCの値は**小さく**なる．

$$L = 0.05\mu_s + 0.460\,5\log_{10}(D/r)\ \text{[mH/km]}$$

μ_s：電線の比透磁率

$$C = \frac{0.024\,13\varepsilon_s}{\log_{10}\dfrac{D}{r}}\ [\mu\text{F/km}]$$

ε_s：電線の比誘電率

十数km程度の短い送電線路では，作用静電容量を無視して抵抗とインダクタンスが1か所に集中しているものと考えて十分であるが，50～100 kmの中距離送電線路では，作用静電容量が無視できない．そのため，図に示すように，作用静電容量によるアドミタンスを線路の中央または両端に集中していると考える**集中**定数回路が近似計算に用いられる．並列アドミタンス$\dot{Y}$を中央に集中し，インピーダンス$\dot{Z}$を2分して線路の両端におく近似法をT形回路といい，インピーダンス$\dot{Z}$を全部送電線路の中央に集中し，アドミタンス$\dot{Y}$を2分して送電端と受電端の2か所におく近似法を**π**形回路という．

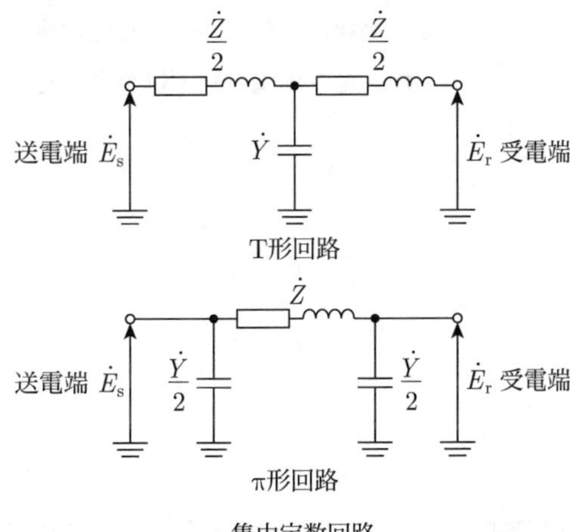

集中定数回路

答 (1)

問11　我が国における架空送電線路と比較した地中送電線路の特徴に関する記述として，誤っているものを次の(1)～(5)のうちから一つ選べ．

(1)　地中送電線路は，同じ送電容量の架空送電線路と比較して建設費が高いが，都市部においては保安や景観などの点から地中送電線路が採用される傾向にある．

(2)　地中送電線路は，架空送電線路と比較して気象現象に起因した事故が少なく，近傍の通信線に与える静電誘導，電磁誘導の影響も少ない．

(3)　地中送電線路は，同じ送電電圧の架空送電線路と比較して，作用インダクタンスは小さく，作用静電容量が大きいため，充電電流が大きくなる．

(4)　地中送電線路の電力損失では，誘電体損とシース損を考慮するが，コロナ損は考慮しない．一方，架空送電線路の電力損失では，コロナ損を考慮するが，誘電体損とシース損は考慮しない．

(5)　絶縁破壊事故が発生した場合，架空送電線路では自然に絶縁回復することは稀であるが，地中送電線路では自然に絶縁回復して再送電できる場合が多い．

問12　高圧架空配電線路を構成する機材とその特徴に関する記述として，誤っているものを次の(1)～(5)のうちから一つ選べ．

(1)　支持物は，遠心成形でコンクリートを締め固めた鉄筋コンクリート柱が一般的に使用されている．

(2)　電線に使用される導体は，硬銅線が用いられる場合もあるが，鋼心アルミ線なども使用されている．

(3)　柱上変圧器は，単相変圧器 2 台を V 結線とし，200 V の三相電源として用い，同時に変圧器から中性線を取り出した単相 3 線式による 100/200 V 電源として使用するものもある．

(4)　柱上開閉器は，気中形，真空形などがあり，手動操作による手動式と制御器による自動式がある．

(5)　高圧カットアウトは，柱上変圧器の一次側に設けられ，形状は箱形の一種類のみである．

解11 架空送電線路と比較したときの地中送電線路の特徴に関する問題である．

架空送電線路と比較した場合の地中送電線路の特徴を表に示す．

架空電線路と比較した場合の地中電線路の特徴

長所	短所
① 雷，風水害などの自然災害や他物接触などによる事故が少ないので供給信頼度が高い． ② 同一ルートに多条布設でき，高需要密度地域などへの供給が可能． ③ 都市美観を損なうことがない． ④ 露出充電部分が少ないので，安全性が高い． ⑤ 通信線に与える誘導障害が少ない．	① 建設費が高い． ② 故障箇所の発見や復旧が困難． ③ 設備増強が容易でない． ④ 導体の断面積が同一の場合，送電容量が小さい．

地中送電線路は，同じ送電電圧の架空送電線路と比較して，作用インダクタンスは約1/3，作用静電容量は誘電率の大きい絶縁物に囲まれているため20～50倍と大きく，それに伴って充電電流も大きくなる．

地中送電線路の電力損失には，導体内に発生する抵抗損，絶縁体（誘電体）内に発生する誘電体損，鉛被などの金属シースに発生するシース損がある．一方，架空送電線路の電力損失には，導体内に発生する抵抗損，コロナ放電によるコロナ損がある．

絶縁破壊事故が発生した場合，架空送電線路では短時間で自然に**回復して再送電できることはあるが**，地中送電線路では一旦絶縁破壊事故が発生すると永久事故となって**絶縁回復することはほとんどない**．

答 (5)

解12 高圧架空配電線路を構成する機材と特徴に関する問題である．

高圧カットアウトは磁器製の容器の中にヒューズを内蔵したもので，柱上変圧器の一次側に施設してその開閉を行うほか，過負荷や短絡電流をヒューズの溶断で保護する．図に示すように，磁器製のふたにヒューズ筒を取り付け，ふたの開閉により電路の開閉ができる，最も広く用いられている箱形カットアウトと，磁器製の内筒内にヒューズ筒を収納して，その取付け・取外しにより電路の開閉ができる円筒形カットアウトがある．高圧ヒューズは，電動機の始動電流や雷サージによって溶断しないことが要求されるため，短時間過大電流に対して溶断しにくくした放出形ヒューズが一般に使用される．

したがって，**高圧カットアウトの形状は箱形の一種類のみではなく，円筒形もある**．

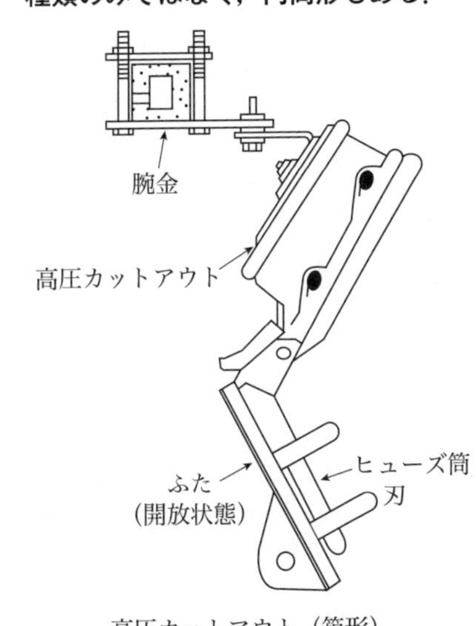

高圧カットアウト（箱形）

(5)

問13

次の文章は，スポットネットワーク方式に関する記述である．

スポットネットワーク方式は，22 kV 又は 33 kV の特別高圧地中配電系統から 2 回線以上で受電する方式の一つであり，負荷密度が極めて高い都心部の高層ビルや大規模工場などの大口需要家の受電設備に適用される信頼度の高い方式である．

スポットネットワーク方式の一般的な受電系統構成を特別高圧地中配電系統側から順に並べると，(ア)・(イ)・(ウ)・(エ)・(オ)となる．

上記の記述中の空白箇所(ア)～(オ)に当てはまる組合せとして，正しいものを次の(1)～(5)のうちから一つ選べ．

	(ア)	(イ)	(ウ)	(エ)	(オ)
(1)	断路器	ネットワーク母線	プロテクタ遮断器	プロテクタヒューズ	ネットワーク変圧器
(2)	ネットワーク母線	ネットワーク変圧器	プロテクタヒューズ	プロテクタ遮断器	断路器
(3)	プロテクタ遮断器	プロテクタヒューズ	ネットワーク変圧器	ネットワーク母線	断路器
(4)	断路器	プロテクタ遮断器	プロテクタヒューズ	ネットワーク変圧器	ネットワーク母線
(5)	断路器	ネットワーク変圧器	プロテクタヒューズ	プロテクタ遮断器	ネットワーク母線

解13 スポットネットワーク方式の受電系統構成に関する問題である.

スポットネットワーク方式は，都市中心部の超過密需要地域に適用され，ビルなどの特別高圧受電の需要家に供給する方式で，大規模な工場やビルなどの高密度の大容量負荷1か所に供給する場合に採用される.

図に示すように，通常，22 kVまたは33 kVの複数の配電線（通常3回線）から分岐線をいずれもT分岐で引き込み，それぞれ受電用**断路器**を経て**ネットワーク変圧器**に接続し，各低圧側は**プロテクタヒューズ**，**プロテクタ遮断器**を経て並列に接続して**ネットワーク母線**を構成する方式で，地中線とするのが一般的である．この方式は，東京，大阪などの大型ビルが多数存在する超過密地域で，かつ，高い信頼度が要求される場合に採用される.

この方式の特徴は，ネットワーク変圧器から電源側の系統事故を変圧器の低圧側に施設したネットワークプロテクタにより検出して保護を行うため，受電用遮断器やその保護装置の省略が可能であり，設置スペースの縮小と経費の節減ができるメリットがある．また，一次側の特別高圧配電線（ネットワーク配電線）またはネットワーク変圧器に単一の事故が発生しても，残った設備で無停電供給できるため信頼度が高い.

(5)

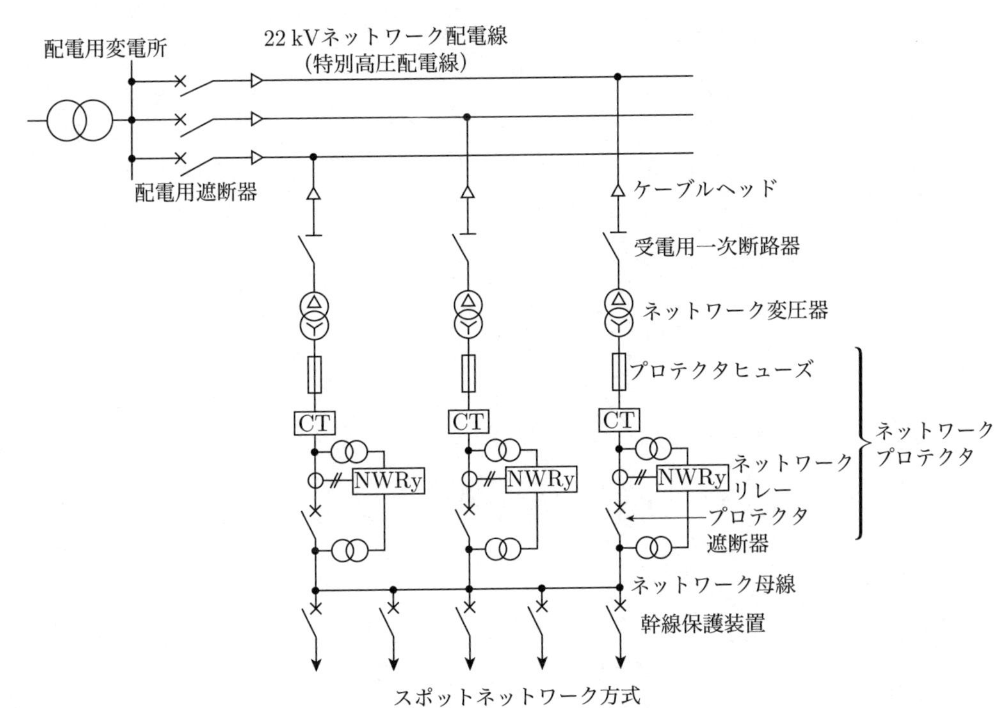

スポットネットワーク方式

問14

我が国のコンデンサ，電力ケーブル，変圧器などの電力用設備に使用される絶縁油に関する記述として，誤っているものを次の(1)～(5)のうちから一つ選べ.

(1)　絶縁油の誘電正接は，変圧器，電力ケーブルに使用する場合には小さいものが，コンデンサに使用する場合には大きいものが適している.

(2)　絶縁油には，一般に熱膨張率，粘度が小さく，比熱，熱伝導率が大きいものが適している.

(3)　電力用設備の絶縁油には，一般に古くから鉱油系絶縁油が使用されているが，難燃性や低損失性など，より優れた特性が要求される場合には合成絶縁油が採用されている．また，環境への配慮から植物性絶縁油の採用も進められている.

(4)　絶縁油は，電力用設備内を絶縁するために使用される以外に，絶縁油の流動性を利用して電力用設備内で生じた熱を外部へ放散するために使用される場合がある.

(5)　絶縁油では，不純物や水分などが含まれることにより絶縁性能が大きく影響を受け，部分放電の発生によって分解ガスが生じる場合がある．このため，電力用設備から採油した絶縁油の水分量測定やガス分析等を行うことにより，絶縁油の劣化状態や電力用設備の異常を検知することができる.

解14 絶縁油の特性に関する問題である．

絶縁油は，変圧器，油入ケーブル，コンデンサなどの油入電気機器の絶縁に使用されている．絶縁破壊電圧は50 kV/mm程度あり，大気圧の空気（3 kV/mm）と比較して非常に高いが，温度や不純物によって大きく影響を受ける．誘電正接は空気よりも大きい．

一般的に，絶縁耐力，誘電率および冷却性能の向上などを目的として用いられる絶縁油には，流動点・粘度が低く，引火点が高いこと，人畜に無害で不燃性であること，熱的・化学的に安定であり，フィルムなどの共存材料との共存性があること，誘電率が大きく誘電正接が低いこと，絶縁耐力が高く部分放電によって発生するガスの吸収能力があることなどの性能が要求される．

これらをほぼ満足するものとして，古くから鉱油（鉱物油）が一般的に用いられてきたが，誘電率が低く可燃性（引火点140 °C程度）で劣化しやすいなどの欠点があるため，アークなどの原因によって引火し，火災となる危険性のあるところではそれらを改良した合成油が使用される．OFケーブルやコンデンサでより優れた低損失性や信頼性が求められる仕様のときは重合炭化水素油が採用される場合もある．

シリコーン油も合成油の一種で，引火点が300 °C以上の耐熱性に優れた絶縁油で，コンデンサや航空用変圧器などで使用されている．

電力ケーブルの絶縁体の等価回路とそのベクトル図を描くと図のようになる．

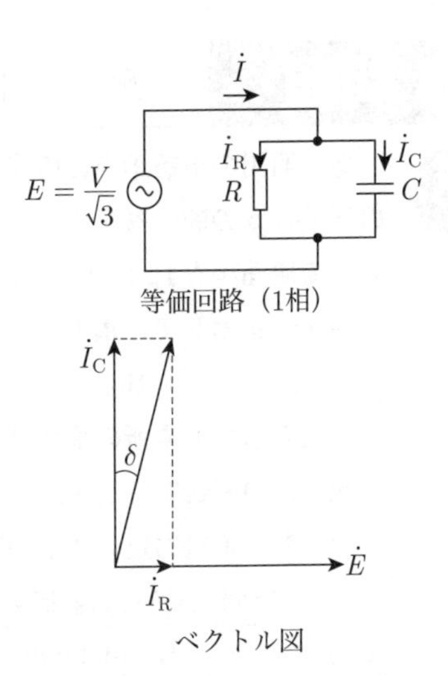

等価回路（1相）

ベクトル図

相電圧をE [V]，線間電圧をV [V]，周波数をf [Hz]，1線当たりの静電容量をC [F/m]，1線当たりの抵抗をR [Ω/m]，ケーブルのこう長をl [m]とすると，3線合計の誘電体損W_dは次のように求められる．

$$W_d = 3EI_R = \sqrt{3}VI_R \text{ [W]} \quad ①$$

一方，誘電正接を$\tan\delta$とすると，ベクトル図より，

$$I_R = I_C \tan\delta \text{ [A]} \quad ②$$

の関係があるから，①式に②式を代入すると次式となる．

$$W_d = \sqrt{3}VI_C \tan\delta \text{ [W]} \quad ③$$

誘電正接は，絶縁体の静電容量による電流に対する抵抗による電流のことで，絶縁油は一般的に誘電率が大きく**誘電正接が小さい**ことが要求される．

答 (1)

B問題　配点は1問題当たり(a)5点，(b)5点，計10点

問15 ある河川のある地点に貯水池を有する水力発電所を設ける場合の発電計画について，次の(a)及び(b)の問に答えよ．

(a) 流域面積を15 000 km^2，年間降水量750 mm，流出係数0.7とし，年間の平均流量の値[m^3/s]として，最も近いものを次の(1)～(5)のうちから一つ選べ．

(1) 25　(2) 100　(3) 175　(4) 250　(5) 325

(b) この水力発電所の最大使用水量を小問(a)で求めた流量とし，有効落差100 m，水車と発電機の総合効率を80 %，発電所の年間の設備利用率を60 %としたとき，この発電所の年間発電電力量の値[kW·h]に最も近いものを次の(1)～(5)のうちから一つ選べ．

	年間発電電力量[kW·h]
(1)	100 000 000
(2)	400 000 000
(3)	700 000 000
(4)	1 000 000 000
(5)	1 300 000 000

解15 貯水池のある年間降水量と流出係数から年間平均流量と設備利用率を考慮した年間発電電力量を求める計算問題である.

(a) 流域面積を A [km^2]，年間降水量を p [mm]，流出係数を k とすると，年間の平均流量 Q [m^3/s] は次のように求められる.

$$kp\times10^{-3}\times A\times10^{6}$$
$$=Q\times365\times24\times3\,600$$

$$\therefore\ Q=\frac{kpA\times10^{3}}{365\times24\times3\,600}$$
$$=\frac{0.7\times750\times15\,000\times10^{3}}{365\times24\times3\,600}$$
$$\fallingdotseq 250\ \mathrm{m^3/s}$$ (答)

(b) 図に示すように，流量を Q [m^3/s]，有効落差を H [m]，水車と発電機の総合効率を η_G とすると，水力発電所の発電機出力 P_G は次式で表される.

$$P_G=9.8QH\eta_G\ [\mathrm{kW}]$$

したがって，発電所の年間の設備利用率を α，1年間の時間を T [h] とすると，発電所の年間発電電力量 W_G は，次のように求められる.

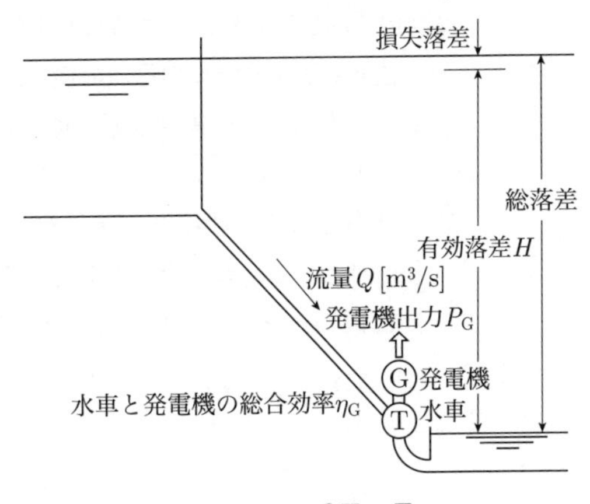

$$W_G=\alpha P_GT=9.8\alpha QH\eta_GT$$
$$=9.8\times0.6\times\frac{0.7\times750\times15\,000\times10^{3}}{365\times24\times3\,600}$$
$$\times100\times0.8\times365\times24$$
$$=9.8\times0.6\times\frac{0.7\times750\times15\,000\times10^{3}}{3\,600}$$
$$\times100\times0.8$$
$$=1.029\times10^{9}$$
$$=10\,290\,000\,00\ \mathrm{kW\cdot h}$$ (答)

類題が平成8年度に出題されている.

(a)-(4)，(b)-(4)

こう長 25 kmの三相3線式2 回線送電線路に，受電端電圧が22 kV，遅れ力率0.9の三相平衡負荷5 000 kWが接続されている．次の(a)及び(b)の問に答えよ．ただし，送電線は2回線運用しており，与えられた条件以外は無視するものとする．

(a) 送電線1線当たりの電流の値 [A] として，最も近いものを次の(1)～(5) のうちから一つ選べ．ただし，送電線は単導体方式とする．

(1) 42.1　(2) 65.6　(3) 72.9　(4) 126.3　(5) 145.8

(b) 送電損失を三相平衡負荷に対し5 %以下にするための送電線1線の最小断面積の値 [mm^2]として，最も近いものを次の(1)～(5)のうちから一つ選べ．ただし，使用電線は，断面積1 mm^2，長さ1 m当たりの抵抗を $\frac{1}{35}$ Ωとする．

(1) 31　(2) 46　(3) 74　(4) 92　(5) 183

解16 並行2回線送電線における線路電流および送電損失を所定の値以下にするための電線の最小断面積を求める計算問題である．

(a) 図に示すように，受電端電圧を V_r [V]，線路電流を I [A]，力率を $\cos\theta$ とすると，三相負荷電力 P は次式で表されるから，

$$P=\sqrt{3}V_r I\cos\theta$$

線路電流 I は次式のように求められる．

$$I=\frac{P}{\sqrt{3}V_r\cos\theta}=\frac{5\,000\times10^3}{\sqrt{3}\times22\times10^3\times0.9}$$
$$\fallingdotseq 145.8\ \text{A}$$

したがって，送電線1線当たりの電流 i は，次のように求められる．

$$i=\frac{I}{2}=\frac{145.8}{2}=72.9\ \text{A} \quad \text{(答)}$$

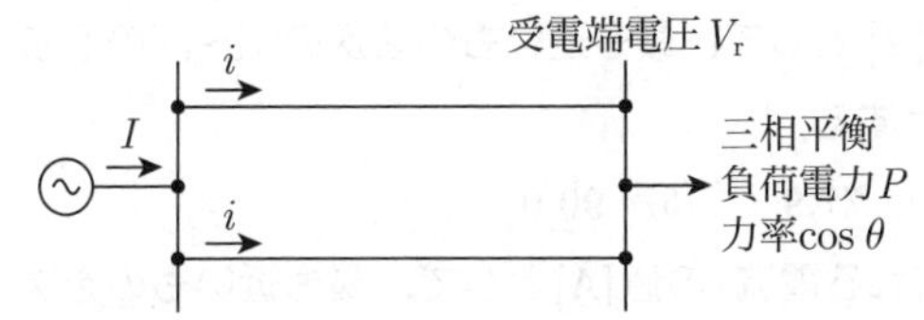

(b) 電線の断面積を S [mm²]，こう長を l [m]，断面積1 mm²，長さ1 m当たりの抵抗を ρ [Ω·mm²/m] とすると，送電線1線当たりの抵抗 r は次式で表されるから，

$$r=\rho\frac{l}{S}\,[\Omega]$$

送電線2回線の送電損失 p は，次のように求められる．

$$p=2\times(3i^2r)=2\times\left(3i^2\rho\frac{l}{S}\right)=6i^2\rho\frac{l}{S}$$

この送電線2回線の送電損失 p を，三相平衡負荷 P に対して5％以下とする条件より，送電線1線の最小断面積を求めると次のようになる．

$$\frac{p}{P}\leqq0.05$$

$$p\leqq0.05P$$

$$6i^2\rho\frac{l}{S}\leqq0.05P$$

$$\therefore\ S\geqq\frac{6i^2\rho l}{0.05P}=\frac{6\times72.9^2\times\frac{1}{35}\times25\times10^3}{0.05\times5\,000\times10^3}$$
$$\fallingdotseq 91.1\ \text{mm}^2 \quad \text{(答)}$$

答 (a)-(3)，(b)-(4)

問17 図のような系統構成の三相3線式配電線路があり，開閉器Sは開いた状態にある．各配電線のB点，C点，D点には図のとおり負荷が接続されており，各点の負荷電流はB点40 A，C点30 A，D点60 A一定とし，各負荷の力率は100 %とする．

各区間のこう長はA-B間1.5 km，B-S（開閉器）間1.0 km，S（開閉器）- C間0.5 km，C-D間1.5 km，D-A間2.0 kmである．

ただし，電線1線当たりの抵抗は0.2 Ω/kmとし，リアクタンスは無視するものとして，次の(a)及び(b)の問に答えよ．

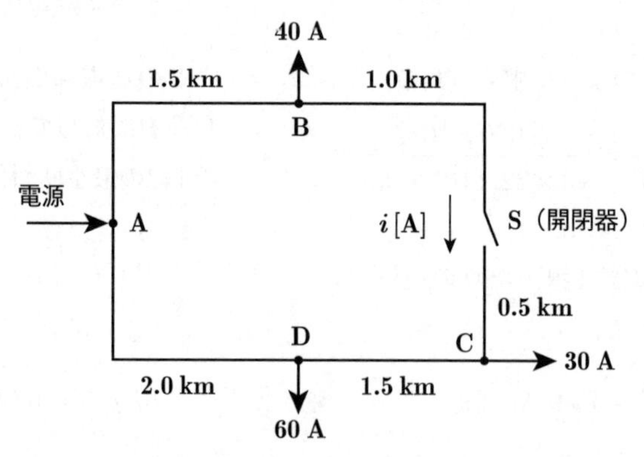

(a) 電源A点から見たC点の電圧降下の値[V]として，最も近いものを次の(1)〜(5)のうちから一つ選べ．ただし，電圧は相間電圧とする．

(1) 41.6 (2) 45.0 (3) 57.2 (4) 77.9 (5) 90.0

(b) 開閉器Sを投入した場合，開閉器Sを流れる電流iの値[A]として，最も近いものを次の(1)〜(5)のうちから一つ選べ．

(1) 20.0 (2) 25.4 (3) 27.5 (4) 43.8 (5) 65.4

解17 ループ線路における電圧降下と線路電流を求める計算問題である．

(a) 各負荷の力率は100 %で，電線のリアクタンスは無視するので直流回路と同様の考え方で電圧降下を求めることができる．

電線1線当たりの抵抗をr [Ω/km]とし，電源から負荷点Cに向かって流れる電流と各区間のこう長を(a)図に示すように定めると，電源A点から見たC点の電圧降下v_Cは次のように求められる．

$$\begin{aligned} v_C &= \sqrt{3}i_{AD}rl_{AD} + \sqrt{3}i_{DC}rl_{DC} \\ &= \sqrt{3}(I_D + I_C)rl_{AD} + \sqrt{3}I_Crl_{DC} \\ &= \sqrt{3}r\{(I_D + I_C)l_{AD} + I_Cl_{DC}\} \\ &= \sqrt{3}\times 0.2\times\{(60+30)\times 2.0 + 30\times 1.5\} \\ &\fallingdotseq 77.9\ \text{V} \end{aligned}$$ (答)

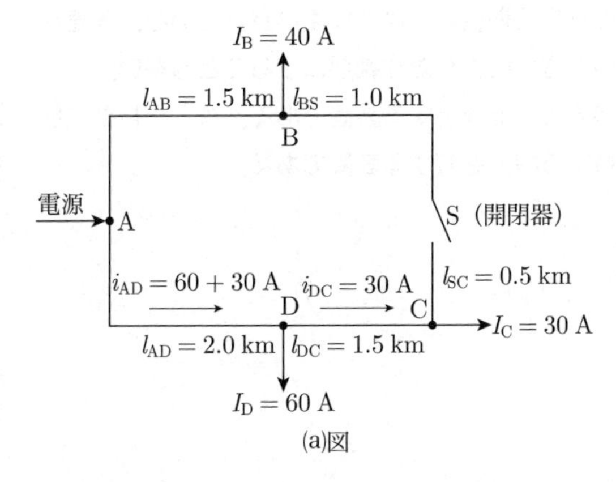

(a)図

(b) 開閉器Sを投入した場合，電源のあるA点から負荷点Bに向かって流れる電流をi_0と定め，その電流i_0を基に各区間の電流分布を求めると(b)図のようになる．

配電線路を一巡したときの電圧降下は0であるから，各区間の電圧降下の合計を求め，それを0とおくと，仮定した電流i_0は次のように求められる．

$$\begin{aligned} &\sqrt{3}i_0rl_{AB} + \sqrt{3}(i_0 - I_B)r(l_{BS} + l_{SC}) \\ &\quad + \sqrt{3}(i_0 - I_B - I_C)rl_{DC} \\ &\quad + \sqrt{3}(i_0 - I_B - I_C - I_D)rl_{AD} \\ &= 0 \end{aligned}$$

$$\begin{aligned} &i_0l_{AB} + (i_0 - I_B)(l_{BS} + l_{SC}) \\ &\quad + (i_0 - I_B - I_C)l_{DC} \\ &\quad + (i_0 - I_B - I_C - I_D)l_{AD} \\ &= 0 \end{aligned}$$

$$\begin{aligned} &1.5i_0 + (i_0 - 40)(1.0 + 0.5) \\ &\quad + (i_0 - 40 - 30)\times 1.5 \\ &\quad + (i_0 - 40 - 30 - 60)\times 2.0 \\ &= 0 \end{aligned}$$

$$\begin{aligned} &1.5i + (i_0 - 40)\times 1.5 \\ &\quad + (i_0 - 70)\times 1.5 + (i_0 - 130)\times 2.0 \\ &= 0 \end{aligned}$$

$$\begin{aligned} &(1.5 + 1.5 + 1.5 + 2.0)i_0 \\ &= 40\times 1.5 + 70\times 1.5 + 130\times 2.0 \end{aligned}$$

$$\therefore\ i_0 = \frac{40\times 1.5 + 70\times 1.5 + 130\times 2.0}{1.5 + 1.5 + 1.5 + 2.0} \fallingdotseq 65.4\ \text{A}$$

したがって，開閉器Sを流れる電流iは次のように求められる．

$$i = i_0 - i_B = 65.4 - 40 = 25.4\ \text{A}$$ (答)

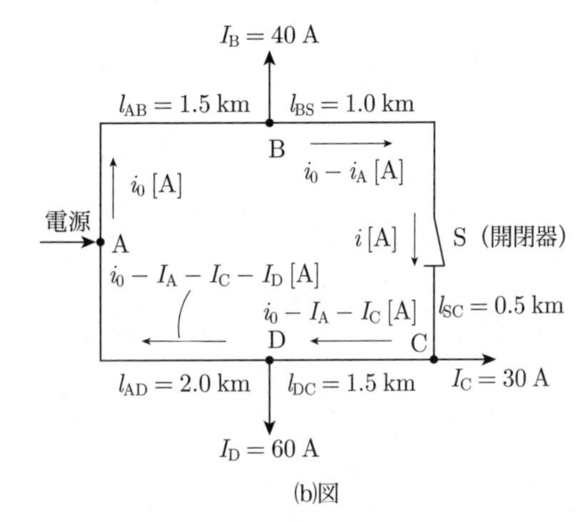

(b)図

答 (a)-(4)，(b)-(2)

令和元年度（2019年）電力の問題

A問題　配点は1問題当たり5点

問1　我が国の水力発電所（又は揚水発電所）に用いられる水車（又はポンプ水車）及び発電機（又は発電電動機）に関する記述として，誤っているものを次の(1)～(5)のうちから一つ選べ．

(1)　ガイドベーン（案内羽根）は，その開度によってランナに流入する水の流量を変え，水車の出力を調整することができる水車部品である．

(2)　同一出力のフランシス水車を比較すると，一般に落差が高い地点に適用する水車の方が低い地点に適用するものより比速度が小さく，ランナの形状が扁（へん）平になる．

(3)　揚水発電所には，別置式，タンデム式，ポンプ水車式がある．発電機と電動機を共用し，同一軸に水車とポンプをそれぞれ直結した方式がポンプ水車式であり，水車の性能，ポンプの性能をそれぞれ最適に設計できるため，国内で建設される揚水発電所はほとんどこの方式である．

(4)　水車発電機には突極形で回転界磁形の三相同期発電機が主に用いられている．落差を有効に利用するために，水車を発電機の下方に直結した立軸形にすることも多い．

(5)　調速機は水車の回転速度を一定に保持する機能を有する装置である．また，自動電圧調整器は出力電圧の大きさを一定に保持する機能を有する装置である．

●試験時間　90 分
●必要解答数　A 問題 14 題，B 問題 3 題

解1　水力発電所・揚水発電所に用いられる水車・ポンプ水車および発電機・発電電動機の構造と特徴に関する問題である．

揚水発電所は，水車，発電機，ポンプ，電動機または，ポンプ水車および発電電動機を備えており，機械形式により分類すると，別置式，タンデム式，ポンプ水車式がある．

別置式は，水車と発電機およびポンプと電動機を別々に設置する方式である．

タンデム式は，ポンプと水車と発電電動機を同一軸上に直結する方式である．

ポンプ水車式は，ポンプ水車を発電電動機に直結する方式である．

ポンプ水車は，**水車とポンプを兼用させるもので，ポンプの特性と水車の特性の両方を満足させる必要がある**．また，反動水車を逆回転させることによりポンプ機能をもたせたもので，ランナの構造によってフランシス形，斜流形，プロペラ形に分類される．ポンプ水車の形式，選定は，揚程の範囲によって選定される．フランシス形はおおむね300～700 m，斜流形は20～180 m，プロペラ形は20 m以下に使用されているが，技術の進歩によって適用範囲が拡大されている．

揚水発電では，1台で発電機と電動機を2とおりに使用する同期発電電動機が用いられる．

ポンプ水車と発電電動機を直結したポンプ水車方式は，建設費が安く，技術進歩により高い効率が得られるようになったため，国内で建設される揚水発電所のほとんどはこの方式を採用している．ポンプ水車では，最高効率を得る回転速度がポンプ運転時と水車運転時とでは異なる．単一の回転速度で運転するポンプ水車では，この中間の回転速度とするが，落差変動範囲が広い場合には効率低下が著しいため，発電運転と揚水運転のそれぞれの落差・揚程に応じて最適な回転速度で運転し，効率の向上を図る可変速発電電動機が用いられる．

答　(3)

問2　次の文章は，水車の構造と特徴についての記述である．

（ア）を持つ流水がランナに流入し，ここから出るときの反動力により回転する水車を反動水車という．（イ）は，ケーシング（渦形室）からランナに流入した水がランナを出るときに軸方向に向きを変えるように水の流れをつくる水車である．一般に，落差40 m～500 mの中高落差用に用いられている．

プロペラ水車ではランナを通過する流水が軸方向である．ランナには扇風機のような羽根がついている．流量が多く低落差の発電所で使用される．（ウ）はプロペラ水車の羽根を可動にしたもので，流量の変化に応じて羽根の角度を変えて効率がよい運転ができる．

一方，水の落差による（ア）を（エ）に変えてその流水をランナに作用させる構造のものが衝動水車である．（オ）は，水圧管路に導かれた流水が，ノズルから噴射されてランナバケットに当たり，このときの衝動力でランナが回転する水車である．高落差で流量の比較的少ない地点に用いられる．

上記の記述中の空白箇所(ア)，(イ)，(ウ)，(エ)及び(オ)に当てはまる組合せとして，正しいものを次の(1)～(5)のうちから一つ選べ．

	(ア)	(イ)	(ウ)	(エ)	(オ)
(1)	圧力水頭	フランシス水車	カプラン水車	速度水頭	ペルトン水車
(2)	速度水頭	ペルトン水車	フランシス水車	圧力水頭	カプラン水車
(3)	圧力水頭	カプラン水車	ペルトン水車	速度水頭	フランシス水車
(4)	速度水頭	フランシス水車	カプラン水車	圧力水頭	ペルトン水車
(5)	圧力水頭	ペルトン水車	フランシス水車	速度水頭	カプラン水車

解2 水車の構造と特徴に関する問題である．

水車は，水のもつエネルギーを機械的エネルギーに変換する回転機器で，動作原理により分類すると，反動水車と衝動水車がある．

反動水車は，**圧力水頭**をもつ流水をランナに作用させ，ここから出るときの反動力により回転する水車でありフランシス水車，斜流水車，プロペラ水車がある．

フランシス水車（(a)図）は，ケーシングからステーベーンを通り，ガイドベーンによって流量調整を行い，ランナの外周から流入し，ランナ内で軸方向に向きを変えて流出する．40～500 mの中高落差に適用される．

斜流水車（(b)図）は，流水がランナを軸に斜方向に通過する．ランナベーンを可動としたものをデリア水車といい，ランナベーンは負荷の大小，落差の変動に応じてガイドベーンとリンクして開度が自動的に調整されるようになっている．

プロペラ水車（(c)図）は，ランナを通過する流水の方向が軸方向であり，ランナベーンの角度を変化できる可動羽根形と変化できない固定羽根形とがある．45～200 m程度の中落差に適用される．

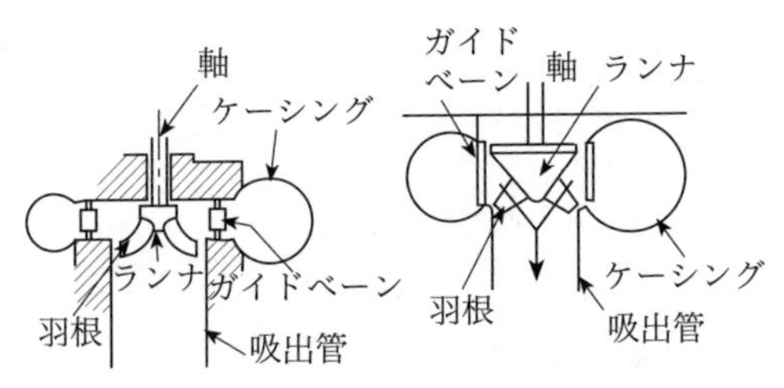

(a) フランシス水車　(b) 斜流水車

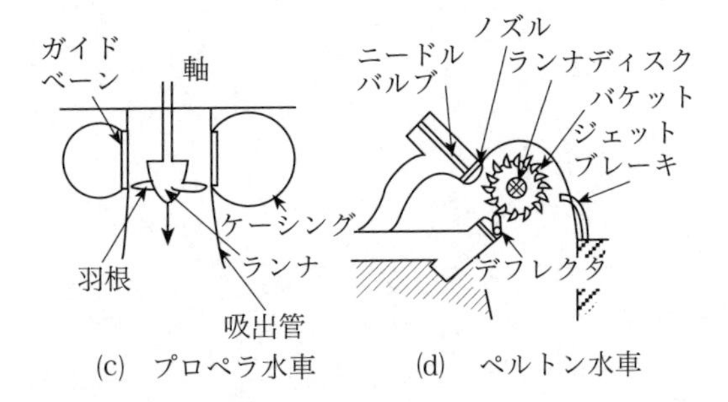

(c) プロペラ水車　(d) ペルトン水車

プロペラ水車の可動羽根形のものを**カプラン水車**といい，流量の変化に応じてランナベーンをガイドベーンと連動して角度を調整できるため，部分負荷や落差の変化に対して高効率で運転ができる．5～70 m程度の低落差に適用される．

衝動水車は，水の落差による圧力水頭を**速度水頭**に変えた流水をランナに作用させる構造で，**ペルトン水車**（(d)図）がその代表である．流水をノズルから噴出させてランナバケットに当て，このときの衝撃力でランナが回転する．ノズルとランナとの間にデフレクタがあり，負荷急減時にデフレクタによりジェットの方向をそらせ，ランナバケットに当たらないようにし，その間にニードルでノズル出口を徐々に閉鎖して水量を減少させ，ランナの速度上昇と水圧管路の水圧上昇を抑制する．150 m以上の高落差で流量の比較的少ない地点に用いられる．

(1)

汽力発電所における熱効率向上方法として，正しいものを次の(1)～(5)のうちから一つ選べ．

(1) タービン入口蒸気として，極力，温度が低く，圧力が低いものを採用する．

(2) 復水器の真空度を高くすることで蒸気はタービン内で十分に膨張して，タービンの羽根車に大きな回転力を与える．

(3) 節炭器を設置し，排ガス温度を上昇させる．

(4) 高圧タービンから出た湿り飽和蒸気をボイラで再熱させないようにする．

(5) 高圧及び低圧のタービンから蒸気を一部取り出し，給水加熱器に導いて給水を加熱させ，復水器に捨てる熱量を増加させる．

解3　汽力発電所の熱効率向上方策に関する問題である．

汽力発電所の熱効率向上方策の基本的事項としては，タービンで仕事に利用される熱量をできるだけ多くし，外部に捨てる損失熱量をできるだけ少なくすることである．その具体的方策としては次のような方法がある．

①　蒸気温度および蒸気圧力の上昇

タービン入口の**蒸気温度を高く**すると，タービンでの熱落差が大きくなり熱効率が向上する．タービン入口の**蒸気圧力を高く**すると，同温度におけるエントロピーは減少し，蒸気のもつエネルギーは増加するため熱効率は向上する．

②　過熱蒸気の採用

ボイラを出た蒸気を過熱器で加熱した過熱蒸気は，蒸気中の湿り度が低く，エンタルピーが大きいため，その過熱蒸気をタービンに送ることにより熱効率が向上する．

③　復水器真空度を高める（タービン出口の排気圧力を低くする）

復水器の**真空度を高く**すると，タービン出口の背圧が低下してタービンでの熱落差が大きくなり熱効率が向上するが，真空度を下げるとタービン出口の背圧が高くなってタービンでの熱落差が小さくなり熱効率は低下する．

④　節炭器や空気予熱器を設けて排ガスの熱を回収する

節炭器と空気予熱器は，煙道から煙突に排出される燃焼ガスの余熱を回収する装置で，**節炭器は給水を加熱し**，空気予熱器は燃焼用空気を加熱することによりボイラ効率が高くなり，熱効率は向上する．

⑤　再生サイクルの採用

復水器で冷却水に放出される**熱量を少なくする**ため，タービンで膨張途中の蒸気を一部抽出し（抽気），その熱を給水加熱器で給水の加熱に利用することにより，抽気の復水熱を給水に回収して損失を軽減することができ，熱効率が向上する．

抽気の段数を多くするほど熱効率は上昇するが，次第に上昇の度合いは緩やかになり，また設備も複雑かつ高価となるため，大容量タービンでも4～6段抽気によるものが多い．

⑥　再熱サイクルの採用

ランキンサイクルの熱効率を高めるためには，蒸気の圧力および温度を上げることが必要であるが，圧力を上げるとタービンの膨張終わりでの蒸気の湿り度が増加し，蒸気の摩擦損失が大きくなって内部効率の低下をきたし，またタービン翼の浸食を早める．このため，タービンで膨張した蒸気を途中でボイラに戻して再熱器で加熱して過熱蒸気にし，蒸気中の湿り度を低下させたあと，再びタービンに送って仕事をさせることにより熱効率は向上する．

(2)

1 gのウラン235が核分裂し，0.09 %の質量欠損が生じたとき，これにより発生するエネルギーと同じだけの熱量を得るのに必要な石炭の質量の値[kg]として，最も近いものを次の(1)～(5)のうちから一つ選べ．

ただし，石炭の発熱量は2.51×10^4 kJ/kgとし，光速は3.0×10^8 m/sとする．

(1)　16　(2)　80　(3)　160　(4)　3 200　(5)　48 000

解4 ウランの核分裂エネルギーを石炭の質量に換算する計算問題である．

核分裂反応後の原子の質量は，反応前の質量よりわずかに小さく，この質量差を質量欠損という．ウラン235が1回核分裂すると，約0.09％の質量欠損が生じて約200 MeVのエネルギーが放出される．このエネルギーを核分裂エネルギーEといい，質量欠損を$\triangle m$ [kg]，光速をc（$= 3 \times 10^8$ m/s）とすると，アインシュタインの式より次式で表される．

$$E = \triangle mc^2 \text{ [J]}$$

なお，$1\text{eV} = 1.602 \times 10^{-19}$ Jの関係がある．

1 kgのウラン235が核分裂したときのエネルギーEは，次のように求められる．

$$E = \triangle mc^2$$
$$= 0.09 \times 10^{-2} \times 1 \times 10^{-3} \times (3 \times 10^8)^2$$
$$= 8.1 \times 10^{10} \text{ J}$$

石炭の発熱量をH [kJ/kg]とすると，1 gのウラン235が核分裂したときのエネルギーEに相当する石炭の質量Bは，次のように求められる．

$$B = \frac{E}{H} = \frac{8.1 \times 10^{10}}{2.51 \times 10^4 \times 10^3} \fallingdotseq 3\,230 \text{ kg}$$

答 (4)

ガスタービンと蒸気タービンを組み合わせたコンバインドサイクル発電に関する記述として，誤っているものを次の(1)～(5)のうちから一つ選べ.

(1) 燃焼用空気は，空気圧縮機，燃焼器，ガスタービン，排熱回収ボイラ，蒸気タービンを経て，排ガスとして煙突から排出される.

(2) ガスタービンを用いない同容量の汽力発電に比べて，起動停止時間が短く，負荷追従性が高い.

(3) ガスタービンを用いない同容量の汽力発電に比べて，復水器の冷却水量が少ない.

(4) ガスタービン入口温度が高いほど熱効率が高い.

(5) 部分負荷に対応するための，単位ユニットの運転台数の増減が可能なため，部分負荷時の熱効率の低下が小さい.

解5 コンバインドサイクル発電における燃焼用空気の流れの順序と特徴に関する問題である．

コンバインドサイクル発電は，ガスタービンと蒸気タービンを組み合わせた発電方式で，図に示すように，ガスタービンの排気ガスを排熱回収ボイラに導き，その熱で給水を加熱し，蒸気タービンを駆動する排熱回収方式が主流となっている．

排熱回収方式のコンバインドサイクル発電の燃焼用空気は，**空気圧縮機 → 燃焼器 → ガスタービン → 排熱回収ボイラとなり，排熱回収ボイラから排ガスとして煙突から排出**される．

排熱回収方式のコンバインドサイクル発電の主な特徴をまとめると次のとおりになる．

① 熱効率は汽力発電の約42～43 %に対して，1 450 °C級コンバインドサイクルでは約52～54 %と高く，キロワット時当たりの燃料消費量が少ない．

② ガスタービンを使用した小容量機の組み合わせのため，熱容量が小さく，負荷変化率を大きくとれ，短時間での起動停止が可能である．起動時の暖気に要する熱量および時間が少なくてすみ，8時間停止後の起動時間は，約1時間と短い．

③ 蒸気タービンの分担出力はプラント全体の約1/3と小さいため，復水器の冷却水量（温排水量）は同容量の汽力発電所の6割程度と少ない．

④ ガスタービンの入口ガス温度を高くすると，ガスタービン出力が増加し，熱効率が向上する．

⑤ 小容量の単位機（「軸」）を数台組み合わせて大容量プラント（「系列」）を構成しているため，出力の増減をこの単位機の運転台数の増減で行うことにより部分負荷においても定格出力と同等の高い熱効率が得られる．

⑥ ガスタービンの出力が外気温度の影響を受けやすいため，その結果として最大出力も外気温度に影響される．（ガスタービンの圧縮機の吸込み空気容量は大気温度に関係なくほぼ一定であるため，大気温度が上昇すると空気の密度が減少し，吸込み空気質量は減少する．ガスタービンの出力は吸込み空気質量に比例するため大気温度の上昇とともに出力が減少することとなる．これに対応するため，大気温度の高い夏場には圧縮機の吸込み空気を冷却する手法がとられている．）

したがって，(1)の「蒸気タービンを経て，排ガスとして排出される」が誤りである．

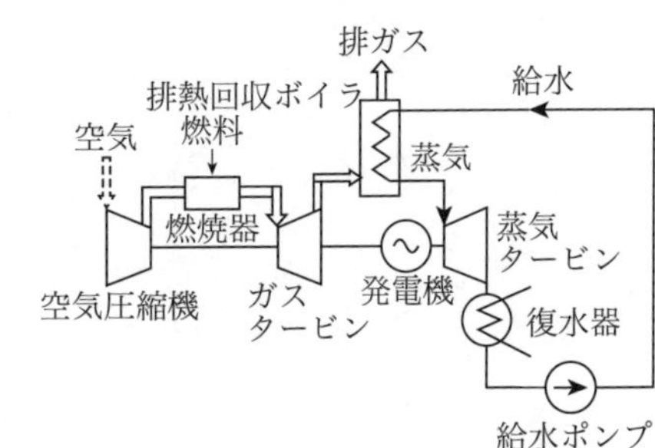

排熱回収方式コンバインドサイクル発電

類題が平成26，22，19，18，13年度に出題されている．

答 (1)

ガス絶縁開閉装置に関する記述として，誤っているものを次の(1)～(5)のうちから一つ選べ．

(1) ガス絶縁開閉装置の充電部を支持するスペーサにはエポキシ等の樹脂が用いられる．

(2) ガス絶縁開閉装置の絶縁ガスは，大気圧以下のSF_6ガスである．

(3) ガス絶縁開閉装置の金属容器内部に，金属異物が混入すると，絶縁性能が低下することがあるため，製造時や据え付け時には，金属異物が混入しないよう，細心の注意が払われる．

(4) 我が国では，ガス絶縁開閉装置の保守や廃棄の際，絶縁ガスの大部分は回収されている．

(5) 絶縁性能の高いガスを用いることで装置を小形化でき，気中絶縁の装置を用いた変電所と比較して，変電所の体積と面積を大幅に縮小できる．

解6 ガス絶縁開閉装置（GIS）の構造と特徴に関する問題である．

GISは，図に示すように，絶縁性能および消弧性能に優れたSF_6（六ふっ化硫黄）ガスを円筒形の金属容器に密閉し，この中に母線，遮断器，断路器，避雷器，変流器などの機器を収納したもので，充電部を支持するスペーサにはエポキシ樹脂などを使用している．所要体積を大幅に縮小できるのが最大の特長で，運転・保守の面においても高い省力化が実現できる．

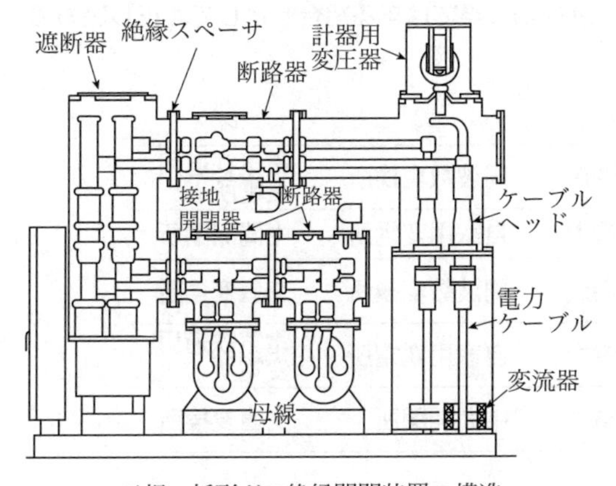

三相一括形ガス絶縁開閉装置の構造

機器の充電部を密閉した金属容器は，接地されているため感電の危険性はほとんどない．

SF_6ガスは最も実用性の高い優れた絶縁材料で，GISにおいては，円筒形の容器内に**0.3～0.5 MPa程度**に圧縮して充てんしている．

SF_6ガスは，0.1～0.6 MPaに圧縮して充てんされ，GIS，ガス絶縁変圧器，管路気中送電路，ガス遮断器などの絶縁媒体や消弧媒体として広く用いられている．SF_6ガスは，絶縁性が高く（同一圧力では空気の約3倍，0.2～0.3 MPaでは絶縁油と同等の絶縁耐力を有する），無色・無臭・無毒であり，腐食性・爆発性・可燃性がなく，化学的に安定した不活性な気体であるが，SF_6ガス中に水分があるとこれらの生成物と反応して絶縁物や金属を劣化させる原因となり，また，SF_6ガスは地球温暖化ガスの一つであるため，機器の点検時にはSF_6ガスの回収を確実に行うなどの対策が必要である．

SF_6ガスは絶縁性能が高いため絶縁距離を短くでき，そのため所要体積を大幅に小形化（コンパクト）でき，気中絶縁の装置を用いた変電所と比較して変電所の体積と面積を大幅に縮小できる．さらに，充電露出部がないため安全性が高く，装置の劣化も少なくなることから信頼性が高いという特長がある．このようなことから大都市の地下変電所や塩害対策の開閉装置として適している．

しかし，絶縁距離の短いGISの金属容器内部に金属異物が混入すると，絶縁性能が低下するため，製造時，据え付け時，内部点検時に金属異物が混入しないように細心の注意を払う必要がある．また，密閉した金属容器の中に母線，遮断器，断路器などが収納されるため，内部を直接目視で確認することができず，内部の点検が面倒であるとともに，内部事故時の復旧時間が長くなるという欠点がある．

類題が平成26，24，19，15年度に出題されている．

答 (2)

問7

次の文章は，変電所の主な役割と用途上の分類に関する記述である．

変電所は，主に送電効率向上のための昇圧や需要家が必要とする電圧への降圧を行うが，進相コンデンサや (ア) などの調相設備や，変圧器のタップ切り換えなどを用い，需要地における負荷の変化に対応するための (イ) 調整の役割も担っている．また，送変電設備の局所的な過負荷運転を避けるためなどの目的で，開閉装置により系統切り換えを行って (ウ) を調整する．さらに，送電線において，短絡又は地絡事故が生じた場合，事故回線を切り離すことで事故の波及を防ぐ系統保護の役割も担っている．

変電所は，用途の面から，送電用変電所，配電用変電所などに分類されるが，東日本と西日本の間の連系に用いられる (エ) や北海道と本州の間の連系に用いられる (オ) も変電所の一種として分類されることがある．

上記の記述中の空白箇所(ア)，(イ)，(ウ)，(エ)及び(オ)に当てはまる組合せとして，正しいものを次の(1)～(5)のうちから一つ選べ．

	(ア)	(イ)	(ウ)	(エ)	(オ)
(1)	分路リアクトル	電圧	電力潮流	周波数変換所	電気鉄道用変電所
(2)	負荷開閉器	周波数	無効電力	自家用変電所	中間開閉所
(3)	分路リアクトル	電圧	電力潮流	周波数変換所	交直変換所
(4)	負荷時電圧調整器	周波数	無効電力	自家用変電所	電気鉄道用変電所
(5)	負荷時電圧調整器	周波数	有効電力	中間開閉所	交直変換所

解7 変電所の役割と用途上の分類に関する問題である．

変電所は，電力系統の電圧や電流の変成，集中，配分を行うとともに，電圧調整，電力潮流制御や送配電線，変電所の各設備の保護を行うところである．変電所に設置される主要な設備としては，変圧器，開閉設備（遮断器，断路器），母線，避雷器，調相設備（同期調相機，電力用コンデンサ，分路リアクトル，静止形無効電力補償装置SVC），制御・保護装置，交直変換・周波数変換設備などがある．

負荷変化に対応するための**電圧調整**の方法としては，進相コンデンサや**分路リアクトル**などの調相設備や，負荷時タップ切換変圧器などを用いた調整方法が行われている．また，過負荷運転などを避けるために開閉装置により送電，停止，系統切換えを行って**電力潮流**を調整する．さらに，送電線路で短絡・地絡事故が発生した場合，事故回線を切り離すことにより事故の拡大を防ぐ系統保護の役割も行っている．

変電所を用途によって分類すると，送電用変電所，配電用変電所のほかに，周波数が異なる東日本と西日本の間の連系に用いられる**周波数変換所**，北海道と本州の間を直流送電線路で連系するための**交直変換所**にわけられる．

答 (3)

問8　図1のように，定格電圧66 kVの電源から三相変圧器を介して二次側に遮断器が接続された三相平衡系統がある．三相変圧器は定格容量7.5 MV·A，変圧比66 kV/6.6 kV，百分率インピーダンスが自己容量基準で9.5 %である．また，三相変圧器一次側から電源側をみた百分率インピーダンスは基準容量10 MV·Aで1.9 %である．過電流継電器（OCR）は変流比1 000 A/5 Aの計器用変流器（CT）の二次側に接続されており，整定タップ電流値5 A，タイムレバー位置1に整定されている．図1のF点で三相短絡事故が発生したとき，過電流継電器の動作時間[s]として，最も近いものを次の(1)～(5)のうちから一つ選べ．

ただし，三相変圧器二次側からF点までのインピーダンス及び負荷は無視する．また，過電流継電器の動作時間は図2の限時特性に従い，計器用変流器の磁気飽和は考慮しないものとする．

(1)　**0.29**　(2)　**0.34**　(3)　**0.38**　(4)　**0.46**　(5)　**0.56**

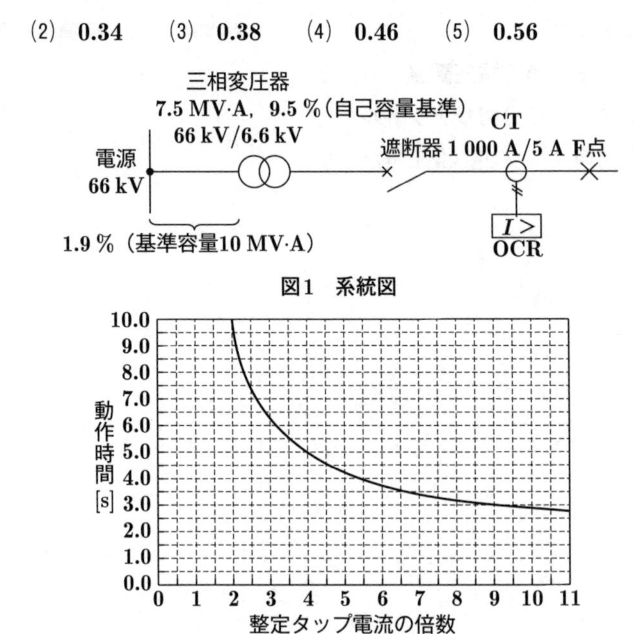

図1　系統図

図2　過電流継電器の限時特性（タイムレバー位置10）

解8 三相短絡事故発生時における過電流継電器の動作時間を求める計算問題である．

三相変圧器の百分率インピーダンス9.5 %（7.5 MV·A基準）を基準容量 $P_b = 10$ MV·A へ換算した $\%Z_T$ は次のように求められる．

$$\%Z_T = 9.5 \times \frac{10}{7.5} \fallingdotseq 12.67\ \%$$

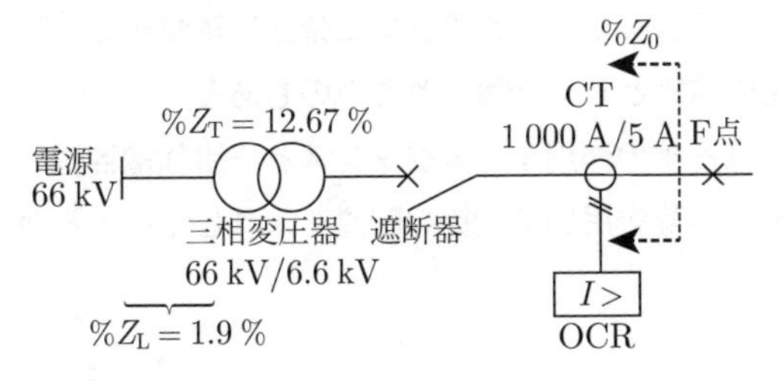

図に示すように，変圧器一次側から電源側をみた百分率インピーダンスを $\%Z_L$（$P_b = 10$ MV·A基準）とすると，三相短絡事故が発生したF点から電源側をみた百分率インピーダンス $\%Z_0$ は，次のように求められる．

$$\%Z_0 = \%Z_L + \%Z_T = 1.9 + 12.67 = 14.57\ \%$$

基準電流（定格電流）を I_B [A]，基準線間電圧（事故点の定格電圧）を V_B [V] とすると，基準容量 P_B は次式で表されるから，

$$P_B = \sqrt{3} V_B I_B\ [\mathrm{V \cdot A}]$$

基準電流 I_B は次のように求められる．

$$I_B = \frac{P_B}{\sqrt{3} V_B}\ [\mathrm{A}]$$

よって，三相短絡電流 I_S は次のように求められる．

$$I_S = \frac{100}{\%Z_0} I_B = \frac{100}{\%Z_0} \cdot \frac{P_B}{\sqrt{3} V_B} = \frac{100}{14.57} \times \frac{10 \times 10^6}{\sqrt{3} \times 6.6 \times 10^3} \fallingdotseq 6\,000\ \mathrm{A}$$

CTの変流比が1 000 A/5 Aであるから，$I_S = 6\,000$ Aの三相短絡電流が流れたとき，CT二次側に流れる電流 I は次のように求められる．

$$I = I_S \times \frac{5}{1\,000} = 6\,000 \times \frac{5}{1\,000} = 30\ \mathrm{A}$$

整定タップ電流値が5 Aであるから，$\frac{30}{5} = 6$ 倍の電流が流れるので，動作時間は問題の図2の限時特性より3.8秒と読み取ることができる．

したがって，タイムレバー位置が1に整定されているので，過電流継電器の動作時間 t は次のように求められる．

$$t = 3.8 \times \frac{1}{10} = 0.38\ \mathrm{s}$$

類題が平成18年度に出題されている．

(3)

架空送電線路の構成部品に関する記述として，誤っているものを次の(1)～(5)のうちから一つ選べ．

(1) 鋼心アルミより線は，アルミ線を使用することで質量を小さくし，これによる強度の不足を，鋼心を用いることで補ったものである．

(2) 電線の微風振動やギャロッピングを抑制するために，電線にダンパを取り付け，振動エネルギーを吸収する方法がとられる．

(3) がいしは，電線と鉄塔などの支持物との間を絶縁するために使用する．雷撃などの異常電圧による絶縁破壊は，がいし内部で起こるように設計されている．

(4) 送電線やがいしを雷撃などの異常電圧から保護するための設備に架空地線がある．架空地線には，光ファイバを内蔵し電力用通信線として使用されるものもある．

(5) 架空送電線におけるねん架とは，送電線各相の作用インダクタンスと作用静電容量を平衡させるために行われるもので，ジャンパ線を用いて電線の配置を入れ替えることができる．

解9 架空送電線路の構成部品の構造と特徴に関する問題である．

がいしは，電線と鉄塔などの支持物との間を絶縁するためのもので，絶縁体には主として硬質磁器が用いられる．

がいしは，雷による異常電圧（外部異常電圧）に耐えられるようにするのは困難であるため，雷撃などの異常電圧ががいしに印加された場合は，図に示すように，がいしの両端から突き出たアークホーンでアークを発生させ，アークをがいしから引き離すことによってがいしがアーク熱で破損することを防止することとし，一線地絡事故などによって発生する内部異常電圧に対して十分な絶縁を確保できるように設計している．

したがって，雷撃などによる異常電圧による絶縁破壊は，**がいし内部で起こるように設計はされていない**ため(3)が誤りである．

微風振動は，鋼心アルミより線（ACSR）のように比較的軽い電線が，電線と直角方向に毎秒数m程度の微風を一様に受けると，電線の背後に空気の渦（カルマン渦）を生じ，これにより電線に生じる交番上下力の周波数が電線の固有振動数の一つと一致すると，電線が定常的に上下に振動を起こすことで，この振動が長年月継続すると電線が疲労劣化し，クランプ取り付け部の電線支持点付近で断線することがある．

また，電線の断面に対して非対称な形に氷雪が付着し，これが肥大化した電線に水平風が当たると，浮遊力が発生し，着氷雪の位置によっては自励振動を生じて，電線が上下に振動する現象をギャロッピングという．

これらの抑制対策として，電線にダンパを取り付けて，振動エネルギーを吸収する方法がとられている．

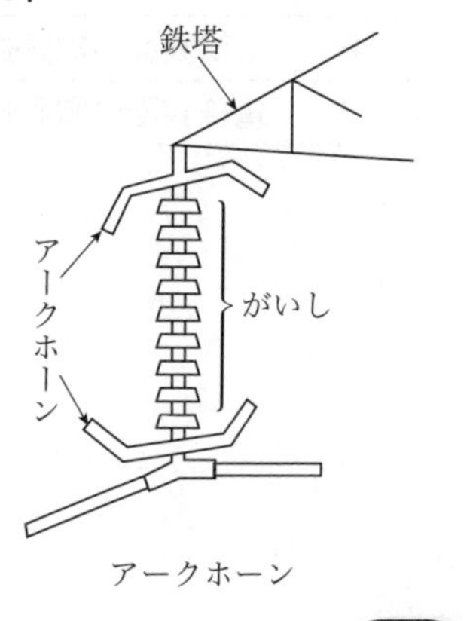

答 (3)

理論
電力
機械
法規
令和5上(2023)
令和4下(2022)
令和4上(2022)
令和3(2021)
令和2(2020)
令和元(2019)
平成30(2018)
平成29(2017)
平成28(2016)
平成27(2015)

問10　次の文章は，コロナ損に関する記述である．

送電線に高電圧が印加され，[(ア)]がある程度以上になると，電線からコロナ放電が発生する．コロナ放電が発生するとコロナ損と呼ばれる電力損失が生じる．そこで，コロナ放電の発生を抑えるために，電線の実効的な直径を[(イ)]するために[(ウ)]する，線間距離を[(エ)]する，などの対策がとられている．コロナ放電は，気圧が[(オ)]なるほど起こりやすくなる．

上記の記述中の空白箇所(ア)，(イ)，(ウ)，(エ)及び(オ)に当てはまる組合せとして，正しいものを次の(1)～(5)のうちから一つ選べ．

	(ア)	(イ)	(ウ)	(エ)	(オ)
(1)	電流密度	大きく	単導体化	大きく	低く
(2)	電線表面の電界強度	大きく	多導体化	大きく	低く
(3)	電流密度	小さく	単導体化	小さく	高く
(4)	電線表面の電界強度	小さく	単導体化	大きく	低く
(5)	電線表面の電界強度	大きく	多導体化	小さく	高く

解10　送電線に発生するコロナ損に関する問題である．

電線表面から外の電位の傾きである**電線表面の電界強度**は，電線の表面で最大となり，その値がある電圧（コロナ臨界電圧）以上になると空気の絶縁力が失われてジージーという低い音や薄白い光を発生するようになり，この現象をコロナ放電という．

コロナ放電が起こると，コロナ損の発生など種々の影響が生じるが，送電線路の異常電圧進行波の波高値を減衰させる利点もある．

・コロナ損の発生
・消弧リアクトル接地系統での消弧不能
・通信線への誘導障害
・電線の腐食，振動
・コロナによる騒音
・ラジオの受信障害などの影響

コロナ放電の発生を抑制するためには，次のような方法がある．

① 鋼心アルミより線（ACSR）などの太い電線の使用
② 電線の実効的な直径を**大きく**するための**多導体化**
③ がいし装置へのシールドリングの取付け
④ 線間距離を**大きく**する

コロナが発生する最小の電圧をコロナ臨界電圧といい，標準の気象条件（20 °C，1 013.25 hPa）では，波高値で約30 kV/cm（実効値で約21 kV/cm）であり，電線の表面状態，電線の太さ，気象条件，線間距離などによって変化する．

コロナ臨界電圧E_0は次式で与えられる．

$$E_0 = m_0 m_1 \delta^{\frac{2}{3}} \times 48.8r\left(1+\frac{0.301}{\sqrt{r\delta}}\right)\log_{10}\frac{D}{r}[\mathrm{kV}]$$

δ：相対空気密度$0.386b/(273+t)$，t：気温[°C]，b：気圧[mmHg]，r：電線半径[cm]，D：等価線間距離[cm]，m_0：電線の表面係数（0.8～1.0），m_1：天候係数（晴天時1.0，雨天時0.8）

つまり，気圧が**低く**なるほどコロナ臨界電圧が低下してコロナ放電が起こりやすくなり，絶対湿度が高くなるほど低下する．さらに，コロナ損は晴曇天時より高湿度時の方が増加する．

(2)

問11 我が国の電力ケーブルの布設方式に関する記述として，誤っているものを次の(1)～(5)のうちから一つ選べ．

(1) 直接埋設式には，掘削した地面の溝に，コンクリート製トラフなどの防護物を敷き並べて，防護物内に電力ケーブルを引き入れてから埋設する方式がある．

(2) 管路式には，あらかじめ管路及びマンホールを埋設しておき，電力ケーブルをマンホールから管路に引き入れ，マンホール内で電力ケーブルを接続して布設する方式がある．

(3) 暗きょ式には，地中に洞道を構築し，床上や棚上あるいはトラフ内に電力ケーブルを引き入れて布設する方式がある．電力，電話，ガス，上下水道などの地下埋設物を共同で収容するための共同溝に電力ケーブルを布設する方式も暗きょ式に含まれる．

(4) 直接埋設式は，管路式，暗きょ式と比較して，工事期間が短く，工事費が安い．そのため，将来的な電力ケーブルの増設を計画しやすく，ケーブル線路内での事故発生に対して復旧が容易である．

(5) 管路式，暗きょ式は，直接埋設式と比較して，電力ケーブル条数が多い場合に適している．一方，管路式では，電力ケーブルを多条数布設すると送電容量が著しく低下する場合があり，その場合には電力ケーブルの熱放散が良好な暗きょ式が採用される．

解11 電力ケーブルの布設方式の特徴に関する問題である．

表に示すように，地中送配電線の布設方式には，暗きょ式，管路式および直接埋設式があり，それぞれ次のような特徴がある．

直接埋設式は，掘削した地面を溝に，コンクリート製トラフなどの防護物を敷き並べて防護物内に電力ケーブルを布設する方法で，埋設条数の少ない本線部分や引込線部分に用いられる．他の方式と比較して工事費が安く，工事期間が短い利点がある．

管路式は，あらかじめ数孔から十数孔のダクトをもったコンクリート管路およびマンホールを埋設しておき，電力ケーブルをマンホールから管路に引き入れ，マンホール内で電力ケーブルを接続して布設する方法で，ケーブル条数の多い幹線などに用いられる．ケーブルの接続はマンホールで行うことから，布設設計や工事の自由度に制約が生じる場合がある．直接埋設式と比較してケーブル外傷事故の危険性が少なく，ケーブルの増設や撤去に便利であるが，他の方式と比較して熱放散が悪く，ケーブル条数が増加するとそれぞれのケーブルからの放熱によって送電容量が減少する欠点がある．

暗きょ式は，コンクリート製の暗きょ(洞道)を構築し，床上や棚上あるいはトラフ内に電力ケーブルを引き入れて布設する方法で，発変電所の引出し口などで多条数を布設する場合に用いられる．電力，電話，ガス，上下水道などを一括して収納する共同溝も暗きょ式に含まれる．管路式と比較してケーブルの熱放散が良く，許容電流を高くとれるという利点がある．また，他の方式と比較してケーブルの保守点検作業が容易であり，多条数の布設に適しているという利点があるが，反面工事費が高く，工事期間が長いという欠点がある．

工事費と工期は，直接埋設式が最も安価・短期であり，次に管路式，暗きょ式の順になる．**将来的な電力ケーブルの増設や撤去は，管路式と暗きょ式が容易**である．

ケーブルの保守点検および**事故復旧**は，暗きょ式が最も容易に実施でき，**直接埋設式が最も難しい**．

(4)

地中送配電線の布設方式

布設方式 ＼ 項目	直接埋設式（直埋式）	管路式	暗きょ式
	土で埋め戻す 埋設深さ トラフ 川砂 ケーブル	ケーブル コンクリート	電力ケーブル 電話ケーブル 水道管 下水管 ガス管
工事費・工期	小	やや大	大
増設・引替え	難	容易	容易
保守点検・事故復旧	難	容易	容易
電流容量	大	小	大
外傷被害の機会	多	比較的少	少
布設長の融通性	大	小	大

配電線路に用いられる電気方式に関する記述として，誤っているものを次の(1)～(5)のうちから一つ選べ．

(1) 単相2線式は，一般住宅や商店などに配電するのに用いられ，低圧側の1線を接地する．

(2) 単相3線式は，変圧器の低圧巻線の両端と中点から合計3本の線を引き出して低圧巻線の両端から引き出した線の一方を接地する．

(3) 単相3線式は，変圧器の低圧巻線の両端と中点から3本の線で2種類の電圧を供給する．

(4) 三相3線式は，高圧配電線路と低圧配電線路のいずれにも用いられる方式で，電源用変圧器の結線には一般的に△結線とV結線のいずれかが用いられる．

(5) 三相4線式は，電圧線の3線と接地した中性線の4本の線を用いる方式である．

解12 配電線路に用いられる電気方式の特徴に関する問題である．

単相2線式は，電灯需要家用の電気方式として，負荷密度の低い地域で用いられている．工事が簡単で保守が容易な特徴があり，高低圧混触による低圧線の電位上昇の危険防止のため，変圧器低圧側の1線を接地する．

単相3線式は，変圧器の低圧巻線の両端と中点から3本の線で100 Vと200 Vの2種類の電圧を供給する．この方式では，変圧器の低圧側電圧は，負荷の変動があっても同じになるように変圧器をつくっている．

高低圧混触による低圧線の電位上昇の危険防止のため，変圧器低圧側の**中性点を接地**する．

図に示すように，単相3線式配電線の電圧と電流は次式で表される．

$$V_1 = V_0 - I_1 R_v - I_n R_n \text{ [V]}$$

$$V_2 = V_0 - I_2 R_v + I_n R_n \text{ [V]}$$

$$I_n = I_1 - I_2 \text{ [A]}$$

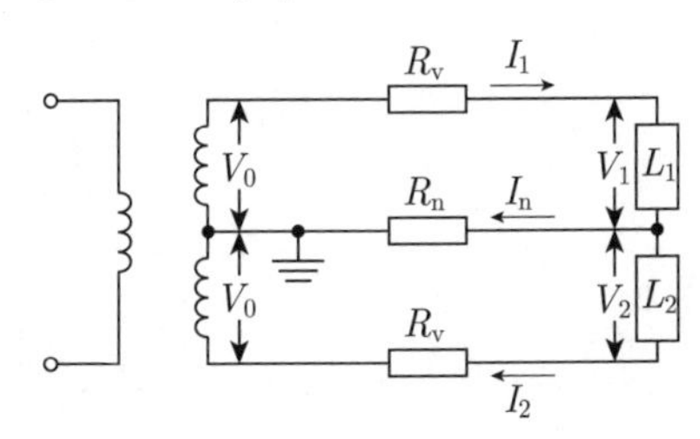

上式より，単相3線式配電方式には次のような特徴があることがわかる．

① 中性線が断線すると，二つの負荷が直列につながれた単相２線式配電線路となるため，負荷が不平衡の場合は著しい電圧不平衡が生じ，異常電圧を発生することがある．したがって，中性線には自動遮断器を設置してはならない．

② 電圧線と中性線が短絡すると，短絡しない側の負荷電圧が異常上昇する．

③ 負荷が平衡（$V_1 = V_2$）している場合は，$I_1 = I_2$で$I_n = 0$となるが，負荷が不平衡の場合は，両側負荷の端子電圧も不平衡（$V_1 \neq V_2$）となる．

④ 配電容量（送電電力，負荷の力率，送電距離，電力損失）が等しいとき，単相3線式配電線の銅量は，単相2線式配電線の3/8となり，少なくてすむ．

⑤ 100 Vと200 Vの2種類の電圧が得られるため，単相200 V負荷が使用できる．

三相3線式は，高圧配電線では変圧器の二次側は△結線が大部分で，V結線もあるが，いずれも中性点非接地方式である．低圧配電線では，動力用として三相3線式200 Vが広く用いられており，多くは単相変圧器2台を用いるV結線方式とするが，負荷が大きいときは3台用いて△結線あるいは三相変圧器を使用することもある．

三相4線式は，変圧器の二次側をY結線として電圧線3線と中性線1線を引き出す方式で，中性点を接地する．

 (2)

問13 図に示すように，電線A，Bの張力を，支持物を介して支線で受けている．電線A，Bの張力の大きさは等しく，その値をTとする．支線に加わる張力T_1は電線張力Tの何倍か．最も近いものを次の(1)～(5)のうちから一つ選べ．

なお，支持物は地面に垂直に立てられており，各電線は支線の取付け高さと同じ高さに取付けられている．また，電線A，Bは地面に水平に張られているものとし，電線A，B及び支線の自重は無視する．

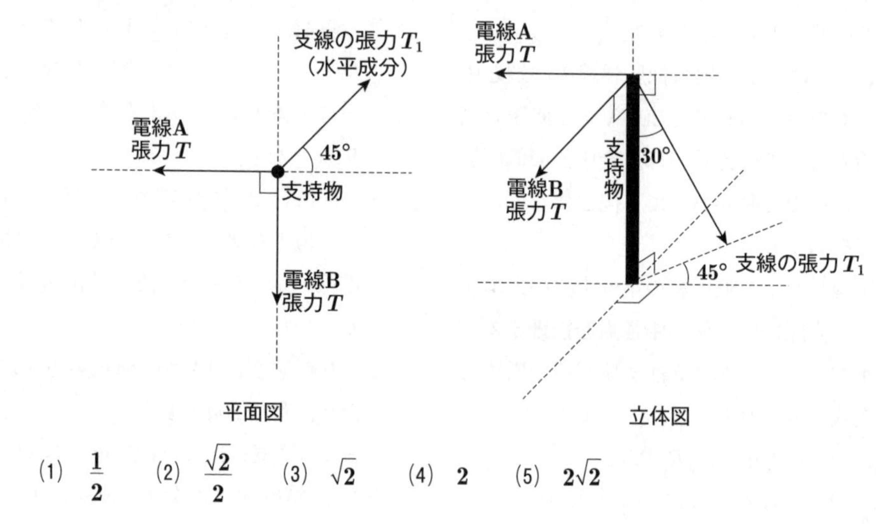

(1) $\dfrac{1}{2}$　(2) $\dfrac{\sqrt{2}}{2}$　(3) $\sqrt{2}$　(4) 2　(5) $2\sqrt{2}$

解13 支線に加わる張力を求める計算問題である．

(a)図に示すように，電線Aと電線Bの張力 T を合成すると $\sqrt{2}\,T$ となり，これと支線の張力の水平成分 T_{1s} がバランスするので，次のようになる．

$$T_{1s}=\sqrt{2}T$$

次に，(b)図に示すように，支線に加わる張力 T_1 は，次のように求められる．

$$T_{1s}=T_1\sin 30°$$

$$\sqrt{2}T=T_1\sin 30°$$

$$\therefore\ T_1=\frac{\sqrt{2}T}{\sin 30°}=\frac{\sqrt{2}T}{\frac{1}{2}}=2\sqrt{2}T \quad \text{(答)}$$

(5)

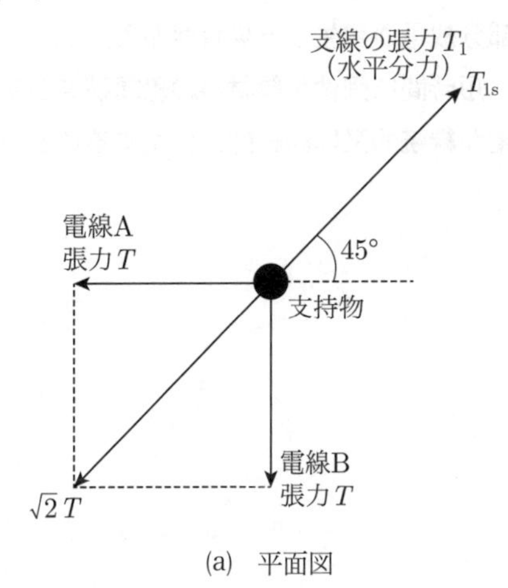

(a) 平面図

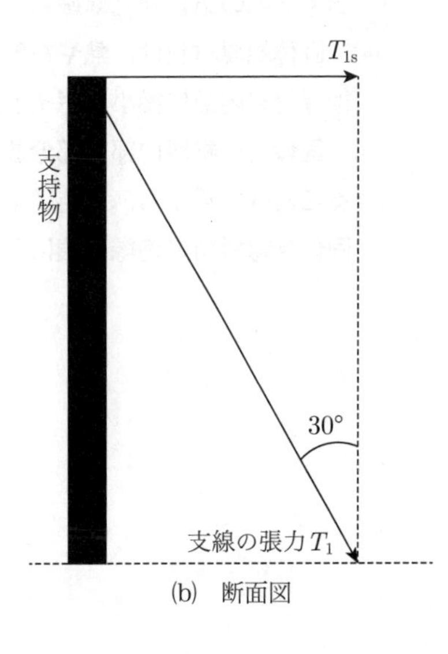

(b) 断面図

理論 電力 機械 法規 令和5上(2023) 令和4下(2022) 令和4上(2022) 令和3(2021) 令和2(2020) 令和元(2019) 平成30(2018) 平成29(2017) 平成28(2016) 平成27(2015)

問14 電気絶縁材料に関する記述として，誤っているものを次の(1)～(5)のうちから一つ選べ．

(1) 気体絶縁材料は，液体，固体絶縁材料と比較して，一般に電気抵抗率及び誘電率が低いため，固体絶縁材料内部にボイド（空隙，空洞）が含まれると，ボイド部での電界強度が高められやすい．

(2) 気体絶縁材料は，液体，固体絶縁材料と比較して，一般に絶縁破壊強度が低いが，気圧を高めるか，真空状態とすることで絶縁破壊強度を高めることができる性質がある．

(3) 内部にボイドを含んだ固体絶縁材料では，固体絶縁材料の絶縁破壊が生じなくても，ボイド内の気体が絶縁破壊することで部分放電が発生する場合がある．

(4) 固体絶縁材料は，熱や電界，機械的応力などが長時間加えられることによって，固体絶縁材料内部に微小なボイドが形成されて，部分放電が発生する場合がある．

(5) 固体絶縁材料内部で部分放電が発生すると，短時間に固体絶縁材料の絶縁破壊が生じることはなくても，長時間にわたって部分放電が継続的又は断続的に発生することで，固体絶縁材料の絶縁破壊に至る場合がある．

解14 電気絶縁材料の特性に関する問題である．

一般に気体の**電気抵抗率は無限大**，比誘電率はほぼ1に等しく，液体・固体絶縁材料と比較して絶縁耐力が低いが，高気圧で用いるか，真空状態とすることで絶縁耐力を高めることができる．

電気絶縁材料に要求される基本的性質は次のとおりである．

① 絶縁抵抗，絶縁耐力が大きいこと．
② 誘電損が小さいこと．
③ 耐熱性が大きいこと．
④ 化学的に安定であること．
⑤ 比熱，熱伝導度が大きいこと．
⑥ 耐コロナ性，耐アーク性に優れていること．

これらに加えて気体絶縁材料に要求される性質は，ほかの材料と共存して熱的・化学的に安定していること，不燃・非爆発性であること，腐食性・毒性がないこと，液化温度が低いこと，熱伝導度が大きいこと，安価で入手しやすいこと，などである．

液体絶縁材料に要求される主な性質は，引火点が高く凝固点が低いこと，比熱・熱伝導度が大きいことなどである．

電気絶縁材料の主な劣化原因には，電気的要因，熱的要因，機械的要因，環境的要因がある．

電気的要因としては，雷，サージなどの衝撃電圧やコロナ，アークなどが要因としてあげられる．電気的要因による劣化は電圧劣化ともいわれ，過電圧が印加されると絶縁物内部の空隙で発生するボイド放電や絶縁物外部表面で起きる表面放電（沿面放電）などの部分放電が促進されて劣化が進行する．特に有機絶縁材料は，無機絶縁材料に比べて連続的な過電圧ストレスに弱い．

固体絶縁材料の内部にボイドがあると，ボイド内の気体が絶縁破壊することで部分放電が発生することがある．

固体絶縁材料は，熱，電界，機械的応力などが長時間加えられることによって，内部に微小なボイドが形成されて部分放電が発生する場合があり，長時間にわたって部分放電が継続的または断続的に発生することで絶縁破壊に至る場合がある．

 (1)

B問題　配点は1問題当たり(a)5点，(b)5点，計10点

問15　復水器の冷却に海水を使用し，運転している汽力発電所がある．このときの復水器冷却水流量は $30\ \mathrm{m^3/s}$，復水器冷却水が持ち去る毎時熱量は $3.1 \times 10^9\ \mathrm{kJ/h}$，海水の比熱容量は $4.0\ \mathrm{kJ/(kg{\cdot}K)}$，海水の密度は $1.1 \times 10^3\ \mathrm{kg/m^3}$，タービンの熱消費率は $8\,000\ \mathrm{kJ/(kW{\cdot}h)}$ である．

この運転状態について，次の(a)及び(b)の問に答えよ．

ただし，復水器冷却水が持ち去る熱以外の損失は無視するものとする．

(a)　タービン出力の値[MW]として，最も近いものを次の(1)～(5)のうちから一つ選べ．

(1)　**350**　(2)　**500**　(3)　**700**　(4)　**800**　(5)　**1 000**

(b)　復水器冷却水の温度上昇の値[K]として，最も近いものを次の(1)～(5)のうちから一つ選べ．

(1)　**3.3**　(2)　**4.7**　(3)　**5.3**　(4)　**6.5**　(5)　**7.9**

解15 復水器冷却水が持ち去る熱量からタービン出力と復水器冷却水の温度上昇を求める計算問題である．

(a) 図に示すように，1時間当たりにタービンに送られた蒸気の熱量を Q_i [kJ/h]，1時間当たりのタービン出力を P_T [kW·h/h]（= [kW]）とすると，タービンの熱消費率 J_T は次式で表されるから，

$$J_T = \frac{Q_i}{P_T} \ [\mathrm{kJ/(kW \cdot h)}]^{※}$$

Q_i は次のように求められる．

$$Q_i = J_T P_T \ [\mathrm{kJ/h}] \qquad ①$$

Q_i [kJ/h]
P_T [kW]
タービン
発電機
Q_o [kJ/h]
冷却水
流量 W [m³/s]
復水器
q [kJ/h]
温度上昇 $\triangle T$ [K]

熱量が Q_i [kJ/h] の蒸気をタービンに送ったとき，P_T [kW] のタービン出力が得られるので，その差が復水器で冷却水が持ち去る熱量 Q_o [kJ/h] であり，電力量 [kW·h] と熱量 [kJ] との関係 1 kW = 3 600 kJ/h を用いると，次式で表される．

$$Q_o = Q_i - 3\,600 P_T \ [\mathrm{kJ/h}] \qquad ②$$

②式に①式を代入すると，1時間当たりに復水器の冷却水が持ち去る熱量 Q_o は，次のように求められる．

$$Q_o = J_T P_T - 3\,600 P_T = (J_T - 3\,600) P_T$$

$$\therefore \quad P_T = \frac{Q_o}{J_T - 3\,600} = \frac{3.1 \times 10^9}{8\,000 - 3\,600}$$

$$\fallingdotseq 705 \times 10^3 \ \mathrm{kW} = 705 \ \mathrm{MW} \quad (答)$$

※タービン熱消費率は，1 kW の発電機出力を得るために必要な蒸気の熱量 [kJ/h] のことであるが，本題に与えられた条件から問題を解くためには，発電機出力の代わりにタービン出力を用いることとした．

(b) 海水の比熱を c [kJ/(kg·K)]，海水の密度を ρ [kg/m³]，復水器冷却水の流量を W [m³/s]，冷却水の温度上昇を $\triangle T$ [K] とすると，復水器で海水に放出される熱量，つまり，復水器で冷却水が持ち去る熱量 Q_o は，次式で表される．

$$Q_o = c\rho W \triangle T \times 3\,600 \ [\mathrm{kJ/h}]$$

したがって，復水器冷却水の温度上昇値 $\triangle T$ は，次のように求められる．

$$\triangle T = \frac{Q_o}{3\,600 c\rho W}$$

$$= \frac{3.1 \times 10^9}{3\,600 \times 4.0 \times 1.1 \times 10^3 \times 30}$$

$$\fallingdotseq 6.52 \ \mathrm{K} \quad (答)$$

類題が平成25年度に出題されている．

(a) - (3)，(b) - (4)

問16 送電線のフェランチ現象に関する問である．三相3線式1回線送電線の一相が図のπ形等価回路で表され，送電線路のインピーダンス$\mathrm{j}X = \mathrm{j}200\ \Omega$，アドミタンス$\mathrm{j}B = \mathrm{j}0.800\ \mathrm{mS}$とし，送電端の線間電圧が66.0 kVであり，受電端が無負荷のとき，次の(a)及び(b)の問に答えよ．

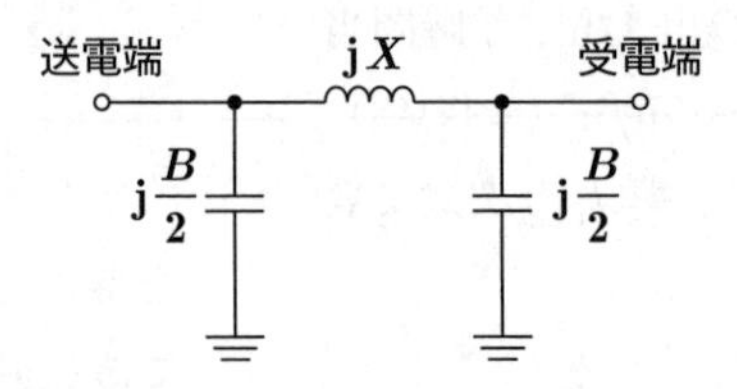

(a) 受電端の線間電圧の値[kV]として，最も近いものを次の(1)～(5)のうちから一つ選べ．

(1) **66.0** (2) **71.7** (3) **78.6** (4) **114** (5) **132**

(b) 1線当たりの送電端電流の値[A]として，最も近いものを次の(1)～(5)のうちから一つ選べ．

(1) **15.2** (2) **16.6** (3) **28.7** (4) **31.8** (5) **55.1**

解16 π形等価回路で表した無負荷送電線に電圧を印加したときの受電端電圧と送電端電流を求める計算問題である．

(a) 図に示すように，送電端および受電端の相電圧をそれぞれ$\dot{E}_s$および$\dot{E}_r$，送電端電流を$\dot{I}_s$，線路アドミタンス$\dot{Y}$に流れる電流を$\dot{I}_1$，$\dot{I}_2$とすると，送電端電流$\dot{I}_s$は次のように求められる．

$$\dot{I}_s = \dot{I}_1 + \dot{I}_2 = \dot{Y}\dot{E}_s + \dot{Y}\dot{E}_r = \dot{Y}(\dot{E}_s + \dot{E}_r) \quad ①$$

線路のインピーダンスをZとすると，送電端電流$\dot{I}_s$を送電端の相電圧$\dot{E}_s$を用いて表すと次のようになる．

$$\dot{I}_s = \dot{Y}\dot{E}_s + \frac{\dot{E}_s}{\dot{Z} + \frac{1}{\dot{Y}}} = \left(\dot{Y} + \frac{1}{\dot{Z} + \frac{1}{\dot{Y}}}\right)\dot{E}_s \quad ②$$

①式と②式を等しいとおくと，

$$\dot{Y}(\dot{E}_s + \dot{E}_r) = \left(\dot{Y} + \frac{1}{\dot{Z} + \frac{1}{\dot{Y}}}\right)\dot{E}_s$$

$$\dot{Y}\dot{E}_r = \left(\frac{1}{\dot{Z} + \frac{1}{\dot{Y}}}\right)\dot{E}_s$$

$$\therefore \quad \dot{E}_r = \frac{1}{\dot{Y}}\left(\frac{1}{\dot{Z} + \frac{1}{\dot{Y}}}\right)\dot{E}_s = \left(\frac{1}{1 + \dot{Y}\dot{Z}}\right)\dot{E}_s$$

$$= \left(\frac{1}{1 + \mathrm{j}\frac{B}{2}\cdot \mathrm{j}X}\right)\dot{E}_s = \left(\frac{1}{1 - \frac{BX}{2}}\right)\dot{E}_s$$

$$= \left(\frac{1}{1 - \frac{0.800\times 10^{-3}\times 200}{2}}\right)\times\frac{66.0}{\sqrt{3}}$$

よって，受電端の線間電圧V_rは，次のように求められる．

$$V_r = \sqrt{3}E_r$$

$$= \sqrt{3}\times\left(\frac{1}{1 - \frac{0.800\times 10^{-3}\times 200}{2}}\right)\times\frac{66.0}{\sqrt{3}}$$

$$\fallingdotseq 71.7\ \mathrm{kV} \quad (答)$$

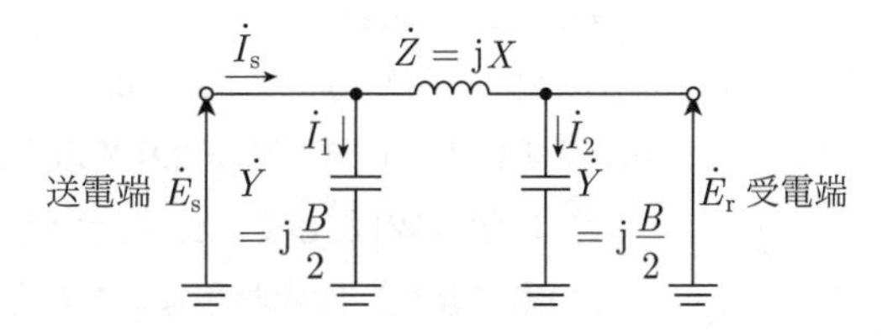

(b) 送電端電流$\dot{I}_s$は，次のように表されるから，

$$\dot{I}_s = \dot{Y}(\dot{E}_s + \dot{E}_r) = \mathrm{j}\frac{B}{2}(\dot{E}_s + \dot{E}_r)$$

その大きさI_sは，次のように求められる．

$$I_s = \frac{0.800\times 10^{-3}}{2}\times\left(\frac{71.7 + 66.0}{\sqrt{3}}\right)\times 10^3$$

$$\fallingdotseq 31.8\ \mathrm{A} \quad (答)$$

類題が平成24年度に出題されている．

(a) - (2)，(b) - (4)

三相3線式配電線路の受電端に遅れ力率0.8の三相平衡負荷60 kW（一定）が接続されている．次の(a)及び(b)の問に答えよ．

ただし，三相負荷の受電端電圧は6.6 kV一定とし，配電線路のこう長は2.5 km，電線1線当たりの抵抗は0.5 Ω/km，リアクタンスは0.2 Ω/kmとする．なお，送電端電圧と受電端電圧の位相角は十分小さいものとして得られる近似式を用いて解答すること．また，配電線路こう長が短いことから，静電容量は無視できるものとする．

(a) この配電線路での抵抗による電力損失の値[W]として，最も近いものを次の(1)～(5)のうちから一つ選べ．

(1) **22**　(2) **54**　(3) **65**　(4) **161**　(5) **220**

(b) 受電端の電圧降下率を2.0 %以内にする場合，受電端でさらに増設できる負荷電力（最大）の値[kW]として，最も近いものを次の(1)～(5)のうちから一つ選べ．ただし，負荷の力率（遅れ）は変わらないものとする．

(1) **476**　(2) **536**　(3) **546**　(4) **1 280**　(5) **1 340**

解17　三相3線式配電線路の電力損失と電圧降下率が所定の値以内となるために増設できる負荷電力を求める計算問題である．

(a)　図に示すように，1線当たりの抵抗rとリアクタンスxは次のように求められる．

$$r = 0.5\ [\Omega/\text{km}] \times 2.5\ [\text{km}] = 1.25\ \Omega$$

$$x = 0.2\ [\Omega/\text{km}] \times 2.5\ [\text{km}] = 0.5\ \Omega$$

負荷の力率が$\cos\theta$のときの線路電流をI，受電端電圧をV_rとすると，負荷の有効電力Pは次式で表されるから，

$$P = \sqrt{3}V_r I \cos\theta$$

線路電流Iは，次のように求められる．

$$I = \frac{P}{\sqrt{3}V_r \cos\theta}$$

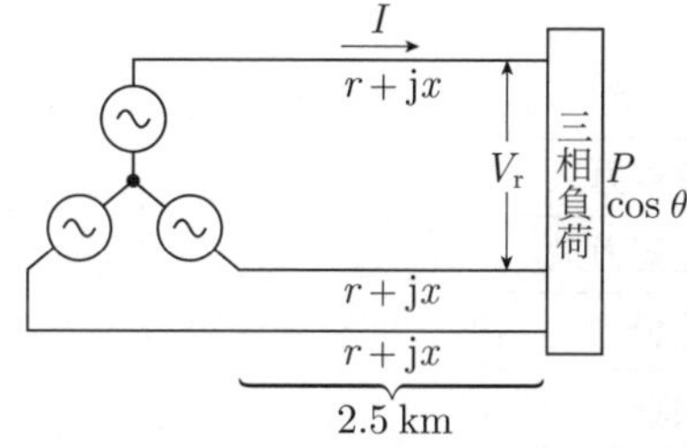

よって，配電線路の電力損失pは，次のように求められる．

$$p = 3I^2 r = 3 \times \left(\frac{P}{\sqrt{3}V_r \cos\theta}\right)^2 r$$

$$= \left(\frac{P}{V_r \cos\theta}\right)^2 r$$

$$= \left(\frac{60 \times 10^3}{6.6 \times 10^3 \times 0.8}\right)^2 \times 1.25$$

$$\fallingdotseq 161\ \text{W}$$

(b)　三相3線式配電線の電圧降下vは，近似式を用いると次式で表される．

$$v = \sqrt{3}I(r\cos\theta + x\sin\theta)$$

$$= \sqrt{3}\frac{P}{\sqrt{3}V_r \cos\theta}(r\cos\theta + x\sin\theta)$$

$$= \frac{P}{V_r}\left(r + x\frac{\sin\theta}{\cos\theta}\right)$$

電圧降下率εは，

$$\varepsilon = \frac{v}{V_r} \times 100 = \frac{\frac{P}{V_r}\left(r + x\frac{\sin\theta}{\cos\theta}\right)}{V_r} \times 100$$

$$= \frac{P}{V_r^2}\left(r + x\frac{\sin\theta}{\cos\theta}\right) \times 100$$

これを2.0 %以内にするための最大負荷電力P_mは，次のように求められる．

$$2.0 \geqq \frac{P_m}{(6.6 \times 10^3)^2} \times \left(1.25 + 0.5 \times \frac{\sqrt{1-0.8^2}}{0.8}\right) \times 100$$

$$\therefore\ P_m \leqq \frac{2.0 \times (6.6 \times 10^3)^2}{\left(1.25 + 0.5 \times \frac{\sqrt{1-0.8^2}}{0.8}\right) \times 100}$$

$$\fallingdotseq 536 \times 10^3\ \text{W} = 536\ \text{kW}$$

したがって，増設できる負荷電力$\triangle P$は，次のように求められる．

$$\triangle P = P_m - P = 536 - 60 = 476\ \text{kW}$$ (答)

答　(a) - (4)，(b) - (1)

平成30年度（2018年）電力の問題

A問題　配点は1問題当たり5点

問1　次の文章は，タービン発電機の水素冷却方式の特徴に関する記述である．

水素ガスは，空気に比べ［(ア)］が大きいため冷却効率が高く，また，空気に比べ［(イ)］が小さいため風損が小さい．

水素ガスは，［(ウ)］であるため，絶縁物への劣化影響が少ない．水素ガス圧力を高めると大気圧の空気よりコロナ放電が生じ難くなる．

水素ガスと空気を混合した場合は，水素ガス濃度が一定範囲内になると爆発の危険性があるので，これを防ぐため自動的に水素ガス濃度を［(エ)］以上に維持している．

通常運転中は，発電機内の水素ガスが軸に沿って機外に漏れないように軸受の内側に［(オ)］によるシール機能を備えており，機内からの水素ガスの漏れを防いでいる．

上記の記述中の空白箇所(ア)，(イ)，(ウ)，(エ)及び(オ)に当てはまる組合せとして，正しいものを次の(1)～(5)のうちから一つ選べ．

	(ア)	(イ)	(ウ)	(エ)	(オ)
(1)	比熱	比重	活性	90 %	窒素ガス
(2)	比熱	比重	活性	60 %	窒素ガス
(3)	比熱	比重	不活性	90 %	油膜
(4)	比重	比熱	活性	60 %	油膜
(5)	比重	比熱	不活性	90 %	窒素ガス

●試験時間　90分
●必要解答数　A問題14題，B問題3題

解1　タービン発電機の水素冷却方式の特徴に関する問題である．

大容量タービン発電機の冷却方式は，固定子コイルは中空導体中に水素ガスまたは水を流す水素ガス直接冷却方式または水直接冷却方式が採用されており，回転子コイルは中空導体中に水素ガスを流す水素ガス直接冷却方式が採用されている．

大容量のタービン発電機に水素冷却方式を採用する理由は，次のような利点があるためである．

① 水素は**比熱**，熱伝導率が大きい（比熱：空気の14倍，熱伝導率：空気の7倍）ので，冷却効率が高い．

② 水素の**比重**（密度）は空気の7％と小さいため，風損が10％程度に減少し，発電機効率が0.5～1％向上する．

③ 水素は**不活性**であるとともに，コロナ発生電圧が高く，たとえコロナや火花が発生しても水素ガス中では酸素がないため燃焼が起こらず，絶縁物への劣化影響が少ない．

④ 通風は軸に取り付けた内部通風機を使用するので，騒音が少ない．

⑤ 水素は比較的安価である．

一方，水素と空気の混合ガスは，水素純度が容積で5％～70％の範囲で爆発の可能性があるので，次のような安全上の対策が必要である．

① 水素純度を**90％**以上に維持する．

② 軸受・固定子枠などを気密構造とし，かつ固定子外枠は耐爆構造とする．

③ 回転子軸の固定子枠貫通部から水素が漏れるのを防止するため，軸受の内側に**油膜**による密封油装置を設ける．

④ 機内空気を水素に入れ換える場合，あるいは逆の場合，水素と空気が混合しないように炭酸ガスで置換する装置を設ける．

⑤ 水素ガス純度・圧力を適正に保つため，純度計・ガス圧計などの計測・監視装置が必要で，それらが規定値から外れた場合は警報を発するようにする．

(3)

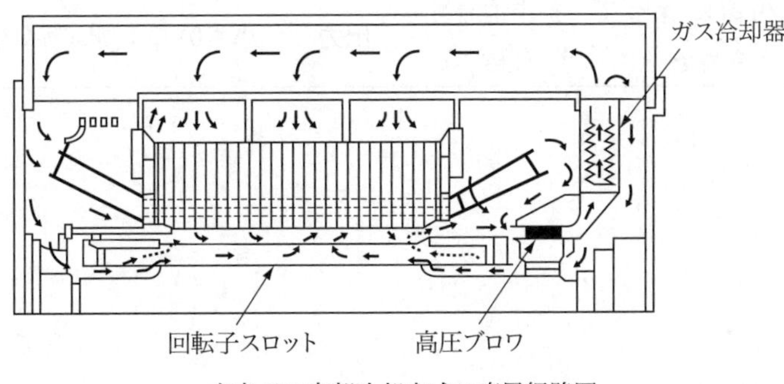

水素ガス内部冷却方式の直風経路図

問2 次の文章は，水車の比速度に関する記述である．

比速度とは，任意の水車の形（幾何学的形状）と運転状態（水車内の流れの状態）とを [(ア)] 変えたとき，[(イ)] で単位出力（1 kW）を発生させる仮想水車の回転速度のことである．

水車では，ランナの形や特性を表すものとしてこの比速度が用いられ，水車の [(ウ)] ごとに適切な比速度の範囲が存在する．

水車の回転速度を n [min^{-1}]，有効落差を H [m]，ランナ1個当たり又はノズル1個当たりの出力を P [kW] とすれば，この水車の比速度 n_s は，次の式で表される．

$$n_s = n \cdot \frac{P^{\frac{1}{2}}}{H^{\frac{5}{4}}}$$

通常，ペルトン水車の比速度は，フランシス水車の比速度より [(エ)]．

比速度の大きな水車を大きな落差で使用し，吸出し管を用いると，放水速度が大きくなって，[(オ)] やすくなる．そのため，各水車には，その比速度に適した有効落差が決められている．

上記の記述中の空白箇所(ア)，(イ)，(ウ)，(エ)及び(オ)に当てはまる組合せとして，正しいものを次の(1)～(5)のうちから一つ選べ．

	(ア)	(イ)	(ウ)	(エ)	(オ)
(1)	一定に保って有効落差を	単位流量 (1 m^3/s)	出力	大きい	高い効率を得
(2)	一定に保って有効落差を	単位落差 (1 m)	種類	大きい	キャビテーションが生じ
(3)	相似に保って大きさを	単位流量 (1 m^3/s)	出力	大きい	高い効率を得
(4)	相似に保って大きさを	単位落差 (1 m)	種類	小さい	キャビテーションが生じ
(5)	相似に保って大きさを	単位流量 (1 m^3/s)	出力	小さい	高い効率を得

解2 水車の比速度に関する問題である．

水車の比速度は特有速度とも呼ばれ，大きさの異なる水車のランナ形状や特性を比較するための指標として用いられる．幾何学的にランナ形状が相似である水車については，ランナの大きさとは無関係に特性が同一であるとみなすことができる．比速度は，任意の水車の形（幾何学的形状）と運転状態（水車内の流れの状態）とを**相似に保って大きさ**を変えて運転させ，**単位落差（1 m）**のもとで単位出力（1 kW）を発生するようにしたときの回転速度のことである．

回転速度をn [min^{-1}]，有効落差をH [m]，ランナ（反動水車の場合）またはノズル（衝動水車の場合）1個当たりの出力をP [kW]とすると，比速度n_sは次式で表される．

$$n_s = n\frac{P^{1/2}}{H^{5/4}}\,[\mathrm{m\cdot kW}]$$

この式より，水車出力，有効落差を一定とした場合，回転速度を高くとれば比速度は大きくなる．つまり，比速度を大きくとれば水車は高速化でき，水車寸法が小さくなり，経済性の面で有利となる．

水車の形式は，有効落差，使用水量をもとに河川の流況，貯水池・調整池の運用なども考慮して選定されるが，表に示すように，水車の**種類**ごとに各水車の比速度の限界・範囲および適用落差が決まっており，その比速度の限界と出力から定格回転速度が選定される．ペルトン水車の比速度は，フランシス水車の比速度より**小さい**．

比速度の大きな水車を大きな落差で使用し，吸出し管を用いると，放水速度が大きくなって**キャビテーションが生じ**やすくなる．

 (4)

各水車の比速度の限界・範囲・適用落差（JEC-4001：2018より）

水車の種類	比速度の限界 m·kW	比速度の範囲 m·kW	適用落差 m
フランシス水車	$n_s \leqq \dfrac{33\,000}{H+55}+30$	50～360	45～500
斜流水車	$n_s \leqq \dfrac{21\,000}{H+20}+40$	140～360	45～200
プロペラ水車	$n_s \leqq \dfrac{21\,000}{H+13}+50$	250～1 100	7～70
ペルトン水車	$n_s \leqq \dfrac{4\,500}{H+150}+14$	10～29	150以上

汽力発電所の蒸気タービン設備に関する記述として，誤っているものを次の(1)～(5)のうちから一つ選べ．

(1) 衝動タービンは，蒸気が回転羽根（動翼）に衝突するときに生じる力によって回転させるタービンである．

(2) 調速装置は，蒸気加減弁駆動装置に信号を送り，蒸気流量を調整することで，タービンの回転速度制御を行う装置である．

(3) ターニング装置は，タービン停止中に高温のロータが曲がることを防止するため，ロータを低速で回転させる装置である．

(4) 反動タービンは，固定羽根（静翼）で蒸気を膨張させ，回転羽根（動翼）に衝突する力と回転羽根（動翼）から排気するときの力を利用して回転させるタービンである．

(5) 非常調速装置は，タービンの回転速度が運転中に定格回転速度以下となり，一定値以下まで下降すると作動して，タービンを停止させる装置である．

解3 汽力発電所の蒸気タービン設備に関する問題である．

蒸気タービンの調速装置は，タービンの回転速度を負荷の変動にかかわらず一定の範囲内に保つために，負荷に応じてタービンに入るエネルギーを自動的に調整する装置である．また，起動時には回転速度の制御装置として用いられる．

調速機と調速弁からなり，定格負荷で遮断したときに達する速度上昇を非常調速装置が作動する速度未満にする調整能力をもつ．回転速度の検出と作動方式により，機械式，電気（電子）式および油圧式に分けられるが，タービンの大容量化と相まってEH（電気・油圧式）ガバナが主流となっている．いずれの場合も，最終的に調速弁を動かすのは，非常に大きい力を要するため油圧によるサーボ機構を利用している．

機械式は，おもりにより遠心力の変化を検出し，電気式は，タービン軸に取り付けられた歯車に近接して電磁ピックアップを設け，これに誘導されるパルス信号で回転速度を検出し，油圧式は，回転速度の変化をロータに直結した油ポンプの吐出し圧の変化として検出する．

全負荷から無負荷まで急激な負荷遮断があったときは，タービンは内部残留蒸気エネルギーのため調速弁が全閉になっても回転速度は上昇を続け，最終的には速度調定率に相当する速度に整定する．速度調定率の整定値は，非常調速装置の作動速度以下で，定格速度の3％～5％に整定されている．

万一調速装置に不具合が生じて調整弁が閉じなかったり，調速装置は作動しても調整弁がひっかかって閉じなかったりすると，タービンの回転速度の急速な上昇を引き起こして大事故になることがあるので，これを完全に防止するために**定格回転速度を超えて一定値以上（定格回転速度の1.11倍以下で動作）に上昇する**と自動的に蒸気止弁を閉じてタービンを停止させる非常調速装置が設けられている．

(5)

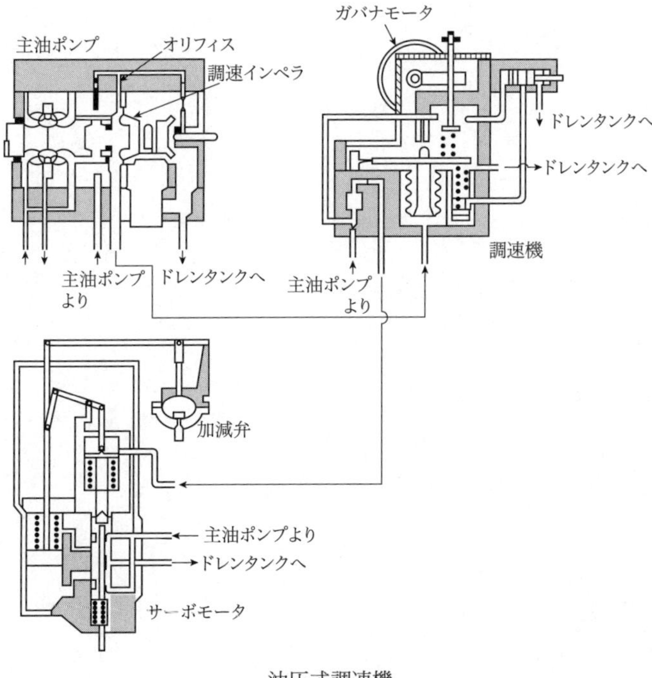

油圧式調速機

次の文章は，我が国の原子力発電所の蒸気タービンの特徴に関する記述である．

原子力発電所の蒸気タービンは，高圧タービンと低圧タービンから構成され，くし形に配置されている．

原子力発電所においては，原子炉又は蒸気発生器によって発生した蒸気が高圧タービンに送られ，高圧タービンにて所定の仕事を行った排気は，［(ア)］分離器に送られて，排気に含まれる［(ア)］を除去した後に低圧タービンに送られる．

高圧タービンの入口蒸気は，［(イ)］であるため，火力発電所の高圧タービンの入口蒸気に比べて，圧力・温度ともに［(ウ)］，そのため，原子力発電所の熱効率は，火力発電所と比べて［(ウ)］なる．また，原子力発電所の高圧タービンに送られる蒸気量は，同じ出力に対する火力発電所と比べて［(エ)］．

低圧タービンの最終段翼は，35～54インチ（約89 cm～137 cm）の長大な翼を使用し，［(ア)］による翼の浸食を防ぐため翼先端周速度を減らさなければならないので，タービンの回転速度は［(オ)］としている．

上記の記述中の空白箇所(ア)，(イ)，(ウ)，(エ)及び(オ)に当てはまる組合せとして，正しいものを次の(1)～(5)のうちから一つ選べ．

	(ア)	(イ)	(ウ)	(エ)	(オ)
(1)	空気	過熱蒸気	高く	多い	1 500 min^{-1} 又は 1 800 min^{-1}
(2)	湿分	飽和蒸気	低く	多い	1 500 min^{-1} 又は 1 800 min^{-1}
(3)	空気	飽和蒸気	低く	多い	750 min^{-1} 又は 900 min^{-1}
(4)	湿分	飽和蒸気	高く	少ない	750 min^{-1} 又は 900 min^{-1}
(5)	空気	過熱蒸気	高く	少ない	750 min^{-1} 又は 900 min^{-1}

解4 原子力発電所の蒸気タービンの特徴に関する問題である．

火力発電所の蒸気タービンは，高圧タービン・中圧タービン・低圧タービンから構成されるが，原子力発電所の蒸気タービンは，高圧タービンと低圧タービンから構成される．

沸騰水型では原子炉で発生した蒸気が直接高圧タービンに送られるが，加圧水型では蒸気発生器で熱交換が行われ，蒸気発生器で発生した蒸気が高圧タービンに送られ，高圧タービンの排気は蒸気の湿り度が高いため，いったん，**湿分**分離器に送られて湿分を除去したあとに低圧タービンに送られる．

高圧タービンの入口蒸気の違いは表に示すとおり，火力発電所は過熱蒸気であるのに対して原子力発電所は**飽和蒸気**であり，火力発電所の高圧タービンの入口蒸気に比べて圧力・温度ともに**低く**蒸気条件が悪いため，熱効率は，火力発電所では40 %程度あるのに対して，原子力発電所は30 %程度と**低い**．このように原子力発電所の蒸気条件が悪いため，タービン内での熱落差が少なくなり，火力発電所と同じ出力を得るためには，蒸気量を**多く**しなければならず，それに伴ってタービン・給水加熱器・復水器は大形となる．

蒸気量が多くなると低圧タービンの最終段翼も長大になることから大きな遠心力がはたらき，また，**湿分**による翼の浸食を防ぐために翼先端周速度を減らさなければならないため，タービンの回転速度は火力発電所の3 000 min^{-1}または3 600 min^{-1}に対して**1 500 min^{-1}または1 800 min^{-1}**と低くしている．

(2)

火力発電所と原子力発電所の蒸気条件・タービンの比較

		火力発電所（超臨界ユニット）	原子力発電所	
			沸騰水型	加圧水型
蒸気条件	高圧タービン入口圧力 [MPa]	24.1	7.1	5.2
	高圧タービン入口温度 [°C]	538/566	282	266
	湿り度 [%]	—(過熱蒸気)	0.4(飽和蒸気)	0.4(飽和蒸気)
タービン	回転速度 [min^{-1}]	3 000または3 600	1 500または1 800	

問5 ロータ半径が30 mの風車がある．風車が受ける風速が10 m/sで，風車のパワー係数が50 %のとき，風車のロータ軸出力[kW]に最も近いものを次の(1)～(5)のうちから一つ選べ．ただし，空気の密度を1.2 kg/m³とする．ここでパワー係数とは，単位時間当たりにロータを通過する風のエネルギーのうちで，風車が風から取り出せるエネルギーの割合である．

(1) 57　(2) 85　(3) 710　(4) 850　(5) 1 700

解5 風車が風から取り出せるエネルギーを求める計算問題である．

風力発電は，風車によって風力エネルギーを回転エネルギーに変換し，さらに，その回転エネルギーを発電機によって電気エネルギーに変換し利用するものである．

風のもつ運動エネルギーPは，単位時間当たりの空気の質量をm [kg/s]，速度（風速）をV [m/s]とすると次式で表される．

$$P = \frac{1}{2} mV^2 \,[\mathrm{J/s}] \ (= [\mathrm{W}])$$

ここで，空気の密度をρ [kg/m^3]，風車の回転面積（ロータ面積）をA [m^2]とすると，

$$m = \rho AV \,[\mathrm{kg/s}]$$

となるので，風車の出力係数（パワー係数）C_pを用いると，風車が風から取り出せるエネルギーPは次式で求められる．

$$P = \frac{1}{2} C_\mathrm{p} \rho AV^3$$

$$= \frac{1}{2} \times 0.5 \times 1.2 \times \pi \times 30^2 \times 10^3$$

$$\fallingdotseq 848 \times 10^3 \,\mathrm{W} \fallingdotseq 850 \,\mathrm{kW} \ (答)$$

風車によって取り出せるエネルギーは，風車の回転面積（受風面積）に比例し，風速の3乗に比例する．

自然風のなかから風車を利用して取り出すことのできるエネルギーの割合，つまり風力発電の効率は出力係数C_pと呼ばれ，出力係数C_pの最大値は，理想的な風車でも0.593（ベッツ限界）であり，高効率の羽根と損失の少ない回転装置（歯車装置や軸受）および高力率の発電機を使うことにより，実際に最適設計されたプロペラ形風車で最大0.45程度である．

出力係数は風車の形式によって異なるとともに，プロペラ形風車が高い効率をもっている．ただし，高効率が発生するポイントは，周速比（TSR：羽根先端周速／風速）が最適になる風速が吹き付けていることが重要である．

(4)

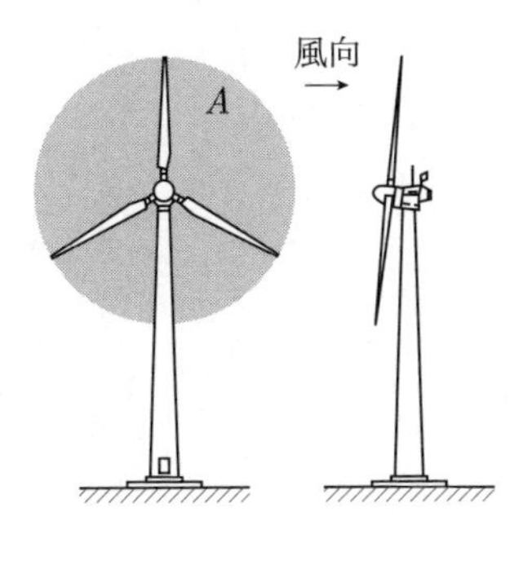

問6 次の文章は，保護リレーに関する記述である．

電力系統において，短絡事故や地絡事故が発生した場合，事故区間は速やかに系統から切り離される．このとき，保護リレーで異常を検出し，[(ア)]を動作させる．架空送電線は特に距離が長く，事故発生件数も多い．架空送電線の事故の多くは[(イ)]による気中フラッシオーバに起因するため，事故区間を高速に遮断し，フラッシオーバを消滅させれば，絶縁は回復し，架空送電線は通電可能な状態となる．このため，事故区間の遮断の後，一定時間（長くて1分程度）を経て，[(ウ)]が行われる．一般に，主保護の異常に備え，[(エ)]保護が用意されており，動作の確実性を期している．

上記の記述中の空白箇所(ア)，(イ)，(ウ)及び(エ)に当てはまる組合せとして，正しいものを次の(1)～(5)のうちから一つ選べ．

	(ア)	(イ)	(ウ)	(エ)
(1)	遮断器	落雷	保守	常備
(2)	断路器	落雪	再閉路	常備
(3)	変圧器	落雷	点検	後備
(4)	断路器	落雪	点検	後備
(5)	遮断器	落雷	再閉路	後備

解6 架空送電線の保護リレーに関する問題である．

保護リレーは，雷，風雨，雪などさまざまな自然現象に伴う事故，設備の経年劣化などによる事故が発生した場合に，高速にこれを検出し，事故区間を識別して必要最小限の停止で事故設備を電力系統から切り離し，事故設備の損傷拡大防止・保安確保，健全設備による電力供給の継続確保のため，**遮断器**に遮断指令を出す責務をもつ．

架空送電線においては，事故の大部分が**落雷**による気中フラッシオーバ（せん絡）に起因するため，保護リレー動作により事故区間を高速に遮断し，フラッシオーバを消滅させれば絶縁は回復するので架空送電線は通電可能な状態となる．このため，事故区間を遮断したあと，一定時間を経たあとに遮断器を**再閉路**（再投入）し，運転を継続する．これを自動で行うのが自動再閉路であり，架空送電線において広く適用されている．

再閉路の目的と無電圧時間によって表に示すように分類される．

また，事故時における遮断する相と再閉路の実施方法により，三相再閉路，単相再閉路，多相再閉路があり，これらは，たとえば高速度単相再閉路のように組み合わせて呼ばれている．

ある事故に対して事故区間だけを最小限に，

再閉路方式の無電圧時間による分類

低速度再閉路	線路の自動復旧のために行われる再閉路で，数秒～1分程度の無電圧時間をもって再閉路する．
中速度再閉路	線路の自動復旧と高速度再閉路条件不成立時の系統連系維持を目的に実施される． 主にスリートジャンプによる二線短絡事故を防止するための送電線の振動の減衰を考慮して無電圧時間が決定される．このほか，発電所近傍の送電線で事故が起きると発電機に電気トルク変動が生じ，タービンと発電機間の軸が固有のねじり振動数で振動するため，その軸振動の減衰や分岐負荷につながる誘導電動機の残留電圧の減衰，ギャロッピングによる送電線の振動の減衰なども考慮して無電圧時間が決定される．数秒～25秒程度の無電圧時間をもって再閉路する．
高速度再閉路	系統連系の維持と系統安定度の向上を目的に実施される． 無電圧時間は主として消イオン時間と安定度確保の面から決定され，0.4秒～1.0秒程度の無電圧時間をもって再閉路する．

最高速で選択遮断することを主目的としたものが主保護である．しかしながら，なんらかの原因で主保護動作に失敗した場合に備え，第2，第3の保護として**後備**保護装置を設置する．後備保護装置には自端後備保護と遠方後備保護が設けられる．

(5)

変圧器の保全・診断に関する記述として，誤っているものを次の(1)～(5)のうちから一つ選べ．

(1)　変圧器の予防保全は，運転の維持と事故の防止を目的としている．

(2)　油入変圧器の絶縁油の油中ガス分析は内部異常診断に用いられる．

(3)　部分放電は，絶縁破壊が生じる前ぶれである場合が多いため，異常診断技術として，部分放電測定が用いられることがある．

(4)　変圧器巻線の絶縁抵抗測定と誘電正接測定は，鉄心材料の経年劣化を把握することを主な目的として実施される．

(5)　ガスケットの経年劣化に伴う漏油の検出には，目視点検に加え，油面計が活用される．

解7 変圧器の保全・診断に関する問題である．

絶縁抵抗測定と誘電正接測定は，**絶縁材料の経年劣化を把握**するために実施される．

油中ガス分析による油入変圧器の内部異常診断は，変圧器の絶縁油を採取し，その溶存ガスの量および組成比から内部異常の発生の有無や内部異常の程度を判断するもので，運転を停止することなく行えることから，事故の発生を未然に防止するための判定法として優れた方法であり，最も広く活用されている．油入変圧器の内部の絶縁油や固体絶縁物は，熱影響を受けると異常の種類に応じてさまざまな分解ガスが発生する．発生したガスは，絶縁油中に溶解するため，その絶縁油を採取し，溶存しているガスを分析すれば劣化の程度や内部で生じた異常の状況を推定することができる．

絶縁物中に空隙などの欠陥ができているとき，ある電圧以上になると放電が発生する．この放電が長期間にわたり継続的または断続的に発生すると，やがて絶縁破壊に進展する．部分放電試験は，絶縁物内で発生している部分放電を検出することにより，絶縁破壊の前ぶれとなる絶縁不良や絶縁劣化を判定するもので，部分放電の検出には，パルス電流検出法と音響検出法が用いられている．

絶縁抵抗測定は，直流電圧を印加して絶縁性能を測定する方法であり，絶縁物の吸湿などによる絶縁劣化を把握するために実施される．

図に示すように，絶縁物に交流電圧を印加すると，印加電圧に対してほぼ90°進みの電流が流れるが，若干の遅れ角δを有しており，このδを誘電損角という．

絶縁体に印加する電圧をV，電源角周波数をω，絶縁体の静電容量をCとすると，絶縁体における損失電力W_dは次式で表される．

$$W_d = \omega C V^2 \tan\delta$$

$\tan\delta$は誘電正接と呼ばれ，絶縁物の形状・寸法に影響されず，絶縁物固有の性質を示す．$\tan\delta$を測定することで交流電圧印加時における絶縁物内部の発熱損失の目安を知ることができる．絶縁物の吸湿状態によって$\tan\delta$が変化するため，$\tan\delta$を測定することにより絶縁物の劣化傾向を把握することができ，これを誘電正接測定という．

漏油の検出は，目視による外観の点検や油面計の計測管理が活用される．

答 (4)

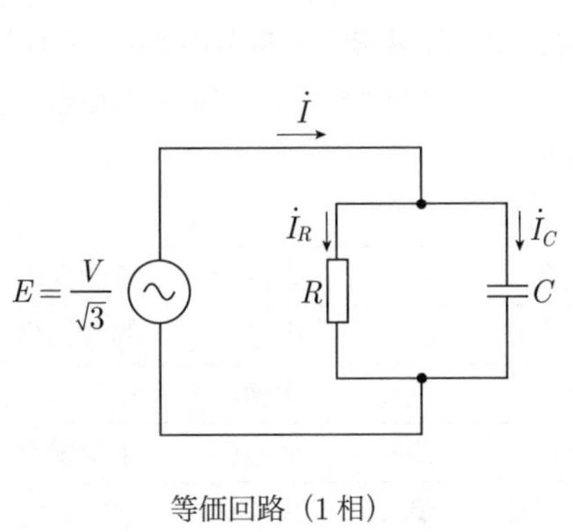

等価回路（1相）

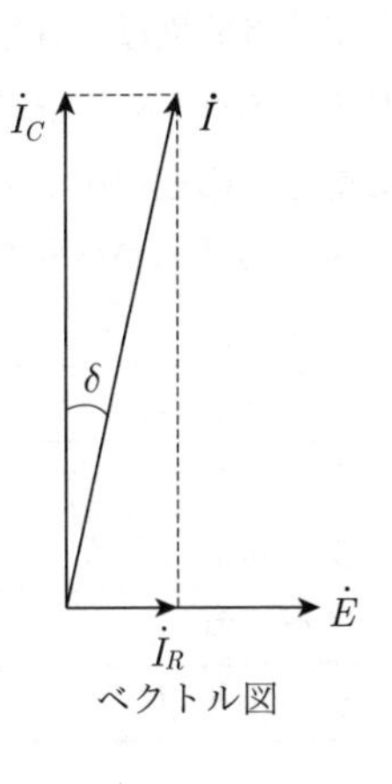

ベクトル図

問8

図のように，単相の変圧器3台を一次側，二次側ともに △ 結線し，三相対称電源とみなせる配電系統に接続した．変圧器の一次側の定格電圧は6 600 V，二次側の定格電圧は210 Vである．二次側に三相平衡負荷を接続したときに，一次側の線電流20 A，二次側の線間電圧200 Vであった．負荷に供給されている電力[kW]として，最も近いものを次の(1)～(5)のうちから一つ選べ．ただし，負荷の力率は0.8とする．なお，変圧器は理想変圧器とみなすことができ，線路のインピーダンスは無視することができる．

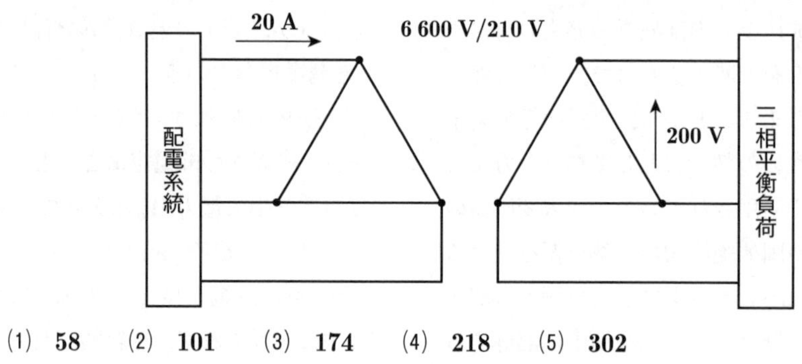

(1) **58**　(2) **101**　(3) **174**　(4) **218**　(5) **302**

問9

次の文章は，架空送電線の多導体方式に関する記述である．

送電線において，1相に複数の電線を (ア) を用いて適度な間隔に配置したものを多導体と呼び，主に超高圧以上の送電線に用いられる．多導体を用いることで，電線表面の電位の傾きが (イ) なるので，コロナ開始電圧が (ウ) なり，送電線のコロナ損失，雑音障害を抑制することができる．

多導体は合計断面積が等しい単導体と比較すると，表皮効果が (エ) ．また，送電線の (オ) が減少するため，送電容量が増加し系統安定度の向上につながる．

上記の記述中の空白箇所(ア)，(イ)，(ウ)，(エ)及び(オ)に当てはまる組合せとして，正しいものを次の(1)～(5)のうちから一つ選べ．

	(ア)	(イ)	(ウ)	(エ)	(オ)
(1)	スペーサ	大きく	低く	大きい	インダクタンス
(2)	スペーサ	小さく	高く	小さい	静電容量
(3)	シールドリング	大きく	高く	大きい	インダクタンス
(4)	スペーサ	小さく	高く	小さい	インダクタンス
(5)	シールドリング	小さく	低く	大きい	静電容量

解8 △結線変圧器に三相平衡負荷を接続したときの負荷電力を求める計算問題である．

変圧器一次側における三相3線式配電線の線間電圧をV，線路電流をI，負荷の力率を$\cos\theta$とすると，負荷電力Pは次式で求められる．

$$P = \sqrt{3}\,VI\cos\theta$$

一方，図に示すように，変圧器二次側の線間電圧が200 Vのときの一次側の線間電圧Vは，

$$V = 200 \times \frac{6\,600}{210}\ \mathrm{V}$$

であるから，線路電流$I = 20$ A，負荷力率$\cos\theta = 0.8$のときの負荷電力Pは，次のように求められる．

$$P = \sqrt{3} \times \left(200 \times \frac{6\,600}{210}\right) \times 20 \times 0.8$$

$$\fallingdotseq 174 \times 10^{3}\ \mathrm{W} = 174\ \mathrm{kW}\ \text{(答)}$$

答 (3)

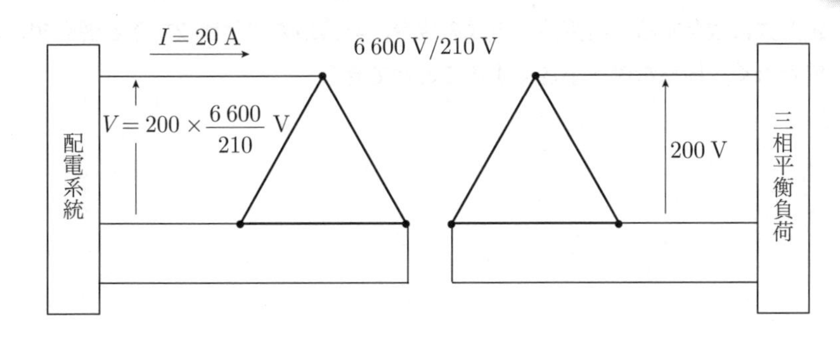

解9 架空送電線の多導体方式の構造と特徴に関する問題である．

多導体方式は，送電線の1相に複数の電線を使用し，素導体間の間隔保持や負荷電流による電磁吸引力および強風による電線相互の近接・接触を防止するため径間の途中に何か所か**スペーサ**が取り付けられ，主に超高圧以上の送電線に用いられる．多導体方式は，単導体方式と比べて次のような特徴がある．

① 電流容量が大きくとれ，送電容量が増加する（送電容量が20％程度増加し，許容電流も増加する）．

② 電線表面の電位の傾きが**小さく**なるため，コロナ開始電圧が15％～20％**高く**なり，コロナが発生しにくくなるためコロナ損失や雑音障害を抑制することができる．

③ 合計断面積が等しい単導体と比較すると，表皮効果が**小さく**，それによる抵抗の増加が少ない．

④ 送電線の**インダクタンス**が20％～30％減少し，静電容量が20％～30％増加するため，送電容量が増加し系統安定度の向上につながる．

⑤ 素導体間の間隔保持や接触防止のためスペーサを必要とするなど構造が複雑である．

⑥ ねじりなどの機械的挙動が複雑である．

⑦ 風による騒音が大きい．

このようなことから，多導体方式は，高電圧・長距離・大容量送電に適している．

(4)

送配電系統における過電圧の特徴に関する記述として，誤っているものを次の(1)～(5)のうちから一つ選べ．

(1) 鉄塔又は架空地線が直撃雷を受けたとき，鉄塔の電位が上昇し，逆フラッシオーバが起きることがある．

(2) 直撃でなくても電線路の近くに落雷すれば，電磁誘導や静電誘導で雷サージが発生することがある．これを誘導雷と呼ぶ．

(3) フェランチ効果によって生じる過電圧は，受電端が開放又は軽負荷のとき，進み電流が線路に流れることによって起こる．この現象は，送電線のこう長が長いほど著しくなる．

(4) 開閉過電圧は，遮断器や断路器などの開閉操作によって生じる過電圧である．

(5) 送電線の1線地絡時，健全相に現れる過電圧の大きさは，地絡場所や系統の中性点接地方式に依存する．直接接地方式の場合，非接地方式と比較すると健全相の電圧上昇倍率が低く，地絡電流を小さくすることができる．

解10 送配電系統における過電圧の特徴に関する問題である．

鉄塔頂部または径間の架空地線に直撃雷を受けると，そのときの電撃電流と塔脚接地抵抗（鉄塔の接地抵抗）または鉄塔インピーダンスとの積で決まる瞬間的鉄塔電位上昇が発生する．電撃電流がきわめて大きい場合，または塔脚接地抵抗が大きい場合には，架空地線と電線間またはがいし装置のアークホーン間でフラッシオーバを生じ，接地側から送電線に向かって雷電圧が侵入することを逆フラッシオーバ（せん絡）という．

電線の近くに落雷があると，電磁誘導や静電誘導により雷サージが発生することがあり，これを誘導雷といい，雷雲から反対極性の電荷が送電線路に誘起され，雷雲の放電に伴い，送電線路上の電荷は拘束を解かれ，進行波となって線路上を伝搬する．

フェランチ効果は，図に示すように，長距離送電線路において，負荷が軽くなる夜間や受電端が開放されているときなどに，受電端電圧 E_r のほうが送電端電圧 E_s より高くなる現象で，送電線路の静電容量により線路に流れる電流が進み電流となるために起こる．この現象は，送電線のこう長が長いほど著しくなる．

開閉過電圧は，遮断器や断路器の開閉操作によって発生する過渡的な過電圧のことで，再点弧サージ，電流裁断サージおよび投入サージがある．

一線地絡時の健全相に現れる過電圧の大きさは，地絡場所や系統の中性点接地方式に依存する．直接接地方式は，変圧器の中性点を直接大地に接続する方式で，中性点の接地抵抗がゼロであるから地絡電流が流れても中性点の電位上昇はなく，健全相の電位はほとんど上昇しないが，**大きな地絡電流が流れ**，付近の通信線に対して電磁誘導障害を与えるおそれがある．

(5)

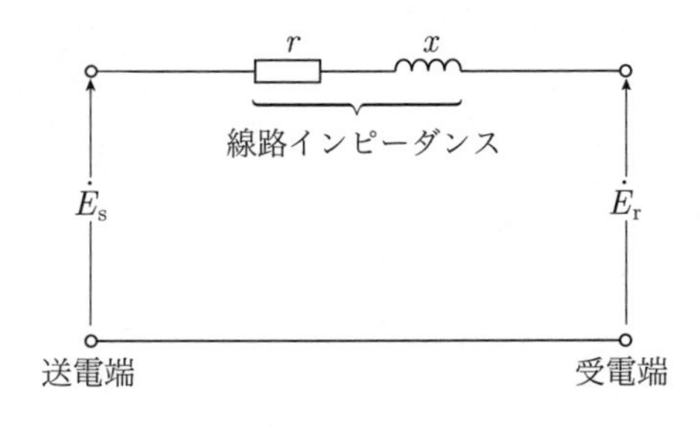

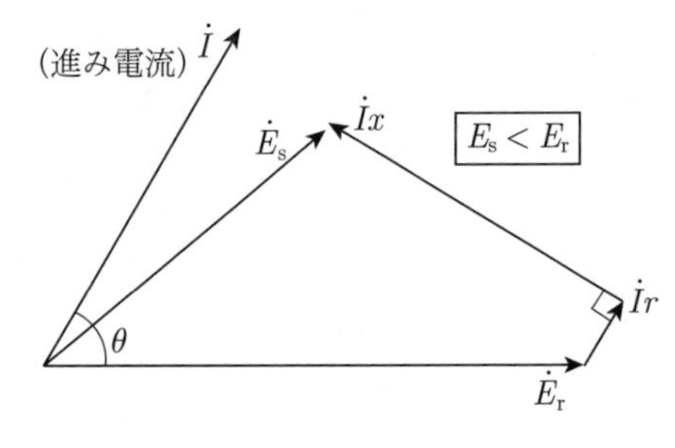

地中送電線路に使用される各種電力ケーブルに関する記述として，誤っているものを次の(1)〜(5)のうちから一つ選べ．

(1) **OF** ケーブルは，絶縁体として絶縁紙と絶縁油を組み合わせた油浸紙絶縁ケーブルであり，油通路が不要であるという特徴がある．給油設備を用いて絶縁油に大気圧以上の油圧を加えることでボイドの発生を抑制して絶縁強度を確保している．

(2) **POF** ケーブルは，油浸紙絶縁の線心 **3** 条をあらかじめ布設された防食鋼管内に引き入れた後に，絶縁油を高い油圧で充てんしたケーブルである．地盤沈下や外傷に対する強度に優れ，電磁遮蔽効果が高いという特徴がある．

(3) **CV** ケーブルは，絶縁体に架橋ポリエチレンを使用したケーブルであり，**OF** ケーブルと比較して絶縁体の誘電率，熱抵抗率が小さく，常時導体最高許容温度が高いため，送電容量の面で有利である．

(4) **CVT** ケーブルは，ビニルシースを施した単心 **CV** ケーブル **3** 条をより合わせたトリプレックス形 **CV** ケーブルであり，**3** 心共通シース形 **CV** ケーブルと比較してケーブルの熱抵抗が小さいため電流容量を大きくできるとともに，ケーブルの接続作業性がよい．

(5) **OF** ケーブルや **POF** ケーブルは，油圧の常時監視によって金属シースや鋼管の欠陥，外傷などに起因する漏油を検知できるので，油圧の異常低下による絶縁破壊事故の未然防止を図ることができる．

解11 地中送電線路に使用される各種電力ケーブルの構造と特徴に関する問題である.

OF（OilFilled）ケーブルは，(a)図に示すように，導体に絶縁紙を巻き，金属シースを施したうえにビニルなどのシースを設けた構造で，絶縁体として絶縁紙と絶縁油を組み合わせた油浸紙絶縁ケーブルであり，**油通路が設けられている**．金属シース内部に絶縁油を充塡し，常時大気圧以上の圧力を外部に設置した油タンクから加えることで，絶縁体内のボイド発生および外部からの水分や空気の侵入を防止し，絶縁耐力の向上を図っている.

油圧を常時監視することによって金属シースや鋼管の欠陥，外傷などに起因する漏油を検知できるため，油圧の異常低下による絶縁破壊事故の未然防止を図ることができる.

CVケーブル（架橋ポリエチレン絶縁ビニルシースケーブル：Crosslinked polyethylene insulated Vinyl sheath cable）は，絶縁体に架橋ポリエチレンを使用し，金属テープなどによる遮へい層を設けたうえにビニルシースを施した構造のケーブルで，OFケーブルと比較して絶縁体の誘電率，熱抵抗率が小さく，常時導体最高許容温度が高いため，送電容量の面で有利である.

架橋ポリエチレンとは，ポリエチレンの優れた電気特性をそのままに，鎖状分子構造を架橋反応により立体網目状分子構造とすることによって，その欠点であった耐熱変形性を大幅に改善した絶縁材料である.

(1)

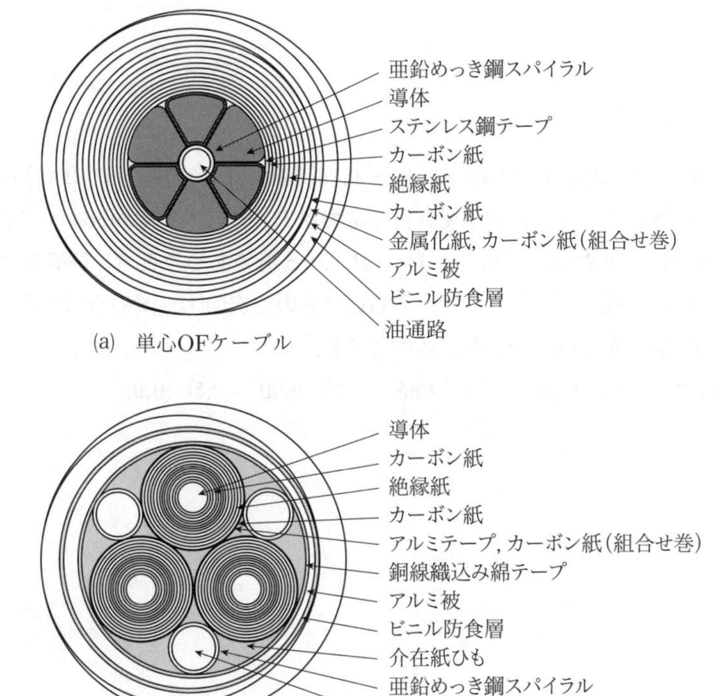

(a) 単心OFケーブル

(b) 3心OFケーブル

OFケーブルの構造

変圧器のV結線方式に関する記述として，誤っているものを次の(1)～(5)のうちから一つ選べ．

(1) 単相変圧器2台で三相が得られる．

(2) 同一の変圧器2台を使用して三相平衡負荷に供給している場合， △ 結線変圧器と比較して，出力は$\frac{\sqrt{3}}{2}$倍となる．

(3) 同一の変圧器2台を使用して三相平衡負荷に供給している場合，変圧器の利用率は$\frac{\sqrt{3}}{2}$となる．

(4) 電灯動力共用方式の場合，共用変圧器には電灯と動力の電流が加わって流れるため，一般に動力専用変圧器の容量と比較して共用変圧器の容量の方が大きい．

(5) 単相変圧器を用いた △ 結線方式と比較して，変圧器の電柱への設置が簡素化できる．

問13

三相3線式高圧配電線で力率$\cos\phi_1 = 0.76$（遅れ），負荷電力P_1 [kW] の三相平衡負荷に電力を供給している．三相平衡負荷の電力がP_2 [kW]，力率が$\cos\phi_2$（遅れ）に変化したが線路損失は変わらなかった．P_1がP_2の0.8倍であったとき，負荷電力が変化した後の力率$\cos\phi_2$（遅れ）の値として，最も近いものを次の(1)～(5)のうちから一つ選べ．ただし，負荷の端子電圧は変わらないものとする．

(1) 0.61　(2) 0.68　(3) 0.85　(4) 0.90　(5) 0.95

解12 変圧器のV結線方式の特徴に関する問題である．

変圧器1台の容量をP [kV·A] とすると，△結線の出力は$3P$ [kV·A]，V結線の出力は$\sqrt{3}P$ [kV·A]であるから，△結線に対するV結線の出力は，次のように**$\sqrt{3}/2$ではなく，$1/\sqrt{3}$になる**．

$$\frac{\sqrt{3}P}{3P}=\frac{\sqrt{3}}{3}=\frac{1}{\sqrt{3}}$$

また，変圧器の利用率は，次のように求められる．

$$\frac{\sqrt{3}P}{2P}=\frac{\sqrt{3}}{2}$$

V結線方式は，△結線方式と比較して結線が簡単であるため，柱上変圧器として広く採用されている．

電灯動力共用方式は，図に示すように，共用変圧器と専用変圧器の2台をV結線として電灯と動力の負荷に供給する方式で，専用変圧器には動力の電流しか流れないが，共用変圧器には電灯と動力の電流が流れるため，共用変圧器の容量のほうが大きい．

答 (2)

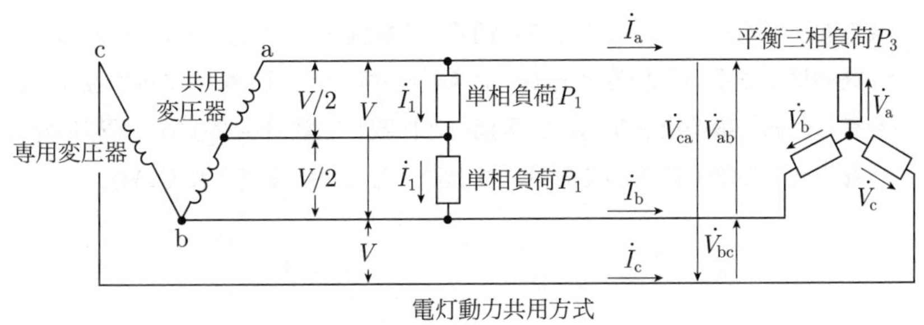

電灯動力共用方式

解13 三相3線式配電線路の線路損失が一定の場合，負荷電力が変化したあとの力率を求める計算問題である．

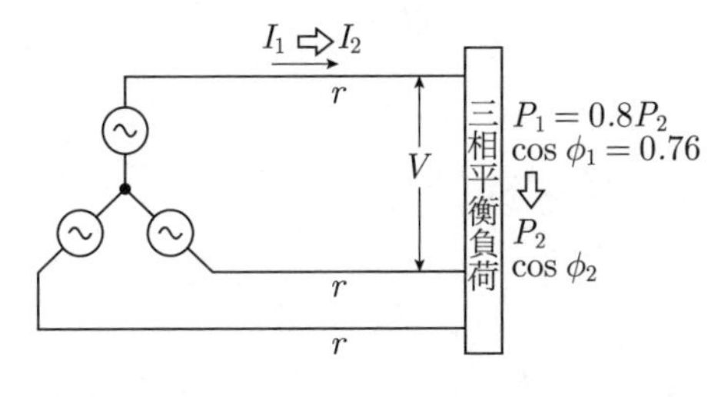

図に示すように，線間電圧をV，負荷電力変化前後の線電流をそれぞれI_1，I_2，力率をそれぞれ$\cos\phi_1$，$\cos\phi_2$とすると，負荷電力変化前後の負荷電力P_1，P_2は，

$$P_1=\sqrt{3}\,VI_1\cos\phi_1$$

$$\therefore\quad I_1=\frac{P_1}{\sqrt{3}V\cos\phi_1}$$

$$P_2=\sqrt{3}\,VI_2\cos\phi_2$$

$$\therefore\quad I_2=\frac{P_2}{\sqrt{3}V\cos\phi_2}$$

1線当たりの線路抵抗をrとすると，負荷電力変化前後の線路損失p_1，p_2は，

$$p_1=3I_1{}^2r=3\left(\frac{P_1}{\sqrt{3}V\cos\phi_1}\right)^2 r=\left(\frac{P_1}{V\cos\phi_1}\right)^2 r$$

$$p_2=3I_2{}^2r=3\left(\frac{P_2}{\sqrt{3}V\cos\phi_2}\right)^2 r=\left(\frac{P_2}{V\cos\phi_2}\right)^2 r$$

題意より，線路損失p_1，p_2は等しいため，

$$p_1=p_2$$

$$\left(\frac{P_1}{V\cos\phi_1}\right)^2 r=\left(\frac{P_2}{V\cos\phi_2}\right)^2 r$$

$$\cos\phi_2=\frac{P_2}{P_1}\cos\phi_1=\frac{P_2}{0.8P_2}\times 0.76=0.95\ (答)$$

答 (5)

変圧器に使用される鉄心材料に関する記述として，誤っているものを次の(1)～(5)のうちから一つ選べ．

(1) 鉄は，炭素の含有量を低減させることにより飽和磁束密度及び透磁率が増加し，保磁力が減少する傾向があるが，純鉄や低炭素鋼は電気抵抗が小さいため，一般に交流用途の鉄心材料には適さない．

(2) 鉄は，けい素含有量の増加に伴って飽和磁束密度及び保磁力が減少し，透磁率及び電気抵抗が増加する傾向がある．そのため，けい素鋼板は交流用途の鉄心材料に広く使用されているが，けい素含有量の増加に伴って加工性や機械的強度が低下するという性質もある．

(3) 鉄心材料のヒステリシス損は，ヒステリシス曲線が囲む面積と交番磁界の周波数に比例する．

(4) 厚さの薄い鉄心材料を積層した積層鉄心は，積層した鉄心材料間で電流が流れないように鉄心材料の表面に絶縁被膜が施されており，鉄心材料の積層方向（厚さ方向）と磁束方向とが同一方向となるときに顕著な渦電流損の低減効果が得られる．

(5) 鉄心材料に用いられるアモルファス磁性材料は，原子配列に規則性がない非結晶構造を有し，結晶構造を有するけい素鋼材と比較して鉄損が少ない．薄帯形状であることから巻鉄心形の鉄心に適しており，柱上変圧器などに使用されている．

解14 変圧器に使用される鉄心材料の特性に関する問題である．

鉄のけい素含有量が増加すると磁気特性がよくなり，飽和磁束密度や保磁力が減少し，透磁率や電気抵抗が増加する傾向がある．けい素鋼板は，鉄心材料に広く使用されているが，けい素含有量の増加に伴って加工性や機械的強度が低下する性質があるため最大5％程度で，回転機は機械的強度が要求されるため1％～3.5％程度に抑え，変圧器は4％～4.5％程度のものが使用される．

ヒステリシス損は，鉄心内の交番磁束の向きに鉄心の分子が追従して方向を変えるときに生じる摩擦損失で，1サイクルごとにヒステリシス曲線の面積に比例した損失を生じる．

ヒステリシス損は，スタインメッツの実験式で与えられ，周波数と磁束密度の2乗に比例し，鉄板の厚さに無関係である．

渦電流損は，磁束変化によって鉄心内に誘起した電圧により渦電流が流れるため，鉄板の抵抗によってジュール損失が生じる．渦電流損は板厚，周波数，磁束密度それぞれの2乗に比例し，電気抵抗率に反比例する．鉄心の抵抗率が小さいと鉄心中に渦電流が流れやすくなり，渦電流損が多くなる．渦電流損を軽減するため，変圧器の鉄心は厚さ0.3 mm～0.35 mmの薄いけい素鋼板を積み重ね，成層間を絶縁した成層鉄心を用いることにより，抵抗率を大きくして板面を貫く方向に渦電流が流れるのを防止している．つまり，鉄心材料の積層方向と**電流方向**とが同一になるときに顕著な渦電流損の低減効果が得られる．

アモルファス磁性材料は，強磁性体の鉄などに非晶質化を容易とする元素のほう素などを加え，溶融後に10^5～10^6 K/sの速さで急冷してつくられ，原子配列に規則性がない非結晶構造である．アモルファス磁性材料の代表的なものとして，Fe系とCo系がある．Fe系材料は，磁界中熱処理で高磁束密度，低損失特性を示し，主に配電用変圧器鉄心に使用されており，Co系材料は，高透磁率を利用した可飽和コアをはじめ種々の鉄心に使用されている．

アモルファス磁性材料の鉄損は，従来の方向性けい素鋼板と比較して約1/3であるため注目されており，硬い，薄い，もろいなどの点は加工技術の進歩により解決され，柱上変圧器の鉄心に実用化されている．

(4)

B問題　配点は１問題当たり(a)５点，(b)５点，計10点

問15 調整池の有効貯水量 V [m^3]，最大使用水量 10 m^3/s であって，発電機1台を有する調整池式発電所がある．

図のように，河川から調整池に取水する自然流量 Q_N は 6 m^3/s で一日中一定とする．この条件で，最大使用水量 $Q_P = 10$ m^3/s で6時間運用（ピーク運用）し，それ以外の時間は自然流量より低い一定流量で運用（オフピーク運用）して，一日の自然流量分を全て発電運用に使用するものとする．

ここで，この発電所の一日の運用中の使用水量を変化させても，水車の有効落差，水車効率，発電機効率は変わらず，それぞれ100 m，90 %，96 %で一定とする．

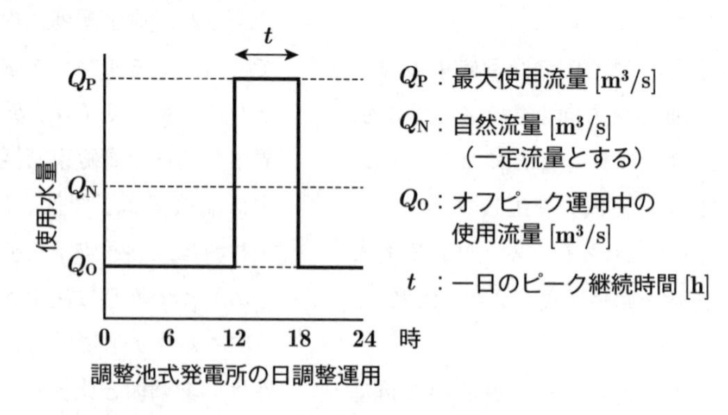

調整池式発電所の日調整運用

この条件において，次の(a)及び(b)の問に答えよ．

(a) このときの運用に最低限必要な有効貯水量 V [m^3] として，最も近いものを次の(1)～(5)のうちから一つ選べ．

(1) 86 200　(2) 86 400　(3) 86 600　(4) 86 800　(5) 87 000

(b) オフピーク運用中の発電機出力 [kW] として，最も近いものを次の(1)～(5)のうちから一つ選べ．

(1) 2 000　(2) 2 500　(3) 3 000　(4) 3 500　(5) 4 000

解15 調整池式発電所の有効貯水量とオフピーク時の発電機出力を求める計算問題である．

(a) 図に示すように，①＋②の面積がオフピーク時に調整池に貯水される量となり，③の面積が調整池からピーク時に放水する量となる．つまり，③の面積が調整池の有効貯水量 V を表し，次の関係がある．

③＝①＋②

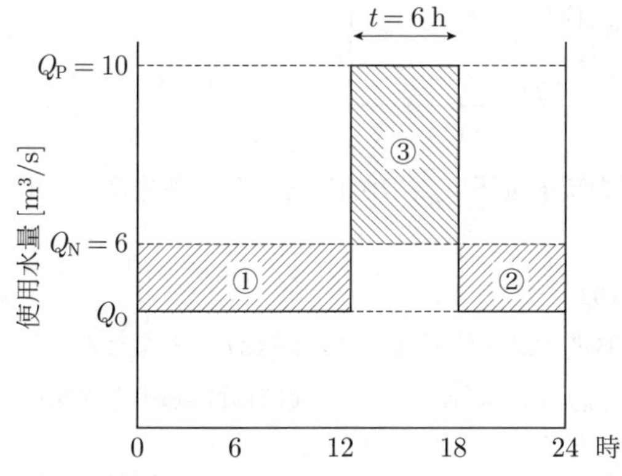

最大使用流量を Q_P [m³/s]，自然流量を Q_N [m³/s]，1日のピーク継続時間を t [h] とすると，調整池の有効貯水量 V は，次のように求められる．

$$V=(Q_P-Q_N)t\times 3\,600$$
$$=(10-6)\times 6\times 3\,600$$
$$=86\,400\ \mathrm{m^3}\quad (答)$$

(b) ③の面積が表す貯水量は $(Q_P-Q_N)t\times 3\,600\ \mathrm{m^3}$，①＋②の面積が表す貯水量は $(Q_N-Q_O)(24-t)\times 3\,600\ \mathrm{m^3}$ となるから，③＝①＋②の関係より，

$$(Q_P-Q_N)t\times 3\,600$$
$$=(Q_N-Q_O)(24-t)\times 3\,600$$
$$(10-6)\times 6=(6-Q_O)(24-6)$$

つまり，オフピーク運用中の使用流量 Q_O [m³/s] は，

$$Q_O=6-\frac{(10-6)\times 6}{24-6}=\frac{42}{9}\ \mathrm{m^3/s}$$

したがって，水車の有効落差を H [m]，水車効率を η_t，発電機効率を η_g とすると，オフピーク運用中の発電機出力 P は，次のように求められる．

$$P=9.8Q_OH\eta_t\eta_g$$
$$=9.8\times\frac{42}{9}\times 100\times 0.90\times 0.96$$
$$\fallingdotseq 3\,951\ \mathrm{kW}\fallingdotseq 4\,000\ \mathrm{kW}\quad (答)$$

答 (a)-(2)，(b)-(5)

図のように，電圧線及び中性線の各部の抵抗が0.2 Ωの単相3線式低圧配電線路において，末端のAC間に太陽光発電設備が接続されている．各部の電圧及び電流が図に示された値であるとき，次の(a)及び(b)の問に答えよ．ただし，負荷は定電流特性で力率は1，太陽光発電設備の出力（交流）は電流I [A]，力率1で一定とする．また，線路のインピーダンスは抵抗とし，図示していないインピーダンスは無視するものとする．

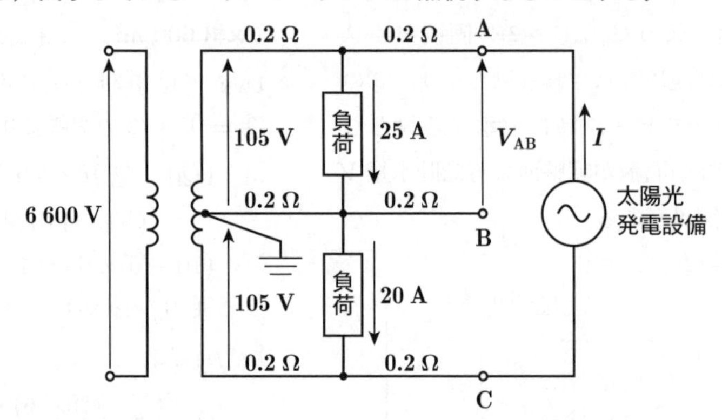

(a) 太陽光発電設備を接続する前のAB間の端子電圧V_{AB}の値[V]として，最も近いものを次の(1)～(5)のうちから一つ選べ．

(1) **96**　(2) **99**　(3) **100**　(4) **101**　(5) **104**

(b) 太陽光発電設備を接続したところ，AB間の端子電圧V_{AB} [V]が107 Vとなった．このときの太陽光発電設備の出力電流（交流）Iの値[A]として，最も近いものを次の(1)～(5)のうちから一つ選べ．

(1) **5**　(2) **15**　(3) **20**　(4) **25**　(5) **30**

解16 単相3線式配電線路に太陽光発電設備が接続される前後の電流分布と端子電圧を求める計算問題である．

(a) 図(a)に示すように，太陽光発電設備を接続する前の外側線（電圧線）に流れる電流は，それぞれ$I_{va}=I_1$，$I_{vc}=I_2$となり，中性線に流れる電流I_nは，

$$I_n=I_1-I_2=25-20=5\text{ A}$$

となるから，各線路の抵抗をr_{va}，r_{vb}，r_nと定めると，AB間の端子電圧V_{AB}は，次のように求められる．

$$\begin{aligned}V_{AB}&=105-r_{va}I_{va}-r_nI_n\\&=105-r_{va}I_1-r_nI_n\\&=105-0.2\times25-0.2\times5\\&=99\text{ V}\quad(\text{答})\end{aligned}$$

(b) 図(b)に示すように，太陽光発電設備の出力電流をIとすると，外側線（電圧線）に流れる電流は，

$$I_{va}=I_1-I=25-I\,[\text{A}]$$

$$I_{vc}=I_2-I=20-I\,[\text{A}]$$

となり，中性線に流れる電流は同様に$I_n=5$ Aであるから，AB間の端子電圧V_{AB}は，

$$\begin{aligned}V_{AB}&=105-r_{va}I_{va}-r_nI_n+r_{vA}I\\&=105-r_{va}(25-I)-r_nI_n+r_{vA}I\\&=105-0.2\times(25-I)-0.2\times5\\&\quad+0.2I\end{aligned}$$

$$\begin{aligned}107&=105-5+0.2I-1+0.2I\\&=99+0.4I\end{aligned}$$

したがって，出力電流Iは次のように求められる．

$$\therefore\quad I=\frac{107-99}{0.4}=20\text{ A}\quad(\text{答})$$

(a)-(2)，(b)-(3)

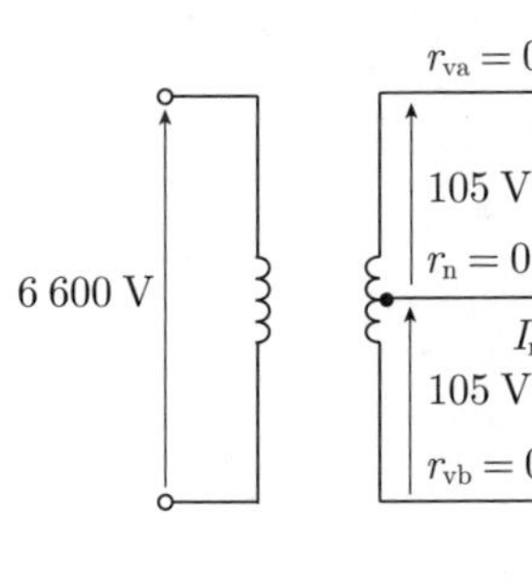

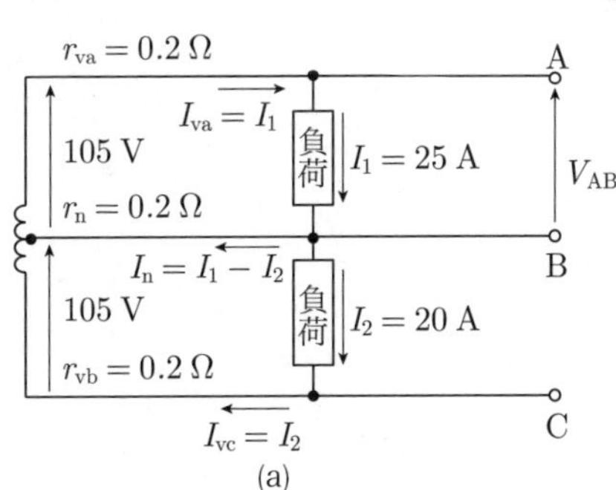

(a)

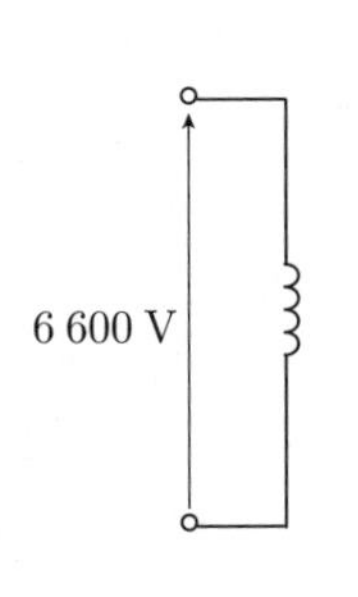

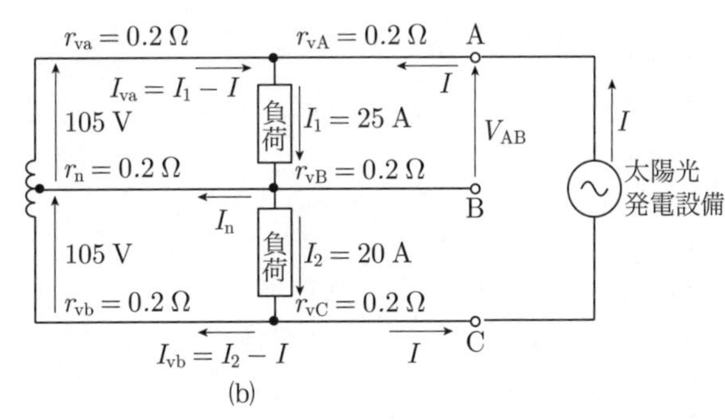

(b)

図のように，抵抗を無視できる一回線短距離送電線路のリアクタンスと送電電力について，次の(a)及び(b)の問に答えよ．ただし，一相分のリアクタンス $X = 11\ \Omega$，受電端電圧 V_r は66 kVで常に一定とする．

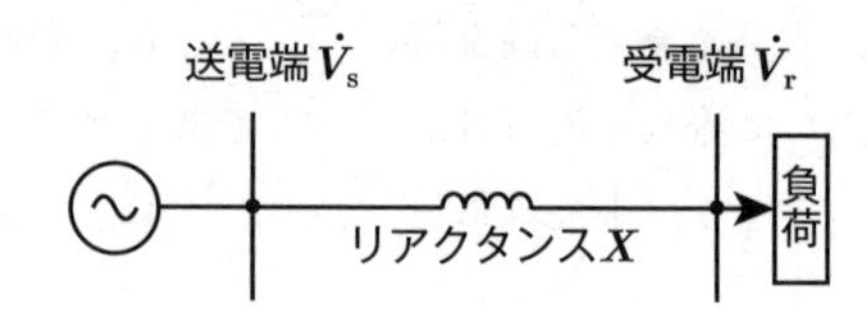

(a) 基準容量を100 MV·A，基準電圧を受電端電圧 V_r としたときの送電線路のリアクタンスをパーセント法で示した値 [%]として，最も近いものを次の(1)～(5)のうちから一つ選べ．

(1) **0.4**　(2) **2.5**　(3) **25**　(4) **40**　(5) **400**

(b) 送電電圧 V_s を66 kV，相差角（送電端電圧 $\dot{V}_s$ と受電端電圧 $\dot{V}_r$ の位相差）δ を30°としたとき，送電電力 P_s の値 [MW] として，最も近いものを次の(1)～(5)のうちから一つ選べ．

(1) **22**　(2) **40**　(3) **198**　(4) **343**　(5) **3 960**

解17 リアクタンスのオーム値からパーセントリアクタンスへの換算と送受電端電圧から送電電力を求める計算問題である．

(a) Z [Ω]のインピーダンスに基準電流（定格電流）I_B [A]を流したときに生じる電圧降下 ZI_B [V]が基準相電圧 E_B に対して何パーセントになるかを表したものをパーセントインピーダンスといい，三相回路のパーセントインピーダンス%Zは次式で表される．

$$\%Z=\frac{I_BZ}{E_B}\times100=\frac{\sqrt{3}I_BZ}{V_B}\times100\ \%$$

Z：インピーダンス[Ω]，I_B：基準電流[A]，E_B：基準相電圧[V]，V_B：基準線間電圧[V]

また，定格容量を P_B とすると，基準電流 I_B は次式で表されるから，

$$I_B=\frac{P_B}{3E_B}=\frac{P_B}{\sqrt{3}V_B}\ [\mathrm{A}]$$

パーセントインピーダンス%Zは次式で表される．

$$\%Z=\frac{\sqrt{3}I_BZ}{V_B}\times100=\frac{\sqrt{3}\,\dfrac{P_B}{\sqrt{3}V_B}Z}{V_B}\times100$$

$$=\frac{P_BZ}{{V_B}^2}\times100\ \%$$

インピーダンス Z [Ω]をリアクタンス X [Ω]に置き換えたものをパーセントリアクタンス%Xといい，リアクタンス X をパーセント法で示した値%Xは，次のように求められる．

$$\%X=\frac{P_BX}{{V_B}^2}\times100=\frac{100\times10^6\times11}{(66\times10^3)^2}\times100$$

$$\fallingdotseq 25.25\ \% \fallingdotseq 25\ \%$$ (答)

(b) 三相3線式送電線の受電端の線間電圧を V_r [V]，線路電流を I [A]，力率を $\cos\theta$ とすると，負荷電力 P は，次式で表される．

$$P=\sqrt{3}V_rI\cos\theta\ [\mathrm{W}] \quad ①$$

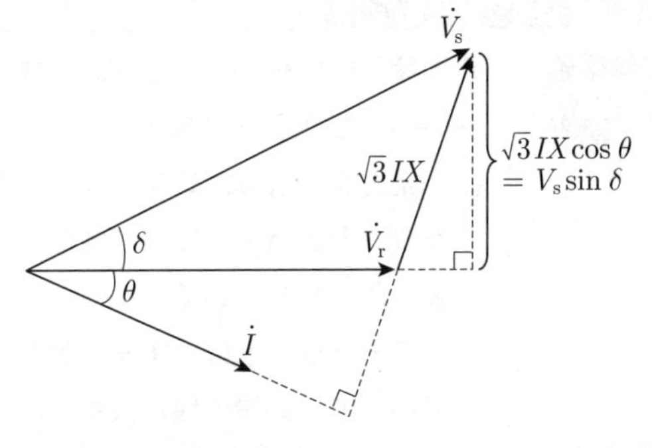

送電端の線間電圧を V_s [V]，V_s と V_r の相差角を δ，電線1線当たりのリアクタンスを X [Ω]とすると，V_s と V_r の関係は図のように表すことができ，このベクトル図より，次の関係式が求められる．

$$\sqrt{3}IX\cos\theta=V_s\sin\delta$$

$$\therefore\ \sqrt{3}I=\frac{V_s\sin\delta}{X\cos\theta} \quad ②$$

①式に②式を代入すると，負荷電力 P，つまり，受電端の負荷に供給されている送電電力 P は，次のように求められる．

$$P=V_r\frac{V_s\sin\delta}{X\cos\theta}\cos\theta=\frac{V_sV_r}{X}\sin\delta$$

$$=\frac{66\times10^3\times66\times10^3}{11}\sin30°$$

$$=198\times10^6\ \mathrm{W}=198\ \mathrm{MW}$$ (答)

答 (a)-(3)，(b)-(3)

平成29年度（2017年）電力の問題

A問題　配点は1問題当たり5点

問1　水力発電所に用いられるダムの種別と特徴に関する記述として，誤っているものを次の(1)～(5)のうちから一つ選べ．

(1) 重力ダムとは，コンクリートの重力によって水圧などの外力に耐えられるようにしたダムであって，体積が大きくなるが構造が簡単で安定性が良い．我が国では，最も多く用いられている．

(2) アーチダムとは，水圧などの外力を両岸の岩盤で支えるようにアーチ型にしたダムであって，両岸の幅が狭く，岩盤が丈夫なところに作られ，コンクリートの量を節減できる．

(3) ロックフィルダムとは，岩石を積み上げて作るダムであって，内側には，砂利，アスファルト，粘土などが用いられている．ダムは大きくなるが，資材の運搬が困難で建設地付近に岩石や砂利が多い場所に適している．

(4) アースダムとは，土壌を主材料としたダムであって，灌漑（かんがい）用の池などを作るのに適している．基礎の地質が，岩などで強固な場合にのみ採用される．

(5) 取水ダムとは，水路式発電所の水路に水を導入するため河川に設けられるダムであって，ダムの高さは低く，越流形コンクリートダムなどが用いられている．

●試験時間 90分
●必要解答数 A問題14題，B問題3題

解1 水力発電所に用いられるダムの種類と特徴に関する問題である．

河川または渓谷などを横断して，流水の貯留，取水，水位調整および土砂止めなどのために築造される工作物をダムと呼んでおり，コンクリートダムとフィルタイプダムに分類される．

コンクリートダムは，発電用として最も多く用いられており，重力ダム，バットレスダム，中空重力ダム，アーチダムなどがある．

フィルタイプダムは，コンクリート重力ダムと同様に，重力によって外力に抵抗するダムで，アースダムとロックフィルダムとがある．

アースダムは，図に示すように，土壌を主材料としたダムで，かんがい用の池などをつくるのに適しており，コンクリートダムに比較して荷重を広い地盤に伝えるため，**基礎の地質が強固でなくても**構築することができる．越流に弱いので非越流部の高さを大きくする必要があり，不等沈下に注意しなければならない．よって，(4)が誤りである．

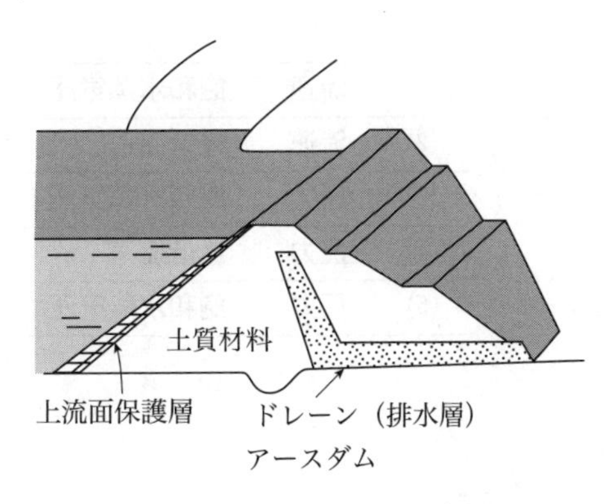

アースダム

(4)

問2 次の文章は，水車のキャビテーションに関する記述である．

運転中の水車の流水経路中のある点で［(ア)］が低下し，そのときの［(イ)］以下になると，その部分の水は蒸発して流水中に微細な気泡が発生する．その気泡が［(ア)］の高い箇所に到達すると押し潰され消滅する．このような現象をキャビテーションという．水車にキャビテーションが発生すると，ランナやガイドベーンの壊食，効率の低下，［(ウ)］の増大など水車に有害な現象が現れる．

吸出し管の高さを［(エ)］することは，キャビテーションの防止のため有効な対策である．

上記の記述中の空白箇所(ア)，(イ)，(ウ)及び(エ)に当てはまる組合せとして，正しいものを次の(1)～(5)のうちから一つ選べ．

	(ア)	(イ)	(ウ)	(エ)
(1)	流速	飽和水蒸気圧	吸出し管水圧	低く
(2)	流速	最低流速	吸出し管水圧	高く
(3)	圧力	飽和水蒸気圧	吸出し管水圧	低く
(4)	圧力	最低流速	振動や騒音	高く
(5)	圧力	飽和水蒸気圧	振動や騒音	低く

解2　水車のキャビテーションとその防止対策に関する問題である．

水車のキャビテーションは，ランナ羽根の裏面，吸出し管入口などの水に触れる機械部分の表面および表面近くにおいて，水に満たされない空洞（気泡）が生じる現象で，この空洞は，水車の流水中のある点の**圧力**が低下して，そのときの水温の**飽和水蒸気圧**以下に低下することにより，その部分の水が蒸発して水蒸気となり，その結果，流水中に微細な気泡が生じることにより発生する．

キャビテーションが発生する条件は，水車内のある点における圧力水頭を H_P [m]，ある水温における飽和蒸気圧に相当する圧力水頭を H_V [m] とすると，$H_P < H_V$ になった場合に発生する．

ここで H_P は，放水面の大気圧を H_a [m]，水車の吸出し高さを H_s [m]，吸出し管出口の平均流速を v [m/s] とすると，

$$H_P = H_a - H_s + \frac{v^2}{2g} \text{ [m]}$$

と表されるので，

$$H_a - H_s + \frac{v^2}{2g} < H_V$$

$$H_a - H_s - H_V + \frac{v^2}{2g} < 0$$

キャビテーションによって発生した気泡は流水とともに流れ，**圧力**の高い箇所に到達すると押し潰されて崩壊し，大きな衝撃力が生じる．

キャビテーションが発生すると，流水に接するランナ，ガイドベーン，バケット，ケーシング，吸出し管などの金属面を壊食（浸食）したり，水車の効率や出力の低下，また，水車に**振動や騒音**を発生させるなどの有害な現象が現れる．

キャビテーションの防止対策は次のとおりで，吸出し管の吸出し高さを**低く**することはキャビテーションの防止のための有効な対策の一つである．

① 吸出し管が設置される反動水車では，吸出し管の吸出し高さをあまり高くしないように適切に選定する

② 比速度を大きくしない

③ 吸出し管上部に適当な量の空気を入れる

④ 部分負荷運転を避ける

⑤ ランナなどに浸食に強い材料を使用する

答　(5)

火力発電所の環境対策に関する記述として，誤っているものを次の(1)～(5)のうちから一つ選べ.

(1) 接触還元法は，排ガス中にアンモニアを注入し，触媒上で窒素酸化物を窒素と水に分解する.

(2) 湿式石灰石（石灰）-石こう法は，石灰と水との混合液で排ガス中の硫黄酸化物を吸収・除去し，副生品として石こうを回収する.

(3) 二段燃焼法は，燃焼用空気を二段階に分けて供給し，燃料過剰で一次燃焼させ，二次燃焼域で不足分の空気を供給し燃焼させ，窒素酸化物の生成を抑制する.

(4) 電気集じん器は，電極に高電圧をかけ，コロナ放電で放電電極から放出される負イオンによってガス中の粒子を帯電させ，分離・除去する.

(5) 排ガス混合（再循環）法は，燃焼用空気に排ガスの一部を再循環，混合して燃焼温度を上げ，窒素酸化物の生成を抑制する.

解3 火力発電所の環境対策のうち，大気汚染対策に関する問題である．

火力発電所の燃焼に伴う大気汚染物質は，硫黄酸化物，窒素酸化物などの気体状物質と，固形物質であるすす，飛散灰分などのばいじんに大別される．

このうち窒素酸化物は次のようなメカニズムで発生する．

高温で燃焼を行う装置は，燃焼用空気に含まれる窒素と酸素の一部が反応して窒素酸化物（サーマルNO_x）が生成される．また，燃料中に含まれる窒素も燃焼の際にその一部が酸素と反応し窒素酸化物（フューエルNO_x）になる．窒素酸化物の発生は，燃焼温度が高いほど，また，過剰空気が多いほど多くなる．

窒素酸化物の発生防止対策としては，過剰空気率の低減，二段燃焼法の採用，排ガス再循環法の採用，低NO_xバーナの採用などが行われている．

排出防止対策は，煙道に排煙脱硝装置を設置し，排ガス中の窒素酸化物を除去する方法が行われている．

排ガス混合（再循環）法は，排ガスの一部を二次空気に混合して供給したり，直接バーナ付近に供給して燃焼用空気のO_2濃度低減を図り，**燃焼温度を下げて**窒素酸化物の生成を抑制する方法である．よって，(5)が誤りである．

(5)

問4 原子力発電に用いられる M [g] のウラン235を核分裂させたときに発生するエネルギーを考える．ここで想定する原子力発電所では，上記エネルギーの30 %を電力量として取り出すことができるものとし，この電力量をすべて使用して，揚水式発電所で揚水できた水量は90 000 m^3であった．このときのMの値[g]として，最も近い値を次の(1)～(5)のうちから一つ選べ．

ただし，揚水式発電所の揚程は240 m，揚水時の電動機とポンプの総合効率は84 %とする．また，原子力発電所から揚水式発電所への送電で生じる損失は無視できるものとする．

なお，計算には必要に応じて次の数値を用いること．

核分裂時のウラン235の質量欠損0.09 %

ウランの原子番号92

真空中の光の速度3.0×10^8 m/s

(1) 0.9　(2) 3.1　(3) 7.3　(4) 8.7　(5) 10.4

解4 揚水発電所の揚水を原子力発電所の核分裂エネルギーで行う場合のウラン質量を求める計算問題である．

M [g]のウラン235が核分裂したときのエネルギーEは，質量欠損をΔmとするとアインシュタインの式より，次のように求められる．

$$E = \Delta mc^2$$

また，原子力発電所の熱効率をηとし，揚水時間t [s]間発電したとすると，発電電力Pは，次のように求められる．

$$P = \frac{E\eta}{t} = \frac{\Delta mc^2\eta}{t}\ [\mathrm{W}] \qquad ①$$

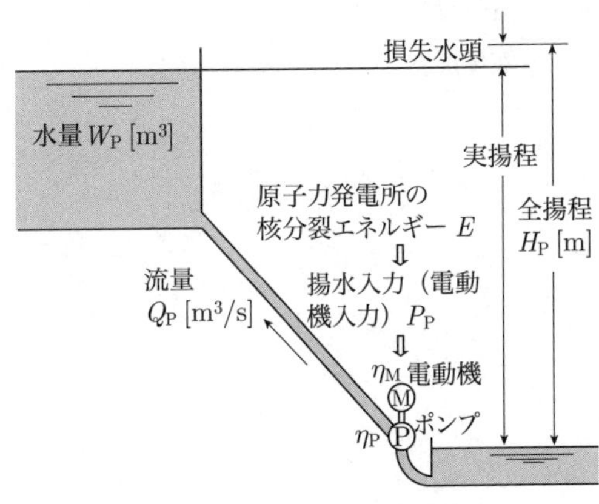

一方，図に示すように，全揚程をH_P [m]，揚水量をQ_P [m³/s]，電動機とポンプの総合効率を$\eta_M\eta_P$とすると，揚水入力P_Pは次のように求められる．

$$P_P = \frac{9.8Q_PH_P}{\eta_M\eta_P}\ [\mathrm{kW}]$$

さらに，揚水できた水量をW_P [m³]，揚水時間をt [s]とすると，揚水量Q_Pは，

$$Q_P = \frac{W_P}{t}\ [\mathrm{m^3/s}]$$

と表されるため，揚水入力P_Pは次式で表される．

$$P_P = \frac{9.8Q_PH_P}{\eta_M\eta_P} = \frac{9.8\dfrac{W_P}{t}H_P}{\eta_M\eta_P}$$

$$= \frac{9.8W_PH_P}{\eta_M\eta_Pt}\ [\mathrm{kW}] \qquad ②$$

①式と②式を等しいとおき，Mを求めると，

$$\frac{\Delta mc^2\eta}{t} = \frac{9.8W_PH_P}{\eta_M\eta_Pt}\times10^3$$

$$\frac{0.09\times10^{-2}\times M\times10^{-3}\times(3\times10^8)^2\times0.3}{t}$$

$$= \frac{9.8\times90\,000\times240}{0.84t}\times10^3$$

$$\therefore\ M = \frac{9.8\times90\,000\times240\times10^3}{0.09\times10^{-5}\times(3.0\times10^8)^2\times0.3\times0.84}$$

$$\fallingdotseq 10.4\ \mathrm{g}\ \text{(答)}$$

答 (5)

理論 電力 機械 法規 令和5上(2023) 令和4下(2022) 令和4上(2022) 令和3(2021) 令和2(2020) 令和元(2019) 平成30(2018) 平成29(2017) 平成28(2016) 平成27(2015)

次の文章は，地熱発電及びバイオマス発電に関する記述である．

地熱発電は，地下から取り出した (ア) によってタービンを回して発電する方式であり，発電に適した地熱資源は (イ) に多く存在する．

バイオマス発電は，植物や動物が生成・排出する (ウ) から得られる燃料を利用する発電方式である．燃料の代表的なものには，木くずから作られる固形化燃料や，家畜の糞から作られる (エ) がある．

上記の記述中の空白箇所(ア)，(イ)，(ウ)及び(エ)に当てはまる組合せとして，正しいものを次の(1)～(5)のうちから一つ選べ．

	(ア)	(イ)	(ウ)	(エ)
(1)	蒸気	火山地域	有機物	液体燃料
(2)	熱水の流れ	平野部	無機物	気体燃料
(3)	蒸気	火山地域	有機物	気体燃料
(4)	蒸気	平野部	有機物	気体燃料
(5)	熱水の流れ	火山地域	無機物	液体燃料

解5 地熱発電とバイオマス発電の原理に関する問題である．

地下のマグマなどの熱によって加熱された地下水は，高温の熱水または蒸気となっており，そこから高温・高圧の蒸気を取り出してその**蒸気**でタービンを回し，発電を行う方法が地熱発電である．発電に適した地熱資源は**火山地域**に多く存在する．

岩石が溶けた状態になっているマグマの一部は地表に上昇し，地表から数キロメートルの地殻内部にマグマだまりをつくる．このマグマだまりからの熱またはマグマだまりから分離した高温のガス・蒸気によって地下水が加熱され，高温の熱水または蒸気（地熱流体）が生成される（これを地熱貯留槽という）．この地熱貯留槽に向かって抗井を掘り，地表に高温・高圧の蒸気を取り出してその蒸気でタービンを回し，発電を行う．

石油や石炭などの化石燃料以外の植物などの生命体（バイオマス）から得られた有機物をエネルギー源として発電する方法をバイオマス発電という．

バイオマス発電は，植物や動物が生成・排出する**有機物**から得られる燃料を利用し，燃料の代表的なものには木くずからつくられる固形化燃料や家畜の糞からつくられる**気体燃料**がある．

(3)

電力系統で使用される直流送電系統の特徴に関する記述として，誤っているものを次の(1)～(5)のうちから一つ選べ．

(1) 直流送電系統は，交流送電系統のように送電線のリアクタンスなどによる発電機間の安定度の問題がないため，長距離・大容量送電に有利である．

(2) 一般に，自励式交直変換装置では，運転に伴い発生する高調波や無効電力の対策のために，フィルタや調相設備の設置が必要である．一方，他励式交直変換装置では，自己消弧形整流素子を用いるため，フィルタや調相設備の設置が不要である．

(3) 直流送電系統では，大地帰路電流による地中埋設物の電食や直流磁界に伴う地磁気測定への影響に注意を払う必要がある．

(4) 直流送電系統では，交流送電系統に比べ，事故電流を遮断器により遮断することが難しいため，事故電流の遮断に工夫が行われている．

(5) 一般に，直流送電系統の地絡事故時の電流は，交流送電系統に比べ小さいため，がいしの耐アーク性能が十分な場合，がいし装置からアークホーンを省くことができる．

解6 直流送電の特徴に関する問題である.

直流送電方式は，図に示すように，交流電力を変圧器で昇圧したあと，順変換器で直流に変換して直流送電線路を通じて送電し，受電端で逆変換器によって交流に変換する方式である．受電端では無効電力を供給するため電力用コンデンサや同期調相機などの調相設備が設置される.

交流送電方式と比較した直流送電方式の利点と欠点は次のとおりである.

(1) **利点**

① 安定度の問題がなく，長距離・大容量送電に適する.

② 無効電流による損失がなく，ケーブルでは誘電損がないので送電損失が少ない.

③ 充電電流がなく，また，フェランチ効果がないので電力ケーブルの使用に適する.

④ 周波数の異なる交流系統の連系が可能である.

⑤ 直流連系しても短絡容量が増加しない.

⑥ 導体は2条でよく，送電線路の建設費が安い.

⑦ 直流系統の絶縁は，交流系統に比べて電圧の最大値と実効値が等しく，絶縁強度の低減が可能であるので絶縁設計上有利である.

⑧ 変換器は静止器であるため，電力潮流調整が迅速に行える.

(2) **欠点**

① 交直変換装置や無効電力供給設備が必要である.

② 交直変換器の位相制御のため力率が低下するので調相設備が必要である.

③ 大地帰路方式は，電食を起こすおそれがある.

④ 交直変換装置から高調波が発生するので，フィルタを設置するなどの高調波障害対策が必要である.

⑤ 高電圧・大電流の直流遮断がむずかしい.

⑥ 電力系統構成の自由度が低い.

⑦ 電圧の変成が容易にできない.

したがって，他励式交直変換装置の場合も，出力波形が完全に正弦波でなくひずみがあると高調波が生じるためフィルタが必要であり，また，受電端では無効電力を供給するため，調相設備が設置されることから(2)が誤りである.

(2)

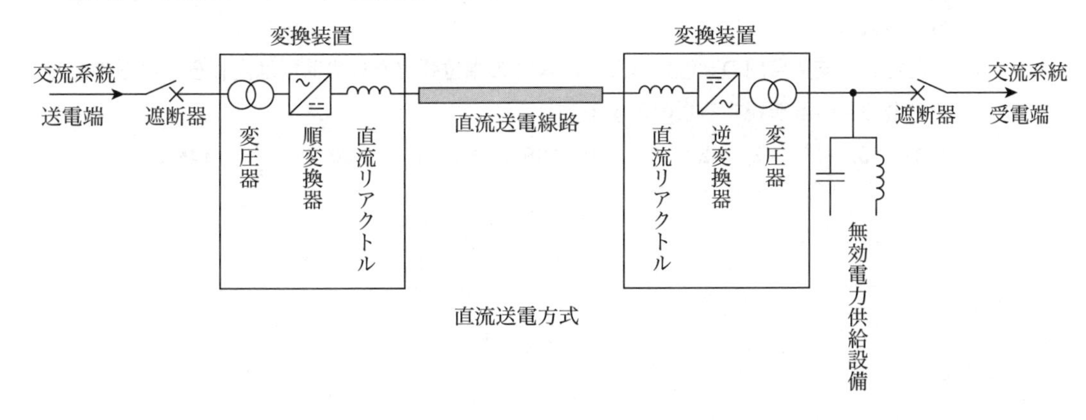

直流送電方式

問7

次の文章は，変圧器のY-Y結線方式の特徴に関する記述である．

一般に，変圧器のY-Y結線は，一次，二次側の中性点を接地でき，1線地絡などの故障に伴い発生する (ア) の抑制，電線路及び機器の絶縁レベルの低減，地絡故障時の (イ) の確実な動作による電線路や機器の保護等，多くの利点がある．

一方，相電圧は (ウ) を含むひずみ波形となるため，中性点を接地すると， (ウ) 電流が線路の静電容量を介して大地に流れることから，通信線への (エ) 障害の原因となる等の欠点がある．このため， (オ) による三次巻線を設けて，これらの欠点を解消する必要がある．

上記の記述中の空白箇所(ア)，(イ)，(ウ)，(エ)及び(オ)に当てはまる組合せとして，正しいものを次の(1)～(5)のうちから一つ選べ．

	(ア)	(イ)	(ウ)	(エ)	(オ)
(1)	異常電流	避雷器	第二調波	静電誘導	△結線
(2)	異常電圧	保護リレー	第三調波	電磁誘導	Y結線
(3)	異常電圧	保護リレー	第三調波	電磁誘導	△結線
(4)	異常電圧	避雷器	第三調波	電磁誘導	△結線
(5)	異常電流	保護リレー	第二調波	静電誘導	Y結線

問8

支持点間が180 m，たるみが3.0 mの架空電線路がある．

いま架空電線路の支持点間を200 mにしたとき，たるみを4.0 mにしたい．電線の最低点における水平張力をもとの何[%]にすればよいか．最も近いものを次の(1)～(5)のうちから一つ選べ．

ただし，支持点間の高低差はなく，電線の単位長当たりの荷重は変わらないものとし，その他の条件は無視するものとする．

(1) 83.3　(2) 92.6　(3) 108.0　(4) 120.0　(5) 148.1

解7　Y-Y結線方式の特徴に関する問題である．

変圧器の結線方式には，Y-Y結線，△-△結線，Y-△結線，△-Y結線，V-V結線，Y-Y-△結線がある．

このうちY-Y結線は，一次，二次間に角変位がなく，一次，二次側の中性点を接地できるため，1線地絡などの故障に伴い発生する**異常電圧**の抑制，機器の絶縁レベルの低減，地絡故障時の**保護リレー**の確実な動作による機器の保護などの利点がある．

一方，相電圧は，**第3調波**を含むひずみ波となるため中性点を接地すると**第3調波**電流が大地に流れることから，通信線への**電磁誘導**障害の原因となるなどの欠点があり，Y-Y結線は採用されない．このため，△**結線**による三次巻線を設けてY-Y-△結線として第3調波電流を△結線三次巻線に環流させ，電圧のひずみをなくしている．

△-△結線は，一次・二次間に角変位がなく，△巻線内で第3調波電流が環流するので電圧波形にひずみを生じにくい利点がある．また，単相器3台を使用している場合，1相分の巻線が故障してもV-V結線として運転できる．しかし，中性点が接地できないので地絡保護ができない欠点がある．

Y-△結線または△-Y結線は，Y結線の中性点が接地できるので地絡保護，異常電圧の抑制が容易である．しかし，一次，二次間に30°の角変位があり，△結線側は中性点を接地することができない．Y-△結線は配電用変電所などの降圧用，△-Y結線は発電所の昇圧用として一般的に用いられている．

(3)

解8　電線のたるみに関する計算問題である．

径間をS [m]，電線の最低点における水平張力をT [N]，電線質量による単位長さ当たりの荷重をw [N/m]とすると，電線のたるみDは次式で表される．

$$D = \frac{wS^2}{8T}\ [\mathrm{m}]$$

図に示すように，径間が180 m，たるみが3.0 mの場合を添字1，径間が200 m，たるみが4.0 mの場合を添字2とする．

電線質量による単位長さ当たりの荷重wはどちらの場合も同じであるから，径間が180 m，たるみが3.0 mの場合からwを求めると，

$$D_1 = \frac{wS_1^2}{8T_1}$$

$$\therefore\quad w = \frac{8D_1T_1}{S_1^2}$$

径間が200 m，たるみが4.0 mの場合の水平張力T_2は，

$$T_2 = \frac{wS_2^2}{8D_2} = \frac{\dfrac{8D_1T_1}{S_1^2}S_2^2}{8D_2} = \frac{D_1S_2^2}{D_2S_1^2}T_1$$

$$= \frac{3.0\times200^2}{4.0\times180^2}T_1$$

$$\fallingdotseq 0.926T_1$$

よって，92.6 %にすればよい．(答)

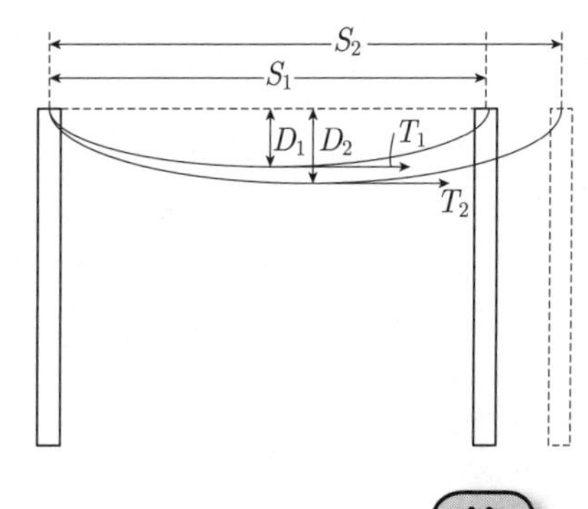

答　(2)

次の文章は，架空送電に関する記述である．

鉄塔などの支持物に電線を固定する場合，電線と支持物は絶縁する必要がある．その絶縁体として代表的なものに懸垂がいしがあり，(ア)に応じて連結数が決定される．

送電線への雷の直撃を避けるために設置される(イ)を架空地線という．架空地線に直撃雷があった場合，鉄塔から電線への逆フラッシオーバを起こすことがある．これを防止するために，鉄塔の(ウ)を小さくする対策がとられている．

発電所や変電所などの架空電線の引込口や引出口には避雷器が設置される．避雷器に用いられる酸化亜鉛素子は(エ)抵抗特性を有し，雷サージなどの異常電圧から機器を保護する．

上記の記述中の空白箇所(ア)，(イ)，(ウ)及び(エ)に当てはまる組合せとして，正しいものを次の(1)～(5)のうちから一つ選べ．

	(ア)	(イ)	(ウ)	(エ)
(1)	送電電圧	裸電線	接地抵抗	非線形
(2)	送電電圧	裸電線	設置間隔	線形
(3)	許容電流	絶縁電線	設置間隔	線形
(4)	許容電流	絶縁電線	接地抵抗	非線形
(5)	送電電圧	絶縁電線	接地抵抗	非線形

解9 架空送電線路の構成要素の構造や設置目的に関する問題である．

懸垂がいしは，(a)図に示すように，**送電電圧**に応じて適当な個数を連結して使用するもので，連結した個々のがいしが同時に不良となることが少ないので信頼度が高く，最も多く使用されている．

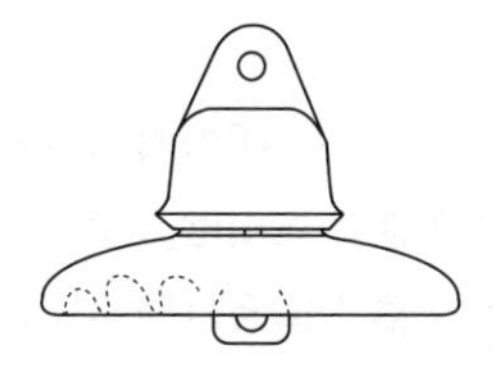

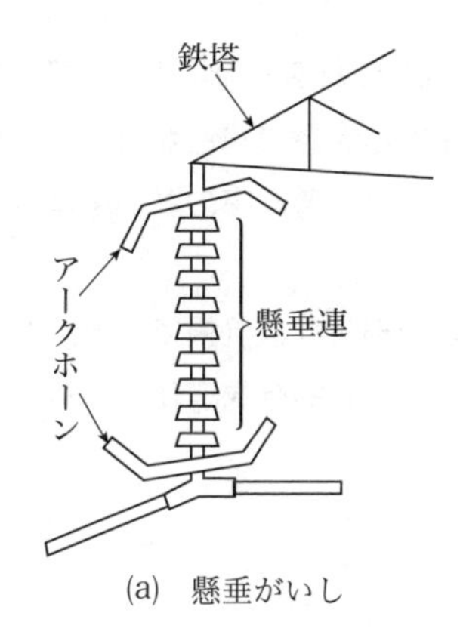

(a) 懸垂がいし

架空地線は，送電線の上部に設けられた接地された金属線のことで，雷の架空電線への直撃雷を防止することを目的に，架空電線を遮へいするために設置される．亜鉛めっき鋼より線やアルミ被鋼線などの**裸電線**を用いる．鉄塔からの逆フラッシオーバを防止するためには，鉄塔の**接地抵抗**を小さくする必要がある．

避雷器には，炭化けい素（SiC）素子や酸化亜鉛（ZnO）素子などが用いられる．このうち酸化亜鉛（ZnO）素子は，(b)図に示すように，微小電流から大電流サージ領域まで**非線形**抵抗特性を有しており，その特性が優れているためサージ処理能力も高く，さらに，平常の運転電圧ではマイクロアンペアオーダの電流しか流れず，実質的に絶縁物となるので直列ギャップが不要となる．

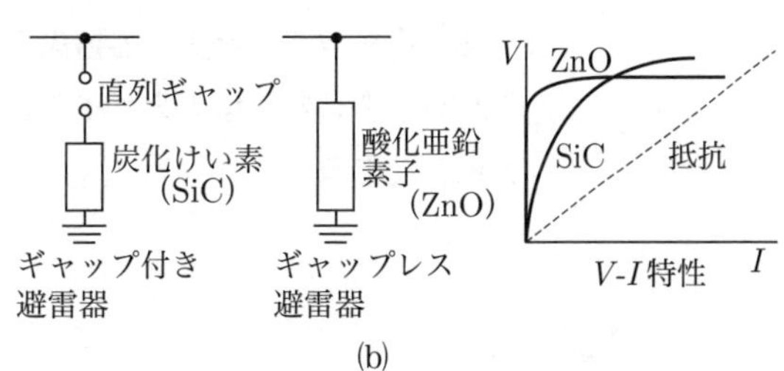

(b)

答 (1)

理論 電力 機械 法規
令和5上 (2023) 令和4下 (2022) 令和4上 (2022) 令和3 (2021) 令和2 (2020) 令和元 (2019) 平成30 (2018) 平成29 (2017) 平成28 (2016) 平成27 (2015)

交流の地中送電線路に使用される電力ケーブルで発生する損失に関する記述として，誤っているものを次の(1)～(5)のうちから一つ選べ．

(1) 電力ケーブルの許容電流は，ケーブル導体温度がケーブル絶縁体の最高許容温度を超えない上限の電流であり，電力ケーブル内での発生損失による発熱量や，ケーブル周囲環境の熱抵抗，温度などによって決まる．

(2) 交流電流が流れるケーブル導体中の電流分布は，表皮効果や近接効果によって偏りが生じる．そのため，電力ケーブルの抵抗損では，ケーブルの交流導体抵抗が直流導体抵抗よりも増大することを考慮する必要がある．

(3) 交流電圧を印加した電力ケーブルでは，電圧に対して同位相の電流成分がケーブル絶縁体に流れることにより誘電体損が発生する．この誘電体損は，ケーブル絶縁体の誘電率と誘電正接との積に比例して大きくなるため，誘電率及び誘電正接の小さい絶縁体の採用が望まれる．

(4) シース損には，ケーブルの長手方向に金属シースを流れる電流によって発生するシース回路損と，金属シース内の渦電流によって発生する渦電流損とがある．クロスボンド接地方式の採用はシース回路損の低減に効果があり，導電率の高い金属シース材の採用は渦電流損の低減に効果がある．

(5) 電力ケーブルで発生する損失のうち，最も大きい損失は抵抗損である．抵抗損の低減には，導体断面積の大サイズ化のほかに分割導体，素線絶縁導体の採用などの対策が有効である．

解10 電力ケーブルで発生する損失に関する問題である．

電力ケーブルに生じる損失には，導体内に発生する抵抗損，絶縁体（誘電体）内に発生する誘電損，鉛被などの金属シースに発生するシース損がある．

ケーブルの絶縁体の等価回路とそのベクトル図を描くと次のようになる．

相電圧を E [V]，線間電圧を V [V]，周波数を f [Hz]，1線当たりの静電容量を C [F/m]，ケーブルのこう長を l [m]とすると，3線合計の誘電損 W_{d} は次式で表される．

$$W_{\mathrm{d}} = 2\pi fClV^2 \tan\delta \text{ [W]}$$

ケーブルに交流電圧を印加した際に流れる電流は，本来はケーブルの静電容量に印加される電圧とは位相が90°進んだ無効分電流 $\dot{I}_C$ であるが，誘電損に相当する電圧と同相の有効分電流 $\dot{I}_R$ もわずかながら流れ，その合成が充電電流 $\dot{I}$ となっている．つまり，誘電損はケーブルの絶縁体に交流電圧が印加されたとき，その絶縁体に流れる電流のうち，電圧と同相の有効分電流により発生する．

シース損のうち，線路の長手方向に流れる電流によって発生するシース回路損と，金属シース内に発生する渦電流損がある．

単心ケーブルのシース電流を抑制する方法としては，適当な間隔をおいてシースを電気的に絶縁し，シース電流が逆方向となるように単心ケーブルのシースを接続（接続線をクロスボンドという）して，各相のシース電流を打ち消しあうようにする，クロスボンド接地方式の採用がシース損の低減に効果的であるが，**導電率の高い金属シース材を採用すると，渦電流が流れやすくなって，渦電流損が増加する**．よって，(4)が誤りである．

答 (4)

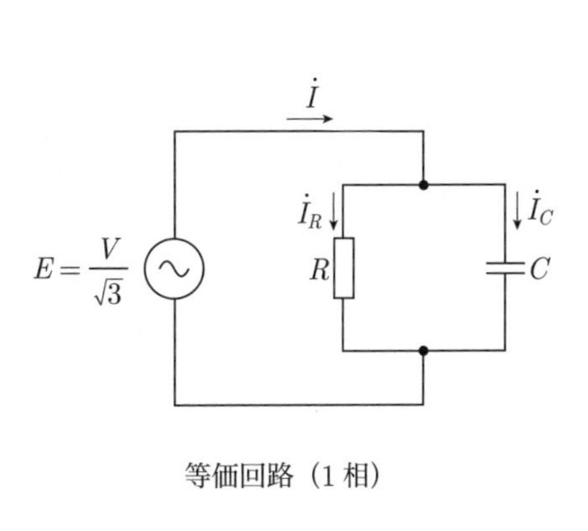

等価回路（1 相）

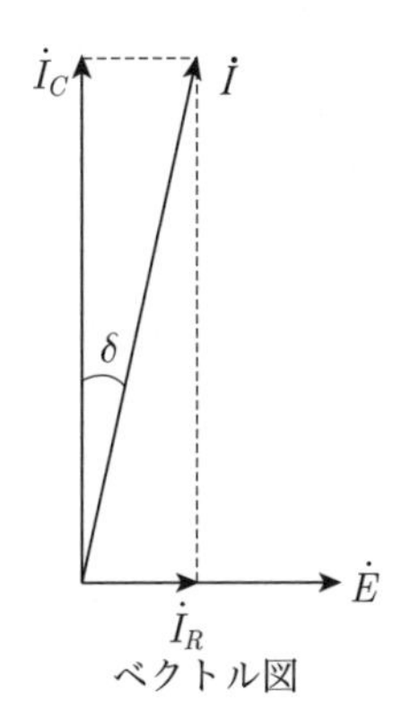

ベクトル図

問11 回路図のような単相2線式及び三相4線式のそれぞれの低圧配電方式で，抵抗負荷に送電したところ送電電力が等しかった.

このときの三相4線式の線路損失は単相2線式の何[%]となるか．最も近いものを次の(1)～(5)のうちから一つ選べ.

ただし，三相4線式の結線はY結線で，電源は三相対称，負荷は三相平衡であり，それぞれの低圧配電方式の1線当たりの線路抵抗 r，回路図に示す電圧 V は等しいものとする．また，線路インダクタンスは無視できるものとする.

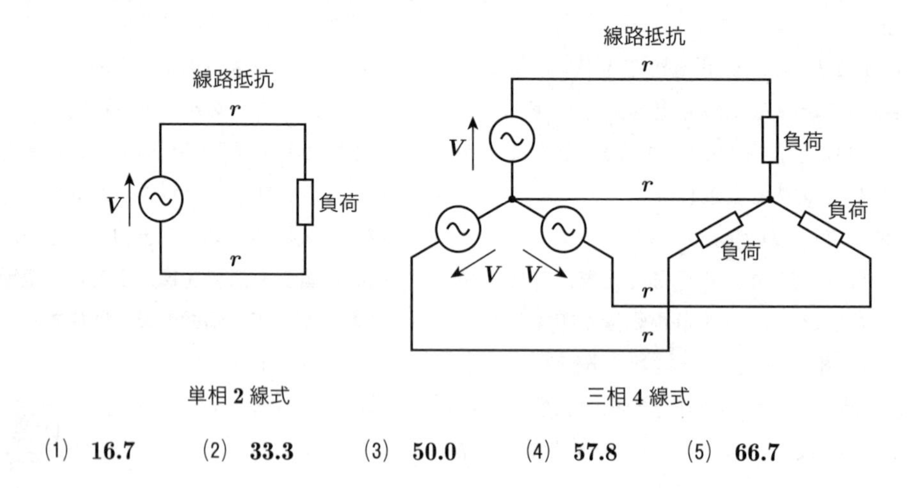

(1) **16.7**　(2) **33.3**　(3) **50.0**　(4) **57.8**　(5) **66.7**

解11 単相2線式と三相4線式の線路損失の比較に関する計算問題である．

単相2線式の添字を1，三相4線式の添字を3とし，線電流をI_1，I_3とする．

各配電方式の送電電力P_1，P_3は，それぞれ次式で表される．

$$P_1 = VI_1$$

$$P_3 = 3VI_3$$

両者の送電電力は等しいため，

$$P_1 = P_3$$

$$VI_1 = 3VI_3$$

$$\therefore \quad I_3 = \frac{I_1}{3}$$

単相2線式の線路損失p_1は次式で表されるから，

$$p_1 = 2I_1{}^2 r$$

$$\therefore \quad I_1{}^2 = \frac{p_1}{2r} \qquad ①$$

したがって，三相4線式の線路損失p_3は，

$$p_3 = 3I_3{}^2 r = 3\left(\frac{I_1}{3}\right)^2 r = \frac{I_1{}^2}{3} r$$

①式を代入すると，

$$p_3 = \frac{1}{3} \times \frac{p_1}{2r} r = \frac{p_1}{6} \fallingdotseq 0.167 p_1$$

よって，三相4線式の線路損失は，単相2線式の線路損失の16.7％となる．

 (1)

次の文章は，我が国の高低圧配電系統における保護について述べた文章である．

6.6 kV 高圧配電線路は，60 kV 以上の送電線路や送電用変圧器に比べ，電線路や変圧器の絶縁が容易であるため，故障時に健全相の電圧上昇が大きくなっても特に問題にならない．また，1線地絡電流を［(ア)］するため［(イ)］方式が採用されている．

一般に，多回線配電線路では地絡保護に地絡方向継電器が用いられる．これは，故障時に故障線路と健全線路における地絡電流が［(ウ)］となることを利用し，故障回線を選択するためである．

低圧配電線路で短絡故障が生じた際の保護装置として［(エ)］が挙げられるが，これは，通常，柱上変圧器の［(オ)］側に取り付けられる．

上記の記述中の空白箇所(ア)，(イ)，(ウ)，(エ)及び(オ)に当てはまる組合せとして，正しいものを次の(1)～(5)のうちから一つ選べ．

	(ア)	(イ)	(ウ)	(エ)	(オ)
(1)	大きく	非接地	逆位相	高圧カットアウト	二次
(2)	大きく	接地	逆位相	ケッチヒューズ	一次
(3)	小さく	非接地	逆位相	高圧カットアウト	一次
(4)	小さく	接地	同位相	ケッチヒューズ	一次
(5)	小さく	非接地	同位相	高圧カットアウト	二次

解12 高低圧配電系統における保護に関する問題である．

わが国の高圧配電線は，1線地絡事故時の地絡電流が十数アンペア程度と**小さい**ため，主として通信線への電磁誘導障害の抑制と高低圧混触時における低圧回路の電位上昇の抑制を目的に中性点**非接地**方式が採用されている．

配電線の1線に地絡事故が発生すると，事故相の対地電圧は低下する一方，健全相の対地電圧は上昇し，EVTの二次側には零相電圧が発生する．配電線が1回線の場合は，この零相電圧を検出して地絡保護することが可能であるが，2回線以上になると事故回線の選択が必要になる．

図に示すように，保護リレーとして高圧母線にOVGR（地絡過電圧リレー），各回線にDGR（地絡方向リレー）が設置される．

OVGRにはEVTの電圧を，DGRにはEVTの電圧と各回線に設置したZCT（零相変流器）で検出する地絡電流を入力する．

No.1回線に地絡事故が発生すると，OVGRは整定値（20 V程度）以上の電圧で動作する．このとき，No.1回線のDGRも整定値（電圧20 V，電流200 mA程度）以上で動作する．No.2，No.3回線のDGRはZCTで検出する地絡電流の方向がNo.1と反対なので，整定値以上の値でも動作しない．このように，健全回線と事故回線では電流の方向が**反対**（**逆位相**）になるので，事故回線のみの選択が可能となる．

低圧配電線で短絡故障が生じた際の保護装置としては**高圧カットアウト**が用いられ，これは柱上変圧器の**一次**側に取り付けられる．

(3)

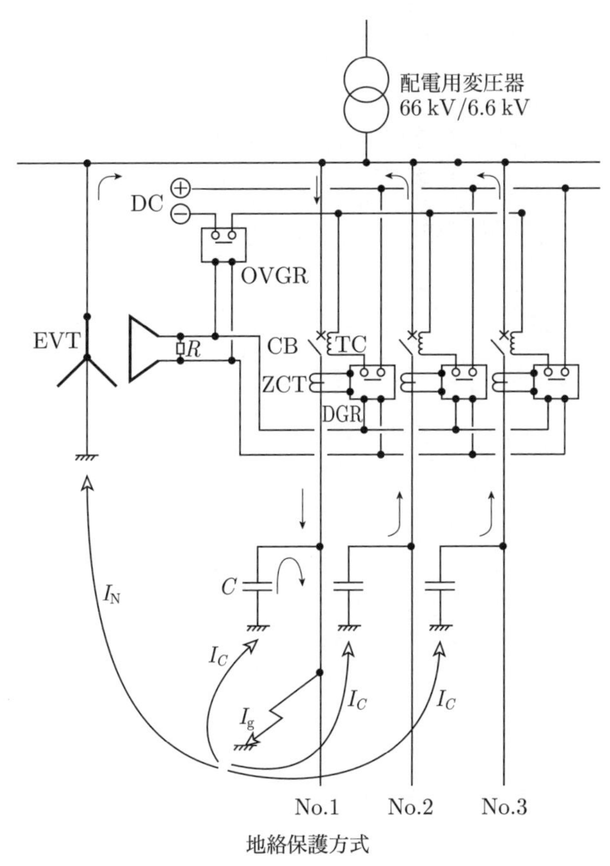

地絡保護方式

次の文章は，配電線路の電圧調整に関する記述である．誤っているものを次の(1)〜(5)のうちから一つ選べ．

(1) 太陽電池発電設備を系統連系させたときの逆潮流による配電線路の電圧上昇を抑制するため，パワーコンディショナには，電圧調整機能を持たせているものがある．

(2) 配電用変電所においては，高圧配電線路の電圧調整のため，負荷時電圧調整器（**LRA**）や負荷時タップ切換装置付変圧器（**LRT**）などが用いられる．

(3) 低圧配電線路の力率改善をより効果的に実施するためには，低圧配電線路ごとに電力用コンデンサを接続することに比べて，より上流である高圧配電線路に電力用コンデンサを接続した方がよい．

(4) 高負荷により配電線路の電圧降下が大きい場合，電線を太くすることで電圧降下を抑えることができる．

(5) 電圧調整には，高圧自動電圧調整器（**SVR**）のように電圧を直接調整するもののほか，電力用コンデンサや分路リアクトル，静止形無効電力補償装置（**SVC**）などのように線路の無効電力潮流を変化させて行うものもある．

解13 配電線路の電圧調整に関する問題である．

配電線では，変電所出口から線路末端までの需要家に供給する電圧を常に一定に維持することは困難で，電気事業法施行規則第38条では，電気を供する場所の電圧を次の範囲内に維持すべきことが定められている．

100 V : 101 V ± 6 V

200 V : 202 V ± 20 V

需要家への供給電圧を適正範囲に維持するため，配電線路では配電用変電所，高圧線路，柱上変圧器において電圧調整が行われる．

高圧配電線路の電圧は，負荷の変動によって変動するため，負荷の軽重によって生じる低圧線電圧の変動が許容電圧範囲内になるように，配電用変電所の送出電圧を調整する．その方法には，母線電圧を調整する方法，回線ごとに調整する方法，両者の併用などがあり，電圧調整器として負荷時電圧調整器または負荷時タップ切換変圧器が使用される．

高圧配電線路のこう長が長くて電圧降下が大きく，柱上変圧器のタップ調整のみで電圧を限度内に保持することが困難な場合には，高圧配電線路の途中に昇圧器，電力用コンデンサ，静止形無効電力補償装置などの調整装置を設置する．さらに，電線の太線化によって電圧降下そのものを軽減する対策をとることもある．**電力用コンデンサは，配電線の上流側ではなく負荷に近い位置に接続するほど力率改善効果は大きい．** よって，(3)は誤りである．

太陽光発電設備などの分散型電源が系統連系されても配電線の電圧が適正に維持されるためには，分散型電源側で逆潮流によって系統の電圧分布があまり変化しないように対策するとともに，必要に応じて系統側で対策する必要がある．逆潮流による配電線路の電圧上昇を抑制するため，図に示すパワーコンディショナに電圧調整機能をもたせている．

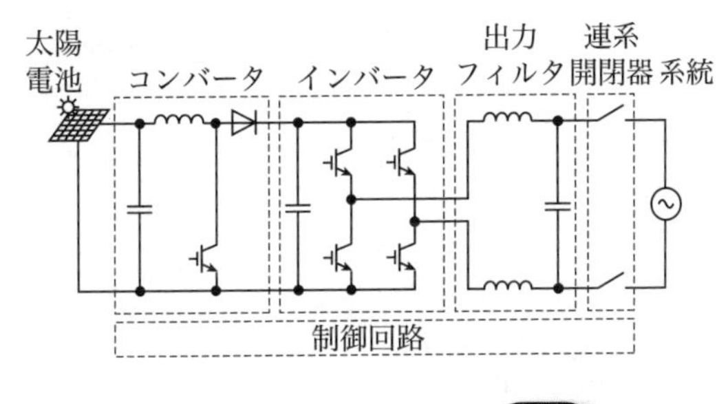

答 (3)

理論 電力 機械 法規 令和5上(2023) 令和4下(2022) 令和4上(2022) 令和3(2021) 令和2(2020) 令和元(2019) 平成30(2018) 平成29(2017) 平成28(2016) 平成27(2015)

電気絶縁材料に関する記述として，誤っているものを次の(1)～(5)のうちから一つ選べ．

(1) ガス遮断器などに使用されているSF_6ガスは，同じ圧力の空気と比較して絶縁耐力や消弧能力が高く，反応性が非常に小さく安定した不燃性のガスである．しかし，SF_6ガスは，大気中に排出されると，オゾン層破壊への影響が大きいガスである．

(2) 変圧器の絶縁油には，主に鉱油系絶縁油が使用されており，変圧器内部を絶縁する役割のほかに，変圧器内部で発生する熱を対流などによって放散冷却する役割がある．

(3) CVケーブルの絶縁体に使用される架橋ポリエチレンは，ポリエチレンの優れた絶縁特性に加えて，ポリエチレンの分子構造を架橋反応により立体網目状分子構造とすることによって，耐熱変形性を大幅に改善した絶縁材料である．

(4) がいしに使用される絶縁材料には，一般に，磁器，ガラス，ポリマの3種類がある．我が国では磁器がいしが主流であるが，最近では，軽量性や耐衝撃性などの観点から，ポリマがいしの利用が進んでいる．

(5) 絶縁材料における絶縁劣化では，熱的要因，電気的要因，機械的要因のほかに，化学薬品，放射線，紫外線，水分などが要因となり得る．

解14 電気絶縁材料に関する問題である．

SF_6ガスは，化学的にも安定した不活性，不燃性，無色，無臭の気体で，生理的にも無害，また腐食性や爆発性がなく，熱安定性も優れている．絶縁耐力は平等電界では同一圧力で空気の2〜3倍，0.3〜0.4 MPaでは絶縁油以上の絶縁耐力を有している．しかしながら，**温室効果ガス**の一つであるため機器の点検時にはSF_6ガスの回収を確実に行うなどの対策が必要である．また，反応性が高く，アーク放電などによってふっ化物などの活性な分解生成物をつくり，金属蒸気と結合して白色の粉末をつくる．よって，(1)は誤りである．

変圧器の絶縁油には主に鉱油系絶縁油が使用されている．

CVケーブルに用いられる架橋ポリエチレンは，ポリエチレンの優れた電気特性をそのままに鎖状分子構造を架橋反応により立体網目状分子構造とすることによって，その欠点であった耐熱変形性を大幅に改善した絶縁材料で，設計電界は約500 kV/cmである．

がいしに使用される絶縁材料は，最近では軽量性や耐衝撃性などの観点からポリマーがいしが利用されている．

電気機器の絶縁物の主な劣化原因には，電気的要因，熱的要因，機械的要因，環境的要因があり，環境的要因には日光の直射による紫外線，周囲温度，風雨，化学薬品，放射線，水分などが要因となりうる．

(1)

B問題　配点は1問題当たり(a)5点，(b)5点，計10点

問15

定格出力600 MW，定格出力時の発電端熱効率42 %の汽力発電所がある．重油の発熱量は44 000 kJ/kgで，潜熱の影響は無視できるものとして，次の(a)及び(b)の問に答えよ．

ただし，重油の化学成分は質量比で炭素85 %，水素15 %，水素の原子量を1，炭素の原子量を12，酸素の原子量を16，空気の酸素濃度を21 %とし，重油の燃焼反応は次のとおりである．

$$C + O_2 \rightarrow CO_2$$

$$2H_2 + O_2 \rightarrow 2H_2O$$

(a) 定格出力にて，1日運転したときに消費する燃料質量の値[t]として，最も近いものを次の(1)～(5)のうちから一つ選べ．

(1) 117　(2) 495　(3) 670　(4) 1 403　(5) 2 805

(b) そのとき使用する燃料を完全燃焼させるために必要な理論空気量※の値[m^3]として，最も近いものを次の(1)～(5)のうちから一つ選べ．

ただし，1 molの気体標準状態の体積は22.4 Lとする．

※理論空気量：燃料を完全に燃焼するために必要な最小限の空気量（標準状態における体積）

(1) 6.8×10^6　(2) 9.2×10^6　(3) 32.4×10^6

(4) 43.6×10^6　(5) 87.2×10^6

解15 汽力発電所の燃料消費量と理論空気量を求める計算問題である.

(a) 1時間当たりの燃料消費量をB [kg/h], 重油の発熱量をH [kJ/kg] とすると, 1時間にボイラに供給される重油の総発熱量Qは, 次式で表される.

$$Q = BH \text{ [kJ/h]}$$

図に示すように, 発電機の定格出力をP_G [kW] とすると, 発電端熱効率η_Pは次式で表されるから,

$$\eta_P = \frac{\text{発電機で発生した電気出力（熱量換算値）}}{\text{ボイラに供給した燃料の発熱量}}$$

$$= \frac{3\,600 P_G}{Q} = \frac{3\,600 P_G}{BH}$$

よって, 1時間当たりの重油消費量Bは,

$$B = \frac{3\,600 P_G}{H \eta_P}$$

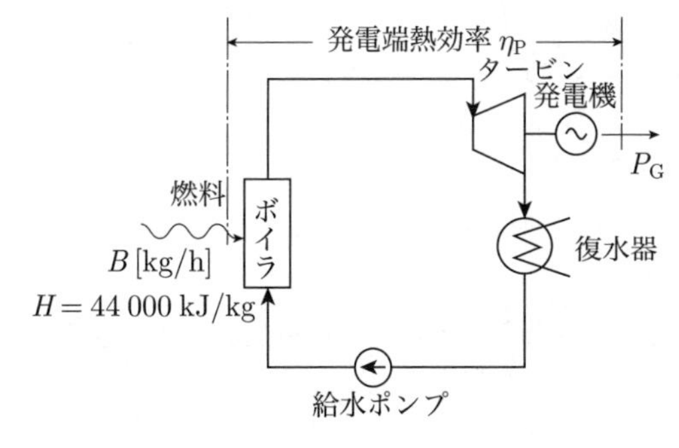

したがって, 1日24時間運転したときに消費する燃料重量は次のように求められる.

$$24B = 24 \times \frac{3\,600 P_G}{H \eta_P}$$

$$= 24 \times \frac{3\,600 \times 600 \times 10^3}{44\,000 \times 0.42}$$

$$\fallingdotseq 2\,805 \times 10^3 \text{ kg} = 2\,805 \text{ t} \quad \text{(答)}$$

(b) 炭素が完全燃焼するために必要な酸素の体積は, 化学反応式より, 炭素（C）1分子1 kmol, 質量（分子量にkgの単位をつけたもの）12 kgであるから, これが完全燃焼するためには, 酸素（O_2）1分子1 kmol, 22.4 m^{3}の酸素が必要である. つまり, 重油の化学成分で炭素の比率は85 %であるから, 炭素1 kgが完全燃焼するために必要な酸素の体積O_Cは,

$$O_C = 0.85 \times \frac{22.4}{12} \text{ m}^3{}_N$$

また, 水素が完全燃焼するために必要な酸素の質量は, 化学反応式より, 水素（H_2）1分子1 kmol, 質量$1 \times 2 = 2$ kgであるから, これが完全燃焼するためには, 酸素（O_2）$\frac{1}{2}$分子$\frac{1}{2}$ kmol, $\frac{22.4}{2}$ m^{3}の酸素が必要である. つまり, 重油の化学成分で水素の比率は15 %であるから, 水素1 kgが完全燃焼するために必要な酸素の体積O_Hは,

$$O_H = 0.15 \times \frac{\frac{22.4}{2}}{2} = 0.15 \times \frac{22.4}{4} \text{ m}^3{}_N$$

空気中の酸素濃度は体積百分率で21 %であるから, 1 kgの重油中の炭素および水素が完全燃焼するために必要な理論空気量Aは, 次のように求められる.

$$A = \frac{1}{0.21}(O_C + O_H)$$

$$= \frac{1}{0.21}\left(0.85 \times \frac{22.4}{12} + 0.15 \times \frac{22.4}{4}\right)$$

$$= \frac{22.4}{0.21}\left(0.85 \times \frac{1}{12} + 0.15 \times \frac{1}{4}\right) \text{ m}^3{}_N$$

したがって, 使用する全燃料を完全燃焼するために必要な理論空気量A_0は, 次のように求められる.

$$A_0 = 24B \times A$$

$$= 2\,805 \times 10^3 \times \frac{22.4}{0.21}\left(0.85 \times \frac{1}{12} + 0.15 \times \frac{1}{4}\right)$$

$$\fallingdotseq 32.4 \times 10^6 \text{ m}^3 \quad \text{(答)}$$

(a)-(5), (b)-(3)

問16 図に示すように，対地静電容量 C_e [F]，線間静電容量 C_m [F] からなる定格電圧 E [V] の三相1回線のケーブルがある．

今，受電端を開放した状態で，送電端で三つの心線を一括してこれと大地間に定格電圧 E [V] の $\frac{1}{\sqrt{3}}$ 倍の交流電圧を加えて充電すると全充電電流は90 A であった．

次に，二つの心線の受電端・送電端を接地し，受電端を開放した残りの心線と大地間に定格電圧 E [V] の $\frac{1}{\sqrt{3}}$ 倍の交流電圧を送電端に加えて充電するとこの心線に流れる充電電流は45 A であった．

次の(a)及び(b)の問に答えよ．

ただし，ケーブルの鉛被は接地されているとする．また，各心線の抵抗とインダクタンスは無視するものとする．なお，定格電圧及び交流電圧の周波数は，一定の商用周波数とする．

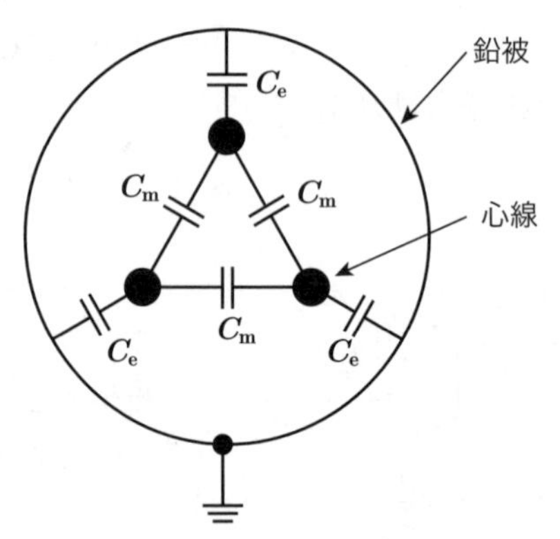

(a) 対地静電容量 C_e [F] と線間静電容量 C_m [F] の比 $\frac{C_e}{C_m}$ として，最も近いものを次の(1)～(5)のうちから一つ選べ．

(1) **0.5**　(2) **1.0**　(3) **1.5**　(4) **2.0**　(5) **4.0**

(b) このケーブルの受電端を全て開放して定格の三相電圧を送電端に加えたときに1線に流れる充電電流の値 [A] として，最も近いものを次の(1)～(5)のうちから一つ選べ．

(1) **52.5**　(2) **75**　(3) **105**　(4) **120**　(5) **135**

解16 充電電流から対地静電容量と線間静電容量，ならびに1線に流れる充電電流を求める計算問題である．

(a) (a)図に示すように，3線一括したときの対地との静電容量 C_1 は，3線の対地静電容量 C_e を並列接続したものになるから，

$$C_1 = 3C_e$$

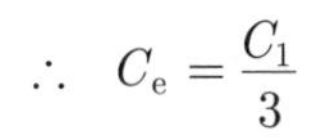

$$\therefore \quad C_e = \frac{C_1}{3}$$

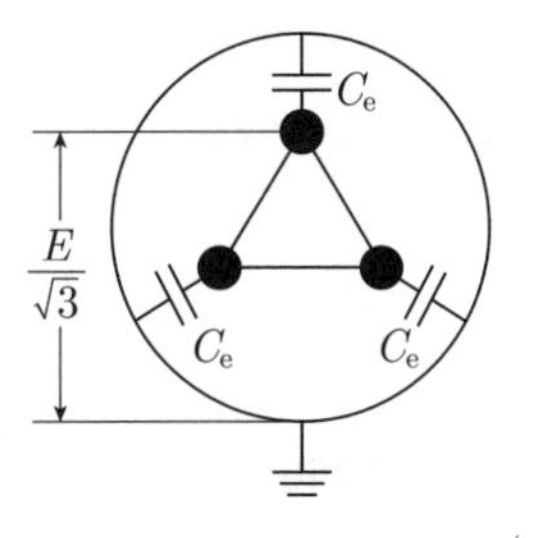

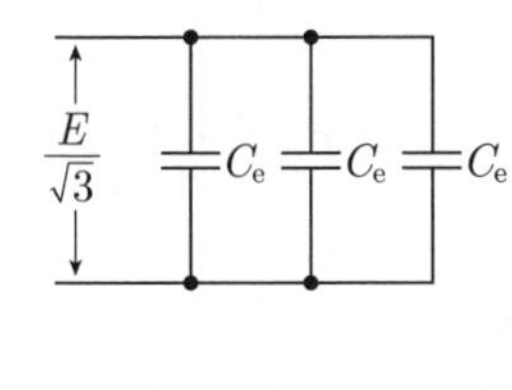

(a)

次に，(b)図に示すように，2線を接地したとき残りの1線と対地との静電容量 C_2 は，1線の対地静電容量 C_e と，その1線と残りの2線とを並列接続にした線間静電容量 C_m をそれぞれ並列接続したものになるから，

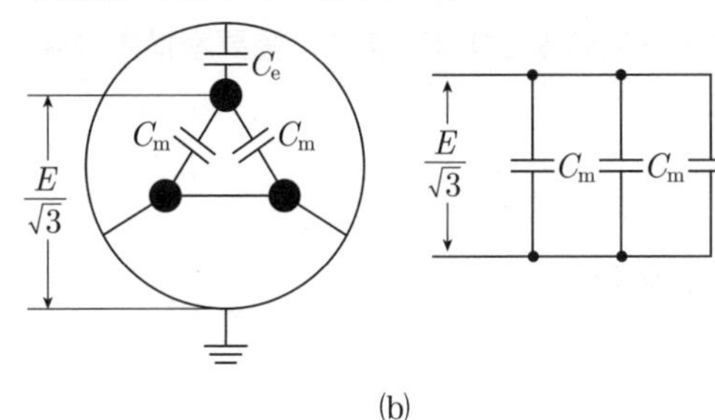

(b)

$$C_2 = C_e + 2C_m$$

$$\therefore \quad C_m = \frac{C_2 - C_e}{2} = \frac{C_2 - \frac{C_1}{3}}{2} = \frac{3C_2 - C_1}{6}$$

充電電流は静電容量に比例するため，対地静電容量 C_e と線間静電容量 C_m の比 $\frac{C_e}{C_m}$ は，次のように求められる．

$$\frac{C_e}{C_m} = \frac{\frac{C_1}{3}}{\frac{3C_2 - C_1}{6}} = \frac{2C_1}{3C_2 - C_1} = \frac{2 \times 90}{3 \times 45 - 90}$$

$$= 4.0 \quad \text{(答)}$$

(b) 作用静電容量 C は，次のように求められる．

$$C = C_e + 3C_m = C_e + 3 \times \frac{C_e}{4} = \frac{7}{4} C_e$$

$$= \frac{7}{4} \times \frac{C_1}{3} = \frac{7}{12} C_1$$

したがって，ケーブルの受電端をすべて開放して定格の三相電圧を送電端に加えたときに1線に流れる充電電流 I_c は，次のように求められる．

$$I_c = \frac{7}{12} \times 90 = 52.5 \text{ A} \quad \text{(答)}$$

答 (a) - (5)，(b) - (1)

理論 電力 機械 法規 令和5上(2023) 令和4下(2022) 令和4上(2022) 令和3(2021) 令和2(2020) 令和元(2019) 平成30(2018) 平成29(2017) 平成28(2016) 平成27(2015)

特別高圧三相3線式専用1回線で，6 000 kW（遅れ力率90 %）の負荷Aと3 000 kW（遅れ力率95 %）の負荷Bに受電している需要家がある．

次の(a)及び(b)の問に答えよ．

(a) 需要家全体の合成力率を100 %にするために必要な力率改善用コンデンサの総容量の値[kvar]として，最も近いものを次の(1)～(5)のうちから一つ選べ．

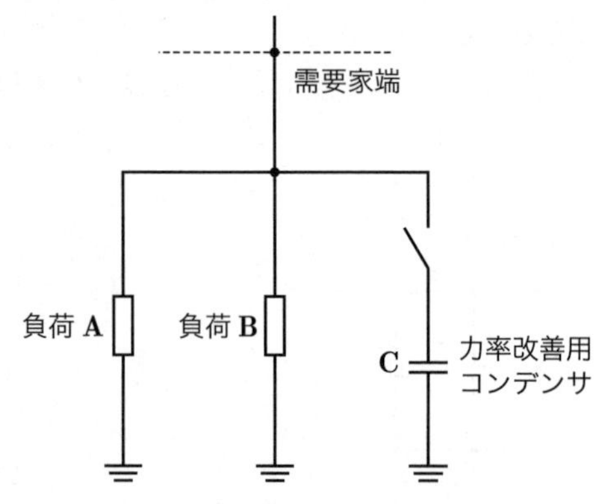

(1) 1 430　(2) 2 900　(3) 3 550　(4) 3 900　(5) 4 360

(b) 力率改善用コンデンサの投入・開放による電圧変動を一定値に抑えるために力率改善用コンデンサを分割して設置・運用する．下図のように分割設置する力率改善用コンデンサのうちの1台（C1）は容量が1 000 kvarである．C1を投入したとき，投入前後の需要家端Dの電圧変動率が0.8 %であった．需要家端Dから電源側を見たパーセントインピーダンスの値[%]（10 MV·Aベース）として，最も近いものを次の(1)～(5)のうちから一つ選べ．

ただし，線路インピーダンスXはリアクタンスのみとする．また，需要家構内の線路インピーダンスは無視する．

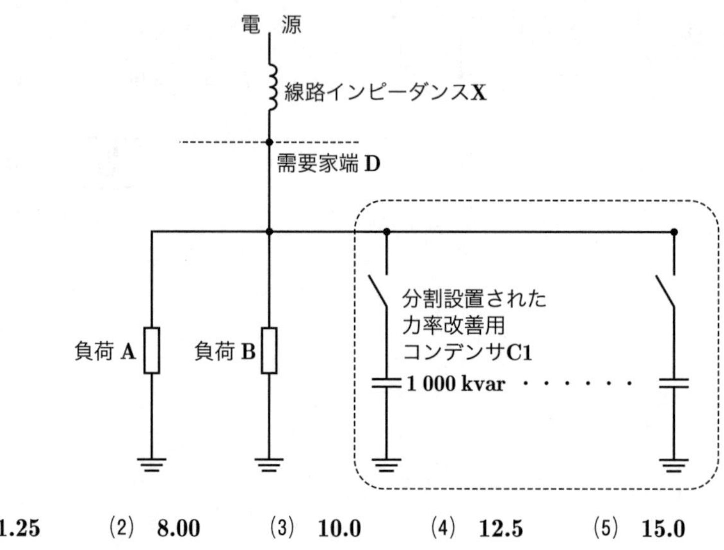

(1) 1.25　(2) 8.00　(3) 10.0　(4) 12.5　(5) 15.0

解17 力率改善用コンデンサの容量および電圧変動率からパーセントインピーダンスを求める計算問題である.

(a) (a)図に示すように，負荷Aおよび負荷Bの有効電力をそれぞれP_AおよびP_B，力率をそれぞれ$\cos\theta_A$および$\cos\theta_B$とすると，合成力率を100％にするために必要な力率改善用コンデンサの総容量Qは，次のように求められる.

$$Q = P_A\frac{\sin\theta_A}{\cos\theta_A} + P_B\frac{\sin\theta_B}{\cos\theta_B}$$

$$= P_A\frac{\sqrt{1-\cos^2\theta_A}}{\cos\theta_A} + P_B\frac{\sqrt{1-\cos^2\theta_B}}{\cos\theta_B}$$

$$= 6\,000\times\frac{\sqrt{1-0.9^2}}{0.9} + 3\,000\times\frac{\sqrt{1-0.95^2}}{0.95}$$

$$\fallingdotseq 3\,890\ \text{kvar} \rightarrow 3\,900\ \text{kvar}$$ (答)

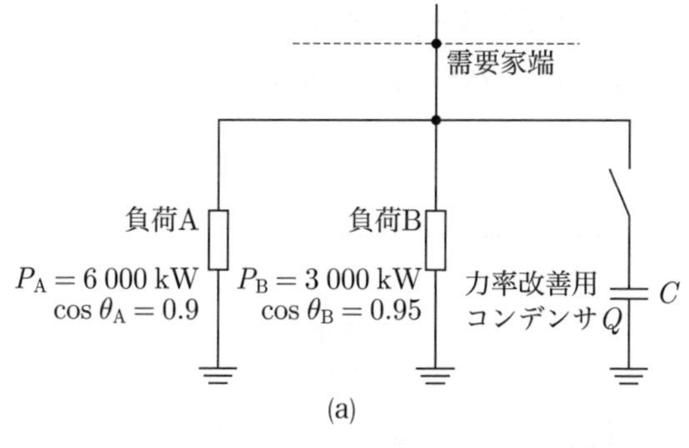

(a)

(b) (b)図に示すように，線路の抵抗を無視し，線路を流れる電流をI，線路インピーダンスをX，力率を$\cos\theta$，コンデンサ設置点の電圧をVとすると，電圧降下vは次式で表される.

$$v = \sqrt{3}IX\sin\theta = \frac{\sqrt{3}VXI\sin\theta}{V}$$

ここで，力率改善用コンデンサの容量をQとすると，

$$Q = \sqrt{3}VI\sin\theta$$

で表されるため，電圧降下vは次式で表される.

$$v = \frac{QX}{V}$$

基準容量を1 MV·Aとすると，$Q = 1$ p.u.，Vは定格電圧であるため$V = 1$ p.u.であることから，線路インピーダンスXは，

$$X = \frac{vV}{Q} = \frac{0.008\times 1}{1} = 0.008\ \text{p.u.}$$

これを10 MV·Aに換算すると，次のように求められる.

$$X = \frac{10}{1}\times 0.008 = 0.08\ \text{p.u.} = 8\,\%$$ (答)

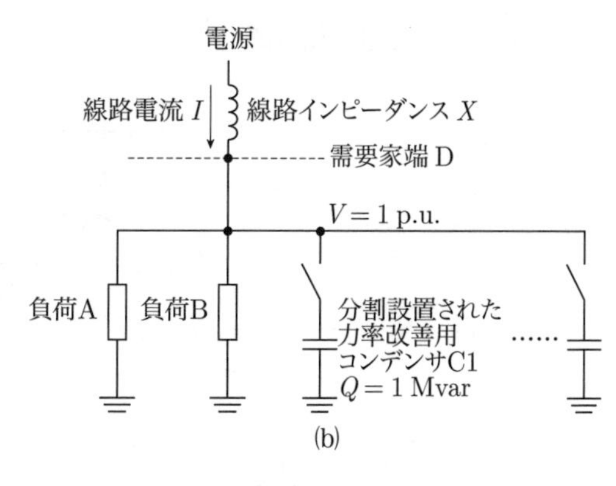

(b)

答 (a)-(4)，(b)-(2)

平成28年度（2016年）電力の問題

A問題 配点は1問題当たり5点

問1 下記の諸元の揚水発電所を，運転中の総落差が変わらず，発電出力，揚水入力ともに一定で運転するものと仮定する．この揚水発電所における発電出力の値[kW]，揚水入力の値[kW]，揚水所要時間の値[h]及び揚水総合効率の値[%]として，最も近い値の組合せを次の(1)～(5)のうちから一つ選べ．

揚水発電所の諸元

総落差	$H_0 = 400$ m
発電損失水頭	$h_G = H_0$の3 %
揚水損失水頭	$h_P = H_0$の3 %
発電使用水量	$Q_G = 60$ m^3/s
揚水量	$Q_P = 50$ m^3/s
発電運転時の効率	発電機効率η_G × 水車効率$\eta_T = 87$ %
ポンプ運転時の効率	電動機効率η_M × ポンプ効率$\eta_P = 85$ %
発電運転時間	$T_G = 8$ h

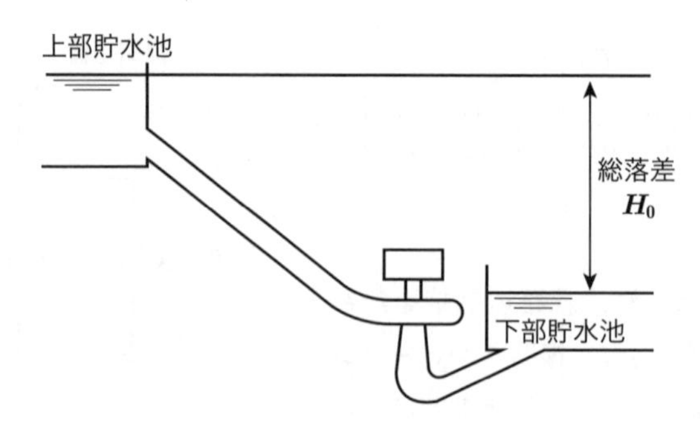

	発電出力[kW]	揚水入力[kW]	揚水所要時間[h]	揚水総合効率[%]
(1)	204 600	230 600	9.6	74.0
(2)	204 600	230 600	10.0	71.0
(3)	198 500	237 500	9.6	71.0
(4)	198 500	237 500	10.0	69.6
(5)	198 500	237 500	9.6	69.6

●試験時間　90分
●必要解答数　A問題14題，B問題3題

解1　揚水発電所における発電出力，揚水入力，揚水所要時間，総合効率を求める計算問題である．

発電出力P_Gは，(a)図より次のように求められる．

$$P_G = 9.8Q_G H \eta_G \eta_T$$
$$= 9.8Q_G H_0(1-h_G)\eta_G \eta_T$$
$$= 9.8 \times 60 \times 400 \times (1-0.03) \times 0.87$$
$$\fallingdotseq 198\,500 \text{ kW} \quad (答)$$

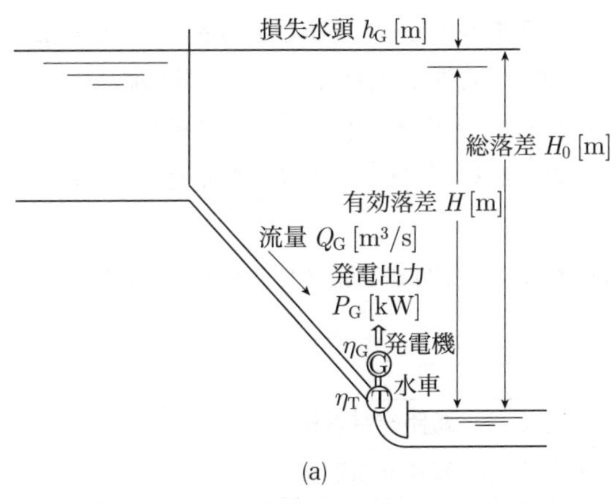

(a)

揚水入力P_Pは，(b)図より次のように求められる．

$$P_P = \frac{9.8Q_P H_0(1+h_P)}{\eta_M \eta_P}$$
$$= \frac{9.8 \times 50 \times 400 \times (1+0.03)}{0.85}$$
$$\fallingdotseq 237\,500 \text{ kW} \quad (答)$$

発電使用水量Q_Gと発電運転時間T_Gの積は，揚水したときの全水量，つまり揚水量Q_Pと揚水所要時間T_Pの積に等しいため，揚水所要時間T_Pは次のように求められる．

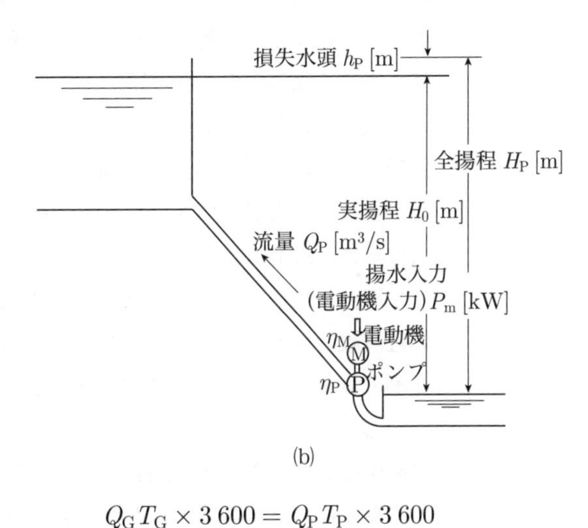

(b)

$$Q_G T_G \times 3\,600 = Q_P T_P \times 3\,600$$
$$\therefore \quad T_P = \frac{3\,600 Q_G T_G}{3\,600 Q_P} = \frac{60 \times 8}{50} = 9.6 \text{ h} \quad (答)$$

揚水発電所の総合効率ηは，揚水時の入力エネルギーに対する発電時のエネルギーの割合であるから，次のように求められる．

$$\eta = \frac{P_G T_G}{P_P T_P} = \frac{9.8Q_G H_0(1-h_G)\eta_G \eta_T T_G}{\dfrac{9.8Q_P H_0(1+h_P)}{\eta_M \eta_P} T_P}$$
$$= \frac{Q_G T_G}{Q_P T_P} \frac{H_0(1-h_G)}{H_0(1+h_P)} \eta_G \eta_T \eta_M \eta_P$$

ここで，$Q_G T_G = Q_P T_P$の関係があることから，

$$\eta = \frac{H_0(1-h_G)}{H_0(1+h_P)} \eta_G \eta_T \eta_M \eta_P$$
$$= \frac{400 \times (1-0.03)}{400 \times (1+0.03)} \times 0.87 \times 0.85$$
$$\fallingdotseq 0.696\,4 \fallingdotseq 69.6\ \% \quad (答)$$

(5)

次の文章は，発電所に用いられる同期発電機である水車発電機とタービン発電機の特徴に関する記述である．

水力発電所に用いられる水車発電機は直結する水車の特性からその回転速度はおおむね $100\ \mathrm{min}^{-1} \sim 1\ 200\ \mathrm{min}^{-1}$ とタービン発電機に比べ低速である．したがって，商用周波数 50/60 Hz を発生させるために磁極を多くとれる (ア) を用い，大形機では据付面積が小さく落差を有効に使用できる立軸形が用いられることが多い．タービン発電機に比べ，直径が大きく軸方向の長さが短い．

一方，火力発電所に用いられるタービン発電機は原動機である蒸気タービンと直結し，回転速度が水車に比べ非常に高速なため2極機又は4極機が用いられ，大きな遠心力に耐えるように，直径が小さく軸方向に長い横軸形の (イ) を採用し，その回転子の軸及び鉄心は一体の鍛造軸材で作られる．

水車発電機は，電力系統の安定度の面及び負荷遮断時の速度変動を抑える点から発電機の経済設計以上のはずみ車効果を要求される場合が多く，回転子直径がより大きくなり，鉄心の鉄量が多い，いわゆる鉄機械となる．

一方，タービン発電機は，上述の構造のため界磁巻線を施す場所が制約され，大きな出力を得るためには電機子巻線の導体数が多い，すなわち銅量が多い，いわゆる銅機械となる．

鉄機械は，体格が大きく重量が重く高価になるが，短絡比が (ウ) ，同期インピーダンスが (エ) なり，電圧変動率が小さく，安定度が高く， (オ) が大きくなるといった利点をもつ．

上記の記述中の空白箇所(ア)，(イ)，(ウ)，(エ)及び(オ)に当てはまる組合せとして，正しいものを次の(1)～(5)のうちから一つ選べ．

	(ア)	(イ)	(ウ)	(エ)	(オ)
(1)	突極機	円筒機	大きく	小さく	線路充電容量
(2)	円筒機	突極機	大きく	小さく	線路充電容量
(3)	突極機	円筒機	大きく	小さく	部分負荷効率
(4)	円筒機	突極機	小さく	大きく	部分負荷効率
(5)	突極機	円筒機	小さく	大きく	部分負荷効率

解2　水車発電機とタービン発電機それぞれの特徴に関する問題である．

発電機の回転速度は，これに直結されている原動機によって左右される．水車の場合は水車形式，落差，使用水量によって最も適した回転速度があり一般的に100～1 200 min^{-1}である．一方，タービンの場合は高温・高圧の蒸気エネルギーを効率よく運動エネルギーに変換するため可能なかぎり高い回転速度が求められ1 500～3 600 min^{-1}である．

表に示すように，水車発電機の回転子は，磁極を成層鉄心とし回転子スパイダにタブテール留めした磁極を多くとれる**突極機**であり，設計が容易かつ経済的で，はずみ車効果を大きくするためにも効果的である．タービン発電機は回転速度が高く，遠心力に対して十分な強度を必要とするため，磁極鉄心と軸が一体となった鍛造構造の細長い横軸形の**円筒機**である．

項目	水車発電機	タービン発電機
回転速度	100～1 000 min^{-1}	1 500～3 600 min^{-1}
回転子	突極機	円筒機
軸形	立軸形	横軸形
冷却方式	空気冷却	水素冷却・水冷却
短絡比	大(0.8～1.2)	小(0.4～0.7)

水車発電機は，回転子直径が大きくなり，鉄心の鉄量が多い鉄機械となるが，タービン発電機は電機子巻線の導体数が多く，銅量が多い銅機械となる．鉄機械は，**短絡比が大きく**，**同期インピーダンスが小さく**なるため電圧変動率が小さく，安定度が高く，**線路充電容量が大きく**なるという利点がある．

(1)

汽力発電所のボイラ及びその付属設備に関する記述として，誤っているものを次の(1)～(5)のうちから一つ選べ．

(1) 蒸気ドラムは，内部に蒸気部と水部をもち，気水分離器によって蒸発管からの気水を分離させるものであり，自然循環ボイラ，強制循環ボイラに用いられるが貫流ボイラでは必要としない．

(2) 節炭器は，煙道ガスの余熱を利用してボイラ給水を飽和温度以上に加熱することによって，ボイラ効率を高める熱交換器である．

(3) 空気予熱器は，煙道ガスの排熱を燃焼用空気に回収し，ボイラ効率を高める熱交換器である．

(4) 通風装置は，燃焼に必要な空気をボイラに供給するとともに発生した燃焼ガスをボイラから排出するものである．通風方式には，煙突だけによる自然通風と，送風機を用いた強制通風とがある．

(5) 安全弁は，ボイラの使用圧力を制限する装置としてドラム，過熱器，再熱器などに設置され，蒸気圧力が所定の値を超えたときに弁体が開く．

解3 汽力発電所の付属設備の種類，設置目的に関する問題である．

ボイラと煙道には，過熱器，再熱器，節炭器，空気予熱器，押込通風機，集じん器などが設置される．

図に示すように，これらのうち火炉の高温域に設置されるのは過熱器や再熱器で，煙道に設置されて煙突に排出される燃焼ガスの余熱を回収するための設備は節炭器と空気予熱器である．

節炭器は煙道ガスの余熱を利用してボイラ給水を予熱する装置で，これにより排ガスの熱損失が減少してボイラ効率を高めることができる．排ガス温度の降下約20 °Cごとにボイラ効率は約1 %増加する．さらに，給水を予熱することにより，その中に含まれるガスを容易に分離することができ，また給水の予熱によりボイラ水との温度差を少なくする関係上，ボイラのドラムに生じる熱応力を軽減することにも役立つ．

節炭器出口の給水温度は，節炭器内で蒸発が起こらないように**飽和温度よりすこし低め**に設計されるので，(2)が誤りである．

答 (2)

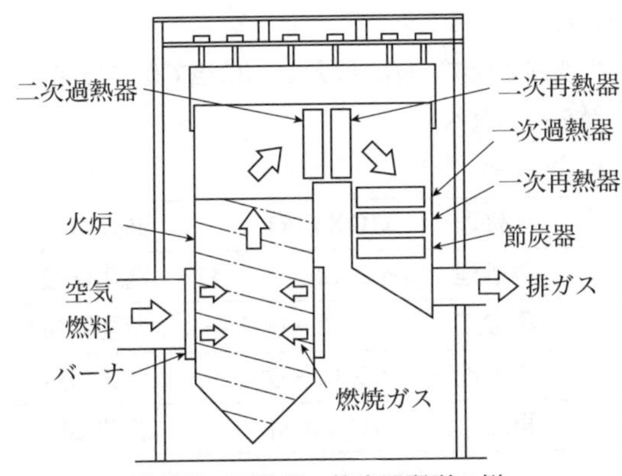

過熱器・再熱器・節炭器配列の例
（出典：吉川榮和・他著『電気学会大学講座　発電工学』電気学会，2003）

問4　次の文章は，原子力発電における核燃料サイクルに関する記述である．

天然ウランには主に質量数235と238の同位体があるが，原子力発電所の燃料として有用な核分裂性物質のウラン235の割合は，全体の0.7％程度にすぎない．そこで，採鉱されたウラン鉱石は製錬，転換されたのち，遠心分離法などによって，ウラン235の濃度が軽水炉での利用に適した値になるように濃縮される．その濃度は［(ア)］％程度である．さらに，その後，再転換，加工され，原子力発電所の燃料となる．

原子力発電所から取り出された使用済燃料からは，［(イ)］によってウラン，プルトニウムが分離抽出され，これらは再び燃料として使用することができる．プルトニウムはウラン238から派生する核分裂性物質であり，ウランとプルトニウムとを混合した［(ウ)］を軽水炉の燃料として用いることをプルサーマルという．

また，軽水炉の転換比は0.6程度であるが，高速中性子によるウラン238のプルトニウムへの変換を利用した［(エ)］では，消費される核分裂性物質よりも多くの量の新たな核分裂性物質を得ることができる．

上記の記述中の空白箇所(ア)，(イ)，(ウ)及び(エ)に当てはまる組合せとして，正しいものを次の(1)～(5)のうちから一つ選べ．

	(ア)	(イ)	(ウ)	(エ)
(1)	3～5	再処理	MOX燃料	高速増殖炉
(2)	3～5	再処理	イエローケーキ	高速増殖炉
(3)	3～5	再加工	イエローケーキ	新型転換炉
(4)	10～20	再処理	イエローケーキ	高速増殖炉
(5)	10～20	再加工	MOX燃料	新型転換炉

解4　原子力発電における核燃料サイクルに関する問題である．

自然界に存在するウランは，核分裂を起こしやすいウラン235が0.7 %程度しか含まれておらず，残りの大部分は核分裂しにくいウラン238である．ウラン鉱石から精製した状態のウランはほぼこの構成比になっており，これを天然ウランという．軽水炉において核分裂が継続して起こるためにはウラン235がある一定以上必要で，そのため軽水炉の燃料には，質量差を利用したガス拡散法や遠心分離法などによってウラン235の割合を**3〜5 %**に高めた低濃縮ウランが用いられる．

図に示すように，核分裂しにくいウラン238の一部は，中性子を吸収してウラン239となり，β崩壊を2回起こしてプルトニウム239になる．生成されたプルトニウム239の一部は核分裂して熱エネルギーを発生する．

鉱山で掘り出された天然ウランは，製錬工場でイエローケーキ，転換工場で六ふっ化ウランにされ，濃縮工場でウラン235の割合を3〜5 %に高め，その後，再転換工場で二酸化ウランに，加工工場で燃料集合体に成型され，原子力発電所で使用される．使い終わった使用済燃料は，**再処理**工場で燃え残りのウランやプルトニウムを取り出し，それらは加工して再び燃料として使用する．

ウラン238が中性子を吸収するとプルトニウム239になり，その一部は核分裂して熱エネルギーを発生することから，軽水炉内でつくられたプルトニウムを使用済燃料から回収し，ウランと混合した**MOX燃料**（混合酸化物燃料）を軽水炉用燃料として使用することをプルサーマルという．

高速増殖炉は，プルトニウム239を高速中性子で核分裂させるとともに，余剰の中性子をウラン238に吸収させて消費した核分裂性物質以上にプルトニウム239が生成されるため，軽水炉などの熱中性子炉に比べ，ウラン資源の利用効率が大幅に向上するという利点がある．

答　(1)

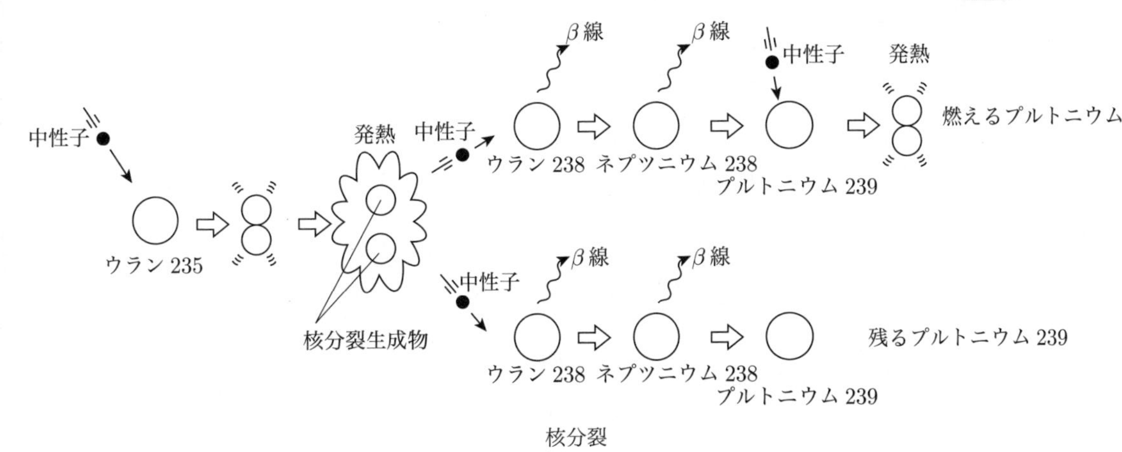

核分裂

各種の発電に関する記述として，誤っているものを次の(1)～(5)のうちから一つ選べ．

(1) 燃料電池発電は，水素と酸素との化学反応を利用して直流の電力を発生させる．化学反応で発生する熱は給湯などに利用できる．

(2) 貯水池式発電は水力発電の一種であり，季節的に変動する河川流量を貯水して使用することができる．

(3) バイオマス発電は，植物などの有機物から得られる燃料を利用した発電方式である．さとうきびから得られるエタノールや，家畜の糞から得られるメタンガスなどが燃料として用いられている．

(4) 風力発電は，風のエネルギーによって風車で発電機を駆動し発電を行う．風力発電で取り出せる電力は，損失を無視すると，風速の2乗に比例する．

(5) 太陽光発電は，太陽電池によって直流の電力を発生させる．需要地点で発電が可能，発生電力の変動が大きい，などの特徴がある．

解5 各種発電方式の原理と特徴に関する問題である．

風力発電は，風車によって風力エネルギーを回転エネルギーに変換し，さらに，その回転エネルギーを発電機によって電気エネルギーに変換し利用するものである．

風のもつ運動エネルギーPは，単位時間当たりの空気の質量をm [kg/s]，速度（風速）をV [m/s]とすると次式で表される．

$$P=\frac{1}{2}mV^2\,[\mathrm{J/s}]\quad([\mathrm{J/s}]=[\mathrm{W}])$$

ここで，空気密度をρ [kg/m³]，風車の回転面積（ロータ面積）をA [m²]とすると，

$$m=\rho AV\,[\mathrm{kg/s}]$$

となるので，風車の出力係数C_{p}を用いると，風車で得られるエネルギーは次式で表される．

$$P=\frac{1}{2}C_{\mathrm{p}}\rho AV^3\,[\mathrm{W}]$$

つまり，風のエネルギーは風速の3乗に比例し，風力発電の出力も**風速の3乗に比例**する．

わが国の風力発電の設備利用率は，風況によっても異なるが，陸上風力の平均は20 %程度である．

理想風車の最大出力P_{max}は，運動量理論より次式で表される．

$$P_{\mathrm{max}}=\frac{8}{27}\rho AV^3\,[\mathrm{W}]$$

一方，風車が風の保有するエネルギーを全部吸収したとすれば，そのときに得られる出力P_{o}は，次式で表される．

$$P_{\mathrm{o}}=\frac{1}{2}\rho AV^3\,[\mathrm{W}]$$

したがって，理想風車の最大効率η_{max}は，

$$\eta_{\mathrm{max}}=\frac{P_{\mathrm{max}}}{P_{\mathrm{o}}}=\frac{16}{27}\fallingdotseq 0.593$$

となり，これから理想的な風車でも風の保有するエネルギーの59.3 %を超えることができないということがわかる．これをベッツ限界といい，0.593の値をベッツの限界値またはベッツ係数という．

自然風の中から風車を利用して取り出すことのできるエネルギーの割合，つまり風力発電の効率は出力係数C_{p}と呼ばれ，C_{p}の最大値は，理想的な風車でも0.593（ベッツ限界）であり，高効率の羽根と損失の少ない回転装置（歯車装置や軸受）および高力率の発電機を使うことにより，実際に最適設計されたプロペラ形風車で最大0.45程度である．

(4)

問6　一次側定格電圧と二次側定格電圧がそれぞれ等しい変圧器Aと変圧器Bがある．変圧器Aは，定格容量 $S_A = 5\ 000$ kV·A，パーセントインピーダンス $\%Z_A = 9.0$ %（自己容量ベース），変圧器Bは，定格容量 $S_B = 1\ 500$ kV·A，パーセントインピーダンス $\%Z_B = 7.5$ %（自己容量ベース）である．この変圧器2台を並行運転し，6 000 kV·Aの負荷に供給する場合，過負荷となる変圧器とその変圧器の過負荷運転状態[%]（当該変圧器が負担する負荷の大きさをその定格容量に対する百分率で表した値）の組合せとして，正しいものを次の(1)～(5)のうちから一つ選べ．

	過負荷となる変圧器	過負荷運転状態 [%]
(1)	変圧器A	101.5
(2)	変圧器B	105.9
(3)	変圧器A	118.2
(4)	変圧器B	137.5
(5)	変圧器A	173.5

解6 容量の異なる2台の変圧器を並行運転する場合の負荷分担に関する計算問題である.

各変圧器のパーセントインピーダンス値は，基準容量が異なるため，同じ基準容量にそろえてから負荷分担を求めなければならない.

変圧器Aの定格容量5 000 kV·Aを基準容量S_bとし，変圧器Bのパーセントインピーダンス$\%Z_B = 7.5\ \%$（$S_B = 1\,500$ kV·A基準）を基準容量$P_b = 5\,000$ kV·Aに換算した値$\%Z_B{}'$を求める.

$$\%Z_B{}' = \%Z_B \frac{S_b}{S_B} = 7.5 \times \frac{5\,000}{1\,500} = 25\ \%$$

図に示すように，負荷分担は並列インピーダンスの電流分布と同じように考えられるから，$P = 6\,000$ kV·Aの負荷に供給するとき，各変圧器が分担する負荷P_A，P_Bは，それぞれ次のように求められる.

$$P_A = \frac{\%Z_B{}'}{\%Z_A + \%Z_B{}'} P = \frac{25}{9.0 + 25} \times 6\,000$$

$$= 4\,412\ \text{kV·A}$$

$$P_B = \frac{\%Z_A}{\%Z_A + \%Z_B{}'} P = \frac{9.0}{9.0 + 25} \times 6\,000$$

$$= 1\,588\ \text{kV·A}$$

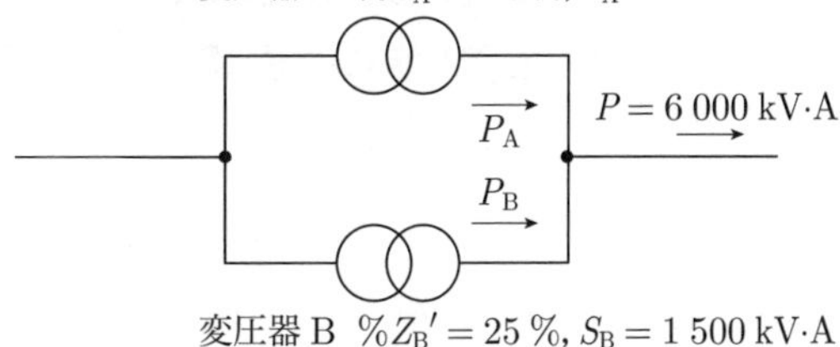

したがって，**変圧器Bが過負荷**になり，変圧器Bの過負荷率は，次のように求められる.

$$\frac{P_B}{S_B} = \frac{1\,588}{1\,500} \fallingdotseq 1.058\,6 \fallingdotseq 105.9\ \%$$ (答)

答 (2)

遮断器に関する記述として，誤っているものを次の(1)～(5)のうちから一つ選べ．

(1) 遮断器は，送電線路の運転・停止，故障電流の遮断などに用いられる．

(2) 遮断器では一般的に，電流遮断時にアークが発生する．ガス遮断器では圧縮ガスを吹き付けることで，アークを早く消弧することができる．

(3) ガス遮断器で用いられる六ふっ化硫黄（SF_6）ガスは温室効果ガスであるため，使用量の削減や回収が求められている．

(4) 電圧が高い系統では，真空遮断器に比べてガス遮断器が広く使われている．

(5) 直流電流には電流零点がないため，交流電流に比べ電流の遮断が容易である．

解7　遮断器の役割，機能，特徴に関する問題である．

遮断器は，送電線路における通常の運転（送電）・停止または切換え，また，送配電線や機器の事故時には故障電流を遮断する場合などに用いられる．

遮断器にはガス遮断器，真空遮断器，空気遮断器，磁気遮断器，油遮断器などの種類があり，表に示すようにそれぞれ適用される．一般的には，小形で高い絶縁耐力と遮断能力を有し，かつ操作時の騒音が小さいガス遮断器が主に高電圧回路に，また，小形で遮断能力・保守性に優れた真空遮断器が比較的電圧の低い配電用変電所や調相設備用に使用されている．

遮断器の適用の考え方

	電圧(kV)	標準適用機種
送電用変電所	500～66	ガス遮断器
	33～22	真空遮断器 ガス遮断器
配電用変電所	154～66	ガス遮断器 真空遮断器
	6	真空遮断器 ガス遮断器
調相設備用	66～22	真空遮断器 ガス遮断器

ガス遮断器に用いられるSF_6ガスの重要な特性として消弧性能がある．SF_6ガスは，電子付着作用によりアーク電流のキャリアである自由電子を電流零点近くにおいて急速に付着し，その動きやすさを減少するため，等価的にアークが強く冷却されたのと同等になり，著しい消弧作用を示す．アーク遮断直後における遮断器極間の絶縁回復早々のアーク時定数は，空気の1/100である．このことは，消弧特性が空気より100倍と非常に優れているということにもつながる．しかしながら，SF_6ガスは温室効果ガスであるとともに，オゾン層を破壊させる原因となるため使用量の削減や機器の点検時にはSF_6ガスの回収を確実に行うなどの対策が必要である．

交流は電流がゼロとなる点があるので遮断しやすいが，直流は電流が一定で零点がないため**遮断がむずかしく**，大容量・高電圧の直流遮断器が開発されていないことから，変換装置が遮断器の役割を兼ねることになる．

(5)

問8

次の文章は，誘導障害に関する記述である．

架空送電線路と通信線路とが長距離にわたって接近交差していると，通信線路に対して電圧が誘導され，通信設備やその取扱者に危害を及ぼすなどの障害が生じる場合がある．この障害を誘導障害といい，次の2種類がある．

① 架空送電線路の電圧によって，架空送電線路と通信線路間の (ア) を介して通信線路に誘導電圧を発生させる (イ) 障害．

② 架空送電線路の電流によって，架空送電線路と通信線路間の (ウ) を介して通信線路に誘導電圧を発生させる (エ) 障害．

架空送電線路が十分にねん架されていれば，通常は，架空送電線路の電圧や電流によって通信線路に現れる誘導電圧はほぼ0 Vとなるが，架空送電線路で地絡事故が発生すると，電圧及び電流は不平衡になり，通信線路に誘導電圧が生じ，誘導障害が生じる場合がある．例えば，一線地絡事故に伴う (エ) 障害の場合，電源周波数をf，地絡電流の大きさをI，単位長さ当たりの架空送電線路と通信線路間の (ウ) をM，架空送電線路と通信線路との並行区間長をLとしたときに，通信線路に生じる誘導電圧の大きさは (オ) で与えられる．誘導障害対策に当たっては，この誘導電圧の大きさを考慮して検討の要否を考える必要がある．

上記の記述中の空白箇所(ア)，(イ)，(ウ)，(エ)及び(オ)に当てはまる組合せとして，正しいものを次の(1)～(5)のうちから一つ選べ．

	(ア)	(イ)	(ウ)	(エ)	(オ)
(1)	キャパシタンス	静電誘導	相互インダクタンス	電磁誘導	$2\pi fMLI$
(2)	キャパシタンス	静電誘導	相互インダクタンス	電磁誘導	$\pi fMLI$
(3)	キャパシタンス	電磁誘導	相互インダクタンス	静電誘導	$\pi fMLI$
(4)	相互インダクタンス	電磁誘導	キャパシタンス	静電誘導	$2\pi fMLI$
(5)	相互インダクタンス	静電誘導	キャパシタンス	電磁誘導	$2\pi fMLI$

解8　架空送電線による誘導障害の種類と発生原因，誘導電圧の大きさに関する問題である．

架空送電線路と通信線路とが長距離にわたって近接交差していると，通信線に対して電圧が誘導され，通信設備やその取扱者に危害を及ぼすなどの障害が生じることがある．この障害を誘導障害といい，静電誘導障害と電磁誘導障害とがある．

(1)　静電誘導障害

(a)図に示すように，各相の電線と通信線間に静電的にアンバランスがあるとき，**キャパシタンス**を介して架空送電線路の電圧によって通信線路に誘導電圧を発生させるもので，平常時でも限度を超えると障害が発生する．

静電誘導電圧Eは，次式で表される．

$$E=\frac{C_{\mathrm{a}}\dot{E}_{\mathrm{a}}+C_{\mathrm{b}}\dot{E}_{\mathrm{b}}+C_{\mathrm{c}}\dot{E}_{\mathrm{c}}}{C_{\mathrm{a}}+C_{\mathrm{b}}+C_{\mathrm{c}}+C_{\mathrm{s}}}$$

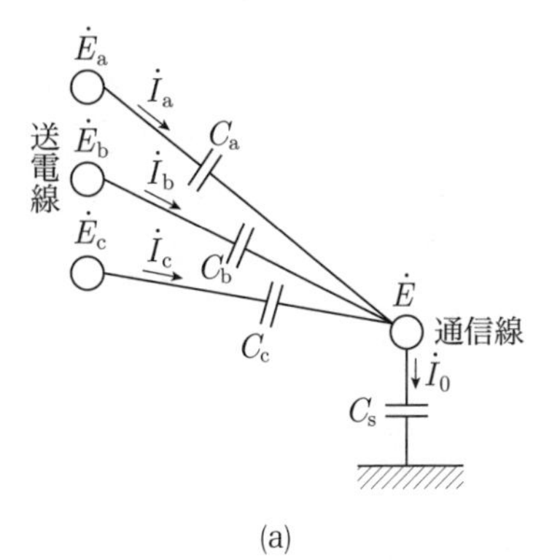

(a)

架空送電線路が十分にねん架されていれば，各線のインダクタンスおよび静電容量はそれぞれ等しくなって電気的不平衡はなくなり，変圧器中性点に現れる残留電圧を減少させ，付近の通信線に対する電磁的および静電的な誘導障害を軽減させることができる．

(2)　電磁誘導障害

電磁誘導は，(b)図に示すように，送電線と通信線間の**相互インダクタンス**によって送電線に電流が流れると通信線に電圧が誘起されるもので，電磁誘導電圧Eは次式で表される．

$$\begin{aligned}\dot{E}&=-\mathrm{j}\omega ML(\dot{I}_{\mathrm{a}}+\dot{I}_{\mathrm{b}}+\dot{I}_{\mathrm{c}})\\&=-\mathrm{j}\omega ML\cdot 3I_0=-\omega MLI\\&=\boldsymbol{-2\pi fMLI}\,[\mathrm{V}]\end{aligned}$$

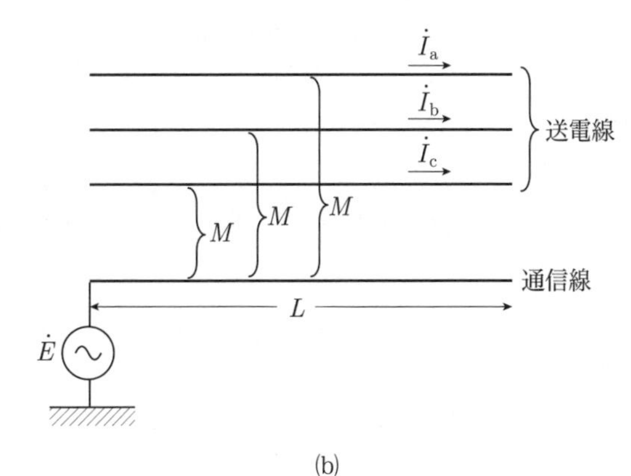

(b)

M [H/m]：架空送電線路と通信線路間の相互インダクタンス

L [m]：架空送電線路と通信線路との並行区間長

I [A]：地絡電流（起誘導電流と呼ばれる）

ω [rad/s]：角周波数，f [Hz]：周波数

常時は$\dot{I}_{\mathrm{a}}+\dot{I}_{\mathrm{b}}+\dot{I}_{\mathrm{c}}=0$と平衡しているため電磁誘導電圧は生じないが，送電線に1線地絡事故が発生すると大きな零相電流I_0が流れて通信線に電磁誘導が発生する．

(1)

理論 電力 機械 法規 令和5上(2023) 令和4下(2022) 令和4上(2022) 令和3(2021) 令和2(2020) 令和元(2019) 平成30(2018) 平成29(2017) 平成28(2016) 平成27(2015)

問9　図のように，こう長5 kmの三相3線式1回線の送電線路がある．この送電線路における送電端線間電圧が22 200 V，受電端線間電圧が22 000 V，負荷力率が85 %（遅れ）であるとき，負荷の有効電力[kW]として，最も近いものを次の(1)～(5)のうちから一つ選べ．

ただし，1 km当たりの電線1線の抵抗は0.182 Ω，リアクタンスは0.355 Ωとし，その他の条件はないものとする．なお，本問では，送電端線間電圧と受電端線間電圧との位相角は小さいとして得られる近似式を用いて解答すること．

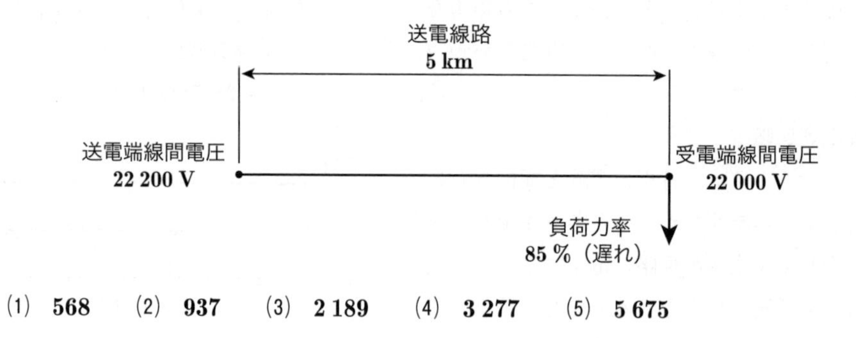

(1)　568　　(2)　937　　(3)　2 189　　(4)　3 277　　(5)　5 675

解9 送電線の電圧降下から負荷の有効電力を求める計算問題である.

図に示すように，線路電流をI [A]，負荷力率を$\cos\theta$，1 km当たりの電線1線の抵抗をr [Ω/km]，リアクタンスをx [Ω/km]，送電線路のこう長をL [km]とすると，三相3線式送電線の電圧降下vは，近似式を用いると次式で表される.

$$v = \sqrt{3}I(rL\cos\theta + xL\sin\theta)\ [\mathrm{V}]$$

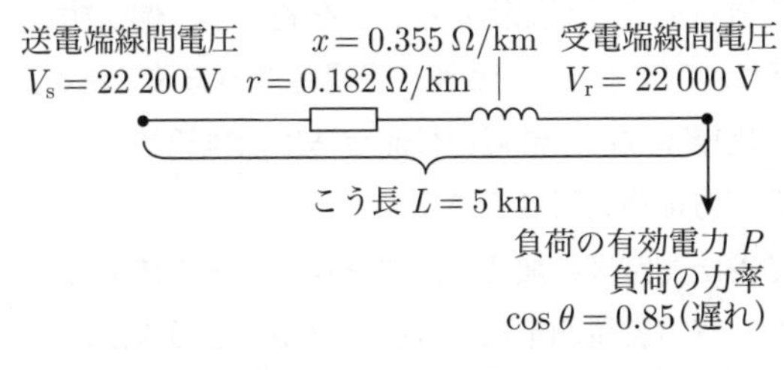

送電端線間電圧をV_s，受電端線間電圧をV_rとし，線路電流Iを求めると，

$$v = V_s - V_r = \sqrt{3}I(rL\cos\theta + xL\sin\theta)$$

$$I = \frac{V_s - V_r}{\sqrt{3}(rL\cos\theta + xL\sin\theta)}$$

$$= \frac{22\,200 - 22\,000}{\sqrt{3}(0.182 \times 5 \times 0.85} *$$

$$* \overline{+ 0.355 \times 5 \times \sqrt{1 - 0.85^2})}$$

$$\fallingdotseq \frac{200}{\sqrt{3} \times 1.708\,5}\ \mathrm{A} \qquad ①$$

負荷の有効電力Pは次式で表されるため，これに①式を代入すると次のように求められる.

$$P = \sqrt{3}V_r I\cos\theta$$

$$= \sqrt{3} \times 22\,000 \times \frac{200}{\sqrt{3} \times 1.708\,5} \times 0.85$$

$$= 22\,000 \times \frac{200}{1.708\,5} \times 0.85$$

$$\fallingdotseq 2\,189 \times 10^3\ \mathrm{W} = 2\,189\ \mathrm{kW} \quad (答)$$

答 (3)

問10 地中送電線路の故障点位置標定に関する記述として，誤っているものを次の(1)～(5)のうちから一つ選べ．

(1) マーレーループ法は，並行する健全相と故障相の2本のケーブルにおける一方の導体端部間にマーレーループ装置を接続し，他方の導体端部間を短絡してブリッジ回路を構成することで，ブリッジ回路の平衡条件から故障点を標定する方法である．

(2) パルスレーダ法は，故障相のケーブルにおける健全部と故障点でのサージインピーダンスの違いを利用して，故障相のケーブルの一端からパルス電圧を入力し，同位置で故障点からの反射パルスが返ってくる時間を測定することで故障点を標定する方法である．

(3) 静電容量測定法は，ケーブルの静電容量と長さが比例することを利用し，健全相と故障相のケーブルの静電容量をそれぞれ測定することで故障点を標定する方法である．

(4) 測定原理から，マーレーループ法は地絡事故に，静電容量測定法は断線事故に，パルスレーダ法は地絡事故と断線事故の双方に適用可能である．

(5) 各故障点位置標定法での測定回路で得た測定値に加えて，マーレーループ法では単位長さ当たりのケーブルの導体抵抗が，静電容量測定法ではケーブルのこう長が，パルスレーダ法ではケーブル中のパルス電圧の伝搬速度がそれぞれ与えられれば，故障点の位置標定ができる．

解10　地中送電線路の故障点位置標定の種類とそれぞれの原理に関する問題である．

(1)　マーレーループ法

ホイートストンブリッジの原理を応用したもので，故障点までの抵抗を測定し，その値から故障点までの距離を算出する方法である．

故障心線が断線していないことと，ケーブルの健全な心線があるかまたは健全な平行回線があることが適用条件である．

抵抗は距離（長さ）に比例するので，図に示すように，ケーブルの単位長さ当たりの導体抵抗を r [Ω/km]，**ケーブルの長さを L** [km]，ブリッジが平衡したときの故障線に接続されたブリッジ端子までの目盛の読みを a，ブリッジの全目盛を1 000とすると，ブリッジの平衡条件より次式が成り立つから，

$$(1\,000 - a)rx = ar(2L - x)$$

上式を解くと，故障点までの距離 x は次のように求められる．

$$1\,000x - ax = 2aL - ax$$

$$\therefore \quad x = \frac{2aL}{1\,000}$$

(2)　パルスレーダ法

故障線のケーブルにおける健全部と故障点でのサージインピーダンスの違いを利用し，故障線の一端からパルス電圧を送り，故障点から反射して返ってくる時間から距離を測定する方法で，パルスがケーブル中を伝わる速度（伝搬速度）を v [m/μs]，故障点までの往復時間を t [μs] とすると，故障点までの時間は $t/2$ [μs] であるから，故障点までの距離 x は次のように求められる．

$$x = \frac{vt}{2} \text{ [m]}$$

(3)　静電容量法

断線事故の場合，故障相と健全相の静電容量の比から距離を測定する方法で，静電容量は距離に比例するため断線箇所までの距離 x は次のように求められる．

$$x = \frac{C_x}{C} L \text{ [m]}$$

ここで，C_x は故障相の静電容量，C は健全相の静電容量である．

(5)

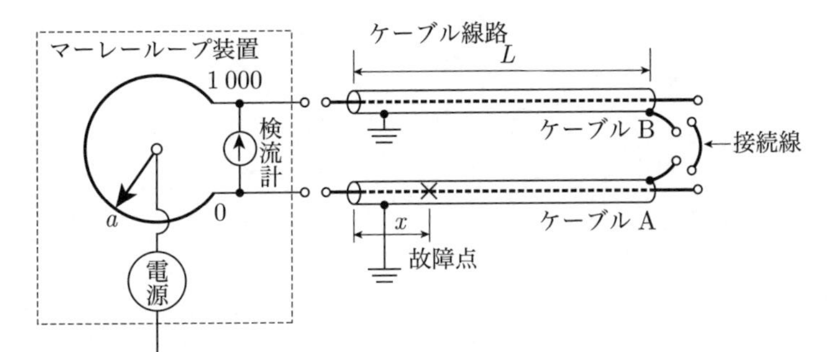

地中配電線路に用いられる機器の特徴に関する記述a～eについて，誤っているものの組合せを次の(1)～(5)のうちから一つ選べ．

a　現在使用されている高圧ケーブルの主体は，架橋ポリエチレンケーブルである．

b　終端接続材料のがい管は，磁器製のほか，EPゴムやエポキシなど樹脂製のものもある．

c　直埋変圧器（地中変圧器）は，変圧器孔を地下に設置する必要があり，設置コストが大きい．

d　地中配電線路に用いられる開閉器では，ガス絶縁方式は採用されない．

e　高圧需要家への供給用に使用される供給用配電箱には，開閉器のほかに供給用の変圧器がセットで収納されている．

(1)　a　(2)　b，e　(3)　c，d　(4)　d，e　(5)　b，c，e

解11 地中配電線路に用いられる機器の特徴に関する問題である．

地中配電線路の高圧ケーブルには，架橋ポリエチレンケーブル（CVケーブル）が一般的に使用されている．終端接続材料のがい管は，磁器製のほかにEPゴムやポリエチレンなど樹脂製のものも採用されている．

地中変圧器には地上用変圧器（パッドマウント変圧器）と直埋変圧器があり，直埋変圧器は変圧器孔を地下に設置する必要があるため設置コストが高くなる．

供給用配電箱は高圧キャビネットともいい，架空線引込みや地中線引込みの場合に需要家の建物もしくは，その近辺に設置して，責任分界点とする．**供給用配電箱内にはケーブルヘッド，断路器，母線などを収納する**．

断路器は無負荷状態の電路を開閉する機能をもっており，地中電線路から引き込む場合，供給配電箱を設置してこの中に断路器を設け，区分開閉器とする．一般用とモールド形があり，安全のため充電部の露出がないモールド形が主流となっている．また，負荷開閉器は，地絡方向継電器付き**ガス開閉器が数多く採用**されている．

DGR付きUGS

区分開閉器が供給用配電箱による場合，波及事故防止対策として，図のような地絡方向継電器付きガス開閉器（DGR付きUGS）の設置が推奨されている．

したがって，地中配電線路の開閉器にはガス絶縁方式が採用され，供給用配電箱には変圧器は収納されないため，dとeが誤りである．

 (4)

次の文章は，低圧配電系統の構成に関する記述である．

放射状方式は，[(ア)]ごとに低圧幹線を引き出す方式で，構成が簡単で保守が容易なことから我が国では最も多く用いられている．

バンキング方式は，同一の特別高圧又は高圧幹線に接続されている2台以上の配電用変圧器の二次側を低圧幹線で並列に接続する方式で，低圧幹線の[(イ)]，電力損失を減少でき，需要の増加に対し融通性がある．しかし，低圧側に事故が生じ，1台の変圧器が使用できなくなった場合，他の変圧器が過負荷となりヒューズが次々と切れ広範囲に停電を引き起こす[(ウ)]という現象を起こす可能性がある．この現象を防止するためには，連系箇所に設ける区分ヒューズの動作時間が変圧器一次側に設けられる高圧カットアウトヒューズの動作時間より[(エ)]なるよう保護協調をとる必要がある．

低圧ネットワーク方式は，複数の特別高圧又は高圧幹線から，ネットワーク変圧器及びネットワークプロテクタを通じて低圧幹線に供給する方式である．特別高圧又は高圧幹線側が1回線停電しても，低圧の需要家側に無停電で供給できる信頼度の高い方式であり，大都市中心部で実用化されている．

上記の記述中の空白箇所(ア)，(イ)，(ウ)及び(エ)に当てはまる組合せとして，正しいものを次の(1)～(5)のうちから一つ選べ．

	(ア)	(イ)	(ウ)	(エ)
(1)	配電用変電所	電圧降下	ブラックアウト	長く
(2)	配電用変電所	フェランチ効果	ブラックアウト	長く
(3)	配電用変圧器	電圧降下	カスケーディング	短く
(4)	配電用変圧器	フェランチ効果	カスケーディング	長く
(5)	配電用変圧器	フェランチ効果	ブラックアウト	短く

解12　低圧配電系統の構成と特徴に関する問題である．

放射状方式は，**配電用変圧器**ごとに低圧幹線を引き出す方式で，低圧配電線が独立しておりほかと連系していないもので，わが国では最も多く用いられている．

図に示すように，同一の特別高圧または高圧配電線に接続された2台以上の配電用変圧器の低圧側（二次側）を低圧配電線の幹線で並列に接続する方式を低圧バンキング方式といい，都市部の一部に採用されることがある．

放射状方式のように変圧器単位で低圧系統が独立した方式は，変圧器がなんらかの理由で停止すると，それにつながる低圧線は停電することになり，供給信頼度が低い欠点がある．そこで供給信頼度の向上を図り，放射状方式の設備建設費が安く経済的である利点を生かしたのがこの方式で，次のような特徴がある．

① 事故または作業時の停電範囲を小さくでき，供給信頼度が高い

② 線路の**電圧降下**，電力損失が小さい

③ 電動機の始動電流などの変動負荷による電圧変動（フリッカ）が小さい

④ 需要増加に対して容易に対応可能である

⑤ カスケーディングに注意する必要がある

⑥ 建設費が高い

なんらかの原因で1台の変圧器の高圧ヒューズが切れて変圧器が使用できなくなると，残りの2台の変圧器で全負荷に供給しなければならなくなるため，変圧器容量に余裕がなく，バンキングスイッチのヒューズなどとの保護協調がとれていないと変圧器が過負荷となり，高圧ヒューズが切れて健全な変圧器が次々に遮断され，全体が停電することを**カスケーディング**という．

これを防止するためには，連系箇所に設ける区分ヒューズの動作時間が，変圧器一次側に設けられた高圧カットアウトヒューズの動作時間より**短く**なるように保護協調をとる必要がある．

(3)

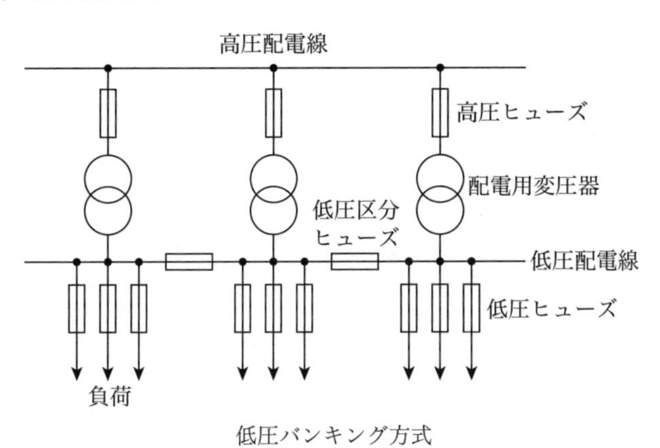

低圧バンキング方式

問13 図のような単相2線式線路がある．母線F点の線間電圧が107 Vのとき，B点の線間電圧が96 Vになった．B点の負荷電流I [A]として，最も近いものを次の(1)～(5)のうちから一つ選べ．

ただし，使用する電線は全て同じものを用い，電線1条当たりの抵抗は，1 km当たり0.6 Ωとし，抵抗以外は無視できるものとする．また，全ての負荷の力率は100 %とする．

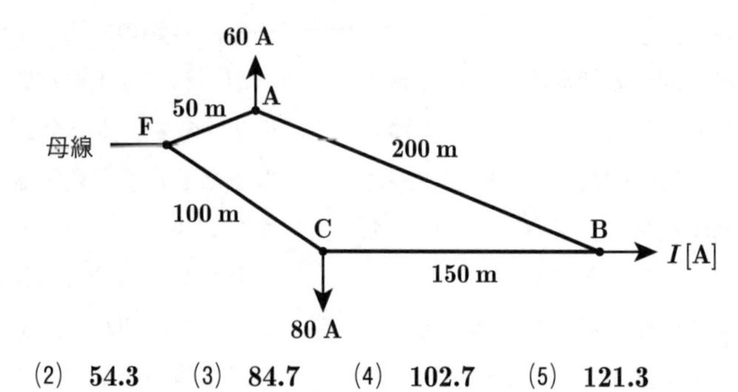

(1) 29.3　(2) 54.3　(3) 84.7　(4) 102.7　(5) 121.3

解13 単相2線式線路の電圧降下から負荷電流を求める計算問題である．

図に示すように，各負荷間の線路に流れる電流Iとこう長Lを定め，電線1条当たりの抵抗を1 km当たりr[Ω/km]とする．

FからAに向かって流れる電流をI_{FA}とすると，F-A-B間の電圧降下は，

$$2\{(rL_{FA})I_{FA}+(rL_{AB})(I_{FA}-I_A)\}=V_F-V_B$$

$$2\{(0.6\times0.05)I_{FA}+(0.6\times0.2)(I_{FA}-60)\}=107-96$$

$$2\times0.15I_{FA}=11+2\times0.6\times0.2\times60=25.4$$

$$\therefore\quad I_{FA}=\frac{25.4}{2\times0.15}=\frac{25.4}{0.3}\ \text{A}$$

次に，FからCに向かって流れる電流をI_{FC}とすると，F-C-B間の電圧降下は，

$$2\{(rL_{FC})I_{FC}+(rL_{BC})(I_{FC}-I_C)\}=V_F-V_B$$

$$2\{(0.6\times0.1)I_{FC}+(0.6\times0.15)(I_{FC}-80)\}=107-96$$

$$2\times0.15I_{FC}=11+2\times0.6\times0.15\times80=25.4$$

$$\therefore\quad I_{FC}=\frac{25.4}{2\times0.15}=\frac{25.4}{0.3}\ \text{A}$$

したがって，B点の負荷電流Iは次のように求められる．

$$I=(I_{FA}-60)+(I_{FC}-80)=2\times\frac{25.4}{0.3}-140\fallingdotseq29.33\ \text{A}\ (答)$$

答 (1)

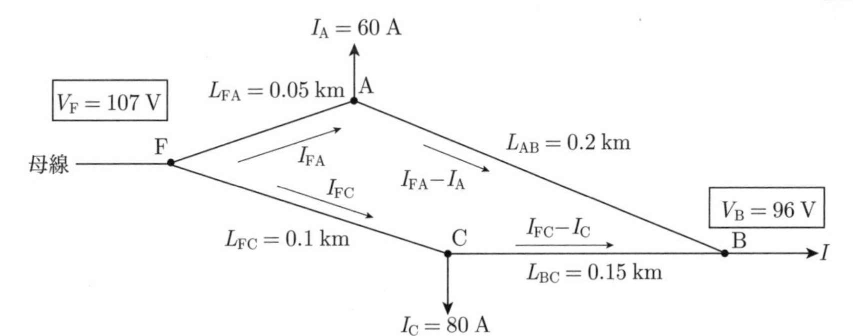

送電線路に用いられる導体に関する記述として，誤っているものを次の(1)～(5)のうちから一つ選べ．

(1) 導体の特性として，一般に導電率は高く引張強さが大きいこと，質量及び線熱膨張率が小さいこと，加工性及び耐食性に優れていることなどが求められる．

(2) 導体には，一般に銅やアルミニウム又はそれらの合金が用いられ，それらの導体の導電率は，温度や不純物成分，加工条件，熱処理条件などによって異なり，標準軟銅の導電率を100 %として比較した百分率で表される．

(3) 地中ケーブルの銅導体には，一般に軟銅が用いられ，硬銅と比べて引張強さは小さいが，伸びや可とう性に優れ，導電率が高い．

(4) 鋼心アルミより線は，中心に亜鉛めっき鋼より線，その周囲に軟アルミ線をより合わせた電線であり，アルミの軽量かつ高い導電性と，鋼の強い引張強さとをもつ代表的な架空送電線である．

(5) 純アルミニウムは，純銅と比較して導電率が$\frac{2}{3}$程度，比重が$\frac{1}{3}$程度であるため，電気抵抗と長さが同じ電線の場合，アルミニウム線の質量は銅線のおよそ半分である．

解14 送電線路に用いられる導体の材質，特性に関する問題である．

導電材料に要求される電気的要件は，できるかぎり電圧降下や電力損失が小さい状態で電流を流すことであり，また，機械的要件としては，強度，耐食性，加工性などが要求される．導電材料として要求される主な条件は次のとおりである．

① 導電率が大きいこと（抵抗率が小さいこと）
② 機械的強度（引張強さ）が大きいこと
③ 耐食性に優れていること
④ 質量が軽いこと
⑤ 線膨張率が小さいこと
⑥ 加工性がよいこと
⑦ 価格が安いこと

地中ケーブルの銅導体は，伸びや可とう性に優れ，導電率が高い軟銅が用いられる．ただし，軟銅は硬銅に比べて引張強さや弾性係数が小さい．

鋼心アルミより線は，図に示すように，中心に亜鉛めっき鋼より線，その周囲に**硬アルミ線**をより合わせた電線であり，硬銅より線より外径が大きくなり，風圧荷重は大きくなるが，導電はアルミ線によっているため導電性が高く，重量が軽くて引張強さが大きいため長径間箇所の使用に適している．

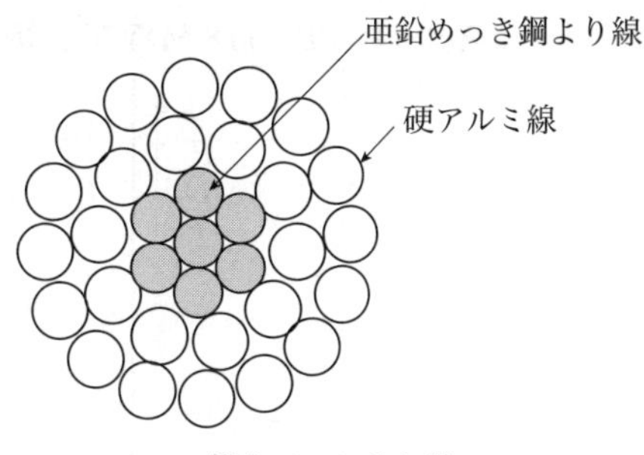

鋼心アルミより線

アルミニウムの抵抗率は$1/35\ \Omega\cdot\mathrm{mm}^2/\mathrm{m}$，軟銅の抵抗率は$1/58\ \Omega\cdot\mathrm{mm}^2/\mathrm{m}$であるため，アルミニウムの導電率は軟銅の60 %と低いが，比重は銅の約1/3であるため，電気抵抗と長さが同じ電線の場合，アルミ線の質量は銅線の約1/2である．

答 (4)

B問題　配点は1問題当たり(a)5点，(b)5点，計10点

問15 図は，あるランキンサイクルによる汽力発電所のP-V線図である．この発電所が，A点の比エンタルピー140 kJ/kg，B点の比エンタルピー150 kJ/kg，C点の比エンタルピー3 380 kJ/kg，D点の比エンタルピー2 560 kJ/kg，蒸気タービンの使用蒸気量100 t/h，蒸気タービン出力18 MWで運転しているとき，次の(a)及び(b)の問に答えよ．

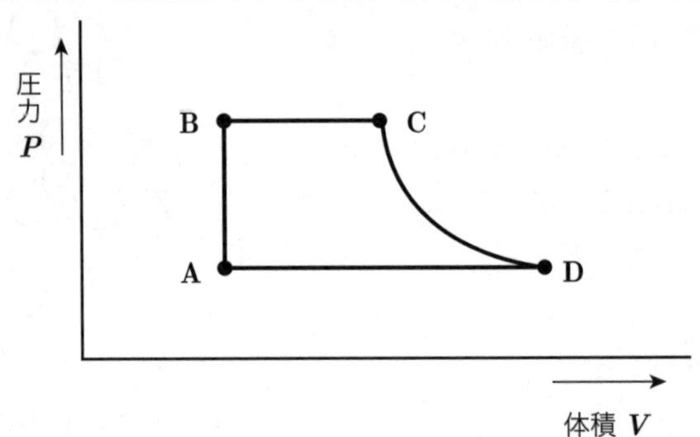

(a) タービン効率の値[%]として，最も近いものを次の(1)～(5)のうちから一つ選べ．

(1) 58.4　(2) 66.8　(3) 79.0　(4) 95.3　(5) 96.7

(b) この発電所の送電端電力16 MW，所内比率5 %のとき，発電機効率の値[%]として，最も近いものを次の(1)～(5)のうちから一つ選べ．

(1) 84.7　(2) 88.6　(3) 88.9　(4) 89.2　(5) 93.6

解15 ランキンサイクルのP-V線図から熱効率を求める計算問題である．

各過程の状態変化は次のとおりである．

A→B　給水ポンプによる断熱圧縮

B→C　ボイラ・過熱器で等圧受熱（過熱蒸気となる）

C→D　タービンで断熱膨張（仕事をする）

D→A　復水器で等圧放熱（冷却され水に戻る）

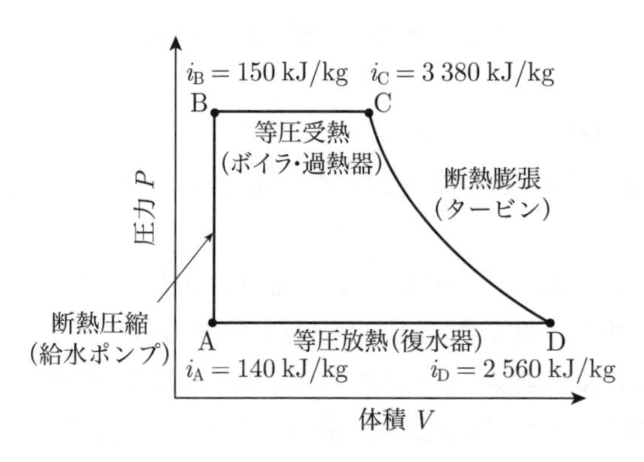

(a)　ランキンサイクルのP-V線図

(a)　各点のエンタルピーi [kJ/kg] を(a)図のように定めると，C点がタービン入口，D点がタービン出口であるから，蒸気タービンの出力をP_T [kW]，蒸気量をZ [kg/h] とすると，タービン効率η_tは次のように求められる．

$$\eta_t = \frac{\text{タービンで発生した機械的出力（熱量換算値）}}{\text{タービンで消費した熱量}}$$

$$= \frac{3\,600 P_T}{(i_C - i_D)Z}$$

$$= \frac{3\,600 \times 18 \times 10^3}{(3\,380 - 2\,560) \times 100 \times 10^3}$$

$$\fallingdotseq 0.790\,2 \fallingdotseq 79.02\ \%\quad \text{(答)}$$

(b)　図に示すように，発電端電力P_G，所内電力をP_Lとすると，送電電力P_Sは，

$$P_S = P_G - P_L$$

となり，また，所内率Lは，

$$L = \frac{P_L}{P_G}$$

と表されるから，送電端電力P_Sは次式のように求められる．

$$P_S = P_G - P_L = P_G\left(1 - \frac{P_L}{P_G}\right) = P_G(1 - L)$$

$$\therefore\quad P_G = \frac{P_S}{1 - L}$$

発電機効率η_gは，次のように求められる．

$$\eta_g = \frac{P_G}{\text{タービンで発生した機械的出力}}$$

$$= \frac{\left(\dfrac{P_S}{1 - L}\right)}{P_T} = \frac{\left(\dfrac{16 \times 10^3}{1 - 0.05}\right)}{18 \times 10^3}$$

$$\fallingdotseq 0.935\,6 \fallingdotseq 93.56\ \%\quad \text{(答)}$$

(a) - (3)，(b) - (5)

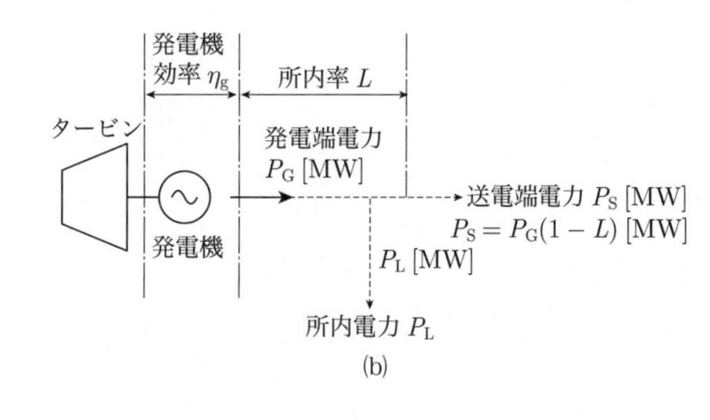

(b)

図に示すように，発電機，変圧器と公称電圧66 kVで運転される送電線からなる系統があるとき，次の(a)及び(b)の問に答えよ．ただし，中性点接地抵抗は図の変圧器のみに設置され，その値は300 Ωとする．

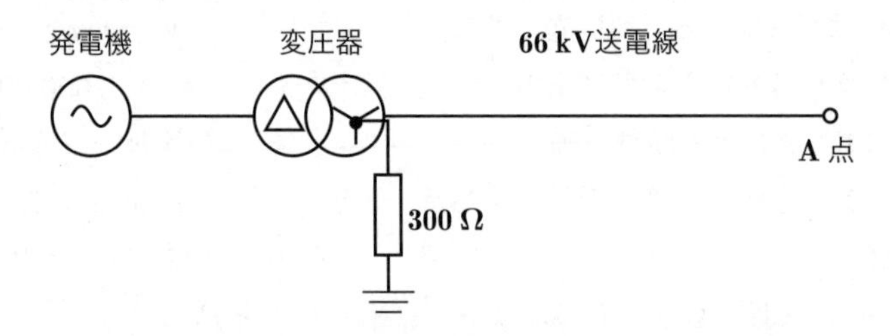

(a) A点で100 Ωの抵抗を介して一線地絡事故が発生した．このときの地絡電流の値[A]として，最も近いものを次の(1)～(5)のうちから一つ選べ．

ただし，発電機，発電機と変圧器間，変圧器及び送電線のインピーダンスは無視するものとする．

(1) **95**　(2) **127**　(3) **165**　(4) **381**　(5) **508**

(b) A点で三相短絡事故が発生した．このときの三相短絡電流の値[A]として，最も近いものを次の(1)～(5)のうちから一つ選べ．

ただし，発電機の容量は10 000 kV·A，出力電圧6.6 kV，三相短絡時のリアクタンスは自己容量ベースで25 %，変圧器容量は10 000 kV·A，変圧比は6.6 kV/66 kV，リアクタンスは自己容量ベースで10 %，66 kV送電線のリアクタンスは，10 000 kV·Aベースで5 %とする．なお，発電機と変圧器間のインピーダンスは無視する．また，発電機，変圧器及び送電線の抵抗は無視するものとする．

(1) **33**　(2) **219**　(3) **379**　(4) **656**　(5) **3 019**

解16 中性点接地系統での1線地絡電流と三相短絡電流を求める計算問題である．

(a) 中性点接地系統で1線地絡事故が発生すると，(a)図に示すように中性点接地抵抗Rを通じて地絡点に地絡電流I_gが流れる．等価回路より地絡電流I_gは次のように求められる．

$$I_g = \frac{\frac{V}{\sqrt{3}}}{R_g + R} = \frac{\frac{66 \times 10^3}{\sqrt{3}}}{100 + 300} \fallingdotseq 95.3 \text{ A} \quad (答)$$

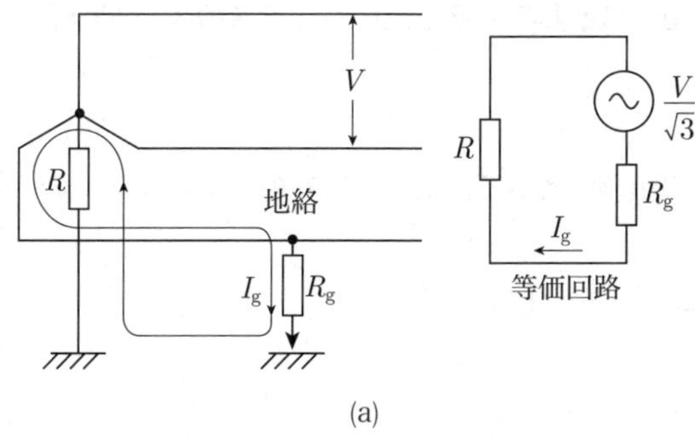

(a)

(b) A点で三相短絡事故が発生したときのインピーダンスマップは(b)図のようになる．

各機器のパーセントリアクタンスの基準容量は10 000 kV·Aで同じであるから，A点から電源側をみた合成パーセントインピーダンス%Zは，

$$\%Z = 25 + 10 + 5 = 40\ \%$$

基準電流（定格電流）をI_B [A]，基準線間電圧（事故点の定格電圧）をV_B [V]とすると，基準容量P_Bは，

$$P_B = \sqrt{3}\, V_B I_B \text{ [V·A]}$$

と表されるから，基準電流I_Bは次のように求められる．

$$I_B = \frac{P_B}{\sqrt{3} V_B} \text{ [A]}$$

したがって，三相短絡電流I_sは次のように求められる．

$$I_s = \frac{100}{\%Z} I_B = \frac{100}{\%Z} \cdot \frac{P_B}{\sqrt{3} V_B}$$

$$= \frac{100}{40} \times \frac{10\,000 \times 10^3}{\sqrt{3} \times 66 \times 10^3}$$

$$\fallingdotseq 218.7 \text{ A} \quad (答)$$

(a) - (1)，(b) - (2)

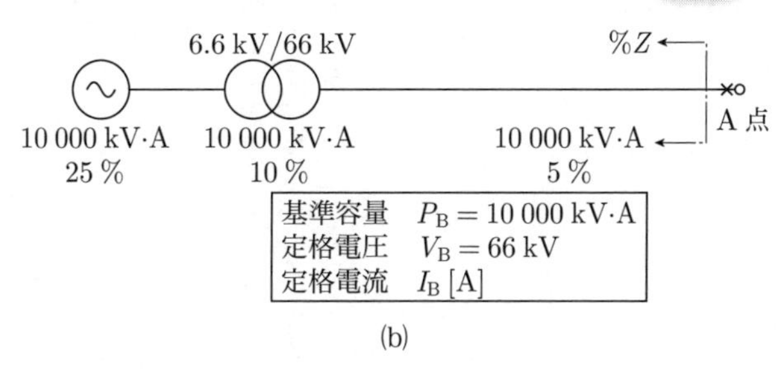

(b)

理論 電力 機械 法規 令和5上(2023) 令和4下(2022) 令和4上(2022) 令和3(2021) 令和2(2020) 令和元(2019) 平成30(2018) 平成29(2017) 平成28(2016) 平成27(2015)

問17　図のような，線路抵抗をもった100/200 V単相3線式配電線路に，力率が100 %で電流がそれぞれ30 A及び20 Aの二つの負荷が接続されている．この配電線路にバランサを接続した場合について，次の(a)及び(b)の問に答えよ．

ただし，バランサの接続前後で負荷電流は変化しないものとし，線路抵抗以外のインピーダンスは無視するものとする．

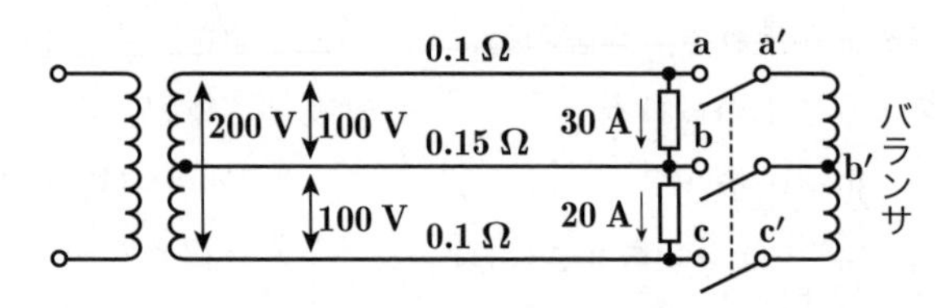

(a)　バランサ接続後a′-b′間に流れる電流の値[A]として，最も近いものを次の(1)～(5)のうちから一つ選べ．

(1)　5　　(2)　10　　(3)　20　　(4)　25　　(5)　30

(b)　バランサ接続前後の線路損失の変化量の値[W]として，最も近いものを次の(1)～(5)のうちから一つ選べ．

(1)　20　　(2)　65　　(3)　80　　(4)　125　　(5)　145

解17 単相3線式配電線路におけるバランサ接続前後の線路損失を求める計算問題である．

(a) バランサは巻数比1：1の単巻変圧器であり，バランサに電流I_Bが流れるとバランサの両巻線に等しい電圧が誘起し，負荷の端子電圧も等しくなる．

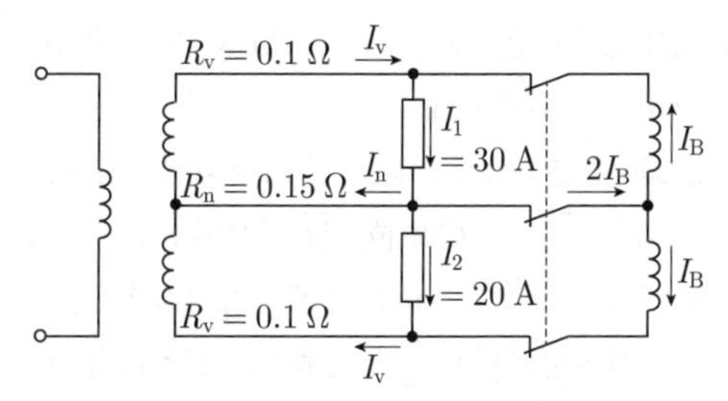

各部の電流を図のように定める．バランサを接続すると，バランサ接続前に中性線に流れていた電流がバランサ側に流入し，その半分ずつがバランサの巻線に流れる．したがって，バランサに流れる電流I_Bは次のように求められる．

$$I_B = \frac{I_1 - I_2}{2} = \frac{30-20}{2} = 5\ \text{A} \quad (答)$$

(b) バランサ接続前の中性線に流れる電流I_nは，

$$I_n = I_1 - I_2 = 30 - 20 = 10\ \text{A}$$

となり，バランサ接続前の線路損失p_1は次のように求められる．

$$\begin{aligned} p_1 &= I_1{}^2 R_v + I_n{}^2 R_n + I_2{}^2 R_v \\ &= 30^2 \times 0.1 + 10^2 \times 0.15 + 20^2 \times 0.1 \\ &= 145\ \text{W} \end{aligned}$$

バランサ接続後の両外側線（電圧線）に流れる電流I_vは，

$$\begin{aligned} I_v &= I_1 - I_B = I_2 + I_B \\ &= I_1 - \frac{I_1 - I_2}{2} = I_2 + \frac{I_1 - I_2}{2} \\ &= \frac{I_1 - I_2}{2} = \frac{30+20}{2} = 25\ \text{A} \end{aligned}$$

となり，中性線には電流が流れないから，バランサ接続後の線路損失p_2は次のように求められる．

$$p_2 = 2I_v{}^2 R_v = 2 \times 25^2 \times 0.1 = 125\ \text{W}$$

したがって，線路損失の減少量Δpは次のように求められる．

$$\Delta p = p_1 - p_2 = 145 - 125 = 20\ \text{W} \quad (答)$$

平成16年に類題が出題された．

(a) - (1)，(b) - (1)

平成27年度（2015年）電力の問題

A問題　配点は1問題当たり5点

問1　水力発電所の理論水力Pは位置エネルギーの式から$P=\rho gQH$と表される．ここでH [m]は有効落差，Q [m^3/s]は流量，gは重力加速度$=9.8$ m/s^2，ρは水の密度$=1\,000$ kg/m^{3}である．以下に理論水力Pの単位を検証することとする．なお，Paは「パスカル」，Nは「ニュートン」，Wは「ワット」，Jは「ジュール」である．

$P=\rho gQH$の単位はρ，g，Q，Hの単位の積であるから，kg/m^3·m/s^2·m^3/s·mとなる．これを変形すると，［(ア)］·m/sとなるが，［(ア)］は力の単位［(イ)］と等しい．すなわち$P=\rho gQH$の単位は［(イ)］·m/sとなる．ここで［(イ)］·mは仕事（エネルギー）の単位である［(ウ)］と等しいことから$P=\rho gQH$の単位は［(ウ)］/sと表せ，これは仕事率（動力）の単位である［(エ)］と等しい．ゆえに，理論水力$P=\rho gQH$の単位は［(エ)］となるが，重力加速度$g=9.8$ m/s^{2}と水の密度$\rho=1\,000$ kg/m^{3}の数値9.8と1 000を考慮すると$P=9.8QH$ [［(オ)］]と表せる．

上記の記述中の空白箇所(ア)，(イ)，(ウ)，(エ)及び(オ)に当てはまる組合せとして，正しいものを次の(1)～(5)のうちから一つ選べ．

	(ア)	(イ)	(ウ)	(エ)	(オ)
(1)	kg·m	Pa	W	J	kJ
(2)	kg·m/s^2	Pa	J	W	kW
(3)	kg·m	N	J	W	kW
(4)	kg·m/s^2	N	W	J	kJ
(5)	kg·m/s^2	N	J	W	kW

●試験時間　90分
●必要解答数　A問題14題，B問題3題

解1　水力発電所における理論出力の単位に関する問題である．

質量がm [kg] の物体に加わる重力は，質量に重力加速度$g = 9.8$ m/s^{2}を乗じてmgで表されるので，この物体をH [m] 上昇させるときになされる仕事（エネルギー）は，重力に移動距離を乗じてmgHとなり，その単位は，

$$仕事 = 力 \times 距離 = mgH$$
$$= \left[\mathrm{kg} \cdot \frac{\mathrm{m}}{\mathrm{s}^2} \cdot \mathrm{m}\right] = \left[\frac{\mathrm{kg} \cdot \mathrm{m}}{\mathrm{s}^2} \cdot \mathrm{m}\right]$$
$$= [\mathrm{N} \cdot \mathrm{m}] = [\mathrm{J}]$$

となる．

また，密度が$\rho = 1\,000$ kg/m^{3}の水をくみ上げるとき，流量をQ [m^3/s] とすると，1秒間にくみ上げる水の質量mは，次のように求められる．

$$m\,[\mathrm{kg/s}] = \rho\left[\frac{\mathrm{kg}}{\mathrm{m}^3}\right] Q\left[\frac{\mathrm{m}^3}{\mathrm{s}}\right]$$

したがって，有効落差をH [m] とすると，水力発電所の理論出力Pは，次のように求められる．

$$P = mgH = \rho gQH$$

この単位は，

$$P = \rho\left[\frac{\mathrm{kg}}{\mathrm{m}^3}\right] g\left[\frac{\mathrm{m}}{\mathrm{s}^2}\right] Q\left[\frac{\mathrm{m}^3}{\mathrm{s}}\right] H\,[\mathrm{m}]$$
$$= \rho gQH\left[\frac{\mathrm{kg} \cdot \mathrm{m}}{\mathrm{s}^2}\right]\left[\frac{\mathrm{m}}{\mathrm{s}}\right]$$

となり，**kg·m/s²**は力の単位**N**と等しく，kg·m/s^{2}とmの積は仕事（エネルギー）の単位**J**と等しい．

$P = \rho gQH$の単位は，

$$P = \rho gQH\left[\frac{\mathrm{kg} \cdot \mathrm{m}}{\mathrm{s}^2}\,\mathrm{m}\right]\left[\frac{1}{\mathrm{s}}\right]$$
$$= \rho gQH\,[\mathrm{J/s}]$$

となり，これは仕事率（動力）の単位である**W**と等しい．

よって，$\rho = 1\,000$ kg/m^3，$g = 9.8$ m/s^{2}を考慮すると，次のように表される．

$$P = \rho gQH = 1\,000 \times 9.8 \times QH$$
$$= 9.8QH \times 10^3\,[\mathrm{W}] = 9.8QH\,[\mathbf{kW}]$$

答　(5)

汽力発電所における再生サイクル及び再熱サイクルに関する記述として，誤っているものを次の(1)～(5)のうちから一つ選べ.

(1) 再生サイクルは，タービン内の蒸気の一部を抽出して，ボイラの給水加熱を行う熱サイクルである.

(2) 再生サイクルは，復水器で失う熱量が減少するため，熱効率を向上させることができる.

(3) 再生サイクルによる熱効率向上効果は，抽出する蒸気の圧力，温度が高いほど大きい.

(4) 再熱サイクルは，タービンで膨張した湿り蒸気をボイラの過熱器で加熱し，再びタービンに送って膨張させる熱サイクルである.

(5) 再生サイクルと再熱サイクルを組み合わせた再熱再生サイクルは，ほとんどの大容量汽力発電所で採用されている.

解2 汽力発電所の熱サイクルにおける再生サイクルと再熱サイクルに関する問題である．

(a) 再生サイクル

再生サイクルは，(a)図に示すように，タービンで膨張途中の蒸気を抽出（抽気という）して，ボイラの給水を加熱する熱サイクルである．復水器で放出される熱量（熱損失）が減少するため，熱効率を向上させることができる．この熱効率向上効果は，抽出する蒸気の圧力と温度が高いほど大きい．

再熱サイクルは，(b)図に示すように，高圧タービンで膨張した蒸気は過熱蒸気から飽和蒸気になり，飽和蒸気は摩擦損失が大きく熱効率が低下しタービン翼を浸食するため，高圧タービンから出た蒸気をボイラの再熱器で再度過熱蒸気にして低圧タービンに送って膨張させる熱サイクルである．

(c)図に示すように，再熱サイクルと再生サイクルを組み合わせた再熱再生サイクルは，ほとんどの大容量汽力発電所で採用されている．

したがって，再熱サイクルは高圧タービンから出た飽和蒸気をボイラの**再熱器**で加熱する熱サイクルであるため，**(4)が誤り**である．

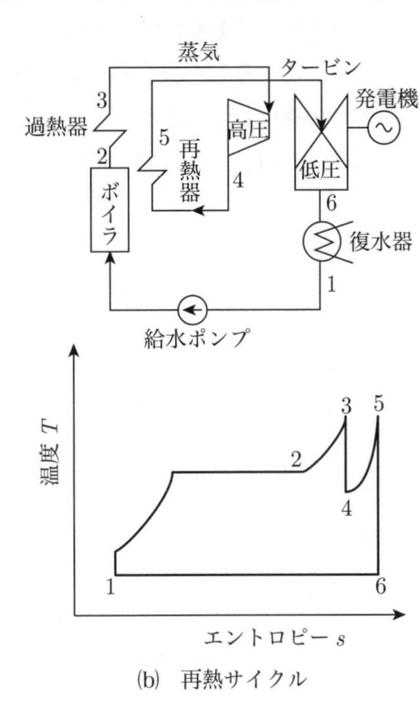

(b) 再熱サイクル

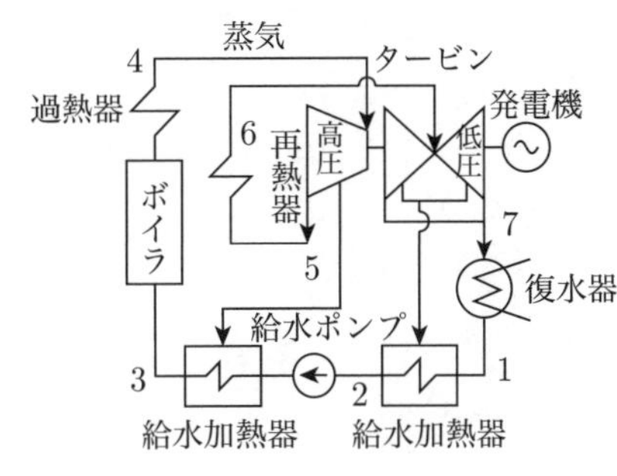

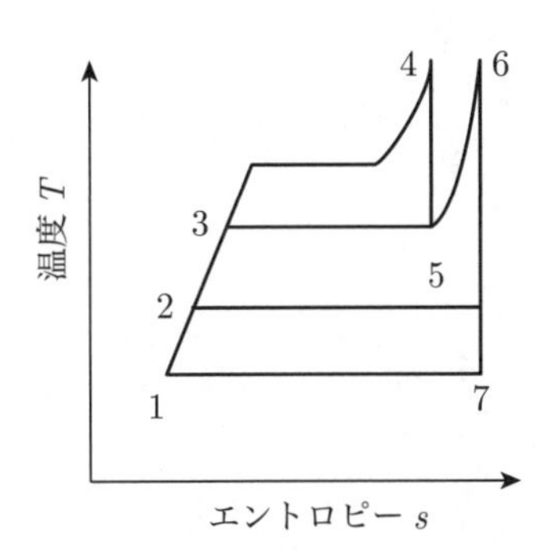

(c) 再熱再生サイクル

(4)

問3 定格出力10 000 kWの重油燃焼の汽力発電所がある．この発電所が30日間連続運転し，そのときの重油使用量は1 100 t，送電端電力量は5 000 MW·hであった．この汽力発電所のボイラ効率の値[%]として，最も近いものを次の(1)～(5)のうちから一つ選べ．

なお，重油の発熱量は44 000 kJ/kg，タービン室効率は47 %，発電機効率は98 %，所内率は5 %とする．

(1) 51　(2) 77　(3) 80　(4) 85　(5) 95

解3 汽力発電所の熱効率に関する計算問題である．

図に示すように，発電機の定格出力を P_G，所内電力を P_L とすると，送電電力 P_S は，

$$P_S = P_G - P_L$$

となり，また，所内率 L は，

$$L = \frac{P_L}{P_G}$$

と表されるから，送電電力 P_S は次式のように表される．

$$P_S = P_G - P_L = P_G\left(1 - \frac{P_L}{P_G}\right) = P_G(1-L)$$

電力量も同様に考えられるから，この汽力発電所が30日間連続運転したときの送電端電力量 W_S と発電電力量 W_G は，次のように求められる．

$$W_S = W_G(1-L)$$

$$\therefore \quad W_G = \frac{W_S}{1-L}$$

一方，重油使用量を B [kg]，重油の発熱量を H [kJ/kg] とすると，30日間の重油の総発熱量 Q は，次式で表され，

$$Q = BH$$

電力量と熱量の関係は，

$$1\,\text{kW}\cdot\text{h} = 3\,600\,\text{kJ}$$

であるから，発電端熱効率 η_P は，次のように求められる．

$$\eta_P = \frac{\text{発電電力量（熱量換算値）}}{\text{使用した重油の総発熱量}}$$

$$= \frac{3\,600 W_G}{Q} = \frac{3\,600\left(\dfrac{W_S}{1-L}\right)}{BH}$$

ボイラ効率を η_B，タービン室効率を η_T，発電機効率を η_g とすると，発電端熱効率 η_P は，次式で表される．

$$\eta_P = \eta_B \eta_T \eta_g$$

したがって，上式を変形すると，ボイラ効率 η_B は，次のように求められる．

$$\eta_B = \frac{\eta_P}{\eta_T \eta_g} = \frac{\dfrac{3\,600\left(\dfrac{W_S}{1-L}\right)}{BH}}{\eta_T \eta_g}$$

$$= \frac{3\,600\left(\dfrac{W_S}{1-L}\right)}{BH\eta_T\eta_g}$$

$$= \frac{3\,600 \times \left(\dfrac{5\,000\times10^3}{1-0.05}\right)}{1100\times10^3\times44\,000\times0.47\times0.98}$$

$$\fallingdotseq 0.849\,9 \fallingdotseq 85.0\,\%$$ （答）

(4)

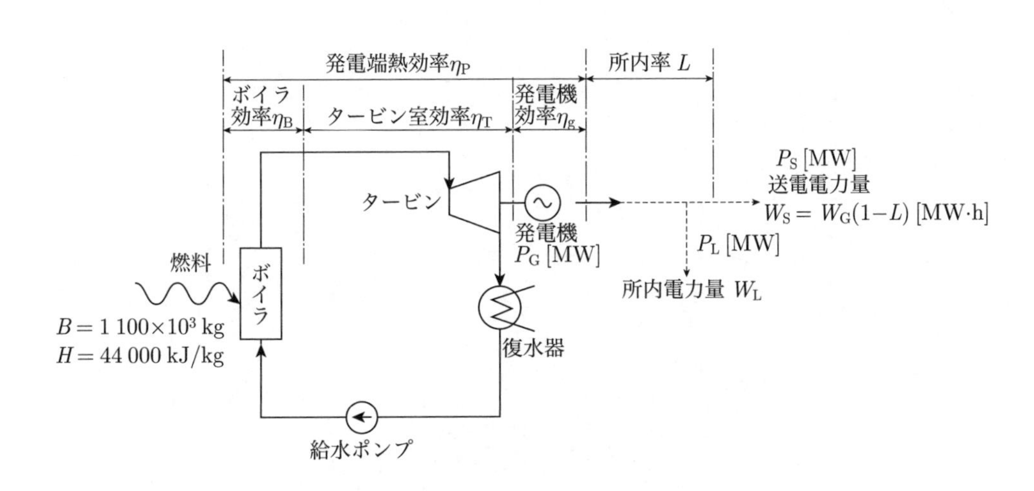

次の文章は，原子力発電の設備概要に関する記述である．

原子力発電で多く採用されている原子炉の型式は軽水炉であり，主に加圧水型と沸騰水型に分けられるが，いずれも冷却材と［(ア)］に軽水を使用している．

加圧水型は，原子炉内で加熱された冷却材の沸騰を［(イ)］により防ぐとともに，一次冷却材ポンプで原子炉，［(ウ)］に冷却材を循環させる．［(ウ)］で熱交換を行い，タービンに送る二次系の蒸気を発生させる．

沸騰水型は，原子炉内で冷却材を加熱し，発生した蒸気を直接タービンに送るため，系統が単純になる．

それぞれに特有な設備には，加圧水型では［(イ)］，［(ウ)］，一次冷却材ポンプがあり，沸騰水型では［(エ)］がある．

上記の記述中の空白箇所(ア)，(イ)，(ウ)及び(エ)に当てはまる組合せとして，正しいものを次の(1)～(5)のうちから一つ選べ．

	(ア)	(イ)	(ウ)	(エ)
(1)	減速材	加圧器	蒸気発生器	再循環ポンプ
(2)	減速材	蒸気発生器	加圧器	再循環ポンプ
(3)	減速材	加圧器	蒸気発生器	給水ポンプ
(4)	遮へい材	蒸気発生器	加圧器	再循環ポンプ
(5)	遮へい材	蒸気発生器	加圧器	給水ポンプ

解4 原子力発電に用いられる軽水炉の加圧水型と沸騰水型の違いに関する問題である．

原子炉の種類は減速材や冷却材の違いによって分けられ，原子力発電で多く採用されている原子炉の型式は軽水炉が主流を占めている．軽水炉には，加圧水型（PWR）と沸騰水型（BWR）とがあり，両者ともウラン235の割合を3〜5％高めた低濃縮ウランを使用していること，ならびに冷却材と**減速材**に軽水を使用していることが共通している．

(1) 加圧水型軽水炉（PWR）

(a)図に示すように，冷却材系統が二つに分かれており，一次冷却材は炉心で沸騰しないように**加圧器**で加圧され，原子炉で加熱された一次冷却材は**蒸気発生器**で二次冷却材に熱を伝えた後，一次冷却材ポンプで炉心に送り込まれる．一方，蒸気発生器で加熱された二次冷却材は飽和蒸気となってタービンへ送られる．放射性物質を含んだ一次冷却材がタービンへ送られないためタービン系統の点検・保守が火力発電所と同じようにできる利点がある．

(2) 沸騰水型軽水炉（BWR）

(b)図に示すように，冷却材が炉心で沸騰し，発生した蒸気は水と分離されて直接タービンに送られ，水は再循環ポンプによって再び炉心へ循環される．加圧水型に比べて原子炉圧力が低く，蒸気発生器がないので構成が簡単であるが，放射性物質を含んだ蒸気がタービンへ送られるためタービン側でも放射線防護対策が必要である．

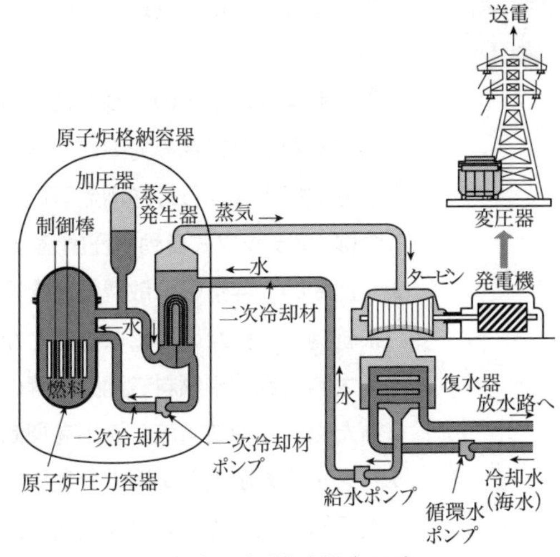

(a) 加圧水型軽水炉（PWR）

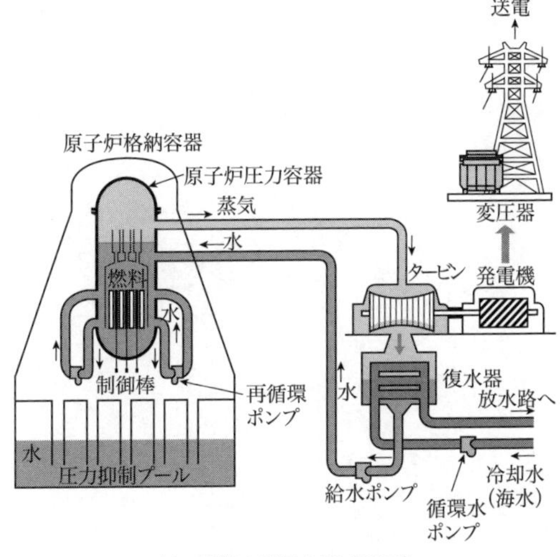

(b) 沸騰水型軽水炉（BWR）

それぞれに特有な設備は，加圧水型では**加圧器**，**蒸気発生器**，一次冷却材ポンプがあり，沸騰水型では**再循環ポンプ**がある．

(1)

分散型電源の配電系統連系に関する記述として，誤っているものを次の(1)～(5)のうちから一つ選べ．

(1) 分散型電源からの逆潮流による系統電圧の上昇を抑制するために，受電点の力率は系統側から見て進み力率とする．

(2) 分散型電源からの逆潮流等により他の低圧需要家の電圧が適正値を維持できない場合は，ステップ式自動電圧調整器（SVR）を設置する等の対策が必要になることがある．

(3) 比較的大容量の分散型電源を連系する場合は，専用線による連系や負荷分割等配電系統側の増強が必要になることがある．

(4) 太陽光発電や燃料電池発電等の電源は，電力変換装置を用いて電力系統に連系されるため，高調波電流の流出を抑制するフィルタ等の設置が必要になることがある．

(5) 大規模太陽光発電等の分散型電源が連系した場合，配電用変電所に設置されている変圧器に逆向きの潮流が増加し，配電線の電圧が上昇する場合がある．

解5 分散型電源を配電系統に連系した場合の電圧上昇対策に関する問題である．

負荷の力率は一般に遅れ力率であるため，大きな負荷がかかっているときの電流は電圧より位相が遅れているのが普通である．

冷暖房負荷が不要となる5月上旬は年間を通じて負荷が小さい期間であり，日照条件がよく太陽光発電設備による発電出力が増加すると，太陽光発電設備から配電系統側へ電力が逆流するいわゆる逆潮流が発生し，太陽光発電設備が多く導入された配電系統では，この逆潮流によって高圧配電線末端の電圧が上昇し，適正電圧が維持できないおそれがある．

太陽光発電設備などの分散型電源が連系されても配電線の電圧が適正に維持されるためには，分散型電源側で逆潮流によって系統の電圧分布があまり変化しないように対策するとともに，必要に応じて系統側で対策する必要がある．分散型電源側での対策としては，進相無効電力制御または出力抑制機能があり，出力抑制機能は逆潮流により系統電圧が高くなってくると逆変換装置の出力を絞る機能であり，発電出力の有効分を減少させることにより電圧上昇を抑制するものである．機能としては単純であるが，せっかくの発電出力を抑制してしまうものであり，積極的にこの機能だけで電圧上昇を抑制しようとすることは望ましくなく，バックアップとして備えるべき機能である．

発電出力の抑制以外に発電設備連系後の電圧分布を連系前と変わらないようにするためには，**発電出力の有効分による電圧上昇を無効電力分で相殺するように制御**すればよく，具体的には逆潮流運転中の発電設備側の力率を一定に制御すればよい．この制御のことを進相無効電力制御といい，発電設備を進相運転することにより電圧上昇を抑える方法で，発電設備を有効利用するためにはなるべく100％に近い力率で運転することが望ましい．

したがって，逆潮流時の受電点の力率は，発電設備を進相運転するものの，系統側からみて100％に近い力率か若干遅れ力率で運転することが望ましく，進み力率になってしまうと逆に系統電圧が上昇する方向になるため，⑴**が誤り**である．

⑴

問6

保護リレーに関する記述として，誤っているものを次の(1)～(5)のうちから一つ選べ.

(1) 保護リレーは電力系統に事故が発生したとき，事故を検出し，事故の位置や種類を識別して，事故箇所を系統から直ちに切り離す指令を出して遮断器を動作させる制御装置である.

(2) 高圧配電線路に短絡事故が発生した場合，配電用変電所に設けた過電流リレーで事故を検出し，遮断器に切り離し指令を出し事故電流を遮断する.

(3) 変圧器の保護に最も一般的に適用される電気式リレーは，変圧器の一次側と二次側の電流の差から異常を検出する差動リレーである.

(4) 後備保護は，主保護不動作や遮断器不良など，何らかの原因で事故が継続する場合に備え，最終的に事故除去する補完保護である.

(5) 高圧需要家に構内事故が発生した場合，同需要家の保護リレーよりも先に配電用変電所の保護リレーが動作して遮断器に切り離し指令を出すことで，確実に事故を除去する.

解6 保護リレーに関する問題であるが，正誤の判断は保護協調に関する知識が必要である．

需要家構内の受電設備に施設する保護リレーの保護協調は，需要家構内で短絡，地絡，過負荷などの事故が発生した場合，その事故箇所を確実に検出して，健全である電力系統から迅速に遮断することによって，事故の波及を防止し，人身の安全，設備の保護，電力供給の信頼性の向上を図るものである．したがって，保護リレーが具備すべき保護協調の条件は，次のとおりである．

① 需要家構内の事故時に事故点を迅速に除去する．また，事故除去区間を局限化し，さらに，次区間の後備保護を行う．

② 需要家構内の事故時に，供給側の停電やほかの需要家への影響などの事故波及がないようにする．

③ 同一系統のほかの需要家を含めた，供給側系統の事故時に，その需要家の無用な停電などの影響を被らないようにする．

また，受電設備に施設する保護リレーの保護協調の基本的な考え方は，電力系統の供給側と受電側の動作時限協調により，**需要家構内での事故発生箇所の遮断を可及的速やかに，かつ最小限に行い，事故箇所以外の電路への事故波及を防止し，事故範囲の局限化を図ることである．**

したがって，高圧需要家の構内で事故が発生した場合，需要家の保護リレーよりも先に配電用変電所の保護リレーを動作させて遮断器に切り離し指令を出すと，健全である同一系統のほかの需要家も停電することになり，需要家構内の保護リレーを先に動作させて事故範囲の局限化を図る必要があるため，**(5)が誤り**である．

 (5)

次の文章は，避雷器とその役割に関する記述である．

避雷器とは，大地に電流を流すことで雷又は回路の開閉などに起因する (ア) を抑制して，電気施設の絶縁を保護し，かつ， (イ) を短時間のうちに遮断して，系統の正常な状態を乱すことなく，原状に復帰する機能をもつ装置である．

避雷器には，炭化けい素（SiC）素子や酸化亜鉛（ZnO）素子などが用いられるが，性能面で勝る酸化亜鉛素子を用いた酸化亜鉛形避雷器が，現在，電力設備や電気設備で広く用いられている．なお，発変電所用避雷器では，酸化亜鉛形 (ウ) 避雷器が主に使用されているが，配電用避雷器では，酸化亜鉛形 (エ) 避雷器が多く使用されている．

電力系統には，変圧器をはじめ多くの機器が接続されている．これらの機器を異常時に保護するための絶縁強度の設計は，最も経済的かつ合理的に行うとともに，系統全体の信頼度を向上できるよう考慮する必要がある．これを (オ) という．このため，異常時に発生する (ア) を避雷器によって確実にある値以下に抑制し，機器の保護を行っている．

上記の記述中の空白箇所(ア)，(イ)，(ウ)，(エ)及び(オ)に当てはまる組合せとして，正しいものを次の(1)～(5)のうちから一つ選べ．

	(ア)	(イ)	(ウ)	(エ)	(オ)
(1)	過電圧	続　流	ギャップレス	直列ギャップ付き	絶縁協調
(2)	過電流	電　圧	直列ギャップ付き	ギャップレス	電流協調
(3)	過電圧	電　圧	直列ギャップ付き	ギャップレス	保護協調
(4)	過電流	続　流	ギャップレス	直列ギャップ付き	絶縁協調
(5)	過電圧	続　流	ギャップレス	直列ギャップ付き	保護協調

解7 避雷器の役割や機能に関する問題である．

避雷器は，大地に電流を流すことによって，雷サージや開閉サージなどによる過電圧の波高値がある値を超えたとき，放電により**過電圧**を抑制して，電気設備の絶縁を保護し，放電が終了し電圧が通常の値に戻った後は電力系統から避雷器に流れようとする**続流**を短時間のうちに遮断して原状に自復する機能をもつ装置で，保護効果を高めるためには保護対象機器に極力接近して設置する必要がある．

避雷器には，炭化けい素（SiC）素子や酸化亜鉛（ZnO）素子などが用いられる．炭化けい素（SiC）素子は，運転電圧でも常時数アンペアの電流が流れるため，直列ギャップで電路から切り離しておく必要がある．それに対して，酸化亜鉛（ZnO）素子は，(a)図に示すように，非直線抵抗特性が優れており，平常の運転電圧ではマイクロアンペアオーダの電流しか流れず，実質的に絶縁物となるので直列ギャップが不要となる．

このため，性能面で勝る酸化亜鉛素子を用いた酸化亜鉛形避雷器がほとんどの電力用避雷器に利用されている．酸化亜鉛形ギャップレス避雷器の特徴は次のとおりである．

① 直列ギャップをもたないため放電遅れがなく，保護性能がよい

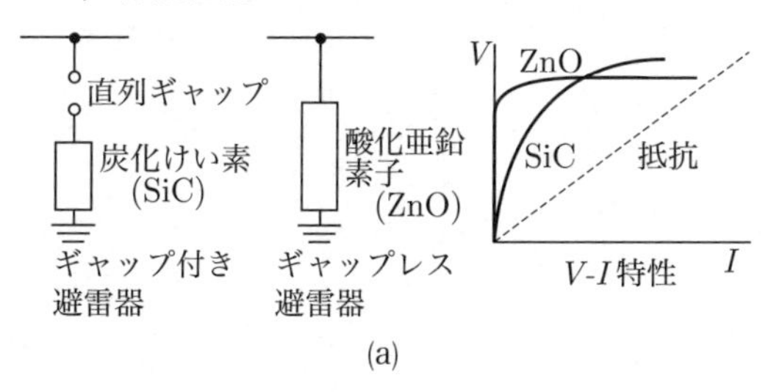

(a)

② 微小電流から大電流サージ領域まで非直線抵抗特性であり，その特性が優れているためサージ処理能力が高い．

③ 直列ギャップがないため汚損による特性変化が少ない

④ 素子の単位体積当たりの処理エネルギーが大きいため小形化できる

⑤ 小形，軽量のため耐震性が向上し，また，GIS変電所では据付けスペースの縮小化が図れる

⑥ GISに組み込まれた場合，ギャップ中のアークによる分解ガス生成の問題がない

発変電所用避雷器には酸化亜鉛形**ギャップレス**避雷器が主に使用されているが，配電用避雷器は，設置数が多くギャップレスにすると対地静電容量の影響が大きくなるため酸化亜鉛形**ギャップ付き**避雷器が使用されている．

発変電所，送電線を含めた全電力系統に設置される機器，装置の絶縁強度の協調を図り，最も合理的かつ経済的な絶縁設計を行い，系統全体の信頼度を向上させることを**絶縁協調**という．

(b)図に示すように，避雷器の制限電圧が最低で，各機器類は基準衝撃絶縁強度以上とする．

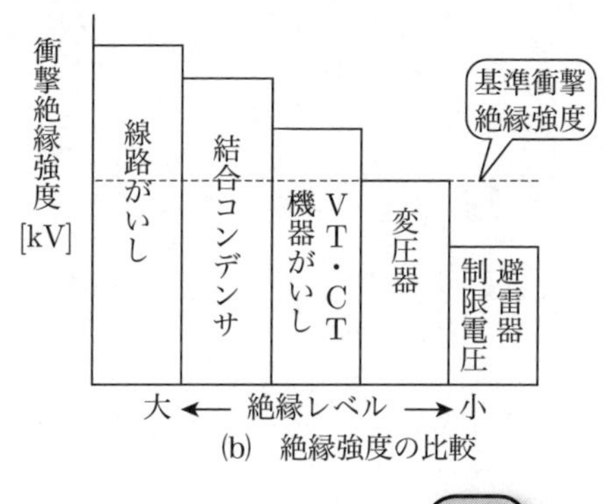

(b) 絶縁強度の比較

答 (1)

問8

次の文章は，架空送電線の振動に関する記述である．

多導体の架空送電線において，風速が数～20 m/sで発生し，10 m/sを超えると振動が激しくなることを (ア) 振動という．

また，架空電線が，電線と直角方向に穏やかで一様な空気の流れを受けると，電線の背後に空気の渦が生じ，電線が上下に振動を起こすことがある．この振動を防止するために (イ) を取り付けて振動エネルギーを吸収させることが効果的である．この振動によって電線が断線しないように (ウ) が用いられている．

その他，架空送電線の振動には，送電線に氷雪が付着した状態で強い風を受けたときに発生する (エ) や，送電線に付着した氷雪が落下したときにその反動で電線が跳ね上がる現象などがある．

上記の記述中の空白箇所(ア)，(イ)，(ウ)及び(エ)に当てはまる組合せとして，正しいものを次の(1)～(5)のうちから一つ選べ．

	(ア)	(イ)	(ウ)	(エ)
(1)	コロナ	スパイラルロッド	スペーサ	スリートジャンプ
(2)	サブスパン	ダンパ	スペーサ	スリートジャンプ
(3)	コロナ	ダンパ	アーマロッド	ギャロッピング
(4)	サブスパン	スパイラルロッド	スペーサ	スリートジャンプ
(5)	サブスパン	ダンパ	アーマロッド	ギャロッピング

解8 架空送電線の振動と防止対策に関する問題である．

架空送電線路に発生する振動には，サブスパン振動，微風振動，ギャロッピング，スリートジャンプ，コロナ振動がある．

多導体の1相内のスペーサとスペーサの間隔をサブスパンといい，支持点付近を15 m～40 mとし，径間中央部では60 m～80 mとする不平等間隔で挿入されている．このようなスペーサを支点とするサブスパン内で起こる振動を**サブスパン振動**といい，風速が毎秒数メートル～20 m/sで発生し，10 m/sを超えると振動が激しくなる．風の変動や乱れとサブスパン内の電線の固有振動数が一致すると，スペーサ間で自励振動が発生する．

微風振動は，鋼心アルミより線（ACSR）のように比較的軽い電線が，電線と直角方向に毎秒数メートル程度の微風を一様に受けると，電線の背後に空気の渦（カルマン渦）を生じ，これにより電線に生じる交番上下力の周波数が電線の固有振動数の一つと一致すると，電線が定常的に上下に振動を起こすことで，この振動が長年月継続すると電線が疲労劣化し，クランプ取付け部の電線支持点付近で断線することがある．

微風振動の防止対策としては，振動エネルギーを吸収させるため電線支持点付近に**ダンパ**（トーショナルダンパ（図）やストックブリッジダンパなど）を取り付けることが効果的であり，さらに，この振動によって電線が断線しないように電線支持点付近の電線を**アーマロッド**で補強する対策が用いられている．

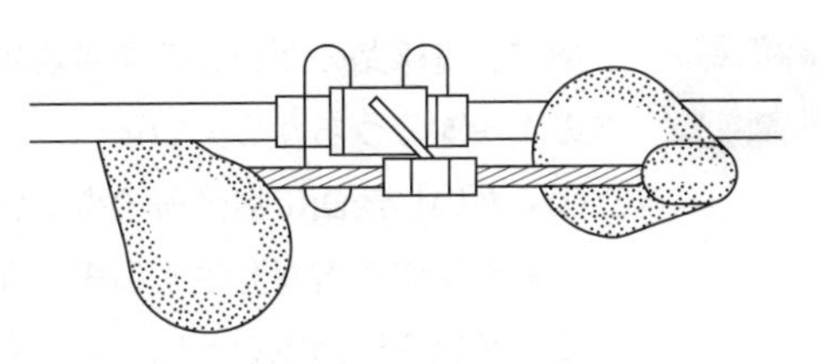
トーショナルダンパ

電線の断面に対して非対称な形に氷雪が付着し，これが肥大化した電線に水平風が当たると，浮遊力が発生し，着氷雪の位置によっては自励振動を生じて，電線が上下に振動する現象を**ギャロッピング**現象といい，氷雪付着による電線のたるみの増加や気温の上昇などによる氷雪脱落時の電線の跳ね上がり（跳躍現象）をスリートジャンプという．

電線下部で垂下状態にある水滴表面はとがっているため尖端（せんたん）効果が生じ，コロナ放電が発生しやすくなる．コロナ放電が起こるような強い電界になると，電界により電子を失い，正に帯電した水の微粒子は，同じ極性にある電線をけって電線から射出する．このとき電線は水滴の反動力を受け，この力にある周波数が電線の固有振動数と一致して共振したときに発生する振動をコロナ振動という．

(5)

架空送電線路のがいしの塩害現象及びその対策に関する記述として，誤っているものを次の(1)～(5)のうちから一つ選べ．

(1) がいし表面に塩分等の導電性物質が付着した場合，漏れ電流の発生により，可聴雑音や電波障害が発生する場合がある．

(2) 台風や季節風などにより，がいし表面に塩分が急速に付着することで，がいしの絶縁が低下して漏れ電流の増加やフラッシオーバが生じ，送電線故障を引き起こすことがある．

(3) がいしの塩害対策として，がいしの洗浄，がいし表面へのはっ水性物質の塗布の採用や多導体方式の適用がある．

(4) がいしの塩害対策として，雨洗効果の高い長幹がいし，表面漏れ距離の長い耐霧がいしや耐塩がいしが用いられる．

(5) 架空送電線路の耐汚損設計において，がいしの連結個数を決定する場合には，送電線路が通過する地域の汚損区分と電圧階級を加味する必要がある．

解9 送配電線路におけるがいしの塩害とその対策に関する問題である．

がいしやがい管の表面が，潮風による塩分付着によって汚損され，その後，汚損がいしが濃霧や霧雨などで湿潤状態になると，可溶性物質が溶出し，導電性の被膜が形成されてがいし表面の絶縁特性が低下し，がいし表面を漏れ電流が流れるようになる．漏れ電流により可聴雑音や電波障害が発生することもあり，漏れ電流が増加するとフラッシオーバを生じ，送電線故障を引き起こすことがある．これを塩害といい，塩害対策の設計はあらかじめがいしの塩分付着密度を想定し，その条件においてがいしが所要の耐電圧値を維持することを目標に行う必要がある．また，耐汚損設計において，がいしの連結個数を決定する場合には，汚損区分と電圧階級を加味する必要がある．

架空送電線路の塩害防止対策としては，表に示すように，大きくは絶縁強化と汚損防止に分けられる．

過絶縁とは，標準的な方法で定められたがいし連のがいし個数に対して，予想される塩害に応じて1～4個程度を増結してがいしの汚損対策を行うことである．

長幹がいしは，かさの下の沿面距離を長くしてあるばかりでなく，かさの数が多くつくられている．これは，沿面距離を長くするとともに，

塩害対策の種類と実施対策

塩害対策の種類	実施対策
絶縁強化	・がいしの個数増加(過絶縁) ・長幹がいし，耐霧がいし(スモッグがいし)，耐塩がいしの採用
汚損防止	・活線がいしの洗浄の実施 ・シリコーンコンパウンドなどのはっ水性物質のがいし表面への塗布 ・送電線ルートの適正な選定

多段分割作用の効果を期待したものである．耐霧がいし（スモッグがいし）は，塩害対策のために開発されたもので，雨洗効果を高めるためにがいし上面は水の流れやすい形状となっており，かさは塩分を遮へいするために深く垂下させ，下面のひだは沿面距離を長くして表面漏れ抵抗を大きくするため凹凸を大きくしている．

シリコーンコンパウンドを塗布すると，強いはっ水性により塩分，水分を寄せ付けないとともに，アメーバ作用により表面の汚損物を包み込んでしまうため，がいし表面の絶縁抵抗が低下しない効果があるが，1～2年程度を目安に塗り替える必要がある．

したがって，多導体方式の適用はがいしの塩害対策とは無関係であるため，**(3)が誤り**である．

(3)

電圧66 kV，周波数50 Hz，こう長5 kmの交流三相3線式地中電線路がある．ケーブルの心線1線当たりの静電容量が0.43 μF/km，誘電正接が0.03 %であるとき，このケーブル心線3線合計の誘電体損の値[W]として，最も近いものを次の(1)〜(5)のうちから一つ選べ．

(1) **141**　(2) **294**　(3) **883**　(4) **1 324**　(5) **2 648**

問11

次の文章は，地中配電線路の得失に関する記述である．

地中配電線路は，架空配電線路と比較して，[(ア)]が良くなる，台風等の自然災害発生時において[(イ)]による事故が少ない等の利点がある．

一方で，架空配電線路と比較して，地中配電線路は高額の建設費用を必要とするほか，掘削工事を要することから需要増加に対する[(ウ)]が容易ではなく，またケーブルの対地静電容量による[(エ)]の影響が大きい等の欠点がある．

上記の記述中の空白箇所(ア)，(イ)，(ウ)及び(エ)に当てはまる組合せとして，正しいものを次の(1)〜(5)のうちから一つ選べ．

	(ア)	(イ)	(ウ)	(エ)
(1)	都市の景観	他物接触	設備増強	フェランチ効果
(2)	都市の景観	操業者過失	保護協調	フェランチ効果
(3)	需要率	他物接触	保護協調	電圧降下
(4)	都市の景観	他物接触	設備増強	電圧降下
(5)	需要率	操業者過失	設備増強	フェランチ効果

解10

ケーブルの誘電損を求める計算問題である.

ケーブルの絶縁体の等価回路とそのベクトル図を描くと図のようになる.

相電圧をE[V]，線間電圧をV[V]，周波数をf[Hz]，1線当たりの静電容量をC[F/m]，1線当たりの抵抗をR[Ω/m]，ケーブルのこう長をl[m]とすると，3線合計の誘電損W_{d}は次のように求められる.

$$W_{\mathrm{d}} = 3EI_{\mathrm{R}} = \sqrt{3}\,VI_{\mathrm{R}}\ [\mathrm{W}] \qquad ①$$

一方，誘電正接を$\tan\delta$とすると，ベクトル図より，

$$I_{\mathrm{R}} = I_{\mathrm{C}}\tan\delta\ [\mathrm{A}] \qquad ②$$

の関係があるから，①式に②式を代入すると次式となる.

$$W_{\mathrm{d}} = \sqrt{3}\,VI_{\mathrm{C}}\tan\delta\ [\mathrm{W}] \qquad ③$$

さらにI_{C}は，

$$I_{\mathrm{C}} = \omega ClE = 2\pi fClE = 2\pi fCl\frac{V}{\sqrt{3}} \qquad ④$$

と求められるから，③式に④式を代入すると次式となる.

$$W_{\mathrm{d}} = \sqrt{3}V\cdot 2\pi fCl\frac{V}{\sqrt{3}}\tan\delta$$
$$= 2\pi fClV^2\tan\delta\ [\mathrm{W}] \qquad ⑤$$

したがって，⑤式に数値を代入すると次のように求められる.

$$W_{\mathrm{d}} = 2\pi\times 50\times 0.43\times 10^{-6}\times 5$$
$$\times(66\times 10^3)^2\times 0.03\times 10^{-2}$$
$$\fallingdotseq 882.7\ \mathrm{W}\ \text{(答)}$$

(3)

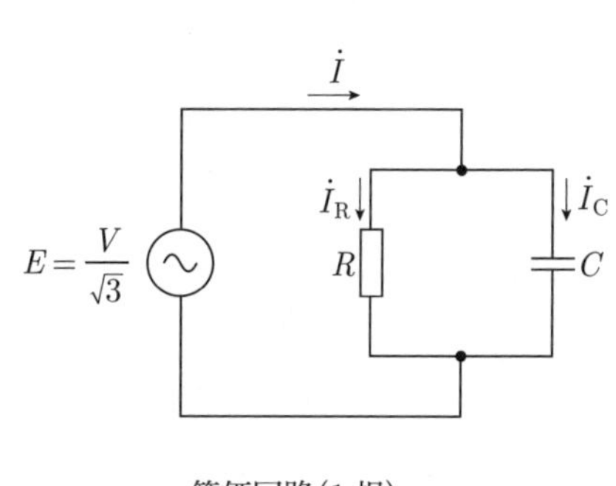

等価回路（1 相）

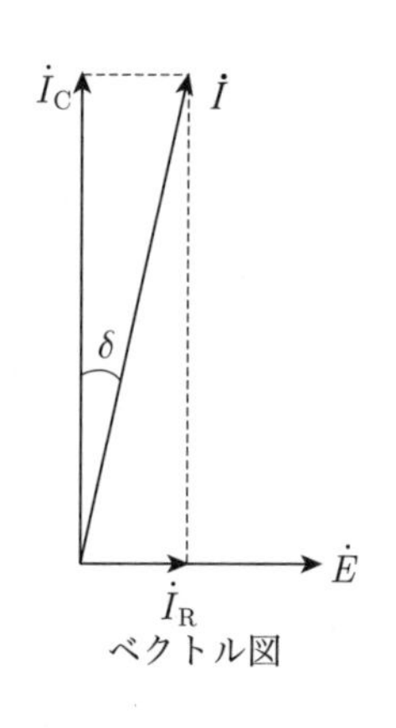

ベクトル図

解11

架空配電線路と比較したときの地中配電線路の得失に関する問題である.

架空電線路と比較した場合の地中電線路の特徴を表に示す.

地中配電線路は，架空配電線路と比較して，**都市の景観**がよくなる，台風などの自然災害発生時に**他物接触**による事故が少ないので供給信頼度が高いなどの利点がある一方で，掘削工事を必要とすることから需要増加に対する**設備増強**が容易ではなく，ケーブルを使用するため対地静電容量による**フェランチ効果**の影響が大きいなどの欠点がある.

架空電線路と比較した場合の地中電線路の特徴

長　所	短　所
①雷，風水害などの自然災害や他物接触などによる事故が少ないので供給信頼度が高い ②同一ルートに多条布設でき，高需要密度地域などへの供給が可能. ③都市景観を損なうことがない ④露出充電部分が少ないので，安全性が高い. ⑤通信線に対する誘導障害がない	①建設費が高い ②故障箇所の発見や復旧が困難 ③導体の断面積が同一の場合，送電容量が小さい ④設備増強が容易でない

答　(1)

問12 スポットネットワーク方式及び低圧ネットワーク方式（レギュラーネットワーク方式ともいう）の特徴に関する記述として，誤っているものを次の⑴～⑸のうちから一つ選べ.

⑴ 一般的に複数回線の配電線により電力を供給するので，1回線が停電しても電力供給を継続することができる配電方式である.

⑵ 低圧ネットワーク方式では，供給信頼度を高めるために低圧配電線を格子状に連系している.

⑶ スポットネットワーク方式は，負荷密度が極めて高い大都市中心部の高層ビルなど大口需要家への供給に適している.

⑷ 一般的にネットワーク変圧器の一次側には断路器が設置され，二次側には保護装置（ネットワークプロテクタ）が設置される.

⑸ スポットネットワーク方式において，ネットワーク変圧器二次側のネットワーク母線で故障が発生したときでも受電が可能である.

解12 スポットネットワーク方式とレギュラネットワーク方式の特徴に関する問題である．

20 kV級地中配電方式は，都市中心部の超過密需要地域に適用され，ビルなどの特別高圧受電の需要家に供給するスポットネットワーク方式または繁華街などにおける低圧受電の需要家に供給するレギュラネットワーク方式が標準である．

スポットネットワーク方式は，大規模な工場やビルなどの高密度の大容量負荷1か所に供給する場合，レギュラネットワーク方式は，商店街や繁華街などの負荷密度の高い需要家に供給する場合に採用される．

図に示すように，複数の配電線（通常3回線）から分岐線をいずれもT分岐で引き込み，それぞれ受電用断路器を経てネットワーク変圧器に接続する．各低圧側はプロテクタ遮断器を経て並列に接続し，ネットワーク母線を構成する．

スポットネットワーク方式は，ネットワーク変圧器から電源側の系統事故を変圧器の低圧側に施設したネットワークプロテクタにより検出して保護を行うため，受電用遮断器やその保護装置の省略が可能であり，設置スペースの縮小と経費の節減ができるメリットがあるほか次のような特徴がある．

① **ネットワーク母線に事故が起きると受電できなくなるため母線の信頼度を高くする必要がある**

② 一次側配電線または変圧器に事故が発生しても残った設備で無停電供給できるため信頼度が高い

③ 電圧降下，電力損失，電圧変動が小さい

④ 需要増加に対して容易に対応可能

⑤ 保護装置が複雑で建設費が高い

したがって，スポットネットワーク方式は，ネットワーク変圧器二次側のネットワーク母線で故障が起きると受電できなくなるため，**(5)が誤り**である．

(5)

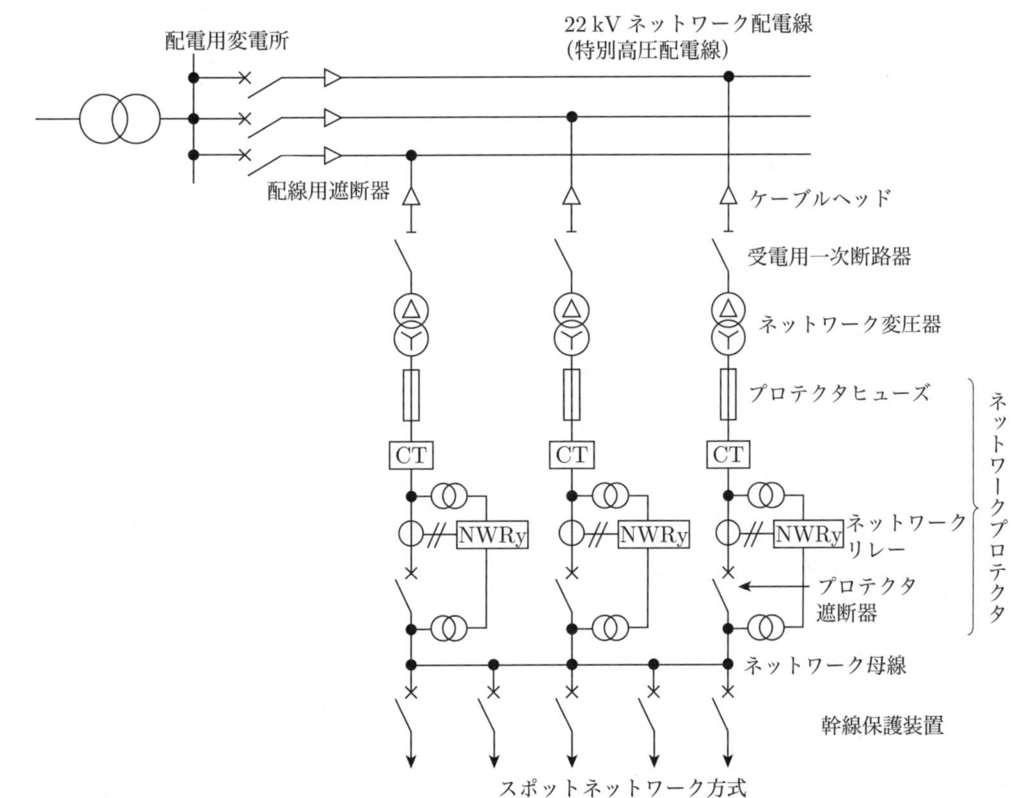

スポットネットワーク方式

問13

三相3線式と単相2線式の低圧配電方式について，三相3線式の最大送電電力は，単相2線式のおよそ何％となるか．最も近いものを次の(1)～(5)のうちから一つ選べ．

ただし，三相3線式の負荷は平衡しており，両低圧配電方式の線路こう長，低圧配電線に用いられる導体材料や導体量，送電端の線間電圧，力率は等しく，許容電流は導体の断面積に比例するものとする．

(1) **67**　(2) **115**　(3) **133**　(4) **173**　(5) **260**

解13　三相3線式と単相2線式の低圧配電方式の最大送電電力を比較する計算問題である.

図に示すように，三相3線式と単相2線式の導体1線の断面積をそれぞれS_3，S_2とし，線路こう長をlとすると，題意より線路こう長と導体量が等しいので，断面積S_3，S_2の関係は

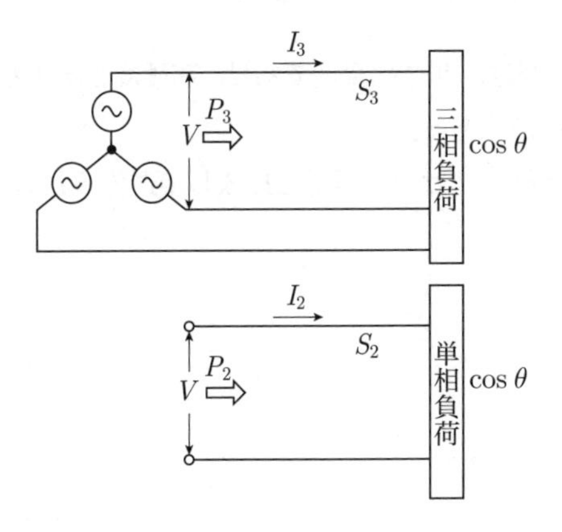

次のように求められる.

$$3S_3l = 2S_2l$$

$$\therefore\quad \frac{S_3}{S_2} = \frac{2}{3}$$

また，題意より許容電流は導体の断面積に比例するので，三相3線式と単相2線式の許容電流I_3とI_2の関係は次のように求められる.

$$\frac{I_3}{I_2} = \frac{S_3}{S_2} = \frac{2}{3}$$

したがって，送電端の線間電圧Vと力率θは等しいので，三相3線式と単相2線式の最大送電電力P_3とP_2の関係は，次のように求められる.

$$\frac{P_3}{P_2} = \frac{\sqrt{3}VI_3\cos\theta}{VI_2\cos\theta} = \frac{\sqrt{3}I_3}{I_2} = \sqrt{3}\times\frac{2}{3} = \frac{2}{\sqrt{3}}$$

$$\fallingdotseq 1.15 = 115\,\%\quad (答)$$

答　(2)

変圧器の鉄心に使用されている鉄心材料に関する記述として，誤っているものを次の(1)～(5)のうちから一つ選べ．

(1) 鉄心材料は，同じ体積であれば両面を絶縁加工した薄い材料を積層することで，ヒステリシス損はほとんど変わらないが，渦電流損を低減させることができる．

(2) 鉄心材料は，保磁力と飽和磁束密度がともに小さく，ヒステリシス損が小さい材料が選ばれる．

(3) 鉄心材料に使用されるけい素鋼材は，鉄にけい素を含有させて透磁率と抵抗率とを高めた材料である．

(4) 鉄心材料に使用されるアモルファス合金材は，非結晶構造であり，高硬度であるが，加工性に優れず，けい素鋼材と比較して高価である．

(5) 鉄心材料に使用されるアモルファス合金材は，けい素鋼材と比較して透磁率と抵抗率はともに高く，鉄損が少ない．

解14 変圧器の鉄心に使用されている磁心材料に関する問題である．

磁界を加えると内部に多量の磁束を生じることのできる材料を磁性材料という．

物質を磁気的性質によって分類すると，反磁性体，常磁性体，強磁性体，準磁性体に大別され，鉄，ニッケル，コバルトおよびこれらの合金は強磁性体である．強磁性体は，発電機，電動機，変圧器，電磁石などの鉄心に用いられる磁心材料と，永久磁石のような磁石材料に分けられる．

磁心材料および永久磁石材料として要求される特性を表に示す．

保磁力が小さければ小さいほど磁化力によって大きな磁束密度を発生するので比透磁率が大きくなり，ヒステリシス損は小さくなるので磁心材料に適することになる．

磁心材料，磁石材料として要求される特性

磁心材料	磁石材料
①抵抗率が大きいこと ②透磁率が大きいこと **③飽和磁束密度が大きく一定であること** ④保磁力および残留磁気が小さいこと ⑤機械的に強く，加工しやすいこと	①保磁力および残留磁気が大きいこと ②最大エネルギー積（BH）が大きいこと ③磁気的減衰が少ないこと

強磁性体を交流磁化するときに生じるエネルギー損失を鉄損といい，大きくはヒステリシス損と渦電流損から成り立つ．ヒステリシス損は，鉄心内の交番磁束の向きに鉄心の分子が追従して方向を変えるときに生じる摩擦損失で，1サイクルごとに磁気ヒステリシスループの面積に比例した損失を生じる．

ヒステリシス損は，スタインメッツの実験式で与えられ，周波数と磁束密度の2乗に比例し，鉄板の厚さに無関係である．

渦電流損は，磁束変化によって鉄心内に誘起した電圧により渦電流が流れるため，鉄板の抵抗によってジュール損失が生じる．渦電流損は板厚，周波数，磁束密度それぞれの2乗に比例し，電気抵抗率に反比例する．鉄心の抵抗率が小さいと鉄心中に渦電流が流れやすくなり，渦電流損が多くなる．渦電流損を軽減するため，変圧器の鉄心は厚さ0.3 mm～0.35 mmの薄いけい素鋼板を積み重ね，成層間を絶縁した成層鉄心を用いることにより，抵抗率が大きくなって板面を貫く方向に渦電流が流れるのを防止している．

方向性けい素鋼板は，冷間圧延と熱処理（焼きなまし）とによって鋼板中の結晶の磁化容易軸を圧延方向にそろえるようにしたもので，長い帯状につくられる．冷間圧延を行うため，けい素量は3 %～3.5 %としている．無方向性けい素鋼板に比較して鉄損が少なく透磁率が高いが，方向性がはっきりしているため回転磁界が必要となる発電機などには不向きで，主に電力用変圧器の鉄心材料として広く採用されている．

アモルファス磁性材料は非晶質磁性材料で，次のような特徴がある．

・鉄損が小さい
・電気抵抗率が高い
・保磁力が小さい
・高透磁率（外部から加えた磁界に対して効率よく大きな磁気誘導を生じる）である
・飽和磁束密度が小さい
・高硬度である
・耐食性が高い

したがって，鉄心に使用される磁心材料は保磁力が小さく，飽和磁束密度は大きくなければならないため，(2)**が誤り**である．

 (2)

B問題　配点は1問題当たり(a)5点，(b)5点，計10点

問15　定格出力1 000 MW，速度調定率5 %のタービン発電機と，定格出力300 MW，速度調定率3 %の水車発電機が周波数調整用に電力系統に接続されており，タービン発電機は80 %出力，水車発電機は60 %出力をとって，定格周波数（60 Hz）にてガバナフリー運転を行っている．

系統の負荷が急変したため，タービン発電機と水車発電機は速度調定率に従って出力を変化させた．次の(a)及び(b)の問に答えよ．

ただし，このガバナフリー運転におけるガバナ特性は直線とし，次式で表される速度調定率に従うものとする．また，この系統内で周波数調整を行っている発電機はこの2台のみとする．

$$\text{速度調定率} = \frac{\dfrac{n_2 - n_1}{n_n}}{\dfrac{P_1 - P_2}{P_n}} \times 100\,[\%]$$

P_1：初期出力[MW]　　n_1：出力P_1における回転速度[min^{-1}]

P_2：変化後の出力[MW]　　n_2：変化後の出力P_2における回転速度[min^{-1}]

P_n：定格出力[MW]　　n_n：定格回転速度[min^{-1}]

(a) 出力を変化させ，安定した後のタービン発電機の出力は900 MWとなった．このときの系統周波数の値[Hz]として，最も近いものを次の(1)～(5)のうちから一つ選べ．

(1) 59.5　(2) 59.7　(3) 60　(4) 60.3　(5) 60.5

(b) 出力を変化させ，安定した後の水車発電機の出力の値[MW]として，最も近いものを次の(1)～(5)のうちから一つ選べ．

(1) 130　(2) 150　(3) 180　(4) 210　(5) 230

解15 調速機の速度調定率から周波数変化量と出力変化量を求める計算問題である．

(a) **安定後の系統周波数 f_2**

周波数は回転速度に比例するため，図に示すように，速度調定率の公式の回転速度 n を周波数 f に置き換え，タービン発電機の添字をT，水車発電機の添字をSとすると，タービン発電機の速度調定率 R_T は次式で表される．

$$R_T=\frac{\dfrac{f_2-f_1}{f_n}}{\dfrac{P_{1T}-P_{2T}}{P_{nT}}}=\frac{\dfrac{f_2-60}{60}}{\dfrac{1\,000\times0.8-900}{1\,000}}$$

$$=0.05$$

したがって，負荷急変後の系統周波数 f_2 は次のように求められる．

$$f_2=0.05\times\left(\frac{1\,000\times0.8-900}{1\,000}\right)\times60+60$$

$$=59.7\ \text{Hz}\quad(答)$$

(b) **安定後の水車発電機の出力 P_{2S}**

周波数はタービン発電機も水車発電機も同じであるから，水車発電機の速度調定率 R_S は次式で表される．

$$R_S=\frac{\dfrac{f_2-f_1}{f_n}}{\dfrac{P_{1S}-P_{2S}}{P_{nS}}}=\frac{\dfrac{59.7-60}{60}}{\dfrac{300\times0.6-P_{2S}}{300}}=0.03$$

したがって，負荷急変後の水車発電機の出力 P_{2S} は次のように求められる．

$$P_{2S}=300\times0.6-\left(\frac{59.7-60}{60\times0.03}\times300\right)$$

$$=230\ \text{MW}\quad(答)$$

答 (a) - (2)，(b) - (5)

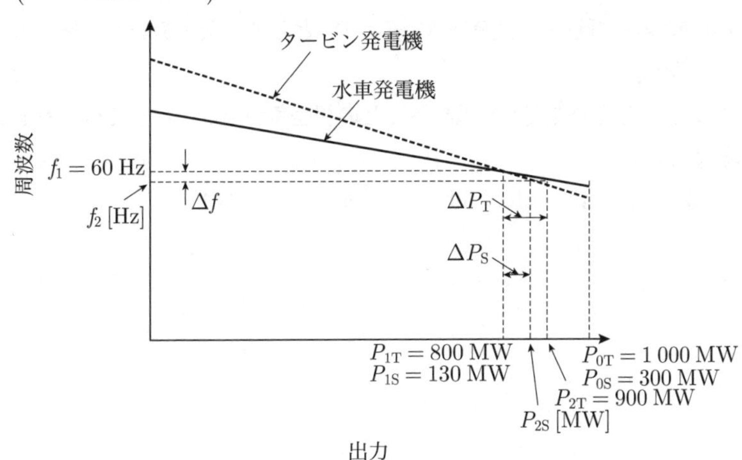

問16　図は，三相3線式変電設備を単線図で表したものである．

現在，この変電設備は，a点から3 800 kV·A，遅れ力率0.9の負荷Aと，b点から2 000 kW，遅れ力率0.85の負荷Bに電力を供給している．b点の線間電圧の測定値が22 000 Vであるとき，次の(a)及び(b)の問に答えよ．

なお，f点とa点の間は400 m，a点とb点の間は800 mで，電線1条当たりの抵抗とリアクタンスは1 km当たり0.24 Ωと0.18 Ωとする．また，負荷は平衡三相負荷とする．

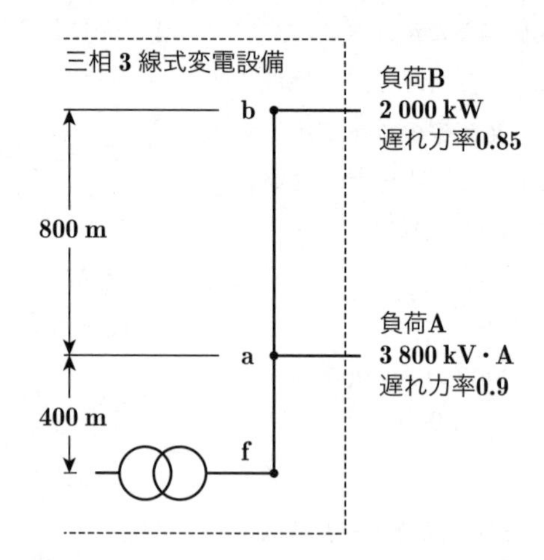

(a)　負荷Aと負荷Bで消費される無効電力の合計値[kvar]として，最も近いものを次の(1)～(5)のうちから一つ選べ．

(1)　2 710　(2)　2 900　(3)　3 080　(4)　4 880　(5)　5 120

(b)　f-b間の線間電圧の電圧降下 V_{fb} の値[V]として，最も近いものを次の(1)～(5)のうちから一つ選べ．

ただし，送電端電圧と受電端電圧との相差角が小さいとして得られる近似式を用いて解答すること．

(1)　23　(2)　33　(3)　59　(4)　81　(5)　101

解16 負荷の無効電力および線路の電圧降下を求める計算問題である.

(a) **無効電力の合計値 Q_0**

図に示すように，A負荷の皮相電力を K_A [kV·A]，B負荷の有効電力を P_B [kW]，各負荷の力率を $\cos\theta_A$，$\cos\theta_B$ とすると，各負荷の無効電力 Q_A および Q_B は,

$$Q_A = K_A \sin\theta_A = K_A\sqrt{1-\cos^2\theta_A}$$
$$= 3\,800 \times \sqrt{1-0.90^2} \fallingdotseq 1\,656 \text{ kvar}$$

$$Q_B = P_B \frac{\sin\theta_B}{\cos\theta_B} = P_B \frac{\sqrt{1-\cos^2\theta_B}}{\cos\theta_B}$$
$$= 2\,000 \times \frac{\sqrt{1-0.85^2}}{0.85} \fallingdotseq 1\,239 \text{ kvar}$$

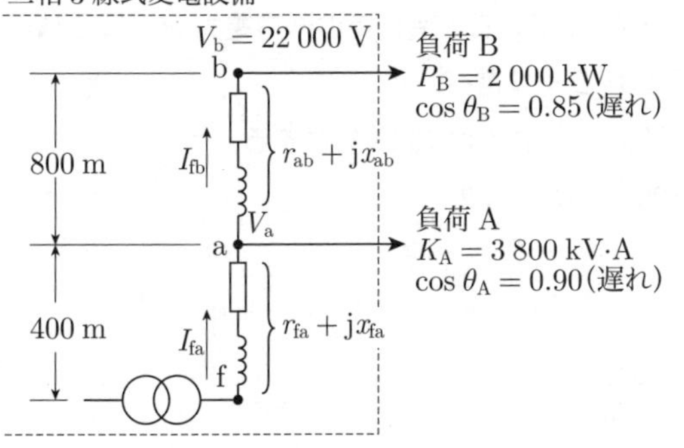

したがって，負荷Aと負荷Bで消費される無効電力の合計値 Q_0は，次のように求められる.

$$Q_0 = Q_A + Q_B = 1\,656 + 1\,239$$
$$= 2\,895 \text{ kvar} \quad (答)$$

(b) **f-b間の電圧降下 V_{fb}**

① a-b間の電圧降下 v_{ab}

b点の線間電圧 V_b とすると，負荷Bの電流 I_B，つまり，a-b間に流れる電流 I_{ab} は,

$$I_{ab} = I_B = \frac{P_B}{\sqrt{3}V_b \cos\theta_B}$$

1条当たりのa-b間のインピーダンス $r_{ab} + jx_{ab}$ は,

$$r_{ab} + jx_{ab} = (0.24 + j0.18) \times 0.8$$
$$= 0.192 + j0.144\ \Omega$$

a-b間の電圧降下 v_{ab} は，近似式を用いると次のように求められる.

$$v_{ab} = \sqrt{3}I_{ab}(r_{ab}\cos\theta_B + x_{ab}\sin\theta_B)$$
$$= \frac{P_B}{V_b}\left(r_{ab} + x_{ab}\frac{\sqrt{1-\cos^2\theta_B}}{\cos\theta_B}\right)$$
$$= \frac{2\,000 \times 10^3}{22\,000} \times \left(0.192 + 0.144 \times \frac{\sqrt{1-0.85^2}}{0.85}\right)$$
$$\fallingdotseq 25.57 \text{ V}$$

② 負荷Aによるf-a間の電圧降下 v_{faA}

a点の線間電圧 V_a と負荷Aの電流 I_A は,

$$V_a = V_b + v_{ab} = 22\,000 + 25.57$$
$$= 2\,2025.57 \text{ V}$$

$$I_A = \frac{K_A}{\sqrt{3}V_a}$$

1条当たりのf-a間のインピーダンス $r_{fa} + jx_{fa}$ は,

$$r_{fa} + jx_{fa} = (0.24 + j0.18) \times 0.4$$
$$= 0.096 + j0.072\ \Omega$$

負荷Aによるf-a間の電圧降下 v_{faA} は，近似式を用いると次のように求められる.

$$v_{faA} = \sqrt{3}I_A(r_{fa}\cos\theta_A + x_{fa}\sin\theta_A)$$
$$= \frac{K_A}{V_a}\left(r_{fa}\cos\theta_A + x_{fa}\sqrt{1-\cos^2\theta_A}\right)$$
$$= \frac{3\,800 \times 10^3}{22\,025.57} \times \left(0.096 \times 0.9 + 0.072 \times \sqrt{1-0.90^2}\right) \fallingdotseq 20.32 \text{ V}$$

③ 負荷Bによるf-b間の電圧降下 v_{fbB}

1条当たりのf-b間のインピーダンス $r_{fb} + jx_{fb}$ は,

$$r_{fb} + jx_{fb} = (r_{fa} + jx_{fa}) + (r_{ab} + jx_{ab})$$
$$= (0.096 + j0.072) + (0.192 + j0.144)$$
$$= 0.288 + j0.216\ \Omega$$

負荷Bによるf-b間の電圧降下 v_{fbB} は，近似式を用いると次のように求められる.

$$v_{fbB} = \sqrt{3}I_B(r_{fb}\cos\theta_B + x_{fb}\sin\theta_B)$$
$$= \frac{P_B}{V_b}\left(r_{fb} + x_{fb}\frac{\sqrt{1-\cos^2\theta_B}}{\cos\theta_B}\right)$$
$$= \frac{2\,000 \times 10^3}{22\,000} \times \left(0.288 + 0.216 \times \frac{\sqrt{1-0.85^2}}{0.85}\right)$$
$$\fallingdotseq 38.35 \text{ V}$$

④ f-b間の電圧降下 v_{fb}

$$v_{fb} = v_{faA} + v_{fbB} = 20.32 + 38.35$$
$$= 58.67 \text{ V} \quad (答)$$

答 (a)-(2)，(b)-(3)

図に示すように，線路インピーダンスが異なるA，B回線で構成される154 kV系統があったとする．A回線側にリアクタンス5 %の直列コンデンサが設置されているとき，次の(a)及び(b)の問に答えよ．なお，系統の基準容量は，10 MV·Aとする．

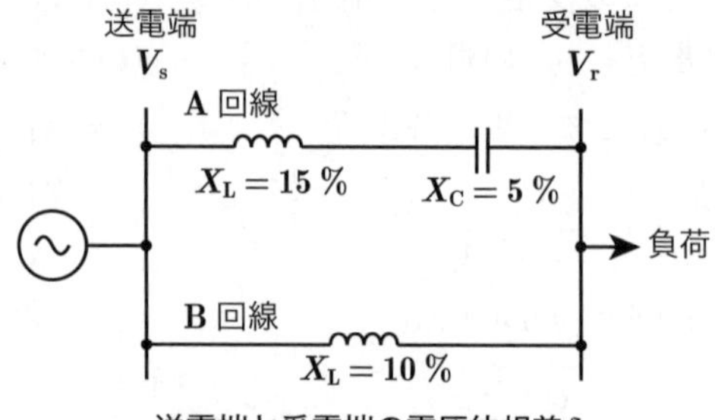

送電端と受電端の電圧位相差δ

(a) 図に示す系統の合成線路インピーダンスの値[%]として，最も近いものを次の(1)～(5)のうちから一つ選べ．

(1) **3.3**　(2) **5.0**　(3) **6.0**　(4) **20.0**　(5) **30.0**

(b) 送電端と受電端の電圧位相差δが30度であるとき，この系統での送電電力Pの値[MW]として，最も近いものを次の(1)～(5)のうちから一つ選べ．

ただし，送電端電圧V_s，受電端電圧V_rは，それぞれ154 kVとする．

(1) **17**　(2) **25**　(3) **83**　(4) **100**　(5) **152**

解17 並行2回線送電線路における合成線路インピーダンスおよび送電電力を求める計算問題である．

(a) 合成線路インピーダンス

図より，並行2回線送電線路の合成線路インピーダンスZは次のように求められる．

$$Z=\frac{(\mathrm{j}X_{\mathrm{AL}}-\mathrm{j}X_{\mathrm{AC}})\times \mathrm{j}X_{\mathrm{BL}}}{(\mathrm{j}X_{\mathrm{AL}}-\mathrm{j}X_{\mathrm{AC}})+\mathrm{j}X_{\mathrm{BL}}}$$

$$=\frac{(\mathrm{j}0.15-\mathrm{j}0.5)\times \mathrm{j}0.10}{(\mathrm{j}0.15-\mathrm{j}0.5)+\mathrm{j}0.10}$$

$$=\frac{\mathrm{j}0.10\times \mathrm{j}0.10}{\mathrm{j}0.10+\mathrm{j}0.10}$$

$$=\mathrm{j}0.05=\mathrm{j}5.0\,\%$$ (答)

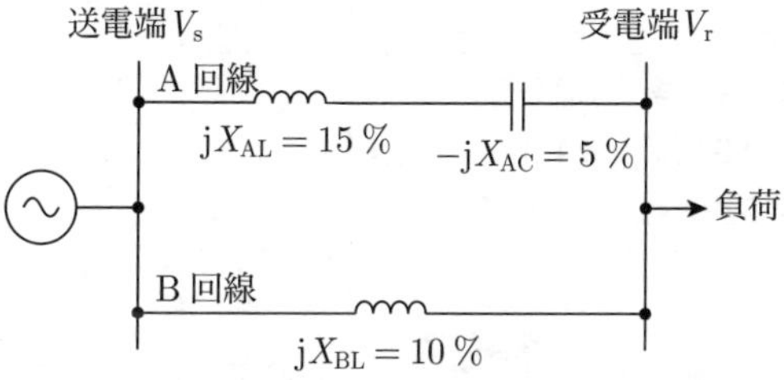

送電端V_s　受電端V_r
A回線　$\mathrm{j}X_{\mathrm{AL}}=15\,\%$　$-\mathrm{j}X_{\mathrm{AC}}=5\,\%$
負荷
B回線　$\mathrm{j}X_{\mathrm{BL}}=10\,\%$

(b) $\delta=30°$時の送電電力Pの値

インピーダンスを$Z\,[\Omega]$，定格容量をP_n [V·A]，定格線間電圧をV_n [V]とすると，百分率インピーダンス$\%Z$は，次式で表される．

$$\%Z=\frac{ZP_n}{V_n^2}$$

上式を変形し，百分率インピーダンス$\%Z$をオーム値に変換すると次のようになる．

$$Z=\frac{\%ZV_n^{\,2}}{P_n}=\frac{0.05\times(154\times10^3)^2}{10\times10^6}$$

$$=118.58\,\Omega$$

送電端電圧V_s [V]，受電端電圧をV_r [V]，送電端電圧と受電端電圧との間の位相差をδとすると，送電電力Pは次のように求められる．

$$P=\frac{V_sV_r}{Z}\sin\delta$$

$$=\frac{154\times10^3\times154\times10^3}{118.58}\sin 30°$$

$$=100\times10^6\ \mathrm{W}=100\ \mathrm{MW}$$ (答)

答 (a)-(2)，(b)-(4)

●資料　過去10回の受験者数・合格者数など（電力）

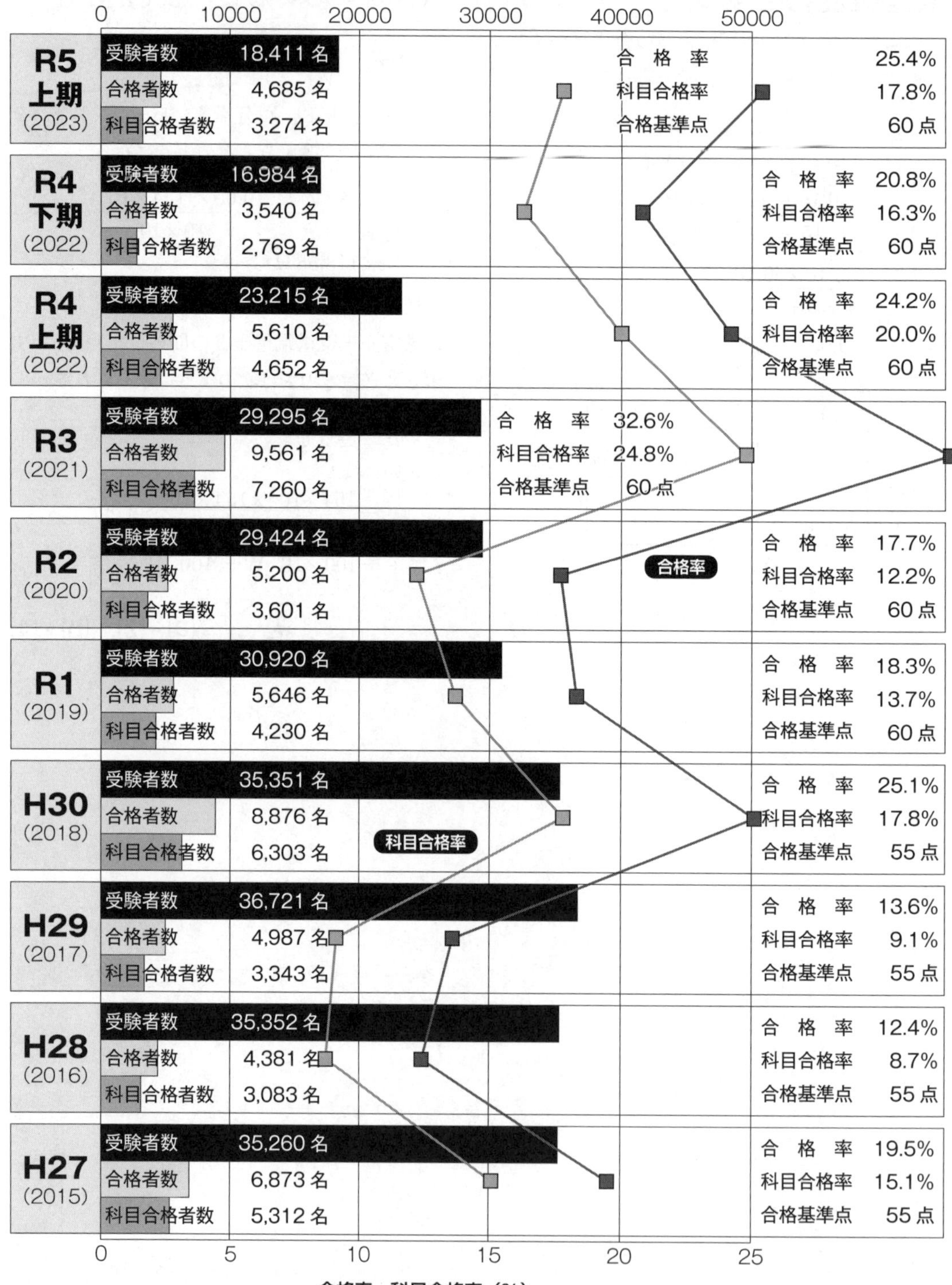

（注）科目合格者数は，4科目合格を除く

note

電気書院

取り外しの方法

この白い厚紙を残して，取り外したい冊子をつかみます．

本体をしっかりと持ち，ゆっくり引っぱってください．

※のりでしっかりと接着していますので，背表紙に跡がつくことがあります．
　取り外しの際は丁寧にお取り扱いください．破損する可能性があります．
　取り外しの際の破損によるお取り替え，ご返品はできません．予めご了承ください．

2024年版 電験3種過去問題集

機械

令和5年度上期～平成27年度
問題と解説・解答

2024年版
電験3種
過去問題集

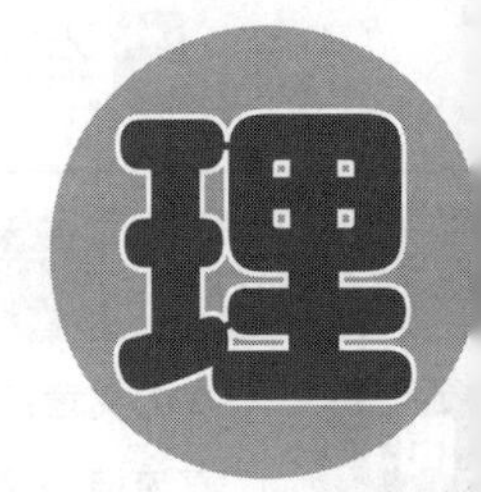

機械

機

●試験時間…90 分
●必要解答数
A 問題…14 問
B 問題…3 問（選択問題含む）

令和5年度（2023年）上期　機械の問題

A問題　配点は1問題当たり5点

問1

次の文章は，直流機の構造に関する記述である．

直流機の構造は，固定子と回転子とからなる．固定子は，［(ア)］，継鉄などによって，また，回転子は，［(イ)］，整流子などによって構成されている．

電機子鉄心は，［(ウ)］磁束が通るため，［(エ)］が用いられている．また，電機子巻線を収めるための多数のスロットが設けられている．

六角形（亀甲形（きっこう））の形状の電機子巻線は，そのコイル辺を電機子鉄心のスロットに挿入する．各コイル相互のつなぎ方には，［(オ)］と波巻とがある．直流機では，同じスロットにコイル辺を上下に重ねて2個ずつ入れた二層巻としている．

上記の記述中の空白箇所(ア)～(オ)に当てはまる組合せとして，正しいものを次の(1)～(5)のうちから一つ選べ．

	(ア)	(イ)	(ウ)	(エ)	(オ)
(1)	界磁	電機子	交番	積層鉄心	重ね巻
(2)	界磁	電機子	交番	鋳鉄	直列巻
(3)	界磁	電機子	一定の	積層鉄心	直列巻
(4)	電機子	界磁	交番	鋳鉄	重ね巻
(5)	電機子	界磁	一定の	積層鉄心	直列巻

●試験時間　90 分
●必要解答数　A 問題 14 題，B 問題 3 題（選択問題含む）

解1　回転電気機械の構造は(a)図のように固定子と回転子からなる．直流機では整流を行うため固定子を**界磁**，回転子を**電機子**とし，ブラシと整流子を介して，発電機の場合は整流された脈流を負荷に送り，電動機の場合は常に界磁に対しトルクの発生する方向に電流を流す．同期機では固定子が電機子，回転子が界磁側で直流機と反対になる．

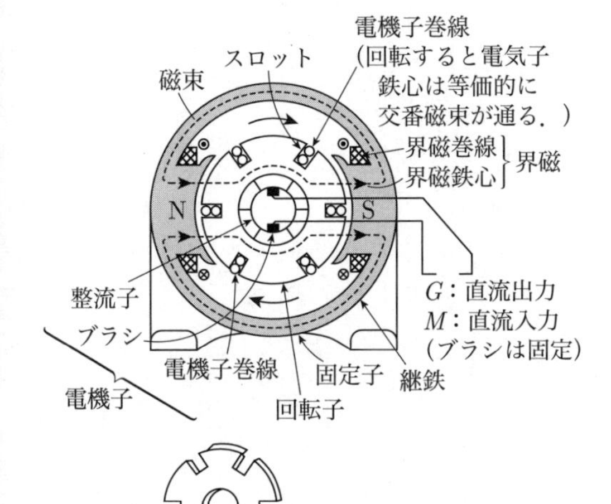

(a)　直流機の構造

(a)図で回転子を磁極N，S間で回転させるとフレミングの右手の法則により起電力が発生する．N，S磁界中の電機子が回転すると電機子には**交番磁束**が通り，交番磁束中の鉄心には渦電流損が発生するので，渦電流損軽減対策として電機子鉄心には低けい素鋼板の表面を絶縁した**積層鉄心**を用いている．

電機子巻線は鉄心のスロットに巻線の導体を収め，この導体と鎖交する磁束の変化により，起電力または回転力を発生させる．その巻き方には二とおりあり，一つ目は**重ね巻**，二つ目は波巻である．その特徴を次に示す．

(a)　重ね巻

並列巻ともいい，ブラシ数と電機子巻線の並列回路数は磁極数に等しくなる．低電圧，大電流機に適する．(b)図は重ね巻の巻き方である．

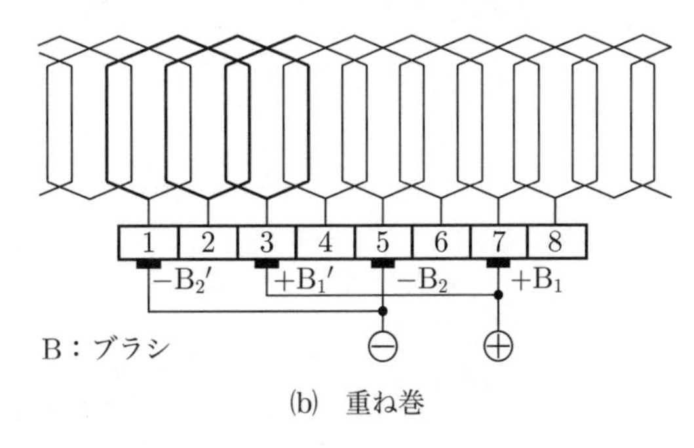

(b)　重ね巻

(b)　波巻

直列巻ともいい，ブラシ数と電機子巻線の並列回路数は磁極数に無関係で2となる．高電圧，小電流機に適する．(c)図は波巻の図である．

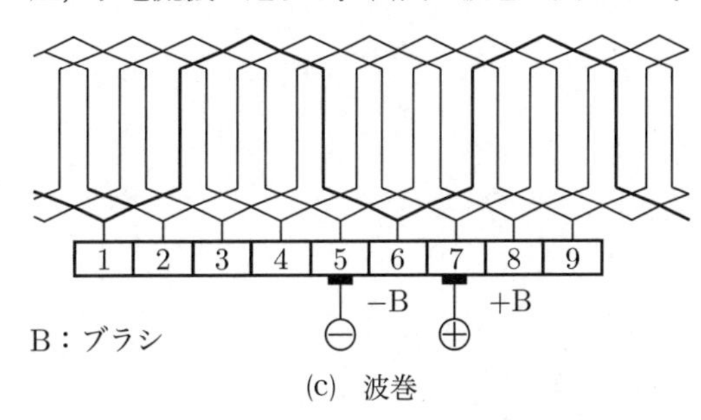

(c)　波巻

(1)

問2

界磁に永久磁石を用いた小形直流電動機があり，電源電圧は定格の12 V，回転を始める前の静止状態における始動電流は4 A，定格回転数における定格電流は1 Aである．定格運転時の効率の値[%]として，最も近いものを次の(1)～(5)のうちから一つ選べ．

ただし，ブラシの接触による電圧降下及び電機子反作用は無視できるものとし，損失は電機子巻線による銅損しか存在しないものとする．

(1) 60　(2) 65　(3) 70　(4) 75　(5) 80

解2　図のような界磁に永久磁石を用いた直流電動機の等価回路で，静止状態の電機子は逆起電力が0 Vなので，電流I_{as}は電機子抵抗r_aと電源電圧E[V]で決まる．

$$I_{as}=\frac{E}{r_a}=\frac{12}{r_a}=4$$

$$r_a=\frac{12}{4}=3\,\Omega$$

定格運転時の電流は1 Aなので，r_aの電圧降下は$1\times3=3$ Vとなる．したがって，供給電圧が12 Vなので電機子の逆起電力V_{na}は，

$$V_{na}=12-3=9\text{ V}$$

となる．

電動機出力P_mは，定格電流をI_nとすると，

$$P_m=V_{na}\times I_n=9\times1=9\text{ W}$$

電機子抵抗での損失P_lは，

$$P_l={I_n}^2\times r_a=1^2\times3=3\text{ W}$$

効率ηは，

$$\eta=\frac{出力}{入力}\times\frac{出力}{出力+損失}\times100$$

$$=\frac{9}{9+3}\times100=75\,\%\quad(答)$$

答　(4)

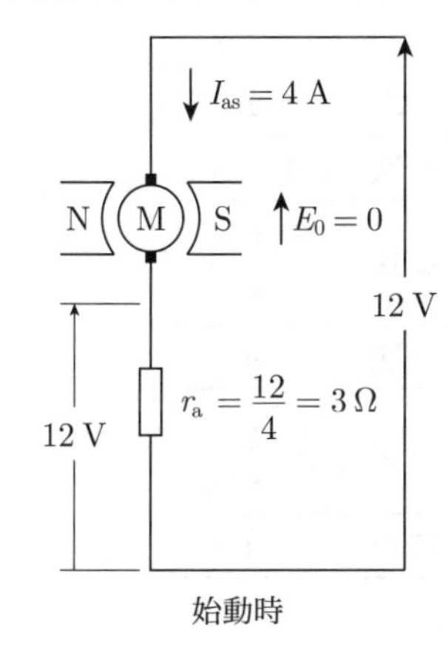

始動時

定格運転時

理論
電力
機械
法規
令和5上(2023)
令和4下(2022)
令和4上(2022)
令和3(2021)
令和2(2020)
令和元(2019)
平成30(2018)
平成29(2017)
平成28(2016)
平成27(2015)

問3

次の文章は，三相誘導電動機の誘導起電力に関する記述である．

三相誘導電動機で固定子巻線に電流が流れると (ア) が生じ，これが回転子巻線を切るので回転子巻線に起電力が誘導され，この起電力によって回転子巻線に電流が流れることでトルクが生じる．この回転子巻線の電流によって生じる起磁力を (イ) ように固定子巻線に電流が流れる．

回転子が停止しているときは，固定子巻線に流れる電流によって生じる (ア) は，固定子巻線を切るのと同じ速さで回転子巻線を切る．このことは原理的に変圧器と同じであり，固定子巻線は変圧器の (ウ) 巻線に相当し，回転子巻線は (エ) 巻線に相当する．回転子巻線の各相には変圧器と同様に (エ) 誘導起電力を生じる．

回転子が回転しているときは，電動機の滑りを s とすると， (エ) 誘導起電力の大きさは，回転子が停止しているときの (オ) 倍となる．

上記の記述中の空白箇所(ア)～(オ)に当てはまる組合せとして，正しいものを次の(1)～(5)のうちから一つ選べ．

	(ア)	(イ)	(ウ)	(エ)	(オ)
(1)	交番磁界	打ち消す	二次	一次	$1-s$
(2)	回転磁界	打ち消す	一次	二次	$\frac{1}{s}$
(3)	回転磁界	増加させる	二次	一次	s
(4)	交番磁界	増加させる	二次	一次	$\frac{1}{s}$
(5)	回転磁界	打ち消す	一次	二次	s

問4

定格出力36 kW，定格周波数60 Hz，8極のかご形三相誘導電動機があり，滑り4 %で定格運転している．このとき，電動機のトルク[N·m]の値として，最も近いものを次の(1)～(5)のうちから一つ選べ．ただし，機械損は無視できるものとする．

(1) 382　(2) 398　(3) 428　(4) 458　(5) 478

解3　誘導電動機は，固定子コイルの磁束が回転することにより，回転子に誘導電流が発生し，この誘導電流と固定子コイルの磁界によりフレミングの左手の法則に従うトルクで回転子を回転させる．三相誘導電動機では固定子に三相電流を流し，**回転磁界**を発生させて回転子を回転させる．

回転子巻線を二次巻線，固定子巻線を一次巻線とすれば，二次電流 I_2 が流れると，I_2 により生じる回転磁界が一次側の回転磁界を**打ち消す**ように作用する．

誘導電動機の等価回路を(a)図に示す．

誘導電動機に電圧を加えたとき，回転子がまだ回っていなければ固定子巻線と回転子巻線は変圧器と等価になる．固定子巻線は変圧器の**一次**巻線に相当し，回転子巻線は**二次**巻線に相当する．始動時の滑りは $s=1$ である．s は停止しているとき1で，回転が上昇すると0に近くなる（0にはならない）．

二次誘導起電力は，回転子が停止しているときを $\dot{E}_2$ とすると，滑り s で二次電圧は $s\dot{E}_2$ すなわち，回転子が停止しているときの s 倍となる．(b)図は(a)図の等価回路を s で割った値で，二次電圧が $\dot{E}_2$ となり，二次抵抗は r_2/s になる．回転速度が上昇し，s が0になれば r_2/s は s が0近くのとき非常に大きな値となるので二次電流は0になる．

(5)

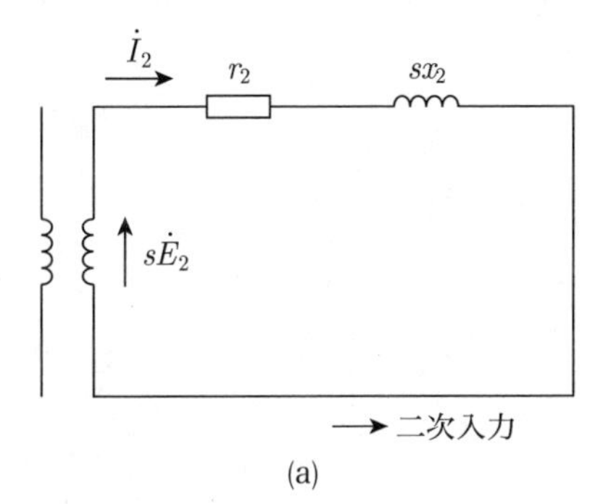

(a)

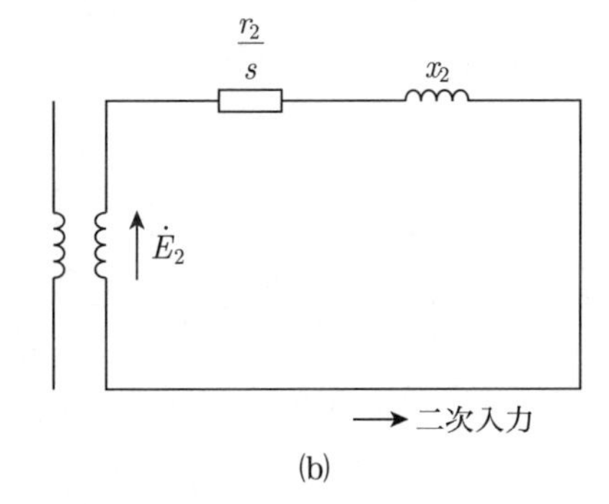

(b)

解4　この誘導電動機の同期速度 N_s と回転速度 N_m は，極数を p，電源周波数を f，滑りを s とすると，

$$N_s=\frac{120f}{p}=\frac{120\times 60}{8}=900\ \mathrm{min}^{-1}$$

$$N_m=N_s(1-s)=900\times(1-0.04)$$
$$=864\ \mathrm{min}^{-1}$$

トルク T は角速度を ω，定格出力（機械的出力）を P_m とすると，

$$T=\frac{P_m}{\omega}=\frac{36\times 10^3}{2\pi\times\dfrac{864}{60}}=398\ \mathrm{N\cdot m}\quad (答)$$

誘導電動機のトルクと機械的出力の特性図を図に示す．一般に誘導電動機の運転範囲はこの特性の最大トルクから同期速度の手前までの下がりの特性を使用して負荷を回転運転している．

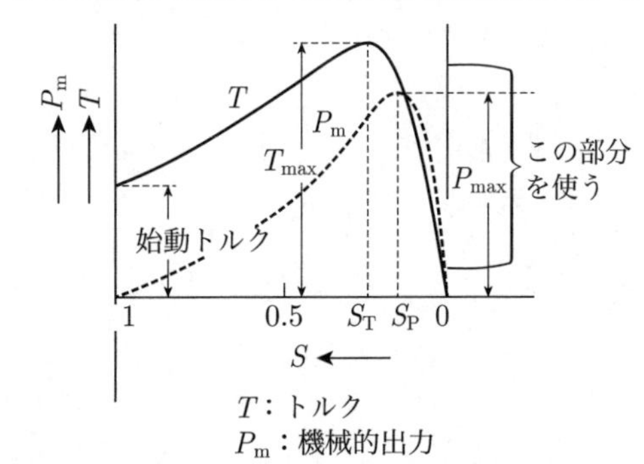

滑りとトルク，機械的出力の関係

(2)

三相同期発電機の短絡比に関する記述として，誤っているものを次の(1)〜(5)のうちから一つ選べ.

(1) 短絡比を小さくすると，発電機の外形寸法が小さくなる.

(2) 短絡比を小さくすると，発電機の安定度が悪くなる.

(3) 短絡比を小さくすると，電圧変動率が小さくなる.

(4) 短絡比が小さい発電機は，銅機械と呼ばれる.

(5) 短絡比が小さい発電機は，同期インピーダンスが大きい.

解5　短絡比 k_s を理解するために，(a)図のように同期発電機の出力端子を開放して，界磁電流 I_f を上げていったときの端子電圧の特性（無負荷飽和曲線）と，同期発電機の出力端子を短絡して界磁電流 I_f を上げていったときの特性（短絡曲線）を示すと，(b)図のようになる．

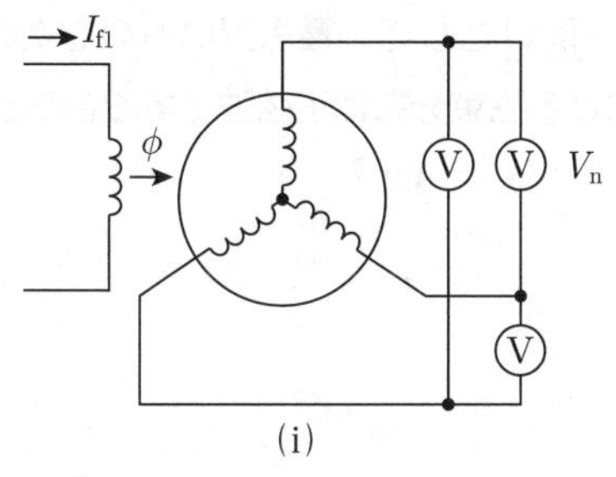

(i)

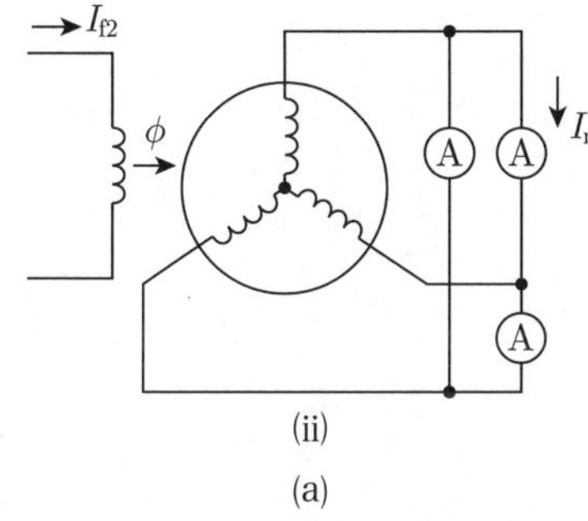

(ii)

(a)

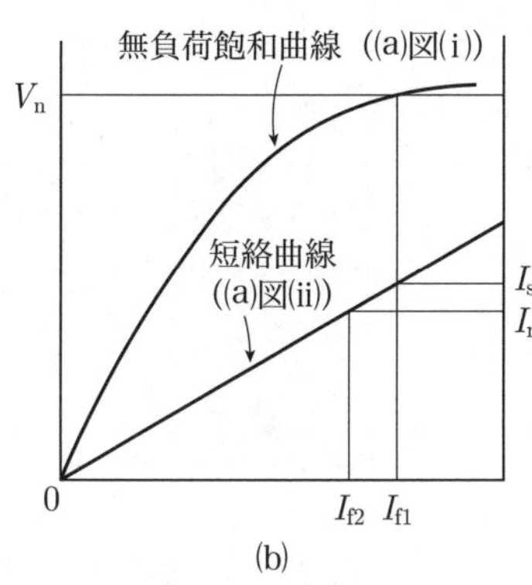

(b)

無負荷飽和曲線で定格電圧になったときの I_f を I_{f1}，短絡曲線で定格電流になったときの I_f を I_{f2} とすると k_s は，

$$k_s = \frac{I_{f1}}{I_{f2}} \quad ①$$

となる．定格電圧 V_n のとき出力端子を短絡すると大きな電流 I_s が流れる．ここで，z_s は同期インピーダンスである．

$$I_s = \frac{\frac{V_n}{\sqrt{3}}}{z_s} = \frac{V_n}{\sqrt{3}\cdot z_s} \quad ②$$

I_{f1} のときの電機子短絡電流は I_s，I_{f2} のときの短絡曲線上の電機子電流は I_n なので，①式は次のようになる．

$$k_s = \frac{I_{f1}}{I_{f2}} = \frac{I_s}{I_n} \quad ③$$

パーセント同期インピーダンス $\%z$ は③式から次式で求められる．

$$\%z = \frac{I_n \cdot z_s}{\frac{V_n}{\sqrt{3}}} = \frac{I_n}{\frac{V_n}{\sqrt{3}\cdot z_s}} = \frac{I_n}{I_s} = \frac{1}{k_s} \quad ④$$

(1)　短絡比を小さくすると同期インピーダンスが大きくなる．これは，巻線の巻き数が多くなり，鉄心が小さくなるので小型にできる．銅機械である．**(1)の記述は正しい．**

(2)　短絡比を小さくすると同期インピーダンスが大きくなり安定度が悪くなる．**(2)の記述は正しい．**

(3)　短絡比を小さくすると同期インピーダンスが大きくなるので，電圧変動率は大きくなる．**(3)の記述は誤りである．**

(4)　(1)で説明したように，短絡比の小さい発電機は銅機械である．**(4)の記述は正しい．**

(5)　短絡比が小さいと④式のように同期インピーダンスが大きくなる．短絡比と同期インピーダンスの関係は逆数である．**(5)の記述は正しい．**

(3)

問6

次のような三相同期発電機がある．

1極当たりの磁束	0.10 Wb
極数	12
1分間の回転速度	600 min^{-1}
1相の直列巻数	250
巻線係数	0.95
結線	Y（1相のコイルは全部直列）

この発電機の無負荷誘導起電力（線間値）の値[kV]として，最も近いものを次の⑴～⑸のうちから一つ選べ．ただし，エアギャップにおける磁束分布は正弦波であるものとする．

⑴　2.09　⑵　3.65　⑶　6.33　⑷　11.0　⑸　19.0

解6　同期発電機の誘導起電力eは，周波数をf[Hz]，1相1極当たりの直列巻数をn，毎極の磁束をϕ [Wb]，巻線係数をkとすれば次式のようになる．

$$e = 4.44 \cdot f \cdot n \cdot \phi \cdot k \quad ①$$

問の場合の周波数は，回転速度N [min^{-1}]が600なので，極数をpとして，

$$N = \frac{120f}{p} = \frac{120 \times f}{12} = 600\ \mathrm{min}^{-1}$$

上式よりfについて解くと，

$$f = \frac{600 \times 12}{120} = 60\ \mathrm{Hz}$$

①式より，

$$e = 4.44 \times 60 \times 250 \times 0.10 \times 0.95$$
$$= 6\,327\ \mathrm{V}$$

このeは相電圧なので，線間電圧Vに直してkVで表すと，

$$V = 6.327 \times \sqrt{3} \fallingdotseq 11.0\ \mathrm{kV} \quad (答)$$

となる．

(4)

問7 電動機と負荷の特性を，回転速度を横軸，トルクを縦軸に描く，トルク対速度曲線で考える．電動機と負荷の二つの曲線がどのように交わるかを見ると，その回転数における運転が安定か不安定かを判定することができる．誤っているものを次の(1)～(5)のうちから一つ選べ．

(1) 負荷トルクよりも電動機トルクが大きいと回転は加速し，反対に電動機トルクよりも負荷トルクが大きいと回転は減速する．回転速度一定の運転を続けるには，負荷と電動機のトルクが一致する安定な動作点が必要である．

(2) 巻線形誘導電動機では，回転速度の上昇とともにトルクが減少するように，二次抵抗を大きくし，大きな始動トルクを発生させることができる．この電動機に回転速度の上昇とともにトルクが増える負荷を接続すると，両曲線の交点が安定な動作点となる．

(3) 電源電圧を一定に保った直流分巻電動機は，回転速度の上昇とともにトルクが減少する．一方，送風機のトルクは，回転速度の上昇とともにトルクが増大する．したがって，直流分巻電動機は，安定に送風機を駆動することができる．

(4) かご形誘導電動機は，回転トルクが小さい時点から回転速度を上昇させるとともにトルクが増大，最大トルクを超えるとトルクが減少する．この電動機に回転速度でトルクが変化しない定トルク負荷を接続すると，電動機と負荷のトルク曲線が2点で交わる場合がある．この場合，加速時と減速時によって安定な動作点が変わる．

(5) かご形誘導電動機は，最大トルクの速度より高速な領域では回転速度の上昇とともにトルクが減少する．一方，送風機のトルクは，回転速度の上昇とともにトルクが増大する．したがって，かご形誘導電動機は，安定に送風機を駆動することができる．

note

解7　(1)　誘導電動機の特性例で，(a)図のトルク―速度曲線から，電動機トルク ≧ 負荷トルクの範囲では電動機が回転するが，電動機トルク < 負荷トルクの場合は電動機は回転できない．回転を続けるには，電動機トルク＝負荷トルクの安定な動作点が必要である．**(1)の記述は正しい．**

(2)　巻線形誘導電動機では(b)図のように，スリップリングから外部に可変の二次抵抗を接続し，二次抵抗値を調整することでトルクの調整ができる．二次抵抗値を大きくすれば回転速度の小さいところで電動機トルクが大きくなり，抵抗を小さくすれば速度の大きいところで電動機トルクが大きくなる．二次抵抗値を大きくすると損失も大きくなることが短所である．負荷が速度上昇とともにトルクが大きくなるものであれば両曲線の交点が安定な動作点となる．**(2)の記述は正しい．**

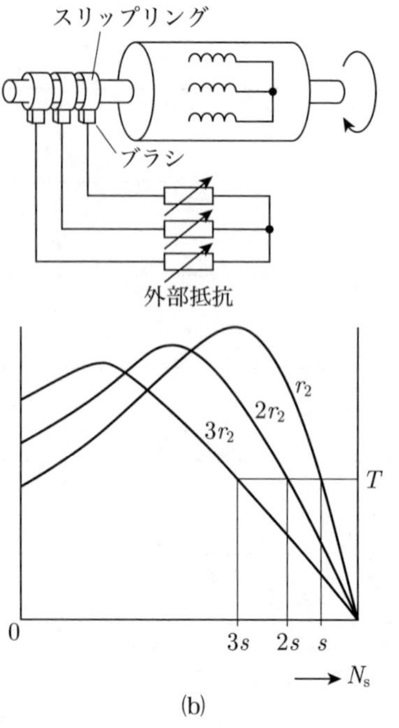

(b)

(3)　直流電動機の特性曲線は(c)図のようになる．回転速度をN，端子電圧をV，電機子電流をI_a，電機子抵抗をR_a，界磁磁束をϕ，逆起電力をE_aとすれば，

$$N = \frac{V - I_a \cdot R_a}{k\phi} = \frac{E_a}{k\phi}\,[\mathrm{min}^{-1}] \qquad ①$$

一方，トルクTは，

$$T = k \cdot \phi \cdot I_a\,[\mathrm{N \cdot m}] \qquad ②$$

負荷が送風機であれば，負荷トルクは速度の2乗で増え，始動時は小さいので安定して始動できる．**(3)の記述は正しい．**

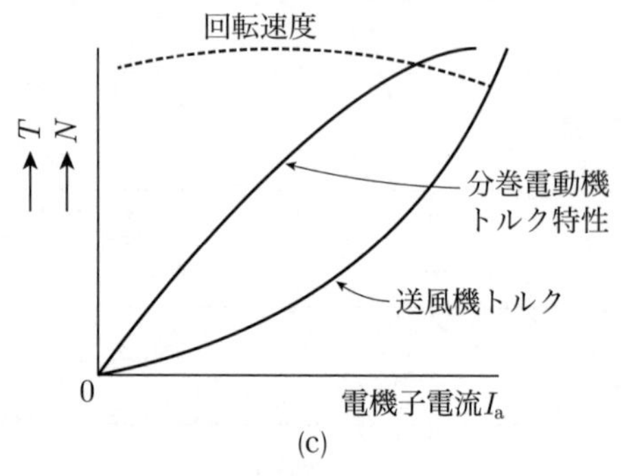

(c)

(4)　(d)図で，誘導電動機の負荷にT_{L1}のようなT_{Ms}より大きい，回転数で変化しない一定トルクの負荷をかけると，電動機トルクより負荷トルクのほうが大きいので始動できない．負荷がT_{L2}のように電動機の始動トルクより小さければ始動できる．**(4)の記述は誤りである．**

(5)　かご形電動機の運転するトルクの範囲は(e)図のトルク特性の右下がりの部分である．送

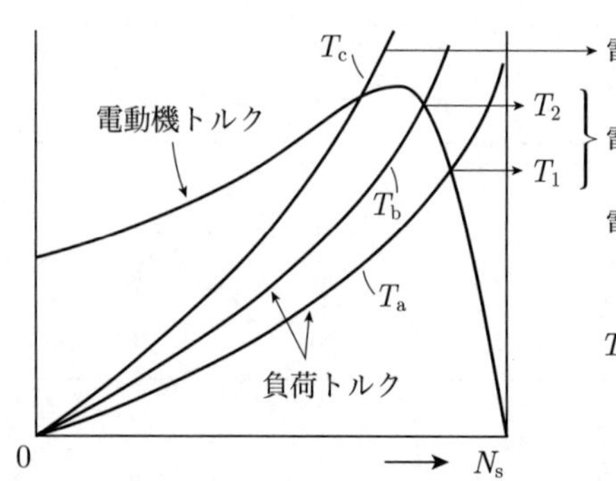

(a)

風機の速度の2乗に比例する負荷は始動時に小さいトルクで始動するのでかご形電動機で無理なく始動できる．(5)**の記述は正しい．**

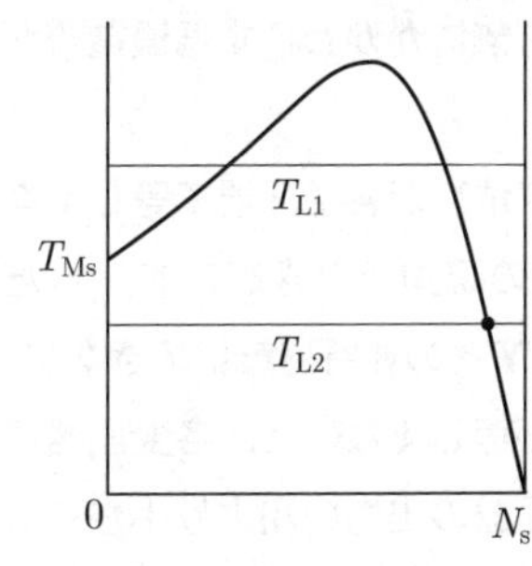

(d)　T_{L1}，T_{L2} 定トルク特性負荷

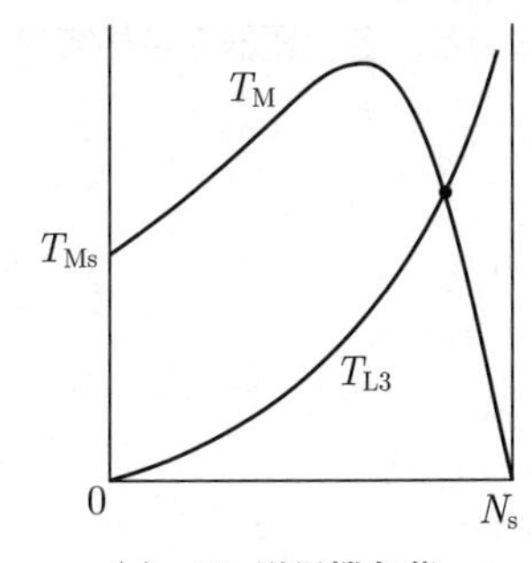

(e)　T_{L3} 送風機負荷

(4)

三相変圧器の並行運転に関する記述として，誤っているものを次の(1)～(5)のうちから一つ選べ．

(1)　各変圧器の極性が一致していないと，大きな循環電流が流れて巻線の焼損を引き起こす．

(2)　各変圧器の変圧比が一致していないと，負荷の有無にかかわらず循環電流が流れて巻線の過熱を引き起こす．

(3)　一次側と二次側との誘導起電力の位相変位（角変位）が各変圧器で等しくないと，その程度によっては，大きな循環電流が流れて巻線の焼損を引き起こす．したがって，**Δ-Y**と**Y-Y**との並行運転はできるが，**Δ-Δ**と**Δ-Y**との並行運転はできない．

(4)　各変圧器の巻線抵抗と漏れリアクタンスとの比が等しくないと，各変圧器の二次側に流れる電流に位相差が生じ取り出せる電力は各変圧器の出力の和より小さくなり，出力に対する銅損の割合が大きくなって利用率が悪くなる．

(5)　各変圧器の百分率インピーダンス降下が等しくないと，各変圧器が定格容量に応じた負荷を分担することができない．

解8　三相変圧器が並行運転する場合，変圧器の容量は等しくなくてもよいが，次の条件が必要である．

① 循環電流が流れないこと．

② 各変圧器の容量に比例して負荷を分担すること．

③ 各変圧器の分担電流が同相であること．

①，②，③の条件を満たすためには次のことを守らなければならない．

・単相，三相変圧器の並行条件と理由

(a) 一次および二次の極性が一致すること．　①

(b) 一次および二次の定格電圧が等しいこと（変圧比が等しいこと）．　①

(c) 各変圧器の百分率インピーダンス降下（パーセントインピーダンス）が等しいこと．　②

(d) 各変圧器の抵抗と漏れリアクタンスの比が等しいこと．　③

(e) 各変圧器の相回転が同一であること．　①

(f) 各変圧器の角変位が等しいこと．　③

以上の条件から，選択肢(1)の記述は，上記(a)より**正しい**．(2)の記述は，上記(b)より**正しい**．(4)の記述は，上記(d)より**正しい**．(5)の記述は，上記(e)より**正しい**．(3)の記述は，上記(f)の条件を満たしていない．次の表は三相並行運転の結線組み合わせである．

可能結線		不可能結線	
△-△	△-△	△-△	△-Y
Y-△	Y-△	△-Y	Y-Y
Y-Y	Y-Y		
△-Y	△-Y		
△-△	Y-Y		
△-Y	Y-△		

したがって**(3)の記述が誤りである．**

　(3)

問9

定格容量**50 kV·A**の単相変圧器において，力率**1**の負荷で全負荷運転したときに，銅損が**1 000 W**，鉄損が**250 W**となった．力率**1**を維持したまま負荷を調整し，最大効率となる条件で運転した．銅損と鉄損以外の損失は無視できるものとし，この最大効率となる条件での効率の値[%]として，最も近いものを次の(1)～(5)のうちから一つ選べ．

(1)　**95.2**　(2)　**96.0**　(3)　**97.6**　(4)　**98.0**　(5)　**99.0**

解9　変圧器の効率ηは次のように求める．

$$\eta=\frac{出力}{出力+銅損+鉄損}$$

鉄損P_iは，一定周波数の電圧が印加されているとき，負荷の大きさにかかわらず一定の損失で，無負荷損ともいわれる．

銅損P_cは，定格出力のときの銅損をP_{cn}とするとき，負荷率α時の銅損は$\alpha^2 P_{cn}$となる．

負荷率αのときの効率η_αは次のようになる．

$$\eta_\alpha=\frac{\alpha P_n}{\alpha P_n+\alpha^2 P_{cn}+P_i} \quad ①$$

変圧器の効率は，銅損と鉄損が等しいときに最大となる．したがって，①式で分母の$\alpha^2 P_{cn}=P_i$より，

$$\alpha=\sqrt{\frac{P_i}{P_{cn}}}=\sqrt{\frac{250}{1\,000}}=0.5$$

負荷率0.5のときに最大効率η_mとなるので計算すると，

$$\eta_m=\frac{\alpha P_n}{\alpha P_n+\alpha^2 P_{cn}+P_i}\times 100$$
$$=\frac{0.5\times 50\times 10^3}{0.5\times 50\times 10^3+0.5^2\times 1\,000+250}\times 100$$
$$=98.0\ \%$$ (答)

銅損と鉄損が等しいとき，最大効率となることを知っておくべきであるが，その理由は，①式より，

$$\eta_\alpha=\frac{\alpha P_n}{\alpha P_n+\alpha^2 P_{cn}+P_i}\times 100$$
$$=\frac{P_n}{P_n+\alpha P_{cn}+\frac{1}{\alpha}P_i}\times 100 \quad ②$$

②式の分母をyとおくと，

$$y=P_n+\alpha P_{cn}+\frac{1}{\alpha}P_i$$

分母が最小値になるとき効率は最大値となるので，yの最小値を求めるために最小の定理を用いる．最小の定理とは，「二つの数αP_{cn}と$\frac{1}{\alpha}P_i$があるとき，積が一定ならば二つの数が等しいときにその和が最小である」というもので，

$$\alpha P_{cn}\times\frac{1}{\alpha}P_i=P_{cn}\cdot P_i \quad (一定)$$

したがって，

$$\alpha P_{cn}=\frac{1}{\alpha}P_i,\quad \alpha=\sqrt{\frac{P_i}{P_{cn}}}$$

のとき最小となる．

鉄損と銅損の特性図を図に示す．

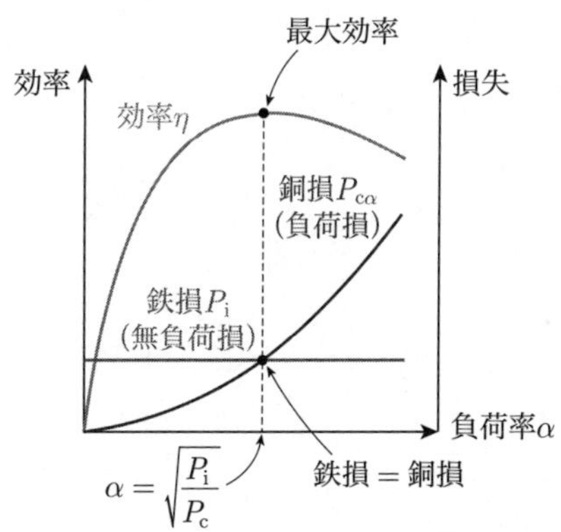

答　(4)

パワー半導体スイッチングデバイスとしては近年，主に**IGBT**とパワー**MOSFET**が用いられている．通常動作における両者の特性を比較した記述として，誤っているものを次の(1)～(5)のうちから一つ選べ．

(1) **IGBT**は，オンのゲート電圧が与えられなくても逆電圧が印加されれば逆方向の電流が流れる．

(2) パワー**MOSFET**は電圧駆動形であり，ゲート・ソース間に正の電圧をかけることによりターンオンする．

(3) パワー**MOSFET**はユニポーラデバイスであり，一般的にバイポーラ形の**IGBT**と比べてターンオン時間が短い一方，流せる電流は小さい．

(4) **IGBT**はキャリヤの蓄積作用のためターンオフ時にテイル電流が流れ，パワー**MOSFET**と比べてオフ時間が長くなる．

(5) パワー**MOSFET**ではシリコンのかわりに**SiC**を用いることで，高耐圧化と高耐熱化が可能になる．

解10 (1) IGBTはMOSFETとバイポーラトランジスタとを組み合わせて両者の長所を利用したもので，(a)図のようになる．入力側のMOSFETはゲートに正の電圧を印加するとオン状態になり，バイポーラトランジスタのベース電流が流れIGBTはオンする．MOSFETにオンの電圧が与えられなければ出力電流は流れないし，出力側はコレクタからエミッタ側へ電流が流れるが，逆方向へは流れることはない．**(1)の記述は誤りである．**

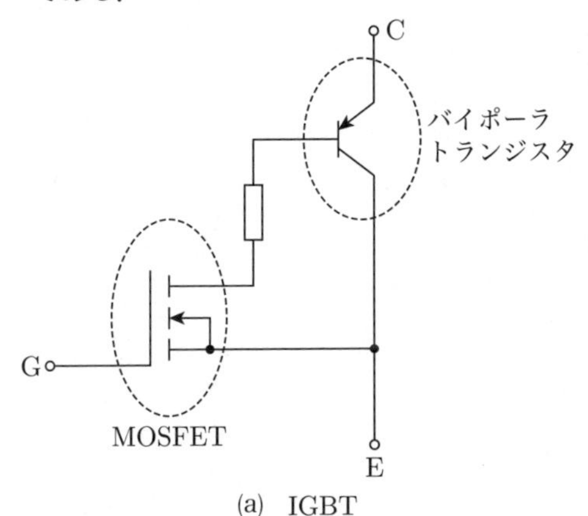

(a) IGBT

(2) パワーMOSFETはユニポーラトランジスタと呼ばれ，(b)図のようにゲート，ソース間に電圧を加え，G-S間には電流を流さないので入力インピーダンスは大きく，バイポーラトランジスタと比較して高速動作ができる．N形MOSFETはG-S間に正の電圧をかけて使うので**(2)の記述は正しい．**

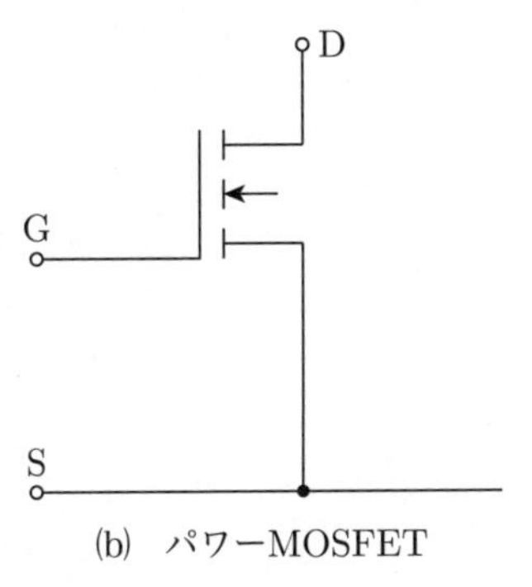

(b) パワーMOSFET

(3) MOSFETはIGBTと比較して高速処理できるが，流せる電流は小さい．**(3)の記述は正しい．**

(4) IGBTはドリフト層に蓄積されたキャリヤをターンオフ時に排出しなければならない．IGBTのC-E間電圧 V_{CE} が立ち上がったあと，内部の再結合電流としてテイル電流（(c)図）が流れる．そのためオフ時間が長くなる．**(4)の記述は正しい．**

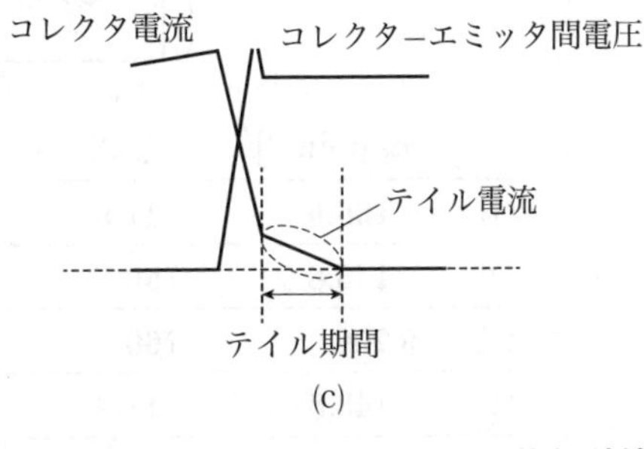

(c)

(5) SiCはシリコンカーバイトで，絶縁破壊電界強度がSiの10倍で，単位面積当たりのオン電圧が小さい．**(5)の記述は正しい．**

(1)

問11　図に示すように，電動機が減速機と組み合わされて負荷を駆動している．このときの電動機の回転速度 n_m が 1 150 min^{-1}，トルク T_m が 100 N·m であった．減速機の減速比が 8，効率が 0.95 のとき，負荷の回転速度 n_L [min^{-1}]，軸トルク T_L [N·m] 及び軸入力 P_L [kW] の値として，最も近いものを組み合わせたのは次のうちどれか．

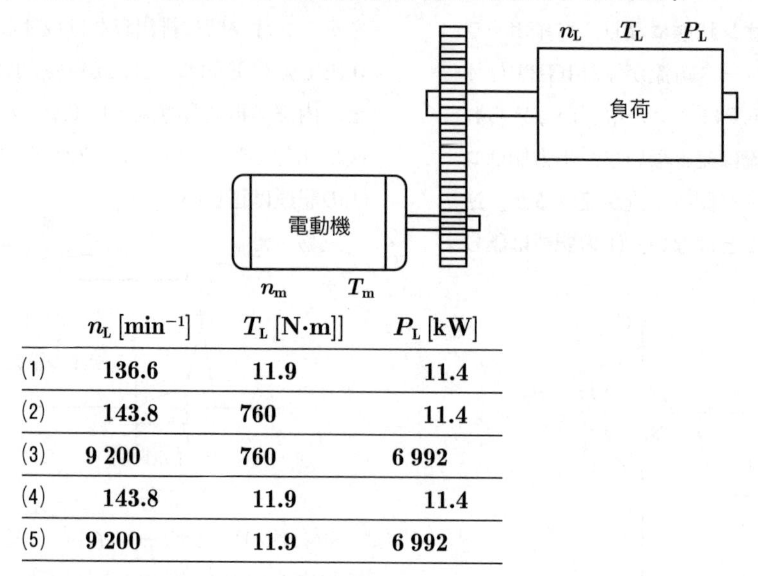

	n_L [min^{-1}]	T_L [N·m]	P_L [kW]
(1)	136.6	11.9	11.4
(2)	143.8	760	11.4
(3)	9 200	760	6 992
(4)	143.8	11.9	11.4
(5)	9 200	11.9	6 992

解11　負荷の回転速度をn_L，負荷トルクをT_Lとすると，図よりn_Lは減速比$k=8$であるから，

$$n_L = n_m \times \frac{1}{8} = 1150 \times \frac{1}{8}$$
$$= 143.8\ \mathrm{min}^{-1}$$ （答）

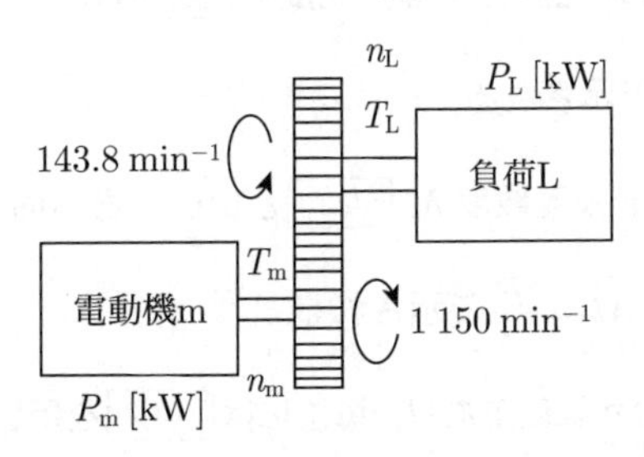

負荷トルクは減速比で決まるので，効率ηで低下する率をかけて，

$$T_L = T_m \cdot k \cdot \eta = 100 \times 8 \times 0.95$$
$$= 760\ \mathrm{N \cdot m}$$ （答）

軸入力P_Lは，角速度をωとすると，出力Pを求める式$P=\omega T$より，

$$P_L = \omega_L \cdot T_L = 2 \times \pi \times \frac{143.8}{60} \times 760$$
$$= 11\,435 = 11.4\ \mathrm{kW}$$ （答）

電動機側から求めると，

$$P_L = \omega_m \cdot T_m \cdot \eta$$
$$= 2 \times \pi \times \frac{1150}{60} \times 100 \times 0.95$$
$$= 11\,441 = 11.4\ \mathrm{kW}$$ （答）

負荷トルクは別解として，

$$T_L = \frac{P_L}{\omega_L} = \frac{11\,435}{2 \times \pi \times \frac{143.8}{60}}$$
$$= 760\ \mathrm{N \cdot m}$$ （答）

答　(2)

理論 電力 機械 法規 令和5上(2023) 令和4下(2022) 令和4上(2022) 令和3(2021) 令和2(2020) 令和元(2019) 平成30(2018) 平成29(2017) 平成28(2016) 平成27(2015)

次の文章は，光の基本量に関する記述である．

光源の放射束のうち人の目に光として感じるエネルギーを光束といい単位には［(ア)］を用いる．

照度は，光を受ける面の明るさの程度を示し，1［(イ)］とは被照射面積1 m²に光束1［(ア)］が入射しているときの，その面の照度である．

光源の各方向に出ている光の強さを示すものが光度である．光度I［(ウ)］は，立体角ω [sr]から出る光束をF［(ア)］とすると$I = \dfrac{F}{\omega}$で示される．

物体の単位面積から発散する光束の大きさを光束発散度M［(エ)］といい，ある面から発散する光束をF，その面積をA [m²]とすると$M = \dfrac{F}{A}$で示される．

光源の発光面及び反射面の輝きの程度を示すのが輝度であり，単位には［(オ)］を用いる．

上記の記述中の空白箇所(ア)～(オ)に当てはまる組合せとして，正しいものを次の(1)～(5)のうちから一つ選べ．

	(ア)	(イ)	(ウ)	(エ)	(オ)
(1)	[lx]	[lm]	[cd]	[lx/m²]	[lx/sr]
(2)	[lm]	[lx]	[lm/sr]	[lm/m²]	[cd]
(3)	[lm]	[lx]	[cd]	[lm/m²]	[cd/m²]
(4)	[cd]	[lx]	[lm]	[cd/m²]	[lm/m²]
(5)	[cd]	[lm]	[cd/sr]	[cd/m²]	[lx]

解12　光の基本量，単位について表に示す．

光の基本量	意味	単位（呼び方）
光度	光源から放たれる光の強さ 単位立体角当たりの光束	[cd]（カンデラ）
照度	単位面積当たりの光束（光の受ける面の明るさ）	[lx]（ルクス）
輝度	目で感じる光の強さ	[cd/m²]
光束	人の目に感じる光のエネルギー	[lm]（ルーメン）
光束発散度	単位面積から発散（反射，透過）する光束	[lm/m²]
立体角	球面上の面積に対し，球の中心からどの程度の広がりを持つかを表す量	[sr] （ステラジアン）

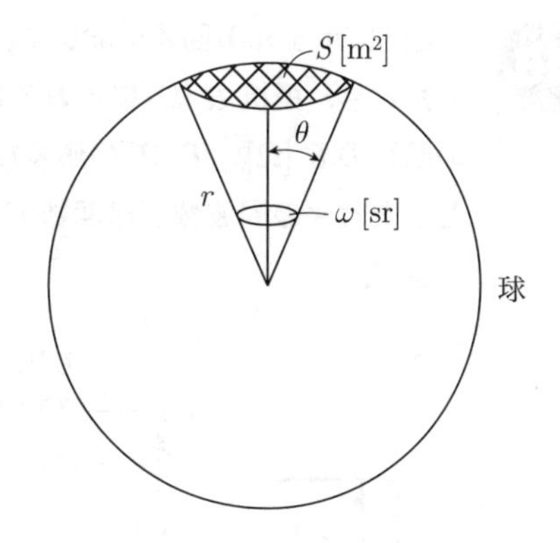

$$\omega = \frac{S}{r^2} = 2\pi(1-\cos\theta)\,[\mathrm{sr}]$$

表より(ア)の光束は[lm]で，(イ)の照度は[lx]，(ウ)の光度は[cd]，(エ)の光束発散度は[lm/m²]，(オ)の輝度は[cd/m²]である．

それぞれをまとめると(3)**が正解である．**

(3)

問13　図1に示すR-L回路において，端子a，a′間に単位階段状のステップ電圧 $v(t)$ [V] を加えたとき，抵抗 R [Ω] に流れる電流を $i(t)$ [A] とすると，$i(t)$ は図2のようになった．この回路の R [Ω]，L [H] の値及び入力をa，a′間の電圧とし，出力を R [Ω] に流れる電流としたときの周波数伝達関数 $G(\mathrm{j}\omega)$ の式として，正しいものを次の(1)～(5)のうちから一つ選べ．

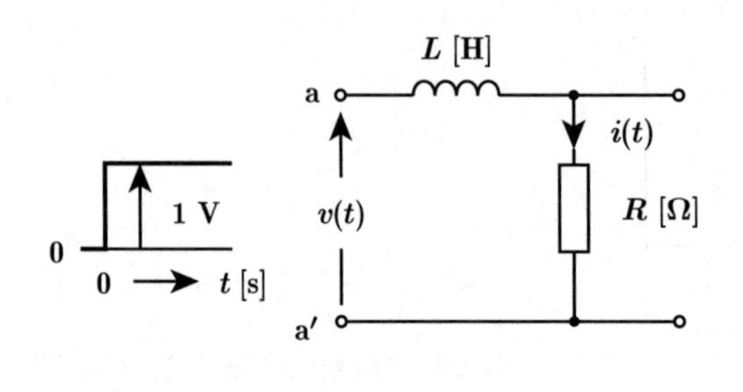

図1

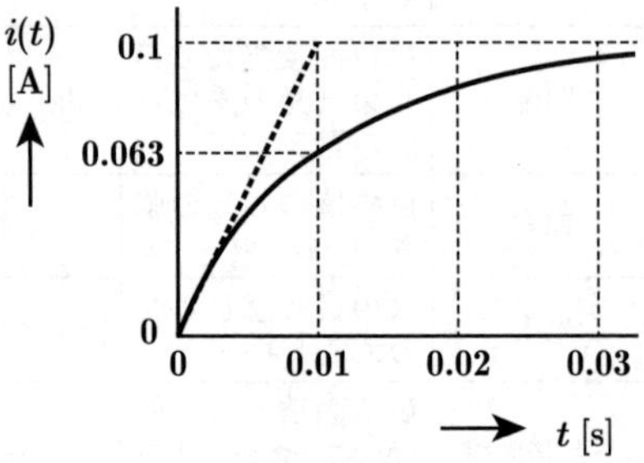

i(t) [A]
0.1
0.063
0
0　0.01　0.02　0.03
t [s]

図2

	R [Ω]	L [H]	$G(\mathrm{j}\omega)$
(1)	10	0.1	$\dfrac{0.1}{1+\mathrm{j}0.01\omega}$
(2)	10	1	$\dfrac{0.1}{1+\mathrm{j}0.1\omega}$
(3)	100	0.01	$\dfrac{1}{10+\mathrm{j}0.01\omega}$
(4)	10	0.1	$\dfrac{1}{10+\mathrm{j}0.01\omega}$
(5)	100	0.01	$\dfrac{1}{100+\mathrm{j}0.01\omega}$

解13　入力電圧を $e_i(t)$，出力電圧を $e_o(t)$ とすると，

$$e_i = \left(L\frac{di}{dt} + R\cdot i(t)\right) \quad ①$$

$$e_o(t) = R\cdot i(t)$$

①式をラプラス変換して，

$$\frac{E}{s} = LsI(s) - Li\Big|_{t=0} + R\cdot I(s)$$

$$I(s) = \frac{E}{s(sL+R)}$$

$$= \frac{E}{L}\cdot\frac{1}{s\left(s+\dfrac{R}{L}\right)} = \frac{E}{R}\left(\frac{1}{s} - \frac{1}{s+\dfrac{R}{L}}\right)$$

ただし，$i\Big|_{t=0} = 0$

電流 i はラプラス逆変換して求められる．

$$i = L^{-1}\{I(s)\} = \frac{E}{R}\left(1 - e^{-\frac{R}{L}t}\right)$$

$$= \frac{E}{R}\left(1 - e^{-\frac{1}{T}t}\right) \quad ②$$

ただし，$T = \dfrac{L}{R}$ ：時定数

②式で t を無限大にすると $e^{-\frac{R}{L}t}$ は0になり，i は問の図2から0.1 Aになる．したがって，

$$R = \frac{E}{i} = \frac{1}{0.1} = 10\,\Omega \quad (答)$$

次に L を求める．

②式で $t = T$ のとき i は，

$$i = \frac{E}{R}\left(1 - e^{-\frac{1}{T}t}\right) = \frac{E}{R}(1 - e^{-1})$$

$$= 0.1(1 - 2.718^{-1}) = 0.063\ \mathrm{A}$$

時定数は $i(t)$ が63 %のときの時間である．

問の図2より，i が0.063 Aのとき $t = T = 0.01$ s であるので時定数の式より L を求めると，

$$L = R\cdot T = 10\times 0.01 = 0.1\ \mathrm{H} \quad (答)$$

次に周波数伝達関数 $G(j\omega)$ について，$G(j\omega)$ は周波数 ω の正弦波入力を加えた定常状態における出力信号と入力信号の比で次式で表される．

$$G(j\omega) = \frac{出力信号}{入力信号} = \frac{i(t)}{v(t)}$$

問の図1で入力信号はa-a′間の電圧で，$(R + j\omega L)i(t)$.

出力信号は R を流れる電流 $i(t)$ より，

$$G(j\omega) = \frac{i(t)}{(R + j\omega L)i(t)} = \frac{1}{10 + j\omega 0.1}$$

分母と分子を10で割ると，

$$G(j\omega) = \frac{0.1}{1 + j0.01\omega} \quad (答)$$

(1)

次のフローチャートに従って作成したプログラムを実行したとき，印字される A，B の値として，正しい組合せを次の(1)～(5)のうちから一つ選べ．

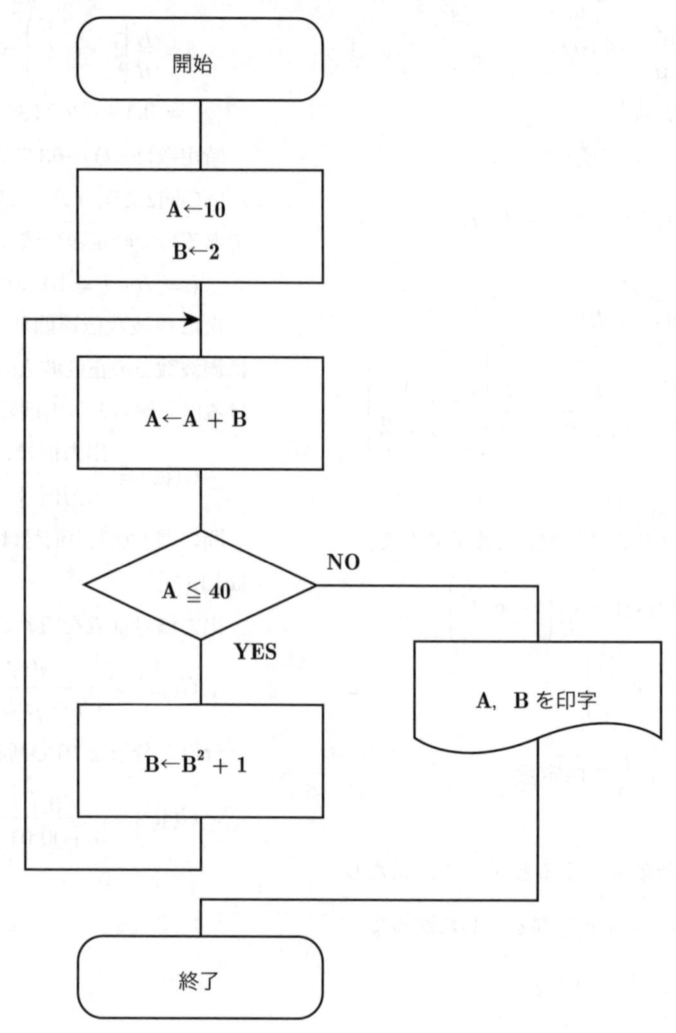

	A	B
(1)	43	288
(2)	43	677
(3)	43	26
(4)	720	26
(5)	720	677

解14　このプログラムは，開始するとAに10，Bに2が入り，次の$A+B$で得られた数値がAのレジスタに格納される．

次に，Aと40を比較して$A>40$であればA，Bを印字して終了となるが，$A \leqq 40$であれば下に進み，B^2+1をBに格納して再び$A+B \rightarrow A$のブロックの上に戻り，$A+B$を実行し，それをAに格納し，$A>40$まで繰り返すループプログラムである．

実行すると表のようになる．

ループの回数	$A+B \rightarrow A$	$A:40$	$B^2+1 \rightarrow B$
1回目	12	$12<40$	5
2回目	17	$17<40$	26
3回目	43	$43>40$	実行されない．

2014年度に類題が出ている．判断のところの表現が異なっているがプログラム的には同じである．

 (3)

B 問題　配点は1問題当たり(a)5点，(b)5点，計10点

問15　定格一次電圧3 000 V，定格二次電圧が3 300 Vの単相単巻変圧器について，次の(a)及び(b)の問に答えよ．なお，巻線のインピーダンス，鉄損は無視できるものとする．

(a)　この単相単巻変圧器の二次側に負荷を接続したところ，一次電圧は3 000 V，一次電流は100 Aであった．この変圧器の直列巻線に流れる電流値[A]として，最も近いものを次の(1)～(5)のうちから一つ選べ．

(1)　9.09　(2)　10.0　(3)　30.9　(4)　90.9　(5)　110

(b)　この変圧器の自己容量[kV·A]として，最も近いものを次の(1)～(5)のうちから一つ選べ．

(1)　15.8　(2)　27.3　(3)　30.0　(4)　47.3　(5)　81.9

解15　(a)　昇圧用単巻変圧器の等価回路を図に示す．

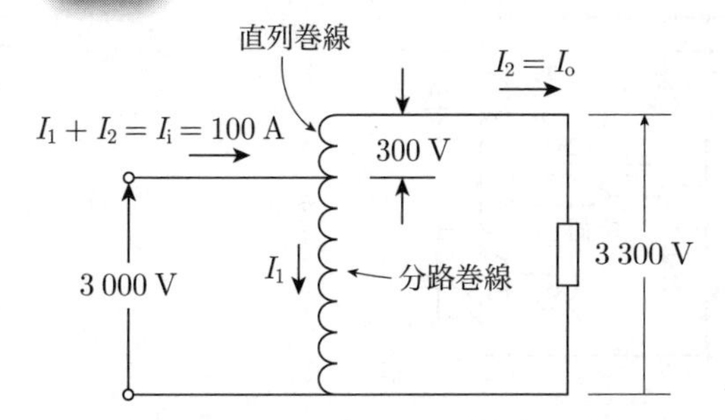

単巻変圧器は，一次側と二次側が同じ巻線を使用している．共通の巻線である分路巻線，直列に接続される直列巻線とに分けられる．

題意より巻線のインピーダンスと鉄損は無視できる．したがって，入力（一次側）の電圧，電流を V_i，I_i，出力（二次側）の電圧，電流を V_o，I_o とすると，入力の電力 P_i と，出力の電力 P_o は等しくなるので，$P_i = V_i \cdot I_i$，$P_o = V_o \cdot I_o$ で $P_i = P_o$ とおけば次式のようになる．

$$V_i \cdot I_i = V_o \cdot I_o$$

$$3\,000 \times 100 = 3\,300 \times I_o$$

$$I_o = \frac{3\,000 \times 100}{3\,300} = 90.9 \text{ A} \quad (答)$$

(b)　変圧器の自己容量は，単巻変圧器の直列巻線のもつ容量なので，直列巻線に加わる電圧と，その巻線に流れる電流の積で求められる．

昇圧タイプでの計算は，一次電圧 V_1，二次電圧 V_2，二次電流 I_2 とすると自己容量 Q は，

$$Q = (V_2 - V_1) \times I_2$$

$$= (3\,300 - 3\,000) \times 90.9 = 27\,270 \text{ V·A}$$

$$\fallingdotseq 27.3 \text{ kV·A} \quad (答)$$

答　(a)—(4)，(b)—(2)

図1は，単相インバータで誘導性負荷に給電する基本回路を示す．負荷電流i_oと直流電流i_dは図示する矢印の向きを正の方向として，次の(a)及び(b)の問に答えよ．

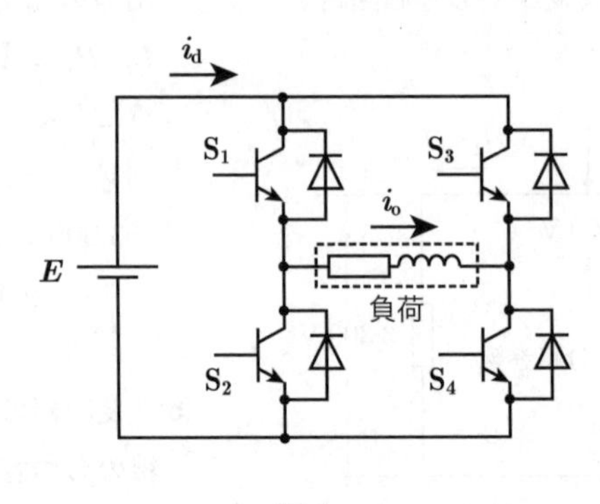

図 1

(a)　出力交流電圧の1周期に各パワートランジスタが1回オンオフする運転において，図2に示すように，パワートランジスタS_1～S_4のオンオフ信号波形に対して，負荷電流i_oの正しい波形が(ア)～(ウ)，直流電流i_dの正しい波形が(エ)，(オ)のいずれかに示されている．その正しい波形の組合せを次の(1)～(5)のうちから一つ選べ．

(1)　(ア)と(エ)　　(2)　(イ)と(エ)　　(3)　(ウ)と(オ)　　(4)　(ア)と(オ)　　(5)　(イ)と(オ)

(b)　単相インバータの特徴に関する記述として，誤っているものを次の(1)～(5)のうちから一つ選べ．

(1)　図1は電圧形インバータであり，直流電源Eの高周波インピーダンスが低いことが要求される．

(2)　交流出力の調整は，S_1～S_4に与えるオンオフ信号の幅$\frac{T}{2}$を短くすることによって交流周波数を高くすることができる．又は，Eの直流電圧を高くすることによって交流電圧を高くすることができる．

(3)　図1に示されたパワートランジスタを，IGBT又はパワーMOSFETに置換えてもインバータを実現できる．

(4)　ダイオードが接続されているのは負荷のインダクタンスに蓄えられたエネルギーを直流電源に戻すためであり，さらにダイオードが導通することによって得られる逆電圧でパワートランジスタを転流させている．

(5)　インダクタンスを含む負荷としては誘導電動機も駆動できる．運転中に負荷の力率が低くなると，電流がダイオードに流れる時間が長くなる．

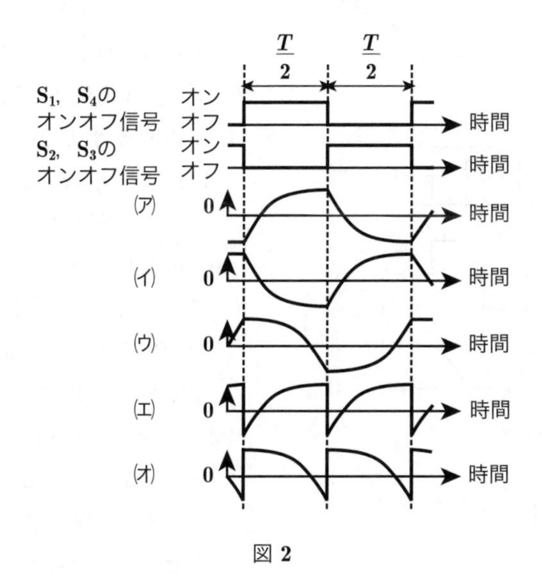

図2

解16 (a)　(a)図の四つのパワートランジスタS_1〜S_4を交互に時間$T/2$ごとに動作させると(b)図③のような電圧波形となる．このときの負荷電流は負荷が純抵抗なら電圧と同じ波形となる．誘導性負荷の場合，i_oは(b)図④のようにインダクタンスのために応答が遅れ，指数関数的に変化する連続的な波形になる．

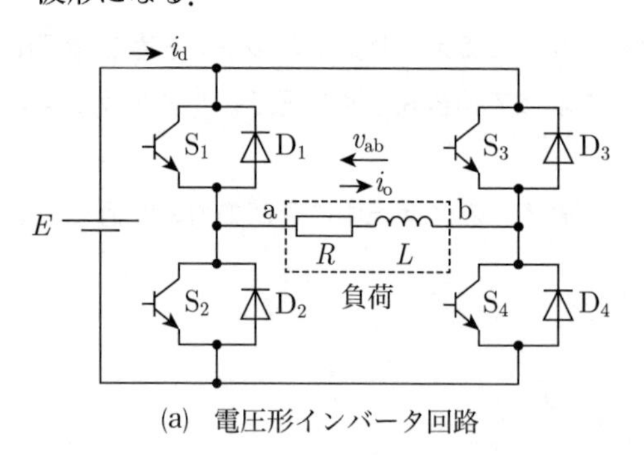

(a)　電圧形インバータ回路

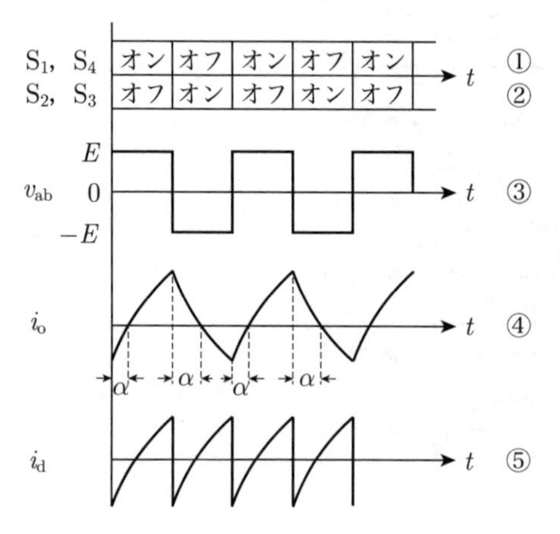

(b)　電圧形インバータ回路の電圧，電流波形

時間が0のとき，S_2，S_3がオフしS_1，S_4がオンしようとするが，負荷電流はインダクタンスの影響ですぐに0にならず，時間αまでマイナス方向で流れ続ける．この電流はD_1，D_4を通って電源に帰還される．α点でS_1，S_4がオンになり$T/2$までプラス方向で流れるが，$T/2$でS_1，S_4がオフになり，それまで流れていた電流はD_2，D_3を通って電源に帰還され$(T/2)+\alpha$でゼロになり，S_2，S_3がオンし，電流が流れる．あとはその繰り返しである．負荷電流i_oは，(b)図の④のようになり，問の図では(ア)になる．

次に，直流電源の電流i_dは，0〜αのときはD_1，D_4を通って電源に帰還されるのでマイナスとなり，α点でS_1，S_4がオンになり$T/2$まで正方向で流れるが，$T/2$の点でS_1，S_4がオフになり，それまでの電流がD_2，D_3を通って負方向に流れ，だんだん小さくなり$T/2+\alpha$でゼロになる．(b)図の⑤がその電流となる．この説明のとおりの図は(エ)になる．

(a)は(1)**が正しい．**

(b)

(1)　(a)図は直流電圧源を電源としている電圧形インバータである．前述のように電流が変化するので高周波インピーダンスは低いほうがよい．**(1)の記述は正しい．**

(2)　周波数は$T/2$の幅によって決まり，最大電圧は与える直流電圧Eの大きさにより決まる．**(2)の記述は正しい．**

(3)　IGBTはパワートランジスタよりも容量，スイッチング周波数を大きくとれ，MOSFETはより高周波のスイッチングに利用できる．**(3)の記述は正しい．**

(4)　このダイオードは遅れて変化する電流の流れを確保し，電源側に帰還させる役目をもっていて，逆電圧でパワートランジスタを転流させるためのものではない．**(4)の記述は誤りである．**

(5)　インダクタンスを含む負荷で力率が低くなるということは，インダクタンスが大きくなる場合で，インダクタンスが大きくなれば蓄えるエネルギーが大きくなるので$T/2$以降のダイオードを流れる電流エネルギーが大きくなりダイオードに流れる時間は長くなる．**(5)の記述は正しい．**

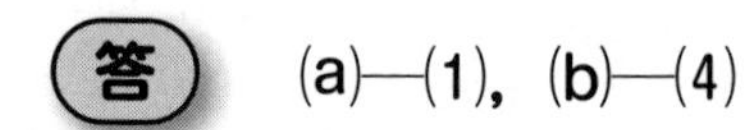

note

問17及び問18は選択問題であり，問17又は問18のどちらかを選んで解答すること．両方解答すると採点されません．

（選択問題）

問17

熱伝導について，次の(a)及び(b)の問に答えよ．

断面積が2 m²，厚さが30 cm，熱伝導率が1.6 W/(m·K)の両表面間に温度差がある壁がある．ただし，熱流は厚さ方向のみの一次元とする．

(a)　この壁の厚さ方向の熱抵抗 R の値[K/W]に最も近いものを次の(1)～(5)のうちから一つ選べ．

(1)　**0.041 7**　(2)　**0.093 8**　(3)　**0.267**　(4)　**2.67**　(5)　**4.17**

(b)　この壁の低温側の温度 t_2 が20 °Cのとき，この壁の熱流 Φ が100 Wであった．このとき，この壁の高温側の温度 t_1 の値[°C]に最も近いものを次の(1)～(5)のうちから一つ選べ．

(1)　**21.0**　(2)　**22.1**　(3)　**24.2**　(4)　**29.4**　(5)　**46.7**

解17　図のような断面積 S [m²]，厚さ t [m]，熱伝導率 k [W/(m·K)] の壁があるとき，熱抵抗 R [K/W] は，

$$R = \frac{t}{k \cdot S}\,[\mathrm{kW}]$$

と表され，厚さに比例し，断面積に反比例，熱伝導率にも反比例する．

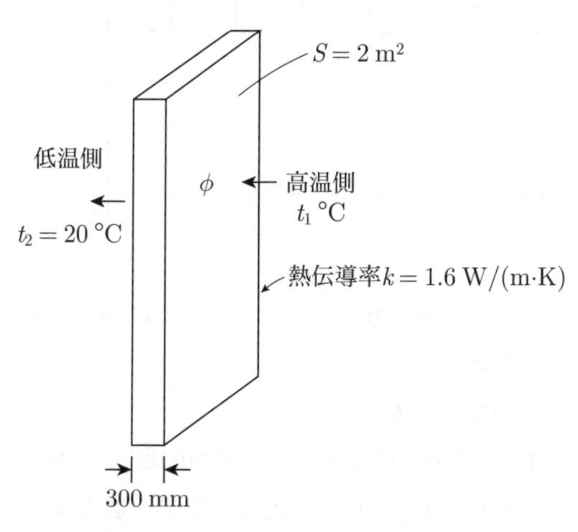

これは，電気抵抗 R を求める式と似ている．導体の断面積 S [m²]，長さ l [m]，電気伝導率 k [S/m] とすると，電気抵抗値 R は，

$$R = \frac{l}{k \cdot S}\,[\Omega]$$

となる．電気技術者は電気のオーム の法則を熟知しているので熱と置き換えて求められる．

(a)

$$R = \frac{t}{k \cdot S} = \frac{30 \times 10^{-2}}{1.6 \times 2}$$
$$= 0.093\,8\ \mathrm{K/W}$$ (答)

(b)　高温側の温度を t_1，低温側の温度を t_2 とすると温度差 t は，

$$t = t_1 - t_2\,[°\mathrm{C}]$$

熱流を ϕ [W] とすると，

$$\phi = \frac{t}{R} = \frac{t_1 - t_2}{R}\,[\mathrm{W}]$$

t_1 について解くと，

$$t_1 = R \cdot \phi + t_2 = 0.093\,8 \times 100 + 20$$
$$\fallingdotseq 29.4\ °\mathrm{C}$$ 

答　(a)—(2)，(b)—(4)

（選択問題）

問18

図は，マイクロプロセッサの動作クロックを示す．マイクロプロセッサは動作クロックと呼ばれるパルス信号に同期して処理を行う．また，マイクロプロセッサが1命令当たりに使用する平均クロック数をCPIと呼ぶ．1クロックの周期 T [s] をサイクルタイム，1秒当たりの動作クロック数 f を動作周波数と呼ぶ．

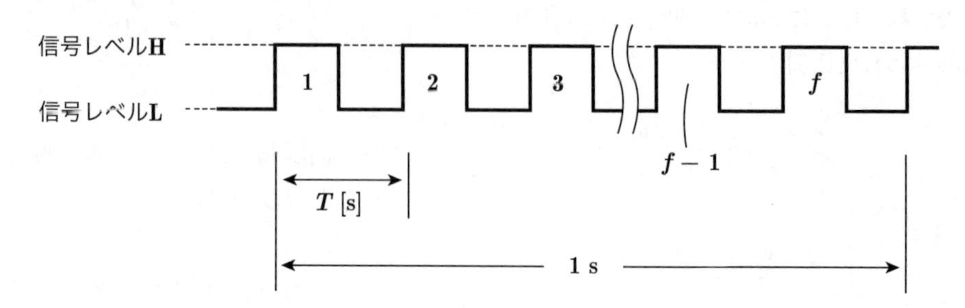

次の(a)及び(b)の問に答えよ．

(a) 2.5 GHzの動作クロックを使用するマイクロプロセッサのサイクルタイムの値 [ns] として，正しいものを次の(1)～(5)のうちから一つ選べ．

(1) 0.000 4　(2) 0.25　(3) 0.4　(4) 250　(5) 400

(b) CPI = 4のマイクロプロセッサにおいて，1命令当たりの平均実行時間が0.02 μsであった．このマイクロプロセッサの動作周波数の値 [MHz] として，正しいものを次の(1)～(5)のうちから一つ選べ．

(1) 0.012 5　(2) 0.2　(3) 12.5　(4) 200　(5) 12 500

解18　1秒当たりの動作クロック数（動作周波数）をf [Hz]とすると，問の図のT [s]は(a)図のように，1 sにf回，HとLを繰り返すが，HからLに1サイクル変化したときのH＋Lの時間が1周期Tで，サイクルタイムとも呼ぶ．

$$T=\frac{1}{f}\,[\mathrm{s}] \qquad ①$$

で表される．

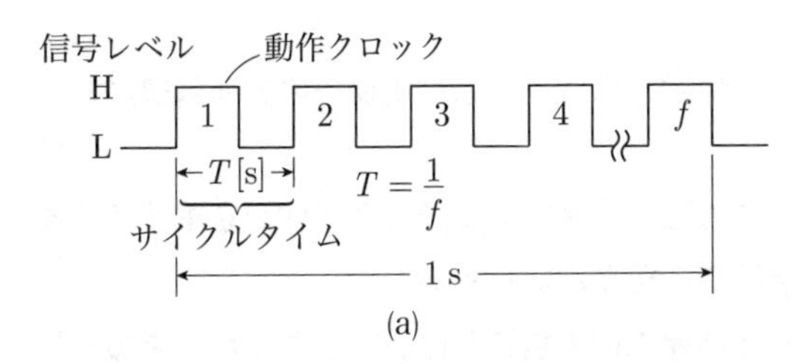

(a)

この問を解くために単位記号の数値を知らなければならない．単位記号の数値は以下の表のようになる．

単位記号	読み方	10^{x}	単位記号	読み方	10^{-x}
G	ギガ	10^{9}	n	ナノ	10^{-9}
M	メガ	10^{6}	μ	マイクロ	10^{-6}

(a)　表より，

2.5 GHz = 2.5×10^{9} Hz

よって，サイクルタイムTは①式を用いて，

$$T=\frac{1}{f}=\frac{1}{2.5\times10^{9}}=0.4\times10^{-9}$$
$$=0.4\ \mathrm{ns}\quad(答)$$

(b)　CPI（Cycles per Instruction）が4ということは，1命令当たりに4クロック使用する．(b)図のように，1命令当たり（4クロック）の平均実行時間が0.02 μsであるから，1クロックの周期T_{b}は，

$$T_{\mathrm{b}}=\frac{0.02\times10^{-6}}{4}=0.005\times10^{-6}$$

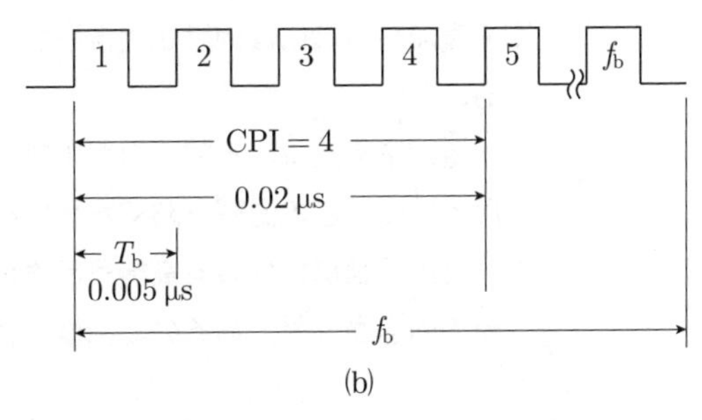

(b)

このマイクロプロセッサの動作周波数f_{b}はT_{b}の逆数になるので，

$$f_{\mathrm{b}}=\frac{1}{T_{\mathrm{b}}}=\frac{1}{0.005\times10^{-6}}=200\times10^{6}$$
$$=200\ \mathrm{MHz}\quad(答)$$

(a)—(3)，(b)—(4)

令和 4 年度（2022 年）下期　機械の問題

A 問題　配点は 1 問題当たり 5 点

問1 直流機の構造に関する記述として，誤っているものを次の(1)～(5)のうちから一つ選べ．

(1) 直流機は固定子と回転子からなる．界磁は固定子にあり，電機子及び整流子は回転子にある．

(2) 電機子鉄心には，交番磁束による渦電流損を少なくするため，電磁鋼板を層状に重ねた積層鉄心が用いられる．

(3) 直流発電機には他励式と自励式がある．他励式には，分巻発電機，直巻発電機などがある．

(4) 電機子電流による起磁力がエアギャップの磁束分布に影響を与える作用を電機子反作用といい，この影響を防ぐために補償巻線や補極が用いられる．

(5) 直流電動機に生じる電機子反作用の向きは発電機の場合とは反対であるが，電機子電流の向きが反対であるので補償巻線や補極の接続方法は発電機の場合と同じでよい．

●試験時間　90分
●必要解答数　A問題14題，B問題3題（選択問題含む）

解1　(1)　電機子とは誘導起電力または逆起電力を誘導する部分に対する名称である．直流機は(a)図のように一般的に界磁巻線は固定子で，回転子から整流子，ブラシを通り電流を出したり入れたりする回路を電機子とする．よって，**(1)の記述は正しい．**

(a)　直流機の構造

(2)　交番磁束による渦電流損を少なくする方法として，微粉状の磁性材料を加圧成形した圧粉磁心や電磁鋼板を使用した積層鉄心などが用いられる．よって，**(2)の記述は正しい．**

(3)　直流発電機の種類として，界磁電源を別の直流電源からとる他励式発電機と自励式発電機である分巻発電機，直巻発電機，複巻発電機に分類される．

よって，**(3)の記述は誤り**である．

(4)　直流機に負荷をかけると電機子電流が流れ，電機子コイル周辺に磁束を生じ，界磁磁束の分布を乱す．この影響を電機子反作用という．電機子反作用を減らすため，界磁コイルの磁極片に巻線を施し電機子巻線に直列接続し，電機子電流と逆向きの電流を流す補償巻線で電機子巻線での磁束を打ち消す．また，ブラシで短絡されるコイルには電機子反作用による誘導起電力が発生するので，それを打ち消す補極が用いられる．よって，**(4)の記述は正しい．**(b)図に補償巻線と補極の原理図を示す．

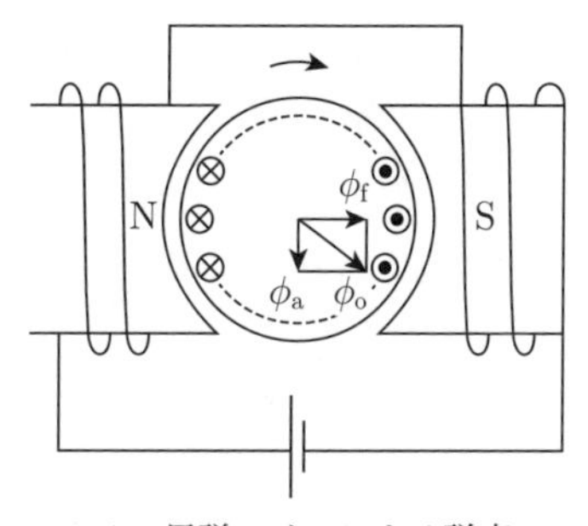

ϕ_f：界磁コイルによる磁束
ϕ_a：電機子コイル電流による磁束
ϕ_o：合成磁束

補償巻線と補極がない場合の磁束

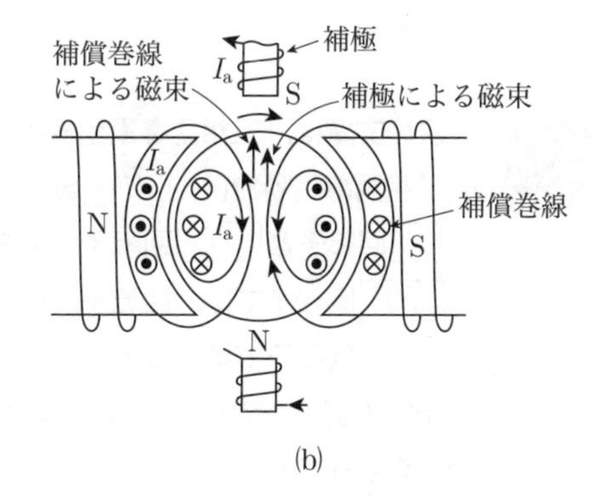

(b)

(5)　電機子反作用は電機子巻線に電流が流れることにより生じる．電動機，発電機ともに発生するが，回転方向，磁極の極性，端子の極性を同じにすると電機子電流は逆方向になる．電動機の磁束分布は発電機の場合と逆になり，回転方向に対して遅れる方向に偏る．したがって，補償巻線，補極の極性も発電機と逆にしなければならない．しかし，電動機の電機子電流が逆方向に流れるため接続は発電機と同じでよい．よって，**(5)の記述は正しい．**

(3)

三相誘導電動機が滑り2.5 %で運転している．このとき，電動機の二次銅損が188 Wであるとすると，電動機の軸出力[kW]の値として，最も近いものを次の(1)～(5)のうちから一つ選べ．ただし，機械損は0.2 kWとし，負荷に無関係に一定とする．

(1) 7.1　(2) 7.3　(3) 7.5　(4) 8.0　(5) 8.5

問3

次の文章は，三相誘導電動機の構造に関する記述である．

三相誘導電動機は，(ア)磁界を作る固定子及び回転する回転子からなる．回転子は，(イ)回転子と(ウ)回転子との2種類に分類される．

(イ)回転子では，回転子溝に導体を納めてその両端が(エ)で接続される．

(ウ)回転子では，二次電流を(オ)，ブラシを通じて外部回路に流すことができる．

上記の記述中の空白箇所(ア)～(オ)に当てはまる組合せとして，正しいものを次の(1)～(5)のうちから一つ選べ．

	(ア)	(イ)	(ウ)	(エ)	(オ)
(1)	回転	かご形	巻線形	スリップリング	整流子
(2)	交番	かご形	巻線形	端絡環	スリップリング
(3)	回転	巻線形	かご形	スリップリング	整流子
(4)	回転	かご形	巻線形	端絡環	スリップリング
(5)	交番	巻線形	かご形	スリップリング	整流子

解2　誘導電動機の二次側等価回路は図のようになる．図より，二次入力をP_2，二次銅損をP_{c2}，二次出力をP_Mとすると，その比率は重要な式で，次のようになる．

$$P_2 : P_{c2} : P_M = 1 : s : (1-s) \qquad ①$$

ここで，滑りsが0.025で，二次銅損P_{c2}が188 Wであるから①式を用いて，

$$P_{c2} : P_M = s : (1-s)$$

$$188 : P_M = 0.025 : (1-0.025)$$

$$\therefore \quad P_M = \frac{(1-0.025)\times 188}{0.025} = 7\,332\ \text{W}$$

軸出力P_{M1}は二次出力から機械損を引いた値であるから，

$$P_{M1} = 7\,332 - 200 = 7\,132\ \text{W}$$

$$\fallingdotseq 7.1\ \text{kW} \quad (答)$$

(1)

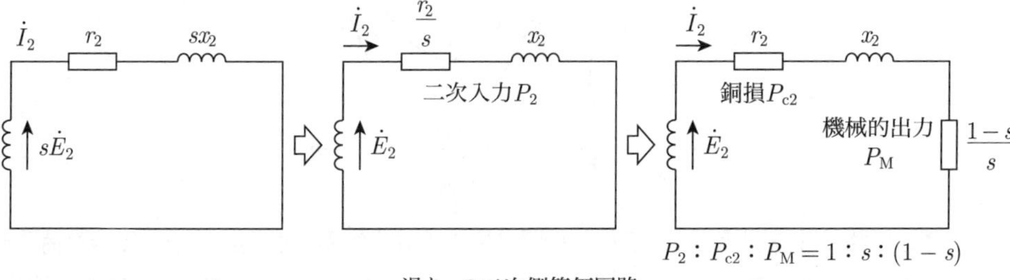

滑りsの二次側等価回路

解3　三相誘導電動機の回転する原理は，固定子コイルで**回転**磁界を作り回転子に誘導電流を流し，相対する電磁力で回転子を回転させる．回転子は二とおりあり，**かご形**と**巻線形**とがある．かご形回転子は(a)図のように厚さ0.3〜0.5 mmのケイ素鋼板を打ち抜いて積層した回転子鉄心のスロットに銅，アルミニウムの棒を差し込み，両端に端絡環と呼ぶリングに接続したものである．

選択肢(イ)はかご形，(エ)は端絡環，残った(ウ)は巻線形となる．(b)図のように巻線形回転子のコイルからスリップリングを経てブラシを通り外部の抵抗回路に接続し，始動電流や始動トルクの改善をする．

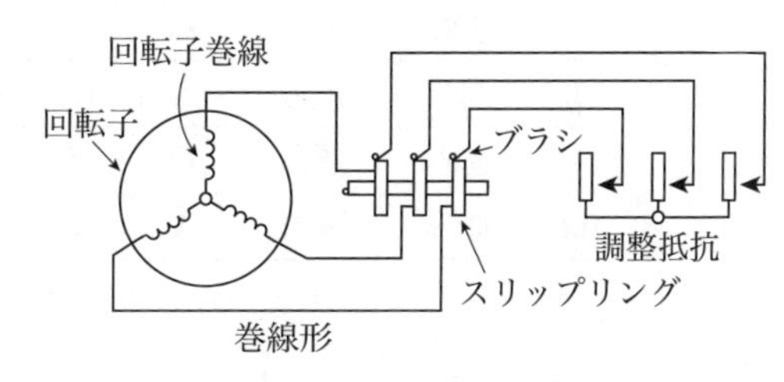

(b)　巻線形誘導電動機の構造

(4)

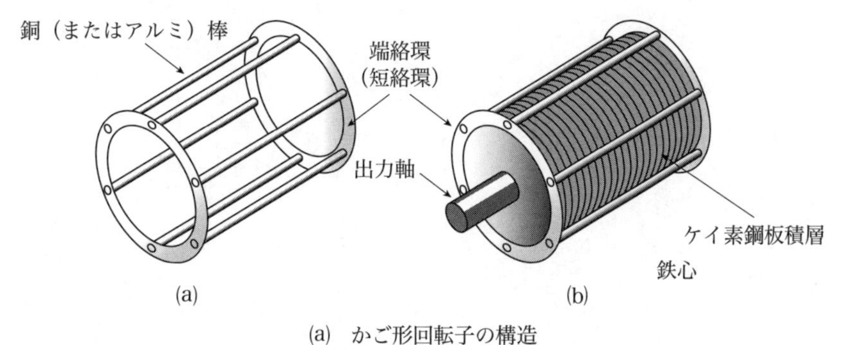

(a)　かご形回転子の構造

問4　次の文章は，三相同期電動機の位相特性に関する記述である．

図は三相同期電動機の位相特性曲線（V曲線）の一例である．同期電動機は，界磁電流を変えると，電機子電流の端子電圧に対する位相が変わり，さらに，電機子電流の大きさも変わる．図の曲線の最低点は力率が1となる点で，図の破線より右側は (ア) 電流，左側は (イ) 電流の範囲となる．また，電動機の出力を大きくするにつれて，曲線は (ウ) → B → (エ) の順に変化する．

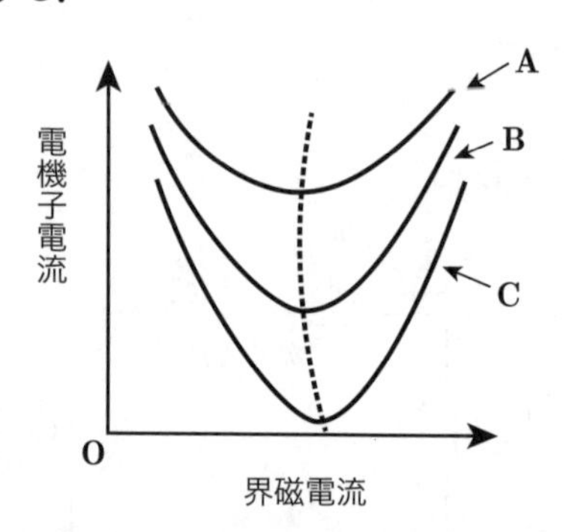

この位相特性を利用して，三相同期電動機を需要家機器と並列に接続して無負荷運転し，需要家機器の端子電圧を調整することができる．このような目的で用いる三相同期電動機を (オ) という．

上記の記述中の空白箇所(ア)～(オ)に当てはまる組合せとして，正しいものを次の(1)～(5)のうちから一つ選べ．

	(ア)	(イ)	(ウ)	(エ)	(オ)
(1)	遅れ	進み	A	C	静止形無効電力補償装置
(2)	遅れ	進み	C	A	静止形無効電力補償装置
(3)	遅れ	進み	A	C	同期調相機
(4)	進み	遅れ	C	A	同期調相機
(5)	進み	遅れ	A	C	同期調相機

解4　同期電動機のＶ曲線について説明する．

電源電圧を一定にした出力一定の同期電動機の界磁電流 I_f と電機子電流 I_M の関係を表した特性曲線は，図のようにＶ形になる．これをＶ曲線または位相特性曲線と呼ぶ．

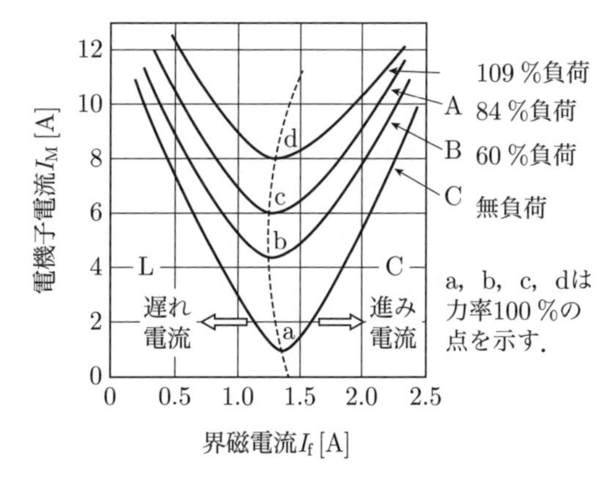

同期電動機の位相特性曲線

この特性曲線から，界磁電流が小さいとき電機子電流 I_M は遅れ，界磁電流 I_f を大きくしていくと I_M はだんだん小さくなり，力率1のところで最小になる．

さらに I_f を大きくしていくと I_M は進み電流となり大きくなる．このような特性を利用して I_f の調整により力率調整を連続的にできる．

このような同期電動機を無負荷で運転した装置を同期調相機という．コンデンサや分路リアクトルを段階的にオンオフして力率を制御するより優れている．電力系統で無効電力を制御する同期調相機として使用されている．

同期電動機の出力を大きくすると図のようにＶ曲線は I_M が増えるので問の図で曲線はC→B→Aの順に変化する．

答　(4)

定格出力8 000 kV·A，定格電圧6 600 Vの三相同期発電機がある．この発電機の同期インピーダンスが4.73 Ωのとき，短絡比の値として，最も近いものを次の(1)～(5)のうちから一つ選べ．

(1) **0.384**　(2) **0.665**　(3) **1.15**　(4) **1.50**　(5) **2.61**

解5　図のように，無負荷飽和曲線と短絡曲線を作成する．

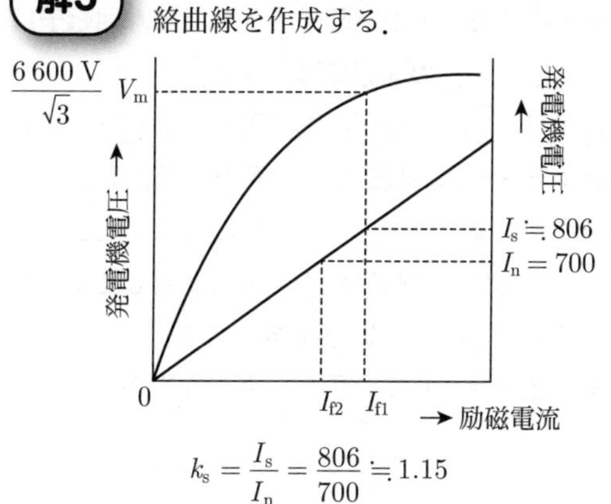

無負荷飽和曲線と短絡曲線

定格電流 I_{n} は，定格出力を P_{n}，定格電圧を V_{n} とすると，

$$I_{\mathrm{n}} = \frac{P_{\mathrm{n}}}{\sqrt{3} \times V_{\mathrm{n}}} = \frac{8\,000 \times 10^3}{\sqrt{3} \times 6\,600} \fallingdotseq 700\ \mathrm{A}$$

一方，三相短絡電流 I_{s} は，同期インピーダンスを x_{s} とすると，

$$I_{\mathrm{s}} = \frac{\dfrac{V_{\mathrm{n}}}{\sqrt{3}}}{x_{\mathrm{s}}} = \frac{\dfrac{6\,600}{\sqrt{3}}}{4.73} = 805.6\ \mathrm{A}$$

短絡曲線上で I_{f1} のとき I_{s} が流れ，I_{f2} のとき I_{n} が流れるので短絡比 k_{s} は，

$$k_{\mathrm{s}} = \frac{I_{\mathrm{f1}}}{I_{\mathrm{f2}}} = \frac{I_{\mathrm{s}}}{I_{\mathrm{n}}} = \frac{805.6}{700} \fallingdotseq 1.15 \quad \text{(答)}$$

別解

短絡比はパーセントインピーダンスの逆数であることを利用した解き方．

パーセントインピーダンス

$$\%x_{\mathrm{s}} = \frac{I_{\mathrm{n}} \cdot z_{\mathrm{s}}}{\dfrac{V_{\mathrm{n}}}{\sqrt{3}}} = \frac{P_{\mathrm{n}} \cdot z_{\mathrm{s}}}{{V_{\mathrm{n}}}^2}$$

より，

$$k_{\mathrm{s}} = \frac{1}{x_{\mathrm{s}}} = \frac{{V_{\mathrm{n}}}^2}{P_{\mathrm{n}} \cdot z_{\mathrm{s}}} = \frac{6\,600^2}{8\,000 \times 10^3 \times 4.73}$$
$$\fallingdotseq 1.15 \quad \text{(答)}$$

(3)

次の文章は，小形交流モータに関する記述である．

モータの固定子がつくる回転磁界中に，永久磁石を付けた回転子を入れると，回転子は回転磁界 (ア) で回転する．これが永久磁石同期モータの回転原理である．

永久磁石形同期モータは，回転子の構造により， (イ) 磁石形同期モータと (ウ) 磁石形同期モータに分類される． (イ) 磁石形同期モータは，構造的に小型化・高速化に適しており，さらに (エ) トルクが利用できる特徴がある． (エ) トルクは，固定子と回転子の鉄心（電磁鋼板）との間に働く回転力のことである．この回転力のみを利用したモータは，永久磁石形同期モータに比べて，材料コストが (オ) という特徴がある．

上記の記述中の空白箇所(ア)～(オ)に当てはまる組合せとして，正しいものを次の(1)～(5)のうちから一つ選べ．

	(ア)	(イ)	(ウ)	(エ)	(オ)
(1)	より低い速度	表面	埋込	リラクタンス	低い
(2)	より低い速度	埋込	表面	コギング	低い
(3)	と同じ速度	埋込	表面	リラクタンス	高い
(4)	と同じ速度	埋込	表面	リラクタンス	低い
(5)	と同じ速度	表面	埋込	コギング	高い

解6　モータの固定子のつくる回転磁界中に永久磁石の回転子を設けるモータの種類は同期電動機の一種であるので，回転磁界**と同じ速度**で回転する．このようなモータを永久磁石形同期モータと呼ぶ．

永久磁石形同期モータは図のように**埋込**磁石形と**表面**磁石形とがあり，その特徴は次のとおりである．

①　埋込磁石形

高速で使用できる．**リラクタンス**トルクを利用できる．小型化でき，材料コストが**低く**できる．

②　表面磁石形

長所は，磁石と固定子の距離が近いので磁力を有効に活用でき，トルクが大きくなる．

短所は，高速では磁石が剥がれやすいので比較的低速での使用になる．

以上の説明より(イ)が埋込磁石形になる．**リラクタンス**トルクは，固定子磁束が回転子の電磁鋼板の通りやすい磁気抵抗（リラクタンス）の低い経路を通ろうとするトルクである．

(4)

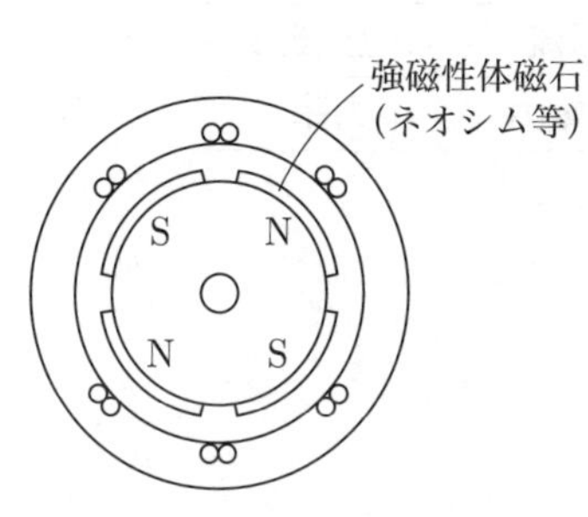

表面磁石形回転子

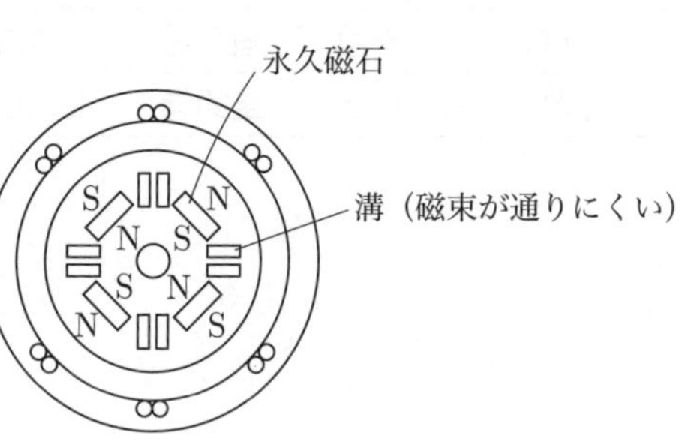

埋込磁石形回転子

次の文章は，交流機における電機子巻線法に関する記述である．

電機子巻線法には，1相のコイルをいくつかのスロットに分けて配置する (ア) と，集中巻がある． (ア) の場合，各極各相のスロット数は (イ) となる．

(ア) において，コイルピッチを極ピッチよりも短くした巻線法を (ウ) と呼ぶ．この巻線法を採用すると， (エ) は低くなるが，コイル端を短くできることや， (オ) が改善できるなどの利点があるため，一般的によく用いられている．

上記の記述中の空白箇所(ア)～(オ)に当てはまる組合せとして，正しいものを次の(1)～(5)のうちから一つ選べ．

	(ア)	(イ)	(ウ)	(エ)	(オ)
(1)	分布巻	2以上	短節巻	誘導起電力	電圧波形
(2)	分散巻	2未満	全節巻	励磁電流	力率
(3)	分布巻	2未満	短節巻	励磁電流	力率
(4)	分布巻	2未満	短節巻	励磁電流	電圧波形
(5)	分散巻	2以上	全節巻	誘導起電力	力率

解7　交流機の電機子巻線法として一つのスロットにコイルを集中して巻く集中巻と，数個のコイルを隣接するスロットに分散して巻く**分布巻**とがある．分布巻はスロット数が**2以上**の複数になる．

1相の巻き方としてはコイル間隔$\phi = \pi$ [rad]とした全節巻と，コイル間隔$\phi < \pi$とした**短節巻**がある．起電力の大きさは，全節巻＞短節巻となり，全節巻の場合より短節巻のほうが**誘導起電力**は低くなるが，誘導起電力の波形は短節巻のほうが正弦波に近くなるので一般的に用いられる．

図の短節巻の分布巻は，誘導起電力は小さくなるが，コイル端を短くでき，**電圧波形**を改善できる，正弦波に近づける．

短節巻の誘導起電力は，全節巻の誘導起電力より小さくなるが，それを巻線係数で表す．全節巻で誘導起電力Eは，

$$E = 4.44 \cdot f \cdot \phi \cdot w \text{ [V]}$$

のとき，短節巻では誘導起電力が小さくなり，巻線係数は$k_w < 1$になるので，

$$E_1 = 4.44 \cdot k_\omega \cdot f \cdot \phi \cdot w \text{ [V]}$$

ただし，f：周波数，ϕ：磁束，w：1相当たりの巻線数，k_w：巻線係数．

答　(1)

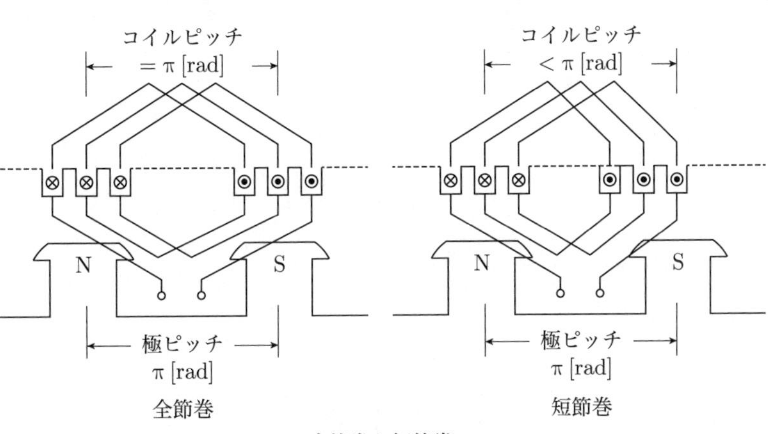

全節巻と短節巻

単相変圧器がある．定格二次電圧 200 V において，二次電流が 250 A のときの全損失が 1 525 W であり，同様に二次電圧 200 V において，二次電流が 150 A のときの全損失が 1 125 W であった．この変圧器の無負荷損の値 [W] として，最も近いものを(1)～(5)のうちから一つ選べ．

(1) 400　(2) 525　(3) 576　(4) 900　(5) 1 000

解8　(a)図の二次電流I_2が250 Aのときの銅損をP_cとし，鉄損（無負荷損）をP_iとすると全損失P_{01}は，

$$P_{01} = P_i + P_c = 1\,525 \qquad ①$$

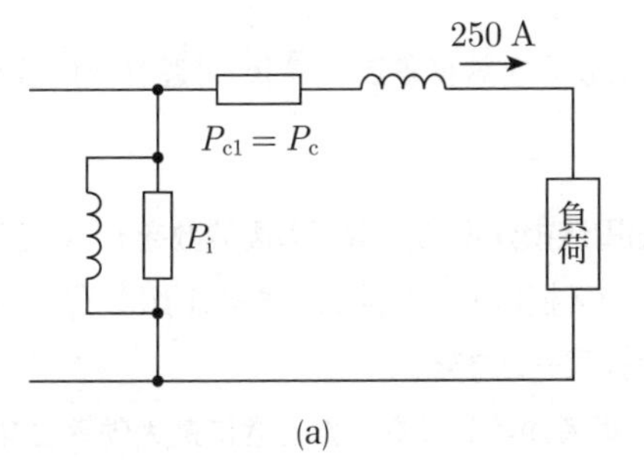

(a)

(b)図は二次電流が150 Aのときの図で，この図より150 Aのときの全損失P_{02}は，鉄損P_iは二次電圧が同じなので変わらず，銅損は二次電流の2乗に比例するので，

$$P_{02} = \left(\frac{150}{250}\right)^2 \times P_c + P_i = 1125 \qquad ②$$

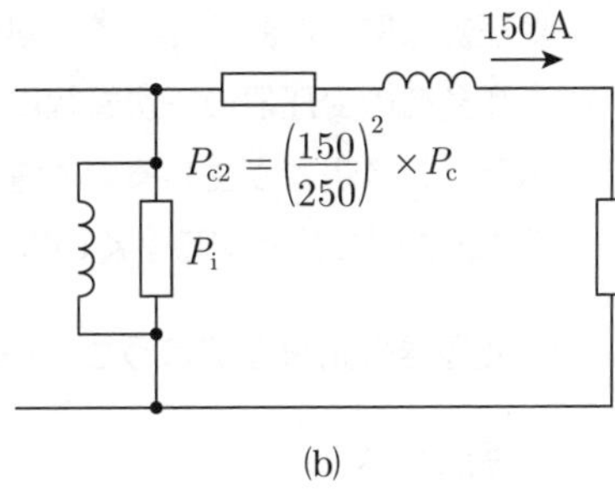

(b)

①式よりP_cは，

$$P_c = 1\,525 - P_i \qquad ③$$

③式を②式に代入して，

$$\left(\frac{150}{250}\right)^2 \times (1\,525 - P_i) + P_i = 1125$$

$$549 - 0.36P_i + P_i = 1\,125$$

$$0.64P_i = 1\,125 - 549 = 576$$

$$P_i = 900\ \mathrm{W}$$ (答)

(4)

問9　変圧器に関する記述として，誤っているものを次の(1)～(5)のうちから一つ選べ.

(1)　無負荷の変圧器の一次巻線に正弦波交流電圧を加えると，鉄心には磁気飽和現象やヒステリシス現象が生じるので電流は非正弦波電流となる．この電流を励磁電流といい，第3次をはじめとする多くの次数の高調波を含む.

(2)　変圧器の励磁電流のうち，一次電圧と同相成分を鉄損電流，$\frac{\pi}{2}$[rad]遅れた成分を磁化電流という.

(3)　変圧器の鉄損には主にヒステリシス損と渦電流損がある．電源の周波数をf，鉄心に用いる電磁鋼板の厚さをtとすると，ヒステリシス損はfに比例し，渦電流損は（$f \times t$）の2乗に比例する．ただし，鉄心の磁束密度を同一とする.

(4)　変圧器の損失には主に鉄損と銅損があり，両者が等しくなったときに最大効率となる．無負荷損の主なものは鉄損で，電圧と周波数が一定であれば負荷に関係なく一定である．また，負荷損の主なものは銅損で，負荷電流の2乗に比例する.

(5)　変圧器の等価回路において，励磁回路は励磁コンダクタンスと励磁サセプタンスで構成される．両者を合わせて励磁アドミタンスという．励磁コンダクタンスに流れる電流は磁化電流に対応し，励磁サセプタンスで発生する損失は鉄損に対応している.

解9　(1)　実際の変圧器では，一次巻線に交流電圧を加えると鉄心の磁気飽和現象，ヒステリシス現象のため，励磁電流は(a)図のような非正弦波形の交流となる．

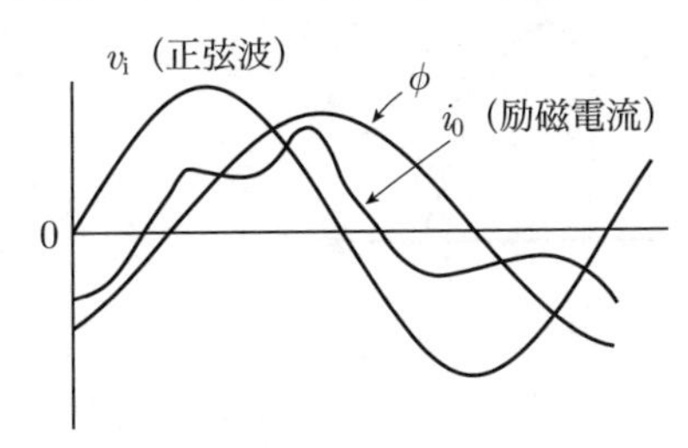

(a)　変圧器の供給電圧と励磁電流の波形

励磁電流は第3次をはじめとする高調波成分を含んでいる．よって，**(1)の記述は正しい．**

(2)　(b)図の等価回路で，励磁電流のうちコイル側の励磁サセプタンスを流れる電流を磁化電流と呼び，π/2 [rad] 遅れた電流となる．よって，**(2)の記述は正しい．**

(3)　変圧器の損失のうち鉄損にはヒステリシス損 P_h と渦電流損 P_e とがあり，それぞれの損失は次式のようになる．

$$P_h = k_h \cdot f \cdot B_m{}^2$$

$$P_e = k_e \cdot (k_f \cdot t \cdot f \cdot B_m)^2$$

ただし，k_h：鉄心材料のヒステリシス係数，k_e：材質等による比例定数，B_m [T]：磁束密度，f [Hz]：周波数，t [mm]：鋼板の厚さ，k_f：電圧の波形率

よって，**(3)の記述は正しい．**

(4)　無負荷損として漂遊負荷損があるが，わずかな損失である．無負荷損の代表的なものは鉄損である．鉄損は加える電圧の大きさと周波数が一定であれば負荷電流が変わっても一定である．

負荷損の主なものは銅損で，負荷電流の2乗に比例する．よって，**(4)の記述は正しい．**

(5)　(b)図の等価回路より，励磁コンダクタンスに流れる電流は鉄損電流で，励磁サセプタンスに流れる電流が磁化電流である．よって，**(5)の記述は誤りである．**

(5)

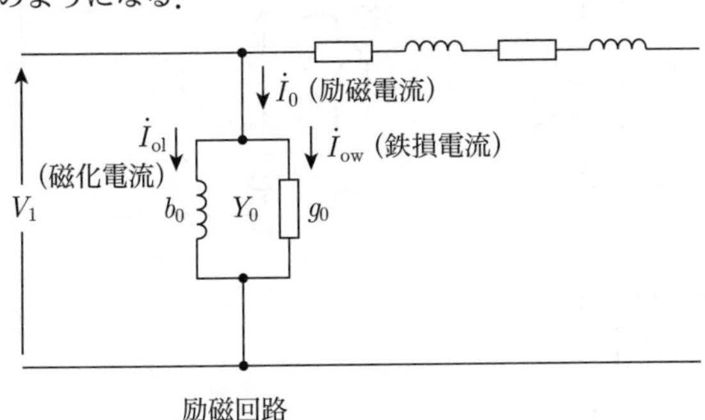

$\dot{I}_0$：励磁電流
$\dot{I}_{ow}$：鉄損電流
$\dot{I}_{ol}$：磁化電流
Y_0：励磁アドミタンス
g_0：励磁コンダクタンス
b_0：励磁サセプタンス

O　$\dot{I}_{ow}$（鉄損電流）　V_1
$\dot{I}_{ol}$（磁化電流）　$\dot{I}_0$（励磁電流）

(b)　励磁回路の等価回路とベクトル

問10　図に示す出力電圧波形 v_R を得ることができる電力変換回路として，正しいものを次の(1)〜(5)のうちから一つ選べ．ただし，回路中の交流電源は正弦波交流電圧源とする．

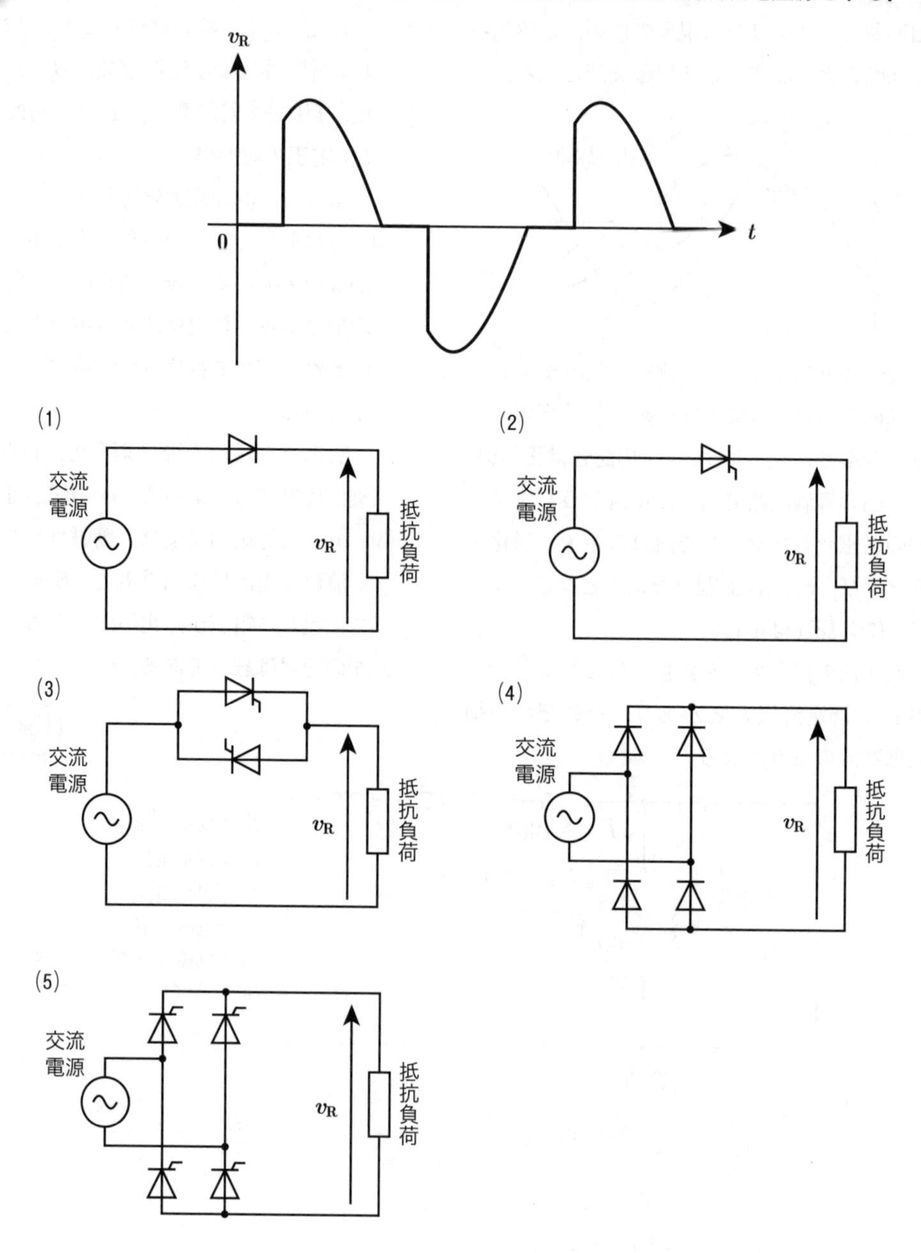

解10　ダイオードDとサイリスタSCRの違いは，Dは順方向電圧で電流が流れ，逆方向では流れない．SCRは順方向電圧を印加し，ゲートでターンオンすると順方向で電流が流れ，正弦波の半波長πで電圧が0 Vになりターンオフする．

選択肢(1)ではDと負荷抵抗の直列回路で，正弦波の上部分のみの半波電圧となる．

選択肢(2)では，SCRと負荷抵抗の直列回路で，ターンオン時間αでオンし，πでオフする．

選択肢(3)では，SCRの並列回路と負荷抵抗の直列回路で，正弦波の上側は右方向のSCRで，下側は左方向のSCRでターンオン時間αでオンするので交流の双方向で出力することができる．**交流のまま電圧制御をしてるのは(3)のみである．**二つのSCRを一つの素子にしたトライアックがある．

選択肢(4)，(5)はブリッジ回路で出力は正弦波の下側も利用できる全波整流とSCRでも下の半波長を上にし，αで全波を制御する．

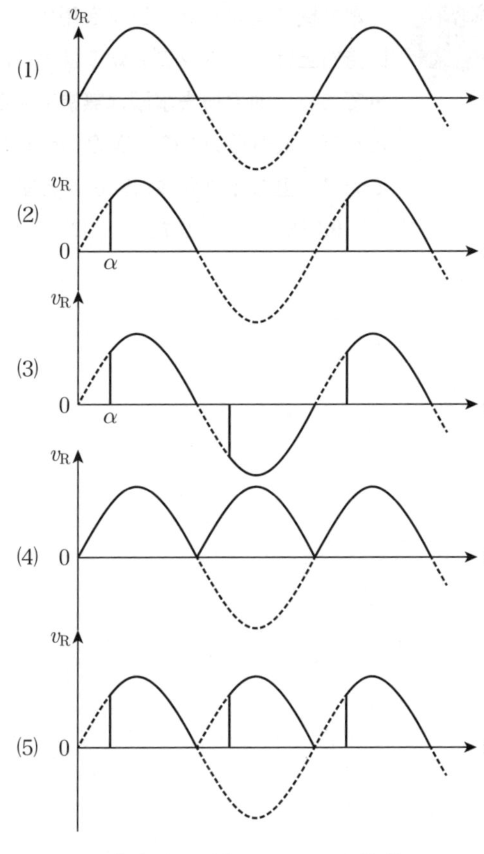

各素子の回路におけるv_Rの波形

答　(3)

問11　電動機で駆動するポンプを用いて，毎時80 m^3の水をパイプへ通して揚程40 mの高さに持ち上げる．ポンプの効率は72 %，電動機の効率は93 %で，パイプの損失水頭は0.4 mであり，他の損失水頭は無視できるものとする．このとき必要な電動機入力[kW]の値として，最も近いものを次の(1)～(5)のうちから一つ選べ．ただし，水の密度は1.00×10^3 kg/m^3，重力加速度は9.8 m/s^2とする．

(1)　0.013　(2)　0.787　(3)　4.83　(4)　13.1　(5)　80.4

解11　図のように，ポンプの電動機入力 $P_{\rm m}$ [kW] を求める式は，流量を Q [m^3/s]，揚程を H [m]，重力加速度を9.8 m/s^2，損失水頭を h [m]，電動機効率を $\eta_{\rm m}$ [%]，ポンプ効率を $\eta_{\rm p}$ [%] とすると，

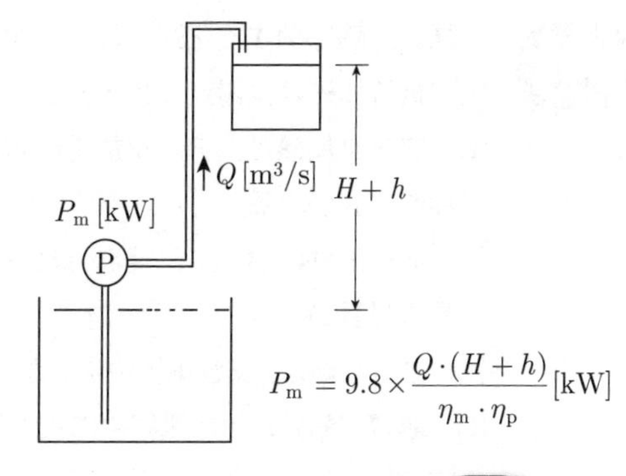

$$P_{\rm m}=9.8\times Q\cdot(H+h)\cdot\frac{100}{\eta_{\rm m}}\cdot\frac{100}{\eta_{\rm p}}$$

上式より計算すると，

$$P_{\rm m}=9.8\times\frac{80}{3\,600}\cdot(40+0.4)\cdot\frac{100}{93}\cdot\frac{100}{72}$$
$$\fallingdotseq 13.14\ \text{kW}\quad(答)$$

(4)

理論 電力 機械 法規
令和5上(2023) 令和4下(2022) 令和4上(2022) 令和3(2021) 令和2(2020) 令和元(2019) 平成30(2018) 平成29(2017) 平成28(2016) 平成27(2015)

問12　電気加熱に関する記述として，誤っているものを次の(1)～(5)のうちから一つ選べ．

(1)　抵抗加熱は，電流によるジュール熱を利用して加熱するものである．

(2)　アーク加熱は，アーク放電によって生じる熱を利用するもので，直接加熱方式と間接加熱方式がある．

(3)　赤外加熱において，遠赤外ヒータの最大放射束の波長は，赤外電球の最大放射束の波長より長い．

(4)　誘電加熱は，交番電界中におかれた誘電体中に生じる誘電損により加熱するものである．

(5)　誘導加熱は，印加磁界中におかれた強磁性体中の渦電流によって生じるジュール熱（渦電流損）により加熱するものである．

解12 (1)　抵抗加熱は，比熱物の抵抗値を r [Ω]とすると，電流 I [A]を流したときに発生するジュール熱 $P = I^2 \cdot r$ により加熱する．よって，**(1)の記述は正しい．**

(2)　アーク加熱は気中放電によるアーク熱を利用した加熱法で，被熱物自体を電極としてアークを発生させる直接アーク加熱と，カーボンなどの電極間にアークを発生させその熱で被熱物を加熱する間接アーク加熱がある．よって，**(2)の記述は正しい．**

(3)　赤外線のうち，遠赤外線の波長は図と表のようになり 3 μm～1 mm である．

遠赤外線は赤外線中で波長の長い（周波数の低い）ものをいう．したがって，遠赤外ヒータの最大放射束の波長は，赤外電球の最大放射束より長い．よって，**(3)の記述は正しい．**

帯域名	波長
近赤外線	0.75 ～ 1.4 μm
短波長赤外線	1.4 ～ 3 μm
中波長赤外線	3 ～ 8 μm
長波長赤外線 熱赤外線	8 ～ 15 μm
遠赤外線	15 ～ 1 μm

(4)　誘電加熱の被加熱物は誘電体で，電極に被加熱物を挟み，高周波電圧（3 000 MHz 以上）を加えると誘電損失により加熱できる．よって，**(4)の記述は正しい．**

(5)　誘導加熱は導電性の被加熱物に交番磁界（1 000 Hz 以上）を加え，渦電流損，ヒステリシス損を利用して被加熱物を加熱する．印加磁界中における被熱物は導電性であり，強磁性体ではない．よって，**(5)の記述は誤りである．**

答　(5)

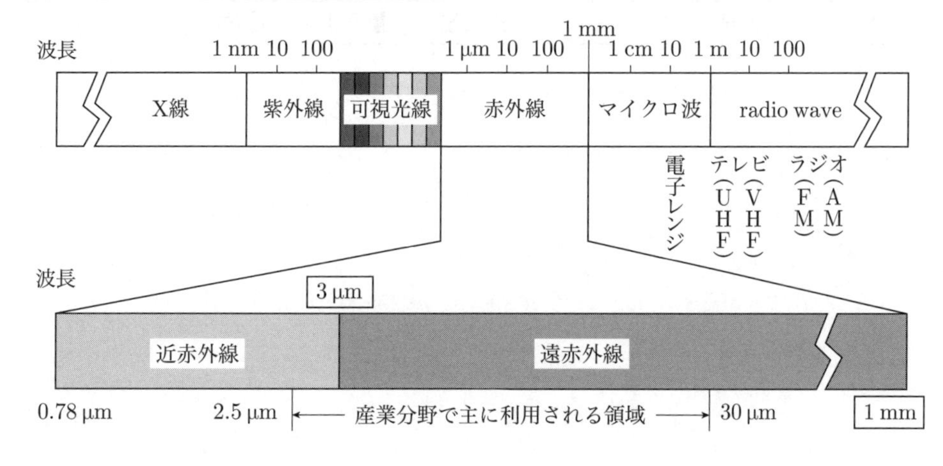

次の文章は，電気通信に関する記述である．

電気通信において，信号に変換された情報を伝える媒体を伝送路と呼ぶ．伝送路などから混入し，送りたい信号を変化させてしまうことがある不要な成分を[(ア)]という．

身近な通信手段の一つとして電話がある．地域間をまたがる電話網において多数の通話を効率的に中継するために，1本の伝送路を用いて同時に多数の通話を伝送する技術を[(イ)]という．

無線通信では，送りたい情報を信号波と呼ばれる電気信号に変換した後，送信機によって，周波数のより高い搬送波と呼ばれる信号と合成し，[(ウ)]を作る．[(ウ)]を作り出したり，受信機において[(ウ)]から信号波を取り出す方式はいくつかある．

アナログ信号をディジタル信号に変換するA-D変換においては，アナログ信号の最高周波数に対して，その2倍以上の周波数で[(エ)]を行えば，[(エ)]された信号から元のアナログ信号を再現できる．これを[(エ)]定理という．

画像や音声，ビデオなどの情報をそのまま記録・伝送しようとすると，データのサイズが大きくなるために，データの[(オ)]が行われる．静止画像の代表的な[(オ)]方法としてJPEGという国際標準規格がある．

上記の記述中の空白箇所(ア)～(オ)に当てはまる組合せとして，正しいものを次の(1)～(5)のうちから一つ選べ．

	(ア)	(イ)	(ウ)	(エ)	(オ)
(1)	雑音（ノイズ）	輻輳	正弦波	標本化	圧縮
(2)	側波帯	多重化	変調波	標本化	伸長
(3)	雑音（ノイズ）	多重化	変調波	標本化	圧縮
(4)	雑音（ノイズ）	多重化	変調波	量子化	伸長
(5)	側波帯	輻輳	正弦波	量子化	圧縮

解13 (ア)　電気通信において伝送路などから入る通信障害を起こす原因として**雑音（ノイズ）**がある．

(イ)　1本の伝送路で複数の信号等を伝送する技術を**多重化**という．

(ウ)　無線通信で信号波を送るとき，信号波を高い周波数の変調波に乗せて送る．送りたい信号は信号波のままでは空中に電波として発射することはできない．そのため，電波となる高周波の搬送波が必要になる．この搬送波に信号波を変調して合成し送り出す．受信側では受信した周波数の信号波を復調して音声信号などの元の信号にする．

変調には，アナログ変調（AM，FM，PM），ディジタル変調（ASK，FSK，PSK），パルス変調などがある．

(エ)　標本化である．A-D変換時，アナログ信号の最も高い周波数をf_{Am}とし，標本化周波数をf_{s}とする．このとき，f_{Am}が$f_{\mathrm{s}}/2$より低いという条件が成り立てば標本化されたデータから元の信号を復元できる．これが**標本化**定理である．標本化周波数＝2×アナログ周波数であれば標本化された信号から元の信号を再現できる．

(オ)　画像，ビデオ映像などはデータのサイズが大きいのでそのまま送ると非常に大きなデータを送らなければならない．**圧縮**して送ると小さいデータ量でよいので伝送時間や伝送路の節約をすることができる．

JPEGは静止画像のデータ圧縮形式の一つで，フルカラーの画像を高い圧縮率で符号化できる（JPEG：Joint Photographic Experts Group，ISO中の国際的な組織からの由来.）.

(3)

問14

次の文章は，メカトロニクスの概要と構成要素に関する記述である．

メカトロニクスは[(ア)]技術，[(イ)]技術，情報技術を統合した技術である．これにより，メカニズム（機構）によってつくられた従来の[(ア)]に，マイクロコンピュータなどの[(イ)]部品を組み込んで，高性能で多機能な機械装置が実現できる．

メカトロニクス製品の構成要素には，[(ウ)]，[(エ)]，[(オ)]及びインタフェースがある．[(ウ)]は，機械の圧力，力，速度，加速度，温度などの物理量を計測する．[(エ)]は，電気，油圧，空気圧などのエネルギーを機械的な動きに変換する．[(オ)]は，[(ウ)]で計測した情報を処理して[(エ)]への指令を生成する制御装置としての役割を果たす．インタフェースは，[(ウ)]や[(エ)]の扱う電気信号と[(オ)]が処理できるディジタル信号との変換を担当する．

上記の記述中の空白箇所(ア)～(オ)に当てはまる組合せとして，正しいものを次の(1)～(5)のうちから一つ選べ．

	(ア)	(イ)	(ウ)	(エ)	(オ)
(1)	機械	電子	アクチュエータ	ネットワーク	センサ
(2)	電子	機械	センサ	アクチュエータ	コンピュータ
(3)	電子	機械	コンピュータ	センサ	アクチュエータ
(4)	機械	電子	センサ	アクチュエータ	コンピュータ
(5)	機械	電子	センサ	ネットワーク	アクチュエータ

解14　(ア)と(イ)は**機械**技術と**電子**技術が入る．2回目の空白(ア)で，メカニズムによってつくられた従来の，とあるので**機械技術**が入る．2回目の(イ)でコンピュータなどの，とあるので**電子**部品であることもわかる．

メカトロニクスの構成要素は，外部の物理量を確認できる感知部（センサ），駆動部（アクチュエータ），判断して制御するコンピュータの三つとなる．

(ウ)は物理量の計測をする**センサ**部，(エ)は電気，油圧，空気圧を機械的な動きに変換する**アクチュエータ**で，(オ)は制御装置の役割をする**コンピュータ**が入る．

メカトロニクスのコンピュータでは，物理量を計測するセンサ部や機械的な動作をするアクチュエータの扱うアナログ信号は処理できないので，ディジタル信号に変換するA-D変換して演算し，演算後の出力をアナログ信号にするD-A変換して出力する．

センサやアクチュエータとコンピュータの橋渡しをする機能をインタフェースと呼ぶ．図にメカトロニクスのインタフェースを示す．

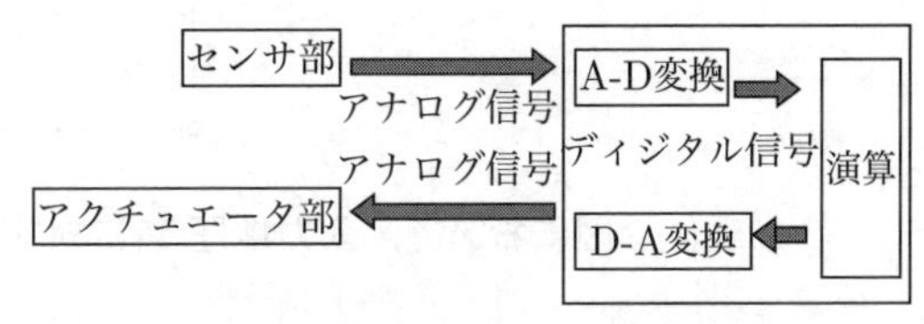

メカトロニクスのインタフェース

(4)

B 問題　配点は 1 問題当たり(a) 5 点，(b) 5 点，計 10 点

問15 図は，抵抗，インダクタンス，キャパシタンスで構成された**RLC**回路である．次の(a)及び(b)の問に答えよ．

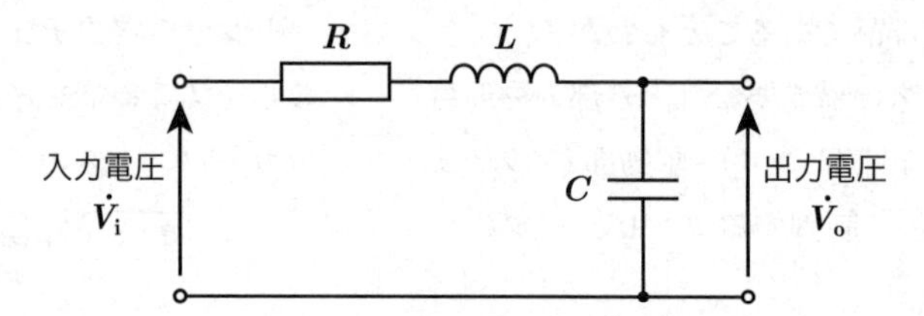

(a) 図において，入力電圧 $\dot{V}_i$ に対する出力電圧 $\dot{V}_o$ の伝達関数 $G(j\omega)\left(=\dfrac{\dot{V}_o}{\dot{V}_i}\right)$ を求め，正しいものを次の(1)～(5)のうちから一つ選べ．

(1) $\dfrac{1}{1+\omega^2 LC+j\omega CR}$　(2) $\dfrac{1}{1-\omega^2 LC+j\omega CR}$　(3) $\dfrac{\sqrt{LC}}{1+\omega^2 LC+j\omega CR}$

(4) $\dfrac{\sqrt{LC}}{1-\omega^2 LC+j\omega CR}$　(5) $\dfrac{\omega^2 LC}{\omega^2 LC-1-j\omega CR}$

(b) 図において，$R=1\ \Omega$，$L=0.01\ \mathrm{H}$，$C=100\ \mu\mathrm{F}$ とした場合，(a)で求めた伝達関数を表すボード線図（ゲイン特性図）として，最も近いものを次の(1)～(5)のうちから一つ選べ．

(1)
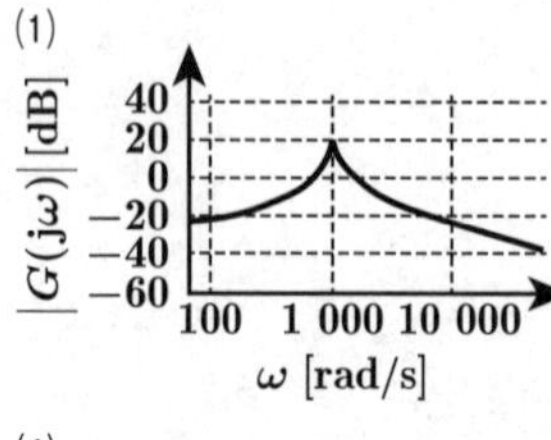

(2)
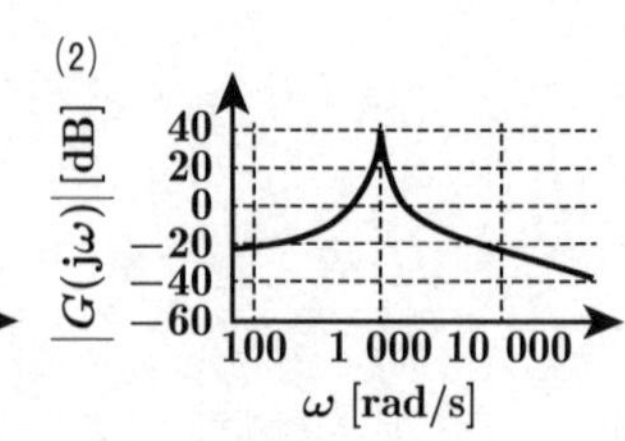

(3)
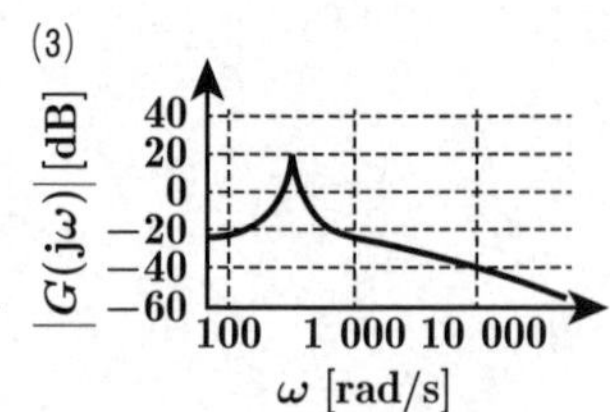

(4)
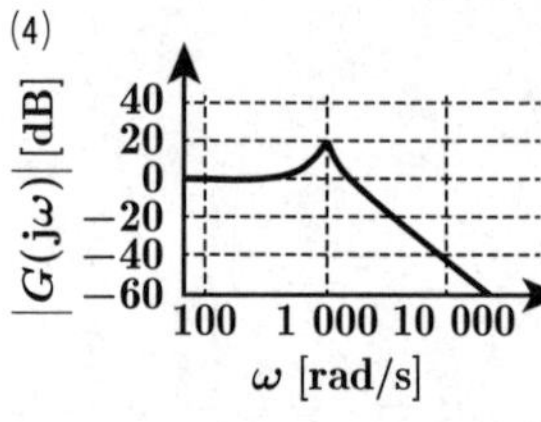

(5)
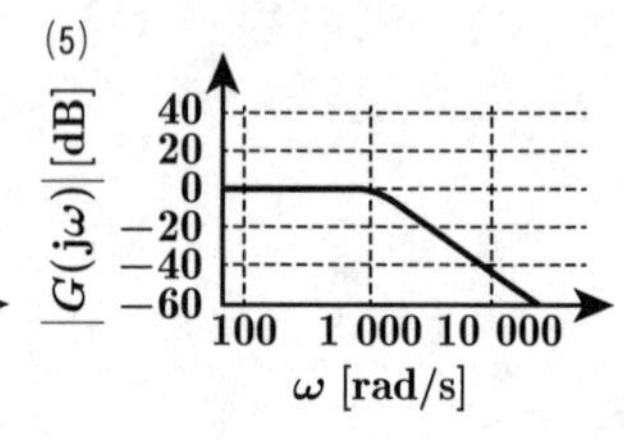

解15 (a)　この回路に流れる電流$\dot{I}$は一定であるから$\dot{V}_{\mathrm{i}}$と$\dot{V}_{\mathrm{o}}$は図より，

$$\dot{V}_{\mathrm{i}} = \dot{I}\cdot\left(R + \mathrm{j}\omega L + \frac{1}{\mathrm{j}\omega C}\right)$$

$$\dot{V}_{\mathrm{o}} = \dot{I}\cdot\frac{1}{\mathrm{j}\omega C}$$

$$G(\mathrm{j}\omega) = \frac{V_{\mathrm{o}}}{V_{\mathrm{i}}} = \frac{\dot{I}\cdot\dfrac{1}{\mathrm{j}\omega C}}{\dot{I}\cdot\left(R + \mathrm{j}\omega L + \dfrac{1}{\mathrm{j}\omega C}\right)}$$

$$= \frac{1}{1-\omega^2 LC + \mathrm{j}\omega CR}\quad\text{(答)}$$

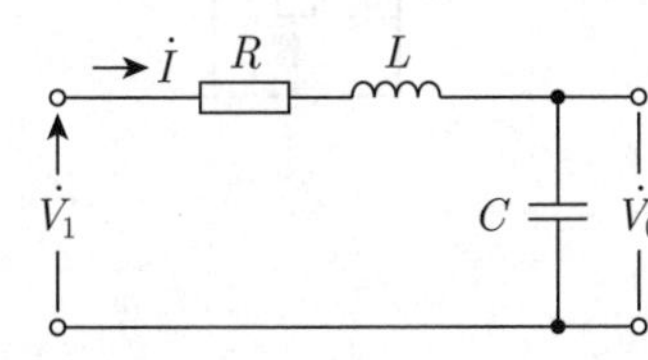

(b)　上式の二次遅れ要素のゲインgは次式のようになる．

$$G = 20\log_{10}\left|G(\mathrm{j}\omega)\right|$$

$$= 20\log_{10}\frac{1}{\sqrt{(1-\omega^2 LC)^2 + (\omega CR)^2}}$$

$$= 20\log_{10}\{(1-\omega^2 LC)^2 + (\omega CR)^2\}^{-\frac{1}{2}}$$

$$= -10\log_{10}\{(1-\omega^2 LC)^2 + (\omega CR)^2\}$$

$\omega = 0$のときゲインgは，

$$g = -10\log_{10}\{(1-0^2\cdot LC)^2 + (0\cdot CR)^2$$

$$= -10\log_{10}1 = 0\ \mathrm{dB}$$

$L = 10^{-2}\ \mathrm{H}$，$C = 10^{-4}\ \mathrm{F}$，$R = 1\ \Omega$であるから，$\omega = 100$のとき，

$$g = -10\log_{10}\{(1-100^2\times 10^{-2}\times 10^{-4})^2 + (100\times 10^{-4}\times 1)^2$$

$$= -10\log_{10}\{(1-10^{-2})^2 + 10^{-4} \fallingdotseq 0\ \mathrm{dB}$$

$\omega = 1\,000$のとき，

$$g = -10\log_{10}\{(1-1\,000^2\times 10^{-2}\times 10^{-4})^2 + (1\,000\times 10^{-4}\times 1)^2$$

$$= -10\log_{10}\{(1-1)^2 + 10^{-2}\} = 20\ \mathrm{dB}$$

$\omega = 10\,000 = 10^4$のとき，

$$g = -10\log_{10}\{(1-10^8\times 10^{-2}\times 10^{-4})^2 + (10^4\times 10^{-4}\cdot 1)^2$$

$$= -10\log_{10}\{(1-10^2)^2 + (1)^2\}$$

$1-10^2 \fallingdotseq -100$から上式は，

$$-10\log_{10}\{(1-10^2)^2 + (1)^2\}$$

$$\fallingdotseq -10\log_{10}\{(-100)^2\} = -20\log_{10}100$$

$$= -40\ \mathrm{dB}$$

以上の計算より$\omega = 0\sim 100$までのゲインは，

$g = 0$，$\omega = 1\,000 = \dfrac{1}{\sqrt{L\cdot C}}$の共振時では，

$$g = 20\ [\mathrm{dB}]$$

$$\omega = 10\,000\quad g = -40\ \mathrm{dB}$$

問の選択肢の図のうち横軸の角速度ωとゲインの一致するのは(4)である．

(a)—(2)，(b)—(4)

問16　図1は，IGBTを用いた単相ブリッジ接続の電圧形インバータを示す．直流電圧E_d [V]は，一定値とみなせる．出力端子には，インダクタンスL [H]で抵抗値R [Ω]の誘導性負荷が接続されている．この電圧形インバータの出力電圧v_0，出力電流i_0が図2のようになった．インバータの動作モードを図2に示す①～④として本モードは周期T [s]で繰り返されるものとする．なお，上下スイッチの短絡を防ぐデッドタイムは考慮しない．

次の(a)及び(b)の問に答えよ．

(a)　図2に示した区間①～④において電流が流れているデバイスの組合せとして正しいものを次の(1)～(5)のうちから一つ選べ．

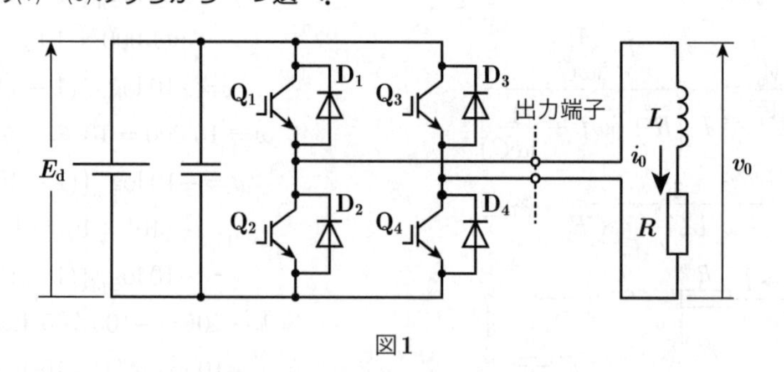

図1

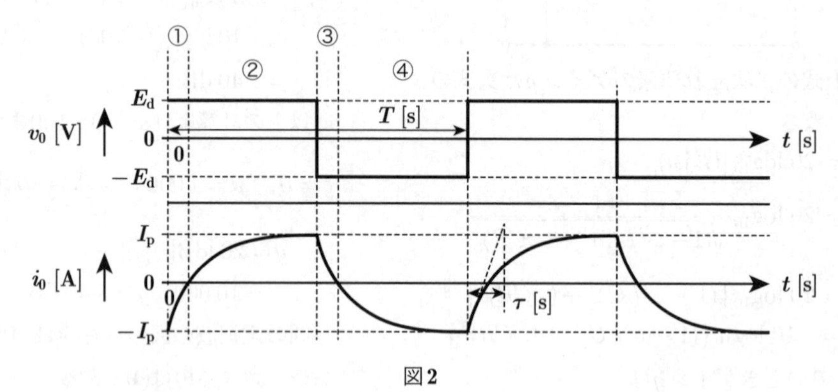

図2

	①	②	③	④
(1)	D_2-D_3	Q_2-Q_3	D_1-D_4	Q_1-Q_4
(2)	D_1-D_4	Q_1-Q_4	D_2-D_3	Q_2-Q_3
(3)	Q_1-Q_4	Q_1-Q_4	Q_2-Q_3	Q_2-Q_3
(4)	Q_1-D_3	Q_1-Q_4	Q_2-D_4	Q_2-Q_3
(5)	Q_2-Q_3	Q_2-Q_3	Q_1-Q_4	Q_1-Q_4

(b)　電源電圧E_dが100 V，インダクタンスLを2 mHとし，抵抗Rを1 Ωとすると，区間①②の電流は$-I_p$ [A]からI_p [A]まで時定数τ [s]で増加する．τに最も近い値を次の(1)～(5)のうちから一つ選べ．

(1)　0.001　(2)　0.002　(3)　0.003 2　(4)　0.006 3　(5)　0.02

解16　(a)　結果的に①，②，③，④の区間の電流の流れ方は(a)図のようになる．

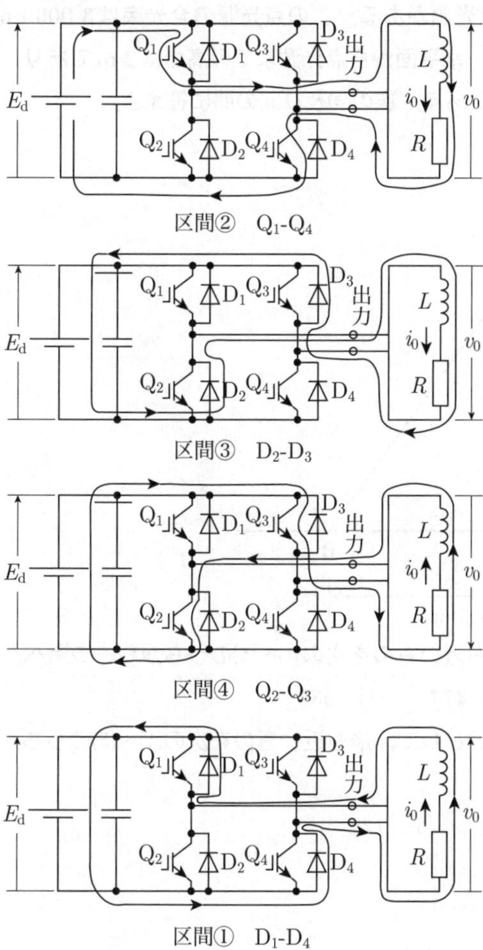

区間②　Q_1-Q_4

区間③　D_2-D_3

区間④　Q_2-Q_3

区間①　D_1-D_4

(a)

まず最初に②の区間からスタートすると，電流はRL回路の上から下へ流れているのでスイッチング素子のオンはQ_1とQ_4である．③の区間でQ_1とQ_4はオフし，Q_2とQ_3とがオンする．そのときインダクタンスLに流れている電流は電磁エネルギーとなり流れ続けようとする．Q_1とQ_4はオフなのでこの電流はD_2とD_3を通って電源側Eに逆方向に流れる．

④の区間になるとLの電流は0になるのでオンしているスイッチング素子Q_2とQ_3を通ってRL回路を下から上へ流れる．

その次の区間は①と同等になる．素子Q_2とQ_3はオフなのでLに蓄積されたエネルギーはD_1とD_4を通って電源Eに逆向きに流れる．

題意の図2でv_0とi_0が同極性のとき電流はオンしているスイッチング素子を通り，異極性のときはダイオードを通って電源に戻る．選択肢(2)のようになる．

(a)図にその区間の電流が流れているデバイスを示す．

(b)　(b)図のLR直列回路において電圧Eを加えたとき，電流は過渡電流となり次式で表せる．

$$i=\frac{E}{R}\left(1-\mathrm{e}^{\frac{-Rt}{L}}\right)$$

このとき時間tを$t=\tau=\dfrac{L}{R}$とすれば，

$$i=\frac{E}{R}\left(1-\mathrm{e}^{-\frac{R}{L}\cdot\frac{L}{R}}\right)=\frac{E}{R}(1-\mathrm{e}^{-1})$$

$$=0.632\cdot I \qquad (1)$$

ただし，eは自然対数の底で$\mathrm{e}=2.718$である．iが定常状態の$\left(\dfrac{E}{R}=I\right)$の約63％になるときの時間$\tau$を時定数という．時定数は，過渡現象がどのくらいの時間続くのはを表す目安で，単位は[sec]である．

RL直列回路の場合の時定数τは①式より，

$$\tau=\frac{L}{R}$$

$$L=2\times10^{-3}\,\mathrm{H},\quad R=1\,\Omega$$

をτに代入すると，

$$\tau=\frac{L}{R}=\frac{2\times10^{-3}}{1}=0.002 \quad (答)$$

(b)

答　(a)—(2)，(b)—(2)

問17及び問18は選択問題であり，問17又は問18のどちらかを選んで解答すること．両方解答すると採点されません．

（選択問題）

問17 どの方向にも光度が等しい均等放射の点光源がある．この点光源の全光束は**3 000 lm**である．この点光源を図のように配置した．水平面から点光源までの高さは**2 m**であり，点光源の直下の点**A**と**B**との距離は**1.5 m**である．次の(a)及び(b)の問に答えよ．

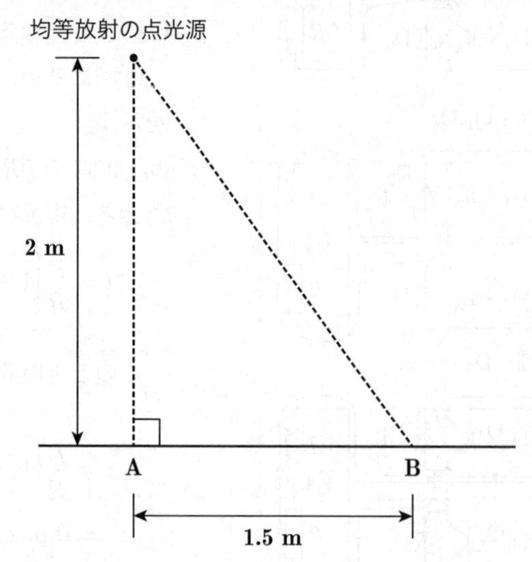

(a)　この点光源の平均光度[cd]として，最も近いものを次の(1)～(5)のうちから一つ選べ．

(1)　**191**　　(2)　**239**　　(3)　**318**　　(4)　**477**　　(5)　**955**

(b)　水平面B点における水平面照度の値[lx]として，最も近いものを次の(1)～(5)のうちから一つ選べ．

(1)　**10**　　(2)　**24**　　(3)　**31**　　(4)　**61**　　(5)　**122**

解17　光度は，どの向きにどれだけの光が出ているのかを表し，I [cd]（カンデラと呼ぶ）で表す．光束 F [lm]（ルーメンと呼ぶ）はある面を通過する光の明るさを表す物理量である．

$$I = \frac{\Delta F}{\Delta \omega} \text{ [cd]}$$

ω は立体角で，単位はステラジアン [sr] である．(a)図の場合，ω は次のようになる．

$$\omega = 2\pi(1 - \cos\theta) \text{ [sr]}$$

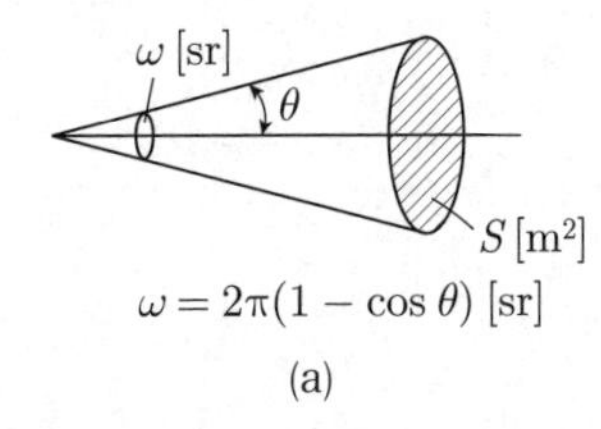

(a)

点光源から発散するすべての方向の光束は立体角が半径 1 m の球の場合，

$$\omega = 2\pi(1 - \cos\pi) = 4\pi \text{ [sr]}$$

より，

$$I = \frac{F}{\omega} = \frac{F}{4\pi} \text{ [cd]}$$

となる．

(a)　この点光源の平均光度 I は，

$$I = \frac{F}{\omega} = \frac{3\,000}{4\pi} \fallingdotseq 239 \text{ cd} \quad \text{(答)}$$

(b)　照度 E [lx] はある面の入射光束 F [lm] の平均で，その面積を S [m²] とすると，(b)図より，

$$E = \frac{F}{S} \text{ [lx]}$$

となる．

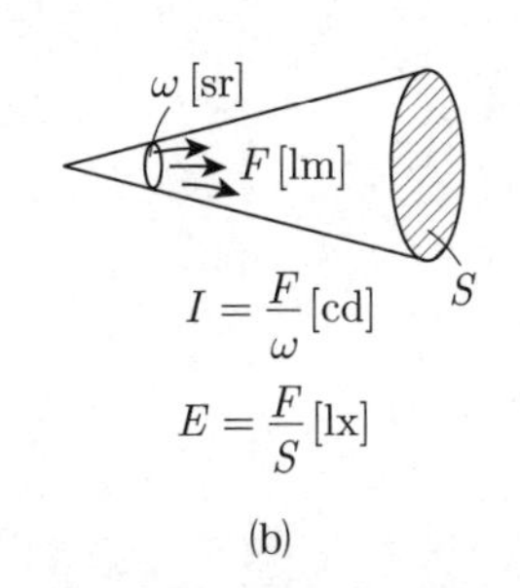

(b)

光度 I [cd] の点光源から距離が大きくなるに従い，照らされる面積は距離の 2 乗に比例して大きくなる．点光源から r [m] の照度を求めると，

$$E = \frac{F}{4\pi r^2} = \frac{4\pi I}{4\pi r^2} = \frac{I}{r^2} \text{ [lx]}$$

となり，光度が一定ならば照度は距離 r の 2 乗に比例することがわかる．問の図の点光源から B 点までの距離 r は(c)図のようになり，

$$r = \sqrt{2^2 + 1.5^2} = \sqrt{6.25}$$

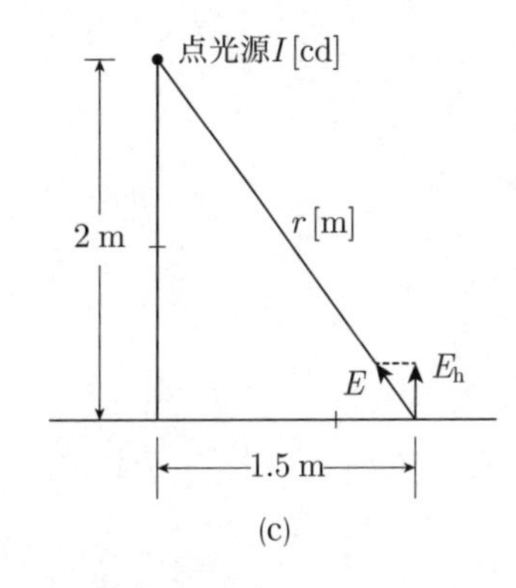

(c)

B 点の法線照度 E は，

$$E = \frac{I}{r^2} = \frac{239}{\sqrt{6.25}^2} = 38.24 \text{ lx}$$

水平面照度 E_h は，

$$E_h = E\cos\theta = E \cdot \frac{2}{\sqrt{2^2 + 1.5^2}}$$

$$\fallingdotseq 31 \text{ lx} \quad \text{(答)}$$

(a)―(2)，(b)―(3)

（選択問題）

問18 30件分の使用電力量のデータ処理について，次の(a)及び(b)に答えよ．

(a)　図1は，30件分の使用電力量の中から最大値と30件分の平均値を出力する一つのプログラムの流れ図を示す．図1中の(ア)～(エ)に当てはまる処理として，正しいものを組み合わせたのは次のうちどれか．

	(ア)	(イ)	(ウ)	(エ)
(1)	t ← d[1]	0	d[i] < s	s ← d[i]
(2)	t ← 0	2	d[i] > s	s ← d[i]
(3)	t ← d[1]	2	d[i] < s	d[i] ← s
(4)	t ← d[1]	2	d[i] > s	s ← d[i]
(5)	t ← 0	0	d[i] < s	d[i] ← s

(b)　図2は，30件の使用電力量を大きい順（降順）に並べ替える一つのプログラムの流れ図を示す．図2中の(オ)～(キ)に当てはまる処理として，正しいものを組み合わせたのは次のうちどれか．ただし，wは一時的な退避用の変数と考えよ．

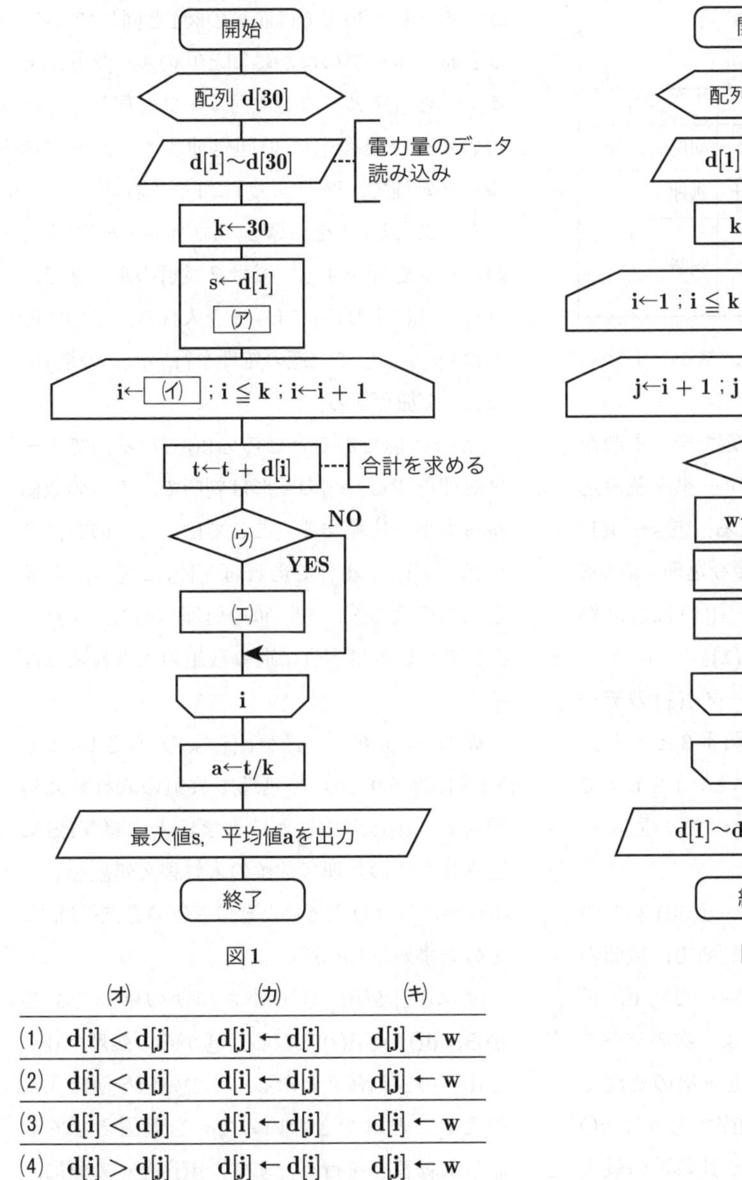

図1

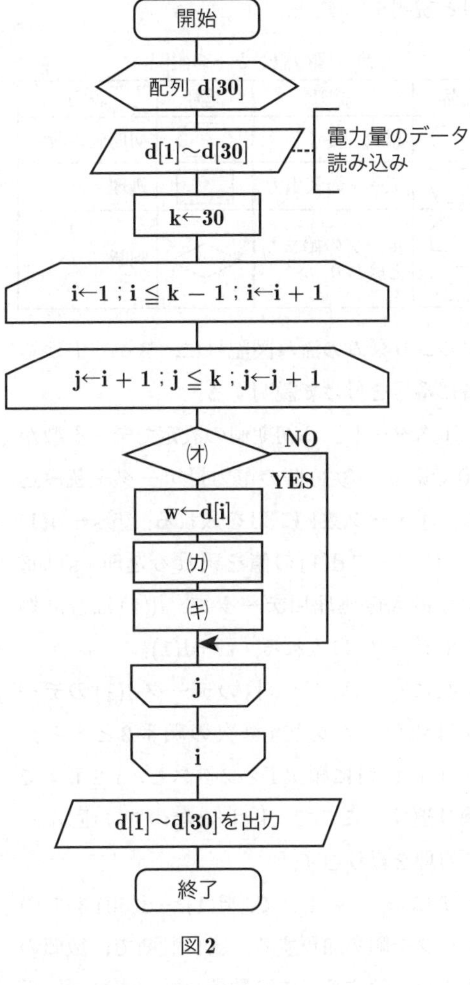

図2

	(オ)	(カ)	(キ)
(1)	d[i] < d[j]	d[j] ← d[i]	d[j] ← w
(2)	d[i] < d[j]	d[i] ← d[j]	d[j] ← w
(3)	d[i] < d[j]	d[i] ← d[j]	d[i] ← w
(4)	d[i] > d[j]	d[j] ← d[i]	d[j] ← w
(5)	d[i] > d[j]	d[i] ← d[j]	d[i] ← w

解18　コンピュータの処理手順となるデータの流れ，判断条件，実行の推移などを流れ図記号を用いて描く．表に流れ図記号と説明を示す．

流れ図の記号とその説明

記号	説明	記号	説明
（角丸長方形）	開始，終了	（六角形）	初期値の設定
（平行四辺形）	データの入出力	（長方形）	処理
（ループ上端・下端）	ループの始まりと終わり	（ひし形）	判断

アルゴリズムの流れ図記号に，スタートから順番に番号を付けて説明する．

(a)　①スタート，②初期値の設定でデータ数が30である．③30個の電力量データを読み込む．④データ数kに30を入れる．⑤$s \leftarrow d(1)$はsにデータd(1)の値を入れる処理．sは⑫より最大値処理用データで，d(1)は合計処理用データtに入れる．$\mathbf{t \leftarrow d(1)}$．

次に⑥では，一つ目のデータd(1)のデータは処理したのでiを次の順番**2**とする．$i \leftarrow i+1$はiに順次1をプラスし，$i \leqq k$まで繰り返す．ここで，kは30なので30回ループ処理を繰り返す．

⑦は$t \leftarrow t + d(i)$で，d(1)～d(30)までのデータを順次加算する．⑧は判断で，数値の大小を比較する二つの数値を並べた結果，正しい順序（現在の格納データより次のデータが大きい）であればYESへ進み次の処理で数値を入れ替える．誤った順序であればNOへ進む．$\mathbf{d(i) > s}$は，データが比較時の最大値より大きいかそうでないかを判断する．

⑨は，2値を比較し大きい値と入れ替える処理である．したがって，最大値sは，$\mathbf{s \leftarrow d(i)}$となる．

⑩はループ処理の下段である．ループ処理の上段から下段まで処理するとまた上段に戻り，処理を$i \leqq 30$になるまで30回繰り返す．

⑪，⑫の出力記号で平均値出力とあるのでaは平均値である．平均値aは，$a \leftarrow t/k$により，30個の合計を30で割る．⑫で最大値sと平均値aを出力する．

終了

(b)　④の$k \leftarrow 30$までは題意の図1と同じである．⑤と⑫のループのなかに⑥と⑪のループ⑤がある．⑥と⑪のループは1回ループ処理し，⑤と⑫のループ処理中に30回処理する．⑤～⑫のループ処理で，$i \leftarrow 1$よりiに1を入れる．

そのあとiに1を加算し，iが$k-1=29$までのループ処理をする．⑥は2段目のループで，$j \leftarrow i+1$により，jに$i+1$を入れる．この段階では$j=2$として一連の処理を行い，その後jに順次1を加算する．

jがkの値であるところの30になるまでループ処理をする．⑦の菱形は判断で，二つの数値から大小を比較する．ここでは，二つの数値を比べ，$d(i) < d(j)$であればYESに進み，数値を入れ替える⑧，⑨，⑩の処理へ進む．$d(i) < d(j)$でなければNOに進み数値の入れ替えはない．

繰り返すが，d(i)がd(j)より小さいときYESに進み⑧からの処理で数値の入れ替え処理をし，d(i)がd(j)より大きいときはYESに進み⑧からの処理で数値の入れ替え処理をし，d(i)がd(j)より大きいときはNOの方向へ進み，そのまま処理⑫へ進む．

(オ)はd(i)がd(j)より小さいかの確認であるから，$\mathbf{d(i) < d(j)}$となる．⑧からの処理はd(i)とd(j)の入れ替えとなる．二つの値を直接入れ替えることはできないのでwを仮置きして数値の入れ替えを行う．まず，d(i)をwの値に入れ，d(i)をwに仮置きし，d(j)の値をd(i)に入れる．d(i)の元の値はwに入っているので後で取り出せる．

よって，(カ)には$\mathbf{d(i) \leftarrow d(j)}$が入る．⑩でwの値（元のd(i)の値）をd(j)の値へ入れる．これによりd(i)とd(j)の値が入れ替わる．

したがって，(キ)は$\mathbf{d(j) \leftarrow w}$となる．

④から⑪間のループ処理を$j=30$になるまで行う．⑤から⑫のループ処理では$i=29$になる

まで処理を行う．⑬の出力で30個の電力量データを大きい順に並び替えた結果を出力する．⑭で終了である．

答 (a)―(4)，(b)―(2)

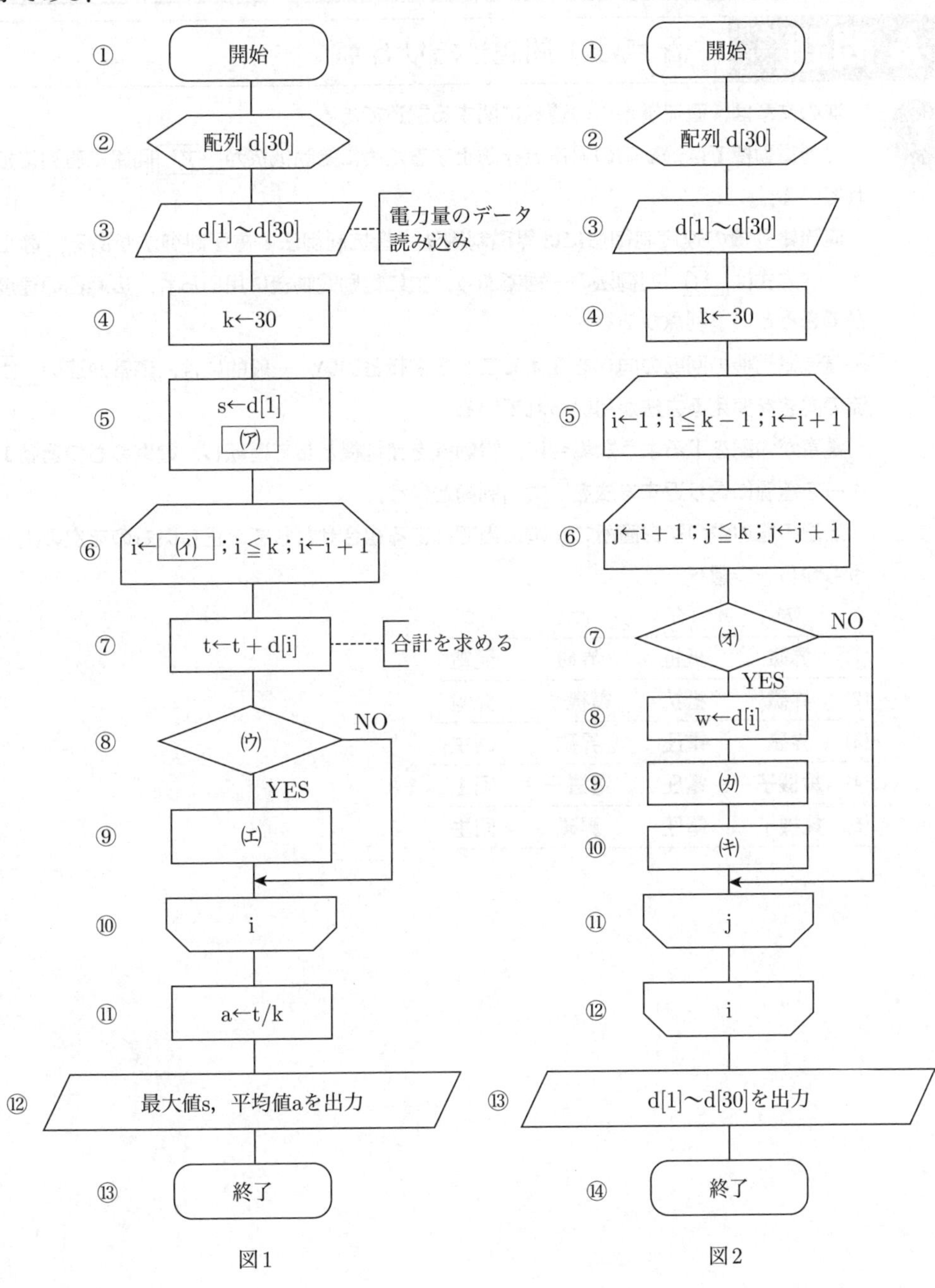

令和4年度（2022年）上期　機械の問題

A問題　配点は1問題当たり5点

問1　次の文章は，直流電動機の運転に関する記述である．

分巻電動機では始動時の過電流を防止するために始動抵抗が (ア) 回路に直列に接続されている．

直流電動機の速度制御法には界磁制御法・抵抗制御法・電圧制御法がある．静止レオナード方式は (イ) 制御法の一種であり，主に他励電動機に用いられ，広範囲の速度制御ができるという利点がある．

直流電動機の回転の向きを変えることを逆転といい，一般的には，応答が速い (ウ) 電流の向きを変える方法が用いられている．

電車が勾配を下るような場合に，電動機を発電機として運転し，電車のもつ運動エネルギーを電源に送り返す方法を (エ) 制動という．

上記の記述中の空白箇所(ア)～(エ)に当てはまる組合せとして，正しいものを次の(1)～(5)のうちから一つ選べ．

	(ア)	(イ)	(ウ)	(エ)
(1)	界磁	抵抗	界磁	発電
(2)	界磁	抵抗	電機子	発電
(3)	界磁	電圧	界磁	回生
(4)	電機子	電圧	電機子	回生
(5)	電機子	電圧	界磁	回生

●試験時間　90分
●必要解答数　A問題14題，B問題3題（選択問題含む）

解1　分巻電動機は(a)図の回路のようになるが，始動時逆起電力が0 Vなので$\dfrac{V}{r_a}$の始動電流が大きくなるため，**電機子**回路に直列に抵抗r_sを接続して電流を抑制している．回転すると電機子で逆起電力が発生するため電機子電流が小さくなるので，接続した抵抗器はスイッチにより短絡され，安定した電流が流れる．

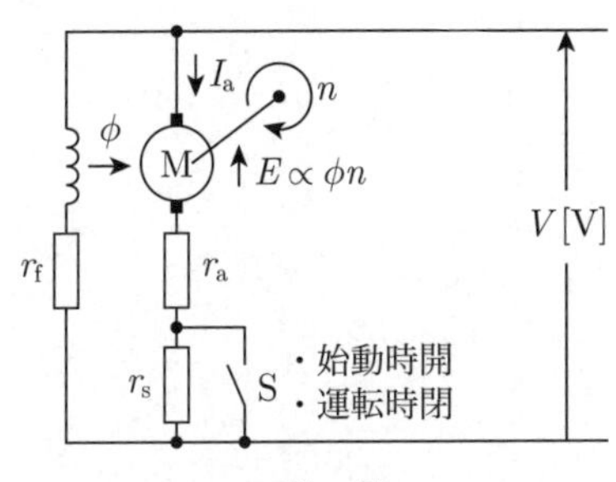

スタート時　$I_a = \dfrac{V-E}{r_a + r_s}$　$E=0$

運転時　$I_a = \dfrac{V-E}{r_a}$　Eは大きくなる．

(a)　分巻電動機

直流電動機の回転速度をN[min^{-1}]とすると，

$$N = \frac{V - r_a \cdot I_a}{K \cdot \phi} \qquad ①$$

速度を変えるには①式より，

Vを変える……電圧制御法
ϕを変える……界磁制御法
r_aを変える……抵抗制御法

がある．

電圧制御法であるレオナード法は直流電動機の電機子電圧を変えて速度制御する方法で，電圧を変える方法として直流発電機で行うワードレオナード方式が採用されていた．近年ではパワーエレクトロニクスの発展に伴い交流電源を可変直流電圧に変換できるサイリスタなどを用いた(b)図のような静止レオナード方式になった．

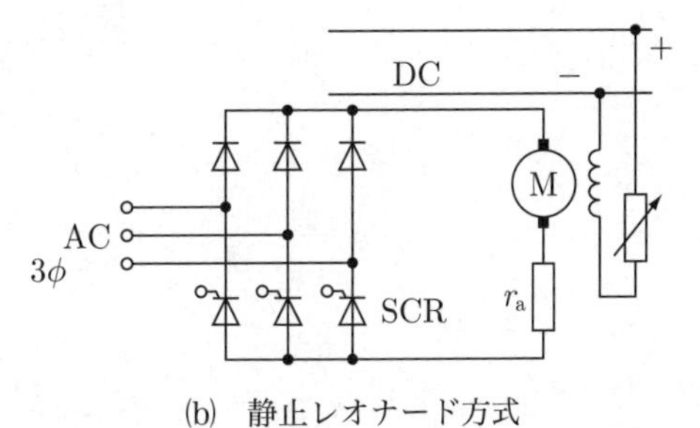

(b)　静止レオナード方式

直流電動機を逆回転するためには，磁極または電機子回路のいずれか一方の極性を逆にすればよい．後者の電機子回路の極性を逆にして**電機子**電流の向きを変える方法は，応答が速いので一般的である．

電車が下り勾配にある場合，制動して速度を下げるが，この制動エネルギーを電源側に送り返す方法を**回生**制動という．

発電制動は，電源に接続されている電動機端子を制動時にいったん切り離し，抵抗器を接続し，電動機が発電機として運転し，抵抗器で電力消費し制動力を得る．この場合，制動エネルギーは抵抗器で熱となり消費される．回生制動のほうがエネルギーを回収できるのでメリットがある．

(4)

問2　△結線された三相誘導電動機がある．この電動機に対し，△結線の状態で拘束試験を実施したところ，下表の結果が得られた．この電動機をY結線に切り替え，220 Vの三相交流電源に接続して始動するときの始動電流の値[A]として，最も近いものを次の(1)～(5)のうちから一つ選べ．ただし，磁気飽和による漏れリアクタンスの低下は無視できるものとする．

一次電圧（線間電圧）	43.0 V
一次電流（線電流）	9.00 A

(1)　**15.3**　(2)　**26.6**　(3)　**46.0**　(4)　**79.8**　(5)　**138**

解2　図のようにインピーダンス Z [Ω] が△結線された回路に線間電圧 $V_{\triangle} = 43.0$ V を加えたとき，△結線の相電流 $I_{相}$ は，線電流を $I_{線}$ とすると，

$$I_{相} = \frac{I_{線}}{\sqrt{3}} = \frac{9}{\sqrt{3}} = 5.2\ \mathrm{A}$$

この結線をY結線に変更して線間電圧 $V = 220$ V を加えると，Y結線の相電圧 E は，

$$E = \frac{V}{\sqrt{3}} = \frac{220}{\sqrt{3}} = 127\ \mathrm{V}$$

インピーダンスの値は同じであるから，このインピーダンスに流れる電流 I_{Y} は電圧に比例するので，

$$I_{\mathrm{Y}} = \frac{E}{V_{\triangle}} \times I_{相} = \frac{127}{43} \times 5.2 = 15.3\ \mathrm{A}\ (答)$$

(1)

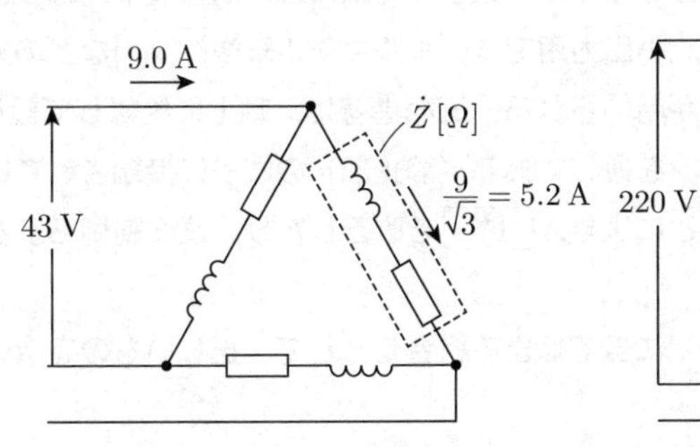

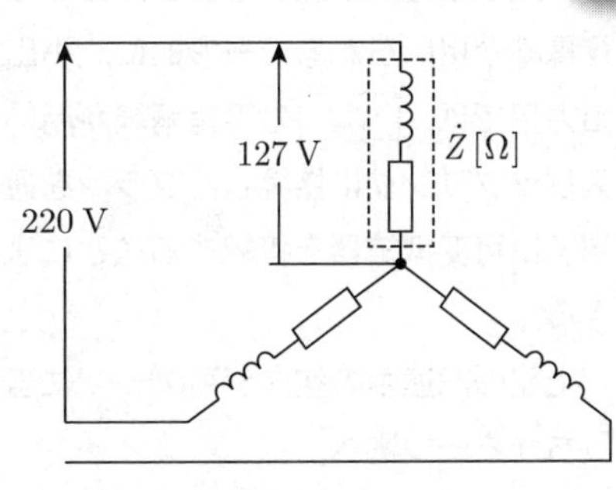

次の文章は，三相巻線形誘導電動機の構造に関する記述である．

三相巻線形誘導電動機は，［(ア)］を作る固定子と回転する部分の巻線形回転子で構成される．

固定子は，［(イ)］を円形又は扇形にスロットとともに打ち抜いて，必要な枚数積み重ねて積層鉄心を構成し，その内側に設けられたスロットに巻線を納め，結線して三相巻線とすることにより作られる．

一方，巻線形回転子は，積層鉄心を構成し，その外側に設けられたスロットに巻線を納め，結線して三相巻線とすることにより作られる．始動時には高い電圧にさらされることや，大きな電流が流れることがあるので，回転子の巻線には，耐熱性や絶縁性に優れた絶縁電線が用いられる．一般的に，小出力用では，ホルマール線や［(ウ)］などの丸線が，大出力用では，［(エ)］の平角銅線が用いられる．三相巻線は，軸上に絶縁して設けた3個のスリップリングに接続し，ブラシを通して外部（静止部）の端子に接続されている．この端子に可変抵抗器を接続することにより，［(オ)］を改善したり，速度制御をすることができる．

上記の記述中の空白箇所(ア)～(オ)に当てはまる組合せとして，正しいものを次の(1)～(5)のうちから一つ選べ．

	(ア)	(イ)	(ウ)	(エ)	(オ)
(1)	回転磁界	高張力鋼板	ビニル線	エナメル線	効率
(2)	回転磁界	電磁鋼板	ビニル線	エナメル線	始動特性
(3)	電磁力	電磁鋼板	ビニル線	エナメル線	効率
(4)	電磁力	高張力鋼板	ポリエステル線	ガラス巻線	効率
(5)	回転磁界	電磁鋼板	ポリエステル線	ガラス巻線	始動特性

解3　三相誘導電動機の構造は，**回転磁界**をつくる固定子と，回転磁界により渦電流が流れ，電磁力により回転磁界の方向に回転力を発生させる円筒型の回転子からなる．

固定子の鉄心材料には，厚さ0.35 mmまたは0.5 mm，けい素含有率1～3.5 %の**電磁鋼板**を積層鉄心とし，巻線を収めるためのスロットが打ち抜かれている．

回転子はかご形と巻線形とがある．巻線形回転子導体は，回転子スロットに絶縁された三相巻線を施し，スリップリングを経てブラシにより外部に三相電流を導くような構造になっている．この回転子を使用して，ブラシを経て外部に数々のインピーダンスを接続することにより電動機の特性を変化させることができる．小出力用では流れる電流が小さいので耐熱クラスF種の**ポリエステル線**などの丸線が使用され，大出力用では平角線を使用することで占積率が大幅に改善され，銅線使用量低減による軽量化と損失（銅損）低減がなされる．また，**ガラス巻線**は耐熱クラスがF種，H種など，高耐熱絶縁材料で大出力用に採用される．

巻線形では巻線形誘導電動機のスリップリングを通して二次抵抗を加減することで始動時のトルクを大きくして始動し，二次抵抗をだんだん小さくしていく．図のように抵抗値の大きいときは始動トルクが大きく，抵抗値が小さくなると回転速度の大きい部分でトルクが大きくなる．この特性を比例推移という．

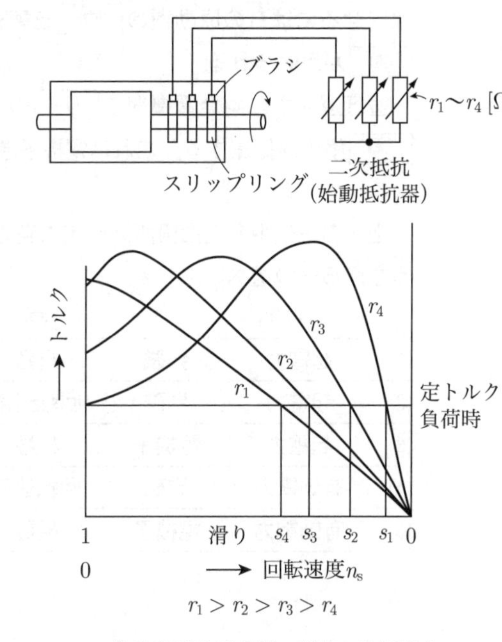

巻線形誘導電動機の構造と比例推移

比例推移を利用して**始動特性**を改善できる．抵抗の加減により速度制御もできるが，抵抗器による電力損失があり効率が悪い．

答　(5)

問4

次の文章は，三相同期発電機の並行運転に関する記述である．

ある母線に同期発電機Aを接続して運転しているとき，同じ母線に同期発電機Bを並列に接続するには，同期発電機A，Bの (ア) の大きさが等しくそれらの位相が一致していることが必要である． (ア) の大きさを等しくするにはBの (イ) 電流を，位相を一致させるにはBの原動機の (ウ) を調整する．位相が一致しているかどうかの確認には (エ) が用いられる．

並行運転中に両発電機間で (ア) の位相が等しく大きさが異なるとき，両発電機間を (オ) 横流が循環する．これは電機子巻線の抵抗損を増加させ，巻線を加熱させる原因となる．

上記の記述中の空白箇所(ア)～(オ)に当てはまる組合せとして，正しいものを次の(1)～(5)のうちから一つ選べ．

	(ア)	(イ)	(ウ)	(エ)	(オ)
(1)	起電力	界磁	極数	位相検定器	有効
(2)	起電力	界磁	回転速度	同期検定器	無効
(3)	起電力	電機子	極数	位相検定器	無効
(4)	有効電力	界磁	回転速度	位相検定器	有効
(5)	有効電力	電機子	極数	同期検定器	無効

解4　三相同期発電機の並行運転条件は次のとおり．

① **起電力**の大きさが等しいこと．相数，相回転方向が等しいこと．

② 電圧が同位相であること．

③ 周波数が等しいこと．

④ 電圧の波形が等しいこと．

まだ並行運転していない発電機A，Bがあるとき，並列運転条件を確保するため，発電機Aと起電力の大きさを等しくするには，発電機Bの**界磁**電流を調整する．起電力の位相を一致させるには，原動機Bの**回転速度**を調整する．

起電力の位相が一致しているかどうかは，三つのランプの点灯状況で同期しているかを確認できる図のような**同期検定器**がある．現在では自動で同期検定し，投入する装置で行う．

図のようにB発電機の開閉器がオンし，起電力 $\dot{E}_1$，$\dot{E}_2$ をもつ同期発電機A，Bが並行運転を行っているとき，発電機の界磁が変化して $\dot{E}_1 > \dot{E}_2$ となったとき，

$$I_L = \frac{\dot{E}_1 - \dot{E}_2}{\mathrm{j}2x_s}\ [\mathrm{A}]$$

の循環電流 I_L が両発電機に循環する．

発電機Aから流出する電流 I_L は $\dot{E}_1$ に対して $\pi/2$ [rad] 遅れた電流となり，$\dot{E}_2$ に対しては流入する電流 $-I_L$ となり，$\pi/2$ [rad] 進んだ電流となる．結果的に，A発電機では電機子反作用の減磁作用が生じ $\dot{E}_2$ を上昇させ，両発電機の起電力が等しくなる．

I_L は両発電機を循環し，$\dot{E}_1$，$\dot{E}_2$ に対しほぼ $\pi/2$ [rad] の位相差をもっているので**無効**横流と呼ぶ．

(2)

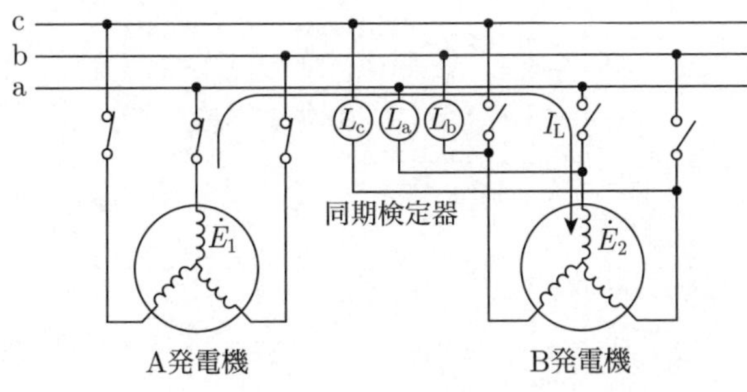

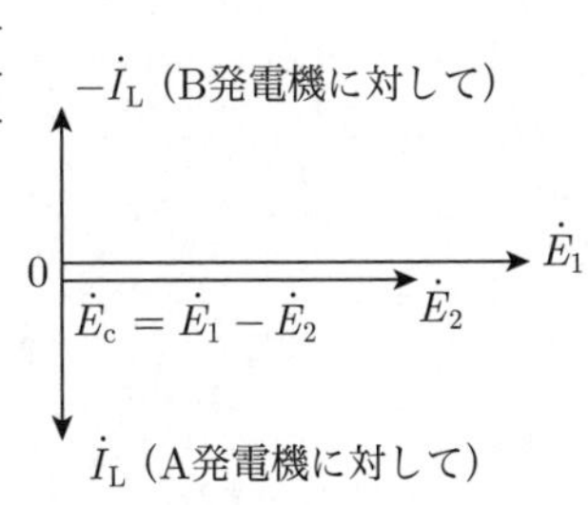

同期発電機の並列運転

問5　定格出力1 500 kV·A，定格電圧3 300 Vの三相同期発電機がある．無負荷時に定格電圧となる界磁電流に対する三相短絡電流（持続短絡電流）は，310 Aであった．この同期発電機の短絡比の値として，最も近いものを次の(1)～(5)のうちから一つ選べ．

(1)　0.488　　(2)　0.847　　(3)　1.18　　(4)　1.47　　(5)　2.05

解5　無負荷飽和曲線と短絡曲線から短絡比を求められる．

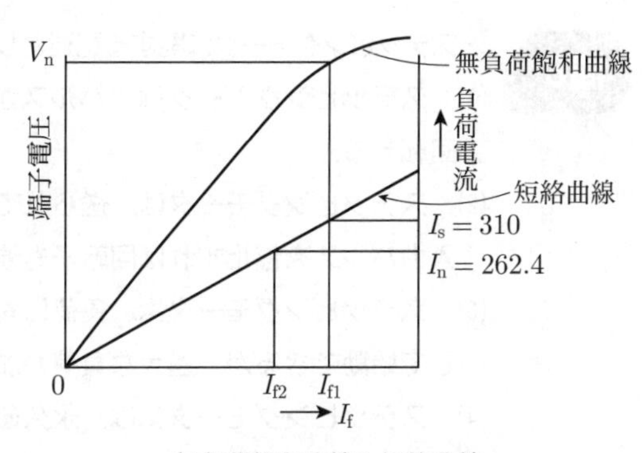

無負荷飽和曲線と短絡曲線

図のような無負荷飽和曲線と短絡曲線を描き，定格出力 P_n と定格電圧 V_n から定格電流 I_n を求めると，

$$I_n = \frac{P_n}{\sqrt{3} \times V_n} = \frac{1\,500 \times 10^3}{\sqrt{3} \times 3\,300} = 262.4\ \text{A}$$

短絡比 K_s は，短絡電流を I_s とすると，

$$K_s = \frac{I_{f1}}{I_{f2}} = \frac{I_s}{I_n} = \frac{310}{262.4} = 1.18 \quad \text{(答)}$$

(3)

ステッピングモータに関する記述として，誤っているものを次の(1)～(5)のうちから一つ選べ．

(1) ステッピングモータは，パルスが送られるたびに定められた角度を1ステップとして回転する．

(2) ステッピングモータは，送られてきたパルスの周波数に比例する回転速度で回転し，入力パルスを停止すれば回転子も停止する．

(3) ステッピングモータは，負荷に対して始動トルクが大きく，つねに入力パルスと同期して始動できるが，過大な負荷が加わると脱調・停止してしまう場合がある．

(4) ステッピングモータには，永久磁石形，可変リラクタンス形，ハイブリッド形などがある．永久磁石を用いない可変リラクタンス形ステッピングモータでは，無通電状態でも回転子位置を保持する力が働く特徴がある．

(5) ステッピングモータは，回転角度センサを用いなくても，1ステップごとの位置制御ができる特徴がある．プリンタやスキャナなどのコンピュータ周辺装置や，各種検査装置，製造装置など，様々な用途に利用されている．

解6　ステッピングモータの原理図は，(a)図のように永久磁石の回転子と固定子コイルからなり，コイル1がオンすると磁極がS極になり回転子は45°回転する．次にコイル2がオンすると回転子は45°回転する．コイルを順次オンすれば回転子は右方向に回転する．

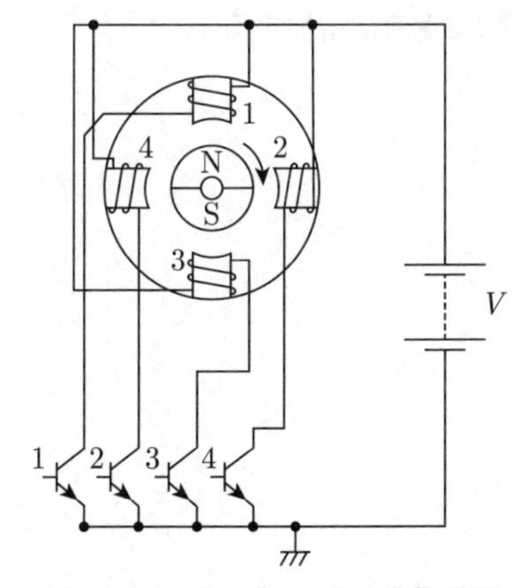

(a)　ステッピングモータの動作原理

固定子磁極数が増えるとステップ角は小さくなりスムーズな回転が得られる．

(1)，(2)　ステッピングモータは入力パルスに比例して回転角度が変化し，入力パルスの周波数に比例して回転速度が変化する．入力パルスを停止すれば回転は停止する．**(1)，(2)は正しい．**

(3)　ステッピングモータの特徴は，ステップ角を小さくすると，きめ細かい位置決めができる．負荷トルクが大きいと始動できない．一定速度で運転しているとき，負荷トルクが大きくなれば回転できなくなる．これを脱調という．**(3)は正しい．**

(4)　回転原理は磁気抵抗（リラクタンス）を利用したもので，(b)図のように固定子の回転磁界が図のようにある角度進むと磁気抵抗が最小の状態になろうとしてトルクを発生する．回転磁界の電源が喪失すると，回転子は磁界の影響がなくなるので位置を保持する力はなくなる．**(4)は誤り**である．

(5)　ステッピングモータはステップ角で回転するので回転子の位置センサは不要で精密な位置決めが必要な装置に使用される．**(5)は正しい．**

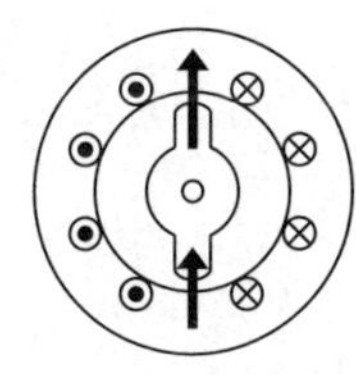
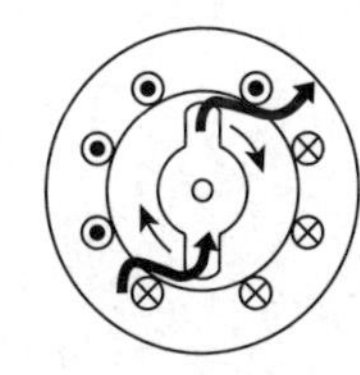

(b)　リラクタンス形ステッピングモータの駆動原理

答　(4)

電源電圧一定の下，トルク一定の負荷を負って回転している各種電動機の性質に関する記述として，正しいものと誤りのものの組合せとして，正しいものを次の(1)～(5)のうちから一つ選べ．

(ア) 巻線形誘導電動機の二次抵抗を大きくすると，滑りは増加する．

(イ) 力率1.0で運転している同期電動機の界磁電流を小さくすると，電機子電流の位相は電源電圧に対し，進みとなる．

(ウ) 他励直流電動機の界磁電流を大きくすると，回転速度は上昇する．

(エ) かご形誘導電動機の電源周波数を高くすると励磁電流は増加する．

	(ア)	(イ)	(ウ)	(エ)
(1)	誤り	誤り	正しい	正しい
(2)	正しい	正しい	誤り	誤り
(3)	誤り	正しい	正しい	正しい
(4)	正しい	誤り	誤り	正しい
(5)	正しい	誤り	誤り	誤り

問8

単相変圧器の一次側に電流計，電圧計及び電力計を接続して，短絡試験を行う．二次側を短絡し，一次側に定格周波数の電圧を供給し，電流計が40 Aを示すように一次側の電圧を調整したところ，電圧計は80 V，電力計は1 000 Wを示した．この変圧器の一次側からみた漏れリアクタンスの値[Ω]として，最も近いものを次の(1)～(5)のうちから一つ選べ．

ただし，変圧器の励磁回路のインピーダンスは無視し，電流計，電圧計及び電力計は理想的な計器であるものとする．

(1) **0.63**　(2) **1.38**　(3) **1.90**　(4) **2.00**　(5) **2.10**

解7　(ア)　問3で説明したように巻線形誘導電動機の二次抵抗値を大きくすると比例推移の特性でもわかるように，滑りは増加する．**正しい．**

(イ)　(a)図のように同期電動機の端子電圧を一定に保ち，負荷の大きさをパラメータとして，界磁電流に対する電機子電流の変化を表す．図より，界磁電流を小さくすると電機子電流の値は遅れ側となる．**誤り**である．

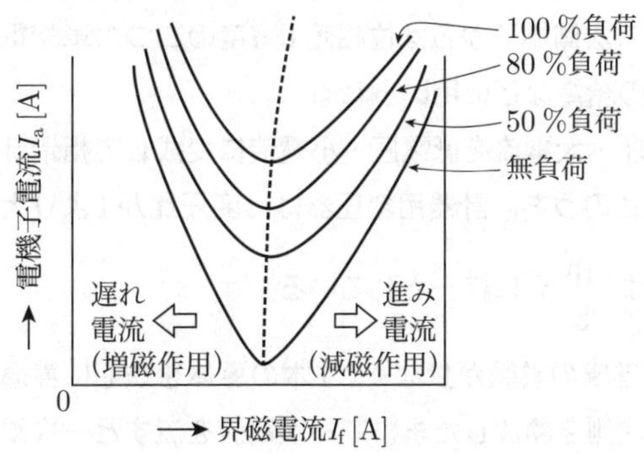

(a)　三相同期電動機のV曲線

(ウ)　直流電動機の回転速度Nは，入力電圧をV [V]，電機子抵抗をr_a [Ω]，電機子電流をI_a [A]，界磁磁束をϕ [Wb]とすると，

$$N = \frac{V - r_a \cdot I_a}{K \cdot \phi}$$

より，ϕは界磁電流と比例するので，界磁電流を大きくすると回転速度は下がる．**誤り**である．

(エ)　かご形誘導電動機の電源周波数を大きくすると励磁サセプタンスb_0が大きくなるので，(b)図のL形等価回路でもわかるように励磁電流I_0は減少する．**誤り**である．

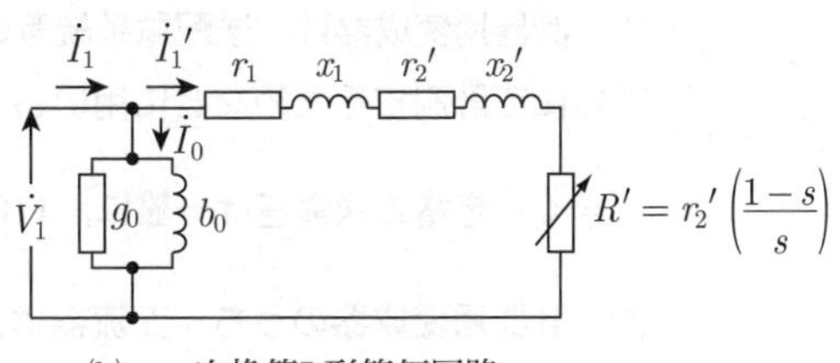

(b)　一次換算L形等価回路

答　(5)

解8　短絡試験の等価回路は図のようになる．等価回路より一次換算の一次，二次漏れインピーダンスz_0は，調整した一次電圧をV_s，一次電流をI_sとすると一次換算の一次，二次インピーダンスz_0は，

$$z_0 = \frac{V_s}{I_s} = \frac{80}{40} = 2\,\Omega$$

一次換算の抵抗値r_0は電圧計，電流計の値がV_s，I_sのとき，電力計の値をP [W]とすると，

$$I_s^2 \cdot r_0 = P$$

より，

$$r_0 = \frac{P}{I_s^2} = \frac{1\,000}{40^2} = 0.625\,\Omega$$

一次側からみた漏れリアクタンスx_0は，

$$x_0 = \sqrt{z_0^2 - r_0^2} = \sqrt{2^2 - 0.625^2}$$
$$= 1.90\,\Omega \quad (答)$$

答　(3)

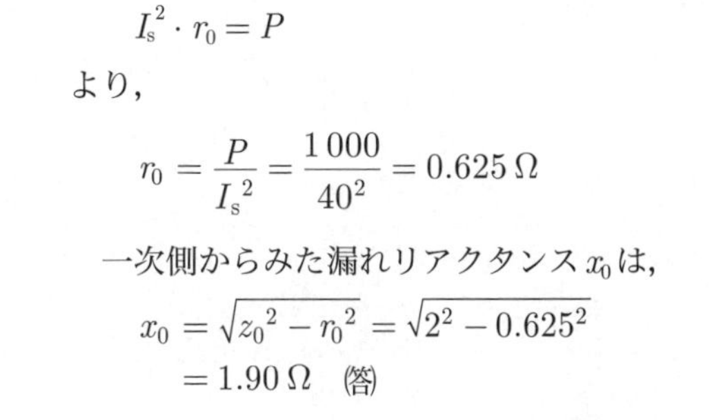

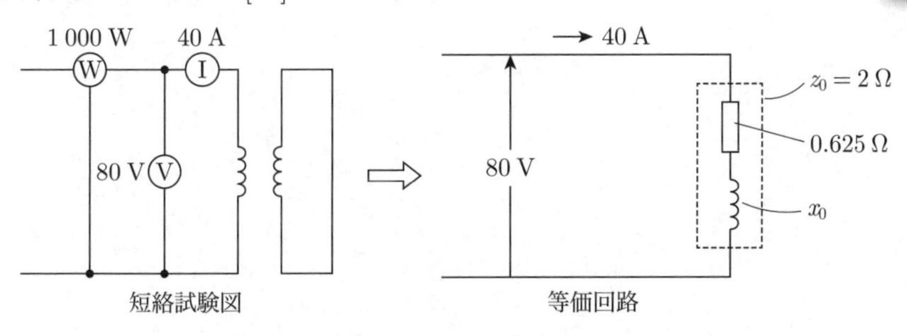

短絡試験図　　　等価回路

z_0：一次，二次インピーダンスを一次側に換算した一次インピーダンス
r_0：一次，二次抵抗を一次側に換算した一次抵抗
x_0：一次，二次リアクタンスを一次側に換算した一次リアクタンス

いろいろな変圧器に関する記述として，誤っているものを次の(1)〜(5)のうちから一つ選べ．

(1) 単巻変圧器は，一つの巻線の一部から端子が出ており，巻線の共通部分を分路巻線，共通でない部分を直列巻線という．三相結線にして電力系統の電圧変成などに用いられる．

(2) 単相変圧器3台を△-△結線として三相給電しているとき，故障等により1台を取り除いて残りの2台で同じ電圧のまま給電する方式をV結線方式という．V結線にすると変圧器の利用率はおよそ0.866倍に減少する．

(3) スコット結線変圧器は，M変圧器，T変圧器と呼ばれる単相変圧器2台を用いる．M変圧器の中央タップに片端子を接続したT変圧器の途中の端子とM変圧器の両端の端子を三相電源の一次側入力端子とする．二次側端子からは位相差180度の二つの単相電源が得られる．この変圧器は，電気鉄道の給電などに用いられる．

(4) 計器用変成器は，送配電系統等の高電圧・大電流を低電圧・小電流に変成して指示計器にて計測するためなどに用いられる．このうち，計器用変圧器は，変圧比が1より大きく，定格二次電圧は一般に，110 V又は$\dfrac{110}{\sqrt{3}}$ Vに統一されている．

(5) 計器用変成器のうち，変流器は，一次巻線の巻数が少なく，1本の導体を鉄心に貫通させた貫通形と呼ばれるものがある．二次側を開放したままで一次電流を流すと一次電流が全て励磁電流となり，二次端子には高電圧が発生するので，電流計を接続するなど短絡状態で使用する必要がある．

解9　(1)　(a)図は単巻変圧器の等価回路である．共通部分を分路巻線，共通でない部分を直列巻線という．三相用単巻変圧器も使用されている．**正しい．**

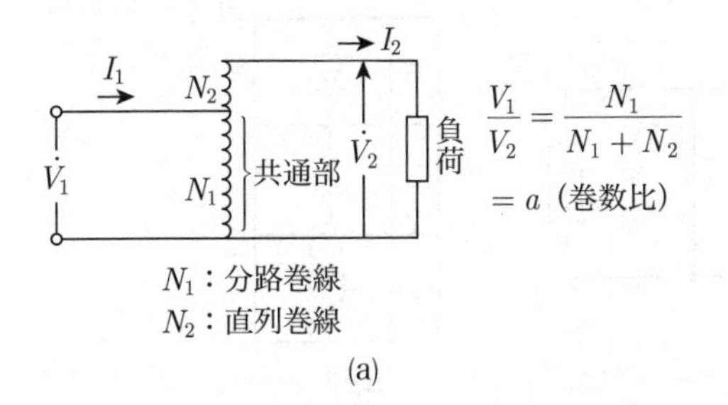

(a)

(2)　△-△結線の三相変圧器の1台の変圧器容量を A [kV·A] とすると利用率 $=\dfrac{3\cdot A}{3\cdot A}=1$ である．V結線にしたとき2台で $\sqrt{3}A$ [kV·A] の容量となるので，利用率は $=\dfrac{\sqrt{3}\cdot A}{2\cdot A}=0.866$ 倍となる．**正しい．**

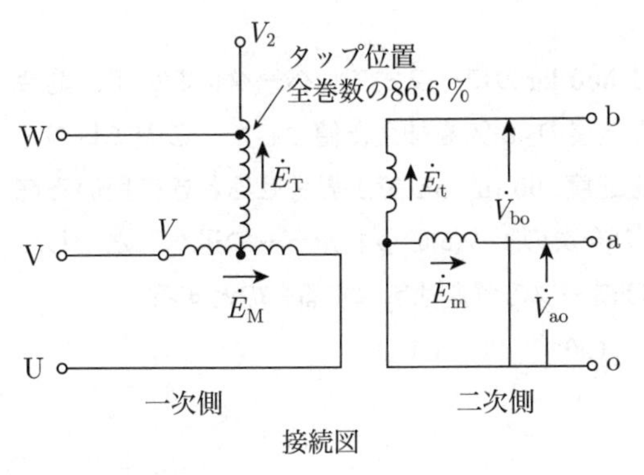

接続図

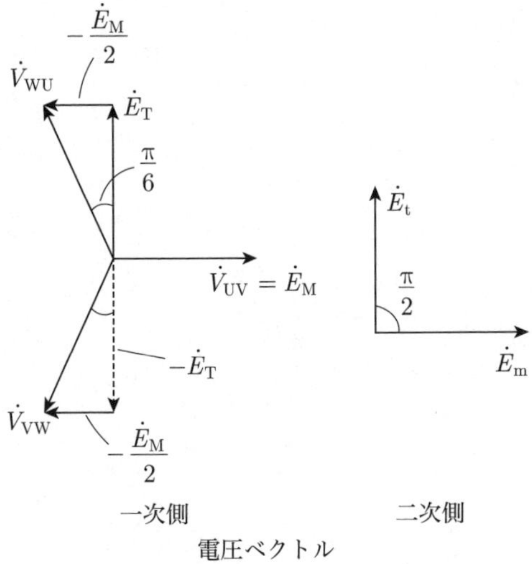

電圧ベクトル

(b)　スコット結線の結線図とベクトル

(3)　スコット結線は三相3線式の電源から，大容量の単相負荷に電力を供給する場合に三相電源に不平衡を生じさせないために用いる結線法である．

結線方法は(b)図のように説明と同じである．二次出力電圧 E_t，E_m とすると E_t は E_m より $\pi/2$ 進んでいる．問では180度となっているが位相差90度の二つの単相電源が得られる．**誤り**である．

(4)　計器用変成器は高電圧，大電流を低電圧，小電流に変成して電圧計，電流計を接続しやすい値にする．電圧の変成器はVTといい，定格二次電圧は110 Vが多く $110/\sqrt{3}$ Vもある．電流の変成器を変流器（CT）と呼び，定格二次電流は5 Aである．**正しい．**

(5)　説明のとおり，電気主任技術者の常識でもあるが，CT（変流器）の二次側を開放すると高電圧を発生し変流器が焼損するなどの危険性があるので，常時短絡状態にしておかなければならない．**正しい．**

(3)

理論　電力　機械　法規
令和5上(2023)　令和4下(2022)　令和4上(2022)　令和3(2021)　令和2(2020)　令和元(2019)　平成30(2018)　平成29(2017)　平成28(2016)　平成27(2015)

図1は直流チョッパ回路の基本構成図を示している．降圧チョッパを構成するデバイスを図2より選んで回路を構成したい．(ア)～(ウ)に入るデバイスの組合せとして，正しいものを次の(1)～(5)のうちから一つ選べ．

ただし，図2に示す図記号の向きは任意に変更できるものとする．

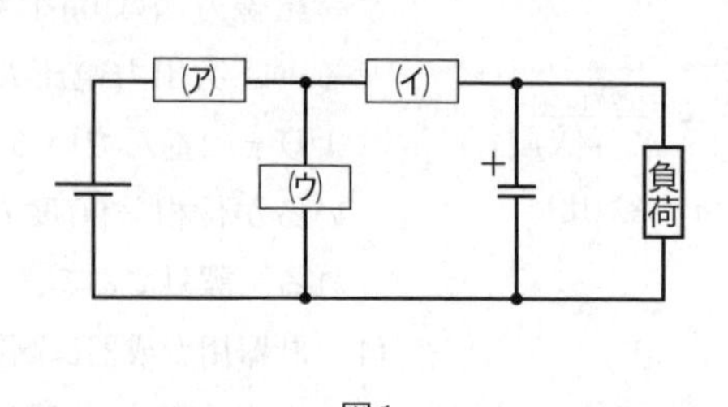

図1

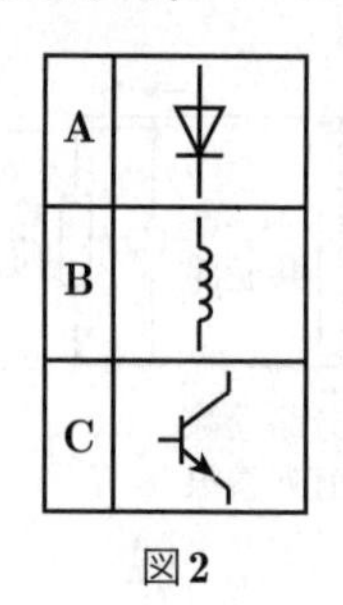

図2

	(ア)	(イ)	(ウ)
(1)	B	A	C
(2)	B	C	A
(3)	C	A	B
(4)	C	B	A
(5)	A	B	C

問11

かごの質量が250 kg，定格積載質量が1 500 kgのロープ式エレベータにおいて，釣合いおもりの質量は，かごの質量に定格積載質量の40 %を加えた値とした．このエレベータで，定格積載質量を搭載したかごを一定速度100 m/minで上昇させるときに用いる電動機の出力の値[kW]として，最も近いものを次の(1)～(5)のうちから一つ選べ．ただし，機械効率は75 %，加減速に要する動力及びロープの質量は無視するものとする．

(1) 2.00　(2) 14.7　(3) 19.6　(4) 120　(5) 1 180

解10　降圧チョッパ回路は図のようになる．直流電源に負荷と直列にスイッチSを接続し，Sのオンオフで出力に電源電圧より小さい値の電圧を出力する．Sをトランジスタや IGBT などのスイッチング素子とすることで入切の周期を数十 kHz まで上げることができ，平滑な直流を得ることができる．

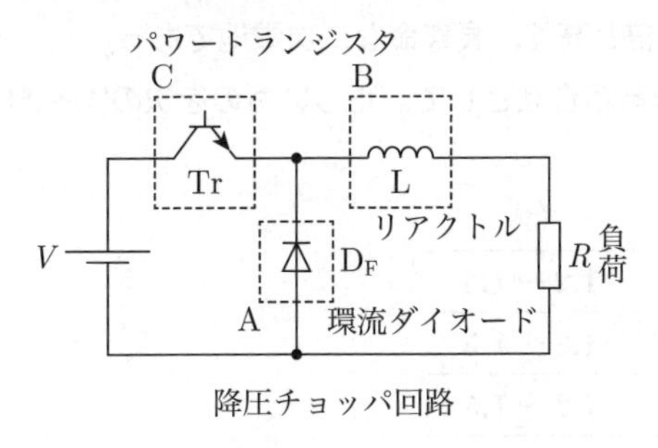

降圧チョッパ回路

出力電圧 V は，入力電圧を E，Sのオン時間を T_{on}，オフ時間を T_{off} とすると次式で求められる．

$$V = \frac{T_{on}}{T_{on} - T_{off}} \times E\,[\mathrm{V}]$$

である．

答　(4)

解11　図のようなエレベータの場合，釣合いおもりの質量 B [kg] は，

$B =$ かご $+$ 定格積載量 $\times 0.4$

$= 250 + 1\,500 \times 0.4 = 850$ kg

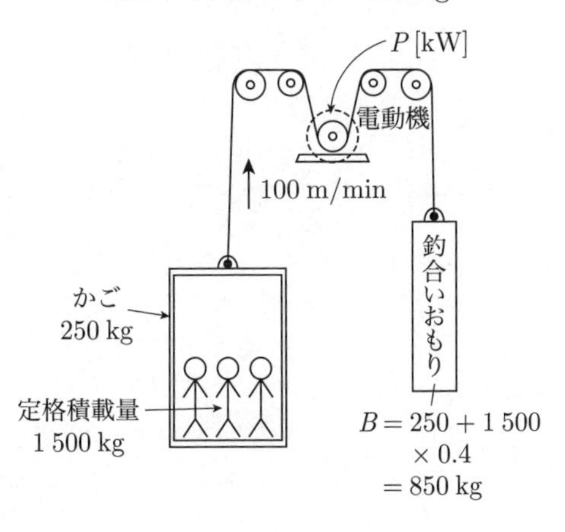

電動機の出力 P [kW] は，重力の加速度を 9.8 m/s² とすると，

$$P = 9.8 \times (\text{全重量} - \text{釣合いおもり}) \times \text{吊り上げ速度} \times \frac{100}{\text{効率}}$$

$$= 9.8 \times (1\,750 - 850) \times \frac{100}{60} \times \frac{100}{75}$$

$= 19.6$ kW　(答)

(3)

理論　電力　機械　法規　令和5上(2023)　令和4下(2022)　令和4上(2022)　令和3(2021)　令和2(2020)　令和元(2019)　平成30(2018)　平成29(2017)　平成28(2016)　平成27(2015)

次の文章は，ナトリウム－硫黄電池に関する記述である．

大規模な電力貯蔵用の二次電池として，ナトリウム－硫黄電池がある．この電池は［(ア)］状態で使用されることが一般的である．［(イ)］極活性物質にナトリウム，［(ウ)］極活性物質に硫黄を使用し，仕切りとなる固体電解物質には，ナトリウムイオンだけを透過する特性がある［(エ)］を用いている．

セル当たりの起電力は［(オ)］Vと低く，容量も小さいため，実際の電池では，多数のセルを直並列に接続して集合化し，モジュール電池としている．この電池は，鉛蓄電池に比べて単位質量当たりのエネルギー密度が3倍と高く，長寿命な二次電池である．

上記の記述中の空白箇所(ア)～(オ)に当てはまる組合せとして，正しいものを次の(1)～(5)のうちから一つ選べ．

	(ア)	(イ)	(ウ)	(エ)	(オ)
(1)	高温	正	負	多孔質ポリマー	1.2～1.5
(2)	常温	正	負	ベータアルミナ	1.2～1.5
(3)	低温	正	負	多孔質ポリマー	1.2～1.5
(4)	高温	負	正	ベータアルミナ	1.7～2.1
(5)	低温	負	正	多孔質ポリマー	1.7～2.1

解12　図はナトリウム－硫黄電池である．(a)図は放電時で，**負**極活性物質のナトリウムは電子を放出してナトリウムイオンとなり，ナトリウムイオンは固体電解質を通り**正**極活性物質である硫黄に移動する．固体電解質はナトリウムイオンのみを透過させる性質の**ベータアルミナ**を用いている．

正極では硫黄分にナトリウムイオンと電子がくっつき多硫化ナトリウムとなる．

(b)図は充電時で，多硫化ナトリウムは硫酸，ナトリウムイオン，電子に分かれ，ナトリウムイオンは固体電解質を通りナトリウム側に移動する．負極側に移動したナトリウムイオンは電子を受け取りナトリウムに戻る．

ナトリウム－硫黄電池のセル当たりの起電力は**1.7～2.1** Vである．また，この電池は，活物質であるナトリウムや硫黄を溶融状態に保ち，電解質であるβ-アルミナのイオン電導性を高めるため**高温**状態で使用される．

答　(4)

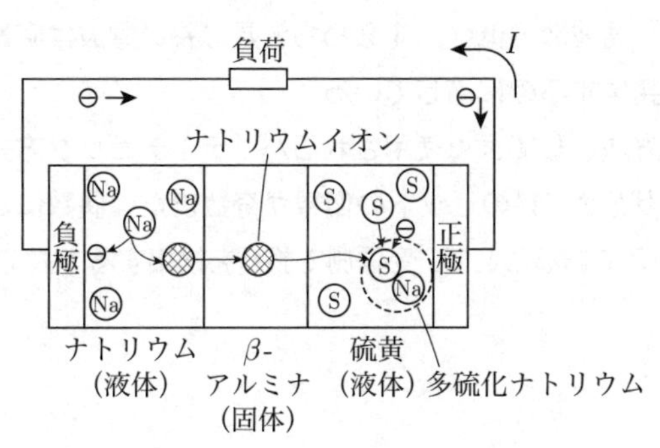

(a)　放電時

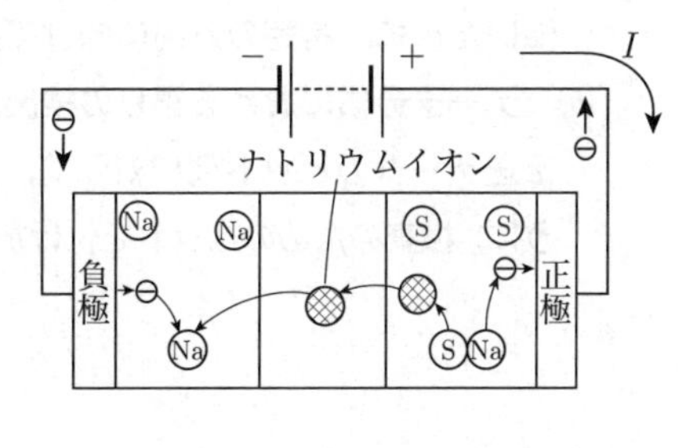

(b)　充電時

理論 電力 機械 法規 令和5上(2023) 令和4下(2022) 令和4上(2022) 令和3(2021) 令和2(2020) 令和元(2019) 平成30(2018) 平成29(2017) 平成28(2016) 平成27(2015)

文字や音声，画像などの情報を電気信号や光信号に変換してやりとりすることを電気通信といい，様々な用途や場所で利用されている．電気通信に関する記述として，誤っているものを次の(1)～(5)のうちから一つ選べ．

(1) 通信には，通信ケーブルを伝送路として用いる有線通信と，空間を伝送路として用いる無線通信がある．通信の用途に応じて適切な方式が選択される．

(2) 電気信号に変換した情報を扱う方式として，アナログ方式とディジタル方式がある．アナログ方式は古くから使用されてきたが，ディジタル方式は，雑音（ノイズ）の影響を受けにくいことや，小型化しやすいこと，コンピュータで処理しやすいことなどから，近年では採用されることが多くなっている．

(3) 光通信の伝送路として主に用いられる光ファイバケーブルでは，入射した光信号は屈折率の異なるコアとクラッドの間で全反射しながら進んでいく．光ファイバケーブルは伝送損失が非常に少なく，無誘導のため漏話しにくいことから，長距離の伝送に適している．

(4) 無線通信に用いられる電波の伝わり方は，周波数や波長によって異なるために，通信の用途にあったものが用いられる．周波数の低い，すなわち波長の長い電波は直進性が強いために，特定の方向に向けて発信するのに適している．

(5) データ通信における誤りの検出方法としてよく使用されるパリティチェック方式は，伝送データのビット列に対して，状態が“1”のビットの個数が奇数または偶数になるように，検査のためのビットを付け加えて送ることで，受信側で誤りを検出する方式である．

note

解13　⑴　通信の伝送路として，有線と無線がある．**正しい．**

⑵　電気信号に変換した情報を扱う方法で，アナログ方式では搬送波に情報を乗せて送信するとき，外部のノイズで信号波の振幅以上のノイズが誤情報の原因となる．ディジタル方式では1と0でデータを送るのでノイズの影響は少ない．**正しい．**

⑶　⒜図に光ファイバの伝送方法を示す．光ファイバケーブルの特徴として，

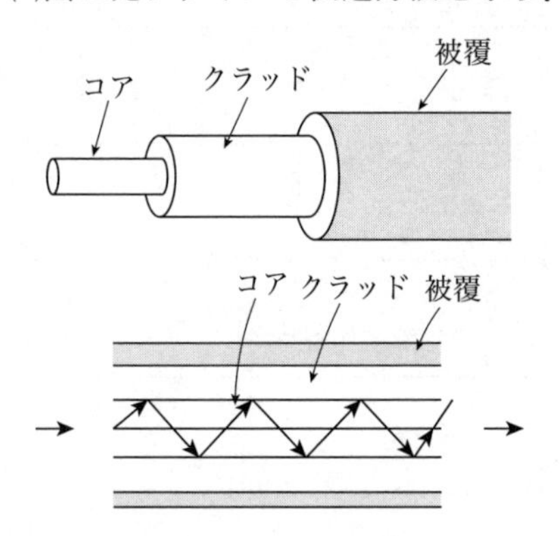

⒜　光ファイバケーブルの光信号の進み方

・電磁誘導障害を受けない．
・伝送損失が小さい．
・高速かつ，長距離の伝送が可能．
・光が外部に漏れることは極めて少ないので漏話しにくい．

したがって，⑶は**正しい．**

⑷　無線通信に用いられる電波の伝わり方は，周波数が高いほど直進性が強くなるり，障害物に反射しやすくなる．すなわち，波長が短いと光の性質に近くなり指向性が強く，電離層を突き抜けるが，情報を多く乗せることができる．

周波数の低い電波はAMラジオなどで，特徴は障害物の裏側にも回り込みやすい，地表に沿う，電離層で反射して遠くまで届くなど，直進性は弱い．山などがあっても回り込む性質がある．**誤り**である．

⒝図に電波の周波数と用途，特徴を示す．

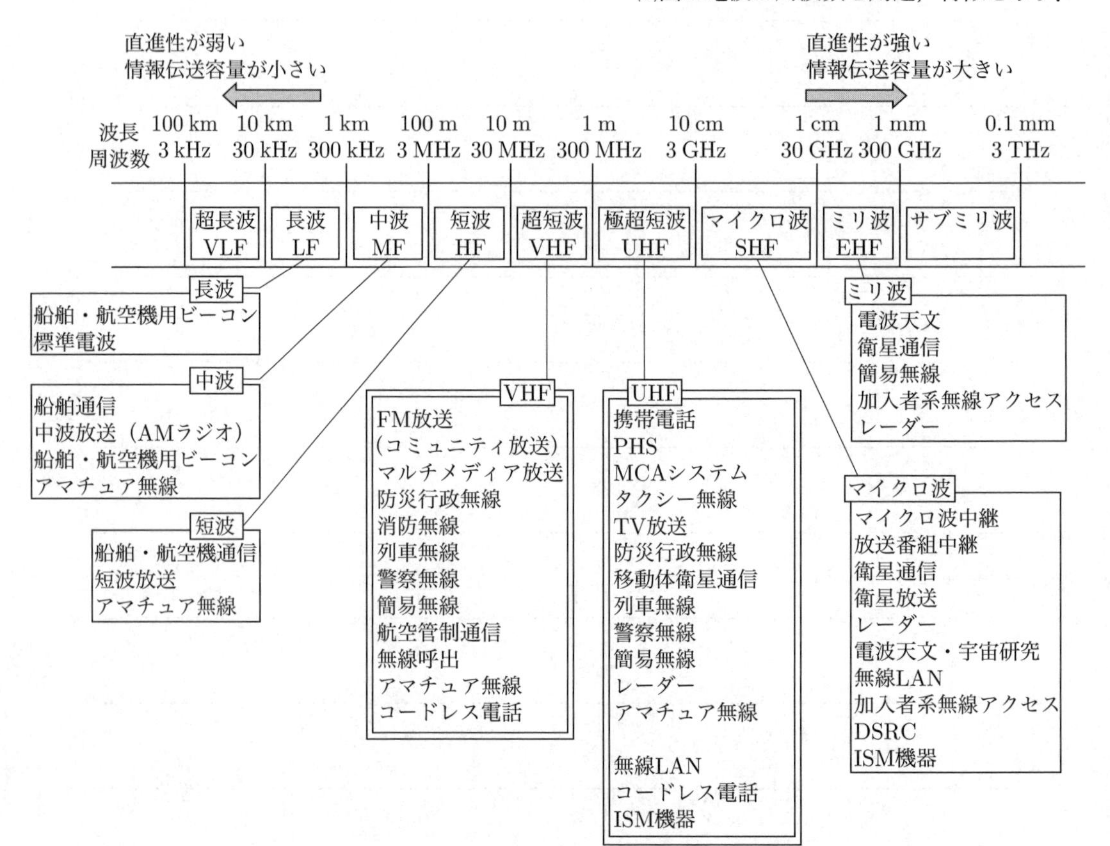

⒝　周波数ごとの主な用途と電波の特徴（出典：総務省HP）

(5)　パリティチェック方式を用いると受信側でデータの正否を判別できるのでノイズなどで起こる誤りを検出，修正できる．**正しい．**

偶数パリティは送信符号中の1が偶数個となるように検査ビットを付け加えて行うパリティチェックである．例えば，元の符号が10000のとき検査ビットとして1を加え100001，10100のとき検査ビットとして0を加え101000とする．

奇数パリティは送信符号中の1の数が奇数となるように検査ビットを付け加える．例えば，元の符号が10000のとき，検査ビットは0を加え100000，10100のとき検査ビットは1を加え，101001とする．

(4)

問14　次の文章は，電子機械の構成と基礎技術に関する記述である．

ディジタルカメラや自動洗濯機など我々が日常で使う機器，ロボット，生産工場の工作機械など，多くの電子機械はメカトロニクス技術によって設計・製造され，運用されている．機械にマイクロコンピュータを取り入れるようになり，メカトロニクス技術は発展してきた．

電子機械では，外界の情報や機械内部の運動状態を各種センサにより取得する．大部分のセンサ出力は電圧または電流の信号であり時間的に連続に変化する (ア) 信号である．電気，油圧，空気圧などのエネルギーを機械的な動きに変換するアクチュエータも (ア) 信号で動作するものが多い．これらの信号はコンピュータで構成される制御装置で (イ) 信号として処理するため，信号の変換器が必要となる． (ア) 信号から (イ) 信号への変換器を (ウ) 変換器，その逆の変換器を (エ) 変換器という．センサの出力信号は (ウ) 変換器を介してコンピュータに取り込まれ，コンピュータで生成されたアクチュエータへの指令は (エ) 変換器を介してアクチュエータに送られる．その間必要に応じて信号レベルを変換する．このような，センサやアクチュエータとコンピュータとの橋渡しの機能をもつものを (オ) という．

上記の記述中の空白箇所(ア)～(オ)に当てはまる組合せとして，正しいものを次の(1)～(5)のうちから一つ選べ．

	(ア)	(イ)	(ウ)	(エ)	(オ)
(1)	ディジタル	アナログ	D-A	A-D	インタフェース
(2)	アナログ	ディジタル	A-D	D-A	インタフェース
(3)	アナログ	ディジタル	A-D	D-A	ネットワーク
(4)	ディジタル	アナログ	D-A	A-D	ネットワーク
(5)	アナログ	ディジタル	D-A	A-D	インタフェース

解14　温度センサ，位置センサ，電圧計などの出力は連続で出力される**アナログ**信号である．アクチュエータも多くはアナログ信号で動作する．一方，コンピュータでは**ディジタル**信号で処理する．アナログ信号のAとディジタル信号のDで表した**A-D**変換器でセンサなどの信号をAからDにしてコンピュータに取り込み，コンピュータでつくられた指令を**D-A**変換器でアナログ信号に戻してアクチュエータに送る．

これらを考えると，ディジタル制御システムは図のように描ける．ディジタル制御システムは，ディジタル化（量子化）された数値を取り扱うサンプル値制御システムである．コンピュータに入る入力信号をサンプリングしてサンプル値をつくり，演算の結果アクチュエータの操作信号を決めるシステムである．

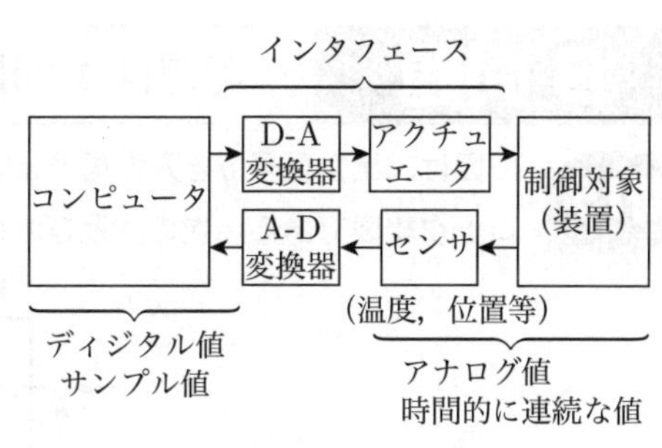

ディジタル制御システム

インタフェースは二つの異なる機器やシステム間の情報をやり取りするとき，その二つを接続する機能のことである．センサやアクチュエータとコンピュータとの橋渡しの機能をもつものを**インタフェース**という．

(2)

理論　電力　機械　法規
令和5上(2023)　令和4下(2022)　令和4上(2022)　令和3(2021)　令和2(2020)　令和元(2019)　平成30(2018)　平成29(2017)　平成28(2016)　平成27(2015)

B 問題　配点は 1 問題当たり(a) 5 点，(b) 5 点，計 10 点

問15　図は，出力信号 y を入力信号 x に一致させるように動作するフィードバック制御系のブロック線図である．次の(a)及び(b)の問に答えよ．

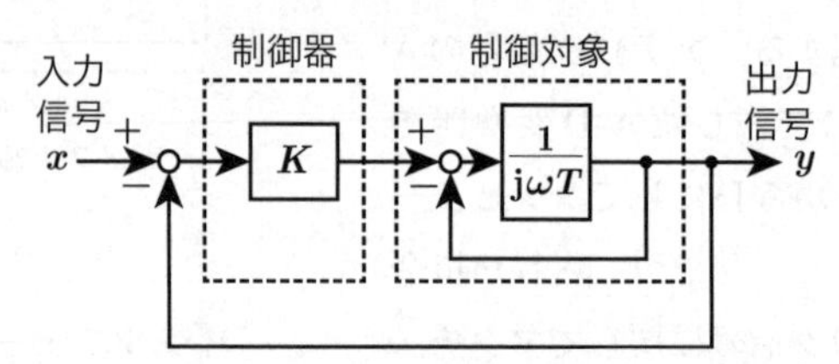

(a)　図において，$K = 5$，$T = 0.1$ として，入力信号からフィードバック信号までの一巡伝達関数（開ループ伝達関数）を表す式を計算し，正しいものを次の(1)～(5)から一つ選べ．

(1)　$\dfrac{5}{1 - j\omega 0.1}$　　(2)　$\dfrac{5}{1 + j\omega 0.1}$　　(3)　$\dfrac{1}{6 + j\omega 0.1}$

(4)　$\dfrac{5}{6 - j\omega 0.1}$　　(5)　$\dfrac{5}{6 + j\omega 0.1}$

(b)　(a)で求めた一巡伝達関数において，ω を変化させることで得られるベクトル軌跡はどのような曲線を描くか，最も近いものを次の(1)～(5)のうちから一つ選べ．

(1)

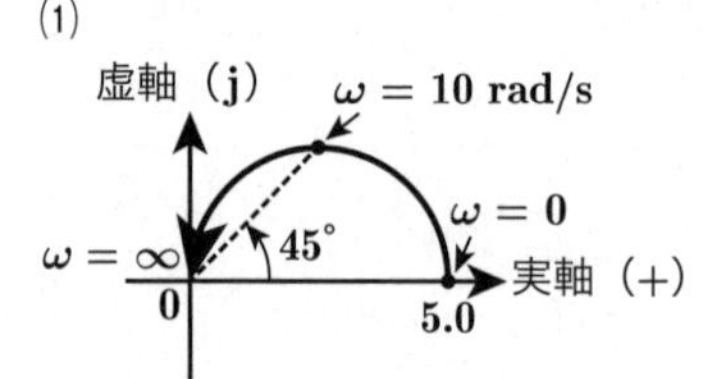

(2)

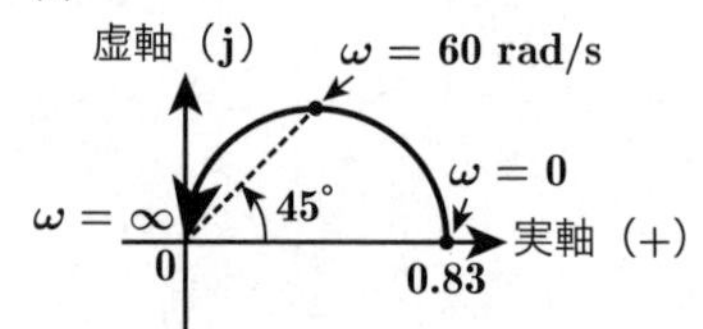

(3)

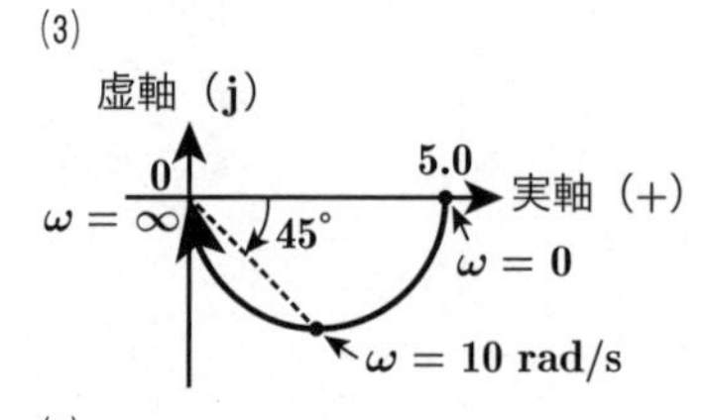

(4)

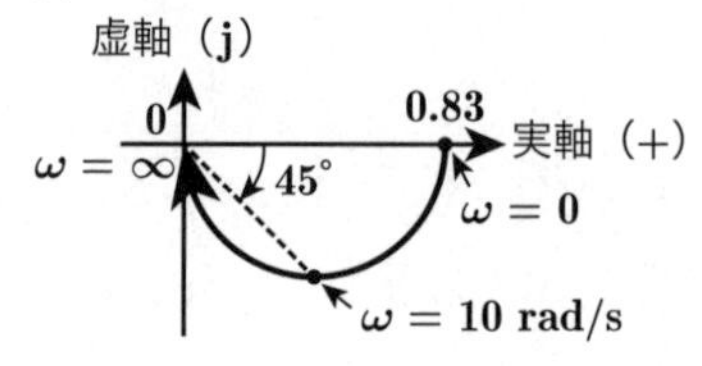

(5)

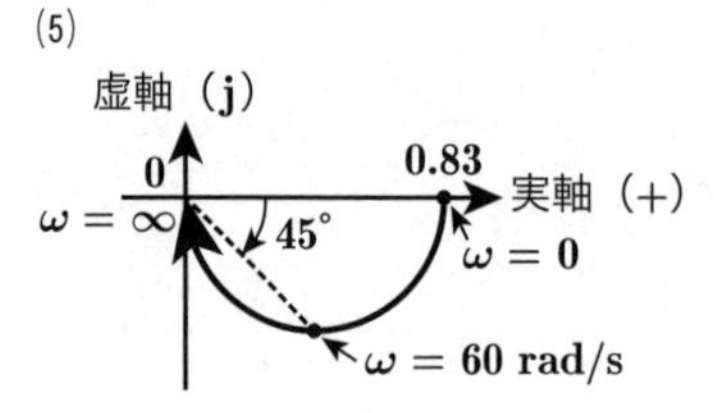

解15　(a)　一巡伝達関数はフィードバック系からフィードバック信号を切り離し，観測量を取り出せるようにする．

比較部の加え合せ点のマイナス部分を切り離して一巡伝達関数を計算すると，図より，制御対象部は，

$$\frac{\dfrac{1}{\mathrm{j}\omega T}}{1+\dfrac{1}{\mathrm{j}\omega T}}=\frac{1}{1+\mathrm{j}\omega T}$$

制御器はKであるので，一巡伝達関数Wは，

$$W=\frac{K}{1+\mathrm{j}\omega T}$$

一巡伝達関数に題意の$K=5$，$T=0.1$を代入すると，

$$W=\frac{5}{1+\mathrm{j}\omega 0.1}\quad (答)$$

となる．

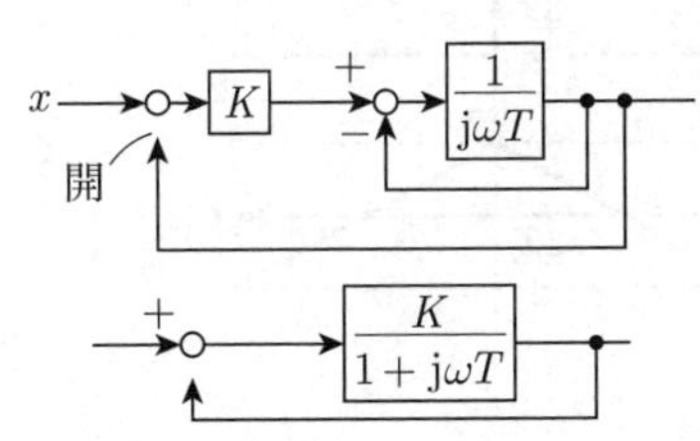

$K=5$，$T=0.1$とすると開ループ伝達関数は

$$\longrightarrow \boxed{\frac{5}{1+\mathrm{j}\omega\cdot 0.1}} \longrightarrow$$

(b)　Wの式を実数と虚数に分けて計算すると，

$$W=\frac{5}{1+\mathrm{j}\omega 0.1}=\frac{5(1-\mathrm{j}\omega 0.1)}{(1+\mathrm{j}\omega 0.1)(1-\mathrm{j}\omega 0.1)}$$

$$=\frac{5-\mathrm{j}\omega 0.5}{1^2+0.01\omega^2}$$

実数部は，

$$x=\frac{5}{1+0.01\omega^2}\qquad ①$$

虚数部は，

$$y=\frac{-\omega 0.5}{1+0.01\omega^2}\qquad ②$$

実数部の式で，$\omega=0$のとき$x=5.0$となり，$\omega=\infty$のとき$x=0$となる．

$$\frac{y}{x}=\frac{-\omega 0.5}{5}=-\omega 0.1$$

$$x=\frac{5}{1+0.01\omega^2}=\frac{5}{1+0.01\times\left(\dfrac{y}{0.1x}\right)^2}$$

$$=\frac{5}{1+\left(\dfrac{y}{x}\right)^2}=\frac{5x^2}{x^2+y^2}$$

$$(x-2.5)^2+y^2=2.5^2$$

となり，中心が$2.5+\mathrm{j}0$，半径が2.5の円を表す．また，②式より$\omega\geqq 0$のとき$y(\omega)\leqq 0$であるので一次遅れ要素のベクトル軌跡はこの円の下半分となる．

①式と②式が等しくなるωは10のときで，xとyの大きさが等しくなる．

すなわち，選択肢(3)の図のように角度が45°の点と一致する．

(a)—(2)，(b)—(3)

問16　図1は，IGBTを用いた単相ブリッジ接続の電圧形インバータを示す．直流電圧 E_d [V] は，一定値と見なせる．出力端子には，インダクタンス L [H] の誘導性負荷が接続されている．

図2は，このインバータの動作波形である．時刻 $t=0$ s でIGBT Q_3 及び Q_4 のゲート信号をオフにするとともに Q_1 及び Q_2 のゲート信号をオンにすると，出力電圧 v_a は E_d [V] となる．$t=\frac{T}{2}$ [s] で Q_1 及び Q_2 のゲート信号をオフにするとともに Q_3 及び Q_4 のゲート信号をオンにすると，出力電圧 v_a は $-E_d$ [V] となる．これを周期 T [s] で繰り返して方形波電圧を出力する．

このとき，次の(a)及び(b)の問に答えよ．

ただし，デバイス（IGBT及びダイオード）での電圧降下は無視するものとする．

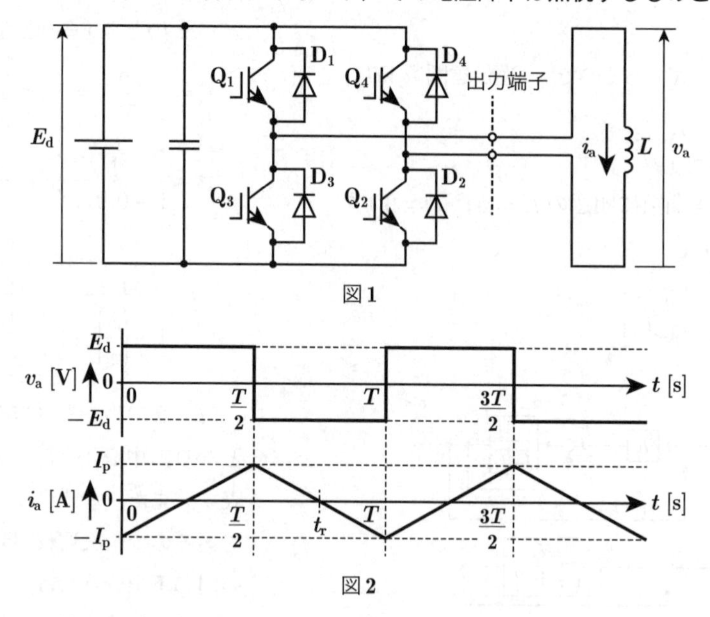

図1

図2

(a)　$t=0$ s において $i_a=-I_p$ [A] とする．時刻 $t=\frac{T}{2}$ [s] の直前では Q_1 及び Q_2 がオンしており，出力電流は直流電流から Q_1→負荷→Q_2 の経路で流れている．$t=\frac{T}{2}$ [s] でIGBT Q_1 及び Q_2 のゲート信号をオフにするとともに Q_3 及び Q_4 のゲート信号をオンにした．その直後（図2で，$t=\frac{T}{2}$ [s] から，出力電流が 0 A になる $t=t_r$ [s] までの期間），出力電流が流れるデバイスとして，正しい組合せを次の(1)～(5)のうちから一つ選べ．

(1)　Q_1，Q_2　(2)　Q_3，Q_4　(3)　D_1，D_2　(4)　D_3，D_4　(5)　Q_3，Q_4，D_1，D_2

(b)　図1の回路において $E_d=100$ V，$L=10$ mH，$T=0.02$ s とする．$t=0$ s における電流値を $-I_p$ として，$t=\frac{T}{2}$ [s] における電流値を I_p としたとき，I_p の値 [A] として，最も近いものを次の(1)～(5)のうちから一つ選べ．

(1)　**33**　(2)　**40**　(3)　**50**　(4)　**66**　(5)　**100**

解16　(a)　四つのIGBTのQ_1，Q_2とQ_3，Q_4を交互に$T/2$ごとに動作させると問の図2の電圧v_aになる．このときの電流は負荷が純抵抗であれば電圧の波形と同じようになるが，誘導性負荷の場合，出力電流は問の図2のi_aの波形のようにインダクタンスのため応答が遅れた波形となる．$t = T/2$のとき，それまでオンしていたQ_1，Q_2がオフしてQ_3，Q_4がオンしようとする．しかし，負荷電流はインダクタンスの影響ですぐには0とならず，そのまま流れ続けt_rまで流れ続ける．したがって，$T/2 \sim t_r$ [s]の期間に発生する電圧とは逆方向の電流の通路を設ける必要がある．それがIGBTと逆並列に接続されたダイオードである．

$T/2 \sim t_r$ではプラス方向の電流は図のようにD_3，D_4を通って電源に帰還される．このダイオードは遅れて変化する電流の流れを確保し，電源に帰還させることから，帰還ダイオードという．

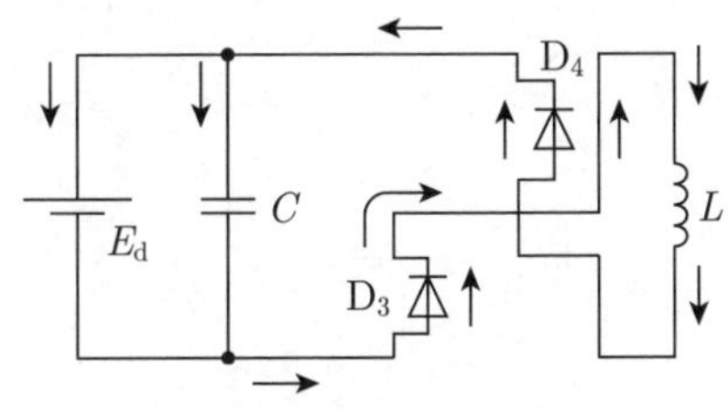

$\frac{1}{2}T \sim t_r$期間に流れる電流経路

(b)　問の図2の下の図より，三角波の$0 \sim T/2$間の電流変化によりつくられる電圧波形は問の図2の上の図の方形波になる．式で表すと，

$$E_d = L \cdot \frac{dI_a}{dt} \quad ①$$

$$\frac{dI_a}{dt} = \frac{2I_p}{\frac{T}{2}} = \frac{2I_p}{\frac{0.02}{2}} = 200I_p \quad ②$$

①式に②式を代入して，

$$E_d = L \cdot \frac{dI_a}{dt} = 10 \times 10^{-3} \times 200I_p = 100$$

I_pについて解くと，

$$I_p = \frac{100}{10 \times 10^{-3} \times 200} = 50\ \text{V} \quad (答)$$

(a)—(4)，(b)—(3)

問17及び問18は選択問題であり，問17又は問18のどちらかを選んで解答すること．両方解答すると採点されません．

（選択問題）

問17

消費電力1.00 kWのヒートポンプ式電気給湯器を6時間運転して，温度 20.0 °C，体積0.370 m^3の水を加熱した．ここで用いられているヒートポンプユニットの成績係数（COP）は4.5である．次の(a)及び(b)の問に答えよ．

ただし，水の比熱容量と密度は，それぞれ，4.18×10^3 J/(kg·K)と1.00×10^3 kg/m^3とし，水の温度に関係なく一定とする．ヒートポンプ式電気給湯器の貯湯タンク，ヒートポンプユニット，配管などの加熱に必要な熱エネルギーは無視し，それらからの熱損失もないものとする．また，ヒートポンプユニットの消費電力及びCOPは，いずれも加熱の開始から終了まで一定とする．

(a)　このときの水の加熱に用いた熱エネルギーの値[MJ]として，最も近いものを次の(1)～(5)のうちから一つ選べ．

(1)　**21.6**　(2)　**48.6**　(3)　**72.9**　(4)　**81.0**　(5)　**97.2**

(b)　加熱後の水の温度[°C]として，最も近いものを次の(1)～(5)のうちから一つ選べ．

(1)　**34.0**　(2)　**51.4**　(3)　**67.1**　(4)　**72.4**　(5)　**82.8**

解17　電気により温水をつくるとき必要エネルギーは，ヒータで1とすると，ヒートポンプではヒータの1/2や1/3の電力で同じ量の温水を得ることができる．

ヒートポンプは図のように冷媒を使用して，低温側から高温側へ熱を移動させる機器である．膨張弁で冷媒を低圧力にし，低温部の蒸発器で低圧で気化し，熱量 Q を吸熱する．これにさらに圧縮機で仕事 W を与え，加圧して高圧力にし，高温部の凝縮器で高圧で液化することにより $Q+W$ を放熱させ再び膨張弁に戻す．このサイクルは低温部で気化熱をもらい，高温部に液化の潜熱を放出する仕組みである．

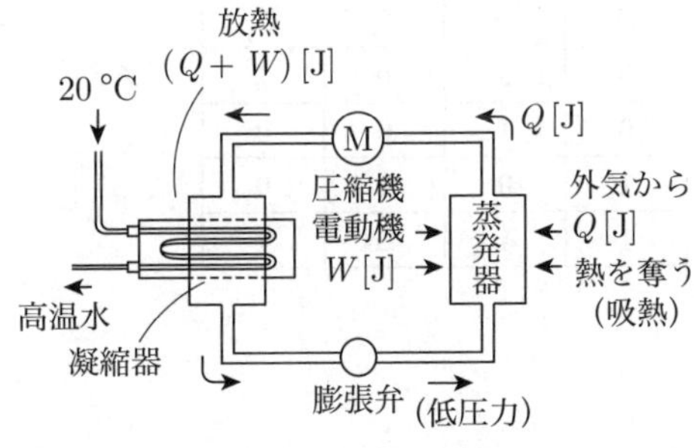

ヒートポンプの原理

熱交換器で吸収した熱量を Q [J]，圧縮機での消費電力量を W [J] とするとCOPは，

$$\mathrm{COP}=\frac{W+Q}{W}=1+\frac{Q}{W}$$

となり，加熱時のCOPは3〜6になる．

以上の理由でヒータを使う温水器よりヒートポンプの温水器が電気代を半分以上安くできる．

(a)　1 kWで成績係数（COP）が4.5のヒートポンプ給湯器の実際に熱に変換した電力 P は，

$$P=1\ \mathrm{kW}\times 4.5=4.5\ \mathrm{kW}$$

この電力で6時間使ったときの電力量を W [kW·h] とすると，

$$W=P\cdot h=4.5\times 6=27\ \mathrm{kW\cdot h}$$

W を熱エネルギー Q [MJ] として計算すると，

$$W=P\cdot h\times 3\,600$$
$$=1.0\times 4.5\times 6\times 3\,600$$
$$=97\,200\ \mathrm{kJ}=97.2\ \mathrm{MJ}$$ （答）

(b)　加熱後の水の温度を T [°C] とすると，次式が成り立つ．

$$(T-20)\times 4.18\times 10^3\times 0.37\times 10^3=97.2\times 10^6$$

$$T-20=\frac{97.2\times 10^6}{4.18\times 10^3\times 0.37\times 10^3}=62.85$$

$$T=62.85+20=82.85\ ^\circ\mathrm{C}$$ （答）

(a)―(5)，(b)―(5)

（選択問題）

問18 以下の論理回路について，次の(a)及び(b)の問に答えよ．

(a) 図1に示す論理回路の真理値表として，正しいものを次の(1)～(5)のうちから一つ選べ．

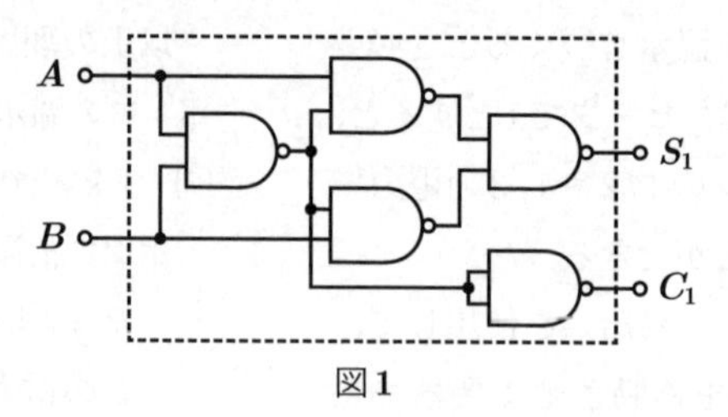

図1

(1)

入力		出力	
A	B	S_1	C_1
0	0	0	0
0	1	0	0
1	0	0	0
1	1	0	1

(2)

入力		出力	
A	B	S_1	C_1
0	0	0	1
0	1	0	0
1	0	0	0
1	1	0	1

(3)

入力		出力	
A	B	S_1	C_1
0	0	0	0
0	1	1	0
1	0	0	0
1	1	0	1

(4)

入力		出力	
A	B	S_1	C_1
0	0	0	1
0	1	0	0
1	0	1	0
1	1	0	1

(5)

入力		出力	
A	B	S_1	C_1
0	0	0	0
0	1	1	0
1	0	1	0
1	1	0	1

(b)　図1に示す論理回路を2組用いて図2に示すように接続して構成したとき，A，B及びC_0の入力に対する出力S_2及びC_2の記述として，正しいものを次の(1)～(5)のうちから一つ選べ．

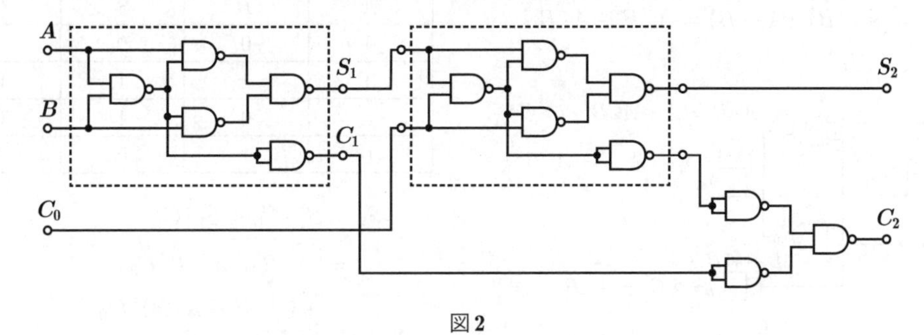

図2

(1)　$A=0$，$B=0$，$C_0=0$を入力したときの出力は，$S_2=0$，$C_2=1$である．

(2)　$A=0$，$B=1$，$C_0=0$を入力したときの出力は，$S_2=1$，$C_2=0$である．

(3)　$A=1$，$B=0$，$C_0=0$を入力したときの出力は，$S_2=0$，$C_2=1$である．

(4)　$A=1$，$B=0$，$C_0=1$を入力したときの出力は，$S_2=1$，$C_2=0$である．

(5)　$A=1$，$B=1$，$C_0=1$を入力したときの出力は，$S_2=0$，$C_2=1$である．

解18

(a)　問の図1の論理回路を(a)図のように順を追って計算すると，

$$S_1=(\overline{A}+\overline{B})\cdot(A+B)=\overline{A}\cdot B+A\cdot\overline{B}$$

$$C_1=A\cdot B$$

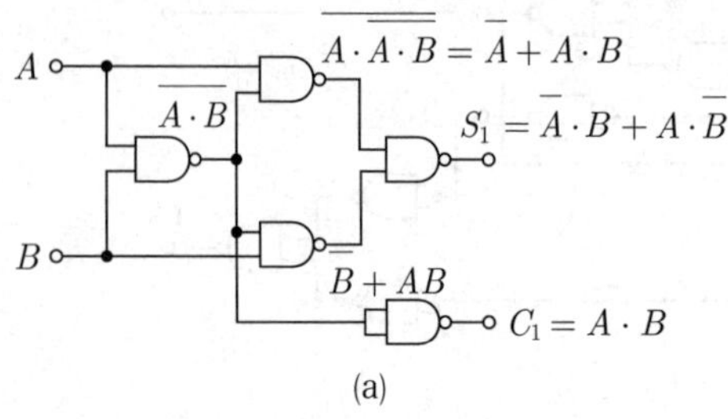

(a)

S_1は排他的論理和の式になる．したがって，入力AとBが異なったときにS_1は1になる．

C_1は入力AとBの論理積である．出力C_1は，AとBが1のときのみ1となる．入力AとBのときの出力S_1とC_1の簡単にした等価の論理回路を(b)図に示す．

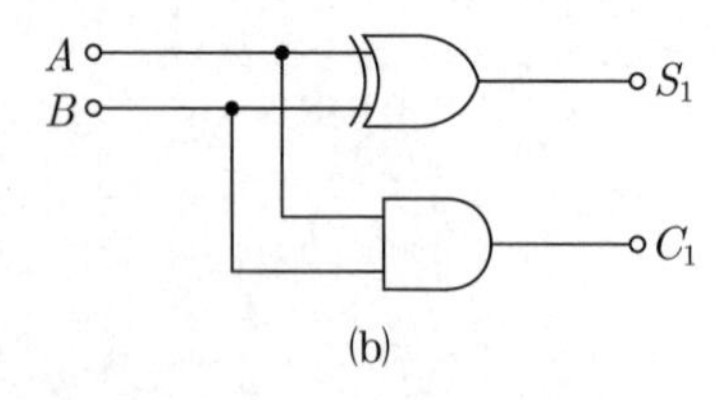

(b)

真理値表は(a)表のようになる．

(a)

入力		出力	
A	B	S_1	C_1
0	0	0	0
0	1	1	0
1	0	1	0
1	1	0	1

(b)　問の図2の論理回路式は，(c)図のように順を追って計算すると，

$$\begin{aligned}S_2&=\overline{S_1}\cdot C_0+S_1\cdot\overline{C_0}\\&=\left(\overline{\overline{A}\cdot B+A\cdot\overline{B}}\right)\cdot C_0\\&\quad+(\overline{A}\cdot B+A\cdot\overline{B})\cdot\overline{C_0}\\&=\left(\overline{\overline{A}\cdot B}\right)\cdot\left(\overline{A\cdot\overline{B}}\right)\cdot C_0\\&\quad+(\overline{A}\cdot B+A\cdot\overline{B})\cdot\overline{C_0}\\&=(A+\overline{B})\cdot(\overline{A}+B)\cdot C_0\\&\quad+(\overline{A}\cdot B+A\cdot\overline{B})\cdot C_0\\&=(A\cdot B+\overline{A}\cdot\overline{B})\cdot C_0\\&\quad+(\overline{A}\cdot B+A\cdot\overline{B})\cdot\overline{C_0}\end{aligned}$$

S_2が1のためには，この式よりC_0が1のときAとBが同じである．または，C_0が0であるときAとBが異なるときである．

次に，C_2について式をつくると，

$$\begin{aligned}C_2&=(\overline{A}\cdot B+A\cdot\overline{B})\cdot C_0+C_1\\&=(\overline{A}\cdot B+A\cdot\overline{B})\cdot C_0+A\cdot B\end{aligned}$$

この式は，C_2は，入力C_0が1のときAとBが異なれば1または，C_0に関係なくAとBが1であれば1となる．

この論理回路をまとめると(d)図のようにな

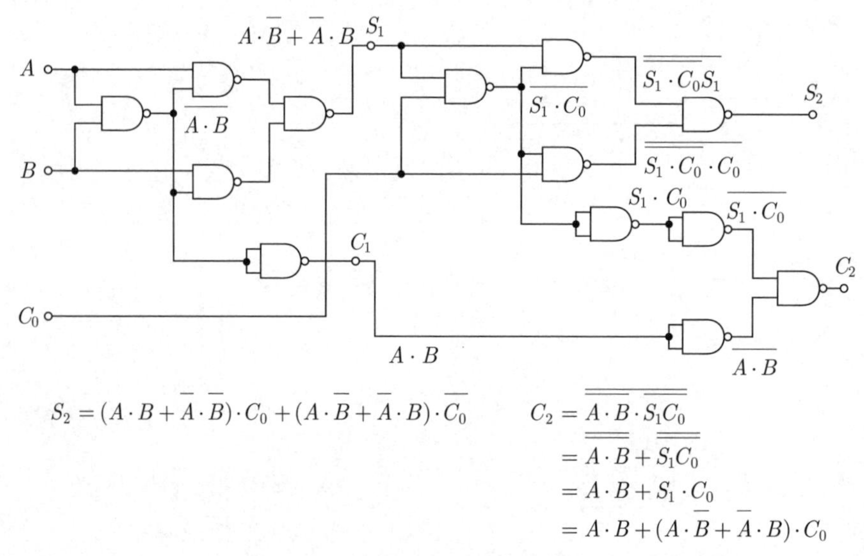

(c)

る．

(d)

真理値表を(b)表に示す．

(b)表より**選択肢(2)が正しい．**

(a)—(5)，(b)—(2)

(b)

A	B	C_0	S_2	C_2	選択肢	S_2，C_2 の値		判定
						S_2	C_2	
0	0	0	0	0	(1)	0	1	×
0	0	1	1	0				
0	1	0	1	0	(2)	1	0	○
0	1	1	0	1				
1	0	0	1	0	(3)	0	1	×
1	0	1	0	1	(4)	1	0	×
1	1	0	0	1				
1	1	1	1	1	(5)	0	1	×

理論 電力 機械 法規 令和5上(2023) 令和4下(2022) 令和4上(2022) 令和3(2021) 令和2(2020) 令和元(2019) 平成30(2018) 平成29(2017) 平成28(2016) 平成27(2015)

令和３年度（2021年） 機械の問題

A問題　配点は１問題当たり５点

問1 次の文章は，直流電動機に関する記述である．ただし，鉄心の磁気飽和，電機子反作用，電機子抵抗やブラシの接触による電圧降下は無視できるものとする．

分巻電動機と直巻電動機はいずれも界磁電流を電機子と同一の電源から供給できる電動機である．分巻電動機において端子電圧と界磁抵抗を一定にすれば，負荷電流が増加したとき界磁磁束は［(ア)］，トルクは負荷電流に［(イ)］する．直巻電動機においては負荷電流が増加したとき界磁磁束は［(ウ)］，トルクは負荷電流の［(エ)］に比例する．

上記の記述中の空白箇所(ア)～(エ)に当てはまる組合せとして，正しいものを次の(1)～(5)のうちから一つ選べ．

	(ア)	(イ)	(ウ)	(エ)
(1)	一定で	比例	増加し	2乗
(2)	一定で	反比例	一定で	1乗
(3)	一定で	比例	一定で	2乗
(4)	増加し	反比例	減少し	1乗
(5)	増加し	反比例	増加し	2乗

●試験時間　90分
●必要解答数　A問題14題，B問題3題（選択問題含む）

解1　直流電動機のトルク T [N·m]は，電機子電流 I_a [A]，界磁磁束 ϕ [Wb]，とすると次式で表される．

$$T = k \cdot \phi \cdot I_a \qquad ①$$

直流分巻電動機の等価回路は(a)図のようになり，端子電圧を一定にすれば界磁コイルの電圧，電流が一定であるので界磁磁束は**一定**である．トルクは①式より負荷電流（電機子電流 I_a）に**比例**する．

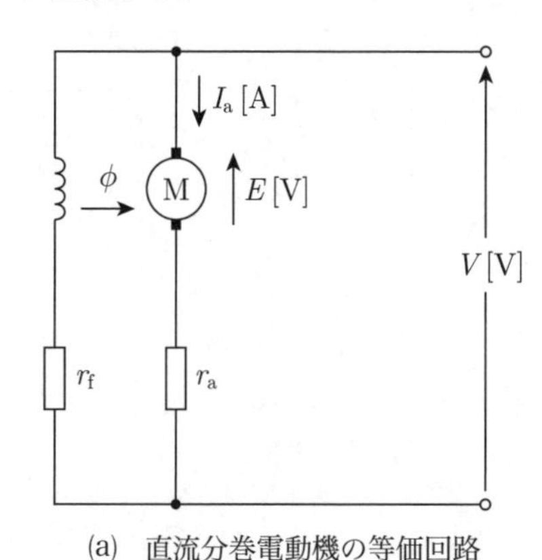

(a)　直流分巻電動機の等価回路

直流直巻電動機の等価回路は(b)図のようになり，界磁磁束 ϕ は I_a に比例するので I_a が増加したとき界磁磁束は**増加**する．したがって，①式より，ϕ も負荷電流に比例するので，結果的にトルクは負荷電流の**2乗**に比例することになる．

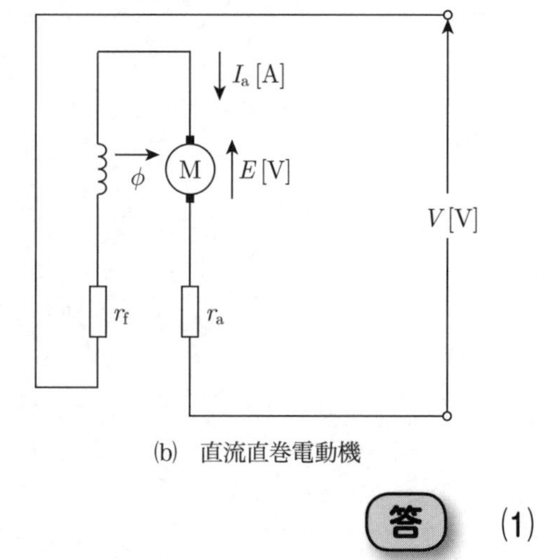

(b)　直流直巻電動機

答　(1)

ある直流分巻電動機を端子電圧220 V，電機子電流100 Aで運転したときの出力が18.5 kWであった．

この電動機の端子電圧と界磁抵抗とを調節して，端子電圧200 V，電機子電流110 A，回転速度720 min^{-1} で運転する．このときの電動機の発生トルクの値[N·m]として，最も近いものを次の(1)～(5)のうちから一つ選べ．

ただし，ブラシの接触による電圧降下及び電機子反作用は無視でき，電機子抵抗の値は上記の二つの運転において等しく，一定であるものとする．

(1) **212**　(2) **236**　(3) **245**　(4) **260**　(5) **270**

解2 端子電圧 220 V で運転したときの等価回路を(a)図とし，調節後の端子電圧 200 V のときの等価回路を(b)図とする．

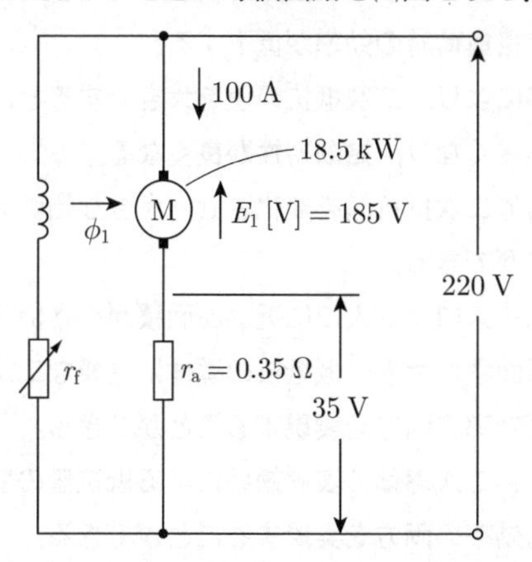

(a) 最初の運転時の等価回路と数値

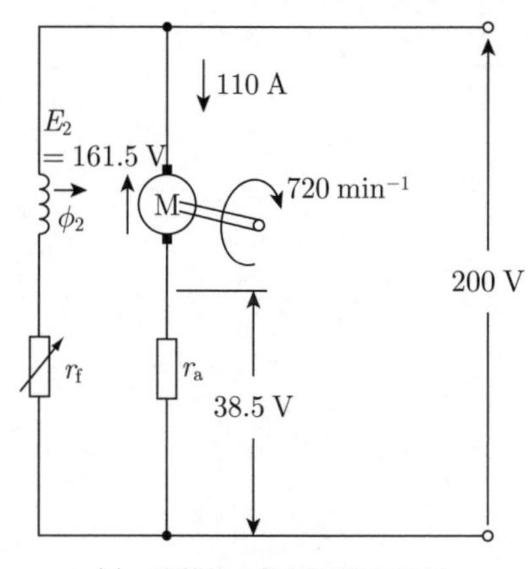

(b) 調整後の等価回路と数値

出力 P は，電機子電流を I_a，誘導起電力を E とすれば，

$$P = I_a \cdot E \qquad ①$$

①式より調節前の誘導起電力 E_1 を求めると，

$$E_1 = \frac{P_1}{I_{a1}} = \frac{18.5 \times 10^3}{100} = 185\ \mathrm{V} \qquad ②$$

②式より電機子抵抗 r_a は，端子電圧を V とすると，

$$r_a = \frac{V - E_1}{I_{a1}} = \frac{220 - 185}{100} = 0.35\ \Omega$$

端子電圧調節後の電機子電流 I_{a2} は 110 A なので，r_a の電圧降下 V_{r2} は，

$$V_{r2} = r_a \cdot I_{a2} = 0.35 \times 110 = 38.5\ \mathrm{V}$$

調節後の誘導起電力 E_2，出力 P_2 は，

$$E_2 = V_2 - I_{a2} \cdot r_a = 200 - 110 \times 0.35$$
$$= 161.5\ \mathrm{V}$$

$$P_2 = E_2 \cdot I_{a2} = 161.5 \times 110 = 17\,765\ \mathrm{W}$$

求めるトルク T_2 は

$$T_2 = \frac{P_2}{\omega_2} = \frac{17\,765}{2\pi \times \dfrac{720}{60}} = 236\ \mathrm{N \cdot m}$$

答 (2)

一定電圧，一定周波数の電源で運転される三相誘導電動機の特性に関する記述として，誤っているものを次の(1)～(5)のうちから一つ選べ．

(1)　かご形誘導電動機では，回転子の導体に用いる棒の材料を銅から銅合金に変更すれば，等価回路の二次抵抗の値が増大するので，定格負荷時の効率が低下する．

(2)　巻線形誘導電動機では，トルクの比例推移により，二次抵抗の値を大きくすると，最大トルク（停動トルク）を発生する滑りが小さくなり，始動特性が良くなる．

(3)　巻線形誘導電動機では，外部の可変抵抗器で二次抵抗値を変化させ，大きな始動トルクと定格負荷時高効率の両方を実現することができる．

(4)　二重かご形誘導電動機では，始動時に回転子スロット入口に近い断面積が小さい高抵抗の導体に，定格負荷時には回転子内部の断面積が大きい低抵抗の導体に主要な二次電流を流し，大きな始動トルクと定格負荷時高効率の両方を実現することができる．

(5)　深溝かご形誘導電動機では，幅が狭い平たい二次導体の表皮効果による抵抗値の変化を利用し，大きな始動トルクと定格負荷時高効率の両方を実現することができる．

解3 (1) 回転子導体を銅合金などの抵抗率の大きい材料にすると二次抵抗が大きくなり，損失は大きくなる．**正しい．**

(2) 誘導電動機の二次抵抗を大きな値で始動すると始動トルクが大きくなる．

巻線形誘導電動機では(a)図のように回転子の巻線からスリップリングを経て外部抵抗を接続し，その抵抗値を始動時に大きくし，回転速度が上昇すると小さくする．

それにより始動トルクを大きくでき，始動電流を小さくできる．(b)図のように抵抗値を大きくすることで最大トルクを発生する滑りは大きくなる．巻線形誘導電動機のトルクTと滑りsの関係は，二次抵抗をR，滑りをsとすればR/sが一定であればTは一定である．この特性を比例推移という．

$$T=\frac{R_1}{s_1}=\frac{R_2}{s_2}=\frac{R_3}{s_3}$$

誤りである．

(3) (2)で説明したように，大きな始動トルクを得られる．定格負荷時では二次抵抗値を小さい値で運転するため，二次銅損を減らせるので高効率運転ができる．**正しい．**

(4), (5) 回転子がかご形の場合，始動時に二次抵抗を大きくして始動トルクを大きくし，定格負荷時の高効率を実現したい場合の対策として，回転子のスロットに収める導体を工夫した二重かご形誘導電動機と深溝形誘導電動機があり，総称して特殊かご形誘導電動機という．その構造を(c)図に示す．

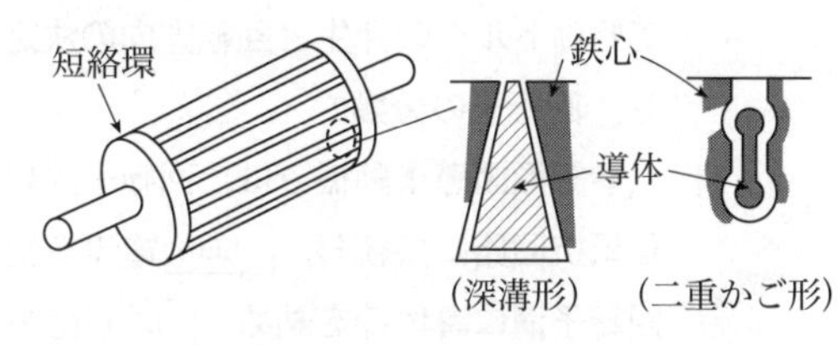

(c) 特殊かご形誘導電動機の構造

これらの誘導電動機では始動時の回転子に誘導される商用周波数が二次電流に流れるが，表皮効果により回転子表面側の導体の断面積が小さくなっているので，始動時に二次抵抗大，負荷運転時の高速時には二次側周波数は小さくなっているので二次電流は導体全体を流れ二次抵抗小となり，大きな始動トルクと定格負荷時高効率を実現することができる．**正しい．**

答 (2)

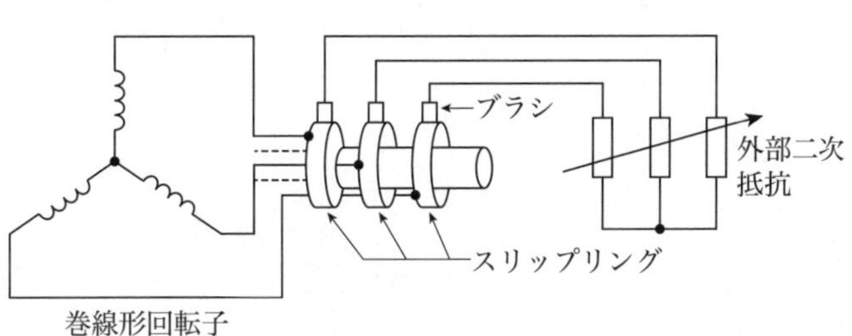

(a) 巻線形誘導電動機スリップリング

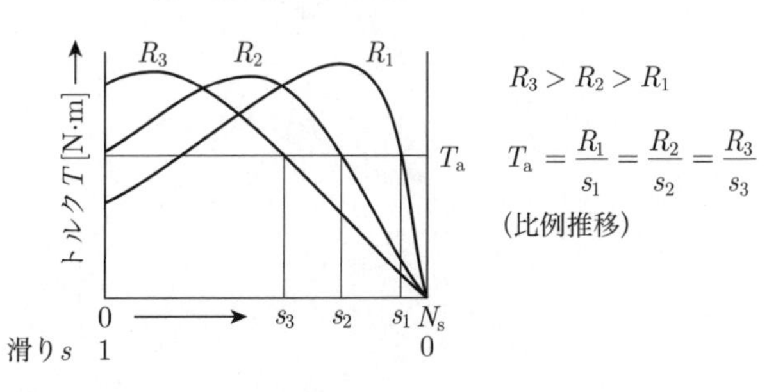

(b) 外部抵抗値によるトルクの比例推移

次の文章は，誘導電動機の分類における，固定子と回転子に関する事項に関する記述である．

a．固定子の分類

三相交流を三相巻線に流すと (ア) 磁界が発生する．この磁界で運転される誘導電動機を三相誘導電動機という．一方，単相交流では (イ) 磁界が発生する．この (イ) 磁界は，正逆両方向の (ア) 磁界が合成されたものと説明される．したがって，コンデンサ始動形単相誘導電動機では，コンデンサで位相を進めた電流を始動巻線に短時間流すことによって始動トルクの発生と回転方向の決定が行われる．

b．回転子の分類

巻線形誘導電動機では，回転子溝に巻線を納め，その巻線を (ウ) とブラシを介して外部抵抗回路に接続し， (エ) 電流を変化させて特性制御を行う．かご形誘導電動機では，回転子溝に導体棒を納め， (オ) に導体棒を接続する．

上記の記述中の空白箇所(ア)～(オ)に当てはまる組合せとして，正しいものを次の(1)～(5)のうちから一つ選べ．

	(ア)	(イ)	(ウ)	(エ)	(オ)
(1)	回転	交番	スリップリング	二次	端絡環
(2)	交番	回転	整流子	二次	継鉄
(3)	交番	回転	スリップリング	一次	継鉄
(4)	回転	交番	整流子	一次	端絡環
(5)	交番	固定	スリップリング	二次	継鉄

解4 a．三相交流を三相誘導電動機の巻線に流すと(a)図のように**回転**磁界を発生する．この回転磁界により回転子の導体に誘導電流が流れ，回転子は回転磁界より少し遅れた速度で回転する．単相交流では**交番**磁界が発生する．交番磁界は正逆両方向の回転磁界の合成なので，始動トルクは零となるため始動できず，始動装置を用いる．

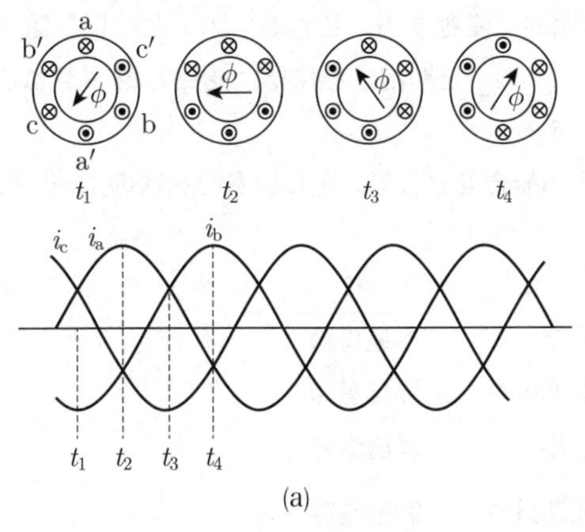

(a)

コンデンサ始動形単相誘導電動機では(b)図のように始動時に始動巻線にコンデンサを接続し，速度が定格速度になる前に遠心力スイッチで始動巻線を切り離す．

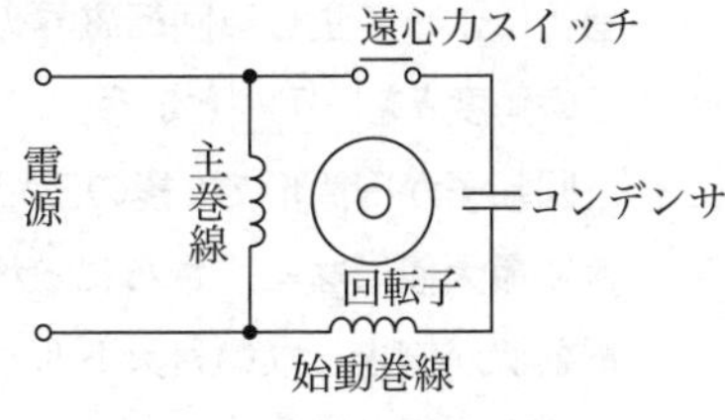

コンデンサを始動時のみ使用する方式．
（コンデンサを運転中も使う方式もある．遠心力スイッチはない）

(b) コンデンサ始動形単相誘導電動機

b．巻線形誘導電動機は問3(a)図のように**スリップリング**とブラシを介して外部抵抗を接続し，外部抵抗値を変えることにより**二次**電流を制御して良好な特性が得られる．

かご形誘導電動機では，問3(c)図のように導体棒を回転子溝に収め，導体棒に電流を流すため**端絡環**を設け導体棒と接続している．

(1)

理論
電力
機械
法規
令和5上(2023)
令和4下(2022)
令和4上(2022)
令和3(2021)
令和2(2020)
令和元(2019)
平成30(2018)
平成29(2017)
平成28(2016)
平成27(2015)

次の文章は，三相同期電動機に関する記述である．

三相同期電動機が負荷を担って回転しているとき，回転子磁極の位置と，固定子の三相巻線によって生じる回転磁界の位置との間には，トルクに応じた角度 δ [rad] が発生する．この角度 δ を［(ア)］という．

回転子が円筒形で2極の三相同期電動機の場合，トルク T [N·m] は δ が［(イ)］[rad] のときに最大値になる．さらに δ が大きくなると，トルクは減少して電動機は停止する．同期電動機が停止しない最大トルクを［(ウ)］という．

また，同期電動機の負荷が急変すると，δ が変化し，新たな δ' に落ち着こうとするが，回転子の慣性のために，δ' を中心として周期的に変動する．これを［(エ)］といい，電源の電圧や周波数が変動した場合にも生じる．［(エ)］を抑制するには，始動巻線も兼ねる［(オ)］を設けたり，はずみ車を取り付けたりする．

上記の記述中の空白箇所(ア)〜(オ)に当てはまる組合せとして，正しいものを次の(1)〜(5)のうちから一つ選べ．

	(ア)	(イ)	(ウ)	(エ)	(オ)
(1)	負荷角	π	脱出トルク	乱調	界磁巻線
(2)	力率角	π	制動トルク	同期外れ	界磁巻線
(3)	負荷角	$\frac{\pi}{2}$	脱出トルク	乱調	界磁巻線
(4)	力率角	$\frac{\pi}{2}$	制動トルク	同期外れ	制動巻線
(5)	負荷角	$\frac{\pi}{2}$	脱出トルク	乱調	制動巻線

解5 同期電動機は三相電源を加え同期速度の回転磁界を発生させ，回転子の磁極を同期速度で回転させる．回転子に負荷がかかると，(a)図のように回転磁界の極が先行して回転子の極より角度δだけ回転すれば回転子磁極はトルクを受けて回転する．このδを**負荷角**という．

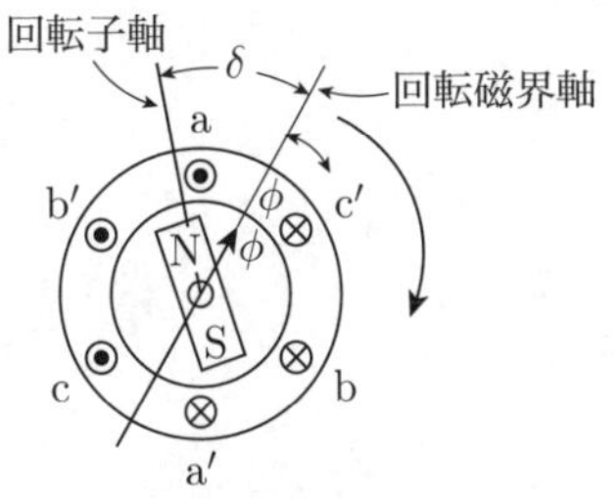

(a) 同期電動機の負荷角

トルクTは同期角速度をω_s，電機子端子相電圧をV，内部誘導起電力（相電圧）をE_0，同期リアクタンスをx_sとすると次式のようになる．

$$T = \frac{1}{\omega_s} \cdot \frac{3(E_0 \cdot V)}{x_s} \cdot \sin\delta \quad ①$$

①式よりδが$\frac{\pi}{2}$のとき，$\sin\delta = \sin\frac{\pi}{2} = 1$で最大となる$\left(\delta = \frac{\pi}{2}[\mathrm{rad}]\right)$．$0 < \delta < \pi/2$までは安定運転可能で，$\delta > \pi/2$では不安定となる．

負荷トルクが最大トルクT_mより大きくなると，負荷角δは増加し，トルクは減少して電動機は不安定となり停止する．これを同期外れという．同期外れをしない最大トルクを**脱出トルク**という．この様子を(b)図に示す．

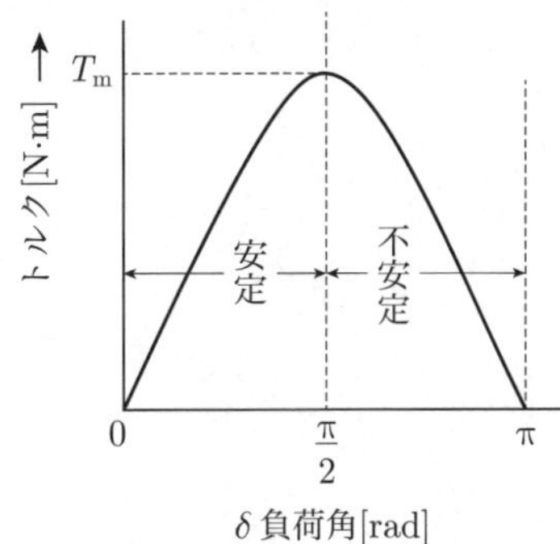

(b) 負荷角とトルクの関係

同期電動機の負荷トルクが変動するとその負荷に相当する負荷角を中心にして周期的な振動が起こる．これを**乱調**という．負荷トルクが脈動する機械では乱調が大きくなる．

乱調を抑制するための対策として，**制動巻線**を設け回転速度の変動を抑えたり，はずみ車をつけて回転エネルギーをはずみ車で抑制，放出して回転速度の変動を抑える．

(5)

定格出力3 000 kV·A，定格電圧6 000 Vの星形結線三相同期発電機の同期インピーダンスが6.90 Ωのとき，百分率同期インピーダンス[%]はいくらか，最も近いものを次の(1)～(5)のうちから一つ選べ．

(1) **19.2** (2) **28.8** (3) **33.2** (4) **57.5** (5) **99.6**

解6　同期インピーダンスz_sは図のように同期機のインピーダンスである．実際には$x_s \gg r_s$となるので$z_s \fallingdotseq x_s$とする．これを百分率インピーダンスに変換するには，定格電圧V_n，定格電流I_nのときの同期インピーダンスの電圧降下であるから，百分率同期インピーダンス$\%z_s$は次式で求められる．定格電流I_n，定格電圧V_n，同期インピーダンスz_s，定格出力P_nとすると，

$$\%z_s = \frac{I_n \cdot z_s}{\frac{V_n}{\sqrt{3}}} \times 100 = \frac{\sqrt{3} \cdot I_n \cdot V_n \cdot z_s}{{V_n}^2} \times 100$$

$$= \frac{P_n \cdot z_s}{{V_n}^2} \times 100 \qquad ①$$

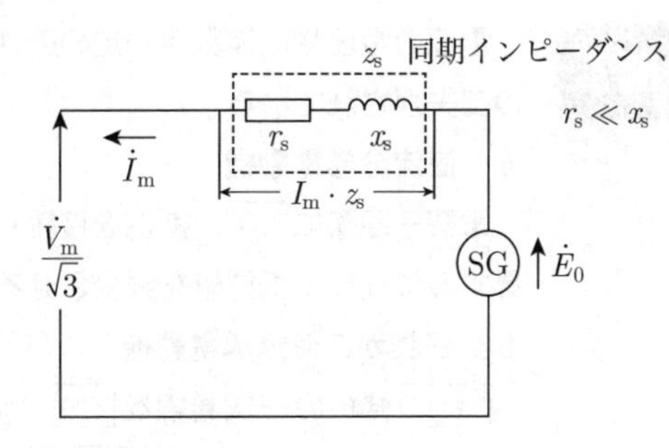

①式を用いて$\%z_s$は次のように計算できる．

$$\%z_s = \frac{3\,000 \times 10^3 \times 6.9}{6\,000^2} \times 100 = 57.5\,\%$$

答　(4)

電源の電圧や周波数が一定の条件下，各種電動機では，始動電流を抑制するための種々の工夫がされている．

a．直流分巻電動機

電機子回路に (ア) 抵抗を接続して電源電圧を加え始動電流を制限する．回転速度が上昇するに従って抵抗値を減少させる．

b．三相かご形誘導電動機

(イ) 結線の一次巻線を (ウ) 結線に接続を変えて電源電圧を加え始動電流を制限する．回転速度が上昇すると (イ) 結線に戻す．

c．三相巻線形誘導電動機

(エ) 回路に抵抗を接続して電源電圧を加え始動電流を制限する．回転速度が上昇するに従って抵抗値を減少させる．

d．三相同期電動機

無負荷で始動電動機（誘導電動機や直流電動機）を用いて同期速度付近まで加速する．次に，界磁を励磁して (オ) 発電機として，三相電源との並列運転状態を実現する．そのち，始動用電動機の電源を遮断して同期電動機として運転する．

上記の記述中の空白箇所(ア)～(オ)に当てはまる組合せとして，正しいものを次の(1)～(5)のうちから一つ選べ．

	(ア)	(イ)	(ウ)	(エ)	(オ)
(1)	直列	△	Y	二次	同期
(2)	並列	Y	△	一次	誘導
(3)	直列	Y	△	二次	誘導
(4)	並列	Y	△	一次	同期
(5)	直列	△	Y	二次	誘導

解7　a．直流電動機では，始動時に逆起電力が零であるので，始動電流始動電流は比較的小さな電機子抵抗のみで制限されているため，大きな端子電圧を加えると大きな始動電流が流れる．それを抑制するため，(a)図のように電機子回路に始動用の**直列**抵抗を接続する．回転速度が上がると逆起電力が大きくなるので，抵抗の値を小さくする．

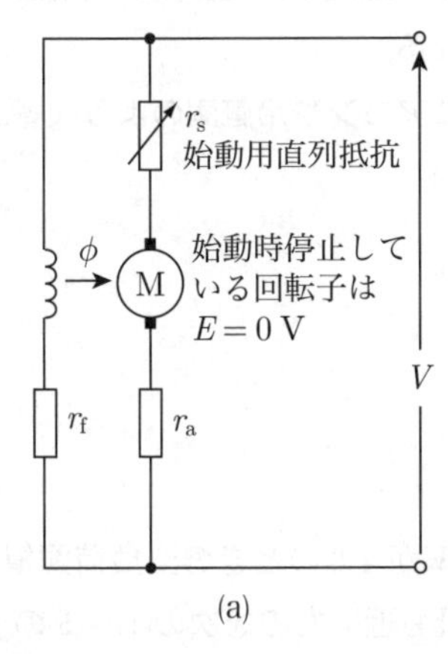

(a)

b．三相かご形誘導電動機は△結線に接続されて運転する．しかし，大容量の誘導電動では，始動電流が定格電流の7倍以上流れるので，変圧器容量不足などで始動電流を小さくしなければならない．始動電流を小さくする始動法として，(b)図のようなY-△始動法がある．

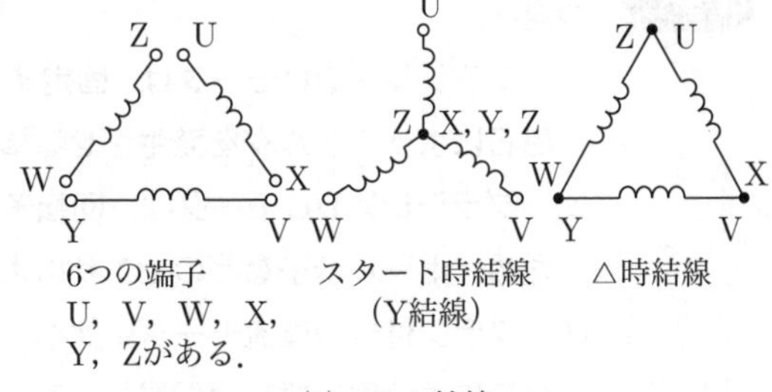

(b)　Y-△結線

これは運転時G結線の一次巻線を，始動時に**Y**結線とし，回転速度が上がると通常の△結線に変更する．これにより始動電流と始動トルクは全電圧始動の1/3に減少する．

c．三相巻線形誘導電動機の始動電流は，スリップリングからブラシを経て**二次**回路に抵抗が接続されるが，この二次抵抗値を大きくすると始動時の電流が抑制され，始動トルクは大きくなる（問3(a)図，(b)図参照）．

d．三相同期電動機は始動トルクがないので始動時の工夫が必要である．問では始動電動機を用いて同期速度まで加速し，界磁を励磁して**同期**発電機として電源と並列運転し，その後，始動用電動機電源をオフすると同期電動機として運転できる．

(1)

問8

ブラシレスDCモータに関する記述として，誤っているものを次の(1)～(5)のうちから一つ選べ．

(1) ブラシレスDCモータは，固定子巻線に流れる電流と，回転子に取り付けられた永久磁石によってトルクを発生させる構造となっている．

(2) ブラシレスDCモータは，回転子の位置により通電する巻線を切り換える必要があるため，ホール素子などのセンサによって回転子の位置を検出している．

(3) ブラシ付きの直流モータに比べ，ブラシと整流子による機械的接触部分がないため，火花による電気雑音は低減し，モータの寿命は長くなる．

(4) ブラシ付きの直流モータに比べ，位置センサの信号処理や，駆動用の制御回路が必要となり，モータの駆動に必要な周辺回路が複雑になる．

(5) ブラシレスDCモータは効率がよくないため，エアコンや冷蔵庫のような省エネ性能が求められる大型の家電製品には利用されていない．

問9

定格容量**500 kV·A**の三相変圧器がある．負荷力率が**1.0**のときの全負荷銅損が**6 kW**であった．このときの電圧変動率の値[%]として，最も近いものを次の(1)～(5)のうちから一つ選べ．ただし，鉄損及び励磁電流は小さく無視できるものとし，簡単のために用いられる電圧変動率の近似式を利用して解答すること．

(1) **0.7**　(2) **1.0**　(3) **1.2**　(4) **2.5**　(5) **3.6**

解8 (1), (2) ブラシレスDCモータの構造は，図のように回転子は永久磁石で，ホール素子などの磁気センサを用いて永久磁石の回転子の位置を検知し，その信号をもとに電子回路を制御して回転磁界を発生させ，回転子を駆動させている．**正しい．**

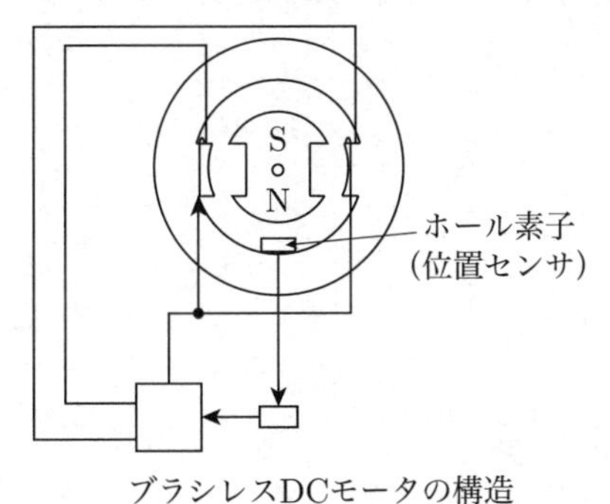

ブラシレスDCモータの構造

(3) ブラシレスDCモータは機械的な接触部分を取り除いているため，電気的，機械的なノイズを低減し，長寿命である．**正しい．**

(4) ブラシ付きDCモータと比較して位置センサにより回転磁界を制御するため回路が複雑になる．**正しい．**

(5) ブラシレスDCモータは速度制御が容易にでき，速度制御による損失がなく，減速しても効率は良い．**誤り．**

(5)

解9 電圧変動率εの定義式は，図のベクトルより，無負荷時の二次電圧をV_{20}，定格二次電圧をV_{2N}，定格二次電流をI_{2N}をとすると，

$$\varepsilon = \frac{V_{20} - V_{2N}}{V_{2N}} \times 100$$
$$= \frac{I_{2N} \cdot r\cos\theta + I_{2N} \cdot x\sin\theta}{V_{2N}} \times 100$$
$$= \frac{I_{2N} \cdot r\cos\theta}{V_{2N}} \times 100 + \frac{I_{2N} \cdot x\sin\theta}{V_{2N}} \times 100$$

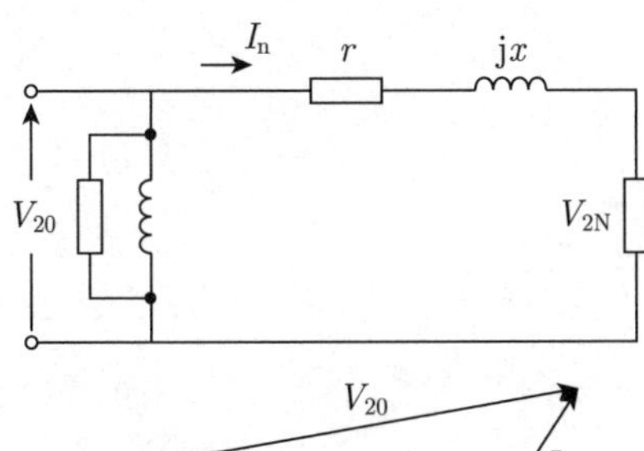

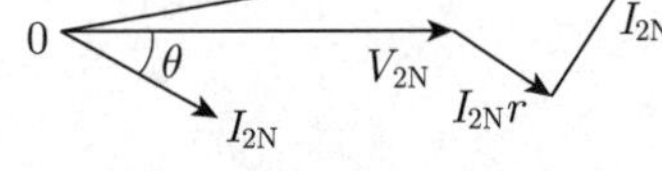

変圧器等価回路とベクトル

変圧器の電圧変動率εは，百分率抵抗降下p [%]，百分率リアクタンス降下q [%]とすると近似式は次のようになる．

$$\varepsilon = p\cos\theta + q\sin\theta \qquad ①$$

V_nを相電圧E_nで計算する．

（百分率抵抗降下）

$$p = \frac{r \cdot I_{2N}}{E_n} \times 100\,[\%] \qquad ②$$

（百分率リアクタンス降下）

$$q = \frac{x \cdot I_{2N}}{E_n} \times 100\,[\%] \qquad ③$$

②式より，全負荷銅損をP_{c0}，変圧器の定格容量をP_nとすると，

$$p = \frac{r \cdot I_{2N}}{\frac{V_n}{\sqrt{3}}} \times 100 = \frac{3 \cdot r \cdot {I_{2N}}^2}{\sqrt{3} \cdot V_n \cdot I_{2N}} \times 100$$
$$= \frac{P_{c0}}{P_n} \times 100 = \frac{6}{500} \times 100 = 1.2\,\%$$

負荷力率1であるので$\sin\theta = 0$

電圧変動率εは①式より，①式の第2項は0になるので，

$$\varepsilon = p\cos\theta = 1.2 \times 1 = 1.2\,\% \quad (答)$$

(3)

理論
電力
機械
法規
令和5上 (2023)
令和4下 (2022)
令和4上 (2022)
令和3 (2021)
令和2 (2020)
令和元 (2019)
平成30 (2018)
平成29 (2017)
平成28 (2016)
平成27 (2015)

問10　巻上機によって質量1 000 kgの物体を毎秒0.5 mの一定速度で巻き上げているときの電動機出力の値[kW]として，最も近いものを次の(1)～(5)のうちから一つ選べ．ただし，機械効率は90 %，ロープの質量及び加速に要する動力については考慮しないものとする．

(1)　**0.6**　　(2)　**4.4**　　(3)　**4.9**　　(4)　**5.5**　　(5)　**6.0**

解10 電力の単位[W]は，SI組立単位で表すと[W] = [J/s]，[J] = [N·m]より，[W] = [N·m/s]と表される．質量M[kg]を力F[N]に換算するには，$F = a$（a：加速度）より，地球上では$a = 9.8\ \mathrm{m/s^2}$であるから$F = 9.8M$ [$N = \mathrm{kg \cdot m/s^2}$]と表される．

この問では質量がkgで与えられているので，ニュートンに直すため9.8をかける．

図のような巻上げ機で巻き上げる質量をM [kg]，巻上げ速度をv [m/s]，効率ηとすると，電動機出力P [W]は力Fに速度vを掛けて求められるので，効率を考慮し次式で求められる．

$$P = \frac{9.8 \cdot M \cdot v}{\eta}\ [\mathrm{W}] \qquad ①$$

①式より電動機出力Pを求めると，

$$P = \frac{9.8 \times 1\,000 \times 0.5}{0.9} \fallingdotseq 5\,444\ \mathrm{W}$$

$\rightarrow 5.5\ \mathrm{kW}$

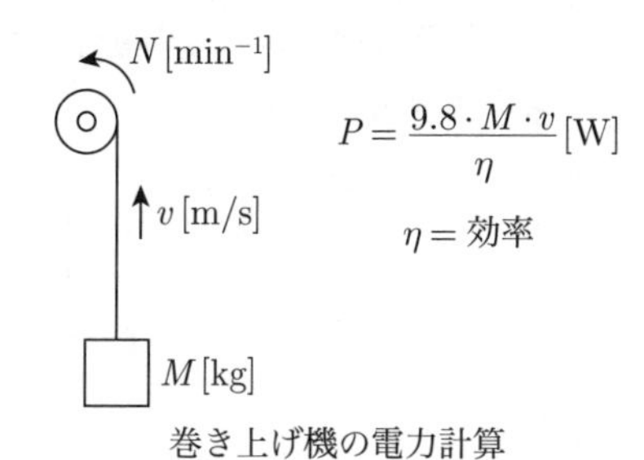

巻き上げ機の電力計算

答 (4)

理論 電力 機械 法規 令和5上(2023) 令和4下(2022) 令和4上(2022) 令和3(2021) 令和2(2020) 令和元(2019) 平成30(2018) 平成29(2017) 平成28(2016) 平成27(2015)

問11 図は昇降圧チョッパを示している．スイッチQ，ダイオードD，リアクトルL，コンデンサCを用いて，図のような向きに定めた負荷抵抗Rの電圧v_0を制御するためのものである．これらの回路で，直流電源Eの電圧は一定とする．また，回路の時定数は，スイッチQの動作周期に対して十分に大きいものとする．回路のスイッチQの通流率γとした場合，回路の定常状態での動作に関する記述として，誤っているものを次の(1)～(5)のうちから一つ選べ．

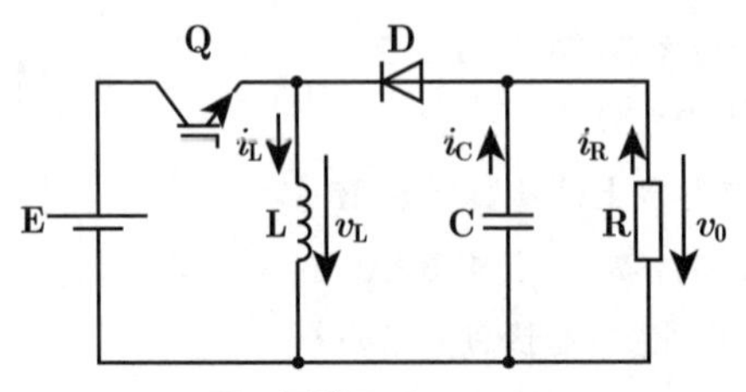

図　昇降圧チョッパ

(1) Qがオンのときは，電源EからのエネルギーがLに蓄えられる．

(2) Qがオフのときは，Lに蓄えられたエネルギーが負荷抵抗RとコンデンサCにDを通して放出される．

(3) 出力電圧v_0の平均値は，γが0.5より小さいときは昇圧チョッパ，0.5より大きいときは降圧チョッパとして動作する．

(4) 出力電圧v_0の平均値は，図のv_0の向きを考慮すると正になる．

(5) Lの電圧v_Lの平均電圧は，Qのスイッチング一周期で0となる．

解11　図の昇降圧チョッパでQがオンすると，E→Q→Lの経路で電流が流れ，Lに電磁エネルギーが蓄積される．(1)**は正しい**．

Qがオフすると Lに蓄えられたエネルギーがRとCにDを通して流れ，Cを充電する．(2)**も正しい**．

QがオンQ時にLに蓄えられたエネルギーと，Qがオフ時に流れるエネルギーは等しく，Qがオンの時間をQ_{on}，オフの時間をQ_{off}，電源電圧をEとすると，次式が成り立つ．

$$E\cdot i\cdot Q_{\mathrm{on}}=v_0\cdot i\cdot Q_{\mathrm{off}}$$

したがって，出力電圧v_0は，通流率γ，$Q_{\mathrm{on}}+Q_{\mathrm{off}}=T$とすると，

$$v_0=\frac{Q_{\mathrm{on}}}{Q_{\mathrm{off}}}\cdot E=\frac{\dfrac{Q_{\mathrm{on}}}{T}}{1-\dfrac{Q_{\mathrm{on}}}{T}}\cdot E$$

$$=\frac{\gamma}{1-\gamma}\cdot E \qquad ①$$

①式よりγが0.5を超えるとv_0はEより大きくなり，昇圧チョッパとなり，γが0.5より小さいときは降圧チョッパとなる．(3)の説明は逆になっているので**誤り**である．

(a)図は問11の図をQがオン時とオフ時に分けて描いたものである．(b)図はそのタイムチャートを示す．オン時間とEの掛け算と，オフ時間とv_0の掛け算は等しいので，$E\cdot\gamma T=-v_0(1-\gamma)\cdot T$が成り立ち，

$$v_0=\frac{\gamma\cdot E}{1-\gamma}$$

となるので(c)図のようにオン時間を長くとるとLのエネルギーを大きくできるため大きな出力電圧を得られる．

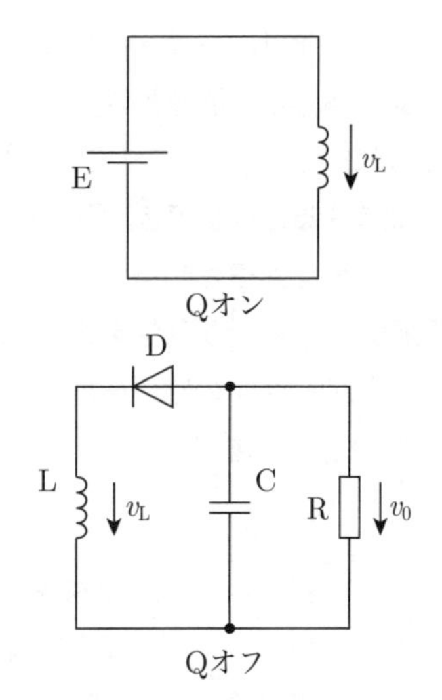

(a)　昇降圧チョッパのオン，オフ時等価回路

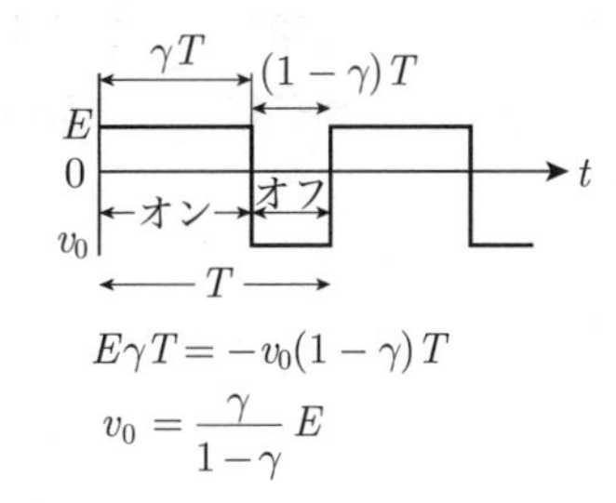

(b)　昇降圧チョッパタイムチャート

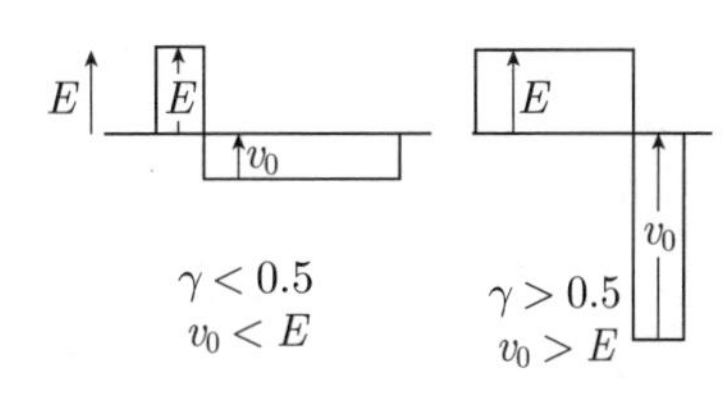

(c)　昇降圧チョッパオン，オフ時間による出力電圧v_0

(4)はv_LによるRに流れる電流i_Rが問の図のように流れるのでv_0は下向きである．**正しい**．

(5)は，Lに蓄えられるエネルギーと放出するエネルギーが等しいのでv_Lの平均電圧はQのスイッチング一周期Tで0になる．**正しい**．

(3)

次の文章は，鉛蓄電池に関する記述である．

鉛蓄電池は，正極と負極の両極に［(ア)］を用いる．希硫酸を電解液として初充電すると，正極に［(イ)］，負極に［(ウ)］ができる．これを放電すると，両極とももとの［(ア)］に戻る．

放電すると水ができ，電解液の濃度が下がり，両極間の電圧が低下する．そこで，充電により電圧を回復させる．過充電を行うと電解液中の水が電気分解して，正極から［(エ)］，負極から［(オ)］が発生する．

上記の記述中の空白箇所(ア)～(オ)に当てはまる組合せとして，正しいものを次の(1)～(5)のうちから一つ選べ．

	(ア)	(イ)	(ウ)	(エ)	(オ)
(1)	鉛	硫酸鉛	二酸化鉛	水素ガス	酸素ガス
(2)	鉛	二酸化鉛	硫酸鉛	水素ガス	酸素ガス
(3)	硫酸鉛	鉛	二酸化鉛	水素ガス	酸素ガス
(4)	硫酸鉛	二酸化鉛	鉛	酸素ガス	水素ガス
(5)	二酸化鉛	硫酸鉛	鉛	酸素ガス	水素ガス

解12 鉛蓄電池は正極，負極材料として**硫酸鉛**を用い，図のように，充電すると正極は**二酸化鉛**となり，負極では**鉛**ができる．また，放電すると両電極は硫酸鉛 $PbSO_4$ となる．次式で充電時と放電時の正極，負極の変化がわかる．

(正極)

$$PbO_2 + 4H^+ + SO_4^{2-} + 2e^- \underset{充電}{\overset{放電}{\rightleftarrows}} PbSO_4 + 2H_2O$$

(負極)

$$Pb + SO_4^{2} \underset{充電}{\overset{放電}{\rightleftarrows}} PbSO_4 + 2e^-$$

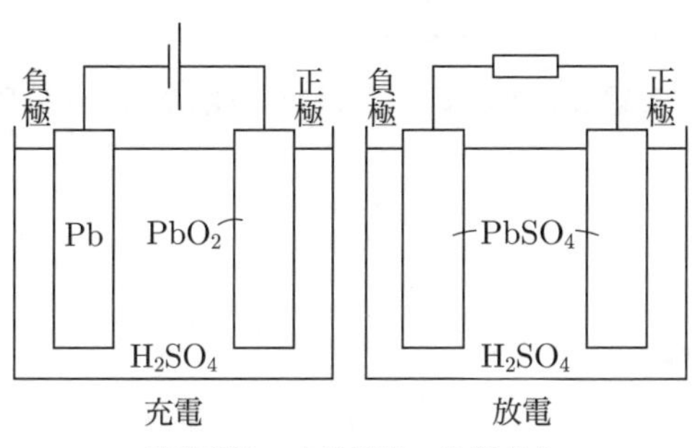

鉛蓄電池の充放電時の化学変化

正極，負極の変化をまとめた式は次のようになる．

$$\underset{負極}{Pb} + \underset{電解液}{2H_2SO_4} + \underset{正極}{PbO_2} \underset{充電}{\overset{放電}{\rightleftarrows}} \underset{負極}{PbSO_4} + \underset{正極}{PbSO_4} + \underset{水}{2H_2O}$$

鉛蓄電池を過充電すると水の電気分解を起こし，電気エネルギーが消費の状態になる．

水の電気分解は，正極から**酸素ガス**，負極から**水素ガス**を発生する．そのため電解液が減少する．過充電するとデメリットが大きい．

選択肢(4)**が正しい**．

(4)

問13　次の文章は，図に示す抵抗R，並びにキャパシタCで構成された一次遅れ要素に関する記述である．

図の回路において，入力電圧に対する出力電圧を，一次遅れ要素の周波数伝達関数として表したとき，折れ点角周波数ω_cは (ア) rad/sである．ゲイン特性は，ω_cよりも十分低い角周波数ではほぼ一定の (イ) dBであり，ω_cよりも十分高い角周波数では，角周波数が10倍になるごとに (ウ) dB減少する直線となる．また，位相特性は，ω_cよりも十分高い角周波数でほぼ一定の (エ) °の遅れとなる．

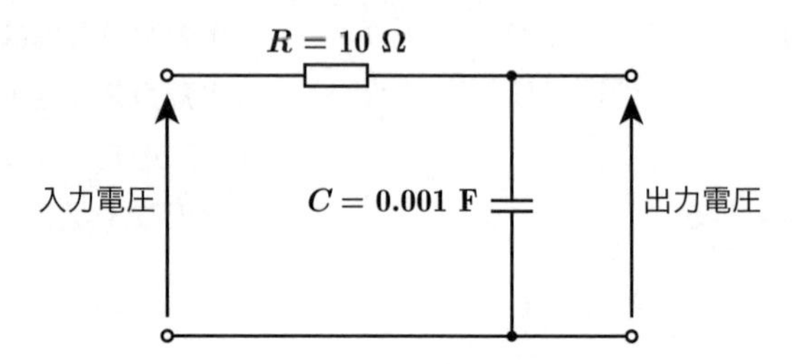

上記の記述中の空白箇所(ア)～(エ)に当てはまる組合せとして，正しいものを次の(1)～(5)のうちから一つ選べ．

	(ア)	(イ)	(ウ)	(エ)
(1)	100	20	10	45
(2)	100	0	20	90
(3)	100	0	20	45
(4)	0.01	0	10	90
(5)	0.01	20	20	45

解13 (a)図において入力電圧 $e_{\mathrm{i}}(t)$，出力電圧 $e_{\mathrm{o}}(t)$ とすると，

$$e_{\mathrm{i}}(t) = Ri(t) + \frac{1}{C}\int i(t)\,\mathrm{d}t$$

$$e_{\mathrm{o}}(t) = \frac{1}{C}\int i(t)\,\mathrm{d}t$$

ラプラス変換して，

$$E_{\mathrm{i}}(s) = RI(s) + \frac{1}{C}\cdot\frac{1}{s}\cdot I(s)$$

$$E_{\mathrm{o}}(s) = \frac{1}{C}\cdot\frac{1}{s}\cdot I(s)$$

伝達関数 $G(s)$ は，

$$G(s) = \frac{E_{\mathrm{o}}(s)}{E_{\mathrm{i}}(s)} = \frac{1}{1+RCs} = \frac{1}{1+Ts}$$

ここで，$RC = T$ とおいた．T を時定数という．周波数伝達関数では s を $\mathrm{j}\omega$ とおいて，

$$G(\mathrm{j}\omega) = \frac{1}{1+\mathrm{j}\omega RC} = \frac{1}{1+\mathrm{j}\omega T}$$

利得を G とすれば，

$$\begin{aligned} G &= 20\log_{10}|G(\mathrm{j}\omega)|\,t \\ &= 20\log_{10}\frac{1}{\sqrt{1+(\omega T)^2}} \\ &= 20\log_{10}1 - 20\log_{10}\sqrt{1+(\omega T)^2} \end{aligned}$$

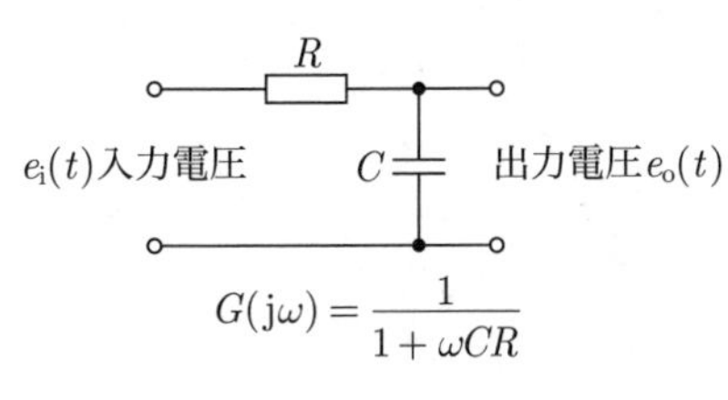

$$G(\mathrm{j}\omega) = \frac{1}{1+\omega CR}$$

$E_{\mathrm{i}}(s)$ —— $G(s)$ —— $E_{\mathrm{o}}(s)$

(a) RC 直列回路の伝達関数

・$\omega T \ll 1$ のとき

ωT が1より十分小さい範囲ではゲイン G は**0**

$$-10\log_{10}1 = 0$$

$\omega T = 1$ のときの角周波数 ω_{c} は，$\omega_{\mathrm{c}}CR = 1$

$$\omega_{\mathrm{c}} = \frac{1}{CR} = \frac{1}{0.001\times10} = \mathbf{100}$$

$$\begin{aligned} G &= -10\log_{10}\{1+(\omega T)^2\} \\ &= -10\log_{10}\{1+(1)^2\} \\ &= -10\log_{10}2 = -3.01 \end{aligned}$$

・$\omega T \gg 1$ のとき

$$G = -20\log_{10}\omega T$$

G は ωT が10倍変化したとき**20** dB 下がる特性である．G の特性を(b)図のボード線図で示す．

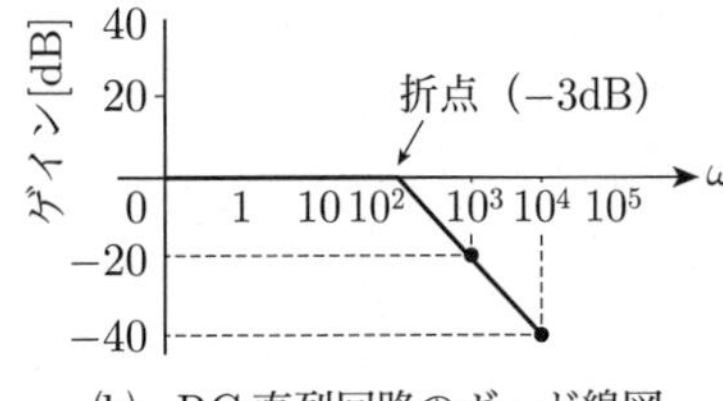

(b) RC 直列回路のボード線図

位相 θ は，$\theta = -\tan^{-1}\omega T$ より，ω_{c} より高い角周波数では，例えば $\omega_{\mathrm{c}} = 100$ では，$\theta = -\tan^{-1}100 = -89.4$ で**90°**遅れとなる．

答 (2)

2進数，10進数，16進数に関する記述として，誤っているものを次の(1)〜(5)のうちから一つ選べ．

(1) 16進数の$(6)_{16}$を16倍すると$(60)_{16}$になる．

(2) 2進数の$(1010101)_2$と16進数の$(57)_{16}$を比較すると$(57)_{16}$の方が大きい．

(3) 2進数の$(1011)_2$を10進数に変換すると$(11)_{10}$になる．

(4) 10進数の$(12)_{10}$を16進数に変換すると$(C)_{16}$になる．

(5) 16進数の$(3D)_{16}$を2進数に変換すると$(111011)_2$になる．

解14 (1) $(6)_{16} \times 16$は10進数では，

$6 \times 16^0 \times 16 = 6 \times 16$

となる．この値を書き直すと，

$6 \times 16^1 + 0 \times 16^0 = (60)_{16}$

となる．**正しい．**

(2) $(1010101)_2$は10進数に変換すると，

$2^6 + 2^4 + 2^2 + 2^0 = 64 + 16 + 4 + 1 = 85$

一方，$(57)_{16}$を10進数に変換すると，

$5 \times 16^1 + 7 \times 16^0 = 80 + 7 = 87$

$(57)_{16} > (1010101)_2$となる．**正しい．**

(3) $(1011)_2$は10進数に変換すると，

$2^3 + 2^1 + 2^0 = 8 + 2 + 1 = (11)_{10}$

となる．**正しい．**

(4) 10進数，表の16進数対応表より，$(12)_{10}$は16進数で$(C)_{16}$である．**正しい．**

(5) 16進数$(3D)_{16}$は，2進数に変換すると，$(3)_{16}$は$(11)_2$，$(D)_{16}$は$(1101)_2$となるので，$(3D)_{16}$は$(111101)_2$となる．$(111011)_2$は$(3B)_{16}$となる．**誤り．**

10進数，16進数，2進数対応表

10進数	16進数	2進数
1	1	0001
2	2	0010
3	3	0011
4	4	0100
5	5	0101
6	6	0110
7	7	0111
8	8	1000
9	9	1001
10	A	1010
11	B	1011
12	C	1100
13	D	1101
14	E	1110
15	F	1111
16	10	10000

答 (5)

B問題 配点は１問題当たり(a)５点，(b)５点，計１０点

問15 定格容量が10 kV·Aで，全負荷における銅損と鉄損の比が2：1の単相変圧器がある．力率1.0の全負荷における効率が97 %であるとき，次の(a)及び(b)の問に答えよ．ただし，定格容量とは出力側で見る値であり，鉄損と銅損以外の損失は全て無視するものとする．

(a) 全負荷における銅損は何[W]になるか，最も近いものを次の(1)～(5)のうちから一つ選べ．

(1) 357　(2) 206　(3) 200　(4) 119　(5) 115

(b) 負荷の電圧と力率が一定のまま負荷を変化させた．このとき，変圧器の効率が最大となる負荷は全負荷の何[%]か，最も近いものを(1)～(5)のうちから一つ選べ．

(1) 25.0　(2) 50.0　(3) 70.7　(4) 100　(5) 141

解15 変圧器の損失は負荷使用時の銅損 P_c と，無負荷時の損失である鉄損 P_i とがある．等価回路は(a)図のようになる．r_1，r_2 で損失電力となる銅損，g での損失電力となる鉄損である．全負荷のときの銅損を P_{c0} とすると，負荷 α [%]時の銅損は，

$$\left(\frac{\alpha}{100}\right)^2 \cdot P_{c0}\ [\mathrm{W}]$$

となる．最大効率は，銅損＝鉄損のときとなる（(b)図）．

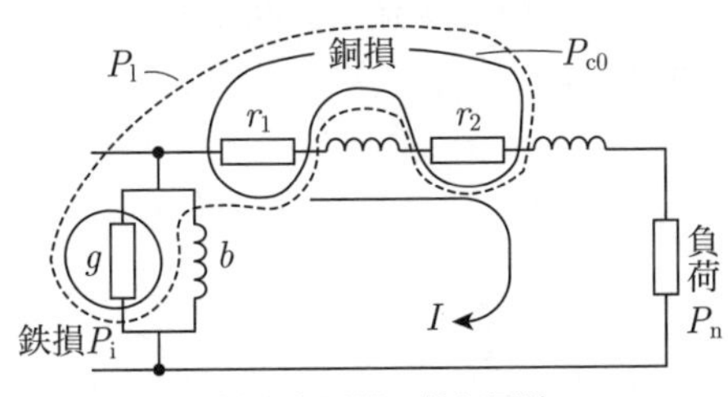

(a) 変圧器の等価回路

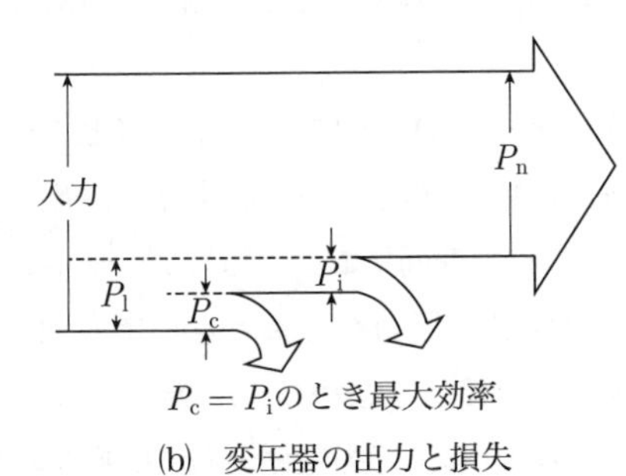

(b) 変圧器の出力と損失

(a) 全負荷銅損を P_{c0}，鉄損を P_i とすると全損失 P_0 は，

$$P_0 = P_i + P_{c0}$$

となる．また，比率は題意より

$$P_{c0} : P_i = 2 : 1$$

全負荷効率 $\eta_0 = 0.97$ であるので、次式が成り立つ．

$$\eta_0 = \frac{P_n}{P_n + P_0} = \frac{10 \times 10^3}{10 \times 10^3 + P_0} = 0.97 \qquad ①$$

①式から P_0 を求めると，

$$P_0 = 10 \times 10^3 (1 - 0.97)/0.97 = 309\ \mathrm{W}$$

全負荷銅損 P_{c0} は，

$$P_{c0} = P_0 \times \frac{2}{3} = 309 \times \frac{2}{3} = 206\ \mathrm{W} \quad (答)$$

(b) 変圧器効率が最大になるのは銅損と鉄損が等しいときである．鉄損 P_i は，

$$P_i = 309 \times \frac{1}{3} = 103\ \mathrm{W}$$

全負荷に対する比率が α のときの銅損は $\alpha^2 \cdot P_{c0}$ となるので，この値が鉄損と等しいとき最大効率となる．

$$\alpha^2 \cdot P_{c0} = P_i$$

$$\alpha^2 = \frac{P_i}{P_{c0}} = \frac{103}{206}$$

$$\alpha = \sqrt{\frac{103}{206}} = \sqrt{0.5} = 0.707$$

$$= 70.7\ \% \quad (答)$$

(a) - (2)，(b) - (3)

問16

次の文章は，単相半波ダイオード整流回路に関する記述である．

抵抗Rとリアクトル L とを直列接続した負荷に電力を供給する単相半波ダイオード整流回路を図1に示す．また図1に示した回路の交流電源の電圧波形 $v(t)$ を破線で，抵抗Rの電圧波形 $v_R(t)$ を実線で図2に示す．ただし，ダイオードDの電圧降下及びリアクトルLの抵抗は無視する．次の(a)及び(b)の問に答えよ．

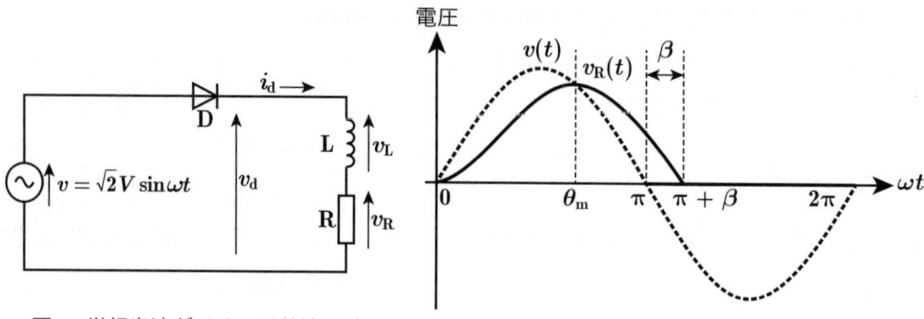

図1　単相半波ダイオード整流回路　　図2　交流電源及び負荷抵抗の電圧波形

ただし，必要であれば次の計算結果を利用してよい．

$$\int_0^\alpha \sin\theta\,d\theta = 1 - \cos\alpha$$

$$\int_0^\alpha \cos\theta\,d\theta = \sin\alpha$$

(a)　以下の記述中の空白箇所(ア)～(エ)に当てはまる組合せとして，正しいものを次の(1)～(5)のうちから一つ選べ．

図1の電源電圧 $v(t) > 0$ の期間においてダイオードDは順方向バイアスとなり導通する．$v(t)$ と $v_R(t)$ が等しくなる電源電圧 $v(t)$ の位相を $\omega t = \theta_m$ とすると，出力電流 $i_d(t)$ が増加する電源電圧の位相 ωt が $0 < \omega t < \theta_m$ の期間においては (ア) ，$\omega t = \theta_m$ 以降については (イ) となる．出力電流 $i_d(t)$ は電源電圧 $v(t)$ が負となっても $v(t) = 0$ の点よりも $\omega t = \beta$ に相当する時間だけ長く流れ続ける．すなわち，Lの磁気エネルギーが (ウ) となる $\omega t = \pi + \beta$ で出力電流 $i_d(t)$ が0となる．出力電圧 $v_d(t)$ の平均値 V_d は電源電圧 $v(t)$ を0～ (エ) の区間で積分して一周期である2π で除して計算でき，このときLの電圧 $v_L(t)$ を同区間で積分すれば0となるので，V_d は抵抗Rの電圧 $v_R(t)$ の平均値 V_R に等しくなる．

	(ア)	(イ)	(ウ)	(エ)
(1)	$v_L(t) > 0$	$v_L(t) < 0$	0	$\pi + \beta$
(2)	$v_L(t) < 0$	$v_L(t) > 0$	0	$\pi + \beta$
(3)	$v_L(t) > 0$	$v_L(t) < 0$	最大	$\pi + \beta$
(4)	$v_L(t) < 0$	$v_L(t) > 0$	最大	β
(5)	$v_L(t) > 0$	$v_L(t) < 0$	0	β

(b)　小問(a)において，電源電圧の実効値100 V，$\beta = \dfrac{\pi}{6}$ のときの出力電圧 $v_d(t)$ の平均値 V_d [V] として，最も近いものを次の(1)～(5)のうちから一つ選べ．

(1)　3　　(2)　20　　(3)　42　　(4)　45　　(5)　90

解16 (a)　$v(t) = v_R(t) + v_L(t)$

$v_L(t) = v(t) - v_R(t)$

(ア)は$0 < \omega t < \theta_m$では問の図2より$\boldsymbol{v_L(t) > 0}$となる．(イ)の$(\pi + \beta) > \omega t > \theta_m$では，$\boldsymbol{v_L(t) < 0}$となる．

Lの磁気エネルギーは$\omega T = \pi \cdot \beta$で**0**となり，$i_d(t)$も0となる．

Lの磁気エネルギーは$0 < \omega t < \theta_m$までは蓄積し，$(\pi + \beta) > \omega t > \theta_m$ではエネルギーを放出する．蓄積エネルギーと放出エネルギーは等しいので，$v_L(t)$の0〜$\pi + \beta$までの積分値は0になる．したがって，V_dは$v_R(t)$の平均値で$v_R(t)$を0〜$\pi + \beta$積分して2πで除した値で求められるので，0になる．積分範囲は0〜$\boldsymbol{\pi + \beta}$となる．

(b)　問(a)より，出力電圧$v_d(t)$の平均値V_dは電源電圧$v(t)$を0〜$\pi + \beta$区間で積分し，2πで除して計算する，と書いているので問の上側の積分の公式を用いて解くと，

$$V_d = \frac{1}{2\pi}\int_0^{\pi+\frac{\pi}{6}} 100\sqrt{2}\sin\omega t\,\mathrm{d}\omega t$$
$$= \frac{100\sqrt{2}}{2\pi}\int_0^{\pi+\frac{\pi}{6}} \sin\omega t\,\mathrm{d}\omega t$$
$$= 22.5\left(1 - \cos\frac{7\pi}{6}\right) \fallingdotseq 42\ \mathrm{V}\quad (答)$$

答　(a) - (1)，(b) - (3)

問17及び問18は選択問題であり，問17又は問18のどちらかを選んで解答すること．両方解答すると採点されません．

（選択問題）

問17

熱の伝わり方について，次の(a)及び(b)の問に答えよ．

(a) ［(ア)］は，熱媒体を必要とせず，真空中でも熱を伝達する．高温側で温度 T_2 [K] の面 S_2 [m²] と，低温側で温度 T_1 [K] の面 S_1 [m²] が向かい合う場合の熱流 Φ [W] は，$S_2 F_{21} \sigma$(［(イ)］) で与えられる．

ただし，F_{21} は，［(ウ)］である．また，σ [W/(m²·K⁴)] は，［(エ)］定数である．

上記の記述中の空白箇所(ア)～(エ)に当てはまる組合せとして，正しいものを次の(1)～(5)のうちから一つ選べ．

	(ア)	(イ)	(ウ)	(エ)
(1)	熱伝導	$T_2^2 - T_1^2$	形状係数	プランク
(2)	熱放射	$T_2^2 - T_1^2$	形態係数	ステファン・ボルツマン
(3)	熱放射	$T_2^4 - T_1^4$	形態係数	ステファン・ボルツマン
(4)	熱伝導	$T_2^4 - T_1^4$	形状係数	プランク
(5)	熱伝導	$T_2^4 - T_1^4$	形状係数	ステファン・ボルツマン

(b) 下面温度が350 K，上面温度が270 Kに保たれている直径1 m，高さ0.1 mの円柱がある．伝導によって円柱の高さ方向に流れる熱流 Φ の値 [W] として，最も近いものを次の(1)～(5)のうちから一つ選べ．

ただし，円柱の熱伝導率は0.26 W/(m·K)とする．また，円柱側面からのその他の熱の伝達及び損失はないものとする．

(1) 3　(2) 39　(3) 163　(4) 653　(5) 2 420

解17 (a) 熱の伝わり方には次の3種類がある．放射，伝導，対流で，そのなかで熱媒体を必要とせず真空中でも熱を伝達できるのは**熱放射**だけである．熱放射は，高温物体から出る赤外線などの電磁波により低温物体に熱が伝わる方法で，波長が0.1 μm～10 μmの電磁波で低温物質を構成する分子を振動させて熱を発生させる．

黒体から放射される熱放射量Eは，次式で表される．

$$E = \sigma T^4 \ [\mathrm{W/m^2}]$$

ここで，σ：**ステファン・ボルツマン定数** $[\mathrm{W/(m^2 \cdot K^4)}]$，$T$：絶対温度[K]

これをステファン・ボルツマンの法則という．高温側表面積S_2 [m²]，温度T_2 [K]，低温側表面積S_1 [m²]，温度T_1 [K]とし，高低温の両面が向かい合うときの熱流Φ [W]は高温側から低温側へと流れるが，低温側からも熱流はあるので，合計の熱流は温度差に比例することとなり，次式で表すことができる．

$$\Phi = S_2 \cdot F_{21} \cdot \sigma(\boldsymbol{T_2}^4 - \boldsymbol{T_1}^4) \ [\mathrm{W}] \qquad ①$$

①式でF_{21}は**形態係数**といい，熱放射の計算において，熱をやり取りする二つの面の幾何学的位置関係，形状で決まるパラメータで0～1の値となる．

(b) この問では熱の伝わり方のうち，伝導による熱流Φ [W]を計算する．図のような円柱があるとき，下面温度が350 Kで上面温度が270 Kで保たれているとき，熱流は下から上へと流れる．

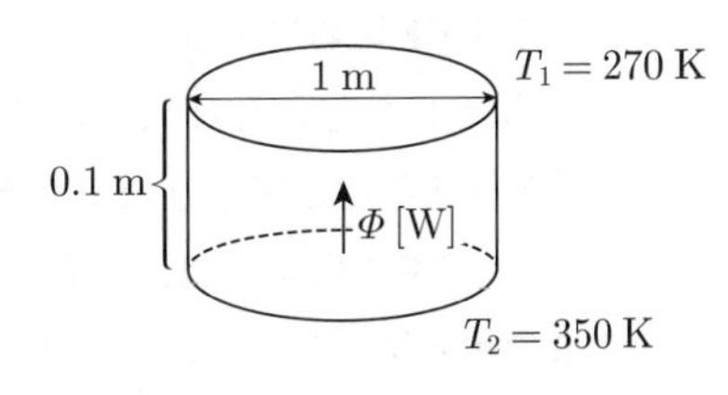

熱伝導率k [W/(m·K)]，電熱面面積S [m²]，高温側温度T_2，低温側温度T_1とすると，

$$\Phi = \frac{k \cdot S}{L}(T_2 - T_1)$$

$$= \frac{0.26 \times 0.5 \times 0.5 \times 3.14 \times (350 - 270)}{0.1}$$

$$\fallingdotseq 163 \ \mathrm{W} \quad (答)$$

定常状態における平板を通過する伝熱量（熱流）Φ [W]は，高温側の温度をT_2 [K]，低温側の温度をT_1 [K]とすると，次式で計算することができる．

$$\Phi = G \cdot (T_2 - T_1) = \frac{k \cdot S}{L} \cdot (T_2 - T_1)$$

$$= \frac{1}{R} \cdot (T_2 - T_1) \ [\mathrm{W}]$$

ここで，熱コンダクタンスG [W/K]は，熱の伝わりやすさを表しており，平板の断面[m²]，長さL [m]，物体の熱伝導率k [W/(m·K)]を用いて計算する．

または，熱の流れにくさを表す熱抵抗R [K/W]から計算する．

 (a) - (3)，(b) - (3)

（選択問題）

情報の一時的な記憶回路として用いられるフリップフロップ（FF）回路について，次の(a)及び(b)の問に答えよ．

(a) **FF**回路に関する記述として，誤っているものを次の(1)～(5)のうちから一つ選べ．ただし，(1)～(4)における出力とは，反転しない**Q**のことである．

(1) **RS-FF**においては，クロックパルスの動作タイミングで入力RとSがそれぞれ**1**と**0**の場合に**0**を，入力RとSがそれぞれ**0**と**1**の場合に**1**を出力する．入力RとSを共に**1**とすることは禁止されている．

(2) **JK-FF**においては，クロックパルスの動作タイミングで入力JとKがそれぞれ**1**と**0**の場合に**1**を，入力JとKがそれぞれ**0**と**1**の場合に**0**を出力し，入力JとKが共に**1**の場合には出力を保持する．

(3) **T-FF**は，クロックパルスの動作タイミングにおいて，出力を反転する．

(4) **D-FF**は，クロックパルスの動作タイミングにおいて，入力Dと一致した出力を行う．

(5) **FF**の用途として，カウンタ回路やレジスタ回路などがある．

(b)　クロックパルスの立ち下がりで動作する二つの T-FF を用いた図の回路を考える．この回路において，クロックパルス C に対する回路の出力 Q_1 及び Q_2 のタイムチャートとして，正しいものを次の(1)～(5)のうちから一つ選べ．

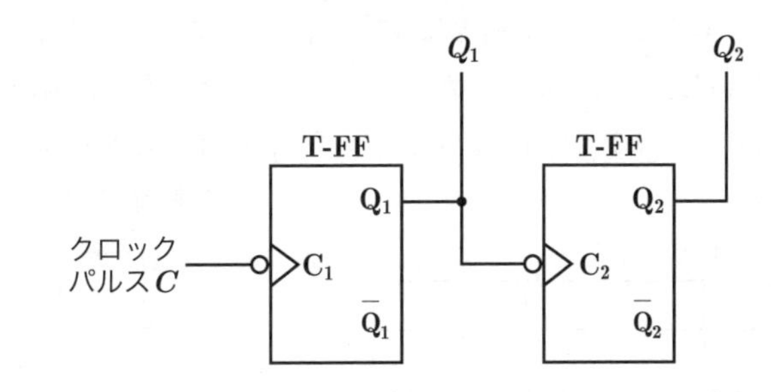

(1)

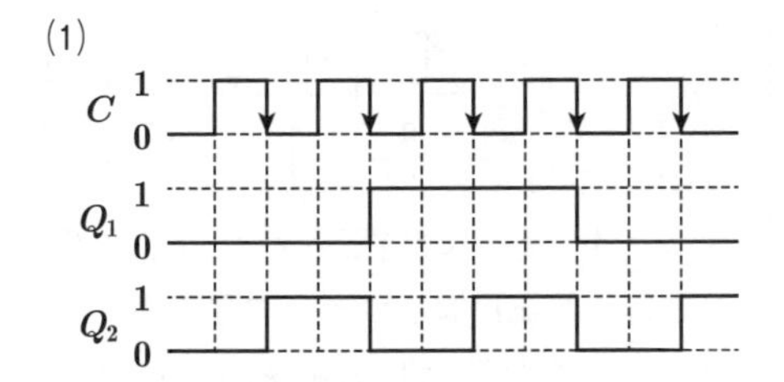

(2)

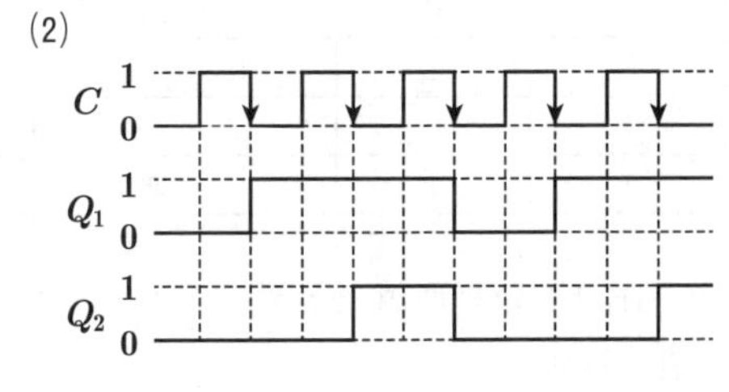

(3)

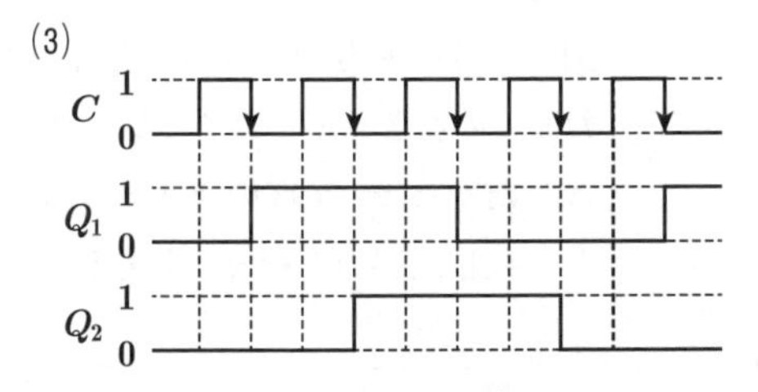

(4)

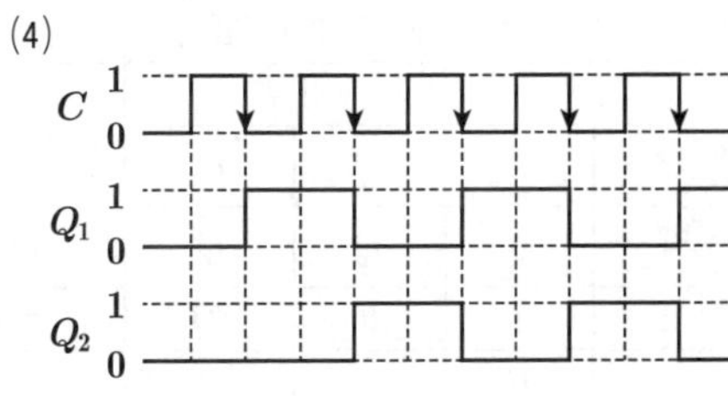

(5)

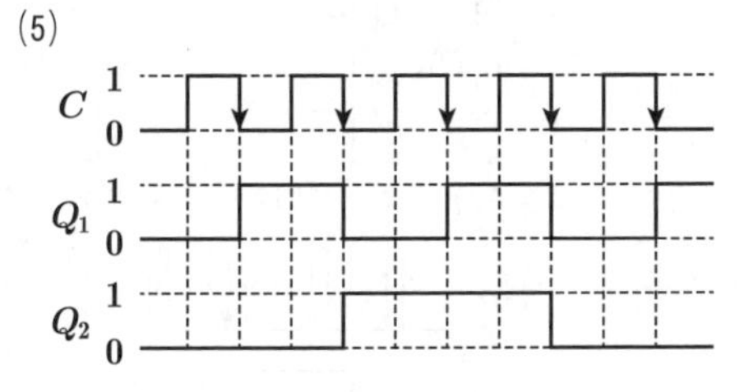

解18

(a)

(1)　RS-FFの真理値表を(a)表に示す．$R=0$，$S=0$では出力Qは前の状態と変わらない．$R=1$，$S=1$では出力が不安定になるので禁止されている．S（セット）が1で$Q=1$となり，R（リセット）が1になると$Q=0$になる．**正しい**．

(a)　RS-FFの真理値表

入力		出力	
S	R	Q	$\overline{Q}$
0	0	変化しない	
0	1	0	1
1	0	1	0
1	1	禁止	

(2)　JK-FFの真理値表とタイムチャートを(b)表に示す．

(b)　JK-FFの真理値表

入力		出力		
J	K	Q	$\overline{Q}$	
0	0	Q	$\overline{Q}$	保持
0	1	0	Q	リセット
1	0	1	0	セット
1	1	$\overline{Q}$	Q	反転

(a)図の入力CKの前に○があればネガティブ型でCKパルスの立下りで出力Qは変化する．また，入力に>がついている場合はエッジトリガーといい，CKの立下り，または立上がりで出力Qを変化させる．

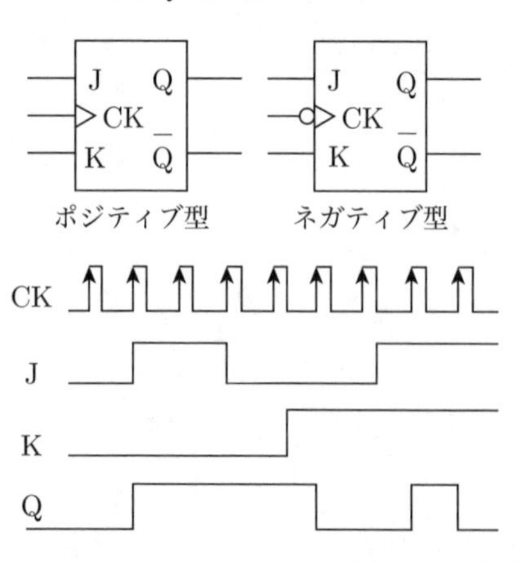

(a)　JK・FFのタイムチャート（ポジティブ型）

(a)図はポジティブエッジで，JK-FFはJが1のときにクロックパルスCKの動作タイミングで$Q=1$となる．このQは$K=1$のときに0になる．$J=1$で$K=1$であればCKのタイミングで反転する．出力を保持するはJとKが0の場合である．**誤り**．

(3)　T-FFは(b)図のように，入力信号で出力Qが反転するフリップフロップである．**正しい**．

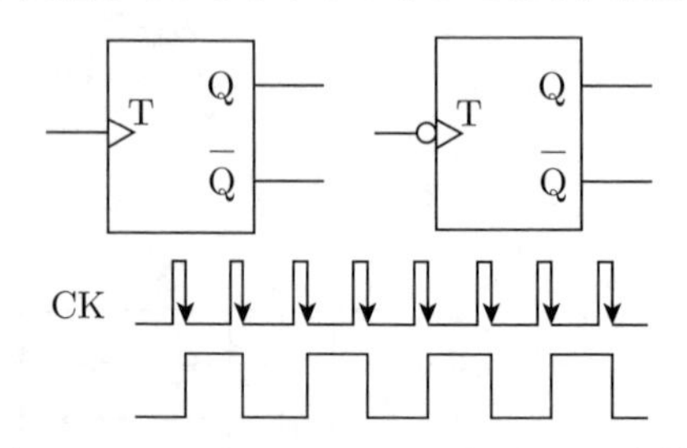

(b)　T・FFのタイムチャート（ネガティブ型）

(4)　D-FFはネガティブ型の場合，CKの立ち下がり時にDの値を取り込み出力する．(c)図のように入力$D=0$のとき$Q=0$となる．$D=1$のときCKのタイミングで反転する．

したがって，CKのタイミングにおいてDと一致した出力を行う．**正しい**．

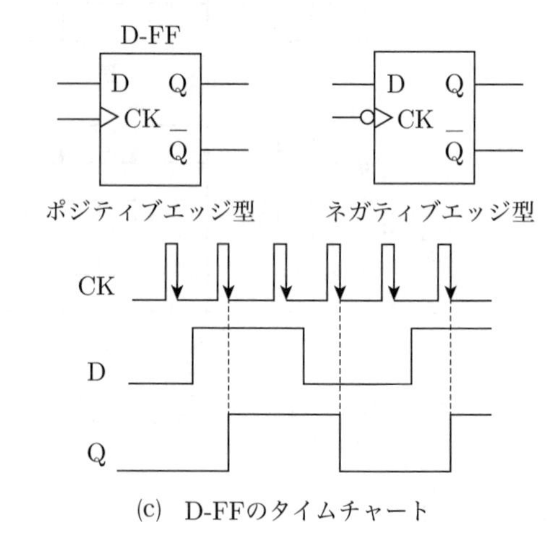

(c)　D-FFのタイムチャート

(5)　FFを多段にしてカウンタ回路ができる．また，FFはその状態を保持するのでレジスタなどの記憶装置に用いられる．**正しい**．

(b)　FFの入力端子に○があればネガティブエッジ型で，CKパルスの立下りで出力を変化する．○がなければポジティブエッジ型で，CKの立上がりで変化する．問の図はネガティブエッジ型である．

(d)図のように，クロックパルスCの立下りで出力が反転するので，最初のCの立下りでQ_1が1となり，2回目の立下りで0となる．ここまででは(4)と(5)が選択される．

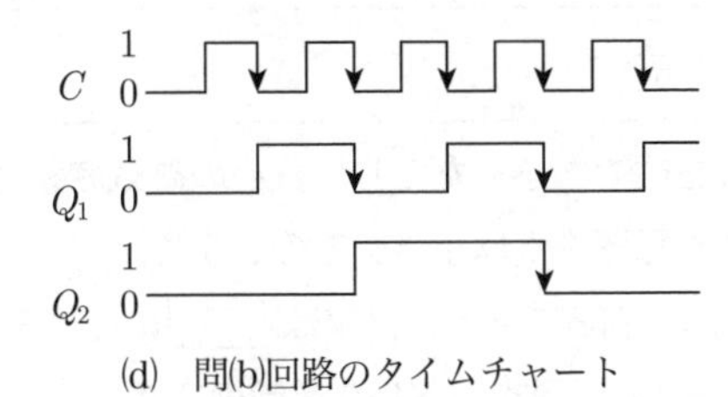

(d) 問(b)回路のタイムチャート

次に，Q_1の立下りでQ_2が1となるが，Q_2を0にするのは次のQ_1の立下りであるので，選択肢(5)**が正しい**．

(a) - (2)，(b) - (5)

令和 2 年度（2020 年） 機械の問題

A 問題　配点は 1 問題当たり 5 点

問1 次の文章は，直流他励電動機の制御に関する記述である．ただし，鉄心の磁気飽和と電機子反作用は無視でき，また，電機子抵抗による電圧降下は小さいものとする．

a　他励電動機は，[(ア)]と[(イ)]を独立した電源で制御できる．磁束は[(ア)]に比例する．

b　磁束一定の条件で[(イ)]を増減すれば，[(イ)]に比例するトルクを制御できる．

c　磁束一定の条件で[(ウ)]を増減すれば，[(ウ)]に比例する回転数を制御できる．

d　[(ウ)]一定の条件で磁束を増減すれば，ほぼ磁束に反比例する回転数を制御できる．

回転数の[(エ)]のために[(ア)]を弱める制御がある．

このように広い速度範囲で速度とトルクを制御できるので，直流他励電動機は圧延機の駆動などに広く使われてきた．

上記の記述中の空白箇所(ア)～(エ)に当てはまる組合せとして，正しいものを次の(1)～(5)のうちから一つ選べ．

	(ア)	(イ)	(ウ)	(エ)
(1)	界磁電流	電機子電流	電機子電圧	上昇
(2)	電機子電流	界磁電流	電機子電圧	上昇
(3)	電機子電圧	電機子電流	界磁電流	低下
(4)	界磁電流	電機子電圧	電機子電流	低下
(5)	電機子電圧	電機子電流	界磁電流	上昇

●試験時間　90 分
●必要解答数　A 問題 14 題，B 問題 3 題（選択問題含む）

解1　この問を解くのに必要な式は二つ．トルク T と回転速度 N を求める式である．K を電動機の極数や巻き方に関する定数，ϕ を磁束，I_a を電機子電流，V を端子電圧，R_a を電機子抵抗，E_a を電機子電圧とすると，直流機で重要な次式がある．

$$T = K\phi I_a \qquad ①$$

$$N = \frac{V - I_a \cdot R_a}{K \cdot \phi} = \frac{E_a}{K \cdot \phi} \qquad ②$$

(a)図は他励直流電動機の等価回路である．この電動機では，励磁コイルと電機子コイルが電気的につながっていないので別電源で制御できる．(ア)は磁束をつくるための**界磁電流**になる．(イ)は，もう一つの電流であるところの**電機子電流**である．bの(イ)で，①式より ϕ が一定のとき，I_a を増減すれば T を I_a に比例する制御ができる．(a)図でわかるように，直流他励電動機は V_f が別電源なので端子電圧 V にかかわらず励磁電流を一定にできる．

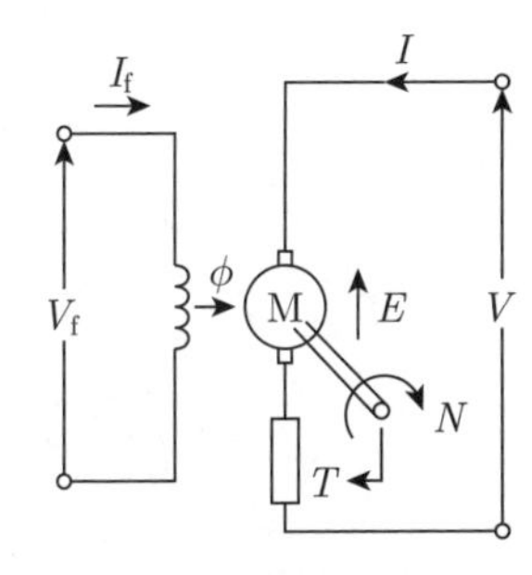

(a)　他励直流電動機の等価回路

参考までに，他励直流電動機の特性を(b)図に示す．

cは，②式より $K \cdot \phi$ が一定であれば，電機子電圧 E_a により，電機子電圧に比例する回転数を制御できる．また，dの(ウ)は，②式より E_a が一定の条件で ϕ を変化させると，

$$N = K' \frac{1}{\phi}$$

となり，回転速度は ϕ に反比例する．これより，(ウ)は**電機子電圧** E_a であることがわかる．

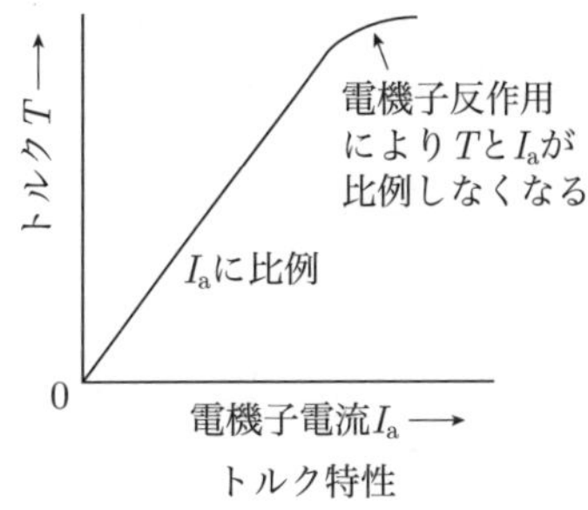

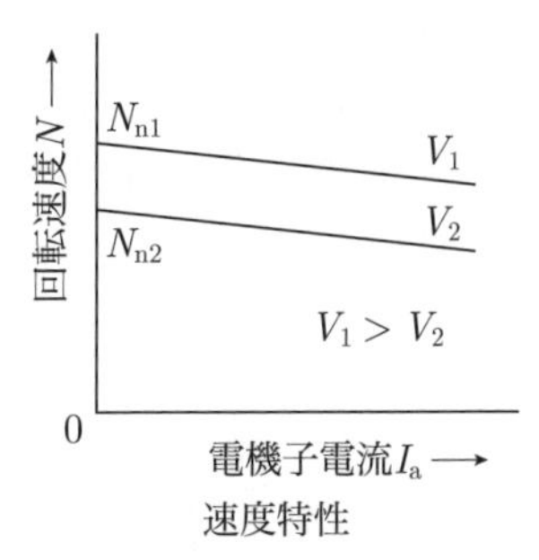

(b)　他励直流電動機の特性

回転速度を上昇させるためには ϕ を弱める，すなわち，界磁電流を小さくする．(エ)は**上昇**となる．よって，**選択肢(1)が正しい**．

(1)

問2 界磁に永久磁石を用いた小形直流発電機がある．回転軸が回らないよう固定し，電機子に**3 V**の電圧を加えると，定格電流と同じ**1 A**の電機子電流が流れた．次に，電機子回路を開放した状態で，回転子を定格回転数で駆動すると，電機子に**15 V**の電圧が発生した．この小形直流発電機の定格運転時の効率の値 [%] として，最も近いものを次の(1)～(5)のうちから一つ選べ．

ただし，ブラシの接触による電圧降下及び電機子反作用は無視できるものとし，損失は電機子巻線の銅損しか存在しないものとする．

(1) **70**　(2) **75**　(3) **80**　(4) **85**　(5) **90**

解2 この直流発電機の等価回路をそれぞれの状況で三つ示す．(a)図は軸を拘束して電動機として端子に3 Vを加えると1 Aの電流が流れているので，電機子巻線の損失であるところのR_aの損失は3 W，抵抗値は3 Ωとなる．

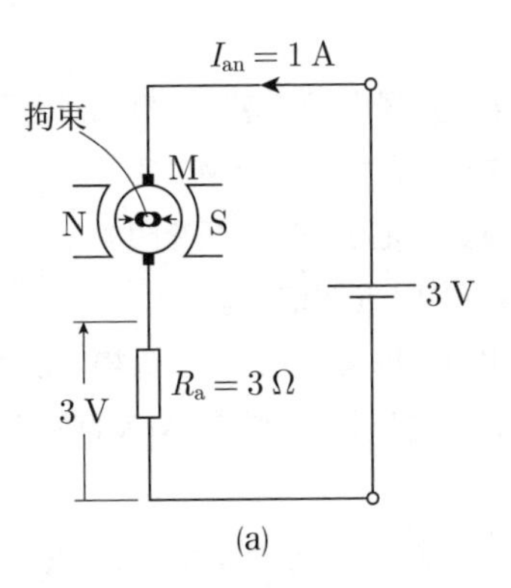

(a)

次に，電機子回路を開放して定格速度N_nで駆動すると(b)図のように，端子に15 Vが発生した．この発電機の定格値は電流が1 A，定格回転速度時の電機子電圧E_aが15 Vである．

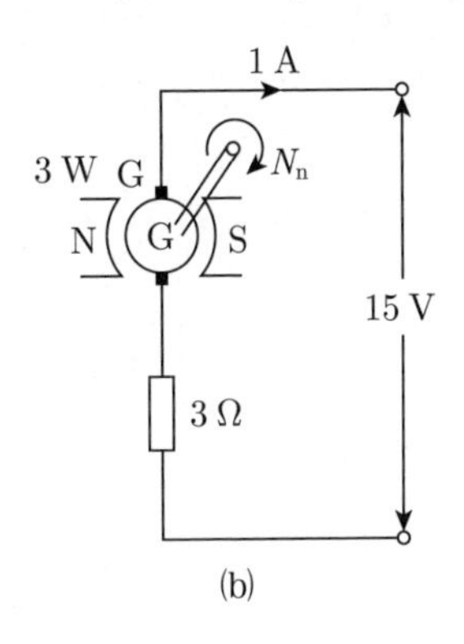

(b)

定格運転時の等価回路は(c)図のようになり，出力として使われた電力は12 W，銅損が3 Wとなるので，効率ηは，

$$\eta = \frac{W}{W + P_c} \times 100 = \frac{12}{12 + 3} \times 100$$
$$= 80\ \%\ (答)$$

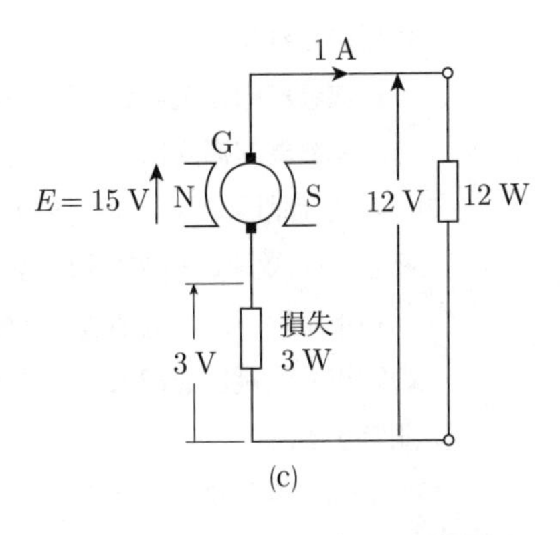

(c)

答 (3)

理論 電力 機械 法規 令和5上(2023) 令和4下(2022) 令和4上(2022) 令和3(2021) 令和2(2020) 令和元(2019) 平成30(2018) 平成29(2017) 平成28(2016) 平成27(2015)

問3 三相かご形誘導電動機の等価回路定数の測定に関する記述として，誤っているものを次の(1)〜(5)のうちから一つ選べ．

ただし，等価回路としては一次換算した一相分の簡易等価回路（L形等価回路）を対象とする．

(1) 一次巻線の抵抗測定は静止状態において直流で行う．巻線抵抗値を換算するための基準巻線温度は絶縁材料の耐熱クラスによって定められており，75 °Cや115 °Cなどの値が用いられる．

(2) 一次巻線の抵抗測定では，電動機の一次巻線の各端子間で測定した抵抗値の平均値から，基準巻線温度における一次巻線の抵抗値を決められた数式を用いて計算する．

(3) 無負荷試験では，電動機の一次巻線に定格周波数の定格一次電圧を印加して無負荷運転し，一次側において電圧[V]，電流[A]及び電力[W]を測定する．

(4) 拘束試験では，電動機の回転子を回転しないように拘束して，一次巻線に定格周波数の定格一次電圧を印加して通電し，一次側において電圧[V]，電流[A]及び電力[W]を測定する．

(5) 励磁回路のサセプタンスは無負荷試験により，一次二次の合成漏れリアクタンスと二次抵抗は拘束試験により求められる．

解3 (1) 電気機器は，連続定格でその絶縁材料の耐熱クラス以下になるように設計されているので，抵抗値を測定するときは連続定格で行う．したがって，測定した巻線抵抗値ではなく，表の基準巻線温度であるところの75 ℃や115 ℃などに換算した値とする．**正しい．**

絶縁材料の耐熱クラスと温度

耐熱クラス（許容最高温度[℃]）	指定文字	基準巻線温度[℃]	巻線の温度上昇限度[K]
105	A	75	55
120	E	90	70
130	B	95	75
155	F	115	95
180	H	140	120, 140※
200	N		
220	R		
250	−		

（備考）※ JEM 1310：2001 乾式変圧器の温度上昇限度および基準巻線温度（耐熱クラスH）では140 Kとされている．

(2) 電動機の一次巻線の端子間直流抵抗を測定する．固定子巻線がY，△のどちらの結線でもr_1'は巻線一相分の抵抗の2倍である．抵抗測定時の温度がt [℃]のとき，運転時の基準巻線温度（75 ℃）のときの一相当たりの抵抗値r_1は，

$$r_1 = \frac{r_1' \times (234.5 + 75)}{2 \times (234.5 + t)}$$

となる．**正しい．**

(3) 無負荷試験は負荷電流が小さいので，電動機に負荷をかけないで(a)図のように定格周波数の定格電圧を加えて電流と電力を測定し，励磁サセプタンスを求めるものである．**正しい．**

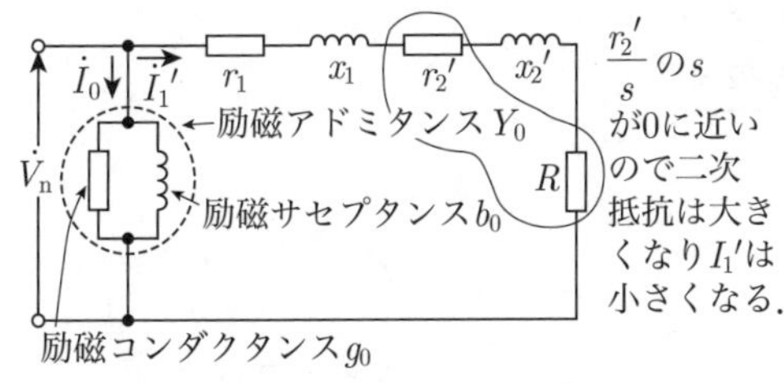

(a) 誘導電動機の等価回路（無負荷試験）

(4) 拘束試験では，電動機の回転子を回らないように拘束し，(b)図の回路で電流を見ながら印加電圧を0から上げていき，定格電流になったときの電圧を測定する（このとき，二次抵抗はsが1なので$r_2' + R = r_2'$で一定となる）．いきなり定格電圧を加えると大きな電流が流れて電動機は焼損する．この拘束電圧は定格電圧の1/5～1/6である．**誤り．**

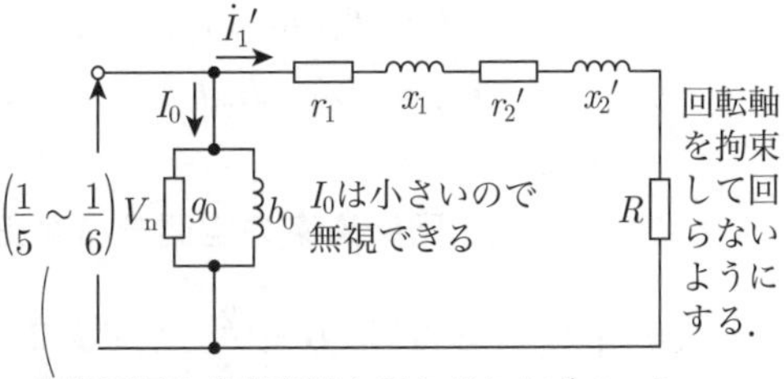

(b) 誘導電動機の等価回路（拘束試験）

(5) 励磁回路のサセプタンスを求めるには，無負荷試験のときに二次抵抗が$\frac{r_2'}{s}$でsが0に近いので非常に大きくなり，I_1'は無視できるので，励磁回路のサセプタンスによる電流が求められる．

拘束試験のときは端子電圧が低く，定格電圧の1/5～1/6であるので負荷電流に比べて励磁電流は小さくなるので，測定電流のほとんどは二次電流とすると，一次二次の合成リアクタンスと二次抵抗は拘束試験により求められる．**正しい．**

答 (4)

問4

次の文章は，回転界磁形三相同期発電機の無負荷誘導起電力に関する記述である．

回転磁束を担う回転子磁極の周速を v [m/s]，磁束密度の瞬時値を b [T]，磁束と直交する導体の長さを l [m] とすると，1本の導体に生じる誘導起電力 e [V] は次式で表される．

$$e = vbl$$

極数を p，固定子内側の直径を D [m] とすると，極ピッチ τ [m] は $\tau = \frac{\pi D}{p}$ であるから，f [Hz] の起電力を生じる場合の周速 v は $v = 2\tau f$ である．したがって，角周波数 ω [rad/s] を $\omega = 2\pi f$ として，上述の磁束密度瞬時値 b [T] を $b(t) = B_m \sin \omega t$ と表した場合，導体1本あたりの誘導起電力の瞬時値 $e(t)$ は，

$$e(t) = E_m \sin \omega t$$

$$E_m = \boxed{(ア)}\ B_m l$$

となる．

また，回転磁束の空間分布が正弦波でその最大値が B_m のとき，1極の磁束密度の $\boxed{(イ)}$ B [T] は $B = \frac{2}{\pi} B_m$ であるから，1極の磁束 Φ [Wb] は $\Phi = \frac{2}{\pi} B_m \tau l$ である．したがって，1本の導体に生じる起電力の実効値は次のように表すことができる．

$$\frac{E_m}{\sqrt{2}} = \frac{\pi}{\sqrt{2}} f\Phi = 2.22 f\Phi$$

よって，三相同期発電機の1相あたりの直列に接続された電機子巻線の巻数を N とすると，回転磁束の空間分布が正弦波の場合，1相あたりの誘導起電力（実効値）E [V] は，

$$E = \boxed{(ウ)}\ f\Phi N$$

となる．

さらに，電機子巻線には一般に短節巻と分布巻が採用されるので，これらを考慮した場合，1相あたりの誘導起電力 E は次のように表される．

$$E = \boxed{(ウ)}\ k_w f\Phi N$$

ここで k_w を $\boxed{(エ)}$ という．

上記の記述中の空白箇所(ア)～(エ)に当てはまる組合せとして，正しいものを次の(1)～(5)のうちから一つ選べ．

	(ア)	(イ)	(ウ)	(エ)
(1)	$2\tau f$	平均値	2.22	巻線係数
(2)	$2\pi f$	最大値	4.44	分布係数
(3)	$2\tau f$	平均値	4.44	巻線係数
(4)	$2\pi f$	最大値	2.22	短節係数
(5)	$2\tau f$	実効値	2.22	巻線係数

解4 図の回転子の周速をv [m/s]とし，磁束密度瞬時値をb [T]，磁束と直交する導体の全長をl [m]とすると，発生する起電力e [V]は

$$e = vbl\,[\mathrm{V}] \qquad ①$$

となる．

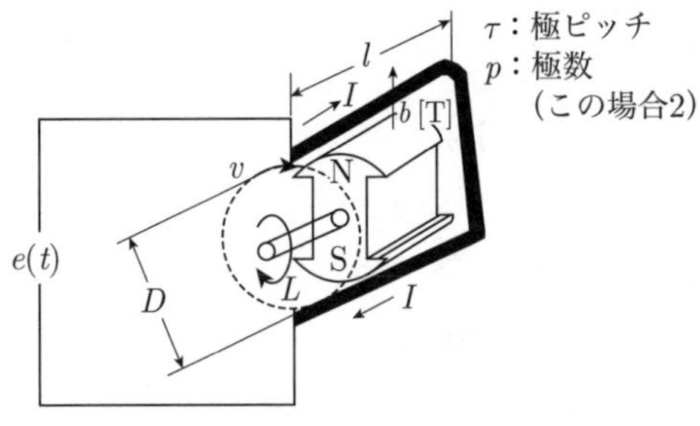

回転界磁形同期発電機の一相の発電原理

(ア)は①式より磁束を切る導体の速度vになる．vは題意で$v = 2\tau f$であるので，

$$E_{\mathrm{m}} = 2\tau f B_{\mathrm{m}} l$$

となる．B_{m}は磁束密度の最大値である．

正弦波の実効値E_{r}，平均値Eは，最大値をE_{m}とすると，

$$E_{\mathrm{r}} = \frac{E_{\mathrm{m}}}{\sqrt{2}},\quad E = \frac{2 \cdot E_{\mathrm{m}}}{\pi}$$

したがって，(イ)のB_{m}を最大値としたときの$\frac{2}{\pi} B_{\mathrm{m}}$は**平均値**である．

(ウ)は，1本の導体に生じる起電力の実効値が$\frac{\pi}{\sqrt{2}} f\Phi = 2.22 f\Phi$であるから，巻数$N$の場合巻数1に対して辺が二つあるので$2N$をかけると，

$$E = 4.44 f\Phi N \qquad ②$$

となる．

②式では集中巻の誘導起電力を表しているが，電機子反作用のため，ひずんだ正弦波が出力される．誘導起電力を正弦波に近づけるための対策として数個のコイルを隣接するスロットに分布して巻く分布巻，巻線ピッチを磁極ピッチより短くした短節巻が用いられる．この巻線にすると誘導起電力は減少するが，よりよい正弦波を得られる．

(エ)は，分布係数と短節係数とを合わせた**巻線係数**である．

(3)

問5 図はある三相同期電動機の1相分の等価回路である．ただし，電機子巻線抵抗は無視している．相電圧 $\dot{V}$ の大きさは $V = 200$ V，同期リアクタンスは $x_s = 8\ \Omega$ である．この電動機を運転して力率が1になるように界磁電流を調整したところ，電機子電流 $\dot{I}$ の大きさ I が10 Aになった．このときの誘導起電力 E の値[V]として，最も近いものを次の(1)～(5)のうちから一つ選べ．

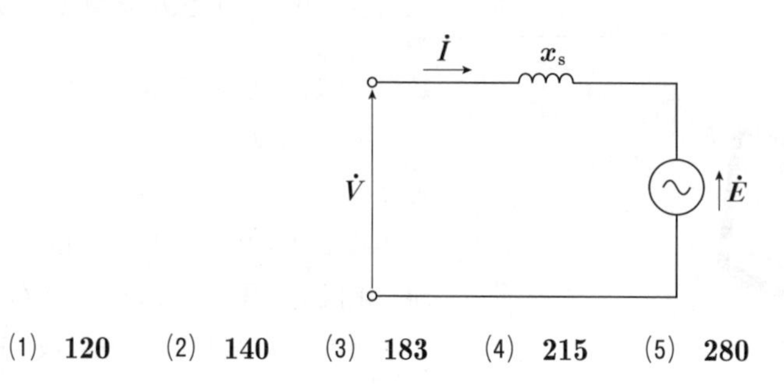

(1) **120**　(2) **140**　(3) **183**　(4) **215**　(5) **280**

問6 次の文章は，交流整流子モータの特徴に関する記述である．

交流整流子モータは，直流直巻電動機に類似した構造となっている．直流直巻電動機では，加える直流電圧の極性を逆にしても，磁束と電機子電流の向きが共に［(ア)］ので，トルクの向きは変わらない．交流整流子モータは，この原理に基づき回転力を得ている．

交流整流子モータは，一般に始動トルクが［(イ)］，回転速度が［(ウ)］なので，電気ドリル，電気掃除機，小型ミキサなどのモータとして用いられている．なお，小容量のものでは，交流と直流の両方に使用できるものもあり，［(エ)］と呼ばれる．

上記の記述中の空白箇所(ア)～(エ)に当てはまる組合せとして，正しいものを次の(1)～(5)のうちから一つ選べ．

	(ア)	(イ)	(ウ)	(エ)
(1)	逆になる	大きく	低速	ユニバーサルモータ
(2)	変わらない	小さく	低速	ユニバーサルモータ
(3)	変わらない	大きく	高速	ブラシレスDCモータ
(4)	逆になる	小さく	低速	ブラシレスDCモータ
(5)	逆になる	大きく	高速	ユニバーサルモータ

解5 同期電動機の等価回路を(a)図に示す．(a)図の r_a を無視し，$x_a + x_l = x_s$ とすると(b)図の等価回路になる．(c)図のベクトル図より次のように計算できる．

$$\dot{E} = \dot{V} - \dot{I} \cdot jx_s = 200 - j80$$

$$\left|\dot{E}\right| = \sqrt{200^2 + 80^2} \fallingdotseq 215\ \text{V} \quad (答)$$

答 (4)

x_s（同期リアクタンス）
x_a x_l r_a
電機子巻線抵抗
電機子反作用リアクタンス
漏れリアクタンス
$\dot{E}_0$ $\dot{V}$ 負荷

(a)

$\dot{I}$ jx_s $\dot{V}$ $\dot{E}$ 0

(b)

0 $\dot{I}$ $\dot{V} = 200$ δ $jx_s\dot{I}$ $= j80$ $\dot{E}$

(c)

解6 図のように，直流直巻電動機の印加電圧を逆にすると，磁束と電機子電流は**逆になる**ので，回転方向（トルクの向き）は変わらない．交流整流子モータはこの直流直巻電動機の原理を利用してつくられている．

交流整流子モータで，補償巻線を設けない小容量のものは交流，直流の両方で使用でき，**ユニバーサルモータ**と呼ばれる．

(a) ユニバーサルモータの長所

・交流で使用できる

・誘導電動機より**高速**回転が得られる

・負荷が増えると回転速度が下がり，トルクが上昇する

・始動トルクが**大きい**

このような特性を利用して，軽量大出力が必要な電気ドリル，電気掃除機などに用いられている．

(b) ユニバーサルモータの短所

・ノイズが発生する

・ブラシの寿命が短い

・連続長時間運転には向かない

答 (5)

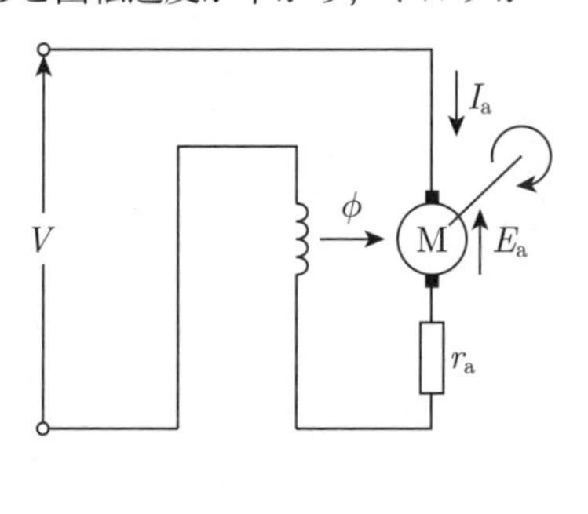

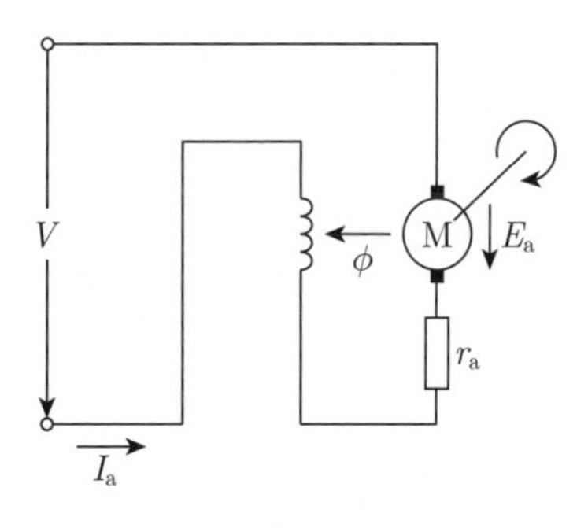

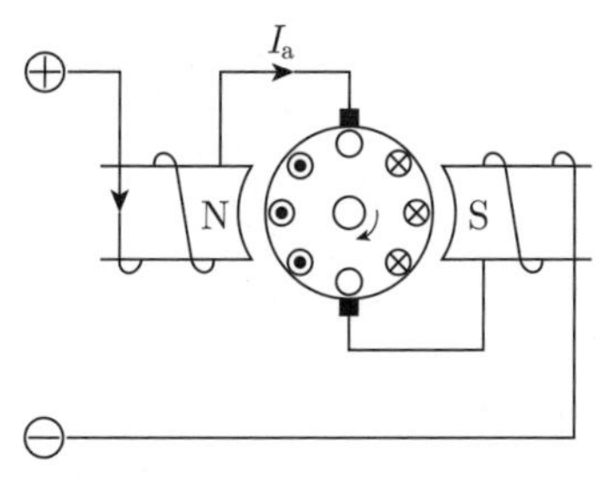

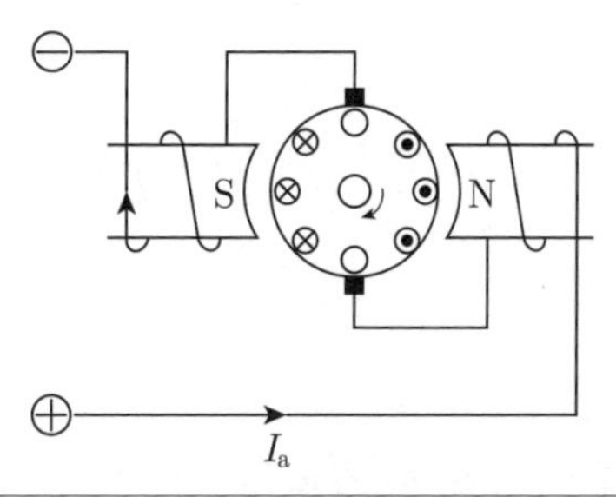

問7 電動機と負荷の特性を，回転速度を横軸，トルクを縦軸に描く，トルク対速度曲線で考える．電動機と負荷の二つの曲線が，どのように交わるかを見ると，その回転数における運転が，安定か不安定かを判定することができる．誤っているものを次の(1)～(5)のうちから一つ選べ．

(1) 負荷トルクよりも電動機トルクが大きいと回転は加速し，反対に電動機トルクよりも負荷トルクが大きいと回転は減速する．回転速度一定の運転を続けるには，負荷と電動機のトルクが一致する安定な動作点が必要である．

(2) 巻線形誘導電動機では，回転速度の上昇とともにトルクが減少するように，二次抵抗を大きくし，大きな始動トルクを発生させることができる．この電動機に回転速度の上昇とともにトルクが増える負荷を接続すると，両曲線の交点が安定な動作点となる．

(3) 電源電圧を一定に保った直流分巻電動機は，回転速度の上昇とともにトルクが減少する．一方，送風機のトルクは，回転速度の上昇とともにトルクが増大する．したがって，直流分巻電動機は，安定に送風機を駆動することができる．

(4) かご形誘導電動機は，回転トルクが小さい時点から回転速度を上昇させるとともにトルクが増大，最大トルクを超えるとトルクが減少する．この電動機に回転速度でトルクが変化しない定トルク負荷を接続すると，電動機と負荷のトルク曲線が2点で交わる場合がある．この場合，加速時と減速時によって安定な動作点が変わる．

(5) かご形誘導電動機は，最大トルクの速度より高速な領域では回転速度の上昇とともにトルクが減少する．一方，送風機のトルクは，回転速度の上昇とともにトルクが増大する．したがって，かご形誘導電動機は，安定に送風機を駆動することができる．

解7 (1) 電動機の出力特性曲線と負荷のトルク曲線の交点が一致したとき回転速度が安定する．負荷トルクよりも電動機トルクが小さいと減速を続け，逆になると速度が上がり続ける．

誘導電動機の速度・トルク特性を例にすると，負荷トルクが小さくなると(a)図の特性図のように回転速度は増加する．**正しい．**

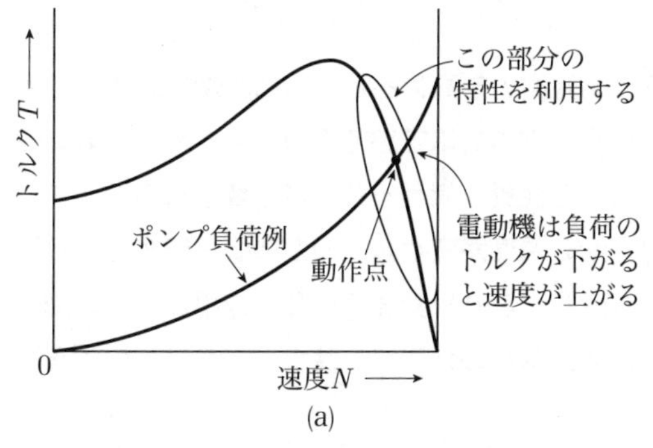

(a)

(2) (b)図のように，巻線形誘導電動機では二次抵抗値を大きくすることで始動トルクを大きくすることができる．**正しい．**

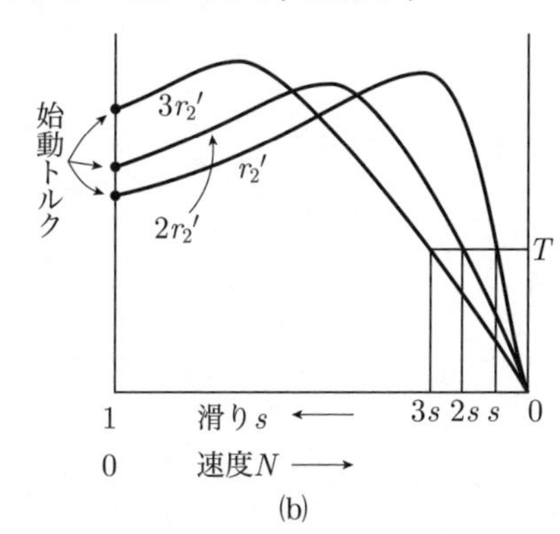

(b)

(3) 直流分巻電動機の特性曲線は(c)図のようになる．回転速度は②式より電機子電圧 I_aR_a で変わるが，Vに比べて小さいので右下がりの安定な速度で運転する．電動機のトルク特性は0から I_a に比例して大きくなるのでポンプ負荷などの回転速度の2乗に比例する負荷は始動時のトルクが小さいので安定に駆動することができる．**正しい．**

$$T = K\phi I_a \qquad ①$$

$$N = \frac{V - I_aR_a}{K\cdot\phi} = \frac{E_a}{K\cdot\phi} \qquad ②$$

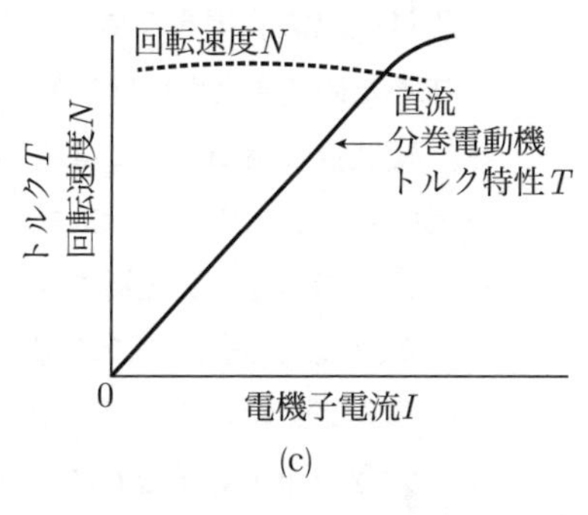

(c)

(4) 誘導電動機の負荷に，回転速度でトルクが変化しない負荷（定トルク負荷）を接続すると，(d)図①のように電動機の出力特性の始動トルクより負荷のトルクが大きいと始動できない．②のように小さい場合は始動し，負荷のトルク曲線との1点で交わるところ（動作点）の速度で回転を続ける．**誤り．**

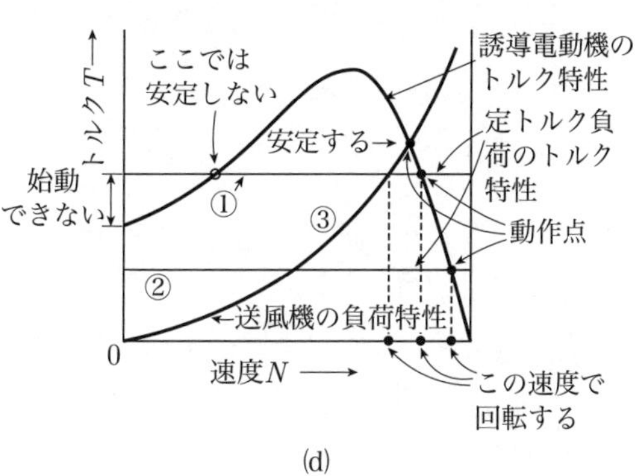

(d)

(5) (d)図で示すように，速度の2乗トルク負荷は始動時にトルクが小さいので，誘導電動機でも安定に始動，駆動できる．**正しい．**

(4)

変圧器の構造に関する記述として，誤っているものを次の(1)～(5)のうちから一つ選べ．

(1) 変圧器の巻線には軟銅線が用いられる．巻線の方法としては，鉄心に絶縁を施し，その上に巻線を直接巻きつける方法，円筒巻線や板状巻線としてこれを鉄心にはめ込む方法などがある．

(2) 変圧器の鉄心には，飽和磁束密度と比透磁率が大きい電磁鋼板が用いられる．この鋼板は，渦電流損を低減するためケイ素が数％含有され，さらにヒステリシス損を低減するために表面が絶縁皮膜で覆われている．

(3) 変圧器の冷却方式には用いる冷媒によって，絶縁油を使用する油入式と空気を使用する乾式，さらにガス冷却式などがある．

(4) 変圧器油は，変圧器本体を浸し，巻線の絶縁耐力を高めるとともに，冷却によって本体の温度上昇を防ぐために用いられる．また，化学的に安定で，引火点が高く，流動性に富み比熱が大きくて冷却効果が大きいなどの性質を備えることが必要となる．

(5) 大型の油入変圧器では，負荷変動に伴い油の温度が変動し，油が膨張・収縮を繰り返すため，外気が変圧器内部に出入りを繰り返す．これを変圧器の呼吸作用といい，油の劣化の原因となる．この劣化を防止するため，本体の外にコンサベータやブリーザを設ける．

解8 (1) 変圧器の構造は磁束の通る鉄心と，電流の通る巻線に分けられる．巻線の導電材料として銅とアルミがある．中・小形変圧器では，導電率の高い軟銅線の表面に絶縁を施した絶縁被覆電線が使用される．巻線方法は問の方法である．**正しい**．

(2) 変圧器の鉄心は，渦電流を減少させるため薄鋼板を成層して用いるが，求められる性質は，

・励磁電流を小さくするため，透磁率が高いこと

・渦電流損を小さくするため，電気抵抗が大きいこと

・ヒステリシス損を小さくするため，ヒステリシス係数の小さい材質の鉄心を採用すること

上記三つの特性の良い電磁鋼板が用いられ，ヒステリシス損の小さいケイ素鋼板が用いられる．

ケイ素鋼板の両面に絶縁加工した材料を積層することで，渦電流損を低減させることができる．低減できるのは渦電流損であるので**誤り**である．

(3) 変圧器の冷却方式は問のように，油入式，水冷式，乾式，ガス冷却式などがあり，自然循環方式とポンプ，ファンを用いた強制循環方式とがある．**正しい**．

(4) 油入変圧器では絶縁油で冷却作用と絶縁耐力を強化している．絶縁油の性質として求められるのは，流動性がよく，比熱が大きいという冷却効果のよさ．引火点が高く火災に対して安全度が高いこと．**正しい**．

(5) コンサベータやブリーザは，油入変圧器において，油が直接空気と接触しないようにして絶縁油の酸化などによる劣化を防ぐ目的で設けられる．**正しい**．

(2)

問9

一次線間電圧が66 kV，二次線間電圧が6.6 kV，三次線間電圧が3.3 kVの三相三巻線変圧器がある．一次巻線には線間電圧66 kVの三相交流電源が接続されている．二次巻線に力率0.8，8 000 kV·Aの三相誘導性負荷を接続し，三次巻線に4 800 kV·Aの三相コンデンサを接続した．一次電流の値［A］として，最も近いものを次の(1)～(5)のうちから一つ選べ．ただし，変圧器の漏れインピーダンス，励磁電流及び損失は無視できるほど小さいものとする．

(1) 42.0　(2) 56.0　(3) 70.0　(4) 700.0　(5) 840.0

解9 三相三巻線変圧器の回路は(a)図のようになる．題意より変圧器での損失を無視するとあるので，一次換算した回路を(b)図のように描き直せる．電圧と電流は一次，二次，三次巻線で異なるが，電力は，損失を0としているのでそのままの値で(b)図のように一次側に換算できる．

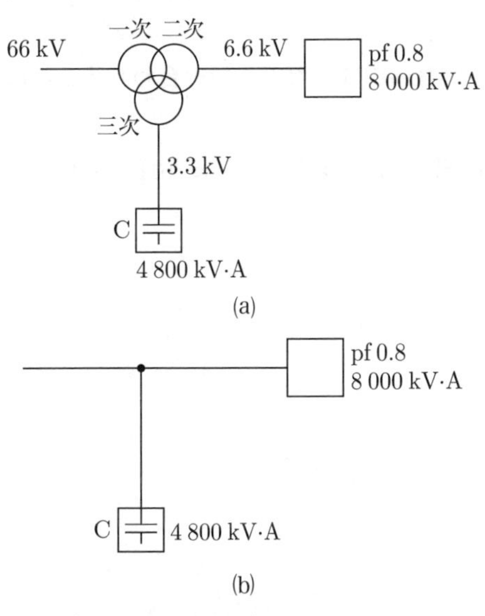

(a)

(b)

有効電力Pは，皮相電力をSとすると，

$P = S \cdot \cos\theta = 8\,000 \times 0.8$

$= 6\,400\ \mathrm{kW}$ ①

無効電力Qは，

$Q = S \cdot \sin\theta = 8\,000 \times 0.6$

$= 4\,800\ \mathrm{kvar}$ ②

(c)図のベクトル図の三相コンデンサCによる，4 800 kvarの進みの無効電力が与えられるので全体のベクトル図で無効電力は0となる．したがって，66 kVの電源に力率1の6 400 kWの負荷が接続されている回路になるので，一次電流Iの値は，

$$I = \frac{P}{\sqrt{3} \cdot V} = \frac{6\,400 \times 10^3}{\sqrt{3} \times 66 \times 10^3} \fallingdotseq 56.0\ \mathrm{A}$$ (答)

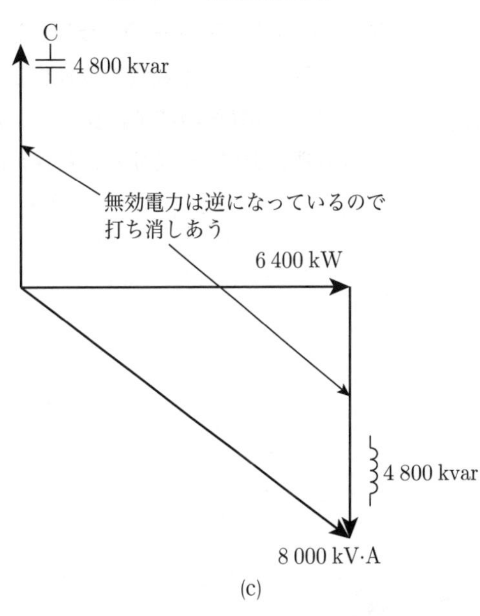

(c)

答 (2)

問10 パワー半導体スイッチングデバイスとしては近年，主にIGBTとパワーMOSFETが用いられている．両者を比較した記述として，誤っているものを次の(1)〜(5)のうちから一つ選べ．

(1) IGBTは電圧駆動形であり，ゲート・エミッタ間の電圧によってオン・オフを制御する．

(2) パワーMOSFETは電流駆動形であり，キャリヤ蓄積効果があることからスイッチング損失が大きい．

(3) パワーMOSFETはユニポーラデバイスであり，バイポーラ形のデバイスと比べてオン状態の抵抗が高い．

(4) IGBTはバイポーラトランジスタにパワーMOSFETの特徴を組み合わせることにより，スイッチング特性を改善している．

(5) パワーMOSFETではシリコンのかわりにSiCを用いることで，高耐圧化をしつつオン状態の抵抗を低くすることが可能になる．

解10 スイッチング素子としてのバイポーラトランジスタは，(a)図のように，BE間に電流を流してCE間をオンする．BE間の入力インピーダンスは小さい．

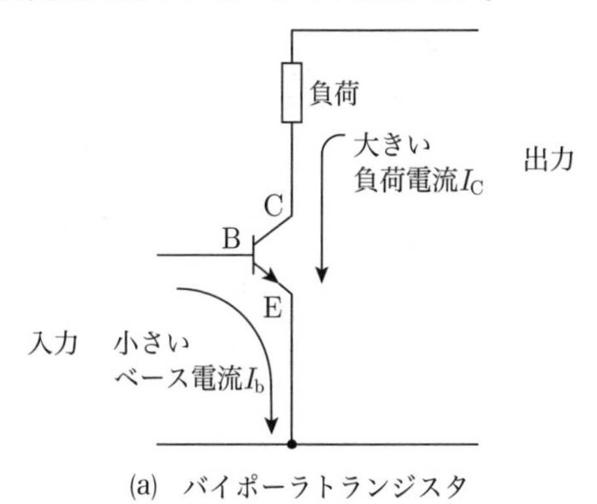

(a) バイポーラトランジスタ

MOSFETはユニポーラトランジスタと呼ばれ，(b)図のようにGS間に入力電圧を加え，ゲートには電流を流さないので入力インピーダンスは大きい．バイポーラトランジスタに比べ，高速動作が可能であるがオン電圧降下が大きい．オン電圧降下とは，負荷に電流を流したときにスイッチング素子のスイッチング部端子間電圧のことで，トランジスタではCE間，MOSFETではDS間になる．

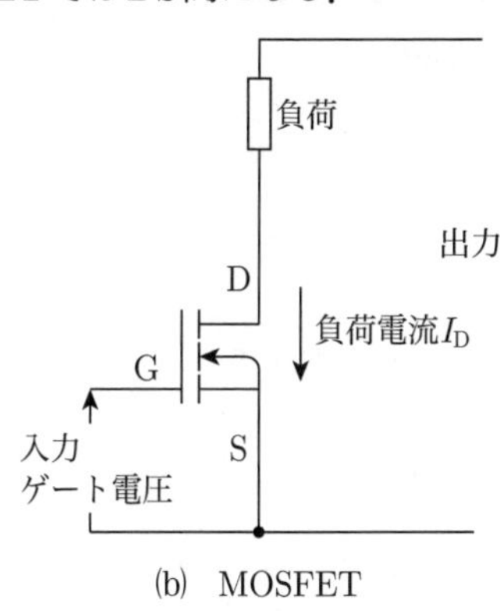

(b) MOSFET

IGBTは(c)図のように，バイポーラトランジスタとユニポーラトランジスタの長所を利用して組み合わせた素子で，入力側にユニポーラトランジスタを用いて高速性を利用し，出力側にバイポーラトランジスタを用いて低いオン電圧により高耐圧，大電流を流せる素子である．

(1) 上の説明より**正しい**．

(2) 電圧駆動形なので**誤り**．

(3) ユニポーラのオン電圧 ＞ バイポーラのオン電圧．したがって，抵抗は逆になる．**正しい**．

(4) 上の説明より**正しい**．

(5) SiCはシリコンカーバイトで，絶縁破壊電界強度がSiの10倍で，単位面積当たりのオン電圧が小さい．**正しい**．

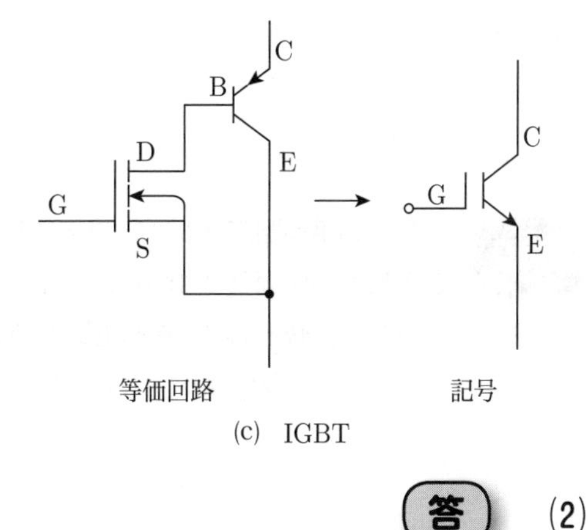

(c) IGBT

答 (2)

問11

慣性モーメント50 kg·m^{2}のはずみ車が，回転数1 500 min^{-1}で回転している．このはずみ車に負荷が加わり，2秒間で回転数が1 000 min^{-1}まで減速した．この間にはずみ車が放出した平均出力の値[kW]として，最も近いものを次の(1)～(5)のうちから一つ選べ．ただし，軸受の摩擦や空気の抵抗は無視できるものとする．

(1)　34　　(2)　137　　(3)　171　　(4)　308　　(5)　343

問12

教室の平均照度を500 lx以上にしたい．ただし，その時の光源一つの光束は2 400 lm，この教室の床面積は15 m × 10 mであり，照明率は60 %，保守率は70 %とする．必要最小限の光源数として，最も近いものを次の(1)～(5)のうちから一つ選べ．

(1)　30　　(2)　40　　(3)　75　　(4)　115　　(5)　150

解11 図のように直径D[m]，質量G[kg]のはずみ車があるとき，角速度ω[rad/s]で回転運動をした場合の運動エネルギーE[J]は，

$$E=\frac{1}{2}\cdot G\cdot\left(\frac{D^2}{4}\right)\cdot\omega^2=\frac{1}{2}\cdot J\cdot\omega^2\ [\mathrm{J}]$$

ここで，$J=\frac{1}{4}GD^2$を慣性モーメント，GD^2をはずみ車効果という．

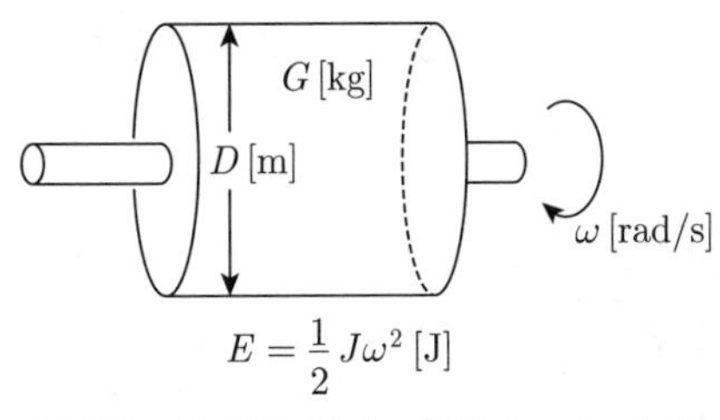

回転体のはずみ車効果，慣性モーメントと運動エネルギー

回転速度がω_1からω_2に減少した場合，エネルギーは放出するのでその値を計算すると，

$$E_0=\frac{1}{2}\cdot J({\omega_1}^2-{\omega_2}^2)$$

$$=\frac{1}{2}\cdot J\cdot\left(\frac{2\pi}{60}\right)^2\cdot({N_1}^2-{N_2}^2)$$

$$\left(\because\quad \omega=\left(\frac{2\pi}{60}N\right)^2\right)$$

$$=\frac{1}{2}\cdot 50\cdot\left(\frac{2\pi}{60}\right)^2\cdot(1\,500^2-1\,000^2)$$

$$=342.4\times10^3\ \mathrm{J}$$

342.4×10^3 Jのエネルギーは2秒で放出されたので，電力の単位で表すと，$1J=1$ W·sより，

$$P=\frac{E_0}{t}=\frac{342.4\times10^3}{2}\fallingdotseq171\times10^3\ \mathrm{W}$$

$$\fallingdotseq171\ \mathrm{kW}$$ (答)

答 (3)

解12 照度Eの基本的な計算方法として，光束Fと作業面の面積Sから照度を計算する光束法がある．その関係は，

$$E=\frac{F}{S}\ [\mathrm{lx}] \qquad ①$$

これに照度を減少させる数値の保守率M（照明施設を長く使用したあとの光束減退と初期の値との比率），照明率U（光源の光束と，作業面に到達する光束の比率）とすると①式は，

$$E=\frac{F\cdot M\cdot U}{S}\ [\mathrm{lx}]$$

となる．

図のように，教室の床面積Sは$15\times10=150$ m²，要求している照度E[lx]は500 lx，光源一つの光束Fが2 400 lm，保守率M，照明率Uとすると，必要な光源の数Nは，

$$E=\frac{N\cdot F\cdot M\cdot U}{S}$$

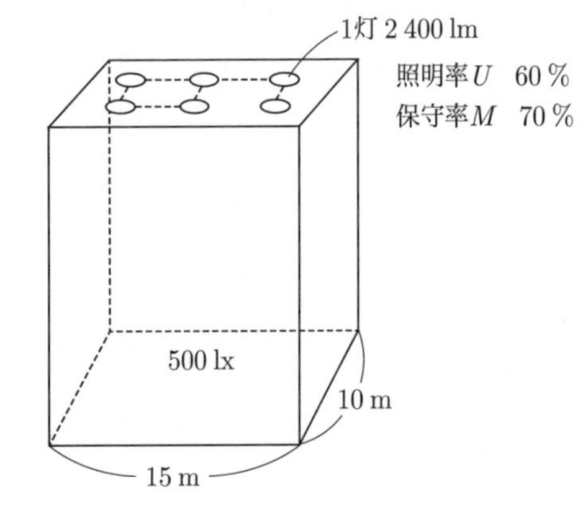

より，

$$N=\frac{S\cdot E}{F\cdot M\cdot U}=\frac{150\times500}{2\,400\times0.7\times0.6}=74.4$$

500 lxを確保するために必要な光源数Nは，74では照度不足となるので**75個**必要になる．

(3)

問13 熱の伝導は電気の伝導によく似ている．下記は，電気系の量と熱系の量の対応表である．

電気系と熱系の対応表

電気系の量	熱系の量
電圧 V [V]	(ア) [K]
電気量 Q [C]	熱量 Q [J]
電流 I [A]	(イ) [W]
導電率 σ [S/m]	熱伝導率 λ [W/(m·K)]
電気抵抗 R [Ω]	熱抵抗 R_T (ウ)
静電容量 C [F]	熱容量 C (エ)

上記の記述中の空白箇所(ア)～(エ)に当てはまる組合せとして，正しいものを次の(1)～(5)のうちから一つ選べ．

	(ア)	(イ)	(ウ)	(エ)
(1)	熱流 $\varPhi$	温度差 θ	[J/K]	[K/W]
(2)	温度差 θ	熱流 $\varPhi$	[K/W]	[J/K]
(3)	温度差 θ	熱流 $\varPhi$	[K/J]	[J/K]
(4)	熱流 $\varPhi$	温度差 θ	[J/K]	[J/W]
(5)	温度差 θ	熱流 $\varPhi$	[K/W]	[J/W]

解13 電気と熱はどちらも大きさ，流れる量の関係など共通する点が多い．熱の単位は電気の単位に置き換えて覚えると忘れにくい．

電圧（電位差）[V]に対するのは**温度差**[K]で，[K]は絶対温度を表す．絶対温度 T[K]は，

$$T = t\,[°\mathrm{C}] + 273.15$$

である．

電流[A]に対するのは**熱流**[W]でどちらも流れるイメージ．

電気抵抗[Ω]または[V/A]に対する熱抵抗は，熱のオームの法則から**[K/W]**となる．

熱容量 C は，比熱 c[J/(kg·K)] × 質量 m[kg]の物体の温度を1 K上昇させるのに要する熱量をいう．温度を θ[K]上昇させたときの所要熱量を Q[J]とすれば，

$$Q = c\,[\mathrm{J/(kg \cdot K)}] \times m\,[\mathrm{kg}] \times \theta\,[\mathrm{K}]$$

したがって，熱容量 C は，

$$C = \frac{Q}{\theta} = c \cdot m\,[\mathbf{J/K}]$$

となる．

それに対する静電容量 C[F]は，

$$C = \frac{Q}{V}\,[\mathrm{C/V=F}]$$ （ただし，C：クーロン）

表に電気系に対する熱系の単位を示す．

電気系		熱系	
量	単位	量	単位(SI系)
電圧 V	V	温度差 θ	K
電流 I	A	熱流 ϕ	W
抵抗 R	Ω	熱抵抗 R_T	K/W
導電率 σ	S/m	熱伝導率 λ	W/(m·K)
電気量 Q	C(クーロン)	熱量 Q	J
静電容量 C	F = C/V	熱容量 C	J/K

(2)

入力信号A，B及びC，出力信号Xの論理回路の真理値表が次のように示されたとき，Xの論理式として，正しいものを次の(1)～(5)のうちから一つ選べ．

A	B	C	X
0	0	0	0
0	0	1	1
0	1	0	0
0	1	1	1
1	0	0	0
1	0	1	1
1	1	0	1
1	1	1	1

(1) $A \cdot B + A \cdot \overline{C} + B \cdot C$

(2) $A \cdot \overline{B} + A \cdot \overline{C} + \overline{B} \cdot \overline{C}$

(3) $A \cdot \overline{B} + C + \overline{A} \cdot B$

(4) $B \cdot \overline{C} + \overline{A} \cdot B + \overline{B} \cdot C$

(5) $A \cdot B + C$

解14 使用するブール代数

同一則：$X\cdot X=X$

相補則：$X+\overline{X}=1$，$X\cdot\overline{X}=0$

分配則：$X\cdot Y+X\cdot Z=X\cdot(Y+Z)$

これらのブール代数を用いて$X=1$になるA，B，Cの各状態の論理積を求め，それらの論理和で求める．

$\overline{A}\cdot\overline{B}\cdot C$ …①

$\overline{A}\cdot B\cdot C$ …②

$A\cdot\overline{B}\cdot C$ …③

$A\cdot B\cdot\overline{C}$ …④

$A\cdot B\cdot C$ …⑤

①+②+③+④より，

$$C\left(\overline{A}\cdot\overline{B}+\overline{A}\cdot B+A\cdot\overline{B}+A\cdot B\right)$$
$$=C\left\{\overline{A}\left(\overline{B}+B\right)+A\left(\overline{B}+B\right)\right\}$$
$$=C(\overline{A}+A)$$
$$=C$$

④+⑤より，

$$A\cdot B(\overline{C}+C)=A\cdot B$$

したがって，求める論理式は，

$$A\cdot B+C$$

となる．

別解

カルノー図を用いて解く．

表のカルノー図を作る．

カルノー図より，Cが1であれば全部1，AとBが1であれば1になるので，$X=A\cdot B+C$である．

カルノー図

C ＼ A B	0 0	0 1	1 1	1 0
0	0	0	1	0
1	1	1	1	1

 (5)

B問題　配点は1問題当たり(a)5点，(b)5点，計10点

問15　定格出力45 kW，定格周波数60 Hz，極数4，定格運転時の滑りが0.02である三相誘導電動機について，次の(a)及び(b)の問に答えよ．

(a)　この誘導電動機の定格運転時の二次入力（同期ワット）の値[kW]として，最も近いものを次の(1)～(5)のうちから一つ選べ．

(1)　43　(2)　44　(3)　45　(4)　46　(5)　47

(b)　この誘導電動機を，電源周波数50 Hzにおいて，60 Hz運転時の定格出力トルクと同じ出力トルクで連続して運転する．この50 Hzでの運転において，滑りが50 Hzを基準として0.05であるときの誘導電動機の出力の値[kW]として，最も近いものを次の(1)～(5)のうちから一つ選べ．

(1)　36　(2)　38　(3)　45　(4)　54　(5)　56

解15

(a) (a)図に誘導電動機の二次側等価回路を示す．この図より二次入力P_2，二次銅損P_C，機械的出力P_Mとすると次のような比率になる．

$$P_2 : P_C : P_M = 1 : s : (1 - s) \qquad ①$$

ここで，定格出力はP_Mとなり，二次入力はP_2となるので①式を用いて，

$$P_2 : P_M = 1 : (1 - s)$$

$$P_2 = \frac{P_M}{1 - s} = \frac{45}{1 - 0.02} \fallingdotseq 46 \text{ kW} \quad \text{(答)}$$

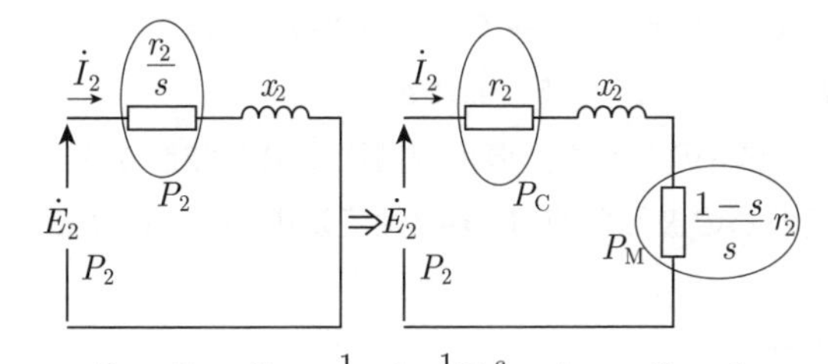

$$P_2 : P_C : P_M = \frac{1}{s} : 1 : \frac{1-s}{s} = 1 : s : (1 - s)$$

(a) 誘導電動機の二次側等価回路と滑りs

(b) 50 Hzにしたときのこの電動機の負荷特性は(b)図のようになる．

60 Hz時のトルク，出力，角速度をT_{60}，P_{M60}，ω_{60}とし，50 Hz時のトルク，出力，角速度を，T_{50}，P_{M50}，ω_{50}とすると，

$$\frac{T_{60}}{T_{50}} = \frac{\frac{P_{M60}}{\omega_{60}}}{\frac{P_{M50}}{\omega_{50}}} = \frac{P_{M60} \cdot \omega_{50}}{P_{M50} \cdot \omega_{60}} = 1$$

（題意より$T_{60} = T_{50}$）

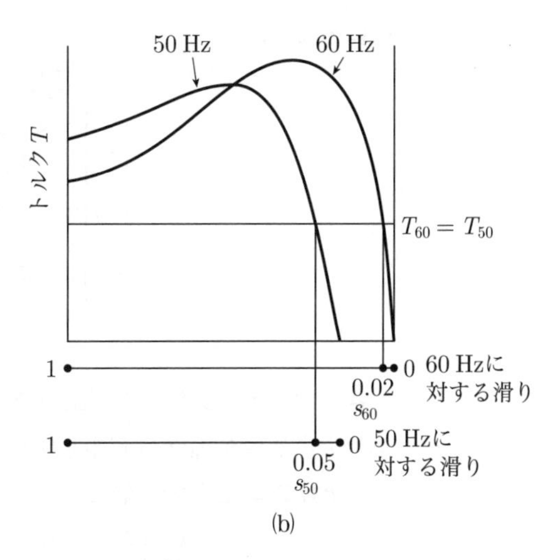

(b)

$$P_{M50} = \frac{P_{M60} \cdot \omega_{50}}{\omega_{60}}$$

$$= 45 \times \frac{\frac{2 \cdot \pi \cdot N_{50} \cdot (1 - s_{50})}{60}}{\frac{2 \cdot \pi \cdot N_{60} \cdot (1 - s_{60})}{60}}$$

$$= 45 \times \frac{N_{50} \cdot (1 - s_{50})}{N_{60} \cdot (1 - s_{60})}$$

$$= 45 \times \frac{f_{50}(1 - 0.05)}{f_{60}(1 - 0.02)}$$

$$= 45 \times \frac{50 \cdot (1 - 0.05)}{60 \cdot (1 - 0.02)} \fallingdotseq 36 \text{ kW} \quad \text{(答)}$$

答 (a) - (4)，(b) - (1)

問16 図1は，直流電圧源から単相インバータで誘導性負荷に交流を給電する基本回路を示す．負荷電流 $i_o(t)$ と直流側電流 $i_d(t)$ は図示する矢印の向きを正の方向として，次の(a)及び(b)の問に答えよ．

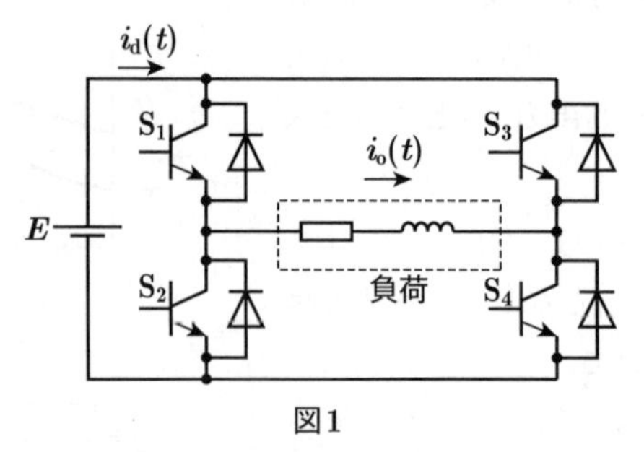

図1

(a) 各パワートランジスタが出力交流電圧の1周期 T に1回オンオフする運転を行っている際のある時刻 t_0 から1周期の波形を図2に示す．直流電圧が E [V] のとき，交流側の方形波出力電圧の実効 値として，最も近いものを次の(1)～(5)のうちから一つ選べ．

(1) **0.5*E***　(2) **0.61*E***　(3) **0.86*E***　(4) ***E***　(5) **1.15*E***

(b) 小問(a)のとき，負荷電流 $i_o(t)$ の波形が図3の(ア)～(ウ)，直流側電流 $i_d(t)$ の波形が図3の(エ)，(オ)のいずれかに示されている．それらの波形の適切な組合せを次の(1)～(5)のうちから一つ選べ．

(1) (ア)と(エ)　(2) (イ)と(エ)　(3) (ウ)と(オ)

(4) (ア)と(オ)　(5) (イ)と(オ)

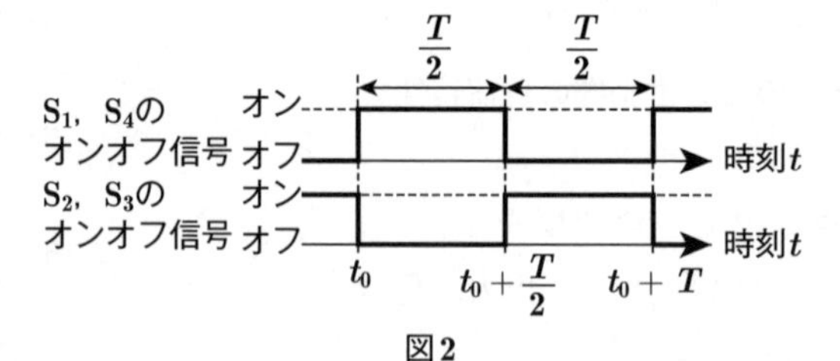

図2

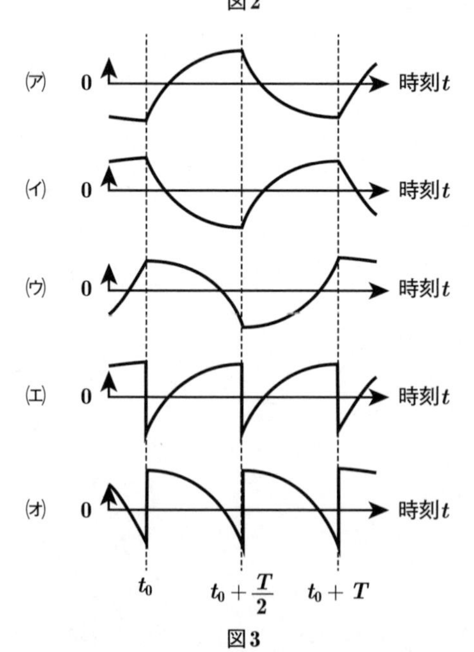

図3

解16 (a) インバータは，直流電源を交流に変換することができる．(a)図の四つのトランジスタ$\mathrm{Tr_1}$と$\mathrm{Tr_4}$，$\mathrm{Tr_2}$と$\mathrm{Tr_3}$を$\frac{1}{2}$周期で交互に動作させると，(b)図のような出力電圧となる．

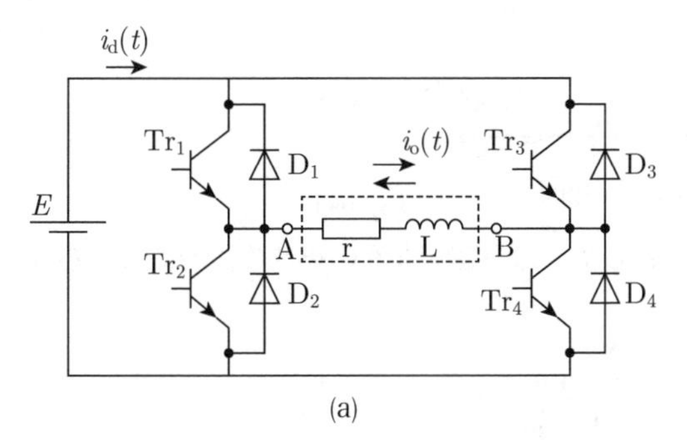

(a)

このような，最大値がE [V] 方形波の実効値はE [V]となる． (答)

実効値は交流の1周期の電圧または電流波形を負荷に与えたとき，同じ負荷に直流電圧または直流電流を加えたときの，直流電圧または直流電流の値になる．方形波は$T/2$の周期で直流の値と同じなので，出力電圧の実効値は直流電圧に等しい．

(b) (a)図のインバータ回路で，負荷が純抵抗の場合は出力電流は電圧と同じ波形となるが，誘導負荷の場合は出力電流は(b)図②のようにインダクタンスのため，応答が遅れた指数関数的に変化する波形となる．t_0でトランジスタ$\mathrm{S_1}$，$\mathrm{S_4}$がオンすると負荷の電流が右方向に流れるが，インダクタンスのため応答が遅れ電流になり$T/2$で$\mathrm{S_1}$，$\mathrm{S_4}$がオフし，$\mathrm{S_2}$，$\mathrm{S_3}$がオンすると，インダクタンスLに蓄積されたエネルギーが$\mathrm{D_2}$，$\mathrm{D_3}$を通り，電源側に帰還する電流が同じ方向に流れ続けるため，問の**選択肢の(ア)**の波形となる．

電源側の電流$i_d(t)$は，任意の時間で出力電流$i_o(t)$と同じ量の電流が流れる．(ア)が負荷を流れる電流とすれば，電流値が0になる時刻は$i_d(t)$と$i_o(t)$で同じ時刻になるので，(b)図③になる．**(エ)が正しい．**

また，電流の方向は違っても電流値はその時刻で同じなので，$T/2$で$\mathrm{S_1}$，$\mathrm{S_4}$がオフすると電源側に帰還する電流が逆方向に電源方向に流れるので**選択肢の(エ)**の波形となる．

正しい選択肢の波形の組合せは(1)である．

答 (a)-(4)，(b)-(1)

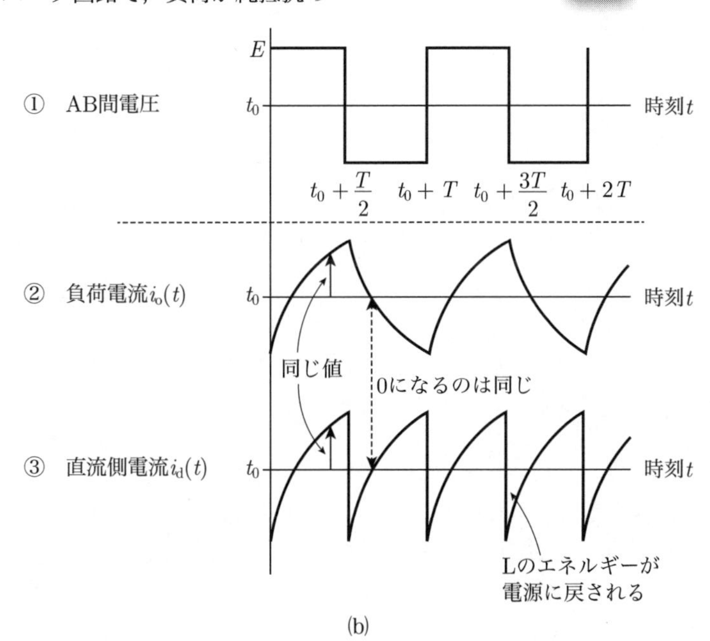

(b)

問17及び問18は選択問題であり，問17又は問18のどちらかを選んで解答すること．両方解答すると採点されません．

（選択問題）

問17 図は，ある周波数伝達関数 $W(j\omega)$ のボード線図の一部であり，折れ線近似でゲイン特性を示している．次の(a)及び(b)の問に答えよ．

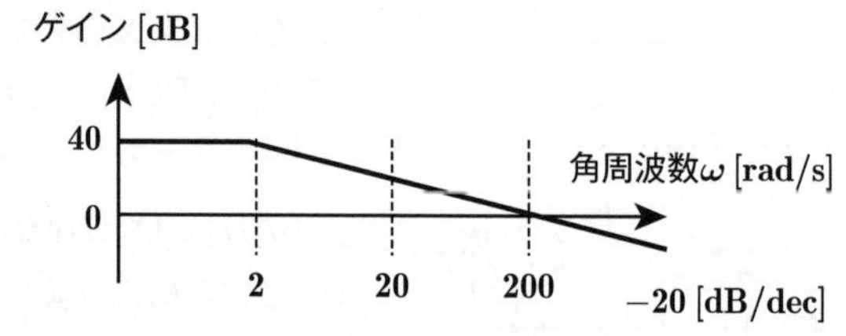

(a) 図のゲイン特性を示す周波数伝達関数として，最も適切なものを次の(1)～(5)のうちから一つ選べ．

(1) $\dfrac{40}{1+j\omega}$　(2) $\dfrac{40}{1+j0.005\omega}$　(3) $\dfrac{100}{1+j\omega}$

(4) $\dfrac{100}{1+j0.005\omega}$　(5) $\dfrac{100}{1+j0.5\omega}$

(b) 図のゲイン特性を示すブロック線図として，最も適切なものを次の(1)～(5)のうちから一つ選べ．ただし，入力を $R(\mathrm{j}\omega)$，出力を $C(\mathrm{j}\omega)$ として，図のゲイン特性を示しているものとする．

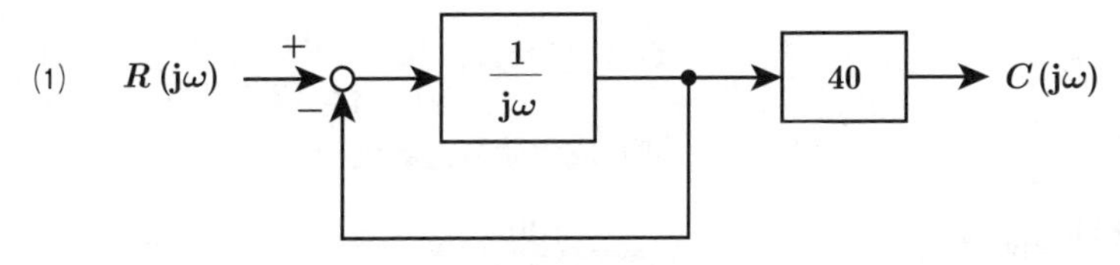

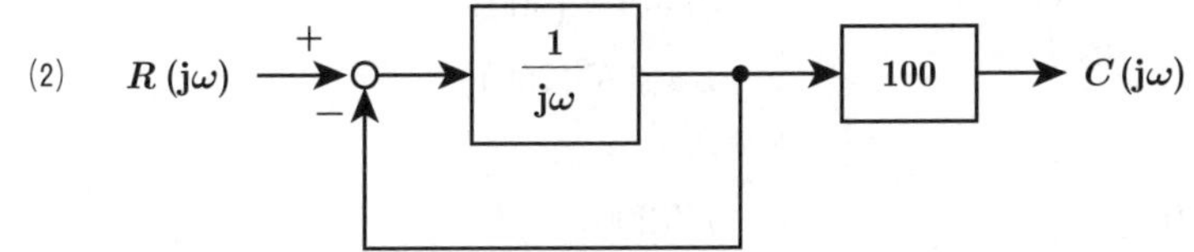

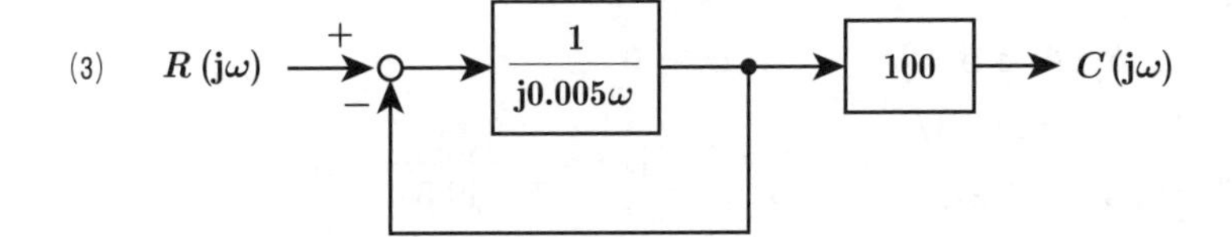

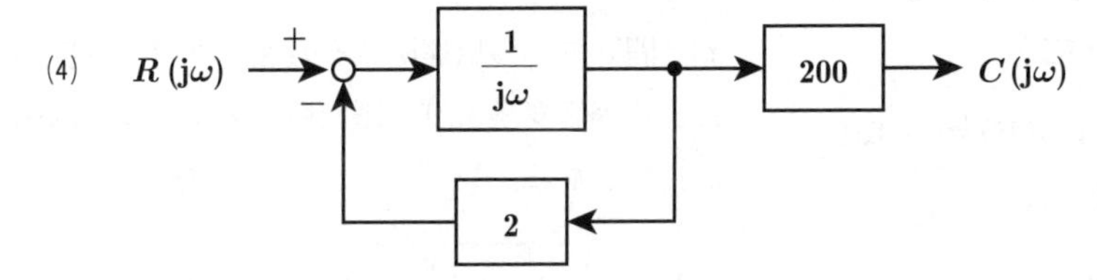

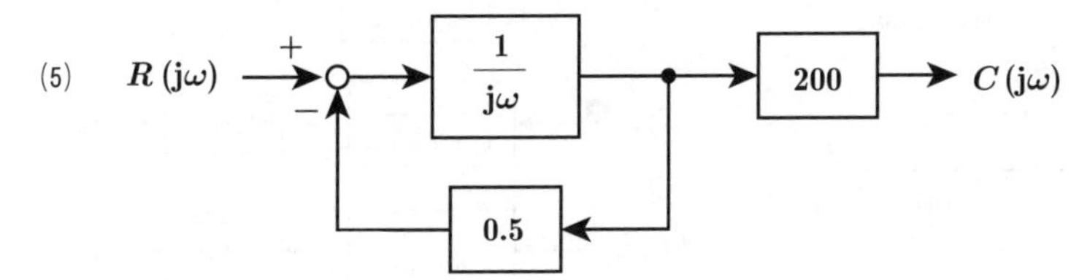

(a)　題意の図は一次遅れ要素のボード線図である．一次遅れの伝達関数 $G(j\omega)$ は，

$$G(j\omega)=\frac{1}{1+j\omega}$$

ゲイン G [dB] は，

$$G=20\log_{10}\left|\frac{1}{1+j\omega}\right|=20\log_{10}\frac{1}{\sqrt{1+\omega^2}}$$

$$=20\log_{10}1-20\log_{10}(1+\omega^2)^{\frac{1}{2}}$$

$$=-10\log_{10}(1+\omega^2)$$

$\omega\ll 1$ のとき $G\fallingdotseq 10\log 1=0$

$\omega\gg 1$ のとき $G\fallingdotseq -20\log\omega$

これを表したものが(a)図で，ω が1のときまでゲインは0で，1を超えるとゲインが20 dB/decで下がっていく．折点周波数は1である．(a)図を上側に40 dB移動し，右側に2移動すると題意のボード線図ができあがる．

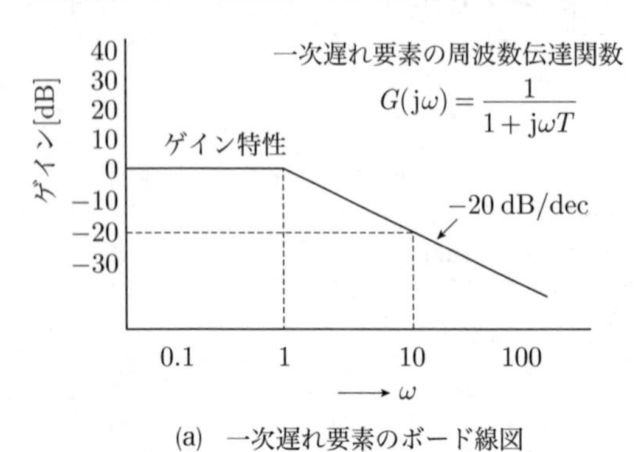

(a)　一次遅れ要素のボード線図

上側に40移動するには比例要素を用いる．比例要素の伝達関数は，

$$G(j\omega)=K$$

ゲイン G は，

$$G=20\log_{10}|G(j\omega)|=20\log_{10}K$$

ゲインを40にするには K を100にすればよく，

$$G=20\log_{10}100=40 \quad ①$$

したがって，

$$G(j\omega)=\frac{K}{1+j\omega}=\frac{100}{1+j\omega} \quad ②$$

題意の図のように右に折点を1→2移動するための角周波数の値を $\omega_x=K'\omega$ とすると，そのときのゲインが0になるには②式より，

$$G(j\omega)=\frac{100}{1+jK'(200)}$$

ゲイン G は，

$$G=20\log_{10}\frac{100}{\sqrt{1+\{K'(200)\}^2}}=0 \quad ③$$

③式が成立するためには，

$$\frac{100}{\sqrt{1+\{K'(200)\}^2}}=1$$

$$1\ll\{K'(200)\}^2$$

とすると，

$$K'(200)=100$$

$$K'=0.5$$

$$\omega_x=0.5\omega$$

$$\therefore\quad G(j\omega)=\frac{100}{1+j0.5\omega} \quad (答)$$

となる．

(b)　問(a)の答の伝達関数を(b)図のブロック線図による等価変換より，選択肢(4)のブロック線図が正解となる．

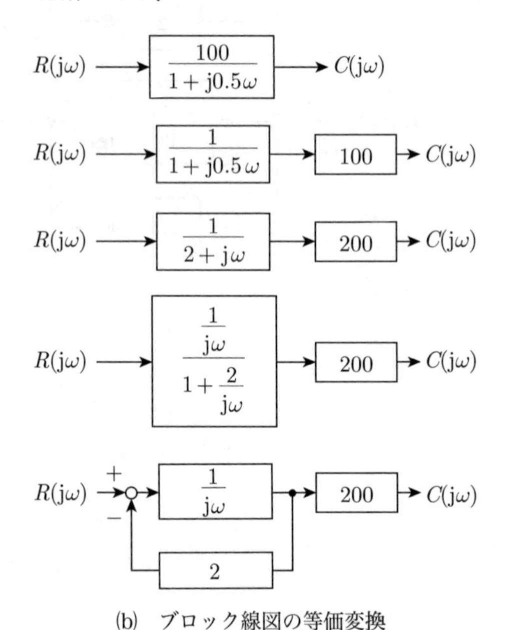

(b)　ブロック線図の等価変換

〔参考〕

問(a)の答の $\frac{100}{1+j0.5\omega}$ を，右のブロックを100から200にすると，

$$\frac{100}{1+j0.5\omega}=\frac{1}{1+j0.5\omega}\times 100$$

$$= \frac{1}{1 + \mathrm{j}0.5\omega} \cdot \frac{1}{2} \times 200$$

$$= \frac{\dfrac{1}{\mathrm{j}0.5\omega}}{1 + \dfrac{1}{\mathrm{j}0.5\omega}} \cdot \frac{1}{2} \times 200$$

分母分子に0.5をかけて,

$$\frac{100}{1 + \mathrm{j}0.5\omega} = \frac{\dfrac{1}{\mathrm{j}0.5\omega}}{1 + \dfrac{1}{\mathrm{j}0.5\omega}} \cdot \frac{0.5}{0.5} \cdot \frac{1}{2} \times 200$$

$$= \frac{\dfrac{1}{\mathrm{j}\omega}}{1 + \dfrac{1}{\mathrm{j}0.5\omega}} \times 200$$

$$= \frac{\dfrac{1}{\mathrm{j}\omega}}{1 + \dfrac{2}{\mathrm{j}\omega}} \times 200 \quad (答)$$

(a) - (5), (b) - (4)

（選択問題）

図は，n個の配列の数値を大きい順（降順）に並べ替えるプログラムのフローチャートである．次の(a)及び(b)の問に答えよ．

(a) 図中の(ア)～(ウ)に当てはまる処理の組合せとして，正しいものを次の(1)～(5)のうちから一つ選べ．

	(ア)	(イ)	(ウ)
(1)	$a[i] > a[j]$	$a[j] \leftarrow a[i]$	$a[i] \leftarrow m$
(2)	$a[i] > a[j]$	$a[i] \leftarrow a[j]$	$a[j] \leftarrow m$
(3)	$a[i] < a[j]$	$a[j] \leftarrow a[i]$	$a[i] \leftarrow m$
(4)	$a[i] < a[j]$	$a[j] \leftarrow a[i]$	$a[j] \leftarrow m$
(5)	$a[i] < a[j]$	$a[i] \leftarrow a[j]$	$a[j] \leftarrow m$

(b) このプログラム実行時の読込み処理において，$n = 5$とし，$a[1] = 3$，$a[2] = 1$，$a[3] = 2$，$a[4] = 5$，$a[5] = 4$とする．フローチャート中のXで示される部分の処理は何回行われるか，正しいものを次の(1)～(5)のうちから一つ選べ．

(1) 3　(2) 5　(3) 7　(4) 8　(5) 10

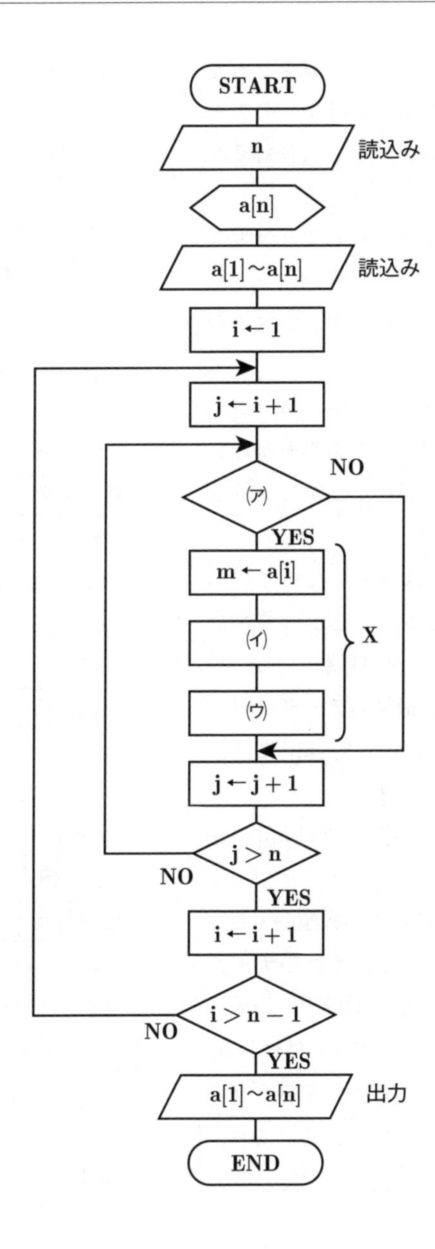

START
n
読込み
a[n]
a[1]～a[n]
読込み
i ← 1
j ← i + 1
(ア)
NO
YES
m ← a[i]
(イ)
(ウ)
X
j ← j + 1
j > n
NO
YES
i ← i + 1
i > n − 1
NO
YES
a[1]～a[n]
出力
END

解18 (a) 降順に並べ替えるプログラムであるから，a[1]からa[n]までのデータを順に比較，大きな値のデータと入れ替えながら並べ替える．

すなわち，データ1と2を比較して2が大きければYESに進み，Xの処理でデータ1と2を入れ替える．それをn回目のデータまで繰り返す．

(ア)は，前のデータa[i]と後のデータa[j]を比較してa[i]が大きければ並べ替えの必要がないのでXの処理をジャンプして一つ先のデータをa[j]としてa[i]と比較する．

a[i]がa[j]より小さければ昇順になっているので並べ替える必要がある．したがって(ア)はa[i]＜a[j]となる．Xはデータが昇順のときa[i]のデータをmに仮置きし，最初のデータa[i]に，比較した次のデータa[j]を入れる．a[j]には仮置きしていたmのデータを入れる．

したがって，(イ)はa[i]← a[j]，(ウ)はa[i]←mとなるので**(5)が正しい**．

比較のj＞nまででa[1]に最大の数値が入る．次にiに+1をしたデータとそのあとのデータを比較するプログラムとなり，最後の一つ前のデータn−1となり出力されプログラムは終わる．

(b) 題意のデータを入力したときのプログラム

データ	a[1] 3	a[2] 1	a[3] 2	a[4] 5	a[5] 4

の流れを次に示す．

スタート

a[1]＝3，a[2]＝1

3＜1

↓NO（a[1]とa[3]を比較）

a[1]＝3，a[3]＝2

3＜2

↓NO（a[1]とa[4]を比較）

a[1]＝3，a[4]＝5

3＜5

↓YES 1回目（a[1]とa[4]を入れ替え）

並べ替え	5	1	2	3	4

↓

a[1]＝5，a[5]＝4

5＜4

↓NO

jを一つ進める

データ	5	a[1] 1	a[2] 2	a[3] 3	a[4] 4

↓

a[1]＝1，a[2]＝2（a[1]とa[2]を比較）

1＜2

↓YES 2回目（a[1]とa[2]を入れ替え）

並べ替え	5	2	1	3	4

↓

a[1]＝2，a[3]＝3（a[1]とa[3]を比較）

2＜3

↓YES 3回目（a[1]とa[3]を入れ替え）

並べ替え	5	3	1	2	4

↓

a[1]＝3，a[4]＝4（a[1]とa[4]を比較）

3＜4

↓YES 4回目（a[1]とa[4]を入れ替え）

並べ替え	5	4	1	2	3

↓

jを一つ進める

データ	5	4	a[1] 1	a[2] 2	a[3] 3

↓

a[1]＝1，a[2]＝2（a[1]とa[2]を比較）

1＜2

↓YES 5回目（a[1]とa[2]を入れ替え）

並べ替え	5	4	2	1	3

↓

a[1]＝2，a[3]＝3（a[1]とa[3]を比較）

2＜3

↓YES 6回目（a[1]とa[3]を入れ替え）

並べ替え	5	4	3	1	2

↓

jを一つ進める

データ	5	4	3	a[1] 1	a[2] 2

↓

a[1] = 1，a[2] = 2（a[1]とa[2]を比較）

1 < 2

↓YES　7回目（a[1]とa[2]を入れ替え）

並べ替え	5	4	3	2	1

↓

iが5回目なのでデータを出力する．

↓

5　4　3　2　1

Xの処理回数は最初の判断のブロックのYESの数であるので，7回になる．

(a) - (5)，(b) - (3)

令和元年度（2019年）機械の問題

A問題　配点は1問題当たり5点

問1　直流電源に接続された永久磁石界磁の直流電動機に一定トルクの負荷がつながっている．電機子抵抗が1.00 Ωである．回転速度が1 000 min^{-1}のとき，電源電圧は120 V，電流は20 Aであった．

この電源電圧を100 Vに変化させたときの回転速度の値[min^{-1}]として，最も近いものを次の(1)～(5)のうちから一つ選べ．

ただし，電機子反作用及びブラシ，整流子における電圧降下は無視できるものとする．

(1) 200　(2) 400　(3) 600　(4) 800　(5) 1 000

●試験時間　90 分
●必要解答数　A 問題 14 題，B 問題 3 題（選択問題含む）

解1　問1の回路は120 Vを加えたとき(a)図のようになる．電源電圧を120 Vから100 Vにするとトルクは一定であるので$T=k\cdot\phi\cdot I_a$より，I_aは変化しない．電動機の逆起電力Eが変化するが，その値は供給電圧が120 Vのとき，E_1は，

$$E_1=120-20\times1.0=100\ \mathrm{V}$$

(a)

電源電圧を100 Vにしたとき(b)図のように逆起電力E_2は，

$$E_2=V-I_a\cdot r=100-20\times1.0=80\ \mathrm{V}$$

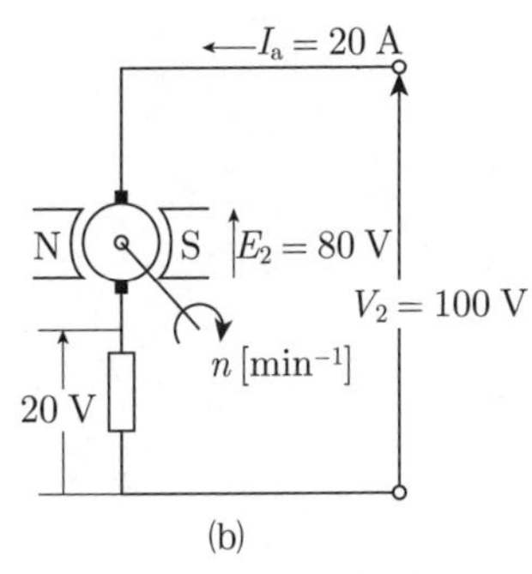

(b)

直流電動機では回転速度は逆起電力に比例するので，求める回転速度nは，電源電圧が120 Vのときの逆起電力をE_1，100 VのときをE_2とすると，電機子電流が同じであるので電機子抵抗降下は20 Vになり，誘導起電力はどちらも電源電圧より20 V低い値となるので，次式のように比例計算する．

$$n=\frac{E_2}{E_1}\cdot n_1=\frac{80}{100}\times1\,000$$
$$=800\ \mathrm{min}^{-1}\quad(答)$$

(4)

直流機の電機子反作用に関する記述として，誤っているものを次の(1)～(5)のうちから一つ選べ．

(1) 直流発電機や直流電動機では，電機子巻線に電流を流すと，電機子電流によって電機子周辺に磁束が生じ，電機子電圧を誘導する磁束すなわち励磁磁束が，電機子電流の影響で変化する．これを電機子反作用という．

(2) 界磁電流による磁束のベクトルに対し，電機子電流による電機子反作用磁束のベクトルは，同じ向きとなるため，電動機として運転した場合に増磁作用，発電機として運転した場合に減磁作用となる．

(3) 直流機の界磁磁極片に補償巻線を設け，そこに電機子電流を流すことにより，電機子反作用を緩和できる．

(4) 直流機の界磁磁極のN極とS極の間に補極を設け，そこに設けたコイルに電機子電流を流すことにより，電機子反作用を緩和できる．

(5) ブラシの位置を適切に移動させることで，電機子反作用を緩和できる．

解2 (1) (a)図のように直流機では電機子電流が流れると磁束が発生するが，その磁束が主磁束の磁束分布に影響を与えてしまう．これを電機子反作用という．**正しい**．

(2) (a)図のように，発電機では電機子反作用磁束は回転方向にずれて，回転方向の前半では小さく，後半で主磁束と電機子反作用磁束の和となり大きくなる．ベクトルは位置により変化するので**誤り**である．

(3) (a)図のように，主磁極に巻いたコイルに電機子反作用の影響を打ち消すためのコイルを補償巻線という．**正しい**．

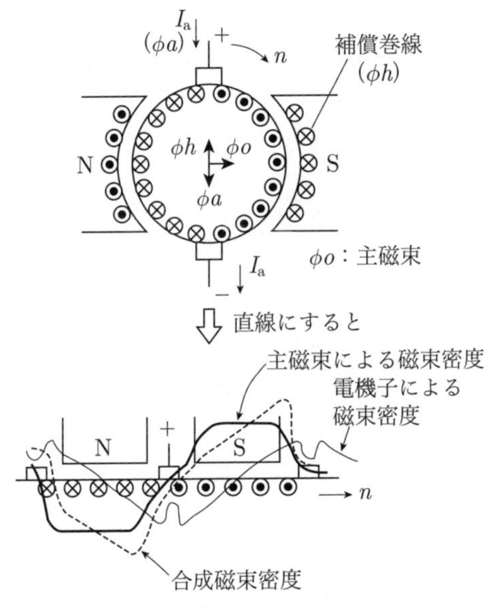

(a) 直流発電機の電機子反作用

(4) 電機子反作用磁束により電気的中性軸が移動するのでブラシの位置のコイルに発生する起電力を打ち消すためにその位置に補極を設けて，電機子電流を流し，ブラシ位置の起電力を0にし，ブラシの接触火花を防ぐ．**正しい**．

(5) (b)図の電気的中性点を補極で緩和するか，ブラシ位置を電気的中性点に移動させる．**正しい**．短所としてこの方法では負荷の変動による位置の変化がある．

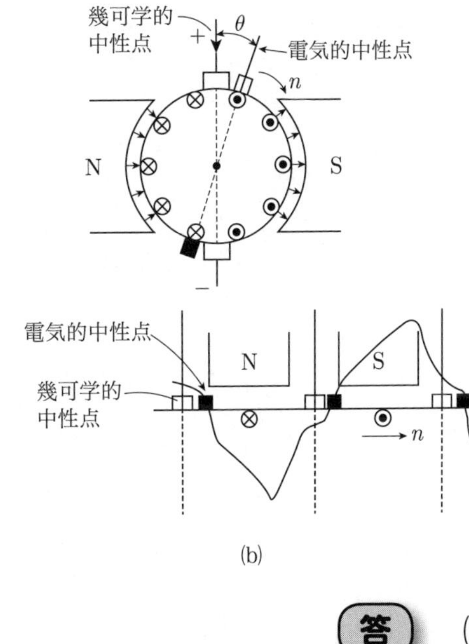

(b)

答 (2)

問3

4極の三相誘導電動機が60 Hzの電源に接続され，出力5.75 kW，回転速度1 656 min^{-1}で運転されている．このとき，一次銅損，二次銅損及び鉄損の三つの損失の値が等しかった．このときの誘導電動機の効率の値[%]として，最も近いものを次の(1)〜(5)のうちから一つ選べ．

ただし，その他の損失は無視できるものとする．

(1) **76.0**　(2) **77.8**　(3) **79.3**　(4) **80.6**　(5) **88.5**

解3 図は誘導電動機の二次側等価回路である．この等価回路で二次入力 P_2，二次銅損 P_{c2}，機械的出力 P_M の三つの関係を理解しておけば解ける．

$$P_2 : P_{c2} : P_M = 1 : s : 1 - s \quad ①$$

4極で60 Hzの電動機の同期速度 N_s は，

$$N_s = \frac{120 \cdot f}{p} = \frac{120 \times 60}{4} = 1\,800 \text{ min}^{-1}$$

1 656 min^{-1} で回転しているときの滑りを s_1 とすると，$s_1 = \frac{1\,800 - 1\,656}{1\,800} = 0.08$

①式を用いて，

$$P_{c2} : P_M = s : (1 - s)$$

$$P_{c2} : 5.75 = 0.08 : (1 - 0.08)$$

$$P_{c2} = \frac{5.75 \times 0.08}{1 - 0.08} = 0.5 \text{ kW}$$

効率 η は，

$$\eta = \frac{出力}{出力 + 損失} \times 100$$

$$= \frac{5.75}{5.75 + 0.5 \times 3} \times 100$$

$$\fallingdotseq 79.3 \text{ \%} \quad (答)$$

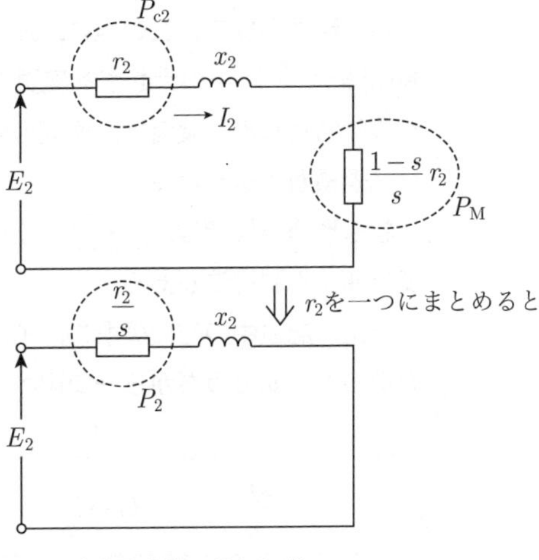

誘導電動機の等価回路

(3)

問4 次の文章は，誘導機の速度制御に関する記述である．

誘導機の回転速度 n [min^{-1}] は，滑り s，電源周波数 f [Hz]，極数 p を用いて $n = 120 \cdot$ (ア) と表される．したがって，誘導機の速度は電源周波数によって制御することができ，特にかご形誘導電動機において (イ) 電源装置を用いた制御が広く利用されている．

かご形誘導機ではこの他に，運転中に固定子巻線の接続を変更して (ウ) を切り換える制御法や，(エ) の大きさを変更する制御法がある．前者は，効率はよいが，速度の変化が段階的となる．後者は，速度の安定な制御範囲を広くするために (オ) の値を大きくとり，銅損が大きくなる．

巻線形誘導機では，(オ) の値を調整することにより，トルクの比例推移を利用して速度を変える制御法がある．

上記の記述中の空白箇所(ア)，(イ)，(ウ)，(エ)及び(オ)に当てはまる組合せとして，正しいものを次の(1)～(5)のうちから一つ選べ．

	(ア)	(イ)	(ウ)	(エ)	(オ)
(1)	$\dfrac{sf}{p}$	CVCF	極数	一次電圧	一次抵抗
(2)	$\dfrac{(1-s)f}{p}$	CVCF	相数	二次電圧	二次抵抗
(3)	$\dfrac{sf}{p}$	VVVF	相数	二次電圧	一次抵抗
(4)	$\dfrac{(1-s)f}{p}$	VVVF	相数	一次電圧	一次抵抗
(5)	$\dfrac{(1-s)f}{p}$	VVVF	極数	一次電圧	二次抵抗

解4 誘導電動機の回転速度nは，解3での同期速度の式において滑りsとしたとき，$1-s$をかけた値となる．

$$n=\frac{120\cdot f}{p}\cdot(1-s) \quad ①$$

誘導電動機の回転速度制御は上式のf，p，sを変えることにより可能となる．

インバータにより周波数fを変える方法が，連続的に速度制御できるので一般的である．この場合，周波数のみを変えると周波数の低いとき電動機のコイルに流れる電流が増え焼損するので，周波数の変化とともに電圧も同じ比率で変化させる**VVVF**電源装置を用いる．

VVVFは，バリアブル電圧バリアブル周波数の略で，この電源装置を用いた制御をV/f制御といいV/fを一定とする制御である．

①式のpを変える方法の速度制御は二種類以上の極数をもつ誘導電動機の**極数**を変える方式（極数変換法）で，段階式にしか回転速度を変えることができない．

①式の（$1-s$）を変えて速度を制御するには**一次電圧**の大きさを変更して制御する．滑り－トルク特性が一次電圧を低くすると下がる特性を利用したもので，電圧を下げるほど損失が大きくなりあまり下げられない（(a)図）．安定に速度調整できる範囲を広げるため**二次抵抗**を大きくする必要がある．

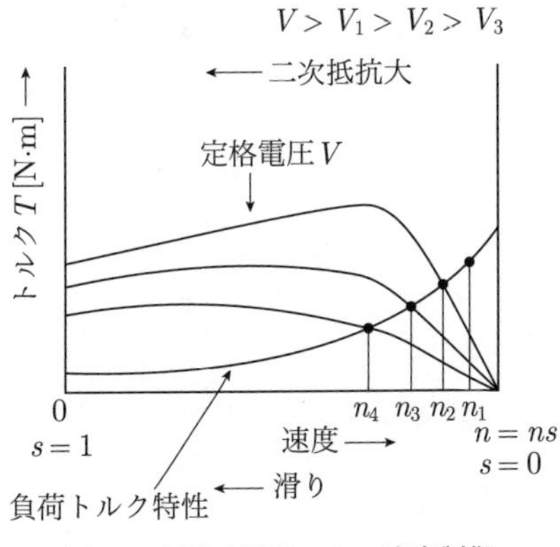

(a) 一次電圧制御による速度制御

巻線形誘導電動機は回転子のコイルからスリップリングで外部抵抗に接続できる．外部抵抗値により比例推移の原理で速度制御できる．比例推移は(b)図のように外部抵抗値の大きさによりトルク特性が変化するのを利用している．

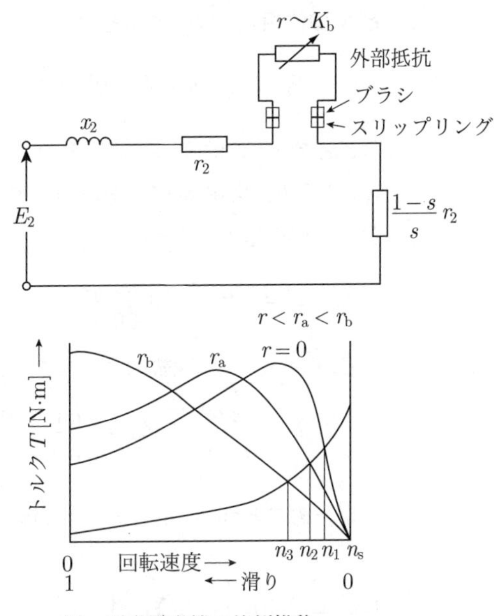

(b) 誘導電動機の比例推移

答 (5)

問5 次の文章は，星形結線の円筒形三相同期電動機の入力，出力，トルクに関する記述である．

この三相同期電動機の1相分の誘導起電力 E [V]，電圧 V [V]，電流 I [A]，V と I の位相差を θ [rad] としたときの1相分の入力 P_i [W] は次式で表される．

$$P_i = VI\cos\theta$$

また，E と V の位相差を δ [rad] とすると，1相分の出力 P_o [W] は次式で表される．E と V の位相差 δ は［(ア)］といわれる．

$$P_o = EI\cos(\delta - \theta) = \frac{VE}{x}\ \boxed{(イ)}$$

ここで x [Ω] は同期リアクタンスであり，電機子巻線抵抗は無視できるものとする．

この三相同期電動機の全出力を P [W]，同期速度を n_s [min^{-1}] とすると，トルク T [N·m] と P の関係は次式で表される．

$$P = 3P_o = 2\pi\frac{n_s}{60}T$$

これから，T は次式のようになる．

$$T = \frac{60}{2\pi n_s}\cdot 3P_o = \frac{60}{2\pi n_s}\cdot\frac{3VE}{x}\ \boxed{(イ)}$$

以上のことから，$0 \leqq \delta \leqq \frac{\pi}{2}$ の範囲において δ が［(ウ)］なるに従って T は［(エ)］なり，理論上 $\frac{\pi}{2}$ [rad] のとき［(オ)］となる．

上記の記述中の空白箇所(ア)，(イ)，(ウ)，(エ)及び(オ)に当てはまる組合せとして，正しいものを次の(1)～(5)のうちから一つ選べ．

	(ア)	(イ)	(ウ)	(エ)	(オ)
(1)	負荷角	$\cos\delta$	大きく	大きく	最大値
(2)	力率角	$\cos\delta$	大きく	小さく	最小値
(3)	力率角	$\sin\delta$	小さく	小さく	最小値
(4)	負荷角	$\sin\delta$	大きく	大きく	最大値
(5)	負荷角	$\cos\delta$	小さく	小さく	最大値

解5 三相同期電動機の1相分の等価回路とベクトルを(a)図に示す．同期電動機は同期速度で回転している．負荷がかかると回転子は$\delta°$だけ遅れて回転する．このδは**負荷角**という．トルクが増えれば負荷角は**大きく**なる．

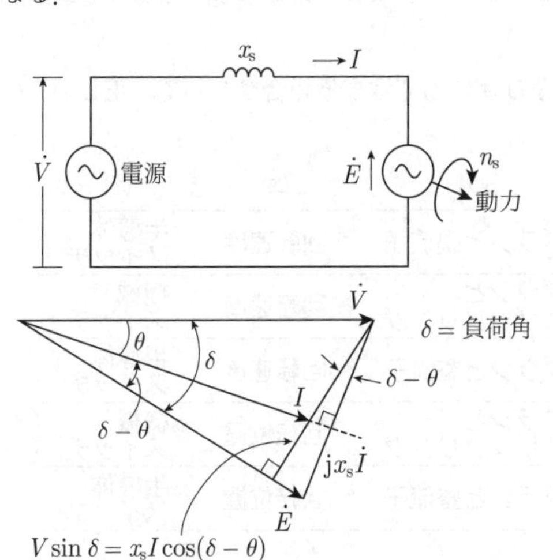

$V\sin\delta = x_s I\cos(\delta-\theta)$

$P = E\cdot I\cos(\delta-\theta) = \dfrac{VE}{x_s}\sin\delta$

(a) 同期電動機の等価回路とベクトル図

ベクトル図より，1相分の出力P_oは，

$$P_o = EI\cos(\delta-\theta)$$

ベクトル図より，

$$x_s I\cos(\delta-\theta) = V\sin\delta$$

$$P_o = \frac{VE}{x_s}\sin\delta \quad \text{(答)}$$

三相同期電動機のトルクTは，$T=P/\omega$より，

$$T = \frac{60}{2\pi n_s}\cdot 3P_o = \frac{60}{2\pi n_s}\cdot\frac{3VE}{x}\sin\delta$$

トルクは上式から(b)図のように$\sin\delta$に従い変化し，δが$\dfrac{\pi}{2}$のとき**最大値**となる．$\dfrac{\pi}{2}$まではサインカーブで増えていく．

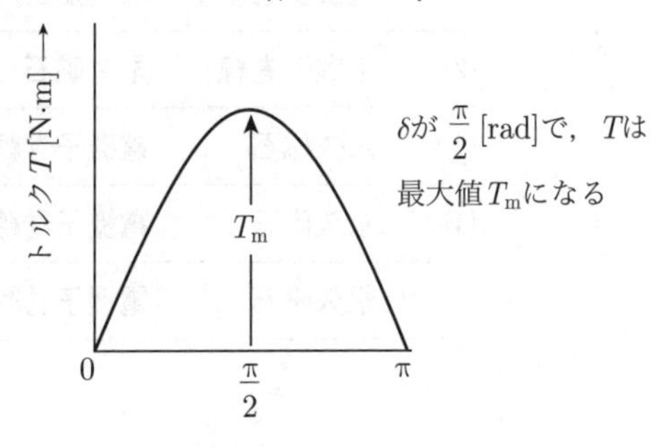

(b) 負荷角とトルク

(4)

理論 電力 機械 法規 令和5上(2023) 令和4下(2022) 令和4上(2022) 令和3(2021) 令和2(2020) 令和元(2019) 平成30(2018) 平成29(2017) 平成28(2016) 平成27(2015)

問6

次の文章は，一般的なブラシレスDCモータに関する記述である．

ブラシレスDCモータは，(ア)が回転子側に，(イ)が固定子側に取り付けられた構造となっており，(イ)が回転しないため，(ウ)が必要な一般の直流電動機と異なる．しかし，何らかの方法で回転子の(エ)を検出して，(イ)への電流を切り換える必要がある．この電流の切り換えを，(オ)で構成された駆動回路を用いて実現している．ブラシレスDCモータは，(オ)の発達とともに発展してきたモータであり，上記の駆動回路が重要な役割を果たすモータである．

上記の記述中の空白箇所(ア)，(イ)，(ウ)，(エ)及び(オ)に当てはまる組合せとして，正しいものを次の(1)～(5)のうちから一つ選べ．

	(ア)	(イ)	(ウ)	(エ)	(オ)
(1)	電機子巻線	永久磁石	ブラシと整流子	回転速度	半導体スイッチ
(2)	電機子巻線	永久磁石	ブラシとスリップリング	回転速度	機械スイッチ
(3)	永久磁石	電機子巻線	ブラシと整流子	回転速度	半導体スイッチ
(4)	永久磁石	電機子巻線	ブラシとスリップリング	回転位置	機械スイッチ
(5)	永久磁石	電機子巻線	ブラシと整流子	回転位置	半導体スイッチ

解6 ブラシレスDCモータは，**ブラシと整流子**という機械的接触部分がないので，大きい電流を使う電機子側を固定子にすることができる．電機子側を固定子にできることで，ブラシなどを通さずに大きな電機子電流を流せるので比較的大きなトルクで回転できる．

回転子には**永久磁石**を用い，回転子の**回転位置**をホール素子で検出する．

図のようにN極の磁束を検出するとTr_1がオンし，L_1に電流Iが流れ，回転子のSと反発して左方向に回転する．N極がホール素子を通り過ぎるとオフし，惰性で回り続け，S極をホール素子が検出すればTr_2がオンしL_2に電流が流れS極を反発して回すことで連続に回転させる．

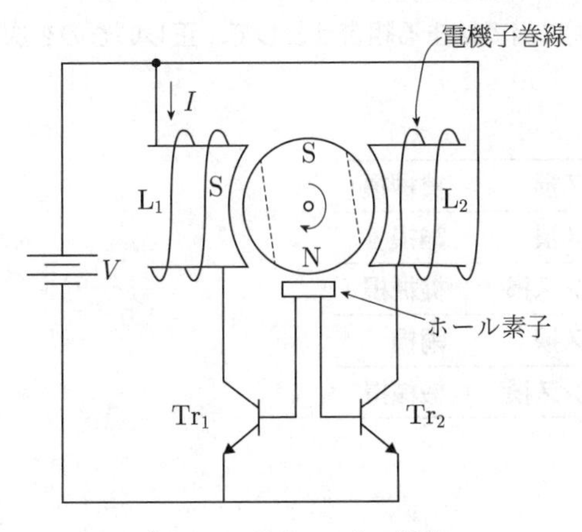

ブラシレスDCモータの原理

ブラシレスモータには，ブラシによる機械的接触部がなく，電気的ノイズが発生しないなどの長所がある．

このモータの電機子コイルのオン・オフは，トランジスタなどの高速でスイッチオン・オフできる**半導体スイッチ**で制御する．

 (5)

問7 次の文章は，電気機器の損失に関する記述である．

a　コイルの電流とコイルの抵抗によるジュール熱が (ア) であり，この損失を低減するため，コイルを構成する電線の断面積を大きくする．

交流電流が並列コイルに分かれて流れると，並列コイル間の電流不平衡からこの損失が増加する．この損失を低減するため，並列回路を構成する各コイルの鎖交磁束と抵抗値，すなわち，各コイルのインピーダンスを等しくする．

b　鉄心に交流磁束が通ると損失が発生する．その成分は (イ) と (ウ) の二つに分類される．前者は，交流磁束によって誘導された電流が鉄心を流れてジュール熱として発生する．そこで，電気抵抗が高い強磁性材料や，表面を絶縁膜で覆った薄い鉄板を積層した積層鉄心を磁気回路に用いて，電流の経路を断つことで損失を低減する．後者は，鉄心の磁束が磁界の履歴に依存するために発生する．この (ウ) を低減するために電磁鋼板が磁気回路に広く用いられている．

c　上記の電磁気要因の損失のほか，電動機や発電機では，回転子の運動による軸受け摩擦損や冷却ファンの空気抵抗による損失などの (エ) がある．

上記の記述中の空白箇所(ア)，(イ)，(ウ)及び(エ)に当てはまる組合せとして，正しいものを次の(1)～(5)のうちから一つ選べ．

	(ア)	(イ)	(ウ)	(エ)
(1)	銅損	渦電流損	ヒステリシス損	機械損
(2)	鉄損	抵抗損	ヒステリシス損	銅損
(3)	銅損	渦電流損	インダクタンス損	機械損
(4)	鉄損	機械損	ヒステリシス損	銅損
(5)	銅損	抵抗損	インダクタンス損	機械損

解7 電動機や変圧器などの電気機器には損失がある．損失には銅損，鉄損，機械損がある．

a．**銅損** コイルには抵抗RとインダクタンスLがあり，電流Iを流すと$I^2 \cdot R$ [W] のジュール熱を発生する．

b．鉄損 鉄心に交番磁束が通ると鉄損が発生する．鉄損には**渦電流損**と**ヒステリシス損**がある．

・渦電流損 鉄心に誘導された電流の渦が鉄心を流れるときジュール熱として発生する．

・ヒステリシス損 鉄心にはそれぞれ図のような独自の磁化特性がある．磁化力を上げると磁束密度は図のように上がり，下げると矢印①〜②のように変化して，磁化力を0にしてもBは残る．これを残留磁気という．残留磁気を0にするには磁化力を反対方向へ少し上げる．このようなループがあるため損失となる．

これをヒステリシス損という．ヒステリシス損はこのループの面積に比例する．

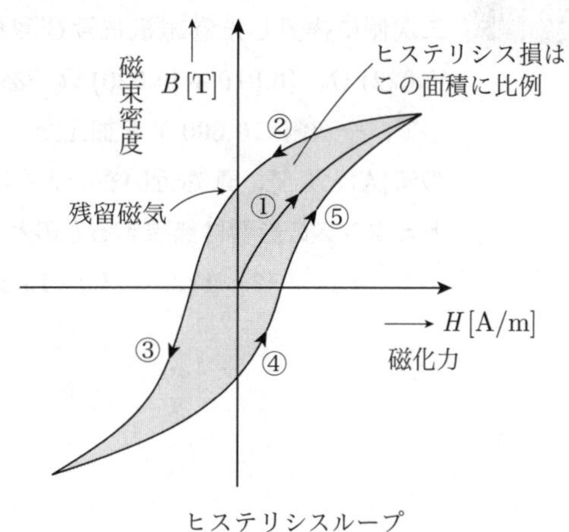

ヒステリシスループ

c．**機械損** 電動機などの駆動する機器では，回転子の運動に伴う軸受けの摩擦損，冷却ファンも冷却のための風を送るエネルギーを使うので損失になる．

(1)

問8

2台の単相変圧器があり，それぞれ，巻数比（一次巻数/二次巻数）が30.1，30.0，二次側に換算した巻線抵抗及び漏れリアクタンスからなるインピーダンスが(0.013＋j0.022) Ω，(0.010＋j0.020) Ωである．この2台の変圧器を並列接続し二次側を無負荷として，一次側に6 600 Vを加えた．この2台の変圧器の二次巻線間を循環して流れる電流の値[A]として，最も近いものを次の⑴～⑸のうちから一つ選べ．ただし，励磁回路のアドミタンスの影響は無視するものとする．

⑴　4.1　　⑵　11.2　　⑶　15.3　　⑷　30.6　　⑸　61.3

解8 二つの変圧器を並列接続したときの等価回路を図に示す．

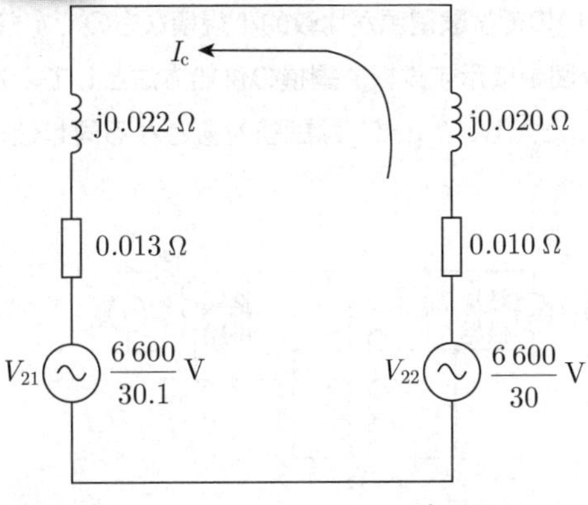

並列接続をしたとき二つの変圧器の二次側電圧が同じであれば循環電流は流れないが，巻数比が違うとき電位差を生じるため，図では，V_{21} と V_{22} は

$$V_{21}=\frac{6\,600}{30.1},\quad V_{22}=\frac{6\,600}{30}$$

合成インピーダンス z は

$$z=0.013+\mathrm{j}0.022+0.010+\mathrm{j}0.02$$
$$=0.023+\mathrm{j}0.042$$

循環して流れる電流 I_c は，

$$I_c=\frac{V_{21}-V_{22}}{z}=\frac{\dfrac{6\,600}{30.1}-\dfrac{6\,600}{30}}{0.023+\mathrm{j}0.042}$$
$$=6\,600\times\frac{\dfrac{30.1-30}{30.1\times30}}{0.023+\mathrm{j}0.042}$$
$$=6\,600\times\frac{\dfrac{0.1}{903}}{0.023+\mathrm{j}0.042}$$
$$=\frac{0.731}{0.023+\mathrm{j}0.042}$$

$$|I_c|=\frac{0.731}{\sqrt{0.023^2+0.042^2}}\fallingdotseq 15.3\ \mathrm{A}$$ （答）

答 (3)

理論 電力 機械 法規 令和5上(2023) 令和4下(2022) 令和4上(2022) 令和3(2021) 令和2(2020) 令和元(2019) 平成30(2018) 平成29(2017) 平成28(2016) 平成27(2015)

問9

変圧器の試験方法の一つに温度上昇試験がある．小形変圧器の場合には実負荷法を用いるが，電力用等の大形変圧器では返還負荷法を用いる．返還負荷法では，外部電源から鉄損と銅損に相当する電力のみを供給すればよいので試験電源が比較的小規模なものですむ．単相変圧器におけるこの試験の結線方法及び図中に示す鉄損，銅損の供給方法として，次の(1)～(5)のうちから正しいものを一つ選べ．ただし，T_1，T_2は試験対象となる同じ仕様の変圧器，T_3は補助変圧器である．

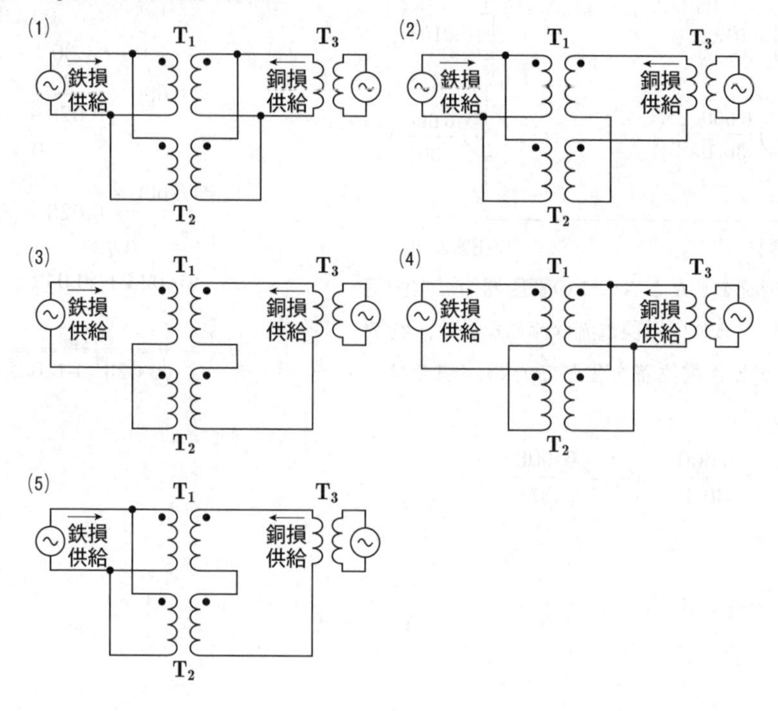

解9 返還負荷法は同一定格の変圧器が2台以上あるときに採用される．

変圧器の鉄損は(a)図の等価回路の並列抵抗になるので，定格電圧を加えたときの損失を求めるため，鉄損供給側の接続は並列接続をする．

一次側に加えた電圧による二次側の電圧が選択肢(2)の接続であれば，(b)図の電池の接続でわかるように互いに打ち消すので，二次電流は流れず無負荷損（鉄損）を検出できる．

二次回路の補助変圧器は，低い電圧で二次側に定格電流を流せる．二次側の直列電流による二次側定格電流と，二次側電圧による一次側誘導起電力は(c)図のように直列につながった閉回路であるから，一次定格電流値の循環電流となるので，二次側補助変圧器では銅損が測定できる．変圧器としては鉄損と銅損を同時に測定できる．定格の鉄損と銅損を与えたときの変圧器の温度上昇値がわかる．

また，測定する所要電力は測定する台数の鉄損＋銅損だけでよい．したがって，(2)の接続が**正しい**．

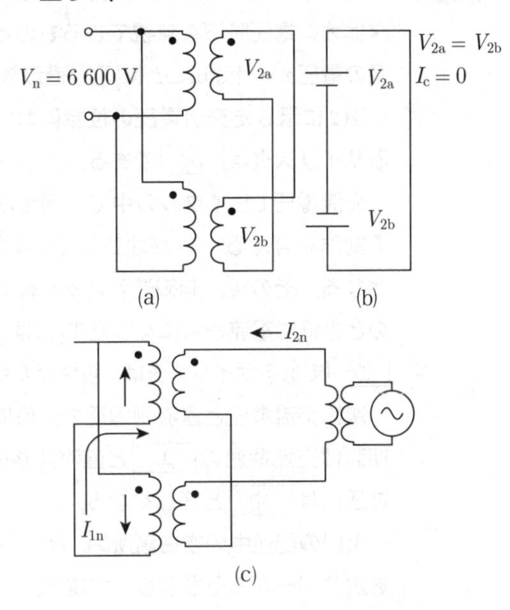

答 (2)

理論 電力 機械 法規 令和5上(2023) 令和4下(2022) 令和4上(2022) 令和3(2021) 令和2(2020) 令和元(2019) 平成30(2018) 平成29(2017) 平成28(2016) 平成27(2015)

問10 次の文章は，単相サイリスタ整流回路に関する記述である．

図1には純抵抗負荷に接続された単相サイリスタ整流回路を示し，$T_1 \sim T_4$のサイリスタはオン電圧降下を無視できるものとする．また，図1中の矢印の方向を正とした交流電源の電圧$v = V \sin \omega t$ [V]及び直流側電圧v_dの波形をそれぞれ破線及び実線で図2に示す．

図2に示した交流電圧の位相において，$\pi < \omega t < 2\pi$の位相で同時にオン信号を与えるサイリスタは［(ア)］である．

交流電圧1サイクルの中で，例えばサイリスタT_4からT_2へ導通するサイリスタが換わる動作を考える．T_4がオンしている状態から位相πで電流が零になると，T_4はオフ状態となる．その後，制御遅れ角αを経てT_2にオン信号を与えると，電流がT_2に流れる．このとき既に電流が零になったT_4には，交流電圧vが［(イ)］として印加される．すなわち，［(ウ)］であるサイリスタは，極性が変わる交流電圧を利用してターンオフすることができる．

次に交流電圧と直流側電圧の関係について考える．サイリスタT_2とT_3がオンしている期間は交流電源の［(エ)］と直流回路のN母線が同じ電位になるので，このときの直流側電圧v_dは［(オ)］と等しくなる．

上記の記述中の空白箇所(ア)，(イ)，(ウ)，(エ)及び(オ)に当てはまる組合せとして，正しいものを次の(1)～(5)のうちから一つ選べ．

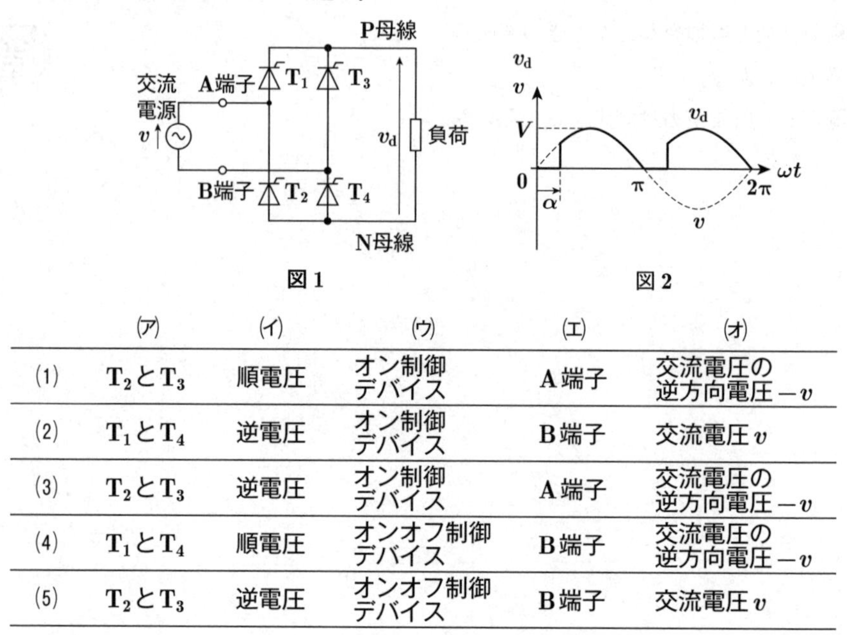

図1　　　図2

	(ア)	(イ)	(ウ)	(エ)	(オ)
(1)	T_2とT_3	順電圧	オン制御デバイス	A端子	交流電圧の逆方向電圧$-v$
(2)	T_1とT_4	逆電圧	オン制御デバイス	B端子	交流電圧v
(3)	T_2とT_3	逆電圧	オン制御デバイス	A端子	交流電圧の逆方向電圧$-v$
(4)	T_1とT_4	順電圧	オンオフ制御デバイス	B端子	交流電圧の逆方向電圧$-v$
(5)	T_2とT_3	逆電圧	オンオフ制御デバイス	B端子	交流電圧v

解10 (a)図にT_1，T_4がオンしたときの波形α～πと，T_2，T_3がオンしたときの波形π＋α～2πを示す．

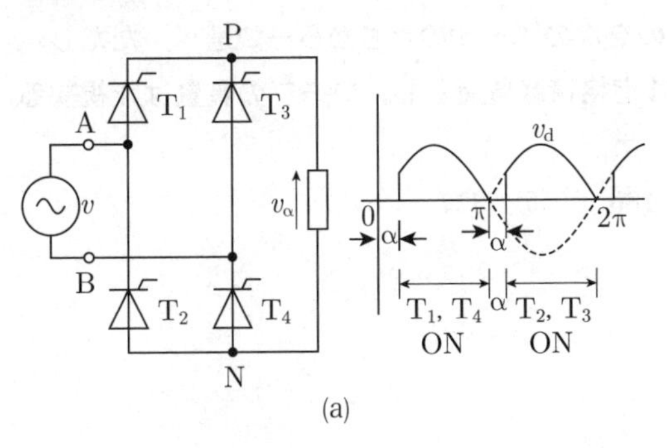

(a)

1サイクルでA側が＋のときT_1，T_4がオンし，πになるとB側が＋になるので$\mathbf{T_2}$，$\mathbf{T_3}$がオンする．これは題意のT_4からT_2へ導通するサイリスタが換わる動作である（(b)図）．

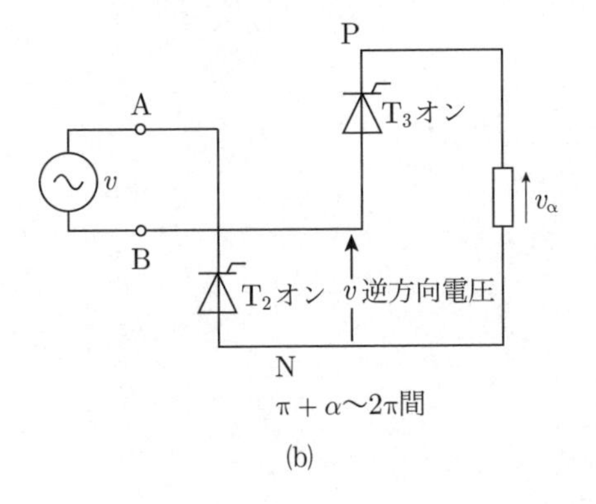

(b)

オフしたサイリスタの両端には電源電圧vが**逆電圧**として加わる．サイリスタはターンオンはするが，ターンオフはできない．ターンオフは負荷電流が0になったときにオフできるが，この問ではπ，2πのとき，πの整数倍のときにターンオフする．外部からオンオフできないので**オン制御デバイス**である．

T_2，T_3がオンしているときの回路は(b)図のようになり，N母線からT_2を通りA端子に電流が流れるので，N母線と**A端子**，P母線とB端子は同電位となる．

このときのv_αは交流電圧のπ＋αから2πの期間の電圧，すなわち交流電圧の**逆方向電圧－v**と等しい．

 (3)

問11 かごの質量が**250 kg**，定格積載質量が**1 500 kg**のロープ式エレベータにおいて，釣合いおもりの質量は，かごの質量に定格積載質量の**50 %**を加えた値とした．このエレベータの電動機出力を**22 kW**とした場合，一定速度でかごが上昇しているときの速度の値**[m/min]**はいくらになるか，最も近いものを次の(1)～(5)のうちから一つ選べ．ただし，エレベータの機械効率は**70 %**，積載量は定格積載質量とし，ロープの質量は無視するものとする．

(1) **54**　(2) **94**　(3) **126**　(4) **180**　(5) **377**

解11 図はエレベータの概念図である．エレベータの所要動力P [kW]，上昇速度v [m/min]，かご質量M [kg]，定格積載質量M_a [kg]，釣合いおもり質量をM_b [kg]，効率ηとすると，次式により計算できる．

$$P = \frac{(M + M_a - M_b)\cdot v}{6\,120\eta} \quad ①$$

式を変形してvを求めると，

$$v = \frac{6\,120\eta\cdot P}{(M + M_a - M_b)} = \frac{6\,120\times 0.7\times 22}{(250 + 1\,500 - 1\,000)} \fallingdotseq 126\ \text{m/min} \quad (答)$$

電力Pを力の単位で求めるとき，Pの単位は[N·m/s]となる．M [kg]は$9.8M$ [N]，1 [min]は60 sなので速度は$\frac{v}{60}$ [m/s]となることより，

$$P = \frac{9.8M\cdot v}{60}\,[\text{W}] = \frac{9.8M\cdot v}{60\times 1\,000}\,[\text{kW}] \fallingdotseq \frac{(M + M_a - M_b)\cdot v}{6\,120}\,[\text{kW}]$$

単位に気をつける必要がある．また，単位を知っておけば①式を忘れても解くことができる．

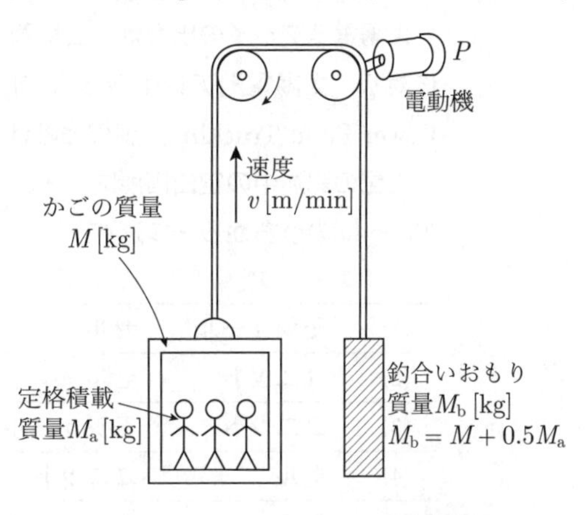

答 (3)

次の文章は，太陽光発電システムに関する記述である．

太陽光発電システムは，太陽電池アレイ，パワーコンディショナ，これらを接続する接続箱，交流側に設置する交流開閉器などで構成される．

太陽電池アレイは，複数の太陽電池 (ア) を通常は直列に接続して構成される太陽電池 (イ) をさらに直並列に接続したものである．パワーコンディショナは，直流を交流に変換する (ウ) と，連系保護機能を実現する系統連系用保護装置などで構成されている．

太陽電池アレイの出力は，日射強度や太陽電池の温度によって変動する．これらの変動に対し，太陽電池アレイから常に (エ) の電力を取り出す制御は，**MPPT**（**Maximum Power Point Tracking**）制御と呼ばれている．

上記の記述中の空白箇所(ア)，(イ)，(ウ)及び(エ)に当てはまる組合せとして，正しいものを次の(1)～(5)のうちから一つ選べ．

	(ア)	(イ)	(ウ)	(エ)
(1)	モジュール	セル	整流器	最小
(2)	ユニット	セル	インバータ	最大
(3)	ユニット	モジュール	インバータ	最小
(4)	セル	ユニット	整流器	最小
(5)	セル	モジュール	インバータ	最大

解12 この問題は数年前に似たものが出題されている．太陽光発電システムは近年多く設置されている．その機能とシステムの概要は把握しておくべきである．(a)図にセル，モジュール，アレイの図を示す．

セルを数十枚直列接続して，保護用のガラスなどと金属フレームを取り付けてパッケージ化したものを**モジュール**という．

さらに大きな出力を得るため，モジュールを直・並列に並べ，接続してパネル化したものをアレイという．

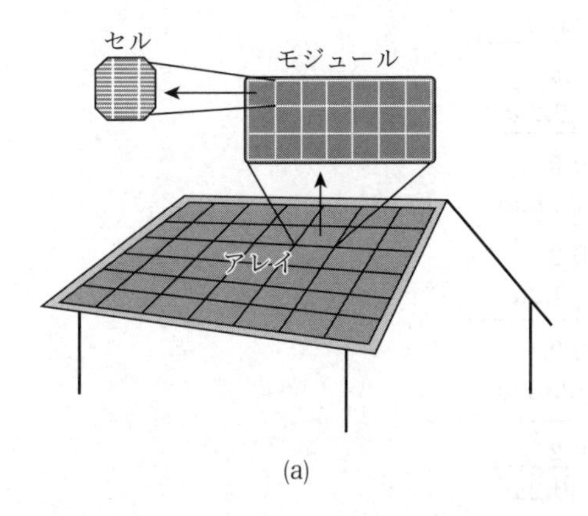

(a)

この電池で得られる電源は直流であるので電源系統と連系するためには交流に変換しなければならない．パワーコンディショナにはその変換機能がある．直流を交流に変換するには**インバータ**が必要である．交流を直流に変換するのはAC-DCコンバータなどがある．

パワーコンディショナの制御は，出力を最大にするため，電流×電圧を自動で求め，(b)図のP-V曲線の**最大**の電力が発生する動作点を探し求めるように制御をする最大電力追従制御（MPPT：Maximum Power Point Tracking）である．

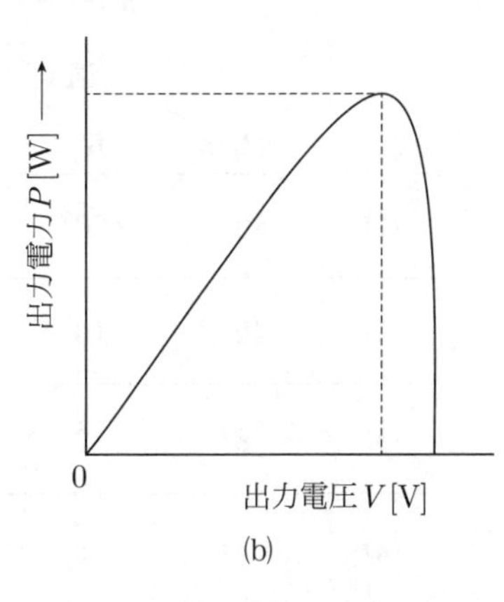

(b)

最近はソーラ発電に関する情報が増えているがそれに伴い出題確率も増えているように思う．

答 (5)

理論 電力 機械 法規 令和5上(2023) 令和4下(2022) 令和4上(2022) 令和3(2021) 令和2(2020) 令和元(2019) 平成30(2018) 平成29(2017) 平成28(2016) 平成27(2015)

問13　図1に示すR-L回路において，端子a-a′間に5 Vの階段状のステップ電圧 $v_1(t)$ [V]を加えたとき，抵抗 R_2 [Ω]に発生する電圧を $v_2(t)$ [V]とすると，$v_2(t)$ は図2のようになった．この回路の R_1 [Ω]，R_2 [Ω]及び L [H]の値と，入力を $v_1(t)$，出力を $v_2(t)$ としたときの周波数伝達関数 $G(\mathrm{j}\omega)$ の式として，正しいものを次の(1)～(5)のうちから一つ選べ．

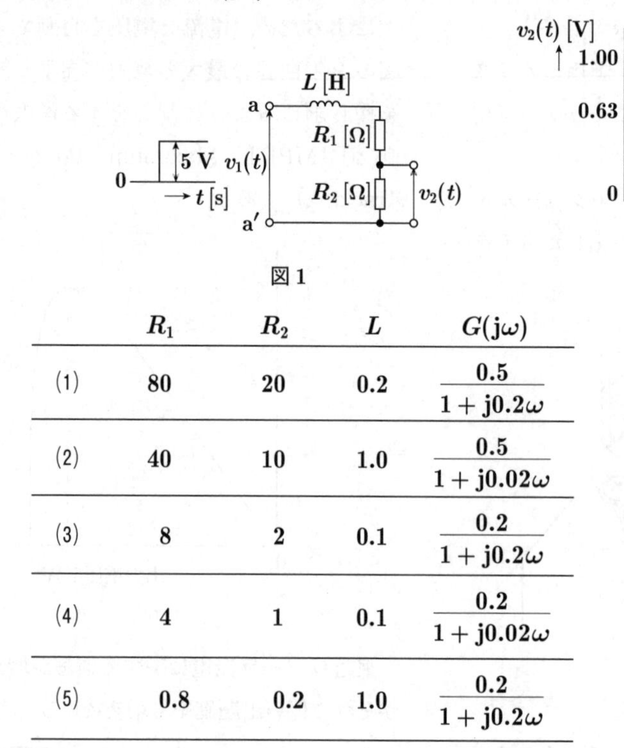

図1　　図2

	R_1	R_2	L	$G(\mathrm{j}\omega)$
(1)	80	20	0.2	$\dfrac{0.5}{1+\mathrm{j}0.2\omega}$
(2)	40	10	1.0	$\dfrac{0.5}{1+\mathrm{j}0.02\omega}$
(3)	8	2	0.1	$\dfrac{0.2}{1+\mathrm{j}0.2\omega}$
(4)	4	1	0.1	$\dfrac{0.2}{1+\mathrm{j}0.02\omega}$
(5)	0.8	0.2	1.0	$\dfrac{0.2}{1+\mathrm{j}0.2\omega}$

解13 回路の角周波数をωとすると，流れる電流$i\,(\mathrm{j}\omega)$と，入力$V_1(\mathrm{j}\omega)$，出力電圧$V_2(\mathrm{j}\omega)$には次のような関係がある．

$$V_1(\mathrm{j}\omega)=(R_1+R_2+\mathrm{j}\omega L)\times i\,(\mathrm{j}\omega) \quad ①$$

$$V_2(\mathrm{j}\omega)=R_2(\mathrm{j}\omega) \quad ②$$

周波数伝達関数$G(\mathrm{j}\omega)$は，$R_1+R_2=R$とすると，次のように表される．

$$\begin{aligned}G(\mathrm{j}\omega)&=\frac{V_2(\mathrm{j}\omega)}{V_1(\mathrm{j}\omega)}\\&=\frac{R_2\times i\,(\mathrm{j}\omega)}{(R_1+R_2+\mathrm{j}\omega L)\times i\,(\mathrm{j}\omega)}\\&=\frac{R_2}{(R_1+R_2+\mathrm{j}\omega L)}\\&=\frac{R_2}{(R+\mathrm{j}\omega L)} \quad ③\end{aligned}$$

図2より，v_2は時間tが∞のとき1 Vで，入力が5 Vであるから，R_1には4 Vが分圧する．

したがって，

$$R_1=4R_2,\quad \frac{R_1}{R_2}=4,\quad R_1+R_2=R\text{より}$$

$R_2=\dfrac{R}{5}$となる．

次に，図2より時定数Tは出力が全出力の63 %になるときの時間で，図より0.02 sになる．図2を式にすると，

$$\begin{aligned}v_2&=\frac{R_2}{R}\times v_1\times(1-\mathrm{e}^{-\frac{R}{L}t})\\&=1\times(1-\mathrm{e}^{-\frac{R}{L}t}) \quad ④\end{aligned}$$

時定数Tは，$T=\dfrac{L}{R}$となるので，

$$T=\frac{L}{R}=0.02 \quad ⑤$$

より，$L=0.02\times R$となるので，これを③式に代入して，

$$\begin{aligned}G(\mathrm{j}\omega)&=\frac{R_2}{R+\mathrm{j}\omega L}\\&=\frac{\frac{R}{5}}{R+\mathrm{j}0.02\times R\times\omega}\\&=\frac{0.2}{1+\mathrm{j}0.02\omega}\end{aligned}$$

となり，選択肢(4)が当てはまる．

次に，⑤式よりR_1，R_2とLの関係を計算する．

$\dfrac{L}{R}=\dfrac{L}{R_1+R_2}=0.02$で，$\dfrac{R_1}{R_2}=4$を満足する選択肢は，すべての選択肢で$\dfrac{R_1}{R_2}=4$になるので，$\dfrac{L}{R}=0.02$となるのは，

(1)は0.002，(2)は0.02，(3)は0.01，(4)は0.02，(5)は1となるので，**選択肢(4)が正しい**答と確認できる．

(4)

2進数AとBがある．それらの和が$A+B=(101010)_2$，差が$A-B=(1100)_2$であるとき，Bの値として，正しいものを次の(1)～(5)のうちから一つ選べ．

(1) $(1110)_2$　(2) $(1111)_2$　(3) $(10011)_2$

(4) $(10101)_2$　(5) $(11110)_2$

解14 $A+B=(101010)_2$ の2進数を10進数に変換すると，

$1\times2^5+0\times2^4+1\times2^3+0\times2^2+1\times2^1+0\times2^0$

$=32+0+8+0+2+0=42$

$A-B=(1100)_2$ を10進数に変換すると，

$1\times2^3+1\times2^2+0\times2^1+0\times2^0$

$=8+4+0+0=12$

$A+B=42$，$A-B=12$ より，

$A+(A-12)=42$

これを解くと，

$A=27$，$B=15$

B の15を2進数に戻すと，

2) 15
2) 7 …1
2) 3 …1
  1 …1

$(15)_{10}=(1111)_2$ (答)

答 (2)

B 問題　配点は１問題当たり(a)５点，(b)５点，計10点

問15　並行運転しているA及びBの2台の三相同期発電機がある．それぞれの発電機の負荷分担が同じ7 300 kWであり，端子電圧が6 600 Vのとき，三相同期発電機Aの負荷電流I_Aが1 000 A，三相同期発電機Bの負荷電流I_Bが800 Aであった．損失は無視できるものとして，次の(a)及び(b)の問に答えよ．

(a)　三相同期発電機Aの力率の値[%]として，最も近いものを次の(1)～(5)のうちから一つ選べ．

(1)　48　(2)　64　(3)　67　(4)　77　(5)　80

(b)　2台の発電機の合計の負荷が調整の前後で変わらずに一定に保たれているものとして，この状態から三相同期発電機A及びBの励磁及び駆動機の出力を調整し，三相同期発電機Aの負荷電流は調整前と同じ1 000 Aとし，力率は100 %とした．このときの三相同期発電機Bの力率の値[%]として，最も近いものを次の(1)～(5)のうちから一つ選べ．

ただし，端子電圧は変わらないものとする．

(1)　22　(2)　50　(3)　71　(4)　87　(5)　100

解15 (a)図のように同期発電機を並列運転したとき，それぞれの力率は次のようになる．

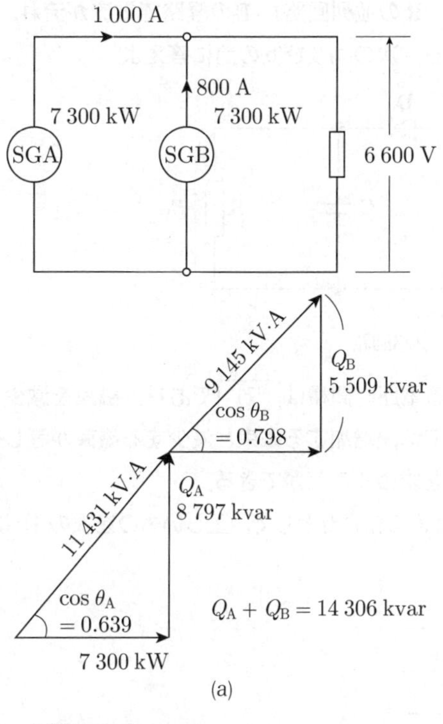

(a)

(a) **A機の力率 $\cos\theta_A$**

$$\cos\theta_A = \frac{P_A}{\sqrt{3}V\cdot I_A} = \frac{7\,300\times10^3}{\sqrt{3}\times6\,600\times1\,000}$$
$$= 0.639 = 64\,\% \quad (答)$$

B機は，

$$\cos\theta_B = \frac{P_B}{\sqrt{3}V\cdot I_B} = \frac{7\,300\times10^3}{\sqrt{3}\times6\,600\times800}$$
$$= 0.798 = 80\,\%$$

(b) **(a)のときの無効電力値を計算する**

$$Q_A = \sqrt{11\,431^2 - 7\,300^2} = 8\,797\ \text{kvar}$$
$$Q_B = \sqrt{9\,145^2 - 7\,300^2} = 5\,509\ \text{kvar}$$
$$Q_A + Q_B = 14\,306$$

A機の出力を上げて力率を1にすると，(b)図のようなベクトル図となる．

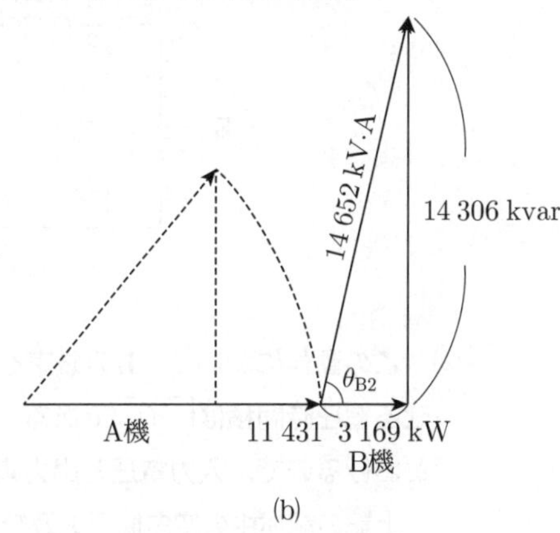

(b)

$$P_{A2} = \sqrt{3}\times6\,600\times1\,000 = 11\,431\ \text{kW}$$

A機の無効電力が全部B機に移り，有効電力はA機に移るので P_{B2} の有効電力は

$$P_{B2} = (7\,300\times2) - 11\,431 = 3\,169\ \text{kW}$$

B機の無効電力 Q_{B2}，皮相電力 S_{B2} は

$$Q_{B2} = 14\,306\ \text{kvar}$$
$$S_{B2} = \sqrt{3\,169^2 + 14\,306^2} = 14\,652\ \text{kV·A}$$

求める力率 $\cos\theta_{B2}$ は，

$$\cos\theta_{B2} = \frac{P_{B2}}{S_{B2}} = \frac{3\,169}{14\,652} = 0.22$$
$$= 22\,\% \quad (答)$$

(a) - (2)，(b) - (1)

問16　図は直流昇圧チョッパ回路であり，スイッチングの周期をT [s]とし，その中での動作を考える．ただし，直流電源Eの電圧をE_0 [V]とし，コンデンサCの容量は十分に大きく出力電圧E_1 [V]は一定とみなせるものとする．

半導体スイッチSがオンの期間T_{on} [s]では，E-リアクトルL-S-Eの経路とC-負荷R-Cの経路の二つで電流が流れ，このときにLに蓄えられるエネルギーが増加する．Sがオフの期間T_{off} [s]では，E-L-ダイオードD-（CとRの並列回路）-Eの経路で電流が流れ，Lに蓄えられたエネルギーが出力側に放出される．次の(a)及び(b)の問に答えよ．

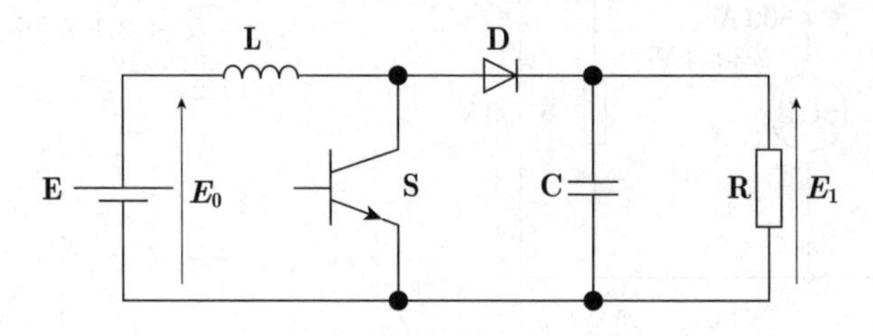

昇圧チョッパ回路

(a)　この動作において，Lの磁束を増加させる電圧時間積は［(ア)］であり，磁束を減少させる電圧時間積は［(イ)］である．定常状態では，増加する磁束と減少する磁束が等しいとおけるので，入力電圧と出力電圧の関係を求めることができる．

上記の記述中の空白箇所(ア)及び(イ)に当てはまる組合せとして，正しいものを次の(1)～(5)のうちから一つ選べ．

	(ア)	(イ)
(1)	$E_0 \cdot T_{\mathrm{on}}$	$(E_1 - E_0) \cdot T_{\mathrm{off}}$
(2)	$E_0 \cdot T_{\mathrm{on}}$	$E_1 \cdot T_{\mathrm{off}}$
(3)	$E_0 \cdot T$	$E_1 \cdot T_{\mathrm{off}}$
(4)	$(E_0 - E_1) \cdot T_{\mathrm{on}}$	$(E_1 - E_0) \cdot T_{\mathrm{off}}$
(5)	$(E_0 - E_1) \cdot T_{\mathrm{on}}$	$(E_1 - E_0) \cdot T$

(b) 入力電圧 $E_0 = 100$ V，通流率 $\alpha = 0.2$ のときに，出力電圧 E_1 の値 [V] として，最も近いものを次の(1)～(5)のうちから一つ選べ．

(1) 80　(2) 125　(3) 200　(4) 400　(5) 500

解16 (a)図に昇圧チョッパの回路を示す．

(a) Sをオンにする（T_{on}時間）と，E → L → Sの経路に電流が流れ，Lの磁束を増加させるとLに電磁エネルギーが蓄積される．次に，Sをオフにする（T_{off}時間）とLの磁束は減少しLに蓄積されていた電磁エネルギーは電源電圧とLの電磁エネルギーによる電圧の和となり，Eとともに加算されてD → CとRに流れ，Cを充電しRにも流れる．(b)図は各部の電圧電流の波形である．SのオンオフによるEの波形は(b)図のようになる．

Lの電圧時間積はLにかかる電圧なので，SがオンのときはE_0がかかり，$\boldsymbol{E_0 \cdot T_{on}}$となる．Sがオフのときは$D$は導通でLの負荷側が＋になるため$E_L = E_1 - E_0$になる．

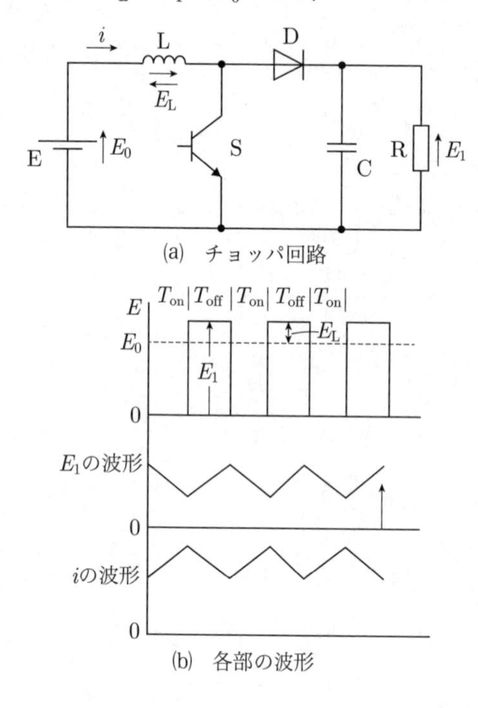

(a) チョッパ回路

(b) 各部の波形

したがって，磁束を減少して電圧を発生している電圧時間積は$\boldsymbol{(E_1 - E_0) \cdot T_{off}}$となる．

E_1の波形は(b)図のようになりオフにしたときCに蓄えられていたエネルギーが放出して電圧が下がっていく．

(b) 二つの電圧時間積はLのエネルギーに関係しているので両者は等しい．

$$E_0 \cdot T_{on} = (E_1 - E_0) \cdot T_{off}$$

この式からE_1を求めると，

$$E_1 \cdot T_{off} = E_0 \cdot T_{on} + E_0 \cdot T_{off}$$
$$= E_0 \cdot (T_{on} + T_{off})$$

$$E_1 = E_0 \cdot \frac{T_{on} + T_{off}}{T_{off}} = \frac{T}{T_{off}} \cdot E_0 \qquad ①$$

ここで，通流率（デューティファクタ）αは波形の1サイクルの時間に対するオン時間の割合$\dfrac{T_{on}}{T}$をいうので，①式を変形して，

$$E_1 = E_0 \cdot \frac{T_{on} + T_{off}}{T_{off}} = E_0 \cdot \frac{T}{T_{off}}$$
$$= E_0 \cdot \frac{1}{\frac{T_{off}}{T}} = E_0 \cdot \frac{1}{1 - \frac{T_{on}}{T}}$$
$$= E_0 \cdot \frac{1}{1 - \alpha}$$

$$E_1 = E_0 \cdot \frac{1}{1 - \alpha} = 100 \times \frac{1}{1 - 0.2}$$
$$= 125 \text{ V} \quad (答)$$

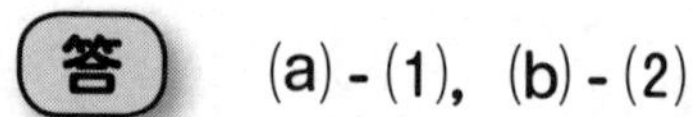

(a)-(1)，(b)-(2)

note

問17及び問18は選択問題であり，問17又は問18のどちらかを選んで解答すること．両方解答すると採点されません．

（選択問題）

問17

電気給湯器を用いて，貯湯タンクに入っている温度20 °C，体積0.37 m^3の水を85 °Cに加熱したい．水の比熱容量は4.18×10^3 J/(kg·K)，水の密度は1.00×10^3 kg/m^3であり，いずれも水の温度に関係なく一定とする．次の(a)及び(b)の問に答えよ．

(a) 貯湯タンク内の水の加熱に必要な熱エネルギーQの値[MJ]として，最も近いものを次の(1)～(5)のうちから一つ選べ．

(1) **51**　(2) **101**　(3) **152**　(4) **202**　(5) **253**

(b) 電気給湯器としてCOP（成績係数）が4.0のヒートポンプユニットを用いた．この加熱に要した時間は6時間であった．ヒートポンプユニットの消費電力Pの値[kW]として，最も近いものを次の(1)～(5)のうちから一つ選べ．ただし，ヒートポンプ式電気給湯器の貯湯タンク，ヒートポンプユニット，配管などの加熱に必要な熱エネルギーは無視し，それらからの熱損失もないものとする．また，ヒートポンプユニットの消費電力及びCOPは，いずれも加熱の開始から終了まで一定とする．

(1) **0.96**　(2) **1.06**　(3) **1.16**　(4) **1.26**　(5) **1.36**

解17　(a)　20 ℃の水を85 ℃に上げるので，65 ℃電気給湯器により上げなければならない．

体積は0.37 m^{3}で水の比熱容量は4.18×10^3 J/(kg·K)，水の密度が1.00×10^3 kg/m^{3}であるので，水の重量は体積×密度となり，

$$0.37 \times 1.00 \times 10^3 = 370 \text{ kg}$$

加熱に必要なエネルギーQ [MJ]は，題意の単位をJにするための計算をすればよい．　温度差では℃＝Kなので，

$$Q = 65 \text{ K} \times 370 \text{ kg} \times 4.18 \times 10^3 \text{ J/(kg·K)} \fallingdotseq 101 \times 10^6 \text{ J} = 101 \text{ MJ}$$ (答)

(b)　(a)で，1 J＝1 W·sであるから，

$$101 \text{ MJ} = 101 \times 10^6 / 3\,600 \text{ W·h} = 28 \times 10^3 = 28 \text{ kW·h}$$

熱源の電力P [kW]で6時間かけて加熱したので電力量は6 hかける，その値が28 kW·hであるから次のようになる．

$$P \times 6 = 28$$

$$P = 4.67 \text{ kW}$$

この値はヒータを使った場合の電力量である．ヒートポンプの原理は(a)図のようになる．

ヒートポンプの場合はCOP（成績係数）によりヒータを使った電力量より少なくなる．COPは次式で表される．

$$\text{COP} = \frac{\text{利用できる熱量[kW]}}{\text{圧縮機の入力[kW]}}$$

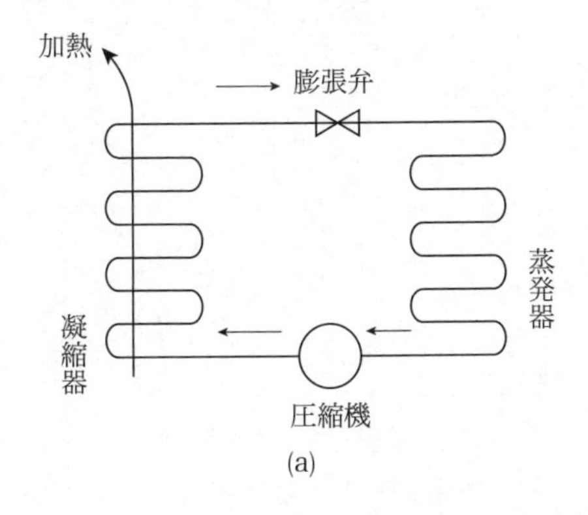

(a)

例えば，1 kWの圧縮機では，1 kWのエネルギーを使い3 kWの熱を汲み上げ，給湯器で4 kWの熱を放出するので電熱器と比べ4倍の出力となり，電熱器の電力の1/4で良いことになる．(b)図のヒートポンプのp-h線図より次式のようになる．

$$\text{COP} = \frac{Q_3}{Q_1} = \frac{Q_1 + Q_2}{Q_1} = \frac{1+3}{1} = 4$$

ヒートポンプを使った電力量をWとし，ヒータのときをPとすると，

$$W = \frac{P}{\text{COP}} = \frac{4.67}{4} \fallingdotseq 1.16 \text{ kW}$$ (答)

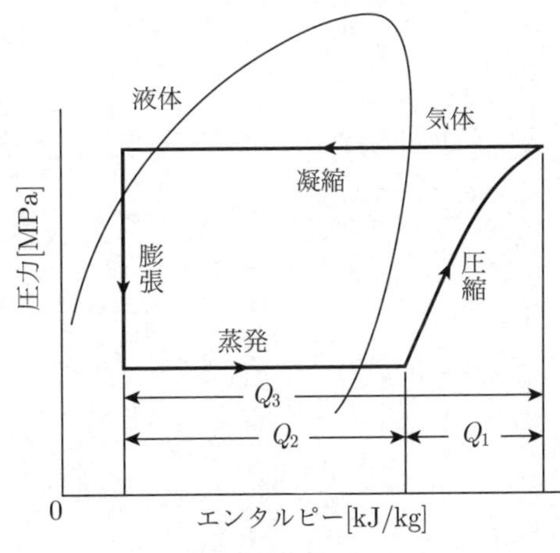

(b)　冷凍サイクル

(a)-(2)，(b)-(3)

（選択問題）

論理関数について，次の(a)及び(b)の問に答えよ．

(a) 論理式$X \cdot Y \cdot Z + X \cdot \overline{Y} \cdot \overline{Z} + \overline{X} \cdot Y \cdot Z + X \cdot \overline{Y} \cdot Z$を積和形式で簡単化したものとして，正しいものを次の(1)～(5)のうちから一つ選べ．

(1) $X \cdot Y + X \cdot Z$　(2) $X \cdot \overline{Y} + Y \cdot Z$　(3) $\overline{X} \cdot Y + X \cdot Z$

(4) $X \cdot Y + \overline{Y} \cdot Z$　(5) $X \cdot Y + \overline{X} \cdot Z$

(b) 論理式$(X + Y + Z) \cdot (X + Y + \overline{Z}) \cdot (X + \overline{Y} + Z)$を和積形式で簡単化したものとして，正しいものを次の(1)～(5)のうちから一つ選べ．

(1) $(X + Y) \cdot (X + Z)$　(2) $(X + \overline{Y}) \cdot (X + Z)$

(3) $(X + Y) \cdot (Y + \overline{Z})$　(4) $(X + \overline{Y}) \cdot (Y + Z)$

(5) $(X + Z) \cdot (Y + \overline{Z})$

解18 この問題を解く前に論理回路の基本定理をまとめてみよう．

① $X\cdot 0=0$ ② $X\cdot\overline{X}=0$

③ $X\cdot Y=Y\cdot X$ ④ $X\cdot 1=X$

⑤ $X+\overline{X}=1$ ⑥ $X\cdot X=X$

⑦ $\overline{\overline{X}}=X$ ⑧ $\overline{X\cdot Y}=\overline{X}+\overline{Y}$

⑨ $\overline{X+Y}=\overline{X}\cdot\overline{Y}$

⑧，⑨式はド・モルガンの法則である．

(a) いろいろな解き方があるが，ここでは基本定理⑤式を用いて解くと

$$X\cdot Y\cdot Z+X\cdot\overline{Y}\cdot\overline{Z}+\overline{X}\cdot Y\cdot Z+X\cdot\overline{Y}\cdot Z$$
$$=X\cdot\overline{Y}(Z+\overline{Z})+Y\cdot Z(X+\overline{X})$$
$$=X\cdot\overline{Y}+Y\cdot Z \quad \text{(答)}$$

(b) ⑦式より全体を二重否定してド・モルガンの法則を使い解いていく．

$$\overline{\overline{(X+Y+Z)\cdot(X+Y+\overline{Z})\cdot(X+\overline{Y}+Z)}}$$
$$=\overline{\overline{\overline{X}\cdot\overline{Y}\cdot\overline{Z}+\overline{X}\cdot\overline{Y}\cdot Z+\overline{X}\cdot Y\cdot\overline{Z}}}$$
$$=\overline{\overline{\overline{X}\cdot\overline{Y}(\overline{Z}+Z)+\overline{X}\cdot\overline{Z}(Y+\overline{Y})}}$$
$$=\overline{\overline{\overline{X}\cdot\overline{Y}+\overline{X}\cdot\overline{Z}}}$$
$$=\overline{\overline{X}\cdot\overline{Y}}\cdot\overline{\overline{X}\cdot\overline{Z}}$$
$$=\left(\overline{\overline{X}}+\overline{\overline{Y}}\right)\cdot\left(\overline{\overline{X}}+\overline{\overline{Z}}\right)$$
$$=(X+Y)\cdot(X+Z) \quad \text{(答)}$$

(a) - (2)，(b) - (1)

平成30年度（2018年）機械の問題

A問題　配点は1問題当たり5点

問1　界磁磁束を一定に保った直流電動機において，0.5 Ωの抵抗値をもつ電機子巻線と直列に始動抵抗（可変抵抗）が接続されている．この電動機を内部抵抗が無視できる電圧200 Vの直流電源に接続した．静止状態で電源に接続した直後の電機子電流は100 Aであった．

この電動機の始動後，徐々に回転速度が上昇し，電機子電流が50 Aまで減少した．トルクも半分に減少したので，電機子電流を100 Aに増やすため，直列可変抵抗の抵抗値をR_1 [Ω] からR_2 [Ω] に変化させた．R_1及びR_2の値の組合せとして，正しいものを次の(1)～(5)のうちから一つ選べ．

ただし，ブラシによる電圧降下，始動抵抗を調整する間の速度変化，電機子反作用及びインダクタンスの影響は無視できるものとする．

	R_1	R_2
(1)	2.0	1.0
(2)	4.0	2.0
(3)	1.5	1.0
(4)	1.5	0.5
(5)	3.5	1.5

●試験時間　90分
●必要解答数　A問題14題，B問題3題（選択問題含む）

解1　まず，最初に静止状態の等価回路を作図すると，(a)図のようになる．次に，回転速度が上昇し，電機子電流が50 Aになったときの等価回路は(b)図のようになる．その後電機子電流を100 Aに増やした場合の等価回路を(c)図に示す．

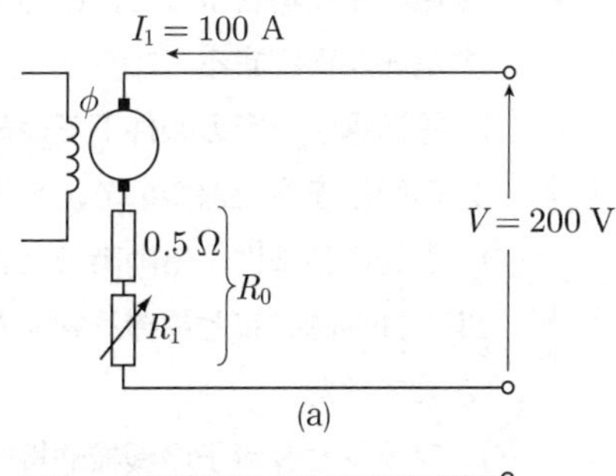

(a)

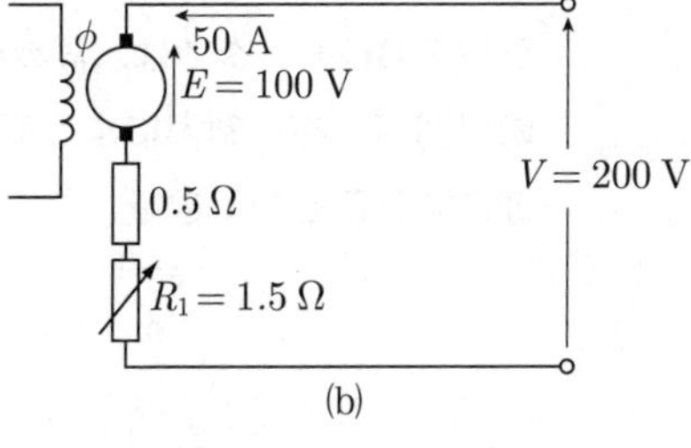

(b)

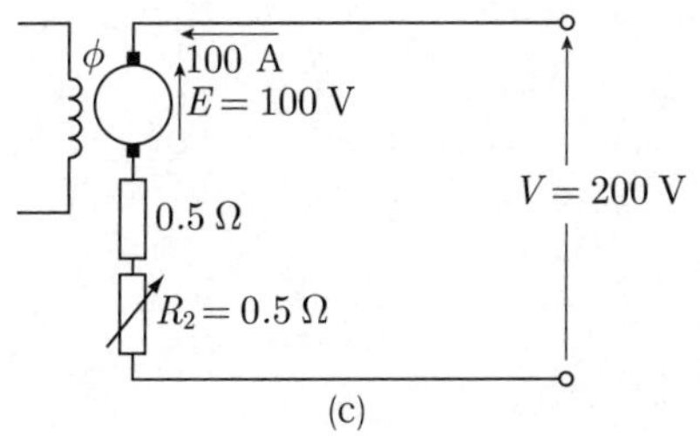

(c)

(a)図より，電機子に直列の全抵抗値R_0は，

$$R_0 = \frac{V}{I_1} = \frac{200}{100} = 2\,\Omega$$

電機子巻線抵抗値は0.5 Ωであるから，可変抵抗の値R_1は，

$$R_1 = 2 - 0.5 = 1.5\,\Omega \quad \text{(答)}$$

逆起電力をEとすると，(b)図より次式を得られる．

$$\frac{V-E}{R_0} = \frac{200-E}{2} = 50\text{ A}$$

$$E = 100\text{ V}$$

次に，電機子電流を100 Aに増やしたとき，次式が成立する．

$$\frac{200-100}{0.5+R_2} = 100$$

これよりR_2について解くと，

$$100R_2 = 100 - 0.5 \times 100 = 50$$

$$R_2 = 0.5\,\Omega \quad \text{(答)}$$

答　(4)

理論 電力 機械 法規 令和5上(2023) 令和4下(2022) 令和4上(2022) 令和3(2021) 令和2(2020) 令和元(2019) 平成30(2018) 平成29(2017) 平成28(2016) 平成27(2015)

問2 いろいろな直流機に関する記述として，誤っているものを次の(1)～(5)のうちから一つ選べ.

(1) 電機子と界磁巻線が並列に接続された分巻発電機は，回転を始めた電機子巻線と磁極の残留磁束によって，まず低い電圧で発電が開始される．その結果，界磁巻線に電流が流れ始め，磁極の磁束が強まれば，発電する電圧が上昇し，必要な励磁が確立する.

(2) 電機子と界磁巻線が直列に接続された直巻発電機は，出力電流が大きく界磁磁極が磁気飽和する場合よりも，出力電流が小さく界磁磁極が磁気飽和しない場合のほうが，出力電圧が安定する.

(3) 電源電圧一定の条件下で運転される分巻電動機は，負荷が変動した場合でも，ほぼ一定の回転速度を保つので，定速度電動機とよばれる.

(4) 直巻電動機は，始動時の大きな電機子電流が大きな界磁電流となる．直流電動機のトルクは界磁磁束と電機子電流から発生するので，大きな始動トルクが必要な用途に利用されてきた.

(5) ブラシと整流子の機械的接触による整流の働きを半導体スイッチで電子的に行うブラシレスDCモータでは，同期機と同様に電機子の作る回転磁界に同期して永久磁石の界磁が回転する．制御によって，外部から見た電圧-電流特性を他励直流電動機とほぼ同様にすることができる.

解2 (1) 分巻発電機を一度運転すると，界磁巻線の鉄心に残留磁気が残り，それが2回目以降に始動したときの起電力を発生するための磁力となる．微小な電圧さえ発生するとその後は界磁巻線の電流が増えて，必要界磁を確立し，必要電圧まで上昇する．**正しい**．

(2) 直巻発電機は，負荷電流が小さい場合，界磁電流が小さいので(a)図のように小さな端子電圧しか得られない．電機子電流が大きくなり磁気飽和すると，界磁コイルに負荷電流が流れるため電圧は下がり安定しない．**誤り**である．

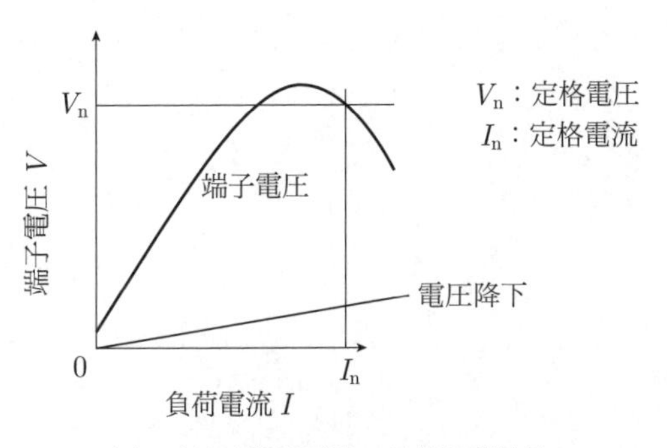

(a) 直流直巻発電機の外部負荷特性

(3) 分巻電動機は，(b)図のように負荷が変動しても回転速度の変動は少ない．**正しい**．回転速度の式から説明すると，直流電動機の速度をn，端子電圧をV，電機子電流をI_a，電機子抵抗をr_a，界磁磁束をϕとすると，

$$n = \frac{V - I_a r_a}{k\phi}$$

より，$V \gg I_a r_a$でVとϕは分巻では変動が小さいので，nは変動が少ない．ここで，kは比例定数．

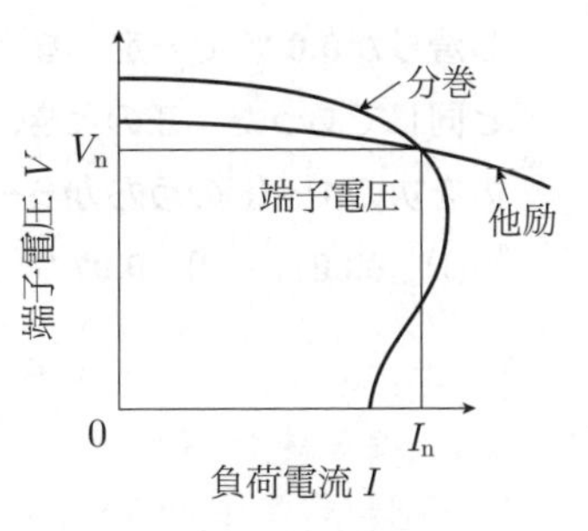

(b) 直流分巻と他励発電機の外部特性曲線

(4) 直巻電動機の特性は，(c)図のようになり，始動時には電機子逆起電力がゼロなので大きな始動電流が流れ，大きな界磁電流となる．この場合，トルクは大きくなり，回転速度は小さくなる．**正しい**．

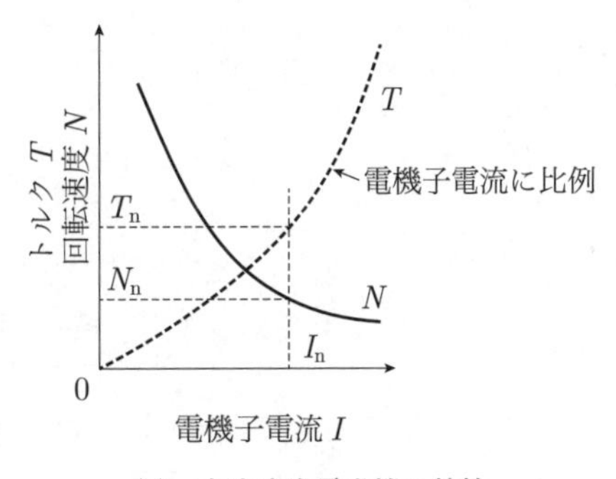

(c) 直流直巻電動機の特性

(5) ブラシレスDCモータは，ブラシでオンオフする代わりに，ホール素子により回転子の位置を検出して半導体スイッチをオンオフ制御して回転させる．**正しい**．

(2)

理論 電力 機械 法規 令和5上(2023) 令和4下(2022) 令和4上(2022) 令和3(2021) 令和2(2020) 令和元(2019) 平成30(2018) 平成29(2017) 平成28(2016) 平成27(2015)

問3　定格出力11.0 kW，定格電圧220 Vの三相かご形誘導電動機が定トルク負荷に接続されており，定格電圧かつ定格負荷において滑り3.0 %で運転されていたが，電源電圧が低下し滑りが6.0 %で一定となった．滑りが一定となったときの負荷トルクは定格電圧のときと同じであった．このとき，二次電流の値は定格電圧のときの何倍となるか．最も近いものを次の(1)～(5)のうちから一つ選べ．ただし，電源周波数は定格値で一定とする．

(1)　**0.50**　　(2)　**0.97**　　(3)　**1.03**　　(4)　**1.41**　　(5)　**2.00**

解3　(a)図に三相かご形誘導電動機の二次側1相の等価回路を示す．(b)図の特性より，一次電圧を下げて同じトルクで速度制御することができるが損失が大きくなる短所がある．

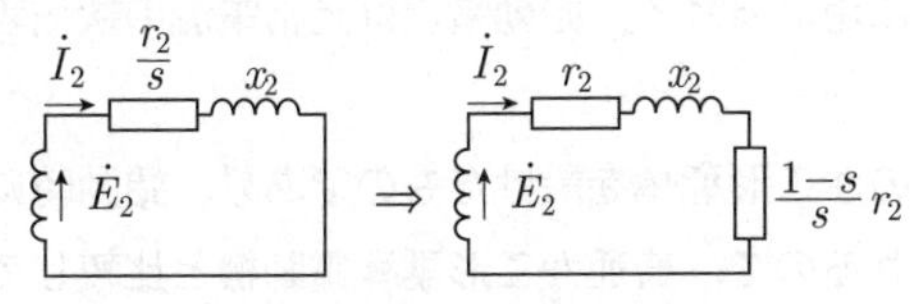

(a)　誘導電動機二次側等価回路

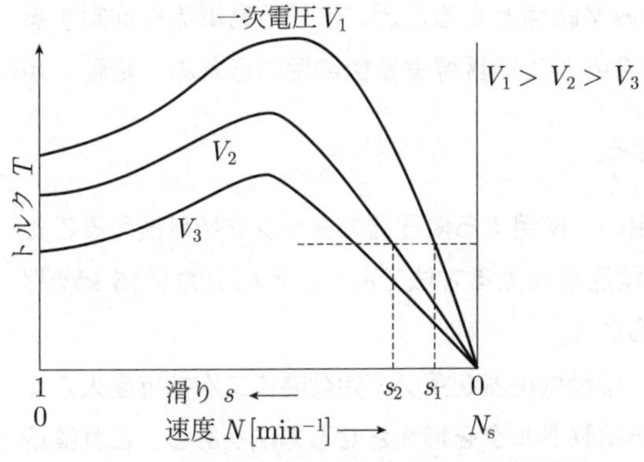

(b)　一次電圧の変化と速度・トルク特性

滑り $s_1 = 3$ %のときの二次電流値を I_2 とし，二次抵抗値を r_2，同期角速度を ω_s，二次入力を P_2 とするとトルク T_1 は，

$$T_1 = \frac{P_2}{\omega_s} = \frac{3 \times I_2{}^2 \cdot \frac{r_2}{s_1}}{\omega_s}$$

電源電圧が低下し滑り $s_2 = 6$ %のときのトルク T_2 は，二次電流値 I_{22}，二次入力 P_{22} とすると，

$$T_2 = \frac{P_{22}}{\omega_s} = \frac{3 \times \dot{I}_{22}{}^2 \cdot \frac{r_2}{s_2}}{\omega_s}$$

定トルク負荷より，

$$T_1 = T_2$$

$$\frac{3 \times \dot{I}_2{}^2 \cdot \frac{r_2}{s_1}}{\omega_s} = \frac{3 \times \dot{I}_{22}{}^2 \cdot \frac{r_2}{s_2}}{\omega_s}$$

$$\frac{\dot{I}_2{}^2}{s_1} = \frac{\dot{I}_{22}{}^2}{s_2}$$

$$\frac{\dot{I}_{22}{}^2}{\dot{I}_2{}^2} = \frac{s_2}{s_1} = \frac{0.06}{0.03} = 2$$

$$\frac{\dot{I}_{22}}{\dot{I}_2} = \sqrt{2} = 1.41$$ (答)

答　(4)

問4 三相誘導電動機の始動においては，十分な始動トルクを確保し，始動電流は抑制し，かつ定常運転時の特性を損なわないように適切な方法を選定することが必要である．次の文章はその選定のために一般に考慮される特徴の幾つかを述べたものである．誤っているものを次の(1)～(5)のうちから一つ選べ．

(1) 全電圧始動法は，直入れ始動法とも呼ばれ，かご形誘導電動機において電動機の出力が電源系統の容量に対して十分小さい場合に用いられる．始動電流は定格電流の数倍程度の値となる．

(2) 二重かご形誘導電動機は，回転子に二重のかご形導体を設けたものであり，始動時には電流が外側導体に偏り始動特性が改善されるので，普通かご形誘導電動機と比較して大きな容量まで全電圧始動法を用いることができる．

(3) Y-△始動法は，一次巻線を始動時のみY結線とすることにより始動電流を抑制する方法であり，定格出力が5～15 kW程度のかご形誘導電動機に用いられる．始動トルクは△結線における始動時の$\frac{1}{\sqrt{3}}$倍となる．

(4) 始動補償器法は，三相単巻変圧器を用い，使用する変圧器のタップを切り換えることによって低電圧で始動し運転時には全電圧を加える方法であり，定格出力が15 kW程度より大きなかご形誘導電動機に用いられる．

(5) 巻線形誘導電動機の始動においては，始動抵抗器を用いて始動時に二次抵抗を大きくすることにより始動電流を抑制しながら始動トルクを増大させる方法がある．これは誘導電動機のトルクの比例推移を利用したものである．

解4 (1) 電動機容量3.7 kWまでは口出し線が3本である．この3本の口出し線は電動機のコイルを△結線している．3.7 kW以下では定格電流の約6倍の始動電流でも電源に悪影響を与えない．

3.7 kWを超える電動機では口出し線が6本出ている．定格電流の約6倍の始動電流が電源に悪影響を及ぼすので，6本の口出し線を始動時にY接続し，安定後△結線に切り換える，いわゆるスター・デルタ始動器を使用するか，ほかの始動器を用いて始動電流を減らさなければならない．**正しい**．

(2) 誘導電動機の等価回路の二次抵抗値を大きくすれば始動電流を抑制できる．巻線形であればスリップリングを通して接続された二次抵抗を大きくすればよいが，かご形ではできないので，(a)図のようにかご形導体の入る回転子を上下の二重構造にし，その抵抗を上側を大きく下側を小さくする．始動時には二次側に定格周波数が加わり，表皮効果で下側導体の漏れインピーダンスが大きくなり，上側導体を電流が流れ始動時の電流を小さくできる．速度上昇とともにだんだんと漏れインピーダンスが小さくなり，下側導体にも電流が流れる．(5)の巻線形の外部抵抗を始動時大から運転時短絡にするのと等価になる．**正しい**．

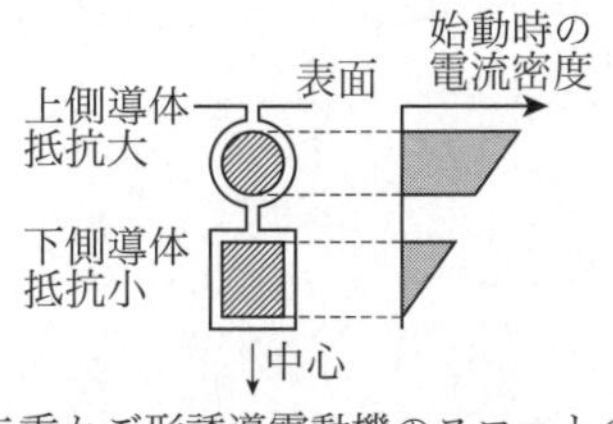

(a) 二重かご形誘導電動機のスロットの構造

(3) **誤り**である．Y-△始動法ではY結線で始動したときの始動電流値は△結線で始動した場合の1/3になる．(b)図に回路でその理由を示す．

(4) 始動補償器での始動は，(c)図のように三相単巻変圧器のタップを小さい電圧側から順に

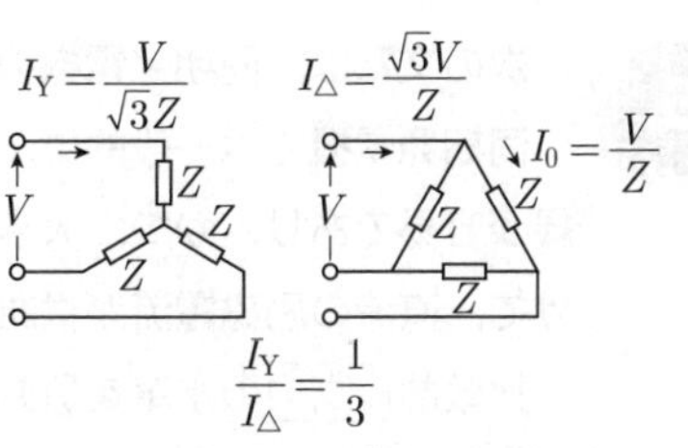

(b) Y結線と△結線の電流比較

切り換え，運転時には全電圧を加える．**正しい**．定格出力が大きいとき，タップを選定し，Y-△始動器よりも小さい始動電流で始動でき，電源に影響を与えない利点がある．

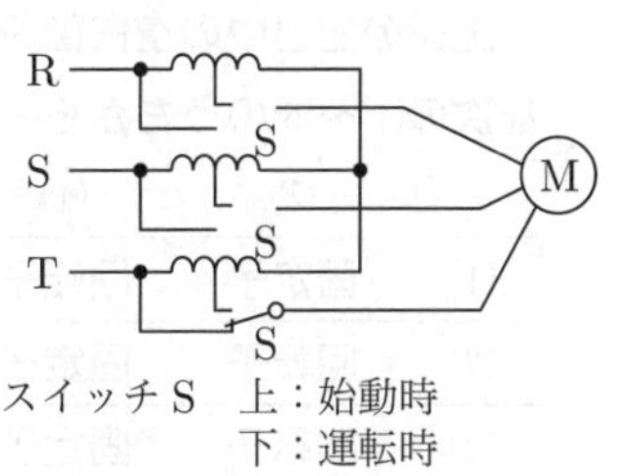

(c) 始動補償器の始動法

(5) (d)図に巻線形誘導電動機の二次抵抗Rを変えたときの特性の違いを示す．同一負荷トルクにおける滑りs_1，s_2，s_3は，

$$\frac{r_2'}{s_0} = \frac{r_2' + R_1}{s_1} = \frac{r_2' + R_2}{s_2} = \frac{r_2' + R_3}{s_3}$$

としたとき，同じトルクを保ったまま，二次側抵抗値に比例して滑りがシフトする．これを比例推移という．

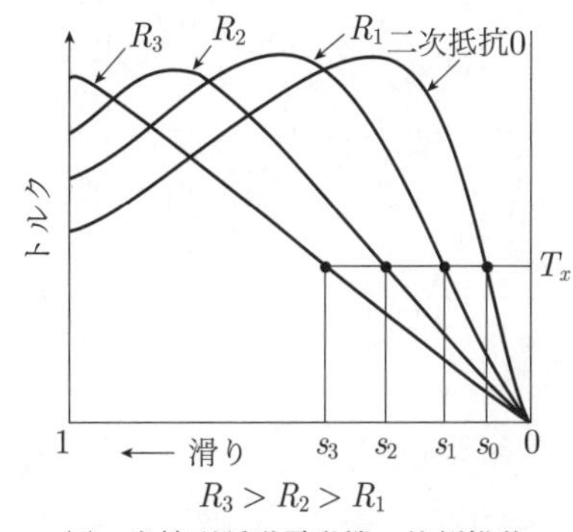

(d) 巻線形誘導電動機の比例推移

答 (3)

問5 次の文章は，同期発電機の種類と構造に関する記述である．

同期発電機では一般的に，小容量のものを除き電機子巻線は (ア) に設けて，導体の絶縁が容易であり，かつ，大きな電流が取り出せるようにしている．界磁巻線は (イ) に設けて，直流の励磁電流が供給されている．

比較的 (ウ) の水車を原動機とした水車発電機は，50 Hz又は60 Hzの商用周波数を発生させるために磁極数が多く，回転子の直径が軸方向に比べて大きく作られている．

蒸気タービン等を原動機としたタービン発電機は， (エ) で運転されるため，回転子の直径を小さく，軸方向に長くした横軸形として作られている．磁極は回転軸と一体の鍛鋼又は特殊鋼で作られ，スロットに巻線が施される．回転子の形状から (オ) 同期機とも呼ばれる．

上記の記述中の空白箇所(ア)，(イ)，(ウ)，(エ)及び(オ)に当てはまる組合せとして，正しいものを次の(1)～(5)のうちから一つ選べ．

	(ア)	(イ)	(ウ)	(エ)	(オ)
(1)	固定子	回転子	高速度	高速度	突極形
(2)	回転子	固定子	高速度	低速度	円筒形
(3)	回転子	固定子	低速度	低速度	突極形
(4)	回転子	固定子	低速度	高速度	円筒形
(5)	固定子	回転子	低速度	高速度	円筒形

解5 同期発電機の電機子巻線は，界磁巻線によりつくられた磁束を切って，起電力を発生させる巻線である．

負荷を接続すると負荷電流が流れるが，もし，電機子巻線が回転子だとするとスリップリングを通って負荷に電流を供給しなければならず，スリップリングの接触抵抗があるので大電流では不利であり，**固定子**を電機子巻線にしたほうがよい．そのとき，**回転子**に設けた界磁巻線に供給する電源は，回転子側にあるスリップリングを用いて外部から供給する方法と，発電した電圧を整流して供給するブラシレスの方法がある．図に回転界磁形同期発電機の突極形と円筒形の回転子を示す．

水車は落差や水の流量の関係上，**低速度**で運転されるため磁極数を多くしている．たとえば，50 Hzのときで，8極では750 min^{-1}，10極では600 min^{-1}となり，磁極数が増えると回転速度を下げられる．水車の回転速度は300〜1 000 min^{-1}である．

水車の流体は水で液体であるが，タービンでは気体の蒸気を利用している．どちらも流速を速くして効率，出力を上げたいが，気体のほうがより**高速度**に運転することができる．

蒸気タービンなどを原動機としたタービン発電機は高温，高圧の蒸気で回転させ，その回転速度は1 500〜3 600 min^{-1}である．高速回転の場合，遠心力に強い構造にしなければならないため，直径を小さくした**円筒形**がよく，突極形では空隙部の凸凹が風損を大きくする．

答 (5)

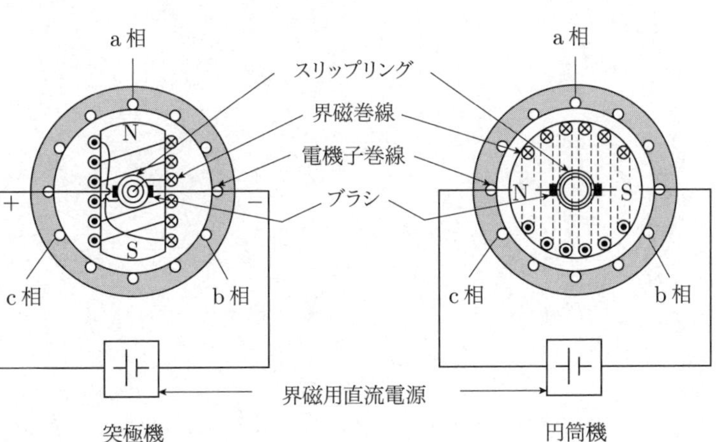

回転界磁形同期発電機の回転子

問6 定格容量P [kV·A]，定格電圧V [V]の星形結線の三相同期発電機がある．電機子電流が定格電流の40 %，負荷力率が遅れ86.6 %（$\cos 30° = 0.866$），定格電圧でこの発電機を運転している．このときのベクトル図を描いて，負荷角δの値[°]として，最も近いものを次の(1)～(5)のうちから一つ選べ．

ただし，この発電機の電機子巻線の1相当たりの同期リアクタンスは単位法で0.915 p.u.，1相当たりの抵抗は無視できるものとし，同期リアクタンスは磁気飽和等に影響されず一定であるとする．

(1) **0**　(2) **15**　(3) **30**　(4) **45**　(5) **60**

解6 ベクトル図を作図する．定格電圧 $\dot{V}=\dot{V}_n$，定格電流 $\dot{I}_n$，同期リアクタンス x_s とすると，単位法では，$\dot{V}_n=1$，$\dot{I}_n=1$，$x_s=0.915$ になる．

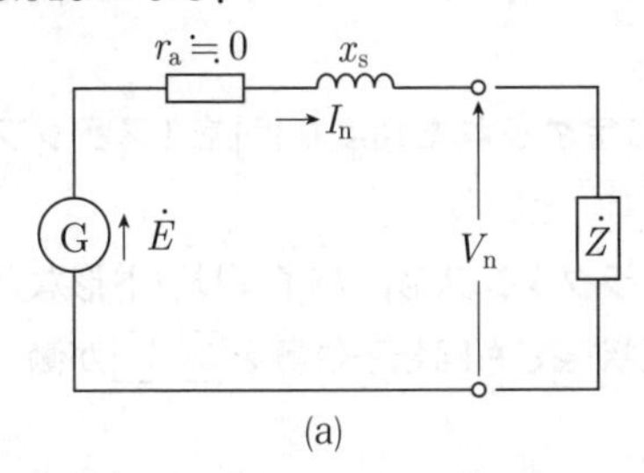

(a)

$\dot{E}$ を1相分の無負荷誘導起電力とし，電機子抵抗 $r_a \fallingdotseq 0$，同期リアクタンス x_s とする．

定格負荷電流 I_n を基準としてベクトルをつくる．$\dot{V}_n$ と I_n の位相差は30°であるから，(b)図のように単位法で $\dot{V}_n=1$，$\dot{I}_n=1$ とすると，$\dot{I}=0.4I_n=0.4$ より，$\dot{I}$ の延長線のa点でb点を通る垂直線を立ち上げる．$\overline{\mathrm{bc}}$ はリアクタンス降下 $\dot{I}x_s$ になり，$\overline{\mathrm{ab}}$ の延長線上である．その値は，

$$\dot{I}x_s=0.4I_nx_s=0.4\times1\times0.915$$
$$=0.366 \quad ①$$

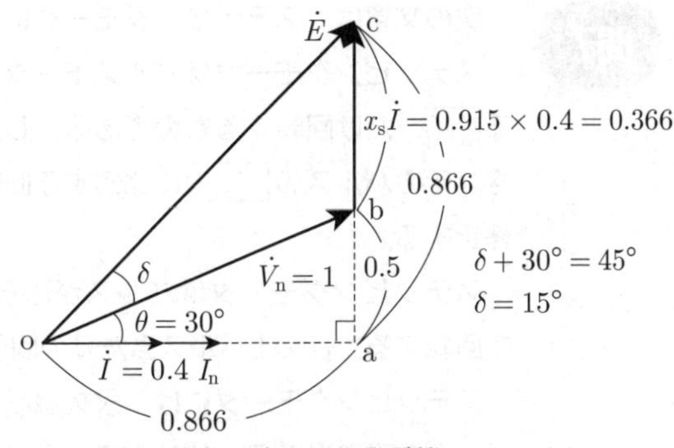

(b) 単位法表示同期発電機ベクトル図

$$\dot{V}_n\cos30°=1\times0.866=0.866 \quad ②$$
$$\dot{V}_n\sin30°=1\times0.5=0.5 \quad ③$$
$$\dot{V}_n\sin30°+Ix_s=0.5+0.366$$
$$=0.866 \quad ④$$

②式と④式より，$\overline{\mathrm{oa}}=\overline{\mathrm{ac}}$ となるので，△oacは∠aを直角とする二等辺三角形となる．$\overline{\mathrm{oc}}$ は $\dot{E}$ である．

∠coaは45°になり題意より∠boa $=\theta$ は30°である．負荷角 δ の値は，

$$\therefore\ \delta=\angle\mathrm{coa}-\theta=45°-30°=15° \quad (答)$$

答 (2)

理論 電力 機械 法規 令和5上(2023) 令和4下(2022) 令和4上(2022) 令和3(2021) 令和2(2020) 令和元(2019) 平成30(2018) 平成29(2017) 平成28(2016) 平成27(2015)

次の文章は，ステッピングモータに関する記述である．

ステッピングモータはパルスモータとも呼ばれ，駆動回路に与えられた (ア) に比例する (イ) だけ回転するものである．したがって，このモータはパルスを周期的に与えたとき，そのパルスの (ウ) に比例する回転速度で回転し，入力パルスを停止すれば回転子も停止する．

ステッピングモータはパルスが送られるたびに定められた角度 θ [°] を1ステップとして回転する．この1パルス当たりの回転角度を (エ) という．

ステッピングモータには，永久磁石形，可変リラクタンス形，ハイブリッド形などがあり，永久磁石形ステッピングモータでは，無通電状態でも回転子位置を (オ) が働く特徴がある．

上記の記述中の空白箇所(ア)，(イ)，(ウ)，(エ)及び(オ)に当てはまる組合せとして，正しいものを次の(1)～(5)のうちから一つ選べ．

	(ア)	(イ)	(ウ)	(エ)	(オ)
(1)	周波数	回転角度	幅	ステップ角	追従する力
(2)	周波数	回転速度	幅	移動角	追従する力
(3)	パルス数	回転速度	周波数	移動角	保持する力
(4)	パルス数	回転角度	幅	ステップ角	追従する力
(5)	パルス数	回転角度	周波数	ステップ角	保持する力

解7 永久磁石形ステッピングモータ（PM形ステッピングモータ）は，(a)図のような永久磁石を用いた回転子の半分ずつをN極とS極に分け，歯車のような小歯をN極とS極で交互にする構造である．まず，(b)図のようにコイルAがオンすると固定子コイルはSになり，回転子のN極を引き付ける．次に駆動回路にパルスを一つ入力しコイルAをオフ，Bをオンにすると回転子がステップ角θ_sだけ回転する．パルスを順に入力し固定子コイルA，B，C，D，E……を順にオンすると，回転子は**パルス数**に比例した**回転角度**分右方向へ回転する．

ステッピングモータが一つのパルスで回転する角度を**ステップ角**θ_sという．ステップ角が小さいほどきめの細かい位置決めができる．回転角度θ [°]，回転速度N [s^{-1}]は，パルス数をA，パルスの**周波数**をp [パルス数/s]とすると，

$$\theta = A\theta_s$$

$$N = \frac{\theta_s p}{360}$$

たとえばステップ角を0.36°にすると，1回転を1 000分割できるので位置決めしやすい．このとき，1 000パルスを2秒間で入力すると，回転角度は$1\,000 \times 0.36 = 360°$，回転速度は$0.36 \times 500/360 = 0.5\,\mathrm{s}^{-1}$となる．

電源がオフしたとき回転子の小歯が固定子の歯と向かい合う位置で停止しているので，回転子の位置を**保持する力**が働く．実際使われていないステッピングモータの軸を手で回してみると重い．

答 (5)

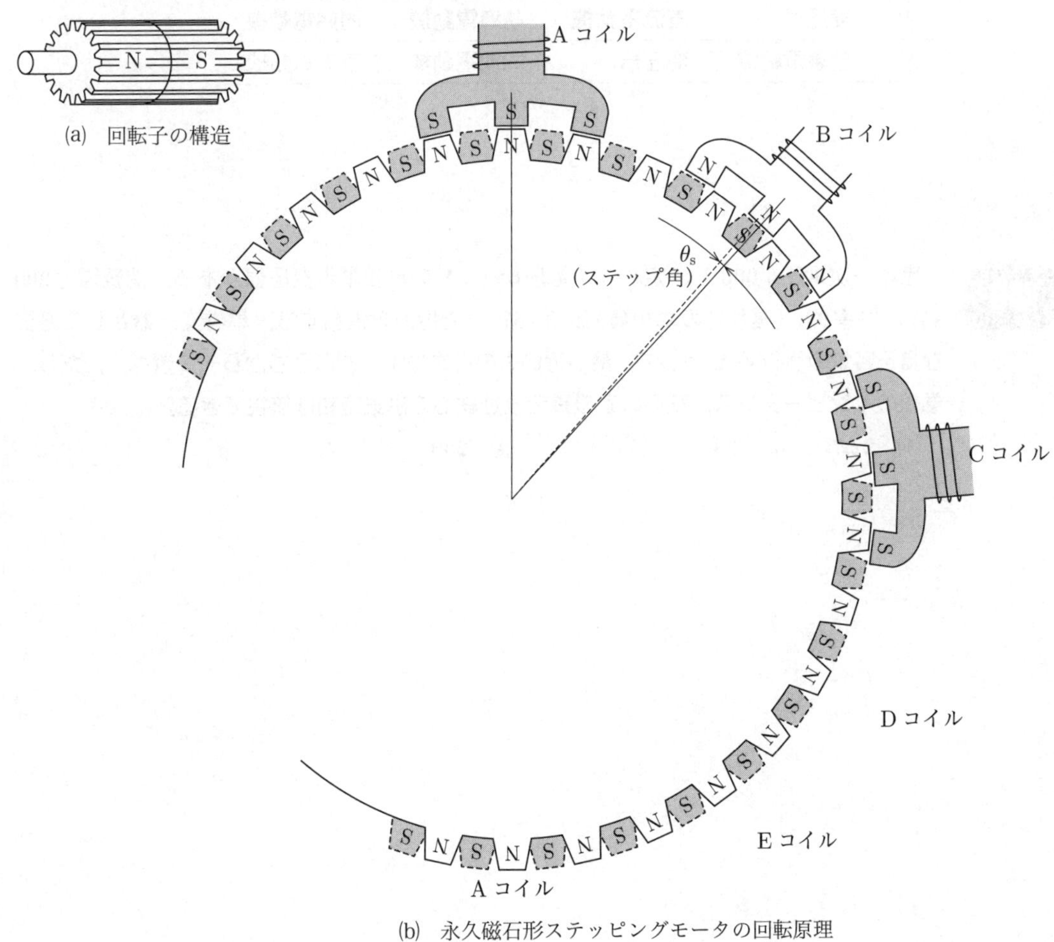

(a) 回転子の構造

(b) 永久磁石形ステッピングモータの回転原理

問8　次の文章は，変圧器，直流電動機，誘導電動機及び同期電動機の共通点や相違点に関する記述である．

a　(ア)と，負荷抵抗を接続した(イ)の等価回路は，電源からの電流が励磁電流と負荷電流に分かれるなど，原理及び構成に共通点が多い．相違点は，(ア)における二次側の負荷抵抗値が，滑りsによって変化するところである．

b　磁束を与える界磁電流と，トルクに比例する電機子電流を独立して制御できる(ウ)は，広範囲な回転速度で精密なトルクの制御ができる．

構造が簡単で丈夫なため広く使われている(ア)も，インバータを用いた制御によって，(ウ)と同様な運転特性をもたせることができる．

c　(ウ)と(エ)は，界磁電流で励磁を制御するなど，原理及び構成に共通点が多い．

相違点は，(エ)の出力に負荷角が関与するところである．

上記の記述中の空白箇所(ア)，(イ)，(ウ)及び(エ)に当てはまる組合せとして，正しいものを次の(1)～(5)のうちから一つ選べ．

	(ア)	(イ)	(ウ)	(エ)
(1)	変圧器	誘導電動機	直流電動機	同期電動機
(2)	直流電動機	同期電動機	変圧器	誘導電動機
(3)	誘導電動機	変圧器	直流電動機	同期電動機
(4)	変圧器	直流電動機	誘導電動機	同期電動機
(5)	誘導電動機	変圧器	同期電動機	直流電動機

問9　定格一次電圧6 000 V，定格二次電圧6 600 Vの単相単巻変圧器がある．消費電力200 kW，力率0.8（遅れ）の単相負荷に定格電圧で電力を供給する．単巻変圧器として必要な自己容量の値[kV·A]として，最も近いものを次の(1)～(5)のうちから一つ選べ．ただし，巻線のインピーダンス，鉄心の励磁電流及び鉄心の磁気飽和は無視できる．

(1)　22.7　　(2)　25.0　　(3)　160　　(4)　200　　(5)　250

解8 a (a)図は変圧器の等価回路，(b)図は誘導電動機の等価回路である．この二つは負荷の部分が異なるがそれ以外は同じで共通点が多い．負荷は，**変圧器**は外部負荷で，**誘導電動機**は機械的負荷の大きさに影響を受ける滑りsが変化し二次抵抗値が変わる負荷になっている．

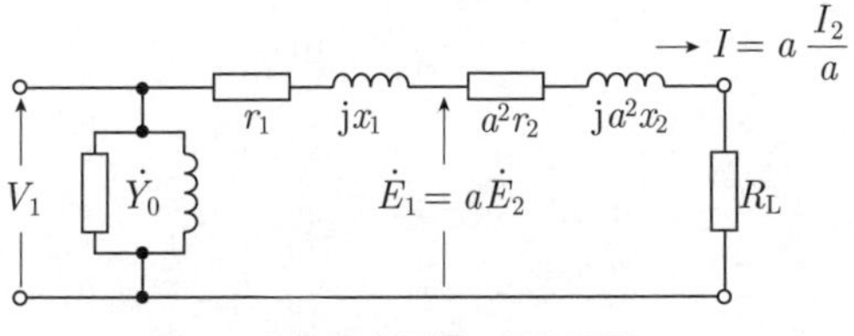

(a) 一次換算変圧器の等価回路

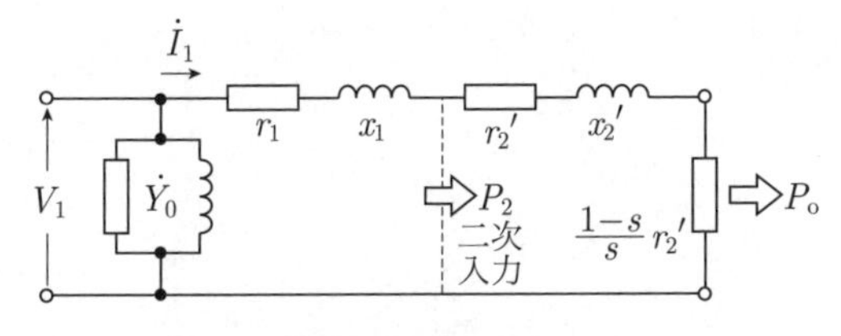

(b) 一次換算誘導機の等価回路

b むかしは電動機の回転速度Nを自由に連続に変えようとする場合，**直流電動機**を使用していた．インバータが世の中に出て，$N=120f/p$のf（周波数）を連続に変えられるようになり，最も多く使用されている**誘導電動機**で簡単に，安価に速度制御ができるようになり，直流電動機と同様な運転特性をもたせることも可能になった（p：極数）．

c 誘導機は固定した界磁回路をもたないが，**直流電動機**と**同期電動機**は界磁コイルの電流を増減させて励磁をコントロールしている．つまり，回転子が磁石である．直流電動機の出力P_Dは，

$$P_D = E_a I_a \,[\mathrm{W}]$$

で，誘導起電力E_aと負荷電流I_aに比例する．**同期電動機**の出力P_Sは，

$$P_S = \frac{VE}{x_s}\sin\delta\,[\mathrm{W}] \quad (\delta：負荷角)$$

で，負荷角δが大きくなるほど出力は大きくなる．

答 (3)

解9 図より，負荷電流（二次電流）Iは，

$$I = \frac{P_L}{V\cos\theta} = \frac{200\times10^3}{6\,600\times0.8} = 37.88\ \mathrm{A}$$

直列巻線の誘導起電力Vは，この問の場合は一次側が6 000 V，二次側が6 600 Vと昇圧なので，二次側電圧と一次側電圧の差となるので，

$$V = V_H - V_L = 6\,600 - 6\,000 = 600\ \mathrm{V}$$

自己容量P_1を算出する式は次の①，②式がある．

P_1 = 一次電流 × 分路巻線の誘導起電力 ①

P_1 = 二次電流 × 直列巻線の誘導起電力 ②

ここでは，②式を用いて，

P_1 = 二次電流I × 直列巻線の誘導起電力V
$= 37.88 \times 600 \fallingdotseq 22.7\ \mathrm{kW}$ (答)

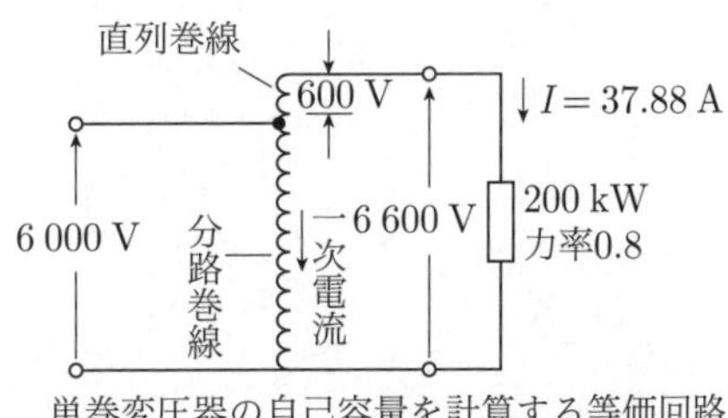
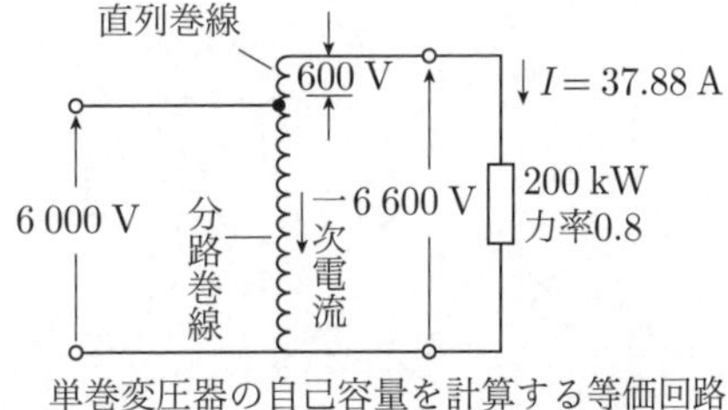

単巻変圧器の自己容量を計算する等価回路

答 (1)

問10　貯水池に集められた雨水を，毎分 300 m³ の排水量で，全揚程 10 m を揚水して河川に排水する．このとき，100 kW の電動機を用いた同一仕様のポンプを用いるとすると，必要なポンプの台数は何台か．最も近いものを次の(1)～(5)のうちから一つ選べ．ただし，ポンプの効率は 80 %，設計製作上の余裕係数は 1.1 とし，複数台のポンプは排水を均等に分担するものとする．

(1) 1　(2) 2　(3) 6　(4) 7　(5) 9

解10 図のように，揚程H[m]，水の流速Q[m^3/s]，効率η，余裕率kとすると，ポンプの出力Pを求める式は次のようになる．ここで，Qは毎秒当たりの排水量で，題意では毎分なので換算すると，300/60 = 5 m^3/sとなる．

$$P=\frac{9.8QHk}{\eta}=\frac{9.8\times5\times10\times1.1}{0.8}$$
$$=673.75\ \mathrm{kW}$$

100 kWの電動機を用いたポンプは，**7台**必要になる．

別の方法で考えると，100 kWのポンプ1台の排水能力Q_1は，

$$Q_1=\frac{P\eta}{9.8Hk}=\frac{100\times0.8}{9.8\times10\times1.1}=0.742\ \mathrm{m^3/s}$$
$$=44.2\ \mathrm{m^3/min}$$

300 m^{3}の水をくみ上げるのに要する台数は，300/44.2 = 6.78で，7台必要である．

答 (4)

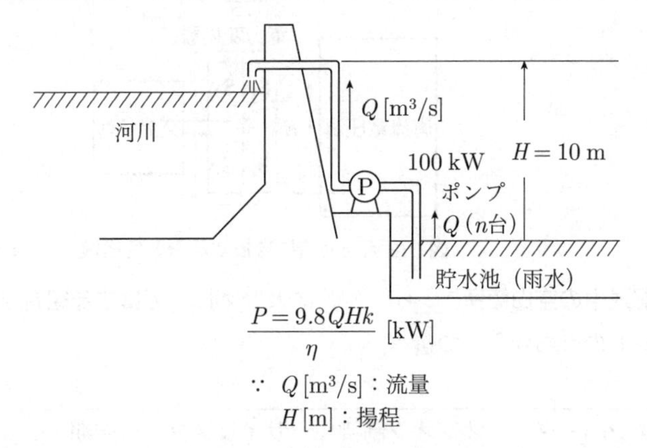

$$\frac{P=9.8QHk}{\eta}\ [\mathrm{kW}]$$
∵ Q[m^3/s]：流量
H[m]：揚程

ポンプの出力と揚程・流量の計算

問11 次の文章は，直流を交流に変換する電力変換器に関する記述である．

図は，直流電圧源から単相の交流負荷に電力を供給する (ア) の動作の概念を示したものであり， (ア) は四つのスイッチ S_1 ～ S_4 から構成される．

スイッチ S_1 ～ S_4 を実現する半導体バルブデバイスは，それぞれ (イ) 機能をもつデバイス（例えばIGBT）と，それと逆並列に接続した (ウ) とからなる．

この電力変換器は，出力の交流電圧と交流周波数とを変化させて運転することができる．交流電圧を変化させる方法は主に二つあり，一つは，直流電圧源の電圧 E を変化させて，交流電圧波形の (エ) を変化させる方法である．もう一つは，直流電圧源の電圧 E は一定にして，基本波1周期の間に多数のスイッチングを行い，その多数のパルス幅を変化させて全体で基本波1周期の電圧波形を作り出す (オ) と呼ばれる方法である．

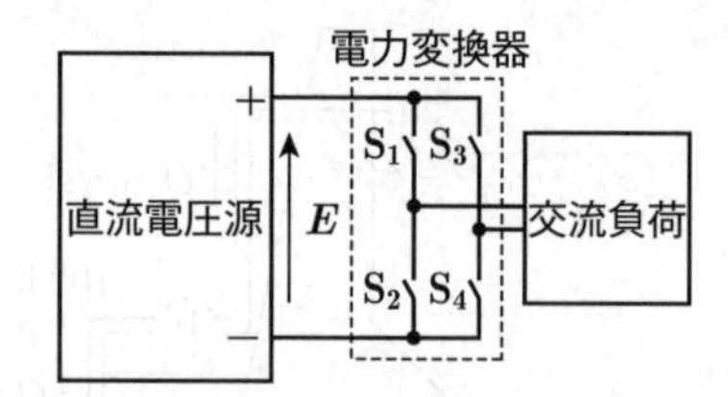

図 直流を交流に変換する電力変換機

上記の記述中の空白箇所(ア)，(イ)，(ウ)，(エ)及び(オ)に当てはまる組合せとして，正しいものを次の(1)～(5)のうちから一つ選べ．

	(ア)	(イ)	(ウ)	(エ)	(オ)
(1)	インバータ	オンオフ制御	サイリスタ	周期	PWM制御
(2)	整流器	オンオフ制御	ダイオード	周期	位相制御
(3)	整流器	オン制御	サイリスタ	波高値	PWM制御
(4)	インバータ	オン制御	ダイオード	周期	位相制御
(5)	インバータ	オンオフ制御	ダイオード	波高値	PWM制御

解11　(a)図の回路で，S_1とS_4がオンすると，(b)図の波形の0〜t_1間の上側となる．S_2とS_4がオンするt_1〜t_2間では下側となる．オンした回路から，S_1とS_4オンでは負荷の上から下へ電流は流れ，S_2，S_4がオンすると電流は負荷の下から上へと流れることがわかる．このような直流から交流に変換する装置を**インバータ**と呼ぶ．

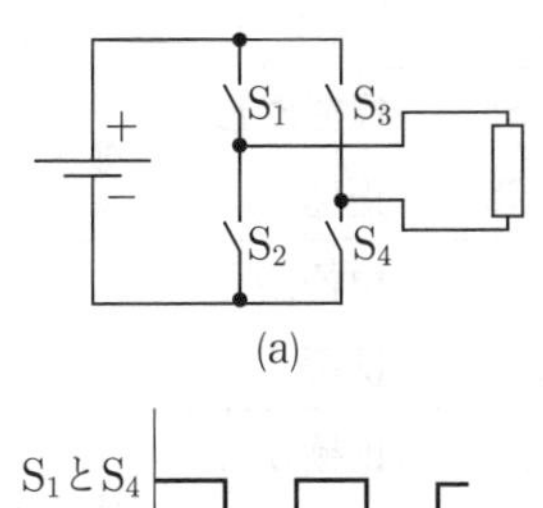

(a)

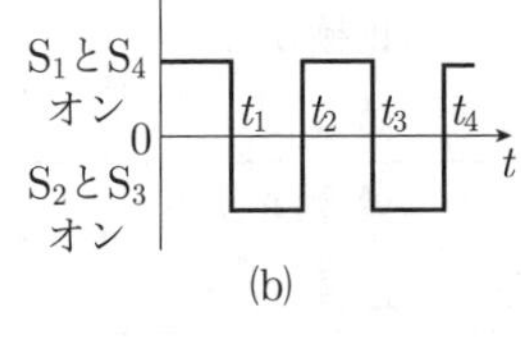

(b)

S_1〜S_4は機械的スイッチでもよいが，無接点の半導体デバイスを用いればより高速でオンオフでき，接点がないため消耗しない利点がある．代わりに使用する半導体デバイスとしては，外部入力で**オンオフ制御**できるものでなければならないので，IGBT，GTOなどが採用される．

IGBTを用いたインバータの回路には，デバイスの方向と逆並列に接続された還流**ダイオード**が必要である．ダイオードがなくても抵抗負荷では問題ないが，インダクタンスを含む負荷が接続されると問題を生じる．(c)図のQ_1とQ_4がオンして，π [rad]のときオフすると，負荷電流はインダクタンスの影響でゼロにならず流れ続け，θ [rad]遅れた点でゼロになる．π [rad]でQ_2，Q_3がオンすると，この電流が逆方向になり電流の流れる経路がなくなるので，D_2とD_3を通って電源に帰還する．この還流ダイオードはIGBTに逆流電流が流れて破壊しないようにするものである．

交流電圧を変化させる方法は二つあり，一つは(d)図のように**波高値**を変化させるものをPAM制御，もう一つは(e)図のように，波高値一定でオンオフの幅を変えて等価的に正弦波にする**PWM制御**がある．一般に使用されているのは構造が簡単なPWM制御である．

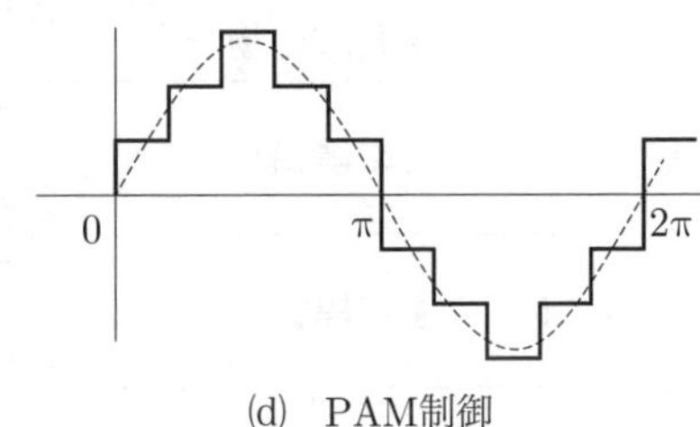

(d)　PAM制御

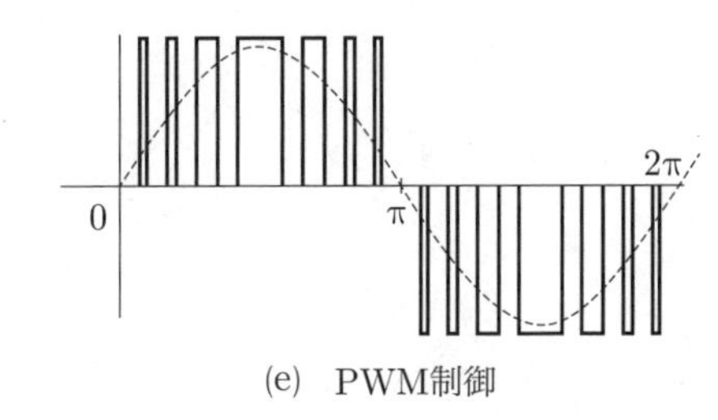

(e)　PWM制御

(5)

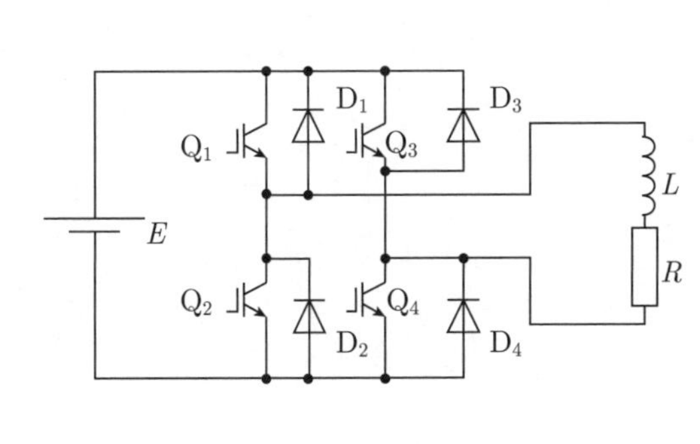

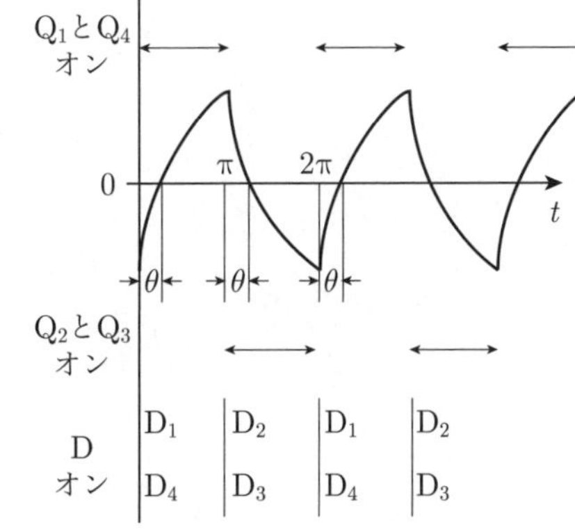

(c)

次の文章は，リチウムイオン二次電池に関する記述である．

リチウムイオン二次電池は携帯用電子機器や電動工具などの電源として使われているほか，電気自動車の電源としても使われている．

リチウムイオン二次電池の正極には (ア) が用いられ，負極には (イ) が用いられている．また，電解液には (ウ) が用いられている．放電時には電解液中をリチウムイオンが (エ) へ移動する．リチウムイオン二次電池のセル当たりの電圧は (オ) V程度である．

上記の記述中の空白箇所(ア)，(イ)，(ウ)，(エ)及び(オ)に当てはまる組合せとして，正しいものを次の(1)～(5)のうちから一つ選べ．

	(ア)	(イ)	(ウ)	(エ)	(オ)
(1)	リチウムを含む金属酸化物	主に黒鉛	有機電解液	負極から正極	3～4
(2)	リチウムを含む金属酸化物	主に黒鉛	無機電解液	負極から正極	1～2
(3)	リチウムを含む金属酸化物	主に黒鉛	有機電解液	正極から負極	1～2
(4)	主に黒鉛	リチウムを含む金属酸化物	有機電解液	負極から正極	3～4
(5)	主に黒鉛	リチウムを含む金属酸化物	無機電解液	正極から負極	1～2

解12 リチウムイオン二次電池はニッケル水素二次電池に比べ，体積エネルギー密度で約15倍，重量エネルギー密度で約2倍である．したがって，使用範囲は広くハイブリッド車にも用いられ，近年の電気自動車の開発によりその需要はますます拡大するだろう．

リチウムイオン二次電池は図のように，正極には**リチウムを含む金属酸化物**を用いるコバルト系，ニッケル系，マンガン系などがある．負極には炭素系材料（**主に黒鉛**）を用いている．また，電解液にはエチレンカーボネートなどにリチウム塩を溶解させた**有機電解液**が用いられる．

充電時，正極から負極へ電子が移動し，リチウムイオンが正極から電解液を通って負極へ蓄積し，正，負極間に電位差を生じる．

放電時，正・負極間に負荷を接続すると，電位差により電子が負極から正極へ移動して電流が流れる．**負極**に蓄積されたリチウムイオンが電解液を通って**正極へ**移動し，正極内の電子と結合し還元する．

リチウムイオン二次電池のセル当たりの電圧は金属酸化物の種類により違うが，**3〜4** Vである．

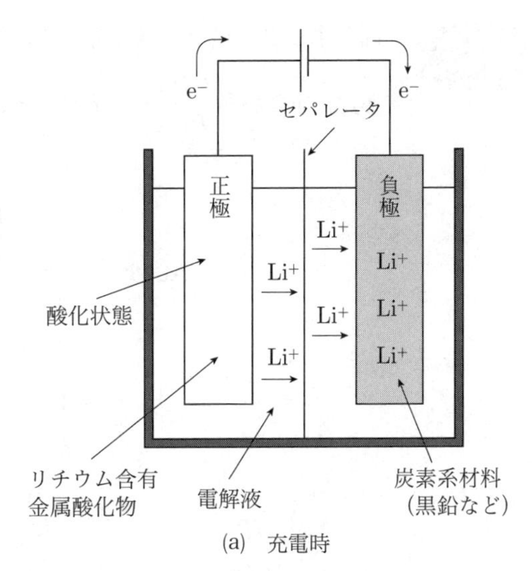

(a) 充電時

I
e⁻
セパレータ
⊕
⊖
Li
Li⁺
還元状態

(b) 放電時

リチウムイオン二次電池の充電，放電

(1)

理論 電力 機械 法規 令和5上(2023) 令和4下(2022) 令和4上(2022) 令和3(2021) 令和2(2020) 令和元(2019) 平成30(2018) 平成29(2017) 平成28(2016) 平成27(2015)

図のようなブロック線図で示す制御系がある．出力信号 $C(\mathrm{j}\omega)$ の入力信号 $R(\mathrm{j}\omega)$ に対する比，すなわち $\dfrac{C(\mathrm{j}\omega)}{R(\mathrm{j}\omega)}$ を示す式として，正しいものを次の(1)～(5)のうちから一つ選べ．

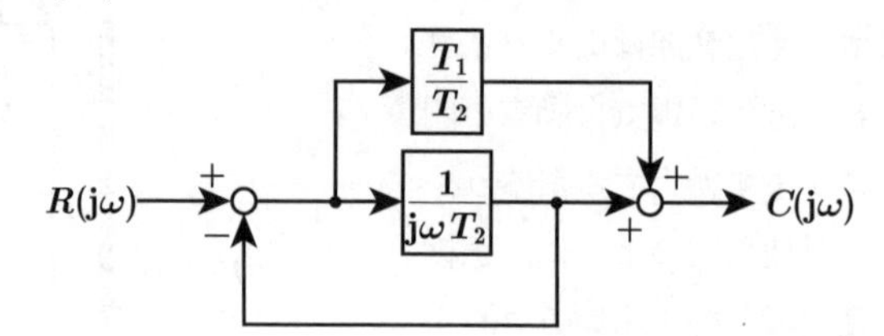

(1) $\dfrac{T_1+\mathrm{j}\omega}{T_2+\mathrm{j}\omega}$　(2) $\dfrac{T_2+\mathrm{j}\omega}{T_1+\mathrm{j}\omega}$　(3) $\dfrac{\mathrm{j}\omega T_1}{1+\mathrm{j}\omega T_2}$

(4) $\dfrac{1+\mathrm{j}\omega T_1}{1+\mathrm{j}\omega T_2}$　(5) $\dfrac{1+\mathrm{j}\omega\dfrac{T_1}{T_2}}{1+\mathrm{j}\omega T_2}$

解13 図のように最初の比較部の出力を $X(\mathrm{j}\omega)$ とすると，

$$X(\mathrm{j}\omega)\frac{T_1}{T_2}+X(\mathrm{j}\omega)\frac{1}{\mathrm{j}\omega T_2}$$
$$=X(\mathrm{j}\omega)\left\{\frac{T_1}{T_2}+\frac{1}{\mathrm{j}\omega T_2}\right\}$$
$$=C(\mathrm{j}\omega) \quad ①$$

$$R(\mathrm{j}\omega)-X(\mathrm{j}\omega)\frac{1}{\mathrm{j}\omega T_2}=X(\mathrm{j}\omega) \quad ②$$

②式を整理すると

$$X(\mathrm{j}\omega)\left(1+\frac{1}{\mathrm{j}\omega T_2}\right)=R(\mathrm{j}\omega) \quad ③$$

$$X(\mathrm{j}\omega)=\frac{R(\mathrm{j}\omega)}{1+\dfrac{1}{\mathrm{j}\omega T_2}} \quad ④$$

④式を①式に代入して，$X(\mathrm{j}\omega)$ を消去すると次式のようになる．

$$\frac{R(\mathrm{j}\omega)}{1+\dfrac{1}{\mathrm{j}\omega T_2}}\left(\frac{T_1}{T_2}+\frac{1}{\mathrm{j}\omega T_2}\right)=C(\mathrm{j}\omega) \quad ⑤$$

⑤式を整理して，

$$\frac{C(\mathrm{j}\omega)}{R(\mathrm{j}\omega)}=\frac{1}{1+\dfrac{1}{\mathrm{j}\omega T_2}}\left(\frac{T_1}{T_2}+\frac{1}{\mathrm{j}\omega T_2}\right)$$

$$=\frac{\dfrac{\mathrm{j}\omega T_1+1}{\mathrm{j}\omega T_2}}{\dfrac{\mathrm{j}\omega T_2+1}{\mathrm{j}\omega T_2}}=\frac{1+\mathrm{j}\omega T_1}{1+\mathrm{j}\omega T_2} \quad (答)$$

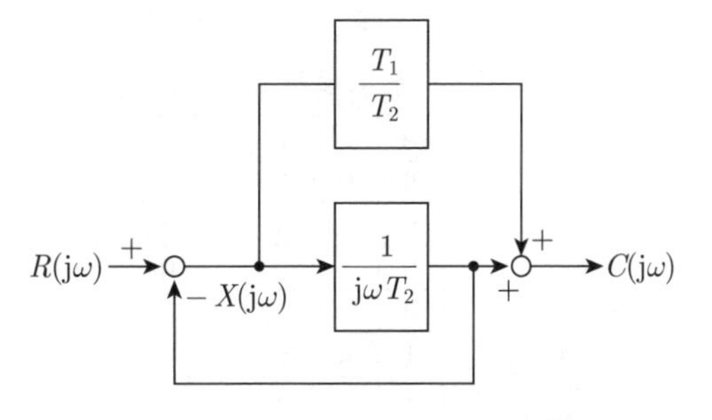

答 (4)

図のように，入力信号 A，B及び C，出力信号 Zの論理回路がある．この論理回路には排他的論理和（EX-OR）を構成する部分と排他的否定論理和（EX-NOR）を構成する部分が含まれている．

この論理回路の真理値表として，正しいものを次の(1)～(5)のうちから一つ選べ．

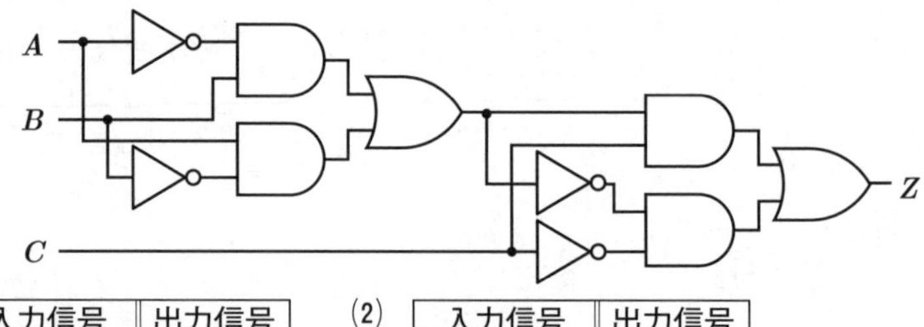

(1)

入力信号			出力信号
A	B	C	Z
0	0	0	1
0	0	1	0
0	1	0	0
0	1	1	1
1	0	0	0
1	0	1	1
1	1	0	1
1	1	1	0

(2)

入力信号			出力信号
A	B	C	Z
0	0	0	0
0	0	1	1
0	1	0	1
0	1	1	0
1	0	0	1
1	0	1	0
1	1	0	0
1	1	1	1

(3)

入力信号			出力信号
A	B	C	Z
0	0	0	0
0	0	1	0
0	1	0	0
0	1	1	0
1	0	0	0
1	0	1	0
1	1	0	1
1	1	1	0

(4)

入力信号			出力信号
A	B	C	Z
0	0	0	1
0	0	1	0
0	1	0	1
0	1	1	0
1	0	0	1
1	0	1	0
1	1	0	0
1	1	1	1

(5)

入力信号			出力信号
A	B	C	Z
0	0	0	1
0	0	1	0
0	1	0	1
0	1	1	1
1	0	0	1
1	0	1	1
1	1	0	1
1	1	1	1

解14 (a)図は排他的論理和で，(b)図は排他的否定論理和の回路である．回路をシンボルで表すとそれぞれ右側の図のようになる．

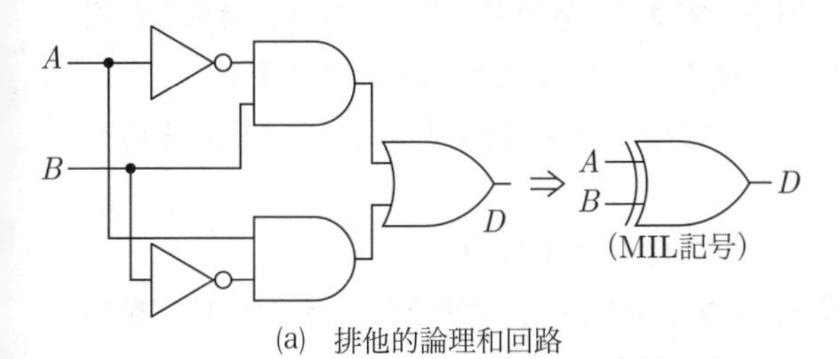

(a) 排他的論理和回路

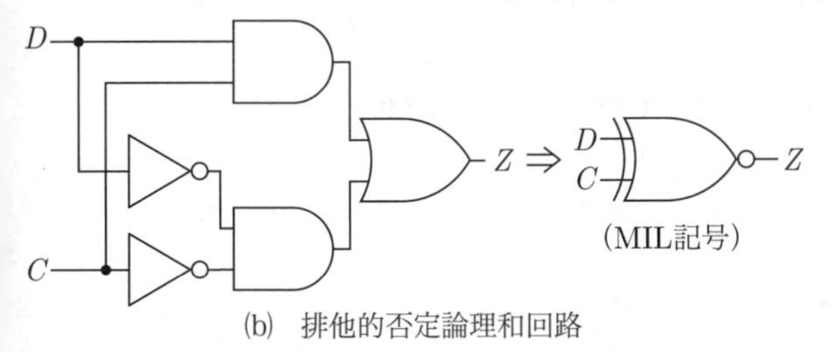

(b) 排他的否定論理和回路

(c)図は，問の回路を二つのシンボルで表したものである．入力AとBは排他的論理和の入力で，その出力をDとすると，入力CとDが

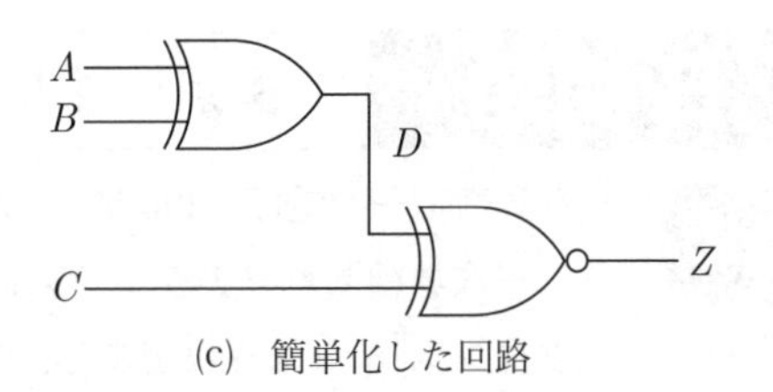

(c) 簡単化した回路

排他的否定論理和の入力になる．ZはCとDの排他的否定論理和になるので，真理値表よりCとDの値が同じであれば1を，異なれば0が出力される．

A	B	C	D	Z
0	0	0	0	1
0	0	1	0	0
0	1	0	1	0
0	1	1	1	1
1	0	0	1	0
1	0	1	1	1
1	1	0	0	1
1	1	1	0	0

(1)

B 問題　配点は 1 問題当たり(a) 5 点，(b) 5 点，計 10 点

問15 無負荷で一次電圧6 600 V，二次電圧200 Vの単相変圧器がある．一次巻線抵抗 $r_1 = 0.6$ Ω，一次巻線漏れリアクタンス $x_1 = 3$ Ω，二次巻線抵抗 $r_2 = 0.5$ mΩ，二次巻線漏れリアクタンス $x_2 = 3$ mΩである．計算に当たっては，二次側の諸量を一次側に換算した簡易等価回路を用い，励磁回路は無視するものとして，次の(a)及び(b)の問に答えよ．

(a) この変圧器の一次側に換算したインピーダンスの大きさ[Ω]として，最も近いものを次の(1)～(5)のうちから一つ選べ．

(1) 1.15　(2) 3.60　(3) 6.27　(4) 6.37　(5) 7.40

(b) この変圧器の二次側を200 Vに保ち，容量200 kV·A，力率0.8（遅れ）の負荷を接続した．このときの一次電圧の値[V]として，最も近いものを次の(1)～(5)のうちから一つ選べ．

(1) 6 600　(2) 6 700　(3) 6 740　(4) 6 800　(5) 6 840

解15 (a) (a)図はこの変圧器の等価回路である．一次側と二次側を(b)図のように一つの回路にすると理解しやすく計算に便利である．この場合，一次側に換算すると一次側のインピーダンスはそのままでよいが，二次側インピーダンスは一次側換算しなければならない．

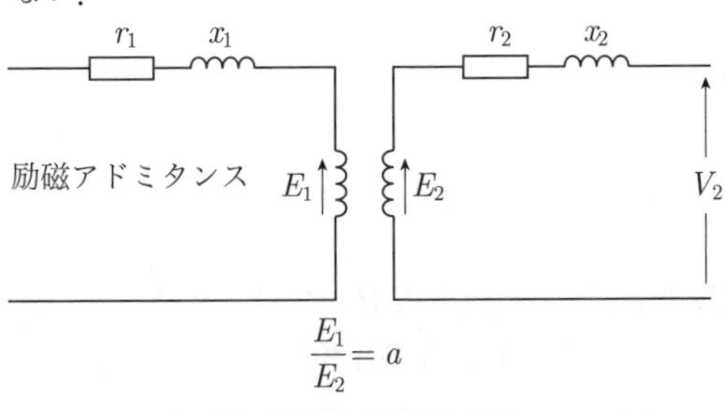

(a) 変圧器の等価回路

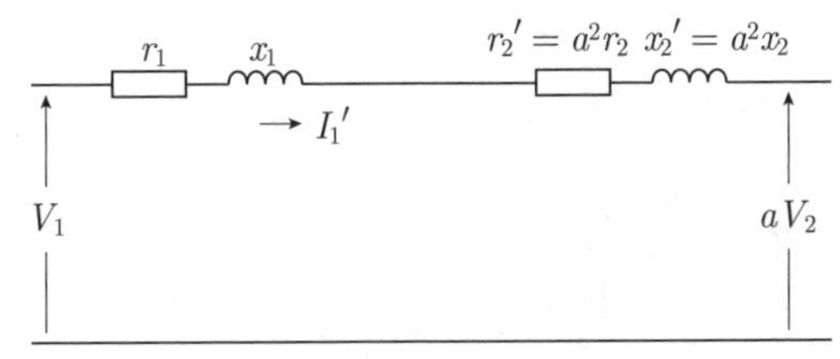

(b) 変圧器一次換算等価回路

変圧比を a（$E_1/E_2 = n_1/n_2$）とすると，一次側換算の二次抵抗値 r_2'，リアクタンス x_2' は，$r_2' = a^2 r_2$，$x_2' = a^2 x_2$ となり，逆に，二次側換算の一次抵抗値 r_1'，リアクタンス x_1' は，$r_1' = r_1/a^2$，$x_1' = x_1/a^2$ となる．

問を解くと，

$$r_2' = a^2 r_2 = \left(\frac{6\,600}{200}\right)^2 \times 0.5 \times 10^{-3}$$
$$= 0.544\,5\,\Omega$$

$$x_2' = a^2 x_2 = \left(\frac{6\,600}{200}\right)^2 \times 3 \times 10^{-3}$$
$$= 3.267\,\Omega$$

変圧器の一次側に換算したインピーダンス z は，

$$\dot{Z} = (r_1 + r_2') + \mathrm{j}(x_1 + x_2')$$
$$Z = \sqrt{(r_1 + r_2')^2 + (x_1 + x_2')^2}$$
$$= \sqrt{(0.6 + 0.544\,5)^2 + (3 + 3.267)^2}$$
$$= \sqrt{1.144\,5^2 + 6.267^2} = \sqrt{40.6}$$
$$\fallingdotseq 6.37\,\Omega \quad \text{(答)}$$

(b) 二次側端子電圧 V_2 を一次側に換算 V_1' にすると，変圧比 a より，

$$V_1' = aV_2 = \left(\frac{6\,600}{200}\right) \times 200 = 6\,600\ \mathrm{V}$$

負荷 P が 200 kV·A，であるから，一次換算電流 I_1' は，

$$I_1' = \frac{P}{V_1'} = \frac{200 \times 10^3}{6\,600} = 30.3\ \mathrm{A}$$

負荷の力率が0.8であるので一次端子電圧 V_1 は，

$$V_1 = V_1' + I_1'\{(r_1 + r_2')\cos\theta$$
$$+ (x_1 + x_2')\sin\theta)\}$$
$$= 6\,600 + 30.3 \times (1.144\,5 \times 0.8$$
$$+ 6.267 \times 0.6)$$
$$\fallingdotseq 6\,741\ \mathrm{V} \quad \text{(答)}$$

(a) - (4)，(b) - (3)

問16　図1に示す降圧チョッパの回路は，電圧Eの直流電源，スイッチングする半導体バルブデバイスS，ダイオードD，リアクトルL，及び抵抗Rの負荷から構成されている．また，図2には，図1の回路に示すダイオードDの電圧v_Dと負荷の電流i_Rの波形を示す．次の(a)及び(b)の問に答えよ．

(a)　降圧チョッパの回路動作に関し，図3～図5に，実線で示した回路に流れる電流のループと方向を示した三つの電流経路を考える．図2の時刻t_1及び時刻t_2において，それぞれどの電流経路となるか．正しい組合せを次の(1)～(5)のうちから一つ選べ．

	時刻t_1	時刻t_2
(1)	電流経路（A）	電流経路（B）
(2)	電流経路（A）	電流経路（C）
(3)	電流経路（B）	電流経路（A）
(4)	電流経路（B）	電流経路（C）
(5)	電流経路（C）	電流経路（B）

(b)　電圧Eが100 V，降圧チョッパの通流率が50 %，負荷抵抗Rが2 Ωとする．デバイスSは周期Tの高周波でスイッチングし，リアクトルLの平滑作用により，図2に示す電流i_Rのリプル成分は十分小さいとする．電流i_Rの平均値I_R [A]として，最も近いものを次の(1)～(5)のうちから一つ選べ．

(1)　17.7　(2)　25.0　(3)　35.4　(4)　50.1　(5)　70.7

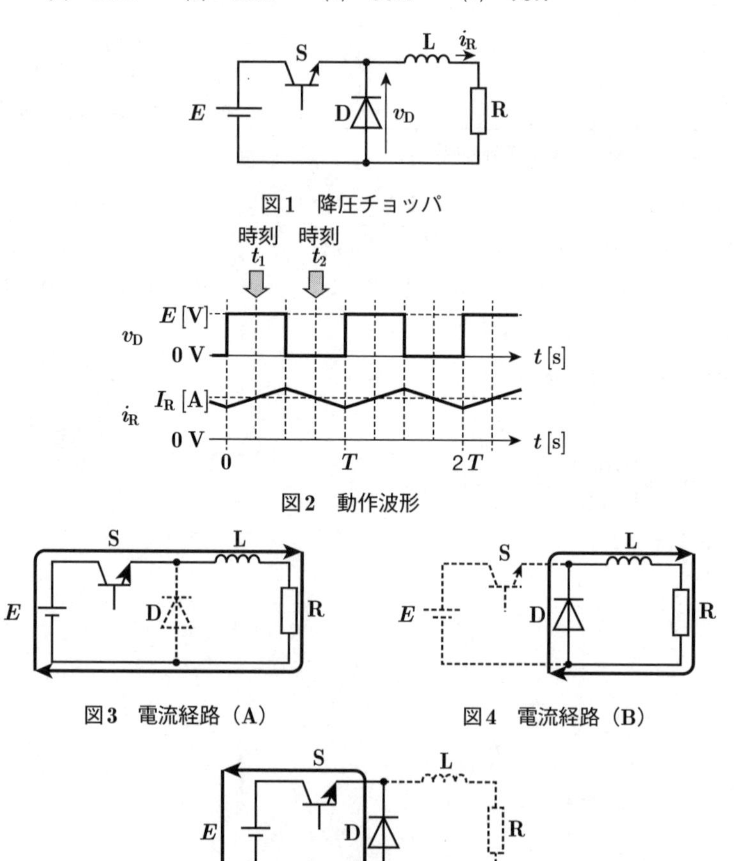

図1　降圧チョッパ

図2　動作波形

図3　電流経路（A）

図4　電流経路（B）

図5　電流経路（C）

解16 (a) DCチョッパ回路は，直流電源を切り刻んで，ほかの異なる大きさの直流電圧に変換する回路をいう．0 Vから電源電圧 E [V]まで変換できるものを降圧チョッパといい，E [V]を超えて変換できるものを昇圧チョッパ回路という．また，0 Vから E [V]を超えて変換できるものを昇降圧チョッパ回路という．問の図は降圧チョッパである．

降圧チョッパ回路での動作は図のようになり，Sがオンすると，電源電圧 E→S→L→R（負荷）→Eの経路（図の①）で電流 i_R が流れる．このときインダクタンス L に電磁エネルギーが蓄積される．

次にSがオフすると，i_{R} は減少しようとするが，L に逆起電力が発生し，負荷側へ電流を流し続けようとする．その経路はD→L→R（負荷）→Dの経路（図の②）である．問の図2は，時刻 t_1 はSがオンしたときで $v_{\mathrm{D}} = E$ となる．時刻 t_2 はSがオフしたときで $v_{\mathrm{D}} = 0$ となる．したがって，時刻 t_1 間は**電流経路（A）**，時刻 t_2 間では**電流経路（B）**となることがわかる．Sのトランジスタは矢印方向のみ流れる．したがって，電流経路（C）は成り立たない．

(b) 降圧チョッパの電圧を制御するには時刻 t_1 と時刻 t_2 の比率を変えれば0～E [V]までの電圧をつくれる．出力の直流電圧の平均値 V_{d} は，その通流率（デューティーファクタ）D と供給電圧 E の積で計算できる．

題意より，$E = 100$ V，通流率 $D = 50$ %より，出力の直流電圧の平均値 V_{d} は，

$$V_{\mathrm{d}} = DE = 0.5 \times 100 = 50 \text{ V}$$

$$I_{\mathrm{R}} = \frac{V_{\mathrm{d}}}{R} = \frac{50}{2} = 25.0 \text{ A} \quad \text{(答)}$$

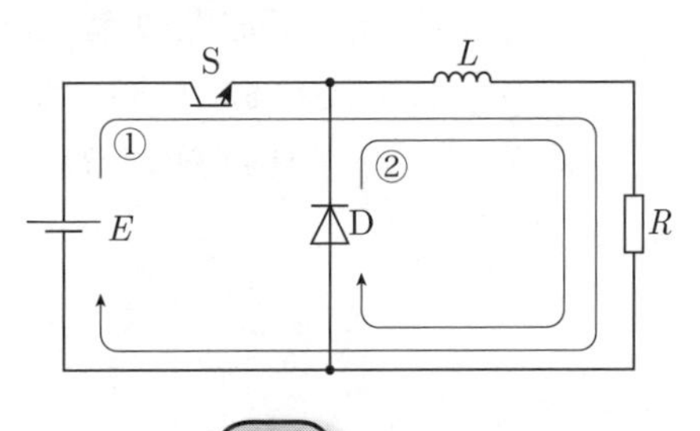

答 (a)-(1)，(b)-(2)

問17及び問18は選択問題であり，問17又は問18のどちらかを選んで解答すること．両方解答すると採点されません．

（選択問題）

問17 どの方向にも光度が等しい均等放射の点光源がある．この点光源の全光束は15 000 lmである．この点光源二つ（A及びB）を屋外で図のように配置した．地面から点光源までの高さはいずれも4 mであり，AとBとの距離は6 mである．次の(a)及び(b)の問に答えよ．ただし，考える空間には，A及びB以外に光源はなく，地面や周囲などからの反射光の影響もないものとする．

(a) 図において，点光源Aのみを点灯した．Aの直下の地面A′点における水平面照度の値[lx]として，最も近いものを次の(1)～(5)のうちから一つ選べ．

(1) **56**　(2) **75**　(3) **100**　(4) **149**　(5) **299**

(b) 図において，点光源Aを点灯させたまま，点光源Bも点灯した．このとき，地面C点における水平面照度の値[lx]として，最も近いものを次の(1)～(5)のうちから一つ選べ．

(1) **46**　(2) **57**　(3) **76**　(4) **96**　(5) **153**

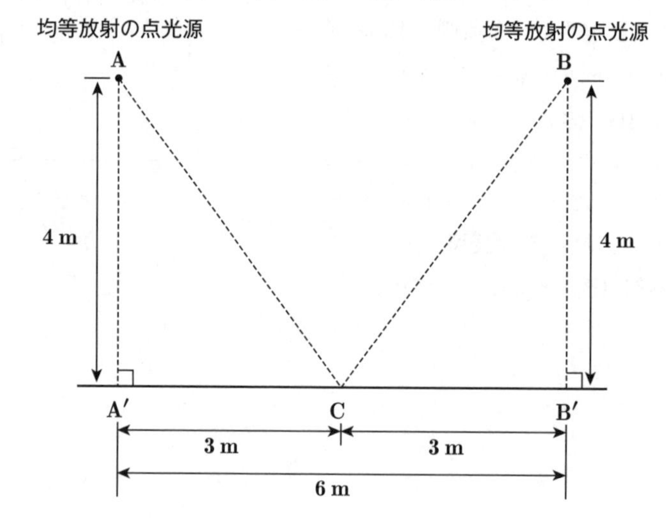

解17 (a)図のように，どの方向にも等しい点光源から r [m] 離れた点の照度 E [lx] は，点光源の全光束を F [lm] とすれば，

$$E=\frac{F}{4\pi r^2}\ [\mathrm{lx}]$$

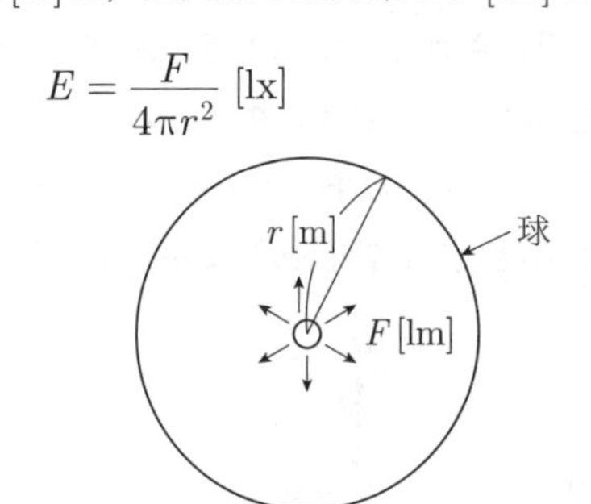

球の表面積 $=4\pi r^2$ [m²]
照度 E は単位面積当たりの光束 F [lm]

$$\therefore\ E=\frac{F}{4\pi r^2}\ [\mathrm{lx}]$$

(a) どの方向にも一定の光度による距離 r の照度

(a) (b)図より，A点の直下の地面A′点の照度 E_{A} は，

$$E_{\mathrm{A}}=\frac{F}{4\pi r^2}=\frac{15\,000}{4\pi\times 4^2}\fallingdotseq 75\ \mathrm{lx}\quad (答)$$

(b) この問は，C点が点光源A，Bの中間にあるので，点光源Aのみで計算して2倍するのと同じである．

点光源AによるC点の法線照度 E_{AC} は，A-C

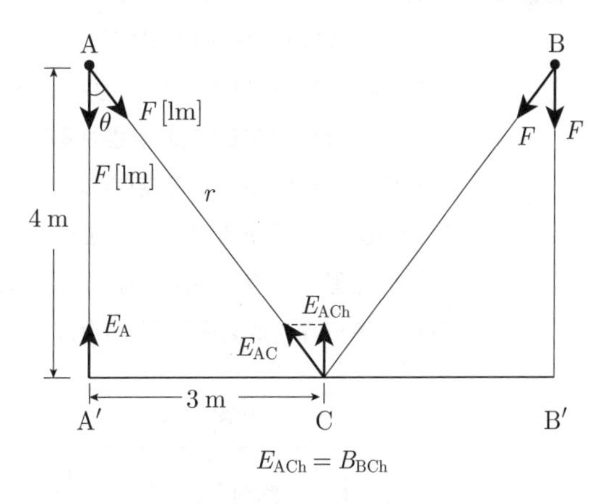

$E_{\mathrm{ACh}}=B_{\mathrm{BCh}}$

(b) A′点，C点の水平面照度

間の距離 r が三平方の定理（ピタゴラスの定理）より5になるので，

$$E_{\mathrm{AC}}=\frac{F}{4\pi r^2}=\frac{15\,000}{4\pi\times 5^2}\fallingdotseq 47.8\ \mathrm{lx}$$

水平面照度 E_{ACh} は，∠Aを θ とすると，

$$E_{\mathrm{ACh}}=E_{\mathrm{AC}}\cos\theta=47.8\times\frac{4}{5}=38.24\ \mathrm{lx}$$

2倍すると，

$$38.24\times 2\fallingdotseq 76\ \mathrm{lx}\quad (答)$$

答 (a)-(2)，(b)-(3)

（選択問題）

問18　一般的な水力発電所の概略構成を図1に，発電機始動から遮断器投入までの順序だけを考慮したシーケンスを図2に示す．図2において，SWは始動スイッチ，GOVはガバナ動作，AVRは自動電圧調整器動作，CBCは遮断器投入指令である．

GOVがオンの状態では，ガイドベーンの操作によって水車の回転速度が所定の時間内に所定の値に自動的に調整される．AVRがオンの状態では，励磁装置の動作によって発電機の出力電圧が所定の時間内に所定の値に自動的に調整される．水車の回転速度及び発電機の出力電圧が所定の値になると，自動的に外部との同期がとれるものとする．

この始動シーケンスについて，次の(a)及び(b)の問に答えよ．なお，シーケンス記号はJIS C 0617-7（電気用図記号 - 第7部：開閉装置，制御装置及び保護装置）に従っている．

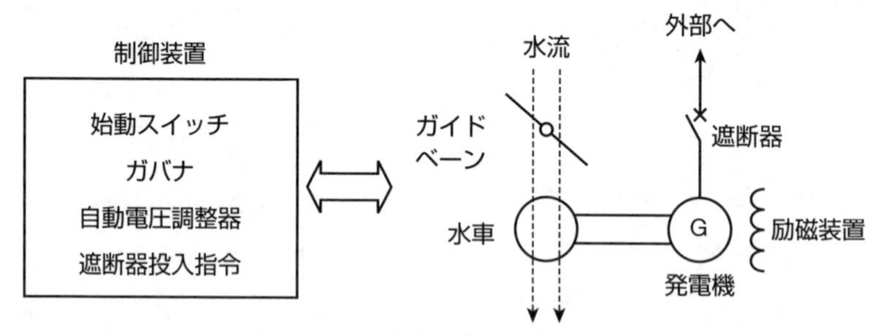

図1　水力発電所の構成

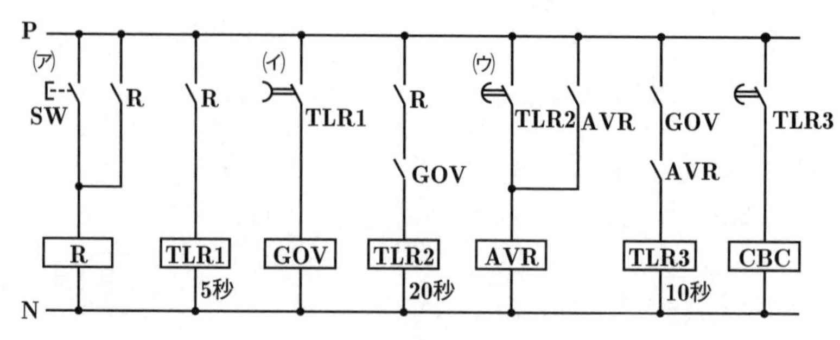

図2　始動シーケンス

(a)　図2の(ア)～(ウ)に示したシンボルの器具名称の組合せとして，正しいものを次の(1)～(5)のうちから一つ選べ．

	(ア)	(イ)	(ウ)
(1)	押しボタンスイッチ	自動復帰接点	手動復帰接点
(2)	ひねり操作スイッチ	瞬時動作限時復帰接点	限時動作瞬時復帰接点
(3)	押しボタンスイッチ	瞬時動作限時復帰接点	限時動作瞬時復帰接点
(4)	ひねり操作スイッチ	自動復帰接点	手動復帰接点
(5)	押しボタンスイッチ	限時動作瞬時復帰接点	瞬時動作限時復帰接点

(b)　始動スイッチをオンさせてから遮断器の投入指令までの時間の値［秒］として，最も近いものを次の(1)～(5)のうちから一つ選べ．なお，リレーの動作遅れはないものとする．

(1)　5　　(2)　10　　(3)　20　　(4)　30　　(5)　35

解18　(a)　問の図2の(ア)は表より**押しボタンスイッチ**のメーク接点形である．(イ)は**瞬時動作限時復帰接点**のメーク接点で，コイル（TLR1）がオンしたとき瞬時にオンするが，オフしたときは設定時間後（5秒後）にオフする．(ウ)は**限時動作瞬時復帰接点**のメーク接点で，コイル（TLR2）がオンして設定時間後（20秒後）にオンする．したがって，(3)が正しい．

これらの記号は，「JIS C 0617-7：2011　電気用図記号-第7部：開閉装置，制御装置及び保護装置」に規定されている．JISの電気用図記号は変更になることがあるので最新のものを確認しておこう．

(b)　図に始動スイッチSWオンからCBCの遮断器投入までのタイムチャートを示す．これによると，SWをオンしてRが自己保持したあと20秒後AVRが動作してAVRリレーが自己保持し，GOVとAVRがオンするとTLRコイルがオンし，10秒後にCBCが投入する．SWオン後**30秒**でCBCはオンする．(4)が正解である．

電気用図記号

名称	図記号	
	メーク接点	ブレーク接点
押しボタンスイッチ		
限時動作瞬時復帰接点（オンディレイ）		
瞬時動作限時復帰接点（オフディレイ）		

答　(a) - (3)，(b) - (4)

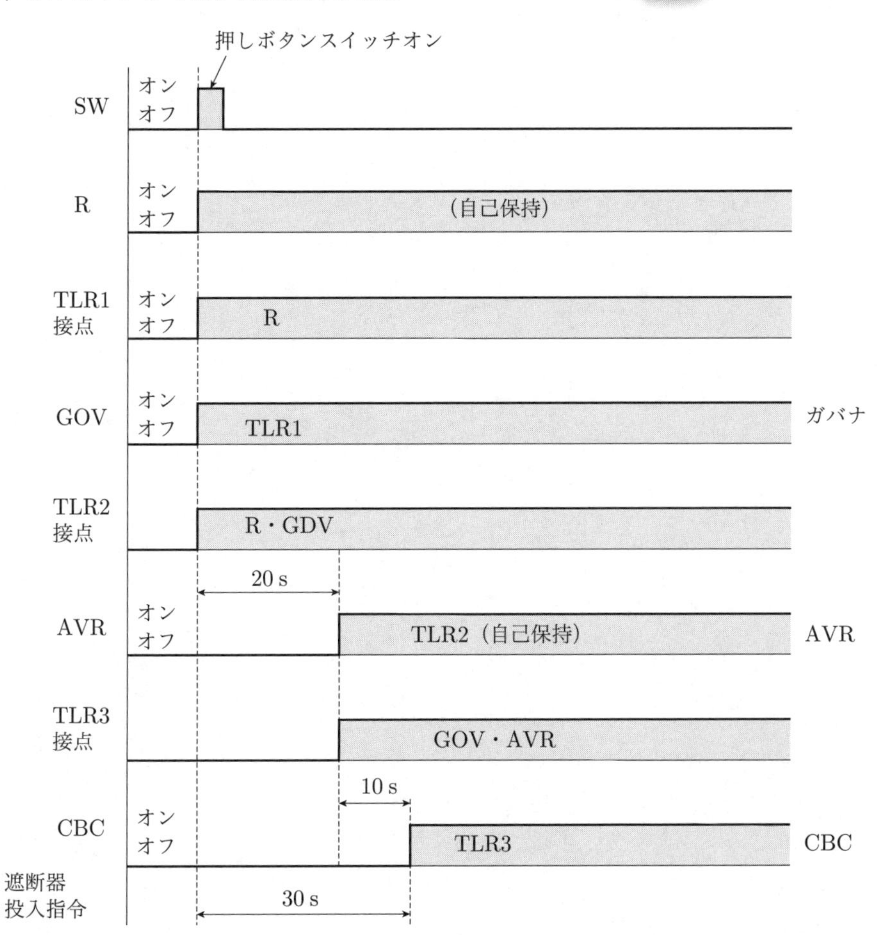

タイムチャート

平成29年度（2017年）機械の問題

A問題 配点は1問題当たり5点

問1 界磁に永久磁石を用いた小形直流電動機があり，電源電圧は定格の12 V，回転を始める前の静止状態における始動電流は4 A，定格回転数における定格電流は1 Aである．定格運転時の効率の値[%]として，最も近いものを次の(1)～(5)のうちから一つ選べ．

ただし，ブラシの接触による電圧降下及び電機子反作用は無視できるものとし，損失は電機子巻線による銅損しか存在しないものとする．

(1) 60　(2) 65　(3) 70　(4) 75　(5) 80

●試験時間　90分
●必要解答数　A問題14題，B問題3題（選択問題含む）

解1　直流電動機の等価回路は図のようになる．

始動時，電機子による逆起電力 E_a は，$E_a = k\phi n$ で $n = 0\ \mathrm{min}^{-1}$ なので，$E_a = 0\ \mathrm{V}$ である．

したがって，静止状態の電流 I_s は電機子抵抗 r_a と電源電圧 V によって決まり，

$$I_s = \frac{V}{r_a} = \frac{12}{r_a} = 4\ \mathrm{A}$$

よって，

$$r_a = \frac{12}{4} = 3\ \Omega$$

次に，定格回転数における逆起電力 E_1 は，定格電流を I_n とすると，

$$I_n = \frac{V - E_1}{r_a} = 1\ \mathrm{A} = I_a$$

より，

$$E_1 = V - r_a I_n = 12 - 3 \times 1 = 9\ \mathrm{V}$$

この電動機の出力は，電機子逆起電力 E_1 と電機子電流 I_a の積となるので，効率 η は，

$$\eta = \frac{\text{出力}}{\text{入力}} = \frac{9 \times 1}{12 \times 1} = 0.75 = 75\ \%$$　(答)

答　(4)

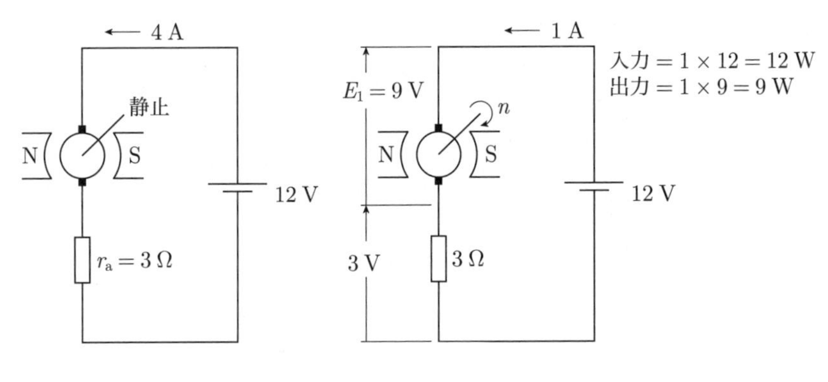

界磁に永久磁石を用いた磁束一定の直流機で走行する車があり，上り坂で電動機運転を，下り坂では常に回生制動（直流機が発電機としてブレーキをかける運転）を行い，一定の速度（直流機が一定の回転速度）を保って走行している．

この車の駆動システムでは，直流機の電機子銅損以外の損失は小さく無視できる．電源の正極側電流，直流機内の誘導起電力などに関する記述として，誤っているものを次の(1)～(5)のうちから一つ選べ．

(1) 上り坂における正極側の電流は，電源から直流機へ向かって流れている．

(2) 上り坂から下り坂に変わるとき，誘導起電力の方向が反転する．

(3) 上り坂から下り坂に変わるとき，直流機が発生するトルクの方向が反転する．

(4) 上り坂から下り坂に変わるとき，電源電圧を下げる制御が行われる．

(5) 下り坂における正極側の電流は，直流機から電源へ向かって流れている．

解2 直流機に接続される電源電圧をVとし，回転電機子がnの速度で回転しているときの逆起電力Eとの関係は，$V > E$であれば電動機，$V < E$であれば発電機として運転する．

(1) 上り坂では，直流機を駆動させてトルクを発生し，坂を上るので電動機となり，電源から直流機に向かって，電流が流れる．正しい．

(2) 下り坂に変わるとき，回転方向は同じまま速度が定格速度より早くなるため，$V < E$となり発電機となるが，逆（誘導）起電力は回転方向が同じままなので，$E = k\phi n$よりEの大きさのみが変化する．**この記述は誤りである**．

(3)，(5) 下りになると，$V < E$となり，電機子電流は逆方向となり，電源に向かって回生電力の電流が流れる．直流機は発電機となり，トルクTは，$k\phi I_a$の大きさの力が制動力として働き，蓄電池の充電に利用できるようになる．正しい．

(4) 下り坂に変わるとき，電源電圧を下げると$V \ll E$となり，制動力が大きくなる．正しい．

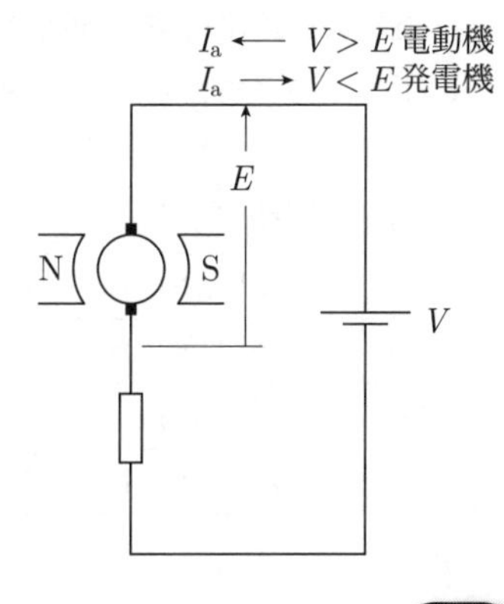

答 (2)

問3

次の文章は，誘導機に関する記述である．

誘導機の二次入力は［(ア)］とも呼ばれ，トルクに比例する．二次入力における機械出力と二次銅損の比は，誘導機の滑りをsとして［(イ)］の関係にある．この関係を用いると，二次銅損は常に正であることから，sが-1から0の間の値をとるとき機械出力は［(ウ)］となり，誘導機は［(エ)］として運転される．

上記の記述中の空白箇所(ア)，(イ)，(ウ)及び(エ)に当てはまる組合せとして，正しいものを次の(1)〜(5)のうちから一つ選べ．

	(ア)	(イ)	(ウ)	(エ)
(1)	同期ワット	$(1-s):s$	負	発電機
(2)	同期ワット	$(1+s):s$	負	発電機
(3)	トルクワット	$(1+s):s$	正	電動機
(4)	同期ワット	$(1-s):s$	負	電動機
(5)	トルクワット	$(1-s):s$	正	電動機

解3 三相誘導電動機の二次入力 P_2 は**同期ワット**とも呼ばれ，滑りが s のときの等価回路を(a)図に示す．

トルク T [N·m] は次式で表される．

$$T=\frac{P_M}{\omega}=\frac{(1-s)P_2}{(1-s)\omega_s}=\frac{P_2}{\omega_s}$$

この式より，トルクは同期速度 ω_s 一定であるため P_2 に比例する．この P_2 を同期ワットともいう．二次入力 P_2，二次銅損 P_{c2}，機械的出力 P_M の比は，

$$P_2:P_{c2}:P_M=\frac{1}{s}:1:\frac{1-s}{s}$$

$$=1:s:(1-s) \quad \text{(答)}$$

となる．回転速度を上げていき s が0となれば同期速度となり，二次抵抗は r_2/s より非常に大きくなるので，二次電流は0となる．

さらに回転速度を速くすると s は負となる．

二次入力 P_2 は $I_2^2\left(\frac{r_2}{s}\right)$ が負となるため，機械出力 $P_2(1-s)$ も**負**となる．二次入力が負ということは，(b)図のように**発電機**として運転していることを意味する．

答 (1)

$\dot{I}_2$ r_2 sx_2 $s\dot{E}_2$

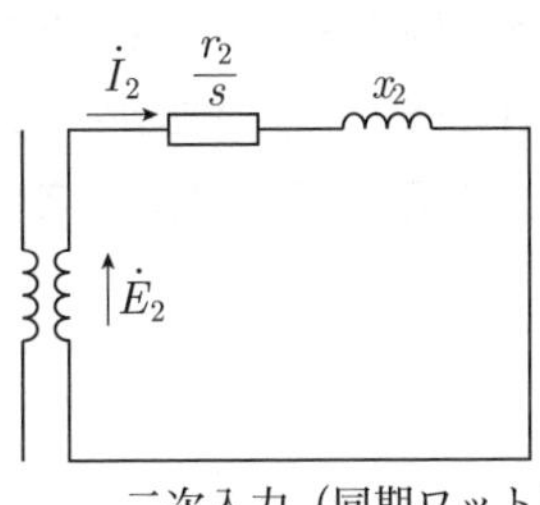

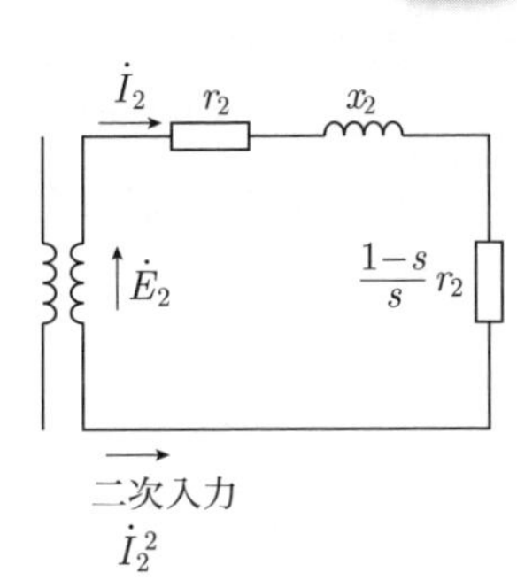

(a)

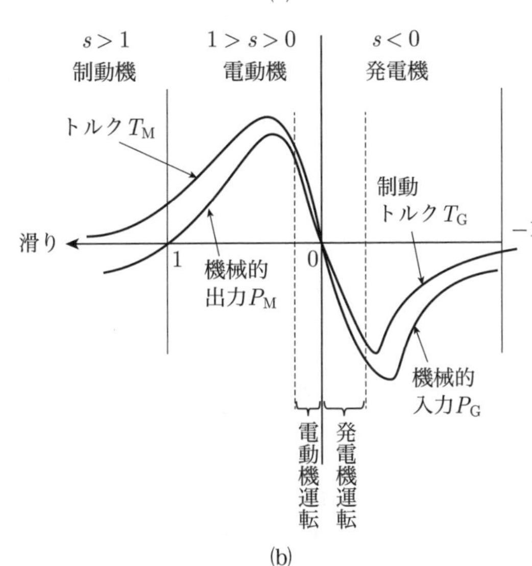

(b)

問4 次の文章は，三相同期発電機の並行運転に関する記述である．

既に同期発電機Aが母線に接続されて運転しているとき，同じ母線に同期発電機Bを並列に接続するために必要な条件又は操作として，誤っているものを次の(1)～(5)のうちから一つ選べ．

(1) 母線電圧と同期発電機Bの端子電圧の相回転方向が一致していること．同期発電機Bの設置後又は改修後の最初の運転時に相回転方向の一致を確認すれば，その後は母線への並列のたびに相回転方向を確認する必要はない．

(2) 母線電圧と同期発電機Bの端子電圧の位相を合わせるために，同期発電機Bの駆動機の回転速度を調整する．

(3) 母線電圧と同期発電機Bの端子電圧の大きさを等しくするために，同期発電機Bの励磁電流の大きさを調整する．

(4) 母線電圧と同期発電機Bの端子電圧の波形をほぼ等しくするために，同期発電機Bの励磁電流の大きさを変えずに励磁電圧の大きさを調整する．

(5) 母線電圧と同期発電機Bの端子電圧の位相の一致を検出するために，同期検定器を使用するのが一般的であり，位相が一致したところで母線に並列する遮断器を閉路する．

解4 この問は同期発電機を並列運転する前の条件になっている．並列後ではないので気をつけよう．並列前は，二つの起電力の形が同じで，時間に対する位置（位相）が一致している必要がある．

同期発電機の並列運転の条件は次のとおりである．

① 起電力の大きさと波形が一致していること．

② 起電力の周波数が一致していること．

③ 起電力の相回転方向と位相が一致していること．

(1) ③より，相回転方向が同じであること．原動機はタービン，水車，内燃機関いずれにしても同じ方向に回転するので同期発電機も相回転方向は途中で変わることはない．正しい．

(2) 波形，周波数が一致してもその位相が同じでなければ電圧の差が発生する．同期発電機Bの端子電圧の位相と母線電圧の位相を合わせるため，ガバナなど調速装置により回転速度を調整する．位相と周波数が一致したところで同期検定器が表示する．正しい．

(3) 同期発電機の起電力を調整するためには，励磁電流の大きさを調整する．正しい．

(4) 端子電圧の波形を正弦波にして，母線電圧と等しくするためには，原動機の速度が一定である必要がある．回転にむらがあると正しい正弦波を得られない．励磁電圧を調整すると励磁電流が変化して端子電圧を調整することになる．**間違い**．

(5) 同期検定器の原理は図のように母線と並列発電機の各相に電圧計を接続する．a相は相対する相，b，c相は相を入れ換えて接続する．三つの電圧計によりE_aが0 V，E_bとE_cが同じ電圧になったとき，条件①，②，③が一致したと判断されるので，遮断器を投入する．正しい．現在では自動同期投入装置があり，同期したときにリレーが働き遮断器を投入する．

答 (4)

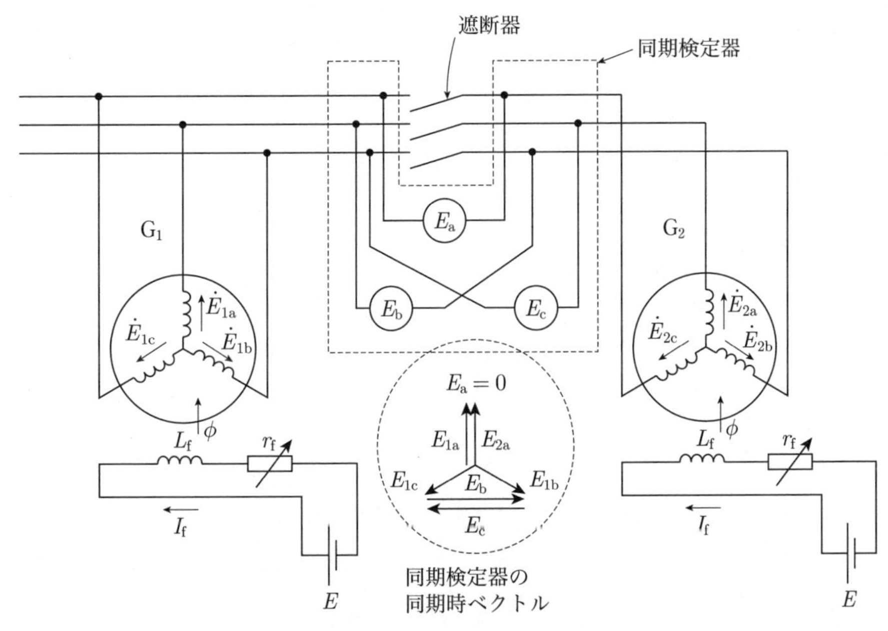

同期発電機の並列運転，同期検定器

定格出力10 MV·A，定格電圧6.6 kV，百分率同期インピーダンス80 %の三相同期発電機がある．三相短絡電流700 Aを流すのに必要な界磁電流が50 Aである場合，この発電機の定格電圧に等しい無負荷端子電圧を発生させるのに必要な界磁電流の値[A]として，最も近いものを次の(1)〜(5)のうちから一つ選べ．

ただし，百分率同期インピーダンスの抵抗分は無視できるものとする．

(1) **50.0** (2) **62.5** (3) **78.1** (4) **86.6** (5) **135.3**

解5 図より短絡比を求める．無負荷飽和曲線，三相短絡曲線を描く．

無負荷飽和曲線は，出力端子を開放したときの端子電圧の変化を表し，定格電圧 V_n になるときの界磁電流を I_{f1} とする．三相短絡曲線は，出力端子を三相一括の短絡にしたときの電機子電流の変化を表し，定格電流 I_n を流したときの界磁電流を I_{f2} とすると，短絡比 K は，

$$K = \frac{I_{f1}}{I_{f2}} = \frac{I_n}{I_s} \quad ①$$

この発電機の定格出力時の電流 I_n，定格電圧のとき短絡した場合の三相短絡電流 I_s を求める．

$$I_n = \frac{P_n}{\sqrt{3}V_n} = \frac{10\times10^6}{\sqrt{3}\times6.6\times10^3} \fallingdotseq 875 \text{ A}$$

$$I_s = \frac{I_n}{\%z} = \frac{875}{0.8} \fallingdotseq 1\,094 \text{ A}$$

$\%z$ は単位法で表した百分率同期インピーダンスである．

三相短絡電流 I_s は題意より 700 A である．また，①式より，三相短絡曲線は x 軸の界磁電流に比例した短絡電流が得られるので，

$$\frac{I_{f1}}{50} = \frac{1\,094}{700}$$

$$I_{f1} = 50\times\frac{1\,094}{700} \fallingdotseq 78.1 \text{ A} \quad (答)$$

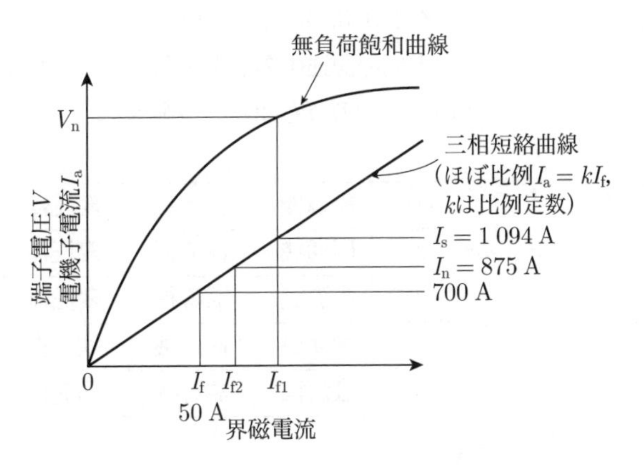

答 (3)

次の文章は，一般的な電気機器（変圧器，直流機，誘導機，同期機）の共通点に関する記述である．

a （ア）と（イ）は，磁束の大きさ一定，電源電圧（交流機では周波数も）一定のとき回転速度の変化でトルクが変化する．

b 一次巻線に負荷電流と励磁電流を重畳して流す（イ）と（ウ）は，特性計算に用いる等価回路がよく似ている．

c 負荷電流が電機子巻線を流れる（ア）と（エ）は，界磁磁束と電機子反作用磁束のベクトル和の磁束に比例する誘導起電力が発生する．

上記の記述中の空白箇所(ア)，(イ)，(ウ)及び(エ)に当てはまる組合せとして，正しいものを次の(1)～(5)のうちから一つ選べ．

	(ア)	(イ)	(ウ)	(エ)
(1)	誘導機	直流機	変圧器	同期機
(2)	同期機	直流機	変圧器	誘導機
(3)	直流機	誘導機	変圧器	同期機
(4)	同期機	直流機	誘導機	変圧器
(5)	直流機	誘導機	同期機	変圧器

解6　a. **直流機**のトルクTと電機子電流I_aは,

$$T=\frac{P_M}{\omega}=\frac{EI_a}{2\pi\dfrac{N}{60}}$$

$$I_a=\frac{V-E_a}{r_a}$$

であり，P_Mは機械出力，ωは角速度，E_aは逆起電力，Nは回転数，Vは端子電圧，r_aは電機子抵抗を表す．誘導機電力E_aと回転数Nの関係は,

$E_a \propto N$

誘導機のトルクTは,

$$T=\frac{P_2}{\omega_s}=\frac{P_2}{2\pi N_s}=\frac{(1-s)P_2}{2\pi N}$$

ここで，P_2は二次入力，ω_sは同期角速度，N_sは同期速度，sは滑り，Nは回転数を表す．

同期機のトルクは，回転磁界に対し負荷角δ（$0° < \delta < 90°$）で決まる．負荷が少ないほどδは0に近づく．負荷が増えると負荷電流I_aが増えトルクも増える．

$$I_a=\frac{V-E_a}{jx_s}$$

の関係がある．ここでx_sは同期リアクタンスである．

b. (a)図に**変圧器**と**誘導機**の等価回路を示す．誘導機では二次側が回転子となるが，等価回路の形はほぼ同じになる．誘導機の固定巻線は，変圧器の一次巻線に相当し，等価回路から二次巻線電流が電機子巻線と回転子巻線に流れることがわかる．

c. (b)図のように，**直流機**と**同期機**は負荷電流が電機子巻線に流れる．そのため，電機子巻線の磁束が界磁磁束に影響を与え，電機子反作用が起こり，負荷電流の大きさによってはその影響が大きくなる．

(3)

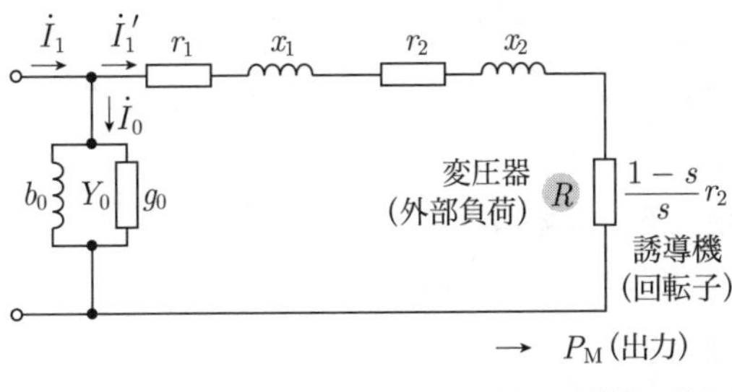

Y_0：励磁アドミタンス
g_0：励磁コンダクタンス
b_0：励磁サセプタンス
r_1, r_2：一次，二次抵抗
x_1, x_2：一次，二次漏れリアクタンス

(a)　誘導機の等価回路

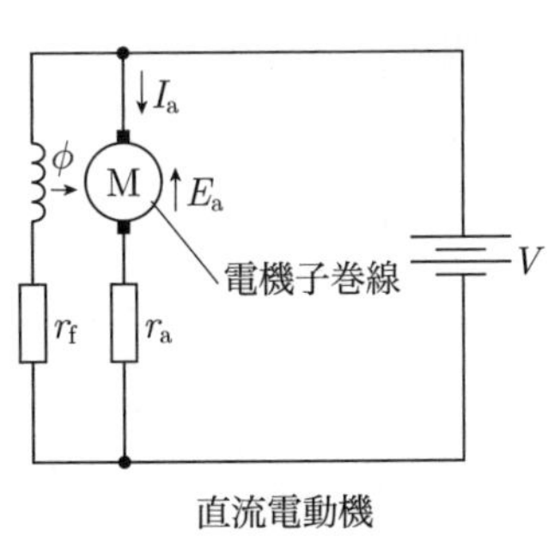

直流電動機

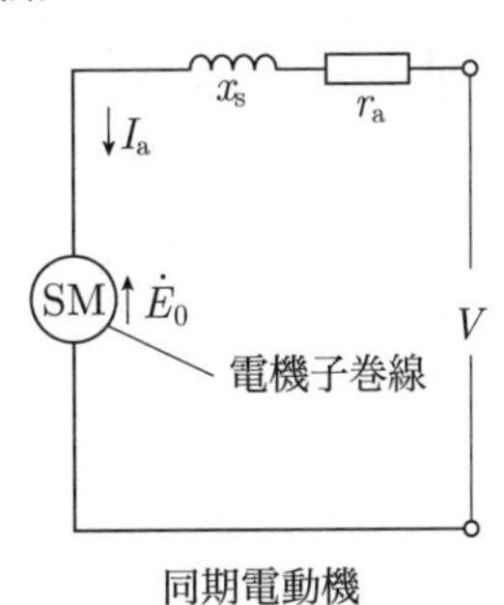

同期電動機

(b)　直流機・同期機の等価回路

問7

図1～3は，同じ定格の単相変圧器3台を用いた三相の変圧器であり，図4は，同じ定格の単相変圧器2台を用いたV結線三相変圧器である．各図の一次側電圧に対する二次側電圧の位相変位（角変位）の値[rad]の組合せとして，正しいものを次の(1)～(5)のうちから一つ選べ．

ただし，各図において一次電圧の相順はU，V，Wとする．

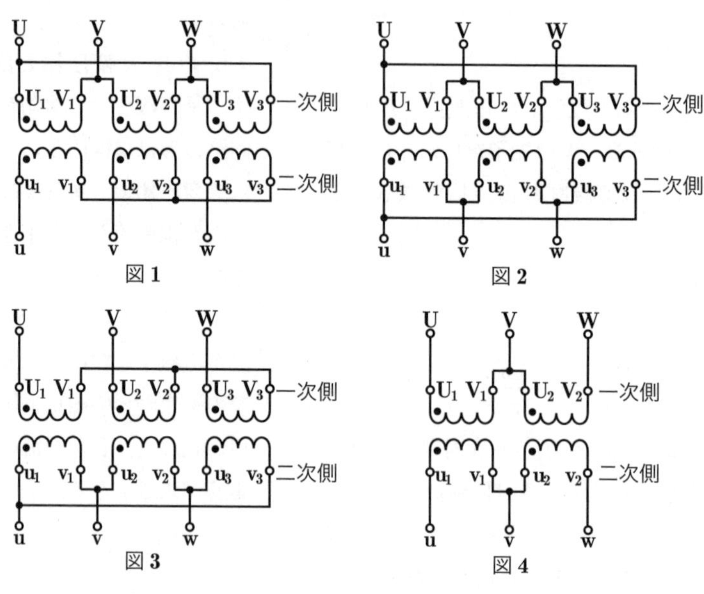

	図1	図2	図3	図4
(1)	進み$\frac{\pi}{6}$	0	遅れ$\frac{\pi}{6}$	0
(2)	遅れ$\frac{\pi}{6}$	0	進み$\frac{\pi}{6}$	進み$\frac{\pi}{6}$
(3)	遅れ$\frac{\pi}{6}$	0	進み$\frac{\pi}{6}$	0
(4)	進み$\frac{\pi}{6}$	遅れ$\frac{\pi}{6}$	遅れ$\frac{\pi}{6}$	遅れ$\frac{\pi}{6}$
(5)	遅れ$\frac{\pi}{6}$	進み$\frac{\pi}{6}$	進み$\frac{\pi}{6}$	進み$\frac{\pi}{6}$

解7 問の図1は△-Y結線，図2は△-△，図3はY-△，図4はV-V結線である．

一次，二次が同じ結線方法であれば位相は変化せず位相変位は0 radとなる．

△-Y結線では，(a)図のように，二次側電圧の位相変位は，**π/6 rad進む**．

Y-△結線では，(b)図のように，**π/6 rad遅れる**．

図2と図4は**位相変位は0**になり，図1はπ/6 rad進み，図3ではπ/6 rad遅れるので，選択肢(1)が正しい．

答 (1)

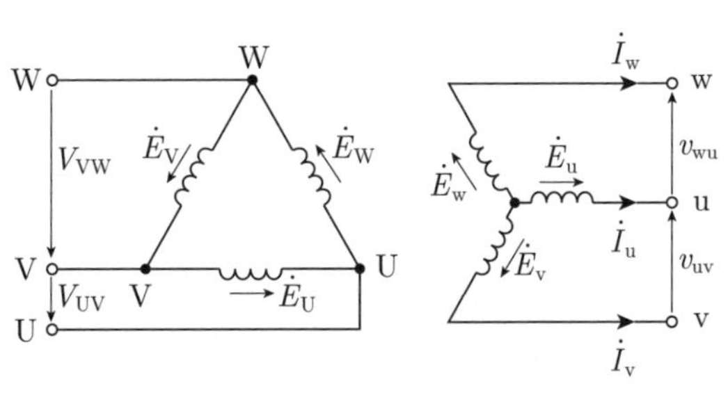

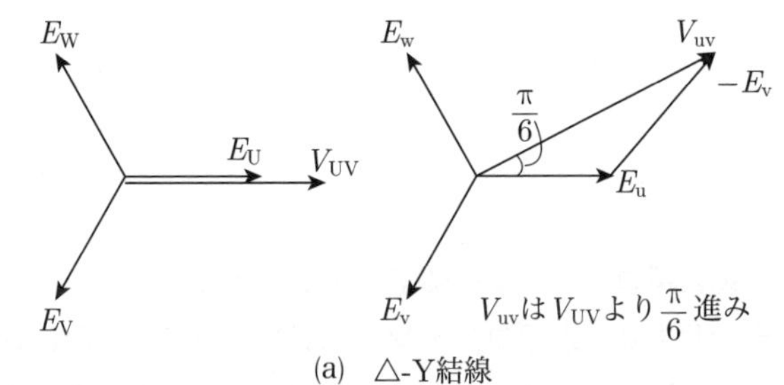

(a) △-Y結線

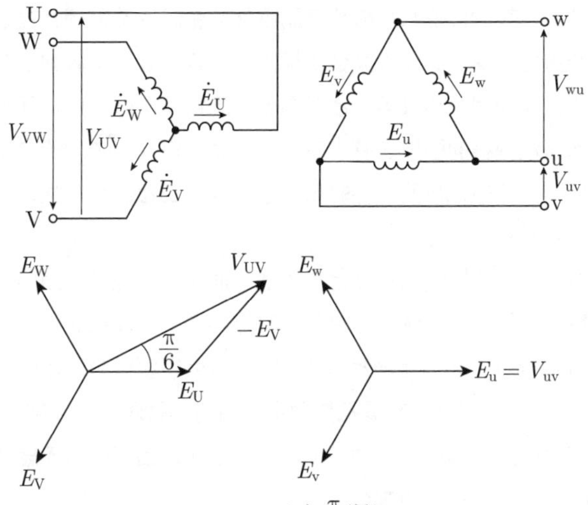

(b) Y-△結線

問8

定格容量50 kV·Aの単相変圧器において，力率1の負荷で全負荷運転したときに，銅損が1 000 W，鉄損が250 Wとなった．力率1を維持したまま負荷を調整し，最大効率となる条件で運転した．銅損と鉄損以外の損失は無視できるものとし，この最大効率となる条件での効率の値[%]として，最も近いものを次の(1)～(5)のうちから一つ選べ．

(1) **95.2**　(2) **96.0**　(3) **97.6**　(4) **98.0**　(5) **99.0**

問9

次の文章は，電力用コンデンサに関する記述である．

電力用コンデンサには，進相コンデンサ，調相コンデンサ及び直列コンデンサがあり，さらにフィルタ用コンデンサやサージ吸収用コンデンサなどを含めることがある．電力用コンデンサは，一般的に複数枚の薄葉誘電体を金属はく電極とともに巻き込み，リード線を引き出した単位コンデンサの集合で構成し，容器などに収納したものである．また，電極として蒸着金属が用いられることがある．誘電体には，広い面積にわたり厚さが均一であること，適当な機械的強度を有すること，誘電率が［(ア)］その温度変化が少ないこと，誘電正接が［(イ)］絶縁抵抗及び絶縁耐力が［(ウ)］こと，耐熱性に優れ長期安定性に優れていることなどが求められる．

電力用コンデンサの［(エ)］点検としては，油漏れ，発錆，がいしの汚損，容器の変形，端子部の過熱及び機器の異常過熱などの有無について確認を行う．また，数年ごとあるいは異常発生時に行う［(オ)］点検として，［(エ)］点検項目のほかにコンデンサの静電容量・損失の測定，端子-外箱間の絶縁抵抗測定，耐電圧試験などを実施する．

上記の記述中の空白箇所(ア)，(イ)，(ウ)，(エ)及び(オ)に当てはまる組合せとして，正しいものを次の(1)～(5)のうちから一つ選べ．

	(ア)	(イ)	(ウ)	(エ)	(オ)
(1)	高く	小さく	高い	日常	特別
(2)	高く	大きく	高い	日常	特別
(3)	低く	大きく	高い	特別	日常
(4)	高く	小さく	低い	特別	日常
(5)	低く	大きく	低い	特別	日常

解8　効率計算で重要な3項目．

① 変圧器の最大効率は，鉄損（P_{i}）と銅損（P_{c}）が同じときである．

② 鉄損は負荷が変動しても変化せず一定であるが，銅損は負荷の大きさの2乗に比例して変化する．

③ 変圧器の効率ηを求める式，

$$\eta=\frac{二次出力\,P_2}{一次入力\,P_1}=\frac{P_2}{P_2+P_{\mathrm{i}}+P_{\mathrm{c}}}$$

この三つから計算する．

P_{i}，P_{c}，ηの関係を図に示す．

最大効率η_{m}時の銅損は250 Wになるので，このときの負荷率をxとすると

$$x^2\times 1\,000=250\ \mathrm{W}$$

$$x=\sqrt{\frac{250}{1\,000}}=\sqrt{\frac{5^2\times 10}{10^2\times 10}}=\frac{5}{10}=0.5$$

50 %負荷で最大効率となるので，これを計算すると，

$$\eta_{\mathrm{m}}=\frac{50\times 10^3\times 0.5}{50\times 10^3\times 0.5+250\times 2}=\frac{25\,000}{25\,500}$$
$$\fallingdotseq 0.980=98.0\ \%\quad(答)$$

答　(4)

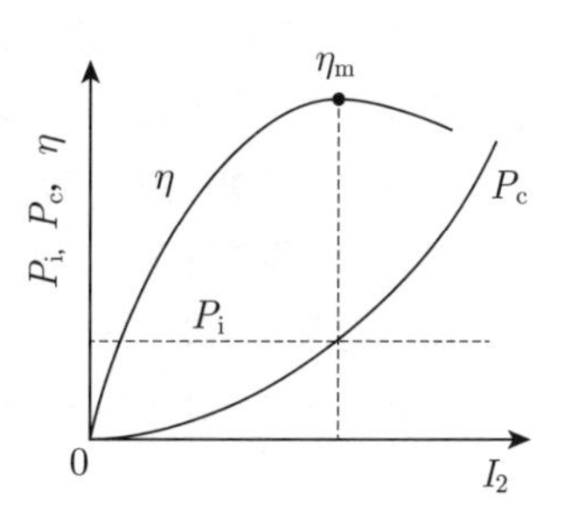

解9　コンデンサの静電容量C [F]はε_0を真空の誘電率，ε_{s}を比誘電率，Aを極板面積，lを極板距離としたとき，次式で表される．

$$C=\frac{\varepsilon_0\varepsilon_{\mathrm{s}}A}{l}$$

上式のAを大きくすれば大形になる．lを小さくすれば電位傾度が上昇し，絶縁耐力が下がる．よって静電容量を大きくするためには比誘電率ε_{s}が**高い，**また温度によっての変化が少ない誘電体を用いる．

(a)図の等価回路のようにコンデンサには抵抗分があるので，その抵抗が並列に接続されているものと等価になる．

(b)図の誘電正接が大きいと抵抗でのジュール熱で温度が上がるので短所となる．したがって，誘電正接は**小さい**ほど，絶縁耐力は**高い**ほど高電圧に耐えることができる．

電気設備の日常点検では目，耳，鼻などを使い，目視点検，異音・異臭はないか，油漏れ・発錆・汚損状況，変形，異常過熱などを点検する．

特別点検は，年次点検など，停電して行う点検のことで，計器を用いて行う．静電容量，損失，絶縁抵抗測定，耐電圧試験などがある．

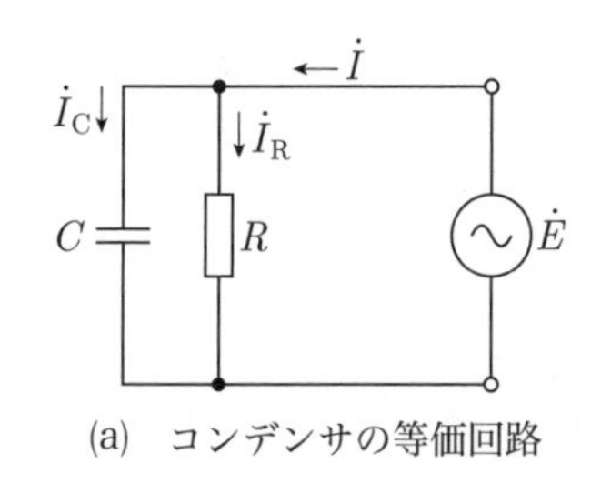

(a)　コンデンサの等価回路

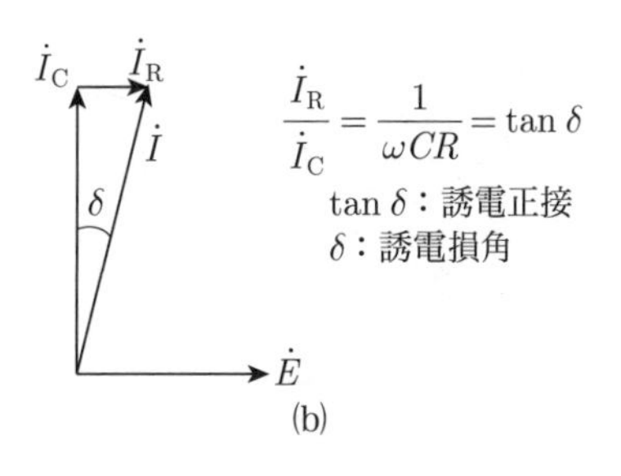

(b)

問10 電力変換装置では，各種のパワー半導体デバイスが使用されている．パワー半導体デバイスの定常的な動作に関する記述として，誤っているものを次の(1)～(5)のうちから一つ選べ．

(1) ダイオードの導通，非導通は，そのダイオードに印加される電圧の極性で決まり，導通時は回路電圧と負荷などで決まる順電流が流れる．

(2) サイリスタは，オンのゲート電流が与えられて順方向の電流が流れている状態であれば，その後にゲート電流を取り去っても，順方向の電流に続く逆方向の電流を流すことができる．

(3) オフしているパワーMOSFETは，ボディーダイオードを内蔵しているのでオンのゲート電圧が与えられなくても逆電圧が印加されれば逆方向の電流が流れる．

(4) オフしているIGBTは，順電圧が印加されていてオンのゲート電圧を与えると順電流を流すことができ，その状態からゲート電圧を取り去ると非導通となる．

(5) IGBTと逆並列ダイオードを組み合わせたパワー半導体デバイスは，IGBTにとって順方向の電流を流すことができる期間をIGBTのオンのゲート電圧を与えることで決めることができる．IGBTにとって逆方向の電圧が印加されると，IGBTのゲート状態にかかわらずIGBTにとって逆方向の電流が逆並列ダイオードに流れる．

解10 (1)　ダイオードはp形半導体とn形半導体をpn接合したデバイスで，pからnの方向へ電流は流れるが（導通），nからpへは流れない（非導通）．(a)図のように接続すると順電流が流れる．正しい．

(2)　サイリスタはゲート電流を与えると順方向の負荷電流が流れる．ゲート電流を取り去っても負荷電流は流れ続けるが，逆方向の電流は流れない．**間違い**．

(3)　ボディーダイオードは寄生ダイオードとも呼ばれる．インバータ回路などインダクタンスを含む回路にMOSFETを用いるとき，大きな逆電力によるMOSFETの破壊や誤動作を防止するためのものである．(b)図のようにドレーン電流と逆方向な回路になっているので，逆電圧を印加したときドレーン電流と逆方向の電流が流れる．正しい．

(4)　IGBTは，(c)図のようにMOSFETとバイポーラトランジスタとを組み合わせた回路である．ゲート電圧を加えるとMOSFETがオンし，トランジスタのベース電流が流れるので順方向に負荷電流が流れる．ゲート電圧を取り去るとベース電流は流れず，負荷電流は止まる．非導通になる．正しい．

(5)　(d)図のようにIGBTに逆並列に接続されたダイオードにリアクトルを含む負荷が接続されているとき，オンのゲート電圧でQ_1はオンし負荷にi_1が流れる．ゲート電圧がオフになるとインダクタンスの磁気エネルギーがQ_2に逆電圧を与える．そのとき電流はD_2を通り電源に逆流する．すなわち問の通りにゲート電圧のオンで順方向電流を流し，ゲート電圧のオフで逆方向電圧にすることにより逆並列ダイオードに電流が流れる．正しい．

答　(2)

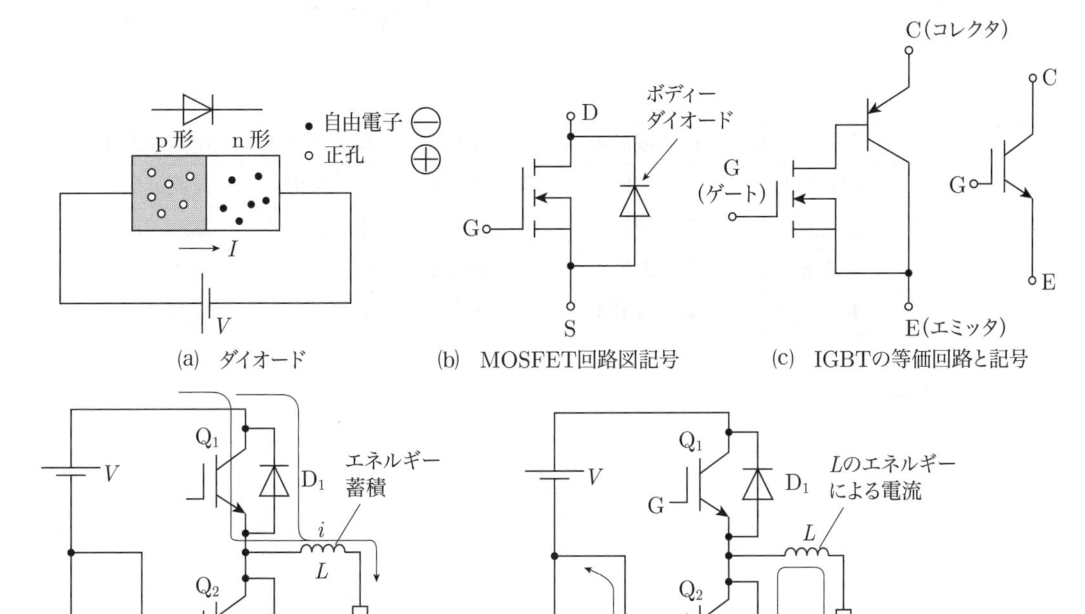

(a)　ダイオード　(b)　MOSFET回路図記号　(c)　IGBTの等価回路と記号

(d)

問11　図1は，平滑コンデンサをもつ単相ダイオードブリッジ整流器の基本回路である．なお，この回路のままでは電流波形に高調波が多く含まれるので，実用化に当たっては注意が必要である．

図1の基本回路において，一定の角周波数ωの交流電源電圧をv_s，電源電流をi_1，図中のダイオードの電流をi_2，i_3，i_4，i_5とする．平滑コンデンサの静電容量は，負荷抵抗の値とで決まる時定数が電源の1周期に対して十分に大きくなるように選ばれている．図2は交流電源電圧v_sに対する各部の電流波形の候補を示している．図1の電流i_1，i_2，i_3，i_4，i_5の波形として正しい組合せを次の(1)～(5)のうちから一つ選べ．

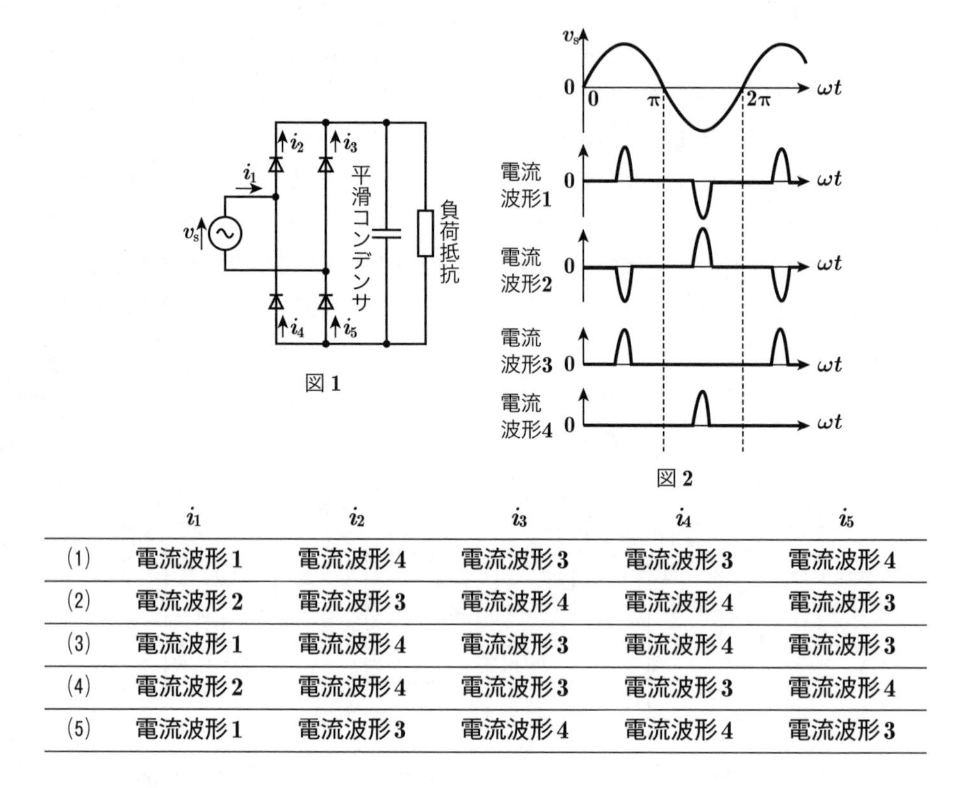

図1　　図2

	i_1	i_2	i_3	i_4	i_5
(1)	電流波形1	電流波形4	電流波形3	電流波形3	電流波形4
(2)	電流波形2	電流波形3	電流波形4	電流波形4	電流波形3
(3)	電流波形1	電流波形4	電流波形3	電流波形4	電流波形3
(4)	電流波形2	電流波形4	電流波形3	電流波形3	電流波形4
(5)	電流波形1	電流波形3	電流波形4	電流波形4	電流波形3

解11　コンデンサに電圧を加えると，充電され静電エネルギーが蓄積する．

(a)図のとき，ωtが0〜θ_1，θ_2〜$\pi+\theta_1$，$\pi+\theta_2$〜$2\pi+\theta_1$，……の間では電源電圧v_sが充電されたCの電圧v_Cより小さいので，負荷にはCから電流が供給される．したがって，電源からの電流供給はないので，どのダイオードにも電流は流れない．

(b)図のように時間θ_1のとき$v_s > v_C$となるのでi_2とi_5が流れ始め，θ_2になると$v_s < v_C$となるので，i_2とi_5の電流は流れなくなる．その後v_sの極性が逆になると，同じように$\pi+\theta_1$でi_2とi_5が流れ始め，$\pi+\theta_2$で電流は流れなくなる．

したがって，i_1は図の電流波形1になる．

vの電圧の正の半波長では，i_2→負荷抵抗→i_5（電流波形3）のような回路に電流が流れる．

負の半波長ではi_3→負荷抵抗→i_4（電流波形4）の回路に電流が流れる．

選択肢(5)が正しい．

答　(5)

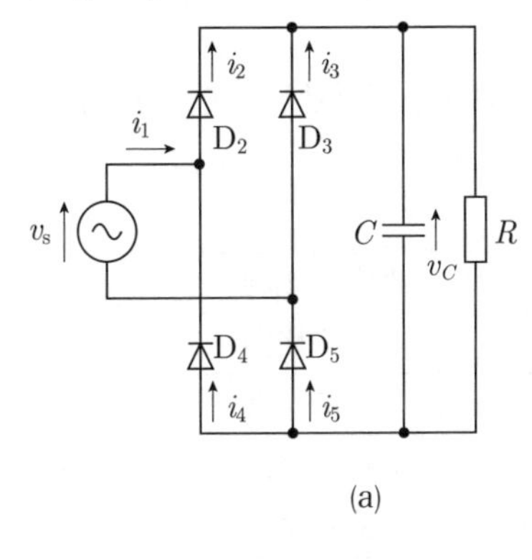

(a)

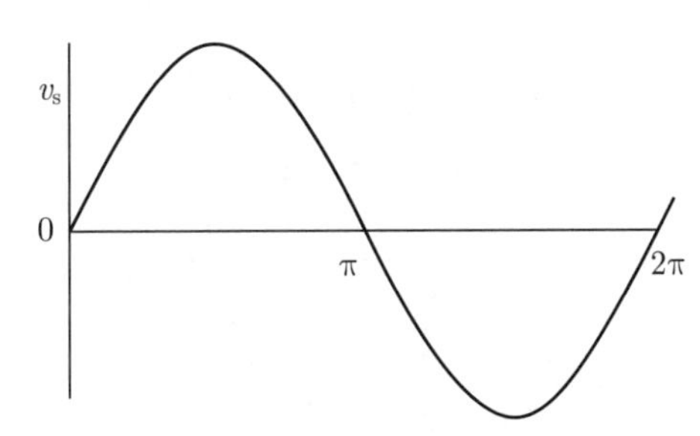

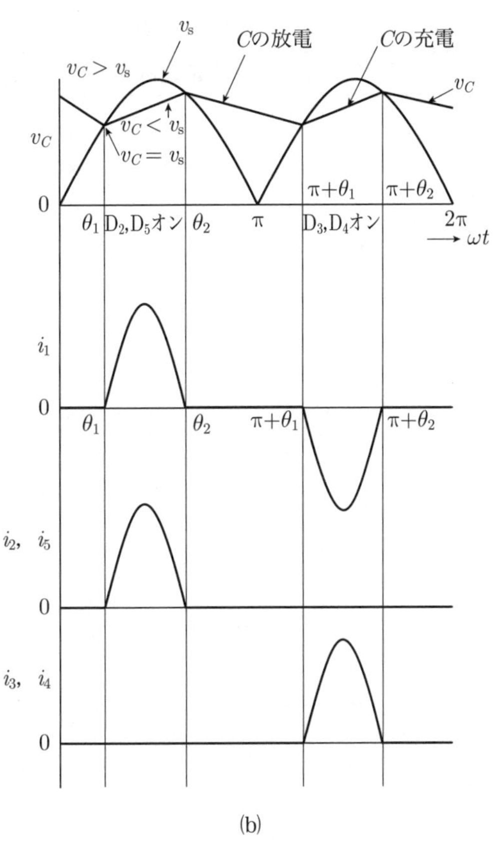

(b)

問12 次の文章は，送風機など電動機の負荷の定常特性に関する記述である．

電動機の負荷となる機器では，損失などを無視し，電動機の回転数と機器において制御対象となる速度が比例するとすると，速度に対するトルクの代表的な特性が以下に示すように二つある．

一つは，エレベータなどの鉛直方向の移動体で速度に対して ㈠ トルク，もう一つは，空気や水などの流体の搬送で速度に対して ㈡ トルクとなる特性である．

後者の流量制御の代表的な例は送風機であり，通常はダンパなどを設けて圧損を変化させて流量を制御するのに対し，ダンパなどを設けずに電動機で速度制御することでも流量制御が可能である．このとき，風量は速度に対して ㈢ して変化し，電動機に必要な電力は速度に対して ㈣ して変化する特性が得られる．したがって，必要流量に絞って運転する機会の多いシステムでは，電動機で速度制御することで大きな省エネルギー効果が得られる．

上記の記述中の空白箇所㈠，㈡，㈢及び㈣に当てはまる組合せとして，正しいものを次の(1)～(5)のうちから一つ選べ．

	(ア)	(イ)	(ウ)	(エ)
(1)	比例する	2乗に比例する	比例	3乗に比例
(2)	比例する	一定の	比例	2乗に比例
(3)	比例する	一定の	2乗に比例	2乗に比例
(4)	一定の	2乗に比例する	比例	3乗に比例
(5)	一定の	2乗に比例する	2乗に比例	2乗に比例

解12 エレベータのように質量M [kg]の物体をt秒間にl [m]の高さまで巻き上げるのを図にすると，(a)図のようになる．重力の加速度をg [m/s^2]とすると，動力P [kW]は，

$$P = \frac{9.8Ml}{t} = 9.8Mv$$

ただし，$v = \frac{l}{t} = r\omega$ [m/s]，ω：角速度$\left(\omega = 2\pi \frac{n}{60}\right)$

$$T = \frac{P}{\omega} = \frac{9.8Mv}{\omega} = \frac{9.8Mr\omega}{\omega} = 9.8Mr$$

$$= Fr \text{ [N·m]} \quad (F = 9.8M)$$

となり，トルクTは速度vに対し**一定**(ア)である．

(b)図のように，水などの流体を配管の断面積A [m^2]，流速v [m/s]でポンプで送るとき，ポンプの流量をQ [m^3/s]，吐出口の速度水頭をH [m]とすると，

$$Q = Av \text{ [m}^3\text{/s]}$$

$$H = \frac{v^2}{2g} \text{ [m]}$$

$$P = 9.8QH = 9.8Av\frac{v^2}{2g} = 9.8A\frac{v^3}{2g}$$

$$= kv^3 \quad ①$$

角速度ω，半径rの電動機の回転数Nと回転速度vより，ωとvの関係は，

$$\omega = \frac{2\pi N}{60}$$

$$v = \frac{2\pi rN}{60}$$

$$\omega = \frac{v}{r} = k'v$$

$$T = \frac{P}{\omega} = \frac{kv^3}{k'v} = k''v^2 \quad ②$$

①式より動力Pは流速vの**3乗に比例**(エ)し，②式よりトルクTは速度vの**2乗に比例**(イ)する．風量，水量は回転速度が2倍になれば流体流量も2倍になるので**比例**(ウ)している．

答 (4)

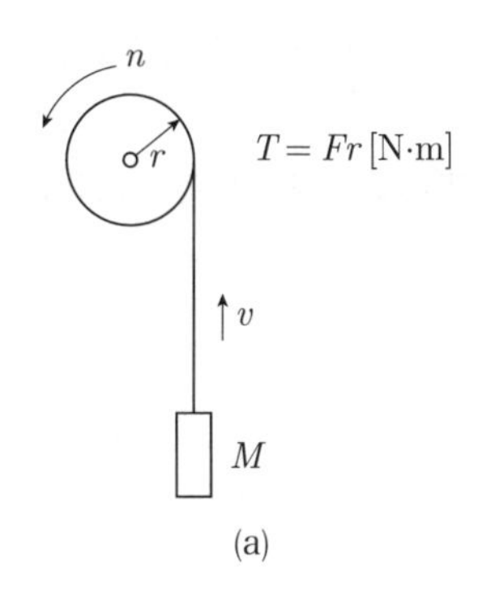

(a)

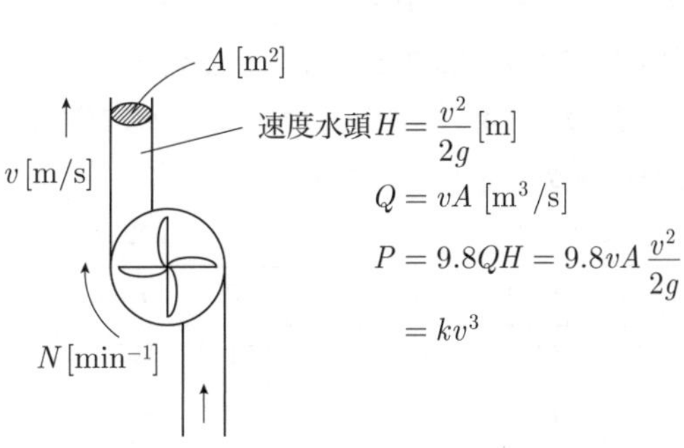

(b)

問13　誘導加熱に関する記述として，誤っているものを次の(1)～(5)のうちから一つ選べ．

(1)　産業用では金属の溶解や金属部品の熱処理などに用いられ，民生用では調理加熱に用いられている．

(2)　金属製の被加熱物を交番磁界内に置くことで発生するジュール熱によって被加熱物自体が発熱する．

(3)　被加熱物の透磁率が高いものほど加熱されやすい．

(4)　被加熱物に印加する交番磁界の周波数が高いほど，被加熱物の内部が加熱されやすい．

(5)　被加熱物として，銅，アルミよりも，鉄，ステンレスの方が加熱されやすい．

問14　二つのビットパターン1011と0101のビットごとの論理演算を行う．排他的論理和（ExOR）は［(ア)］，否定論理和（NOR）は［(イ)］であり，［(ア)］と［(イ)］との論理和（OR）は［(ウ)］である．0101と［(ウ)］との排他的論理和（ExOR）の結果を2進数と考え，その数値を16進数で表すと［(エ)］である．

上記の記述中の空白箇所(ア)，(イ)，(ウ)及び(エ)に当てはまる組合せとして，正しいものを次の(1)～(5)のうちから一つ選べ．

	(ア)	(イ)	(ウ)	(エ)
(1)	1010	0010	1010	9
(2)	1110	0000	1111	B
(3)	1110	0000	1110	9
(4)	1010	0100	1111	9
(5)	1110	0000	1110	B

解13 誘導加熱は，図のように，交番磁界中に置かれた導電性の被加熱物が，電磁誘導作用により生じた渦電流損によるジュール熱で加熱されることを利用した加熱法である．産業用では誘導炉などに，民生用ではIH調理器具などで多く使用されている．加熱の深さδは次式により計算できる．

$$\delta = k\ \frac{1}{\sqrt{f\kappa\mu}} = k\sqrt{\frac{\rho}{f\mu}}$$

κ：被加熱物の導電率[S/m]，μ：被加熱物の透磁率[H/m]

ρ：被加熱物の抵抗率[Ω/m]，k：比例定数

上式より周波数fの選択により加熱深さを調整できる．表皮効果によって，fを高くすると表面付近が加熱される．(4)**は間違い**である．

(5)は，B_mを動作時の磁束密度とすると，渦電流損P_eは，

$$P_e = k\frac{{B_m}^2 f^2 d^2}{\rho}$$

$$B_m = \mu H$$

より，P_eは鉄・ステンレスなど誘電率μの大きいものほど加熱されやすい．正しい．

答 (4)

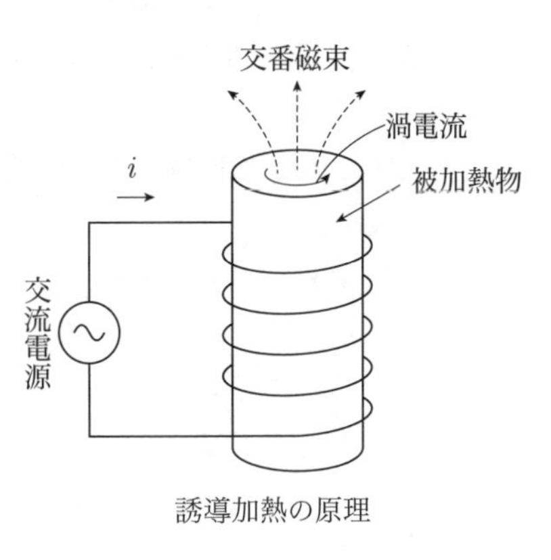

誘導加熱の原理

解14 (a)表にExORとNOR，ORの真理値表を示す．

ビットごとの論理演算の結果は(b)表に示す．

(エ)の16進数は(c)表よりBとなる．

(a) ExOR, NOR, OR真理値表

A	B	ExOR	NOR	OR
0	0	0	1	0
0	1	1	0	1
1	0	1	0	1
1	1	0	0	1

(b) ビットごとの論理演算の結果

	(ア)ExOR	(イ)NOR	(ウ)OR	(エ)の2進数
A	1011	1011	1110	0101
B	0101	0101	0000	1110
出力	1110	0000	1110	1011

(c) 10進数, 2進数, 16進数変換表

10進数	2進数	16進数
0	0000	0
1	0001	1
2	0010	2
3	0011	3
4	0100	4
5	0101	5
6	0110	6
7	0111	7
8	1000	8
9	1001	9
10	1010	A
11	1011	B
12	1100	C
13	1101	D
14	1110	E
15	1111	F

答 (5)

B問題　配点は1問題当たり(a)5点，(b)5点，計10点

問15 定格出力15 kW，定格電圧400 V，定格周波数60 Hz，極数4の三相誘導電動機がある．この誘導電動機が定格電圧，定格周波数で運転されているとき，次の(a)及び(b)の問に答えよ．

(a) 軸出力が15 kW，効率と力率がそれぞれ90 %で運転されているときの一次電流の値[A]として，最も近いものを次の(1)～(5)のうちから一つ選べ．

(1) 22　(2) 24　(3) 27　(4) 33　(5) 46

(b) この誘導電動機が巻線形であり，全負荷時の回転速度が1 746 min^{-1}であるものとする．二次回路の各相に抵抗を追加して挿入したところ，全負荷時の回転速度が1 455 min^{-1}となった．ただし，負荷トルクは回転速度によらず一定とする．挿入した抵抗の値は元の二次回路の抵抗の値の何倍であるか．最も近いものを次の(1)～(5)のうちから一つ選べ．

(1) 1.2　(2) 2.2　(3) 5.4　(4) 6.4　(5) 7.4

解15 軸動力 P_M（機械出力），入力電力 P_1，損失の関係は(a)図のようになる．

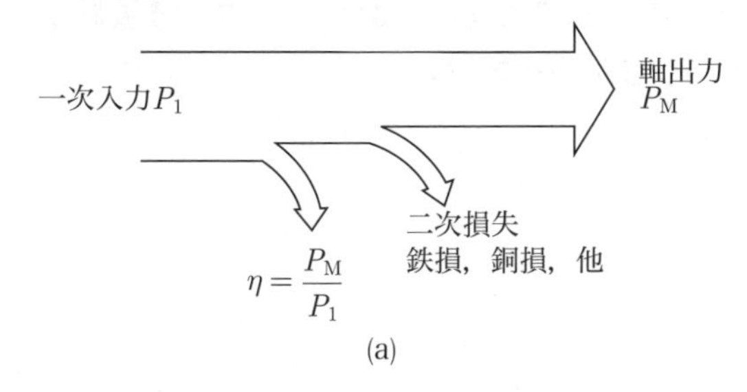

(a)

(a) 軸動力 P_Mが15 kWのとき一次入力P_1は，

$$P_1 = \frac{P_M}{\eta} = \frac{15}{0.9} \fallingdotseq 16.7\ \text{kW}$$

一次電流I_1は，V_nを定格電圧，$\cos\theta$を力率とすると，

$$I_1 = \frac{P_1}{\sqrt{3}V_n\cos\theta} = \frac{16.7\times10^3}{\sqrt{3}\times400\times0.9}$$
$$\fallingdotseq 27\ \text{A}\quad(答)$$

(b) この電動機の同期速度N_sは，fを周波数，pを極数とすると，

$$N_s = \frac{120f}{p} = \frac{120\times60}{4} = 1\,800\ \text{min}^{-1}$$

全負荷時の回転速度$N_1 = 1\,746\ \text{min}^{-1}$のときの滑り$s_1$は，

$$s_1 = \frac{N_s - N_1}{N_s} = \frac{1\,800-1\,746}{1\,800} = 0.03$$

二次抵抗を挿入したときの回転速度$N_2 = 1\,455\ \text{min}^{-1}$よりこのときの滑り$s_2$は，

$$s_2 = \frac{N_s - N_2}{N_s} = \frac{1\,800-1\,455}{1\,800} = 0.192$$

ここで，この問を解くために必要な比例推移について説明する．

1相当たりのトルクTは，

$$T = \frac{60}{2\pi N_s} I_2^2 \frac{r_2}{s} = \frac{60E_2^2}{2\pi N_s}\cdot\frac{\dfrac{r_2}{s}}{\left(\dfrac{r_2}{s}\right)^2 + x_2^2}$$

で表される．ここで，I_2は二次電流，r_2は二次回路の抵抗，E_2は二次誘導起電力，x_2は二次回路のリアクタンスである．r_2/sが一定であればトルクは一定となる．これを比例推移という．

(b)図のように，比例推移の解き方により，トルクは二次抵抗と滑りの比率が等しいときに等しくなるので，挿入抵抗をRとすると次式が成り立つ．

$$\frac{r_1}{s_1} = \frac{r_2}{s_2} = \frac{r_1+R}{s_2}$$

$$R = \left(\frac{s_2}{s_1}-1\right)r_1 = \left(\frac{0.192}{0.03}-1\right)r_1$$
$$\fallingdotseq 5.4r_1\quad(答)$$

もとの二次回路の抵抗値r_1の約5.4倍となる．

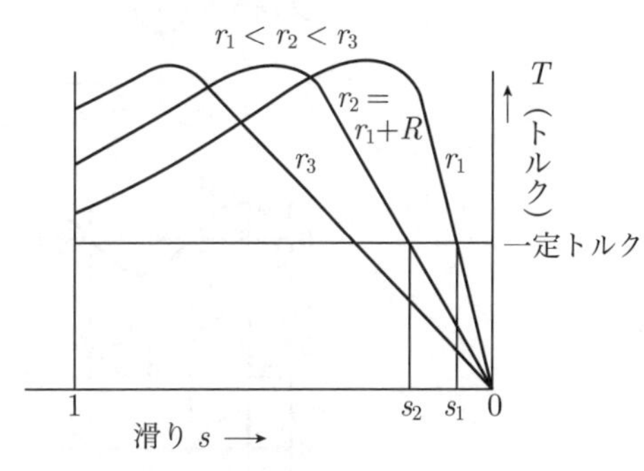

(b) 誘導電動機の比例推移

(a) - (3)，(b) - (3)

理論 電力 機械 法規 令和5上(2023) 令和4下(2022) 令和4上(2022) 令和3(2021) 令和2(2020) 令和元(2019) 平成30(2018) 平成29(2017) 平成28(2016) 平成27(2015)

問16　図1に示す単相交流電力調整回路が制御遅れ角α [rad]で運転しているときの動作を考える．

正弦波の交流電源電圧はv_s，負荷は純抵抗負荷又は誘導性負荷であり，負荷電圧をv_L，負荷電流をi_Lとする．次の(a)及び(b)の問に答えよ．

(a)　図2の波形1～3のうち，純抵抗負荷の場合と誘導性負荷の場合とで発生する波形の組合せとして，正しいものを次の(1)～(5)のうちから一つ選べ．

	純抵抗負荷	誘導性負荷
(1)	波形1	波形2
(2)	波形1	波形3
(3)	波形2	波形1
(4)	波形2	波形3
(5)	波形3	波形2

(b)　交流電源電圧v_Sの実効値をV_Sとして，純抵抗負荷の場合の負荷電圧v_Lの実効値V_Lは，$V_L = V_S\sqrt{1-\dfrac{\alpha}{\pi}+\dfrac{\sin 2\alpha}{2\pi}}$で表される．制御遅れ角を$\alpha_1 = \dfrac{\pi}{2}$ [rad]から$\alpha_2 = \dfrac{\pi}{4}$ [rad]に変えたときに，負荷の抵抗で消費される交流電力は何倍となるか，最も近いものを次の(1)～(5)のうちから一つ選べ．

(1)　0.550　　(2)　0.742　　(3)　1.35　　(4)　1.82　　(5)　2.00

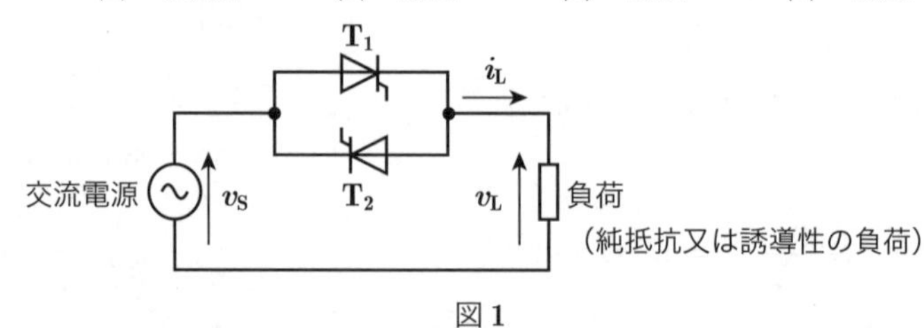

図1

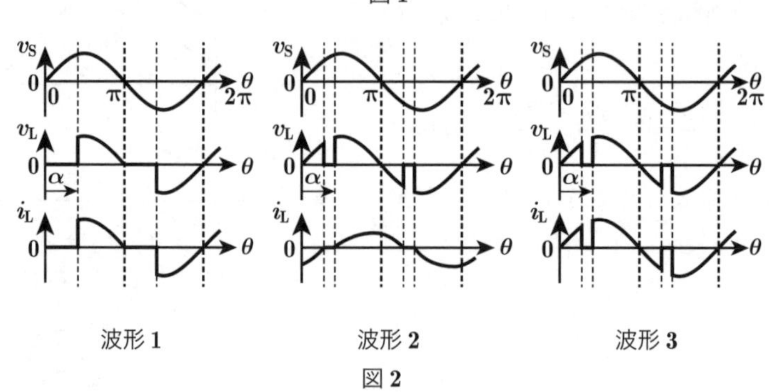

波形1　　波形2　　波形3

図2

解16 (a) 問の図1はサイリスタの交流位相調整回路である．**純抵抗負荷の場合は波形1**のように制御角αでターンオンし，$\theta = \pi$の電圧が0になる点でターンオフする．電流も同じように変化する．小容量の装置では，一つの素子で双方向の位相調整ができるトライアック素子(a)図が用いられる．

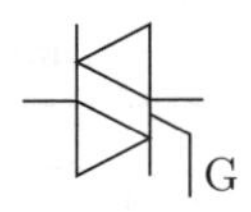

(a) トライアック素子（双方向サイリスタ）の記号

負荷が(b)図のように誘導性になると$\theta = \pi$の点でリアクトルに蓄えられた電流i_Lが流れ続ける．リアクトルに蓄えられたエネルギーを放出し終わった点θ_1でターンオフし，電流，電圧ともに0となる．その後$\theta = \pi + \alpha$の点でターンオンし負荷に電流が流れ始める．

したがって，**誘導性負荷の場合は波形2**のようになる．

(b) 制御角がα_1のときの負荷電圧をV_{L1}，α_2のときをV_{L2}とすると，負荷抵抗Rで消費される交流電力Pは，$P = V^2/R$より電圧の実効値Vの2乗に比例するので，題意のV_Lを求める式より，数値を代入すると，

$$\frac{P_2}{P_1} = \left(\frac{V_S\sqrt{1-\frac{\alpha_2}{\pi}+\frac{\sin 2\alpha_2}{2\pi}}}{V_S\sqrt{1-\frac{\alpha_1}{\pi}+\frac{\sin 2\alpha_1}{2\pi}}}\right)^2$$

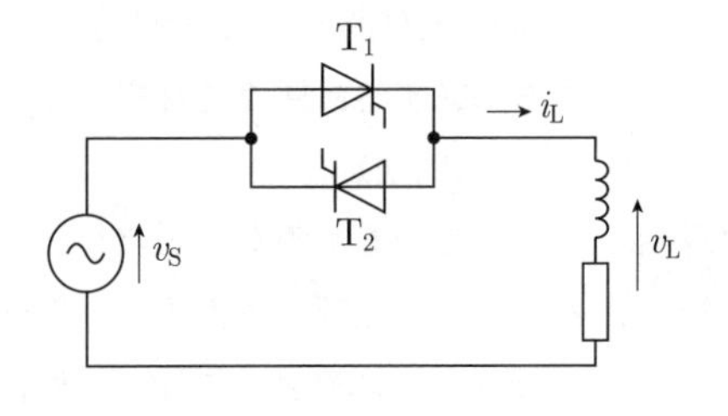

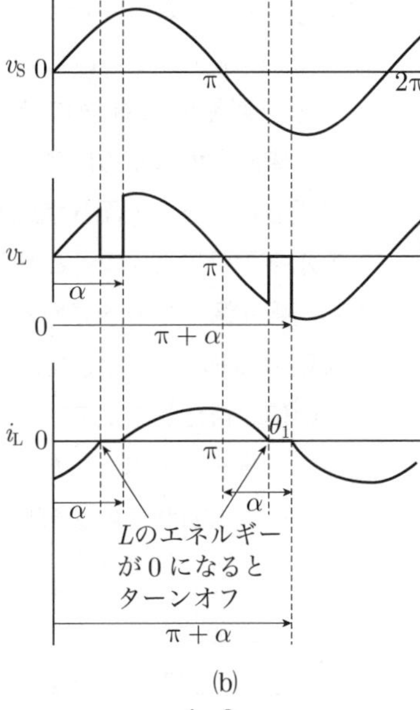

(b)

$$= \frac{1-\frac{\alpha_2}{\pi}+\frac{\sin 2\alpha_2}{2\pi}}{1-\frac{\alpha_1}{\pi}+\frac{\sin 2\alpha_1}{2\pi}}$$

$$= \frac{1-\frac{\frac{\pi}{4}}{\pi}+\frac{\sin\frac{\pi}{2}}{2\pi}}{1-\frac{\frac{\pi}{2}}{\pi}+\frac{\sin\pi}{2\pi}} = \frac{\frac{3}{4}+\frac{1}{2\pi}}{\frac{1}{2}} = \frac{3}{2}+\frac{1}{\pi}$$

$\fallingdotseq 1.82$ (答)

(a)-(1)，(b)-(4)

問17及び問18は選択問題であり，問17又は問18のどちらかを選んで解答すること．両方解答すると採点されません．

（選択問題）

問17

均等拡散面とみなせる半径 **0.3 m** の円板光源がある．円板光源の厚さは無視できるものとし，円板光源の片面のみが発光する．円板光源中心における法線方向の光度 I_0 は **2 000 cd** であり，鉛直角 θ 方向の光度 I_θ は $I_\theta = I_0 \cos\theta$ で与えられる．また，円板光源の全光束 F [lm] は $F = \pi I_0$ で与えられるものとする．次の(a)及び(b)の問に答えよ．

(a) 図1に示すように，この円板光源を部屋の天井面に取り付け，床面を照らす方向で部屋の照明を行った．床面B点における水平面照度の値 [lx] とB点から円板光源の中心を見たときの輝度の値 [cd/m²] として，最も近い値の組合せを次の(1)～(5)のうちから一つ選べ．ただし，この部屋にはこの円板光源以外に光源はなく，天井，床，壁など，周囲からの反射光の影響はないものとする．

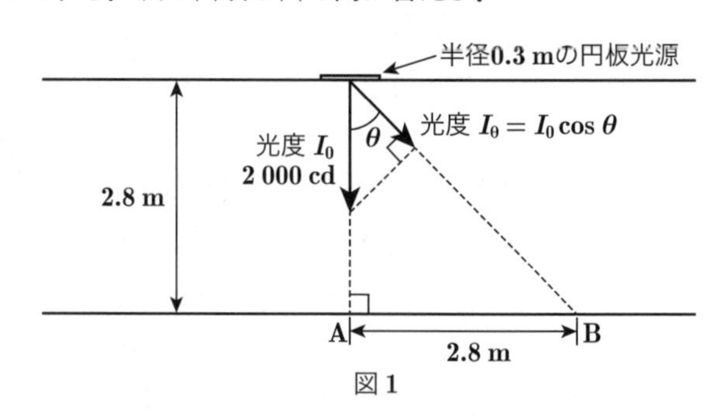

図1

	水平面照度 [lx]	輝度 [cd/m²]
(1)	64	5 000
(2)	64	7 080
(3)	90	1 060
(4)	90	1 770
(5)	255	7 080

(b) 次に，図2に示すように，建物内を真っすぐ長く延びる廊下を考える．この廊下の天井面には上記円板光源が等間隔で連続的に取り付けられ，照明に供されている．廊下の長さは円板光源の取り付け間隔に比して十分大きいものとする．廊下の床面に対する照明率を **0.3**，円板光源の保守率を **0.7** としたとき，廊下床面の平均照度の値 [lx] として，最も近いものを次の(1)～(5)のうちから一つ選べ．

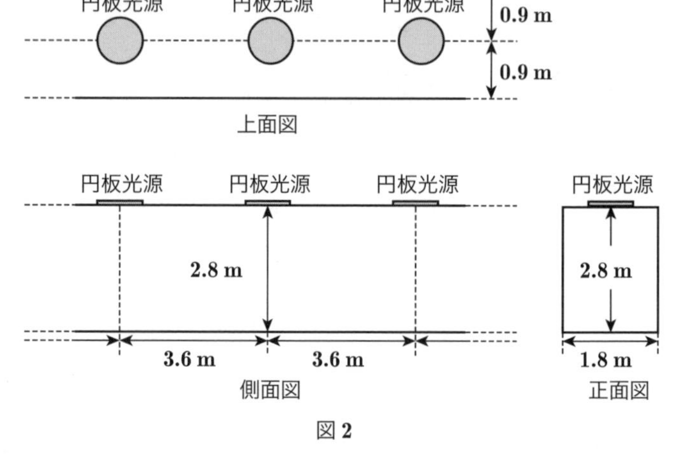

図2

(1) **102**　(2) **204**　(3) **262**　(4) **415**　(5) **2 261**

解17 ・**距離の逆二乗の法則**

(a)図のように，ある点光源の光度をI [cd] とし，l [m] 離れた点Pの法線面の照度E [lx] は

$$E = \frac{I}{l^2}\ [\mathrm{lx}] \qquad ①$$

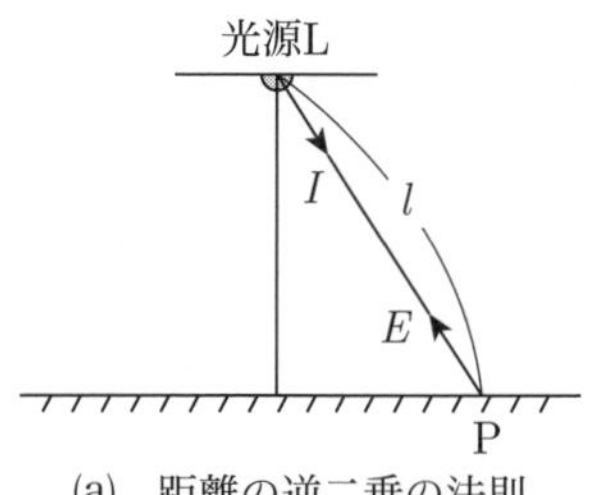

(a) 距離の逆二乗の法則

・**入射角余弦の法則**

P点での水平面照度E_h [lx] は，(b)図に示すように，入射角θとすると，

$$E_h = E\cos\theta\ [\mathrm{lx}] \qquad ②$$

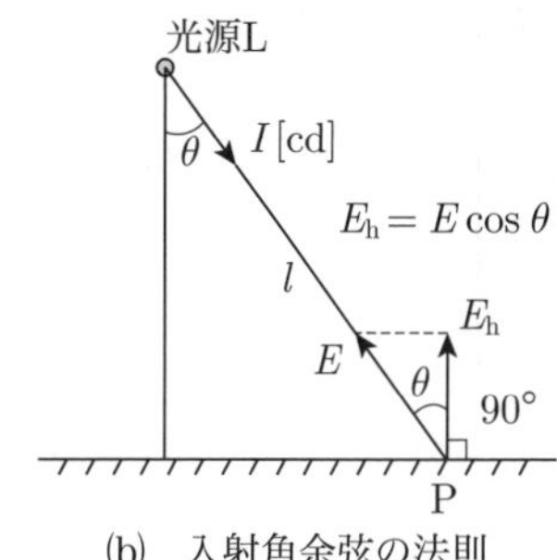

(b) 入射角余弦の法則

・**輝度**

(c)図のように，発光面から放射される光度I [cd] をその法線とθのなす角度からみた場合の，目に見える光源面の見かけの面積A'その方向の光度をI_θ [cd] としたとき輝度L [cd/m²] は，

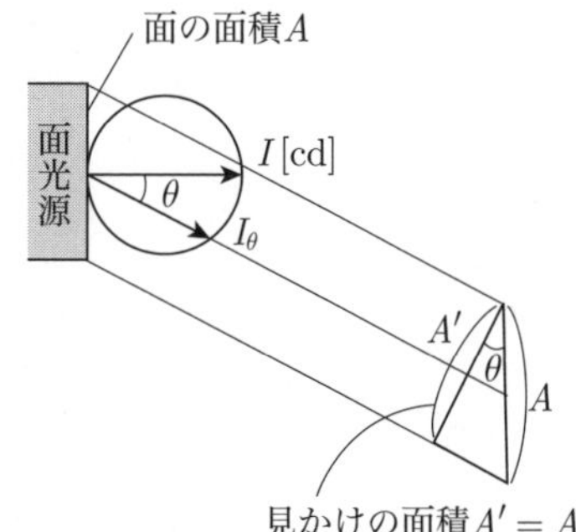

(c) 輝度

$$L = \frac{I_\theta}{A'} = \frac{I_\theta}{A\cos\theta} = \frac{I_n}{A}\ [\mathrm{cd/m^2}] \qquad ③$$

(a) B方向の光度I_θはθが図1より45°であるので，

$$I_\theta = I_0\cos\theta = 2\,000\cos 45°$$
$$= 2\,000 \times \frac{1}{\sqrt{2}} = 1\,000\sqrt{2}\ \mathrm{cd}$$

B点の水平面照度E_hは光源よりB点までの距離をdとすると①，②式より，

$$E_h = \frac{I_\theta}{d^2}\cos\theta = \frac{1\,000\sqrt{2}}{(2.8\times\sqrt{2})^2}\cos 45°$$
$$\fallingdotseq 64\ \mathrm{lx}\quad (答)$$

B点から見た輝度L_Bは③式より，

$$L_B = \frac{\text{B点から見た光源の光度}}{\text{光源の面積}\times\cos\theta}$$
$$= \frac{1\,000\sqrt{2}}{0.3^2\times\pi\times\cos 45} \fallingdotseq 7\,080\ \mathrm{cd/m^2}\quad (答)$$

(b) 照明器具1灯当たりの光束をF [lm]，照明率U，保守率M，1灯当たりの照射面面積をA [m²] とすると照射面の平均照度E [lx] は，

$$E = \frac{FUM}{A} \qquad ④$$

光束法により計算すると，一つの円板光源の照らす面積Aは，

$$A = 1.8\times 3.6 = 6.48\ \mathrm{m^2}$$

全光束F_0は，

$$F_0 = \pi I_0 = 2\,000\pi\ \mathrm{lm}$$

④式より，光束法での照度Eは，

$$E = \frac{FUM}{A} = \frac{2\,000\times\pi\times 0.3\times 0.7}{6.48}$$
$$\fallingdotseq 204\ \mathrm{lx}\quad (答)$$

(a)-(2)，(b)-(2)

（選択問題）

図のフローチャートで表されるアルゴリズムについて，次の(a)及び(b)の問に答えよ．変数は全て整数型とする．

このアルゴリズム実行時の読込み処理において，$n=5$とし，$a[1]=2$，$a[2]=3$，$a[3]=8$，$a[4]=6$，$a[5]=5$とする．

(a) 図のフローチャートで表されるアルゴリズムの機能を考えて，出力される$a[5]$の値を求めよ．その値として正しいものを次の(1)～(5)のうちから一つ選べ．

(1) **2**　(2) **3**　(3) **5**　(4) **6**　(5) **8**

(b) フローチャート中のXで示される部分の処理は何回行われるか，正しいものを次の(1)～(5)のうちから一つ選べ．

(1) **3**　(2) **4**　(3) **5**　(4) **8**　(5) **10**

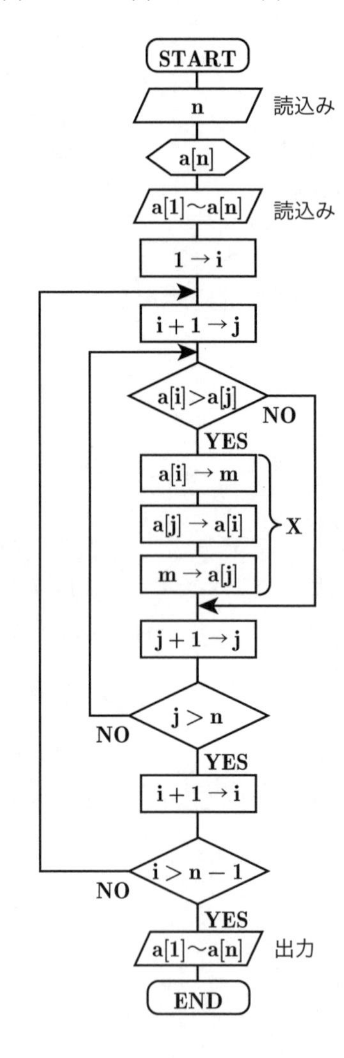

解18 コンピュータにより問題を解決する手順をアルゴリズムという．その手順を図に表したものを流れ図という．流れ図の図記号は(a)図のように定められている．

流れ図を用いて問のアルゴリズムにデータを入れて処理する．

最初にiを1にして，jが2から始まり，jが6まで最初のループを繰り返す．jが6になると $j > n$ が $6 > 5$ となり，判定がYESになるので4回目にiに1をプラスする．$i > n - 1$ はNOとなるので外側の戻りになり，jは $i + 1$ になるので3になる．

再びjが6になるまで繰り返す．8回目でiが3，jが4になると，データは $8 > 6$ になり判定はYESになるので処理Xが行われる．

Xはデータを入れ替える処理になるので，ここでは，a[3]が6，a[4]が8に置き換えられる．

9回目でjは5になり，データは置き換わっているので，$6 > 5$ の判定はYESになるのでXの処理でa[3]が5，a[5]が6に置き換わる．次に，jは6になるので，$j > n$ は $6 > 5$ でYESとなり，iを4にする．最下の判定は，まだ $i > n - 1$ が $4 > 5 - 1$（$= 4$）となり，NOとなるので先頭に戻る．jは $i + 1$ するので5となる．置き換わったデータの比較は，$a[4] > a[5]$，つまり $8 > 6$ となるのでYES判定となり，Xの処理をする．a[4]が6，a[5]が8になる．jは $i + 1$ するので6になり，$6 > 5$ でYES判定，iが5になると，$i > n - 1$ が $5 > 5 - 1$（$= 4$）より最終判定がYESになり出力する．

(a) 最終判定では，$a[1] = 2$，$a[2] = 3$，$a[3] = 5$，$a[4] = 6$，$a[5] = 8$ となるので，

$a[5] = 8$ (答)

(b) Xの処理はデータの入れ替えである．この処理は(b)図より3回繰り返される．

答 (a) - (5)，(b) - (1)

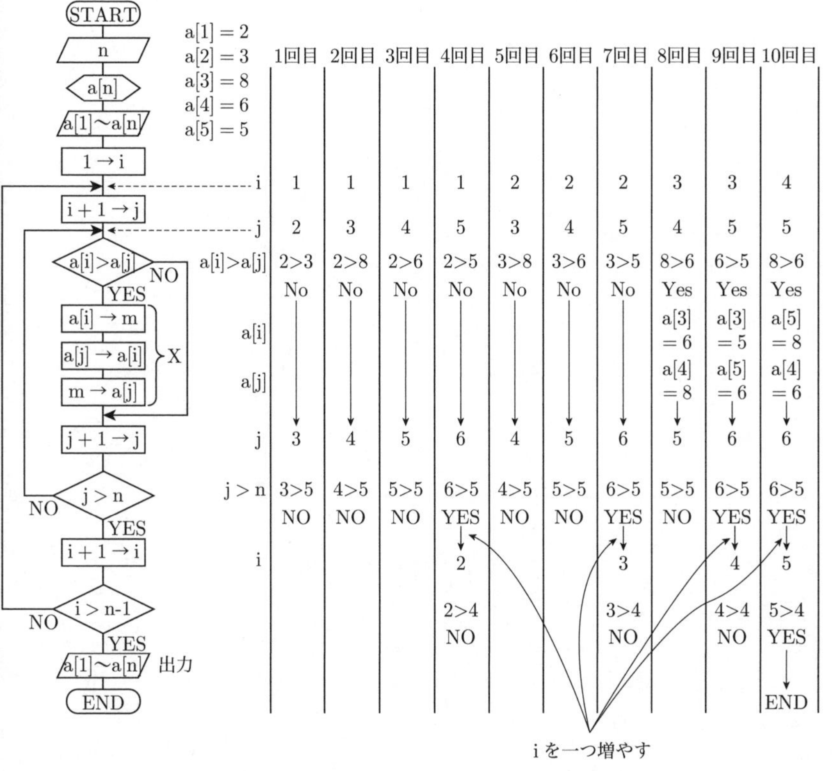

(b)

端子 STARTとEND
準備 初期値の設定
判断 条件による判断
処理 あらゆる種類の処理
データ データの入出力
線
処理の流れ

(a)

	最初	…	8回目	9回目	10回目
a[1]	2		2	2	2
a[2]	3		3	3	3
a[3]	8	…	6	5	5
a[4]	6		8	8	6
a[5]	5		5	6	8

Xはa[i]とa[j]のデータ入替動作で表より8，9，10回目の3回行われる．

平成28年度（2016年）機械の問題

A問題 配点は1問題当たり5点

問1 電機子巻線抵抗が0.2 Ωである直流分巻電動機がある．この電動機では界磁抵抗器が界磁巻線に直列に接続されており界磁電流を調整することができる．また，この電動機には定トルク負荷が接続されており，その負荷が要求するトルクは定常状態においては回転速度によらない一定値となる．

この電動機を，負荷を接続した状態で端子電圧を100 Vとして運転したところ，回転速度は1 500 min^{-1}であり，電機子電流は50 Aであった．この状態から，端子電圧を115 Vに変化させ，界磁電流を端子電圧が100 Vのときと同じ値に調整したところ，回転速度が変化し最終的にある値で一定となった．この電動機の最終的な回転速度の値[min^{-1}]として，最も近いものを次の(1)～(5)のうちから一つ選べ．

ただし，電機子電流の最終的な値は端子電圧が100 Vのときと同じである．また，電機子反作用及びブラシによる電圧降下は無視できるものとする．

(1) 1 290　(2) 1 700　(3) 1 730　(4) 1 750　(5) 1 950

●試験時間　90分
●必要解答数　A問題14題，B問題3題（選択問題含む）

解1　この問を計算するには，まず等価回路を描き，そこに数値を書き込むのが間違いが少ない方法である．

(a)図のように端子電圧100 Vのときの回路を描く．この直流電動機の電機子逆起電力E_1は，

$$E_1 = V - I_a r_a = 100 - 50 \times 0.2 = 90\ \text{V}$$

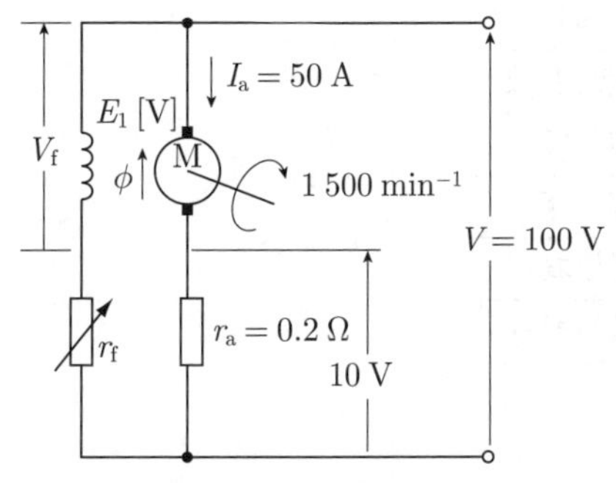

(a)　端子電圧100 Vのときの等価回路

回転速度Nの1 500 min^{-1}より，トルクTを求めると，

$$T = \frac{P}{\omega_1} = \frac{I_a E_1}{\omega_1} = \frac{50 \times 90}{\dfrac{2\pi \times 1\,500}{60}} = \frac{4\,500 \times 60}{2\pi \times 1\,500}$$

ただし，ω_1は，1 500 min^{-1}で回転しているときの角速度[rad/s]で，$\omega_1 = \dfrac{2\pi N_1}{60}$である．

次に，端子電圧を100 Vから115 Vにしたときの等価回路を(b)図に示す．

界磁電流はr_fの調整により(a)図と等しくしている．また，トルクは定トルク負荷になっているので，$T = k\phi I_a$ [N·m]の式より一定となる．

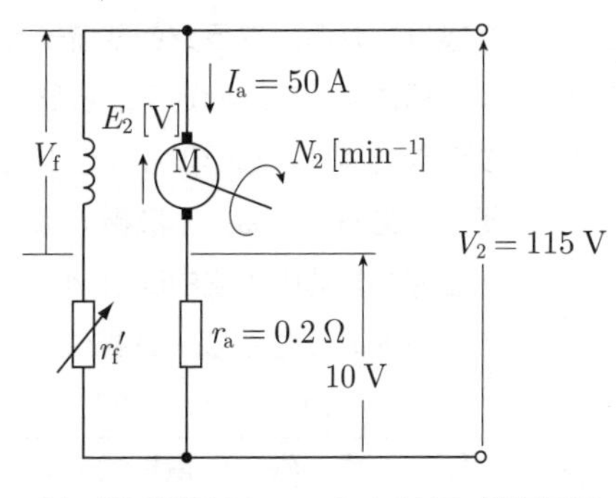

(b)　端子電圧115 Vにしたときの等価回路

したがって，最初のトルクをT_1，電圧変更後のトルクをT_2とすると，$T_1 = T_2$.

端子電圧を115 Vにしたときの電機子逆起電力E_2は，$I_a r_a$が100 Vのときと同じ10 Vであるから，

$$E_2 = V_1 - I_a r_a = 115 - 10 = 105\ \text{V}$$

となる．

$$\frac{I_a E_1}{\omega_1} = \frac{I_a E_2}{\omega_2}$$

$$\frac{E_1}{\omega_1} = \frac{E_2}{\omega_2}$$

$$\omega_2 = \frac{E_2}{E_1}\omega_1$$

$$N_2 = \frac{E_2}{E_1} N_1 = \frac{105}{90} \times 1\,500$$

$$= 1\,750\ \text{min}^{-1}$$ (答)

答　(4)

問2　次の文章は，直流機に関する記述である．

直流機では固定子と回転子の間で直流電力と機械動力の変換が行われる．この変換を担う機構の一種にブラシと整流子とがあり，これらを用いた直流機では通常，界磁巻線に直流の界磁電流を流し，［(ア)］を回転子とする．

このブラシと整流子を用いる直流機では，電機子反作用への対策として補償巻線や補極が設けられる．ブラシと整流子を用いる場合には，補極や補償巻線を設けないと，電機子反作用によって，固定子から見た［(イ)］中性軸の位置が変化するために，これに合わせてブラシを移動しない限りブラシと整流子片との間に［(ウ)］が生じて整流子片を損傷するおそれがある．なお，小形機では，補償巻線と補極のうち［(エ)］が一般的に用いられる．

上記の記述中の空白箇所(ア)，(イ)，(ウ)及び(エ)に当てはまる組合せとして，正しいものを次の(1)～(5)のうちから一つ選べ．

	(ア)	(イ)	(ウ)	(エ)
(1)	界　磁	電気的	火　花	補償巻線
(2)	界　磁	幾何学的	応　力	補　極
(3)	電機子	電気的	火　花	補　極
(4)	電機子	電気的	火　花	補償巻線
(5)	電機子	幾何学的	応　力	補償巻線

解2　(a)図は直流電動機の原理で，固定子の磁束による磁界中のコイル（回転子）に直流電圧を加えると，フレミングの左手の法則により導体abでは下向き，cdでは上向きの力を受け左回転の電動機となる．また，原動機で軸を左方向に回すとフレミングの右手の法則により端子にはAが正，Bが負の電圧を発生する．実際の直流機ではコイルを何回も巻いている．

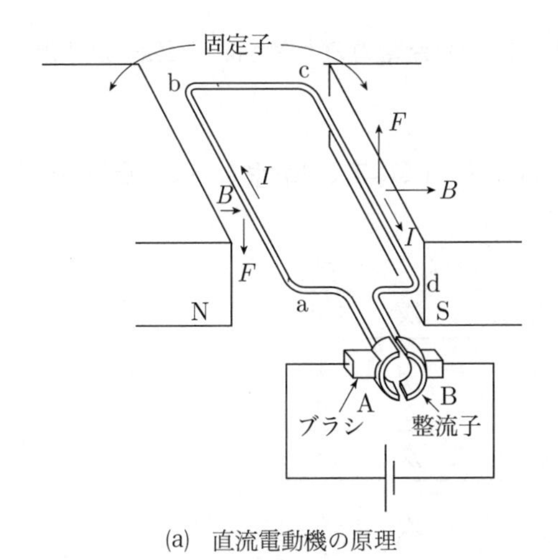

(a)　直流電動機の原理

電機子とは誘導起電力または，逆起電力を誘導する側の名称であり，直流機では回転子を**電機子**とすることが一般的である．

(b)図は回転子と固定子を直線状に表したもので，回転子の電機子巻線に流れる電流により磁束が発生し，これが固定子の主磁束の平均的な分布を妨げる．

このことは，電機子反作用と呼ばれ，固定子からみた**電気的**中性軸はYY′からY_1Y_1'に移動する．この場合，ブラシで短絡されているコイルが磁束を切って誘導起電力を生じ，ブラシと整流子間の起電力が短絡された回路が形成され**火花**を生じる．

ブラシを移動しても，I_aの大きさにより中性軸は変化するので，この対策として最適な方法は，(c)図のように電機子コイルと直列に接続したコイルを電機子コイルと向かい合わせて配置することである．I_aが流れたとき，回転子側のI_aによる磁束を固定子側のコイルのI_aで打ち消して電機子反作用を減らすことができる．このコイルを補償巻線という．

補極は，幾何学的中性軸に設置したコイルを電機子巻線と直列に接続した補極コイルにより電機子電流による磁束の影響で中性軸の偏磁された界磁磁束の傾きを補正する磁束をつくる．小形電動機では構造が補償巻線に比べて簡単な**補極**が用いられることが多い．

(3)

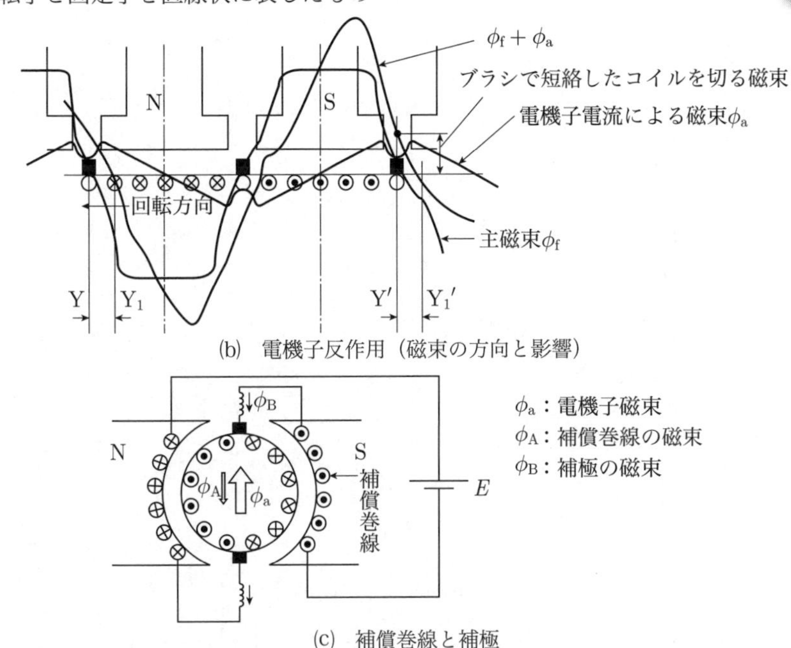

(b)　電機子反作用（磁束の方向と影響）

(c)　補償巻線と補極

問3 次の文章は，三相誘導電動機の誘導起電力に関する記述である．三相誘導電動機で固定子巻線に電流が流れると (ア) が生じ，これが回転子巻線を切るので回転子巻線に起電力が誘導され，この起電力によって回転子巻線に電流が流れることでトルクが生じる．この回転子巻線の電流によって生じる起磁力を (イ) ように固定子巻線に電流が流れる．

回転子が停止しているときは，固定子巻線に流れる電流によって生じる (ア) は，固定子巻線を切るのと同じ速さで回転子巻線を切る．このことは原理的に変圧器と同じであり，固定子巻線は変圧器の (ウ) 巻線に相当し，回転子巻線は (エ) 巻線に相当する．回転子巻線の各相には変圧器と同様に (エ) 誘導起電力を生じる．

回転子が n [min^{-1}] の速度で回転しているときは， (ア) の速度を n_s [min^{-1}] とすると，滑り s は $\frac{n_s - n}{n_s}$ で表される．このときの (エ) 誘導起電力の大きさは，回転子が停止しているときの (オ) 倍となる．

上記の記述中の空白箇所(ア)，(イ)，(ウ)，(エ)及び(オ)に当てはまる組合せとして，正しいものを次の(1)～(5)のうちから一つ選べ．

	(ア)	(イ)	(ウ)	(エ)	(オ)
(1)	交番磁界	打ち消す	二 次	一 次	$1-s$
(2)	回転磁界	打ち消す	一 次	二 次	$\frac{1}{s}$
(3)	回転磁界	増加させる	一 次	二 次	s
(4)	交番磁界	増加させる	二 次	一 次	$\frac{1}{s}$
(5)	回転磁界	打ち消す	一 次	二 次	s

解3 三相誘導電動機の固定子巻線（電機子巻線）に三相電圧を加えると，(a)図のようにt_1からt_2の時間の経過により右回転の**回転磁界**を生じる．

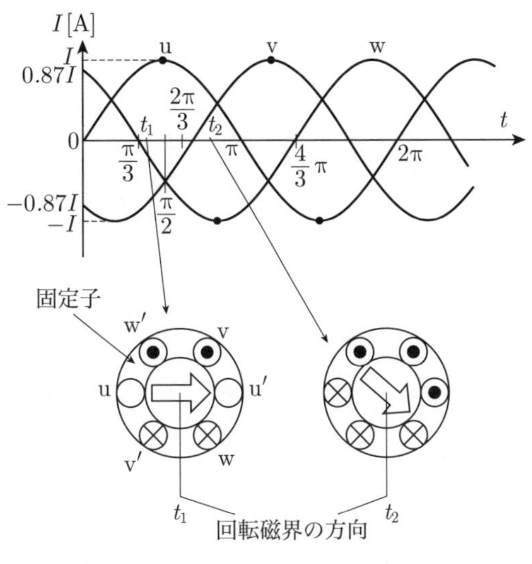

(a) 誘導電動機の回転磁界の原理

このとき流れる電流は二次起電力に対してθ_2だけ位相が遅れ，一次電圧V_1と一次周波数が一定のときϕは一定値をとるので，二次電流I_2の起磁力$k_2 I_2 \omega_2$を**打ち消す**ように一次負荷電流I_1'が電源から流入し，$k_2 I_2 \omega_2$でバランスする．

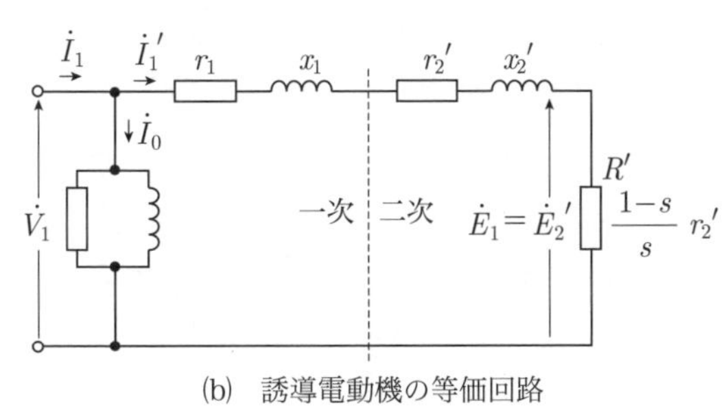

(b) 誘導電動機の等価回路

誘導電動機の等価回路は(b)図のように，変圧器のそれと同じ形となり，変圧器の**一次**側は固定子（電機子）側，二次側は回転子巻線側に相当する．

回転子が始動時または，回転子が拘束されているとき変圧器の一，二次巻線の回路と同じと考えられるが，回転し始めると，回転子はトルクを発生するため回転磁界よりすこし遅れた速度nで回転する．その速度nとその周波数での回転磁界による速度（同期速度）n_sとの比を滑りsといい，次式で表す．

$$s = \frac{n_s - n}{n_s} \qquad ①$$

滑りは，停止時に$n = 0\ \mathrm{min}^{-1}$なので①式より$s = 1$となる．定格速度では$s = 0$よりすこし大きい点で回転する．そのときの相対速度は，

$$N_s - N = sN_s$$

二次誘導起電力e_2は相対速度に比例するので，回転子が拘束されているときの二次誘導起電力をe_{20}とすると，

$$e_2 = se_{20}$$

電源の周波数をf_1とすると，回転子の周波数f_2は，

$$f_2 = sf_1$$

となりs倍となる．回転子が停止している（$s = 1$）ときe_2（$= e_{20}$）とf_2は最大で，回転し始めるとsが1から0に向かって小さくなる．

(5)

定格周波数 50 Hz，6 極のかご形三相誘導電動機があり，トルク 200 N·m，機械出力 20 kW で定格運転している．このときの二次入力（同期ワット）の値 [kW] として，最も近いものを次の(1)〜(5)のうちから一つ選べ．

(1)　**19**　　(2)　**20**　　(3)　**21**　　(4)　**25**　　(5)　**27**

解4　誘導電動機の出力を計算するときは，図のような等価回路を用いると便利である．

同期ワット P_2，同期角速度 ω_{s}，滑り s，機械的出力 P_{m}，回転角速度 ω とすると，トルク T は，同期ワット（二次入力）に比例する．

$$T=\frac{P_{\mathrm{m}}}{\omega}=\frac{P_2(1-s)}{\omega_{\mathrm{s}}(1-s)}=\frac{P_2}{\omega_{\mathrm{s}}} \qquad ①$$

同期速度 n_{s} は，周波数を f，極数を p とすると，

$$n_{\mathrm{s}}=\frac{120f}{p}=\frac{120\times 50}{6}=1\,000\ \mathrm{min}^{-1}$$

同期角速度 ω_{s} は，

$$\omega_{\mathrm{s}}=2\pi\frac{n_{\mathrm{s}}}{60} \qquad ②$$

①，②式より，同期ワット P_2 は，

$$P_2=T\omega_s=200\times 2\pi\times\frac{1\,000}{60}\fallingdotseq 21\ \mathrm{kW}$$

（答）

答　(3)

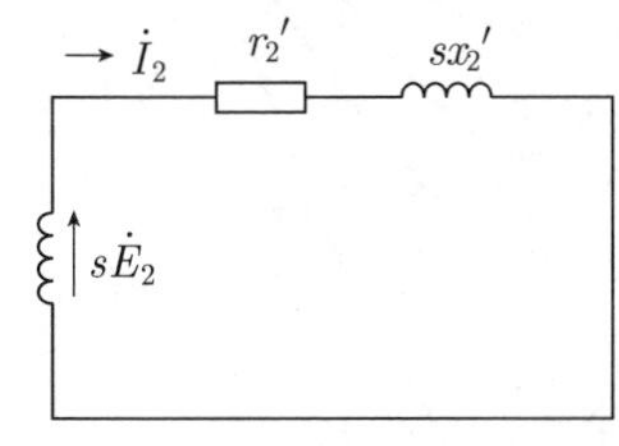

$P_2 : P_{\mathrm{c2}} : P_{\mathrm{m}}=1:s:1-s$
$P_{\mathrm{m}}=P_2(1-s)$

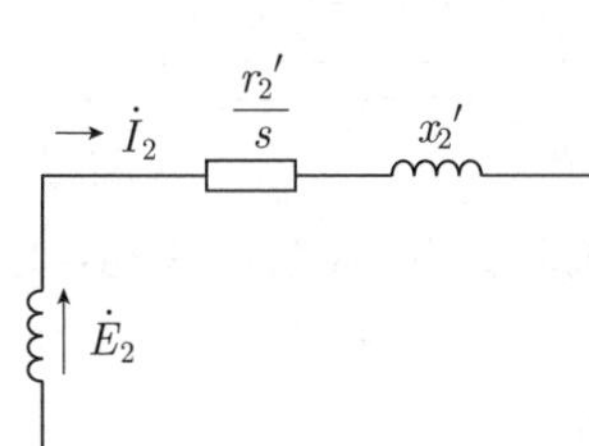

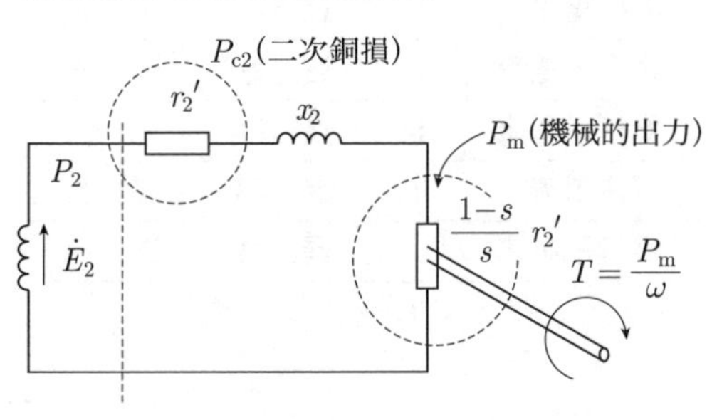

誘導電動機の二次側等価回路

理論　電力　機械　法規　令和5上(2023)　令和4下(2022)　令和4上(2022)　令和3(2021)　令和2(2020)　令和元(2019)　平成30(2018)　平成29(2017)　平成28(2016)　平成27(2015)

問5　次の文章は，同期電動機の特性に関する記述である．記述中の空白箇所の記号は，図中の記号と対応している．

図は同期電動機の位相特性曲線を示している．形がVの字のようになっているのでV曲線とも呼ばれている．横軸は (ア) ，縦軸は (イ) で，負荷が増加するにつれ曲線は上側へ移動する．図中の破線は，各負荷における力率 (ウ) の動作点を結んだ線であり，この破線の左側の領域は (エ) 力率，右側の領域は (オ) 力率の領域である．

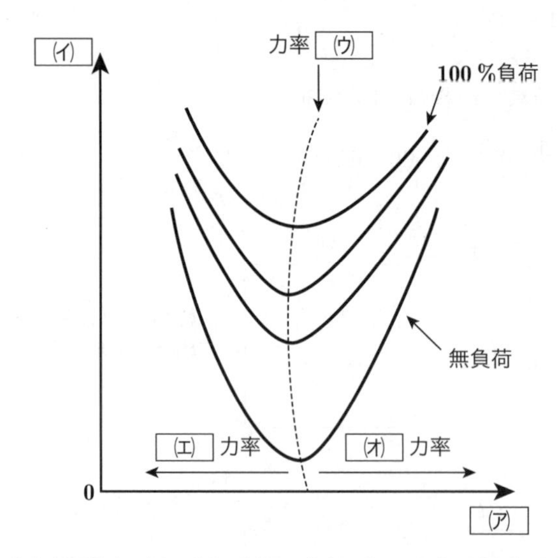

上記の記述中の空白箇所(ア)，(イ)，(ウ)，(エ)及び(オ)に当てはまる組合せとして，正しいものを次の(1)～(5)のうちから一つ選べ．

	(ア)	(イ)	(ウ)	(エ)	(オ)
(1)	電機子電流	界磁電流	1	遅　れ	進　み
(2)	界磁電流	電機子電流	1	遅　れ	進　み
(3)	界磁電流	電機子電流	1	進　み	遅　れ
(4)	電機子電流	界磁電流	0	進　み	遅　れ
(5)	界磁電流	電機子電流	0	遅　れ	進　み

解5 同期電動機の端子電圧 V，電機子電流を I_a としたときのベクトル図を(a)図に示す．

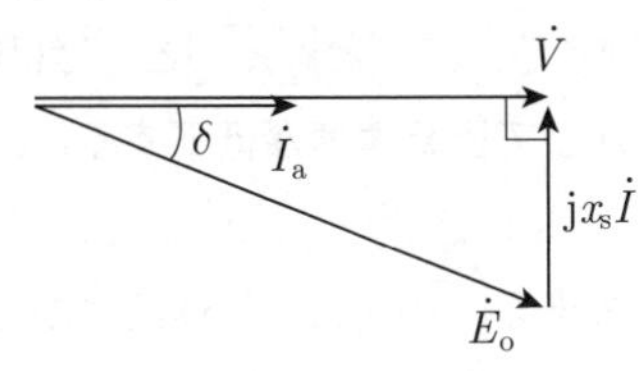

力率１の点((b)図の破線の点)

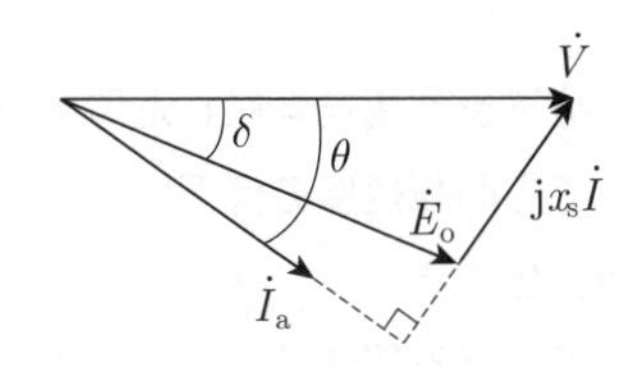

遅れ力率((b)図の破線より左側)

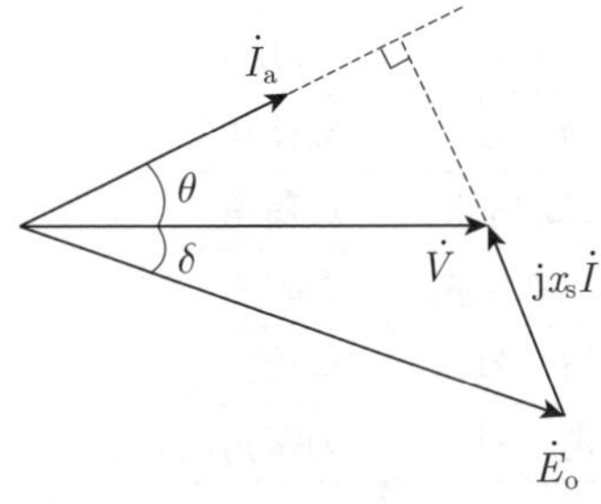

進み力率((b)図の破線より右側)

(a) 同期電動機のベクトル図

(b)図は位相特性で，出力を一定として横軸の**界磁電流**を変化させたときの，縦軸の**電機子電流**の位相と大きさを表している．

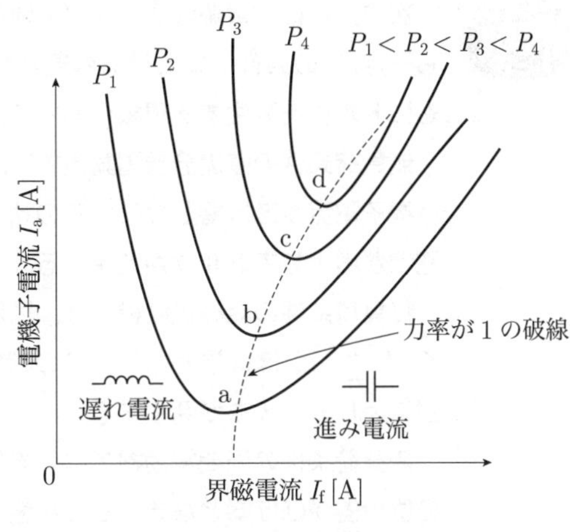

(b) 同期電動機の位相特性（V曲線）

界磁電流を大きくすれば逆起電力が供給電圧より大きくなり，電機子電流は**進み**位相となる．横軸の界磁電流を小さくすれば逆起電力が小さくなり**遅れ**位相の電機子電流となる．図の破線は電機子電流が最小の点の推移であり，力率**1**（100％）の場合の界磁電流の値である．

破線の左は遅れ（コイル），右は進み（コンデンサ）と考える．形がVに似ているのでV曲線と呼ばれる．力率が調整できる調相機はV曲線を利用し，界磁電流を調整して位相を調整している．

(2)

次の文章は，電源電圧一定（交流機の場合は多相交流巻線に印加する電源電圧の周波数も一定.）の条件下における各種電動機において，空回しの無負荷から，負荷の増大とともにトルクを発生する現象に関する記述である.

無負荷条件の直流分巻電動機では，回転速度に比例する［(ア)］と［(イ)］とがほぼ等しく，電機子電流がほぼ零となる．この状態から負荷が掛かって回転速度が低下すると，電機子電流が増大してトルクが発生する.

無負荷条件の誘導電動機では，周波数及び極数で決まる［(ウ)］と回転速度とがほぼ等しく，［(エ)］がほぼ零となる．この状態から負荷が掛かって回転速度が低下すると，［(エ)］が増大してトルクが発生する.

無負荷条件の同期電動機では，界磁単独の磁束と電機子反作用を考慮した電機子磁束との位相差がほぼ零となる．この状態から負荷が掛かっても回転速度の低下はないが，上記両磁束の位相差，すなわち［(オ)］が増大してトルクが発生する.

上記の記述中の空白箇所(ア)，(イ)，(ウ)，(エ)及び(オ)に当てはまる組合せとして，正しいものを次の(1)～(5)のうちから一つ選べ.

	(ア)	(イ)	(ウ)	(エ)	(オ)
(1)	逆起電力	電源電圧	同期速度	滑　り	負荷角
(2)	誘導起電力	逆起電力	回転磁界	二次抵抗	負荷角
(3)	逆起電力	電源電圧	定格速度	二次抵抗	力率角
(4)	誘導起電力	逆起電力	同期速度	滑　り	負荷角
(5)	逆起電力	電源電圧	回転磁界	滑　り	力率角

解6 (1) 直流分巻電動機では回転子が回ると発電機，電動機にかかわらず，回転速度をn，磁束をϕとしたとき誘導起電力E[V]が発生する．その式は，

$$E = k\phi n\,[\mathrm{V}]$$

で，発電機ではこのEを誘導起電力といい，電動機では**逆起電力**という．

無負荷で(a)図のようにI_aが0に近いとき，逆起電力Eと端子電圧Vはほぼ等しくなる．また，トルクTは，

$$T = k\phi I_a\,[\mathrm{N \cdot m}]$$

である．負荷が掛かるとI_aが増えるので，回転速度nを求める式，

$$n = \frac{V - I_a r_a}{k\phi}$$

より，分子が小さくなるのでnは小さくなる．

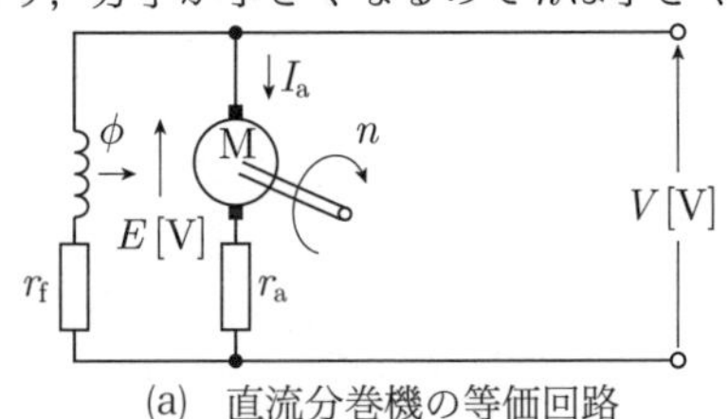

(a) 直流分巻機の等価回路

(2) 誘導電動機では，**同期速度**n_sは次式で求められる．

$$n_s = \frac{120f}{p}\,[\mathrm{min^{-1}}]$$

回転速度nは，$n = n_s(1 - s)$となり，sは滑りと呼ばれる．

無負荷状態では，(b)図のように，sはゼロに近いので同期速度よりわずかに小さい回転速度となる．負荷が大きくなると回転速度は遅くなり，**滑り**は大きくなりトルクが発生する．

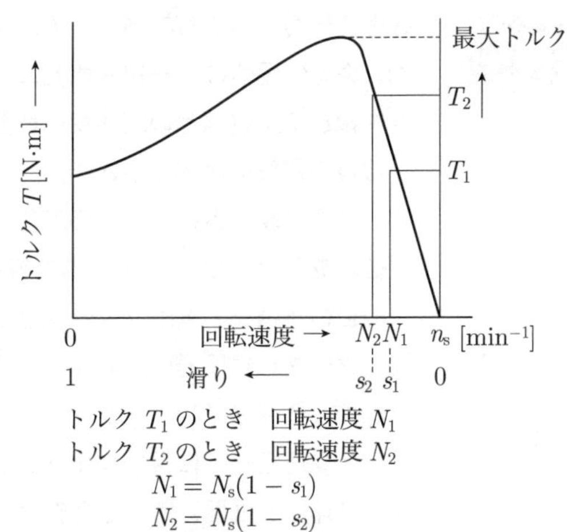

トルク T_1のとき 回転速度 N_1
トルク T_2のとき 回転速度 N_2

$$N_1 = N_s(1 - s_1)$$
$$N_2 = N_s(1 - s_2)$$

(b) 誘導電動機の速度-トルク特性

(3) 同期電動機は無負荷運転では，回転子の相差角をδとすると，$\delta = 0$付近で運転し，負荷が増加するとδは大きくなり$\delta = \pi/2$で最大トルクとなり，$\delta > \pi/2$ではトルクは減少する．

同期電動機が無負荷で回転しているとき，(c)図のように回転磁界と回転子の磁束の向きは一致する．このときのトルクはゼロとなる．負荷が掛かると回転磁界の磁束に対し，回転子の磁極が遅れて**負荷角**を一定に保ちながら同期速度で回転する．

同期電動機の有効電力Pは，

$$P = \frac{V \cdot E}{x_s} \sin\delta$$

より，トルクTは，$T = P/\omega$で，同期速度ωは一定となるのでTはPに比例する．したがって，相互の磁束の負荷角である$\sin\delta$のδが増大してトルクが大きくなる．

答 (1)

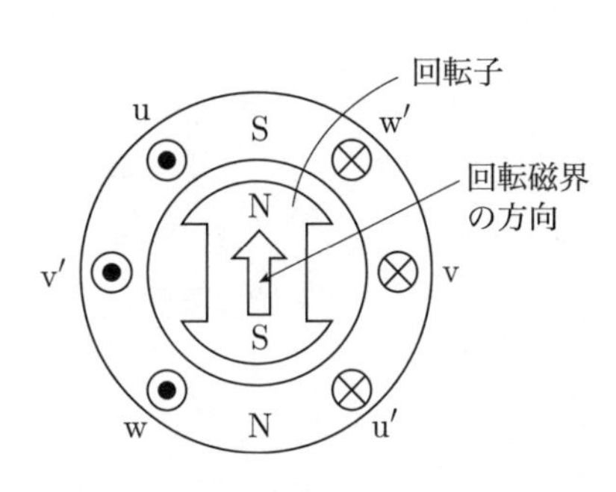

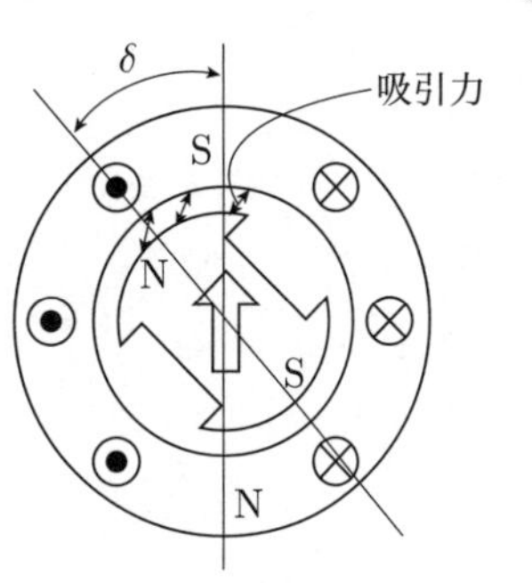

(c) 同期電動機のトルク・負荷角

問7

各種変圧器に関する記述として，誤っているものを次の(1)～(5)のうちから一つ選べ．

(1) 単巻変圧器は，一次巻線と二次巻線とが一部分共通になっている．そのため，一次巻線と二次巻線との間が絶縁されていない．変圧器自身の自己容量は，負荷に供給する負荷容量に比べて小さい．

(2) 三巻線変圧器は，一つの変圧器に三組の巻線を設ける．これを3台用いて三相Y-Y結線を行う場合，一組目の巻線をY結線の一次，二組目の巻線をY結線の二次，三組目の巻線を△結線の第3調波回路とする．

(3) 磁気漏れ変圧器は，磁路の一部にギャップがある鉄心に，一次巻線及び二次巻線を巻く．負荷のインピーダンスが変化しても，変圧器内の漏れ磁束が変化することで，負荷電圧を一定に保つ作用がある．

(4) 計器用変成器には，変流器（CT）と計器用変圧器（VT）がある．これらを用いると，大電流又は高電圧の測定において，例えば最大目盛りが5 A，150 Vという通常の電流計又は電圧計を用いることができる．

(5) 変流器（CT）では，電流計が二次側の閉回路を構成し，そこに流れる電流が一次側に流れる被測定電流の起磁力を打ち消している．通電中に誤って二次側を開放すると，被測定電流が全て励磁電流となるので，鉄心の磁束密度が著しく大きくなり，焼損するおそれがある．

解7 (1) 単巻変圧器の等価回路を(a)図に示す．分路巻線には I_1 と I_2 の差の電流が流れるので電線を少なくでき，鉄心も小さくできる．

自己容量：$\dot{E}_2\dot{I}_2$

負荷容量：$\dot{V}_2\dot{I}_2 = (\dot{E}_1 + \dot{E}_2)I_2$

∴ 負荷容量 − 自己容量 $= \dot{E}_1\dot{I}_2$

正の値となるので，自己容量＜負荷容量となり題意と一致する．

単巻変圧器の長所は，小さい自己容量で大きな負荷容量を扱える．一次，二次に共通巻線があるので漏れ磁束がなく，漏れリアクタンスが小，電圧変動率も小となる．

短所は一, 二次間が絶縁されていないので高圧側の電圧が低圧側に危険性を及ぼすおそれがある．正しい．

(2) 三相変圧器において，△とY結線の組合せで相結線を行うとき，必ず△結線を一つ設けなければ第3調波が循環できなくなり，通信線などに悪影響を及ぼす．

Y-Y結線を行う場合，第3調波循環のため三次巻線を設け，それを△結線にする．正しい．

(3) 電気溶接機などは磁気漏れ変圧器を使用している．これは(b)図のように，磁路にギャップをつくり，そのギャップを調整することにより漏れ磁束を調整し，二次電圧が増加しようとすると漏れ磁束が増えることにより，二次電圧を減らし負荷電流を一定に保つ．定電流変圧器ともいい，**負荷電圧は磁気が漏れることにより下が**るので間違いである．

(4) 計器用変成器（CT，VT）は，たとえばCTでは，1 000 A流れている幹線の電流をそのまま測定するよりも，変成して5 Aにしたほうが電流は測定しやすい．

VTでは，高圧6 600 Vを110 V（最大目盛150 V）に変成すると，電圧を簡単に測定でき，経済性がよくなり，危険性も低くなる．正しい．

(5) CTは，一次電流が流れているとき二次側は電流計などのインピーダンスがゼロに近いもので閉路しているので，二次電流は変流比に応じた電流が流れるが，二次側を開放してはいけない．開放すると，一次側の電流全部が励磁電流となって大きな磁束が発生し，鉄心は磁気飽和をし，鉄損が増え，その熱によりCTは焼損する．

CTの二次側を開放することは高圧の電気室で仕事をする技術者として，やってはいけないことのトップ10に入るくらい重要なことである．正しい．

答 (3)

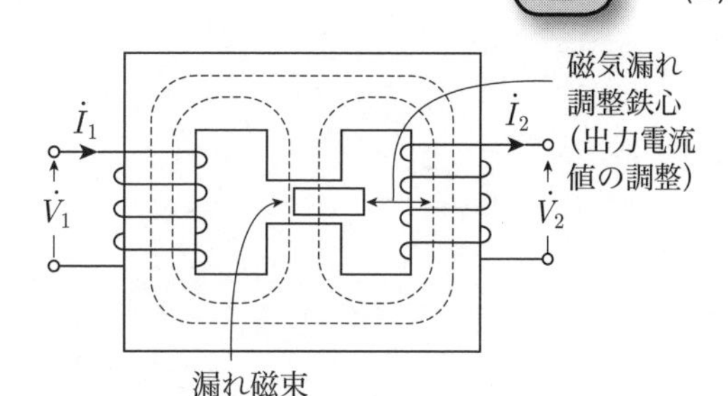

(b) 磁気漏れ変圧器（電気溶接機など）

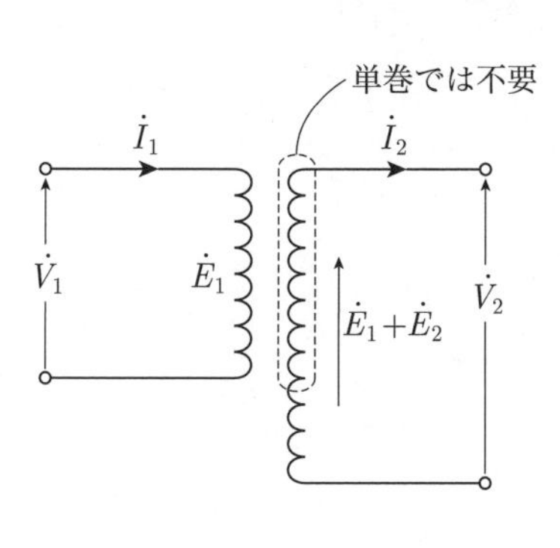

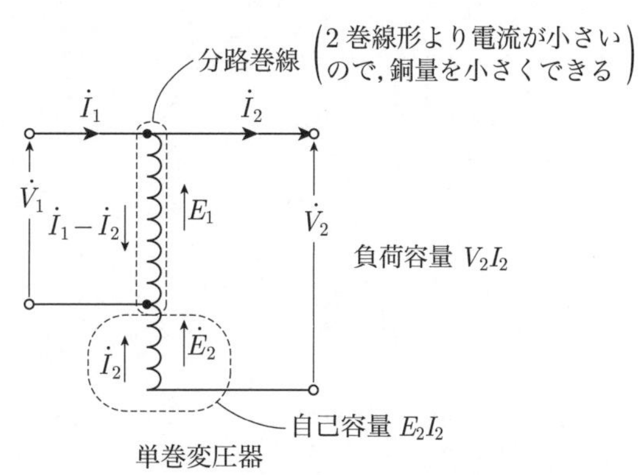

(a)

問8

変圧器の規約効率を計算する場合，巻線の抵抗値を75 °Cの基準温度の値に補正する．

ある変圧器の巻線の温度と抵抗値を測ったら，20 °Cのとき1.0 Ωであった．この変圧器の75 °Cにおける巻線抵抗値[Ω]として，最も近いものを次の(1)～(5)のうちから一つ選べ．

ただし，巻線は銅導体であるものとし，T [°C]とt [°C]の抵抗値の比は，

$$(235+T):(235+t)$$

である．

(1)　0.27　　(2)　0.82　　(3)　1.22　　(4)　3.75　　(5)　55.0

解8 変圧器の無負荷損失は(a)図のように二次巻線を開放し，一次巻線に定格電圧 V_1 を加え無負荷電流 I_0，(b)図の g_0 で消費する無負荷電力 P_0 を測定する．g_0 は励磁コンダクタンスで巻線抵抗の逆数である．温度 t [°C] 時の巻線抵抗を r_t とすると，$r_t = 1/g_0$ で計算できる．

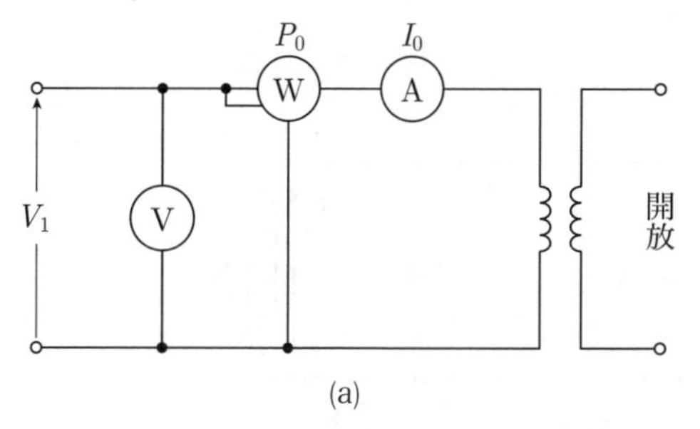

(a)

(b)図は変圧器の等価回路で，g_0 により無負荷損が決まる．

$$g_0 = \frac{P_0}{{V_1}^2}$$

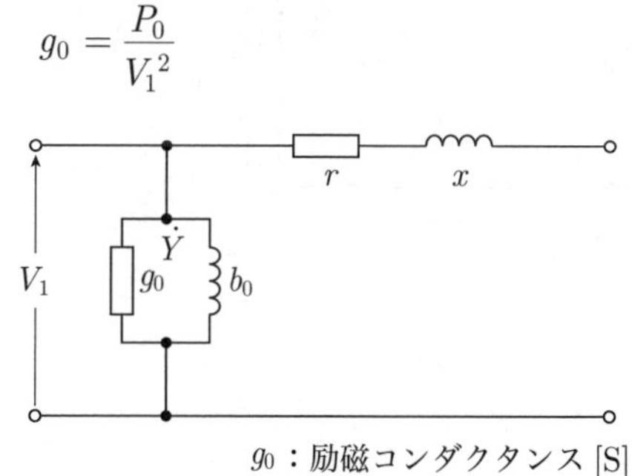

g_0：励磁コンダクタンス [S]
b_0：励磁サセプタンス[S]

(b)

I_0 と V_1 および P_0 より b_0 を求めると，

$$b_0 = \sqrt{\left(\frac{I_0}{V_1}\right)^2 - {g_0}^2}$$

r_tは測定時の t [°C] のときの温度であるから，規約効率を求めるための温度75 °Cに換算しなければならない．

変圧器は商取引上の効率の算定のため，計算法が規定されている．このような効率を規約効率といい，効率計算のための無負荷損は，銅線コイルの温度により抵抗値が変動するので75 °Cのときの抵抗値 r_{75} を求める．次式は r_{75} を求める式となる．

$$r_{75} = r_t\left(\frac{235+75}{235+t}\right) \quad ①$$

題意の抵抗値の比からも①式は導き出される．

$$(235 + T) : (235 + t) = r_{75} : r_t$$

$$r_{75} = r_t\left(\frac{235+75}{235+t}\right)$$

数値を代入すると，

$$r_{75} = 1.0\left(\frac{235+75}{235+20}\right) = \frac{310}{255}$$

$$\fallingdotseq 1.22\ \Omega \quad (答)$$

答 (3)

理論 電力 機械 法規 令和5上(2023) 令和4下(2022) 令和4上(2022) 令和3(2021) 令和2(2020) 令和元(2019) 平成30(2018) 平成29(2017) 平成28(2016) 平成27(2015)

問9　図は，2種類の直流チョッパを示している．いずれの回路もスイッチS，ダイオードD，リアクトルL，コンデンサC（図1のみに使用されている.）を用いて，直流電源電圧E＝200 Vを変換し，負荷抵抗Rの電圧v_{d1}，v_{d2}を制御するためのものである．これらの回路で，直流電源電圧は$E = 200$ V一定とする．また，負荷抵抗Rの抵抗値とリアクトルLのインダクタンス又はコンデンサCの静電容量の値とで決まる時定数が，スイッチSの動作周期に対して十分に大きいものとする．各回路のスイッチSの通流率を0.7とした場合，負荷抵抗Rの電圧v_{d1}，v_{d2}の平均値V_{d1}，V_{d2}の値[V]の組合せとして，最も近いものを次の(1)〜(5)のうちから一つ選べ．

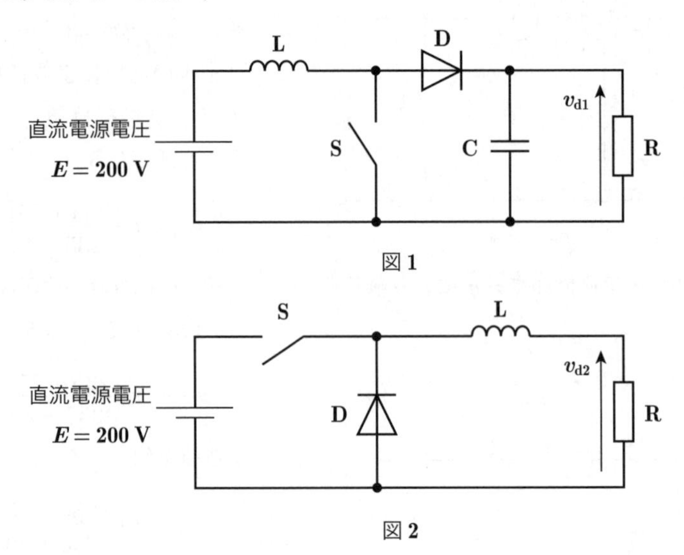

図1

図2

	V_{d1}	V_{d2}
(1)	667	140
(2)	467	60
(3)	667	86
(4)	467	140
(5)	286	60

解9 (a)図は昇圧チョッパである．Sを t_{on} [s] オンすると，$E \to L \to$ Sの回路に電流 i が流れて L にエネルギーが蓄積される．Dはコンデンサの電荷がSを通じて放電するのを阻止する．

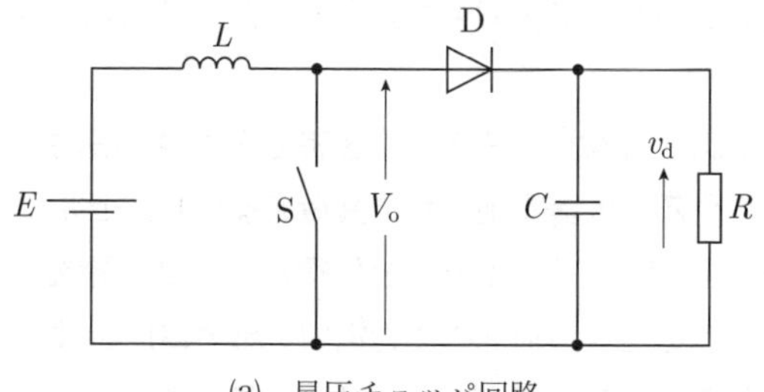

(a) 昇圧チョッパ回路

Sを t_{off} [s] オフにすると，L に蓄えられていた電磁エネルギーが E に加算されて C と R に流れ，C を充電する．この波形が(b)図の上側で，下側は負荷電圧 v_{d1} の波形となる．

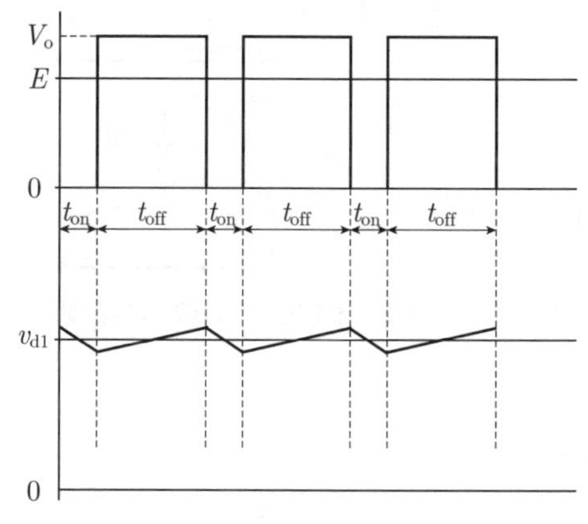

(b) 各部の波形

t_{on} 時に L に蓄えられるエネルギーは Eit_{on}，t_{off} 時に負荷 R に流れるエネルギーは，$(v_{d1} - E)it_{off}$ となり，二つのエネルギーは等しいので次式で表される．

$$Eit_{on} = (v_{d1} - E)it_{off}$$

v_{d1} について求めると，

$$v_{d1} = E\left(1 + \frac{t_{on}}{t_{off}}\right) = \frac{E}{1-d}\ [\mathrm{V}]$$

題意の数値により計算すると，

$$v_{d1} = \frac{200}{1-0.7} \fallingdotseq 667\ \mathrm{V} \quad (答)$$

ここで，d は通流率（デューティファクタ）といい，その波形の1周期 T $(= t_{on} + t_{off})$ に対するオン時間 t_{on} をいう．波形の1周期のオン時間の面積を平均したものである．

$$d = \frac{t_{on}}{t_{on} + t_{off}} = \frac{t_{on}}{T}$$

(c)図は降圧チョッパ回路でその動作は，Sが t_{on} 時間オンすると i_d の流れは，$L \to R \to \mathrm{D} \to L$ の循環電流 i_L となる．

出力電圧 V_o は(c)図より，

$$v_{d2} = V_o = \frac{t_{on}}{t_{on} + t_{off}} E = dE$$

$$= 0.7 \times 200 = 140\ \mathrm{V} \quad (答)$$

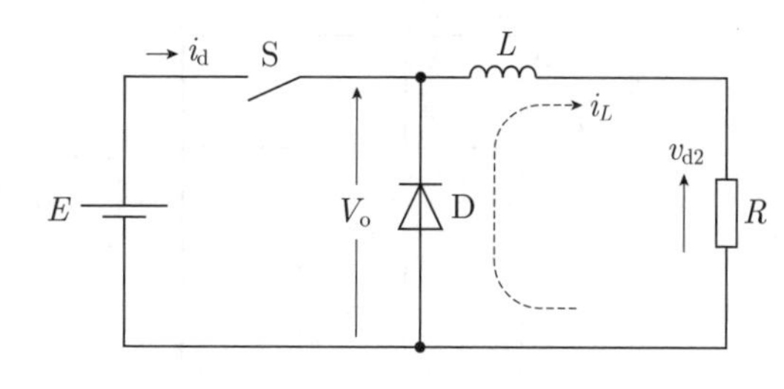

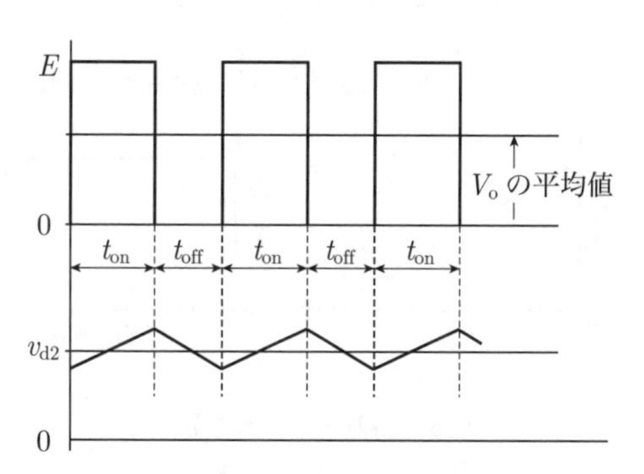

(c) 降圧チョッパ回路と各部の波形

(1)

問10　次の文章は，太陽光発電システムに関する記述である．

図1は交流系統に連系された太陽光発電システムである．太陽電池アレイはインバータと系統連系用保護装置とが一体になった[(ア)]を介して交流系統に接続されている．

太陽電池アレイは，複数の太陽電池セルを直列又は直並列に接続して構成される太陽電池モジュールをさらに直並列に接続したものである．太陽電池セルは**p**形半導体と**n**形半導体とを接合した**pn**接合ダイオードであり，照射される太陽光エネルギーを[(イ)]によって電気エネルギーに変換する．

また，太陽電池セルの簡易等価回路は電流源と非線形の電流・電圧特性をもつ一般的なダイオードを組み合わせて図2のように表される．太陽電池セルに負荷を接続し，セルに照射される太陽光の量を一定に保ったまま，負荷を変化させたときに得られる出力電流・出力電圧特性は図3の[(ウ)]のようになる．このとき負荷への出力電力・出力電圧特性は図4の[(エ)]のようになる．セルに照射される太陽光の量が変化すると，最大電力も，最大電力となるときの出力電圧も変化する．このため，[(ア)]には太陽電池アレイから常に最大の電力を取り出すような制御を行うものがある．この制御は[(オ)]制御と呼ばれている．

上記の記述中の空白箇所(ア)，(イ)，(ウ)，(エ)及び(オ)に当てはまる組合せとして，正しいものを次の(1)～(5)のうちから一つ選べ．

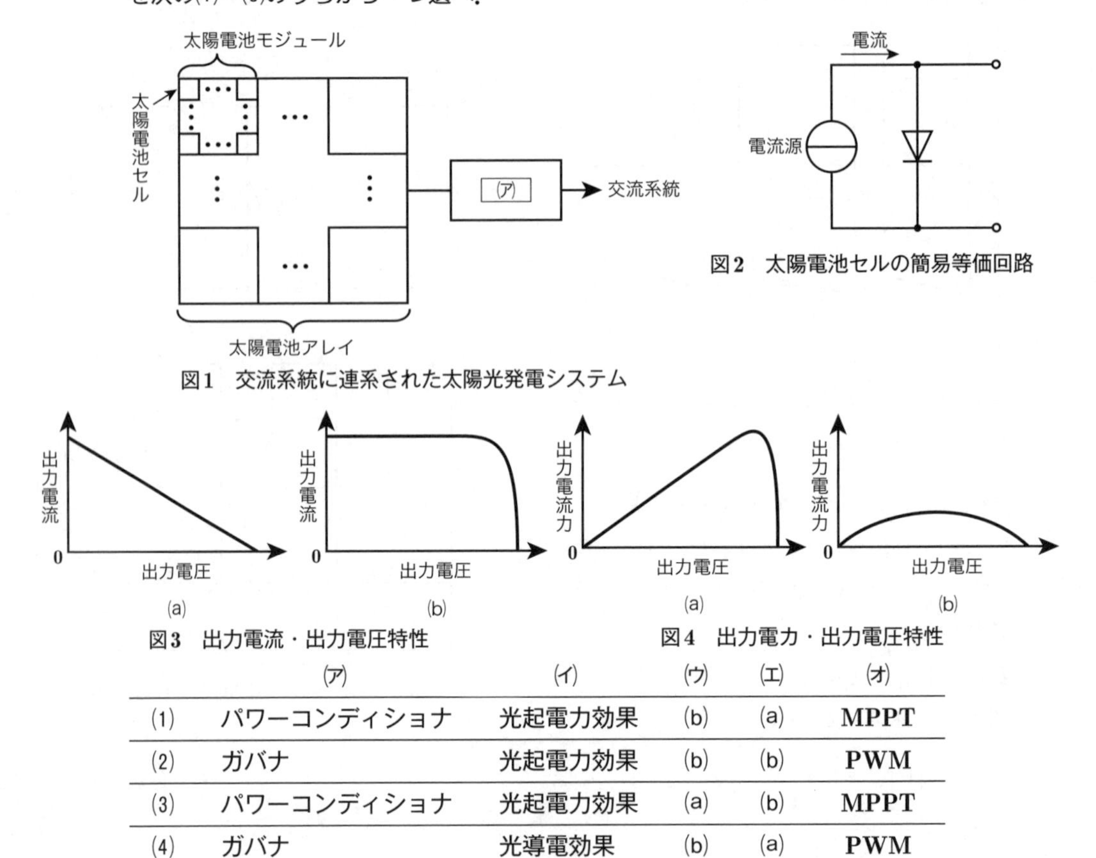

図1　交流系統に連系された太陽光発電システム

図2　太陽電池セルの簡易等価回路

図3　出力電流・出力電圧特性

図4　出力電力・出力電圧特性

	(ア)	(イ)	(ウ)	(エ)	(オ)
(1)	パワーコンディショナ	光起電力効果	(b)	(a)	**MPPT**
(2)	ガバナ	光起電力効果	(b)	(b)	**PWM**
(3)	パワーコンディショナ	光起電力効果	(a)	(b)	**MPPT**
(4)	ガバナ	光導電効果	(b)	(a)	**PWM**
(5)	パワーコンディショナ	光導電効果	(a)	(b)	**PWM**

解10 太陽電池の原理は(a)図のように，半導体pnの接合部に光を当てると，**光起電力効果**によりn形からp形方向へ電流が流れる電気エネルギーを利用して発電している．

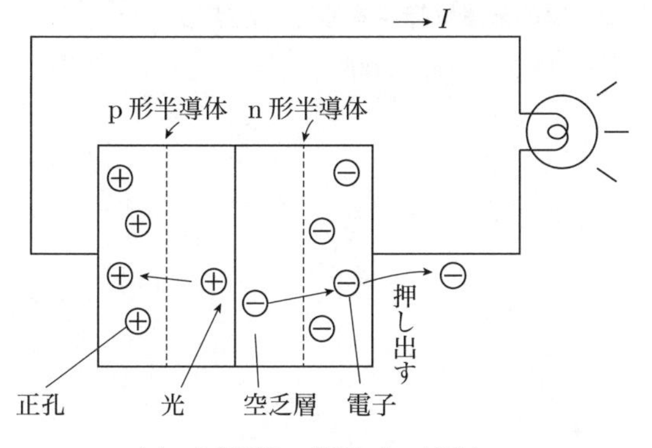

(a) 太陽電池の原理（pn接合）

(b)図は太陽光発電システムの基本構成である．系統に電力を連系するためには太陽電池で発電した直流電力をインバータで交流に変換しなければならず，その役割を果たすのが**パワーコンディショナ**で，直流を交流に変換するとともに電圧，電流，周波数なども調整する．また，各種の保護リレーが内蔵され，システム自体の故障が電力系統に悪影響を与えないようにしている．

一般的に太陽電池の出力は，(c)図のように発生する電圧と電流のI-V曲線で表される．負荷がないときの太陽電池の端子電圧はV_{0c} [V]，負荷端子を短絡したときの短絡電流がI_{sc} [A]流

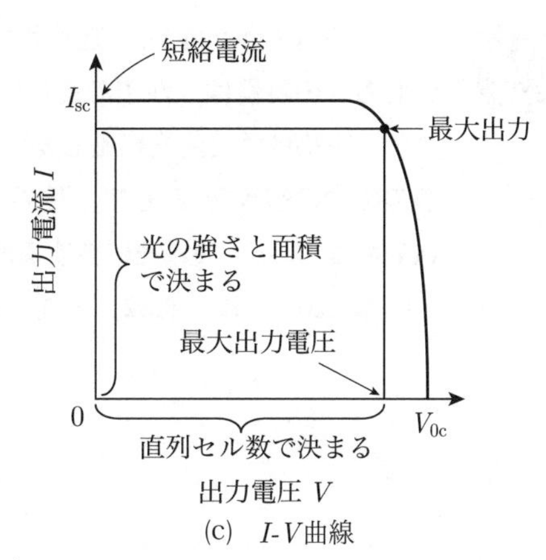

(c) I-V曲線

れる．

パワーコンディショナの制御は，出力を最大にするため，電流×電圧を自動で求め，(d)図のP-V曲線の最大の電力が発生する動作点を探し求めるように制御する，最大電力点追従制御**MPPT**（Maximun Power Point Tracking）である．

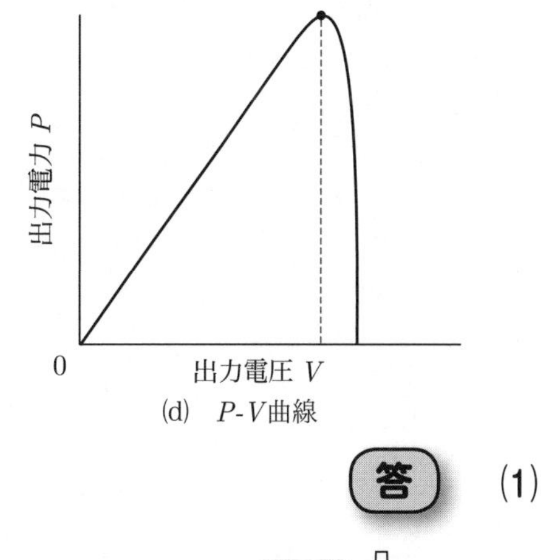

(d) P-V曲線

答 (1)

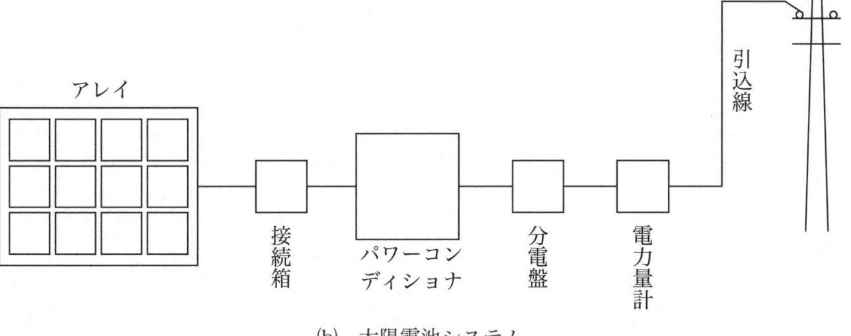

(b) 太陽電池システム

問11 かごの質量が200 kg，定格積載質量が1 000 kgのロープ式エレベータにおいて，釣合いおもりの質量は，かごの質量に定格積載質量の40 %を加えた値とした．このエレベータで，定格積載質量を搭載したかごを一定速度90 m/minで上昇させるときに用いる電動機の出力の値[kW]として，最も近いものを次の(1)～(5)のうちから一つ選べ．ただし，機械効率は75 %，加減速に要する動力及びロープの質量は無視するものとする．

(1) 1.20　(2) 8.82　(3) 11.8　(4) 23.5　(5) 706

解11 図にエレベータの概念図を示す．エレベータは電動機負荷を小さくするため，つり合いおもり W_C を付けている．これにより巻上加重を減らして，電動機の小容量化，むだなエネルギーの削減をしている．

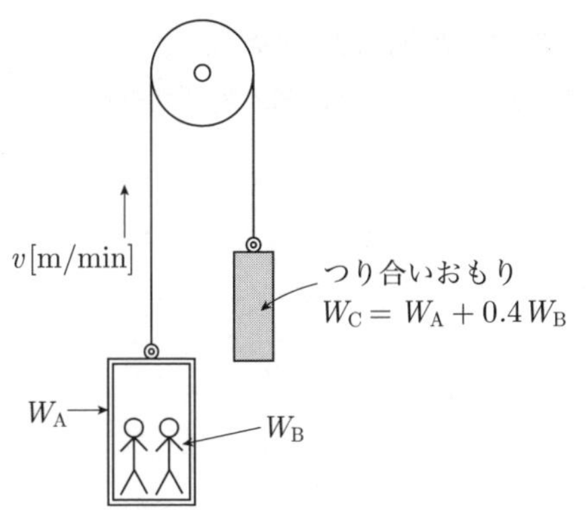

巻上加重はエレベータ側の重量（かごの質量 W_A ＋ 積載質量 W_B）からつり合いおもりの質量 W_C を引いて求める．

電動機出力 p [W] は，巻上加重 W [kg]，巻上速度 v [m/min]，効率 η，余裕率 k とすると，

$$P = 9.8W \frac{v}{60} \cdot \frac{k}{\eta} \text{ [W]}$$

ただし，

$$W_C = W_A + 0.4W_B$$

$$\begin{aligned} W &= W_A + W_B - W_C \\ &= W_A + W_B - (W_A + 0.4W_B) \\ &= W_B(1 - 0.4) = 1\,000 \times 0.6 = 600 \text{ kg} \end{aligned}$$

$$\begin{aligned} \therefore \quad p &= 9.8W \frac{v}{60} \frac{k}{\eta} \text{ [W]} \\ &= 9.8 \times 600 \times \frac{90}{60} \times \frac{1}{0.75} \\ &= 11\,760 \text{ W} \\ &\fallingdotseq 11.8 \text{ kW} \quad (答) \end{aligned}$$

（∵ $k = 1$ とした）

答 (3)

理論 電力 機械 法規 令和5上(2023) 令和4下(2022) 令和4上(2022) 令和3(2021) 令和2(2020) 令和元(2019) 平成30(2018) 平成29(2017) 平成28(2016) 平成27(2015)

電池に関する記述として，誤っているものを次の(1)～(5)のうちから一つ選べ．

(1) 充電によって繰り返し使える電池は二次電池と呼ばれている．

(2) 電池の充放電時に起こる化学反応において，イオンは電解液の中を移動し，電子は外部回路を移動する．

(3) 電池の放電時には正極では還元反応が，負極では酸化反応が起こっている．

(4) 出力インピーダンスの大きな電池ほど大きな電流を出力できる．

(5) 電池の正極と負極の物質のイオン化傾向の差が大きいほど開放電圧が高い．

解12 (1) 乾電池など，一度使用したら使えない電池を一次電池，鉛蓄電池のように何度も充電して使える電池を二次電池という．正しい．

(2) 負極の金属がイオン化し，電子を放出する．放出された電子は，負極から導線を通り正極に流れる．負極から電子を失った金属は正の電気を帯びた陽イオンとなり，電解質溶液に溶けてイオンになる．正極では，電子が溶液の中の金属イオンを引き付ける．よって，外部回路導線中を電子が移動し，電解液中をイオンが移動する．正しい．

(3) 電池はイオン化傾向の異なる2種類の金属を電解質溶液の中で化学変化させ，イオン化傾向の大きな金属（K，Na，Znなど）は酸化反応が起こり負極となる．一方，イオン化傾向の小さい金属（Ag，Pt，Auなど）では還元反応を起こし正極となる．正しい．

(4) 出力インピーダンスは電池の内部抵抗rで，電池に直列につながる抵抗と等価になる．等価回路を図に示す．この場合，電流を大きくすると電池内部の電圧降下Irが大きくなり，出力電圧Vは下がる．図の等価回路より，端子電圧Vは，本来の起電力をE，負荷の抵抗をRとすると，

$$V = E - (r + R)I$$

よって，電流Iは，

$$I = \frac{E - V}{r + R}$$

これより，rは**小さい**ほど出力電流が大きくできる．間違い．

(5) 電池は化学変化を利用して電圧，電流を得る装置で，二つのイオン化傾向の異なる金属を電解質溶液に浸したものである．

イオン化傾向の大きな金属は負極になり，小さい金属は正極になる．たとえば，ZnとCuではイオン化傾向はZn > Cuであるから，Cuが正，Znが負極となる．

イオン化傾向の大きなほうから順に並べると次のようになる．

K，Ca，Na，Mg，Al，Zn，Fe，Ni，Sn，Pb，(H_2)，Cu，Hg，Ag，Pt，Au

イオン化傾向の差が大きいほど開放電圧は高くなる．たとえば，KとAuを使った電池の開放電圧がほかの元素の組合せより大きくなる．

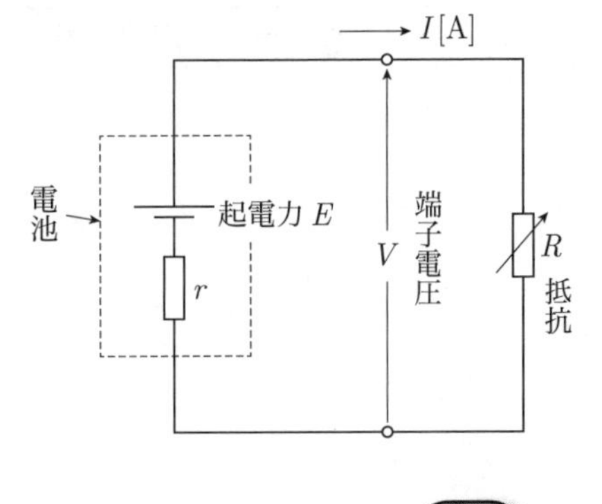

答 (4)

問13 次の文章は，フィードバック制御における三つの基本的な制御動作に関する記述である．

目標値と制御量の差である偏差に (ア) して操作量を変化させる制御動作を (ア) 動作という．この動作の場合，制御動作が働いて目標値と制御量の偏差が小さくなると操作量も小さくなるため，制御量を目標値に完全に一致させることができず， (イ) が生じる欠点がある．

一方，偏差の (ウ) 値に応じて操作量を変化させる制御動作を (ウ) 動作という．この動作は偏差の起こり始めに大きな操作量を与える動作をするので，偏差を早く減衰させる効果があるが，制御のタイミング（位相）によっては偏差を増幅し不安定になることがある．

また，偏差の (エ) 値に応じて操作量を変化させる制御動作を (エ) 動作という．この動作は偏差が零になるまで制御動作が行われるので， (イ) を無くすことができる．

上記の記述中の空白箇所(ア)，(イ)，(ウ)及び(エ)に当てはまる組合せとして，正しいものを次の(1)～(5)のうちから一つ選べ．

	(ア)	(イ)	(ウ)	(エ)
(1)	積　分	目標偏差	微　分	比　例
(2)	比　例	定常偏差	微　分	積　分
(3)	微　分	目標偏差	積　分	比　例
(4)	比　例	定常偏差	積　分	微　分
(5)	微　分	定常偏差	比　例	積　分

解13 フィードバック制御の三つの基本的制御動作には次のようなものがある．

オン・オフ動作（2位置動作）は入力の大きさによりオンかオフをとる動作で，目標値に対して変動が大きい．目標値に早く近づけるためにはP，I，D動作を組み合わせて使う．

(1) 比例動作（P動作）

比例動作は目標値と制御量の偏差に比例して操作量を変化させ，目標値に近づける制御である．

(a)図のように比例帯の中で操作量が偏差に比例する動作である．オンオフ動作に比べ，振動状態（ハンチング）が少ない制御ができる．

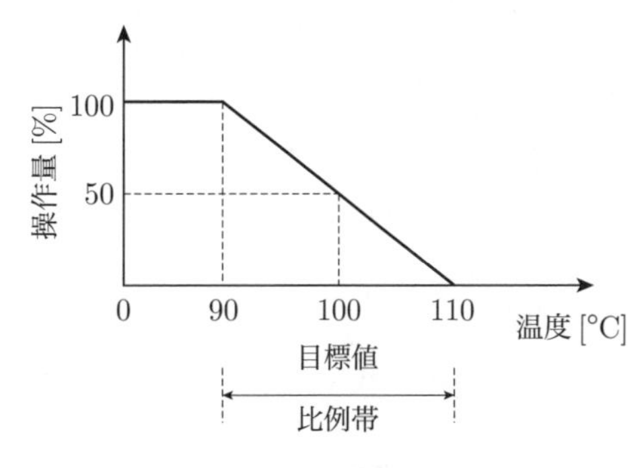

(a) 比例動作

(b)図のように，感度（ゲイン）が小さい（比例帯が広い）と，出力は目標値より定常偏差分（オフセット）だけ小さい値で推移していく．ゲインが大きく（比例帯が狭い）なると，出力が目標値を通り過ぎてオフとなり，目標値から

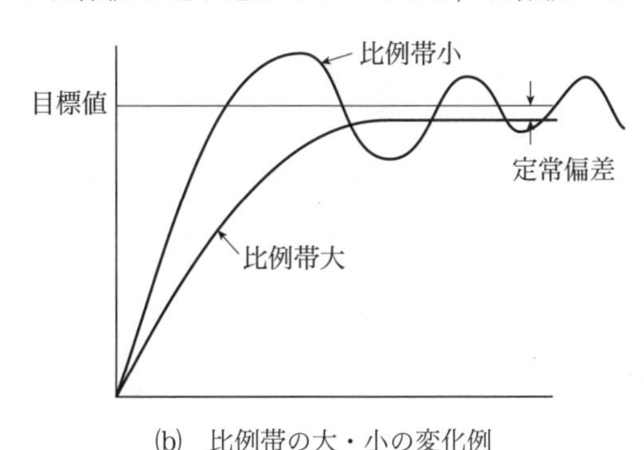

(b) 比例帯の大・小の変化例

下がりすぎてオンしてをくり返し，ハンチングとなる．

(2) 積分動作（I動作）

積分動作は偏差の時間積分に比例して操作量を変化させ，偏差をゼロにする制御である．

比例動作では偏差に比例した出力しか出さないので目標値に近づけない場合がある．そこで，目標値との誤差を累積させ，その累積値に比例させた量を操作量に加える．目標値との間にわずかな誤差が残ったとしても，時間とともに誤差の累積値が大きくなり，いずれ誤差を補正するような操作が行われる．

(3) 微分動作（D動作）

微分動作は偏差の時間変化に比例して操作量を変化させ，過渡特性を改善する制御である．

現在の誤差が過去の誤差と比べて大きかった場合に，操作量を大きく変化させることで，機敏に目標値に近づける．

積分動作，微分動作は単独で使用されることはなく，比例動作と，あるいは比例動作に併せて他方の動作と組み合わせて用いる．

目標値を変化させて，偏差を与えたときの制御応答の比較を，(c)図に示す．

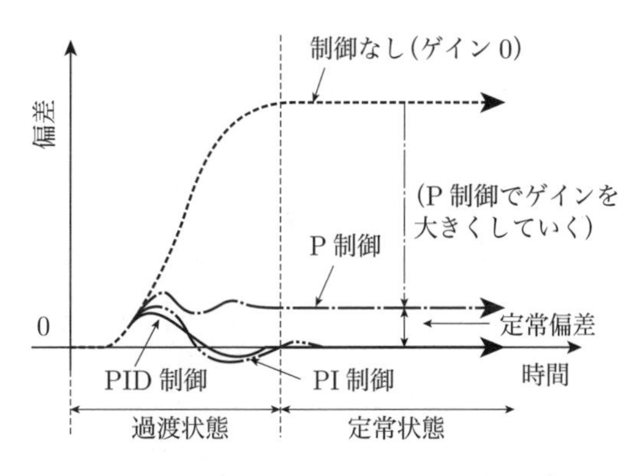

(c) 偏差発生時のP，PIおよびPID制御の制御応答比較

(2)

次の文章は，基数の変換に関する記述である．

・2進数00100100を10進数で表現すると (ア) である．

・10進数170を2進数で表現すると (イ) である．

・2進数111011100001を8進数で表現すると (ウ) である．

・16進数 (エ) を2進数で表現すると11010111である．

上記の記述中の空白箇所(ア)，(イ)，(ウ)及び(エ)に当てはまる組合せとして，正しいものを次の(1)～(5)のうちから一つ選べ．

	(ア)	(イ)	(ウ)	(エ)
(1)	36	10101010	7321	D7
(2)	37	11010100	7341	C7
(3)	36	11010100	7341	D7
(4)	36	10101010	7341	D7
(5)	37	11010100	7321	C7

解14 (ア) 2進数→10進数

00100100は，2の乗数にあてはめ，最小桁の乗数を0とし（2^0），桁を一つ左にずらすごとに乗数に1を加え，その桁が1であれば1を，0であれば0を掛ける．

$$0\times2^7+0\times2^6+1\times2^5+0\times2^4$$
$$+0\times2^3+1\times2^2+0\times2^1+0\times2^0$$
$$=0+0+32+0+0+4+0+0$$
$$=36$$ (答)

(イ) 10進数→2進数

$(170)_{10}$を2進数にするには，170を2で割り続け，割り切れないときは余り1とし，割り切れたときは余り0とし，図のように商が0になるまで計算し，余りを下から上の順に左から右へ並べることで変換できる．

```
2)170
2) 85 … 0  ↑
2) 42 … 1  │
2) 21 … 0  │
2) 10 … 1  │  (170)10→2進数に変換
2)  5 … 0  │
2)  2 … 1  │
2)  1 … 0  │
    0 … 1
```

矢印方向に並べると，

$(170)_{10}=(10101010)_2$ (答)

(ウ) 2進数→8進数

$8=2^3$より，右から3桁ずつ区切り，区分ごとに3桁の2進数を表から8進数に変換する．

・111011100001→111 011 100 001
→7341 (答)

(エ) 2進数→16進数

$16=2^4$より，右から4桁ずつ区切り，区分ごとに4桁の2進数を表から16進数に変換する．

・11010111→1101 0111→D7 (答)

次に10進数，2進数，16進数，8進数の対応表を示す．

10進数	2進数	16進数	8進数
0	00000000	0	0
1	00000001	1	1
2	00000010	2	2
3	00000011	3	3
4	00000100	4	4
5	00000101	5	5
6	00000110	6	6
7	00000111	7	7
8	00001000	8	10
9	00001001	9	11
10	00001010	A	12
11	00001011	B	13
12	00001100	C	14
13	00001101	D	15
14	00001110	E	16
15	00001111	F	17
16	00010000	10	20
17	00010001	11	21
18	00010010	12	22
19	00010011	13	23
20	00010100	14	24

答 (4)

B問題　配点は1問題当たり(a)5点，(b)5点，計10点

問15　定格出力3 300 kV·A，定格電圧6 600 V，定格力率0.9（遅れ）の非突極形三相同期発電機があり，星形接続1相当たりの同期リアクタンスは12.0 Ωである．電機子の巻線抵抗及び磁気回路の飽和は無視できるものとして，次の(a)及び(b)の問に答えよ．

(a)　定格運転時における1相当たりの内部誘導起電力の値[V]として，最も近いものを次の(1)～(5)のうちから一つ選べ．

(1)　3 460　(2)　3 810　(3)　6 170　(4)　7 090　(5)　8 690

(b)　上記の発電機の励磁を定格状態に保ったまま運転し，星形結線1相当たりのインピーダンスが13 + j5 Ωの平衡三相誘導性負荷を接続した．このときの発電機端子電圧の値[V]として，最も近いものを次の(1)～(5)のうちから一つ選べ．

(1)　3 810　(2)　4 010　(3)　5 990　(4)　6 600　(5)　6 950

解15 (a) 非突極形同期発電機の1相の等価回路を(a)図に示す．定格電流 I_n，相電圧 V_n は，定格出力を P_n とすると，

$$I_n = \frac{P_n}{\sqrt{3}V_n} = \frac{3\,300\times10^3}{\sqrt{3}\times6\,600} = 289\ \text{A}$$

$$V_n = \frac{6\,600}{\sqrt{3}} = 3\,811\ \text{V}$$

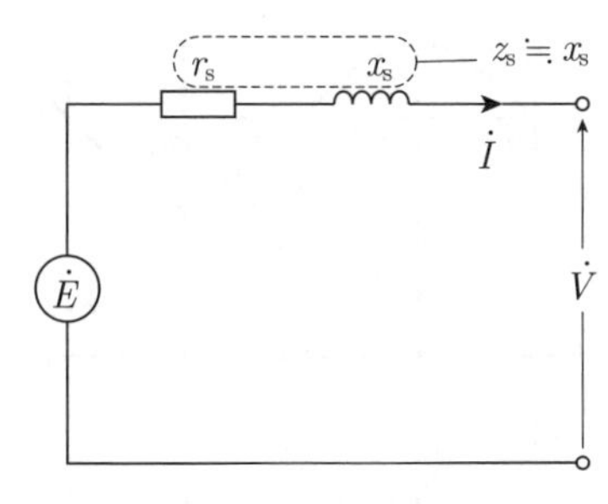

(a) 同期発電機の等価回路

この等価回路のベクトル図を(b)図に示す．同期リアクタンスを $x_s = 12.0\ \Omega$ とすると，x_s による電圧降下は

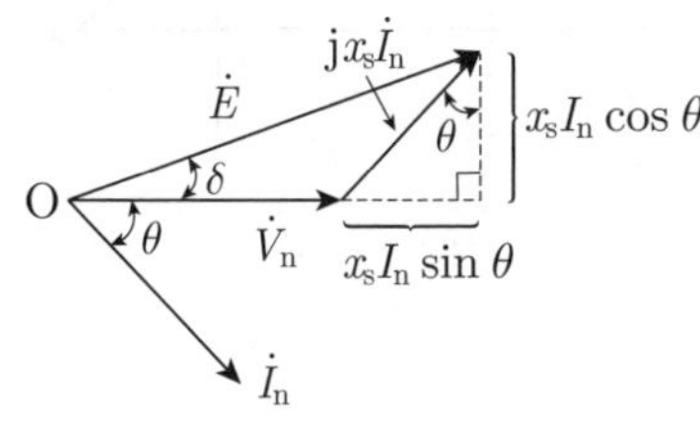

(b) 遅れ力率時のベクトル図

$$I_nx_s = 289\times12 = 3\,468\ \text{V}$$

内部誘導起電力 E は，

$$E = \sqrt{(V_n + I_nx_s\sin\theta)^2 + (I_nx_s\cos\theta)^2}$$

$$= \sqrt{(3\,811 + 289\times12\sqrt{1-0.9^2})^2 + (289\times12\times0.9)^2}$$

$$\fallingdotseq 6\,170\ \text{V} \quad (答)$$

(b) (c)図に等価回路を示す．図より，誘導起電力が6 170 V，負荷に誘導性負荷13 + j5 Ω を接続したとき，流れる電流を I[A] とすれば，

$$\dot{I} = \frac{E}{\mathrm{j}x_s + 13 + \mathrm{j}5} = \frac{6\,170}{13+\mathrm{j}17}$$

この電流が負荷に加わったときの負荷電圧を $\dot{E}_2$ とすると，

$$\dot{E}_2 = \dot{I}(13+\mathrm{j}5)$$

$$= \frac{6\,170(13+\mathrm{j}5)(13-\mathrm{j}17)}{(13+\mathrm{j}17)(13-\mathrm{j}17)}$$

$$= 13.47(254 - \mathrm{j}156)$$

$$|\dot{E}_2| = 13.47\sqrt{254^2+156^2} = 4\,015\ \text{V}$$

線間電圧 $\dot{V}_2$ にすると

$$\dot{V}_2 = 4\,015\sqrt{3} \fallingdotseq 6\,950\ \text{V} \quad (答)$$

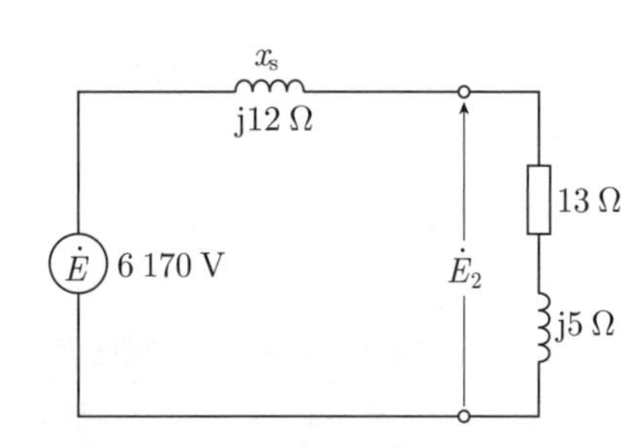

(c) 負荷に $R + \mathrm{j}x$ を接続した等価回路

答 (a) - (3)，(b) - (5)

純抵抗を負荷とした単相サイリスタ全波整流回路の動作について，次の(a)及び(b)の問に答えよ．

(a) 図1に単相サイリスタ全波整流回路を示す．サイリスタ$\mathbf{T_1}$～$\mathbf{T_4}$に制御遅れ角$\alpha = \dfrac{\pi}{2}$ [rad]でゲート信号を与えて運転しようとしている．$\mathbf{T_2}$及び$\mathbf{T_3}$のゲート信号は正しく与えられたが，$\mathbf{T_1}$及び$\mathbf{T_4}$のゲート信号が全く与えられなかった場合の出力電圧波形をe_{d1}とし，正しく$\mathbf{T_1}$～$\mathbf{T_4}$にゲート信号が与えられた場合の出力電圧波形をe_{d2}とする．図2の波形1～波形3から，e_{d1}とe_{d2}の組合せとして正しいものを次の(1)～(5)のうちから一つ選べ．

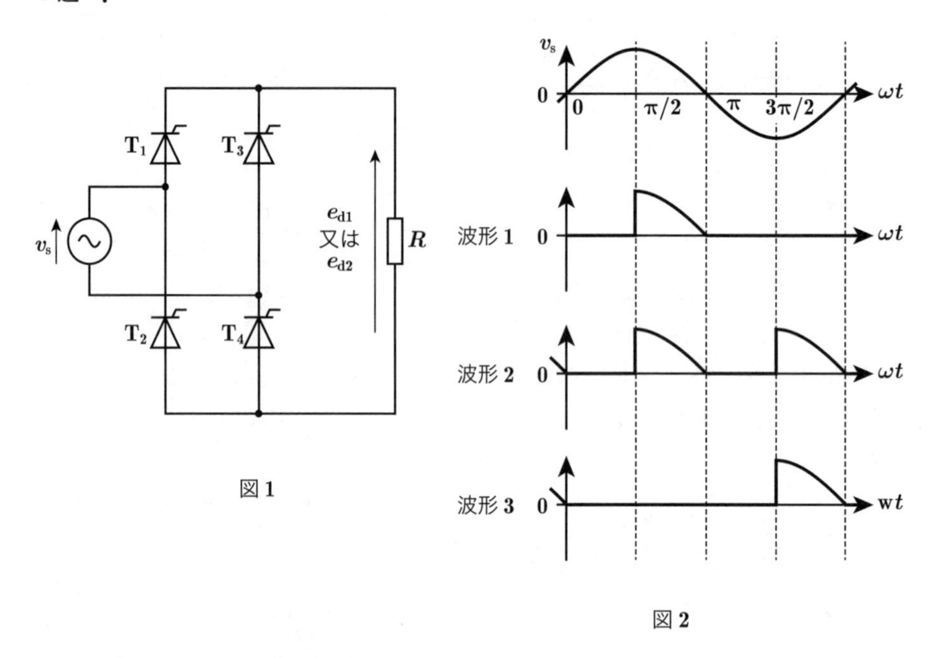

図1

図2

	電圧波形 e_{d1}	電圧波形 e_{d2}
(1)	波形1	波形2
(2)	波形2	波形1
(3)	波形2	波形3
(4)	波形3	波形1
(5)	波形3	波形2

(b) 単相交流電源電圧v_sの実効値をV [V]とする．ゲート信号が正しく与えられた場合の出力電圧波形e_{d2}について，制御遅れ角α [rad]と出力電圧の平均値E_d [V]との関係を表す式として，正しいものに最も近いものを次の(1)～(5)のうちから一つ選べ．

(1) $E_d = 0.45V\dfrac{1+\cos\alpha}{2}$　(2) $E_d = 0.9V\dfrac{1+\cos\alpha}{2}$

(3) $E_d = V\dfrac{1+\cos\alpha}{2}$　(4) $E_d = 0.45V\cos\alpha$　(5) $E_d = 0.9V\cos\alpha$

解16 (a) 問の図1で，T_1とT_4のゲート信号が与えられなかった場合，T_1とT_4がないと考えると(a)図のような回路になる．この場合，正弦波の負側のみ流れる回路になるのでπ〜2πの間の負の半サイクルで，ゲート信号が与えられたときに電流が流れる．

したがって，e_{d1}の波形は問題の図2の**波形3**のように半波整流になる．

T_1〜T_4のサイリスタに$\alpha = \dfrac{\pi}{2}$のゲート信号が与えられたときのe_{d2}の波形は，電源の正弦波電圧の正の半サイクル時はT_1，T_4を通り，負の半サイクルではT_3，T_2を通り**波形2**のようになる．

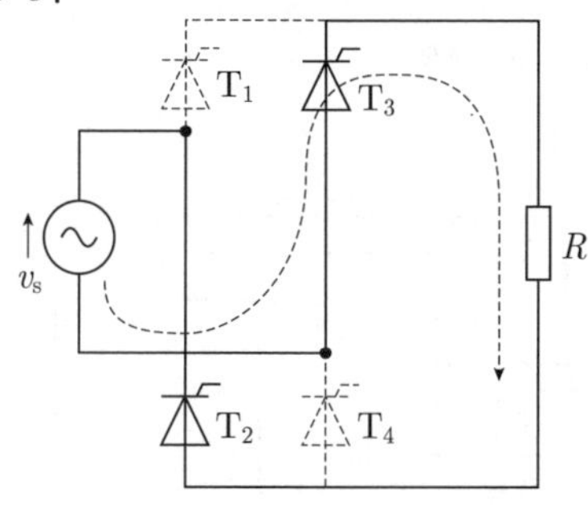

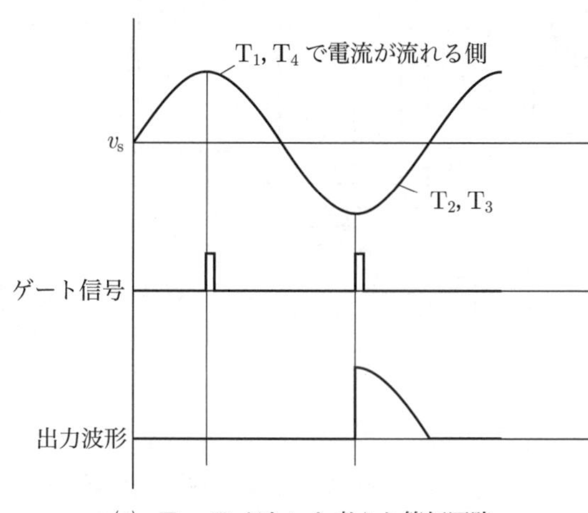

(a) T_1，T_4がないと考えた等価回路

(b) (a)のとおり制御角α [rad]のゲート信号が与えられたとき波形2となるが，その波形の平均値を求めるには波形の半周期の面積を求め，それを半周期の長さで割ると計算できる．それぞれの波形を(b)図に示す．

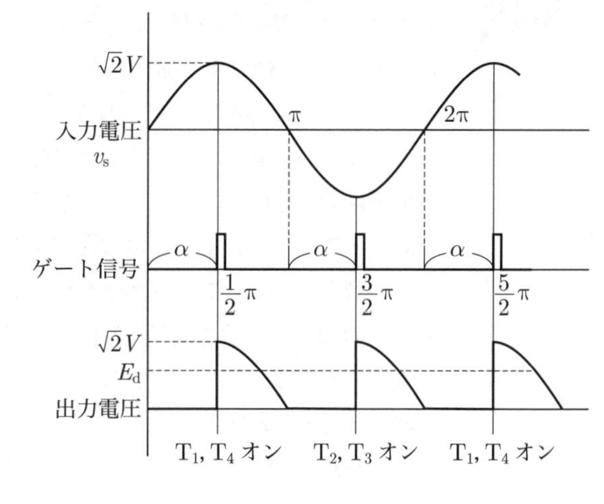

(b) 制御遅れ角$\alpha = \dfrac{\pi}{2}$ [rad]をゲートに与えたときの出力電圧

出力電圧の平均値をE_d [V]，単相交流電源電圧の実効値をV [V]とすると，

$$E_d = \frac{1}{\pi}\int_{\alpha}^{\pi}\sqrt{2}V\sin\theta\,d\theta = \frac{V}{\sqrt{2}\pi}(1+\cos\alpha)$$

$$= 0.9V\frac{1+\cos\alpha}{2} \quad \text{(答)}$$

電験3種では積分を使わなくても全波整流では，

$$E_d = 0.9V\frac{1+\cos\alpha}{2}$$

半波整流では

$$E_d = 0.45V\frac{1+\cos\alpha}{2}$$

という式を覚えていればよい．

(a) - (5)，(b) - (2)

問17及び問18は選択問題であり，問17又は問18のどちらかを選んで解答すること．両方解答すると採点されません．

（選択問題）

問17 図はヒートポンプ式電気給湯器の概要図である．ヒートポンプユニットの消費電力は1.34 kW，COP（成績係数）は4.0である．また，貯湯タンクには17 °Cの水460 Lが入っている．この水全体を88 °Cまで加熱したい．次の(a)及び(b)の問に答えよ．

(a) この加熱に必要な熱エネルギー W_h の値[MJ]として，最も近いものを次の(1)～(5)のうちから一つ選べ．ただし，貯湯タンク，ヒートポンプユニット，配管などからの熱損失はないものとする．また，水の比熱容量は4.18 kJ/(kg·K)，水の密度は 1.00×10^3 kg/m³ であり，いずれも水の温度に関係なく一定とする．

(1) **37**　(2) **137**　(3) **169**　(4) **202**　(5) **297**

(b) この加熱に必要な時間 t の値[h]として，最も近いものを次の(1)～(5)のうちから一つ選べ．ただし，ヒートポンプユニットの消費電力及びCOPはいずれも加熱の開始から終了まで一定とする．

(1) **1.9**　(2) **7.1**　(3) **8.8**　(4) **10.5**　(5) **15.4**

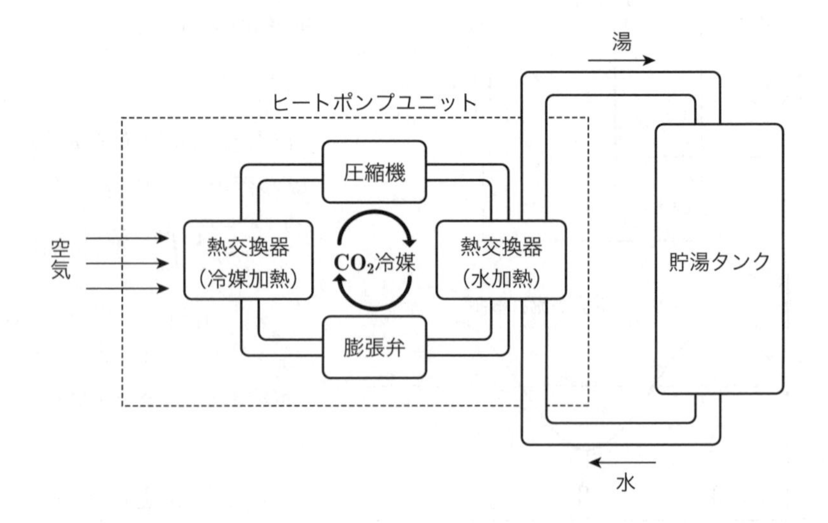

解17　温水をつくるヒートポンプの性能は利用熱量 Q_1 と圧縮機動力の熱量換算値 Q_2 との比（Q_1/Q_2）である成績係数COPで表され，少ない電力で大きな熱量を得られるのが魅力で，温水器などに用いられている．COPは，1より大きくなり，機種により異なるが2.5〜7.5程度である．

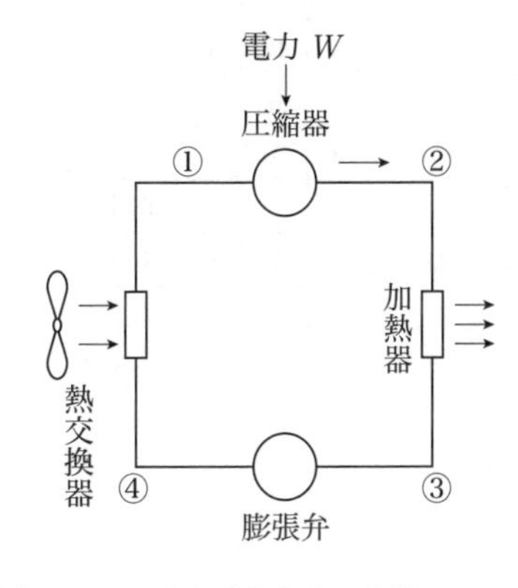

(a)　ヒートポンプ温水器の冷媒サイクル

COPを4とすれば，$Q_1 = 4Q_2$ となり，同じ電力でヒータから得られる熱量の4倍のお湯が沸かせるということである．(b)図のモリエル線図で説明すると，

$$W = Q_1 = (h_B - h_A)$$

$$Q_2 = (h_B - h_C)$$

とすると

$$\mathrm{COP} = \frac{h_B - h_C}{h_B - h_A} = \frac{Q_2}{W}$$

(a)　消費電力1.34 kW，COP = 4ということは，ヒートポンプでつくられた熱量が4倍になったのと同等で計算できるので，

$$Q_2 = W \cdot \mathrm{COP} = 1.34 \times 4 = 5.36\ \mathrm{kW}$$

の仕事をすることになる．

460 Lの水を17 °C→88 °Cまで加熱するときのエネルギーを Q_a とすると，

$$Q_a = 460 \times (88 - 17) = 32\,660\ \mathrm{kcal}$$

必要な熱エネルギー W_h は，ジュールで表すと，

$$W_h = 4.18 \times 32\,660 = 136\,519\ \mathrm{kJ}$$

$$\fallingdotseq 137\ \mathrm{MJ}$$ (答)

(b)　使用された電力量の熱量換算と，水を熱するために必要な熱量を等しいとすると，

$$Q_2 t \times 3\,600 = W_h$$

$$5.36 \times 3\,600 \times t = 136\,519$$

$$t = \frac{136\,519}{5.36 \times 3\,600} \fallingdotseq 7.1\ \mathrm{h}$$ (答)

(a) - (2)，(b) - (2)

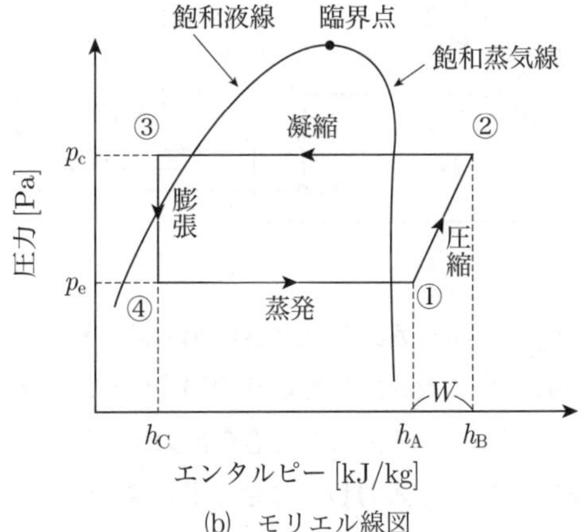

(b)　モリエル線図

理論 電力 機械 法規 令和5上(2023) 令和4下(2022) 令和4上(2022) 令和3(2021) 令和2(2020) 令和元(2019) 平成30(2018) 平成29(2017) 平成28(2016) 平成27(2015)

（選択問題）

次の論理回路について，(a)及び(b)の問に答えよ．

(a)　図1に示す論理回路の真理値表として，正しいものを次の(1)～(5)のうちから一つ選べ．

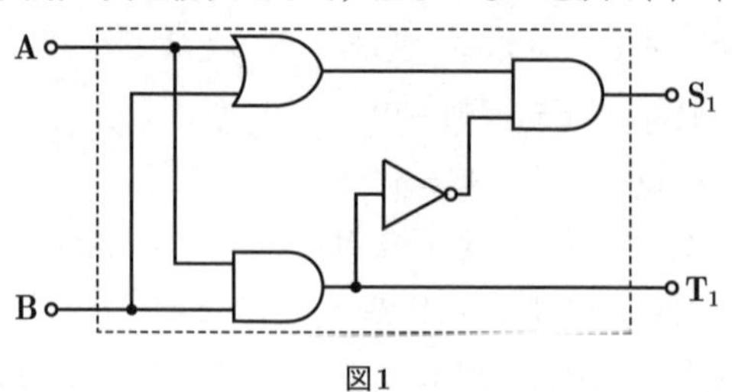

図1

(1)

入力		出力	
A	B	S_1	T_1
0	0	0	0
0	1	0	0
1	0	0	0
1	1	0	1

(2)

入力		出力	
A	B	S_1	T_1
0	0	0	1
0	1	0	0
1	0	0	0
1	1	0	1

(3)

入力		出力	
A	B	S_1	T_1
0	0	0	0
0	1	1	0
1	0	0	0
1	1	0	1

(4)

入力		出力	
A	B	S_1	T_1
0	0	0	0
0	1	1	0
1	0	1	0
1	1	0	1

(5)

入力		出力	
A	B	S_1	T_1
0	0	0	1
0	1	1	0
1	0	1	0
1	1	0	1

(b)　図1に示す論理回路を2組用いて図2に示すように接続して構成したとき，A，B及びCの入力に対する出力S_2及びT_2の記述として，正しいものを次の(1)～(5)のうちから一つ選べ．

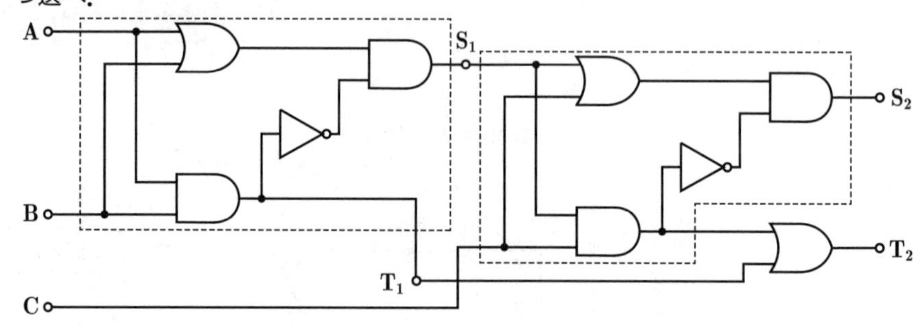

図2

(1)　A＝0，B＝0，C＝0を入力したときの出力は，S_2＝0，T_2＝1である．

(2)　A＝0，B＝0，C＝1を入力したときの出力は，S_2＝0，T_2＝1である．

(3)　A＝0，B＝1，C＝0を入力したときの出力は，S_2＝1，T_2＝0である．

(4)　A＝1，B＝0，C＝1を入力したときの出力は，S_2＝1，T_2＝0である．

(5)　A＝1，B＝1，C＝0を入力したときの出力は，S_2＝1，T_2＝1である．

解18 (a) 論理回路の基本定理を用いて問の論理回路の各点の論理代数を計算する．

基本定理でこの回路で使うものを(a)図に示す．

(b)図に問の図1の論理回路の各出力の論理式を示す．回路の③では②の否定になるが，ド・モルガンの定理（$\overline{A\cdot B}=\overline{A}+\overline{B}$）により式を変換すると，出力の一方の点$S_1$では，

$$S_1=(A+B)\cdot(\overline{A}+\overline{B})$$
$$=A\cdot\overline{A}+A\cdot\overline{B}+B\cdot\overline{A}+B\cdot\overline{B}$$

$A\cdot\overline{A}=0$，$B\cdot\overline{B}=0$より，

$$S_1=A\cdot\overline{B}+B\cdot\overline{A}$$

次にT_1は，

$$T_1=A\cdot B$$

出力S_1はAとBが同じ場合，出力が0となり，AとBが「1と0」，「0と1」と異なれば出力は

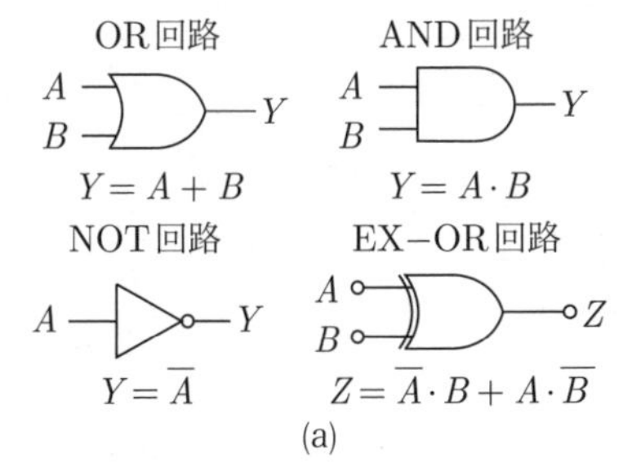

(a)

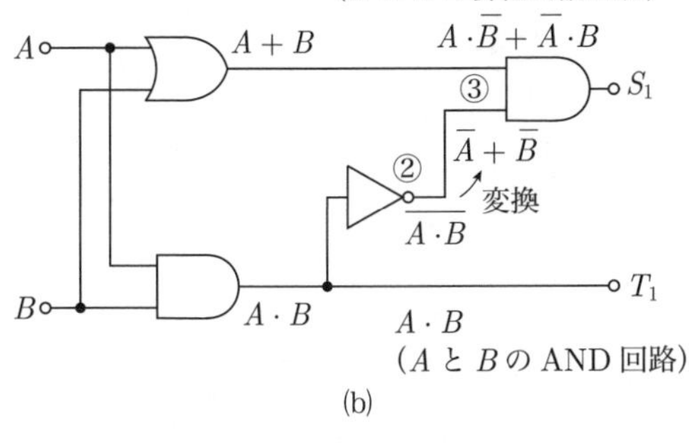

(b)

1になる．これを排他的論理和という．出力T_1はAND回路なので入力AとBが1のときに1で，それ以外は0である．**答の選択肢では(4)が当てはまる**．この真理値表を(a)表に示す．

(a)

A	B	S_1	T_1
0	0	0	0
0	1	1	0
1	0	1	0
1	1	0	1

(b) (c)図の論理回路よりそれぞれの出力の論理式は，

$$S_2=(\overline{A}\cdot B+A\cdot\overline{B})\cdot\overline{C}+\overline{(\overline{A}\cdot B+A\cdot\overline{B})}\cdot C$$
$$T_2=(\overline{A}\cdot B+A\cdot\overline{B})\cdot C+A\cdot B$$

二つの式より真理値表は次のようになる．

S_2は，(d)図のように排他的論理和記号を二つ用いた論理回路に置き換えられる．

(b)

	入力			出力	
選択肢	A	B	C	S_2	T_2
(1)	0	0	0	0	0
(2)	0	0	1	1	0
(3)	0	1	0	1	0
	0	1	1	0	1
	1	0	0	1	0
(4)	1	0	1	0	1
(5)	1	1	0	0	1
	1	1	1	1	1

(b)表より，**(3)が正しい**．

答 (a)-(4)，(b)-(3)

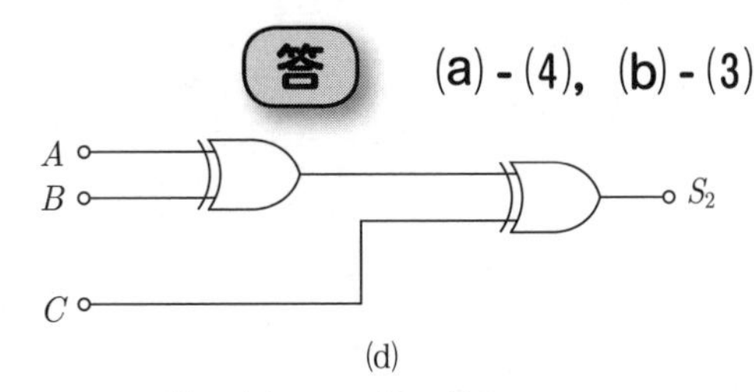

(d)

$$(S_1+C)(\overline{S_1}+\overline{C})=S_1\cdot\overline{C}+\overline{S_1}\cdot C$$
$$=(A\cdot\overline{B}+\overline{A}\cdot B)\overline{C}+\overline{(A\cdot\overline{B}+\overline{A}\cdot B)}\cdot C$$

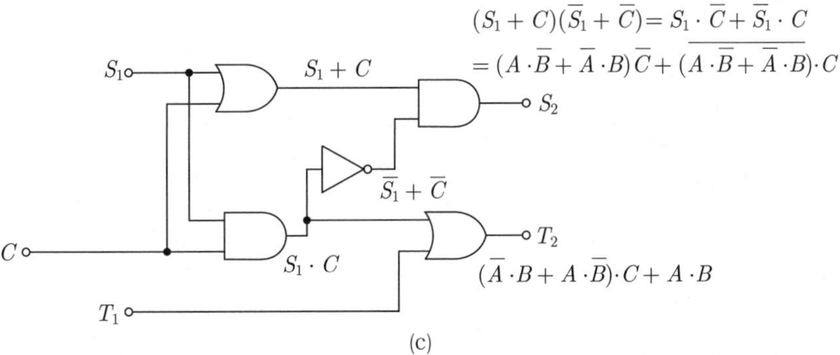

(c)

平成27年度（2015年） 機械の問題

A問題 配点は1問題当たり5点

問1 4極の直流電動機が電機子電流250 A，回転速度1 200 min^{-1}で一定の出力で運転されている．電機子導体は波巻であり，全導体数が258，1極当たりの磁束が0.020 Wbであるとき，この電動機の出力の値[kW]として，最も近いものを次の(1)～(5)のうちから一つ選べ．

ただし，波巻の並列回路数は2である．また，ブラシによる電圧降下は無視できるものとする．

(1) 8.21　(2) 12.9　(3) 27.5　(4) 51.6　(5) 55.0

●試験時間　90分
●必要解答数　A問題14題，B問題3題（選択問題含む）

解1　直流機の構造は(a)図のようになる．直流機が回転すれば，電機子巻線に，発電機では誘導起電力が，電動機では逆起電力を生じる．

直流機の巻線には(b)図のように波巻と重ね巻とがあり，並列回路数aは，波巻では2で一定であるが，重ね巻では$a=p$となる．

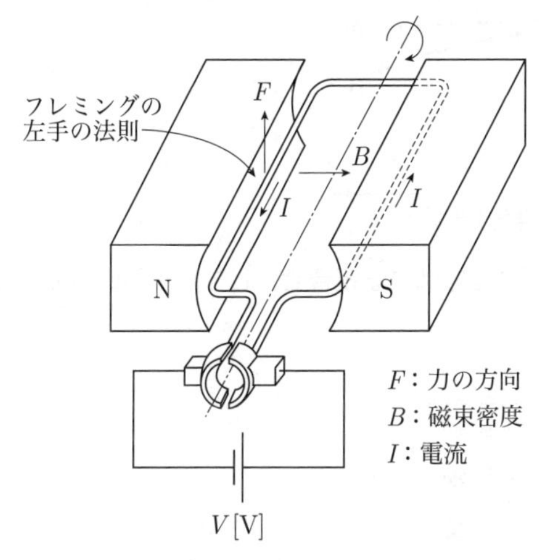

(a)　直流機の構造

直流機がN [min^{-1}] で回転しているとき，発電機の誘導起電力あるいは電動機の逆起電力E [V] は，

$$E=\frac{pz}{a}\phi\frac{N}{60}\,[\mathrm{V}] \qquad ①$$

となる．ただしa：並列回路数，p：極数，z：全導体数，ϕ：1極当たりの磁束とする．

①式より，この問の逆起電力Eは，

$$E=\frac{4\times 258}{2}\times 0.02\times\frac{1\,200}{60}=206.4\ \mathrm{V}$$

電動機の出力Pは，$P=EI$ [W] で表せるので，

$$P=EI=206.4\times 250=51\,600\ \mathrm{W}$$
$$=51.6\ \mathrm{kW}\quad (答)$$

答　(4)

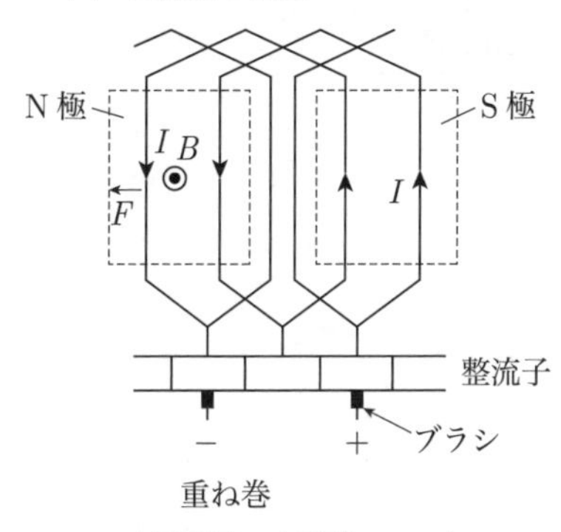

（低電圧・大電流
並列回路数 $a=$ 極数 p
ブラシ ＝ 極数）

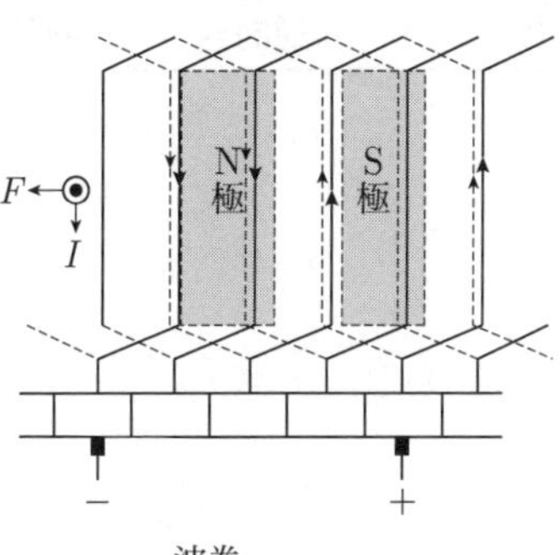

（高電圧・小電流
並列回路数 $a=2$
ブラシ ＝ 2）

(b)　電機子巻線の巻き方

問2　次の文章は，直流機に関する記述である．

図は，ある直流機を他励発電機として運転した場合と分巻発電機として運転した場合との外部特性曲線を比較したものである．回転速度はいずれも一定の同じ値であったとする．このとき，分巻発電機の場合の特性は［(ア)］である．

また，この直流機を分巻発電機として運転した場合と同じ極性の端子電圧を外部から加えて分巻電動機として運転すると，界磁電流の向きは発電機運転時と［(イ)］となり，回転方向は［(ウ)］となる．これらの向きの関係から，分巻機では，電源電圧を誘導起電力より低くすることで，電動機運転の状態から結線を変更せずに［(エ)］ができ，エネルギーを有効に利用できる．

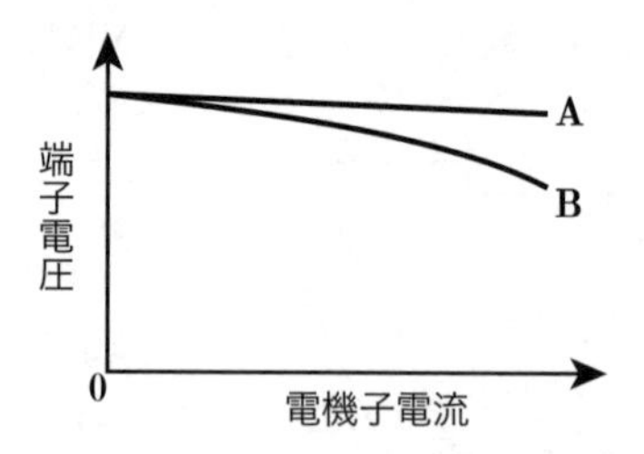

上記の記述中の空白箇所(ア)，(イ)，(ウ)及び(エ)に当てはまる組合せとして，正しいものを次の(1)～(5)のうちから一つ選べ．

	(ア)	(イ)	(ウ)	(エ)
(1)	A	同じ向き	逆向き	回生制動
(2)	B	同じ向き	同じ向き	回生制動
(3)	A	逆向き	逆向き	発電制動
(4)	B	逆向き	同じ向き	回生制動
(5)	A	逆向き	同じ向き	発電制動

解2　(a)図は他励直流発電機と分巻直流発電機の等価回路である．誘導起電力Eは，

$$E = k\phi N\,[\mathrm{V}] \qquad ①$$

ここで，k：比例定数，ϕ：1極当たりの磁束，N：回転数（毎分）である．

直流他励発電機は界磁電源を別回路からとるので，外部特性より電機子電流I_aを増加したときの端子電圧Vは(b)図より

$$V = E - (I_a R_a + v_a + v_b)$$
$$\fallingdotseq E - I_a R_a\,[\mathrm{V}] \qquad ②$$

ここで，R_a：電機子抵抗，v_a：電機子反作用による電圧降下，v_b：ブラシの接触抵抗による電圧降下である．

ϕは他励機では別回路のため一定になるが，分巻機では，電機子電流I_aが増えると電機子抵抗R_aとの積I_aR_aを引いた値が端子電圧となり，端子電圧が低くなる．そのため界磁コイルに加わる電圧も低くなりϕが減少する．すると，①式のEが減って特性図の**B**のようになる．

直流分巻機では電動機・発電機のどちらでも，回転したときは**同じ方向**に起電力を発生する．電動機では逆起電力となり，発電機では誘導起電力となる．

等価回路では(c)図のようになり，電動機としてNで回転しているときの逆起電力をEとすると，電源電圧Vを小さくしたとき$E > V$となり，電動機は発電機となって電源側にエネルギーを送る形となり，**回生制動**ができる．

(2)

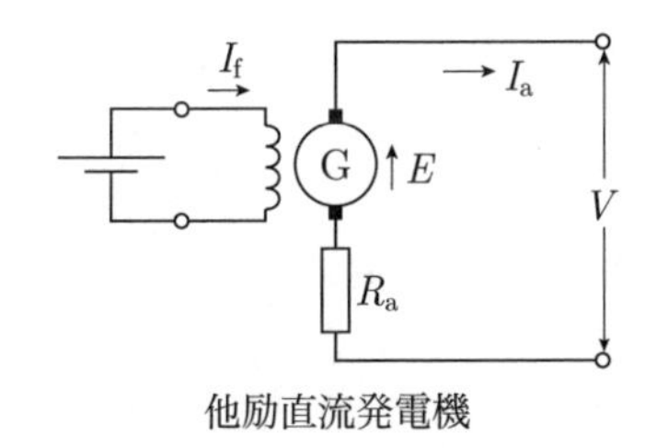

他励直流発電機

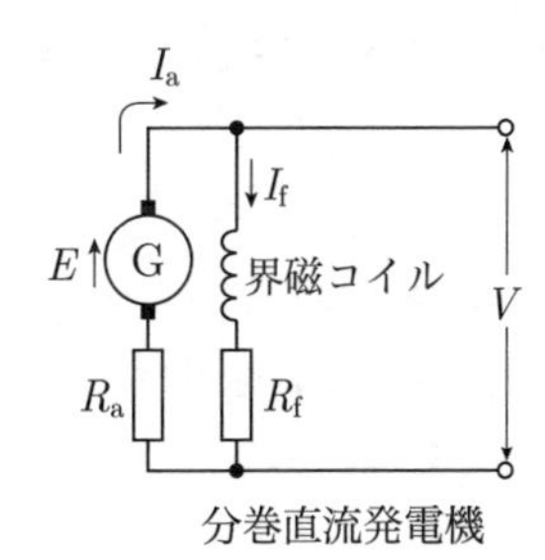

分巻直流発電機

I_f：界磁電流，R_f：界磁抵抗

(a)　等価回路

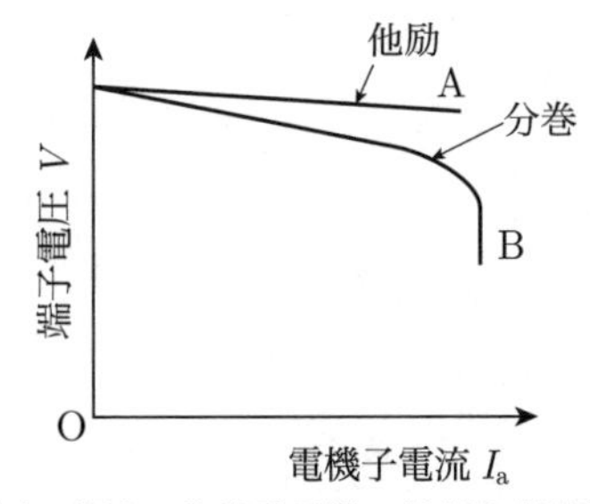

(b)　他励・分巻発電機の外部負荷特性

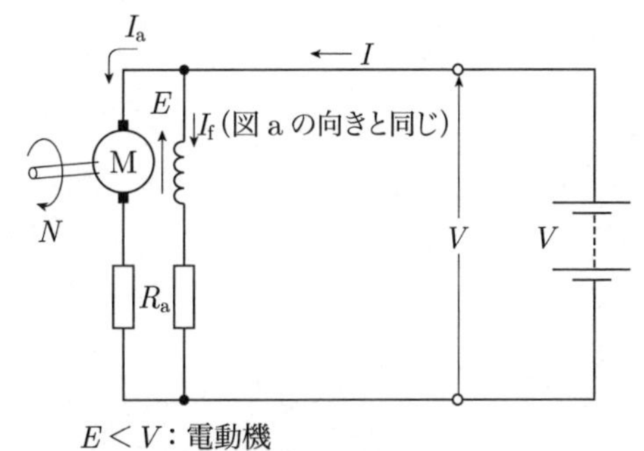

$E < V$：電動機
$E > V$：発電機として回転し，$E = V$ まで回生制動がかかる

(c)　直流分巻機の等価回路

問3

誘導機に関する記述として，誤っているものを次の(1)～(5)のうちから一つ選べ．

(1)　三相かご形誘導電動機の回転子は，積層鉄心のスロットに棒状の導体を差し込み，その両端を太い導体環で短絡して作られる．これらの導体に誘起される二次誘導起電力は，導体の本数に応じた多相交流である．

(2)　三相巻線形誘導電動機は，二次回路にスリップリングを通して接続した抵抗を加減し，トルクの比例推移を利用して滑りを変えることで速度制御ができる．

(3)　単相誘導電動機はそのままでは始動できないので，始動の仕組みの一つとして，固定子の主巻線とは別の始動巻線にコンデンサ等を直列に付加することによって回転磁界を作り，回転子を回転させる方法がある．

(4)　深溝かご形誘導電動機は，回転子の深いスロットに幅の狭い平たい導体を押し込んで作られる．このような構造とすることで，回転子導体の電流密度は定常時に比べて始動時は導体の外側（回転子表面側）と内側（回転子中心側）で不均一の度合いが増加し，等価的に二次導体のインピーダンスが増加することになり，始動トルクが増加する．

(5)　二重かご形誘導電動機は回転子に内外二重のスロットを設け，それぞれに導体を埋め込んだものである．内側（回転子中心側）の導体は外側（回転子表面側）の導体に比べて抵抗値を大きくすることで，大きな始動トルクを得られるようにしている．

解3 (1) 三相かご形誘導電動機の回転子の構造を(a)図に示す．スロット数をN_2，極数をpとすると，2極分のかご形導体には$2\pi p/N_2$だけずれた電流が流れ，相数m_2がN_2/pの多相巻線であると考えることができる．したがって，導体の本数に応じた多相交流である．正しい．

(3) 二つの巻線に単相交流を流すと，交番磁界は互いに反対方向に回転する回転磁界となり，合成トルクはゼロとなり回転できない．始動コンデンサを(b)図のように接続すると，I_AとI_Mの位相は90°近くになり，回転磁界がつくられ，大きな始動トルクを得られる．正しい．

(2), (4), (5)は比例推移を理解していれば解ける．(c)図の比例推移のトルク・滑り特性から二次抵抗r_2と滑りsの比r_2/sを一定にしたとき，トルクも一定になる．

したがって，始動時の滑りが1に近いときにはr_2を大きくし，定格速度に近づくにつれてr_2を小さくすると始動特性が改善される．また，電流が導体を通るとき周波数が高いと導体の表面を通り，内部を通りにくくなる表皮効果がある．特殊かご形誘導電動機の深溝形，二重かご形誘導電動機ではこの表皮効果を利用して始動特性を有利にしている．

(2) (c)図よりたとえばn_2の速度にしたい場合Tが決まっているのでスリップリングに接続する抵抗RはR_2を選べばよい．また，Rを大きくすれば速度は遅くできる．正しい．

(4) 深溝形の例で，回転子に誘起される起電力は始動時にE [V]とする．回転速度が上がると，回転子の二次起電力はsE，二次周波数はsf_nと変化し，減少していく（s：滑り，f_n：商用周波数）．二次電流は始動時，二次周波数が大きいので二次側には表皮効果により回転子導体の表面を通る．回転子の導体を細長くして(d)図のようにすると二次電流は始動時には表面に近いところを通り，内部は通らないので抵抗値が大きくなり，始動トルクが増加する．速度が上がり二次周波数が小さくなると電流は導体全体を通るのでr_2は等価的に小さくなる．正しい．

(5) 始動時には始動トルクを大きくするため，回転子外側の導体の抵抗値を大きくし，負荷時には導体抵抗は小さくする必要がある．その理由は，始動時回転子導体には商用周波数の起電力が誘起され，回転速度が上昇するとともに，表皮効果により導体には内側のほうにも電流が流れだす．そのときに内側抵抗が大きければ，二次抵抗が大きくなり損失が増える．**(5)は間違い**である．

答 (5)

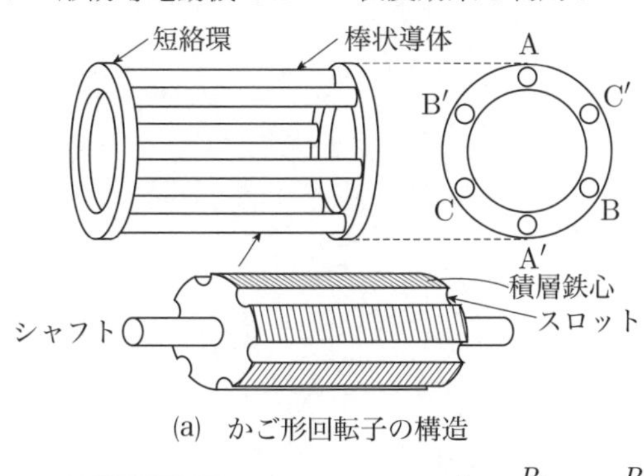

(a) かご形回転子の構造

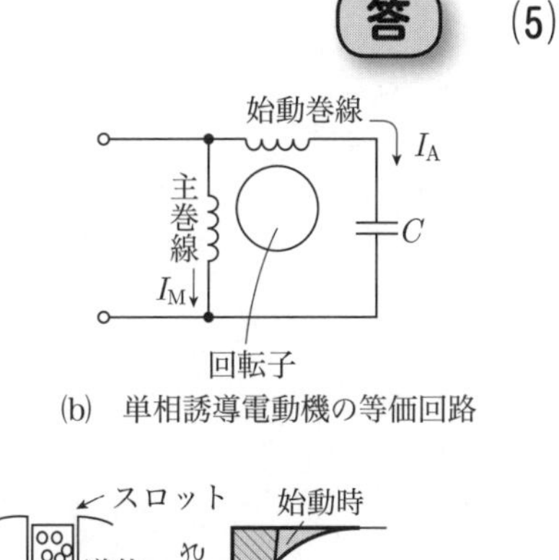

(b) 単相誘導電動機の等価回路

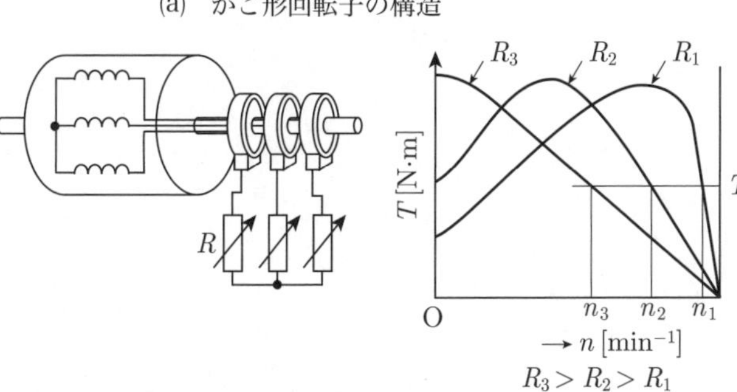

(c) 巻線形誘導電動機の比例推移

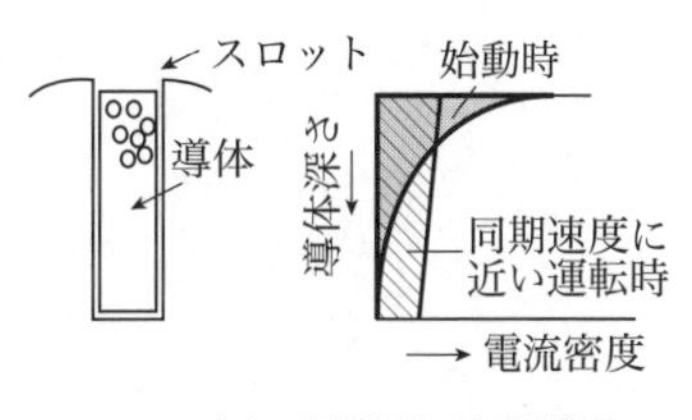

(d) 深溝形回転子導体

定格電圧，定格電流，力率1.0で運転中の三相同期発電機がある．百分率同期インピーダンスは85 %である．励磁電流を変えないで無負荷にしたとき，この発電機の端子電圧は定格電圧の何倍になるか．最も近いものを次の(1)～(5)のうちから一つ選べ．

ただし，電機子巻線抵抗と磁気飽和は無視できるものとする．

(1) **1.0**　(2) **1.1**　(3) **1.2**　(4) **1.3**　(5) **1.4**

解4 同期発電機の等価回路は(a)図のようになる．題意より巻線抵抗 $r_a =$ 0，力率1であるからベクトル図は(b)図のようになる．定格電圧 V_n，電流 I_n を単位法で考え 1 p.u. とすると，百分率同期インピーダンスはリアクタンス分 x_s のみと考え，無負荷にしたときの端子電圧は誘導起電力 E [p.u.] に等しいので，ピタゴラスの定理により，

$$E = \sqrt{V_n^2 + (I_n x_s)^2} = \sqrt{1^2 + 0.85^2}$$

$$\fallingdotseq 1.3 \text{ p.u.} \quad (答)$$

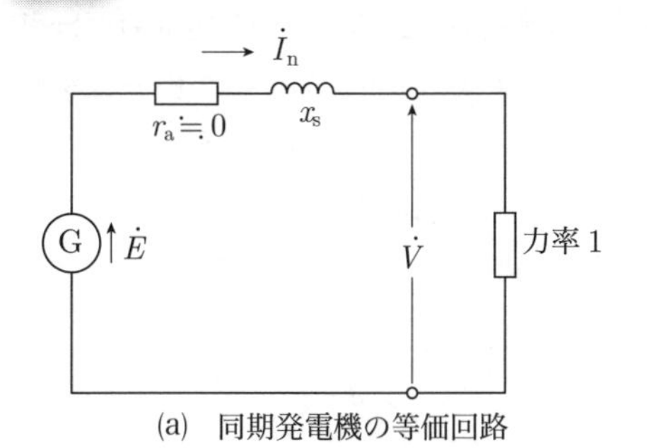

(a) 同期発電機の等価回路

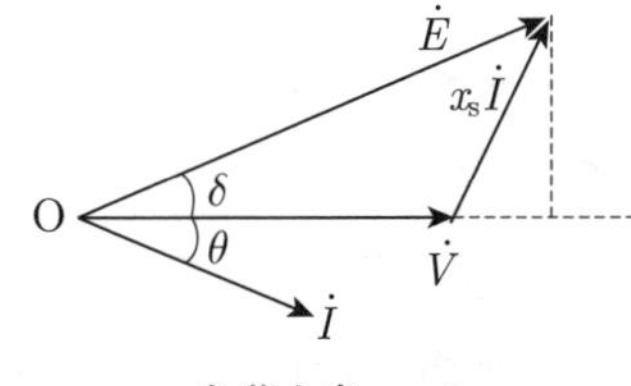

負荷力率 cos θ

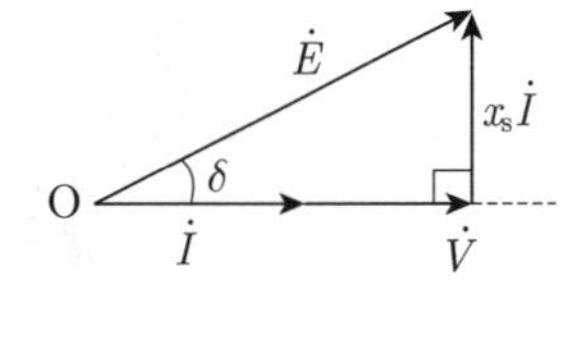

負荷力率 1

(b) 同期発電機のベクトル

答 (4)

問5 図は，同期発電機の無負荷飽和曲線（A）と短絡曲線（B）を示している．図中で V_n [V] は端子電圧（星形相電圧）の定格値，I_n [A] は定格電流，I_s [A] は無負荷で定格電圧を発生するときの界磁電流と等しい界磁電流における短絡電流である．この発電機の百分率同期インピーダンス z_s [%] を示す式として，正しいものを次の(1)～(5)のうちから一つ選べ．

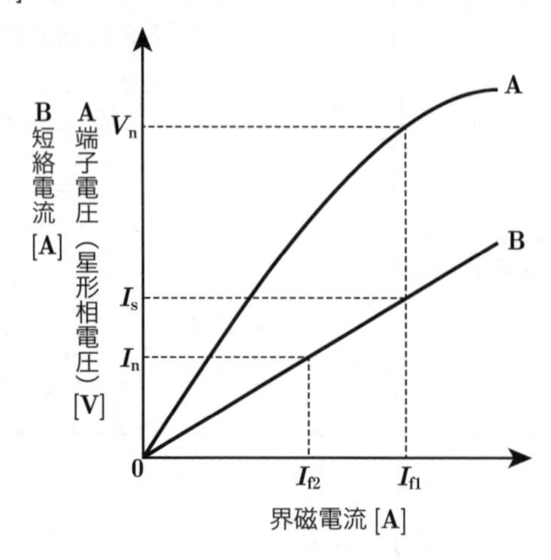

(1) $\dfrac{I_s}{I_n}\times 100$　(2) $\dfrac{V_n}{I_n}\times 100$　(3) $\dfrac{I_n}{I_{f2}}\times 100$

(4) $\dfrac{V_n}{I_{f1}}\times 100$　(5) $\dfrac{I_{f2}}{I_{f1}}\times 100$

解5 同期発電機の短絡比K_sは，無負荷飽和曲線と三相短絡曲線より求めることができる．(a)図のように負荷を開放したまま同期発電機がその商用周波数になるための速度で回転しているとき，界磁電流を上げていったときの端子電圧変化を表したものを無負荷飽和曲線という．定格相電圧になったときの界磁電流をI_{f1}とする．

次に，出力側を短絡して同期発電機がその商用周波数となるための速度で回転しているとき，界磁電流を上げていったときの電機子電流の変化を表したものを短絡曲線という．定格電流になったときの界磁電流をI_{f2}とする．

短絡比K_sは上記を表した(b)図より次式のようになる．

$$K_s = \frac{I_{f1}}{I_{f2}} = \frac{I_s}{I_n}$$

ただし，I_s：短絡電流，I_n：定格電流とする．

一方，単位法で表した同期インピーダンスz_sは，

$$z_s = \frac{1}{K_s} = \frac{I_{f2}}{I_{f1}} = \frac{I_n}{I_s}$$

百分率で表すと，

$$z_s = \frac{I_{f2}}{I_{f1}} \times 100\,[\%] \quad (答)$$

となる．

〔別解〕 短絡電流I_sと定格電圧V_nからインピーダンス$Z_s\,[\Omega]$を求めると，

$$Z_s = \frac{V_n}{I_s}\,[\Omega]$$

特性図より，

$$I_s = \frac{I_{f1}}{I_{f2}} I_n\,[\mathrm{A}]$$

$$\frac{I_n}{I_s} = \frac{I_{f2}}{I_{f1}}$$

百分率インピーダンスz_sは，

$$z_s = \frac{I_n x_s}{V_n} \times 100 = \frac{I_n}{I_s} \times 100$$

$$= \frac{I_{f2}}{I_{f1}} \times 100\,[\%] \quad (答)$$

よって，(5)が正しいことがわかる．

答 (5)

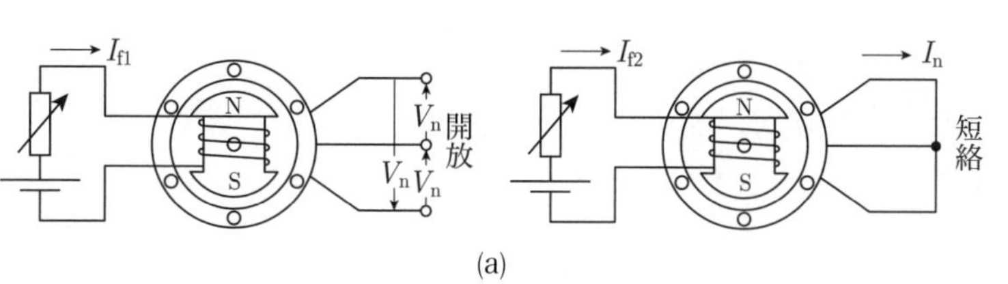

(a)

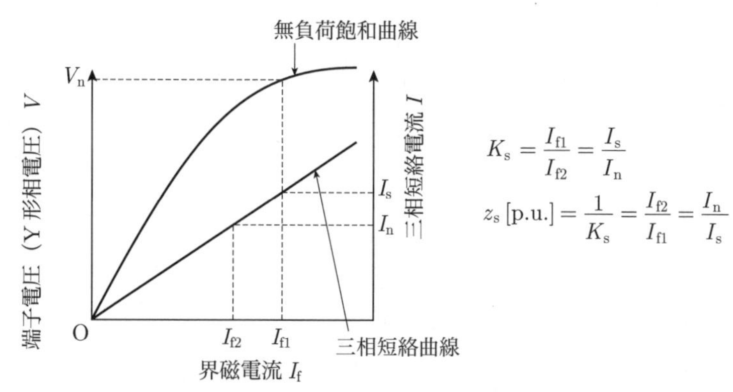

(b) 同期発電機の二つの特性曲線

次の文章は，小形モータに関する記述である．

小形直流モータを分解すると，N極とS極用の2個の永久磁石，回転子の溝に収められた3個のコイル，3個の［(ア)］で構成されていた．一般に［(イ)］の溝数を減らすと，エアギャップ磁束が脈動し，トルクの脈動が増える．そこで，希土類系永久磁石には大きな［(ウ)］があるので，溝をなくしてエアギャップにコイルを設け，トルク脈動の低減を目指した小形モータも作られている．

小形［(エ)］には，永久磁石を回転子の表面に設けたSPMSMという機種，永久磁石を回転子に埋め込んだIPMSMという機種，突極性を大きくした鉄心だけのSynRMという機種などがある．小形直流モータは電池だけで運転されるものが多いが，小形［(エ)］は，円滑な［(オ)］が困難なため，インバータによって運転される．

上記の記述中の空白箇所(ア)，(イ)，(ウ)，(エ)及び(オ)に当てはまる組合せとして，正しいものを次の(1)～(5)のうちから一つ選べ．

	(ア)	(イ)	(ウ)	(エ)	(オ)
(1)	整流子片	電機子	保磁力	同期モータ	始　動
(2)	整流子片	界　磁	透磁率	誘導モータ	制　動
(3)	ブラシ	電機子	透磁率	同期モータ	制　動
(4)	整流子片	電機子	保磁力	誘導モータ	始　動
(5)	ブラシ	界　磁	透磁率	同期モータ	始　動

解6 図は小形直流モータの構造で，2個の永久磁石と3個のコイル，3個の**整流子片**で構成される例である．直流モータは一般的に回転子が電機子である．電機子の溝がスロットになりここに電機子コイルが収められる．この**電機子**の溝数を減らすとエアギャップ磁束が脈動しやすくなる．この脈動を小さくするため回転子の溝をなくしたスロットレスモータがあるが，回転子に巻く巻線に限界があるため，スロット式と比べるとトルクが小さくなる．ネオジム磁石などの希土類（レアアース）系永久磁石は**保磁力**が強く界磁磁束を大きくできるためスロットレスモータに適している．

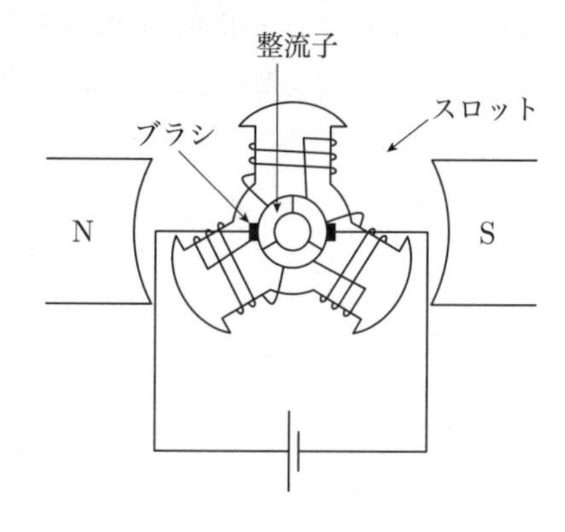

近年注目されている小形**同期モータ**の種類を次に示す．

・PMSM（Permanent Magnet Synchronous Motor）
　永久磁石を回転子に，電機子巻線を固定子に設けた回転界磁形モータ．

・SPMSM（Surface Permanent Magnet Synchronous Motor）
　永久磁石を回転子の表面に設けた同期モータ．

・IPMSM（Interior Permanent Magnet Synchronous Motor）
　永久磁石を回転子に埋め込んだ同期モータ．

・SynRM（Synchronous Reluctance Motor）
　固定子は誘導電動機と同じ分布巻線で，回転子は突極構造の積層電磁鋼板のみによってつくられている．

永久磁石同期モータは始動トルクがないため円滑な**始動**が困難である．インバータ駆動が一般的である．

 (1)

三相電源に接続する変圧器に関する記述として，誤っているものを次の(1)～(5)のうちから一つ選べ．

(1) 変圧器鉄心の磁気飽和現象やヒステリシス現象は，正弦波の電圧，又は正弦波の磁束による励磁電流高調波の発生要因となる．変圧器の△結線は，励磁電流の第3次高調波を，巻線内を循環電流として流す働きを担っている．

(2) △結線がないY-Y結線の変圧器は，第3次高調波の流れる回路がないため，相電圧波形がひずみ，これが原因となって，近くの通信線に雑音などの障害を与える．

(3) △-Y結線又はY-△結線は，一次電圧と二次電圧との間に角変位又は位相変位と呼ばれる位相差45°がある．

(4) 三相の磁束が重畳して通る部分の鉄心を省略し，鉄心材料を少なく済ませている三相内鉄形変圧器は，単相変圧器3台に比べて据付け面積の縮小と軽量化が可能である．

(5) スコット結線変圧器は，三相3線式の電源を直交する二つの単相（二相）に変換し，大容量の単相負荷に電力を供給する場合に用いる．三相のうち一相からの単相負荷電力供給は，三相電源に不平衡を生じるが，三相を二相に相数変換して二相側の負荷を平衡させると，三相側の不平衡を緩和できる．

解7 (1) ヒステリシス現象では，(a)図のように磁化力を大きくしたとき磁束密度が飽和する．このような特性の鉄心に正弦波の一次電圧を加えたとき，高調波が発生する．(a)図のひずんだ誘導起電力を正弦波にするには，第3調波を含む奇数調波の励磁電流を流す必要があるが，△結線によりこの第3調波を循環できるので，変圧器内の三相結線のどれかが△結線であればよい．三相巻線の一次・二次結線がY-Yの場合でも，△結線が必要なときのために，△結線の三次巻線を施した変圧器もある．正しい．

(2) △結線がないY-Y結線では，中性点を接地していれば第3調波が大地に流れ，通信線への誘導障害となる．正しい．

(3) Y-△結線は，二次端子電圧が一次端子電圧より30°遅れる．逆に，△-Y結線では30°進む．45°ではないので**誤り**である．

(4) 三相内鉄形変圧器は，(b)図のように磁束が重畳して通る鉄心がないため鉄心材料が少なく小形，軽量である．正しい．

(5) 大容量の単相電源が必要なとき，1相から直接とると三相電源に不平衡を生じる．そこで，スコット結線により三相を二相に相数変換して負荷を平衡させると，三相電源の不平衡を緩和できる．正しい．スコット結線については(c)図に示す．

(3)

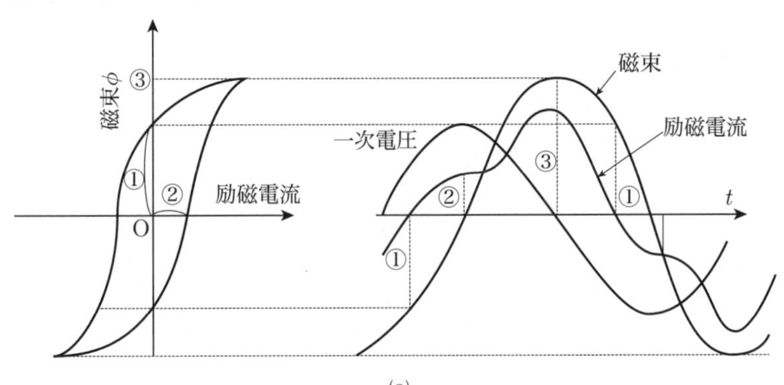

(a)

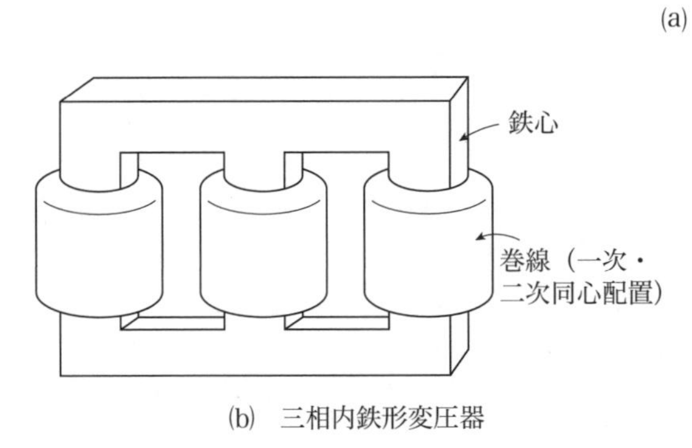

(b) 三相内鉄形変圧器

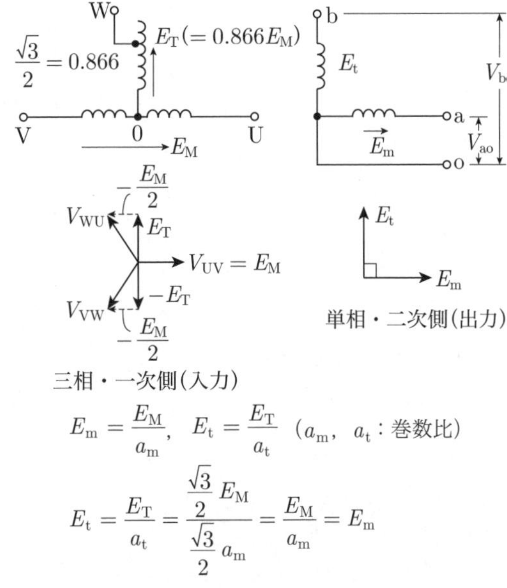

E_t は E_m より90°進んだ同じ電圧値となり，2相が得られる．

(c) スコット結線とそのベクトル

問8

一次側の巻数がN_1，二次側の巻数がN_2で製作された，同一仕様3台の単相変圧器がある．これらを用いて一次側を△結線，二次側をY結線として抵抗負荷，一次側に三相発電機を接続した．発電機を電圧440 V，出力100 kW，力率1.0で運転したところ，二次電流は三相平衡の17.5 Aであった．この単相変圧器の巻数比$\frac{N_1}{N_2}$の値として，最も近いものを次の(1)～(5)のうちから一つ選べ．

ただし，変圧器の励磁電流，インピーダンス及び損失は無視するものとする．

(1) **0.13**　(2) **0.23**　(3) **0.40**　(4) **4.3**　(5) **7.5**

解8 題意の単相変圧器を3台用いて△-Y接続した図を示す．1台の二次側電圧 V_2 は，一次，二次巻線を N_1，N_2 とすると，

$$V_2 = \frac{N_2}{N_1} \times 440\ \mathrm{V}$$

二次側1相の負荷にかかる相電圧は負荷をY

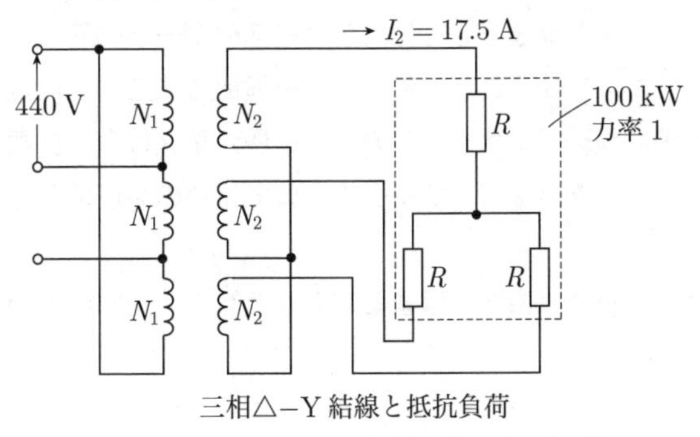

三相△－Y 結線と抵抗負荷

結線したと考え，出力 P は V_2 を使って計算できる．題意より出力 P と二次電流 I_2 がわかっているので1相の電力を求め，3倍すれば出力になる．

$$P = 3V_2I_2 = 3 \times \frac{N_2}{N_1} \times 440 \times 17.5$$
$$= 100 \times 10^3\ \mathrm{W}$$

$\dfrac{N_1}{N_2}$ について解くと，

$$\frac{N_2}{N_1} = \frac{3 \times 17.5 \times 440}{100 \times 1\,000} \fallingdotseq 0.23 \quad (答)$$

答 (2)

問9

次の文章は，電力変換器の出力電圧制御に関する記述である．

商用交流電圧を入力とし同じ周波数の交流電圧を出力とする電力変換器において，可変の交流電圧を得るには (ア) を変える方法が広く用いられていて，このときに使用するパワーデバイスは (イ) が一般的である．この電力変換器は (ウ) と呼ばれる．

一方，一定の直流電圧を入力とし交流電圧を出力とする電力変換器において，可変の交流電圧を得るにはパルス状の電圧にして制御する方法が広く用いられていて，このときにオンオフ制御デバイスを使用する．デバイスの種類としては，デバイスのゲート端子に電流ではなくて，電圧を与えて駆動する (エ) を使うことが最近では一般的である．この電力変換器はインバータと呼ばれ，基本波周波数で1サイクルの出力電圧が正又は負の多数のパルス列からなって，そのパルスの (オ) を変えて1サイクル全体で目的の電圧波形を得る制御がPWM制御である．

上記の記述中の空白箇所(ア)，(イ)，(ウ)，(エ)及び(オ)に当てはまる組合せとして，正しいものを次の(1)〜(5)のうちから一つ選べ．

	(ア)	(イ)	(ウ)	(エ)	(オ)
(1)	制御角	サイリスタ	交流電力調整装置	IGBT	幅
(2)	制御角	ダイオード	サイクロコンバータ	IGBT	周波数
(3)	制御角	サイリスタ	交流電力調整装置	GTO	幅
(4)	転流重なり角	ダイオード	交流電力調整装置	IGBT	周波数
(5)	転流重なり角	サイリスタ	サイクロコンバータ	GTO	周波数

解9 近年，電気こたつなどの温度を調節するために，**サイリスタ**（SCR）を用い**制御角**αを調整してヒータに加わる電圧を可変して，必要な暖かさになるようにしている．

(a)図のように，サイリスタのゲート電流を流す制御角αが大きいほど出力電圧は小さくなる．このように交流の電圧を調節して出力電力を得ているので**交流電力調整装置**と呼ばれる．

直流電力素子としてIGBT（絶縁ゲート形バイポーラトランジスタ），MOSFETがある．IGBTの特長はMOSFETより大きな容量の制御ができることである．

MOSFETの特長は高速スイッチングができる，ターンオン・ターンオフ時間が短い，入力はゲート電圧でドレーン出力電流を制御できることである．

直流電圧を交流に変換するインバータは，(b)図のような回路で**IGBT**を使っている．直流電圧を等価的に交流電圧に近づけるために，(c)図のように半周期（$T/2$）の中央部のパルス**幅**を広くし，両端を狭くしている．この方式をPWM (Pulse Width Modulation) 制御と呼ぶ．

IGBTは(d)図のようにバイポーラトランジスタとMOSFETの長所を組み合わせてつくられた電力素子である．GTOはゲート電流を正にするとターンオンし，負にするとターンオフするので，(エ)にはGTOは当てはまらない．

答 (1)

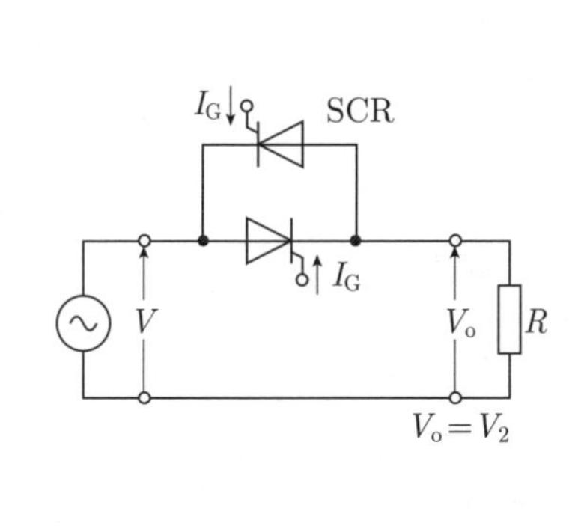

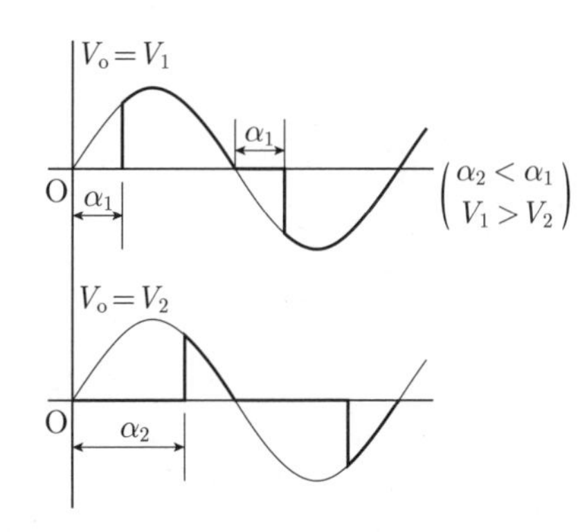

(a) サイリスタの制御角αと出力電圧の関係

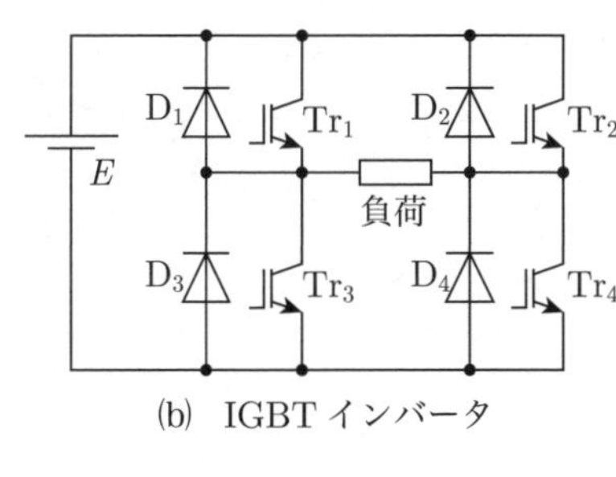

(b) IGBTインバータ

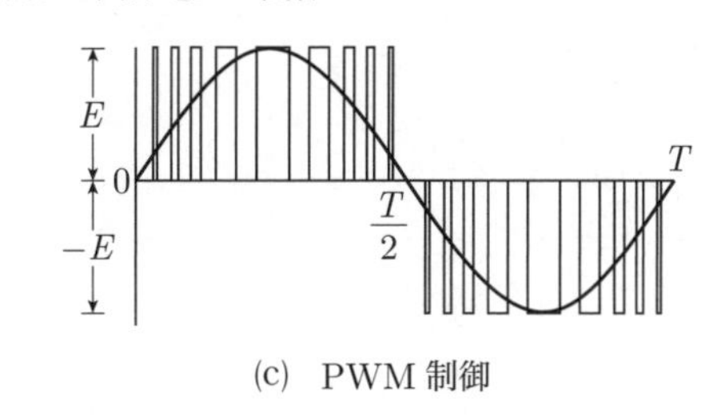

(c) PWM制御

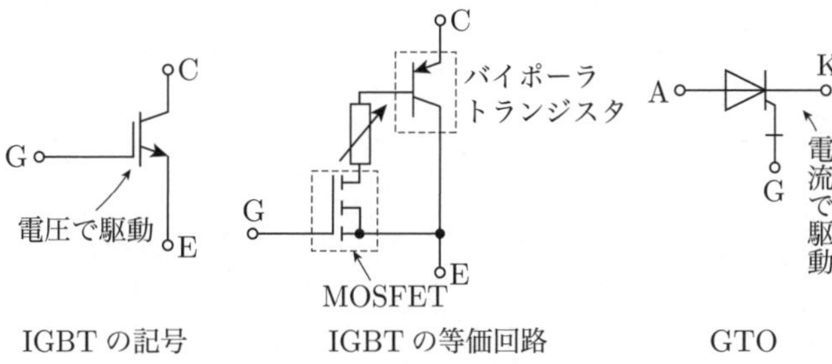

(d) IGBTの記号と等価回路およびGTO

問10 図のような直流チョッパがある．

直流電源電圧 $E = 400$ V，平滑リアクトル $L = 1$ mH，負荷抵抗 $R = 10$ Ω，スイッチSの動作周波数 $f = 10$ kHz，通流率 $d = 0.6$ で回路が定常状態になっている．Dはダイオードである．このとき負荷抵抗に流れる電流の平均値[A]として最も近いものを次の(1)～(5)のうちから一つ選べ．

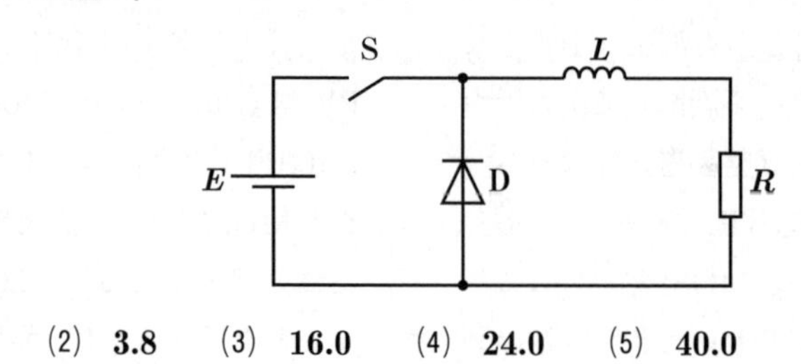

(1) **2.5** (2) **3.8** (3) **16.0** (4) **24.0** (5) **40.0**

解10 この回路は降圧チョッパ回路である．(a)図のSをオン・オフすると(b)図のような波形となる．この場合のv_oの変化は図のようになる．平均電圧V_oは，

$$V_o = \frac{T_{on}}{T_{on}+T_{off}}E = \frac{T_{on}}{T}E$$
$$= dE\,[\mathrm{V}] \qquad ①$$

となる．dは通流率（デューティファクタ）で，1周期当たりのオン時間（T_{on}/T）をいう．V_oは，①式より，

$$V_o = dE = 0.6 \times 400 = 240\ \mathrm{V}$$

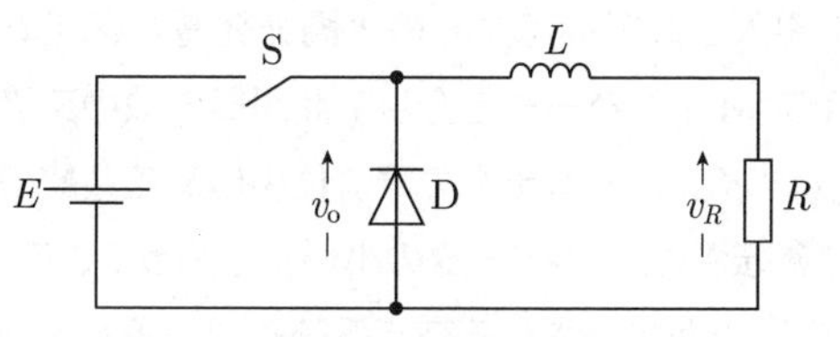

(a) 降圧チョッパ回路

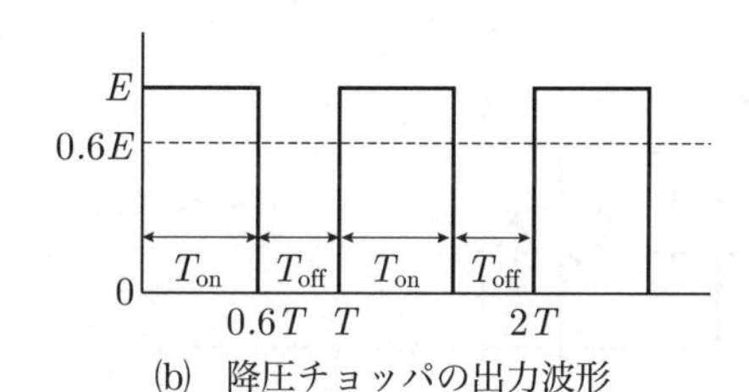

(b) 降圧チョッパの出力波形

この回路にはインダクタンスLがあるため，Sがオン時にLにエネルギーを保存し，オフ時に放出する．そのため負荷電圧は(c)図のような脈動の少ない波形となる．Lの1波長当たりの電圧は平均すると0 Vとなるので負荷の直流電圧平均値は$V_o = V_R = 240\ \mathrm{V}$となる．

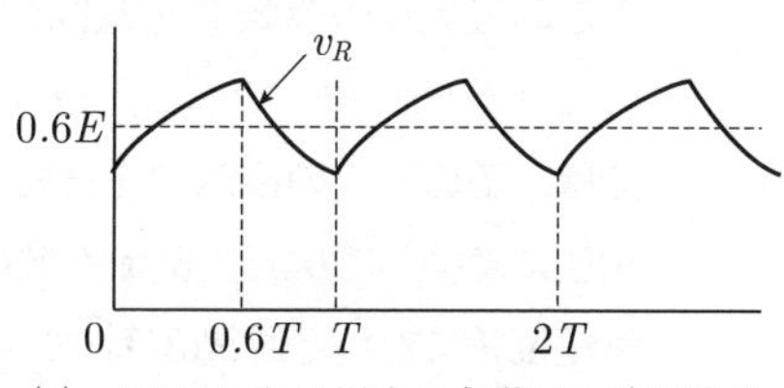

(c) LとDがある場合の負荷Rの電圧波形

したがって，負荷に流れる平均電流I_Rは，

$$I_R = \frac{V_R}{R} = \frac{240}{10} = 24\ \mathrm{A} \quad (答)$$

スイッチング周期Tは$1/f = 1/10\,000 = 0.1$ msと，非常に小さいのでパルス状電圧による出力の脈動は少ない．

答 (4)

理論 電力 機械 法規 令和5上(2023) 令和4下(2022) 令和4上(2022) 令和3(2021) 令和2(2020) 令和元(2019) 平成30(2018) 平成29(2017) 平成28(2016) 平成27(2015)

問11

次の文章は，太陽光発電システムに関する記述である．

図1には，商用交流系統に接続して電力を供給する太陽光発電システムの基本的な構成の一つを示す．

シリコンを主な材料とした太陽電池は，通常1 V以下のセルを多数直列接続した数十ボルト以上の直流電源である．電池の特性としては，横軸に電圧を，縦軸に［(ア)］をとると，図2のようにその特性曲線は上に凸の形となり，その時々の日射量，温度などの条件によって特性が変化する．使用するセル数をできるだけ少なくするために，図2の変化する特性曲線において，△印で示されている最大点で運転するよう制御を行うのが一般的である．

この最大点の運転に制御し，変動する太陽電池の電圧を一定の直流電圧に変換する図1のA部分は［(イ)］である．現在家庭用などに導入されている多くの太陽光発電システムでは，この一定の直流電圧を図1のB部分のPWMインバータを介して商用周波数の交流電圧に変換している．交流系統の端子において，インバータ出力の電流位相は交流系統の電圧位相に対して通常ほぼ［(ウ)］になるように運転され，インバータの小形化を図っている．

一般的に，インバータは電圧源であり，その出力が接続される交流系統も電圧源とみなせる．そのような接続には，［(エ)］成分を含む回路要素を間に挿入することが必須である．

上記の記述中の空白箇所(ア)，(イ)，(ウ)及び(エ)に当てはまる組合せとして，正しいものを次の(1)～(5)のうちから一つ選べ．

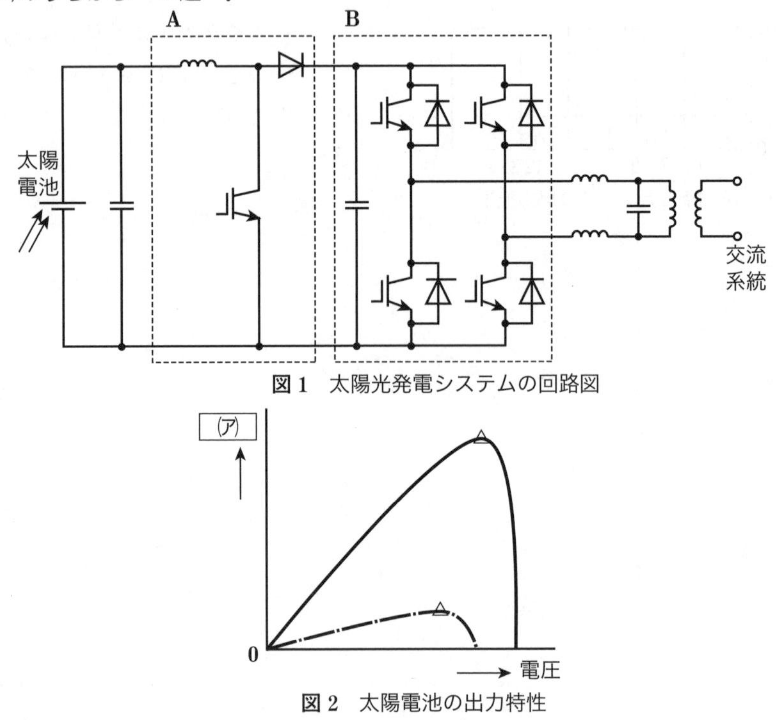

図1　太陽光発電システムの回路図

図2　太陽電池の出力特性

	(ア)	(イ)	(ウ)	(エ)
(1)	電　力	昇圧チョッパ	同　相	インダクタンス
(2)	電　流	昇圧チョッパ	90°位相進み	キャパシタンス
(3)	電　力	降圧チョッパ	同　相	インダクタンス
(4)	電　力	昇圧チョッパ	90°位相進み	インダクタンス
(5)	電　流	降圧チョッパ	90°位相進み	キャパシタンス

解11 (a)図は太陽電池の負荷の抵抗値を変化させたときの電流・電圧の特性で，i-V特性と呼ぶ．照射光を一定としたときVが増加すると，iは垂下特性により小さくなり，問の図のような特性になる．特性図より，

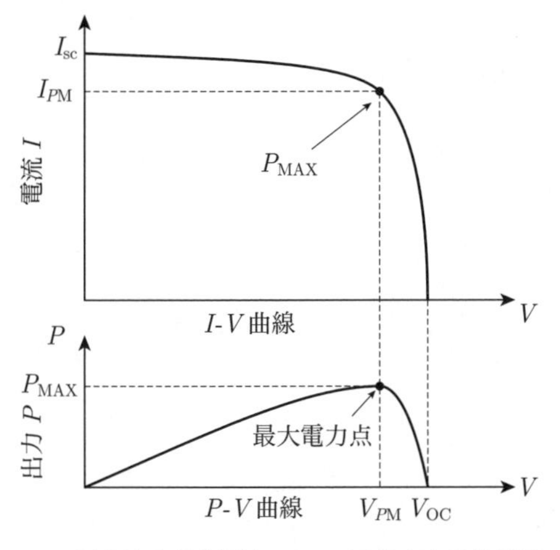

I_{PM}：最大出力動作電流，V_{PM}：最大出力動作電圧
I_{SC}：短絡電流，V_{OC}：開放電圧

(a) 太陽電池の出力電流と電力

電流一定で電圧を大きくしていったとき，**電力**は，電流と電圧の積から，ゼロから最大出力まで直線状に増えていき，最大点を超えると下がるような特性となる．

問の図1のA部分は，IGBTや，L，ダイオードの配置から**昇圧チョッパ**である．

(b)図に3種類のチョッパ回路を示す．

インバータ出力の電流位相は力率1と規定している．したがって，商用交流系統電圧と**同相**になる．同相であれば無効電流がないので電流の絶対値が小さく，小形化できる．

電圧形インバータは**インダクタンス**成分を含む回路要素である連系リアクトルLをインバータと商用交流系統の間に接続し，出力電圧と位相を制御することにより出力電流の大きさを制御している．

(1)

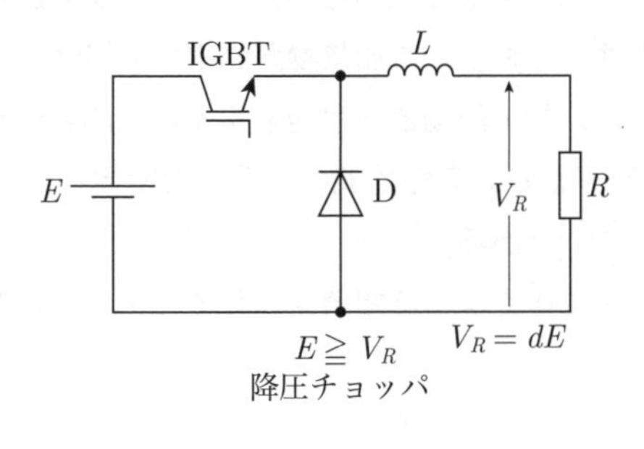

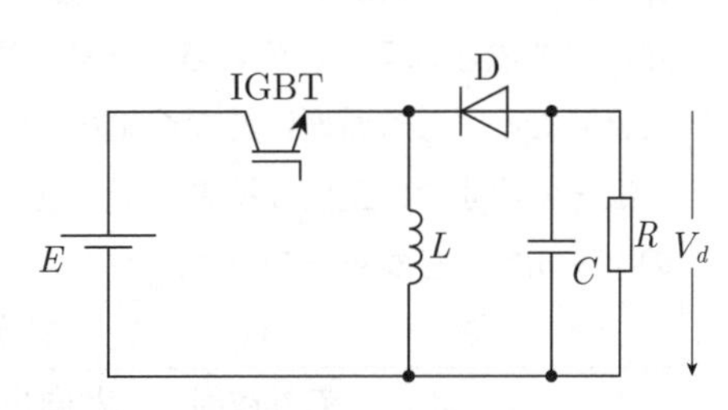

$$V_R = \frac{d}{1-d}E$$
$$0 \leqq d < 1$$
昇降圧チョッパ
d：デューティファクタ（通流率，0〜1）

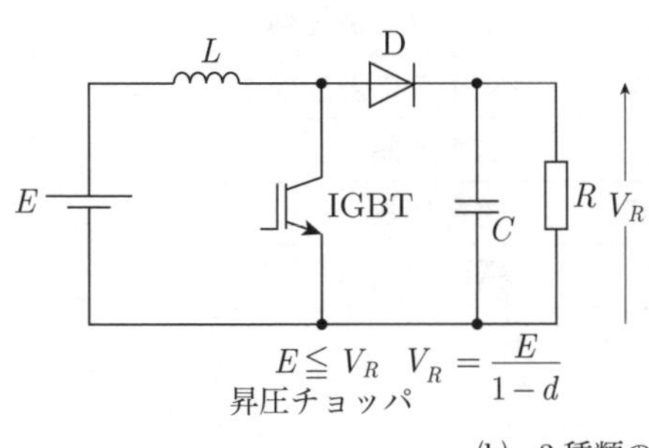

(b) 3種類のチョッパ回路

問12 毎分5 m^3の水を実揚程10 mのところにある貯水槽に揚水する場合，ポンプを駆動するのに十分と計算される電動機出力Pの値[kW]として，最も近いものを次の(1)～(5)のうちから一つ選べ．

ただし，ポンプの効率は80 %，ポンプの設計，工作上の誤差を見込んで余裕をもたせる余裕係数は1.1とし，さらに全揚程は実揚程の1.05倍とする．また，重力加速度は9.8 m/s^2とする．

(1) **1.15**　(2) **1.20**　(3) **9.43**　(4) **9.74**　(5) **11.8**

問13 次の文章は，電気加熱に関する記述である．

電気ストーブの発熱体として石英ガラス管に電熱線を封入したヒータがよく用いられている．この電気ストーブから室内への熱伝達は主に放射と［(ア)］によって行われる．また，このヒータからの放射は主に［(イ)］である．

一方，交番電界中に被加熱物を置くことによって被加熱物を加熱することができる．一般に物質は抵抗体，誘電体，磁性体などの性質をもち，被加熱物が誘電体の場合，交番電界中に置かれた被加熱物には交番電流が流れ，被加熱物自身が発熱することによって被加熱物が加熱される．このとき，加熱に寄与するのは交番電流のうち交番電界［(ウ)］電流成分である．この原理に基づく加熱には［(エ)］がある．

上記の記述中の空白箇所(ア)，(イ)，(ウ)及び(エ)に当てはまる組合せとして，正しいものを次の(1)～(5)のうちから一つ選べ．

	(ア)	(イ)	(ウ)	(エ)
(1)	対　流	赤外放射	と同相の	マイクロ波加熱
(2)	対　流	赤外放射	に直交する	マイクロ波加熱
(3)	対　流	可視放射	に直交する	誘導加熱
(4)	伝　導	赤外放射	と同相の	誘導加熱
(5)	伝　導	可視放射	と同相の	誘導加熱

解12 図のような揚水ポンプが揚程H[m]で設置されている．実際の揚程は実揚程に損失分を加えた値となるので大きくなる．ここでは題意より1.05倍となっている．

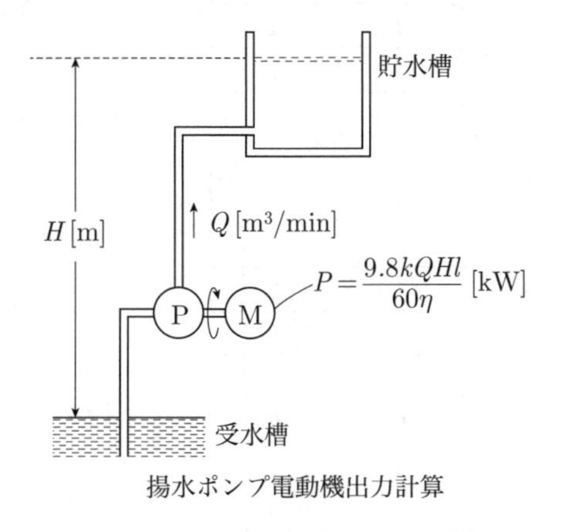

揚水ポンプ電動機出力計算

揚水ポンプの所要出力Pを求める公式は

$$P=9.8k\frac{Q}{60}\cdot\frac{Hl}{\eta}\,[\mathrm{kW}]$$

ただし，k：余裕係数，Q：水の流量[m³/min]，H：実揚程，l：揚程損失補正係数，η：ポンプ効率．

計算すると，

$$P=9.8\times1.1\times\frac{5}{60}\times\frac{10\times1.05}{0.8}$$

$$\fallingdotseq 11.8\,\mathrm{kW}\ (答)$$

答 (5)

解13 ストーブの熱の伝達は放射と**対流**である．対流は温度の違いや気流による流体の動きである．ヒータからの放射（ふく射）はヒータが高温になると，エネルギーを赤外線（遠赤外線）として放射させるもので**赤外放射**という．熱の伝達のもう一つである熱伝導は，物体を媒介し熱が伝わるので，暖房では空気の熱伝導率が小さいため熱が伝わりにくく，ほかの二つに比べて伝達の効率が悪い．

交番電界中に絶縁体（誘電体）の被加熱物をおいて加熱するのは誘電加熱，マイクロ波加熱である．誘電体の被加熱物に高周波電界を加えると被加熱物には分子双極子が形成され，交番磁界中で激しく方向を変え，摩擦による熱を発生する．この等価回路は(a)図のようにRとCの並列回路で表される．

電圧E，周波数fの交番電圧を加えたときの電流は，(b)図のようになる．

したがって，加熱出力はこの交番電流の実数値と交番電界の積で決まるので電界と電流は**同相**のときにしか発生しない．

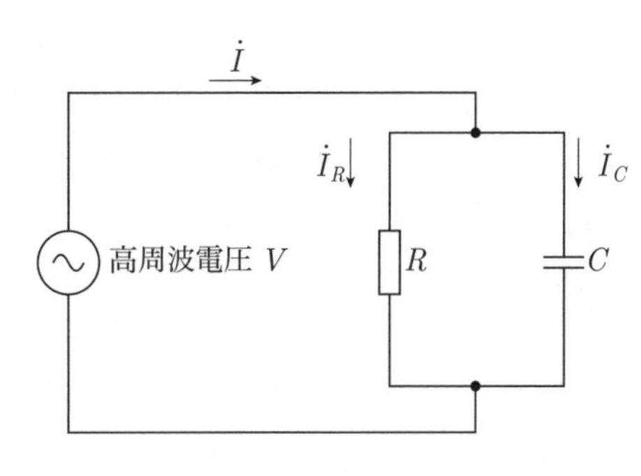

(a) マイクロ波加熱の被熱物の等価回路

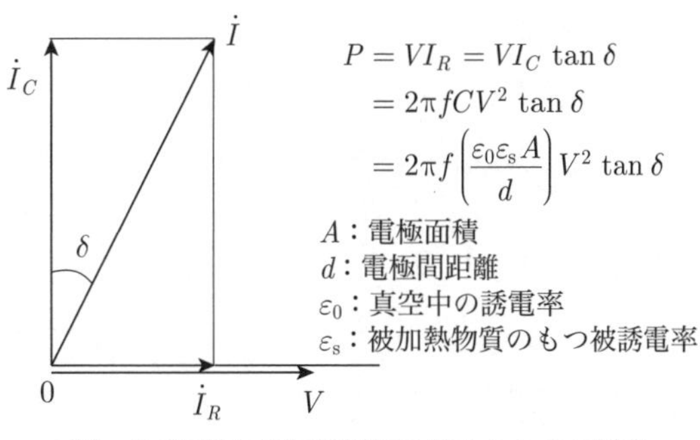

(b) RC回路に高周波電圧を加えたときの電流

(1)

問14　次の真理値表の出力を表す論理式として，正しい式を次の(1)～(5)のうちから一つ選べ．

A	B	C	D	X
0	0	0	0	1
0	0	0	1	1
0	0	1	0	1
0	0	1	1	1
0	1	0	0	1
0	1	0	1	0
0	1	1	0	1
0	1	1	1	0
1	0	0	0	0
1	0	0	1	0
1	0	1	0	0
1	0	1	1	0
1	1	0	0	0
1	1	0	1	0
1	1	1	0	1
1	1	1	1	1

(1)　$X=\overline{A}\cdot\overline{B}+\overline{A}\cdot\overline{D}+B\cdot C\cdot D$　　(2)　$X=\overline{A}\cdot B+\overline{A}\cdot\overline{D}+A\cdot B\cdot C$

(3)　$X=\overline{A}\cdot\overline{B}+\overline{A}\cdot\overline{D}+A\cdot B\cdot C$　　(4)　$X=\overline{A}\cdot\overline{B}+\overline{A}\cdot\overline{C}+B\cdot C\cdot D$

(5)　$X=\overline{A}\cdot\overline{B}+\overline{A}\cdot\overline{C}+A\cdot B\cdot D$

解14 この問は真理値表のXが1になるための$A\cdot B\cdot C\cdot D$を考えると，

AとBが0のときXは1

AとDが0のときXは1

AとBとCが1のときXは1

図にこの条件より論理回路を描く．

ド・モルガンの定理は，$\overline{A+B}=\overline{A}\cdot\overline{B}$と，$\overline{A\cdot B}=\overline{A}+\overline{B}$である．

したがって，$X=\overline{A}\cdot\overline{B}+\overline{A}\cdot\overline{D}+A\cdot B\cdot C$

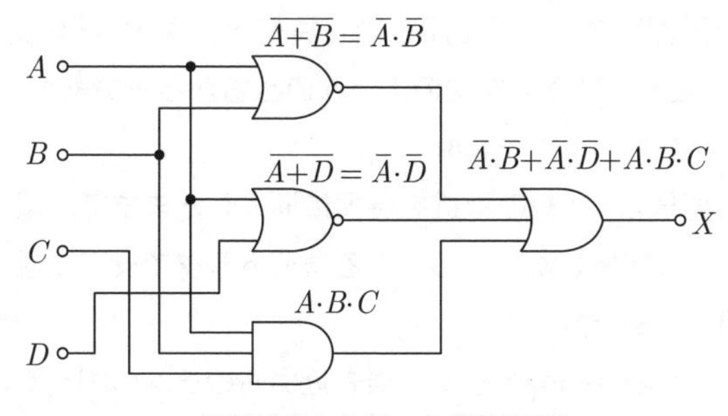

真理値表から描いた論理回路

となる．

〔別解〕 Xが1になる$A\cdot B\cdot C\cdot D$の式は，

$$X=\overline{A}\cdot\overline{B}\cdot\overline{C}\cdot\overline{D}+\overline{A}\cdot\overline{B}\cdot\overline{C}\cdot D$$
$$+\overline{A}\cdot\overline{B}\cdot C\cdot\overline{D}+\overline{A}\cdot\overline{B}\cdot C\cdot D$$
$$+\overline{A}\cdot B\cdot\overline{C}\cdot\overline{D}+\overline{A}\cdot B\cdot C\cdot\overline{D}$$
$$+A\cdot B\cdot C\cdot\overline{D}+A\cdot B\cdot C\cdot D$$

基本定理$A+\overline{A}=1$などを用いて式を簡単化すると，

$$X=\overline{A}\cdot\overline{B}\cdot\overline{C}\cdot(\overline{D}+D)+\overline{A}\cdot\overline{B}\cdot C\cdot(D+\overline{D})$$
$$+\overline{A}\cdot B\cdot\overline{D}\cdot(\overline{C}+C)+A\cdot B\cdot C\cdot(D+\overline{D})$$
$$=\overline{A}\cdot\overline{B}\cdot\overline{C}+\overline{A}\cdot\overline{B}\cdot C+\overline{A}\cdot\overline{B}\cdot\overline{D}$$
$$+\overline{A}\cdot B\cdot\overline{D}+A\cdot B\cdot C$$
$$=\overline{A}\cdot\overline{B}\cdot(\overline{C}+C)+\overline{A}\cdot\overline{D}(\overline{B}+B)+A\cdot B\cdot C$$
$$=\overline{A}\cdot\overline{B}+\overline{A}\cdot\overline{D}+A\cdot B\cdot C \quad \text{(答)}$$

答 (3)

B問題 配点は1問題当たり(a)5点，(b)5点，計10点

問15 定格出力15 kW，定格電圧220 V，定格周波数60 Hz，6極の三相巻線形誘導電動機がある．二次巻線は星形（Y）結線でスリップリングを通して短絡されており，各相の抵抗値は0.5 Ωである．この電動機を定格電圧，定格周波数の電源に接続して定格出力（このときの負荷トルクをT_{n}とする）で運転しているときの滑りは5 %であった．

計算に当たっては，L形簡易等価回路を採用し，機械損及び鉄損は無視できるものとして，次の(a)及び(b)の問に答えよ．

(a) 速度を変えるために，この電動機の二次回路の各相に0.2 Ωの抵抗を直列に挿入し，上記と同様に定格電圧，定格周波数の電源に接続して上記と同じ負荷トルクT_{n}で運転した．このときの滑りの値[%]として，最も近いものを次の(1)～(5)のうちから一つ選べ．

(1) **3.0** (2) **3.6** (3) **5.0** (4) **7.0** (5) **10.0**

(b) 電動機の二次回路の各相に上記(a)と同様に0.2 Ωの抵抗を直列に挿入したままで，電源の周波数を変えずに電圧だけを200 Vに変更したところ，ある負荷トルクで安定に運転した．このときの滑りは上記(a)と同じであった．

この安定に運転したときの負荷トルクの値[N·m]として，最も近いものを次の(1)～(5)のうちから一つ選べ．

(1) **99** (2) **104** (3) **106** (4) **109** (5) **114**

解15 (a)図は誘導電動機のL形簡易等価回路である．この図より誘導電動機のトルクTは次式で求められる．

$$T=\frac{m}{4\pi f/p}\cdot\frac{V^2\dfrac{r_2'}{s}}{\left(r_1+\dfrac{r_2'}{s}\right)^2+(x_1+x_2)^2} \quad ①$$

ここで，m：総数，p：極数，f：周波数とする．

①式より，比例推移から，r_2/sが一定であればトルクTは等しい．また，①式よりTは一次電圧V_1の2乗に比例することがわかる．

ここで，一次負荷電流I_1'と出力P_Mは，

$$I_1'=\frac{V_1}{\sqrt{\left(r_1+\dfrac{r_2'}{s}\right)^2+(x_1+x_2')^2}}$$

$$P_M=I_1'^2\left(\frac{1-s}{s}\right)r_2'$$

$$=\frac{3V_1^2\left(\dfrac{1-s}{s}\right)r_2'}{\left(r_1+\dfrac{r_2'}{s}\right)^2+(x_1+x_2')^2}$$

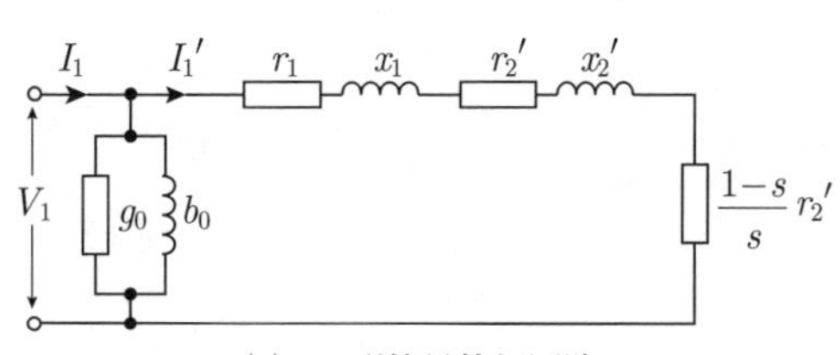

(a) L形簡易等価回路

(a) 速度変更のために巻線形誘導電動機の二次抵抗を増やしたとき，負荷のトルクが一定であるから，(b)図のように比例推移の$(r_a+R)/s$が一定であるときトルクも一定である（r_a：二次抵抗，R：外部抵抗）．

したがって二次抵抗r_aは0.5 Ωで，滑りs_1が

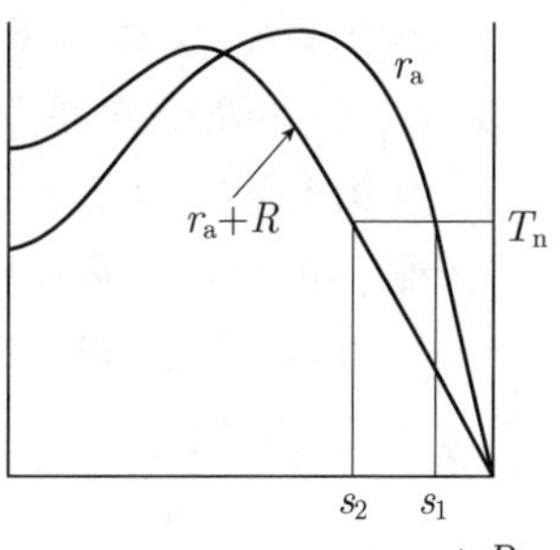

（T[N·m]負荷時）$\dfrac{r_a}{s_1}=\dfrac{r_a+R}{s_2}$

(b) 比例推移によるRを追加した場合の滑りの変化

0.05（定格出力時）で運転している電動機に，外部抵抗$R=0.2$ Ωを直列に接続したときの滑りs_2は，$\dfrac{r_a}{s_1}=\dfrac{r_a+R}{s_2}$より，

$$s_2=\frac{r_a+R}{r_a}s_1=\frac{0.7}{0.5}\times0.05=0.07$$

s_2は7.0 %となる．(答)

(b) この電動機の同期速度N_sは，

$$N_s=\frac{120f}{p}=\frac{120\times60}{6}=1\,200\ \mathrm{min^{-1}}$$

定格出力時のトルクT_nは，回転速度をN [min^{-1}] とすると，

$$T_n=\frac{P}{2\pi N/60}=\frac{15\times1\,000}{2\pi\times1\,200(1-0.05)/60}$$
$$=125.6\ \mathrm{N\cdot m}$$

①式より，トルクは一次電圧の2乗に比例するので，定格電圧$V_2=220$ Vを変更後の電圧$V=200$ VにしたときのトルクT_2は，

$$T_2=T_n\left(\frac{V}{V_2}\right)^2=125.6\times\left(\frac{200}{220}\right)^2$$
$$\fallingdotseq 103.8\ \mathrm{N\cdot m}\fallingdotseq 104\ \mathrm{N\cdot m} \quad (答)$$

(a)-(4)，(b)-(2)

問16 図に示すように，LED 1個が，床面から高さ2.4 mの位置で下向きに取り付けられ，点灯している．このLEDの直下方向となす角（鉛直角）をθとすると，このLEDの配光特性（θ方向の光度$I(\theta)$）は，LED直下方向光度$I(0)$を用いて$I(\theta)= I(0)\cos\theta$で表されるものとする．次の(a)及び(b)の問に答えよ．

(a) 床面A点における照度が20 lxであるとき，A点がつくる鉛直角θ_Aの方向の光度$I(\theta_A)$の値[cd]として，最も近いものを次の(1)~(5)のうちから一つ選べ．

ただし，このLED以外に光源はなく，天井や壁など，周囲からの反射光の影響もないものとする．

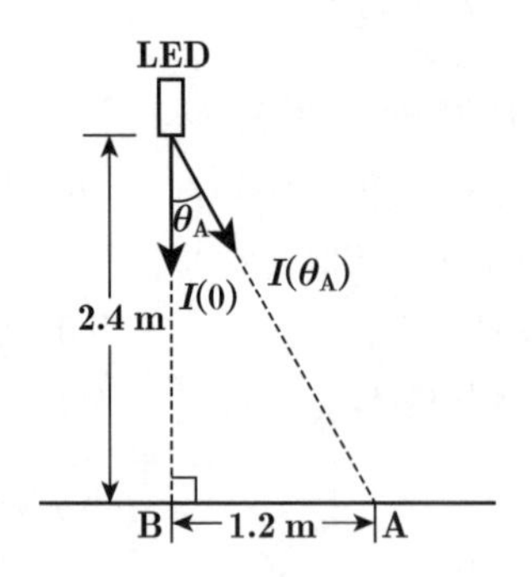

(1) 60　(2) 119　(3) 144　(4) 160　(5) 319

(b) このLED直下の床面B点の照度の値[lx]として，最も近いものを次の(1)~(5)のうちから一つ選べ．

(1) 25　(2) 28　(3) 31　(4) 49　(5) 61

解16　(a)　図のように，高さh[m]，直下B点から横にw[m]のところの点をAとすると，光源からA点までの距離rは$\sqrt{h^2+w^2}$で表せる．

光度Iとすると，r[m]離れた点の照度Eは，

$$E=\frac{I(\theta)}{r^2}[\mathrm{lx}] \qquad ①$$

床面A点の照度E_Aは

$$E_\mathrm{A}=\frac{I(\theta_\mathrm{A})}{r^2}\cos\theta_\mathrm{A}=20\ \mathrm{lx}$$

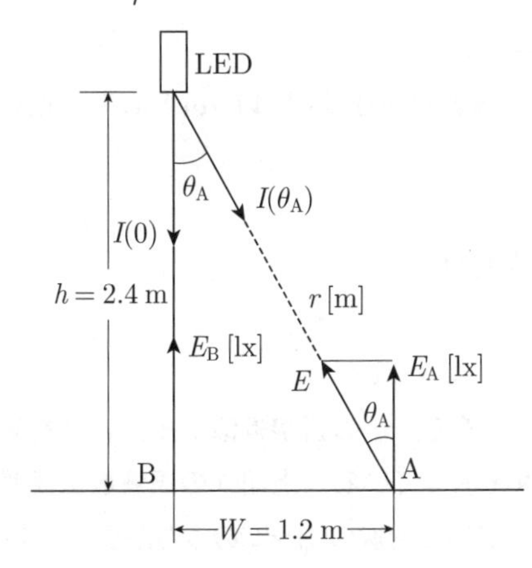

$$I(\theta_\mathrm{A})=E_\mathrm{A}\frac{r^2}{\cos\theta_\mathrm{A}}=\frac{20r^2}{\cos\theta_\mathrm{A}}$$

$$=\frac{20\times\sqrt{2.4^2+1.2^2}^2}{\dfrac{2.4}{\sqrt{2.4^2+1.2^2}}}$$

$$\fallingdotseq 160\ \mathrm{cd}\ (答)$$

(b)　題意の$I(\theta)=I(0)\cos\theta$より$I(0)$を求めると，

$$I(0)=\frac{I(\theta_\mathrm{A})}{\cos\theta_\mathrm{A}}=\frac{160}{\dfrac{2.4}{\sqrt{2.4^2+1.2^2}}}$$

$$=\frac{160\sqrt{2.4^2+1.2^2}}{2.4}$$

直下のB点の照度E_Bは①式より，$I(0)/h^2$により計算できる．

$$E_B=\frac{I(0)}{h^2}=\frac{160(\sqrt{2.4^2+1.2^2})}{2.4^3}$$

$$\fallingdotseq 31\ \mathrm{lx}\ (答)$$

(a)-(4)，(b)-(3)

問17及び問18は選択問題であり，問17又は問18のどちらかを選んで解答すること．なお，両方解答すると採点されません．

（選択問題）

問17

図に示すように，フィードバック接続を含んだブロック線図がある．このブロック線図において，$T = 0.2$ s，$K = 10$ としたとき，次の(a)及び(b)の問に答えよ．

ただし，ωは角周波数[rad/s]を表す．

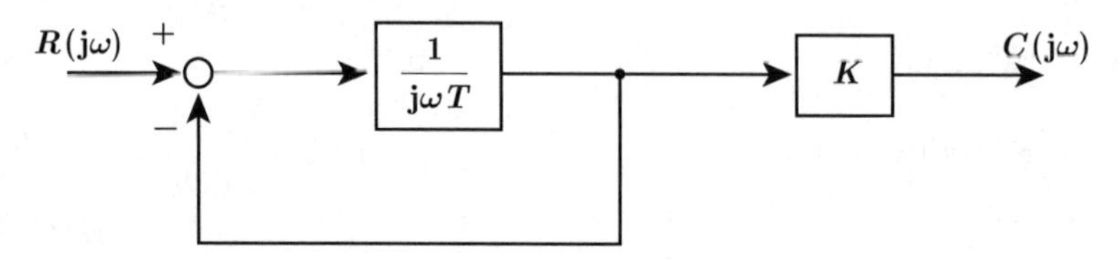

(a) 入力を$R(\mathrm{j}\omega)$，出力を$C(\mathrm{j}\omega)$とする全体の周波数伝達関数$W(\mathrm{j}\omega)$として，正しいものを次の(1)～(5)のうちから一つ選べ．

(1) $\dfrac{10}{1+\mathrm{j}0.2\omega}$　(2) $\dfrac{1}{1+\mathrm{j}0.2\omega}$　(3) $\dfrac{1}{1+\mathrm{j}5\omega}$

(4) $\dfrac{50\omega}{1+\mathrm{j}5\omega}$　(5) $\dfrac{\mathrm{j}2\omega}{1+\mathrm{j}0.2\omega}$

(b) 次のボード線図には，正確なゲイン特性を実線で，その折線近似ゲイン特性を破線で示し，横軸には特に折れ点角周波数の数値を示している．上記(a)の周波数伝達関数$W(\mathrm{j}\omega)$のボード線図のゲイン特性として，正しいものを次の(1)～(5)のうちから一つ選べ．

ただし，横軸は角周波数ωの対数軸であり，-20 [dB/dec]とは，ωが10倍大きくなるに従って$|W(\mathrm{j}\omega)|$が-20 dB変化する傾きを表している．

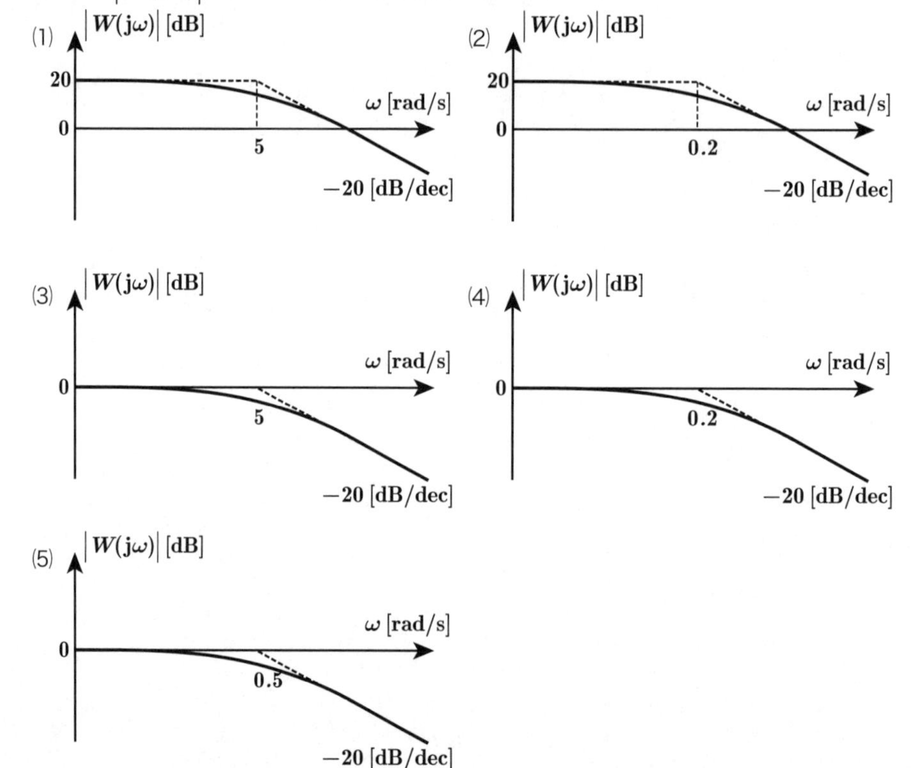

解17 (a) ブロック線図を等価変換して簡略化すると(a)図のようになる．

$$W(\mathrm{j}\omega)=\frac{\dfrac{1}{\mathrm{j}\omega T}K}{1+\dfrac{1}{\mathrm{j}\omega T}}=\frac{K}{1+\mathrm{j}\omega T} \qquad ①$$

題意より，$T=0.2\ \mathrm{s}$，$K=10$を①式に代入すると，

$$W(\mathrm{j}\omega)=\frac{10}{1+\mathrm{j}0.2\omega} \quad (答)$$

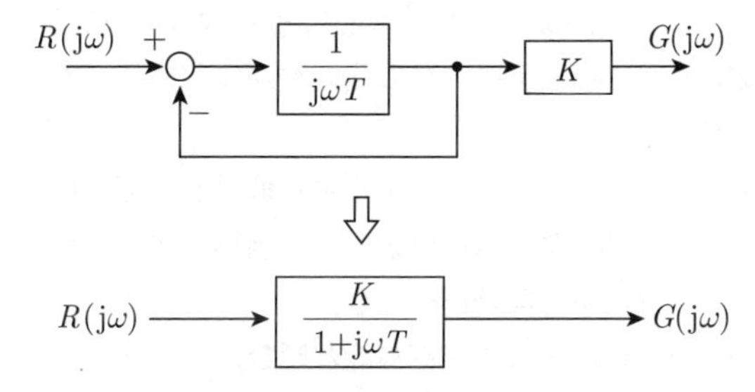

(a) ブロック線図の等価変換

(b) 伝達関数のゲインをg[dB]とすると，

$$g=20\log_{10}\frac{K}{\sqrt{1+(\omega T)^2}}$$
$$=20\log_{10}K-20\log_{10}\sqrt{1+\omega^2T^2}$$
$$=20\log_{10}K-10\log_{10}(1+\omega^2T^2)$$
$$=20-10\log_{10}(1+0.04\omega^2)\ [\mathrm{dB}]$$

折れ点角周波数は，$\omega=1/T$の値なので，

$$\omega=1/0.2=5\ \mathrm{rad}$$

① $\omega\ll 5\ \mathrm{rad}$のとき，$\omega^2\fallingdotseq 0$であるから，

$$g=20-10\log_{10}1=20-0=20\ \mathrm{dB}$$

これよりωの値が小さいときは，20 dBで一定となり，折れ点角周波数ωが5 radである(1)が正解となる．

② $\omega\gg 5\ \mathrm{rad}$のとき

$$1+\omega^2T^2\fallingdotseq\omega^2T^2$$
$$g=20-10\log_{10}0.04\omega^2$$
$$=20-20\log_{10}\omega-20\log_{10}(2/10)$$
$$=20-20\log_{10}\omega-20(\log_{10}2-\log_{10}10)$$
$$\fallingdotseq 20-20\log_{10}\omega+20(0.301-1)$$
$$=20-20\log_{10}\omega+13.98$$
$$\fallingdotseq 34-20\log_{10}\omega$$

$-20\log_{10}\omega$は，ωが10倍になると，-20 dB下がる特性である．

③ $\omega=5\ \mathrm{rad}$のとき

$$g=20-10\log_{10}(1+0.04\times 5^2)$$
$$g=20-10\log_{10}2$$
$$\fallingdotseq 20-10\times 0.301$$
$$\fallingdotseq 17\ \mathrm{dB}$$

$\omega=5\ \mathrm{rad}$（$1/T$）のときのゲインは①で求めた20 dbと②で求めた$34-20\log_{10}\omega$の交点より3 dBだけ小さい．

したがって，ボード線図は$\omega=0$から折れ点角周波数である$\omega=1/T=1/0.2=5\ \mathrm{rad}$までは①より20 dBで一定となり，$\omega$が5 radを超えると②より$-20$ dB/decで下がる特性となり，$\omega=5$では①のdB値より3 dB下がった点となる．

なお，$\log_{10}2\fallingdotseq 0.301$は電卓では求められないが，よく使われる値であるため覚えておくと，便利である．

(a)-(1)，(b)-(1)

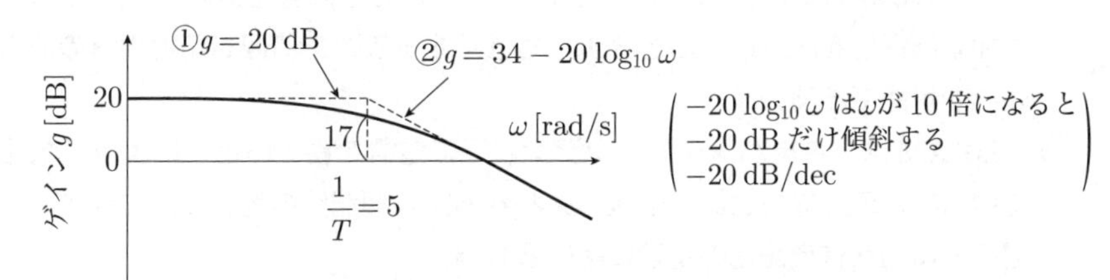

(b) ボード線図による周波数伝達関数のゲイン特性

（選択問題）

次の文章はコンピュータの構成及びICメモリ（半導体メモリ）について記述したものである．次の(a)及び(b)の問に答えよ．

(a) コンピュータを構成するハードウェアは，コンピュータの機能面から概念的に入力装置，出力装置，記憶装置（主記憶装置及び補助記憶装置）及び中央処理装置（制御装置及び演算装置）に分類される．これらに関する記述として，誤っているものを次の(1)～(5)のうちから一つ選べ．

(1) コンピュータのシステムの内部では，情報は特定の形式の電気信号として表現されており，入力装置では，外部から入力されたいろいろな形式の信号を，そのコンピュータの処理に適した形式に変換した後に主記憶装置に送る．

(2) コンピュータが内部に記憶しているデータを外部に伝える働きを出力機能といい，ハードウェアのうちで出力機能を担う部分を出力装置という．出力されたデータを人間が認識できる出力装置には，プリンタ，ディスプレイ，スピーカなどがある．

(3) コンピュータ内の中央処理装置のクロック周波数は，LAN（ローカルエリアネットワーク）の通信速度を変化させる．クロック周波数が高くなるほどLANの通信速度が向上する．また，クロック周波数によって磁気ディスクの回転数が変化する．クロック周波数が高くなるほど回転数が高くなる．

(4) 制御装置は，主記憶装置に記憶されている命令を一つ一つ順序よく取り出してその意味を解読し，それに応じて各装置に向けて必要な指示信号を出す．制御装置から信号を受けた各装置は，それぞれの機能に応じた適切な動作を行う．

(5) 算術演算，論理判断，論理演算などの機能を総称して演算機能と呼び，これらを行う装置が演算装置である．算術演算は数値データに対する四則演算である．また，論理判断は二つのデータを比較してその大小を判定したり，等しいか否かを識別したりする．論理演算は，与えられた論理値に対して論理和，論理積，否定及び排他論理和などを求める演算である．

(b) 主記憶装置等に用いられるICメモリに関する記述として，誤っているものを次の(1)～(5)のうちから一つ選べ．

(1) RAM（Rnadom Access Memory）は，アドレス（番地）によってデータの保存位置を指定し，データの読み書きを行う．RAMは，DRAM（Dynamic RAM）とSRAM（Static RAM）とに大別される．

(2) ROM（Read Only Memory）は，読み出し専用であり，ROMに記録されている内容は基本的に書き換えることができない．

(3) EPROM（Erasable Programmable ROM）は，半導体メモリの一種で，デバイスの利用者が書き込み・消去可能なROMである．データやプログラムの書き込みを行ったEPROMは，強い紫外線を照射することでその記憶内容を消去できる．

(4) EEPROM（Electrically EPROM）は，利用者が内容を書換え可能なROMであり，印加する電圧を読み取りのときよりも低くすることで何回も記憶内容の消去・再書き込みが可能である．

(5) DRAMは，キャパシタ（コンデンサ）に電荷を蓄えることによって情報を記憶し電源供給が無くなると記憶情報も失われる．長期記録の用途には向かず，情報処理過程の一時的な作業記憶の用途に用いられる．

解18

(a)

(1) 図より，入力装置は，人の理解できるデータをコンピュータの処理に適した形式に変換して主記憶装置へ送るものである．正しい．

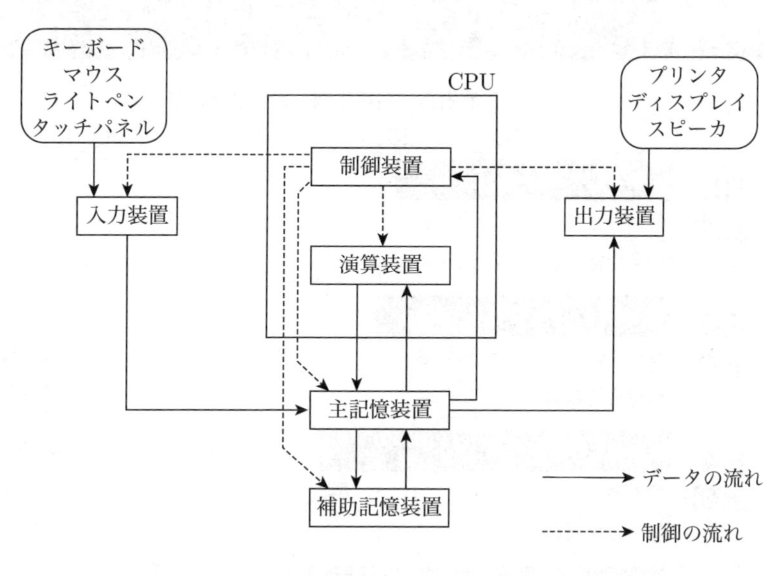

(2) コンピュータの内部のデータを外部に出力する働きを出力機能という．出力装置はデータを目に見える，耳で聞こえる形で出力する装置である．出力装置には，ディスプレイ装置，プリンタなどがある．正しい．

(3) クロック周波数は，1 s当たりのクロック発振数で，プロセッサの性能指標として用いられる．一般にクロックは複数の回路と同期をとるため使用されているので，クロック周波数が高いほど処理速度は速くなる．しかし，クロック周波数はLANの通信速度には関連しない．これが変化する要因はネットワーク機器やケーブルによる．また，クロック周波数により磁気ディスクの回転速度は変化しない．磁気ディスクの回転数は磁気ディスクの仕様で変わる．したがって(3)**が誤り**である．

(4) 図のコンピュータの構成図から，制御装置からほかの装置に制御の流れが通じており，制御装置から信号を受けた装置は，機能に応じた動作を行う．正しい．

(5) 演算装置は，さまざまな形式のデータに対し，加算，減算，乗算，除算などの四則演算や論理演算，大小の比較を行う装置である．演算装置は，主記憶装置のデータを取り込んで，制御装置から演算命令を受けとり，演算を行った後，その結果を主記憶装置へ戻す．正しい．

(b)

(1) RAMは任意のアドレスを指定し，そのアドレスに随時読み書きを行うことができるメモリで，DRAMとSRAMの二つの種類がある．正しい．

(2) ROM（Read Only Memory）は英語の意味どおり，読み出し専用のメモリである．正しい．

(3) EPROMは，パッケージの表面にガラス窓があり，この窓に紫外線を照射することにより書き込んだデータを消去し，再書込みができるメモリである．正しい．

(4) EEPROMはデータの書き換え可能なROMであるが，高い電圧をかけることで書き込んだデータを消去できるメモリである．問の(4)の説明とは逆になるので**誤り**である．

(5) DRAMは充放電現象を利用して，キャパシタに電荷を蓄えることでデータを保持するメモリである．データは漏れ電流による放電で消失してしまうので，一定周期で再書込みをする必要がある．一時的な記憶の用途に用いられる．正しい．

(a)-(3)，(b)-(4)

●資料　過去10回の受験者数・合格者数など（機械）

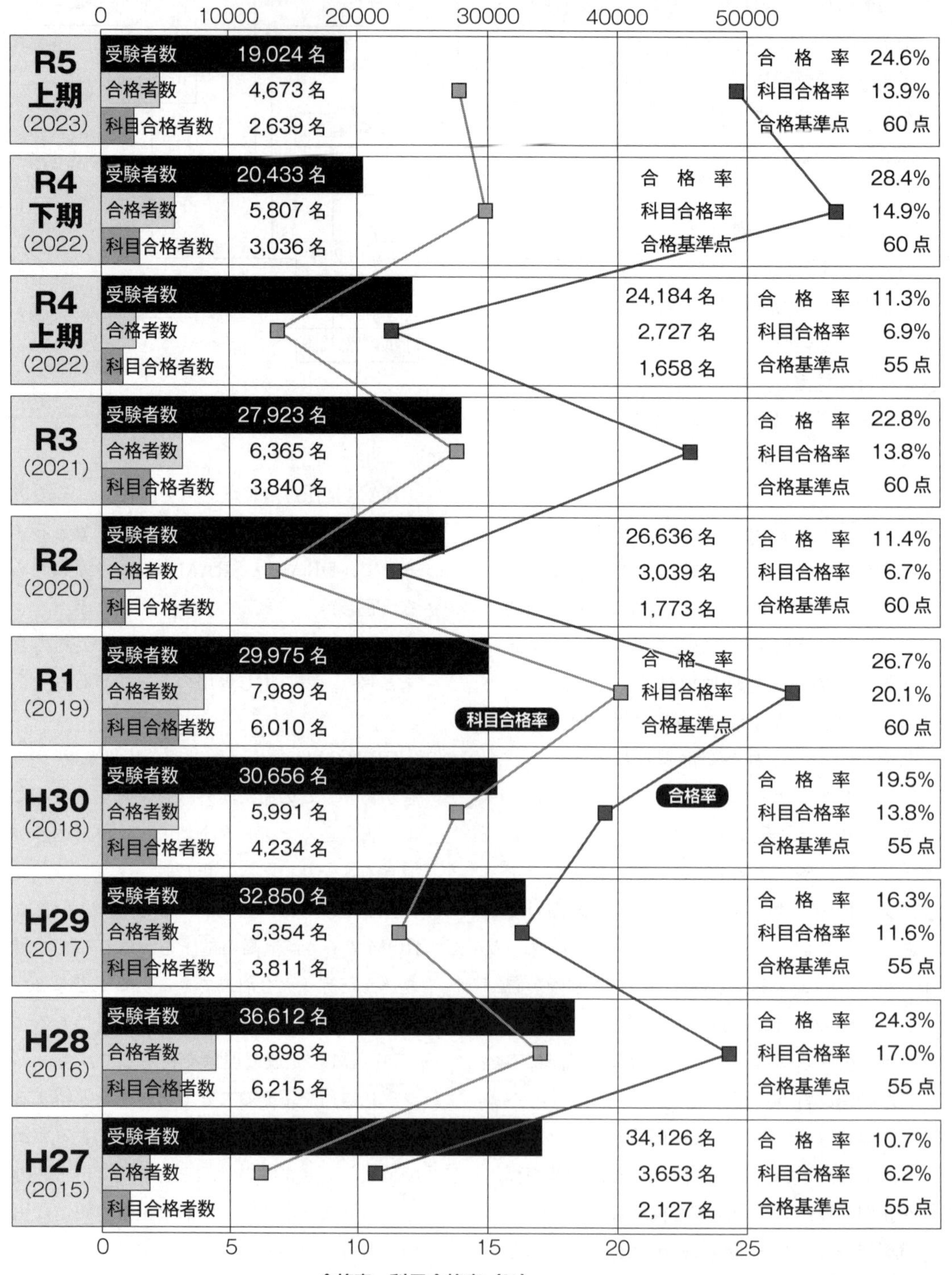

（注）科目合格者数は，4科目合格を除く

note

電気書院

取り外しの方法

この白い厚紙を残して，取り外したい冊子をつかみます．

本体をしっかりと持ち，ゆっくり引っぱってください．

※のりでしっかりと接着していますので，背表紙に跡がつくことがあります．
取り外しの際は丁寧にお取り扱いください．破損する可能性があります．
取り外しの際の破損によるお取り替え，ご返品はできません．予めご了承ください．

2024年版 電験3種過去問題集

法規

令和5年度上期〜平成27年度
問題と解説・解答

※法令は2023年11月1日時点のものに準拠しています．
法令が改正されているものに関しては，問題も修正しています．

2024年版 電験3種 過去問題集

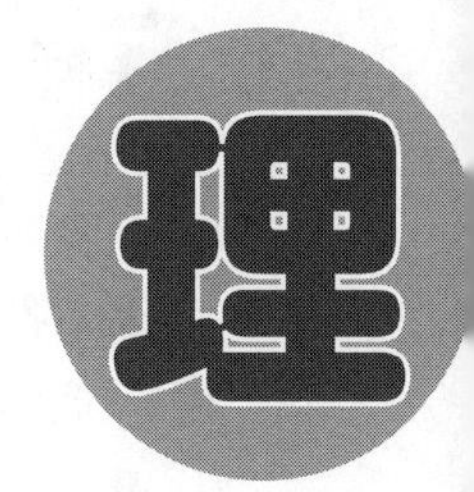

●試験時間…65 分
●必要解答数
A 問題…10 問，B 問題…3 問

令和5年度（2023年）上期　法規の問題

注1　問題文中に「電気設備技術基準」とあるのは，「電気設備に関する技術基準を定める省令」の略である．

注2　問題文中に「電気設備技術基準の解釈」とあるのは，「電気設備の技術基準の解釈における第1章～第6章及び第8章」をいう．なお，「第7章　国際規格の取り入れ」の各規定について問う出題にあっては，問題文中にその旨を明示する．

注3　問題は，令和5年4月1日現在，効力のある法令（電気設備技術基準の解釈を含む．）に基づいて作成している．

A問題　配点は1問題当たり6点

問1

次のa)～c)の文章は，主任技術者に関する記述である．

その記述内容として，「電気事業法」に基づき，適切なものと不適切なものの組合せについて，正しいものを次の(1)～(5)のうちから一つ選べ．

a)　事業用電気工作物（小規模事業用電気工作物を除く．以下同じ．）を設置する者は，事業用電気工作物の工事，維持及び運用に関する保安の監督をさせるため，主務省令で定めるところにより，主任技術者免状の交付を受けている者のうちから，主任技術者を選任しなければならない．

b)　主任技術者は，事業用電気工作物の工事，維持及び運用に関する保安の監督の職務を誠実に行わなければならない．

c)　事業用電気工作物の工事，維持又は運用に従事する者は，主任技術者がその保安のためにする指示に従わなければならない．

	a)	b)	c)
(1)	不適切	適切	適切
(2)	不適切	不適切	適切
(3)	適切	不適切	不適切
(4)	適切	適切	適切
(5)	適切	適切	不適切

●試験時間　65分
●必要解答数　A問題10題，B問題3題

解1　「電気事業法」第43条からの出題である．

（主任技術者）

第43条　**事業用電気工作物を設置する者は，事業用電気工作物の工事，維持及び運用に関する保安の監督をさせるため，主務省令で定めるところにより，主任技術者免状の交付を受けている者のうちから，主任技術者を選任しなければならない．**

2　自家用電気工作物（小規模事業用電気工作物を除く．）を設置する者は，前項の規定にかかわらず，主務大臣の許可を受けて，主任技術者免状の交付を受けていないものを主任技術者として選任することができる．

3　事業用電気工作物を設置する者は，主任技術者を選任したとき（前項の許可を受けて選任した場合を除く．）は，遅滞なく，その旨を主務大臣に届け出なければならない．これを解任したときも，同様とする．

4　**主任技術者は，事業用電気工作物の工事，維持及び運用に関する保安の監督の職務を誠実に行わなければならない．**

5　**事業用電気工作物の工事，維持又は運用に従事する者は，主任技術者がその保安のためにする指示に従わなければならない．**

したがって，a，b，cのすべてが適切であり，**求める選択肢は(4)**となる．

〔ここがポイント〕「電気事業法」の第42条～第45条までの「第2款　自主的な保安」については，電気主任技術者として基本的な問題であり保安規程等などとあわせ学習してほしい．

平成25年度試験問題と異なる点として，問題文に「小規模事業用電気工作物を除く」という記載があるため，ここでは小規模事業用電気工作物について簡単に記載する．

再生可能エネルギーの適切な保安を確保するため，太陽電池発電設備（10 kW以上50 kW未満），風力発電設備（20 kW未満）を「小規模事業用電気工作物」として新たに類型化し，当該電気工作物に①技術基準適合維持義務，②基礎情報の届出及び③使用前自己確認を課すこととなった．太陽電池発電設備と風力発電設備の保安規制の対応については図に示すとおりである．

小規模事業用電気工作物の定義については「電気事業法」第38条の条文を参照してほしい．

本問は平成25年度問1と同じ問題である．

(4)

＜太陽電池発電設備の保安規制の対応＞

区分	出力等条件	保安規制					
		＜事前規制＞安全な設備の設置を担保する措置				＜事後規制＞不適切事案等への対応措置	
事業用電気工作物	2 000 kW以上	技術基準の適合	技術基準維持義務	保安規程の届出 電気主任技術者の選任	工事計画の届出 使用前自主検査	報告徴収 事故報告	立入検査
事業用電気工作物	50 kW以上2 000 kW未満				使用前自己検査【範囲拡大】		
事業用電気工作物	小規模事業用電気工作物【新設】10 kW以上50 kW未満		維持義務	基礎情報届出【新設】	使用前自己確認【範囲拡大】		
一般用電気工作物	10 kW未満小出力発電設備 ※居住の用に供するものに限る					事故報告は，10 kW未満については除く	居住の用に供されているものも含める．

＜風力発電設備の保安規制の対応＞

出力等条件	保安規制						
	＜事前規制＞安全な設備の設置を担保する措置					＜事後規制＞不適切事案等への対応措置	
500 kW以上	技術基準の適合	技術基準維持義務	保安規程の届出 電気主任技術者の選任	工事計画の届出 使用前自主検査	定期安全管理検査	事故報告 報告徴収	立入検査
20 kW～500 kW				使用前自己確認（20 kW以上）			
20 kW未満		維持義務	基礎情報届出【新設】	使用前自己確認【範囲拡大】			

小規模事業用電気工作物に係る保安規律の適正化（経済産業省ホームページより）

次の文章は，「電気関係報告規則」に基づく事故の定義及び事故報告に関する記述である．

a) 「電気火災事故」とは，漏電，短絡，(ア)，その他の電気的要因により建造物，車両その他の工作物（電気工作物を除く．），山林等に火災が発生することをいう．

b) 「破損事故」とは，電気工作物の変形，損傷若しくは破壊，火災又は絶縁劣化若しくは絶縁破壊が原因で，当該電気工作物の機能が低下又は喪失したことにより，(イ)，その運転が停止し，若しくはその運転を停止しなければならなくなること又はその使用が不可能となり，若しくはその使用を中止することをいう．

c) 「供給支障事故」とは，破損事故又は電気工作物の誤(ウ)若しくは電気工作物を(ウ)しないことにより電気の使用者（当該電気工作物を管理する者を除く．）に対し，電気の供給が停止し，又は電気の使用を緊急に制限することをいう．ただし，電路が自動的に再閉路されることにより電気の供給の停止が終了した場合を除く．

d) 感電により人が病院(エ)した場合は事故報告をしなければならない．

上記の記述中の空白箇所(ア)～(エ)に当てはまる組合せとして，正しいものを次の(1)～(5)のうちから一つ選べ．

	(ア)	(イ)	(ウ)	(エ)
(1)	せん絡	直ちに	停止	で治療
(2)	絶縁低下	制御できず	操作	に入院
(3)	せん絡	制御できず	停止	で治療
(4)	せん絡	直ちに	操作	に入院
(5)	絶縁低下	制御できず	停止	で治療

解2　「電気関係報告規則」第1条第2項および第3条からの出題である．

（定義）

第1条　（第1項省略）

2　この省令において，次の各号に掲げる用語の意義は，それぞれ当該各号に定めるところによる．（第一号～三号省略）

四　「電気火災事故」とは，漏電，短絡，**せん絡**その他の電気的要因により建造物，車両その他の工作物（電気工作物を除く．），山林等に火災が発生することをいう．

五　「破損事故」とは，電気工作物の変形，損傷若しくは破壊，火災又は絶縁劣化若しくは絶縁破壊が原因で，当該電気工作物の機能が低下又は喪失したことにより，**直ちに**，その運転が停止し，若しくはその使用を中止することをいう．（第六号省略）

七　「供給支障事故」とは，破損事故又は電気工作物の誤**操作**若しくは電気工作物を**操作**しないことにより電気の使用者（当該電気工作物を管理する者を除く．以下この条において同じ．）に対し，電気の供給が停止し，又は電気の使用を緊急に制限することをいう．ただし，電路が自動的に再閉路されることにより電気の供給の停止が終了した場合を除く．

（以下，省略）

（事故報告）

第3条

（第一号条文前半省略途中より）

次の表の事故の欄に掲げる事故が発生したときは，それぞれ同表の報告先の欄に掲げる者に報告しなければならない．この場合において，二以上の号に該当する事故であって報告先の欄に掲げる者が異なる事故は，経済産業大臣に報告しなければならない．（以下，省略）

表より，感電により人が病院**に入院**した場合は事故報告をしなければならない．

〔ここがポイント〕「電気関係報告規則」の定義と事故報告は重要項目であるため必ず理解すること．また，第4条（公害防止等に関する届出）や第4条の2（PCB含有電気工作物に関する届出）も必ず一読してほしい．

（4）

事故報告

事故	報告先	
	電気事業者	自家用電気工作物を設置する者
一　感電又は電気工作物の破損若しくは電気工作物の誤操作若しくは電気工作物を操作しないことにより人が死傷した事故（死亡又は病院若しくは診療所に入院した場合に限る．） 二　電気火災事故（工作物にあっては，その半焼以上の場合に限る．） 三　電気工作物の破損又は電気工作物の誤操作若しくは電気工作物を操作しないことにより，他の物件に損傷を与え，又はその機能の全部又は一部を損なわせた事故	電気工作物の設置の場所を管轄する産業保安監督部長	電気工作物の設置の場所を管轄する産業保安監督部長
四　次に掲げるものに属する主要電気工作物の破損事故 イ　出力90万キロワット未満の水力発電所 ロ　火力発電所に（汽力，ガスタービン（出力1 000キロワット以上のものに限る．），内燃力（出力1万キロワット以上のものに限る．），これら以外を原動力とするもの又は二以上の原動力を組み合わせたものを原動力とするものをいう．以下同じ．）における発電設備（発電機及びその発電機と一体となって発電の用に供される原動力設備並びに電気設備の総合体をいう．以下同じ．）（ハに掲げるものを除く．） ハ　火力発電所における汽力又は汽力を含む二以上の原動力を組み合わせたものを原動力とする発電設備であって，出力1 000キロワット未満のもの（ボイラーに係るものを除く．） ニ　出力500キロワット以上の燃料電池発電所 ホ　出力50キロワット以上の太陽電池発電所 ヘ　出力20キロワット以上の風力発電所 ト　出力1万キロワット以上又は容量8万キロワットアワー以上の蓄電所 チ　電圧17万ボルト以上（構内以外の場所から伝送される電気を変成するために設置する変圧器その他の電気工作物の総合体であって，構内以外の場所に伝送するためのもの以外のものにあっては10万ボルト以上）30万ボルト未満の変電所（容量30万キロボルトアンペア以上若しくは出力30万キロワット以上の周波数変換器又は出力10万キロワット以上の整流機器を設置するものを除く．） リ　電圧17万ボルト以上30万ボルト未満の送電線路（直流のものを除く．） ヌ　電圧1万ボルト以上の需要設備（自家用電気工作物を設置する者に限る．）	電気工作物の設置の場所を管轄する産業保安監督部長	電気工作物の設置の場所を管轄する産業保安監督部長

※五以降省略

「電気設備技術基準」では，過電流からの電線及び電気機械器具の保護対策について，次のように規定している．

[(ア)]の必要な箇所には，過電流による[(イ)]から電線及び電気機械器具を保護し，かつ，[(ウ)]の発生を防止できるよう，過電流遮断器を施設しなければならない．

上記の記述中の空白箇所(ア)～(ウ)に当てはまる組合せとして，正しいものを次の(1)～(5)のうちから一つ選べ．

	(ア)	(イ)	(ウ)
(1)	幹線	過熱焼損	感電事故
(2)	配線	温度上昇	感電事故
(3)	電路	電磁力	変形
(4)	配線	温度上昇	火災
(5)	電路	過熱焼損	火災

解3　「電気設備技術基準」第14条からの出題である.

(過電流からの電線及び電気機械器具の保護対策)

第14条　**電路**の必要な箇所には，過電流による**過熱焼損**から電線及び電気機械器具を保護し，かつ，**火災**の発生を防止できるよう，過電流遮断器を施設しなければならない.

〔ここがポイント〕　関連する条文として「電気設備技術基準の解釈」第33条（低圧電路に施設する過電流遮断器の性能等）があり，あわせて学習してほしい.

(低圧電路に施設する過電流遮断器の性能等)

第33条　低圧電路に施設する過電流遮断器は，これを施設する箇所を通過する短絡電流を遮断する能力を有するものであること．ただし，当該箇所を通過する最大短絡電流が10 000 Aを超える場合において，過電流遮断器として10 000 A以上の短絡電流を遮断する能力を有する配線用遮断器を施設し，当該箇所より電源側の電路に当該配線用遮断器の短絡電流を遮断する能力を超え，当該最大短絡電流以下の短絡電流を当該配線用遮断器より早く，又は同時に遮断する能力を有する，過電流遮断器を施設するときは，この限りでない.（第2項省略）

3　過電流遮断器として低圧電路に施設する配線用遮断器（電気用品安全法の適用を受けるもの及び次項に規定するものを除く.）は，次の各号に適合するものであること.

一　定格電流の1倍の電流で自動的に動作しないこと.

二　33-2表の左欄に掲げる定格電流の区分に応じ，定格電流の1.25倍及び2倍の電流を通じた場合において，それぞれ同表の右欄に掲げる時間内に自動的に動作すること.

33-2表

定格電流の区分	時間	
	定格電流の1.25倍の電流を通じた場合	定格電流の2倍の電流を通じた場合
30 A以下	60分	2分
30 Aを超え 50 A以下	60分	4分
50 Aを超え 100 A以下	120分	6分
100 Aを超え 225 A以下	120分	8分
225 Aを超え 400 A以下	120分	10分
400 Aを超え 600 A以下	120分	12分
600 Aを超え 800 A以下	120分	14分
800 Aを超え 1 000 A以下	120分	16分
1 000 Aを超え 1 200 A以下	120分	18分
1 200 Aを超え 1 600 A以下	120分	20分
1 600 Aを超え 2 000 A以下	120分	22分
2 000 A超過	120分	24分

本問は平成13年度問1と同じ問題である.

(5)

次の文章は，「電気設備技術基準の解釈」に基づく太陽電池モジュールの絶縁性能に関する記述の一部である．

太陽電池モジュールは，最大使用電圧の1.5倍の直流電圧又は (ア) 倍の交流電圧（ (イ) V未満となる場合は， (イ) V）を充電部分と大地との間に連続して (ウ) 分間加えたとき，これに耐える性能を有すること．

上記の記述中の空白箇所(ア)～(ウ)に当てはまる組合せとして，正しいものを次の(1)～(5)のうちから一つ選べ．

	(ア)	(イ)	(ウ)
(1)	1	500	10
(2)	1	300	10
(3)	1.1	500	1
(4)	1.1	600	1
(5)	1.1	300	1

解4　「電気設備技術基準の解釈」第16条からの出題である．

（機械器具等の電路の絶縁性能）

第16条　（第1項～第4項省略）

5　太陽電池モジュールは，次の各号のいずれかに適合する絶縁性能を有すること．

一　最大使用電圧の1.5倍の直流電圧又は**1**倍の交流電圧（**500** V未満となる場合は，**500** V）を充電部分と大地との間に連続して**10**分間加えたとき，これに耐える性能を有すること．

二　使用電圧が低圧の場合は，日本産業規格JIS C 8918 (2013)「結晶系太陽電池モジュール」の「7.1　電気的性能」又は日本産業規格JIS C 8939(2013)「薄膜太陽電池モジュール」の「7.1　電気的性能」に適合するものであるとともに，省令第58条の規定に準ずるものであること．

（以下，省略）

〔ここがポイント〕　太陽電池モジュールの絶縁性能についての問題である．現場において絶縁耐力試験を実施する場合もあれば，低圧の場合，要件を満たせば絶縁耐力試験を省略することができる．

第16条第5項第二号についても調査しておき，現場の太陽電池モジュールが適合しているかを確認することで理解が深まる．

JIS C 8918 (2013)「結晶系太陽電池モジュール」

6　性能及び試験方法

6.1　電気的性能

電気的性能は，次による．

a)　出力特性　PVモジュールの出力特性は，表1による．性能は，箇条5の基準状態における測定の判定基準を示す．

表1

項目	性能（判定基準）	試験方法
開放電圧（V_{OC}）	公称開放電圧の±10 %	JIS C 61215-2の4.6［基準状態(STC)における性能（MQT06）による．
短絡電流（I_{SC}）	公称短絡電流の90 %以上	
最大出力（P_m）	公称最大出力の90 %以上	

b)　絶縁性能　PVモジュールの絶縁性能は，表2による．

表2　絶縁性能

項目	性能・試験方法
耐電圧	JIS C 61730-2 の 10.13（絶縁試験MST16）に基づいて試験を行い，JIS C 61730-2 の 10.13.3（合格基準）に適合する．
絶縁抵抗	
衝撃電圧	JIS C 61730-2 の 10.12（インパルス電圧試験MST 14）による．

注記1　JIS C 61730-2 の合格基準は JIS C 61215-2 を参照しており，耐電圧については JIS C 61215-2 の 4.3.5 a)，絶縁抵抗については JIS C 61215-2 の 4.3.5 b) 又は 4.3.5 c) が要求事項となる．
注記2　衝撃電圧は，製品の破壊につながる可能性のある試験であることに留意する．
注記3　受渡試験において適用可能な試験方法については，8.3 参照．

※ JIS 規格は改定されており，現在は（2023）になっていますが，解釈はまだ改定されておりませんので現行の解釈に合わせ旧規格を掲載しました．

10.3　絶縁試験

10.3.4　手順

a)　モジュールの出力端子を短絡し，電流制限付き直流絶縁試験器の正極端子に接続する．

b)　モジュールの露出金属部分を，試験器の負極端子に接続する．モジュールにフレームがない場合，又はフレームの導電性が低い場合には，モジュールのエッジ回り及び裏面に導電性のはく（箔）をかぶせる．そのはく（箔）を試験器の負極端子に接続する．

c)　〔最大システム電圧（製造業者がモジュールに表示した最大システム開放電圧）〕の2倍＋1 000 Vに等しい電圧まで，500 V·s^{-1}以下の速さで上昇させ，この電圧に1分間保つ．最大システム電圧が50 V以下のときは，印可電圧を500 Vとする．

（以下，省略）

つまり，JIS C 8990（2009）に準じた絶縁試験を実施しているなら電技解釈第16条を満足していることとなる．

本問は平成18年度問6と同じ問題である．

(1)

次の文章は，「電気設備技術基準」に基づく支持物の倒壊の防止に関する記述の一部である.

架空電線路又は架空電車線路の支持物の材料及び構造（支線を施設する場合は，当該支線に係るものを含む.）は，その支持物が支持する電線等による［(ア)］，10分間平均で風速［(イ)］m/sの風圧荷重及び当該設置場所において通常想定される地理的条件，［(ウ)］の変化，振動，衝撃その他の外部環境の影響を考慮し，倒壊のおそれがないよう，安全なものでなければならない．ただし，人家が多く連なっている場所に施設する架空電線路にあっては，その施設場所を考慮して施設する場合は，10分間平均で風速［(イ)］m/sの風圧荷重の［(エ)］の風圧荷重を考慮して施設することができる.

上記の記述中の空白箇所(ア)～(エ)に当てはまる組合せとして，正しいものを次の(1)～(5)のうちから一つ選べ.

	(ア)	(イ)	(ウ)	(エ)
(1)	引張荷重	60	温度	3分の2
(2)	重量加重	60	気象	3分の2
(3)	引張荷重	40	気象	2分の1
(4)	重量加重	60	温度	2分の1
(5)	重量加重	40	気象	2分の1

解5　「電気設備技術基準」第32条からの出題である．

（支持物の倒壊の防止）

第32条　架空電線路又は架空電車線路の支持物の材料及び構造（支線を施設する場合は，当該支線に係るものを含む．）は，その支持物が支持する電線等による**引張荷重**，10分間平均風速で風速**40** m/秒の風圧荷重及び当該設置場所において通常想定される地理的条件，**気象**の変化，振動，衝撃その他の外部環境の影響を考慮し，倒壊のおそれがないよう，安全なものでなければならない．ただし，人家が多く連なっている場所に施設する架空電線路にあっては，その施設場所を考慮して施設する場合は，10分間平均風速で風速**40** m/秒の風圧荷重の**2分の1**の風圧荷重を考慮して施設することができる．

（以下，省略）

〔ここがポイント〕「電気設備技術基準」の支持物の倒壊の防止について一読しておく必要がある．

また，支持物の強度等について「電気設備技術基準の解釈」第59条，第60条についても整理しておくとよい．

（架空電線路の支持物の強度等）

第59条　（第1項省略）

2　架空電線路の支持物として使用するA種鉄筋コンクリート柱は，次の各号に適合するものであること．

一　架空電線路の使用電圧及び柱の種類に応じ，59-2表に規定する荷重に耐える強度を有すること．

59-2表

使用電圧の区分	種類	荷重
低圧	全て	風圧荷重
高圧又は特別高圧	複合鉄筋コンクリート柱	風圧荷重及び垂直荷重
	その他のもの	風圧荷重

二　設計荷重及び柱の全長に応じ，根入れ深さを59-3表に規定する値以上として施設すること．

59-3表

設計荷重	全長	根入れ深さ
6.87 kN以下	15 m以下	全長の1/6
	15 mを超え16 m以下	2.5 m
	16 mを超え20 m以下	2.8 m
6.87 kNを超え9.81 kN以下	14 m以上15 m以下	全長の1/6に0.3 mを加えた値
	15 mを超え20 m以下	2.8 m
9.81 kNを超え14.72 kN以下	14 m以上15 m以下	全長の1/6に0.5 mを加えた値
	15 mを超え18 m以下	3 m
	18 mを超え20 m以下	3.2 m

（以下，省略）

（架空電線路の支持物の基礎の強度等）

第60条　架空電線路の支持物の基礎の安全率は，この解釈において当該支持物が耐えることと規定された荷重が加わった状態において，2（鉄塔における異常時想定荷重又は異常着雪時想定荷重については，1.33）以上であること．ただし，次の各号のいずれかのものの基礎においては，この限りでない．

一　木柱であって，次により施設するもの

イ　全長が15 m以下の場合は，根入れを全長の1/6以上とすること．

ロ　全長が15 mを超える場合は，根入れを2.5 m以上とすること．

ハ　水田その他地盤が軟弱な箇所では，特に堅ろうな根かせを施すこと．

二　A種鉄筋コンクリート柱

三　A種鉄柱

（以下，省略）

本問は令和元年度問4と同じ問題である．

(3)

理論 電力 機械 法規 令和5上(2023) 令和4下(2022) 令和4上(2022) 令和3(2021) 令和2(2020) 令和元(2019) 平成30(2018) 平成29(2017) 平成28(2016) 平成27(2015)

次の文章は，「電気設備技術基準の解釈」における地中電線と他の地中電線等との接近又は交差に関する記述の一部である．

低圧地中電線と高圧地中電線とが接近又は交差する場合，又は低圧若しくは高圧の地中電線と特別高圧地中電線とが接近又は交差する場合は，次のいずれかによること．ただし，地中箱内についてはこの限りでない．

a) 地中電線相互の離隔距離が，次に規定する値以上であること．
　① 低圧地中電線と高圧地中電線との離隔距離は，(ア) m
　② 低圧又は高圧の地中電線と特別高圧地中電線との離隔距離は，(イ) m

b) 地中電線相互の間に堅ろうな (ウ) の隔壁を設けること．

c) (エ) の地中電線が，次のいずれかに該当するものである場合は，地中電線相互の離隔距離が，0 m以上であること．
　① 不燃性の被覆を有すること．
　② 堅ろうな不燃性の管に収められていること．

d) (オ) の地中電線が，次のいずれかに該当するものである場合は，地中電線相互の離隔距離が，0 m以上であること．
　① 自消性のある難燃性の被覆を有すること．
　② 堅ろうな自消性のある難燃性の管に収められていること．

上記の記述中の空白箇所(ア)～(オ)に当てはまる組合せとして，正しいものを次の(1)～(5)のうちから一つ選べ．

	(ア)	(イ)	(ウ)	(エ)	(オ)
(1)	0.15	0.3	耐火性	いずれか	それぞれ
(2)	0.15	0.3	耐火性	それぞれ	いずれか
(3)	0.1	0.2	耐圧性	いずれか	それぞれ
(4)	0.1	0.2	耐圧性	それぞれ	いずれか
(5)	0.1	0.3	耐火性	いずれか	それぞれ

解6　「電気設備技術基準の解釈」第125条第1項からの出題である．

（地中電線と他の地中電線等との接近又は交差）

第125条　低圧地中電線と高圧地中電線とが接近又は交差する場合，又は低圧若しくは高圧の地中電線と特別高圧地中電線とが接近又は交差する場合は，次の各号のいずれかによること．ただし，地中箱内についてはこの限りでない．

一　低圧地中電線と高圧地中電線との離隔距離が**0.15** m以上であること．

二　低圧又は高圧の地中電線と特別高圧地中電線との離隔距離が，**0.3** m以上であること．

三　暗きょ内に施設し，地中電線相互の離隔距離が，0.1 m以上であること（第120条第3項第二号イに規定する耐燃措置を施した使用電圧が170 000 V未満の地中電線の場合に限る．）．

四　地中電線相互の間に堅ろうな**耐火性**の隔壁を設けること．

五　**いずれか**の地中電線が，次のいずれかに該当するものである場合は，地中電線相互の離隔距離が，0 m以上であること．

イ　不燃性の被覆を有すること．

ロ　堅ろうな不燃性の管に収められていること．

六　**それぞれ**の地中電線が，次のいずれかに該当するものである場合は，地中電線相互の離隔距離が，0 m以上であること．

イ　自消性のある難燃性の被覆を有すること．

ロ　堅ろうな自消性のある難燃性の管に収められていること．

2　地中電線が，地中弱電流電線等と接近又は交差して施設される場合は，次の各号のいずれかによること．

一　地中電線と地中弱電流電線等との離隔距離が，125-1表に規定する値以上であること．

125-1表

地中電線の使用電圧の区分	離隔距離
低圧又は高圧	0.3 m
特別高圧	0.6 m

（以下，省略）

〔ここがポイント〕　地中電線の布設および離隔について理解しているかを問う問題である．基本的な各方式について表にまとめ整理してほしい．

①　直接埋設式（(a)図参照）

ケーブルを直接地中に埋設する方式．トラフなどに収めて埋設する．

特徴：安価．工期短い．埋設ケーブルの外傷は受けやすい．

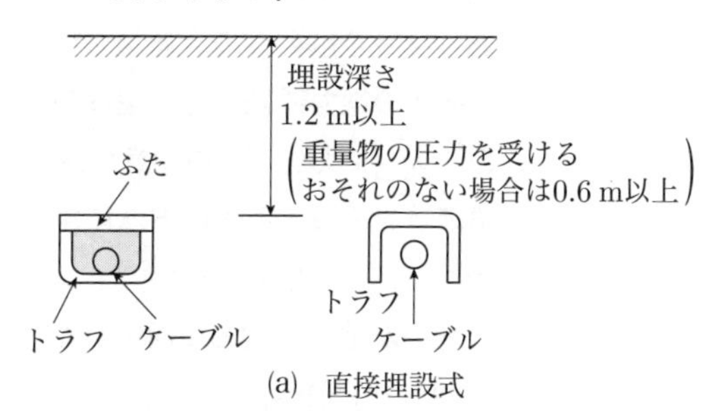

(a)　直接埋設式

②　管路式（(b)図参照）

鋼管，硬質ビニル管，可とう電線管などを地中に埋設し，所定の長さごとにマンホールを設けて，管路中にケーブルを挿入する方式．

特徴：熱放射は悪いが埋設ケーブルの外傷は受けにくい．

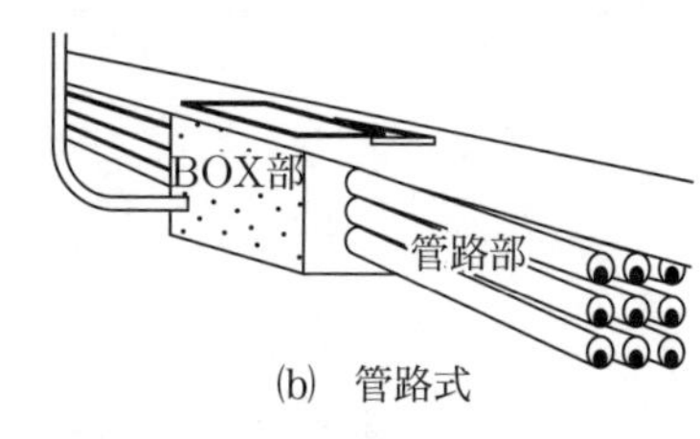

(b)　管路式

③　暗きょ式（(c)図参照）

洞道や共同溝をあらかじめ整備し，この中にケーブル等を布設する方式．

特徴：高価．熱放射もよい．

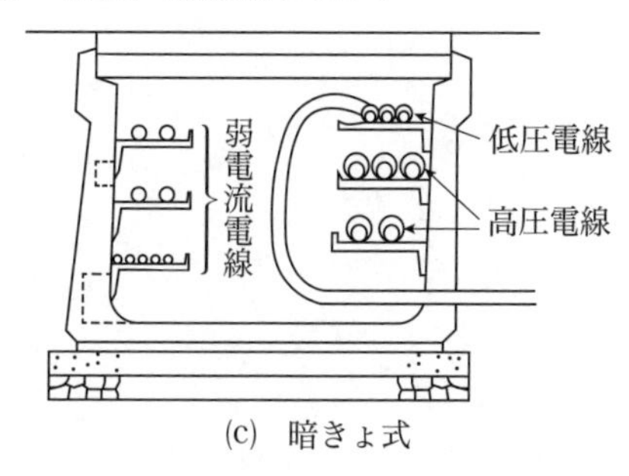

(c)　暗きょ式

本問は平成28年度問8と同じ問題である．

(1)

次の文章は，「電気設備技術基準の解釈」における分散型電源の低圧連系時及び高圧連系時の施設要件に関する記述である．

a)　単相3線式の低圧の電力系統に分散型電源を連系する場合において，(ア)の不平衡により中性線に最大電流が生じるおそれがあるときは，分散型電源を施設した構内の電路であって，負荷及び分散型電源の並列点よりも(イ)に，3極に過電流引き外し素子を有する遮断器を施設すること．

b)　低圧の電力系統に逆変換装置を用いずに分散型電源を連系する場合は，(ウ)を生じさせないこと．ただし，逆変換装置を用いて分散型電源を連系する場合と同等の単独運転検出及び解列ができる場合は，この限りではない．

c)　高圧の電力系統に分散型電源を連系する場合は，分散型電源を連系する配電用変電所の(エ)において，逆向きの潮流を生じさせないこと．ただし，当該配電用変電所に保護装置を施設する等の方法により分散型電源と電力系統との協調をとることができる場合は，この限りではない．

上記の記述中の空白箇所(ア)～(エ)に当てはまる組合せとして，正しいものを次の(1)～(5)のうちから一つ選べ．

	(ア)	(イ)	(ウ)	(エ)
(1)	負荷	系統側	逆潮流	配電用変圧器
(2)	負荷	負荷側	逆潮流	引出口
(3)	負荷	系統側	逆充電	配電用変圧器
(4)	電源	負荷側	逆充電	引出口
(5)	電源	系統側	逆潮流	配電用変圧器

解7　「電気設備技術基準の解釈」第226条および第228条からの出題である.

（低圧連系時の施設要件）

第226条　単相3線式の低圧の電力系統に分散型電源を連系する場合において，**負荷**の不平衡により中性線に最大電流が生じるおそれがあるときは，分散型電源を施設した構内の電路であって，負荷及び分散型電源の並列点よりも**系統側**に，3極に過電流引き外し素子を有する遮断器を施設すること.

2　低圧の電力系統に逆変換装置を用いずに分散型電源を連系する場合は，**逆潮流**を生じさせないこと．ただし，逆変換装置を用いて分散型電源を連系する場合と同等の単独運転検出及び解列ができる場合は，この限りでない.

（高圧連系時の施設要件）

第228条　高圧の電力系統に分散型電源を連系する場合は，分散型電源を連系する配電用変電所の**配電用変圧器**において，逆向きの潮流を生じさせないこと．ただし，当該配電用変電所に保護装置を施設する等の方法により分散型電源と電力系統との協調をとることができる場合は，この限りでない.

※単相3線式への連系は，負荷の不均衡があると中性線に負荷電流以上の電流が流れるおそれがあるので，中性線にも過電流引外し素子を有する遮断器を，負荷と発電設備の並列点より電源側に施設する必要がある（図参照）.

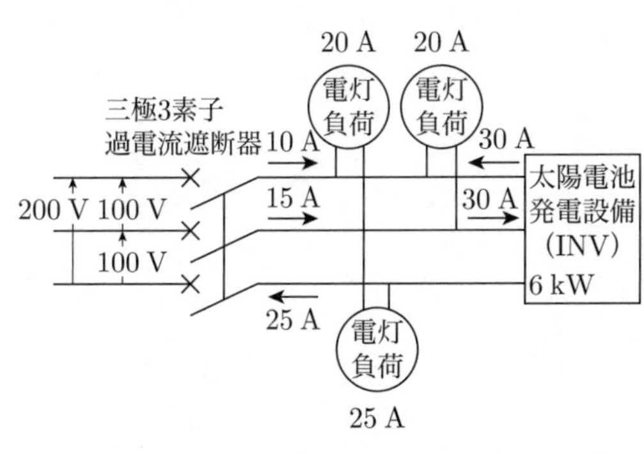

三極3素子過電流遮断器の設置が必要な一例

また,「電気設備技術基準の解釈」第230条（特別高圧連系時の施設要件）について以下に示す.

（特別高圧連系時の施設要件）

第230条　特別高圧の電力系統に分散型電源を連系する場合（スポットネットワーク受電方式で連系する場合を除く.）は，次の各号によること.

一　一般送配電事業者又は配電事業者が運用する電線路等の事故時等に，他の電線路等が過負荷になるおそれがあるときは，系統の変電所の電線路引出口等に過負荷検出装置を施設し，電線路等が過負荷になったときは，同装置からの情報に基づき，分散型電源の設置者において，分散型電源の出力を適切に抑制すること.

二　系統安定化又は潮流制御等の理由により運転制御が必要な場合は，必要な運転制御装置を分散型電源に施設すること.

三　単独運転時において電線路の地絡事故により異常電圧が発生するおそれ等があるときは，分散型電源の設置者において，変圧器の中性点に第19条第2項各号の規定に準じて接地工事を施すこと.（関連省令第10条，第11条）

四　前号に規定する中性点接地工事を施すことにより，一般送配電事業者又は配電事業者が運用する電力系統において電磁誘導障害防止対策や地中ケーブルの防護対策の強化等が必要となった場合は，適切な対策を施すこと.

〔ここがポイント〕「電気設備技術基準の解釈」の低圧連系（第226条，第227条），高圧連系（第228条，第229条），特別高圧連系（第230条，第231条）および例外（第232条）に関しては整理しておくこと.

本問は令和3年度問9と同じ問題である.

　(1)

次の文章は「電気設備技術基準」における，電気使用場所での配線の使用電線に関する記述である．

a)　配線の使用電線（ (ア) 及び特別高圧で使用する (イ) を除く．）には，感電又は火災のおそれがないよう，施設場所の状況及び (ウ) に応じ，使用上十分な強度及び絶縁性能を有するものでなければならない．

b)　配線には， (ア) を使用してはならない．ただし，施設場所の状況及び (ウ) に応じ，使用上十分な強度を有し，かつ，絶縁性がないことを考慮して，配線が感電又は火災のおそれがないように施設する場合は，この限りでない．

c)　特別高圧の配線には， (イ) を使用してはならない．

上記の記述中の空白箇所(ア)～(ウ)に当てはまる組合せとして，正しいものを次の(1)～(5)のうちから一つ選べ．

	(ア)	(イ)	(ウ)
(1)	接触電線	移動電線	施設方法
(2)	接触電線	裸電線	使用目的
(3)	接触電線	裸電線	電圧
(4)	裸電線	接触電線	使用目的
(5)	裸電線	接触電線	電圧

解8　「電気設備技術基準」第57条からの出題である．

(配線の使用電線)

第57条　配線の使用電線（**裸電線**及び特別高圧で使用する**接触電線**を除く．）には，感電又は火災のおそれがないよう，施設場所の状況及び電圧に応じ，使用上十分な強度及び絶縁性能を有するものでなければならない．

2　配線には，**裸電線**を使用してはならない．ただし，施設場所の状況及び**電圧**に応じ，使用上十分な強度を有し，かつ，絶縁性がないことを考慮して，配線が感電又は火災のおそれがないように施設する場合は，この限りでない．

3　特別高圧の配線には，**接触電線**を使用してはならない．

〔ここがポイント〕　接触電線とは，天井クレーンに電気を供給するトロリー線などを指す．接触部のみ充電部があり，それを覆うように絶縁物が施された接触電線が使用されている（図参照）．

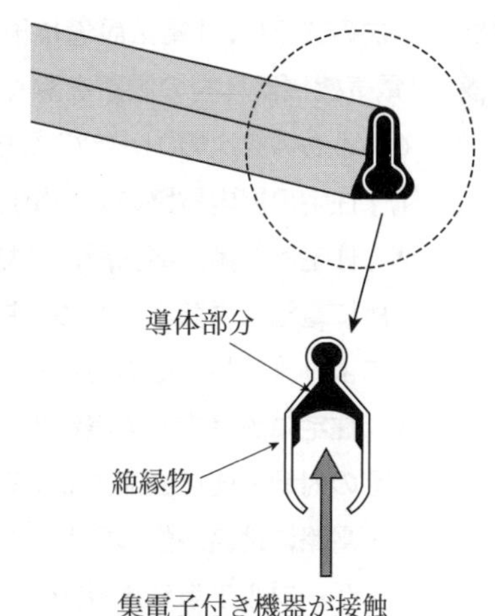

接触電線（例）

また，「電気設備技術基準の解釈」第174条（高圧又は特別高圧の接触電線の施設）に記載のとおり，電気使用場所では電気知識に乏しい一般の人が電気設備に接する機会が多く危険であることから，電気使用機械器具に直接電気を供給する特別高圧を禁止する趣旨である．

本問は平成25年度問3と同じ問題である．

答　(5)

次の文章は，「電気設備技術基準の解釈」に基づく住宅及び住宅以外の場所の屋内電路（電気機械器具内の電路を除く．以下同じ）の対地電圧の制限に関する記述として，誤っているものを次の⑴～⑸のうちから一つ選べ．

⑴　住宅の屋内電路の対地電圧を**150 V**以下とすること．

⑵　住宅と店舗，事務所，工場等が同一建造物内にある場合であって，当該住宅以外の場所に電気を供給するための屋内配線を人が触れるおそれがない隠ぺい場所に金属管工事により施設し，その対地電圧を**400 V**以下とすること．

⑶　住宅に設置する太陽電池モジュールに接続する負荷側の屋内配線を次により施設し，その対地電圧を直流**450 V**以下とすること．
・電路に地絡が生じたときに自動的に電路を遮断する装置を施設する．
・ケーブル工事により施設し，電線に接触防護措置を施す．

⑷　住宅に常用電源として用いる蓄電池に接続する負荷側の屋内配線を次により施設し，その対地電圧を直流**450 V**以下とすること．
・直流電路に接続される個々の蓄電池の出力がそれぞれ**10 kW**未満である．
・電路に地絡が生じたときに自動的に電路を遮断する装置を施設する．
・人が触れるおそれのない隠ぺい場所に合成樹脂管工事により施設する．

⑸　住宅以外の場所の屋内に施設する家庭用電気機械器具に電気を供給する屋内電路の対地電圧を，家庭用電気機械器具並びにこれに電気を供給する屋内配線及びこれに施設する配線器具に簡易接触防護措置を施す場合（取扱者以外の者が立ち入らない場所を除く．），**300 V**以下とすること．

note

「電気設備技術基準の解釈」第143条からの出題である．

（電路の対地電圧の制限）

第143条　住宅の屋内電路（電気機械器具内の電路を除く．以下この項において同じ．）の対地電圧は，**150 V以下**であること．ただし，次の各号のいずれかに該当する場合は，この限りでない．（一，省略）

二　当該住宅以外の場所に電気を供給するための屋内配線を次により施設する場合

イ　屋内配線の対地電圧は，**300V 以下**であること．

ロ　人が触れるおそれがない隠ぺい場所に合成樹脂管工事，金属管工事又はケーブル工事により施設すること．

三　太陽電池モジュールに接続する負荷側の屋内配線（複数の太陽電池モジュールを施設する場合にあっては，その集合体に接続する負荷側の配線）を次により施設する場合

イ　屋内配線の対地電圧は，**直流450 V以下**であること．

ロ　**電路に地絡が生じたときに自動的に電路を遮断する装置を施設すること**．ただし，次に適合する場合は，この限りでない．

(イ)　直流電路が，非接地であること．

(ロ)　直流電路に接続する逆変換装置の交流側に絶縁変圧器を施設すること．

(ハ)　太陽電池モジュールの合計出力が，20 kW未満であること．ただし，屋内電路の対地電圧が300 Vを超える場合にあっては，太陽電池モジュールの合計出力は10 kW以下とし，かつ，直流電路に機械器具（太陽電池モジュール，第200条第2項第一号ロ及びハの器具，直流変換装置，逆変換装置並びに避雷器を除く．）を施設しないこと．

ハ　屋内配線は，次のいずれかによること．

(イ)　人が触れるおそれのない隠ぺい場所に，合成樹脂管工事，金属管工事又はケーブル工事により施設すること．

(ロ)　**ケーブル工事により施設し，電線に接触防護措置を施す**こと．

四　燃料電池発電設備又は常用電源として用いる蓄電池に接続する負荷側の屋内配線を次により施設する場合

イ　直流電路を構成する燃料電池発電設備にあっては，当該直流電路に接続される個々の燃料電池発電設備の出力がそれぞれ10 kW未満であること．

ロ　直流電路を構成する蓄電池にあっては，当該直流電路に接続される個々の**蓄電池の出力がそれぞれ10 kW未満**であること．

ハ　屋内配線の対地電圧は，**直流450 V以下**であること．

ニ　**電路に地絡が生じたときに自動的に電路を遮断する装置を施設すること**．ただし，次に適合する場合は，この限りでない．

(イ)　直流電路が，非接地であること．

(ロ)　直流電路に接続する逆変換装置の交流側に絶縁変圧器を施設すること．

ホ　屋内配線は，次のいずれかによること．

(イ)　人が触れるおそれのない隠ぺい場所に，合成樹脂管工事，金属管工事又はケーブル工事により施設すること．

(ロ)　ケーブル工事により施設し，電線に接触防護措置を施すこと．

五　第132条第3項の規定により，屋内に電線路を施設する場合

2　住宅以外の場所の屋内に施設する家庭用電気機械器具に電気を供給する屋内電路の対地電圧は，150 V以下であること．ただし，家庭用電気機械器具並びにこれに電気を供給する屋内配線及びこれに施設する配線器具を，次の各号のいずれかにより施設する場合は，**300 V以下**とすることができる．

一　前項第一号ロからホまでの規定に準じて施設すること．

二　簡易接触防護措置を施すこと．ただし，取扱者以外の者が立ち入らない場所にあっては，この限りでない．

（以下，省略）

上記の条文と照らし合わせてみると，⑵の**対地電圧400 V以下が誤りである**（300 V以下が正しい）.

一般的な電路の対地電圧を図に示す，

〔ここがポイント〕 一般的な電路である図に示す対地電圧に関して最低限理解した上で「電気設備技術基準の解釈」第143条を整理してほしい.

本問は令和3年度問8と同じ問題である.

⑵

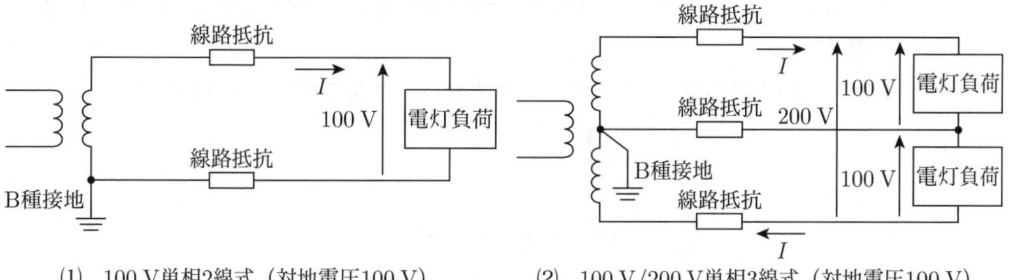

⑴　100 V単相2線式（対地電圧100 V）　⑵　100 V/200 V単相3線式（対地電圧100 V）

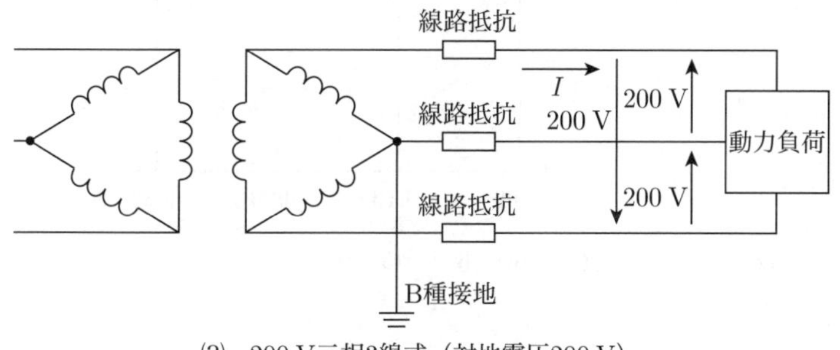

⑶　200 V三相3線式（対地電圧200 V）

電気供給方式と対地電圧

問10　ある工場のある日の9時00分からの電力推移がグラフのとおりであった．この工場では日頃から最大需要電力（正時からの30分間ごとの平均使用電力のことをいう．以下同じ．）を300 kW未満に抑えるように負荷を管理しているが，その負荷の中で，換気用のファン（全て5.5 kW）は最大8台まで停止する運用を行っている．この日9時00分からファンは10台運転しているが，このままだと9時00分からの最大需要電力が300 kW以上になりそうなので，9時20分から9時30分の間，ファンを何台かと，その他の負荷を10 kW分だけ停止することにした．ファンは最低何台停止させる必要があるか，次の(1)～(5)のうちから一つ選べ．

なお，この工場の負荷は全て管理されており，負荷の増減は無いものとする．

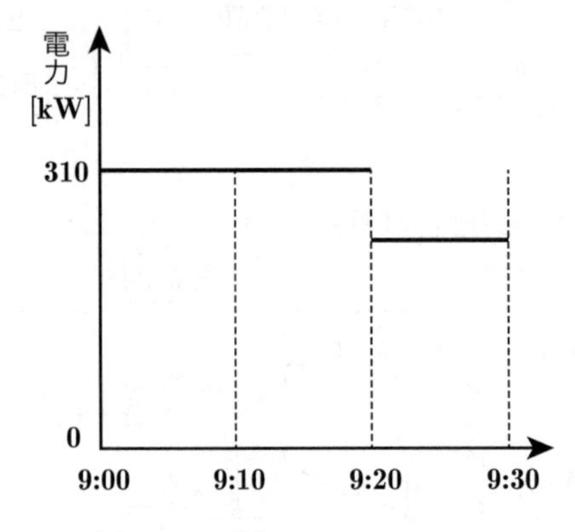

(1)　0　　(2)　2　　(3)　4　　(4)　6　　(5)　8

解10　題意の内容をまとめると，図のようになる．

題意の図より9時20分から9時30分の最大需要電力をP [kW]とし，図の内容から以下の関係式が成り立つ．

$$310\,\text{kW} \times \frac{20分}{60分} + P\,[\text{kW}] \times \frac{10分}{60分} < 300\,\text{kW} \times \frac{30分}{60分}$$

$$103.333\,3 + \frac{P}{6} < 150$$

$$\therefore \quad P < 280.000\,2\,\text{kW}$$

上記より，最大需要電力300 kW未満に抑えるためには，9時20分から9時30分の最大需要電力Pを280 kWに抑える必要があることがわかる．

つまり，停止しなければならない負荷P_1 [kW]は以下のようになる．

$$P_1 = 310\,\text{kW} - P\,[\text{kW}] = 310 - 280.000\,2 = 29.999\,8\,\text{kW}$$

ここで，その他の負荷を10 kW停止するので，ファンは，最低$29.999\,8 - 10 = 19.999\,8$ kW停止させればよい．よって，停止するファンの台数をn[台]とすると，以下の関係式が成り立つ．

$$5.5\,\text{kW} \times n\,[台] \geqq 19.999\,8\,\text{kW}$$

$$n \geqq 3.636\,台$$

$$\Rightarrow n \geqq 4\,台$$

したがって，ファンを最低**4台**停止させる必要があることがわかる．

〔ここがポイント〕　最大需要電力（デマンド）とは，需要家の使用電力を30分ごとに計量（30分間の平均使用電力）し，そのうち月間で最も大きい電力値のことをいう．つまり，デマンド値300 kWとは，30分間では150 kW·hのことを指す．

(3)

全10台
ファン
9時00分から運転中
5.5 kW
その他の負荷10 kW
9時00分に300 kWを超えそうなので
9時20分から9時30分までP [kW]に最大
需要電力を抑える必要あり
ファン
5.5 kW
最低何台（n台）停止すればよいか？
（最大8台停止可能）
その他の負荷10 kW

ある工場のデマンド調整

理論　電力　機械　法規
令和5上(2023)　令和4下(2022)　令和4上(2022)　令和3(2021)　令和2(2020)　令和元(2019)　平成30(2018)　平成29(2017)　平成28(2016)　平成27(2015)

B 問題

問 11 及び問 12 の配点は 1 問題当たり(a) 6 点，(b) 7 点，計 13 点
問 13 の配点は(a) 7 点，(b) 7 点，計 14 点

問11 ある事業所内における A 工場及び B 工場の，それぞれのある日の負荷曲線は図のようであった．それぞれの工場の設備容量が，A 工場では 400 kW，B 工場では 700 kW であるとき，次の(a)及び(b)の問に答えよ．

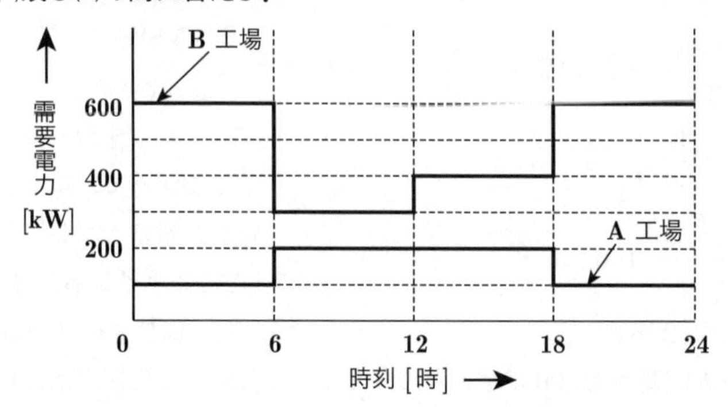

(a) A 工場及び B 工場を合わせた需要率の値 [%] として，最も近いものを次の(1)～(5)のうちから一つ選べ．

(1) 54.5　(2) 56.8　(3) 63.6　(4) 89.3　(5) 90.4

(b) A 工場及び B 工場を合わせた総合負荷率の値 [%] として，最も近いものを次の(1)～(5)のうちから一つ選べ．

(1) 56.8　(2) 63.6　(3) 78.1　(4) 89.3　(5) 91.6

解11　A工場およびB工場を合わせた全体の需要率および負荷率を問う問題である．

系統図を(a)図に示す．(a)図をイメージし事業所全体の日負荷曲線を表すと(b)図のようになる．

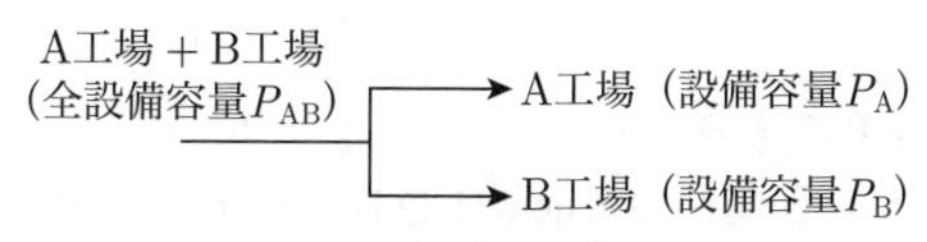

(a)　ある事業所の系統図

(a)　(b)図より，A工場＋B工場の合成最大需要電力P_{mAB} [kW]は，700 kWとなる．

題意より，全設備容量P_{AB} [kW]は，

$$P_{AB} = P_A + P_B = 400 + 700 = 1\,100 \text{ kW}$$

であるから，需要率βは以下のようになる．

$$\text{需要率}\beta = \frac{\text{合成最大需要電力}(P_{mAB})}{\text{全設備容量}(P_{AB})} \times 100\ \%$$

$$\beta = \frac{700}{1\,100} \times 100 = 63.636\ \%$$

$$\Rightarrow 63.6\ \%\quad \text{(答)}$$

(b)　(c)図より，A工場の平均需要電力をP_{aA} [kW]，B工場の平均需要電力P_{aB} [kW]とすると次のようになる．

$$P_{aA} = \frac{100 \times 6 + 200 \times 6 + 200 \times 6 + 100 \times 6}{24}$$

$$= 3\,600/24 = 150 \text{ kW}$$

$$P_{aB} = \frac{600 \times 6 + 300 \times 6 + 400 \times 6 + 600 \times 6}{24}$$

$$= 11\,400/24 = 475 \text{ kW}$$

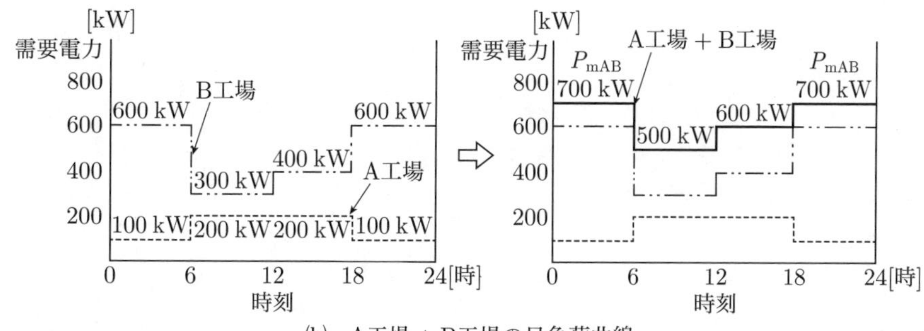

(b)　A工場＋B工場の日負荷曲線

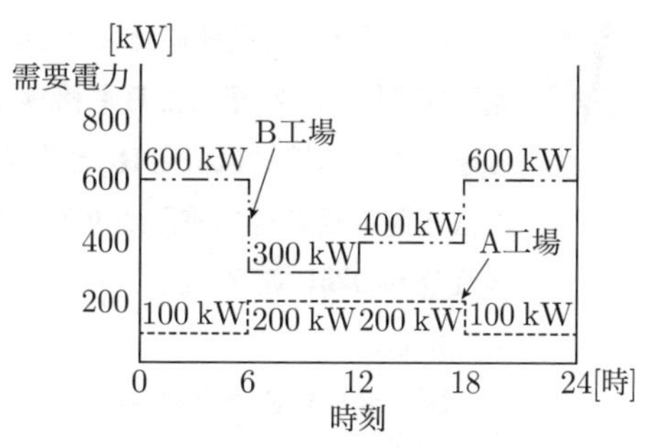

(c)　ある事業所の日負荷曲線

よって，合成平均需要電力P_a [kW]は，

$$P_a = P_{aA} + P_{aB} = 150 + 475 = 625 \text{ kW}$$

となる．よって，総合負荷率αは以下のようになる．

$$\alpha = \frac{\text{合成平均需要電力}P_a}{\text{合成最大需要電力}P_{mAB}} \times 100\ \%$$

$$= \frac{625}{700} \times 100 = 89.285\,7\ \%$$

$$\Rightarrow 89.3\ \%\quad \text{(答)}$$

〔ここがポイント〕　以下の式の理解を深めること．

$$\text{需要率} = \frac{\text{最大需要電力}}{\text{設備容量}} \times 100\ \%$$

$$\text{負荷率} = \frac{\text{平均需要電力}}{\text{最大需要電力}} \times 100\ \%$$

$$\text{不等率} = \frac{\text{個々の最大需要電力の合計}}{\text{合成最大需要電力}}$$

本問は平成26年度問12と同じ問題である．

(a)—(3)，(b)—(4)

問12　図は三相3線式高圧電路に変圧器で結合された変圧器低圧側電路を示したものである．低圧側電路の一端子にはB種接地工事が施されている．この電路の一相当たりの対地静電容量を C とし接地抵抗を R_B とする．

低圧側電路の線間電圧200 V，周波数50 Hz，対地静電容量Cは0.1 μFとして，次の(a)及び(b)の問に答えよ．

ただし，

(ア)　変圧器の高圧電路の1線地絡電流は5 Aとする．

(イ)　高圧側電路と低圧側電路との混触時に低圧電路の対地電圧が150 Vを超えた場合は1.3秒で自動的に高圧電路を遮断する装置が設けられているものとする．

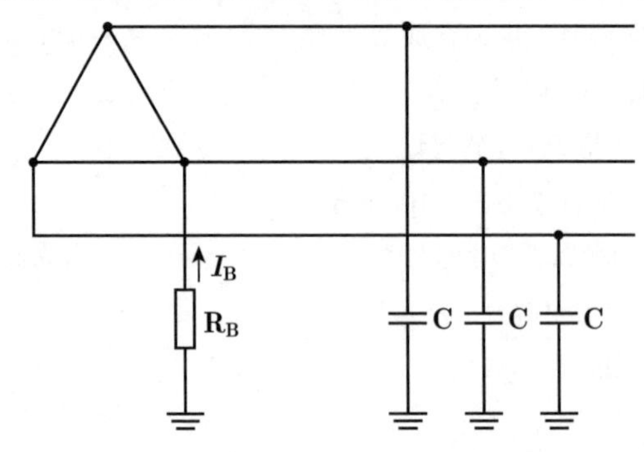

(a)　変圧器に施された，接地抵抗 R_B の抵抗値について「電気設備技術基準の解釈」で許容されている上限の抵抗値[Ω]として，最も近いものを次の(1)〜(5)のうちから一つ選べ．

(1)　20　(2)　30　(3)　40　(4)　60　(5)　100

(b)　接地抵抗 R_B の抵抗値を10 Ωとしたときに，R_B に常時流れる電流 I_B の値[mA]として，最も近いものを次の(1)〜(5)のうちから一つ選べ．

ただし，記載以外のインピーダンスは無視するものとする．

(1)　11　(2)　19　(3)　33　(4)　65　(5)　192

note

解12 (a)「電気設備技術基準の解釈」第17条からの出題である.

（接地工事の種類及び施設方法）

第17条 （第1項省略）

2　B種接地工事は，次の各号によること.

一　B種接地工事の抵抗値は，17-1表に規定する値以下であること.

17-1表

接地工事を施す変圧器の種類	当該変圧器の高圧側又は特別高圧側の電路と低圧側の電路との混触により，低圧電路の対地電圧が150 Vを超えた場合に，自動的に高圧又は特別高圧の電路を遮断する装置を設ける場合の遮断時間	接地抵抗値[Ω]
下記以外の場合		$\dfrac{150}{I_g}$…①
高圧又は35 000 V以下の特別高圧の電路と低圧電路を結合するもの	1秒を超え2秒以下	$\dfrac{300}{I_g}$…②
	1秒以下	$\dfrac{600}{I_g}$…③

（備考）I_gは，当該変圧器の高圧側又は特別高圧側の電路の1線地絡電流（単位：A）

（以下，省略）

題意の(イ)の条件から17-1表より該当する接地抵抗値の式を選ぶと，②式であることがわかる.

次に，題意の(ア)の条件より，1線地絡電流は5 Aであるから，接地抵抗値R_B [Ω]は，

$$R_B = \frac{300}{I_g} = \frac{300}{5} = 60\,\Omega$$

よって，許容される接地抵抗値R_Bの上限は，60 Ω (答)

(b) 題意の図は(a)図のように考えることができる.

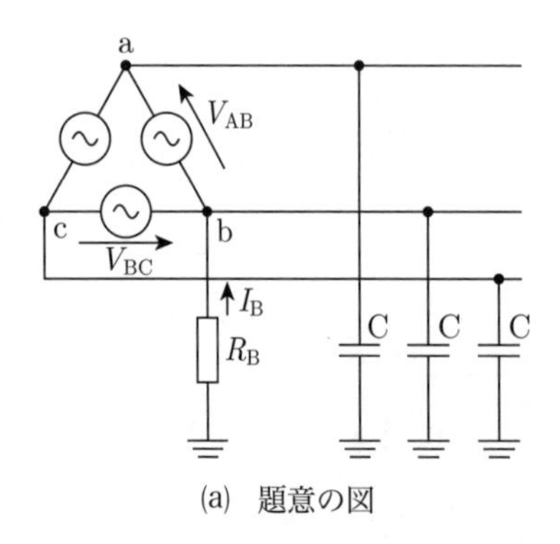

(a) 題意の図

(a)図は，(b)図のように，電源V_{AB}とV_{BC}の電源をもつ閉回路として考えることができる.

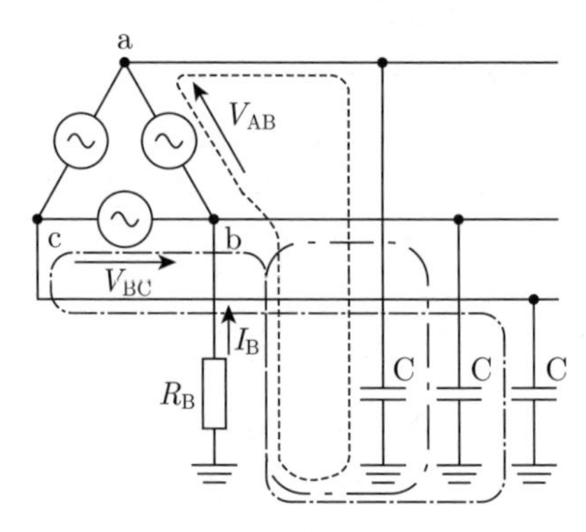

(b) 閉回路を考える

よって，(b)図は，(c)図のように描き換えることができる.

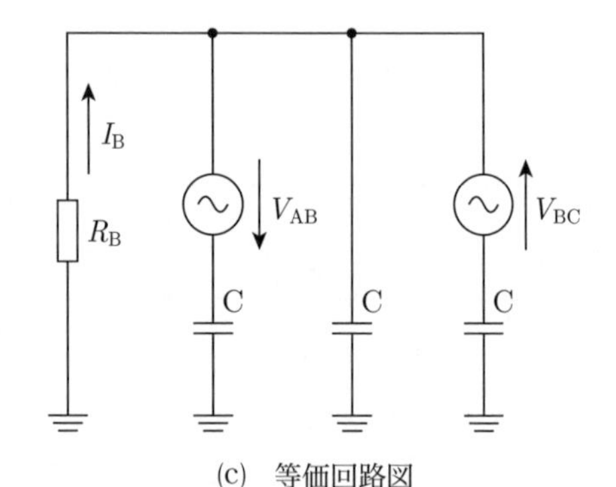

(c) 等価回路図

(c)図の回路について，ミルマンの定理を適用する．ここで，(c)図に示すV_{AB}およびV_{BC}についてベクトル図を描くと(d)図のようになる.

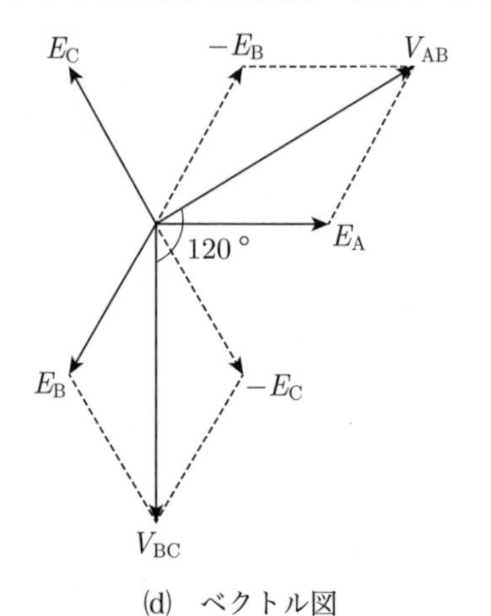

(d) ベクトル図

(d)図より，$\dot{V}_{AB} = V = 200$ Vを基準ベクトルとした場合，$\dot{V}_{BC}$は以下のように表される.

$$\dot{V}_{AB} = V = 200\text{ V}$$

$$\dot{V}_{BC} = V\mathrm{e}^{-120°} = V(\cos 120° - \mathrm{j}\sin 120°)$$
$$= V\left(-\frac{1}{2} - \mathrm{j}\frac{\sqrt{3}}{2}\right)$$
$$= 200\left(-\frac{1}{2} - \mathrm{j}\frac{\sqrt{3}}{2}\right)[\mathrm{V}]$$

(e)図より，ミルマンの定理を適用すると以下のようになる．

$$\dot{V}_B = \frac{\dfrac{-200}{-\mathrm{j}31\,831} + \dfrac{200\left(-\frac{1}{2} - \mathrm{j}\frac{\sqrt{3}}{2}\right)}{-\mathrm{j}31\,831}}{\dfrac{1}{10} + \dfrac{1}{-\mathrm{j}31\,831} + \dfrac{1}{-\mathrm{j}31\,831} + \dfrac{1}{-\mathrm{j}31\,831}}$$
$$= \frac{-200 - 100 - \mathrm{j}100\sqrt{3}}{-\mathrm{j}3\,183.1 + 3}$$
$$= \frac{-300 - \mathrm{j}100\sqrt{3}}{3 - \mathrm{j}3\,183.1}$$
$$|\dot{V}_B| = \frac{\sqrt{300^2 + (100\sqrt{3})^2}}{\sqrt{3^2 + 3\,183.1^2}} = \frac{346.41}{3\,183.1}$$
$$= 0.108\,828\ \mathrm{V}$$

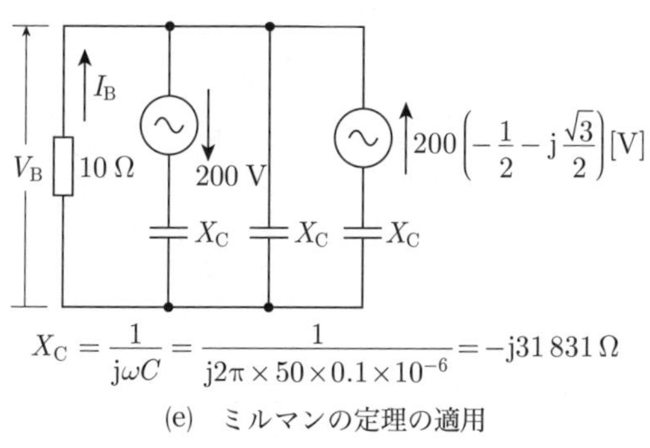

$$X_C = \frac{1}{\mathrm{j}\omega C} = \frac{1}{\mathrm{j}2\pi \times 50 \times 0.1 \times 10^{-6}} = -\mathrm{j}31\,831\ \Omega$$

(e)　ミルマンの定理の適用

したがって，抵抗 R_B に流れる電流 I_B は，

$$I_B = \frac{|\dot{V}_B|}{R_B} = \frac{0.108\,828}{10} = 0.010\,882\,8\ \mathrm{A}$$
$$\Rightarrow 10.882\,8\ \mathrm{mA}$$

よって，電流 I_B は **11** mA となる．

〔ここがポイント〕

(a)　B種接地工事については，抵抗値の求め方や1線地絡電流の求め方も十分理解する必要がある．

(b)　対地静電容量の影響で流れる電流であり，地絡時の地絡電流と混合しないようにすること．

(c)　$\dot{V}_{AB}$ と $\dot{V}_{BC}$ の位相差を考慮する必要がある（(d)図参照）．

本問は令和元年度問13と同じ問題である．

答　(a)―(4)，(b)―(1)

問13 人家が多く連なっている場所以外の場所であって，氷雪の多い地方のうち，海岸地その他の低温季に最大風圧を生じる地方に設置されている公称断面積60 mm²，仕上り外径15 mmの6 600 V屋外用ポリエチレン絶縁電線（6 600 V OE）を使用した高圧架空電線路がある．この電線路の電線の風圧荷重について「電気設備技術基準の解釈」に基づき，次の(a)及び(b)の問に答えよ．

ただし，電線に対する甲種風圧荷重は980 Pa，乙種風圧荷重の計算で用いる氷雪の厚さは6 mmとする．

(a) 低温季において電線1条，長さ1 m当たりに加わる風圧荷重の値[N]として，最も近いものを次の(1)～(5)のうちから一つ選べ．

(1) **10.3**　(2) **13.2**　(3) **14.7**　(4) **20.6**　(5) **26.5**

(b) 低温季に適用される風圧荷重が乙種風圧荷重となる電線の仕上り外径の値[mm]として，最も大きいものを次の(1)～(5)のうちから一つ選べ．

(1) **10**　(2) **12**　(3) **15**　(4) **18**　(5) **21**

解13　「電気設備技術基準の解釈」第58条からの出題である．

（架空電線路の強度検討に用いる荷重）

第58条　架空電線路の強度検討に用いる荷重は，次の各号によること．なお，風速は，気象庁が「地上気象観測指針」において定める10分間平均風速とする．

一　風圧荷重　架空電線路の構成材に加わる風圧による荷重であって，次の規定によるもの

イ　風圧荷重の種類は，次によること．

(イ)　甲種風圧荷重　58-1表（省略）に規定する構成材の垂直投影面に加わる圧力を基礎として計算したもの，又は風速40 m/s以上を想定した風洞実験に基づく値より計算したもの

(ロ)　乙種風圧荷重　架渉線の周囲に厚さ6 mm，比重0.9の氷雪が付着した状態に対し，甲種風圧荷重の0.5倍を基礎として計算したもの

(ハ)　丙種風圧荷重　甲種風圧荷重の0.5倍を基礎として計算したもの

(ニ)　着雪時風圧荷重　架渉線の周囲に比重0.6の雪が同心円状に付着した状態に対し，甲種風圧荷重の0.3倍を基礎として計算したもの

ロ　風圧荷重の適用区分は，58-2表によること．ただし，異常着雪時想定荷重の計算においては，同表にかかわらず着雪時風圧荷重を適用すること．

58-2表

季節	地方		適用する風圧荷重
高温季	全ての地方		甲種風圧荷重
低温季	氷雪の多い地方	海岸地その他の低温季に最大風圧を生じる地方	甲種風圧荷重又は乙種風圧荷重のいずれか大きいもの
		上記以外の地方	乙種風圧荷重
	氷雪の多い地方以外の地方		丙種風圧荷重

※風圧荷重 F [N] = 垂直投影面積 S [m²] × 圧力 P [N/m²]

図は，電線に厚さ6 mm，比重0.9の氷雪が付着した状態の概要図である．

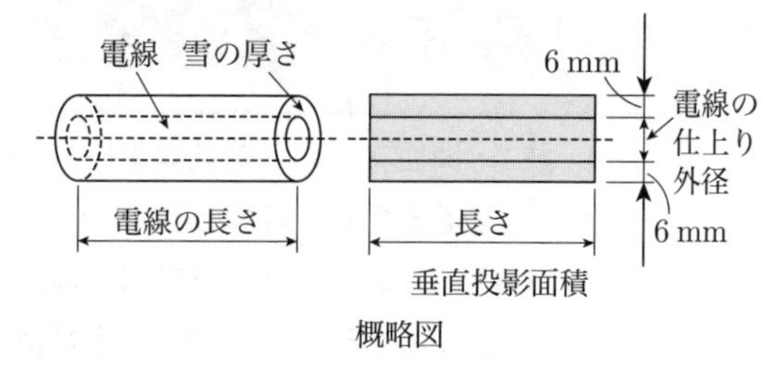

概略図

(a)　低温季において電線1条，長さ1 m当たりに加わる風圧荷重は，上記の58-2表より，甲種風圧荷重（W_1）または乙種風圧荷重（W_2）のいずれか大きいものを選定すればよい．

よって，題意の数値を用い計算すると，1 Pa = 1 N/m³であるから，

$$W_1 = 980\ \mathrm{N/m^2} \times (15 \times 10^{-3} \times 1)\ \mathrm{m^2} = 14.7\ \mathrm{N}$$

$$W_2 = \frac{980}{2}\ \mathrm{N/m^2} \times \{(15+6+6) \times 10^{-3} \times 1\}\ \mathrm{m^2} = 13.23\ \mathrm{N}$$

となる．上記より，$W_1 > W_2$であるから，選定すべき風圧荷重は，**14.7** Nとなる．

(b)　電線の仕上り外径をD'とすると，次式が成り立つ．

$$980 \times (D' \times 10^{-3} \times 1) \leqq \frac{980}{2}\{(D'+6+6) \times 10^{-3} \times 1\}$$

$$980D' \leqq 490(D'+12)$$

$$\therefore\ D' \leqq 12$$

よって，**12** mmが正解となる．

〔ここがポイント〕　58-2表を理解しているかどうかを問う問題である．

甲種風圧荷重が980 Paと与えられていたが，風圧を受けるものが変化した場合，圧力が変化するため「電気設備技術基準の解釈」第58条の58-1表は必ず一読してほしい．

本問は平成30年度問11と同じ問題である．

(a)—(3)，(b)—(2)

令和4年度（2022年）下期　法規の問題

注1　問題文中に「電気設備技術基準」とあるのは，「電気設備に関する技術基準を定める省令」の略である．

注2　問題文中に「電気設備技術基準の解釈」とあるのは，「電気設備の技術基準の解釈における第1章～第6章及び第8章」をいう．なお，「第7章　国際規格の取り入れ」の各規定について問う出題にあっては，問題文中にその旨を明示する．

注3　問題は，令和5年11月1日現在，効力のある法令（電気設備技術基準の解釈を含む．）に基づいて作成している．

A問題　配点は1問題当たり6点

問1

次の文章は，電気事業法に基づく保安規程に関する記述である．

保安規程は，電気設備規模等によって記載内容が異なり，特定発電用電気工作物の小売電気事業等用接続最大電力の合計が (ア) 万kW（沖縄電力株式会社の供給域内にあっては10万kW）を超える大規模な事業者の場合には保安規程に記載すべき事項が多くなっている．

空欄(ア)と上記の大規模な事業者のみが保安規程に記載すべき事項の組合せとして，正しいものを次の(1)～(5)のうちから一つ選べ．

	(ア)	大規模な事業者のみが保安規程に記載すべき事項
(1)	100	発電所の運転を相当期間停止する場合における保全の方法に関すること．
(2)	200	保安規程の定期的な点検及びその必要な改善に関すること．
(3)	100	事業用電気工作物の工事，維持又は運用に関する業務を管理する者の職務及び組織に関すること．
(4)	60	発電所の運転を相当期間停止する場合における保全の方法に関すること．
(5)	200	事業用電気工作物の工事，維持又は運用に関する業務を管理する者の職務及び組織に関すること．

●試験時間　65 分
●必要解答数　A 問題 10 題，B 問題 3 題

note

「電気事業法」第42条および第38条，「電気事業法施行規則」第48条の2および第50条からの出題である．

電気事業法

（保安規程）

第42条　事業用電気工作物を設置する者は，事業用電気工作物の工事，維持及び運用に関する保安を確保するため，主務省令で定めるところにより，保安を一体的に確保することが必要な事業用電気工作物の組織ごとに保安規程を定め，当該組織における事業用電気工作物の使用の開始前に，主務大臣に届け出なければならない．

（以下，省略）

（定義）

第38条（第1項～第3項省略）

4　この法律において「自家用電気工作物」とは，次に掲げる事業の用に供する電気工作物及び一般用電気工作物以外の電気工作物をいう．

一　一般送配電事業

二　送電事業

三　配電事業

四　特定送配電事業

五　発電事業であって，その事業の用に供する発電用の電気工作物が主務省令で定める要件に該当するもの

電気事業法施行規則

第48条の2　法第38条第4項第五号の主務省令で定める要件は，次の各号のいずれかに該当することとする．

一　特定発電用電気工作物の小売電気事業等用接続最大電力の合計が200万kW（沖縄電力株式会社の供給区域にあっては，10万kW）を超えること

（二省略）

（保安規程）

第50条　法第42条第1項の保安規程は，次の各号に掲げる事業用電気工作物の種類ごとに定めるものとする．

一　事業用電気工作物であって，一般送配電事業，送電事業，配電事業又は発電事業（法第38条第4項第五号に掲げる事業に限る．次項において同じ．）の用に供するもの

二　事業用電気工作物であって，前号に掲げるもの以外のもの

2　前項第一号に掲げる事業用電気工作物を設置する者は，法42条第1項の保安規程において，次の各号（その者が発電事業（その事業の用に供する発電用の電気工作物が第48条の2第一号に掲げる要件に該当するものに限る．）を営むもの以外の者である場合にあっては，第五号から第七号まで及び第十一号を除く．）に掲げる事項を定めるものとする．

（第一号～第十三号省略）

十四　保安規程の定期的な点検及びその必要な改善に関すること．

上記記載の条文より，特定発電用電気工作物の小売電気事業等用接続最大電力の合計が**200**万kW（沖縄電力株式会社の供給区域にあっては，10万kW）を超えるものは，自家用電気工作物であり，保安規程が必要となる．

さらに，発電事業や大規模な事業者のみが保安規程に記載すべき事項の一つとして，**保安規程の定期的な点検及びその必要な改善に関すること**が挙げられる．

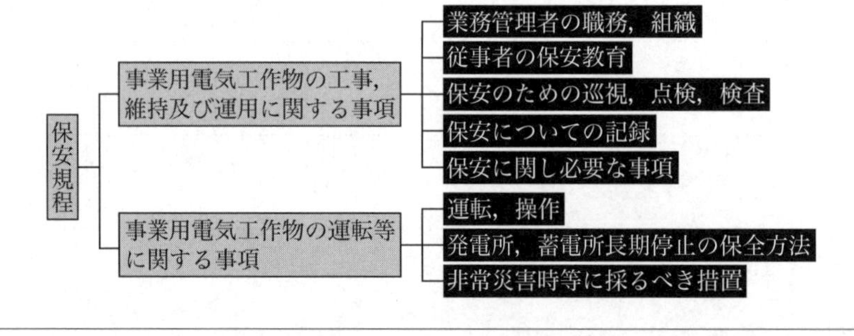

〔ここがポイント〕 自家用電気工作物（一般送配電事業，送電事業，配電事業，特定送配電事業および発電事業（特定発電用電気工作物の小売電気事業等用接続最大電力の合計が200万kW（沖縄電力株式会社の供給区域にあっては，10万kW）を超えているもの）の定義と保安規程について理解をしているかを問う問題である．

保安規程の概要を図に示す．保安規程の内容は過去に出題が多いため必ず押さえておいてほしい．

(2)

電気設備の安全を確保するためには，「電気設備技術基準」への適合を確認する必要がある．「電気設備技術基準」に規定されているものとして，正しいものを次の(1)～(5)のうちから一つ選べ．

(1)　船舶の客室屋内配線

(2)　乾電池使用のEMS（電気的筋肉刺激器）

(3)　航空機に搭載される発電機

(4)　電気浴器

(5)　自動車の24 Vオルタネータ（交流発電機）

解2　「電気事業法」第2条，「電気事業法施行令」第1条および「電気設備技術基準」第77条からの出題である．

電気事業法

（定義）

第二条　この法律において，次の各号に掲げる用語の意義は，当該各号に定めるところによる．

（第一号～第十七号省略）

十八　電気工作物　発電，蓄電，変電，送電若しくは配電又は電気の使用のために設置する機械，器具，ダム，水路，貯水池，電線路その他の工作物をいう．

電気事業法施行令

（電気工作物から除かれる工作物）

第1条　電気事業法第2条第1項第十八号の政令で定める工作物は，次のとおりとする．

一　鉄道営業法，軌道法若しくは鉄道事業法が適用され若しくは準用される車両若しくは搬器，船舶安全法が適用される船舶，陸上自衛隊の使用する船舶若しくは海上自衛隊の使用する船舶又は道路運送車両法第2条第2項に規定する自動車に設置される工作物であって，これらの車両，搬器，船舶及び自動車以外の場所に設置される電気的設備に電気を供給するためのもの以外のもの

二　航空法第2条第1項に規定する航空機に設置される工作物

三　前二号に掲げるもののほか，電圧30V未満の電気的設備であって，電圧30V以上の電気的設備と電気的に接続されていないもの

電気設備技術基準

（電気浴器，銀イオン殺菌装置の施設）

第77条　電気浴器（浴室の両端に板状の電極を設け，その電極相互間に微弱な交流電圧を加えて入浴者に電気的刺激を与える装置をいう．）又は銀イオン殺菌装置（浴槽内に電極を収納したイオン発生器を設け，その電極相互間に微弱な直流電圧を加えて銀イオンを発生させ，これにより殺菌する装置をいう．）は第59条の規定にかかわらず，感電による人体への危害又は火災のおそれがない場合に限り，施設することができる．

電気工作物の工作物とは，土地に密着させて設置した人工物を指すため，(2)の乾電池使用の設備は除外される．

上記条文により，(1)，(2)，(3)，(5)は電気工作物から除外される．(4)に関しては電気設備技術基準への適合を確認する必要があり，**(4)が正解となる．**

電気浴器の例を図に示す．

〔ここがポイント〕　電気工作物の定義を理解すること．

① 航空，船舶，鉄道は他の法律で規制されており二重規制防止の観点から除外．

② 電圧30 V未満の電気的設備であって，電圧30 V以上の電気的設備と電気的に接続されていないものは除外．

　(4)

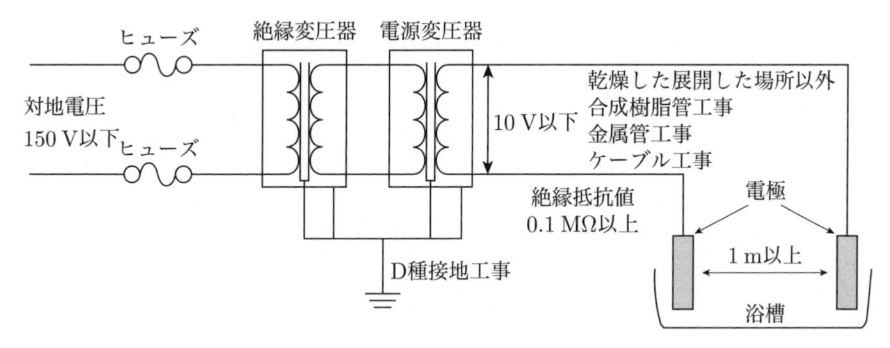

次の文章は，「電気設備技術基準」における高圧又は特別高圧の電気機械器具の危険の防止に関する記述である．

a）高圧又は特別高圧の電気機械器具は， (ア) 以外の者が容易に触れるおそれがないように施設しなければならない．ただし，接触による危険のおそれがない場合は，この限りでない．

b）高圧又は特別高圧の開閉器，遮断器，避雷器その他これらに類する器具であって，動作時に (イ) を生ずるものは，火災のおそれがないよう，木製の壁又は天井その他の (ウ) の物から離して施設しなければならない．ただし， (エ) の物で両者の間を隔離した場合は，この限りでない．

上記の記述中の空白箇所(ア)～(エ)に当てはまる組合せとして，正しいものを次の(1)～(5)のうちから一つ選べ．

	(ア)	(イ)	(ウ)	(エ)
(1)	取扱者	過電圧	可燃性	難燃性
(2)	技術者	アーク	可燃性	耐火性
(3)	取扱者	過電圧	耐火性	難燃性
(4)	技術者	アーク	耐火性	難燃性
(5)	取扱者	アーク	可燃性	耐火性

解3　「電気設備に関する技術基準を定める省令」第9条第1項および第2項からの出題である．

（高圧又は特別高圧の電気機械器具の危険の防止）

第9条　高圧又は特別高圧の電気機械器具は，**取扱者**以外の者が容易に触れるおそれがないように施設しなければならない．ただし，接触による危険のおそれがない場合は，この限りでない．

2　高圧又は特別高圧の開閉器，遮断器，避雷器その他これらに類する器具であって，動作時に**アーク**を生ずるものは，火災のおそれがないよう，木製の壁又は天井その他の**可燃性**の物から離して施設しなければならない．ただし，**耐火性**の物で両者の間を隔離した場合は，この限りでない．

参考に関連する内容として，電技解釈第23条を以下に示す．

（アークを生じる器具の施設）

第23条　高圧用又は特別高圧用の開閉器，遮断器又は避雷器その他これらに類する器具（以下この条において「開閉器等」という．）であって，動作時にアークを生じるものは，次の各号のいずれかにより施設すること．

一　耐火性のものでアークを生じる部分を囲むことにより，木製の壁又は天井その他の可燃性のものから隔離すること．

二　木製の壁又は天井その他の可燃性のものとの離隔距離を，23-1表に規定する値以上とすること．

23-1表

開閉器等の使用電圧の区分		離隔距離
高圧		1 m
特別高圧	35 000 V 以下	2 m（動作時に生じるアークの方向及び長さを火災が発生するおそれがないように制限した場合にあっては，1 m）
	35 000 V 超過	2 m

〔ここがポイント〕「電気設備技術基準の解釈」第21条（高圧の機械器具の施設），第22条（特別高圧の機械器具の施設）および第23条（アークを生じる器具の施設）もあわせて学習してほしい．

（5）

次の文章は，「電気設備技術基準」及び「電気設備技術基準の解釈」に基づく電気供給のための電気設備の施設に関する記述である.

架空電線，架空電力保安通信線及び架空電車線は，(ア)又は(イ)による感電のおそれがなく，かつ，交通に支障を及ぼすおそれがない高さに施設しなければならない.

低圧架空電線又は高圧架空電線の高さは，道路（車両の往来がまれであるもの及び歩行の用にのみ供される部分を除く.）を横断する場合，路面上(ウ)m以上にしなければならない.

上記の記述中の空白箇所(ア)～(ウ)に当てはまる組合せとして，正しいものを次の(1)～(5)のうちから一つ選べ.

	(ア)	(イ)	(ウ)
(1)	通電	アーク	**6**
(2)	接触	誘導作用	**6**
(3)	通電	誘導作用	**5**
(4)	接触	誘導作用	**5**
(5)	通電	アーク	**5**

解4　「電気設備に関する技術基準を定める省令」第25条および「電気設備技術基準の解釈」第68条からの出題である．

電気設備技術基準

（架空電線等の高さ）

第25条　架空電線，架空電力保安通信線及び架空電車線は，**接触**又は**誘導作用**による感電のおそれがなく，かつ，交通に支障を及ぼすおそれがない高さに施設しなければならない．

2　支線は，交通に支障を及ぼすおそれがない高さに施設しなければならない．

電気設備技術基準の解釈

（低高圧架空電線の高さ）

第68条　低圧架空電線又は高圧架空電線の高さは，68-1表に規定する値以上であること．

68-1 表

<table>
<tr><th colspan="2">区分</th><th>高さ</th></tr>
<tr><td colspan="2">道路（車両の往来がまれであるもの及び歩行の用にのみ供される部分を除く.）を横断する場合</td><td>路面上 6 m</td></tr>
<tr><td colspan="2">鉄道又は軌道を横断する場合</td><td>レール面上 5.5 m</td></tr>
<tr><td colspan="2">低圧架空電線を横断歩道橋の上に施設する場合</td><td>横断歩道橋の路面上 3 m</td></tr>
<tr><td colspan="2">高圧架空電線を横断歩道橋の上に施設する場合</td><td>横断歩道橋の路面上 3.5 m</td></tr>
<tr><td rowspan="3">上記以外</td><td>屋外照明用であって，絶縁電線又はケーブルを使用した対地電圧 150 V 以下のものを交通に支障のないように施設した場合</td><td>地表上 4 m</td></tr>
<tr><td>低圧架空電線を道路以外の場所に施設する場合</td><td>地表上 4 m</td></tr>
<tr><td>その他の場合</td><td>地表上 5 m</td></tr>
</table>

2　低圧架空電線又は高圧架空電線を水面上に施設する場合は，電線の水面上の高さを船舶の航行等に危険を及ぼさないように保持すること．

3　高圧架空電線を氷雪の多い地方に施設する場合は，電線の積雪上の高さを人又は車両の通行等に危険を及ぼさないように保持すること．

前記の第68条68-1表より，低圧架空電線または高圧架空電線の高さは，道路（車両の往来がまれであるもの及び歩行の用にのみ供される部分を除く.）を横断する場合，路面上**6 m**以上にしなければならない．

〔ここがポイント〕　低高圧架空電線の高さについては，過去に繰り返し出題されているため必ず押さえてほしい．

また，「電気設備技術基準の解釈」第87条（特別高圧架空電線の高さ）も比較して覚えておくと効率的かつ効果的である．

(2)

次の文章は，「電気設備技術基準の解釈」に基づく低高圧架空電線等の併架に関する記述の一部である．

低圧架空電線と高圧架空電線とを同一支持物に施設する場合は，次のいずれかによること．

a）次により施設すること．

① 低圧架空電線を高圧架空電線の［(ア)］に施設すること．

② 低圧架空電線と高圧架空電線は，別個の［(イ)］に施設すること．

③ 低圧架空電線と高圧架空電線との離隔距離は，［(ウ)］m以上であること．ただし，かど柱，分岐柱等で混触のおそれがないように施設する場合は，この限りでない．

b）高圧架空電線にケーブルを使用するとともに，高圧架空電線と低圧架空電線との離隔距離を［(エ)］m以上とすること．

上記の記述中の空白箇所(ア)～(エ)に当てはまる組合せとして，正しいものを次の(1)～(5)のうちから一つ選べ．

	(ア)	(イ)	(ウ)	(エ)
(1)	上	支持物	0.5	0.5
(2)	上	支持物	0.5	0.3
(3)	下	支持物	0.5	0.5
(4)	下	腕金類	0.5	0.3
(5)	下	腕金類	0.3	0.5

解5　「電気設備技術基準の解釈」第80条からの出題である．

（低高圧架空電線等の併架）

第80条　低圧架空電線と高圧架空電線とを同一支持物に施設する場合は，次の各号のいずれかによること．

一　次により施設すること．

イ　低圧架空電線を高圧架空電線の**下**に施設すること．

ロ　低圧架空電線と高圧架空電線は，別個の**腕金類**に施設すること．

ハ　低圧架空電線と高圧架空電線との離隔距離は，**0.5** m以上であること．ただし，かど柱，分岐柱等で混触のおそれがないように施設する場合は，この限りでない．

二　高圧架空電線にケーブルを使用するとともに，高圧架空電線と低圧架空電線との離隔距離を**0.3** m以上とすること．

2　低圧架空引込線を分岐するため低圧架空電線を高圧用の腕金類に堅ろうに施設する場合は，前項の規定によらないことができる．

（以下，省略）

〔ここがポイント〕　低高圧架空電線等の併架についても，過去に繰り返し出題されているため必ず押さえてほしい．

また，「電気設備技術基準の解釈」第81条（低高圧架空電線と架空弱電流電線等との共架）についても一通り目をとおしてほしい．

（低高圧架空電線と架空弱電流電線等との共架）

第81条　低圧架空電線又は高圧架空電線と架空弱電流電線等とを同一支持物に施設する場合は，次の各号により施設すること．ただし，架空弱電流電線等が電力保安通信線である場合は，この限りでない．

一　電線路の支持物として使用する木柱の風圧荷重に対する安全率は，2.0以上であること．

二　架空電線を架空弱電流電線等の上とし，別個の腕金類に施設すること．ただし，架空弱電流電線路等の管理者の承諾を得た場合において，低圧架空電線に高圧絶縁電線，特別高圧絶縁電線又はケーブルを使用するときは，この限りでない．

三　架空電線と架空弱電流電線等との離隔距離は，81-1表に規定する値以上であること．（以下，省略）

(4)

81-1表

<table>
<tr><th colspan="2" rowspan="3">架空電線の種類</th><th colspan="5">架空弱電流電線等の種類</th></tr>
<tr><th colspan="3">架空弱電流電線路等の管理者の承諾を得た場合</th><th colspan="2">その他の場合</th></tr>
<tr><th>添架通信用第１種ケーブル，添架通信用第２種ケーブル又は光ファイバケーブル</th><th>絶縁電線と同等以上の絶縁効力のあるもの又は通信用ケーブル</th><th>その他</th><th>絶縁電線と同等以上の絶縁効力のあるもの又は通信用ケーブル</th><th>その他</th></tr>
<tr><td rowspan="3">低圧架空電線</td><td>高圧絶縁電線，特別高圧絶縁電線又はケーブル</td><td rowspan="2">0.3 m</td><td>0.3 m</td><td rowspan="3">0.6 m</td><td>0.3 m</td><td rowspan="3">0.75 m</td></tr>
<tr><td>低圧絶縁電線</td><td rowspan="2">0.6 m</td><td rowspan="2">0.75 m</td></tr>
<tr><td>その他</td><td>0.6 m</td></tr>
<tr><td rowspan="2">高圧架空電線</td><td>ケーブル</td><td>0.3 m</td><td>0.5 m</td><td rowspan="2">1 m</td><td>0.5 m</td><td rowspan="2">1.5 m</td></tr>
<tr><td>その他</td><td>0.6 m</td><td>1 m</td><td>1.5 m</td></tr>
</table>

次の文章は，「電気設備技術基準の解釈」に基づく高圧屋内配線に関する記述である．

高圧屋内配線は，(ア)工事（乾燥した場所であって展開した場所に限る．）又はケーブル工事により施設すること．

ケーブル工事による高圧屋内配線で，防護装置としての金属管にケーブルを収めて施設する場合には，その管に(イ)接地工事を施すこと．ただし，接触防護措置（金属製のものであって，防護措置を施す設備と電気的に接続するおそれがあるもので防護する方法を除く．）を施す場合は，D種接地工事によることができる．

高圧屋内配線が，他の高圧屋内配線，低圧屋内配線，管灯回路の配線，弱電流電線等又は水管，ガス管若しくはこれらに類するもの（以下この問において「他の屋内電線等」という．）と接近又は交差する場合は，次のa)，b）のいずれかによること．

a）高圧屋内配線と他の屋内電線等との離隔距離は，(ウ)（(ア)工事により施設する低圧屋内電線が裸電線である場合は，30 cm）以上であること．

b）高圧屋内配線をケーブル工事により施設する場合においては，次のいずれかによること．

① ケーブルと他の屋内電線等との間に(エ)のある堅ろうな隔壁を設けること．

② ケーブルを(エ)のある堅ろうな管に収めること．

③ 他の高圧屋内配線の電線がケーブルであること．

上記の記述中の空白箇所(ア)～(エ)に当てはまる組合せとして，正しいものを次の(1)～(5)のうちから一つ選べ．

	(ア)	(イ)	(ウ)	(エ)
(1)	がいし引き	A種	15 cm	耐火性
(2)	合成樹脂管	C種	25 cm	耐火性
(3)	がいし引き	C種	15 cm	難燃性
(4)	合成樹脂管	A種	25 cm	難燃性
(5)	がいし引き	A種	15 cm	難燃性

解6　「電気設備技術基準の解釈」第168条からの出題である.

(高圧配線の施設)

第168条　高圧屋内配線は, 次の各号によること.

一　高圧屋内配線は, 次に掲げる工事のいずれかにより施設すること.

イ　**がいし引き工事**（乾燥した場所であって展開した場所に限る.）

ロ　ケーブル工事

二　がいし引き工事による高圧屋内配線は, 次によること.

イ　接触防護措置を施すこと.

ロ　電線は, 直径2.6 mmの軟銅線と同等以上の強さ及び太さの, 高圧絶縁電線, 特別高圧絶縁電線又は引下げ用高圧絶縁電線であること.

ハ　電線の支持点間の距離は, 6 m以下であること. ただし, 電線を造営材の面に沿って取り付ける場合は, 2 m以下とすること.

ニ　電線相互の間隔は8 cm以上, 電線と造営材との離隔距離は5 cm以上であること.

ホ　がいしは, 絶縁性, 難燃性及び耐火性のあるものであること.

ヘ　高圧屋内配線は, 低圧屋内配線と容易に区別できるように施設すること.

ト　電線が造営材を貫通する場合は, その貫通する部分の電線を電線ごとにそれぞれ別個の難燃性及び耐火性のある堅ろうな物で絶縁すること.

三　ケーブル工事による高圧屋内配線は, 次によること.

イ　ロに規定する場合を除き, 電線にケーブルを使用し, 第164条第1項第二号及び第三号の規定に準じて施設すること.

(ロ省略)

ハ　管その他のケーブルを収める防護装置の金属製部分, 金属製の電線接続箱及びケーブルの被覆に使用する金属体には, **A種**接地工事を施すこと. ただし, 接触防護措置（金属製のものであって, 防護措置を施す設備と電気的に接続するおそれがあるもので防護する方法を除く.）を施す場合は, D種接地工事によることができる.

2　高圧屋内配線が, 他の高圧屋内配線, 低圧屋内配線, 管灯回路の配線, 弱電流電線等又は水管, ガス管若しくはこれらに類するもの（以下この項において「他の屋内電線等」という.）と接近又は交差する場合は, 次の各号のいずれかによること.

一　高圧屋内配線と他の屋内電線等との離隔距離は, **15 cm**（がいし引き工事により施設する低圧屋内電線が裸電線である場合は, 30 cm）以上であること.

二　高圧屋内配線をケーブル工事により施設する場合においては, 次のいずれかによること.

イ　ケーブルと他の屋内電線等との間に**耐火性**のある堅ろうな隔壁を設けること.

ロ　ケーブルを**耐火性**のある堅ろうな管に収めること.

ハ　他の高圧屋内配線の電線がケーブルであること.

(以下, 省略)

〔ここがポイント〕　法令は文字や数字ばかりでわかりづらいため, 条文を図に示すように図形にしながら整理すると覚えやすいためお勧めする.

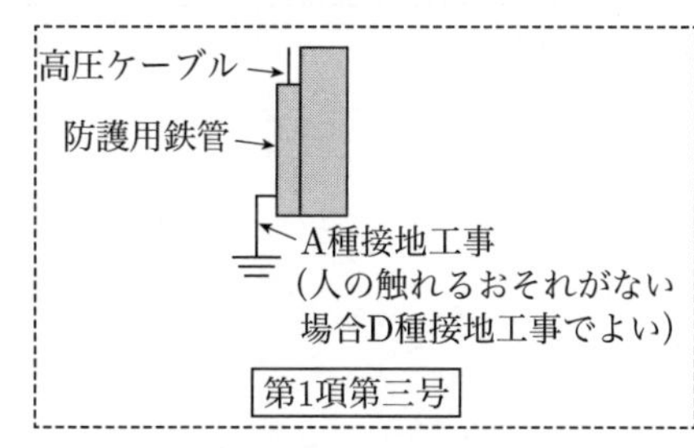

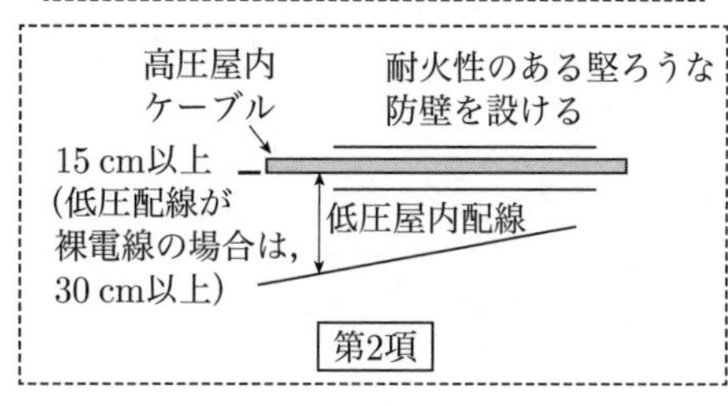

条文の図形化（例）

答　(1)

次の文章は，「電気設備技術基準の解釈」に基づく低圧屋内配線の金属ダクト工事に関する記述である．

a）ダクトに収める絶縁電線の断面積（絶縁被覆の断面積を含む．）の総和は，ダクトの内部断面積の ㈠ ％以下であること．ただし，電光サイン装置，出退表示灯その他これらに類する装置又は制御回路等（自動制御回路，遠方操作回路，遠方監視装置の信号回路その他これらに類する電気回路をいう．）の配線のみを収める場合は， ㈡ ％以下とすることができる．

b）ダクト相互は，堅ろうに，かつ， ㈢ に完全に接続すること．

c）ダクトを造営材に取り付ける場合は，ダクトの支持点間の距離を3 m（取扱者以外の者が出入りできないように措置した場所において，垂直に取り付ける場合は，6 m）以下とし，堅ろうに取り付けること．

d）低圧屋内配線の ㈣ 電圧が300 V以下の場合は，ダクトには，D種接地工事を施すこと．

e）低圧屋内配線の ㈣ 電圧が300 Vを超える場合は，ダクトには，C種接地工事を施すこと．ただし， ㈤ 防護措置（金属製のものであって，防護措置を施すダクトと ㈢ に接続するおそれがあるもので防護する方法を除く．）を施す場合は，D種接地工事によることができる．

上記の記述中の空白箇所㈠～㈤に当てはまる組合せとして，正しいものを次の(1)～(5)のうちから一つ選べ．

	㈠	㈡	㈢	㈣	㈤
(1)	20	50	電気的	使用	接触
(2)	32	48	電気的	対地	簡易接触
(3)	32	48	機械的	使用	接触
(4)	32	48	機械的	使用	簡易接触
(5)	20	50	電気的	対地	簡易接触

解7　「電気設備技術基準の解釈」第162条からの出題である．

（金属ダクト工事）

第162条　金属ダクト工事による低圧屋内配線の電線は，次の各号によること．

一　絶縁電線（屋外用ビニル絶縁電線を除く．）であること．

二　ダクトに収める電線の断面積（絶縁被覆の断面積を含む．）の総和は，ダクトの内部断面積の**20**％以下であること．ただし，電光サイン装置，出退表示灯その他これらに類する装置又は制御回路等（自動制御回路，遠方操作回路，遠方監視装置の信号回路その他これらに類する電気回路をいう．）の配線のみを収める場合は，**50**％以下とすることができる．

三　ダクト内では，電線に接続点を設けないこと．ただし，電線を分岐する場合において，その接続点が容易に点検できるときは，この限りでない．

（第四号，第五号省略および第2項省略）

3　金属ダクト工事に使用する金属ダクトは，次の各号により施設すること．

一　ダクト相互は，堅ろうに，かつ，**電気的**に完全に接続すること．

二　ダクトを造営材に取り付ける場合は，ダクトの支持点間の距離を3 m（取扱者以外の者が出入りできないように措置した場所において，垂直に取り付ける場合は，6 m）以下とし，堅ろうに取り付けること．

三　ダクトのふたは，容易に外れないように施設すること．

四　ダクトの終端部は，閉そくすること．

五　ダクトの内部にじんあいが侵入し難いようにすること．

六　ダクトは水のたまるような低い部分を設けないように施設すること．

七　低圧屋内配線の**使用**電圧が300 V以下の場合は，ダクトには，D種接地工事を施すこと．

八　低圧屋内配線の**使用**電圧が300Vを超える場合は，ダクトには，C種接地工事を施すこと．ただし，**接触**防護措置（金属製のものであって，防護措置を施すダクトと**電気的**に接続するおそれがあるもので防護する方法を除く．）を施す場合は，D種接地工事によることができる．

〔ここがポイント〕　前問同様，法令は文字や数字ばかりでわかりづらいため，条文を図に示すよう図形にしながら整理すると覚えやすいためお勧めする．

支持点間は3 m以下
（取扱者以外が出入できない所で，
垂直に施設する場合に限り6 m）
金属ダクト
支持金具
終端部は鉄板で閉塞
・300 V以下⇒D種接地工事
・300 V超える⇒C種接地工事
（人が触れるおそれなし
⇒D種接地工事）

(1)

次の文章は，「電気設備技術基準の解釈」に基づく分散型電源の系統連系設備に関する記述である．

a）逆変換装置を用いて分散型電源を電力系統に連系する場合は，逆変換装置から直流が電力系統へ流出することを防止するために，受電点と逆変換装置との間に変圧器（単巻変圧器を除く）を施設すること．ただし，次の①及び②に適合する場合は，この限りでない．

① 逆変換装置の交流出力側で直流を検出し，かつ，直流検出時に交流出力を (ア) する機能を有すること．

② 次のいずれかに適合すること．

・逆変換装置の直流側電路が (イ) であること．

・逆変換装置に (ウ) を用いていること．

b）分散型電源の連系により，一般送配電事業者が運用する電力系統の短絡容量が，当該分散型電源設置者以外の者が設置する遮断器の遮断容量又は電線の瞬時許容電流等を上回るおそれがあるときは，分散型電源設置者において，限流リアクトルその他の短絡電流を制限する装置を施設すること．ただし， (エ) の電力系統に逆変換装置を用いて分散型電源を連系する場合は，この限りでない．

上記の記述中の空白箇所(ア)～(エ)に当てはまる組合せとして，正しいものを次の(1)～(5)のうちから一つ選べ

	(ア)	(イ)	(ウ)	(ウ)
(1)	停止	中性点接地式電路	高周波変圧器	低圧
(2)	抑制	中性点接地式電路	高周波チョッパ	高圧
(3)	停止	非接地式電路	高周波変圧器	高圧
(4)	停止	非接地式電路	高周波変圧器	低圧
(5)	抑制	非接地式電路	高周波チョッパ	低圧

解8　「電気設備技術基準の解釈」第221条および第222条からの出題である．

(直流流出防止変圧器の施設)

第221条　逆変換装置を用いて分散型電源を電力系統に連系する場合は，逆変換装置から直流が電力系統へ流出することを防止するために，受電点と逆変換装置との間に変圧器（単巻変圧器を除く．）を施設すること．ただし，次の各号に適合する場合は，この限りでない．

一　逆変換装置の交流出力側で直流を検出し，かつ，直流検出時に交流出力を**停止**する機能を有すること．

二　次のいずれかに適合すること．

イ　逆変換装置の直流側電路が**非接地**であること．

ロ　逆変換装置に**高周波変圧器**を用いていること．

2　前項の規定により設置する変圧器は，直流流出防止専用であることを要しない．

(限流リアクトル等の施設)

第222条　分散型電源の連系により，一般送配電事業者又は配電事業者が運用する電力系統の短絡容量が，当該分散型電源設置者以外の者が設置する遮断器の遮断容量又は電線の瞬時許容電流等を上回るおそれがあるときは，分散型電源設置者において，限流リアクトルその他の短絡電流を制限する装置を施設すること．ただし，**低圧**の電力系統に逆変換装置を用いて分散型電源を連系する場合は，この限りでない．

〔ここがポイント〕　第22条において，逆変換装置から直流が系統へ流出することを防止するため，変圧器を設置するよう定めているが，第1項第一号および第二号をともに満たしていれば変圧器を省略することができる．

また，直流分流出検出レベル（例）として一例を表に示す．

表1：PCS仕様（例）

保護機能		整定値
交流過電流	検出レベル	38.5 A
	検出時限	0.5 秒
直流分流検出	検出レベル	275 mA
	検出時限	0.5 秒

※ 5.5 kW 210 V PCS の仕様

逆変換装置の定格交流電流1％程度，検出時限0.5秒程度の整定値で直流分流出を防止している．

(4)

次の文章は，図に示す高圧受電設備において全停電作業を実施するときの操作手順の一例について，その一部を述べたものである．

a）（ア）を全て開放する．

b）（イ）を開放する．

c）地絡方向継電装置付高圧交流負荷開閉器（DGR付PAS）を開放する．

d）（ウ）を開放する．

e）断路器（DS）の電源側及び負荷側を検電して無電圧を確認する．

f）高圧電路に接地金具等を接続して残留電荷を放電させた後，誤通電，他の電路との混触又は他の電路からの誘導による感電の危険を防止するため，断路器（DS）の（エ）に短絡接地器具を取り付けて接地する．

g）断路器（DS），開閉器等にはそれぞれ操作後速やかに，操作禁止，投入禁止，通電禁止等の通電を禁止する表示をする．

上記の記述中の空白箇所(ア)～(エ)に当てはまる組合せとして，正しいものを次の(1)～(5)のうちから一つ選べ．

	(ア)	(イ)	(ウ)	(エ)
(1)	負荷開閉器（LBS）	断路器（DS）	真空遮断器（VCB）	負荷側
(2)	配線用遮断器（MCCB）	断路器（DS）	真空遮断器（VCB）	負荷側
(3)	配線用遮断器（MCCB）	真空遮断器（VCB）	断路器（DS）	電源側
(4)	負荷開閉器（LBS）	断路器（DS）	真空遮断器（VCB）	電源側
(5)	負荷開閉器（LBS）	真空遮断器（VCB）	断路器（DS）	負荷側

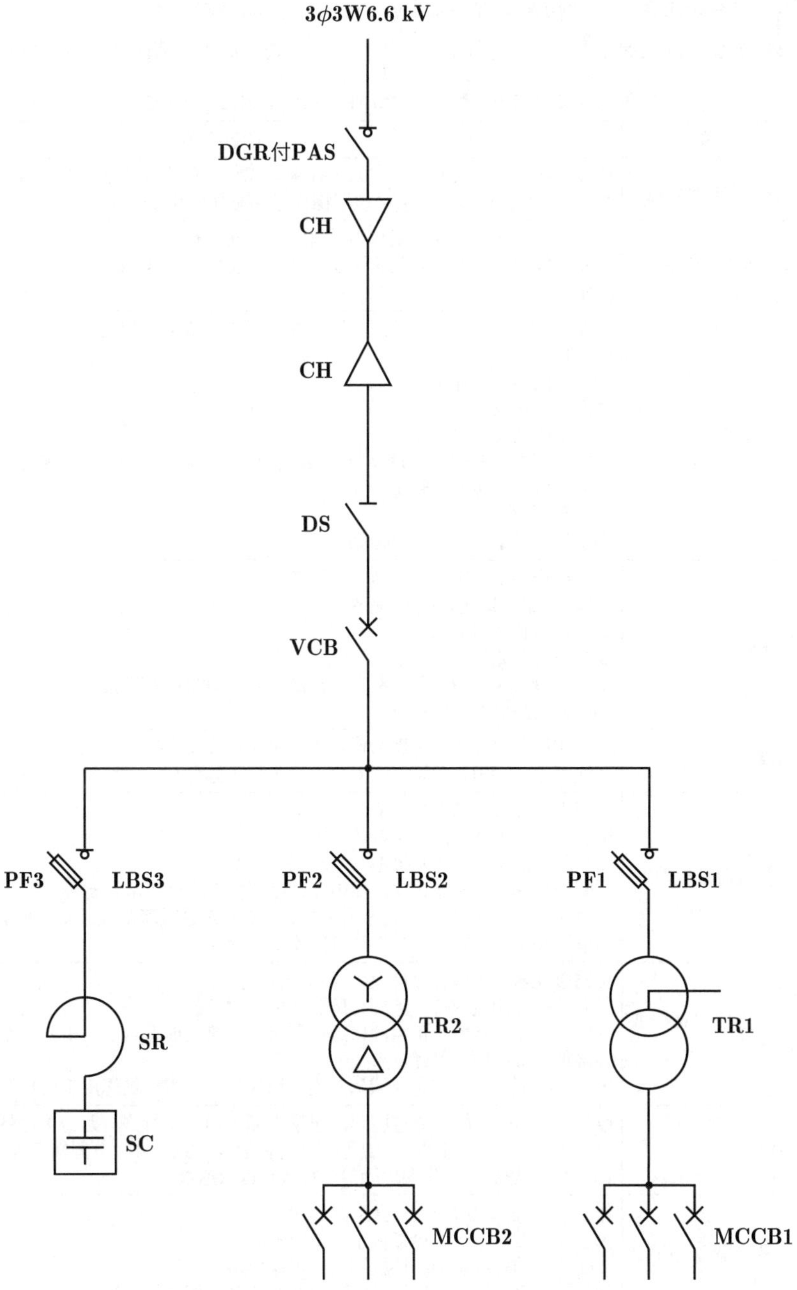

3ϕ3W6.6 kV

DGR付PAS

CH

CH

DS

VCB

PF3　LBS3　PF2　LBS2　PF1　LBS1

SR　TR2　TR1

SC

MCCB2　MCCB1

自家用電気工作物保安管理規程の第2章電気保安業務に，表に示すような記載がある．表と問題を照らし合わせると，

停電作業の実施手順と留意事項（発電機が接続されていない例）

順番	手順	留意事項
1	作業計画の立案	作業計画の立案に当たっては，作業現場の状態をよく把握して無理のない計画を立てるとともに，停電のための機器操作手順を作成する．
2	安全用具の確認	①保護具，防具等安全用具の外観上の点検を行い，異常のないことを確認する． ②検電器の性能を検電器チェッカ等で確認する．（現場では，テストボタン等により確認する．）
3	作業前の打合せ	2名以上で作業を行う場合，作業責任者を定めて作業前の打合せを行い，作業者全員に周知徹底する． ①作業内容及び作業分担 ②作業方法及び手順 ③作業時間及び停電時間 ④作業範囲と充電部分及びその表示方法（電路の一部のみ停電し，充電部分に近接する場合は特に注意を要する．） ⑤作業環境 ⑥現状のスイッチ位置の確認
4	停電操作	停電操作の主な手順は次のとおりである． ①低圧開閉器，遮断器の開放 ②主遮断装置の開放 ③断路器の開放 ④引込口に区分開閉器がある場合は，区分開閉器の開放 ⑤投入禁止標識の取付け
5	検電	①高圧検電器で作業範囲の電路の検電を行う． ②検電は，三相とも無電圧であることを確認する．
6	残留電荷の放電	残留電荷の放電は次のいずれかによる． ①放電棒により放電させる． ②短絡接地器具により接地して放電させる． ③断路器操作用ディスコン棒の先に接地線をつけ放電させる． ※コンデンサ及び高こう長電路においては充電電流が大きく，残留電荷による電撃時の危険性が大きいことから確実に放電を行う．
7	短絡接地器具の取付け	短絡接地器具の取付けは次の手順で行う． ①先に接地側電線を接地極に確実に取り付ける． ②停電した電路の一番電源に近い箇所に短絡接地器具を三相とも確実に取り付ける． ③接地標識を取り付ける． ※短絡接地器具の取付作業は，絶縁用保護具（電気絶縁用手袋）を着用して行う．
8	停電作業	停電作業は，TBMで実施した作業手順どおりに行う．万一予定外作業の必要が生じたときは，全員が作業を中断して変更内容をTBMにより周知徹底し，作業を再開する．（単独での思い付き作業は絶対に行ってはならない．）
9	作業結果の見直し	作業終了後，次のチェックを行う． ①予定した作業がすべて終了しているか． ②配線に結線間違い，接続不良等はないか． ③リード線の外し忘れ，工具等やウエスの置き忘れはないか．
10	短絡接地器具の取外し	①各相に取り付けた金具を三相とも取り外す． ②接地極に取り付けた金具を取り外す． ③絶縁抵抗計により高圧電路の絶縁の確認を行う． ④接地標識を取り外す． ⑤作業者の退避
11	送電操作	送電操作はすべての開閉器，遮断器の開放を確認の後，実施する． ①投入禁止標識を取り外す． ②保護継電器操作用開閉器のみ投入 ③引込口の区分開閉器の投入 ④断路器の投入（受電電圧を確認する．） ⑤主遮断装置の投入（低圧側の各盤の電圧を確認する．） ⑥低圧動力各バンクで相回転を確認する． ⑦低圧開閉器の投入（使用設備に供給されていることを確認する．）

④　停電操作

a)　低圧開閉器，遮断器の開放（**配線用遮断器（MCCB）**の開放）

b)　主遮断器の開放（**真空遮断器（VCB）**の開放）

d)　区分開閉器の開放（投入禁止標識つけ）

c)　**断路器（DS）**の開放

⑤　検電

⑥　残留電荷の放電

⑦　短絡接地器具の取付け

b)　停電した電路の一番電源に近い箇所に短絡接地器具を三相とも確実に取り付ける．（断路器の**電源側**に短絡接地器具を取り付ける）

c)　接地標識を取り付ける．

DSとPASの開放が逆になっているが，問題文のとおり，PASを先に開放し無充電にする方が安全である．

しかし，DSは無負荷状態であれば開放は可能であるため一例として覚えておいてほしい．

〔ここがポイント〕　自家用電気工作物保安管理規程とともに高圧受電設備規程の第1編 第3章保守・点検においても同様の記載があるためチェックしておきたい．

(3)

次の文章は，電気事業法及び電気事業法施行規則に基づく広域的運営に関する記述である．

電気事業者は，毎年度，電気の供給並びに電気工作物の設置及び運用についての［(ア)］を作成し，電力広域的運営推進機関（OCCTO）を経由して経済産業大臣に届け出なければならない．

具体的には，直近年における［(イ)］見通し，発電，受電（融通を含む．）等の短期的な内容に関するものと，長期［(イ)］見通し，電気工作物の［(ウ)］及びその概要，あるいは他者の電源からの長期安定的な調達等長期的な内容に関するものとがある．

また，電気事業者は，電源開発の実施，電気の供給等その事業の遂行に当たり，広域的運営による電気の［(エ)］のために，相互に協調しなければならないことが定められている．

広域的運営による相互協調の具体的な例として，A地方に太陽電池発電や風力発電などの発電量を調整できない再生可能エネルギーが大量に導入された場合において，A地方における電圧，周波数を維持する観点から，A地方で消費しきれない電気を隣接するB地方に融通するといった［(オ)］事業者間の広域運営による相互協調がある．

上記の記述中の空白箇所(ア)～(オ)に当てはまる組合せとして，正しいものを次の(1)～(5)のうちから一つ選べ．

	(ア)	(イ)	(ウ)	(エ)	(オ)
(1)	供給計画	経営	新増設	コスト低減	一般送配電
(2)	需要計画	需要	新増設	コスト低減	発電
(3)	供給計画	需要	新増設	安定供給	一般送配電
(4)	需要計画	経営	補修計画	コスト低減	発電
(5)	供給計画	需要	補修計画	安定供給	発電

解10　「電気事業法」第28条，第29条および「電気事業法施行規則」第46条からの出題である．

電気事業法

第1款　電気事業者等の相互の協調

第28条　電気事業者及び発電用の自家用電気工作物を設置する者（電気事業者に該当するものを除く．）は，電源開発の実施，電気の供給，電気工作物の運用等の遂行に当たり，広域的運営による電気の**安定供給**の確保その他の電気事業の総合的かつ合理的な発達に資するように相互に協調しなければならない．

第4款　供給計画

第29条　電気事業者は，経済産業省令で定めるところにより，毎年度，当該年度以降経済産業省令で定める期間における電気の供給並びに電気工作物の設置及び運用についての計画（以下，「**供給計画**」という．）を作成し，当該年度の開始前に（電気事業者となった日を含む年度にあっては，電気事業者となった後遅滞なく），推進機関を経由して経済産業大臣に届け出なければならない．

（以下，省略）

電気事業法施行規則

（供給計画の届出）

第46条　法第29条第1項の規定による届出をしようとする者は，次の表（※省略）の左欄に掲げる者の区分に応じ，同表の中欄に掲げる事項について，同表の右欄に定める期間における計画を記載した様式第32の供給計画届出書を提出しなければならない．

（以下，省略）

2　前項の供給計画届出書には，次の表の左欄に掲げる者の区分に応じ，同表の右欄に掲げる書類を添付しなければならない．

（以下，省略）

すべての電気事業者の供給計画（今後10年間の**需要**・供給見通しや発電所の開発，送電網の整備（**新増設**）などをまとめた計画）を取りまとめ，短期から中長期的な全国・供給エリアの需給バランスを一元的に把握・評価している．

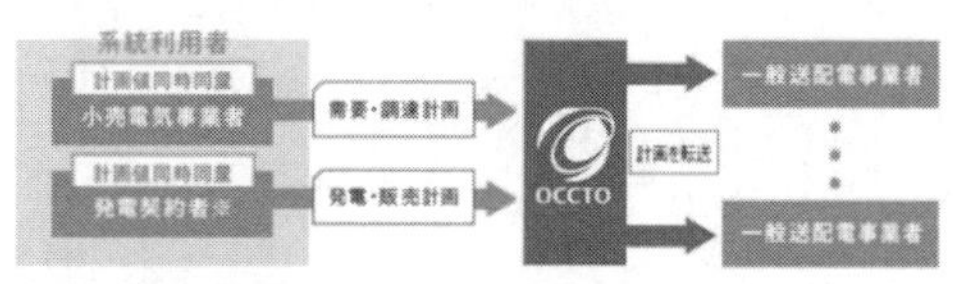

出典:OCCTOホームページより

一般送配電事業者間の相互協調に関しては，送配電等業務指針などで示されており，一般送配電事業者は，緊急的な供給力の不足分を調達するため，**一般送配電**事業者間において電力融通を行うことが示されている．

電気は発生と消費とが同時的であるため，題意に例として消費しきれない電気を電力融通を利用することで供給予備力の適正化を図っている．

〔ここがポイント〕「電気事業法」第7節広域的運営の範囲は最近頻繁に出題されているため，最新の情報を収集しながら学習を進めてほしい．

(3)

小売電気事業者	様式第36の初年度及び第2年度における電気の取引に関する計画書
一般送配電事業者	一　様式第36の初年度及び第2年度における電気の取引に関する計画書 二　供給区域内において行う電気の供給に対する需要について記載した様式第33の供給区域需要電力量想定書 三　供給区域における周波数制御，需給調整その他の系統安定化業務に必要となる電源等の能力確保状況について記載した様式第33の2の調整力確保計画書 四　供給区域における周波数制御，需給調整その他の系統安定化業務に必要となる電源等の能力の見込みについて記載した様式第33の3の調整力に関する計画書 五　供給区域における周波数の標準周波数に比した変動の割合について，前年度の実績を記載した様式第37の周波数滞在率実績表 六　様式第38の初年度，第5年度及び第10年度の各年度末における電力系統の状況を記載した書面 七　初年度及び第5年度の最大需要電力発生時における電力潮流の状況を記載した書類 八　様式第38の2の初年度，第5年度及び第10年度の会社間連系線ごとの送電容量並びに最大需要電力発生時における運用容量及び受給電力を記載した書類
事業者	様式第38の初年度，第5年度及び第10年度の各年度末における電力系統の状況を記載した書類

※抜粋

B問題

問 11 及び問 12 の配点は 1 問題当たり(a) 6 点，(b) 7 点，計 13 点
問 13 の配点は(a) 7 点，(b) 7 点，計 14 点

問11

高圧架空電線において，電線に硬銅線を使用して架設する場合，電線の設計に伴う許容引張荷重と弛度について，次の(a)及び(b)の問に答えよ．

ただし，径間 S [m]，電線の引張強さ T [kN]，電線の重量による垂直荷重と風圧による水平荷重の合成荷重が W [kN/m] とする．

(a) 「電気設備技術基準の解釈」によれば，規定する荷重が加わる場合における電線の引張強さに対する安全率が，R 以上となるような弛度に施設しなければならない．この場合 R の値として，正しいものを次の(1)～(5)のうちから一つ選べ．

(1) **1.5**　(2) **1.8**　(3) **2.0**　(4) **2.2**　(5) **2.5**

(b) 弛度の計算において，最小の弛度を求める場合の許容引張荷重 [kN] として，正しい式を次の(1)～(5)のうちから一つ選べ．

(1) $\dfrac{T}{R}$　(2) $T \times R$　(3) $S \times \dfrac{W}{R}$　(4) $S \times W \times R$　(5) $\dfrac{T + S \times W}{R}$

解11　(a)「電気設備技術基準の解釈」第66条からの出題である．

（低高圧架空電線の引張強さに対する安全率）

第66条　高圧架空電線は，ケーブルである場合を除き，次の各号に規定する荷重が加わる場合における引張強さに対する安全率が，66-1表に規定する値以上となるような弛度により施設すること．

一　荷重は，電線を施設する地方の平均温度及び最低温度において計算すること．

二　荷重は，次に掲げるものの合成荷重であること．

イ　電線の重量

ロ　次により計算した風圧荷重

(イ)　電線路に直角な方向に加わるものとすること．

(ロ)　平均温度において計算する場合は高温季の風圧荷重とし，最低温度において計算する場合は低温季の風圧荷重とすること．

ハ　乙種風圧荷重を適用する場合にあっては，被氷荷重

66-1表

電線の種類	安全率
硬銅線又は耐熱銅合金線	2.2
その他	2.5

（以下，省略）

66-1表より，硬銅線を使用して架設する場合，規定する荷重が加わる場合における電線の引張強さに対する**安全率は，2.2以上**となるような弛度に施設しなければならない．

よって，**(4)が正解となる．**

(b)　前記(a)について概念図を描くと，図のようになる．

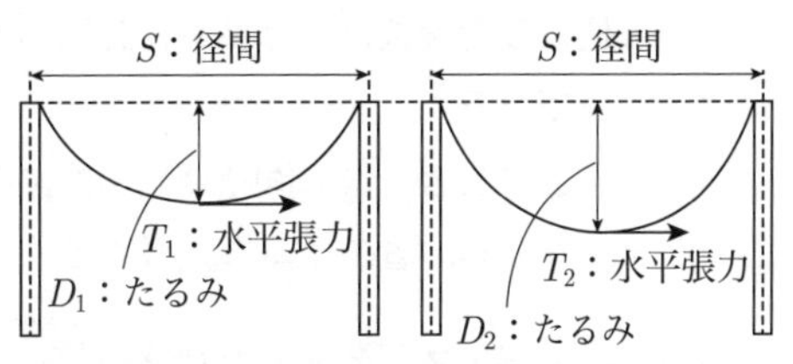

※簡単に考えるため，水平張力≒引張強さと定義

図より，弛度D [m]（ここでは，最大弛度D_1 [m]，安全率Rを考慮した弛度D_2 [m]），径間S [m]，電線1 m当たりの荷重w [kN/m]および水平張力T [kN]（ここでは，T_1を電線の引張強さ[kN]，T_2を許容引張強さ[kN]と仮定）とすると，それぞれ次式が成立する．

$$D_1 = \frac{wS^2}{8T_1}\,[\mathrm{m}]$$

$$D_2 = \frac{wS^2}{8T_2}\,[\mathrm{m}] = RD_1 = R\,\frac{wS^2}{8T_1}$$

上式より，

$$\frac{wS^2}{8T_2} = R\,\frac{wS^2}{8T_1}$$

$$T_2 = \frac{T_1}{R} \qquad ①$$

と表される．

①式のT_2は許容引張強さ[kN]，T_1は電線の引張強さTであるから，

$$許容引張強さ = \frac{T}{R}\,[\mathrm{kN}]$$

となる．

よって，**(1)が正解となる．**

〔ここがポイント〕　硬銅線の安全率を暗記しているかが鍵となる．また，ここでいう最小弛度とは，安全率2.2を掛けたときの弛度D_2であり，弛度D_1ではないことに注意する必要がある．

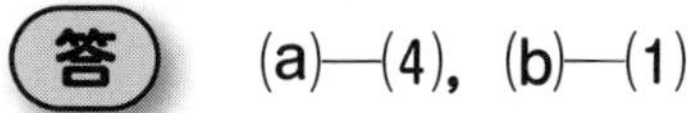

(a)—(4)，(b)—(1)

問12　定格容量500 kV·A，無負荷損500 W，負荷損（定格電流通電時）6 700 Wの変圧器を更新する．更新後の変圧器はトップランナー制度に適合した変圧器で，変圧器の容量，電圧及び周波数仕様は従来器と同じであるが，無負荷損は150 W，省エネ基準達成率は140 %である．

このとき，次の(a)及び(b)の問に答えよ．

ただし，省エネ基準達成率は次式で与えられるものとする．

$$省エネ基準達成率(\%) = \frac{基準エネルギー消費効率}{W_{\mathrm{i}} + W_{\mathrm{C40}}} \times 100$$

ここで，基準エネルギー消費効率[注)]は1 250 Wとし，W_{i}は無負荷損[W]，W_{C40}は負荷率40 %時の負荷損[W]とする．

注）基準エネルギー消費効率とは判断の基準となる全損失をいう．

(a)　更新後の変圧器の負荷損（定格電流通電時）の値[W]として，最も近いものを次の(1)～(5)のうちから一つ選べ．

(1)　1 860　　(2)　2 450　　(3)　3 080　　(4)　3 820　　(5)　4 640

(b)　変圧器の出力電圧が定格状態で，300 kW遅れ力率0.8の負荷が接続されているときの更新前後の変圧器の損失を考えてみる．この状態での更新前の変圧器の全損失をW_1，更新後の変圧器の全損失をW_2とすると，W_2のW_1に対する比率[%]として，最も近いものを次の(1)～(5)のうちから一つ選べ．ただし，電圧変動による無負荷損への影響は無視できるものとする．

(1)　45　　(2)　54　　(3)　65　　(4)　78　　(5)　85

解12 (a)　題意を基に図を描くと(a)図のようになる．

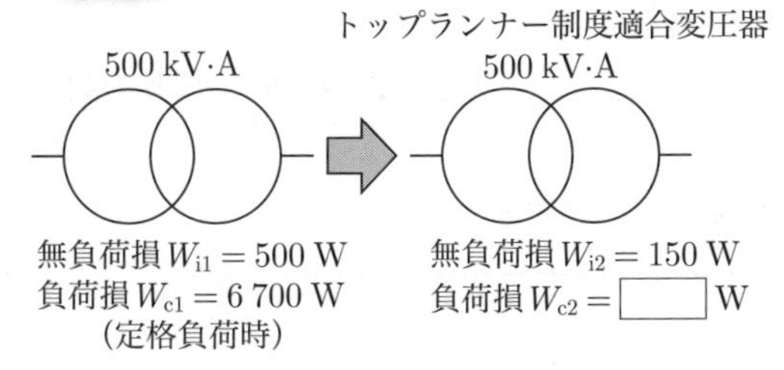

(a)　概略図

はじめに，題意の式を小数表示とし，更新後の条件で与えられた数値を代入すると，

省エネ基準達成率

$$=\frac{\text{基準エネルギー消費効率}}{W_i+W_{c40}}$$

$$1.4=\frac{1\,250}{150+W_{c40}}$$

$$210+1.4W_{c40}=1\,250$$

$$W_{c40}=742.857\ \text{W} \quad ①$$

となる．

①式は，負荷率40 %時の負荷損であるから，全負荷時の負荷損を W_{c100} としたとき，次式が成立する．

$$W_{c40}=0.4^2\times W_{c100}\ [\text{W}]$$

$$742.857=0.16\times W_{c100}$$

$$\therefore\ W_{c100}=4\,642.856\ \text{W}$$

$$\Rightarrow 4\,643\ \text{W}\fallingdotseq 4\,640\ \text{W}$$

よって，**(5)が正解となる．**

(b)　負荷が接続されているときの更新前後の概略図を描くと，(b)図および(c)図のようになる．

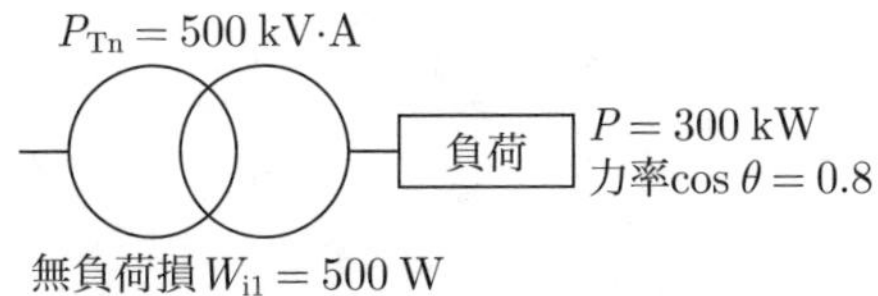

(b)　更新前の概略図

(b)図より，変圧器の全損失 W_1 [W] は，

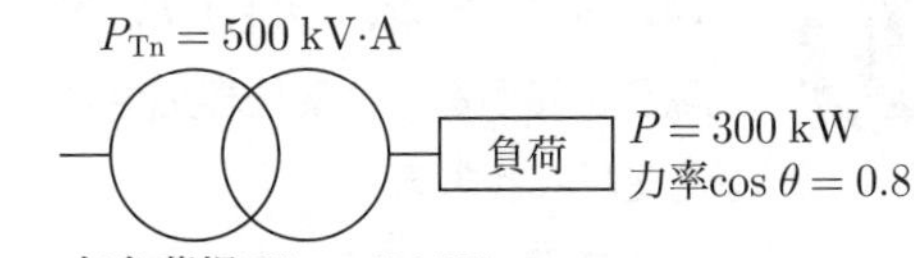

(c)　更新後の概略図

$$W_1=W_{i1}+\left(\frac{\dfrac{P}{\cos\theta}}{P_{Tn}}\right)^2\times W_{c1}\ [\text{W}]$$

$$=500+\left(\frac{\dfrac{300}{0.8}}{500}\right)^2\times 6\,700$$

$$=4\,268.75\ \text{W}$$

となる．

(c)図より，変圧器の全損失 W_2 [W] は，

$$W_2=W_{i2}+\left(\frac{\dfrac{P}{\cos\theta}}{P_{Tn}}\right)^2\times W_{c2}\ [\text{W}]$$

$$=150+\left(\frac{\dfrac{300}{0.8}}{500}\right)^2\times 4\,642.856$$

$$=2\,761.606\,5\ \text{W}$$

となる．

したがって，W_2 の W_1 に対する比率は，

$$\frac{W_2}{W_1}=\frac{2\,761.606\,5}{4\,268.75}=0.646\,935\,6$$

$$\Rightarrow 64.7\ \%\fallingdotseq 65\ \%$$

よって，**(3)が正解となる．**

〔ここがポイント〕

$$\text{負荷損}=\left(\frac{\dfrac{\text{有効電力}}{\text{力率}}}{\text{定格容量}}\right)^2$$

$$=\alpha^2\times\text{負荷損（定格時）}$$

の式を理解する．（$\alpha=$ 負荷率）

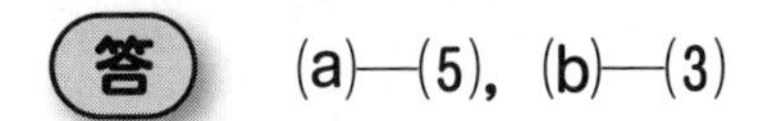

答　(a)—(5)，(b)—(3)

問13　図に示すような，相電圧 $\dot{E}_R$ [V]，$\dot{E}_S$ [V]，$\dot{E}_T$ [V]，角周波数 ω [rad/s] の対称三相3線式高圧電路があり，変圧器の中性点は非接地方式とする．電路の一相当たりの対地静電容量を C [F] とする．

この電路のR相のみが絶縁抵抗値 R_G [Ω] に低下した．このとき，次の(a)及び(b)の問に答えよ．

ただし，上記以外のインピーダンスは無視するものとする．

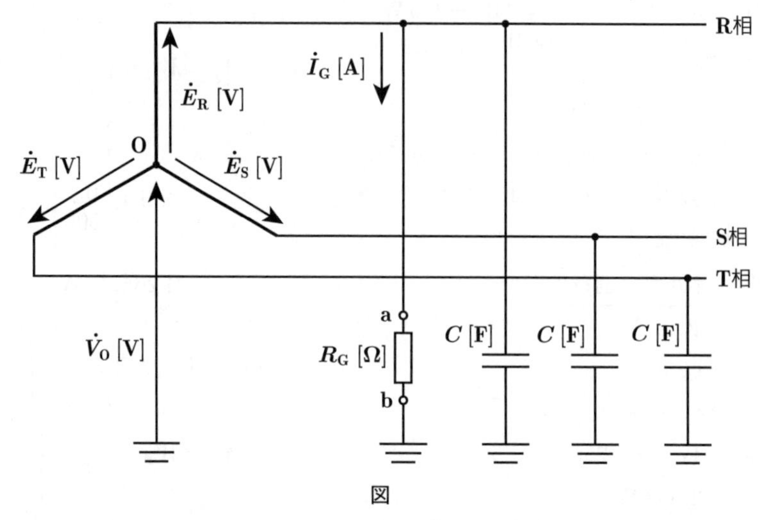

図

(a)　次の文章は，絶縁抵抗 R_G [Ω] を流れる電流 $\dot{I}_G$ [A] を求める記述である．R_G を取り除いた場合

a-b間の電圧 $\dot{V}_{ab}$ = [(ア)]

a-b間より見たインピーダンス $\dot{Z}_{ab}$ は，変圧器の内部インピーダンスを無視すれば，

$\dot{Z}_{ab}$ = [(イ)] となる．

ゆえに，R_G を接続したとき，R_G に流れる電流 $\dot{I}_G$ は，次式となる．

$$\dot{I}_G = \frac{\dot{V}_{ab}}{\dot{Z}_{ab} + R_G} = \boxed{(ウ)}$$

上記の記述中の空白箇所(ア)～(ウ)に当てはまる組合せとして，正しいものを次の(1)～(5)のうちから一つ選べ．

	(ア)	(イ)	(ウ)
(1)	$\dot{E}_R$	$\dfrac{1}{j3\omega C}$	$\dfrac{j3\omega C\dot{E}_R}{1+j3\omega CR_G}$
(2)	$\sqrt{3}\dot{E}_R$	$-j3\omega C$	$\dfrac{-j3\omega C\dot{E}_R}{1-j3\omega CR_G}$
(3)	$\dot{E}_R$	$\dfrac{3}{j\omega C}$	$\dfrac{j\omega C\dot{E}_R}{3+j\omega CR_G}$
(4)	$\sqrt{3}\dot{E}_R$	$\dfrac{1}{j3\omega C}$	$\dfrac{\dot{E}_R}{1-j3\omega CR_G}$
(5)	$\dot{E}_R$	$j3\omega C$	$\dfrac{\dot{E}_R}{1+j3\omega CR_G}$

(b)　次の文章は，変圧器の中性点O点に現れる電圧 $\dot{V}_{\mathrm{O}}$ [V] を求める記述である.

$\dot{V}_{\mathrm{O}} = \boxed{(エ)} + R_{\mathrm{G}}\dot{I}_{\mathrm{G}}$

ゆえに $\dot{V}_{\mathrm{O}} = \boxed{(オ)}$

上記の記述中の空白箇所(エ)及び(オ)に当てはまる組合せとして，正しいものを次の(1)～(5)のうちから一つ選べ.

	(エ)	(オ)
(1)	$-\dot{E}_{\mathrm{R}}$	$\dfrac{-\dot{E}_{\mathrm{R}}}{1+\mathrm{j}3\omega CR_{\mathrm{G}}}$
(2)	$\dot{E}_{\mathrm{R}}$	$\dfrac{\dot{E}_{\mathrm{R}}}{1+\mathrm{j}3\omega CR_{\mathrm{G}}}$
(3)	$-\dot{E}_{\mathrm{R}}$	$\dfrac{-\dot{E}_{\mathrm{R}}}{1-\mathrm{j}3\omega CR_{\mathrm{G}}}$
(4)	$\dot{E}_{\mathrm{R}}$	$\dfrac{\dot{E}_{\mathrm{R}}}{1+\mathrm{j}3\omega CR_{\mathrm{G}}}$
(5)	$\dot{E}_{\mathrm{R}}$	$\dfrac{-\dot{E}_{\mathrm{R}}}{1-\mathrm{j}3\omega CR_{\mathrm{G}}}$

(a)　R_Gを取り除いたときのa-b間の電圧$\dot{V}_{ab}$は，題意の図より，

$$\dot{V}_{ab}=\dot{E}_R+\dot{V}_o \quad ①$$

と表される．

題意より，中性点に現れる零相電圧$\dot{V}_o$は対称三相交流であるから，

$$\dot{V}_o=\dot{E}_R+\dot{E}_S+\dot{E}_T=0 \quad ②$$

となる．

①式と②式を合わせると，

$$\dot{V}_{ab}=\dot{E}_R+0=\dot{E}_R$$

となり，R相の対地電圧となることがわかる．

次に，題意の図に鳳-テブナンの定理を用い置き換えると，(a)図のようになる．

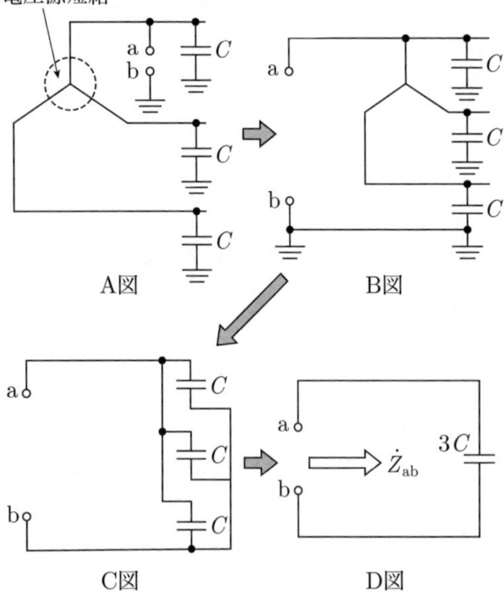

(a)　鳳–テブナン定理にて図を変形

(a)図のD図より，a-b間よりみたインピーダンス$\dot{Z}_{ab}$は，

$$\dot{Z}_{ab}=\frac{1}{j3\omega C}$$

となる．

以上の内容をもとに絶縁抵抗R_G，a-b間電圧$\dot{V}_{ab}$を代入し等価回路を描くと，(b)図のようになる．

(b)図より，R_Gに流れる電流$\dot{I}_G$を求めると，

$$\dot{I}_G=\frac{\dot{V}_{ab}}{R_G+\frac{1}{j3\omega C}}=\frac{j3\omega C\dot{E}_R}{1+j3\omega CR_G} \quad ③(答)$$

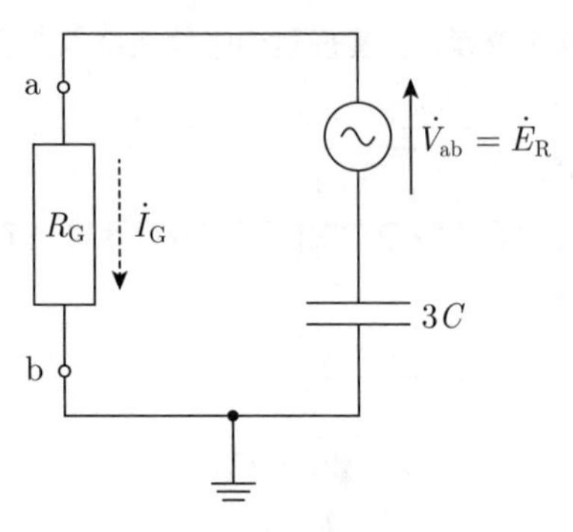

(b)　等価回路

となる．

よって，**(1)が正解となる．**

(b)　(b)図を変形すると(c)図のように表される（電圧源を移動）．

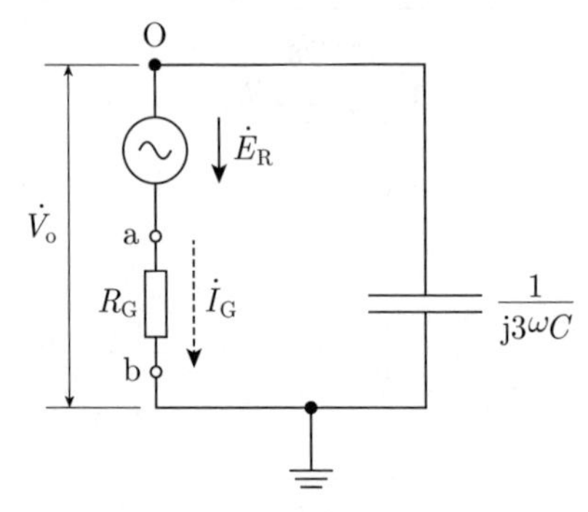

(c)　等価回路の変形

(c)図より，以下の式が成り立つ．

$$\dot{V}_o=-\dot{E}_R+R_G\dot{I}_G \quad ④$$

④式に③式を代入すると，

$$\begin{aligned}\dot{V}_o&=-\dot{E}_R+R_G\dot{I}_G\\&=-\dot{E}_R+R_G\times\frac{j3\omega C}{1+j3\omega CR_G}\times\dot{E}_R\\&=\dot{E}_R\left\{\frac{-1-j3\omega CR_G+j3\omega CR_G}{1+j3\omega CR_G}\right\}\\&=\dot{E}_R\times\frac{-1}{1+j3\omega CR_G}\end{aligned}$$

$$\therefore\ V_o=\frac{-\dot{E}_R}{1+j3\omega CR_G}$$

よって，**(1)が正解となる．**

〔ここがポイント〕　鳳–テブナンの定理を理解しているかがポイントとなる．さらに(b)図から(c)図の等価回路へ連想できるかが鍵となる．

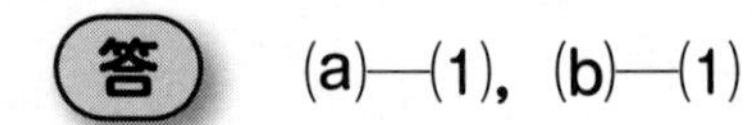

答　(a)—(1)，(b)—(1)

note

令和４年度（2022年）上期　法規の問題

注1　問題文中に「電気設備技術基準」とあるのは，「電気設備に関する技術基準を定める省令」の略である．

注2　問題文中に「電気設備技術基準の解釈」とあるのは，「電気設備の技術基準の解釈における第1章～第6章及び第8章」をいう．なお，「第7章　国際規格の取り入れ」の各規定について問う出題にあっては，問題文中にその旨を明示する．

注3　問題は，令和4年5月1日現在，効力のある法令（電気設備技術基準の解釈を含む．）に基づいて作成している．

A問題　配点は１問題当たり６点

問1

次の図は，「電気事業法」に基づく一般用電気工作物及び自家用電気工作物のうち受電電圧7 000 V以下の需要設備の保安体系に関する記述を表したものである．ただし，除外事項，限度事項等の記述は省略している．

なお，この問において，技術基準とは電気設備技術基準のことをいう．

図中の空白箇所(ア)～(エ)に当てはまる組合せとして，正しいものを次の(1)～(5)のうちから一つ選べ．

	(ア)	(イ)	(ウ)	(エ)
(1)	所有者又は占有者	登録調査機関	検査要領書	提出
(2)	電線路維持運用者	電気主任技術者	検査要領書	作成
(3)	所有者又は占有者	電気主任技術者	保安規程	作成
(4)	電線路維持運用者	登録調査機関	保安規程	提出
(5)	電線路維持運用者	登録調査機関	検査要領書	作成

●試験時間　65 分
●必要解答数　A 問題 10 題，B 問題 3 題

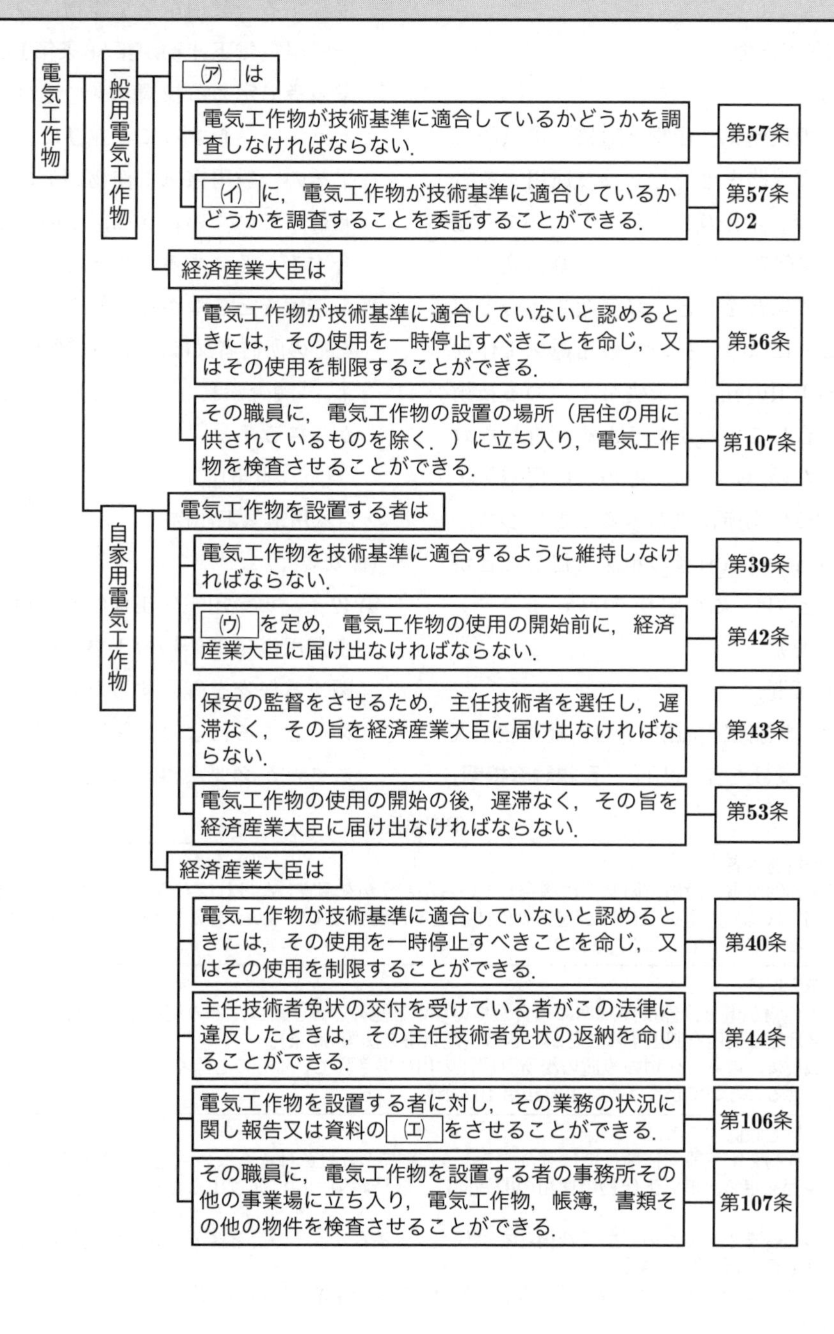

「電気事業法」第57条，第57条の2，第42条，第106条からの出題である．

・一般用電気工作物

（調査の義務）

第57条　一般用電気工作物と直接に電気的に接続する電線路を維持し，及び運用する者（以下この条，次条及び第89条において「**電線路維持運用者**」という．）は，経済産業省令で定める場合を除き，経済産業省令で定めるところにより，その一般用電気工作物が前条第1項の経済産業省令で定める技術基準に適合しているかどうかを調査しなければならない．ただし，その一般用電気工作物の設置の場所に立ち入ることにつき，その所有者又は占有者の承諾を得ることができないときは，この限りでない．

（以下，省略）

（調査業務の委託）

第57条の2　電線路維持運用者は，経済産業大臣の登録を受けた者（以下，「**登録調査機関**」という．）に，その電線路維持運用者が維持し，及び運用する電線路と直接に電気的に接続する一般用電気工作物について，その一般用電気工作物が第56条第1項の経済産業省令で定める技術基準に適合しているかどうかを調査すること並びにその調査の結果その一般用電気工作物がその技術基準に適合していないときは，その技術基準に適合するようにするためとるべき措置及びその措置をとらなかった場合に生ずべき結果をその所有者又は占有者に通知すること（以下，「調査義務」という．）を委託することができる．

（以下，省略）

・自家用電気工作物

（保安規程）

第42条　事業用電気工作物を設置する者は，事業用電気工作物の工事，維持及び運用に関する保安を確保するため，主務省令で定めるところにより，保安を一体的に確保することが必要な事業用電気工作物の組織ご

保安体系表

一般用電気工作物	電線路維持運用者は 電気工作物が電気設備技術基準に適合しているかどうかを調査しなければならない（電気事業法第57条）． 登録調査機関に，電気工作物が電気設備技術基準に適合しているかどうかを調査することを委託することができる（電気事業法第57条の2）．
	経済産業大臣は 電気工作物が電気設備技術基準に適合していないと認めるときには，その使用を一時停止すべきことを命じ，又はその使用を制限することができる（電気事業法第56条）． その職員に，電気工作物の設置の場所（居住の用に供されているものを除く．）に立ち入り，電気工作物を検査させることができる（電気事業法第107条）．
自家用電気工作物	電気工作物を設置する者は 電気工作物を電気設備技術基準に適合するように維持しなければならない（電気事業法第39条）． 保安規程を定め，電気工作物の使用の開始前に，経済産業大臣に届け出なければならない（電気事業法第42条）． 保安の監督をさせるため，主任技術者を選任し，遅滞なく，その旨を経済産業大臣に届け出なければならない（電気事業法第43条）． 電気工作物の使用の開始の後，遅滞なく，その旨を経済産業大臣に届け出なければならない（電気事業法第53条）．
	経済産業大臣は 電気工作物が電気設備技術基準に適合していないと認めるときには，その使用を一時停止すべきことを命じ，又はその使用を制限することができる（電気事業法第40条）． 主任技術者免状の交付を受けている者がこの法律に違反したときは，その主任技術者免状の返納を命じることができる（電気事業法第44条）． 電気工作物を設置する者に対し，その業務の状況に関し報告又は資料の提出をさせることができる（電気事業法第106条）． その職員に，電気工作物を設置する者の事務所その他の事業場に立ち入り，電気工作物，帳簿，書類その他の物件を検査させることができる（電気事業法第107条）．

とに**保安規程**を定め，当該組織における事業用電気工作物の使用の開始前に，主務大臣に届け出なければならない．

（以下，省略）

（報告の徴収）

第106条　主務大臣は，第39条，第40条，第47条，第49条及び第50条の規定の施行に必要な限度において，政令で定めるところにより，原子力を原動力とする発電用の電気工作物を設置する者に対し，その原子力発電工作物の保安に係る業務の状況に関し報告又は資料の**提出**をさせることができる．

（以下，省略）

〔ここがポイント〕　題意の表の保安体系は非常にわかりやすく表記されているため学習する際に追記するなど活用してほしい．

条文のみの学習ではなく誰がどのように何をしなければならないかを簡単に表にしておくと記憶の定着につながる．

(4)

次の文章は，「電気設備技術基準」におけるサイバーセキュリティの確保に関する記述である.

電気工作物（一般送配電事業，送電事業，配電事業，特定送配電事業又は［(ア)］の用に供するものに限る.）の運転を管理する［(イ)］は，当該電気工作物が人体に危害を及ぼし，又は物件に損傷を与えるおそれ及び［(ウ)］又は配電事業に係る電気の供給に著しい支障を及ぼすおそれがないよう，サイバーセキュリティ（サイバーセキュリティ基本法（平成26年法律第104号）第2条に規定するサイバーセキュリティをいう.）を確保しなければならない.

上記の記述中の空白箇所(ア)～(ウ)に当てはまる組合せとして，正しいものを次の(1)～(5)のうちから一つ選べ.

	(ア)	(イ)	(ウ)
(1)	発電事業	電子計算機	一般送配電事業
(2)	小売電気事業	制御装置	電気使用場所
(3)	小売電気事業	電子計算機	一般送配電事業
(4)	発電事業	制御装置	電気使用場所
(5)	小売電気事業	電子計算機	電気使用場所

解2　「電気設備技術基準（省令）」第15条の2からの出題である．

（サイバーセキュリティの確保）

第15条の2　電気工作物（一般送配電事業，送電事業，配電事業，特定送配電事業又は**発電事業**の用に供するものに限る．）の運転を管理する**電子計算機**は，当該電気工作物が人体に危害を及ぼし，又は物件に損傷を与えるおそれ及び**一般送配電事業**又は配電事業に係る電気の供給に著しい支障を及ぼすおそれがないよう，サイバーセキュリティを確保しなければならない．

〔ここがポイント〕「電気設備技術基準の解釈」第37条の2もあわせて学習すること．また，経済産業省から「自家用電気工作物に係るサイバーセキュリティの確保に関するガイドライン（内規）」の説明資料を公開しているためあわせて目をとおしておくとよい．

「電気設備技術基準の解釈」

第37条の2　省令第15条の2に規定するサイバーセキュリティの確保は，次の各号によること．

一　スマートメーターシステムにおいては，日本電気技術規格委員会規格JESC Z0003（2016）「スマートメーターシステムセキュリティガイドライン」によること．配電事業者においても同規格に準じること．

二　電力制御システムにおいては，日本電気技術規格委員会規格JESC Z0004（2016）「電力制御システムセキュリティガイドライン」によること．配電事業者においても同規格に準じること．

三　自家用電気工作物（発電事業の用に供するものを除く．）に係る遠隔監視システム及び制御システムにおいては，「自家用電気工作物に係るサイバーセキュリティの確保に関するガイドライン（内規）」（20220530保局第1号 令和4年6月10日）によること．

上記の第三号「自家用電気工作物に係るサイバーセキュリティの確保に関するガイドライン（内規）」について説明資料およびリーフレット（図参照）が経済産業省より公開されているのであわせて目をとおしておきたい．

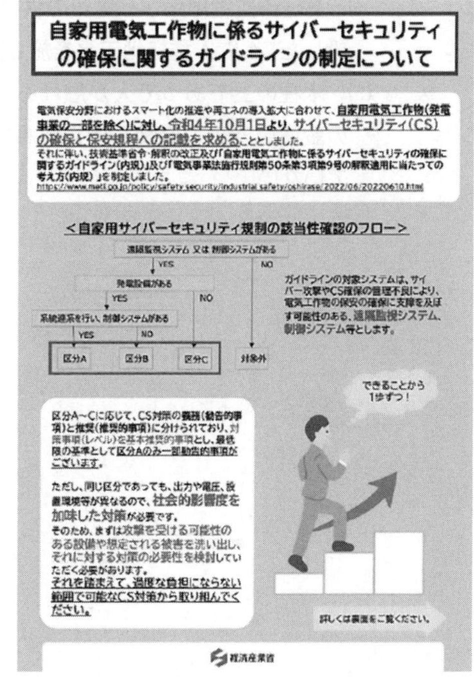

「自家用電気工作物に係るサイバーセキュリティの確保に関するガイドライン（内規）」リーフレット

 (1)

高圧架空電線路に施設された機械器具等の接地工事の事例として，「電気設備技術基準の解釈」の規定上，不適切なものを次の(1)～(5)のうちから一つ選べ.

(1) 高圧架空電線路に施設した避雷器（以下「LA」という.）の接地工事を14 mm²の軟銅線を用いて施設した.

(2) 高圧架空電線路に施設された柱上気中開閉器（以下「PAS」という.）の制御装置（定格制御電圧AC100 V）の金属製外箱の接地端子に5.5 mm²の軟銅線を接続し，D種接地工事を施した.

(3) 高圧架空電線路にPAS（VT・LA内蔵形）が施設されている. この内蔵されているLAの接地線及び高圧計器用変成器（零相変流器）の2次側電路は，PASの金属製外箱の接地端子に接続されている. この接地端子にD種接地工事（接地抵抗値70 Ω）を施した. なお，VTとは計器用変圧器である.

(4) 高圧架空電線路から電気の供給を受ける受電電力が750 kWの需要場所の引込口に施設したLAにA種接地工事を施した.

(5) 木柱の上であって人が触れるおそれがない高さの高圧架空電線路に施設されたPASの金属製外箱の接地端子にA種接地工事を施した. なお，このPASにLAは内蔵されていない.

note

「電気設備技術基準の解釈」第17条，第28条および第29条からの出題である．

（接地工事の種類及び施設方法）

第17条において接地工事の種類，抵抗値及び接地線の種類をまとめたものを(a)表および(b)表に示す．

(a) 接地工事の種類

工事種別	接地の概要	接地抵抗値	接地線の種類
A種接地工事	高圧用又は特別高圧用の機器の外箱又は鉄台の接地	10 Ω以下	引張強さ1.04 kN以上の容易に腐食し難い金属線又は直径2.6 mm以上の軟銅線
B種接地工事	高圧又は特別高圧と低圧を結合する変圧器の中性点の接地	(b)表参照	引張強さ2.46 kN以上の金属線又は直径4 mm以上の軟銅線（高圧電路又は解釈第108条に規定する特別高圧架空電線路の電路と低圧電路とを結合するものである場合は，引張強さ1.04 kN以上の容易にに腐食し難い金属線又は直径2.6 mm以上の軟銅線
C種接地工事	300 Vを超える低圧用の機器の外箱又は鉄台の接地	10 Ω以下（低圧電路において，地絡を生じた場合に0.5秒以内に当該電路を自動的に遮断する装置を施設するときは，500 Ω以下）	引張強さ0.39 kN以上の容易に腐食し難い金属線又は直径1.6 mm以上の軟銅線
D種接地工事	300 V以下の低圧用の機器の外箱又は鉄台の接地	100 Ω以下（低圧電路において，地絡を生じた場合に0.5秒以内に当該電路を自動的に遮断する装置を施設するときは，500 Ω以下）	

（計器用変成器の2次側電路の接地）

第28条　高圧計器用変成器の2次側電路には，D種接地工事を施すこと．

2　特別高圧計器用変成器の2次側電路には，

(b) B種接地抵抗値

接地工事を施す変圧器の種類	当該変圧器の高圧側又は特別高圧側の電路と低圧側の電路との混触により，低圧電路の対地電圧が150 Vを超えた場合に，自動的に高圧又は特別高圧の電路を遮断する装置を設ける場合の遮断時間	接地抵抗値[Ω]
下記以外の場合		$\frac{150}{I_g}$
高圧又は35 000 V以下の特別高圧の電路と低圧電路を結合するもの	1秒を超え2秒以下	$\frac{300}{I_g}$
	1秒以下	$\frac{600}{I_g}$

（備考）I_gは，当該変圧器の高圧側又は特別高圧側の電路の1線地絡電流（単位：A）

A種接地工事を施すこと．

（機械器具の金属製外箱等の接地）

第29条　電路に施設する機械器具の金属製の台及び外箱（以下この条において「金属製外箱等」という．）（外箱のない変圧器又は計器用変成器にあっては，鉄心）には，使用電圧の区分に応じ，29-1表に規定する接地工事を施すこと．ただし，外箱を充電して使用する機械器具に人が触れるおそれがないようにさくなどを設けて施設する場合又は絶縁台を設けて施設する場合は，この限りでない．

（以下，省略）

29-1表

機械器具の使用電圧の区分		接地工事
低圧	300 V以下	D種接地工事
	300 V超過	C種接地工事
高圧又は特別高圧		A種接地工事

上記より，

(1)　高圧避雷器は，29-1表より，A種接地工事による接地でよい．(a)表より，A種接地工事には直径2.6 mm以上の軟銅線（5.5 mm²以上の軟銅線）を用いればよいことがわかる．

したがって，14 mm²の軟銅線を用いるのは**適切**である．

(2)　高圧柱上気中開閉器の制御装置（制御電圧AC100 V）は，29-1表より，D種接地工事による接地でよい．(a)表より，D種接地工事には直径1.6 mm以上の軟銅線（2.0 $\mathrm{mm^2}$以上の軟銅線）を用いればよいことがわかる．したがって，5.5 $\mathrm{mm^2}$の軟銅線を用いるのは**適切**である．

(3)　高圧架空電線路に施設された柱上気中開閉器（VT・LA内蔵形）の金属製外箱は，29-1表よりA種接地工事を施さなければならない．

第28条において高圧計器用変成器の2次側電路には，D種接地工事を施すこととなっているが，金属製外箱の接地端子に接続されているため，A種接地工事が必要となる．したがって，**不適切**である．

(4)，(5)　29-1表より，A種接地工事が必要となるため**適切**である．

〔ここがポイント〕 5.5 $\mathrm{mm^2}$の軟銅線とは，

$$\sqrt{\frac{5.5\ \mathrm{mm^2}}{\pi}} \times 2 = 2.65\ \mathrm{mm}$$

より，直径2.6 mmの軟銅線である．

(3)

「電気設備技術基準の解釈」に基づく高圧屋側電線路（高圧引込線の屋側部分を除く.）の施設に関する記述として，誤っているものを次の(1)～(5)のうちから一つ選べ.

(1) 展開した場所に施設した.

(2) 電線はケーブルとした.

(3) 屋外であることから，ケーブルを地表上**2.3 m**の高さに，かつ，人が通る場所から手を伸ばしても触れることのない範囲に施設した.

(4) ケーブルを造営材の側面に沿って被覆を損傷しないよう垂直に取付け，その支持点間の距離を**6 m**以下とした.

(5) ケーブルを収める防護装置の金属製部分に**A**種接地工事を施した.

解4　「電気設備技術基準の解釈」第111条および第1条からの出題である．

(高圧屋側電線路の施設)

第111条　高圧屋側電線路（高圧引込線の屋側部分を除く．）は，次の各号のいずれかに該当する場合に限り，施設することができる．

一　1構内又は同一基礎構造物及びこれに構築された複数の建物並びに構造的に一体化した1つの建物（以下,「1構内等」という.）に施設する電線路の全部又は一部として施設する場合

二　1構内等専用の電線路中，その構内等に施設する部分の全部又は一部として施設する場合

三　屋外に施設された複数の電線路から送受電するように施設する場合

2　高圧屋側電線路は，次の各号により施設すること．

一　**展開した場所に施設**すること．

二　第145条第2項の規定に準じて施設すること．

三　**電線はケーブル**であること．

四　ケーブルには，**接触防護措置**を施すこと．

五　ケーブルを造営物の側面又は下面に沿って取り付ける場合は，ケーブルの支持点間の距離を**2 m（垂直に取り付ける場合は，6 m）以下とし，かつ，その被覆を損傷しないように取り付ける**こと．

六　ケーブルをちょう架用線にちょう架して施設する場合は，第67条の規定に準じて施設するとともに，電線が高圧屋側電線路を施設する造営材に接触しないように施設すること．

七　管その他の**ケーブルを収める防護装置の金属製部分**，金属製の電線接続箱及びケーブルの被覆に使用する金属体には，これらのものの防食措置を施した部分及び大地との間の電気抵抗値が10Ω以下である場合を除き，**A種接地工事**（接触防護措置を施す場合は，D種接地工事）を施すこと．

（以下，省略）

(用語の定義)

第1条第1項第三十六号より抜粋

三十六　**接触防護措置**　次のいずれかに適合するように施設することをいう．

イ　設備を，屋内にあっては床上2.3 m以上，屋外にあっては**地表上2.5 m以上の高さ**に，かつ，人が通る場所から手を伸ばしても触れることのない範囲に施設すること．

ロ　設備に人が接近又は接触しないよう，さく，へい等を設け，又は設備を金属管に収める等の防護措置を施すこと．

以上の条文より，ケーブルを地表上2.5 m以上の高さに施設しなければならないため，**(3)が誤り**となる．

〔ここがポイント〕　問題では接触防護措置について理解しているかを問う問題となっているが，簡易接触防護措置もあわせて学習してほしい（表参照）．

接触防護措置と簡易接触防護措置の施設

措置	屋内の床上	屋外の地表上
接触防護措置	2.3 m 以上	2.5 m 以上
簡易接触防護措置	1.8 m 以上	2.0 m 以上

(3)

次の文章は,「電気設備技術基準の解釈」に基づく電線路の接近状態に関する記述である.

a)　第1次接近状態とは，架空電線が他の工作物と接近する場合において，当該架空電線が他の工作物の (ア) において，水平距離で (イ) 以上，かつ，架空電線路の支持物の地表上の高さに相当する距離以内に施設されることにより，架空電線路の電線の (ウ) ，支持物の (エ) 等の際に，当該電線が他の工作物に (オ) おそれがある状態をいう.

b)　第2次接近状態とは，架空電線が他の工作物と接近する場合において，当該架空電線が他の工作物の (ア) において水平距離で (イ) 未満に施設される状態をいう.

上記の記述中の空白箇所(ア)～(オ)に当てはまる組合せとして，正しいものを次の(1)～(5)のうちから一つ選べ.

	(ア)	(イ)	(ウ)	(エ)	(オ)
(1)	上方，下方又は側方	**3 m**	振動	傾斜	損害を与える
(2)	上方又は側方	**3 m**	切断	倒壊	接触する
(3)	上方又は側方	**3 m**	切断	傾斜	接触する
(4)	上方，下方又は側方	**2 m**	切断	倒壊	接触する
(5)	上方，下方又は側方	**2 m**	振動	傾斜	損害を与える

解5　「電気設備技術基準の解釈」第49条からの出題である．

「電気設備技術基準の解釈」

（電線路に係る用語の定義）

第49条　この解釈において用いる電線路に係る用語であって，次の各号に掲げるものの定義は，当該各号による．

一　想定最大張力　高温季及び低温季の別に，それぞれの季節において想定される最大張力．ただし，異常着雪時想定荷重の計算に用いる場合にあっては，気温0 ℃の状態で架渉線に着雪荷重と着雪時風圧荷重との合成荷重が加わった場合の張力

二　A種鉄筋コンクリート柱　基礎の強度計算を行わず，根入れ深さを第59条第2項に規定する値以上とすること等により施設する鉄筋コンクリート柱

三　B種鉄筋コンクリート柱　A種鉄筋コンクリート柱以外の鉄筋コンクリート柱

四　複合鉄筋コンクリート柱　鋼管と組み合わせた鉄筋コンクリート柱

五　A種鉄柱　基礎の強度計算を行わず，根入れ深さを第59条第3項に規定する値以上とすること等により施設する鉄柱

六　B種鉄柱　A種鉄柱以外の鉄柱

七　鋼板組立柱　鋼板を管状にして組み立てたものを柱体とする鉄柱

八　鋼管柱　鋼管を柱体とする鉄柱

九　第1次接近状態　架空電線が，他の工作物と接近する場合において，当該架空電線が他の工作物の**上方又は側方**において，水平距離で**3 m**以上，かつ，架空電線路の支持物の地表上の高さに相当する距離以内に施設されることにより，架空電線路の電線の**切断**，支持物の**倒壊**等の際に，当該電線が他の工作物に**接触する**おそれがある状態

十　第2次接近状態　架空電線が他の工作物と接近する場合において，当該架空電線が他の工作物の上方又は側方において水平距離で3 m未満に施設される状態

十一　接近状態　第1次接近状態及び第2次接近状態

十二　上部造営材　屋根，ひさし，物干し台その他の人が上部に乗るおそれがある造営材（手すり，さくその他の人が上部に乗るおそれがない部分を除く．）

十三　索道　索道の搬器を含み，索道用支柱を除くものとする．

また，第49条第1項第九号，第十号および第十一号は図にして理解を深めること（図参照）．

架空電線　接近状態境界線　接近境界線

L2　第2次接近状態　第1次接近状態　L1　支持物　半径L1　接近していない他の工作物

接近状態＝L1およびL2
L1：支持物の地表上の高さ
L2：3 m

第1次接近状態，第2次接近状態

〔ここがポイント〕　電線路に係る用語の定義は，条文にも使用されている用語なので目をとおしてほしい．

（2）

問6

次の文章は，「電気設備技術基準」における無線設備への障害の防止に関する記述である．

電気使用場所に施設する電気機械器具又は (ア) は， (イ) ，高周波電流等が発生することにより，無線設備の機能に (ウ) かつ重大な障害を及ぼすおそれがないように施設しなければならない．

上記の記述中の空白箇所(ア)～(ウ)に当てはまる組合せとして，正しいものを次の(1)～(5)のうちから一つ選べ．

	(ア)	(イ)	(ウ)
(1)	接触電線	高調波	継続的
(2)	屋内配線	電波	一時的
(3)	接触電線	高調波	一時的
(4)	屋内配線	高調波	継続的
(5)	接触電線	電波	継続的

解6　「電気設備技術基準（省令）」第67条からの出題である．

（電気機械器具又は接触電線による無線設備への障害の防止）

第67条　電気使用場所に施設する電気機械器具又は**接触電線**は，**電波**，高周波電流等が発生することにより，無線設備の機能に**継続的**かつ重大な障害を及ぼすおそれがないように施設しなければならない．

〔ここがポイント〕「電気設備技術基準の解釈」第155条もあわせて学習すること．

「電気設備技術基準の解釈」

第155条　電気機械器具が，無線設備の機能に継続的かつ重大な障害を及ぼす高周波電流を発生するおそれがある場合には，これを防止するため，次の各号により施設すること．

一　電気機械器具の種類に応じ，次に掲げる対策を施すこと．

イ　けい光放電灯には，適当な箇所に静電容量が0.006 μF以上0.5 μF以下（予熱始動式のものであって，グローランプに並列に接続する場合は，0.006 μF以上0.01 μF以下）のコンデンサを設けること．

ロ　使用電圧が低圧であり定格出力が1 kW以下の交流直巻電動機（以下この項において「小型交流直巻電動機」という．）であって，電気ドリル用のものには，端子相互間に静電容量が0.1 μFの無誘導型コンデンサ及び，各端子と大地との間に静電容量が0.003 μFの十分な側路効果のある貫通型コンデンサを設けること．

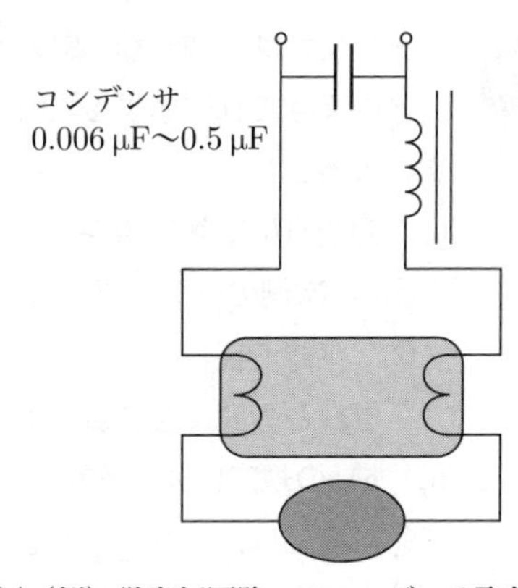

(a)（例）蛍光灯回路へのコンデンサ取付

（以下，省略）

第155条第1項第一号イの妨害高周波電流は(a)図（例）のようにコンデンサを挿入すれば防止できる．

第155条第1項第一号ロの高周波電流は(b)図（例）のようにコンデンサを挿入すれば防止できる．

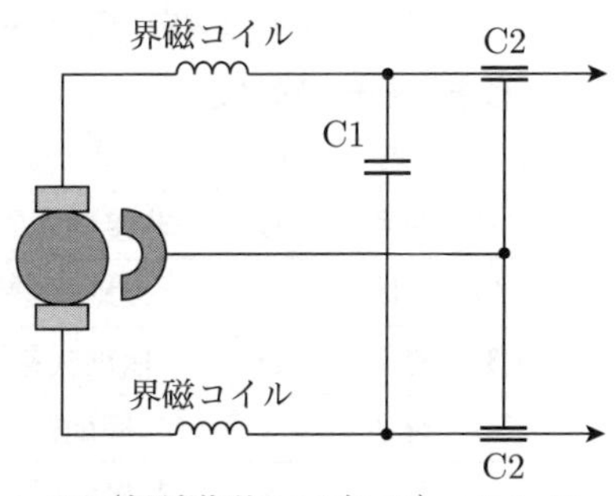

(b)（例）無誘導型，貫通型コンデンサ取付

(5)

次の文章は，「電気設備技術基準の解釈」に基づく水中照明の施設に関する記述である．

水中又はこれに準ずる場所であって，人が触れるおそれのある場所に施設する照明灯は，次によること．

a）照明灯に電気を供給する電路には，次に適合する絶縁変圧器を施設すること．

①　1次側の (ア) 電圧は300 V以下，2次側の (ア) 電圧は150 V以下であること．

②　絶縁変圧器は，その2次側電路の (ア) 電圧が30 V以下の場合は，1次巻線と2次巻線との間に金属製の混触防止板を設け，これに (イ) 種接地工事を施すこと．

b）a）の規定により施設する絶縁変圧器の2次側電路は，次によること．

①　電路は， (ウ) であること．

②　開閉器及び過電流遮断器を各極に施設すること．ただし，過電流遮断器が開閉機能を有するものである場合は，過電流遮断器のみとすることができる．

③　 (ア) 電圧が30 Vを超える場合は，その電路に地絡を生じたときに自動的に電路を遮断する装置を施設すること．

④　b）②の規定により施設する開閉器及び過電流遮断器並びにb）③の規定により施設する地絡を生じたときに自動的に電路を遮断する装置は，堅ろうな金属製の外箱に収めること．

⑤　配線は， (エ) 工事によること．

上記の記述中の空白箇所(ア)～(エ)に当てはまる組合せとして，正しいものを次の(1)～(5)のうちから一つ選べ．

	(ア)	(イ)	(ウ)	(エ)
(1)	使用	D	非接地式電路	合成樹脂管
(2)	対地	A	接地式電路	金属管
(3)	使用	D	接地式電路	合成樹脂管
(4)	対地	A	非接地式電路	合成樹脂管
(5)	使用	A	非接地式電路	金属管

解7　「電気設備技術基準の解釈」第187条からの出題である．

(水中照明灯の施設)

第187条　水中又はこれに準ずる場所であって，人が触れるおそれがある場所に施設する照明灯は，次の各号によること．

一　照明灯は次に適合する容器に収め，損傷を受けるおそれがある箇所にこれを施設する場合は，適当な防護装置を更に施すこと．

(以下，省略)

二　照明灯に電気を供給する電路には，次に適合する絶縁変圧器を施設すること．

イ　1次側の**使用**電圧は300 V以下，2次側の**使用**電圧は150 V以下であること．

ロ　絶縁変圧器は，その2次側電路の**使用**電圧が30 V以下の場合は，1次巻線と2次巻線との間に金属製の混触防止板を設け，これに，**A**種接地工事を施すこと．

(以下，省略)

三　前号の規定により施設する絶縁変圧器の2次側電路は，次によること．

イ　電路は，**非接地式電路**であること．

ロ　開閉器及び過電流遮断器を各極に施設すること．ただし，過電流遮断器が開閉機能を有するものである場合は，過電流遮断器のみとすることができる．

ハ　**使用**電圧が30 Vを超える場合は，その電路に地絡を生じたときに自動的に電路を遮断する装置を施設すること．

ニ　ロの規定により施設する開閉器及び過電流遮断器並びにハの規定により施設する地絡を生じたときに自動的に電路を遮断する装置は，堅ろうな金属製の外箱に収めること．

ホ　配線は，**金属管**工事によること．

(以下，省略)

〔ここがポイント〕　水中照明灯の施設は2次側の使用電圧により施工方法が変わるため条文を図にすると理解が深まる．

2次側使用電圧30 Vを超え150 V以下の場合を(a)図，2次側使用電圧30 V以下の場合を(b)図に示す．

また，第187条第1項第三号ホにおいて，絶縁変圧器の2次側の配線を金属管工事により施設することに限定しているのは，地絡した際に金属管に流れるため，漏電遮断器の感度をよくするためである．

(5)

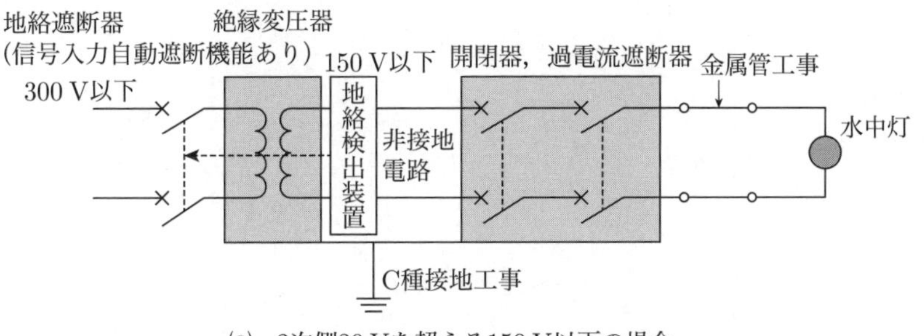

(a)　2次側30 Vを超える150 V以下の場合

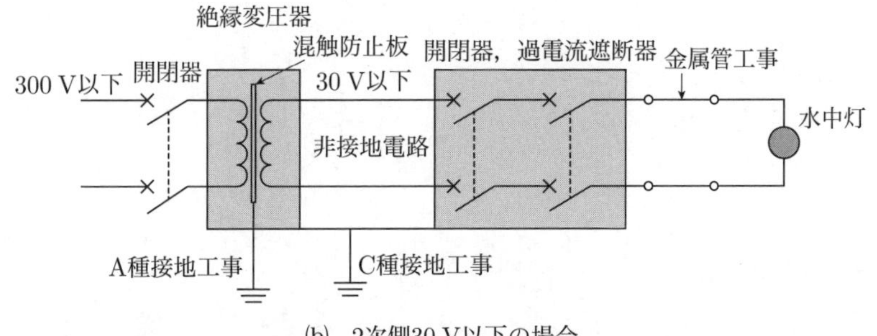

(b)　2次側30 V以下の場合

次の文章は，「発電用風力設備に関する技術基準を定める省令」に基づく風車に関する記述である．

風車は，次により施設しなければならない．

a）負荷を (ア) したときの最大速度に対し，構造上安全であること．

b）風圧に対して構造上安全であること．

c）運転中に風車に損傷を与えるような (イ) がないように施設すること．

d）通常想定される最大風速においても取扱者の意図に反して風車が (ウ) することのないように施設すること．

e）運転中に他の工作物，植物等に接触しないように施設すること．

上記の記述中の空白箇所(ア)～(ウ)に当てはまる組合せとして，正しいものを次の(1)～(5)のうちから一つ選べ．

	(ア)	(イ)	(ウ)
(1)	遮断	振動	停止
(2)	連系	振動	停止
(3)	遮断	雷撃	停止
(4)	連系	雷撃	起動
(5)	遮断	振動	起動

解8　「発電用風力設備に関する技術基準を定める省令」第4条からの出題である．

（風車）

第4条　風車は，次の各号により施設しなければならない．

一　負荷を**遮断**したときの最大速度に対し，構造上安全であること．

二　風圧に対して構造上安全であること．

三　運転中に風車に損傷を与えるような**振動**がないように施設すること．

四　通常想定される最大風速においても取扱者の意図に反して風車が**起動**することのないように施設すること．

五　運転中に他の工作物，植物等に接触しないように施設すること．

〔ここがポイント〕「発電用風力設備の技術基準の解釈」第3条～第6条もあわせて学習しておきたい．

・発電用風力設備の技術基準の解釈

第3条　省令第4条第一号に規定する「負荷を遮断したときの最大速度」とは，非常調速装置が作動した時点より風車がさらに昇速した場合の回転速度を含むものをいう．

2　省令第4条第一号に規定する「構造上安全」とは，風車が前項に規定する最大速度に対して安全であることを含むものをいう．

3　前項において，ブレードの損傷，劣化等により構造上の安全が確認できない場合は技術基準不適合とみなすものとする．

第4条　省令第4条第二号に規定する「風圧」とは，発電用風力設備を設置する場所の風車ハブ高さにおける現地風条件（極値風及び三方向（主方向，横方向，上方向）の乱流を含む．）による風圧が考慮されたものであって，次に掲げるものを含むものをいう．

一　風車の受風面の垂直投影面積が最大の状態における最大風圧

二　風速及び風向の時間的変化による風圧

2　省令第4条第二号に規定する「構造上安全」とは，風車が前項に規定する風圧に対して安全であることを含むものをいう．

3　前項において，ブレードの損傷，劣化等により構造上の安全が確認できない場合は技術基準不適合とみなすものとする．

4　発電用風力設備が一般用電気工作物である場合には，省令第4条第二号に規定する「風圧」とは，風車の制御の方法に応じて風車の受風面の垂直投影面積が最大となる状態において，風車が受ける最大風圧を含むものをいい，第2項の規定は適用しない．

第5条　省令第4条第三号に規定する「風車に損傷を与えるような振動がないように施設する」とは，風車の回転部を自動的に停止する装置を施設することを含むものをいう．

第6条　省令第4条第四号に規定する「取扱者の意図に反して風車が起動することがないように施設する」とは，風車の回転部を固定できるよう施設することを含むものをいう．

また，風力発電設備の概略図を図に示すが各部名称もあわせて学習してほしい．

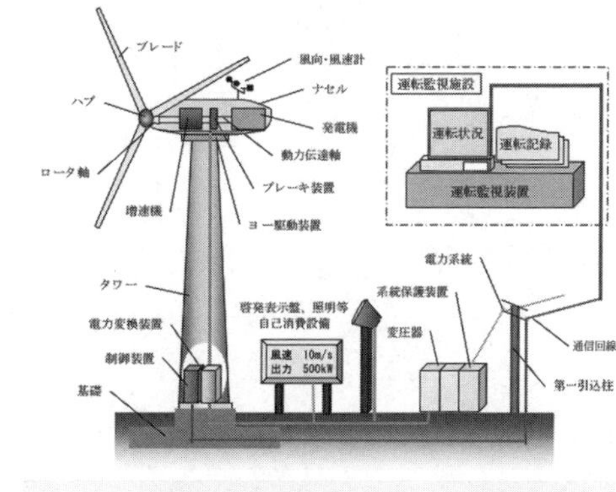

（出展：NEDO　「風力発電導入ガイドブック」より）

風力発電設備概略図（例）

答　(5)

次の文章は，電気の需給状況が悪化した場合における電気事業法に基づく対応に関する記述である.

電力広域的運営推進機関（OCCTO）は，会員である小売電気事業者，一般送配電事業者，配電事業者又は特定送配電事業者の電気の需給の状況が悪化し，又は悪化するおそれがある場合において，必要と認めるときは，当該電気の需給の状況を改善するために，電力広域的運営推進機関の［(ア)］で定めるところにより，［(イ)］に対し，相互に電気の供給をすることや電気工作物を共有することなどの措置を取るように指示することができる.

また，経済産業大臣は，災害等により電気の安定供給の確保に支障が生じたり，生じるおそれがある場合において，公共の利益を確保するために特に必要があり，かつ適切であると認めるときは［(ウ)］に対し，電気の供給を他のエリアに行うことなど電気の安定供給の確保を図るために必要な措置をとることを命ずることができる.

上記の記述中の空白箇所(ア)～(ウ)に当てはまる組合せとして，適切なものを次の(1)～(5)のうちから一つ選べ.

	(ア)	(イ)	(ウ)
(1)	保安規程	会員	電気事業者
(2)	保安規程	事業者	一般送配電事業者
(3)	送配電等業務指針	特定事業者	特定自家用電気工作物設置者
(4)	業務規程	事業者	特定自家用電気工作物設置者
(5)	業務規程	会員	電気事業者

解9　「電気事業法」第2章　第7節 第3款 広域的運営推進機関および第5款 災害等への対応からの出題である．

第3款　広域的運営推進機関

第1目　総則

(目的)

第28条の4　広域的運営推進機関（以下「推進機関」という．）は，電気事業者が営む電気事業に係る電気の需給の状況の監視及び電気事業者に対する電気の需給の状況が悪化した他の小売電気事業者，一般送配電事業者，配電事業者又は特定送配電事業者への電気の供給の指示等の業務を行うことにより，電気事業の遂行に当たっての広域的運営を推進することを目的とする．

(推進機関の指示)

第28条の44　推進機関は，小売電気事業者である会員が営む小売電気事業，一般送配電事業者である会員が営む一般送配電事業，配電事業者である会員が営む配電事業又は特定送配電事業者である会員が営む特定送配電事業に係る電気の需給の状況が悪化し，又は悪化するおそれがある場合において，当該電気の需給の状態を改善する必要があると認めるときは，**業務規程**で定めるところにより，**会員**に対し，次に掲げる事項を指示することができる．(一部省略)

一　当該電気の需給の状況の悪化に係る会員に電気を供給すること．

二　小売電気事業者である会員，一般送配電事業者である会員，配電事業者である会員又は特定送配電事業者である会員に振替供給を行うこと．

三　会員から電気の供給を受けること．

四　会員に電気工作物を貸し渡し，若しくは会員から電気工作物を借り受け，又は会員と電気工作物を共有すること．

(以下，省略)

第5款　災害等への対応

(供給命令等)

第31条　経済産業大臣は，電気の安定供給の確保に支障が生じ，又は生ずるおそれがある場合において公共の利益を確保するため特に必要があり，かつ，適切であると認めるときは**電気事業者**に対し，次に掲げる事項を命ずることができる．(一部省略)

一　小売電気事業者，一般送配電事業者，配電事業者又は特定送配電事業者に電気を供給すること．

二　小売電気事業者，一般送配電事業者，配電事業者又は特定送配電事業者に振替供給を行うこと．

三　電気事業者から電気の供給を受けること．

(以下，省略)

〔ここがポイント〕　電力広域的運営推進機関とは，全国の電力の需要と供給を管理する中立的な機関である．2015年4月に設立された．

通称は，「広域機関」や「OCCTO（オクト）」と呼ばれている（図参照）．

広域機関を置くメリットは，電力会社の枠を超えて，全国の送電系統や発電所を運用することができる．つまり，大規模な災害への対応がスムーズになる．

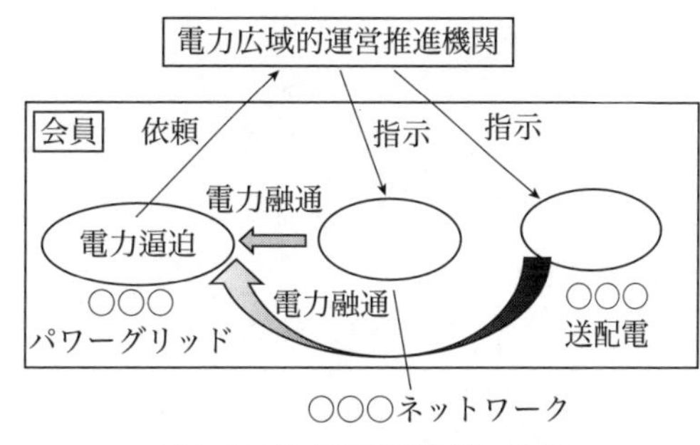

電力広域的運営推進機関の仕事

答　(5)

問10　過電流継電器（以下「OCR」という.）と真空遮断器（以下「VCB」という.）との連動動作試験を行う．保護継電器試験機からOCRに動作電流整定タップ3 Aの300 %（9 A）を入力した時点から，VCBが連動して動作するまでの時間を計測する．保護継電器試験機からの電流は，試験機→OCR→試験機へと流れ，OCRが動作すると，試験機→OCR→VCB（トリップコイルの誘導性リアクタンスは10 Ω）→試験機へと流れる（図）．保護継電器試験機において可変抵抗 R [Ω]をタップを切り換えて調整し，可変単巻変圧器を操作して試験電圧 V [V]を調整して，電流計が必要な電流値（9 A）を示すように設定する（この設定中は，OCRが動作しないようにOCRの動作ロックボタンを押しておく）．図のOCR内の※で示した接点は，OCRが動作した時に開き，それによりトリップコイルに電流が流れる（VCBは変流器二次電流による引外し方式）．図のVCBは，コイルに3.0 A以上の電流（定格開路制御電流）が流れないと正常に動作しないので，保護継電器試験機の可変抵抗 R [Ω]の抵抗値を適正に選択しなければならない．選択可能な抵抗値[Ω]の中で，VCBが正常に動作することができる最小の抵抗値 R [Ω]を次の(1)～(5)のうちから一つ選べ．なお，OCRの内部抵抗，トリップコイルの抵抗及びその他記載のないインピーダンスは無視するものとする．

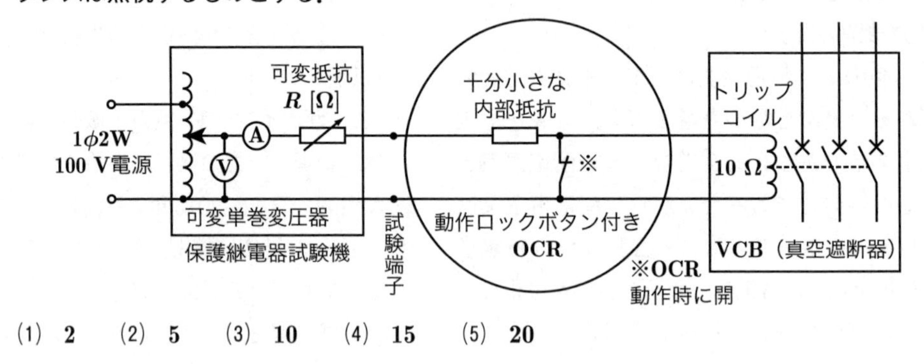

(1)　2　　(2)　5　　(3)　10　　(4)　15　　(5)　20

note

題意より，OCRロック中に9 Aに設定したときの概略図を(a)図に示す．

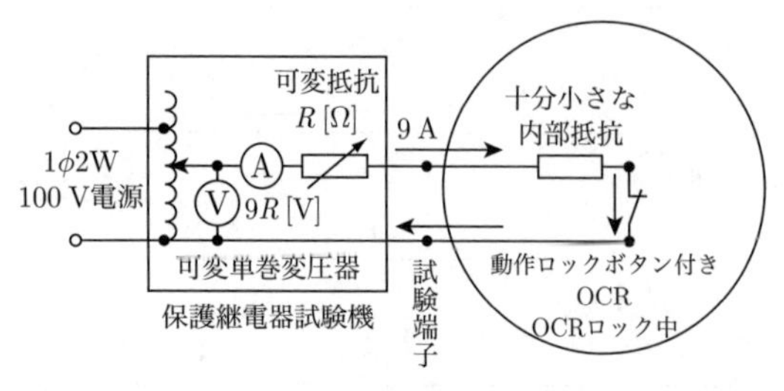

(a)　OCRロック中における電流設定（タップの300 %入力）

(a)図より，9 A設定したときの電圧は$9R$ [V]であることがわかる．

次に，この設定電流9 Aを流した場合，VCB動作までの流れを以下に示す．

・VCB電流引外し方式の動作流れ

(1)　OCRに9 Aが流れる（(b)図参照）．

(2)　OCRが動作する（接点が開，(b)図参照）．

(3)　VCBのトリップコイルに電流が流れる（(c)図参照）．

(4)　VCBが動作する（VCB接点開，(c)図参照）．

ここで，題意の条件より，(c)図の電流I [A]は3.0 A以上の電流が流れないと正常に動作しないので次に示す条件式が成立する．

$$\left|\frac{9R}{R+\mathrm{j}10}\right| \geq 3 \quad ①$$

①式から可変抵抗R [Ω]を算出すると，

$$\frac{9R}{R+\mathrm{j}10} \geq 3$$

$$3R \geq \sqrt{R^2+10^2}$$

$$9R^2 \geq R^2+100$$

$$\therefore \quad R \geq 3.54\,\Omega \quad ②$$

したがって，②式を満足し，かつVCBが正常に動作する最小抵抗値R [Ω]は，題意の選択肢の中から選ぶと**5 Ω**となる．

〔ここがポイント〕 問題文が長くわかりづらいため，一つ一つ図に落とし込んで理解することが求められる．また，**電流引外し方式**について

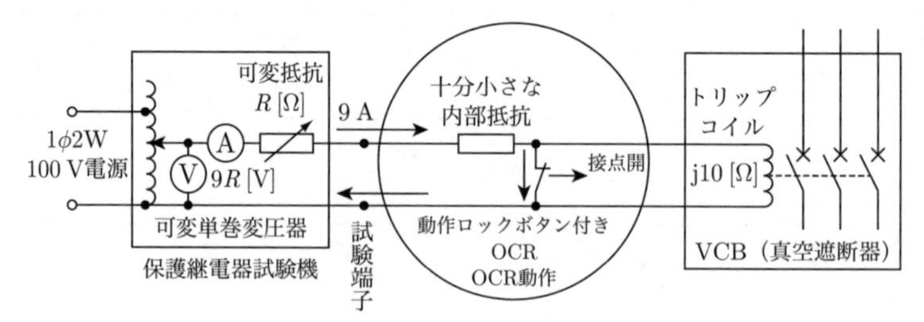

(b)　OCR動作（タップの300 %入力）

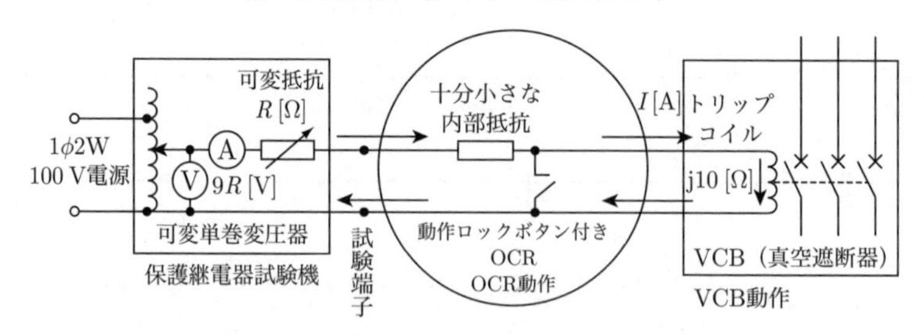

(c)　VCB動作（タップの300 %入力）

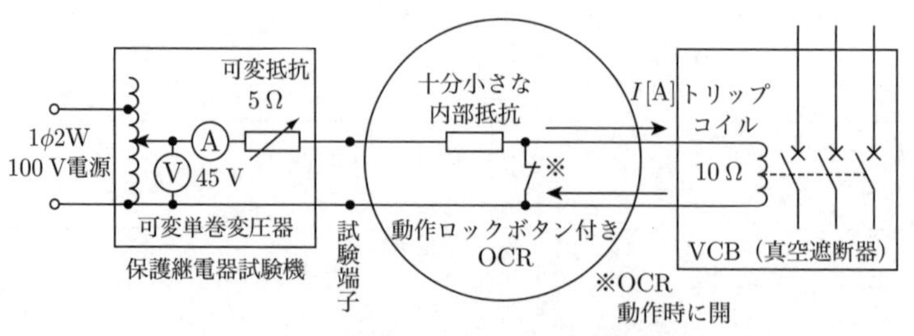

(d)　VCB動作（タップの300 %入力）

の理解が必須となる．

また，$R=5\,\Omega$を実際に入れて電圧，電流値は必ず確認すること（(d)図参照）．

(d)図より電流I[A]は以下のようになる．

$$\dot{I}=\frac{45}{5+\mathrm{j}10}$$

$$|\dot{I}|=\frac{45}{\sqrt{5^2+10^2}}=\frac{45}{11.18}=4.03\ \mathrm{A}$$

題意よりVCBはトリップコイルに3.0 A以上の電流が流れないと正常に動作しないため，トリップコイルに4.03 A流れれば正常に動作することがわかる．

(2)

B 問題

問11及び問12の配点は1問題当たり(a)6点，(b)7点，計13点
問13の配点は(a)7点，(b)7点，計14点

問11

定格容量50 kV·A，一次電圧6 600 V，二次電圧210/105 Vの単相変圧器の二次側に接続した単相3線式架空電線路がある．この低圧電線路に最大供給電流が流れたときの絶縁性能が「電気設備技術基準」に適合することを確認するため，低圧電線の3線を一括して大地との間に使用電圧（105 V）を加える絶縁性能試験を実施した．

次の(a)及び(b)の問に答えよ．

(a) この試験で許容される漏えい電流の最大値[A]として，最も近いものを次の(1)～(5)のうちから一つ選べ．

(1) 0.119　(2) 0.238　(3) 0.357　(4) 0.460　(5) 0.714

(b) 二次側電線路と大地との間で許容される絶縁抵抗値は，1線当たりの最小値[Ω]として，最も近いものを次の(1)～(5)のうちから一つ選べ．

(1) 295　(2) 442　(3) 883　(4) 1 765　(5) 3 530

解11　(a)「電気設備技術基準（省令）」第22条からの出題である．

（低圧電線路の絶縁性能）

第22条　低圧電線路中絶縁部分の電線と大地との間及び電線の線心相互間の絶縁抵抗は，使用電圧に対する漏えい電流が**最大供給電流の2 000分の1**を超えないようにしなければならない．

この値は，電線1条当たりであるから，電線を一括して大地との間に使用電圧を加えた場合は，最大供給電流$\times\dfrac{1}{2\,000}\times 3$となることに注意する必要がある．

題意の内容を図にすると(a)図のようになる．

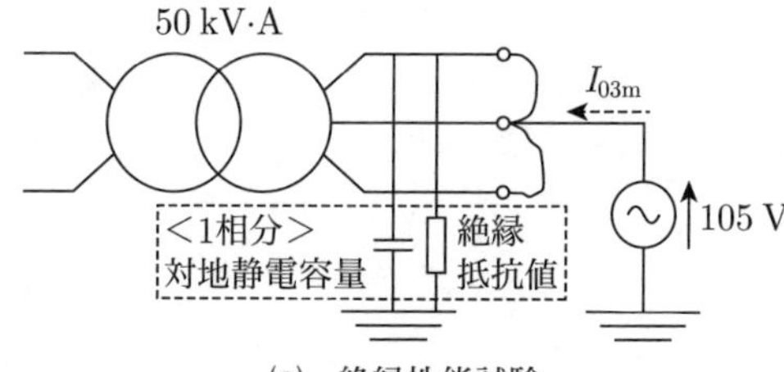

(a)　絶縁性能試験

まず，最大供給電流I_mを求めると，

$$I_m = \frac{50\times10^3}{210} = 238.095\ \text{A} \quad ①$$

次に(a)図より，漏えい電流の最大値I_{03m} [A]は，次式で表される．

$$I_{03m} = I_m \times \frac{1}{2\,000}\times 3 \quad ②$$

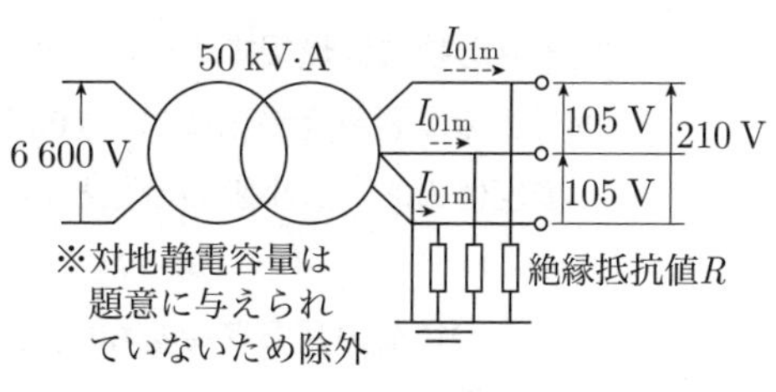

(b)　絶縁抵抗値

②式に①値を代入すると，

$$I_{03m} = 238.095\times\frac{1}{2\,000}\times 3$$
$$= 0.357\,14\ \text{A} \fallingdotseq \mathbf{0.357}\ \text{A}$$

(b)　一次電圧を印加したとき，各パラメータは(b)図に示すとおりとなる．

(b)図より，1線当たりの絶縁抵抗値R [Ω]の最小値は，

$$R = \frac{\text{対地電圧}\ V}{I_{01m}} = \frac{105}{\dfrac{0.357\,14}{3}} = 882\ \Omega$$

$$\Rightarrow \mathbf{883}\ \Omega$$

〔**ここがポイント**〕　3線一括した際の漏れ電流と1線当たりの漏れ電流を混合しないように注意して計算する必要がある．

また，対地静電容量に関しては，非常に小さいため無視するように考えているが，絶縁性能試験において交流電圧を印加する場合は，絶縁抵抗値 + 対地静電容量が計算に絡んでいくことに十分注意する必要がある．

答　(a)—(3)，(b)—(3)

負荷設備の容量が800 kW，需要率が70 %，総合力率が90 %である高圧受電需要家について，次の(a)及び(b)の問に答えよ．ただし，この需要家の負荷は低圧のみであるとし，変圧器の損失は無視するものとする．

(a) この需要負荷設備に対し100 kV·Aの変圧器，複数台で電力を供給する．この場合，変圧器の必要最小限の台数として，正しいものを次の(1)～(5)のうちから一つ選べ．

(1) **5**　(2) **6**　(3) **7**　(4) **8**　(5) **9**

(b) この負荷の月負荷率を60 %とするとき，負荷の月間総消費電力量の値 [MW·h] として，最も近いものを次の(1)～(5)のうちから一つ選べ．ただし，1カ月の日数は30日とする．

(1) **218**　(2) **242**　(3) **265**　(4) **270**　(5) **284**

解12　(a)　題意をまとめると図のようになる．

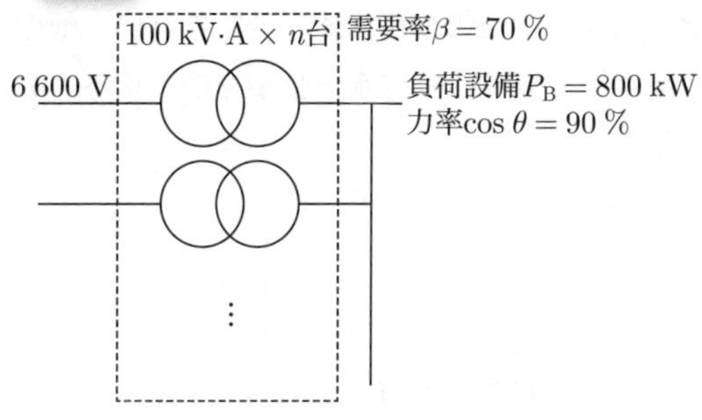

変圧器の必要台数

需要率βは，設備容量P_{B} [kW]および最大需要電力P_{m} [kW]とすると次式で表される．

$$\beta = \frac{P_{\mathrm{m}}}{P_{\mathrm{B}}} \times 100\ \% \qquad ①$$

①式を変形し，最大需要電力P_{m} [kW]を求めると，

$$P_{\mathrm{m}} = \frac{\beta}{100} \times P_{\mathrm{B}} = \frac{70}{100} \times 800 = 560\ \mathrm{kW} \qquad ②$$

総合力率が90 %であるから，必要な皮相電力P_{L} [kV·A]は，以下のようになる．

$$P_{\mathrm{L}} = \frac{560}{0.9} = 622.22\ \mathrm{kV{\cdot}A}$$

したがって，変圧器容量$P_{\mathrm{T}} = 100\ \mathrm{kV{\cdot}A}$の必要台数を$n$とすると，

$$P_{\mathrm{T}} \times n \geq P_{\mathrm{L}}$$

$$100 \times n \geq 622.22$$

$$n \geq 6.222\ 台$$

よって，変圧器の必要最小台数は**7台**となる．

(b)　月負荷率α，最大需要電力P_{m} [kW]，平均需要電力P_{a} [kW]とすると，

$$\alpha = \frac{P_{\mathrm{a}} \times 24 \times 30}{P_{\mathrm{m}} \times 24 \times 30} \times 100\ \% \qquad ③$$

③式に題意の数値および②値を代入すると，

$$60 = \frac{P_{\mathrm{a}} \times 24 \times 30}{560 \times 24 \times 30} \times 100$$

$$\therefore \quad P_{\mathrm{a}} = 336\ \mathrm{kW}$$

負荷の月間総消費電力量W [MW·h]は，$W = P_{\mathrm{a}} \times 24 \times 30 \times 10^{-3}$を代入すると，

$$W = 336 \times 24 \times 30 \times 10^{-3}$$

$$= 241.920\ \mathrm{MW{\cdot}h}$$

$$\fallingdotseq \mathbf{242}\ \mathrm{MW{\cdot}h}$$

〔ここがポイント〕　需要率，負荷率，不等率の公式はマスターしておくことは前提であるが，kWやkV·AおよびMW·hなどの単位に注意して計算を行うこと．

答　(a)—(3)，(b)—(2)

問13　有効落差80 mの調整池式水力発電所がある．調整池に取水する自然流量は10 m^3/s一定であるとし，図のように1日のうち12時間は発電せずに自然流量の全量を貯水する．残り12時間のうち2時間は自然流量と同じ10 m^3/sの使用水量で発電を行い，他の10時間は自然流量より多い Q_p [m^3/s] の使用水量で発電して貯水分全量を使い切るものとする．このとき，次の(a)及び(b)の問に答えよ．

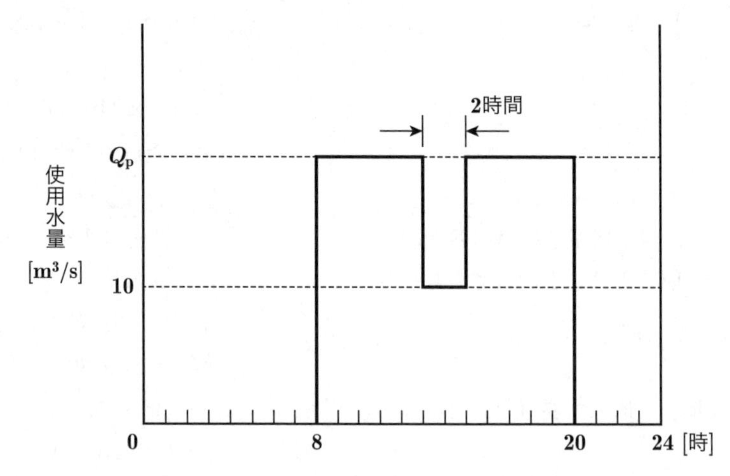

(a)　運用に最低限必要な有効貯水量の値[m^3]として，最も近いものを次の(1)～(5)のうちから一つ選べ．

(1)　220×10^3　(2)　240×10^3　(3)　432×10^3

(4)　792×10^3　(5)　864×10^3

(b)　使用水量 Q_p [m^3/s] で運転しているときの発電機出力の値[kW]として，最も近いものを次の(1)～(5)のうちから一つ選べ．ただし，運転中の有効落差は変わらず，水車効率，発電機効率はそれぞれ90 %，95 %で一定とし，溢水（いっすい）はないものとする．

(1)　12 400　(2)　14 700　(3)　16 600　(4)　18 800　(5)　20 400

解13 (a)　題意の図を用いて調整池で貯水する有効貯水量 V [m^3] は，(a)図の斜線部分に相当する．

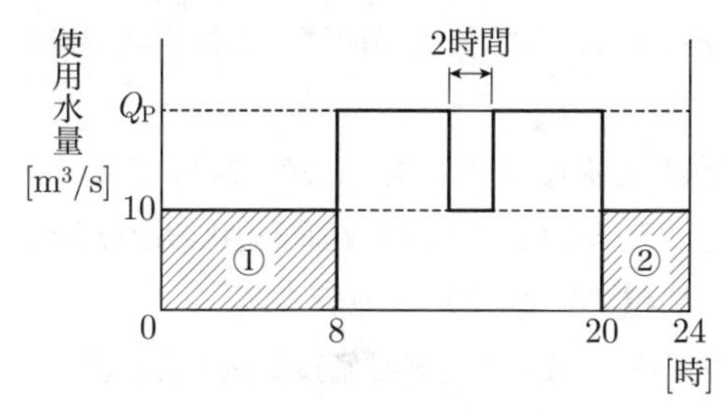

(a)　貯水池の有効貯水量

(a)図より，有効貯水量 V [m^3] は，

$V = 3\,600 \times 10 \times (8 + 4) = 432\,000\ \mathrm{m^3}$

$\fallingdotseq \mathbf{432 \times 10^3}\ \mathrm{m^3}$

(b)　(a)図で貯水した水を Q_P [m^3/s] の使用水量で発電する際に使用する．つまり，(b)図に示すように貯水した水（①＋②）は，Q_P [m^3/s] の使用水量時（③＋④）において使用する（①＋②＝③＋④）．

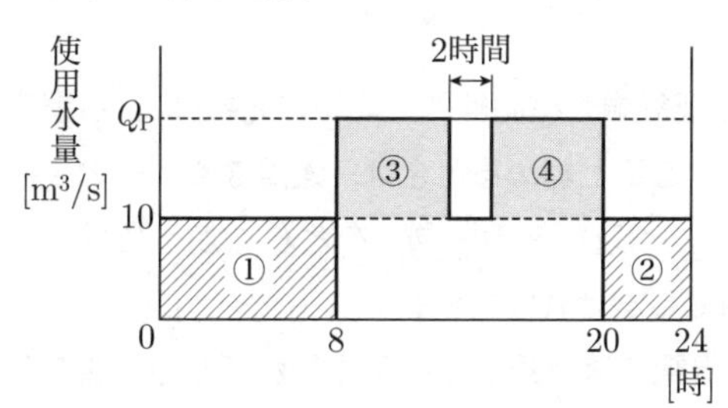

(b)　調整池式水力発電所の考え方

(b)図より，Q_P [m^3/s] を算出すると，

$432\,000 = 3\,600(Q_P - 10) \times (12 - 2)$

$432\,000 = 36\,000(Q_P - 10)$

$Q_P = 22\ \mathrm{m^3/s}$

次に，発電機出力 P_G [kW] は，有効落差 H [m]，使用水量 Q_P [m^3/s]，水車効率 η_T および発電機効率 η_G とすると，次式で表される．

$P_G = 9.8\,Q_P H \eta_T \eta_G$ [kW]

上式に数値を代入すると以下のようになる．

$P_G = 9.8 \times 22 \times 80 \times 0.9 \times 0.95$

$= 14\,747\ \mathrm{kW} \fallingdotseq \mathbf{14\,700}\ \mathrm{kW}$

〔ここがポイント〕 (c)図の⑤部分においては，自然流量10 m^3/sで発電していることがわかる．

自然流量（⑥＋⑦）＋貯水分（③＋④）が合わさった流量 Q_P [m^3/s] がピーク時の発電に使用されることは押さえておきたい．

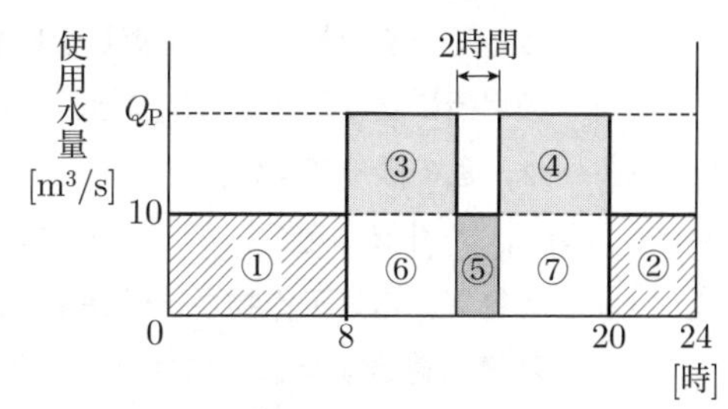

(c)　自然流量とピーク時の使用流量

(a)—(3)，(b)—(2)

令和3年度（2021年） 法規の問題

注1　問題文中に「電気設備技術基準」とあるのは，「電気設備に関する技術基準を定める省令」の略である．

注2　問題文中に「電気設備技術基準の解釈」とあるのは，「電気設備の技術基準の解釈における第1章～第6章及び第8章」をいう．なお，「第7章　国際規格の取り入れ」の各規定について問う出題にあっては，問題文中にその旨を明示する．

注3　問題は，令和5年11月1日現在，効力のある法令（電気設備技術基準の解釈を含む．）に基づいて作成している．

A問題　配点は1問題当たり6点

問1　次の文章は，「電気事業法」に基づく調査の義務及びこれに関連する「電気設備技術基準の解釈」に関する記述である．

a)　一般用電気工作物と直接に電気的に接続する電線路を維持し，及び運用する者（以下，「(ア)」という．）は，その一般用電気工作物が経済産業省令で定める技術基準に適合しているかどうかを調査しなければならない．ただし，その一般用電気工作物の設置の場所に立ち入ることにつき，その所有者又は(イ)の承諾を得ることができないときは，この限りでない．

b)　(ア)又はその(ア)から委託を受けた登録調査機関は，上記 a) の規定による調査の結果，電気工作物が技術基準に適合していないと認めるときは，遅滞なく，その技術基準に適合するようにするためとるべき(ウ)及びその(ウ)をとらなかった場合に生ずべき結果をその所有者又は(イ)に通知しなければならない．

c)　低圧屋内電路の絶縁性能は，開閉器又は過電流遮断器で区切ることができる電路ごとに，絶縁抵抗測定が困難な場合においては，当該電路の使用電圧が加わった状態における漏えい電流が(エ) mA 以下であること．

上記の記述中の空白箇所(ア)～(エ)に当てはまる組合せとして，正しいものを次の(1)～(5)のうちから一つ選べ．

	(ア)	(イ)	(ウ)	(エ)
(1)	一般送配電事業者等	占有者	措置	2
(2)	電線路維持運用者	使用者	工事方法	1
(3)	一般送配電事業者等	使用者	措置	1
(4)	電線路維持運用者	占有者	措置	1
(5)	電線路維持運用者	使用者	工事方法	2

●試験時間　65 分
●必要解答数　A 問題 10 題，B 問題 3 題

「電気事業法」第57条，第57条の2からの出題である．

(調査の義務)

第57条　一般用電気工作物と直接に電気的に接続する電線路を維持し，及び運用する者（以下，この条文及び第89条において「**電線路維持運用者**」という．）は，経済産業省令で定める場合を除き，経済産業省令で定めるところにより，その一般用電気工作物が前条第1項の経済産業省令で定める技術基準に適合しているかどうかを調査しなければならない．ただし，その一般用電気工作物の設置の場所に立ち入ることにつき，その所有者又は**占有者**の承諾を得ることができないときは，この限りでない．

(以下，省略)

(調査業務の委託)

第57条の2　**電線路維持運用者**は，経済産業大臣の登録を受けた者（以下「登録調査機関」という．）に，その**電線路維持運用者**が維持し，及び運用する電線路と直接に電気的に接続する一般用電気工作物について，その一般用電気工作物が第56条第1項の経済産業省令で定める技術基準に適合しているかどうかを調査すること並びにその調査の結果その一般用電気工作物がその技術基準に適合していないときは，その技術基準を適合するようにするためとるべき**措置**及びその**措置**をとらなかった場合に生ずべき結果をその所有者又は**占有者**に通知すること（以下「調査業務」という．）を委託することができる．

「電気設備技術基準の解釈」第14条からの出題である．

(低圧電路の絶縁性能)

第14条　電気使用場所における使用電圧が低圧の電路（第13条各号に掲げる部分，第16条に規定するもの，第189条に規定する遊戯用電車内の電路及びこれに電気を供給するための接触電線，直流電車線並びに鋼索鉄道の電車線を除く．）は，第147条から第149条までの規定により施設する開閉器又は過電流遮断器で区切ることのできる電路ごとに，次の各号のいずれかに適合する絶縁性能を有すること．

一　省令第58条によること．

二　絶縁抵抗測定が困難な場合においては，当該電路の使用電圧が加わった状態における漏えい電流が，1 mA以下であること．

2　電気使用場所以外の場所における使用電圧が低圧の電路（電線路の電線，第13条各号に掲げる部分及び第16条に規定する電路を除く．）の絶縁性能は，前項の規定に準じること．

上記第2項は，電気使用場所以外の発電所等における低圧電路の絶縁抵抗を次の表によって判断してもよいとしている．

電線路，機械器具等は別途定められているものは，それぞれ条文による絶縁性能を有する必要がある．

低圧電路の絶縁抵抗値

<table>
<tr><th colspan="2">電路の種類</th><th>絶縁抵抗</th></tr>
<tr><td rowspan="2">使用電圧が300 V以下の電路</td><td>対地電圧（非接地式電路においては，電線間の電圧）が150 V以下のもの</td><td>0.1 MΩ以上</td></tr>
<tr><td>その他のもの</td><td>0.2 MΩ以上</td></tr>
<tr><td colspan="2">使用電圧が300 Vを超える電路</td><td>0.4 MΩ以上</td></tr>
</table>

〔ここがポイント〕 一般用電気工作物の調査業務（4年に1回）について必ず整理しておくこと．

(4)

「電気工事業の業務の適正化に関する法律」に基づく記述として，誤っているものを次の⑴～⑸のうちから一つ選べ．

⑴ 電気工事業とは，電気事業法に規定する電気工事を行う事業であって，その事業を営もうとする者は，経済産業大臣の事業許可を受けなければならない．

⑵ 登録電気工事業者の登録には有効期間がある．

⑶ 電気工事業者は，その営業所ごとに，絶縁抵抗計その他の経済産業省令で定める器具を備えなければならない．

⑷ 電気工事業者は，その営業所及び電気工事の施工場所ごとに，その見やすい場所に，氏名又は名称，登録番号その他の経済産業省令で定める事項を記載した標識を掲げなければならない．

⑸ 電気工事業者は，その営業所ごとに帳簿を備え，その業務に関し経済産業省令で定める事項を記載し，これを保存しなければならない．

解2 「電気工事業の業務の適正化に関する法律第2条，第3条，第24条，第25条および第26条からの出題である．

（定義）

第2条 この法律において「電気工事」とは，電気工事士法第2条第3項に規定する電気工事をいう．ただし，家庭用電気機械器具の販売に付随して行う工事を除く．

2 この法律において「電気工事業」とは，電気工事を行なう事業をいう．

（以下，省略）

（登録）

第3条 電気工事業を営もうとする者は，2以上の都道府県の区域内に営業所を設置してその事業を営もうとするときは経済産業大臣の，1の都道府県の区域内にのみ営業所を設置してその事業を営もうとするときは当該営業所の所在地を管轄する都道府県知事の登録を受けなければならない．

2 登録電気工事業者の登録の有効期間は，5年とする．

3 前項の有効期間の満了後引き続き電気工事業を営もうとする者は，更新の登録を受けなければならない．

（以下，省略）

（器具の備付け）

第24条 電気工事業者は，その営業所ごとに，絶縁抵抗計その他の経済産業省令で定める器具を備えなければならない．

（標識の掲示）

第25条 電気工事業者は，経済産業省令で定めるところにより，その営業所及び電気工事の施工場所ごとに，その見やすい場所に，氏名又は名称，登録番号その他の経済産業省令で定める事項を記載した標識を掲げなければならない．

（帳簿の備付け等）

第26条 電気工事業者は，経済産業省令で定めるところにより，その営業所ごとに帳簿を備え，その業務に関し経済産業省令で定める事項を記載し，これを保存しなければならない．

以上の条文から，電気工事業の定義と登録を行う必要があるため，**(1)は誤りである．**

また，電気工事業者登録票の標識（例）を図に示す．

登録電気工事業者登録票	
登録番号	○○知事　第○○○○号
登録年月日	2021年　8月1日
氏名又は名称	株式会社○○○○
代表者の氏名	代表取締役　○○　○○
営業所の名称	株式会社○○○○
電気工事の種類	一般用電気工作物，自家用電気工作物
主任電気工事士等の氏名	○○　○○

登録電気工事業者登録票（例）

有効期限が切れる前に更新の登録が必要となるため注意が必要である．

〔ここがポイント〕 電気工事業の業務の適正化に関する法律は出題頻度が低いことから見落としがちである．

しかし，一読しておけば問題のレベルにおいては消去法をしていくと自ずと(1)以外は正解と導きだせる．

これからの出題も考えて電気工事士法とあわせて必ず一読はしておきたい．

 (1)

次の文章は，「電気設備技術基準」の電気機械器具等からの電磁誘導作用による人の健康影響の防止における記述の一部である．

変圧器，開閉器その他これらに類するもの又は電線路を発電所，変電所，開閉所及び需要場所以外の場所に施設する場合に当たっては，通常の使用状態において，当該電気機械器具等からの電磁誘導作用により人の健康に影響を及ぼすおそれがないよう，当該電気機械器具等のそれぞれの付近において，人によって占められる空間に相当する空間の (ア) の平均値が， (イ) において (ウ) 以下になるように施設しなければならない．ただし，田畑，山林その他の人の (エ) 場所において，人体に危害を及ぼすおそれがないように施設する場合は，この限りでない．

上記の記述中の空白箇所(ア)～(エ)に当てはまる組合せとして，正しいものを次の(1)～(5)のうちから一つ選べ．

	(ア)	(イ)	(ウ)	(エ)
(1)	磁束密度	全周波数	200 μT	居住しない
(2)	磁界の強さ	商用周波数	100 A/m	往来が少ない
(3)	磁束密度	商用周波数	100 μT	居住しない
(4)	磁束密度	商用周波数	200 μT	往来が少ない
(5)	磁界の強さ	全周波数	200 A/m	往来が少ない

解3 「電気設備技術基準（省令）」第27条の2からの出題である．

（電気機械器具からの電磁誘導作用による人の健康影響の防止）

第27条の2 変圧器，開閉器その他これらに類するもの又は電線路を発電所，変電所，開閉所及び需要場所以外の場所に施設するに当たっては，通常の使用状態において，当該電気機械器具等からの電磁誘導作用により人の健康に影響を及ぼすおそれがないよう，当該電気機械器具等のそれぞれの付近において，人によって占められる空間に相当する空間の**磁束密度**の平均値が，**商用周波数**において**200 μT**以下になるように施設しなければならない．ただし，田畑，山林その他の人の**往来が少ない**場所において，人体に危害を及ぼすおそれがないように施設する場合は，この限りでない．

2 変電所又は開閉所は，通常の使用状態において，当該施設からの電磁誘導作用により人の健康に影響を及ぼすおそれがないよう，当該施設の付近において，人によって占められる空間に相当する空間の磁束密度の平均値が，商用周波数において**200 μT**以下になるように施設しなければならない．ただし，田畑，山林その他の人の往来が少ない場所において，人体に危害を及ぼすおそれがないように施設する場合は，この限りでない．

ここでは「電気設備技術基準の解釈」の第31条についてまとめたものを以下に示す．

（変圧器等からの電磁誘導作用による人の健康影響の防止）

① 磁界は200 μT以下．

② 測定装置は，日本産業規格JISC1910に適合する3軸のもの．

③ 測定は表に示す．

〔ここがポイント〕 「電気設備技術基準（省令）」第27条の2とあわせて，電気設備技術基準の解釈第31条および第50条にも触れておくこと．

答 (4)

測定場所と測定方法

測定場所	測定方法
柱上に施設する変圧器等の下方における地表	磁界が均一であると考えられる場合は，測定地点の地表，路面又は床から1 mの高さで測定した値を測定値とする
柱上に施設する変圧器等の周囲の建造物等	建造物の壁面等，公衆が接近することができる地点から水平方向に0.2 m離れた地点において，磁界が不均一であると考えられる場合（※1の場合を除く）は，測定地点の地表等から0.5 m，1 m及び1.5 mの高さで測定し，3点の平均値を測定値とすること．ただし，変圧器等の高さが1.5 m未満の場合は，その高さの1/3倍，2/3倍及び1倍の箇所で測定し，3点の平均値を測定すること．
地上に施設する変圧器等の周囲	変圧器等の表面等，公衆が接近することができる地点から水平方向に0.2 m離れた地点において，磁界が不均一であると考えられる場合（※1の場合を除く）は，測定地点の地表等から0.5 m，1 m及び1.5 mの高さで測定し，3点の平均値を測定値とすること．ただし，変圧器等の高さが1.5 m未満の場合は，その高さの1/3倍，2/3倍及び1倍の箇所で測定し，3点の平均値を測定すること．
変圧器等を施設した部屋の直上階の部屋の床	磁界が不均一であると考えられる場合であって，変圧器等が地表等の下に施設され，人がその地表に横臥する場合は，図2に示すように，測定地点の地表等から0.2 mの高さであって，磁束密度が最大の値となる地点イにおいて測定し，地点イを中心とする半径0.5 mの円周上で磁束密度が最大の値となる地点ロにおいて測定した後，地点イに関して地点ロと対称の地点ハにおいて測定し，次に，地点イ，ロ及びハを結ぶ直線と直交するとともに，地点イを通る直線が当該円と交わる地点ニ及びホにおいてそれぞれ測定し，さらに，これらの5地点における測定値のうち最大のものから上位3つの値の平均値を測定値とすること．

問4

「電気設備技術基準の解釈」に基づく高圧及び特別高圧の電路に施設する避雷器に関する記述として，誤っているものを次の(1)～(5)のうちから一つ選べ．ただし，いずれの場合も掲げる箇所に直接接続する電線は短くないものとする．

(1) 発電所又は変電所若しくはこれに準ずる場所では，架空電線の引込口（需要場所の引込口を除く．）又はこれに近接する箇所には避雷器を施設しなければならない．

(2) 発電所又は変電所若しくはこれに準ずる場所では，架空電線の引出口又はこれに近接する箇所には避雷器を施設することを要しない．

(3) 高圧架空電線路から電気の供給を受ける受電電力が50 kWの需要場所の引込口又はこれに近接する箇所には避雷器を施設することを要しない．

(4) 高圧架空電線路から電気の供給を受ける受電電力が500 kWの需要場所の引込口又はこれに近接する箇所には避雷器を施設しなければならない．

(5) 使用電圧が60 000 V以下の特別高圧架空電線路から電気の供給を受ける需要場所の引込口又はこれに近接する箇所には避雷器を施設しなければならない．

解4 「電気設備技術基準の解釈」第37条からの出題である．

(避雷器等の施設)

第37条　高圧及び特別高圧の電路中，次の各号に掲げる箇所又はこれに近接する箇所には，避雷器を施設すること．

一　発電所又は変電所若しくはこれに準ずる場所の架空電線の引込口（需要場所の引込口を除く．）及び**引出口**

二　架空電線路に接続する，第26条に規定する配電用変圧器の高圧側及び特別高圧側

三　高圧架空電線路から電気の供給を受ける受電電力が**500 kW**以上の需要場所の引込口

四　特別高圧架空電線路から電気の供給を受ける需要場所の引込口

2　次の各号のいずれかに該当する場合は，前項の規定によらないことができる．

一　前項各号に掲げる箇所に直接接続する電線が短い場合

二　使用電圧が**60 000 V**を超える特別高圧電路において，同一の母線に常時接続されている架空電線路の数が，回線数が7以下の場合にあっては5以上，回線数が8以上の場合にあっては4以上のとき．これらの場合において，同一支持物に2回線以上の架空電線が施設されているときは，架空電線路の数は1として計算する．

3　高圧及び特別高圧の電路に施設する避雷器には，A種接地工事を施すこと．

(以下，省略)

第37条第1項の条文をまとめたものを図に示す．

図より，発電所又は変電所若しくはこれに準ずる場所の架空電線の引出口又はこれに近接する箇所には，避雷器を施設することとなっているため，**(2)の施設することを要しないが誤りである．**

〔ここがポイント〕 避雷器の設置は，発電所又は変電所は引込口及び引出口に施設する必要がある．

また，すべての特高需要家の引込口は避雷器の施設対象となっているが高圧需要家は500 kW以上と容量が決められている．

(2)

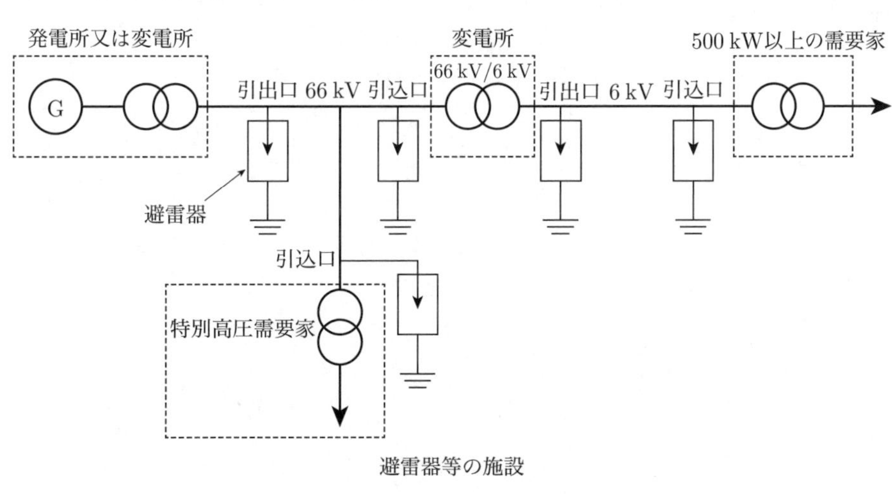

避雷器等の施設

次の文章は，「電気設備技術基準の解釈」における発電機の保護装置に関する記述である.

発電機には，次に掲げる場合に，発電機を自動的に電路から遮断する装置を施設すること.

a) 発電機に (ア) を生じた場合

b) 容量が500 kV·A以上の発電機を駆動する (イ) の圧油装置の油圧又は電動式ガイドベーン制御装置，電動式ニードル制御装置若しくは電動式デフレクタ制御装置の電源電圧が著しく (ウ) した場合

c) 容量が100 kV·A以上の発電機を駆動する (エ) の圧油装置の油圧，圧縮空気装置の空気圧又は電動式ブレード制御装置の電源電圧が著しく (ウ) した場合

d) 容量が2 000 kV·A以上の (イ) 発電機のスラスト軸受の温度が著しく上昇した場合

e) 容量が10 000 kV·A以上の発電機の (オ) に故障を生じた場合

f) 定格出力が10 000 kWを超える蒸気タービンにあっては，そのスラスト軸受が著しく摩耗し，又はその温度が著しく上昇した場合

上記の記述中の空白箇所(ア)～(オ)に当てはまる組合せとして，正しいものを次の(1)～(5)のうちから一つ選べ.

	(ア)	(イ)	(ウ)	(エ)	(オ)
(1)	過電圧	水車	上昇	風車	外部
(2)	過電圧	風車	上昇	水車	内部
(3)	過電流	水車	低下	風車	内部
(4)	過電流	風車	低下	水車	外部
(5)	過電流	水車	低下	風車	外部

解5 「電気設備技術基準の解釈」第42条からの出題である.

(発電機の保護装置)

第42条 発電機には，次の各号に掲げる場合に，発電機を自動的に電路から遮断する装置を施設すること.

一 発電機に**過電流**を生じた場合

二 容量が500 kV·A以上の発電機を駆動する**水車**の圧油装置の油圧又は電動式ガイドベーン制御装置，電動式ニードル制御装置若しくは電動式デフレクタ制御装置の電源電圧が著しく**低下**した場合

三 容量が100 kV·A以上の発電機を駆動する**風車**の圧油装置の油圧，圧縮空気装置の空気圧又は電動機ブレード制御装置の電源電圧が著しく**低下**した場合

四 容量が2 000 kV·A以上の**水車**発電機のスラスト軸受の温度が著しく上昇した場合

五 容量が10 000 kV·A以上の発電機の**内部**に故障を生じた場合

六 定格出力が10 000 kWを超える蒸気タービンにあっては，そのスラスト軸受が著しく摩耗し，又はその温度が著しく上昇した場合

上記内容は，「電気設備技術基準（省令）」第44条（発変電設備等の損傷による供給支障の防止）に関連している.

「電気設備技術基準の解釈」第43条（特別高圧の変圧器及び調相設備の保護装置）についても省令第144条に関連した内容であるためあわせて学習することをお勧めする.

(特別高圧の変圧器及び調相設備の保護装置)

第43条 特別高圧の変圧器には，次の各号により保護装置を施設すること.

一 43-1表に規定する装置を施設すること. ただし，変圧器の内部に故障を生じた場合に，当該変圧器の電源となっている発電機を自動的に停止するように施設する場合においては，当該発電機の電路から遮断する装置を設けることを要しない.

43-1表

変圧器のバンク容量	動作条件	装置の種類
5 000 kV·A以上 10 000 kV·A未満	変圧器内部故障	自動遮断装置又は警報装置
10 000 kV·A以上	同上	自動遮断装置

二 他冷式（変圧器の巻線及び鉄心を直接冷却するため封入した冷媒を強制循環させる冷却方式をいう.）の特別高圧用変圧器には，冷却装置が故障した場合，又は変圧器の温度が著しく上昇した場合にこれを警報する装置を施設すること.

2 特別高圧の調相設備には，43-2表に規定する保護装置を施設すること.

43-2表

調相設備の種類	バンク容量	自動的に電路から遮断する装置
電力用コンデンサ又は分路リアクトル	500 kvarを超え15 000 kvar 未満	内部に故障を生じた場合に動作する装置又は過電流を生じた場合に動作する装置
	15 000 kvar 以上	内部に故障を生じた場合に動作する装置又は過電流を生じた場合に動作する装置又は過電圧を生じた場合に動作する装置
調相機	15 000 kV·A 以上	内部に故障を生じた場合に動作する装置

〔ここがポイント〕「電気設備技術基準（省令）」第44条（発変電設備等の損傷による供給支障の防止）に関連した条文を以下に示す.

「電気設備技術基準の解釈」第42条，第43条，第44条，第45条は関連付けて学習してほしい.

 (3)

次の文章は，「電気設備技術基準の解釈」に基づく高圧架空電線に適用される高圧保安工事及び連鎖倒壊防止に関する記述である．

a) 電線はケーブルである場合を除き，引張強さ［（ア）］kN以上のもの又は直径［（イ）］mm以上の硬銅線であること．

b) 木柱の風圧荷重に対する安全率は，2.0以上であること．

c) 支持物に木柱，A種鉄筋コンクリート柱又はA種鉄柱を使用する場合の径間は［（ウ）］m以下であること．また，支持物にB種鉄筋コンクリート柱又はB種鉄柱を使用する場合の径間は［（エ）］m以下であること（電線に引張強さ14.51 kN以上のもの又は断面積38 mm^2 以上の硬銅より線を使用する場合を除く．）．

d) 支持物で直線路が連続している箇所において，連鎖的に倒壊するおそれがある場合は，技術上困難であるときを除き，必要に応じ，16基以下ごとに，支線を電線路に平行な方向にその両側に設け，また，5 基以下ごとに支線を電線路と直角の方向にその両側に設けること．

上記の記述中の空白箇所(ア)～(エ)に当てはまる組合せとして，正しいものを次の(1)～(5)のうちから一つ選べ．

	(ア)	(イ)	(ウ)	(エ)
(1)	8.01	4	100	150
(2)	8.01	5	100	150
(3)	8.01	4	150	250
(4)	5.26	4	150	250
(5)	5.26	5	100	150

解6 「電気設備技術基準の解釈」第70条からの出題である．

（低圧保安工事，高圧保安工事及び連鎖倒壊防止）

第70条 低圧架空電線路の電線の断線，支持物の倒壊等による危険を防止するため必要な場合に行う，低圧保安工事は，次の各号によること．

一 電線は，次のいずれかによること．

イ ケーブルを使用し，第67条の規定により施設すること．

ロ 引張強さ8.01 kN以上のもの又は直径5 mm以上の硬銅線（使用電圧が300 V以下の場合は，引張強さ5.26 kN以上のもの又は直径4 mm以上の硬銅線）を使用し，第66条第1項の規定に準じて施設すること．

二 木柱は，次によること．

イ 風圧荷重に対する安全率は，2.0以上であること．

ロ 木柱の太さは，末口で直径12 cm以上であること．

三 径間は，70-1表によること．

70-1表

支持物の種類	径間		
	第63条第3項に規定する，高圧架空電線路における長径間工事に準じて施設する場合	電線に引張強さ8.71 kN以上のもの又は断面積22 mm²以上の硬銅より線を使用する場合	その他の場合
木柱，A種鉄筋コンクリート柱又はA種鉄柱	300 m以下	150 m以下	100 m以下
B種鉄筋コンクリート柱又はB種鉄柱	500 m以下	250 m以下	150 m以下
鉄塔	制限無し	600 m以下	400 m以下

2 高圧架空電線路の電線の断線，支持物の倒壊等による危険を防止するため必要な場合に行う，高圧保安工事は，次の各号によること．

一 電線はケーブルである場合を除き，引張強さ**8.01** kN以上のもの又は直径**5** mm以上の硬銅線であること．

二 木柱の風圧荷重に対する安全率は，2.0以上であること．

三 径間は，70-2表によること．ただし，電線に引張強さ14.51 kN以上のもの又は断面積38 mm²以上の硬銅より線を使用する場合であって，支持物にB種鉄筋コンクリート柱，B種鉄柱又は鉄塔を使用するときは，この限りでない．

70-2表

支持物の種類	径間
木柱，A種鉄筋コンクリート柱又はA種鉄柱	**100** m以下
B種鉄筋コンクリート柱又はB種鉄柱	**150** m以下
鉄塔	400 m以下

3 低圧又は高圧架空電線路の支持物で直線路が連続している箇所において，連鎖的に倒壊するおそれがある場合は，必要に応じ，16基以下ごとに，支線を電線路に平行な方向にその両側に設け，また，5基以下ごとに支線を電線路と直角の方向にその両側に設けること．ただし，技術上困難であるときは，この限りでない．

〔ここがポイント〕 令和元年9月に関東地方に上陸した台風15号による鉄塔倒壊事故などにより，令和2年5月13日付けで改正が行われた条文の一つである．

具体的には，連鎖倒壊防止の対象を特別高圧（送電線）から高圧（配電線）まで拡大し安全率などの見直しも行われた．

電気技術設備の解釈は，改正の頻度が高いため，最新のものを準備しておく必要があり最近改正した点にも着目しておく必要がある．

(2)

次の文章は，「電気設備技術基準」における，特殊場所における施設制限に関する記述である．

a) 粉じんの多い場所に施設する電気設備は，粉じんによる当該電気設備の絶縁性能又は導電性能が劣化することに伴う (ア) 又は火災のおそれがないように施設しなければならない．

b) 次に掲げる場所に施設する電気設備は，通常の使用状態において，当該電気設備が点火源となる爆発又は火災のおそれがないように施設しなければならない．

① 可燃性のガス又は (イ) が存在し，点火源の存在により爆発するおそれがある場所

② 粉じんが存在し，点火源の存在により爆発するおそれがある場所

③ 火薬類が存在する場所

④ セルロイド，マッチ，石油類その他の燃えやすい危険な物質を (ウ) し，又は貯蔵する場所

上記の記述中の空白箇所(ア)～(ウ)に当てはまる組合せとして，正しいものを次の(1)～(5)のうちから一つ選べ．

	(ア)	(イ)	(ウ)
(1)	短絡	腐食性のガス	保存
(2)	短絡	引火性物質の蒸気	保存
(3)	感電	腐食性のガス	製造
(4)	感電	引火性物質の蒸気	保存
(5)	感電	引火性物質の蒸気	製造

解7 「電気設備技術基準（省令）」第68条および第69条からの出題である．

（粉じんにより絶縁性能等が劣化することによる危険のある場所における施設）

第68条 粉じんの多い場所に施設する電気設備は，粉じんによる当該電気設備の絶縁性能又は導電性能が劣化することに伴う**感電**又は火災のおそれがないように施設しなければならない．

（可燃性のガス等により爆発する危険のある場所における施設の禁止）

第69条 次の各号に掲げる場所に施設する電気設備は，通常の使用状態において，当該電気設備が点火源となる爆発又は火災のおそれがないように施設しなければならない．

一 可燃性のガス又は**引火性物質の蒸気**が存在し，点火源の存在により爆発するおそれがある場所

二 粉じんが存在し，点火源の存在により爆発するおそれがある場所

三 火薬類が存在する場所

四 セルロイド，マッチ，石油類その他の燃えやすい危険な物質を**製造**し，又は貯蔵する場所

「電気設備技術基準の解釈」第176条（可燃性ガス等の存在する場所の施設）～第178条（火薬庫の電気設備の施設）などが関連している．

可燃性ガス又は引火性ガスが存在する場所における電気設備施工例を(a)図に示す．また，火薬庫の電気設備施工例を(b)図に示す．

〔ここがポイント〕「電気設備技術基準の解釈」第176条（可燃性ガス等の存在する場所の施設）～第178条（火薬庫の電気設備の施設）とあわせて学習してほしい．

答 (5)

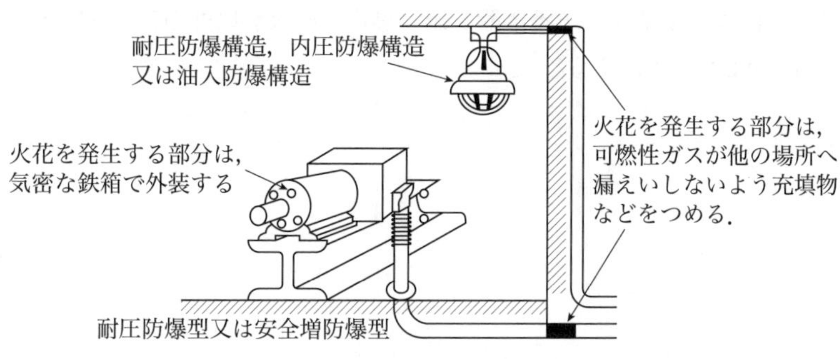

(a) 可燃性ガス又は引火性ガスが存在する場所での電気設備施工例

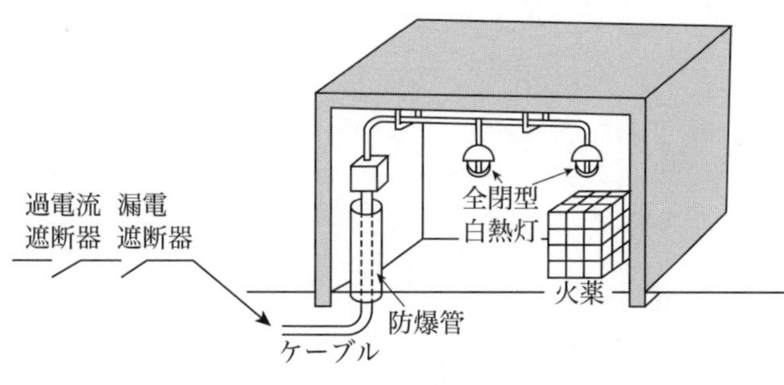

(b) 火薬庫の電気設備施工例

「電気設備技術基準の解釈」に基づく住宅及び住宅以外の場所の屋内電路（電気機械器具内の電路を除く．以下同じ）の対地電圧の制限に関する記述として，誤っているものを次の(1)～(5)のうちから一つ選べ．

(1)　住宅の屋内電路の対地電圧を150 V以下とすること．

(2)　住宅と店舗，事務所，工場等が同一建造物内にある場合であって，当該住宅以外の場所に電気を供給するための屋内配線を人が触れるおそれがない隠ぺい場所に金属管工事により施設し，その対地電圧を400 V以下とすること．

(3)　住宅に設置する太陽電池モジュールに接続する負荷側の屋内配線を次により施設し，その対地電圧を直流450 V以下とすること．

・電路に地絡が生じたときに自動的に電路を遮断する装置を施設する．

・ケーブル工事により施設し，電線に接触防護措置を施す．

(4)　住宅に常用電源として用いる蓄電池に接続する負荷側の屋内配線を次により施設し，その対地電圧を直流450 V以下とすること．

・直流電路に接続される個々の蓄電池の出力がそれぞれ10 kW未満である．

・電路に地絡が生じたときに自動的に電路を遮断する装置を施設する．

・人が触れるおそれのない隠ぺい場所に合成樹脂管工事により施設する．

(5)　住宅以外の場所の屋内に施設する家庭用電気機械器具に電気を供給する屋内電路の対地電圧を，家庭用電気機械器具並びにこれに電気を供給する屋内配線及びこれに施設する配線器具に簡易接触防護措置を施す場合（取扱者以外の者が立ち入らない場所を除く．），300 V以下とすること．

note

「電気設備技術基準の解釈」第143条からの出題である.

（電路の対地電圧の制限）

第143条　住宅の屋内電路（電気機械器具内の電路を除く．以下この項において同じ.）の対地電圧は，150 V以下であること．ただし，次の各号のいずれかに該当する場合は，この限りでない.

（一，省略）

二　当該住宅以外の場所に電気を供給するための屋内配線を次により施設する場合

イ　屋内配線の対地電圧は，300 V以下であること.

ロ　人が触れるおそれがない隠ぺい場所に合成樹脂工事，金属管工事又はケーブル工事により施設すること.

三　太陽電池モジュールに接続する負荷側の屋内配線（複数の太陽電池モジュールを施設する場合にあっては，その集合体に接続する負荷側の配線）を次により施設する場合

イ　屋内配線の対地電圧は，直流450 V以下であること.

ロ　電路に地絡が生じたときに自動的に電路を遮断する装置を施設すること．ただし，次に適合する場合は，この限りでない.

(イ)　直流電路が，非接地であること.

(ロ)　直流電路に接続する逆変換装置の交流側に絶縁変圧器を施設すること.

(ハ)　太陽電池モジュールの合計出力が，20 kW未満であること．ただし，屋内電路の対地電圧が300 Vを超える場合にあっては，太陽電池モジュールの合計出力は10 kW以上とし，かつ，直流電路に機械器具（太陽電池モジュール，第200条第2項第一号ロ及びハの器具，直流変換装置，逆変換装置並びに避雷器を除く.）を施設しないこと.

ハ　屋内配線は，次のいずれかによること.

(イ)　人が触れるおそれがない隠ぺい場所に，合成樹脂管工事，金属管工事又はケーブル工事により施設すること.

(ロ)　ケーブル工事により施設し，電線に接触防護措置を施すこと.

四　燃料電池発電設備又は常用電源として用いる蓄電池に接続する負荷側の屋内配線を次により施設する場合

イ　直流電路を構成する燃料電池発電設備にあっては，当該直流電路に接続される個々の燃料電池発電設備の出力がそれぞれ10 kW未満であること.

ロ　直流電路を構成する蓄電池にあっては，当該直流電路に接続される個々の蓄電池の出力がそれぞれ10 kW未満であること.

ハ　屋内配線の対地電圧は，直流450 V以下であること.

ニ　電路に地絡が生じたときに自動的に電路を遮断する装置を施設すること．ただし，次に適合する場合は，この限りでない.

(イ)　直流電路が，非接地であること.

(ロ)　直流電路に接続する逆変換装置の交流側に絶縁変圧器を施設すること.

ホ　屋内配線は，次のいずれかによること.

(イ)　人が触れるおそれのない隠ぺい場所に，合成樹脂管工事，金属管工事又はケーブル工事により施設すること.

(ロ)　ケーブル工事により施設し，電線に接触防護措置を施すこと.

五　第132条第3項の規定により，屋内に電線路を施設する場合

2　住宅以外の場所の屋内に施設する家庭用電気機械器具に電気を供給する屋内電路の対地電圧は，150 V以下であること．ただし，家庭用電気機械器具並びにこれに電気を供給する屋内配線及びこれに施設する配線器具を，次の各号のいずれかにより施設する場合は，300 V以下とすることができる.

一　前項第一号ロからホまでの規定に準じて施設すること.

二　簡易接触防護措置を施すこと．ただし，取扱者以外の者が立ち入らない場所にあって

は，この限りでない.

（以下，省略）

上記の条文と照らし合わせてみると，(2)**の対地電圧400 V以下が誤りである**（300 V以下が正しい）.

一般的な電路の対地電圧を図に示す.

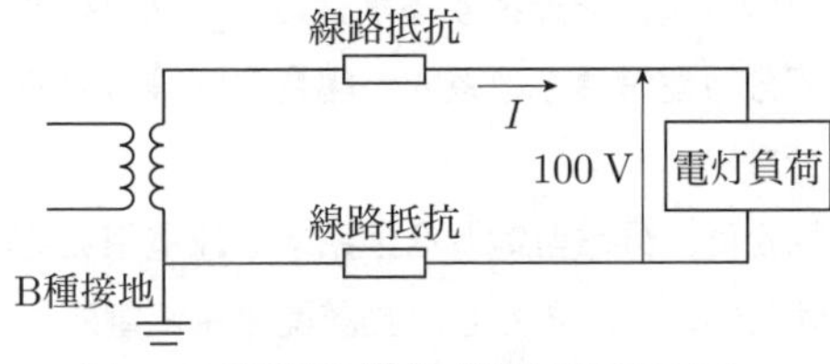

(a) 100 V単相2線式（対地電圧100 V）

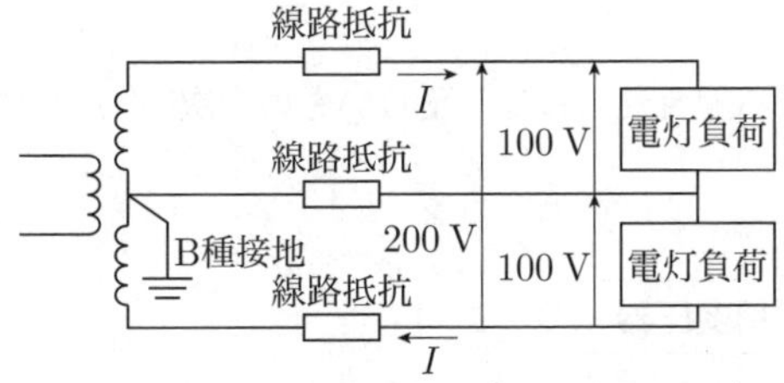

(b) 100 V/200 V単相3線式（対地電圧100 V）

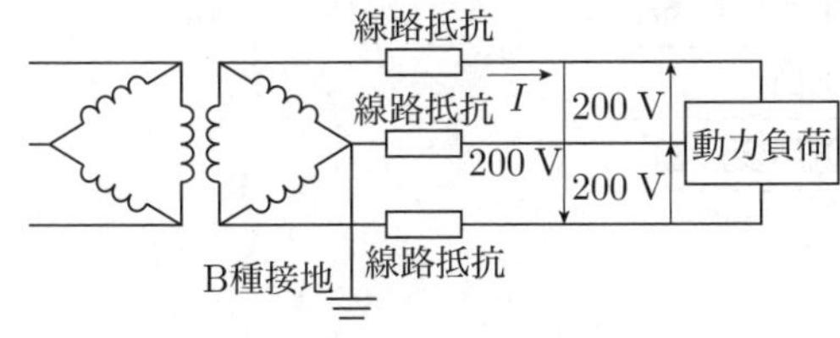

(c) 200 V三相3線式（対地電圧200 V）

電気供給方式と対地電圧

〔ここがポイント〕 一般的な電路である図に示す対地電圧に関して最低限理解したうえで「電気設備技術基準の解釈」第143条を整理してほしい.

(2)

次の文章は，「電気設備技術基準の解釈」における分散型電源の低圧連系時及び高圧連系時の施設要件に関する記述である．

a) 単相3線式の低圧の電力系統に分散型電源を連系する場合において，(ア)の不平衡により中性線に最大電流が生じるおそれがあるときは，分散型電源を施設した構内の電路であって，負荷及び分散型電源の並列点よりも(イ)に，3極に過電流引き外し素子を有する遮断器を施設すること．

b) 低圧の電力系統に逆変換装置を用いずに分散型電源を連系する場合は，(ウ)を生じさせないこと．ただし，逆変換装置を用いて分散型電源を連系する場合と同等の単独運転検出及び解列ができる場合は，この限りでない．

c) 高圧の電力系統に分散型電源を連系する場合は，分散型電源を連系する配電用変電所の(エ)において，逆向きの潮流を生じさせないこと．ただし，当該配電用変電所に保護装置を施設する等の方法により分散型電源と電力系統との協調をとることができる場合は，この限りではない．

上記の記述中の空白箇所(ア)～(エ)に当てはまる組合せとして，正しいものを次の(1)～(5)のうちから一つ選べ．

	(ア)	(イ)	(ウ)	(エ)
(1)	負荷	系統側	逆潮流	配電用変圧器
(2)	負荷	負荷側	逆潮流	引出口
(3)	負荷	系統側	逆充電	配電用変圧器
(4)	電源	負荷側	逆充電	引出口
(5)	電源	系統側	逆潮流	配電用変圧器

解9 「電気設備技術基準の解釈」第226条および第228条からの出題である.

(低圧連系時の施設要件)

第226条 単相3線式の低圧の電力系統に分散型電源を連系する場合において，**負荷**の不平衡により中性線に最大電流が生じるおそれがあるときは，分散型電源を施設した構内の電路であって，負荷及び分散型電源の並列点よりも**系統側**に，3極に過電流引き外し素子を有する遮断器を施設すること.

2 低圧の電力系統に逆変換装置を用いずに分散型電源を連系する場合は，**逆潮流**を生じさせないこと. ただし，逆変換装置を用いて分散型電源を連系する場合と同等の単独運転検出及び解列ができる場合は，この限りでない.

(高圧連系時の施設要件)

第228条 高圧の電力系統に分散型電源を連系する場合は，分散型電源を連系する配電用変電所の**配電用変圧器**において，逆向きの潮流を生じさせないこと. ただし，当該配電用変電所に保護装置を施設する等の方法により分散型電源と電力系統との協調をとることができる場合は，この限りではない.

単相3線式への連系は，負荷の不均衡があると中性線に負荷電流以上の電流が流れるおそれがあるので，中性線にも過電流引外し素子を有する遮断器を，負荷と発電設備の並列点より電源側に施設する必要がある（図参照）.

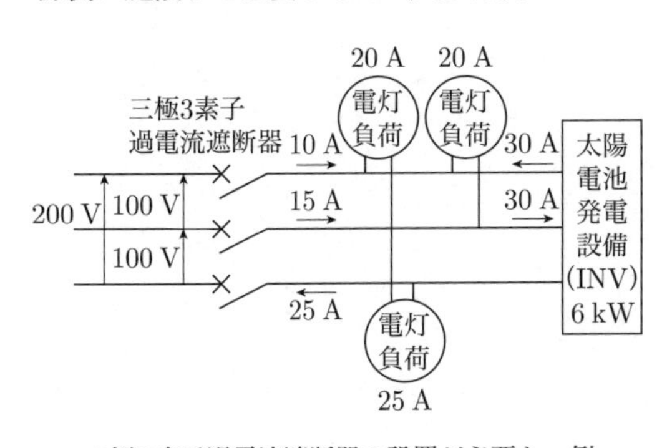

3極3素子過電流遮断器の設置が必要な一例

また，「電気設備技術基準の解釈」第230条（特別高圧連系時の施設要件）について以下に示す.

(特別高圧連系時の施設要件)

第230条 特別高圧の電力系統に分散型電源を連系する場合（スポットネットワーク受電方式で連系する場合を除く.）は，次の各号によること.

一 一般送配電事業者が運用する電線路等の事故時等に，他の電線路等が過負荷になるおそれがあるときは，系統の変電所の電線路引出口等に過負荷検出装置を施設し，電線路等が過負荷になったときは，同装置からの情報に基づき，分散型電源の設置者において，分散型電源の出力を適切に抑制すること.

二 系統安定化又は潮流制御等の理由により運転制御が必要な場合は，必要な運転制御装置を分散型電源に施設すること.

三 単独運転時において電線路の地絡事故により異常電圧が発生するおそれ等があるときは，分散型電源の設置者において，変圧器の中性点に第19条第2項各号の規定に準じて接地工事を施すこと.（関連省令第10条，第11条）

四 前号に規定する中性点接地工事を施すことにより，一般送配電事業者が運用する電力系統内において電磁誘導障害防止対策や地中ケーブルの防護対策の強化等が必要となった場合は，適切な対策を施すこと.

〔ここがポイント〕「電気設備技術基準の解釈」の低圧連系（第226条，第227条），高圧連系（第228条，第229条），特別高圧連系（第230条，第231条）および例外（第232条）に関しては整理しておくこと.

 (1)

次のa)～e)の文章は，図の高圧受電設備における保護協調に関する記述である．
これらの文章の内容について，適切なものと不適切なものの組合せとして，正しいものを次の(1)～(5)のうちから一つ選べ．

a) 受電設備内（図中A点）において短絡事故が発生した場合，VCB（真空遮断器）が，一般送配電事業者の配電用変電所の送り出し遮断器よりも早く動作するようにOCR（過電流継電器）の整定値を決定した．

b) TR2（変圧器）の低圧側で，かつMCCB2（配線用遮断器）の電源側（図中B点）で短絡事故が発生した場合，VCB（真空遮断器）が動作するよりも早くLBS2（負荷開閉器）のPF2（電力ヒューズ）が溶断するように設計した．

c) 低圧のMCCB2（配線用遮断器）の負荷側（図中C点）で短絡事故が発生した場合，MCCB2（配線用遮断器）が動作するよりも先にLBS2（負荷開閉器）のPF2（電力ヒューズ）が溶断しないように設計した．

d) SC（高圧コンデンサ）の端子間（図中D点）で短絡事故が発生した場合，VCB（真空遮断器）が動作するよりも早くLBS3（負荷開閉器）のPF3（電力ヒューズ）が溶断するように設計した．

e) GR付PAS（地絡継電装置付高圧交流負荷開閉器）は，高圧引込ケーブルで1線地絡事故が発生した場合であっても動作しないように設計した．

	a	b	c	d	e
(1)	適切	適切	適切	適切	不適切
(2)	不適切	不適切	適切	不適切	適切
(3)	適切	適切	不適切	不適切	不適切
(4)	適切	不適切	適切	適切	適切
(5)	不適切	適切	不適切	不適切	不適切

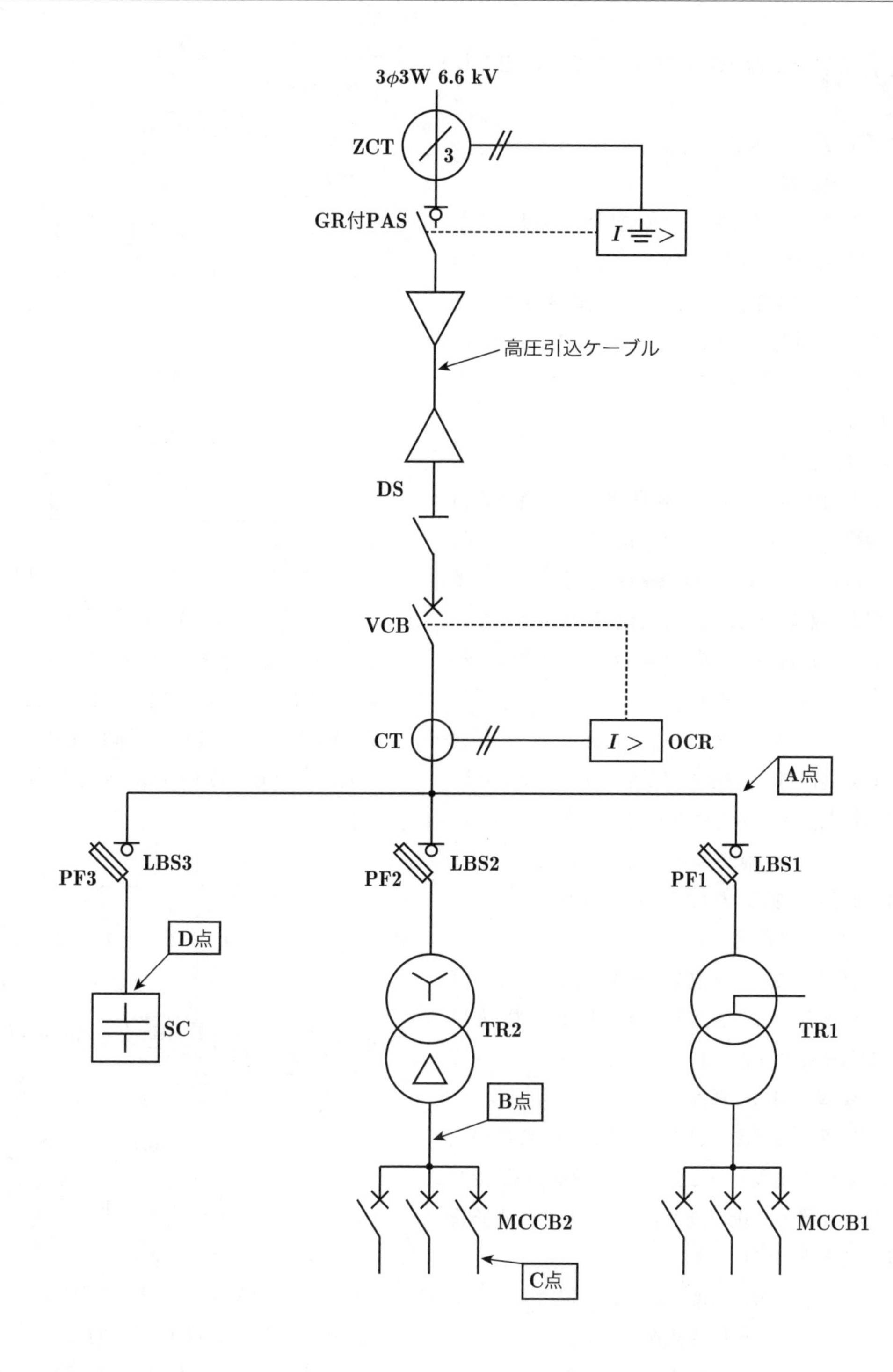
3φ3W 6.6 kV
ZCT
3
GR付PAS
I ⏚ >
高圧引込ケーブル
DS
VCB
CT
I >
OCR
A点
PF3
LBS3
PF2
LBS2
PF1
LBS1
D点
SC
TR2
TR1
B点
MCCB2
MCCB1
C点

解10 高圧受電設備規程からの出題である．

「保護協調・絶縁協調」

1 保護協調

一般に，動作協調（下記①参照）が保たれている場合，保護協調が保たれているという（**動作協調≒保護協調**）．ただし，過電流保護においては動作協調と短絡強度協調（下記②参照）が満たされてはじめて保護協調が保たれているという．

① 動作協調

系統内のある地点に，**過負荷又は短絡あるいは地絡が生じたとき**，事故電流値に対応して動作するように設定された**事故点直近上位の保護装置のみが動作**し，他の保護装置は動作しないとき，これらの保護装置の間では，動作協調が保たれているという．

また，保護機器又はその組み合わされた保護装置の動作特性曲線が，保護される線路又は機器の損傷曲線の下方にあって，これと交わることなく，かつ，保護装置と被保護装置との間には，動作協調が保たれているという．

② 短絡強度協調

短絡電流に対し，被保護機器が熱的及び機械的に保護されるとき，保護機器と被保護機器は短絡強度協調が保たれているという．

2 保護協調の必要性

高圧受電設備は，責任分界点に近い箇所に主遮断装置を施設することにより，高圧電線及び機器を保護し，過電流等による波及事故を防止することとしている．

上記記載内容から問いについて検討する．

(1) (a)図（高圧幹線A点短絡事故）

① A点において，短絡事故が発生した．

② 短絡電流をOCRが検出した（整定値以上となった）．

③ VCBが動作した．

※上位系統である配電用変電所の送り出し遮断器よりも早く動作する必要がある．

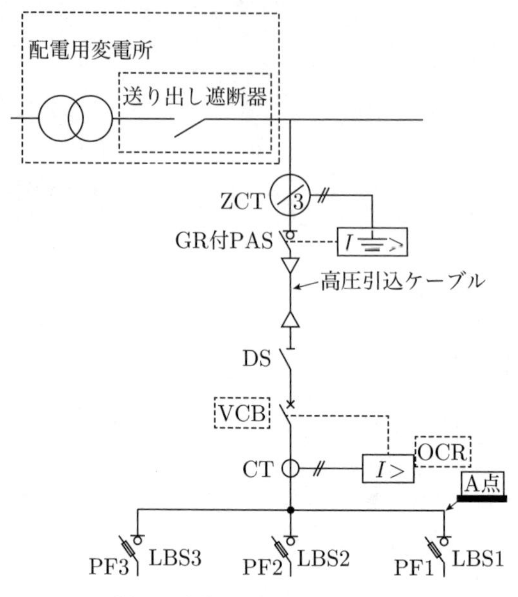

(a) 保護協調（A点短絡事故）

(2) (b)図（低圧幹線B点短絡事故）

① B点において，短絡事故が発生した．

② PF2が溶断しLBS2が動作した．

※上位系統であるVCBよりも早く動作する必要がある．

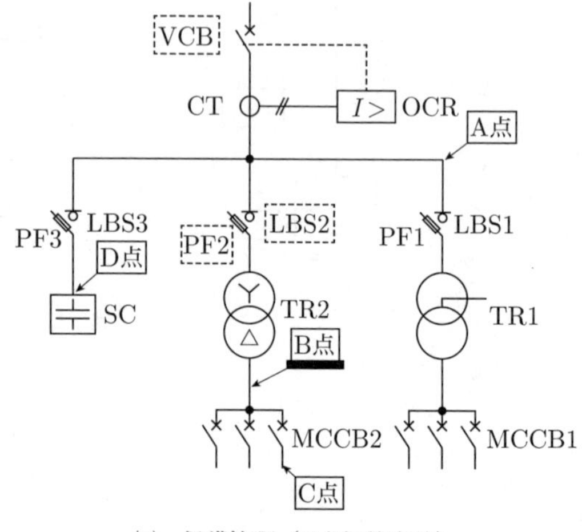

(b) 保護協調（B点短絡事故）

(3) (c)図（低圧C点短絡事故）

① C点において，短絡事故が発生した．

② MCCB2が動作した．

※上位系統であるLBS2のPF2よりも早く動作する必要がある．

(4) (d)図（高圧D点短絡事故）

① D点において，短絡事故が発生した．

② PF3が溶断しLBS3が動作した．

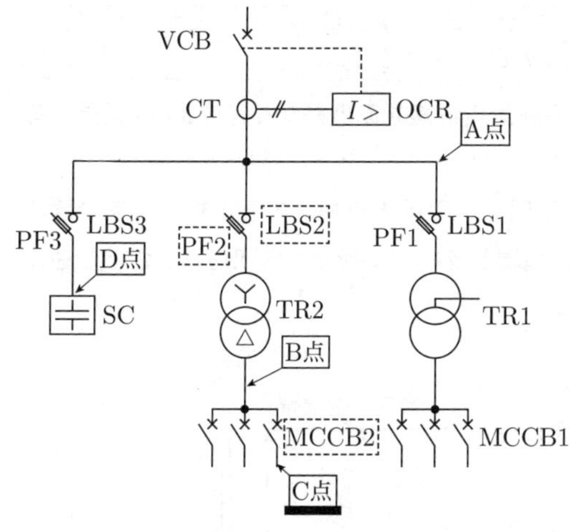

(c) 保護協調（C点短絡事故）

※上位系統であるVCBよりも早く動作する必要がある．

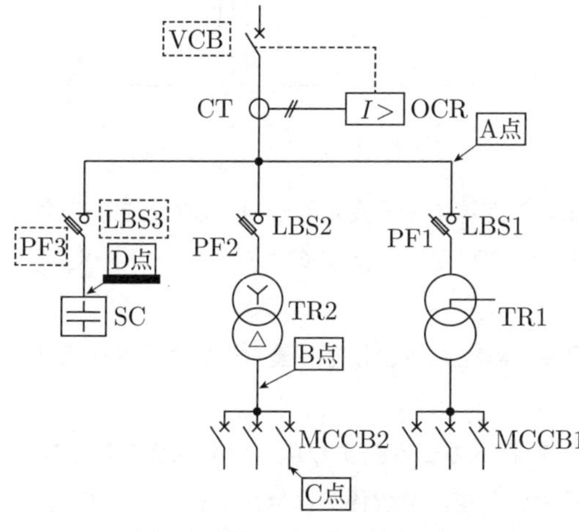

(d) 保護協調（D点短絡事故）

(5) (e)図（高圧ケーブル地絡事故）

① 高圧引込ケーブルで1線地絡事故が発生した．

② GRが地絡電流を検出した．

③ PASが開放した．

※上位系統である配電用変電所の送り出し遮断器よりも早く動作する必要がある．

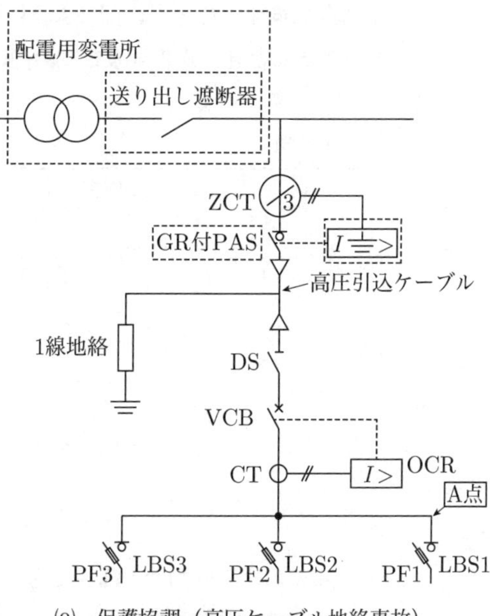

(e) 保護協調（高圧ケーブル地絡事故）

よって，**(5)が誤りである．**

〔ここがポイント〕 高圧受変電設備規程において，過電流保護協調および地絡保護協調について詳細に記載されているため実務などとあわせて学習してほしい．

(1)

B問題

問11及び問12の配点は1問題当たり(a)6点，(b)7点，計13点
問13の配点は(a)7点，(b)7点，計14点

問11

図のように既設の高圧架空電線路から，高圧架空電線を高低差なく径間30 m延長することにした．

新設支持物にA種鉄筋コンクリート柱を使用し，引留支持物とするため支線を電線路の延長方向4 mの地点に図のように設ける．電線と支線の支持物への取付け高さはともに8 mであるとき，次の(a)及び(b)の問に答えよ．

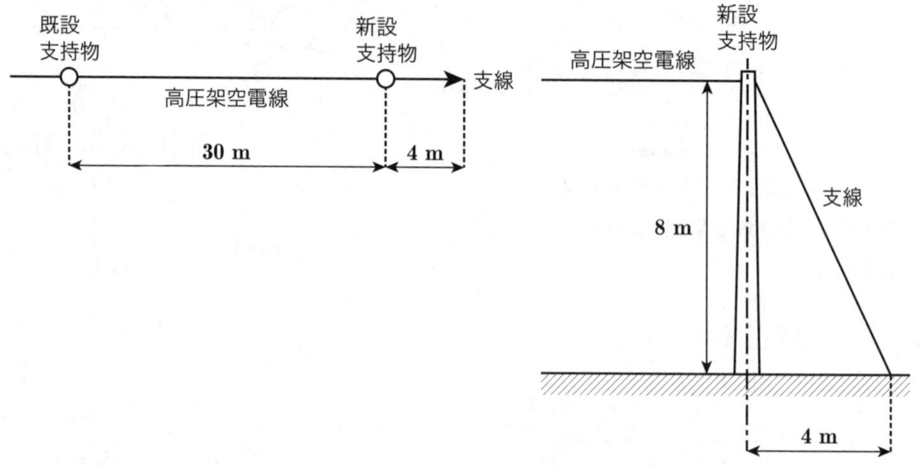

(a) 電線の水平張力が15 kNであり，その張力を支線で全て支えるものとしたとき，支線に生じる引張荷重の値[kN]として，最も近いものを次の(1)～(5)のうちから一つ選べ．

(1) **7**　(2) **15**　(3) **30**　(4) **34**　(5) **67**

(b) 支線の安全率を1.5とした場合，支線の最少素線条数として，最も近いものを次の(1)～(5)のうちから一つ選べ．

ただし，支線の素線には，直径2.9 mmの亜鉛めっき鋼より線（引張強さ1.23 kN/mm²）を使用し，素線のより合わせによる引張荷重の減少係数は無視するものとする．

(1) **3**　(2) **5**　(3) **7**　(4) **9**　(5) **19**

解11 (a) 題意の図に条件を書き込むと(a)図のようになる．

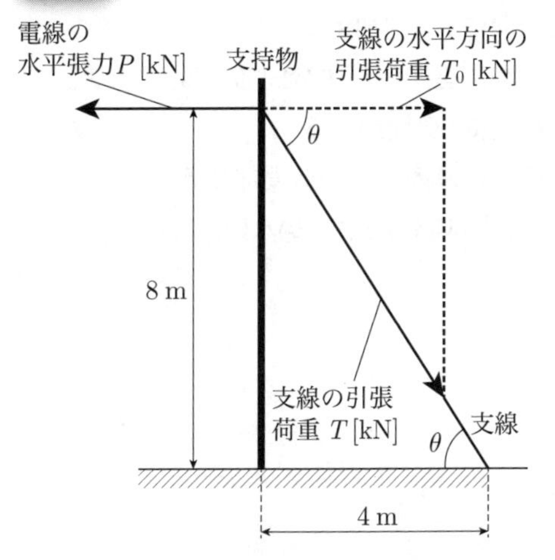

(a) 引き留め箇所の支線の引張荷重

(a)図より，次式が成り立つ．

$$\cos\theta = \frac{T_0}{T} = \frac{15}{T} = \frac{4}{\sqrt{4^2+8^2}} = \frac{4}{\sqrt{80}} \quad ①$$

①式を変形すると，以下のようになる．

$$T = 15 \times \frac{\sqrt{80}}{4} = 33.541\ \mathrm{kN} \quad ②$$

$\Rightarrow 34\ \mathrm{kN}$

(b) 題意より(b)図のようになる．

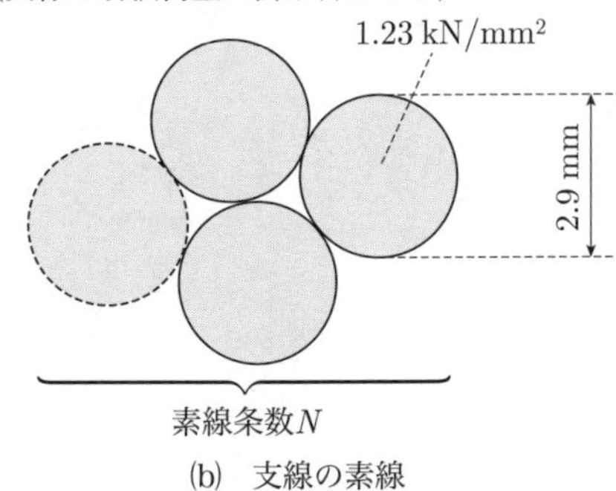

(b) 支線の素線

(b)図の数値と②の値を使用し式を組み立てると次式が成り立つ．

$$1.23 \times \left\{\pi \times \left(\frac{2.9}{2}\right)^2\right\} \times N = 33.541 \times 1.5 \quad ③$$

$[\mathrm{kN/mm^2}] \times [\mathrm{mm^2}] \times$ 条数 $= [\mathrm{kN}] \times$ 安全率

③式より支線の素線条数Nを求めると，

$8.124\,4N = 50.311\,5$

$\therefore\ N = 6.192\,64\cdots$

つまり，$N > 6.192\,64$であるから，

⇒支線の最少素線条数は7となる．

〔ここがポイント〕 支線の引張荷重の場合，(c)図のように通常，支持物との角度αを用いて計算するが今回，試験中の間違いをできるだけ少なくするため上記の解答方法とした．

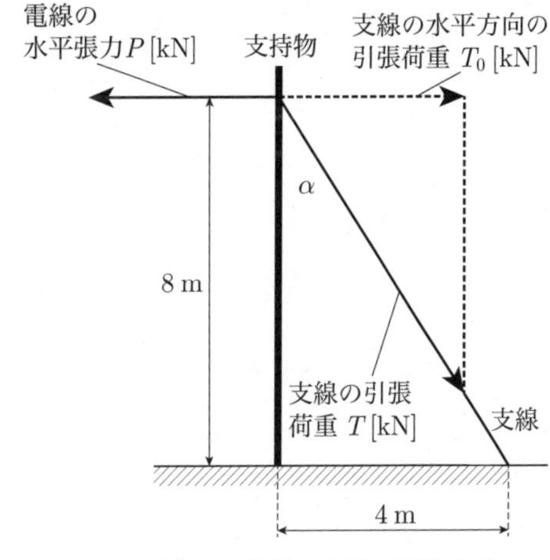

(c) 引き留め箇所の支線の引張荷重

電線が引っ張る水平張力Pで支持物を倒壊させないために電線と反対方向に引っ張ってバランスを取るために支線の水平方向の引張荷重T_0を考えることがポイントとなる．

また，支線の素線条数Nを求める際，安全率を考慮することを忘れないようにすること．

答 (a)-(4)，(b)-(3)

問12 次「電気設備技術基準の解釈」に基づいて，使用電圧6 600 V，周波数50 Hzの電路に使用する高圧ケーブルの絶縁耐力試験を実施する．次の(a)及び(b)の問に答えよ．

(a) 高圧ケーブルの絶縁耐力試験を行う場合の記述として，正しいものを次の(1)～(5)のうちから一つ選べ．

(1) 直流10 350 Vの試験電圧を電路と大地との間に1分間加える．

(2) 直流10 350 Vの試験電圧を電路と大地との間に連続して10分間加える．

(3) 直流20 700 Vの試験電圧を電路と大地との間に1分間加える．

(4) 直流20 700 Vの試験電圧を電路と大地との間に連続して10分間加える．

(5) 高圧ケーブルの絶縁耐力試験を直流で行うことは認められていない．

(b) 高圧ケーブルの絶縁耐力試験を，図のような試験回路で行う．ただし，高圧ケーブルは3線一括で試験電圧を印加するものとし，各試験機器の損失は無視する．また，被試験体の高圧ケーブルと試験用変圧器の仕様は次のとおりとする．

【高圧ケーブルの仕様】

ケーブルの種類：**6 600 V** トリプレックス形架橋ポリエチレン絶縁ビニルシースケーブル（**CVT**）

公称断面積：**100 mm²**，ケーブルのこう長：**220 m**

1線の対地静電容量：**0.45 μF/km**

【試験用変圧器の仕様】

定格入力電圧：**AC 0-120 V**，定格出力電圧：**AC 0-12 000 V**

入力電源周波数：**50 Hz**

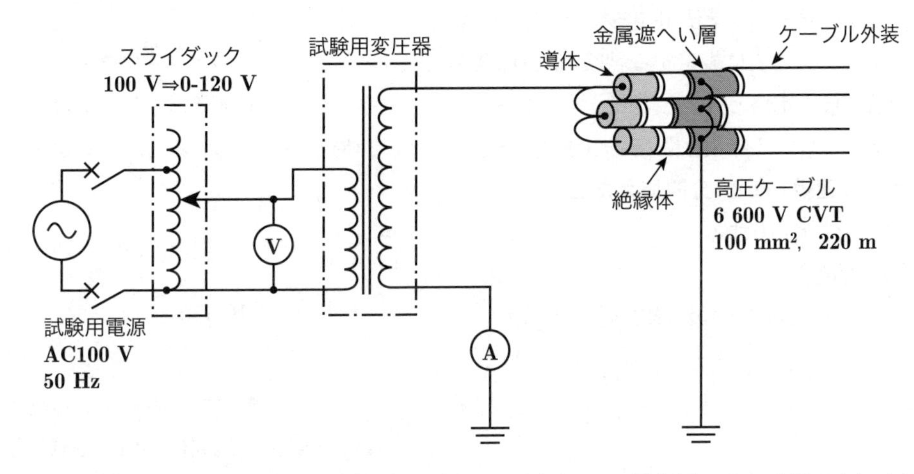

この絶縁耐力試験に必要な皮相電力の値[kV·A]として，最も近いものを次の(1)～(5)のうちから一つ選べ．

(1) **4**　(2) **6**　(3) **9**　(4) **10**　(5) **17**

解12 (a) 「電気設備技術基準の解釈」第15条からの出題である．

(高圧又は特別高圧の電路の絶縁性能)

第15条 高圧又は特別高圧の電路は，次の各号のいずれかに適合する絶縁性能を有すること．

一 15-1表に規定する試験電圧を電路と大地との間（多心ケーブルにあっては，心線相互間及び心線と大地との間）に連続して10分間加えたとき，これに耐える性能を有すること．

二 電線にケーブルを使用する交流の電路においては，15-1表に規定する試験電圧の**2倍の直流電圧**を電路と大地との間（多心ケーブルにあっては，心線相互間及び心線と大地との間）に**連続して10分間加えた**とき，これに耐える性能を有すること．

(以下，省略)

使用電圧6 600 Vの最大使用電圧 V_m は，

$$V_m = 6\,600 \times \frac{1.15}{1.1} = 6\,900\ \text{V}$$

となる．

よって，試験電圧 V_{TDC} は，15-1表および「電気設備技術基準の解釈」第15条第1項第二号より最大使用電圧の1.5倍の試験電圧を2倍した直流電圧を連続して10分間加えればいいことがわかる．

$$\therefore \quad V_{TDC} = V_m \times 1.5 \times 2 = 6\,900 \times 1.5 \times 2 = 20\,700\ \text{V}$$

したがって，使用電圧6 600 Vの高圧ケーブルの絶縁耐力試験の試験方法は，

直流20 700 Vの試験電圧を電路と大地との間に連続して10分間加える．

が正解となる．

(b) 高圧ケーブルを交流の試験電圧で行う場合は，15-1表および「電気設備技術基準の解釈」第15条より，交流試験電圧 V_{TAC} は10 350 Vである．

題意の条件より図を描くと，次のようになる．

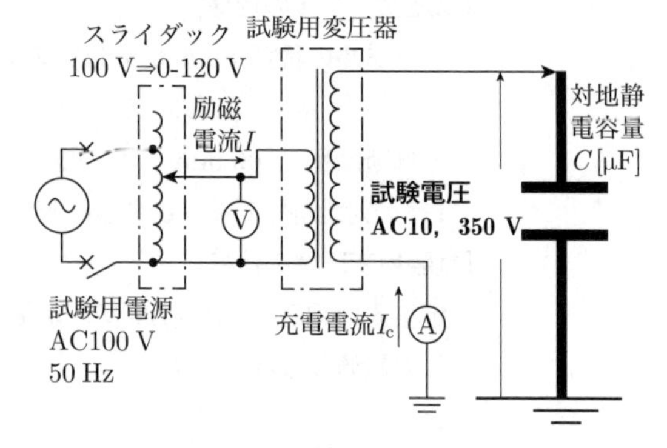

高圧ケーブルの絶縁耐力試験

図より，充電電流 I_c は被試験物である高圧ケーブルの対地静電容量に流れる電流である．角周波数を ω とすると，次式が成り立つ．

$$\begin{aligned} I_c &= 3\omega C V_{TAC} \\ &= 3 \times 2\pi \times 50 \times 0.45 \times 10^{-6} \times \frac{220}{1\,000} \times 10\,350 \\ &= 0.965\,71\ \text{A} \end{aligned}$$

ここで，題意で示されている絶縁耐力試験においては，対地間に印加する試験電圧と対地間に流れる充電電流が試験容量となる．

よって，試験容量 S [kV·A] は，

$$\begin{aligned} S &= V_{TAC} I_c = 10\,350 \times 0.965\,71 \times 10^{-3} \\ &= 9.995\,1\ \text{kV·A} \end{aligned}$$

⇒ **10** kV·Aとなる．

〔ここがポイント〕 絶縁耐力試験は，交流機器は交流で，直流機器は直流で耐圧試験を行うことが原則である．しかし，ケーブルを用いた電路や機器が大形になると静電容量が大きくなり大容量の試験器が必要になることから，交流機器であっても交流電圧と等価な直流耐圧試験が認められている．

別解

(b)の別解として以下に示す．

図より，試験用変圧器に励磁する励磁電流 I [A] は，変圧器の仕様より次のように求められる．

$$I = I_c \times \frac{12\,000}{120} = 0.965\,71 \times 100$$

$= 96.571\ \mathrm{A}$

また，試験用変圧器に入力する電圧 Vは，

$$V = V_{\mathrm{TAC}} \times \frac{120}{12\,000} = 10\,350 \times \frac{1}{100}$$

$$= 103.5\ \mathrm{V}$$

よって，求める試験容量 S [kV·A] は，

$$S = VI = 103.5 \times 96.571 \times 10^{-3}$$

$$= 9.995\,1\ \mathrm{kV{\cdot}A}$$

実際の試験電圧は103.5 Vでよいが，試験用変圧器に励磁する電流が大きくなるため許容電流に見合った配線を選定する必要がある．

(a)-(4)，(b)-(4)

15-1表

<table>
<tr><th colspan="5">電路の種類</th><th>試験電圧</th></tr>
<tr><td rowspan="2">最大使用電圧が7 000 V以下の電路</td><td colspan="4">交流の電路</td><td>最大使用電圧の1.5倍の交流電圧</td></tr>
<tr><td colspan="4">直流の電路</td><td>最大使用電圧の1.5倍の直流電圧又は1倍の交流電圧</td></tr>
<tr><td rowspan="2">最大使用電圧が7 000 Vを超え，60 000 V以下の電路</td><td colspan="4">最大使用電圧が15 000 V以下の中性点接地式電路(中性線を有するものであって，その中性線に多重接地するものに限る.)</td><td>最大使用電圧の0.92倍の電圧</td></tr>
<tr><td colspan="4">上記以外</td><td>最大使用電圧の1.25倍の電圧(10 500 V未満となる場合は，10 500 V)</td></tr>
<tr><td rowspan="6">最大使用電圧が60 000 Vを超える電路</td><td rowspan="4">整流器に接続する以外のもの</td><td colspan="3">中性点非接地式電路</td><td>最大使用電圧の1.25倍の電圧</td></tr>
<tr><td rowspan="3">中性点接地式電路</td><td rowspan="2">最大使用電圧が 170 000 Vを超えるもの</td><td>中性点が直接接地されている発電所又は変電所若しくはこれに準ずる場所に施設するもの</td><td>最大使用電圧の0.64倍の電圧</td></tr>
<tr><td>上記以外の中性点直接接地式電路</td><td>最大使用電圧の0.72倍の電圧</td></tr>
<tr><td colspan="2">上記以外</td><td>最大使用電圧の1.1倍の電圧(75 000 V未満となる場合は，75 000 V)</td></tr>
<tr><td rowspan="2">整流器に接続するもの</td><td colspan="3">交流側及び直流高電圧側電路</td><td>交流側の最大使用電圧の1.1倍の交流電圧又は直流側の最大使用電圧の1.1倍の直流電圧</td></tr>
<tr><td colspan="3">直流側の中性線又は帰線(第201条第六号に規定するものをいう.)となる電路(周波数変換装置(FC)又は非同期連系装置(BTB)の直流部分等の短小な直流電路において，異常電圧の発生のおそれのない場合は，絶縁耐力試験を行わないことができる.)</td><td>次の式により求めた値の交流電圧
$V \times (1/\sqrt{2}) \times 0.51 \times 1.2$
Vは，逆変換器転流失敗時に中性線又は帰線となる電路に現れる交流性の異常電圧の波高値(単位:V)</td></tr>
</table>

(備考) 電位変成器を用いて中性点を接地するものは，中性点非接地式とみなす.

問13 需要家A～Cにのみ電力を供給している変電所がある．

各需要家の設備容量と，ある1日（0～24時）の需要率，負荷率及び需要家A～Cの不等率を表に示す値とする．表の記載に基づき，次の(a)及び(b)の問に答えよ．

需要家	設備容量 [kW]	需要率 [%]	負荷率 [%]	不等率
A	800	55	50	1.25
B	500	60	70	
C	600	70	60	

(a) 3需要家A～Cの1日の需要電力量を合計した総需要電力量の値[kW·h]として，最も近いものを次の(1)～(5)のうちから一つ選べ．

(1) 10 480　(2) 16 370　(3) 20 460　(4) 26 650　(5) 27 840

(b) 変電所から見た総合負荷率の値[%]として，最も近いものを次の(1)～(5)のうちから一つ選べ．ただし，送電損失，需要家受電設備損失は無視するものとする．

(1) 42　(2) 59　(3) 62　(4) 73　(5) 80

解13 題意の条件より図を描くと，下図のようになる.

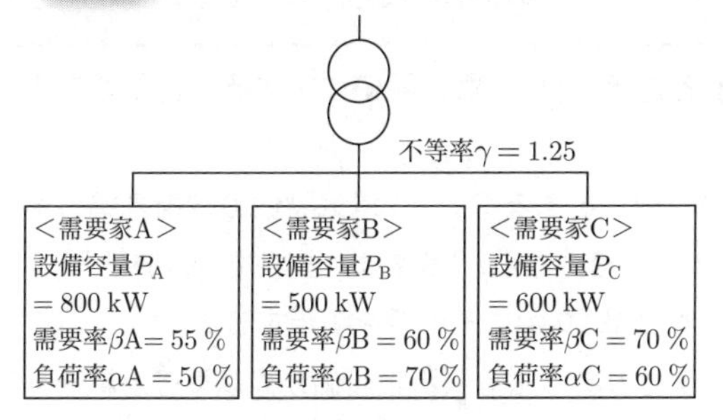

$$需要率\beta = \frac{最大需要電力}{設備容量} \quad ①$$

$$負荷率\alpha = \frac{平均需要電力}{最大需要電力} \quad ②$$

$$不等率\gamma = \frac{各需要家の最大需要電力（P_m）}{合成最大需要電力（P_T）} \quad ③$$

需要家A～Cの負荷状況

(a) 題意より1日の需要電力量を合計したと記載があるため，平均需要電力[kW]に1日（24時間）を掛けた平均需要電力量W [kW·h]を求めればいいことがわかる.

図中の①式と②式を使い式を組み立てると，④式が成り立つ.

$$W = \alpha \times \beta \times 設備容量 \times 24 \quad ④$$

④式より需要家Aの平均需要電力量W_A [kW·h]は，

$$W_A = \alpha_A \times \beta_A \times P_A \times 24 = \frac{50}{100} \times \frac{55}{100} \times 800 \times 24 = 5\,280\ \text{kW·h} \quad ⑤$$

同様に需要家Bおよび需要家Cの平均需要電力量を求めると，

$$W_B = \alpha_B \times \beta_B \times P_B \times 24 = \frac{70}{100} \times \frac{60}{100} \times 500 \times 24 = 5\,040\ \text{kW·h} \quad ⑥$$

$$W_C = \alpha_C \times \beta_C \times P_C \times 24 = \frac{60}{100} \times \frac{70}{100} \times 600 \times 24 = 6\,048\ \text{kW·h} \quad ⑦$$

となる.

したがって，⑤値～⑦値の合計値である総需要電力量W_{ABC} [kW·h]は，

$$W_{ABC} = 5\,280 + 5\,040 + 6\,048 = 16\,368\ \text{kW·h} \quad ⑧$$

⇒ **16 370** kW·hとなる.

(b) 各需要家の最大需要電力（需要家A＝P_{mA}，需要家BはP_{mB}，需要家CはP_{mC}）を②式より算出し，各需要家の最大需要電力P_mを求めると，

$$P_{mA} = \beta_A P_A = 0.55 \times 800 = 440\ \text{kW}$$

$$P_{mB} = \beta_B P_B = 0.6 \times 500 = 300\ \text{kW}$$

$$P_{mC} = \beta_C P_C = 0.7 \times 600 = 420\ \text{kW}$$

$$P_m = P_{mA} + P_{mB} + P_{mC} = 440 + 300 + 420 = 1\,160\ \text{kW} \quad ⑨$$

次に，③式より総合最大需要電力（合成最大需要電力）P_{Tm}は，

$$P_{Tm} = \frac{P_m}{\gamma} = \frac{1160}{1.25} = 928\ \text{kW}$$

となる.

また，総合平均需要電力P_{Ta}は，⑧式 ÷ 24時間であるから，

$$P_{Ta} = \frac{16\,368}{24} = 682\ \text{kW}$$

となる.

したがって，変電所からみた総合負荷率α_Tは，

$$\alpha_T = \frac{P_{Ta}}{P_{Tm}} \times 100 = \frac{682}{928} \times 100 = 73.49\ \%$$

⇒ **73** % となる.

〔ここがポイント〕 ①，②および③の公式は正確に理解することが求められる.

特に，不等率の各需要家の最大需要電力と上位系統からみた合成最大需要電力の違いに気を付けること.

さらに，式を変形して組み立てられるよう同様の課題を繰り返し行う.

答 (a)-(2)，(b)-(4)

令和 2 年度（2020 年） 法規の問題

注1　問題文中に「電気設備技術基準」とあるのは，「電気設備に関する技術基準を定める省令」の略である.

注2　問題文中に「電気設備技術基準の解釈」とあるのは，「電気設備の技術基準の解釈における第1章～第6章及び第8章」をいう．なお，「第7章　国際規格の取り入れ」の各規定について問う出題にあっては，問題文中にその旨を明示する.

注3　問題は，令和5年11月1日現在，効力のある法令（電気設備技術基準の解釈を含む.）に基づいて作成している.

A 問題　配点は 1 問題当たり 6 点

問1　次の文章は，「電気事業法」及び「電気事業法施行規則」に基づく主任技術者に関する記述である.

a)　主任技術者は，事業用電気工作物の工事，維持及び運用に関する保安の［(ア)］の職務を誠実に行わなければならない.

b)　事業用電気工作物の工事，維持及び運用に［(イ)］する者は，主任技術者がその保安のためにする指示に従わなければならない.

c)　第3種電気主任技術者免状の交付を受けている者が保安について［(ア)］をすることができる事業用電気工作物の工事，維持及び運用の範囲は，一部の水力設備，火力設備等を除き，電圧［(ウ)］万V未満の事業用電気工作物（出力［(エ)］kW以上の発電所を除く.）とする.

上記の記述中の空白箇所(ア)～(エ)に当てはまる組合せとして，正しいものを次の(1)～(5)のうちから一つ選べ.

	(ア)	(イ)	(ウ)	(エ)
(1)	作業，検査等	従事	5	5 000
(2)	監督	関係	3	2 000
(3)	作業，検査等	関係	3	2 000
(4)	監督	従事	5	5 000
(5)	作業，検査等	従事	3	2 000

●試験時間　65分
●必要解答数　A問題10題，B問題3題

解1　「電気事業法」第43条からの出題である．

（主任技術者）

第43条　事業用電気工作物を設置する者は，事業用電気工作物の工事，維持及び運用に関する保安の監督をさせるため，主務省令で定めるところにより，主任技術者免状の交付を受けている者のうちから，主任技術者を選任しなければならない．

2　自家用電気工作物を設置する者は，前項の規定にかかわらず，主務大臣の許可を受けて，主任技術者免状の交付を受けていない者を主任技術者として選任することができる．

3　事業用電気工作物を設置する者は，主任技術者を選任したときは，遅滞なく，その旨を主務大臣に届け出なければならない．これを解任したときも，同様とする．

4　主任技術者は，事業用電気工作物の工事，維持及び運用に関する保安の**監督**の職務を誠実に行わなければならない．

5　事業用電気工作物の工事，維持又は運用に**従事**する者は，主任技術者がその保安のためにする指示に従わなければならない．

「電気事業法施工規則」第56条からの出題である．

（免状の種類による監督の範囲）

第56条　法第44条第5項の経済産業省令で定める事業用電気工作物の工事，維持及び運用の範囲は，次の表の左欄に掲げる主任技術者免状の種類に応じて，それぞれ同表の右欄に掲げるとおりとする．

主任技術者免状の種類	保安の監督をすることができる範囲
第1種電気主任技術者免状	事業用電気工作物の工事，維持及び運用
第2種電気主任技術者免状	電圧17万V未満の事業用電気工作物の工事，維持及び運用
第3種電気主任技術者免状	電圧5万V未満の事業用電気工作物（出力**5 000** kW以上の発電所を除く．）の工事，維持及び運用

（以下，省略）

〔ここがポイント〕「電気事業法施工規則」第56条（免状の種類による監督の範囲）は確実に覚えておくこと．

また，主任技術者の種類として，「電気事業法」第44条（主任技術者免状）に記載のとおり7種類ある．名称に関しては一読しておきたい．

①　第1種電気主任技術者
②　第2種電気主任技術者
③　第3種電気主任技術者
④　第1種ダム水路主任技術者
⑤　第2種ダム水路主任技術者
⑥　第1種ボイラー・タービン主任技術者
⑦　第2種ボイラー・タービン主任技術者

さらに，「電気事業法」第42条（保安規程）についてもあわせて学習することをお勧めする．

答　(4)

自家用電気工作物の事故が発生したとき，その自家用電気工作物を設置する者は，「電気関係報告規則」に基づき，自家用電気工作物の設置の場所を管轄する産業保安監督部長に報告しなければならない．次の文章は，かかる事故報告に関する記述である．

a) 感電又は電気工作物の破損若しくは電気工作物の誤操作若しくは電気工作物を操作しないことにより人が死傷した事故（死亡又は病院若しくは診療所 (ア) した場合に限る．）が発生したときは，報告をしなければならない．

b) 電気工作物の破損又は電気工作物の誤操作若しくは電気工作物を操作しないことにより， (イ) に損傷を与え，又はその機能の全部又は一部を損なわせた事故が発生したときは，報告をしなければならない．

c) 上記a)又はb)の報告は，事故の発生を知ったときから (ウ) 時間以内可能な限り速やかに電話等の方法により行うとともに，事故の発生を知った日から起算して30日以内に報告書を提出して行わなければならない．

上記の記述中の空白箇所(ア)～(ウ)に当てはまる組合せとして，正しいものを次の(1)～(5)のうちから一つ選べ．

	(ア)	(イ)	(ウ)
(1)	に入院	公共の財産	24
(2)	で治療	他の物件	48
(3)	に入院	公共の財産	48
(4)	に入院	他の物件	24
(5)	で治療	公共の財産	48

解2　「電気関係報告規則」第3条からの出題である．

（事故報告）

第3条　電気事業者又は自家用電気工作物を設置する者は，電気事業者にあっては電気事業の用に供する電気工作物に関して，自家用電気工作物を設置する者にあっては自家用電気工作物に関して，次の表の事故の欄に掲げる事故が発生したときは，それぞれ同表の報告先の欄に掲げる者に報告しなければならない．この場合において，二以上の号に該当する事故であって報告先の欄に掲げる者が異なる事故は，経済産業大臣に報告しなければならない．

（以下，省略）

2　前項の規定による報告は，事故の発生を知った時から**24**時間以内可能な限り速やかに事故の発生の日時及び場所，事故が発生した電気工作物並びに事故の概要について，電話等の方法により行うとともに，事故の発生を知った日から起算して30日以内に報告書を提出して行わなければならない．ただし，前項の表第四号ハに掲げるもの又は同表第七号から第十二号に掲げるもののうち当該事故の原因が自然現象であるものについては，同様式の報告書の提出を要しない．

〔ここがポイント〕　以下の表に関しては一読し，特に数値の部分に関しては暗記するようにしてほしい．

答　(4)

事故の種類と報告先

事故	報告先	
	電気事業者	自家用電気工作物を設置する者
一　感電又は電気工作物の破損若しくは電気工作物の誤操作若しくは電気工作物を操作しないことにより人が死傷した事故（死亡又は病院若しくは診療所に入院した場合に限る．） 二　電気火災事故（工作物にあっては，その半焼以上の場合に限る．） 三　電気工作物の破損又は電気工作物の誤操作若しくは電気工作物を操作しないことにより，他の物件に損傷を与え，又はその機能の全部又は一部を損なわせた事故	電気工作物の設置の場所を管轄する産業保安監督部長	電気工作物の設置の場所を管轄する産業保安監督部長
四　次に掲げるものに属する主要電気工作物の破損事故 イ　出力90万キロワット未満の水力発電所 ロ　火力発電所（汽力，ガスタービン（出力千キロワット以上のものに限る．），内燃力（出力1万キロワット以上のものに限る．），これら以外を原動力とするもの又は2以上の原動力を組み合わせたものをいう．以下同じ．）における発電設備（発電機及びその発電機と一体となって発電の用に供される原動力設備並びに電気設備の総合体をいう．以下同じ．）（ハに掲げるものを除く．） ハ　火力発電所における汽力又は汽力を含む2以上の原動力を組み合わせたものを原動力とする発電設備であって，出力千キロワット未満のもの（ボイラーに係るものを除く．） ニ　出力500キロワット以上の燃料電池発電所 ホ　出力50キロワット以上の太陽電池発電所 ヘ　出力20キロワット以上の風力発電所 ト　電圧17万ボルト以上（構内以外の場所から伝送される電気を変成するために設置する変圧器その他の電気工作物の総合体であって，構内以外の場所に伝送するためのもの以外のものにあっては10万ボルト以上）30万ボルト未満の変電所（容量30万キロボルトアンペア以上若しくは出力30万キロワット以上の周波数変換機器又は出力10万キロワット以上の整流機器を設置するものを除く．） チ　電圧17万ボルト以上30万ボルト未満の送電線路（直流のものを除く．） リ　電圧1万ボルト以上の需要設備（自家用電気工作物を設置する者に限る．）	電気工作物の設置の場所を管轄する産業保安監督部長	電気工作物の設置の場所を管轄する産業保安監督部長

（五～十三，省略）

事故	報告先
一　感電又は電気工作物の破損若しくは電気工作物の誤操作若しくは電気工作物を操作しないことにより人が死傷した事故（死亡又は病院若しくは診療所に**入院**した場合に限る．） 二　電気火災事故（工作物にあっては，その半焼以上の場合に限る．） 三　電気工作物の破損又は電気工作物の誤操作若しくは電気工作物を操作しないことにより，**他の物件**に損傷を与え，又はその機能の全部又は一部を損なわせた事故	電気事業者及び自家用電気工作物を設置する者は，電気工作物の設置の場所を管轄する産業保安監督部長

次の文章は,「電気設備技術基準」及び「電気設備技術基準の解釈」に基づく使用電圧が6 600 V の交流電路の絶縁性能に関する記述である.

a) 電路は，大地から絶縁しなければならない．ただし，構造上やむを得ない場合であって通常予見される使用形態を考慮し危険のおそれがない場合，又は混触による高電圧の侵入等の異常が発生した際の危険を回避するための接地その他の保安上必要な措置を講ずる場合は，この限りでない.

電路と大地との間の絶縁性能は，事故時に想定される異常電圧を考慮し，(ア)による危険のおそれがないものでなければならない.

b) 電路は，絶縁できないことがやむを得ない部分及び機械器具等の電路を除き，次の①及び②のいずれかに適合する絶縁性能を有すること.

① (イ) Vの交流試験電圧を電路と大地（多心ケーブルにあっては，心線相互間及び心線と大地との間）との間に連続して10分間加えたとき，これに耐える性能を有すること.

② 電線にケーブルを使用する電路においては，(イ) Vの交流試験電圧の (ウ) 倍の直流電圧を電路と大地（多心ケーブルにあっては，心線相互間及び心線と大地との間）との間に連続して10分間加えたとき，これに耐える性能を有すること.

上記の記述中の空白箇所(ア)～(ウ)に当てはまる組合せとして，正しいものを次の(1)～(5)のうちから一つ選べ.

	(ア)	(イ)	(ウ)
(1)	絶縁破壊	9 900	1.5
(2)	漏えい電流	10 350	1.5
(3)	漏えい電流	8 250	2
(4)	漏えい電流	9 900	1.25
(5)	絶縁破壊	10 350	2

解3 「電気設備技術基準」第5条からの出題である．

（電路の絶縁）

第5条　電路は，大地から絶縁しなければならない．ただし，構造上やむを得ない場合であって通常予見される使用形態を考慮し危険のおそれがない場合，又は混触による高電圧の侵入等の異常が発生した際の危険を回避するための接地その他の保安上必要な措置を講ずる場合は，この限りでない．

2　前項の場合にあっては，その絶縁性能は，第22条及び第58条の規定を除き，事故時に想定される異常電圧を考慮し，**絶縁破壊**による危険のおそれがないものでなければならない．

3　変成器内の巻線と当該変成器内の他の巻線との間の絶縁性能は，事故時に想定される異常電圧を考慮し，絶縁破壊による危険のおそれがないものでなければならない．

「電気設備技術基準の解釈」第15条からの出題である．

（高圧又は特別高圧の電路の絶縁性能）

第15条　高圧又は特別高圧の電路は，次の各号のいずれかに適合する絶縁性能を有すること．

一　15-1表に規定する試験電圧を電路と大地との間（多心ケーブルにあっては，心線相互間及び心線と大地との間）に連続して10分間加えたとき，これに耐える性能を有すること．

二　電線にケーブルを使用する交流の電路においては，15-1表に規定する試験電圧の**2**倍の直流電圧を電路と大地との間（多心ケーブルにあっては，心線相互間及び心線と大地との間）に連続して10分間加えたとき，これに耐える性能を有すること．

（以下，省略）

使用電圧6 600 Vの最大使用電圧 V_{m} は，

$$V_{\mathrm{m}} = 6\,600 \times \frac{1.15}{1.1} = 6\,900\ \mathrm{V}$$

となる．

よって，試験電圧 V_{T} は，15-1表より最大使用電圧の1.5倍の交流電圧を加えればいいことがわかる．

$$\therefore\quad V_{\mathrm{T}} = V_{\mathrm{m}} \times 1.5 = 6\,900 \times 1.5 = 10\,350\ \mathrm{V}$$

したがって，交流試験電圧は**10 350** Vとなる．

〔ここがポイント〕 15-1表は，何回も出題されている内容であるため，できれば暗記してほしい．

また，絶縁耐力試験の試験電圧に関して66 kVまでの電路に関しては計算しておくことをお勧めする．

(5)

15-1表

電路の種類		試験電圧
最大使用電圧が7 000 V以下の電路	交流の電路	最大使用電圧の1.5倍の交流電圧
	直流の電路	最大使用電圧の1.5倍の直流電圧又は1倍の交流電圧
最大使用電圧が7 000 Vを超え，60 000 V以下の電路	最大使用電圧が15 000 V以下の中性点接地式電路(中性線を有するものであって，その中性線に多重接地するものに限る.)	最大使用電圧の0.92倍の電圧
	上記以外	最大使用電圧の1.25倍の電圧(10 500 V未満となる場合は，10 500 V)

(60 000以上は省略)
(備考) 電位変成器を用いて中性点を接地するものは，中性点非接地式とみなす．

次の文章は，「電気設備技術基準」に基づく架空電線路からの静電誘導作用又は電磁誘導作用による感電の防止に関する記述である．

a) 特別高圧の架空電線路は，［(ア)］誘導作用により弱電流電線路（電力保安通信設備を除く．）を通じて［(イ)］に危害を及ぼすおそれがないように施設しなければならない．

b) 特別高圧の架空電線路は，通常の使用状態において，［(ウ)］誘導作用により人による感知のおそれがないよう，地表上1 mにおける電界強度が［(エ)］kV/m以下になるように施設しなければならない．ただし，田畑，山林その他の人の往来が少ない場所において，［(イ)］に危害を及ぼすおそれがないように施設する場合は，この限りでない．

上記の記述中の空白箇所(ア)～(エ)に当てはまる組合せとして，正しいものを次の(1)～(5)のうちから一つ選べ．

	(ア)	(イ)	(ウ)	(エ)
(1)	電磁	人体	静電	3
(2)	静電	人体	電磁	3
(3)	静電	人体	電磁	5
(4)	静電	取扱者	電磁	5
(5)	電磁	取扱者	静電	3

解4　「電気設備技術基準」第27条からの出題である．

（架空電線路からの静電誘導作用又は電磁誘導作用による感電の防止）

第27条　特別高圧の架空電線路は，通常の使用状態において，**静電**誘導作用により人による感知のおそれがないよう，地表上1 m における電界強度が**3** kV/m以下になるように施設しなければならない．ただし，田畑，山林その他の人の往来が少ない場所において，**人体**に危害を及ぼすおそれがないように施設する場合は，この限りでない．

2　特別高圧の架空電線路は，**電磁**誘導作用により弱電流電線路（電力保安通信設備を除く．）を通じて**人体**に危害を及ぼすおそれがないように施設しなければならない．

3　電力保安通信設備は，架空電線路からの静電誘導作用又は電磁誘導作用により人体に危害を及ぼすおそれがないように施設しなければならない．

〔ここがポイント〕　本条文に直接関連する解釈条文はないが，電磁誘導作用と静電誘導作用について原理は理解しておきたい．

また，類似で「電気設備技術基準の解釈」第51条（電波障害の防止）と第52条（架空弱電流電線路への誘導作用による通信障害の防止）も一読してほしい．

(1)　電磁誘導障害

平常時は電力線の各相の電流が平衡しているので障害はほとんど起こらないが，(a)図のように，1線地絡事故などが生じたときは相電流の平衡が破れて地絡電流が流れるから，通信線に電圧を誘起し，通信障害を起こす．誘導電圧の大きさは，電力線と通信線とが接近している区間の長さと地絡電流の大きさに比例する．

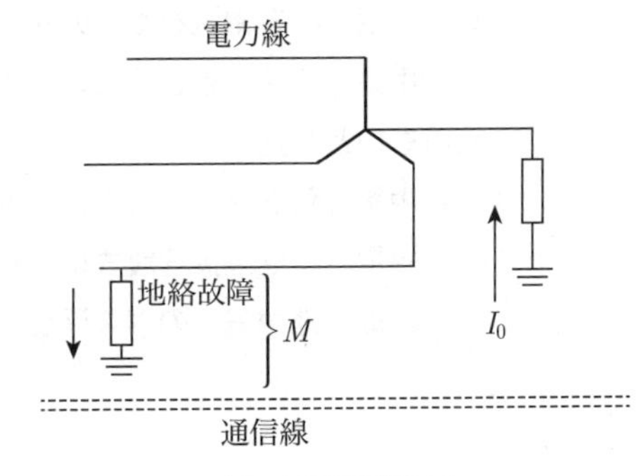

(a)　電磁誘導作用

(2)　静電誘導作用

(b)図のように，電力線と通信線とが接近していると，漏えいがないものとすれば，通信線に誘導される電圧 $E_0 = E \times \dfrac{C_m}{C_m + C_0}$ となり，これによって通信障害が起こる．

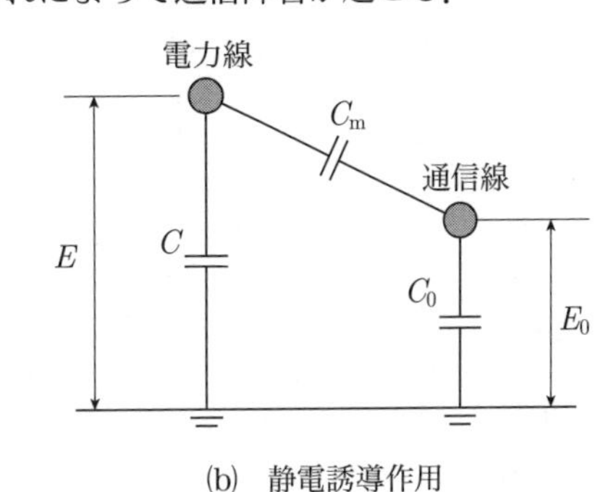

(b)　静電誘導作用

答　(1)

問5　「電気設備技術基準の解釈」に基づく地中電線路の施設に関する記述として，誤っているものを次の(1)～(5)のうちから一つ選べ.

(1)　地中電線路を管路式により施設する際，電線を収める管は，これに加わる車両その他の重量物の圧力に耐えるものとした.

(2)　高圧地中電線路を公道の下に管路式により施設する際，地中電線路の物件の名称，管理者名及び許容電流を2 mの間隔で表示した.

(3)　地中電線路を暗きょ式により施設する際，暗きょは，車両その他の重量物の圧力に耐えるものとした.

(4)　地中電線路を暗きょ式により施設する際，地中電線に耐燃措置を施した.

(5)　地中電線路を直接埋設式により施設する際，車両の圧力を受けるおそれがある場所であるため，地中電線の埋設深さを1.5 mとし，堅ろうなトラフに収めた.

解5 「電気設備技術基準の解釈」第120条からの出題である.

(地中電線路の施設)

第120条 地中電線路は，電線にケーブルを使用し，かつ，管路式，暗きょ式又は直接埋設式により施設すること．なお，管路式には，電線共同溝（C.C.BOX）方式を，暗きょ式にはキャブによるものを，それぞれ含むものとする.

2 地中電線路を管路式により施設する場合は，次の各号によること.

一 電線を収める管は，これに加わる車両その他の重量物の圧力に耐えるものであること.

二 高圧又は特別高圧の地中電線路には，次により表示を施すこと．ただし，需要場所に施設する高圧地中電線路であって，その長さが15 m以下のものにあってはこの限りでない.

イ 物件の名称，管理者名及び**電圧**（需要場所に施設する場合にあっては，物件の名称及び管理者名を除く.）を表示すること.

ロ おおむね2 mの間隔で表示すること．ただし，他人が立ち入らない場所又は当該電線路の位置が十分に認知できる場合は，この限りでない.

3 地中電線路を暗きょ式により施設する場合は，次の各号によること.

一 暗きょは，車両その他の重量物の圧力に耐えるものであること.

二 次のいずれかにより，防火措置を施すこと.

イ 次のいずれかにより，地中電線に耐燃措置を施すこと.

(イ)～(ハ)省略

ロ 暗きょ内に自動消火設備を施設すること.

4 地中電線路を直接埋設式により施設する場合は，次の各号によること.

一 地中電線の埋設深さは，車両その他の重量物の圧力を受けるおそれがある場所においては1.2 m以上，その他の場所においては0.6 m以上であること.

(以下，省略)

よって，題意の直接埋設式により施設する場合の地中電線の埋設深さとして1.5 mは基準を満たしている.

したがって，第120条第2項第二号より公道の下に管路式により施設する場合は，物件の名称，管理者名，許容電流は誤りである.

〔ここがポイント〕 管路式，暗きょ式および直接埋設式についてそれぞれの特徴を押さえて整理しておきたい.

① 管路式：(JIS C 3653では直径20 cm以下で地表上30 cm以上の深さと定めている)
条件外では表示が必要.

② 暗きょ式：地中電線に耐燃措置，かつ自動消火設備設置.

③ 直接埋設式：埋設深さに注意.

(2)

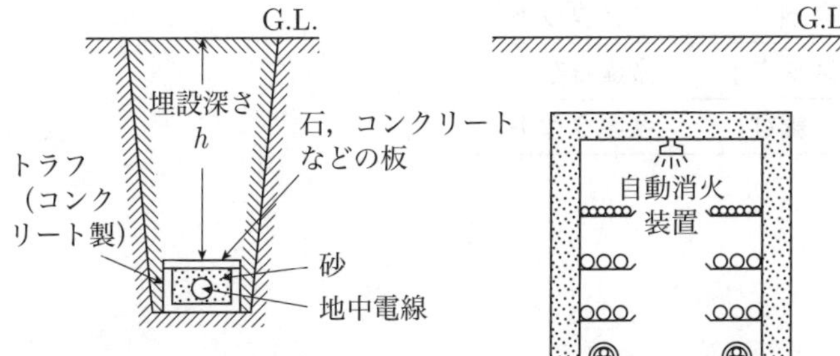

h: 車両その他の重量物の圧力を受けるおそれのある場所は1.2 m以上，その他の場所は60 cm以上

(a) 典型的な直接埋設式

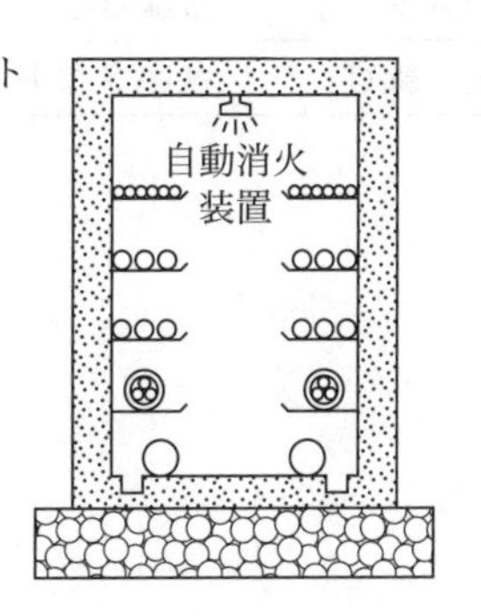

(b) 暗きょ式

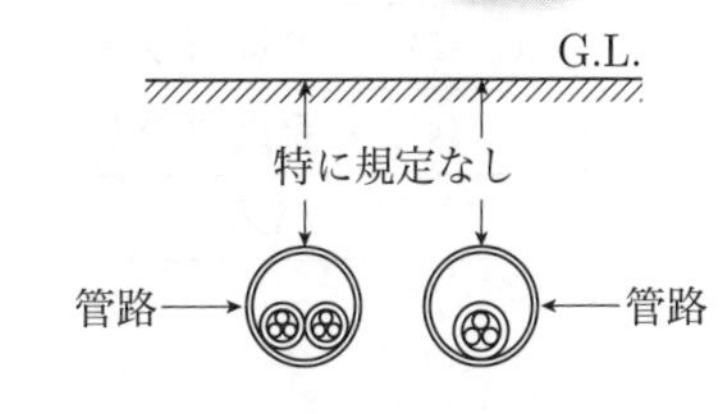

(c) 管路式

※ G.L.とはGround Levelの略（設計地盤）

地中電線路の施設（例）

問6 次の文章は，「電気設備技術基準の解釈」に基づく低圧屋内配線の施設場所による工事の種類に関する記述である．

低圧屋内配線は，次の表に規定する工事のいずれかにより施設すること．ただし，ショウウィンドー又はショウケース内，粉じんの多い場所，可燃性ガス等の存在する場所，危険物等の存在する場所及び火薬庫内に低圧屋内配線を施設する場合を除く．

施設場所の区分		使用電圧の区分	工事の種類											
			がいし引き工事	合成樹脂管工事	金属管工事	金属可とう電線管工事	(ア)工事	(イ)工事	(ウ)工事	ケーブル工事	フロアダクト工事	セルラダクト工事	ライティングダクト工事	平形保護層工事
展開した場所	乾燥した場所	300 V 以下	○	○	○	○	○	○	○	○			○	
		300 V 超過	○	○	○	○		○	○	○				
	湿気の多い場所又は水気のある場所	300 V 以下	○	○	○	○			○	○				
		300 V 超過	○	○	○	○				○				
点検できる隠ぺい場所	乾燥した場所	300 V 以下	○	○	○	○	○	○	○	○		○	○	○
		300 V 超過	○	○	○	○		○	○	○				
	湿気の多い場所又は水気のある場所	—	○	○	○	○				○				
点検できない隠ぺい場所	乾燥した場所	300 V 以下		○	○	○				○	○	○		
		300 V 超過		○	○	○				○				
	湿気の多い場所又は水気のある場所	—		○	○	○				○				

備考：○は使用できることを示す．

上記の表の空白箇所(ア)～(ウ)に当てはまる組合せとして，正しいものを次の(1)～(5)のうちから一つ選べ．

	(ア)	(イ)	(ウ)
(1)	金属線ぴ	金属ダクト	バスダクト
(2)	金属線ぴ	バスダクト	金属ダクト
(3)	金属ダクト	金属線ぴ	バスダクト
(4)	金属ダクト	バスダクト	金属線ぴ
(5)	バスダクト	金属線ぴ	金属ダクト

解6 「電気設備技術基準の解釈」第156条からの出題である．

(低圧屋内配線の施設場所による工事の種類)

第156条 低圧屋内配線は，次の各号に掲げるものを除き，156-1表に規定する工事のいずれかにより施設すること．

一 第172条（ショウウインドー等特別な低圧配線工事）の規定により施設するもの

二 第175条から第178条まで（粉じんの多い場所等危険場所の施設）に規定する場所に施設するもの

156-1表より，**金属線ぴ**工事，**金属ダクト**工事および**バスダクト**工事がカッコ内に当てはまることがわかる．

〔ここがポイント〕 省令第56条（配線の感電又は火災の防止）第1項に関連している．

156-1表でもわかるように，合成樹脂管工事，金属管工事，ケーブル工事は，すべての場所に施設することができる．

その中のケーブル工事について使用できる電線等について以下に示す．

(ケーブル工事)

第164条 ケーブル工事による低圧屋内配線は，次項及び第3項に規定するものを除き，次の各号によること．

一 電線は，164-1表に規定するものであること．

二 重量物の圧力又は著しい機械的衝撃を受けるおそれがある箇所に施設する電線には，適当な防護装置を設けること．

三 電線を造営材の下面又は側面に沿って取り付ける場合は，電線の支持点間の距離をケーブルにあっては2m以下，キャブタイヤケーブルにあっては1m以下とし，かつ，その被覆を損傷しないように取り付けること．

164-1表

電線の種類		区分：使用電圧が300V以下のものを展開した場所又は点検できる隠ぺい場所に施設する場合	区分：その他の場合
ケーブル		○	○
2種	キャブタイヤケーブル	○	
3種	キャブタイヤケーブル	○	○
4種	キャブタイヤケーブル	○	○
2種	クロロプレンキャブタイヤケーブル	○	
3種	クロロプレンキャブタイヤケーブル	○	○
4種	クロロプレンキャブタイヤケーブル	○	○
2種	クロロスルホン化ポリエチレンキャブタイヤケーブル	○	
3種	クロロスルホン化ポリエチレンキャブタイヤケーブル	○	○
4種	クロロスルホン化ポリエチレンキャブタイヤケーブル	○	○
2種	耐燃性エチレンゴムキャブタイヤケーブル	○	
3種	耐燃性エチレンゴムキャブタイヤケーブル	○	○
ビニルキャブタイヤケーブル		○	
耐燃性ポリオレフィンキャブタイヤケーブル		○	

(以下，省略)

答 (1)

156-1表

施設場所の区分		使用電圧の区分	がいし引き工事	合成樹脂管工事	金属管工事	金属可とう電線管工事	金属線ぴ工事	金属ダクト工事	バスダクト工事	ケーブル工事	フロアダクト工事	セルラダクト工事	ライティングダクト工事	平形保護層工事
展開した場所	乾燥した場所	300V以下	○	○	○	○	○	○	○	○			○	
展開した場所	乾燥した場所	300V超過	○	○	○	○		○	○	○				
展開した場所	湿気の多い場所又は水気のある場所	300V以下	○	○	○	○			○	○				
展開した場所	湿気の多い場所又は水気のある場所	300V超過	○	○	○	○				○				
点検できる隠ぺい場所	乾燥した場所	300V以下	○	○	○	○	○	○	○	○		○	○	○
点検できる隠ぺい場所	乾燥した場所	300V超過	○	○	○	○		○	○	○				
点検できる隠ぺい場所	湿気の多い場所又は水気のある場所	–	○	○	○	○				○				
点検できない隠ぺい場所	乾燥した場所	300V以下		○	○	○				○	○	○		
点検できない隠ぺい場所	乾燥した場所	300V超過		○	○	○				○				
点検できない隠ぺい場所	湿気の多い場所又は水気のある場所	–		○	○	○				○				

備考：○は使用できることを示す．

次の文章は，「電気設備技術基準」及び「電気設備技術基準の解釈」に基づく引込線に関する記述である.

a) 引込線とは，(ア)及び需要場所の造営物の側面等に施設する電線であって，当該需要場所の(イ)に至るもの

b) (ア)とは，架空電線路の支持物から(ウ)を経ずに需要場所の(エ)に至る架空電線

c) (オ)とは，引込線のうち一需要場所の引込線から分岐して，支持物を経ないで他の需要場所の(イ)に至る部分の電線

上記の記述中の空白箇所(ア)～(オ)に当てはまる組合せとして，正しいものを次の(1)～(5)のうちから一つ選べ.

	(ア)	(イ)	(ウ)	(エ)	(オ)
(1)	架空引込線	引込口	他の需要場所	取付け点	連接引込線
(2)	連接引込線	引込口	他の需要場所	取付け点	架空引込線
(3)	架空引込線	引込口	他の支持物	取付け点	連接引込線
(4)	連接引込線	取付け点	他の需要場所	引込口	架空引込線
(5)	架空引込線	取付け点	他の支持物	引込口	連接引込線

解7 「電気設備技術基準」第1条からの出題である.

(用語の定義)

第1条

十六 「**連接引込線**」とは，一需要場所の引込線から分岐して，支持物を経ないで他の需要場所の**引込口**に至る部分の電線をいう.

(以下，省略)

「電気設備技術基準の解釈」第1条からの出題である.

(用語の定義)

第1条

九 **架空引込線** 架空電線路の支持物から**他の支持物**を経ずに需要場所の**取付け点**に至る架空電線

十 引込線 **架空引込線**及び需要場所の造営物の側面等に施設する電線であって，当該需要場所の**引込口**に至るもの

(以下，省略)

〔ここがポイント〕 用語の定義に関しては，電気設備技術基準と電気設備技術基準の解釈の二つがあり，記載内容も異なるため学習する際に見落としに注意してほしい.

また，題意の架空引込線と連接引込線および引込口を図に示す.

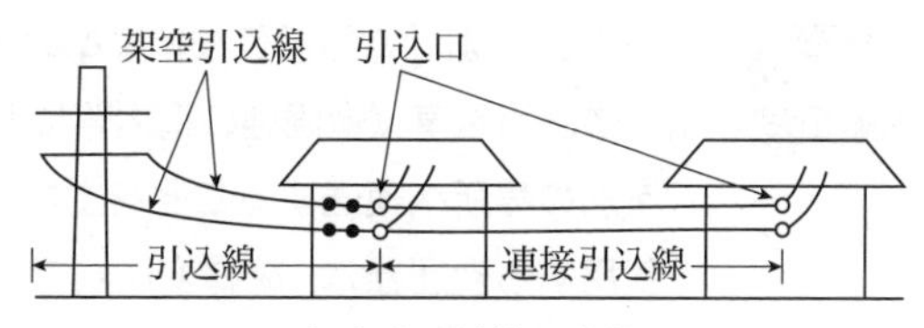

架空引込線等の定義

定義で頻繁に出てくる使用電圧と最大使用電圧の定義について以下に示す.

・使用電圧：電路を代表する線間電圧

・最大使用電圧：次のいずれかの方法により求めた，通常の使用状態において電路に加わる最大の使用電圧

① 使用電圧に1-1表に規定する係数を乗じた電圧

1-1表

使用電圧の区分	係数
1 000 V以下	1.15
1 000 Vを超え500 000 V未満	1.15/1.1
500 000 V	1.05, 1.1又は1.2
1 000 000 V	1.1

② 上記①に規定する以外の電路においては，電路の電源となる機器の定格電圧

③ 計算または実績により，①または②の規定により求めた電圧を上回ることが想定される場合は，その想定される電圧

(3)

次の文章は,「電気設備技術基準の解釈」に基づく特殊機器等の施設に関する記述である.

a) 遊戯用電車（遊園地の構内等において遊戯用のために施設するものであって，人や物を別の場所へ運送することを主な目的としないものをいう.）に電気を供給するために使用する変圧器は，絶縁変圧器であるとともに，その1次側の使用電圧は (ア) V以下であること.

b) 電気浴器の電源は，電気用品安全法の適用を受ける電気浴器用電源装置（内蔵されている電源変圧器の2次側電路の使用電圧が (イ) V以下のものに限る.）であること.

c) 電気自動車等（カタピラ及びそりを有する軽自動車，大型特殊自動車，小型特殊自動車並びに被牽引自動車を除く.）から供給設備（電力変換装置，保護装置等の電気自動車等から電気を供給する際に必要な設備を収めた筐体等をいう.）を介して，一般用電気工作物に電気を供給する場合，当該電気自動車等の出力は, (ウ) kW未満であること.

上記の記述中の空白箇所(ア)～(ウ)に当てはまる組合せとして，正しいものを次の(1)～(5)のうちから一つ選べ.

	(ア)	(イ)	(ウ)
(1)	300	10	10
(2)	150	5	10
(3)	300	5	20
(4)	150	10	10
(5)	300	10	20

解8 「電気設備技術基準の解釈」第189条，第198条および第199条からの出題である．

（遊戯用電車の施設）

第189条 遊戯用電車内の電路及びこれに電気を供給するために使用する電気設備は，次の各号によること．

一 遊戯用電車内の電路は，次によること．

イ 取扱者以外の者が容易に触れるおそれがないように施設すること．

ロ 遊戯用電車内に昇圧用変圧器を施設する場合は，次によること．

(イ) 変圧器は，絶縁変圧器であること．

(ロ) 変圧器の2次側の使用電圧は，150 V以下であること．

ハ 遊戯用電車内の電路と大地との間の絶縁抵抗は，使用電圧に対する漏えい電流が，当該電路に接続される機器の定格電流の合計値の1/5 000を超えないように保つこと．

二 遊戯用電車に電気を供給する電路は，次によること．

イ 使用電圧は，直流にあっては60 V以下，交流にあっては40 V以下であること．

ロ イに規定する使用電圧に電気を変成するために使用する変圧器は，次によること．

(イ) 変圧器は，絶縁変圧器であること．

(ロ) 変圧器の1次側の使用電圧は，**300** V以下であること．

（以下，省略）

（電気浴器等の施設）

第198条 電気浴器は，次の各号によること．

一 電気浴器の電源は，電気用品安全法の適用を受ける電気浴器用電源装置（内蔵されている電源変圧器の2次側電路の使用電圧が**10** V以下のものに限る.）であること．

二 電気浴器用電源装置の金属製外箱及び電線を収める金属管には，D種接地工事を施すこと．

（以下，省略）

（電気自動車等から電気を供給するための設備等の施設）

第199条の2 電気自動車等から供給設備を介して，一般用電気工作物に電気を供給する場合は，次の各号により施設すること．

一 電気自動車等の出力は，**10** kW未満であるとともに，低圧幹線の許容電流以下であること．

二 電路に地絡を生じたときに自動的に電路を遮断する装置を施設すること．

（以下，省略）

〔ここがポイント〕 第199条の2（電気自動車等から電気を供給するための設備等の施設）に関して，供給と充電では，規制対象が変化することを覚えておくこと（図参照）．

(1)

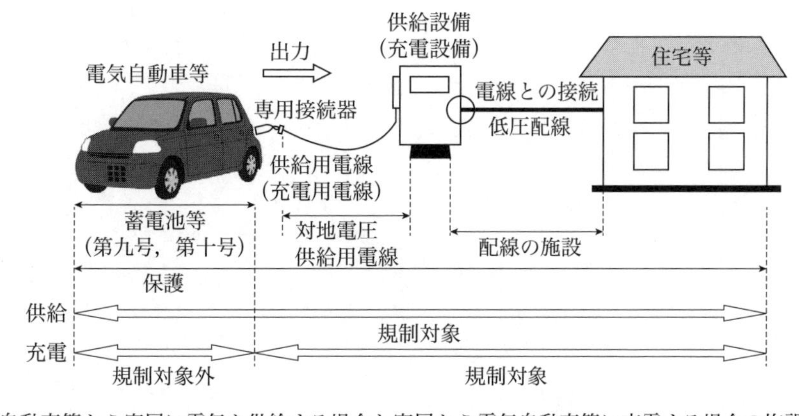

電気自動車等から家屋に電気を供給する場合と家屋から電気自動車等に充電する場合の施設方法

次の文章は，「電気設備技術基準の解釈」における配線器具の施設に関する記述の一部である.

低圧用の配線器具は，次により施設すること.

a) ［(ア)］ように施設すること．ただし，取扱者以外の者が出入りできないように措置した場所に施設する場合は，この限りでない.

b) 湿気の多い場所又は水気のある場所に施設する場合は，防湿装置を施すこと.

c) 配線器具に電線を接続する場合は，ねじ止めその他これと同等以上の効力のある方法により，堅ろうに，かつ，電気的に完全に接続するとともに，接続点に［(イ)］が加わらないようにすること.

d) 屋外において電気機械器具に施設する開閉器，接続器，点滅器その他の器具は，［(ウ)］おそれがある場合には，これに堅ろうな防護装置を施すこと.

上記の記述中の空白箇所(ア)～(ウ)に当てはまる組合せとして，正しいものを次の(1)～(5)のうちから一つ選べ.

	(ア)	(イ)	(ウ)
(1)	充電部分が露出しない	張力	感電の
(2)	取扱者以外の者が容易に開けることができない	異常電圧	損傷を受ける
(3)	取扱者以外の者が容易に開けることができない	張力	感電の
(4)	取扱者以外の者が容易に開けることができない	異常電圧	感電の
(5)	充電部分が露出しない	張力	損傷を受ける

解9 「電気設備技術基準の解釈」第150条からの出題である．

(配線器具の施設)

第150条　低圧用の配線器具は，次の各号により施設すること．

一　**充電部分が露出しない**ように施設すること．ただし，取扱者以外の者が出入りできないように措置した場所に施設する場合は，この限りでない．

二　湿気の多い場所又は水気のある場所に施設する場合は，防湿装置を施すこと．

三　配線器具に電線を接続する場合は，ねじ止めその他これと同等以上の効力のある方法により，堅ろうに，かつ，電気的に完全に接続するとともに，接続点に**張力**が加わらないようにすること．

四　屋外において電気機械器具に施設する開閉器，接続器，点滅器その他の器具は，**損傷を受ける**おそれがある場合には，これに堅ろうな防護装置を施すこと．

2　低圧用の非包装ヒューズは，不燃性のもので製作した箱又は内面全てに不燃性のものを張った箱の内部に施設すること．ただし，使用電圧が300 V以下の低圧配線において，次の各号に適合する器具又は電気用品安全法の適用を受ける器具に収めて施設する場合は，この限りでない．

一　極相互の間に，開閉したとき又はヒューズが溶断したときに生じるアークが他の極に及ばないような絶縁性の隔壁を設けること．

二　カバーは，耐アーク性の合成樹脂で製作したものであり，かつ，振動により外れないものであること．

三　完成品は，日本産業規格 JIS C 8308 に適合するものであること．

〔ここがポイント〕 低圧配線器具に関しては，電気工事士の試験でも出題される．確実に解答できるように「電気設備基準」第59条第1項もあわせて学習しておきたい．

さらに，電気使用場所に施設する電気機械器具の感電，火災を防止する観点から，低圧電路の絶縁性能についても深堀してほしい．

「電気設備技術基準」

(低圧の電路の絶縁性能)

第58条　電気使用場所における使用電圧が低圧の電路の電線相互間及び電路と大地との間の絶縁抵抗は，開閉器又は過電流遮断器で区切ることのできる電路ごとに，次の表の左欄に掲げる電路の使用電圧の区分に応じ，それぞれ同表の右欄に掲げる値以上でなければならない．

電路の使用電圧の区分		絶縁抵抗値
300 V以下	対地電圧(接地式電路においては電線と大地との間の電圧，非接地式電路においては電線間の電圧をいう．)が150 V以下の場合	0.1 MΩ
	その他の場合	0.2 MΩ
300 Vを超えるもの		0.4 MΩ

(5)

次の文章は，「電気設備技術基準の解釈」に基づく分散型電源の高圧連系時の系統連系用保護装置に関する記述である.

高圧の電力系統に分散型電源を連系する場合は，次により，異常時に分散型電源を自動的に解列するための装置を施設すること.

a) 次に掲げる異常を保護リレー等により検出し，分散型電源を自動的に解列すること.

① 分散型電源の異常又は故障

② 連系している電力系統の (ア)

③ 分散型電源の単独運転

b) (イ) 又は配電事業者が運用する電力系統において再閉路が行われる場合は，当該再閉路時に，分散型電源が当該電力系統から解列されていること.

c) 「逆変換装置を用いて連系する場合」において，「逆潮流有りの場合」の保護リレー等は，次によること.

表に規定する保護リレー等を受電点その他故障の検出が可能な場所に設置すること.

検出する異常	保護リレー等の種類
発電電圧異常上昇	過電圧リレー
発電電圧異常低下	不足電圧リレー
系統側短絡事故	不足電圧リレー
系統側地絡事故	(ウ) リレー
単独運転	周波数上昇リレー
	周波数低下リレー
	転送遮断装置又は単独運転検出装置

上記の記述中の空白箇所(ア)〜(ウ)に当てはまる組合せとして，正しいものを次の(1)〜(5)のうちから一つ選べ.

	(ア)	(イ)	(ウ)
(1)	短絡事故又は地絡事故	一般送配電事業者	欠相
(2)	短絡事故又は地絡事故	発電事業者	地絡過電圧
(3)	高低圧混触事故	一般送配電事業者	地絡過電圧
(4)	高低圧混触事故	発電事業者	欠相
(5)	短絡事故又は地絡事故	一般送配電事業者	地絡過電圧

解10 「電気設備技術基準の解釈」第229条からの出題である．

（高圧連系時の系統連系用保護装置）

第229条 高圧の電力系統に分散型電源を連系する場合は，次の各号により，異常時に分散型電源を自動的に解列するための装置を施設すること．

一 次に掲げる異常を保護リレー等により検出し，分散型電源を自動的に解列すること．

イ 分散型電源の異常又は故障

ロ 連系している電力系統の**短絡事故又は地絡事故**

ハ 分散型電源の単独運転

二 **一般送配電事業者**又は配電事業者が運用する電力系統において再閉路が行われる場合は，当該再閉路時に，分散型電源が当該電力系統から解列されていること．

三 保護リレー等は，次によること．

イ 229-1表に規定する保護リレー等を受電点その他故障の検出が可能な場所に設置すること．

ロ イの規定により設置する保護リレーの設置相数は，229-2表によること．

四 分散型電源の解列は，次によること．

イ 次のいずれかで解列すること．

(イ) 受電用遮断器

(ロ) 分散型電源の出力端に設置する遮断器又はこれと同等の機能を有する装置

(ハ) 分散型電源の連絡用遮断器

(ニ) 母線連絡用遮断器

ロ 前号ロの規定により複数の相に保護リレーを設置する場合は，いずれかの相で異常を検出した場合に解列すること．

したがって，229-1表より，系統側地絡事故は，**地絡過電圧**リレーにより保護する．

〔ここがポイント〕

① 低圧連系時の施設要件と低圧連系時の系統連系用保護装置

② 高圧連系時の施設要件と高圧連系時の系統連系用保護装置

③ 特別高圧連系時の施設要件と特別高圧連系時の系統連系用保護装置

上記の連系施設要件と連系用保護装置はそれぞれ異なるため混合しないように表にまとめて整理する必要がある．

 (5)

229-2表

保護リレーの種類	保護リレーの設置相数
地絡過電圧リレー	1(零相回路)
過電圧リレー	1
周波数低下リレー	
周波数上昇リレー	
逆電力リレー	
短絡方向リレー	3 ※1
不足電圧リレー	3 ※2

※1：連系している系統と協調がとれる場合は，2相とすることができる．
※2：同期発電機を用いる場合であって，短絡方向リレーと協調がとれる場合は，1相とすることができる．

229-1表

保護リレー等		逆変換装置を用いて連系する場合		逆変換装置を用いずに連系する場合	
検出する異常	種類	逆潮流有りの場合	逆潮流無しの場合	逆潮流有りの場合	逆潮流無しの場合
発電電圧異常上昇	過電圧リレー	○※1	○※1	○※1	○※1
発電電圧異常低下	不足電圧リレー	○※1	○※1	○※1	○※1
系統側短絡事故	不足電圧リレー	○※2	○※2	○※9	○※9
	短絡方向リレー			○※10	○※10
系統側地絡事故	地絡過電圧リレー	○※3	○※3	○※11	○※11
単独運転	周波数上昇リレー	○※4		○※4	
	周波数低下リレー	○	○※7	○	○※7
	逆電力リレー		○※8		○
	転送遮断装置又は単独運転検出装置	○※5※6		○※5※6※12	

（※1～※12に関しては電気設備技術基準の解釈に記載）
（備考） 1. ○は，該当することを示す． 2. 逆潮流無しの場合であっても，逆潮流有りの条件で保護リレー等を設置することができる．

B 問題

問 11 及び問 12 の配点は 1 問題当たり(a) 6 点，(b) 7 点，計 13 点
問 13 の配点は(a) 7 点，(b) 7 点，計 14 点

問11

電気工作物に起因する供給支障事故について，次の(a)及び(b)の問に答えよ．

(a) 次の記述中の空白箇所(ア)～(エ)に当てはまる組合せとして，正しいものを次の(1)～(5)のうちから一つ選べ．

① 電気事業法第39条（事業用電気工作物の維持）において，事業用電気工作物の損壊により (ア) 者又は配電事業者の電気の供給に著しい支障を及ぼさないようにすることが規定されている．

② 「電気関係報告規則」において，(イ) を設置する者は，(ア) の用に供する電気工作物と電気的に接続されている電圧 (ウ) V以上の (イ) の破損又は (イ) の誤操作若しくは (イ) を操作しないことにより (ア) 者に供給支障を発生させた場合，電気工作物の設置の場所を管轄する産業保安監督部長に事故報告をしなければならないことが規定されている．

③ 図1に示す高圧配電系統により高圧需要家が受電している．事故点1，事故点2又は事故点3のいずれかで短絡等により高圧配電系統に供給支障が発した場合，②の報告対象となるのは (エ) である．

	(ア)	(イ)	(ウ)	(エ)
(1)	一般送配電事業	自家用電気工作物	6 000	事故点1又は事故点2
(2)	送電事業	事業用電気工作物	3 000	事故点1又は事故点3
(3)	一般送配電事業	事業用電気工作物	6 000	事故点2又は事故点3
(4)	送電事業	事業用電気工作物	6 000	事故点1又は事故点2
(5)	一般送配電事業	自家用電気工作物	3 000	事故点2又は事故点3

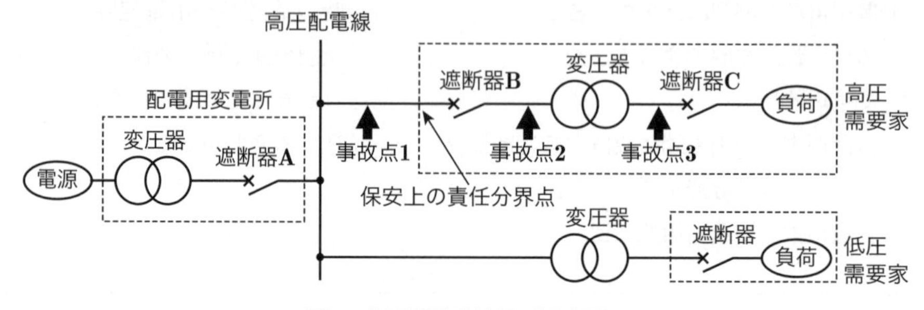

図1 高圧配電系統図（概略図）

(b) 次の記述中の空白箇所(ア)～(エ)に当てはまる組合せとして，正しいものを次の(1)～(5)のうちから一つ選べ.

① 受電設備を含む配電系統において，過負荷又は短絡あるいは地絡が生じたとき，供給支障の拡大を防ぐため，事故点直近上位の遮断器のみが動作し，他の遮断器は動作しないとき，これらの遮断器の間では (ア) がとられているという.

② 図2は，図1の高圧需要家の事故点2又は事故点3で短絡が発生した場合の過電流と遮断器（遮断器A及び遮断器B）の継電器動作時間の関係を示したものである. (ア) がとられている場合，遮断器Bの継電器動作特性曲線は， (イ) である.

③ 図3は，図1の高圧需要家の事故点2で地絡が発生した場合の零相電流と遮断器（遮断器A及び遮断器B）の継電器動作時間の関係を示したものである. (ア) がとられている場合，遮断器Bの継電器動作特性曲線は， (ウ) である. また，地絡の発生箇所が零相変流器より負荷側か電源側かを判別するため (エ) の使用が推奨されている.

	(ア)	(イ)	(ウ)	(エ)
(1)	同期協調	曲線2	曲線3	地絡距離継電器
(2)	同期協調	曲線1	曲線3	地絡方向継電器
(3)	保護協調	曲線1	曲線4	地絡距離継電器
(4)	保護協調	曲線2	曲線4	地絡方向継電器
(5)	保護協調	曲線2	曲線3	地絡距離継電器

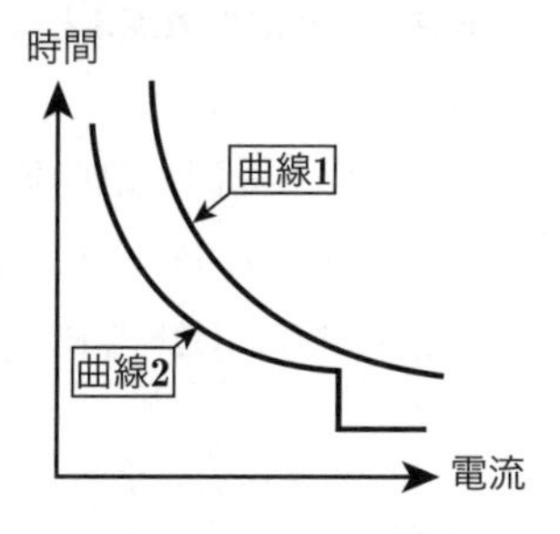

図2 過電流継電器-連動遮断特性

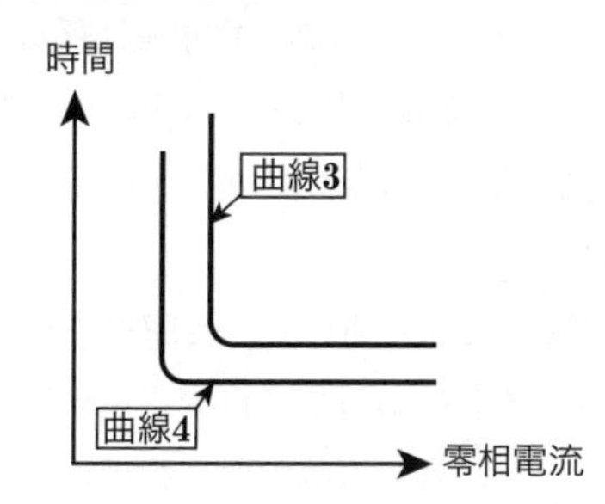

図3 地絡継電器-連動遮断特性

(a) 「電気事業法」第39条からの出題である．

(事業用電気工作物の維持)

第39条　事業用電気工作物を設置する者は，事業用電気工作物を主務省令で定める技術基準に適合するように維持しなければならない．

2　前項の主務省令は，次に掲げるところによらなければならない．

一　事業用電気工作物は，人体に危害を及ぼし，又は物件に損傷を与えないようにすること．

二　事業用電気工作物は，他の電気的設備その他の物件の機能に電気的又は磁気的な障害を与えないようにすること．

三　事業用電気工作物の損壊により**一般送配電事業**者又は配電事業者の電気の供給に著しい支障を及ぼさないようにすること．

四　事業用電気工作物が一般送配電事業の用に供される場合にあっては，その事業用電気工作物の損壊によりその一般送配電事業に係る電気の供給に著しい支障を生じないようにすること．

「電気関係報告規則」第3条からの出題である．

(事故報告)

第3条　電気事業者に関して，**自家用電気工作物**を設置する者にあっては自家用電気工作物に関して，次の表の事故の欄に掲げる事故が発生したときは，それぞれ同表の報告先の欄に掲げる者に報告しなければならない．この場合において，二以上の号に該当する事故であって報告先の欄に掲げる者が異なる事故は，経済産業大臣に報告しなければならない．

表より，一般送配電事業者の一般送配電事業の用に供する電気工作物と電気的に接続されている電圧**3 000 V**以上の**自家用電気工作物**の破損又は**自家用電気工作物**の誤操作もしくは**自家用電気工作物**を操作しないことにより**一般送配電事業**者又は配電事業者に供給支障を発生した場合，電気工作物の設置の場所を管轄する産業保安監督部長に事故報告しなければならない．

事故の種類と報告先（抜粋）

事故	報告先	
	電気事業者	自家用電気工作物を設置する者
十一　一般送配電事業者の一般送配電事業の用に供する電気工作物，配電事業者の配電事業の用に供する電気工作物又は特定送配電事業者の特定送配電事業の用に供する電気工作物と電気的に接続されている電圧3千ボルト以上の自家用電気工作物の破損又は自家用電気工作物の誤操作若しくは自家用電気工作物を操作しないことにより一般送配電事業者，配電事業者又は特定送配電事業者に供給支障を発生させた事故		電気工作物の設置の場所を管轄する産業保安監督部長

また，(a)図より，高圧需要家（責任分界点より右側）内の事故に関して事故報告しなければならない．よって，報告対象となる事故点は，**事故点2又は事故点3**となる．

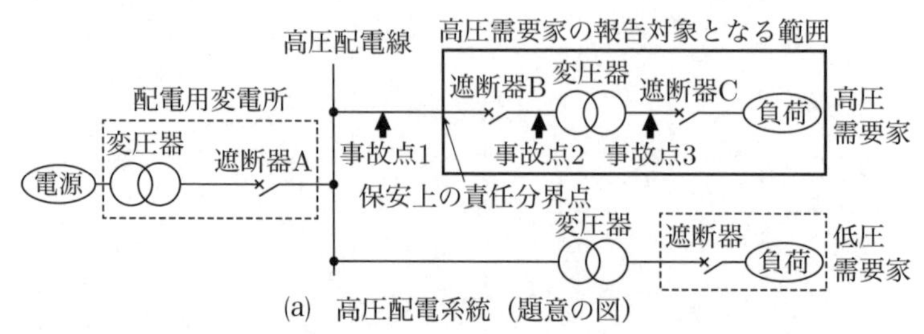

(a)　高圧配電系統（題意の図）

(b)

①　まず，(a)図に遮断器D等を追加し描き直したものを(b)図に示す（遮断器の×は省略）．

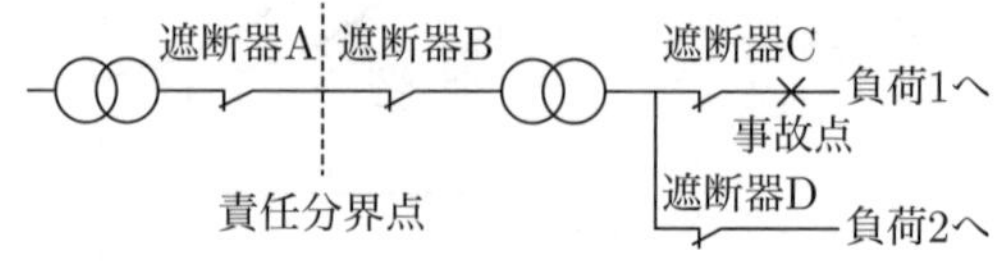

(b)　高圧需要家（事故時）

(b)図において，事故点が遮断器Cの下位にある場合，遮断器Bが先に動作すると，負荷2まで停電することになってしまう（(c)図参照）．

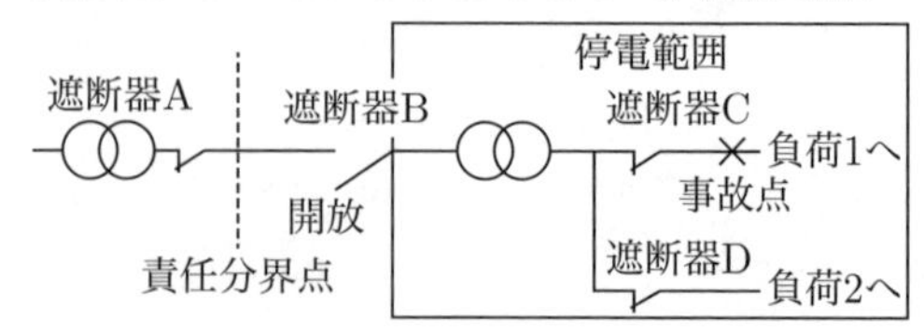

(c)　保護協調とられていない（事故後）

つまり，事故時において停電範囲を最小限にするために，(b)図の遮断器Cが先に動作する必要がある（(d)図参照）.

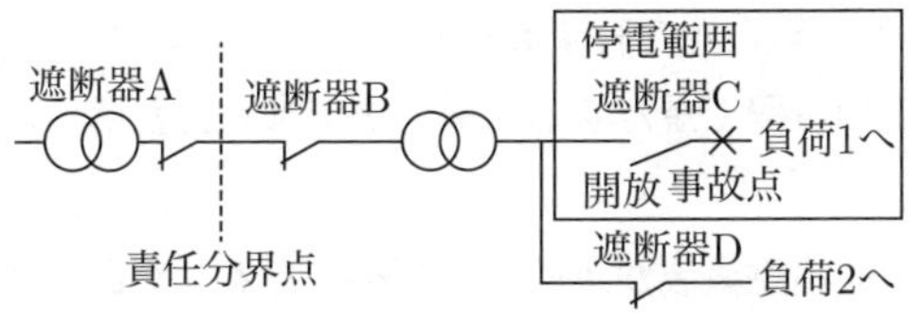

(d)　保護協調とられている（事故後）

(d)図のように事故点直近上位の遮断器Cのみが動作しほかの遮断器は動作しないように調整したものを**保護協調**がとられている高圧需要家設備であるという.

②　題意の図を描き直したものを(e)図に示す. (e)図のように事故点2で短絡事故が発生すると，短絡電流が流れる.

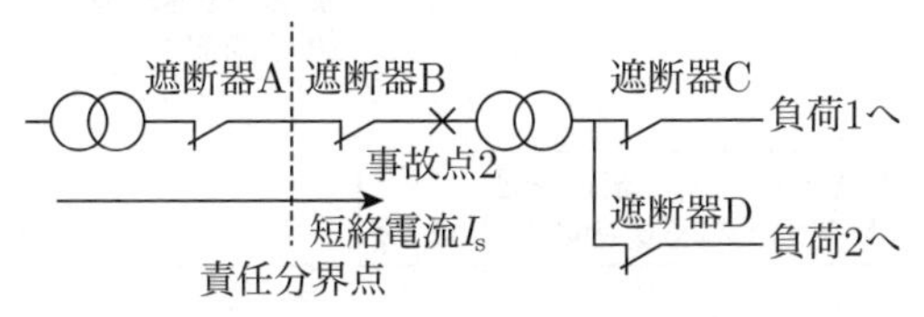

(e)　保護協調とられている（短絡事故：事故点2）

題意の図（過電流継電器-連動遮断特性）に短絡電流を記載したものを(f)図に示す.

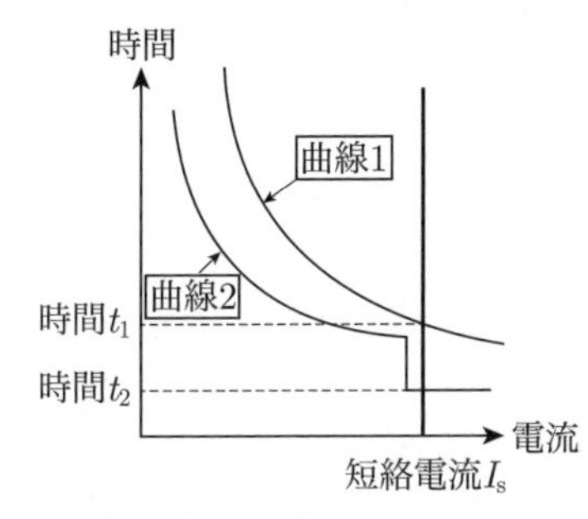

(f)　（過電流継電器-連動遮断特性）（事故点2）

(f)図より，短絡電流I_sが流れた場合，曲線1と交わる地点の時間を時間t_1，曲線2と交わる地点の時間を時間t_2とする.

また，(f)図より時間t_2＜時間t_1であるから，短絡電流I_sが流れた場合，曲線2の方が曲線1よりも早く動作することがわかる.

したがって，保護協調がとられている場合，遮断器Bの方が遮断器Aよりも早く動作しなければならないため，遮断器Bの継電器動作特性曲線は**曲線2**であることがわかる.

③　題意の図を描き直したものを(g)図に示す. (g)図のように事故点2で地絡事故が発生すると，地絡電流が流れる.

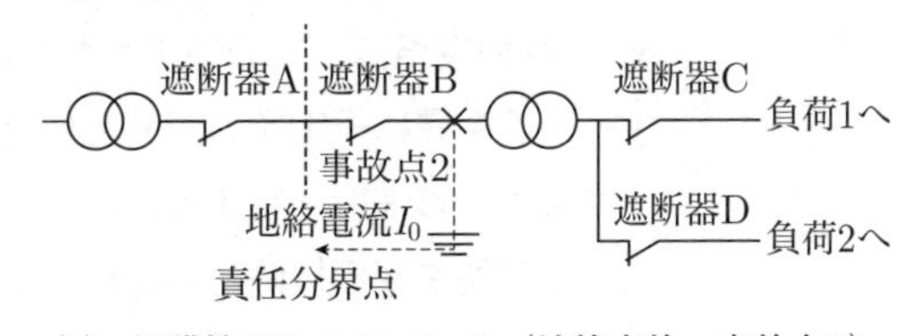

(g)　保護協調とられている（地絡事故：事故点2）

題意の図（地絡継電器-連動遮断特性）に地絡電流を記載したものを(h)図に示す.

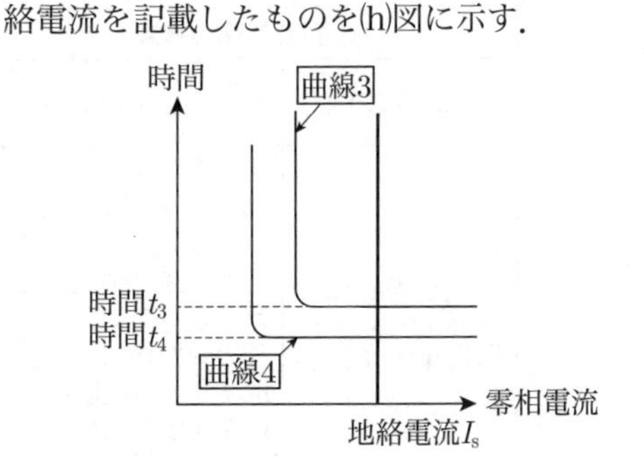

(h)　（地絡継電器-連動遮断特性）（事故点2）

(h)図より，地絡電流I_0が流れた場合，曲線3と交わる地点の時間を時間t_3，曲線4と交わる地点の時間を時間t_4とする.

また，(h)図より時間t_4＜時間t_3であるから，地絡電流I_0が流れた場合，曲線4の方が曲線3よりも早く動作することがわかる.

したがって，保護協調がとられている場合，遮断器Bの方が遮断器Aよりも早く動作しなければならないため，遮断器Bの継電器動作特性曲線は**曲線4**であることがわかる.

また，地絡発生箇所が零相変流器より負荷側か電源側かを判別（自家用側か配電線側かを判断）するため**地絡方向継電器**が用いられている.

〔ここがポイント〕　報告する電気事故の内容と報告先を表に整理してまとめておくことをお勧めする.

過電流継電器と地絡継電器の問題は，実務を積んでいる方はすぐに判断できる内容である.

実務がない方は，実務図書もあわせて学習する必要がある.

(a) - (5)，(b) - (4)

次の文章は，「電気設備技術基準の解釈」に基づく変圧器の電路の絶縁耐力試験に関する記述である．

変圧器（放電灯用変圧器，エックス線管用変圧器等の変圧器，及び特殊用途のものを除く．）の電路は，次のいずれかに適合する絶縁性能を有すること．

① 表の中欄に規定する試験電圧を，同表の右欄で規定する試験方法で加えたとき，これに耐える性能を有すること．

② 民間規格評価機関として日本電気技術規格委員会が承認した規格である「電路の絶縁耐力の確認方法」の「適用」の欄に規定する方法により絶縁耐力を確認したものであること．

<table>
<tr><th colspan="2">変圧器の巻線の種類</th><th>試験電圧</th><th>試験方法</th></tr>
<tr><td colspan="2">最大使用電圧が (ア) V 以下のもの</td><td>最大使用電圧の (イ) 倍の電圧
((ウ) V 未満となる場合は (ウ) V)</td><td rowspan="3">試験される巻線と他の巻線，鉄心及び外箱との間に試験電圧を連続して 10 分間加える．</td></tr>
<tr><td rowspan="2">最大使用電圧が (ア) V を超え，60 000 V 以下のもの</td><td>最大使用電圧が 15 000 V 以下のものであって，中性点接地式電路（中性点を有するものであって，その中性線に多重接地するものに限る．）に接続するもの</td><td>最大使用電圧の 0.92 倍の電圧</td></tr>
<tr><td>上記以外のもの</td><td>最大使用電圧の (エ) 倍の電圧
(10 500 V 未満となる場合は 10 500 V)</td></tr>
</table>

上記の記述に関して，次の(a)及び(b)の問に答えよ．

(a) 表中の空白箇所(ア)～(エ)に当てはまる組合せとして，正しいものを次の(1)～(5)のうちから一つ選べ．

	(ア)	(イ)	(ウ)	(エ)
(1)	6 900	1.1	500	1.25
(2)	6 950	1.25	600	1.5
(3)	7 000	1.5	600	1.25
(4)	7 000	1.5	500	1.25
(5)	7 200	1.75	500	1.75

(b) 公称電圧22 000 Vの電線路に接続して使用される受電用変圧器の絶縁耐力試験を，表の記載に基づき実施する場合の試験電圧の値[V]として，最も近いものを次の(1)～(5)から一つ選べ．

(1) 28 750　(2) 30 250　(3) 34 500　(4) 36 300　(5) 38 500

解12 (a) 「電気設備技術基準の解釈」第16条からの出題である．

（機械器具等の電路の絶縁性能）

第16条　変圧器の電路は，次の各号のいずれかに適合する絶縁性能を有すること．

一　16-1表中欄に規定する試験電圧を，同表右欄に規定する試験方法で加えたとき，これに耐える性能を有すること．

二　民間規格評価機関として日本電気技術規格委員会が承認した規格である「電路の絶縁耐力の確認方法」の「適用」の欄に規定する方法により絶縁耐力を確認したものであること．

（以下，省略）

16-1表より，以下のとおりとなる．

変圧器の巻線の種類	試験電圧
最大使用電圧が**7 000** V以下のもの	最大使用電圧の**1.5**倍の電圧（**500** V未満となる場合は**500** V）
最大使用電圧が7 000 Vを超え60 000 V以下のもの（16-1表の上記以外のもの）	最大使用電圧の**1.25**倍の電圧（10 500 V未満となる場合は10 500 V）

(b) 公称電圧22 000 Vの電線路の最大使用電圧 V_m は，

$$V_m = 22\,000 \times \frac{1.15}{1.1} = 23\,000 \text{ V}$$

となる．

次に，16-1表より，最大使用電圧が7 000 V

16-1表

<table>
<tr><th colspan="7">変圧器の巻線の種類</th><th>試験電圧</th><th>試験方法</th></tr>
<tr><td colspan="7">最大使用電圧が7 000 V以下のもの</td><td>最大使用電圧の1.5倍の電圧（500 V未満となる場合は，500 V）</td><td rowspan="4">※1</td></tr>
<tr><td rowspan="2">最大使用電圧が7 000 Vを超え，60 000 V以下のもの</td><td colspan="6">最大使用電圧が15 000 V以下のものであって，中性点接地式電路（中性線を有するものであって，その中性線に多重接地するものに限る．）に接続するもの</td><td>最大使用電圧の0.92倍の電圧</td></tr>
<tr><td colspan="6">上記以外のもの</td><td>最大使用電圧の1.25倍の電圧（10 500 V未満となる場合は，10 500 V）</td></tr>
<tr><td rowspan="8">最大使用電圧が60 000 Vを超えるもの</td><td rowspan="7">整流器に接続する以外のもの</td><td colspan="5">中性点非接地式電路に接続するもの</td><td>最大使用電圧の1.25倍の電圧</td></tr>
<tr><td rowspan="6">中性点接地式電路に接続するもの</td><td rowspan="4">星形結線のもの</td><td rowspan="3">中性点直接接地式電路に接続するもの</td><td rowspan="2">中性点を直接接地するもの</td><td>最大使用電圧が170 000 V以下のもの</td><td>最大使用電圧の0.72倍の電圧</td><td rowspan="2">※2</td></tr>
<tr><td>最大使用電圧が170 000 Vを超えるもの</td><td>最大使用電圧の0.64倍の電圧</td></tr>
<tr><td colspan="2">中性点に避雷器を施設するもの</td><td>最大使用電圧の0.72倍の電圧</td><td>※3</td></tr>
<tr><td colspan="3">上記以外のものであって，中性点に避雷器を施設するもの</td><td rowspan="3">最大使用電圧の1.1倍の電圧（75 000 V未満となる場合は75 000 V）</td><td rowspan="2">※4</td></tr>
<tr><td colspan="4">スコット結線のものであって，T座巻線と主座巻線の接続点に避雷器を施設するもの</td></tr>
<tr><td colspan="4">上記以外のもの</td><td rowspan="2">※1</td></tr>
<tr><td colspan="6">整流器に接続するもの</td><td>整流器の交流側の最大使用電圧の1.1倍の交流電圧又は整流器の直流側の最大使用電圧の1.1倍の直流電圧</td></tr>
</table>

※1：試験される巻線と他の巻線，鉄心及び外箱との間に試験電圧を連続して10分間加える．

※2：試験される巻線の中性点端子，他の巻線（他の巻線が2以上ある場合は，それぞれの巻線）の任意の1端子，鉄心及び外箱を接地し，試験される巻線の中性点端子以外の任意の1端子と大地との間に試験電圧を連続して10分間加える．

※3：試験される巻線の中性点端子，他の巻線（他の巻線が2以上ある場合は，それぞれの巻線）の任意の1端子，鉄心及び外箱を接地し，試験される巻線の中性点端子以外の任意の1端子と大地との間に試験電圧を連続して10分間加え，更に中性点端子と大地との間に最大使用電圧の0.3倍の電圧を連続して10分間加える．

※4：試験される巻線の中性点端子（スコット結線にあっては，T座巻線と主座巻線の接続点端子．以下この項において同じ．）以外の任意の1端子，他の巻線（他の巻線が2以上ある場合は，それぞれの巻線）の任意の1端子，鉄心及び外箱を接地し，試験される巻線の中性点端子以外の各端子に三相交流の試験電圧を連続して10分間加える．ただし，三相交流の試験電圧を加えることが困難である場合は，試験される巻線の中性点端子及び接地される端子以外の任意の1端子と大地との間に単相交流の試験電圧を連続して10分間加え，更に中性点端子と大地との間に最大使用電圧の0.64倍（スコット結線にあっては，0.96倍）の電圧を連続して10分間加えることができる．

を超え60 000 V以下の欄で変圧器の巻線の種類として，中性点接地式電路（中性線を有するものであって，その中性線に多重接地するものに限る）に接続するもの以外と判断できる．

よって，試験電圧は，最大使用電圧の1.25倍の電圧となる．

したがって，試験電圧 V_T は，

$$V_T = V_m \times 1.25 = 23\,000 \times 1.25$$
$$= \mathbf{28\,750\ V}$$

となる．

〔ここがポイント〕「電気設備技術基準の解釈」第16条の16-1表を記憶しておく必要がある．

特に66 kV以下の変圧器の絶縁耐力試験でよく使用する最大使用電圧の倍数と試験電圧をまとめたものを表に示す．

使用頻度が高い絶縁耐力試験の試験電圧

公称電圧	V_m の倍数	試験電圧
6 600 V	$V_m \times 1.5$	10 350 V
11 000 V	$V_m \times 1.25$	14 375 V
22 000 V		28 750 V
33 000 V		43 125 V
66 000 V	$V_m \times 1.1$	75 900 V

※ V_m は最大使用電圧である．
※ 巻線の種類が特殊または整流器などを使用していると試験電圧が変わるため要注意．

 (a)-(4), (b)-(1)

問13 図に示すように，高調波発生機器と高圧進相コンデンサ設備を設置した高圧需要家が配電線インピーダンス$\mathbf{Z}_\mathrm{S}$を介して**6.6 kV**配電系統から受電しているとする．

コンデンサ設備は直列リアクトル**SR**及びコンデンサ**SC**で構成されているとし，高調波発生機器からは第**5**次高調波電流I_5が発生するものとして，次の(a)及び(b)の問に答えよ．

ただし，$\mathbf{Z}_\mathrm{S}$，**SR**，**SC**の基本波周波数に対するそれぞれのインピーダンス$\dot{Z}_{\mathrm{S1}}$，$\dot{Z}_{\mathrm{SR1}}$，$\dot{Z}_{\mathrm{SC1}}$の値は次のとおりとする．

$$\dot{Z}_{\mathrm{S1}} = \mathrm{j}4.4\ \Omega,\quad \dot{Z}_{\mathrm{SR1}} = \mathrm{j}33\ \Omega,\quad \dot{Z}_{\mathrm{SC1}} = -\mathrm{j}545\ \Omega$$

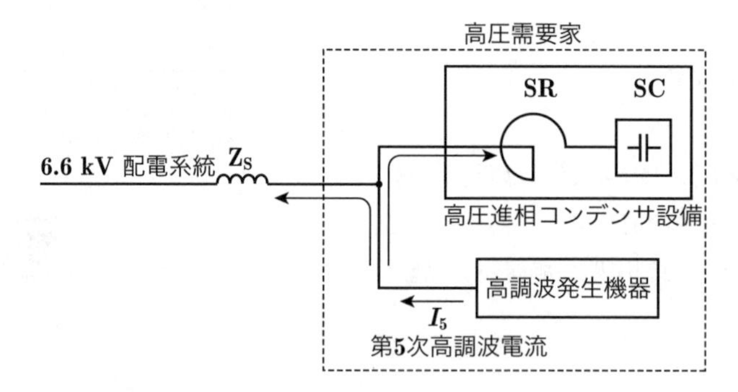

(a) 系統に流出する高調波電流は高調波に対するコンデンサ設備インピーダンスと配電線インピーダンスの値により決まる．

$\mathbf{Z}_\mathrm{S}$，**SR**，**SC**の第**5**次高調波に対するそれぞれのインピーダンス$\dot{Z}_{\mathrm{S5}}$，$\dot{Z}_{\mathrm{SR5}}$，$\dot{Z}_{\mathrm{SC5}}$の値[Ω]の組合せとして，最も近いものを次の(1)～(5)のうちから一つ選べ．

	$\dot{Z}_{\mathrm{S5}}$	$\dot{Z}_{\mathrm{SR5}}$	$\dot{Z}_{\mathrm{SC5}}$
(1)	j22	j165	− j2 725
(2)	j9.8	j73.8	− j1 218.7
(3)	j9.8	j73.8	− j243.7
(4)	j110	j825	− j21.8
(5)	j22	j165	− j109

(b) 「高圧又は特別高圧で受電する需要家の高調波抑制対策ガイドライン」では需要家から系統に流出する高調波電流の上限値が示されており，**6.6 kV**系統への第**5**次高調波の流出電流上限値は契約電力**1 kW**当たり**3.5 mA**となっている．

今，需要家の契約電力が**250 kW**とし，上記ガイドラインに従うものとする．

このとき，高調波発生機器から発生する第**5**次高調波電流I_5の上限値（**6.6 kV**配電系統換算値）の値[A]として，最も近いものを次の(1)～(5)のうちから一つ選べ．

ただし，高調波発生機器からの高調波は第**5**次高調波電流のみとし，その他の高調波及び記載以外のインピーダンスは無視するものとする．

なお，上記ガイドラインの実際の適用に当たっては，需要形態による適用緩和措置，高調波発生機器の種類，稼働率などを考慮する必要があるが，ここではこれらは考慮せず流出電流上限値のみを適用するものとする．

(1) **0.6**　(2) **0.8**　(3) **1.0**　(4) **1.2**　(5) **2.2**

解13 (a) 題意の数値を基に基本波の配電系統図を描くと(a)図のようになる.

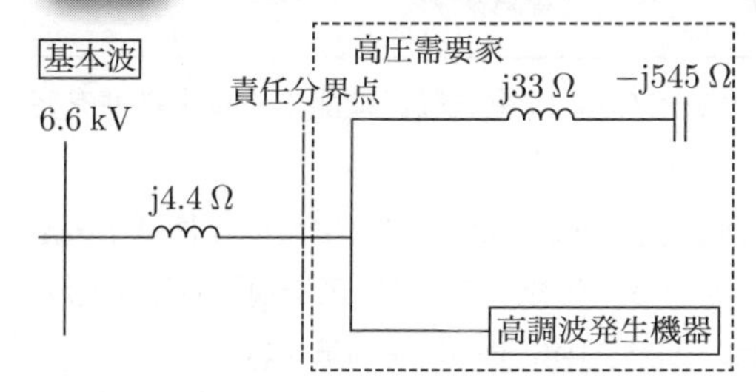

(a) 基本波成分の配電系統図

基本波成分の誘導性リアクタンス X_L と容量性リアクタンス X_C は，次のように表される.

$$X_L = \omega L = 2\pi \times f \times L\ [\Omega] \quad ①$$

$$X_C = \frac{1}{\omega C} = \frac{1}{2\pi \times f \times C}\ [\Omega] \quad ②$$

次に，第5調波成分の誘導性リアクタンス X_{L5} と容量性リアクタンス X_{C5} は，次のように表される.

$$X_{L5} = 2\pi \times 5f \times L\ [\Omega] \quad ③$$

$$X_{C5} = \frac{1}{2\pi \times 5f \times C}\ [\Omega] \quad ④$$

上記の内容を整理すると，

③式 $= 5 \times$ ①式，④式 $= \dfrac{1}{5} \times$ ②式となる.

このことを考慮して，(a)図を第5調波について描き直すと，(b)図のようになる.

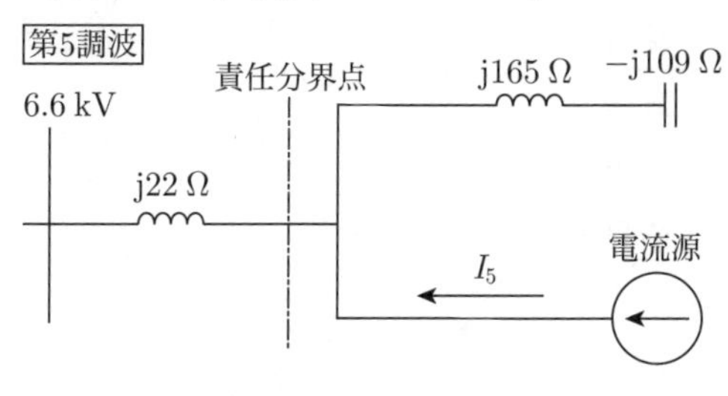

(b) 第5調波成分の配電系統図

よって，(b)図より，

$\dot{Z}_{S5} = \mathbf{j22\ \Omega}$

$\dot{Z}_{SR5} = \mathbf{j165\ \Omega}$

$\dot{Z}_{SC5} = \mathbf{-j109\ \Omega}$

となる.

(b) 6.6 kV系統への第5調波の流出電流上限値は契約電力1 kW当たり3.5 mAとなっており，題意の需要家の契約電力が250 kWであるから，第5調波の流出電流上限値は，

$$3.5\ \text{mA/kW} \times 250\ \text{kW} = 875\ \text{mA}$$

となる.

次に(b)図の等価回路を(c)図に示す.

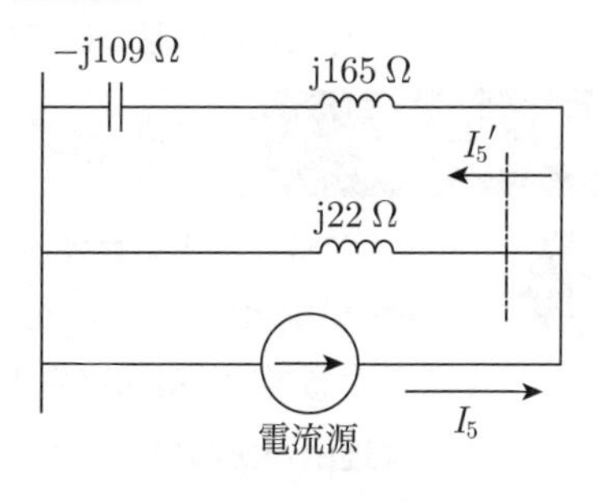

(c) 第5調波成分の等価回路

(c)図より，第5調波の流出電流上限値を I_5' と高調波発生機器から発生する第5調波電流 I_5 は次のような関係がある.

$$I_5' \geq I_5 \times \frac{\text{j}(165-109)}{\text{j}(165-109)+\text{j}22}$$

$$I_5' \geq I_5 \times \frac{\text{j}56}{\text{j}56+\text{j}22}$$

$$I_5' \geq 0.717\,948\,7 I_5$$

$$\therefore \quad I_5 \leq 1.218\,75\ \text{A}$$

よって，$\boldsymbol{I_5 = 1.2\ \text{A}}$ が解答となる.

〔ここがポイント〕 第5調波を考える場合，③式 $= 5 \times$ ①式，④式 $= \dfrac{1}{5} \times$ ②式となることに注意してほしい.

(a) - (5)，(b) - (4)

令和元年度（2019年） 法規の問題

注1　問題文中に「電気設備技術基準」とあるのは，「電気設備に関する技術基準を定める省令」の略である．

注2　問題文中に「電気設備技術基準の解釈」とあるのは，「電気設備の技術基準の解釈における第1章～第6章及び第8章」をいう．なお，「第7章　国際規格の取り入れ」の各規定について問う出題にあっては，問題文中にその旨を明示する．

注3　問題は，令和5年11月1日現在，効力のある法令（「電気設備技術基準の解釈」を含む．）に基づいて作成している．

A問題　配点は1問題当たり6点

問1　次の文章は，「電気事業法」に基づく電気事業に関する記述である．

a　小売供給とは，(ア)の需要に応じ電気を供給することをいい，小売電気事業を営もうとする者は，経済産業大臣の(イ)を受けなければならない．小売電気事業者は，正当な理由がある場合を除き，その小売供給の相手方の電気の需要に応ずるために必要な(ウ)能力を確保しなければならない．

b　一般送配電事業とは，自らの送配電設備により，その供給区域において，(エ)供給及び電力量調整供給を行う事業をいい，その供給区域における最終保障供給及び離島等の需要家への離島等供給を含む．一般送配電事業を営もうとする者は，経済産業大臣の(オ)を受けなければならない．

上記の記述中の空白箇所(ア)，(イ)，(ウ)，(エ)及び(オ)に当てはまる組合せとして，正しいものを次の(1)～(5)のうちから一つ選べ．

	(ア)	(イ)	(ウ)	(エ)	(オ)
(1)	一般	登録	供給	託送	許可
(2)	特定	許可	発電	特定卸	認可
(3)	一般	登録	発電	特定卸	許可
(4)	一般	許可	供給	特定卸	認可
(5)	特定	登録	供給	託送	認可

●試験時間　65分
●必要解答数　A問題10題，B問題3題

電気事業法第2条，第3条からの出題である．

（定義）

第2条

一　小売供給とは，**一般**の需要に応じ電気を供給することをいう．

（事業の登録）

第2条の2　小売電気事業を営もうとする者は，経済産業大臣の**登録**を受けなければならない．

（供給能力の確保）

第2条の12　小売電気事業者は，正当な理由がある場合を除き，その小売供給の相手方の電気の需要に応じるために必要な**供給**能力を確保しなければならない．

（定義）

第2条

八　一般送配電事業　自らが維持し，及び運用する送電用及び配電用の電気工作物によりその供給区域において**託送**供給及び発電量調整供給を行う事業をいい，当該送電用及び配電用の電気工作物により次に掲げる小売供給を行う事業を含むものとする．

（事業の許可）

第3条　一般送配電事業を営もうとする者は，経済産業大臣の**許可**を受けなければならない．

〔ここがポイント〕　東日本大震災を契機に，需要家への多様な選択肢の提供や，多様な供給力の活用の観点から小売全面自由化が2016年4月から始まった．

これにより，一般電気事業者にしか認められていない一般家庭等への電気の供給について，登録を受けた小売電気事業者であれば可能となった．

また，一般送配電事業の託送供給とは，「接続供給」を略したもので，小売事業者等の契約者が小売電気事業のために調達した電気を，電力会社の送配電ネットワークを介して，同時に，電力会社供給区域における電気使用者へ電気を供給することである．概念図を図に示す．

(1)

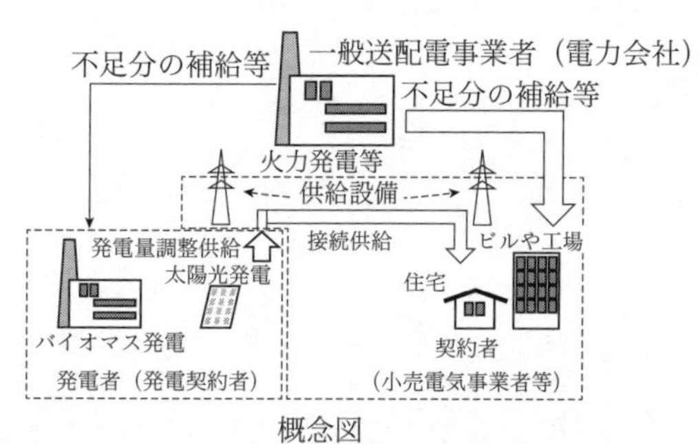

概念図

次の文章は，「電気事業法」及び「電気事業法施行規則」に基づき，事業用電気工作物を設置する者が行う検査に関しての記述である．

a （ア）以上の需要設備を設置する者は，主務省令で定めるところにより，その使用の開始前に，当該事業用電気工作物について自主検査を行い，その結果を記録し，これを保存しなければならない．（以下，この検査を使用前自主検査という．）

b 使用前自主検査においては，その事業用電気工作物が次の①及び②のいずれにも適合していることを確認しなければならない．

① その工事が電気事業法の規定による（イ）をした工事の計画に従って行われたものであること．

② 電気設備技術基準に適合するものであること．

c 使用前自主検査を行う事業用電気工作物を設置する者は，使用前自主検査に係る体制について，（ウ）が行う審査を受けなければならない．この審査は，事業用電気工作物の（エ）を旨として，使用前自主検査の実施に係る組織，検査の方法，工程管理その他主務省令で定める事項について行う．

上記の記述中の空白箇所(ア)，(イ)，(ウ)及び(エ)に当てはまる組合せとして，正しいものを次の(1)～(5)のうちから一つ選べ．

	(ア)	(イ)	(ウ)	(エ)
(1)	受電電圧1万V	申請	電気主任技術者	安全管理
(2)	容量2 000 kW	届出	主務大臣	自己確認
(3)	受電電圧1万V	届出	主務大臣	安全管理
(4)	容量2 000 kW	申請	電気主任技術者	自己確認
(5)	容量2 000 kW	申請	主務大臣	安全管理

解2 a 「電気事業法施行規則」別表第2および第73条の4からの出題である．

第73条の4 使用前自主検査は，電気工作物の各部の損傷，変形等の状況並びに機能及び作動の状況について，法第48条第1項の規定による**届出**をした工事の計画に従って工事が行われたこと及び法第39条第1項の技術基準に適合するものであることを確認するために十分な方法で行うものとする．

b，c 「電気事業法」第51条第2項～第4項からの出題である．

第51条

2 使用前自主検査においては，その事業用電気工作物が次の各号のいずれにも適合していることを確認しなければならない．

一 その工事が第48条第1項の規定による届出をした工事の計画に従って行われたものであること．

二 第39条第1項の主務省令で定める技術基準に適合するものであること．

3 使用前自主検査を行う事業用電気工作物を設置する者は，使用前自主検査の実施に係る体制について，主務省令で定める時期に，原子力を原動力とする発電用の事業用電気工作物以外の事業用電気工作物であって経済産業省令で定めるものを設置する者にあっては経済産業大臣の登録を受けた者が，その他の者にあっては**主務大臣**が行う審査を受けなければならない．

4 前項の審査は，事業用電気工作物の**安全管理**を旨として，使用前自主検査の実施に係る組織，検査の方法，工程管理その他主務省令で定める事項について行う．

〔ここがポイント〕 使用前自主検査とは，電気事業法第48条第1項の規定による工事計画の届出をした事業用電気工作物に対し，その使用の開始前に当該電気工作物について自主的に検査を行い，当該電気工作物が届け出た工事計画に従って完成しているか，技術基準に適合していることを確認する検査である．

工事計画から受電開始までの流れを図に示す．

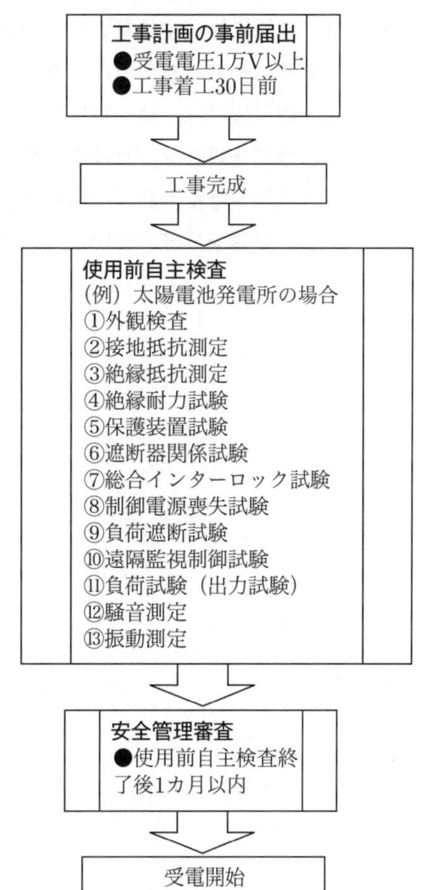

工事計画～受電開始までの流れ

 (3)

「電気設備技術基準」の総則における記述の一部として，誤っているものを次の(1)～(5)のうちから一つ選べ．

(1) 電気設備は，感電，火災その他人体に危害を及ぼし，又は物件に損傷を与えるおそれがないように施設しなければならない．

(2) 電路は，大地から絶縁しなければならない．ただし，構造上やむを得ない場合であって通常予見される使用形態を考慮し危険のおそれがない場合，又は落雷による高電圧の侵入等の異常が発生した際の危険を回避するための接地その他の保安上必要な措置を講ずる場合は，この限りでない．

(3) 電路に施設する電気機械器具は，通常の使用状態においてその電気機械器具に発生する熱に耐えるものでなければならない．

(4) 電気設備は，他の電気設備その他の物件の機能に電気的又は磁気的な障害を与えないように施設しなければならない．

(5) 高圧又は特別高圧の電気設備は，その損壊により一般送配電事業者の電気の供給に著しい支障を及ぼさないように施設しなければならない．

解3　(1)　○

「電気設備技術基準」第4条からの出題である.

(電気設備における感電，火災等の防止)

第4条　電気設備は，感電，火災その他人体に危害を及ぼし，又は物件に損傷を与えるおそれがないように施設しなければならない.

(2)　×

「電気設備技術基準」第5条第1項からの出題である.

(電路の絶縁)

第5条　電路は，大地から絶縁しなければならない．ただし，構造上やむを得ない場合であって通常予見される使用形態を考慮し危険のおそれがない場合，又は**混触**による高電圧の侵入等の異常が発生した際の危険を回避するための接地その他の**保安**上必要な措置を講ずる場合は，この限りでない.

(3)　○

「電気設備技術基準」第8条からの出題である.

(電気機械器具の熱的強度)

第8条　電路に施設する電気機械器具は，通常の使用状態においてその電気機械器具に発生する熱に耐えるものでなければならない.

(4)　○

「電気設備技術基準」第16条からの出題である.

(電気設備の電気的，磁気的障害の防止)

第16条　電気設備は，他の電気設備その他の物件の機能に電気的又は磁気的な障害を与えないように施設しなければならない.

(5)　○

「電気設備技術基準」第18条第1項からの出題である.

(電気設備による供給支障の防止)

第18条　高圧又は特別高圧の電気設備は，その損壊により一般送配電事業者の電気の供給に著しい支障を及ぼさないように施設しなければならない.

〔ここがポイント〕　電気設備技術基準とその解釈を照らし合わせながら勉強することが重要である.

電気設備技術基準の解釈で電路の絶縁に関する内容を下記に示す.

(電路の絶縁)

第13条　電路は，次の各号に掲げる部分を除き大地から絶縁すること.

一　この解釈の規定により接地工事を施す場合の接地点

二　次に掲げるものの絶縁できないことがやむを得ない部分

イ　接触電線，エックス線発生装置，試験用変圧器，電力線搬送用結合リアクトル，電気さく用電源装置，電気防食用の陽極，単線式電気鉄道の帰線，電極式液面リレーの電極等，電路の一部を大地から絶縁せずに電気を使用することがやむを得ないもの

ロ　電気浴器，電気炉，電気ボイラー，電解槽等，大地から絶縁することが技術上困難なもの

最近普及が進んでいる太陽電池モジュールに関する絶縁性能の確認方法を下記に示す.（①か②いずれかの方法による）

①　絶縁耐力試験による絶縁性能の確認（表参照）

太陽電池モジュールの絶縁耐力試験

最大使用電圧とは	太陽電池モジュールの絶縁耐力試験の印加電圧	印加時間
ストリングの開放電圧(V_0)のことであり，DC750 V以上は高圧となるため，安全装備品には注意が必要	最大使用電圧の1.5倍の直流電圧	10分間
	最大使用電圧の1倍の交流電圧	10分間

②　低圧の場合は，JIS C 8918やJIS C 8939等に適合するものであること．また，省令第58条の規定に準じるものであればよい.

　(2)

次の文章は，「電気設備技術基準」に基づく支持物の倒壊の防止に関する記述の一部である．

架空電線路又は架空電車線路の支持物の材料及び構造（支線を施設する場合は，当該支線に係るものを含む．）は，その支持物が支持する電線等による (ア) ，10分間平均で風速 (イ) m/sの風圧荷重及び当該設置場所において通常想定される地理的条件， (ウ) の変化，振動，衝撃その他の外部環境の影響を考慮し，倒壊のおそれがないよう，安全なものでなければならない．ただし，人家が多く連なっている場所に施設する架空電線路にあっては，その施設場所を考慮して施設する場合は，10分間平均で風速 (イ) m/sの風圧荷重の (エ) の風圧荷重を考慮して施設することができる．

上記の記述中の空白箇所(ア)，(イ)，(ウ)及び(エ)に当てはまる組合せとして，正しいものを次の(1)～(5)のうちから一つ選べ．

	(ア)	(イ)	(ウ)	(エ)
(1)	引張荷重	60	温度	3分の2
(2)	重量荷重	60	気象	3分の2
(3)	引張荷重	40	気象	2分の1
(4)	重量荷重	60	温度	2分の1
(5)	重量荷重	40	気象	2分の1

解4 「電気設備技術基準」第32条第1項からの出題である.

（支持物の倒壊の防止）

第32条　架空電線路又は架空電車線路の支持物の材料及び構造（支線を施設する場合は，当該支線に係るものを含む.）は，その支持物が支持する電線等による**引張荷重**，10分間平均で風速**40** m/秒の風圧荷重及び当該設置場所において通常想定される地理的条件，**気象**の変化，振動，衝撃その他の外部環境の影響を考慮し，倒壊のおそれがないよう，安全なものでなければならない．ただし，人家が多く連なっている場所に施設する架空電線路にあっては，その施設場所を考慮して施設する場合は，10分間平均で風速**40** m/秒の風圧荷重の**2分の1**の風圧荷重を考慮して施設することができる.

〔ここがポイント〕 電気設備技術基準の支持物の倒壊の防止について一読しておく必要がある.

また，支持物の強度等について「電気設備技術基準の解釈」第59条，第60条についても整理しておくとよい.

（架空電線路の支持物の強度等）

第59条

2　架空電線路の支持物として使用するA種鉄筋コンクリート柱は，次の各号に適合するものであること.

一　架空電線路の使用電圧及び柱の種類に応じ，59-2表に規定する荷重に耐える強度を有すること.

59-2表

使用電圧の区分	種類	荷重
低圧	全て	風圧荷重
高圧又は特別高圧	複合鉄筋コンクリート柱	風圧荷重及び垂直荷重
	その他のもの	風圧荷重

59-3表

設計荷重	全長	根入れ深さ
6.87 kN以下	15 m以下	全長の1/6
	15 mを超え16 m以下	2.5 m
	16 mを超え20 m以下	2.8 m
6.87 kNを超え9.81 kN以下	14 m以上15 m以下	全長の1/6に0.3 mを加えた値
	15 mを超え20 m以下	2.8 m
9.81 kNを超え14.72 kN以下	14 m以上15 m以下	全長の1/6に0.5 mを加えた値
	15 mを超え18 m以下	3 m
	18 mを超え20 m以下	3.2 m

二　設計荷重及び柱の全長に応じ，根入れ深さを59-3表に規定する値以上として施設すること.

（以下，省略）

（架空電線路の支持物の基礎の強度等）

第60条　架空電線路の支持物の基礎の安全率は，この解釈において当該支持物が耐えることと規定された荷重が加わった状態において，2（鉄塔における異常時想定荷重又は異常着雪時想定荷重については，1.33）以上であること．ただし，次の各号のいずれかのものの基礎においては，この限りでない.

一　木柱であって，次により施設するもの

イ　全長が15 m以下の場合は，根入れを全長の1/6以上とすること.

ロ　全長が15 mを超える場合は，根入れを2.5 m以上とすること.

ハ　水田その他地盤が軟弱な箇所では，特に堅牢な根かせを施すこと.

二　A種鉄筋コンクリート柱

三　A種鉄柱

（3）

次の文章は，「電気設備技術基準の解釈」に基づく低圧配線及び高圧配線の施設に関する記述である.

a　ケーブル工事により施設する低圧配線が，弱電流電線又は水管，ガス管若しくはこれらに類するもの（以下，「水管等」という.）と接近し又は交差する場合は，低圧配線が弱電流電線又は水管等と (ア) 施設すること.

b　高圧屋内配線工事は，がいし引き工事（乾燥した場所であって (イ) した場所に限る.）又は (ウ) により施設すること.

上記の記述中の空白箇所(ア)，(イ)及び(ウ)に当てはまる組合せとして，正しいものを次の(1)～(5)のうちから一つ選べ.

	(ア)	(イ)	(ウ)
(1)	接触しないように	隠ぺい	ケーブル工事
(2)	の離隔距離を10 cm以上となるように	展開	金属管工事
(3)	の離隔距離を10 cm以上となるように	隠ぺい	ケーブル工事
(4)	接触しないように	展開	ケーブル工事
(5)	接触しないように	隠ぺい	金属管工事

解5 「電気設備技術基準の解釈」第167条第2項，第168条第1項からの出題である．

(低圧配線と弱電流電線等又は管との接近又は交差)

第167条

2　合成樹脂管工事，金属管工事，金属可とう電線管工事，金属線ぴ工事，金属ダクト工事，バスダクト工事，ケーブル工事，フロアダクト工事，セルラダクト工事，ライティングダクト工事又は平形保護層工事により施設する低圧配線が弱電流電線又は水管等と接近し又は交差する場合は，次項ただし書きの規定による場合を除き，低圧配線が弱電流電線又は水管等と**接触しないように**施設すること．

(高圧配線の施設)

第168条　高圧屋内配線は，次の各号によること

一　高圧屋内配線は，次に掲げる工事のいずれかにより施設すること．

イ　がいし引き工事（乾燥した場所であって**展開**した場所に限る．）

ロ　**ケーブル工事**

〔ここがポイント〕「電気設備技術基準の解釈」第156条から低圧屋内配線の工事施設方法が記載されており，まず，これを一読しておきたい．

また，低圧屋内配線工事の種類をまとめたものを表に示す．工事種類と施設できる場所をしっかり把握しておく必要がある．

「電気設備技術基準の解釈」第156条は，高圧配線の施設だが，第169条の特別高圧配線の施設についても整理しておくこと．

(4)

施設場所の区分		使用電圧の区分	工事の種類											
			がいし引き工事	合成樹脂管工事	金属管工事	金属可とう電線管工事	金属線ぴ工事	金属ダクト工事	バスダクト工事	ケーブル工事	フロアダクト工事	セルラダクト工事	ライティングダクト工事	平形保護層工事
展開した場所	乾燥した場所	300 V以下	○	○	○	○	○	○	○	○			○	
		300 V超過	○	○	○	○		○	○	○				
	湿気の多い場所又は水気のある場所	300 V以下	○	○	○	○			○	○				
		300 V超過	○	○	○	○				○				
点検できる隠ぺい場所	乾燥した場所	300 V以下	○	○	○	○	○	○	○	○		○	○	○
		300 V超過	○	○	○	○		○	○	○				
	湿気の多い場所又は水気のある場所	–	○	○	○	○				○				
点検できない隠ぺい場所	乾燥した場所	300 V以下		○	○	○				○	○	○		
		300 V超過		○	○	○				○				
	湿気の多い場所又は水気のある場所	–		○	○	○				○				

次の文章は，接地工事に関する工事例である.「電気設備技術基準の解釈」に基づき正しいものを次の(1)～(5)のうちから一つ選べ.

(1) C種接地工事を施す金属体と大地との間の電気抵抗値が80 Ωであったので，C種接地工事を省略した.

(2) D種接地工事の接地抵抗値を測定したところ1 200 Ωであったので，低圧電路において地絡を生じた場合に0.5秒以内に当該電路を自動的に遮断する装置を施設することとした.

(3) D種接地工事に使用する接地線に直径1.2 mmの軟銅線を使用した.

(4) 鉄骨造の建物において，当該建物の鉄骨を，D種接地工事の接地極に使用するため，建物の鉄骨の一部を地中に埋設するとともに，等電位ボンディングを施した.

(5) 地中に埋設され，かつ，大地との間の電気抵抗値が5 Ω以下の値を保っている金属製水道管路を，C種接地工事の接地極に使用した.

解6 (1) ×, (2) ×, (3) ×

「電気設備技術基準の解釈」第17条第4項，第5項からの出題である．

(接地工事の種類及び施設方法)

第17条

4 D種接地工事は，次の各号によること．

一 接地抵抗値は，100 Ω（低圧電路において，地絡を生じた場合に0.5秒以内に当該電路を自動的に遮断する装置を施設するときは，**500 Ω**）**以下**であること．

二 接地線は，次に適合するものであること．

イ 故障の際に流れる電流を安全に通じることができるものであること．

ロ ハに規定する場合を除き，引張強さ0.39 kN以上の容易に腐食し難い金属線又は**直径1.6 mm以上の軟銅線**であること．

5 C種接地工事を施す金属体と大地との間の電気抵抗値が**10 Ω以下**である場合は，C種接地工事を施したものとみなす．

(4) ○, (5) ×

「電気設備技術基準の解釈」第18条第1項，第2項からの出題である．

(工作物の金属体を利用した接地工事)

第18条 鉄骨造，鉄骨鉄筋コンクリート造又は鉄筋コンクリート造の建物において，当該建物の鉄骨又は鉄筋その他の金属体を，前条第1項から第4項までに規定する（A種，B種，C種，**D種**）**接地工事**その他接地工事に係る共用の接地極に使用する場合には，建物の鉄骨又は鉄筋コンクリートの一部を地中に埋設するとともに，等電位ボンディングを施すこと．また，鉄骨等をA種接地工事又はB種接地工事の接地極として使用する場合には，更に次の各号により施設すること．（以下略）

2 大地との間の電気抵抗値が2 Ω以下の値を保っている建物の鉄骨その他の金属体は，これを次の各号に掲げる接地工事の接地極に使用することができる．

一 非接地式高圧電路に施設する機械器具等に施すA種接地工事

二 非接地式高圧電路と低圧電路を結合する変圧器に施すB種接地工事

また，金属製水道管路は接地極として使用できない．

〔ここがポイント〕 接地工事についてまとめたものを表に示す．表の内容はすべて理解すること．

 (4)

接地工事の種類

工事種別	接地の概要	接地抵抗値	接地線の種類
A種接地工事	高圧用又は特別高圧用の機器の外箱または鉄台の接地	10 Ω以下	引張強さ1.04 kN以上の容易に腐食し難い金属線又は直径2.6 mm以上の軟導線
B種接地工事	高圧又は特別高圧と低圧を結合する変圧器の中性点の接地	混触により自動的に電路を遮断する装置の遮断時間 1秒を超え2秒以下 $\frac{300}{I_g}$ 1秒以下 $\frac{600}{I_g}$ 上記以外の場合 $\frac{150}{I_g}$ I_g:1線地絡電流	引張強さ2.46 kN以上の金属線又は直径4 mm以上の軟導線 (高圧電路又は解釈第108条に規定する特別高圧架空電線路の電路と低圧電路と結合するものである場合は，引張強さ1.04 kN以上に金属線又は直径2.6 mm以上の軟導線)
C種接地工事	300 Vを超える低圧用の機器の外箱又は鉄台の接地	10 Ω以下 (低圧電路において，地絡を生じた場合に0.5秒以内に当該電路を自動的に遮断する装置を施設するときは，500 Ω以下)	引張強さ0.39 kN以上の容易に腐食し難い金属線又は直径1.6 mm以上の軟導線
D種接地工事	300 V以下の低圧用の機器の外箱又は鉄台の接地	100 Ω以下 (低圧電路において，地絡を生じた場合に0.5秒以内に当該電路を自動的に遮断する装置を施設するときは，500 Ω以下)	

「電気設備技術基準の解釈」に基づく常時監視をしない発電所の施設に関する記述として，誤っているものを次の(1)～(5)のうちから一つ選べ.

(1) 随時巡回方式の技術員は，適当な間隔において発電所を巡回し，運転状態の監視を行う.

(2) 遠隔常時監視制御方式の技術員は，制御所に常時駐在し，発電所の運転状態の監視及び制御を遠隔で行う.

(3) 水力発電所に随時巡回方式を採用する場合に，発電所の出力を**3 000 kW**とした.

(4) 風力発電所に随時巡回方式を採用する場合に，発電所の出力に制限はない.

(5) 太陽電池発電所に遠隔常時監視制御方式を採用する場合に，発電所の出力に制限はない.

解7　「電気設備技術基準の解釈」第47条第1項および第3項～第5項からの出題である．

⑴　○

⑵　○

（常時監視をしない発電所の施設）

第47条　技術員が当該発電所又はこれと同一の構内において常時監視をしない発電所は，次の各号によること．

一　発電所の種類に応じ，第3項から第6項まで，第8項，第9項及び第11項の規定における「**随時巡回方式**」は，次に適合するものであること．

イ　技術員が適当な間隔をおいて発電所を巡回し，運転状態の監視を行うものであること．

（ロ，ハ，二～三省略）

四　第3項から第9項までの規定における「**遠隔常時監視制御方式**」は，次に適合するものであること．

イ　技術員が，制御所に常時駐在し，発電所の運転状態の監視及び制御を遠隔で行うものであること．

（以下，省略）

⑶　×

第47条

3　第1項に規定する発電所のうち，水力発電所は，次の各号のいずれかにより施設すること．

一　随時巡回方式により施設する場合は，次によること．

イ　発電所の出力は**2 000 kW未満**であること．

（以下，省略）

⑷　○

第47条

4　第1項に規定する発電所のうち，風力発電所は，次の各号のいずれかにより施設すること．

一　随時巡回方式により施設する場合は，次によること．

（以下，省略）

出力制限はない

⑸　○

第47条

5　第1項に規定する発電所のうち，太陽電池発電所は，次の各号のいずれかにより施設すること

（以下，省略）

出力制限はない

〔ここがポイント〕　随時巡回方式における発電所の出力制限を表(a)にまとめた．

表(a)

発電所	制限内容
水力発電所	出力2 000 kW未満
内燃力発電所	出力1 000 kW未満
ガスタービン発電所	出力10 000 kW未満

次に，監視方式について表(b)にまとめた．

発電所の種類（水力発電所，風力発電所，太陽電池発電所，燃料電池発電所，地熱発電所，内燃力発電所，ガスタービン発電所，その他）についても整理しておくこと．

答　(3)

表(b)

監視方式	内容	電圧	その他
随時巡回方式	技術員が適当な間隔をおいて発電所を巡回し，運転状態の監視を行う	170 kV以下	電気の供給に支障を及ぼさないようにすること（発電所異常により需要場所が停電しない）
随時監視制御方式	技術員が必要に応じて発電所に出向き，運転状態を監視又は制御その他必要な措置を行う	170 kV以下	技術員へ警報する装置を施設すること ①発電所内火災発生 ②ガス絶縁機器の圧力低下 ③他励式冷却装置の温度上昇 ④出力2 000 kW未満は，技術員への警報を補助員への警報とできる
遠隔常時監視制御方式	技術員が制御所に常時駐在し，発電所の運転状態の監視及び制御を遠隔で行う	–	1. 制御所に警報する装置を施設すること 2. 制御所に下記の装置を設置すること ①遮断器の開閉を監視 ②遮断器の開閉を操作

問8 次のa～fの文章は低高圧架空電線の施設に関する記述である．

これらの文章の内容について，「電気設備技術基準の解釈」に基づき，適切なものと不適切なものの組合せとして，正しいものを次の(1)～(5)のうちから一つ選べ．

a　車両の往来が頻繁な道路を横断する低圧架空電線の高さは，路面上6 m以上の高さを保持するよう施設しなければならない．

b　車両の往来が頻繁な道路を横断する高圧架空電線の高さは，路面上6 m以上の高さを保持するよう施設しなければならない．

c　横断歩道橋の上に低圧架空電線を施設する場合，電線の高さは当該歩道橋の路面上3 m以上の高さを保持するよう施設しなければならない．

d　横断歩道橋の上に高圧架空電線を施設する場合，電線の高さは当該歩道橋の路面上3 m以上の高さを保持するよう施設しなければならない．

e　高圧架空電線をケーブルで施設するとき，他の低圧架空電線と接近又は交差する場合，相互の離隔距離は0.3 m以上を保持するよう施設しなければならない．

f　高圧架空電線をケーブルで施設するとき，他の高圧架空電線と接近又は交差する場合，相互の離隔距離は0.3 m以上を保持するよう施設しなければならない．

	a	b	c	d	e	f
(1)	不適切	不適切	適切	不適切	適切	適切
(2)	不適切	不適切	適切	適切	適切	不適切
(3)	適切	適切	不適切	不適切	適切	不適切
(4)	適切	不適切	適切	適切	不適切	不適切
(5)	適切	適切	適切	不適切	不適切	不適切

解8 「電気設備技術基準の解釈」第68条第1項からの出題である．

（低高圧架空電線の高さ）

第68条　低圧架空電線又は高圧架空電線の高さは，68-1表に規定する値以上であること．

68-1表

<table>
<tr><th colspan="2">区分</th><th>高さ</th></tr>
<tr><td colspan="2">道路（車両の往来がまれであるもの及び歩行の用にのみ供される部分を除く．）を横断する場合</td><td>路面上6 m</td></tr>
<tr><td colspan="2">鉄道又は軌道を横断する場合</td><td>レール面上5.5 m</td></tr>
<tr><td colspan="2">低圧架空電線を横断歩道橋の上に施設する場合</td><td>横断歩道橋の路面上3 m</td></tr>
<tr><td colspan="2">高圧架空電線を横断歩道橋の上に施設する場合</td><td>横断歩道橋の路面上3.5 m</td></tr>
<tr><td rowspan="3">上記以外</td><td>屋外照明用であって，絶縁電線又はケーブルを使用した対地電圧150 V以下のものを交通に支障のないように施設する場合</td><td>地表上4 m</td></tr>
<tr><td>低圧架空電線を道路以外の場所に施設する場合</td><td>地表上4 m</td></tr>
<tr><td>その他の場合</td><td>地表上5 m</td></tr>
</table>

（以下，省略）

a　**適切**

b　**適切**

68-1表より，車両の往来が頻繁な道路を横断する低高圧架空電線の高さは，**路面上6 m以上の高さを保持**

c　**適切**

68-1表より，横断歩道橋の上に低圧架空電線を施設する場合，電線の高さは当該歩道橋の**路面上3 m以上の高さを保持**

d　**不適切**

68-1表より，横断歩道橋の上に高圧架空電線を施設する場合，電線の高さは当該歩道橋の**路面上3.5 m以上の高さを保持**

「電気設備技術基準の解釈」第74条第1項からの出題である．

（低高圧架空電線と他の低高圧架空電線路との接近又は交差）

第74条　低圧架空電線又は高圧架空電線路が，他の低圧架空電線路又は高圧架空電線路と接近又は交差する場合における，相互の離隔距離は，74-1表に規定する値以上であること．

e　**不適切**

74-1表より，高圧架空電線をケーブルで施設するとき，他の低圧架空電線と接近又は交差する場合，**相互の離隔距離は0.4 m以上を保持**

f　**不適切**

74-1表より，高圧架空電線をケーブルで施設するとき，他の高圧架空電線と接近又は交差する場合，**相互の離隔距離は0.4 m以上を保持**

〔ここがポイント〕 下記内容は間違えやすいため必ず整理すること（高さ，距離など）．

① 低高圧架空電線の高さ

② 低高圧架空電線と建造物，植物との接近

③ 低高圧架空電線と道路等，索道，他の低高圧架空電線路，架空弱電流電線路等，アンテナ，他の工作物の支持物との接近又は交差

④ 低高圧架空電線と電車線又は電車線等の支持物との接近又は交差

(5)

74-1表

<table>
<tr><th colspan="2" rowspan="2">架空電線の種類</th><th colspan="2">他の低圧架空電線</th><th colspan="2">他の高圧架空電線</th><th rowspan="2">他の低圧架空電線路又は高圧架空電線路の支持物</th></tr>
<tr><th>高圧絶縁電線，特別高圧絶縁電線又はケーブル</th><th>その他</th><th>ケーブル</th><th>その他</th></tr>
<tr><td rowspan="2">低圧架空電線</td><td>高圧絶縁電線，特別高圧絶縁電線又はケーブル</td><td colspan="2">0.3 m</td><td rowspan="2">0.4 m</td><td rowspan="2">0.8 m</td><td rowspan="2">0.3 m</td></tr>
<tr><td>その他</td><td>0.3 m</td><td>0.6 m</td></tr>
<tr><td rowspan="2">高圧架空電線</td><td>ケーブル</td><td colspan="2">0.4 m</td><td colspan="2">0.4 m</td><td>0.3 m</td></tr>
<tr><td>その他</td><td colspan="2">0.8 m</td><td>0.4 m</td><td>0.8 m</td><td>0.6 m</td></tr>
</table>

「電気設備技術基準の解釈」に基づく分散型電源の系統連系設備に関する記述として，誤っているものを次の(1)～(5)のうちから一つ選べ．

(1) 逆潮流とは，分散型電源設置者の構内から，一般送配電事業者が運用する電力系統側へ向かう有効電力の流れをいう．

(2) 単独運転とは，分散型電源が，連系している電力系統から解列された状態において，当該分散型電源設置者の構内負荷にのみ電力を供給している状態のことをいう．

(3) 単相3線式の低圧の電力系統に分散型電源を連系する際，負荷の不平衡により中性線に最大電流が生じるおそれがあるため，分散型電源を施設した構内の電路において，負荷及び分散型電源の並列点よりも系統側の3極に過電流引き外し素子を有する遮断器を施設した．

(4) 低圧の電力系統に分散型電源を連系する際，異常時に分散型電源を自動的に解列するための装置を施設した．

(5) 高圧の電力系統に分散型電源を連系する際，分散型電源設置者の技術員駐在箇所と電力系統を運用する一般送配電事業者の事業所との間に，停電時においても通話可能なものであること等の一定の要件を満たした電話設備を施設した．

解9

(1)　○

(2)　×

「電気設備技術基準の解釈」第220条からの出題である．

（分散型電源の系統連系設備に係る用語の定義）

第220条

四　逆潮流　分散型電源設置者の構内から，一般送配電事業者が運用する電力系統側へ向かう有効電力の流れ

五　単独運転　分散型電源を連系している電力系統が事故等によって系統電源と切り離された状態において，当該**分散型電源が発電を継続し，線路負荷に有効電力を供給している状態**

(3)　○

「電気設備技術基準の解釈」第226条第1項からの出題である．

（低圧連系時の施設要件）

第226条　単相3線式の低圧の電力系統に分散型電源を連系する場合において，負荷の不平衡により中性線に最大電流が生じるおそれがあるときは，分散型電源を施設した構内の電路であって，負荷及び分散型電源の並列点よりも系統側に，3極に過電流引き外し素子を有する遮断器を施設すること．

(4)　○

「電気設備技術基準の解釈」第227条第1項からの出題である．

（低圧連系時の系統連系用保護装置）

第227条　低圧の電力系統に分散型電源を連系する場合は，次の各号により，異常時に分散型電源を自動的に解列するための装置を施設すること．

（以下，省略）

(5)　○

「電気設備技術基準の解釈」第225条からの出題である．

（一般送配電事業者との間の電話設備の施設）

第225条　高圧又は特別高圧の電力系統に分散型電源を連系する場合は，分散型電源設置者の技術員駐在箇所等と電力系統を運用する一般送配電事業者の事業所等との間に，次の各号のいずれかの電話設備を施設すること．

一　電話保安通信用電話設備

二　電気通信事業者の専用回線電話

（以下，省略）

〔ここがポイント〕　単独運転の意味を理解しているかがポイントである．分散型電源が線路に対して有効電力を供給している状態であり，構内負荷のみに供給している場合は該当しない．

低圧連系時の系統連系用保護装置について第227条の表の一部を示す．

太陽光のほか，逆潮流ありの場合についてしっかりとまとめる．

<table>
<tr><th colspan="2">保護リレー等</th><th>逆変換装置を用いて連系する場合</th></tr>
<tr><th>検出する異常</th><th>種類</th><th>逆潮流有りの場合</th></tr>
<tr><td>発電電圧異常上昇</td><td>過電圧リレー</td><td>○※1</td></tr>
<tr><td>発電電圧異常低下</td><td>不足電圧リレー</td><td>○※1</td></tr>
<tr><td rowspan="2">系統側短絡事故</td><td>不足電圧リレー</td><td>○※2</td></tr>
<tr><td>短絡方向リレー</td><td></td></tr>
<tr><td>系統側地絡事故・高低圧混触事故（間接）</td><td>単独運転検出装置</td><td rowspan="2">○※3</td></tr>
<tr><td rowspan="6">単独運転又は逆充電</td><td>単独運転検出装置</td></tr>
<tr><td>逆充電検出装置を有する装置</td><td></td></tr>
<tr><td>周波数上昇リレー</td><td>○</td></tr>
<tr><td>周波数低下リレー</td><td>○</td></tr>
<tr><td>逆電力リレー</td><td></td></tr>
<tr><td>不足電力リレー</td><td></td></tr>
</table>

（備考）

※1：分散型電源自体の保護用に設置するリレーにより検出し，保護できる場合は省略できる．

※2：発電電圧異常低下検出用の不足電圧リレーにより検出し，保護できる場合は省略できる．

※3：受動的方式及び能動的方式のそれぞれ1方式以上を含むものであること．系統側地絡事故・高低圧混触事故（間接）については，単独運転検出用に受動的方式等により保護すること．

(2)

次の文章は，電力の需給に関する記述である．

電気は［(ア)］とが同時的であるため，不断の供給を使命とする電気事業においては，常に変動する需要に対処しうる供給力を準備しなければならない．

しかし，発電設備は事故発生の可能性があり，また，水力発電所の供給力は河川流量の豊渇水による影響で変化する．一方，太陽光発電，風力発電などの供給力は天候により変化する．さらに，原子力発電所や火力発電所も定期検査などの補修作業のため一定期間の停止を必要とする．このように供給力は変動する要因が多い．他方，需要も予想と異なるおそれもある．

したがって，不断の供給を維持するためには，想定される［(イ)］に見合う供給力を保有することに加え，常に適量の［(ウ)］を保持しなければならない．

電気事業法に基づき設立された電力広域的運営推進機関は毎年，各供給区域（エリア）及び全国の供給力について需給バランス評価を行い，この評価を踏まえてその後の需給の状況を監視し，対策の実施状況を確認する役割を担っている．

上記の記述中の空白箇所(ア)，(イ)及び(ウ)に当てはまる組合せとして，正しいものを次の(1)～(5)のうちから一つ選べ．

	(ア)	(イ)	(ウ)
(1)	発生と消費	最大電力	送電容量
(2)	発電と蓄電	使用電力量	送電容量
(3)	発生と消費	最大電力	供給予備力
(4)	発電と蓄電	使用電力量	供給予備力
(5)	発生と消費	使用電力量	供給予備力

解10 電気は**発生と消費**とが同時的であるため，不断の供給を使命とする電気事業においては，常に変動する需要に対処しうる供給力を準備しなければならない．

しかし，発電設備は事故発生の可能性があり，また，水力発電所の供給力は河川流量の豊渇水による影響で変化する．一方，太陽光発電所，風力発電所などの供給力は天候により変化する．さらに，原子力発電所や水力発電所も定期点検などの補修作業のため一定期間の停止を必要とする．このように供給力は変動する要因が多い．他方，需要も予想と異なるおそれもある．

したがって，不断の供給を維持するためには，想定される**最大電力**に見合う供給力を保有することに加え，常に適量の**供給予備力**を保持しなければならない．

電気事業法に基づき設立された電力広域的運営推進機関は毎年，各供給区域および全国の供給力について需給バランス評価を行い，この評価を踏まえてそのあとの需給の状況を監視し，対策の実施状況を確認する役割を担っている．

〔ここがポイント〕 電気は，発生と消費が同時に行われるものであり，大量にためておくことができない．そのため，供給力は設備故障や気象条件により負荷需要が予想外に急増した場合を考慮しなければならない．

この負荷需要よりも多めに保持しておく供給力を「供給予備力」という．

供給予備力とは，次式で表される．

供給予備力

＝ピーク時供給力 − 予想最大電力

また，供給予備力をイメージした図を示す．

(3)

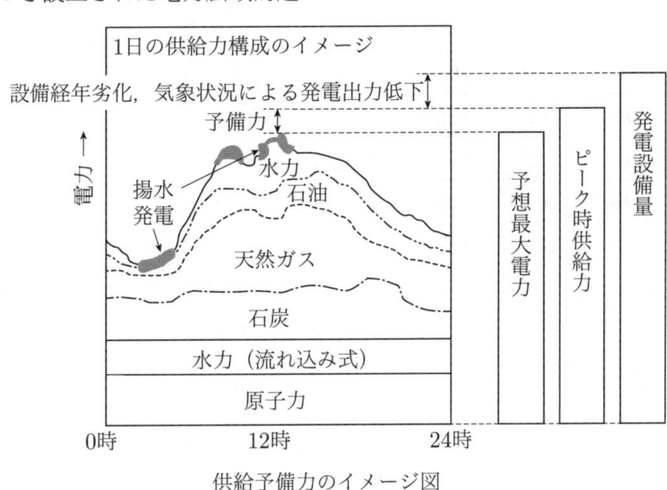

供給予備力のイメージ図

B問題

問11及び問12の配点は1問題当たり(a)6点，(b)7点，計13点
問13の配点は(a)7点，(b)7点，計14点

問11

電気使用場所の低圧幹線の施設について，次の(a)及び(b)の問に答えよ．

(a) 次の表は，一つの低圧幹線によって電気を供給される電動機又はこれに類する起動電流が大きい電気機械器具（以下この問において「電動機等」という．）の定格電流の合計値 I_M [A] と，他の電気使用機械器具の定格電流の合計値 I_H [A] を示したものである．また，「電気設備技術基準の解釈」に基づき，当該低圧幹線に用いる電線に必要な許容電流は，同表に示す I_C の値 [A] 以上でなければならない．ただし，需要率，力率等による修正はしないものとする．

I_M [A]	I_H [A]	$I_M + I_H$ [A]	I_C [A]
47	49	96	96
48	48	96	(ア)
49	47	96	(イ)
50	46	96	(ウ)
51	45	96	102

上記の表中の空白箇所(ア)，(イ)及び(ウ)に当てはまる組合せとして，正しいものを次の(1)～(5)のうちから一つ選べ．

	(ア)	(イ)	(ウ)
(1)	96	109	101
(2)	96	108	109
(3)	96	109	109
(4)	108	108	109
(5)	108	109	101

(b) 次の表は，「電気設備技術基準の解釈」に基づき，低圧幹線に電動機等が接続される場合における電動機等の定格電流の合計値 I_M [A]と，他の電気使用機械器具の定格電流の合計値 I_H [A]と，これらに電気を供給する一つの低圧幹線に用いる電線の許容電流 I_C' [A]と，当該低圧幹線を保護する過電流遮断器の定格電流の最大値 I_B [A]を示したものである．ただし，需要率，力率等による修正はしないものとする．

I_M [A]	I_H [A]	I_C' [A]	I_B [A]
60	20	88	(エ)
70	10	88	(オ)
80	0	88	(カ)

上記の表中の空白箇所(エ)，(オ)及び(カ)に当てはまる組合せとして，正しいものを次の(1)～(5)のうちから一つ選べ．

	(エ)	(オ)	(カ)
(1)	200	200	220
(2)	200	220	220
(3)	200	220	240
(4)	220	220	240
(5)	220	200	240

解11　「電気設備技術基準の解釈」第148条第1項からの出題である.

(低圧幹線の施設)

第148条　低圧幹線は，次の各号によること.

一　損傷を受けるおそれがない場所に施設すること.

二　電線の許容電流は，低圧幹線の各部分ごとに，その部分を通じて供給される電気使用機械器具の定格電流の合計値以上であること. ただし，当該低圧幹線に接続する負荷のうち，電動機又はこれに類する起動電流が大きい電気機械器具（以下,「電動機等」という.）の定格電流の合計が，他の電気使用機械器具の定格電流の合計より大きい場合は，他の電気使用機械器具の定格電流の合計に次の値を加えた値以上であること.

イ　電動機等の定格電流の合計が50 A以下の場合は，その定格電流の合計の1.25倍

ロ　電動機等の定格電流の合計が50 Aを超える場合は，その定格電流の合計の1.1倍

三　前号の規定における電流値は，需要家，力率等が明らかな場合には，これらによって適当に修正した値とすることができる.

(四は省略)

五　前号の規定における「当該低圧幹線を保護する過電流遮断器」は，その定格電流が，当該低圧幹線の許容電流以下のものであること. ただし，低圧幹線に電動機等が接続される場合の定格電流は，次のいずれかによることができる.

イ　電動機等の定格電流の合計の3倍に，他の電気使用機械器具の定格電流の合計を加えた値以下であること.

ロ　イの規定による値が当該低圧幹線の許容電流を2.5倍した値を超える場合は，その許容電流を2.5倍した値以下であること.

ハ　当該低圧幹線の許容電流が100Aを超える場合であって，イ又はロの規定による値が過電流遮断器の標準定格に該当しないときは，イ又はロの規定による値の直近上位の標準定格であること.

(以下，省略)

(a)　第148条第1項第二号をフローチャート図に表すと，(a)図のようになる.

(a)図を基に題意の(ア)〜(ウ)について解く.

(ア)　$I_M = I_H = 48$ Aであるから，①式を用いる.

$$I_C \geqq 48 + 48 = 96 \text{ A}$$

∴　$I_C \geqq 96$ A　(答)

(イ)　$I_M = 49 \text{ A} > I_H = 47$ Aである. また，$I_M \leqq 50$ Aであるから，②式を用いる.

$$I_C \geqq 1.25 \times 49 + 47 = 108.25 \text{ A}$$

∴　$I_C \geqq 109$ A　(答)

(ウ)　$I_M = 50 > I_H = 46$ Aである. また，$I_M \leqq 50$ Aであるから，②式を用いる.

$$I_C \geqq 1.25 \times 50 + 46 = 108.5 \text{ A}$$

∴　$I_C \geqq 109$ A　(答)

よって，**(3)が正解**である.

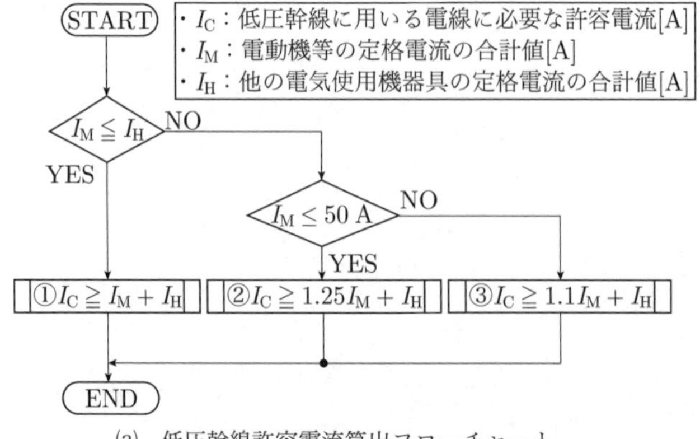

(a)　低圧幹線許容電流算出フローチャート

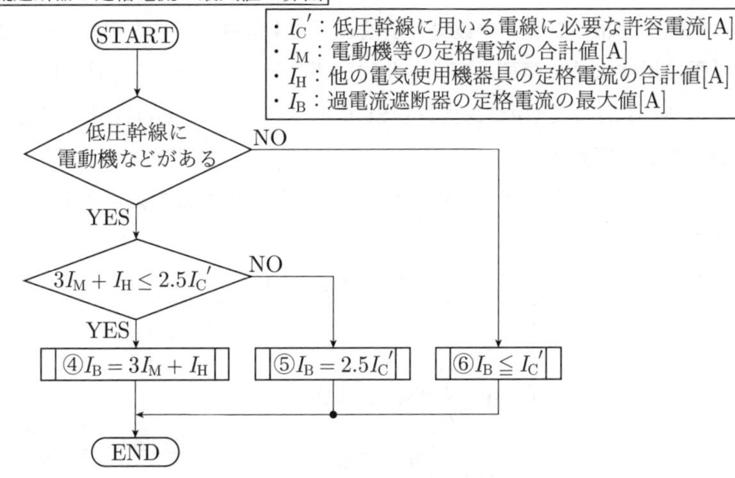

(b) 過電流遮断器定格電流最大値算出フローチャート

(b) 第148条第1項第五号をフローチャート図に表すと，(b)図のようになる．

(b)図を基に題意の(エ)〜(カ)について解く．

(エ) $3 \times 60 + 20 \leqq 2.5 \times 88$

$200 \leqq 220$

であるから，④式を用いる．

$I_B = 3 \times 60 + 20 = 200$ A

$\therefore\ I_B = 200$ A (答)

(オ) $3 \times 70 + 10 \leq 2.5 \times 88$

$220 = 220$

であるから，④式を用いる．

$I_B = 3 \times 70 + 10 = 220$ A

$\therefore\ I_B = 220$ A (答)

(カ) $3 \times 80 + 0 \leq 2.5 \times 88$

$240 > 220$

であるから，⑤式を用いる．

$I_B = 2.5 \times 88 = 220$ A

$\therefore\ I_B = 220$ A (答)

よって，**(2)が正解**である．

〔ここがポイント〕

・第148条の内容をフローチャートなどにまとめておくこと．

・不等式にて大小関係を確実に覚えておくこと（○○以下や○○を超えるなど）．

(a)-(3)，(b)-(2)

問12 三相3線式の高圧電路に300 kW，遅れ力率0.6の三相負荷が接続されている．この負荷と並列に進相コンデンサ設備を接続して力率改善を行うものとする．進相コンデンサ設備は図に示すように直列リアクトル付三相コンデンサとし，直列リアクトルSRのリアクタンスX_L [Ω]は，三相コンデンサSCのリアクタンスX_C [Ω]の6 %とするとき，次の(a)及び(b)の問に答えよ．

ただし，高圧電路の線間電圧は6 600 Vとし，無効電力によって電圧は変動しないものとする．

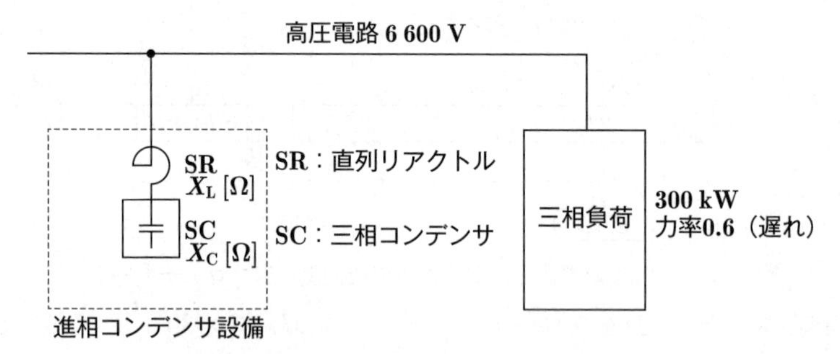

(a) 進相コンデンサ設備を高圧電路に接続したときに三相コンデンサSCの端子電圧の値[V]として，最も近いものを次の(1)～(5)のうちから一つ選べ．

(1) 6 410 (2) 6 795 (3) 6 807 (4) 6 995 (5) 7 021

(b) 進相コンデンサ設備を負荷と並列に接続し，力率を遅れ0.6から遅れ0.8に改善した．このとき，この設備の三相コンデンサSCの容量の値[kvar]として，最も近いものを次の(1)～(5)のうちから一つ選べ．

(1) 170 (2) 180 (3) 186 (4) 192 (5) 208

解12 (a) 一相当たりの等価回路を(a)図に示す.

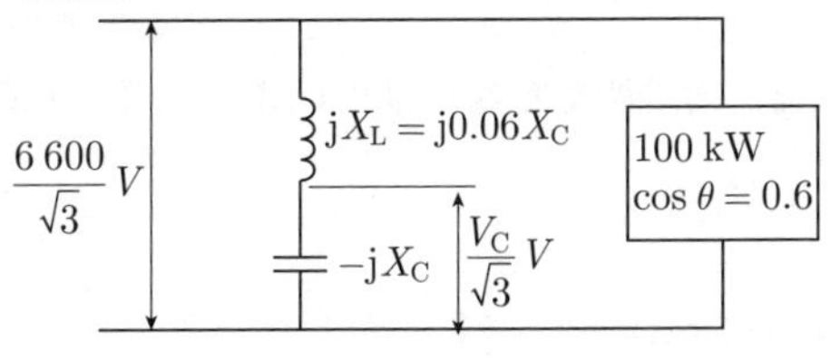

(a) 一相当たりの等価回路

(a)図より，次式が成立する.

$$\frac{V_C}{\sqrt{3}} = \frac{6\,600}{\sqrt{3}} \times \frac{-\mathrm{j}X_C}{\mathrm{j}0.06X_C - \mathrm{j}X_C}$$

$$= \frac{6\,600}{\sqrt{3}} \times \frac{-\mathrm{j}X_C}{-\mathrm{j}0.94X_C} = \frac{7\,021}{\sqrt{3}}$$

$\therefore \quad V_C = 7\,021\ \mathrm{V}$ (答)

(b) 問いの内容を整理し，題意の図を描き直すと，(b)図のようになる.

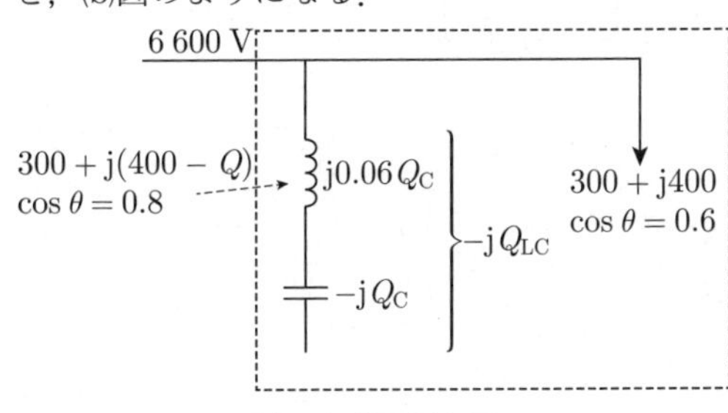

(b) 力率の概念図

(b)図より，力率遅れ0.8に改善したとき次の式が成り立つ.

$$\cos\theta = 0.8 = \frac{300}{\sqrt{300^2 + (400 - Q_{LC})^2}}$$

$$\{300^2 + (400 - Q_{LC})^2\} = \left(\frac{300}{0.8}\right)^2$$

$$(400 - Q_{LC})^2 = 50\,625$$

$$400 - Q_{LC} = 225$$

$$\therefore \quad Q_{LC} = 175\ \mathrm{kvar}$$

よって，三相コンデンサSCの容量 Q_C [kvar] は，

$$0.94Q_C = 175$$

$\therefore \quad Q_C = 186.2\ \mathrm{kvar}$ (答)

〔ここがポイント〕

(a) SCの端子電圧を求める際に，一相当たりの等価回路を描けるかどうかがポイントである.

(b) 力率改善用コンデンサ（SC）は直列リアクトル（SR）が挿入される分だけ容量が大きくなる.

答 (a) - (5), (b) - (3)

問13　図は三相3線式高圧電路に変圧器で結合された変圧器低圧側電路を示したものである．低圧側電路の一端子にはB種接地工事が施されている．この電路の一相当たりの対地静電容量をCとし接地抵抗をR_Bとする．

低圧側電路の線間電圧200 V，周波数50 Hz，対地静電容量Cは0.1 μFとして，次の(a)及び(b)の問に答えよ．

ただし，

(ア)　変圧器の高圧電路の1線地絡電流は5 Aとする．

(イ)　高圧側電路と低圧側電路との混触時に低圧電路の対地電圧が150 Vを超えた場合は1.3秒で自動的に高圧電路を遮断する装置が設けられているものとする．

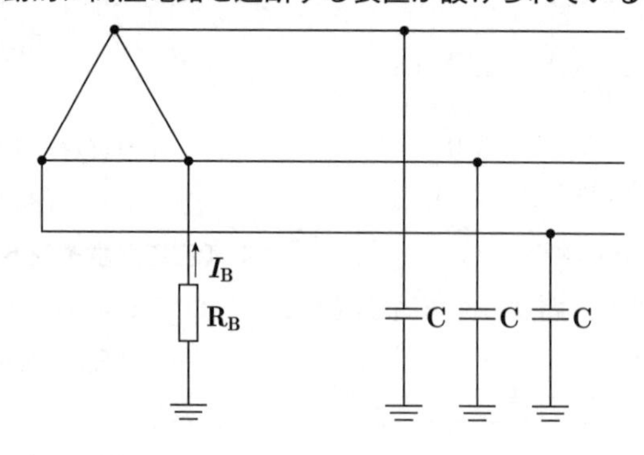

(a) 変圧器に施された，接地抵抗$\mathrm{R_B}$の抵抗値について「電気設備技術基準の解釈」で許容されている上限の抵抗値[Ω]として，最も近いものを次の(1)～(5)のうちから一つ選べ.

(1) **20**　(2) **30**　(3) **40**　(4) **60**　(5) **100**

(b) 接地抵抗$\mathrm{R_B}$の抵抗値を10 Ωとしたときに，$\mathrm{R_B}$に常時流れる電流I_Bの値[mA]として，最も近いものを次の(1)～(5)のうちから一つ選べ.

ただし，記載以外のインピーダンスは無視するものとする.

(1) **11**　(2) **19**　(3) **33**　(4) **65**　(5) **192**

解13 (a) 「電気設備技術基準の解釈」第17条第2項からの出題である．

（接地工事の種類及び施設方法）

第17条

2 B種接地工事は，次の各号によること．

一 接地抵抗値は，17-1表に規定する値以下であること．

（以下，省略）

問題の(イ)の条件から17-1表より該当する接地抵抗値の式を選ぶと，②式であることが分かる．

次に，問題の(ア)の条件より，1線地絡電流が5Aであるから，接地抵抗の値 R_B [Ω] は，

$$R_B = \frac{300}{I_g} = \frac{300}{5} = 60\,\Omega \quad (答)$$

よって，許容される接地抵抗 R_B の上限の抵抗値は，**60 Ωである．**

(b) 鳳・テブナンの定理による解答を下記に示す．問題の図は(a)図のように考えることができる．

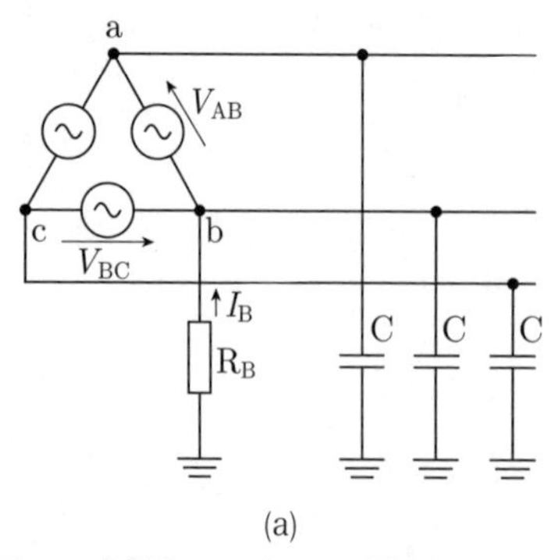

(a)

(a)図は，(b)図のように，電源 V_{AB} と V_{BC} の電源をもつ閉回路として考えることができる．

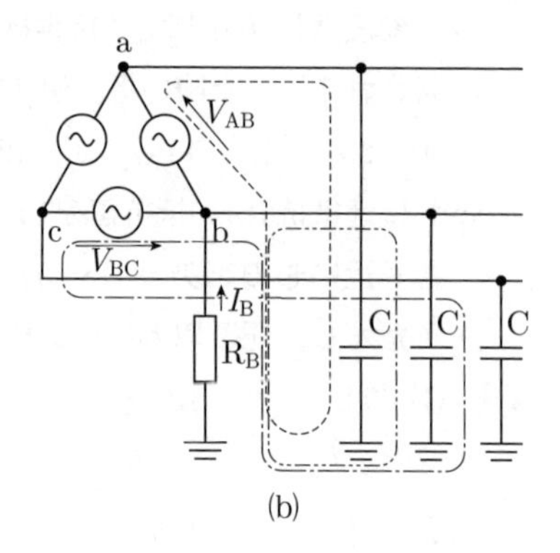

(b)

よって，(b)図は，(c)図のように描き換えることができる．

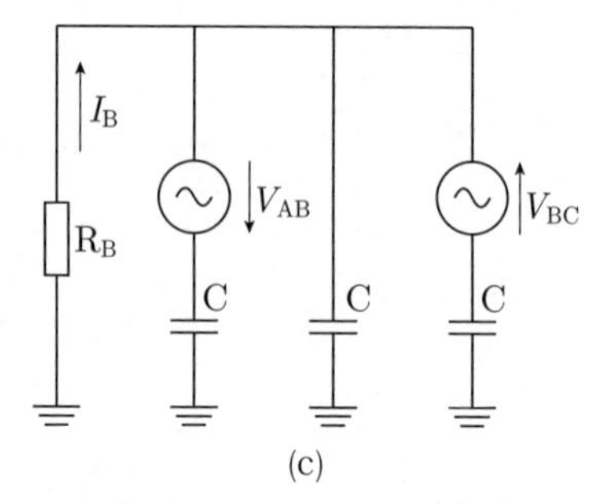

(c)

(c)図の回路について，鳳・テブナンの定理を適用する．

1. 抵抗 R_B を取り，開放電圧 V_0 を求める．(d)図より，開放電圧 V_0 は，静電容量の値を C とすると，

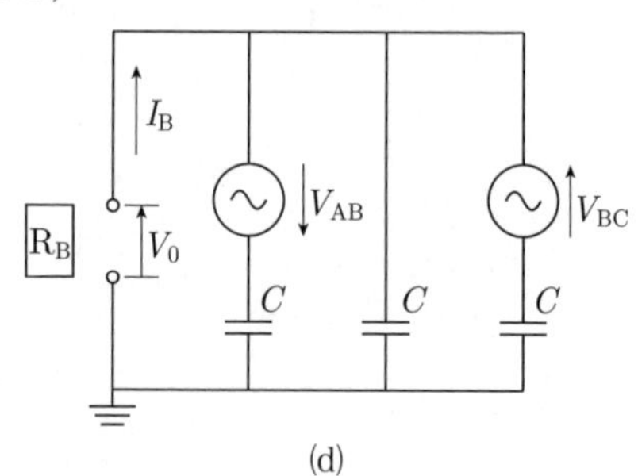

(d)

17-1表

設置工事を施す変圧器の種類	当該変圧器の高圧側又は特別高圧側の電路との混触により，低圧電路の対地電圧が150 Vを超えた場合に，自動的に高圧又は特別高圧の電路を遮断する装置を設ける場合の遮断時間	接地抵抗値[Ω]	
下記以外の場合		$\frac{150}{I_g}$	…①式
高圧又は35 000 V以下の特別高圧の電路と低圧電路を結合するもの	1秒を超え2秒以下	$\frac{300}{I_g}$	…②式
	1秒以下	$\frac{600}{I_g}$	…③式

（備考）I_g は，当該変圧器の高圧側又は特別高圧側の電路の1線地絡電流（単位：A）

$$\dot{V}_0=\frac{-\dfrac{\dot{V}_{AB}}{\dfrac{1}{\omega C}}+\dfrac{\dot{V}_{BC}}{\dfrac{1}{\omega C}}}{\dfrac{1}{\dfrac{1}{\dfrac{1}{\omega C}}+\dfrac{1}{\dfrac{1}{\omega C}}+\dfrac{1}{\dfrac{1}{\omega C}}}}=\frac{-V_{AB}+V_{BC}}{3}$$

$$=\frac{1}{3}(-V+V\mathrm{e}^{-\mathrm{j}120°})$$

$$=\frac{V}{3}(-1+\mathrm{e}^{-\mathrm{j}120°})$$

$$=\frac{V}{3}(-1+\cos 120°-\mathrm{j}\sin 120°)$$

$$=\frac{V}{3}\left(-1-\frac{1}{2}-\mathrm{j}\frac{\sqrt{3}}{2}\right)$$

$$=\frac{V}{3}\left(-\frac{3}{2}-\mathrm{j}\frac{\sqrt{3}}{2}\right)=V\left(-\frac{3}{6}-\mathrm{j}\frac{\sqrt{3}}{6}\right)$$

$$=200\left(-\frac{1}{2}-\mathrm{j}\frac{\sqrt{3}}{6}\right)=-100-\mathrm{j}\frac{100}{\sqrt{3}}\ \mathrm{V}$$

2. 電圧源を短絡し，開放端からの全体のインピーダンスZ_0を求める．

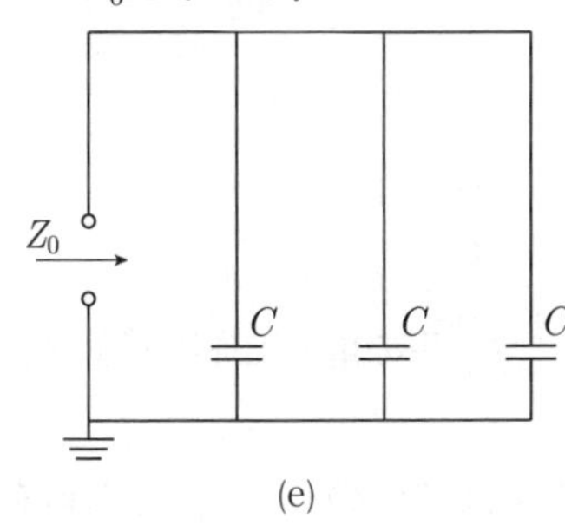

(e)

(e)図より，Z_0は，$Z_0=-\mathrm{j}\dfrac{1}{3\omega C}$と求められる．

3. 抵抗$\mathrm{R_B}$を戻し，開放電圧V_0を電源とする回路について考える（(f)図参照）．

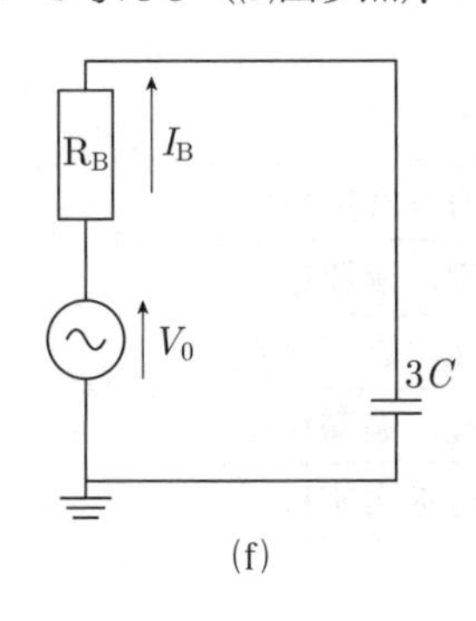

(f)

(f)図より，抵抗値をR_Bとすると，流れる電流I_Bは，

$$\dot{I}_B=\frac{\dot{V}_0}{R_B-\mathrm{j}\dfrac{1}{3\omega C}}$$

$$=\frac{-100-\mathrm{j}\dfrac{100}{\sqrt{3}}}{10-\mathrm{j}\dfrac{1}{3\times 2\pi\times 50\times 0.01\times 10^{-6}}}$$

$$=\frac{-100-\mathrm{j}\dfrac{100}{\sqrt{3}}}{10-\mathrm{j}10\,610.3}$$

$$\left|\dot{I}_B\right|=\frac{\sqrt{100^2+\dfrac{100^2}{3}}}{\sqrt{10^2+10\,610.3^2}}=\frac{115.47}{10\,610.304\,71}$$

$$=0.010\,883\ \mathrm{A}=10.883\ \mathrm{mA}$$ (答)

よって，電流I_Bは，**11 mAとなる．**

〔ここがポイント〕

(a) B種接地工事については，抵抗値の求め方や1線地絡電流の求め方も十分理解する必要がある．

(b) 対地静電容量の影響で流れる電流であり，地絡時の地絡電流と混同しないようにすること．

(a) - (4)，(b) - (1)

平成30年度（2018年）法規の問題

A問題 配点は1問題当たり6点

注1 問題文中に「電気設備技術基準」とあるのは，「電気設備に関する技術基準を定める省令」の略である．

注2 問題文中に「電気設備技術基準の解釈」とあるのは，「電気設備の技術基準の解釈における第1章～第6章及び第8章」をいう．なお，「第7章 国際規格の取り入れ」の各規定について問う出題にあっては，問題文中にその旨を明示する．

注3 問題は，令和5年11月1日現在，効力のある法令（「電気設備技術基準の解釈」を含む．）に基づいて作成している．

問1

次のa，b及びcの文章は，「電気事業法」に基づく自家用電気工作物に関する記述である．

a 事業用電気工作物とは，(ア)電気工作物以外の電気工作物をいう．

b 自家用電気工作物とは，次に掲げる事業の用に供する電気工作物及び(イ)電気工作物以外の電気工作物をいう．

① 一般送配電事業

② 送電事業

③ 配電事業

④ 特定送配電事業

⑤ (ウ)事業であって，その事業の用に供する(ウ)用の電気工作物が主務省令で定める要件に該当するもの

c 自家用電気工作物を設置する者は，その自家用電気工作物の(エ)，その旨を主務大臣に届け出なければならない．ただし，工事計画に係る認可又は届出に係る自家用電気工作物を使用する場合，設置者による事業用電気工作物の自己確認に係る届出に係る自家用電気工作物を使用する場合及び主務省令で定める場合は，この限りでない．

上記の記述中の空白箇所(ア)，(イ)，(ウ)及び(エ)に当てはまる組合せとして，正しいものを次の(1)～(5)のうちから一つ選べ．

	(ア)	(イ)	(ウ)	(エ)
(1)	一般用	事業用	配電	使用前自主検査を実施し
(2)	一般用	一般用	発電	使用の開始の後，遅滞なく
(3)	自家用	事業用	配電	使用の開始の後，遅滞なく
(4)	自家用	一般用	発電	使用の開始の後，遅滞なく
(5)	一般用	一般用	配電	使用前自主検査を実施し

●試験時間　65分
●必要解答数　A問題10題，B問題3題

解1　「電気事業法」第38条（電気工作物の定義）からの出題である．

第38条（第1項～第2項は省略）

3　この法律において「事業用電気工作物」とは，**一般用**電気工作物以外の電気工作物をいう．

4　この法律において「自家用電気工作物」とは，次に掲げる事業の用に供する電気工作物及び**一般用**電気工作物以外の電気工作物をいう．

一　一般送配電事業
二　送電事業
三　配電事業
四　特定送配電事業
五　**発電**事業であって，その事業の用に供する**発電**用の電気工作物が主務省令で定める要件に該当するもの

同法第53条（自家用電気工作物の使用の開始）からの出題である．

第53条　自家用電気工作物を設置する者は，その自家用電気工作物の**使用の開始の後，遅滞なく**，その旨を主務大臣に届け出なければならない．ただし，公共の安全確保上重要な工事計画の認可，災害その他非常の場合の工事，主務省令で定める工事，自己確認が必要な工作物の使用開始に係る届出に係る自家用電気工作物を使用する場合及び主務省令で定める場合は，この限りでない．

〔ここがポイント〕　事業用電気工作物は，一般用電気工作物以外の電気工作物をいい，電気事業用電気工作物と自家用電気工作物に分けられる．

〔関連知識〕　電気工作物と保安確保の法律の関係を示したのが下の表であるが，「事業用電気工作物」，「一般用電気工作物」に区分して規制している．

答　(2)

電気保安関係法令の概要

<table>
<tr><th rowspan="3">法律</th><th rowspan="2">一般用電気工作物</th><th colspan="2">事業用電気工作物</th></tr>
<tr><th>自家用電気工作物</th><th>自家用電気工作物，電気事業用電気工作物</th></tr>
<tr><td>○電圧600 V以下で受電
○小出力発電設備</td><td>最大電力500 kW未満の需要設備等</td><td>発電所，変電所，送配電線路，保安通信設備，最大電力500 kW以上の需要設備</td></tr>
<tr><td rowspan="2">電気事業法</td><td rowspan="2">○電線路維持運用者は，技術基準に適合していることを定期的に調査しなければならない
(注)一般用電気工作物として設置されている「小出力発電設備」に対する調査義務はない</td><td>—</td><td>○工事計画届出（受電電圧1万V以上の需要設備など）
○使用前自主検査等の実施
○設置者による事業用電気工作物の自己確認
○国による使用前検査，定期検査の受検</td></tr>
<tr><td colspan="2">○電気工作物が技術基準に適合するよう維持しなければならない
○電気主任技術者を選任し保安の監督をさせなければならない
○保安規程を定め，国に届出し，規程を遵守しなければならない
○電気事故が発生した場合，国に事故報告をしなければならない</td></tr>
<tr><td rowspan="2">電気工事士法</td><td>○電気工事士でなければ電気工事をしてはならない</td><td>○第一種電気工事士でなければ，自家用電気工作物の工事をしてはならない</td><td rowspan="2">—</td></tr>
<tr><td colspan="2">○電気工事士等は，電技を遵守しなければならない</td></tr>
</table>

次のaからdの文章は，太陽電池発電所等の設置についての記述である.「電気事業法」及び「電気事業法施行規則」に基づき，適切なものと不適切なものの組合せとして，正しいものを次の(1)～(5)のうちから一つ選べ.

a　低圧で受電し，既設の発電設備のない需要家の構内に，出力20 kWの太陽電池発電設備を設置する者は，電気主任技術者を選任しなければならない.

b　高圧で受電する工場等を新設する際に，その受電場所と同一の構内に設置する他の電気工作物と電気的に接続する出力40 kWの太陽電池発電設備を設置する場合，これらの電気工作物全体の設置者は，当該発電設備も対象とした保安規程を経済産業大臣に届け出なければならない.

c　出力1 000 kWの太陽電池発電所を設置する者は，当該発電所が技術基準に適合することについて自ら確認し，使用の開始前に，その結果を経済産業大臣に届け出なければならない.

d　出力2 000 kWの太陽電池発電所を設置する者は，その工事の計画について経済産業大臣の認可を受けなければならない.

	a	b	c	d
(1)	適切	適切	不適切	不適切
(2)	適切	不適切	適切	適切
(3)	不適切	適切	適切	不適切
(4)	不適切	不適切	適切	不適切
(5)	適切	不適切	不適切	適切

解2 a 「電気事業法」第43条（主任技術者）より，事業用電気工作物を設置する者は，事業用電気工作物の工事，維持及び運用に関する保安の監督をさせるため，主任技術者を選任しなければならない，と定められている．しかし，設問の，低圧で受電し，出力20 kWの太陽電池発電設備は，一般用電気工作物（小出力発電設備）であるため，主任技術者の選任義務はない．(「電気事業法施行規則」第48条（一般用電気工作物の範囲）)

よって，**不適切**である．

b 高圧で受電する工場等と同一構内において他の電気工作物と電気的に接続されている場合，自家用電気工作物として，当該発電設備も対象とした保安規程を経済産業大臣に届け出なければならない．(「電気事業法」第38条（一般用電気工作物）)

よって，**適切**である．

c 「電気事業法施行規則」第74条（設置者による事業用電気工作物の自己確認）において，同法の別表第6より，太陽電池発電所であって，出力500 kW以上2 000 kW未満のものは，使用の開始前に使用前自己確認を行い，その結果を経済産業大臣に届け出なければならない．

よって，**適切**である．

d 「電気事業法施行規則」第62条（工事計画の認可等）において，同法の別表第2より，太陽電池発電所の設置，変更の工事については，工事計画の認可は必要ではなく，事前届出を要するものに該当する（出力2 000 kW以上の太陽電池発電所の設置）．

よって，**不適切**である．

〔ここがポイント〕 太陽電池発電所について，電気事業法および電気事業法施行規則で規制する内容を整理すること．

法令より抜粋し整理したものを下の表に示す．風力発電所やバイオマス発電所など再生可能エネルギー全般にわたり整理する必要がある．

(3)

太陽電池発電所関係法規まとめ

関係法令	主な行為・状態	手続き/区分/実施内容の条件・範囲		太陽光発電システム出力容量[以上～未満]/(電圧区分)							
				～10 kW (低圧)	10 kW～50 kW (低圧)	10 kW～50 kW (高圧)	50 kW～100 kW (高圧)	100 kW～500 kW (高圧)	500 kW～1 MW (高圧)	1 MW～2 MW (高圧)	2 MW～ (特別高圧)
電気事業法(電気事業法施行規則)	発電設備等(電気工作物)の設置・運転	電気工作物の区分・範囲(太陽光発電)	①一般用電気工作物(低圧50 kW未満) ②事業用電気工作物 ②1) 電気事業用電気工作物(電力会社の発電・変電所，送配電線路等) ②2) 自家用電気工作物(上記以外)	①一般用電気工作物		②事業用電気工作物-[②1) 電気事業用電気工作物 ②2) 自家用電気工作物]					
		省令等で定める技術基準に適合・維持・遵守		義務							
		電気主任技術者				必要(工事着手前)※下記の①～④いずれかが必要(選任/不選任)					
			①選任(有資格者の選任)			①届出					
			②選任許可(有資格者以外の選任)			②許可申請			《不可》		
			③兼任(既存電気工作物の主任技術者と兼任)			③承認申請					《原則，不可》
			④外部委託(保安管理業務の外部委託契約)			④承認申請					《不可》
		保安規程(保安管理体制，保安業務の基本的内容等)				届出(工事着手前)					
		工事計画(自家用電気工作物の設置又は変更の工事計画)									届出(工事着工30日前)
		使用前自主検査(検査実施，およびその結果記録保存)							使用前自己確認		実施・記録保存(運転開始前)
		使用前安全管理審査(国が使用前自主検査が適切に実施されたかどうかを評価)									申請(→受審)(自主検査後30日以内)
	発電設備等を譲渡・借用して運転	使用開始前(既設置のは発電設備等(電気工作物)を譲渡・借用する場合)							届出(運転開始前)		

次の文章は，「電気設備技術基準」における（地中電線等による他の電線及び工作物への危険の防止）及び（地中電線路の保護）に関する記述である．

a　地中電線，屋側電線及びトンネル内電線その他の工作物に固定して施設する電線は，他の電線，弱電流電線等又は管（以下，「他の電線等」という．）と ㋐ し，又は交さする場合には，故障時の ㋑ により他の電線等を損傷するおそれがないように施設しなければならない．ただし，感電又は火災のおそれがない場合であって， ㋒ 場合は，この限りでない．

b　地中電線路は，車両その他の重量物による圧力に耐え，かつ，当該地中電線路を埋設している旨の表示等により掘削工事からの影響を受けないように施設しなければならない．

c　地中電線路のうちその内部で作業が可能なものには， ㋓ を講じなければならない．

上記の記述中の空白箇所㋐，㋑，㋒及び㋓に当てはまる組合せとして，正しいものを次の(1)～(5)のうちから一つ選べ．

	㋐	㋑	㋒	㋓
(1)	接触	短絡電流	取扱者以外の者が容易に触れることがない	防火措置
(2)	接近	アーク放電	他の電線等の管理者の承諾を得た	防火措置
(3)	接近	アーク放電	他の電線等の管理者の承諾を得た	感電防止措置
(4)	接触	短絡電流	他の電線等の管理者の承諾を得た	防火措置
(5)	接近	短絡電流	取扱者以外の者が容易に触れることがない	感電防止措置

解3 「電気設備技術基準」第30条（地中電線等による他の電線及び工作物への危険の防止）からの出題である．

第30条 地中電線，屋側電線及びトンネル内電線その他の工作物に固定して施設する電線は，他の電線，弱電流電線等又は管（他の電線等という）と**接近**し，又は交さする場合には，故障時の**アーク放電**により他の電線等を損傷するおそれがないように施設しなければならない．ただし，感電又は火災のおそれがない場合であって，**他の電線等の管理者の承諾を得た**場合は，この限りでない．

「電気設備技術基準」第47条（地中電線路の保護）からの出題である．

第47条 地中電線路は，車両その他の重量物による圧力に耐え，かつ，当該地中電線路を埋設している旨の表示等により掘削工事からの影響を受けないように施設しなければならない．

2 地中電線路のうちその内部で作業が可能なものには，**防火措置**を講じなければならない．

〔ここがポイント〕 地中電線路の施設関係の法令に関しては，「電気設備技術基準」第21条，第23条，第30条，第47条および「電気設備技術基準の解釈」第120条～第125条を関連づけを行い整理すること．

〔関連知識〕 「電気設備技術基準の解釈」第120条（地中電線路の施設）について整理すると，

第1項 地中電線路は，電線にケーブルを使用し，かつ，管路式，暗きょ式，直接埋設式により施設すること．

第2項 地中電線路を管路式により施設する場合は，管にはこれに加わる車両その他の重量物の圧力に耐えるものを使用すること．

第3項 暗きょ式地中電線路

第4項 直接埋設式地中電線路

第6項 埋設表示

第7項 耐燃措置

また，第1項の地中電線路の例を図に示す．

(2)

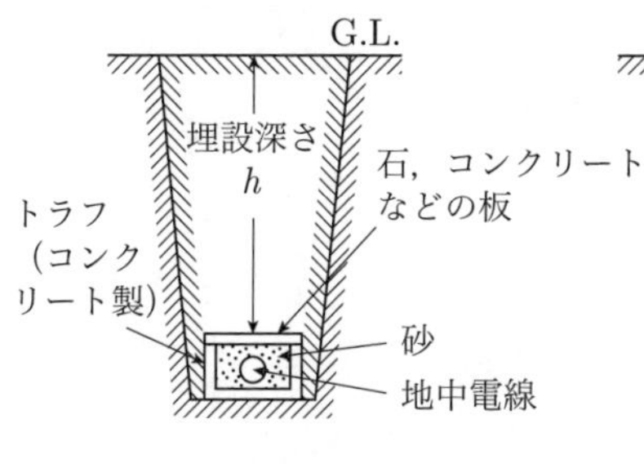

h： 車両その他の重量物の圧力を受けるおそれのある場所は1.2 m 以上，その他の場所は60 cm 以上

(a) 典型的な直接埋設式

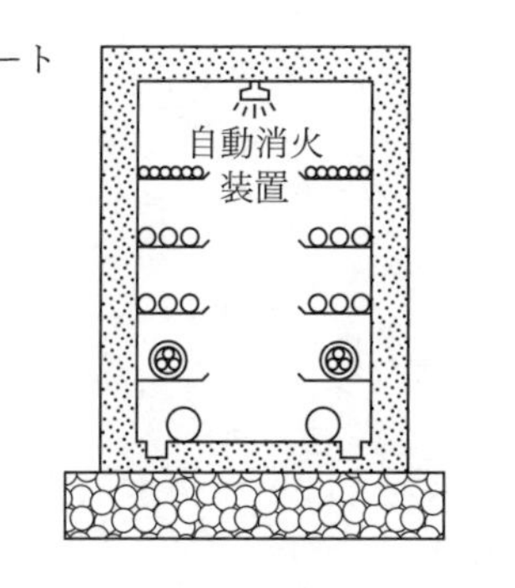

(b) 暗きょ式

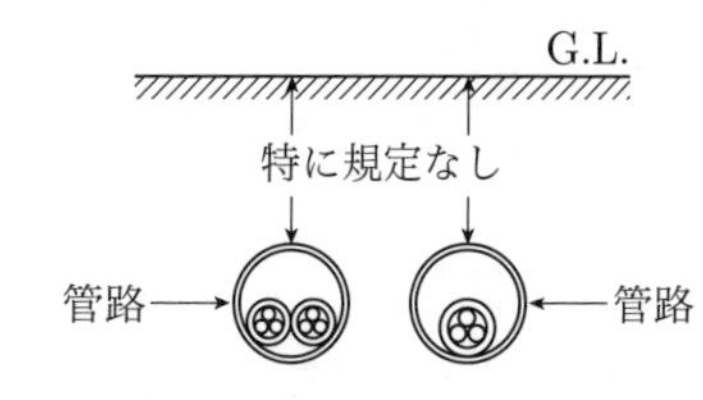

車両などの重量物の圧力に耐える管

(c) 管路式

※ G.L.とはGround Levelの略（設計地盤）

地中電線路の施設方法（例）

次の文章は，電気使用場所における異常時の保護対策の工事例である．その内容として，「電気設備技術基準」に基づき，不適切なものを次の(1)～(5)のうちから一つ選べ．

(1) 低圧の幹線から分岐して電気機械器具に至る低圧の電路において，適切な箇所に開閉器を施設したが，当該電路における短絡事故により過電流が生じるおそれがないので，過電流遮断器を施設しなかった．

(2) 出退表示灯の損傷が公共の安全の確保に支障を及ぼすおそれがある場合，その出退表示灯に電気を供給する電路に，過電流遮断器を施設しなかった．

(3) 屋内に施設する出力100 Wの電動機に，過電流遮断器を施設しなかった．

(4) プール用水中照明灯に電気を供給する電路に，地絡が生じた場合に，感電又は火災のおそれがないよう，地絡遮断器を施設した．

(5) 高圧の移動電線に電気を供給する電路に，地絡が生じた場合に，感電又は火災のおそれがないよう，地絡遮断器を施設した．

解4 (1)および(2)は，「電気設備技術基準」第63条（過電流からの低圧幹線等の保護措置）からの出題である．

第63条　低圧の幹線，低圧の幹線から分岐して電気機械器具に至る低圧の電路及び引込口から低圧の幹線を経ないで電気機械器具に至る低圧の電路には，適切な箇所に開閉器を施設するとともに，過電流が生じた場合に当該幹線等を保護できるよう，過電流遮断器を施設しなければならない．ただし，当該幹線等における短絡事故により過電流が生じるおそれがない場合は，この限りでない．

2　交通信号灯，出退表示灯その他のその損傷により公共の安全の確保に支障を及ぼすおそれがあるものに電気を供給する電路には，過電流による過熱焼損からそれらの電線及び電気機械器具を保護できるよう，過電流遮断器を施設しなければならない．

よって，(1)は**適切**であるが，(2)が**不適切**である．

(3)は，「電気設備技術基準」第65条（電動機の過負荷保護）からの出題である．

第65条　屋内に施設する電動機（出力が0.2 kW以下のものを除く.）には，過電流による当該電動機の焼損により火災が発生するおそれがないよう，過電流遮断器の施設その他の適切な措置を講じなければならない．ただし，電動機の構造上又は負荷の性質上電動機を焼損するおそれがある過電流が生じるおそれがない場合は，この限りでない．

よって，(3)は**適切**である．

(4)は，「電気設備技術基準」第64条（地絡に対する保護措置）からの出題である．

第64条　ロードヒーティング等の電熱装置，プール用水中照明灯その他の一般公衆の立ち入るおそれがある場所又は絶縁体に損傷を与えるおそれがある場所に施設するものに電気を供給する電路には，地絡が生じた場合に，感電又は火災のおそれがないよう，地絡遮断器の施設その他の適切な措置を講じなければならない．

よって，(4)は**適切**である．

(5)は，「電気設備技術基準」第66条（異常時における高圧の移動電線及び接触電線における電路の遮断）からの出題である．

第66条　高圧の移動電線又は接触電線（電車線を除く.）に電気を供給する電路には，過電流が生じた場合に，当該高圧の移動電線又は接触電線を保護できるよう，過電流遮断器を施設しなければならない．

2　前項の電路には，地絡を生じた場合に，感電又は火災のおそれがないよう，地絡遮断器の施設その他の適切な措置を講じなければならない．

よって，(5)は**適切**である．

〔ここがポイント〕 過電流遮断器や地絡遮断器などの施設条件や省略条件を整理すること．

〔関連知識〕 配線用遮断器の性能が規定されており，表のような遮断時間が必要である．

配線用遮断器の遮断時間

定格電流の区分	時間	
	定格電流の1.25倍の電流を通じた場合	定格電流の2倍の電流を通じた場合
30 A以下	60分	2分
30 Aを超え50 A以下	60分	4分
50 Aを超え100 A以下	120分	6分
100 Aを超え225 A以下	120分	8分
225 Aを超え400 A以下	120分	10分
400 Aを超え600 A以下	120分	12分
600 Aを超え800 A以下	120分	14分
800 Aを超え1 000 A以下	120分	16分
1 000 Aを超え1 200 A以下	120分	18分
1 200 Aを超え1 600 A以下	120分	20分
1 600 Aを超え2 000 A以下	120分	22分
2 000 A超過	120分	24分

答 (2)

次の文章は，「電気設備技術基準の解釈」に基づく接地工事の種類及び施工方法に関する記述である.

B種接地工事の接地抵抗値は次の表に規定する値以下であること.

<table>
<tr><td>接地工事を施す変圧器の種類</td><td>当該変圧器の高圧側又は特別高圧側の電路と低圧側の電路との (ア) により，低圧電路の対地電圧が (イ) V を超えた場合に，自動的に高圧又は特別高圧の電路を遮断する装置を設ける場合の遮断時間</td><td>接地抵抗値（Ω）</td></tr>
<tr><td colspan="2">下記以外の場合</td><td>(イ) /I</td></tr>
<tr><td rowspan="2">高圧又は 35 000 V 以下の特別高圧の電路と低圧電路を結合するもの</td><td>1 秒を超え 2 秒以下</td><td>300/I</td></tr>
<tr><td>1 秒以下</td><td>(ウ) /I</td></tr>
</table>

（備考） I は，当該変圧器の高圧側又は特別高圧側の電路の (エ) 電流（単位：A）

上記の記述中の空白箇所(ア)，(イ)，(ウ)及び(エ)に当てはまる組合せとして，正しいものを次の(1)～(5)のうちから一つ選べ.

	(ア)	(イ)	(ウ)	(エ)
(1)	混触	150	600	1線地絡
(2)	接近	200	600	許容
(3)	混触	200	400	1線地絡
(4)	接近	150	400	許容
(5)	混触	150	400	許容

解5　「電気設備技術基準の解釈」第17条（接地工事の種類及び施設方法）第2項からの出題である．

第17条（第1項は省略）

2　B種接地工事は，次の各号によること．

一　接地抵抗値は，17-1表に規定する値以下であること．

17-1表

接地工事を施す変圧器の種類	当該変圧器の高圧側又は特別高圧側の電路と低圧側の電路との**混触**により，低圧電路の対地電圧が**150 V**を超えた場合に，自動的に高圧又は特別高圧の電路を遮断する装置を設ける場合の遮断時間	接地抵抗値（Ω）
下記以外の場合		**150**/I_g
高圧又は35 000 V以下の特別高圧の電路と低圧電路を結合するもの	1秒を超え2秒以下	300/I_g
	1秒以下	**600**/I_g

（備考）　I_gは，当該変圧器の高圧側又は特別高圧側の電路の**1線地絡**電流（単位：A）

（第二～四号は省略）

〔**ここがポイント**〕　B種接地工事の接地抵抗値は，高低圧が混触したときに，低圧電路の対地電圧が150 Vを超えないように規定されたものであり，自動遮断装置を設置することで，接地抵抗値を緩和することができる．

〔**関連知識**〕　17-1表における1線地絡電流I_gは，次のいずれかによること．

イ　実測値

ロ　高圧電路においては，17-2表に規定する計算式により計算した値．ただし，計算結果は，小数点以下を切り上げ，2 A未満となる場合は，2 Aとする．

ハ　特別高圧電路において実測が困難な場合は，線路定数により計算した値

(1)

17-2表

電路の種類		計算式
中性点非接地式電路	下記以外のもの	$1+\dfrac{\dfrac{V'}{3}L-100}{150}+\dfrac{\dfrac{V'}{3}L'-1}{2}$　（$=I_1$とする．） 第2項及び第3項の値は，それぞれ値が負となる場合は，0とする．
	大地から絶縁しないで使用する電気ボイラー，電気炉等を直接接続するもの	$\sqrt{I_1{}^2+\dfrac{V^2}{3R^2}\times10^6}$
中性点接地式電路		
中性点リアクトル接地式電路		$\sqrt{\left(\dfrac{\dfrac{V}{\sqrt{3}}R}{R^2+X^2}\times10^3\right)^2+\left(I_1-\dfrac{\dfrac{V}{\sqrt{3}}X}{R^2+X^2}\times10^3\right)^2}$

（備考）

V'は，電路の公称電圧を1.1で除した電圧（単位：kV）

Lは，同一母線に接続される高圧電路（電線にケーブルを使用するものを除く．）の電線延長（単位：km）

L'は，同一母線に接続される高圧電路（電線にケーブルを使用するものに限る．）の線路延長（単位：km）

Vは，電路の公称電圧（単位：kV）

Rは，中性点に使用する抵抗器又はリアクトルの電気抵抗値（中性点の接地工事の接地抵抗値を含む．）（単位：Ω）

Xは，中性点に使用するリアクトルの誘導リアクタンスの値（単位：Ω）

問6

次の文章は,「電気設備技術基準の解釈」に基づく発電所等への取扱者以外の者の立入の防止に関する記述である.

高圧又は特別高圧の機械器具及び母線等（以下,「機械器具等」という.）を屋外に施設する発電所又は変電所，開閉所若しくはこれらに準ずる場所は，次により構内に取扱者以外の者が立ち入らないような措置を講じること．ただし，土地の状況により人が立ち入るおそれがない箇所については，この限りでない.

a　さく，へい等を設けること.

b　特別高圧の機械器具等を施設する場合は，上記aのさく，へい等の高さと，さく，へい等から充電部分までの距離との和は，表に規定する値以上とすること.

充電部分の使用電圧の区分	さく，へい等の高さと，さく，へい等から充電部分までの距離との和
35 000 V 以下	(ア) m
35 000 V を超え 160 000 V 以下	(イ) m

c　出入口に立入りを (ウ) する旨を表示すること.

d　出入口に (エ) 装置を施設して (エ) する等，取扱者以外の者の出入りを制限する措置を講じること.

上記の記述中の空白箇所(ア),(イ),(ウ)及び(エ)に当てはまる組合せとして，正しいものを次の(1)～(5)のうちから一つ選べ.

	(ア)	(イ)	(ウ)	(エ)
(1)	5	6	禁止	施錠
(2)	5	6	禁止	監視
(3)	4	5	確認	施錠
(4)	4	5	禁止	施錠
(5)	4	5	確認	監視

解6 「電気設備技術基準の解釈」第38条（発電所等への取扱者以外の者の立入の防止）からの出題である．

第38条 高圧又は特別高圧の機械器具及び母線等（以下，「機械器具」という．）を屋外に施設する発電所又は変電所，開閉器若しくはこれらに準ずる場所は，次の各号により構内に取扱者以外の者が立ち入らないような措置を講じること．ただし，土地の状況により人が立ち入るおそれがない箇所については，この限りでない．

一 さく，へい等を設けること．

二 特別高圧の機械器具等を施設する場合は，前号のさく，へい等の高さと，さく，へい等から充電部分までの距離との和は，38-1表に規定する値以上とすること．

38-1表

充電部分の使用電圧の区分	さく，へい等の高さと，さく，へい等から充電部分までの距離の和
35 000 V以下	**5** m
35 000 Vを超え160 000 V以下	**6** m
160 000 V超過	$(6+c)$ m

（備考） cは，使用電圧と160 000 Vの差を10 000 Vで除した値（小数点以下を切り上げる．）に0.12を乗じたもの

三 出入口に立入りを**禁止**する旨を表示すること．

四 出入口に**施錠**装置を施設して**施錠**する等，取扱者以外の者の出入りを制限する措置を講じること．

（第2項～第3項は省略）

〔ここがポイント〕 さく，へいの距離は使用電圧により決められている．また，立入禁止表示や施錠装置の設置を行うなど基本的な部分を押さえておくこと．

次に，さく，へいの概略図を図に示す．38-1表内の充電部までの距離とは，図の d [m] + h [m] の距離のことである．

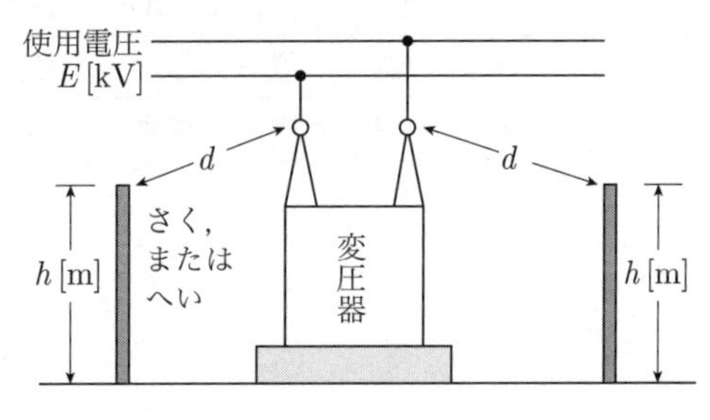

さく，へいの概略図

また，38-1表内の160 kV超過についても整理しておく必要がある．

(1)

次の文章は，「電気設備技術基準の解釈」における架空電線路の支持物の昇塔防止に関する記述である．

架空電線路の支持物に取扱者が昇降に使用する足場金具等を施設する場合は，地表上 (ア) m以上に施設すること．ただし，次のいずれかに該当する場合はこの限りでない．

a 足場金具等が (イ) できる構造である場合

b 支持物に昇塔防止のための装置を施設する場合

c 支持物の周囲に取扱者以外の者が立ち入らないように，さく，へい等を施設する場合

d 支持物を山地等であって人が (ウ) 立ち入るおそれがない場所に施設する場合

上記の記述中の空白箇所(ア)，(イ)及び(ウ)に当てはまる組合せとして，正しいものを次の(1)～(5)のうちから一つ選べ．

	(ア)	(イ)	(ウ)
(1)	2.0	内部に格納	頻繁に
(2)	2.0	取り外し	頻繁に
(3)	2.0	内部に格納	容易に
(4)	1.8	取り外し	頻繁に
(5)	1.8	内部に格納	容易に

解7　「電気設備技術基準の解釈」第53条（架空電線路の支持物の昇塔防止）からの出題である．

第53条　架空電線路の支持物に取扱者が昇降に使用する足場金具等を施設する場合は，地表上**1.8 m**以上に施設すること．ただし，次の各号のいずれかに該当する場合はこの限りでない．

一　足場金具等が**内部に格納**できる構造である場合

二　支持物に昇塔防止のための装置を施設する場合

三　支持物の周囲に取扱者以外の者が立ち入らないように，さく，へい等を施設する場合

四　支持物を山地等であって人が**容易**に立ち入るおそれがない場所に施設する場合

〔ここがポイント〕　電気設備の技術基準の解釈の解説（産業保安グループ電力安全課）第53条にも述べられているように，一般公衆が容易に昇りにくくするため，常時足場となるような装置の地表上の高さの最低値として1.8 mとしている．

自家用電気工作物の装柱図（例）を図に示す．地表上から1.8 m以上の位置に足場金具を施工しなければならないため，高圧気中開閉器用の地絡継電器などの設置位置なども工夫する必要がある．

(5)

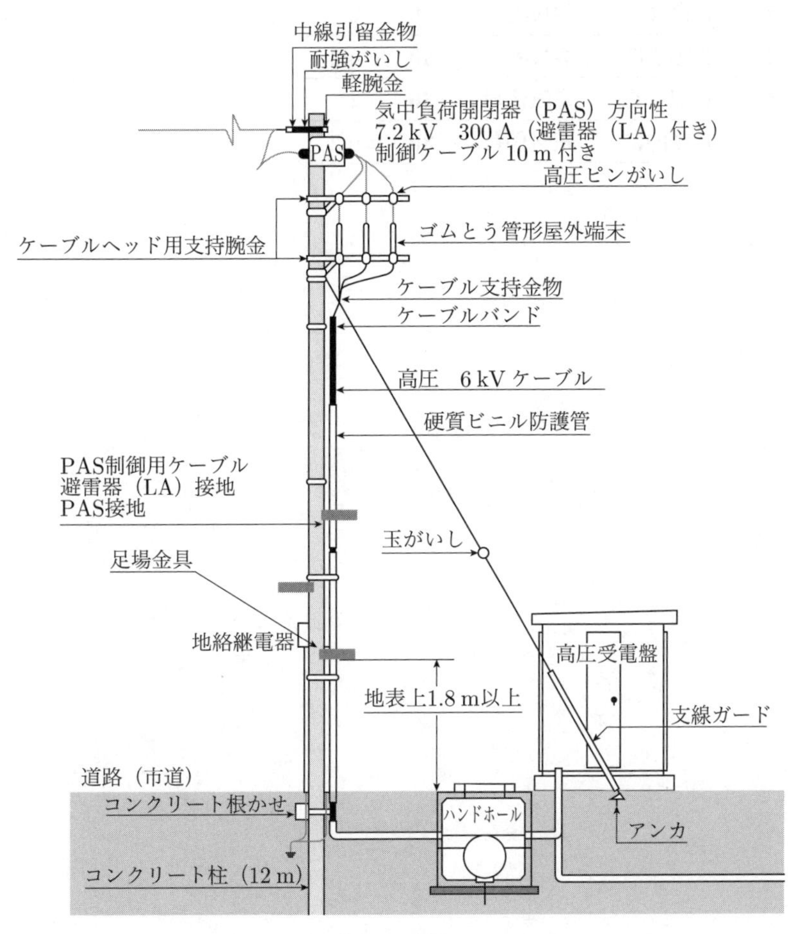

装柱図（例）

問8 次の文章は，「電気設備技術基準の解釈」に基づく電動機の過負荷保護装置の施設に関する記述である．

屋内に施設する電動機には，電動機が焼損するおそれがある過電流を生じた場合に［(ア)］これを阻止し，又はこれを警報する装置を設けること．ただし，次のいずれかに該当する場合はこの限りでない．

a　電動機を運転中，常時，［(イ)］が監視できる位置に施設する場合

b　電動機の構造上又は負荷の性質上，その電動機の巻線に当該電動機を焼損する過電流を生じるおそれがない場合

c　電動機が単相のものであって，その電源側電路に施設する配線用遮断器の定格電流が［(ウ)］A 以下の場合

d　電動機の出力が［(エ)］kW 以下の場合

上記の記述中の空白箇所(ア)，(イ)，(ウ)及び(エ)に当てはまる組合せとして，正しいものを次の(1)〜(5)のうちから一つ選べ．

	(ア)	(イ)	(ウ)	(エ)
(1)	自動的に	取扱者	20	0.2
(2)	遅滞なく	取扱者	20	2
(3)	自動的に	取扱者	30	0.2
(4)	遅滞なく	電気係員	30	2
(5)	自動的に	電気係員	30	0.2

解8 「電気設備技術基準の解釈」第153条（電動機の過負荷保護装置の施設）からの出題である．

第153条　屋内に施設する電動機には，電動機が焼損するおそれがある過電流を生じた場合に**自動的**にこれを阻止し，又はこれを警報する装置を設けること．ただし，次の各号のいずれかに該当する場合はこの限りでない．

一　電動機を運転中，常時，**取扱者**が監視できる位置に施設する場合

二　電動機の構造上又は負荷の性質上，その電動機の巻線に当該電動機を焼損する過電流を生じるおそれがない場合

三　電動機が単相のものであって，その電源側電路に施設する過電流遮断器の定格電流が15 A（配電用遮断器にあっては，**20 A**）以下の場合

四　電動機の出力が**0.2 kW**以下の場合

〔ここがポイント〕 電動機の過負荷保護を行うのが通例ではあるが，ここでは，過負荷保護を省略できる場合が求められている．省略条件の整理を行うことが必要である．

〔関連知識〕 電動機の過負荷保護として従来から，図のような電磁接触器とサーマルリレーを組み合わせた電磁開閉器が用いられている．

その他，電動機単体で保護できるモータブレーカ※1や3Eリレー※2などを組み合わせているケースもある．

※1　モータブレーカとは，電動機の始動時に発生する始動電流でトリップしないような遮断特性を有する特徴をもち，電動機の保護を目的とした遮断器である．

※2　3Eリレーとは（過負荷，欠相，逆相）を検出し，モータ保護を行う継電器である．

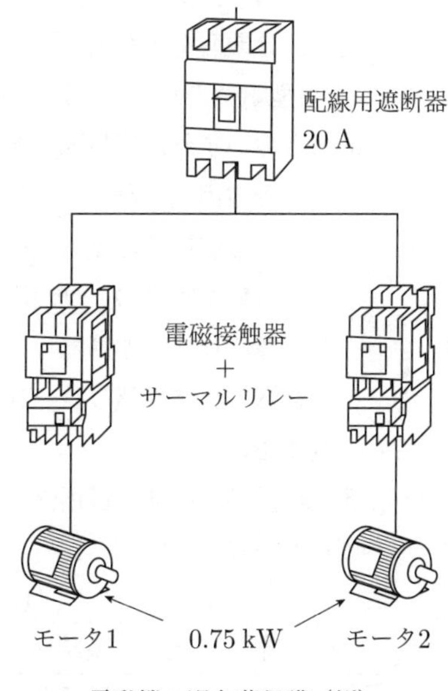

電動機の過負荷保護（例）

答 (1)

問9 次の文章は，「電気設備技術基準の解釈」における分散型電源の高圧連系時の系統連系用保護装置に関する記述の一部である．

高圧の電力系統に分散型電源を連系する場合は，次のa～cにより，異常時に分散型電源を自動的に解列するための装置を設置すること．

a 次に掲げる異常を保護リレー等により検出し，分散型電源を自動的に解列すること．

(a) 分散型電源の異常又は故障

(b) 連系している電力系統の短絡事故又は地絡事故

(c) 分散型電源の［(ア)］

b 一般送配電事業者が運用する電力系統において［(イ)］が行われる場合は，当該［(イ)］時に，分散型電源が当該電力系統から解列されていること．

c 分散型電源の解列は，次によること．

(a) 次のいずれかで解列すること．

① 受電用遮断器

② 分散型電源の出力端に設置する遮断器又はこれと同等の機能を有する装置

③ 分散型電源の［(ウ)］用遮断器

④ 母線連絡用遮断器

(b) 複数の相に保護リレーを設置する場合は，いずれかの相で異常を検出した場合に解列すること．

上記の記述中の空白箇所(ア)，(イ)及び(ウ)に当てはまる組合せとして，正しいものを次の(1)～(5)のうちから一つ選べ．

	(ア)	(イ)	(ウ)
(1)	単独運転	系統切り替え	連絡
(2)	過出力	再閉路	保護
(3)	単独運転	系統切り替え	保護
(4)	過出力	系統切り替え	連絡
(5)	単独運転	再閉路	連絡

解9 「電気設備技術基準の解釈」第229条（高圧連系時の系統連系用保護装置）からの出題である．

第229条　高圧の電力系統に分散型電源を連系する場合は，次の各号により，異常時に分散型電源を自動的に解列するための装置を施設すること．

一　次に掲げる異常を保護リレー等により検出し，分散型電源を自動的に解列すること．

イ　分散型電源の異常又は故障

ロ　連系している電力系統の短絡事故又は地絡事故

ハ　分散型電源の**単独運転**

二　一般送配電事業者が運用する電力系統において**再閉路**が行われる場合は，当該**再閉路**時に，分散型電源が当該電力系統から解列されていること．

(第三号は省略)

四　分散型電源の解列は，次によること．

イ　次のいずれかで解列すること．

(イ)　受電用遮断器

(ロ)　分散型電源の出力端に設置する遮断器又はこれと同等の機能を有する装置

(ハ)　分散型電源の**連絡**用遮断器

(ニ)　母線連絡用遮断器

ロ　前号ロの規定により複数の相に保護リレーを設置する場合は，いずれかの相で異常を検出した場合に解列すること．

〔ここがポイント〕

再生可能エネルギーの設置等に伴い，低圧連系，高圧連系及び特別高圧連系が増加しているため，系統連系用保護装置について整理すること．

〔関連知識〕

低圧連系時の保護リレーの設置相数を(a)表，高圧連系時の保護リレーの設置相数を(b)表，特別高圧連系時の保護リレーの設置相数を(c)表に示す．

(a)　低圧連系時の保護リレー設置相数

<table>
<tr><th rowspan="2" colspan="2">保護リレーの種類</th><th colspan="3">保護リレーの設置相数</th></tr>
<tr><th>単相2線式で受電する場合</th><th>単相3線式で受電する場合</th><th>三相3線式で受電する場合</th></tr>
<tr><td colspan="2">周波数上昇リレー</td><td rowspan="9">1</td><td rowspan="3">1</td><td rowspan="3">1</td></tr>
<tr><td colspan="2">周波数低下リレー</td></tr>
<tr><td colspan="2">逆電力リレー</td></tr>
<tr><td colspan="2">過電圧リレー</td><td rowspan="6">2
(中性線と両電圧線間)</td><td rowspan="2">2</td></tr>
<tr><td colspan="2">不足電力リレー</td></tr>
<tr><td colspan="2">不足電圧リレー</td><td>3</td></tr>
<tr><td colspan="2">短絡方向リレー</td><td>3※</td></tr>
<tr><td rowspan="2">逆充電検出機能を有する装置</td><td>不足電圧リレー</td><td>2</td></tr>
<tr><td>不足電力リレー</td><td>3</td></tr>
</table>

※:連系している系統と協調がとれる場合は，2相とすることができる．

(b)　高圧連系時の保護リレー設置相数

保護リレーの種類	保護リレーの設置相数
地絡過電圧リレー	1(零相回路)
過電圧リレー	1
周波数低下リレー	
周波数上昇リレー	
逆電力リレー	
短絡方向リレー	3　※1
不足電圧リレー	3　※2

※1:連系している系統と協調がとれる場合は，2相とすることができる．

※2:同期発電機を用いる場合であって，短絡方向リレーと協調がとれる場合は，1相とすることができる．

(c)　特別高圧連系時の保護リレー設置相数

保護リレーの種類	保護リレーの設置相数
地絡過電圧リレー	1(零相回路)
地絡方向リレー	
地絡検出用電流差動リレー	
地絡検出用回線選択リレー	
過電圧リレー	1
周波数低下リレー	
逆電力リレー	
不足電力リレー	2
短絡方向リレー	3
不足電圧リレー	
短絡検出・地絡検出兼用電流差動リレー	
短絡検出用電流差動リレー	
短絡方向距離リレー	
短絡検出用回線選択リレー	

答 (5)

次の文章は，電力の需給に関する記述である．

電力システムにおいて，需要と供給の間に不均衡が生じると，周波数が変動する．これを防止するため，需要と供給の均衡を常に確保する必要がある．

従来は，電力需要にあわせて電力供給を調整してきた．

しかし，近年，［(ア)］状況に応じ，スマートに［(イ)］パターンを変化させること，いわゆるディマンドリスポンス（「デマンドレスポンス」ともいう．以下同じ．）の重要性が強く認識されるようになっている．この取組の一つとして，電気事業者（小売電気事業者及び系統運用者をいう．以下同じ．）やアグリゲーター（複数の［(ウ)］を束ねて，ディマンドリスポンスによる［(エ)］削減量を電気事業者と取引する事業者）と［(ウ)］の間の契約に基づき，電力の［(エ)］削減の量や容量を取引する取組（要請による［(エ)］の削減量に応じて，［(ウ)］がアグリゲーターを介し電気事業者から報酬を得る．），いわゆるネガワット取引の活用が進められている．

上記の記述中の空白箇所(ア)，(イ)，(ウ)及び(エ)に当てはまる組合せとして，正しいものを次の(1)〜(5)のうちから一つ選べ．

	(ア)	(イ)	(ウ)	(エ)
(1)	電力需要	発電	需要家	需要
(2)	電力供給	発電	発電事業者	供給
(3)	電力供給	消費	需要家	需要
(4)	電力需要	消費	発電事業者	需要
(5)	電力供給	発電	需要家	供給

解10 電力システムにおいて，需要と供給の間に不平衡が生じると，周波数が変動する．これを防止するため，需要と供給の均衡を常に確保する必要がある．

従来は，電力需要にあわせて電力供給してきた．

しかし，近年，**電力供給**状況に応じ，スマートに**消費**パターンを変化させる，いわゆるデマンドレスポンスの重要性が強く認識されるようになっている．この取組みの一つとして，電気事業者やアグリゲータ（複数の**需要家**を束ねてデマンドレスポンスによる**需要**削減量を電気事業者と取引する事業者）と**需要家**の間の契約に基づき，電力の**需要**削減の量や容量を取引する取組み（要請による**需要**の削減量に応じて，**需要家**がアグリゲータを介して電気事業者から報酬を得る），いわゆるネガワット取引の活用が進められている．

〔ここがポイント〕 原子力発電所の設備利用率が約15％以下と，過去最低の水準を更新しており，今後の電力不足が深刻化している．日本でもデマンドレスポンス（需要応答）を導入していこうと考えられている．

デマンドレスポンスとは，需要ひっ迫の予想されるピーク時間帯に電力価格が高くなるように動的に料金を設定したり，節電分だけポイントを還元するなどのサービスを提供することによって，ピーク需要の削減を促進しようというものである．

デマンドレスポンスの仕組みのイメージを図に表す．

デマンドレスポンスを普及させるには，スマートメータの全数設置とリアルタイムでの電気料金課金などを行うため，多額な設備投資と時間を要することとなる．したがって，実証実験を確実に実施し，信頼性のある設備導入を行う必要がある．

答 (3)

デマンドレスポンスでは，需要側で効果的に節電を行い，発電所を新設するのと同じ電力量を補います．

デマンドレスポンスの仕組み

B問題

問11及び問12の配点は1問題当たり(a)6点，(b)7点，計13点
問13の配点は(a)7点，(b)7点，計14点

問11

人家が多く連なっている場所以外の場所であって，氷雪の多い地方のうち，海岸その他の低温季に最大風圧を生じる地方に設置されている公称断面積60 mm^2，仕上り外径15 mmの6 600 V屋外用ポリエチレン絶縁電線（6 600 V OE）を使用した高圧架空電線路がある．この電線路の電線の風圧荷重について「電気設備技術基準の解釈」に基づき，次の(a)及び(b)の問に答えよ．

ただし，電線に対する甲種風圧荷重は980 Pa，乙種風圧荷重の計算で用いる氷雪の厚さは6 mmとする．

(a) 低温季において電線1条，長さ1 m当たりに加わる風圧荷重の値[N]として，最も近いものを次の(1)～(5)のうちから一つ選べ．

(1) **10.3**　(2) **13.2**　(3) **14.7**　(4) **20.6**　(5) **26.5**

(b) 低温季に適用される風圧荷重が乙種風圧荷重となる電線の仕上り外径の値[mm]として，最も大きいものを次の(1)～(5)のうちから一つ選べ．

(1) **10**　(2) **12**　(3) **15**　(4) **18**　(5) **21**

解11　「電気設備技術基準の解釈」第58条（架空電線路の強度検討に用いる荷重）からの出題である．ここで，問題を解くのに必要な知識を下記の(1)～(3)に示す．

(1)　風圧荷重 F [N] = 垂直投影面積 S [m^2] × 圧力 P [N/m^2]

(2)　風圧荷重の適用区分は，表のとおりである．

風圧荷重の適用区分

季節	地方		適用する風圧荷重
高温季	全ての地方		甲種風圧荷重
低温季	氷雪の多い地方	海岸地その他の低温季に最大風圧を生じる地方	甲種風圧荷重又は乙種風圧荷重のいずれか大きいもの
		上記以外の地方	乙種風圧荷重
	氷雪の多い地方以外の地方		丙種風圧荷重

(3)　風圧荷重の種類

①　甲種風圧荷重：構成材の垂直投影面に加わる圧力を基礎として計算したもの，または風速40 m/s以上を想定した風洞実験に基づく値より計算したもの

②　乙種風圧荷重：架渉線の周囲に厚さ6 mm，比重0.9の氷雪が付着した状態に対し，甲種風圧荷重の0.5倍を基礎として計算したもの

③　丙種風圧荷重：甲種風圧荷重の0.5倍を基礎として計算したもの

④　着雪時風圧荷重：架渉線の周囲に比重0.6の雪が同心円状に付着した状態に対し，甲種風圧荷重の0.3倍を基礎として計算したもの

図は，電線に厚さ6 mm，比重0.9の氷雪が付着した状態の概要図である．

(a)　低温季の風圧荷重

低温季において電線1条，長さ1 m当たりに加わる風圧荷重は，表より，甲種風圧荷重（W_1）または乙種風圧荷重（W_2）のいずれか大きいものを選定すればよい．

よって，題意の数値を用い計算すると，

$$W_1 = 980\ \mathrm{N/m^2} \times (15 \times 10^{-3} \times 1)\ \mathrm{m^2} = 14.7\ \mathrm{N}$$

$$W_2 = \frac{980}{2}\ \mathrm{N/m^2} \times \{(15+6+6) \times 10^{-3} \times 1\}\ \mathrm{m^2} = 13.23\ \mathrm{N}$$

上記より，$W_1 \geqq W_2$ であるから，選定すべき風圧荷重は，**14.7 N**となる．

(b)　乙種風圧荷重となる電線の仕上り外径

(a)にて乙種風圧荷重が適用される条件は，$W_1 < W_2$ となる必要がある．

電線の仕上り外径を D' とすると，

$$980\ \mathrm{N/m^2} \times (D' \times 10^{-3} \times 1)\ \mathrm{m^2} \leqq (980/2)\mathrm{N/m} \times \{(D'+6+6) \times 10^{-3} \times 1\}\ \mathrm{m^2}$$

$$980D' \leqq 490\,(D'+12)$$

$$\therefore\ D' \leqq 12\ \mathrm{mm}$$

よって，**12 mm**が正解となる．

(a) - (3)，(b) - (2)

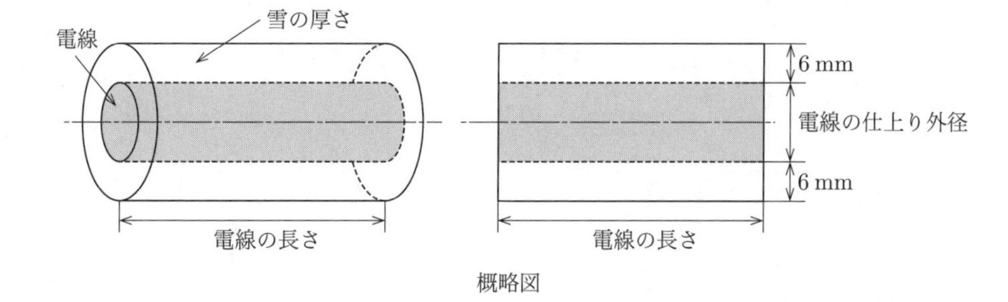

概略図

問12 図のように電源側S点から負荷点Aを経由して負荷点Bに至る線路長L[km]の三相3線式配電線路があり，A点，B点で図に示す負荷電流が流れているとする．S点の線間電圧を6 600 V，配電線路の1線当たりの抵抗を0.32 Ω/km，リアクタンスを0.2 Ω/kmとするとき，次の(a)及び(b)の問に答えよ．

ただし，計算においてはS点，A点及びB点における電圧の位相差が十分小さいとの仮定に基づき適切な近似式を用いるものとする．

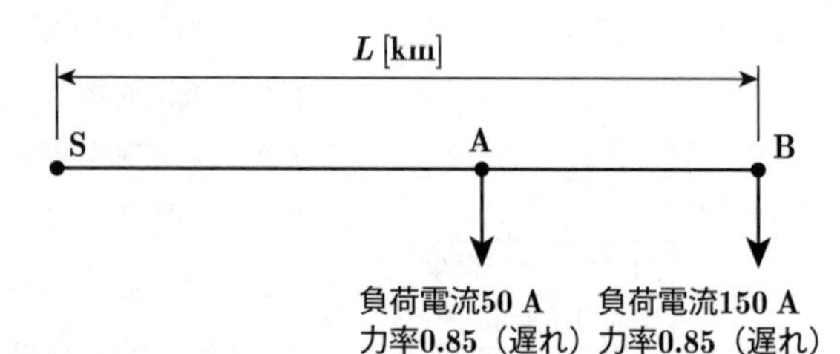

(a) A-B間の線間電圧降下をS点線間電圧の1 %としたい．このときのA-B間の線路長の値[km]として，最も近いものを次の(1)～(5)のうちから一つ選べ．

(1) 0.39　(2) 0.67　(3) 0.75　(4) 1.17　(5) 1.30

(b) A-B間の線間電圧降下をS点線間電圧の1 %とし，B点線間電圧をS点線間電圧の96 %としたときの線路長Lの値[km]として，最も近いものを次の(1)～(5)のうちから一つ選べ．

(1) 2.19　(2) 2.44　(3) 2.67　(4) 3.79　(5) 4.22

解12

(a) A-B間の線路長

題意の図に設問の内容を代入し書き換えると(a)図のようになる．

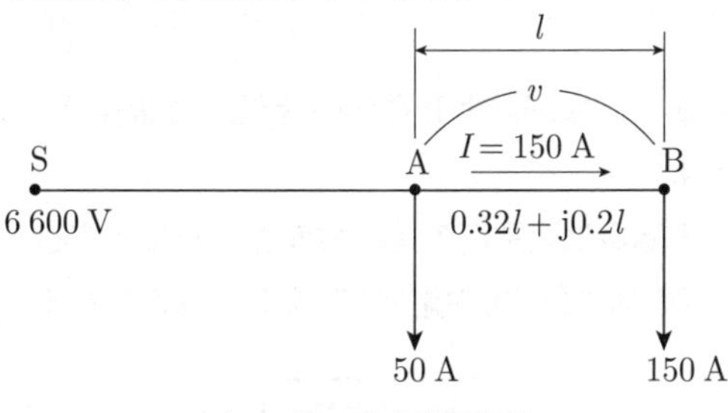

(a) 三相3線式配電線路

図より，

$$v=6\,600\times 0.01=66\text{ V} \qquad ①$$

次に電圧降下 v の近似式は，電流を I [A]，抵抗を R [Ω]，リアクタンスを X [Ω]および力率角を θ とおくと，一般的に，

$$v=\sqrt{3}I(R\cos\theta+X\sin\theta)\ [\text{V}]$$

と表される．

これを使用し，図の数値および①式を代入すると，

$$66=\sqrt{3}\times 150\times(0.32l\times 0.85+0.2l\sqrt{1-0.85^2})$$
$$\fallingdotseq\sqrt{3}\times 150\times(0.272l+0.105\,4l)$$
$$=\sqrt{3}\times 150\times 0.377\,4l$$
$$\fallingdotseq 98.052l$$

$\therefore\ l\fallingdotseq 0.673$ km (答)

(b) 線路長 L

まず，B点線間電圧（V_B）はS点の線間電圧の96％とするため，

$$V_B=6\,600\times 0.96=6\,336\text{ V}$$

A-B間の線間電圧降下 v は(a)と同様であるから，A点線間電圧（V_A）は，

$$V_A=6\,336+66=6\,402\text{ V}$$

題意の図に上記の内容と設問の内容を代入し書き換えると(b)図のようになる．

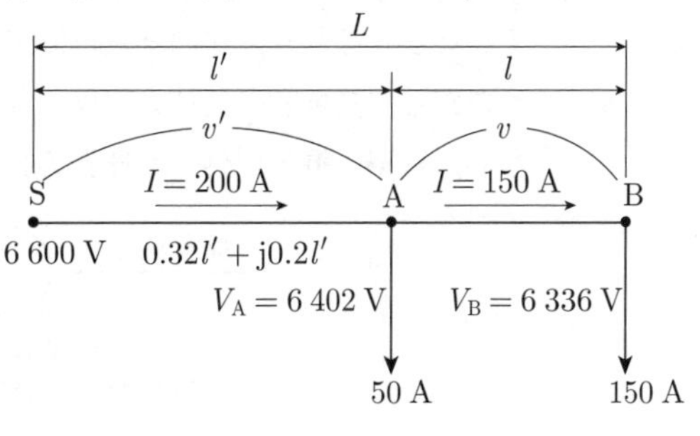

(b) 三相3線式配電線路

(b)図より，

$$v'=6\,600-6\,402=198\text{ V} \qquad ②$$

近似式を使用し，(b)図の数値および②式を代入すると，

$$198=\sqrt{3}\times 200\times(0.32l'\times 0.85+0.2l'\sqrt{1-0.85^2})$$
$$\fallingdotseq\sqrt{3}\times 200\times(0.272l'+0.105\,4l')$$
$$=\sqrt{3}\times 200\times 0.377\,4l'$$
$$\fallingdotseq 130.735l'$$

$\therefore\ l'\fallingdotseq 1.514$ km

したがって，線路長 L [km]は，

$$L=l+l'=0.673+1.514$$
$$\fallingdotseq 2.188\text{ km}$$ (答)

答 (a)-(2)，(b)-(1)

問13　ある需要家では，図1に示すように定格容量300 kV·A，定格電圧における鉄損430 W及び全負荷銅損2 800 Wの変圧器を介して配電線路から定格電圧で受電し，需要家負荷に電力を供給している．この需要家には出力150 kWの太陽電池発電所が設置されており，図1に示す位置で連系されている．

ある日の需要家負荷の日負荷曲線が図2であり，太陽電池発電所の発電出力曲線が図3であるとするとき，次の(a)及び(b)の問に答えよ．

ただし，需要家の負荷力率は100 %とし，太陽電池発電所の運転力率も100 %とする．なお，鉄損，銅損以外の変圧器の損失及び需要家構内の線路損失は無視するものとする．

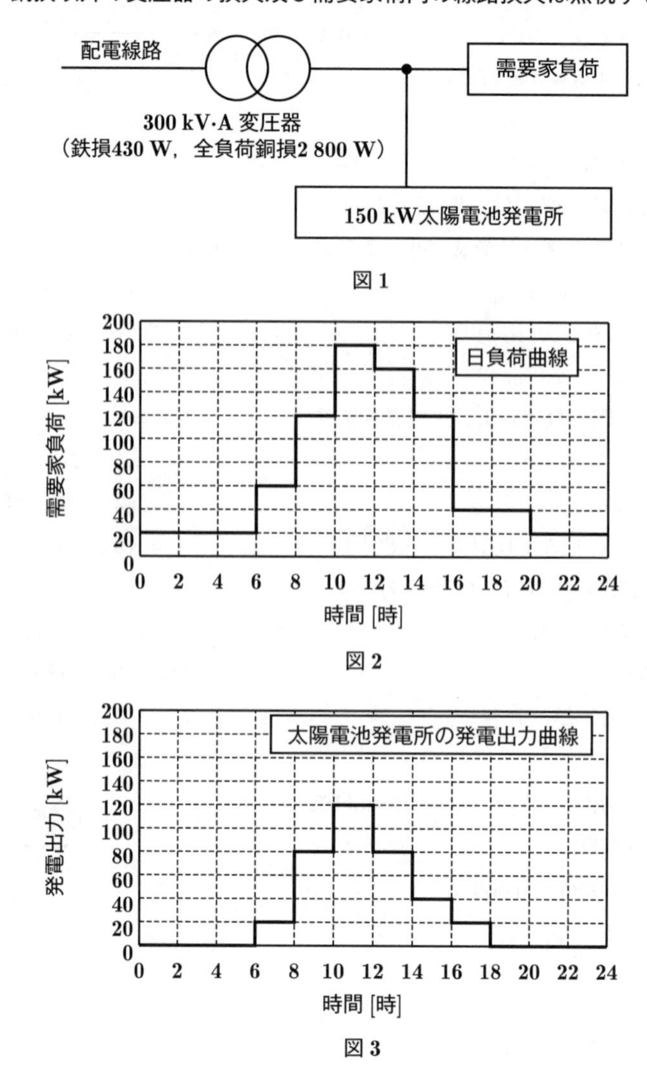

図1

図2

図3

(a)　変圧器の1日の損失電力量の値[kW·h]として，最も近いものを次の(1)～(5)のうちから一つ選べ．

(1)　**10.3**　　(2)　**11.8**　　(3)　**13.2**　　(4)　**16.3**　　(5)　**24.4**

(b)　変圧器の全日効率の値[%]として，最も近いものを次の(1)～(5)のうちから一つ選べ．

(1)　**97.5**　　(2)　**97.8**　　(3)　**98.7**　　(4)　**99.0**　　(5)　**99.4**

解13 題意の図1を描き換えると，(a)図のようになる．

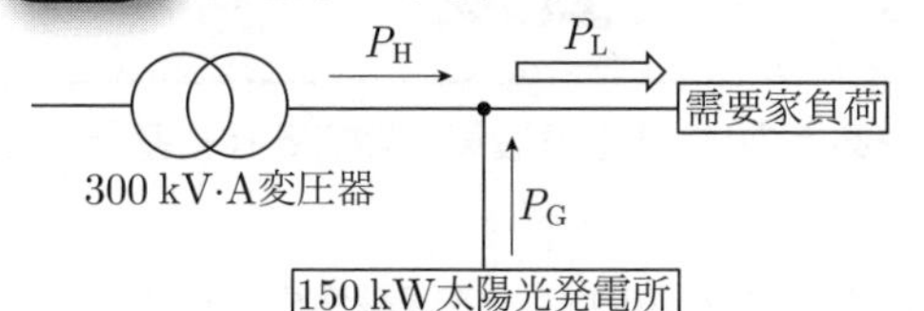

(a) 配電線系統図

(a)図より，$P_L = P_H + P_G$であることがわかる．つまり，変圧器の日負荷曲線は，$P_H = P_L - P_G$であり，題意の図2から図3の電力量を引いて考えればよい．

このことを踏まえて変圧器の日負荷曲線を描くと，(b)図のようになる．

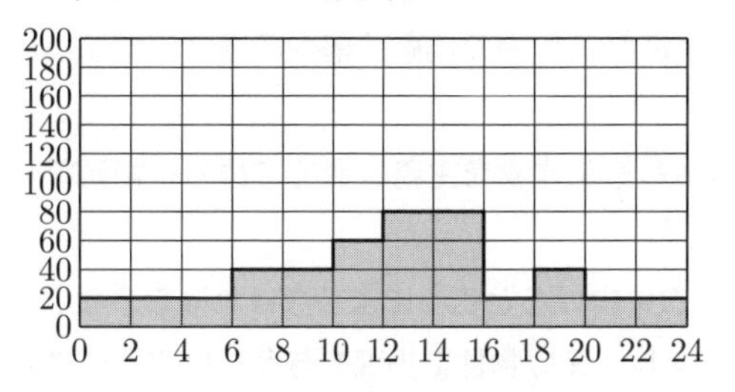

(b) 変圧器の日負荷曲線

(a) (b)図より，変圧器の1日の損失電力量[kW·h]を求める．

日鉄損 W_i [kW·h]は，24時間同一であるから，

$$W_i = 24 \times 0.43 = 10.32 \text{ kW·h} \quad ①$$

次に，日負荷損 W_c [kW·h]を求める．

まず，各時間帯の負荷損 W_{ck}を求めると，

$$W_{ck} = \left(\frac{P_{Hk}}{300}\right)^2 \times P_{c0} \times t_k$$

となる．ここで，P_{Hk}はその時間の負荷 [W]，P_{c0}は定格時の銅損，t_kは時間 [h]である．これより，0〜6時の負荷損 W_{c1}は，

$$W_{c1} = \left(\frac{20}{300}\right)^2 \times 2.8 \times 6 \fallingdotseq 0.0747 \text{ kW·h}$$

同様に，6〜8時の負荷損 $W_{c2} \fallingdotseq 0.0996$ kW·h

8〜10時の負荷損 $W_{c3} \fallingdotseq 0.0996$ kW·h

10〜12時の負荷損 $W_{c4} \fallingdotseq 0.224$ kW·h

12〜14時の負荷損 $W_{c5} \fallingdotseq 0.398$ kW·h

14〜16時の負荷損 $W_{c6} \fallingdotseq 0.398$ kW·h

16〜18時の負荷損 $W_{c7} \fallingdotseq 0.249$ kW·h

18〜20時の負荷損 $W_{c8} \fallingdotseq 0.0996$ kW·h

20〜24時の負荷損 $W_{c9} \fallingdotseq 0.0498$ kW·h

よって，日負荷損 W_c [kW·h]は，

$$\begin{aligned} W_c &= W_{c1} + W_{c2} + W_{c3} + W_{c4} + W_{c5} \\ &\quad + W_{c6} + W_{c7} + W_{c8} + W_{c9} \\ &= 0.0747 + 0.0996 + 0.0996 + 0.224 \\ &\quad + 0.398 + 0.398 + 0.0249 + 0.0996 \\ &\quad + 0.0498 \\ &= 1.4682 \text{ kW·h} \end{aligned}$$

したがって，変圧器の1日の損失電力量 W_{loss} [kW·h]は，

$$\begin{aligned} W_{loss} &= W_i + W_c = 10.32 + 1.4682 \\ &= 11.7882 \text{ kW·h} \quad (答) \end{aligned}$$

(b) (b)図より，変圧器の全日効率η [%]を求める．まず，各時間帯の変圧器の負荷電力量W_kを求めると，

$$W_k = P_{Hk} \times t_k$$

よって，0〜6時の電力量 W_1は，

$$W_1 = 20 \times 6 = 120 \text{ kW·h}$$

同様に，6〜8時の電力量 $W_2 = 80$ kW·h

8〜10時の電力量 $W_3 = 80$ kW·h

10〜12時の電力量 $W_4 = 120$ kW·h

12〜14時の電力量 $W_5 = 160$ kW·h

14〜16時の電力量 $W_6 = 160$ kW·h

16〜18時の電力量 $W_7 = 40$ kW·h

18〜20時の電力量 $W_8 = 80$ kW·h

20〜24時の電力量 $W_9 = 80$ kW·h

よって，日負荷電力量 W [kW·h]は，

$$\begin{aligned} W &= W_1 + W_2 + W_3 + W_4 + W_5 + W_6 \\ &\quad + W_7 + W_8 + W_9 \\ &= 120 + 80 + 80 + 120 + 160 + 160 \\ &\quad + 40 + 80 + 80 \\ &= 920 \text{ kW·h} \end{aligned}$$

したがって，全日効率η [%]は，

$$\begin{aligned} \eta &= \frac{W}{W + W_{loss}} \times 100 \,[\%] \\ &= \frac{920}{920 + 11.7882} \times 100 \\ &\fallingdotseq 98.735\,\% \quad (答) \end{aligned}$$

(a)-(2)，(b)-(3)

平成29年度（2017年） 法規の問題

注1 問題文中に「電気設備技術基準」とあるのは，「電気設備に関する技術基準を定める省令」の略である．

注2 問題文中に「電気設備技術基準の解釈」とあるのは，「電気設備の技術基準の解釈における第1章～第6章及び第8章」である．なお，「第7章 国際規格の取り入れ」の各規定について問う出題にあっては，問題文中にその旨を明示する．

注3 問題は，令和5年11月1日現在，効力のある法令（「電気設備技術基準の解釈」を含む．）に基づいて作成している．

A問題 配点は1問題当たり6点

問1 次の文章は，「電気事業法」における事業用電気工作物の技術基準への適合に関する記述の一部である．

a 事業用電気工作物を設置する者は，事業用電気工作物を主務省令で定める技術基準に適合するように (ア) しなければならない．

b 上記aの主務省令で定める技術基準では，次に掲げるところによらなければならない．

① 事業用電気工作物は，人体に危害を及ぼし，又は物件に損傷を与えないようにすること．

② 事業用電気工作物は，他の電気的設備その他の物件の機能に電気的又は (イ) 的な障害を与えないようにすること．

③ 事業用電気工作物の損壊により一般送配電事業者又は配電事業者の電気の供給に著しい支障を及ぼさないようにすること．

④ 事業用電気工作物が一般送配電事業又は配電事業の用に供される場合にあつては，その事業用電気工作物の損壊によりその一般送配電事業又は配電事業に係る電気の供給に著しい支障を生じないようにすること．

c 主務大臣は，事業用電気工作物が上記aの主務省令で定める技術基準に適合していないと認めるときは，事業用電気工作物を設置する者に対し，その技術基準に適合するように事業用電気工作物を修理し，改造し，若しくは移転し，若しくはその使用を (ウ) すべきことを命じ，又はその使用を制限することができる．

上記の記述中の空白箇所(ア)，(イ)及び(ウ)に当てはまる組合せとして，正しいものを次の(1)～(5)のうちから一つ選べ．

	(ア)	(イ)	(ウ)
(1)	設置	磁気	一時停止
(2)	維持	熱	禁止
(3)	設置	熱	禁止
(4)	維持	磁気	一時停止
(5)	設置	熱	一時停止

●試験時間　65分
●必要解答数　A問題10題，B問題3題

解1　電気事業法第39条（事業用電気工作物の維持）および第40条（技術基準適合命令）からの出題である．

（事業用電気工作物の維持）

第39条　事業用電気工作物を設置する者は，事業用電気工作物を主務省令で定める技術基準に適合するように**維持**しなければならない．

2　前項の主務省令は，次に掲げるところによらなければならない．

一　事業用電気工作物は，人体に危害を及ぼし，又は物件に損傷を与えないようにすること．

二　事業用電気工作物は，他の電気的設備その他の物件の機能に電気的又は**磁気**的な障害を与えないようにすること．

三　事業用電気工作物の損壊により一般送配電事業者又は配電事業者の電気の供給に著しい支障を及ぼさないようにすること．

四　事業用電気工作物が一般送配電事業又は配電事業の用に供される場合にあっては，その事業用電気工作物の損壊によりその一般送配電事業又は配電事業に係る電気の供給に著しい支障を生じないようにすること．

（技術基準適合命令）

第40条　主務大臣は，事業用電気工作物が前条第1項の主務省令で定める技術基準に適合していないと認めるときは，事業用電気工作物を設置する者に対し，その技術基準に適合するように事業用電気工作物を修理し，改造し，若しくは移転し，若しくはその使用を**一時停止**すべきことを命じ，又はその使用を制限することができる．

〈ここがポイント〉　電気工作物の障害は，社会的影響が大きいことから，電気事業法第39条（事業用電気工作物の維持）にて基本的な事項が定められている．また，この条文に関連して，電気設備技術基準第4条，第16条，第18条が定められており，電気事業法第39条の条文と対比して学習しておくとよい．

電気事業法	電気設備の技術基準を定める省令
第39条（事業用電気工作物の維持） ＊関連づけて学習しておくとよい．	第4条（電気設備における感電，火災等の防止）
	第16条（電気設備の電気的，磁気的障害の防止）
	第18条（電気設備による供給支障の防止）

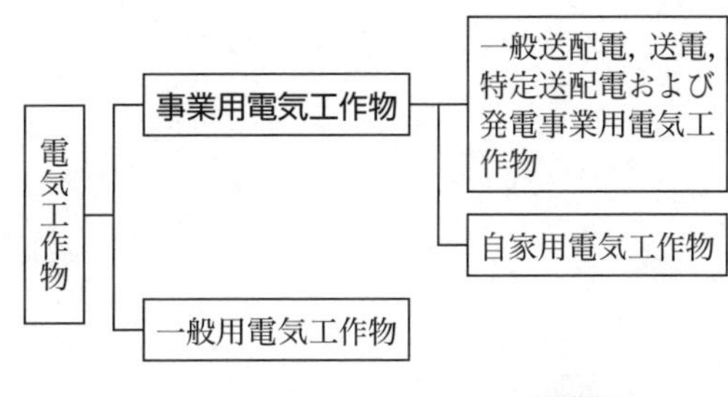

(4)

次の文章は，「電気工事士法」及び「電気工事士法施行規則」に基づく，同法の目的，特殊電気工事及び簡易電気工事に関する記述である．

a　この法律は，電気工事の作業に従事する者の資格及び義務を定め，もって電気工事の (ア) による (イ) の発生の防止に寄与することを目的とする．

b　この法律における自家用電気工作物に係る電気工事のうち特殊電気工事（ネオン工事又は (ウ) をいう．）については，当該特殊電気工事に係る特種電気工事資格者認定証の交付を受けている者でなければ，その作業（特種電気工事資格者が従事する特殊電気工事の作業を補助する作業を除く．）に従事することができない．

c　この法律における自家用電気工作物（電線路に係るものを除く．以下同じ．）に係る電気工事のうち電圧 (エ) V以下で使用する自家用電気工作物に係る電気工事については，認定電気工事従事者認定証の交付を受けている者は，その作業に従事することができる．

上記の記述中の空白箇所(ア)，(イ)，(ウ)及び(エ)に当てはまる組合せとして，正しいものを次の(1)～(5)のうちから一つ選べ．

	(ア)	(イ)	(ウ)	(エ)
(1)	不良	災害	内燃力発電装置設置工事	600
(2)	不良	事故	内燃力発電装置設置工事	400
(3)	欠陥	事故	非常用予備発電装置工事	400
(4)	欠陥	災害	非常用予備発電装置工事	600
(5)	欠陥	事故	内燃力発電装置設置工事	400

解2　電気工事士法第1条（目的），電気工事士法施行規則第2条の2（特殊電気工事）および第2条の3（簡易電気工事）からの出題である．

電気工事士法

（目的）

第1条　この法律は，電気工事の作業に従事する者の資格及び義務を定め，もって電気工事の**欠陥**による**災害**の発生の防止に寄与することを目的とする．

電気工事士法施行規則

（特殊電気工事）

第2条の2　法第3条第3項の自家用電気工作物に係る電気工事のうち経済産業省令で定める特殊なものは，次のとおりとする．

一　ネオン用として設置されている分電盤，主開閉器（電源側の電線との接続部分を除く．），タイムスイッチ，点滅器，ネオン変圧器，ネオン管及びこれらの附属設備に係る電気工事（以下，「ネオン工事」という．）

二　非常用予備発電設備工事として設置される原動機，発電機，配電盤（他の需要設備の間の電線との接続部分を除く．）及びこれらの附属設備に係る電気工事（以下，「**非常用予備発電装置工事**」という．）

（簡易電気工事）

第2条の3　法第3条第4項の自家用電気工作物に係る電気工事のうち経済産業省令で定める簡易なものは，電圧**600** V以下で使用する自家用電気工作物に係る電気工事（電線路に係るものを除く．）とする．

〈ここがポイント〉　電気工事士法で定められている電気工事士，特殊電気工事資格者および認定電気工事従事者の具体的な作業範囲を示すと，表のようになる．

(4)

<table>
<tr><th colspan="5">電気工作物の種類・範囲と電気工事の種類</th><th>電気工事をする場合の資格</th></tr>
<tr><td rowspan="7">事業用電気工作物</td><td>一般送配電，送電，特定送配電および発電事業用電気工作物</td><td colspan="3">発電所，変電所，送電線路，配電線路，保安通信設備等</td><td>不要</td></tr>
<tr><td rowspan="6">自家用電気工作物</td><td colspan="3">発電所，変電所，送電線路，配電線路，保安通信設備等</td><td>不要</td></tr>
<tr><td colspan="3">最大電力500 kW以上の需要設備</td><td>不要</td></tr>
<tr><td rowspan="4">最大電力500 kW未満の需要設備（配電設備を含む）</td><td colspan="2">（特殊電気工事を除く工事）</td><td>第1種電気工事士</td></tr>
<tr><td colspan="2">簡易電気工事</td><td>第1種電気工事士または認定電気工事従事者</td></tr>
<tr><td rowspan="2">特殊電気工事</td><td>ネオン工事</td><td>ネオン工事にかかわる特種電気工事資格者</td></tr>
<tr><td>非常用予備発電装置工事</td><td>非常用予備発電装置にかかわる特種電気工事資格者</td></tr>
<tr><td colspan="2">一般用電気工作物</td><td colspan="3">主として一般家庭用の屋内配線，屋側配線等</td><td>第1種電気工事士または第2種電気工事士</td></tr>
</table>

次の文章は，「電気設備技術基準」における公害等の防止に関する記述の一部である．

a　発電用 (ア) 設備に関する技術基準を定める省令の公害の防止についての規定は，変電所，開閉所若しくはこれらに準ずる場所に設置する電気設備又は電力保安通信設備に附属する電気設備について準用する．

b　中性点 (イ) 接地式電路に接続する変圧器を設置する箇所には，絶縁油の構外への流出及び地下への浸透を防止するための措置が施されていなければならない．

c　急傾斜地の崩壊による災害の防止に関する法律の規定により指定された急傾斜地崩壊危険区域内に施設する発電所又は変電所，開閉所若しくはこれらに準ずる場所の電気設備，電線路又は電力保安通信設備は，当該区域内の急傾斜地の崩壊 (ウ) するおそれがないように施設しなければならない．

d　ポリ塩化ビフェニルを含有する (エ) を使用する電気機械器具及び電線は，電路に施設してはならない．

上記の記述中の空白箇所(ア)，(イ)，(ウ)及び(エ)に当てはまる組合せとして，正しいものを次の(1)～(5)のうちから一つ選べ．

	(ア)	(イ)	(ウ)	(エ)
(1)	電気	直接	による損傷が発生	冷却材
(2)	火力	抵抗	を助長し又は誘発	絶縁油
(3)	電気	直接	を助長し又は誘発	冷却材
(4)	電気	抵抗	による損傷が発生	絶縁油
(5)	火力	直接	を助長し又は誘発	絶縁油

解3 電気設備技術基準第19条（公害等の防止）からの出題である.

（公害等の防止）

第19条　発電用**火力**設備に関する技術基準を定める省令第4条第1項及び第2項の規定は，変電所，開閉器若しくはこれらに準ずる場所に設置する電気設備又は電力保安通信設備に附属する電気設備について準用する.

（2～9項省略）

10　中性点**直接**接地式電路に接続する変圧器を設置する箇所には，絶縁油の構外への流出及び地下への浸透を防止するための措置が施されていなければならない.

（12項省略）

13　急傾斜地の崩壊による災害の防止に関する法律第3条第1項の規定により指定された急傾斜地崩壊危険区域（以下，「急傾斜地崩壊危険区域」という.）内に施設する発電所又は変電所，開閉所若しくはこれらに準ずる場所の電気設備，電線路又は電力保安通信設備は，当該区域内の急傾斜地の崩壊**を助長し又は誘発**するおそれがないように施設しなければならない.

14　ポリ塩化ビフェニルを含有する**絶縁油**を使用する電気機械器具及び電線は，電路に施設してはならない.

（15項省略）

〈ここがポイント〉　ポリ塩化ビフェニル（以下，「PCB」という）に関する規制などを確認しておくこと.

自家用発変電設備および受電設備にPCBを使用したトランス，コンデンサおよびこれを用いた機器は，新たに設置しない.

現在使用中のPCB使用機器は，早急に設置場所を確認し，管理台帳の整備を図り，これを廃棄する際の回収処理方法を確立し，関係各所に届出する.

また，現使用機器にPCB使用表示のないものは，必ず表示する．また，PCB検査済のものも表示するのが望ましい.

特定管理産業廃棄物
PCB廃棄物保管場所
関係者以外立入禁止

管理責任者：○○○
連絡先：○○-○○

(a)　保管場所の表示例

微量PCB含有機器
本製品にはPCBが使用されています.
事業者名○○○

(b)　保管機器の表示例

PCB検査済
PCB検査の結果が0.5 mg/kg未満でした.

(c)　検査済の表示例

答　(5)

理論 電力 機械 法規 令和5上(2023) 令和4下(2022) 令和4上(2022) 令和3(2021) 令和2(2020) 令和元(2019) 平成30(2018) 平成29(2017) 平成28(2016) 平成27(2015)

次の文章は，「電気設備技術基準」におけるガス絶縁機器等の危険の防止に関する記述である．

発電所又は変電所，開閉所若しくはこれらに準ずる場所に施設するガス絶縁機器（充電部分が圧縮絶縁ガスにより絶縁された電気機械器具をいう．以下同じ．）及び開閉器又は遮断器に使用する圧縮空気装置は，次により施設しなければならない．

a　圧力を受ける部分の材料及び構造は，最高使用圧力に対して十分に耐え，かつ，(ア)であること．

b　圧縮空気装置の空気タンクは，耐食性を有すること．

c　圧力が上昇する場合において，当該圧力が最高使用圧力に到達する以前に当該圧力を(イ)させる機能を有すること．

d　圧縮空気装置は，主空気タンクの圧力が低下した場合に圧力を自動的に回復させる機能を有すること．

e　異常な圧力を早期に(ウ)できる機能を有すること．

f　ガス絶縁機器に使用する絶縁ガスは，可燃性，腐食性及び(エ)性のないものであること．

上記の記述中の空白箇所(ア)，(イ)，(ウ)及び(エ)に当てはまる組合せとして，正しいものを次の(1)～(5)のうちから一つ選べ．

	(ア)	(イ)	(ウ)	(エ)
(1)	安全なもの	低下	検知	有毒
(2)	安全なもの	低下	減圧	爆発
(3)	耐火性のもの	抑制	検知	爆発
(4)	耐火性のもの	抑制	減圧	爆発
(5)	耐火性のもの	低下	検知	有毒

解4 電気設備技術基準第33条（ガス絶縁機器等の危険の防止）からの出題である．

（ガス絶縁機器等の危険の防止）

第33条 発電所又は変電所，開閉器若しくはこれらに準ずる場所に施設するガス絶縁機器（充電部分が圧縮絶縁ガスにより絶縁された電気機械器具をいう．以下同じ．）及び開閉器又は遮断器に使用する圧縮空気装置は，次の各号により施設しなければならない．

一 圧力を受ける部分の材料及び構造は，最高使用圧力に対して十分に耐え，かつ，**安全なもの**であること．

二 圧縮空気装置の空気タンクは，耐食性を有すること．

三 圧力が上昇する場合において，当該圧力が最高使用圧力に到達する以前に当該圧力を**低下**させる機能を有すること．

四 圧縮空気装置は，主空気タンクの圧力が低下した場合に圧力を自動的に回復させる機能を有すること．

五 異常な圧力を早期に**検知**できる機能を有すること．

六 ガス絶縁機器に使用する絶縁ガスは，可燃性，腐食性及び**有毒**性のないものであること．

〈ここがポイント〉 電気設備技術基準の解釈第40条（ガス絶縁機器等の圧力容器の施設）も関連づけて学習することをお勧めする．

ガス絶縁機器等の圧力容器(例)

圧力容器やガスに関する部分	条　件
100 kPaを超える絶縁ガスの圧力を受ける部分であって外気に接する部分	・最高使用電圧の1.5倍の水圧を連続して10分間加えて漏れがないもの（水圧を10分間連続して加えることが困難な場合は，最高使用圧力の1.25倍の気圧） ・ガス圧縮機に接続しない機器は1.25倍の水圧を連続して10分間耐えて漏れがないもの
ガス圧縮機を有するもの	・安全弁の設置
絶縁ガスの圧力低下により絶縁破壊を生じるもの	・圧力低下警報装置 ・圧力計測装置
絶縁ガスの性質	・可燃性，腐食性および有毒性のものでないこと

(1)

次の文章は，「発電用風力設備に関する技術基準を定める省令」に基づく風車の安全な状態の確保に関する記述である．

a　風車（発電用風力設備が一般用電気工作物である場合を除く．以下aにおいて同じ．）は，次の場合に安全かつ自動的に停止するような措置を講じなければならない．

①　(ア) が著しく上昇した場合

②　風車の (イ) の機能が著しく低下した場合

b　最高部の (ウ) からの高さが20 mを超える発電用風力設備には，(エ) から風車を保護するような措置を講じなければならない．ただし，周囲の状況によって (エ) が風車を損傷するおそれがない場合においては，この限りでない．

上記の記述中の空白箇所(ア)，(イ)，(ウ)及び(エ)に当てはまる組合せとして，正しいものを次の(1)～(5)のうちから一つ選べ．

	(ア)	(イ)	(ウ)	(エ)
(1)	回転速度	制御装置	ロータ最低部	雷撃
(2)	発電電圧	圧油装置	地表	雷撃
(3)	発電電圧	制御装置	ロータ最低部	強風
(4)	回転速度	制御装置	地表	雷撃
(5)	回転速度	圧油装置	ロータ最低部	強風

解5 発電用風力設備に関する技術基準を定める省令第5条（風車の安全な状態の確保）からの出題である．

（風車の安全な状態の確保）

第5条 風車は，次の各号の場合に安全かつ自動的に停止するような措置を講じなければならない．

一 **回転速度**が著しく上昇した場合

二 風車の**制御装置**の機能が著しく低下した場合

2 発電用風力設備が一般用電気工作物である場合には，前項の規定は，同項中「安全かつ自動的に停止するような措置」とあるのは「安全な状態を確保するような措置」と読み替えて適用するものとする．

3 最高部の**地表**からの高さが20 mを超える発電用風力設備には，**雷撃**から風車を保護するような措置を講じなければならない．ただし，周囲の状況によって**雷撃**が風車を損傷するおそれがない場合においては，この限りでない．

〈ここがポイント〉 発電用風力設備に関する技術基準を定める省令を一とおり学習されることをお勧めする．

また，一般的な発電用風力設備の構造図（例）を次図に示す．

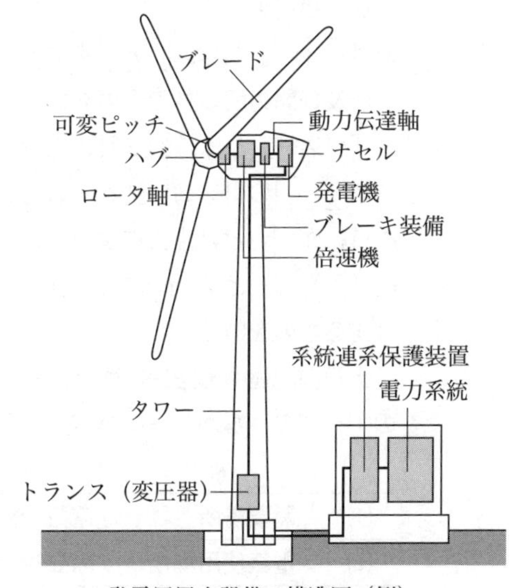

発電用風力設備の構造図（例）

最近では，地上のみならず洋上風力発電設備の導入が進められており，大容量の風力発電設備が普及しているため，技術基準の整備が必要不可欠である．

(4)

次の文章は，「電気設備技術基準の解釈」における用語の定義に関する記述の一部である．

a 「(ア)」とは，電気を使用するための電気設備を施設した，1の建物又は1の単位をなす場所をいう．

b 「(イ)」とは，(ア)を含む1の構内又はこれに準ずる区域であって，発電所，変電所及び開閉所以外のものをいう．

c 「引込線」とは，架空引込線及び(イ)の(ウ)の側面等に施設する電線であって，当該(イ)の引込口に至るものをいう．

d 「(エ)」とは，人により加工された全ての物体をいう．

e 「(ウ)」とは，(エ)のうち，土地に定着するものであって，屋根及び柱又は壁を有するものをいう．

上記の記述中の空白箇所(ア)，(イ)，(ウ)及び(エ)に当てはまる組合せとして，正しいものを次の(1)～(5)のうちから一つ選べ．

	(ア)	(イ)	(ウ)	(エ)
(1)	需要場所	電気使用場所	工作物	建造物
(2)	電気使用場所	需要場所	工作物	造営物
(3)	需要場所	電気使用場所	建造物	工作物
(4)	需要場所	電気使用場所	造営物	建造物
(5)	電気使用場所	需要場所	造営物	工作物

解6 電気設備技術基準の解釈第1条（用語の定義）からの出題である．

(用語の定義)

第1条　この解釈において，次の各号に掲げる用語の定義は，当該各号による．

(一～三号省略)

四　**電気使用場所**　電気を使用するための電気設備を施設した，1の建物又は1の単位をなす場所

五　**需要場所**　**電気使用場所**を含む1の構内又はこれに準ずる区域であって，発電所，変電所及び開閉器以外のもの

(六～九号省略)

十　引込線　架空引込線及び**需要場所**の**造営物**の側面等に施設する電線であって，当該**需要場所**の引込口に至るもの

(十一～二十一号省略)

二十二　**工作物**　人により加工された全ての物体

二十三　**造営物**　**工作物**のうち，土地に定着するものであって，屋根及び柱又は壁を有するもの

(以下省略)

〈ここがポイント〉 よく出題される用語の定義として，

「発電所」，「電線」，「変電所」などがある．

・「発電所」とは，発電機および原動機，燃料電池，太陽電池，変圧器などの電気設備が施設されている場所，すなわち発電所建物のある構内を指す用語である．

・「電線」とは，強電流電気の伝送に使用するものすべての電線，コード，キャブタイヤケーブルなどの総称である．

・「変電所」とは，構外から伝送される電気を構内に施設した変圧器，回転変流機，整流器その他の電気機械器具により変成する所であって，変成した電気をさらに構外に伝送するものをいう．(次図参照)

答 (5)

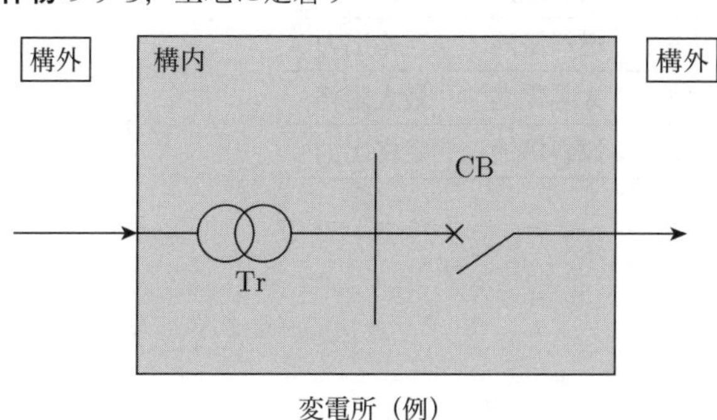

変電所（例）

理論 電力 機械 法規 令和5上(2023) 令和4下(2022) 令和4上(2022) 令和3(2021) 令和2(2020) 令和元(2019) 平成30(2018) 平成29(2017) 平成28(2016) 平成27(2015)

次の文章は，「電気設備技術基準の解釈」における低圧幹線の施設に関する記述の一部である．

低圧幹線の電源側電路には，当該低圧幹線を保護する過電流遮断器を施設すること．ただし，次のいずれかに該当する場合は，この限りでない．

a 低圧幹線の許容電流が，当該低圧幹線の電源側に接続する他の低圧幹線を保護する過電流遮断器の定格電流の55 %以上である場合

b 過電流遮断器に直接接続する低圧幹線又は上記aに掲げる低圧幹線に接続する長さ [(ア)] m以下の低圧幹線であって，当該低圧幹線の許容電流が，当該低圧幹線の電源側に接続する他の低圧幹線を保護する過電流遮断器の定格電流の35 %以上である場合

c 過電流遮断器に直接接続する低圧幹線又は上記a若しくは上記bに掲げる低圧幹線に接続する長さ [(イ)] m以下の低圧幹線であって，当該低圧幹線の負荷側に他の低圧幹線を接続しない場合

d 低圧幹線に電気を供給する電源が [(ウ)] のみであって，当該低圧幹線の許容電流が，当該低圧幹線を通過する [(エ)] 電流以上である場合

上記の記述中の空白箇所(ア)，(イ)，(ウ)及び(エ)に当てはまる組合せとして，正しいものを次の(1)～(5)のうちから一つ選べ．

	(ア)	(イ)	(ウ)	(エ)
(1)	10	5	太陽電池	最大短絡
(2)	8	5	太陽電池	定格出力
(3)	10	5	燃料電池	定格出力
(4)	8	3	太陽電池	最大短絡
(5)	8	3	燃料電池	定格出力

解7 電気設備技術基準の解釈第148条（低圧幹線の施設）からの出題である．

（低圧幹線の施設）

第148条 低圧幹線は，次の各号によること．

（一～三号省略）

四 低圧幹線の電源側電路には，当該低圧幹線を保護する過電流遮断器を施設すること．ただし，次のいずれかに該当する場合は，この限りでない．

イ 低圧幹線の許容電流が，当該低圧幹線の電源側に接続する他の低圧幹線を保護する過電流遮断器の定格電流の55％以上である場合

ロ 過電流遮断器に直接接続する低圧幹線又はイに掲げる低圧幹線に接続する長さ**8** m以下の低圧幹線であって，当該低圧幹線の許容電流が，当該低圧幹線の電源側に接続する他の低圧幹線を保護する過電流遮断器の定格電流の35％以上である場合

ハ 過電流遮断器に直接接続する低圧幹線又はイ若しくはロに掲げる低圧幹線に接続する長さ**3** m以下の低圧幹線であって，当該低圧幹線の負荷側に他の低圧幹線を接続しない場合

ニ 低圧幹線に電気を供給する電源が**太陽電池**のみであって，当該低圧幹線の許容電流が，当該低圧幹線を通過する**最大短絡**電流以上である場合

（以下省略）

〈ここがポイント〉 損傷を受けるおそれがない場所に施設するのが基本であり，第148条（低圧幹線の施設）に記載されている内容の理解が必要となる．

第148条第1項第四号をまとめると，図のようになる．

答 (4)

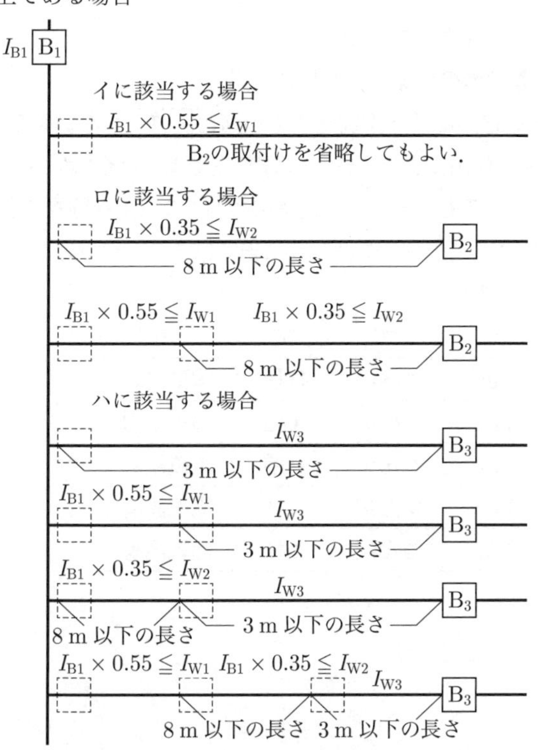

I_{W1}は，イに規定する低圧幹線の許容電流
I_{W2}は，ロに規定する低圧幹線の許容電流
I_{W3}は，ハに規定する低圧幹線の許容電流
B_1は，幹線を保護する過電流遮断器
B_2は，分岐幹線の過電流遮断器または分岐回路の過電流遮断器
B_3は，分岐回路の過電流遮断器
I_{B1}は，B_1の定格電流

（破線枠）は，省略できる過電流遮断器

低圧幹線の過電流遮断器の施設

次の文章は,「電気設備技術基準の解釈」における架空弱電流電線路への誘導作用による通信障害の防止に関する記述の一部である.

1　低圧又は高圧の架空電線路（き電線路を除く.）と架空弱電流電線路とが［(ア)］する場合は，誘導作用により通信上の障害を及ぼさないように，次により施設すること.

a　架空電線と架空弱電流電線との離隔距離は，［(イ)］以上とすること.

b　上記aの規定により施設してもなお架空弱電流電線路に対して誘導作用により通信上の障害を及ぼすおそれがあるときは，更に次に掲げるものその他の対策のうち1つ以上を施すこと.

①　架空電線と架空弱電流電線との離隔距離を増加すること.

②　架空電線路が交流架空電線路である場合は，架空電線を適当な距離で［(ウ)］すること.

③　架空電線と架空弱電流電線との間に，引張強さ5.26 kN以上の金属線又は直径4 mm以上の硬銅線を2条以上施設し，これに［(エ)］接地工事を施すこと.

④　架空電線路が中性点接地式高圧架空電線路である場合は，地絡電流を制限するか，又は2以上の接地箇所がある場合において，その接地箇所を変更する等の方法を講じること.

2　次のいずれかに該当する場合は，上記1の規定によらないことができる.

a　低圧又は高圧の架空電線が，ケーブルである場合

b　架空弱電流電線が，通信用ケーブルである場合

c　架空弱電流電線路の管理者の承諾を得た場合

3　中性点接地式高圧架空電線路は，架空弱電流電線路と［(ア)］しない場合においても，大地に流れる電流の［(オ)］作用により通信上の障害を及ぼすおそれがあるときは，上記1のbの①から④までに掲げるものその他の対策のうち1つ以上を施すこと.

上記の記述中の空白箇所(ア), (イ), (ウ), (エ)及び(オ)に当てはまる組合せとして，正しいものを次の(1)～(5)のうちから一つ選べ.

	(ア)	(イ)	(ウ)	(エ)	(オ)
(1)	並行	3 m	遮へい	D種	電磁誘導
(2)	接近又は交差	2 m	遮へい	A種	静電誘導
(3)	並行	2 m	ねん架	D種	電磁誘導
(4)	接近又は交差	3 m	ねん架	A種	電磁誘導
(5)	並行	3 m	ねん架	A種	静電誘導

解8 電気設備技術基準の解釈第52条（架空弱電流電線路への誘導作用による通信障害の防止）からの出題である.

（架空弱電流電線路への誘導作用による通信障害の防止）

第52条 低圧又は高圧の架空電線路（き電線路を除く.）と架空弱電流電線路とが**並行**する場合は，誘導作用により通信上の障害を及ぼさないように，次の各号により施設すること.

一 架空電線と架空弱電流電線との離隔距離は，**2 m**以上とすること.

二 第一号の規定により施設してもなお架空弱電流電線路に対して誘導作用により通信上の障害を及ぼすおそれがあるときは，更に次に掲げるものその他の対策のうち一つ以上を施すこと.

イ 架空電線と架空弱電流電線との離隔距離を増加すること.

ロ 架空電線路が交流架空電線路である場合は，架空電線を適当な距離で**ねん架**すること.

ハ 架空電線と架空弱電流電線との間に，引張強さ5.26 kN以上の金属線又は直径4 mm以上の硬銅線を2条以上施設し，これに**D種**接地工事を施すこと.

ニ 架空電線路が中性点接地式高圧架空電線路である場合は，地絡電流を制限するか，又は2以上の接地箇所がある場合において，その接地箇所を変更する等の方法を講じること.

2 次の各号のいずれかに該当する場合は，前項の規定によらないことができる.

一 低圧又は高圧の架空電線が，ケーブルである場合

二 架空弱電流電線が，通信用ケーブルである場合

三 架空弱電流電線路の管理者の承諾を得た場合

3 中性点接地式高圧架空電線路は，架空弱電流電線路と**並行**しない場合においても，大地に流れる電流の**電磁誘導**作用により通信上の障害を及ぼすおそれがあるときは，第1項第二号イからニまでに掲げるものその他の対策のうち一つ以上を施すこと.

（以下省略）

〈ここがポイント〉 高電圧の三相送電線は，故障時以外はほとんどバランスして電流が流れているので，大電流が流れてもある程度通信線が離れていると電磁誘導電圧は生じない．しかし，送電線に地絡が生じて過大な地絡電流が流れると，零相分による電磁誘導作用によって通信線に大きな誘導電圧を生じ，通信線の作業員に危害を加えたり，通信機器を破壊するなどの障害を与える.

下表は電線路と電話線路の距離の一例である.

使用電圧	電線路と電話線路の距離
25 000 V以下	60 m
25 000 Vを超え35 000 V以下	100 m
35 000 Vを超え50 000 V以下	150 m
50 000 Vを超え60 000 V以下	180 m
60 000 Vを超え70 000 V以下	200 m

答 (3)

次の文章は，「電気設備技術基準の解釈」に基づく低圧連系時の系統連系用保護装置に関する記述である．

低圧の電力系統に分散型電源を連系する場合は，次により，異常時に分散型電源を自動的に (ア) するための装置を施設すること．

a　次に掲げる異常を保護リレー等により検出し，分散型電源を自動的に (ア) すること．

①　分散型電源の異常又は故障

②　連系している電力系統の短絡事故，地絡事故又は高低圧混触事故

③　分散型電源の (イ) 又は逆充電

b　一般送配電事業者又は配電事業者が運用する電力系統において再閉路が行われる場合は，当該再閉路時に，分散型電源が当該電力系統から (ア) されていること．

c　「逆変換装置を用いて連系する場合」において，「逆潮流有りの場合」の保護リレー等は，次によること．

表に規定する保護リレー等を受電点その他異常の検出が可能な場所に設置すること．

表

検出する	種類	補足事項
発電電圧異常上昇	過電圧リレー	※1
発電電圧異常低下	(ウ) リレー	※1
系統側短絡事故	(ウ) リレー	※2
系統側地絡事故・高低圧混触事故（間接）	(イ) 検出装置	※3
(イ) 又は逆充電	(イ) 検出装置	
	(エ) 上昇リレー	
	(エ) 低下リレー	

※1：分散型電源自体の保護用に設置するリレーにより検出し，保護できる場合は省略できる．

※2：発電電圧異常低下検出用の (ウ) リレーにより検出し，保護できる場合は省略できる．

※3：受動的方式及び能動的方式のそれぞれ1方式以上を含むものであること．系統側地絡事故・高低圧混触事故（間接）については， (イ) 検出用の受動的方式等により保護すること．

上記の記述中の空白箇所(ア)，(イ)，(ウ)及び(エ)に当てはまる組合せとして，正しいものを次の(1)～(5)のうちから一つ選べ．

	(ア)	(イ)	(ウ)	(エ)
(1)	解列	単独運転	不足電力	周波数
(2)	遮断	自立運転	不足電圧	電力
(3)	解列	単独運転	不足電圧	周波数
(4)	遮断	単独運転	不足電圧	電力
(5)	解列	自立運転	不足電力	電力

解9 電気設備技術基準の解釈227条（低圧連系時の系統連系用保護装置）からの出題である．

（低圧連系時の系統連系用保護装置）

第227条 低圧の電力系統に分散型電源を連系する場合は，次の各号により，異常時に分散型電源を自動的に**解列**するための装置を施設すること．

一 次に掲げる異常を保護リレー等により検出し，分散型電源を自動的に**解列**すること．

イ 分散型電源の異常又は故障

ロ 連系している電力系統の短絡事故，地絡事故又は高低圧混触事故

ハ 分散型電源の**単独運転**又は逆充電

二 一般送配電事業者又は配電事業者が運用する電力系統において再閉路が行われる場合は，当該再閉路時に，分散型電源が当該電力系統から**解列**されていること．

三 保護リレー等は，次によること．

イ 227−1表に規定する保護リレー等を受電点その他異常の検出が可能な場所に設置すること．

（以下省略）

〈ここがポイント〉 227−1表の規定により設置する保護リレーの設置相数（227−2表参照）もあわせて学習することをお勧めする．

(a) 227−1表（抜粋）

<table>
<tr><th>検出する異常</th><th>種　類</th><th>逆潮流有りの場合</th></tr>
<tr><td>発電電圧異常上昇</td><td>過電圧リレー</td><td>○※1</td></tr>
<tr><td>発電電圧異常低下</td><td>不足電圧リレー</td><td>○※1</td></tr>
<tr><td>系統側短絡事故</td><td>不足電圧リレー</td><td>○※2</td></tr>
<tr><td>系統側地絡事故・高低圧混触事故(間接)</td><td>単独運転検出装置</td><td rowspan="2">○※3</td></tr>
<tr><td rowspan="3">単独運転又は逆充電</td><td>単独運転検出装置</td></tr>
<tr><td>周波数上昇リレー</td><td>○</td></tr>
<tr><td>周波数低下リレー</td><td>○</td></tr>
</table>

※1：分散型電源自体の保護用に設置するリレーにより検出し，保護できる場合は省略できる．

※2：発電電圧異常低下検出用の**不足電圧**リレーにより検出し，保護できる場合は省略できる．

※3：受動的方式及び能動的方式のそれぞれ1方式以上を含むものであること．系統側地絡事故・高低圧混触事故(間接)については，**単独運転**検出用の受動的方式等により保護すること．

（備考）

1. ○は，該当することを示す．
2. 逆潮流無しの場合であっても，逆潮流有りの条件で保護リレー等を設置することができる．

(b) 227−2表

<table>
<tr><th colspan="2" rowspan="2">保護リレーの種類</th><th colspan="3">保護リレーの設置相数</th></tr>
<tr><th>単相2線式で受電する場合</th><th>単相3線式で受電する場合</th><th>三相3線式で受電する場合</th></tr>
<tr><td colspan="2">周波数上昇リレー</td><td rowspan="9">1</td><td rowspan="3">1</td><td rowspan="3">1</td></tr>
<tr><td colspan="2">周波数低下リレー</td></tr>
<tr><td colspan="2">逆電力リレー</td></tr>
<tr><td colspan="2">過電圧リレー</td><td rowspan="6">2
(中性線と両電圧線間)</td><td rowspan="2">2</td></tr>
<tr><td colspan="2">不足電力リレー</td></tr>
<tr><td colspan="2">不足電圧リレー</td><td>3</td></tr>
<tr><td colspan="2">短絡方向リレー</td><td>3※</td></tr>
<tr><td rowspan="2">逆充電検出機能を有する装置</td><td>不足電圧リレー</td><td>2</td></tr>
<tr><td>不足電力リレー</td><td>3</td></tr>
</table>

※ 連系している系統と協調がとれる場合は，2相とすることができる．

 (3)

次のa，b，c及びdの文章は，再生可能エネルギー発電所等を計画し，建設する際に，公共の安全を確保し，環境の保全を図ることなどについての記述である.

これらの文章の内容について，「電気事業法」に基づき，適切なものと不適切なものの組合せとして，正しいものを次の(1)～(5)のうちから一つ選べ.

a　太陽電池発電所を建設する場合，その出力規模によって設置者は工事計画の届出を行い，使用前自主検査を行うとともに，当該自主検査の実施に係る主務大臣が行う審査を受けなければならない.

b　風力発電所を建設する場合，その出力規模によって設置者は環境影響評価を行う必要がある.

c　小出力発電設備を有さない一般用電気工作物の設置者が，その構内に小出力発電設備となる水力発電設備を設置し，これを一般用電気工作物の電線路と電気的に接続して使用する場合，これらの電気工作物は自家用電気工作物となる.

d　66 000 Vの送電線路と連系するバイオマス発電所を建設する場合，電気主任技術者を選任しなければならない.

	a	b	c	d
(1)	不適切	適切	適切	適切
(2)	適切	不適切	適切	不適切
(3)	適切	適切	不適切	不適切
(4)	適切	適切	不適切	適切
(5)	不適切	不適切	適切	不適切

解10 a. 電気事業法第48条，第49条，第51条からの出題である．

b. 電気事業法第46条の2，環境影響評価法からの出題である．

c. 電気事業法第38条からの出題である．

d. 電気事業法第43条，電気事業法施行規則第52条，第52条の2，第56条からの出題である．

a. 電気事業法第48条より，事業用電気工作物の設置または変更の工事であって，その工事の計画を**主務大臣に届け出**なければならない．

電気事業法第51条第3項より，**使用前自主検査の実施**と実施に係る**主務大臣の審査**を受けなければならない．

したがって，題意aは**適切**である．

b. 電気事業法第46条の2より，環境影響評価法で規定する第一種事業，第二種事業は，同法の定めるところによる．

環境影響評価法より，風力発電所は，

① 第一種事業：出力10 000 kW以上

② 第二種事業：出力7 500 kW～10 000 kW

が**環境影響評価を行う必要がある**．

したがって，題意bは**適切**である．

c. 電気事業法第38条第1項第二号より，「構内に設置する**小出力発電設備**であって，その発電に係る電気を経済産業省令で定める電圧以下の電圧で他の者がその**構内**において受電するための電線路以外の電線路によりその**構内以外の場所にある電気工作物と電気的に接続されていないもの**」は一般用電気工作物となる．

上記より，題意の電気工作物は，一般用電気工作物となる．したがって，題意cは**不適切**である．

d. 電気事業法施行規則第52条，第56条より，**66 kVで連系するバイオマス発電所は，第1種電気主任技術者または第2種電気主任技術者を選任しなければならない．**

したがって，題意dは**適切**である．

よって，(4)が正解となる．

〈ここがポイント〉 免状の種類による監督の範囲は，電気事業法施行規則より，

第56条　法第44条第5項の経済産業省令で定める事業用電気工作物の工事，維持及び運用の範囲は，次の表の左欄に掲げる主任技術者免状の種類に応じて，それぞれ同表の右欄に掲げるとおりとする．

主任技術者免状の種類	保安の監督をすることができる範囲
第1種電気主任技術者	事業用電気工作物の工事，維持及び運用
第2種電気主任技術者	電圧17万V未満の事業用電気工作物の工事，維持及び運用
第3種電気主任技術者 (以下省略)	電圧5万V未満の事業用電気工作物（出力5 000 kW以上の発電所を除く）の工事，維持及び運用

(4)

B問題

問11及び問12の配点は1問題当たり(a)6点，(b)7点，計13点
問13の配点は(a)7点，(b)7点，計14点

問11

電気使用場所の配線に関し，次の(a)及び(b)の問に答えよ．

(a) 次の文章は，「電気設備技術基準」における電気使用場所の配線に関する記述の一部である．

① 配線は，施設場所の (ア) 及び電圧に応じ，感電又は火災のおそれがないように施設しなければならない．

② 配線の使用電線（裸電線及び (イ) で使用する接触電線を除く．）には，感電又は火災のおそれがないよう，施設場所の (ア) 及び電圧に応じ，使用上十分な (ウ) 及び絶縁性能を有するものでなければならない．

③ 配線は，他の配線，弱電流電線等と接近し，又は (エ) する場合は， (オ) による感電又は火災のおそれがないように施設しなければならない．

上記の記述中の空白箇所(ア)，(イ)，(ウ)，(エ)及び(オ)に当てはまる組合せとして，正しいものを次の(1)～(5)のうちから一つ選べ．

	(ア)	(イ)	(ウ)	(エ)	(オ)
(1)	状況	特別高圧	耐熱性	接触	混触
(2)	環境	高圧又は特別高圧	強度	交さ	混触
(3)	環境	特別高圧	強度	接触	電磁誘導
(4)	環境	高圧又は特別高圧	耐熱性	交さ	電磁誘導
(5)	状況	特別高圧	強度	交さ	混触

(b) 周囲温度が 50 °C の場所において，定格電圧 210 V の三相3線式で定格消費電力 15 kW の抵抗負荷に電気を供給する低圧屋内配線がある．金属管工事により絶縁電線を同一管内に収めて施設する場合に使用する電線（各相それぞれ1本とする．）の導体の公称断面積[mm^2]の最小値は，「電気設備技術基準の解釈」に基づけば，いくらとなるか．正しいものを次の(1)～(5)のうちから一つ選べ．

ただし，使用する絶縁電線は，耐熱性を有する 600 V ビニル絶縁電線（軟銅より線）とし，表1の許容電流及び表2の電流減少係数を用いるとともに，この絶縁電線の周囲温度による許容電流補正係数の計算式は$\sqrt{\dfrac{75-\theta}{30}}$（$\theta$は周囲温度で，単位は°C）を用いるものとする．

表1

導体の公称断面積[mm^2]	許容電流[A]
3.5	37
5.5	49
8	61
14	88
22	115

表2

同一管内の電線数	電流減少係数
3以下	0.70
4	0.63
5又は6	0.56

(1) 3.5　(2) 5.5　(3) 8　(4) 14　(5) 22

解11 (a) 電気設備技術基準第56条，第57条，第62条からの出題である．

（配線の感電又は火災の防止）

第56条　配線は，施設場所の**状況**及び電圧に応じ，感電又は火災のおそれがないように施設しなければならない．

（配線の使用電線）

第57条　配線の使用電線（裸電線及び**特別高圧**で使用する接触電線を除く．）には，感電又は火災のおそれがないよう，施設場所の**状況**及び電圧に応じ，使用上十分な**強度**及び絶縁性能を有するものでなければならない．

（配線による他の配線等又は工作物への危険の防止）

第62条　配線は，他の配線，弱電流電線と接近し，又は**交さ**する場合は，**混触**による感電又は火災のおそれがないように施設しなければならない．

(b) 電気設備技術基準の解釈第146条の条件から導体の公称断面積を求める問題である．

（低圧配線に使用する電線）

第146条第2項　低圧配線に使用する，600 Vビニル絶縁電線，600 Vポリエチレン絶縁電線，600 Vふっ素樹脂絶縁電線及び600 Vゴム絶縁電線の許容電流は，次の各号によること．ただし，短時間の許容電流についてはこの限りでない．（表は省略）

一　単線にあっては146–1表に，成形単線又はより線にあっては146–2表にそれぞれ規定する許容電流に，第二号に規定する係数を乗じた値であること．

二　第一号の規定における係数は，次によること．

イ　146–3表に規定する許容電流補正係数の計算式により計算した値であること．

ロ　絶縁電線を，合成樹脂管，金属管，金属可とう電線管又は金属線ぴに収めて使用する場合は，イの規定により計算した値に，更に146–4表に規定する電流減少係数を乗じた値であること．ただし，第148条第1項第五号ただし書並びに第149条第2項第一号ロ及び第二号イに規定する場合においては，この限りでない．

ここで，問の表1および表2は，146–2表，146–4表の抜粋であり，146–3表には許容電流補正係数の式が規定されている．

これより題意の条件をもとに算出する．

抵抗負荷に流れる電流値I[A]は，

$$15\,000\ \mathrm{W} = \sqrt{3} \times 210 \times I\,[\mathrm{A}]$$

$$\therefore\quad I = \frac{15\,000}{\sqrt{3}\times 210} \fallingdotseq 41.24\ \mathrm{A}$$

電流I[A]を流し続けるためには，許容電流補正係数K_1と電流減少係数K_2を考慮しなければならない．両方の条件を満たした電流値をI_1[A]としたとき，次式が成り立つ．

$$I_1 K_1 K_2 = 41.24\ \mathrm{A} \qquad ①$$

また，K_1K_2を146–3表の計算式（題意の計算式）より求めると，

$$K_1 = \sqrt{\frac{75-50}{30}} \fallingdotseq 0.912\,9 \qquad ②$$

K_2は146–4表（表2）より，同一管内の電線数は3本であるため，

$$K_2 = 0.7 \qquad ③$$

②，③式を①式に代入し，電流I_1[A]を求めると，

$$I_1 \times 0.912\,9 \times 0.7 = 41.24$$

$$I_1 = \frac{41.24}{0.912\,9\times 0.7} \fallingdotseq 64.54\ \mathrm{A} \qquad ④$$

次に，146–2表（表1）より，④式以上の許容電流を流すことが可能な導体公称断面積を探せばよい．

よって，14 mm^2（許容電流88 A）を用いるとよいことがわかる．答えは(4)となる．

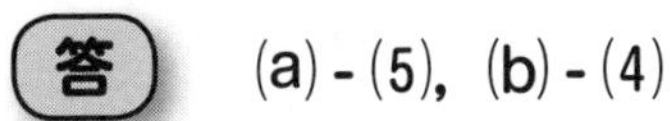

理論 電力 機械 法規 令和5上(2023) 令和4下(2022) 令和4上(2022) 令和3(2021) 令和2(2020) 令和元(2019) 平成30(2018) 平成29(2017) 平成28(2016) 平成27(2015)

図に示す自家用電気設備で変圧器二次側（210 V側）F点において三相短絡事故が発生した．次の(a)及び(b)の問に答えよ．

ただし，高圧配電線路の送り出し電圧は6.6 kVとし，変圧器の仕様及び高圧配電線路のインピーダンスは表のとおりとする．なお，変圧器二次側からF点までのインピーダンス，その他記載の無いインピーダンスは無視するものとする．

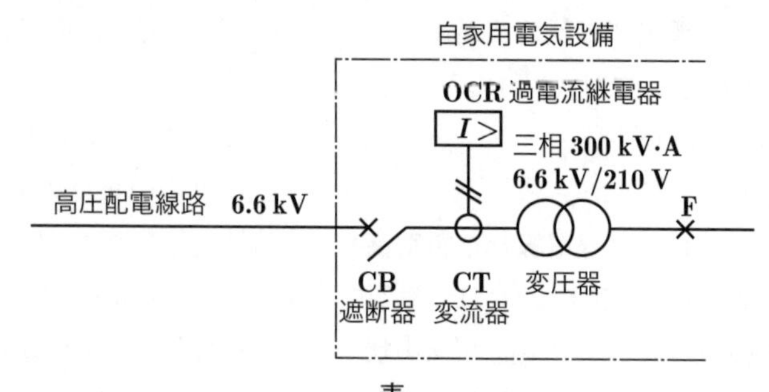

表

変圧器定格容量/相数	300 kV·A/三相
変圧器定格電圧	一次6.6 kV/二次210 V
変圧器百分率抵抗降下	2 %（基準容量300 kV·A）
変圧器百分率リアクタンス降下	4 %（基準容量300 kV·A）
高圧配電線路百分率抵抗降下	20 %（基準容量10 MV·A）
高圧配電線路百分率リアクタンス降下	40 %（基準容量10 MV·A）

(a)　F点における三相短絡電流の値[kA]として，最も近いものを次の(1)～(5)のうちから一つ選べ．

(1)　1.2　　(2)　1.7　　(3)　5.2　　(4)　11.7　　(5)　14.2

(b)　変圧器一次側（6.6 kV側）に変流器CTが接続されており，CT二次電流が過電流継電器OCRに入力されているとする．三相短絡事故発生時のOCR入力電流の値[A]として，最も近いものを次の(1)～(5)のうちから一つ選べ．

ただし，CTの変流比は75 A/5 Aとする．

(1)　12　　(2)　18　　(3)　26　　(4)　30　　(5)　42

解12 (a) **F点における三相短絡電流 I_s [kA]**

題意の図と表をまとめたものを(a)図に示す．

図の状態では基準容量が違うため計算できない．

そこで基準容量と基準電圧を決める．

・基準容量 $P_n = 300\ \mathrm{kV\cdot A}$

・基準電圧 $V_n = 6.6\ \mathrm{kV}$

〔基準容量換算〕

① (a)図内のⒶを基準容量換算する．

基準容量換算後の百分率抵抗降下 $\%R_1$，百分率リアクタンス降下 $\%X_1$ とすると，

$$\%R_1 = \frac{300\ \mathrm{kV\cdot A}}{10\,000\ \mathrm{kV\cdot A}} \times 20\,\% = 0.6\,\%$$

$$\%X_1 = \frac{300\ \mathrm{kV\cdot A}}{10\,000\ \mathrm{kV\cdot A}} \times 40\,\% = 1.2\,\%$$

② (a)図内のⒷを基準電圧に換算する．

③ 上記①と②をもとに(a)図を描き直すと(b)図のようになる．

また，(b)図をまとめると(c)図のようになる．

(c)図より三相短絡容量 P_s [kV·A] を求めると，

$$P_s = \frac{P_n}{\%Z} = \frac{300}{\sqrt{(2.6\,\%)^2 + (5.2\,\%)^2}}$$

$$= \frac{300}{\sqrt{0.026^2 + 0.052^2}}$$

$$\fallingdotseq 5\,160\ \mathrm{kV\cdot A}$$

$$I_s = \frac{5\,160}{\sqrt{3} \times 6.6} \fallingdotseq 451.4\ \mathrm{A}$$

この値は，基準電圧6.6 kVで算出した値である．三相短絡事故点は低圧側の210 Vであるから，

$$I_{s210} = 451.4 \times \frac{6\,600}{210} \fallingdotseq 14\,187\ \mathrm{A}$$

14.2 kAとなる． (答)

(b) 低圧側で三相短絡が生じたとき，変圧器一次側には，上記の I_s 値（6.6 kV換算値）の短絡電流が流れている．

よって，OCRの入力は，CTの変流比を考慮し算出すると，

$$I_{sOCR} = I_s \times \frac{5}{75} = 451.4 \times \frac{5}{75}$$

$$\fallingdotseq 30.10\ \mathrm{A}$$

30 Aとなる． (答)

〈ここがポイント〉 パーセントインピーダンスにてインピーダンスマップを描く際は，必ず，基準容量に換算すること．

(a) - (5)，(b) - (4)

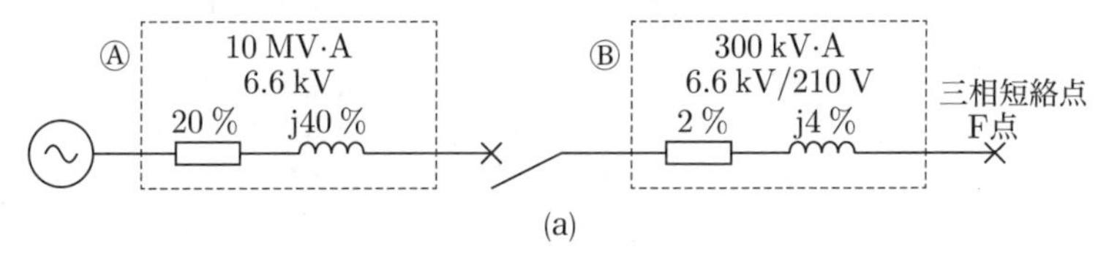

(a)

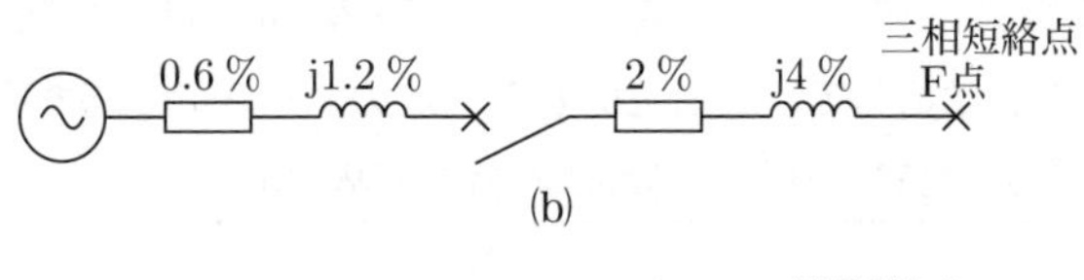

(b)

2.6 %　j5.2 %　三相短絡点 F点

(c)

問13 自家用水力発電所をもつ工場があり，電力系統と常時系統連系している．

ここでは，自家用水力発電所の発電電力は工場内において消費させ，同電力が工場の消費電力よりも大きくなり余剰が発生した場合，その余剰分は電力系統に逆潮流（送電）させる運用をしている．

この工場のある日（0時～24時）の消費電力と自家用水力発電所の発電電力はそれぞれ図1及び図2のように推移した．次の(a)及び(b)の問に答えよ．

なお，自家用水力発電所の所内電力は無視できるものとする．

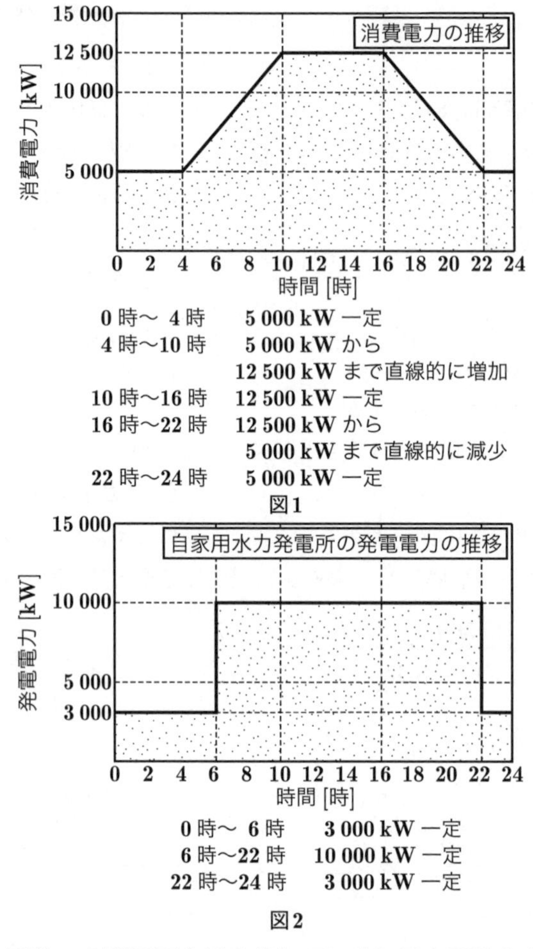

図1

図2

(a) この日の電力系統への送電電力量の値[MW·h]と電力系統からの受電電力量の値[MW·h]の組合せとして，最も近いものを次の(1)～(5)のうちから一つ選べ．

	送電電力量[MW·h]	受電電力量[MW·h]
(1)	12.5	26.0
(2)	12.5	38.5
(3)	26.0	38.5
(4)	38.5	26.0
(5)	26.0	12.5

(b) この日，自家用水力発電所で発電した電力量のうち，工場内で消費された電力量の比率[%]として，最も近いものを次の(1)～(5)のうちから一つ選べ．

(1) 18.3　(2) 32.5　(3) 81.7　(4) 87.6　(5) 93.2

解13 題意の図1と図2の両方の電力の推移を(a)図に示す.

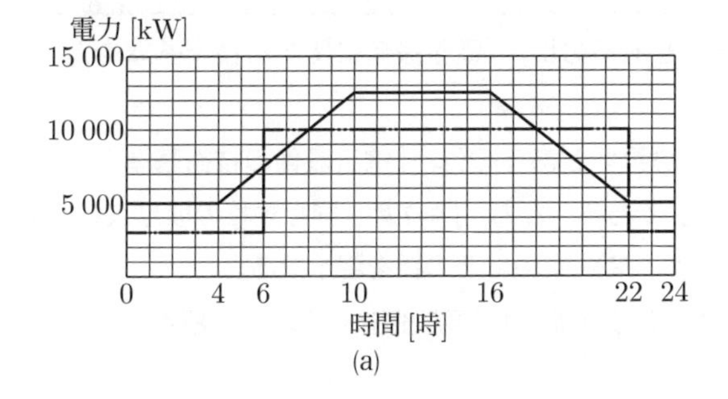

(a)

(a) **送電電力量 W_S と受電電力量 W_R**

送電電力量 W_S は，発電電力が消費電力より上回る部分の電力量である．つまり，(b)図の①と②の面積を求めればよいことがわかる．

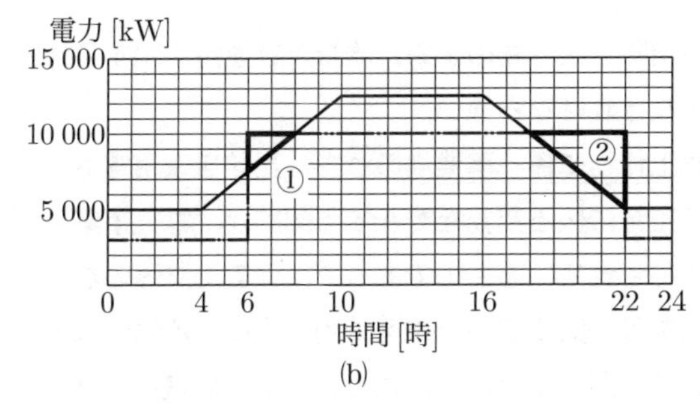

(b)

①の面積（送電電力量 W_1）と②の面積（送電電力量 W_2）は，

$$W_1 = 2\,500 \times 2 \times \frac{1}{2} = 2\,500\ \text{kW·h}$$

$$W_2 = 5\,000 \times 4 \times \frac{1}{2} = 10\,000\ \text{kW·h}$$

よって送電電力量 W_S は，

$$W_S = W_1 + W_2 = 2\,500 + 10\,000$$
$$= 12\,500\ \text{kW·h} = 12.5\ \text{MW·h} \quad (答)$$

受電電力量 W_R は，消費電力が発電電力を上回る部分の電力量である．つまり，(c)図の③，④および⑤の面積を求めればよいことがわかる．

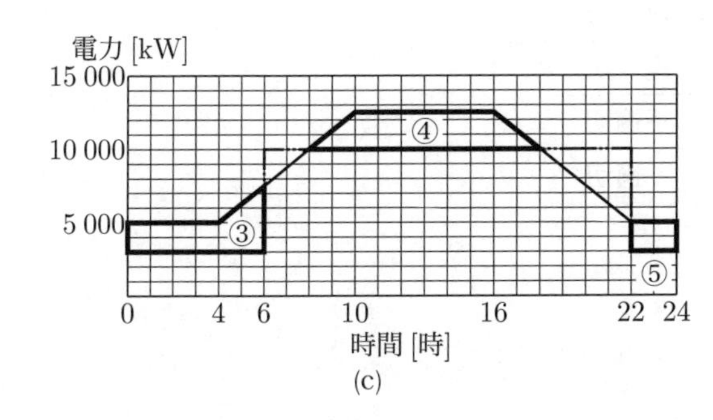

(c)

③の面積（受電電力量 W_3），④の面積（受電電力量 W_4）および⑤の面積（受電電力量 W_5）は，

$$W_3 = 2\,500 \times 2 \times \frac{1}{2} + 2\,000 \times 6$$
$$= 14\,500\ \text{kW·h}$$

$$W_4 = 2\,500 \times 2 \times \frac{1}{2} \times 2 + 2\,500 \times 6$$
$$= 20\,000\ \text{kW·h}$$

$$W_5 = 2\,000 \times 2 = 4\,000\ \text{kW·h}$$

よって受電電力量 W_R は，

$$W_R = W_3 + W_4 + W_5$$
$$= 14\,500 + 20\,000 + 4\,000$$
$$= 38\,500\ \text{kW·h} = 38.5\ \text{MW·h} \quad (答)$$

(b) **電力量の比率**

題意の図2より，全発電電力量 W_G

$$W_G = 3\,000\ \text{kW} \times 6\ \text{h} + 10\,000\ \text{kW} \times 16\ \text{h} + 3\,000\ \text{kW} \times 2\ \text{h}$$
$$= 184\,000\ \text{kW·h}$$

ここで，W_G のうち余剰電力量（送電電力量 W_S）を引いた値が，工場内で消費された電力量 W_O となる．

(a)より W_S は，12 500 kW·h であるから，W_O は，

$$W_O = W_G - W_S = 184\,000 - 12\,500$$
$$= 171\,500\ \text{kW·h}$$

求めなければならない電力量の比率 [%] は，

$$電力量の比率 = \frac{消費電力量}{全発電電力量}$$
$$= \frac{W_O}{W_G} = \frac{171\,500}{184\,000}$$
$$\fallingdotseq 0.9320 = 93.2\ \% \quad (答)$$

〈ここがポイント〉 問題の図が，電力と時間のグラフになっており，グラフ内の面積が電力量となることに着眼することが重要である．

答 (a)-(2)，(b)-(5)

平成28年度（2016年） 法規の問題

注1　問題文中に「電気設備技術基準」とあるのは，「電気設備に関する技術基準を定める省令」の略である．

注2　問題文中に「電気設備技術基準の解釈」とあるのは，「電気設備の技術基準の解釈において第1章～第6章及び第8章」である．なお，「第7章　国際規格の取り入れ」の各規定について問う出題にあっては，問題文中にその旨を明示する．

注3　問題は，令和5年11月1日現在，効力のある法令（電気設備技術基準の解釈を含む．）に基づいて作成している．

A問題　配点は1問題当たり6点

問1　次の文章は，「電気事業法」及び「電気事業法施行規則」に基づく主任技術者の選任等に関する記述である．

自家用電気工作物を設置する者は，自家用電気工作物の工事，維持及び運用に関する保安の監督をさせるため主任技術者を選任しなければならない．

ただし，一定の条件を満たす自家用電気工作物に係る事業場のうち，当該自家用電気工作物の工事，維持及び運用に関する保安の監督に係る業務を委託する契約が，電気事業法施行規則で規定した要件に該当する者と締結されているものであって，保安上支障のないものとして経済産業大臣（事業場が一の産業保安監督部の管轄区域内のみにある場合は，その所在地を管轄する産業保安監督部長）の承認を受けたものについては，電気主任技術者を選任しないことができる．

下記a～dのうち，上記の記述中の下線部の「一定の条件を満たす自家用電気工作物に係る事業場」として，適切なものと不適切なものの組合せとして，正しいものを次の(1)～(5)のうちから一つ選べ．

a　電圧22 000 Vで送電線路と連系をする出力2 000 kWの内燃力発電所

b　電圧6 600 Vで送電する出力3 000 kWの水力発電所

c　電圧6 600 Vで配電線路と連系をする出力500 kWの太陽電池発電所

d　電圧6 600 Vで受電する需要設備

	a	b	c	d
(1)	適　切	不適切	適　切	適　切
(2)	不適切	不適切	適　切	適　切
(3)	適　切	不適切	不適切	適　切
(4)	不適切	適　切	適　切	不適切
(5)	適　切	適　切	不適切	不適切

●試験時間　65分
●必要解答数　A問題10題，B問題3題

解1　自家用電気工作物の主任技術者選任の特例に関する出題である．

「電気事業法」第43条第1項では，自家用電気工作物を設置する者は，自家用電気工作物の工事，維持および運用に関する保安の監督をさせるため主任技術者を選任しなければならないと定めている．しかし，自家用電気工作物は，中小企業の工場，事務所ビルなど多種多様なものが設置されており，これらの設置者の中には主任技術者の雇用が容易でない者も多い．

このことから，「電気事業法施行規則」第52条第2項により，次表左欄のいずれかに該当する自家用電気工作物の設置者に対して，一定の要件に該当する者（個人事業者）または法人と電気保安の監督に係る業務を委託する契約を締結している場合には，電気主任技術者の選任義務を免除している．これを，保安管理業務外部委託承認制度と称している．

この要件より，aは出力2 000 kW未満でなく，また電圧7 000 V以下でないので不適切．bは出力2 000 kW未満でないので不適切．cは出力2 000 kW未満で電圧7 000 V以下であるので適切．dは電圧7 000 V以下の需要設備であるので適切．

自家用電気工作物の主任技術者の特例には，保安管理業務外部委託承認制度とともに，「電気事業法」第43条第2項により，主任技術者免状の交付を受けていない者でも，主務大臣の許可を受けて主任技術者とすることができる制度がある（許可を受けて主任技術者となった者を許可主任技術者という）．その選任の対象事業所の要件は「主任技術者制度の解釈及び運用（内規）」に下表右欄のように定めている．

保安管理業務外部委託承認制度の対象要件	許可主任技術者の対象要件
①　出力2 000 kW未満の発電所（水力発電所，火力発電所，太陽電池発電所及び風力発電所に限る）であって電圧7 000 V以下で連系等をするもの ②　出力1 000 kW未満の発電所（前号に掲げるものを除く）であって電圧7 000 V以下で連系等をするもの ③　電圧7 000 V以下で受電する需要設備 ④　電圧600 V以下の配電線路	(1)　次に掲げる設備又は事業所のみを直接統括する事業所 ①　出力500 kW未満の発電所（⑤を除く） ②　電圧10 000 V未満の変電所 ③　最大500 kW未満の需要設備（⑤を除く） ④　電圧10 000 V未満の送電線路又は配電線路を管理する事業場 ⑤　非自航船用電気設備であって出力1 000 kW未満の発電所又は最大電力1 000 kW未満の需要設備 (2)　(1)に掲げる設備又は事業場の工事のための事業場

答　(2)

次の文章は，「電気設備技術基準の解釈」に基づく電路に係る部分に接地工事を施す場合の，接地点に関する記述である．

a　電路の保護装置の確実な動作の確保，異常電圧の抑制又は対地電圧の低下を図るために必要な場合は，次の各号に掲げる場所に接地を施すことができる．

① 電路の中性点（ (ア) 電圧が300 V以下の電路において中性点に接地を施し難いときは，電路の一端子）

② 特別高圧の (イ) 電路

③ 燃料電池の電路又はこれに接続する (イ) 電路

b　高圧電路又は特別高圧電路と低圧電路とを結合する変圧器には，次の各号によりB種接地工事を施すこと．

① 低圧側の中性点

② 低圧電路の (ア) 電圧が300 V以下の場合において，接地工事を低圧側の中性点に施し難いときは，低圧側の1端子

c　高圧計器用変成器の2次側電路には， (ウ) 接地工事を施すこと．

d　電子機器に接続する (ア) 電圧が (エ) V以下の電路，その他機能上必要な場所において，電路に接地を施すことにより，感電，火災その他の危険を生じることのない場合には，電路に接地を施すことができる．

上記の記述中の空白箇所(ア)，(イ)，(ウ)及び(エ)に当てはまる組合せとして，正しいものを次の(1)〜(5)のうちから一つ選べ．

	(ア)	(イ)	(ウ)	(エ)
(1)	使 用	直 流	A 種	300
(2)	対 地	交 流	A 種	150
(3)	使 用	直 流	D 種	150
(4)	対 地	交 流	D 種	300
(5)	使 用	交 流	A 種	150

解2　「電気設備技術基準」第10条に，「電気設備の必要な箇所には，異常時の電位上昇，高電圧の侵入等による感電，火災その他人体に危害を及ぼし，又は物件への損傷を与えるおそれがないよう，接地その他の適切な措置を講じなければならない」と規定している．その具体例を示した「電気設備技術基準の解釈」第19条，第24条および第28条からの出題である．

a．第19条第1項に，事故時の保護リレーの確実な動作の確保や異常電圧の抑制または対地電圧の低下を図るために必要な場合は，次の各号に掲げる場所に接地を施すことができると定めている．

① 電路の中性点（**使用**電圧が300 V以下の電路において中性点に接地を施し難いときは，電路の一端子）

② 特別高圧の**直流**電路

③ 燃料電池の電路又はこれに接続する**直流**電路

b．第24条第1項に，高圧電路または特別高圧電路と低圧電路とが混触した場合，低圧側の電位上昇を防止するために，「高圧電路又は特別高圧電路と低圧電路とを結合する変圧器には，次の各号によりB種接地工事を施すこと」と定めている．

① 低圧側の中性点

② 低圧電路の**使用**電圧が300 V以下の場合において，接地工事を低圧側の中性点に施し難いときは，低圧側の一端子

③ 低圧電路が非接地である場合においては，高圧巻線又は特別高圧巻線と低圧巻線との間に設けた金属製の混触防止板

c．高圧または特別高圧計器用変成器は，事故時に2次側に高圧または特別高圧の電圧の侵入のおそれがあるため，第28条に計器用変成器の2次側電路の接地工事を義務づけている．

① 高圧計器用変成器の2次側電路には，**D種**接地工事を施すこと．

② 特別高圧計器用変成器の2次側電路には，A種接地工事を施すこと．

d．電子機器の回路では，電圧を安定するための接地が行われるので，第19条第6項にその接地を認めている．

電子機器に接続する**使用**電圧が**150** V以下の電路，その他機能上必要な場所において，電路に接地を施すことにより，感電，火災その他の危険を生じることのない場合には，電路に接地を施すことができる．

(3)

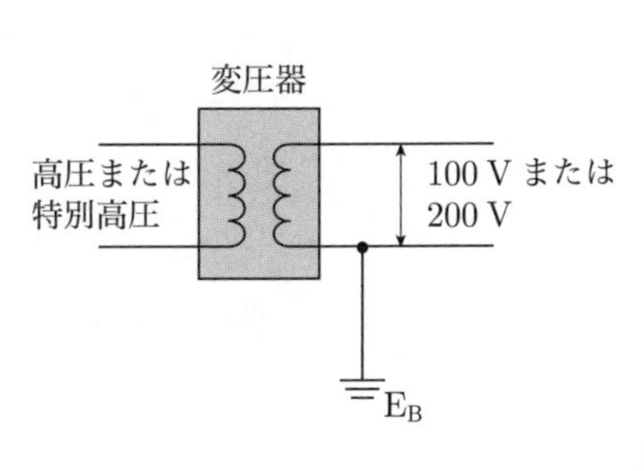

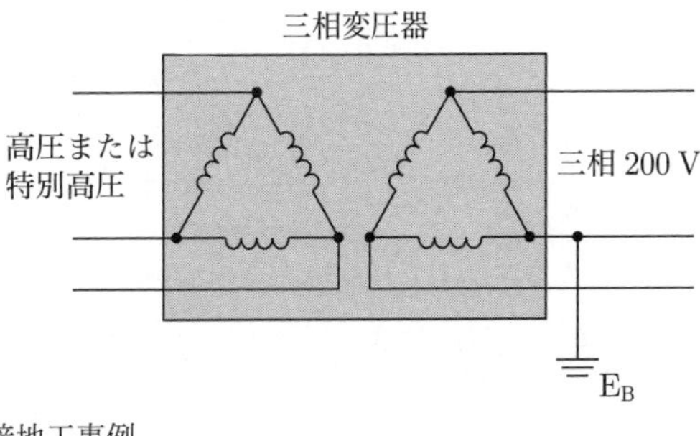

B種接地工事例

次の文章は，高圧の機械器具（これに附属する高圧電線であってケーブル以外のものを含む.）の施設（発電所又は変電所，開閉所若しくはこれらに準ずる場所に施設する場合を除く.）の工事例である．その内容として，「電気設備技術基準の解釈」に基づき，不適切なものを次の(1)～(5)のうちから一つ選べ.

(1) 機械器具を屋内であって，取扱者以外の者が出入りできないように措置した場所に施設した.

(2) 工場等の構内において，人が触れるおそれがないように，機械器具の周囲に適当なさく，へい等を設けた.

(3) 工場等の構内以外の場所において，機械器具に充電部が露出している部分があるので，簡易接触防護措置を施して機械器具を施設した.

(4) 機械器具に附属する高圧電線にケーブルを使用し，機械器具を人が触れるおそれがないように地表上5 mの高さに施設した.

(5) 充電部分が露出しない機械器具を温度上昇により，又は故障の際に，その近傍の大地との間に生じる電位差により，人若しくは家畜又は他の工作物に危険のおそれがないように施設した.

解3 高圧または特別高圧機器は，取扱者以外の者が容易に触れるおそれがないようにしなければならないが，その具体的施設方法を「電気設備技術基準の解釈」第21条に次のように定めている．

発電所または変電所，開閉所もしくはこれらに準ずる場所に施設する場合を除き，「高圧の機械器具（これに附属する高圧電線であってケーブル以外のものを含む.）は，次の各号のいずれかにより施設すること」

① 屋内であって，取扱者以外の者が出入りできないように措置した場所に施設すること．

② 次により施設すること．ただし，工場等の構内においては，ロ及びハの規定によらないことができる．

イ 人が触れるおそれがないように，機械器具の周囲に適当なさく，へい等を施設すること．

ロ イの規定により施設するさく，へい等の高さと，当該さく，へい等から機械器具の充電部分までの距離との和を5 m以上とすること．

ハ 危険である旨の表示をすること．

③ 機械器具に附属する高圧電線にケーブル又は引下げ用高圧絶縁電線を使用し，機械器具を人が触れるおそれがないように地表上4.5 m（市街地外においては4 m）以上の高さに施設すること．

④ 機械器具をコンクリート製の箱又はD種接地工事を施した金属製の箱に収め，かつ，充電部分が露出しないように施設すること．

⑤ 充電部分が露出しない機械器具を，次のいずれかにより施設すること．

イ 簡易接触防護措置を施すこと．

ロ 温度上昇により，又は故障の際に，その近傍の大地との間に生じる電位差により，人若しくは家畜又は他の工作物に危険のおそれがないように施設すること．

このことから，(3)は，機械器具に充電部が露出している部分があるので不適切．

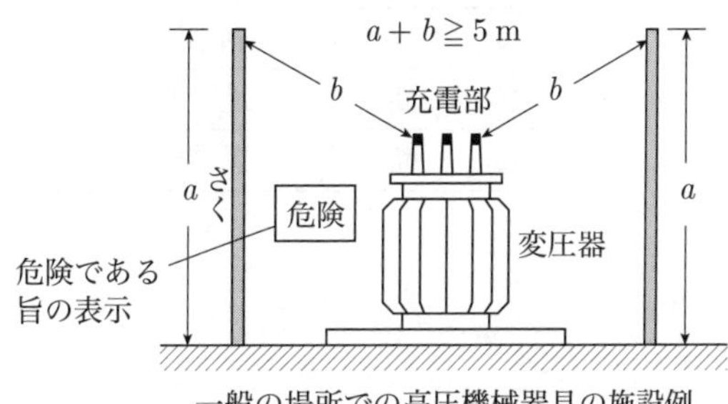

一般の場所での高圧機械器具の施設例

答 (3)

問4 次の文章は,「電気設備技術基準」及び「電気設備技術基準の解釈」に基づく移動電線の施設に関する記述である.

a 移動電線を電気機械器具と接続する場合は，接続不良による感電又は (ア) のおそれがないように施設しなければならない.

b 高圧の移動電線に電気を供給する電路には，(イ) が生じた場合に，当該高圧の移動電線を保護できるよう，(イ) 遮断器を施設しなければならない.

c 高圧の移動電線と電気機械器具とは (ウ) その他の方法により堅ろうに接続すること.

d 特別高圧の移動電線は，充電部分に人が触れた場合に人に危険を及ぼすおそれがない電気集じん応用装置に附属するものを (エ) に施設する場合を除き，施設しないこと.

上記の記述中の空白箇所(ア)，(イ)，(ウ)及び(エ)に当てはまる組合せとして，正しいものを次の(1)～(5)のうちから一つ選べ.

	(ア)	(イ)	(ウ)	(エ)
(1)	火　災	地　絡	差込み接続器使用	屋　内
(2)	断　線	過電流	ボルト締め	屋　外
(3)	火　災	過電流	ボルト締め	屋　内
(4)	断　線	地　絡	差込み接続器使用	屋　外
(5)	断　線	過電流	差込み接続器使用	屋　外

解4 移動電線は，造営物に固定しないで使うため，その使用状況から電線と電気機械器具との接続不良や電線の被覆損傷などによる感電や火災を防止しなければならない．

「電気設備技術基準」第56条第2項では，移動電線を電気機械器具と接続する場合は，接続不良による感電または**火災**のおそれがないように施設すること，ならびに「電気設備技術基準の解釈」第171条第4項，第191条第1項第八号では，特別高圧の移動電線は，充電部分に人が触れた場合に人体に危険を及ぼすおそれがない電気集じん応用装置に附属するものを**屋内**に施設する場合を除き，施設を禁止している．

第66条では，高圧の移動電線に電気を供給する電路には，**過電流**が生じた場合に，当該高圧の移動電線を保護できるよう，**過電流**遮断器の施設を義務づけている．

また，「電気設備技術基準の解釈」第171条第3項では，高圧の移動電線の施設について次のように規定している．

① 電線は，高圧用の3種クロロプレンキャブタイヤケーブル又は3種クロロスルホン化ポリエチレンキャブタイヤケーブルであること．

② 移動電線と電気機械器具とは，**ボルト締め**その他の方法により堅ろうに接続すること．

③ 移動電線に電気を供給する電路（誘導電動機の2次側電路を除く．）は，次によること．

イ 専用の開閉器及び**過電流**遮断器を各極（過電流遮断器にあっては，多線式電路の中性極を除く．）に施設すること．ただし，過電流遮断器が開閉機能を有するものである場合は，過電流遮断器のみとすることができる．

ロ 地絡を生じたときに自動的に電路を遮断する装置を施設すること．

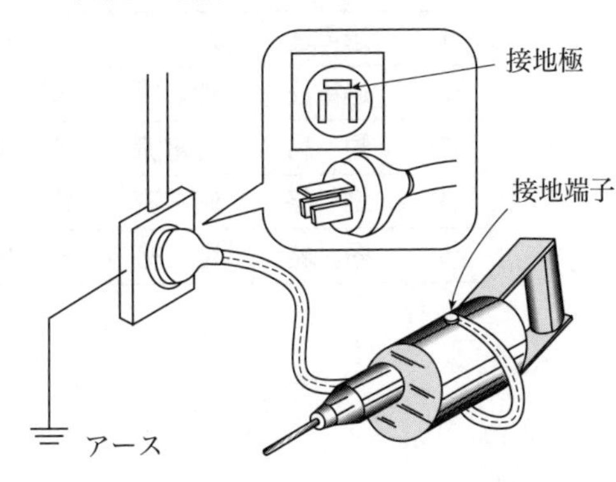

接地極付きコンセントと差込プラグ

答 (3)

問5

次の文章は，「電気設備技術基準の解釈」における蓄電池の保護装置に関する記述である．

発電所又は変電所若しくはこれに準ずる場所に施設する蓄電池（常用電源の停電時又は電圧低下発生時の非常用予備電源として用いるものを除く．）には，次の各号に掲げる場合に，自動的にこれを電路から遮断する装置を施設すること．

a　蓄電池に［(ア)］が生じた場合

b　蓄電池に［(イ)］が生じた場合

c　［(ウ)］装置に異常が生じた場合

d　内部温度が高温のものにあっては，断熱容器の内部温度が著しく上昇した場合

上記の記述中の空白箇所(ア)，(イ)及び(ウ)に当てはまる組合せとして，正しいものを次の(1)～(5)のうちから一つ選べ．

	(ア)	(イ)	(ウ)
(1)	過電圧	過電流	制　御
(2)	過電圧	地　絡	充　電
(3)	短　絡	過電流	制　御
(4)	地　絡	過電流	制　御
(5)	短　絡	地　絡	充　電

解5　蓄電池は負荷平準化など常用電源用途のものは，近年普及が進むとともに大容量化されている．これらの常用電源として用いる蓄電池について「電気設備技術基準」第44条では，発変電設備などの損傷による供給支障を防止するため，常用電源として用いる蓄電池が，損傷したり，電力会社の電気の供給に著しい支障を及ぼすおそれがある異常を生じた場合には，蓄電池を電路から自動的に遮断する装置の設置を義務づけている．「電気設備技術基準の解釈」第44条に，その具体的に遮断する場合を示している．

① 蓄電池に**過電圧**が生じた場合

② 蓄電池に**過電流**が生じた場合

③ **制御**装置に異常が生じた場合

④ 内部温度が高温のものにあっては，断熱容器の内部温度が著しく上昇した場合

蓄電池の用途の区分

主な用途		
常用電源用途	負荷平準化	電力会社が変電所構内などに電力貯蔵設備を設置して，夜間の軽負荷時に電力を貯蔵し昼間に放電し，電力需要のピークを抑制する．
	受電電力平準化	需要家が受電設備の一部として電力貯蔵設備を設置して，夜間に電力を貯蔵し昼間に放電することにより，契約電力のピークを低減する．
	発電電力平準化	太陽光や風力などの自然エネルギーによる発電において，気象条件によって異なる発電量を平準化して電源を安定化したり，低負荷時に活用できなかった電力を貯蔵し，電力需要のピーク時に使う．
非常用予備電源用途	非常用電源	停電時に必要最低限の電源を供給する（消防法，建築基準法）．
	瞬低・停電補償	瞬時電圧低下や停電時に必要な電力を補償する．

(1)

次の文章は，「電気設備技術基準の解釈」に基づく太陽電池モジュールの絶縁性能及び太陽電池発電所に施設する電線に関する記述の一部である．

a 太陽電池モジュールは，最大使用電圧の (ア) 倍の直流電圧又は (イ) 倍の交流電圧（500 V未満となる場合は，500 V）を充電部分と大地との間に連続して (ウ) 分間加えたとき，これに耐える性能を有すること．

b 太陽電池発電所に施設する高圧の直流電路の電線（電気機械器具内の電線を除く．）として，取扱者以外の者が立ち入らないような措置を講じた場所において，太陽電池発電設備用直流ケーブルを使用する場合，使用電圧は直流 (エ) V以下であること．

上記の記述中の空白箇所(ア)，(イ)，(ウ)及び(エ)に当てはまる組合せとして，正しいものを次の(1)～(5)のうちから一つ選べ．

	(ア)	(イ)	(ウ)	(エ)
(1)	1.5	1	1	1 000
(2)	1.5	1	10	1 500
(3)	2	1	10	1 000
(4)	2	1.5	10	1 000
(5)	2	1.5	1	1 500

解6 太陽電池は，直流を発生する発電装置であるので，その電路の絶縁性能は，「電気設備技術基準の解釈」第16条第5項に，次のように規定している．

太陽電池モジュールは，「最大使用電圧の**1.5**倍の直流電圧又は**1**倍の交流電圧（500 V未満となる場合は，500 V）を充電部分と大地との間に連続して**10**分間加えたとき，これに耐える性能を有すること」．

また，第46条では，「太陽電池発電所に施設する高圧の直流電路の電線（電気機械器具内の電線を除く．）は，原則高圧ケーブルを使用すること」と規定しているが，取扱者以外の者が立ち入らないような措置を講じた場所においては，直流**1 500** V以下である太陽電池発電設備用直流ケーブルの使用を認めている．

電気設備技術基準の電圧区分においては，直流では750 V以下を低圧，750 Vを超えるものを高圧と規定している．従来の国内メガソーラ発電システムの電圧は，「低圧」に該当する直流600 Vを採用することが一般的であり，配線も600 V CVケーブルなどが使用されてきたが，太陽光発電にかかわる電気設備技術基準の解釈が改正され，太陽光発電システム用ケーブル（以下，PVケーブル）が新たに規定され，使用電圧が直流1 500 V以下にあって，取扱者以外の者が立ち入らないような措置を講じた場所では，新たに規定されたPVケーブルが使用可能になった．

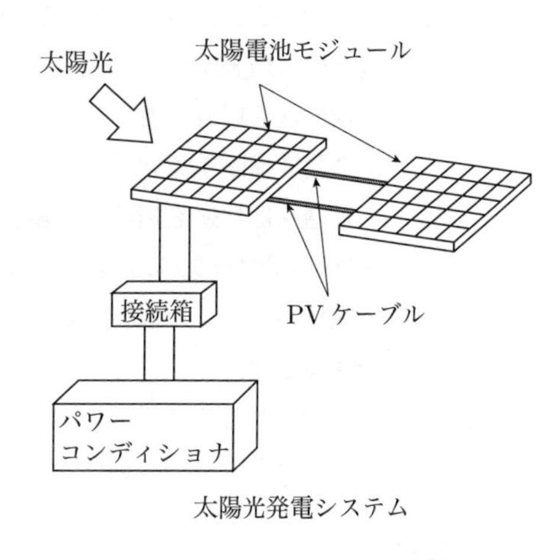

太陽光発電システム

答 (2)

理論 電力 機械 法規 令和5上(2023) 令和4下(2022) 令和4上(2022) 令和3(2021) 令和2(2020) 令和元(2019) 平成30(2018) 平成29(2017) 平成28(2016) 平成27(2015)

次の文章は，「電気設備技術基準の解釈」に基づく高圧架空引込線の施設に関する記述の一部である．

a　電線は，次のいずれかのものであること．

①　引張強さ8.01 kN以上のもの又は直径［(ア)］mm以上の硬銅線を使用する，高圧絶縁電線又は特別高圧絶縁電線

②　［(イ)］用高圧絶縁電線

③　ケーブル

b　電線が絶縁電線である場合は，がいし引き工事により施設すること．

c　電線の高さは，「低高圧架空電線の高さ」の規定に準じること．ただし，次に適合する場合は，地表上［(ウ)］m以上とすることができる．

①　次の場合以外であること．

・道路を横断する場合

・鉄道又は軌道を横断する場合

・横断歩道橋の上に施設する場合

②　電線がケーブル以外のものであるときは，その電線の［(エ)］に危険である旨の表示をすること．

上記の記述中の空白箇所(ア)，(イ)，(ウ)及び(エ)に当てはまる組合せとして，正しいものを次の(1)～(5)のうちから一つ選べ．

	(ア)	(イ)	(ウ)	(エ)
(1)	5	引下げ	2.5	下　方
(2)	4	引下げ	3.5	近　傍
(3)	4	引上げ	2.5	近　傍
(4)	5	引上げ	5	下　方
(5)	5	引下げ	3.5	下　方

解7 高圧架空引込線は，電圧が高くて引込線という特殊事情から危険性が高いため，「電気設備技術基準の解釈」第117条第1項に施設方法を次のように定めている．

① 電線は，次のいずれかのものであること．

イ 引張強さ8.01 kN以上のもの又は直径**5** mm以上の硬銅線を使用する，高圧絶縁電線又は特別高圧絶縁電線

ロ **引下げ**用高圧絶縁電線

ハ ケーブル

② 電線が絶縁電線である場合は，がいし引き工事により施設すること．

③ 電線がケーブルである場合は，第67条（低高圧架空電線路の架空ケーブルによる施設）の規定に準じて施設すること．

④ 電線の高さは，第68条（低高圧架空電線の高さ）第1項の規定に準じること．ただし，次に適合する場合は，地表上**3.5** m以上とすることができる．

イ 次の場合以外であること．

(イ) 道路を横断する場合

(ロ) 鉄道又は軌道を横断する場合

(ハ) 横断歩道橋の上に施設する場合

ロ 電線がケーブル以外のものであるときは，その電線の**下方**に危険である旨の表示をすること．

答 (5)

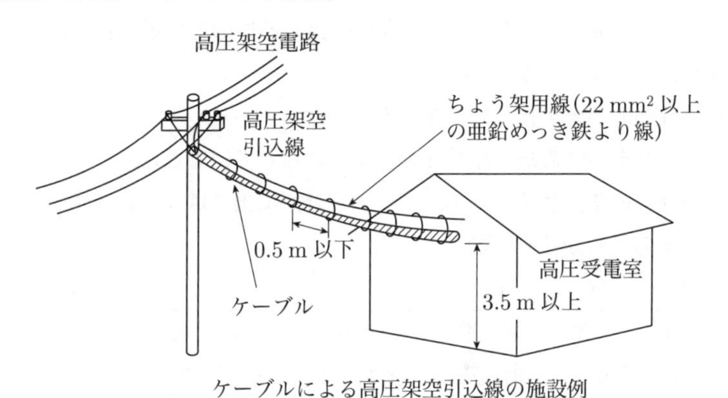

ケーブルによる高圧架空引込線の施設例

次の文章は，「電気設備技術基準の解釈」における地中電線と他の地中電線等との接近又は交差に関する記述の一部である．

低圧地中電線と高圧地中電線とが接近又は交差する場合，又は低圧若しくは高圧の地中電線と特別高圧地中電線とが接近又は交差する場合は，次の各号のいずれかによること．ただし，地中箱内についてはこの限りでない．

a　低圧地中電線と高圧地中電線との離隔距離が，(ア) m以上であること．

b　低圧又は高圧の地中電線と特別高圧地中電線との離隔距離が，(イ) m以上であること．

c　暗きょ内に施設し，地中電線相互の離隔距離が，0.1 m以上であること．

d　地中電線相互の間に堅ろうな (ウ) の隔壁を設けること．

e　(エ) の地中電線が，次のいずれかに該当するものである場合は，地中電線相互の離隔距離が，0 m以上であること．

①　不燃性の被覆を有すること．

②　堅ろうな不燃性の管に収められていること．

f　(オ) の地中電線が，次のいずれかに該当するものである場合は，地中電線相互の離隔距離が，0 m以上であること．

①　自消性のある難燃性の被覆を有すること．

②　堅ろうな自消性のある難燃性の管に収められていること．

上記の記述中の空白箇所(ア)，(イ)，(ウ)，(エ)及び(オ)に当てはまる組合せとして，正しいものを次の(1)～(5)のうちから一つ選べ．

	(ア)	(イ)	(ウ)	(エ)	(オ)
(1)	0.15	0.3	耐火性	いずれか	それぞれ
(2)	0.15	0.3	耐火性	それぞれ	いずれか
(3)	0.1	0.2	耐圧性	いずれか	それぞれ
(4)	0.1	0.2	耐圧性	それぞれ	いずれか
(5)	0.1	0.3	耐火性	いずれか	それぞれ

解8 地中電線相互が接近または交差する場合，地中電線故障時のアーク放電による他の地中電線への損傷を防止しなければならない．低圧地中電線と高圧地中電線とが接近または交差する場合，または低圧もしくは高圧の地中電線と特別高圧地中電線とが接近または交差する場合についての具体的施設方法は，「電気設備技術基準の解釈」第125条第1項に，地中箱内は除き，次のいずれかにより施設しなければならないと規定している．

① 低圧地中電線と高圧地中電線との離隔距離が，**0.15 m**以上であること．

② 低圧又は高圧の地中電線と特別高圧地中電線との離隔距離が，**0.3 m**以上であること．

③ 暗きょ内に施設し，地中電線相互の離隔距離が，0.1 m以上であること．

④ 地中電線相互の間に堅ろうな**耐火性**の隔壁を設けること．

⑤ **いずれか**の地中電線が，次のいずれかに該当するものである場合は，地中電線相互の離隔距離が，0 m以上であること．

イ 不燃性の被覆を有すること．

ロ 堅ろうな不燃性の管に収められていること．

⑥ **それぞれ**の地中電線が，次のいずれかに該当するものである場合は，地中電線相互の離隔距離が，0 m以上であること．

イ 自消性のある難燃性の被覆を有すること．

ロ 堅ろうな自消性のある難燃性の管に収められていること．

地中電線相互の離隔距離(地中箱内以外)
（ただし，電線相互間に堅ろうな耐火性の隔壁を設けた場合などの緩和規定あり）

答 (1)

次の文章は，「電気設備技術基準」における電気さくの施設の禁止に関する記述である．

電気さく（屋外において裸電線を固定して施設したさくであって，その裸電線に充電して使用するものをいう．）は，施設してはならない．ただし，田畑，牧場，その他これに類する場所において野獣の侵入又は家畜の脱出を防止するために施設する場合であって，絶縁性がないことを考慮し，［(ア)］のおそれがないように施設するときは，この限りでない．

次の文章は，「電気設備技術基準の解釈」における電気さくの施設に関する記述である．

電気さくは，次のaからfに適合するものを除き施設しないこと．

a　田畑，牧場，その他これに類する場所において野獣の侵入又は家畜の脱出を防止するために施設するものであること．

b　電気さくを施設した場所には，人が見やすいように適当な間隔で［(イ)］である旨の表示をすること．

c　電気さくは，次のいずれかに適合する電気さく用電源装置から電気の供給を受けるものであること．

①　電気用品安全法の適用を受ける電気さく用電源装置

②　感電により人に危険を及ぼすおそれのないように出力電流が制限される電気さく用電源装置であって，次のいずれかから電気の供給を受けるもの

・電気用品安全法の適用を受ける直流電源装置

・蓄電池，太陽電池その他これらに類する直流の電源

d　電気さく用電源装置（直流電源装置を介して電気の供給を受けるものにあっては，直流電源装置）が使用電圧［(ウ)］V以上の電源から電気の供給を受けるものである場合において，人が容易に立ち入る場所に電気さくを施設するときは，当該電気さくに電気を供給する電路には次に適合する漏電遮断器を施設すること．

①　電流動作型のものであること．

②　定格感度電流が［(エ)］mA以下，動作時間が0.1秒以下のものであること．

e　電気さくに電気を供給する電路には，容易に開閉できる箇所に専用の開閉器を施設すること．

f　電気さく用電源装置のうち，衝撃電流を繰り返して発生するものは，その装置及びこれに接続する電路において発生する電波又は高周波電流が無線設備の機能に継続的かつ重大な障害を与えるおそれがある場所には，施設しないこと．

上記の記述中の空白箇所(ア)，(イ)，(ウ)及び(エ)に当てはまる組合せとして，正しいものを次の(1)～(5)のうちから一つ選べ．

	(ア)	(イ)	(ウ)	(エ)
(1)	感電又は火災	危　険	100	15
(2)	感電又は火災	電気さく	30	10
(3)	損　壊	電気さく	100	15
(4)	感電又は火災	危　険	30	15
(5)	損　壊	電気さく	100	10

解9 電気さくは，高い電圧で充電された裸電線を簡単なさくに取り付けて張り巡らして施設しているため，感電・火災の危険性が高い．そのため，「電気設備技術基準」第74条に，電気さく（屋外において裸電線を固定して施設したさくであって，その裸電線に充電して使用するものをいう.）の施設を禁止しているが，「田畑，牧場，その他これに類する場所において野獣の侵入又は家畜の脱出を防止するために施設する場合であって，絶縁性がないことを考慮し，**感電又は火災**のおそれがないように施設する場合」は限定使用を認めている．

具体的には，「電気設備技術基準の解釈」第192条に，次のものに適合するように施設しなければならないと規定している．

① 田畑，牧場，その他これに類する場所において野獣の侵入又は家畜の脱出を防止するために施設するものであること．

② 電気さくを施設した場所には，人が見やすいように適当な間隔で**危険**である旨の表示をすること．

③ 電気さくは，次のいずれかに適合する電気さく用電源装置から電気の供給を受けるものであること．

イ 電気用品安全法の適用を受ける電気さく用電源装置

ロ 感電により人に危険を及ぼすおそれのないように出力電流が制限される電気さく用電源装置であって，次のいずれかから電気の供給を受けるもの

(イ) 電気用品安全法の適用を受ける直流電源装置

(ロ) 蓄電池，太陽電池その他これらに類する直流の電源

④ 電気さく用電源装置（直流電源装置を介して電気の供給を受けるものにあっては，直流電源装置）が使用電圧**30** V以上の電源から電気の供給を受けるものである場合において，人が容易に立ち入る場所に電気さくを施設するときは，当該電気さくに電気を供給する電路には次に適合する漏電遮断器を施設すること．

イ 電流動作型のものであること．

ロ 定格感度電流が**15** mA以下，動作時間が0.1秒以下のものであること．

⑤ 電気さくに電気を供給する電路には，容易に開閉できる箇所に専用の開閉器を施設すること．

⑥ 電気さく用電源装置のうち，衝撃電流を繰り返して発生するものは，その装置及びこれに接続する電路において発生する電波又は高周波電流が無線設備の機能に継続的かつ重大な障害を与えるおそれがある場所には，施設しないこと．

(4)

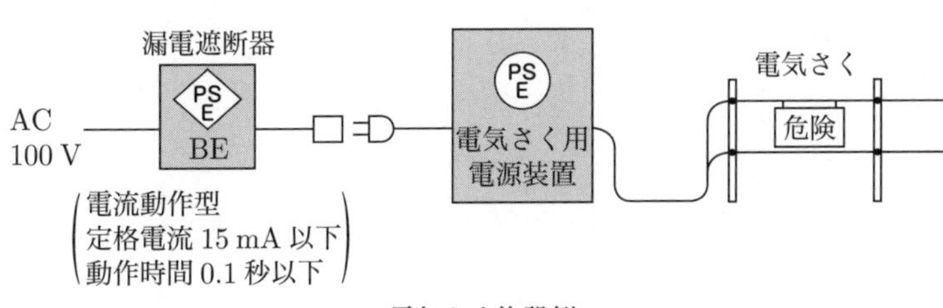

電気さく施設例

次の文章は，「電気事業法施行規則」に基づく自家用電気工作物を設置する者が保安規程に定めるべき事項の一部に関しての記述である.

a　自家用電気工作物の工事，維持又は運用に関する業務を管理する者の ㈠ に関すること.

b　自家用電気工作物の工事，維持又は運用に従事する者に対する ㈡ に関すること.

c　自家用電気工作物の工事，維持及び運用に関する保安のための ㈢ 及び検査に関すること.

d　自家用電気工作物の運転又は操作に関すること.

e　発電所の運転を相当期間停止する場合における保全の方法に関すること.

f　災害その他非常の場合に採るべき ㈣ に関すること.

g　自家用電気工作物の工事，維持及び運用に関する保安についての ㈤ に関すること.

上記の記述中の空白箇所㈠，㈡，㈢，㈣及び㈤に当てはまる組合せとして，正しいものを次の⑴～⑸のうちから一つ選べ.

	㈠	㈡	㈢	㈣	㈤
⑴	権限及び義務	勤務体制	巡視，点検	指揮命令	記　録
⑵	職務及び組織	勤務体制	整備，補修	措　置	届　出
⑶	権限及び義務	保安教育	整備，補修	指揮命令	届　出
⑷	職務及び組織	保安教育	巡視，点検	措　置	記　録
⑸	権限及び義務	勤務体制	整備，補修	指揮命令	記　録

解10　自家用電気工作物の設置者は，自主保安体制を徹底するために保安規程を定めて経済産業大臣に届出をし，その従事者とともにこれを守らなければならない．保安規程に定める事項は，「電気事業法施行規則」第50条第3項に次のように定めている．

① 自家用電気工作物の工事，維持又は運用に関する業務を管理する者の**職務及び組織**に関すること．

② 自家用電気工作物の工事，維持又は運用に従事する者に対する**保安教育**に関すること．

③ 自家用電気工作物の工事，維持及び運用に関する保安のための**巡視，点検**及び検査に関すること．

④ 自家用電気工作物の運転又は操作に関すること．

⑤ 発電所の運転を相当期間停止する場合における保全の方法に関すること．

⑥ 災害その他非常の場合に採るべき**措置**に関すること．

⑦ 自家用電気工作物の工事，維持及び運用に関する保安についての**記録**に関すること．

⑧ 自家用電気工作物（使用前自主検査，溶接事業者検査若しくは定期事業者検査（以下「法定事業者検査」と総称する．）を実施するものに限る．）の法定事業者検査に係る実施体制及び記録の保存に関すること．

⑨ その他自家用電気工作物の工事，維持及び運用に関する保安に関し必要な事項

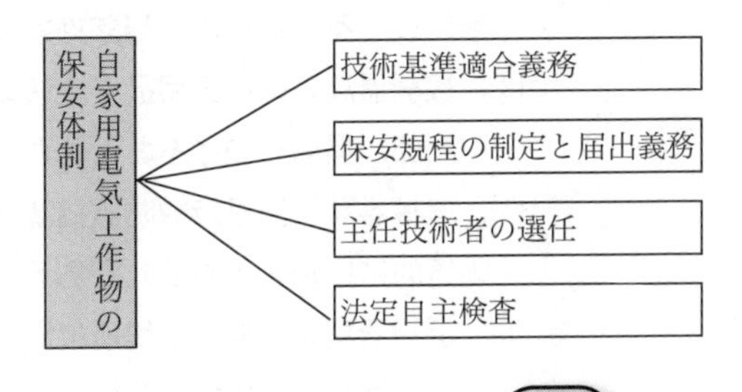

(4)

B問題

問11及び問12の配点は1問題当たり(a)6点，(b)7点，計13点
問13の配点は(a)7点，(b)7点，計14点

問11

「電気設備技術基準の解釈」に基づく地絡遮断装置の施設に関する記述について，次の(a)及び(b)の問に答えよ．

(a) 金属製外箱を有する使用電圧が60 Vを超える低圧の機械器具に接続する電路には，電路に地絡を生じたときに自動的に電路を遮断する装置を原則として施設しなければならないが，この装置を施設しなくてもよい場合として，誤っているものを次の(1)～(5)のうちから一つ選べ．

(1) 機械器具に施されたC種接地工事又はD種接地工事の接地抵抗値が3 Ω以下の場合

(2) 電路の系統電源側に絶縁変圧器（機械器具側の線間電圧が300 V以下のものに限る.）を施設するとともに，当該絶縁変圧器の機械器具側の電路を非接地とする場合

(3) 機械器具内に電気用品安全法の適用を受ける過電流遮断器を取り付け，かつ，電源引出部が損傷を受けるおそれがないように施設する場合

(4) 機械器具に簡易接触防護措置（金属製のものであって，防護措置を施す機械器具と電気的に接続するおそれがあるもので防護する方法を除く.）を施す場合

(5) 機械器具を乾燥した場所に施設する場合

(b) 高圧又は特別高圧の電路には，下表の左欄に掲げる箇所又はこれに近接する箇所に，同表中欄に掲げる電路に地絡を生じたときに自動的に電路を遮断する装置を施設すること．ただし，同表右欄に掲げる場合はこの限りでない．

表内の下線部(ア)から(ウ)のうち，誤っているものを次の(1)～(5)のうちから一つ選べ．

表

地絡遮断装置を施設する箇所	電　路	地絡遮断装置を施設しなくても良い場合
発電所又は変電所若しくはこれに準ずる場所の引出口	発電所又は変電所若しくはこれに準ずる場所から引出される電路	発電所又は変電所相互間の電線路が，いずれか一方の発電所又は変電所の母線の延長とみなされるものである場合において，計器用変成器を母線に施設すること等により，当該電線路に地絡を生じた場合に電源側(ア)の電路を遮断する装置を施設するとき
他の者から供給を受ける受電点	受電点の負荷側の電路	他の者から供給 を受ける電気を全てその受電点に属する受電場所において変成し，又は使用する場合
配電用変圧器（単巻変圧器を除く.）の施設箇所	配電用変圧器の負荷側の電路	配電用変圧器の電源側(イ)に地絡を生じた場合に，当該配電用変圧器の施設箇所の電源側(ウ)の発電所又は変電所で当該電路を遮断する装置を施設するとき

上記表において，引出口とは，常時又は事故時において，発電所又は変電所若しくはこれに準ずる場所から電線路へ電流が流出する場所をいう．

(1) (ア)のみ

(2) (イ)のみ

(3) (ウ)のみ

(4) (ア)と(イ)の両方

(5) (イ)と(ウ)の両方

解11 地絡に対する保護対策として，「電気設備技術基準」第15条に，電線や電気機械器具の損傷，感電，火災のおそれがないように地絡遮断器の施設を義務づけており，その具体的な施設方法を定めた「電気設備技術基準の解釈」第36条からの出題である．

(a) 第1項で，「金属製外箱を有する使用電圧が60 Vを超える低圧の機械器具に接続する電路には，電路に地絡を生じたときに自動的に電路を遮断する装置を原則として施設をしなければならないとしているが，次の各号のいずれかに該当する場合はこの限りではない」と規定している．

① 機械器具に簡易接触防護措置（金属製のものであって，防護措置を施す機械器具と電気的に接続するおそれがあるもので防護する方法を除く.）を施す場合

② 機械器具を次のいずれかの場所に施設する場合

イ 発電所または変電所，開閉所もしくはこれらに準ずる場所

ロ 乾燥した場所

ハ 機械器具の対地電圧が150 V以下の場合においては，水気のある場所以外の場所

③ 機械器具が，次のいずれかに該当するものである場合

イ 電気用品安全法の適用を受ける2重絶縁構造のもの

ロ ゴム，合成樹脂その他の絶縁物で被覆したもの

ハ 誘導電動機の2次側電路に接続されるもの

ニ 第13条（電路の絶縁）第二号に掲げるもの

④ 機械器具に施されたC種接地工事またはD種接地工事の接地抵抗値が3 Ω以下の場合

⑤ 電路の系統電源側に絶縁変圧器（機械器具側の線間電圧が300 V以下のものに限る.）を施設するとともに，当該絶縁変圧器の機械器具側の電路を非接地とする場合

⑥ 機械器具内に電気用品安全法の適用を受ける**漏電遮断器**を取り付け，かつ，電源引出部が損傷を受けるおそれがないように施設する場合

⑦ 機械器具を太陽電池モジュールに接続する直流電路に施設し，かつ，当該電路が次に適合する場合

イ 直流電路は，非接地であること．

ロ 直流電路に接続する逆変換装置の交流側に絶縁変圧器を施設すること．

ハ 直流電路の対地電圧は，450 V以下であること．

⑧ 電路が，管灯回路である場合

したがって，上記の⑥より，(3)の文中の過電流遮断器は不適であり，誤り．

(b) 第4項の36-1表からの出題である．(イ)の箇所については「電源側」ではなく「負荷側」であり誤りである．

地絡遮断装置は，保護目的によって取付箇所が下図のように異なる．

(a) - (3), (b) - (2)

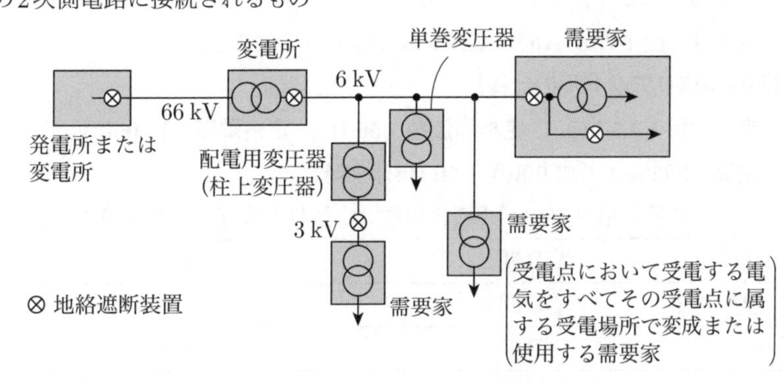

高圧または特別高圧電路の地絡遮断装置の設置例

「電気設備技術基準の解釈」に基づいて，使用電圧6 600 V，周波数50 Hzの電路に接続する高圧ケーブルの交流絶縁耐力試験を実施する．次の(a)及び(b)の問に答えよ．

ただし，試験回路は図のとおりとする．高圧ケーブルは3線一括で試験電圧を印加するものとし，各試験機器の損失は無視する．また，被試験体の高圧ケーブルと試験用変圧器の仕様は次のとおりとする．

【高圧ケーブルの仕様】

ケーブルの種類：6 600 Vトリプレックス形架橋ポリエチレン絶縁ビニルシースケーブル（CVT）

公称断面積：100 mm²，ケーブルのこう長：87 m

1線の対地静電容量：0.45 μF/km

【試験用変圧器の仕様】

定格入力電圧：AC 0-120 V，定格出力電圧：AC 0-12 000 V

入力電源周波数：50 Hz

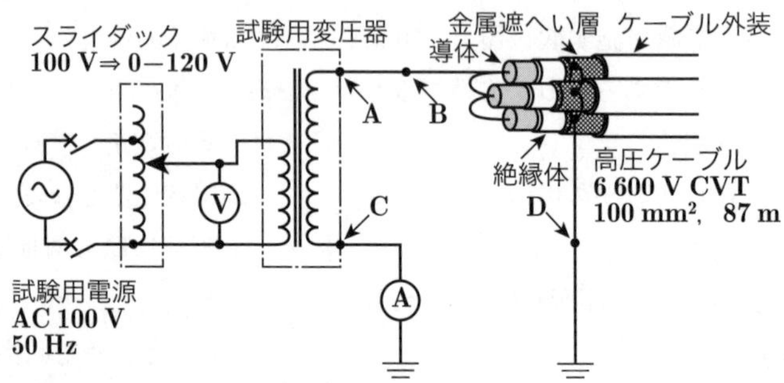

(a) この交流絶縁耐力試験に必要な皮相電力（以下，試験容量という．）の値[kV·A]として，最も近いものを次の(1)～(5)のうちから一つ選べ．

(1) 1.4　(2) 3.0　(3) 4.0　(4) 4.8　(5) 7.0

(b) 上記(a)の計算の結果，試験容量が使用する試験用変圧器の容量よりも大きいことがわかった．そこで，この試験回路に高圧補償リアクトルを接続し，試験容量を試験用変圧器の容量より小さくすることができた．

このとき，同リアクトルの接続位置（図中のA～Dのうちの2点間）と，試験用変圧器の容量の値[kV·A]の組合せとして，正しいものを次の(1)～(5)のうちから一つ選べ．

ただし，接続する高圧補償リアクトルの仕様は次のとおりとし，接続する台数は1台とする．また，同リアクトルによる損失は無視し，A-B間に同リアクトルを接続する場合は，図中のA-B間の電線を取り除くものとする．

【高圧補償リアクトルの仕様】

定格容量：3.5 kvar，定格周波数：50 Hz，定格電圧：12 000 V

電流：292 mA（12 000 V　50 Hz印加時）

	高圧補償リアクトル接続位置	試験用変圧器の容量[kV·A]
(1)	A-B間	1
(2)	A-C間	1
(3)	C-D間	2
(4)	A-C間	2
(5)	A-B間	3

解12 (a) 高圧ケーブルの交流絶縁耐力試験方法は，「電気設備技術基準の解釈」第15条に示されており，最大使用電圧により試験電圧が区分されている．

第1条（用語の定義）に示された使用電圧と最大使用電圧の関係より，最大使用電圧 V_m を求めると，

$$V_m = 使用電圧 \times (1.15/1.1)$$
$$= 6\,600 \times (1.15/1.1) = 6\,900\ \mathrm{V}$$

となり，最大使用電圧が7 000 V以下の交流電路に該当する．したがって，最大使用電圧の1.5倍の交流絶縁耐力試験電圧 V_t を印加する．

$$V_t = 6\,900 \times 1.5 = 10\,350\ \mathrm{V}$$

3線一括で試験電圧を印加することから，その充電電流の大きさ I_C [A]は，1線の対地静電容量を C [F]とすると，

$$I_C = \omega(3C)V_t$$

したがって，交流絶縁耐力試験に必要な試験容量 W_1 は，

$$W_1 = I_C V_t = \omega(3C)V_t^2$$
$$= (2\pi \times 50) \times (3 \times 0.45 \times 10^{-6} \times 87 \times 10^{-3}) \times 10\,350^2$$
$$\fallingdotseq 3\,951\ \mathrm{V \cdot A} \fallingdotseq 4.0\ \mathrm{kV \cdot A}$$

(b) 補償リアクトルを図のように試験用変圧器と並列に接続することにより，コンデンサに流れる進相分電流を補償リアクトルを流れる遅相分電流で補償して試験用変圧器の容量を小さくすることができる．

ここで，補償リアクトルのリアクタンス X_L を求める．高圧補償リアクトルの定格電圧を V_N，定格電流を I_N とすると，

$$X_L = \omega L = \frac{V_N}{I_N} = \frac{12\,000}{292 \times 10^{-3}}$$
$$\fallingdotseq 4.109\,6 \times 10^4\ \Omega$$

したがって，V_t 印加時の電流 $\dot{I}_L$ は，

$$\dot{I}_L = \frac{V_t}{j\omega L} = -j\frac{V_t}{\omega L}$$

一方，ケーブルの対地静電容量の充電容量 $\dot{I}_C$ は，

$$\dot{I}_C = j3\omega C V_t$$

したがって，試験用変圧器を流れる電流 $\dot{I}$ は，

$$\dot{I} = \dot{I}_C + \dot{I}_L = j\left(3\omega C - \frac{1}{\omega L}\right)V_t$$

となり，その大きさ I は，

$$I = \left(3\omega C - \frac{1}{\omega L}\right)V_t$$

このときの試験用変圧器の容量 W_2 は，

$$W_2 = IV_t = \left(3\omega C - \frac{1}{\omega L}\right){V_t}^2$$
$$= \left\{3 \times 2\pi \times 50 \times (0.45 \times 10^{-6} \times 87 \times 10^{-3}) - \frac{1}{4.109\,6 \times 10^4}\right\} \times 10\,350^2$$
$$\fallingdotseq \left(3.688 \times 10^{-5} - 2.433 \times 10^{-5}\right) \times 10\,350^2$$
$$\fallingdotseq 1\,344\ \mathrm{V \cdot A} = 1.344\ \mathrm{kV \cdot A}$$

したがって，試験用変圧器の容量は，2 kV·Aとなる．

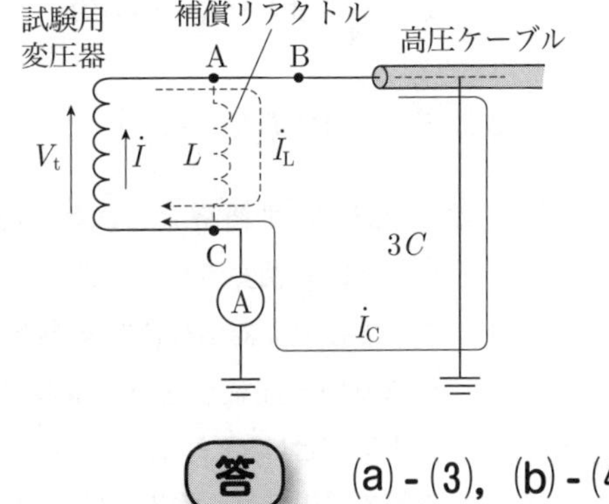

答 (a) - (3), (b) - (4)

問13 図は，線間電圧 V [V]，周波数 f [Hz] の中性点非接地方式の三相3線式高圧配電線路及びある需要設備の高圧地絡保護システムを簡易に示した単線図である．

高圧配電線路一相の全対地静電容量を C_1 [F]，需要設備一相の全対地静電容量を C_2 [F] とするとき，次の(a)及び(b)に答えよ．

ただし，図示されていない負荷，線路定数及び配電用変電所の制限抵抗は無視するものとする．

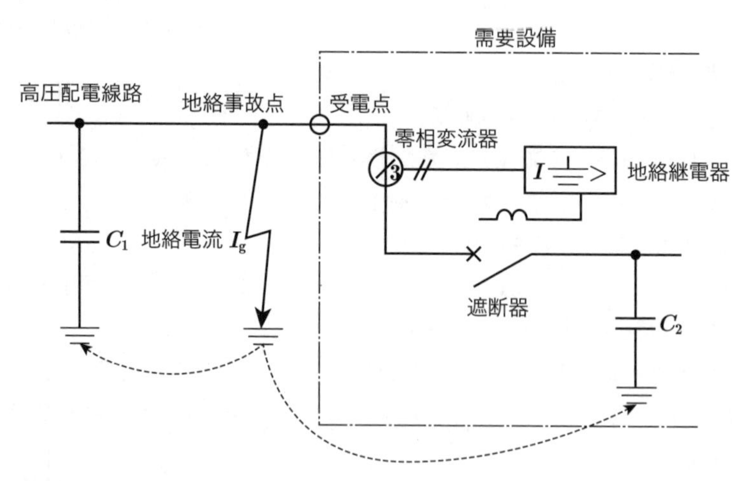

(a) 図の配電線路において，遮断器が「入」の状態で地絡事故点に一線完全地絡事故が発生し地絡電流 I_g [A] が流れた．このとき I_g の大きさを表す式として正しいものは次のうちどれか．

ただし，間欠アークによる影響等は無視するものとし，この地絡事故によって遮断器は遮断しないものとする．

(1) $\dfrac{2}{\sqrt{3}}V\pi f\sqrt{(C_1{}^2+C_2{}^2)}$　(2) $2\sqrt{3}V\pi f\sqrt{(C_1{}^2+C_2{}^2)}$

(3) $\dfrac{2}{\sqrt{3}}V\pi f(C_1+C_2)$　(4) $2\sqrt{3}V\pi f(C_1+C_2)$　(5) $2\sqrt{3}V\pi f\sqrt{C_1C_2}$

(b) 上記(a)の地絡電流 I_g は高圧配電線路側と需要設備側に分流し，需要設備側に分流した電流は零相変流器を通過して検出される．上記のような需要設備構外の事故に対しても，零相変流器が検出する電流の大きさによっては地絡継電器が不必要に動作する場合があるので注意しなければならない．地絡電流 I_g が高圧配電線路側と需要設備側に分流する割合は C_1 と C_2 の比によって決まるものとしたとき，I_g のうち需要設備の零相変流器で検出される電流の値 [mA] として，最も近いものを次の(1)～(5)のうちから一つ選べ．

ただし，$V=6\,600$ V，$f=60$ Hz，$C_1=2.3$ μF，$C_2=0.02$ μF とする．

(1) 54　(2) 86　(3) 124　(4) 152　(5) 256

解13 (a) 1線完全地絡事故時の等価回路は，本問に図示されていない負荷，線路定数および配電用変電所の制限抵抗は無視することから下図のようになる．

地絡事故点からみると，高圧配電線路の対地静電容量と需要設備の静電容量は並列接続であり，また，$E_g = V/\sqrt{3}$ となることから，地絡事故点の1線地絡電流 I_g は，

$$I_g = \frac{E_g}{\dfrac{1}{\omega(3C_1 + 3C_2)}} = 3\omega(C_1 + C_2)\frac{V}{\sqrt{3}}$$

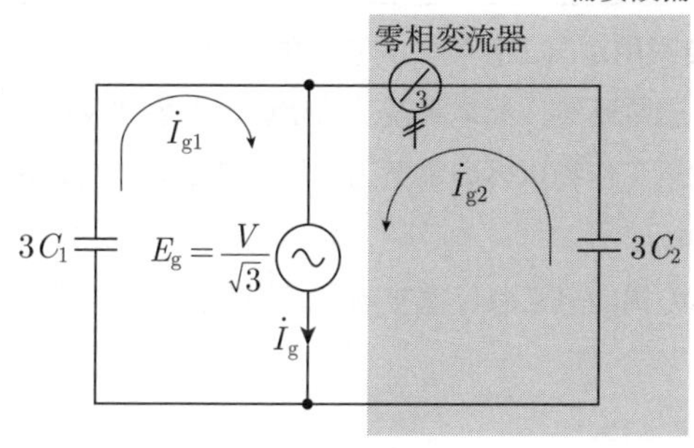

$$= 3 \times 2\pi f(C_1 + C_2)\frac{V}{\sqrt{3}}$$

$$= 2\sqrt{3}V\pi f(C_1 + C_2)\ [\mathrm{A}]$$

(b) 地絡電流 I_g が高圧配電線路側と需要設備側に分流する割合は C_1 と C_2 の比によって決まるものとすることから，需要設備の零相変流器で検出される地絡電流 I_{g2} は，

$$I_{g2} = \frac{\dfrac{1}{3\omega C_1}}{\dfrac{1}{3\omega C_1} + \dfrac{1}{3\omega C_2}} I_g$$

$$= \frac{C_2}{C_1 + C_2} \times 2\sqrt{3}V\pi f(C_1 + C_2)$$

$$= 2\sqrt{3}V\pi f C_2$$

$$= 2\sqrt{3} \times 6\,600 \times 3.14 \times 60 \times (0.02 \times 10^{-6})$$

$$\fallingdotseq 0.0861\ \mathrm{A} \fallingdotseq 86\ \mathrm{mA}$$

答 (a)-(4)，(b)-(2)

平成27年度（2015年）法規の問題

注1　問題文中に「電気設備技術基準」とあるのは，「電気設備に関する技術基準を定める省令」の略である.

注2　問題文中に「電気設備技術基準の解釈」とあるのは，「電気設備の技術基準の解釈」の略である.

注3　問題は，令和5年11月1日現在，効力のある法令（電気設備技術基準の解釈を含む.）に基づいて作成している.

A問題　配点は1問題当たり6点

問1

次の文章は，「電気事業法」に規定される自家用電気工作物に関する説明である.

自家用電気工作物とは，一般送配電事業，送電事業，配電事業，特定送配電事業及び発電事業の用に供する電気工作物及び一般用電気工作物以外の電気工作物であって，次のものが該当する.

a．[(ア)]以外の発電用の電気工作物と同一の構内（これに準ずる区域内を含む．以下同じ.）に設置するもの

b．他の者から[(イ)]電圧で受電するもの

c．構内以外の場所（以下「構外」という.）にわたる電線路を有するものであって，受電するための電線路以外の電線路により[(ウ)]の電気工作物と電気的に接続されているもの

d．火薬類取締法に規定される火薬類（煙火を除く.）を製造する事業場に設置するもの

e．鉱山保安法施行規則が適用される石炭坑に設置するもの

上記の記述中の空白箇所(ア)，(イ)及び(ウ)に当てはまる組合せとして，正しいものを次の(1)～(5)のうちから一つ選べ.

	(ア)	(イ)	(ウ)
(1)	小出力発電設備	600 V を超え 7 000 V 未満の	需要場所
(2)	再生可能エネルギー発電設備	600 V を超える	構　内
(3)	小出力発電設備	600 V 以上 7 000 V 以下の	構　内
(4)	再生可能エネルギー発電設備	600 V 以上の	構　外
(5)	小出力発電設備	600 V を超える	構　外

●試験時間 65分
●必要解答数 A問題10題，B問題3題

理論
電力
機械
法規
令和5上(2023)
令和4下(2022)
令和4上(2022)
令和3(2021)
令和2(2020)
令和元(2019)
平成30(2018)
平成29(2017)
平成28(2016)
平成27(2015)

解1 電気事業法第38条に，「一般用電気工作物」，「事業用電気工作物」，「自家用電気工作物」の3種類の電気工作物を定義している．

このうち，「自家用電気工作物」は，一般送配電事業，送電事業，配電事業，特定送配電事業および発電事業の用に供する電気工作物および一般用電気工作物以外の電気工作物をいうとしており，具体的に定義していない．

一般送配電，送電，特定送配電および発電事業用の電気工作物は，電力会社などが電気を供給する事業のために使う工作物である．

「一般用電気工作物」については，具体的に同条と電気事業法施行規則第48条から次に掲げる電気工作物と定義している．ただし，小出力発電設備以外の発電用の電気工作物と同一構内（これに準ずる区域内を含む．以下同じ）に設置するものまたは爆発性もしくは引火性の物が存在するため電気工作物による事故が発生するおそれが多い場所であって，火薬類取締法に規定する火薬類（煙火を除く）を製造する事業場，鉱山保安法施行規則が適用される石炭杭に設置するものを除く．

1 他の者から600 V以下の電圧で受電し，その受電の場所と同一の構内においてその受電に係る電気を使用するための電気工作物（これと同一の構内に，かつ，電気的に接続して設置する小出力発電設備を含む）であって，その受電のための電線路以外の電線路によりその構内以外の場所にある電気工作物と電気的に接続されていないもの

2 構内に設置する小出力発電設備（これと同一の構内に，かつ，電気的に接続して設置する電気を使用するための電気工作物を含む）であって，その発電に係る電気を600 V以下の電圧で他の者がその構内において受電するための電線路以外の電線路によりその構内以外の場所にある電気工作物と電気的に接続されていないもの

このことから，自家用電気工作物の要件は，次のようになる．

① **小出力発電設備**以外の発電用の電気工作物と同一の構内（これに準ずる区域内を含む）に設置するもの

② 他の者から**600 Vを超える**電圧で受電するもの

③ 構内以外の場所（以下「構外」という）にわたる電線路を有するものであって，受電するための電線路以外の電線路により**構外**の電気工作物と電気的に接続されているもの

④ 火薬類取締法に規定する火薬類（煙火を除く）を製造する事業場に設置するもの

⑤ 鉱山保安法施行規則が適用される石炭鉱に設置するもの

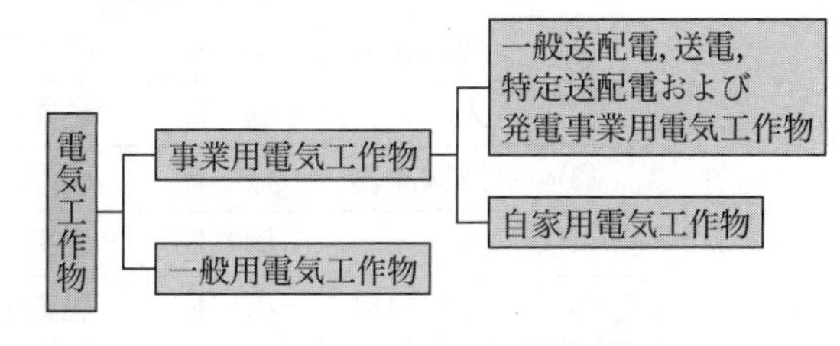

(5)

次の文章は，「電気用品安全法」に基づく電気用品の電線に関する記述である．

a．［(ア)］電気用品は，構造又は使用方法その他の使用状況からみて特に危険又は障害が発生するおそれが多い電気用品であって，具体的な電線については電気用品安全法施行令で定めるものをいう．

b．定格電圧が［(イ)］V以上600 V以下のコードは，導体の公称断面積及び線心の本数に関わらず，［(ア)］電気用品である．

c　電気用品の電線の製造又は［(ウ)］の事業を行う者は，その電線を製造し又は［(ウ)］する場合においては，その電線が経済産業省令で定める技術上の基準に適合するようにしなければならない．

d．電気工事士は，電気工作物の設置又は変更の工事に［(ア)］電気用品の電線を使用する場合，経済産業省令で定める方式による記号がその電線に表示されたものでなければ使用してはならない．［(エ)］はその記号の一つである．

上記の記述中の空白箇所(ア)，(イ)，(ウ)及び(エ)に当てはまる組合せとして，正しいものを次の(1)～(5)のうちから一つ選べ．

	(ア)	(イ)	(ウ)	(エ)
(1)	特　定	30	販　売	JIS
(2)	特　定	30	販　売	<PS>E
(3)	甲　種	60	輸　入	<PS>E
(4)	特　定	100	輸　入	<PS>E
(5)	甲　種	100	販　売	JIS

問3

次の文章は，「電気設備技術基準」における，電気機械器具等からの電磁誘導作用による影響の防止に関する記述の一部である．

変電所又は開閉所は，通常の使用状態において，当該施設からの電磁誘導作用により［(ア)］の［(イ)］に影響を及ぼすおそれがないよう，当該施設の付近において，［(ア)］によって占められる空間に相当する空間の［(ウ)］の平均値が，商用周波数において［(エ)］以下になるように施設しなければならない．

上記の記述中の空白箇所(ア)，(イ)，(ウ)及び(エ)に当てはまる組合せとして，正しいものを次の(1)～(5)のうちから一つ選べ．

	(ア)	(イ)	(ウ)	(エ)
(1)	通信設備	機　能	磁界の強さ	200 A/m
(2)	人	健　康	磁界の強さ	100 A/m
(3)	無線設備	機　能	磁界の強さ	100 A/m
(4)	人	健　康	磁束密度	200 μT
(5)	通信設備	機　能	磁束密度	200 μT

解2 a. 電気用品安全法第2条（定義）に「特定電気用品」を次のように定義している．

「**特定**電気用品」とは，構造または使用方法その他の使用状況からみて特に危険または障害の発生するおそれが多い電気用品であって，政令で定めるもの．具体的には電気用品安全法施行令の別表第1に明示している．

b. 電気用品安全法施行令の別表第1で，電線（定格電圧が**100 V**以上600 V以下のものに限る）については，ゴム絶縁電線，合成樹脂絶縁電線，ケーブル，コード，キャブタイヤケーブルを特定電気用品と定めている．コードについては，導体の公称断面積および線心数にかかわらずに**特定**電気用品としている．

c. 電気用品安全法第3条（事業の届出）に，電気用品の製造または輸入の事業を行う者の省令で定める電気用品の区分に従った経済産業大臣への届出義務を定めている．また，同条第8条（基準適合義務等）に，届出に係る型式の電気用品を製造し，または**輸入**する場合においての経済産業省令で定める技術上の基準適合義務を定めている．

d. 電気用品安全法第28条（使用の制限）で電気用品の使用を制限している．主として材料や配線器具などの電気用品を工事に使用する場合の制限で，電気事業者，自家用電気工作物の設置者および電気工事士は，図に示すような所定の表示のない電気用品を電気工作物の設置や変更の工事に使用してはならないとしている．

特定電気用品のマーク　　特定電気用品以外の電気用品のマーク

ただし，電線，ヒューズ，配線器具等の部品材料であって，構造上表示スペースを確保することが困難なものにあっては，これに代えて下記の表示とすることができる．

<PS>E　　

答 (4)

解3 電気機械器具等からの電磁誘導作用による人の健康影響の防止をするために，電気設備技術基準第27条の2（電気機械器具等からの電磁誘導作用による人の健康影響の防止）に，次のように規定している．

「変電所又は開閉所は，通常の使用状態において，当該施設からの電磁誘導作用により**人**の**健康**に影響を及ぼすおそれがないよう，当該施設の付近において，**人**によって占められる空間に相当する空間の**磁束密度**の平均値が，商用周波数において**200 μT**以下になるように施設しなければならない．ただし，田畑，山林その他の人の往来が少ない場所において，人体に危害を及ぼすおそれがないように施設する場合は，この限りでない」

日本では，「電気設備技術基準」を2011年3月に一部改正し，普段の生活のなかで浴びる磁界のガイドライン値を国際的なガイドライン値（50 Hz，60 Hzの周波数でいずれも200 μT）を規制値として導入している．

電気設備技術基準の解釈第39条（変電所等からの電磁誘導作用による人の健康影響の防止）に磁束密度の測定方法を具体的に示している．地上に施設する変電所等については，下記のように測定する．

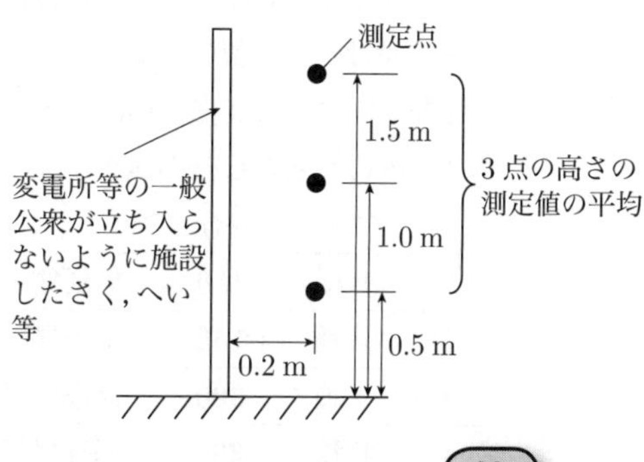

答 (4)

問4 次の文章は，「電気設備技術基準」における高圧及び特別高圧の電路の避雷器等の施設についての記述である．

雷電圧による電路に施設する電気設備の損壊を防止できるよう，当該電路中次の各号に掲げる箇所又はこれに近接する箇所には，避雷器の施設その他の適切な措置を講じなければならない．ただし，雷電圧による当該電気設備の損壊のおそれがない場合は，この限りでない．

a．発電所又は［(ア)］若しくはこれに準ずる場所の架空電線引込口及び引出口

b．架空電線路に接続する［(イ)］であって，［(ウ)］の設置等の保安上の保護対策が施されているものの高圧側及び特別高圧側

c．高圧又は特別高圧の架空電線路から［(エ)］を受ける［(オ)］の引込口

上記の記述中の空白箇所(ア)，(イ)，(ウ)，(エ)及び(オ)に当てはまる組合せとして，正しいものを次の(1)～(5)のうちから一つ選べ．

	(ア)	(イ)	(ウ)	(エ)	(オ)
(1)	開閉所	配電用変圧器	開閉器	引込み	需要設備
(2)	変電所	配電用変圧器	過電流遮断器	供　給	需要場所
(3)	変電所	配電用変圧器	開閉器	供　給	需要設備
(4)	受電所	受電用設備	過電流遮断器	引込み	使用場所
(5)	開閉所	受電用設備	過電圧継電器	供　給	需要場所

問5 次の文章は，「電気設備技術基準の解釈」に基づく，高圧電路又は特別高圧電路と低圧電路とを結合する変圧器（鉄道若しくは軌道の信号用変圧器又は電気炉若しくは電気ボイラーその他の常に電路の一部を大地から絶縁せずに使用する負荷に電気を供給する専用の変圧器を除く.）に施す接地工事に関する記述の一部である．

高圧電路又は特別高圧電路と低圧電路とを結合する変圧器には，次のいずれかの箇所に［(ア)］接地工事を施すこと．

a．低圧側の中性点

b．低圧電路の使用電圧が［(イ)］V以下の場合において，接地工事を低圧側の中性点に施し難いときは，［(ウ)］の1端子

c．低圧電路が非接地である場合においては，高圧巻線又は特別高圧巻線と低圧巻線との間に設けた金属製の［(エ)］

上記の記述中の空白箇所(ア)，(イ)，(ウ)及び(エ)に当てはまる組合せとして，正しいものを次の(1)～(5)のうちから一つ選べ．

	(ア)	(イ)	(ウ)	(エ)
(1)	B種	150	低圧側	混触防止板
(2)	A種	150	低圧側	接地板
(3)	A種	300	高圧側又は特別高圧側	混触防止板
(4)	B種	300	高圧側又は特別高圧側	接地板
(5)	B種	300	低圧側	混触防止板

解4 電気設備技術基準第49条（高圧及び特別高圧の電路の避雷器等の施設）に，高圧および特別高圧の電路の避雷器等の施設について，次のように規定している．

雷電圧による電路に施設する電気設備の損壊を防止できるよう，当該電路中次の各号に掲げる箇所又はこれに近接する箇所には，避雷器の施設その他の適切な措置を講じなければならない．ただし，雷電圧による当該電気設備の損壊のおそれがない場合は，この限りでない．

① 発電所又は**変電所**若しくはこれに準ずる場所の架空電線引込口及び引出口

② 架空電線路に接続する**配電用変圧器**であって，**過電流遮断器**の設置等の保安上の保護対策が施されているものの高圧側及び特別高圧側

③ 高圧又は特別高圧の架空電線路から**供給**を受ける**需要場所**の引込口

避雷器は，落雷時に構内へ侵入してくる異常電圧や，負荷開閉時に発生する開閉サージなどの異常電圧を抑制するために設置する．引込口近くなどに設置し，雷撃・回路開閉などに起因する異常電圧を大地に放電させ，電気機器の絶縁を保護する役割をもっている．一般にアレスタといわれている．

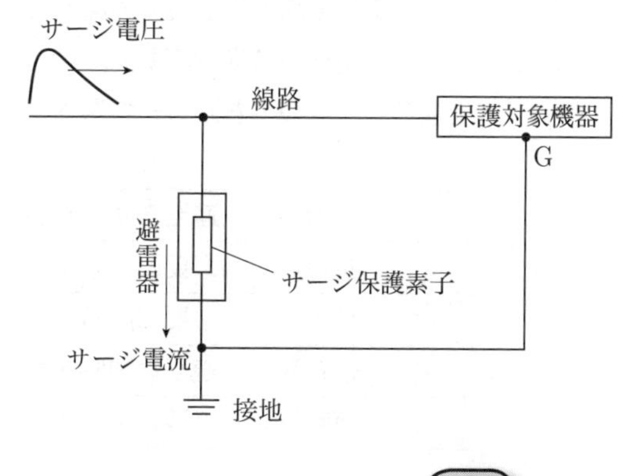

答 (2)

解5 電気設備技術基準の解釈第24条（高圧又は特別高圧と低圧との混触による危険防止施設）に，高圧または特別高圧と低圧との混触による低圧側の電気設備の損傷や感電・火災の発生を防止するため，低圧側の接地の施設を次のように規定している．

高圧電路または特別高圧電路と低圧電路とを結合する変圧器には，次の各号により**B種**接地工事を施すこと．ただし，鉄道または軌道の信号用変圧器，電気炉または電気ボイラーその他の常に電路の一部を大地から絶縁せずに使用する負荷に電気を供給する専用の変圧器は除く．

① 低圧側の中性点

② 低圧電路の使用電圧が**300** V以下の場合において，接地工事を低圧側の中性点に施し難いときは，**低圧側**の1端子

③ 低圧電路が非接地である場合においては，高圧巻線又は特別高圧巻線と低圧巻線との間に設けた金属製の**混触防止板**

低圧側中性点接地，混触防止板接地の例を図に示す．

(5)

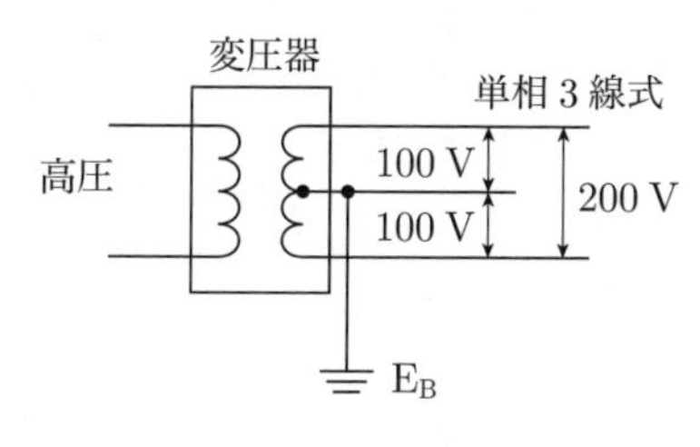

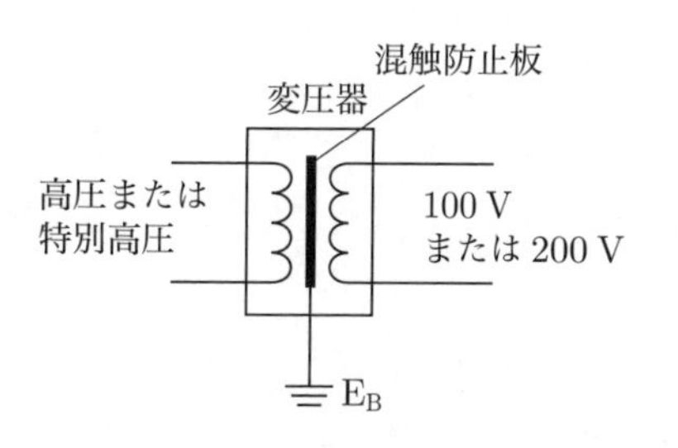

次の文章は，「電気設備技術基準の解釈」に基づく，常時監視をしない発電所に関する記述の一部である．

a．随時巡回方式は，(ア)が，(イ)発電所を巡回し，(ウ)の監視を行うものであること．

b．随時監視制御方式は，(ア)が，(エ)発電所に出向き，(ウ)の監視又は制御その他必要な措置を行うものであること．

c．遠隔常時監視制御方式は，(ア)が，(オ)に常時駐在し，発電所の(ウ)の監視及び制御を遠隔で行うものであること．

上記の記述中の空白箇所(ア)，(イ)，(ウ)，(エ)及び(オ)に当てはまる組合せとして，正しいものを次の(1)～(5)のうちから一つ選べ．

	(ア)	(イ)	(ウ)	(エ)	(オ)
(1)	技術員	適当な間隔をおいて	運転状態	必要に応じて	制御所
(2)	技術員	必要に応じて	運転状態	適当な間隔をおいて	制御所
(3)	技術員	必要に応じて	計測装置	適当な間隔をおいて	駐在所
(4)	運転員	適当な間隔をおいて	計測装置	必要に応じて	駐在所
(5)	運転員	必要に応じて	計測装置	適当な間隔をおいて	制御所

解6 電気設備技術基準第46条（常時監視をしない発電所等の施設）第2項では，常時監視をしない発電所は異常が生じた場合に安全かつ確実に停止する措置を講ずることを定めている．

その安全かつ確実に停止する具体的な措置について電気設備技術基準の解釈第47条（常時監視をしない発電所の施設）第1項に具体的に定めている．

無人化された発電所の監視方式については，次のとおりである．

a．随時巡回方式は，**技術員**が，**適当な間隔をおいて**発電所を巡回し，**運転状態**の監視を行うものであること．

b．随時監視制御方式は，**技術員**が，**必要に応じて**発電所に出向き，**運転状態**の監視または制御その他必要な措置を行うものであること．

c．遠隔常時監視制御方式は，**技術員**が，**制御所**に常時駐在し，発電所の運転状態の監視および制御を遠隔で行うものであること．

〔ここがポイント〕

常時監視を要する発電所の要件

① 異常が生じた場合に人体に危害を及ぼし，もしくは物件に損傷を与えるおそれがないよう，異常の状態に応じた制御が必要となる発電所

② 一般送配電事業に係る電気の供給に著しい支障を及ぼすおそれがないよう，異常を早期に発見する必要のある発電所

(1)

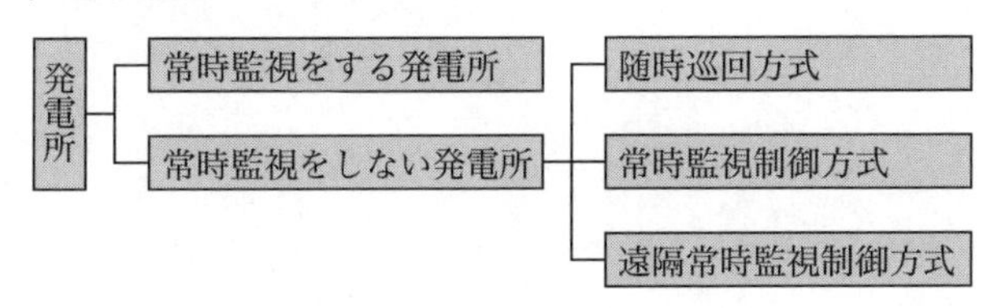

問7 次の文章は，低高圧架空電線の高さ及び建造物等との離隔距離に関する記述である．その記述内容として，「電気設備技術基準の解釈」に基づき，不適切なものを次の(1)〜(5)のうちから一つ選べ．

(1) 高圧架空電線を車両の往来が多い道路の路面上7 mの高さに施設した．

(2) 低圧架空電線にケーブルを使用し，車両の往来が多い道路の路面上5 mの高さに施設した．

(3) 建造物の屋根（上部造営材）から1.2 m上方に低圧架空電線を施設するために，電線にケーブルを使用した．

(4) 高圧架空電線の水面上の高さは，船舶の航行等に危険を及ぼさないようにした．

(5) 高圧架空電線を，平時吹いている風等により，植物に接触しないように施設した．

解7 低高圧架空電線の高さについては，電気設備技術基準の解釈第68条（低高圧架空電線の高さ）に次のように規定している．

1 **低高圧架空電線の高さは，下表に規定する値以上とすること．**

区　分		高　さ
道路（車両の往来がまれであるもの及び歩行の用にのみ供される部分を除く．）を横断する場合		**路面上 6 m**
鉄道又は軌道を横断する場合		レール面上 5.5 m
低圧架空電線を横断歩道橋の上に施設する場合		横断歩道橋の路面上3 m
高圧架空電線を横断歩道橋の上に施設する場合		横断歩道橋の路面上3.5 m
上記以外	屋外照明用であって，絶縁電線又はケーブルを使用した対地電圧150 V以下のものを交通に支障のないように施設する場合	地表上4 m
	低圧架空電線を道路以外の場所に施設する場合	地表上4 m
	その他の場合	地表上5 m

2 **低高圧架空電線を水面上に施設する場合は，電線の水面上の高さを船舶の航行等に危険を及ぼさないように保持すること．**

3 高圧架空電線を氷雪の多い地方に施設する場合は，電線の積雪上の高さを人又は車両の通行等に危険を及ぼさないように保持すること．

低高圧架空電線と建造物との接近の場合は，電気設備技術基準の解釈第71条（低高圧架空電線と建造物との接近）第1項に次のように規定している．

① 高圧架空電線路は，高圧保安工事により施設すること．

② **低高圧架空電線と建造物の造営材との離隔距離は，下表に規定する値以上であること．**

架空電線の種類	区　分	離隔距離
ケーブル	**上部造営材の上方**	**1 m**
	その他	0.4 m
高圧絶縁電線又は特別高圧絶縁電線を使用する，低圧架空電線	上部造営材の上方	1 m
	その他	0.4 m
その他	上部造営材の上方	2 m
	人が建造物の外へ手を伸ばす又は身を乗り出すことなどができない部分	0.8 m
	その他	1.2 m

低高圧架空電線と植物との接近の場合については，電気設備技術基準の解釈第79条（低高圧架空電線と植物との接近）に，「**低高圧架空電線は，平時吹いている風等により，植物に接触しないように施設すること**」と規定している．

したがって，低圧架空電線を車両の多い道路に施設する場合は，路面上6 m以上の高さにしなければならないので，**(2)が不適切**である．

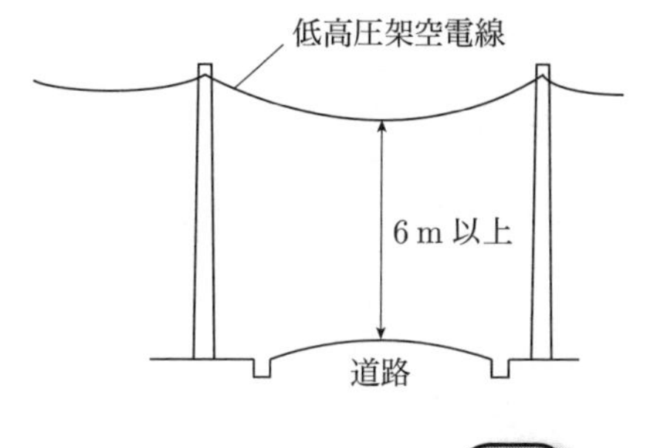

答 (2)

問8 次の文章は，可燃性のガスが漏れ又は滞留し，電気設備が点火源となり爆発するおそれがある場所の屋内配線に関する工事例である．「電気設備技術基準の解釈」に基づき，不適切なものを次の(1)～(5)のうちから一つ選べ．

(1) 金属管工事により施設し，薄鋼電線管を使用した．

(2) 金属管工事により施設し，管相互及び管とボックスその他の附属品とを5山以上ねじ合わせて接続する方法により，堅ろうに接続した．

(3) ケーブル工事により施設し，キャブタイヤケーブルを使用した．

(4) ケーブル工事により施設し，MIケーブルを使用した．

(5) 電線を電気機械器具に引き込むときは，引込口で電線が損傷するおそれがないようにした．

解8 可燃性ガス等の存在する場所は点火源があれば爆発のおそれがあるため，電気設備技術基準の解釈第176条（可燃性ガス等の存在する場所の施設）に，低高圧の電気設備の具体的施設方法を定めている．

屋内配線の場合は，第1項第一号イにおいて，次のいずれかにより施設することを定めている．

(イ) **金属管工事により，次に適合するように施設すること．**

- **金属管は，薄鋼電線管又はこれと同等以上の強度を有するものであること．**
- **管相互及び管とボックスその他の附属品，プルボックス又は電気機械器具とは，5山以上ねじ合わせて接続する方法その他これと同等以上の効力のある方法により，堅ろうに接続すること．**

(ロ) **ケーブル工事により，次に適合するように施設すること．**

- **電線は，キャブタイヤケーブル以外のケーブルであること．**
- **電線は，第120条第6項に規定する性能を満足するがい装を有するケーブル又はMIケーブルを使用する場合を除き，管その他の防護装置に収めて施設すること．**
- **電線を電気機械器具に引き込むときは，引込口で電線が損傷するおそれがないようにすること．**

したがって，キャブタイヤケーブルは使用できないことから，**(3)は不適切．**

〔ここがポイント〕

※MIケーブル（無機絶縁ケーブル：mineral insulated cable wiring）**の特長**

- 銅導体を酸化マグネシウムと銅やステンレスなどの金属シースで覆う構造で，燃えることがない
- 絶縁電線として最高の250℃での連続使用ができる
- 銅と酸化マグネシウムという無機質だけで製造されているので，寿命が長い
- 耐水，耐油，耐薬品性など広範囲にわたる耐食性を備えている
- 曲げやねじりに対して強い

※キャブタイヤケーブル

600 V以下の移動電線として，屋内や屋外で手荒な使い方をする場所や水気のある場所で利用されている．

構造は，導体とその周りを包む絶縁体，さらにその周りを包むシースからなる．

絶縁の被覆材料により，ゴム系の素材でできているゴムキャブタイヤケーブルと，ビニル系の素材でできているビニルキャブタイヤケーブルがあり，用途によって適した素材が変わってくる．

(3)

次の文章は，「電気設備技術基準の解釈」における，分散型電源の系統連系設備に係る用語の定義の一部である．

a．「解列」とは，(ア)から切り離すことをいう．

b．「逆潮流」とは，分散型電源設置者の構内から，一般送配電事業者が運用する(ア)側へ向かう(イ)の流れをいう．

c．「単独運転」とは，分散型電源を連系している(ア)が事故等によって系統電源と切り離された状態において，当該分散型電源が発電を継続し，線路負荷に(イ)を供給している状態をいう．

d．「(ウ)的方式の単独運転検出装置」とは，分散型電源の有効電力出力又は無効電力出力等に平時から変動を与えておき，単独運転移行時に当該変動に起因して生じる周波数等の変化により，単独運転状態を検出する装置をいう．

e．「(エ)的方式の単独運転検出装置」とは，単独運転移行時に生じる電圧位相又は周波数等の変化により，単独運転状態を検出する装置をいう．

上記の記述中の空白箇所(ア)，(イ)，(ウ)及び(エ)に当てはまる組合せとして，正しいものを次の(1)～(5)のうちから一つ選べ．

	(ア)	(イ)	(ウ)	(エ)
(1)	母　線	皮相電力	能　動	受　動
(2)	電力系統	無効電力	能　動	受　動
(3)	電力系統	有効電力	能　動	受　動
(4)	電力系統	有効電力	受　動	能　動
(5)	母　線	無効電力	受　動	能　動

解9 分散型電源の系統連系設備に係る用語は，電気設備技術基準の解釈第220条（分散型電源の系統連系設備に係る用語の定義）に定義している．

③ **解列**：**電力系統**から切り離すこと

④ **逆潮流**：分散型電源設置者の構内から，一般送配電事業者が運用する**電力系統**側へ向かう**有効電力**の流れ

⑤ **単独運転**：分散型電源を連系している**電力系統**が事故等によって系統電源と切り離された状態において，当該分散型電源が発電を継続し，線路負荷に**有効電力**を供給している状態

⑩ **受動**的方式の単独運転検出装置：単独運転移行時に生じる電圧位相又は周波数等の変化により，単独運転状態を検出する装置

⑪ **能動**的方式の単独運転検出装置：分散型電源の有効電力出力又は無効電力出力等に平時から変動を与えておき，単独運転移行時に当該変動に起因して生じる周波数等の変化により，単独運転状態を検出する装置

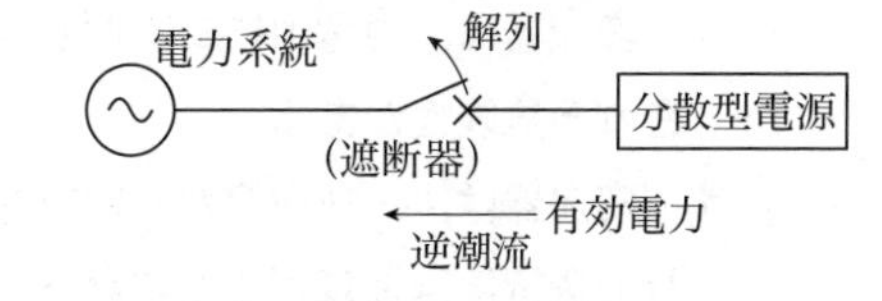

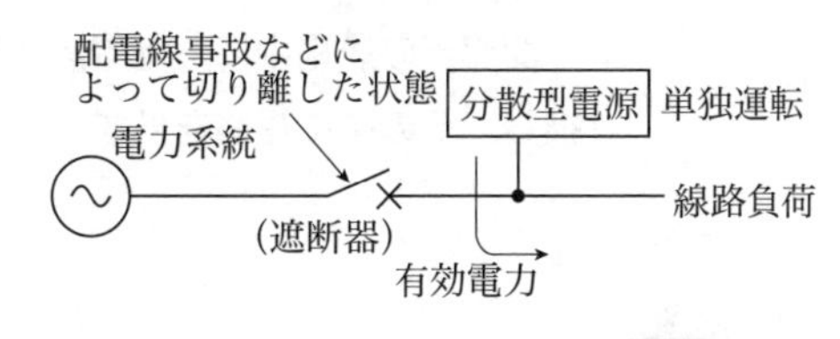

(3)

次の文章は，計器用変成器の変流器に関する記述である．その記述内容として誤っているものを次の(1)～(5)のうちから一つ選べ．

(1) 変流器は，一次電流から生じる磁束によって二次電流を発生させる計器用変成器である．

(2) 変流器は，二次側に開閉器やヒューズを設置してはいけない．

(3) 変流器は，通電中に二次側が開放されると変流器に異常電圧が発生し，絶縁が破壊される危険性がある．

(4) 変流器は，一次電流が一定でも二次側の抵抗値により変流比は変化するので，電流計の選択には注意が必要になる．

(5) 変流器の通電中に，電流計をやむを得ず交換する場合は，二次側端子を短絡して交換し，その後に短絡を外す．

解10 変流器は，一次電流をこれに比例する二次電流に変成する計器用変成器である．

図のように，鉄心とコイルを用い，巻数に応じた比率の電流値を二次側に発生させるものである．

一次側に交流電流を流すと鉄心中に変化する磁束が発生し，この磁束の変化に対応して二次側に交流電流が流れる．

変流比はCT比とも呼ばれ，一次電流と二次電流の比である．500/5というような表現をし，500/5のCTでは，一次側電流500 Aまでの電流を5 A以下の電流値に変換する．

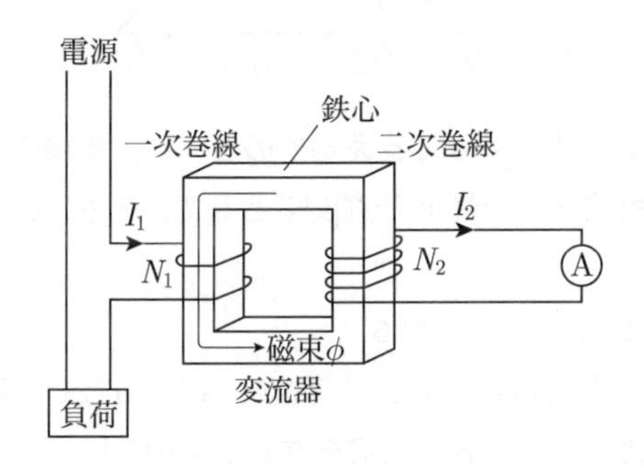

一次側，二次側の電流と巻数には，次の関係が成り立つ．

$$N_1I_1 = N_2I_2$$

これから，変流比Kを求めると，

$$K = \frac{I_1}{I_2} = \frac{N_2}{N_1}$$

となり，変流比は巻数比により決まり，抵抗値は無関係であることから(4)**は誤り**．

変流器では，もし二次側を開放した状態で一次電流を流すと，二次側に電流を流そうとして開放端に高電圧が発生し，絶縁破壊，焼損事故につながるおそれがあるので注意が必要である．このことから，変流器の二次側には開放のおそれが生じる開閉器やヒューズを設置してはならない．

また，二次側計器の取換えを通電状態で行う際は，変流器の二次端子を短絡してから計器の取外しを行い，計器の取付けが終わってから短絡線を取り外さなければならない．

答 (4)

B問題

問11及び問12の配点は1問題当たり(a)6点，(b)7点，計13点
問13の配点は(a)7点，(b)7点，計14点

問11

図のように既設の高圧架空電線路から，電線に硬銅より線を使用した電線路を高低差なく径間40 m延長することにした．

新設支持物にA種鉄筋コンクリート柱を使用し，引留支持物とするため支線を電線路の延長方向10 mの地点に図のように設ける．電線と支線の支持物への取付け高さはともに10 mであるとき，次の(a)及び(b)の問に答えよ．

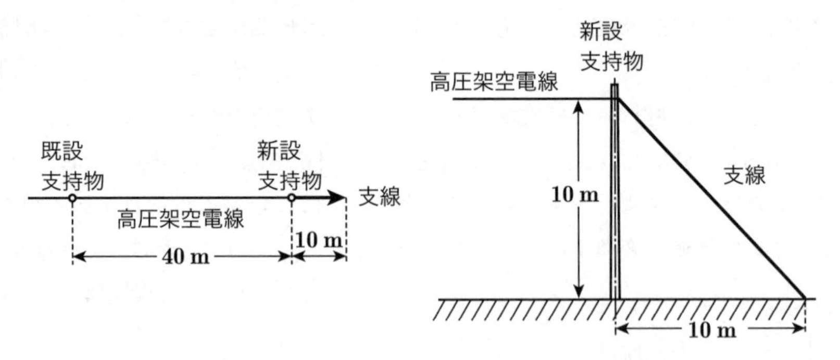

(a) 電線の水平張力を13 kNとして，その張力を支線で全て支えるものとする．支線の安全率を1.5としたとき，支線に要求される引張強さの最小の値[kN]として，最も近いものを次の(1)～(5)のうちから一つ選べ．

(1) 6.5　(2) 10.7　(3) 19.5　(4) 27.6　(5) 40.5

(b) 電線の引張強さを28.6 kN，電線の重量と風圧荷重との合成荷重を18 N/mとし，高圧架空電線の引張強さに対する安全率を2.2としたとき，この延長した電線の弛度（たるみ）の値[m]は，いくら以上としなければならないか．最も近いものを次の(1)～(5)のうちから一つ選べ．

(1) 0.14　(2) 0.28　(3) 0.49　(4) 0.94　(5) 1.97

解11 (a) 図のように電線の水平張力 P [N]，高さ H [m]，支線の引張荷重 T [N]，高さは電線と同じ H [m]，電柱との角度を θ，支線の引留位置を電線路の延長方向 H [m] とすると，力のモーメントが平衡することから，次式が成立する．

$$PH = T_0H = (T\sin\theta)H$$

したがって，支線の引張荷重 T は，

$$T = \frac{P}{\sin\theta} = \frac{13}{\sin 45°} = \frac{13}{\frac{1}{\sqrt{2}}} = 13\sqrt{2}\ \mathrm{N}$$

ここで，支線の安全率 $\alpha = 1.5$ とすることから，求める支線に要求される引張強さの最小値 T_S は，

$$T_S = \alpha T = 1.5 \times 13\sqrt{2} \fallingdotseq 27.57$$

$$\fallingdotseq 27.6\ \mathrm{N}$$ (答)

と求まる．

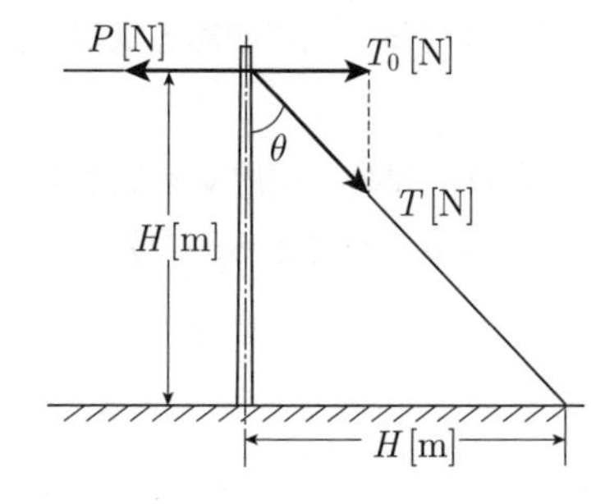

(b) 電線の弛度 D [m] は，電線1 m当たりの風圧荷重を含む合成荷重を W [N]，電線の水平方向の引張荷重を T [N]，電線の径間を S [m]

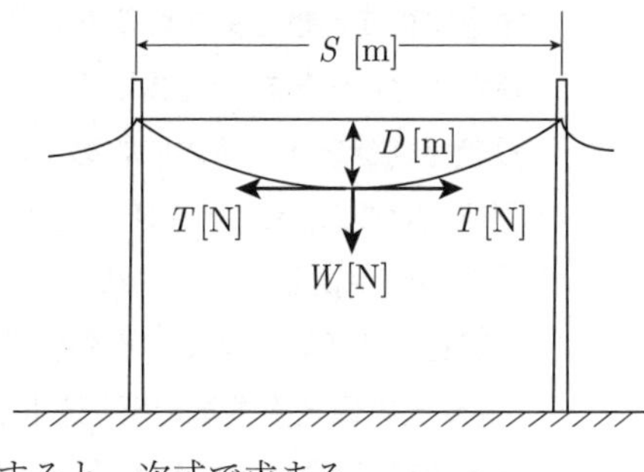

とすると，次式で求まる．

$$D = \frac{WS^2}{8T}\ [\mathrm{m}]$$

ここで，電気設備技術基準の解釈第66条（低高圧架空電線の引張強さに対する安全率）に，高圧架空電線はケーブルである場合を除き，引張強さに対する安全率が規定する値以上となるような弛度により施設しなければならないとしている．ここでは，安全率が2.2と与えられている．

この規定から，上式の T を安全率 α で除したものを電線の引張荷重とし，与えられた値を代入すると，

$$D = \frac{WS^2}{8\times\dfrac{T}{\alpha}} = \frac{18\times 40^2}{8\times\dfrac{28.6\times 10^3}{2.2}} \fallingdotseq 0.277$$

$$\fallingdotseq 0.28\ \mathrm{m}$$ (答)

と求まる．

 (a) - (4)，(b) - (2)

問12　周囲温度が25 °Cの場所において，単相3線式（100/200 V）の定格電流が30 Aの負荷に電気を供給する低圧屋内配線Aと，単相2線式（200 V）の定格電流が30 Aの負荷に電気を供給する低圧屋内配線Bがある．いずれの負荷にも，電動機又はこれに類する起動電流が大きい電気機械器具は含まないものとする．二つの低圧屋内配線は，金属管工事により絶縁電線を同一管内に収めて施設されていて，同配管内に接地線は含まない．低圧屋内配線Aと低圧屋内配線Bの負荷は力率100 %であり，かつ，低圧屋内配線Aの電圧相の電流値は平衡しているものとする．また，低圧屋内配線A及び低圧屋内配線Bに使用する絶縁電線の絶縁体は，耐熱性を有しないビニル混合物であるものとする．

「電気設備技術基準の解釈」に基づき，この絶縁電線の周囲温度による許容電流補正係数k_1の計算式は下式とする．また，絶縁電線を金属管に収めて使用する場合の電流減少係数k_2は下表によるものとして，次の(a)及び(b)の問に答えよ．

$$k_1 = \sqrt{\frac{60-\theta}{30}}$$

この式において，θは，周囲温度（単位：°C）とし，周囲温度が30 °C以下の場合は$\theta=30$とする．

同一管内の電線数	電流減少係数k_2
3以下	0.70
4	0.63
5又は6	0.56

この表において，中性線，接地線及び制御回路用の電線は同一管に収める電線数に算入しないものとする．

(a)　周囲温度による許容電流補正係数k_1の値と，金属管に収めて使用する場合の電流減少係数k_2の値の組合せとして，最も近いものを次の(1)～(5)のうちから一つ選べ．

	k_1	k_2
(1)	1.00	0.56
(2)	1.00	0.63
(3)	1.08	0.56
(4)	1.08	0.63
(5)	1.08	0.70

(b)　低圧屋内配線Aに用いる絶縁電線に要求される許容電流I_Aと低圧屋内配線Bに用いる絶縁電線に要求される許容電流I_Bのそれぞれの最小値[A]の組合せとして，最も近いものを次の(1)～(5)のうちから一つ選べ．

	I_A	I_B
(1)	22.0	44.1
(2)	23.8	47.6
(3)	47.6	47.6
(4)	24.8	49.6
(5)	49.6	49.6

解12 (a)　電気設備技術基準の解釈第146条（低圧配線に使用する電線）に関する出題である．

この電線の周囲温度による許容電流補正係数k_1は，周囲温度が30 °C以下の25 °Cであることから$\theta = 30$として与えられた式に値を代入して求まる．

$$k_1 = \sqrt{\frac{60-\theta}{30}} = \sqrt{\frac{60-30}{30}} = \sqrt{\frac{30}{30}} = 1 \quad (答)$$

また，絶縁電線を金属管に収めて使用する場合の電流減少係数k_2は，中性線，接地線および制御回路用の電線は同一管に収める電線数に算入しないものとすることから，低圧屋内配線Aの単相3線式の電線数は2とカウントする．したがって，同一管に収める電線数は，低圧屋内配線Bの単相2線式の電線数2と合わせて4となり，与えられた表から，$\boldsymbol{k_2 = 0.63}$となる．

(b)　絶縁電線を金属管に収めて使用する場合の絶縁電線の許容電流は，

$$\begin{pmatrix}\text{管内に収めた}\\\text{時の許容電流}\end{pmatrix} = \begin{pmatrix}\text{電線の}\\\text{許容電流}\end{pmatrix} \times \begin{pmatrix}\text{許容電流}\\\text{補正係数}\end{pmatrix} \times \begin{pmatrix}\text{電流減少}\\\text{係数}\end{pmatrix}$$

で求められる．

低圧屋内配線Aと低圧屋内配線Bの負荷は力率100 %であり，低圧屋内配線Aの電圧相の電流値は平衡していることから，金属管内に収めた電圧線の電流は定格電流の30 Aであり，また，低圧屋内配線Bの電流も定格電流値は30 Aである．

したがって，絶縁電線に要求される許容電流の最小値I_A，I_Bは，次の関係となる．

$$I_A k_1 k_2 = 30$$

$$I_B k_1 k_2 = 30$$

ここで，$k_1 = 1.00$，$k_2 = 0.63$であるから，

$$I_A = I_B = \frac{30}{1.00 \times 0.63} \fallingdotseq 47.62$$

$$\fallingdotseq 47.6 \text{ A} \quad (答)$$

答　(a) - (2)，(b) - (3)

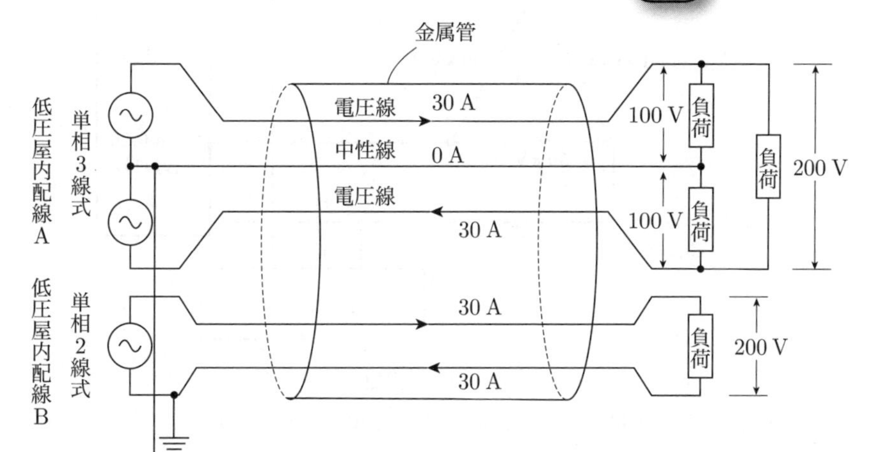

定格容量が50 kV·Aの単相変圧器3台を△-△結線にし，一つのバンクとして，三相平衡負荷（遅れ力率0.90）に電力を供給する場合について，次の(a)及び(b)の問に答えよ．

(a) 図1のように消費電力90 kW（遅れ力率0.90）の三相平衡負荷を接続し使用していたところ，3台の単相変圧器のうちの1台が故障した．負荷はそのままで，残りの2台の単相変圧器をV-V結線として使用するとき，このバンクはその定格容量より何[kV·A]過負荷となっているか．最も近いものを次の(1)～(5)のうちから一つ選べ．

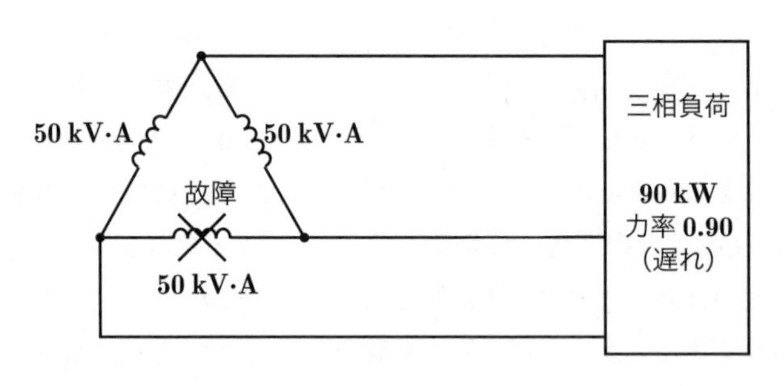

図1

(1) 0　(2) 3.4　(3) 10.0　(4) 13.4　(5) 18.4

(b) 上記(a)において，故障した変圧器を同等のものと交換して50 kV·Aの単相変圧器3台を△-△結線で復旧した後，力率改善のために，進相コンデンサを接続し，バンクの定格容量を超えない範囲で最大限まで三相平衡負荷（遅れ力率0.90）を増加し使用したところ，力率が0.96（遅れ）となった．このときに接続されている三相平衡負荷の消費電力の値[kW]として，最も近いものを次の(1)～(5)のうちから一つ選べ．

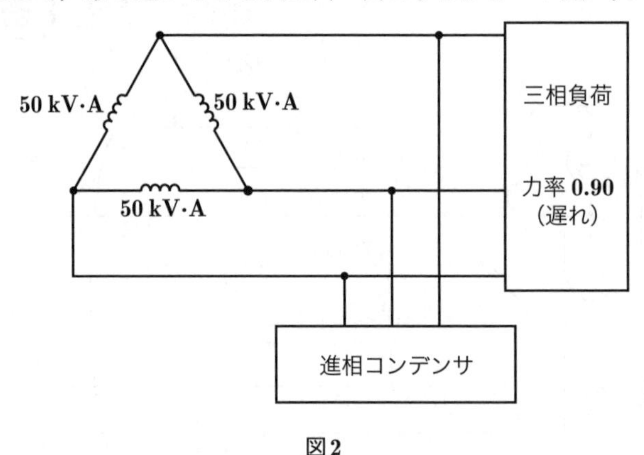

図2

(1) 135　(2) 144　(3) 150　(4) 156　(5) 167

解13 (a) 三相負荷の定格容量P_0 [kV·A]は，消費電力90 kW（遅れ力率0.90）であるから，

$$\frac{90}{0.9} = 100\,\text{kV}\cdot\text{A}$$

V-V結線としたときのバンクの三相出力P [kV·A]は，単相変圧器1台の容量をP_T [kV·A]とすると，$P = \sqrt{3}P_T$となることから，

$$P = \sqrt{3}VI = \sqrt{3}P_T = \sqrt{3} \times 50$$
$$\fallingdotseq 86.6\,\text{kV}\cdot\text{A}$$

したがって，過負荷容量は，

$$100 - 86.6 = 13.4\,\text{kV}\cdot\text{A} \quad \text{(答)}$$

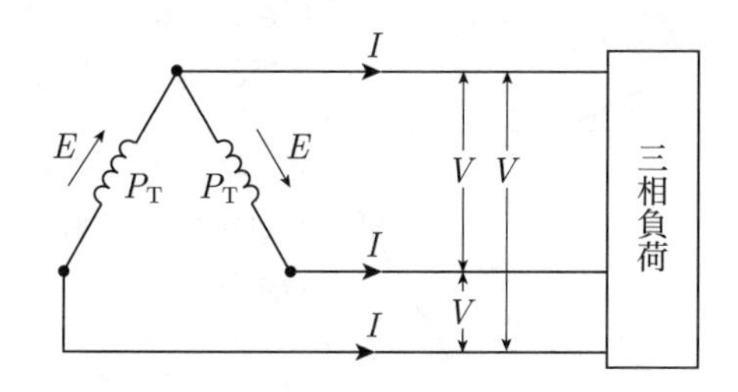

(b) △-△結線で復旧した後のバンクの定格容量は，

$$3P_T = 3 \times 50 = 150\,\text{kV}\cdot\text{A}$$

力率改善のため，進相コンデンサを接続し，バンクの定格容量を超えない範囲で三相平衡負荷を増加したところ，力率が0.96となったことから，このときの三相平衡負荷の消費電力P_2 [kV·A]は，

$$\cos\theta_2 = 0.96 = \frac{P_2}{150}$$

$$\therefore \quad P_2 = 150 \times 0.96 = 144\,\text{kW} \quad \text{(答)}$$

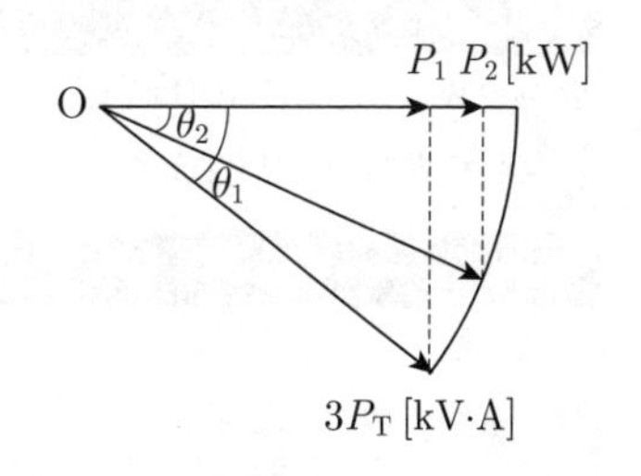

答 (a)-(4)，(b)-(2)

●資料　過去10回の受験者数・合格者数など（法規）

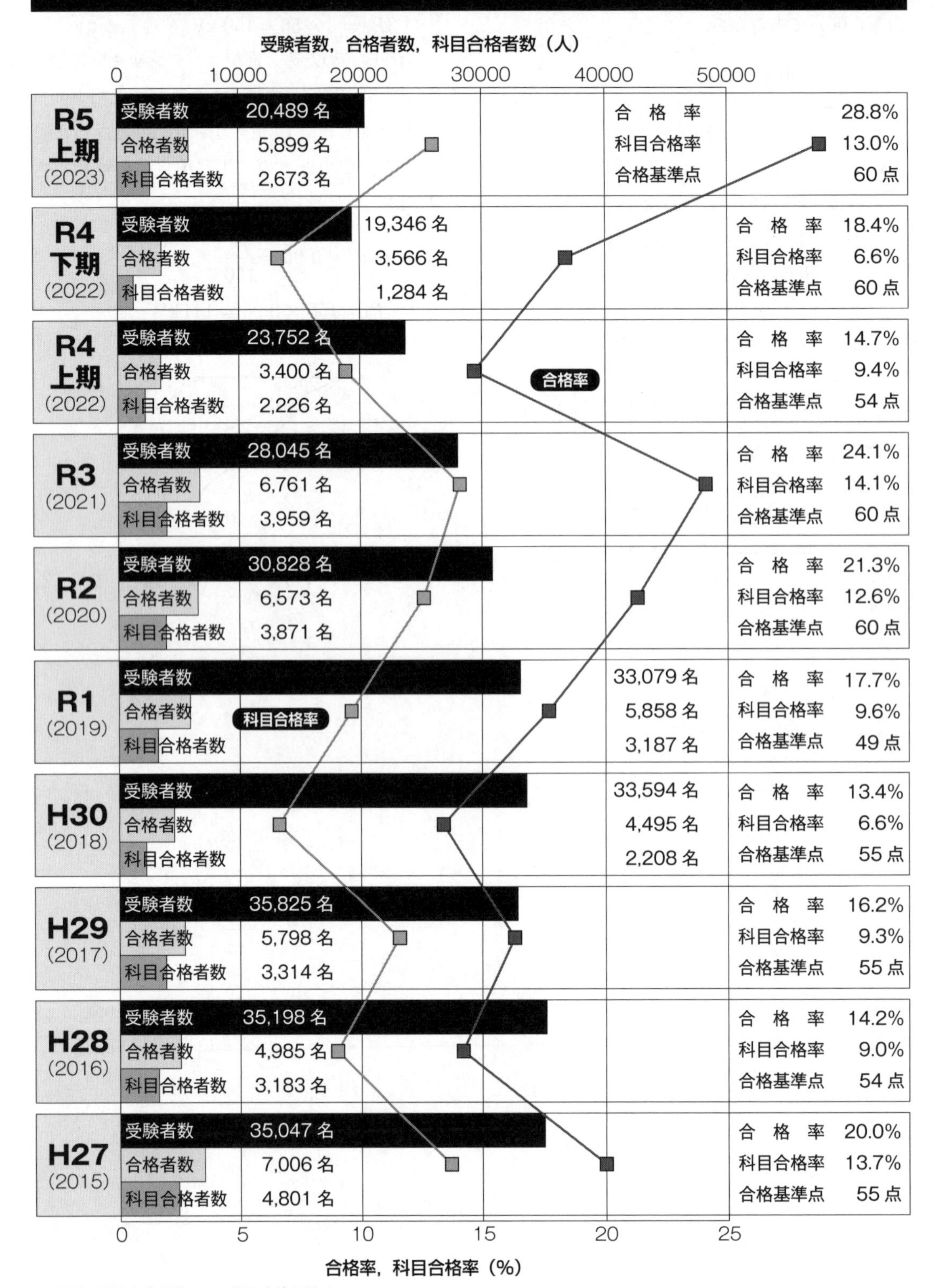

（注）科目合格者数は，4 科目合格を除く

電気書院